Tierphysiologie

3. Auflage

Roger Eckert **Tierphysiologie**

David Randall
Warren Burggren
Kathleen French

Übersetzt und bearbeitet von
Raimund Apfelbach

unter Mitarbeit von

Udo Gansloßer
Wilhelm Harder
Michael Koch
Ewald Müller
Ekkehard Pröve
Klaus Reutter
Detlev Schild

3., völlig neubearbeitete und
erweiterte Auflage

682 meist zweifarbige Abbildungen
in 1050 Einzeldarstellungen
55 Tabellen

2000
Georg Thieme Verlag
Stuttgart · New York

Titel der Originalausgabe:

Animal Physiology
Mechanisms and Adaptations

First published in the United States by
W.H. Freeman and Company, New York, New York
and Basingstoke
Copyright 1978, 1983, 1988, 1997 by W.H. Freeman
and Company
All rights reserved

Erstausgabe in den Vereinigten Staaten:
W.H. Freeman and Company, New York, New York
and Basingstoke
Copyright 1978, 1983, 1988, 1997 by W.H. Freeman
and Company
Alle Rechte vorbehalten

4farbige Abbildungen der Originalausgabe wurden für
die deutsche Ausgabe 2farbig umgezeichnet

The four color illustrations of the original edition have
been changed into two color illustrations

Die Deutsche Bibliothek – CIP-Einheitsaufnahme

Randall, David:
Tierphysiologie: 55 Tabellen / David Randall;
Warren Burggren; Kathleen French; Roger Eckert.
Übers. und bearb. von Raimund Apfelbach unter
Mitarb. von Udo Gansloßer ... – 3., völlig neubearb.
und erw. Aufl.. – Stuttgart; New York: Thieme, 2000
    Einheitssacht.: Animal physiology <dt.>

Übersetzt und bearbeitet von Raimund Apfelbach
(Kap. 1–3, 7–8, 10–13, 15), Udo Gansloßer (Kap. 8,
10–11), Wilhelm Harder (Kap. 7, 12–13), Michael Koch
(Kap. 6), Ewald Müller (Kap. 14, 16), Ekkehard Pröve
(Kap. 9), Klaus Reutter (Kap. 7) und Detlev Schild
(Kap. 4–5, 7)

1. Auflage 1986
2. Auflage 1993
3. Auflage 2000

© 1986, 1993, 2000 Georg Thieme Verlag,
Rüdigerstraße 14, D-70469 Stuttgart
Unsere Homepage: http://www.thieme.de

Printed in Germany

Satz: Gulde-Druck GmbH, Tübingen
Druck: Offizin Andersen Nexö, Zwenkau

ISBN 3-13-664003-9   1 2 3 4 5 6

Geschützte Warennamen (Warenzeichen) werden *nicht*
besonders kenntlich gemacht. Aus dem Fehlen eines
solchen Hinweises kann also nicht geschlossen werden,
daß es sich um einen freien Warennamen handele.
Das Werk, einschließlich aller seiner Teile, ist urheberrechtlich geschützt. Jede Verwertung außerhalb der engen Grenzen des Urheberrechtsgesetzes ist ohne Zustimmung des Verlages unzulässig und strafbar. Das gilt insbesondere für Vervielfältigungen, Übersetzungen, Mikroverfilmungen und die Einspeicherung und Verarbeitung in elektronischen Systemen.

Anschriften

Autoren

Roger Eckert†
University of California
Los Angeles, Ca.
USA

Burggren, Warren
University of Nevada
Las Vegas, Na.
USA

French, Kathleen
University of California
San Diego, Ca.
USA

Randall, David
University of British Columbia
Vancouver, BC
Canada

Übersetzer und Bearbeiter

Apfelbach, Raimund
Zoologisches Institut
Universität Tübingen
Auf der Morgenstelle 28
72076 Tübingen

Gansloßer, Udo
I. Zoologisches Institut
Universität Erlangen
Staudtstraße 5
91058 Erlangen

Harder, Wilhelm
Rammertstraße 12
72072 Tübingen

Koch, Michael
Institut für Hirnforschung
Universität Bremen
Postfach 330440
28334 Bremen

Müller, Ewald
Zoologisches Institut
Universität Tübingen
Auf der Morgenstelle 28
72076 Tübingen

Pröve, Ekkehard
Fakultät für Biologie
Universität Bielefeld
Universitätsstraße 25
33615 Bielefeld

Reutter, Klaus
Anatomisches Institut
Universität Tübingen
Österbergstraße 3
72076 Tübingen

Schild, Detlev
Physiologisches Institut
Universität Göttingen
Humboldtalle 23
37073 Göttingen

Vorwort der Verfasser zur vierten amerikanischen Auflage

Seit dem Erscheinen der von Roger Eckert in Zusammenarbeit mit David Randall geschriebenen dritten Auflage der **Tierphysiologie** sind fast zehn Jahre vergangen. Nachdem Roger 1986 während der Vorbereitung der dritten Auflage verstarb, wurden die Arbeiten von David Randall und George Augustine zu Ende geführt. Da die vorliegende umfassend überarbeitete vierte Auflage weiterhin auf dem so erfolgreichen Grundkonzept Eckerts basiert, wurde der Titel **Eckerts Tierphysiologie** beibehalten. An vergleichenden Beispielen werden grundlegende Prinzipien erläutert und häufig durch experimentell erarbeitete Daten belegt. Darüber hinaus haben wir die Prinzipien der Homöostase stärker berücksichtigt und den neuen molekularen und zellulären Forschungsentwicklungen Rechnung getragen. Beibehalten wurde die umfassende Darstellung der Funktionsebenen Gewebe, Organ und Organsystem. Den zell- und molekularbiologischen Entwicklungen haben wir gleich in den ersten Kapiteln Rechnung getragen, so daß gemeinsame Grundlagen verschiedener Prozesse früh deutlich werden. Diese Beziehungen ermöglichen und erklären den Vergleich der Interaktionen zwischen regulierten physiologischen Systemen, die bei einer Vielzahl von Tiergruppen koordinierte Antworten hervorbringen. Das zentrale Thema dieses Buches ist es, die grundlegenden Prinzipien und Mechanismen der tierischen Physiologie darzustellen sowie die Anpassungen, die es den Tieren ermöglichen, bei sehr unterschiedlichen Umweltbedingungen zu überleben.

Die Mannigfaltigkeit und die unterschiedlichsten Anpassungen der vielen Millionen Tierarten faszinieren und erfreuen den Naturliebhaber. Nicht zuletzt entsteht dieses Vergnügen bei der Beschäftigung mit der Frage, wie tierische Körper funktionieren. Da so viele Tierarten mit ihren Lebensweisen an so unglaublich viele Umweltbedingungen angepaßt sind, könnte man im ersten Augenblick das Ziel für unerreichbar halten, auch nur erste Einblicke in die Physiologie der Tiere zu erhalten. Glücklicherweise (für Wissenschaftler und Studenten) gibt es nur vergleichsweise wenige Grundkonzepte und Prinzipien, die die Grundlage der tierischen Funktionen darstellen; denn die Natur war beides: konservativ und erfinderisch.

Ein Einführungskurs in Physiologie ist sowohl für den Lehrenden als auch für den Studierenden eine Herausforderung, denn es handelt sich hier um ein ausgesprochen interdisziplinäres Gebiet, das Fächer wie Chemie, Physik und Biologie umfaßt. Die meisten Studenten sind an diesen Gebieten, vor allem an den modernen wissenschaftlichen Erkenntnissen, sehr interessiert. Aus diesem Grund wurde **Eckerts Tierphysiologie** so konzipiert, daß jeder Student diese Fächer für sich wiederholen und dann zu den Kapiteln übergehen kann, die die tierischen Funktionen und deren Untersuchungsmethoden behandeln.

Im vorliegenden Buch werden die wichtigsten Vorstellungen auf einfache und direkte Weise entwickelt. Anstelle einer Flut von Fakten werden bevorzugt die gemeinsamen Prinzipien und Mechanismen sowie die funktionellen Strategien, die sich innerhalb der chemischen Grenzen und physikalischen Möglichkeiten entwickelten, herausgearbeitet. Aus dem breiten Spektrum des tierischen Lebens werden jeweils exemplarische Beispiele herausgegriffen, um die Gemeinsamkeiten zwischen Organismen zu verdeutlichen; so gibt es beispielsweise chemische Verbindungen, die sowohl beim Menschen als auch bei der Hefe an der Fortpflanzug beteiligt sind. Auf spezielle und mehr am Rande liegende Einzelheiten wird nur gelegentlich oder überhaupt nicht eingegangen, denn die zentralen Vorstellungen sollen im Mittelpunkt bleiben. Bei der Beschreibung von Experimenten haben wir bewußt einen erzählenden Stil gewählt, um neben der Information ein Gefühl für die Untersuchungsmethoden zu vermitteln.

Inhaltliches Konzept

In diesem Buch sind die Kapitel erstmals in drei Teile aufgeteilt. Wir sind davon überzeugt, diese Gliederung fördert das Verständnis für die Tatsache, daß Tiere auf jeder Organisationsebene integrierte Systeme sind. Jedem Themenkreis ist eine Einführung vorangestellt, die den Studenten einen kurzen Überblick über die nachfolgenden Inhalte geben soll. Teil I umfaßt Kapitel 1–4, die sich mit zentralen physiologischen Prinzipien befassen. Teil II (Kapitel 5–11) behandelt physiologische Prozesse, während Teil III (Kapitel 12–16) diskutiert, wie diese Prozesse bei Tieren integriert sind, die in unterschiedlichsten Umweltbedingungen leben. Alle 16 Kapitel wurden gründlich überarbeitet und neu strukturiert, um die aktuellsten wissenschaftlichen Erkenntnisse zu berücksichtigen.

Neu

- Ein neues Kapitel über Experimentelle Methoden (Kapitel 2) wurde in Teil I aufgenommen. In diesem Kapitel werden neben den bewährten Methoden die modernsten molekularen Techniken vorgestellt und erklärt.
- Die Berücksichtigung molekularbiologischer Erkenntnisse zieht sich durch das ganze Buch; besonders erwähnt seien die Kapitel 5, 6, und 7. Diese Kapitel wurden modernisiert, indem jüngste Ergebnisse der zellulären und molekularen Forschung über Membranerregung, synaptische Übertragung und sensorische Transduktion aufgenommen wurden.
- Teil II wurde ebenfalls um ein neues Kapitel (Kapitel 8: Drüsen: Mechanismen und Kosten der Sekretion) ergänzt, das ein wichtiges, leider oft vernachlässigtes Effektorsystem behandelt.
- In Teil II (Kapitel 11: Neuronale Verarbeitung und Verhalten), wurden neben den bisher enthaltenen Beschreibungen von Nervensystemen weitere von Vertebraten und Evertebraten integriert. Der gegenwärtige Wissensstand der systemischen Neurobiologie, eines der am schnellsten wachsenden Teilgebiete der Biologie, wurde berücksichtigt. Verschiedene neuroethologische Konzepte wurden aufgenommen, die anhand ausgewählter neuroethologischer Arbeiten die Brücke zwischen der reinen Verhaltensforschung und den Untersuchungen zellulärer Funktionen an Nervensystemen bilden sollen.
- Die Bedeutung des Nervensystems für die Steuerung der Homöostase durch Modulation aller Systeme wird in Teil III behandelt. Diese betont weiterhin den intergrierenden Ansatz dieses Buches.
- Der zunehmenden Bedeutung der Anpassungen an Umweltbedingungen wurde bei der Stoffauswahl Rechnung getragen. Ausgewählte Beispiele für Umweltanpassungen (etwa Wasserhaushalt von Elefantenrobben in Kapitel 14) verdeutlichen die allgemeinen Prinzipien der vergleichenden Physiologie.
- Ein Abschnitt über Immunantworten in Kapitel 12 (Herz und Kreislauf) und ein Abschnitt über Biorhythmen in Kapitel 16 (Energiehaushalt; Auseinandersetzung mit den Anforderungen der Umwelt) wurden neu aufgenommen.

Didaktisches Konzept

- Zahlreiche anschauliche Illustrationen und entsprechende Legenden schaffen klare Bezüge zwischen Text und Grafik und erleichtern das Verständnis komplexer Sachverhalten.
- Boxen liefern zu speziellen Themen weitergehende Informationen, seien es Experimente, Angaben über Forscher, die einen wichtigen Beitrag lieferten, Ableitungen von Gleichungen oder einfach historisches Hintergrundwissen zu einem betreffenden Thema.

Der Text verwendet wichtige exemplarische Beispiele, um allgemeingültige Prinzipien zu belegen und ein Gefühl für die Untersuchungsmethoden zu vermitteln. Innerhalb des Textes und bei den Abbildungslegenden wird zwar nicht auf jede, doch auf wesentliche Literaturstellen verwiesen, so daß Studenten das Zusammenspiel von Erkentnissen, forschenden Wissenschaftlern und deren Veröffentlichungen verständlich wird. Als Lernhilfe werden wichtige Begriffe im Text durch Fettdruck hervorgehoben; am Ende jeden Kapitels werden in einer Zusammenfassung die wesentlichen inhaltlichen Punkte zur Rekapitulation aufgeführt und auf ergänzende Literatur verwiesen. Am Ende des Buches sind alle im Buch herangezogenen Quellen zitiert. Mit diesem Buch wollen wir ein fachlich ausgewogenes, modernes Lehrbuch über die physiologischen Funktionen von Tieren vorlegen. Wir hoffen, daß der Leser **Eckerts Tierphysiologie** als wertvolle Lehr- und Lernhilfe annehmen wird. Für konstruktive Hinweise sind wir jederzeit dankbar.

September 1996

David Randall
Warren Burggren
Kathleen French

Vorwort des Übersetzers und Bearbeiters zur dritten deutschen Auflage

Der **Eckert** zählt seit Erscheinen der 1. Auflage im Jahr 1986 aufgrund seines reichhaltigen und modernsten Inhaltes, didaktisch attraktiven Konzeptes und leicht verständlichen erzählerischen Stils zu den beliebtesten Physiologie-Lehrbüchern. So wurde auch in den nachfolgenden Auflagen das bewährte Grundkonzept beibehalten. Dem enormen Wissenszuwachs, den die Tierphysiologie in den letzten Jahren aufgrund ihres interdisziplinären Forschungsansatzes einschließlich des Einsatzes neuer Methoden und Techniken erfahren hat, trägt diese 3. Neuauflage exemplarisch Rechnung. Die Aufgabe der Übersetzung und Bearbeitung für den Unterricht an deutschsprachigen Hochschulen habe ich daher wiederum mit Begeisterung übernommen.

Das vorliegende Lehrbuch basiert auf dem 1997 bereits in 4. Auflage erschienenen amerikanischen Lehrbuch **Animal Physiology**. Alle Kapitel wurden gründlich überarbeitet und auf den aktuellsten Stand der Forschung gebracht. Darüber hinaus wurden inhaltliche Umstrukturierungen vorgenommen, um das Verständnis für Tiere als integrierte Systeme auf jeder Organisationsstufe noch stärker herauszuarbeiten. Die von den Originalautoren im einzelnen vorgenommenen Veränderungen und vor allem Ergänzungen und Erweiterungen gegenüber der Vorauflage sind ausführlich im **Vorwort der Verfasser zur vierten amerikanischen Auflage** beschrieben.

Um den Leser ein fachlich kompetentes Lehrbuch dieses komplexen Fachgebietes vorlegen zu können, erschien es mir sinnvoll, Kollegen zu bitten, an der deutschen Neuauflage mitzuarbeiten. Ich bin glücklich, fachkompetente Kollegen gefunden zu haben, die die Bearbeitung einzelner Kapitel übernahmen oder sich an der Bearbeitung beteiligten. Unser Anliegen dabei war, nicht nur eine gute Übersetzung vorzunehmen, sondern darüber hinaus auf die Bedürfnisse unserer Leser einzugehen. So haben wir u.a. auch wichtige Forschungsergebnisse europäischer Wissenschaftler integriert.

Abgesehen von vielen kleinen Änderungen und Ergänzungen gegenüber dem amerikanischen Original haben wir folgende Kapitel besonders stark überarbeitet:

Kap. 4 (Membranen: Barrieren und selektiver Transport) und **Kap. 5 (Biophysikalische Grundlagen neuronaler Erregung)** wurden von Detlev Schild völlig neu gestaltet und auch mit neuen, teilweise eigenen Abbildungen illustriert. Wir sind überzeugt, daß durch die Neugestaltung dieser schwierigen Teilgebiete unsere Studenten einen leichteren Zugang zu diesen Themenbereichen erhalten.

Kap. 7 (Wahrnehmung der Umwelt). Durch die Mitarbeit von Klaus Reutter und Detlev Schild war es möglich, die **Chemischen Sinne: Geschmack und Geruch** in einer Übersicht und Präzision darzustellen, wie sie bisher wohl in keinem Lehrbuch der Tierphysiologie abgehandelt wurden. Auch für dieses Kapitel wurden völlig neue Originalzeichnungen konzipiert, für die ich meinen Kollegen herzlich danken möchte. Weiterhin war Wilhelm Harder bereit, das Thema **Elektrorezeptoren und elektrische Organe** in kompetenter Weise zu überarbeiten und zu ergänzen.

Im **Kap. 11 (Neuronale Verarbeitung und Verhalten)** wurde der Verhaltensaspekt etwas stärker als in der amerikanischen Auflage betont. Das Lehrbuch beschreibt zwar vorwiegend Sachverhalte, deren Mechanismen aufgeklärt oder deren Aufklärung zumindest sehr weit vorangeschritten ist, doch werden die Studenten die Vorstellung der Vielfalt der Verhaltensleistungen mit Gewinn lesen.

Das **Kap. 12 (Herz und Kreislauf)** sowie **Kap. 13 (Gasaustausch und Säuren-Basen-Gleichgewicht)** stellte unserer Einschätzung nach die menschliche Physiologie zu sehr in den Vordergrund, der vergleichend tierphysiologische Aspekt kam zu kurz. Dankenswerterweise war auch hier Wilhelm Harder bereit, an der Erweiterung der Sachinhalte mitzuarbeiten und viele Beispiele aus dem Tierreich in den Text zu integrieren.

Danksagung

Von vielen Seiten erhielten wir Anerkennung für unsere bisherigen Arbeiten an den beiden vorhergehenden deutschen Auflagen dieses Lehrbuches, Anregungen für Verbesserungen, Hinweise auf Ungenauigkeiten oder auch Fehler. All diesen Kollegen und Studenten danken wir für ihre Mühen. Es ist leider nicht möglich alle namentlich zu erwähnen, die zum Gelingen der 3. deutschen Auflage beigetragen haben. Einige wenige, die besonderen Anteil an der Neubearbeitung hatten und uns hilfreich zur Seite standen, viele Fragen beantworteten, Ratschläge zur Verbesserung des Inhalts und der Darstellung einzelner Sachverhalte gaben, seien genannt:

Christian Bardele, Hans Erkert, Hellmuth Forstner, Sven Gemballa, Vera Hemleben, Erwin Kulzer, Joachim Ostwald, Wolfgang Wieser und Hans Zippel. Ein ganz besonders herzlicher Dank geht an Ursula Schröter für ihr gründliches Lesen und Korrigieren des gesamten Manuskripts und für ihr Verständnis, wenn ich mit Arbeiten am Buch beschäftigt war und private Dinge zurückgestellt wurden. Ein großer Anteil am Entstehen dieses Buches steht auch André Diesel vom Thieme Verlag zu, der uns Bearbeitern zur Seite stand und viele Verbesserungsvorschläge einbrachte. Dem Georg Thieme Verlag und hier ganz besonders Margit Hauff-Tischendorf danken wir für die ausgezeichnete Zusammenarbeit und große Geduld, die uns entgegengebracht wurde, und für die Bereitschaft, diese dritte deutsche Auflage wiederum in exzellenter Aufmachung herauszubringen.

Wir wünschen dem Buch weiterhin die Akzeptanz, die es bei Studenten und Kollegen gefunden hat. Es würde uns sehr freuen, wenn es Studenten den Zugang zur Tierphysiologie und ihren Teilgebieten erleichterte und dazu anregte, tiefer in die Materie einzusteigen oder wenn es gar richtungsweisend für den Berufsweg sein könnte.

Frühjahr 2000   Raimund Apfelbach

Inhaltsverzeichnis

Teil I Prinzipien der Physiologie

1. Die Bedeutung der Tierphysiologie 3

Teilgebiete der Tierphysiologie 4
Warum Tierphysiologie? 4
    Wissenschaftliche Neugier 4
    Bedeutung für Landwirtschaft und
    Industrie 4
    Einblicke in die Physiologie des Menschen . 4
Zentrale Themen der Tierphysiologie 5
    Struktur-Funktions-Beziehungen 5
    Adaptation, Akklimatisation und Akklimation 6
    Homöostase 8
    Feedback-Kontrollsysteme 9
    Konformität und Regulierung 11
Tierversuche in der physiologischen Forschung 12
Literatur über die physiologische Forschung ... 12
Zusammenfassung 14
Empfohlene Literatur 15

2. Experimentelle Methoden der physiologischen Forschung 16

Formulierung und Überprüfung von
Hypothesen 16
    Das August-Krogh-Prinzip 16
    Planung von Experimenten und Festlegung der Ebene 17
Molekulare Techniken 17
    Tracing von Molekülen mit Radioisotopen . 18
    Tracing von Molekülen mit monoklonalen Antikörpern 18
    Gentechnologie 20
Zellbiologische Methoden 23
    Mikroelektroden und Mikropipetten 23
    Strukturanalyse von Zellen 25
    Zellkultur 30
Biochemische und biophysikalische Methoden . 31
    Qualitative Analyse – was ist vorhanden? .. 31
    Quantitative Analyse – wieviel ist vorhanden? 35

Experimente an isolierten Organen und
Organsystemen 36
Beobachten und Messen von tierischem
Verhalten 36
    Zur Aussagekraft von Verhaltensexperimenten 36
    Methoden der Verhaltensforschung 37
Die Bedeutung des physiologischen Zustandes . 38
Zusammenfassung 39
Empfohlene Literatur 40

3. Moleküle, Energie und Biosynthese 41

Zum Ursprung biochemischer Schlüsselmoleküle 41
Atome, Bindungen und Moleküle 42
Eignung von H, O, N und C für Lebensprozesse . 44
Wasser – das besondere Lösungsmittel 46
    Das Wassermolekül 46
    Eigenschaften des Wassers 47
    Wasser als Lösungsmittel 47
Eigenschaften von Lösungen 49
    Konzentration, kolligative Eigenschaften und Aktivität 49
    Ionisation des Wassers 51
    Säuren und Basen 52
    Biologische Bedeutung des pH-Wertes 53
    Die Henderson-Hasselbalch-Gleichung 54
    Puffersysteme 54
    Elektrischer Strom in wäßrigen Lösungen .. 55
    Anlagerung von Ionen an Makromoleküle .. 56
Biologische Moleküle 59
    Lipide 60
    Kohlenhydrate 61
    Proteine 62
    Nucleinsäuren 68
Energetik lebender Zellen 70
    Energie – Begriffe und Definitionen 70
    Übertragung chemischer Energie durch gekoppelte Reaktionen 74
    ATP als Energielieferant der Zelle 75

Temperatur und Reaktionsgeschwindigkeit 77
Allgemeine Merkmale der Enzyme 78
    Enzymspezifität und aktive Zentren 79
    Allgemeine Mechanismen der enzymatischen Katalyse 80
    Temperatur und Reaktionsgeschwindigkeit 80
    Cofaktoren 81
    Enzymkinetik 81
    Enzymhemmung 84
Regulierung von Stoffwechselreaktionen 86
    Kontrolle der Enzymsynthese 86
    Kontrolle der Enzymaktivität 87
ATP-Produktion im Stoffwechsel 89
    Oxidation, Phosphorylierung und Energieübertragung 91
    Glykolyse 96
    Zitronensäurezyklus 98
    Leistungsfähigkeit des Energiestoffwechsels 100
    Sauerstoffschuld 101
Zusammenfassung 101
Empfohlene Literatur 103

4. Membranen: Barrieren und selektiver Transport 104

Aufbau und Struktur von Membranen 104
    Membranzusammensetzung 104
    Flüssigmosaikmodell 105
    Funktionelle Konsequenzen aus der Membranstruktur 107
    Diffusion durch Membranen 108
Ionenkanäle 110
    Struktur und Steuerung von Ionenkanälen . 110
    Selektivität von Ionenkanälen 111
    Gap-junction-Kanäle 114
Transportprozesse 115
    ATP-abhängige Pumpen 115
    Konzentrationsgradientenabhängiger Transport 120
    Endocytose und Exocytose 122
Transepithelialer Transport 124
    Ionentransport durch Epithelien 125
    Wassertransport 126
Osmose 127
    Osmotischer Druck in Zellen 128
    Osmolarität, Tonus und Zellvolumen .. 128
    Onkotischer Druck 128
Zusammenfassung 129
Empfohlene Literatur 130

Teil II Physiologische Prozesse

5. Biophysikalische Grundlagen neuronaler Erregung 133

Struktur, Funktion und Organisation von Neuronen im Überblick 133
    Struktur von Neuronen 133
    Signalverarbeitung eines Neurons 135
    Signalübertragung von Neuron zu Neuron . 137
    Organisation der Neurone im ZNS 137
Elektrische Membraneigenschaften 139
    Membrankapazität und Membranspannung 139
    Membranleitfähigkeiten und Ionenkanäle .. 141
    Die integrative Wirkung der Membran 143
Gleichgewichtspotentiale und Membranspannung 145
    Elektrodiffusion und Gleichgewichtspotential 145
    Strom durch Ionenkanäle 146
    Weitere Gleichgewichtspotentiale 148
    Leitfähigkeiten und Ruhemembranpotentiale 149
    Goldmann-Gleichung 151
    Na^+/Ca^{2+}-Antiport 151
Aktionspotential 152
    Leitfähigkeitsänderungen während eines Aktionspotentials 152
    Merkmale von Aktionspotentialen 154
    Änderung der Ionenkonzentrationen beim Aktionspotential 156
    Vom Riesenaxon des Tintenfisches zum Einzelkanal 156
    Aktivierung weiterer spannungsabhängiger Kanäle 159
Zusammenfassung 161
Empfohlene Literatur 162

6. Kommunikation innerhalb und zwischen Nervenzellen 163

Übertragung von Signalen im Nervensystem – ein Überblick 163

Informationsübertragung in einem einzelnen
Neuron 165
    Passive Ausbreitung elektrischer Signale ... 165
    Fortleitung von Aktionspotentialen 167
    Leitungsgeschwindigkeit 169
    Saltatorische Erregungsleitung in myelini-
    sierten Axonen 172
Informationsübertragung zwischen Neuronen:
Synapsen 173
    Struktur und Funktion elektrischer
    Synapsen 174
    Struktur und Funktion chemischer
    Synapsen 176
    Schnelle chemische Synapsen 178
Präsynaptische Transmitterfreisetzung 190
    Quantennatur der Transmitterfreisetzung .. 190
    Kopplung zwischen Transmitterfreisetzung
    und Depolarisation 192
    Transmitterfreisetzung ohne Aktions-
    potential 195
Neurotransmitter 195
    Schnelle, direkte Übertragung 196
    Langsame, indirekte Übertragung 197
Postsynaptische Rezeptoren und Kanäle 201
    Rezeptoren und Kanäle der schnellen,
    direkten Neurotransmission 201
    Rezeptoren der langsamen, indirekten
    Neurotransmission 204
    Neuromodulation 205
Synaptische Integration 208
Synaptische Plastizität 213
    Homosynaptische Modulation – Bahnung .. 214
    Homosynaptische Modulation – Post-
    tetanische Potenzierung 214
    Heterosynaptische Modulation 216
    Langzeitpotenzierung 216
Zusammenfassung 218
Empfohlene Literatur 219

7. Wahrnehmung der Umwelt 220

Allgemeine Merkmale sensorischer Rezeption . 221
    Merkmale von Rezeptorzellen 222
    Gemeinsame Mechanismen und Moleküle
    der sensorischen Transduktion 223
    Von der Transduktion zum neuronalen
    Output 226
    Intensitätskodierung 229
    Input-Output-Beziehungen 229
    Aufteilung des Antwortbereichs 231
    Determination der Rezeptorsensitivität 232
Die chemischen Sinne – Geschmack und
Geruch 237

Geschmackssysteme 238
Geruchssysteme 249
Mechanorezeption 256
    Haarsinneszellen 258
    Statocysten 260
    Vertebratenohr 261
    Ein Insektenohr 268
Elektrorezeption und Elektrische Organe 269
    Elektrische Organe 269
    Elektrorezeptoren 271
Thermorezeption 273
Sehen 274
    Optische Mechanismen – Evolution und
    Funktion 275
    Komplexaugen 277
    Vertebratenaugen 281
    Photorezeption – Umwandlung von Photo-
    nenenergie in neuronale Signale 288
Grenzen der sensorischen Rezeption 296
Zusammenfassung 297
Empfohlene Literatur 298

8. Drüsen – Mechanismen und Kosten der Sekretion 299

Zelluläre Sekretion 299
    Arten und Funktionen der Sekretion 299
    Oberflächensekretionen: Zellhüllen und
    Schleime 301
    Verpackung und Transport des zu sezer-
    nierenden Materials 302
    Speicherung von Sekreten 306
    Sekretionsmechanismen 306
Drüsensekretion 308
    Typen und allgemeine Eigenschaften von
    Drüsen 309
    Endokrine Drüsen 310
    Exokrine Drüsen 319
Energiekosten der Drüsenaktivität 324
Zusammenfassung 326
Empfohlene Literatur 327

9. Chemische Botenstoffe und Regulatoren 328

Endokrine Systeme – ein Überblick 329
    Chemische Substanzklassen und allge-
    meine Funktionen von Hormonen 329
    Regulation der Hormonsekretion 330
Neuroendokrine Systeme 331
    Hypothalamische Kontrolle der Adeno-
    hypophyse 332

Die glandotropen Hormone der Adenohypophyse ... 333
Die Neurohormone der Neurohypophyse ... 336
Molekulare Wirkungsmechanismen von Hormonen auf der Zellebene ... 338
Fettlösliche Hormone und cytoplasmatische Rezeptoren ... 338
Fettunlösliche Hormone und ihre intrazellulären Wirkungsmechanismen ... 341
Physiologische Effekte von Hormonen ... 358
Stoffwechsel- und Entwicklungshormone ... 358
Hormonelle Regulation des Wasser- und Elektrolythaushaltes ... 366
Sexualhormone ... 369
Prostaglandine ... 375
Endokrine Systeme bei Insekten ... 375
Zusammenfassung ... 380
Empfohlene Literatur ... 381

10. Muskel und Bewegung ... 382

Strukturelle Grundlagen der Muskelkontraktion ... 382
Feinstruktur der Myofilamente ... 384
Kontraktion des Sarcomers: Die Gleitfilamenttheorie ... 386
Funktion der Querbrücken und Kraftentwicklung ... 391
Mechanik der Muskelkontraktion ... 394
Beziehung zwischen Kraft und Verkürzungsgeschwindigkeit ... 395
Auswirkungen des Querbrückenmechanismus auf die Kraft-Geschwindigkeits-Beziehung ... 396
Steuerung der Muskelkontraktion ... 398
Calcium und Querbrückenaktivierung ... 398
Kopplung zwischen Erregung und Kontraktion ... 401
Kurzfristige Erzeugung von Kraft ... 409
Serienelastische Komponenten ... 409
Aktiver Zustand ... 410
Einzelzuckung und Tetanus ... 411
Energetik der Muskelkontraktion ... 412
ATP-Verbrauch durch die Myosin-ATPase und Calciumpumpen ... 412
Regeneration von ATP während der Muskelaktivität ... 412
Fasertypen im Skelettmuskel der Vertebraten ... 413
Einteilung der Muskelfasern ... 414
Funktionelle Hintergründe der verschiedenen Fasertypen ... 415
Anpassungen der Muskeln an verschiedene Aktivitäten ... 417
Anpassung an Leistung – Springende Frösche ... 417
Diversität der Funktion – Schwimmende Fische ... 419
Anpassungen an Schnelligkeit – Lauterzeugung ... 426
Asynchrone Flugmuskeln ... 431
Neurale Kontrolle der Muskelkontraktion ... 432
Neuromotorische Kontrolle bei Vertebraten ... 433
Neuromuskuläre Organisation bei Arthropoden ... 435
Herzmuskel ... 437
Glatte Muskulatur ... 439
Zusammenfassung ... 442
Empfohlene Literatur ... 444

11. Neuronale Verarbeitung und Verhalten ... 445

Evolution von Nervensystemen ... 449
Nervensystem der Vertebraten ... 453
Wichtige Abschnitte des Zentralnervensystems ... 454
Autonomes oder vegetatives Nervensystem ... 462
Eigenschaften neuronaler Schaltkreise ... 466
Teile eines neuronalen Puzzles ... 467
Sensorische Filternetzwerke ... 469
Neuromotorische Netzwerke ... 491
Verhalten ... 500
Grundlegende verhaltensbiologische Konzepte und „Fixed Action Pattern" ... 500
Verhaltensmodifikationen ... 503
Orientierung und Navigation ... 505
Zusammenfassung ... 511
Empfohlene Literatur ... 512

Teil III Integration physiologischer Systeme

12. Herz und Kreislauf 517

Allgemeine Grundlagen des Kreislauf-
systems 517
    Offene Kreislaufsysteme 519
    Geschlossene Kreislaufsysteme 520
Das Herz 522
    Elektrische Aktivität des Herzens 523
    Coronar-Kreislauf 529
    Mechanische Eigenschaften des Herzens . 529
    Pericard 534
    Funktionelle Morphologie des Vertebra-
    tenherzens 536
Hämodynamik 547
    Laminare und turbulente Strömung 547
    Beziehung zwischen Druck und
    Strömung 549
Peripherer Kreislauf 552
    Arterielles Gefäßsystem 552
    Venöses Gefäßsystem 558
    Kapillaren und Mikrozirkulation 561
Lymphsystem 566
    Milz 568
Lymphsystem und Immunreaktion 568
Regulation des Kreislaufs 570
    Kontrolle des kardiovaskulären Systems
    durch das Zentralnervensystem 571
    Regulation der Kapillardurchblutung 576
Kardiovaskuläre Antworten auf extreme
Belastungen 579
    Belastung durch Arbeit 579
    Kardiovaskuläre Antworten auf das
    Tauchen 580
    Kardiovaskuläre Antwort auf Hämor-
    rhagien 582
Zusammenfassung 583
Empfohlene Literatur 584

**13. Gasaustausch und Säuren-Basen-Gleich-
gewicht** 585

Allgemeine Betrachtungen 585
Sauerstoff und Kohlendioxid im Blut 588
    Atmungspigmente 588
    Sauerstofftransport im Blut 590
    Kohlendioxidtransport im Blut 595
    Gastransport zwischen Geweben und
    Blut 596
Regulierung des pH-Werts 601
    Bildung und Ausscheidung von Wasser-
    stoff-Ionen 602

    Verteilung von Wasserstoff-Ionen
    zwischen Kompartimenten 604
    Faktoren, die den intrazellulären pH-Wert
    beeinflussen 606
    Faktoren, die den pH-Wert des Körpers
    beeinflussen 606
Gastransport in der Luft – Lungen und andere
Systeme 608
    Funktionelle Anatomie der Lunge 608
    Lungenkreislauf 614
    Ventilationsmechanismen der Lunge 616
    Oberflächenspannung und Alveolen 622
    Wärme- und Wasserverlust bei der
    Atmung 623
    Gastransport im Vogelei 624
    Das Tracheensystem der Insekten 625
Gasaustausch im Wasser – Kiemen 630
    Gasaustausch über Kiemen 630
    Funktionelle Anatomie der Kiemen 633
Regulierung des Gasaustausches und der
Atmung 636
    Beziehung zwischen Atmung und Durch-
    blutung 636
    Neurale Regelung der Atmung 638
Atmung unter extremen Bedingungen 643
    Verminderte Sauerstoffverfügbarkeit –
    Hypoxie 643
    Erhöhter Kohlensäurespiegel – Hyper-
    kapnie 645
    Respiratorische Anpassungen an das
    Tauchen 646
    Atmung und körperliche Aktivität 647
Schwimmblasen 649
    Wundernetze oder Retia mirabilia der
    Schwimmblase 651
    Sauerstoffabscheidung gegen starke
    Druckgefälle 652
    Anpassung der Schwimmblase an
    verminderte Drücke 654
Zusammenfassung 654
Empfohlene Literatur 655

14. Ionen- und Wasserhaushalt 656

Problematik der Osmoregulation 656
Obligatorischer Austausch von Ionen und
Wasser 660
    Gradienten zwischen Tier und
    Umgebung 660
    Oberflächen/Volumen-Verhältnis 660

Permeabilität des Integumentes 660
Ernährung, Stoffwechsel und Exkretion ... 662
Temperatur, Arbeit und Atmung 665
Osmoregulierer und Osmokonformer 667
Osmoregulation in aquatischen und terrestrischen Lebensräumen 668
Wasseratmer 668
Luftatmer 671
Osmoregulatorische Organe 676
Die Niere der Säugetiere 676
Bau der Säugerniere 677
Harnbildung 680
Regulation des pH-Wertes über die Niere . 693
Mechanismus der Harnkonzentrierung ... 695
Regulation der Wasser-Reabsorption 698
Nieren anderer Vertebraten 701
Extrarenale osmoregulatorische Organe bei Vertebraten 702
Salzdrüsen 702
Die Kiemen der Fische 707
Osmoregulatorische Organe bei Evertebraten . 711
Filtrations-Reabsorptions-Systeme 711
Sekretions-Reabsorptions-Systeme 713
Exkretion stickstoffhaltiger Endprodukte 716
Ammoniak-ausscheidende Tiere 718
Harnstoff-ausscheidende Tiere 719
Harnsäure-ausscheidende Tiere 721
Zusammenfassung 721
Empfohlene Literatur 722

15. Ernährung, Verdauung und Resorption 723

Ernährungsstrategien 724
Nahrungsaufnahme durch die Körperoberfläche 724
Endocytose 724
Filtrieren 725
Aufnahme flüssiger Nahrung 727
Beutefang 728
Weidegang 731
Verdauungssysteme 732
Kopfdarm – Nahrungsaufnahme 734
Vorderdarm – Transport, Speicherung und Verdauung 737
Mitteldarm – Chemische Verdauung und Absorption 738
Enddarm – Wasser- und Ionenabsorption und Ausscheidung 740
Dynamik der Darmstruktur – Einfluß der Nahrung 742
Motilität des Darmkanals 743
Muskelkraft- und Cilienschlag 744
Peristaltik 744

Kontrolle der Motilität 745
Gastrointestinale Sekretion 746
Exokrine Sekrete des Verdauungskanals .. 746
Kontrolle der Verdauungssekretion 753
Absorption 757
Nährstoffaufnahme im Darm 758
Transport der Nährstoffe im Blut 759
Wasser- und Elektrolytgleichgewicht im Darm 759
Nahrungsbedürfnisse 762
Energiebilanz 762
Nährstoffmoleküle 763
Zusammenfassung 765
Empfohlene Literatur 766

16. Energiehaushalt – Auseinandersetzung mit den Anforderungen der Umwelt 767

Das Konzept des Energiestoffwechsels 767
Messung der Stoffwechselrate 768
Basal- und Standardstoffwechsel 768
Das metabolische Spektrum 769
Direkte Kalorimetrie 770
Indirekte Kalorimetrie: Bestimmung über Nahrungsaufnahme und Exkretion von Stoffwechselendprodukten 771
Indirekte Messung der Stoffwechselrate .. 772
Respiratorischer Quotient 774
Speicherung von Energie 775
Die spezifisch dynamische Wirkung 775
Körpergröße und Stoffwechselrate 776
Temperatur und Energiehaushalt 781
Temperaturabhängigkeit der Stoffwechselrate 781
Faktoren, von denen Körperwärme und Temperatur abhängen 785
Einteilung der Tiere nach der Regulation ihrer Körpertemperatur 789
Temperaturbeziehungen bei Ektothermen ... 792
Ektotherme in frostigen und kalten Lebensräumen 792
Ektotherme in warmen und heißen Lebensräumen 794
Kosten und Nutzen der Ektothermie 796
Temperaturbeziehungen bei Heterothermen . 797
Temperaturbeziehungen bei Endothermen ... 799
Mechanismen zur Regulation der Körpertemperatur 800
Thermostatische Regelung der Körpertemperatur 809
Fieber 813
Dormanz – Spezielle Stoffwechselzustände .. 816
Schlaf 816

Torpor 817
  Winterschlaf und Winterruhe 817
  Ästivation 818
 Energetische Kosten der Lokomotion 819
  Körpergröße, Geschwindigkeit und
  energetische Kosten der Lokomotion 819
  Physikalische Faktoren, welche die
  Lokomotion beeinflussen 821
  Lokomotion im Wasser, in der Luft und
  auf dem Boden 822
 Biologische Rhythmen und Energiehaushalt .. 828
  Circadiane Rhythmen 828
  Nicht circadiane endogene Rhythmen 830
  Temperaturregulation, Stoffwechsel und
  Biologische Rhythmen 831

 Energetische Kosten der Fortpflanzung 834
  Strategien bei der Investition von Energie
  in die Fortpflanzung 834
  Die „Kosten" der Gametenbildung 836
  Elterliche Fürsorge als Teil der ener-
  getischen Kosten der Fortpflanzung 836
 Energie, Umwelt und Evolution 837
 Zusammenfassung 838
 Empfohlene Literatur 840

Literatur 841

Sachverzeichnis 851

Verzeichnis der Boxen

Boxen

1.1	Feedback-Prinzip	10	
3.1	Elektronische Terminologie und Konventionen	58	
4.1	Donnan-Gleichgewicht	117	
5.1	Die Entdeckung der „tierischen Elektrizität"	136	
5.2	Elektrodiffusion und Nernst-Gleichung	147	
5.3	Spannungsklemme (Voltage-clamp)	158	
6.1	Extrazelluläre Signale der Impulsleitung	170	
6.2	Axondurchmesser und Leitungsgeschwindigkeit	172	
6.3	Pharmaka für die Untersuchung von Synapsen	182	
6.4	Berechnung des Umkehrpotentials	185	
7.1	Subjektive Korrelate primärer Photorezeptorenreaktionen	281	
7.2	Das Elektroretinogramm	287	
7.3	Licht, Farbe und Farbensehen	293	
8.1	Unterschiedliche Organismen sezernieren Substanzen mit ähnlicher Struktur und Funktion	302	
9.1	Peptidhormone	334	
9.2	Verstärkung der Hormonwirkung durch Enzymkaskaden	346	
10.1	Parallele und serielle Anordnung – Geometrie der Muskeln	389	
10.2	Extrahierte Muskelfasern	392	
11.1	Verhalten von Tieren ohne Nervensystem	447	
11.2	Tuningkurven – Antworten eines Neutrons aufgetragen gegen die Parameter des Reizes	471	
11.3	Spezifität neuronaler Verbindungen und Interaktionen	484	
12.1	Der Frank-Starling-Mechanismus	530	
13.1	Erste Experimente zum Gasaustausch bei Tieren	586	
13.2	Die Gasgesetze	587	
13.3	Lungenvolumina	612	
14.1	Renale Clearance	685	
14.2	Gegenstromsysteme	697	
15.1	Verhaltenskonditionierung bei der Nahrungsaufnahme und der Verdauung	755	
16.1	Energieeinheiten (oder „Wann ist eine Kalorie keine Kalorie?")	771	
16.2	Reynolds-Zahl	823	

Teil I

Prinzipien der Physiologie

Die Tierphysiologie sucht nach einer Klärung der Frage, wie der Organismus der Tiere arbeitet. Sowohl der Gepard, der eine Antilope verfolgt, als auch die Klapperschlange, die nach einer Wüstenmaus schnappt, wurden im Laufe ihrer Evolution anatomisch und physiologisch so an ihre Lebensweise angepaßt, daß sie ihre Beute fangen, aber auch ihren Feinden entkommen können. Der Polarfuchs besitzt ein hervorragend wärmeisolierendes Fell und hochempfindliche physiologische Mechanismen, die ihn vor der grimmigen Kälte seines Lebensraumes schützen. Selbst Tierarten, die in einer scheinbar „idealen Umwelt" leben – angenehme Temperaturen während des gesamten Jahres, Futter im Überfluß und gleichmäßige Tag- und Nachtzyklen – sind Herausforderungen ausgesetzt, wie z.B. der Teilung ihres Lebensraumes und der Nahrungsressourcen mit Artgenossen und mit Vertretern anderer Arten. Bis sich eine Art in ihrem heutigen Lebensraum etablieren konnte, wurden während der Evolution viele Wege beschritten und viele unterschiedliche Lebensräume besiedelt. Zur Erforschung der Arbeitsweise des tierischen Organismus stehen den Tierphysiologen viele Tierarten aus unterschiedlichsten Lebensräumen zur Verfügung. Dennoch beruhen alle Ansätze, die Physiologie der Tiere zu verstehen, auf vergleichsweise wenigen grundlegenden Konzepten. Diese Konzepte werden in Teil I dieses Buches behandelt und sind für das Verständnis der den Verhaltensleistungen (z.B. dem Beutefangverhalten von Geparden und Klapperschlangen) zugrundeliegenden physiologischen Prozesse wichtig. Zu diesen gehören auch die physiologischen Steuermechanismen, die es Tieren – Wüstenmaus oder Polarfuchs – ermöglichen, ihre internen Zustände so zu steuern, daß sie auch in einer lebensfeindlichen Umgebung überleben können.

Kapitel 1 behandelt zentrale Themen der Tierphysiologie und betrachtet die Beziehung zwischen Struktur und Funktion. Weiterhin werden die Prozesse der Adaptation und der Akklimatisation, der Homöostase sowie deren Kontrolle durch Rückkopplungssysteme behandelt. In den Naturwissenschaften beruht der Wissenszuwachs auf experimentellen Arbeiten: In Kapitel 2 wird daher auf die Bedeutung des Experimentes und die Strategien eingegangen, die Physiologen entwickelten, um ihre Hypothesen zu überprüfen. Außerdem werden die wichtigsten Experimentalmethoden, einschließlich der sich schnell entwickelnden molekularen Techniken, beschrieben.

Physiologie beruht auf chemischen und physikalischen Grundlagen. In Kapitel 3 werden daher die Grundlagen physikalischer und chemischer Konzepte behandelt, welche die Basis physiologischer Mechanismen bilden. Die Membranen, die die Zellen und deren Organellen umgeben, liefern ein wichtiges Beispiel dafür, wie physikalische und chemische Mechanismen in lebenden Zellen gemeinsam an biologischen Prozessen beteiligt sind. In Kapitel 4 betrachten wir die Natur der Membranen. Die Stabilisierung des inneren Zellzustandes durch die Plasmamembran wird besonders ausführlich dargestellt. Der aktive Stofftransport durch Zellmembranen wird sehr detailliert erklärt, da dieser Mechanismus für viele verschiedene physiologische Prozesse, wie z.B. Fortleitung von Nervenaktionspotentialen, Regulation der Zusammensetzung von Körperflüssigkeiten oder Aufnahme von Nährsubstanzen, entscheidend ist. Diese Prozesse werden in den nachfolgenden Kapiteln behandelt: In den Teilen II und III wird dargestellt, wie biochemische, molekulare und zelluläre Prozesse integrativ an der Regulierung physiologischer Systeme im gesamten Körper beteiligt sind.

1. Die Bedeutung der Tierphysiologie

Die Tierphysiologie erforscht die Funktionen der Gewebe, der Organe und der komplexen Organsysteme vielzelliger Tiere. Ihr Ziel ist es, die physikalischen und chemischen Mechanismen aufzuklären, die auf allen Organisationsebenen eines Lebewesen wirken, von der Molekularbiologie der Zellen bis hin zum Zusammenspiel organübergreifender Funktionen. Um zu verstehen, wie Tiere „funktionieren", ist deshalb ein fundiertes Wissen über die molekularen Interaktionen erforderlich, welche die Grundlage aller zellulären Lebensprozesse bilden. Mit diesem Wissen plant der Physiologe Experimente und überprüft Hypothesen, um mehr über die Kontrolle und die Regulation der Vorgänge innerhalb eines Zellverbandes zu erfahren und zu erforschen, wie die Gesamtaktivität solcher Zellverbände die Funktionsweise eines Tieres steuert. Die koordinierte Aktivität der zu Organen zusammengefaßten Zellen bildet die Grundlage der physiologischen Prozesse und Verhaltensleistungen, welche die Tiere von den Pflanzen unterscheiden. Zu diesen Fähigkeiten gehören z.B. die Fähigkeit zu aktiver Fortbewegung, die Wahrnehmung und Verarbeitung vielfältiger Informationen aus der Umwelt und nicht zuletzt die komplexen sozialen Interaktionen der Tiere.

Die Tierphysiologie ist vor allem eine integrierende Wissenschaft. So versucht sie zu verstehen, wie physiologische Systeme (in der Regel das Zentralnervensystem) aus der Vielzahl von Informationen eines Tieres über seine interne und externe Umwelt relevante Reize herausfiltern und bewerten. Die scheinbar einfache Fähigkeit der Säuger, ihre Körpertemperatur konstant zu halten, erfordert ein komplexes Temperaturkontrollsystem des Gehirns, welches die Informationen aus der Vielzahl von Faktoren, welche die Körpertemperatur beeinflussen, zusammenfaßt und auswertet. Zu diesen Faktoren zählen z.B. die Wärmebelastung bzw. der Wärmeverlust durch die Umwelt die intern erzeugte Stoffwechselwärme, der durch das Blut vermittelte Wärmetransport vom Inneren des Körpers zur Peripherie, der Wärmeverlust durch Schwitzen, die wärmeisolierenden Eigenschaften eines Fells und viele weitere für den Temperaturhaushalt wichtige physiologische und anatomische Variablen. Diese Verknüpfung und Integration verschiedenster Faktoren kennzeichnet die Physiologie und trägt zu ihrer Komplexität, aber auch zu ihrer Faszination bei.

Die Physiologie ist in die Gesetze der Chemie und Physik eingebettet. Kenntnisse in diesen Wissenschaften sind deshalb für ein physiologisches Verständnis eine wesentliche Voraussetzung. Die Bedeutung der Physik und Chemie für die integrierende Physiologie wird an folgenden Beispielen deutlich:
- Die Beschreibung von Ionenströmen und Membrankapazitäten ist ohne das **Ohm-Gesetz** nicht möglich.
- Atmungsprozesse werden von dem **Boyl-Gesetz** und dem **Gesetz der idealen Gase** beherrscht.
- Die Blutströmung steht unter dem Einfluß der **Schwerkraft**.
- Zur Beschreibung von Muskelkontraktionen und der Bewegungen des Brustraums während der Ausatmung sind die Begriffe der **kinetischen** und **potentiellen Energie** unverzichtbar.
- Die Fähigkeit der Tiere zu aktiver Lokomotion steht unter dem Einfluß der physikalischen Größen **Trägheit**, **Impuls**, **Geschwindigkeit** und **Strömungswiderstand**.

Dies ist nur eine Auswahl der vielen chemischen und physikalischen Größen, die in die Physiologie und damit auch in dieses Buch Eingang gehalten haben.

Die Prinzipien der Evolution – Mutation und Selektion – liegen den Objekten der Tierphysiologie ebenso zugrunde wie denjenigen aller anderen Forschungsrichtungen der Biologie. So führte die natürliche Selektion zur Entwicklung von Enzymen, welche die vergleichsweise hohen Körpertemperaturen der Säuger und Vögel tolerieren; bei landbewohnenden Krebsen erfolgte eine Anpassung ihrer Kiemen an die Luftatmung; Lachse entwickelten die Fähigkeit, sowohl im Süß- als auch im Salzwasser leben zu können. Das Spektrum der physiologischen Anpassungen an die verschiedensten Umweltbedingungen in den über eine Million bekannten Tierarten ist überwältigend. In ihrer Geschichte hat die Tierphysiologie zahlreiche Untersuchungen über die Anpassungsstrategien einzelner Arten an spezifische Umweltbedingungen und -anforderungen hervorgebracht; die große Zahl dieser Fallbeispiele hat unser Wissen über die sich aus verschiedenen Umweltbedingungen entwickelnden Anpassungen wesentlich bereichert. In neuerer Zeit bedienen sich die Physiologen auch evolutions- und molekularbiologischer Methoden, um „Muster" in dem großen Spektrum physiologischer

Anpassungen zu erkennen. Ein Ziel dieses Buches ist es, die grundlegenden Muster der Tierphysiologie zu beschreiben; wir werden zu diesem Zweck ausgewählte Beispiele heranziehen, um die allgemeinen physiologischen Prinzipien zu verdeutlichen.

Teilgebiete der Tierphysiologie

Die Tierphysiologie umfaßt mehrere Teilgebiete. Die **Vergleichende Physiologie** versucht, durch den Vergleich verschiedener Arten physiologische und evolutionäre Muster zu erkennen. Die Bezeichnung vergleichende Physiologie wird häufig verwendet, um die Tierphysiologie von der medizinischen Physiologie abzugrenzen, die sich fast ausschließlich mit gängigen Labortieren wie Ratte, Maus, Katze oder Kaninchen befaßt. Ein Physiologe, der sich mit der Nierenfunktion bei der Ratte befaßt, wird sich kaum als vergleichenden Physiologen bezeichnen, wogegen sein Kollege, der die Nierenfunktion beim Gürteltier untersucht, sich sehr wohl mit dieser Gruppe der Tierphysiologen identifizieren wird. Die **Ökophysiologie** beschäftigt sich bevorzugt mit den entwicklungsgeschichtlich erworbenen Anpassungen der Tiere an die günstigen oder auch lebensfeindlichen Bedingungen ihrer jeweiligen Lebensräume (z.B. der Entwicklung eines dicken Pelzes bei arktischen Arten, dem großen Blutvolumen tauchender Robben oder der wasserdichten Cuticula der Schaben). Die **Evolutionsphysiologie**, ein vergleichsweise neues physiologisches Forschungsgebiet, bedient sich der Methoden der Evolutionsbiologie und der Systematik. Bei der Erstellung taxonomischer Stammbäume oder Kladogramme werden dabei statt anatomischer Merkmale (z.B. dem Besitz von Federn) physiologische Kennzeichen (z.B. die Aufrechterhaltung der Körpertemperatur) herangezogen, um die tierische Evolution aus dem Blickwinkel eines Physiologen zu verstehen.

Warum Tierphysiologie?

Die tierphysiologische Forschung läßt sich bis zu den ersten Schriften der frühen Gelehrten zurückverfolgen. Aristoteles untersuchte den Herzschlag des sich entwickelnden Hühnerembryos. Die europäischen Chemiker der Renaissance beschäftigten sich mit dem Stoffwechsel der Tiere und Pflanzen, um den Sauerstoffverbrauch und die sauerstoffbildenden Reaktionen der Lebewesen zu verstehen. So sind über die Jahrtausende hinweg viele Beispiele dokumentiert, aus denen das Interesse des Menschen für die Physiologie von Tier und Mensch hervorgeht.

Wissenschaftliche Neugier

Jeder tierphysiologischen Untersuchung – auch denen der angewandten Forschung – liegt die Neugier auf die Funktionsweise eines Tieres zugrunde. Aus diesem „Drang" ergeben sich Fragen wie:
– „Kann das Herz eines Kolibris 20mal in der Sekunde schlagen, während der Vogel beim Schwirrflug in der Luft steht?"
– „Nehmen Insekten das ultraviolette Spektrum wahr?"
– „Überleben Känguruh-Ratten in der Wüste ohne einen Tropfen Trinkwasser?"

Fragen dieser Art reizen den Tierphysiologen und können ihn zu immer weiteren und detaillierten Forschungsansätzen führen. Denn im Sinne von Plato („Ich weiß, daß ich nichts weiß") stellen wir fest: je mehr wir lernen, desto mehr erkennen wir, wie wenig wir tatsächlich über die physiologischen Systeme der Tiere wissen.

Bedeutung für Landwirtschaft und Industrie

Die in der Tierphysiologie gewonnenen Kenntnisse haben wesentlich zur industriellen und landwirtschaftlichen Entwicklung beigetragen. So ist die Qualität der tiermedizinischen Versorgung der humanmedizinischen nahezu vergleichbar geworden. Bauern konnten den Ertrag ihrer Felder steigern und die Qualität von Tierprodukten wie Milch, Eiern und Fleisch wesentlich verbessern. Die Steigerung der Zuchterfolge ist auch auf den Einsatz künstlicher Befruchtungsmethoden zurückzuführen.

Einblicke in die Physiologie des Menschen

Schließlich lehrt uns die Tierphysiologie viel über die physiologischen Grundlagen des Menschen. Dies erstaunt nicht, da der Mensch aus biologischer Sicht dem Tierreich angehört. Wir teilen mit allen anderen Tieren (1) die gleichen grundlegenden biologischen Prozesse, die in ihrer Gesamtheit „Leben" bedeuten, (2) wir sind den gleichen physikalischen und chemischen Gesetzen unterworfen, (3) wir teilen die gleichen Prinzipien und Mechanismen der Mendel- und der molekularen Genetik und (4) eine gemeinsame Evolutionsgeschichte. Demzufolge sind die Vorgänge, welche ein menschliches Herz zum Schlagen bringen, mit denjenigen identisch, die bei Fisch, Frosch, Schlange, Vogel oder Affe die Herztätigkeit hervorbringen. In gleicher Weise entsprechen die molekularen Prozesse, welche die elektrischen Impulse im menschlichen Gehirn erzeugen, grundsätzlich denjenigen, die in den Nerven eines Tintenfisches, einer Krabbe oder einer Ratte Impulse produzieren. Aus diesen Gründen hat die Tierphysiologie einen kaum zu überschätzenden Beitrag zum Verständnis der menschlichen Physiologie geliefert. Tatsächlich wurde das Wissen über die Funktion menschlicher Zellen, Gewebe und Organe in erster Linie an verschiedenen Arten von Wirbeltieren (Vertebraten) und Wirbellosen (Evertebraten) erforscht.

Es gibt mehrere Gründe, weshalb die Kenntnis unserer Körperfunktionen für unser tägliches Leben von Bedeutung ist. So bildet die Physiologie des menschlichen Körpers einen Eckpfeiler der wissenschaftlichen Medizin. Das Verständnis der Funktionen und auch der Fehlfunktionen lebender Zellen und Gewebe ist die Grundlage der Entwicklung wissenschaftlich fundierter und wirksamer Behandlungsmethoden menschlichen Leidens. Der Beitrag der Tierphysiologie für den humanmedizinischen Fortschritt wurde durch den Einzug neuer Techniken wesentlich erweitert und ermöglichte die Entwicklung von Tiermodellen für menschliche Krankheiten (z.B. zuckerkranke Mäuse, fettsüchtige Ratten, herzkranke Zebrafisch-Embryonen). Solche Tiermodelle bilden die Grundlage für zahlreiche Experimente, deren Durchführung am Menschen aus praktischen und ethischen Gründen nicht denkbar ist. Die Erkenntnisse, die aus solchen Tiermodellen gewonnen werden können, setzen ein grundlegendes Verständnis der ihnen zugrundeliegenden physiologischen Prozesse voraus. Ein Arzt und medizinischer Forscher, der physiologische Prozesse verstehen und ihre Bedeutung für die Humanphysiologie erkennen kann, verfügt über gute Voraussetzungen, die aus den Tiermodellen gewonnenen Informationen intelligent einzusetzen zu können. Ein fundiertes Wissen über die Körperfunktionen erleichtert es ihm, korrekte Diagnosen zu stellen und richtige Behandlungen einzuleiten, ohne das physiologische Gleichgewicht des Patienten zu stören. Jene Ärzte aber, die dieses Wissen nicht besitzen, sind nichts anderes als moderne Medizinmänner, die Medikamente verteilen, ohne über deren Wirkung mehr zu wissen als in den Werbebroschüren der pharmazeutischen Firmen zu finden ist.

Zentrale Themen der Tierphysiologie

Ziel dieses Buches ist es, physiologische Prozesse zu beschreiben, die möglichst auf alle Tiergruppen zutreffen und aufzuzeigen, wie sie im Laufe der Evolution durch natürliche Selektion verändert wurden. Der Vergleich und die Gegenüberstellung von Anpassungen, die von verschiedenen Organismen unter ähnlichen Umweltbedingungen entwickelt wurden, liefert wichtige Erkenntnisse über die Muster der physiologischen Evolution und den Anpassungswert physiologischer Prozesse. Wie bei jedem anderen Gebiet wiederholen sich auch in der Tierphysiologie bestimmte Gesetzmäßigkeiten. Einige von diesen werden hier behandelt.

Struktur-Funktions-Beziehungen

Die Struktur bildet die Basis der Funktion. Dieses zentrale Prinzip der Tierphysiologie sei an folgendem Beispiel erläutert: Ein Frosch springt nach einem vorbeifliegenden Insekt, indem er die mächtige Skelettmuskulatur kontrahiert, die mit den Knochen seiner Hinterextremitäten verbunden ist. Ist das Insekt verschluckt, zerreibt und vermischt die glatte Muskulatur des Magens den Mageninhalt. Die aus dem Insekt gewonnenen Nährstoffe werden in den Blutstrom aufgenommen; die durch den regelmäßig schlagenden Herzmuskel geleistete Arbeit treibt das Blut durch den ganzen Körper. An diesen alltäglichen Vorgängen im Leben eines Frosches sind drei strukturell verschiedene Muskeltypen beteiligt, die drei verschiedene Funktionen erfüllen. Enge Beziehungen zwischen der Struktur eines Gewebes und seiner Funktion finden sich nicht nur in der Muskulatur, sondern in jedem Gewebe des tierischen Körpers (z.B. bei den Knochen, den Epithelien und Drüsengeweben).

Daß die Struktur von der Funktion abhängt, läßt sich auf jedem Niveau der biologischen Organisation zeigen. Wie in Abb. 1.1 dargestellt, sind die Struktur-Funktions-Beziehungen des Muskelgewebes bereits auf der molekularen Ebene deutlich erkennbar. Der kontraktile Mechanismus der Skelettmuskulatur ist eines der am besten untersuchten Beispiele für die Abhängigkeit der Struktur von der Funktion auf molekularer und biochemischer Ebene. Wie in Kap. 10 dargestellt wird, bildet die Bewegung eines Froschbeines den Endpunkt einer Kette biochemischer Ereignisse, die innerhalb jeder Muskelzelle von der Interaktion Tausender stäbchenähnlicher Strukturen abhängen, die aus den kontraktilen Proteinen Actin und Myosin bestehen. Diese Proteine besitzen Molekularstrukturen, die es ihnen ermöglichen, sich durch kurzfristige molekulare Interaktionen aufeinander zu zu bewegen. Diese Proteinbewegungen führen zu einer Kontraktion (Verkürzung) aktivierter individueller Muskelzellen. Erstreckt sich diese Interaktion über die Tausende von Muskelzellen, die in ihrer Gesamtheit die Beinmuskulatur bilden, bewirkt ihre Kontraktion eine Verkürzung der Beinmuskulatur. Aufgrund der strukturellen Beziehung zwischen der mächtigen Kontraktionsmuskulatur und den langen Beinknochen des Frosches bewegt diese Muskelverkürzung das Bein. Das Ergebnis ist ein den ganzen Froschkörper fortbewegendes „Hüpfen".

Die alle physiologischen Prozesse beherrschende Abhängigkeit der Struktur von der Funktion ist für das Verständnis physiologischer Vorgänge absolut notwendig.

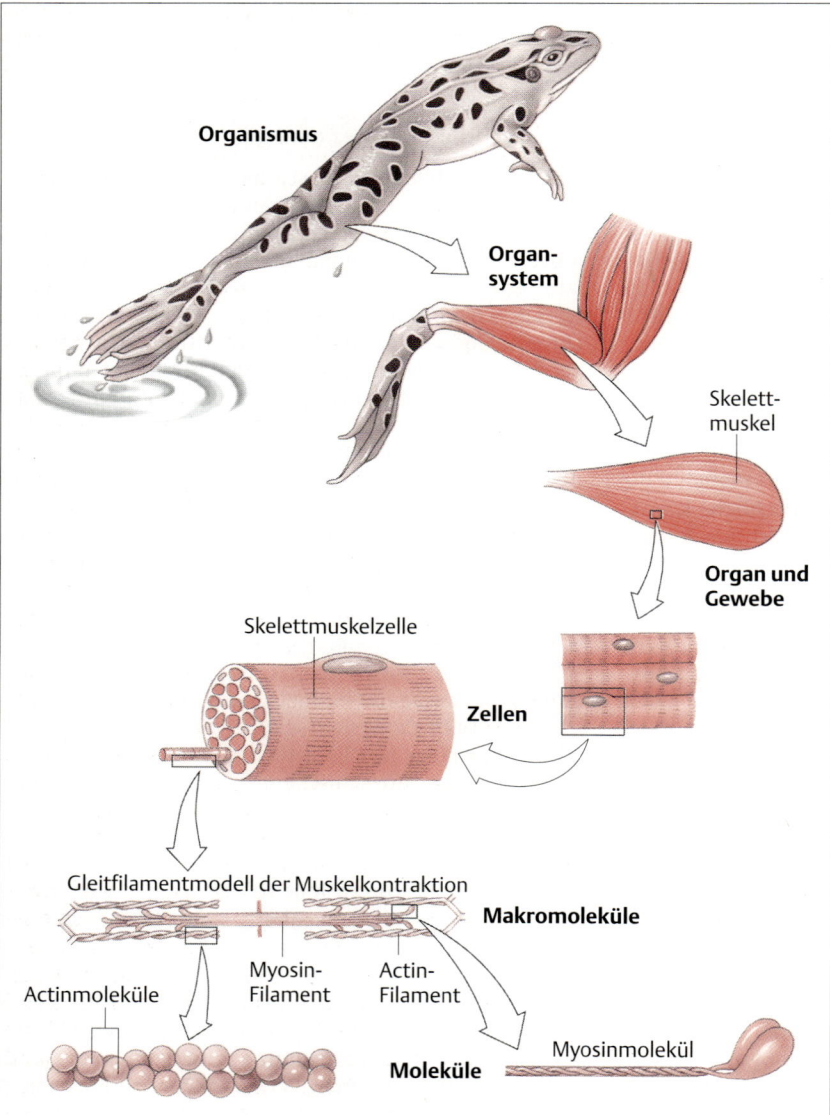

Abb. 1.1 Organisationsebenen eines Tieres. Auf jeder Organisationsebene hängt die biologische Funktion von der Struktur ab. Dieses Prinzip gilt für alle Organisationsebenen – vom Gesamtorganismus bis hin zur molekularen Ebene. Im vorliegenden Beispiel – einem springenden Frosch – ermöglichen viele verschiedene Muskelsysteme, daß das Tier seine Augen bewegen, Beute verschlucken und viele andere Aktivitäten ausführen kann. Beispielsweise bilden verschiedene Skelettmuskeln ein Muskelsystem, um die Beine zu bewegen. Skelettmuskeln bestehen letztendlich aus Tausenden von Molekülen (Actin und Myosin). Diese Moleküle bilden auf der makromolekularen Ebene die Proteine, welche die kontraktilen Elemente der Muskulatur darstellen.

Adaptation, Akklimatisation und Akklimation

Die Physiologie eines Tieres ist seiner Umwelt so angepaßt, daß dessen Überleben in der Regel gesichert ist. Die Evolution durch natürliche Selektion ist die dafür akzeptierte Erklärung und wird als **Adaptation** bezeichnet. Die Adaptation ist ein extrem langsamer und irreversibler Prozeß, der sich über mehrere Tausend Generationen hinzieht. Die Adaptation ist nicht zu verwechseln mit zwei anderen Anpassungsprozessen, der Akklimatisation und der Akklimation. **Akklimatisation** ist eine physiologische, biochemische oder anatomische Veränderung innerhalb eines Tieres, die aufgrund andauernder Exposition des Tieres gegenüber neuen, natürlich vorkommenden Umweltbedingungen in seinem Lebensraum eintritt. Die **Akklimation** beruht auf dem gleichen biologischen Mechanismus wie die Akklimatisation, die Änderungen der Umweltbedingungen werden in diesem Fall jedoch experimentell im Labor oder im Freiland durch einen Experimentator hervorgerufen.

Akklimation und Akklimatisation sind im Gegensatz zu der Adaptation reversibel. Wenn z.B. ein Tier freiwillig aus einem Bergtal zu den höher liegenden Hängen des Berges wandert (ein freiwilliges Aufsuchen unterschiedlicher Umweltbedingungen), wird seine Lungenventilation zunächst ansteigen, um genügend Sauerstoff aufzunehmen. Innerhalb weniger Tage – vielleicht auch Wochen – wird die Lungenventilation jedoch wieder auf die ursprünglichen Werte absinken; andere Mechanismen, die den Gasaustausch in großen Höhen erleichtern, werden dann aktiv. Dieses spezielle Tier hat sich an die Bedingungen der neuen Höhe angepaßt (Akklimatisation). Wenn ein Experimentator ein solches Tier in eine Unterdruckkammer bringt und so große Höhen simuliert, wird das Tier während einiger Tage an diese künstliche Situation angepaßt (Akklimation). Im Gegensatz zu diesen kurzfristigen Änderungen beruhen die Leistungen einer den Gipfel des Mt. Everest überfliegenden Gänseart auf ihrer Anpassung an große Höhen durch natürliche Selektion (Adaptation).

Bis etwa vor einem Jahrzehnt gingen Physiologen davon aus, daß Tiere und damit auch jeder physiologische Prozeß, der das Überleben eines Tieres sichert, optimal an die herrschenden Umweltbedingungen angepaßt sind. Aufgrund neuer Beobachtungen und Theorien der Evolutionsbiologen setzt sich in jüngster Zeit die Erkenntnis durch, daß sich zwar durch die natürliche Selektion im Laufe der Evolution physiologische Prozesse verändern und viele dieser Änderungen das Überleben einer Art sichern, daß dies aber nicht unbedingt bedeutet, daß diese Anpassungen die bestmöglichen sind. So regulieren beispielsweise Säugetiere ihre Körpertemperatur auf 1–2 °C genau. Da man die Genauigkeit einiger physiologischer Kontrollsysteme kennt, ist es durchaus vorstellbar, daß es ein feineres Temperaturkontrollsystem geben könnte. Die Evolution hat bis jetzt jedoch kein genaueres hervorgebracht. Eine Temperaturschwankung von 1–2 °C stellt folglich einen Toleranzbereich dar, in dem der Selektionsmechanismus nicht „greift".

Zweifellos ist die Adaptation ein zentrales Konzept der Tierphysiologie. Ob bestimmte Eigenschaften eines Tieres tatsächlich einen adaptiven Wert besitzen, ist oft schwierig festzustellen. Ein physiologischer Prozeß ist dann adaptiv, wenn er in einer Population häufig vorkommt und die Überlebenswahrscheinlichkeit und Fortpflanzungsrate der Tiere erhöht. Es ist jedoch schwierig, den Anpassungswert einiger physiologischer Prozesse eindeutig nachzuweisen. Hinweise für den adaptiven Vorteil eines Prozesses kann der vergleichende Ansatz liefern: Bei diesem untersucht der Forscher einen physiologischen Prozeß bei entfernt verwandten Arten, die unter identischen Umweltbedingungen leben bzw. bei nah verwandten Arten, die unter völlig unterschiedlichen Umweltbedingungen leben.

Sind ein physiologischer Prozeß und ähnliche anatomische Strukturen bei verschiedenen, entfernt verwandten Arten vorhanden, die den gleichen Lebensraum bewohnen, liegt die Vermutung nahe, daß die beobachtete Kombination von Prozeß und Struktur adaptiv ist. Vergleichende Studien dieser Art sind noch aussagekräftiger, wenn sie mit der Untersuchung nah verwandter Arten in unterschiedlichen Lebensräumen kombiniert werden (als „Negativkontrolle"). Ein klassisches Beispiel für die Aussagekraft dieser Vorgehensweise sind die Untersuchungen am Lama und dem mit ihm nah verwandten Kamel. Ursprünglich waren Wissenschaftler der Meinung, daß die große Affinität des Lamablutes für Sauerstoff eine Anpassung an die sauerstoffarme Höhenluft im Lebensraum des Lamas sei. Zu ihrer großen Überraschung entdeckten sie jedoch, daß auch das Blut des im Flachland lebenden Kamels eine hohe Sauerstoffaffinität besitzt. Das bedeutet, daß die hohe Sauerstoffaffinität des Lamablutes keine spezifische Anpassung an das Leben in großen Höhen ist. Bei dieser Eigenschaft des Lama- und Kamelblutes handelt es sich folglich nicht um eine Anpassung an den Lebensraum, sondern um eine Eigenschaft der Familie der *Camelidae*. Indirekte Kriterien dieser Art werden bei der Ermittlung des Anpassungswertes eines bestimmten physiologischen Vorgangs üblicherweise akzeptiert, vor allem dann, wenn sie in den Rahmen einer sorgfältig geplanten vergleichenden Studie eingebettet sind.

Physiologische und anatomische Adaptationen an Umweltbedingungen haben eine genetische Grundlage, die von einer Generation auf die folgende übertragen und dabei kontinuierlich durch die natürliche Selektion geformt und erhalten wird. Tiere erben diese genetische Information von ihren Eltern in Form von **Desoxyribonucleinsäure**-Molekülen (DNS, engl. DNA). Spontane Änderungen der DNA-Nucleotidsequenz von Genen, **Mutationen**, können Änderungen in den Eigenschaften der kodierten **Proteine** oder **Ribonucleinsäuren** (RNA) bewirken. Mutationen der Keimbahn-DNA, welche die Überlebenswahrscheinlichkeit von Organismen und damit ihre Fortpflanzungschancen erhöhen, werden durch die Selektion erhalten und häufen sich im Laufe der Zeit in der Population an. Im Gegensatz dazu vermindern solche Mutationen, welche die Anpassung an den Lebensraum herabsetzen, die Fortpflanzungswahrscheinlichkeit. Sind die Mutationen schädlich, werden die Mutanten im Laufe der Zeit eliminiert. Ein geringer Anteil „neutraler" Mutationen scheint die Überlebenswahrscheinlichkeit weder zu erhöhen noch zu vermindern.

Das von vielzelligen Organismen in Form der DNA auf ihre Nachkommen übertragene genetische Material entstammt einer generationsübergreifenden Keimzellenbahn oder **Keimbahn**. Die Keimbahnzellen stammen, wie alle Zellen eines Lebewesens, direkt von den elterlichen Keimzellen ab; nur die Keimbahnzellen eines Lebewesens können ihre DNA an die nächste Generation weitergeben. Eine Art wird durch die Information ihrer Keimbahn-DNA, die dem blinden und ungerichteten Evolutionsprozeß unterworfen ist, definiert. Ist eine Art nicht in der Lage, sich fortzupflanzen, bedeutet dies ihr schnelles und unwiderrufliches Ende. Aus biologischer Sicht besteht die wichtigste Aufgabe im Leben eines Tieres darin, sich fortzupflanzen und seine DNA weiterzureichen. Alle Anstrengungen, alle Anpassung an die Unwirtlichkeiten und Herausforderungen der Umwelt, jegliches Verhalten sowie alle physiologischen Prozesse und anatomischen Strukturen eines Tieres dienen letztendlich dem Erhalt und der Weitergabe der Keimbahn-DNA.

Homöostase

Auch wenn man den Eindruck gewinnt, daß viele Tiere sehr angenehm in ihrer Umwelt leben, so stellen doch die meisten Lebensräume für tierische Zellen eine feindliche Umgebung dar. Für viele aquatisch lebende Arten ist z.B. das umgebende Wasser entweder wäßriger (Süßwasser) oder salziger (Meerwasser) als ihre Körperflüssigkeiten. Sowohl terrestrische als auch aquatische Arten leben in Lebensräumen, die entweder zu heiß oder zu kalt sind. Mit wenigen Ausnahmen (z.B. der Tiefsee) unterliegen die meisten Lebensräume zumindest geringfügigen Fluktuationen in ihren chemischen und physikalischen Eigenschaften (vor allem der Temperatur). Die Änderungen der Umwelt, welche auf die Körperoberfläche eines Tieres einwirken, hätten auf die meisten Zellen und Gewebe des Körperinneren sowie auf die Organfunktionen eine zerstörerische Wirkung. Physiologische Kontrollsysteme sorgen jedoch für vergleichsweise stabile Zustände innerhalb der tierischen Körpergewebe. Das Bestreben eines Organismus, sein inneres Milieu konstant zu halten, wird als **Homöostase** bezeichnet.

Claude Bernard, der im 19. Jahrhundert lebende französische Pionier der modernen Physiologie, war der erste, der die Bedeutung der Homöostase für tierische Funktionen beschrieb, indem er auf die Fähigkeit der Säugetiere zur Regelung ihres inneren Milieus innerhalb enger Grenzen hinwies. Diese Fähigkeit ist uns allen durch die routinemäßig durchgeführten medizinischen Blutuntersuchungen und Körpertemperaturmessungen bekannt. Bei gesunden Menschen wird die Körpertemperatur unabhängig von der Außentemperatur bis auf ein Grad genau bei 37 °C gehalten. In unserem Körper wird nicht nur die Temperatur konstant gehalten, sondern auch andere Parameter wie z.B. die Glucosekonzentration, der pH-Wert, der osmotische Druck, der Sauerstoffgehalt und die Ionenkonzentrationen. Wie Bernard es formulierte, ist die „Beständigkeit des inneren Milieus" bei allen Lebewesen eine mehr oder weniger ausgeprägte Erscheinung, die es Tieren und Pflanzen ermöglicht, unter extremen und wechselhaften Umweltbedingungen zu überleben (Abb. 1.2). Die Evolution der Homöostase war vermutlich der wichtigste Faktor, der die Tiere befähigte, physiologisch freundliche Gebiete zu verlassen und solche zu erobern, die den Lebensbedürfnissen feindlicher gesinnt sind. Es ist faszinierend zu entdecken, wie sich im Laufe der Evolution verschiedene Tiergruppen an ihre speziellen Umweltbedingungen angepaßt haben. Zu Beginn des 20. Jahrhunderts erweiterte Walter Cannon die Vorstellung von Bernard über die Konstanz der inneren Bedingungen und übertrug sie auf die Organisation und Funktion von Zellen, Geweben und Organen. Es war schließlich Cannon, der 1929 den Begriff der Homöostase prägte, um die Tendenz zur Stabilisierung des inneren Milieus zu beschreiben. Seine Untersuchungen zur Homöostase physiologischer Systeme wurden mit dem Nobelpreis belohnt (s. Kap. 9).

Die Homöostase ist eines der wichtigsten Konzepte in der Geschichte der Biologie und liefert einen Begriffsrahmen, in dem vielfältige physiologische Daten interpretiert werden können.

Obgleich komplexe, oft viele Organe umfassende physiologische Mechanismen an der Aufrechterhaltung der Homöostase beteiligt sind, ist sie auch auf zellulärem Niveau vorhanden. Auch bei Einzellern (Protozoen) sind

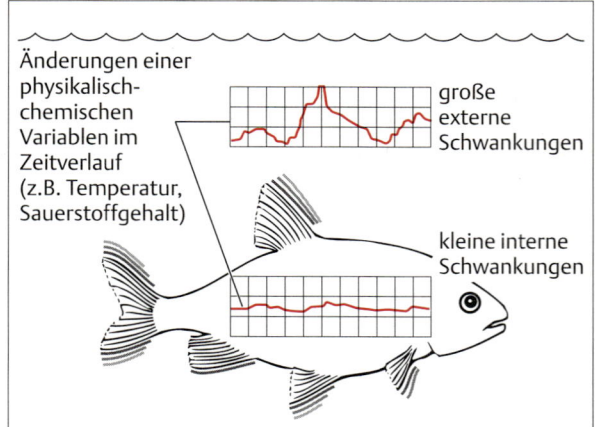

Abb. 1.2 Homöostase. Physiologische Regelsysteme halten die internen Zustände eines Lebewesens im Vergleich zu großen externen Änderungen in relativ engen Grenzen: Externe Schwankungen in einem Parameter lösen entsprechende Antworten interner Kontrollsysteme aus, die den Störungen entgegenwirken. Die internen Schwankungen bei diesem Parameter werden dadurch deutlich unter denen der externen Umwelt gehalten. Der Organismus betreibt Homöostase.

homöostatische Prozesse in unterschiedlichem Maß ausgebildet. So konnten sich Protozoen im Süßwasser und anderen osmotisch ungünstigen Umgebungen ausbreiten, da die Konzentration ihrer Ionen, Zucker, Aminosäuren und anderer im Zellplasma gelöster Stoffe durch die Kontrolle der Membranpermeabilität, den aktiven Transport und weitere Mechanismen reguliert werden. Diese halten die Konzentrationen der gelösten Substanzen in genau den Grenzen, die für den Stoffwechselbedarf jeder Zelle – die einzelligen Protozoen eingeschlossen – günstig sind, auch wenn sie sich deutlich von den Stoffkonzentrationen außerhalb der Zelle unterscheiden.

Feedback-Kontrollsysteme

Die Regelprozesse, die in Zellen und mehrzelligen Organismen für die Aufrechterhaltung der Homöostase sorgen, hängen in vielen Fällen von einem **Feedback-** oder **Rückkopplungsprinzip** ab. Feedback-Kontrollsysteme sind dann beteiligt, wenn z.B. Sinnesinformationen über eine bestimmte Variable (z.B. Temperatur, Salzgehalt, pH) zur Kontrolle eines Prozesses in Zellen, Geweben und Organen herangezogen werden, um den Wert dieser Variablen zu beeinflussen. Die homöostatische Kontrolle benötigt angesichts der begrenzten Genauigkeit der Vererbungs- und Stoffwechselmechanismen – von den äußeren Störungen ganz abgesehen – eine ununterbrochene Regelung, die eine ständige Überprüfung und Korrektur umfaßt. Diesen Prozeß bezeichnet man als **Negatives-Feedback**. Man stelle sich z.B. vor, daß ein erfahrener Autofahrer am Anfang eines 15 km langen, absolut geraden Autobahnabschnitts in ein Auto gesetzt wird, um diese Strecke blind zu fahren, ohne von der Straße abzuweichen. Bevor man ihm die Augen verbindet, darf er das Auto in die gewünschte Position stellen. Bereits die geringste Asymmetrie im neuromotorischen oder sensorischen System des Fahrers oder in der Steuerung des Wagens, ganz zu schweigen vom Wind und Unebenheiten der Straße, machen diese Aufgabe unmöglich. Wenn jedoch die Augenbinde entfernt wird, benützt der Fahrer optische Informationen und negative Rückkopplungsmechanismen, um in der Spur zu bleiben. Bemerkt er eine allmähliche Abweichung zu der einen oder anderen Seite – gleichgültig, ob durch innere oder äußere Störungen –, so kann er durch eine ausgleichende motorische Korrektur am Lenkrad den Kurs korrigieren. In diesem Fall funktioniert das optische System des Fahrers als Sensor, während sein neuromotorisches System als umkehrender Verstärker arbeitet, der Abweichungen vom **Soll-Wert** (in diesem Falle von der Mitte der Fahrbahn) durch eine korrigierende Bewegung ausgleicht.

Ein weiteres Beispiel für eine Regelung durch eine negative Rückkopplung sei mit Hilfe einer thermostatischen Vorrichtung veranschaulicht, welche die Temperatur eines Heißwasserbades auf oder dicht bei einem festgelegten Wert stabilisiert (Abb. 1.**3**). Solange die aktuelle Wassertemperatur, der **Ist-Wert**, unter dem Soll-Wert liegt, hält das Meßglied die Heizung in Betrieb. Sobald die Temperatur den festgelegten Wert erreicht, wird die Heizung abgeschaltet, bis die Wassertemperatur erneut den Soll-Wert unterschreitet. Dieses Beispiel deutet darauf hin, daß zur Regelung der Körpertemperatur ein „Thermostat" benötigt wird. Dessen Information wird einem Temperaturkontrollsystem zugeleitet, das in Abhängigkeit vom Signal die Körpertemperatur entweder erhöht oder erniedrigt. Über die Regulierung der Körpertemperatur liegen viele Erkenntnisse vor; auch der Sitz des Thermostaten ist bekannt (Kap. 16).

Die Eigenschaften des negativen und positiven Feedback-Systems sind in Box 1.1 dargestellt. Beispiele physiologischer Feedback-Systeme finden sich an vielen Stellen dieses Buches, so z.B. beim Stoffwechsel (Kap. 3), bei der endokrinen Regelung (Kap. 9), bei der neuralen

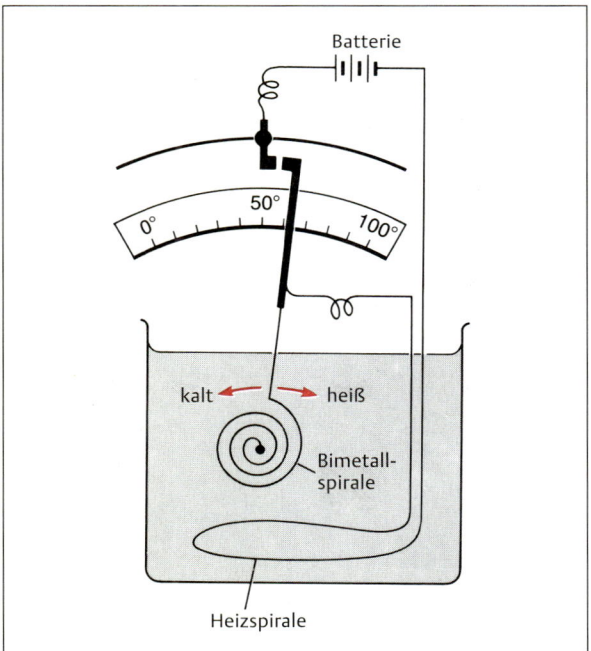

Abb. 1.3 Beispiel für ein geregeltes System. Eine Bimetallspirale rollt sich ein wenig ein, wenn die Temperatur des Wasserbades absinkt. Sobald die Kontakte einander berühren, wird der Stromkreis geschlossen, Strom fließt durch die Heizspirale. Das Wasser wird erwärmt, die Spirale rollt sich wieder aus, und die Kontakte weichen auseinander. Die Solltemperatur kann durch Veränderungen der Lage des Thermostatkontakts eingestellt werden.

Box 1.1 Feedback-Prinzip

Das Feedback-Prinzip (Rückkopplungsprinzip) wird sowohl in biologischen als auch in technischen Systemen häufig eingesetzt, um einen bestimmten Zustand aufrechtzuerhalten. Die Rückkopplung kann positiv oder negativ ein, wobei grundlegend unterschiedliche Wirkungen hervorgerufen werden.

Positives Feedback
In dem in Teil **A** der Abbildung dargestellten Modell wirkt eine äußere Störung auf das kontrollierte System ein. Der Output dieses Systems wird von einem **Sensor** (Fühler) registriert und dem **Verstärker** als Eingangssignal zugeführt. Angenommen, das Signal wird verstärkt, ohne sein Vorzeichen (plus oder minus) zu ändern, so wirkt das Ausgangssignal des Verstärkers, wenn es dem Regelsystem zugeführt wird, in die gleiche Richtung wie die anfängliche Störung und verstärkt damit deren Wirkung. Dieses positive Feedback neigt zu großer Unbeständigkeit, da das Ausgangssignal nach und nach größer wird. Ein bekanntes Beispiel bietet die Lautsprecheranlage: Wenn das Mikrophon das Ausgangssignal des Lautsprechers wieder einfängt, entsteht ein lautes Quieken. Eine winzige Störung am Eingangssignal kann so eine viel größere Wirkung am Ausgangssignal erzielen. Die Ausgangsleistung eines Systems ist gewöhnlich begrenzt; bei einer Lautsprecheranlage wird z. B. die Ausgangsintensität von der Leistung des Tonverstärkers und des Lautsprechers oder von der Sättigung des Mikrophonsignals begrenzt. In biologischen Systemen kann die Reaktion von der Menge der Energie oder des zur Verfügung stehenden Substrats begrenzt werden.

Gewöhnlich ist dort ein positives Feedback vorzufinden, wo eine erneuernde, explosive oder eine autokatalytische Wirkung erwünscht ist. In biologischen Systemen dient es häufig dazu, die Anstiegsphase eines zyklischen Ereignisses auszulösen. Wichtige Beispiele sind der Aufstrich des Nervenaktionspotentials oder die explosionsartige Bildung eines Blutpfropfens zum schnellen Wundverschluß. Die schnelle Entleerung von Körperhöhlen (z.B. das Erbrechen oder das Austreiben des Neonaten aus der Gebärmutter) beginnt häufig mit einem positiven Feedback.

Ein positives Feedback tritt besonders häufig unter pathologischen Zuständen auf und beeinflußt die normale negative Rückkopplungskontrolle. Ein Beispiel dafür ist die Stauungsinsuffizienz des Herzens. In diesem Zustand kann das Herz nicht mehr Blut aus dem Ventrikel austreiben, das sich folglich im Herzen ansammelt. Dies beeinträchtigt die Pumpleistung des Herzens noch stärker, und folglich sammelt sich noch mehr Blut im Herzen an. Wird dieser Zyklus nicht sofort unterbrochen, wird das gesamte Kontrollsystem zusammenbrechen.

Negatives Feedback
Man stelle sich einen Verstärker vor, bei dem die Vorzeichen des Ausgangs und Eingangs verschieden sind (d.h. plus wird zu minus oder umgekehrt). Diese Signalumkehr bildet die Basis für das negative Feedback (**B**), das für die Regelung eines bestimmten Parameters (z.B. Länge, Temperatur, Spannung, Konzentration) innerhalb gewisser Grenzen des zu kontrollierenden Systems eingesetzt werden kann.

Wenn dieser Sensor eine Abweichung in dem zu kontrollierenden System bemerkt (z.B. Änderung der Länge, Temperatur, Spannung, Konzentration), sendet er ein Fehlersignal, das der Differenz zwischen Soll- und Istwert proportional ist. Das Fehlersignal wird dann sowohl verstärkt als auch umgekehrt (d.h. das Vorzeichen geändert). Das umgekehrte Ausgangssignal des Verstärkers wird dem Regelsystem wieder zugeführt und wirkt der Störung entgegen. Die Umkehrung des Vorzeichens ist das grundlegende Kennzeichen der negativen Feedback-Kontrolle.

Das umgekehrte Ausgangssignal des Verstärkers, das der Störung entgegenwirkt, verkleinert das Fehlersignal und stabilisiert das System nahe dem Sollwert.

Eine hypothetische negative Feedback-Schleife mit unbegrenztem Verstärkungsvermögen wird das System genau im eingestellten Zustand (Sollwert) halten, denn das kleinste Fehlersignal wird ein massives Ausgangssignal des Verstärkers zur Korrektur der Störung zur Folge haben. Da jedoch kein Verstärker – weder ein elektronischer noch ein biologischer – eine unbegrenzte Verstärkung erzeugt, wird durch das negative Feedback der Sollwert annähernd erreicht. Je niedriger die Verstärkung eines Systems ist, desto ungenauer ist die Regelung.

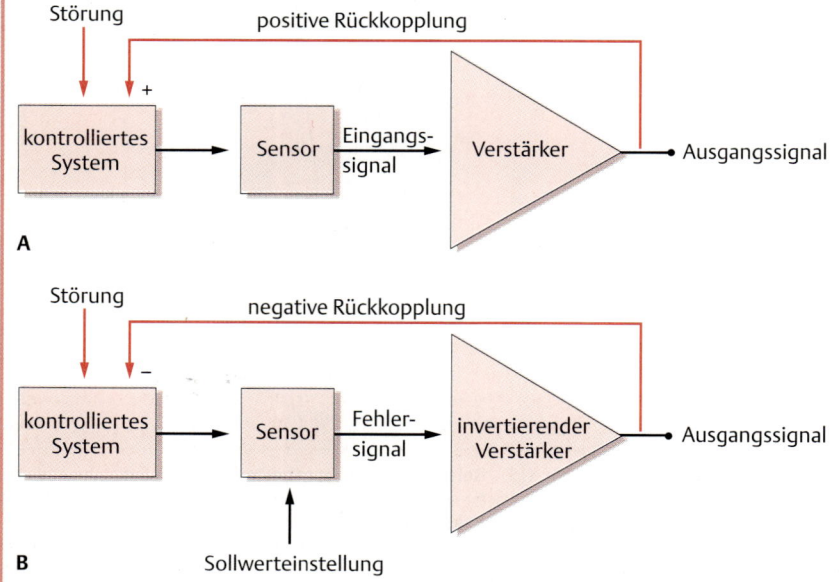

Kontrolle der Muskelaktivität (Kap. 11), bei der Regelung des Kreislaufes und der Atmung (Kap. 13) sowie bei der Regelung des Ionenhaushalts (Kap. 14). Das Feedback-Kontrollsystem ist für das Verständnis physiologischer Systeme von grundlegender Bedeutung.

Konformität und Regulierung

Ändern sich die Verhältnisse im Lebensraum eines Tieres (z.B. bezüglich des Salz- oder des Sauerstoffgehaltes), kann es eine von zwei möglichen Antworten zeigen: Konformität oder Regulierung. Bei einigen Arten verursachen solche Umweltveränderungen Änderungen im Inneren des Körpers, die den veränderten externen Bedingungen passiv folgen (Abb. 1.4). Solche Arten werden als Konformer bezeichnet. Sie sind nicht fähig, die Homöostase ihrer inneren Zustände – z.B. den Ionen- oder Sauerstoffgehalt ihrer Körperflüssigkeit – aufrecht zu halten. Zu den **Osmokonformern** gehören von den Echinodermen z.B. der Seestern *Asterias*, dessen Körperflüssigkeiten mit dem ihn umgebenden Wasser im osmotischen Gleichgewicht steht. Der Ionengehalt seiner Körperflüssigkeit nimmt zu, wenn er in salzigeres Wasser gesetzt wird und nimmt ab, wenn er in ein ionenärmeres Wasser eingebracht wird. Ganz ähnlich nimmt der Sauerstoffverbrauch der **Sauerstoffkonformer**, wie etwa der Anneliden, zu bzw. ab, wenn das Sauerstoffangebot zunimmt oder abfällt. Inwieweit Konformer Änderungen des externen Milieus überleben können, hängt von der Toleranz ihrer Gewebe gegenüber internen Schwankungen ab.

Regulierer setzen biochemische und physiologische Verhaltensmechanismen und andere Mechanismen ein, um ihr internes Milieu trotz großer Schwankungen in den Lebensraumbedingungen zu regulieren, d.h. sie betreiben Homöostase. So halten **Osmoregulierer** die Ionenkonzentration ihrer Körperflüssigkeiten über derjenigen eines ionenärmeren Umgebungswassers bzw. unter derjenigen einer salzigeren Lösung. Die Homöostase eines Parameters beschränkt sich oft nur auf einen bestimmten Wertebereich: **Sauerstoffregulierer**, zu ihnen gehören der Flußkrebs, die meisten Mollusken und fast alle Vertebraten, halten ihren Sauerstoffverbrauch weitgehend konstant, auch wenn der Sauerstoffgehalt absinkt. Wird das Sauerstoffangebot jedoch so beschränkt, daß der Sauerstoffverbrauch nicht aufrecht erhalten werden kann, dann wandelt sich das Tier zum Sauerstoffkonformer.

Zu taxonomischen Zwecken ist die Eigenschaft, ob ein Tier Konformer oder Regulierer ist, ungeeignet. Obgleich die meisten Evertebraten Konformer und fast alle Vertebraten Regulierer sind, gibt es zahlreiche Ausnahmen. So sind z.B. viele Mollusken, die dekapoden Krebse (Krabben, Flußkrebse, Garnelen und Hummer) und die meisten Insekten Regulierer. Darüber hinaus hängt bei den Regulierern der Bereich, innerhalb dessen die Ho-

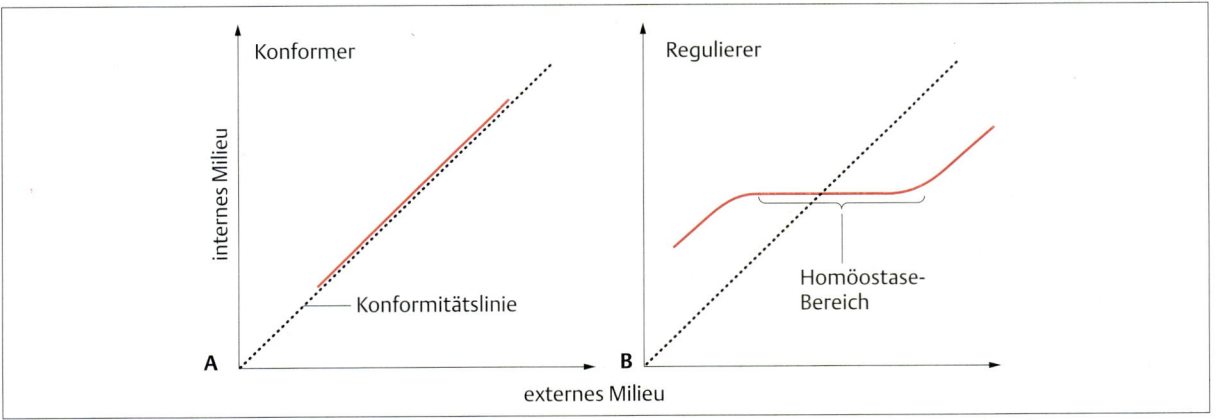

Abb. 1.4 Konformer und Regulierer. Konformer passen ihre internen Bedingungen denen der externen Umgebung an. Regulierer halten dagegen ihre internen Zustände stabil, auch wenn sich die äußeren Verhältnisse ändern. **A** Die sich ändernden externen Bedingungen einer Variablen (z.B. Salzgehalt oder O_2-Konzentration) sind gegen die internen Bedingungen eines Konformers (rote Linie) aufgetragen. Das Ergebnis ist eine Gerade mit der Steigung 1. Wenn ein Tier nicht in der Lage ist, physiologische oder andere Reaktionen aufzubringen, um externen Änderungen entgegenzuwirken, folgen seine internen Werte den externen Bedingungen; die Antwort ist die Konformitätsgerade (gepunktete schwarze Linie). **B** Die sich ändernden externen Bedingungen sind gegen die internen Bedingungen eines Regulierers (rote Linie) aufgetragen. Wie zu erkennen ist, ist der Regulierer fähig, über größere externe Schwankungsbereiche seinen internen Zustand konstant zu halten. Zum Vergleich ist die Konformitätsgerade eingezeichnet. In Extrembereichen sind Regulierer jedoch nicht mehr fähig, interne Zustände zu regulieren und werden zu Konformern. Der Umfang der Stabilitätszone hängt von der Tierart und der betrachteten Umweltvariablen ab.

möostase aufrecht erhalten werden kann, von der jeweiligen Art ab.

Tierversuche in der physiologischen Forschung

Ein wesentlicher Teil der in diesem Buch dargestellten physiologischen Erkenntnisse wurde an Tieren gewonnen. Da die grundlegenden physiologischen Vorgänge bei vielen Tierarten ähnlich sind, können sie mit einer gewissen Berechtigung auch auf andere Arten, den Menschen eingeschlossen, übertragen werden. Fast alle Krankheiten werden heute mit Methoden und Arzneien behandelt, die mit Hilfe von Tierversuchen entwickelt wurden. Auch wenn die zuverlässigsten Ergebnisse durch Versuche am Menschen gewonnen werden könnten, sind solche Versuche aus ethischen Gründen nicht vertretbar. Tierversuche sind daher für die medizinische Forschung von zentraler Bedeutung; aber auch im Rahmen der wissenschaftlichen Grundlagenforschung haben sie ihre Berechtigung.

Obwohl die Forschung an Tieren für den Menschen von großem Nutzen ist, gibt es widersprüchliche Ansichten im Hinblick auf ihre ethische Vertretbarkeit. Bei der Diskussion dieser Problematik muß zwischen dem Wohl eines Tieres und seinen Rechten unterschieden werden. Ersteres bezieht sich auf den Umgang des Menschen mit den Tieren hinsichtlich ihrer Versorgung und ihres Wohlbefindens. Der zweite Punkt impliziert die Forderung, daß Tiere ein natürliches und unantastbares Recht auf ein artgerechtes Leben in Freiheit haben – entsprechend den Menschenrechten, wie sie z.B. in der Unabhängigkeitserklärung der Vereinigten Staaten von Amerika oder auch im Grundgesetz der Bundesrepublik Deutschland verankert sind. Die konsequente Auslegung dieses Standpunktes würde weder die Domestikation von Tieren zum Zweck der Nahrungsversorgung noch das Halten von Haustieren erlauben.

Die wissenschaftliche Gemeinschaft ist davon überzeugt, daß Tiere ein Recht auf ihr Wohlbefinden haben. Wissenschaftler wissen um ihre Verpflichtung, das Wohlbefinden ihrer Labortiere zu schützen und zu verbessern. Bereits um die Jahrhundertwende setzten sie sich für gute Haltungs- und Versorgungsbedingungen von Labortieren ein und definierten freiwillig entsprechende Richtlinien. Erst viel später wurden dazu gesetzliche Vorschriften erlassen. Die tierexperimentelle Forschung unterliegt heute gesetzlichen Regelungen; alle Tierhaltungen müssen strenge Auflagen bezüglich der Hygiene und der Haltungsbedingungen erfüllen. Fachgesellschaften und Fachzeitschriften stellen bindende Anforderungen an Tierexperimentatoren. Um eine tierexperimentelle Arbeit publizieren zu können, muß der Nachweis über die Einhaltung der entsprechenden Vorschriften erbracht werden.

In Deutschland müssen alle gesetzlich zugelassenen Forschungseinrichtungen einen Tierschutzbeauftragten beschäftigen, der u.a. für die Überwachung der gesetzlichen Vorschriften zuständig ist. Bevor jedoch ein Tierversuch durchgeführt werden darf, muß seine Planung zunächst einer staatlichen Überwachungsbehörde vorgelegt werden. Diese entscheidet über den Antrag in Zusammenarbeit mit einer Tierschutzkommission – in Deutschland setzt sie sich aus experimentell arbeitenden Forschern und Mitgliedern von Tierschutzorganisationen zusammen. Aufgabe dieser Kommission ist es zu prüfen, ob z.B. einem Tier während eines Experiments nicht begründbare Schmerzen zugefügt werden, ob die minimale Anzahl an Versuchstieren eingesetzt wird, um das vorgegebene Forschungsziel zu erreichen und statistisch abzusichern und ob das gesamte Forschungsprojekt ethisch vertretbar ist. Unzureichend geplante Forschungsvorhaben werden abgelehnt. Jeder seriöse Wissenschaftler wird kein Experiment planen, das einem Tier unnötige oder unzumutbare Schmerzen bereitet, zumal die in einem solchen Fall erhaltenen Ergebnisse auch wissenschaftlich sehr fragwürdig wären. Die tiergerechte Unterbringung und Haltung der Versuchstiere ist somit eine Grundlage jeder wissenschaftlichen Studie.

Im Laufe der Jahre wurden wirkungsvolle interne und externe Maßnahmen zum Schutz der Tiere erarbeitet. Dennoch lehnen viele Menschen Tierversuche jeder Art prinzipiell ab. Die anhaltende Debatte „Wohlbefinden und Rechte der Tiere versus Tierversuche" ist jedoch begrüßenswert und fruchtbar, wenn sie dazu beiträgt, daß die Notwendigkeit von Tierversuchen in einem ausgewogenen Verhältnis zu den Belangen des Tierschutzes steht.

Literatur über die physiologische Forschung

Unser Wissen über ein Gebiet wie die Physiologie beruht auf der Arbeit und den wissenschaftlichen Veröffentlichungen einzelner Forscher. Diese Originalarbeiten, die eine Beschreibung der experimentellen Methoden, eine Zusammenfassung der Ergebnisse und eine Diskussion enthalten, werden in speziellen Fachzeitschriften veröffentlicht. Viele dieser Fachzeitschriften sind sehr speziell ausgelegt oder publizieren nur Arbeiten bestimmter Forschungsrichtungen. Vor einer Publikation schickt der Herausgeber einer Zeitschrift das vorgelegte Manuskript mindestens zwei weiteren Fachwissenschaftlern zur Durchsicht und kritischen Begutachtung. Die Gutachter empfehlen die Annahme oder Ablehnung der Arbeit aufgrund ihrer wissenschaftlichen Qualität; oft machen sie Verbesserungsvorschläge, um die Ergebnisse weiter abzusichern oder deren Präsentation zu optimieren. Dieser Prozeß wird als „peer review"

(Begutachtung durch Kollegen) bezeichnet und stellt sicher, daß veröffentlichte Arbeiten auf anerkannten wissenschaftlichen Methoden beruhen und ihre Folgerungen schlüssig sind. Ist die Arbeit publiziert, können andere Wissenschaftler die darin vorgetragenen Schlußfolgerungen durch Wiederholung von Schlüsselexperimenten akzeptieren oder ablehnen. Eine gesunde Skepsis und Anstrengungen, die Arbeiten anderer Wissenschaftler zu prüfen und zu verbessern, sind für die selbstkorrigierende Natur einer wissenschaftlichen Disziplin wie der Physiologie von grundlegender Bedeutung.

Zahlreiche wissenschaftliche Zeitschriften veröffentlichen Arbeiten aus der tierphysiologischen Forschung. Eine Auswahl der bekanntesten und meist gelesenen Zeitschriften ist in Tab. 1.1 aufgelistet. Einige Zeitschrif-

Tab. 1.1 Beispiele für wissenschaftliche Zeitschriften, die physiologische Forschungsergebnisse publizieren

Name	Abkürzung	Fachgebiete
Zeitschriften mit breitem Themenspektrum		
American Journal of Physiology	Am J. Physiol.	Arbeiten aus allen physiologischen Gebieten vom zellulären Niveau bis zu Organsystemen.
Pflügers Archive für Physiologie (heute European Journal of Physiology)	Pflügers Arch. Physiol. (Eur. J. Physiol.)	
Journal of General Physiology	J. Gen Physiol.	Physiologische und biophysiologische Arbeiten auf zellulärem und subzellulärem Niveau.
Journal of Physiology	J. Physiol.	Arbeiten aus vielen Gebieten, wobei bevorzugt solche veröffentlicht werden, die an niederen Vertebraten und Evertebraten durchgeführt wurden.
Comparative Physiology and Biochemistry	Comp. Physiol. Biochem.	
Journal of Comparative Physiology	J. Comp. Physiol.	
Journal of Experimental Biology	J. Exp. Biol.	
Physiological Zoology	Physiol. Zool.	
Spezialisierte Zeitschriften		
Brain, Behavior and Evolution	Brain Behav. Evol.	Arbeiten auf den Spezialgebieten, die der Zeitschriftenname angibt.
Cell		
Circulation Resarch	Circ. Res.	
Endocrinology		
Gastroenterology		
Journal of Cell Physiology	J. Cell Physiol.	
Journal of Membrane Biology	J. Membr. Res.	
Journal of Neurophysiology	J. Neurophysiol.	
Journal of Neuroscience	J. Neurosci.	
Molecular Endocrinology	Mol. Endocrinol.	
Nephron		
Respiration Physiology	Respir. Physiol.	
Jährlich erscheinende Review-Zeitschriften		
Annual Review of Neuroscience	Annu. Rev. Neurosci.	Zusammenfassungen und Bewertungen von Originalarbeiten zu einem speziellen Fachgebiet, die in anderen Fachzeitschriften veröffentlicht wurden.
Annual Review of Physiology	Annu. Rev. Physiol.	
Federation Proceedings	Fed. Proc.	
Physiological Reviews	Physiol. Rev.	
Taxonomisch orientierte Zeitschriften		
Auk		Physiologische und andere Themen über Vögel.
Condor		
Emu		
Crustacea		Physiologische und andere Themen über Crustaceen.
Copeia		Physiologie der Amphibien und Reptilien.
Herpetologica		
Journal of Herpetology	J. Herpetol.	
Journal of Mammology	J. Mammol.	Physiologische und andere Themen über Säuger.
Allgemein naturwissenschaftlich orientierte Zeitschriften		
Nature		Kurze Originalmitteilungen, die nach Meinung der Herausgeber für die wissenschaftliche Gemeinschaft von allgemeinem Interesse sind.
Naturwissenschaften	Naturwiss.	
Science		

ten akzeptieren Beiträge, die ein weites wissenschaftliches Spektrum umfassen, während viele Fachzeitschriften nur grundlegende Arbeiten aus einem speziellen Forschungsgebiet publizieren. Darüber hinaus gibt es Zeitschriften, die nur einmal im Jahr erscheinen. Solche Zeitschriften veröffentlichen Übersichtsartikel, die sich mit einem bestimmten Thema befassen und die Ergebnisse zusammenfassen und bewerten, die zuvor in anderen Zeitschriften publiziert wurden. Eine weitere Gruppe von Zeitschriften beschäftigt sich mit verschiedenen Organismen aus einer hauptsächlich taxonomischen Perspektive. Sie veröffentlichen physiologische und andere Arbeiten über einzelne Tiergruppen. Schließlich gibt es wöchentlich erscheinende wissenschaftliche Zeitschriften, die bevorzugt vorläufige Berichte über physiologische Ergebnisse bringen, von denen die Herausgeber annehmen, daß sie auf ein breites wissenschaftliches Interesse stoßen.

Der mit der wissenschaftlichen physiologischen Literatur vertraute Leser wird feststellen, daß Zeitschriften, ganz ähnlich wie Tiere, seit ihrem erstmaligen Erscheinen einen evolutiven Prozeß durchlaufen haben. Dies wird besonders deutlich, wenn man die Namen der Zeitschriften betrachtet, die – abgesehen von einigen wenigen Ausnahmen – bereits auf den Inhalt schließen lassen. Beispielsweise publiziert das *Journal of General Physiology* bevorzugt Arbeiten aus den Bereichen Zellphysiologie und Biophysik, wogegen das *Journal of Experimental Biology* ausschließlich Beiträge über Tiere, nicht aber über Pflanzen veröffentlicht. Zeitschriften wie *Proceedings of the New York Academy of Science, Midland Naturalist, Canadian Journal of Zoology, Australian Journal of Zoology* und *Israel Journal of Zoology* bringen Beiträge von Wissenschaftlern aus der ganzen Welt, behalten jedoch trotzdem ihre regionalen Themen bei.

Weltweit ist Englisch zur Sprache der Naturwissenschaftler geworden. Renommierte deutsche Verlage haben diese Entwicklung erkannt und publizieren in ihren Fachzeitschriften nur noch englischsprachige Beiträge. Selbst die Titel vieler deutscher Zeitschriften wurden dem allgemeinen Trend entsprechend umbenannt. Beispielsweise wurde aus der „Zeitschrift für vergleichende Physiologie" das *Journal of Comparative Physiology*, aus „Zoologische Jahrbücher" wurde *Zoology*, aus der „Zeitschrift für Tierpsychologie" wurde *Ethology*. Die in Tab. 1.1 aufgeführten Zeitschriften stellen nur einen geringen Prozentsatz der Flut von Zeitschriften dar, die gegenwärtig wissenschaftliche Beiträge aus der biologischen und biochemischen Forschung veröffentlichen. Jährlich erscheinen Dutzende neuer Fachzeitschriften. Wie kann eine einzelne Person – sei es ein Student oder ein Wissenschaftler – diese Vielfalt an Artikeln überblicken, um auch nur auf seinem Arbeitsgebiet umfassend informiert zu sein? Glücklicherweise nahm während der letzten Jahrzehnte nicht nur die Informationsmenge explosionsartig zu, sondern es wurden auch Technologien entwickelt, die es uns erlauben, am Computer mit wenigen Handgriffen Hunderttausende Dokumente zu durchsuchen. Mit dem Computer durchwandern wir die Bibliotheken Tausender Forschungseinrichtungen und Universitäten. Das während der letzten Jahre erweiterte Internet und sein zunehmender Gebrauch wird wohl langsam, aber unabwendbar zu einem neuen Verbreitungsmuster wissenschaftlicher Information führen. Die bisher mit der Post an die Empfänger zugestellten Zeitschriften werden durch elektronische Sendungen ergänzt oder sogar verdrängt werden. Denn sobald eine Arbeit zur Publikation angenommen ist, kann sie – da das Manuskript normalerweise als Datei vorgelegt werden muß – sofort über den elektronischen Weg verbreitet werden. Sieht man diese Entwicklung im Zusammenhang mit dem „Word Wide Web" und der Möglichkeit, daß dort jedes Labor seine Forschungsprojekte und neueste Ergebnisse vorstellen kann und diese Informationen allen, die über entsprechende Anbindungen verfügen, zugänglich sind, wird deutlich, daß wir vor einer Revolution des wissenschaftlichen Informationsflusses stehen.

Trotz dieser technologischen Entwicklungen müssen Studenten nach wir vor Lehrbücher lesen, um sich eine fundierte Grundlage für das Verständnis physiologischer Vorgänge zu erarbeiten und um physiologische Experimente verstehen zu können. Aus diesem Grund sind am Ende eines jeden Kapitels Schlüsselarbeiten aufgeführt, die ausführlicher auf die Themen des jeweiligen Kapitels eingehen. Die Quellen zu den in diesem Buch dargestellten Sachverhalten, den Abbildungen und den Tabellen sind im separaten Literaturkapitel angegeben.

Zusammenfassung

Die Tierphysiologie befaßt sich mit den Funktionen von Geweben, Organen und Organsystemen, vor allem aber auch damit, wie diese Funktionen kontrolliert und reguliert werden. Obgleich die funktionalen Grundlagen der Tierphysiologie den Schwerpunkt dieses Buches bilden, wird großer Wert auf das Verständnis dafür gelegt, daß sich im Laufe der Evolution durch natürliche Selektion physiologische Prozesse herausgebildet haben, die das Überleben von Tieren unter widrigen Umweltbedingungen ermöglichen.

Biologen untersuchen physiologische Prozesse an Tieren, weil sie wissen möchten, wie Tiere funktionieren. Gleichzeitig können sie dabei sehr viel über die menschliche Physiologie lernen. Die Tierphysiologie ist ein Eckpfeiler der wissenschaftlichen Human- und Tiermedizin. Die Untersuchung von Tieren, die mit dem

Menschen gemeinsame physiologische und entwicklungsgeschichtliche Eigenschaften besitzen, führte zu wesentlichen Erkenntnissen der Humanphysiologie.

Verschiedene Hauptthemen charakterisieren die Tierphysiologie: (1) Die Funktion ist auf allen Ebenen, von den Atomen bis hin zum Organismus, von der Struktur abhängig. (2) Durch die natürliche Selektion entwickelten sich physiologische Anpassungen, die das Überleben von Tieren auch bei widrigen Umweltbedingungen gewährleisten. Die adaptiven Zell-, Gewebe- und Organfunktionen, die sich während der Evolution herausformten, sind genetisch determiniert und in der DNA gespeichert. (3) Viele Tiere betreiben Homöostase; sie sind damit in der Lage, ihr inneres Milieu vergleichsweise stabil zu halten. Ohne diese Fähigkeit könnten Schwankungen und nicht optimale Zustände des inneren Milieus – z.B. bezüglich der Körpertemperatur, des pH-Wertes, des Sauerstoffgehaltes und anderer physiochemischer Eigenschaften – die grundlegenden chemischen Reaktionen beeinträchtigen, die der Anatomie, der Physiologie und dem Verhalten zugrunde liegen. (4) Feedback-Kontrollsysteme sind für die Aufrechterhaltung der Homöostase entscheidend. (5) Tiere können Veränderungen in den Umweltbedingungen auf zweierlei Arten begegnen: Bei den Konformern paßt sich das innere Milieu den äußeren Gegebenheiten an. Sie sind nicht zur Homöostase befähigt; im Gegensatz dazu können die Regulierer innerhalb bestimmter Grenzen die Bedingungen ihres inneren Milieus unabhängig von den sich ändernden Umweltbedingungen konstant erhalten: sie betreiben Homöostase.

Es ist absolut notwendig, die bei der physiologischen Forschung eingesetzten Methoden zu kennen, um die Entwicklung des Wissenszuwachses beurteilen zu können. Ergebnisse werden nach Begutachtung und positiver Bewertung durch Fachkollegen in Zeitschriften veröffentlicht. Inzwischen sind viele dieser Zeitschriften in Bibliotheken auch zugänglich durch elektronische Suchverfahren. Das Lesen wissenschaftlicher Publikationen, sowohl von speziellen Originalveröffentlichungen als auch von Übersichtsartikeln hilft dem Studierenden, die Eigenschaften und Gesetzmäßigkeiten der wissenschaftlichen Forschung zu erfassen.

Fast all unser Wissen über tierphysiologische Vorgänge – und auch über die Physiologie des Menschen – wurde mit Hilfe von Versuchstieren gewonnen, an denen die Antworten zu speziellen Fragen erarbeitet wurden. Aussagefähige Ergebnisse lassen sich jedoch nur dann gewinnen, wenn die Tiere gut versorgt sind und ihnen möglichst wenig Schmerzen und Leiden zugefügt werden. Viele gesetzliche Vorschriften, für deren Überwachung staatliche Einrichtungen zuständig sind, regeln in diesem Sinne die Haltung von Versuchstieren und die Durchführung von Experimenten.

Empfohlene Literatur

Benison, S.A., Barger, A.C., Wolfe, E.L.: In Cannon, W.B.: The Life and Times of a Young Scientist. Harvard University Press, Cambridge 1987

Dworkin, B.R.: Learning and Physiological Regulation. University of Chicago Press, Chicago 1993

Frisch, K., von: Du und das Leben. Ullstein, Frankfurt 1974

2. Experimentelle Methoden der physiologischen Forschung

Unser gesamtes Wissen über die physiologischen Vorgänge in einem Tier wurden experimentell erarbeitet. Das Ziel der tierphysiologischen Forschung ist es, zu erkennen, welche Prozesse in einem Organismus ausgebildet sind und wie sie ablaufen. Zu diesem Zweck müssen Experimente geplant werden, die eine quantitative Erfassung zentraler Körperfunktionen wie z.B. der Stoffwechselaktivität, der Blutströmung, der Harnbildung oder der Muskelkontraktion erlauben, die sich in einem ruhenden, aktiven, verdauenden oder auch schlafenden Tier bzw. in seinen Zellen und Geweben abspielen. Ein solcher experimenteller Ansatz ist eine große Herausforderung, die nur mit vielfältigen Methoden und Techniken zu bewältigen ist. Viele dieser experimentellen Methoden und Hilfsmittel haben sich im Laufe der Zeit bewährt und sind inzwischen unersetzlich geworden. Zu diesen gehören u.a. Drucktransducer zur Druckmessung, Katheter zur Blutentnahme oder um Injektionen durchzuführen und Respirometer zur Messung von Stoffwechselprozessen. Es ist weder möglich noch notwendig, in diesem Kapitel alle relevanten Techniken aufzuzählen und zu beschreiben; zu diesem Zweck muß auf die Spezialliteratur verwiesen werden. Hier soll jedoch eine Auswahl aus den vielen neuen molekularen und zellulären Techniken vorgestellt werden, die in jüngster Zeit Eingang in das Methodenspektrum der Physiologie gefunden haben. Wir wollen sie kurz beschreiben und ihre Bedeutung für die physiologische Forschung verdeutlichen.

Jedes Experiment baut auf einer Arbeitshypothese auf, deren Aussage dann durch die Versuchsergebnisse bestätigt oder widerlegt wird.

Das Verständnis, warum und wie Experimente in der Tierphysiologie sinnvoll eingesetzt und durchgeführt werden – ob dabei z.B. altbewährte oder neue Methoden eingesetzt werden – ist eine Grundlage der Bewertung der Aussagekraft von Forschungsergebnissen und ermöglicht es ggf. auch, deren Schwächen zu erkennen.

Formulierung und Überprüfung von Hypothesen

Wissenschaftler sind bestrebt, aus experimentell gewonnenen Ergebnissen physiologische Gesetzmäßigkeiten abzuleiten. Einige dieser Gesetzmäßigkeiten sind seit mehreren Jahrhunderten bekannt, andere werden gerade erst entdeckt. Sie bilden die Grundlagen für neue **Hypothesen**, die gewisse Vorhersagen beinhalten und die dann durch weitere Experimente überprüft werden müssen. Ein Beispiel eines allgemeingültigen „Gesetzes", das durch viele Ergebnisse belegt wird, ist, daß wasseratmende Tiere ihr pH-Gleichgewicht durch die Ausscheidung von HCO_3^- im ausgeatmeten Wasserstrom regulieren, während luftatmende Tiere ihre pH-Homöostase durch Veränderungen in der Ausscheidung von CO_2 in der ausgeatmeten Luft regulieren. Die folgende überprüfbare Hypothese läßt sich aus diesem Sachverhalt ableiten: „Ein Wechsel von der HCO_3^--Abgabe zur CO_2-Ausscheidung tritt auf, wenn sich die wasseratmende Kaulquappe zum luftatmenden Frosch entwickelt". Hypothesen werden als Feststellungen und nicht als Fragen formuliert. Man ist in der experimentellen Forschung bestrebt, ihre Gültigkeit zu prüfen und die darin enthaltenen Fragen zu beantworten.

Jedem physiologischen Experiment soll eine gut formulierte Arbeitshypothese vorausgehen, die auf einen spezifischen Sachverhalt abzielt und experimentell überprüfbar ist. Auch wenn eine Hypothese interessant ist und wahrscheinlich auch zutrifft, wie z.B. „Der Herzausstoß eines Killerwals ist bei der Jagd auf Robben sehr hoch", ist ihre Formulierung nur eine intellektuelle Gedankenspielerei, wenn es keinen praktikablen Weg zur Erarbeitung von Daten gibt, welche diese Hypothese bestätigen oder widerlegen könnten. Die Suche nach Wegen, neue Hypothesen zu überprüfen, ist ein wichtiger Motor für die Entwicklung neuer Experimentiertechniken und Meßinstrumente. So werden z.B. telemetrisch arbeitende Meßgeräte, wie sie etwa zum Erfassen des Blutstromes bei kleinen bis mittelgroßen Tieren (Enten, Fische und Robben) eingesetzt werden, so weiterentwickelt, daß sie sich auch für den Einsatz bei größeren Tieren eignen.

Das August-Krogh-Prinzip

Viele Arbeiten des dänischen vergleichenden Tierphysiologen August Krogh (1874–1949) gelten auch heute noch als Schlüsselpublikationen. Sie bildeten die Grundlage für nachfolgende Experimente über Atmung und Gasaustausch. Seine um die Jahrhundertwende durchgeführten Untersuchungen wurden 1920 mit dem Nobelpreis für Medizin gewürdigt. Einer der Gründe für seinen außergewöhnlichen Erfolg als Physiologe war seine bemerkenswerte Fähigkeit, das geeignete Versuchstier zur Überprüfung seiner Hypothesen auszuwählen. Seiner Ansicht nach gibt es für jedes klar definierte physiologische Problem ein besonders geeignetes Tiermodell, welches aussagekräftige Ergebnisse gewährleistet.

Die auf den außergewöhnlichen Eigenschaften eines bestimmten Tieres basierende Planung eines Experiments ist als **Krogh-Prinzip** bekannt (Krebs, 1975). Beispiele für dieses Prinzip sind im vorliegenden Buch, wie überhaupt in der modernen Tierphysiologie, in großer Zahl zu finden. So untersuchten z.B. zu Beginn der 70er Jahre Tierphysiologen, die an der Evolution der luftatmenden Crustaceen interessiert waren, vergleichsweise kleine Krebse der Gezeitenzone. Frustriert gaben sie diese Untersuchungen schließlich auf, da die winzigen Krebse für die Erforschung dieser Frage zu klein waren. Dem Krogh-Prinzip folgend, das besagt, daß es ein geeignetes Tier für die Bearbeitung jeder Frage geben muß, organisierten sie daraufhin eine Expedition zu den Palau-Inseln des Südpazifiks. Auf diesen Inseln lebt der bis zu 3 kg schwere „Palmendieb", eine terrestrisch lebende Krebsart. Die enorme Größe dieses Tieres ermöglichte innerhalb eines Monats zahlreiche Experimente, die wichtige neue Ergebnisse lieferten.

Als weiteres Beispiel für das Krogh-Prinzip sei die Erforschung des Fischherzens erwähnt. Physiologen, die an Fischherzen arbeiten, haben oft Probleme den Blutdruck und die Blutströmung zu messen oder dem Herzen Blut zu entnehmen. Dies liegt an der schwer zugänglichen Lage des Herzens bei Knochenfischen (Teleosteer). Beim Knurrhahn jedoch, einem in vieler Hinsicht bemerkenswerten marinen Tiefseefisch, ist das Herz ungewöhnlich groß und leichter zugänglich als bei anderen Fischarten. In Übereinstimmung mit dem Krogh-Prinzip wurde der Knurrhahn für die Experimente am Fischherz ausgewählt. So wissen die am Herz-Kreislauf-System arbeitenden vergleichenden Physiologen heute bei weitem mehr über die Herzfunktion bei Fischen, als sie es je erfahren hätten, wenn sie sich weiterhin mit den anatomisch ungeeigneten Forellen, Lachsen oder Welsen abgemüht hätten.

Planung von Experimenten und Festlegung der Ebene

Plant ein Physiologe ein Experiment, muß er als erstes entscheiden, auf welcher Ebene er das Problem bearbeiten will. Die Ebene bestimmt neben dem Versuchstier auch die Methode, die sich zur Erfassung der zu untersuchenden Versuchsvariablen am besten eignet.

In der Geschichte der Tierphysiologie wurden zuerst Methoden entwickelt, welche die Untersuchung physiologischer Probleme nur am Ganztier erlaubten. In den letzten Jahrzehnten erschienen in immer rasanterem Tempo neue Techniken, die zuerst Untersuchungen auf zellulärem Niveau und jetzt auch auf der molekularen Ebene ermöglichen. Unsere heutigen konzeptionellen Überlegungen zur Aufklärung physiologischer Prozesse verlaufen, entgegen der historischen Entwicklung des Versuchsinstrumentariums, allerdings in die umgekehrte Richtung: wir beginnen mit der molekularen Ebene, steigen dann schrittweise höher über die zelluläre Ebene zur derjenigen der Gewebe, Organe und schließlich zu der des ganzen Tieres. In Abb. 1.1 sind diese verschiedenen Ebenen dargestellt. In den folgenden Abschnitten dieses Kapitels werden einige repräsentative Experimentalmethoden zur Untersuchung physiologischer Vorgänge beschrieben. Mit der molekularen Ebene wollen wir beginnen. Ein großer Teil der in anderen Kapiteln dieses Buches beschriebenen Sachverhalte wurde mit diesen Techniken erarbeitet. Nur wer diese Methoden beherrscht und ihre Stärken und Schwächen kennt, kann die dort vorgestellten Ergebnisse adäquat beurteilen.

Man darf nicht denken, daß eine bestimmte Ebene wichtiger sei als eine andere. Wir verstehen physiologische Prozesse dann am besten, wenn wir das auf jeder Ebene erarbeitete Wissen, von der molekularen Ebene bis hin zu der des ganzen Lebewesens, integrieren können. Die in den letzten Jahren zunehmende Tendenz zu Untersuchungen auf molekularer und zellulärer Ebene dient also der Klärung komplexerer Prozesse auf den höheren Ebenen. Die wissenschaftlich wertvollsten Experimente sind diejenigen, welche von ihrer Ebene aus Einblicke in die Prozesse benachbarter Organisationsebenen liefern.

Obwohl Wissenschaftler und Studenten oft von neuen und häufig teuren Techniken fasziniert sind, lassen sich bedeutende Ergebnisse ebenso gut mit dem wohlüberlegten Einsatz vergleichsweise einfacher Techniken gewinnen. Mit anderen Worten: Ein einfaches, intelligent geplantes Vorgehen kann dem Einsatz neuester und raffiniertester Techniken durchaus gleichwertig oder sogar überlegen sein.

Molekulare Techniken

Die vergangenen Jahrzehnte erlebten einen beachtenswerten Aufschwung in der Anzahl und in der Verfeinerung von Techniken zur Untersuchung molekularer Ereignisse. Noch immer kommen neue Methoden mit weiteren Verbesserungen hinzu. Die Vielfalt der molekularen Techniken hat wesentliche Auswirkungen auf die biologische Forschung; zweifellos hat gerade die Tierphysiologe ganz besonders davon profitiert. In diesem Abschnitt werden einige der wichtigsten molekula-

Tracing von Molekülen mit Radioisotopen

Für das Verständnis physiologischer Prozesse ist es oft nützlich, die Bewegungen von Molekülen innerhalb der Zellen und zwischen ihnen zu kennen. So ist es z.B. eher möglich, die Funktion eines bestimmten Neurohormons bei der Regulierung physiologischer Prozesse zu verstehen, wenn man seinen Weg vom Syntheseort über den Ort seiner Ausschüttung bis hin zu seinem Wirkungsort verfolgen kann. Bei vielen Untersuchungen dieser Art werden Radioisotope eingesetzt. **Radioisotope** sind instabile Isotope chemischer Elemente, die einem radioaktiven Verfall unterliegen. Der natürliche Zerfall der Radioisotope ist mit der Freisetzung energiereicher Teilchen gekoppelt, die sich mit entsprechenden Geräten nachweisen lassen. Mit Ausnahme von ^{125}J, welches γ-Teilchen (γ-Strahlen) freisetzt, verwendet man in der biologischen Forschung üblicherweise β-Strahler.

Obgleich Radioisotope in der Natur vorkommen, stammen die in der biologischen Forschung verwendeten aus Kernreaktoren. Die am häufigsten eingesetzten Isotope sind ^{32}P, ^{125}J, ^{35}S, ^{14}C, und ^{3}H. Das Radioisotop eines Elements, das natürlicherweise in dem zu untersuchenden Molekül vorhanden ist, läßt sich *in vitro* oder *in vivo* direkt in das Molekül oder in eine seiner Vorstufen einbauen, die dann in das betreffende Molekül umgewandelt werden. Das dabei entstehende radioaktiv markierte Molekül hat die gleichen chemischen und biochemischen Eigenschaften wie das unmarkierte Molekül. Verschiedene Firmen bieten eine große Auswahl an radioaktiv markierten biologisch aktiven Molekülen an (z.B. Aminosäuren, Zucker, Hormone, Proteine). Ist ein Molekül radioaktiv markiert, läßt es sich aufgrund der Strahlung des eingebauten Radioisotops auch in sehr geringen Konzentrationen nachweisen.

Bei einem solchen Tracer-Experiment wird das radioaktiv markierte Molekül – oder eine Vorstufe davon – einem Tier, einem Organ oder *in vitro* einer Zellkultur zugesetzt; in periodischen Abständen werden dann Proben entnommen und deren Strahlung gemessen. Zwei Meßgeräte stehen dabei zur Verfügung. Der **Geigerzähler** spürt ionisierte Produkte auf, die in einem Gas durch die freigesetzte Energie gebildet werden. Der **Scintillationszähler** erkennt und zählt winzige Lichtblitze, die von diesen Teilchen freigesetzt werden, wenn sie durch eine Scintillationsflüssigkeit hindurchtreten. Die Strahlungsmenge, die durch diese Meßgeräte erfaßt wird, steht in direkter Beziehung zu den in der Probe enthaltenen radioaktiv markierten Molekülen.

Bei einem anderen Experimenttyp, der **Autoradiographie**, wird die Verteilung radioaktiv markierter Mo-

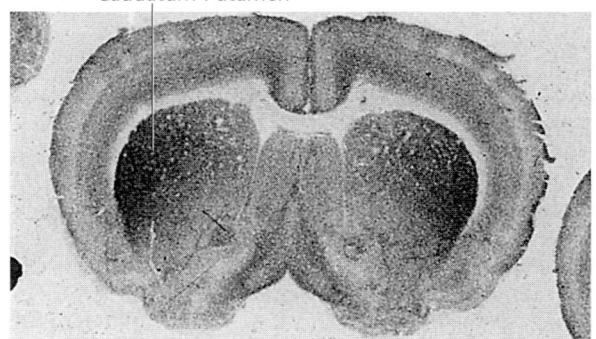

Abb. 2.1 Autoradiographie. Biochemische und strukturelle Feinheiten, die mit herkömmlichen Fixierungs- und Färbemethoden nicht gesehen werden können, lassen sich autoradiographisch darstellen. Diese autoradiographische Aufnahme zeigt einen Frontalschnitt durch das Rattengehirn, nachdem Cannabis-Rezeptoren mit synthetischem, radioaktiv markiertem Cannabis (das dem aktiven Bestandteil von Marihuana ähnelt) belegt wurden. Zur weiteren Analyse wurde der Gehirnschnitt auf einen lichtempfindlichen Film gelegt; die am stärksten radioaktiven Gebiete (Gebiete, mit der größten Dichte an Cannabis-Rezeptoren) „belichteten" den Film am stärksten; die daraus resultierende Schwärzung des Film ist besonders im Striatum (Caudatum-Putamen) zu erkennen: Diese Gebiete überwachen motorische Funktionen (mit freundlicher Genehmigung von M. Herkenham).

leküle in einem Gewebsschnitt dargestellt. Dazu wird ein dünnes Gewebestück, welches das Radioisotop enthält, auf eine Photoemulsion gelegt. Während einiger Tage oder Wochen „belichten" die aus den Radioisotopen freigesetzten Teilchen die Photoemulsion. Die dabei gebildeten Silberkörnchen erscheinen nach der Entwicklung der photosensiblen Schicht schwarz und repräsentieren die Verteilung der markierten Moleküle im Gewebestück (Abb. 2.1). Dieses qualitative Ergebnis läßt sich mittels eines **Densitometers** quantifizieren. Hierbei wird der Schwärzungsgrad erfaßt und mit dem verglichen, der durch standardisiertes Material, dessen Konzentration an radioaktiven Molekülen bekannt ist, erzeugt wurde. Auf diese Weise kann auf die Konzentration radioaktiv markierter Moleküle in Geweben oder Teilen davon rückgeschlossen werden. Die Autoradiographie ist besonders geeignet für neurobiologische, endokrinologische, immunologische und andere physiologische Arbeitsrichtungen, welche die Kommunikation zwischen Zellen einschließen.

Tracing von Molekülen mit monoklonalen Antikörpern

Die Untersuchung einer biologischen Struktur im fixierten Gewebeschnitt unter dem Mikroskop kann sehr entmutigend sein. Selbst wenn das Gewebe gefärbt ist – z.B. die Zellkerne dunkel und die Zellmembranen etwas heller erscheinen –, ist es dennoch schwierig, Einzelheiten zu erkennen. Viel besser lassen sich Zellstrukturen mit Hilfe von **Antikörpern** sichtbar machen. Diese Immunolokalisations-Technik ermöglicht den Nachweis und die Lokalisation von Molekülen in so niedrigen Konzentrationen, wie es mit keiner anderen Technik möglich ist.

Ein Antikörper erkennt eine spezifische Struktur eines bestimmten **Antigens**. (Auch wenn wir mit dem Begriff „Antigene" gewöhnlich krankheitserregende Mikroben oder körperfremdes Material wie Pollen verbinden, können auch „normale" biologisch aktive Moleküle wie Neurotransmitter und Wachstumsregulatoren nach Injektion in ein Tier als Antigene wirken und die Bildung spezifischer Antikörper auslösen.) Identische Antikörper werden als **monoklonale Antikörper** bezeichnet. Die meisten natürlichen Antigene haben in der Regel viele verschiedene und nicht nur einzelne Determinanten oder **Epitope** und führen daher nach der Injektion in ein Tier zur Bildung vieler verschiedener Antikörper. Eine Antikörpermischung, die aus verschiedenen Antikörpern besteht, welche verschiedene Epitope eines Antigens erkennen, wird als **polyklonal** bezeichnet. Antikörper, die bestimmte Stellen eines zu untersuchenden Moleküls erkennen, können kovalent mit einem fluoreszierenden Farbstoff verbunden und in die zu untersuchenden Zellen oder Gewebe injiziert werden. Dort markieren sie dann die gesuchte Substanz, dessen Lokalisation sich über den an die Antikörper gekoppelten Farbstoff direkt beobachten läßt. Während des vergangenen Jahrzehnts verwendeten Wissenschaftler zunehmend eine Kombination aus monoklonalen und polyklonalen Antikörpern für die Immunolokalisation. Dabei haben sich Untersuchungen mit dem Fluoreszenzmikroskop als sehr nützlich erwiesen.

Radioaktiv markierte monoklonale Antikörper lassen sich auch zur autoradiographischen Lokalisation eines **Antigen-Antikörper-Komplexes** in einer Probe einsetzen. Mit dieser Vorgehensweise wurden u.a. die Hormone Adrenalin und Noradrenalin in bestimmten Zellen des Nebennierenmarks nachgewiesen. Monoklonale Antikörper lassen sich sowohl zum Aufspüren bestimmter Moleküle einsetzen, als auch zu deren Reinigung. Struktur und Funktion der so gereinigten Moleküle lassen sich dann eingehend untersuchen.

Ein entscheidender Fortschritt für den Einsatz der Immunolokalisations-Technik wurde durch eine Methode erzielt, mit der große Mengen monoklonaler Antikörper hergestellt werden konnten. Die Isolierung und Reinigung identischer Antikörper aus dem Antiserum eines Tieres, welches dem entsprechenden Antigen ausgesetzt war, ist in der Praxis nicht sinnvoll, da jeder Antikörper nur in winzigen Mengen vorkommt. Zudem haben die **B-Lymphocyten** (B-Zellen), welche die Antikörper bilden, eine begrenzte Lebensdauer von nur wenigen Tagen und lassen sich daher nicht für längere Zeit in Kultur halten. In den 70er Jahren entdeckten G. Kohler und C. Milstein, daß B-Zellen mit krebsartigen Lymphocyten, den Myelom-Zellen, verschmolzen werden kön-

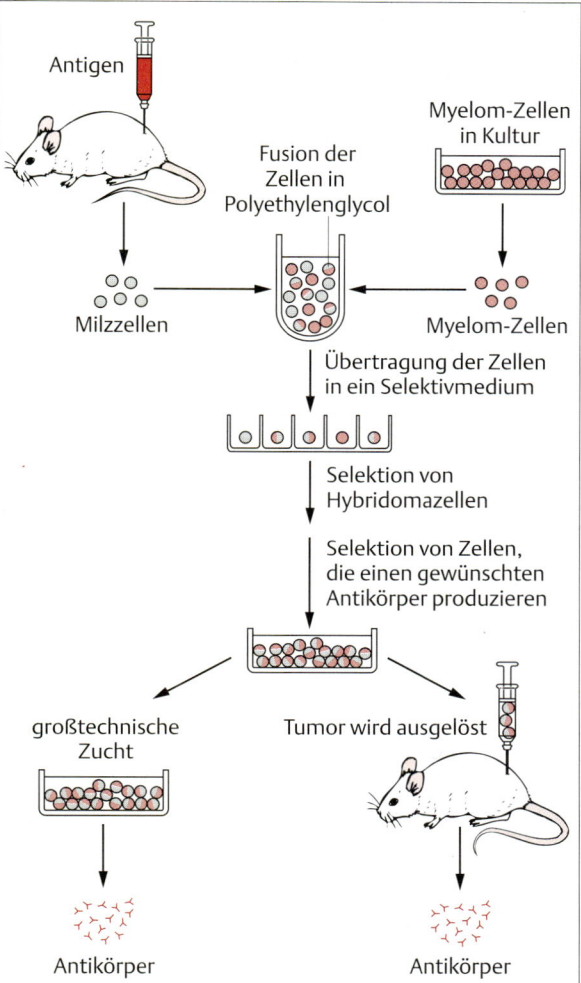

Abb. 2.2 Herstellung monoklonaler Antikörper. Hybridoma-Zellinien sezernieren „reine" (homogene) monoklonale Antikörper. Zur Herstellung monoklonaler Antikörper werden Antikörper-bildende „Spleen"-Zellen mit aus B-Lymphocyten stammenden Myelom-Zellen verschmolzen. Die Hybrid- oder Hybridomazellen, die für das interessierende Protein spezifische Antikörper sezernieren, werden selektiert und in Zellkultur gehalten. In Zellkultur produzieren sie große Mengen des spezifischen Antikörpers. Die Zellen können auch einer Maus injiziert werden, wo sie die Bildung eines Antikörper sezernierenden Tumors auslösen.

nen. Die Myelom-Zellen teilen sich in Kultur praktisch unbegrenzt, d.h. sie bilden eine „unsterbliche" Zellinie. Die aus der Verschmelzung hervorgehenden Hybridzellen, die **Hybridoma-Zellen**, werden auf einem Nährmedium in einer Kulturschale ausgebreitet. Jede einzelne Zelle ist Ausgangspunkt eines Klons identischer Zellen, wobei jeder Klon einen einzigen monoklonalen Antikörper produziert und sezerniert. Unter den aus einem Verschmelzungsexperiment hervorgegangenen verschiedenen Klonen werden diejenigen herausgesucht, welche den gewünschten Antikörper produzieren. Diese unsterblichen Zellinien lassen sich gut in Kultur halten und eignen sich zur Herstellung großer Mengen monoklonaler Antikörper (Abb. 2.2). Auch wenn einzelne Forscher ihre eigenen Hybridoma-Zellinien herstellen und züchten, ist es heutzutage möglich, Antikörper von spezialisierten Firmen zu kaufen. Die Entwicklung der technischen Herstellung monoklonaler Antikörper durch Kohler und Milstein revolutionierte die molekularen Untersuchungsmöglichkeiten so nachhaltig, daß die beiden Wissenschafter für ihre Arbeit mit dem Nobelpreis ausgezeichnet wurden.

Gentechnologie

Die **Gentechnologie** liefert verschiedene Techniken zur Manipulation am genetischen Material von Lebewesen. Dieser Forschungsansatz wird zunehmend in vielen biologischen Disziplinen und in der Medizin eingesetzt und bietet auch für die Tierphysiologie vielversprechende Einsatzmöglichkeiten. Mit Hilfe dieser Techniken ist es u.a. möglich, größere Mengen biologisch wichtiger Moleküle (z.B. Hormone) herzustellen, die normalerweise nur in kleinen Mengen gebildet werden. Zudem lassen sich Tiere mit **Mutationen** erzeugen, die bestimmte physiologische Prozesse betreffen oder Mutanten, die spezifische Genprodukte vermehrt oder in geringeren Mengen als Wildtyp-Tiere synthetisieren.

Die molekulargenetische Untersuchung einer Fragestellung beginnt häufig mit der Identifizierung des **Strukturgens**, das für ein spezifisches Protein kodiert. So kann man z.B. das Gen, welches beim Menschen das Insulin kodiert, in der aus menschlichen Zellen isolierten DNA gewinnen. Der Abschnitt der DNA, der das Insulin-Gen enthält, läßt sich aus den isolierten, sehr langen DNA-Strängen „herausschneiden" und in einen **Klonierungsvektor** („cloning vector") einfügen. Bei diesem handelt es sich um ein DNA-Element, das innerhalb geeigneter Wirtszellen unabhängig von der DNA des Wirtes repliziert wird. Das Einbringen eines Fragmentes fremder DNA (z.B. des menschlichen Insulin-Gens) in einen Klonierungsvektor führt zu einer **rekombinanten DNA**, d.h. einem DNA-Molekül, welches DNA aus verschiedenen Organismen enthält.

Bakterielle **Plasmide** sind häufig benutzte Klonierungsvektoren. Es handelt sich hierbei um extrachromosomale zirkuläre DNA-Moleküle, die sich innerhalb der Bakterienzellen replizieren. Unter bestimmten Voraussetzungen kann das weit verbreitete Darmbakterium *Escherichia coli* Plasmide aufnehmen, in die zuvor ein zu untersuchendes Gen eingebracht wurde. Diese Aufnahme von DNA wird als **Transformation** bezeichnet (Abb. 2.3). In der transformierten Zelle werden die

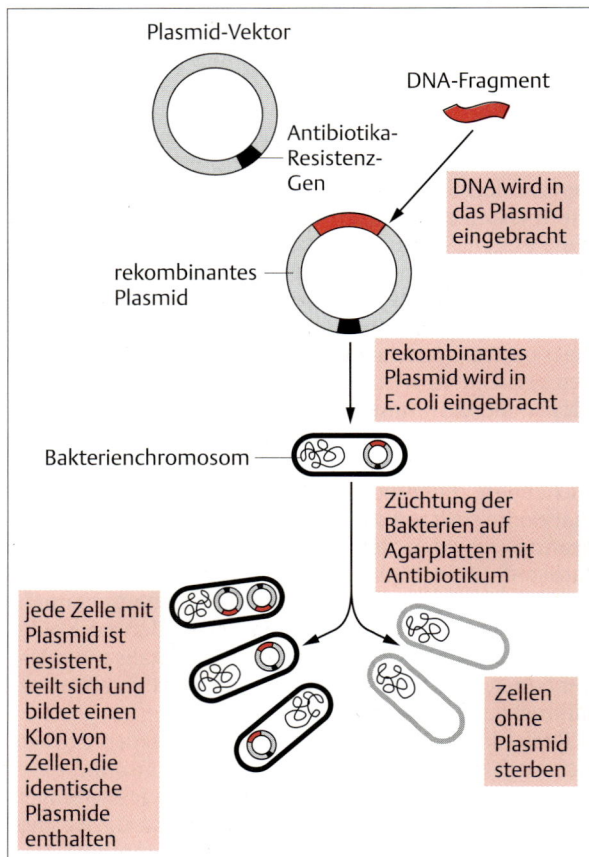

Abb. 2.3 Genklonierung. Das Klonieren von DNA ist eine Methode, individuelle Gene zu isolieren und zu vermehren. Bei der dargestellten Klonierungsmethode wird das zu klonierende DNA-Fragment in einen Plasmidvektor eingefügt, der ein Gen enthält, das Resistenz gegenüber dem Antibiotikum Ampicillin vermittelt. Werden die daraus erhaltenen rekombinanten Plasmide unter bestimmten Bedingungen zu *E. coli*-Zellen gegeben, nehmen einige Bakterien ein Plasmid auf (Transformation), das sich in den Zellen replizieren kann. Werden die Zellen auf ein Medium gebracht, das Ampicillin enthält, werden nur die Bakterien wachsen können, die den Plasmidvektor aufgenommen haben. Durch die fortgesetzte Zellteilung einer solchen Transformante entsteht eine Zellkolonie (ein Klon) mit identischen rekombinanten Plasmiden.

aufgenommenen Plasmide repliziert; durch fortwährende Teilung der Transformanten und ihrer Tochterzellen entsteht eine Gruppe identischer Zellen oder ein **Klon**. Jede Zelle eines Klons enthält mindestens ein Plasmid mit dem Fremd-Gen. Mit Hilfe der DNA- oder Genklonierung ist es auch möglich, eine **DNA-Bibliothek** oder **Genbank** aus vielen Bakterienklonen zu erstellen. Jeder Klon trägt dann einen bestimmten Genomabschnitt einer Spezies als Bestandteil seines Plasmides; die Gesamtheit der Genbank-Klone enthält das vollständige Genom der zu untersuchenden Art. Die vielfältigen Variationen der DNA-Klonierungstechnik werden je nach Fragestellung ausgewählt und im Experiment eingesetzt.

Klone im Dienst von Medizin und Forschung

Unter bestimmten Umweltbedingungen wird die rekombinante DNA eines manipulierten *E. coli*-Klons in messenger-RNA (mRNA, auch als Boten-RNA bezeichnet) transkribiert, die zur Synthese des kodierten Proteins eingesetzt wird. Biotechnologie-Unternehmen züchten großtechnisch *E. coli*-Zellen, die rekombinante Plasmide mit dem menschlichen Insulin-Gen oder anderen Hormongenen enthalten. Aus den gezüchteten Bakterienzellen lassen sich dann große Mengen der menschlichen Hormone isolieren. In der Vergangenheit mußten Hormone, die zur Behandlung endokriner Erkrankungen benötigt wurden, aus den Geweben von Rindern oder Schweinen extrahiert werden. Da Hormone nur in sehr geringen Mengen im Blut zirkulieren, war dies ein zeitraubendes und kostspieliges Verfahren. Heute ist es deutlich billiger, mittels genmanipulierter Bakterien Hormone herzustellen. Außerdem liefert dieses Verfahren wesentlich reinere Substanzen. Die aus Säugern gewonnenen Hormone konnten zudem beim Menschen Immunreaktionen auslösen; diese Gefahr besteht mit den gentechnologisch gewonnenen Hormonen nicht mehr.

Die Gentechnologie liefert auch wichtige Methoden für die Grundlagenforschung auf dem Gebiet der menschlichen Erbkrankheiten. Durch die Untersuchung isolierter Gene, die mit Erbkrankheiten in Verbindung stehen, können Forscher die molekularen Grundlagen dieser Krankheiten heute erkennen und verstehen. Bessere Methoden zur Überwachung oder gar Heilung solcher Krankheiten sind dadurch in Reichweite gerückt. In den letzten Jahren konzentrieren sich zahlreiche Forschungseinrichtungen der ganzen Welt darauf, die Gene des Menschen auf den Chromosomen zu lokalisieren und ihre Nucleotidsequenzen zu bestimmen. Dieses Genom-Projekt (HUGO, human genome project) liefert wertvolle Informationen über Erbkrankheiten.

Die DNA-Klonierung bildet auch die Grundlage der

Gentherapie. Bei der Behandlung von Erbkrankheiten wird ein gesundes Gen einem Patienten zugeführt, bei dem dieses Gen fehlt oder defekt ist. Menschen, die z.B. an Mucoviscidose erkrankt sind, haben ein schadhaftes CFTR-Gen (cystic fibrosis transmembrane conductance regulator-gen) und sind daher nicht fähig, das von diesem Gen kodierte Protein in seiner aktiven Form zu bilden. Als Folge dieses Defekts bildet sich ein zäher Schleim in den Atemwegen, der zu tödlicher Atemnot führen kann. Molekularbiologen fügten ein intaktes CFTR-Gen in ein verändertes Erkältungsvirus ein; wurden Mucoviscidose-Patienten mit dem so manipulierten Virus infiziert, brachten die Viren das intakte menschliche Gen in die Zellen der Lunge. Die nachfolgende Synthese des aktiven Genprodukts milderte daraufhin die meisten Symptome dieses Krankheitsbildes.

„Mutanten auf Bestellung"

Wie im ersten Kapitel dargestellt, sind **Mutationen** dauerhafte Veränderungen in der Nucleotidsequenz der DNA. Mutationen können spontan auftreten oder experimentell ausgelöst werden. Bei der Zellteilung werden sie an die Tochterzellen weiter vererbt. Mutierte Gene können uns viel über physiologische Vorgänge verraten. Die spezifische Störung eines physiologischen Ablaufs infolge einer Mutation gibt Aufschluß über die Funktionen, welche durch das betreffende Gen kontrolliert werden. Informationen dieser Art sind mit herkömmlichen physiologischen Methoden nicht zu erarbeiten.

Wie von J.-N. Chen und M. Fishman (1997) beschrieben, lösten z.B. Herz-Kreislauf-Physiologen verschiedene spezifische cardiovasculäre Mutationen beim Zebrafisch aus, um zunächst modellhaft am Fisch die Entwicklung des Herzens untersuchen und verstehen zu können. Hierzu wurden ausgewachsene Zebrafische mit mutationsauslösenden Agenzien behandelt. Die Verpaarung der ersten und zweiten Tochtergenerationen (F_1- und F_2-Generation) lieferte zahlreiche Mutanten. Nur wenige der durch eine solche „blinde" Mutagenese erzeugten Mutanten weisen eine Mutation auf, welche die Struktur oder den Prozeß betrifft, der im Interesse der Forschung steht. Die Arbeitsgruppe von Fishman fand jedoch einige Mutanten, bei denen das Herz ungewöhnlich dünne Ventrikelwände hatte oder die eine Verengung beim arteriellen Ausstoßkanal des Herzens aufwiesen. Beide Phänotypen ähneln dem bestimmter menschlicher Krankheitsbilder.

Mutationen liefern typische Erscheinungsbilder oft nur dann, wenn sie homozygot vorliegen, d.h. ein Individuum muß die mutierte Form eines Gens von beiden Eltern erhalten. Eine letale Mutation kann in einem solchen Fall in der Elterngeneration „bewahrt" werden, wenn diese bezüglich dieser Mutation heterozygot ist und sie neben der mutierten Variante die Wildtyp-Form des Gens trägt. Bei jeder Fortpflanzung werden einige homozygote Nachkommen erzeugt, welche dann die vollen Auswirkungen des homozygoten Genotyps zeigen. Die heterozygoten Individuen können daher als „lebende Bankfächer" letaler Mutationen angesehen werden.

Transgene Tiere

Ein weiterer Typ genetisch manipulierter Organismen sind **transgene Tiere**. Ihr Beitrag zur physiologischen Forschung ist von großer Bedeutung. Ein transgenes Tier ist ein Tier, dessen genetische Ausstattung durch Gene eines anderen Tieres der gleichen Art oder einer anderen Art experimentell verändert wurde. Transgene Tiere (vor allem werden Mäuse, aber auch die Fruchtfliege *Drosophila* und Fische verwendet) stehen in vorderster Reihe der Tiermodelle, die es Wissenschaftlern ermöglichen, grundlegende physiologische Vorgänge zu erforschen und die sich aus ihren pathologischen Abweichungen ergebenden Krankheitsbilder des Menschen zu verstehen.

Es gibt verschiedene Methoden, transgene Tiere zu erzeugen. Bei einer dieser Methoden wird fremde DNA, die das zu untersuchende Gen, das **Transgen**, enthält, in einen der Vorkerne einer befruchteten Eizelle (zumeist bei der Maus) injiziert. Die so behandelte Eizelle wird dann in ein scheinträchtiges Weibchen implantiert. Hier wird das Transgen in die chromosomale DNA des sich entwickelnden Embryos integriert. Unter den Nachkommen sind einige, die das Transgen in ihre Keimbahn-DNA aufgenommen haben (Abb. 2.**4**). Diese Mäuse werden miteinander verpaart, um einen transgenen Stamm herzustellen. Durch diese Methode können dem Genom eines Tieres funktionelle Gene hinzugefügt werden. Zusätzliche Kopien eines im Tier bereits vorhandenen Gens oder mehrere Kopien eines Gens, das nicht zur natürlichen Ausstattung des Tieres gehört, können zu einer Überexpression des Genprodukts führen. Die nachfolgende Untersuchung der Morphologie und Physiologie der transgenen Tiere kann wertvolle Einblicke in physiologische Prozesse und Zusammenhänge liefern, die auf andere Art nur sehr schwer untersucht werden können.

Transgene Tiere, bei denen eine Unterexpression eines bestimmten Gens vorliegt oder denen das Gen ganz fehlt, können ebenfalls wichtige Informationen liefern. Ein wichtiger experimenteller Ansatz ist der Austausch eines funktionsfähigen Gens durch eine inaktive Variante bzw. die vollständige Deletion des Gens. Dieses Prinzip führt zur Erzeugung der sog. **„Knockout-Mäuse"** (R. Capecchi, 1994). Diesen Mäusen fehlt dann das Protein, das ursprünglich vom ersetzten Gen kodiert wurde.

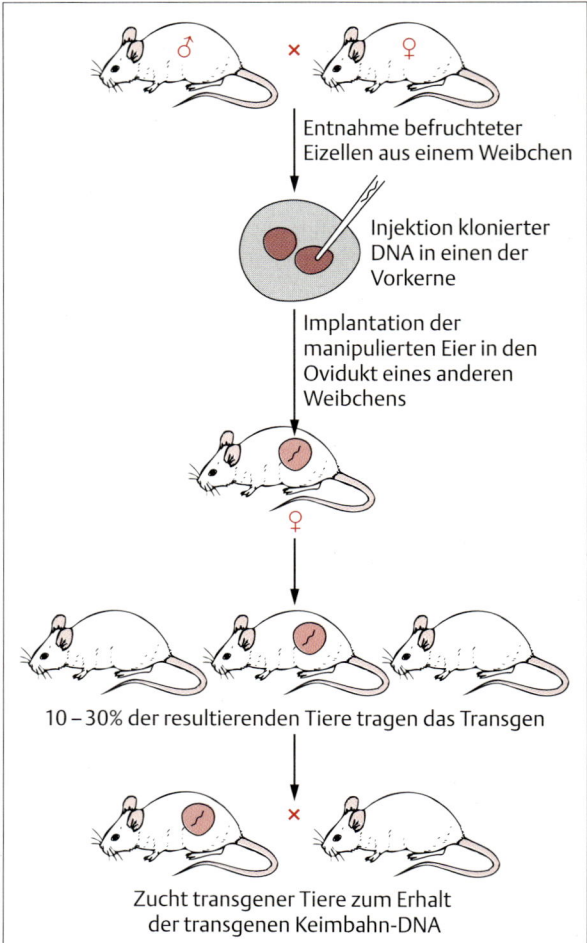

Abb. 2.4 Erzeugung transgener Tiere. Transgene Tiere erhält man durch das Hinzufügen oder das Ersetzten von Genen eines anderen Tieres der gleichen oder einer anderen Art. Um ein Transgen in eine Maus einzubringen, injiziert man klonierte „Fremd-DNA" in befruchtete Eier, die anschließend einem Weibchen implantiert werden. Ein bestimmter Teil der lebensfähigen Nachkommen wird das Transgen in seiner Keimbahn-DNA enthalten. Durch selektive Zucht kann ein transgener Stamm erhalten werden.

Folglich entfallen bei diesen Tieren die Funktionen, die das Protein normalerweise vermittelt. Die molekularen und genetischen Grundlagen physiologischer Prozesse lassen sich bestimmen, indem man die Auswirkungen untersucht, die nach der experimentellen Ausschaltung von Genen auftreten. Da die Übereinstimmung zwischen den Genen des Menschen und denen der Maus sehr hoch ist, werden Knockout-Mäuse zunehmend zur Untersuchung physiologischer Vorgänge des Menschen genutzt. So werden an Knockout-Mäusen z.B. die Gene untersucht, deren Produkte die frühe Entwicklung des Herzens in Embryonen steuern oder auch **Onkogene**, die für verschiedene Krebstypen verantwortlich sind.

Zellbiologische Methoden

Ziel vieler physiologischer Experimente ist es, Zellen und ihr Verhalten zu erforschen. Wenn wir das Verhalten der Zellen und ihre Kommunikation untereinander verstehen, können wir auch erarbeiten, wie Zellgemeinschaften in Geweben und Gewebe in Organen zusammenwirken. Die physiologische Forschung auf zellulärem Niveau wurde mit innovativen Techniken, die heute als Standardmethoden gelten, intensiv vorangetrieben. In diesem Abschnitt werden wir drei inzwischen weit verbreitete zelluläre Methoden beschreiben: die elektrische Ableitung über Mikroelektroden, die Mikroskopie und die Zellkultur.

Mikroelektroden und Mikropipetten

Bei vielen physiologischen Experimenten auf zellulärem Niveau werden **Mikropipetten** oder die unterschiedlichsten **Mikroelektroden** eingesetzt. Diese winzigen hohlen Glas-Kanülen lassen sich in Gewebe und in einzelne Zellen einführen; verschiedene Zelleigenschaften können dann gemessen oder Substanzen in die Zelle injiziert werden. Die Herstellungsweise dieser Geräte wurde schon vor Jahrzehnten entwickelt. Man nimmt eine Glasröhre mit einem Durchmesser von einigen Millimetern, erhitzt ihren Mittelteil bis kurz vor den Schmelzpunkt und zieht dann die beiden Enden auseinander. Kurz vor dem Auseinanderbrechen der Röhre verringert sich der Durchmesser im Mittelteil auf Bruchteile eines Millimeters; als Ergebnis erhält man zwei Mikropipetten, deren Durchmesser an der Spitze etwa ein µm (1/1000 mm) beträgt. Füllt man die Mikropipette mit einer geeigneten Lösung, kann sie als Mikroelektrode verwendet werden. Diese Mikropipetten werden in einen Mikromanipulator eingespannt, der in kleinsten Schritten ihre Bewegung in allen drei Raumebenen erlaubt und so das präzise Einführen in das zu untersuchende Objekt ermöglicht.

Messung elektrischer Eigenschaften von Zellen

Da Neurone mittels elektrischer Signale miteinander kommunizieren, lassen sich Mikroelektroden zu ihrem „Abhören" verwenden. Man mißt dabei die elektrischen Signale, die über der Zellmembran liegen und ihre Änderungen bei unterschiedlichen Bedingungen. Die zur Bestimmung der über Zellmembranen liegenden elektrischen Potentiale (gemessen in Volt) verwendeten Mikroelektroden verursachen praktisch keinen Strom aus der Zelle in die Elektrode hinein. Störungen oder Beeinflussungen der Zelle treten daher nicht auf.

Für die elektrischen Ableitungen aus Neuronen oder Muskelzellen benötigt man Mikroelektroden. Eine Mikroelektrode stellt man her, indem man eine Mikropipette mit einer leitenden Ionenlösung (üblicherweise KCl) füllt. Diese wird mit einem Verstärker verbunden. Eine zweite Elektrode, die ebenfalls mit dem Verstärker verbunden ist, wird in die Nähe der ersten Elektrode in die Lösung oder den Organismus eingeführt. Sobald die Spitze der ersten Elektrode durch die Zellmembran in das Cytoplasma geschoben wird, schließt sich ein elektrischer Kreis, dessen Eigenschaften (Spannung, Stromfluß) gemessen werden können. Seit den 50er Jahren, nachdem die Ableittechnik mit Mikroelektroden Eingang in die Forschung gefunden hatte, wurde unser Wissen über die elektrischen Vorgänge in Zellen wesentlich erweitert.

Einer der bahnbrechendsten Fortschritte in der Ableittechnik mit Mikroelektroden war die von den beiden deutschen Physiologen E. Neher und B. Sackmann entwickelte **Patch clamp** oder Klemmspannungs-Methode (1976). Die Forscher wurden dafür 1991 mit dem Nobelpreis ausgezeichnet. Mit dieser Methode ist es möglich, *in situ* (lateinisch für „an seinem normalen Platz") das Verhalten eines einzelnen Proteinmoleküls in einer Membran, z.B. eines Ionenkanals, zu registrieren (Abb. 2.**5**). Diese Methode ist der Motor für den explosionsartigen Wissenszuwachs über Membranvorgänge, einschließlich der Ionenkanäle und die Regulierung des Stofftransports durch Membranen (s. Kap. 4–6).

Zelluläre Ionen- und Gaskonzentrationen

Mit abgewandelten Mikroelektroden lassen sich die intrazellulären Konzentrationen gängiger anorganischer Ionen wie H^+, Na^+, Cl^-, Ca^{2+} und Mg^{2+} bestimmen. Da Zellen mittels Ionenbewegungen durch ihre Membranen miteinander kommunizieren und Arbeit verrichten, liefert die Kenntnis über die Größe, Richtung und den Zeitverlauf der Ionenbewegungen wesentliche Informationen über die dabei ablaufenden Prozesse. Mikroelektroden, die den Partialdruck von in Flüssigkeiten gelösten Gasen messen (z.B. O_2 und CO_2), sind heutzutage ebenfalls erhältlich.

Will man die Konzentration einer bestimmten Ionenart messen (z.B. Na^+), verschließt man die Spitze einer Mikroelektrode mit einem ionenaustauschenden Harz, welches selektiv nur diese Ionenart hindurchläßt. Der übrige Teil der Elektrode ist mit einer bekannten Konzentration der betreffenden Ionenart gefüllt. Wenn kein Strom fließt, spiegelt das mit der Mikroelektrode ge-

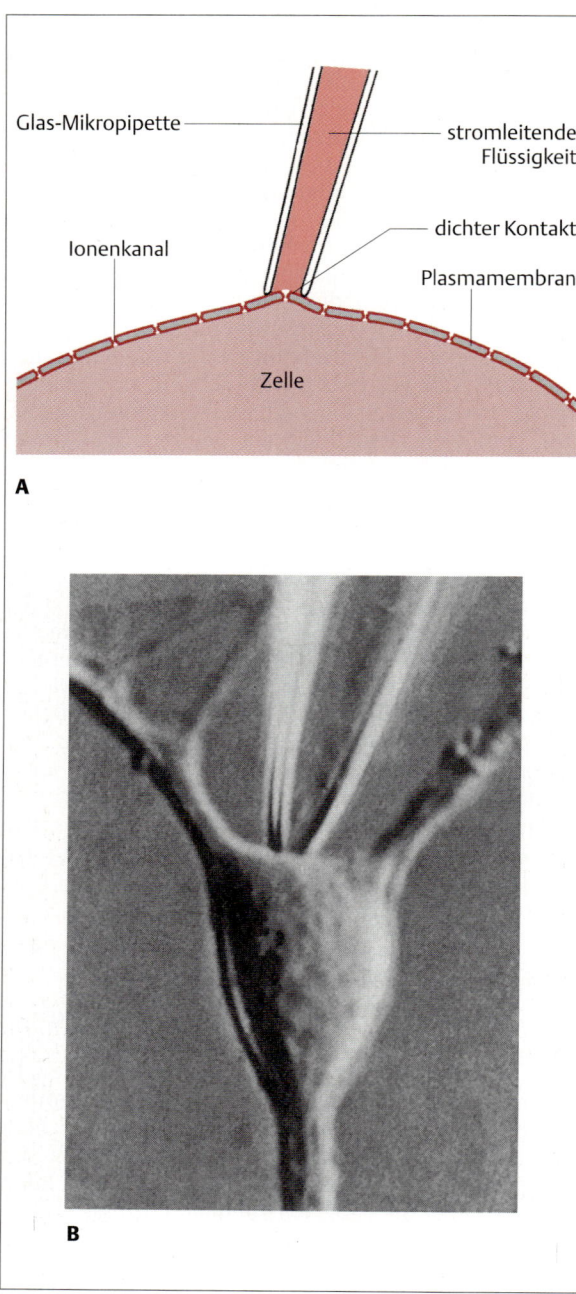

Abb. 2.5 Patch-Clamp. Diese Methode ermöglicht das Messen von Ionenbewegungen durch ein kleines Membranstückchen, das transmembrane Ionenkanäle enthält. **A** Schematische Darstellung der Patch-Clamp-Anordnung. Wenn eine feuergereinigte Mikroelektrode an ein Membranstückchen angelegt wird, entsteht ein sehr enger Kontakt mit großem elektrischem Widerstand-Verschluß zwischen der Elektrodenspitze und der Membran. Dieser dichte Verschluß ermöglicht die direkte Messung der Membranvorgänge, die direkt unter der Pipettenspitze ablaufen. In der Regel befinden sich nur einige wenige transmembrane Kanäle unter der Spitze; der Stromfluß durch diese Kanäle kann dann gemessen werden. **B** Aufnahme der Spitze einer Patch-Mikroelektrode, die am Zellkörper einer Nervenzelle anliegt. Die Spitze hat einen Durchmesser von etwa 0,5 μm (**B** aus Sakmann, 1992).

Intrazellulärer Druck und Blutdruck

Mikroelektroden werden heute auch zur Messung des hydrostatischen Drucks in einzelnen Zellen und in mikroskopisch kleinen Blutgefäßen eingesetzt. Grundsätzlich kann in jedem flüssigkeitsgefüllten Bereich, in den sich die Spitze einer Elektrode einführen läßt, gemessen werden. Das Prinzip eines solchen **Mikrodruck-Meßsystems** läßt sich gut an einem kleinen Blutgefäß veranschaulichen. Eine Mikroelektrode, die mit einer 0,5 M NaCl-Lösung gefüllt und in einen Mikromanipulator eingespannt ist, wird in das zu untersuchende Gefäß eingeführt. Der im Gefäß herrschende höhere Druck zwingt ein Interface, das sich zwischen dem Plasma und der in der Mikroelektrode vorhandenen Lösung befindet, in die Elektrode. Da der Widerstand des Plasmas höher ist als derjenige der NaCl-Lösung, ändert sich der Widerstand an der Elektrodenspitze. Diese Widerstandsänderung, die jeder Änderung im Blutdruck proportional ist, wird gemessen. Daraufhin erzeugt eine mit dem Mikrodruck-Meßsystem verbundene motorbetriebene Pumpe einen Druck, der den Druck im Gefäß gerade kompensiert. Dieser Gegendruck hält das Interface an seinem Platz; man spricht daher von einem Servo-Null-System. Der im Mikrodruck-Meßsystem erzeugte Gegendruck wird mit einem herkömmlichen Drucktransducer gemessen, wie er z.B. bei der Blutdruckmessung in größeren Gefäßen verwendet wird.

Der Einsatz solcher Mikrodruck-Meßsysteme erweiterte unser Wissen über die Entwicklung cardiovaskulärer Funktionen in sich entwickelnden Embryonen und Larven wesentlich. Mit Hilfe solcher Techniken ist es möglich, sowohl beim ausgewachsenen Menschen als auch bei winzigen Tieren wie Insekten cardiovaskuläre Messungen durchzuführen.

messene elektrische Potential die Ionenkonzentrationen wider, die an den beiden Seiten der ionenaustauschenden Barriere an der Spitze der Mikroelektrode vorhanden sind. Protonenselektive Mikroelektroden eignen sich besonders zur Messung des pH im Blut und in anderen Körperflüssigkeiten.

Mikroinjektionen in Zellen

Mikropipetten eignen sich nicht nur als Mikroelektroden, sondern sie werden auch zur Injektion von Stoffen in einzelne Zellen verwendet. Solche Substanzen können z.B. aktive Moleküle sein, die eine meßbare Änderung in der Zell- oder Gewebefunktion verursachen. So lassen sich Medikamente, die den Blutdruck und die Herzaktivität beeinflussen, in sehr kleine Blutgefäße injizieren (z.B. winzige Gefäße, die der Schale eines Vogeleis anliegen) oder in das mikroskopisch kleine Herz eines Froschembryos.

Ebenso können auch Farbstoffe in eine Zelle zu deren Markierung injiziert werden. Zellfunktionen lassen sich dadurch besser beobachten oder das Schicksal einzelner Zellen in einer sich teilenden Zellpopulation verfolgen. Ein klassisches Beispiel dieser Technik ist der Einsatz von **Meerrettichperoxidase** (Horseradisch-Peroxidase, HRP), einem Enzym, das aus der Meerrettichpflanze gewonnen wird. Injiziert man dieses Enzym über eine Mikropipette in die Fortsätze einer Nervenzelle (vor allem in das Axon), so wird es innerhalb dieser Nervenzelle retrograd (zum Zellkörper hin) mit einer Geschwindigkeit von 7–12 cm/Tag (Säuger) transportiert. HRP selbst ist nicht sichtbar. Man kann das Enzym aber mit Hilfe eines sog. Chromagens, einer zunächst ebenfalls farblosen Substanz, sichtbar machen. **Chromagene** sind Stoffe, die durch einen Oxidationsprozeß farbig werden (wie z.B. Tetramethylbenzidin, TMB). Wird nach der HRP-Injektion ein Chromagen zugegeben, läßt sich der farbig markierte Transportweg vom Ort der Injektion bis hin zum Zellkörper verfolgen. Mit dieser Methode kann man z.B. den Ausgangspunkt peripherer Nerven im Zentralnervensystem lokalisieren. Selbst erfahrenste Neuroanatomen wären nicht in der Lage, diese Aufgabe mit herkömmlichen Methoden zu lösen.

Strukturanalyse von Zellen

Die Struktur einer Zelle wird von ihrer Funktion bestimmt. Die strenge Struktur-Funktions-Beziehung physiologischer Prozesse wurde bereits in Kap. 1 diskutiert. Strukturanalysen auf zellulärem Niveau sind daher aufschlußreich und ergänzen physiologische Messungen zum Verständnis der Funktionsweise eines Tieres. Für solche Analysen werden verschiedene mikroskopische Methoden eingesetzt, da typische Tierzellen einen Durchmesser von 10–30 µm haben und mit dem „unbewaffneten" menschlichen Auge nicht mehr sichtbar sind.

Lichtmikroskopie

Wie der Name sagt, werden bei der Lichtmikroskopie Photonen des sichtbaren oder fast sichtbaren Lichtes benutzt, um besonders präparierte Zellen zu beleuchten. Bei optimalen Bedingungen beträgt die Auflösung eines Lichtmikroskops einige wenige µm; liegt der Abstand zwischen zwei Objekten unter der Auflösung des Mikroskops, erscheinen sie als ein Objekt. In dem Maße, wie die Auflösung der Mikroskope verbessert wurde, wuchs auch unser Wissen über Zellstrukturen und Zellbestandteile.

Da die aus einem Organismus entnommenen Zellen nach kurzer Zeit absterben, müssen die Gewebe zügig so präpariert werden, daß ihr Verfall verhindert wird. Aus diesem Grunde werden die Gewebe mit speziellen Chemikalien (z.B. Alkohol, Formalin) behandelt. Die Zellen werden dabei abgetötet und ihre Bestandteile (Eiweiße, Fette, Kohlenhydrate) fixiert; Fixiermittel wie Formalin bewirken eine Vernetzung von Proteinen. Die fixierten Zellen werden anschließend mit bestimmten Farbstoffen oder anderen Reagenzien bearbeitet, die bestimmte Zellelemente selektiv anfärben. Die ansonsten farblosen und lichtdurchlässigen Zellen bzw. Zellelemente werden dadurch sichtbar.

Das Fixieren und Färben von ganzen Gewebeblöcken ist in den meisten Fällen nicht praktikabel; zudem ermöglicht es auch nicht das Erkennen individueller Zellen. In der Praxis werden daher kleine Gewebestücke mit Hilfe eines Mikrotoms in dünne Scheibchen geschnitten (Abb. 2.**6A**). Je nach Fragestellung sind die einzelnen Schnitte zwischen 1 µm und 100 µm dick. Da selbst fixiertes Material sehr zerbrechlich ist, wird es vor dem Schneiden in ein geeignetes Medium (z.B. Paraffin, Kunststoff, Gelatine) eingebettet. Solche Medien umgeben das Gewebestückchen nicht nur, sondern sie dringen auch in dieses ein. Nach einiger Zeit härten sie aus; das Gewebe kann dann geschnitten werden. Die einzelnen Schnitte werden auf einen Glas-Objektträger aufgelegt, gefärbt, mit einem dünnen Deckglas überdeckt und können dann unter dem Mikroskop betrachtet werden (Abb. 2.**6B**). In einigen Fällen beeinträchtigt das Einbettungsmedium bestimmte Zellstrukturen derart, daß sie nicht mehr gefärbt oder mit besonderen Stoffen markiert werden können. Dann wird das Gewebe nicht in ein Medium eingebettet, sondern tiefgefroren. Die Eisstruktur stützt das Gewebe und ermöglicht das Schneiden der Probe.

Nicht nur die Entwicklung besserer Mikroskope, sondern auch die Entwicklung der Färbetechniken wurde weiterentwickelt. Viele organische Farbstoffe, die ursprünglich für die Textilindustrie entwickelt wurden, erwiesen sich als geeignet, selektiv bestimmte Zellbestandteile anzufärben. Einige dieser Farbstoffe färben

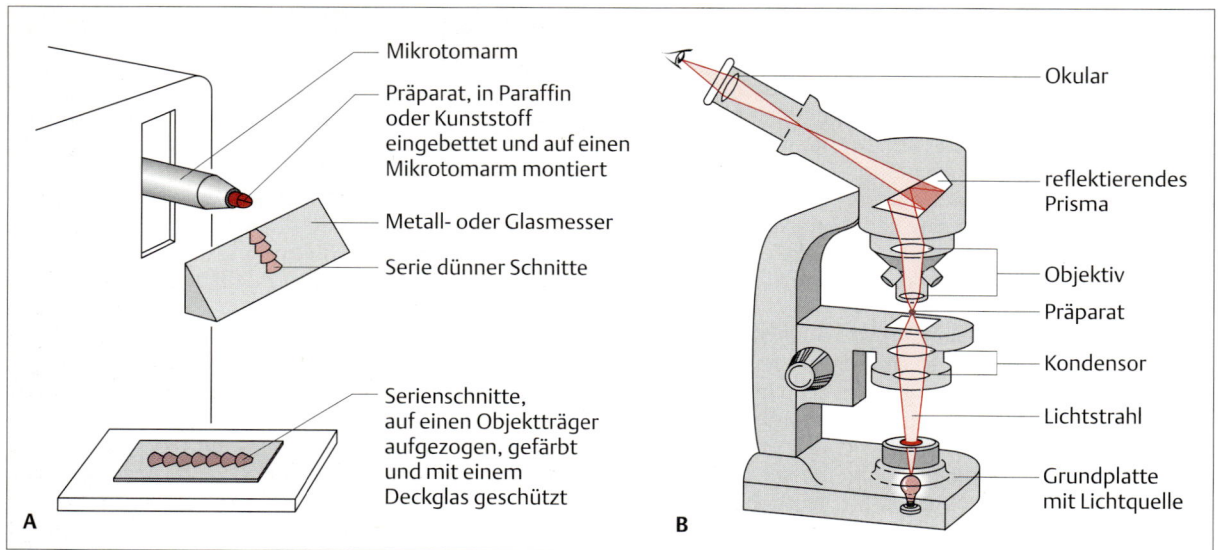

Abb. 2.6 Herstellung und Betrachtung lichtmikroskopischer Präparate. Gewebeproben werden für die Lichtmikroskopie vorbereitet, indem man sie zuerst in dünne Scheibchen schneidet und anfärbt. **A** Zellen und Gewebe eines lebenden Organismus werden, um ihre Struktur zu erhalten, zuerst fixiert und anschließend gefärbt. Dann schneidet man sie mit einem Metall- oder Glasmesser in dünne Scheibchen, die auf einen Objektträger aufgebracht werden können. Mit dem Lichtmikroskop werden die einzelnen Schnitte betrachtet. **B** Beim Lichtmikroskop wird ein Lichtstrahl vertikal von unten nach oben durch eine Kondensorlinse, das zu betrachtende Objekt, eine Objektiv- und eine Okularlinse zum betrachtenden Auge geleitet (nach Lodish et al., 1995).

Zellbestandteile entsprechend ihrer elektrischen Ladung, z.B. Hämatoxilin, das negativ geladene Moleküle wie etwa DNA, RNA und saure Proteine anfärbt. In vielen Fällen weiß man allerdings nicht, warum Farbstoffe selektiv färben.

Verwendet man statt der herkömmlichen Farbstoffe fluoreszierende Substanzen, wird die Empfindlichkeit für die Betrachtung deutlich erhöht. Fluoreszierende molekulare Markierungen absorbieren Licht einer bestimmten Wellenlänge und senden es als Licht einer längeren Wellenlänge wieder aus. Betrachtet man eine Probe, die mit einer fluoreszierenden Substanz behandelt wurde, mit einem **Fluoreszenzmikroskop**, so sind nur die Zellen oder Zellbestandteile sichtbar, an die sich die fluoreszierende Substanz angelagert hat (Abb. 2.7). Vermutlich ist das Immunfluoreszenzmikroskop das am weitesten verbreitete und wichtigste Fluoreszenzmikroskop. Bei diesem Mikroskop werden die zu untersuchenden Proben zuvor mit fluoreszierenden monoklonalen oder polyklonalen Antikörpern behandelt.

Da das **Immunfluoreszenzmikroskop** bei fixierten Schnitten schlechte Ergebnisse liefert, wird diese Technik nur bei ganzen Zellen eingesetzt. Die mittels der Standard-Fluoreszenzmikroskopie erhaltenen Bilder werden durch lichtemittierende Moleküle aus unterschiedlichen Tiefen der Zelle erzeugt. Aus diesem Grund sind die Bilder oft verwischt. Das **Konfokal-Laserscanning-Mikroskop** löst dieses Problem und liefert scharfe Bilder fluoreszierend-markierter Proben, ohne daß dafür dünne Schnitte erforderlich sind. Bei diesem Mikroskop wird die Gewebsprobe mit anregendem Licht aus einem fokussierten Laserstrahl beleuchtet, der die Probe rasch in einer Ebene abtastet. Das Licht, das von der betreffenden Ebene emittiert wird, wird von einem Computer in ein zusammengesetztes Bild übertragen. Da verschiedene Ebenen der Probe nacheinander abgetastet werden, kann der Computer aus diesen Daten letztendlich Serienschnitte der fluoreszierenden Bilder erstellen. In Abb. 2.8 ist das Bild eines konventionellen Fluoreszenzmikroskops dem eines Konfokal-Fluoreszenzmikroskops zum Vergleich gegenüber gestellt.

Es hängt von der Probe und nicht von der Fixierung oder Färbung ab, ob andere mikroskopische Verfahren zur Untersuchung herangezogen werden, die eine oder mehrere Eigenschaften des durch das Gewebe fallenden Lichtes verändern. Da diese Methoden keine Färbung erfordern, können sie zur Untersuchung lebender Gewebe eingesetzt werden, vorausgesetzt, diese sind dünn genug, um Licht hindurch zu lassen. Das **Hellfeld-Mikroskop** (Abb. 2.9 A) läßt im Vergleich mit dem **Phasenkontrast-Mikroskop** nur wenige Einzelheiten erkennen. Beim Phasenkontrast-Mikroskop zeigt das Bild –

Zellbiologische Methoden

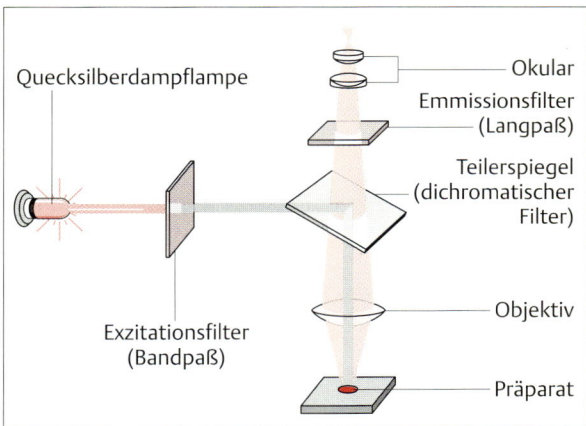

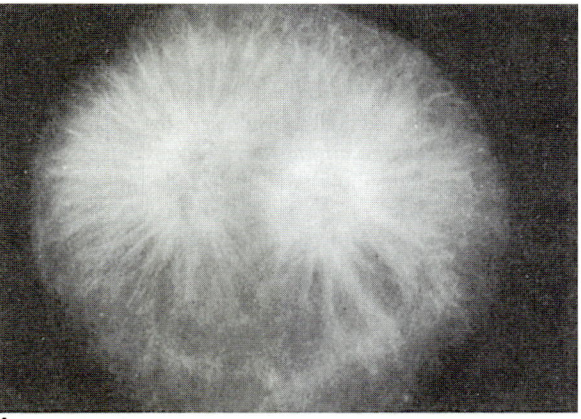

Abb. 2.7 Aufbau des Fluoreszenzmikroskops. Für die Fluoreszenzmikroskopie wird die Probe mit einem fluoreszierenden Farbstoff markiert. Eine gezielte Markierung ist möglich; nur die Strukturen, die den Farbstoff binden, werden sichtbar. Das von der Lichtquelle kommende Licht wird durch einen Erregerfilter geleitet, der aus dem Lampenlicht den blauen Wellenlängenbereich (450–490 nm) passieren läßt, mit dem das Objekt optimal zur Fluoreszenz angeregt wird. Alle anderen Wellenlängen werden zurückgehalten. Ein dichromatischer Filter teilt den Lichtstrahl. Das von der Probe emittierte Fluoreszenzlicht gelangt nach oben zu einem Sperrfilter, der überschüssiges Erregerlicht unterdrückt, d.h. fluoreszierende Signale blockiert, die nicht mit der Fluoreszenzwellenlänge des verwendeten Farbstoffs übereinstimmen.

Abb. 2.8 Konventionelle und Konfokalmikroskopie. Die beiden Formen der Mikroskopie liefern unterschiedliche Bilder eines biologischen Objekts. Die Aufnahme zeigt ein sich teilendes Seeigel-Ei. Ein mit Fluoreszin markierter Antikörper wurde an einen Tubulin-Antikörper gebunden; Tubulin ist eine wesentliche Strukturkomponente der mitotischen Spindel. **A** Die herkömmliche Fluoreszenzmikroskopie liefert ein verschwommenes Bild, da sich Fluoreszin-Moleküle auch oberhalb und unterhalb der Schärfenebene befinden. **B** Die Konfokal-Fluoreszenzmikroskopie registriert die Fluoreszenz nur im Bereich der Schärfenebene; das Ergebnis ist ein im Vergleich zu A deutlich schärferes Bild des Seeigel-Eies.

bedingt durch unterschiedliche Lichtbrechungen an den verschiedenen Unterstrukturen der Probe – unterschiedliche Helligkeiten (Abb. 2.9 B). Beim **Nomarski-Mikroskop**, auch als Differential-Interferenz-Kontrastmikroskop bezeichnet, wird ein Beleuchtungsstrahl eines in einer Ebene polarisierten Lichtes in dicht benachbarte parallele Strahlen aufgeteilt, die dann durch die Gewebsprobe hindurchtreten; die Strahlen werden hinter der Probe wieder gesammelt und in ein einziges Bild zusammengefaßt. Geringfügige Unterschiede im Brechungsindex oder in der Dicke benachbarter Gewebeteile werden in ein helles Bild umgewandelt, wenn die Strahlen bei der Rekombination in Phase sind. Es entsteht ein dunkles Bild, wenn sie nicht in Phase sind. Das fertige Bild täuscht einen dreidimensionalen Eindruck vor (Abb. 2.9 C). Im **Dunkelfeld-Mikroskop** wird das Licht seitlich auf die Gewebsprobe gerichtet, so daß der Betrachter nur das von Zellbestandteilen verstreute Licht sieht. Dieses Bild erweckt den Eindruck, daß die Probe zahlreiche Lichtquellen enthält.

Neben der direkten Betrachtung durch das Mikroskop lassen sich Bilder nach Aufnahme mit einer Digital- oder Videokamera auch elektronisch speichern. Mit einer Digitalkamera wird ein Farbbild auf eine zweidimensionale Anordnung photosensitiver Elemente gespeichert. Obwohl Digitalkameras eine sehr hohe Auflösung liefern, ist eine große Beleuchtungsstärke notwendig. Als Alternative bietet sich daher eine Videokamera an, die deutlich weniger Licht benötigt. Wegen ihrer hohen Lichtempfindlichkeit können mit diesem Kameratyp Zellen längere Zeit betrachtet werden, ohne daß Schädigungen durch das Licht auftreten. Solche Bildverstär-

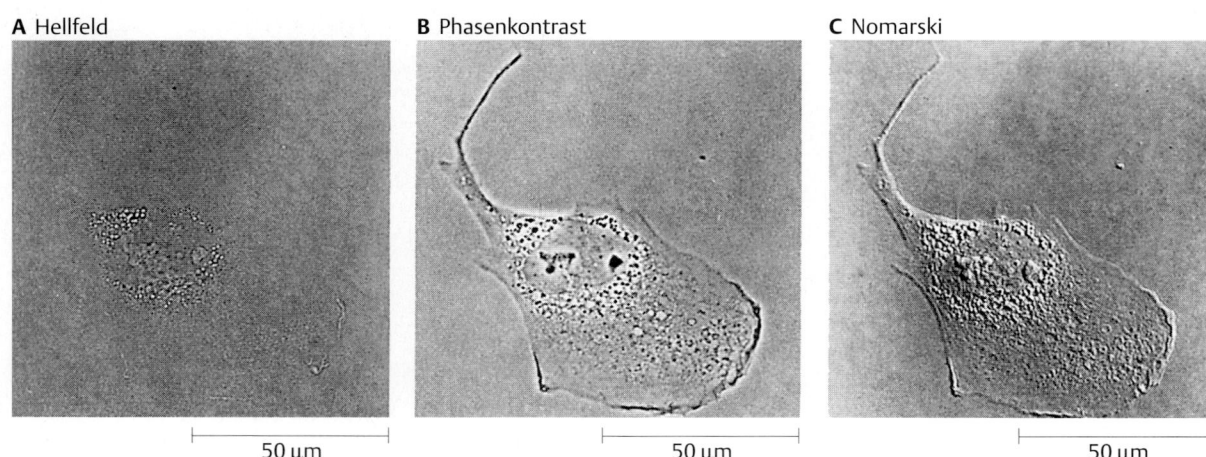

Abb. 2.9 Hellfeld-, Phasenkontrast- und Nomarski-Mikroskopie. Diese Varianten der konventionellen Lichtmikroskopie liefern sehr unterschiedliche Bilder. **A** Hellfeldbild einer Zelle, wie es mit einem herkömmlichen Lichtmikroskop von einer ungefärbten Probe erhalten wird. Das Bild ist kontrastarm und läßt nur wenige Einzelheiten erkennen. **B** Phasenkontrastbild. Der Kontrast zwischen verschiedenen Bereichen der Probe ist deutlich erhöht. **C** Nomarski-Bild (Differential-Interferenz-Kontrastmikroskop). Das mit dieser Methode erhaltene Bild vermittelt einen dreidimensionalen Eindruck.

kungen sind besonders für die Betrachtung lebender Zellen wichtig, die mit fluoreszierenden Substanzen markiert wurden, die in höheren Konzentrationen für die Zelle toxisch sein können.

Elektronenmikroskopie

Bei jedem Lichtmikroskop, wie bei allen bildherstellenden Verfahren, wird die Auflösung durch die Wellenlänge des Lichtes begrenzt. Bei kürzerer Wellenlänge wird der Minimalabstand zwischen zwei unterscheidbaren Objekten geringer (d.h. die Auflösung wird besser). Beim **Elektronenmikroskop** verwendet man zur Beleuchtung statt sichtbaren Lichtes einen schnellen Elektronenstrahl. Da die Wellenlänge des Elektronenstrahls wesentlich kürzer ist als die des sichtbaren Lichtes, haben Elektronenmikroskope eine deutlich bessere Auflösung; sie beträgt bei modernen **Transmissionselektronenmikroskopen** 0,5 nm, während sie bei Lichtmikroskopen bei etwa 1000 nm (1 µm) liegt. Da die wirkungsvolle Wellenlänge eines Elektronenstrahls mit zunehmender Geschwindigkeit abnimmt, hängt das Auflösungsvermögen letztendlich von der zur Verfügung stehenden Spannung ab, mit der die Elektronen beschleunigt werden.

Das Transmissionselektronenmikroskop liefert Bilder, indem Elektronen durch die zu untersuchende Probe geschickt werden und das daraus resultierende Bild auf einen elektronenempfindlichen fluoreszierenden Schirm oder einen fotografischen Film fokussiert wird (Abb. 2.10). Der Elektronenstrahl wird durch Magnete so gesteuert, daß die Elektronen ausgerichtet und auf die Probe fokussiert werden – der Kondensor des Lichtmikroskops übernimmt eine vergleichbare Funktion. Das Bild entsteht durch die unterschiedliche Ablenkung der Elektronen an den verschiedenen Bestandteilen der Probe; abgelenkte Elektronen lassen sich durch die Linse des Objektivs nicht fokussieren und treffen daher nicht auf den Betrachtungsschirm. Da der Elektronenstrahl durch eine unbehandelte Gewebeprobe annähernd unbeeinflußt hindurchtritt, ist eine Anfärbung der Probe notwendig. Die gebräuchlichsten Färbe- bzw. Kontrastierungssubstanzen, welche die Ablenkung von Elektronen verstärken, sind Verbindungen und Salze von Schwermetallen (z.B. Osmium, Blei oder Uran). Auf elektronenmikroskopischen Fotografien erscheinen die mit solchen elektronendichten Materialien assoziierten Strukturen schwarz.

Luft lenkt den auf die Probe fokussierten Elektronenstrahl ab. Die Untersuchung der Präparate erfolgt daher im Vakuum. Die zu untersuchenden Proben müssen sehr gut fixiert sein, damit sie bei der Betrachtung unter dem Elektronenmikroskop ihre biologische Struktur beibehalten. Zur kovalenten Vernetzung von Proteinen wird Glutardialdehyd verwendet, zur Stabilisierung der Lipiddoppelschichten Osmiumtetroxid. Nach der Fixierung wird die Probe mit einem Kunstharz durchtränkt. Aus dem Kunstharzblock werden 50–100 nm dünne Schnitte hergestellt. Nur Diamant- oder Glasmesser sind scharf genug, um so dünne Schnitte anzufertigen.

Zellbiologische Methoden

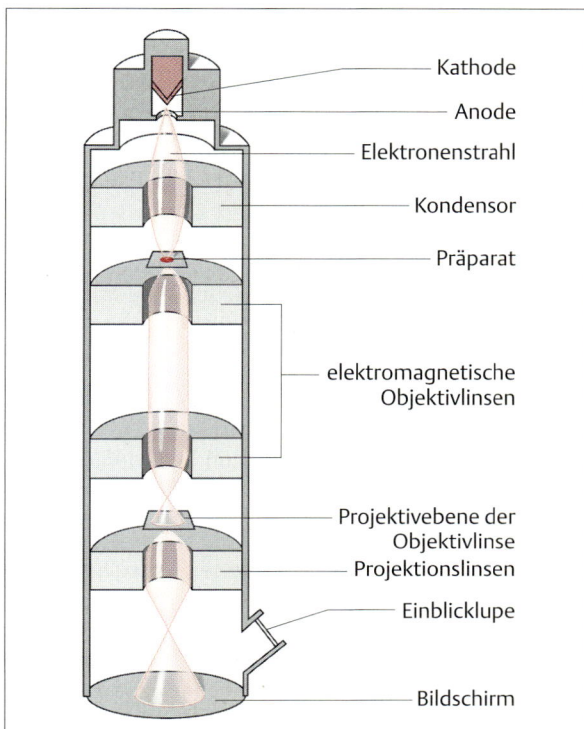

Abb. 2.10 Aufbau eines Elektronenmikroskops. Wie das Lichtmikroskop enthält das Elektronenmikroskop Linsen. Statt eines Lichtstrahls wird jedoch ein Elektronenstrahl zur „Beleuchtung" des zu untersuchenden Objekts verwendet. Bei dem hier dargestellten Transmissionselektronenmikroskop wird der Elektronenstrahl durch die Probe hindurch geschickt. Das dabei entstehende Bild wird auf einen fluoreszierenden Schirm projiziert. Beim Rasterelektronenmikroskop werden die Elektronen dagegen von der Oberfläche der mit einem elektronendichten Metallfilm versehenen Probe reflektiert, mit Linsen gesammelt und mit einer Kathodenstrahlröhre betrachtet.

Glasmesser stellt man aus rechteckigen Glasstäben her, die mit Hilfe eines Messer-Brechgerätes diagonal so gebrochen werden, daß sie eine etwa 2,5 cm lange und 5 mm breite Schnittkante bilden. Glas ist eine sich sehr langsam bewegende Flüssigkeit, so daß die Schnittkante nur für einige Stunden scharf bleibt, ehe der molekulare Glasfluß die Ecken abstumpft. Bei Diamantmessern tritt dieses Problem nicht auf. Obwohl sie sehr teuer sind, werden sie daher bevorzugt zum Schneiden sehr dünner Schnitte verwendet. Die Schnitte werden gefärbt und auf einem Metallgitter im Elektronenmikroskop plaziert.

Das Transmissionselektronenmikroskop liefert ausgezeichnete Einblicke in den Feinbau von Zellen und Geweben (Abb. 2.11 A). Von Nachteil ist, daß aufgrund der

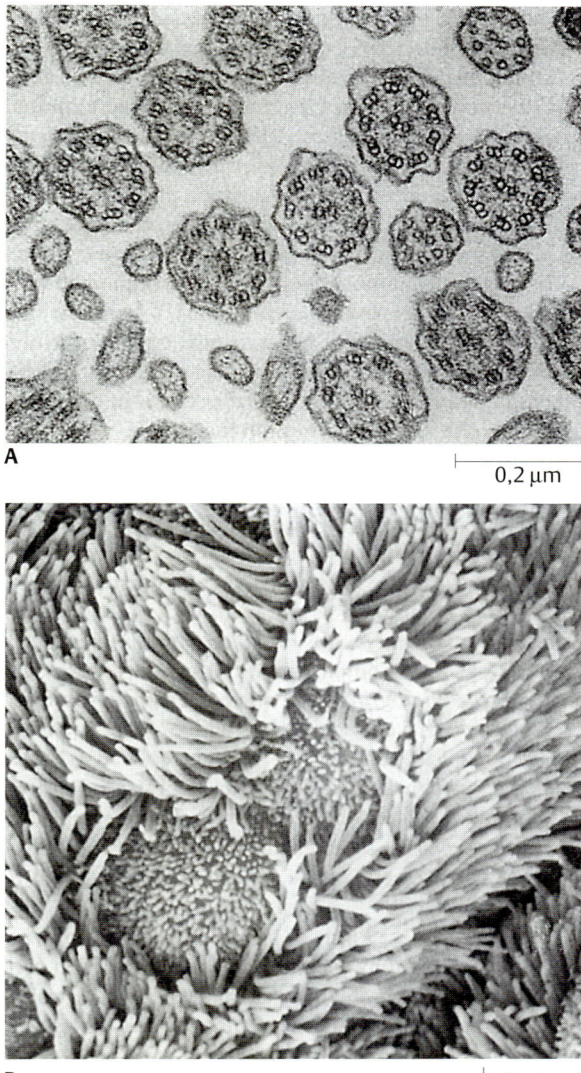

Abb. 2.11 Transmissions- und rasterelektronenmikroskopische Darstellungen von Cilien. Das Transmissionselektronenmikroskop liefert Bilder vom inneren Aufbau eines biologischen Gewebes, das Rasterelektronenmikroskop wird zur Betrachtung von Oberflächenstrukturen verwendet. **A** Transmissionselektronenmikroskopische und **B** rasterelektronenmikroskopische Aufnahme der Cilien im Oviduct einer Maus (mit freundlicher Genehmigung von E.R. Dirksen).

sehr dünnen Schnitte nur sehr kleine Proben untersucht werden können. Ohne die mühselige Rekonstruktion aus Serienschnitten ist es daher sehr schwierig, den dreidimensionalen Aufbau von Strukturen zu erkennen.

Verschiedene Techniken wurden entwickelt, um eine Vielzahl unterschiedlicher Proben elektronenmikroskopisch zu untersuchen. Der Erkenntnisgewinn aus elektronenmikroskopischen Bildern ist für den Fortschritt der Forschung von großer Bedeutung.

Wie das Transmissionselektronenmikroskop verwendet das **Rasterelektronenmikroskop** Elektronen, um Bilder zu erzeugen. Das Rasterelektronenmikroskop sammelt jedoch die an der Oberfläche eines Präparates gestreuten Elektronen. Es liefert ausgezeichnete dreidimensionale Bilder von Zelloberflächen und Geweben, erlaubt aber keine Einblicke durch die Oberfläche hindurch (Abb. 2.**11 B**). Vor der Untersuchung wird die Probe mit einem sehr dünnen Film eines Schwermetalls, etwa Platin, bedampft. Das Gewebe wird dann mit Säure aufgelöst, so daß nur die Metallnachbildung der Gewebeoberfläche zurückbleibt. Diese Matrize wird dann elektronenmikroskopisch untersucht. Das Auflösungsvermögen der Rasterelektronenmikroskope liegt mit etwa 10 nm deutlich über der von Transmissionsmikroskopen.

Zellkultur

Die *in vitro* (lateinisch für „im Glas") Zucht von Zellen in Glas- oder Plastikgefäßen wird als Zellkultur bezeichnet. Diese Technik hat die Untersuchung von Zellen und der physiologischen Prozesse, an denen sie auf Gewebs- und Organniveau beteiligt sind, revolutioniert. In der Vergangenheit war es lediglich möglich, Explantate (kleine Gewebsstücke, die einem Tier entnommen wurden) in Glaskolben mit einer entsprechenden Mischung aus Nährstoffen und anderen Chemikalien am Leben zu halten und wachsen zu lassen. Üblicherweise werden heute kleine Gewebsstücke auseinandergebrochen (dissoziiert) und die isolierten Zellen in ein Nährmedium gebracht, wo sie wachsen und sich als individuelle Einheiten teilen.

Damit Zellen *in vitro* wachsen können, benötigen sie das richtige Nährmedium (d.h. die Flüssigkeit, in der sie suspendiert sind). Bis zu Beginn der 70er Jahre hielt man alle tierischen Zellen in einem flüssigen Medium, das weitgehend entweder aus Pferde- oder Kalbs-Serum (flüssiger, hauptsächlich Eiweiß enthaltender und nicht mehr gerinnungsfähiger Anteil des Blutplasmas) bestand oder aus einem ungereinigten chemischen Auszug aus zermahlenen Hühnerembryonen. Diese Medien waren jedoch sehr fragwürdig, da sie viele nicht näher bestimmte Bestandteile enthielten und ihre Zusammensetzung nicht definiert war. Ebenso war unklar, ob Zellen aus einem bestimmten Organ in einem dieser Medien wachsen würden bzw. welche Zusatzstoffe fehlten, wenn der erste Versuch mißlang. Diese *in vitro*-Haltungen basierten in hohem Maß auf Versuch und Irrtum

(und Glück). Heute können Medien mit genau definierten Nährstoffzusammensetzungen für Forschungszwecke erworben werden. Für die erfolgreiche Zucht vieler Zelltypen werden jedoch noch immer Zusätze ($< 5\%$) von Pferdeserum zu definierten Nährmedien benötigt. Man kann daraus folgern, daß ein bestimmter Wachstumsfaktor des Blutes notwendig ist, damit tierische Zellen *in vitro* wachsen und sich teilen können (Abb. 2.**12**).

Auch wenn definierte Kulturmedien erhältlich sind, ist die *in vitro*-Zucht tierischer Zellen eine anspruchsvolle Technik. Normale tierische Zellen wachsen *in vitro* nur wenige Tage, teilen sich dann nicht mehr und sterben ab. Eine vergleichsweise homogene Population solcher Zellen wird als **Zuchtlinie** bezeichnet. Kultivierte Zuchtlinien eignen sich für viele Experimente; aufgrund ihrer begrenzten Lebensdauer sind sie wiederum für viele andere Untersuchungen nicht geeignet. Außerdem können bis jetzt viele Zelltypen nicht in Kultur gehalten werden. Die laufend verfeinerten Nährbedingungen und Techniken lassen die Zahl der erfolgreichen Züchtungen jedoch stetig ansteigen. Die Zellen aus folgenden Geweben und Organen lassen sich heute in Kulturen anziehen:
– Knochen und Bindegewebe,
– Skelett- und Herzmuskel, glatte Muskulatur,
– Epithelgewebe von Leber, Lunge, Brust, Haut, Blase und Niere,
– einige neuronale Gewebe,
– einige endokrine Drüsen (z.B. Nebenniere, Hypophyse, Langerhans-Inseln in der Bauchspeicheldrüse).

Im Gegensatz zur normalen tierischen Zelle wachsen Krebszellen im Körper schnell und unkontrolliert. In

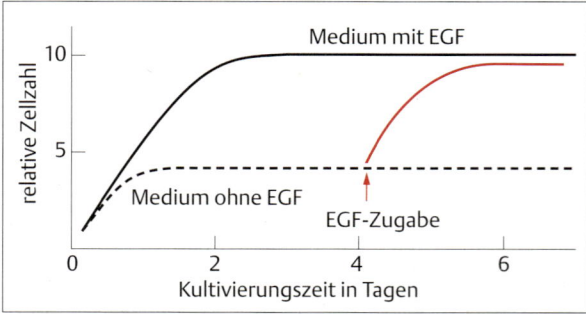

Abb. 2.12 Zellkultur. In Kultur gehaltene Zellen benötigen oft spezifische Faktoren für maximale Teilungs- und Wachstumsraten. In der dargestellten, hypothetischen Kultur werden maximale Zellzahlen bei Anwesenheit des epidermalen Wachstumsfaktors (EGF) erreicht (schwarze Linie). Gibt man zu einer Kultur, die diese Substanz nicht enthält (gepunktete Linie), EGF hinzu (Pfeil), setzt sofort eine Vermehrung der Zellen (rote Linie) ein (nach Lodish et al., 1955).

Kultur sind sie praktisch unsterblich. Normale Kulturzellen können durch die Behandlung mit bestimmten Agentien so verändert werden, daß sie sich wie Tumorzellen verhalten. Solche transformierten Zellen sind in Kultur ebenfalls unbegrenzt haltbar. Homogene Populationen solcher unsterblichen Zellen werden als **Zelllinien** bezeichnet. Obwohl sich normale Zellen, Krebszellen und transformierte Zellen in vieler Hinsicht unterscheiden, konnten an kultivierten transformierten Zellen Untersuchungen erfolgreich durchgeführt werden, die an primären Kulturen normaler Zellen nicht möglich waren.

Die Zellkultur eröffnet der Tierphysiologie bedeutende Möglichkeiten. Neue Entwicklungen wie etwa die hauchdünnen Silikon-Sensoren zur Messung von Säuregehalt und anderen Variablen wurden mit der Zellkulturtechnik kombiniert. Diese Kombination liefert wesentliche Einblicke in die Physiologie von Zellen und des ganzen Organismus. So ist es z.B. möglich, durch Stimulierung der kultivierten Zellen mit Agonisten und Antagonisten bei gleichzeitiger Messung der Ansäuerungsgeschwindigkeit des Mediums die hormonelle Regulierung der H^+-Sekretion aus einer ganzen Reihe von Zellen *in vitro* zu untersuchen. Dieser Ansatz wurde auch zur Untersuchung von Geweben und Organen mit ungewöhnlichen Geschwindigkeiten oder Eigentümlichkeiten der H^+-Sekretion gewählt, wie z.B. dem Schwimmblasen-Gewebe der Fische.

Biochemische und biophysikalische Methoden

Die meisten biochemischen Prozesse spielen sich in wäßriger Lösung ab und erfordern den Austausch von Gasen. Aus diesem Grunde müssen Physiologen oft die chemische Zusammensetzung der Körperflüssigkeit in verschiedenen Körperabschnitten und die Konzentrationen ihrer Bestandteile messen. Um z.B. untersuchen zu können, ob eine Krabbe ihre interne Ionenkonzentration regulieren kann, wenn sie im salzarmen Wasser einer Flußmündung schwimmt, muß ein Physiologe die Ionenkonzentration des Wassers kennen, in dem die Krabbe schwimmt, ebenso wie die Ionenkonzentration in ihrer Hämolymphe (dem Blut) und in dem von der Krabbe ausgeschiedenen Urin. Aus diesen Daten läßt sich feststellen, ob die Krabbe eine Homöostase aufrecht erhält oder nicht. Die biochemische Analyse biologisch relevanter Flüssigkeiten, Gase und Strukturen basiert auf einigen physikalischen bzw. chemischen Eigenschaften des interessierenden Untersuchungsmaterials (z.B. Na^+-Gehalt im Urin der Krabbe). Die in jüngster Zeit erfolgten Verbesserungen in der Empfindlichkeit und Genauigkeit entsprechender Methoden und Geräte ermöglichen es den Physiologen heute, die Einzelheiten feiner physiologischer Funktionen zu erforschen, die zuvor noch nicht einmal nachgewiesen werden konnten.

Sowohl die qualitative als auch die quantitative Analyse kann für physiologische Untersuchungen wichtig sein. Im ersten Falle bestimmt man die Zusammensetzung einer Flüssigkeit oder einer Struktur – man fragt nach den Elementen, Ionen und anderen Bestandteilen, aus denen sie besteht. Im zweiten Falle wird die Konzentration einer bestimmten Substanz in der Flüssigkeit oder in der interessierenden Struktur gemessen. Viele analytische Geräte und Techniken erlauben sowohl die Analyse der Zusammensetzung als auch Konzentrationsmessungen.

Qualitative Analyse – was ist vorhanden?

Es gibt viele altbewährte, aber auch neue Methoden zur Messung der chemischen Zusammensetzung biologischer Präparate. Gelegentlich sind Tierphysiologen nur daran interessiert herauszufinden, ob eine bestimmte Substanz, z.B. Ammoniak oder Hämoglobin, im Präparat vorhanden ist. In anderen Fällen sind Physiologen bestrebt, z.B. alle Proteine oder Vertreter anderer Molekülgruppen in einer Probe zu bestimmen. Die zu bearbeitende Fragestellung bestimmt, welche Daten wichtig sind. Selten wird ein biologisches Präparat so intensiv und vollständig auf seine Bestandteile analysiert, wie etwa ein Präparat in einem chemischen Grundkurs.

Ein umfassendes Arsenal kolorimetrischer Analysemethoden wurde zum spezifischen Nachweis von Substanzen in Lösungen entwickelt. Diese Methoden basieren darauf, daß die interessierende Substanz eine chemische Reaktion eingeht und daraufhin sichtbares Licht oder ultraviolette Strahlung (UV) einer bestimmten Wellenlänge absorbiert. Die Transmission von Licht oder UV-Strahlung durch die Lösung verändert sich daraufhin, was mit Hilfe eines Spektralphotometers nachgewiesen wird. Bei vielen biochemischen Analysemethoden werden Enzyme eingesetzt, die eine Reaktion katalysieren, an der die interessierende Substanz beteiligt ist. Eine weit verbreitete Methode zur Bestimmung von Lactat (einem Produkt des anaeroben Glucosestoffwechsels) benützt ein Enzym, das Lactat in eine Substanz mit bestimmten UV-Absorptionseigenschaften umwandelt. Zur Durchführung dieses Tests gibt man die Probe, von der man vermutet, daß sie Lactat enthält, zusammen mit einem Enzym und anderen Reaktionsteilnehmern in ein kleines Reaktionsgefäß. Nach kurzer Zeit wird das Reaktionsgefäß zur Bestimmung der UV-Transmission in ein Spektralphotometer gegeben. Zur Kontrolle wird die Transmission eines Reaktionsgefäßes ohne das entsprechende Enzym gemessen. Unterscheidet sich die UV-Transmission zwischen der Negativkontrolle und dem Reaktionsgefäß, so zeigt dies, daß die Probe Lactat enthält.

Chromatographie

Die Chromatographie ist eine weit verbreitete Methode, um die in einer Lösung enthaltenen Proteine, Nucleinsäuren, Zucker und andere Moleküle aufzutrennen und nachzuweisen. In ihrer einfachsten Form, der **Papierchromatographie**, wandern die in der zu analysierenden Probe enthaltenen Moleküle in Abhängigkeit von ihrer Lösungsfähigkeit in dem als Laufmittel verwendeten Medium unterschiedlich schnell auf dem Chromatographiepapier (Abb. 2.**13 A**). Um die aufgetrennten Moleküle sichtbar zu machen, sprüht man das Chromatographiepapier mit einer kolorimetrischen Chemikalie ein, die mit den Molekülen einen sichtbaren Farbkomplex bildet. Komplexere Mischungen lassen sich mittels der **Säulenchromatographie** auftrennen. Bei dieser Methode durchsickert die zu untersuchende Lösung eine Säule, die mit porösen Kügelchen gefüllt ist (2.**13 B**). Die verschiedenen Lösungsbestandteile durchsickern die Säule unterschiedlich schnell; der Säulendurchfluß wird in verschiedenen Reagenzgläsern aufgefangen und so fraktioniert. Je nach den zu analysierenden Stoffen werden unterschiedliche Meßmethoden eingesetzt, um die in den verschiedenen Fraktionen gesammelten Bestandteile zu bestimmen.

Bei der Säulenchromatographie werden je nach Zusammensetzung der aufzutrennenden Lösung verschiedene Grundsubstanzen (Matrizes) verwendet. So gibt es Matrizes, welche die einzelnen Bestandteile entsprechend ihrer Ladung, ihrer Größe, ihrer Wasserlöslichkeit oder ihrer Bindungsaffinität zur Matrix auftrennen. Die Bindungsaffinität zur Matrix macht man sich bei der **Affinitätschromatographie** zunutze; die Kügelchen der Matrix werden mit Antikörpern oder Rezeptoren gekoppelt, welche die interessierenden Substanzen binden und so festhalten. Wird die aufzutrennende Lösung auf die Säule gegeben, durchsickern alle Bestandteile

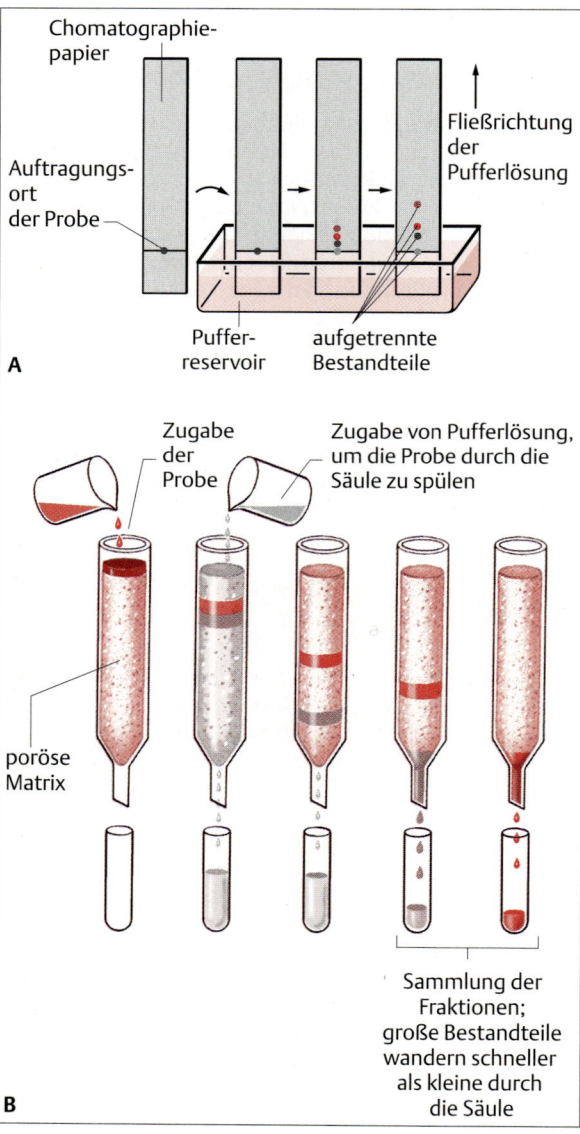

Abb. 2.13 Dünnschicht- und Säulenchromatographie. Mit Hilfe der Chromatographie ist es möglich, die gelösten Bestandteile einer Substanzmischung aufzutrennen. **A** Bei der Papierchromatographie (Dünnschichtchromatographie) wird die zu analysierende Probe auf eine Seite eines Chromatographiepapiers (der festen Phase des Systems) aufgetragen und getrocknet. Das Papier wird dann in das „Laufmittel" eingetaucht, das (je nach Art der zu trennenden Substanzen) aus einem Lösungsmittel oder einem Lösungsmittelgemisch besteht. Das Laufmittel (die mobile Phase des Systems) wird von den Kapillarkräften der festen Phase nach oben gesogen. Die Bestandteile der zu analysierenden Substanzmischung haben unterschiedliche Wanderungsgeschwindigkeiten, da sie im Laufmittel unterschiedliche Löslichkeiten besitzen. Nach einigen Stunden wird das Papier getrocknet und ggf. gefärbt, um die Wanderstrecke und die relative Menge der aufgetrennten Bestandteile zu bestimmen. **B** Bei der Säulenchromatographie wird die aufzutrennende Probe auf eine Säule gegeben, die eine Matrix aus porösen Kügelchen enthält (feste Phase), in welche die Probe einsickert. Anschließend wird das Lösungsmittel (die mobile Phase) langsam durch die Säule gepumpt. Die einzelnen Bestandteile der Probe wandern unterschiedlich schnell und können am Säulenausgang in verschiedenen Reagenzgläsern als getrennte Fraktionen aufgefangen werden.

des aufgetragenen Gemisches die Matrix bis auf diejenigen, welche von der Affinitätsmatrix erkannt und zurückgehalten werden. Mit dieser Methode lassen sich Proteine und andere biologische Moleküle reinigen, auch wenn sie nur in sehr geringen Konzentrationen im Gemisch vorliegen.

Elektrophorese

Die **Elektrophorese** ist eine gebräuchliche Methode, Moleküle aufgrund ihrer unterschiedlichen Wanderungsgeschwindigkeiten durch eine Matrix in einem elektrischen Feld aufzutrennen. Die elektrische Ladung eines Moleküls sowie seine Größe und Form bestimmen dabei seine Wanderungsrichtung und -geschwindigkeit während der Elektrophorese. Kleine Moleküle wie etwa Aminosäuren und Nucleotide werden mit dieser Methode gut voneinander getrennt. Am häufigsten wird sie jedoch zur Auftrennung von Proteinen oder Nucleinsäuren eingesetzt. In diesem Fall wird die aufzutrennende Probe auf ein Ende eines Polyacrylamidgels oder eines Agargels gegeben, ein indifferentes Substrat mit festgelegtem Porendurchmesser, das bei einer angelegten Spannung die Wanderung elektrisch geladener Moleküle zurückhält oder erlaubt. Proteinmischungen werden gewöhnlich vor und während der Elektrophorese mit SDS behandelt, einem negativ geladenem Detergens, welches die Proteine entfaltet. Die Wanderungsgeschwindigkeit der mit SDS ummantelten Moleküle durch das Gel in Richtung des positiven Spannungspols ist dem Logarithmus ihres Molekulargewichtes proportional: je geringer das Molekulargewicht eines Proteins ist, desto schneller bewegt es sich durch das dreidimensionale Netzwerk des Gels (Abb. 2.**14**). Gibt man einen proteinbindenden Farbstoff dazu, sind die einzelnen Proteinfraktionen als klar abgesetzte Banden im Gel erkennbar.

Drei prinzipiell ähnliche Methoden der Gelelektrophorese werden zur Auftrennung und nachfolgenden Identifizierung von Proteinen, DNA- und mRNA-Molekülen verwendet. Jede dieser Methoden läuft in drei Schritten ab (Abb. 2.**15**):
1. **Auftrennung** der Bestandteile einer zu untersuchenden Probe mittels Gelelektrophorese.
2. **Transfer** und Fixierung der aufgetrennten Banden auf eine aus Nitrozellulose oder einem anderen Polymer bestehenden Membran. Dieser Schritt wird als „Blotting" bezeichnet.
3. Behandlung der Membran mit einer molekularen Sonde, die spezifisch mit dem interessierenden Bestandteil der Probe reagiert. Über die gebundene Sonde erfolgt der **Nachweis** der gesuchten Substanz.

Die als erste entwickelte Methode wird nach ihrem Erfinder Eward Southern als **Southern-Blotting** bezeich-

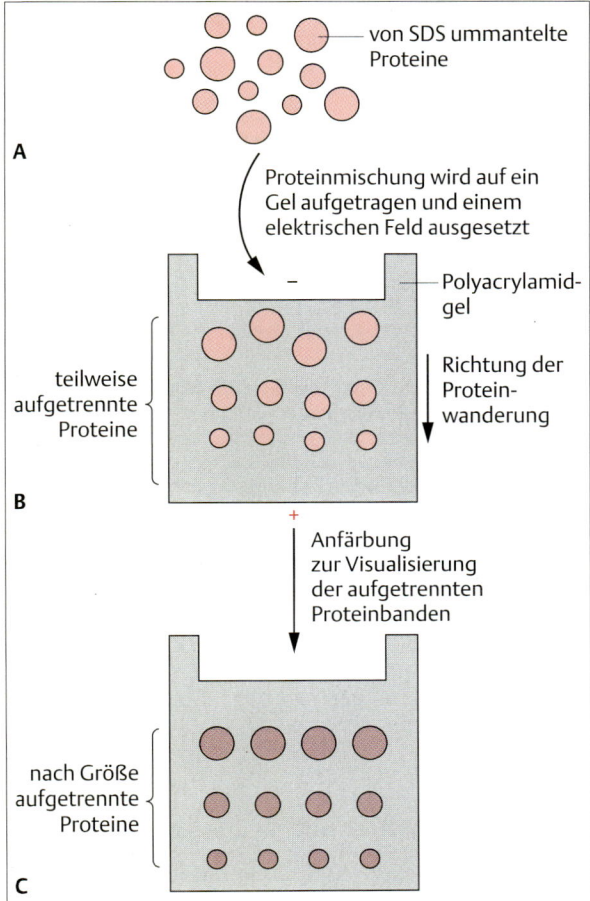

Abb. 2.14 SDS-Polyacrylamid-Gelelektrophorese. Proteine werden üblicherweise mit der SDS-Polyacrylamid-Gelelektrophorese nach ihrer Masse aufgetrennt. **A** SDS, ein negativ geladenes Detergens, wird der Probe zugegeben und bindet an die Proteine. **B** Die Probe wird auf ein Polyacrylamidgel-Gel aufgetragen und eine elektrische Spannung angelegt. Kleine Proteine wandern durch das dreidimensionale Netzwerk des Gels schneller als große Proteine. **C** Nach einer bestimmten Zeit bilden die Proteine separate Banden. Jedes Band enthält Proteine einer bestimmten Größe, die sich mit proteinfärbenden Substanzen sichtbar machen lassen (nach Lodish et al., 1995).

net. Sie dient dem Nachweis von DNA-Fragmenten mit einer bestimmten Nucleotidsequenz. Mittels **Northern-Blotting** kann eine definierte mRNA in einem mRNA-Gemisch nachgewiesen werden. Spezifische Proteine lassen sich mit Hilfe des **Western-Blotting** (auch als **Immunoblotting** bekannt) in einer Proteinmischung erkennen. (Bis jetzt gibt es noch keine Eastern-, Southwe-

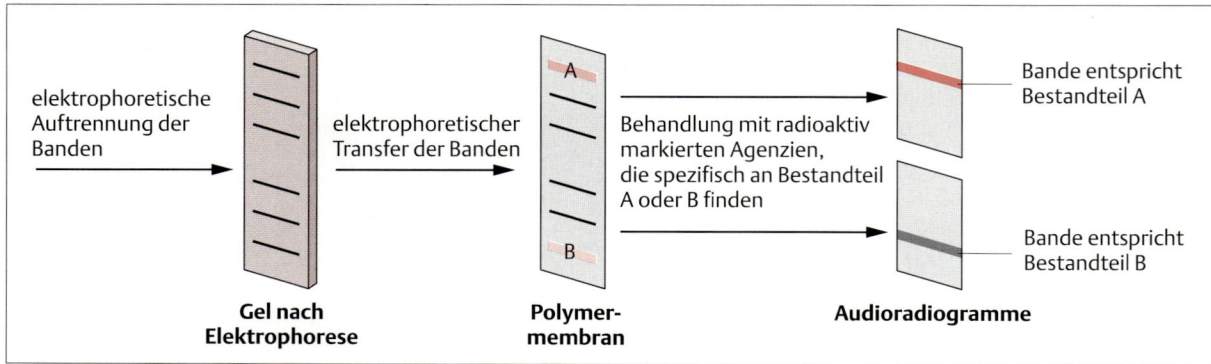

Abb. 2.15 Southern-, Northern- und Western-Blot. Diese nach dem gleichen Prinzip funktionierenden Methoden werden genutzt, um spezifische DNA-Fragmente, mRNAs oder Proteine einer Mischung zu trennen und selektiv nachzuweisen. Bei jeder dieser Methoden werden die Bestandteile einer Mischung zuerst mittels Gelelektrophorese voneinander getrennt. Die aufgetrennten Banden werden auf eine Polymermembran übertragen, die dann mit einem radioaktiv markierten Reagens behandelt wird, das spezifisch an den interessierenden Bestandteil bindet. Die spätere Autoradiographie der Membran liefert ein qualitatives und quantitatives Analyseergebnis der Probe. Tab. 2.1 beschreibt Einzelheiten dieser Vorgehensweise.

stern- oder andere Blottings, was sich in Zukunft allerdings ändern dürfte.) In Tab. 2.1 werden die Eigenschaften der drei Methoden zusammengefaßt.

Viele der gebräuchlichen Bestimmungsmethoden sind für Lösungen, aber nicht für Gase geeignet. Das **Massenspektrometer** ist jedoch in der Lage, die verschiedenen Gase einer Gasmischung aufgrund ihrer Masse und Ladung zu erkennen. Tierphysiologen greifen häufig auf dieses Gerät zurück, um die Bestandteile der Atemgase bei einem ruhenden oder bei einem im Versuch aktiven Tier zu bestimmen. In Abb. 2.16 ist das Prinzip eines Massenspektrometers dargestellt. Die Gasprobe wird zuerst durch intensives Erhitzen und beim Durchströmen eines Elektronenstrahls ionisiert.

Tab. 2.1 Vorgehensweise beim elektrophoretischen Blotting

Methode	Detektierte Moleküle	Arbeitsschritte zur Trennung und Detektion
Southern-Blotting	DNA-Fragmente, die mit Restriktionsenzymen erzeugt wurden.	1. Elektrophoretische Auftrennung von dsDNA-Fragmenten in Agar- oder Polyacrylamidgelen. 2. Denaturierung der aufgetrennten Fragmente zu ssDNA und Übertragung der Banden auf eine Polymermembran (Kapillar- oder Vakuumblot). 3. Markierung der interessierenden Fragmente mit radioaktiv markierter ssDNA oder RNA. 4. Autoradiographische Detektion der markierten Banden.
Northern-Blotting	mRNA-Moleküle	1. Denaturierung des zu analysierenden mRNA-Gemisches. 2. Elektrophoretische Auftrennung in Agar- oder Polyacrylamidgelen. 3. Übertragung der Banden auf eine Polymermembran (Kapillar- oder Vakuumblot). 4. Markierung der interessierenden Fragmente mit radioaktiv markierter ssDNA. 5. Autoradiographische Detektion der markierten Banden.
Western-Blotting	Proteine	1. Elektrophoretische Auftrennung der Probe. 2. Übertragung der aufgetrennten Banden auf eine Polymermembran (Elektroblot). 3. Spezifische Markierung von Proteinen mit markierten monoklonalen Antikörpern (Radioaktivität, Fluoreszenzfarbstoffe, Enzymkopplung). 4. Detektion.

dsDNA = Doppelstrang-DNA; ssDNA = Einzelstrang-DNA

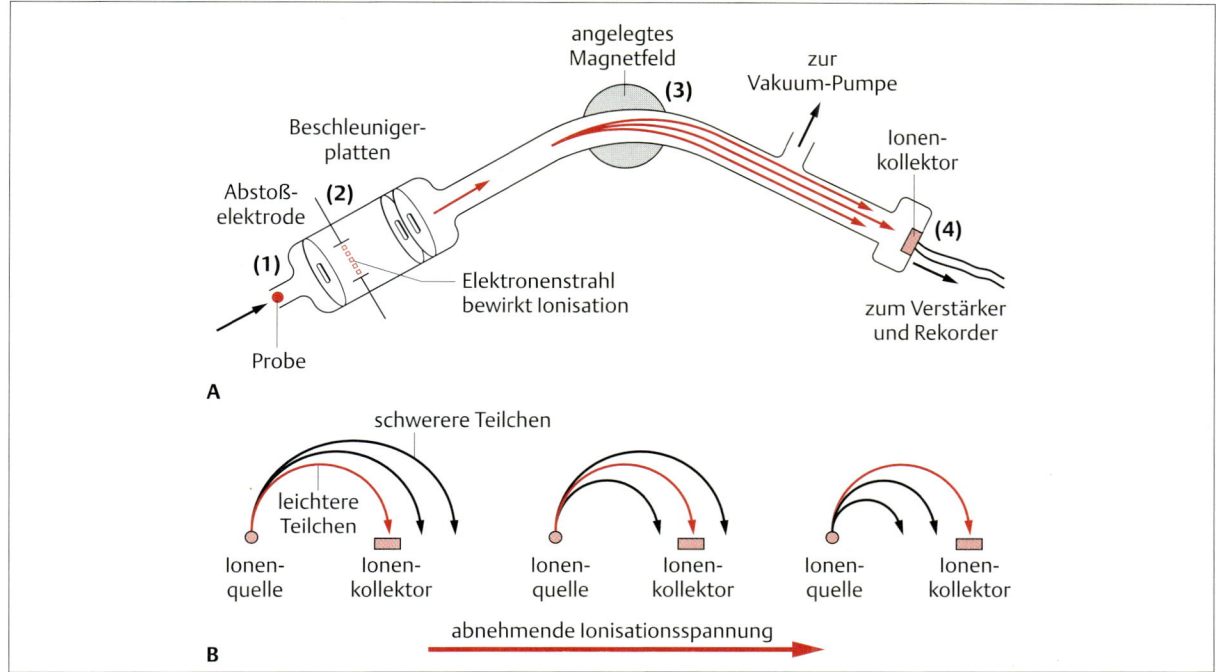

Abb. 2.16 Aufbau und Funktionsweise eines Massenspektrometers. Gase in Gasmischungen und ihre jeweiligen Konzentrationen werden mit dem Massenspektrometer bestimmt. **A** Das Massenspektrometer mißt, wie stark eine ionisierte Gasmischung durch ein angelegtes Magnetfeld abgelenkt wird. Es besteht aus vier wesentlichen Teilen: Erstens, aus einem Einlaßteil (1), über das die Gasmischung dem System zugeführt wird. Zweitens, aus einer Ionisationskammer (2), die unter Vakuum steht und eine hohe Temperatur aufweist (ca. 190 °C); hier wird die Probe durch einen Elektronenstrahl geleitet und mittels eines elektrischen Feldes beschleunigt. Die Gasmoleküle verlassen die Kammer als negativ geladene Ionen. Drittens, aus einer Analysierröhre, in welcher der beschleunigte Ionenstrahl einem Magnetfeld ausgesetzt wird, das die Ionen auf eine gekrümmte Bahn zwingt (3). Der Ionenstrahl wird schließlich in einem Kollektor analysiert, der sich am Ende der Analysierröhre befindet (4). Das Ausmaß, mit dem ein Ion durch das angelegte Magnetfeld abgelenkt wird, hängt von der Stärke des angelegten Feldes, seiner Masse, seiner Ladung und seiner Geschwindigkeit ab. Nur die Ionenart, die so abgelenkt wird, daß ihre Flugbahn parallel zur Analysierröhre verläuft, wird den Ionenkollektor erreichen und kann bestimmt werden. **B** Bei konstantem Magnetfeld wird durch die Stärke der (einstellbaren) ionisierenden Spannung bestimmt, welche Teilchen im Massenspektrometer detektiert werden. Mit abnehmender ionisierender Spannung können schwerere Teilchen detektiert werden (nach Fessenden u. Fessenden, 1982).

Die geladenen Ionen werden daraufhin durch ein elektrisches Feld fokussiert, beschleunigt und in einen Analysator geleitet. Der Ionenstrahl wird dort entweder durch ein angelegtes Magnetfeld oder Radiowellen, die von genau getunten Stäbchen ausgesendet werden, abgelenkt. Je geringer die Ionenmasse und die Ladung eines Teilchens ist, desto geringer ist seine Ablenkung im Analysator. Das Ausmaß der Ablenkung wird durch verschiedene Detektoren gemessen und so die Zusammensetzung der Gasmischung qualitativ und quantitativ bestimmt.

Die hier beschriebenen Methoden zur Messung chemischer Bestandteile sind in der Physiologie weit verbreitet. Es gibt jedoch wesentlich mehr Untersuchungsmethoden. Diese werden in Lehrbüchern der Chemie oder Biochemie eingehend beschrieben.

Quantitative Analyse – wieviel ist vorhanden?

Die meisten Geräte und analytischen Techniken erlauben nicht nur die Ermittlung der Zusammensetzung einer Flüssigkeits- oder Gasmischung, sondern liefern auch Ergebnisse über die Konzentrationen der Einzelbestandteile. Beispielsweise hängt das Ausmaß eines Farbumschlags, der mittels eines kolorimetrischen Verfahrens ausgelöst wird, von der Konzentration des zu messenden Substrats in der Probe ab. Auch das Ergebnis des Massenspektrometers hängt nicht nur von den in der

Mischung vorhandenen Gassorten, sondern auch von deren Konzentration ab. Die Werte, die ein Analysegerät angibt – sei es ein **Transmissions-Spektralphotometer**, ein **Densitometer** oder ein Massenspektrometer – hängen direkt von der Konzentration des Substrats ab, das für das Signal verantwortlich ist.

Grundlage aller Analysemethoden zur Bestimmung einer unbekannten Substanzkonzentration sind **Standardkurven**, die mittels definierter Konzentrationen der interessierenden Substanz erstellt werden. Die vom Meßgerät ausgegebenen Werte der unbekannten Konzentration werden dann auf die Standardkurve bezogen und daraus die Konzentration der jeweiligen Substanz in der Probe bestimmt.

Experimente an isolierten Organen und Organsystemen

Alle Tiere besitzen verschiedene Organsysteme, die koordiniert und kontrolliert zusammenarbeiten müssen, um die Homöostase aufrecht zu halten. Wie in den folgenden Kapiteln dargestellt wird, werden die Funktionen dieser Organsysteme hauptsächlich durch neuronale oder hormonale Signale reguliert. Um physiologische Kontrollmechanismen zu verstehen, müssen die entscheidenden Kontrollsignale und ihre Ursprünge charakterisiert werden. In vielen Fällen ist dies sehr schwierig, z.T. sogar unmöglich, wenn man die intakten Organe *in situ* untersucht. Man führt daher Experimente an isolierten Organen durch, die dem Tier chirurgisch entnommen und in einer künstlichen Umwelt *in vitro* gehalten werden. An zwei Beispielen soll die Aussagekraft dieses experimentellen Vorgehens beschrieben werden.

Wenn man das Herz eines Vertebraten – und dies gilt für alle Vertebraten einschließlich der Säuger – isoliert und in eine physiologische Kochsalzlösung legt, schlägt es, obwohl keine neuronalen Signale eintreffen, weiter und pumpt Kochsalzlösung oder eine andere dem Herzen zugeführte Lösung. Wichtig ist, daß das isolierte Herz bei einer geeigneten Temperatur gehalten und mit einer sauerstoffreichen Lösung, die eine entsprechende Ionen-Zusammensetzung und Glucose enthält, durchströmt wird. Am isolierten Herzen lassen sich die Auswirkungen einer Reizung mit Pharmaka und Hormonen oder einer elektrischen Reizung von im Herzen liegenden Nerven auf den Herzausstoß, die Amplitude und die Fließgeschwindigkeit, aber auch die mechanischen Bewegungen messen. Am isolierten Herzen durchgeführte Experimente haben wesentlich zur Vertiefung unseres Wissen über das cardiovaskuläre System beigetragen.

Ein weiteres Beispiel liefert die Epiphyse (Zirbeldrüse), ein kleines Organ am Dach des Zwischenhirns der Vertebraten. Die Epiphyse spielt bei der Steuerung der circadianen Rhythmen physiologischer Prozesse eine Schlüsselrolle. Sie ist gegenüber Lichtreizen empfindlich und gibt tageszeitabhängig unterschiedliche Mengen regulatorischer Hormone in den Blutstrom ab. Auch die isolierte, in ein geeignetes Nährsystem gelegte Epiphyse folgt weiterhin dem circadianen Rhythmus. Direkte Experimente an dieser *in vitro*-Präparation beantworten viele spezifische Fragen zur Regulierung physiologischer Systeme durch die Epiphyse.

Beobachten und Messen von tierischem Verhalten

Wissenschaftler, die sich mit tierphysiologischen Fragen befassen, ergänzen ihre Experimente häufig durch Verhaltensbeobachtungen. Sinnvolle Verhaltensexperimente sind schwer zu planen, da die Tiere in einem entsprechenden physiologischen Zustand sein müssen (z.B. müssen sie paarungsbereit sein, Brutpflege betreiben, Nahrung verdauen, usw.). Wichtig ist weiterhin, daß die Experimente die natürlichen Verhaltenstendenzen eines Tieres berücksichtigen. Trotz dieser Schwierigkeiten gibt es Methoden, um bestimmte Verhaltenszustände zu kontrollieren oder auszulösen, die wichtige Einblicke in physiologische Prozesse liefern, welche häufig nicht direkt mit physiologischen Methoden untersucht werden können. Grundvoraussetzung für solche Untersuchungen ist allerdings eine umfassende Kenntnis des Verhaltens der betreffenden Tierart in seiner natürlichen Umgebung.

Zur Aussagekraft von Verhaltensexperimenten

Die in den 50er und 60er Jahren durchgeführten Untersuchungen zum Ei-Einrollverhalten bodenlebender Vögel sind ein gutes Beispiel dafür, wie Verhaltensuntersuchungen zum physiologischen Wissen beitragen können. Bei ihren frühen Untersuchungen entdeckten die späteren Nobelpreisträger Konrad Lorenz und Niko Tinbergen, daß Gänse nicht nur ihre Eier erkennen und ins Nest zurückrollen, wenn diese neben dem Nest liegen, sondern daß auch andere in der Nähe liegende Objekte wie etwa Grapefruits, Glühbirnen oder Bälle ins Nest geholt werden. Tinbergen und seine Studenten führten daraufhin geniale Experimente an Möwen durch. Den Tieren wurden jeweils zwei Objekte zur Wahl angeboten, gleichzeitig wurde notiert, welches zuerst ins Nest geholt wurde. Mit dem paarweisen Anbieten von Objekten gelang es ihnen, die Kriterien zu bestimmen, nach denen Möwen sich für ein ins Nest einzurollendes Objekt entscheiden. Auch wenn die Vögel viele verschiedene Objekte ins Nest holten, war dennoch eindeutig, daß Eier gegenüber unnatürlichen Objekten bevorzugt werden. Die relative Größe, Farbe und Musterung eines Eis tragen unabhängig voneinander zur Wahrscheinlichkeit bei, daß ein Ei eingerollt wird. Insgesamt zeigen diese Experimente, daß Eier für Möwen einen starken natürlichen Reiz darstellen, der das Ei-Einrollverhalten auslöst. Die genaue Kenntnis der dieses Verhalten auslösenden Reize kam nachfolgenden physiologischen Experimenten zum Sehsystem der Vögel zugute.

Verhaltensexperimente berücksichtigen häufig die Gesamtdauer, die ein Tier für die Ausübung eines Verhaltens benötigt und die zeitliche Abfolge von Verhaltenssequenzen. Diese Daten, zusammen mit den Kenntnissen des Verhaltens anderer Artgenossen und wichtiger Umweltvariablen, zeigen häufig, wie eng ein Verhalten mit dem inneren Zustand des Tieres korreliert ist. Der größte Teil der auf solche Weise gesammelten Informationen über tierisches Verhalten konzentriert sich auf Fortpflanzung und Nahrungserwerb, zwei der wichtigsten Verhaltensbereiche eines Tieres. Sowohl die Fortpflanzung als auch der Nahrungserwerb werden in hohem Maße durch physiologische Zustände des Tieres bestimmt. Die sorgfältige Beobachtung läßt häufig erkennen, welche Verhaltensweisen eines Tieres ein anderes Tier beeinflussen und warum dies der Fall sein könnte. Zum Beispiel signalisiert beim Stichling die Zurschaustellung des roten Bauches eines Männchens einem anderen Männchen, daß es ein Laichnest verteidigt, während einem Weibchen die Paarungsbereitschaft des Männchens angezeigt wird. Die Bedeutung dieses Signals hängt also vom jeweiligen Empfänger ab. Der rote Bauch ist das Ergebnis eines physiologischen Prozesses, der zu Beginn der Laichsaison ausgelöst wird. Bei dieser Art diente die Verhaltensanalyse als Grundlage für physiologische Experimente, die zur Aufklärung der Beziehung zwischen Verhalten und Physiologie durchgeführt wurden.

Methoden der Verhaltensforschung

Verschiedene Geräte werden zur Registrierung und Auswertung der physiologischen Grundlagen spezifischer Verhaltensweisen eingesetzt. Da Verhaltensweisen oft schnell ablaufen und flüchtig sind, zeichnet man sie häufig mit hoher Geschwindigkeit auf einem Videoband auf und spielt sie dann zur weiteren Auswertung in Zeitlupe ab. Um etwa bei einem Experiment gleichzeitig das Verhalten und dessen physiologische Korrelate zu erfassen, setzt man z.B. eine Hochgeschwindigkeits-Videokamera ein und erfaßt gleichzeitig mit elektrophysiologischen Detektoren neuronale oder muskuläre Aktivitäten. Röntgenkameras erlauben Aufnahmen von den Interaktionen der Bestandteile der Skelettmus-

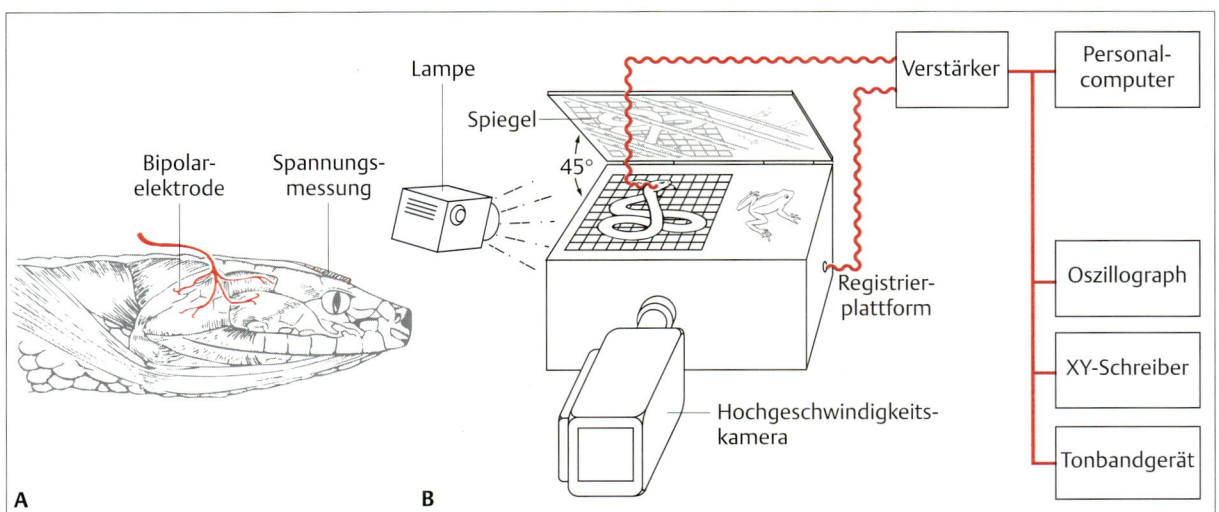

Abb. 2.17 Komplexer Versuchsaufbau zur Analyse des Beutebisses einer Giftschlange. Der Versuchsaufbau ermöglicht die Bestimmung der am Beutebiß einer Schlange beteiligten Muskeln und deren Kontraktionsmuster. **A** Für die Aufzeichnung der elektrischen Potentiale der Kiefermuskulatur werden dünne bipolare Stahlelektroden in die vier lateralen Kiefermuskeln implantiert. Ein mechanischer Sensor wird am Kopf der Schlange angebracht, um die Bewegung der darunter liegenden Schädelknochen zu erfassen. **B** Die Schlange wird auf eine Registrierplattform gebracht, welche die Kräfte entlang dreier rechtwinklig zueinander liegender Achsen aufzeichnet. Gleichzeitig wird das Verhalten der Schlange beim Beutebiß per Video aufgenommen. Die Kabel der Elektroden und des mechanischen Sensors werden mit einem elektronischen Verstärker verbunden. Die verstärkten Signale werden über einen Oszillographen sichtbar gemacht und auf Tonbandgerät und Computer gespeichert.

kulatur bei Verhaltensweisen wie Nahrungsaufnahme oder Lokomotion auf einem Laufband. Wie bei vielen physiologischen Untersuchungen haben auch in der Verhaltensforschung schnelle Computer mit ihrem großen Speicherplatz die Aufzeichnung und Auswertung von Daten revolutioniert.

In Abb. 2.17 ist demonstriert, welche Techniken für Verhaltensuntersuchungen und den damit einhergehenden physiologischen Prozessen eingesetzt werden können. Dies ist am Verhalten des Beutebisses einer Giftschlange dargestellt. Um herauszufinden, wie das Zustoßen auf die Beute entsteht, müssen die Körper- und Kieferbewegungen mit den Kräften in Beziehung gesetzt werden, die bei der Kontraktion der Kiefermuskulatur aufgebracht werden. Das schnelle Zustoßen wird mit einer Videokamera in zwei Ebenen aufgezeichnet; die laterale Aufzeichnung erfolgt direkt mit der Kamera, die dorsale mittels eines Spiegels, der in einem Winkel von 45 Grad über der Schlange angebracht ist. Die Schlange wird auf eine Registrierplattform gebracht, welche die Kräfte entlang dreier rechtwinklig zueinander liegenden Achsen aufzeichnet. Durch Messung dieser externen Parameter kann der Experimentator die Kräfte erfassen, welche die Schlange bei ihren Bewegungen über die Plattform aufbringt. Die Kräfte, die durch die Kiefer der Schlange erzeugt werden, lassen sich über einen am Kopf angebrachten geeichten Spannungsmesser aufzeichnen; die Aktivität der Kiefermuskulatur wird von Elektroden registriert, welche in die vier seitlichen Kiefermuskeln eingeführt sind. Alle Daten werden sowohl auf Video als auch auf einem mit entsprechender Hard- und Software ausgestatteten Computer aufgezeichnet.

Die Werte der gemessenen Variablen werden üblicherweise als Funktion der Zeit aufgetragen und mit den auf Videoband aufgezeichneten Verhaltensweisen korreliert. Die Aufzeichnung eines solchen Experiments zeigt, wie Muskelkontraktionen den Giftzahn in eine für das Zustoßen geeignete Stellung bringen und wie sich die Kiefer um die Beute schließen. Diese experimentell erarbeiteten Daten können zur Überprüfung von Hypothesen herangezogen werden, z.B. über Strukturen und Muskeln, die beim Zustoßen beteiligt sind und wie sich ihre zeitlichen Beziehungen während des Verhaltensablaufs ändern. Aus diesem Experiment läßt sich auch abschätzen, wie viele physiologische Systeme an diesem komplexen Verhaltensablauf beteiligt sind. Eine weitergehendere Analyse des Beutefangverhaltens und ein tieferes Verständnis der vom Tier aufgebrachten Leistung erhält man, wenn weitere Variablen erfaßt und mehrere Experimente unter identischen Bedingungen durchgeführt werden. Der experimentelle Aufbau kann auch dazu dienen, mögliche Unterschiede beim Zustoßen zu erfassen und diese Unterschiede mit der Größe und Art der Beute in Beziehung zu setzen. Solche Daten können auch die Grundlagen für neue Hypothesen liefern, etwa über die neuronale Kontrolle der Muskelaktivität oder visuelle Rückkopplungsmechanismen, die dieses Verhalten überwachen.

Die Bedeutung des physiologischen Zustandes

Wissenschaftliches Arbeiten erfordert auf jeder Ebene – vom molekularen Niveau bis zu dem des Verhaltens – die Kenntnis des physiologischen Zustandes des Versuchstieres zum Zeitpunkt des Experimentes bzw. der Gewebsentnahme. Einige physiologische Zustände sind offensichtlich und gut erkennbar, z.B. wenn ein Säugetier taucht und dabei die Luft anhält, sich aktiv bewegt oder sich im Winterschlaf befindet. Andere physiologische Zustände können subtilerer Art sein und dennoch auf physiologische Prozesse einen großen Einfluß besitzen. Betrachten wir z.B. eine Maus, die zusammengerollt mit geschlossenen Augen in einer Ecke liegt, weitgehend gleichmäßig atmet und keine lokomotorische Aktivität zeigt, dann dürfen wir annehmen, daß sie schläft. Wie ist es aber bei einem trägen Fisch, der bewegungslos „schwebt"? Schläft das Tier oder zeigt es lediglich keine motorische Aktivität? Physiologische Zustände können nachhaltig von externen Faktoren beeinflußt werden. Dieser Punkt sei an einem Beispiel demonstriert. Wenn wir den Vagus-Nerv eines Frosches zu verschiedenen Jahreszeiten reizen, so stellen wir fest, daß in einer Frühjahrsnacht aufgrund der Reizung seine Herzaktivität stärker verlangsamt als an einem Herbstnachmittag. Das Ergebnis eines Experiments kann folglich wesentlich von der Tages- oder Jahreszeit mitbestimmt werden.

Um den physiologischen Zustand eines Tieres zu erfassen, können eine oder mehrere Variablen bei unterschiedlichen physiologischen Zuständen gemessen und miteinander verglichen werden. Man mißt z.B. gleichzeitig den Blutdruck, die Pulsfrequenz und die Aktivität der Skelettmuskulatur, wenn das Tier schläft, sich bewegt oder Nahrung verdaut. Messungen dieser Art erlauben gewöhnlich keine Aussage über Ursache-Wirkungs-Beziehungen zwischen den gemessenen Variablen. Mit diesen Daten können jedoch Rückschlüsse gezogen und überprüfbare Hypothesen über die Beziehung zwischen den Variablen aufgestellt werden. Da mehrere physiologische Zustände gleichzeitig nebeneinander bestehen können (z.B. Schlaf im Winter, Atmung beim Winterschlaf), sind die zur Erfassung physiologischer Zustände erforderlichen Untersuchungen sehr komplex und zeitraubend. Bei sorgfältiger Planung sind solche Experimente allerdings sehr aussagekräftig in bezug auf den Einfluß eines physiologischen Zustandes auf grundlegende physiologische Prozesse.

Bei einem typischen Experiment mißt man z.B. beim Erdhörnchen physiologische Schlüsselvariablen während der immer wieder auftretenden Unterbrechungen des Winterschlafs. Vergleiche der längerfristig aufgezeichneten Körpertemperaturen und Stoffwechselaktivitäten und gleichzeitig beobachtete Verhaltensaktivitäten zeigen, daß beim wachen Tier die Aktivitätszunahme mit einer erhöhten Körpertemperatur und Stoffwechselaktivität korreliert ist. Diese Korrelation läßt vermuten, daß, wenn das Tier aktiv wird, die physiologischen Schlüsselsysteme zu ungefähr der gleichen Zeit ebenfalls aktiv werden. Auch wenn es sinnvoll erscheint, daß ein physisch aktives Tier einen intensiveren Blutkreislauf benötigt, geht aus diesen Daten nicht hervor, wie es zu einer Erhöhung des Blutkreislaufs kommt und wie er reguliert wird. Gehen die physiologischen Änderungen den Verhaltensänderungen voraus oder sind sie eine Folge der Verhaltensänderungen?

Um zwischen diesen und weiteren Erklärungsmöglichkeiten die richtige Antwort zu finden, müssen Experimente durchgeführt werden, die auf die ursächlichen Beziehungen zwischen spezifischen Verhaltensweisen und den physiologischen Systemen, die den physiologischen Änderungen zugrunde liegen, eingehen. Korrelationen, wie sie hier zwischen Physiologie und Verhalten beschrieben wurden, bilden häufig die Ausgangssituation für nachfolgende Experimente. Genauso wichtig ist, daß mit ihrer Hilfe spezifische physiologische Zustände beschrieben werden können. Bei der Untersuchung der ursächlichen Beziehung zwischen Blutströmung und Herzfrequenz eines winterschlafenden Tieres können z.B. Variablen wie Körpertemperatur oder Stoffwechselaktivität belegen, daß das Tier während der Experimente tatsächlich im Winterschlaf lag.

Zusammenfassung

Jede physiologische Untersuchung sollte mit einer gut formulierten, spezifischen Hypothese beginnen, die experimentell überprüfbar ist und die Analyseebene berücksichtigt. Die Überprüfung einer Hypothese ist wesentlich leichter, wenn man das Krogh-Prinzip beachtet, nach dem die Auswahl des optimalen Versuchstieres für die erfolgreiche experimentelle Beantwortung einer spezifischen Frage entscheidend ist. Ein wichtiger Punkt bei der Planung physiologischer Experimente ist die Festlegung der Ebene, auf die die physiologische Fragestellung analysiert werden soll. Die Ebene bestimmt das methodische Vorgehen und die Wahl des Versuchstieres, welches für die zu bearbeitende Fragestellung am geeignetsten ist.

Methoden, die Prozesse auf molekularer Ebene aufdecken und analysieren, sind für die Tierphysiologie von unschätzbarer Bedeutung geworden. Radioisotope lassen sich in physiologisch wichtige Moleküle oder deren Vorstufen einbauen. Ist ein radioaktiv markiertes Molekül in ein Tier injiziert, kann seine Bewegung in dem später isolierten Gewebe nachvollzogen werden. Man mißt dazu die vom Isotop freigesetzten Teilchen mit einem Geigerzähler oder einem Scintillationszähler. Die Autoradiographie erlaubt bei dünnen Schnitten den Nachweis und die Bestimmung der Lokalisation radioaktiv markierter Moleküle. Monoklonale Antikörper, die mit einem fluoreszierenden Farbstoff oder einem Radioisotop kovalent verbunden wurden, sind wichtige Werkzeuge, um die Bewegung spezifischer Moleküle innerhalb physiologischer Systeme aufzuspüren. Aufgrund ihrer hohen Spezifität erlauben monoklonale Antikörper den Nachweis bestimmter Proteine (z.B. von Nervenwachstumsfaktoren oder Neurotransmittern), selbst wenn sie nur in sehr niedrigen Konzentrationen in den Zellen oder Geweben vorliegen.

Die Gentechnologie revolutionierte auch die Tierphysiologie. Klonierte Gene, die in Bakterienzellen leicht vermehrt werden können, werden zur Massenproduktion von Genprodukten (z.B. menschlichem Insulin oder anderen Hormonen) eingesetzt. Die Gentechnologie schließt auch die Erzeugung transgener Tiere (im allgemeinen transgener Mäuse) ein, die zusätzliche Kopien interessierender Gene enthalten. Bei den Knockout-Mäusen wird ein normales Gen durch eine mutierte Variante des Gens ersetzt, so daß das Tier kein funktionsfähiges Protein synthetisieren kann. Die Analyse der Auswirkungen, die entweder nach Hinzufügung oder nach Zerstörung eines Gens auftreten, kann wesentliche Einblicke in die Mechanismen und die Regulierung physiologischer Prozesse liefern.

Mikroelektroden und Mikropipetten werden in der zellphysiologischen Forschung eingesetzt. Mikroelektroden werden meistens zum Ableiten elektrischer Signale von Nerven- oder Muskelzellen verwendet. Mit Hilfe spezieller Mikroelektroden ist es möglich, die Konzentrationen von Ionen und Gasen sowie den Flüssigkeitsdruck innerhalb von Zellen oder Blutgefäßen zu messen. Mikropipetten werden zur Injektion von Substanzen (z.B. Farbstoffen und radioaktiv markierten Substanzen) in einzelne Zellen oder in flüssigkeitsgefüllte Gewebszwischenräume verwendet.

Die strukturelle Untersuchung von Zellen und der physiologischen Prozesse, welche von diesen Zellen ausgehen, wird mit mikroskopischen Methoden durchgeführt. Das Lichtmikroskop benützt Photonen des sichtbaren oder fast sichtbaren Lichtes, um besonders aufbereitete Gewebeproben zu beleuchten. Die Gewebeproben werden zunächst fixiert (haltbar gemacht), in Kunststoff oder Paraffin eingebettet, und dann mit einem Mikrotom in sehr dünne Scheiben geschnitten. Anschließend werden die Schnitte mit organischen

Farbstoffen oder mit mit fluoreszierenden Substanzen gekoppelten Antikörpern behandelt, wobei verschiedene Antikörper an jeweils andere Zellbestandteile binden und diese so markieren. Das aufbereitete Gewebe wird mit einem der vielen unterschiedlichen Lichtmikroskope betrachtet. Der Vorteil der Elektronenmikroskope – sie benützen Elektronen statt Photonen – ist ihre hohe Auflösung. Intrazelluläre Strukturen, die mit dem Lichtmikroskop nicht zu sehen sind, werden hier sichtbar. Bei der Transmissionselektronenmikroskopie wird ein Elektronenstrahl direkt durch den ultradünnen, mit einem elektronendichten Schwermetall behandelten Gewebeschnitt geleitet. Beim Rasterelektronenmikroskop werden die Elektronen von der Oberfläche der Probe abgelenkt, wobei ein dreidimensionales Bild der Oberflächen von Zellen und anderen Strukturen entsteht.

Die Zellkultur, d.h. die *in vitro*-Zucht von Zellen, ermöglicht die Vermehrung von relativ kurzlebigen Zellstämmen und unsterblichen Zellinien, die praktisch unbegrenzt wachsen können. Kultivierte Zellen – sie sind gewöhnlich homogen – sind z.B. dann von Bedeutung, wenn Sekretions-Funktionen, zelluläre Antworten und andere Eigenschaften bestimmter Zelltypen untersucht werden sollen. Bei diesen Experimenten werden biochemische Analysemethoden eingesetzt, mit welchen die Zusammensetzung einer Probe und die Konzentrationen ihrer Bestandteile bestimmt werden können. Zu den bekanntesten biochemischen Methoden gehören kolorimetrische Verfahren, die Transmissions-Spektralphotometrie und die Massenspektrometrie.

Mit zunehmender Organisationshöhe gewinnt die Untersuchung an isolierten Organen oder ganzen Organsystemen an Bedeutung. Die *in vitro*-Haltung erlaubt Untersuchungen über die Funktionsweise intakter Gewebe in künstlichen, kontrollierten Bedingungen. Wichtige Parameter wie Temperatur, Sauerstoffverfügbarkeit und Nahrungsangebot werden kontrolliert, um entweder den homöostatischen Zustand nachzuahmen oder aber um bestimmte Parameter zu variieren, um eine bestimmte Hypothese zu überprüfen.

Tierphysiologen ergänzen ihre Experimente häufig durch Verhaltensbeobachtungen an ihren Versuchstieren. Methoden, mit denen ein Verhalten entweder kontrolliert oder ausgelöst werden kann, erlauben oft Einblicke in physiologische Prozesse, die physiologischen Methoden nicht direkt zugänglich sind. Beobachtungen, wie lange ein Tier ein bestimmtes Verhalten zeigt oder über die zeitliche Abfolge einzelner Verhaltensweisen unter Berücksichtigung des Verhaltens anderer Artgenossen oder bestimmter Umweltvariablen, können Hinweise geben, wie eng das Verhalten an interne physiologische Zustände des Tieres gebunden ist.

Bei jedem experimentellen Ansatz, von der einfachsten (molekularen) Ebene bis hin zur komplexesten (Verhalten), sollte der physiologische Zustand des Versuchstieres zum Zeitpunkt des Experiments bzw. der Gewebsentnahme bekannt sein und entsprechend berücksichtigt werden. Der physiologische Zustand kann von intern regulierten Faktoren (Schlaf, Überwinterung, Aktivität, usw.) oder von externen Faktoren beeinflußt werden. Um den physiologischen Zustand eines Tieres zu charakterisieren, werden eine oder mehrere Variablen gemessen. Die Meßwerte der Schlüsselvariablen können dann mit bestimmten Verhaltenssituationen korreliert werden.

Empfohlene Literatur

Burggren, W.W., Fritsche, R.: Cardiovascular measurements in animals in the milligram body mass range. Brazil. J. Med. Biol. Res. **28** (1995) 1291–1305

Lodish, H., Baltimore, D., Berk, A., Zipusky, S. L., Matsudaira, P., Darnell, J.: Molekulare Zellbiologie. de Gruyter, Berlin 1996

Lorenz, K.Z.: Vergleichende Verhaltensforschung. Springer, Wien 1978

3. Moleküle, Energie und Biosynthese

Die Organismen unseres Planeten bilden eine große Vielfalt an Lebensformen, angefangen von den Viren, Bakterien und Protozoen bis hin zu den Pflanzen, den Wirbellosen und den „höheren" Tieren. Trotz dieser überwältigenden Vielfalt haben alle uns bekannten Lebensformen einige gemeinsame Merkmale. So bestehen alle Tiere, Pflanzen und Mikroorganismen auf unserem Planeten aus den gleichen chemischen Elementen und ähnlichen organischen Molekülen. Außerdem finden alle Lebensprozesse in einem wäßrigen Milieu statt und hängen von den physikalisch-chemischen Eigenschaften dieses allgegenwärtigen und einzigartigen Lösungsmittels ab. Daß alle lebenden Organismen eine gemeinsame biochemische Grundlage haben, ist einer der wichtigsten Beweise für ihre entwicklungsgeschichtliche Verwandtschaft und stellt den gemeinsamen Faden aller biologischen Studien dar.

Zum Ursprung biochemischer Schlüsselmoleküle

Die Biologen sind sich im allgemeinen darin einig, daß das Leben durch Zufall und natürliche Auslese auf der jungen Erde entstanden ist. Experimente, wie sie zuerst von Stanley Miller 1953 durchgeführt wurden, bewiesen, daß bestimmte für die Anfänge des Lebens erforderliche Moleküle (z.B. Aminosäuren, Peptide, Nucleinsäuren) durch die Wirkung blitzartiger elektrischer Entladungen in einer Mischung aus Methan, Ammoniak und Wasser, die vor ca. 4 Milliarden Jahren die Erdatmosphäre bildete, entstehen können. Die ursprünglich reduzierende Atmosphäre wurde in den darauffolgenden Äonen durch die Photosynthese in unsere heutige oxidierende Atmosphäre umgewandelt: Durch die Photosynthese wurden der Atmosphäre große Mengen Sauerstoff zugeführt; zudem wurden durch die Organismen große Mengen des Stickstoffs an organische Moleküle gebunden.

Die experimentelle Herstellung der einfachen organischen Moleküle unter Bedingungen, die denen der Uratmosphäre vermutlich ähnlich sind, führte zu der Hypothese, daß sich solche Moleküle in den urtümlichen flachen Meeren gesammelt und eine organische „Suppe", die Ursuppe, gebildet haben könnten, in der das Leben seine ersten Entwicklungsschritte durchlief. Die Kombination dieser Moleküle führte schließlich zu einfachsten Lebensformen, die komplexere Moleküle zu Nucleinsäuren und Enzymen zusammensetzen konnten. Entscheidend bei der Entwicklung zellähnlicher Organismen war die Bildung kleiner, von einer Lipidmembran umgebenen Kompartimente. Lipidmoleküle bilden spontan eine Doppelschicht, eine „molekulare Haut", die mikroskopisch kleine Räume gegen die Umwelt abgrenzen kann. Als diese Haut anfing, andere Materialien (z.B. einfache Nucleotide) in das Innere des Kompartimentes passieren zu lassen bzw. aufzunehmen, waren die ersten Entwicklungsschritte zur Bildung einer echten Zellmembran getan. Zellmembranen sind hauchdünne Strukturen, die den Inhalt einer Zelle umschließen, die Molekülbewegungen zwischen dem Zellinneren und der Umgebung kontrollieren und die helfen, den Zellinhalt zu organisieren. Sehr viele solcher Entwicklungsschritte waren für die Entwicklung der Artenvielfalt erforderlich, welche heute die Erde bewohnt.

Diese hypothetischen Gedankenspielereien über die ersten Entwicklungsstufen des Lebens regen viele Fragen an. Inwieweit war die Entstehung des Lebens von den „geeigneten" Bedingungen abhängig? Hätte sich auf der Erde eine andere Art von Leben entwickelt, wenn die physikalischen und chemischen Umweltbedingungen völlig anders gewesen wären? Was wäre gewesen, wenn es keinen Kohlenstoff gegeben hätte? Wie wir sehen werden, ist die Wahrscheinlichkeit für ein Leben, wie wir es kennen oder uns vorstellen können, sehr stark an die chemische Natur unserer Umwelt gebunden. Leben wäre nicht oder in völlig anderer Form entstanden, wenn die materiellen Voraussetzungen andere gewesen wären.

In der Vergangenheit gab es eine Kontroverse zwischen den **Vitalisten**, die glaubten, daß das Leben auf besonderen „vitalen" Prinzipien beruhe, die es in der unbelebten Welt nicht gibt, und den **Mechanisten**, die behaupteten, daß das Leben auf rein physikalische und chemische Vorgänge zurückgeführt werden kann. Bis zum Anfang des 19. Jahrhunderts herrschte bei naturwissenschaftlich Interessierten die Meinung vor, daß sich die chemische Zusammensetzung der lebenden Materie grundsätzlich von derjenigen der unbelebten Mineralstoffe unterscheide. Die Vitalisten vertraten den Standpunkt, daß „organische" Stoffe, die sich in einer rätselhaften Weise von der anorganischen Welt unterschieden, nur durch lebende Organismen erzeugt werden könnten. Dieser Glaube fand 1828 sein Ende, als es Friedrich Wöhler gelang, aus den anorganischen Verbindungen Bleicyanat und Ammoniak organischen Harnstoff herzustellen.

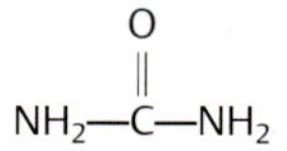

$$NH_2-\overset{\overset{\displaystyle O}{\|}}{C}-NH_2$$

Wöhlers erfolgreiche Synthese einer organischen Verbindung bahnte den Weg für die modernen chemischen und physikalischen Studien zur Aufklärung der Lebensprozesse. Es ist heute möglich, fast jede Stoffwechselreaktion, die normalerweise in lebenden Zellen abläuft, in einem zellfreien *in vitro*-System nachzuahmen.

Die biochemischen und physiologischen Prozesse der lebenden Organismen hängen ausschließlich von den physikalischen und chemischen Eigenschaften der Elemente und Verbindungen ab, aus welchen das lebende System besteht. Auf den ersten Blick mag dies als grobe Vereinfachung erscheinen, denn die Eigenschaften der lebenden Systeme sind weitaus erstaunlicher und komplexer als man es von einer einfachen Mischung der Elemente und chemischen Verbindungen erwarten könnte. Darin liegt schon ein Teil der Antwort. Lebende Organismen sind keine einfachen chemischen „Suppen", sondern hoch organisierte, aus großen und komplexen Molekülen, den **Makromolekülen**, aufgebaute Strukturen.

Die chemischen Vorgänge in den lebenden Zellen werden von Makromolekülen verschiedener Art vermittelt und geregelt. **Organellen**, wie die Plasmamembran, Lysosomen und Mitochondrien verleihen dem lebenden System die strukturelle Organisationsform der **Zelle**, indem sie diese Lebenseinheit gegenüber der Umwelt abgrenzen und die Zelle in viele Kompartimente und Subkompartimente unterteilen. Sie halten auch die Moleküle in funktionellen Einheiten zusammen. Aus den Zellen werden Gewebe, aus den Geweben die Organe und aus diesen wiederum aufeinander einwirkende Organsysteme aufgebaut. Demzufolge besteht der Organismus aus einer organisatorischen Rangordnung (Abb. 1.1), wobei jeder höhere Rang dem Gesamtsystem neue Funktionen verleiht. Wir werden in diesem Buch mit der elementarsten, der chemischen Stufe anfangen und darlegen, wie einfache chemische Prinzipien den Aufbau und die Struktur von Makromolekülen bestimmen und uns dann zu den komplizierteren Organisationsstufen hocharbeiten.

Atome, Bindungen und Moleküle

Jede Materie ist aus chemischen Elementen zusammengesetzt, die sich in das vertraute Periodensystem der natürlich vorkommenden Elemente einordnen lassen; dazu kommen Dutzende kurzlebiger, im Labor künstlich

1. Schale	1 **H**																	2 He
2. Schale	3 Li	4 Be											5 B	6 C	7 N	8 O	9 F	10 Ne
3. Schale	11 **Na**	12 **Mg**											13 Al	14 Si	15 P	16 S	17 **Cl**	18 Ar
4. Schale	19 **K**	20 **Ca**	21 Sc	22 Ti	23 V	24 Cr	25 Mn	26 **Fe**	27 Co	28 Ni	29 Cu	30 Zn	31 Ga	32 Ge	33 As	34 Se	35 Br	36 Kr
5. Schale	37 Rb	38 Sr	39 Y	40 Zr	41 Nb	42 Mo	43 Tc	44 Ru	45 Rh	46 Pd	47 Ag	48 Cd	49 In	50 Sn	51 Sb	52 Te	53 I	54 Xe
6. Schale	55 Cs	56 Ba	57 La	72 Hf	73 Ta	74 W	75 Re	76 Os	77 Ir	78 Pt	79 Au	80 Hg	81 Tl	82 Pb	83 Bi	84 Po	85 At	86 Rn
7. Schale	87 Fr	88 Ra	89 Ac	104	105	106	107	108	109									

58 Ce	59 Pr	60 Nd	61 Pm	62 Sm	63 Eu	64 Gd	65 Tb	66 Dy	67 Ho	68 Er	69 Tm	70 Yb	71 Lu
90 Th	91 Pa	92 U	93 Np	94 Pu	95 Am	96 Cm	97 Bk	98 Cf	99 Es	100 Fm	101 Md	102 No	103 Lw

Abb. 3.1 Periodensystem der Elemente. Beachte, daß mit jeder Reihe eine weitere Schale mit Elektronen aufgefüllt wird. Die farbig hervorgehobenen Elemente sind in ihrer Ionenform für die Physiologie von Bedeutung.

hergestellter Elemente (Abb. 3.1). Nur ein winziger Teil der chemischen Elemente ist natürlicherweise im tierischen Gewebe enthalten. Tab. 3.1 zeigt die Hauptbestandteile der Erdkruste, des Meerwassers und des menschlichen Körpers. Wie aus dieser Tabelle ersichtlich ist, besteht der menschliche Körper zu 99% aus den Elementen Wasserstoff, Sauerstoff, Stickstoff und Kohlenstoff. Dies gilt für alle lebenden Organismen. Ist die Dominanz dieser Elemente in den lebenden Organismen reiner Zufall oder gibt es eine mechanistische Erklärung für ihre weitverbreitete Vorherrschaft bei der Vielfalt von Organismen, die sich in den letzten drei Milliarden Jahren entwickelt haben?

Georg Wald, der viel zu unserem Wissen über die chemische Grundlage des Sehens beitrug, argumentierte, daß die biologische Vorherrschaft des Wasserstoffs, Sauerstoffs, Stickstoffs und des Kohlenstoffs nicht rein zufällig, sondern eine unumgängliche Folge bestimmter Eigenschaften dieser Elemente sei, welche sie für die Chemie des Lebens besonders geeignet machen. Wir werden kurz die Faktoren erläutern, die das chemische Verhalten der Atome beeinflussen, bevor wir zu der Theorie von Wald zurückkehren.

Der Aufbau der Atome ist zu komplex, um ihn hier eingehend zu behandeln; für unsere Zwecke genügt es, die einfachsten Merkmale zu erörtern, welche die Bildung chemischer Bindungen zwischen Atomen und Molekülen beeinflussen. Die chemischen Grundbausteine jeder Materie, die Atome der Elemente, sind aus kleineren Teilchen zusammengesetzt, die ihrerseits spezifische Eigenschaften besitzen. Für die Tierphysiologie ist es wichtig, das Verhalten dieser Teilchen – **Protonen**, **Neutronen**, **Elektronen** – zu verstehen, da sie die Interaktionen zwischen den Elementen bestimmen, die für das Leben von zentraler Bedeutung sind. Interaktionen zwischen diesen Teilchen diktieren die Wechselwirkungen der Elemente, welche die Grundlage des Lebens bilden.

Jedes Atom besteht aus einem dichten Kern aus Protonen und Neutronen, der von einer „Elektronenwolke" umgeben ist. Im Elementarzustand der Atome stimmt die Anzahl der Elektronen mit der Anzahl der Protonen im Kern überein. Die atomaren Bausteine haben folgende Ladungen und Massen (in Dalton, Da):

– Proton: +1; 1,672 Da
– Neutron: 0; 1,674 Da
– Elektron: –1; 0,001 Da

Da die Zahl der elektrisch negativen Elektronen und der positiv geladenen Protonen gleich ist, weisen Atome im Elementarzustand keine elektrische Ladung auf. Auch wenn die Masse eines Atoms weitgehend durch die Anzahl der Protonen und Neutronen im Kern bestimmt wird, werden seine chemischen Reaktionen von seiner Elektronenhülle bestimmt. Die Elektronen haben keine festen Umlaufbahnen, aber ihre statistische Verteilung macht manche Positionen für sie wahrscheinlicher als andere. Die Verteilung der Elektronen auf ihre „Aufenthaltswahrscheinlichkeitsräume" erfolgt nach strengen Regeln. Bei einem Atom mit einem oder zwei Elektronen, wie Wasserstoff oder Helium, sind die Umlaufbahnen auf eine einzige „Schale" um den Kern beschränkt (Abb. 3.2). Bei den Atomen mit drei bis zehn Elektronen (z.B. Kohlenstoff, Stickstoff, Sauerstoff), deren erste Schale mit zwei Elektronen voll besetzt ist, belegen die restlichen Elektronen eine zweite Schale außerhalb der ersten. Die zweite Schale kann bis zu acht Elektronen aufnehmen. Die Atome mit 11 bis 18 Elektronen (z.B. Natrium, Phosphor, Chlor) füllen eine dritte Schale auf, die maximal acht Elektronen aufnehmen kann. Die vierte und die fünfte Schale kann bis zu je 18 Elektronen aufnehmen (Abb. 3.3).

Wenn die äußerste Schale eines Atoms voll besetzt ist (zwei Elektronen in der ersten Schale, acht in der zweiten und dritten, 18 in der vierten usw.) und keine weiteren Elektronen mehr aufnehmen kann, ist das Atom besonders stabil und reaktionsträge. Dies gilt für alle Edelgase wie beispielsweise Helium und Neon, die ganz rechts im Periodensystem stehen. Die meisten Elemente haben jedoch eine nicht vollständig besetzte äußere Elektronenschale und können deshalb mit anderen Elementen reagieren: Wasserstoff hat z.B. in seiner einzigen Schale nur ein statt zwei Elektronen; Sauerstoff hat in seiner äußeren Schale sechs statt acht Elektronen. Um ihre äußeren Schalen aufzufüllen und damit eine stabi-

Tab. 3.1 Vergleich der chemischen Zusammensetzung des menschlichen Körpers mit dem Meerwasser und der Erdkruste. Die Werte entsprechen den Prozentsätzen der gesamten Anzahl der Atome[1]

menschlicher Körper		Salzwasser		Erdkruste	
H	63	H	66	O	47
O	25,5	O	33	Si	28
C	9,5	Cl	0,33	Al	7,9
N	1,4	Na	0,28	Fe	4,5
Ca	0,31	Mg	0,033	Ca	3,5
P	0,22	S	0,017	Na	2,5
Cl	0,03	Ca	0,006	K	2,5
K	0,06	K	0,006	Mg	2,2
S	0,05	C	0,0014	Ti	0,46
Na	0,03	Br	0,0005	H	0,22
Mg	0,01			C	0,19
alle anderen < 0,01		alle anderen < 0,1		alle anderen < 0,1	

[1] Da die Werte abgerundet wurden, beträgt ihre Summe nicht ganz 100.

Aus *Biologie:* An Appreciation of Life, 1972

44   3. Moleküle, Energie und Biosynthese

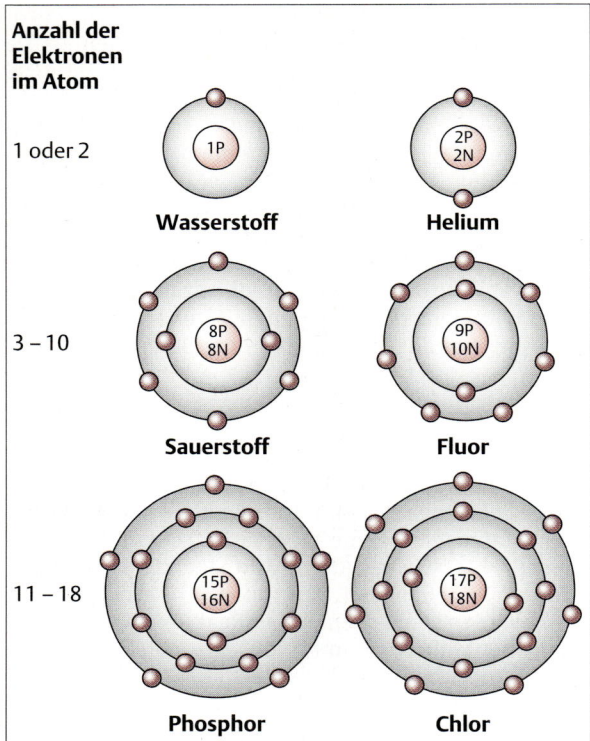

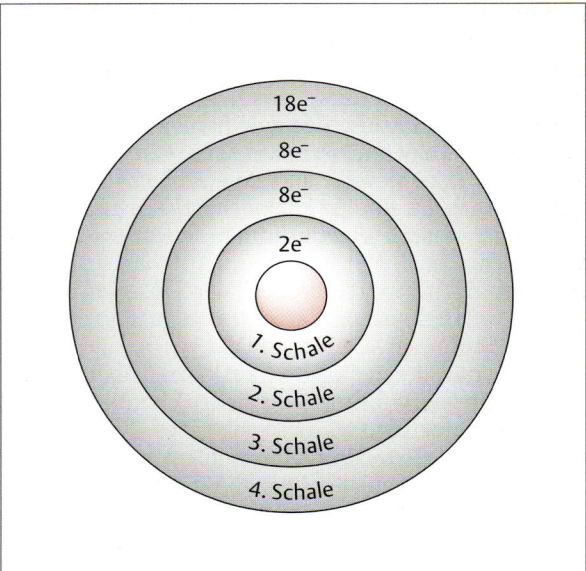

Abb. 3.2 Elektronen sind statistisch auf Schalen um die Atomkerne verteilt. Wenn sich auf der äußersten Schale nicht die maximale Elektronenzahl befindet, ist das Atom bestrebt, Elektronen mit anderen Atomen zu teilen: Es geht chemische Bindungen ein. Atome, bei denen die äußerste Schale voll besetzt ist (z.B. beim Helium), sind chemisch inaktiv. Die chemische Reaktivität wird auch durch die Größe eines Atoms mitbestimmt. Vorausgesetzt, alle anderen Parameter sind gleich, dann wird ein kleines Atom (z.B. Fluor) reaktiver sein und stärkere und stabilere Bindungen eingehen als ein großes Atom (z.B. Chlor).

Abb. 3.3 Jede Schale eines Atoms kann nur eine bestimmte Anzahl an Elektronen aufnehmen. Dies ist hier für die ersten vier Schalen dargestellt. Atome, die mehr Elektronen besitzen, verfügen über weitere Schalen.

lere Konfiguration zu erreichen, haben das Wasserstoff- und das Sauerstoffatom die Tendenz, weitere Elektronen mit anderen Atomen zu teilen.

Neben der Elektronenzahl der äußeren Schale eines Atoms sind weitere Merkmale an der Festlegung seiner physikalischen Eigenschaften und seiner chemischen Reaktionsfähigkeit maßgeblich beteiligt. Eine von diesen ist die Größe bzw. das Gewicht eines Atoms. Je schwerer ein Atom ist, d.h. je mehr Protonen und Neutronen sein Kern enthält, desto mehr Elektronen umgeben den Kern. Sind mehr als zehn Elektronen vorhanden und existiert eine dritte Schale. Sind die **Valenzelektronen** (d.h. die in der äußersten Schale) von dem kompakten Kern entsprechend weiter entfernt und werden folglich von diesem nicht so stark angezogen wie die Valenzelektronen von kleineren Atomen mit nur zwei Schalen. Dies beruht darauf, daß die elektrostatischen Wechselwirkungen zwischen den einfach geladenen Elektronen und Protonen (Monopole) mit dem Quadrat der Entfernung abnehmen. Demzufolge ist Chlor mit sieben Elektronen in der dritten und äußersten Schale weniger reaktionsfähig als Fluor, welches in seiner zweiten und äußersten Schale ebenfalls sieben Elektronen besitzt (Abb. 3.2). Beide Atome neigen dazu, noch ein weiteres Elektron aufzunehmen, um ihre äußerste Schale zu vervollständigen. Diese Tendenz ist beim Fluor aber größer, denn seine äußerste Schale erfährt eine größere elektrostatische Anziehungskraft durch den Kern als beim größeren Chloratom. Deshalb gehen, wenn alle anderen Faktoren gleich sind, kleinere Atome eine festere und stabilere Bindung mit anderen Atomen ein als größere.

Eignung von H, O, N und C für Lebensprozesse

Nun können wir zu der Wald-Theorie zurückkehren, die besagt, daß Wasserstoff (H), Sauerstoff (O), Kohlenstoff (C) und Stickstoff (N) die dominierenden Bausteine biologischer Systeme sind, da sie besonders gut den Anforderungen der chemischen Prozesse lebender Systeme entsprechen. Eine nähere Betrachtung des Periodensystems läßt erkennen, daß unter den Elementen, welche die Erdkruste bilden, nur H, O, N und C zwei oder weniger Elektronenschalen besitzen. Von den anderen Elementen mit nur einer oder zwei Elektronenschalen sind Helium und Neon inaktive und seltene Gase, Bor und Fluor stellen relativ seltene Ionen dar. Die Metalle Lithium und Beryllium bilden leicht trennbare ionische Verbindungen. H, O, N und C bilden dagegen durch die Aufnahme von ein, zwei, drei bzw. vier Elektronen starke kovalente Bindungen, um ihre äußeren Elektronenschalen aufzufüllen.

Warum sind starke Bindungen für lebende Systeme so wichtig? Ohne starke Bindungen würden geringfügige Änderungen in der Temperatur, dem pH-Wert oder in anderen Umweltvariablen zum Zerfall oder zur Umordnung der Moleküle führen. Man stelle sich z.B. das biologische Chaos vor, das entstehen würde, wenn die chemischen Bindungen im Erbmaterial leicht trennbar oder veränderbar (Mutationen!) wären. Die DNA, die aus H, O, N, C und P besteht, erfährt während der Replikation selten eine Mutation, im Durchschnitt weniger als eine Mutation pro Gen bei 10000 Replikationsvorgängen. Obgleich gelegentliche Mutationen für den Evolutionsprozeß von großer Bedeutung sind, ist es für die Lebensfähigkeit eines Individuums und einer jeden Art wichtig, daß die Strukturen der DNA und anderer Makromoleküle durch feste Bindungen zusammengehalten werden.

Drei der vier biologisch wichtigen Elemente (O, N, C) zählen zu den wenigen, die Doppel- oder Dreifachbindungen eingehen. Diese **Mehrfachbindungen** erhöhen nicht nur die Stabilität der Moleküle, sondern auch die Vielfalt der molekularen Konfigurationen, die durch diese Elemente gebildet werden können (Abb. 3.4). Der Sauerstoff zum Beispiel kann den Kohlenstoff zum Kohlendioxid (CO_2) oxidieren. Da mit den zwei Doppelbindungen die Elektronenansprüche der drei Atome dieses Moleküls befriedigt sind, ist das CO_2-Molekül relativ inert und kann unversehrt von seinen Entstehungsorten zu den grünen Pflanzen diffundieren, in denen es dann dem Photosyntheseprozeß zum Aufbau organischer Substanzen zur Verfügung steht. Die Fähigkeit des Kohlenstoffatoms, vier einfache oder zwei Doppelbindungen einzugehen, eröffnet vielfältige Kombinationsmöglichkeiten mit sich selbst und mit den Atomen anderer Elemente. Kohlenstoff kann gerade oder verzweigte Ketten sowie Ringstrukturen bilden (Abb. 3.4) und zusammen mit anderen Atomen eine nahezu unbegrenzte Vielfalt molekularer Strukturen aufbauen.

Silicium, das sich in der gleichen Hauptgruppe des Periodensystems direkt unter dem Kohlenstoff befindet, hat einige dem Kohlenstoff ähnliche Eigenschaften. Im Gegensatz zum Kohlenstoff ist es jedoch größer und geht keine Doppelbindungen ein. Folglich verbindet es sich mit zwei Sauerstoffatomen nur durch zwei einfache Bindungen:

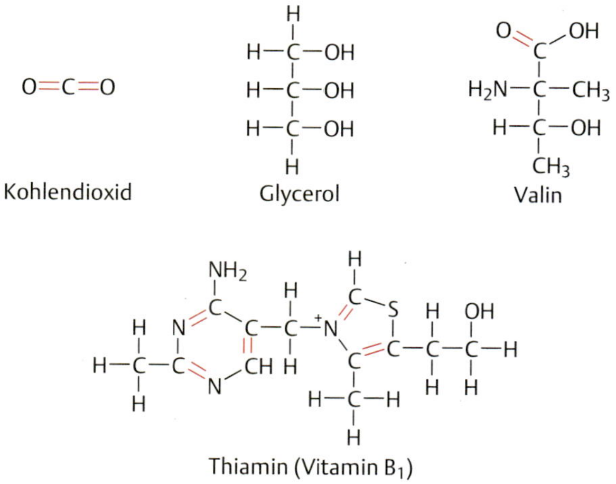

Abb. 3.4 Mehrfachbindungen erhöhen die molekulare Vielfalt. Die Fähigkeit von Kohlenstoff, Sauerstoff und Stickstoff, neben Einzelbindungen auch Doppelbindungen einzugehen (rot), erhöht die Vielfalt möglicher molekularer Strukturen gewaltig. Glycerol ist ein Bestandteil von Fett, Valin ist eine der Aminosäuren, die in den Proteinen vorkommen.

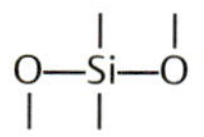

Dabei bleiben die äußeren Schalen aller drei Atome des Siliciumdioxids (SiO_2) unvollständig. Da die Valenzschale des Siliciumdioxidmoleküls nicht vollständig gefüllt ist, reagieren die Moleküle miteinander zu großen polymeren Verbindungen (Silicatgestein, Sand). Demzufolge ist Silicium trotz seiner Ähnlichkeit zum Kohlenstoff in einigen Eigenschaften besser für die Bildung von Steinen als für eine Beteiligung am Aufbau biologischer Moleküle geeignet.

Der Sauerstoff dient, neben seiner wichtigen Rolle bei der Bildung des für das Leben so wichtigen Wassers, als Elektronenakzeptor der **Oxidation**, durch die im Zellstoffwechsel chemische Energie gewonnen wird. Die ausgeprägte Fähigkeit des Sauerstoffs, andere Atome und Moleküle zu oxidieren, d.h. von diesen Elektronen aufzunehmen, ist auf seine nicht vollständig besetzte äußere Elektronenschale und sein relativ niedriges Atomgewicht zurückzuführen.

Außer den vier biologisch wichtigsten Elementen sind noch weitere Elemente an der Zellchemie beteiligt, wenn auch in geringerem Umfang (Tab. 3.1). Dazu gehören Phosphor (P) und Schwefel (S), die Ionen vier metallischer Elemente Natrium (Na^+), Kalium (K^+), Magnesium (Mg^{2+}) und Calcium (Ca^{2+}), sowie das Chlorid-Ion (Cl^-). Wir werden auf diese später eingehen.

Wasser – das besondere Lösungsmittel

Wir leben auf einem „Wasserplaneten". Wasser ist an allen physiologischen Prozessen unmittelbar beteiligt. Da es aber so alltäglich ist, wird es leicht als nur inaktive und raumfüllende Substanz in den lebenden Systemen betrachtet. In Wirklichkeit ist es jedoch direkt an allen biochemischen und physiologischen Vorgängen beteiligt. Wasser ist eine hoch reaktive Substanz, die sich sowohl in chemischer als auch physikalischer Hinsicht von den meisten anderen Flüssigkeiten unterscheidet. Es besitzt eine Reihe ungewöhnlicher und besonderer Eigenschaften, die für lebende Systeme von großer Bedeutung sind. Das Leben, wie wir es kennen, wäre ohne diese Eigenschaften überhaupt nicht möglich. Die ersten lebenden Systeme entstanden vermutlich im wäßrigen Milieu der seichten Urmeere. Es ist daher nicht verwunderlich, daß die heute lebenden Organismen auf der molekularen Ebene eng an die besonderen Eigenschaften des Wassers angepaßt sind. Auch die heutigen Landtiere bestehen zu 75% oder mehr aus Wasser; der Hauptteil ihrer physiologischen Aktivität ist der Konservierung des Körperwassers und der Regelung der chemischen Zusammensetzung des wäßrigen inneren Milieus gewidmet.

Die für das Leben so wichtigen Eigenschaften des Wassers sind auf seine molekulare Struktur zurückzuführen. Aus diesem Grunde werden wir das Wassermolekül nun etwas näher betrachten.

Das Wassermolekül

Die Wassermoleküle werden durch **polare kovalente Bindungen** zwischen dem Sauerstoffatom und den beiden Wasserstoffatomen zusammengehalten. Die Polarität (d.h. die ungleiche Elektronenverteilung) dieser kovalenten Bindungen ist die Folge der hohen Elektronegativität des Sauerstoffatoms. Sie ist Ausdruck der starken Tendenz des Sauerstoffatoms, von anderen Atomen, wie z.B. vom Wasserstoff, Elektronen an sich zu ziehen. Diese hohe Elektronegativität bringt die Elektronen der zwei Wasserstoffatome dazu, dem Sauerstoffatom im statistischen Mittel näher zu sein als ihrem „Herkunftsatom", dem Wasserstoff. Die O—H-Bindung hat daher zu 40% ionischen Charakter. Daraus ergibt sich die folgende partielle Ladungsverteilung innerhalb des Wassermoleküls (δ bezeichnet die partielle Ladung eines Atoms):

$$\begin{matrix} \delta^+ & & \delta^+ \\ H & & H \\ & O & \\ & 2\delta^- & \end{matrix}$$

Der Winkel zwischen den zwei Sauerstoff-Wasserstoff-Bindungen beträgt statt der für eine rein kovalente Bindung erwarteten 90° jedoch 104,5° (Abb. 3.5). Dieser vergrößerte Winkel wird der gegenseitigen Abstoßung der beiden positiv geladenen Wasserstoffkerne zugeschrieben. Im Hydrid des Schwefels, H_2S, sind die S-H-Bindungen rein kovalent; es gibt keine asymmetrische Ladungsverteilung wie beim H_2O. Folglich beträgt der Bindungswinkel im H_2S annähernd 90°. Durch den polaren Charakter der O—H-Bindungen bedingt, unterscheidet sich H_2O sowohl chemisch als auch physikalisch wesentlich von H_2S und anderen artverwandten Hydriden. Warum ist das so?

Die durch den polaren Charakter der O—H-Bindung bedingte ungleiche Verteilung der Elektronen zwischen diesen Atomen macht das Wassermolekül zu einem **Dipol**. Es verhält sich gewissermaßen wie ein Stabmagnet, mit dem Unterschied, daß es statt der zwei entgegengesetzten magnetischen Pole zwei entgegengesetzte elektrische Pole (+ und –) besitzt (Abb. 3.5). Als Folge davon neigt es dazu, sich in einem elektrostatischen Feld parallel auszurichten. Das **Dipolmoment** ist die Drehkraft, die auf das Molekül durch ein äußeres Feld ausgeübt wird. Das hohe Dipolmoment des Wassers (4,8 Debye) ist seine wichtigste physikalische Eigenschaft und für viele seiner außergewöhnlichen Eigenschaften verantwortlich.

Die wichtigste chemische Eigenschaft des Wassers ist seine Fähigkeit, zwischen den fast elektronenlosen positiv geladenen Wasserstoffkernen (Protonen) und den

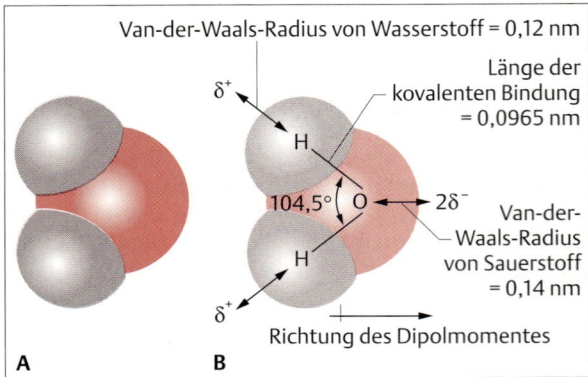

Abb. 3.5 Geometrie und Dipolcharakter des Wassermoleküls. Die Elektronendichte ist im Wassermolekül um das Sauerstoffatom höher als um die Wasserstoffatome, so daß die O—H-Bindung einen polaren Charakter erhält. Die gegenseitige Abstoßung zwischen den daraus resultierenden partiellen positiven Ladungen an den Wasserstoffatomen ist die Ursache dafür, daß der Winkel zwischen den O—H-Bindungen größer ist als es für eine rein kovalente Bindung zu erwarten wäre. δ^+ und δ^- stellen partielle positive und negative Ladungen dar.

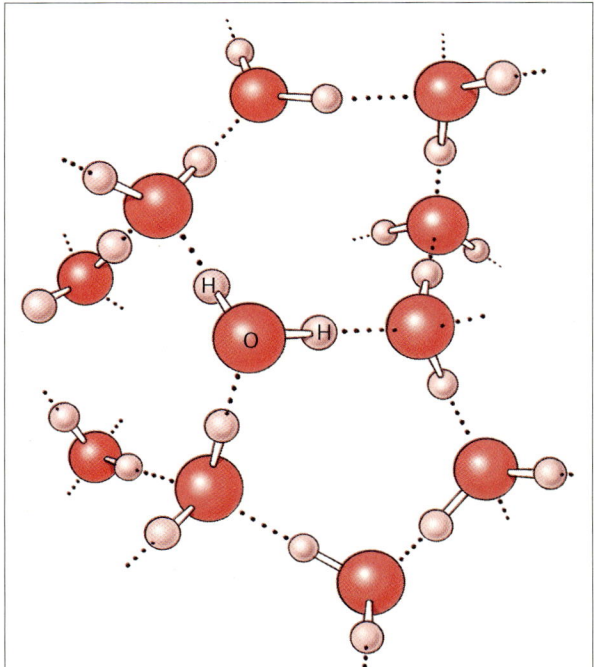

Abb. 3.6 Die Polarität der O—H-Bindungen der Wassermoleküle ermöglicht die Bildung von Wasserstoffbrücken. Diese nicht kovalenten Bindungen (als schwarze Punktlinien dargestellt) stellen die elektrostatische Interaktion zwischen den partiell positiv geladenen Wasserstoffatomen eines Wassermoleküls und partiell negativ geladenen Sauerstoffatomen benachbarter Wassermoleküle dar.

negativ geladenen elektronenreichen Sauerstoffatomen benachbarter Wassermoleküle **Wasserstoffbrückenbindungen** zu bilden (Abb. 3.6). In jedem Wassermolekül sind vier der acht Elektronen der äußeren Schale des Sauerstoffatoms mit zwei Wasserstoffatomen kovalent gebunden. Es verbleiben zwei Elektronenpaare für elektrostatische Wechselwirkungen mit den elektronenarmen Wasserstoffatomen benachbarter Wassermoleküle. Da der Winkel zwischen den zwei kovalenten Bindungen des Wassers ungefähr 105° beträgt, können mehrere Wassermoleküle über Wasserstoffbrücken hochpolymere und feste Verbände bilden, in denen jedes Sauerstoffatom tetraedrisch über Wasserstoffbrücken von vier weiteren Sauerstoffatomen umgeben ist. Dies ist die Grundlage für die kristalline Struktur von Eis.

Eigenschaften des Wassers

Die Struktur der Wassermolekülverbände ist äußerst labil und unbeständig, denn die Lebensdauer einer Wasserstoffbrückenbindung beträgt im flüssigen Wasser nur etwa 10^{-10} bis 10^{-11} Sekunden. Dies ist auf die verhältnismäßig schwache Natur der Wasserstoffbrückenbindung zurückzuführen. Es reichen bereits 18,8 kJ/mol (4,5 kcal/mol) aus, um eine Wasserstoffbrückenbindung zu lösen; um die kovalente O—H-Bindung innerhalb des Wassermoleküls aufzubrechen, wird dagegen eine Energie von 459 kJ/mol (110 kcal/mol) benötigt. Aus diesem Grund bleiben die H_2O-Moleküle in flüssigem Wasser nur für äußerst kurze Zeit miteinander verbunden. Trotzdem ist bei einer gegebenen Temperatur immer ein bestimmter Anteil der Wassermoleküle durch Wasserstoffbrückenbindungen miteinander verbunden.

Trotz ihrer geringen Stärke erhöht die Wasserstoffbrückenbindung die Gesamtenergie (d.h. die Wärme), die benötigt wird, um einzelne Moleküle aus dem Rest der Population herauszulösen. Aus diesem Grund liegen der **Schmelz**- und **Siedepunkt** sowie die **Verdunstungswärme** des Wassers bedeutend höher als diejenigen der Hydride anderer Elemente, die mit dem Sauerstoff verwandt sind (z.B. NH_3, HF, H_2S). Unter den gängigen Hydriden hat nur das Wasser einen Siedepunkt (100 °C), der die Temperatur an der Erdoberfläche weit übersteigt.

Die statistisch lose Bindung zwischen den Wassermolekülen verleiht dem Wasser auch eine hohe **Oberflächenspannung** und **Kohäsion**. Diese wirkt sich auf alle biochemischen und biologischen Prozesse aus, die sich im Grenzbereich zwischen Luft und Wasser abspielen. Eis besitzt eine weitmaschige kristalline Gitterstruktur; im flüssigen Wasser sind die Moleküle dagegen eher zufällig angeordnet und dichter gepackt. Aufgrund dieser einzigartigen Eigenschaft ist Wasser in seiner festen Form weniger dicht als in seiner flüssigen Form. Wenn Eis dichter wäre als flüssiges Wasser und sich infolgedessen in Meeren und Seen vom Grunde her bilden würde, hätte sich dies wohl negativ auf die Entstehung des Lebens auf der Erde ausgewirkt.

Wasser als Lösungsmittel

Auf der Suche nach einem allumfassenden Lösungsmittel konnte der mittelalterliche Alchimist nichts Wirksameres und Universelleres finden als Wasser. Dessen Lösungsmitteleigenschaften beruhen zum größten Teil auf seiner hohen **Dielektrizitätskonstanten**, ein Kennzeichen seiner elektrostatischen Polarität. Die Dielektrizitätskonstante ist ein Maß für die Fähigkeit einer polaren Substanz, die elektrostatische Kraft zwischen zwei sich anziehenden Ladungen herabzusetzen. Die Bedeutung der Dielektrizitätskonstanten wird deutlich bei der Lösung von **Elektrolyten** wie Salzen, Säuren oder Laugen, die im Wasser in Ionen dissoziieren und dabei die Leitfähigkeit der Lösung erhöhen[1]. Gelöste Stoffe, die nicht dissoziieren und die Leitfähigkeit einer Lösung nicht erhöhen, werden **Nichtelektrolyte** genannt. Nichtelektrolyte sind z.B. Zucker, Alkohole und Öle.

Die Anordnung der Na$^+$- und Cl$^-$-Ionen in einem Natriumchloridkristall ist in Abb. 3.**7A** dargestellt. Diese hochgeordnete Struktur wird mittels elektrostatischer Anziehung zwischen den positiv geladenen Natrium-Ionen und den negativ geladenen Chlorid-Ionen fest zusammengehalten. Eine unpolare Flüssigkeit wie z.B. das Hexan kann einen Salzkristall nicht auflösen, weil unpolare Lösungsmittel die zum Heraustrennen von Ionen aus dem Kristall erforderliche Energie nicht freisetzen können. Wasser dagegen vermag die NaCl-Kristalle wie auch die meisten anderen ionischen Verbindungen (z.B. Salze, Säuren, Laugen) aufzulösen, weil das dipolare Wassermolekül die elektrostatischen Wechselwirkungen zwischen den einzelnen Ionen trennen kann (Abb. 3.**7B**). Die partielle negative Ladung des Sauerstoffs bewirkt eine schwache elektrostatische Wechselwirkung mit positiv geladenen **Kationen** (in diesem Fall Na$^+$); die partielle positive Ladung des Wasserstoffs bewirkt eine schwache elektrostatische Wechselwirkung mit negativ geladenen **Anionen** (in diesem Fall Cl$^-$). Die Umhüllung einzelner Ionen und polarer Moleküle durch Wassermoleküle wird **Solvatation** oder **Hydratation** genannt.

Die Wasserdipole umhüllen die Ionen, indem sie ihre positiven Pole den Anionen und ihre negativen Pole den Kationen zuwenden. Dadurch wird die Anziehungskraft zwischen den Kationen und Anionen der Ionenverbindung herabgesetzt und der Kristall aufgelöst. Die H$_2$O-Moleküle wirken also wie „Ladungsisolatoren". Die erste Hülle von Wassermolekülen zieht eine zweite Schale von weniger fest gebundenen und entgegengesetzt orientierten Wassermolekülen an. Diese können noch eine dritte Hülle von Wassermolekülen anziehen. So kann ein Ion eine beträchtliche Menge an **Hydratwasser** binden. Der effektive Durchmesser verschiedener hydrierter Ionen mit gleicher Ladung verhält sich umgekehrt zum Durchmesser der „nackten" Ionen: Die Radien der Na$^+$- und K$^+$-Ionen betragen z.B. 0,095 nm bzw. 0,113 nm, während die effektiven Radien im hydrierten Zustand 0,24 nm bzw. 0,17 nm messen. Die Ursache für

---

[1] Die elektrostatische Kraft zwischen zwei Ladungen, die durch Wasser oder ein anderes dielektrisches Medium getrennt sind, wird durch das Coulomb-Gesetz angegeben:

$$f = \frac{q_1 \cdot q_2}{\varepsilon \cdot d^2}$$

wobei f für die Kraft (in Dyne) zwischen den beiden elektrischen Ladungen q_1 und q_2 (in elektrostatischen Einheiten) steht, d ist der Abstand (in cm) zwischen den Ladungen und ε die Dielektrizitätskonstante.

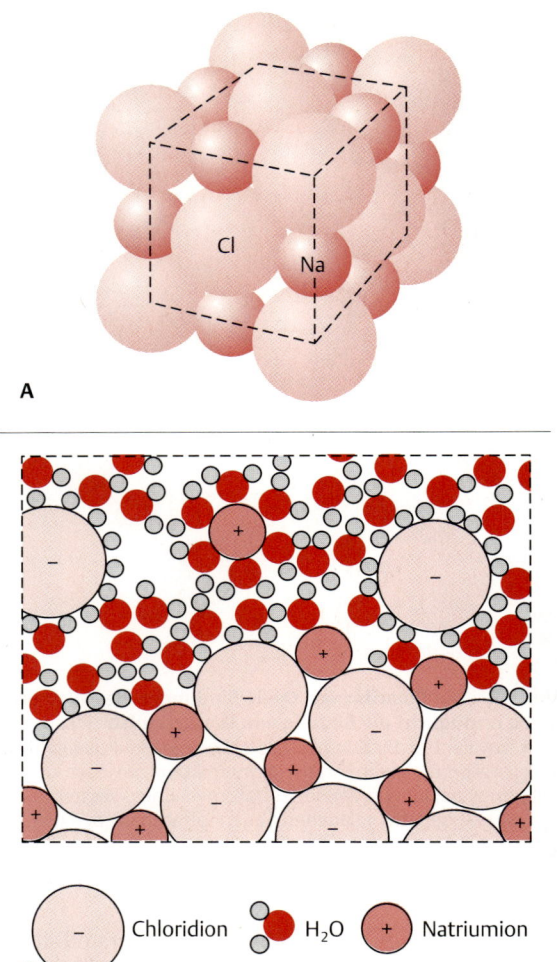

Abb. 3.7 Wasser zerstört NaCl-Kristalle durch elektrostatische Wechselwirkungen mit den Ionen des Kristallgitters. A Darstellung des streng symmetrischen NaCl-Kristallgitters und der relativen Größe der Na$^+$- und Cl$^-$-Ionen. **B** Hydratation von NaCl. Die Sauerstoffatome der Wassermoleküle werden von den Kationen und die Wasserstoffatome durch die Anionen angezogen.

dieses reziproke Verhältnis liegt darin, daß die elektrostatische Kraft zwischen einem Ion und den dipolaren Wassermolekülen mit der Entfernung beträchtlich abnimmt (Abb. 3.**8**). Deshalb können kleinere Ionen Wasser stärker binden und eine größere Hydrathülle mit sich führen als größere Ionen mit der gleichen elektrischen Ladung.

Im Wasser lösen sich auch bestimmte organische Nichtelektrolyte wie Alkohole und Zucker, die in Lösung

Eigenschaften von Lösungen

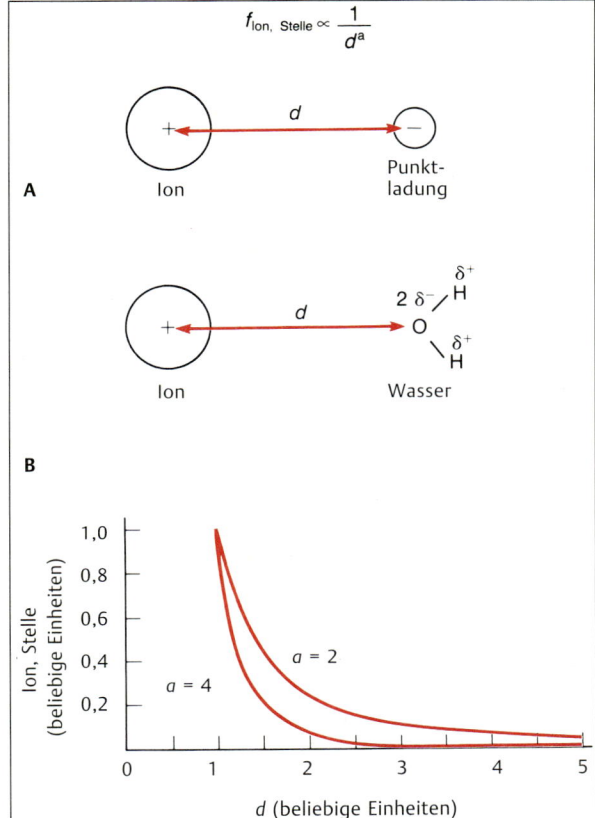

Abb. 3.8 Einfluß der Entfernung auf die Wechselwirkungen zwischen Ionen und geladenen Stellen. Die elektrostatische Kraft f zwischen einem Ion und einer Stelle mit entgegengesetzter Ladung ändert sich im umgekehrten Verhältnis mit der Entfernung d mit der Potenz a: $f \propto 1/d^a$. **A** Für eine Punktladung oder einen Monopol beträgt a 2,0, so daß die Kraft mit dem reziproken Wert des Quadrats der Entfernung abnimmt. Für ein Dipol wie das Wassermolekül kann a einen Wert von bis zu 4,0 erreichen. **B** Die Abnahme der elektrostatischen Kraft als Funktion der Entfernung ist für diese zwei Werte von a dargestellt.

wird letzteres auf viele kleine Tröpfchen verteilt. Die Natriumoleatmoleküle sind in diesen Tröpfchen oder **Micellen** so angeordnet, daß die hydrophoben, unpolaren Schwänze im Kern der Micelle zusammen liegen, während die hydrophilen, polaren Köpfe nach außen gerichtet sind und mit dem Wasser Wasserstoffbrückenbindungen ausbilden (Abb. 3.**9 B**). Das gleiche Verhalten zeigen **Phospholipidmoleküle**, die ebenfalls aus hydrophoben und hydrophilen Gruppen bestehen. Diese Tendenz amphipathischer Moleküle, in Wasser Micellen zu bilden, ist für die Bildung der biologischen Membranen in lebenden Zellen von großer Bedeutung. Sie könnte auch die Grundlage für die ersten zellähnlichen Strukturen lebender Systeme in den an organischen Verbindungen reichen seichten Urmeeren der Erde gewesen sein.

Eigenschaften von Lösungen

Wie bereits dargestellt, besitzt Wasser für alle Lebewesen eine entscheidende Bedeutung. Die physikalischen und chemischen Zellprozesse finden meist in wäßriger Lösung statt. Die Eigenschaften der Flüssigkeiten innerhalb tierischer Zellen und Gewebe sowie der wäßrigen Umgebung, in der aquatische Tiere leben, werden maßgeblich von den darin gelösten Substanzen – vor allem von den Elektrolyten – beeinflußt.

Konzentration, kolligative Eigenschaften und Aktivität

In der Chemie ist es üblich, die Mengen reiner Substanzen in **mol** anzugeben. Diese Einheit wird definiert als die Avogadro-Zahl von Molekülen ($6,022 \cdot 10^{23}$) eines Elementes oder einer Substanz; sie entspricht in Gramm ausgedrückt der relativen Atom- bzw. Molekülmasse (M_r). So entsprechen 12 g des reinen Nuclids ^{12}C einem mol ^{12}C oder $6,022 \cdot 10^{23}$ (Avogadro-Zahl) Kohlenstoffatomen. Auf der anderen Seite sind auch $6,022 \cdot 10^{23}$ Moleküle in 2 g (oder einem mol) H_2, in 28 g (oder einem mol) N_2 und in 32 g (oder einem mol) O_2 enthalten.

Für biologische Prozesse, an denen gelöste Moleküle beteiligt sind, ist die Konzentrationsangabe (Menge des im Lösungsmittel gelösten Stoffes) das wichtigste Maß. Für bestimmte Zwecke ist es notwendig, die Menge des gelösten Stoffes als seine **Molalität**, d.h. als die Anzahl der Mole in 1000 g Lösungsmittel (*nicht* in der gesamten Lösung) anzugeben. Wenn man 1 mol einer löslichen Substanz (z.B. 342,3 g Saccharose) in 1000 g Wasser löst, erhält man eine 1 **molale** Lösung. Obgleich 1 Liter Wasser 1000 g wiegt, ist das Gesamtvolumen von 1000 g Wasser mit einem mol gelöster Substanz nicht voraussagbar und kann mehr oder weniger als ein Liter sein. Deshalb ist die Molalität in den meisten Fällen eine un-

nicht in Ionen dissoziieren, deren Moleküle aber polare Eigenschaften aufweisen. Im Gegensatz dazu sind unpolare Verbindungen wie Fette und Öle wasserunlöslich, da diese Moleküle keine Wasserstoffbrückenbindungen ausbilden können. Wasser interagiert jedoch teilweise mit **amphipathischen** Verbindungen, die eine polare und eine unpolare Gruppe besitzen. Ein gutes Beispiel liefert das Seifenmolekül, das einen **hydrophilen** (wasseranziehenden) polaren Kopf und einen **hydrophoben** (wasserabstoßenden) unpolaren Schwanz hat (Abb. 3.**9 A**). Schüttelt man eine Mischung aus Wasser und Natriumsalzen von Fettsäuren, z.B. Natriumoleat,

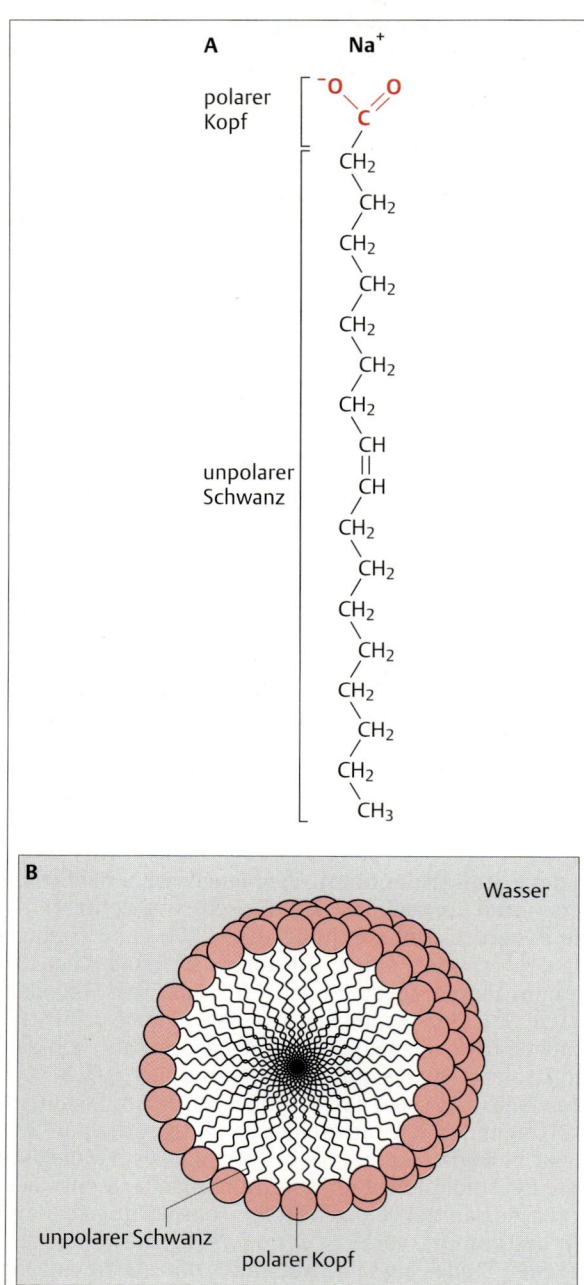

Abb. 3.9 Bildung einer Micelle durch Natriumoleat. Natriumoleat ist ein amphipathisches Lipid, das kugelförmige Strukturen (Micellen) in polaren Lösungsmitteln wie Wasser bildet. **A** Chemische Struktur des Natriumoleats. Der polare (hydrophile) Kopf ist rot, die langen nichtpolaren (hydrophoben) Schwänze sind schwarz dargestellt. **B** Schematische Darstellung einer Micelle aus amphipathischen Lipidmolekülen. Die hydrophoben Enden der Moleküle neigen dazu, durch Gruppierung in der Mitte einer Micelle den Kontakt mit dem polaren Lösungsmittel zu vermeiden.

günstige Konzentrationsangabe. Ein zweckmäßigeres Maß für die Konzentration in der Physiologie ist die **Molarität**. In einer 1 **molaren** (1 M) Lösung ist ein mol einer Substanz in einem Liter **Gesamtvolumen** gelöst. Dies wird als 1 mol/l oder 1 M geschrieben. Im Labor wird eine 1 M Lösung hergestellt, indem man zu 1 mol der zu lösenden Substanz solange Wasser zugibt, bis das Gesamtvolumen der Lösung 1 Liter beträgt. Eine millimolare Lösung (mM) enthält 10^{-3} mol/l und eine mikromolare (μM) Lösung 10^{-6} mol/l. Enthält eine Lösung **äquimolare** Konzentrationen zweier Stoffe, so ist auch die Anzahl der Teilchen der beiden Substanzen pro Volumeneinheit der Lösung identisch.

Die **kolligativen Eigenschaften** einer wäßrigen Lösungen hängen von der Anzahl der in einem bestimmten Volumen gelösten Teilchen ab, unabhängig von ihrer chemischen Natur. Diese Eigenschaften beinhalten den osmotischen Druck, die Gefrierpunkterniedrigung, die Siedepunkterhöhung und die Verminderung des Wasserdampfdruckes. Alle diese kolligativen Eigenschaften sind eng verwandt miteinander und hängen quantitativ von der Anzahl der gelösten Teilchen pro Volumeneinheit des Lösungsmittels ab. Wenn 1 mol einer idealen Substanz – d.h. eine Substanz, deren Teilchen weder dissoziieren noch eine Verbindung miteinander eingehen – in 1000 g Wasser bei Normaldruck (9880 Pa) aufgelöst wird, erniedrigt sich der Gefrierpunkt um 1,86 °C während der Siedepunkt um 0,54 °C erhöht wird. In einer idealen Einrichtung zur Messung des osmotischen Druckes wird diese Lösung bei Normaltemperatur (0 °C) einen osmotischen Druck von 22,4 Atmosphären haben. Da die kolligativen Eigenschaften von der Gesamtzahl der gelösten Teilchen in einem bestimmten Volumen des Lösungsmittels abhängen, kann die Messung einer dieser kolligativen Eigenschaften zur Konzentrationsbestimmung aller in einer Lösung gelösten Teile benützt werden. Die auf solche Art bestimmten Konzentrationen werden als **Osmolarität** (in osmol/l) angegeben. Bei theoretischen Lösungen idealer, nicht dissoziierender Substanzen entsprechen Osmolarität und Molarität einander.

Die theoretische Gleichwertigkeit von Osmolarität und Molarität gilt wegen der Ionendissoziation nicht für Elektrolytlösungen. Dies beruht darauf, daß dissoziierte Elektrolytlösungen mehr individuelle Teilchen enthalten als eine Nicht-Elektrolytlösung gleicher Molarität. Eine Elektrolytlösung hat demzufolge eine höhere Osmolarität als eine Nicht-Elektrolytlösung gleicher Molarität. Zum Beispiel ergibt 1 mol NaCl in H_2O gelöst ungefähr doppelt so viele Teilchen wie ein mol Glucose, weil das Salz in Na^+ und Cl^- dissoziiert. Die kolligativen Eigenschaften und folglich die Osmolarität einer 10 mM NaCl-Lösung entsprechen daher annähernd derjenigen einer 20 mM Glucoselösung.

Auf Grund der elektrostatischen Wechselwirkungen zwischen den Kationen und den Anionen des dissoziierten Elektrolyten besteht eine bestimmte statistische Wahrscheinlichkeit, daß zu jedem Zeitpunkt ein Teil der Kationen mit den Anionen verbunden ist. Der Elektrolyt verhält sich scheinbar so, als ob er nicht vollständig dissoziiert wäre. Die effektive freie Konzentration eines Elektrolyten, wie sie durch seine kolligativen Eigenschaften angezeigt wird, wird als seine **Aktivität** (a) bezeichnet. Der **Aktivitätskoeffizient** γ eines Elektrolyten wird definiert als Quotient seiner Aktivität a zur molalen (nicht molaren) Konzentration m ($\gamma = a/m$). Da, wie bereits dargestellt, die elektrostatische Anziehung zwischen den Ionen mit dem Quadrat ihres Abstandes abnimmt (Abb. 3.8A), ist ein Elektrolyt in einer weniger konzentrierten (bzw. stärker verdünnten) Lösung mehr dissoziiert als in einer höher konzentrierten Lösung. Mit anderen Worten, die Aktivität eines Elektrolyten wie auch der Aktivitätskoeffizient hängen beide von seiner Gesamtkonzentration und von seiner Neigung ab, in Lösung zu dissoziieren. Folglich gilt: je niedriger die Konzentration, desto höher der Aktivitätskoeffizient eines Elektrolyten. In Tab. 3.2 sind die Aktivitätskoeffizienten der wichtigsten Elektrolyte aufgeführt. Diejenigen, die zum größten Teil dissoziieren (d.h. die einen hohen Aktivitätskoeffizienten besitzen), werden **starke Elektrolyte** genannt (z.B. KCl, NaCl, HCl), diejenigen, welche nur schwach dissoziieren, sind **schwache Elektrolyte** (z.B. MgSO$_4$). Auch wenn der Aktivitätskoeffizient einen brauchbaren Index darstellt, um die Tendenz eines Stoffes zur Dissoziation auszudrücken (d.h. seine Fähigkeit, einer Lösung kolligative Eigenschaften zu verleihen), so hat er dennoch keinen direkten Bezug zum osmotischen Druck oder zu anderen kolligativen Eigenschaften dieses Stoffes. Dieser Wert wird durch den osmotischen Koeffizienten ausgedrückt, der empirisch für jede Lösung ermittelt werden muß.

Tab. 3.2 Aktivitätskoeffizienten charakteristischer Elektrolyte bei verschiedenen molalen Konzentrationen

Substanz	Molalitäten				
	0,01	0,05	0,10	1,00	2,00
KCl	0,899	0,815	0,764	0,597	0,569
NaCl	0,903	0,821	0,778	0,656	0,670
HCl	0,904	0,829	0,796	0,810	1,019
CaCl$_2$	0,732	0,582	0,528	0,725	1,555
H$_2$SO$_4$	0,617	0,397	0,313	0,150	0,147
MgSO$_4$	0,150	0,068	0,049	–	–

Nach West, 1964

Ionisation des Wassers

Die Natur der Wasserstoffbrückenbindung zwischen Wassermolekülen ist sehr dynamisch; kovalente Bindungen und Wasserstoffbrücken können ihre Plätze vertauschen (Abb. 3.10A). Diese ständig wechselnde Natur der Bindung zwischen benachbarten Wassermolekülen kann auch dazu führen, daß sich ein Wasserstoffion mit einem Wassermolekül zu einem **Hydroniumion**, H$_3$O$^+$, verbindet. Gleichzeitig entsteht ein **Hydroxidion**, OH$^-$. Die Wahrscheinlichkeit dafür ist jedoch sehr gering. Zu jeder gegebenen Zeit enthält ein Liter Wasser bei 25 °C nur 10^{-7} mol H$_3$O$^+$ bzw. OH$^-$-Ionen. Die positiv geladenen Wasserstoffatome des Hydroniumions ziehen die elektronegativen Sauerstoffenden der umliegenden Wasserdipole an und bilden so ein stabiles hydratisiertes Hydroniumion (Abb. 3.10B).

Die Dissoziation des Wassers wird wie folgt wiedergegeben:

$$H_2O \rightleftharpoons H^+ + OH^-$$

Ein Proton (H$^+$) ist in der Lösung nicht frei, sondern bildet immer ein Hydroniumion. Das Proton eines Hydroniumions kann jedoch zu einem benachbarten H$_2$O-Molekül wandern und aus diesem kurzfristig ein H$_3$O$^+$-Ion machen, welches daraufhin eines seiner Protonen an ein anderes Wassermolekül abgibt (Abb. 3.11). Eine Reihe derartiger Verschiebungen kann – wie in einer Kettenreaktion – über relativ lange Entfernungen wirken, wobei die einzelnen Protonen jeweils nur eine kurze Strecke zurücklegen. Solche **Protonenverschiebungen** spielen bei wichtigen biochemischen Prozessen, wie z.B. der Photosynthese und der Atmungskettenphosphorylierung, eine bedeutende Rolle.

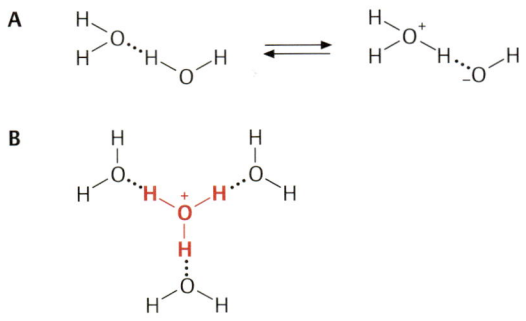

Abb. 3.10 Dynamische Natur der Brückenbindung zwischen Wassermolekülen. A Resonanz kann zur Trennung der Ladungen und Bildung von Hydroniumionen (H$_3$O$^+$) und Hydroxidionen führen. **B** In Lösung ist das Hydroniumion (rot) über Wasserstoffbindungen (gepunktete Linien) mit drei Wassermolekülen verbunden.

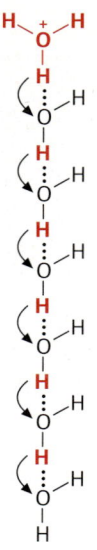

Abb. 3.11 Protonenwanderung zwischen Wassermolekülen. Jedes Wassermolekül wird kurzfristig zu einem Hydroniumion (oben), gibt aber sofort wieder ein Proton an ein benachbartes Wassermolekül ab, wobei dieses zum Hydroniumion wird (nach Lehninger, 1987).

Säuren und Basen

Nach der Definition der Säuren und Basen von J.N. Brönsted ist H_3O^+ **sauer** und OH^- **basisch**. Das erste kann ein Proton abgeben, letzteres kann eines aufnehmen. Demnach ist jede Substanz, die ein Wasserstoffion, H^+, abgeben kann, eine Säure und jede, die ein Proton aufnehmen kann, eine Base. Jede Säure-Basen-Reaktion setzt immer ein **konjugiertes Säure-Basen-Paar** voraus, also einen Protonendonator und einen Protonenakzeptor, im Falle des Wassers das H_3O^+ und das OH^--Ion. Wasser wird als **amphoter** bezeichnet, weil es sich sowohl als Säure als auch als Base verhalten kann. Auch die Aminosäuren besitzen amphotere Eigenschaften.

Beispiele für Säuren:
Salzsäure	$HCl \rightleftharpoons H^+ + Cl^-$
Kohlensäure	$H_2CO_3 \rightleftharpoons H^+ + HCO_3^-$
Ammonium	$NH_4^+ \rightleftharpoons H^+ + NH_3$
Wasser	$H_2O \rightleftharpoons H^+ + OH^-$

Beispiele für Basen:
Ammoniak	$NH_3 + H^+ \rightleftharpoons NH_4^+$
Natriumhydroxid	$NaOH + H^+ \rightleftharpoons Na^+ + H_2O$
Hydrogenphosphat	$HPO_4^{2-} + H^+ \rightleftharpoons H_2PO_4^-$
Wasser	$H_2O + H^+ \rightleftharpoons H_3O^+$

Die Dissoziation des Wassers in H^+ und OH^- ist eine Gleichgewichtsreaktion und kann durch das **Massenwirkungsgesetz** beschrieben werden. Dieses besagt, daß die Geschwindigkeit einer chemischen Reaktion den aktiven Massen der beteiligten Substanzen proportional ist. Die Gleichgewichtskonstante der Reaktion

$$H_2O \rightleftharpoons H^+ + OH^-$$

wird nach folgender Gleichung berechnet:

$$K_{eq} = \frac{[H^+][OH^-]}{[H_2O]} \quad (3.1)$$

Die Konzentration des Wassers bleibt trotz seiner teilweisen Dissoziation in H^+- und OH^--Ionen praktisch unverändert, da die Konzentration der Spaltprodukte nur je 10^{-7} M (10^{-7} mol/l) beträgt, während die Wasserkonzentration in einem Liter reinen Wassers 1000 g/l geteilt durch das Molekulargewicht des Wassers (18 g/mol), also 55,5 M (55,5 mol/l), beträgt. Die Gleichung 3.1 kann also wie folgt vereinfacht werden:

$$55,5 \cdot K_{eq} = [H^+][OH^-]$$

Wie bereits erwähnt, ist das reziproke Verhältnis zwischen den Konzentrationen zweier Verbindungen einer Gleichgewichtsreaktion eine Folge des Massenwirkungsgesetzes. Dies wird mit der Konstanten K_{eq} deutlich, die mit der Molarität des Wassers (55,5 mol/l) zusammengefaßt eine neue Konstante ergibt, die als das **Ionenprodukt** des Wassers, K_W, bezeichnet wird. Bei 25°C beträgt sie $1 \cdot 10^{-14}$:

$$K_W = [H^+][OH^-] = 10^{-14}$$

Diese Gleichung ergibt sich aus der bereits erwähnten Tatsache, daß sowohl $[H^+]$ als auch $[OH^-]$ 10^{-7} mol/l betragen. Nimmt $[H^+]$ aus irgendeinem Grunde zu, wie z.B. bei der Auflösung einer sauren Substanz im Wasser, nimmt $[OH^-]$ ab, der Wert $K_W = 10^{-14}$ bleibt jedoch unverändert. Dies bildet die Grundlage für die **pH-Skala**, den Standard für den Säure- und Basengehalt einer wässrigen Lösung, gemessen als Konzentration der H^+ (eigentlich H_3O^+)-Ionen. Der pH ist definiert als

$$pH = -\log_{10}[H^+]$$

Aus Tab. 3.3 ist ersichtlich, daß die pH-Skala logarithmisch aufgebaut ist und sich üblicherweise von 1,0 M H^+ bis 10^{-14} M H^+ erstreckt. Demnach hat eine 10^{-3} M Lösung einer starken Säure, wie z.B. HCl, die im Wasser vollständig dissoziiert, einen pH-Wert von 3,0. Eine Lösung, in der $[H^+] = [OH^-] = 10^{-7}$ M ist, hat einen pH-Wert von 7,0 und wird als neutral bezeichnet, d.h. sie ist weder sauer noch basisch. Das Verhältnis zwischen $[H^+]$ und $[OH^-]$ ist temperaturabhängig. Der echte „neutrale pH" (als pN bezeichnet) bei dem $[H^+] = [OH^-]$ ist, steigt bei Temperaturen unter 25°C über 7,0 und fällt oberhalb von 25°C unter 7,0. Der pH-Wert einer Lösung kann als Spannung gemessen werden, die von H^+-Ionen erzeugt wird, welche durch die protonenselektiv-permeable Glasumhüllung einer in die Lösung eingetauchten Elektrode diffundieren (Abb. 3.**12**).

Tab. 3.3 Die pH-Wert-Skala

pH-Wert	$[H^+]$ (mol/l)	$[OH^-]$ (mol/l)
0	10^{-0}	10^{-14}
1	10^{-1}	10^{-13}
2	10^{-2}	10^{-12}
3	10^{-3}	10^{-11}
4	10^{-4}	10^{-10}
5	10^{-5}	10^{-9}
6	10^{-6}	10^{-8}
7	10^{-7}	10^{-7}
8	10^{-8}	10^{-6}
9	10^{-9}	10^{-5}
10	10^{-10}	10^{-4}
11	10^{-11}	10^{-3}
12	10^{-12}	10^{-2}
13	10^{-13}	10^{-1}
14	10^{-14}	10^{-0}

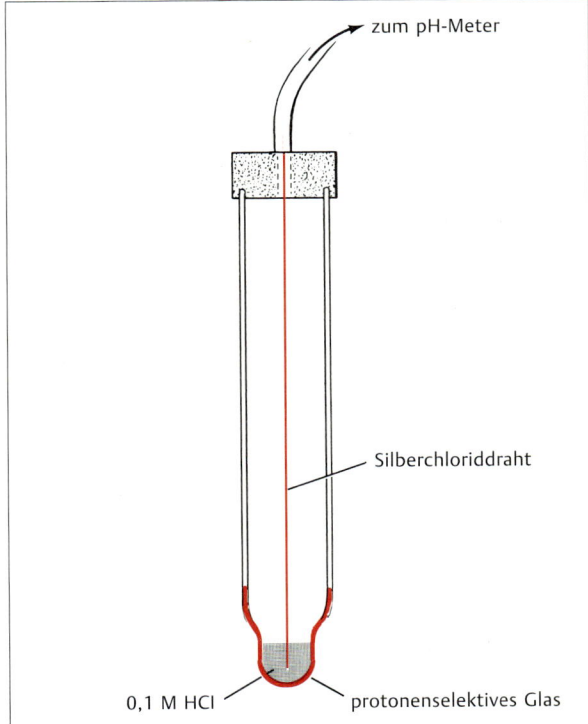

Abb. 3.12 pH-Elektrode. Eine Elektrode mit einer protonenempfindlichen Spitze ist ein geeignetes Gerät zur Messung des pH-Wertes einer Lösung. Die Elektrodenspitze enthält eine Lösung mit dem pH-Wert 7 ($[H^+] = 10^{-7}$M). Wird die Elektrodenspitze in eine Lösung mit anderen H^+-Konzentrationen eingetaucht, ist die über der Umhüllung des protonenselektiven Glases entstehende Potentialdifferenz dem log des Verhältnisses der H^+-Konzentration auf beiden Seiten des H^+-selektiven Glases proportional.

Biologische Bedeutung des pH-Wertes

Die Konzentrationen der H_3O^+-Ionen und der OH^--Ionen sind für die biologischen Systeme wichtig, denn vom H_3O^+ können sich Protonen lösen, sich mit negativ geladenen Gruppen organischer Moleküle verbinden und diese so neutralisieren; die OH^--Ionen können dementsprechend positiv geladene Gruppen neutralisieren. Diese Neutralisierungsfähigkeit ist besonders wichtig für Aminosäuren und Proteine, die als amphotere Moleküle sowohl saure Carboxylgruppen (—COOH) als auch basische Aminogruppen (—NH$_2$) enthalten.

In Lösung haben die Aminosäuren normalerweise eine dipolare Konfiguration, die **Zwitterion** genannt wird:

$$\begin{array}{cc} NH_2 & NH_3^+ \\ | & | \\ R-C_\alpha-COOH & R-C_\alpha-COO^- \\ | & | \\ H & H \\ \text{undissoziiert} & \text{Zwitterion} \end{array}$$

Jede Aminosäure hat, wie jedes amphotere Molekül, einen charakteristischen **isoelektrischen Punkt**. Dieser entspricht dem pH-Wert, bei dem die Nettoladung sowohl der undissoziierten als auch der Zwitterform gleich Null ist. Wenn der pH einer Aminosäurenlösung fällt, steigt auch die H^+-Konzentration der Lösung. Infolgedessen wird die Wahrscheinlichkeit, daß ein Proton die Carboxylgruppe neutralisiert, größer als die Wahrscheinlichkeit, daß ein Hydroxidion das zusätzliche Proton einer Aminogruppe aufnimmt. In diesem Fall wird ein größerer Teil der Aminosäuremoleküle eine positive Ladung aufweisen:

$$\begin{array}{ccc} NH_3^+ & & NH_3^+ \\ | & & | \\ R-C_\alpha-COO^- + H^+ & \rightleftharpoons & R-C_\alpha-COOH \\ | & & | \\ H & & H \end{array}$$

Eine Erhöhung des pH-Wertes ruft die entgegengesetzte Wirkung hervor; viele Aminosäuremoleküle tragen dann eine negative Ladung.

Einige Aminosäuren haben außer den α-COOH- und α-NH$_2$-Gruppen, die an das α-Kohlenstoffatom (C$_\alpha$) der Aminosäure gebunden sind, keine weiteren amphoteren Gruppen. Die Seitenketten anderer Aminosäuren verfügen jedoch über zusätzliche Carboxyl- oder Aminogruppen, die sauer oder basisch reagieren können. Die dissoziierbaren Nebengruppen eines Makromoleküls bestimmen weitgehend dessen elektrische Eigenschaften und machen es gegenüber dem pH seiner Umgebung empfindlich. Diese Empfindlichkeit ist besonders wichtig für die Eigenschaften der aktiven Zentren von Enzymen. Da die Bindung eines Substrates an das aktive Zentrum eines Enzyms in der Regel elektrostatische Wechselwirkungen einschließt, ist die Bildung von Enzym-Substrat-Komplexen stark pH-abhängig. Für die Bildung jedes Enzym-Substrat-Komplexes existiert daher ein bestimmter optimaler pH-Wert.

Die Henderson-Hasselbalch-Gleichung

Einige Säuren, wie z.B. HCl, dissoziieren vollständig, während andere, wie die Essigsäure, nur teilweise dissoziieren. Für die allgemeine Darstellung der Dissoziation einer Säure gilt

$$HA \rightleftharpoons H^+ + A^-$$

wobei A^- das Anion der Säure HA darstellt. Für die Dissoziationskonstante, die sich aus dem Massenwirkungsgesetz ableitet, gilt entsprechend:

$$K' = \frac{[H^+][A^-]}{[HA]} \quad (3.2)$$

Es ist zweckmäßig, die logarithmische Umwandlung von K', den pK' zu verwenden, der dem pH-Wert analog ist:

$$pK' = -\log_{10} K'$$

Folglich bedeutet $pK' = 11$ soviel wie $K' = 10^{-11}$. Ein niedriger pK'-Wert kennzeichnet eine starke, ein hoher Wert eine schwache Säure.

Säure-Basen-Beziehungen können durch die Umstellung der Gleichung 3.2 vereinfacht werden. Durch Logarithmieren auf beiden Seiten erhält man:

$$\log K' = \log [H^+] + \log \frac{[A^-]}{[HA]} \quad (3.3)$$

Durch Umstellung erhält man:

$$-\log [H^+] = -\log K' + \log \frac{[A^-]}{[HA]} \quad (3.4)$$

Ersetzt man $-\log [H^+]$ durch pH und $-\log K$, durch pK, so erhält man:

$$pH = pK' + \log \frac{[A^-]}{[HA]} \quad (3.5)$$

Anders ausgedrückt:

$$pH = pK' + \log \frac{[Protonenakzeptor]}{[Protonendonator]}$$

Die Gleichung 3.5 ist die **Henderson-Hasselbalch-Gleichung**, welche die Berechnung des pH-Wertes der Lösung eines konjugierten Säure-Basen-Paares ermöglicht, wenn der pK'-Wert (die Gleichgewichtskonstante unter Standardbedingungen, d.h. alle Reaktionspartner liegen in einer Konzentration von 1 M vor) und das molare Verhältnis des Paares bekannt sind. Umgekehrt kann man mit Hilfe dieser Gleichung den pK'-Wert berechnen, wenn der pH-Wert und das molare Verhältnis einer Lösung bekannt sind.

Puffersysteme

Änderungen im pH beeinflussen die Ionisierung der basischen und sauren Gruppen von Enzymen und anderen Biomolekülen. Folglich muß der pH-Wert der intra- und extrazellulären Flüssigkeiten innerhalb der engen Grenzen gehalten werden, an die sich die Enzymsysteme angepaßt haben, damit diese ihre Funktionen erfüllen können. Abweichungen von mehr als einer pH-Einheit bringen die biochemischen Funktionen lebender Systeme zum Erliegen. Die Einhaltung des Blut-pH-Wertes ist eine wesentliche Aufgabe homöostatischer Mechanismen; größere pH-Schwankungen des Blutes können auf andere Körperflüssigkeiten, die intrazellulären eingeschlossen, übertragen werden.

Der pH-Wert der Körperflüssigkeiten wird innerhalb der normalen Schwankungsbereiche durch natürliche **pH-Puffersysteme** stabilisiert. Ein gepuffertes System ändert in einem bestimmten pH-Bereich seinen pH-Wert nur wenig, auch wenn dem System größere Mengen einer Säure oder Lauge zugeführt werden. Ein Puffer enthält eine Säure (HA) zum Neutralisieren der zugeführten Basen und eine Base (A^-) zum Neutralisieren zugeführter Säuren. (Wir haben bereits gesehen, daß HA eine Säure ist, weil sie H^+-Ionen liefert und A^- eine Base ist, weil sie als H^+-Akzeptor fungiert.) Man ermittelt die Pufferkapazität eines Systems durch Hinzufügen kleiner Mengen an Lauge (oder Säure) und nachfolgender Messung des pH-Wertes. Aus der graphischen Auftragung des pH-Wertes einer Säurelösung gegen die zugegebene Menge der Base erhält man eine **Titrationskurve**. Die Pufferkapazität eines konjugierten Säure-Basen-Paares ist dann am größten, wenn [HA] und $[A^-]$ groß und einander gleich sind. Wie man aus der Henderson-Hasselbalch-Gleichung erkennt (Gleichung 3.5), ist dies der Fall, wenn pH = pK' ist (da $\log_{10} 1 = 0$). Diese Tatsache spiegelt sich im Verlauf der Titrationskurve wider (Abb. 3.**13**).

Die wirksamsten Puffersysteme bestehen aus der Kombination einer schwachen Säure und ihren Salzen. Schwache Säuren dissoziieren nur wenig und stellen so einen großen HA-Vorrat dar, während ihre Salze vollständig dissoziieren und ein großes A^--Reservoir bilden. Zugeführte Protonen verbinden sich mit A^- zu HA, während zugesetztes OH^- mit H^+-Ionen zu Wasser reagiert. Die dabei verbrauchten H^+-Ionen werden durch die Dissoziation von HA ersetzt. Die wichtigsten anorganischen Puffersysteme der Körperflüssigkeit sind Bicarbonate und Phosphate. Aminosäuren, Peptide und Pro-

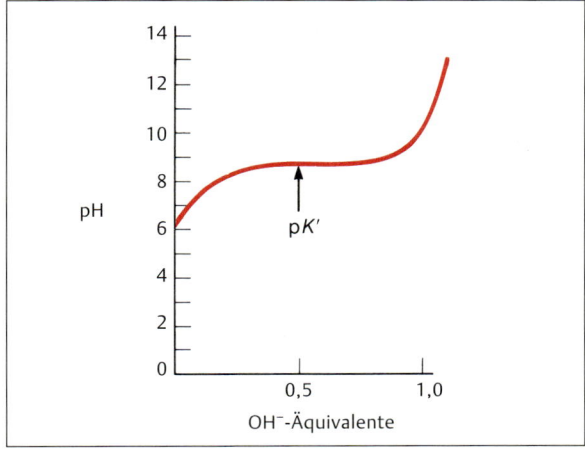

Abb. 3.13 Titrationskurve. Die größtmögliche Pufferkapazität eines konjugierten Säure-Basen-Systems wird erreicht, wenn pH = pK'. Im Diagramm entspricht dieser Punkt dem Teil der Kurve mit der geringsten Steigung (kleine pH-Änderungen bei Zugabe von großen OH$^-$-Mengen).

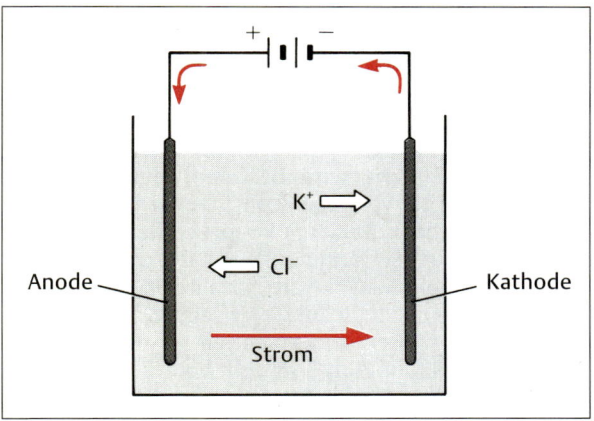

Abb. 3.14 Stromfluß durch eine Elektrolytlösung. Die farbigen Pfeile geben die Fließrichtung des Stroms, die weißen Pfeile die der Ionen an.

teine sind wegen ihrer schwach-sauren Seitengruppen die bedeutendsten organischen Puffer im Zellplasma und im extrazellulären Raum.

Elektrischer Strom in wäßrigen Lösungen

Wasser leitet den elektrischen Strom weitaus besser als Öle oder andere unpolare Flüssigkeiten. Es besitzt also eine höhere **Leitfähigkeit** als unpolare Flüssigkeiten. Die Leitfähigkeit wäßriger Lösungen wird über den Stromfluß bestimmt, der unter einer gegebenen Spannung durch die Wanderung von Ionen erzeugt wird. Demzufolge hängt die Leitfähigkeit des Wassers ausschließlich von der Anwesenheit geladener Atome oder Moleküle (Ionen) in der Lösung ab. Elektronen, die den elektrischen Strom durch Metalle und Halbleiter leiten, spielen beim Stromfluß in wäßrigen Lösungen keine direkte Rolle. Reines Wasser enthält die Ionen H_3O^+ und OH^-. Da ihre Konzentration sehr niedrig ist (10^{-7} M bei 25 °C), ist die elektrische Leitfähigkeit des reinen Wassers verhältnismäßig gering. Im Vergleich zu unpolaren Flüssigkeiten ist sie jedoch relativ hoch. Die Leitfähigkeit wird durch die Zugabe von Elektrolyten, die in Kationen (positive Ionen) und Anionen (negative Ionen) dissoziieren, beträchtlich erhöht. Meerwasser leitet daher den elektrischen Strom weitaus besser als Süßwasser. Box 3.1. enthält einige Begriffe, Einheiten und Übereinkünfte, die für die Beschreibung elektrischer Eigenschaften wichtig sind.

Die Rolle der Ionen bei der Leitung des elektrischen Stroms ist in Abb. 3.14 veranschaulicht. Sie zeigt zwei Elektroden, die in eine Kaliumchloridlösung eingetaucht sind und über Kabel mit dem Plus (+)- und Minuspol (–) einer **elektromotorischen Kraft** (EMK) verbunden sind. Die elektromotorische Kraft, z.B. eine Batterie, erzeugt einen Stromfluß (d.h. eine einseitige Verschiebung der positiven elektrischen Ladungen) durch die Elektrolytlösung von der einen Elektrode zur anderen. Aus was besteht der elektrische Strom? In den Kabeln entsteht der Stromfluß aus der Verschiebung von Elektronen aus der äußeren Schale von einem Metallatom zum nächsten und von dort wiederum zum nächsten usw.; in einer KCl-Lösung wird der elektrische Strom dagegen in erster Linie durch K^+- und Cl^--Ionen (und zu einem vernachlässigbar geringen Teil durch die Verschiebung von OH^-, H_3O^+ und H^+) weitergeleitet. Wenn eine Elektrolytlösung einer Potentialdifferenz (Spannung) ausgesetzt wird, wandern die K^+-Kationen zur **Kathode** (der Elektrode mit dem negativen Potential) und die Cl^--Anionen zur **Anode** (der Elektrode mit dem positiven Potential).

Die Geschwindigkeit, mit der die verschiedenen Ionen zu den Elektroden wandern, wird als ihre elektrische **Beweglichkeit** bezeichnet. Diese Beweglichkeit wird von der Masse des hydrierten Ions und seiner Ladung (monovalent, divalent oder trivalent) bestimmt. Die Beweglichkeit von H^+ ist wesentlich höher als die anderer Ionen. Der Ionenstrom ist in etwa einer Welle fallender Dominosteine analog, in der jeder Dominostein (jedes Ion) nur so weit versetzt wird, daß er den nächsten Stein bewegen kann. An Stelle der mechanischen Wechselwirkungen bei den Dominosteinen beeinflussen die Ionen einander durch elektrostatische

Wechselwirkungen, wobei sich gleichnamige Ladungen abstoßen.

Vereinbarungsgemäß ist die Richtung der Kationenwanderung als die Fließrichtung des elektrischen Stroms in einer Lösung zu betrachten. Die Anionen fließen in die entgegengesetzte Richtung. Die Intensität des elektrischen **Stroms** wird bestimmt durch die Geschwindigkeit der Versetzung positiver Ladungen in die eine Richtung bzw. die Geschwindigkeit der Versetzung negativer Ladungen in die entgegengesetzte Richtung. Der Strom ist ein Maß für die Anzahl von Ladungseinheiten, die in einer Sekunde an einem bestimmten Punkt vorbei fließen und entspricht in dem Wasserkreislaufmodell von Abb. 3.**15** dem Volumen des an einem bestimmten Punkt des Rohres vorbeifließenden Wassers.

Ein elektrischer Strom stößt immer auf einen elektrischen **Widerstand**, ebenso wie dem fließenden Wasser mechanische Widerstände, z.B. die Reibungskräfte in einem Rohr, entgegenwirken. Eine elektrostatische Kraft muß auf die Ladungen einwirken, um ihren Durchfluß durch den elektrischen Widerstand zu ermöglichen. Diese Kraft (analog dem hydrostatischen Druck in den Wasserrohren) ist die Differenz zwischen dem elektrischen Druck oder dem **Potential** (u) an den Enden der Widerstandsstrecke (Abb. 3.**15 A**). Zwischen getrennten negativen (−) und positiven (+) Ladungen besteht eine **Potential**- oder **Spannungsdifferenz**. Diese Potentialdifferenz oder elektromotorische Kraft (EMK) steht im Zusammenhang mit dem Strom I und dem Widerstand R gemäß dem **Ohm-Gesetz** (Box 3.**1**). Um einen bestimmten Strom (die Anzahl der Ladungen, die pro Zeiteinheit an einem gegebenen Punkt vorbeifließen) durch eine Strecke mit doppeltem Widerstand zu bewegen, bedarf es auch der doppelten Spannung (Abb. 3.**16 A**). Wenn anderseits der Widerstand verdoppelt, die Spannung aber konstant gehalten wird, ist eine Halbierung des Stroms die Folge (Abb. 3.**16 B**).

Drei Hauptfaktoren bestimmen den Widerstand des Stromflusses durch eine Lösung.
1. Die in der Lösung vorhandenen Ladungsträger (d.h. die Konzentration der Ionen): je verdünnter eine Elektrolytlösung ist, desto höher ist ihr Widerstand und desto niedriger ist die **Leitfähigkeit** (Box 3.**1**), da weniger Ionen zur Ladungsbeförderung zur Verfügung stehen.
2. Die Querschnittsfläche der Lösung, die dem Stromfluß entgegen steht: je kleiner die Querschnittsfläche senkrecht zur Fließrichtung des Stroms ist, desto höher ist der Widerstand, der dem Strom entgegenwirkt. Dieser Effekt ist der Bedeutung der Querschnittsfläche eines Wasserrohres für den Wasserdurchfluß analog.
3. Die vom Strom in der Lösung zurückgelegte Strecke: der Gesamtwiderstand, den ein elektrischer Strom beim Durchqueren einer Elektrolytlösung erfährt, ist der vom Strom zurückgelegten Strecke direkt proportional.

Die den Strom transportierenden Ionen sind in der gesamten Lösung gleichmäßig verteilt. Strom, der zwischen zwei Elektroden fließt, folgt dabei nicht geraden, sondern gekrümmten Linien zwischen den Elektroden (Abb. 3.**17**). Dieser Umstand ist darauf zurückzuführen, daß ein Bogen mehr Ionen enthält als der gerade Weg zwischen den Elektroden und folglich der effektive elektrische Widerstand des Bogens niedriger ist.

Die Bedeutung der elektrischen Phänomene für die Tierphysiologie wird in den späteren Kapiteln deutlich werden. Das Verständnis der Grundbegriffe der Elektrizität ist zum Verständnis der Funktion von Laborgeräten von großem Vorteil.

Anlagerung von Ionen an Makromoleküle

Ionen, die sich innerhalb oder außerhalb lebender Zellen frei in Lösung befinden, treten miteinander oder mit den **ionisierten** oder **ionenbindenden Zentren** anderer Moleküle, wie z.B. den Proteinen, in elektrostatische Wechselwirkung. Die Interaktionen der Biomoleküle mit freien anorganischen Ionen basieren auf den gleichen Prinzipien, die auch dem Ionenaustausch bei anorganischen Materialien wie Erdpartikeln, Glas und manchen Kunststoffen zugrunde liegen. Die Wechselwirkungen zwischen den Ionen und ionenbindenden Zentren sind für einige physiologische Mechanismen, in denen die selektive Ionenbindung eine wichtige Rolle spielt, von großer Bedeutung, z.B. bei der Enzymaktivierung und der Ionenselektivität der Membrankanäle und Membrancarrier.

Die elektrostatische Anziehung bildet die energetische Basis der Wechselwirkung zwischen dem Ion und der ionenbindenden Stelle, die im Prinzip mit der Wechselwirkung zwischen den Anionen und den Kationen einer Lösung identisch ist. Demzufolge zieht eine Stelle mit einer negativen oder partiell negativen Ladung (man denke an die Partialladung des Sauerstoffs im Wassermolekül) Kationen an, während eine Stelle mit positiver Ladung Anionen an sich zieht. Verschiedene Arten von Kationen einer Lösung konkurrieren miteinander um die elektrostatische Bindung an eine anionische (elektronegative) Bindungsstelle. Die negativ geladenen Zentren haben für die Bindung der verschiedenen Kationenarten eine Präferenzordnung; sie reicht von den sehr stark bindenden bis zu den am schwächsten bindenden Arten. Diese Rangfolge wird als **Affinitätssequenz** oder **Selektivitätssequenz** der betreffenden Bindungsstelle bezeichnet.

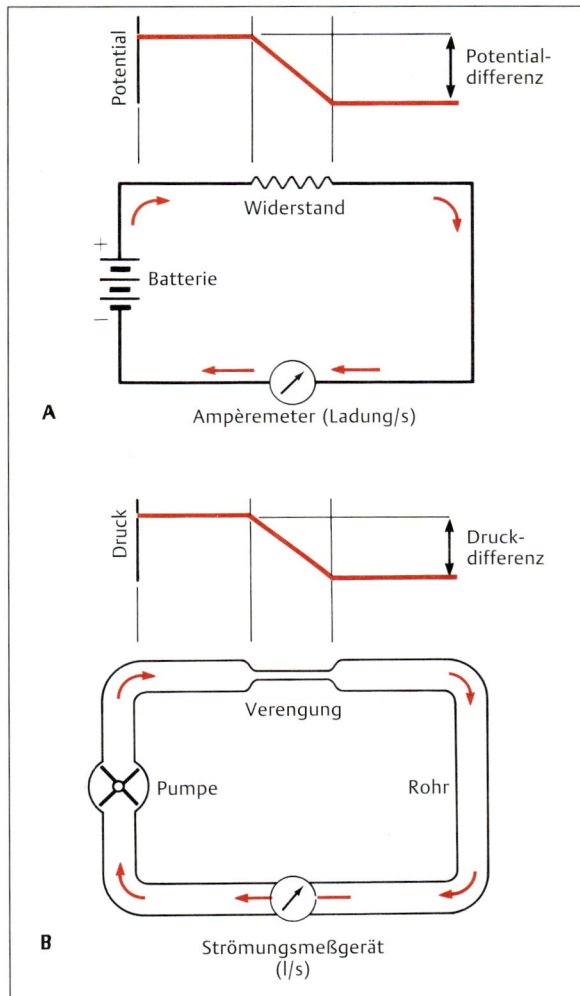

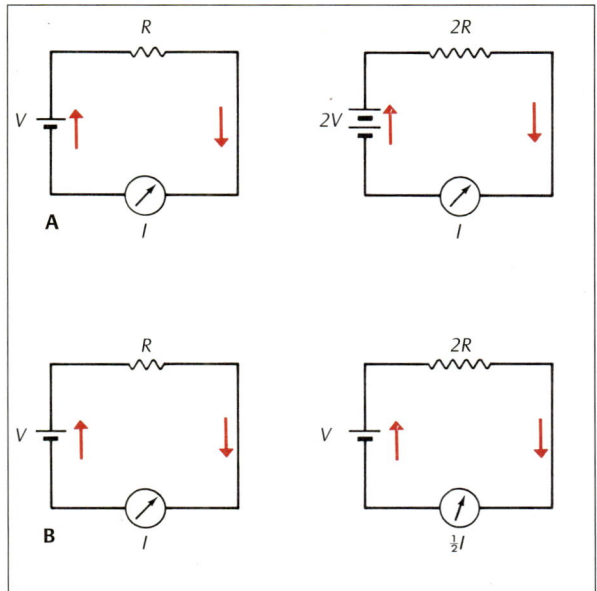

Abb. 3.15 Analogie zwischen Strom- und Wasserfluß. A Fluß von Elektronen durch einen Draht. **B** Fluß von Wasser durch ein Rohr. Dem elektrischen Strom steht ein Widerstand entgegen, der einem Engpaß in der Wasserleitung analog ist.

Abb. 3.16 Beziehung zwischen Strom, Spannung und Widerstand. Darstellung der Zusammenhänge elektrischer Größen durch das Ohm-Gesetzes. **A** Der Strom bleibt unverändert, wenn sowohl die Spannung als auch der Widerstand verdoppelt wird. **B** Der Strom wird um die Hälfte reduziert, wenn nur der Widerstand verdoppelt wird.

Die kationbindenden Stellen organischer Moleküle sind gewöhnlich die Sauerstoffatome der Carbonyle (R—C=O), Carboxylate (R—COO⁻) und Ether (R$_1$—O—R$_2$). Wie bereits erwähnt, ist das Sauerstoffatom sehr „elektronenhungrig" und zieht Elektronen aus benachbarten Atomen stark an sich. In elektroneutralen Gruppen wie den Carbonylen oder Ethern können die Sauerstoffatome aufgrund ihrer statistisch höheren Anzahl von Elektronen als Träger negativer Partialladungen betrachtet werden (Abb. 3.**18**). (Da die Gruppe selbst neutral ist, müssen andere Atome entsprechende positive Partialladungen besitzen.) Die Sauerstoffatome der Silicate und Carboxylate haben nach der Ionisierung eine volle negative Ladung.

Die Energetik der elektrostatischen Wechselwirkung einer Stelle mit einem Ion wird in Form der Potentialenergie angegeben; diese entspricht der Energie E, die benötigt wird, um die zwei Ladungen q^+ und q^- im Vakuum aus dem Unendlichen auf die Entfernung d^2 zusammenzubringen:

$$E = \frac{(q^+ \cdot q^-)}{d^a} \quad (3.6)$$

Der Exponent a ist im Falle zweier Monopole mit jeweils einer ganzen Ladung (d.h. ein monovalentes Anion und ein monovalentes Kation) gleich eins. Bei einem Dipolmolekül wie dem Wasser – in dem sowohl Zentren für negative als auch für positive Ladungen existieren (aber keine Nettoladung) – nimmt die Energie der Wechselwirkung mit der Entfernung rascher ab (d.h. a ist in Gleichung 3.6 größer als 1). Das spielt eine wichtige Rolle bei dem elektrostatischen Tauziehen, das ein im Wasser

---

[2] Man darf die Gleichung 3.6 nicht mit dem Coulomb-Gesetz verwechseln, das in der Fußnote auf S. 47 dargestellt ist.

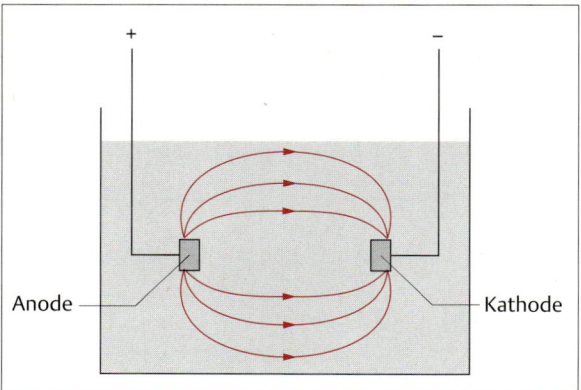

Abb. 3.17 Strom zwischen zwei Elektroden einer Elektrolytlösung folgt gekrümmten Linien. Der Stromfluß durch das Volumen einer Elektrolytlösung breitet sich so aus, daß die Stromdichte abfällt.

gelöstes Ion erfährt, welches von einer entgegengesetzt geladenen Stelle angezogen wird.

Im wäßrigen Milieu (d.h. in einer Lösung und nicht im Vakuum) wird die Coulomb-Beziehung (Gleichung 3.6) zwischen dem Atomradius eines Kations und seiner Affinität für eine bestimmte elektronegative Bindungsstelle durch die elektrostatische Wechselwirkung des Kations mit den dipolaren Wassermolekülen modifiziert. Das Kation wird sowohl von dem elektronenreichen Sauerstoffatom der festen monopolaren Stelle als auch von dem elektronenreichen Sauerstoffatom des dipolaren Wassermoleküls angezogen. Folglich besteht eine wettstreitähnliche Rivalität zwischen Wasser und der Bindungsstelle um die Bindung des Kations. Je erfolgreicher die Bindungsstelle mit Wasser um eine bestimmte Ionenart wetteifert, desto größer ist ihre „Selektivität" für diese Ionenart (Abb. 3.19). Die Selektivitätssequenz einer Bindungsstelle für eine Gruppe ver-

---

Box 3.1 Elektrische Terminologie und Konventionen

Die **Ladung** (q) wird in der Einheit **Coulomb** (C) gemessen. Um 1 g Äquivalentgewicht eines monovalenten Ions in seine elementare Form (oder umgekehrt) umzubilden, werden 96500 C (1 **Faraday**, F) benötigt. Im freien Sprachgebrauch ist deshalb 1 Coulomb äquivalent zu 1/96500 g Äquivalent Elektronen. Die Ladung eines Elektrons beträgt $-1{,}6 \cdot 10^{-19}$ C. Multipliziert man dies mit der Avogadro-Zahl, so kommt man auf eine gesamte Ladung von 1 Faraday oder -96500 Coulomb/mol (C/mol).

Der **Strom** (I) ist eine Ladungsbewegung. Ein Strom von 1 C/s wird 1 **Ampere** (A) genannt. Die Stromrichtung ist nach Übereinkunft die Richtung, in der sich eine positive Ladung bewegt (d.h. von der Anode zur Kathode).

Die **Spannung** (u) ist die Elektromotorische Kraft (EMK) oder das elektrische Potential in Volt. Beträgt die erforderliche Arbeit, um eine Ladung von 1 C von einem Punkt zu einem anderen Punkt mit einem höheren Potential zu bewegen, 1 **Joule** (J) oder 0,239 cal, so wird die Potentialdifferenz zwischen diesen beiden Punkten 1 **Volt** (V) genannt.

Der **Widerstand** (R) ist die Eigenschaft, einen Stromfluß zu hemmen. Die Einheit ist **Ohm** (Ω), definiert als derjenige Widerstand, der bei einem Potential von 1 Volt über den Widerstand einen Stromfluß von 1 Ampere zuläßt. Dies ist äquivalent zum Widerstand einer Quecksilbersäule mit 1 mm² Querschnitt und einer Länge von 106,3 cm. $R = \varrho \cdot$ Länge/Querschnittsfläche.

Der **Spezifische Widerstand** (ϱ) ist der Widerstand eines Leiters von 1 cm Länge und 1 cm² Querschnittsfläche.

Die **Leitfähigkeit** (G) ist der reziproke Widerstand, $G = 1/R$. Die Einheit ist **Siemens** (S).

Der **Leitwert** ist der reziproke spezifische Widerstand.

Das **Ohm-Gesetz** besagt, daß der Strom proportional zur Spannung und umgekehrt proportional zum Widerstand ist:

$$I = u/R \text{ oder } u = I \cdot R$$

Ein Kondensator besteht aus zwei Platten, die durch einen Isolator getrennt sind. Wird eine Batterie mit den zwei Platten parallel geschaltet, so wandern solange Ladungen von der einen Platte auf die andere, bis die Potentialdifferenz zwischen den Platten genauso groß ist wie die EMK der Batterie oder bis die Isolation zerstört wird. In einem idealen Kondensator werden durch die Isolation zwischen den Platten tatsächlich keine Ladungen transportiert, aber die Ladungen, die sich auf der einen Platte anreichern, verdrängen elektrostatische Ladungen mit dem gleichen Vorzeichen von der gegenüberliegenden Platte. Die **Kapazität** (C) eines Kondensators oder die Fähigkeit, Ladungen zu speichern, wird in **Farad** (F) angegeben. Wenn an einen Kondensator eine Spannung von 1 V angelegt wird und dadurch positive Ladung von 1 C auf der einen Platte angereichert und von der anderen Platte verdrängt wird, ist die Kapazität des Kondensators 1 F:

$$C = q/u = 1 \text{ Coulomb (C)} / 1 \text{ Volt (V)} = 1 \text{ F}$$

Symbole

Widerstand	Kondensator	Batterie	variabler Widerstand
Erdung	Schalter	Meßgerät	Verstärker

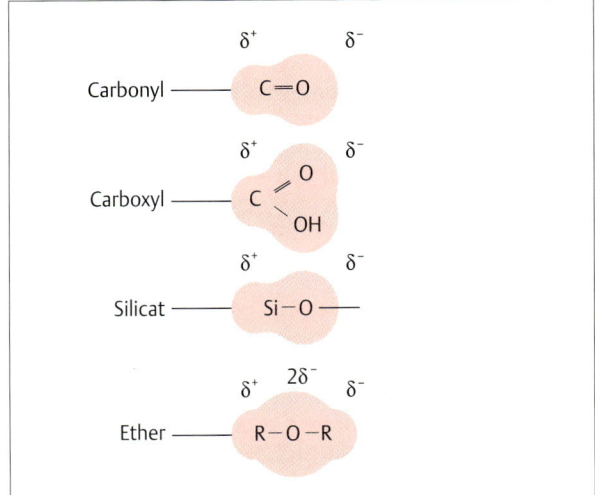

Abb. 3.18 Viele biologische Moleküle enthalten Atomgruppen mit partiellen Ladungstrennungen. Am häufigsten sind dies sauerstoffhaltige Gruppen, bei denen das stark elektronegative Sauerstoffatom Elektronen aus benachbarten Atomen anzieht. Die Verteilung der Elektronenwolken von einigen molekularen Nebengruppen sind farbig unterlegt. Silicat kommt bei Tieren nicht vor; es bildet aber einen wesentlichen Bestandteil des Kieselalgen-Skeletts.

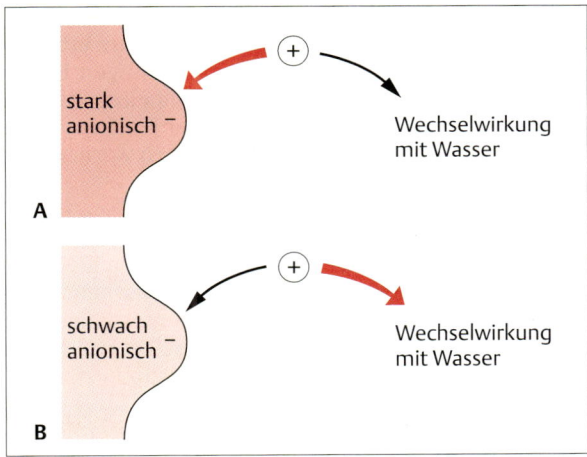

Abb. 3.19 Ionenbindungsstellen konkurrieren mit Wasser um Ionen. Die Fähigkeit einer fixierten anionischen Stelle, mit Wassermolekülen um ein Kation zu konkurrieren, hängt von der Ionenanziehungskraft dieser Stelle und von der Größe des Kations ab, da kleinere Kationen eine geringere Minimaldistanz erlauben. **A** Ein kleines monovalentes Kation wird stärker von einer starken anionischen Stelle als vom Wasser angezogen. (Für ein großes monovalentes Kation gilt das Gegenteil.) **B** Ein kleines monovalentes Kation wird stärker vom Wasser als von einer schwach anionischen Stelle angezogen. (Für ein großes monovalentes Kation gilt das Gegenteil.)

schiedener Ionen wird durch die Feldstärke und die polare/multipolare Verteilung von Elektronen in der Nähe der Stelle bestimmt. Man beachte, daß der Kern eines kleinen Atoms einem anderen Atom näher kommt als der Kern eines großen Atoms. Aus diesem Grunde werden die kleinen monovalenten Kationen mit einer elektronegativen Bindungsstelle stärkere Wechselwirkungen eingehen als die größeren monovalenten Kationen. Letztere tragen zwar die gleiche Ladungsmenge, kommen aber weniger dicht an die Bindungsstelle heran.

Es sei noch darauf hingewiesen, daß bei der Bindung von Ionen neben den beschriebenen Prinzipien der elektrostatischen Wechselwirkung auch sterische Einflüsse von Bedeutung sein können. Wenn eine Bindungsstelle z.B. so liegt, daß sich ein damit interagierendes Ion in eine enge Kluft des Moleküls oder zwischen zwei Molekülen hindurchzwängen muß, wird die effektive Größe des hydrierten Ions Einfluß auf die gesamte Energie haben, die notwendig ist, um das Bindungszentrum zu erreichen und mit ihm in Wechselwirkung zu treten.

Biologische Moleküle

Die genaue molekulare Zusammensetzung eines Organismus, der komplizierter als ein Virus ist, konnte bis heute nicht vollständig aufgeklärt werden. Dies ist auf die unglaubliche Vielfalt und Komplexität der molekularen Zellstrukturen zurückzuführen, die bereits auf der Organisationsebene der einzelligen Organismen vorherrscht. Diese Komplexität des Lebendigen wird dadurch erhöht, daß es keine zwei Tierarten gibt, welche genau die gleiche molekulare Zusammensetzung haben. Selbst innerhalb einer Art ist die molekulare Zusammensetzung von Individuum zu Individuum verschieden, mit Ausnahme derjenigen, die sich durch Zellteilung fortpflanzen (dies gilt für die zwei Tochterzellen einer Amöbe ebenso wie für eineiige Zwillinge der Säugetiere). Diese biochemische Vielfalt ist ein wichtiger Faktor der Evolution, denn sie verleiht einer Population von Organismen eine ungeheure Variabilität und stellt das Rohmaterial für die natürliche Auslese dar. Die Vielfalt wird zum Teil durch das hohe Potential des Kohlenstoffatoms für strukturelle Variabilitäten ermöglicht, denn Kohlenstoffatome bilden das „Rückgrat" der vier Hauptklassen organischer Verbindungen, die bei allen Lebewesen vorkommen: **Lipide**, **Kohlenhydrate**,

Proteine und **Nucleinsäuren**. Wir werden die chemischen Strukturen dieser Substanzklassen kurz erörtern und einige ihrer für die Physiologie wichtigen Eigenschaften erläutern. Für weitere Einzelheiten können Fachbücher, wie z.B. die Lehrbücher der Biochemie von Lehninger oder Stryer, zu Hilfe genommen werden.

Lipide

Die Lipide gehören zu den wasserunlöslichen Biomolekülen mit vergleichsweise einfachen chemischen Strukturen. Die verschiedenen Lipide haben unterschiedliche Funktionen. So dienen Fette als Energiereserve, wogegen Phospholipide und Sterole den Hauptbestandteil der Membranen bilden (Kap. 4).

Jedes Fettmolekül besteht aus einem Glycerolmolekül, das über Esterbindungen mit drei Fettsäureketten verbunden ist. Diese Fettmoleküle bezeichnet man deshalb als **Triglyceride**. Wenn die Esterbindungen unter saurer oder basischer Katalyse hydrolysiert werden, liefert ein Fettmolekül ein Glycerol- und drei Fettsäuremoleküle (Abb. 3.**20**). Die drei Fettsäuren eines Triglycerids können, müssen aber nicht gleich sein; natürliche Fettsäuren enthalten eine gerade Anzahl von Kohlenstoffatomen. Sind alle Kohlenstoffatome über Einfachbindungen miteinander verbunden, spricht man von einer gesättigten Fettsäure. Enthält die Fettsäurekette eine oder mehrere C—C-Doppelbindungen, handelt es sich um eine ungesättigte Fettsäure. Der Sättigungsgrad und die Länge der Fettsäureketten (d.h. die Anzahl ihrer Kohlenstoffatome) bestimmen die physikalischen Eigenschaften des Fettes.

Fette mit einem hohen Anteil an ungesättigten Fettsäuren haben niedrige Schmelzpunkte. Sie liegen bei Raumtemperatur als Öle oder weiche Fette vor. Fette mit gesättigten Fettsäuren sind dagegen bei Raumtemperatur fest (Tab. 3.4). So werden durch Hydrierungen (Sättigung der Fettsäureketten mit Wasserstoff, um die Doppelbindungen zu lösen) die ölige Erdnußbutter in eine weiche, fette Erdnußbutter und Pflanzenöle in „Crisco" umgewandelt. Bei gleichem Doppelbindungsanteil gilt: je kürzer die Kettenlänge der Fettsäure, desto niedriger liegt der Schmelzpunkt. Dies geht aus Tab. 3.4 für gesättigte Fettsäuren hervor. Die gesättigten Fettsäuren können durch Stoffwechselprozesse in das **Steroid** Cholesterin umgewandelt werden. Da übermäßiges Cholesterin zu Herz-Kreislauf-Erkrankungen beim Menschen beitragen kann, empfehlen viele Ernährungsratgeber, den Verzehr gesättigter Fettsäuren einzuschränken. Cholesterin ist auch Bestandteil biologischer Membranen und die Vorstufe zur Synthese der Steroidhormone (Abb. 9.23).

Triglyceride sind Energiespeicher und werden typischerweise in den Fettvakuolen spezialisierter Fettzellen der Vertebraten angehäuft. Durch ihre geringe Wasserlöslichkeit können diese energiereichen Moleküle in großen Mengen im Körper gespeichert werden, ohne viel Wasser als Lösungsmittel zu benötigen. Durch den relativ hohen Anteil von Wasserstoff und Kohlenstoff und den niedrigen Gehalt an Sauerstoff im Molekül sind die Triglyceridspeicher sehr energiereich und zugleich

Tab. 3.4 Schmelzpunkte verschiedener Fettsäuren. Wie man durch den Vergleich gesättigter und ungesättigter Moleküle gleicher Kettenlänge sehen kann, erniedrigen ungesättigte Bindungen den Schmelzpunkt eines Moleküls

Fettsäure	Strukturformel	Schmelzpunkt (°C)
gesättigt		
Laurinsäure	$CH_3(CH_2)_{10}COOH$	44
Palmitinsäure	$CH_3(CH_2)_{14}COOH$	63
Arachinsäure	$CH_3(CH_2)_{18}COOH$	75
Lignocerinsäure	$CH_3(CH_2)_{22}COOH$	84
ungesättigt		
Ölsäure	$CH_3(CH_2)_7CH=CH(CH_2)_7COOH$	13
Linolsäure	$CH_3(CH_2)_4(CH=CHCH_2)_2(CH_2)_6COOH$	−5
Arachidonsäure	$CH_3(CH_2)_4(CH=CHCH_2)_4(CH_2)_2COOH$	−50

Nach Dowben, 1971

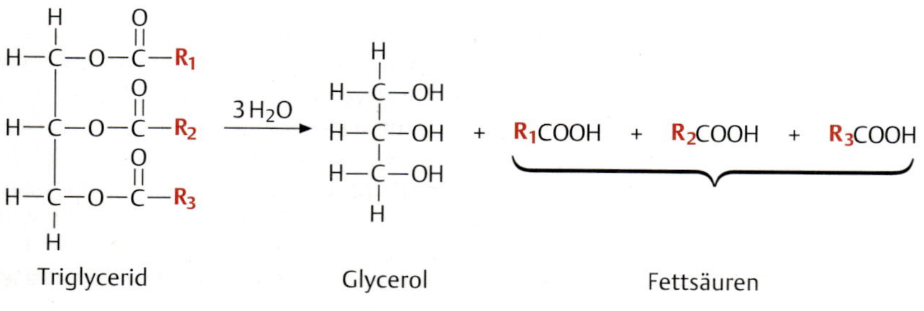

Abb. 3.20 Aufbau eines Fettmoleküls. Fette bestehen aus Triglyceridmolekülen, die zu Glycerol und Fettsäuren hydrolysiert werden können. Diese Reaktion wird durch das Enzym Lipase katalysiert. R steht für den hydrophoben Rest der Fettsäuren. Die Fettsäuren eines Triglycerids (R_1–R_3) können identisch oder verschieden sein.

Tab. 3.5 Kalorischer Brennwert von drei Nahrungsstoffen

Substrat	Brennwert (kcal/g)	(kJ/g)
Kohlenhydrate	4,0	16,7
Proteine	4,5	18,8
Fette	9,5	39,7

kompakt. Ein Gramm Triglycerid liefert bei der Oxidation mehr als doppelt so viel Energie wie ein Gramm Kohlenhydrat (Tab. 3.5).

Bei den **Phospholipiden** ist eine der äußeren Fettsäureketten des Triglycerids durch eine phosphathaltige Gruppe ersetzt (Abb. 4.2). Phospholipide sind folglich amphotere Moleküle, die sowohl hydrophile Bereiche (die phosphathaltige Gruppe) als auch hydrophobe bzw. lipophile Bereiche (die Fettsäureketten) besitzen. Diese Eigenschaft prädestiniert Phospholipidmoleküle zur Bildung von Grenzflächen zwischen wäßrigen Phasen und Lipid-Phasen. Wie im folgenden Kapitel dargestellt wird, bestehen biologische Membranen zum großen Teil aus einer Phospholipiddoppelschicht, wobei die unpolaren „Schwänze" jeder Schicht nach innen und die polaren „Köpfe" nach außen, zur wäßrigen Phase hin gerichtet sind (Abb. 4.5).

Andere in Membranen vorkommende Lipidgruppen sind Glykolipide, die eine oder mehrere Zucker enthalten, und Sphingolipide, deren Grundgerüst ein langkettiger Aminalkohol (Sphingosin) bildet. Sphingolipide finden sich in besonders hohen Konzentrationen im Gehirn und in Nervengewebe. Wachse stellen eine weitere Lipidgruppe dar; sie bilden bei vielen Insekten eine wasserdichte Schutzschicht (Kap. 14).

Kohlenhydrate

Kohlenhydrate sind Polyhydroxyaldehyde und -ketone mit der allgemeinen chemischen Formel $(CH_2O)_n$. Die einfachsten Kohlenhydrate sind **Monosaccharidzucker**. Monosaccharide bilden typische Ringstrukturen mit fünf (Pentosen) oder sechs (Hexosen) Kohlenstoffatomen, wobei sich ein Kohlenstoffatom außerhalb des Ringes und ein Sauerstoffatom im Ring befindet. Der Zucker Glucose, eine Hexose (Abb. 3.21 A), wird in den grünen Pflanzen durch die Photosynthese aus CO_2 und H_2O gebildet. Die gesamte Energie, die durch die Photosynthese eingefangen und als chemische Energie an alle Lebewesen weitergegeben wird, wird zunächst in Form von Zucker mit sechs Kohlenstoffatomen, wie der Glucose, fixiert. Wie später in diesem Kapitel dargestellt wird, wird Glucose durch die Zellatmung zu CO_2 und H_2O abgebaut, wobei die im Zuge der Photosynthese in der molekularen Glucosestruktur gespeicherte Energie wieder

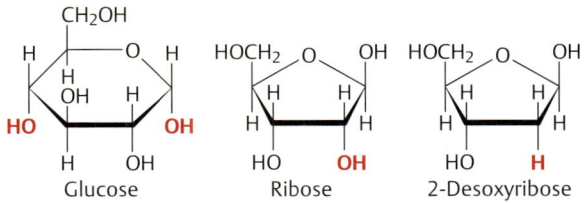

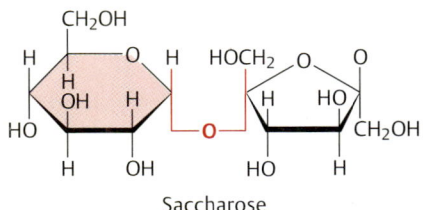

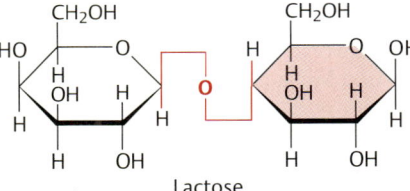

Abb. 3.21 Monosaccharide und Disaccharide. A Glucose, die am weitesten verbreitete Hexose, wird von Organismen zur Energiegewinnung verwendet. **B** Disaccharide entstehen durch Kondensation zweier Monosaccharide. Saccharose und Lactose enthalten beide eine Glucoseeinheit (farbig dargestellt) und ein zweites Monosaccharid. Die glykosidische Bindung (rot), die zwei Monosaccharid-Einheiten verbindet, kann in zwei sterisch verschiedenen Formen gebildet werden (α und β).

freigesetzt wird. Die beiden wichtigsten Pentosezucker sind **Ribose** und **2-Desoxyribose** (Abb. 3.21 A). Diese Pentosen sind Bestandteil des Rückgrats aller Nucleinsäuremoleküle.

Zellen verfügen auch über Enzyme, welche die Glucose in andere Monosaccharide umbauen oder daraus Disaccharide wie Saccharose oder Lactose aufbauen können (Abb. 3.21 B). Zellen können auch verschiedene Polysaccharide synthetisieren, die aus langen Monosaccharidketten aufgebaut sind. Zwei verzweigte Polymere der D-Glucose, die **Stärke** der pflanzlichen Zellen und das **Glykogen** der tierischen Zellen (die Glucosereste sind jeweils über die Kohlenstoffatome 1 und 4 miteinander verbunden), stellen die Hauptspeicher-Kohlenhydrate der Pflanzen und Tiere dar (Abb. 3.22). Ähnlich wie die Fette benötigen auch die hochmolekularen Kohlenhydratpolymere sehr wenig Wasser als Lösungsmittel

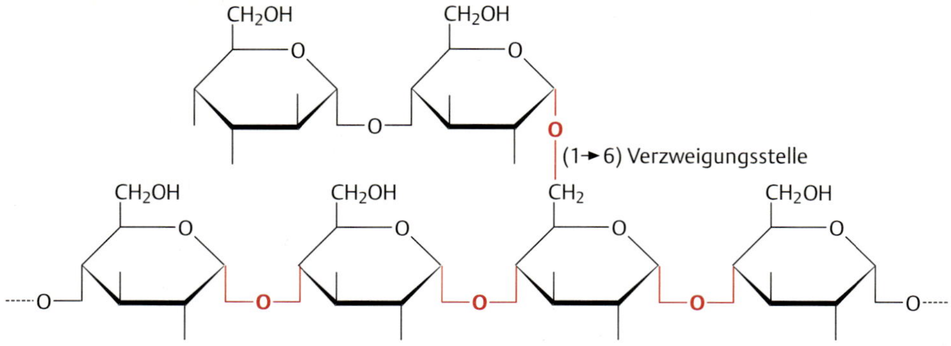

Abb. 3.22 Glykogenstruktur. Glykogen, ein großes Polymer, ist die wichtigste Kohlenhydrat-Speicherform in tierischen Zellen. Ein Glykogenmolekül ist eine aus vielen Glucoseresten bestehende Kette, bei der benachbarte Glucosemoleküle über die C_1- und C_4-Atome miteinander verbunden sind. An jedem achten bis zehnten Glucoserest sitzen Verzweigungen, die von C_6-Atomen ausgehen. Nur ein kleiner Ausschnitt eines Glykogenmoleküls ist dargestellt.

und stellen eine konzentrierte Form der Energiereserve dar. Bei den Wirbeltieren befindet sich das Glykogen vorwiegend in Form winziger intrazellulärer Granula in den Leber- und Muskelzellen.

Kohlenhydratpolymere bilden auch Gerüstsubstanzen, z.B. die **Zellulose** als wichtigste Struktursubstanz der Pflanzen. **Chitin**, ein Bestandteil des Exoskeletts (Außenskeletts) der Arthropoden, ist ein zelluloseähnliches Polymer aus β-1,4-verknüpften N-Acetylglucosamin-Einheiten (Abb. 3.23). Wie das pflanzliche Polymer Zellulose ist auch Chitin biegsam, elastisch und in Wasser unlöslich.

Proteine

Proteine sind die kompliziertesten und die am meisten verbreiteten organischen Moleküle in lebenden Zellen. Gemessen am Trockengewicht bilden sie mehr als die Hälfte der Zellmasse. Obwohl die Grundstruktur aller Proteine ähnlich ist, gibt es ein breites Spektrum verschiedener Proteine, die unterschiedlichste Funktionen in biologischen Systemen erfüllen. In Tab. 3.6 sind die wichtigsten Funktionsgruppen der Proteine mit jeweils mehreren Beispielen zusammengestellt. Enzyme stellen die größte Funktionsgruppe der Proteine dar; mehr als 1000 wurden bereits identifiziert und viele noch unbekannte sind zu entdecken.

Primärstruktur

Proteine bestehen aus unverzweigten Ketten von **Aminosäuren**, amphotere Moleküle, die zumindest eine Carboxylgruppe und eine Aminogruppe enthalten. Bei den 20 häufigsten Aminosäuren, welche die Proteine bilden, handelt es sich um α-Aminosäuren. Die Aminogruppe ist an das α-Kohlenstoffatom (C_α) gebunden, d.h. an das Kohlenstoffatom, welches der Carboxylgruppe am nächsten steht. Aminosäuren unterscheiden sich durch ihre Seitengruppen, die gewöhnlich als R-Gruppen bezeichnet werden (Abb. 3.24A). Die proteinsynthetisierende Zellmaschinerie verbindet Aminosäuremoleküle über kovalente **Peptidbindungen** zu langen **Polypeptidketten**. In einer Polypeptidkette sind aufeinander folgende C_α-Atome durch planare Amidgruppen voneinander getrennt (Abb. 3.24B). Aminosäuren sind die Buchstaben des Proteinalphabets. Die spezifische li-

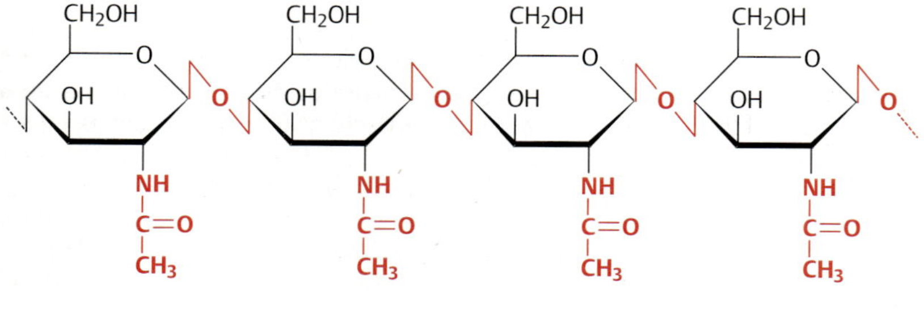

Abb. 3.23 Chitinstruktur. Chitin ist ein Polymer des N-Acetylglucosamins. Es liegt eine 1,4-glykosidische Bindung vor. Beim N-Acetylglucosamin ersetzt eine Acetamidgruppe (farbig unterlegt) die Hydroxylgruppe am C_2 der Glucose.

Tab. 3.6 Einteilung der Proteine nach ihrer biologischen Funktion

Gruppe und Beispiele	Vorkommen oder Funktion
Enzyme	
Cytochrom c	überträgt Elektronen
Ribonuclease	hydrolysiert RNA
Trypsin	hydrolysiert einige Peptide
Regulatorproteine	
Calmodulin	intrazellulärer calciumbindender Modulator
Tropomyosin	Kontraktionsregulator im Muskel
Troponin C	calciumbindender Kontraktionsregulator im Muskel
Reserveproteine	
Casein	Milchprotein
Ferritin	Eisenspeicher in der Milz
Ovalbumin	Eiweißprotein
Transportproteine	
Hämocyanin	transportiert O_2 im Blut einiger Evertebraten
Hämoglobin	transportiert O_2 im Blut der Vertebraten
Myoglobin	transportiert und speichert O_2 im Muskel
Serumalbumin	transportiert Fettsäuren im Blut
kontraktile Proteine	
Actin	bewegliches Filament in den Myofibrillen
Dynein	Cilien und Flagellen
Myosin	festes Filament in den Myofibrillen
Schutzproteine im Blut von Vertebraten	
Antikörper	bilden Komplexe mit fremden Proteinen
Fibrinogen	Vorstufe des Fibrins bei der Blutgerinnung
Thrombin	Komponente des Gerinnungsmechanismus
Toxine	
Bungarotoxin	Wirkstoff im Gift der Kobra, der die Rezeptoren der Neurotransmitter blockiert
Clostridium-botulinum-Toxin	hemmt die Freisetzung von Neurotransmittern
Hormone	
adrenocorticotropes Hormon	reguliert die Corticosteroidsynthese
Insulin	reguliert den Glucosestoffwechsel
Wachstumshormon	stimuliert das Knochenwachstum
Strukturproteine	
α-Keratin	Haut, Federn, Nägel, Hufe
Elastin	elastisches Bindegewebe (Bänder)
Fibroin	Seide der Kokons, Spinnennetze
Glykoproteine	Zellhüllen und -wände
Kollagen	fibrilläres Bindegewebe (Sehnen, Knochen, Knorpel)
Sklerotin	Exoskelett der Insekten

Nach Lehninger, 1987

neare Aminosäure-Sequenz eines Polypeptids wird als seine **Primärstruktur** bezeichnet. Da sich die Aminosäuren nur in ihren Seitengruppen unterscheiden, definieren diese Gruppen die Primärstruktur eines Proteins (Tab. 3.7). Ein Proteinmolekül kann aus einer, zwei oder mehreren Polypeptidketten bestehen, die entweder kovalent verbunden sind oder die durch viele schwache, nicht kovalente Wechselwirkungen zusammengehalten werden.

Die Aminosäuresequenzen der Polypeptide (d.h. ihre Primärstruktur) ist im genetischen Material der Organismen kodiert. Die Erbinformation einer Zelle wird in Proteinmoleküle übersetzt. Die **Aminosäuresequenz** der bei der Proteinsynthese gebildeten Polypeptidketten ist somit ein Ausdruck der genetischen Information und bestimmt die Eigenschaften der Proteinmoleküle. Die ca. 20 verschiedenen Aminosäuren ermöglichen eine astronomisch hohe Zahl möglicher Aminosäurese-

A Allgemeine Aminosäurestruktur

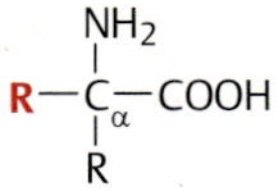

$$R - \underset{R}{\underset{|}{\overset{NH_2}{\overset{|}{C_\alpha}}}} - COOH$$

B Struktur eines Tripeptids

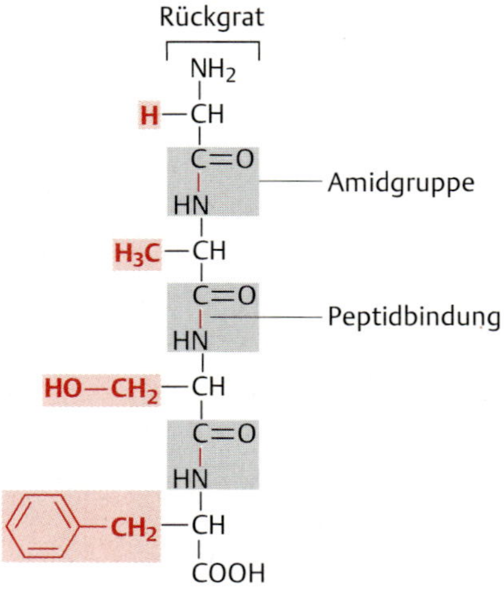

Rückgrat — NH$_2$ — CH — C=O — HN — CH — C=O — HN — CH — C=O — HN — CH — COOH

Seitenketten (von oben): H, H$_3$C, HO—CH$_2$, CH$_2$–(Phenylring)

Amidgruppe
Peptidbindung

Abb. 3.24 Aminosäuren sind in Proteinen über Peptidbindungen verknüpft. Bei der Primärstruktur der Proteine handelt es sich um eine lineare Sequenz von α-Aminosäuren, die über Peptidbindungen miteinander verknüpft sind. **A** Alle in Proteinen vorkommenden Aminosäuren haben eine gemeinsame Grundstruktur; jede Aminosäure hat eine charakteristische Seitenkette, die mit R abgekürzt wird (Tab. 3.7). **B** Die Peptidbindungen (rote Striche) haben einen partiellen Doppelbindungscharakter. Aus diesem Grund liegen die Atome der Amidgruppe (grau unterlegt) alle in einer Ebene; die Atombindungen können nicht frei rotieren. Das Polypeptidrückgrat ist bei allen Proteinen identisch, sie unterscheiden sich jedoch in der Sequenz ihrer Seitengruppen.

quenzen. Wie viele unterschiedliche lineare Anordnungen von 20 verschiedenen Aminosäuren sind in einer 20 Aminosäuren langen Polypeptidsequenz möglich, wenn auf die Wiederholung einzelner Bausteine verzichtet und jede Aminosäure in jedem Molekül nur einmal verwendet wird? Die Antwort ist das Produkt aus $20 \cdot 19 \cdot 18 \cdot 17 \cdot 16 \cdot \ldots \cdot 2 \cdot 1$ (d.h. 20!) oder 10^{18}. Diese Zahl erscheint jedoch unbedeutend, wenn man bedenkt, daß die meisten Proteine zwischen 50 und 2000 Aminosäuren enthalten. Ein typisches Protein mit einem Molekulargewicht von ca. 35000 Da (35000 g/mol) enthält ca. 320 Aminosäuren (das durchschnittliche Molekulargewicht der Aminosäuren beträgt 110 g/mol): für ein Protein dieser Größe, das nur aus 12 verschiedenen Aminosäuren aufgebaut ist, übersteigt die Anzahl der möglichen Sequenzen 10^{300}.

Höhere Strukturen

Die Primärstruktur (die lineare Aminosäuresequenz) einer Polypeptidkette bestimmt die dreidimensionale Struktur des Proteins. Diese hängt von Art und Position der Nebengruppen ab, die aus dem Peptidrückgrat herausragen. Zusätzlich zur Primärstruktur gibt es mehrere Ebenen der räumlichen Proteingestaltung, die als Sekundär-, Tertiär- und Quartärstruktur bezeichnet werden. Die **Sekundärstruktur** bezieht sich auf verschiedene Gestaltungsprinzipien der Polypeptidkette in lokalen Abschnitten (α-Helix und β-Faltblatt), während sich die **Tertiärstruktur** auf die Faltung des Gesamtmoleküls bezieht. Die **Quartärstruktur** bezeichnet die durch den Zusammenschluß von zwei oder mehreren Polypeptidketten gebildete Struktur; häufig bilden Proteine Dimere, Trimere und gelegentlich noch größere Aggregate.

Durch die chemischen Eigenschaften der Peptidbindung sind die daran beteiligten Atome in einer planaren Ebene fixiert (Abb. 3.**24B**). Das Rückgrat einer Peptidkette bezieht seine Flexibilität durch die freie Drehbarkeit der Bindungen um das C_α-Atom. Linus Pauling und Robert Corey fanden 1953 mit Hilfe präziser Molekülmodelle heraus, daß eine wie in Abb. 3.**25** gezeichnete Helix die einfachste stabile Sekundärstruktur einer Polypeptidkette ist. Bei dieser sogenannten **α-Helix** mit 3,6 Aminosäureresten pro Windung liegt die Ebene jeder Amidgruppe parallel zur Hauptachse der Helix. Die Nebengruppen der Aminosäurereste ragen aus dem helicalen Rückgrat heraus und können mit anderen Nebengruppen oder Molekülen wechselwirken. Die Stabilität der α-Helix wird durch Wasserstoffbrückenbindungen zwischen dem Sauerstoff und dem Wasserstoff der Amidgruppe – der jeweils vierten Aminosäure davor – beträchtlich erhöht. Peptidketten nehmen spontan die Konformation einer α-Helix ein, wenn die Natur der Seitengruppen dies nicht verhindert. Die Seitengruppe der Aminosäure Prolin ist ein starrer Ring, der das α-Stickstoffatom einschließt (Tab. 3.7). Folglich kann die C_α-N-Bindung in Prolin (und Hydroxyprolin) nicht rotieren. Als Ergebnis davon wird eine α-Helix immer unterbrochen, wenn Prolin (oder Hydroxyprolin) in der Aminosäuresequenz auftritt; das Peptidrückgrat knickt dann ab.

Ein anderer wichtiger Sekundärstruktur-Typ ist das **β-Faltblatt** (Abb. 3.**26**). Dieses besteht aus mehreren nebeneinander angeordneten β-Strängen, die aus jeweils 5 bis 8 Aminosäuren aufgebaut sind. Zahlreiche Wasserstoffbrücken zwischen den Carbonyl-Sauerstoffatomen und den Wasserstoffatomen der Amidgruppe aus den nebeneinanderliegenden β-Strängen halten das Faltblatt zusammen. Aus der planaren Anordnung der Peptidbindungen ergibt sich eine gewellte Struktur, die dem Faltblatt den Namen gab. Die Seitengruppen der

Tab. 3.7 Seitenketten der 20 wichtigsten α-Aminosäuren

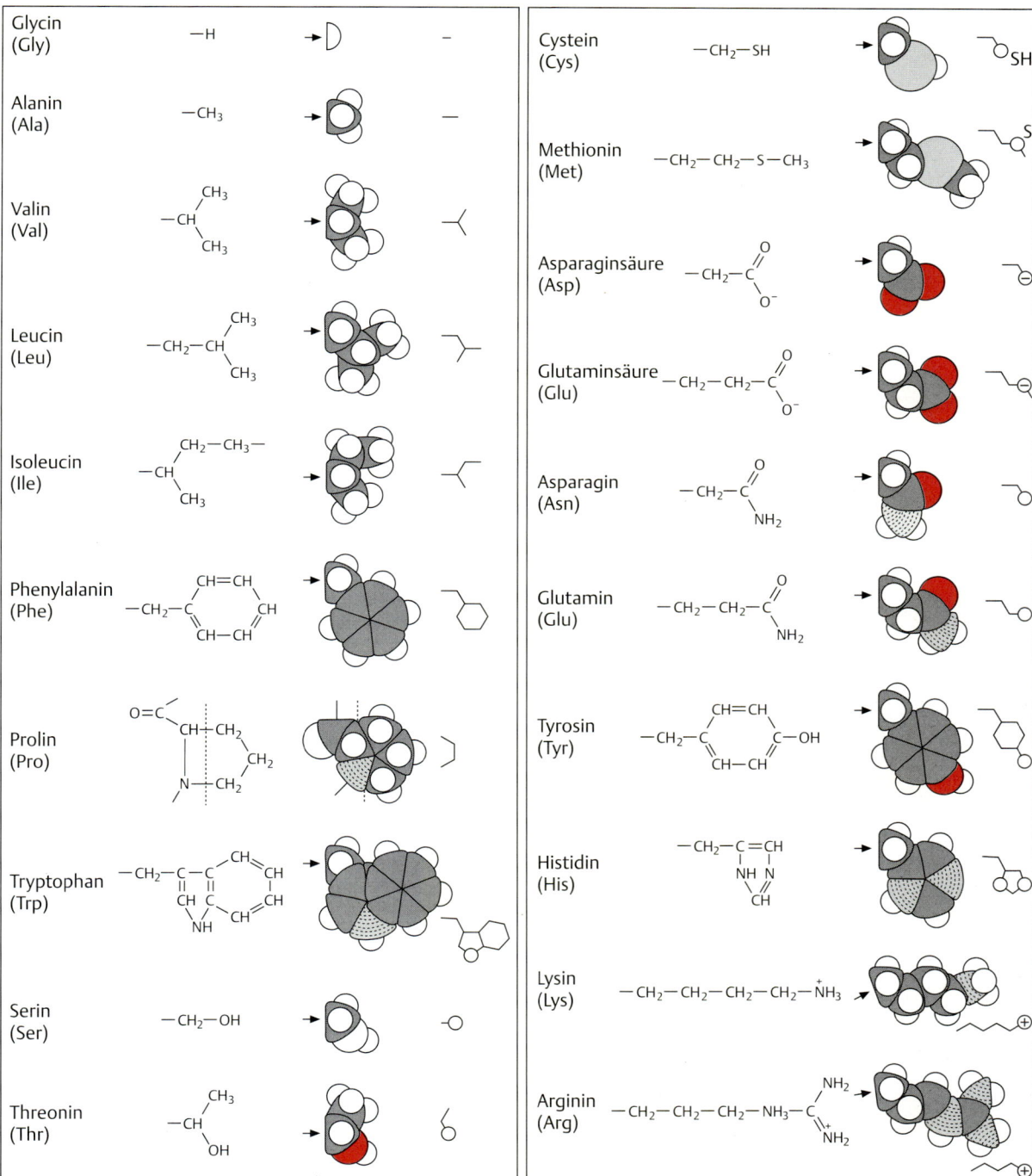

Nach Haggis u. Mitarb., 1965

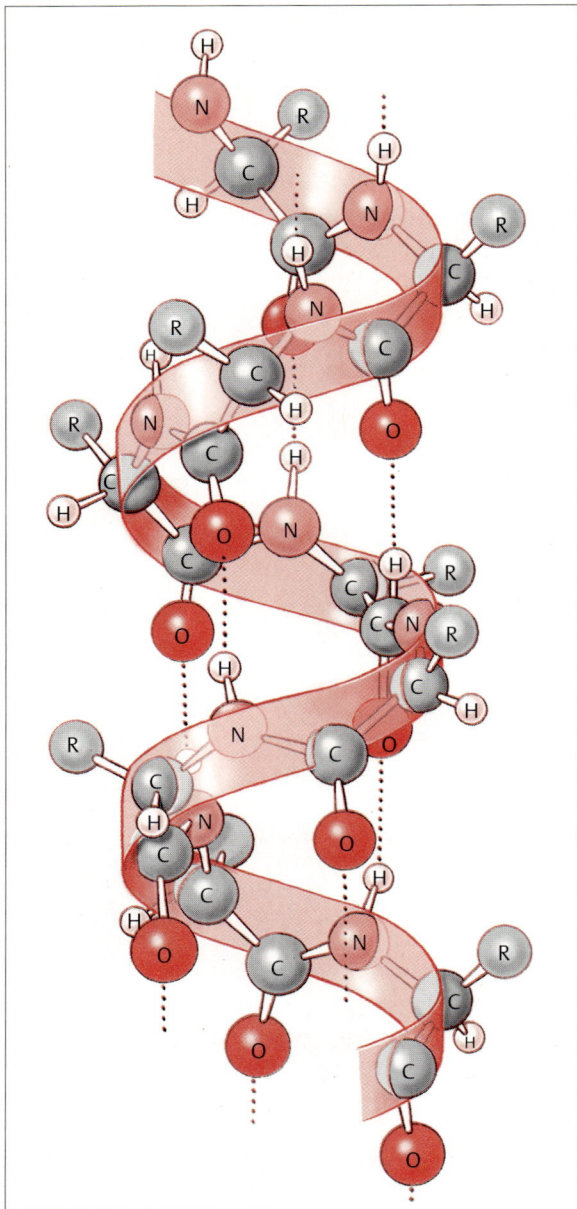

Abb. 3.25 Raumstruktur der α-Helix. Diese sehr stabile Sekundärstruktur ist ein häufiges Strukturelement der Proteine. Die helikale Anordnung – sie enthält 3,6 Aminosäuren pro Windung – wird über Wasserstoffbrückenbindungen (schwarze Punkte) zwischen den Sauerstoffatomen der Carbonylgruppen und den Wasserstoffatomen der Hydrogenamidgruppen von Aminosäuren stabilisiert, die im Rückgrat jeweils vier Positionen voneinander entfernt liegen. Die Seitengruppen (R) erstrecken sich von der Längsachse des Rückgrats nach außen.

Aminosäurereste ragen oberhalb und unterhalb der Blattebene heraus.

Lange Peptidketten mit der Konformation einer ununterbrochenen α-Helix sind charakteristisch für fibrilläre Proteine, wie z.B. die **α-Keratine,** die das Material der Haare, Fingernägel, Klauen, Wolle, Hörner und Federn darstellen. **β-Keratine** bilden unter den fibrillären Proteinen eine Ausnahme, da sie aus mehreren β-Faltblatt-Lagen und nicht aus α-Helices bestehen. β-Keratine sind der Hauptbestandteil der Spinnennetze und der von Raupen produzierten Seide. Globuläre Proteine besitzen häufig eine mehr oder weniger unregelmäßige Gestalt, auch wenn sie Sekundärstrukturanteile aufweisen können.

Die Abschnitte einer Polypeptidkette, die eine lange α-Helix aufweisen, nehmen oft eine langgestreckte Tertiärstruktur an, während Abschnitte, die keine α-Helices besitzen, eine kugelförmige, globuläre Tertiärstruktur besitzen. Neben den Wasserstoffbrücken stabilisieren zwei weitere nicht kovalente Interaktionen die Tertiärstruktur, die **Coulomb-Kräfte** (elektrostatische Interaktionen zwischen geladenen Nebengruppen) und die **van-der-Waals-Kräfte** (Interaktionen hydrophober Nebengruppen). Ein weiterer wichtiger Faktor für die Konformation von Proteinen ist die Sulfhydryl (SH)-Nebengruppe der Aminosäure Cystein. Diese spielt bei der kovalenten Kreuzvernetzung von Proteinstrukturen (beim Verbinden von zwei getrennten Peptidketten oder bei der Stabilisierung der Konformation einer Kette) eine wichtige Rolle. Zwei Cysteinreste können durch eine Disulfidbindung (S—S) miteinander kovalent verbunden werden (Abb. 3.**27**). Die Sulfhydrylgruppe ist äußerst reaktionsfähig, so daß es nicht verwunderlich ist, daß sich Cysteinreste häufig in den aktiven Zentren der Enzyme befinden. Die Toxizität des Quecksilbers und anderer Schwermetalle beruht zum Teil auf ihrer Wechselwirkung mit dem Schwefelatom des Cysteins, wobei dessen H-Atom abgespalten wird. Durch diesen Vorgang werden die aktiven Zentren vieler Enzyme vergiftet (d.h. sie verlieren ihre katalytischen Eigenschaften).

Eine wichtige Eigenart vieler (aber nicht aller) Proteine ist ihre Fähigkeit zur **Selbstfaltung** und **Selbstassemblierung**. Die Aminosäuresequenz der Peptidketten und somit die Abfolge der verschiedenen Aminosäurenebengruppen bestimmt nicht nur deren Sekundär- und Tertiärstruktur, sondern kann auch interaktive Proteinoberflächen zur Ausbildung von Protein-Protein-Wechselwirkungen kreieren. Diese interaktiven Abschnitte ermöglichen die Zusammenlagerung mehrerer Proteinmoleküle zu einem stabilen Quartärkomplex. Die Zusammenlagerung von Untereinheiten kann durch kovalente Disulfidbrücken fixiert werden. Von großer Bedeutung sind hier aber auch die nicht-kovalenten

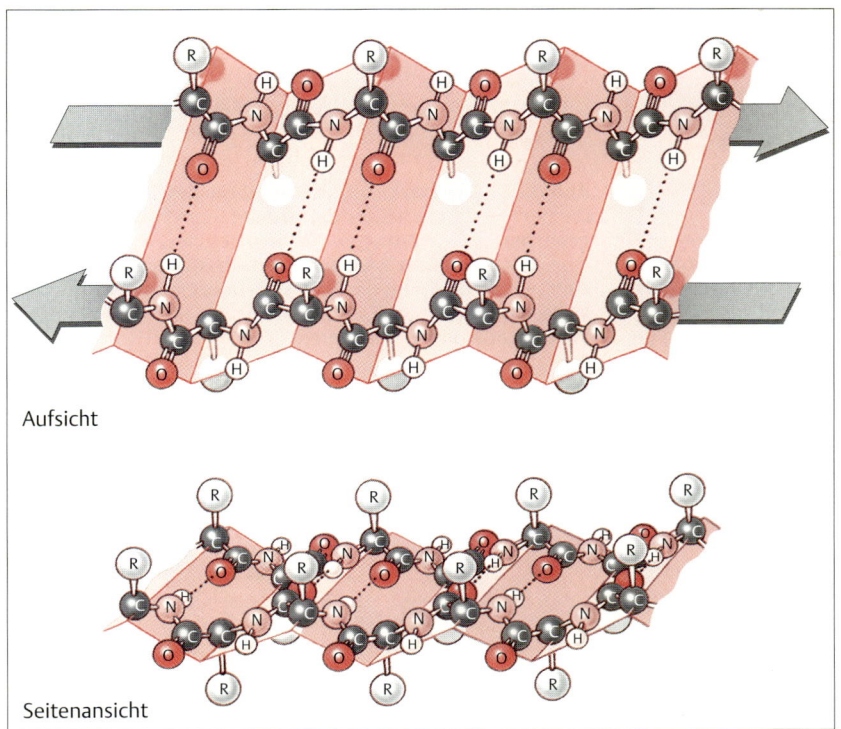

Abb. 3.26 Raumstruktur eines β-Faltblattes. Dieses Strukturmotiv stellt den zweiten wichtigen Sekundärstrukturtyp der Proteine dar. Das β-Faltblatt findet sich in Seidenfasern und einigen fibrinösen Proteinen. Es besteht aus nebeneinander angeordneten β-Strängen. Wasserstoffbrücken (schwarze Punkte) zwischen den Carbonylsauerstoffatomen und Wasserstoffatomen der Hydrogenamidgruppen antiparallel angeordneter Ketten halten das Faltblatt zusammen. Die Seitengruppen (R) ragen oberhalb und unterhalb der Blattebene heraus (nach Lodish u. Mitarb., 1995).

Aufsicht

Seitenansicht

Abb. 3.27 Bildung einer Disulfidbrücke. Eine Disulfidbrücke kann zur Tertiärstruktur eines Proteins beitragen, indem sie die Cysteinreste verschiedener Abschnitte der gleichen Polypeptidkette miteinander verbindet. Disulfidbrücken können sich aber auch zwischen Cysteinresten verschiedener Polypeptidketten bilden und damit zur Quartärstruktur eines multimeren Proteins beitragen.

Wechselwirkungen zwischen den Proteinoberflächen, z.B. elektrostatische Anziehungskräfte zwischen negativ und positiv geladenen Gruppen oder hydrophobe Wechselwirkungen zwischen unpolaren Nebengruppen der Untereinheiten. Letzteres führt unter Ausschluß von Wassermolekülen zur sehr engen Aneinanderlagerung der auch räumlich komplementären Proteinoberflächen. Viele Proteine, z.B. der respiratorische Blutfarbstoff Hämoglobin, bestehen aus mehreren Polypeptidketten, die über nicht kovalente Bindungen zusammengehalten werden. (Die assoziierten und dissoziierten Untereinheiten des Hämoglobins sind in Abb. 13.2 A dargestellt.) Bei einigen Proteinen werden die Untereinheiten über Wechselwirkungen zwischen β-Faltblättern zusammengehalten. Die drei Untereinheiten des Kollagens, des wichtigsten Bindegewebeproteins, sind miteinander zu einer Superhelix verdrillt (Abb. 3.28). Die Untereinheiten dieser Proteine lagern sich spontan zusammen, wenn man sie in eine Lösung bringt und mischt.

Mit Ausnahme der kovalenten Disulfidbrücken zwischen Cysteinnebengruppen hängt die Sekundär-, Tertiär- und Quartärstruktur der Proteine von Coulomb-Interaktionen, Wasserstoffbrücken und van-der-Waals-Kräften ab. Diese nicht-kovalenten Wechselwirkungen sind vergleichsweise schwach und hitzeempfindlich. Durch starkes Erhitzen wird ein Protein **denaturiert**, d.h. seine Konformation wird entfaltet und geändert. Auf diese Weise werden durch hohe Temperaturen En-

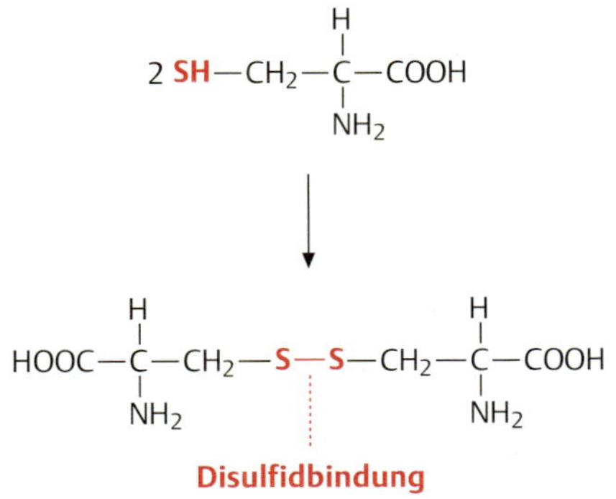

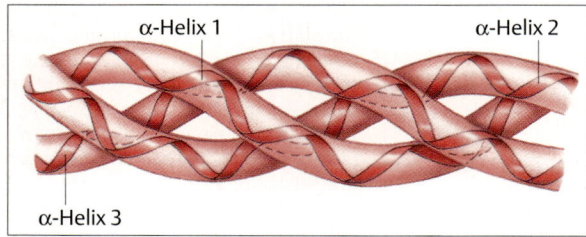

Abb. 3.28 Quartärstruktur des Kollagens. Die Quartärstruktur des Kollagens ist eine „Superhelix", die aus drei Polypeptidketten – jede in α-helikaler Konformation – gebildet wird. Wasserstoffbindungen halten die drei Ketten zusammen (nicht dargestellt).

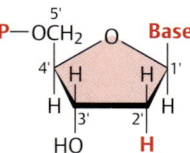

Abb. 3.29 Desoxyribose, ein Baustein des DNA-Rückgrats. Die vier Nucleotide, welche die Nucleinsäuren bilden, haben eine gemeinsame Grundstruktur, die aus einer Purin- oder Pyrimidinbase, einem Pentosezucker und einem Phosphorsäurerest (P_i) besteht. In der DNA liegt die Pentose 2-Desoxyribose vor, die zwei Wasserstoffatome am C_2-Atom hat; in der RNA ist eines dieser Wasserstoffatome (farbig unterlegt) durch eine Hydroxylgruppe ersetzt.

zyme inaktiviert und lebende Zellen dadurch abgetötet.

Nucleinsäuren

Die **Desoxyribonucleinsäure** (DNA) wurde zum ersten Mal von Friedrich Miescher 1869 aus weißen Blutkörperchen und Fischsperma isoliert. In den folgenden Jahrzehnten wurde die chemische Zusammensetzung der DNA aufgeklärt. Mit der Zeit fand man Hinweise, die den Zusammenhang zwischen der DNA und dem Vererbungsmechanismus deutlich machten. Heute ist allgemein bekannt, daß die DNA die stoffliche Grundlage der in den Chromosomen enthaltenen **Gene** ist und daß in der Sequenz ihrer Bausteine eine verschlüsselte Information liegt, die von jeder Zelle an ihre Tochterzellen und von einer Generation von Organismen an die nächstfolgende weitergegeben wird. Die DNA ist das molekulare Äquivalent der Mendel-Gene. Etwas später wurde noch eine zweite Gruppe von Nucleinsäuren, die **Ribonucleinsäure** (RNA), entdeckt. Die RNA ist für die Übersetzung der verschlüsselten Botschaft der DNA in die Sequenz der Aminosäuren während der Proteinsynthese notwendig.

Die Nucleinsäuren sind Polymere aus **Nucleotidmonomeren**, die aus einer **Pyrimidin**- oder **Purinbase**, einem **Pentosezucker** und einem **Phosphorsäurerest** bestehen (Abb. 3.**29**). Die Nucleotide, welche die DNA bilden, enthalten Desoxyribose, während diejenigen, welche die RNA bilden, Ribose enthalten (Abb. 3.**21 A**). Die wichtigsten Nucleotide der Nucleinsäuren enthalten die folgenden Basen: **Adenin**, **Thymin**, **Guanin**, **Cytosin** und **Uracil**. Thymin ist nur in der DNA, Uracil nur in der RNA vorhanden. Die drei anderen Basen sind Bestandteil beider Nucleinsäuren. Stabile Basenpaarungen, sie werden durch Wasserstoffbrücken zusammengehalten, können sich zwischen Adenin und Thymin (A—T), Guanin und Cytosin (G—C), sowie zwischen Adenin und Uracil (A—U) bilden (Abb. 3.**30**). In einer Po-

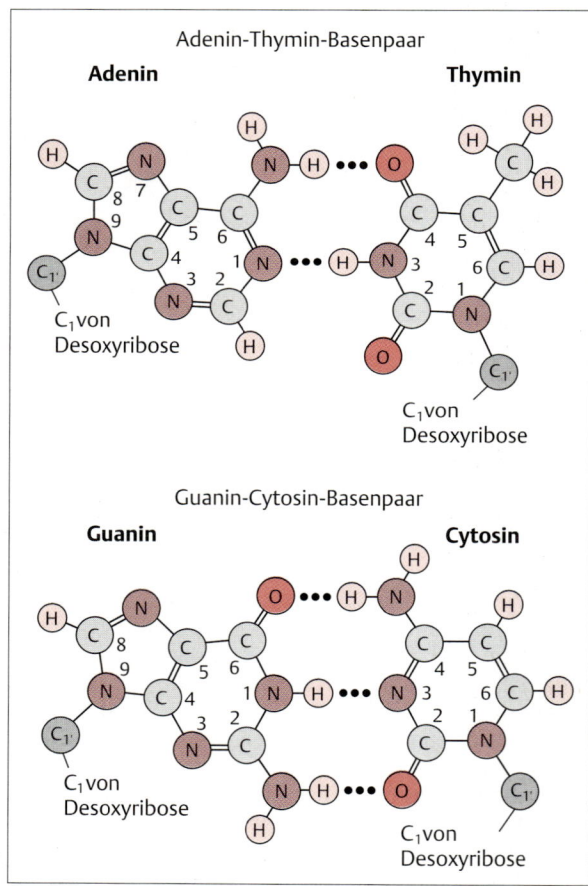

Abb. 3.30 Zwischen komplementären Basen bilden sich Wasserstoffbrücken. Durch Wasserstoffbrücken (schwarze Punkte) zwischen Purin- und Pyrimidinbasen entstehen stabile Basenpaarungen: G—C, A—T (in DNA) und A—U (in RNA). Die Struktur von Uracil (U) entspricht der des Thymins mit der Ausnahme, daß die Methylgruppe (—CH_3) am C_5 durch ein Wasserstoffatom ersetzt ist.

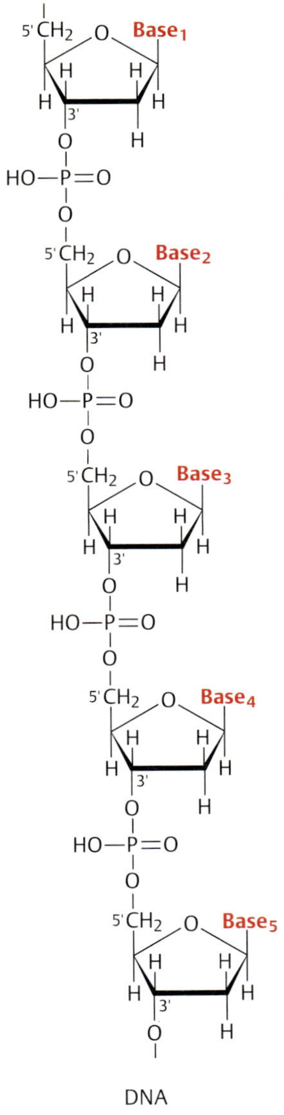

Abb. 3.31 Rückgrat eines DNA-Stranges. Pentosereste sind über Phosphodiesterbrücken miteinander verbunden. Die Basen zeigen vom Rückgrat weg. Die Darstellung zeigt nur einen kleinen Teil eines einzelnen DNA-Stranges (nach Lehninger, 1987).

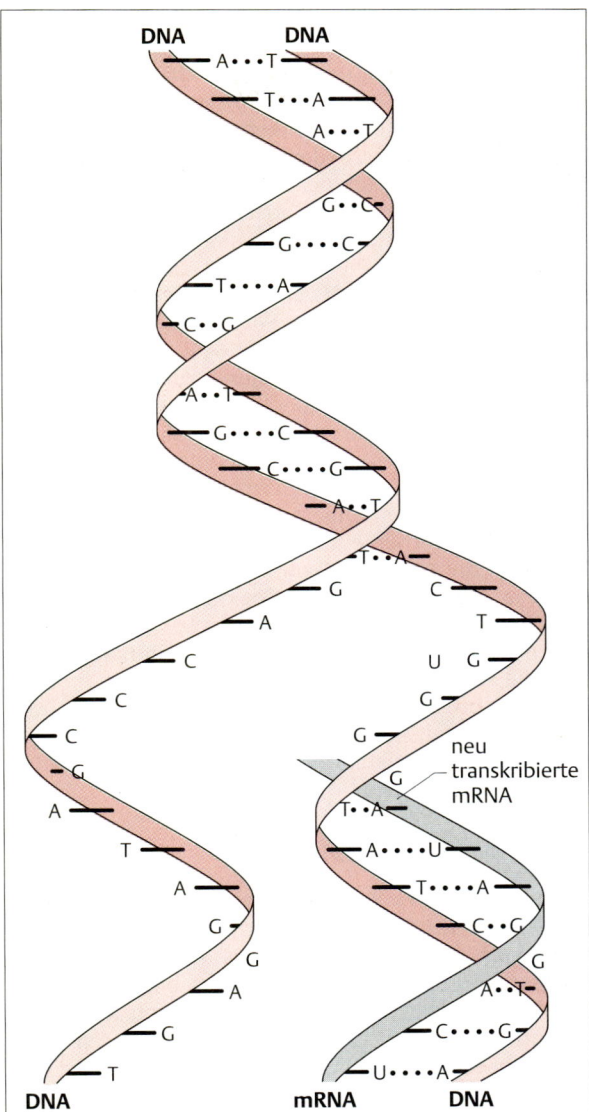

Abb. 3.32 Native DNA besteht aus zwei Strängen, die eine gewundene Doppelhelix bilden. Wasserstoffbrücken (schwarze Punkte) zwischen komplementären Basenpaaren stabilisieren die DNA-Struktur. Die Moleküle entwinden sich während der Transkription; einer der Stränge dient dann als Matrize für die Synthese der zur DNA komplementären mRNA.

lynucleotidkette verbinden Phosphodiesterbindungen den 3'-Kohlenstoff eines Pentoserings mit dem 5'-Kohlenstoff der nächsten Pentose (Abb. 3.31). Die Purin- und Pyrimidinbasen sind nicht Bestandteil des Polynucleotidrückgrats, sondern ragen aus diesem heraus.

Native DNA besteht aus zwei Ketten (oder Strängen), deren Basensequenz komplementär ist, d.h. einem Adenin der einen Kette steht Thymin in der anderen gegenüber. Jeder DNA-Doppelstrang ist wie eine Wendeltreppe zur bekannten DNA-Doppelhelix verwunden, wobei sich die über Wasserstoffbrücken gepaarten Basen in der Mittelachse des Moleküls gegenüberliegen (Abb. 3.32). Eine Basenpaarung findet nur zwischen Adenin und Thymin bzw. Cytosin und Guanin statt. Andere Basenpaarungen sind durch die molekulare Struktur der Bausteine ausgeschlossen. Bei der Replikation der DNA trennen sich die beiden Stränge voneinander; jeder DNA-Strang wird nach der Trennung von seinem

Partner als Matrize für die Bildung eines komplementären Tochterstranges benutzt.

Die genetische Information eines Organismus ist in der Basensequenz seiner Nucleinsäuren verschlüsselt. Bei der **Transkription** im Zellkern dient die DNA als Matrize für die Synthese der **messenger RNA** (mRNA; Abb. 3.32, unten). Nach der Bildung einer komplementären mRNA auf der DNA-Matrize verläßt der neugebildete mRNA-Strang, der die Information für die Aminosäuresequenz einer Polypeptidkette enthält, den Zellkern, um im Cytoplasma von den **Ribosomen** „abgelesen" zu werden. Bei diesem Vorgang, der **Translation**, kodiert eine Sequenz von drei mRNA-Basen jeweils eine bestimmte Aminosäure. So kodieren zum Beispiel GGU, GGC, GGA und GGG alle die Aminosäure Glycin; GCU, GCC, GCA und GCG kodieren die Aminosäure Alanin. Der genetische Kode besteht also aus einem Alphabet von vier Buchstaben (A, G, C, U), die jeweils zu Worten aus drei Buchstaben kombiniert werden.

Wie in den vorhergehenden Abschnitten besprochen, bestimmt die Primärstruktur (die lineare Aminosäuresequenz) eines Polypeptids seine dreidimensionale Gestalt. Bereits während seiner Bildung faltet sich das naszierende Polypeptid, um die für seine Funktion erforderliche Struktur einzunehmen.

Die wichtigsten Schritte der Proteinsynthese sowie die Bildung von Aminosäuren sind ausführlich in den Lehrbüchern dargestellt, die am Ende dieses Kapitels aufgeführt sind.

Energetik lebender Zellen

Die biochemischen Reaktionen tierischer Zellen ähneln in vieler Hinsicht chemischen Maschinen. Wie bei allen Maschinen wird auch hier jedes Ereignis, auch das kleinste, von einem Energieaustausch begleitet. Damit eine Maschine oder eine Zelle arbeiten kann, muß Energie von einem Ort des Systems zu einem anderen transportiert werden, wobei zumindest ein Teil dieser Energie in eine andere Form umgewandelt wird. Dies gilt auch dann, wenn die Teile des Systems so klein sind wie miteinander reagierende Moleküle.

Tiere nehmen organische Nährstoffmoleküle auf. Diese werden durch die Verdauungs- und Stoffwechselvorgänge gespalten, wobei die in den Molekülen gespeicherte Energie freigesetzt und für den Organismus verfügbar gemacht wird. Außer für so offensichtliche Tätigkeiten wie Muskelkontraktion, Cilienbewegung und den aktiven Transport von Molekülen durch Membranen wird chemische Energie für die Synthese komplexer biologischer Moleküle aus einfachen chemischen Bausteinen und für die spätere Organisation dieser Moleküle zu Organellen, Zellen, Geweben, Organsystemen und vollständigen Organismen benötigt. Zur Aufrechterhaltung ihres Betriebsstoffwechsels müssen lebende Organismen ständig Brennstoffe aufnehmen und deren Energie verbrauchen, um ihre Funktion und Struktur instand zu halten. Wenn weniger Energie aufgenommen wird, als zur Instandhaltung notwendig ist, greift der Organismus auf seine Energiereserven zurück. Wenn auch diese aufgebraucht sind, kann er sich weder gegen die Tendenz zur Desorganisation wehren, noch die energieabhängigen Lebenserhaltungsfunktionen weiter aufrechterhalten. Die Folge ist der Tod.

Man faßt alle Vorgänge eines Organismus, die mit einem Material- oder Energieaustausch verbunden sind, unter dem Begriff **Stoffwechsel** oder **Metabolismus** zusammen. Auf intrazellulärer Ebene erfolgen diese Transaktionen über komplizierte Reaktionsfolgen, die sogenannten **Stoffwechselwege**, die in einer einzigen Zelle Tausende von verschiedenen Reaktionen umfassen können. Diese Reaktionen laufen nicht wahllos, sondern in wohlgeordneten Folgen ab, die von einer Reihe genetischer und chemischer Kontrollmechanismen gesteuert werden. Lebende Systeme unterscheiden sich von toten zum einen durch die Organisation der Atome und Moleküle zu hochspezifischen Strukturen, zum anderen durch den Zellstoffwechsel.

Die Prozesse des tierischen Zellstoffwechsels haben zwei verschiedene Ziele:
1. Die Gewinnung chemischer Energie aus Nahrungsmolekülen und ihre Bereitstellung für wichtige Lebensfunktionen;
2. die chemische Umwandlung und Neuorganisation von Nahrungsmolekülen in kleinere Vorstufen zur Synthese anderer Biomoleküle.

Zur ersten Kategorie gehört die Verdauung (Abbau) der Nahrungsproteine zu Aminosäuren. Die Aminosäuren werden in den Zellen zu CO_2 und H_2O oxidiert, wobei die in ihnen enthaltene chemische Energie freigesetzt wird. Ein Beispiel für die zweite Kategorie ist die Proteinsynthese aus Aminosäuren nach dem Muster der in der Zelle enthaltenen genetischen Informationen. Uns interessieren hier mehr die thermodynamischen und chemischen Prinzipien, die der Übertragung und Ausnutzung der chemischen Energie in der Zelle zugrundeliegen und weniger die biochemischen Einzelheiten des Zellstoffwechsels. Wir werden daher in den nächsten Abschnitten die Mechanismen der Energiegewinnung aus den Nahrungsmolekülen und die Art, wie diese Energie den energieabhängigen Prozessen zugänglich gemacht wird, näher betrachten.

Energie – Begriffe und Definitionen

Energie kann definiert werden als die Fähigkeit, Arbeit zu verrichten. Arbeit wiederum ist definiert als das Produkt aus Kraft und Weg ($A = K \cdot s$); wenn z.B. eine Masse von einem kg um einen Meter hochgehoben wird, beträgt die Kraft 10 N und die geleistete mechanische Arbeit 10 N · m. Die zur Durchführung dieser Arbeit aufgewandte Energie (ohne die Energie, die zur Überwindung der Reibung oder zur Erzeugung von Wärme verwendet wurde) beträgt ebenfalls 10 N · m. Ist die 1 kg schwere Masse um einen Meter hochgehoben, besitzt sie durch ihre Lage eine **potentielle Energie** von 10 N · m, die in **kinetische Energie** (Bewegungsenergie) umgewandelt wird, wenn man die Masse fallen läßt. Es gibt also verschiedene Energieformen. Diese schließen ein

1. die mechanische potentielle Energie (z.B. die einer gespannten Feder oder einer hochgehobenen Masse),
2. die chemische potentielle Energie (z.B. in Form von Benzin oder Glucose),
3. die mechanische Bewegungsenergie, d.h. kinetische Energie (z.B. die einer herabfallenden Masse),
4. die thermische Energie (Wärmeenergie; d.h. die kinetische Energie auf molekularer Ebene),
5. elektrische Energie und die Strahlungsenergie.

Tab. 3.8 zeigt die Symbole und Einheiten, die bei der Messung der verschiedenen Arbeitsformen verwendet werden. Wir werden uns in diesem Kapitel in erster Linie mit der in der Struktur der Moleküle gespeicherten potentiellen Energie – der chemischen Energie – befassen. Bevor wir die Energiebeziehungen behandeln, die an den biochemischen Reaktionen des Zellstoffwechsels beteiligt sind, ist es sinnvoll, das erste und zweite Gesetz der Thermodynamik zu betrachten.

Gesetze der Thermodynamik

Das **erste Gesetz der Thermodynamik** besagt, daß im Universum Energie weder erzeugt noch vernichtet werden kann. Wenn man also Holz oder Kohle verbrennt, um eine Dampfmaschine zu betreiben, wird keine neue Energie erzeugt, sondern lediglich Energie in eine andere Form überführt. In unserem Beispiel wird chemische Energie in thermische, thermische Energie in mechanische und diese wiederum in Arbeit umgewandelt.

Das **zweite Gesetz der Thermodynamik** besagt, daß die gesamte Energie des Universums unvermeidlich zu Wärme umgewandelt und die Ordnung der Materie einen völlig vom Zufall bestimmten Zustand einnehmen wird. Etwas präziser ausgedrückt besagt das zweite Gesetz: Die **Entropie** (das Maß für den Grad der Unordnung) eines geschlossenen Systems wird immer mehr zunehmen und die für die Leistung von Arbeit nutzbare Energiemenge abnehmen. Der Begriff der Entropie bezieht sich also auf den Grad der Ordnung in einem System. Ein geordnetes (nicht zufälliges) System enthält Energie in Form seiner Ordnung, denn wenn es in Unordnung gerät (d.h. die Entropie erhöht wird), kann das System Arbeit leisten. Diese Tatsache wird in Abb. 3.**33 A** veranschaulicht. Sie zeigt Gasmoleküle in thermischer Bewegung in einem hypothetischen System aus zwei miteinander in Verbindung stehenden Kammern. Zu Beginn ist fast das gesamte Gas in Kammer I, und es besteht ein Maß an Ordnung in diesem System. Wären die Gasmoleküle am Anfang in beiden Kammern gleichmäßig verteilt, wäre die Wahrscheinlichkeit sehr gering, daß diese Verteilung aus eigenem Antrieb zustande kommen könnte. Nur durch die Aufwendung von Energie (z.B. durch die Arbeit von Pumpen, die das Gas von einer Kammer in die andere transportieren) kann man alle Gasmoleküle in eine Kammer bringen. Kann das Gas aus Kammer I in Kammer II entweichen, erhöht sich die Entropie des Systems (d.h. die Ordnung des Systems nimmt ab). Die Bewegung der Moleküle von Kammer I in Kammer II stellt eine Form nutzbarer Energie dar, die durch eine geeignete, in der Nähe der Öffnung zwischen den beiden Kammern angebrachte Maschine in Arbeit umgewandelt werden könnte. Ist die Ordnung des Systems völlig aufgehoben und befinden sich in beiden Kammern gleich viele Gasmoleküle (d.h. die Entropie hat ihren größtmöglichen Wert erreicht), kann das System keine weitere Arbeit mehr leisten, obgleich die Gasmoleküle sich stets in thermischer Bewegung befinden (Abb. 3.**33 B**).

Wenn sich ein Individuum von der befruchteten Eizelle zum erwachsenen Organismus entwickelt, nimmt seine Ordnung zu. Auf den ersten Blick scheint die Existenz lebender Systeme dem zweiten Gesetz der Ther-

Tab. 3.8 Verschiedene Arten der Arbeit

Art der Arbeit	bewegende Kraft	veränderte Größe
Expansionsarbeit	p (Druck)	Volumen
mechanische Arbeit	F (Kraft)	Strecke
elektrische Arbeit	U (elektrisches Potential)	elektrische Ladung
Oberflächenarbeit	Γ (Oberflächenspannung)	Oberfläche
chemische Arbeit	μ (chemisches Potential)	Molanzahl

Nach Dowben, 1971

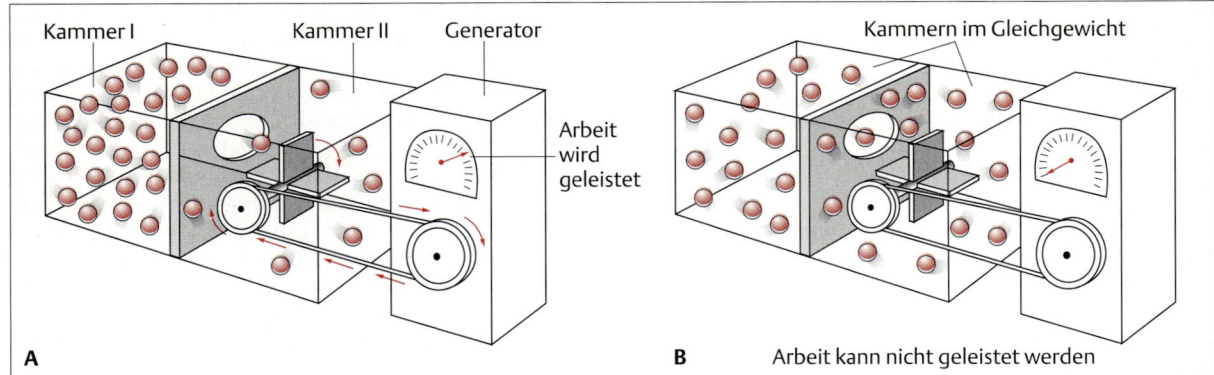

Abb. 3.33 Mechanisches Analogiemodell von niederen und hohen Entropiezuständen. A Eine geordnete Situation stellt ein hohes Energieniveau dar: Fast alle Gasmoleküle befinden sich in Kammer I. Wenn ihnen die Möglichkeit zur Diffusion geboten wird, treten die Moleküle in Kammer II ein, erhöhen dabei die Entropie und vermindern so die freie Energie des Systems, bis ein Gleichgewicht erreicht ist. **B** Beim Wechsel von einem niedrigen Entropiezustand zu einem mit hoher Entropie wird freie Energie freigesetzt, die in diesem Modell zum Antrieb des Propellerrads genutzt wird. Das Arbeitsvermögen ist gleich Null, wenn das Gleichgewicht erreicht wird (nach Baker u. Allen, 1965).

modynamik zu widersprechen. Man darf jedoch nicht vergessen, daß das zweite Gesetz für geschlossene Systeme (wie das Universum) gilt, Lebewesen aber keine geschlossenen Systeme darstellen. Lebewesen halten ihre Entropie auf Kosten der aus ihrer Umgebung gewonnenen Energie niedrig. Ein Nashorn, das so viel Gras frißt, verdaut und metabolisiert, wie es benötigt, um sein Gewicht konstant zu halten, erhöht die Entropie der Materie, die es als Nahrung aufnimmt und verdaut. Die im Gras enthaltenen hochgeordneten Kohlenhydrat-, Protein- und Fettmoleküle werden vom Tier in CO_2, H_2O und kleinere Stickstoffverbindungen umgewandelt, wobei die in der Ordnung der größeren Moleküle enthaltene Energie verbraucht wird (Abb. 3.**34**). Die Kohlenstoff-, Wasserstoff- und Sauerstoffatome der Zellulose liegen in weitaus geordneterer Form vor als diejenigen im CO_2 und im Wasser; die metabolische Spaltung der Zellulose bedeutet daher eine Entropieerhöhung. Die Zellen des Nashorns verwerten einen Teil der ursprünglich in der molekularen Ordnung der Nahrungsmoleküle enthaltenen chemischen Energie für die Aufrechterhaltung ihrer eigenen Ordnung. Somit besteht kein Widerspruch zwischen dem Leben und dem zweiten Gesetz der Thermodynamik. Die Synthese komplexer körpereigener Moleküle vermindert die Entropie des Individuums und erfolgt zu Lasten der Entropiezunahme, die durch den Abbau von Nahrungsmolekülen erfolgt, die von Pflanzen mit Hilfe der Sonnenenergie erzeugt wurden. Schließlich stirbt das Nashorn, und sein Körper verwest oder wird von anderen Tieren gefressen – seine Entropie nimmt zu.

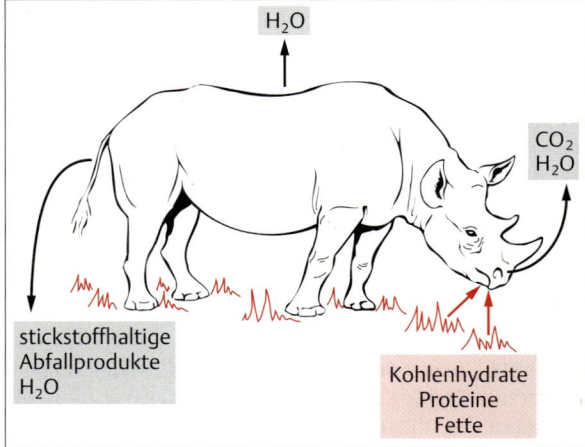

Abb. 3.34 Lebewesen erhalten ihre Entropie auf Kosten der Umgebung. Die Entropie aufgenommener Nahrungsmoleküle (rot unterlegt) wird bei der Verdauung und der Verstoffwechselung durch ein Tier erhöht, da die Substanzen in kleinere Moleküle (grau unterlegt) mit niedrigerem Gehalt an freier Energie gespalten und ausgeschieden werden. Die dabei freigesetzte Energie wird von den Zellen zum Betreiben energieverbrauchender Reaktionen eingesetzt.

Freie Energie

Lebende Systeme müssen unter relativ gleichbleibenden Temperaturen und Drücken funktionieren, denn zwischen den verschiedenen Teilen eines Organismus können nur geringfügige Temperatur- und Druckgefälle bestehen. Biologische Systeme können daher nur diejenigen Komponenten der gesamten Energie benützen, die unter isothermen Bedingungen fähig sind, Arbeit zu leisten. Diese Komponente wird **freie Energie** oder **Gibbs-freie-Enthalpie** genannt und mit dem Buchstaben G bezeichnet. Die Gleichung

$$\Delta G = \Delta H - T \cdot \Delta S \qquad (3.7)$$

zeigt, daß jede Änderung der freien Energie mit einer Änderung der Wärme und der Entropie verbunden ist. ΔH steht für die von der Reaktion erzeugte oder verbrauchte Wärme (auch **Enthalpie** genannt); T ist die absolute Temperatur und S die Entropie (Einheit: cal · mol · K^{-1}). Aus dieser Gleichung ist zu erkennen, daß bei einer chemischen Reaktion, die keine Temperaturänderung verursacht ($\Delta H = 0$), die freie Energie abnimmt (d.h. ΔG ist negativ), wenn die Entropie erhöht wird (d.h. ΔS ist positiv) und umgekehrt. Da der Energiefluß in Richtung der erhöhten Entropie stattfindet (zweites Gesetz der Thermodynamik), laufen chemische Reaktionen dann spontan ab, wenn sie die Entropie erhöhen (und folglich die freie Energie verringern). Mit anderen Worten: die Verminderung der freien Energie bildet die Antriebskraft für chemische Reaktionen.

Der unvermeidliche Trend zur höheren Entropie und die damit einhergehende unausweichliche Umwandlung der nutzbaren chemischen Energie in nutzlose thermische Energie verlangt, daß lebende Systeme von Zeit zu Zeit neue Energie aufnehmen müssen, um ihren strukturellen und funktionellen Status quo aufrechtzuerhalten. In der Tat ist die Fähigkeit, nutzbare Energie aus der Umgebung zu gewinnen, eines der bemerkenswertesten Merkmale, welche die lebenden Systeme von der unbelebten Materie unterscheiden.

Mit Ausnahme der chemotrophen Bakterien, die durch die Oxidation anorganischer Verbindungen Energie gewinnen und denjenigen Tieren, die diese Organismen als Nahrungsquelle nutzen, hängt jegliches Leben auf der Erde von der Strahlungsenergie der Sonne ab. Diese elektromagnetische Energie (einschließlich des sichtbaren Lichtes) hat ihren Ursprung in der solaren Kernverschmelzung, der Umwandlung von Masse bzw. der Energie atomarer Strukturen in Strahlungsenergie. Bei diesem Vorgang werden vier Wasserstoffatomkerne zu einem Heliumatomkern verschmolzen, wobei eine große Menge Strahlungsenergie freigesetzt wird. Ein sehr kleiner Bruchteil dieser Strahlungsenergie erreicht unseren Planeten, die Erde, und wiederum nur ein kleiner Teil davon wird von den Chlorophyllmolekülen der grünen Pflanzen und Algen absorbiert. Die durch die Chlorophyllmoleküle eingefangene Energie wird zur Synthese von Glucose aus CO_2 und H_2O genutzt. Die in der Struktur der Glucose gespeicherte chemische Energie kann durch die Zellatmungsprozesse kontrolliert freigesetzt werden.

Alle Tiere sind zur Deckung ihres Energiebedarfs letztendlich auf die photosynthetischen Prozesse angewiesen; sie benutzen dazu die in den grünen Pflanzen erzeugten organischen Verbindungen wie Kohlenhydrate, Fette und Proteine als Energiequellen. Pflanzenfresser (Herbivore, z.B. Heuschrecken und Rinder) beschaffen sich diese energiereichen Verbindungen durch den direkten Verzehr von Pflanzen, während Raubtiere (Carnivore, z.B. Spinnen und Katzen) und Aasfresser (z.B. Hummer und Geier) diese Verbindungen aus zweiter, dritter oder vierter Hand erhalten. Die Übertragung der chemischen Energie zwischen den verschiedenen trophischen Ebenen der Lebewesen ist in Abb. 3.35 dargestellt.

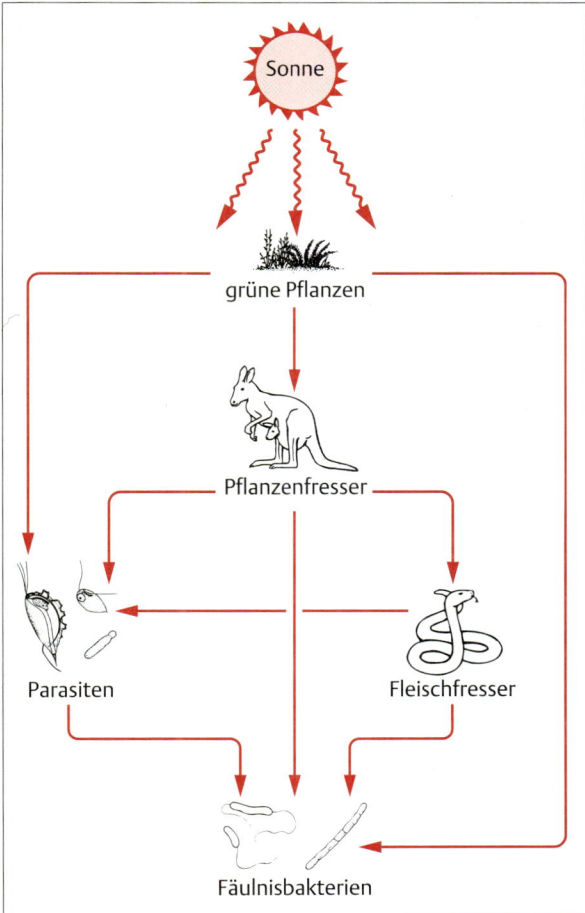

Abb. 3.35 Energiestufen und Energiefluß in Nahrungsketten. Die Pfeile geben die Fließrichtung der Energie an. Beachte die zentrale Stellung der grünen Pflanzen und Herbivoren. Fäulnisbakterien spielen bei der Wiederverwertung der organischen Materie eine wichtige Rolle.

Im weiteren Verlauf dieses Kapitels werden wir die Stoffwechselwege besprechen, über die tierische Zellen durch Oxidation von Nahrungsmolekülen zu CO_2 und H_2O Energie freisetzen. Zunächst ist es jedoch sinnvoll, einige allgemeine Prinzipien der Energieübertragung in biochemischen Reaktionen zu besprechen sowie einige Eigenschaften der Enzyme, die schnelle biochemische Reaktionen bei vergleichsweise niedrigen biokompatiblen Temperaturen erlauben.

Übertragung chemischer Energie durch gekoppelte Reaktionen

Es gibt verschiedene Arten biochemischer Reaktionen. Die Merkmale der Reaktionsgeschwindigkeit und der Kinetik können durch eine einfache Kombinationsreaktion veranschaulicht werden, bei der die beiden Moleküle A und B miteinander reagieren und zwei neue Moleküle, C und D, bilden:

$$A + B \rightleftharpoons C + D \qquad (3.8)$$

Wie die Pfeile zeigen, ist die Reaktion umkehrbar. Theoretisch ist jede chemische Reaktion umkehrbar – sie kann also in beide Richtungen ablaufen –, vorausgesetzt, daß die Reaktionsprodukte nicht aus der Lösung entfernt werden. Bei manchen Reaktionen ist jedoch die Reaktion in eine Richtung so stark bevorzugt, daß man praktisch von einer irreversiblen Reaktion sprechen kann.

Eine Reaktion läuft vorwärts ab, wenn sie freie Energie freisetzt (d.h. wenn die Produkte weniger freie Energie enthalten als die Ausgangsstoffe), ΔG also negativ ist. In einem solchen Fall besitzen die Ausgangsstoffe mehr freie Energie als die Reaktionsprodukte. Die Reaktion wird **exergonisch** (energieliefernd) oder exotherm genannt. Bei solchen Reaktionen wird in der Regel Wärme freigesetzt. Ein Beispiel ist die Oxidation des Wasserstoffs zu Wasser (die „Knallgasreaktion"):

$$2 H_2 + O_2 \rightarrow 2 H_2O + \text{Wärme}$$

Während der Photosynthese wird diese Reaktion durch die vom Chlorophyll eingefangene Energie umgekehrt:

$$2 H_2O \xrightarrow{\text{Lichtquanten}} 2 H_2 + O_2$$

Diese Reaktion, die Energie benötigt, ist ein Beispiel für eine **endergonische** (energieverbrauchende) oder endotherme Reaktion. Exergonische und endergonische Reaktionen werden manchmal als „Aufwärts-" und „Abwärts-"Reaktionen bezeichnet.

Der Betrag der Energie, der bei einer Reaktion freigesetzt oder verbraucht wird, steht mit der Gleichgewichtskonstanten K'_{eq} der Reaktion in Beziehung. Diese Proportionalitätskonstante stellt das Verhältnis der Konzentrationen der Produkte zu denen der Ausgangsstoffe nach dem Erreichen des chemischen Gleichgewichtes dar. Dies ist der Fall, wenn die Reaktionsgeschwindigkeiten, vorwärts wie rückwärts, gleich sind und die Konzentrationen der Ausgangsstoffe und Endprodukte konstant bleiben:

$$K'_{eq} = \frac{[C][D]}{[A][B]} \qquad (3.8a)$$

Hier sind [A], [B], [C] und [D] die molaren Gleichgewichtskonzentrationen der Ausgangsstoffe und Endprodukte der Gleichung 3.8. Daraus geht hervor, daß der Wert von K'_{eq} um so größer ist, je weiter das Gleichgewicht der Reaktion (3.8) auf der rechten Seite liegt. Die Gleichgewichtslage ist abhängig von der Differenz der freien Energie ΔG zwischen den Produkten C und D und den Ausgangsstoffen A und B. Je größer die Abnahme der freien Energie ist, desto vollständiger läuft die Reaktion nach rechts ab und desto größer ist der Wert von K'_{eq}. Die Gleichgewichtskonstante ist unter Standardbedingungen durch folgende Beziehung mit der Änderung der freien Energie ($\Delta G°$) verknüpft:

$$\Delta G° = -R \cdot T \cdot \ln K'_{eq} \qquad (3.9)$$

Diese Gleichung zeigt, daß $\Delta G°$ negativ wird, wenn $K'_{eq} > 1$ ist, und positiv wird, wenn $K'_{eq} < 1$ ist. Die energieliefernden Reaktionen bewirken eine Verminderung der freien Energie und haben deshalb einen negativen $\Delta G°$-Wert. Infolgedessen laufen diese Reaktionen freiwillig, also ohne Zufuhr von Energie ab. Endergonische Reaktionen haben einen positiven $\Delta G°$-Wert, da diese Reaktionen zusätzlich Energie von außen benötigen, um ablaufen zu können.

Einige der biochemischen Prozesse in lebenden Zellen sind exergonisch, andere endergonisch. Die exergonischen Prozesse sind von der energetischen Seite her relativ unproblematisch, denn sie laufen unter geeigneten Bedingungen von selbst ab. Endergonische Prozesse dagegen müssen „angetrieben" werden. Dies wird in der Zelle gewöhnlich durch Kopplung mit einer anderen Reaktion erreicht, wobei ein gemeinsames Zwischenprodukt die chemische Energie von einem Molekül mit verhältnismäßig hohem Energiegehalt auf einen Ausgangsstoff mit niedrigerem Energiegehalt überträgt. Der Ausgangsstoff erreicht dadurch ein höheres Energieniveau, die nötige Reaktion kann unter Freisetzung eines Teils dieser Energie ablaufen.

Eine mechanische Analogie einer gekoppelten Reaktion ist in Abb. 3.36 dargestellt. Die 10 kg-Masse auf der linken Seite kann ihre potentielle Energie (10 m · kg) durch einen Fall aus einem Meter Höhe verlieren, wobei sie gleichzeitig die 3 kg-Masse auf der rechten Seite um die gleiche Höhe anhebt. Da die zwei Massen mit einem Seil über eine Rolle miteinander verbunden sind, ist das

Energetik lebender Zellen

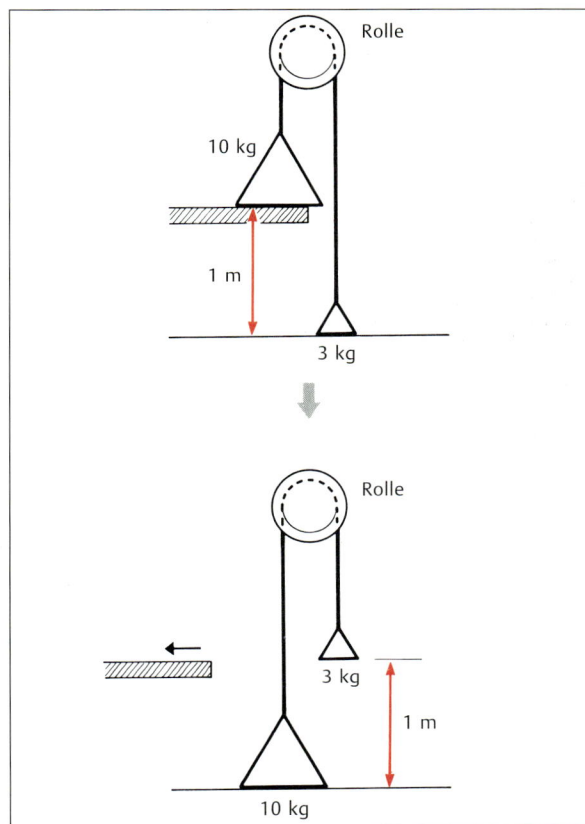

Abb. 3.36 Mechanisches Analogon einer gekoppelten Reaktion. Der Fall der 10 kg schweren Masse liefert die zum Aufheben der 3 kg schweren Masse benötigte Energie.

Herunterfallen der 10 kg-Masse mit dem Aufheben der 3 kg-Masse, die ursprünglich keine potentielle Energie besaß, gekoppelt. Es ist klar, daß die herunterfallende Masse die andere nur dann anheben kann, wenn sie schwerer ist als die letztere. Ebenso kann eine exergonische Reaktion eine endergonische Reaktion nur dann antreiben, wenn die erste mehr freie Energie freisetzt als die zweite benötigt. Infolgedessen geht ein Teil der Energie verloren. Der Wirkungsgrad einer Energieumwandlung ist zwangsläufig kleiner als 100%.

ATP als Energielieferant der Zelle

Das am weitesten verbreitete energiereiche Zwischenprodukt ist das Nucleotid **Adenosintriphosphat** (ATP), das seine energiereiche Phosphatgruppe auf eine große Anzahl organischer Akzeptormoleküle (z.B. Zucker, Aminosäuren, Nucleotide) übertragen kann. Durch die **Phosphorylierung** wird die freie Energie des Akzeptormoleküls erhöht und damit eine exergonische, von Enzymen katalysierte Reaktion ermöglicht.

Das ATP-Molekül enthält eine Adenosingruppe, die aus der Pyrimidinbase Adenin, der Pentose Ribose und einer Triphosphatgruppe besteht (Abb. 3.37A). Ein großer Teil der freien Energie des Moleküls ist in der gegenseitigen elektrostatischen Abstoßung der drei Phosphateinheiten mit ihren positiv polarisierten Phosphoratomen und den negativ geladenen Sauerstoffatomen gespeichert. Die gegenseitige Abstoßung dieser Phosphateinheiten ist analog der Abstoßung zweier parallel gerichteter Stabmagnete, die mit Hilfe eines Klebewachses zusammengehalten werden (Abb. 3.**38**). Wenn das Wachs, das den Sauerstoff-Phosphor-Bindungen im ATP analog ist, erwärmt wird, springen die Magnete auseinander, und die gespeicher-

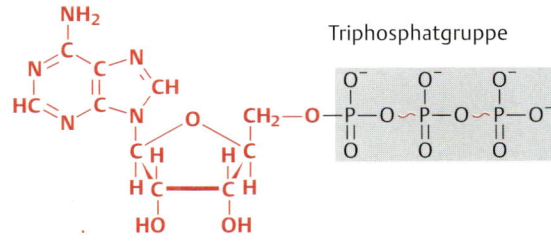

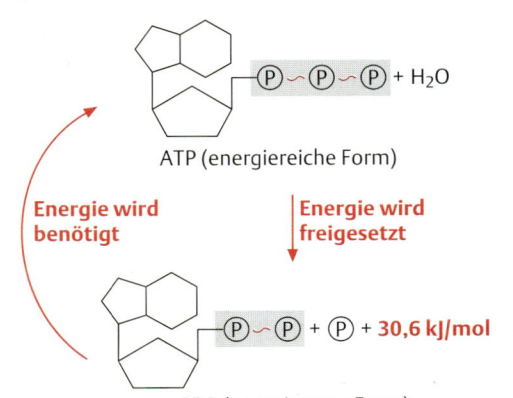

Abb. 3.37 ATP – der am weitesten verbreitete Energieüberträger in Zellen. A Strukturformel des ATP; die Adenosin- und die Triphosphatgruppen sind farblich hervorgehoben, ebenso die beiden energiereichen Phosphatbindungen (rote ~). **B** Die Hydrolyse von ATP in ADP und P_i setzt die in der elektrostatischen Abstoßung der terminalen und subterminalen Phosphatgruppe gespeicherte Energie frei, wobei pro mol ATP ca. 30,6 kJ freie Energie abgegeben werden. Diese Reaktion wird im Labor meist durch die Messung der Konzentration von anorganischem Phosphat verfolgt.

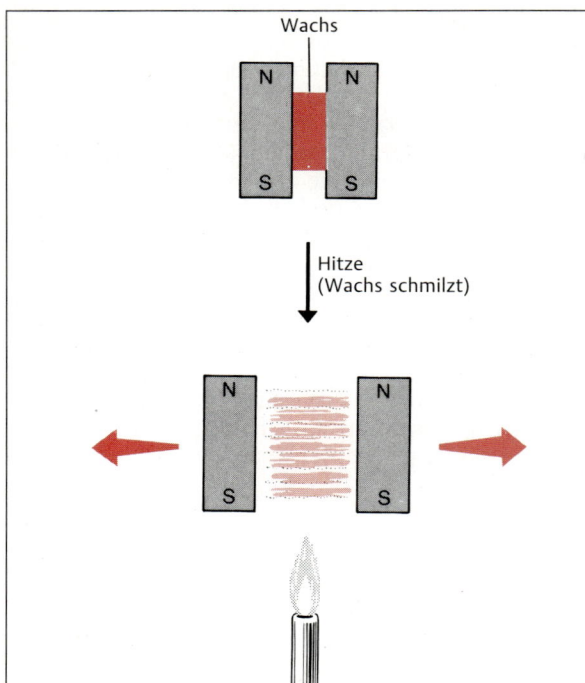

Abb. 3.38 Magnet-Analogie der energiereichen Phosphatbindung. Energie wird durch das Zusammenhalten der Magnete mit Hilfe eines verbindenden Wachses gespeichert. Sobald das Wachs schmilzt, fliegen die Magnete auseinander, und Energie wird freigesetzt. In diesem Beispiel liefert die Flamme die Aktivierungsenergie zum Schmelzen des Wachses.

te Energie wird freigesetzt. Ganz entsprechend wird auch beim Trennen der Bindungen zwischen den Phosphateinheiten des ATP Energie freigesetzt (Abb. 3.37B). Ist die endständige Phosphatgruppe durch Hydrolyse abgetrennt, dann ist die gegenseitige Abstoßung der zwei Produkte, des **Adenosindiphosphats** (ADP) und des anorganischen Phosphats (P_i), so groß, daß die Wahrscheinlichkeit ihrer Wiedervereinigung sehr gering ist. Mit anderen Worten, ihre Wiedervereinigung ist stark endergonisch. Der freie Energieaustausch unter Standardbedingungen ($\Delta G°$) beträgt für die Hydrolyse von ATP −30,6 kJ/mol (−7,3 kcal/mol).

Die Rolle des ATP beim Antreiben endergonischer Reaktionen durch gekoppelte Reaktionen wird durch die Kondensation der zwei Verbindungen X und Y zur Verbindung Z erläutert:

$$X + ATP \rightleftharpoons X\text{-Phosphat} + ADP$$

$$\Delta G° = -12,6 \text{ kJ/mol}$$

$$X\text{-Phosphat} + Y \rightleftharpoons Z + P_i$$

$$\Delta G° = -9,6 \text{ kJ/mol}$$

Die bei diesen beiden Reaktionen freigesetzte Energie (−22,2 kJ/mol) ist gleich der Summe der freien Energieveränderungen der zwei ursprünglichen Reaktionen:

$$ATP + HOH \rightleftharpoons ADP + P_i$$

$$\Delta G° = -30,6 \text{ kJ/mol}$$

$$X + Y \rightleftharpoons Z$$

$$\Delta G° = 8,4 \text{ kJ/mol}$$
$$\overline{\Delta G° = -22,2 \text{ kJ/mol}}$$

Da das $\Delta G°$ der Verbindung von X und Y einen positiven Wert hat (8,4 kJ), das $\Delta G°$ der Hydrolyse von ATP jedoch größer und negativ (−30,6 kJ) ist, ist das netto-$\Delta G°$ der gekoppelten Reaktion negativ und diese daher exergonisch; die Reaktion läuft ab.

Obwohl ATP und andere Nucleosidtriphosphate (z.B. **Guanosintriphosphat**, GTP) bei vielen gekoppelten Reaktionen für die Energieübertragung verantwortlich sind, muß betont werden, daß viele biochemische Reaktionswege über gemeinsame Zwischenprodukte ablaufen. So werden Teile von Molekülen, aber auch Atome wie der Wasserstoff, mit Hilfe chemischer Energie durch aufeinanderfolgende Reaktionen über gemeinsame Zwischenprodukte von einem Molekül auf ein anderes übertragen. Die energiereichen Nucleotide dienen dabei vielen energiebenötigenden Reaktionen als Energielieferanten. ADP ist dabei die energiearme, ATP die energiereiche Form (Abb. 3.37B). In der Zelle gibt es zahlreiche andere energiereiche phosphorylierte Bestandteile, die eine höhere freie Hydrolyseenergie besitzen als ATP (Abb. 3.39). Die Zelle kann auf diese Bestandteile bei der Bildung von ATP zurückgreifen. Darüber hinaus stehen ihr noch weitere biochemische Mechanismen zur Verfügung, um chemische Energie zur Bildung von ATP zu nutzen.

Die Phosphagene **Argininphosphat** und **Kreatinphosphat** dienen als besondere chemische Energiespeicher für die rasche Rephosphorylierung von ADP zu ATP bei starker Muskelbeanspruchung. In den Muskeln der Vertebraten läuft die Transphosphorylierung nach folgendem Schema ab:

$$\text{Kreatinphosphat} + ADP \underset{}{\overset{\text{Transphosphorylase-Enzyme}}{\rightleftharpoons}} \text{Kreatin} + ATP$$

$$\Delta G° = 12,6 \text{ kJ/mol}$$

Kreatinphosphat kommt nur in der Muskulatur von Vertebraten vor. Argininphosphat ist in der Muskulatur der Vertebraten weit verbreitet.

Abb. 3.39 Biomoleküle mit energiereichen Phosphatbindungen. Die Hydrolyse von Substraten, die energiereiche Phosphatbindungen (rote ~) enthalten, liefert der Zelle Energie für energieverbrauchende Reaktionen und Prozesse. Auch wenn ATP die häufigste Energiespeicherform in biologischen Systemen ist, gibt es noch weitere phosphorylierte Substrate, die bei ihrer Hydrolyse große Mengen freier Energie liefern. Die hier aufgeführten Substrate stehen der Zelle zur Verfügung, um ATP aus ADP und anorganischem Phosphat zu synthetisieren. Bei den ΔG^0-Werten handelt es sich um die freien Energien der Hydrolyse von Bindungen, die mit kleinen Pfeilen markiert sind, bei einem pH-Wert von 7.

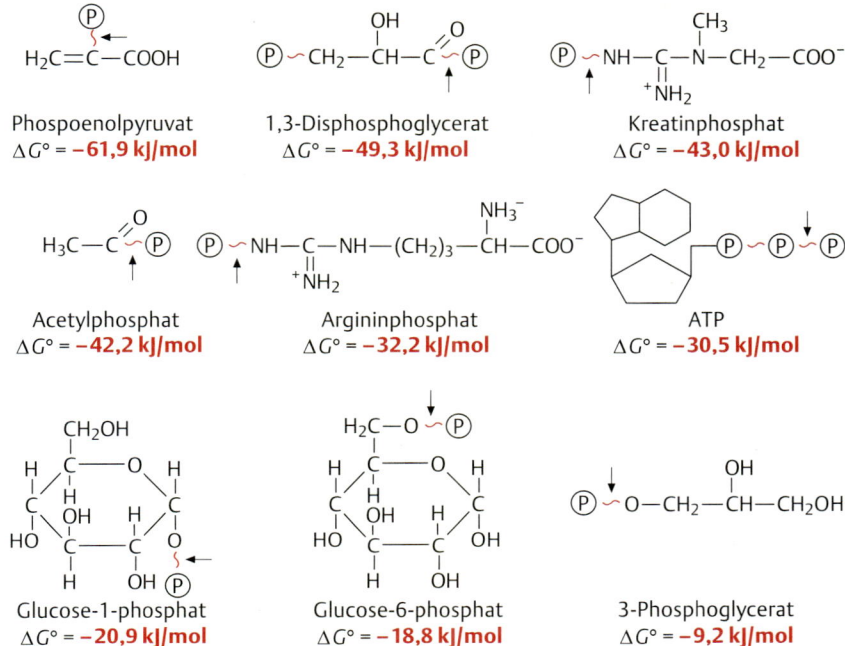

Temperatur und Reaktionsgeschwindigkeit

Die Geschwindigkeit, mit der eine chemische Reaktion abläuft, hängt von der Temperatur ab. Dies ist nicht verwunderlich, denn die Temperatur ist eine Erscheinung der molekularen Bewegung. Mit steigender Temperatur nimmt auch die durchschnittliche molekulare Geschwindigkeit zu. Diese größere Geschwindigkeit erhöht die Zahl der Zusammenstöße pro Zeiteinheit und folglich auch die Wahrscheinlichkeit der erfolgreichen Wechselwirkung zwischen reagierenden Molekülen. Hinzu kommt, daß mit steigender Geschwindigkeit auch die kinetische Energie der Moleküle zunimmt und so die Wahrscheinlichkeit einer Wechselwirkung nach einem Zusammenstoß noch größer wird. Die kinetische Energie, die notwendig ist, um zwei kollidierende Moleküle zur Reaktion zu bringen, wird als freie Energie der Aktivierung oder **Aktivierungsenergie** bezeichnet. Ihr Maß ist die Anzahl der Kalorien, die benötigt werden, um die Moleküle eines Mols eines Reaktionsmittels bei einer gegebenen Temperatur in einen aktivierten Zustand zu bringen.

Sowohl exotherme als auch endotherme Reaktionen benötigen eine Aktivierung. Auch wenn bei einer Reaktion insgesamt freie Energie freigesetzt wird, kann diese nicht ablaufen, wenn die reagierenden Moleküle nicht die dazu benötigte kinetische Energie besitzen. Man kann dies mit einer Situation vergleichen, bei der ein Felsblock über einen Bergkamm geschoben werden muß, bevor er einen Hang hinunterrollen kann (Abb. 3.40).

Die gestrichelte Kurve in Abb. 3.41 zeigt den Zusammenhang zwischen der freien Energie und dem Ablauf einer Reaktion, bei dem das Reaktionsmittel oder Substrat (S) in das Produkt (P) umgewandelt wird. Das Reaktionsmittel muß zuerst auf ein Energieniveau gehoben werden, wodurch es aktiviert und so der Ablauf der Reaktion ermöglicht wird. Da bei der Reaktion freie

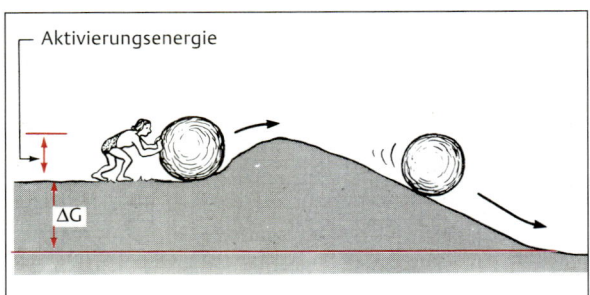

Abb. 3.40 Analogiemodell der Aktivierungsenergie. Um die Ausgangsstoffe einer Reaktion in die Lage zu versetzen, miteinander reagieren zu können, wird eine Aktivierungsenergie benötigt. In dieser Analogie kann die potentielle Energie des Felsbrockens solange nicht freigesetzt werden, bis einige Energie (die Aktivierungsenergie) eingesetzt wird, um ihn auf den Hügelkamm zu bringen.

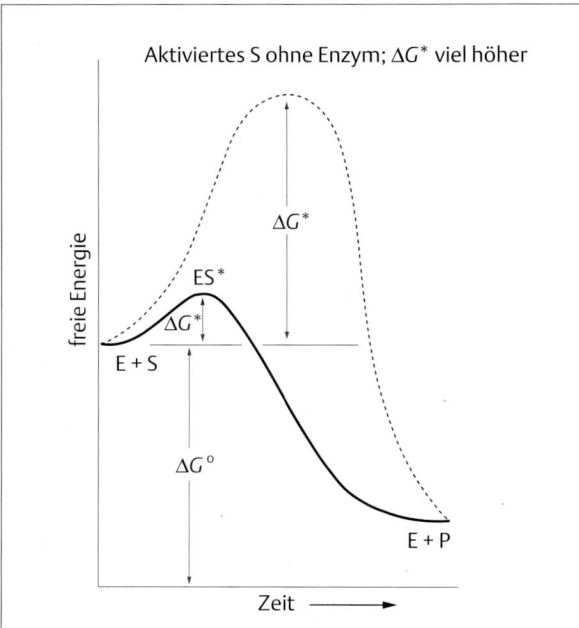

Abb. 3.41 Enzyme katalysieren eine Reaktion, indem sie die Aktivierungsenergie ΔG^* herabsetzen. Beachte, daß die Gesamtänderung der freien Energie ΔG^0 mit (durchgezogene Kurve) oder ohne (gepunktete Kurve) Enzym identisch ist. E = Enzym, S = Substrat, ES* = aktivierter Enzym-Substrat-Komplex, P = Produkt.

Energie geliefert wird, ist das Energieniveau des Produktes niedriger als das der Ausgangsstoffe. Man beachte, daß die Gesamtveränderung der freien Energie von der zur Reaktion benötigten Aktivierungsenergie unabhängig ist.

Bei vielen industriellen Verfahren können durch die Verwendung von **Katalysatorsubstanzen** sowohl Reaktionsgeschwindigkeiten als auch die Temperaturen, die zur Aktivierung der Reaktionsmittel notwendig sind, stark herabgesetzt werden. Die Katalysatorsubstanzen werden dabei durch die Reaktion weder verbraucht noch verändert; sie begünstigen die Wechselwirkungen zwischen den Reaktionsmitteln. In lebenden Zellen werden die Reaktionen in gleicher Weise von **Enzymen**, den biologischen Katalysatoren, unterstützt. Die durchgezogene Linie in Abb. 3.**41** illustriert die Wirkung eines Enzyms, das die Aktivierungsenergie der Reaktion S → P herabsetzt. Man beachte, daß die Anwesenheit eines Enzyms keinerlei Einfluß auf die Gesamtveränderung der freien Energie der Reaktion (und folglich auf die Gleichgewichtskonstante) hat; sie vermindert lediglich die Aktivierungsenergie und beschleunigt dadurch die Reaktionsgeschwindigkeit.

Die von Enzymen bewirkte Beschleunigung der Reaktionsgeschwindigkeit ist biologisch sehr nützlich, denn sie ermöglicht es solchen Reaktionen, die normalerweise äußerst langsam erfolgen würden, bei biologisch tragbaren Temperaturen mit erhöhten Geschwindigkeiten abzulaufen. In jeder Population reagierender Moleküle werden bei einer gegebenen Temperatur nur diejenigen reagieren, die genügend kinetische Energie besitzen, um aktiviert zu werden. Wird ein Enzym hinzugegeben, das die erforderliche Aktivierungsenergie herabsetzt, werden wesentlich mehr Moleküle pro Zeiteinheit bei gleicher Temperatur aktiviert. Durch Enzyme wird die Reaktionsgeschwindigkeit um das 10^8- bis 10^{20}fache (!) gegenüber der nicht katalysierten Reaktion erhöht.

Ein weiterer wichtiger Vorteil der katalysierten Reaktionen besteht darin, die Reaktionsgeschwindigkeit durch Änderung der Enzymkonzentration regulieren zu können. Wenn beispielsweise Wasserstoff und Sauerstoff ohne Katalysator entzündet werden, reagieren sie unkontrolliert, weil die durch die schnelle Verbrennung von H_2 erzeugte Wärme den restlichen Wasserstoff von selbst entzündet. Wird der Wasserstoff jedoch in Anwesenheit eines Platinkatalysators bei einer niedrigen Temperatur oxidiert, erfolgt die Freisetzung der Wärme so kontrolliert, daß keine Explosion stattfindet. Die Platinmenge im Verhältnis zum Brennstoff (H_2) und dem Oxidationsmittel (O_2) regelt die Verbrennungsgeschwindigkeit. Auf ähnliche Weise wird die Mehrzahl der biologischen Reaktionen durch die Menge oder Aktivität (d.h. die katalytische Wirksamkeit) bestimmter Enzyme geregelt. In den folgenden beiden Abschnitten werden wir zuerst die Wirkungsweise der Enzyme betrachten und dann, wie Zellen ihre Stoffwechselaktivität über die Kontrolle der Synthese und der katalytischen Aktivität von Enzymen regulieren.

Allgemeine Merkmale der Enzyme

Biologische Katalysatoren wurden erstmals 1897 von den Brüdern Eduard und Hans Buchner aus lebenden Hefezellen isoliert. Man fand heraus, daß diese Substanzen, welche die Geschwindigkeit der alkoholischen Gärung beschleunigen, durch Hitze inaktiviert werden, während die Substrate davon unbeeinflußt bleiben. Dies war das erste Anzeichen dafür, daß Enzyme Proteinmoleküle sind. Alle enzymatisch aktiven Proteine oder zumindest ihre aktiven Teile besitzen eine globuläre Struktur. Jede Zelle enthält Tausende spezifischer Enzymmoleküle, die alle Stoffwechselreaktionen katalysieren. Die Ergebnisse der molekularen Genetik zeigen, daß Enzyme die primären Genprodukte sind, die alle Tätigkeiten der Zelle regulieren. Da die genetische Information die Struktur jedes Enzymmoleküls genau festlegt, bestimmt sie letztendlich alle enzymatischen Reaktionen einer Zelle.

Enzymspezifität und aktive Zentren

Jedes Enzym ist bis zu einem gewissen Grad für ein bestimmtes **Substrat** (das reagierende Molekül) spezifisch. Manche Enzyme wirken auf eine bestimmte Bindungsart und können aus diesem Grund auf viele verschiedene Substratmoleküle, die über diese Art von Bindungen verfügen, einwirken. Beispielsweise katalysiert das **proteolytische Enzym** Trypsin, das im Verdauungssystem vorkommt, die Hydrolyse jeder Peptidbindung, in der die Carbonylgruppe Teil eines Arginins oder Lysins ist, ganz unabhängig von der Lage dieser Bindung in der Peptidkette. Ein anderes proteolytisches Verdauungsenzym, Chymotrypsin, katalysiert spezifisch die Hydrolyse der Peptidbindungen, bei denen die Carbonylgruppe einem Thyrosin, Tryptophan oder Phenylalanin angehört (Abb. 3.42).

Die Mehrzahl der Enzyme ist für ihre Substrate weitaus spezifischer als die proteolytischen Enzyme. Das Enzym Saccharase beispielsweise katalysiert nur die Hydrolyse des Disaccharids Saccharose in Glucose und Fructose. Andere Disaccharide, wie die Lactose oder Maltose, werden von diesem Enzym nicht angegriffen; diese werden nur von den für sie spezifischen Enzymen (Lactase und Maltase) hydrolysiert. Viele Enzyme differenzieren zwischen den optischen Isomeren ihrer Substrate. Optische Isomere verhalten sich wie Bild und Spiegelbild zueinander, sind aber nicht zur Deckung zu bringen (wie z.B. eine rechte und eine linke Hand). So katalysiert das Enzym L-Aminooxidase die Oxidation des L-Isomers einer α-Ketosäure, zeigt jedoch keine Wirkung auf das D-Isomer des Moleküls. Dies ist darauf zurückzuführen, daß die Proteine selbst, wie auch ihre Bausteine, die α-Aminosäuren (mit Ausnahme des Glycins), chiral sind.

Die oben erwähnte hohe Spezifität der meisten Enzyme steht in Einklang mit dem Konzept, daß das Substratmolekül in einen bestimmten Teil der Enzymoberfläche, in das **aktive Zentrum**, hineinpaßt. Ein Enzymmolekül besteht aus einer oder mehreren Peptidketten, die so gefaltet sind, daß sie eine ganz spezifische, mehr oder weniger globuläre Tertiärstruktur besitzen. Das aktive Zentrum wird von den Nebengruppen einiger Aminosäurereste gebildet, die durch ihre Tertiärstruktur eine Kluft bilden (Abb. 3.43), in der das Substrat durch die Summe verschiedener Anziehungskräfte (elektrostatische Bindungen, van-der-Waals-Kräfte und Wasserstoffbrückenbindungen) gebunden wird.

Die sterische Spezifität des aktiven Zentrums wurde durch den Vergleich des Reaktionsvermögens chemischer Analoga der Substratmoleküle (d.h. den Substratmolekülen ähnlichen, aber geringfügig unterschiedlichen Molekülen) eindeutig bestätigt. Das aktive Zentrum wird in der Regel immer weniger wirksam, je mehr die analogen Moleküle vom Optimum der Atom-

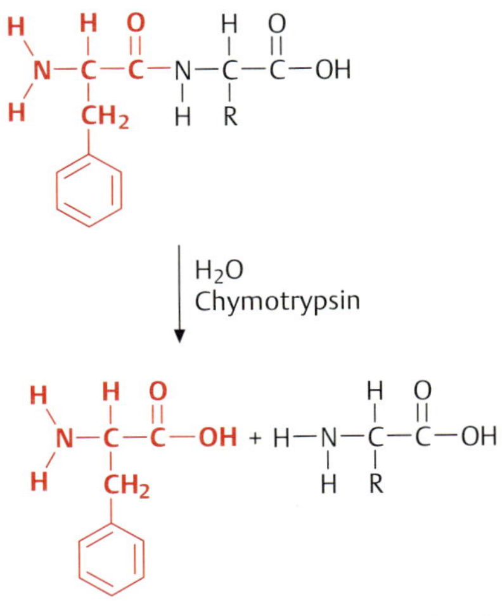

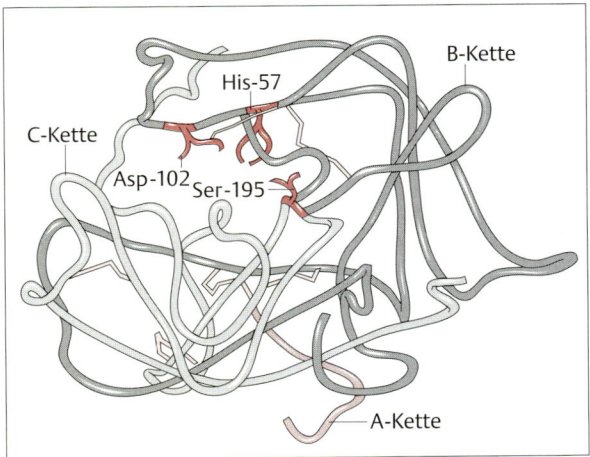

Abb. 3.43 Raumstruktur des Chymotrypsins. Viele Säurereste, die in der Primärstruktur weit voneinander entfernt liegen, werden durch Faltung des Proteins zur Bildung des aktiven Zentrums zusammengebracht. Die drei rot dargestellten Reste bilden das katalytische Zentrum. Das globuläre Protein enthält drei Polypeptidketten (A, B und C) und fünf Disulfidbrücken (nach Tsukada u. Blow, 1995; mit freundlicher Genehmigung von G. White).

Abb. 3.42 Enzyme wirken substratspezifisch. Chymotrypsin hydrolysiert Peptidbindungen, deren Carbonylkohlenstoff von Phenylalanin, Tyrosin oder Tryptophan stammt. Hier ist die Hydrolyse eines Dipeptids dargestellt, welches Phenylalanin (farbig) enthält.

entfernungen, der Anzahl und Lage der geladenen Gruppen und den Bindungswinkeln des normalen Substrats abweichen. Es gibt jedoch auch Substratanaloga, die eine stärkere Affinität zum aktiven Zentrum eines Enzyms aufweisen als deren natürliche Substrate.

Allgemeine Mechanismen der enzymatischen Katalyse

Die **Enzymaktivität**, die katalytische Wirksamkeit eines Enzyms, wird als **Wechselzahl** gemessen. Die Wechselzahl gibt an, wie viele Substratmoleküle pro Sekunde durch ein Enzymmolekül in Produktmoleküle umgewandelt werden. Bei einer enzymatischen Reaktion bindet das Substrat zuerst an das aktive Zentrum des Enzyms und bildet einen **Enzym-Substrat-Komplex** (ES). Wie zuvor dargestellt, vermindert diese Interaktion die Aktivierungsenergie der Reaktion, wobei die Wahrscheinlichkeit für den Ablauf der Reaktion und die Reaktionsgeschwindigkeit erhöht werden (Abb. 3.41).

Verschiedene katalytische Mechanismen erhöhen die Reaktionsgeschwindigkeit von Enzymreaktionen:
- Einige Enzyme bringen die Ausgangsstoffe so zusammen, daß die reagierenden Gruppen dicht und optimal aufeinander ausgerichtet beieinander liegen, um die Wahrscheinlichkeit für eine Reaktion zu erhöhen.
- Ein Enzym kann mit dem Substratmolekül eine instabile Zwischenverbindung bilden, die dann bereitwillig eine zweite Reaktion zur Bildung des Endprodukts eingeht.
- Seitengruppen innerhalb des aktiven Zentrums können als Protonendonatoren oder -akzeptoren fungieren und saure oder basische Reaktionen bewirken.
- Die Anheftung des Enzyms an das Substrat kann zu einer inneren Spannung in einer anfälligen Substratbindung führen und die Wahrscheinlichkeit für deren Lösung erhöhen.

Nach Ablauf der Reaktion trennen sich die Enzyme und die Produkte; das Enzym kann dann mit einem neuen Substratmolekül einen Komplex bilden. Der ES-Komplex hat eine bestimmte Lebensdauer. Nur dann, wenn die Substratkonzentration im Verhältnis zu der Enzymkonzentration sehr hoch ist, d.h. wenn das Substrat im Überschuß vorliegt, können alle Enzymmoleküle in ES-Komplexen gebunden werden.

Temperatur und Reaktionsgeschwindigkeit

Faktoren, welche die Konformation eines Enzyms und damit auch die Anordnung der Seitengruppen der Aminosäuren im aktiven Zentrum beeinflussen, verändern die Aktivität der Enzyme. Die Temperatur und der pH-Wert sind solche Faktoren, welche die Geschwindigkeit enzymatischer Reaktionen beeinflussen.

Eine Erhöhung der Temperatur erhöht auch die Wahrscheinlichkeit der Proteindenaturierung (Zerstörung der Tertiärstruktur der Peptidketten), die zum Verlust ihrer enzymatischen Aktivität führt. Aus diesem Grunde folgen die von Enzymen katalysierten Reaktionen einer typischen Reaktionsgeschwindigkeit-Temperatur-Kurve (Abb. 3.44A). Mit zunehmender Temperatur erhöht sich zunächst die Reaktionsgeschwindigkeit aufgrund der zunehmenden kinetischen Energie der Substratmoleküle. Steigt die Temperatur weiter an, werden in zunehmendem Maße Enzymmoleküle inaktiviert, weil durch die Lockerung der schwachen, nicht kovalenten Wechselwirkungen die Proteine entfaltet werden. Bei einer bestimmten Temperatur, der **Optimaltempera-**

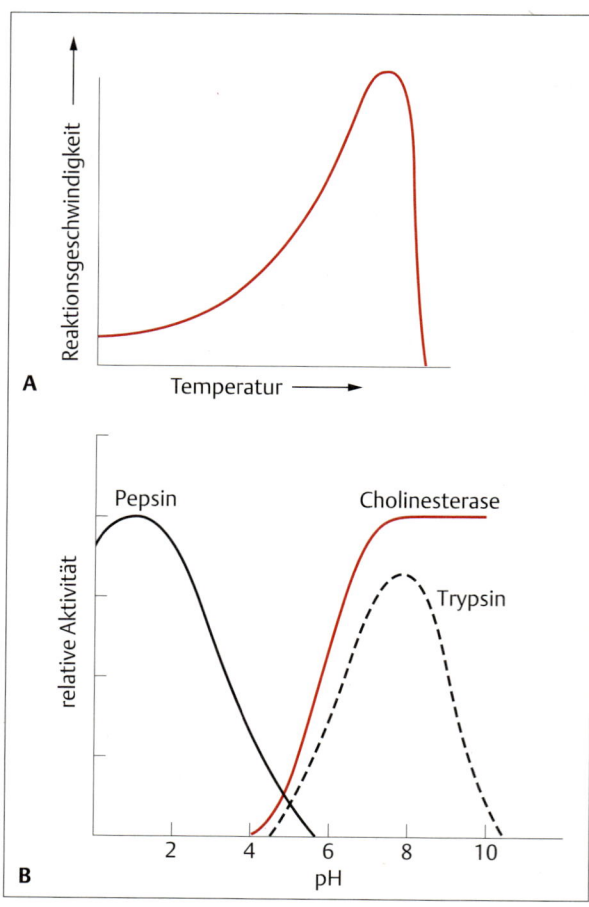

Abb. 3.44 Temperatur- und pH-Abhängigkeit der Enzymaktivität. A Der Einfluß der Temperatur auf die Reaktionsgeschwindigkeit ist für die meisten Enzyme ähnlich. **B** Die Wirkung des pH-Werts auf die katalytische Aktivität ist bei verschiedenen Enzymen recht unterschiedlich; jedes Enzym hat ein pH-Optimum.

tur, wird die durch die Wärme bewirkte Enzymdenaturierung durch die Erhöhung der Enzym-Substrat-Reaktivität überkompensiert. Bei dieser Temperatur ist die Reaktionsgeschwindigkeit am höchsten. Bei noch höheren Temperaturen gewinnt die Enzymzerstörung die Oberhand, und die Reaktionsgeschwindigkeit nimmt rasch ab. Die Temperaturempfindlichkeit der Enzyme und anderer Proteinmoleküle trägt zu der zerstörenden Wirkung überhöhter Temperaturen bei.

Häufig sind an der Bildung eines Enzym-Substrat-Komplexes elektrostatische Bindungen beteiligt. Da H^+ und OH^- in elektrostatischen Bindungen als entgegengesetzt wirkende Ionen („Counterionen") fungieren können, wird durch ein Absinken des pH-Wertes die Anzahl der positiven Zentren erhöht, die mit negativen Gruppen der Substratmoleküle reagieren können. Umgekehrt erleichtert eine Erhöhung des pH-Wertes die Bindung positiver Substratgruppen an negative Ladungszentren des Enzyms. Es ist daher nicht verwunderlich, daß die Aktivität eines Enzyms vom pH-Wert des Mediums abhängt und daß jedes Enzym einen optimalen pH-Bereich besitzt (Abb. 3.44 B).

Cofaktoren

Um ihre katalytische Funktion erfüllen zu können, benötigen einige Enzyme die Mitwirkung von kleineren Nichtprotein-Bausteinen, den **Cofaktoren**. Bei diesen kann es sich um anorganische Ionen oder um kleine organische Moleküle (**Coenzyme**) handeln. Der Proteinanteil des Gesamtenzyms (**Holoenzym**) wird als **Apoenzym** bezeichnet. Das Enzym Glutamat-Dehydrogenase benötigt z.B. den Cofaktor **Nikotinamid-Adenin-Dinucleotid** (NAD^+), um die oxidative Desaminierung der Glutaminsäure katalysieren zu können:

Glutamat + NAD^+ ⇌ 2-Oxoglutarat + NADH + NH_4^+
(oxidiert)   (reduziert)

Vitamine werden für die Synthese von Coenzymen benötigt oder fungieren selbst als solche. Da ein Apoenzym ohne sein Coenzym nicht wirken kann, ist es verständlich, daß ein Vitaminmangel weitreichende pathologische Folgen haben kann.

Andere Enzyme benötigen ganz bestimmte monovalente oder bivalente Metallionen als Cofaktoren. Einige dieser Enzyme sind zusammen mit ihren Cofaktorionen in Tab. 3.9 aufgeführt. Besonders interessant ist das Calciumion, das sich von den meisten anderen physiologisch wichtigen Ionen dadurch unterscheidet, daß es in den Zellen in sehr niedrigen Konzentrationen (weniger als 10^{-6} M) vorliegt. Obgleich andere Ionen, wie z.B. Mg^{2+}, Na^+, K^+ und andere als Cofaktor wirkende Ionen gewöhnlich im Überschuß vorhanden sind, liegt das Calcium für bestimmte Enzyme in der limitierenden Konzentration vor. Die Ca^{2+}-Konzentration des Cytoplasmas wird durch die Plasmamembran und durch Organellen wie das ER Kap. 9) reguliert. Auf diese Weise kann die Zelle die Tätigkeit der von Ca^{2+}-Ionen aktivierten Enzyme steuern. Einige Phänomene, die von der Ca^{2+}-Ionen-Konzentration gesteuert werden, sind z.B. die Muskelkontraktion, die Sekretion von Neurotransmittern und Hormonen, die Cilienbewegung, der Aufbau von Mikrotubuli und die amöboide Bewegung.

Tab. 3.9 Einige Enzyme und Enzymmodulatoren, die Metall-Ionen als Cofaktoren benötigen oder enthalten

Metall-Ion	Enzyme und Enzymmodulatoren
Ca^{2+}	Proteinkinase C Troponin Phosphodiesterase
Cu^{2+} (Cu^+)	Tyrosinase Cytochromoxidase
Fe^{2+} (Fe^{3+})	Cytochrome Peroxidase Katalase Ferredoxin
K^+	Pyruvatphosphokinase (benötigt auch Mg^{2+})
Mg^{2+}	Phosphohydrolasen Phosphotransferasen
Mn^{2+}	Arginase Phosphotransferasen
Na^+	Plasmamembran-ATPase (benötigt auch K^+ und Mg^{2+})
Zn^{2+}	Alkoholdehydrogenase Carboanhydrase Carboxypeptidase

Nach Lehninger, 1975

Enzymkinetik

Die Geschwindigkeit einer Reaktion hängt von den Konzentrationen des Substrats, des Produkts und des Enzyms ab. Der Einfachheit halber nehmen wir an, daß das Produkt mit der gleichen Geschwindigkeit, mit der es erzeugt wird, aus, dem Reaktionsgemisch auch entfernt wird. Die Reaktionsgeschwindigkeit wird dann entweder von der Konzentration der Enzyme oder der des Substrates bestimmt. Nimmt man ferner an, daß das Enzym im Überschuß vorhanden ist, so ist die Konzentration des Substrats A für die Geschwindigkeit der Umwandlung von A in das Produkt P maßgebend:

$$A \xrightarrow{k} P$$

Die Reaktionsgeschwindigkeit läßt sich durch folgende Gleichung ausdrücken:

$$\frac{-d[A]}{dt} = k[A] \qquad (3.10)$$

[A] ist hierbei die im Augenblick vorliegende Konzentration des Substrats, k die Reaktionsgeschwindigkeitskonstante und $-d[A]/dt$ die Geschwindigkeit, mit der A in P umgewandelt wird. Die Abnahme von A und die Bildung von P sind in Abb. 3.**45** als Funktion der Zeit aufgetragen. So wie [A] exponentiell abnimmt, nimmt [P] exponentiell zu. Eine exponentielle Zeitfunktion tritt immer dann auf, wenn die Änderungsgeschwindigkeit einer Quantität (in diesem Fall $d[A]/dt$) dem augenblicklichen Wert dieser Menge (in diesem Beispiel [A]) proportional ist.

Die durch Gleichung 3.10 beschriebene Beziehung läßt sich besser wie folgt darstellen:

$$\log \frac{a}{a-x} = \frac{k_1 \cdot t}{2{,}303} \qquad (3.10a)$$

wobei a die Anfangskonzentration des Substrats und x die Menge des Substrats ist, das während der Zeit t reagierte. Die graphische Darstellung der linken Seite der Gleichung 3.10a, gegen die Zeit aufgetragen, liefert eine Gerade, deren Steigung proportional der Geschwindigkeitskonstanten k_1 ist (Abb. 3.**46A**). Reaktionen mit einem solchen Verhalten folgen einer **Kinetik erster Ordnung**. Die Geschwindigkeitskonstante einer Reaktion erster Ordnung hat die Dimension einer reziproken Zeit, d.h. „pro Sekunde" oder s^{-1}. Der reziproke Wert der Geschwindigkeitskonstanten ist die **Zeitkonstante**, deren Dimension die Zeit ist. Demnach hat eine Reaktion erster Ordnung mit einer Geschwindigkeitskonstanten von $10\,s^{-1}$ eine Zeitkonstante von 0,1 s.

Bei einer Reaktion mit den beiden Substraten A und B,

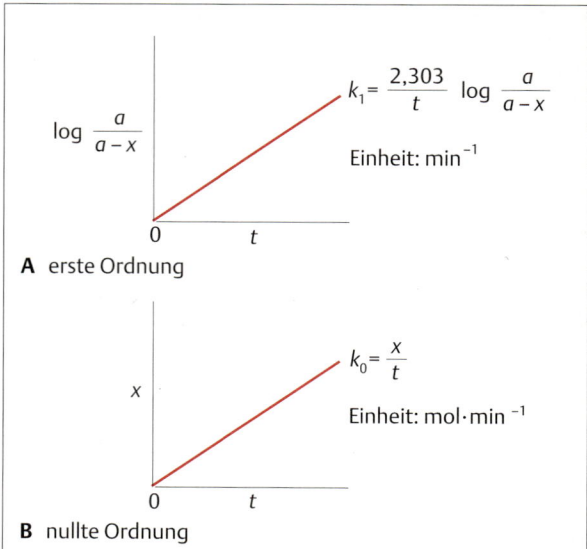

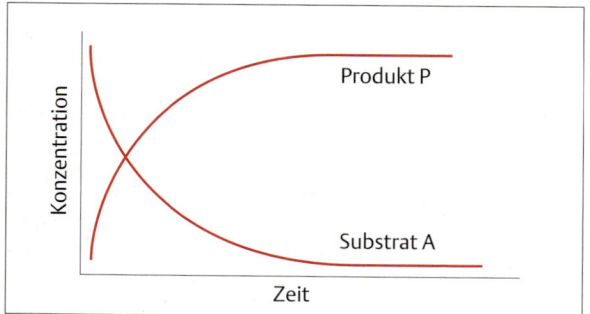

Abb. 3.45 Änderung der Produkt- und Substratkonzentration während einer enzymatischen Reaktion. Nicht lineare Veränderung in der Konzentration des Substrats A und des Produkts P während der Reaktion A ⟶ P.

Abb. 3.46 Reaktionsordnungen. Die Ordnung der Kinetik einer Enzymreaktion wird aus graphischen Darstellungen ersichtlich. Bei diesen Darstellungen steht x für die Substratmenge S, die innerhalb der Zeit t reagiert; a stellt die anfängliche Menge von S zum Zeitpunkt $t = 0$ dar. Die Steigung der Geraden ist proportional zur Geschwindigkeitskonstanten. **A** Da eine Reaktion erster Ordnung einen exponentiellen Zeitverlauf hat (s. Abb. 3.45), ergibt die Darstellung von $\log(a/a - x)$ gegen t eine gerade Linie. **B** Wenn die Enzymkonzentration der limitierende Faktor ist, handelt es sich um eine Kinetik nullter Ordnung; das Ergebnis ist die Gerade x gegen t.

bei der das Enzym im Überschuß vorliegt und das Produkt P sich nicht anhäuft, wird die Abnahmegeschwindigkeit von A dem Produkt [A] [B] proportional sein:

$$A + B \xrightarrow{k} P$$

Diese Reaktion läuft mit der **Kinetik zweiter Ordnung** ab. Es ist bemerkenswert, daß die Ordnung der Reaktion nicht von der Anzahl der als Ausgangsstoffe dienenden Substrate bestimmt wird, sondern von der Anzahl der Stoffe, die in der geschwindigkeitslimitierenden Konzentration vorliegen. Wenn also B im Vergleich zu A im Überschuß vorhanden ist, dann wäre A + B → P eine Reaktion erster Ordnung, da ihre Geschwindigkeit nur von einer Substratkonzentration begrenzt wird.

Die Reaktionsgeschwindigkeit ist von der Substratkonzentration unabhängig, wenn das Enzym in der limitierenden Konzentration vorliegt und alle Enzymmoleküle mit Substrat verbunden sind, d.h. wenn das Enzym substratgesättigt ist. Solche Reaktionen laufen mit der **Kinetik nullter Ordnung** ab (Abb. 3.**46B**).

Abb. 3.47 zeigt die Anfangsgeschwindigkeit v_0 einer enzymatischen Reaktion S → P als Funktion der Substratkonzentration [S] bei zwei verschiedenen Enzymkonzentration. Bei beiden Enzymkonzentrationen handelt es sich um Reaktionen erster Ordnung, d. h. bei niedrigen Substratkonzentrationen ist v_0 zu [S] proportional. Bei höheren Substratkonzentrationen wird daraus jedoch eine Reaktion nullter Ordnung, da alle Enzyme mit Substrat v_0 gesättigt sind. In dieser Situation begrenzt v_0 die Konzentration des Enzyms und nicht die des Substrats. In den lebenden Zellen kommen Reaktionen aller Ordnungen sowie auch gemischter Ordnung vor.

Die maximale Reaktionsgeschwindigkeit V_{max} tritt auf, wenn alle Enzyme, welche die Reaktion katalysieren, mit Substrat verbunden und gesättigt sind, d. h. wenn das Substrat im Überschuß vorhanden und die Enzymkonzentration geschwindigkeitsbestimmend ist (Abb. 3.47). Für jede enzymatische Reaktion gibt es eine charakteristische Beziehung zwischen V_{max} und der Enzymkonzentration. Obgleich alle Enzyme gesättigt werden können, bestehen große Unterschiede in der Konzentration eines gegebenen Substrats, die zur Sättigung des Enzyms führt. Der Grund hierfür liegt darin, daß sich die Enzyme in ihren Affinitäten zu ihren Substraten unterscheiden. Je größer die Tendenz des Enzyms ist, mit seinem Substrat einen ES-Komplex zu bilden, desto größer ist der Prozentsatz der gesamten Enzymmenge E_t, der bei jeder gegebenen Substratkonzentration als ES-Komplex vorliegt. Je höher diese Affinität ist, desto niedriger ist die zur Sättigung des Enzyms notwendige Substratkonzentration.

Die Beziehung zwischen der Kinetik einer enzymkatalysierten Reaktion und der Affinität des Enzyms für das Substrat wurde in den Anfangsjahren des 20. Jahrhunderts erkannt. Die allgemeine Theorie der Enzymwirkung und Kinetik wurde 1913 von Leonor Michaelis und Maud L. Menten aufgestellt und später von G. E. Briggs und J. B. S. Haldane erweitert. Die **Michaelis-Menten-Gleichung** ist die Geschwindigkeitsgleichung für eine enzymkatalysierte Reaktion mit nur einem Substrat:

$$v_0 = \frac{V_{max}[S]}{K_M + [S]} \quad (3.11)$$

wobei v_0 die anfängliche Reaktionsgeschwindigkeit bei der Substratkonzentration [S], V_{max} die Reaktionsgeschwindigkeit bei einem Überschuß an Substrat und K_M die **Michaelis-Menten-Konstante** darstellt. Betrachten wir den Sonderfall, bei dem $v_0 = ½ V_{max}$ ist. Die Gleichung lautet dann:

$$\frac{V_{max}}{2} = \frac{V_{max}[S]}{K_M + [S]} \quad (3.12)$$

Division durch V_{max} ergibt:

$$\frac{1}{2} = \frac{[S]}{K_M + [S]} \quad (3.13)$$

Nach Umformen der Gleichung erhalten wir:

$$K_M + [S] = 2[S] \quad (3.14)$$

oder

$$K_M = [S] \quad (3.15)$$

Infolgedessen ist K_M die Substratkonzentration, bei der die Reaktionsgeschwindigkeit die Hälfte der Maximalgeschwindigkeit V_{max} erreicht (die bei Substratsättigung des Enzyms vorliegt).

Die Michaelis-Menten-Konstante K_M (mit der Dimension mol/l) hängt von der Affinität des Enzyms für ein Substrat ab. Für ein bestimmtes Enzym und Substrat entspricht K_M der Substratkonzentration, bei der die anfängliche Reaktionsgeschwindigkeit ½ V_{max} ist. Folglich stellt K_M die Substratkonzentration dar, bei der die Hälfte der Enzymmenge mit dem Substrat in Form eines Enzym-Substrat-Komplexes verbunden ist; d. h. $[E_t]/[ES] = 2$. Der Wert von K_M kann aus der Kurve v_0 gegen [S] bestimmt werden (Abb. 3.47). Je größer die Affinität zwischen einem Enzym und seinem Substrat ist, desto niedriger liegt der K_M-Wert der Reaktion. Umge-

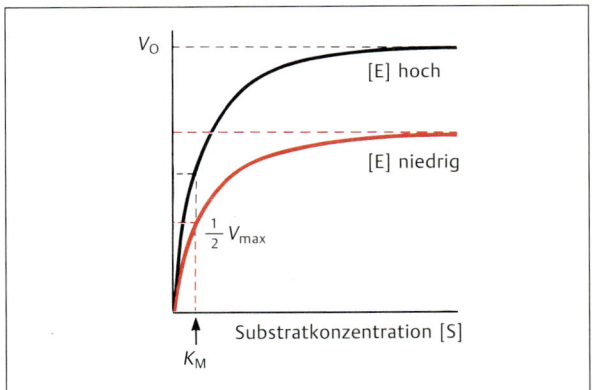

Abb. 3.47 Michaelis-Menten-Konstante. Bei einer gegebenen Enzymkonzentration [E] steigt die Anfangsgeschwindigkeit v_0 der Reaktion S → P linear mit zunehmender Substratkonzentration [S] an. Schließlich ist das gesamte Enzym gesättigt; zu diesem Zeitpunkt wird die Enzymmenge geschwindigkeitsbestimmend. Die Michaelis-Menten-Konstante K_M entspricht der Substratkonzentration, bei der die Reaktionsgeschwindigkeit die Hälfte der maximalen Geschwindigkeit beträgt (d. h. die Hälfte der Enzyme ist in Enzym-Substrat-Komplexen gebunden). Die schwarze und die farbige Kurve stehen für verschiedene Enzymkonzentrationen [E]. Beachte, daß K_M von [E] unabhängig ist, wohingegen V_{max} direkt von [E] abhängt.

kehrt ist $1/K_M$ ein Maß für die Affinität des Enzyms für sein Substrat. Wie die Kurven für zwei verschiedene Enzymkonzentrationen in Abb. 3.47 zeigen, ist K_M von der Enzymkonzentration unabhängig, nicht aber V_{max}.

Die Michaelis-Menten-Gleichung (3.11) zeigt, daß die Beziehung zwischen v_0 und der Substratkonzentration [S] eine hyperbolische Funktion darstellt, die nur mit vielen Werten exakt gezeichnet werden kann (Abb. 3.47). Die Gleichung kann jedoch algebraisch in die **Lineweaver-Burk-Gleichung** umgeformt werden, die mit Hilfe weniger Bezugspunkte schnell und exakt graphisch dargestellt werden kann:

$$\frac{1}{v_0} = \frac{K_M}{V_{max}} \frac{1}{[S]} + \frac{1}{V_{max}} \quad (3.16)$$

Aus dieser Gleichung geht hervor, daß die graphische Darstellung von $1/v_0$ gegen $1/[S]$ eine Gerade mit der Steigung K_M/V_{max} und den Abschnitten $1/V_{max}$ auf der $1/v_0$-Achse und von $-1/K_M$ auf der $1/[S]$-Achse ergibt (Abb. 3.48). Aufgrund der linearen Kurve benötigt man also nur zwei Datenpunkte (v_0 von zwei [S]-Werten), um ein Lineweaver-Burk-Diagramm zeichnen zu können. V_{max} und K_M lassen sich aus den beiden Schnittpunkten bestimmen.

Es sei darauf hingewiesen, daß die Michaelis-Menten-Analyse nicht auf Enzym-Substrat-Interaktionen beschränkt ist. Sie kann vielmehr (und wird auch oft) auf jedes System angewandt werden, das eine hyperbolische Sättigungskinetik wie in Abb. 3.47 aufweist.

Enzymhemmung

Die Aktivität der meisten Enzyme kann durch bestimmte Moleküle gehemmt werden. Dies wird im folgenden Abschnitt dargestellt. In lebenden Zellen dient die Enzymhemmung zur Regulation enzymatischer Reaktionen. Durch die Erforschung der molekularen Hemm-Mechanismen – dabei wurden physiologische und nicht physiologische Hemmsubstanzen verwendet – haben die Enzymologen wichtige Eigenschaften aktiver Zentren von Enzymen und der Mechanismen der Enzymwirkung entdeckt. Die therapeutische Wirkung vieler Pharmaka beruht auf deren Fähigkeit, spezifische Enzyme zu hemmen, wodurch sie metabolische oder physiologische Prozesse blockieren, die an der Ausprägung eines Krankheitsbildes beteiligt sind. So blockiert z.B. das Pharmakon Saralasin die Wirkung des Enzyms Angiotensin II und senkt damit den Blutdruck bei Bluthochdruckpatienten.

Enzyme können durch Stoffe, die mit funktionellen Gruppen im aktiven Zentrum sehr stabile kovalente Bindungen eingehen und dadurch die Bildung eines Enzym-Substrat-Komplexes behindern, vergiftet werden. Diese Einwirkung kann eine irreversible Hemmung zur Folge haben. Für die normale Zellfunktion sinnvoll und von großer Bedeutung sind jedoch zwei Arten der reversiblen Hemmung.

- Die **kompetitive Hemmung** wird durch Substanzen hervorgerufen, die direkt mit dem aktiven Zentrum eines Enzyms reagieren. Sie kann durch eine Erhöhung der Substratkonzentration aufgehoben werden.
- Die **nichtkompetitive Hemmung** wird durch Substanzen verursacht, die mit Abschnitten außerhalb des aktiven Zentrums des Enzyms reagieren. Sie wird durch Erhöhung der Substratkonzentration nicht beeinflußt. Sie kann nur durch Verdünnung oder Beseitigung des Hemmstoffes beseitigt werden.

Die kompetitiven Inhibitoren sind ähnlich gebaut wie die Substratmoleküle und konkurrieren mit diesen um das aktive Zentrum (Abb. 3.49). Die Erhöhung der Konzentration des einen vermindert deshalb die Bindungswahrscheinlichkeit des anderen. Aus diesem Grund ist die kompetitive Hemmung reversibel, wenn die Substratkonzentration erhöht wird. Da der nichtkompetitive Inhibitor sich nicht mit dem aktiven Zentrum verbindet, ist seine chemische Struktur typischerweise nicht mit derjenigen des Substrats verwandt. Der nicht kompetitive Inhibitor kann von seiner Bindungsstelle durch die Erhöhung der Substratkonzentration nicht verdrängt werden, da er nicht mit dem Substrat um die Bindung an das Enzym konkurriert. Im Lineweaver-Burk-Diagramm lassen sich kompetitive und nichtkompetitive Hemmstoffe leicht unterscheiden (Abb. 3.50). Auch

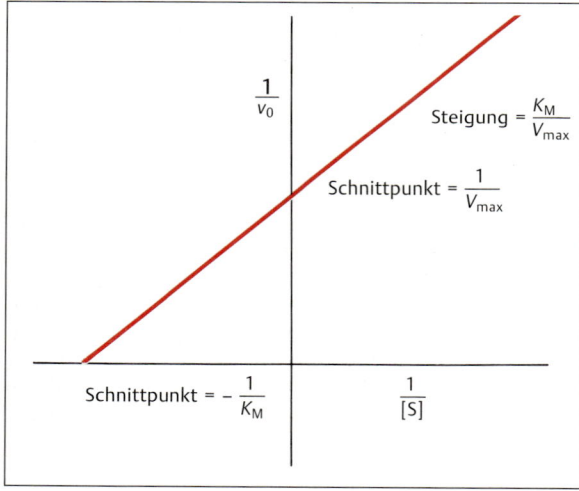

Abb. 3.48 Lineweaver-Burk-Diagramm. Der reziproke Wert der Reaktionsgeschwindigkeit ($1/v_0$) ist gegen den reziproken Wert der Substratkonzentration ($1/[S]$) aufgetragen. Eine Enzymreaktion mit der Kinetik erster Ordnung schneidet die x-Achse bei $-1/K_M$ und die y-Achse bei $1/V_{max}$.

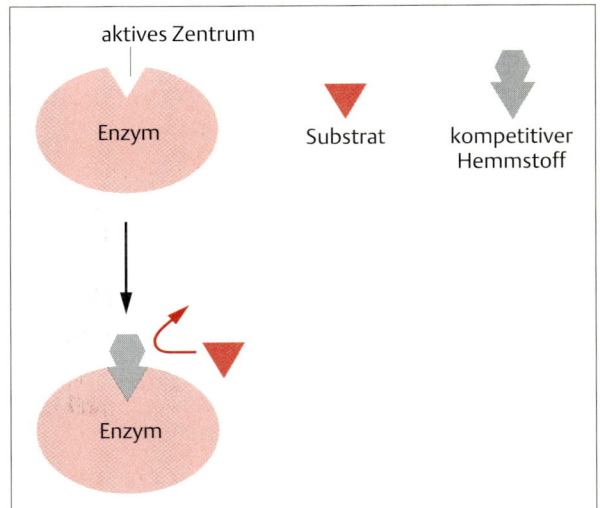

Abb. 3.49 Mechanismus der kompetitiven Hemmung. Der Hemmstoff bindet an das aktive Zentrum eines Enzyms und verhindert somit die Bindung des Substrats. Wird die Substratkonzentration jedoch erhöht, können Substratmoleküle die gebundenen Hemmstoffmoleküle verdrängen. Die kompetitive Hemmung ist daher reversibel.

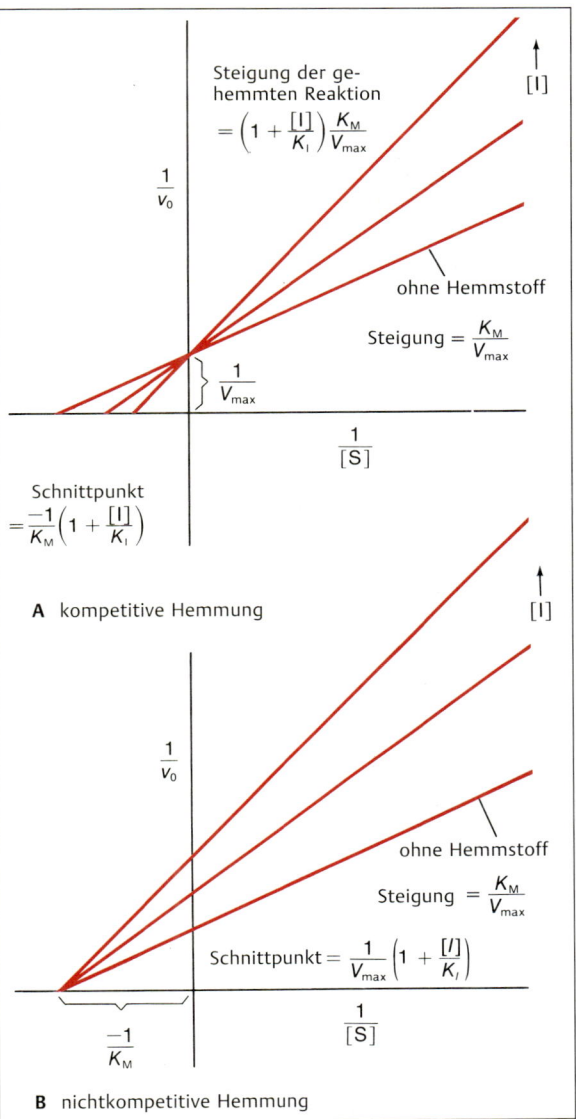

A kompetitive Hemmung

B nichtkompetitive Hemmung

Abb. 3.50 Wirkungen kompetitiver und nicht kompetitiver Hemmstoffe auf K_M und V_{max}. A Ein kompetitiver Hemmstoff erhöht K_M, nicht aber V_{max}. **B** Ein nichtkompetitiver Hemmstoff ändert dagegen K_M nicht, vermindert jedoch V_{max}. Kinetisch wirkt sich dies aus wie eine Verminderung der Enzymkonzentration. [I] = Konzentration des Hemmstoffs, [S] = Substratkonzentration, K_I Dissoziationskonstante des Inhibitor-Enzym-Komplexes.

wenn beide Inhibitoren die Steigung des Lineweaver-Burk-Graphen erhöhen, was eine Abnahme in der Reaktionsgeschwindigkeit anzeigt, haben sie entgegengesetzte Wirkungen auf die Schnittpunkte des Graphen mit den Achsen des Diagramms.

Ein kompetitiver Hemmstoff verändert V_{max} einer enzymatischen Reaktion nicht. Extrapoliert man die Substratkonzentration so, daß sich 1/[S] an Null annähert, wird das Substrat alle inhibitorischen Moleküle vom Enzym verdrängen. Der Schnittpunkt des Graphen mit der $1/v_0$-Achse des Lineweaver-Burk-Diagramms, der $1/V_{max}$ entspricht, wird von dem kompetitiven Inhibitor nicht beeinflußt (Abb. 3.50 A). Andererseits wird in Anwesenheit eines kompetitiven Inhibitors der Schnittpunkt des Graphen mit der 1/[S]-Achse in Richtung einer höheren Substratkonzentration verschoben. Dies bedeutet, daß in Gegenwart des konkurrierenden Inhibitors eine höhere Substratkonzentration erforderlich ist, um zu jedem Zeitpunkt die Hälfte der Enzymmenge mit dem Substrat in einen Komplex zu binden. Ein kompetitiver Inhibitor erhöht K_M um einen Betrag, der mit der Konzentration des Inhibitors [I] und der Dissoziationskonstanten K_I des Inhibitor-Enzym-Komplexes in Beziehung steht. So wie [I] ansteigt bzw. K_I abfällt (d.h. je fester die Bindung des Inhibitors an das Enzym ist), desto größer ist die Verschiebung des Schnittpunkts an der 1/[S]-Skala in Richtung eines höheren [S]-Wertes.

Da ein nicht-kompetitiver Inhibitor nicht direkt die Bindung eines Substrats an ein Enzym beeinflußt, verändert er den Schnittpunkt des Graphen mit der 1/[S]-Achse des Lineweaver-Burk-Diagramms nicht (Abb. 3.**50B**). Mit anderen Worten: der K_M-Wert eines Enzyms wird durch einen nicht-kompetitiven Inhibitor nicht beeinflußt. Andererseits sinkt der Wert von V_{max} durch einen nicht kompetitiven Inhibitor, wie am Schnittpunkt an der $1/v_0$-Achse zu erkennen ist. Dieser Effekt beruht darauf, daß der nicht kompetitive Hemmstoff von seiner Bindungsstelle am Enzym nicht durch eine erhöhte Substratkonzentration zu verdrängen ist. Die kinetische Wirkung eines nicht-kompetitiven Inhibitors besteht darin, das katalytische Potential oder die Wechselzahl eines Enzyms zu vermindern; die effektive Enzymkonzentration und damit V_{max} wird also herabgesetzt. Es ist deshalb nicht weiter verwunderlich, daß der K_M-Wert eines Enzyms auch nach Zugabe eines nicht-kompetitiven Hemmstoffes unverändert bleibt, denn K_M ist, wie oben bereits erwähnt, von der Enzymkonzentration unabhängig.

Regulierung von Stoffwechselreaktionen

Ohne eine Regulation der Reaktionsgeschwindigkeiten würde dem Zellstoffwechsel jegliche Koordination und Ordnung fehlen. Wachstum, Differenzierung und Instandhaltung wären unmöglich, ganz zu schweigen von kompensatorischen Antworten des biologischen Apparates auf äußere Belastungen. Die Regulation erfolgt meistens über die Kontrolle der Menge oder der Aktivität der verschiedenen Enzyme, die annähernd alle biologischen Reaktionen katalysieren. Im folgenden werden die drei Hauptprinzipien der Stoffwechselkontrolle beschrieben.

Kontrolle der Enzymsynthese

Die Zahl der in einer Zelle vorkommenden Enzymmoleküle ist eine Funktion der Geschwindigkeit von Synthese und Zerstörung der Enzymmoleküle. Enzymmoleküle werden durch Temperaturerhöhung denaturiert und durch die Einwirkung proteolytischer Enzyme gespalten. Die Synthesegeschwindigkeit kann unter bestimmten Umständen, wie z.B. bei Mangelernährung oder durch eingeschränkte Verfügbarkeit von Aminosäurebausteinen, begrenzt werden. In der Regel wird die Syntheserate eines bestimmten Enzyms auf molekularer Ebene durch die Veränderung der Transkriptionshäufigkeit des entsprechenden Gens geregelt.

Abb. 3.**51** zeigt modellhaft die Kontrolle der Enzymsynthese, wie sie 1961 von François Jacob und Jacques Monod aufgrund ihrer Untersuchungen an Bakterien

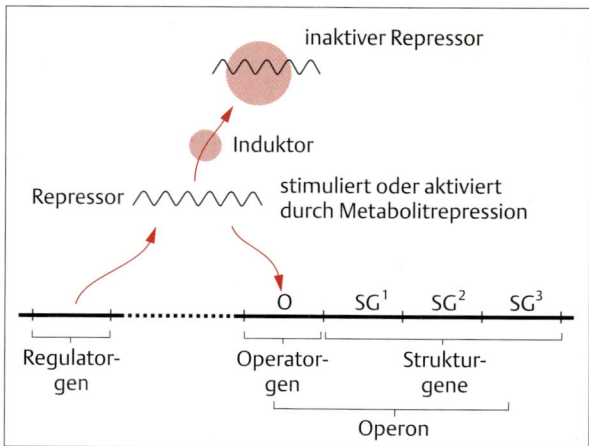

Abb. 3.51 Jacob-Monod-Operonmodell zur Regulation der Enzymsynthese. Die Bindung des Repressormoleküls an den Operator verhindert die Transkription benachbarter Strukturgene. In Gegenwart eines Induktors wird diese Blockade aufgehoben, und die in den Strukturgenen codierten Enzyme werden gebildet. Bei einigen Operonen bleibt der Repressor inaktiv, bis er sich mit einem kleinen Corepressormolekül verbindet. In einem solchen Falle werden so lange Enzyme synthetisiert, wie die Konzentration des Corepressors niedrig ist (nach Goldsby, 1967).

vorgeschlagen wurde. Die Autoren fanden, daß die **Strukturgene** für verschiedene Enzyme eines bestimmten Stoffwechselwegs in der DNA-Sequenz nebeneinander lokalisiert sein können. Neben dem ersten dieser miteinander verbundenen Gene befindet sich ein kurzer als **Operator** bezeichneter DNA-Bereich. Der Operator und die mit ihm assoziierten Strukturgene bilden zusammen ein **Operon.** Die Transkription der Strukturgene zur mRNA, welche für die Enzymsynthese notwendig ist, kann durch ein **Repressorprotein**, das von einem **Regulatorgen** kodiert wird, „an"- und „ausgeschaltet" werden. Die Bindung des Repressorproteins an den Operator kontrolliert die Transkription der nachfolgenden Strukturgene. Damit wird die Synthese aller vom Operon kodierten Enzyme durch die Interaktion des Repressorproteins mit dem Operator kontrolliert. In einigen Operonen verhindert die Verbindung des Repressorproteins mit einem kleinen organischen Molekül, dem **Inducer**, dessen Bindung an den Operator (Abb. 3.**51**). Bei anderen Operonen kann das Repressorprotein dagegen nur dann an den Operator binden, wenn es mit einem kleinen Molekül, dem **Corepressor,** verbunden ist.

Einige Zellen synthetisieren die Enzyme bestimmter Stoffwechselwege (z.B. diejenigen, die am Lactosestoffwechsel beteiligt sind) nur, nachdem sie dem Ausgangssubstrat (oder verwandten Molekülen) dieser Reaktionswege ausgesetzt waren. Dieses Phänomen wird als **Enzyminduktion** bezeichnet und kann mit dem **Jacob-Monod-Modell** erklärt werden. In diesem Falle wirkt das Substrat als Induktor; die Bindung des Substrats an das Repressorprotein hebt die Repression der Strukturgene auf. Die Zelle beginnt daraufhin, die entsprechenden Enzyme zu synthetisieren, um das Substrat verwerten zu können. Dieser Vorgang ist ein Beispiel für die ökonomische Arbeitsweise des Stoffwechsels, denn die induzierbaren Enzyme werden nur bei Bedarf synthetisiert (d.h. wenn ihr Substrat vorhanden ist).

Die Synthese der Enzyme, die an einer biosynthetischen Reaktionssequenz beteiligt sind, kann durch das Endprodukt reguliert werden. In diesem Falle bleibt das vom Regulatorgen gebildete Repressorprotein, der **Aporepressor**, solange inaktiv, bis es sich mit einem kleinen organischen Molekül, dem Corepressor, der das Endprodukt der biosynthetischen Reaktionskette bildet, verbunden hat. Die Bindung des aktiven Repressors (d.h. der **Aporepressor-Corepressor-Komplex**) an den Operator verhindert die Transkription der Strukturgene des Operons und damit die Synthese der entsprechenden Enzyme. Gelegentlich sind die bakteriellen Gene der Enzyme einer biosynthetischen Reaktionskette nicht nebeneinander in einem Operon organisiert, so daß sie nicht gemeinsam reguliert werden können. Wenn aber die Synthese eines Enzyms, das am Anfang einer Biosynthesekette aktiv ist, reguliert wird, kann damit der gesamte Syntheseweg und die Produktionsrate seines Endproduktes kontrolliert werden. Dies ist ein weiteres Beispiel für die Ökonomie des Stoffwechsels. Wenn sich das Endprodukt aus irgendeinem Grunde anhäuft, z.B. durch eine Verlangsamung der Aufnahme in die Zellstrukturen, wird der gesamte Synthesevorgang durch die Verminderung der Syntheserate des regulierten Enzyms gebremst (Abb. 3.52).

Zusätzlich zu diesen Regelkreisen besitzen Zellen weitere Mechanismen, um die Transkription von Strukturgenen und damit auch die Quantität der entsprechenden Enzyme zu regulieren. Alle diese Mechanismen sind für die Entwicklung eines Organismus von größter Bedeutung. Jede Somazelle eines Organismus enthält in ihrer DNA die gleiche Information; Zellen verschiedener Gewebe enthalten jedoch recht unterschiedliche Mengen verschiedener Enzyme. Es ist daher offensichtlich, daß in jedem Gewebe einige Gene eingeschaltet und andere abgeschaltet sind. Dies kann zum Teil durch die Mechanismen der Enzyminduktion und Repression als Antwort auf örtlich unterschiedliche chemische Milieus der verschiedenen Zellen und Gewebe in dem sich entwickelnden Organismus geschehen.

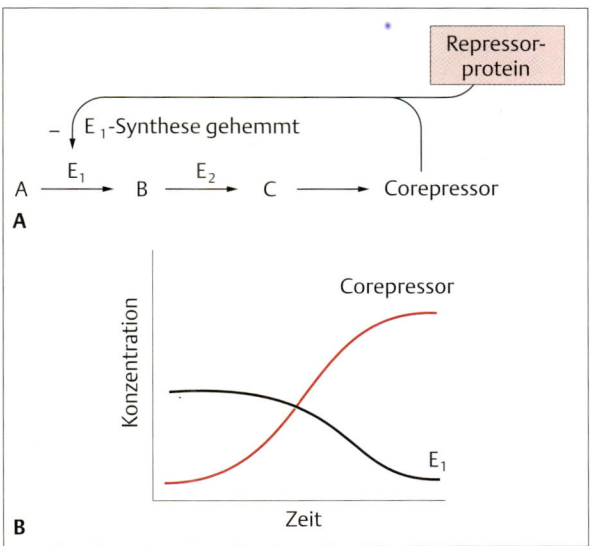

Abb. 3.52 Kontrolle der Enzymsynthese durch Endprodukthemmung. Das Endprodukt eines biosynthetischen Stoffwechselweges kann eine repressive Wirkung auf die Synthese eines Enzyms dieses Weges haben. **A** Beispiel einer negativen Rückkopplung. Die Synthese des Enzyms E_1 wird durch Anhäufung des Produkts C gehemmt. Das Endprodukt wirkt als Corepressor, der sich mit dem inaktiven Repressorprotein (oder Aporepressor) verbindet. Bindet dieser aktive Komplex an das E_1-Gen, wird dessen Transkription unterbunden. **B** Zeitverlauf der E_1- und der Corepressorkonzentration. Die Konzentration von E_1 sinkt in dem Maße, wie die des Corepressors ansteigt.

Kontrolle der Enzymaktivität

Die Aktivität einiger Enzyme wird durch Moleküle reguliert, die an **allosterische Zentren** der Enzyme binden und dadurch die Tertiärstruktur der Proteine verändern; dies wirkt sich auch auf die aktiven Zentren der Enzyme aus und verändert deren Konformation (Abb. 3.53). Die Affinität des Enzyms für sein Substrat wird dadurch vermindert oder erhöht. Allosterisch regulierte Enzyme befinden sich häufig an zentralen Stellen der Stoffwechselwege. Die Modulation ihrer Aktivität spielt bei der Regulierung des betreffenden Reaktionsweges eine dominierende Rolle.

Metabolische Rückkopplungshemmung

Einige Stoffwechselwege verfügen über eingebaute Mechanismen zur Regulierung der Geschwindigkeit der Reaktionssequenz, wobei die Menge des vorhandenen Enzyms keine Rolle spielt. Bei derartigen Reaktionswegen fungiert gewöhnlich das erste Enzym der Kette als

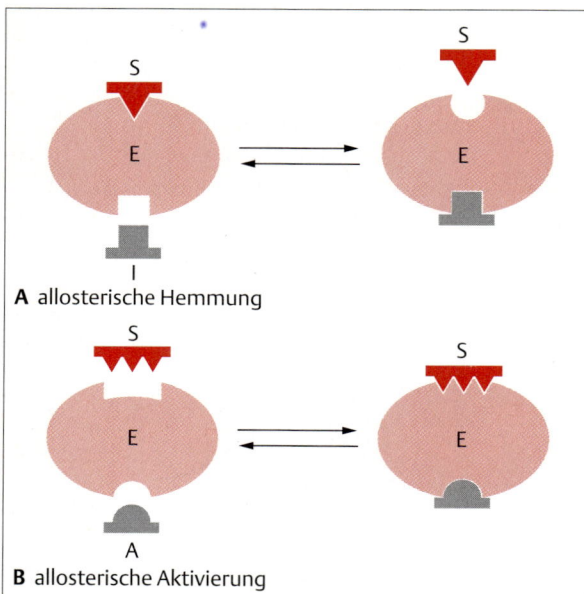

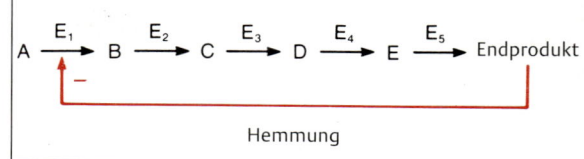

Abb. 3.53 Wirkung allosterischer Inhibitoren und Aktivatoren. Allosterische Interaktionen können zur Aktivierung oder Hemmung einer Enzymaktivität führen. **A** Die Bindung eines allosterischen Inhibitormoleküls (I) an ein Enzym ändert indirekt die Konformation des aktiven Zentrums des Enzyms (E), wodurch das Enzym inaktiviert wird. Nichtkompetitive Inhibitoren wirken über diesen Mechanismus. **B** Umgekehrt wird das aktive Zentrum eines inaktiven Enzyms durch einen allosterischen Aktivator (A) so verändert, daß das Enzym katalytisch aktiv wird.

Abb. 3.54 Kontrolle der Enzymsynthese durch allosterische Hemmung. Im dargestellten Fall beeinflußt das metabolische Endprodukt direkt die Aktivität des ersten Enzyms der Synthesekette. Während in diesem Fall die Aktivität eines Enzyms reguliert wird, wirkt der in Abb. 3.52 dargestellte Mechanismus über eine Reduktion der Enzymkonzentration, indem die Transkription des betreffenden Gens abgeschaltet wird.

regulatorisches Element. Seine Aktivität wird von der Endproduktkonzentration geregelt (Abb. 3.**54**). Eine solche **Endprodukthemmung** begrenzt die Anhäufung des Endproduktes durch eine Verlangsamung der Reaktionskette, die zu seiner Bildung führt. Die Mehrzahl der Regulationsenzyme katalysiert Reaktionen, die unter den zellulären Bedingungen praktisch irreversibel sind; aus diesem Grunde vermindert die Anhäufung ihrer Produkte die Reaktionsgeschwindigkeit nicht.

Die Interaktion des Endprodukts eines biologischen Syntheseweges mit einem Regulatorenzym erfolgt am allosterischen Zentrum. Das Endprodukt wirkt folglich wie ein allosterischer Hemmstoff (Abb. 3.**53A**). Ein Beispiel für diesen Kontrollmechanismus findet sich im Syntheseweg des Catecholamins Noradrenalin. Noradrenalin kann sowohl als Neurotransmitter, aber auch als Hormon wirken. Eine hohe Catecholamin-Konzentration hemmt die Synthese des Enzyms Tyrosinhydroxylase, welches für die Bildung von Noradrenalin benötigt wird.

Enzymaktivierung

Da für die Aktivität einiger Enzyme Cofaktoren erforderlich sind, hat die Zelle noch eine weitere Möglichkeit, die Geschwindigkeit biochemischer Reaktionen zu regulieren. Wie bereits erwähnt, ist Ca^{2+} – wie auch einige andere Kationen – ein Cofaktor für verschiedene Enzyme (Tab 3.9). Im Falle einiger Enzyme wirken die Kationen als allosterische Aktivatoren (Abb. 3.**53B**). Es scheint aber nicht nur einen Mechanismus zu geben, mit dem man die Wirkung von Cofaktoren auf die Enzymaktivität erklären kann.

Die intrazelluläre freie Konzentration bestimmter Ionen hängt von ihrer Diffusion und ihrem aktiven Transport durch Membranen ab, welche die cytoplasmatischen Kompartimente der Zelle vom extrazellulären Raum und den intrazellulären Speichern bestimmter Ionen abtrennen. Durch die Regelung der Cofaktor-Konzentration kann die Zelle die Aktivität bestimmter Enzyme modulieren. Ein wichtiger und weit verbreiteter Cofaktor ist das Ca^{2+}-Ion, das im **Cytosol** (unstrukturierte Flüssigkeitsphase des Cytoplasmas, in dem viele Stoffwechselprozesse ablaufen) in niedrigeren Konzentrationen vorliegt als andere Kationen. Die extrazelluläre Ca^{2+}-Konzentration ist typischerweise 1000mal höher als die des Cytosols ($< 10^{-6}$ M). Änderungen in der intrazellulären Ca^{2+}-Konzentration spielen bei vielen physiologischen und biochemischen Funktionen eine entscheidende Rolle. Winzige Änderungen im Einstrom von Ca^{2+} durch die Zellmembran oder durch die Membranen von Organellen können zu wesentlichen **Prozentänderungen** in der intrazellulären freien Ca^{2+}-Konzentration führen (Abb. 9.16). Die besondere Rolle des Ca^{2+} als intrazellulärem Regulationsmolekül wird in Kap. 9 dargestellt.

Nach Betrachtung der Prinzipien, die der zellulären Energetik und den enzymkatalysierten Reaktionen zugrunde liegen, wenden wir uns der Bildung von ATP zu, dem Schlüsselmolekül für die Energieübertragung in Zellen.

ATP-Produktion im Stoffwechsel

Wegen der besseren Anschaulichkeit wollen wir die am Anfang des Kapitels dargestellte Analogie zwischen einem Tier und einer Maschine weiterführen. Vergleicht man den Energieverbrauch eines Tieres mit dem eines Autos, erkennt man, daß beide Systeme chemischen Brennstoff benötigen, um Energie für ihre Tätigkeiten gewinnen zu können. Der Einsatz der Brennstoffe unterscheidet sich aber in einer sehr wichtigen Hinsicht. Im Automotor werden die organischen Brennstoffmoleküle des Benzins (im idealen Fall) in einem explosiven Schritt zu CO_2 und H_2O oxidiert. Die von der raschen Oxidation erzeugte Hitze bewirkt eine beträchtliche Druckerhöhung der Gase im Zylinder. Auf diese Weise wird die chemische Energie des Benzins in mechanische Bewegung (kinetische Energie) umgewandelt. Diese Umwandlung ist abhängig von der hohen Temperatur, die durch die Verbrennung des Benzins entsteht, denn die chemische Energie des Benzins wird direkt in Wärme umgewandelt, und diese kann nur dann in Arbeit umgewandelt werden, wenn zwischen zwei Teilen der Maschine Temperatur- oder Druckunterschiede bestehen.

Da lebende Systeme nur kleine Temperatur- und Druckunterschiede ertragen, wäre die durch die Verbrennung des Brennstoffes in einem einzigen Schritt freigesetzte Wärme zur Aufrechterhaltung der Aktivitäten eines Lebewesens völlig unbrauchbar. Aus diesem Grunde haben die Zellen Stoffwechselmechanismen zur stufenweisen Umwandlung von chemischer Energie in einer Reihe von Einzelreaktionen entwickelt. Die in der Nahrung enthaltene Energie wird durch die Bildung von Zwischenprodukten mit allmählich geringerem Energiegehalt gewonnen. Bei jedem dieser exergonischen Schritte wird ein Teil der chemischen Energie als Wärme freigesetzt, während der Rest als freie Energie an die Reaktionsprodukte weitergeleitet wird. Die in der Struktur der Zwischenverbindungen konservierte und gespeicherte chemische Energie wird dann in die Bildung des energiereichen und vielseitig einsetzbaren ATP und anderer energiereicher Zwischenprodukte investiert. Die chemische Energie dieser Moleküle wird dann den zahlreichen zellulären Prozessen zugänglich gemacht (Abb. 3.55).

Wie bereits besprochen gewinnen Tiere ihre Energie aus drei Klassen von Nahrungsmolekülen: Kohlenhydrate, Lipide und Proteine (Abb. 3.56). Nach der Verdauung gelangen diese als Pentosen oder Hexosen, Fettsäuren und Aminosäuren in das Kreislaufsystem. Diese kleinen Moleküle gelangen dann in die Gewebe und Zellen der Tiere, wo sie zur Gewinnung chemischer Energie gespalten werden oder zum Aufbau größerer Moleküle wie den Polysacchariden (z.B. Glykogen), Fetten oder Proteinen dienen. Auch diese werden schließlich mit wenigen Ausnahmen gespalten und als CO_2, H_2O und Harnstoff ausgeschieden. Fast alle molekularen Bestandteile einer Zelle befinden sich in einem dynamischen Gleichgewicht und werden fortwährend durch neue Komponenten, die aus den einfacheren organischen Molekülen aufgebaut werden, ersetzt.

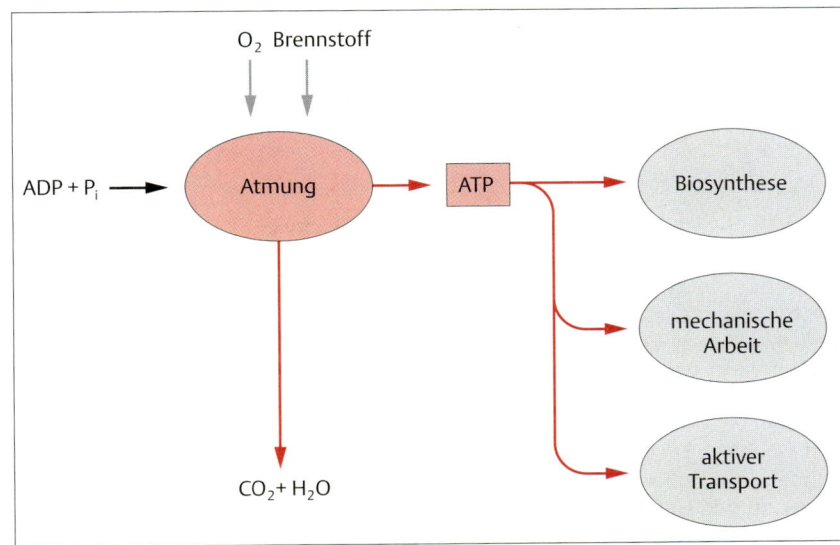

Abb. 3.55 Die Hydrolyse von ATP treibt zahlreiche energieverbrauchende Prozesse biologischer Systeme an. Das bei der Hydrolyse anfallende ADP wird zur Synthese von ATP recycelt; die Phosphorylierung des ADP wird durch die energieliefernde Oxidation von Nahrungsmitteln zu CO_2 und H_2O ermöglicht.

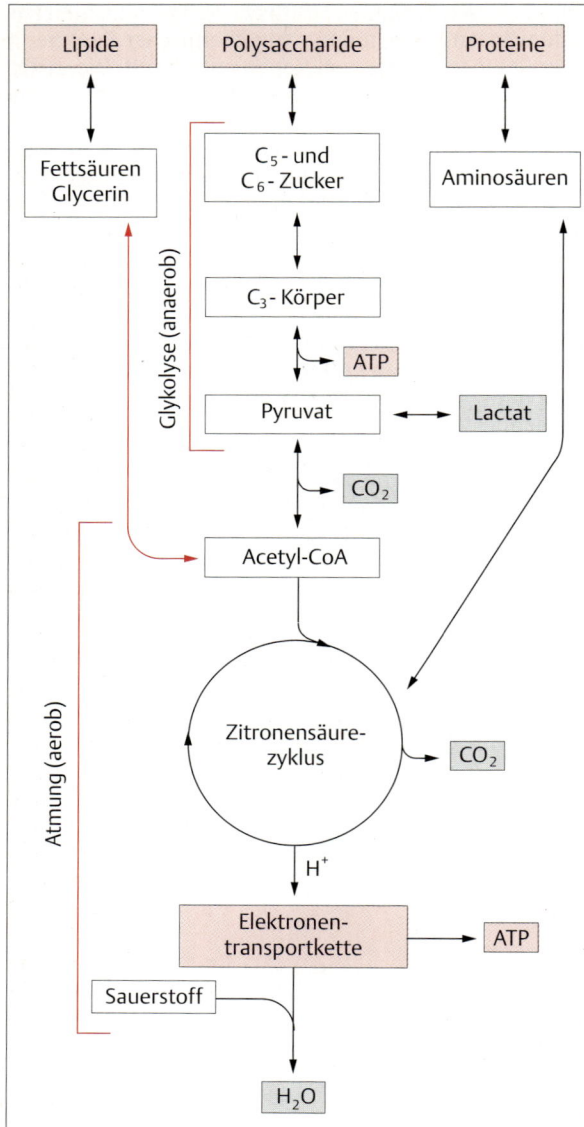

ben (d.h. sauerstofffreien) Bedingungen leben. Die Anaerobier können in zwei Klassen unterteilt werden:
- **Obligatorische Anaerobier**, die in Gegenwart von Sauerstoff nicht gedeihen können (z.B. das Botulismus-Bakterium *Clostridium botulinum*) und
- **fakultative Anaerobier** wie die Hefe, die sowohl bei Anwesenheit als auch bei Abwesenheit von Sauerstoff überleben und sich vermehren können.

Alle Vertebraten und die meisten Evertebraten benötigen für die Zellatmung molekularen Sauerstoff; ihre Lebensweise wird deshalb als **aerob** bezeichnet. Sie enthalten aber Gewebe, die für eine gewisse Zeit ihren Stoffwechsel auch anaerob weiterführen können; dabei entsteht eine **Sauerstoffschuld**, die ausgeglichen wird, wenn Sauerstoff wieder ausreichend vorhanden ist.

Wie diese Beobachtungen zeigen, gibt es in tierischen Geweben zwei verschiedene energieliefernde Stoffwechselwege (Abb. 3.57):
- den **aeroben Stoffwechsel**, bei dem die Nahrungsmoleküle durch molekularen Sauerstoff vollständig zu CO_2 und Wasser oxidiert werden, und
- den **anaeroben Stoffwechsel**, bei dem die Nahrungsmoleküle unvollständig zu Lactat oxidiert werden.

Der Energieertrag pro Molekül Glucose im anaeroben Stoffwechsel beträgt nur einen Bruchteil dessen, was der aerobe Stoffwechsel liefert. Aus diesem Grunde können Zellen mit einer hohen Stoffwechselrate und geringen Energiespeichern den Entzug von Sauerstoff nur kurze Zeit überleben. Ein bekanntes Beispiel sind die Nervenzellen des Säugergehirns. Ein Sauerstoffmangel von einigen wenigen Minuten kann zu einem massenhaften Absterben von Zellen und zu einer dauerhaften Beeinträchtigung der Gehirnfunktion führen.

Der aerobe Stoffwechsel ist in den tierischen Zellen eng an die **Mitochondrien** gebunden. Diese Organellen, die mit dem Lichtmikroskop gerade noch wahrnehmbar sind, konnten erst mit Hilfe des Elektronenmikroskops genauer beschrieben werden (Abb. 3.58). Sie besitzen eine äußere und eine innere Membran. Diese zwei Membranen erfüllen völlig unterschiedliche Funktionen. Der von der inneren Membran umschlossene Raum

Abb. 3.56 Kohlenhydrate, Lipide und Proteine sind Energielieferanten für die Erzeugung von ATP. Metabolische Abbauzwischenprodukte dieser Nahrungsmittel können als Brennstoff in den Zitronensäurezyklus eingeschleust werden (Abb. 3.68), der mit der Elektronentransportkette verbunden ist. Während des aeroben Stoffwechsels erfolgt eine vollständige Oxidation zu CO_2 und H_2O; beim anaeroben Stoffwechsel findet keine Zellatmung statt und folglich sammelt sich Lactat an.

Einige einfache Organismen, darunter bestimmte Bakterien und Hefen, sowie einige wenige Evertebraten können unbegrenzt lange unter vollkommen **anaero-**

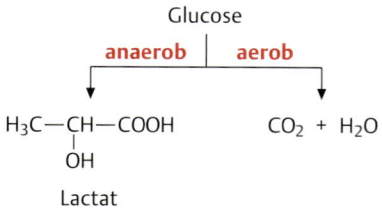

Abb. 3.57 Aerober und anaerober Abbau von Glucose. Die Energieausbeute ist beim aeroben Stoffwechsel wesentlich größer als beim anaeroben Abbau.

ATP-Produktion im Stoffwechsel

Mitochondrien kommen in den meisten Zellen sehr zahlreich vor; in einer Leberzelle liegt ihre Zahl zwischen 800 und 2500. In jenen Bereichen einer Zelle, in denen der ATP-Stoffwechsel am aktivsten ist, liegen sie besonders dicht angehäuft vor.

Oxidation, Phosphorylierung und Energieübertragung

Bevor wir unsere Überlegungen über die biochemischen Wege des zellulären Energiestoffwechsels fortsetzen, betrachten wir zunächst, wie die während des Stoffwechsels freigesetzte chemische Energie konserviert und als energiereiches Zwischenprodukt gespeichert wird. Wir erinnern uns, daß bei der Spaltung eines komplexen organischen Moleküls freie Energie freigesetzt und die Entropie der Bestandteile erhöht wird. Dies geschieht, wenn Glucose nach folgender Gesamtreaktion zu CO_2 und H_2O verbrannt wird:

$$C_6H_{12}O_6 + 6\,O_2 \longrightarrow 6\,CO_2 + 6\,H_2O$$
$$\Delta G° = -2\,872\,kJ/mol$$

Die bei der Oxidation von einem mol Glucose freigesetzten 2872 kJ (686 kcal) sind die Differenz zwischen der freien Energie, die durch die Photosynthese in die Struktur des Glucosemoleküls investiert wurde und der gesamten freien Energie, die in CO_2 und H_2O, den Reaktionsprodukten, enthalten ist. Wenn ein mol Glucose in einer einstufigen Verbrennung zu Kohlendioxid und Wasser oxidiert wird, werden die 2872 kJ als Wärme freigesetzt. Während der Zellatmung wird jedoch ein Teil dieser Energie nicht in Wärme umgewandelt, sondern als nutzbare chemische Energie konserviert und zur Phosphorylierung von ADP zu ATP genutzt. Die Gesamtreaktion für die metabolische Oxidation der Glucose in der Zelle, einschließlich der gekoppelten Phosphorylierung von ADP zu ATP, lautet:

$$C_6H_{12}O_6 + 38\,P_i + 38\,ADP + 6\,O_2 \longrightarrow 6\,CO_2 + 6\,H_2O + 38\,ATP$$
$$\Delta G° = -1\,758\,kJ \text{ (als Wärme)}$$

Also enthalten 38 mol ATP 1 114 kJ (2872 kJ − 1758 kJ), d.h. 29,3 kJ/mol ATP.

Wie wird die freie Energie des Glucosemoleküls auf das ATP übertragen? Um dies zu verstehen, muß man sich zunächst daran erinnern, daß im allgemeinen die Oxidation eines Moleküls als die Übertragung von Elektronen von diesem Molekül auf ein anderes definiert wird. Umgekehrt gilt: die Reduktion eines Moleküls ist dessen Aufnahme von Elektronen aus einem anderen Molekül. Bei einer Oxidations-Reduktions-Reaktion (Redoxreaktion) wird das **Reduktionsmittel** (Elektronendonator) durch das **Oxidationsmittel** (Elektronenakzeptor) oxidiert. Sie bilden zusammen ein **Redoxpaar**:

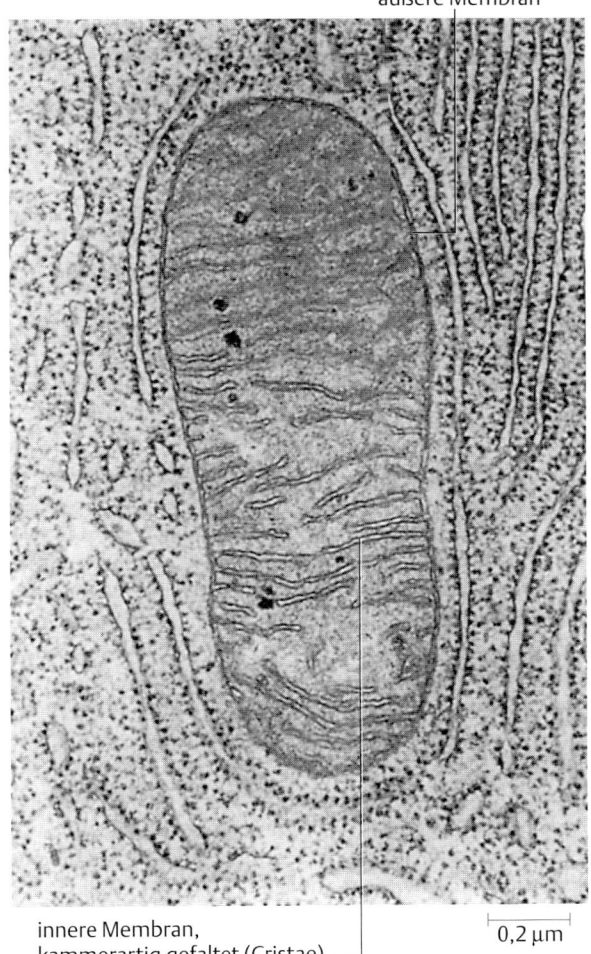

Abb. 3.58 Zellatmung findet in den Mitochondrien statt. Elektronenmikroskopisches Bild eines Mitochondriums in der Pankreaszelle einer Fledermaus. Zu erkennen sind die äußere und die innere Membran, die zu den Cristae aufgefaltet ist (mit freundlicher Genehmigung von K.R. Porter).

wird **Matrixraum**, der Raum zwischen den zwei Membranen als **Intermembranraum** bezeichnet. Die innere Membran ist gefaltet und bildet die **Cristae** (Einstülpungen in den Matrixraum), wodurch ihre Oberfläche im Vergleich zur äußeren Membran vergrößert wird. Wie wir später sehen werden, enthalten die innere Membran und der Matrixraum Enzyme, die den letzten Schritt der Nahrungsoxidation und die Bildung von ATP während der Zellatmung katalysieren. Der Matrixraum enthält Ribosomen, dichte Granula (die vor allem aus Calciumsalzen bestehen) und mitochondriale DNA. Die

$$\text{Elektronendonator} \rightleftharpoons e^- + \text{Elektronenakzeptor}$$

oder

$$\text{Reduktionsmittel} \rightleftharpoons ne^- + \text{Oxidationsmittel}$$

wobei n die Zahl der übertragenen Elektronen ist. Immer, wenn Elektronen von einem Reduktionsmittel auf ein Oxidationsmittel übertragen werden, wird Energie freigesetzt, denn die Elektronen gehen beim Übergang auf das Oxidationsmittel in eine stabilere (entropiereichere) Lage über. Die Situation ist derjenigen ähnlich, in der Wasser von einer höheren Ebene auf eine niedrigere herabfällt. Die freigesetzte Energie ist abhängig von der Differenz zwischen den beiden Ebenen.

Chemische Energie wird folglich dann freigesetzt, wenn Elektronen von einer Verbindung mit einem bestimmten **Redoxpotential** auf eine Verbindung mit einem niedrigeren Redoxpotential übertragen werden. Wenn ein Molekül ein höheres Redoxpotential besitzt als das Molekül, mit dem es die Redoxreaktion eingeht, hat es ein höheres Reduktionspotential und wird als Reduktionsmittel fungieren; hat es ein niedrigeres Redoxpotential, dient es als Oxidationsmittel. Die Änderung der freien Energie ist bei diesen Reaktionen der Differenz zwischen den Redoxpotentialen der Atome bzw. Moleküle des Redoxpaares proportional. Beim aeroben Zellstoffwechsel gelangen die Elektronen stufenweise auf ein niedrigeres Energieniveau, also von Verbindungen mit höherem Redoxpotential zu jenen mit einem niedrigeren Redoxpotential. Der letzte Elektronenakzeptor im aeroben Stoffwechsel ist der molekulare Sauerstoff. Der Sauerstoff hat sich vermutlich deshalb als das von vielen Lebensformen genutzte Oxidationsmittel etabliert, weil er ein sehr geringes Redoxpotential (d.h. eine stark oxidierende Wirkung) besitzt und infolge der Photosynthese auf der Erde überall reichlich vorhanden ist. Da der Sauerstoff im Atmungsprozeß lediglich als Elektronenakzeptor auftritt, ist es möglich, eine dem aeroben Stoffwechsel analoge Form der Energiegewinnung auch ohne den Sauerstoff ablaufen zu lassen – unter der Voraussetzung, daß ein anderer Elektronenakzeptor vorhanden ist (anaerobe Atmung).

Bei der Übertragung der Elektronen von der Glucose auf den Sauerstoff nimmt sowohl ihr Reduktionspotential als auch ihre freie Energie erheblich ab. Eine der Funktionen des Energiestoffwechsels besteht darin, die Elektronen behutsam von der Glucose zum Sauerstoff in einer Reihe von kleinen Stufen und nicht in einem einzigen großen Schritt zu transportieren. Dieser Transport wird mit Hilfe von zwei in allen Zellen vorhandenen Mechanismen ermöglicht. Erstens wird, wie schon früher erwähnt, die Umwandlung der Nahrungsmoleküle, wie z.B. der Glucose, zu den vollständig oxidierten Endprodukten (CO_2 und H_2O) in einer Reihe von vielen kleinen Schritten der molekularen Veränderung und Oxidation vollzogen. Zweitens werden die von den Substratmolekülen entfernten Elektronen über eine Reihe von Elektronenakzeptoren und Donatoren mit immer niedrigeren Redoxpotentialen schließlich auf den Sauerstoff übertragen. Wie wir im weiteren Verlauf sehen werden, wird dadurch die kontrollierte Einführung von geeigneten Energieportionen in die ATP-Synthese ermöglicht.

Elektronenübertragende Coenzyme

Bei bestimmten biochemischen Reaktionen werden den Substratmolekülen durch die unter dem Sammelbegriff **Dehydrogenasen** bekannten Enzyme Elektronen zusammen mit Protonen (also Wasserstoff) entzogen. Alle diese Enzyme wirken nur in Verbindung mit **Pyridin-** oder **Flavin-Coenzymen**. Die bekanntesten unter ihnen sind das bereits erwähnte Nikotinamid-Adenin-Dinucleotid (NAD^+) und das Flavin-Adenin-Dinucleotid (FAD). Ihre Strukturformeln sind in Abb. 3.**59** dargestellt. Diese Enzyme fungieren in ihrer oxidierten Form als Elektronenakzeptoren und in der reduzierten Form als Elektronendonatoren:

$$\text{reduziertes Substrat} + NAD^+ \rightleftharpoons NADH + H^+ + \text{oxidiertes Substrat}$$

$$\text{reduziertes Substrat} + FAD \rightleftharpoons FADH_2 + \text{oxidiertes Substrat}$$

Die Verfolgung dieser Reaktion ist experimentell sehr leicht durchzuführen, da die Absorptionsspektren der reduzierten und der oxidierten Form im ultravioletten Bereich unterschiedlich sind (Abb. 3.**60**). Ebenso verändert sich bei Oxidation bzw. Reduktion auch die Fluoreszenz im ultravioletten Licht. Diese zwei Eigenschaften ermöglichen es Physiologen und Biochemikern, Änderungen in der Menge der reduzierten Coenzyme in Zellextrakten oder lebenden Zellen mit photometrischen Methoden zu verfolgen.

Die freie Energie der reduzierten Form beider Coenzyme, NADH und $FADH_2$, ist im Vergleich zu der des Sauerstoffs sehr hoch. Die Folge davon ist, daß die Übertragung von Elektronen von den reduzierten Coenzymen auf Sauerstoff mit einer großen Änderung in der freien Energie einhergeht. Beispielsweise ist $\Delta G°$ für die Reaktion $NADH + H^+ + \frac{1}{2} O_2 \rightarrow NAD^+ + H_2O$, bei der die Elektronen von NADH auf O_2 übertragen werden, ungefähr -218 kJ/mol. Bei der Übertragung der Elektronen von $FADH_2$ auf den Sauerstoff ist das $\Delta G°$ ungefähr gleich. Während der Oxidation von 1 mol Glucose in der Zelle werden 10 mol reduziertes NAD und 2 mol reduziertes FAD gebildet. Das Produkt 12 · 218 kJ ergibt einen Gesamtwert von 2616 kJ. Es werden also 91% der freien Energie der Glucose auf elektronenübertragende Coen-

Abb. 3.59 Flavin-Adenin-Dinucleotid (FAD) und Nikotinamid-Adenin-Dinucleotid (NAD⁺) sind die wichtigsten elektronenübertragenden Coenzyme. Beide Coenzyme enthalten eine Adenosin-Gruppe (grau unterlegt) und eine von Vitaminen abgeleitete Gruppe (farbig unterlegt). Riboflavin, ein B-Vitamin, ist Bestandteil des FAD; Nikotinamid, eine Form des Vitamins Niacin, ist Bestandteil des NAD⁺. Die rot gekennzeichneten Atome der hier dargestellten oxidierten Formen der Coenzyme können Protonen und Elektronen aufnehmen.

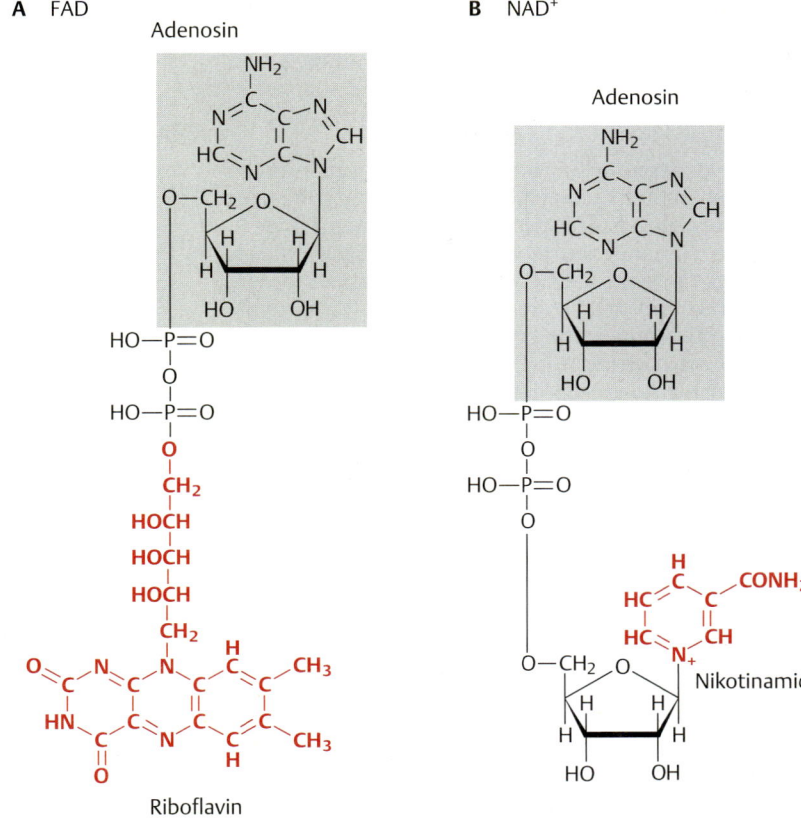

Abb. 3.60 NAD⁺ und NADH⁺ unterscheiden sich in ihren Absorptionsspektren. Da der Unterschied bei 340 nm am größten ist, wird bei dieser Wellenlänge die Reduktion von NAD⁺ zu NADH⁺ – und umgekehrt – im Labor bestimmt (nach Lehninger, 1987).

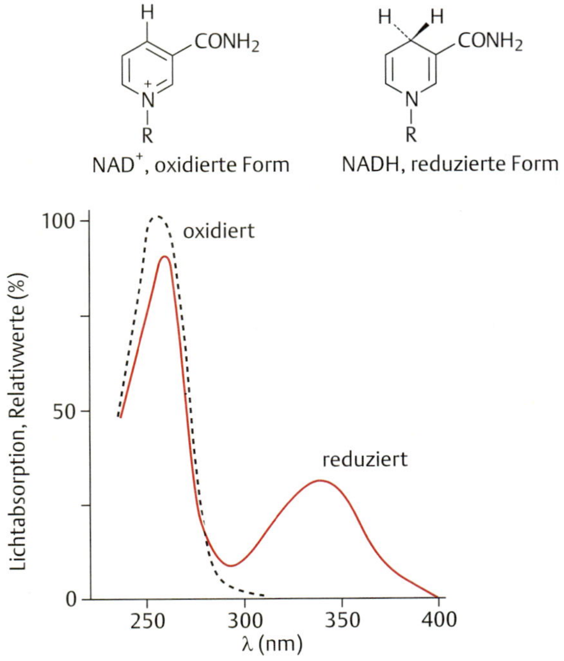

zyme überführt, um in den darauffolgenden Stufen des Elektronentransportes freigesetzt zu werden. Wie bereits erwähnt, werden 1 114 kJ dieser freien Energie für die Synthese von ATP genutzt.

Elektronentransportkette

Es ist bemerkenswert, daß es trotz der großen Differenz in den Redoxpotentialen von NADH oder FADH$_2$ und O$_2$ keinen enzymatischen Mechanismus gibt, der die direkte Oxidation dieser reduzierten Coenzyme durch den Sauerstoff ermöglicht. Statt dessen entwickelte sich in der Evolution eine komplizierte **Elektronentransportkette** oder **Atmungskette**, in der die Elektronen von dem hohen Reduktionspotential des NADH und FADH$_2$ in sieben Einzelschritten zum endgültigen Elektronenakzeptor, dem molekularen Sauerstoff, gelangen. Diese

Elektronentransportkette ist der letzte gemeinsame Weg aller Elektronen im aeroben Stoffwechsel. Seine Funktion besteht, wie wir im weiteren Verlauf sehen werden, aus der Nutzung der Elektronentransportenergie zur Bildung von ATP aus ADP und anorganischem Phosphat (P_i).

Die Elektronentransportkette besteht aus einer Reihe von Proteinen und Coenzymen, die sowohl in oxidierter als auch in reduzierter Form vorliegen können. Einige in der Kette vorhandenen Elektronenüberträger sind eisenhaltige Proteine, die **Cytochrome** genannt werden. Jedes Cytochrom enthält eine substituierte Hämgruppe. Die gefärbte Hämgruppe besteht im wesentlichen aus einem **Porphyrinring** mit einem zentralen **Eisenatom**; sie ist der pigmentierten Hämgruppe im Hämoglobinmolekül der roten Blutkörperchen der Vertebraten ähnlich (s. Abb. 13.2 B). Die substituierte Hämgruppe unterscheidet sich bei den verschiedenen Cytochromen in den vom Porphyrinring ausgehenden Seitenketten (Abb. 3.**61**). Die Cytochrome zeigen in ihrer oxidierten und reduzierten Form charakteristische Absorptionsspektren, wobei sie im reduzierten Zustand stärker im roten Bereich absorbieren. Auf Grund dieses Verhaltens machte David Keilin 1925 die ersten Entdeckungen zu ihrer Funktion. Mit Hilfe eines Spektroskops stellte er fest, daß die Flugmuskeln der Insekten Verbindungen enthalten, die während der Atmung oxidiert und reduziert werden. Er nannte diese Verbindungen Cytochrome und stellte die Hypothese auf, daß diese die Elektronen von den energiereichen Substraten auf den Sauerstoff übertragen.

Die funktionelle Anordnung der an der Elektronentransportkette beteiligten Bestandteile ist in Abb. 3.**62** dargestellt. Von links nach rechts gesehen nimmt das Redoxpotential der Cytochrommoleküle kontinuierlich ab. Als Folge davon werden die Elektronen vom NADH über die Cytochromkette in sieben gekoppelten Reaktionen bis zur letzten, der Reduktion des molekularen Sauerstoffs, transportiert. Nur das letzte Enzym in dieser Kette, das Cytochrom aa_3, ist in der Lage, seine Elektronen direkt auf den Sauerstoff zu übertragen. Durch die selektive Vergiftung an verschiedenen Punkten der Atmungskette (selektive Unterbrechung des Elektronenflusses) gelang es Biochemikern, mit Hilfe spektroskopischer Methoden zur Feststellung des oxidierten bzw. reduzierten Zustandes der Cytochrome, deren Reihenfolge in der Elektronentransportkette zu bestimmen. Wenn beispielsweise der letzte Schritt – der Elektronentransport durch die **Cytochromoxidase** (mit den Cytochromen a und a_3) auf O_2 – durch Cyanid blockiert wird, ist der Effekt auf den Elektronentransport vergleichbar mit der Entfernung des molekularen Sauerstoffs (Abb. 3.**62**). Da der Transport entlang der Kette unterbrochen ist, häufen sich die Elektronen an, wobei alle

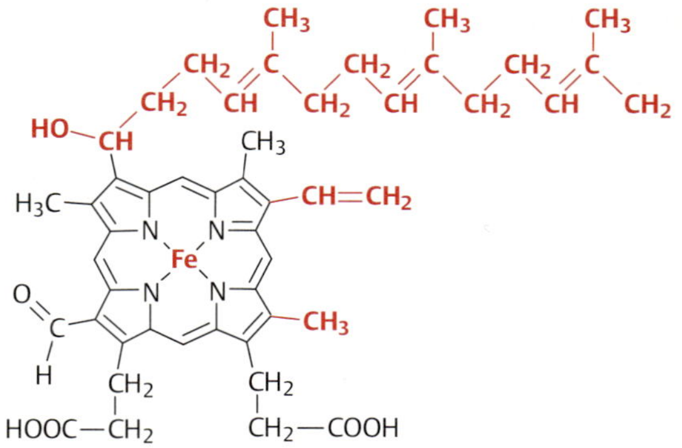

Abb. 3.61 Hämgruppen fungieren in vielen Cytochromen als elektronenübertragende prosthetische Gruppen. Struktur des Häm A, das als Elektronen-Akzeptor-Donator-Gruppe des Cytochrom aa_3 fungiert. Im Zentrum des Porphyrinrings befindet sich ein Eisenatom, das während des Transports oxidiert bzw. reduziert wird. Die farbigen Seitengruppen unterscheiden sich von denen anderer Cytochrome.

Cytochrommoleküle und andere Elektronenüberträger über der Blockade reduziert werden. Ein anderes Gift, das Antimycin, blockiert den Elektronentransport von Cytochrom b nach c, wobei die Cytochrome über dem Block vollständig reduziert, die darunter vollkommen oxidiert werden.

Die stufenweise Reaktion der Elektronen bietet gegenüber der direkten Reduktion des Sauerstoffs durch NADH oder $FADH_2$ einen großen energetischen Vorteil. Die Logik der Elektronentransportkette wird klar, wenn man in Betracht zieht, daß die Energie, die zur Phosphorylierung von ADP zu ATP (der üblichen „Energiewährung" beim biologischen Energieaustausch) im Vergleich zu der Gesamtveränderung in der freien Energie bei der Übertragung der Elektronen von NADH auf Sauerstoff klein ist. Wie besprochen, wird zur Synthese von ATP aus ADP und anorganischem Phosphat ein Minimum von 30,6 kJ/mol benötigt, während bei der Übertragung von zwei Elektronen von NADH auf den Sauerstoff 218 kJ/mol freigesetzt werden. Die Oxidation von NADH in einer einstufigen Reaktion könnte an die Bildung eines einzigen Moleküls ATP gekoppelt werden. Eine solche Reaktion wäre jedoch sehr ineffektiv, da nur 14 % der vorhandenen freien Energie des NADH als ATP konserviert würden, während 86 % als Wärme verloren gingen. So ist die Elektronentransportkette ein effektiverer Mechanismus, um die gesamte in NADH (und $FADH_2$) enthaltene Energie in kleinen Portionen freizusetzen, die jeweils gerade für die Synthese von ATP ausreichen.

Die eigentliche Synthese von ATP aus ADP und anorganischem Phosphat (P_i) während des Elektronentransports wird als **oxidative Phosphorylierung** oder **At-**

Abb. 3.62 Elektronenfluß über die Redoxsysteme der Atmungskette – Elektronenkaskade. Atmungsgifte (farbig unterlegt), die spezifische Schritte dieser Sequenz blockieren, waren für die Aufklärung der Reihenfolge der Elektronencarrier von großer Bedeutung.

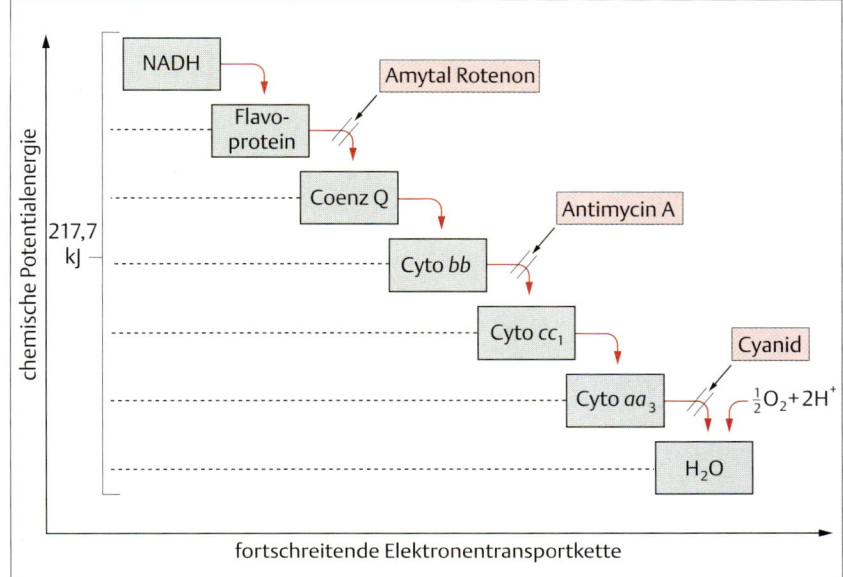

mungskettenphosphorylierung bezeichnet. Die Phosphorylierung von ADP zu ATP findet dann statt, wenn Elektronen transportiert werden
- vom Flavoprotein zum Coenzym Q,
- vom Cytochrom b zu den Cytochromen c und c_1 sowie
- von den Cytochromen a und a_3 (Cytochromoxidase) zum molekularen Sauerstoff.

Bei jedem dieser drei Schritte in der Elektronentransportkette erfolgt eine Verminderung der Energie, die gerade groß genug ist, ADP zu phosphorylieren (Abb. 3.**63**). Folglich werden für jedes Elektronenpaar, das über die ganze Kette transportiert wird, aus drei Molekülen ADP und drei Molekülen anorganischem Phosphat (P_i) drei Moleküle ATP gebildet. Jedes Elektronenpaar reduziert am Ende ein halbes Molekül Sauerstoff, um ein Wassermolekül zu bilden:

$$2\,e^- + 2\,H^+ + \tfrac{1}{2}\,O_2 \rightleftharpoons H_2O$$

Vergleicht man die Menge des verbrauchten Sauerstoffs (der in Wasser umgewandelt wurde) und die Menge des verbrauchten anorganischen Phosphats (welches in ATP eingebaut wurde) miteinander, so läßt sich das Verhältnis P/O (das Verhältnis von anorganischem Phosphat zu atomarem Sauerstoff) berechnen. Wenn z.B. an jedem der drei oben erwähnten Schritte eine oxidative Phosphorylierung stattfindet, werden pro mol Sauerstoffatome ($\tfrac{1}{2}$ mol O_2), die zur Bildung von H_2O ver-

braucht werden, drei mol anorganisches Phosphat in ATP eingebaut. Also ist P/O = 3. Das reduzierte FAD überträgt jedoch Elektronen direkt auf das Coenzym Q unter Auslassung der ersten Phosphorylierungsstufe. In diesem Fall bringt der Elektronentransport nur zwei ATP-Moleküle pro Elektronenpaar ein, damit ist P/O = 2.

Mehrere Theorien wurden zur Klärung, wie die Synthese von ATP auf molekularer Ebene mit der während des Elektronentransports freigesetzten Energie gekoppelt ist, aufgestellt. Die **chemiosmotische Theorie** ist die am weitesten akzeptierte und wird in Kap. 4 besprochen. Sie basiert u.a. auf der Beobachtung, daß die oxidative Phosphorylierung vom Elektronentransport entkoppelt wird, wenn die innere Membran der Mitochondrien „undicht" wird, d.h. wenn sie für H^+ und andere Kationen permeabel wird. In einem solchen Fall sinkt die Produktion von ATP oder hört ganz auf. Sowohl der Elektronentransport als auch die Reduktion von O_2 zu H_2O laufen zwar weiter, die gesamte Energie der Reaktion wird jedoch als Wärme freigesetzt. Die oxidative Phosphorylierung wird auch durch bestimmte Drogen, wie z.B. Dinitrophenol (DNP), vom Elektronentransport entkoppelt. Da dieses Pharmakon die Effektivität des Energiestoffwechsels beeinträchtigt, wurde es einst von Ärzten Patienten zur Gewichtsabnahme verordnet. Als man pathologische Nebenwirkungen entdeckte, wurde diese Droge nicht mehr zur Gewichtsreduktion eingesetzt.

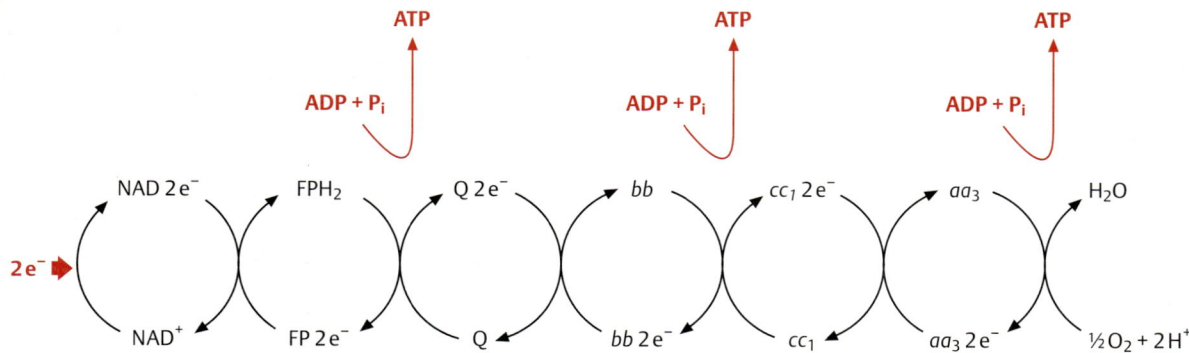

Abb. 3.63 Drei Moleküle ADP werden durch den Transport eines Elektronenpaares über die Atmungskette zu ATP phosphoryliert. Die Bildung von ATP findet an den angegebenen Schritten statt. FP = Flavoprotein, Q = Coenzym Q (Ubichinon). Die Buchstaben b, c, c_1, a und a_3 beziehen sich auf die jeweiligen Cytochrome, welche die Elektronenpaare transportieren.

Glykolyse

Die Bezeichnung **Glykolyse**, die „Spaltung von Zucker", bezieht sich auf die Reaktionskette, die von der Glucose zum Pyruvat (Brenztraubensäure) führt (Abb. 3.56). Dieser Reaktionsweg, wohl der wichtigste für den Energiestoffwechsel der tierischen Zelle, wird sowohl für die anaerobe als auch für die aerobe Freisetzung von Energie aus der Nahrung benötigt. Der glykolytische Weg wird nach zwei deutschen Biochemikern, die in den dreißiger Jahren die Einzelheiten dieses Stoffwechselweges aufklärten, auch **Embden-Meyerhof-Weg** genannt.

Der erste Schritt im glykolytischen Weg ist die Phosphorylierung von Glucose durch ATP (Abb. 3.64). Die Spaltung von Glykogen liefert ebenfalls phosphorylierte Glucose, die in den glykolytischen Weg einmünden kann. Glucose-6-phosphat wird dann in **Fructose-6-phosphat** umgewandelt, welches unter Verbrauch eines zweiten Moleküls ATP zu **Fructose-1,6-bisphosphat** phosphoryliert wird (Schritt 2 und 3). Auf den ersten Blick erscheint es für die Zelle unwirtschaftlich, für die Phosphorylierung eines einzigen mols Hexose 2 mol ATP zu verbrauchen, wo doch das Ziel der Glykolyse die Synthese von ATP ist. Bei näherer Betrachtung wird jedoch die Bedeutung der Glucose-Phosphorylierung verständlich. Bei einem physiologischen pH liegen die phosphorylierten Hexosen und Triosen (Zucker mit 3 Kohlenstoffatomen) ionisiert vor und besitzen als polare Moleküle sehr niedrige Membranpermeabilitäten. Obgleich die nicht phosphorylierte Glucose durch Diffusion über die Oberflächenmembran frei in die Zelle eindringen (bzw. diese verlassen) kann, läßt sich die phosphorylierte Form zusammen mit ihren phosphorylierten Derivaten leicht in der Zelle festhalten. Die in dieser **reaktionsanstoßenden Phosphorylierung** eingesetzten zwei mol ATP sind keineswegs verloren, denn später, in der Reaktionsfolge der Glykolyse, werden diese Phosphatgruppen – und deren intramolekulare freie Energie – auf ADP übertragen (Schritt 10), wobei die Energie der Phosphatgruppen erhalten bleibt, die in der reaktionsanstoßenden Phosphorylierung eingesetzt wurde.

Das Fructose-1,6-bisphosphat wird im vierten Schritt in zwei Triosezucker, **Glycerinaldehyd-3-phosphat** und **Dihydroxyacetonphosphat**, gespalten. Letzteres wird in einem enzymatischen Prozeß in Glycerinaldehyd-3-phosphat umgewandelt, so daß jedes mol Glucose 2 mol Glycerinaldehyd-3-phosphat liefert, die beide dem gleichen Reaktionsweg folgen. Damit ist die erste Etappe der Glykolyse beendet, welche die Umwandlung von jedem mol Hexose in zwei mol der Triose Glycerinaldehyd-3-phosphat (Schritte 1 bis 5 in Abb. 3.64) umfaßt.

Die zweite Etappe der Glykolyse beginnt mit der Oxidation des Glycerinaldehyd-3-phosphat zum **1,3-Bisphosphoglycerat** (Schritt 6). Diese Reaktion ist sehr wichtig, denn durch das Hinzufügen der zweiten Phosphatgruppe zum Triosemolekül wird die Energie konserviert, die sonst durch die Oxidation der Aldehydgruppe als Wärme freigesetzt würde (Abb. 3.39). Die Aufklärung des Mechanismus dieser und der folgenden Reaktion (Schritt 7), bei dem ADP direkt durch das Substrat zu ATP phosphoryliert wird, war einer der bedeutendsten Beiträge zur modernen Biologie. Durch diese Entdeckung lieferten Otto Warburg und seine Mitarbeiter in den späten dreißiger Jahren den ersten Einblick in einen Mechanismus, bei dem die durch eine Oxidation gewonnene Energie in Form von ATP gespeichert wird. Man bezeichnet diesen Vorgang als **Substratketten-**

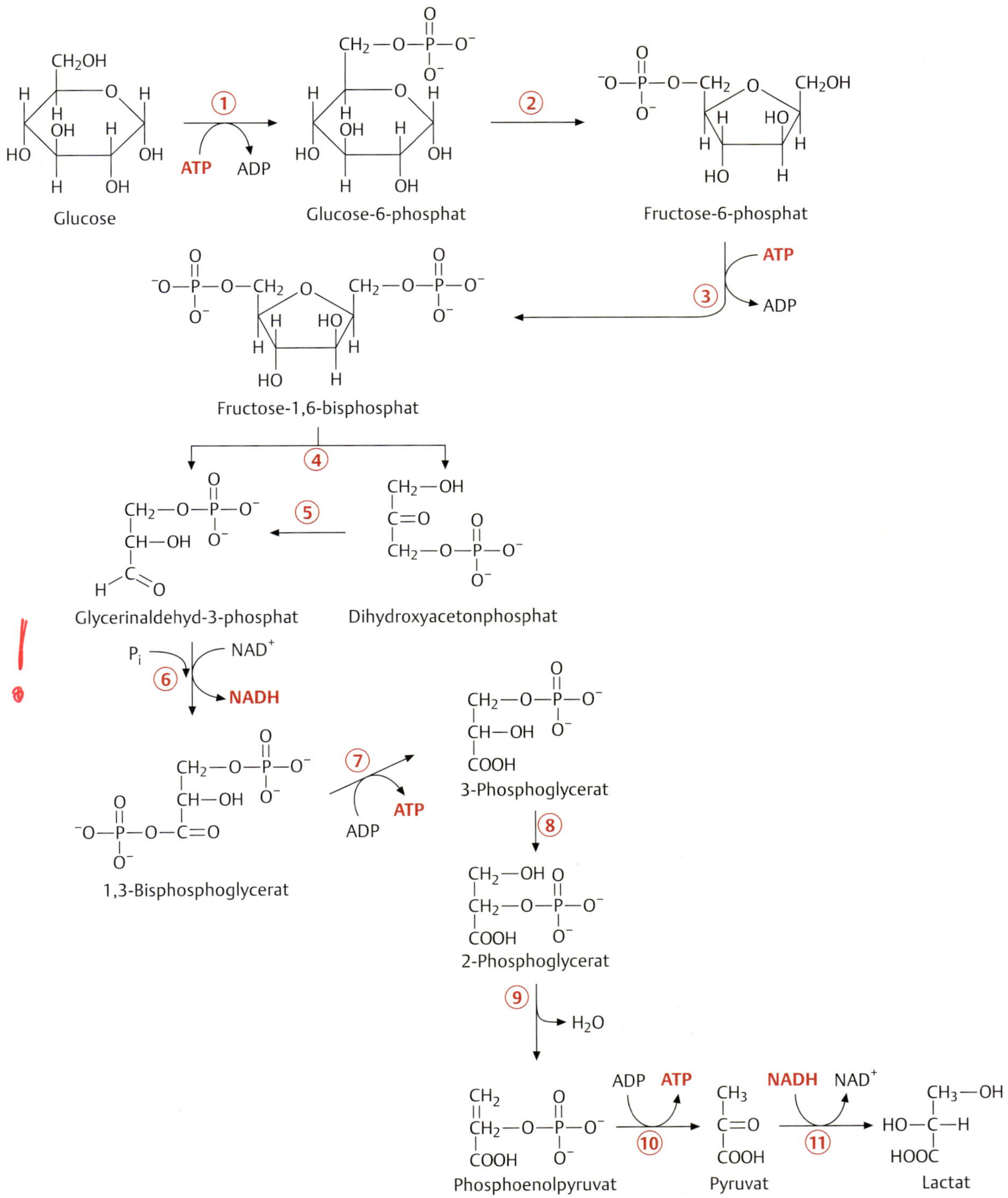

Abb. 3.64 Bei der Glykolyse (Embden-Meyerhof-Weg) wird Glucose zu Brenztraubensäure abgebaut. Unter aeroben Bedingungen wird Pyruvat weiter oxidiert; unter anaeroben Bedingungen entsteht Lactat. Beachte: bei Schritt 4 wird jedes Hexosemolekül in zwei Triosemoleküle gespalten. Die Molarität der Reaktionsstoffe wird ab Schritt 6 verdoppelt. Die energiereichen Zwischenprodukte, ATP und NADH, sind farbig dargestellt.

phosphorylierung, um ihn von der Atmungskettenphosphorylierung zu unterscheiden.

In den Schritten 8 bis 10 der Glykolyse wird **3-Phosphoglycerat** in **2-Phosphoglycerat** umgewandelt. Unter Abspaltung von Wasser entsteht das **Phosphoenolpyruvat**, das schließlich seine Phosphatgruppe an ADP abgibt, wobei ATP und Pyruvat gebildet werden. So endet die glykolytische Reaktionsfolge mit der Bildung von 2 mol Pyruvat pro mol Glucose. Die Phosphorylierung von 1 mol Hexose verbraucht 2 mol ATP, und jedes mol Triose erzeugt 2 mol ATP (Schritte 7 und 10). Da jedes mol Glucose 2 mol Triose liefert, beträgt der Nettogewinn pro mol Glucose bei der anaeroben Glykolyse 2 mol ATP.

Wie in Abb. 3.65 dargestellt, liefert die Glykolyse von 1 mol Glucose 2 mol NADH. Bei Anwesenheit von Sauerstoff – d.h. beim aeroben Stoffwechsel – wird schließlich jedes mol NADH durch molekularen Sauerstoff über die Elektronentransportkette unter gleichzeitiger Bildung von 3 mol ATP oxidiert (Abb. 3.63). Auf diese Weise wird NAD$^+$ für den Einsatz im glykolytischen Weg regeneriert. Bei Abwesenheit von Sauerstoff – d.h. beim anaeroben Stoffwechsel – wird Pyruvat (aus der Glykolyse) zu **Lactat** (Abb. 3.64, Schritt 11) oder zu Ethanol (bei bestimmten Mikroorganismen wie der Hefe) reduziert. Diese Substratreduktion ist an die Oxidation von NADH gekoppelt, welches in Schritt 6 reduziert wurde. In diesem Fall nimmt das Pyruvat anstelle des Sauerstoffs die Elektronen vom NADH auf. Ohne diese anaerobe Oxidation des reduzierten Coenzyms würde es zur Erschöpfung der oxidierten Form des Coenzyms kommen, und die Glykolyse würde bei Abwesenheit von Sauerstoff in Ermangelung eines Elektronenakzeptors an Schritt 6 (der Oxidation von Glycerinaldehyd-3-phosphat zum 1,3-Bisphosphoglycerat) blockiert werden. Der anaerobe Zyklus NAD$^+$ ⇌ NADH, der zwischen den Schritten 6 und 11 stattfindet, ist in Abb. 3.66 dargestellt.

Zitronensäurezyklus

Unter aeroben Bedingungen wird Pyruvat decarboxyliert, d.h. CO$_2$ wird abgespalten, so daß ein **Acetatrest** mit 2 Kohlenstoffatomen übrigbleibt, der mit dem **Coenzym A** (CoA) zu **Acetyl-Coenzym A** (Acetyl-CoA) reagiert. In dieser gekoppelten Reaktion übernimmt NAD$^+$ ein Wasserstoffatom vom Pyruvat und ein weiteres vom Coenzym A (CoA) (Abb. 3.67). Das Coenzym fungiert als Transportmittel für den Acetatrest und überträgt diesen in der ersten Reaktion des Zitronensäurezyklus auf Oxalacetat, wodurch Zitronensäure entsteht. (Abb. 3.68). Diese Reaktion setzt CoA frei. Das CoA wird dabei nicht verbraucht, es transportiert immer wieder einen Acetatrest vom Pyruvat zum Oxalacetat.

Alle Reaktionen der Glykolyse bis hin zum Pyruvat finden in freier Lösung im Cytosol statt. Die Bildung von Acetyl-CoA und CO$_2$ aus Pyruvat und die acht wichtigsten Reaktionen des Zitronensäurezyklus werden durch Enzyme katalysiert, die sich im Matrixraum der Mitochondrien befinden. Für jeden Acetatrest, der in den Zyklus eintritt, werden 2 Moleküle CO$_2$ und 2 Moleküle H$_2$O abgespalten. Die Gesamtreaktion für die vollständige Oxidation des Pyruvats im Zitronensäurezyklus und der Elektronentransportkette lautet:

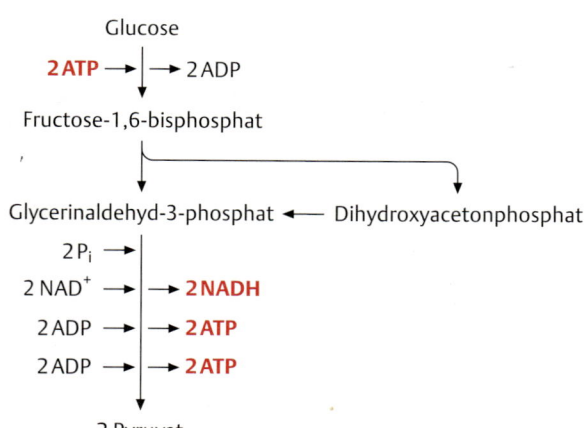

Abb. 3.65 Verbrauch und Bildung von ATP während der Glykolyse. Die Oxidation von 1 mol Glucose zu Pyruvat liefert netto 2 mol ATP, sowie 2 mol NADH.

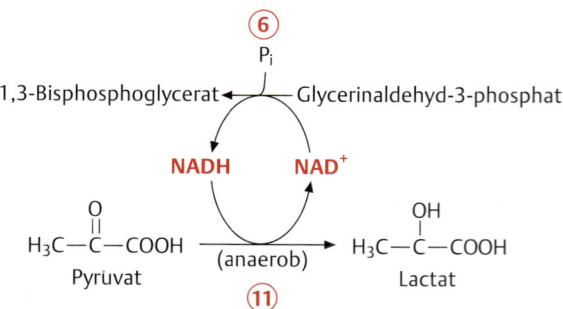

Abb. 3.66 Regenerierung von NAD$^+$ aus NADH$^+$ in Abwesenheit von Sauerstoff. Unter anaeroben Bedingungen wird NAD$^+$, das für den Abbau von Glucose zu Pyruvat verbraucht wird, durch Reduktion von Pyruvat zu Lactat regeneriert. Dieser NAD$^+$ ↔ NADH-Zyklus erlaubt den Ablauf der Glykolyse bei Abwesenheit von Sauerstoff. Die eingekreisten roten Nummern beziehen sich auf die in Abb. 3.64 dargestellten Schritte.

ATP-Produktion im Stoffwechsel

Abb. 3.67 Bildung von Acetyl-CoA. Pyruvat wird decarboxyliert und die Acetylgruppe (farbig) in einer gekoppelten Reaktion auf Coenzym A (CoA) übertragen, wobei Acetyl-CoA entsteht. Diese Reaktion läuft im Matrixkompartiment der Mitochondrien ab und verbindet die Glykolyse, die im Cytosol stattfindet, mit der in den Mitochondrien ablaufenden Zellatmung.

$$2\,CH_3\text{—}COCOOH + 5\,O_2 \longrightarrow 6\,CO_2 + 4\,H_2O$$

Der Zitronensäurezyklus wird zu Ehren von Hans Krebs, der in den frühen vierziger Jahren unseres Jahrhunderts die wichtigsten Merkmale des Reaktionsweges und dessen zyklische Natur aufklärte, auch **Krebs-Zyklus** genannt. Er ist auch als **Tricarbonsäurezyklus** bekannt, da verschiedene Zwischenprodukte drei Carboxylgruppen besitzen. Zunächst kondensiert der Acetatrest (2 Kohlenstoffatome) des Acetyl-CoA mit der Oxalessigsäure (4 Kohlenstoffatome) zur **Zitronensäure** (6 Kohlenstoffatome) (Abb. 3.68, Schritt 1). In den Schritten 4 und 5 werden 2 Carboxylgruppen der **Isozitronensäure** abgespalten. Dabei werden das zweite und dritte Molekül CO_2 freigesetzt. Außerdem werden 4 Wasserstoffatome auf NAD^+ übertragen, wobei 2 Moleküle NADH entstehen. Schritt 6 wird durch die **Succinatdehydrogenase** katalysiert, die ein Bestandteil der inneren Mitochondrienmembran ist. Bei dieser Reaktion werden zwei Wasserstoffatome vom **Succinat** (Bernsteinsäure) abgespalten und **Fumarat** (Fumarsäure) gebildet sowie FAD zu $FADH_2$ reduziert. Im Schritt 8

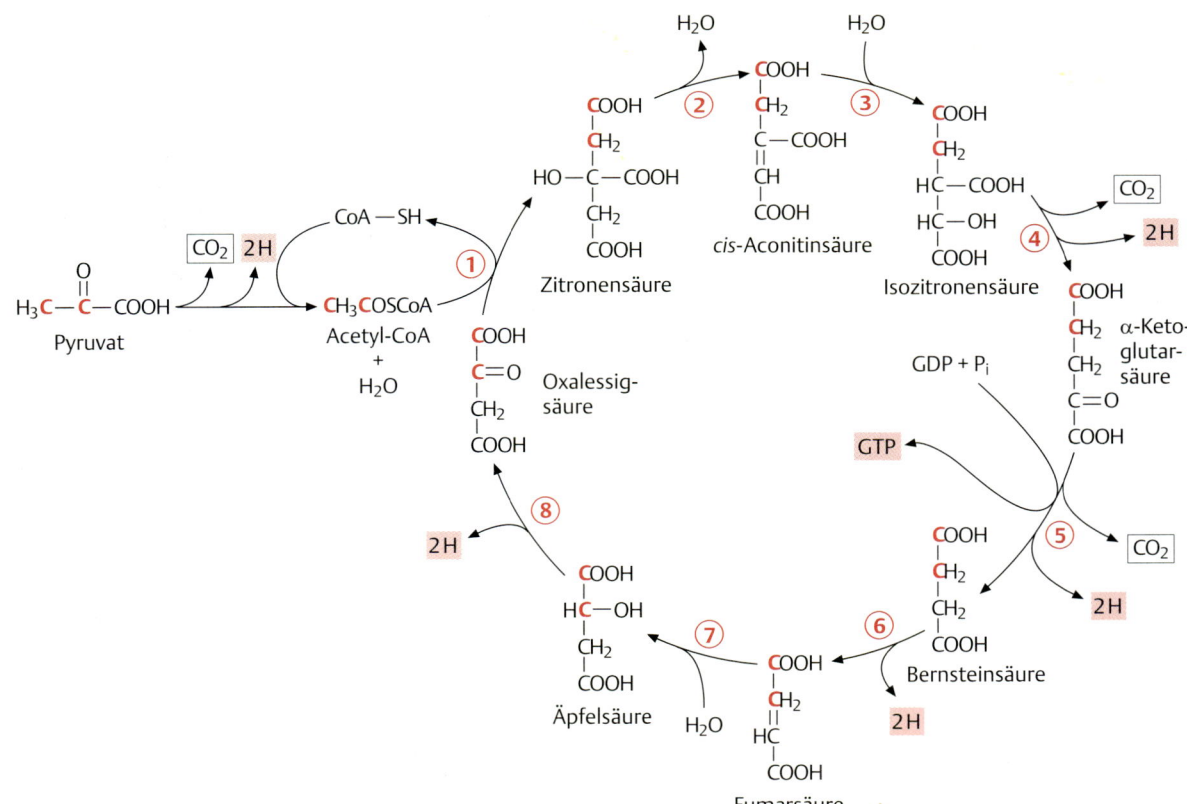

Abb. 3.68 Zitronensäurezyklus. Bei jedem Umlauf wird eine vom Acetyl-CoA übertragene Acetatgruppe über mehrere Zwischenstufen „verbraucht", wobei zwei CO_2-Moleküle gebildet und vier Elektronenpaare (die entsprechenden Wasserstoffatome sind farbig unterlegt) auf elektronenübertragende Coenzyme übertragen werden. Die Kohlenstoffatome der eintretenden Acetylgruppe sind ebenfalls rot dargestellt. Beachte, daß auch ein Molekül GTP gebildet wird.

wird **Malat** (Äpfelsäure) zu **Oxalacetat** (Oxalessigsäure) oxidiert, wobei 2 Wasserstoffatome auf NAD$^+$ übertragen werden. Schließlich kondensiert ein neuer Acetatrest mit Oxalacetat zur Citronensäure und der Zyklus beginnt von neuem.

Bei jedem vollständigen Umlauf dieses Zyklus werden 2 Kohlenstoffatome und 4 Sauerstoffatome in Form von 2 Molekülen CO_2 (Abb. 3.**69**) abgespalten. Außerdem werden bei jedem Umlauf 8 Wasserstoffatome entfernt. Diese Wasserstoffatome werden (als Elektronen, die von Protonen begleitet werden) durch molekularen Sauerstoff über NADH, FADH$_2$ und die Cytochrome der Atmungskette schließlich zu H_2O oxidiert. CO_2 verläßt die Mitochondrien und die Zellen durch einfache Diffusion und wird schließlich als Gas über das Kreislauf- und Atmungssystem eliminiert (Kap. 13).

Leistungsfähigkeit des Energiestoffwechsels

Durch die direkte Oxidation (Verbrennung) der Glucose wird der gleiche Betrag an Energie freigesetzt wie durch die metabolische Oxidation (2872 kJ/mol). Wenn man mit der bei der Verbrennung von Glucose gewonnenen Wärme Wasser zum Kochen bringt, um Dampf für eine Dampfmaschine zu erzeugen, berechnet sich die Effektivität der Umwandlung von chemischer in mechanische Energie aus dem Quotienten aus der mechanischen Leistung der Maschine und der Verminderung der freien Energie um 2872 kJ. Moderne Dampfmaschinen erreichen einen Wirkungsgrad von ca. 30%. Nun wollen wir untersuchen, mit welchem Wirkungsgrad lebende Zellen chemische Energie von der Glucose auf ATP übertragen.

Um 1 mol ADP zu ATP zu phosphorylieren, werden unter Standardbedingungen etwa 29,3 kJ benötigt. Wenn die freie Energie der Glucose mit einem Wirkungsgrad von 100% konserviert werden könnte, würde jedes mol Glucose die Energie zur Synthese von 98 (2872 kJ/29,3 kJ) mol ATP aus ADP und P$_i$ liefern. Wie wir sehen werden, entstehen nur 38 mol ATP, was einem Wirkungsgrad von 42% oder mehr entspricht[3]. Die restliche freie Energie wird als Wärme freigesetzt, wovon ein Teil das Gewebe erwärmt und dadurch die Stoffwechselrate erhöht. Im wesentlichen wird alle Energie, die in ATP gespeichert und auf andere Moleküle übertragen wird, schließlich in Wärme umgewandelt. Die Verbrennung fossiler Brennstoffe stellt – nach langer Verzögerung – die Freisetzung gespeicherter Sonnenenergie und damit die Rückkehr organischer Verbindungen zum anfänglichen, energiearmen und entropiereichen Zustand ihrer Ausgangsstoffe – CO_2 und Wasser – dar.

Es ist interessant, die Wirkungsgrade des anaeroben und des aeroben Glucosestoffwechsels miteinander zu vergleichen. Da jedes mol Glucose 2 mol eines 3-Kohlenstoffatom-Derivats liefert, müssen alle Molaritäten nach Schritt 5 der Glykolyse mit 2 multipliziert werden. Bei der anaeroben Glykolyse werden netto 2 mol ATP pro mol Glucose produziert (Abb. 3.65), denn 2 der 4 mol, die in der Substratkettenphosphorylierung aus ADP gebildet werden, werden in der primären Phosphorylierung verbraucht. Die 2 mol NADH, die bei der Oxi-

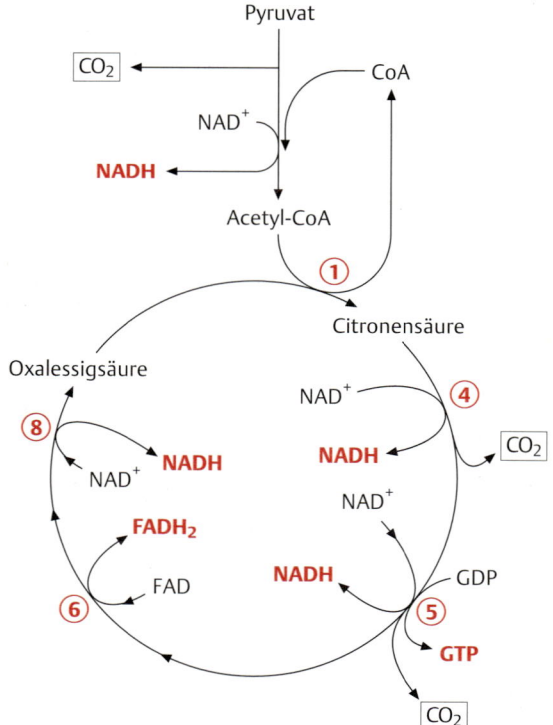

Abb. 3.69 Bildung von Reduktions- und Energieäquivalenten im Zitronensäurezyklus. Bei der Oxidation von Pyruvat entsteht CO_2, NADH, FADH$_2$ und GTP. Das Abfallprodukt CO_2 wird ausgeschieden. NADH und FADH$_2$ gehen in die Elektronentransportkette ein, wo ihr Elektronenpotential während der oxidativen Phosphorylierung in ATP umgewandelt wird (Abb. 3.63). GTP wird in einer substratgebundenen Phosphorylierung gebildet und kann wie ATP energieverbrauchende Reaktionen antreiben. Die eingekreisten roten Nummern beziehen sich auf die betreffenden Schritte in Abb. 3.68 (nach Vander u. Mitarb., 1975).

---

[3] Die hier errechneten 42% gelten unter Standardbedingungen. Tatsächlich kann der Wirkungsgrad der Energiekonservierung bis zu 60% betragen, denn die freie Energie bei der Hydrolyse von ATP ist unter intrazellulären Bedingungen höher als unter Standardbedingungen. Der energetische Wirkungsgrad der ATP-Erzeugung ist deshalb weitaus höher als der einer Dampfmaschine oder jeder anderen vom Menschen erfundenen Methode zur Umwandlung von chemischer in mechanische Energie.

ATP-Produktion im Stoffwechsel

dation von Glycerinaldehyd-3-phosphat entstehen, werden wieder zu NAD$^+$ oxidiert, wenn die zwei Paar Wasserstoffatome auf 2 mol Pyruvat (Brenztraubensäure) übertragen und unter anaeroben Bedingungen 2 mol Lactat gebildet werden (Abb. 3.**66**).

Unter aeroben Bedingungen liefert jedes der 2 mol NADH, die in der Glykolyse durch die Oxidation von Glycerinaldehyd-3-phosphat entstehen, durch die Atmungskettenphosphorylierung (Abb. 3.**63**) 3 mol ATP. Das Pyruvat liefert weiterhin Brennstoff für den Zitronensäurezyklus, der für jeweils 2 mol Pyruvat insgesamt 10 Paar Wasserstoffatome liefert (Abb. 3.**69**). Acht Paare werden auf NAD$^+$ übertragen und liefern 24 mol ATP, während zwei Paare auf das Coenzym FAD übertragen werden und 4 mol ATP liefern. Schließlich werden noch 2 mol GTP durch die Substratkettenphosphorylierung von **Guanosindiphosphat** (GDP) während der Oxidation des 2-Ketoglutarat zum Succinat gebildet (Schritt 5 im Zitronensäurezyklus) (Abb. 3.**68**). Zusammen ergibt das 38 mol Nucleotidtriphosphat pro mol Glucose in der aeroben Atmung; bei der anaeroben Atmung werden dagegen nur 2 mol ATP produziert. Während bei der aeroben Atmung 42% der freien Energie der Glucosemoleküle konserviert werden, bleiben bei der anaeroben Glucoseverwertung ca. 2% erhalten. Damit ist die Energiekonservierung des Glucosestoffwechsels über die aerobe Glykolyse, den Zitronensäurezyklus und die Atmungskette etwa 20mal effektiver als über die anaerobe Glykolyse. So ist es nicht verwunderlich, daß die meisten Tiere einen aeroben Stoffwechsel haben und zum Überleben molekularen Sauerstoff benötigen.

Sauerstoffschuld

Wenn tierisches Gewebe, wie z.B. ein aktiver Muskel, weniger Sauerstoff erhält, als es für die Erzeugung einer ausreichenden Menge von ATP durch die Atmungskettenphosphorylierung benötigt, wird ein Teil des Pyruvats, das sonst in den Zitronensäurezyklus eingeschleust wird, zu Lactat reduziert. Für je 2 mol reduzierten Pyruvats werden 2 mol NADH oxidiert, und zwar auf Kosten von 6 mol ATP, die sonst durch die Atmungskettenphosphorylierung gebildet worden wären. Wenn der Sauerstoffmangel anhält, nimmt die Lactatkonzentration zu. Ein Teil der Säure gelangt dann in den interzellulären Raum und in das Kreislaufsystem. Wenn der Muskel seine anstrengende Tätigkeit nicht mehr ausübt und Sauerstoff wieder zur Verfügung steht, wird das angesammelte Lactat durch das Enzym Lactat-Dehydrogenase zu Pyruvat oxidiert, wobei dieser Vorgang mit der Reduktion von NAD$^+$ gekoppelt ist (Abb. 3.**70**). Das bei dieser Reaktion gebildete NADH wird in der Atmungskette oxidiert, wobei das ATP gewonnen wird, auf das während der anaeroben Lactatbildung verzichtet wurde.

Außerdem kann ein Teil des aus dem Lactat gewonnenen Pyruvats wieder in den Zitronensäurezyklus eingeschleust und dabei noch mehr ATP „gerettet" werden. (Ein Teil des zurück gewonnenen Pyruvats wird zur Synthese von Alanin und Glucose verwendet.)

Auf diese Weise führt der Sauerstoffmangel im Muskel zu einer Umschaltung auf anaerobe Stoffwechselprozesse, in der mit niedrigem Wirkungsgrad ATP erzeugt wird. Die überschüssige chemische Energie wird im Gewebe als Lactat gespeichert und zu einem späteren Zeitpunkt, wenn ausreichend Sauerstoff vorhanden ist, für den aeroben Stoffwechsel zur Verfügung gestellt. Nach der Beendigung einer anstrengenden Aktivität liefern die Atmungs- und Kreislaufsysteme noch für einige Zeit größere Mengen von Sauerstoff, um die durch die Lactatanhäufung entstandene Sauerstoffschuld auszugleichen.

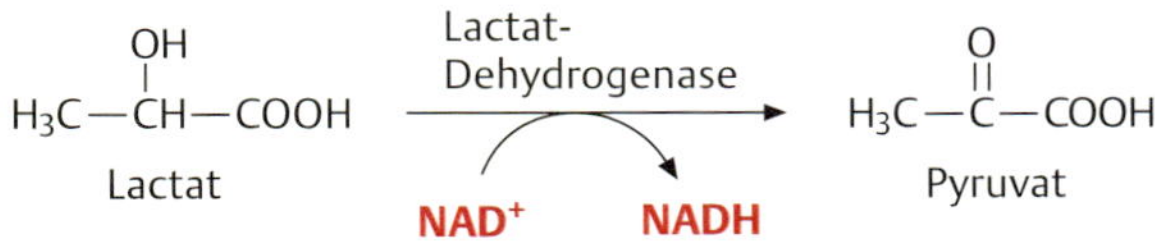

$$H_3C-\underset{\underset{\text{Lactat}}{|}}{\overset{\overset{\text{OH}}{|}}{CH}}-COOH \xrightarrow[\text{NAD}^+ \quad \text{NADH}]{\text{Lactat-Dehydrogenase}} H_3C-\underset{\text{Pyruvat}}{\overset{\overset{O}{\|}}{C}}-COOH$$

Abb. 3.70 Regeneration von Pyruvat aus Lactat durch Reduktion von NAD$^+$ zu NADH. Lactat (Milchsäure), das sich während intensiver Aktivitäten im Muskel anhäuft, wird nach Beendigung der Aktivität und ansteigendem Sauerstoffangebot zu Pyruvat (Brenztraubensäure) oxidiert und dabei NAD$^+$ zu NADH reduziert. Diese Metabolite können dann in den oxidativen Stoffwechsel eingehen und zur Regenerierung des ATP beitragen, das während der anaeroben Arbeitsphase des Muskels verbraucht wurde.

Zusammenfassung

Die Biologen sind sich darüber einig, daß das Leben auf der Erde unter besonderen Bedingungen, die jetzt nicht mehr existieren, in den flachen Urgewässern seinen Anfang nahm. Man nimmt an, daß sich die organischen Moleküle, die in der primitiven Atmosphäre unter der Einwirkung von Blitzentladungen oder von Strahlungsenergie entstanden sind, über längere Zeit im Wasser angesammelt haben und die Bau- und Nährstoffe der ersten Zellen bildeten.

Lebende Materie besteht in erster Linie aus Kohlenstoff, Stickstoff, Sauerstoff und Wasserstoff in stabilen kovalenten Verbindungen. Sauerstoff kann Doppelbindungen ausbilden, Stickstoff und Kohlenstoff können sogar Dreifachbindungen eingehen, was die strukturelle Vielfalt der biologischen Moleküle und damit ihre Anpassungsfähigkeit an verschiedene Funktionen wesentlich vergrößert.

Die Polarität des Wassermoleküls ist für die Wasserstoffbrückenbindung verantwortlich, die nicht nur die

Wasserstoff- und Sauerstoffatome benachbarter Wassermoleküle miteinander verbindet, sondern dem Wasser auch viele seiner besonderen Eigenschaften verleiht, die für die Evolution und das Überleben der Organismen wichtig sind. Wasser dissoziiert spontan in H^+ und OH^-. Ein Liter reines Wasser enthält 10^{-7} mol von jedem dieser Ionen. In gelöstem Zustand führen viele Substanzen zu einem Ungleichgewicht zwischen der H^+- und der OH^--Konzentration, wodurch deren Säure-Basen-Verhalten (d.h. das Verhalten der Protonendonatoren und -akzeptoren) verursacht wird. Ihre Konzentration wird mit dem pH-System gemessen. Der pH-Wert einer Flüssigkeit beeinflußt den Ladungszustand der Aminosäureseitenketten und dadurch die Konformation und die Aktivität der Proteine. Physiologische Puffersysteme sind deshalb für die Einhaltung eines engen pH-Bereiches zur Aufrechterhaltung der enzymkatalysierten Reaktionen unerläßlich.

Die elektrostatische Kraft, mit der ein Ion von einer Bindungsstelle mit entgegengesetzter Ladung angezogen wird, ist von der Entfernung zwischen dem Ion und der Stelle abhängig. Die Ionenselektivität eines Bindungszentrums für die verschiedenen Ionenarten hängt ab von der Fähigkeit der Ionen, erfolgreich mit den polaren Wassermolekülen um die Anlagerung an die Bindungsstelle konkurrieren zu können.

Es gibt vier Hauptgruppen organischer Moleküle, aus denen die Zellen der Lebewesen aufgebaut sind. Lipide, die Triglyceride (Fette), Fettsäuren, Wachse, Sterine und Phospholipide umfassen, sind wichtige Energiespeicher und Bestandteile biologischer Membranen. Die Kohlenhydrate umfassen Zucker, Speicherkohlenhydrate (Glykogen und Stärke) und strukturelle Polymere wie Chitin und Zellulose. Die Zucker und die stärkeähnlichen Substanzen stellen die Hauptenergiequelle für den Energiestoffwechsel der Zellen dar. Proteine bestehen aus unverzweigten Ketten von Aminosäureresten und bilden viele Strukturelemente wie das Kollagen, das Keratin und die subzellulären Fibrillen und Tubuli. Die Enzyme sind spezialisierte Proteine mit katalytisch aktiven Zentren und spielen bei fast allen biologischen Reaktionen eine wichtige Rolle. Die Nucleinsäuren DNA und RNA kodieren die genetische Information, die für die Proteinsynthese in den Zellen notwendig ist.

Ein wichtiges Merkmal biologischer Systeme besteht darin, daß sie einen niedrigen Entropiegrad aufrechterhalten, d.h. sie sind sehr hoch organisiert. Dies erfordert den ständigen Verbrauch von Energie, die aus den Nahrungsmolekülen durch die Prozesse des Energiestoffwechsels gewonnen wird. In den lebenden Zellen findet der Stoffwechsel in Form von wohlgeordneten und geregelten chemischen Reaktionsketten statt, die von Enzymen katalysiert werden. Chemische Reaktionen neigen dazu, spontan einem Energiegefälle zu folgen, wobei die freie Energie vermindert und die Entropie erhöht wird. Lebende Systeme erwecken auf den ersten Blick den Anschein, als ob sie dem Entropiegesetz trotzen, sie tun es aber nicht. Sie existieren vielmehr auf Kosten der aus der Umgebung gewonnenen chemischen Energie bzw. der Erhöhung der Entropie ihrer Umgebung.

Die energiebenötigenden biologischen Reaktionen verbrauchen ATP, ein dreifach phosphoryliertes Nucleotid, das als biologische Energiewährung dient und die Fähigkeit besitzt, die in Form seiner terminalen Phosphatbindung gespeicherte chemische Energie abzugeben. Dies geschieht über gekoppelte Reaktionen, bei denen eine endergonische (energiebenötigende) Reaktion durch eine exergonische (energiefreisetzende) Reaktion angetrieben wird. ATP wird aus ADP durch die Oxidation von Nahrungsmolekülen wiederhergestellt, deren Energie ihren Ursprung in der während der Photosynthese der grünen Pflanzen eingefangenen Sonnenenergie hat. Folglich hängen alle Tiere letzten Endes von der Sonnenenergie ab.

Die Katalyse durch Proteinmoleküle, die Enzyme genannt werden, setzt den Energiebedarf für die Aktivierung der Ausgangsstoffe biologischer Reaktionen stark herab und beschleunigt damit die Reaktionsrate bei einer gegebenen Temperatur. Mit Hilfe der Enzyme kann die Zellchemie bei lebensfreundlichen Körpertemperaturen ablaufen. Die katalytische Wirksamkeit eines Enzyms kommt durch sterische und elektrostatische spezifische Bindungen zwischen dem aktiven Zentrum des Enzyms und dem Substratmolekül zustande. Die enge sterische Anpassung aneinander, die für diese Interaktion erforderlich ist, ist weitgehend für die Enzymspezifität verantwortlich. Die Enzym-Substrat-Bindung bewirkt eine für die katalysierte Reaktion günstige räumliche Ausrichtung der reagierenden Moleküle. Die Regulation der Enzymkonzentration erfolgt, je nach Bedarf, Funktion und Umgebung der Zelle, über Induktions- und Repressionsmechanismen auf der Transkriptionsebene. Die Aktivität einiger Enzyme kann auch allosterisch kontrolliert werden. Dabei verursacht die Bindung eines Regulatormoleküls oder eines Ions an das allosterische Zentrum des Enzymmoleküls eine Veränderung der Form des aktiven Zentrums und damit eine Änderung der Enzymaktivität.

Die Freisetzung der in den Nahrungsmolekülen enthaltenen freien Energie erfolgt über den Elektronentransport von einem Elektronenspender (Reduktionsmittel) auf ein Elektronempfänger (Oxidationsmittel). Die Freisetzung der freien Energie erfolgt portionsweise in kleinen, dem Energiebedarf zur Phosphorylierung von ADP zu ATP angepaßten Portionen. So werden beispielsweise die Elektronen aus den reduzierten Coenzymen NADH und $FADH_2$ schrittweise entlang einer Kette von Elektronenakzeptoren und -donatoren transportiert, wobei genügend Energie freigesetzt wird, um an drei Punkten der Kette ATP zu synthetisieren. Ein Elektronendruckgradient befindet sich entlang der elektronentransportierenden Kette der Cytochrome bis hin zum letzten Elektronenakzeptor, dem molekularen Sauerstoff. Die elektronenhungrige Natur des Sauerstoffatoms und seine Allgegenwärtigkeit auf der Erde machen es zu einem idealen Endabnehmer für die Elektronentransportketten lebender Systeme.

Während der Glykolyse wird Glucose durch anaerobe Oxidation in zwei Moleküle Pyruvat (Brenztraubensäure) gespalten; gleichzeitig werden 2 Moleküle ATP und 2 Moleküle NADH gebildet. Während des anaeroben Stoffwechsels wird Pyruvat zu Lactat reduziert, wobei das NAD^+ regeneriert wird, das zuvor während der Glykolyse reduziert wurde. Während des aeroben Stoffwechsels wird das in der Glykolyse gebildete Pyruvat über den Zitronensäurezyklus und die Atmungskette vollständig zu CO_2 und H_2O oxidiert. Die Oxidation von 2 Molekülen Pyruvat geht mit der Bildung von weiteren 34 Molekülen ATP und 2 Molekülen GTP einher. Die biologischen Systeme erreichen einen Wirkungsgrad von mindestens 42% und sind damit wesentlich besser als jede von Menschenhand geschaffene Maschine, die durch die Oxidation organischer Brennstoffe angetrieben wird.

Empfohlene Literatur

Atkins, P.W.: Physikalische Chemie. Spektrum Akademischer Verlag, Heidelberg 1994

Karlson, P., Doenecke, D., Koolman, J.: Kurzes Lehrbuch der Biochemie. Thieme, Stuttgart 1994

Lehninger, A.L., Nelson, D.L., Cox, M.M.: Prinzipien der Biochemie. Spektrum Akademischer Verlag, Heidelberg 1998

Stryer, L.: Biochemie. Spektrum Akademischer Verlag, Heidelberg 1996

Lodish, H., Baltimore, D., Berk, A., Zipusky, S.L., Matsudaira, P., Darnell, J.: Molekulare Zellbiologie. de Gruyter, Berlin 1996

4. Membranen: Barrieren und selektiver Transport

Membranen bilden eine wesentliche Voraussetzung für die komplexen chemischen Reaktionen, die gleichzeitig in Milliarden von Zellen und subzellulären Kompartimenten eines Organismus ablaufen. Membranen trennen Zellen von anderen Zellen und subzelluläre Kompartimente von anderen subzellulären Kompartimenten. Sie ermöglichen einen spezifischen und gerichteten Fluß von Teilchen und somit die Kommunikation zwischen Zellen und zwischen subzellulären Kompartimenten. Letztlich sind Membranen die Voraussetzung für die lokale Abnahme von **Entropie**, d.h. für die Entstehung geordneter Strukturen in Form von Zellen, Geweben, Organen und Organismen.

Tierisches Gewebe enthält erstaunlich große Mengen an Membranen. Das Gehirn eines Schimpansen enthält z.B. ca. 100000 m² Zellmembran; das entspricht der Fläche von drei Fußballfeldern.

Die ersten bedeutsamen Beobachtungen über diffusionsbegrenzte Prozesse an Membranen wurden in der Mitte des 19. Jahrhunderts von Karl Wilhelm von Nägeli gemacht. Er stellte fest, daß manche Farbstoffe nicht in Zellen hinein diffundieren und schloß daraus auf die Existenz einer Diffusionsbarriere, die er Plasmamembran nannte. Von Nägeli beschrieb auch als erster das Schrumpfen (Plasmolyse) und Schwellen von Zellen in konzentrierten und verdünnten Lösungen, also osmotische Prozesse.

Die ersten Befunde zur Struktur von Zellmembranen kamen mit der Einführung der Elektronenmikroskopie. Die Oberfläche von Zellen wird von einer kontinuierlich erscheinenden, etwa 10 nm dicken Doppelmembran gebildet (Abb. 4.1). Ein detailliertes Studium der Struktur und der Funktion von Membranen ist für das Verständnis biologischer Prozesse eine Grundvoraussetzung. In diesem Kapitel werden der Membranaufbau und die Transportprozesse durch Membranen behandelt; die daraus resultierenden elektrochemischen Prozesse sind Gegenstand des darauf folgenden Kapitels.

Aufbau und Struktur von Membranen

Zellen sind an ihrer Oberfläche von Plasmamembranen umhüllt. Das sind außerordentlich dünne, komplex aufgebaute und lipidhaltige Strukturen, die das Cytoplasma mit den Organellen nach außen hin begrenzen. Primär

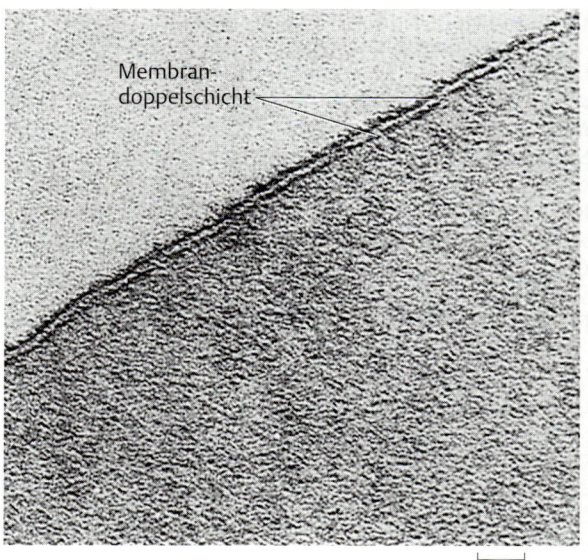

Abb. 4.1 Elektronenmikroskopische Aufnahme einer Plasmamembran im Querschnitt. Das Zellinnere (unten rechts) wird vom Zelläußeren durch eine Membrandoppelschicht getrennt, die im Querschnitt als dunkel-hell-dunkles Profil erscheint. Dieser sandwichartige Eindruck entsteht durch die unterschiedliche Anfärbung der verschiedenen Membrananteile mit elektronendichten Substanzen (aus Robertson, 1960).

sind Membranen Diffusionsbarrieren. Die Kommunikation mit dem Extrazellularraum und mit anderen Zellen wird durch Membranproteine, die einen Signalfluß über die Plasmamembran ermöglichen, vermittelt.

Membranzusammensetzung

Alle biologischen Membranen besitzen als Grundstruktur eine **Lipiddoppelschicht**, die für die meisten wasserlöslichen und polaren Moleküle praktisch undurchlässig (impermeabel) ist. Die Doppelschichtstruktur der Membranen beruht auf den chemischen Eigenschaften der Lipide, von denen wir hier drei Klassen unterscheiden:

– **Glycerophosphatide**, gekennzeichnet durch ein Glycerol-Molekül als zentralem Baustein,

- **Sphingolipide** sind charakterisiert durch einen Sphingosin-Baustein und
- **Steroide**, z.B. Cholesterin, sind polyzyklische unpolare und daher schlecht wasserlösliche Moleküle.

Die ersten beiden Klassen von Lipiden sind amphipatisch, d.h. sie haben polare Köpfe und unpolare Schwänze. Abb. 4.2 zeigt als Beispiel für Glycerophosphatide das **Phosphatidylcholin**. Die polaren Gruppen (Köpfe) sind hydrophil (wasserlöslich), die unpolaren Gruppen (Schwänze) sind hydrophob (wasserunlöslich). Diese duale Natur der Membranlipide mit ihren hydrophilen Köpfen und den hydrophoben Schwänzen ist ganz wesentlich für die Organisation der biologischen Membranen, denn die polaren Köpfe dieser Moleküle suchen die Nähe des Wassers (Abb. 4.3), während ihre unpolaren Schwänze durch **van-der-Waals-Kräfte** miteinander interagieren. Die Moleküle bilden daher in wäßriger Lösung eine Doppelschicht. In der Mitte der Membran befindet sich eine nicht wäßrige Lipidumwelt (oder Lipidphase), während sich außen die wäßrigen intra- und extrazellulären Phasen befinden, die mit beiden Membranoberflächen in Kontakt stehen, die von den hydrophilen Lipidköpfchen gebildet werden. Die hydrophoben Eigenschaften der Kohlenwasserstoffschwänze der Phospholipide sind für die geringe Permeabilität der Membranen für polare Stoffe verantwortlich (z.B. Ionen und polare Nichtelektrolyte wie Saccharose oder Inulin). Pro µm² Membran gibt es ungefähr 10^6 Lipidmoleküle. Eine kleine Zelle mit einer Oberfläche von etwa $1000\,\mu m^2$ besitzt also etwa 10^9 Lipidmoleküle in ihrer Membran.

Flüssigmosaikmodell

Singer und Nicolson stellten 1972 das **Flüssigmosaikmodell** der Membran auf, in dem globuläre Proteine in die Lipiddoppelschicht integriert sind und beide Komponenten in der Ebene der Membran frei diffundieren können. Einige der Proteine durchspannen die Doppelschicht vollständig, d.h. sie haben extrazelluläre und intrazelluläre Domänen (Abb. 4.4). Diese **integrierten Membranproteine** sind amphipatisch; ihre unpolaren Anteile liegen – oft als α-Helices – zwischen den Kohlenwasserstoffketten in der Doppelschicht, während die polaren Anteile mit den geladenen Aminosäureseitengruppen aus der Membran heraus in die wäßrigen Phasen hineinragen (Abb. 4.5). Einige Proteine haben lediglich einen „Anker" in der Phospholipidschicht. Die in die Plasmamembran integrierten Proteine erfüllen verschiedene wichtige Funktionen. Sie dienen z.B. als Ionenkanäle, Transportproteine oder Membranpumpen, Rezeptoren oder Erkennungsmoleküle. Die Funktionen dieser Moleküle werden in Kap. 5 behandelt.

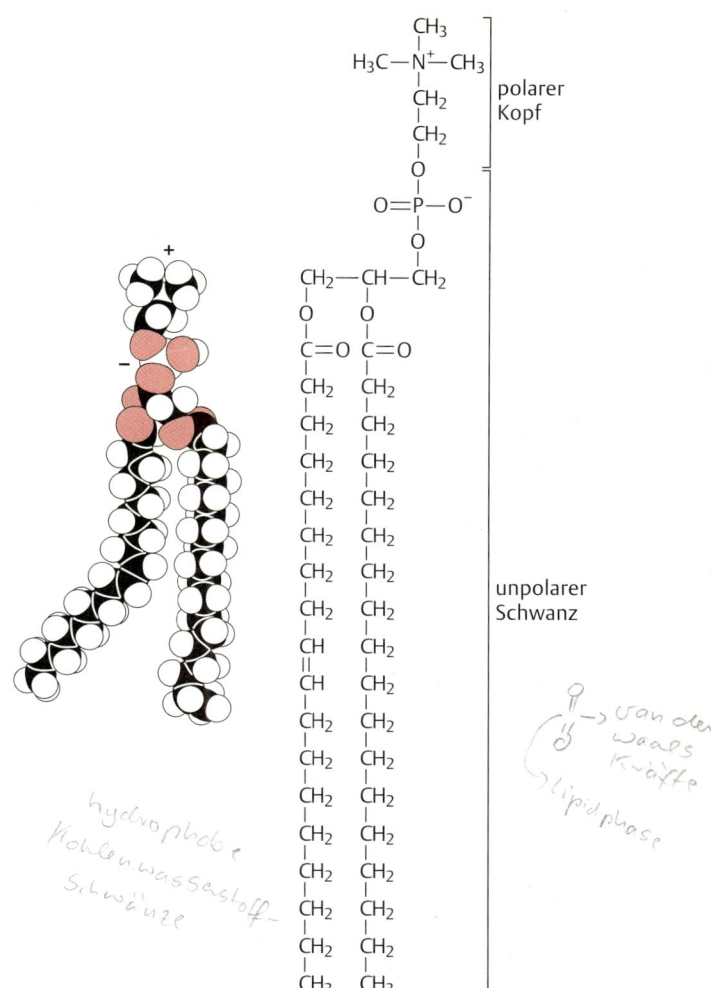

Abb. 4.2 Phosphatidylcholin (Lecithin), ein Glycerophosphatid. Die Ladungen der Kopfgruppe verleihen dem Molekül einen polaren Charakter. Man beachte, daß die hier abgebildete linke Kohlenwasserstoffkette ungesättigt ist. Um die ungesättigte Fettsäurekette von der gesättigten zu unterscheiden, wird die ungesättigte Fettsäurekette oft mit einem deutlichen Knick dargestellt. Tatsächlich ist die Doppelbindung die einzige starre Bindung einer ungesättigten Fettsäure. Da die einfachen Kohlenstoff-Kohlenstoff-Bindungen im Rest der Kette frei rotieren können, tendieren die Fettsäureketten dazu, sich in der Phospholipidschicht parallel zueinander anzuordnen.

Der morphologische Nachweis für die Mosaikanordnung der globulären Proteine in einer Lipiddoppelschicht ist in Abb. 4.6 gezeigt; es handelt sich um drei elektronenmikroskopische Gefrierätzbilder, welche die Oberfläche einer Membran zeigen. Durch eine fortschreitende, proteolytische Verdauung wurden die glo-

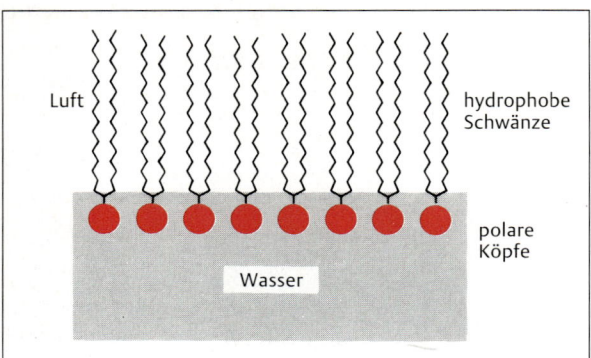

Abb. 4.3 Orientierung der Phospholipidmoleküle an einer Luft/Wasser-Grenzfläche. Die polaren und damit hydrophilen Köpfe der Moleküle suchen die Wassernähe, die hydrophoben Schwänze ragen in die Luft.

bulären Einheiten in der Membran entfernt. Durch die Spezifität der in diesen Experimenten verwendeten proteinverdauenden Enzyme wurde gezeigt, daß die globulären Einheiten tatsächlich Proteine sind.

In vielen Membranen erscheint das Mosaik-Doppelschichtmodell mehr oder weniger stark modifiziert: Einige membranständige Proteine wie Rezeptoren oder Ionenkanäle binden zum Beispiel oft an Proteine des Cytoskeletts; sie können daher vermutlich kaum in der Ebene der Membran diffundieren und sind auf diese Weise in bestimmten Regionen der Membran, z.B. im Bereich von **Spines** oder **Synapsen**, verankert (s. Kap. 6). Bei Mitochondrien und Photorezeptorzellen wird der Membranaufbau durch identische, sich wiederholende Makromolekulareinheiten dominiert. In den Photorezeptorzellen sind diese Einheiten z.B. die Sehpigmente und in der inneren Mitochondrienmembran die Atmungsketten-Proteine.

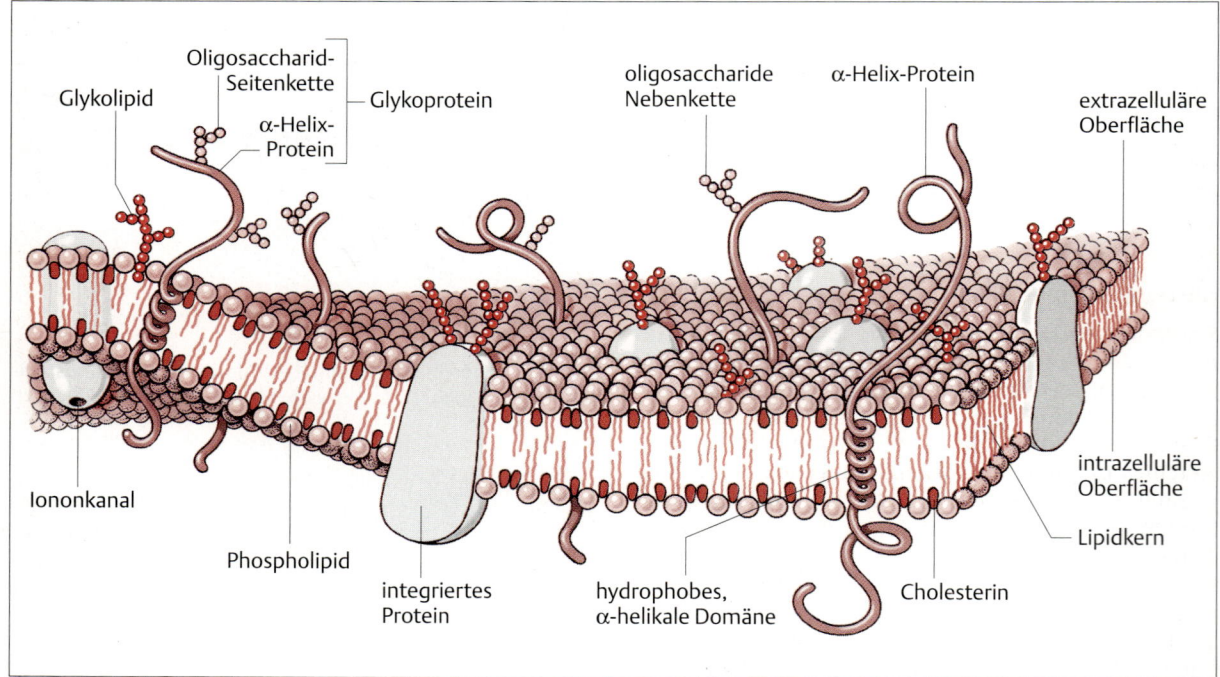

Abb. 4.4 Flüssigmosaik-Doppelschicht-Modell der Zellmembran (Singer-Nicolson). In die Lipiddoppelschicht eingebettet sind globuläre Proteine sowie Ionenkanalproteine, welche die Kommunikation und den Stofftransport durch die Membran ermöglichen. Die Glykoproteine tragen Oligosaccharid-Seitenketten und sind wichtig für Zellerkennung und Zellkommunikation. Benachbart zu den Köpfen der Phospholipidmoleküle liegen Cholesterinmoleküle, welche die Membranflexibilität verringern. Die im Inneren der Membran liegenden Enden der Phospholipidschwänze sind sehr beweglich und verleihen der Membran ihre Fluidität (nach Bretscher, 1985).

Aufbau und Struktur von Membranen

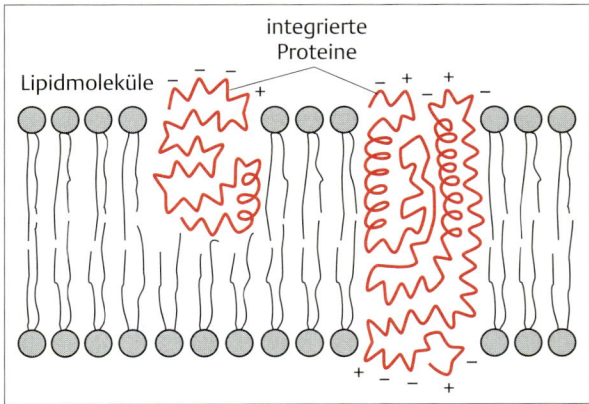

Abb. 4.5 Querschnitt durch das Mosaikdoppelschicht-Modell. Die geladenen hydrophilen Aminosäureseitengruppen der Proteine ragen in die wäßrige Phase hinein, während die nicht geladenen hydrophoben Gruppen in Kontakt mit der Lipidphase der Doppelschicht stehen (nach Singer u. Nicolson, 1972).

Funktionelle Konsequenzen aus der Membranstruktur

Eine reine Phospholipidmembran ist in erster Linie eine Trennschicht zwischen Kompartimenten (z.B. intrazellulär/extrazellulär). Nur Gase (O_2, N_2, CO_2) und einige andere unpolare Stoffe können passiv über die Membran **diffundieren**. Für die meisten polaren, wasserlöslichen Substanzen, insbesondere für alle Ionen, ist eine Phospholipidmembran eine praktisch unüberwindliche Barriere.

Dennoch können auch Ionen und polare Moleküle Membranen passieren, allerdings nur mit Hilfe von in die Membran eingelagerten Proteinen. Drei Klassen von Proteinen sind dabei von entscheidender Bedeutung:

1. **Ionenkanäle**: Diese aus einer oder mehreren Proteinuntereinheiten gebildeten Poren in einer Lipiddoppelschicht sind für bestimmte Ionensorten selektiv permeabel (s. S. 110).
2. **Pumpen und Transporter**: Membranständige Proteine, die durch aufeinanderfolgende Konformationsänderungen Moleküle auf einer Seite der Membran binden (**Assoziation**), sie über die Membran transportieren und dann auf der anderen Seite der Membran wieder abkoppeln (**Dissoziation**; s. S. 118). Auf diese Weise können u.a. Zucker (Mono- und Disaccharide) und Aminosäuren über Membranen transportiert werden, z.B. bei ihrer Resorption im Darm oder ihrer Aufnahme in Zellen.
3. **Gap junctions**: Poren, die einen Fluß von Teilchen von einer Zelle in eine andere erlauben, da sie in den Membranen beider Zellen vorkommen und miteinander eine Verbindung bilden, die eine kommunizierende Röhre zwischen zwei Zellen erzeugt (s. S. 114).

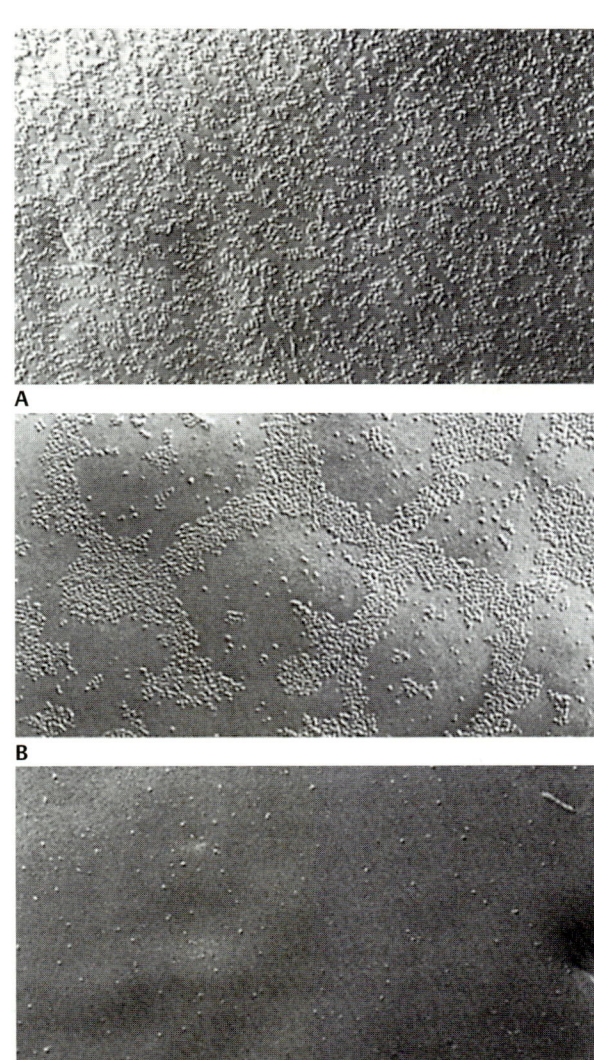

Abb. 4.6 Elektronenmikroskopische Gefrierätzbilder von Membranen bestätigen das Mosaikdoppelschicht-Modell. Bei jedem der Präparate wurde die Membran entlang der Mitte der Doppelschicht gespalten; in die Membran eingebettete Partikel mit Durchmessern von 5–8 nm werden sichtbar. Verdauung mit einem proteolytischem Enzym führt mit zunehmender Dauer zu einem wachsenden Verlust dieser Partikel, wodurch gezeigt wird, daß es sich bei den Partikeln um globuläre Proteine handelt. **A** Kontrolle ohne Proteasen, **B** 45% der Partikel verdaut, **C** 70% verdaut. Vergrößerung 55000fach (mit freundlicher Genehmigung von L.H. Engstrom u. D. Branton).

Diffusion durch Membranen

Diffusion kommt an Membranen in zwei Formen vor. Unpolare Moleküle diffundieren direkt über die Phospholipidmembran. Ionen und Wassermoleküle können durch Poren (Ionenkanäle und Gap-junction-Kanäle) diffundieren.

In Abb. 4.7 sind zwei wassergefüllte Kompartimente (I und II) dargestellt. Sie sind durch eine semipermeable Membran getrennt, welche für die angedeuteten Teilchen durchlässig ist. Die Konzentration der Teilchen in den Kompartimenten I und II sei c_I und c_{II}. c_I sei in der betrachteten Situation größer als c_{II}. Aufgrund zufälliger Bewegungen bewegen sich Teilchen von I nach II, aber auch von II nach I. Der Fluß $J_{I \to II}$ aller Teilchen von I nach II ist aber größer als der Fluß $J_{II \to I}$ von Teilchen von II nach I, so daß sich ein **Nettofluß** von I nach II ergibt (Abb. 4.7 B). Dieser Nettofluß J ist die Stoffmenge Q (Einheit: mol), die pro Zeiteinheit durch die Membran diffundiert. Da sich dieser Fluß mit der Zeit verändern kann, betrachteten wir die kleine Stoffmenge ΔQ, die zu einer gewissen Zeit in einem kurzen Zeitintervall Δt fließt:

$$J = \frac{\Delta Q}{\Delta t} \text{ (mol/s)}$$

Dieser Fluß hängt vom Konzentrationsunterschied $\Delta c = c_I - c_{II}$ und der Membrandicke Δx ab: Je größer der Konzentrationsunterschied und je dünner die Membran ist, desto größer ist der Fluß J:

$$J \approx -\frac{\Delta c}{\Delta x}$$

$\Delta c/\Delta x$ (oder in infinitesimaler Form geschrieben: dc/dx) heißt Konzentrationsgradient[1]. Er hat die Richtung von Kompartiment II (kleinere Konzentration) nach Kompartiment I (höhere Konzentration), während der Fluß J umgekehrt von I nach II gerichtet ist: daher das Minuszeichen in der Proportionalitätsbeziehung.

Ferner ist der Fluß J auch proportional zur Fläche A, über welche die Teilchen diffundieren; je größer A, desto mehr Teilchen diffundieren:

$$J \approx A$$

Wie groß der Fluß J pro (negativem) Konzentrationsgradienten ($-\Delta c/\Delta x$) und Fläche (A) ist, hängt von der Art der diffundierenden Teilchen, insbesondere ihrem Molekulargewicht ab und ist für jeden Stoff (bei gegebenem Lösungsmittel) eine Konstante, die Diffusionskonstante D:

$$D = \frac{J}{(-\Delta c / \Delta x) \cdot A}$$

Umgeformt ergibt diese Beziehung das **1. Ficksche Gesetz**:

$$J = -D \cdot A \cdot \frac{\Delta c}{\Delta x} \quad (4.1)$$

Bei konstanter Membrandicke (Δx = const.) hängt der Fluß von der Konzentrationsdifferenz Δc ab,

$$J = -P \cdot A \cdot \Delta c$$

wobei

$$P = D/\Delta x \quad (4.2)$$

die Permeabilität P ist. Diese hat eine sehr anschauliche Einheit: cm/s, also die Einheit einer Geschwindigkeit. Die Permeabilität einer Phospholipidmembran für Ionen ist etwa $P = 10^{-12}$ cm/s. Auf die Membrandicke von 10 nm bezogen bedeutet dies: $P = 10^{-12}$ cm/s = 10 nm/ (10^6 s) ~ 10 nm/300 h. Ein Ion bräuchte also zur Diffusion über eine Lipiddoppelschicht etwa 300 Stunden. Die Diffusion von Ionen über Lipidmembranen ist daher für

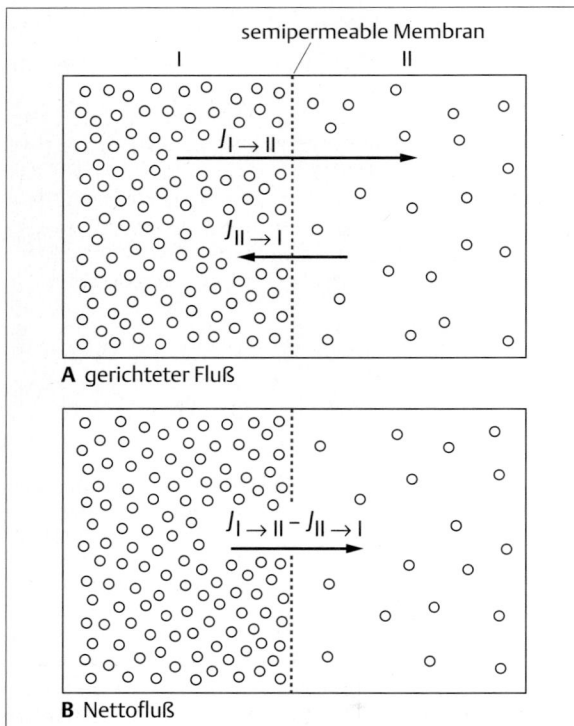

Abb. 4.7 Bewegung eines gelösten Stoffes durch eine Membran. **A** Die Pfeile geben die momentanen, in jeweils eine Richtung verlaufenden Flüsse einer Substanz zwischen Kammer I und II an. **B** Der einzelne Pfeil gibt den resultierenden Nettofluß an.

---

[1] Der Konzentrationsgradient ist ein Vektor; er hat also eine Richtung und einen Betrag. Seine Richtung zeigt von der kleineren zur größeren Konzentration und sein Betrag ist [dc/dx].

alle praktischen Zwecke zu vernachlässigen. Die Permeabilitäten von Lipiddoppelschichten für verschiedene Molekülsorten liegen im Bereich zwischen 10^{-12} cm/s und 10^{-2} cm/s. Am besten, wenn auch unterschiedlich gut, diffundieren Gase: O_2, N_2 und CO_2. Wasser hat eine Permeabilität von etwa 10^{-4} cm/s.

Die Permeabilität einer Zellmembran für **Ionen** und **polare Substanzen** hängt wesentlich von der Ausstattung der Zelle mit Ionenkanälen und Transportern ab. Neurotransmitter, die direkt oder indirekt Ionenkanäle öffnen, können die Permeabilität der Membran für Ionen um viele Größenordnungen steigern.

Die Permeabilität einer Zellmembran für **unpolare Moleküle** hängt hauptsächlich von den molekularen Eigenschaften dieser Moleküle, insbesondere ihrer Lipidlöslichkeit ab. Um die wäßrige Phase verlassen und in die Lipidphase eintreten zu können, muß ein gelöster Stoff vor allem seine Wasserstoffbrückenbindungen mit dem Wasser lösen. Die Moleküle mit den wenigsten Wasserstoffbrückenbindungen mit Wasser können daher am leichtesten in die Lipiddoppelschicht eintreten. Ein Maß für die Lipidlöslichkeit ist der **Lipid-Wasser-Verteilungskoeffizient** einer Substanz. Um diesen zu bestimmen, wird die Substanz in einem verschlossenen Reagenzglas mit gleichen Mengen an Wasser und Öl geschüttelt. Der Koeffizient K gibt die Lipidlöslichkeit der Substanz bezogen auf die Löslichkeit in Wasser an:

$$K = \frac{c_{\text{in Lipid}}}{c_{\text{in Wasser}}} \quad (4.3)$$

An der Riesenalgenzelle *Chara* gewonnene Ergebnisse zeigen ein fast lineares Verhältnis[2] zwischen der Lipidlöslichkeit K und der Permeabilität P (Gleichung 4.2) eines Stoffes (Abb. 4.8). Nichtelektrolyte weisen eine breite Skala an Verteilungskoeffizienten auf. So ist der Wert für Urethan 1000mal größer als der für Glycerol. Der Grund für diese Unterschiede kann durch die Molekülstrukturen von Hexanol und D-Mannitol erklärt werden (Abb. 4.9). Diese sind zwar ähnlich, aber Hexanol enthält nur eine OH-Gruppe, während Mannitol sechs besitzt. OH-Gruppen erleichtern Wasserstoffbrückenbindungen mit Wassermolekülen und vermindern dadurch die Lipidlöslichkeit. Jede zusätzliche Wasserstoffbrückenbindung führt so zu einer 40fachen Verminderung des Verteilungskoeffizienten. Diese Abnahme macht sich wiederum durch eine Permeabilitätsreduktion bemerkbar (Abb. 4.10). Aus diesem Grunde diffundiert Hexanol viel leichter durch eine Membran als Mannitol.

---

[2] Eine Gerade in doppelt-logarithmischer Auftragung ($\log y = n \log x$) bedeutet allgemein lediglich einen durch eine Potenzfunktion $y = k \cdot x^n$ beschreibbaren Zusammenhang. Ist die Steigung n der Geraden allerdings 1, so ist der Zusammenhang zwischen x und y linear ($y = k \cdot x^1$).

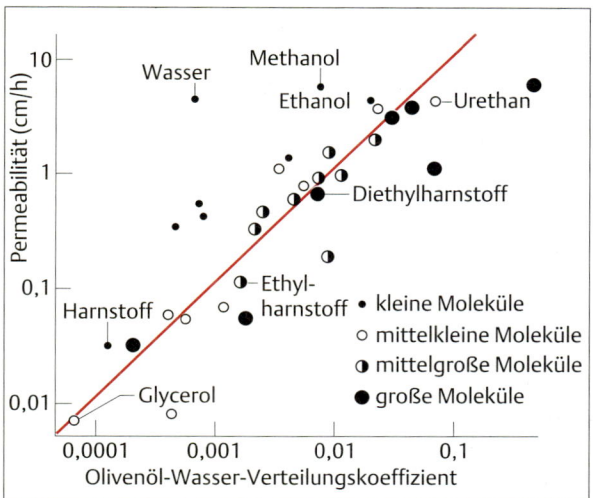

Abb. 4.8 Membranpermeabilitäten verschiedener Nichtelektrolyte, aufgetragen gegen ihre jeweiligen Öl-Wasser-Verteilungskoeffizienten. Beachte, daß die Permeabilität der Nichtelektrolyte von der Molekülgröße unabhängig ist (nach Collander, 1937).

Die wenigen Nichtelektrolyte, die von dem linearen Verhältnis zwischen dem Verteilungskoeffizienten und der Permeabilität abweichen (Abb. 4.8), weisen eine überproportional große Permeabilität auf. Dies trifft auch für Wasser zu, das Membranen über Ionenkanäle, z.T. spezifische **Wasserkanäle** oder **Aquaporine** durchqueren kann. Vermutlich können auch andere Moleküle mit hoher Membranpermeabilität die Membran durch entsprechende Kanäle oder Transporter überqueren.

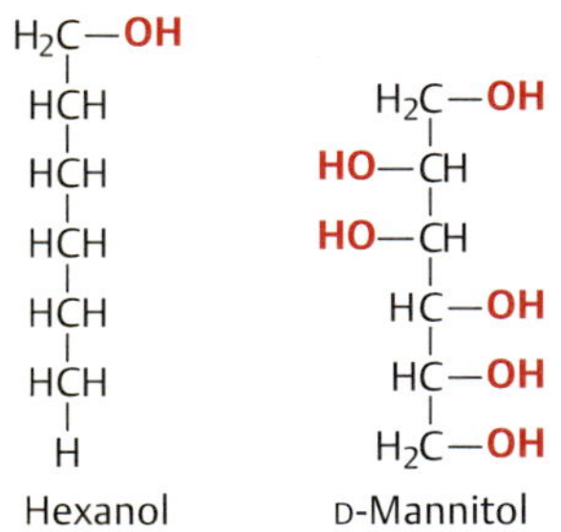

Abb. 4.9 Die Löslichkeitseigenschaften der Moleküle werden von ihrer Struktur bestimmt. Man beachte die unterschiedliche Anzahl von Hydroxylgruppen bei Hexanol und D-Mannitol. Hexanol besitzt nur eine Hydroxylgruppe, ist ansonsten unpolar und daher schlecht in Wasser, aber gut in Lipiden löslich. Mannitol hingegen besitzt sechs polare Hydroxylgruppen, die alle Wasserstoffbrückenbindungen ausbilden können, und ist daher gut in Wasser, aber schlecht in Lipiden löslich.

4. Membranen: Barrieren und selektiver Transport

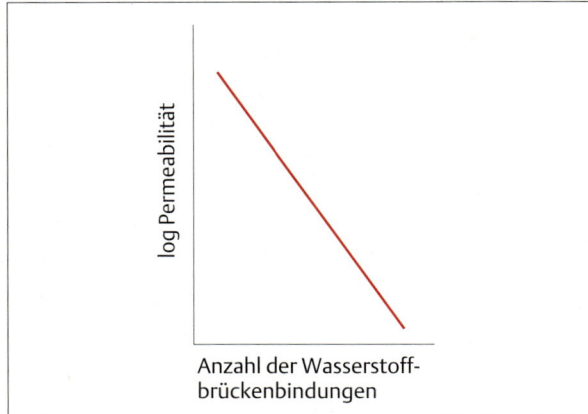

Abb. 4.10 Die Lipidlöslichkeit eines Moleküls nimmt mit der Anzahl der Wasserstoffbrückenbindungen stark ab. Hier ist der Logarithmus der Permeabilität gegen die Anzahl der Wasserstoffbrückenbindungen aufgetragen. Je lipidlöslicher ein Molekül ist, d. h. je weniger Wasserstoffbrückenbindungen es ausbilden kann, desto größer ist seine Permeabilität durch Lipiddoppelschichten.

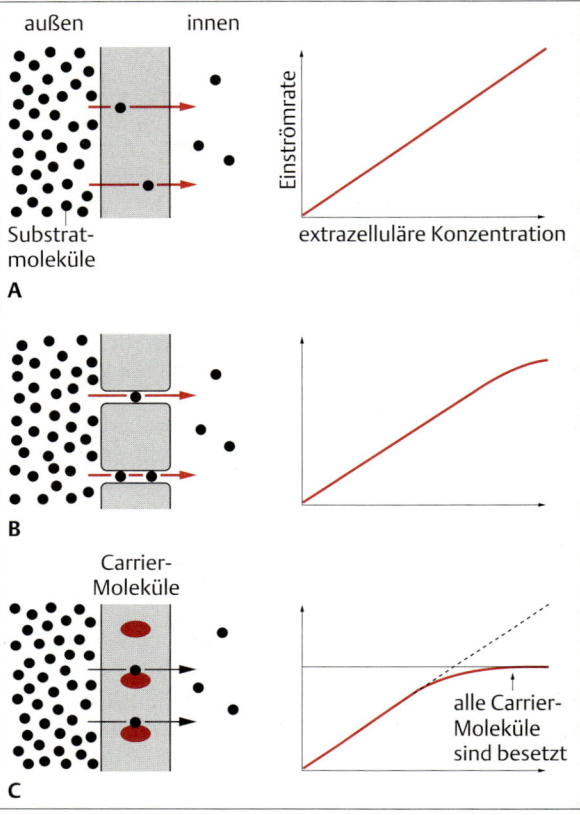

Abb. 4.11 Diffusion, Ionenkanäle und Carrier. Verschiedene Substanzen überqueren Membranen, je nach Molekülart, auf verschiedene Arten. **A** Diffusion durch die Lipidphase, **B** Fluß durch Ionenkanäle (wäßrige Phase), **C** Transport durch sogenannte „Carrier" oder Transportproteine (erleichterter oder aktiver Transport).

Diffusion durch eine Lipiddoppelschicht weist keine Sättigung auf (Abb. 4.11 A). Der Fluß durch die Lipidschicht nimmt mit der Konzentrationsdifferenz des gelösten Stoffes in den beiden Kompartimenten linear zu (Gleichung 4.1). Diese Proportionalität zwischen Konzentrationsdifferenz und Fluß unterscheidet die Diffusion von den Transportmechanismen durch Ionenkanäle (Abb. 4.11 B) oder Transportproteine (Abb. 4.11 C). Diese sollen im folgenden behandelt werden.

Ionenkanäle

Ionen können nicht durch die Lipiddoppelschicht diffundieren. Ein Fluß von Ionen über eine Biomembran erfolgt entweder über Transportproteine (s. S. 118) oder durch Poren. Diese Poren werden als **Ionenkanäle** bezeichnet. Spezielle Poren, die eine Verbindung zwischen zwei Nachbarzellen herstellen, indem sie sich durch die Plasmamembranen beider Zellen erstrecken, heißen **Gap junctions**.

Struktur und Steuerung von Ionenkanälen

Ionenkanäle sind essentiell für die Signalverarbeitung an Zellmembranen. Sie generieren z. B. Rezeptorpotentiale und Aktionspotentiale, sie sind verantwortlich für die Fortleitung elektrischer Signale in Nervenfasern (Axonen), und sie initiieren die Sekretion von Neurotransmittern und Hormonen. Diese und viele andere Funktionen von Ionenkanälen beruhen darauf, daß der Porendurchmesser und damit die Permeabilität der Kanäle auf vielfältige Weise moduliert werden kann.

Einer der am besten untersuchten Ionenkanäle, der nikotinische **Acetylcholinrezeptor**, ist in Abb. 4.12 dargestellt. Er besteht aus fünf Untereinheiten (2 α, β, γ und δ)[3]. Die α-Untereinheiten sind identische Proteine, die sich mit je einer β-, γ- und δ-Untereinheit so zusammenlagern, daß in ihrer Mitte eine Pore entsteht. Binden zwei Moleküle des Neurotransmitters Acetylcholin an je eine α-Untereinheit, so macht der Kanal eine Konformationsänderung durch, die zur Öffnung der Pore führt. Ihr

---

[3] Solche Proteine werden oft pentamer genannt, von penta (griechisch, „fünf") und meros (griechisch, „der Teil").

Ionenkanäle

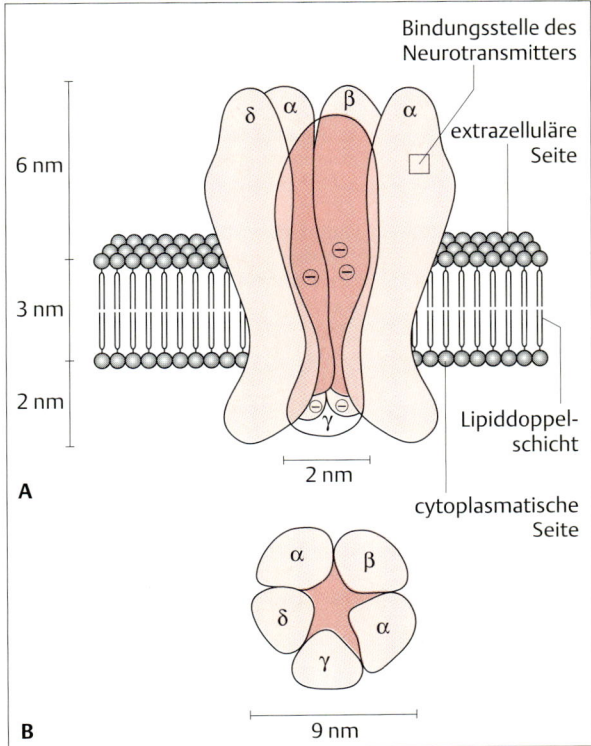

Abb. 4.12 Modell eines Acetylcholinkanals. Die Struktur des nicotinischen Acetylcholinrezeptors wurde aus elektronenmikroskopischen Untersuchungen und Röntgenstrukturanalysen abgeleitet. Der Kanal wird aus fünf Proteinen gebildet, zwei α-Untereinheiten und je einer β-, γ- und δ-Untereinheit. Zwei Acetylcholin-Moleküle müssen an den Kanal (die α-Untereinheiten) binden, damit sich die Pore öffnet (nach Unwin, 1993).

Durchmesser beträgt ca. 0,65 nm, so daß kleine Kationen die Pore passieren können. Nach der Dissoziation von **Acetylcholin** von den α-Untereinheiten schließt sich die Pore und läßt keine Ionen mehr passieren.

Die Polypeptidkette jeder Untereinheit des **Acetylcholinkanals** durchzieht viermal als α-Helix die Membran (Abb. 4.13 B). Dies läßt sich aus dem **Hydropathiediagramm** ablesen, bei dem die Hydrophobie (positive y-Werte) bzw. die Hydrophilie (negative y-Werte) der einzelnen Aminosäurepositionen gegen die Aminosäuresequenz des Proteins aufgetragen ist (Abb. 4.13 A). Offensichtlich gibt es bei dem dargestellten Kanal vier hinreichend lange lipophile Abschnitte (M1 bis M4), welche die Membran durchspannen können. Drei dieser Helices orientieren sich zu den Fettsäureketten der Membranlipide hin, während jeweils eine der Helices die Pore auskleidet (Abb. 4.13 C). Der pentamere Aufbau des Acetylcholinrezeptors findet sich in ähnlicher Weise auch bei anderen Ionenkanälen, die von Transmittern gesteuert sind, z.B. bei den von Glutamat-gesteuerten Ionenkanälen, beim $GABA_A$-Rezeptor und beim Glycinrezeptor (s. Kap. 6).

Porendurchmesser und Öffnungswahrscheinlichkeit von Ionenkanälen können gesteuert werden von
- Liganden wie Neurotransmittern oder Hormonen, aber auch von
- intrazellulären Botenstoffen wie zyklischem Adenosinmonophosphat (cAMP), zyklischem Guanosinmonophosphat (cGMP) oder Ca^{2+}-Ionen,
- intrazellulärer Phosphorylierung des Kanals,
- der Membranspannung, oder
- einer Kombination dieser Möglichkeiten.

Eine deutlich andere Struktur haben die von der Membranspannung gesteuerten Ionenkanäle, die **spannungsgesteuerten** Na^+-, K^+- oder Ca^{2+}-**Kanäle**. Auch sie bestehen aus mehreren Untereinheiten; die Pore wird jedoch nur von der α_1-Untereinheit gebildet, während die anderen Untereinheiten modulatorische Funktionen besitzen (Abb. 4.14 A–C). Die α_1-Untereinheit von vielen spannungsgesteuerten Ionenkanälen durchquert die Membran insgesamt 24mal in α-helicaler Form, wobei die Länge der cytosolischen und extrazellulären Anteile darauf hindeutet, daß sich jeweils vier Kanalabschnitte zusammenlagern und eine zentrale Pore umschließen. Bei vielen K^+-Kanälen sind die vier Segmente voneinander getrennt und bilden eigenständige Untereinheiten (Abb. 4.14 C). Bei einigen Kanälen scheint sich die Peptidkette zwischen dem 5. und 6. Segment in die Membran zu inserieren und die Pore zu flankieren (Abb. 4.14 A–C).

Selektivität von Ionenkanälen

Wenn z.B. Natrium in einer zum Spülen von Nervenzellen benutzten physiologischen Salzlösung durch Lithium-Ionen ersetzt wird, passiert das Li^+ ohne Mühe die Natriumkanäle, die sich während der elektrischen Erregung der Nervenzellmembran öffnen. Ebenso können Na^+-Ionen in Abwesenheit von Ca^{2+} durch Ca^{2+}-Kanäle fließen, während die größeren Alkalimetallionen K^+, Rb^+ und Cs^+ beide Arten von Kanälen praktisch nicht passieren können.

Wie erklärt sich die selektive Permeabilität der Ionenkanäle für bestimmte Ionen? Der ACh-Rezeptor ist für alle physiologischen Kationen permeabel, spannungsgesteuerte K^+-Kanäle dagegen fast nur für K^+-Ionen, Na^+-Kanäle fast nur für Na^+-Ionen. Die einfachste Erklärung hierfür sind die unterschiedlichen Porendurchmesser der verschiedenen Kanäle. Ein K^+-Kanal mit einem Durchmesser von etwa 0,33 nm ist für größere Ionen offensichtlich nicht permeabel. Der ACh-Rezeptor

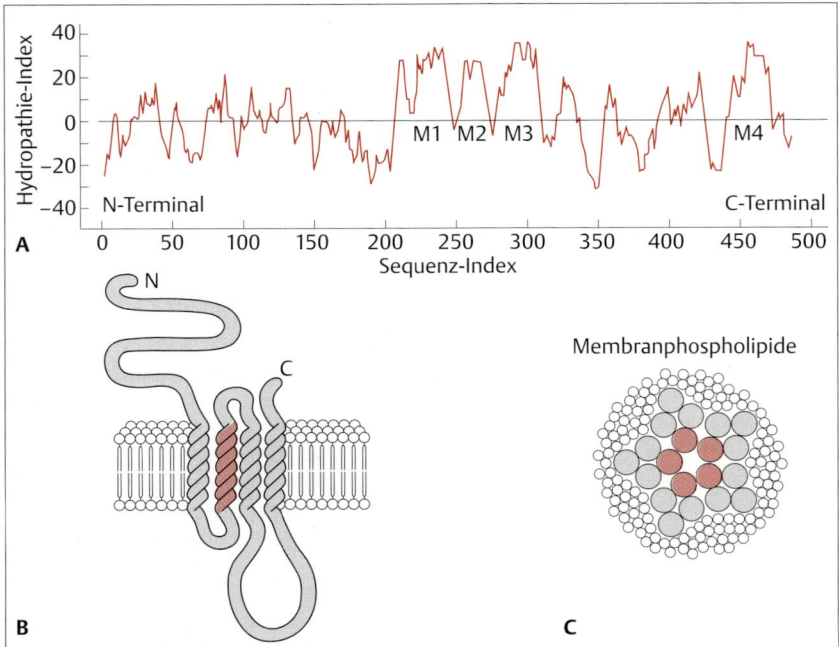

Abb. 4.13 Topographische Feinstruktur des Acetylcholinkanals.
A Hydropathiegraph einer γ-Untereinheit. Zur Erstellung einer solchen Graphik wird jeder Aminosäure der Proteinsequenz je nach ihrer Löslichkeit in Ethanol ein Hydrophobiewert zwischen 40 (maximal hydrophob) und −40 (minimal hydrophob) zugeordnet. Dann werden für jede Aminosäureposition die Mittelwerte von je sieben benachbarten Aminosäuren berechnet und für die zentral positionierte Aminosäure aufgetragen. Eine Folge von 20 oder mehr hydrophoben Aminosäuren – das wären die Abschnitte M1 bis M4 der Abbildung – kann die Membran durchqueren. **B** Zweidimensionales Modell einer α-Untereinheit, die viermal in α-Helixform die Membran durchquert. Die relativ hydrophilen α-Helices sind farblich hervorgehoben. **C** Aufsicht auf das Acetylcholinkanal-Modell mit den fünf Untereinheiten (nach Hall, 1992).

mit einem Durchmesser von 0,65 nm läßt hingegen Na^+-Ionen, K^+-Ionen und Ca^{2+}-Ionen leicht passieren.

Ein zweiter Punkt, der sich auf die Selektivität auswirkt, ist die Polarität der Ladungen in der Pore. Erwartungsgemäß haben Anionenkanäle positive Festladungen in der Pore, die z.B. Na^+-Ionen elektrostatisch abstoßen und daher nicht passieren lassen (Abb. 4.15).

Ein dritter Punkt, der die Permeabilität von Ionenkanälen beeinflußt, ist die Stärke der Festladungen in der Pore. Poren mit relativ schwachen Festladungen lassen eher große Ionen wie Cs^+ passieren, während starke Festladungen in der Pore kleine Ionen ohne Hydrathülle und mit starkem elektrischem Feld bevorzugen.

Viertens spielt die Hydrathülle eine große Rolle. Kleine Ionen wie Na^+ besitzen ein stärkeres elektrisches Feld als größere und binden Wassermoleküle stärker. Dies zeigt sich in den Hydratationsenergien verschiedener Ionen. Mit zunehmendem Radius des Ions nimmt seine Hydratationsenergie ab (Tab. 4.1). Das Abstreifen der Hydrathülle ist bei Na^+ energetisch aufwendiger als bei K^+. Zusätzlich ist die Bindungsenergie von Na^+-Ionen an negative Ladungen der K^+-Kanäle relativ schwach im Vergleich zur hohen Hydratationsenergie der Na^+-Ionen. Daher permeiert Na^+ nicht durch K^+-Kanäle.

Die Vorstellung, daß Ionen durch Ionenkanäle diffundieren wie durch eine neutrale, nicht geladene Röhre, ist also eine grobe Vereinfachung. Die Ladungen im Inneren der Pore sowie die Hydratationsenergien bestimmen entscheidend mit, welche Ionen passieren können und wie schnell dies geschieht.

Diffusionskonstanten (Gleichung 4.1) und Permeabilitäten (Gleichung 4.2) hängen von den Eigenschaften der diffundierenden Teilchen ab. Sie werden aber auch ganz wesentlich durch das Medium bestimmt, in dem sich die Diffusion vollzieht. Offensichtlich sind die Diffusionskonstanten und Permeabilitäten von Na^+-Ionen in Wasser, in einem Na^+-Kanal und in einem K^+-Kanal unterschiedlich.

Die elektrische Kapazität der Zellmembran bleibt auch bei großen Veränderungen der Permeabilität, z.B. während der Erregung von Nerven- oder Muskelmembranen (s. Kap. 5), relativ unverändert. Das liegt daran, daß nur ein sehr geringer Prozentsatz der Membranoberfläche mit Ionenkanälen besetzt ist. So erhöht der Einbau von Molekülen des Antibiotikums **Nystatin** in künstliche Membranen die Membranpermeabilität beträchtlich, wobei die Fläche, welche die Nystatinmoleküle einnehmen, vergleichsweise gering ist. Einer Zunahme der von Nystatinporen besetzten Fläche um etwa 0,001 % steht eine 100000fache Steigerung der Permeabilität gegenüber.

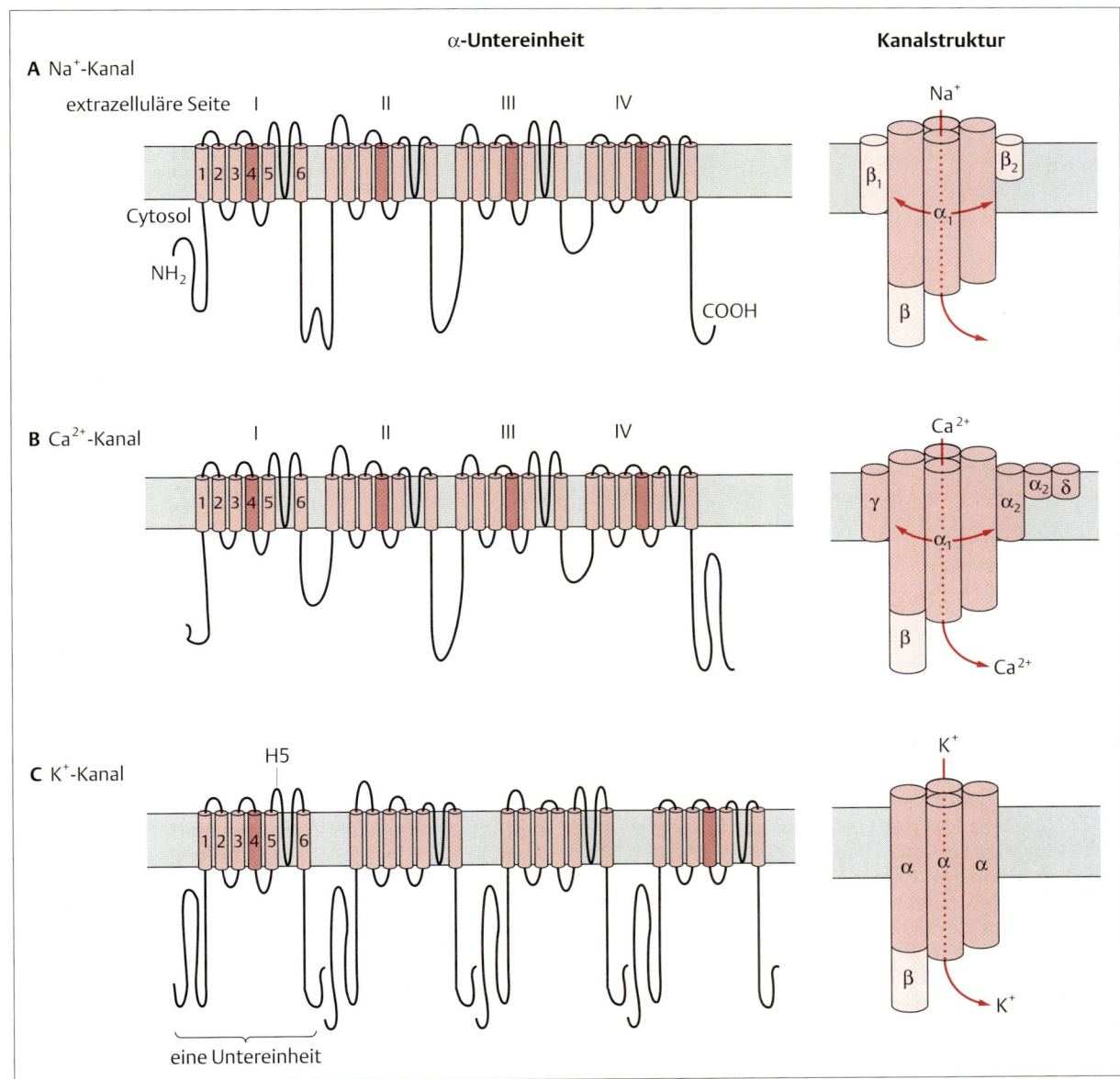

Abb. 4.14 Aufbau spannungsabhängiger Ionenkanäle. Spannungsabhängige Na$^+$-, K$^+$- und Ca^{2+}-Kanäle haben einen ähnlichen molekularen Aufbau. **A, B** Jeder Na$^+$- und jeder Ca^{2+}-Kanal besitzt eine große Proteinuntereinheit (meist α oder α$_1$ genannt), die einen funktionellen Kanal bilden kann. Die α-Untereinheit jedes Kanals (in der Abb. links) besteht meistens aus vier homologen Wiederholungen („repeats" I–IV) von je sechs α-helikalen Abschnitten (1–6), die vermutlich alle die Lipiddoppelschicht der Membran durchspannen. Der Spannungssensor liegt bei den meisten dieser Kanäle vermutlich in der vierten α-Helix. Man nimmt an, daß sich die vier redundanten α-helikalen Abschnitte so zusammenlagern, daß eine ionendurchlässige Pore, der Kanal, entsteht (rechter Teil der Abb.). An der Bildung des vollständigen Kanalkomplexes sind zusätzlich noch ein weiteres Protein oder mehrere kleinere Proteine beteiligt (mit verschiedenen griechischen Buchstaben bezeichnet), die mit der α-Untereinheit assoziieren und die Kanalfunktion modulieren können. **C** Die α-Untereinheit eines K$^+$-Kanals ist etwa ein Viertel so groß wie die α-Untereinheiten der Na$^+$- und Ca^{2+}-Kanäle. Sie besteht aus sechs α-helikalen Abschnitten und ähnelt einer der Wiederholungen der α-Untereinheiten der Na$^+$- und Ca^{2+}-Kanäle. Die α-helikalen Sequenzen der K$^+$-Kanäle kommen in vielen Variationen vor. Ein funktioneller K$^+$-Kanal entsteht durch die Assoziation von vier α-Untereinheiten, welche die gleiche oder eine unterschiedliche Sequenz haben können (rechts). Kleinere β-Untereinheiten, die in nativen neuronalen Kanälen neben den α-Untereinheiten auftreten, modulieren vermutlich die physiologischen Eigenschaften dieser Kanäle (nach Lodish u. Mitarb., 1995, u. nach Hall, 1992).

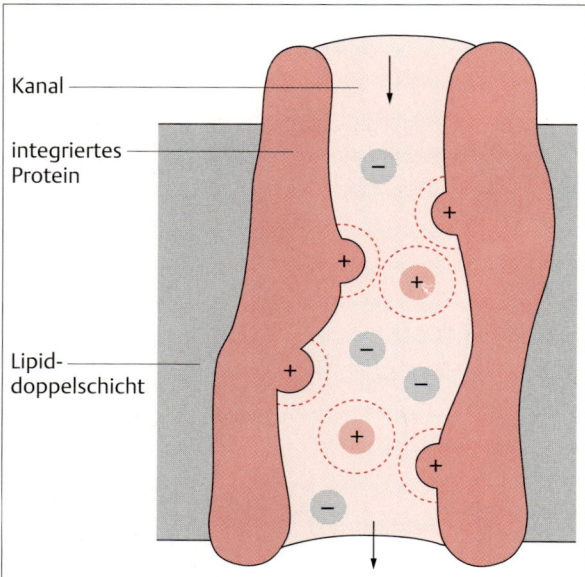

Abb. 4.15 Schematischer Querschnitt durch einen Membrankanal. Positive Ladungen entlang des Membrankanals erlauben Anionen den Durchtritt, während die Diffusion von Kationen durch den Kanal verzögert oder verhindert wird.

Gap-junction-Kanäle

Die meisten Zellen sind in Geweben organisiert, wobei ihre Membranen auf spezifische Arten interagieren und zusammengehalten werden. Der schmale Spalt zwischen den Zellen ist mit extrazellulärer Flüssigkeit gefüllt. Bei vielen Geweben wie den Epithelgeweben, der glatten Muskulatur, dem Herzmuskel, dem zentralen Nervengewebe und vielen embryonalen Geweben sind die Zellen mit ihren Nachbarzellen durch Spezialisierungen der betreffenden Oberflächenmembranen verbunden. Von diesen Spezialisierungen gibt es zwei Haupttypen: Gap junctions und Tight junctions. **Gap junctions** sind Poren zwischen benachbarten Zellen, die eine direkte elektrische Zell-Zell-Kommunikation sowie den Transport von niedermolekularen Substanzen von einer Zelle in eine andere erlauben (Abb. 4.**16**). **Tight junctions** hingegen stellen proteinvermittelte, sehr enge Kontakte zwischen Nachbarzellen dar, welche die beteiligten Zellen mechanisch so fest verbinden, daß diese eine Barriere für die interstitielle Diffusion von Substanzen darstellen.

Eine Gap junction stellt eine porenartige Verbindung zwischen dem Cytosol einer Zelle mit dem einer benachbarten Zelle her. Moleküle mit einem Molekulargewicht von bis zu mehr als 500 Da (Aminosäuren, Zucker) können Gap junctions permeieren. Aufgrund des großen Durchmessers der Pore können Gap-junction-Kanäle nicht zwischen verschiedenen Ionensorten differenzieren. Durch Gap-junction-Kanäle verbundene Zellen sind also metabolisch und elektrisch miteinander gekoppelt. Der Abstand zwischen den Membranen zweier Zellen an einer Gap junction beträgt etwa 2 nm. Jeweils sechs Untereinheiten eines Gap-junction-Halbkanals binden an korrespondierende Halbkanal-Untereinheiten der Nachbarzellmembran (Abb. 4.**16**). Die Untereinheiten haben einen Durchmesser von ungefähr 5 nm. Gap junctions lassen sich nachweisen, indem man einen Fluoreszenzfarbstoff (Fluorescein oder Procion-Gelb; relative Molekulargewichte 332 bzw. 500) in eine Zelle injiziert und seine Diffusion in die anliegenden Zellen verfolgt (Abb. 4.**17**). Die elektrische Kopplung über Gap junctions ist nicht weniger wichtig als die metabolische: Im Herzmuskel von Vertebraten leiten Gap junctions z.B. die Erregung von einer Muskelzelle zur nächsten weiter (die Vorhöfe sind von den Kammern allerdings getrennt). Im ZNS (besonders häufig im embryonalen ZNS) sind benachbarte Neurone und vor allem Gliazellen oft durch Gap junctions untereinander verbunden. Sie werden hier als **elektrische Synapsen** bezeichnet.

Der Durchmesser von Gap junctions steht unter der Kontrolle der intrazellulären Ca^{2+}- und H^+-Konzentration. Eine Zunahme von $[Ca^{2+}]_i$ oder $[H^+]_i$ führt zur Verengung des Durchmessers. Die Leitfähigkeit zwischen den durch Gap junctions verbundenen Nachbarzellen nimmt dann drastisch ab. Dies wurde durch die direkte Injektion von Ca^{2+} oder H^+ in eine gekoppelte Zelle, durch Herabsetzung der Temperatur oder durch die Verwendung von Giften, die den Energiestoffwechsel hemmen, nachgewiesen. Gap-junction-Kanäle bleiben demnach nur dann geöffnet, wenn eine ausreichend niedrige Konzentration von intrazellulärem freien Ca^{2+} und H^+ aufrechterhalten wird. Gap junctions schließen oder öffnen vermutlich durch Konformationsänderungen der sechs Untereinheiten, die einen irisblendenartigen Effekt auf den Porendurchmesser haben.

Tab. 4.1 Ionenradien und freie Hydratationsenergien der Alkalimetallkationen

Kation	Radius (nm)	freie Hydratationsenergie (kcal/mol)
Li^+	0,06	−131
Na^+	0,095	−105
K^+	0,133	−85
Rb^+	0,148	−79
Cs^+	0,169	−71

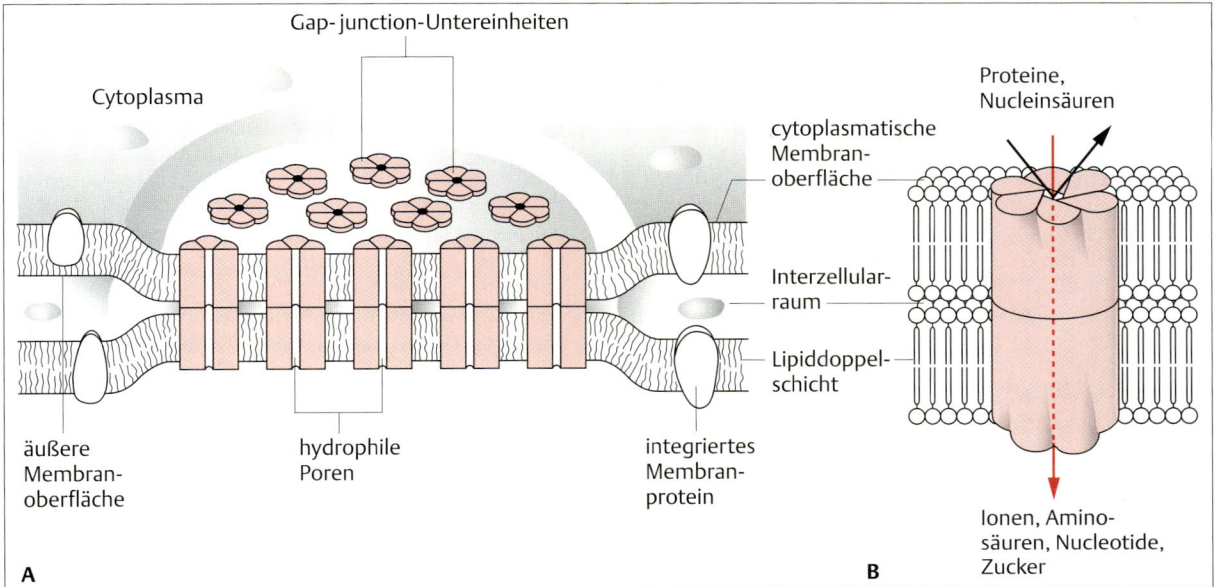

Abb. 4.16 Gap junctions. Diese Strukturen ermöglichen den Fluß von Molekülen zwischen benachbarten Zellen. **A** Die Membranen benachbarter, durch Gap junctions gekoppelter Zellen, enthalten hexagonale Halbkanäle, die an entsprechende Halbkanäle der gegenüberliegenden Membran gebunden sind. Ein zentraler Kanal durchzieht den hexagonalen Gesamtkomplex, wodurch ein Kommunikationsweg zwischen den beiden Zellen entsteht. **B** Darstellung einer einzelnen Gap junction mit sechs Untereinheiten. Moleküle, die kleiner als 2 nm sind, können durch den Kanal von einer Zelle in die andere gelangen. Größere Moleküle wie z.B. Proteine können den Kanal nicht durchqueren (A nach Staehlin, 1974; B nach Bretscher, 1985).

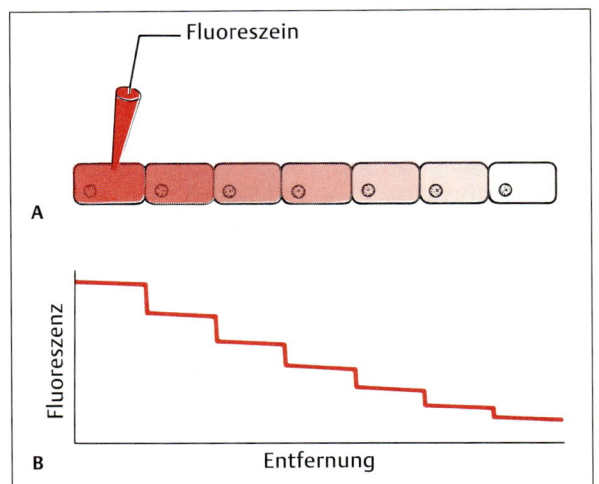

Abb. 4.17 Gap-junction-Nachweis. Ein fluoreszierender Farbstoff (z.B. Fluoreszein) wird in eine von mehreren Zellen injiziert und seine Verteilung verfolgt. Erfolgt eine Diffusion des Farbstoffs in benachbarte Zellen ohne einen Verlust in den Extrazellulärraum, so spricht dies für direkte Cytoplasmaverbindungen zwischen den Zellen („dye coupling").

Transportprozesse

Neben der Diffusion unpolarer Moleküle durch Membranen und der Diffusion von Ionen durch Ionenkanäle können Moleküle durch Transportprozesse über eine Membran gelangen.
– **ATP-abhängige Transporter** (Synonyme: primär aktive Transporter, aktive Transporter, aktive Pumpen) spalten ATP und transportieren mit Hilfe der freigesetzten Energie Ionen gegen deren Gradienten über Membranen.
– **Konzentrationsgradienten-abhängige Transporter** (Synonym: sekundär aktive Transporter) benutzen den Gradienten eines Ions, meist Na^+ oder H^+, als Energiequelle zum Transport anderer Teilchen. Dieser Transport wird auch als erleichterte Diffusion, erleichterter Transport oder „facilitated transport" bezeichnet.

ATP-abhängige Pumpen

Die meisten physikalischen und physikochemischen Prozesse an Membranen hängen direkt oder indirekt von der Aktivität eines Moleküls ab: Der **Na^+/K^+-ATPase**

oder der Na$^+$/K$^+$-Pumpe. Ohne diese Pumpe sind zelluläre und neuronale Signalgenerierung und -verarbeitung sowie eine Vielzahl weiterer Prozesse nicht denkbar. Die **Na$^+$/K$^+$-ATPase** hat folgende wichtige Eigenschaften:
- Sie ist ein Protein in der Plasmamembran, das unter Verbrauch von einem Molekül ATP drei Na$^+$-Ionen vom Zellinneren nach außen und in demselben Pumpzyklus zwei K$^+$-Ionen von außen in das Cytosol befördert (Abb. 4.18). Diese ATPase ist für die ungleiche, aber im zeitlichen Mittel konstante Verteilung von Na$^+$ und K$^+$ beiderseits der Plasmamembran verantwortlich (Tab. 4.2). Na$^+$ und K$^+$ werden beide gegen ihren Konzentrationsgradienten gepumpt. Bezogen auf Na$^+$ werden im zeitlichen Mittel genauso viele Na$^+$-Ionen aus der Zelle heraustransportiert wie über andere Wege in sie hineinfließen. Kurzfristig, z.B. während der Erregung eines Neurons, fließen allerdings mehr Na$^+$-Ionen in die Zelle, als die Pumpe nach außen transportieren kann; kurz nach der Erregung ist die Pumpe dann für eine gewisse Zeit aktiver und transportiert mehr Na$^+$-Ionen nach außen als im zeitlichen Mittel.
- Die Na$^+$/K$^+$-Pumpe ist in den meisten Zellen der größte Energieverbraucher. Sie verbraucht – je nach Stoffwechselaktivität einer Zelle – etwa 30% bis 70% des in der Atmungskette hergestellten ATP.
- Die Na$^+$/K$^+$-Pumpe ist hochgradig selektiv. Sie transportiert beispielsweise keine Lithium-Ionen, obwohl diese den Natrium-Ionen in vieler Hinsicht sehr ähnlich sind. Entfernt man außen die K$^+$-Ionen, werden nicht nur keine K$^+$-Ionen nach innen, sondern auch keine Na$^+$-Ionen nach außen gepumpt.
- Das aus dem Fingerhut (*Digitalis purpurea*) gewonnene Herzglykosid **Strophantin**, auch **Ouabain** genannt, blockt die Na$^+$/K$^+$-ATPase. Stoffwechselgifte, welche die ATP-Produktion hemmen, haben indirekt denselben Effekt. [Na$^+$]$_i$ nimmt daher zu und [K$^+$]$_i$ nimmt ab, bis sich nach einiger Zeit das sog. **Donnan-Gleichgewicht** (Box 4.1) einstellt.
- Die Na$^+$/K$^+$-ATPase bewirkt einen Nettoausstrom von einer positiven Ladung pro Pumpzyklus, da 3 Na$^+$-Ionen nach außen, aber nur 2 K$^+$-Ionen nach innen gepumpt werden. Ionenpumpen, die eine Nettoladungsbewegung, also einen elektrischen Strom erzeugen und daher eine Wirkung auf die Membranspannung haben, heißen **elektrogene Pumpen**.
- Der durch die Na$^+$/K$^+$-ATPase vermittelte Transport weist eine **Michaelis-Menten-Kinetik** und eine kompetitive Hemmung durch substratanaloge Moleküle auf. Solche Eigenschaften sind für enzymatische Reaktionen charakteristisch. Die Pumpaktivität hängt gemäß monoton steigender Sättigungskinetik von der intrazellulären Natriumkonzentration [Na$^+$]$_i$ ab. Dies führt zu einem Regelkreis: Die Zunahme von [Na$^+$]$_i$ aufgrund eines verstärkten Na$^+$-Einstroms führt zu einer verstärkten Pumpaktivität und somit zurück zu den Ausgangskonzentrationen.
- Der molekulare Mechanismus der Na$^+$/K$^+$-ATPase ist noch immer nicht vollständig geklärt. So läßt sich lediglich ein relativ einfaches hypothetisches Modell aufstellen (Abb. 4.18). Ein Transporterprotein bindet das Transportsubstrat A (im Fall der Na$^+$/K$^+$-ATPase 3 Na$^+$-Ionen), wird phosphoryliert und macht (mindestens) eine Konformationsänderung durch. Dann dissoziiert Substrat A, nunmehr der anderen Membranseite zugewandt, und Substrat B bindet (im Fall der Na$^+$/K$^+$-ATPase 2 K$^+$-Ionen). Nach einer weiteren Konformationsänderung dissoziiert Substrat B auf der anderen Membranseite ab und ein Pumpzyklus ist durchlaufen.

Neben der Na$^+$/K$^+$-ATPase gibt es eine weitere, vermutlich ubiquitär vorkommende ATP-abhängige Ionenpumpen. In der Plasmamembran der meisten Zellen sowie in intrazellulären Calciumspeichern[4] befinden sich **Ca^{2+}-ATPasen**. Diese Pumpen befördern Ca^{2+} aus dem Cytosol in ein anderes Kompartiment, entweder in den Extrazellularraum (Plasmamembran-Ca^{2+}-ATPase) oder in das glatte endoplasmatische oder das sarcoplasmatische Reticulum, die beide Ca^{2+}-Ionen speichern.

Verteilung von Ionen über der Zellmembran

Die Aktivitäten der Na$^+$/K$^+$-ATPase, der Ca^{2+}-ATPase und des noch zu besprechenden **Na$^+$/Ca^{2+}-Antiporters** (s. S. 121 u. 151) führen zu einer stark asymmetrischen Verteilung von Ionen über der Zellmembran: Die intrazellulären Ionenkonzentrationen unterscheiden sich daher erheblich von den extrazellulären; diese Unterschiede variieren ihrerseits von Spezies zu Spezies (Tab. 4.2). Dennoch fallen einige Gemeinsamkeiten auf. Von den anorganischen Ionen hat das K$^+$-Ion im Cytosol die höchste Konzentration. Gewöhnlich liegt es im Cytosol 20–50mal konzentrierter vor als in der extrazellulären Flüssigkeit. Umgekehrt sind die intrazellulären Konzentrationen der freien Na$^+$- und Cl$^-$-Ionen gewöhnlich kleiner (ca. 0,1–0,3mal) als die extrazellulären Konzentrationen (Tab. 4.2). Eine andere wichtige Verallgemeinerung ist, daß die intrazelluläre Konzentration von Ca^{2+} um mehrere Größenordnungen unter derjenigen der extrazellulären Konzentration gehalten wird. Dies läßt sich vor allem auf den Transport von Ca^{2+} durch die Zellmembran nach außen zurückführen (s. S. 122). Die Ca^{2+}-Konzentration im Cytosol liegt in der Regel deutlich unter 1 μM (10^{-6} M).

---

[4] Dazu gehören das glatte endoplasmatische Reticulum vieler Zellen und das sarcoplasmatische Reticulum von Muskelzellen.

Box 4.1 Donnan Gleichgewicht

Angenommen, die Na$^+$/K$^+$-Pumpe einer Zelle fiele aus. Dies kann z.B. bei einer Vergiftung mit Strophantin (Ouabain) eintreten oder bei einem Schlaganfall, wenn die betroffenen Neuronen weder Glucose noch Sauerstoff in ausreichender Menge erhalten. Im ersten Fall wird die Na$^+$/K$^+$-ATPase direkt durch das Gift geblockt, im zweiten Fall kann die Zelle kein ATP mehr produzieren, und die Aktivität der Na$^+$/K$^+$-ATPase erlischt. Unter solchen Umständen ist die Zellmembran sowohl für K$^+$ als auch in gewissem Umfang für Na$^+$ permeabel, während die intrazellulären Proteine, deren Nettoladung (A$^-$) negativ ist, die Membran nicht permeiren können. Es sei angenommen, daß die Zellmembran unter diesen Umständen für alle Ionensorten – außer für die großen, negativ geladenen Proteine – permeabel ist. Welche Ionenkonzentrationen stellen sich dann beiderseits der Membran ein?

Diese Frage hat als erster der Physikochemiker Frederick Donnan 1911 untersucht. Er fand heraus, daß sogenannte Festladungen, also geladene Teilchen, die z.B. wie die Proteine wegen ihrer Größe nicht über die Membran diffundieren können, zu einer Ungleichverteilung aller anderen Ionensorten führen. Folgendes Experiment veranschaulicht dies:

Ein Becken sei durch eine semipermeable Membran in zwei Kammern geteilt. Zu Beginn wird in beide Kammern reines Wasser gegeben und in Kammer I etwas KCl aufgelöst (**A**, Start). Das gelöste Salz (K$^+$- und Cl$^-$-Ionen) wird solange durch die Membran diffundieren, bis das System im Gleichgewicht ist, d.h. bis die Konzentrationen von K$^+$ und Cl$^-$ auf beiden Seiten der Membran gleich groß sind. Fügt man jetzt der Lösung in Kammer I das K$^+$-Salz eines nicht diffusionsfähigen Anions (z.B. mehrfach negativ geladene Makromoleküle, A$^-$) hinzu, so verteilen sich K$^+$ und Cl$^-$ erneut um, bis sich durch die Diffusion von K$^+$ und Cl$^-$ von Kammer I in Kammer II ein neues Gleichgewicht eingestellt hat (**B**). Dieses Gleichgewicht heißt **Donnan-Gleichgewicht**. Es ist in guter Näherung durch folgende Verteilung von Anionen und Kationen charakterisiert:

$$[K^+]_I \cdot [Cl^-]_I = [K^+]_{II} \cdot [Cl^-]_{II} \quad (4.4)$$

Diese Gleichung wird in Kap. 5 hergeleitet werden. Ferner sei angenommen, daß die Summe von Kationen und Anionen auf jeder Seite der Membran identisch ist, so daß sich die Ladungen auf jeder Seite der Membran kompensieren:

$$[K^+]_I = [Cl^-]_I + [A^-]_I \text{ und } [K^+]_{II} = [Cl^-]_{II}$$

Setzt man [K$^+$]$_I$ und [K$^+$]$_{II}$ in Gleichung 4.4 ein, so ergibt sich die quadratische Gleichung

$$[Cl^-]_I^2 + [Cl^-]_I \cdot [A^-]_I - [Cl^-]_{II}^2 = 0$$

mit der Lösung

$$[Cl^-]_I = -[A^-]_I / 2 + \sqrt{([A^-]_I / 2)^2 + [Cl^-]_{II}^2} \quad (4.5)$$

[Cl$^-$]$_I$ ist also kleiner als [Cl$^-$]$_{II}$, wobei dieser Effekt um so ausgeprägter ist, je mehr nichtdiffusible Anionen A$^-$ vorhanden sind.

---

[1] Diese Annahme der Elektroneutralität ist nur ungefähr richtig, da auf der Innenseite der Membran einige überschüssige negative Ladungen für das Membranpotential verantwortlich sind. Die Anzahl dieser Ladungen ist jedoch gegenüber der Gesamtzahl der Ionen in der Zelle zu vernachlässigen (s. Kap. 5.).

Entsprechend erhält man nach Substitution von [Cl$^-$]$_I$ und [Cl$^-$]$_{II}$ in Gleichung 4.4 die quadratische Gleichung

$$[K^+]_I^2 - [K^+]_I \cdot [A^-]_I - [K^+]_{II}^2 = 0$$

mit der Lösung

$$[K^+]_I = [A^-]_I / 2 + \sqrt{([A^-]_I / 2)^2 + [K^+]_{II}^2} \quad (4.6)$$

[K$^+$]$_I$ ist also größer als [K$^+$]$_{II}$, wobei dieser Effekt um so ausgeprägter ist, je mehr nicht diffusible Anionen A$^-$ vorhanden sind. Wären – im umgekehrten Fall – keine Proteine vorhanden ([A$^-$] = 0), dann bestünde eine vollkommene Gleichverteilung ([K$^+$]$_I$ = [K$^+$]$_{II}$).

Insgesamt divergieren die Konzentrationen der diffusionsfähigen Ionen also um so stärker, je höher die Konzentration eines nicht diffusionsfähigen Anions A$^-$ ist. Diese Ungleichverteilung der diffusionsfähigen Ionen ist das herausragende Merkmal des Donnan-Gleichgewichts.

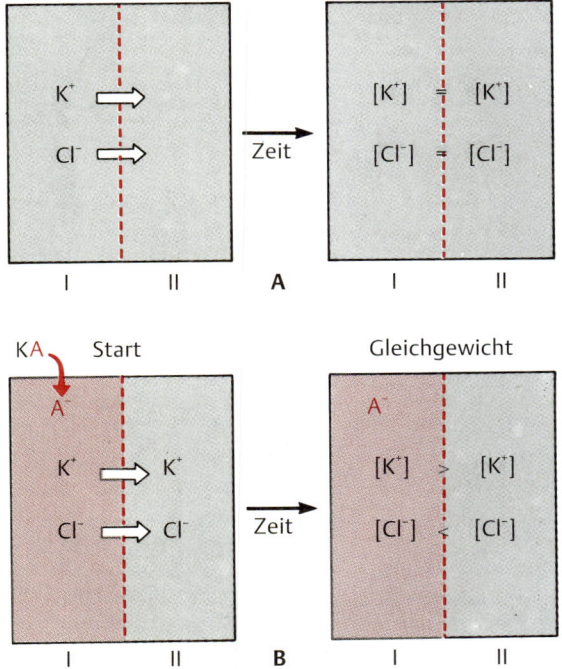

Das Donnan-Gleichgewicht beschreibt die Ionenverteilung über einer semipermeablen Membran, die für einige (z.B. große) Ionen nicht permeabel ist. **A** Wird KCl in Kammer I eines Behälters gegeben, der durch eine für K$^+$ und Cl$^-$ permeable Membran unterteilt ist, so diffundieren K$^+$ und Cl$^-$ durch diese Membran, bis deren Konzentrationen auf beiden Seiten der Membran gleich sind. **B** Wird nun zusätzlich das Kaliumsalz eines nicht permeablen Anions A$^-$ in Kammer I gegeben, so verteilen sich K$^+$ und Cl$^-$ erneut um, bis sich ein neues elektrochemisches Gleichgewicht, das Donnan-Gleichgewicht, eingestellt hat.

Was ist die biologische Bedeutung der von Donnan entdeckten Ungleichverteilung von Ionen über Membranen? Der Donnan-Effekt führt zu einer gewissen Ungleichverteilung der Ionen, allerdings ist die tatsächlich beobachtete Ungleichverteilung in den meisten Zellen weit ausgeprägter als nach Donnan zu erwarten wäre. Das liegt daran, daß es weitere Mechanismen und Faktoren gibt, allen voran die Na^+/K^+-ATPase, die den Hauptanteil der ionalen Ungleichverteilung herbeiführen. Die großen Anionen in der Zelle leisten sozusagen eine Vorarbeit zur ionalen Ungleichverteilung, die Hauptarbeit wird aber von der Na^+/K^+-ATPase geleistet. Fällt diese allerdings aus, z.B. beim Zelltod, dann stellt sich ein Donnan-Gleichgewicht ein.

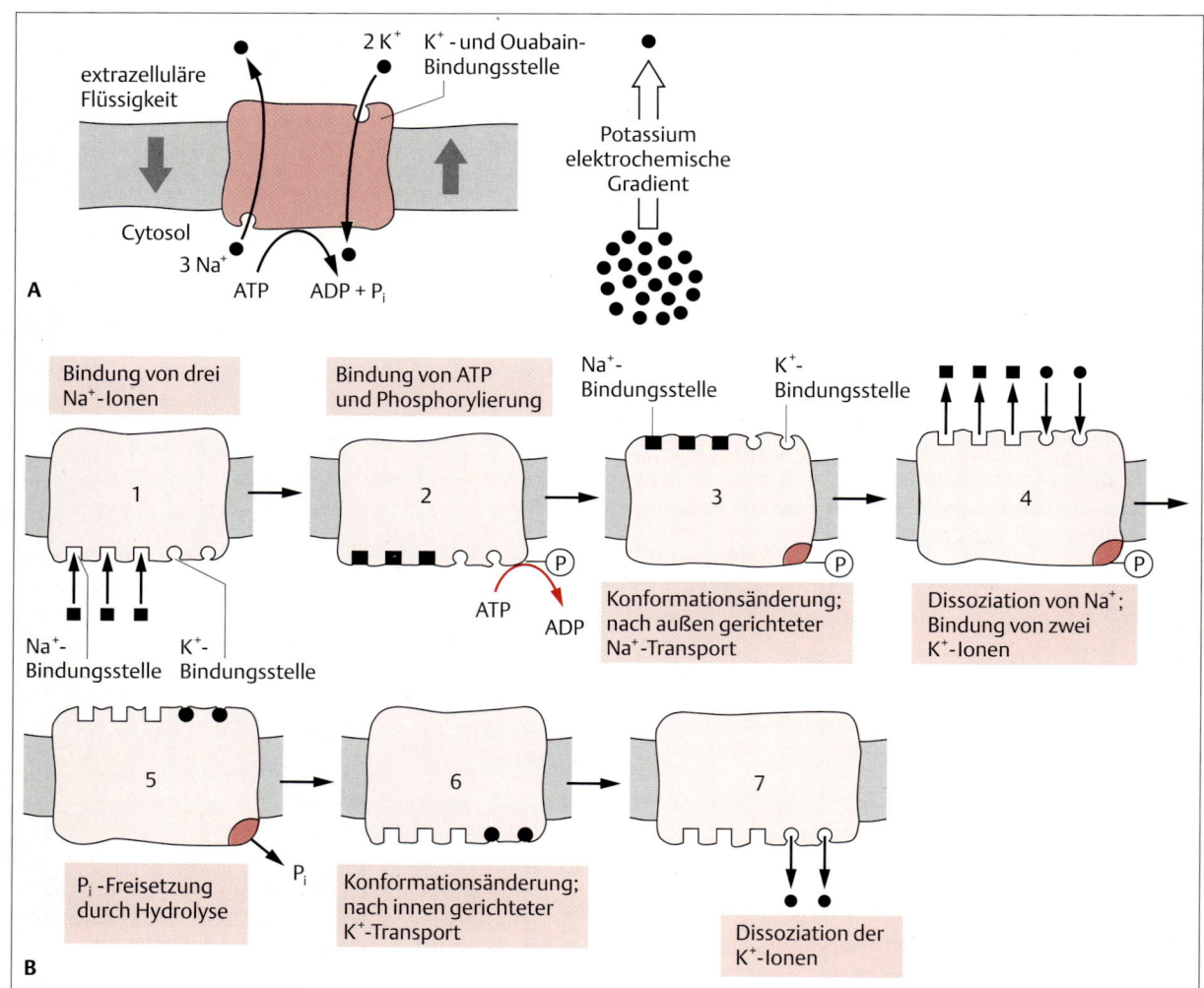

Abb. 4.18 Modell der Na^+/K^+-Pumpe. Die Na^+/K^+-ATPase transportiert unter Verbrauch von ATP Na^+ aus einer Zelle heraus und K^+ in sie hinein. Beide Ionensorten werden also gegen die auf sie wirkenden elektrochemischen Gradienten transportiert. **A** Für jedes Molekül ATP, das unmittelbar für den Antrieb des Transmembrantransports hydrolysiert wird, werden drei Na^+-Ionen aus der Zelle heraus- und zwei K^+-Ionen in die Zelle hineingepumpt. Der spezifische Inhibitor Ouabain (Strophantin) stammt aus dem Fingerhut (*Digitalis purpurea*). **B** Schematisches Modell zur Arbeitsweise der Na^+/K^+-ATPase. Die Bindung von Na^+ (Schritt 1) und die anschließende Phosphorylierung der cytoplasmatischen Seite der ATPase unter ATP-Verbrauch (Schritt 2) führen zu einer Konformationsänderung des Membranproteins, wodurch Na^+ durch die Membran geschleust wird (Schritt 3). Auf der Zellaußenseite wird Na^+ freigesetzt und K^+ gebunden (Schritt 4). Die nachfolgende Dephosphorylierung der Pumpe (Schritt 5) führt zur Wiedererlangung der ursprünglichen Proteinkonformation und infolgedessen zum Transport von K^+ durch die Membran (Schritt 6), auf deren cytosolischer Seite es wieder freigesetzt wird (Schritt 7).

Tab. 4.2 Extra- und intrazelluläre Ionenkonzentrationen (mM) verschiedener Tiere und des Menschen

	Tintenfisch	Hummer	Frosch	Ratte	Mensch
$[Na^+]_o / [Na^+]_i$	440 / 49	490 / 35	120 / 10	135 / 10	145 / 12
$[K^+]_o / [K^+]_i$	22 / 410	14 / 520	2,5 / 140	4 / 140	4 / 155
$[Cl^-]_o / [Cl^-]_i$	560 / 70	590 / 18	120 / 4	143 / 4	120 / 4

Der enorme Calciumgradient hat u.a. folgende Bedeutung: Im Gegensatz zu anderen Ionenarten führt der Ca^{2+}-Einstrom über eine Zellmembran meist zu erheblichen relativen Veränderungen der intrazellulären Calciumkonzentration, $[Ca^{2+}]_i$. Der elektrische Strom, der mit dem Ca^{2+}-Fluß verbunden ist, hat in der Regel eine weit geringere biologische Bedeutung als die Änderung von $[Ca^{2+}]_i$. Diese ist ein häufig eingesetztes intrazelluläres Signal und spielt bei so wichtigen Prozessen wie der Muskelkontraktion und der Sekretion von Hormonen und Neurotransmittern eine entscheidende Rolle.

Konzentrationsgradienten als schnell verfügbare Energiespeicher

Die unter Energieaufwand (ATP-Verbrauch) hergestellten Ionenkonzentrationsgradienten über der Zellmembran entsprechen einer Form der freien Energie. Diese hängt vom Verhältnis der chemischen Aktivitäten der einzelnen Ionenarten auf beiden Seiten der Membran ab. Sobald Ionen entlang ihres Gradienten durch eine Membran fließen und der Gradient abgebaut wird, wird diese Energie freigesetzt und ist für andere Prozesse nutzbar. Diese Art der Energiefreisetzung kann innerhalb von Millisekunden erfolgen.

Die wichtigsten drei Prozesse, die mit Hilfe der in Gradienten gespeicherten freien Energie ablaufen, sind die Erzeugung elektrischer Signale, der gradientenabhängige Transport und die Chemiosmose:

1. **Erzeugung elektrischer Signale**; vor allem die Konzentrationsgradienten von Na^+- und K^+-Ionen dienen als elektrochemische Energiespeicher. Die Freisetzung dieser elektrischen Energie steht unter der Kontrolle von Ionenkanälen, die sich als Antwort auf bestimmte chemische oder elektrische Signale für bestimmte Ionensorten öffnen. Die betreffenden Ionen fließen dann entlang ihrer elektrochemischen Gradienten durch die Membran und der dieser Ionenbewegung entsprechende elektrische Strom verändert die Membranspannung (s. Kap. 5).
2. **Konzentrationsgradientenabhängiger Transport**; eine große Klasse von Membranproteinen, die ohne unmittelbaren ATP-Verbrauch Moleküle gegen ihren Konzentrationsgradienten transportieren, benutzt den Abbau eines bestehenden Ionengradienten als Energiequelle. Am häufigsten wird der Na^+-Gradient genutzt. Der Einstrom von Na^+ bedeutet den Abbau des Na^+-Gradienten und damit die Freisetzung nutzbarer Energie. Diese Energie wird von einem Transportprotein genutzt, indem es in demselben Pumpzyklus, in dem es Na^+ nach innen passieren läßt, ein anderes Molekül gegen seinen Konzentrationsgradienten über die Membran transportiert. Die Epithelzellen des Darms (Enterocyten) transportieren z.B. die aus der Nahrung stammenden Zucker und Aminosäuren mittels eines **Cotransportmechanismus** durch die Membran, während Ca^{2+}-Ionen mittels eines **Gegentransportmechanismus** aus der Zelle entfernt werden. Die verschiedenen Transportmechanismen werden auf S. 20ff genauer betrachtet.
3. **Chemiosmotische Energieübertragung**; am Ende der Energiegewinnung aus der Nahrung steht die innere Atmung oder Atmungskette an der Innenmembran der Mitochondrien. Peter Mitchell schlug 1966 zur Erklärung der inneren Atmung die **chemiosmotische Theorie**[5] vor:
a) Bedingt durch die spezifische Orientierung der Redoxenzyme innerhalb der inneren Mitochondrienmembran zwingt das Elektronentransportsystem der Atmungskette Wasserstoffionen aus dem Matrixraum der Mitochondrien in den intermembranären Raum (Abb. 4.19). Dadurch (und aufgrund der geringen Permeabilität der inneren Mitochondrienmembran für H^+-Ionen) entsteht ein Überschuß an OH^- (d.h. ein hoher pH) im mitochondriellen Matrixraum und ein Überschuß an H^+ (d.h. ein niedriger pH) im Intermembranraum der Mitochondrien. Der Protonengradient entspricht einer gespeicherten freien Energie. Gleichzeitig laden sich die Mitochondrien innen negativ auf; das Potential in Mitochondrien beträgt etwa –160 mV.
b) Der kontrollierte Abbau des Protonengradienten durch eine Protonen-ATPase in der Innenmem-

---

[5] Der Terminus „Chemiosmose" soll die beiden Hauptkomponenten der Theorie, die chemische Reaktion und den Transport von Ionen über eine Membran, in Verbindung setzen.

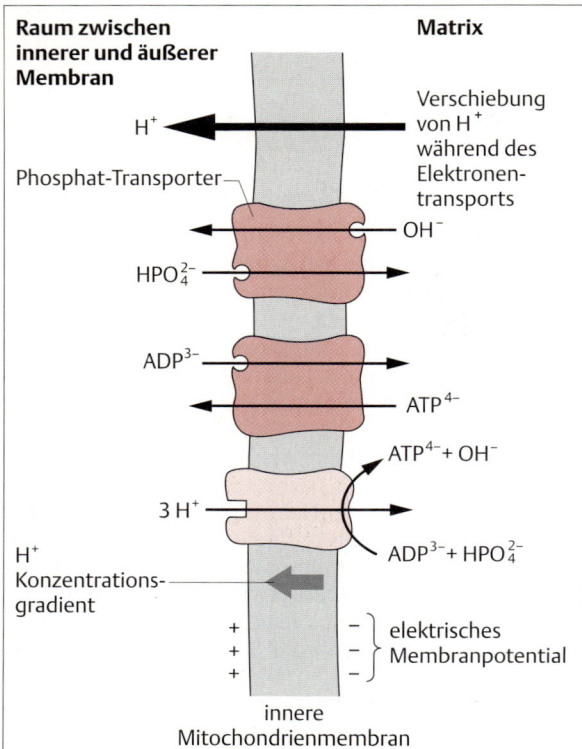

Abb. 4.19 Transportvorgänge an der inneren Mitochondrienmembran. Die Enzyme der Atmungskette transportieren Protonen (H⁺-Ionen) aus dem Inneren der Mitochondrien in den Raum zwischen innerer und äußerer Mitochondrienmembran (oben in der Abbildung als Pfeil dargestellt). Dadurch entsteht über der inneren Mitochondrienmembran ein Protonengradient und eine Spannung (unten in der Abbildung als Pfeil dargestellt). Eine Protonen-ATPase – das zentrale Transportprotein der inneren Membran – läßt H⁺-Ionen von außen über die innere Membran in den Matrix-Raum passieren und nutzt die daraus freiwerdende Energie für die Synthese von ATP^{4-}. Ein ATP/ADP-Antiporter transportiert ATP^{4-} aus den Mitochondrien heraus und ADP^{3-} in die Matrix. Gleichzeitig tauscht ein Phosphattransporter ein HPO_4^{2-}-Ion (anorganisches Phosphat = P_i) gegen ein OH^--Anion. Das exportierte OH^- bindet an ein H⁺, das durch die Atmungskette nach außen gelangte. Es resultiert eine Nettoaufnahme von einem ADP^{3-} und einem HPO_4^{2-} im Austausch gegen ein ATP^{4-}. Insgesamt werden von vier in der Atmungskette nach außen translozierten Protonen drei für die Synthese eines ATP-Moleküls und eines für den ATP-Export im Austausch gegen ADP und P_i gebraucht (nach Lodish u. Mitarb., 1995).

bran der Mitochondrien liefert die Energie für die ATP-Produktion:

$$ADP + P_i \longrightarrow ATP + H_2O \quad \Delta G^0 = +30{,}4 \text{ kJ/mol}$$

Auch im Fall der Chemiosmose wird also ein Konzentrationsgradient genutzt, allerdings nicht für den Transport anderer Teilchen, sondern zur Synthese von ATP.

Konzentrationsgradientenabhängiger Transport

Der Transport von Ca^{2+}, Protonen und vielen organischen Molekülen gegen ein Konzentrationsgefälle ist oft mit einem Einstrom von Na^+-Ionen gekoppelt. Die freie Energie des Na^+-Konzentrationsgradienten ist somit die unmittelbare Energiequelle für den Transport dieser Ionen und Moleküle. Mittelbar ist jedoch auch hier die Hydrolyse von ATP die eigentliche Energiequelle, da der Na^+-Konzentrationsgradient von der Na^+/K^+-ATPase erzeugt und erhalten wird (Abb. 4.**18**).

Symporter

Der zeitliche Verlauf der intrazellulären Anreicherung der Aminosäure Alanin in Gegenwart und in Abwesenheit von extrazellulärem Natrium ist in Abb. 4.**20 A** dargestellt. In Anwesenheit von Na^+ wird die Aminosäure von der Zelle so lange aufgenommen, bis die intrazelluläre Alanin-Konzentration das 7–10fache der äußeren Konzentration erreicht hat. Bei Abwesenheit von Na^+ erreicht die innere Konzentration von Alanin lediglich die extrazelluläre Konzentration. Wie das **Lineweaver-Burk-Diagramm** zeigt (Abb. 4.**20 B**), erreicht die Geschwindigkeit des Alanin-Einstroms – sowohl mit als auch ohne extrazelluläres Natrium – den gleichen Maximalwert (Schnittpunkt mit der Ordinatenachse). In beiden Fällen weist der Fluß von Alanin in die Zelle eine Sättigungskinetik auf, was auf einen Transportmechanismus hindeutet. Die verschiedenen Steigungen der zwei Kurven in Abb. 4.**20 A** zeigen, daß das extrazelluläre Na^+ die Aktivität des Alanin-Transporters steigert. Die Erhöhung der intrazellulären Na^+-Konzentration durch Blockierung der Natriumpumpe mit Ouabain hat die gleiche Wirkung wie das Herabsetzen der extrazellulären Na^+-Konzentration. Demnach ist für den Transport von Alanin in die Zelle nicht die Anwesenheit von Natrium-Ionen in der extrazellulären Flüssigkeit, sondern der Natriumgradient über der Zellmembran ausschlaggebend.

Offensichtlich muß das Trägermolekül sowohl Na^+ als auch das organische Substrat binden, bevor es beide transportieren kann (Abb. 4.**21 A**). Solche Transporter, die das Ion des genutzten Gradienten und das eigentlich zu transportierende Molekül in dieselbe Richtung transportieren, werden **Symporter** genannt. Der Transporter wird durch die Tendenz der Na^+-Ionen getrieben, ihrem Konzentrationsgefälle zu folgen. Alles, was den Konzentrationsgradienten von Na^+ herabsetzt (verminderte extrazelluläre Na^+-Konzentration oder erhöhte

Transportprozesse **121**

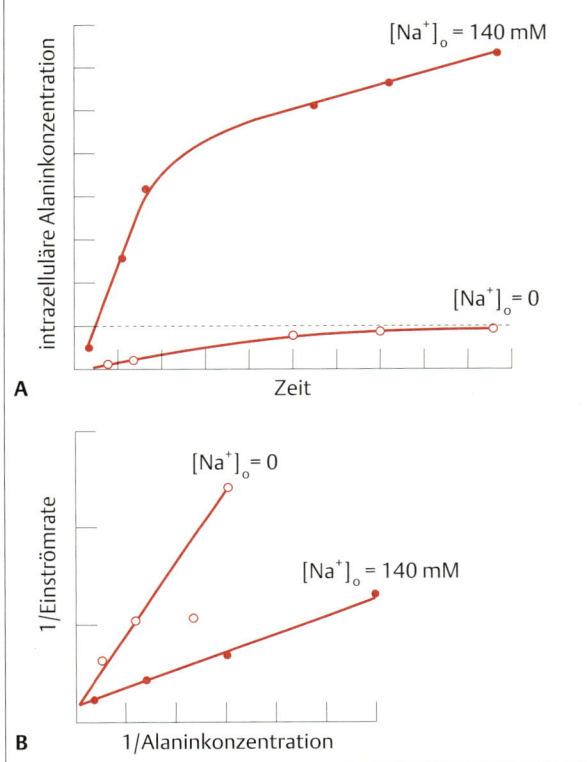

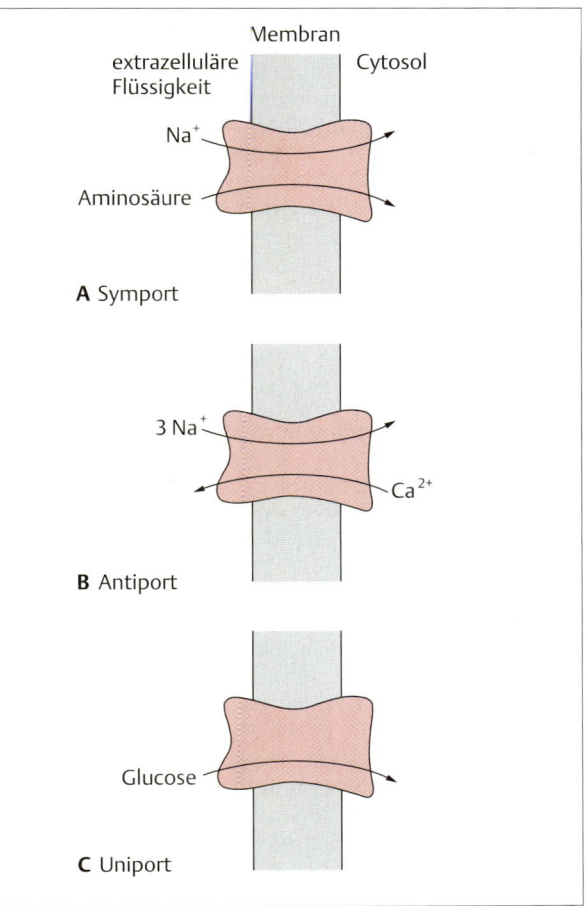

Abb. 4.20 Abhängigkeit des Aminosäuretransports von der extrazellulären Na⁺-Konzentration. A Intrazellulärer Konzentrationsanstieg von Alanin als Funktion der Zeit in An- oder Abwesenheit extrazellulärer Na⁺-Ionen [Na⁺]$_o$. **B** Lineweaver-Burk-Diagramm des Alanineinstroms in An- oder Abwesenheit extrazellulärer Na⁺-Ionen. Auf der Abszisse sind die reziproken Werte der extrazellulären Konzentration von Alanin aufgetragen. Der gemeinsame Schnittpunkt deutet darauf hin, daß die Transportrate bei sehr hoher (unendlicher) Konzentration von Alanin von [Na⁺]$_o$ unabhängig ist (nach Schultz u. Curran, 1969).

Abb. 4.21 Symport, Antiport und Uniport. A Symporter transportieren gleichzeitig zwei verschiedene Moleküle oder Ionen in die gleiche Richtung. Ein Beispiel für dieses Prinzip bietet der Na⁺/Aminosäure-Symport, wie er in Darm und Niere vorkommt. **B** Antiporter transportieren auch zwei Moleküle oder Ionen, wirken aber als Austauscher, indem sie die beiden Moleküle bzw. Ionen in entgegengesetzte Richtungen durch die Membran transportieren, z.B. beim Ca²⁺/Na⁺-Antiport: ein Ca²⁺-Ion wird im Gegenzug gegen drei Na⁺-Ionen in den Extrazellulärraum transportiert. **C** Uniporter transportieren Moleküle, z.B. Glucose, in einer Richtung durch die Membran und nutzen dabei den Gradienten der transportierten Moleküle selbst als Energiequelle (Originaldarstellung D. Schild).

intrazelluläre Na⁺-Konzentration), vermindert die nach innen gerichtete treibende Kraft und damit auch den gekoppelten Transport von Aminosäuren oder Zuckern in die Zelle. Der Transport von Aminosäuren und Zuckern über Transportproteine ist von entscheidender Bedeutung z.B. bei der Resorption der verdauten Nahrung im Dünndarm sowie bei der Rückreabsorption von Molekülen aus dem Primärharn der Niere. Fehlfunktionen können zu Resorptionsstörungen und Krankheiten führen.

Antiporter

Die intrazelluläre Calciumkonzentration wird in den meisten, wenn nicht in allen Zellen durch einen Transporter eingestellt, der drei Na⁺-Ionen von außen in das Cytosol und in demselben Pumpzyklus ein Ca²⁺-Ion von innen nach außen transportiert (Abb. 4.21 B). Dieser

Transporter ist also elektrogen, da er bei jedem Pumpzyklus eine Nettoladung nach innen transferiert und damit einen elektrischen Strom in die Zelle erzeugt.

Ströme hängen von Spannungen ab, und folglich kann man fragen: „Gibt es eine Membranspannung sowie einen Na$^+$- und einen Ca^{2+}-Gradienten, bei denen der Na$^+$/Ca^{2+}-Antiporter im Gleichgewicht ist, also keine Ionen transportiert?" Wir werden die Antwort auf diese Frage erst im folgenden Kapitel herleiten (S. 151 f). Das Ergebnis ist folgende Beziehung zwischen den Na$^+$- und Ca^{2+}-Konzentrationen beiderseits der Membran und der Membranspannung:

$$[Ca^{2+}]_i = [Ca^{2+}]_o \cdot \left(\frac{[Na^+]_i}{[Na^+]_o}\right)^3 \cdot e^{u_m/u_0} \quad (5.23)$$

mit u_0 = 25 mV. Angenommen der Quotient aus äußerer („out") und innerer („in") Na$^+$-Konzentration, $[Na^+]_o$/$[Na^+]_i$ = 10 (Tab. 4.2), dann ist $([Na^+]_i/[Na^+]_o)^3 = 10^{-3}$. Nehmen wir ferner eine Membranspannung von u_m = –75 mV an, dann ist $e^{-75/25} = e^{-3} \approx 0{,}05$, und es ergibt sich insgesamt

$$[Ca^{2+}]_i = 0{,}05 \cdot 10^{-3} \cdot [Ca^{2+}]_o = 50 \cdot 10^{-6} \cdot [Ca^{2+}]_o$$

Für $[Ca^{2+}]_o$ = 2 mM ergibt sich also $[Ca^{2+}]_i$ = 100 nM. Man sieht also, daß die Aktivität des Na$^+$/Ca^{2+}-Transporters für den großen Ca^{2+}-Gradienten über der Zellmembran verantwortlich ist. Dies ist die Voraussetzung dafür, daß $[Ca^{2+}]_i$ in vielen zellulären Prozessen als Signal benutzt wird. Bei Konzentrationen unterhalb von 300 nM bindet der Transporter Ca^{2+}-Ionen allerdings zunehmend schlechter. In diesem niedrigen Konzentrationsbereich arbeitet aber noch die oben beschriebene Ca^{2+}-ATPase. Die eigentliche Energiequelle des Na$^+$/Ca^{2+}-Transporters liegt wieder in der Aktivität der Na$^+$/K$^+$-Pumpe und dem daraus resultierenden Na$^+$-Gradienten.

Ein anderes wichtiges Beispiel für einen gradientenabhängigen Antiport ist der Na$^+$/H$^+$-Transporter. Dieser wurde besonders intensiv im proximalen Tubulus der Säugerniere untersucht (s. Kap. 14). Hier ist der Übertritt von Protonen aus den Zellen des proximalen Tubulus in den Primärharn mit der Reabsorption von Na$^+$ aus dem Primärharn in einem stöchiometrischen Verhältnis von 1:1 gekoppelt. Das bedeutet, daß für jedes ausgeschiedene H$^+$ ein Na$^+$ aufgenommen wird. Die Wirkung dieses Antiports besteht offensichtlich darin, daß die Niere das in den Glomeruli filtrierte Na$^+$ aus dem Primärharn reabsorbieren und dabei überschüssige Protonen ausscheiden kann. Der Na$^+$-Gradient zwischen Tubuluslumen und Zelle bleibt dabei konstant, weil die auf der anderen, basolateralen Seite der Zellmembran lokalisierte Na$^+$/K$^+$-Pumpe kontinuierlich Natrium aus dem Zellinneren in Richtung Blut transportiert.

Uniporter

Einige Transportproteine benutzen nicht den Gradienten von Na$^+$-Ionen oder Protonen, sondern den der transportierten Molekülart selbst als Energiequelle. Diese Transporter heißen **Uniporter**, die Art des Transportes **erleichterte Diffusion** („facilitated transport", Abb. 4.21 C). Beispiele hierfür sind die Zucker-Transporter der Enterocyten, die Fructose und Glucose aus dem Darmlumen in die Zellen transportieren (s. Abb. 15.35). In den meisten Zellen sind gleichzeitig mehrere Transporter aktiv und arbeiten zusammen.

Endocytose und Exocytose

Makromoleküle können Membranen in keiner der bisher genannten Weisen (Diffusion, Transporter) überqueren. Der Transport von Makromolekülen (z.B. Proteinen, Polynucleotiden, Polysacchariden) über Membranen geschieht mit Hilfe von **Vesikeln**. Bei der **Endocytose** werden die Moleküle zunächst in ein Vesikel aufgenommen, das aus einer kleinen Einstülpung der Plasmamembran entsteht. Das Vesikel löst sich dann von der Zellmembran ab und wandert ins Cytosol, wobei das eingeschlossene Material ganz von Membran umgeben ist (Abb. 4.22). Werden Flüssigkeiten durch diesen Prozeß aufgenommen, spricht man von **Pinocytose**; bei Aufnahme von größeren, nicht gelösten Stoffen (z.B. den Bestandteilen lysierter Zellen oder Bakterien) spricht man von **Phagocytose**. Die Sekretion von Transmittern, Hormonen, Modulatoren und Makromolekülen wird als **Exocytose** bezeichnet. Exocytose und Endocytose scheinen aus vielen einzelnen proteingesteuerten Teilschritten zu bestehen, wobei die Membran der Vesikel in kontrollierter Weise an die Plasmamembran andockt (Exocytose) oder sich von ihr abschnürt (Endocytose).

Mechanismen der Endocytose

Eine Form der Endocytose ist die **rezeptorvermittelte Endocytose**. Sie hängt von der Anwesenheit von Rezeptormolekülen in der Zielmembran ab. Diese binden je nach Spezifität Liganden (z.B. Plasmaproteine, Hormone, Viren, Toxine, Immunglobuline). Die Rezeptoren können sich lateral frei in der Membran bewegen; haben sie jedoch einen Liganden gebunden, scheinen sich die Rezeptor-Liganden-Komplexe an bestimmen Einsenkungen der Membran, den sog. **Coated pits**, zu sammeln (Abb. 4.22). An diesen Stellen werden die Liganden dann internalisiert, d.h. ins Zellinnere aufgenommen. Eine Theorie dazu geht davon aus, daß sich aus einem Coated pit zunächst ein Vesikel bildet, das sich dann von der Plasmamembran ablöst und, wie in der Abb. 4.22 dargestellt, ins Cytoplasma wandert. Dies wird als **Coa-**

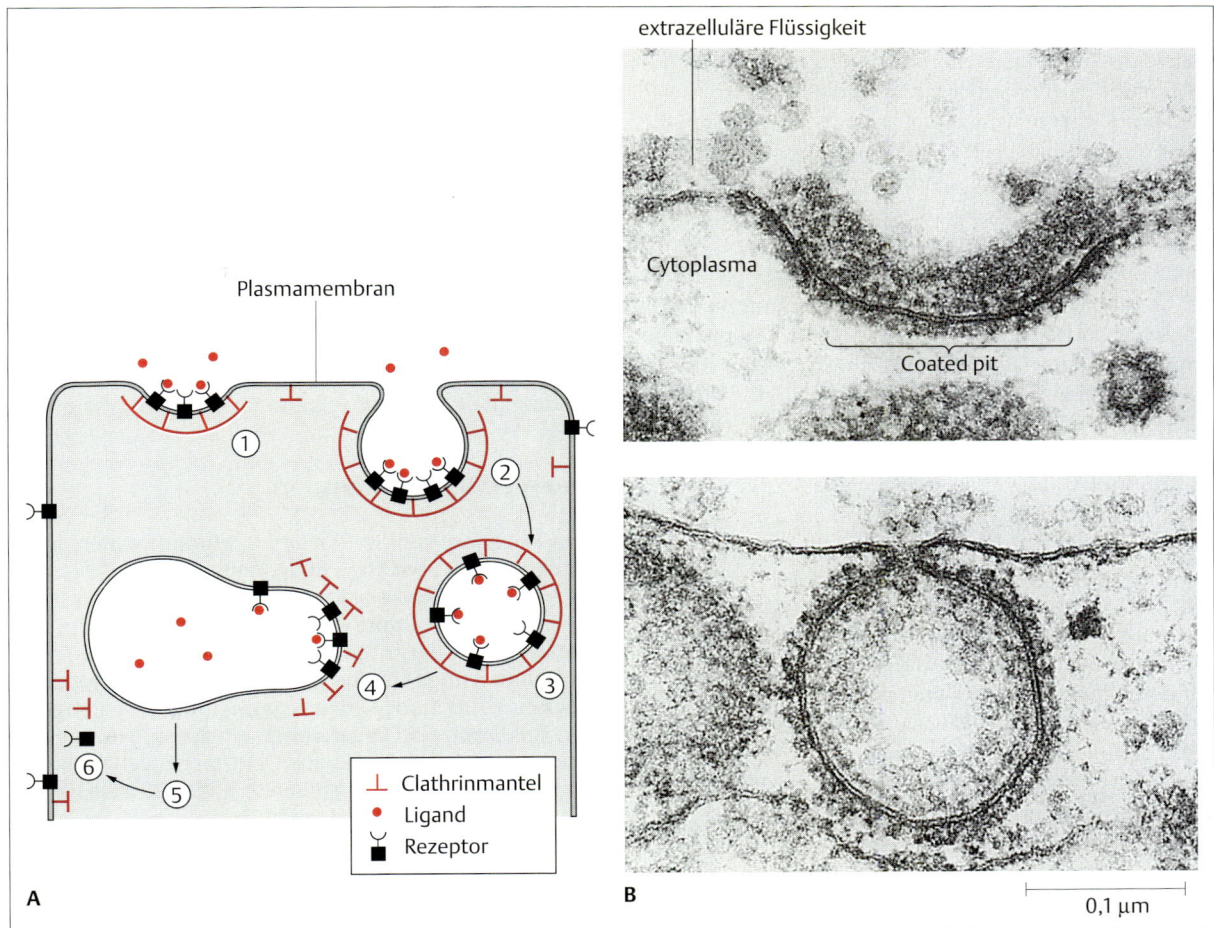

Abb. 4.22 Rezeptorvermittelte Endocytose und umhüllte Vesikel (Coated Vesikel). A Die rezeptorvermittelte Endocytose läßt sich in sechs Hauptschritte unterteilen: (1) Die Ligandenmoleküle binden an Rezeptormoleküle in spezialisierten Membrangrübchen (Coated pits), die von in der Zellmembran verankerten Clathrinmolekülen strukturiert werden. (2) Ein Coated pit stülpt sich ein. (3) Es bildet sich ein Coated Vesikel. (4) Das Coated Vesikel fusioniert mit einer Vakuole, wobei es die Clathrinmoleküle verliert. (5) Der Fusionskomplex unterliegt einer weiteren Prozessierung, die von den Bestandteilen des Komplexes abhängt. (6) Clathrin und die Rezeptormoleküle werden für eine Wiederverwendung in der Plasmamembran recycelt. **B** Elektronenmikroskopische Aufnahmen, die ein Coated pit (oben) und ein Coated Vesikel (unten) aus einer Hühnereizelle zeigen. In beiden Fällen ist die dichte Clathrinhülle auf der cytoplasmatischen Seite der Membran deutlich zu erkennen. Das Vesikel wird von der Zellmembran nach innen abgeschnürt. Die Mechanismen, die zur Abschnürung führen, sind z. T. noch unbekannt (A nach Pearse, 1980; B nach Bretscher, 1985).

ted Vesikel bezeichnet, da sich das Protein **Clathrin** wie ein Mantel um die cytoplasmatische Oberfläche des Vesikels legt. Clathrin ist in pentagonalen oder hexagonalen Gittermustern auf der Vesikeloberfläche angeordnet und hat vermutlich mehrere Funktionen. Dazu zählen die Bindung ligandenbesetzter Rezeptormoleküle und die sich anschließende Ablösung des Vesikels von der Oberflächenmembran.

Nach der Ablösung des Coated Vesikel von der Plasmamembran wandert es in das Cytoplasma und übergibt seinen Inhalt an andere Zellorganellen, z.B. die Lysosomen, indem es mit diesen fusioniert. Das Clathrin wie auch die Rezeptoren scheinen in die Plasmamembran zurückzukehren und so einen Pendelverkehr zu durchlaufen.

Mechanismen der Exocytose

Die vesikelvermittelte Ausschüttung von Molekülen, die Exocytose, spielt im endokrinen System und im Nervensystem eine große Rolle. So befinden sich in den präsynaptischen Endigungen der Nervenzellen viele Vesikel, die einen Durchmesser von etwa 50 nm haben und Neurotransmitter enthalten (Abb. 4.**23**). Diese Vesikel scheinen in den Nervenendigungen in verschiedenen aufeinanderfolgenden Entwicklungsstadien vorzuliegen und werden vermutlich an Fasern des Cytoskeletts zur Membran befördert. In der Vesikelmembran befinden sich eine Reihe von Proteinen, die an den einzelnen Teilschritten der Exocytose beteiligt zu sein scheinen. Die reife exocytosebereite Form ist an die praesynaptische Plasmamembran der Nervenendigung „angedockt" und gibt ihren Inhalt in den synaptischen Spalt ab, sobald ein Nervenimpuls in der Nervenendigung eintrifft (s. Kap. 6). Der Transmitter diffundiert dann zur postsynaptischen Membran, bindet dort an deren Rezeptoren und verändert die postsynaptische Leitfähigkeit. Ähnliche Mechanismen spielen bei der Sekretion von Hormonen eine Rolle.

Calcium-Ionen steuern die exocytotische Sekretion von Neurotransmittern aus Nervenzellen und von Hormonen aus endokrinen Zellen. Obgleich die Rolle von Ca^{2+}-Ionen bei der Auslösung der Sekretion im letzten Detail noch unbekannt ist, scheint ein Einstrom von Ca^{2+}-Ionen durch präsynaptische Ca^{2+}-Kanäle der letztliche Auslöser für die Exocytose zu sein. Ferner scheint $[Ca^{2+}]_i$ die Bereitstellung exocytosefähiger Vesikel zu beeinflussen. $[Ca^{2+}]_i$ ist somit ein Regulator der sekretorischen Aktivität.

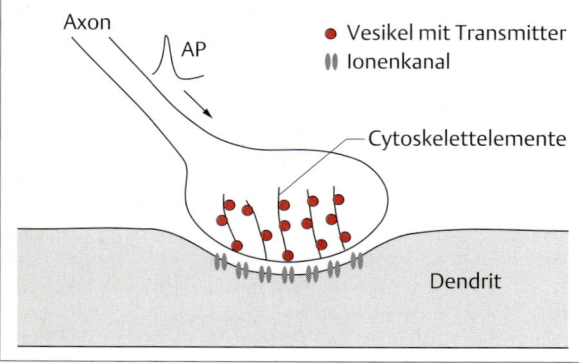

Abb. 4.23 Exocytose an einer axodendritischen Synapse. Das Axon endet in der Axonterminalen, in der eine Vielzahl von mit Transmitter gefüllten Vesikeln vorliegt. Einige der Vesikel sind an der Plasmamembran der Terminale angedockt und entlassen die Transmittermoleküle durch Exocytose in den synaptischen Spalt, sobald ein Aktionspotential in die Nervenendigung einläuft (Originaldarstellung D. Schild).

Nach der Ausschüttung des Transmitters oder des Hormons wird die Vesikelmembran durch Endocytose von der Plasmamembran wieder in die Zelle aufgenommen und zur Bildung neuer Vesikel wiederverwendet. Dies wird durch Experimente untermauert, bei denen ein großes elektronendichtes Molekül, die Meerrettich-Peroxidase, in die extrazelluläre Flüssigkeit gebracht und deren Verbleib dann mit elektronenmikroskopischen Methoden verfolgt wurde. Im Zellinneren wurde es nur innerhalb von Vesikeln nachgewiesen. Da die erhebliche Größe des Meerrettich-Peroxidasemoleküls ein Durchdringen der biologischen Membran mittels Diffusion verhindert, muß es bei der Rekrutierung von Membranmaterial von der Zelloberfläche zur Vesikel-Bildung in das Cytosol aufgenommen worden sein.

Transepithelialer Transport

Der Transport von Stoffen über Zellmembranen spielt eine besonders wichtige Rolle in allen Epithelgeweben, so z.B. bei der Reabsorption und Sekretion in der Niere sowie bei der Resorption im Darm. **Epithelgewebe** sind spezialisierte Barrieren zwischen verschiedenen Körperkompartimenten. Sie bilden auch die **Körperoberflächen**, die den Organismus gegen die Umwelt abgrenzen. Jedes einzelne Organ innerhalb eines Tieres besitzt eine solche Auskleidung aus Oberflächenzellen. Einige dieser Ummantelungen stellen lediglich passive Barrieren zwischen Kompartimenten dar und sind am Transport von Wasser und gelösten Stoffen kaum beteiligt. In den meisten Fällen aber sind sie am Transport aktiv beteiligt und üben regulatorische Funktionen aus. Die osmoregulatorische Aktivität der Tiere erfolgt mittels aktiver Epithelien in verschiedenen dafür spezialisierten Geweben und Organen. Einige davon werden in späteren Kapiteln eingehend behandelt.

Epithelgewebe haben mehrere gemeinsame Merkmale. Sie trennen den Körper von der Umwelt. Bei der äußeren Haut ist dies offensichtlich, es trifft aber auch für die luminale Seite der Eingeweide zu. Zellen, welche die äußerste Schicht eines Epithels bilden, sind gewöhnlich durch **Tight junctions** dicht miteinander verschmolzen. Dies schränkt den Transport von Molekülen von der Schleimhautseite (der mucosalen Seite) zur serosalen (dem Körperinneren zugewendeten) Seite des Epithels weitgehend ein. An Tight junctions stellen die Außenflächen zweier aneinanderstoßender Membranen einen fast direkten Kontakt her (Abb. 4.**24**), wobei der extrazelluläre Raum zwischen den anliegenden Zellen an den Berührungspunkten fast vollständig verschlossen wird. An diesen Verbindungen von Zellen untereinander sind verschiedene Proteine (Cadherin, Catenin, Occludin, Cingulin) in den Plasmamembranen der

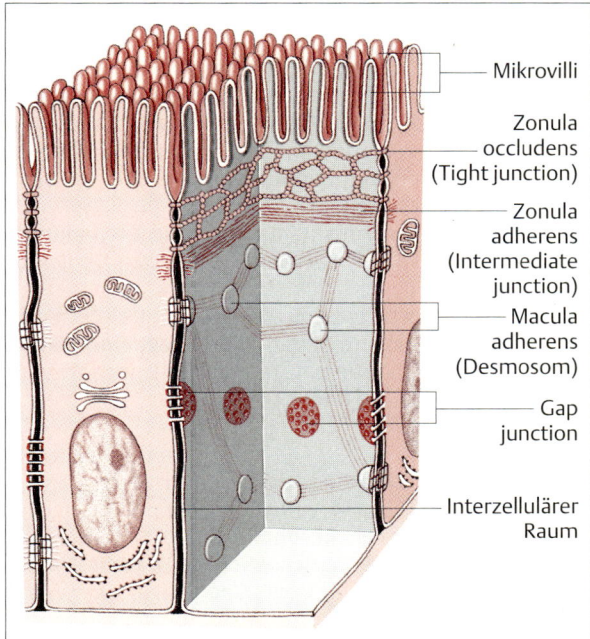

Abb. 4.24 Kontakte zwischen Epithelzellen. Benachbarte epitheliale Zellen, wie z.B. jene, die den Dünndarm der Säugetiere auskleiden, stehen durch interzelluläre Verbindungen („junctions") miteinander in Kontakt. Die Zell-Zell-Verbindungen sind in dieser Illustration der Deutlichkeit wegen überproportional groß dargestellt.

gegenüberliegenden Zellen beteiligt, die im Extrazellularraum Bindungen, z.T. unter Chelierung zweiwertiger Ionen, eingehen. Tight junctions kommen am häufigsten in Epithelgeweben in Form der **Zonula occludens** vor, die jede Zelle umgibt und die parazelluläre Diffusion zwischen den zwei Seiten eines Epithelgewebes erheblich einschränkt oder verhindert. Bei einigen Geweben sind diese Zonulae nicht ganz vollständig und diese damit nicht vollkommen „dicht". Dies trifft u.a. für den Dünndarm, die Gallenblase und den proximalen Tubulus des Nephrons der Säugetiere zu. Bei diesen Geweben ist der **parazelluläre Kurzschluß** („shunt") so hoch, daß sie keine transepitheliale Potentialdifferenz aufbauen, obwohl ihre Zellen Ionenpumpen enthalten, die einen transepithelialen Ionenfluß erzeugen.

In Abb. 4.24 sind zwei weitere Arten von Zellverbindungen dargestellt: **Zonula adherens** und **Macula adherens** (gewöhnlich als **Desmosomen** bezeichnet). Diese dienen der strukturellen Verbindung benachbarter Zellen und unterstützen die mechanische Integrität des Epithels. Spezifische Funktionen sind bisher nicht bekannt.

Für den selektiven Transport von Stoffen durch ein Epithel wird meist der **transzelluläre Weg** beschritten. Die Stoffe müssen die Zellmembran zuerst auf einer Seite der Zelle und dann auf der anderen Seite durchqueren, wobei die funktionellen Eigenschaften der mucosalen und der serosalen Anteile der Plasmamembran einer Zelle sich erheblich unterscheiden.

Ionentransport durch Epithelien

Für verschiedenste Epithelien wurde ein energieverbrauchender Ionentransport von einer Seite des Epithels auf die andere Seite nachgewiesen. Klassische Präparate zum Studium dieser Phänomene waren die Amphibienhaut, die Harnblase, die Kiemen der Fische und aquatischer Evertebraten, die Eingeweide der Insekten und der Vertebraten, die Nierentubuli der Vertebraten und die Gallenblase. Ein Großteil der Untersuchungen über den aktiven Transport durch Epithelien wurden an der Froschhaut durchgeführt, die als ein wichtiges osmoregulatorisches Organ fungiert.

Ernst Huf und Hans Ussing führten in den 30er und 40er Jahren dieses Jahrhunderts Untersuchungen an der Froschhaut über den epithelialen Transport durch. Für die Untersuchung nimmt man von einem betäubten und decapitierten Frosch ein mehrere Quadratzentimeter großes Stück Bauchhaut und klemmt es zwischen die zwei Hälften der **Ussing-Kammer** (Abb. 4.25). Die Präparation ist sehr einfach, da die Froschhaut relativ lose einem großen Lymphsack aufliegt. Sobald die Froschhaut vorsichtig zwischen die beiden Hälften der Kammern eingespannt ist, gibt man eine Testlösung – z.B. Froschringer (Tab. 4.2) – in die beiden Kompartimente der Kammer. Die Kammerhälfte, die auf der mucosalen Seite der Haut liegt, wird als Außenseite, die auf der serosalen Seite liegende als Innenseite bezeichnet. Die Salzlösungen werden mit Luft begast, um eine hinreichende Sauerstoffversorgung zu gewährleisten.

1947 berichtete Ussing von seinen ersten Experimenten, bei denen er zwei Isotope desselben Ions benützte, um die durch das Epithel nach beiden Richtungen fließenden Ströme zu messen. Die Ringerlösung in der äußeren Hälfte enthielt das Isotop $^{22}Na^+$, die Ringerlösung in der inneren Hälfte $^{24}Na^+$. Beide Isotope konnten nach einer bestimmten Zeit auf der jeweils anderen Seite der Haut nachgewiesen werden, wobei bei allen Experimenten ein Nettoeinstrom von Na^+ durch die Haut von außen nach innen erfolgte. Dieser Nettoeinstrom der Natrium-Ionen beruhte offensichtlich auf einem aktiven Transport, denn

– er trat auch ohne oder gegen einen Konzentrations- und elektrochemischen Gradienten auf,
– er wurde durch unspezifische **Stoffwechselblocker**, wie z.B. Cyanid oder Jodessigsäure und spezifische

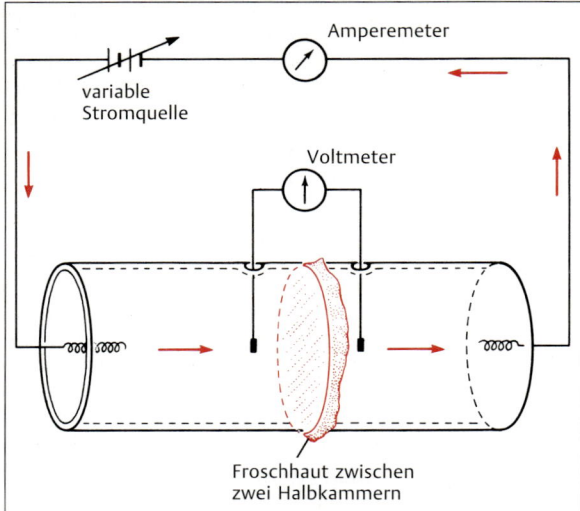

Abb. 4.25 Ussing-Kammer. Eine Froschhaut unterteilt eine Kammer in zwei Hälften, die beide mit physiologischer Salzlösung oder einer anderen Testlösung gefüllt sind. Eine Stromquelle ist mit beiden Kammerhälften verbunden, so daß ein Strom durch die Membran und die Haut geschickt werden kann; gleichzeitig wird die Spannung über der Haut gemessen. Mit Hilfe dieser Versuchsanordnung läßt sich die Ladungsmenge bestimmen, die aufgrund des aktiven Ionentransports die Haut durchquert.

Transporthemmer, wie Ouabain (blockt die Na^+/K^+-Pumpe), gehemmt,
- er zeigte eine starke Temperaturabhängigkeit,
- er wies eine Sättigungskinetik auf und
- er zeigte eine chemische Spezifität; so wurde z.B. Na^+ transportiert, während das nah verwandte Lithium-Ion nicht transportiert wurde.

Der Transport von Na^+ über ein Epithel kann folgendermaßen beschrieben werden: Auf der mucosalen Seite fließen Na^+-Ionen durch die Membran in die Zellen, und zwar durch Na^+-Kanäle, durch unspezifische Kationenkanäle oder durch gradientenabhängige Transporter, z.B. den Na^+/H^+-Antiporter. Die so in die Zellen fließenden Na^+-Ionen werden von einer ausschließlich basolateral lokalisierten Na^+/K^+-Pumpe aus der Zelle herausgepumpt, so daß ein konstanter Na^+-Gradient über den Zellen liegt und ein konstanter Na^+-Fluß durch das Epithel besteht.

Epithelgewebe weisen zahlreiche Differenzierungen und Spezialisierungen auf, es gibt allerdings einige Gemeinsamkeiten, die für alle an Transportvorgängen beteiligten Epithelien zutreffen:
- Die mucosalen und serosalen Abschnitte der Zellmembran unterscheiden sich erheblich im Hinblick auf die Expression von Ionenkanälen, Transportern und ATP-abhängigen Pumpen.
- Dem aktiven Transport von Kationen durch ein Epithel folgt ein Transport von Anionen in die gleiche Richtung. Andernfalls erfolgt ein Kationenaustausch, so daß ein Potentialaufbau weitgehend unterbleibt. Für den aktiven Anionentransport gilt Entsprechendes.
- Epithelien können nicht nur Na^+ und Cl^-, sondern auch H^+, HCO_3^-, K^+ und viele organische Moleküle transportieren.
- Tight junctions behindern die parazelluläre Diffusion in unterschiedlichem Maße. Häufig liegt eine Kombination von trans- und parazellulärem Transport vor.

Wassertransport

Viele Epithelien absorbieren oder sezernieren Flüssigkeiten. So sondert der Magen Magensaft und der Plexus choroideus cerebrospinale Flüssigkeit ab; die Gallenblase und die Eingeweide transportieren u.a. Wasser, während die Nierentubuli der Vögel und Säuger Wasser aus dem glomerulären Filtrat reabsorbieren. In einigen dieser Gewebe wird Wasser durch Epithelien transportiert, auch wenn kein Wassergradient vorhanden ist, manchmal sogar gegen einen Wassergradienten.

Ein Mechanismus der transepithelialen Wasseraufnahme ist in Abb. 4.26 schematisch dargestellt: Zwischen benachbarten Zellen gibt es interzelluläre Räume oder interzelluläre Spalten, die auf der dem Lumen zugewandten mucosalen Seite durch Tight junctions dicht gegenüber dem Lumen verschlossen, am basalen Ende aber offen sind. Wird nun Na^+ durch die Na^+/K^+-Pumpe aus den Zellen in die langen, engen Spalten gepumpt, so wird dabei ein osmotischer Gradient über den Tight junctions aufgebaut. Bedingt durch die hohe extrazelluläre Osmolarität in den Spalten wird Wasser osmotisch aus den Zellen und zum kleineren Teil auch durch die Tight junctions in den Spalt gesogen. Im ersten Fall wird das die Zelle verlassende Wasser durch Wasser ersetzt, das osmotisch durch die mucosale Oberfläche in die Zelle nachfließt. Der andauernde Transport von Na^+ in die Spalten hält den konstanten osmotischen Gradienten und eine beständige osmotisch bedingte Wasserbewegung von der mucosalen zur serosalen Seite aufrecht.

Eine zweite Möglichkeit, Wasser selektiv über ein Epithel zu transportieren, sind Wasserkanäle. Diese Kanäle sind überwiegend für Wassermoleküle permeabel. Im Sammelrohr der Säugerniere wird der Einbau von Wasserkanälen in die luminale Membran der Sammelrohr-Epithelzellen vom antidiuretischen Hormon (ADH) kontrolliert. Der Einbau selbst scheint durch eine cAMP-vermittelte Exocytose zu erfolgen. Wasser fließt also dem osmotischen Gradienten folgend vom Sammelrohr

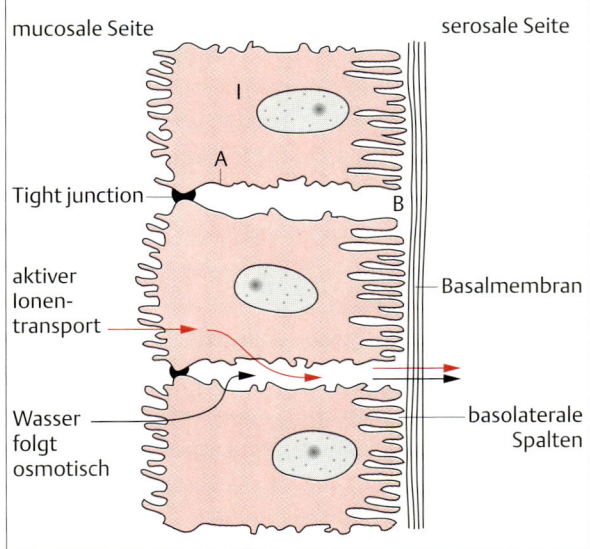

Abb. 4.26 Modell für den kombinierten Transport von Wasser und gelösten Stoffen. Salz, das aktiv an der mucosalen Seite des Epithels aufgenommen und in die interzellulären Spalten transportiert wird, erzeugt in diesen eine hohe Osmolarität. Wasser wird osmotisch durch die Zelle (und zu einem geringeren Teil auch durch Tight junctions) in die Interzellularräume nachgezogen. Die Ionen fließen dann durch die permeable Basalmembran auf die serosale Seite des Epithels ab (nach Diamond u. Tormey, 1966).

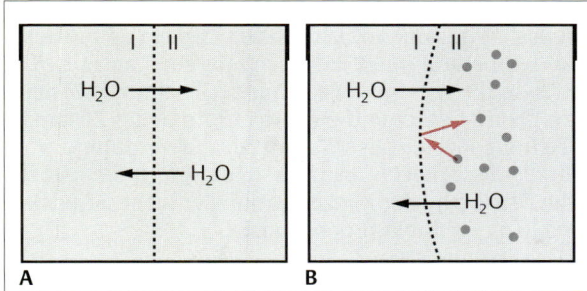

Abb. 4.27 Osmotischer Druck auf eine semipermeable Membran. Ein Gefäß sei durch eine nur für Wasser durchlässige Membran in zwei Kompartimente getrennt. **A.** Zunächst enthalten beide Kompartimente je 1 Liter Wasser. **B** Dann wird das Wasser der rechten Kammer durch eine Zuckerlösung ersetzt. Die Zuckermoleküle (schwarze Punkte) üben einen Druck auf die Wand aus, weil sie an ihr reflektiert werden und sich so ihr Impuls umkehrt (Impulsänderung ≅ Kraft; Kraft/Fläche ≅ Druck). Dieser osmotische Druck wölbt die Membran je nach Elastizität mehr oder weniger. Der kleine geknickte Pfeil in B soll die Bahn eines Teilchen und die Impulsübertragung auf die Membran veranschaulichen (Originaldarstellung D. Schild).

in die Sammelrohrzellen. Pharmakologische Blocker der Sekretion von ADH erhöhen also die Harnausscheidung (**Diurese**). So vermindert z.B. Ethylalkohol die ADH-Sekretion, woraus nach übermäßigem Genuß alkoholischer Getränke eine Hypovolämie und ein über Osmorezeptoren vermittelter „Nachdurst" resultiert.

Osmose

Osmotische Prozesse spielen bei der Verteilung und dem Transport von Wasser in Zellen, Geweben und Organen eines Organismus eine wichtige Rolle. Entgleisungen der osmotischen Balance können zu schweren Störungen wie zu Hirnödemen oder der Lyse von Blutkörperchen führen. Das Phänomen des osmotischen Drucks kann mit folgendem Experiment veranschaulicht werden:

Ein geschlossenes Gefäß sei durch eine semipermeable Membran, die nur für Wasser, nicht aber für andere Substanzen permeabel ist, in zwei gleich große Kammern (I und II) aufgeteilt, die je ein Liter Wasser enthalten (Abb. 4.27 A). Dann wird das Wasser der rechten Kammer (II) durch eine wässerige Zuckerlösung gleichen Volumens ersetzt und das Gefäß wieder verschlossen (Abb. 4.27 B). Die Zuckermoleküle können die Poren der Membran nicht überqueren. Wassermoleküle diffundieren dagegen in beide Richtungen. Da die Wasserkonzentration[6] in Kammer II geringer ist, treten allerdings mehr Wassermoleküle von Kammer I nach II über als umgekehrt. Es erfolgt also ein Nettofluß von Wasserteilchen von I nach II. Dadurch verdünnt sich die Zuckerlösung in Kammer II, während der Druck in Kammer II ansteigt, was an einer Ausbeulung der Membran zu erkennen ist. Der Verdünnungsprozeß und der Druckanstieg finden ein Ende, sobald der Fluß von Wasserteilchen von Kammer I nach II genauso groß ist wie der von Kammer II nach I: In diesem Gleichgewichtszustand üben die Wassermoleküle in I und II denselben Druck auf die Membran aus. Unabhängig davon üben die zusätzlich vorhandenen, nicht diffusiblen Zuckermoleküle durch ihre kinetische Energie und Reflexion an der Membran einen zusätzlichen Druck auf die Membran aus. Dies ist der **osmotische Druck**

$$P_{osm} = R \cdot T \cdot c_{osm} \qquad (4.7)$$

---

[6] Wasser hat ein Molekulargewicht von 18: Eine 1 M Lösung (1 mol/l) hätte demnach 18 g Wasser pro Liter. 1000 g Wasser pro Liter entsprechen also einer 55,5 M Lösung. Wegen des Zusatzes von Zuckermolekülen sind in Kammer II zu Beginn des Experiments weniger als 18 g Wasser, so daß die Konzentration geringer als 55,5 M ist.

wobei c_{osm} die Konzentration der nicht diffusiblen, osmotisch wirksamen Teilchen (des Zuckers), T die absolute Temperatur und R die molare Gaskonstante (ca. 8,3 J $\cdot$ K^{-1} $\cdot$ mol^{-1}) ist. Diese Beziehung (Gleichung 4.7) heißt **van t'Hoff-Gesetz** und entspricht formal der Zustandsgleichung idealer Gase. Sie gilt nur für verdünnte, vollständig dissoziierte Lösungen. In diesen ist der osmotische Druck p_{osm} der Konzentration der nicht diffusiblen Teilchen c_{osm} direkt proportional.

Das Erstaunliche an Gleichung 4.7 ist, daß der osmotische Druck nicht von der Art, sondern nur von der Konzentration der gelösten nicht diffusiblen Teilchen abhängt. Zuckermoleküle, Proteine oder Ionen führen, wenn sie gleich konzentriert sind und nicht die Membran überqueren können, zu demselben osmotischen Druck.

Osmotischer Druck in Zellen

Wie groß ist der osmotische Druck in einer Zelle? Zur Klärung dieser Frage muß das Experiment der Abb. 4.**27** auf eine Zelle übertragen werden. Dabei ist als erstes zu fragen: „Welche Teilchen sind (durch die Membran) diffusibel und welche nicht?" Nur die nicht diffundierenden Teilchen tragen zum osmotischen Druck bei. Sicher sind die intrazellulären Proteine nicht diffusibel. Das Verhalten der Na$^+$- und K$^+$-Ionen ist komplizierter: Sie können zwar die Zellmembran (über Ionenkanäle oder Transporter) überqueren, die Na$^+$/K$^+$-ATPase kompensiert aber im zeitlichen Mittel alle Ionenflüsse. Membran und Ionenpumpen verhalten sich im Zusammenspiel so, als ob die Membran für Na$^+$ und K$^+$ nicht permeabel wäre. Dasselbe trifft wegen der Aktivität der Ca^{2+}-ATPase und des Na$^+$/Ca^{2+}-Antiports auch für Ca^{2+} zu. Das einzige Ion, das in nennenswerten Konzentrationen vorkommt und permeieren könnte, ist das Cl$^-$-Ion. Im nächsten Kapitel werden wir sehen, daß der Cl$^-$-Fluß im zeitlichen Mittel ebenfalls verschwindet. Um den osmotischen Druck einer Zelle zu berechnen, sind also alle in der Zelle vorkommenden gelösten Teilchen zu berücksichtigen.

Bei höheren Vertebraten ist die intrazelluläre Anionen- oder Kationenkonzentration jeweils etwa 150 mM, die Gesamtkonzentration der Teilchen also etwa 300 mM. Bei dieser Konzentration bewegen sich die Teilchen nicht mehr unabhängig voneinander (es handelt sich also um eine nicht ideale Lösung) und können nur noch eingeschränkt mit anderen Molekülen wechselwirken. Die effektive Konzentration der noch unabhängigen Teilchen nennt man ihre Aktivität (a). Sie ist das Produkt aus dem **Aktivitätskoeffizienten** (α) und ihrer Konzentration (c): $a = \alpha \cdot c$. Bei einer Ionenkonzentration von 300 mM ist der Aktivitätskoeffizient 0,92. Die Konzentration c_{osm} der frei gelösten und osmotisch wirksamen Teilchen ist daher nicht 300 mosm/l, sondern $300 \cdot 0{,}92 = 278$ mosm/l.

Mit $R = 8{,}3$ J $\cdot$ K^{-1} $\cdot$ mol^{-1} und $T \sim 298$ K folgt dann für den osmotischen Druck

$$\begin{aligned} P_{osm} &= R \cdot T \cdot c_{osm} \\ &= 8{,}3 \cdot 298 \cdot 278 \, \frac{J}{K \cdot mol} \cdot K \cdot \frac{mmol}{l} \\ &= 6{,}9 \cdot 10^5 \, \frac{N \cdot m}{mol} \cdot \frac{10^{-3} mol}{10^{-3} m^3} \\ &= 6{,}9 \cdot 10^5 \, \frac{N}{m^2} = 6{,}9 \cdot 10^5 \, Pa = 690 \, kPa \sim 6{,}9 \, atm \end{aligned}$$

Dies ist der Druck in einer Zelle, deren Membran für Wasser, aber für keine anderen Moleküle permeabel ist. In Geweben ist der absolute osmotische Druck einzelner Zellen weniger von Bedeutung als die Druckunterschiede zwischen den Zellen und dem Extrazellularraum.

Osmolarität, Tonus und Zellvolumen

Eine Lösung, welche dieselbe Osmolarität besitzt wie eine Zelle, wird als isoosmotisch oder **isotonisch** bezeichnet. Unter physiologischen Bedingungen ist die **Interstitialflüssigkeit** des Extrazellularraums isotonisch, so daß sich die intrazellulären Flüssigkeiten im osmotischen Druckgleichgewicht mit ihr befinden. In einer hypotonischen Lösung, die also relativ zur Zelle hypoosmotisch ist, entstünde ein Fluß von Wassermolekülen in die Zelle hinein, die Zelle würde anschwellen. Umgekehrt würde eine Zelle in einer hypertonischen Lösung schrumpfen. Dies ist am Beispiel eines roten Blutkörperchens in Abb. 4.**28** dargestellt.

Wie oben erwähnt, beruht die osmotische Balance zwischen Extra- und Intrazellularraum im wesentlichen auf der Na$^+$/K$^+$-ATPase, da diese im zeitlichen Mittel die Ionenkonzentrationen im Intra- und Extrazellularraum konstant hält. Fällt die Na$^+$/K$^+$-Pumpe aus, z.B. bei Sauerstoffmangel, so sickern über unspezifische Kationenkanäle Na$^+$-Ionen in die Zelle, Cl$^-$-Ionen strömen als Gegenionen ein, und die Gesamtkonzentration der Ionen in der Zelle steigt an. Daher setzt ein osmotischer Fluß von Wasser in die Zelle ein, die Zelle schwillt und platzt schließlich.

Onkotischer Druck

Der Wasserhaushalt der Vertebraten wird im wesentlichen durch Nieren kontrolliert. Die Arteriolen der Nierenglomeruli sind für alle kleineren Moleküle des Blutes permeabel, d.h. der osmotische Druck hängt nur von der Konzentration der nicht filtrierten Moleküle ab. Eine ähnliche Situation herrscht in den Arteriolen des großen Kreislaufs. Auch hier können alle Ionen und niedermolekularen Stoffe frei zwischen Blutplasma und Extra-

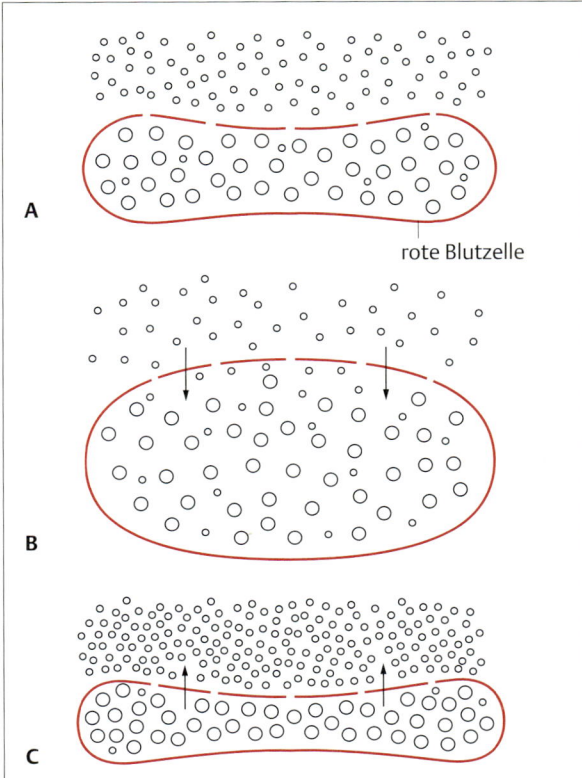

Abb. 4.28 Osmotischer Druck und Volumenänderungen eines roten Blutkörperchens. A Isotonische Lösung: Zellvolumen und Zellform sind normal. **B** Hypotonische Lösung: Wasser (Pfeile) dringt aufgrund der relativ höheren Osmolarität des Cytoplasmas in die Zelle ein, wodurch die Zelle anschwillt. **C** Hypertonische Lösung: In einem konzentrierteren Medium verläßt Wasser die Zelle, wodurch diese schrumpft.

zellularraum diffundieren. Der osmotische Druck beruht folglich nur auf der Konzentration der nicht permeierenden Teilchen, hier also den Plasmaproteinen. In diesem Fall, also in Kapillargebieten, in denen Ionen und niedermolekulare Substanzen frei diffundieren können und daher nicht zum osmotischen Druck beitragen, verbleiben im wesentlichen nur die Plasmaproteine, die den osmotischen Druck ausmachen. Dieser osmotische Druck der Plasmaproteine heißt **kolloidosmotischer Druck** oder **onkotischer Druck**. Er ist – verglichen mit dem osmotischen Druck des Gesamtplasmas (ca. 7 atm oder 700 kPa) – fast zu vernachlässigen und liegt in der Größenordnung von 3,3 kPa (ca. 33 mbar). Für die Wasserbilanz zwischen Interstitium und Blut ist er allerdings entscheidend: Bei chronischer Unterernährung ist zum Beispiel die Plasmakonzentration der Proteine zu gering. Daher sinkt der onkotische Druck, der Wasserrückfluß vom Interstitium ins Blut ist verringert, und es kommt zu Wasseransammlungen oder **Oedemen** in den Geweben. (Eine solche Wasseransammlung im Bauchraum heißt Ascites oder „Hungerbauch".)

Zusammenfassung

Lipiddoppelschicht-Membranen bilden die Zelloberflächen und fungieren als Hülle aller Zellorganellen. Sie haben u.a. folgende Funktionen: Zelluläre und subzelluläre Kompartimentierung, selektiver Transport von Substanzen über ATP-abhängige Pumpen, gradientenabhängiger Transport (sekundär aktiver Transport oder erleichterte Diffusion), Generierung von Stromflüssen über Ionenkanäle, Exo- und Endocytose, Aufrechterhaltung des intrazellulären Milieus durch die genannten Transportmechanismen, Vermittlung von Signalen über die Membran durch Rezeptorproteine, sowie Generierung und Fortleitung elektrischer Signale.

Die grundlegende Struktur der Membranen besteht aus einer Lipiddoppelschicht, in der die hydrophilen Köpfe der Phospholipidmoleküle nach außen und die lipophilen Schwänze nach innen zur Mitte der Doppelschicht hin gerichtet sind. Nach dem klassischen Flüssigmosaikmodell bestehen Membranen aus einer Lipiddoppelschicht mit eingelagerten und lateral beweglichen Proteinen.

Die Permeabilität ist ein Maß für die Geschwindigkeit, mit der ein Stoff eine Membran durchqueren kann. Es gibt verschiedene Möglichkeiten, wie Substanzen eine Lipidmembran durchqueren können. Viele unpolare Moleküle können durch die Lipidphase der Membran diffundieren. Ionen passieren die Membran entweder durch Ionenkanäle oder werden von Transportern befördert.

Transporter lassen sich in zwei Klassen einteilen: ATP-abhängige Ionenpumpen und gradientenabhängige Transporter. Die Na^+/K^+-Pumpe pumpt unter Verbrauch von einem Molekül ATP drei Na^+-Ionen nach außen und in demselben Pumpzyklus zwei K^+-Ionen ins Cytosol. Dadurch entsteht die typische asymmetrische Verteilung von Na^+- und K^+-Ionen beiderseits der Membran. Der Na^+-Gradient wird von vielen anderen Transportsystemen, Symportern und Antiportern, als Energiequelle genutzt, um z.B. Aminosäuren oder Zucker in die Zellen hinein bzw. Ca^{2+} aus den Zellen heraus zu transportieren.

Ionenkanäle sind Proteine mit vielen α-helikalen, die Membran durchspannenden Untereinheiten, von denen einige – meist vier oder fünf – hydrophile Seitengruppen besitzen und in der Membran eine Pore bilden. Die meisten Ionenkanäle sind selektiv permeabel für bestimmte Ionensorten. Ihre Permeabilität wird entweder von Liganden (Neurotransmittern oder Second-messenger-Molekülen) oder von der Membranspannung gesteuert.

Ein Spezialfall von Poren sind Gap junctions, relativ große in ihrer Permeabilität durch Ca^{2+} und H^+ modulierbare Kanäle in sich gegenüberliegenden Zellmembranen. Die Halbkanäle der benachbarten Zellmembran docken aneinander an, so daß jede Gap junction eine Pore bildet, die eine kommunizierende Verbindung zwischen den beiden beteiligten Zellen darstellt. Gap junctions sind permeabel für Ionen aller Art sowie für Moleküle bis zu einer Größe von etwa 500 Dalton.

Fallen die ATP-getriebenen Pumpen einer Zelle aus, so stellt sich über der Membran langsam ein Donnan-Gleichgewicht ein. Dieses ist gekennzeichnet von einer geringfügigen Ungleichverteilung von Kationen und Anionen über der Zellmembran, die ihre Ursache in jenen Teilchen hat, welche die Membran nicht überqueren können. Das Ausmaß der ionalen Ungleichverteilung hängt von der Konzentration der nicht diffusiblen Teilchen ab.

Die nicht diffusiblen Teilchen sind es auch, die den osmotischen Druck verursachen. Dieser ist direkt proportional zur Aktivität der nicht diffusiblen Teilchen. Die osmotische Balance wird von der Differenz der intra- und extrazellulären Drücke bestimmt.

Der transepitheliale Transport hängt von der unterschiedlichen Verteilung von Permeabilitäten und Ionenpumpen auf der mucosalen und der serosalen Seite epithelialer Zellmembranen ab. Auf der serosalen (dem Körperinneren zugewendeten) Seite der Zelle werden Ionen oft aktiv gegen einen elektrochemischen Gradienten durch die Membran transportiert; auf der mucosalen Seite passieren Ionen die Membran häufig durch Diffusion über Ionenkanäle oder mit Hilfe von Transportern. Die Rückdiffusion von Ionen durch die Epithelschicht erfolgt langsam, da deren Interzellularräume durch Tight junctions weitgehend abgedichtet sind. Durch einige Epithelien wird Wasser entlang eines konstanten osmotischen und Ionenkonzentrationsgradienten transportiert. Dieser Gradient wird durch den aktiven Ionentransport zwischen dem Inneren der Epithelzellen und den Interzellularspalten aufgebaut.

Empfohlene Literatur

Bretscher, M. S.: The molecules of the cell membrane. Sci. Am. **253** (1985) 100–108

Goodsell, D. S.: Inside a living cell. Trends in Biochem. Sci. **16** (1991) 203–206.

Lodish, H., Baltimore, D., Berk, A., Zipusky, S. L., Matsudaira, P., Darnell, J.: Molekulare Zellbiologie. de Gruyter, Berlin 1996

Singer, S. J., Nicolson, G. L.: The fluid mosaic model of the structure of cell membranes. Science, **175** (1972) 720–731.

Verkman, A. S.: Water channels in cell membrans. Arm. Rev. Physiol., **54** (1992) 97–108.

Teil II

Physiologische Prozesse

Um überleben zu können, muß ein Tier adäquat und wirkungsvoll auf Vorgänge in seiner Umwelt, aber auch auf seine inneren Zustände reagieren können. Effektive Antworten erfordern oft, daß verschiedene Körperteile, die möglicherweise weit voneinander entfernt sind, koordiniert zusammenwirken. Das Nervensystem und das endokrine System arbeiten zusammen, um koordinierte Antworten des Organismus hervorzubringen; Muskel- oder auch Drüsenaktivitäten bilden ebenso die Grundlagen der Verhaltensantworten eines Tieres. In Teil II werden wir uns auf die Signalsysteme (nervöse und endokrine Systeme) und die Effektorsysteme (Muskeln und Drüsen) konzentrieren. Diese verschiedenen Gewebe bestehen aus hoch spezialisierten Zellen, die in Gruppen zusammenwirken, um Informationen zu integrieren und Antworten auszulösen, die der momentanen Situation eines Tieres sinnvoll entsprechen.

Die Aufgabe, Informationen über die Umwelt und über den inneren Zustand des Körpers zu sammeln und diese Informationen zu integrieren, wird weitgehend von Zellen des Nervensystems übernommen. In Kapitel 5 werden die Eigenschaften von Nervenzellen diskutiert, die es ihnen ermöglichen, Informationen zu sammeln, umzuwandeln und weiterzuleiten. Bei allen bisher untersuchten Tierarten haben die Nervenzellen bemerkenswert viele gemeinsame Eigenschaften. Dies gilt für die Natur der beteiligten Moleküle bis hin zu den physikalischen Prinzipien, die bestimmen, wie Nervenzellen arbeiten. Daher war es möglich, durch die Untersuchung von Neuronen, die der experimentellen Manipulation besonders leicht zugänglich sind, allgemeingültige Erkenntnisse über die Funktionen von Nervenzellen zu gewinnen.

Alle Nervensysteme bestehen aus einer Vielzahl von Zellen, welche Informationen teilen bzw. einander mitteilen müssen, um effektiv zu funktionieren. In Kapitel 6 wird beschrieben, wie Signale entlang der Membran eines einzelnen Neurons geleitet werden, sowie die Prozesse, mit denen Signale von einer Nervenzelle auf eine zweite übertragen werden. Innerhalb eines Neurons wird das Signal elektrisch kodiert. In einigen Fällen erfolgt die Übertragung von Zelle zu Zelle elektrisch; in der überwiegenden Mehrzahl der Fälle wird das elektrische Signal jedoch in ein chemisches Signal umgewandelt, um auf eine andere Zelle übertragen zu werden. Die Kenntnis der Mechanismen, mit denen Neurone miteinander und mit anderen Zellen kommunizieren, bildet die Grundlage für das Verständnis der unglaublichen Potentiale und der Leistungsgrenzen von Nervensystemen.

Viele Nervenzellen dienen als Interface zwischen dem Tier und seiner Umwelt; andere Nervenzellen sind darauf spezialisiert, die körpereigenen Zustände zu überwachen. Zellen, welche die Fähigkeiten besitzen, Informationen zu sammeln, werden als Sinneszellen bezeichnet und in Kapitel 7 besprochen.

Das zweite wichtige System, das zur Koordination innerhalb des tierischen Körpers beiträgt, ist das endokrine System. Die Zellen dieses Systems sind zu endokrinen Drüsen zusammengefaßt. Ihre Signale bestehen aus Molekülen, die in den Blutstrom ausgeschüttet werden. Dieser Vorgang wird als Sekretion bezeichnet. Weitere Drüsen, die exokrinen Drüsen, erzeugen chemische Substanzen, die in spezielle Räume bzw. an die Außenwelt abgegeben werden. Die Besprechung endokriner und exokriner Drüsen erfolgt in Kapitel 8.

Die Signalmoleküle endokriner Drüsen werden als Hormone bezeichnet. Da sie mit dem Kreislaufsystem über den ganzen Körper verteilt werden, können sie gleichzeitig weit voneinander entfernte Körperabschnitte beeinflussen. Hormone steuern ihre Zielzellen über spezifische Rezeptormoleküle. Die Wirkung eines Hormons auf die Zielzelle hängt von der Natur der Rezeptormoleküle und deren Wirkung auf die intrazellulären Prozesse der Zielzelle ab. Die Mechanismen, welche die Ausschüttung von Hormonen kontrollieren und die Ereignisketten, über welche die Hormone auf ihre Zielgewebe wirken, werden in Kapitel 9 diskutiert.

Ebenso wie viele körperinterne Vorgänge beruht auch das sichtbare Verhalten eines Tieres auf Muskelkontraktionen. In Kapitel 10 werden die zellulären Eigenschaften der Muskeln und wie sie den Körper bewegen oder auf innere Organe wirken, dargestellt. Weiterhin wird beschrieben, wie Muskelkontraktionen zu Verhaltensweisen koordiniert werden.

In Kapitel 11 werden schließlich Beispiele aufgeführt, wie Verhalten ausgelöst wird. Mit vielen sorgfältig geplanten und durchgeführten Versuchen war es möglich, die Grundlagen spezifischer Verhaltensweisen – ihre Auslösung über einen sensorischen Input, über die Verarbeitung der Information im Nervensystem bis hin zur

Ausführung des Verhaltens (Nahrungsaufnahme, Flucht oder Fortpflanzungsverhalten) – aufzuklären.

Der Schwerpunkt von Teil II liegt zum einen auf der Darstellung der Eigenschaften einzelner Zellen, die es ihnen erlauben, ihre spezifischen Aufgaben zu erfüllen und harmonisch und effektiv zusammen zu arbeiten. Eine weitere Betonung liegt auf den Mechanismen, welche zelluläre Funktionen zu Funktionen auf höheren Ebenen integrieren und so die „Fitneß" des gesamten Tieres erhöhen.

5. Biophysikalische Grundlagen neuronaler Erregung

Nervenzellen (**Neurone**) kommunizieren untereinander mit Hilfe elektrischer und chemischer Signale. Die Interaktionen zwischen Neuronen gehören zu den komplexesten Prozessen der Informationsverarbeitung, die uns bekannt sind. Die neuronale Information wird dabei (für biologische Verhältnisse) extrem schnell weitergeleitet und präzise auf andere Zellen übertragen. Jedes einzelne Neuron gibt dabei pro Sekunde maximal ca. 1000 Signale an andere Neurone weiter. Die Gesamtleistung des Nervensystems beruht darauf, daß Milliarden von Neuronen gleichzeitig und parallel an der neuronalen Informationsverarbeitung beteiligt sind, um letztlich verschiedenartigste Vorgänge im Körper zu steuern und den Organismus mit seiner Umwelt möglichst zweckmäßig interagieren zu lassen. Zusammen mit den **Gliazellen** bilden die Neurone das **Nervensystem**, welches Informationen aus der Umwelt aufnimmt, verarbeitet, analysiert und dann durch koordinierte Interaktionen komplexe Verhaltensweisen steuert.

Von allen neuronalen Netzwerken sind bisher nur einige relativ einfache Schaltkreise bekannt (s. Kap. 11) und das, obwohl Neurone zu den am besten untersuchten Zelltypen gehören. Man kann die Aktivität einzelner Neurone mit Hilfe von Meßapparaturen aufzeichnen, die ursprünglich für physikalische Untersuchungen entwickelt wurden. Solche Aufzeichnungen neuronaler Aktivität haben gezeigt, daß die Eigenschaften einzelner Neurone bei fast allen Tierarten sehr ähnlich sind. Die Mechanismen neuronaler Informationsübertragung sind also im wesentlichen stets die gleichen, unabhängig davon, ob es sich um Neurone einer Ameise oder eines Ameisenbären handelt. Obwohl Neurone sehr komplexe Informationen verarbeiten, benutzen sie dafür nur eine erstaunlich geringe Zahl physikalischer und chemischer Prozesse, so daß ihre Funktionen durch wenige allgemeine Prinzipien beschrieben werden können. In diesem Kapitel behandeln wir die biophysikalischen und molekularen Mechanismen, welche der neuronalen Informationsverarbeitung zugrunde liegen.

Struktur, Funktion und Organisation von Neuronen im Überblick

Struktur von Neuronen

Informationsaufnahme, -verarbeitung und -weitergabe finden meistens in verschiedenen Teilen (Kompartimenten) eines Neurons statt. Obwohl Neurone in Form und Größe stark variieren, besitzt jedes Neuron ein **Soma** (Zellkörper), das u. a. den Zellkern beinhaltet und das für die Aufrechterhaltung des Zellstoffwechsels sorgt. Von ihm gehen typischerweise mehrere dünne Fortsätze, die **Neuriten**, aus (Abb. 5.1). Es gibt zwei Haupttypen solcher Fortsätze: Dendriten und Axone. Die meisten Neurone besitzen viele Dendriten und ein einzelnes Axon.

Dendriten[1] sind im allgemeinen verzweigt; sie nehmen Signale von anderen Neuronen auf und leiten sie zum Zellkörper. **Axone**[2] (Nervenfasern) sind spezialisierte Fortsätze, die Signale vom Zellkörper fortleiten. Bündel von Axonen, die das zentrale Nervensystem (bei Vertebraten: Gehirn und Rückenmark) verlassen und zusammen durch den Körper ziehen, heißen **Nerven.** Obwohl viele Neurone relativ kurze Axone haben, sind die Axone einiger anderer Neurone doch erstaunlich lang. Zum Beispiel kann sich beim Wal das Axon eines einzelnen **Motoneurons**[3] über viele Meter vom Rückenmark bis zu einem Muskel in der Schwanzflosse erstrecken. Auch die Fasern sensorischer Neurone können sich über beachtliche Entfernungen erstrecken. Man denke z. B. an die mechanosensiblen Fasern, die den Fuß einer Giraffe innervieren: diese reichen vom Fuß bis zum Hirnstamm des Tieres. Axone haben Mechanismen entwickelt, die es ihnen ermöglichen, Informationen über große Entfernungen mit hoher Genauigkeit und ohne Informationsverluste zu übertragen.

---

[1] Die Bezeichnung Dendrit leitet sich vom griechischen Wort dendron (Baum) ab. Wie viele physiologische und anatomische Begriffe ist auch dieser der Botanik entlehnt. Weitere Beispiele sind cortex (Baumrinde), bulbus (Knolle), radix (Wurzel) und amygdala (Mandel).

[2] axon (griechisch) = Achse.

[3] Motoneurone innervieren Muskelzellen und sind so die unmittelbare Ursache für die Bewegungen eines Organismus (motus [lateinisch] = Bewegung).

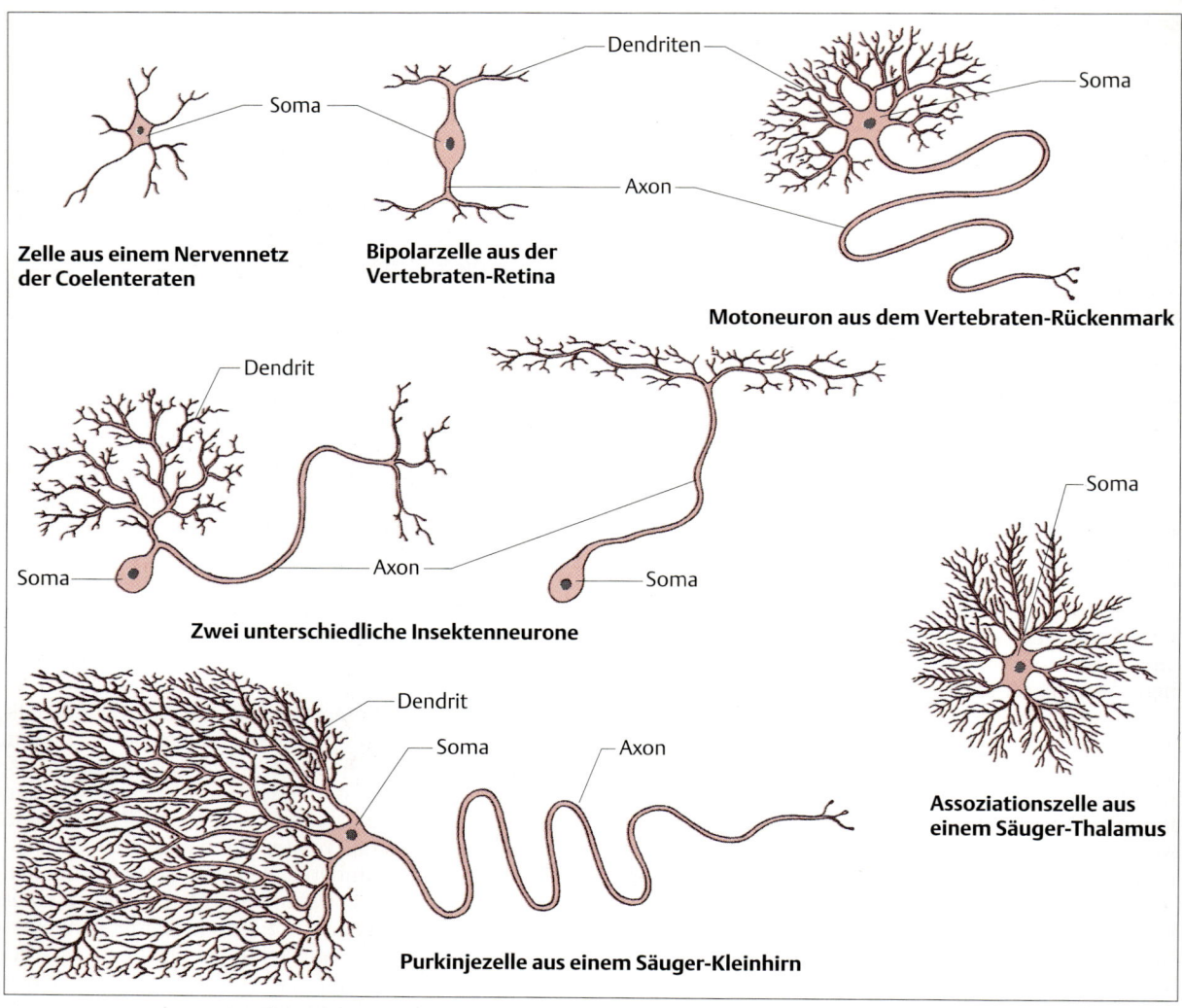

Abb. 5.1 Morphologische Neuronentypen. Die Struktur von Neuronen variiert von einfachen bis zu sehr komplexen Formen, wobei die meisten Neurone bestimmte voneinander unterscheidbare und funktionell spezialisierte Bereiche (Kompartimente) wie Dendriten, Soma und Axon besitzen. Interessanterweise gibt es kaum einen Zusammenhang zwischen Phylogenie und Komplexität neuronaler Strukturen. Niedere Tiere (z.B. Coelenteraten) haben einfach strukturierte Neurone, aber auch einige Neurone höherer Tiere sind relativ einfach gebaut (z.B. olfaktorische Rezeptorneurone oder Bipolarzellen in der Retina höherer Vertebraten). Neurone mit sehr komplexem Aufbau finden sich bei höheren Tieren (z.B. Purkinjezellen im Kleinhirn von Säugetieren), aber auch bei Insekten und anderen Evertebraten. Bei einigen Neuronen (z.B. den Purkinjezellen und den Motoneuronen der Vertebraten) sind die Dendriten und das Axon leicht zu unterscheiden. Bei anderen Neuronen (z.B. den Bipolarzellen der Retina von Säugetieren) finden sich auf den ersten Blick keine offensichtlichen morphologischen Unterschiede zwischen Dendriten und dem Axon. Bei Nervenzellen der Insekten entspringt das Axon typischerweise an einer Stelle des Dendritenbaums.

Ein Axon kann sich an seinem Ende in zahlreiche Äste, die sog. **Axonkollateralen** aufzweigen, so daß Signale gleichzeitig zu vielen anderen Neuronen, Drüsen oder Muskelfasern geleitet werden (Abb. 5.1). Eine zweite Gruppe von Axonkollateralen findet sich oft in der Nähe des Zellkörpers.

In der Embryonalentwicklung eines Neurons wachsen die Dendriten und das Axon vom Soma aus. Wenn ein Axon eines erwachsenen Organismus stark geschädigt wird, degeneriert es typischerweise innerhalb weniger Tage oder Wochen. Bei Säugetieren findet eine Regeneration und ein erneutes Auswachsen von Axonen nur in peripheren Nerven statt. Bei wechselwarmen Vertebraten kann dagegen selbst innerhalb des Gehirns und im Rückenmark eine anatomische und funktionelle Regeneration auftreten. Bei einigen Evertebraten können beschädigte Neurone vollständig regenerieren und ihre ursprünglichen Ziele erneut innervieren.

Signalverarbeitung eines Neurons

Die für viele Neurone typischen strukturellen und funktionellen Merkmale seien am Beispiel eines spinalen Motoneurons eines Vertebraten aufgezeigt (Abb. 5.2): Das Soma liegt im Vorderhorn des Rückenmarks und sendet Signale zu den Skelettmuskelfasern. Die Zellmembran der Dendriten und des Somas eines Motoneurons empfängt Signale von den Nervenendigungen (Axonterminalen) vieler anderer Nerven- und Sinneszellen (bis zu einigen Tausend); das Motoneuron wird von diesen innerviert. Dendriten und Soma integrieren (verrechnen) diese vielen Eingangssignale. Dabei entscheidet sich, ob das Motoneuron seinerseits als Antwort auf die eintreffenden Signale Nervenimpulse generiert oder nicht. Diese Nervenimpulse heißen **Aktionspotentiale** (APs) und werden häufig nach dem im Englischen üblichen Begriff „spikes" genannt. APs entstehen am **Initialsegment** (Entstehungszone der APs, Impulsentstehungszone) und werden von dort über die ganze Zelle bis hin zu den **Axonterminalen** (Nervenzellendigungen, Endknöpfchen) geleitet. Motoneurone enden mit ihren Axonterminalen an Skelettmuskelzellen und innervieren diese. Obwohl bei Motoneuronen das Initialsegment nahe dem Axonabgang vom Soma liegt, findet es sich bei einigen Neuronen an anderer Stelle. Bei Insektenneuronen zum Beispiel entspringt das Axon typischerweise von einem Dendriten. Viele Axone sind von Gliazellfortsätzen umgeben, die eine Isolierschicht, die **Myelinscheide**, bilden, in die das Axon eingewickelt ist (s. Abb. 6.8).

Das physiologische Verhalten eines Neurons hängt entscheidend von den Eigenschaften seiner Zellmembran ab. Alle elektrischen Leiter, seien es Kupferdrähte oder Zellmembranen, besitzen **passive elektrische Eigenschaften**. Nerven- und Muskelzellmembranen haben außerdem **aktive elektrische Eigenschaften**, die es ihnen ermöglichen, elektrische Signale ohne Abschwächung weiterzuleiten (Box 5.1). Im Gegensatz zu passiven Prozessen muß bei diesen aktiven Prozessen Energie aufgewendet werden, um sie zu unterhalten. Besonders spezialisierte Proteine der Zellmembran, die **spannungsabhängigen Ionenkanäle**, sind u.a. für die schnellen elektrischen Antworten von Neuronen und anderen erregbaren Zellen verantwortlich. Spannungsabhängige Ionenkanäle öffnen sich bei bestimmten

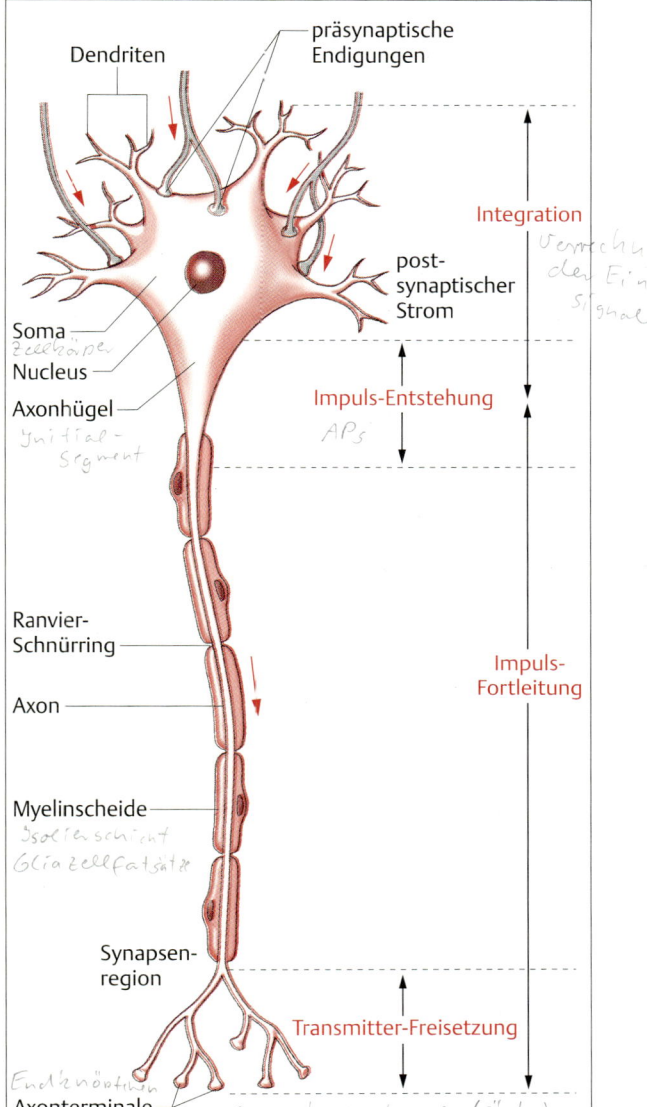

Abb. 5.2 Funktionelle Bereiche eines Neurons. Ein spinales Motoneuron eines Vertebraten veranschaulicht die funktionell spezialisierten Bereiche eines typischen Neurons. Die kleinen roten Pfeile in der Abbildung deuten den Informationsfluß an. Information wird von der Zellmembran der Dendriten empfangen und integriert. Bei vielen Neuronen empfängt auch das Soma Signale. In spinalen Motoneuronen werden Aktionspotentiale (APs) am Axonhügel generiert. Axonhügel und Initialsegment des Axons weisen eine besonders hohe Dichte spannungsabhängiger Na^+-Kanäle auf, so daß sich APs zuerst an diesen Stellen ausbilden. Von hier wandern die APs entlang des Axons zu den Axonendigungen, wo ein Neurotransmitter freigesetzt wird, um das Signal an eine andere Zelle weiterzugeben. Das Axon und die umgebenden Myelinscheidenzellen sind im Längsschnitt dargestellt.

Box 5.1 Die Entdeckung der „tierischen Elektrizität"

Elektrische Erregbarkeit ist eine grundlegende Eigenschaft von Neuronen und Muskeln, sowie von einigen Drüsen- und Sinneszellen. Sowohl die Untersuchung „tierischer Elektrizität" als auch der Ursprung der elektrochemischen Theorie kann bis zu Beobachtungen zurückverfolgt werden, die im späten 18. Jahrhundert von **Luigi Galvani** (Anatom zu Bologna) gemacht wurden. Galvani stellte an einem Nerv-Muskel-Präparat des Froschbeines fest, daß die Muskeln sich kontrahieren, wenn Nerv und Muskel auf bestimmte Art mit Metallstäben berührt werden. Die beiden Stäbe mußten dabei aus verschiedenen Metallen sein (z.B. aus Kupfer und Zink). Bei Galvanis Versuchsaufbau berührte ein Stab den Muskel und der andere den zu dem Muskel gehörenden Nerv (**A**). Wenn die beiden Stäbe aneinander gelegt wurden, kontrahierte der Muskel. Galvani und sein Neffe Giovanni Aldini, ein Physiker, führten diese Reaktion auf eine Entladung „tierischer Elektrizität" zurück, die in dem Muskel gespeichert war und durch den Nerv abgeleitet wurde. Sie nahmen an, daß ein „elektrisches Fluidum" vom Muskel durch das Metall und zurück in den Nerv strömte und daß die elektrische Entladung des Muskels die Kontraktion auslöste. Diese 1791 veröffentlichte Interpretation war zwar falsch, ermunterte damals aber „neugierige" Amateure und Wissenschaftler, zwei neue und wichtige Forschungsgebiete zu betreten: die Physiologie der Erregung von Nerven und Muskeln sowie den chemischen Ursprung der Elektrizität.

Alessandro Volta, Physiker zu Pavia, nahm Galvanis Experimente wieder auf. 1792 schlug er eine andere Erklärung der Ergebnisse Galvanis vor: Er vermutete, daß der elektrische Reiz, der in Galvanis Experimenten zur Muskelkontraktion führte, außerhalb des Gewebes durch den Kontakt der verschiedenen Metalle mit der salzigen Lösung des Gewebes entsteht. Die Nerv-Muskel-Präparation des Froschbeins war zu damaliger Zeit der empfindlichste Indikator für kleine elektrische Ströme.

Auf der Suche nach einer Möglichkeit, stärkere elektrische Ströme herzustellen, entdeckte Volta, daß er mehr Elektrizität erzeugen konnte, wenn er Metallsalz-Zellen in Reihe schaltete. Frucht seiner Bemühungen war das sogenannte Volta-Element, ein Stapel von einander abwechselnden Silber- und Zinkplatten mit dazwischen liegendem salzgetränktem Papier. Dieser Stapel (die erste „Naßzellbatterie") erzeugte höhere Spannungen als eine einzelne Silber-Zink-Zelle, und das Prinzip wird auch in den heutigen Batterien noch genutzt.

Obwohl durch Galvanis Originalarbeiten die Existenz „tierischer Elektrizität" nicht wirklich bewiesen war, zeigten sie, daß einige lebende Gewebe auf kleinste elektrische Ströme reagieren können. Weitere Fortschritte in der Erforschung der Gewebselektrizität wurden 1840 von **Carlo Matteucci** gemacht. Dieser nutzte die elektrische Aktivität eines sich kontrahierenden Muskels zur Stimulierung einer zweiten Nerv-Muskel-Präparation (**B**). Matteucci konnte als erster zeigen, daß erregbares Gewebe tatsächlich elektrische Ströme erzeugt. Die Erforschung der neuronalen Erregbarkeit machte aber erst in den 30er und 50er Jahren des 20. Jahrhunderts weitere Fortschritte: Auf der einen Seite wurden neuronale Strukturen wie das Riesenaxon des Tintenfisches entdeckt, die wegen ihrer Größe die Anwendung makroskopischer, elektrischer Meßsonden (Elektroden) erlaubten, und andererseits standen nun hinreichend empfindliche elektronische Verstärker zur Verfügung.

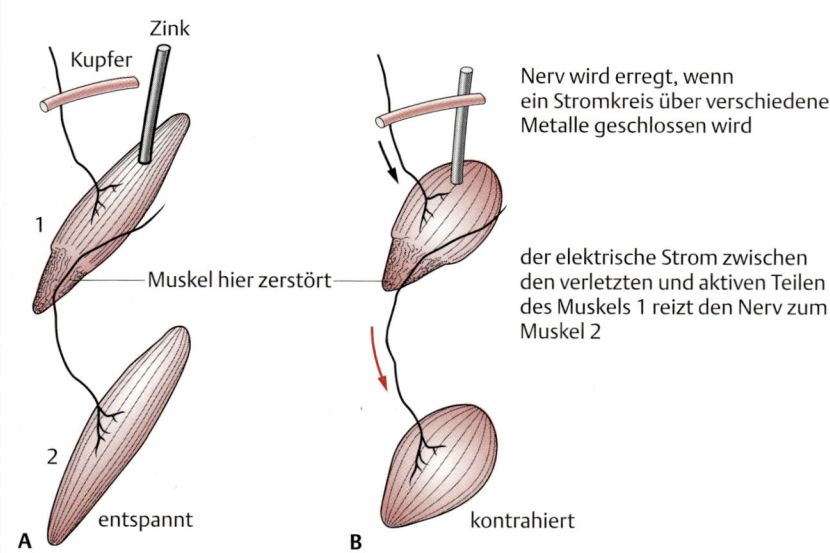

Bei Galvanis Experiment wurde ein Muskel und der dazugehörende Nerv mit zwei Stäben aus unterschiedlichen Metallen berührt. Jedesmal, wenn die beiden Stäbe in Kontakt miteinander kamen, kontrahierte der Muskel. **A** Matteucci entwickelte Galvanis Experiment weiter, indem er eine Nerv-Muskel-Präparation (1) mit einer zweiten (2) verband. **B** Wenn Muskel 1 durch den Kontakt der beiden unterschiedlichen Metallstäbe stimuliert wurde, erregte die elektrische Aktivität dieses Muskels den Nerv von Muskel 2 und löste damit die Kontraktion des Muskels 2 aus. Bei diesem Versuch mußte Muskel 1 an der Kontaktstelle zu dem Nerv von Muskel 2 verletzt sein, damit die Ionenströme, die in den Muskelfasern fließen, den Nerv stimulieren konnten.

Spannungen und erlauben so den Durchtritt von Ionen von einer Seite der Zellmembran auf die andere. Neurone besitzen für die verschiedenen Ionenarten verschiedene Ionenkanäle. Diese sind nicht gleichmäßig über die Zelloberfläche verteilt, sondern in unterschiedlichen Regionen (Kompartimenten) mit jeweils eigenen Spezialfunktionen für die Signalvermittlung lokalisiert. Die **Axonmembran** ist z.B. durch ihre schnell reagierenden spannungsabhängigen Ionenkanäle, die selektiv entweder Na$^+$ oder K$^+$ passieren lassen, auf die Weiterleitung von APs spezialisiert. In der Membran der Axonendigungen finden sich zusätzlich spannungsabhängige Ca^{2+}-Kanäle und andere spezialisierte Strukturen, die den Neuronen eine (chemische) Signalübertragung auf andere Zellen erlauben.

Signalübertragung von Neuron zu Neuron

Die Informationsverarbeitung in einem Nervensystem beginnt mit der Detektion von Sinnesreizen in **Rezeptorzellen**[4] und **sensorischen Neuronen**. Das Axon eines sensorischen Neurons wird **afferente Faser** genannt. Sensorische Neurone senden die Information an andere Neurone, und das Signal wird im Nervensystem von Neuron zu Neuron weitergeleitet. **Interneurone** liegen vollständig im zentralen Nervensystem und vermitteln Informationen zwischen Neuronen. Die Signalübertragung von Neuron zu Neuron und von Neuronen zu anderen Zielzellen erfolgt jeweils an dafür spezialisierten Strukturen, den **Synapsen**. Zeigt ein Tier auf eine sensorische Information hin ein bestimmtes Verhalten, so wurden dazu Neurone aktiviert, die direkt oder indirekt sog. **Effektororgane** (Muskeln, s. Kap. 10, oder Drüsen, s. Kap. 8) steuern. Neurone, die Informationen aus dem Zentralnervensystem zu Effektoren leiten, werden **efferente Neurone** genannt. Afferente und efferente Neurone bilden zusammen mit allen Interneuronen, die an der Fortleitung und Verarbeitung der Informationen beteiligt sind, ein **neuronales Netzwerk**. Abb. 5.3 zeigt ein Beispiel.

Ein Neuron A, das über eine Synapse Informationen von einem anderen Neuron B erhält, wird als **postsynaptisch** zu Neuron B bezeichnet. Umgekehrt ist das Neuron B **präsynaptisch** zu Neuron A. Die synaptische Übertragung von einem Neuron auf ein anderes (s. Kap. 6) geschieht auf chemische Weise. Es werden von den Axonendigungen des präsynaptischen Neurons **Neurotransmitter** freigesetzt, sobald ein Aktionspotential in die Axonterminale einläuft. Die Transmittermoleküle diffundieren durch den **synaptischen Spalt** zur postsynaptischen Membran und aktivieren dort von Transmittern gesteuerte **Rezeptoren** bzw. **Ionenkanäle**. Es resultiert ein postsynaptischer Strom und ein **postsynaptisches Potential**. Die postsynaptischen Wirkungen der zahlreichen synaptischen Eingänge (Inputs) werden an den Dendriten und am Soma des Neurons integriert. Die elektrische Informationsübertragung er-

---

[4] Rezeptorzellen besitzen je nach Typ verschiedene Spezialisierungen, die es ihnen ermöglichen, physikalische und chemische Reize der Umwelt in elektrische und biochemische Signale umzuwandeln.

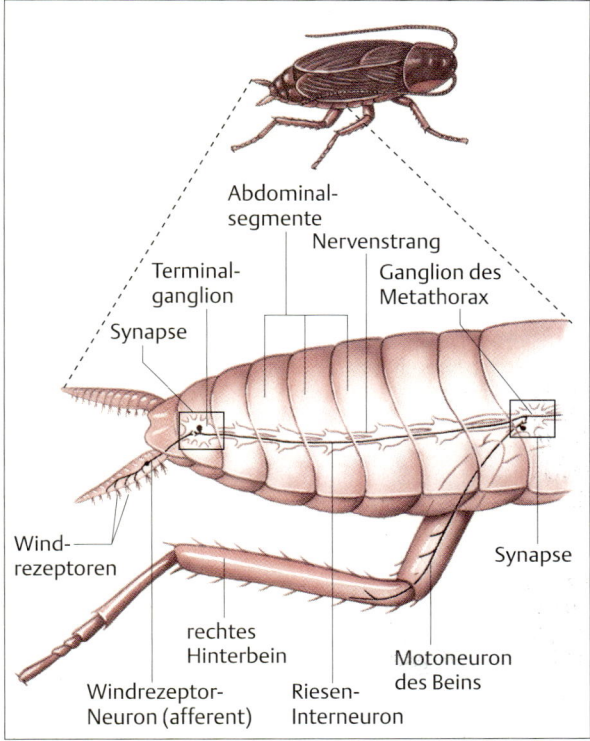

Abb. 5.3 Beispiel eines neuronalen Netzes. In einem einfachen neuronalen Netzwerk leitet ein afferentes Neuron sensorische Information zu Interneuronen im zentralen Nervensystem; ein efferentes Neuron leitet die verarbeitete Information zu den Effektororganen. In dieser Abbildung ist ein im posterioren Teil der Schabe lokalisiertes neuronales Netzwerk dargestellt. Es besteht aus afferenten Windrezeptorneuronen, Rieseninterneuronen im zentralen Nervensystem und efferenten Motoneuronen, welche die Beinmuskeln steuern. Die Windrezeptorneurone stehen mit den Rieseninterneuronen durch Synapsen im Terminalganglion des Nervensystems in Verbindung. Die Synapsen zwischen den Rieseninterneuronen und den Motoneuronen der Beine liegen in den Thorakalganglien. Stimulierung der Windrezeptorneurone führt zur Flucht der Schabe vor dem Reizauslöser.

folgt in neuronalen Netzwerken alternierend durch analoge Signale (d.h. Signale variabler Amplitude) und durch **Alles-oder-Nichts-Signale** (Aktionspotentiale; s. Abb. 6.1).

Organisation der Neurone im ZNS

Das Nervensystem besteht aus zwei Grundtypen von Zellen: Gliazellen und Neuronen. Bei **Neuronen** kann man drei Typen unterscheiden:

1. **Sensorische Neurone** übertragen Informationen über externe Reize (z.B. Schall, Licht, Druck oder che-

mische Signale) oder reagieren auf Reize innerhalb des Körpers (z.B. Sauerstoffgehalt des Blutes, Blutdruck, Stellung von Gelenken, Dehnung von Muskelfasern).
2. **Interneurone** verbinden andere Neurone innerhalb des zentralen Nervensystems miteinander[5].
3. **Motoneurone** übertragen Signale an Effektororgane (Muskeln und Drüsen).

Die wesentliche Aufgabe von Rezeptorzellen besteht in der Umwandlung der physikalischen bzw. chemischen Energie eines Reizes in elektrische Signale, die dann zum zentralen Nervensystem weitergeleitet werden. Dort verarbeiten Netzwerke von Neuronen die sensorische Information, sie filtern sie, speichern sie und vergleichen sie mit Gedächtnisinhalten. Die komplexen Verrechnungen im zentralen Nervensystem können zur Aktivierung von Motoneuronen führen, den Ausgängen vieler neuronaler Netzwerke, welche die Aktivität von Muskeln bzw. Drüsen steuern und so ein bestimmtes Verhalten auslösen.

In nahezu allen Stämmen des Tierreichs sind die Neurone in einem **zentralen Nervensystem** (ZNS) zusammengefaßt. Die Zellkörper der meisten Neurone liegen im ZNS, einige aber auch in der Peripherie. Bei den meisten Tieren besteht das ZNS aus dem Gehirn, das im Kopf lokalisiert ist, und einem Nervenstrang, der sich entlang der Mittellinie des Tieres erstreckt. Bei vielen Evertebraten findet sich das Gehirn im Kopf und mehrere Ansammlungen von Nervenzellkörpern, die sogenannten **Ganglien**, entlang des Nervenstranges. Ganglien steuern Funktionen in bestimmten lokalen Bereichen des Tieres (Abb. 5.4). Auch Vertebraten haben Ganglien. Diese bestehen aus den Somata peripherer Neurone. Bei Vertebraten verläuft der Nervenstrang, **Rückenmark** genannt, entlang der dorsalen[6] Mittellinie. Bei vielen Evertebraten (z.B. Insekten, Crustaceen und Anneliden) hingegen ist der Hauptnervenstrang an der ventralen Mittellinie als **Bauchmark** lokalisiert. Die Fortsätze vieler Neurone im ZNS reichen bis in die Peripherie des Körpers, um sensorische Informationen von dort zu erhalten oder motorische Informationen dorthin zu leiten.

Der zweite Hauptzelltyp im Nervensystem sind **Gliazellen**. Nur ein sehr schmaler extrazellulärer Raum (von etwa 20 nm Breite) trennt die Glia- von den Nervenzell-

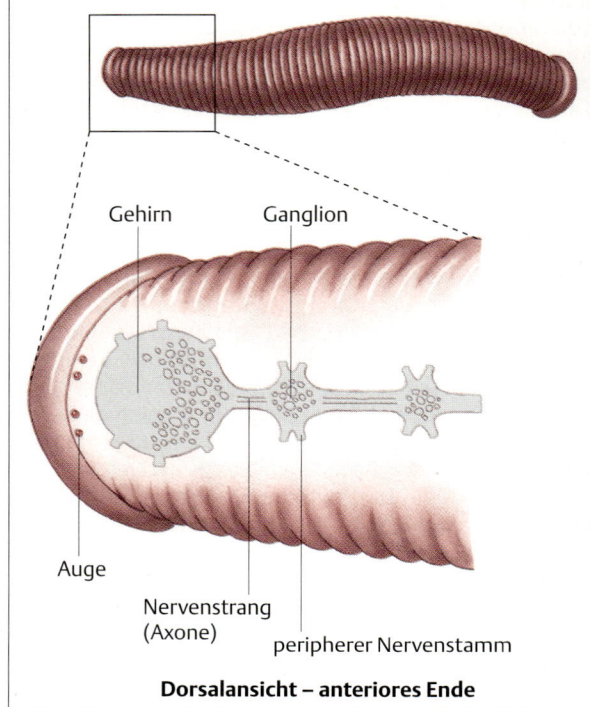

Abb. 5.4 Aufbau des Nervensystems beim Blutegel. Das Zentralnervensystem, das typischerweise aus einem Gehirn und einem Nervenstrang besteht, ist der Ort der überwiegenden Informationsverarbeitung und enthält gewöhnlich die meisten der Nervenzellkörper eines Tieres. Das Gehirn, meist im Kopf des Tieres, umfaßt eine große Anzahl von Neuronen und deren Vernetzungen. Bei vielen Tieren, wie z.B. dem hier dargestellten Blutegel (*Hirudo medicinalis*) sind die Somata der anderen Neurone auf dem Nervenstrang in Strukturen zusammengefaßt, die als Ganglien bezeichnet werden. Bei einem segmentierten Tier wie dem Blutegel liegt gewöhnlich in jedem Segment ein Ganglion. Die Axone sind in Nervensträngen zusammengefaßt, die entweder Strukturen innerhalb des ZNS oder das ZNS mit peripheren Bereichen verbinden.

membranen. Im allgemeinen ist bei höheren Tieren das Verhältnis von Gliazellen zu Neuronen größer als bei niederen Tieren. Das ZNS der Vertebraten besitzt z.B. 10–50mal mehr Gliazellen als Neurone. Erstere machen dabei mehr als das halbe Volumen des Nervensystems aus. Bei den meisten Evertebraten ist der Anteil der Gliazellen gegenüber den Neuronen hingegen deutlich geringer.

Gliazellen treten auf vielfältige Weise mit Neuronen in Verbindung. Neben der Stützfunktion, die ihnen lange Zeit mangels weiterer bekannter Funktionen als einzige zugesprochen wurde, interagieren sie vor allem metabolisch mit Neuronen. Viele der bei Neuronen be-

---

[5] Eine andere Nomenklatur bezeichnet alle Neurone, die in direkter Linie zwischen Rezeptorzellen und Motoneuronen liegen, als Durchschaltneurone oder „relay"-Neurone, während als Interneurone nur jene Neurone bezeichnet werden, die zwischen den „relay"-Neuronen vermitteln. Beide Nomenklaturen sind mit Vorsicht zu betrachten, da sie vermutlich zu einfache Verschaltungen suggerieren.

[6] dorsum (lateinisch) = Rücken

kannten Rezeptoren und Ionenkanäle wurden nun auch bei Gliazellen nachgewiesen, und man muß daher von komplexen Interaktionen zwischen Gliazellen und Neuronen ausgehen. Es gibt verschiedene Arten von Gliazellen. Bei Vertebraten z.B. werden die meisten Axone im ZNS von **Oligodendrocyten** und im peripheren Nervensystem von **Schwann-Zellen** mit einer isolierenden **Myelinscheide** umhüllt, die dazu beiträgt, daß die APs schnell und zuverlässig weitergeleitet werden (Abb. 5.**2**). Weiterhin spielen Gliazellen bei der Entwicklung eines Nervensystems sowie bei der Kommunikation zwischen Neuronen eine herausragende Rolle.

Obwohl Gliazellen in ihren Zellmembranen spannungsabhängige Ionenkanäle besitzen, generieren sie gewöhnlich keine APs. Ihre Rolle im Nervensystem war lange Zeit ein Rätsel, das sich zur Zeit mehr und mehr aufzulösen scheint. So sind Gliazellen entscheidend an der Regulation der K$^+$-Konzentration und des pH-Wertes im Extrazellularraum beteiligt. Gliazellmembranen sind hochgradig permeabel für K$^+$-Ionen; benachbarte Gliazellen sind oft durch Gap junctions elektrisch miteinander gekoppelt, die einen Durchfluß von K$^+$-Ionen (und vielen anderen Ionen und kleinen Molekülen) erlauben. Dieser Fluß ermöglicht es den Gliazellen, extrazelluläres K$^+$ aufzunehmen und umzuverteilen. Die K$^+$-Konzentration im engen extrazellulären Raum könnte sonst infolge neuronaler Aktivität zu stark ansteigen. Gliazellen können außerdem Neurotransmittermoleküle aus dem Extrazellulärraum und dem synaptischen Spalt aufnehmen; dies ist einer der Mechanismen, der die Wirkungsdauer eines Neurotransmitters an einer Synapse begrenzt. Über Gliazellen wird zunehmend intensiv geforscht, und es ist sehr wahrscheinlich, daß noch viele weitere Funktionen entdeckt werden.

Elektrische Membraneigenschaften

Eine Zellmembran hat zwei wichtige elektrische Komponenten (Abb. 5.**5**):
- Die Lipiddoppelschicht ist für geladene Moleküle und Ionen undurchlässig; sie trennt Ladungen voneinander und ist daher ein **Kondensator**.
- Ionenkanäle erlauben, sobald sie sich öffnen, einen schnellen Fluß von Ionen entlang ihrer Gradienten über die Zellmembran. Ionenkanäle sind daher **Leitfähigkeiten**. Die Ionengradienten über der Membran werden von Ionenpumpen aufrecht erhalten.

Membrankapazität und Membranspannung

Betrachten wir zunächst die Lipiddoppelschicht. Sie ist elektrisch gesehen ein Kondensator, und wie über je-

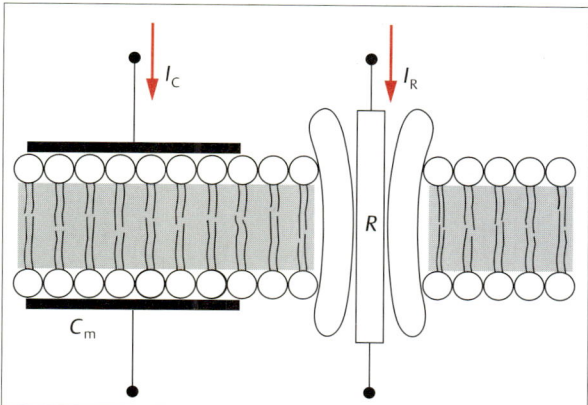

Abb. 5.5 Kapazität und Widerstand von Lipiddoppelschichten. Die elektrischen Eigenschaften einer Zellmembran beruhen im wesentlichen auf nur zwei Arten von elektrischen Elementen: Kapazität und Widerständen. Die Membran besitzt aufgrund der isolierenden Lipiddoppelschicht eine Kapazität (C_m) und die Ionenkanäle der Membran entsprechen elektrischen Widerständen (R). Die Abbildung zeigt die Membran als Kondensator und einen Ionenkanal in der Membran als Widerstand. Die Pfeile in der Abbildung deuten einen kapazitiven Strom I_c auf den Membrankondensator und einen Strom I_R durch den Widerstand eines Ionenkanals an.

dem Kondensator liegt auch über der Lipiddoppelschicht eine elektrische Spannung, wenn die Ladungen auf beiden Seiten der Schicht nicht gleich sind. Nehmen wir – als Gedankenexperiment – eine Zelle an, deren Membran eine reine Bilipidschicht ist. Die Ionenzusammensetzung innerhalb und außerhalb der Zelle sei der Einfachheit halber identisch. Wir stechen nun mit zwei feinen Glaspipetten in die Zelle (Abb. 5.**6**); mit der einen können wir Strom in die Zelle injizieren, mit der anderen den Effekt der Strominjektion auf die Membranspannung messen. Wir injizieren nun für die Dauer einer Sekunde einen Strom (z.B. negative Ladungen) von 1 pA. Da diese Ladungen nirgendwo aus der Zelle abfließen können, akkumuliert sich über der Zellmembran eine negative Ladung, die sich als Produkt aus der Stromstärke I und Zeitdauer t der Strominjektion berechnet: $Q = -I \cdot t = -1 \text{ pA} \cdot 1 \text{ s} = -1 \cdot 10^{-12}$ As. Es hat sich also in der Zelle die Ladung $Q = -1 \cdot 10^{-12}$ As angehäuft. Die Bilipidmembran, d.h. der Membrankondensator, trennt diese Ladung vom Äußeren der Zelle. Da das Zellinnere nun negativer ist als der Extrazellulärraum, liegt über der Membran eine negative elektrische Spannung. Diese ist der Ladung proportional, $u \sim Q$, wobei der Proportionalitätsfaktor die Membrankapazität C ist:

$$Q = C \cdot u. \tag{5.1}$$

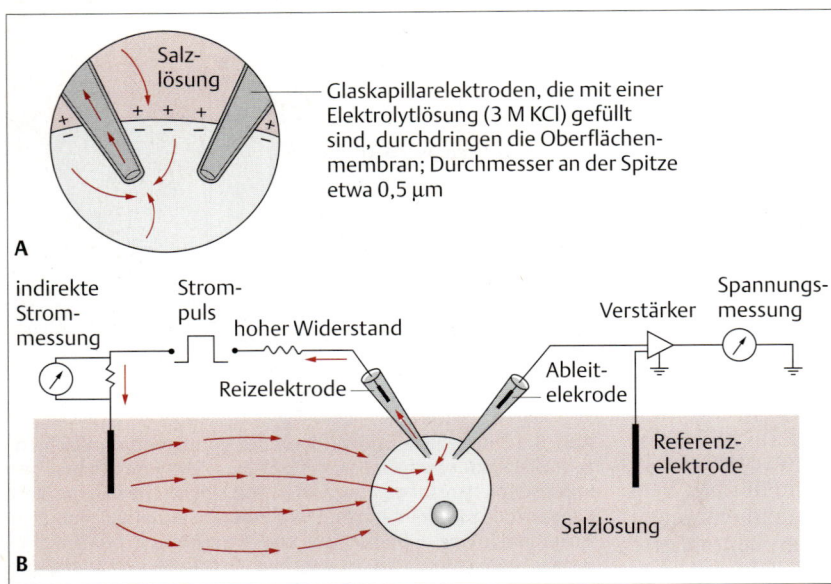

Abb. 5.6 **Verwendung von Glaskapillarmikroelektroden zur Strominjektion in Zellen und zur Messung der Membranspannung. A** Glaskapillarmikroelektroden werden durch die Membran einer Zelle gestochen. Die linke Elektrode kann benutzt werden, um elektrische Ladungen in die Zelle zu bringen oder aus ihr zu entfernen. **B** Der Strom fließt in einem Kreis durch Drähte, Elektroden, Bad und Membran. Der hochohmige Widerstand gewährleistet einen konstanten Reizstrom, weil er einen höheren Widerstand hat als die anderen Widerstände im Stromkreis. Der Meßverstärker hat einen sehr hohen Eingangswiderstand und verhindert so das Abfließen von Ladungen über die Ableitelektrode.

Die Kapazität C (das „Ladungsfassungsvermögen") der Membran gibt an, wieviel Ladung der Membrankondensator pro Spannung speichern kann: $C = Q / u$. Die Kapazität C ist eine Materialkonstante der Membran; ihre Einheit ist das Farad (F): 1 Farad = 1 Coulomb/1 Volt. Die Kapazität hängt von der Dielektrizitätskonstanten ε_0 des Vakuums (oder Luft), der Fläche A der Membran, der Dicke d der Membran, sowie der Dielektrizitätskonstanten[7] ε des Dielektrikums, d.h. der Phospholipide, ab:

$$C = \varepsilon_0 \varepsilon \cdot A / d \qquad (5.2)$$

Nehmen wir z.B. eine 5 nm dicke Membran an (d = 5 nm) und setzen $\varepsilon = 3$ (das entspricht in etwa dem ε-Wert einer Fettsäure mit 18 Kohlenstoffatomen), so ergibt sich mit $\varepsilon_0 = 8{,}85 \cdot 10^{-12}$ As/Vm für die Kapazität C einer Phospholipidmembran ein Wert von 1 µF/cm^2 = 1 pF/(100 µm^2). Die an Zellen gemessenen Werte liegen in guter Näherung bei 1 pF/100 µm^2.

Im obigen Gedankenexperiment hatten wir eine Ladung von 10^{-12} As in eine künstliche Zelle injiziert. Nehmen wir eine Zelloberfläche von 1000 µm^2 an, so hätte diese Zelle eine Kapazität von 10 pF. Einer negativen Ladung von 10^{-12} As entspräche dann eine Spannung u von

$u = Q / C = -1 \cdot 10^{-12}$ As / 10 pF =
$-1 \cdot 10^{-12}$ As / $(10 \cdot 10^{-12}$ As/V$) = -0{,}1$ V

Über der Membran dieser künstlichen Zelle läge also eine Spannung von -100 mV. Tatsächlich sind die Membranspannungen in allen lebenden Zellen negativ, meistens im Bereich zwischen -40 mV und -90 mV; wie wir gerade gesehen haben, sind dazu ca. 10^{-12} As nötig.

Wie viele Ionen entsprechen der Ladung von $1 \cdot 10^{-12}$ As im Vergleich zu allen in der Zelle vorkommenden Ionen? Der Ladung 10^{-12} As entsprechen, da ein einfach geladenes Teilchen die Ladung $1{,}6 \cdot 10^{-19}$ As besitzt, etwa $6 \cdot 10^6$ Ionen ($1{,}6 \cdot 10^{-19}$ As $\cdot$ $6 \cdot 10^6 \approx 10^{-12}$ As). Andererseits beträgt die Kationenkonzentration einer typischen Vertebratenzelle etwa 150 mM, hinzu kommen etwa genauso viele Anionen; eine Zelle enthält also 300 mmol Ionen pro Liter. Da 1 mol etwa $6 \cdot 10^{23}$ Teilchen sind (**Loschmidt-Konstante**), entsprechen der Konzentration von 300 mM also $0{,}3 \cdot 6 \cdot 10^{23}$ Ionen pro Liter. Pro Zellvolumen (bei 1000 µm^2 Oberfläche sind das etwa 3 pl) wären das $0{,}3 \cdot 6 \cdot 10^{23} \cdot 3 \cdot 10^{-12} = 5{,}4 \cdot 10^{11}$ Ionen. Der Anteil der $6 \cdot 10^6$ Ionen, der über die Membran die Spannung erzeugt, ist also etwa 10^{-5} oder 0,001 % (zehn Millionstel) aller in der Zelle vorkommenden Ionen. Dies zeigt, daß nur ein winziger Anteil der zellulären Gesamtladung die elektrische Spannung über der Membran erzeugt.

Wie oben erwähnt, sind die drei wichtigen elektrischen Komponenten einer Zellmembran (1) der Kondensator der Bilipidschicht, (2) Ionenkanäle und (3) Ionenpumpen. Der Kondensator ermöglicht den Aufbau

---

[7] ε ist ein Faktor, der angibt, um wieviel die Kapazität eines Kondensators beim Einbringen eines Dielektrikums, z.B. von Phospholipiden, in einen luftgefüllten Kondensator zunimmt.

einer Spannung, sobald die Gesamtladung in einer Zelle nicht der des Extrazellularraums entspricht. Unter Ruhebedingungen ist die Gesamtladung in Zellen immer etwas negativ und die Ruhemembranspannung daher ebenfalls negativ. Aufgrund dieser Spannung und aufgrund der ungleich verteilten Ionen über der Membran fließen Ionen über die Zellmembran, sobald sich Ionenkanäle in der Membran öffnen. Elektrisch gesehen entsprechen Ionenkanäle elektrischen Widerständen: sind sie geschlossen, ist ihr Widerstand unendlich groß (d.h. ihre Leitfähigkeit ist Null), und es fließt kein elektrischer Strom. Sind sie jedoch offen, nimmt ihr Widerstand einen bestimmten Wert an, und es fließen Ionen und damit ein elektrischer Strom. Infolge des Stromflusses durch Ionenkanäle ändert sich die Gesamtladung in einer Zelle und folglich auch die Membranspannung. Im folgenden Abschnitt geht es um einige prinzipielle Funktionen von Ionenkanälen in der Zellmembran.

Membranleitfähigkeiten und Ionenkanäle

Die Strukturen einiger Ionenkanäle wurden bereits beschrieben (s. S. 110ff). Ionenkanäle lassen sich einteilen in solche,
– deren Öffnung von Liganden (z.B. Transmittern oder sekundären Botenstoffen) gesteuert wird,
– deren Öffnung von der Membranspannung abhängt und solchen,
– die von beiden, Liganden und Membranspannung, moduliert werden.

Die Abhängigkeit eines Ionenkanals von der Membranspannung kann man sich so vorstellen, daß einige Aminosäurereste der α-Helices, welche die Membran kreuzen, freie Ladungen aufweisen (Abb. 5.7). Der Membranspannung u entspricht ein elektrisches Feld E ($E = u/d$), und in jedem elektrischen Feld wirkt auf Ladungen eine elektrostatische Kraft F. Zum Beispiel würde auf ein Elektron (Ladung e^-) oder ein einfach geladenes Ion die Kraft $F = e^- \cdot E$ wirken. In ähnlicher Weise wirken auf die Ladungen der intramembranären Aminosäuren von Ionenkanälen elektrostatische Kräfte. Ändert sich die Spannung über der Membran (Δu_m), so ändert sich auch das elektrische Feld und damit die Kräfte auf die Ladungen der Aminosäuren. Dies kann zu einer Konformationsänderung des Kanalproteins führen, d.h. der Kanal kann sich bei einer Spannungsänderung öffnen. Wenn sich die Pore eines Kanals spannungsabhängig öffnet, bezeichnet man dies als **spannungsabhängige Aktivierung**. Wenn sich die Pore eines Kanals spannungsabhängig schließt, bezeichnet man dies als **spannungsabhängige Deaktivierung**.

Öffnen und Schließen von Ionenkanälen sind stochastische Prozesse, d.h. sie folgen gewissen Gesetzen der

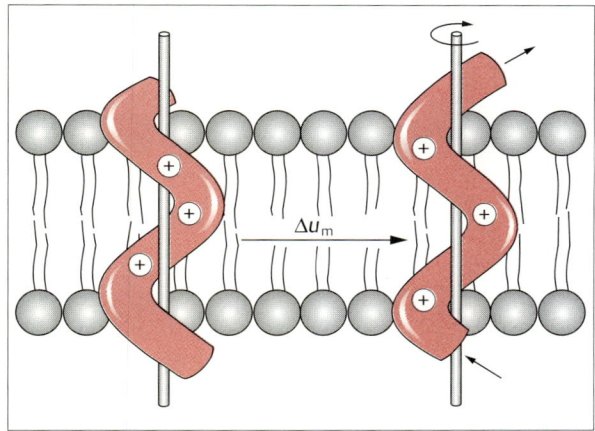

Abb. 5.7 Spannungsabhängigkeit von Ionenkanälen. Gezeigt ist hier ein Modell einer α-Helix mit positiven Ladungen, die mit Gegenladungen in der Membran (nicht dargestellt) wechselwirken. Bei einem Spannungssprung Δu ändert sich diese Wechselwirkung, und es resultiert eine Konformationsänderung des Proteins, in dessen Folge sich der Kanal öffnet (nach Hall, 1992).

Wahrscheinlichkeit. Abb. 5.8 zeigt einen Ionenkanal in offenem (Abb. 5.8A) und geschlossenem (Abb. 5.8B) Zustand sowie eine typische Stromspur eines einzelnen Ionenkanals (Abb. 5.8C). Die Wahrscheinlichkeit, daß eine Kanalpore offen ist, wird meist p_{offen} oder p_o genannt. Bei vielen Ionenkanälen ändert sich die Offenwahrscheinlichkeit p_o mit der Spannung. Dies ist in Abb. 5.8D für den sog. **verzögerten Gleichrichterkanal** („delayed rectifier")[8], einen K^+-Kanal, qualitativ dargestellt. Bei negativen Membranspannungen, etwa bei –70 mV, ist der Kanal nur selten offen. Mit zunehmender (d.h. weniger negativer, d.h. positiv werdender) Membranspannung u_m, insbesondere für $u_m > -30$ mV, nimmt die Offenwahrscheinlichkeit p_o stark zu, bis sie bei positiven Spannungen Werte nahe 1 (100%) erreicht. Der Kanal ist bei diesen Spannungen fast immer geöffnet. Diese Art von Ionenkanälen hat also spannungsabhängige Leitfähigkeiten $g(u) = 1/R(u)$.

Eine andere Art von K^+-Kanälen, die sog. **Einwärtsgleichrichter** oder „inward rectifier", zeigen ein umgekehrtes Verhalten: Die Offenwahrscheinlichkeit dieser Kanäle ist bei negativen Membranspannungen (z.B. –80 mV) relativ groß und nimmt zu positiven Spannungen hin ab. Solche Kanäle gibt es z.B. an Herzmuskelzel-

---
[8] Die Bezeichnung „rectifier" oder Gleichrichter stammt aus der Elektronik. Eine Diode ist z.B. ein Gleichrichter: Sie läßt den Strom in einer Richtung passieren, in der umgekehrten Richtung jedoch nicht. Der „delayed rectifier"-Kanal zeigt qualitativ ein ähnliches Verhalten.

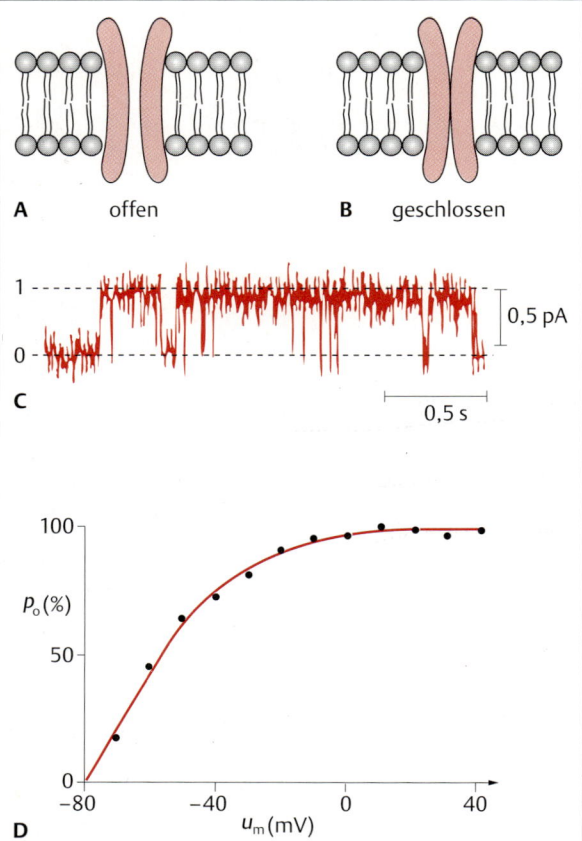

chanismus, durch den Ionenkanäle geschlossen werden können, die **Inaktivierung**. Bei einigen Ionenkanälen scheint das cytosolische Ende einer Peptidkette des Kanals den cytosolischen Eingang zum Ionenkanal verschließen oder verstopfen zu können (Abb. 5.9A u. B). Die genauen molekularen Mechanismen sind noch unbekannt und möglicherweise auch bei verschiedenen Kanaltypen unterschiedlich. In jedem Fall haben elektrophysiologische Messungen gezeigt, daß die Inaktivierung bei vielen Kanaltypen ebenfalls spannungsabhängig ist. Die Wahrscheinlichkeit dafür, daß ein Ionenkanal in der nicht inaktivierten Konformation vorliegt (d.h. das cytosolische Ende des Kanals ist nicht verstopft), wird meist mit h bezeichnet. Abb. 5.9C zeigt diese Wahrscheinlichkeit als Funktion der Membranspannung: $h(u)$. Bei negativen Spannungen (Hyperpolarisation der Membran) ist die Inaktivierung kaum wirksam: $h(u)$ beträgt ca. 100%, d.h. der Kanal ist kaum inaktiviert. Mit zunehmender Depolarisierung nimmt die Inaktivierung allerdings stark zu, d.h. die Wahrscheinlichkeit

Abb. 5.8 Aktivierung eines Ionenkanals. A, **B** Ionenkanal in offenem und geschlossenem Zustand. Die Konformationsänderungen zwischen diesen Zuständen erfolgt statistisch, so daß der Stromfluß durch einen einzelnen Kanal zwischen einem gewissen Wert und Null hin und her schwankt. **C** Einzelkanalstrom. Die untere gestrichelte Linie kennzeichnet das Stromniveau bei geschlossenem Kanal (0). Bei offenem Kanal (1) fließen etwa 0,5 pA durch diesen hindurch. Der Kanal ist in dieser Messung meistens offen, schließt allerdings auch einige Male für mehr oder weniger kurze Zeit. **D** Bei diesem Kanal nimmt die Offenwahrscheinlichkeit mit der Membrandepolarisation zu. (C u. D: freundlicherweise von Prof. W. Vogel und Mitarbeitern, Physiol. Inst. Giessen, zur Verfügung gestellt.)

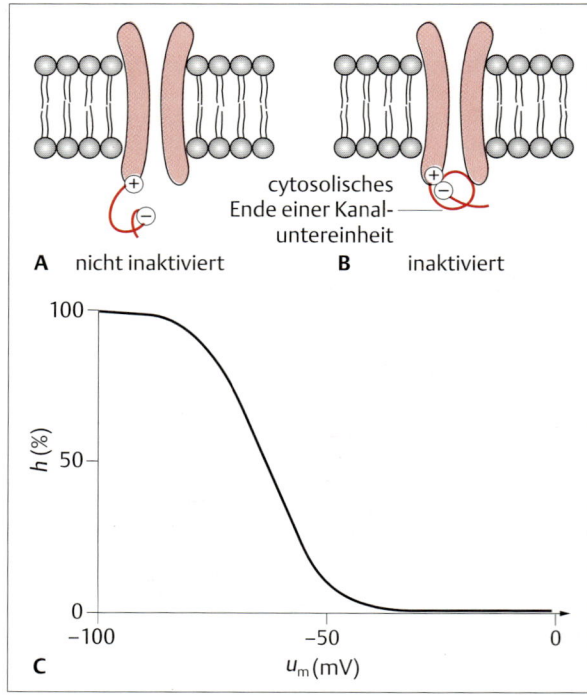

Abb. 5.9 Modell des Inaktivierungs-Mechanismus eines Ionenkanals. A Kanal im nicht inaktivierten Zustand. **B** Kanal im inaktivierten Zustand. Beachte, daß die Inaktivierung weitgehend unabhängig von der Aktivierung erfolgen kann. **C** Die Inaktivierung ist eine Funktion der Membranspannung. h gibt die Wahrscheinlichkeit dafür an, daß der Kanal aufgrund der Inaktivierung offen ist (Originaldarstellung D. Schild).

len von Vertebraten, bei denen die Abnahme der K^+-Leitfähigkeit mit der Spannung eine bedeutende Rolle spielt (s. Kap. 6). Es gibt sie aber auch in anderen Zelltypen, vor allem in Neuronen, wo sie einen wichtigen Beitrag zum Membranpotential leisten können (s. Gleichung 5.19).

Neben dem Mechanismus der spannungsabhängigen Aktivierung (Öffnen) und Deaktivierung (Schließen) der Pore von Ionenkanälen gibt es noch einen zweiten Me-

$h(u)$, daß der Kanal am cytosolischen Ende offen ist, nimmt stark ab.

Viele Kanäle zeigen sowohl Aktivierung wie auch Inaktivierung. Das typische Beispiel für einen solchen Kanal ist der **spannungsabhängige Na$^+$-Kanal**, wie er auf vielen Axonen vorkommt. Abb. 5.**10** zeigt Aktivierung und Inaktivierung von Na$^+$-Kanälen als Funktion der Membranspannung: Mit zunehmender Depolarisierung steigt die Wahrscheinlichkeit, daß die Pore aufgrund der Aktivierung (a) offen ist. Parallel wird aber die Inaktivierung wirksam, und der Kanal wird über diesen zweiten Mechanismus geschlossen: die Wahrscheinlichkeit $h(u)$ geht also mit zunehmender Depolarisation gegen Null. Diese Effekte erscheinen auf den ersten Blick widersprüchlich: Es scheint, als würden die Kanäle bei einer Depolarisation (z.B. von –100 mV auf 0 mV) bereits inaktiviert, bevor sich die Kanäle öffnen. Dies ist aber wegen des Zeitverhaltens von Aktivierung und Inaktivierung nicht so: Die Aktivierung wirkt bei einer Depolarisation schneller als die Inaktivierung. Bei einem Spannungssprung von z.B. –90 mV auf –30 mV öffnen sich zunächst die Na$^+$-Kanäle, so daß Na$^+$-Ionen in die Zelle strömen. Die Inaktivierung erfolgt etwas zeitverzögert. Kurz nachdem die Pore aktiviert wurde und Na$^+$-Ionen in die Zelle einströmten, werden die Kanäle durch die Inaktivierung wieder verschlossen (die Poren sind dabei noch geöffnet), und der Ionenfluß versiegt. Der gemeinsame Effekt von Aktivierung und Inaktivierung von spannungsabhängigen Na$^+$-Kanälen ist also, daß Na$^+$-Ionen nur für kurze Zeit (transient) durch diese Kanäle fließen können, nämlich nur solange, wie die Aktivierung die Pore öffnet, die Inaktivierung sie aber noch nicht verschlossen hat (Abb. 5.**11**). Diese beiden Mechanismen spielen beim Verständnis des Aktionspotentials (s. S. 152) eine entscheidende Rolle.

Die integrative Wirkung der Membran

Nach dem bisher Gesagten kann das Zusammenwirken von Ionenkanälen, Membrankondensator und Membranspannung wie folgt zusammengefaßt werden:
– Ionenpumpen und -transporter erhalten die Ungleichverteilung von Ionensorten über der Zellmembran aufrecht. Ionen können ihrem Gradienten folgend durch Ionenkanäle über die Zellmembran fließen, sobald sich entsprechende Ionenkanäle öffnen.
– Die Lipiddoppelschicht ist ein Kondensator, der Ladungen voneinander trennt. Ist die Nettoladung in der Zelle nicht identisch mit der außerhalb der Zelle, so liegt eine Spannung u_m über der Membran. Ist die Nettoladung außen Null (gleich viele Kationen und Anionen) und in der Zelle etwas negativ (Ladung: $Q < 0$), so ist die Membranspannung negativ: $u_m = Q/C < 0$.
– Membranspannung und Konzentrationsgradienten von Ionen können zu einem elektrischen Strom durch Ionenkanäle führen. Die Ströme durch unterschiedliche Ionenkanäle werden auf dem Membrankondensator integriert[9], so daß sich die Nettoladung in der Zelle und damit die Membranspannung u_m ändert. Die dann veränderte Membranspannung beeinflußt

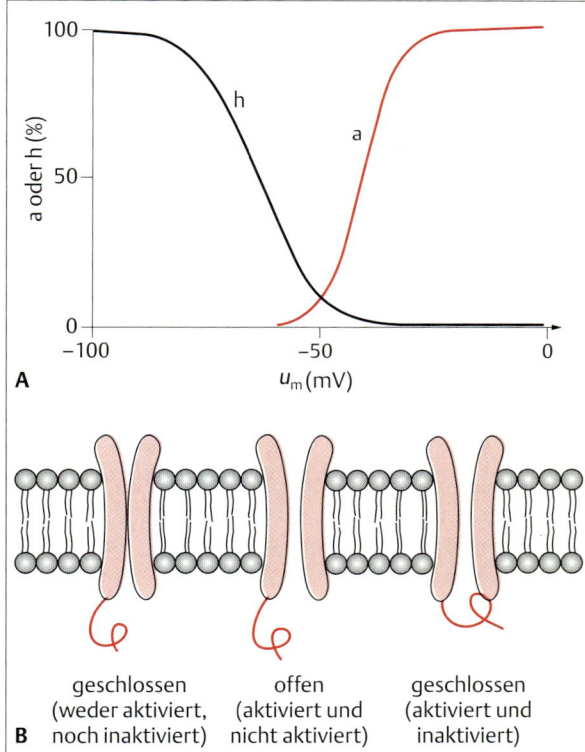

Abb. 5.10 Spannungsabhängige Aktivierung und Inaktivierung von Na$^+$-Kanälen. A Die Aktivierung (a) und Inaktivierung (h) spannungsabhängiger Na$^+$-Kanäle ist als Funktion der Membranspannung dargestellt. (Die dargestellten Werte beziehen sich auf Gleichgewichtszustände; sie gelten nicht unmittelbar nach Spannungssprüngen.) **B** Zustände eines Natriumkanals bei Depolarisation von –100 mV auf 0 mV. Zunächst (bei -100 mV) ist die Pore geschlossen (Aktivierung a = 0%) und die Inaktivierung nicht aktiv (h = 100%). Nach dem Spannungssprung auf 0 mV aktiviert der Kanal (die Pore öffnet sich, d.h. a > 0) und es fließt ein Strom (Mitte). Erst kurz danach greift die Inaktivierung und verstopft den Kanal auf der cytosolischen Seite trotz offener Pore (Originaldarstellung D. Schild).

---

[9] Der Begriff „integriert" ist hier auch in seiner mathematischen Bedeutung richtig: Nach Gleichung 5.1 ist $u = 1/C \cdot Q = 1/C \cdot \int I \, dt$. Die Membranspannung ergibt sich durch Integration des Gesamtstroms durch die Membran, geteilt durch die Membrankapazität.

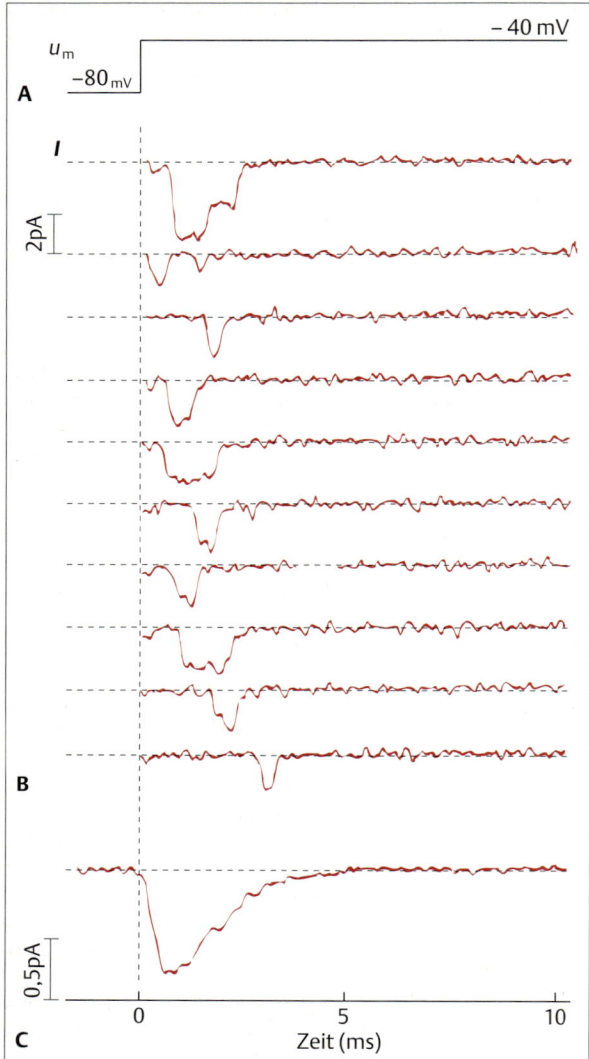

Abb. 5.11 Stromspuren von Ionenkanälen. Strom durch Na$^+$-Kanäle nach einer Depolarisation von −80 mV auf −40 mV, gemessen an einer Muskelzelle der Maus. Die Meßpipette wurde auf die Zellmembran aufgesetzt, ohne das Membranstückchen unter der Pipette zu zerstören. Auf diese Weise lassen sich Ströme durch einzelne Ionenkanäle in dem Membranstückchen messen. **A** Spannungssprung in der Spannungsklemme. **B** Bei wiederholter Anwendung des in A gezeigten Spannungspulses wurden diese zehn Stromspuren gemessen. Jede Spur reflektiert die Öffnungen einzelner Na$^+$-Kanäle. In der ersten Spur hatten zunächst zwei Kanäle geöffnet, von denen einer länger geöffnet blieb als der andere (erkennbar an der doppelten Stromamplitude und dem stufenartigen Rückgang des Stroms). Die Latenzzeit bis zum Öffnen eines Kanals, d.h. bis zum Einsetzen des Stroms, und die Dauer des Stroms schwanken statistisch. Die gestrichelten Linien geben jeweils die Stromamplitude bei geschlossenem Kanal an. **C** Überlagerung und Mittelwertbildung von 352 Einzelkanalströmen (wie in B) ergaben den hier gezeigten Strom. Der transiente Verlauf beruht auf der schnellen Aktivierung und der dann folgenden Inaktivierung vieler einzelner Kanäle (nach Patlak und Ortiz, 1986).

Na$^+$/K$^+$-ATPase, der Na$^+$/Ca^{2+}-Antiporter und viele andere Ionenpumpen wirken elektrogen, sie transportieren also Nettoladungen und haben damit einen, wenn auch nur kleinen, Einfluß auf die Membranspannung. Im langfristigen Mittel heben sich alle Ionenflüsse durch Kanäle, Pumpen und Transporter auf, d.h. die Pumpen und Transporter kompensieren die Ionenflüsse durch Kanäle vollständig. Weil dann der Gesamtstrom über die Membran Null ist, verändert sich die Gesamtladung in der Zelle nicht, und die Membranspannung u_m ist konstant. Die sich unter solchen Ruhebedingungen einstellende Membranspannung heißt **Ruhemembranpotential**[10]. In Neuronen stellt sich üblicherweise ein Ruhemembranpotential zwischen −60 und −80 mV ein.

Signalverarbeitung an Zellen ist oft an die Aktivierung von Ionenkanälen und die daraus resultierende Änderung der Membranspannung gekoppelt. Der Stromfluß durch Ionenkanäle und dessen Modulation der Membranspannung werden in den folgenden Abschnitten behandelt.

wiederum die Aktivierung und Inaktivierung, d.h. die Leitfähigkeit von Ionenkanälen und damit den Strom über die Membran. Es gibt also eine Rückwirkung der Membranspannung auf sich selbst. Die Membranspannung ist eingebettet in einen Regelkreis: Transmitter aktivieren Ionenkanäle, und es kommt zu einem Strom über die Membran, der die Membranspannung u_m ändert. Die Spannung u_m wirkt dann auf spannungsabhängige Ionenkanäle, woraus ein zusätzlicher Strom über die Membran resultiert (Abb. 5.**12**).

Zum Strom durch Ionenkanäle kommt der Gesamtfluß von Ionen durch Ionenpumpen und Transporter. Die

---

[10] Traditionsgemäß werden in der Zellbiologie einige elektrische Spannungen als „Potentiale" bezeichnet. Es sei hier daran erinnert, das eine Spannung die Differenz zweier Potentiale ist: Ist φ_i das intrazelluläre und φ_o das extrazelluläre Potential, so ist die Membranspannung $u_m = \varphi_i − \varphi_o$. Da φ_o willkürlich, aber zulässigerweise oft gleich Null gesetzt wird, haben u_m und φ_i stets denselben Wert (in mV). Hierauf beruht der etwas laxe synonyme Gebrauch der Begriffe „Potential" und Spannung. Wir ziehen hier den physikalisch richtigen Gebrauch des Begriffs Spannung vor, benutzen aber parallel auch die traditionellen Begriffe Ruhemembranpotential und Gleichgewichtspotential.

Tab. 5.1 Extra- und intrazelluläre Ionenkonzentrationen beim Frosch

	extrazelluläre Konzentration (mM)	intrazelluläre Konzentration (mM)
Na^+	120	10
K^+	2,5	115
Ca^{2+}	2	$100 \cdot 10^{-6}$
Cl^-	120	4

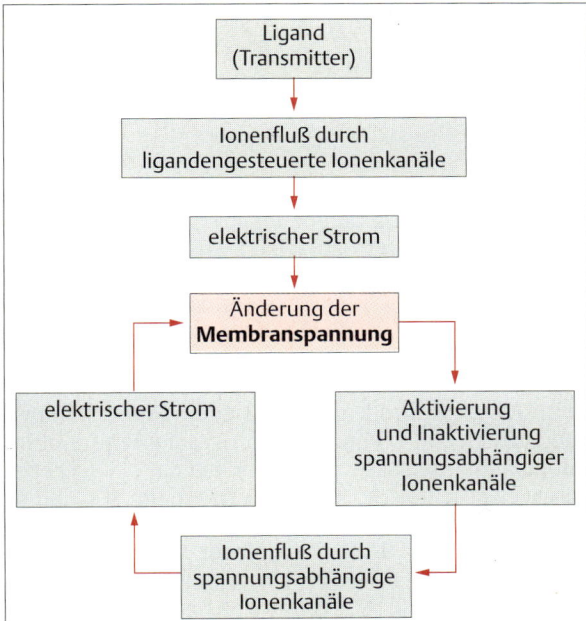

Abb. 5.12 Membranleitfähigkeiten und Membranspannung beeinflussen sich gegenseitig. Eine Hyper- oder Depolarisation entsteht oft durch das Öffnen von Ionenkanälen, die von Transmittern (oder anderen Liganden) gesteuert werden. Die veränderte Membranspannung wirkt dann auf spannungsabhängige Ionenkanäle, und der Strom durch diese führt zu einer weiteren Änderung der Membranspannung. Bei einigen Zellen führen diese Wechselwirkungen zu einer andauernden Schwingung der Membranspannung (z.B. am Sinusknoten des Herzens oder bei einigen Neuronen im Thalamus). Bei den meisten Neuronen sind diese Wechselwirkungen jedoch von mehr oder weniger kurzer Dauer (Originaldarstellung D. Schild).

Gleichgewichtspotentiale und Membranspannung

Wie groß sind die Ströme durch Ionenkanäle, wovon hängen sie ab, und was haben sie mit den elektrischen Spannungen über Zellmembranen zu tun? Das sind die Fragen, um die es in diesem Abschnitt geht.

Elektrodiffusion und Gleichgewichtspotential

Wie betrachten zunächst eine Froschzelle mit den froschtypischen extra- und intrazellulären Ionenkonzentrationen (Tab. 5.1) und nehmen zur Vereinfachung an, daß sich in der Membran dieser Zelle nur eine Sorte von Ionenkanälen befindet, z.B. K^+-Kanäle (alle anderen Kanäle seien durch Pharmaka blockiert). Wenn die K^+-Kanäle öffnen, können zwei Arten von Ionenflüssen auftreten (Abb. 5.13): Der eine Fluß, J_{diff}, hat seine Ursache im Konzentrationsgradienten $\Delta c/\Delta x$ über der Membran. Je größer der Konzentrationsgradient und je größer die Fläche der Membran, desto größer ist der Ionenfluß J_{diff} (Gleichung 4.1):

$$J_{diff} = -D \cdot A \cdot \frac{\Delta c}{\Delta x} \quad \text{(1. Ficksches Gesetz)} \quad (5.3)$$

Dabei ist Δc die Konzentrationsdifferenz von K^+ (Konzentration c_i in der Zelle minus Konzentration c_o außerhalb der Zelle), Δx die Membrandicke, A die Membranfläche und D die Diffusionskonstante von K^+-Ionen in den Kanälen. Das Minuszeichen rührt daher, daß der Ionenfluß dem Konzentrationsgradienten entgegengesetzt ist: Die Ionen fließen von hoher zu niedriger Konzentration, während der Gradient $\Delta c/\Delta x$ von der niedrigen zur hohen Konzentration zeigt.

Der Diffusionsfluß J_{diff} stellt aber im allgemeinen nicht den gesamten Fluß von K^+-Ionen über die Zellmembran dar. Nur wenn die Membranspannung 0 mV beträgt, ist J_{diff} identisch mit dem Gesamtfluß. Bei allen anderen Membranspannungen u_m gibt es einen zweiten Ionenfluß (J_E), der von der Membranspannung u_m und dem ihr proportionalen elektrischen Feld E abhängt ($E = u_m/\Delta x$). Der Gesamtfluß J_{ges} durch Ionenkanäle ist stets die Summe aus J_{diff} und J_E.

Der Fluß J_E ist proportional
– zur elektrischen Feldstärke; je größer die Feldstärke E ist, desto größer ist die elektrostatische Kraft auf die Ionen und desto größer ist der Ionenfluß. Die Feldstärke läßt sich ausdrücken als negativer Potentialgradient über der Membran, also

$$E = -\frac{\varphi_o - \varphi_i}{\Delta x} = -\frac{\Delta \varphi}{\Delta x} = \frac{u_m}{\Delta x}$$

wobei Δx die Membrandicke sowie φ_i und φ_o die Potentiale in der Zelle und im Extrazellulärraum sind. J_E ist also proportional zu $\Delta \varphi/\Delta x$; ferner
– zur Konzentration c der Ionen, auf die im elektrischen Feld eine Kraft ausgeübt wird, denn je mehr Ionen bewegt werden, desto größer ist der Fluß ($J_E \sim c$); ferner

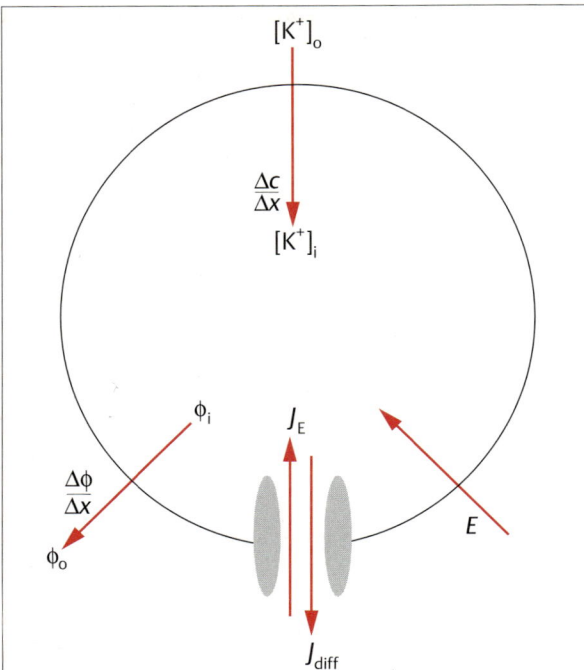

Abb. 5.13 Darstellung der die Ionenbewegung beeinflussenden Faktoren über der Membran einer Zelle mit asymmetrischer K⁺-Verteilung. Der Übersichtlichkeit wegen wird eine Zelle mit nur einem Ionenkanal-Typ (K⁺-Kanal) betrachtet. Die Pfeile geben den K⁺-Gradienten $\Delta c/\Delta x$ (von niedriger zu hoher Konzentration gerichtet), den Potentialgradienten $\Delta\phi/\Delta x$ (vom negativen zu positiverem Potential gerichtet), die Richtung des elektrischen Feldes E sowie die Richtung des Diffusionsflusses J_{diff} und des Flusses J_E an. Bei einem gegebenen K⁺-Gradienten ist bei genau einer Membranspannung (Nernstspannung) der Gesamtfluß ($J_{diff}+J_E$) Null (Originaldarstellung D. Schild).

- zur Valenz[11] z der betreffenden Ionen, denn die Kraft eines elektrischen Feldes auf geladene Teilchen ist stets: Ladung · Feldstärke; auf ein doppelt geladenes Teilchen wirkt also die doppelte Kraft. J_E ist also auch proportional zu z: ($J_E \sim z$); und schließlich
- zur Fläche A, über welche die Ionen (bei homogener Kanalverteilung) fließen, denn je größer die Membranfläche, desto mehr Ionenkanäle gibt es in der Membran und desto größer ist der Fluß J_E: $J_E \sim A$. Insgesamt ist also

$$J_E \sim -A \cdot c \cdot z \cdot \frac{d\varphi}{dx}$$

Mit der Proportionalitätskonstanten β, der Beweglichkeit, erhalten wir:

---

[11] Die Valenz gibt die Anzahl der Ladungen eines Teilchens an: Für Ca²⁺ ist $z = 2$, für Cl⁻ ist $z = 1$.

$$J_E = -\beta \cdot A \cdot c \cdot z \cdot \frac{d\varphi}{dx} \quad (5.4)$$

Der Gesamt- oder Nettoionenfluß J_{ges} durch Ionenkanäle setzt sich aus J_{diff} und J_E zusammen: $J_{ges} = J_{diff} + J_E$, d.h.

$$J_{ges} = -D \cdot A \cdot \frac{\Delta c}{\Delta x} - \beta \cdot A \cdot c \cdot z \cdot \frac{\Delta\varphi}{\Delta x} \quad (5.5)$$

Der Konzentrationsgradient $\Delta c/\Delta x$ wird von Ionenpumpen und Transportern aufgebaut. Daher ist nach Gleichung 5.3 J_{diff} vom Zustand der Kanäle abhängig. Der Gesamtfluß $J_{ges} = J_{diff} + J_E$ hängt ferner wesentlich vom Potentialgradienten $\Delta\varphi/\Delta x$, d.h. dem elektrischen Feld E oder der Membranspannung u_m ab.

Bei einer bestimmten Membranspannung u_m ist der Nettofluß J_{ges} Null, d.h. es gibt zu jedem (durch Pumpen aufgebauten) Ionenkonzentrationsgradienten (und damit zu jedem J_{diff}) eine Spannung, bei der $J_E = J_{diff}$, aber entgegengerichtet ist: J_E kompensiert dann J_{diff}, und es fließt kein Strom durch die Ionenkanäle der betrachteten Art ($J_{ges} = 0$). Für K⁺-Kanäle bedeutet dies z.B.: Für die durch die Na⁺/K⁺-ATPase eingestellten K⁺-Konzentrationen [K⁺]$_o$ und [K⁺]$_i$ existiert genau eine Spannung, u_K genannt, bei welcher der Fluß von K⁺-Ionen durch Kanäle gleich Null ist. Diese Spannung ist gegeben durch die **Nernst-Gleichung**:

$$u_K = \frac{R \cdot T}{z \cdot F} \ln \frac{[K^+]_o}{[K^+]_i} \quad (5.6)$$

Die Spannung u_K wird das **Gleichgewichtspotential** von K⁺ genannt. Man erhält Gleichung 5.6, indem man die Gleichungen 5.3 und 5.4 in die Bedingung $J_{ges} = J_{diff} + J_E = 0$ einsetzt und nach u_m auflöst (Box 5.2: Elektrodiffusion und Nernst-Gleichung). Zu einem bestimmten Konzentrationsverhältnis der Ionensorte x (z.B. K⁺) existiert also jeweils eine bestimmte Spannung u_x. Nimmt die Membranspannung u_m den Wert u_x an, so ist der Nettostrom dieser Ionensorte über die Membran gleich Null.

Strom durch Ionenkanäle

Betrachten wir als Beispiel einen Typ von Kaliumkanälen, der nicht spannungsabhängig ist, also eine konstante, von der Membranspannung unabhängige Leitfähigkeit hat[12]. Durch diese Kanäle fließt kein Strom, wenn die Membranspannung u_m gleich dem Gleichgewichtspotential u_K von K⁺ ist (d.h. wenn $u_m = u_K$). Dieser Sachverhalt unterscheidet einen Ionenkanal von einem gewöhnlichen elektrischen (oder Ohmschen) Widerstand.

---

[12] Solche Kanäle kommen z.B. auf menschlichen Nervenfasern vor und werden wegen ihrer Kinetik als „Flickerkanäle" bezeichnet.

Box 5.2 Elektrodiffusion und Nernst-Gleichung

Eine Zellmembran enthalte nur K$^+$-Kanäle (Abb. 5.14). Die K$^+$-Ionen können entlang ihrem Konzentrationsgradienten durch die Kanäle diffundieren (J_{diff}), werden aber gleichzeitig von einem elektrischen Feld über der Zellmembran wieder in die Zelle zurückgezogen (J_E). Diesen Prozeß nennt man **Elektrodiffusion**. Die Ausdrücke für die Flüsse J_{diff} und J_E lauten in differentieller Schreibweise:

$$J_{diff} = -D \cdot A \, \frac{dc}{dx} \quad \text{(1. Ficksche Gesetz)} \quad (5.7)$$

und

$$J_E = -\beta \cdot A \cdot c \cdot z \, \frac{d\varphi}{dx} \quad (5.8)$$

Der Rückstrom der Ionen J_E läßt sich besser mit dem Diffusionsstrom J_{diff} vergleichen (und verrechnen), wenn man die Beweglichkeit β der Ionen in Gleichung 5.8 durch ihre Diffusionskonstante D ausdrückt. Die Beweglichkeit von Teilchen ist ihrer Diffusionskonstanten D proportional (Nernst-Einstein-Beziehung):

$$\beta = D \, \frac{F}{R \cdot T} \quad (5.9)$$

wobei F die Faradaykonstante, R die allgemeine (molare) Gaskonstante und T die absolute Temperatur ist. Damit wird

$$J_E = -D \, \frac{F}{R \cdot T} \, A \cdot c \cdot z \, \frac{d\varphi}{dx} \quad (5.10)$$

Der Nettofluß J_{ges} von K$^+$-Ionen durch die Membran ist die Summe des durch Diffusion getriebenen Flusses J_{diff} und des durch das elektrische Feld getriebenen Rückflusses J_E: $J_{ges} = J_{diff} + J_E$. Einsetzen von Gleichung 5.7 und Gleichung 5.10 liefert:

$$J_{ges} = -D \cdot A \, \frac{dc}{dx} - D \cdot A \, \frac{F}{R \cdot T} \, c \cdot z \, \frac{d\varphi}{dx}$$

$$= -D \cdot A \left(\frac{dc}{dx} + \frac{z \cdot F}{R \cdot T} \, c \, \frac{d\varphi}{dx} \right) \quad (5.11)$$

Der Nettofluß J_{ges} ist Null, wenn der Ausdruck in der Klammer Null ist, d.h. wenn

$$\frac{dc}{dx} = -\frac{z \cdot F}{R \cdot T} \cdot c \cdot \frac{d\varphi}{dx}$$

Ordnet man die Variablen j und c auf jeweils einer Seite der Gleichung an, ergibt sich

$$\frac{d\varphi}{dx} = -\frac{R \cdot T}{z \cdot F} \cdot \frac{1}{c} \cdot \frac{dc}{dx} \quad (5.12)$$

Diese Gleichung beschreibt die Abhängigkeit des Potentialgradienten vom Konzentrationsgradienten. Die gewünschte Beziehung zwischen den Potentialen (φ_i und φ_o) und der Konzentration (c_i und c_o) erhält man durch Integration von Gleichung 5.12:

$$\int_o^i \frac{d\varphi}{dx} \, dx = -\frac{R \cdot T}{z \cdot F} \int_o^i \frac{1}{c} \cdot \frac{dc}{dx} \, dx$$

Das Ergebnis der linken Seite ist das Potential selbst, das der rechten Seite schlägt man in einer Formelsammlung nach. Es ergibt sich so

$$[\varphi]_o^i = -\frac{R \cdot T}{z \cdot F} [\ln c]_o^i$$

der an den Integrationsgrenzen, d.h. an der Innen- (i) und Außenseite (o) der Membran ausgewertet werden muß. j und $\ln c$ haben an der Innen- und Außenseite der Membran jeweils die Werte φ_i und φ_o sowie $\ln c_i$ und $\ln c_o$, so daß sich als Lösung folgende Gleichung ergibt:

$$\varphi_i - \varphi_o = -\frac{R \cdot T}{z \cdot F} \, (\ln c_i - \ln c_o) = -\frac{R \cdot T}{z \cdot F} \, \ln \frac{c_i}{c_o}$$

Da die Potentialdifferenz ($\varphi_i - \varphi_o$) über der Membran gleich einer Spannung u ist und ferner die Regel $-\ln x = \ln(1/x)$ gilt, erhalten wir

$$u = \frac{R \cdot T}{z \cdot F} \, \ln \frac{c_o}{c_i} \quad (5.13)$$

Dies ist die **Nernst-Gleichung**. Da wir sie am Beispiel von K$^+$-Ionen hergeleitet haben, ist $c_o = [K^+]_o$, $c_i = [K^+]_i$, $z = 1$. Die Spannung u nennen wir u_K, um zu kennzeichnen, daß sich diese Spannung ergibt, wenn man für c_o und c_i die K$^+$-Konzentrationen einsetzt:

$$u_K = \frac{R \cdot T}{F} \, \ln \frac{[K^+]_o}{[K^+]_i} \quad \text{außen} \atop \text{innen} \quad (5.14)$$

u_K heißt Gleichgewichtsspannung oder Gleichgewichtspotential von K$^+$. Bei Raumtemperatur ($T \approx 300$ K) ist der Faktor

$$\frac{R \cdot T}{F} \approx 25 \, \text{mV}$$

Bei höheren Vertebraten ist (s. Tab. 4.2. S. 119) z.B. $[K^+]_o = 4$ mM und $[K^+]_i = 155$ mM; also ist in diesem Fall

$$u_K = 25 \, \text{mv} \, \ln \frac{[K^+]_o}{[K^+]_i} = 25 \, \text{mV} \, \ln \frac{4}{155} = -91 \, \text{mV}$$

Das Konzentrationsverhältnis $[K^+]_o / [K^+]_i$ wird in lebenden Zellen im wesentlichen durch die Wirkung der Na$^+$/K$^+$-ATPase bestimmt. Ist die Membranspannung u_m bei diesem Konzentrationsverhältnis gleich u_K, so ist der Nettofluß von K$^+$-Ionen durch Ionenkanäle Null.

Nach dem Ohmschen Gesetz sind Strom I und Spannung u an einem elektrischen Widerstand R direkt proportional zueinander (Abb. 5.**14**). Aus der Standardform des **Ohmschen Gesetzes** ($u = R \cdot I$) ergibt sich die Beziehung $I = g \cdot u$. Die Leitfähigkeit $g = 1/R$ hat die Einheit Siemens ($=1/\Omega$). Zwischen einem Ohmschen Widerstand und einem Ionenkanal bestehen folgende Unterschiede:

– Der Strom durch einen **Ohmschen Widerstand** ist desto größer, je größer die am Widerstand anliegende Spannung und je größer die Leitfähigkeit ist ($I = g \cdot u$). Ist die Leitfähigkeit g größer als Null ($g \neq 0$), so ist der Strom nur dann Null, wenn die Spannung Null ist (Abb. 5.**14A**).

– Bei gegebener Leitfähigkeit ist der Strom durch einen

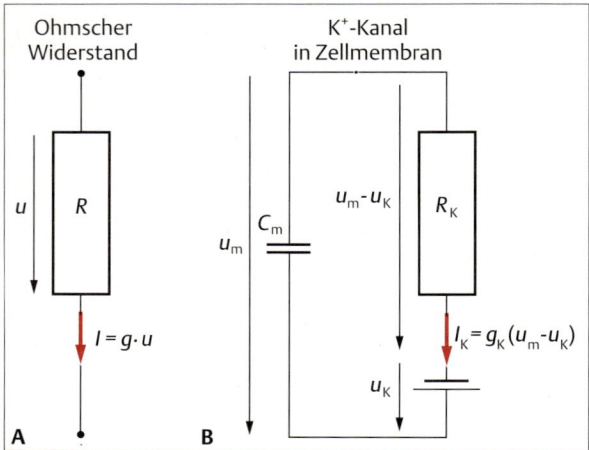

Abb. 5.14 Vergleich eines Ohmschen Widerstands mit einem K^+-Kanal der Zellmembran. A Beim Ohmschen Widerstand fließt kein Strom, wenn die Spannung Null ist. **B** Im Gegensatz dazu fließt z.B. durch K^+-Kanäle (Leitfähigkeit g_K) genau dann kein Strom, wenn die Membranspannung u_m gleich der Nernstspannung für K^+ ist: $u_m = u_K$ oder $u_m - u_K = 0$. Ist die treibende Spannung $u_m - u_K$ ungleich Null, dann ist der Strom $I_K = g_K (u_m - u_K)$ (Originaldarstellung D. Schild).

Ionenkanal Null, wenn die Membranspannung u_m über dem Ionenkanal gleich der Gleichgewichtsspannung ist. Dies ist in Abb. 5.**14B** veranschaulicht. Der Strom durch K^+-Kanäle

$$I_K = g_K (u_m - u_K) \qquad (5.15)$$

ist der sogenannten treibenden Spannung $(u_m - u_K)$ proportional[13]. Wenn die Membranspannung gleich dem Gleichgewichtspotential für K^+-Ionen ist, ist I_K also gleich Null.

Als **elektrisches Ersatzschaltbild** eines K^+-Kanals in einer Zellmembran ergibt sich eine Serienschaltung eines Widerstandes der Leitfähigkeit g_K und einer Batterie der Spannung u_K, welche für die Nernstspannung steht (Abb. 5.**14B**). Parallel zum K^+-Kanal liegt die Membran (der Membrankondensator C_m) und damit die Membranspannung u_m. Über den K^+-Kanälen, die ja parallel zur Membrankapazität angeordnet sind, liegt dieselbe Spannung u_m; sie teilt sich allerdings in einen Term u_K, der vom Konzentrationsverhältnis abhängt, und in einen zweiten Term $(u_m - u_K)$ auf, der die Spannung angibt, welche die Ionen durch den Kanal treibt (Abb. 5.**14B**). Der Strom I_K durch die Kanäle ist $I_K = g_K \cdot (u_m - u_K)$.

---

[13] Die treibende Spannung (engl.: „driving force" oder „driving voltage") wird manchmal auch elektromotorische Kraft genannt.

Die Schaltung der Abb. 5.**14B** funktioniert nun so: Ist $u_m \neq u_K$ und der Ionenkanal offen, so fließt ein Strom $I_K = g_K (u_m - u_K)$, der den Membrankondensator solange umlädt, bis die Spannung $u_m = u_K$ über der Membran liegt. Dann ist $(u_m - u_K) = 0$ und damit der Strom durch die K^+-Kanäle gleich Null.

Was in der Abbildung zu fehlen scheint, ist die Na^+/K^+-ATPase, die das K^+-Konzentrationsverhältnis aufrecht erhält. Diese ATPase hat zwei Effekte: Zum einen ist sie elektrogen, da sie mit 3 Na^+- gegen 2 K^+-Ionen eine Nettoladung transportiert. Dies hat natürlich einen Effekt auf die Membranspannung; dieser ist aber klein und hier vernachlässigt. Außerdem sorgt die Na^+/K^+-ATPase für die Aufrechterhaltung der Na^+- und K^+-Konzentrationsverhältnisse. Diese sind versteckt in Abb. 5.**14B** enthalten, indem das Gleichgewichtspotential u_K (die Batteriespannung) als konstante Spannung eingezeichnet ist, d.h. es wird davon ausgegangen, daß, obwohl durch die K^+-Kanäle Ionen fließen, das K^+-Konzentrationsverhältnis und damit u_K konstant bleiben. Dies ist gerechtfertigt, weil die Na^+/K^+-ATPase die durch die K^+-Kanäle fließenden K^+-Ionen im zeitlichen Mittel wieder in die Zelle hineinpumpt und daher das Konzentrationsverhältnis der K^+-Ionen tatsächlich konstant bleibt.

Weitere Gleichgewichtspotentiale

Die Überlegungen der letzten beiden Abschnitte gelten nicht nur für Kaliumionen. Sie treffen prinzipiell auch auf alle anderen Ionensorten zu. Na^+, Ca^{2+} und Cl^- sind ebenfalls asymmetrisch über der Zellmembran verteilt (Tab. 4.2) und folglich gibt es für jede dieser Ionensorten ein Gleichgewichtspotential, das vom jeweiligen Konzentrationsverhältnis abhängt[14]:

$$u_{Na} = \frac{R \cdot T}{F} \ln \frac{[Na^+]_o}{[Na^+]_i} = 65 \, mV \qquad (5.16a)$$

$$u_{Ca} = \frac{R \cdot T}{2 \cdot F} \ln \frac{[Ca^{2+}]_o}{[Ca^{2+}]_i} = 120 \, mV \qquad (5.16b)$$

$$u_{Cl} = -\frac{R \cdot T}{F} \ln \frac{[Cl^-]_o}{[Cl^-]_i} = -92 \, mV \qquad (5.16c)$$

Die Unterschiede zwischen den Faktoren vor den Logarithmen rühren daher, daß die Valenz z für Ca^{2+}-Ionen den Wert 2 und für Cl^--Ionen den Wert -1 annimmt.

Im allgemeinen ist weder u_K, u_{Na}, u_{Ca}, noch u_{Cl} identisch mit der Membranspannung u_m. Die Gleichgewichtspotentiale lassen sich also nicht einfach als Spannungen über einer Membran messen. Zur Messung eines Gleichgewichtspotentials muß man vielmehr zunächst alle Typen von Ionenkanälen bis auf einen blok-

---

[14] Die Werte der Gleichgewichtsspannungen sind nach Tab. 4.1 und Gleichung 5.13 berechnet.

kieren (z.B. mit geeigneten Pharmaka) und dann mit einem Verstärker die Membranspannung solange variieren, bis man diejenige Spannung gefunden hat, bei welcher der Strom durch die Membran gleich Null ist. Diese Spannung ist dann das Gleichgewichtspotential (oder besser: die Gleichgewichtsspannung) der betreffenden Ionensorte. Gleichgewichtsspannungen sind sozusagen virtuelle Spannungen, die von den Konzentrationsverhältnissen abhängen. Ihre Bedeutung liegt darin, daß, wenn u_m den Wert des Gleichgewichtspotentials u_x annimmt, kein Strom der Ionensorte x fließt. Ist u_m von u_x verschieden, dann ist der Strom I_x der treibenden Spannung $(u_m - u_x)$ proportional.

Die Ströme durch Na$^+$-, Ca^{2+}- und Cl$^-$-Kanäle sind analog zu Gleichung 5.15

$$I_{Na} = g_{Na} \cdot (u_m - u_{Na}) \quad (5.17a)$$

$$I_{Ca} = g_{Ca} \cdot (u_m - u_{Ca}) \quad (5.17b)$$

$$I_{Cl} = g_{Cl} \cdot (u_m - u_{Cl}) \quad (5.17c)$$

Da unter physiologischen Bedingungen u_m stets kleiner als u_{Na} oder u_{Ca} ist, gilt $(u_m - u_{Na}) < 0$ und $(u_m - u_{Ca}) < 0$, d.h. Na$^+$- und Ca^{2+}-Ströme sind stets negativ, sie fließen also in die Zelle hinein (**Einwärtsströme**). Beim Ca^{2+} ist noch zu berücksichtigen, daß die intrazelluläre Konzentration so niedrig ist, daß sich beim Einstrom von Ca^{2+}-Ionen das Konzentrationsverhältnis [Ca^{2+}]$_o$/[Ca^{2+}]$_i$ und damit auch u_{Ca} merklich ändert. Beim Cl$^-$ muß man, da die Cl$^-$-Ionen negativ sind, unterscheiden zwischen der Fließrichtung der Ionen und der des elektrischen Stromes: für $u_m > u_{Cl}$ ist $(u_m - u_{Cl}) > 0$ und I_{Cl} ein **Auswärtsstrom**. Diesem entspricht ein einwärts gerichteter Fluß von Cl$^-$-Ionen.

Die Gleichgewichtspotentiale werden aus folgendem Grund auch **Umkehrpotentiale** genannt: Experimentell kann man die Membranspannung u_m schadlos in weiten Grenzen variieren, etwa zwischen -150 mV und +100 mV. Unter experimentellen Bedingungen kann also u_m größer als u_{Na} oder kleiner als u_K werden. Ist aber z.B. $u_m > u_{Na}$, dann ist I_{Na} positiv und daher ein Auswärtsstrom, während normalerweise ($u_m < u_{Na}$) und damit I_{Na} negativ, d.h. ein Einwärtsstrom ist. Der Strom der Ionensorte x wechselt also beim Gleichgewichtspotential u_x seine Richtung und kehrt sein Vorzeichen um. Daher die Bezeichnung Umkehrpotential.

Zum Schluß betrachten wir noch das **Donnanpotential**, d.h. das Gleichgewichtspotential, das sich bei einer Donnanverteilung einstellt. In diesem Fall wird angenommen, daß alle Membranpumpen und Transporter stillgelegt sind (z.B. bei einer Vergiftung der inneren Atmung) und daß sich alle Ionen außer den großen, nicht diffusiblen Proteinen, frei über die Membran bewegen können. Dann werden z.B. K$^+$ und Cl$^-$ solange über die Membran diffundieren, bis ihre treibenden Spannungen Null sind, das heißt bis $u_K - u_m = 0$ und $u_{Cl} - u_m = 0$, was $u_K = u_m = u_{Cl}$ bedeutet. Es fließen folglich keine Nettoströme mehr. Die Gleichung $u_K = u_{Cl}$ bedeutet (nach der Nernst-Gleichung) in den entsprechenden Ionenkonzentrationen ausgedrückt

$$\frac{R \cdot T}{F} \ln \frac{[K^+]_o}{[K^+]_i} = -\frac{R \cdot T}{F} \ln \frac{[Cl^-]_o}{[Cl^-]_i} = \frac{R \cdot T}{F} \ln \frac{[Cl^-]_i}{[Cl^-]_o} \quad \text{oder}$$

$$\frac{[K^+]_o}{[K^+]_i} = \frac{[Cl^-]_i}{[Cl^-]_o}$$

Daraus ergibt sich die Gleichung 4.4:
[K$^+$]$_o$ [Cl$^-$]$_o$ = [K$^+$]$_i$ [Cl$^-$]$_i$, die wir im letzten Kapitel schon benutzt hatten, um die Verteilung der Ionen im Donnan-Gleichgewicht zu beschreiben.

Leitfähigkeiten und Ruhemembranpotentiale

Die Gleichungen 5.6 und 5.16 bergen eine Interpretationsschwierigkeit in sich, die nicht auffällt, solange man nur eine Ionensorte betrachtet. Mit nur einem Typ von Ionen lädt sich der Membrankondensator auf die entsprechende Gleichgewichtsspannung auf. Für Na$^+$ bedeutet dies z.B.: Bei einem vorgegebenen, konstanten Konzentrationsverhältnis von Na$^+$-Ionen über der Membran gibt es eine Spannung $u_m = u_{Na}$, bei welcher der Na$^+$-Strom $I_{Na} = g_{Na} (u_m - u_{Na})$ Null ist.

Das Problem ist: es gibt nicht nur Na$^+$-Ionen oder nur K$^+$-Ionen, etc., sondern es existieren alle Ionensorten, ihre Ionenkanäle, ihre Konzentrationsgradienten und die entsprechenden Gleichgewichtspotentiale gleichzeitig. Es liegen viele Batterien und Nernstspannungen, jede einem anderen Ionengradienten entsprechend, über der Membran. Wie groß ist dann die Membranspannung u_m?

Eine Antwort gibt das elektrische Ersatzschaltbild der Membran: Wir erweitern zunächst die Abb. 5.14B, die nur für K$^+$-Kanäle galt, um Na$^+$- und Cl$^-$-Kanäle. Da alle Kanäle parallel in der Membran liegen, wird für jede weitere Ionensorte ein weiterer Stromzweig mit dem entsprechenden Gleichgewichtspotential hinzugefügt (Abb. 5.15). Der Gesamtstrom I_{ges}, der den Membrankondensator umlädt, setzt sich aus den verschiedenen Stromkomponenten der einzelnen Ionensorten, nämlich I_K, I_{Na} und I_{Cl}, zusammen:

$$I_{ges} = I_K + I_{Na} + I_{Cl} \quad (5.18)$$
$$= g_K \cdot (u_m - u_K) + g_{Na} \cdot (u_m - u_{Na}) + g_{Cl} \cdot (u_m - u_{Cl})$$

Es gibt nun drei Fälle zu unterscheiden. Im einfachsten Fall ist der Gesamtstrom Null ($I_{ges} = 0$). Andernfalls kann I_{ges} entweder positiv (Auswärtsstrom) oder negativ (Einwärtsstrom) sein. Die beiden letzteren Fälle betrachten wir weiter unten.

Es sei also zunächst der Fall betrachtet, daß kein Strom über die Zellmembran fließt. Wie groß ist dann die Spannung? Aus Gleichung 5.18 folgt für $I_{ges} = 0$:

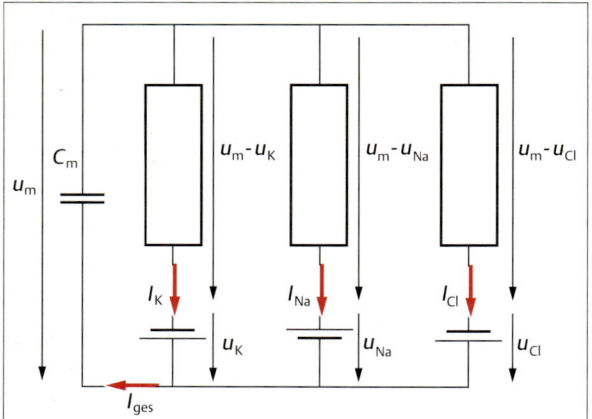

Abb. 5.15 Elektrisches Ersatzschaltbild einer Zellmembran mit K⁺-, Na⁺- und Cl⁻-Kanälen. Alle Kanaltypen liegen parallel nebeneinander in der Membran und sind daher in Parallelschaltung angeordnet. Da ihre Nernstspannungen (u_K, u_{Na} und u_{Cl}) aber verschieden sind, sind auch die treibenden Spannungen über den unterschiedlichen Kanälen verschieden, nämlich ($u_m - u_K$), ($u_m - u_{Na}$) und ($u_m - u_{Cl}$). Der Gesamtstrom $I_{ges} = I_K + I_{Na} + I_{Cl}$ lädt die Membran (den Membrankondensator). Ist nur ein Ionenkanal-Typ offen, so wird die Membran auf dessen Nernstspannung aufgeladen. (Originaldarstellung D. Schild).

$$g_K \cdot (u_m - u_K) + g_{Na} \cdot (u_m - u_{Na}) + g_{Cl} \cdot (u_m - u_{Cl}) = 0$$

Diese Gleichung läßt sich nach u_m auflösen:

$$u_m = (g_K \cdot u_K + g_{Na} \cdot u_{Na} + g_{Cl} \cdot u_{Cl}) / (g_K + g_{Na} + g_{Cl})$$
$$= (g_K \cdot u_K + g_{Na} \cdot u_{Na} + g_{Cl} \cdot u_{Cl}) / G$$

wobei $G = (g_K + g_{Na} + g_{Cl})$ die Gesamtleitfähigkeit der Membran ist. Der relative Anteil z.B. der Kaliumleitfähigkeit an der Gesamtleitfähigkeit ist g_K / G. Kürzen wir g_K/G mit $f_K = g_K/G$ ab[15], so nimmt die Gleichung eine einfache Gestalt an:

$$u_m = f_K \cdot u_K + f_{Na} \cdot u_{Na} + f_{Cl} \cdot u_{Cl} \quad (5.19)$$

Im Gleichgewicht (Ruhezustand) ist die Membranspannung also die Summe der Gleichgewichtspotentiale, jeweils gewichtet nach den relativen Leitfähigkeiten. Ist z.B. die Zellmembran nur leitfähig für K⁺- und Na⁺-Ionen und hat die Kaliumleitfähigkeit 90 % (= 0,9), die Na⁺-Leitfähigkeit aber nur 10 % (= 0,1) Anteil an der Gesamtleitfähigkeit, so ergibt sich das **Ruhemembranpotential** u_m:

$$u_m = 0{,}9 \cdot u_K + 0{,}1 \cdot u_{Na} = -0{,}9 \cdot 90 \text{ mV} + 0{,}1 \cdot 60 \text{ mV}$$
$$= -81 \text{ mV} + 6 \text{ mV} = -75 \text{ mV}$$

[15] f steht in dieser Formel für „fractional" oder relative Leitfähigkeit.

Dieses Beispiel trifft in guter Näherung für viele Neurone zu.

In Skelettmuskelzellen einiger Spezies ist die Chloridleitfähigkeit oft die dominierende Leitfähigkeit. Nimmt man $f_{Cl} = 0{,}8$ und $f_K = 0{,}2$ an, so folgt für die Ruhemembranspannung einer Skelettmuskelfaser:

$$u_m = 0{,}8 \cdot u_{Cl} + 0{,}2 \cdot u_K = -0{,}8 \cdot 90 \text{ mV} - 0{,}2 \cdot 90 \text{ mV}$$
$$= -72 \text{ mV} - 18 \text{ mV} = -90 \text{ mV}$$

Ein weiteres Beispiel: Viele durch Transmitter gesteuerte, nicht selektive Kationenkanäle, wie z.B. der Acetylcholin-Kanal, sind für K⁺ und Na⁺ (und evtl. Ca²⁺) permeabel. Sind die relativen Leitfähigkeiten des Kanals für K⁺- und Na⁺-Ionen unabhängig voneinander und zum Beispiel $f_K = 0{,}4$ und $f_{Na} = 0{,}6$, so ergibt sich für einen solchen nicht selektiven Kationenkanal ein Gleichgewichtspotential von

$$u_m = 0{,}4 \cdot u_K + 0{,}6 \cdot u_{Na} = -0{,}4 \cdot 90 \text{ mV} + 0{,}6 \cdot 60 \text{ mV}$$
$$= -36 \text{ mV} + 36 \text{ mV} = 0 \text{ mV}$$

Die Gleichgewichtspotentiale von nicht selektiven Kationenkanälen liegen stets in der Nähe von 0 mV. Solche Kanäle lassen sich im Prinzip auch so beschreiben, daß man Gleichung 5.19 um einen weiteren Term (g_{cat}, u_{cat}) für die Leitfähigkeit dieses Kanals erweitert:

$$u_m = f_K \cdot u_K + f_{Na} \cdot u_{Na} + f_{Ca} \cdot u_{Ca} + f_{Cl} \cdot u_{Cl} + f_{cat} \cdot u_{cat} \quad (5.20)$$

Werden z.B. an einer Synapse vorwiegend solche Kationenkanäle aktiviert, wird sich das Membranpotential u_m vom Ruhemembranpotential aus in Richtung auf ein neues Gleichgewicht bei etwa 0 mV hin bewegen, d.h. die Zellmembran wird depolarisiert[16].

Zum Schluß seien die Fälle betrachtet, in denen der Gesamtstrom I_{ges} (Gleichung 5.18) nicht Null ist. Wird plötzlich, z.B. durch Aktivierung einer Synapse, eine K⁺-Leitfähigkeit größer (und ist $u_m > u_K$), dann strömen K⁺-Ionen aus der Zelle heraus, das Zellinnere wird negativer. Dabei wird die Membranspannung negativer als die Ruhespannung; man nennt dies eine **Hyperpolarisation**[17]. Unter anderen Umständen könnten z.B. Na⁺-Kanäle öffnen: Es strömten Na⁺-Ionen in die Zelle ein und kompensierten negative Ladungen auf der Innenseite

[16] Das Gleichgewicht bei 0 mV wird allerdings im allgemeinen nicht erreicht, weil zuvor andere Leitfähigkeiten aktiviert werden. Es könnte z.B. ein Aktionspotential generiert werden.

[17] Die Begriffe Depolarisation und Hyperpolarisation beruhen darauf, daß das normale Ruhemembranpotential einer Polarisation der Membran entspricht. Bei einer Depolarisation wird die Membran „entpolarisiert", also wird die Spannung dabei weniger negativ. Bei einer Hyperpolarisation wird die Membran noch stärker als normal polarisiert, also wird die Spannung dann noch negativer als im Ruhezustand.

der Membran, wodurch die Membranspannung positiver (weniger negativ) würde. Diese Abnahme der Polarisation des Ruhemembranpotentials nennt man **Depolarisation**. Wird z.B. ein Neuron erregt, so geschieht dies meistens dadurch, daß an Synapsen Kationen einströmen und zu einer Depolarisation führen. Ist die resultierende Depolarisation am Soma hinreichend groß, öffnen am Axonhügel des Somas spannungsabhängige Na^+-Kanäle; Na^+-Ionen strömen in das Soma, führen zu einer weiteren Depolarisation, und es wird ein Aktionspotential generiert.

Goldmann-Gleichung

Eine andere Art, die Membranspannung bei Gleichgewichtsbedingungen zu berechnen, ist durch die **Goldmann-Gleichung** gegeben:

$$u_m = \frac{R \cdot T}{F} \ln \frac{P_K[K^+]_o + P_{Na}[Na^+]_o + P_{Cl}[Cl^-]_i + ...}{P_K[K^+]_i + P_{Na}[Na^+]_i + P_{Cl}[Cl^-]_o + ...} \quad (5.21)$$

Hier werden nicht – wie zuvor in Gleichung 5.19 – Gleichgewichtsspannungen und Leitfähigkeiten der einzelnen Ionensorten benutzt, sondern Ionenkonzentrationen und Permeabilitäten. Gleichung 5.21 kann als verallgemeinerte Nernst-Gleichung betrachtet werden. Man stelle sich eine Situation vor, in der alle Permeabilitäten bis auf die K^+-Permeabilität gleich Null sind: $P_K > 0$ und $P_{Na} = ... = P_{Cl} = 0$. Dann verschwinden in Zähler und Nenner des Bruches der Gleichung 5.21 alle Summanden bis auf den ersten, und man erhält die Nernst-Gleichung für K^+.

Man benutzt Gleichung 5.20 häufiger als die Goldmann-Gleichung (5.21), weil die verschiedenen Gleichgewichtspotentiale und Leitfähigkeiten mit elektrophysiologischen Methoden besser meßbar sind als Permeabilitäten und Ionenkonzentrationen.

Na^+/Ca^{2+}-Antiport

Gleichgewichtspotentiale haben nicht nur eine Bedeutung im Zusammenhang mit dem Fluß von Ionen durch Kanäle, sondern auch im Zusammenhang mit Transportproteinen. Als Beispiel sei der Na^+/Ca^{2+}-Antiport angeführt (s. S.121). Dieses Protein transportiert pro Pumpzyklus 3 Na^+-Ionen gegen 1 Ca^{2+}-Ion. Prinzipiell gibt es zwei Funktionsweisen: Entweder der Na^+-Gradient wird als Energiequelle zum Transport von Ca^{2+}-Ionen aus der Zelle oder der Ca^{2+}-Gradient wird als Energiequelle für den Transport für Na^+-Ionen benutzt. Beides kommt vor.

Die Energie ε_{Na}, die bei einem Pumpzyklus durch den Abbau des Na^+-Gradienten freigesetzt wird, ist gegeben durch die Ladung der 3 transportierten Na^+-Ionen multipliziert mit der treibenden Spannung für Na^+:

$$\varepsilon_{Na} = 3 \, e^- \, (u_m - u_{Na})$$

Der Export von Ca^{2+} gegen seinen Konzentrationsgradienten kostet hingegen die Energie:

$$\varepsilon_{Ca} = -2 \, e^- \, (u_m - u_{Ca})$$

Die Gesamtenergie

$$\varepsilon = 3 \, e^- \, (u_m - u_{Na}) - 2 \, e^- \, (u_m - u_{Ca})$$

ist bei genau einer Spannung ($u_m = u_x$) Null:

$$3 \, e^- \, (u_x - u_{Na}) = 2 \, e^- \, (u_x - u_{Ca})$$
$$\Rightarrow 3 \, u_x - 3 \, u_{Na} = 2 \, u_x - 2 \, u_{Ca}$$
$$\Rightarrow u_x = 3 \, u_{Na} - 2 \, u_{Ca} \quad (5.22)$$

Mit $u_{Ca} = 120 \, mV$ und $u_{Na} = 60 \, mV$ ergibt sich $u_x = -60 \, mV$. Unter diesen Bedingungen wäre bei einer Membranspannung von $-60 \, mV$ der Energiegewinn aus dem Na^+-Transport exakt dem Energieaufwand für den Ca^{2+}-Transport gleich. Die Energiebilanz eines Pumpzyklus ist hier Null, d.h. es findet kein Transport statt. u_x ist somit das Gleichgewichtspotential des Na^+/Ca^{2+}-Antiports. Bei allen Spannungen, die negativer als u_x sind ($u_m < u_x$), ist die Energie ε negativ, d.h. bei diesen Spannungen läuft der gekoppelte Transport von Na^+ (nach innen) und von Ca^{2+} (nach außen) spontan ab.

Bei Membranspannungen $u_m > u_x$ fungiert der Ca^{2+}-Gradient als treibende Kraft und Energiequelle. Beim Transport eines Ca^{2+}-Ions von außen nach innen wird die Energie

$$\varepsilon_{Ca} = 2 \, e^- \, (u_m - u_{Ca})$$

gewonnen, während Na^+ gegen seinen Gradienten von innen nach außen transportiert wird, wofür die Energie

$$\varepsilon_{Na} = -3 \, e^- \, (u_m - u_{Na})$$

aufgewendet werden muß. Die Gesamtenergie

$$\varepsilon = 2 \, e^- \, (u_m - u_{Ca}) - 3 \, e^- \, (u_m - u_{Na})$$

ist für $u_m > u_x$ negativ, d.h. der Transport von Ca^{2+} in die Zelle hinein und der von Na^+ aus der Zelle heraus läuft spontan ab. Der Transporter funktioniert also unter diesen Umständen im Rückwärtsgang („reversed mode"). Dies kann experimentell genutzt werden, um Zellen mit Ca^{2+}-Ionen zu beladen, kommt aber auch unter physiologischen Bedingungen vor, z.B. an Herzmuskelzellen. Ein nicht zu vernachlässigender Teil der Ca^{2+}-Ionen, die bei jedem Aktionspotential in eine Herzmuskelzelle strömen, werden vom Na^+/Ca^{2+}-Antiport in die Zelle transportiert[18], während die Membranspannung positiver als u_x ist.

Bei längerem Transport von Ca^{2+} in eine Zelle ver-

---
[18] Der Hauptanteil von Ca^{2+}-Ionen strömt allerdings durch Ca^{2+}-Kanäle in Herzmuskelzellen ein.

schiebt sich natürlich u_{Ca} und damit u_x. Gleichung 5.22 läßt sich nach $[Ca^{2+}]_i$ auflösen (s. S. 151). Setzt man in Gleichung 5.22 die Gleichgewichtspotentiale für Na^+ und Ca^{2+} ein, so erhält man:

$$u_x = 3\,\frac{R \cdot T}{F} \cdot ln\,\frac{[Na^+]_o}{[Na^+]_i} - 2\,\frac{R \cdot T}{2 \cdot F} \cdot ln\,\frac{[Ca^{2+}]_o}{[Ca^{2+}]_i}$$

Mit $RT/F = u_o \approx 25$ mV und den Logarithmusregeln: $3 \ln x = \ln x^3$ und $\ln(1/x) = -\ln x$ ergibt sich:

$$u_x/u_o = \left(ln\,\frac{[Na^+]_o}{[Na^+]_i}\right)^3 + ln\,\frac{[Ca^{2+}]_i}{[Ca^{2+}]_o}$$

Da per Definition des Logarithmus $e^{(\ln x)} = x$ ist, erhalten wir

$$\left(\frac{[Na^+]_o}{[Na^+]_i}\right)^3 \cdot \frac{[Ca^{2+}]_i}{[Ca^{2+}]_o} = e^{u_x/u_o}$$

und daraus:

$$[Ca^{2+}]_i = [Ca^{2+}]_o \cdot \left(\frac{[Na^+]_i}{[Na^+]_o}\right)^3 \cdot e^{u_x/u_o} \quad (5.23)$$

Der Na^+/Ca^{2+}-Antiport und der ubiquitäre Na^+-Konzentrationsgradient sind also letztlich für die extrem niedrigen intrazellulären Ca^{2+}-Konzentrationen ursächlich. Eine wichtige Konsequenz ist, daß physiologische oder experimentelle Änderungen des Na^+-Gradienten zu einer Veränderung von $[Ca^{2+}]_i$ führen. Dies trifft allerdings nur zu, wenn $[Ca^{2+}]_i$ nicht zu niedrig ist. Denn der Na^+/Ca^{2+}-Antiporter bindet Ca^{2+} nur bei Konzentrationen, die über etwa 300 nM liegen. Die obigen Gleichungen gelten nur in diesem Bereich. Im Bereich niedrigerer Ca^{2+}-Konzentrationen übernimmt allein die Ca^{2+}-ATPase der Plasmamembran die Aufgabe, Ca^{2+} aus der Zelle zu entfernen.

Aktionspotential

Das herausragendste Signal, das Neurone, aber auch Muskelzellen, Drüsenzellen, einige Sinneszellen und Einzeller bilden können, ist das **Aktionspotential** (AP). Es besteht aus einer kurzen, impulsartigen Depolarisation bis auf etwa +30 mV und einer sich anschließenden Repolarisation. Neurone bilden APs als Antwort auf die Integration vieler, oft Tausender synaptischer Eingangssignale. APs werden auf Nervenfasern mit konstanter Amplitude und teilweise über weite Strecken fortgeleitet. Sie werden aber auch vom Soma zurück in den Dendritenbaum geleitet und beeinflussen dort die synaptische Signalverarbeitung. Die Rate sowie das Entladungsmuster von Aktionspotentialen kodieren die Information, die ein Neuron an andere Neurone oder an Muskelzellen weiterleitet.

Leitfähigkeitsänderungen während eines Aktionspotentials

Führt die Integration aller synaptischen Signale zu einer hinreichend großen Depolarisation eines Neurons, so generiert es APs. In Abb. 5.**16** ist der erregende Strom schematisch mit einem rechteckförmigen Zeitverlauf dargestellt (Abb. 5.**16**, unten). Dieser Strom depolarisiert das Soma und den Axonhügel, wo die Dichte spannungsabhängiger Na^+-Kanäle besonders groß ist. Hat der Strom nur eine kleine Amplitude, ist auch die Depolarisation klein und hat z.B. den in Abb. 5.**16** als Spur 1 oder 2 gekennzeichneten Verlauf. Eine solche Antwort von u_m ergibt sich immer dann, wenn die durch die Erregung bedingte Depolarisation keine spannungsabhängigen Leitfähigkeiten aktiviert. Der erregende (exzitatorische) Strom depolarisiert den Membrankondensator, und dieser entlädt sich nach Reizende über die Ruhemembranleitfähigkeit für K^+. Potentiale dieser Art heißen **elektrotonische Potentiale**. Sie werden ausführlich im Kap. 6 besprochen.

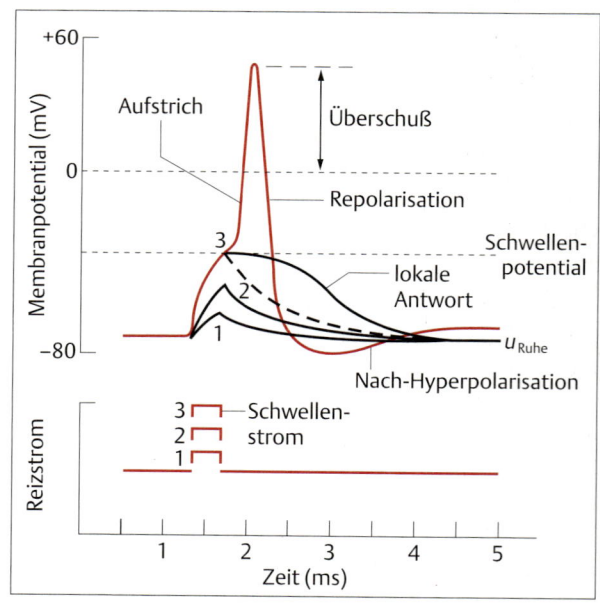

Abb. 5.16 Auslösung eines Aktionspotentials. Ein Neuron generiert ein Aktionspotential, wenn ein Reiz die Membranspannung bis zur Schwellenspannung depolarisiert. Die Amplituden von drei verschiedenen Reizströmen sind im unteren Teil der Abbildung dargestellt. Das Diagramm darüber zeigt die entsprechenden Antworten eines Neurons. Die Numerierung verdeutlicht, welche Antwort auf welchen Reiz erfolgt. Reiz 3 depolarisiert die Membran ausreichend, um ein AP auszulösen. Kleinere Reizströme rufen schwächere Antworten im Neuron hervor (Kurven 1 und 2). Die gestrichelte Kurve stellt die Änderung von u_m dar, die bei einer rein passiven Antwort des Neurons auf Reiz 3 auftreten würde.

Ist der exzitatorische Strom aber größer und erreicht die Depolarisation den Spannungsbereich, in dem spannungsabhängige Na$^+$-Kanäle aktiviert werden, so wird die Depolarisation durch die in die Zelle fließenden Na$^+$-Ionen verstärkt. Dies führt wiederum zur Aktivierung weiterer Na$^+$-Kanäle, usw. So werden innerhalb kürzester Zeit (< 1 ms) alle Na$^+$-Kanäle des Somas des Axonhügels und einige des initialen Axons aktiviert, und es entsteht ein **Aktionspotential**. Die explosionsartige Depolarisation nennt man den **Aufstrich** des APs (Abb. 5.**16**). Die Spannung, bei welcher der Reiz zur Aktivierung der Na$^+$-Kanäle und damit zum Aufstrich des APs führt, wird traditionsgemäß als **Schwelle** der Erregung bezeichnet. Der Aufstrich des APs überschreitet 0 mV und erreicht ein Maximum bei etwa 40 mV (Abb. 5.**16**). Von diesem Zeitpunkt an nimmt die Membranspannung wieder schnell zum Ruhemembranpotential ab, unterschreitet häufig das Ruhemembranpotential für eine gewisse Zeit und kehrt dann zu seinem Ruhewert zurück. Wie kommt es zu dieser besonderen Kurvenform des APs? Zum Aufstrich kommt es, wie bereits erwähnt, dadurch, daß eine überschwellige Depolarisation Na$^+$-Kanäle öffnet und der resultierende Strom durch diese die Depolarisation verstärkt. Der Aufstrich des APs wird also durch einen schnellen Anstieg der Na$^+$-Leitfähigkeit g_{Na} verursacht (Abb. 5.**17**). Wären nur Na$^+$-Kanäle vorhanden und gäbe es keine Inaktivierung von Na$^+$-Kanälen, würde die Membranspannung u_m gegen das Umkehrpotential u_{Na} streben und schließlich dort verweilen. Dem ist aber nicht so, denn erstens werden die Na$^+$-Kanäle spannungsabhängig mit der Depolarisation inaktiviert, d.h. ein Kanal nach dem anderen schließt die Pore durch Inaktivierung (s. S. 143), leitet daher keinen Strom mehr und trägt nicht weiter zur Depolarisation bei. Die Na$^+$-Leitfähigkeit nimmt daher etwa ab dem Maximum des APs wieder ab (Abb. 5.**17**). Zweitens aktivieren, wenn auch geringfügig später als die Na$^+$-Kanäle, spannungsabhängige „delayed rectifier"-K$^+$-Kanäle, d.h. die K$^+$-Leitfähigkeit g_K der Membran nimmt relativ zu g_{Na} mit einer gewissen Verzögerung[19] zu (Abb. 5.**17**). K$^+$-Ionen strömen aus der Zelle heraus, hinterlassen in der Zelle negative Gegenladungen und bewirken, daß die Membranspannung zu den negativen Ausgangswerten zurückkehrt. Diese Phase des APs wird **Repolarisation** genannt. Am Ende dieser Phase ist die K$^+$-Leitfähigkeit größer als vor dem Beginn des APs, was dazu führt, daß die Membranspannung nun negativer als das Ruhemembranpotential ist (Gleichung 5.20). Diese Phase des APs wird **Nachhyperpolarisation** genannt. Die Nachhyperpolarisation geht dann mit abnehmender K$^+$-Leitfähigkeit langsam zurück, bis das Ruhemembranpotential wieder erreicht ist. Der

[19] Daher „delayed rectifier".

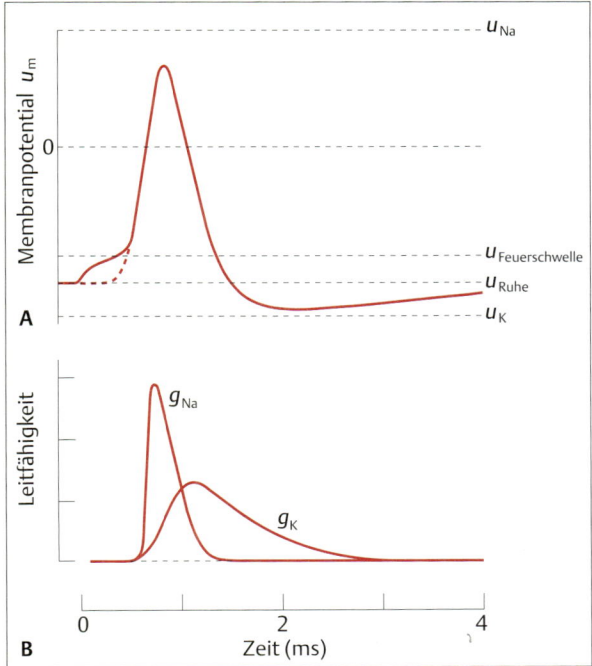

Abb. 5.17 Leitfähigkeitsänderungen der Membran während eines Aktionspotentials. Ein Aktionspotential wird durch vorübergehende Änderungen der Ionenleitfähigkeiten der Membran ausgelöst. Bei der Schwellenspannung nimmt zuerst g_{Na} zu, dann mit leichter Verzögerung auch g_K. Das von einem Tintenfischriesenaxon aufgezeichnete AP weist drei Phasen auf: eine Anstiegsphase, die von der Zunahme von g_{Na} abhängig ist; eine Abnahmephase, die sowohl von der plötzlichen Abnahme von g_{Na} als auch von der Zunahme der g_K abhängt; eine Nachhyperpolarisation, die auftritt, weil g_K für einige Zeit noch erhöht bleibt. Grund für die schnelle Abnahme von g_{Na} ist die Inaktivierung von Na$^+$-Kanälen. Die Abnahme von g_K hingegen folgt mit einer gewissen Verzögerung der Repolarisation der Membran. Solange g_{Na} groß ist, strebt u_m dem Na$^+$-Gleichgewichtspotential u_{Na} zu (Depolarisation); ist dagegen g_K groß, so nähert sich u_m dem Wert von u_K (Hyperpolarisation).

charakteristische Verlauf von g_{Na} und g_K während eines APs ist in Abb. 5.**17 B** dargestellt.

Typisch für das Aktionspotential ist die **Selbsterregung** oder **Mitkopplung** (Abb. 5.**18**). Dieser sich selbst verstärkende, an der Erregungsschwelle einsetzende Mechanismus, bei dem die Aktivierung von Na$^+$-Kanälen zu einer weiteren Depolarisation und so zur Aktivierung weiterer Na$^+$-Kanäle führt (positive Rückkopplung), wird nach kurzer Zeit durch die Inaktivierung der Na$^+$-Kanäle und die Aktivierung der K$^+$-Kanäle beendet.

Der Selbsterregungsmechanismus führt zu einer gewissen Stereotypie, mit der APs ablaufen. Ist die Schwellenspannung, an der Na$^+$-Kanäle aktiviert werden, erst

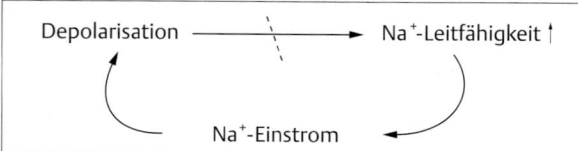

Abb. 5.18 Positive Rückkopplung zwischen Membrandepolarisation und Na⁺-Leitfähigkeit. Dieser Mechanismus ist für die Anstiegsphase eines APs verantwortlich. Die positive Rückkopplungsschleife wird gewöhnlich durch die Inaktivierung von Na⁺-Kanälen unterbrochen (gestrichelter schwarzer Strich).

einmal erreicht, verläuft das AP relativ stereotyp (Alles-oder-Nichts-Verhalten, s.u.). Dennoch haben Aktionspotentiale an verschiedenen Neuronen, ganz zu schweigen von Herzmuskelzellen und glatten Muskelzellen, deutlich unterschiedliche Zeitverläufe. Selbst die APs ein und desselben Neurons weisen unterschiedliche Formen auf, je nachdem ob sie am Soma, am Axon oder am Dendriten beobachtet werden. Sogar am Soma eines Neurons haben APs nicht immer dieselbe Form. Der Grund dafür ist, daß bei fast allen APs nicht nur die oben genannten Na⁺- und K⁺-Leitfähigkeiten, sondern noch weitere Leitfähigkeiten eine Rolle spielen. So können z.B. schnell aktivierende und schnell inaktivierende K⁺-Leitfähigkeiten zur Repolarisation beitragen. Ferner können Ca^{2+}-abhängige K⁺-Leitfähigkeiten zur Repolarisation beitragen, da bei jedem AP im Spannungsbereich von 0 mV auch Ca^{2+}-Kanäle aktiviert werden. Ein Teil der einströmenden Ca^{2+}-Ionen kann dann Ca^{2+}-aktivierte K⁺-Kanäle aktivieren. Die **Nachpotentiale** nach den eigentlichen, an Neuronen von Vertebraten etwa 1–2 ms dauernden APs, beruhen ebenfalls auf zusätzlich aktivierten Leitfähigkeiten, z.B. langsamen Ca^{2+}-abhängigen K⁺-Leitfähigkeiten.

Merkmale von Aktionspotentialen

Aus den charakteristischen Leitfähigkeitsänderungen während eines APs lassen sich einige wichtige Eigenschaften von APs ableiten.

Wir betrachten zunächst noch einmal Abb. 5.16. Es wird in das Soma eines Neurons ein kurzer Strompuls injiziert (Abb. 5.16, unten). Die Intensität des Reizstroms, die gerade ausreicht, um ein Aktionspotential auszulösen, wird als **Schwellenstrom** bezeichnet. Die Membranspannung, die erreicht werden muß, damit ein AP ausgelöst wird, heißt **Schwellenpotential** oder **Feuerschwelle**. Dem Schwellenstrom und dem Schwellenpotential lassen sich keine festen Werte zuordnen, da sie von dem zeitlich veränderlichen Widerstand der Membran abhängen.

Wenn die Schwelle nicht durch feste Werte definiert ist, wodurch ist sie es dann? Die Schwelle ist diejenige Spannung, bei der die reizbedingte Depolarisation **regenerativ** wird, d.h. bei welcher der depolarisationsbedingte Einstrom von Na⁺-Ionen die Depolarisation selbst verstärkt. Auf diese Weise wird die Membran schlagartig – bei vielen Neuronen in etwa 0,5 ms – umgeladen, das Membranpotential überschreitet 0 mV und erreicht schließlich einen Spitzenwert von +30 bis +50 mV. Der positive, oberhalb von Null liegende Teil des Aktionspotentials wird **Überschuß** („overshoot") genannt (Abb. 5.16).

Erreicht die Depolarisation den Schwellenwert gerade nicht mehr, erscheint eine unvollständige, nicht fortgeleitete Erregung, eine sogenannte **lokale Antwort**. In diesem Fall werden zwar schon einige spannungsabhängige Na⁺-Kanäle aktiviert, der resultierende Strom reicht aber nicht aus, um die für das AP notwendige regenerative Depolarisation einzuleiten.

Ist die Schwelle einmal überschritten, gibt es keine Membranantworten, die zwischen den unterschwelligen, lokalen Antworten und den vollständigen APs liegen. Daher hat man das Aktionspotential eine **Alles-oder-Nichts-Antwort** genannt. Daß sich die Amplitude eines APs ändern kann, wenn der Zustand der Membran oder die Zusammensetzung der intra- oder extrazellulären Lösungen geändert wird, widerspricht nicht dem **Alles-oder-Nichts-Verhalten**. Dies soll lediglich besagen, daß die Amplitude des Aktionspotentials von der Reizstärke unabhängig ist.

Ein anderes charakteristisches Merkmal eines Aktionspotentials ist die schnelle Repolarisation von der Spitze des Überschusses zum Ruhewert (Abb. 5.16). Die Dauer des Aktionspotentials erstreckt sich von unter einer Millisekunde in manchen Nervenfasern (Axonen) bis zu fast einer halben Sekunde in Herzmuskelzellen[20].

Folgen zwei APs schnell aufeinander, so ist die Amplitude des zweiten APs kleiner als die des ersten (Abb. 5.19 A, Spur 2). Das AP bleibt sogar völlig aus, wenn der Reiz zu früh nach Beendigung des ersten APs eintrifft (Abb. 5.19 A, Spur 1). In dieser Phase, die sich über die Dauer des APs und eine kurze Zeit unmittelbar danach erstreckt, können auch stärkste Reize das Neuron nicht zum Feuern eines weiteren APs bringen. Diese kurze Zeit der absoluten Unerregbarkeit heißt **absolute Refraktärzeit**. Ursache der absoluten Refraktärzeit ist die Inaktivierung der während des ersten APs aktivierten Na⁺-Kanäle. Sind die Kanäle aufgrund der Inaktivierung noch verschlossen, können keine Ionen passieren, auch wenn die Pore spannungsabhängig aktiviert (geöffnet) sein sollte.

Nach der absoluten Refraktärphase folgt eine Zeit verminderter Erregbarkeit, die **relative Refraktärphase**.

---

[20] Dies begrenzt die maximale Herzfrequenz.

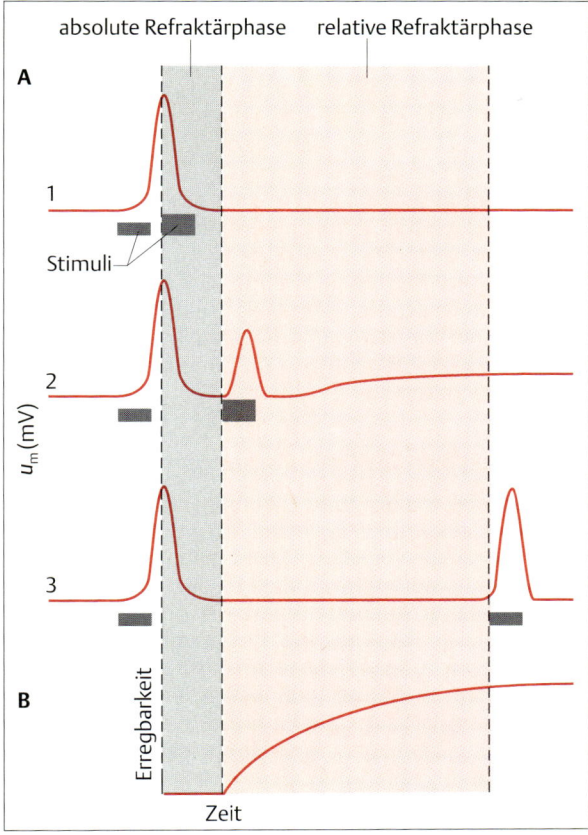

Abb. 5.19 Absolute und relative Refraktärphase. Während und nach einem AP ist ein Neuron für die Bildung eines weiteren APs refraktär. **A** Aufzeichnung der Änderungen von u_m in Reaktion auf drei Reizpaare, die auf ein Neuron einwirken. Die grauen Balken unter den u_m-Kurven geben Zeitpunkt und Dauer der Reize an. Die Dicke dieser Balken zeigt die Reizstärke an. In der oberen Kurve (Spannungsspur 1) führt der zweite Reiz nicht zur Bildung eines APs: Das Neuron ist in der absoluten Refraktärphase. Bei der zweiten Spur ist das zweite AP kleiner, und für die Erreichung des Schwellenwertes ist ein stärkerer Reiz als gewöhnlich erforderlich: Der zweite Reiz trat während der relativen Refraktärphase auf. Wenn die beiden Reize genügend weit auseinander liegen, lösen beide Reize normale APs aus (Spannungsspur 3). **B** Zeitlicher Verlauf der Membranerregbarkeit während der Refraktärphase. Während der absoluten Refraktärphase kann das Neuron selbst bei beliebig hohen Reizstärken kein weiteres AP generieren. Die Erregbarkeit ist Null. Während der relativen Refraktärphase ist die Erregbarkeit reduziert (d.h. der Schwellenwert ist erhöht), so daß für die Erreichung der Schwellenspannung ein stärkerer Reiz nötig ist. Mit der Zeit kehrt die Membranerregbarkeit auf ihren Normalwert zurück.

Ursache der relativen Refraktärzeit ist die nach einem AP noch erhöhte Membranleitfähigkeit für K^+-Ionen. Die relative Refraktärzeit kann bis zu einigen Hundert Millisekunden dauern. Wird die Zelle in der relativen Refraktärzeit erregt, so fließt ein Teil des erregenden Stroms durch K^+-Kanäle über die Membran aus der Zelle heraus und lädt daher nicht den Membrankondensator um. Lediglich der Rest des Stroms depolarisiert die Membran, so daß der depolarisierende Effekt kleiner ist als unter Ruhebedingungen. Die relative Refraktärphase ist daher charakterisiert durch eine Reizschwelle, die höher ist als die vor dem Aktionspotential (d.h. es wird mehr Strom benötigt, um ein Aktionspotential auszulösen). Zum anderen sind die Amplituden von APs in dieser Phase vermindert, weil es schon während des Aufstrichs des APs einen K^+-Auswärtsstrom durch die noch aktivierten K^+-Kanäle gibt. Der Netto-Einwärtsstrom und die aus ihm resultierende Depolarisation sind somit vermindert. Im Verlauf der relativen Refraktärphase schließen die nach einem AP aktivierten K^+-Kanäle, der Membranwiderstand steigt und das Schwellenpotential sinkt wieder bis zu dem Wert ab, der vor der Reizung für die Membran charakteristisch war. Gleichzeitig steigt die Erregbarkeit wieder an (Abb. 5.**19 B**).

Auch bei unterschwelligen Depolarisationen erfährt die Membran eine zeitabhängige Verminderung ihrer Erregbarkeit (d.h. eine Schwellenerhöhung). Dies läßt sich zeigen, wenn man die Membran allmählich mit einem Strom von zunehmender Intensität, anstatt mit einem abrupten, stufenartig einsetzenden Reizstrom depolarisiert. Um ein Aktionspotential mit einem solchen langsam ansteigenden Strom auszulösen, muß man die Membran erheblich stärker depolarisieren. Dieses für erregbare Membranen charakteristische Merkmal wird als **Adaptation** bezeichnet. Eine Ursache der Adaptation liegt darin, daß während einer langsam zunehmenden Erregung eine zunehmende Anzahl von Na^+-Kanälen inaktiviert wird, die dann nicht mehr zur Depolarisation beitragen können.

Viele erregbare Membranen adaptieren auch bei Reizung mit einem konstanten Strom. Manche Nervenzellmembranen adaptieren sehr schnell und erzeugen nur ein oder zwei APs am Anfang einer längeren Reizung mit konstantem Strom (Abb. 5.**20 A**). Andere adaptieren langsamer und feuern als Antwort auf einen konstanten Strom repetitiv mit mehr oder weniger abnehmender Frequenz (Abb. 5.**20 B**).

Die Adaptation spielt in der Sinnesphysiologie eine wichtige Rolle (Kap. 7), denn sie bestimmt, ob ein konstanter Reiz in einem sensorischen Neuron durch repetitive Entladungen (**tonische Antwort**) oder nur durch ein AP oder wenige APs (**phasische Antwort**) kodiert wird. Dementsprechend erhält das ZNS (einschließlich des Bewußtseins) entweder Informationen über die ge-

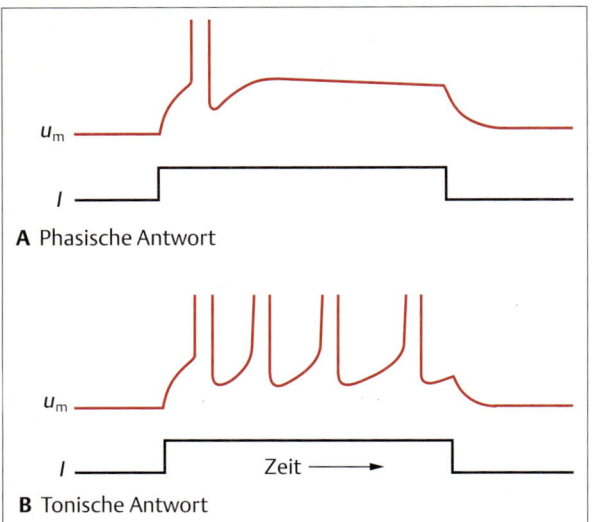

Abb. 5.20 Adaptation. Viele, aber nicht alle Neurone adaptieren bei konstanter Reizung. **A** Einige Neurone zeigen eine starke Adaptation auf einen anhaltenden Reiz und bilden nur ein oder zwei Impulse zu Beginn des Reizes. Dieses Antwortverhalten bezeichnet man als phasisch. **B** Andere Neurone adaptieren relativ wenig, d.h. die Intervalle zwischen den einzelnen APs bleiben fast unverändert. Es handelt sich hierbei um eine tonische Antwort. Um das Verhalten der Membranspannung in der Nähe der Schwelle zu verdeutlichen, ist in dieser Abbildung der Überschuß der APs abgeschnitten.

samte Reizdauer oder lediglich über den Beginn eines Reizes.

Änderung der Ionenkonzentrationen beim Aktionspotential

Die für die Potentialänderungen eines einzelnen Aktionspotentials verantwortlichen Ionenbewegungen sind äußerst gering und verursachen, außer bei den kleinsten Zellen oder Axonen, keine nennenswerte Veränderung der intrazellulären Ionenkonzentrationen und des Ruhemembranpotentials. Wir haben zuvor berechnet, daß in einer Zelle mit der Kapazität von 10 pF etwa 6 Millionen Ionen nötig sind, um die Membran um 100 mV umzupolarisieren. Bezogen auf die Gesamtzahl der Ionen in der Zelle waren das lediglich 0,001 % (s. S. 140).

Aus diesem Grunde kann eine Zelle, bei der die Na^+/K^+-Pumpe mit **Ouabain** außer Betrieb gesetzt wurde, dennoch Tausende von Aktionspotentialen erzeugen, bevor schließlich die Konzentrationen und folglich die Gleichgewichtspotentiale von Na^+ und K^+ deutliche Veränderungen aufweisen.

Bei sehr dünnen Axonen führt das größere Verhältnis von Oberfläche zu Volumen allerdings schon bei einem einzigen AP zu deutlichen Veränderungen in den axoplasmatischen Konzentrationen. So verändert z.B. ein einziges AP bei den „C"-Faser-Axonen[21] der Säuger, deren Durchmesser etwa 1 μm beträgt, die innere Na^+- und K^+-Konzentration um etwa 1 %. Das Ruhepotential fällt daraufhin um etwa 0,3 mV ab; bei zehn dicht aufeinanderfolgenden Aktionspotentialen beträgt die Depolarisation 2 mV. Es ist also für Axone mit geringeren Durchmessern besonders wichtig, daß die intrazellulären Ruhekonzentrationen von Na^+ und K^+ mittels aktiven Transports rasch wiederhergestellt werden, bevor die kumulativen Ionenflüsse die Ionengradienten wesentlich verändern.

Vom Riesenaxon des Tintenfisches zum Einzelkanal

Der britische Zoologe John Z. Young entdeckte im Jahre 1936, daß bestimmte längliche Strukturen im Tintenfisch, die zuvor für Blutgefäße gehalten wurden, in Wirklichkeit außergewöhnlich dicke Axone waren (Abb. 5.21 A). Er erkannte sofort die potentielle Nützlichkeit dieser **Riesenaxone** für membranphysiologische Untersuchungen (hier sei an das Krogh-Prinzip erinnert, s. Kap. 2). Ihr ungewöhnlich großer Durchmesser (bis zu 1 mm) erlaubte die Einführung dünner Elektrodendrähte in das Axon, um so elektrische Signale ableiten zu können (Abb. 5.**21 B, C**).

Die ersten bedeutsamen Arbeiten am Tintenfischaxon (1939) stammen von Kenneth S. Cole und Howard J. Curtis, die im meeresbiologischen Institut in Woods Hole (südlich von Boston auf Cape Cod) arbeiteten, sowie von Alan L. Hodgkin und Andrew F. Huxley, die in Plymouth tätig waren. Cole und Curtis wiesen nach, daß während des Aktionspotentials eine Erhöhung der Membranleitfähigkeit (ohne nennenswerte Veränderung der Kapazität) erfolgt. Hodgkin und Huxley entdeckten unter anderem, daß das Membranpotential während des Aktionspotentials nicht einfach auf Null geht, sondern sein Vorzeichen umkehrt (Abb. 5.**21 C**). Hodgkin und Bernard Katz fanden später (1949), daß sich kein AP ausbildet, wenn die extrazellulären Na^+-Ionen entfernt werden.

Zu Beginn der 50er Jahre machten Hodgkin und Huxley zum ersten Mal Versuche mit Hilfe einer neuen elektronischen Technik, der Spannungsklemme oder **Voltage-clamp-Methode** (Box 5.3). Diese erstmals am Tintenfischaxon angewandte Methode bedient sich eines elektronischen Regelkreises, der die Membranspan-

---

[21] Dieser Typ von relativ dünnen Nervenfasern hat eine langsame Leitungsgeschwindigkeit und leitet bei höheren Vertebraten die Modalitäten „langsamer, dumpfer Schmerz" und „Temperatur".

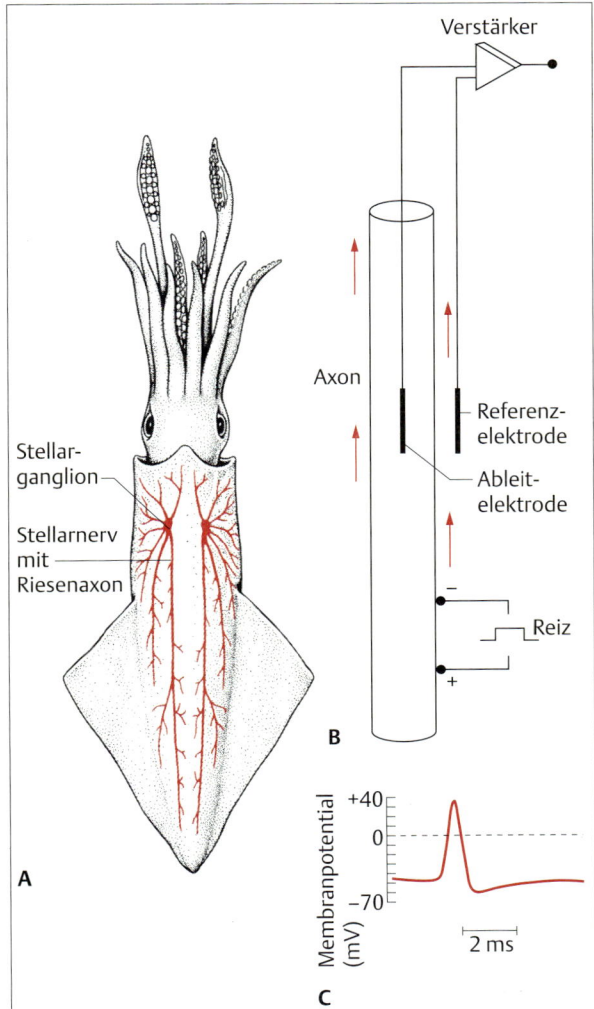

Abb. 5.21 Untersuchungen von Aktionspotentialen an den Riesenaxonen des Tintenfisches *Loligo*. A Tintenfisch mit eingezeichneten Riesenaxonen. Jeder Stellarnerv besitzt ein mehrere Zentimeter langes Riesenaxon mit einem Durchmesser von bis zu 1 mm. Aufgrund ihrer Dicke leiten die Riesenaxone des Tintenfisches Aktionspotentiale mit hoher Geschwindigkeit (s. Kap. 6) und sorgen bei Schreckreaktionen für eine rasche und relativ synchrone Aktivierung aller Mantelmuskeln. Der resultierende Wasserstrahl aus der Mantelhöhle heraus führt zu einem plötzlichen, starken Rückstoß des Tintenfisches, weg von dem potentiellen Räuber. **B** Schema des Versuchsaufbaus, mit dem Hodgkin und Huxley 1939 nachwiesen, daß u_m während eines APs sein Vorzeichen ändert. Die Pfeile zeigen die Ausbreitungsrichtung eines APs an. **C** Spannungsverlauf u_m eines APs am Riesenaxon, gemessen mit den in Teil B dargestellten Elektroden (A nach Keynes, 1958).

nung auf einem zuvor vom Experimentator bestimmten Wert konstant hält („klemmt"), während gleichzeitig der Ionenstrom durch die Membran gemessen wird. Mit dieser Methode ließ sich zum ersten Mal die Kinetik von Leitfähigkeiten messen: Der Strom I_x durch einen Ionenkanal vom Typ x ist das Produkt aus Leitfähigkeit g_x und treibender Spannung, $I_x = g_x \cdot (u_m - u_x)$. Die Gleichgewichtspotentiale u_x sind für Na$^+$-, K$^+$- und Cl$^-$-Ionen in sehr guter Näherung konstant (u_x = const.). Hält man nun zusätzlich noch die Membranspannung u_m konstant, so ist ($u_m - u_x$) eine Konstante, und der gemessene Strom I_x(t) spiegelt exakt den zeitlichen Verlauf der Leitfähigkeit g_x(t) wider. Hodgkin und Huxley waren mit dieser Technik in der Lage, Na$^+$- und K$^+$-Ströme als einzelne Stromkomponenten zu ermitteln (Abb. 5.22). Sie haben zunächst den Strom durch die Membran des Tintenfischriesenaxons in Meerwasser-Salzlösung gemessen (Abb. 5.22 B, Kurve a). Dann verminderten sie die externe Na$^+$-Konzentration durch Austausch von Na$^+$ gegen Cholin (ein impermeables Kation). Die „Klemmspannung" in der Spannungsklemme war dabei so gewählt, daß sich Na$^+$ während der Reizung im Gleichgewicht befand ($u_m - u_{Na} = 0$), d.h. es floß kein Natriumstrom als Antwort auf die depolarisierende Spannung (Abb. 5.22 B, Kurve b). Unter diesen Umständen maßen sie einen gegenüber dem Gesamtstrom (a) verzögert einsetzenden Ausstrom, der von K$^+$-Ionen getragen wurde (b). Dieser wurde von dem in physiologischer Salzlösung gemessenen Strom abgezogen, und die Differenz beider Ströme (farbige Fläche, Abb. 5.22 B) ergab den von Na$^+$-Ionen getragenen Einwärtsstrom (Abb. 5.22 C).

In den 60er und 70er Jahren wurde eine Reihe weiterer Studien an Na$^+$- und K$^+$-Leitfähigkeiten durchgeführt, allerdings gelang es nicht, die zugrundeliegenden molekularen und biophysikalischen Einzelprozesse der Ionenströme zu messen und zu analysieren.

Erst mit der von Erwin Neher und Bert Sakmann (Hamill u. Mitarb., 1981) eingeführten („tight-seal") **Patch-clamp-Technik** wurde es möglich, das spannungsabhängige Öffnen und Schließen **einzelner Ionenkanäle** direkt zu messen. Hierbei wird eine saubere, zur Elektrode ausgezogene Glaskapillare (Patch-Pipette) auf die Plasmamembran einer Zelle aufgesetzt und etwas Sog (Unterdruck) auf die Pipette gegeben. Dadurch zieht sich ein kleiner Teil der Zellmembran (der **Patch**) geringfügig in die Pipette, und es bildet sich eine mechanisch wie elektrisch äußerst stabile Verbindung zwischen dem Glas der Pipette und der Plasmamembran (Abb. 5.23). Der elektrische Widerstand zwischen Pipettenlösung und Bad ist dann größer als 1 GΩ (10^9 Ω). Das bedeutet, daß nur noch ein zu vernachlässigender Strom durch die Membran/Glas-Grenzschicht fließt. In der Spannungsklemme, bei der ja die Membran nicht

Box 5.3 Spannungsklemme (Voltage-clamp)

Die Entdeckung, daß eine Spannung über einer Membran durch elektronische Rückkopplung konstant gehalten werden kann, hat entscheidend zu unserem Verständnis der Signalverarbeitung an Zellmembranen beigetragen. Diese als Voltage-clamp bezeichnete Methode wurde erstmals 1949 von Kenneth Cole am Tintenfischaxon angewendet. Sie bedient sich eines elektronischen Regelkreises (s.u.), der die Membranspannung auf einem zuvor vom Experimentator bestimmten Wert konstant hält („klemmt"), während gleichzeitig der Ionenstrom durch die Membran gemessen wird. Mit dieser Methode ließ sich zum ersten Mal die Kinetik von Leitfähigkeiten messen, und zwar auf folgende Weise: Der Strom I_x durch einen Ionenkanal vom Typ x ist das Produkt aus Leitfähigkeit g_x und treibender Spannung, $I_x = g_x \cdot (u_m - u_x)$. Die Gleichgewichtspotentiale u_x sind für Na^+-, K^+- und Cl^--Ionen in sehr guter Näherung konstant (u_x = const.). Hält man nun zusätzlich noch die Membranspannung u_m konstant, so ist ($u_m - u_x$) eine Konstante, und der gemessene Strom $I_x(t)$ spiegelt exakt den zeitlichen Verlauf der Leitfähigkeit $g_x(t)$ wider.

Ist der Strom durch die Membran allerdings von mehr als einer Leitfähigkeit getragen, z.B. $I = g_K \cdot (u_m - u_K) + g_{Na} \cdot (u_m - u_{Na})$, so kann man die eine Leitfähigkeit (z.B. g_K) nur messen, wenn man die andere (g_{Na}) „ausschaltet", d.h. experimentell dafür sorgt, daß $g_{Na} \cdot (u_m - u_{Na}) = 0$ gilt. Dazu gibt es zwei Möglichkeiten: Erstens kann man die entsprechenden Kanäle blocken. Der Na^+-Strom durch spannungsabhängige Na^+-Kanäle läßt sich pharmakologisch, z.B. mit **Tetrodotoxin** (TTX), einer aus dem Eingeweide des japanischen Kugelfisches gewonnenen Verbindung, blocken. TTX bindet in geringen Konzentrationen an Natriumkanäle und verhindert die Permeation von Na^+-Ionen. Es ist dann also $g_{Na} = 0$.

Eine andere Möglichkeit, nur eine (z.B. g_K) von zwei Leitfähigkeiten zu messen, besteht darin, die treibende Spannung der anderen Leitfähigkeit, ($u_m - u_{Na}$) gleich Null zu setzen. Diesen Weg haben schon Hodgkin und Huxley in dem in Abb. 5.22 beschriebenen Experiment beschritten.

Der eigentliche Voltage-clamp-Regelprozeß funktioniert wie folgt (Abb.):
– Eine Elektrode wird in ein Neuron eingeführt und die Membranspannung u_m mit einem Spannungsverstärker gemessen (in der Abb. rechts oben);
– die gemessene Membranspannung u_m wird dann von einem Regelverstärker mit einer vom Experimentator vorgegebenen Sollspannung u_{com} („command voltage") verglichen und
– ein der Differenz ($u_m - u_{com}$) proportionaler Strom (Regelstrom) in das Neuron injiziert, so daß sich die Membranspannung u_m ändert und der Sollspannung u_{com} angleicht.

Die Einstellung von u_m erfolgt dabei sehr schnell – im Bruchteil einer Millisekunde – nach Initiierung des Regelstroms. Üblicherweise werden bei Voltage-clamp-Experimenten Sollspannungen benutzt, die schrittweise von hyperpolarisierten bis zu depolarisierten Werten der Membranspannung reichen. Wenn sich Na^+-Kanäle (oder andere Kanäle) in Reaktion auf einen depolarisierenden Spannungssprung hin öffnen, strömen Ionen aufgrund ihres elektrochemischen Gradienten durch die Membran. Wenn z.B. positiv geladene Ionen in das depolarisierte Neuron gelangen, würde normalerweise u_m positiver werden. Im **Voltage-clamp-Experiment** hingegen liefert der Regelverstärker einen Strom, der dem Ionenstrom genau entspricht, so daß der Strom über die Membran direkt in die Pipette fließt, daher nicht die Membran umlädt und u_m konstant gehalten wird. Der Strom des Regelverstärkers wird gemessen und gibt, da er dem Ionenstrom durch die Membran genau entspricht, die Leitfähigkeitsveränderungen der Membran wieder.

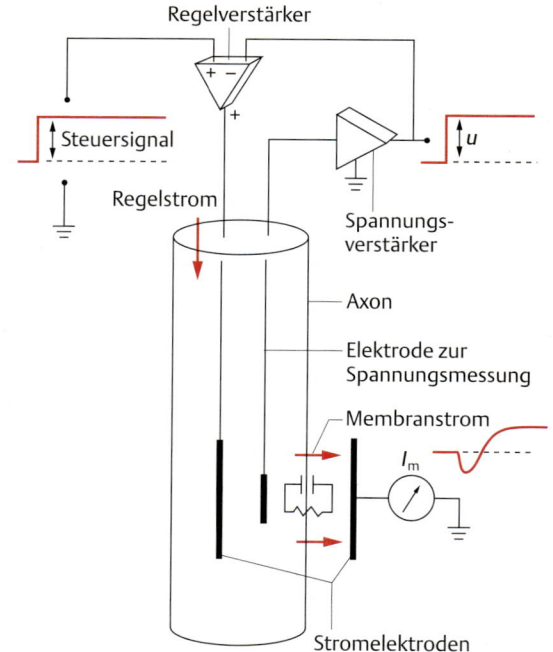

In der Spannungsklemme regelt ein elektronischer Rückkopplungskreis die Konstanthaltung der Membranspannung u_m. Der Regelverstärker vergleicht u_m mit der Sollspannung. Wenn u_m von der vorgegebenen Sollspannung abweicht, wird schnell ein elektrischer Strom durch die Membran geschickt, welcher u_m der Sollspannung wieder angleicht.

---

umgeladen, sondern bei der geklemmten Spannung konstant gehalten wird, fließt also jeder Strom, der durch Ionenkanäle der Zellmembran fließt, auch in die Pipette und wird daher vom Verstärker gemessen. Wegen des zu vernachlässigenden Leckstroms lassen sich mit empfindlichen, rauscharmen Verstärkern auf diese Weise Ströme in der Größenordnung von 1 pA auflösen. Mit herkömmlichen scharfen Pipetten war dies unmöglich, da zwischen Membran und Pipette ein großer Leckstrom floß, der nicht erlaubte, Ströme im Bereich weniger pA aufzulösen.

In einem Patch, d.h. einem kleinen Stückchen Zell-

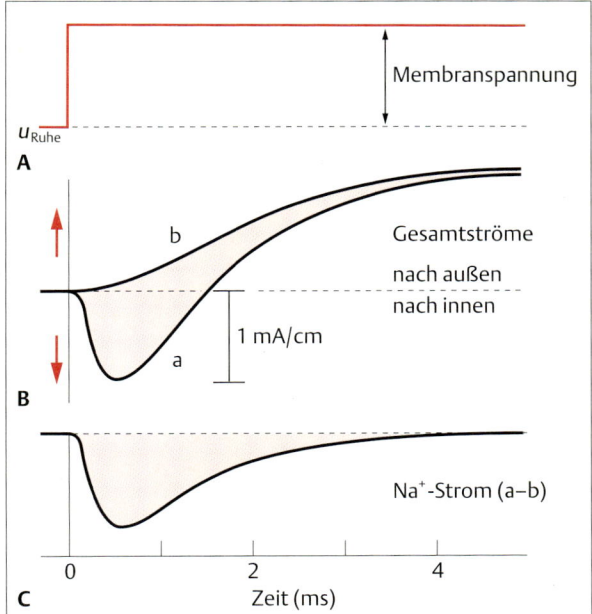

Abb. 5.22 **Bestimmung der Zeitverläufe von Ionenströmen während eines Aktionspotentials mit Hilfe der Voltage-clamp-Methode. A** In dem hier dargestellten Experiment wurde die Membran eines Tintenfischriesenaxons auf 60 mV geklemmt. **B** Kurve a: Membranstrom als Antwort auf den in A gezeigten Spannungspuls; dieser Strom wird sowohl von Na$^+$ als auch von K$^+$ getragen. Kurve b zeigt die reinen K$^+$-Ströme eines Axons, das in Na$^+$-armem Seewasser bei einer Klemmspannung u_m von $u_m = u_{Na}$ = 60 mV gehalten wurde. Unter diesen Bedingungen ist der Natriumstrom I_{Na} gleich Null, da keine treibende Spannung auf Na$^+$ wirkt. **C** Durch Subtraktion der Kurve b von der Kurve a ergibt sich der Zeitverlauf von I_{Na} (nach Hodgkin u. Huxley, 1952a).

membran in der Spitze der Pipette, befinden sich oft nur wenige Ionenkanäle, manchmal nur ein einziger. Der Strom durch einen solchen Kanal weist die Form rechteckiger Pulse auf (s. Abb. 5.11). Diese werden durch das plötzliche Öffnen und Schließen der Kanäle hervorgerufen. Das Stromniveau mit dem höheren Rauschen ist der Strom durch den Kanal im Offenzustand[22]. Kanäle desselben Typs zeigen bei gleicher treibender Spannung gleiche Stromamplituden, die Dauer der Kanalöffnungen variiert dagegen statistisch. Die durchschnittliche **Öffnungszeit** eines spannungsabhängigen Kanals hängt von der Membranspannung ab. Die Leitfähigkeit eines einzelnen Natriumkanals beträgt etwa 10 pS (d.h.

---

[22] Der Strom, der im Geschlossenzustand des Kanals gemessen wird, ist der winzige Strom, der zwischen dem Glas der Pipette und der Membran des Patches von der Pipette in das Bad fließt („Leckstrom").

10^{-11} S, entsprechend 10^{11} Ω). Mit Hilfe des Ohmschen Gesetzes, der Faraday-Konstanten und der Avogadro-Zahl läßt sich berechnen, daß durch den aktivierten Natriumkanal etwa 6000 Na$^+$-Ionen pro Millisekunde fließen, wenn die treibende Kraft ($u_m - u_{Na}$) etwa 100 mV beträgt. Die Summe der Ströme durch viele einzelne Na$^+$-Kanäle liefert den spannungs- und zeitabhängigen Na$^+$-Strom, der den Aufstrich des APs bewirkt (s. Abb. 5.**12**).

Aktivierung weiterer spannungsabhängiger Kanäle

Seit der von Hodgkin und Huxley begründeten Ionenhypothese und insbesondere nach der Einführung der Patch-clamp-Technik wurde eine Vielzahl unterschiedlicher Ionenkanäle in praktisch allen Zellen und Geweben entdeckt. Tab. 5.**2** gibt eine kurze Übersicht über die wohl häufigsten Typen spannungsabhängiger Ionenkanäle. Diese Tabelle ist natürlich unvollständig, und jeder der hier genannten Typen stellt seinerseits eine eigene Klasse dar, die in viele Untertypen aufgeteilt werden kann.

Ca^{2+}-Kanäle sind von fundamentaler Bedeutung für eine Vielzahl von Zellfunktionen. Bei jedem AP werden spannungsabhängige Ca^{2+}- Kanäle aktiviert. Ca^{2+}-Kanäle tragen den gesamten oder einen Teil des regenerativen Depolarisationsstroms in den Muskelfasern der Crustaceen, in glatten Muskelzellen, in den Zellkörpern, Dendriten und Endigungen vieler Nervenzellen sowie in Ciliaten wie *Paramecium*. Der Ca^{2+}-Strom ist jedoch im Allgemeinen ohne Mitwirkung des Na$^+$-Stroms nicht groß genug, die regenerative Depolarisation eines AP auszulösen. Folglich wird bei den meisten Membranen, die einen Ca^{2+}-Strom aufweisen, der Aufstrich eines APs weitgehend durch einen starken Na$^+$-Einstrom erzeugt. Der Na$^+$-Strom ist in erster Linie für die rasche Depolarisation der Membran verantwortlich. Beim AP öffnen spannungsabhängige Ca^{2+}-Kanäle fast synchron mit spannungsabhängigen Na$^+$-Kanälen und verursachen einen Einstrom von Ca^{2+} in die Zelle. Die intrazellulären Wirkungen von Ca^{2+}-Ionen sind äußerst vielfältig. Sie sind wesentlich beteiligt an der Kontraktion von Muskelfasern, insbesondere von denen des Herzens, der Sekretion und Exocytose von Hormonen und Neurotransmittern sowie der Aktivierung und Modulation zahlreicher Enzym- und Ionenkanalaktivitäten. Bemerkenswerterweise kommen Ca^{2+}-Ströme kaum in Axonen vor. Hier wird der Einwärtsstrom und die schnelle Impulsfortleitung durch Na$^+$-Kanäle getragen. Während der Embryonalentwicklung erscheinen typischerweise zuerst die Ca^{2+}-Kanäle, während die Na$^+$-Kanäle erst zu einem späteren Entwicklungsstadium funktionsfähig werden. Dieses Phänomen und die weite Verbreitung von Ca^{2+}-Kanälen bei niederen Organismen läßt vermu-

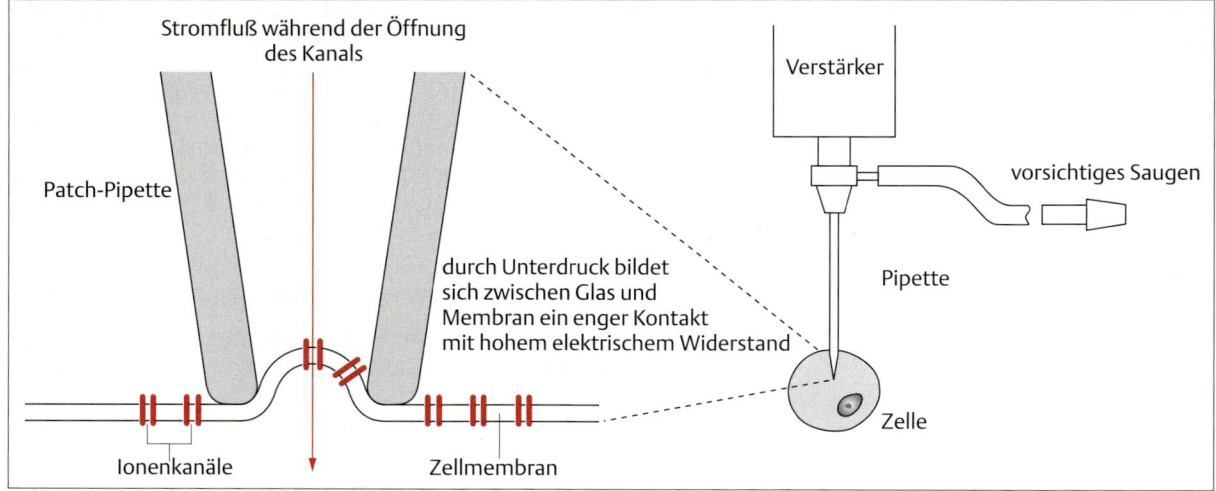

Abb. 5.23 Patch-clamp. Diese Methode ermöglicht die Messung des Stroms durch einen einzelnen Ionenkanal. Eine an der Spitze leicht angeschmolzene Patchpipette mit einer Spitze von ca. 1 μm Durchmesser enthält die gleiche Lösung wie die Badlösung, in der das Neuron liegt. Diese Pipette wird auf die Zellmembran eines Neurons gesetzt, so daß ein hochohmiger Kontakt hergestellt wird. Hierdurch wird ein Stromfluß von der Pipette zur äußeren Salzlösung verhindert. Ströme durch einen offenen Kanal werden mit Hilfe eines Patch-clamp-Verstärkers gemessen. Die Spannung über dem Membranfleck (patch) kann dabei in der Spannungsklemme konstant gehalten werden, so daß der gemessene Strom der Leitfähigkeit des Ionenkanals proportional ist (s. Box 5.3 u. Abb. 5.11).

ten, daß die Na^+-Kanäle eine entwicklungsgeschichtlich jüngere Spezialisierung für die Impulsfortleitung sind. Die Ca^{2+}-Kanäle, die den Eintritt des Botenstoffes Ca^{2+} in viele verschiedene Zelltypen kontrollieren, scheinen früheren Ursprungs zu sein.

Calcium-Kanäle werden gewöhnlich von bestimmten zwei- und dreiwertigen Kationen, insbesondere von Co^{2+}, Cd^{2+}, Mn^{2+}, Ni^{2+} und La^{3+} (Tab. 5.2) blockiert. Diese Ionen konkurrieren mit Ca^{2+} um anionische Bindungsstellen in der Pore, durchqueren die Pore dabei aber so langsam, daß sie den Durchtritt von Ca^{2+} dadurch blockieren (**Permeationsblock**). Sr^{2+}- und Ba^{2+}-Ionen haben allerdings in vielen Ca^{2+}-Kanälen eine noch höhere Permeabilität als Ca^{2+} selbst.

Die meisten Typen von Ca^{2+}-Kanälen unterscheiden sich deutlich von den spannungsabhängigen Na^+-Kanä-

Tab. 5.2 Übersicht über die häufigsten Typen spannungsabhängiger Ionenkanäle

Kanal	Strom	Charakteristika	Kanalblocker	Funktion
Leck-Kaliumkanal	$I_{K(Leck)}$	hohe Leitfähigkeit, auch beim Ruhepotential offen, an Axonen höherer Vertebraten	teilweise blockierbar durch TEA	bestimmt das Ruhemembranpotential
spannungsabhängiger Na^+-Kanal	I_{Na}	schnelle Aktivierung und etwas langsamere Inaktivierung bei Depolarisation	TTX	Aufstrich beim AP
spannungsabhängiger Ca^{2+}-Kanal	I_{Ca}	Aktivierung durch Depolarisation, Inaktivierung hängt von u_m und $[Ca^{2+}]_i$ ab	Verapamil, D600, Co^{2+}, Cd^{2+}, Mn^{2+}, Ni^{2+}, La^{3+}	Anstieg von $[Ca^{2+}]_i$ (intrazellulärer Botenstoff)
spannungsabhängiger K^+-Kanal (verzögerter Gleichrichter)	$I_{K(DR)}$	Aktivierung bei Depolarisation (langsamer als g_{Na})	TEA, 4-Aminopyridin	Repolarisation des APs
Ca^{2+}-abhängiger K^+-Kanal	$I_{K(Ca)}$	Aktivierung durch Depolarisation und $[Ca^{2+}]_i$-Anstieg	TEA	Repolarisation des APs und Nachhyperpolarisation

len, z.B. dadurch, daß sie selbst unter andauernder Depolarisation nicht vollständig inaktiviert werden (d.h. sie schließen nicht vollständig). Dafür erhöht sich bei einem Typ, dem L-Typ-Ca^{2+}-Kanal, die Wahrscheinlichkeit für eine Inaktivierung durch eine Erhöhung der Ca^{2+}-Konzentration: Der Ca^{2+}-Strom während einer anhaltenden Depolarisation wird dadurch „gebremst", sobald die Ca^{2+}-Konzentration an der Membraninnenseite ansteigt.

Die in eine Zelle eindringenden Ca^{2+}-Ionen werden im Cytoplasma von Ca^{2+}-bindenden Proteinen (z.B. Parvalbumin) gebunden. Etwa 99% der einströmenden Ca^{2+}-Ionen werden unmittelbar nach ihrem Eintritt ins Cytosol auf diese Weise „gepuffert"; nur ca. 1% wirkt als „freies" Ca^{2+} als Signal. Die Pufferung der einströmenden Ca^{2+}-Ionen erfolgt so schnell, daß die mittlere Diffusionslänge freier Ca^{2+}-Ionen nur etwa 1 µm beträgt. Das bedeutet, daß eine Änderung von $[Ca^{2+}]_i$ stets ein lokal begrenztes Signal ist, das in unterschiedlichen Kompartimenten einer Zelle ganz verschiedene Wirkungen haben kann.

Der anhaltende Ca^{2+}-Einstrom ist vor allem für die Funktion von Muskelzellen, insbesondere denen des Herzens, von großer Bedeutung (s. Kap. 10 und 12), weil Ca^{2+}-Ionen indirekt die Kontraktion der Muskelzellen auslösen. Ca^{2+}-Ionen können auch Ionenkanäle aktivieren, so z.B. Ca^{2+}-abhängige K^+-Kanäle, Ca^{2+}-abhängige Cl^--Kanäle oder Ca^{2+}-abhängige Kationenkanäle. Die Aktivierung Ca^{2+}-abhängiger K^+-Kanäle, z.B. als Antwort auf eine Membrandepolarisation, beschleunigt die Repolarisation eines APs, und zwar aufgrund eines verstärkten, nach außen gerichteten Kaliumstroms. Die durch Ca^{2+} erfolgte Aktivierung einer Ca^{2+}-abhängigen Kaliumleitfähigkeit hält bei einigen Nervenzellen lange (> 100 ms) an und führt zu einer langanhaltenden Hyperpolarisation nach einem AP (**Nachhyperpolarisation**, s. Abb. 5.16). Eine solche Verminderung des Membranwiderstands macht die Zelle gegenüber weiteren Erregungen unempfindlicher (relative Refraktärphase). Erst die Abnahme der Ca^{2+}-Konzentration führt zum Verschluß dieser Ca^{2+}-abhängigen K^+-Kanäle und zur Beendigung der Effekte auf das Membranpotential und den Membranwiderstand. Schaltet man den Ca^{2+}-Strom mit einem Ca^{2+}-Kanalblocker (z.B. Co^{2+} oder Cd^{2+}) aus, so wird die Nachhyperpolarisation ebenfalls eliminiert.

Zusammenfassung

Neurone besitzen viele Kompartimente, deren wichtigste die Dendriten, das Soma und das Axon sind. Diese können allerdings in weitere Kompartimente unterteilt werden. Die elektrische Signalverarbeitung in Neuronen variiert von Kompartiment zu Kompartiment. In Dendriten werden z.B. Signale aufgenommen und integriert, während Axone Nervenimpulse (Aktionspotentiale, APs) fortleiten.

Der neuronalen Informationsverarbeitung und -übertragung liegen die elektrischen Eigenschaften der Zellmembran zugrunde. Diese elektrischen Eigenschaften sind insbesondere vom molekularen Aufbau der Membran abhängig. Die Lipiddoppelschicht wirkt als elektrischer Kondensator und stellt die Membrankapazität dar. Sie ist für geladene Teilchen (Ionen) impermeabel. Aus Proteinen zusammengesetzte Kanäle, welche in die Lipiddoppelschicht eingebettet sind, statten die Membran mit selektiven elektrischen Leitfähigkeiten aus. Diese Kanäle ermöglichen jeweils bestimmten Ionen den Durchtritt durch die Membran. Der Ionenfluß durch solche ionenselektive Kanäle ist ein elektrischer Strom. Diese zwei Eigenschaften, Kapazität und Leitfähigkeit, sind für den Zeitverlauf der Spannungsänderungen verantwortlich, die an Zellmembranen auftreten.

Den asymmetrischen Ionenverteilungen auf den beiden Seiten einer Membran entsprechen Gleichgewichtsspannungen, die sich jeweils nach der Nernst-Gleichung berechnen lassen. Die wirkliche Membranspannung hängt von diesen Gleichgewichtsspannungen sowie den Membranleitfähigkeiten für die verschiedenen Ionensorten ab. Da ruhende Zellmembranen für K^+ und Cl^- am besten permeabel sind, liegt das Ruhepotential typischerweise nahe bei den Gleichgewichtspotentialen dieser beiden Ionen, also zwischen −60 und −100 mV.

Wird ein Neuron gereizt, so ist dies meist mit einer Erhöhung der normalerweise geringen Leitfähigkeit für Na^+ oder für Ca^{2+} verbunden und führt zu einem Einstrom des einen oder des anderen Ions, so daß das Zellinnere weniger negativ (depolarisiert) wird. Eine solche Depolarisation kann die transiente Öffnung von spannungsabhängigen Na^+-Kanälen aktivieren, was den Aufstrich eines Aktionspotentials auslöst. Na^+-Strom und Depolarisation verstärken sich nun wechselseitig, bis die Na^+-Kanäle inaktivieren. Dann hat die Membranspannung etwa 30 mV, also fast das Na^+-Gleichgewichtspotential, erreicht. Etwas verzögert hierzu aktivieren meist mehrere Typen von K^+-Kanälen. Der Ausstrom von K^+ bringt die Membranspannung rasch wieder zum Ruhepotential zurück.

Insgesamt hängt das elektrische Verhalten und insbesondere die Membranspannung erregbarer Membranen also von den passiven Eigenschaften der Membrankapazität und der Ruheleitfähigkeit, von metabolisch aufrechterhaltenen Ionengradienten über der Membran und von den spezifischen Funktionen mehrerer ionenselektiver Membrankanäle ab. Das Verhalten der Ionenkanäle kann von der Membranspannung, von Agonisten wie Neurotransmittern oder sekundären Botenstoffen, aber auch von beiderlei Faktoren moduliert werden.

Empfohlene Literatur

Catterall, W.A.: Structure and function of voltage gated ion channels. Trends Neurosci. **16** (1993) 500–506

Hodgkin, A.L.: Chance and design in electrophysiology: An informal account of certain experiments on nerve carried out between 1934 and 1952. J. Physiol. **263** (1976) 1–21

Kandel, E.R., Schwartz, J.H., Jessell, T.M.: Neurowissenschaften. Akademischer Verlag, Berlin 1996

6. Kommunikation innerhalb und zwischen Nervenzellen

Das Überleben der Tiere hängt von ihrer Fähigkeit ab, auf Bedrohungen aus der Umgebung, z.B. durch andere Organismen, zu reagieren. Meist muß diese Reaktion sowohl schnell als auch wohlkoordiniert erfolgen, um effektiv zu sein. Eine solch effektive Verhaltensantwort kann nur erfolgen, wenn die entsprechende Information im Körper schnell aufgenommen, organisiert und weitergegeben wird. Unter diesem speziellen Selektionsdruck haben sich Nervensysteme entwickelt, um rasche und adaptive Verhaltensantworten zu ermöglichen. Nervensysteme findet man in allen Tieren, von den einfachsten Coelenteraten bis hin zu den Säugern.

Die Komplexität von Nervensystemen wird besonders deutlich am Beispiel des menschlichen Nervensystems, das mehr als 10^{11} Neurone enthält und zusätzlich eine noch viel größere Anzahl von **Gliazellen** (**Neuroglia**), welche die Funktion der Neurone unterstützen. Die funktionellen Einheiten, die es den Organismen ermöglichen, effektiv auf die Erfordernisse ihrer Umwelt zu reagieren, sind Gruppen von Neuronen, die so miteinander verbunden sind, daß die Information zwischen den einzelnen Zellen übertragen werden kann. Diese Anordnungen nennt man **neuronale Schaltkreise,** da ihre Verschaltungen in vielen Aspekten elektrischen Schaltkreisen ähneln. Die komplexen Fähigkeiten des Nervensystems – Bewegung, Wahrnehmung, Lernen, Gedächtnis und Bewußtsein – sind Produkte der physikalischen und chemischen Vorgänge, die in Kap. 5 besprochen wurden und die in diesem Kapitel genauer betrachtet werden sollen. Das Verständnis, wie die Aktivität von Nervenzellen in Verhalten umgesetzt wird, gehört zweifellos zu den größten Herausforderungen der Biologie. Die Frage, ob wir jemals die physikalischen und chemischen Grundlagen des Bewußtseins und der Kreativität verstehen werden, bleibt offen.

Trotz der enormen Komplexität der meisten Nervensysteme ist schon viel von der Physiologie und der Biophysik einzelner Neurone bekannt. Die Komplexität des Nervensystems beruht demnach nicht auf einer Vielzahl von grundsätzlich verschiedenen Prinzipien der Informationsverarbeitung, sondern auf der Anzahl und den Eigenschaften der gegenseitigen Verbindungen, die zwischen den Neuronen ausgebildet sind. Tatsächlich erzeugen die Neurone nur ein kleines Repertoire elektrischer Signale. Diese Signale beruhen auf den in Kap. 5 besprochenen Prinzipien. Es sind dies

1. die Speicherung elektrochemischer Energie in Form von Ionengradienten über der Zellmembran,
2. die Freisetzung dieser Energie in Form von Ionenströmen durch gesteuerte, selektiv permeable Membrankanäle und
3. die passiven elektrischen Eigenschaften der Membran (d.h. die elektrische Leitfähigkeit und die Kapazität).

Ionenströme kodieren Signale über bestimmte Mechanismen, die im ersten Teil dieses Kapitels besprochen werden. Wenn wir bei der Untersuchung der Informationsübertragung durch Aktionspotentiale (APs) Ereignisse in einzelnen Neuronen beschreiben, so muß uns dabei klar sein, daß das Verhalten nie durch die Aktivität eines einzelnen Neurons bestimmt wird. Sogar bei den einfachsten Tieren werden Verhaltensweisen von der gemeinsamen Aktivität vieler Neurone bestimmt, so daß ein Signal, das von einem einzelnen Neuron weitergeleitet wird, stets auf andere Neurone übertragen werden muß, um adaptives Verhalten auszulösen. Die Übertragung von Information zwischen Neuronen findet an den sog. Synapsen statt. Die **synaptische Übertragung** (d.h. die Mechanismen, die den Informationsfluß von einem Neuron zum nächsten an einer Synapse ermöglichen) wird im zweiten Abschnitt dieses Kapitels besprochen.

Übertragung von Signalen im Nervensystem – ein Überblick

Signale werden entlang der Plasmamembran eines Neurons entweder als **graduierte elektrotonische Potentiale** oder als **Aktionspotentiale** (Alles-oder-Nichts Antworten) weitergeleitet. Wie in Abbildung 6.1 schematisch gezeigt, werden beide Varianten der Informationsübertragung von einem Neuron auf das nächste abwechselnd angewandt. Die Energie eines physikalischen Reizes wird aufgenommen, ändert das Membranpotential[1], u_m, an einer dafür spezialisierten Membran eines sensorischen Neurons (s. Kap. 7) und erzeugt so, abhängig von der Reizstärke, ein graduiertes **Rezeptorpotential** (d.h. ein in seiner Intensität abgestuftes Po-

---
[1] s. S. 144, Fußnote 10.

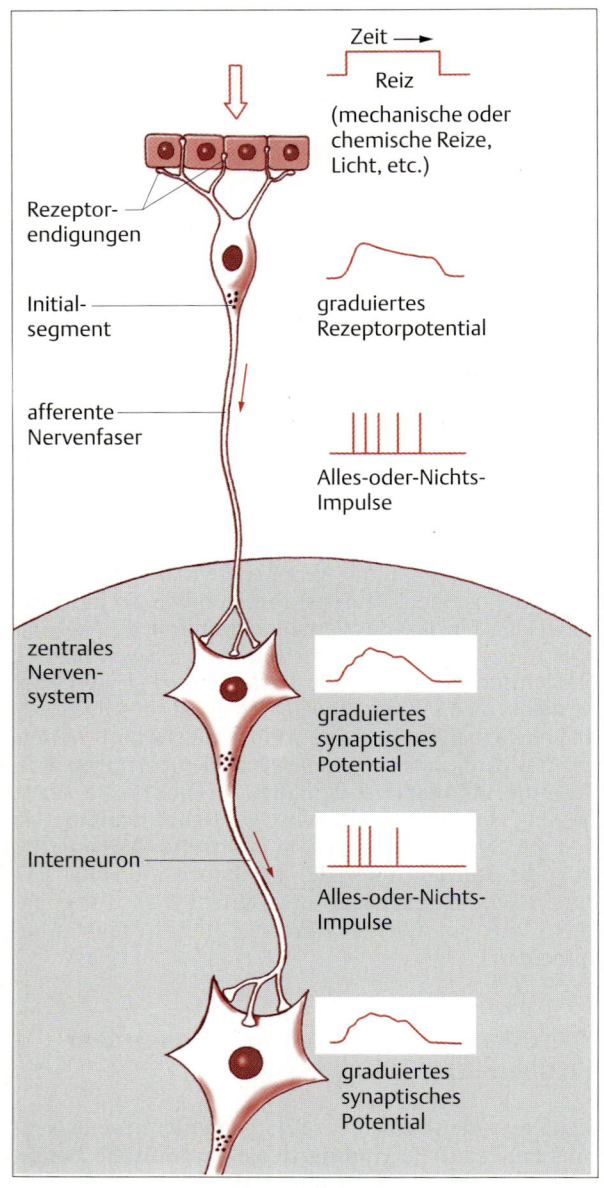

Abb. 6.1 Wechsel zwischen graduierten und Alles-oder-Nichts-Signalen in einer neuronalen Leitungsbahn. Ein Reiz, der auf die Rezeptoren eines sensorischen Neurons trifft, erzeugt ein graduiertes Rezeptorpotential, das dem Reiz in Dauer und Amplitude analog ist. Dieses Rezeptorpotential breitet sich elektrotonisch über das Soma aus und löst im Axon Aktionspotentiale aus, die sich nach dem Alles-oder-Nichts-Prinzip entlang der afferenten Nervenfaser fortpflanzen. An der synaptischen Endigung bewirken die Aktionspotentiale eine Transmitterfreisetzung, die ein graduiertes postsynaptisches Potential im nächsten Neuron zur Folge hat. Erreicht das postsynaptische Potential die Feuerschwelle, so löst es ein neues Aktionspotential oder eine Serie von Aktionspotentialen aus. Graduierte und Alles-oder-Nichts-Potentiale wechseln sich in einer solchen Leitungsbahn ab, wobei die Information abwechselnd von elektrischen und chemischen Signalen getragen wird.

tential). Ein schwacher Reiz bewirkt eine geringe Potentialänderung, während ein starker Reiz eine starke Veränderung von u_m verursacht. (Die Änderung von u_m an der Rezeptormembran wird oft in abgeschwächter Form aufrechterhalten, solange der Reiz andauert.) Da der Zeit- und Intensitätsverlauf des Rezeptorpotentials dem Zeit- und Intensitätsverlauf des Reizes genau entspricht, kann man das Rezeptorpotential als neuronales Analogon des Reizes ansehen. Zum Beispiel erzeugt ein lang andauernder Druckreiz typischerweise eine lang andauernde, leicht abfallende Depolarisation des Rezeptors. Dieses Signal breitet sich von der Reizseite ausgehend über die Zellmembran aus, ähnlich wie ein elektrisches Signal sich entlang eines Kabels ausbreitet. Die Membran, welche die sensorischen Reize aufnimmt, hat keine spannungsgesteuerten Ionenkanäle, die Alles-oder-Nichts-APs erzeugen, so daß die Signale in diesem Teil eines sensorischen Neurons nicht aktiv fortgeleitet werden können. Ebenso wie elektrische Signale bei der Fortleitung entlang eines Kabels abgeschwächt werden, werden diese Rezeptorpotentiale mit zunehmender Entfernung von ihrem Ursprungsort zunehmend schwächer. Diese Art der Signalübertragung nennt man **passive elektrotonische Übertragung**, zur Unterscheidung von der regenerativen Weiterleitung von APs. Passiv übertragene Signale werden bereits über relativ kurze Entfernung abgeschwächt, so daß sich diese Art der Signalübertragung nicht dazu eignet, Signale über größere Entfernungen zu übertragen. Der Teil der Membran eines sensorischen Neurons, wo das AP entsteht, besitzt spannungsgesteuerte Ionenkanäle, welche die Entstehung eines APs ermöglichen; wenn das passiv fortgeleitete Rezeptorpotential groß genug ist, wird dort ein AP initiiert, das ohne Abschwächung über mehrere Meter fortgeleitet werden kann.

Die nächste Umwandlung des Signals findet an den Axonterminalen des sensorischen Neurons statt, wo es über Synapsen an andere Neurone weitergegeben wird. Dieser Transfer von Informationen zwischen Neuronen wird typischerweise (aber nicht immer) durch chemische Signalmoleküle, sog. **Neurotransmitter**, vermittelt. Diese Art der Informationsübertragung setzt voraus, daß der Neurotransmitter das Membranpotential u_m des postsynaptischen Neurons verändert. Die Impulse, die an den zentralen Endigungen eines sensorischen Neurons ankommen, führen zur Ausschüttung eines

Transmitters, der am postsynaptischen Neuron eine Potentialänderung bewirkt. Die freigesetzte Transmittermenge und die Amplitude der postsynaptischen Antwort, die durch den Transmitter ausgelöst wird, sind eine Funktion der Impulsfrequenz im **präsynaptischen Neuron**. Innerhalb gewisser Grenzen gilt, daß die postsynaptische Depolarisation desto größer ist, je höher die präsynaptische Frequenz ist. Wie die Rezeptorpotentiale sind die postsynaptischen Potentiale ebenfalls Analoga (wenn auch nicht lineare, sondern stark veränderte) des ursprünglichen Reizes. Die postsynaptische Depolarisation bewirkt, wenn sie groß genug ist, eine Folge von APs im postsynaptischen Neuron.

Mit diesem vereinfachten Überblick haben wir graduierte, lokale, den ursprünglichen Reizen analoge Membranpotentialänderungen kennengelernt. Diese wechseln sich entlang der Leitungsbahn mit nach dem Alles- oder-Nichts-Prinzip fortgeleiteten APs ab, die größere Entfernungen überbrücken. Die graduierten Potentiale treten an sensorischen und postsynaptischen Membranen auf, während die APs weitgehend auf die dazwischen liegenden leitenden Strukturen wie Axone beschränkt sind. Abgesehen von wenigen Ausnahmen werden sämtliche Signale, die diesen beiden Hauptkategorien zugeordnet werden – Alles-oder-Nichts-Impulse und graduierte Potentialänderungen – durch Membrankanäle generiert (s. Kap. 5 u. 7).

Die Information wird im Nervensystem ständig umgeformt: Einerseits über Veränderungen der Membranspannung, die als aktiv weitergeleitete APs übertragen werden, andererseits werden die elektrisch kodierten Signale an den Synapsen in chemische Signale umgewandelt, welche die Information an das nächste Neuron weitergeben. Das chemische Signal wird dann im postsynaptischen Neuron wiederum in ein elektrisches Signal umgewandelt. Das bedeutet, daß der Charakter der Signale im Verlauf der Übertragung im Nervensystem von elektrisch zu chemisch wechselt. Veränderungen in der synaptischen Übertragung sind wahrscheinlich die Grundlage von solch komplexen Phänomenen wie z.B. dem Lernen. Unser Verständnis von Synapsen und ihrem Einfluß auf die Steuerung der Vorgänge im Organismus nimmt in dem Maße zu, wie wir mehr über die Sekretion und die Wirkung von Neurotransmittern lernen.

Informationsübertragung in einem einzelnen Neuron

Information wird innerhalb eines Neurons von seinem Ursprungsort über zwei grundlegende Mechanismen weitergeleitet: durch die passive elektrotonische Weiterleitung und durch aktiv weitergeleitete APs. Die elektrotonische Weiterleitung findet in allen Neuronen statt, während APs nur in solchen Neuronen auftreten, die spannungsgesteuerte Ionenkanäle besitzen (s. Kap. 5). Die elektrotonische Weiterleitung hängt allein von den physikalischen Eigenschaften des Neurons ab, während APs sowohl von den physikalischen Eigenschaften des Neurons als auch von den Eigenschaften der spannungsgesteuerten Ionenkanäle abhängen.

Passive Ausbreitung elektrischer Signale

Die passive Ausbreitung der Veränderungen von u_m findet in allen Neuronen statt. Der Widerstand und die Kapazität der Membran sind die Eigenschaften, welche bestimmen, wie sich Potentiale und Ströme innerhalb einer Zelle ausbreiten. Bei einer hypothetischen sphärischen Zelle breiten sich die Potentiale praktisch gleichmäßig nach allen Seiten mit nur geringfügiger Abschwächung aus. Die Ursache dafür liegt darin begründet, daß der Widerstand der Zellmembran hoch ist im Vergleich zum Gesamtwiderstand, der einem Strom bei der Durchquerung des Cytoplasmas durch den relativ geringen Durchmesser der Zelle entgegensteht (s. Kap. 5). Als Folge davon breitet sich der in eine sphärische Zelle zugeführte Strom aus und fließt mit relativ gleichmäßiger Stärke durch die Zellmembran und über die ganze Zelloberfläche. Echte Neurone haben aber eine kompliziertere Form und besitzen gewöhnlich lange Fortsätze, die der Informationsleitung über längere Strecken dienen. In solchen langen, dünnen, zylindrischen Elementen (Axone, Dendriten oder Muskelzellen) kann sich ein elektrisches Signal aufgrund der **Kabeleigenschaften** elektrotonisch ausbreiten (Abb. 6.2). Die **elektrotonische Ausbreitung** eines Membranpotentials erfolgt vom Ort der Stromzufuhr gemäß den Kabeleigenschaften eines Axons oder einer Muskelzelle. Der in die longitudinale Richtung fließende Strom wird mit zunehmender Entfernung abgeschwächt
- aufgrund des elektrischen Widerstandes des Cytoplasmas zwischen einem Punkt im Zylinder und einem entlang der Achse entfernt liegenden, zweiten Punkt, und
- wegen der Leitfähigkeit der das Cytoplasma umgebenden Zellmembran.

Die longitudinal gerichtete Stromstärke eines elektrischen Stroms nimmt mit zunehmender Entfernung ab, da ein gewisser Teil des Stroms an jeder Stelle entlang des Zylinders durch die Zellmembran nach außen fließt und damit für die Weiterleitung des Signals verlorengeht. Der nach außen sickernde Anteil fließt nicht mehr in Vorwärtsrichtung, sondern in den Extrazellularraum zurück und schließt den Stromkreis.

Wir können uns die Ausbreitung des Stroms entlang des Axons an einem elektronischen Schaltkreis klarma-

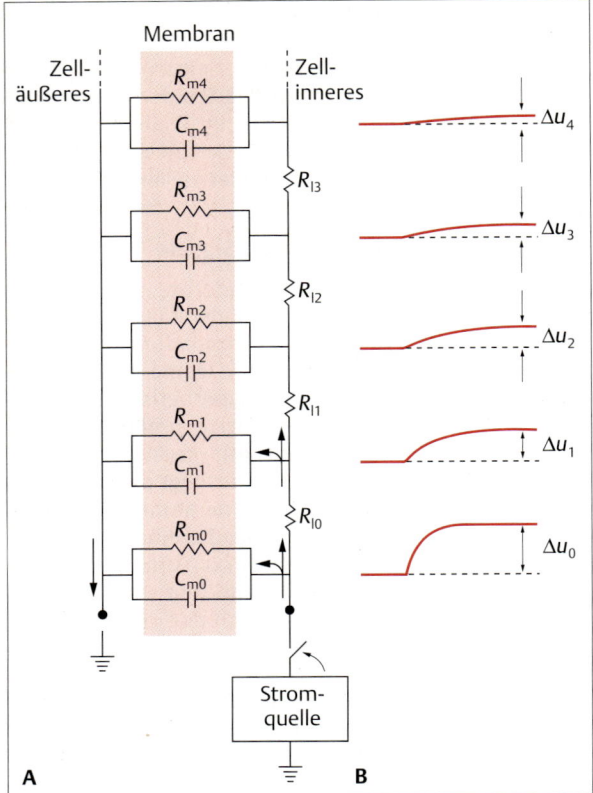

Abb. 6.2 Kabeleigenschaften eines Axons. Die Kabeleigenschaften einer zylindrischen Struktur bestimmen die Art, wie sich Ströme entlang dieser Struktur ausbreiten. **A** Ersatzschaltbild eines Axons. Der Membranwiderstand R_m, der Längswiderstand R_l und die Membrankapazität C_m sind im Ersatzschaltbild willkürlich zu diskreten Elementen (0, 1, 2, 3, 4) zusammengefaßt. Diese RC-Elemente sind über die inneren und äußeren Längswiderstände verbunden. Die farbigen Pfeile geben die Richtung des Stromflusses an. **B** Dargestellt sind die über diese RC-Elemente an der Membran abgeleiteten Antworten auf einen stufenförmig zugeführten elektrischen Strompuls, der durch Einschalten einer Stromquelle erzeugt wurde. Die Potentialänderungen $\Delta u_1 - \Delta u_4$ zeigen eine exponentielle Amplitudenabnahme; ihr Anstieg auf dieses niedrigere Niveau verläuft mit wachsender Distanz von der Stromquelle langsamer.

chen. Für das bessere Verständnis stelle man sich Axone als isolierte Kabel im Meer vor, da Axone gewisse Ähnlichkeiten mit einem isolierten Unterwasserkabel aufweisen. Allerdings fließt der Strom in Axonen deutlich langsamer als der elektrische Strom in einem Kabel. Das Cytoplasma entspricht dem leitenden Kern des Kabels und die Membran der Isolierung. Die die Zelle umspülende extrazelluläre Flüssigkeit ist dem Meerwasser analog, welches das Unterwasserkabel umgibt. Die Kabeleigenschaften der Nerven- und Muskelzellen spielen bei der Ausbreitung des Stromes und der Leitung von Impulsen entlang der Zellmembran eine wichtige Rolle.

Der Strom verteilt sich über dem Axon gemäß den passiven elektrischen Eigenschaften, wie sie durch das Ersatzschaltbild der Abb. 6.2 dargestellt sind. Die Komponenten R_m und C_m sind die gleichen wie in Abb. 5.5 und stellen den gleichmäßig verteilten passiven Widerstand und die Kapazität der inaktiven Membran dar. Aus Gründen der Verständlichkeit werden sie in Abb. 6.2 als getrennte Eigenschaften beschrieben.

Zunächst sei die Membrankapazität außer acht gelassen und angenommen, daß der Strom nur durch die Widerstände fließt. Nach dem ersten Kirchhoff-Gesetz ist die Summe aller Ströme, die in einem Punkt eintreffen, gleich der Summe derjenigen, die diesen Punkt verlassen. Das Kirchhoff-Gesetz setzt zusammen mit dem Ohm-Gesetz voraus, daß sich der Strom an einer Gabelung umgekehrt proportional zum Widerstand der verschiedenen zur Wahl stehenden Wege verteilt. Wird nun der Schaltkreis in Abb. 6.2 geschlossen, so verteilt sich ein Impuls (ΔI) konstanter Stromstärke dementsprechend und fließt an allen Verzweigungspunkten (0, 1, 2, 3, 4) über die Membran. An jedem Verzweigungspunkt wird ein Teil des Stroms durch den Membranwiderstand R_m und der restliche Teil durch den longitudinalen Widerstand R_l fließen. Der Strom wird entlang des Axons durch jeden longitudinalen Widerstand R_l, der ihm im Wege steht, verkleinert, da sich die longitudinalen Widerstände addieren. Die Änderung in u_m tritt nicht sofort auf, da eine kurze Zeit benötigt wird, sie aufzubauen. Die Zeit, die benötigt wird um u_m zu stabilisieren, hängt von der Membrankapazität ab, da sich die Ladungen auf jeder Seite der Membran zuerst anhäufen müssen. Aufgrund der Membrankapazität wird ein Rechteckreiz, der bei $x = 0$ zugeführt wird, einige Millimeter entfernt als langsam steigendes und fallendes Potential erscheinen. Die Membrankapazität verlangsamt damit die passive Weiterleitung von Signalen und verändert sie. Der durch die Membran (über die Widerstände R_m) fließende Strom entspricht daher einer abnehmenden exponentiellen Funktion der longitudinalen Entfernung vom Ort der Reizung. Da im Schaltkreis alle R_m den gleichen Widerstand besitzen, nehmen nach dem Ohm-Gesetz auch die über den Membranwiderständen R_m aufgebauten Potentiale exponentiell mit der Entfernung ab. Demnach vermindert sich das über der Membran liegende Fließgleichgewichtspotential (Δu_m) mit der Entfernung entlang dem Axon (Abb. 6.3).

Der mit zunehmender Entfernung erfolgende exponentielle Abfall eines Gleichgewichtpotentials wird durch die von Alan L. Hodgkin und W.A.H. Rushton (1946) erstmals auf Axone angewandte Gleichung beschrieben:

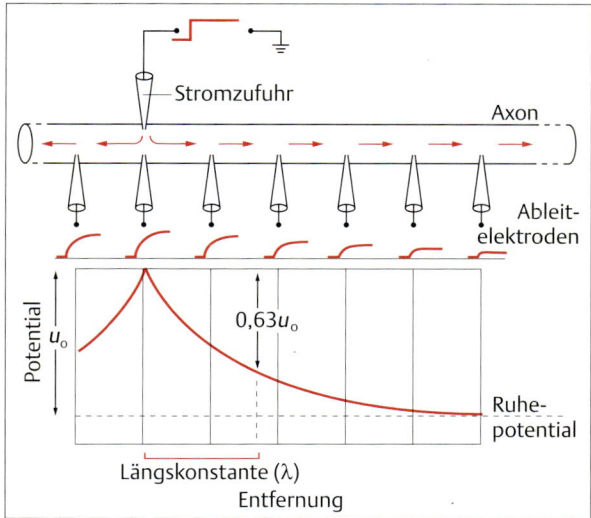

Abb. 6.3 Potentialabfall entlang einer Nerven- oder Muskelfaser mit zunehmender Entfernung vom Reizort bei passiver Stromleitung. Die Änderung des Membranpotentials, die durch Strominjektion an einem Ort der Faser ausgelöst wird, nimmt mit zunehmendem Abstand vom Ort der Strominjektion exponentiell ab. Die Membranlängskonstante λ wird definiert als die Entfernung vom Reizort, an der das Membranpotential um $1 - 1/e$ (63%) seines ursprünglichen Wertes u_0 (am Reizort) abgefallen ist.

$$u_x = u_0 \cdot e^{-x/\lambda} \quad (6.1)$$

wobei u_x die Potentialänderung im Abstand x von dem Punkt ist, an dem der Strom angelegt wird, und u_0 die Potentialänderung am Punkt $x = 0$ darstellt. Das Symbol λ steht für die **Längs-** (oder **Raum-**) **Konstante**, die mit dem Widerstand des Axons über die folgende Gleichung im Zusammenhang steht:

$$\lambda = \sqrt{\frac{R_m}{R_i + R_o}} = \sqrt{\frac{R_m}{R_l}} \quad (6.2)$$

R_m ist der Widerstand einer Längeneinheit der Axonmembran und R_l die Summe der longitudinalen inneren und äußeren Widerstände einer Längeneinheit ($R_i + R_o$). Ist $x = \lambda$, so geht aus Gleichung 6.1 hervor:

$$u_x = u_0 \cdot e^{-1} = u_0 \cdot 1/e = 0{,}37 \cdot u_0 \quad (6.3)$$

λ ist die Strecke, über die ein Potential u_0 aufgrund der Längs- und Querwiderstände eine Verminderung der Amplitude um 63% erfährt (Abb. 6.**3**). Die Längskonstante eines Axons hängt maßgeblich von R_m ab und erstreckt sich von 0,1 mm bei kleinen Axonen mit niedrigem Membranwiderstand bis zu 5 mm bei großen Axonen mit hohem Membranwiderstand.

Man beachte in Gleichung 6.2, daß der Wert von λ sowohl den Wurzeln von R_m als auch von $1/R_l$ direkt proportional ist. Dies bedeutet, daß die Ausbreitung eines elektrischen Stromes entlang des Inneren eines Axons durch einen hohen Membranwiderstand bzw. durch einen niedrigen Längswiderstand verstärkt wird. Wie nachfolgend erläutert wird, ist die Ausbreitungsgeschwindigkeit eines APs mit der Wirksamkeit der longitudinalen Stromausbreitung im Inneren eines Axons eng verknüpft. Auch die Kabeleigenschaften der Nervenzellen spielen bei der Informationsverarbeitung im Nervensystem eine wichtige Rolle (s. Kap. 7).

Fortleitung von Aktionspotentialen

Neurone haben normalerweise lange Axone, über die sie Informationen oft über weite Strecken im Körper in Form von APs fortleiten können. Einige Neurone sind relativ zur Längskonstanten ihrer **Neuriten** (Zellfortsätze) so kurz, daß sie alle oder die meisten ihrer normalen elektrischen Funktionen ohne fortgeleitete Impulse ausführen können. Solche Zellen sind meist nicht fähig, APs hervorzubringen. Sie werden dann als **nichtfeuernde Neurone** oder lokale Schaltneurone bezeichnet. Ihre graduierten Signale werden elektrotonisch ohne Beteiligung von Alles-oder-Nichts-Impulsen zu ihren Endigungen geleitet. Die Signale erfahren entlang ihres Weges eine Amplitudenreduktion, sind jedoch an den Endigungen noch stark genug, um die Transmitterfreisetzung auszulösen. Lokale Schaltneurone sind im Tierreich weit verbreitet. Beispielsweise kommen sie in der Vertebratenretina und in anderen Teilen des Zentralnervensystems (ZNS), im Entenmuschelauge, im Insektennervensystem und im stomatogastrischen Ganglion der Crustaceen vor. Diese Zellen sind selten länger als einige Millimeter. Sie sind gewöhnlich durch einen hohen spezifischen Membranwiderstand charakterisiert, der für die wirkungsvolle, verlustarme elektrotonische Signalausbreitung verantwortlich ist.

Allerdings beruht die Kommunikation zwischen verschiedenen, weit auseinander liegenden Teilen des Nervensystems auf der Fortleitung von Nervenimpulsen (APs) entlang der Neuronen-Axone, da die elektrotonische Signalausbreitung nicht über weite Strecken reicht. Eine ähnliche Fortleitungsart tritt auch in Muskelzellen auf. Dabei verursacht das AP eine Potentialänderung über der Membran, die ungefähr 5mal so groß ist wie die Feuerschwellendepolarisation. Der Unterschied zwischen der Größe der Depolarisation während eines APs und der Feuerschwelle gilt als **Sicherheitsfaktor** des Neurons; er ist für die Fortbildung der APs wichtig.

Das AP wird durch zwei Klassen von Ionenkanälen erzeugt: Na^+- und K^+-Kanäle. Um zu verstehen, wie sich Impulse fortleiten ist es notwendig, sich in Erinnerung zu rufen (s. Abb. 5.**17**), daß die elektrisch erregte Mem-

168 6. Kommunikation innerhalb und zwischen Nervenzellen

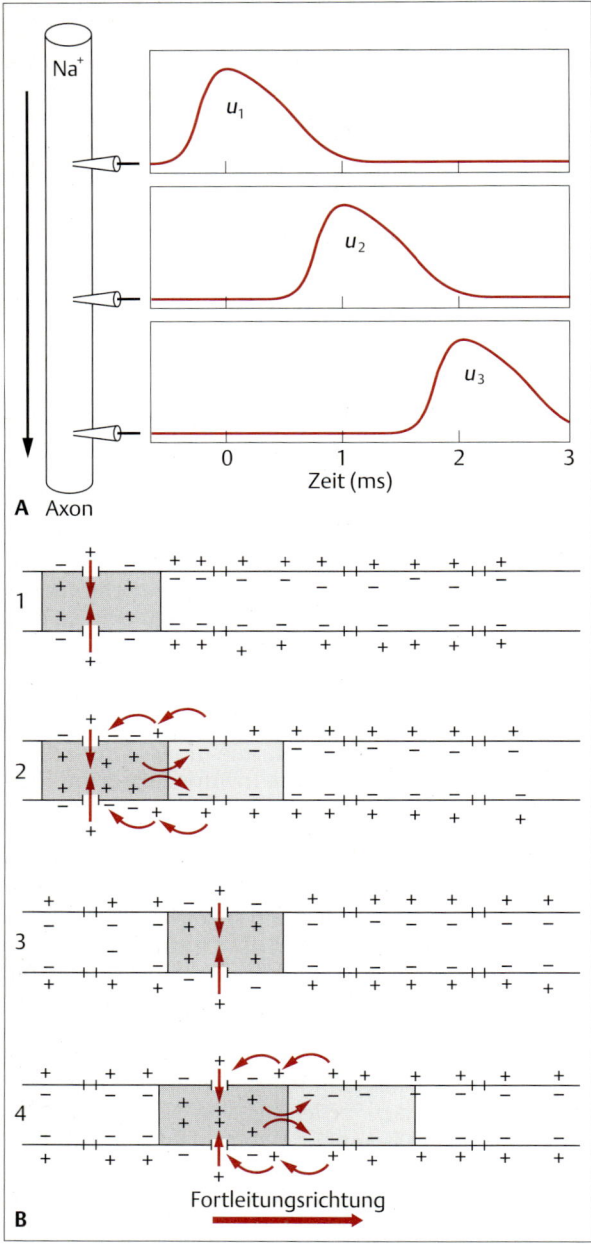

Abb. 6.4 Elektrotonische Ausbreitung des Stromes entlang eines Axons. A Ableitungen an verschiedenen Orten des Axons zeigen eine konstante Veränderung des Membranpotentials (u_m) durch das wandernde Aktionspotential. **B** Ein Aktionspotential wandert entlang des Axons, weil sich lokale Ströme von einem aktiven Ort der Membran (dunkelgrauer Bereich in 1) elektrotonisch zu benachbarten Orten der Membran ausbreiten (hellgrau in 2) und an diesen Orten die Membran zur Feuerschwelle bringen. Dann breitet sich der Strom von dem neu aktivierten Ort der Membran (3) wiederum zu benachbarten Teilen der Membran aus (4) und depolarisiert diese bis zur Schwelle. Dieser Vorgang wiederholt sich laufend entlang des Axons. In dieser Abbildung bewegt sich das Aktionspotential von links nach rechts. Ein aktivierter Bereich der Membran ist kurzfristig nicht mehr erregbar (refraktär), so daß sich ein Aktionspotential nicht wieder zum Ort seiner Entstehung zurückbewegen kann.

bran nach außen) und schließt so den Stromkreis. Diese elektrotonische Ausbreitung **lokaler Ströme** hängt von den Kabeleigenschaften des Axons ab. Der Einstrom von Na^+, der zum **Aufstrich** (Depolarisationsphase) des APs führt (Abb. 6.4A), hat einen Strom zur Folge, der sich innerhalb des Axons longitudinal nach beiden Seiten ausbreitet (Abb. 6.4B). Diese elektrotonische Ausbreitung der lokalen Ströme ist für die Fortleitung des APs verantwortlich.

Im folgenden sei nur der Strom betrachtet, der innerhalb des Axons longitudinal nach vorne fließt, d. h. in die Richtung der Impulsfortleitung (nach rechts in Abb. 6.4B). Um den Stromkreis zu schließen, muß der Strom kapazitiv durch unerregte Abschnitte der Membran nach außen fließen, die vor der Na^+-Einstromstelle liegen, und dann extrazellulär wieder zurück zur aktiven Region. Da die Leitfähigkeit der ruhenden Membran hauptsächlich von geöffneten K^+-Kanälen abhängt, wird hier der nach außen fließende Strom von K^+ getragen. Der K^+-Ausstrom führt zum Abstrich des APs. Eine elektrotonische Depolarisation der inaktiven Membran, die vor der aktiven Region liegt, wurde erstmals 1937 von Alan Hodgkin als Student mit dem in Abb. 6.5 gezeigten Experiment eindeutig nachgewiesen.

Wird die Membran, die vor einem AP liegt, durch die lokalen Ströme depolarisiert, so steigt die Leitfähigkeit für Na^+ an dieser Stelle an, was wiederum die regenerative Sequenz (d. h. den Hodgkin-Zyklus) in Gang setzt, die das AP hervorbringt. So depolarisiert und erregt jeder einzelne lokale Strom eines erregten Membranabschnitts den jeweils vor ihm liegenden Abschnitt. Das Signal wird auf diese Weise immer wieder verstärkt und behält, während es entlang des Axons wandert, seine volle Intensität. Um eine inaktive Membran bis zum Schwellenwert zu erregen, ist eine Depolarisation von etwa 20 mV erforderlich. Die durch ein AP hervorgerufene Gesamtdepolarisation liegt typischerweise bei etwa 100 mV. Aufgrund des Hodgin-Zyklus bewirkt damit ein

bran für Na^+ permeabel wird und diese Ionen für einen kurzen Strom im erregten Teil des Axons verantwortlich sind. Dieser Strom breitet sich innerhalb des Axons mit großer Geschwindigkeit (bis zu 120 m/s bei Säugetieren) longitudinal aus, depolarisiert dann als kapazitiver Strom die Membran (sickert transversal durch die Mem-

Informationsübertragung in einem einzelnen Neuron 169

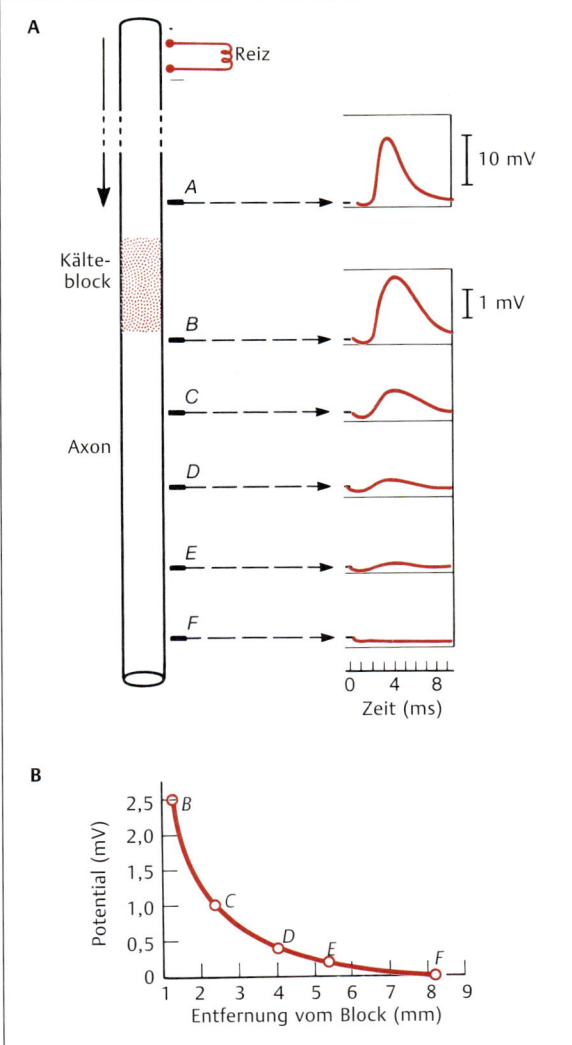

Abb. 6.5 **Elektrotonische Depolarisation der Axonmembran vor einem Aktionspotential. A** Ein kleiner Membranabschnitt (gepunkteter Bereich) wurde durch Kühlung blockiert. An den Punkten B bis F, d.h. in zunehmendem Abstand vom Kälteblock, wurden die Potentiale abgeleitet. Da über die blockierte Stelle keine Aktionspotentiale wandern können, mußten die gemessenen Potentiale auf einer elektrotonischen Ausbreitung beruhen. **B** Das elektrotonische Potential nahm mit wachsender Entfernung von der blockierten Region exponentiell ab. Durch dieses Experiment wurde zum ersten Mal gezeigt, daß die Axonmembran vor dem Aktionspotential elektrotonisch depolarisiert wird (nach Hodgkin, 1937).

AP eine ca. fünffache Verstärkung des elektrotonischen Signals.

Ein Teil des Stroms, der an der erregten Stelle in das Axon eindringt, breitet sich auch longitudinal nach hinten aus – also in die Richtung, aus der das AP kam. Dieser Strom führt jedoch zu keiner Erregung, da sich die Membran hinter dem fortgeleiteten Aktionspotential in der absoluten Refraktärphase (s. S. 154) befindet: Die Na^+-Kanäle dieser Region sind inaktiv; die K^+-Kanäle sind geöffnet und tragen den Strom in Form von K^+-Ionen aus der Zelle hinaus, so daß eine weitere Depolarisation dieses Teils der Membran verhindert wird. Die verzögerte Aktivierung von K^+-Kanälen ist für die rasche Repolarisation der Membran wichtig, die diese für ein nachfolgendes AP vorbereitet.

Zusammenfassend ist festzuhalten, daß die Fortleitung eines APs von zwei Faktoren abhängt:
1. von den passiven Kabeleigenschaften des Axons, welche die elektrotonische Ausbreitung lokaler Ströme vom Ort des Na^+- Einstroms zu benachbarten, unerregten Membranabschnitten erlauben und
2. von der elektrischen Erregbarkeit der Axonmembran. Das spannungsabhängige Öffnen der Na^+-Kanäle (infolge ihrer Konformationsänderung) und der resultierende Na^+-Einstrom führen zu einer fünffachen regenerativen Verstärkung der durch die lokalen Ströme hervorgerufenen passiven Depolarisation.

Man kann die Frage stellen, warum extrazelluläre Ströme eines leitenden Axons nicht andere, in der Nähe liegende Axone erregen und zu einem „Zwiegespräch" zwischen den Axonen führen. Die Antwort ist, daß der Widerstand der extrazellulären Strombahn viel niedriger ist als derjenige der inaktiven benachbarten Membranen, so daß nur ein Bruchteil des gesamten, von einer aktiven Membran erzeugten Stromes in ein benachbartes, inaktives Axon gelangt. Wegen dieser extrazellulären Kurzschlußaktion sind die Ströme, die durch ein aktives Axon erzeugt werden, normalerweise zu gering, um benachbarte, inaktive Axone zu erregen. Extrazelluläre, durch ein AP ausgelöste Ströme lassen sich jedoch mit extrazellulären Elektroden nachweisen (Box 6.1).

Leitungsgeschwindigkeit

Johannes Müller, ein führender Physiologe des 19. Jahrhunderts, stellte um 1830 die Behauptung auf, daß die Leitungsgeschwindigkeit eines APs niemals gemessen werden könne. Er argumentierte, daß ein AP als elektrischer Impuls mit einer Geschwindigkeit wandere, die ungefähr der des Lichtes entsprechen müsse ($3 \cdot 10^{10}$ cm/s) und damit zu schnell sei, um innerhalb biologischer Entfernungen gemessen werden zu können. Sein Argument ist verständlich, da er annahm, daß alle elektrischen Si-

Box 6.1 Extrazelluläre Ableitung der Impulsleitung

Nervenaktionspotentiale können mit einem Paar extrazellulär angebrachter Elektroden abgeleitet werden (**A–C**). Ein entlang des Axons laufendes Aktionspotential erscheint als negative Potentialwelle, da durch den Na^+-Einstrom das Zelläußere gegenüber der Umgebung negativ wird. Die elektronische Verschaltung ist so, daß ein negatives Potential an der Elektrode 1 im Oszillograph eine Strahlablenkung nach oben bewirkt, während es an der Elektrode 2 den Strahl nach unten ablenkt (positive Potentiale haben gegenteilige Wirkung). Ein über zwei Elektroden laufendes Aktionspotential erscheint deshalb auf dem Oszillograph als biphasische Welle (**A**).

Die Ableitung wird vereinfacht, wenn man die AP-Leitung in dem der Elektrode 2 anliegenden Teil des Axons verhindert. Dies kann durch Anästhesierung, Kühlung oder Quetschung des entsprechenden Axonabschnitts erreicht werden (**B**). Ein ähnlicher Effekt wird erreicht, wenn man mit Elektrode 2 in einiger Entfernung vom Axon aus der Badlösung ableitet (**C**).

Extrazelluläre Ableitungen werden häufig von Nervenbündeln gemacht, die aus zahlreichen Axonen bestehen (**D**). Die Gesamtaktivität vieler Axone ergibt eine zusammengesetzte Ableitung (**Summenaktionspotentiale**), deren Charakteristika von der Zahl aktiver Axone, dem relativen Timing der Aktivität einzelner Axone und von der Stromstärke abhängen. Größere Axone entwickeln stärkere extrazelluläre Ströme, weil der Membranstrom proportional zur Membranoberfläche zunimmt. Das extrazellulär abgeleitete Summenaktionspotential entspricht in Gestalt und Größe dem Strom, der durch die Extrazellulärflüssigkeit fließt. Deshalb erscheinen Summenaktionspotentiale von dicken Axonen bei extrazellulärer Ableitung größer, obwohl hier die Änderung des Membranpotentials nicht größer ist als bei dünneren Axonen. Die Amplitudenunterschiede zwischen einzelnen Ableitungen eines Summenaktionspotentials können zur Unterscheidung einzelner Axone verwendet werden.

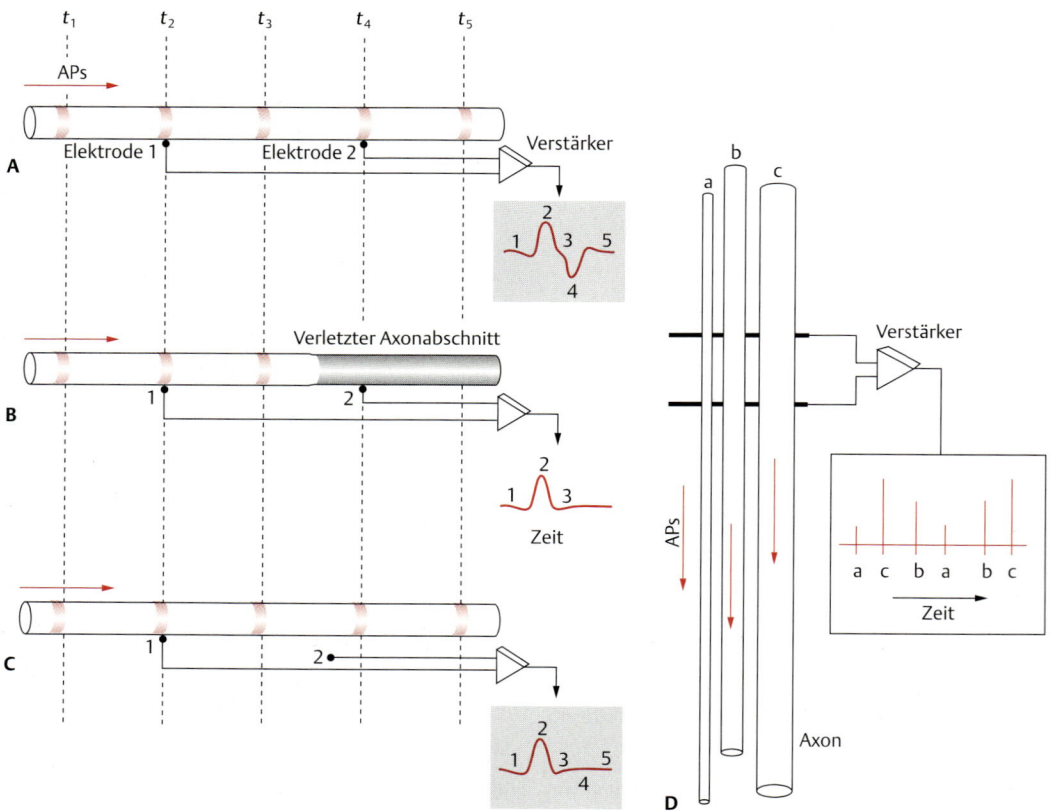

Extrazelluläre Ableitungen der Aktionspotentiale eines Nervenbündels. **A** Biphasische Ableitung. **B** Monophasische Ableitung: Eine Elektrode liegt dem gequetschten Teil des Nervs an. **C** Monophasische Ableitung: Die Referenzelektrode leitet aus dem Bad ab. Die Zeiten t_1–t_5 entsprechen den Zeiten in den Oszillographenaufzeichnungen und geben die Fortleitung des Aktionspotentials an. Das Oszillographensignal entsteht durch elektronische Subtraktion des Signals der Elektrode 2 vom Signal der Elektrode 1. **D** Anhand extrazellulärer Ableitungen lassen sich Fasern unterschiedlichen Durchmessers (a–c) aufgrund verschieden großer Aktionsströme differenzieren. Ein stärkerer Strom, der entlang des Axons fließt, erzeugt eine höhere Spannung zwischen den Ableitelektroden. (Beachte, daß der Abstand zwischen Axon und Elektrode die Amplitude des abgeleiteten Signals ebenfalls beeinflußt.)

gnale prinzipiell gleich sind. Da APs aber elektrische Signale sind, die von Ionenströmen getragen werden, wandern sie viel langsamer als die Elektronen in einem Kabel.

Tatsächlich gelang es einem seiner Studenten, Hermann von Helmholtz, innerhalb von fünfzehn Jahren die Leitungsgeschwindigkeit von APs im Froschnerven zu messen. Er bediente sich dazu einer genial einfachen Methode (Abb. 6.**6**), die leicht in einem Laborkurs von Studierenden wiederholt werden kann. Der Nerv wird an zwei 3 cm auseinander liegenden Stellen gereizt und die Latenzzeit bis zum Gipfel der daraufhin folgenden Muskelzuckung bestimmt. Nimmt man beispielsweise an, daß sich die Latenzzeit um 1 ms verkürzt, wenn man die Reizelektrode in Richtung auf den Muskel bewegt, so läßt sich die Leitungsgeschwindigkeit v_p folgendermaßen berechnen:

$$v_p = \frac{\Delta d}{\Delta t} = \frac{3 \text{ cm}}{1 \text{ ms}} = 3 \cdot 10^3 \text{ cm/s} = 30 \text{ m/s}$$

Diese Geschwindigkeit ist um sieben 10er Potenzen langsamer als der elektrische Strom in einem Kupferdraht oder in einer Elektrolytlösung. Aus solchen Experimenten schloß von Helmholtz, daß der Nervenimpuls komplexer ist als ein einfacher longitudinaler Stromfluß.

Die Leitungsgeschwindigkeit hängt vom Axondurchmesser ab und davon, ob das Axon von einer Myelinscheide umgeben ist (s. S. 172). In dicken Wirbeltieraxonen können sich die APs mit bis zu 120 m/s ausbreiten, während sie in dünnen Axonen nur wenige Zentimeter pro Sekunde zurücklegen. Unterschiede in der Leitungs-

Tab. 6.1 Klassifizierung von Froschnervenfasern nach Myelinisierung, Durchmesser und Leitungsgeschwindigkeit

Fasertyp	Axondurchmesser (μm)	Leitungsgeschwindigkeit (m/s)
myelinisierte Fasern		
Aα	18,5	42
Aβ	14,0	25
Aγ	11,0	17
B	ca. 3,0	4,2
nicht myelinisierte Fasern		
C	2,5	0,4–0,5

Faserklassifikation nach Erlanger u. Gasser, 1937 und nach Davson, 1964

geschwindigkeit sind in Tab. 6.**1** und in Abb. 6.**7** dargestellt.

Die Leitungsgeschwindigkeit eines APs hängt zum großen Teil von der Depolarisationsgeschwindigkeit der Membran ab, d.h. von der Geschwindigkeit, mit der jeder einzelne vor einem aktiven Abschnitt liegende Membranbereich durch die lokalen Ströme bis zum

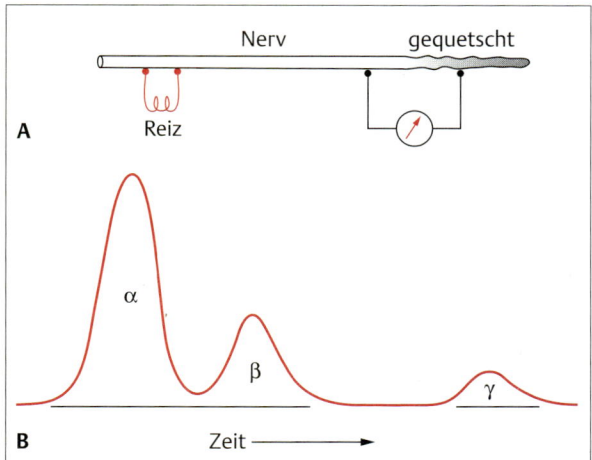

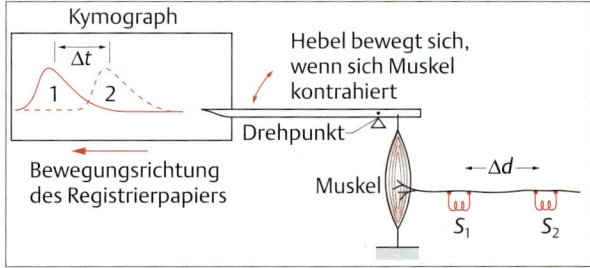

Abb. 6.6 Messung der Fortleitungsgeschwindigkeit von Nervenimpulsen im Froschnerv. Der dargestellte Versuchsaufbau wurde von von Helmholtz verwendet. Die Reizelektroden wurden erst in Position S_1, dann in Position S_2 angelegt. Der Kymograph transportierte ein berußtes Papier an einem Hebel vorbei, der eine Spur in den Ruß zeichnete. Aus dem Abstand der Reizelektroden (Δd) und der Latenzzeitdifferenz (Δt) der Muskelzuckungen ließ sich die Leitungsgeschwindigkeit des Nerven berechnen.

Abb. 6.7 Ein Froschnerv enthält Axone mit verschiedenen Leitungsgeschwindigkeiten. A Versuchsaufbau zur Reizung und Ableitung am Nerv (Axonbündel). **B** Extern abgeleitete Summenaktionspotentiale (summierte Signale aller aktiven Axone des Bündels). Die α-Fasern haben den größten Durchmesser und die größte Leitungsgeschwindigkeit. Die γ-Fasern weisen den kleinsten Durchmesser und die geringste Leitungsgeschwindigkeit auf (s. Tab. 6.**1**). Um die Form der gemessenen Potentiale zu vereinfachen, wird ein Pol der Ableitelektrode in einem zuvor inaktivierten (gequetschten) Bereich des Axons angelegt (s. Box 6.**1**).

Schwellenpotential depolarisiert wird. Je größer die Längskonstante eines Axons ist, desto weiter können sich die lokalen Ströme ausbreiten, bevor sie zu schwach werden, um die vor einer erregten Membranstelle liegende Region zu depolarisieren, und desto höher ist die Fortleitungsgeschwindigkeit. Welche Auswirkung die Verminderung der Längskonstante auf die Leitungsgeschwindigkeit hat, wird deutlich, wenn man ein Axon in ein Ölbad legt oder der Luft aussetzt. Als Folge davon verbleibt nur eine dünne Ionenschicht auf der Axonoberfläche erhalten, was die Längskonstante herabsetzt, da der externe longitudinale Widerstand (R_o in Gleichung 6.2) erhöht wird. In diesem Fall ist die Leitungsgeschwindigkeit deutlich langsamer als in einer Salzlösung.

Im Laufe der Evolution entwickelten sich zwei Wege, die Längskonstante eines Axons und damit auch die Geschwindigkeit der Impulsfortleitung zu erhöhen. Der eine Weg, der für die Riesenaxone des Tintenfisches, der Arthropoden, Anneliden und Teleostier charakteristisch ist, besteht in der Vergrößerung des Axondurchmessers, was eine Verminderung des inneren Längswiderstandes (R_i in Gleichung 6.2) zur Folge hat. Dies wird in Box 6.**2** ausführlich dargestellt. Riesenaxone haben sich bei einigen Arten für eine schnelle und synchrone Aktivierung lokomotorischer Reflexe entwickelt, wie z.B. im Mantel des Tintenfisches und bei den Flucht- bzw. Rückziehreflexen bestimmter Arthropoden (z.B. Flußkrebs und Schabe) und Anneliden (z.B. Regenwurm). Allerdings begrenzt die Anwesenheit einer größeren Anzahl von Axonen in einem Axonbündel die Möglichkeit zur Zunahme des Axondurchmessers. Da bei Vertebraten ein einziger Nerv aus Zehntausenden von Axonen bestehen kann, entwickelte sich hier ein anderer Mechanismus zur Erhöhung der Längskonstante, die **Myelinisierung**.

Saltatorische Erregungsleitung in myelinisierten Axonen

Die **Myelinisierung** bestimmter Axonsegmente erhöht die Längskonstante dieser Segmente und damit die longitudinale Ausbreitung des Stromflusses beträchtlich. Während der ontogenetischen Entwicklung wächst eine **Gliazelle** um die Axone peripherer und zentraler Bahnen, so daß eine aus vielen Lagen bestehende Myelinscheide aus lipophilen Zellmembranen entsteht (Abb. 6.8A). Solche myelinbildenden Zellen sind die **Schwann-Zellen** der peripheren Nerven und die **Oligodendrocyten** im ZNS. Querschnitte durch diese Scheide lassen alle 12 nm Zwischenräume erkennen, die durch die geschichteten Lagen der Gliazellmembran bedingt sind. Jede einzelne der bis zu 200 Einheitsmembranen erhöht den Querwiderstand der Myelinscheide, was dazu führt, daß der longitudinale Ladungsfluß im Axon verbessert wird. Die vielschichtige Myelinscheide ist in regelmäßigen Abständen durch **Ranvier-Schnürringe** oder Nodien unterbrochen, an denen kurze Abschnitte (etwa 10 μm) elektrisch erregbarer Axonmembran der extrazellulären Flüssigkeit ausgesetzt sind (Abb. 6.8B). Zwischen den Knoten eines Axons liegt die Myelinscheide der Axonmembran eng an und schirmt sie nahezu vollständig gegen den extrazellulären Raum ab. Die von Myelinscheiden bedeckten Axonabschnitte heißen **Internodien**. Die internodale Axonmembran besitzt vermutlich keine Na$^+$-Kanäle. Die Isoliereigenschaften der Myelinscheide erhöhen die Längskonstante des Axons beträchtlich (Erhöhung von R_m in Gleichung 6.2). Wegen des hohen Isolationswiderstandes entlang des Internodiums treten Ionenströme fast ausschließlich an den

---

Box 6.2 Axondurchmesser und Leitungsgeschwindigkeit

Die Geschwindigkeit, mit der ein Aktionspotential fortgeleitet wird, hängt zum Teil von der Entfernung ab, über die sich die durch den Na$^+$-Einstrom hervorgerufenen lokalen Strömchen entlang des Axons ausbreiten können. Diese Strecke hängt vom Verhältnis zwischen Längswiderstand (innerhalb des Axons) und Querwiderstand (über der Axonmembran) ab (Gleichung 6.2). Der Querwiderstand R_m einer Längeneinheit l der Axonmembran ist umgekehrt proportional zum Radius r des Axons, da die Oberfläche A_s eines Zylinders der Länge l gleich $2 \cdot \pi \cdot r \cdot l$ beträgt. Der Längswiderstand R_i einer Längeneinheit des Axoplasmas ist umgekehrt proportional zum Axonquerschnitt A_x. Da $A = \pi \cdot r^2$, ist R_i umgekehrt proportional zum Quadrat des Axonradius. Folglich verringert sich R_i bei einer Radiuszunahme stärker als R_m. Da die Längskonstante

$$\lambda = \sqrt{R_m/R_i + R_o} \qquad \text{(Gleichung 6.2)}$$

ist, hat die unverhältnismäßige Abnahme des Längswiderstandes R_i, die jede Vergrößerung des Axondurchmessers begleitet, eine Zunahme der Längskonstante zur Folge. Meist ist $R_i >> R_o$, so daß $\lambda \approx k \sqrt{R_i}$ ist (k ist eine Proportionalitätskonstante); d.h. die Längskonstante wächst proportional zum Axonradius.

Da die Leitungsgeschwindigkeit von der Depolarisationsgeschwindigkeit der im Abstand x vor dem Aktionspotential liegenden Membranstellen abhängt, darf die Membrankapazität nicht vernachlässigt werden. Beachte, daß die Zeitkonstante ($R_m \cdot C_m$) einer Längeneinheit der Axonmembran bei Änderung des Axondurchmessers konstant bleibt, da die Kapazität C_m direkt proportional zur Membranoberfläche zunimmt, während der Widerstand R_m direkt proportional abnimmt. Die Zunahme der Längskonstante, die mit zunehmendem Axondurchmesser einhergeht, tritt ohne eine Erhöhung der Zeitkonstante auf; infolgedessen bewirkt eine Durchmesservergrößerung einen größeren nach außen gerichteten Strom an der Stelle x, ohne daß dabei die Zeitkonstante der Membran zunimmt. Durch die erhöhte Depolarisationsgeschwindigkeit erreicht die Membran an der Stelle x am Axon schneller den Schwellenwert, was zu einer beschleunigten Fortleitung führt.

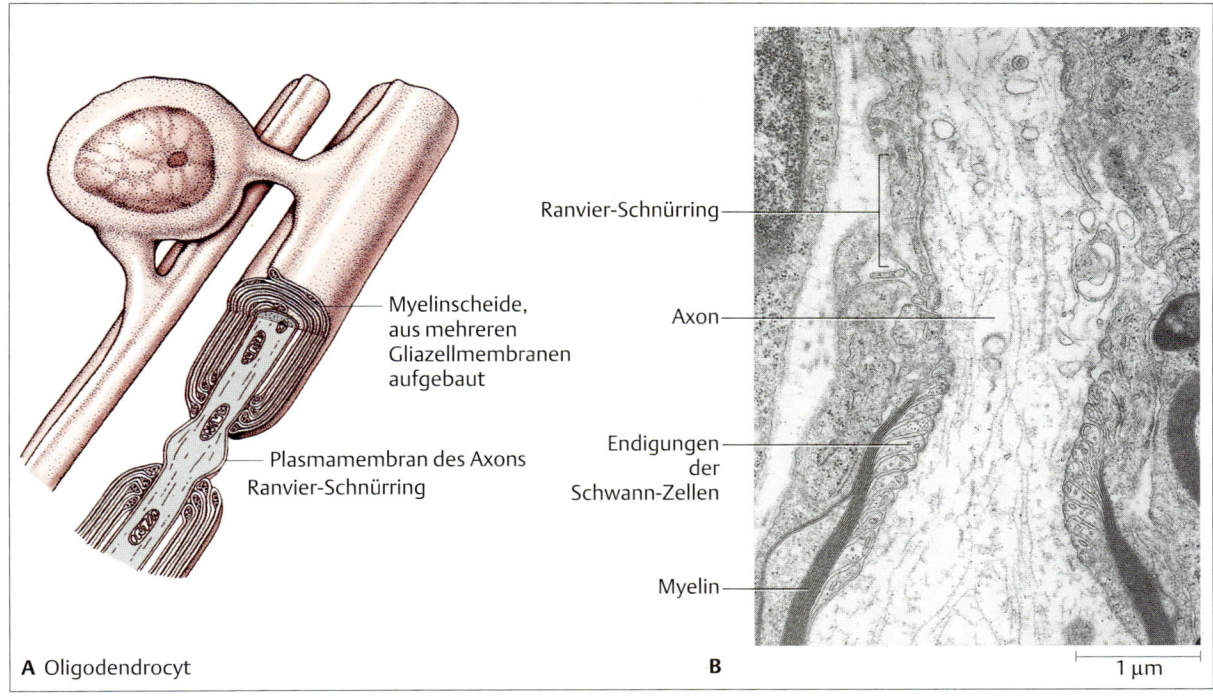

Abb. 6.8 Myelinisierung von Axonen. Membranschichten von Oligodendrocyten umgeben Axone so, daß die Axonmembran nur an bestimmten Stellen, den Ranvier-Schnürringen, freiliegt. **A** Zwischen zwei myelinumhüllten Internodien liegt ein kurzes Stück des Axons frei, so daß dort ein Kontakt zur extrazellulären Flüssigkeit besteht. Nur dieser Teil wird bei der saltatorischen Erregungsleitung erregt. Ein einziger Oligodendrocyt kann Myelinscheiden für bis zu 50 Internodien auf mehreren Axonen bereitstellen. **B** Elektronenmikroskopisches Bild eines Ranvier-Schnürrings eines Axons aus dem Spinalnerven einer jungen Ratte. Hier ist ein etwa 2 µm langes Stück des Axons der extrazellulären Flüssigkeit ausgesetzt. (B wurde freundlicherweise von M. Ellisman zur Verfügung gestellt.)

Ranvier-Schnürringen aus dem Axon auf. Wegen der relativ geringen Kapazität der dicken Myelinscheide geht sehr wenig Strom für die Umladung der Membrankapazität innerhalb eines Internodiums verloren. Das an einem Schnürring vorhandene AP depolarisiert die Membran am nächst folgenden Schnürring rein elektrotonisch. Ein AP wandert damit nicht kontinuierlich entlang einer Axonmembran, wie es bei den nicht myelinisierten Nervenfasern von z.B. dem Tintenfisch der Fall ist. Es wird vielmehr nur an den kleinen, nicht myelinisierten Membranabschnitten, den Ranvier-Schnürringen, aktiv aufgebaut. Das Ergebnis ist eine **saltatorische Erregungsleitung** (Abb. 6.9). Die Fortleitungsgeschwindigkeit wird wesentlich erhöht, da die elektrotonische Ausbreitung lokaler Ströme über internodale Abschnitte sehr schnell vor sich geht. Allerdings darf der Abstand der Ranvier-Schnürringe nicht größer als die Reichweite der elektrotonischen Signalausbreitung sein. Typischerweise entspricht die Länge der myelinisierten Axonsegmente etwa dem 100fachen des Axondurchmessers, beträgt also zwischen 200 µm und 2 mm. Die Leitungsgeschwindigkeit myelinisierter Fasern liegt zwischen wenigen mm/s und mehr als 100 m/s, während in unmyelinisierten Fasern gleichen Durchmessers die Leitungsgeschwindigkeit weniger als 1 m/s beträgt (Tab. 6.1).

Die Vertebraten lösten das Problem der schnellen Impulsfortleitung ohne die voluminösen Ansprüche der Riesenaxone und schufen damit die Voraussetzungen zur Koordination großer Muskelgruppen. Die Bedeutung der Myelinisierung für die neuronale Koordination wird am Beispiel von Erkrankungen wie der Multiplen Sklerose besonders deutlich, bei der es zu einer Demyelinisierung der Axone kommt. Das Fehlen der Myelinscheiden macht die Leitungsgeschwindigkeiten in den betroffenen Axonen zunächst variabel; die Fortleitung der APs in peripheren motorischen Fasern wird gestört, es tritt eine schlaffe Lähmung ein.

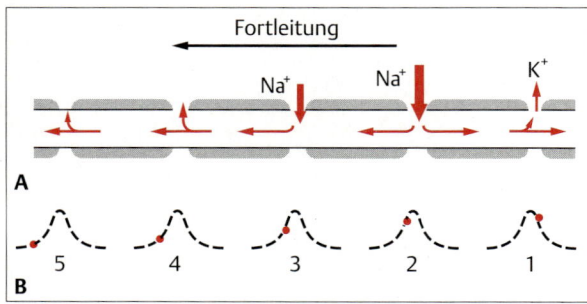

Abb. 6.9 Saltatorische Erregungsleitung. In einem myelinisierten Axon springt das Aktionspotential von einem Schnürring zum nächsten. **A** Die Aktionspotentiale treten nur an den Ranvier-Schnürringen auf; der Strom breitet sich longitudinal zwischen den Schnürringen aus. Die dicken, in das Axon gerichteten Pfeile deuten den Na^+-Einstrom durch aktivierte Na^+-Kanäle an, der dünnere, aus dem Axon heraus gerichtete Pfeile symbolisiert den nachfolgenden K^+-Ausstrom. **B** Die roten Punkte geben das Membranpotential an den in A gezeigten Schnürringen an. Bei 1 ist das Membranpotential in der abfallenden Phase eines Aktionspotentials; bei 2 ist das Membranpotential in der ansteigenden Phase. Bei 3, 4 und 5 befindet sich die Membran in zunehmend früheren Phasen des Aktionspotentials.

Informationsübertragung zwischen Neuronen: Synapsen

Die Informationsverarbeitung im Nervensystem hängt von der Übertragung von Signalen von einem Neuron auf andere Neurone ab. Diese Übertragung erfolgt an den sog. **Synapsen**. Bei **elektrischen Synapsen** ist das präsynaptische Neuron elektrisch mit dem postsynaptischen Neuron verbunden. Elektrische Synapsen sind allerdings relativ selten. Hauptsächlich erfolgt die Signalübertragung zwischen Neuronen an **chemischen Synapsen**. Hier verursacht ein AP im präsynaptischen Neuron die Freisetzung von Transmittermolekülen, die über den **synaptischen Spalt** (ca. 20 nm breit) zum postsynaptischen Neuron diffundieren. Noch bis in die 70er Jahre waren nur einige wenige synaptische Transmitter bekannt. Man nahm zunächst an, daß sie alle in der Weise funktionieren, wie es für die Synapsen zwischen Motoneuronen und Skelettmuskeln, den sog. **neuromuskulären Endplatten,** gezeigt worden war. Heute sind über 50 verschiedene Neurotransmitter identifiziert, und es zeigt sich, daß ihre Wirkungsweise stark variiert. Ursprünglich hatte man angenommen, daß Neurotransmitter die postsynaptische Zellmembran entweder hyperpolarisieren oder depolarisieren. Inzwischen ist bekannt, daß Neurotransmitter auch die Zahl der Ionenkanäle in der postsynaptischen Zelle herauf- oder herunterregulieren können und die Erregbarkeit der postsynaptischen Zelle über eine Veränderung der Öffnungs- und Schließrate der Ionenkanäle oder über eine Veränderung der Ionenkanal-Empfindlichkeit bewirken können. Die Entdeckung dieser verschiedenen Wirkungen der Neurotransmitter hat unser Verständnis der Synapsen-Funktion im Rahmen der neuronalen Kommunikation enorm verbessert.

Die synaptische Übertragung wurde lange Zeit kontrovers diskutiert. Der bekannte Histologe Santiago Ramón y Cajal konnte zu Beginn unseres Jahrhunderts mittels der von Camillo Golgi entwickelten Silberfärbetechnik zeigen, daß Neurone, histologisch betrachtet, abgegrenzte Einheiten sind. Dennoch wurde über lange Zeit die Ansicht vertreten, daß das Nervengewebe aus einem zusammenhängenden Reticulum bestehe und nicht aus morphologisch getrennten Neuronen. Mit der Entwicklung der Elektronenmikroskopie in den 40er Jahren wurde der eindeutige Beweis für die zelluläre Abgrenzung einzelner Neurone und spezieller Regionen neuronaler Interaktion erbracht.

Schon im Jahre 1897, lange bevor die ultrastrukturellen Beziehungen zwischen zwei Neuronen bekannt waren, bezeichnete man die funktionellen Verbindungen zwischen zwei Neuronen als Synapse. Dieser Begriff stammt von Charles Sherrington, der als Begründer der modernen Neurophysiologie angesehen wird. Er stellte fest, daß „... the neurone itself is visibly a continuum from end to end, but continuity fails to be demonstrable where neurone meets neurone – at the synapse. There a different kind of transmission may occur." (Sherrington, 1906). Obwohl Sherrington keine direkten Kenntnisse über den Feinbau dieser spezialisierten Verbindungsstellen zwischen erregbaren Zellen und die genauen physiologischen Vorgänge hatte, bewies er durch seine klug durchdachten Experimente zum Spinalreflex bei Hunden und Katzen außergewöhnliche Intuition. Er stellte fest, daß einige Synapsen **exzitatorisch** (erregend) sind und zur Auslösung von APs führen, während andere Synapsen **inhibitorisch** (hemmend) sind und der Auslösung von APs entgegenwirken.

Struktur und Funktion elektrischer Synapsen

Bei der elektrischen Synapse wird die Information durch eine direkte ohmsche Kopplung übertragen, wobei hier die prä- und postsynaptischen Membranen dicht beieinander liegen. Sie sind durch spezielle Proteinstrukturen, sogenannte **Gap junctions** (s. Kap. 4, S. 114f) direkt miteinander verbunden (Abb. 6.**10A**). Da elektrischer Strom durch Gap junctions fließen kann (Abb. 6.**10B**), führt ein elektrisches Signal der präsynaptischen Zelle durch einfache Weiterleitung über diese ohmsche Verbindung zu einem ähnlichen, wenn auch etwas abgeschwächten Signal in der postsynaptischen

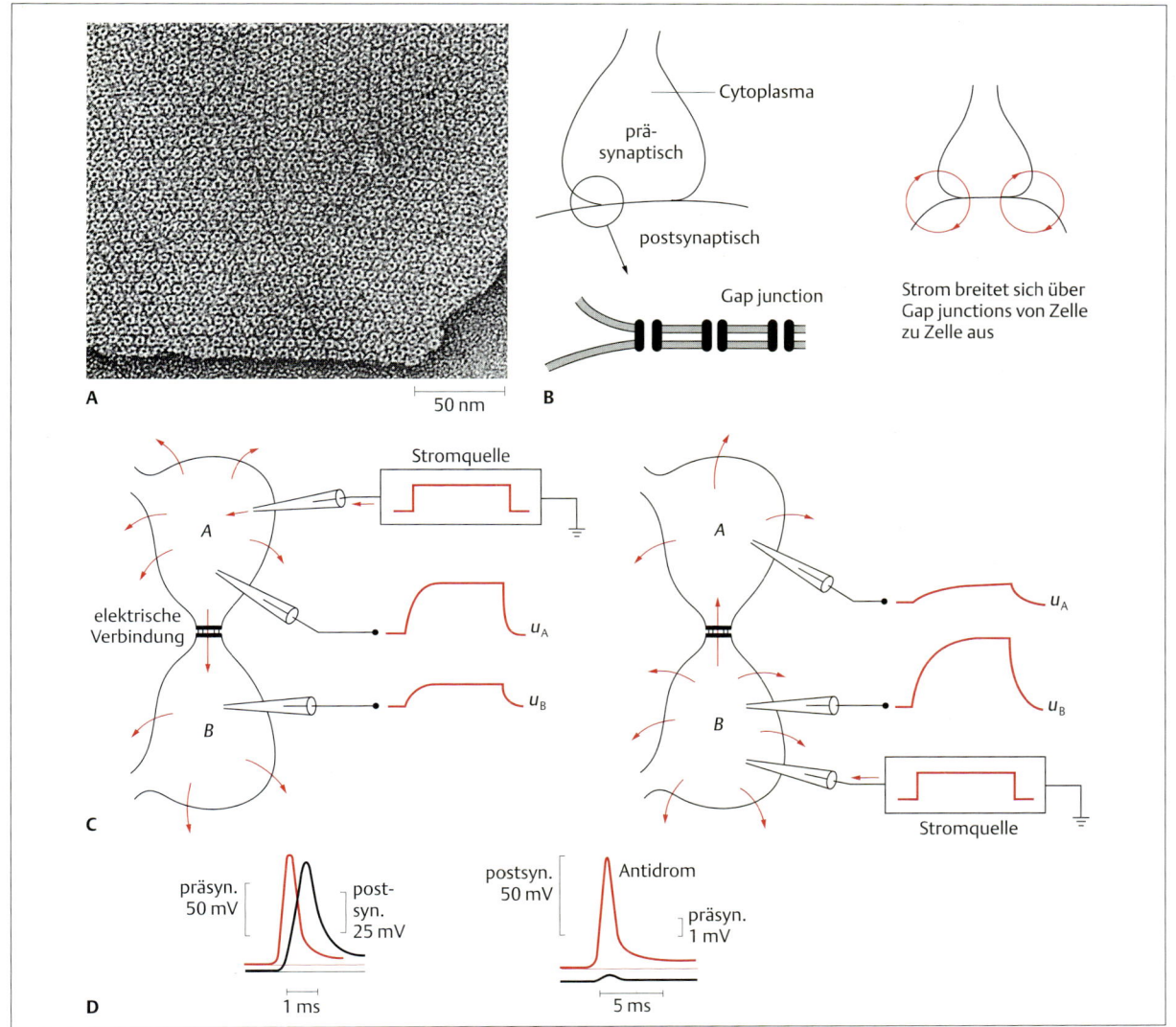

Abb. 6.10 Elektrische Synapsen. Über Gap junctions besteht ein direkter elektrischer Kontakt zwischen prä- und postsynaptischer Zelle, der eine sehr schnelle Signalübertragung ermöglicht. **A** Elektronenmikroskopisches Bild dichtgepackter Gap junctions in einer Membran. Jede der ringförmigen Strukturen ist ein Proteinkomplex, der eine Pore bildet, durch die Ionen und kleine Moleküle von einer Zelle in die benachbarte Zelle fließen können. Wenn Zellen durch Gap junctions miteinander verbunden sind, liegen die Porenprotein-Komplexe beider Membranen so aufeinander, daß Kanäle entstehen, über die das Cytoplasma beider Zellen direkt verbunden ist. **B** Gap junctions verbinden prä- und postsynaptische Membranen, so daß ein direkter Ionenfluß zwischen beiden Zellen möglich ist. **C** Bei elektrisch gekoppelten Zellen ruft die elektrische Reizung einer Zelle Potentialänderungen in beiden Zellen hervor. Diese Kopplung ist im allgemeinen symmetrisch, so daß der Strom in jede Richtung gleich gut passieren kann. Die Änderung des Membranpotentials ist aber meist in der Zelle größer, in welche der Strom injiziert wurde, obwohl es von dieser Regel Ausnahmen gibt (siehe D). **D** Die elektrische Riesensynapse beim Flußkrebs ist ein Beispiel für die asymmetrische elektrische Kopplung von prä- und postsynaptischer Membran. Links: Ein Aktionspotential aus der präsynaptischen lateralen Riesenfaser wird über eine elektrische Kopplung übertragen und löst in der postsynaptischen, motorischen Riesenfaser mit einer kurzen Verzögerung ein Aktionspotential aus. Diese Ableitung ist ein typisches Beispiel für die Signalübertragung an elektrischen Synapsen. Rechts: Bei dieser asymmetrischen elektrischen Synapse bewirkt ein Aktionspotential im postsynaptischen Axon keine signifikante Potentialänderung im präsynaptischen Axon (antidrome Reizung). Durch abwechselnde elektrische Reizung beider Zellen zeigt sich, daß der Strom an einer asymmetrischen elektrischen Synapse bevorzugt von präsynaptischen zu postsynaptischen Zellen fließt. Dies ist für eine elektrische Synapse ungewöhnlich (A wurde freundlicherweise von N. Gilula zur Verfügung gestellt; D nach Furshpan u. Potter, 1959).

Zelle (Abb. 6.**10C**). In einer elektrischen Synapse erfolgt die Informationsübertragung ausschließlich elektrisch, ohne Beteiligung eines chemischen Transmitters. Die Signalübertragung an elektrischen Synapsen erfolgt stets schneller als an chemischen Synapsen.

Die Übertragung an elektrischen Synapsen läßt sich experimentell wie in Abb. 6.**10C** dargestellt untersuchen. Ein unterschwelliger Stromstoß, der die Zelle A depolarisiert, verursacht eine Membranpotentialänderung in dieser Zelle: Sobald ein Strom in die Zelle B fließt, wird dort ebenfalls eine Membranpotentialänderung hervorgerufen. Da jeweils nur ein Teil des gesamten Stromes, der auf Zelle A einwirkt, auf Zelle B übergreift, ist die elektrotonische Potentialänderung, die über die Membran in der Zelle B erfolgt, immer etwas geringer als die bei der Zelle A. Die Gap junctions, über die der Strom von einer Zelle zur anderen fließt, sind bezüglich ihres Widerstandes gewöhnlich (jedoch nicht immer) symmetrisch – d.h. der Strom trifft in jeder Richtung auf den gleichen Widerstand. Bei einigen elektrischen Synapsen fließt der Strom zwischen zwei gekoppelten Synapsen allerdings nur in eine Richtung (Abb. 6.**10D**). Diese Verbindungen nennt man **gleichrichtend**.

Die elektrische Verbindung zweier Neurone ermöglicht es also, daß lokale Ströme, die von einem AP eines Neurons stammen, auf das andere Neuron übergreifen und es depolarisieren. Die Übertragung eines APs über eine elektrische Synapse unterscheidet sich demnach kaum von der Fortleitung innerhalb einer Zelle, zumal beide Phänomene von der elektrotonischen Ausbreitung der lokalen Ströme abhängen, die einem AP vorausgehen und neue Membranabschnitte depolarisieren und erregen. Da der Sicherheitsfaktor eines APs (das Verhältnis der Spannungsänderung eines APs zur Feuerschwelle) ungefähr bei 5 liegt, darf die Abschwächung der Amplitude von einer Zelle bis zur anderen diesen Sicherheitsfaktor nicht übersteigen, wenn eine elektrotonische Depolarisation in der postsynaptischen Zelle den Schwellenwert erreichen und einen Impuls auslösen soll. Ein einzelnes AP eines sehr dünnen Axons dürfte kaum in der Lage sein, einen lokalen Strom durch eine elektrische Synapse zu senden, das dann ein AP in einer vergleichsweise großen Zelle, z.B. in einer Muskelfaser, auslöst; die Membranoberfläche (und damit auch der Eingangswiderstand) der Muskelfaser ist im Vergleich zu der des motorischen Axons zu groß. Dies könnte ein Grund dafür sein, daß sich elektrische Synapsen im Laufe der Evolution nicht so verbreiten konnten wie die chemischen Synapsen. Allerdings ist die große Geschwindigkeit, mit der elektrische Synapsen die Signale weiterleiten, ein deutlicher Vorteil gegenüber den chemischen Synapsen.

Die elektrische Übertragung zwischen erregbaren Zellen wurde erstmals 1959 von Edwin J. Furshpan und David D. Potter beim Flußkrebs nachgewiesen. Beim Krebs hat die Synapse, welche die Verbindung zwischen der lateralen Riesenfaser und einem großen motorischen Axon herstellt, die ungewöhnliche Eigenschaft, den Strom nur in einer Richtung passieren zu lassen (Abb. 6.**10D**). Seit 1959 wurden elektrische Übertragungen bei verschiedenen Zellen im ZNS, in der Netzhaut, der glatten Muskulatur, dem Herzmuskel, bei Rezeptorzellen und zwischen Axonen entdeckt. Da der elektrische Strom von der präsynaptischen Synapse direkt in die postsynaptische fließt, ist die synaptische Verzögerung bei der elektrischen Synapse kürzer als bei den chemischen Synapsen. Elektrische Synapsen sind daher hervorragend geeignet, die elektrische Aktivität in einer ganzen Gruppe von Nervenzellen zu synchronisieren bzw. schnell über mehrere Zellverbindungen zu übertragen. Beispiele für letzteres findet man in den Riesennervenfasern des Regenwurms (sie bestehen aus vielen segmentalen Axonen, die in Serie miteinander verschaltet sind und sich durch den ganzen Körper erstrecken) und im Myocard des Vertebratenherzens.

Bei manchen Synapsen findet man sowohl elektrische als auch chemische Übertragung. Solche kombinierten Synapsen wurden zuerst in Zellen des Ciliarganglions bei Vögeln gefunden, später auch in dem neuronalen Schaltkreis, der die Fluchtreaktion von Fischen steuert, sowie in einigen Synapsen spinaler Interneurone des Neunauges und in Synapsen an spinalen (dem Rückenmark zugehörigen) Motoneuronen des Frosches. Kombinierte Synapsen sind allerdings selten.

Struktur und Funktion chemischer Synapsen

Die chemische Übertragung ist flexibler als die elektrische und kann sowohl hemmende als auch erregende Wirkungen haben. Die „übliche" Signalübertragung an Synapsen im ZNS und an der neuromuskulären Endplatte ist die **schnelle chemische synaptische Übertragung**. (Diese „schnelle" chemische Übertragung ist deutlich langsamer als die elektrische Übertragung.) Die Abfolge der Ereignisse an diesen Nervenendigungen nach Eintreffen eines APs ist in Abb. 6.**11** dargestellt. Die durch den Na^+-Einstrom verursachte Depolarisation aktiviert die Ca^{2+}-Kanäle der Axonendigung, und Ca^{2+} tritt ein. Der $[Ca^{2+}]_i$-Anstieg löst die Exocytose von Transmittern aus **synaptischen Vesikeln** aus. Diese membranumschlossenen Vesikel (Abb. 6.**14**) verschmelzen an den sog. **aktiven Zonen** mit der präsynaptischen Membran und entleeren ihren Inhalt in den extrazellulären Raum der Synapse, den **synaptischen Spalt**. Der Transmitter diffundiert durch den synaptischen Spalt und bindet an spezifische Rezeptormoleküle der postsynaptischen Membran. Die Bindung des Transmitters aktiviert **ligan-**

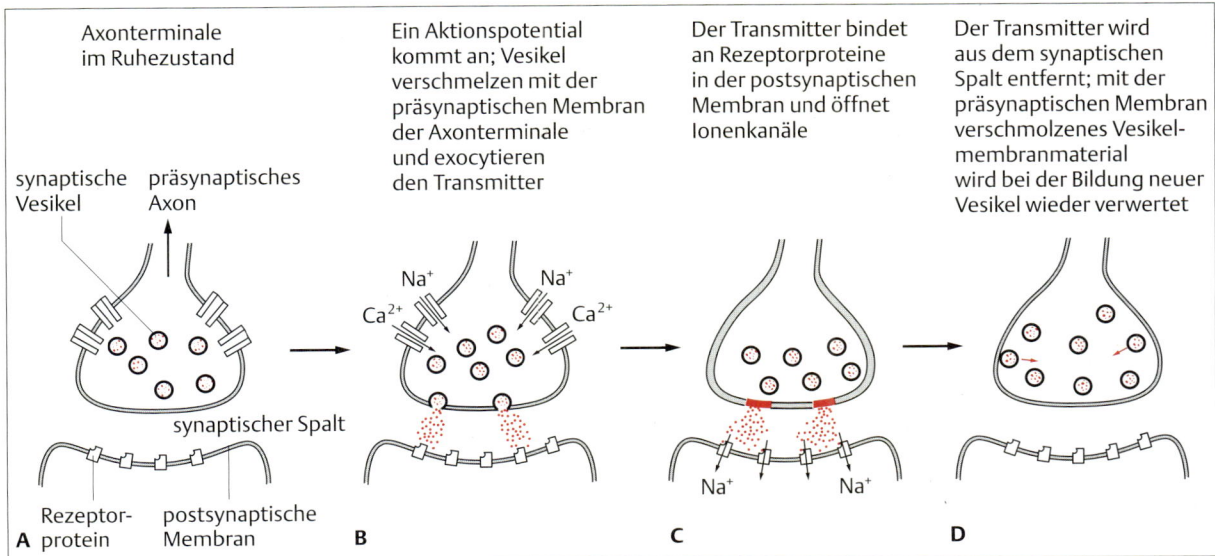

Abb. 6.11 Schnelle chemische synaptische Übertragung. Bei dieser Form der Übertragung sind die prä- und postsynaptischen Membranen nicht direkt elektrisch gekoppelt, sondern durch den synaptischen Spalt getrennt. Es fließt kein elektrischer Strom zwischen den Zellen, sondern ein chemischer Neurotransmitter überträgt die Signale. Durch die postsynaptische Membran fließen Ionen nur dann, wenn sich ein ligandengesteuerter Ionenkanal in der postsynaptischen Membran öffnet. **A** Im Ruhezustand sind die Transmittermoleküle in den Axonterminalen in Vesikel verpackt. **B** Ein Aktionspotential führt dazu, daß sich präsynaptische Na^+- und Ca^{2+}-Kanäle öffnen. Der Ca^{2+}-Einstrom in die präsynaptische Endigung führt zur Exocytose der Vesikel und so zur Transmitterfreisetzung. **C** Die Transmittermoleküle diffundieren entlang ihres Konzentrationsgradienten durch den synaptischen Spalt und binden an Rezeptorproteine in der postsynaptischen Membran. In diesem Fall sind die Transmitterrezeptoren Na^+-Kanäle, die sich nach Bindung des Transmitters öffnen und Na^+-Ionen einströmen lassen. Die Membranen der mit der präsynaptischen Membran verschmolzenen Vesikel werden auf die Seiten der Axonterminalen verlagert. **D** Zur Beendigung der Transmitterwirkung werden die Transmittermoleküle aus dem synaptischen Spalt entfernt. Die postsynaptischen Kanäle schließen sich. Damit sich die präsynaptische Axonterminale durch die Vesikelverschmelzungen nicht vergrößert, wird das auf die Seiten der Terminale verschobene Membranmaterial recycelt (siehe Pfeile).

dengesteuerte Ionenkanäle (Abb. 6.11), d.h. Rezeptorproteine, die gleichzeitig Ionenkanäle sind. Durch diese Kanäle fließen Ionen entlang ihres elektrochemischen Gradienten und tragen einen kurzen Strom in die postsynaptische Zelle. Der postsynaptische Strom verändert die postsynaptische Spannung: es entsteht das postsynaptische Potential. Dieser Mechanismus ist die Grundlage der synaptischen Übertragung bei allen Tierarten.

Die Diskussion über die Existenz der chemischen Übertragung und das Vorkommen von Transmittern zog sich über die ersten sechs Jahrzehnte des 20. Jahrhunderts hin. Der erste direkte Nachweis eines chemischen Transmitters gelang Otto Loewi (1921). Er experimentierte am isolierten Froschherzen und dem damit verbundenen Vagusnerven. Loewi stellte fest, daß bei der Hemmung eines Froschherzens, wie sie durch die Reizung des Vagusnerven hervorgerufen wird, ein Stoff freigesetzt wird, der die Schlagfrequenz eines anderen Froschherzens herabsetzen kann. Diese Beobachtung führte schließlich zur Entdeckung von **Acetylcholin** (ACh). ACh wird als Überträgersubstanz nach der Vaguserregung aus den postganglionären Neuronen (s. Kap. 11), im Gehirn und aus den die Skelettmuskulatur der Vertebraten innervierenden Motoneuronen freigesetzt.

Jahrzehntelang nahm man an, daß die synaptische Übertragung nach dem Prinzip der neuromuskulären Endplatte erfolgt. Inzwischen weiß man aber, daß es neben schnellen chemischen Synapsen noch eine sogenannte **langsame chemische synaptische Übertragung** gibt, die über andere postsynaptische Mechanismen abläuft. Außerdem ist inzwischen klar, daß, anders als früher angenommen, eine Synapse durchaus mehr als nur einen Transmitter freisetzen kann. In solchen Neuronen kann einer der Transmitter für die schnelle Übertragung und der andere für die langsame Übertragung verantwortlich sein. Die langsame synaptische Übertragung gleicht der schnellen Übertragung insofern, als daß die Transmittermoleküle in der Präsynapse in Vesikel verpackt und nach Einlaufen eines APs durch Exocytose freigesetzt werden (Abb. 6.12). Zwischen diesen beiden synaptischen Mechanismen bestehen jedoch signifikante Unterschiede. Bei der langsamen synaptischen Übertragung werden die Neurotransmitter üblicherweise aus **biogenen Aminen** oder kurzen Peptiden (**Neuropeptide**) gebildet. Wie ihr Name vermuten läßt, bildet sich die postsynaptische Reaktion auf den Transmitter bei der langsamen Übertragung langsamer aus (Hunderte von Millisekunden), kann aber viel länger anhalten (von Sekunden bis zu Stunden) als bei der schnellen Übertragung. Die Vesikel für die schnelle Übertragung werden in der präsynaptischen Nervenendigung gebildet, während die Vesikel des langsamen Systems größer sind und üblicherweise im Zellkörper (Soma) gebildet und dann zur Nervenendigung transportiert werden. Bei der langsamen Übertragung werden die Vesikel an mehreren Stellen von der Präsynapse freigesetzt und beeinflussen die Postsynapse nicht über ligandengesteuerte Kanäle, sondern durch eine Veränderung intrazellulärer Second-messenger-Systeme über G-Proteine (s. S. 204ff). Physiologische und anatomische Befunde deuten darauf hin, daß einzelne präsynaptische Neurone an beiden Übertragungsformen beteiligt sein können.

Neuere Befunde haben zusätzlich ergeben, daß es neben den hier beschriebenen synaptischen Übertragungen noch weitere, nicht synaptische Arten der Informationsübertragung zwischen Neuronen gibt (nicht vesikuläre Freisetzung von Transmittern, gasförmige Botenstoffe wie Stickstoffmonoxid, NO, und Wirkung von Transmittern über weite Strecken, d.h. nicht auf direkt postsynaptisch gelegenen Rezeptoren [Volumentransmission]).

Schnelle chemische Synapsen

Die chemische Erregungsübertragung erfolgt durch einen extrazellulären, etwa 20 nm breiten synaptischen Spalt, der die Membranen der prä- und postsynaptischen Zellen voneinander trennt. Im Bereich der Synapse sind die Membranen gewöhnlich leicht verdickt. Die ausführlichsten Untersuchungen über die synaptische Übertragung wurden an der **motorischen Endplatte** (d.h. der neuromuskulären Synapse) der Vertebratenmuskulatur durchgeführt (vor allem an der Sprungmuskulatur des Frosches). Abgesehen davon, daß teilweise unterschiedliche Transmitter vorkommen, ist die synaptische Übertragung zwischen Neuronen im ZNS derjenigen an der motorischen Endplatte sehr ähnlich. Diese soll daher als Modell für die chemische Synapse dienen.

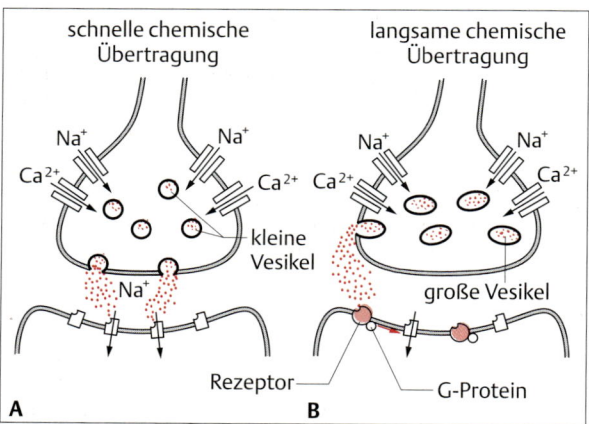

Abb. 6.12 Schnelle und langsame Übertragung an chemischen Synapsen. A Bei der schnellen chemischen Übertragung wird der Neurotransmitter in den Terminalen synthetisiert und in kleinen klaren Vesikeln gespeichert. Diese Transmitter sind meist relativ kleine Moleküle. Die Vesikel befinden sich in der Nähe der Plasmamembran und die Transmitter werden an spezialisierten Stellen der Membran durch Exocytose in den synaptischen Spalt ausgeschüttet. Die Transmitter binden an ligandengesteuerte Kanäle in der postsynaptischen Membran. **B** Bei der langsamen synaptischen Transmission sind die Transmitter meist größere Moleküle (z.B. Peptide). Diese Transmitter sind in großen ovalen Vesikeln gespeichert. Sie werden an Stellen der präsynaptischen Membran freigesetzt, die morphologisch nicht besonders spezialisiert sind und die nicht an den Freisetzungsorten der schnellen Transmitter liegen. Die Rezeptoren für langsame Transmitter an der postsynaptischen Zelle sind keine Ionenkanäle; langsame Transmitter beeinflussen die Ionenkanäle vielmehr indirekt über G-Proteine und andere intrazelluläre Signalüberträger. Sowohl ligandengesteuerte Kanäle als auch G-Protein-gekoppelte Rezeptoren können in demselben Neuron vorkommen.

Strukturelle Eigentümlichkeiten

Die motorische Endplatte des Frosches ist in Abb. 6.13 dargestellt. Eine genaue Betrachtung der motorischen Endplatte zeigt Spezialisierungen der prä- und postsynaptischen Membran sowie der Schwann-Zellen. Die Axonendigung gabelt sich auf, und jeder der etwa 2 μm dicken Seitenäste verläuft in einer Rinne entlang der Oberfläche der Muskelfaser. Die Muskelmembran, die diese Rinne umgibt, hat in Abständen von 1–2 μm transversale subsynaptische oder **postsynaptische Einfaltungen**. Direkt über diesen Einfaltungen, innerhalb der Nervenendigung, liegen die aktiven Zonen, transversal verlaufende, leichte Verdickungen der präsynaptischen Membran; unmittelbar darüber sind die synaptischen Vesikel angehäuft. In der präsynaptischen Axonendigung befinden sich mehrere hundert bis einige tausend membranumhüllte synaptische Vesikel, die einen

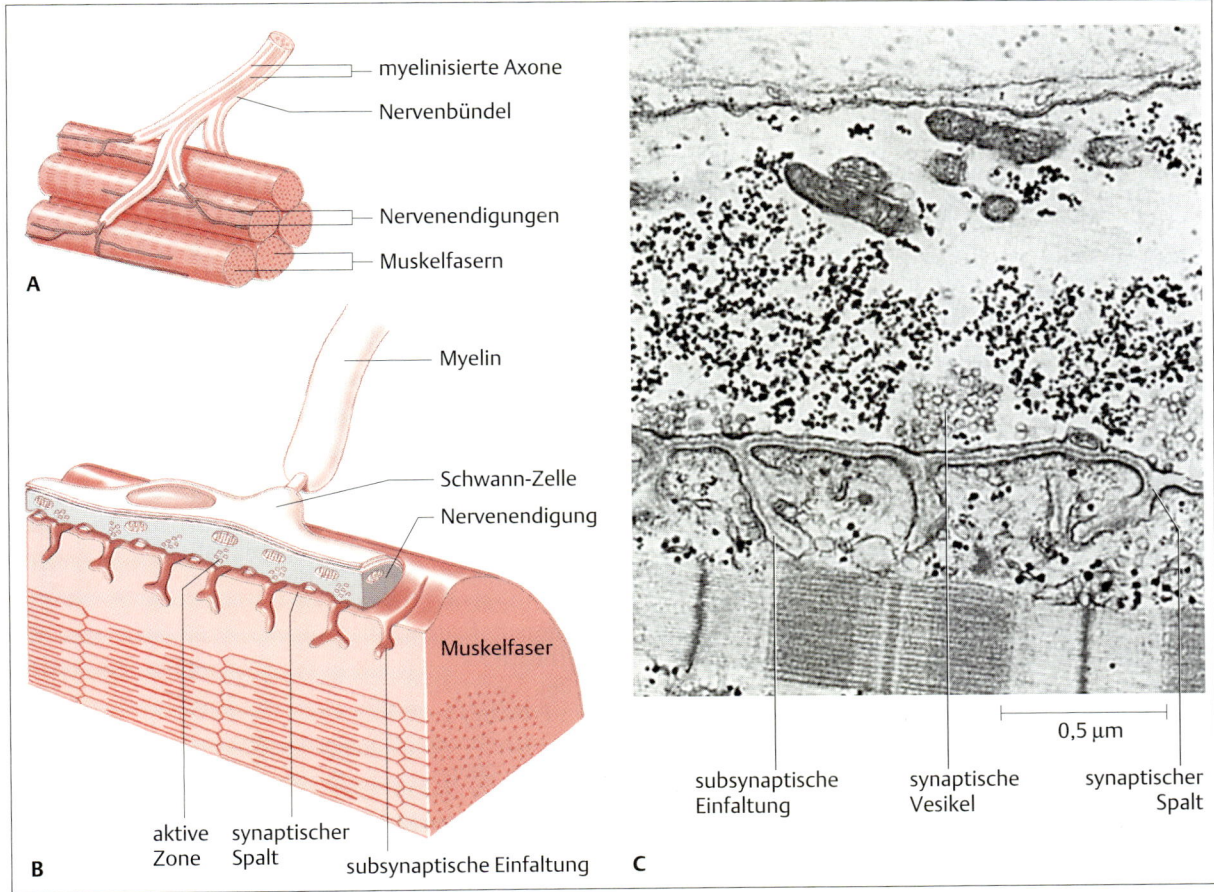

Abb. 6.13 Motorische Endplatte (neuromuskuläre Synapse) beim Frosch. A Innervationsmuster eines Froschmuskels. Jedes Neuron innerviert mehrere Muskelfasern. **B** Neuromuskuläre Synapse. Die Nervenendigung liegt in einer Rinne in der Oberfläche der Muskelfaser. Diese Rinne weist querverlaufende postsynaptische Einfaltungen auf. Über diesen postsynaptischen Einfaltungen liegen die an synaptischen Vesikeln reichen aktiven Zonen der Nervenendigung. Eine Schwann-Zelle umgibt die Endigung. **C** Elektronenmikroskopisches Bild der Endplattenregion (vgl. mit B). Die Muskelzelle mit ihren gestreiften Myofibrillen befindet sich unten im Bild. Die Muskelfasermembran zeigt starke Einfaltungen, die sog. subsynaptischen Einfaltungen. Darüber ist die Axonterminale im Längsschnitt zu erkennen; sie enthält helle synaptische Vesikel, die über Regionen präsynaptischer Membranverdickungen, den aktiven Zonen, gehäuft vorliegen. Über ihnen sind dichtere Granula und Mitochondrien zu erkennen. Der synaptische Spalt ist mit einem amorphen Mucopolysaccharid gefüllt (C aus McMahan u. Mitarb., 1972).

Durchmesser von ungefähr 50 nm haben und jeweils 10^4–$5 \cdot 10^4$ Transmittermoleküle enthalten. Diese Vesikel werden entlang der aktiven Zone mittels Exocytose freigesetzt. Beispiele für eine Exocytose sind in Abb. 6.14 zu erkennen. Die Freisetzung des Transmitters an den aktiven Zonen der präsynaptischen Endigung wird durch das Eintreffen eines APs ausgelöst.

Die Verzweigungen einer Nervenendigung, die eine einzige Froschmuskelfaser innervieren, enthalten durchschnittlich jeweils etwa 10^5 synaptische Vesikel.

Während der synaptischen Übertragung wird der Transmitter in den synaptischen Spalt entlassen. Dieser ist mit einem Mucopolysaccharid angefüllt, das die prä- und postsynaptischen Membranen „zusammenklebt". Nach der Freisetzung des Transmitters in den synaptischen Spalt diffundieren die Transmittermoleküle entlang des Konzentrationsgradienten zur postsynaptischen Membran. Wenn ACh freigesetzt wird, bindet es an der postsynaptischen Membran an spezifische ACh-Rezeptormoleküle und verursacht ein kurzzeitiges Öff-

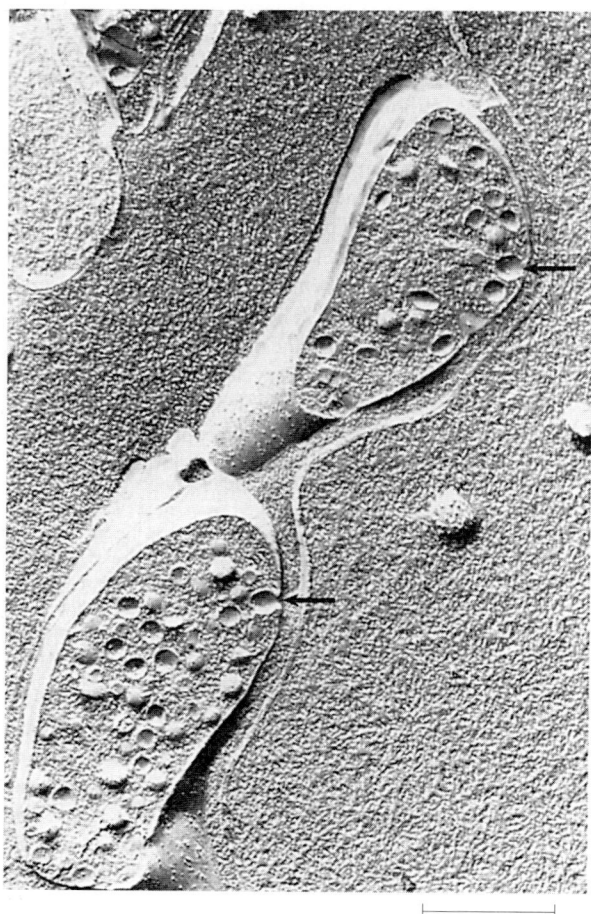

0,2 µm

Abb. 6.14 Synaptische Endigung aus dem elektrischen Organ des Zitterrochens *Torpedo*. Auf diesem Gefrierätzlängsbruch sind die synaptischen Vesikel in der Endigung gut sichtbar. Zwei Vesikel (Pfeile) wurden im Moment ihrer Öffnung in den synaptischen Spalt eingefroren, so daß der Prozeß der Exocytose sichtbar ist (aus Nickel u. Potter, 1970).

nen von Ionenkanälen, die eine selektive Durchlässigkeit für Na^+ und K^+ aufweisen. ACh wird durch das Enzym **Acetylcholinesterase** (AChE) hydrolysiert. Dieses Enzym kann histochemisch in den postsynaptischen Einfaltungen der motorischen Endplatte nachgewiesen werden. In der cholinergen Synapse beendet die Hydrolyse von ACh die Transmitterwirkung und damit die synaptische Übertragung. Zahlreiche Transmitter werden durch spezifische Enzyme inaktiviert, während andere von der präsynaptischen Endigung oder von Gliazellen durch spezialisierte Transportmoleküle aufgenommen werden.

Synaptische Potentiale

Im Jahre 1942 leitete Stephen W. Kuffler Potentiale von Einzelfasern der Froschmuskulatur ab und fand Depolarisationen in unmittelbarer Nähe der motorischen Endplatte. Diese Depolarisationen traten als Antwort auf motorische Nervenimpulse auf und gingen einem AP voraus, das sich über der Membran der Muskelzelle aufbaute. Da diese Potentialänderungen ihre größte Amplitude an der Endplatte hatten und mit zunehmender Entfernung von der Endplattenregion verschwanden, bezeichnete man sie als **Endplattenpotentiale** (EPPs) oder allgemein **postsynaptische Potentiale** (PSP). Kuffler schloß daraus, daß ein fortgeleitetes AP der Muskelzelle von einer lokalen Depolarisation der postsynaptischen Membran herrührt, die von einem AP in der präsynaptischen Endigung verursacht wird.

Die Entwicklung der Glaskapillar-Mikroelektroden in den späten 40er Jahren ermöglichte Untersuchungen an sehr kleinen Gewebeabschnitten, die eine genaue Untersuchung der Endplattenpotentiale (EPPs) möglich machte. Im folgenden werden die Ergebnisse verschiedener intrazellulärer Untersuchungen dargestellt – sie stammen hauptsächlich von der Arbeitsgruppe um Bernhard Katz aus England –, die sich mit der synaptischen Übertragung an der neuromuskulären Synapse des Frosches beschäftigten.

Wie Neurone haben auch Muskelfasermembranen ein Ruhepotential (s. Kap. 10). Sticht man eine Mikroelektrode in eine Muskelfaser ein, und zwar einige Millimeter von der Verzweigungsregion der Endplatte entfernt, so läßt sich das Ruhepotential registrieren. Nach einer Verzögerung von mehreren Millisekunden kann nach Ankunft eines APs in den Endigungen des motorischen Axons ein **Alles-oder-Nichts-Muskel-AP** gemessen werden (Abb. 6.15A). Nach jeder Reizung des motorischen Axons erhält man ein Muskel-AP, und die Muskelfaser antwortet mit einer Zuckung. Katz und andere Wissenschaftler verwendeten verschiedene Pharmaka, um die biochemischen Vorgänge in den Verbindungen zwischen Nerv und Muskel gezielt beeinflussen zu können. Gibt man steigende Konzentrationen des südamerikanischen Pfeilgiftes **Curare** (D-Tubocurarin) (Box 6.3) dem Versuchsansatz zu, so gelangt man schließlich zu einer Konzentration, bei der plötzlich („Alles-oder-Nichts") das Muskel-AP und die damit einhergehende Kontraktion der Muskelfaser ausbleiben. Die APs des motorischen Axons bleiben jedoch unverändert bestehen, wie auch die Fähigkeit der Muskelfaser, als Antwort auf eine direkte elektrische Reizung ein AP hervorzubringen und sich zu kontrahieren. Da sowohl die prä- als auch die postsynaptischen APs durch dieses Gift nicht beeinflußt werden, liegt die Vermutung nahe, daß Curare in die synaptische Übertragung an der neuromuskulären Synapse eingreift.

tential oder das **erregende postsynaptische Potential** (EPSP).
- Wird die Konzentration von Curare weiter erhöht, so vermindert sich die Amplitude des postsynaptischen Potentials weiter.
- Das Endplattenpotential muß einen Mindestwert erreichen (Schwellenpotential oder Feuerschwelle), um ein Muskel-AP auszulösen. Erhöht man die Curarekonzentration so weit, daß das Endplattenpotential unter den Schwellenwert fällt, so bleibt das AP aus.

Diese Befunde zeigen, daß Curare die synaptische Transmission verhindert, indem es das Endplattenpotential dosisabhängig blockiert. Bei einer Curarekonzentration, die gerade ausreicht, das Endplattenpotential unter den Schwellenwert zu bringen, wird das postsynaptische Potential ohne das es sonst überlagernde AP sichtbar (Abb.6.**15C**). Ableitungen des EPP von verschiedenen Stellen der Muskelfaser zeigen, daß die Amplitude des postsynaptischen Potentials exponentiell mit der Entfernung von der Endplatte abnimmt (Abb. 6.**16**). Im Gegensatz zum AP, das aufgrund seiner regenerativen Natur ohne Dekrement (Abschwächung) fortgeleitet wird, breitet sich das synaptische Potential elektrotonisch aus und nimmt mit zunehmender Entfernung ab.

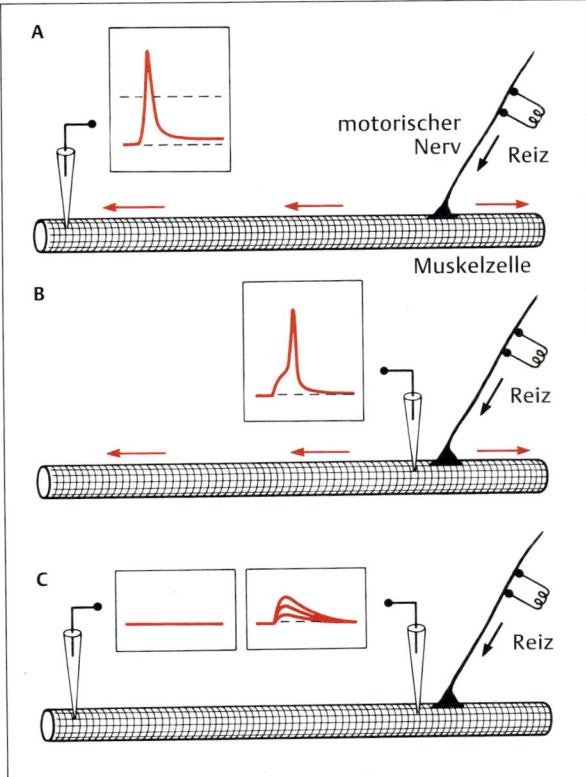

Abb. 6.15 Entstehung von Aktionspotentialen aus graduierten Endplattenpotentialen im Muskel. A Das Alles-oder-Nichts-Muskelaktionspotential wird in einiger Entfernung von der Endplattenregion abgeleitet. **B** Eine Ableitung nahe der Endplatte zeigt ein Aktionspotential, das sich aus einem Endplattenpotential erhebt. **C** Endplattenpotentiale können ohne das überlagerte Aktionspotential abgeleitet werden, wenn sie durch Zusatz von Curare auf eine Amplitude unterhalb der Feuerschwelle reduziert werden. Wird ein Präparat mit Curare behandelt, das Rezeptoren in der postsynaptischen Membran blockiert, so bleibt die Membran in einigem Abstand von der Endplatte im Ruhepotential, wenn das Motoneuron feuert (linke Aufzeichnung). In der Nähe der Endplatte können dann graduierte Endplattenpotentiale gemessen werden.

Wiederholt man das Experiment, sticht die Mikroelektrode jetzt aber in die unmittelbare Nähe (weniger als 0,1 mm entfernt) der Endplattenregion (Abb.6.**15B**) ein, dann beobachtet man folgendes:
- Erhöht man die Curarekonzentration allmählich, so entsteht das AP nicht plötzlich aus dem Ruhepotential, sondern vielmehr aus einer Depolarisation, deren zeitlicher Verlauf deutlich langsamer ist und eine geringere Amplitude hat als die eines APs (Abb.6. **15B**). Diese langsame Potentialwelle ist das Endplattenpo-

Synaptische Ströme

Wie in Kap.5 beschrieben, kann eine Änderung der Membranpermeabilität (z.B. durch Öffnen oder Verschließen von Membrankanälen) für eine oder mehrere Ionenarten das Membranpotential auf ein anderes Niveau verschieben. Das Öffnen einer bestimmten Kanalpopulation erlaubt das Fließen eines Ionenstromes, der Ladungen von einer Seite der Membran auf die andere bringt und so die Transmembranspannung ändert. Dieses Prinzip ist für die chemische Übertragung wichtig, da die postsynaptischen Kanäle durch einen aus präsynaptischen Endigungen freigesetzten Transmitter geöffnet (in seltenen Fällen auch geschlossen) werden und ein **synaptischer Strom** durch die aktivierten postsynaptischen Kanäle fließen kann. Die Richtung und Intensität des synaptischen Stroms hängt von der Leitfähigkeit der geöffneten Kanäle und vom elektrochemischen Gradienten sowie der Ladung der fließenden Ionen ab. Dadurch, daß die verschiedenen Transmitter verschiedene Kanäle aktivieren, die jeweils nur bestimmte Ionen hindurchlassen, wird eine enorme Variabilität und zugleich eine Spezifität der synaptischen Transmission erreicht.

Die Ionenströme, die für das synaptische Potential verantwortlich sind, lassen sich während der Konstanthaltung des postsynaptischen Potentials mittels einer Spannungsklemme (Voltage-clamp, s. Box 5.3, S. 158) an

Box 6.3 Pharmaka für die Untersuchung von Synapsen

Bei der Untersuchung der Mechanismen synaptischer Übertragung sind pharmakologische Wirkstoffe (z.B. natürliche Toxine), die den Übertragungsprozeß spezifisch beeinflussen oder bestimmte Schritte partiell imitieren, besonders hilfreich. Solche Toxine können mit Kanälen oder Rezeptoren wechselwirken oder die Wirkung von Enzymen beeinflussen, die für die Funktion des Nervensystems notwendig sind. Im folgenden sind einige Pharmaka aufgeführt, die sich für die Untersuchung von Synapsen als hilfreich erwiesen haben.

Kanaltoxine
Zahlreiche Toxine wirken spezifisch an bestimmten Ionenkanälen. **Tetrodotoxin** (TTX) aus dem Pufferfisch (*Sphoeroides spec.*) bindet an spannungsgesteuerte Na^+-Kanäle und verhindert den Durchfluß von Na^+. **Saxitoxin** (STX) ist ein Gift aus Dinoflagellaten, das ebenfalls Na^+-Kanäle blockiert, allerdings über einen etwas anderen Mechanismus. Auch K^+-Kanäle sind durch einige Substanzen blockierbar. **Tetraethylammonium** (TEA) ist eine synthetische organische Substanz, welche die meisten Typen von K^+-Kanälen von beiden Seiten der Membran blockiert. **4-Aminopyridin** ist ebenfalls ein K^+-Kanalblocker. Ca^{2+}-Kanäle können durch verschiedene ω-**Conotoxine** aus der räuberischen Meeresschnecke *Conus geographus* blockiert werden. Die verschiedenen Conotoxine blockieren unterschiedliche Typen von Ca^{2+}-Kanälen.

Die Glutamat-Rezeptor/Subtypen werden mit Hilfe spezifischer Toxine differenziert. **Kainat**, das Salz der Kainsäure aus der Rotalge *Digenea simplex*, **Quisqualat** aus der Pflanze *Quisqualis indica* und **N-Methyl-D-Aspartat** (NMDA) binden mit hoher Affinität an die nach diesen Substanzen benannten Glutamat-Rezeptorkanäle und wirken als Agonisten. NMDA wird synthetisch hergestellt, kommt aber auch natürlich vor, z.B. in der Muschel *Scapharca broughtonii*.

Präsynaptisch wirkende Toxine
Einige Toxine hemmen präsynaptisch die Transmitterfreisetzung. β-**Bungarotoxin**, aus dem Gift des zur Familie der Kobras gehörenden Krait (*Bungarus*) und **Notoxin** (Gift der Tigerschlange) blockieren die Ca^{2+}-Aufnahme der Präsynapse und verhindern so die Transmitterfreisetzung. Im Laufe der Evolution wurden diese Toxine extrem optimiert, so daß sie bereits in geringsten Mengen wirken. Daher ist im Umgang mit diesen Substanzen große Vorsicht geboten.

Postsynaptisch wirkende Toxine
Zahlreiche Substanzen wirken als Agonisten oder Antagonisten an verschiedenen postsynaptischen Rezeptoren und haben erheblich zum Verständnis der Funktion dieser Transmitter-Rezeptoren beigetragen.

GABA, der wichtigste hemmende Transmitter, wurde vor allem mit Hilfe des Agonisten **Muscimol** (aus dem Pilz *Amanita muscaria*) und mit dem Antagonisten **Bicucullin** (aus der Pflanze *Dicentra cucullaria*) untersucht. Beide Substanzen wirken spezifisch am $GABA_A$-Cl^--Kanal.

Für die Acetylcholin-Rezeptoren gibt es eine besonders große Anzahl spezifischer Liganden. **Muscarin**, ein Gift des Fliegenpilzes, und das Pflanzengift **Pilocarpin** aktivieren die sogenannten muscarinischen Acetylcholin-Rezeptoren, die vor allem in Neuronen vorkommen, die von cholinergen Axonen des Parasympathicus innerviert werden. **Atropin** ist ein Alkaloid der Tollkirsche (*Belladonna*), das die muscarinischen Rezeptoren blockiert.

Nikotin (ein Alkaloid aus der Tabakpflanze) und bestimmte andere Substanzen wie **Carbachol** und **Succinylcholin** wirken als Agonisten der nikotinischen Acetylcholin-Rezeptoren, d.h. diese Substanzen öffnen den Rezeptorkanal. **D-Tubocurarin** ist die aktive Komponente von Curare, einem Pfeilgift, das aus der Pflanze *Chondodendron tomentosum* hergestellt wird. Dieses Molekül blockiert postsynaptisch die Übertragung durch kompetitive Verdrängung des Acetylcholins von seinen Bindungsstellen am nikotinischen Rezeptor der motorischen Endplatte und der autonomen Ganglienzellen. Es besetzt die Bindungsstellen, ohne die postsynaptischen Kanäle zu öffnen und verhindert dadurch die Entstehung eines postsynaptischen Stroms. Das Kobragift α-**Bungarotoxin** ist ein Protein, das hochspezifisch und irreversibel die nikotinischen Rezeptoren blockiert. Radioaktiv markiertes α-Bungarotoxin wurde auch dazu verwendet, um die Anzahl der Acetylcholin-Rezeptoren in einer Membran zu bestimmen und um den nikotinischen Rezeptor zu isolieren und zu reinigen.

Eserin (**Physostigmin**) aus der Kalabarbohne blockiert reversibel die Wirkung der Acetylcholinesterase. Dadurch wird das Acetylcholin nach seiner Freisetzung in den synaptischen Spalt nicht abgebaut. Durch Anwendung dieses Alkaloids konnte das synaptisch freigesetzte Acetylcholin aufgefangen und quantifiziert werden, bevor es enzymatisch zerstört wurde. In niedrigen Dosen verstärkt Eserin das postsynaptische Potential an cholinergen Synapsen.

---

der postsynaptischen Membran messen. Im Falle eines Nerv-Muskel-Präparates muß dies dicht an der motorischen Endplatte erfolgen (Abb. 6.17A). Reizt man das Motoneuron (das präsynaptische Element) und hält gleichzeitig das postsynaptische Membranpotential mittels eines elektronischen Rückkopplungssystems konstant, dann folgt der Freisetzung des Transmitters aus der motorischen Axonendigung rasch ein charakteristischer Endplattenstrom oder **synaptischer Strom** (Abb. 6.17B). Dieser Strom beruht auf der Bewegung von Ionen entlang ihrer elektrochemischen Gradienten durch Kanäle der postsynaptischen Membran, die durch die Wirkung des Transmitters geöffnet wurden.

Die Ionen, die für den Endplattenstrom verantwortlich sind, konnten durch Änderung der extrazellulären Ionenkonzentrationen und Messung der dadurch hervorgerufenen Auswirkungen auf den synaptischen Strom bestimmt werden. Es zeigte sich, daß der an der motorischen Endplatte nach innen gerichtete synaptische Strom durch das Einfließen von Na^+-Ionen verursacht wird; diesem wird aber durch einen gleichzeitigen, jedoch etwas schwächeren K^+-Ausstrom teilweise

Informationsübertragung zwischen Neuronen-Synapsen 183

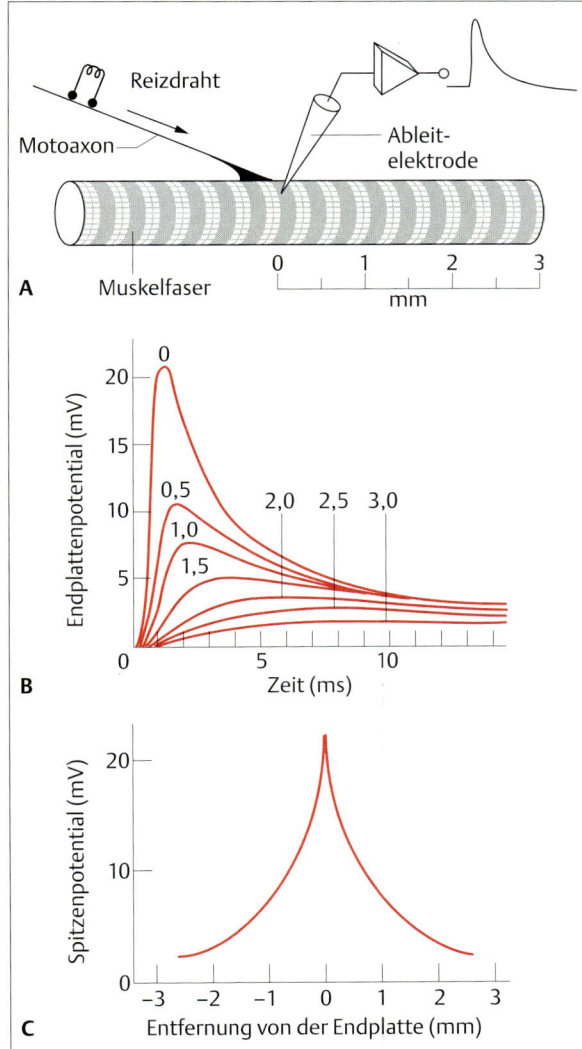

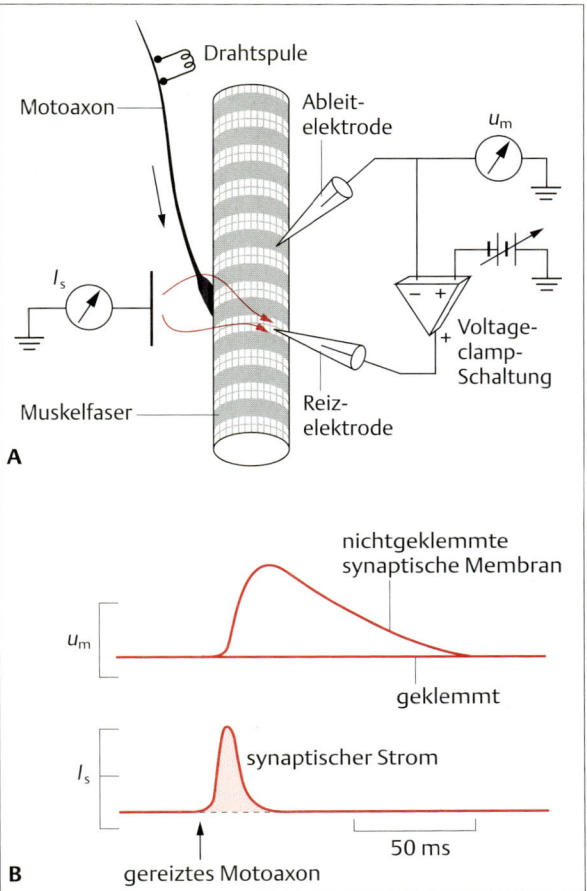

Abb. 6.16 Die Amplitude von Endplattenpotentialen nimmt mit zunehmendem Abstand von der motorischen Endplatte exponentiell ab. A Ableitungen von Endplattenpotentialen durch Mikroelektroden in verschiedenen Entfernungen (0–3 mm) von der Endplattenregion einer mit Curare behandelten Froschmuskelfaser. **B** Abschwächung des Endplattenpotentials mit zunehmender Entfernung von der Endplatte. Die Entfernung ist für jede Ableitung in mm angegeben. **C** Das Spitzenpotential jeder einzelnen Ableitung nimmt etwa exponentiell mit wachsender Entfernung von der Endplatte ab (nach Fatt u. Katz, 1951).

Abb. 6.17 Synaptischer Strom und synaptisches Potential an der motorischen Endplatte des Frosches. A Mittels Spannungsklemme (Voltage-clamp) wird das postsynaptische Potential (u_m) der Muskelmembran konstant gehalten, während der Endplattenstrom (I_s) abgeleitet wird. **B** Die Reizung des Motoaxons liefert einen synaptischen Strom (untere Aufzeichnung). Ohne Voltage-clamp an der Membran entsteht ein Endplattenpotential (obere Aufzeichnung), welches viel langsamer abnimmt als der zugrundeliegende Endplattenstrom (nähere Erklärungen im Text).

entgegengewirkt. An dieser Synapse durchwandern Na^+- und K^+-Ionen dieselben ACh-aktivierten postsynaptischen Kanälen. Das heißt, daß die Kanäle der motorischen Endplatte keine so eine hohe Selektivität wie andere Kanäle zeigen, z.B. die Na^+- und K^+-Kanäle, welche für die Weiterleitung von APs verantwortlich sind. Die für Kationen nicht spezifischen Kanäle werden als nicht spezifische Kationenkanäle bezeichnet.

Wie aus Abb. 6.17 B ersichtlich ist, dauert das postsynaptische Potential deutlich länger als der postsynaptische Strom. Die Öffnungsdauer der synaptischen Kanäle (und damit der synaptische Strom) ist kurz, da der Transmitter durch die enzymatische Zerstörung bzw. durch die Aufnahme in umgebende Zellen schnell entfernt wird. Sobald der Transmitter beseitigt ist, wird der synaptische Strom beendet. Das Membranpotential kehrt dann mit einer gewissen zeitlichen Verzögerung, die durch die Dauer des synaptischen Stroms und die Zeitkonstante der Membran bestimmt wird, auf seinen Ruhewert zurück.

Umkehrpotential: An jeder schnellen chemischen Synapse tragen die verschiedenen Ionenarten Ladungen über die postsynaptische Membran. Die aus diesem Strom resultierende Änderung des Membranpotentials bestimmt, ob die Synapse erregend oder hemmend ist. Durch Messung der synaptischen Ströme kann man Hinweise auf die den Strom verursachende Ionenart gewinnen. Dazu injiziert man in die postsynaptische Zelle Strom, um das Membranpotential auf einem bestimmten Wert zu halten. Danach mißt man das Vorzeichen und die Amplitude des postsynaptischen Potentials, das durch Reizung der synaptischen Eingänge in diese Zelle verursacht wird (Abb. 6.**18A** u. **B**). Amplitude und Vorzeichen des postsynaptischen Potentials hängen von der Transmembranspannung und der Art der beteiligten Ionen ab. Wie in Kap. 5 dargestellt, führt die Aktivierung von Membrankanälen, die für die Ionenart x selektiv sind, zu einer Verschiebung des Membranpotentials u_m in Richtung auf das Gleichgewichtspotential u_x dieser Ionenart.

Bei dem in Abb. 6.**18** dargestellten Experiment wird der Strom an einer Synapse von nur einer einzigen Ionenart x getragen. In dem Maße, wie sich das Membranpotential u_m dem Gleichgewichtspotential u_x nähert, nimmt die elektrochemische Kraft[2] $(u_m - u_x)$ auf das Ion x ab. Ist $u_m = u_x$, dann fließt trotz geöffneter Kanäle kein

---

[2] Um anzudeuten, daß $(u_m - u_x)$ die Einheit einer Spannung hat, wird $u_m - u_x$ auch „treibende Spannung" genannt.

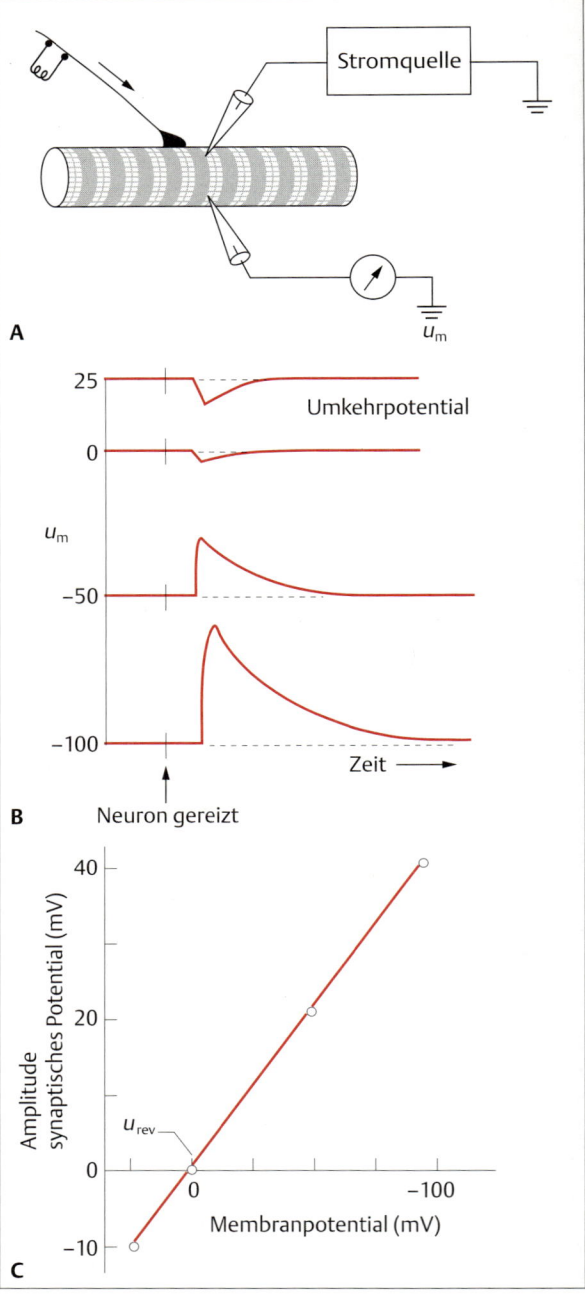

Abb. 6.18 Messung des synaptischen Umkehrpotentials
A Mit einer Elektrode wird ein polarisierender Strom in die postsynaptische Zelle injiziert, durch den das Membranpotential während einer synaptischen Reizung durch den motorischen Nerv auf unterschiedlichen Niveaus gehalten werden kann. Die Antworten werden über eine zweite Elektrode von der postsynaptischen Muskelfaser abgeleitet. **B** Bei einem Membranpotential, das positiver ist als das Gleichgewichtspotential der Ionen, die den synaptischen Strom tragen, ändert das synaptische Potential sein Vorzeichen. Auf dem Niveau des Umkehrpotentials fließt kein Nettostrom durch die offenen Kanäle und das postsynaptische Potential ist gleich Null. Bei negativen u_m Werten (untere Aufzeichnung) fließt ein synaptischer Strom mit umgekehrtem Vorzeichen. **C** Die Amplitude des synaptischen Potentials ist gegen das Membranpotential u_m aufgetragen. Der Schnittpunkt der Geraden durch die einzelnen Meßpunkte mit der Abszisse gibt das Umkehrpotential an. Hier ist u_{rev} = 0 mV.

Strom mehr durch die Membran, weil die elektrochemische Kraft gleich Null ist. Wenn man im Experiment u_m so verändert, daß $(u_m - u_x)$ ungleich Null ist, so fließt wieder ein Strom. Man kann nun u_m so verändern, daß das Ion x in die umgekehrte Richtung wie zuvor fließt und wird dann ein Membranpotential mit umgekehrtem Vorzeichen messen (Abb. 6.18 B u. C). Da die Richtung des Ionenflusses durch die Membran und das Vorzeichen des postsynaptischen Potentials sich umkehren, wenn das Membranpotential sich gegenüber u_x verändert, nennt man u_x auch **Umkehrpotential** (u_{rev}). Sobald sich Ionenkanäle öffnen, verursacht der synaptische Strom eine Verschiebung von u_m in Richtung des Umkehrpotentials, unabhängig davon, auf welches Niveau u_m experimentell eingestellt wurde, bevor die Synapse gereizt wurde. Das Umkehrpotential des synaptischen Stroms an der motorischen Endplatte ist in Abb. 6.18 B u. C dargestellt. Das präsynaptische Axon wurde so gereizt, daß der Transmitter (ACh) die postsynaptischen Kanäle aktivierte, die einen aus Na^+ und K^+ bestehenden Strom hindurchlassen, während man das postsynaptische Potential intrazellulär ableitete. Über die postsynaptische Membran wurde ein Strom so angelegt, daß das vorherrschende Potential auf verschiedene vorbestimmte Stufen gehoben werden konnte. Die Amplitude des synaptischen Potentials wurde in dem Maße abgeschwächt, wie das vorherrschende Potential durch den angelegten Strom depolarisiert wurde. Zwischen 0 mV und –10 mV verschwand das synaptische Potential. Die weitere Verschiebung des Membranpotentials zu noch positiveren Werten führte zu einem erneuten Auftreten des synaptischen Potentials. Die Polarität des synaptischen Potentials war nun jedoch umgekehrt. Die Messung von u_{rev} war lange Zeit eine nützliche Methode, um die Ionenarten zu bestimmen, die an einem bestimmten postsynaptischen Potential beteiligt sind.

Wenn der synaptische Strom von einer einzigen Ionenart getragen wird, kann u_{rev} mit Hilfe der Nernst-Gleichung für diese Ionenart berechnet werden (s. S. 146). Allerdings können synaptische Kanäle für mehrere Ionenarten permeabel sein, wie etwa der Acetylcholin-Kanal. In diesem Fall hängt u_{rev} von den Konzentrationen und relativen Permeabilitäten aller beteiligten Ionenarten ab. Sind die beteiligten Ionenarten bekannt, kann u_{rev} mit Hilfe der Goldman-Gleichung (s. S. 151) berechnet werden. Wird der Strom von nur zwei Ionenarten getragen, so kann u_{rev} auch mit Hilfe des Ohm-Gesetzes berechnet werden (Box 6.4). Ein Beispiel dafür ist der durch ACh aktivierte synaptische Kanal der neuromuskulären Verbindung bei den Vertebraten. Erfolgt eine ACh-Aktivierung, so wird der Kanal für Na^+ und K^+ permeabel; u_{rev} des Stroms liegt in diesem Fall zwischen den Gleichgewichtspotentialen dieser beiden Ionenarten. In dem in Abb. 6.19 dargestellten Experiment wurde u_m elektronisch auf verschiedene Werte „geklemmt", dann wurde jeweils die Synapse aktiviert. Wird u_m elektronisch auf u_{Na} geklemmt (Abb. 6.19, Ableitung a), so ist die auf Na^+ einwirkende Kraft gleich

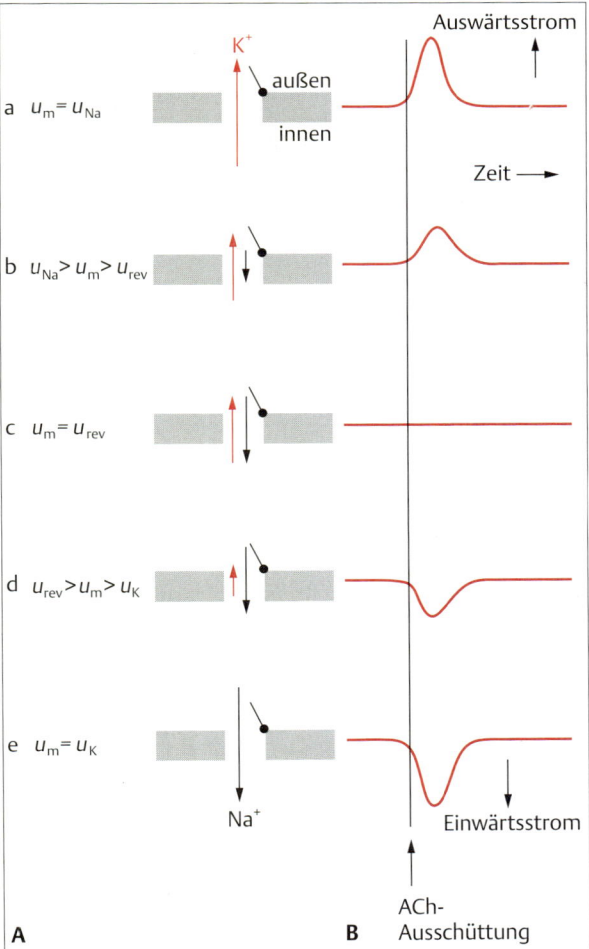

Abb. 6.19 Der synaptische Strom an der motorischen Endplatte von Vertebraten wird von Na^+- und K^+-Ionen getragen.
A Schematische Darstellung des Na^+- und K^+-Stroms durch einen von Acetylcholin aktivierten Kanal bei unterschiedlichen Membranpotentialen, beginnend mit u_{Na}. Der Acetylcholinkanal ist etwa gleich permeabel für Na^+- und K^+-Ionen, so daß der Ionenfluß von der elektrochemischen Antriebskraft der jeweiligen Ionensorte abhängt. Der Kanal ist offen, die relative Stärke der Na^+- und K^+-Ströme wird durch die Pfeillänge dargestellt. **B** Die entsprechenden Nettostromstärken sind in Abhängigkeit von der Zeit wiedergegeben. Bei einem bestimmten Membranpotential sind die Teilströme gleich groß und entgegengesetzt, d.h. der Nettostrom beträgt Null. Dies ist das Umkehrpotential u_{rev} (nähere Erklärungen im Text u. Box 6.4).

Null ($u_m - u_{Na} = 0$), es gibt aber ein großes auf K^+ einwirkende elektrochemische Kraft ($u_m - u_K$). Der gesamte synaptische Strom wird bei u_{Na} durch die ACh-aktivierten Endplattenkanäle durch K^+ aus der Zelle getragen,

Box 6.4 Berechnung des Umkehrpotentials

Der Betrag des Umkehrpotentials eines durch einen Neurotransmitter ausgelösten Ionenstroms hängt von den relativen Leitfähigkeiten der den Strom tragenden Ionen sowie von deren Gleichgewichtspotentialen ab. Nimmt man der Einfachheit halber an, der reizinduzierte Strom (I) wird nur von Na^+ und K^+ getragen, so kann man unter Anwendung von Gleichung 5.3 das Umkehrpotential mit den Leitfähigkeiten dieser Ionen in Beziehung setzen. Die Werte g_K und g_{Na} repräsentieren die jeweiligen Änderungen in den Leitfähigkeiten dieser beiden Ionenarten.

$$I_K = g_K \cdot (u_m - u_K) \quad (1)$$

$$I_{Na} = g_{Na} \cdot (u_m - u_{Na}) \quad (2)$$

Beim Umkehrpotential müssen I_K und I_{Na} ungeachtet der relativen Leitfähigkeiten gleich groß, aber entgegengesetzt sein, da der Nettostrom gleich Null sein muß. Erreicht u_m das Umkehrpotential u_{rev}, dann gilt:

$$-I_K = I_{Na} \quad (3)$$

Deshalb gilt aus Gleichung (1) und (2) beim Umkehrpotential:

$$-g_K \cdot (u_m - u_K) = g_{Na} \cdot (u_m - u_{Na}) \quad (4)$$

Ist g_K größer als g_{Na}, dann muß u_m näher bei u_K liegen als bei u_{Na} und umgekehrt. Auflösen der Gleichung 4 unter der Bedingung $u_m = u_{rev}$ ergibt:

$$u_{rev} = \frac{g_K}{g_{Na} + g_K} \cdot u_K + \frac{g_{Na}}{g_{Na} + g_K} \cdot u_{Na} \quad (5)$$

Daraus ist ersichtlich, daß u_{rev} nicht einfach die algebraische Summe aus u_{Na} und u_K darstellt, sondern abhängig vom Verhältnis g_{Na}/g_K irgendwo dazwischen liegt. Wenn also g_{Na} und g_K einander gleich werden (z.B. während der Aktivierung der Endplattenkanäle im Froschmuskel durch Acetylcholin), dann verschiebt sich das Membranpotential zu einem Umkehrpotential, das genau zwischen u_{Na} und u_K liegt:

$$u_{rev} = \tfrac{1}{2} u_K + \tfrac{1}{2} u_{Na} = \tfrac{1}{2} \cdot (u_K + u_{Na})$$

Für den Froschmuskel liegt u_K bei ca. $-100\,mV$ und u_{Na} bei $+60\,mV$. Folglich wird während einer synaptischen Aktivierung $u_{rev} = \tfrac{1}{2}(-100 + 60) = -20\,mV$. Das gemessene Umkehrpotential des Stromes an der neuromuskulären Synapse des Frosches ist mit $-10\,mV$ jedoch etwas positiver. Dies beruht darauf, daß g_{Na} etwas größer als g_K ist.

Zusammenfassend heißt das: Die Umkehrpotentiale verschiedener Membranströme hängen von der Art der beteiligten Ionen, deren Gleichgewichtspotentialen und deren relativen Leitfähigkeiten ab.

---

so daß u_m negativer wird. Man nehme nun an, daß u_m auf u_K geklemmt wird (Abb. 6.19, Ableitung e). In diesem Falle würde keine Antriebskraft auf K^+ einwirken, wohl aber auf Na^+. Der gesamte Endplattenstrom würde durch Na^+ über die ACh-aktivierten Kanäle nach innen getragen werden. Daraus folgt, daß zwischen u_{Na} und u_K ein Membranpotential u_m existieren muß, bei dem die partiellen Na^+- und K^+-Ströme durch die Endplattenkanäle gleich stark und entgegengesetzt sind. Öffnen sich die Kanäle, so fließt kein Nettostrom (Abb. 6.19, Ableitung c). Dieser Wert des Membranpotentials wird als Umkehrpotential des ACh-aktivierten Stroms bezeichnet. Im Fall des Frosch-Endplattenkanals sind die Leitwerte der beiden permeablen Ionenarten Na^+ und K^+ ungefähr gleich; das Umkehrpotential entspricht daher dem algebraischen Mittel von u_{Na} und u_K. Der synaptische Strom kann das Membranpotential u_m nicht über u_{rev} treiben, gleichgültig wie viele Kanäle aktiviert werden, da bei $u_m = u_{rev}$ die elektrochemische Kraft auf die beteiligten Ionen Null wird, so daß u_m sich nicht weiter ändern kann. Aus Box 6.4 ergibt sich, daß das Umkehrpotential für einen bestimmten synaptischen Strom (oder einen anderen aktiven, aus zwei Ionensorten bestehenden Strom) von zwei Faktoren abhängt:
- den relativen Leitfähigkeiten des aktivierten Kanals für die permeablen Ionen und
- den Gleichgewichtspotentialen der permeablen Ionen (basierend auf ihren Konzentrationsgradienten).

Das Umkehrpotential ist von funktioneller Bedeutung, da die Beziehung zwischen u_{rev} und der Feuerschwelle bestimmt, wie die synaptischen Ereignisse die postsynaptische Zelle beeinflussen.

Postsynaptische Erregung und Hemmung: Jeder synaptische Prozeß, der die Wahrscheinlichkeit für die Auslösung eines APs in der postsynaptischen Zelle erhöht, wird als erregend (exzitatorisch) bezeichnet. Im Gegensatz dazu nennt man einen Prozeß, der diese Wahrscheinlichkeit herabsetzt, hemmend (inhibitorisch). Somit hat jeder postsynaptische Strom, dessen Umkehrpotential positiver ist als die Feuerschwelle, einen erregenden Effekt (**exzitatorisches postsynaptisches Potential**, EPSP) und jeder postsynaptische Strom, dessen Umkehrpotential auf der negativen Seite der Feuerschwelle liegt, einen hemmenden Effekt (**inhibitorisches postsynaptisches Potential**, IPSP). Ist das Umkehrpotential eines synaptischen Stroms positiver als die Feuerschwelle der postsynaptischen Zelle, handelt es sich um eine exzitatorische Synapse (Abb. 6.20A und 6.21A). Ist das Umkehrpotential negativer als die Feuerschwelle, ist die Synapse inhibitorisch. An schnellen chemischen Synapsen fließen exzitatorische Ströme meistens durch Kanäle, die für Na^+ oder Ca^{2+}, oft auch für K^+ permeabel sind. Allerdings trägt der K^+-Strom wegen der in Ruhe nur kleinen elektrischen Kraft nicht zur Erregung der Synapse bei. Inhibitorische synaptische Ströme fließen durch Kanäle, die für K^+ oder Cl^- permeabel sind. Die Umkehrpotentiale dieser beiden Ionenarten liegen normalerweise in der Nähe des Ruhepotentials und damit deutlich unter der Feuerschwelle

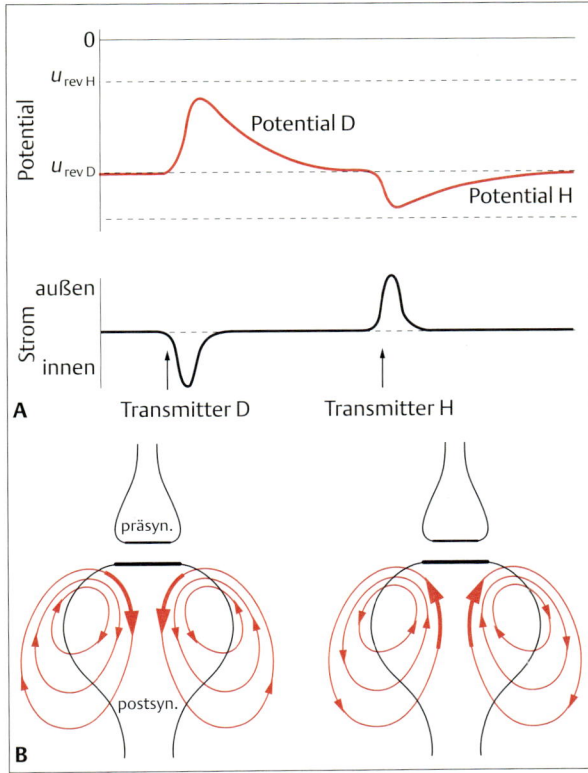

Abb. 6.20 Synaptische Ströme können erregend oder hemmend wirken. A Vergleich depolarisierender und hyperpolarisierender Leitfähigkeitsänderungen. Transmitter D ruft ein depolarisierendes postsynaptisches Potential hervor, da der Leitfähigkeitsanstieg, den er hervorruft, zu einem Nettoeinwärtsstrom (hauptsächlich von Na^+) führt, der positive Ladung ins Zellinnere bringt. Der positive Ladungszuwachs tritt auf, weil das Umkehrpotential des Einwärtsstroms weniger negativ ist als das Ruhepotential. Transmitter H verursacht ein hyperpolarisierendes synaptisches Potential, weil er die Leitfähigkeit für solche Ionen erhöht, die zu einem Nettoverlust positiver Ladung aus der Zelle führen (z.B. K^+-Ausstrom oder Cl^--Einstrom). **B** Die Stromrichtung durch die postsynaptische Membran ist für die von D und H verursachten positiven Ströme entgegengesetzt.

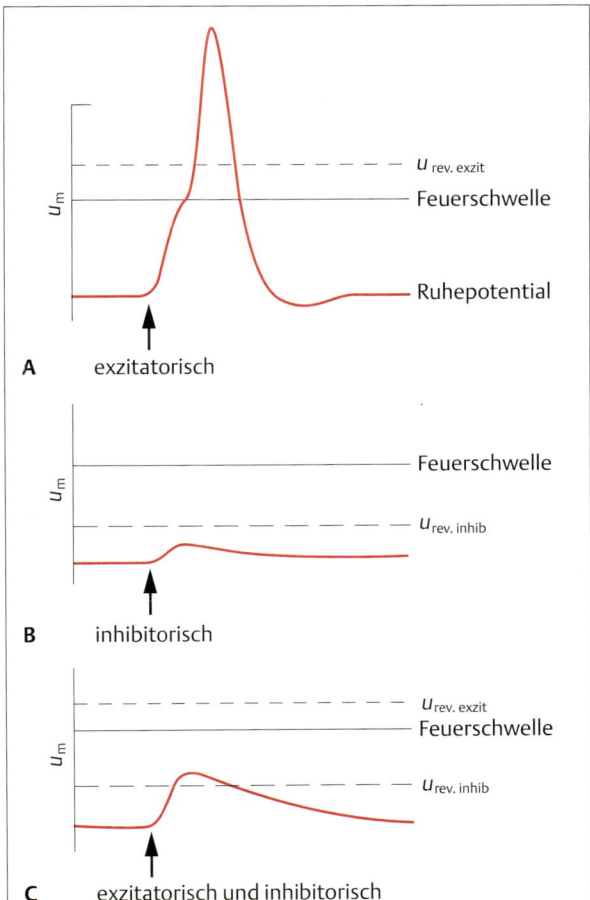

Abb. 6.21 Inhibitorisch-exzitatorische Interaktion in der postsynaptischen Zelle. A Ein Aktionspotential entsteht aus einem exzitatorischen postsynaptischen Potential (EPSP), wenn dieses das Membranpotential über die Feuerschwelle hebt. **B** Ein postsynaptisches Potential, welches die Membran depolarisiert, kann dennoch inhibitorisch wirken (IPSP), wenn sein Umkehrpotential unterhalb der Feuerschwelle des Neurons liegt. **C** Ein hemmender Transmitter, der gleichzeitig mit einem erregenden Transmitter wirkt, kann das Membranpotential unterhalb der Feuerschwelle halten.

der Zelle. Ist das Umkehrpotential der hemmenden Kanäle negativer als das Ruhepotential, so wird der synaptische Strom dazu führen, daß das Membranpotential negativer als das Ruhepotential wird: er wird die Zelle damit hyperpolarisieren (Abb. 6.20A). Hyperpolarisierende und depolarisierende Ströme werden im postsynaptischen Neuron zu einem Nettostrom addiert, der dann das Membranpotential verändert.

Während alle erregenden Synapsen immer depolarisierende Ströme bewirken, gibt es bei hemmenden Synapsen Sonderfälle. Entspricht beispielsweise das Umkehrpotential eines Stromes zufällig genau dem Ruhepotential der Membran ($u_m - u_{rev} = 0$), so wird trotz offener Ionenkanäle kein synaptischer Strom fließen, und es wird keine Potentialänderung als Folge der angestiegenen postsynaptischen Leitfähigkeit auftreten. Auch wenn durch Transmitterwirkung die Leitfähigkeit für Cl^- oder für K^+ ansteigt, wird (in diesem speziellen Fall) das Membranpotential unverändert auf dem Niveau des

Ruhepotentials bleiben, weil die elektrochemische Kraft gleich Null ist. Ist das Umkehrpotential einer Kanalpopulation positiver als das Ruhepotential, aber negativer als der Schwellenwert, so wird eine Aktivierung dieser Kanäle eine Depolarisation zur Folge haben (Abb. 6.21 B). Dennoch hat der Transmitter in diesen Fällen eine hemmende Wirkung, da die Aktivierung dieser Kanäle die Membran gleichsam kurzschließt und damit einer gleichzeitigen Aktivierung erregender Kanäle entgegenwirkt (Abb. 6.21 C). Zusammenfassend lassen sich die Vorgänge an inhibitorischen postsynaptischen Kanälen wie folgt darstellen: Ihre Aktivierung schließt erregende Ströme kurz, da die positive Ladung, die durch einen erregenden Strom in die Zelle getragen wird, sie zum größten Teil durch inhibitorische Kanäle wieder verläßt.

Selbstverständlich sind Transmitter nicht von Natur aus hemmend oder erregend, sondern die Eigenschaften der Ionenkanäle und die elektrochemischen Gradienten der permeierenden Ionen bestimmen das Umkehrniveau des synaptischen Potentials und damit auch, ob ein Transmitter erregend oder hemmend wirkt. Beispielsweise führt ACh an der motorischen Endplatte und an Synapsen sympathischer Ganglien zu einem Anstieg der Leitfähigkeit für Na^+ und K^+ in der postsynaptischen Membran und wirkt so als erregender Transmitter. Im Gegensatz dazu wirkt es an den parasympathischen Nervenendigungen im Herz als hemmender Transmitter, da es dort die Leitfähigkeiten für K^+ erhöht. Die Ionenselektivität der aktivierten Kanäle bestimmt die Natur des postsynaptischen Stromes, der als Antwort auf eine präsynaptische Freisetzung von Transmittermolekülen fließt.

Daraus folgt, daß ein normalerweise hemmender Transmitter zu einem erregenden gemacht werden kann, wenn man die Ionengradienten über der postsynaptischen Membran experimentell verändert. Solche Versuche wurden an Neuronen aus dem Rückenmark von Säugetieren und an Neuronen von Schnecken durchgeführt (Abb. 6.22). Bei Schnecken gibt es bestimmte Neuronen, bei denen der natürliche Transmitter ACh die Leitfähigkeit für Cl^--Ionen an der subsynaptischen Membran ansteigen läßt. Bei einer Gruppe dieser Neuronen (H-Zellen oder hyperpolarisierenden Zellen) ist die intrazelluläre Cl^--Konzentration relativ gering, so daß u_{Cl} negativer ist als das Ruhepotential. ACh bewirkt bei diesen H-Zellen eine Hyperpolarisation, indem es Cl^--Kanäle öffnet, damit einen Cl^--Einstrom in die Zelle ermöglicht und das Membranpotential nach u_{Cl} verschiebt (Abb. 6.22 A). Ersetzt man das extrazelluläre Cl^- durch SO_4^{2-}-Ionen, die nicht durch die Cl^--Kanäle passen, so führt eine ACh-Zugabe zu einem Ausstrom von Cl^-, das nun einen nach innen gerichteten elektrochemischen Gradienten hat. Dieser resultierende Ausstrom negativer Ladung bewirkt eine Depolarisation und einen Anstieg in der AP-Frequenz (Abb. 6.22 B). Folglich wirkt ACh, das normalerweise eine hemmende Wirkung auf diese Zellen hat, erregend, wenn der elektrochemische Gradient der Cl^--Ionen umgekehrt wird. Bei dieser Schnecke gibt es im Gehirn noch sogenannte D-Zellen (depolarisierende Zellen), die Cl^- aktiv aufnehmen und deshalb normalerweise eine hohe intrazelluläre Cl^--Konzentration haben. ACh bewirkt, ebenso wie in den H-Zellen, eine Zunahme der Cl^--Leitfähigkeit. In den D-Zellen führt dies allerdings zu einer Depolarisation, weil der elektrochemische Gradient für Cl^- nach außen ge-

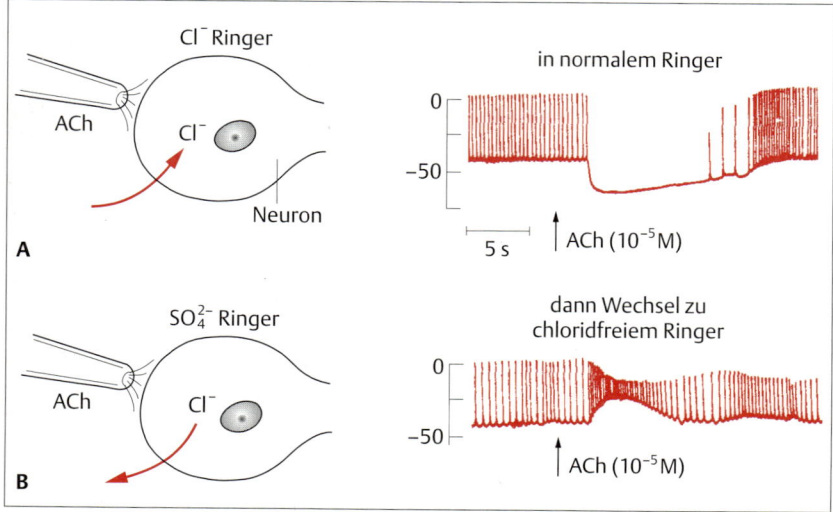

Abb. 6.22 Die Konzentrationsgradienten von Ionen bestimmen die Richtung der transmitterinduzierten Potentialänderungen. **A** Acetylcholin (10^{-5} mol/l), das man auf H-Zellen im Schneckengehirn appliziert, bewirkt durch das Öffnen von Cl^--Kanälen eine Hyperpolarisation, weil Cl^- entlang seines Konzentrationsgradienten in die Zelle fließt. **B** Durch Austausch des extrazellulären Cl^- gegen SO_4^{2-} wird die Richtung der Potentialänderung umgekehrt, da sich der elektrochemische Gradient für Cl^- umkehrt. Die durch 10^{-5}M Acetylcholin bewirkte Öffnung der Cl^--Kanäle hat nun eine Depolarisation zur Folge, weil Cl^- entlang seines neuen Konzentrationsgradienten aus der Zelle herausfließt. Die Wirkung auf die Impulsentladung ist rechts dargestellt (nach Kerkut u. Thomas, 1964).

richtet ist. Dieses Beispiel zeigt, daß Erregung und Hemmung von Neuronen von der Art der Ionengradienten und nicht von der Art des Transmitters abhängen.

Präsynaptische Hemmung: Experimente aus den 60er Jahren an Neuronen im Rükenmark von Säugern und der neuromuskulären Endplatte von Crustaceen haben einen weiteren Mechanismus synaptischer Hemmung gezeigt. Bei der sogenannten **präsynaptischen Hemmung** wird ein hemmender Transmitter aus einem Axonterminal freigesetzt, welches präsynaptisch auf dem Axonterminal eines erregenden Axons sitzt (Abb. 6.23). Hier beruht die Hemmung nicht darauf, daß der erregenden postsynaptischen Wirkung eines Transmitters entgegengewirkt wird, sondern darauf, daß die Transmitterausschüttung aus einer einzelnen erregenden Axonterminale vermindert wird. Hier kann also der präsynaptische Teil des erregenden Axons als postsynaptisches Element aufgefaßt werden. Durch die präsynaptische Hemmung wird die aus der exzitatorischen Endigung freigesetzte Transmittermenge vermindert, worauf die synaptische Erregung in der zum erregenden Neuron postsynaptisch liegenden Zelle herabgesetzt wird (Abb. 6.23 B). In einigen Fällen präsynaptischer Hemmung erhöht der hemmende Transmitter die Membranpermeabilität der präsynaptischen Axonterminale des erregenden Axons für K^+ und Cl^-. Dieser Anstieg der Leitfähigkeiten vermindert die (Depolarisations-) Höhe des APs im Axonterminal und reduziert dadurch die Freisetzung des erregenden Transmitters. In vielen Fällen präsynaptischer Hemmung bewirkt der hemmende Transmitter eine teilweise Blockade oder Inaktivierung präsynaptischer Ca^{2+}-Kanäle. Da die Transmitterfreisetzung vom Eindringen der Ca^{2+}-Ionen in die Endigung abhängt (s. S. 176, 192ff), zieht der verminderte Ca^{2+}-Einstrom eine Reduktion der Transmitterfreisetzung nach sich. Unabhängig vom Mechanismus bewirkt die präsynaptische Hemmung, daß die postsynaptische Zelle von einer Terminale weniger Transmitter erhält und deshalb nur ein abgeschwächtes postsynaptisches Potential aufbaut.

Post- und präsynaptische Hemmung haben für die postsynaptische Zelle sehr unterschiedliche Konsequenzen. Während bei der postsynaptischen Hemmung die Erregbarkeit der Zelle generell vermindert wird, wirkt sich die präsynaptische Hemmung nur auf einen bestimmten Eingang in die Zelle aus, während die Wirkung von anderen Eingängen nicht beeinflußt wird. Damit ist die präsynaptische Hemmung ein Mechanismus für die gezielte und fein abgestimmte Kontrolle der synaptischen Wirksamkeit bestimmter synaptischer Eingänge in ein Neuron.

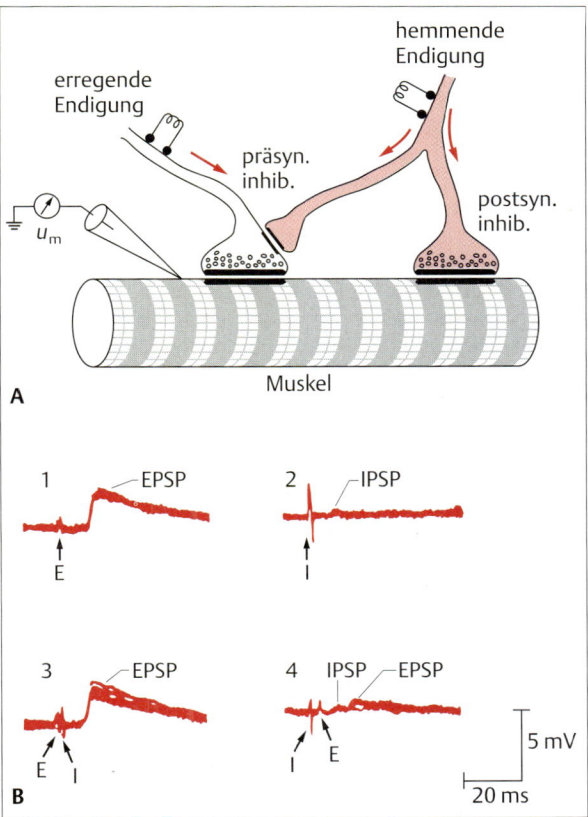

Abb. 6.23 Präsynaptischen Hemmung. Neurone, welche die Muskelfaser hemmen, können erregende Axone auch präsynaptisch hemmen. **A** Anatomische Grundlage präsynaptischer Hemmung bei einem Crustaceenmuskel. Ein inhibitorisches Neuron bildet mit der präsynaptischen Axonendigung eines erregenden Axons eine Synapse. Außerdem ist der Versuchsaufbau für das in B gezeigte experimentelle Ergebnis dargestellt. **B** Intrazelluläre Ableitung des Membranpotentials der Muskelfaser, die durch erregende und hemmende Motoneurone innerviert wird. Eine Reizung des erregenden Axons (E) bewirkte ein EPSP von etwa 2 mV (1). Die Reizung des inhibitorischen Axons (I) erzeugte ein IPSP von etwa 0,2 mV (2). Wurde das hemmende Axon einige Millisekunden nach der Reizung des erregenden Axons stimuliert (3), so war das EPSP unverändert. Wurde das hemmende Axon einige Millisekunden vor dem erregenden Axon stimuliert (4), so wurde das EPSP fast völlig unterdrückt. Die Freisetzung eines hemmenden Transmitters erhöht die K^+- und Cl^--Leitfähigkeit der exzitatorischen Axonterminalen, was die Größe des dort einlaufenden Aktionspotentials herabsetzt und damit die Freisetzung des erregenden Transmitters reduziert. Postsynaptische Hemmung tritt dort auf, wo das hemmende Axon direkt auf der Muskelfaser endet (nach Dudel u. Kuffler, 1961).

Präsynaptische Transmitterfreisetzung

Die Freisetzung des Neurotransmitters aus der präsynaptischen Endigung bestimmt die Wirkung der synaptischen Übertragung. Die Anzahl der an einer Synapse freigesetzten Transmittermoleküle bestimmt die Stärke der postsynaptischen Antwort. Die Frage, wie die Transmitterfreisetzung erfolgt, ist damit von zentraler physiologischer Bedeutung für das Verständnis der synaptischen Übertragung. Die Geschichte ihrer Erforschung liefert darüber hinaus bemerkenswerte Beispiele wissenschaftlicher Methodik und experimenteller Ansätze. Hervorzuheben ist in diesem Zusammenhang vor allem der von Bernard Katz und seinen Mitarbeitern erbrachte Nachweis, daß der Neurotransmitter meist in winzigen Portionen, sogenannten **Quanten**, abgegeben wird. In jüngerer Zeit durchgeführte Experimente haben gezeigt, daß die Transmitterausschüttung dem Vorgang der Exocytose anderer Zellen, z.B. der Drüsenzellen, sehr ähnlich ist.

Quantennatur der Transmitterfreisetzung

Bei der Untersuchung der neuromuskulären Übertragung am Froschmuskel fanden Paul Fatt und Bernhard Katz (1952) kleine (< 1 mV), spontane Depolarisationen, die nur in der Nähe der postsynaptischen Membran der motorischen Endplatte auftraten (Abb. 6.24). Stach man die intrazelluläre Ableitelektrode in zunehmender Entfernung von der Endplatte ein, dann wurden diese spontanen Signale zunehmend kleiner. Da diese Potentiale die gleiche Form und den gleichen zeitlichen Verlauf sowie eine vergleichbare Drogenempfindlichkeit wie die Endplattenpotentiale aufwiesen, wurden sie als **Miniatur-Endplattenpotentiale** (MEPPs) bezeichnet. Die Messung dieser MEPPs spielte bei der Aufklärung des transmitterfreisetzenden Mechanismus eine entscheidende Rolle.

Katz und seine Mitarbeiter stellten sich die Frage, welche Beziehung zwischen den spontanen MEPPs und den durch die Stimulation eines Motoneurons ausgelösten Endplattenpotentialen (EPPs) bestehen könnte. Könnte es sein, daß ein MEPP die Grundeinheit der Transmitterfreisetzung darstellt und daß das normale EPP aus vielen solcher auf einen präsynaptischen Impuls hin gleichzeitig freigesetzter Grundeinheiten besteht? Um diese Idee zu überprüfen, griffen sie auf einen bereits erarbeiteten Befund zurück. Es war bekannt, daß ein stetiger Anstieg von Mg^{2+}- bzw. Abfall von Ca^{2+}-Ionen das durch die Nervreizung ausgelöste Endplattenpotential verringert, bis es, bei einer geeigneten Konzentration dieser Kationen, eine Amplitude erreicht, die der eines spontan auftretenden MEPPs ähnlich ist. Durch Messung der postsynaptischen Antworten auf präsynaptisch auftretende motorische Nervenimpulse, die bei hoher Mg^{2+}- und niederer Ca^{2+}-Konzentration auftraten (Abb. 6.25), erhielten Katz und seine Mitarbeiter folgende Ergebnisse:

– Einige motorische Impulse führten zu EPPs, die ungefähr die gleichen Amplituden hatten wie einzelne spontan auftretende MEPPs.
– Einige motorische Impulse verursachten keine Antwort.
– Einige der ausgelösten EPPs hatten Amplituden, die ganzzahligen Vielfachen (d.h. 2fach, 3fach, usw.) der mittleren Amplitude einzelner spontaner MEPPs entsprachen.

Diese Ergebnisse unterstützen die Hypothese, daß das normale Endplattenpotential auf der gleichzeitigen Freisetzung einer großen Anzahl solcher Transmitter-Einheiten (entsprechend der Einheiten, welche die spontanen MEPPs hervorbringen) aus der präsynaptischen Nervenendigung beruht. Berechnungen ergaben, daß in der motorischen Endplatte des Frosches für die normale Amplitude eines EPSPs die gleichzeitige Freisetzung von etwa 100–300 solcher Einheiten benötigt wird.

Die Abkühlung des Nerv-Muskel-Präparates verlangsamt die Transmitterfreisetzung aus der Nervenendigung und führt zu einer asynchronen Freisetzung dieser

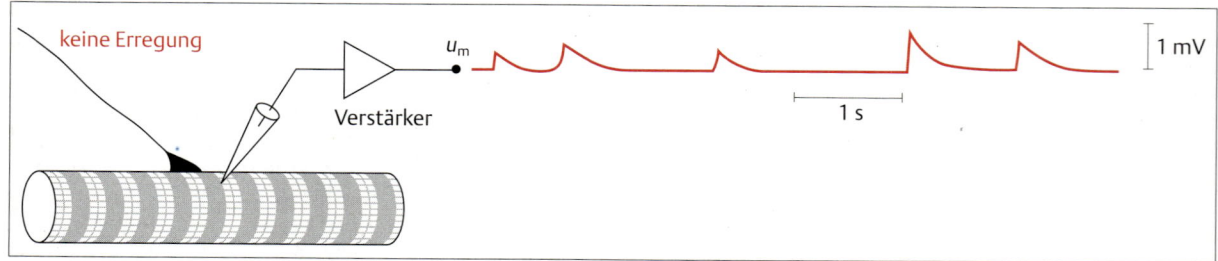

Abb. 6.24 Spontane Miniatur-Endplattenpotentiale. Die dargestellten Potentiale wurden aus der Region der motorischen Endplatte einer Skelettmuskelfaser abgeleitet. Beachte die niedrigen und variablen Amplituden der MEPPs.

Informationsübertragung zwischen Neuronen-Synapsen

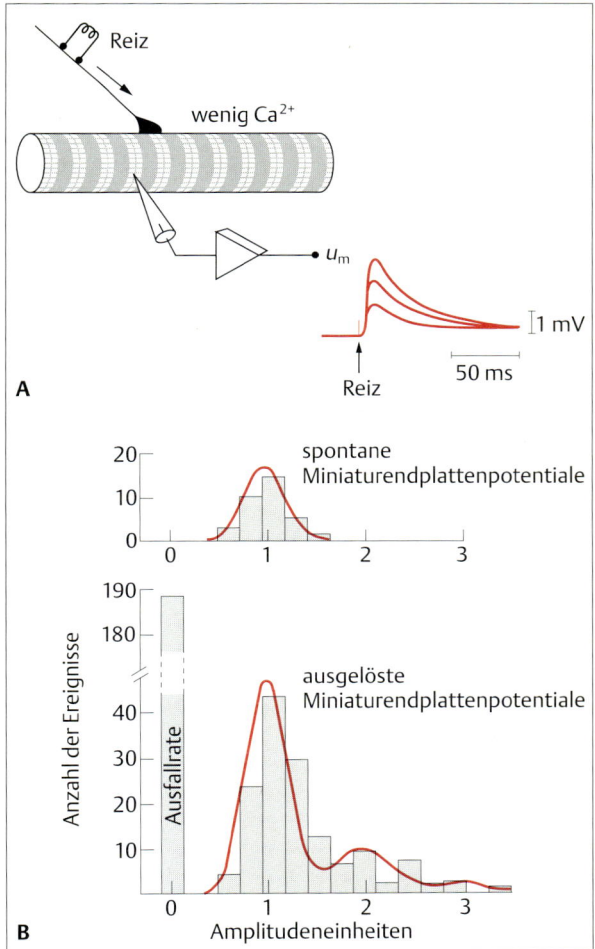

Abb. 6.25 Unter geeigneten experimentellen Bedingungen führen APs motorischer Nerven zu MEPP-ähnlichen Potentialen in der postsynaptischen Muskelfaser. **A** Ein motorischer Nerv wurde in einer Lösung geringer Ca^{2+}-Konzentration und hoher Mg^{2+}-Konzentration, welche die reizbedingte Transmitterfreisetzung reduziert, gereizt. Die ausgelösten Endplattenpotentiale zeigten kleine und variable Amplituden. **B** Histogramm der Verteilungen der Anzahl verschiedener MEPP-Amplituden (senkrechte Balken). Im oberen Histogramm ist die Anzahl spontaner MEPPs verschiedener Amplitude dargestellt. Im unteren Histogramm gilt entsprechendes für MEPPs, die durch Reizung des motorischen Nerven bei niedriger Ca^{2+}-Konzentration ausgelöst wurden. Beachte die hohe Ausfallrate. Die größte Zahl der reizinduzierten MEPPs hatte eine ähnliche Amplitudenverteilung wie die der einzelnen spontanen MEPPs. Die durchgezogenen Kurven geben die theoretische Poisson-Verteilung an, die auf der Annahme beruht, daß die ausgelösten MEPPs aus Einheiten bestehen, die denen der spontanen MEPPs entsprechen (B nach Del Castillo u. Katz, 1954).

Transmitter-Einheiten. Die unter diesen Bedingungen erfolgende sägezahnartige, schrittweise Erhöhung (jeder einzelne Gipfel ist das Ergebnis einer einzelnen freigesetzten Transmitter-Einheit) des Endplattenpotentials ist ein weiterer Beweis dafür, daß es aus vielen kleinen Einheiten besteht, die normalerweise gleichzeitig freigesetzt werden und sich zu einer einzigen, großen Depolarisation aufsummieren. Da die Transmitterfreisetzung aus separaten Einheiten, Paketen oder Quanten zu bestehen schien, wurde dieser Vorgang als **Quantenfreisetzung** bezeichnet. Als nächstes stellte sich die Arbeitsgruppe um Katz die Frage: „Aus wie vielen Molekülen besteht eine Einheit oder ein Quantum bei der Transmitterfreisetzung? Stellt es ein einzelnes ACh-Molekül dar? Wenn nicht, wie viele Moleküle sind es dann?" Sollte ein spontanes MEPP das Ergebnis eines einzelnen ACh-Moleküls sein, das aus der präsynaptischen Endigung sickert, dann sollte die Zugabe einer sehr geringen ACh-Konzentration in das Bad zu einer beträchtlichen Erhöhung der MEPPs führen. Ausgehend von sehr niedrigen bis hin zu höheren ACh-Konzentrationen sahen sie niemals eine Zunahme in den MEPPs; mit zunehmender ACh-Konzentration wurde jedoch eine stetig zunehmende Depolarisation der postsynaptischen Membran beobachtet. Daraus folgerten sie, daß die MEPPs nicht als Antwort auf einzelne ACh-Moleküle entstehen. Berechnungen zufolge ist jedes MEPP vielmehr das Ergebnis der Freisetzung von etwa 10000 bis 40000 ACh-Molekülen aus einem Transmitter-„Paket", wobei dieses etwa 2000 postsynaptische Kanäle aktiviert. Zur etwa gleichen Zeit wurden mittels elektronenmikroskopischer Untersuchungen in den präsynaptischen Endigungen Vesikel (Abb. 6.13C) nachgewiesen. Diese Vesikel sind die anatomische Entsprechung der „errechneten" Transmitterpakete, die für die Quantennatur der Transmitterfreisetzung verantwortlich sind. Die Freisetzung des Transmitters aus den präsynaptischen Vesikeln mittels Exocytose wurde sowohl als Grundlage der MEPPs (einzelne Vesikel) als auch der normal ausgelösten EPPs (viele Vesikel) angesehen. Verschiedene Befunde bestätigen diese Ansicht; dazu zählen elektrische Messungen der Membrankapazität, die aufgrund der Vesikelverschmelzung mit der Membran während der Exocytose aufgrund der vergrößerten Membranfläche ansteigt.

Die Quantenfreisetzung des Transmitters an der motorischen Endplatte von Froschmuskeln wurde statistisch eingehend analysiert. Nach heutigem Wissensstand steht nur ein Teil der innerhalb eines Axonterminals angehäuften Vesikel zur sofortigen Ausschüttung in Folge eines präsynaptisches APs zur Verfügung. Unter allen möglichen physiologischen Bedingungen (z.B. verschiedene Ca^{2+}- und Mg^{2+}-Konzentrationen und Temperaturen) existiert eine bestimmte Wahrscheinlichkeit, daß eines der zur Verfügung stehenden Vesikel freigesetzt wird. Bei der schnellen Übertragung sind es die Vesikel in der aktiven Zone. Eine Verringerung der extrazellulären Ca^{2+}-Konzentration vermindert den Ca^{2+}-Einstrom in die Endigung (was für die Transmitterfreisetzung unbedingt notwendig ist) und verringert damit die Wahrscheinlichkeit einer präsynaptischen Vesikelfreisetzung. Ist die Wahrscheinlichkeit ausreichend niedrig, so herrscht ein Zustand, wie er in Abb. 6.25 B dargestellt ist. Jetzt kommt es bei einem präsynaptischen AP zu „Ausfällen", d.h. es werden keine oder nur einige wenige Vesikel freigesetzt; diese rufen Endplattenpotentiale hervor, deren Amplitude derjenigen einiger weniger MEPPs entspricht. Wird der normale **Quanteninhalt** von 100–300 Einheiten pro Freisetzung durch Verminderung der extrazellulären Ca^{2+}-Konzentration auf 0, 1, 2, 3 Einheiten usw. reduziert, so ist es möglich, die Anzahl der Vesikel zu bestimmen, die auf jeden Reiz einer großen Reizserie freigesetzt werden. Die statistische Untersuchung dieser Zahlen zeigte, daß die Wahrscheinlichkeit der Vesikelfreisetzung einer **Poisson-Verteilung** unterliegt (Abb. 6.25 B).

Kopplung zwischen Transmitterfreisetzung und Depolarisation

Nach der Quantentheorie der Transmitterfreisetzung ist die Wahrscheinlichkeit für die Vesikelexocytose gering, wenn das präsynaptische Membranpotential u_m auf seinem Ruhewert liegt. Die zufällige Freisetzung eines Vesikelinhalts erfolgt relativ selten. Wird die präsynaptische Membran jedoch depolarisiert und strömt Ca^{2+} in die Endigung ein, so steigt die Wahrscheinlichkeit der Quantenfreisetzung drastisch an. Diese Kopplung von Membranpotential und der Wahrscheinlichkeit für eine Quantenfreisetzung erkennt man auch daran, daß die Häufigkeit von MEPPs mit zunehmender Depolarisation der Präsynapse zunimmt (Abb. 6.26).

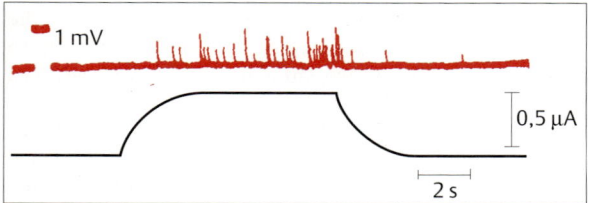

Abb. 6.26 Auslösung von MEPPs durch depolarisierende Ströme. Führt man der präsynaptischen Endigung einen depolarisierenden Strom zu (unten), so erhöht die elektrotonische Depolarisation die Wahrscheinlichkeit der Transmitterfreisetzung, was durch den Anstieg der MEPP-Frequenz (oben) in der Muskelfaser gezeigt wird (nach Katz u. Miledi, 1967).

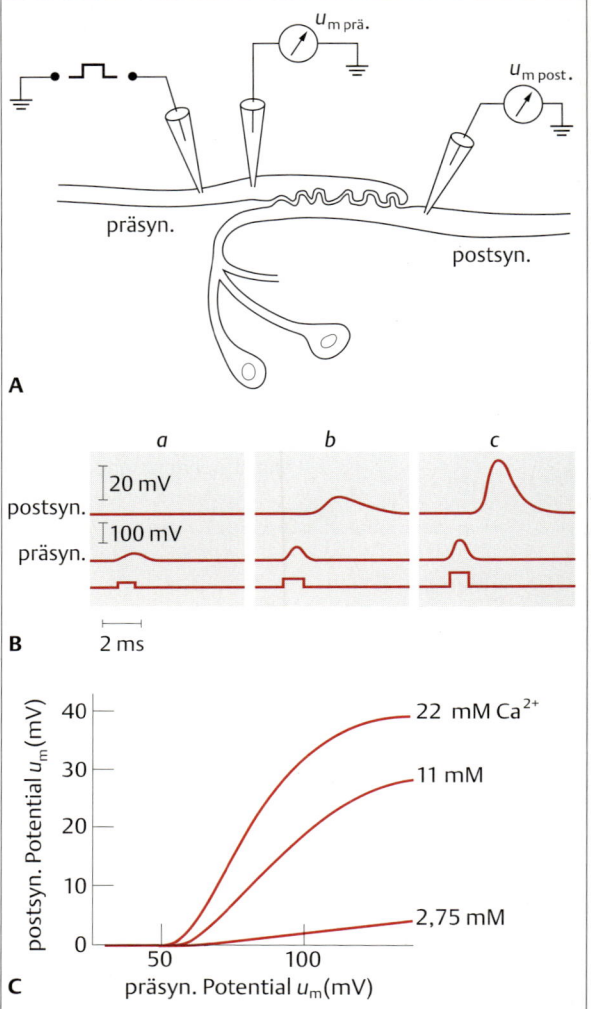

Abb. 6.27 Beziehung zwischen präsynaptischer Depolarisation und Transmitterfreisetzung. Das dargestellte Experiment wurde an der Riesensynapse des Tintenfischs durchgeführt. **A** Die präsynaptische Membran wurde durch eine intrazellulär liegende Elektrode depolarisiert, während das Membranpotential prä- und postsynaptisch mittels Mikroelektroden abgeleitet wurde. **B** Der Strom, der angelegt wurde, um präsynaptische Depolarisationen auszulösen, wurde von *a* über *b* nach *c* erhöht und bewirkte ein zunehmendes postsynaptisches Potential. **C** Depolarisation der präsynaptischen Membran, Erhöhung der extrazellulären Ca^{2+}-Konzentration oder auch beides erhöhte die Amplitude des postsynaptischen Membranpotentials. Bei einer konstanten extrazellulären Ca^{2+}-Konzentration rief eine erhöhte präsynaptische Membrandepolarisation eine vermehrte Transmitterfreisetzung und damit eine höhere Amplitude des postsynaptischen Potentials hervor. Mit abnehmender $[Ca^{2+}]_o$ fiel das postsynaptische Potential kleiner aus (nach Katz u. Miledi, 1966 u. 1970).

Das Verhältnis zwischen dem präsynaptischen Membranpotential und der Transmitterfreisetzung untersuchten Katz und Miledi an der außergewöhnlich großen Synapse des Tintenfisch-Riesenaxons (Abb. 6.**27 A**). Aufgrund der beachtlichen Synapsengröße ist es möglich, Mikroelektroden sowohl in die präsynaptische Endigung als auch in die postsynaptische Zelle in der Nähe der Synapsenregion einzustechen, um Ströme einzuleiten und das Membranpotential zu messen, was wegen der geringen Größe der präsynaptischen Endigung bei den meisten anderen Synapsen nicht möglich ist. Die Aktivierung von Na^+-Kanälen wurde mittels **Tetrodotoxin** (TTX), die K^+-Aktivierung mittels einer **Tetraethylammonium** (TEA)-Injektion blockiert. Dadurch wurde es möglich, die präsynaptische Membran ohne die Alles-oder-Nichts-Antwort eines APs zu depolarisieren. Das postsynaptische Potential, das mit einer dritten Elektrode registriert wurde, war ein hochempfindlicher Testparameter dafür, wieviel Transmitter aus der präsynaptischen Membran freigesetzt wurde. Die Ergebnisse (Abb. 6.**27 B** u. **C**) zeigten:
- Die Depolarisation der präsynaptischen Membran bewirkt eine Transmitterfreisetzung (als postsynaptische Depolarisation nachgewiesen), auch wenn der normale Mechanismus des APs ausgeschaltet ist.
- Die Amplitude des postsynaptischen Potentials (die von der Transmitterfreisetzung abhängt) nimmt mit steigender Depolarisation der präsynaptischen Membran zu.
- Eine bestimmte präsynaptische Depolarisation führt nach Reduktion des extrazellulären Ca^{2+} zu einer geringeren postsynaptischen Antwort.

Diese drei Befunde stützten die Hypothese, daß die Vorgänge in den präsynaptischen Axonterminalen von der Depolarisation der Membran, aber nicht von der Art der an der Depolarisation beteiligten Ionen abhängen und daß Ca^{2+}-Ionen dabei eine wichtige Rolle spielen. Die Beteiligung von Ca^{2+} bei der Transmitterfreisetzung wurde in einem weiteren Experiment bestätigt: Wird die präsynaptische Endigung bis zum Ca^{2+}-Gleichgewichtspotential u_{Ca} depolarisiert (Nernst-Gleichung, S. 146), so verhindert das hohe intrazelluläre positive Potential das Eindringen von Ca^{2+} durch die in der präsynaptischen Endigung vorhandenen Ca^{2+}-Kanäle. Es erfolgt so lange keine Transmitterfreisetzung, bis das Membranpotential nach einer solch hohen Depolarisation zum Ruhewert zurückkehrt und Ca^{2+}-Ionen wieder in die Zelle eindringen können. Diese Befunde bestätigten die Vermutung, daß dem Ca^{2+} eine entscheidende Rolle bei der Transmitterfreisetzung zukommt.

Eine direkte Abhängigkeit zwischen dem Ca^{2+}-Einstrom und der Transmitterfreisetzung wurde in der Synapse des Tintenfisch-Riesenaxons nachgewiesen.

Dies gelang mit Hilfe eines calciumsensitiven Proteins, dem **Aequorin** (das aus der biolumineszierenden Qualle *Aequorea* gewonnen wird). Man registrierte dazu das Membranpotential auf der prä- und postsynaptischen Seite und maß gleichzeitig die Lichtemission, die durch Interaktion des Aequorins mit dem in die präsynaptische Endigung einströmendem Ca^{2+} auftrat (Abb. 6.**28**). Nach der Injektion eines depolarisierenden Stromes trat nur dann ein postsynaptisches Potential auf, wenn vom Aequorin erzeugte Lichtsignale gemessen wurden (d.h. durch den Ca^{2+}-Einstrom in die präsynaptische Endigung induziertes Licht).

Andere Experimente bestätigten diese Ergebnisse. Ca^{2+} ist auch für die Transmitterfreisetzung während des Eintreffens eines APs in der präsynaptischen Endigung der motorischen Endplatte notwendig. So erfolgt unter bestimmten Umständen, die das Eindringen von Ca^{2+} in das Axon beeinträchtigen (z.B. geringe extrazelluläre Ca^{2+}-Konzentration oder die Zugabe kompetitiver Kationen wie Mg^{2+} und La^{3+}), keine Transmitterfreisetzung als Antwort auf ein präsynaptisches AP. Schließlich ließ sich beim Tintenfisch zeigen, daß Mikroinjektionen von Ca^{2+} in die präsynaptische Endigung die Freisetzung des Transmitters zur Folge hat.

Diese Ergebnisse zeigen, daß der Ca^{2+}-Einstrom nach dem Eintreffen eines APs in das präsynaptische Axonterminal zur Auslösung der Transmitterfreisetzung notwendig ist. Die intrazelluläre Ca^{2+}-Funktion ist noch nicht vollständig aufgeklärt; wahrscheinlich wird Ca^{2+} für die Fusion der synaptischen Vesikel mit der Cytoplasmamembran benötigt. Vermutlich spielt Ca^{2+} mindestens noch eine weitere Rolle bei der Exocytose. Offenbar ist Ca^{2+} an der Regulation der Aktivität des phosphorylierenden Enzyms Proteinkinase C beteiligt, welches für die Sekretion mittels Exocytose notwendig ist. Im elektronenmikroskopischen Bild ist gelegentlich die exocytotische Freisetzung synaptischer Vesikel zu erkennen (Abb. 6.**29**). Ebenso wichtig wie die rasche Zunahme der Ca^{2+}-Konzentration im präsynaptischen Axonterminal ist die rasche Entfernung der Ca^{2+}-Ionen aus dem Axonterminal. Das Auspumpen der Ca^{2+}-Ionen in den Extrazellulärraum erfolgt aber zu langsam, um das Ca^{2+} schnell genug aus dem Cytosol des Axonterminals zu schaffen. Wahrscheinlich wird das Ca^{2+} deshalb zunächst in Speichervesikel verpackt, um dann nach und nach wieder aus der Zelle heraustransportiert zu werden.

In jüngster Zeit gelangen einige bedeutende Entdeckungen zu den Mechanismen der Transmitterfreisetzung. Einige der an diesen Mechanismen beteiligten Proteine konnten identifiziert und ihre Gene kloniert und sequenziert werden. Die Transmitterfreisetzung erfolgt in mehreren Schritten: Die gefüllten Vesikel docken an den aktiven Zonen innerhalb der präsynapti-

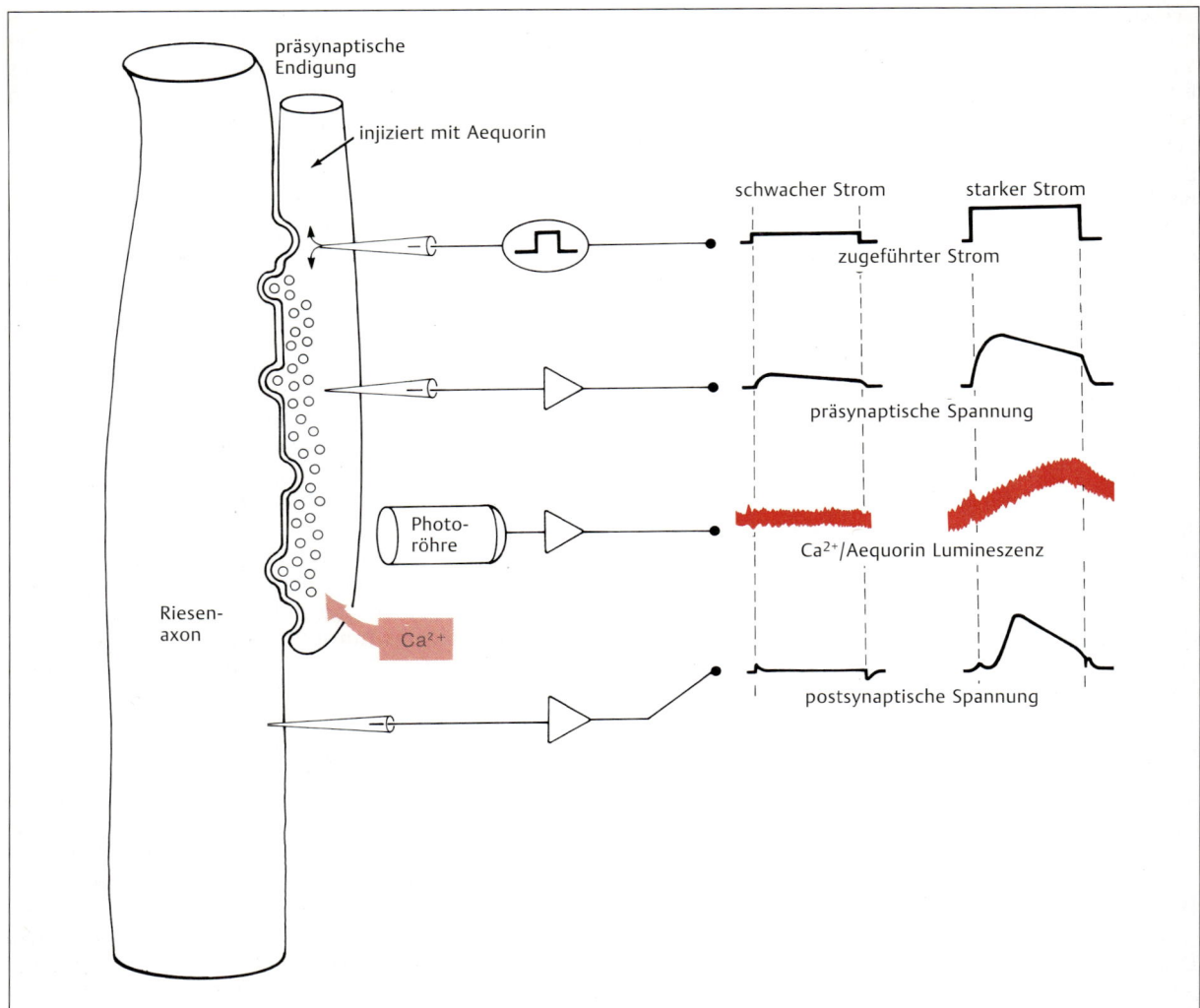

Abb. 6.28 Transmitter werden nur ausgeschüttet, wenn Ca^{2+} in die präsynaptische Terminale einströmt. In diesem Experiment wurden die Na^+- und K^+-Ströme der Tintenfischsynapse mit TTX und TEA blockiert. Nach Injektion des Ca^{2+}-Indikators Aequorin in die präsynaptische Endigung wurde diese mit einem Depolarisationsstrom gereizt. Das Protein Aequorin sendet Licht aus, wenn es Ca^{2+} bindet. Prä- und postsynaptische Potentiale wurden über Mikroelektroden intrazellulär abgeleitet. Rechts sind die Antworten auf schwache und starke präsynaptische Stromreize dargestellt. Das Auftreten der durch die Transmitterfreisetzung ausgelösten postsynaptischen Antworten fiel mit dem Ca^{2+}-Eintritt und dem Aequorinsignal von der präsynaptischen Endigung zusammen. Die roten Punkte in der präsynaptischen Terminale symbolisieren synaptische Vesikel (nach Llinás u. Nicholson, 1975).

schen Axonterminalen an und erfahren dort einen Reifungsprozeß, der sie auf die Ca^{2+}-abhängige Fusion mit der Membran vorbereitet. Die Exocytose dauert weniger als 0,3 ms, aber bei weitem nicht alle in der aktiven Zone angedockten Vesikel fusionieren dabei mit der Membran und nicht alle einlaufenden APs führen zur Exocytose. Dieter Bruns und Reinhard Jahn führten 1995 erstmals Echtzeit-Messungen der Transmitterfreisetzung aus einzelnen Vesikeln kultivierter Blutegelneurone durch. Diese Neurone enthalten zwei verschiedene Arten von Vesikeln: Kleine, durchsichtige Vesikel, die in 260 µs ca. 4700 Transmittermoleküle entlassen und große, optisch dichte Vesikel, die ca. 80000 Moleküle in 1,3 ms freisetzen. Diese Angaben illustrieren, mit wel-

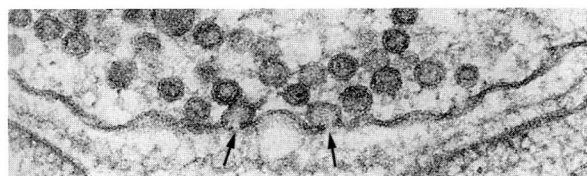

Abb. 6.29 Exocytose synaptischer Vesikel an der neuromuskulären Endplatte beim Frosch. Die elektronenmikroskopische Aufnahme zeigt, wie Vesikel ihren Inhalt in den synaptischen Spalt freisetzen (Pfeile), indem ihre Membran mit der Plasmamembran verschmilzt (freundlicherweise von J. Heuser zur Verfügung gestellt).

cher Genauigkeit die Vorgänge an den Synapsen inzwischen erfaßt werden können.

Transmitterfreisetzung ohne Aktionspotential

Bei einigen Neuronen der Vertebraten und Evertebraten entdeckte man, daß es auch ohne APs zur Transmitter-Freisetzung aus den präsynaptischen Axonterminalen kommen kann. Bei einigen solcher Neurone treten keine APs auf, die Signalweiterleitung erfolgt rein elektrotonisch. Die freigesetzte Transmittermenge hängt bei diesen Zellen direkt vom Membranpotential ab: je stärker die Depolarisation ist, um so mehr Transmittermoleküle werden freigesetzt.

Neurotransmitter

Nachdem klar war, daß die synaptische Übertragung im wesentlichen von chemischen Boten getragen wird, war das Interesse groß, diese Moleküle zu identifizieren. Bis Mitte der 60er Jahre waren nur drei Substanzen eindeutig als Neurotransmitter identifiziert: **Acetylcholin** (Abb. 6.**30**), **Noradrenalin** (Abb. 6.**33**) und γ-**Aminobuttersäure** (GABA, Abb. 6.**32**). Bevor eine Substanz als Transmitter angesehen werden kann, muß sie folgende Kriterien erfüllen:
- Die Substanz muß auf die postsynaptischen Zellen genau dieselbe physiologische Wirkung zeigen wie eine präsynaptische Reizung.
- Die Substanz muß bei präsynaptischer Aktivität aus dem Axonterminal freigesetzt werden.
- Die Wirkung der Substanz muß mit denselben Agenzien blockierbar sein, die auch die natürliche Übertragung an dieser Synapse blockieren.

Die Identifizierung von Transmittern im ZNS der Vertebraten ist besonders schwierig, da nur winzige Mengen an der Synapse freigesetzt werden (etwa 10^4 Moleküle pro Synapse und AP) und weil das neuronale Gewebe so

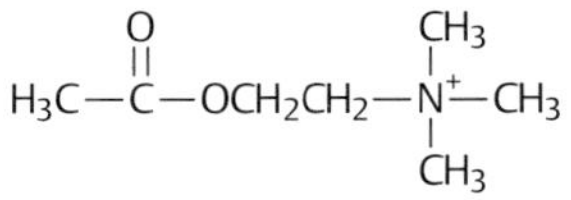

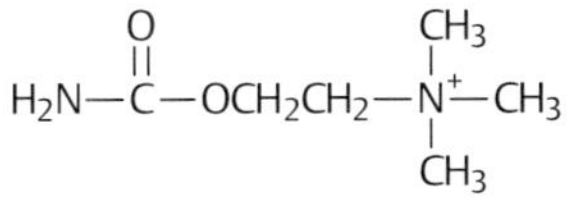

Abb. 6.30 Verschiedene Moleküle können an den Acetylcholin-Rezeptor binden. Acetylcholin ist der natürliche Ligand, Carbachol ist ein Agonist (d.h. es aktiviert wie Acetylcholin die Rezeptorkanäle), D-Tubocurarin wirkt als Antagonist am nikotinischen Acetylcholin-Rezeptor (d.h. durch seine Bindung an den Rezeptor wird die Wirkung von Acetylcholin blockiert).

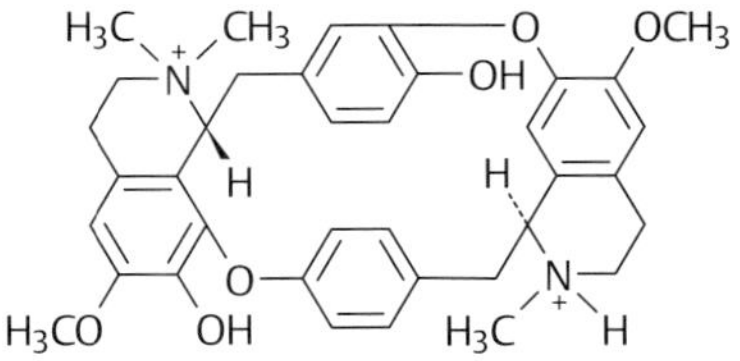

heterogen (aus verschiedenen Zelltypen und aus Nervenfasern) aufgebaut ist. Dennoch ist inzwischen eine Anzahl von Transmittern chemisch charakterisiert. Einige der wichtigsten Transmitter sind in Tab. 6.**2** aufgelistet.

Alle Neurotransmitter verändern letztlich die Leitfähigkeit von Ionenkanälen in der postsynaptischen Membran. Allerdings können sie dies auf zwei grundlegende verschiedene Weise tun. Einige Transmitter ändern die Leitfähigkeit der postsynaptischen Membran durch direkte Wirkung auf die Ionenkanäle, was als **schnelle** oder **direkte synaptische Übertragung** bezeichnet wird. Andere Transmitter verändern die Leitfähigkeit der postsynaptischen Ionenkanäle indirekt über biochemische Reaktionsketten (cytosolische oder membrangebundene Second-messenger-Systeme). Da diese Art der Neurotransmission etwas langsamer erfolgt, spricht man hier von **langsamer** oder **indirekter Übertragung**. Inzwischen sind mehr langsam wirkende als schnell wirkende Signalwege bekannt. Indirekt wirkende Transmitter können auch als **Neuromodulatoren** wirken, indem sie über die Extrazellulärflüssigkeit auch benachbarte postsynaptische Zellen beeinflussen.

Die Klassifizierung von Transmittern kann auch nach ihrer chemischen Struktur erfolgen. Die eine Gruppe besteht aus relativ kleinen, niedermolekularen Verbin-

Tab. 6.2 Neurotransmitter und neuromodulatorische Substanzen, die bei vielen Tierstämmen anzutreffen sind

Substanz	Wirkort	Wirkung
Acetylcholin (ACh)	Vertebraten: neuromuskuläre Synapse	E
	Vertebraten: präganglionäre Neurone des sympathischen Nervensystems	E
	Vertebraten: parasympathische Neurone	E oder I
	Vertebraten: ZNS	E
	viele Evertebraten	E oder I
Noradrenalin	Vertebraten: postganglionäre sympathische Neurone	E oder I
	Vertebraten: ZNS	E oder I
Glutamat	Vertebraten: ZNS	E
	Crustaceen: ZNS und PNS	
GABA	Vertebraten: ZNS	I
	Crustaceen und Anneliden: ZNS und PNS	I
Serotonin (5-HT)	Vertebraten und Evertebraten: ZNS	E, I, M
Dopamin	Vertebraten, Anneliden und Arthropoden: ZNS, PNS oder beides	E oder I
Glycin	Vertebraten: Rückenmark	I

ZNS = Zentralnervensystem; PNS = peripheres Nervensystem; E = exzitatorisch; I = inhibitorisch; M = modulatorisch

dungen (Tab. 6.2), zur anderen Gruppe gehören die Neuropeptide, die aus mehreren Aminosäuren aufgebaut sind. Im ZNS von Säugern sind inzwischen über 40 Neuropeptide als Transmitter identifiziert worden.

Um die chemische Übertragung an Synapsen zu verstehen, müssen wir die Wirkmechanismen auf die postsynaptische Zelle verstehen, ebenso die Mechanismen, die zur Beendigung des Signals führen. Postsynaptische Zellen können die Feuerrate eines präsynaptischen Neurons nur dann weitergeben, wenn die postsynaptischen Potentiale zeitlich begrenzt sind. Die zeitliche Begrenzung der PSPs erfolgt durch das Entfernen des Transmitters aus dem synaptischen Spalt. Dies kann, wie beispielsweise beim ACh, durch einen hydrolytischen enzymatischen Abbau erfolgen. Andere Transmitter, wie das Serotonin, werden aus dem synaptischen Spalt in das präsynaptische Axonterminal wieder aufgenommen und zumindest zum Teil wieder verwendet.

Die Tatsache, daß ein und derselbe Transmitter im ganzen Tierreich, von Nematoden bis zum Gnu vorkommt, zeigt, wie konservativ die Evolution bei den Mechanismen der chemischen Transmission vorgeht.

Schnelle, direkte Übertragung

Unter den niedermolekularen Transmittern sind einige wenige an der schnellen Übertragung beteiligt: Acetylcholin, Glutamat, Aspartat und Adenosintriphosphat (ATP). γ-Aminobuttersäure (GABA) und Glycin vermitteln die schnelle synaptische Hemmung. Von allen Transmittern – nicht jedoch von Aspartat und ATP – ist nachgewiesen, daß sie Ionenkanäle in der Membran der postsynaptischen Zelle öffnen. Es ist jedoch zu vermuten, daß auch Aspartat und ATP Ionenkanäle öffnen.

Einer der bekanntesten Transmitter ist ACh (Abb. 6.30). Neurone, die ACh freisetzen, werden **cholinerg** genannt und sind im Tierreich weit verbreitet. ACh wird bei Vertebraten aus den Endigungen der Motoaxone, aus präganglionären Endigungen des autonomen Nervensystems, aus postganglionären Endigungen des parasympathischen Teils des autonomen Nervensystems und aus präsynaptischen Endigungen zahlreicher Neurone des ZNS freigesetzt. Es wirkt auch bei Evertebraten als Transmitter bei verschiedenen Neuronen, z.B. im ZNS der Mollusken, bei motorischen Neuronen von Anneliden und bei sensorischen Neuronen von Arthropoden. Moleküle, die bestimmte strukturelle Gemeinsamkeiten mit ACh haben, wie z.B. **Carbachol** (Abb. 6.30), können an der Synapse wie ACh wirken. Allgemein nennt man Substanzen, welche die gleiche Wirkung wie ein Transmitter haben, **Agonisten**. Stoffe, die ebenfalls strukturell einem Transmitter gleichen und an der Synapse selbst keine Wirkung entfalten, jedoch die Wirkung des Transmitters blockieren, nennt man **Antagonisten** (z.B. für ACh der Stoff **D-Tubocurarin**, der aktive Bestandteil des südamerikanischen Pfeilgiftes **Curare**; Abb. 6.30).

Die Übertragung an cholinergen Synapsen wird durch den enzymatischen Abbau (Hydrolyse) von ACh zu Cholin und Acetat beendet. Die Hydrolyse erfolgt durch das Enzym **Acetylcholinesterase** (AChE), das sich im synaptischen Spalt nahe der Oberfläche der postsynaptischen Membran befindet (Abb. 6.31). Das Acetylcholinesterase-Molekül hat zwei verschiedene funktionelle Gruppen: ein anionisches Zentrum, das den vierwertigen Stickstoff des ACh bindet und ein Zentrum mit Esterasefunktion, das Elektronen an den sauren Teil des ACh-Moleküls abgeben kann. Dies ermöglicht die Hydrolyse des ACh zu Cholin und Acetat. Cholin wird aktiv von der präsynaptischen Endigung reabsorbiert, dort mit der Acetylgruppe des **Acetyl-Coenzym A** (CoA) zu einem neuen Molekül ACh kondensiert und erneut dem Kreislauf zugefügt.

Die Hemmung der AChE-Aktivität hat verheerende Folgen. Sie wird durch bestimmte Gifte, wie z.B. das Nervengas Sarin und durch viele Insektizide, inaktiviert. Durch die Inaktivierung der AChE sammelt sich ACh im

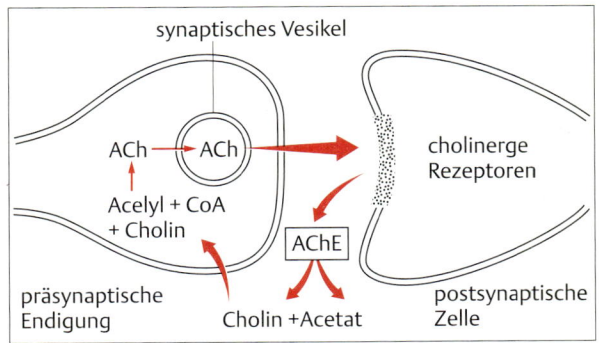

Abb. 6.31 Transmitterchemie an einer schnellen cholinergen Synapse. Das präsynaptisch freigesetzte Acetylcholin wird an der Oberfläche der postsynaptischen Membran von dem Enzym Acetylcholinesterase (AChE) zu Cholin und Acetat hydrolysiert. Das Cholin wird von der präsynaptischen Endigung wieder aufgenommen und zu Acetylcholin reacetyliert (nach Mountcastle u. Baldessarini, 1968).

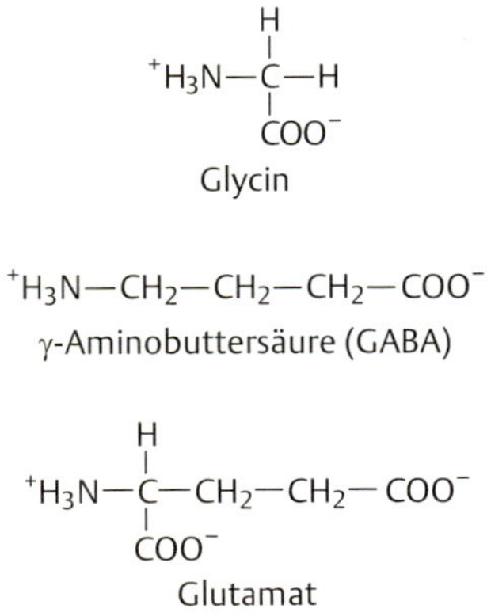

$$^+H_3N-\underset{COO^-}{\overset{H}{\underset{|}{\overset{|}{C}}}}-H$$
Glycin

$$^+H_3N-CH_2-CH_2-CH_2-COO^-$$
γ-Aminobuttersäure (GABA)

$$^+H_3N-\underset{COO^-}{\overset{H}{\underset{|}{\overset{|}{C}}}}-CH_2-CH_2-COO^-$$
Glutamat

Abb. 6.32 Einige Aminosäuren wirken als schnelle Neurotransmitter. Strukturformeln von Glycin, γ-Aminobuttersäure (GABA) und Glutamat. Glycin und GABA sind hemmende Transmitter, Glutamat wirkt meist erregend.

synaptischen Spalt und reichert sich dort an. Dadurch wird entweder die Repolarisation der postsynaptischen Membran verhindert oder bei vielen Synapsen eine Inaktivierung des ACh-Rezeptors hervorgerufen, so daß die postsynaptischen Kanäle trotz präsynaptischer ACh-Ausschüttung verschlossen bleiben. In jedem Fall ist die normale Funktionsweise des neuronalen und neuromuskulären Systems gestört, was aufgrund der eintretenden Lähmung der Atemmuskulatur zum Tod führen kann. Der AChE-Hemmer Eserin (Physostigmin) wird experimentell eingesetzt, um die Hydrolyse des ACh zu verzögern und damit die Wirkung von ACh zu verlängern.

Einige Aminosäuren, wie GABA, Glycin und Glutamat (das Salz der Glutaminsäure, Abb. 6.**32**, Tab. 6.**2**) werden als schnelle Transmitter freigesetzt. Glutamat wirkt an Synapsen im ZNS von Vertebraten und an schnellen neuromuskulären Synapsen bei Insekten und Crustaceen als exzitatorischer Transmitter. GABA ist ein Transmitter der inhibitorischen motorischen Synapsen ausschließlich Crustaceen- und Annelidenmuskeln und spielt im ZNS der Vertebraten als hemmender Transmitter eine große Rolle. Auch Glycin ist ein wichtiger hemmender Transmitter, der bei Vertebraten überwiegend, aber nicht ausschließlich an den Neuronen des Rückenmarks angetroffen wird.

Die überwiegende Zahl von Neuronen synthetisiert nur einen schnellen Transmitter, der an allen Synapsen dieses Neurons ausgeschüttet wird. Allerdings besitzen viele Neurone zusätzliche Stoffe, die ebenfalls eine Rolle bei der synaptischen Übertragung spielen.

Langsame, indirekte Übertragung

Die biogenen Amine (Abb. 6.**33**) bilden eine wichtige Klasse von Transmittern, die über Second-messenger-Systeme wirken. Zu dieser Klasse von Transmittern gehören
- die Catecholamine **Adrenalin, Noradrenalin** und **Dopamin,**
- **Serotonin** (5-Hydroxytryptamin oder 5-HT), ein Indolamin, und
- **Histamin**, ein Imidazolderivat.

Diese Substanzen kann man leicht in einzelnen Neuronen und Nervenendigungen nachweisen, da sie nach Fixierung mit Formaldehyd im ultravioletten Licht fluoreszieren. Man findet sie in einigen Evertebratenneuronen sowie in den zentralen und autonomen Nervensystemen der Vertebraten (Tab. 6.**2**).

Noradrenalin (Norepinephrin) ist ein erregender Transmitter der postganglionären Zellen des sympathischen Nervensystems der Vertebraten (s. Kap. 11). Es wird auch von den chromaffinen Zellen des Nebennierenmarks ausgeschüttet (s. Kap. 8). Die chromaffinen Zellen entwickeln sich embryologisch aus postganglionären Neuronen und geben vorwiegend **Adrenalin** (Epinephrin), aber auch Noradrenalin ab. Diese beiden **Catecholamine** haben ähnliche chemische Strukturen (Abb. 6.**33**) und meist ähnliche pharmakologische Wirkungen. Neurone, die Adrenalin oder Noradrenalin als Transmitter verwenden, nennt man **adrenerg**. Adrenalin kann sowohl exzitatorisch als auch inhibitorisch wirken, abhängig von den Eigenschaften der postsynaptischen Membran.

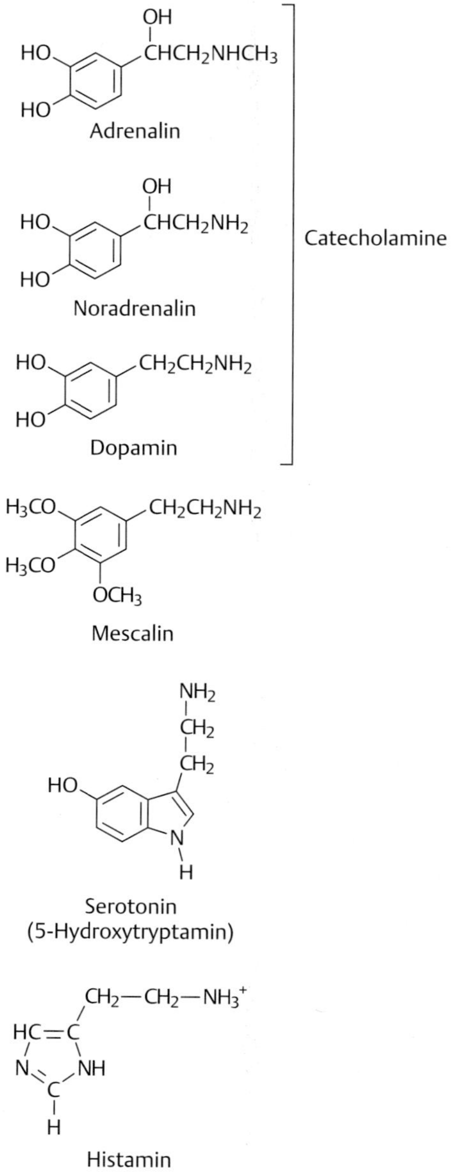

Der Syntheseweg von Noradrenalin aus der Aminosäure Phenylalanin (Abb. 6.**34A**) läßt die enge Verwandtschaft zwischen **Dopamin** und Noradrenalin erkennen. Zur Inaktivierung wird es von der präsynaptischen Membran aufgenommen und im Cytoplasma teilweise in Vesikel verpackt, um nach einem entsprechenden Signal erneut freigesetzt zu werden. Ein weiterer Teil wird durch die **Monoaminoxidase** (MAO) abgebaut. Im synaptischen Spalt kann es durch Methylierung auch inaktiviert werden (Abb. 6.**34B**). Interessanterweise gibt es strukturelle Ähnlichkeiten zwischen diesen biogenen Aminen und bestimmten, psychoaktiven Drogen wie **Mescalin** (Abb. 6.33), das aus dem Peyote-Kaktus gewonnen wird, und **Lysergsäurediethylamid** (LSD). Diese Substanzen entfalten ihre Wirkungen teilweise über monoaminerge Synapsen. Auch Amphetamine und Kokain entfalten ihre Wirkung an monoaminergen Synapsen.

Neben den bereits beschriebenen niedermolekularen, „klassischen" Transmittermolekülen werden in zunehmendem Maße Polypeptide (bis jetzt mehr als 40) als Transmitter im Nervensystem von Vertebraten und Evertebraten identifiziert. Sie werden von autonomen und manchen sensorischen Neuronen sowie in verschiedenen Teilen des ZNS freigesetzt und wirken als Neurotransmitter oder beeinflussen als Modulatoren die synaptische Übertragung. Viele dieser Moleküle oder sehr ähnliche Analoga wurden auch im Nervensystem von Evertebraten gefunden. Interessanterweise werden einige dieser Neuropeptide auch in anderen, nicht neuralen Geweben gebildet. Einige werden z.B. auch aus endokrinen Zellen der Eingeweide freigesetzt. Manche Neuropeptide wurden ursprünglich in nicht neuralen Geweben entdeckt, z.B. die gastrointestinalen Hormone Glucagon, Gastrin und Cholecystokinin (s. Kap. 15).

Noch ist nicht geklärt, wie viele Neuropeptide als echte Neurotransmitter wirken, d.h. die postsynaptischen Zellen direkt beeinflussen. Einige, wie z.B. die Releasing-Hormone des Hypothalamus – sie sollten korrekterweise als **neurosekretorische Substanzen** (s. Kap. 9) bezeichnet werden –, werden aus Nervenendigungen in den Kreislauf entlassen und mit dem Blut zu ihren Zielzellen gebracht. Die Releasing-Factors der Hypophyse sind typische Beispiele dafür (Kap. 9). Einige Peptide werden von manchen Neuronen als Transmitter, von anderen Neuronen als neurosekretorische Substanz und von nicht neuralen Zellen als Hormon abgegeben. Diese vielseitige Verwendung ist nicht grundsätzlich neu, da bekanntermaßen das biogene Amin Noradrenalin (und das nahe verwandte Adrenalin) aus dem Nebennierenmark als Hormon und aus bestimmten Nervenendigungen als Transmitter freigesetzt wird. Überraschend war jedoch die Entdeckung, daß in einigen Fällen ein Neuro-

Abb. 6.33 Zahlreiche Neurotransmitter sind Monoamine. Die Catecholamine Adrenalin, Noradrenalin und Dopamin stellen eine chemisch eng verwandte Gruppe von Transmittersubstanzen dar. Man nimmt an, daß die halluzinogene Wirkung von Mescalin, einem Extrakt des Peyote-Kaktus, auf der Bindung an catecholaminerge Rezeptoren im ZNS beruht. Serotonin (5-Hydroxytryptamin) gehört zu den Indolaminen, Histamin ist ein Imidazolderivat. Die verschiedenen Monoamintransmitter findet man im Nervensystem von Vertebraten und Evertebraten.

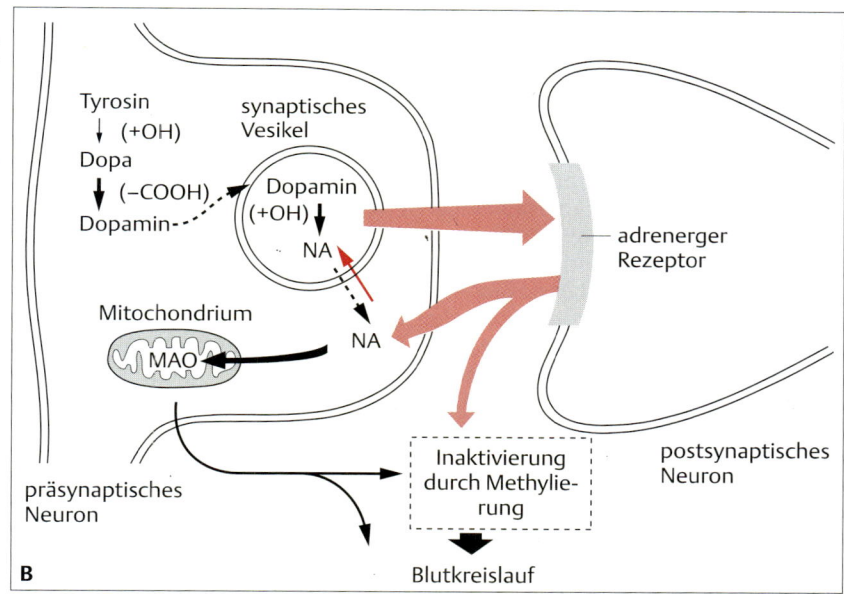

Abb. 6.34 Transmitterchemie an einer adrenergen Synapse. A Biosynthese von Adrenalin aus Phenylalanin, über Dopamin und Noradrenalin. Die unteren drei Moleküle wirken selbst als Transmitter. Adrenalin wird durch Wiederaufnahme oder Methylierung inaktiviert. (Nach Eiduson, 1974.)
B Noradrenalin (NA) wird aus der Aminosäure Phenylalanin über die Zwischenstufen Tyrosin, DOPA und Dopamin synthetisiert und in synaptischen Vesikeln gespeichert. Nach Freisetzung wird ein Teil des NA vom präsynaptischen Ende wieder aufgenommen, während der Rest durch Methylierung inaktiviert und mit dem Blut abtransportiert wird. Cytoplasmatisches NA wird entweder in synaptische Vesikel aufgenommen oder von dem Enzym Monoaminooxidase (MAO) inaktiviert. (Nach Mountcastle u. Baldessarini, 1968.)

peptid als **Co-Transmitter** zusammen mit einem klassischen Transmitter, wie ACh, Serotonin oder Noradrenalin, aus denselben Nervenendigungen ausgeschüttet wird. Einige der im ZNS von Säugern beschriebenen Kombinationen von klassischen Transmittern und Co-Transmittern sind in Tab. 6.3 aufgeführt.

Das erste Neuropeptid wurde 1931 von Ulf von Euler und John H. Gaddum entdeckt, die Extrakte aus dem Kaninchengehirn und aus den Eingeweiden auf ACh untersuchten. Diese Extrakte lösten an isolierten Eingeweiden Kontraktionen aus, die den durch ACh verursachten sehr ähnlich waren, durch ACh-Antagonisten jedoch nicht blockiert werden konnten. Weitere Untersuchungen ergaben, daß die Kontraktionen als Antwort auf ein als **Substanz P** bezeichnetes Polypeptid erfolgten. Inzwischen wurden Substanz P und viele weitere Neuropeptide in verschiedenen Teilen zentraler, peripherer und autonomer Vertebratennervensysteme und auch in Nervensystemen von Evertebraten nachgewiesen. Mit Hilfe von immunhistochemischen Methoden mit spezifischen fluoreszierenden Antikörpern gegen ein bestimmtes Neuropeptid kann man dieses Peptid im Ge-

Tab. 6.3 Beispiele für Neurotransmittermoleküle, die zusammen in Neuronen gefunden wurden

Klassische Transmitter	Peptide als Co-Transmitter im selben Neuron
Acetylcholin	CGRP („calcitonin gene related peptide"), Enkephalin, Galanin, GnRH, Neurotensin, Somatostatin, Substanz P, Vasoaktives Intestinalpeptid
Dopamin	Cholecystokinin, Enkephalin, Neurotensin
Adrenalin	Enkephalin, Neuropeptid Y, Neurotensin, Substanz P
Noradrenalin	Enkephalin, Neuropeptid Y, Neurotensin, Somatostatin, Vasopressin
GABA	Cholecystokinin, Enkephalin, Neuropeptid Y, Somatostatin, Substanz P, Vasoaktives Intestinalpeptid

Nach Hall, 1992

webe markieren und unter dem Fluoreszenzmikroskop genau lokalisieren. Einige gut bekannte Neuropeptide sind das antidiuretische Hormon (s. Kap. 14), die hypothalamischen Releasing-Hormone (s. Kap. 9) und verschiedene Eingeweidehormone (s. Kap. 15).

Im Gegensatz zu den niedermolekularen Transmittermolekülen, die in den synaptischen Axonterminalen synthetisiert werden, werden die Neuropeptide im Zellkörper hergestellt und über das Axon zum Axonterminal transportiert. Neuropeptide werden meist als Teil größerer Proteine, der **Propeptide**, synthetisiert; diese enthalten möglicherweise die Sequenz vieler biologisch aktiver Moleküle. Spezifische Enzyme spalten das Propeptid in einzelne Peptidmoleküle und setzen so die aktive Form der Neuropeptide frei. Diese Art der Synthese beschränkt die Menge des Neuropeptids im synaptischen Axonterminal – im Gegensatz zu einem Transmitter, der dort synthetisiert wird. Allerdings sind Peptide aus drei Gründen meist wirksamer in ihrer Transmitterwirkung als niedermolekulare Neurotransmitter:

- Neuropeptide entfalten ihre Wirkung am Rezeptor bereits bei einer Konzentration von 10^{-9} M, wogegen klassische Transmitter meist erst bei einer Konzentration von etwa 10^{-5} M wirken.
- Durch die Beeinflussung intrazellulärer Second messenger kann ihre Wirkung noch potenziert werden; selbst in geringer Konzentration können sie so große Wirkungen auslösen.
- Die Mechanismen, welche die Transmitterwirkung der Neuropeptide beenden, wirken langsamer als die der klassischen Transmitter; dies verlängert die Wirkungsdauer der Neuropeptide.

Zwei natürlich vorkommenden Neuropeptidgruppen, den **Endorphinen** und **Enkephalinen**, wird ein besonderes Interesse entgegengebracht, da sie analgetische (schmerzlindernde) und euphorisierende Wirkungen haben, ganz ähnlich wie sie durch das **exogene Opiat** Opium ausgelöst werden. Ihre Konzentration im Gehirn steigt bei erfreulichen Ereignissen an, z.B. beim Essen oder beim Hören angenehmer Musik. Aufgrund dieser Eigenschaften und weil sie im Nervensystem an dieselben Rezeptoren binden wie die Opiate (z.B. Opium und dessen Derivate), werden sie als **endogene Opioide** bezeichnet. Bevor diese endogenen Opioide entdeckt wurden, war nicht klar, wie bestimmte pflanzliche oder synthetische Alkaloide (Opium, Morphin und Heroin) das Nervensystem beeinflussen. Inzwischen weiß man, daß sich auf den Oberflächenmembranen bestimmter Neurone **Opioidrezeptoren** befinden, die normalerweise die im ZNS gebildeten Peptide Enkephalin und Endorphin binden. Man kann es als Zufall betrachten, daß diese Rezeptoren auch synthetische und pflanzliche alkaloide Moleküle binden, die, chemisch betrachtet, nicht mit den natürlich vorkommenden Polypeptid-Opioiden verwandt sind. Wegen der euphorisierenden Wirkung der Stimulation der Opioidrezeptoren nehmen Menschen opioide Narkotika wie Opium, Morphin und Heroin ein. Allerdings führt die wiederholte Opioideinnahme zu kompensatorischen Veränderungen im neuronalen Stoffwechsel, so daß der Organismus nach dem Abklingen der positiven Drogenwirkung in einen unangenehmen Zustand versetzt wird, der erst mit erneuter Opioideinnahme aufhört. Diese stoffwechselbedingte Abhängigkeit bezeichnet man als **Sucht**.

Die Substanz **Naloxon** ist ein kompetitiver Antagonist an Opioidrezeptoren. Da Naloxon die Opioidpeptide daran hindert, auf ihre Zielzellen einzuwirken, kann man damit testen, ob an einem bestimmten Effekt Opioidrezeptoren beteiligt sind. Beispielsweise wurde gezeigt, daß Naloxon die analgetische Wirkung eines **Placebos** verhindert. (Als Placebo bezeichnet man eine physiologisch unwirksame Substanz, die, wie man dem Patienten suggeriert, eine bestimmte Wirkung hat – in diesem Beispiel die Schmerzlinderung.) Offenbar genügt bereits der Glaube daran, daß eine Behandlung zur Schmerzlinderung führt, um Opioidpeptide freizusetzen. Das ist wahrscheinlich die physiologische Erklärung dieses Placeboeffekts. Naloxon verhindert auch die analgetische Wirkung (Schmerzlinderung) von Akupunktur. Man kann daraus folgern, daß eine Akupunkturbehandlung wahrscheinlich zur Freisetzung endogener Opioidpeptide im ZNS führt.

Die schmerzlindernde Eigenschaft der endogenen Opioide (Enkephaline und Endorphine) könnte darauf beruhen, daß diese Neuropeptide die Transmitterfreisetzung aus bestimmten Nervenendigungen unterbinden. Diese Annahme wird unterstützt durch den Befund, daß diese Peptide im Dorsalhorn des Rückenmarks zu finden sind, also in der Leitungsbahn, die sensorische Eingänge ins Rückenmark sendet. Die Schmerzempfindung könnte durch die Freisetzung von Neuropeptiden abgeschwächt werden, welche die synaptische Übertragung entlang nozizeptiver (schmerzverarbeitender) Leitungsbahnen blockieren.

Postsynaptische Rezeptoren und Kanäle

Neurotransmittermoleküle wirken auf die postsynaptische Zelle über spezifische Membranproteine, die Rezeptoren. Die Eigenschaften dieser postsynaptischen Rezeptormoleküle sind daher von großer Bedeutung für die Weiterleitung von Informationen an Synapsen. Deshalb sollen im folgenden Abschnitt die Rezeptormoleküle betrachtet werden, welche die schnelle und die langsame synaptische Übertragung vermitteln, sowie die Ereignisse, die sich nach Anlagerung eines Transmittermoleküls an diese Rezeptoren abspielen.

Rezeptoren und Kanäle der schnellen, direkten Neurotransmission

Wie beschrieben, verändert ein chemischer Transmitter die Permeabilität der postsynaptischen Membran für bestimmte Ionen. (Typischerweise erhöht sich die Permeabilität.) Diese Interaktion erfordert zwei wichtige Grundvoraussetzungen:
- Die Transmittermoleküle müssen an die Rezeptormoleküle in der postsynaptischen Membran binden.
- Durch die Interaktion eines Rezeptormoleküls mit einem Transmittermolekül öffnet (oder seltener schließt) sich kurzfristig ein zuvor geschlossener (bzw. offener) Ionenkanal. Der Rezeptor ist dabei Teil des Ionenkanalproteins. (Der Ionenkanal hat also eine, meist zwei Bindungsstellen für Transmitter.) Die Bindungsstellen können aber auch auf einem von den Kanalmolekülen getrennten Molekül liegen.

Öffnet sich ein Kanal als Antwort auf die Transmitter-Rezeptor-Bindung, so fließt ein winziger Strom (Einzelkanalstrom) durch den geöffneten Kanal. Als Antwort auf die zehn- oder hunderttausend Transmittermoleküle, die durch ein AP aus der präsynaptischen Endigung freigesetzt werden, addieren sich viele solcher Einzelkanalströme zu einem synaptischen Strom, der schließlich das postsynaptische Potential verändert. Ein Beispiel ist der nikotinische ACh-Rezeptor (nAChR), der für die Übertragung des postsynaptischen Stroms an der motorischen Endplatte verantwortlich ist.

Der Acetylcholinrezeptor-Kanal

Die Anzahl postsynaptischer Kanalproteinmoleküle ist im Vergleich zu anderen Membranproteinen sehr gering. Die Isolierung, Identifizierung und Charakterisierung dieser wichtigen Proteine war daher sehr schwierig. In früheren Untersuchungen wurden die verschiedenen Transmitterrezeptoren mit Hilfe pharmakologischer Substanzen unterschieden und damit eine pharmakologische Taxonomie der Rezeptoren geschaffen. Deshalb werden viele Rezeptoren nach den Substanzen benannt, mit denen man diese Rezeptor-Ionenkanalkomplexe am effektivsten beeinflussen kann. Beispielsweise wurden zwei Typen von ACh-Rezeptoren unterschieden. Da das Pflanzenalkaloid **Nikotin** die gleiche Wirkung wie ACh an der neuromuskulären Endplatte hat, nennt man diese Art von ACh-Rezeptoren **nikotinische ACh-Rezeptoren**. Das Gift des Fliegenpilzes, **Muscarin**, aktiviert bevorzugt ACh-Rezeptoren in parasympathischen Neuronen des autonomen Nervensystems, so daß man den in diesen Neuronen vorkommenden ACh-Rezeptor-Typ als **muscarinischen ACh-Rezeptor** bezeichnet.

Bei den Untersuchungen der nikotinischen ACh-Rezeptoren machte man sich zunutze, daß in den mächtig entwickelten elektrischen Organen bestimmter Elasmobranchier und einiger Knochenfische in speziellen Geweben eine sehr hohe ACh-Rezeptordichte vorkommt. Es handelt sich um die Elektroplaxe (säulenartig zusammengelagerte abgeflachte Zellen, die sich aus embryonalen Muskelzellen entwickeln), die auf einer Seite eine hohe Dichte an nikotinischen ACh-Rezeptoren hat. Mit diesem Organ können die Tiere sehr starke elektrische Entladungen produzieren, um Beutetiere zu lähmen oder um sich zu orientieren. Der aus diesen Elektroplaxen gewonnene nikotinische ACh-Rezeptor war der erste ligandengesteuerte Transmitterrezeptor, der isoliert, gereinigt und elektrophysiologisch sowie bis in seine molekulare Struktur hinein untersucht wurde. Es gibt sogar Aufnahmen des sich öffnenden Rezeptorkanals.

Ein weiteres wichtiges Hilfsmittel bei der Untersuchung des ACh-Rezeptors ist der Einsatz von α-**Bungarotoxin** (αBuTX) (Box 6.3, S. 182), ein die Synapse blockierendes Gift des Bungars (einer Schlange aus der Familie der Kobras). Da dieses Gift den ACh-Rezeptor irreversibel blockiert, läßt es sich nach radioaktiver Markierung als Sondenmolekül für die Identifizierung und Isolierung des ACh-Rezeptors verwenden. Wie die physiologische und biochemische Charakterisierung zeigt, sind der ACh-Rezeptor und der durch ACh aktivierte postsynaptische Kanal identisch, d.h. die ACh-Bindungsstelle des Rezeptors ist ein integrierter Bestandteil des Kanals.

Der nikotinische ACh (nACh)-Rezeptor ist ein aus 5 homologen Glykoprotein-Untereinheiten bestehender Kanal (s. Abb. 4.12), die in der Mitte eine Pore bilden. Es handelt sich um zwei α-Untereinheiten und drei verschiedene, als β-, γ- und δ-Untereinheiten bezeichnete Proteine, deren Molekularmasse jeweils ca. 55 kDa beträgt; die Gesamtmolekularmasse beträgt 275 kDa. Diese Molekularmasse entspricht gut der Größe der Kanalstrukturen, wie sie in elektronenmikroskopischen Bildern sichtbar sind. Die elektronenmikroskopischen Aufnahmen zeigen auch, daß die Untereinheiten die Oberflächenmembran auf beiden Seiten durchdringen, wobei eine trichterförmige Öffnung aus der Zelloberfläche herausragt.

Die Bindungsstelle für ACh am nACh-Rezeptor befindet sich an dem über die Außenseite der Zellmembran herausragenden Teil des Proteins. Dies schloß man aus dem Befund, daß ACh keine elektrische Wirkung hat, wenn man es in der Nähe der Endplatte ins Innere einer Muskelzelle injiziert. Wie man heute weiß, enthalten die zwei α-Untereinheiten jedes Kanals ACh-Bindungsstellen. Werden beide Bindungsstellen durch **Liganden** (d.h. ACh oder einen Agonisten wie Carbachol oder Nikotin) belegt, so ist die Wahrscheinlichkeit groß, daß der Kanal vom „geschlossenen" zum „geöffneten" Zustand übergeht. Dieser Prozeß wurde am intensivsten an der Froschmuskulatur untersucht, bei der sich die durch ACh gesteuerten Kanäle in der motorischen Endplatte befinden.

Wie bereits erwähnt, bewirkt ACh in der motorischen Endplatte des Froschmuskels eine Erhöhung der Durchlässigkeit der postsynaptischen Kanäle für K^+ und Na^+. Daraus resultiert ein nach innen gerichteter Strom mit einem Umkehrpotential von etwa –10 mV. Normalerweise kommen die ACh-Rezeptorkanäle nur in der postsynaptischen Membran der Endplattenregion vor, und ihre Dichte beträgt etwa $10^4/\mu m^2$. Diese hohe Kanaldichte war zwar vorteilhaft für die Untersuchungen des Gesamteffektes von ACh an der Synapse, machte es aber lange Zeit unmöglich, die Eigenschaften einzelner Kanäle zu untersuchen. Diese Analyse wurde erst durch die Erfindung der **Patch-clamp-Methode** (s. Box 5.3, S. 158) möglich, für deren Entwicklung Erwin Neher und Bert Sakmann 1992 den Nobelpreis erhielten. Weiterhin war es wichtig, einen Muskelmembranabschnitt zu finden, dessen ACh-Rezeptorkanal-Verteilung die Isolierung eines einzelnen Kanals erlaubt, von dem dann Ableitungen durchgeführt werden konnten.

Für die Untersuchung einzelner ACh-Rezeptorkanäle mittels der Patch-clamp-Methode mußte folgender experimentelle „Kunstgriff" angewandt werden: Denerviert man eine Muskelfaser durch Abtrennung vom Motoaxon, so breitet sich die ACh-Empfindlichkeit von der Endplattenregion langsam auf fast die gesamte Oberfläche der Muskelzelle aus. Daraus läßt sich schließen, daß die Rezeptoren und Kanäle, die normalerweise auf die Endplattenregion beschränkt sind, jetzt auch außerhalb der normalen Verbindungsstellen („extrajunctional sites") erscheinen. Die normalerweise vorhandene Unterdrückung dieser **extrajunctionalen ACh-Rezeptoren** erfolgt zum Teil durch eine weitgehend unbekannte Wirkung des die Muskelzelle innervierenden Motoneurons. Zum Teil wird diese Inaktivierung aber auch durch die elektrische und kontraktile Aktivität der innervierten Muskelzelle selbst hervorgerufen. Bei der Reinnervation verschwinden die außerhalb der Endplatte liegenden ACh-Rezeptoren wieder, und die Empfindlichkeit für ACh beschränkt sich dann erneut nur auf den Bereich der Endplatte.

Die ausgedehnte, aber spärliche Verteilung der sich nach Denervierung bildenden, extrajunctionalen ACh-Rezeptorkanäle wurde von Neher und Sakmann ausgenutzt, um mittels der Patch-clamp-Methode am Froschmuskel die Regulationsmechanismen der Ionenkanäle zu untersuchen. Die Muskelmembran wurde dazu durch Anlegen einer Spannungsklemme auf einem hyperpolarisierten Potential gehalten, um die Triebkraft des nach innen gerichteten Stroms zu erhöhen. Bei ihren Untersuchungen benutzten diese Forscher eine Mikropipette mit einem Spitzendurchmesser von 10 μm, die Ringerlösung und eine niedrige Konzentration von ACh (oder einen ACh-Agonisten) enthielt. Die Pipette war mit einem hochempfindlichen, rauscharmen Verstärker verbunden (Abb. 6.35 A). Die sanft auf die Oberfläche der Muskelfaser aufgesetzte Pipette registrierte winzige (weniger als $5 \cdot 10^{-12}$ A) nach innen gerichtete Ströme (Abb. 6.35 B), die durch das kurzfristige Öffnen der nACh-Rezeptorkanäle zustande kamen. Mit diesem Experiment gelang es Neher und Sakmann erstmals, einen Einzelkanal-Strom einer biologischen Membran zu messen. Dies war der erste direkte Beweis dafür, daß der Ionenstrom durch einzelne, transmittergesteuerte Membrankanäle fließt und nicht auf anderem Wege, wie z.B. mit Hilfe von Carriermolekülen, die Membran durchquert.

Die von Neher und Sakmann 1976 erstmals aufgezeichneten Einzelkanal-Ströme haben eine mehr oder weniger rechteckige Form (d.h. sie beginnen und enden schlagartig). Dieser Befund wird so gedeutet, daß die Kanäle entweder offen oder geschlossen vorliegen können. Außerdem sind die mit dieser Methode an den nACh-Rezeptorkanälen ermittelten Ströme alle etwa gleich groß, wenn die elektrochemische Antriebskraft konstant gehalten wird. Dies deutet darauf hin, daß alle Kanäle ähnliche Leitfähigkeiten haben. Werden zwei oder mehr Kanäle gleichzeitig als offen registriert, so summieren sich die Einzelkanal-Ströme und erzeugen eine Gesamtstrom der doppelt (bzw. dreifach, usw.) so

Postsynaptische Rezeptoren und Kanäle

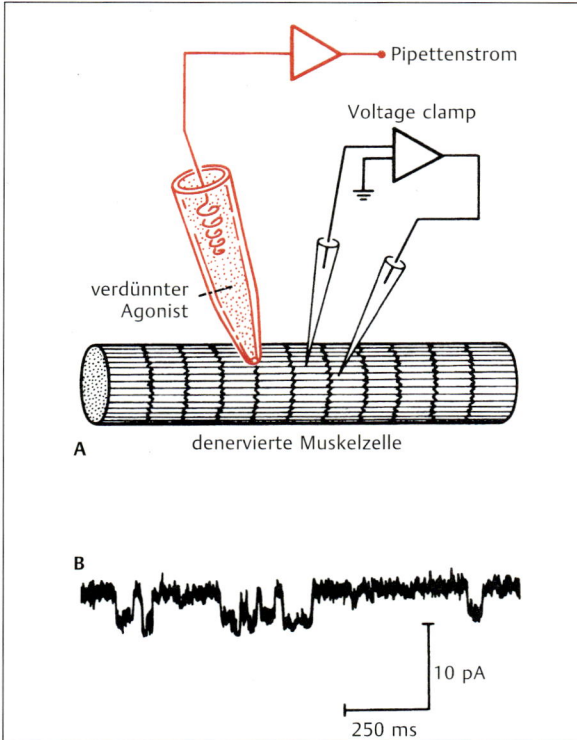

Abb. 6.35 Stromableitung von einem einzelnen Acetylcholin-sensitiven Kanal einer denervierten Muskelfaser. A Durch eine Spannungsklemme (Voltage-clamp) wird u_m der Muskelzelle auf einem hyperpolarisierenden Potential von -120 mV gehalten, was die elektromotorische Kraft auf die durch die Kanäle fließenden Ionen stark erhöht. Die Meßelektrode enthält eine Ringerlösung mit $2 \cdot 10^{-7}$ M Suberylcholin (ein Acetylcholin-Agonist). **B** Über die sanft auf die Membran gedrückte Pipette der Meßelektrode werden kurze, nach innen gerichtete Ströme abgeleitet. Diese Einwärtsströme zeigen die vorübergehende Öffnung einzelner Acetylcholin-sensitiver Kanäle an, wenn der Agonist an den Rezeptor bindet (nach Neher u. Sakmann, 1976).

hoch ist wie der Stromfluß durch einen Einzelkanal. Die Ströme treten nicht auf, wenn die Pipette kein ACh (oder einen Agonisten) enthält. Die Häufigkeit, mit der die Einzelkanal-Ströme auftreten, korreliert mit der Konzentration des Transmitters oder des Agonisten in der Pipette. Die Leitfähigkeit eines einzelnen nikotinischen ACh-Rezeptorkanals läßt sich nach dem Ohm-Gesetz aus dem Strom und der treibenden Spannung berechnen und liegt bei ca. 20 pS ($2 \cdot 10^{-11}$ S). Ein einzelner Kanal hat also einen Widerstand von ca. $5 \cdot 10^{10}\ \Omega$.

Seit den bahnbrechenden Experimenten von Neher und Sakmann wurden viele andere ligandengesteuerte postsynaptische Kanäle mit der Methode der Messung von Einzelkanal-Strömen intensiv untersucht. Statistische Analysen dieser winzigen Ströme zeigen, daß die Kanäle zwischen verschiedenen „geschlossen" und zumindest einem „offen" Zustand pendeln. Die Anlagerung eines Transmittermoleküls an die Bindungsstelle eines geschlossenen Kanals erhöht die Wahrscheinlichkeit, daß der Kanal kurz in den offenen Zustand übergeht und ermöglicht den Durchfluß von Ionen, ehe der Kanal sich wieder schließt (Abb. 6.**36**). Auch wenn der Transmitter am Rezeptor gebunden bleibt, öffnet sich der Kanal nur für etwa 1 ms. Nach kurzer Zeit lösen sich die Agonisten von den Bindungsstellen; der Kanal bleibt jedoch so lange verschlossen, bis wieder ACh-Moleküle an den Rezeptoren andocken. Damit beginnt ein neuer Zyklus (Anlagerung – Kanalöffnung – Loslösung). Die an einer Synapse gemessenen Ströme und Potentiale sind die Summe aller dieser Einzelkanal-Ströme in der postsynaptischen Membran.

Andere ligandengesteuerte Kanäle

Seitdem die ACh-Kanalproteine aus der Elektroplaxe isoliert und gereinigt wurden, sind noch viele andere ligandengesteuerte Kanäle isoliert und charakterisiert worden, darunter der **Glycin-Rezeptor**, der **GABA$_A$-Rezeptor** (ein bestimmter Subtyp von GABA-Rezeptoren) und der **neuronale nACh-Rezeptor**, die alle schnelle

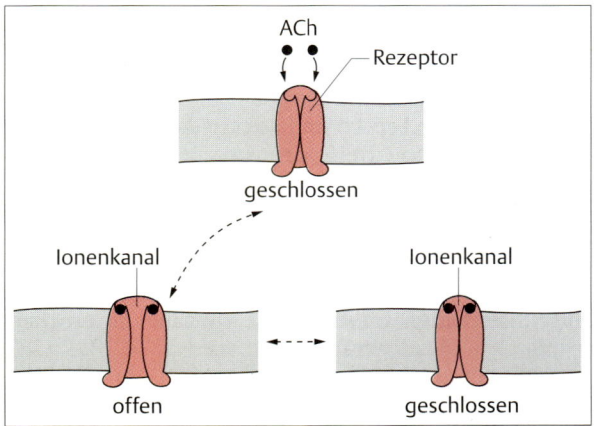

Abb. 6.36 Drei funktionell verschiedene Zustände des Acetylcholin-Rezeptormoleküls. Der Ionenkanal öffnet sich, wenn zwei Moleküle Acetylcholin (oder ein Agonist) sich mit dem Rezeptor verbinden. Nach etwa 1 ms schließt sich der Ionenkanal, obwohl Acetylcholin noch am Rezeptor gebunden ist. Der Kanal kann nun zwischen der offenen und der geschlossenen Konformation hin und her springen, während Acetylcholin gebunden bleibt. Dann löst sich das Acetylcholin ab, der Kanal schließt sich und bleibt geschlossen, bis erneut zwei Acetylcholinmoleküle an den Rezeptor binden.

postsynaptische Potentiale vermitteln. Diese Rezeptoren haben eine pentamere Proteinstruktur, bestehend aus 2–4 verschiedenen Untereinheiten, wobei – wie beim ACh-Kanal des Muskels – stets nur eine dieser Untereinheiten den Liganden bindet. Die bemerkenswert homologen Kanalproteine bilden eine Vielzahl von Subtypen. Inzwischen wurden zahlreiche Untereinheiten bis in die molekularen Details untersucht. Dabei wurde festgestellt, daß die Rezeptoren aus jeweils verschiedenen Kombinationen bestimmter Untereinheiten aufgebaut sind und so von der Natur auf einfache Weise eine Vielzahl von Rezeptorsubtypen mit leicht variierten physiologischen Eigenschaften konstruiert werden konnte. Außerdem zeigt jeder dieser Rezeptorsubtypen ein charakteristisches Verteilungsmuster im Gehirn, d.h. die Expression dieser Rezeptorproteine wird in den verschiedenen Hirnregionen unterschiedlich reguliert. Die Tatsache, daß es eine Vielzahl von Kombinationsmöglichkeiten für die Zusammensetzung von Rezeptoren für ein und denselben Liganden gibt, verdeutlicht, wie fein die synaptische Transmission im Gehirn reguliert wird. Die große Übereinstimmung der DNA-Sequenzen der nACh-, $GABA_A$- und Glycin-Rezeptoren zeigt, daß alle ligandengesteuerten Ionenkanäle einen gemeinsamen Ursprung haben.

Die Analyse von DNA-Sequenzen ergab, daß **Glutamat-Rezeptoren** zu einer anderen Klasse von Rezeptoren gehören und nur geringe Ähnlichkeit mit den nACh-Rezeptoren zeigen. Derzeit besteht ein starkes Interesse an der Untersuchung von Glutamat-Rezeptoren. Glutamat ist der am häufigsten vorkommende erregende Neurotransmitter im ZNS von Säugern und spielt vermutlich eine entscheidende Rolle bei synaptischen Vorgängen, die dem Lernen und dem Gedächtnis zugrunde liegen. Derzeit sind drei Typen von schnellen Glutamat-Rezeptoren identifiziert. Sie werden nach ihren spezifischen Agonisten als **Kainat-**, **Quisqualat-** oder **AMPA-** (α-Amino-3-Hydroxy-5-Methyl-4-isoxazol-Propionsäure) und **NMDA** (N-Methyl-D-Aspartat)-**Rezeptoren** bezeichnet. Diese Rezeptoren werden später unter dem Aspekt der **Langzeitpotenzierung** genauer besprochen.

Rezeptoren der langsamen, indirekten Neurotransmission

Eine große Familie von Rezeptoren ist für die Vermittlung der langsamen Transmitterwirkung zuständig. Interessanterweise haben diese Rezeptoren eine Reihe von Gemeinsamkeiten mit Rezeptoren, die auf Licht, Gerüche, Hormone und andere extrazelluläre Signale reagieren. Die meisten dieser Rezeptoren aktivieren Proteine aus der Gruppe der sogenannten **G-Proteine**, die mit der Zellmembran assoziiert sind und **Guanosintriphosphat** (GTP) binden. G-Proteine bestehen aus drei Untereinheiten, α, β, γ. Der Weg, über den G-Proteine ihre Signale weiterleiten, wurde von Alfred Gilman und Martin Rodbell bei ihren Untersuchungen zur Wirkung von Nicht-Steroid-Hormonen entdeckt und beschrieben. Dafür erhielten sie 1994 den Nobelpreis. Bindet GTP an ein G-Protein-Molekül, wird das Protein aktiviert. Die α-Untereinheit der G-Proteine besitzt GTPase-Aktivität und hydrolysiert ihr gebundenes GTP zu GDP, wodurch sie sich nach einer bestimmten Zeit selbst wieder in den inaktiven Zustand zurückversetzt (Abb. 6.37). Wenn ein Membranrezeptormolekül auf der extrazellulären Seite der Membran seinen Liganden (z.B. einen Neurotransmitter) bindet, so löst dies auf der cytoplasmatischen (intrazellulären) Seite der Membran den Austausch von GDP gegen GTP bei dem mit dem Rezeptor assoziierten G-Protein aus. Das G-Protein ist nun so lange aktiv, bis es sich selbst (durch die Hydrolyse von GTP) wieder ausschaltet. Das aktivierte G-Protein kann nun entweder Ionenkanäle aktivieren, intrazelluläre Second-messenger-Systeme modulieren oder auch beides. Inzwischen kennt man über 100 Rezeptoren, die mit G-Proteinen wechselwirken und die auf eine Vielzahl externer Reize reagieren, z.B. auf bestimmte Peptide, auf Licht oder Gerüche. Die G-Proteine bilden eine Familie von zumindest 20 verschiedenen Proteinen. Auch hier ergibt sich wieder eine Vielzahl von Möglichkeiten zur Feinabstimmung der Kontrolle im ZNS.

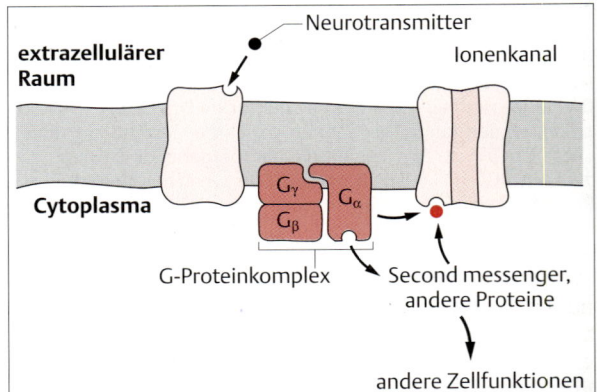

Abb. 6.37 Mechanismus der langsamen synaptischen Übertragung. Bei der langsamen synaptischen Übertragung wird die Ionenleitfähigkeit von Membrankanälen über intrazelluläre Second messenger gesteuert. Daran sind oft G-Proteine beteiligt. In diesem Beispiel bindet der Transmitter an die extrazelluläre Bindungsstelle des Rezeptors, der daraufhin ein intrazelluläres G-Protein aktiviert. Dieses G-Protein reguliert über andere intrazelluläre Proteine die Leitfähigkeit eines Ionenkanals. Aktivierte G-Proteine können auch andere Eigenschaften der Zelle beeinflussen (z.B. den Zellstoffwechsel oder die Struktur des Cytoskeletts).

Ein gut untersuchtes Beispiel der indirekten Neurotransmission ist die Regulation der Ionenkanäle in Zellen des Herzvorhofes, die Loewi bereits vor über 75 Jahren untersucht hat. ACh bewirkt hier über muscarinische Rezeptoren (mAChR) eine Verlängerung der Öffnungszeit von K^+-Kanälen und damit eine Verlängerung der Hyperpolarisation der Zelle. Dieser ACh-Effekt wird über ein G-Protein vermittelt.

Einige dieser Experimente sollen hier dargestellt werden. ACh entfaltet seine Wirkung auf Zellen des Herzvorhofes nur in Anwesenheit von GTP in den Zellen; die Aktivierung der muscarinischen K^+-Kanäle wird durch das **Pertussis-Toxin** (das Toxin des Keuchhustenerregers *Bordetella pertussis*) blockiert, einem Gift, das zahlreiche G-Proteine inaktiviert. Ein direkter Test der Hypothese, daß ACh diese Herzzellen über ein G-Protein aktiviert, wurde von Codina und seinen Mitarbeitern (1987) durchgeführt. In einem Patch-clamp-Experiment brachten sie die mit GTPγS (einem nicht hydrolysierbaren Analogon von GTP) dauerhaft aktivierte α-Untereinheit des G-Proteins auf die Innenseite von Membranfragmenten auf (Abb. 6.38A). Das Ergebnis ähnelte einer stabilen Aktivierung von G-Proteinen an der Membran. Durch Erhöhung der in die Membranbadlösung applizierten Menge aktivierter α-Untereinheit stieg die Zahl der offenen Kanäle an, was durch die Erhöhung der Einzelkanal-Ströme gezeigt wurde (Abb. 6.38B). Ähnliche Experimente demonstrierten, daß eine Vielzahl von K^+-, Na^+- und Ca^{2+}-Kanälen durch rezeptoraktivierte α-Untereinheiten von G-Proteinen reguliert wird.

Bei der soeben besprochenen, am weitesten verbreiteten synaptischen Aktivierung bewirkt der Transmitter eine Erhöhung der Wahrscheinlichkeit, daß postsynaptische Kanäle geöffnet werden (Erhöhung der Leitfähigkeit). Es sei darauf hingewiesen, daß es auch Synapsen gibt, wo der Transmitter die postsynaptische Leitfähigkeit für eine oder mehrere Ionenarten vermindert. So fördert z.B. der Transmitter **Serotonin** (5-Hydroxytryptamin, 5-HT) in den Neuronen der Meeresschnecke *Aplysia californica* das Verschließen bestimmter K^+-Kanäle. Eine synaptisch aktivierte Abnahme in der postsynaptischen Ionenpermeabilität wurde auch in bestimmten Neuronen autonomer Ganglien bei Vertebraten gefunden. Dieser Mechanismus scheint jedoch seltener zu sein als jener, der die Leitfähigkeit erhöht.

Neuromodulation

Bei der schnellen Neurotransmission reagiert die postsynaptische Zelle auf ein eintreffendes AP an einem bestimmten, räumlich begrenzten Bereich der Membran mit einer kurzen, sofort einsetzenden Potentialänderung. Im Gegensatz dazu ist die langsame Transmission durch eine langsam einsetzende, lang anhaltende und teilweise räumlich ausgebreitete Reaktion charakterisiert. In einigen Fällen findet eine Modulation der schnellen synaptischen Transmission durch die Mechanismen der langsamen oder indirekten synaptischen Transmission statt. Die Interaktion kann ein postsynaptisches Neuron oder mehrere postsynaptische Neurone betreffen. Dieses Phänomen bezeichnet man als **Neuromodulation**. Der Begriff Neuromodulation (oder genauer: Modulation der synaptischen Übertragung) beschreibt die vorübergehenden Veränderungen der Effektivität, mit der ein präsynaptisches Neuron die Vorgänge in einem postsynaptischen Neuron kontrolliert. Neuromodulationen dauern Sekunden bis Minuten, und dieser Zeitverlauf unterscheidet die Neuromodulation von der **synaptischen Plastizität**, die viel länger, z.T. oder sogar permanent, anhalten kann.

Eines der besten Beispiele der Neuromodulation wurde an Zellen der sympathischen Ganglien des Frosches beschrieben. Dieses System ist ziemlich komplex, da diese Zellen drei verschiedene Arten synaptischer Eingänge erhalten, die von zwei verschiedenen Neurotransmittern über drei unterschiedliche Rezeptoren moduliert werden. Dabei treten drei verschiedene exzitatorische postsynaptische Potentiale auf: (1) ein schnelles EPSP, (2) ein sofort einsetzendes langsames EPSP und (3) ein spät einsetzendes langsames EPSP (Abb. 6.39A). Das schnelle wie auch das sofort einsetzende langsame EPSP wird durch ACh aus den präsynaptischen Nervenendigungen ausgelöst. Die postsynaptischen Zellen besitzen sowohl nikotinische ACh-Rezeptoren (schnelles EPSP) als auch muscarinische ACh-Rezeptoren (sofort einsetzendes langsames EPSP). Im Gegensatz dazu wird das spät einsetzende langsame EPSP von einem Neuropeptid ausgelöst, das dem Gonadotropin-Freisetzungshormon (Gonadotropin-Releasing-Hormone, GnRH; s. Kap. 9) der Säuger ähnelt. Dieses Neuropeptid wird ebenfalls aus präsynaptischen Axonterminalen freigesetzt, wirkt aber nicht direkt auf die postsynaptische Membran. Diese drei verschiedenen EPSPs depolarisieren die postsynaptische Zelle unterschiedlich und zu verschiedenen Zeiten nach einer Reizung. Es handelt sich offenbar um verschiedene, aber nicht ganz voneinander unabhängige Mechanismen.

Wenn ACh an den nikotinischen Rezeptor bindet, öffnet sich der Rezeptor-Ionenkanalkomplex, so daß Na^+- und K^+-Ionen fließen und das schnelle EPSP auslösen (Abb. 6.39B). Dieses EPSP wird durch einen einzigen Reiz ausgelöst, der nur einige Millisekunden dauert. Die Bindung von ACh an den muscarinischen Rezeptor führt zu einem langsamen EPSP und kann nur durch das Eintreffen mehrerer Serien von Reizen an der präsynaptischen Seite ausgelöst werden. Der muscarinische ACh-Rezeptor wirkt über ein G-Protein und bewirkt das

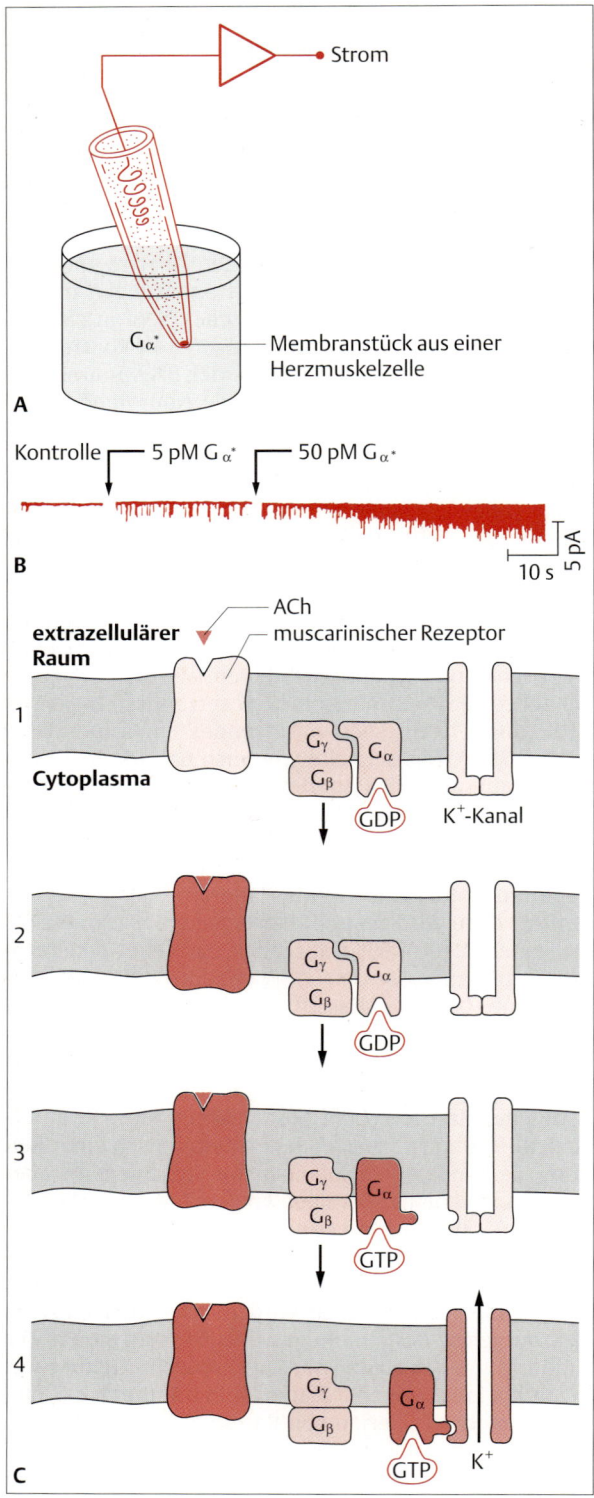

Abb. 6.38 Muscarinische Acetylcholin-Rezeptoren in Herzmuskelzellen öffnen K$^+$-Kanäle indirekt. A Versuchsaufbau zur Untersuchung der langsamen synaptischen Übertragung an Vorhofzellen des Meerschweinchenherzens. G-Proteine wurden durch ein nicht hydrolysierbares GTP-Analogon, das GTPγS aktiviert. Die aktivierte α-Untereinheit des G-Proteins (durch * gekennzeichnet) wurde auf die intrazelluläre Oberfläche einer Vorhofzellmembran aufgebracht und simulierte den Effekt eines durch Rezeptorbindung aktivierten endogenen G-Proteins. **B** Mit zunehmender Konzentration der aktivierten α-Untereinheit des G-Proteins erhöhte sich die Öffnungsfrequenz von K$^+$-Kanälen und damit die Zahl der Stromsprünge in der Einzelkanalableitung. **C** Schema der Wirkungsweise des muscarinischen Acetylcholin-Rezeptors in einer intakten Zelle. Die Bindung von Acetylcholin an den Rezeptor führt zur Aktivierung des G-Proteinkomplexes. Die aktivierte α-Untereinheit öffnet K$^+$-Kanäle in der Zellmembran (nach Covina et al., 1987).

Schließen eines bestimmten K$^+$-Kanals (der sogenannte M-Kanal) (Abb. 6.**40A**). Das Schließen dieses K$^+$-Kanals führt dazu, daß der Einstrom von Na$^+$ nicht mehr durch den Ausfluß von K$^+$ ausgeglichen wird, so daß die Zelle depolarisiert wird. Diese Depolarisation beträgt allerdings nur etwa 10 mV, da sie nur auf einem geringen Na$^+$-Einstrom beruht (Abb. 6.**39B**). Diese geringe Depolarisation allein löst noch kein AP in der postsynaptischen Zelle aus, aber sie erhöht die Antwortbereitschaft der Zelle für das Eintreffen schneller synaptischer Signale, vor allem dann, wenn sie mit einem späten, langsamen EPSP zusammenwirkt. Das spät einsetzende langsame EPSP beruht auf der Freisetzung des GnRH-ähnlichen Peptids, welches über seinen Rezeptor dieselben M-Typ K$^+$-Kanäle schließt, die auch vom muscarinischen Rezeptor verschlossen werden. Die Zugabe von GnRH bewirkt die gleiche Reaktion im postsynaptischen Neuron (Abb. 6.**39C**). Die Antwort der Zelle auf die Gabe von GnRH erfolgt aber noch langsamer als die muscarinische Reaktion: sie setzt erst 100 ms nach der Reizung ein und hält etwa 40 Minuten an (Abb. 6.**39B**).

Die Gemeinsamkeiten und Unterschiede zwischen diesen beiden langsamen EPSPs sind für das Verständnis der Neuromodulation wichtig. Die Untersuchung dieser beiden Reaktionen gab Aufschluß über ihr Zusammenwirken bei der Depolarisation der postsynaptischen Ganglienzelle. Dazu wurde die Wirkung der Injektion eines Stromes in die präsynaptische Zelle vor und während eines langsamen EPSPs miteinander verglichen (Abb. 6.**40B**): ein präsynaptischer Stromreiz, der vor dem langsamen EPSP verabreicht wird, löst in der postsynaptischen Zelle ein einziges AP aus. Wird der präsynaptische Reiz dagegen während des langsamen EPSPs gegeben, so löst er eine ganze Serie von APs aus. Daraus schließt man, daß das langsame EPSP die Transmission an dieser Synapse modifiziert. Normalerweise

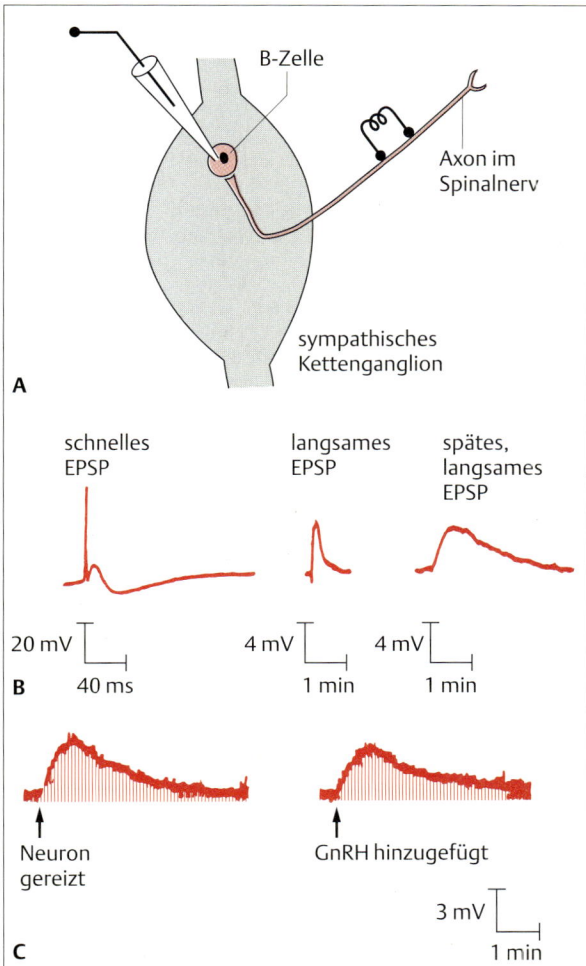

Abb. 6.39 Ableitung postsynaptischer Potentiale mit sehr unterschiedlichen Zeitverläufen aus sympathischen Ganglienzellen des Ochsenfroschs. A Die Ganglien des sympathischen Nervensystems des Frosches liegen auf beiden Seiten des Rückenmarks. In diesem Experiment wurde der afferente spinale Nerv gereizt und von einer bestimmten Art von Ganglienzellen (B-Zellen) abgeleitet. Anterior ist in diesem Diagramm oben. **B** Drei verschiedene Arten von postsynaptischen Potentialen wurden in den B-Zellen gemessen. Schnelle EPSPs (Latenz: 30–50 ms) werden von nikotinischen Acetylcholin-Rezeptoren und langsame EPSPs (Latenz: 30–60 ms) von muscarinischen Acetylcholin-Rezeptoren vermittelt. Spät einsetzende langsame EPSPs (Latenz: mehr als 100 ms) werden von einem GnRH-ähnlichen Dekapeptid ausgelöst. Wenn GnRH an postsynaptische Rezeptoren bindet, verursacht es eine viele Minuten lang andauernde Depolarisation der B-Zellen. (Man beachte die unterschiedlichen Zeitachsen der Ableitungen.) **C** Exogenes GnRH führte in B-Zellen zu EPSPs, die bezüglich Latenz, Amplitude und Dauer identisch waren mit denjenigen, die nach Reizung des Nerven (siehe B) gemessen wurden (nach Jan u. Jan, 1982).

wird der K^+-Strom durch die M-Kanäle durch eine Depolarisation ausgelöst und führt über ein Kurzschließen der depolarisierenden Ströme zur Repolarisation der Membran, so daß später eintreffende EPSPs weniger wirksam sind. Wenn die M-Kanäle aber durch muscarinische ACh-Rezeptoren geschlossen werden, so ist die Repolarisation der Membran durch einen K^+-Strom verhindert, und später eintreffende EPSPs können die Zelle leichter depolarisieren. Das spät einsetzende langsame EPSP entfaltet seine Wirkung ebenfalls über die M-Kanäle, aber mit einer größeren Latenzzeit und mit länger anhaltender Wirkung. Hier kommt allerdings hinzu, daß das Neuropeptid auch zu benachbarten Neuronen diffundiert und diese ebenfalls depolarisieren kann, falls diese entsprechende Peptid-Rezeptoren haben (Abb. 6.40 C). Nur einige der präsynaptischen Neurone können GnRH freisetzen, aber viele postsynaptische Neurone tragen GnRH-Rezeptoren, was darauf hinweist, daß diese Art der Neuromodulation wichtig für diese Zellen ist. Zusammenfassend kann man feststellen, daß die präsynaptische Transmitterfreisetzung über diese verschiedenen Mechanismen zu einer Reihe von postsynaptischen Veränderungen führt. Eine kurze Serie von APs löst nur schnelle EPSPs aus. Eine längere präsynaptische Stimulation aktiviert zusätzlich den langsamen Mechanismus, der wiederum die Reaktion der postsynaptischen Zelle auf die schnellen EPSPs verstärkt. Eine noch länger anhaltende präsynaptische Stimulation bringt den spät einsetzenden GnRH-Mechanismus in Gang, der die postsynaptische Reaktion langanhaltend verstärkt und zusätzlich benachbarte Zellen aktiviert (Abb. 6.40 C); die Wirksamkeit der Neurotransmission in Zellen, die nicht direkt postsynaptisch zu den GnRH-Releasing-Neuronen liegen, wird damit verstärkt. Diese Art der Modulation könnte vergleichsweise langanhaltend sein, was die lange Zeitkonstante der späten langsamen Antwort erklären würde.

Die Untersuchungen am stomatogastrischen Ganglion (Teil des peripheren, den Vorderdarmbereich innervierenden Nervensystems der Wirbellosen) der Crustaceen haben die große Bedeutung neuromodulatorischer Mechanismen gezeigt (s. S. 497f). Dieses Ganglion enthält nur 30–40 identifizierte Neurone, deren Verschaltungen genau charakterisiert sind. Die Zugabe neuromodulatorischer Substanzen (z.B. Proctolin oder Cholecystokinin) zur Badlösung, in der das Ganglionpräparat schwimmt, ändert die Eigenschaften zumindest einiger Membrankanäle dramatisch. Solche Substanzen können sogar das Verschaltungsmuster innerhalb des Ganglions und dessen neuronale Projektionen verändern. Damit ermöglichen Neuromodulatoren eine Vielzahl von Anpassungen neuronaler Schaltkreise.

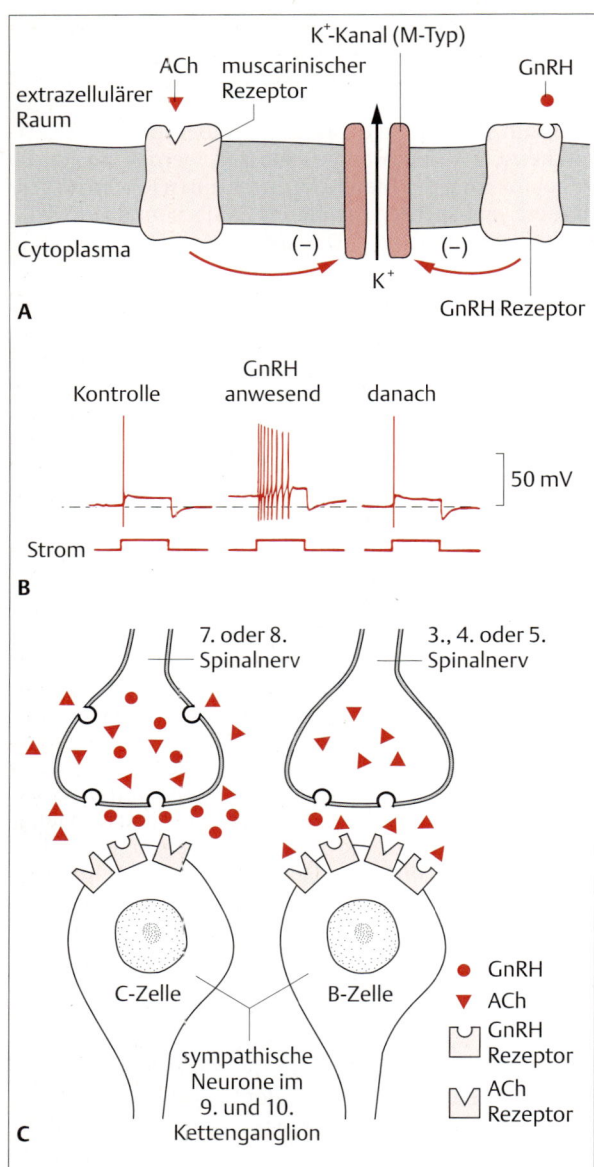

Abb. 6.40 Muscarinische Acetylcholin-Rezeptoren und GnRH-Rezeptoren schließen K⁺-Kanäle und bewirken so eine Depolarisation. A Acetylcholin (ACh) und GnRH binden an ihre Rezeptoren und bewirken das Schließen von M-Typ K⁺-Kanälen (M-Kanäle). Dadurch kann kein K⁺ ausströmen, und die Zelle wird depolarisiert. **B** Der Effekt schneller EPSPs in einer postsynaptischen B-Zelle vor, während und nach einem langsamen EPSP: Während des langsamen EPSPs (durch GnRH) führt die Abnahme der K⁺-Ströme durch M-Kanäle zu einer erhöhten Erregbarkeit der B-Zelle, so daß ein schnelles EPSP im Neuron eine ganze Serie von Aktionspotentialen auslöst; in Abwesenheit von GnRH reagiert das Neuron auf denselben Reiz nur mit einem Aktionspotential. **C** Cholinerge Neurone des 7. und 8. Spinalnerven innervieren C-Zellen der 9. und 10. sympathischen Ganglien, während Neurone des 3., 4. und 5. Spinalnerven ausschließlich B-Zellen in diesen Ganglien innervieren. Nur C-Zellen besitzen synaptische Afferenzen, die GnRH enthalten. Dennoch führt die Reizung des 7. und 8. Spinalnerven zu einem spät einsetzenden langsamen EPSP in B- und C-Zellen, was nur so zu erklären ist, daß GnRH von dem Ort der Freisetzung an den C-Zellen auch zu den B-Zellen diffundiert und dort die GnRH-Rezeptoren aktiviert (B nach James u. Adams, 1987; C nach Jan u. Jan, 1982).

Synaptische Integration

Nur selten sind einzelne Neurone in der Lage, ein bestimmtes Verhalten auszulösen. Selbst einfache Verhaltensweisen kommen nur durch die koordinierte Aktivität Hunderter oder Tausender Neurone zustande. Diese Koordination der neuronalen Aktivität bezeichnet man allgemein als **neuronale Integration**, wobei man unter Integration das Zusammenfassen von Einzelfaktoren zu einem Ganzen versteht. Auf dem Niveau eines einzelnen Neurons bedeutet dies, auf die verschiedenen erregenden und hemmenden synaptischen Signale entweder mit einem AP zu reagieren oder auch nicht. Jedes einzelne Neuron integriert also die eintreffenden erregenden und hemmenden synaptische Signale. Dieser Prozeß hängt weitgehend von den passiven und aktiven elektrischen Eigenschaften der Neuronenabschnitte ab, die zwischen den Synapsen und der Impulsentstehungszone liegen. Außerdem bestimmen die Dichte und die Spannungsempfindlichkeit der Na⁺- und K⁺-Kanäle die Schwelle und die Feuerrate als Antwort auf eine bestimmte synaptische Depolarisation.

Ein Großteil unseres Wissens über die neuronale Integration wurde an den großen α-**Motoneuronen** (Abb. 6.41) erarbeitet, die im Rückenmark von Wirbeltieren liegen. Die α-Motoneurone innervieren an der motorischen Endplatte die Skelettmuskelfasern und spielen eine entscheidende Rolle bei der Auslösung des Verhaltens (s. Kap. 10 u. 11). Jedes Motoneuron integriert an seinen Dendriten und seinem Soma Tausende von erregenden und hemmenden synaptischen Eingängen zu einem bestimmten Nettopotential. Die daraus resultierende Feuerfrequenz (APs pro Sekunde) eines Motoneurons bestimmt die Kontraktionsstärke der von ihm innervierten Muskelfasern.

Die integrierende Aktivität eines Neurons führt dazu, daß APs ausgelöst (Erregung) oder unterdrückt werden (Hemmung). Da nur APs Informationen über größere Entfernungen von mehr als einigen Millimetern übermitteln können, führen nur diejenigen Signale, die zum

Aufbau eines APs im Motoneuron führen, zur Kontraktion der Muskelzellen. Eine Erregung, die den Schwellenwert von sich aus oder durch Summation mit anderen Signalen, nicht erreicht, geht verloren, da kein AP in der postsynaptischen Zelle erzeugt wird.

Um in einem α-Motoneuron ein AP zu generieren, muß der synaptische Strom groß genug sein, um die Zellmembran an der **Impulsentstehungszone** (s. Abb. 5.2) über die Feuerschwelle zu depolarisieren. APs werden im α-Motoneuron in einer spezialisierten Region des Axons kurz hinter dem Axonhügel gebildet (Initialsegment). Diese Region ist leichter zu depolarisieren als das Soma und die Dendriten, da die Membran dort vermutlich eine besonders hohe Dichte an Na^+-Kanälen aufweist und daher eine niedrige Schwelle für die Entstehung von APs hat.

An jedem einzelnen Motoneuron terminieren Tausende synaptischer Eingänge. Wie beeinflussen die einzelnen synaptischen Eingänge die Gesamtaktivität des Motoneurons? Synaptische Ströme breiten sich von den Synapsen der Dendriten und des Somas in Abhängigkeit von den Kabeleigenschaften des Neurons elektrotonisch aus. Wie in Abb. 6.42 dargestellt, werden synaptische Potentiale mit zunehmender Entfernung von ihrem Entstehungsort in Richtung auf die Impulsentstehungszone kleiner (s. Abb. 6.16C). Aufgrund der Abnahme des nicht regenerativen elektrischen Potentials, die auftritt, wenn sich das Potential entlang der Zellfortsätze ausbreitet, wird ein am Ende eines langen und dünnen Dendriten aufgebauter synaptischer Strom eine besonders starke Abschwächung erfahren. Ein solcher Strom wird eine geringere Wirkung auf die Impulsentstehungszone haben als ein Strom, der am Soma in der Nähe des Axonhügels aufgebaut wird. Interessanterweise konnte gezeigt werden, daß einige dendritische Membranen von Neuronen im Säugerhirn Na^+-Kanäle besitzen, welche die synaptischen Ströme verstärken und so die Abschwächung kompensieren, die bei elektrotonischer Weiterleitung normalerweise auftritt. Die Kabeleigenschaften der Zelle spielen eine wichtige Rolle bei der Summation synaptischer Ströme, die an verschiedenen Abschnitten des Neurons entstehen. Der Ort auf dem Dendrit, an dem ein synaptischer Eingang terminiert, ist daher entscheidend für den Effekt, den ein Signal auf die Zelle hat. In vielen Fällen befindet sich die größte Dichte an hemmenden Synapsen in der Nähe des Axonhügels, weil sie dort einen erregenden synaptischen Strom am erfolgreichsten daran hindern können, die Impulsentstehungszone zum Schwellenwert zu depolarisieren.

Viele der hier vorgestellten Konzepte wurden durch Experimente an Fröschen erarbeitet. Die integrativen Eigenschaften der Motoneurone lassen sich in Versuchsanordnungen wie der folgenden untersuchen: Man legt bei einem betäubten Frosch verschiedene Segmente des Rückenmarks frei und sticht mit einer Mikroelektrode in das Soma eines einzelnen α-Motoneurons des Vorderhorns der grauen Substanz ein. Kleine Bündel afferenter Axone, die aus der dorsalen Wurzel freigelegt wurden, werden dann so an eine aus Silberdraht bestehende Reizelektrode gebracht, daß je nach Versuchsbe-

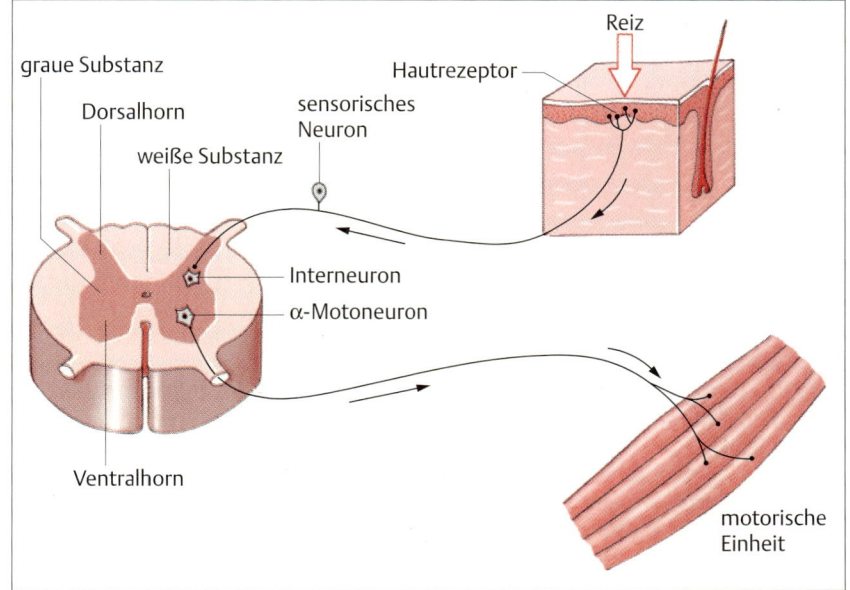

Abb. 6.41 Beispiel für die Informationsverarbeitung in einem neuronalen Schaltkreis. Ein α-Motoneuron aus dem Ventralhorn der grauen Substanz des Rückenmarks ist hier Teil eines bisynaptischen Reflexbogens (Flexorreflex). Ein der Haut zugefügter schmerzhafter Reiz führt über ein Interneuron zur Erregung des Motoneurons. Die Aktivierung des α-Motoneurons führt zur Kontraktion seiner motorischen Einheit (der Muskelfasergruppe, die es innerviert), im Flexormuskel.

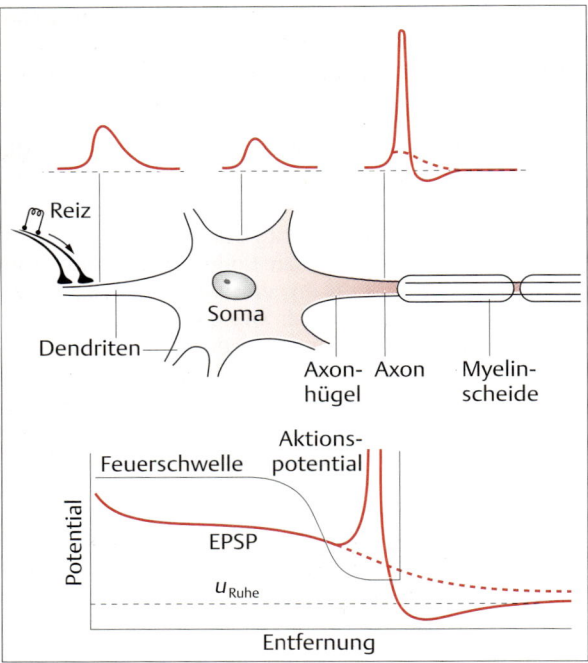

Abb. 6.42 Synaptische Potentiale werden bei ihrer Ausbreitung zur Impulsentstehungszone schwächer. Das in Dendriten entstehende exzitatorische postsynaptische Potential (EPSP) nimmt aufgrund der elektrotonischen Ausbreitung mit der Entfernung ab. Die Dichte der Na$^+$-Kanäle (farbige Punkte) bestimmt die Schwelle zur Erzeugung des Aktionspotentials (Feuerschwelle: schwarze Linie im unteren Teil der Abbildung). Obwohl das synaptische Potential (in der Abbildung oben) kleiner wird, wenn es sich zum Axon hin ausbreitet, wird das Aktionspotential erst in der Impulsentstehungszone des initialen Axonsegments (Axonhügel) gebildet. Dort ist die Dichte der Na$^+$-Kanäle hoch und deshalb die Schwelle niedrig. Die untere Abbildung zeigt die relativen Werte des Schwellenpotentials und des synaptischen Potentials vom Dendrit bis zur Impulsentstehungszone. Die gestrichelte Linie zeigt den Verlauf an, den das EPSP nehmen würde, wenn das Aktionspotential gehemmt würde.

darf erregende oder hemmende Axone aktiviert werden können.

Ohne präsynaptische Reizung registriert die in das Soma des α-Motoneurons eingestochene Elektrode nur die zufällig auftretende postsynaptische Aktivität. Diese Aktivität steht nicht unter experimenteller Kontrolle und geht auf andere synaptische Eingänge zurück. Diese spontanen synaptischen Potentiale haben Amplituden von etwa 1 mV. Sie ähneln damit den an der motorischen Endplatte auftretenden MEPPs (Abb. 6.24). Wie die Reizung einer einzelnen präsynaptischen Faser zeigt, setzt eine einzelne präsynaptische Endigung nur

eine bis wenige Transmitter-Einheiten pro präsynaptischem AP frei. In dieser Hinsicht unterscheidet sich der erregende synaptische Input in ein Motoneuron quantitativ vom Endplattenpotential der Vertebraten-Skelettmuskulatur, bei der die Motoneuronendigung etwa 100–300 Transmitter-Einheiten auf ein einzelnes präsynaptisches AP freisetzt. Diese führen zu einem EPP von 60 mV oder mehr. Im Gegensatz dazu depolarisiert der aus einer einzigen synaptischen Endigung freigesetzte Transmitter das Motoneuron nur um etwa 1 mV, was bei weitem nicht zur Verschiebung des Membranpotentials bis zur Feuerschwelle ausreicht. Die Tatsache, daß eine einzelne Endigung nur einen geringen Beitrag zum postsynaptischen Potential leistet, ist aber die Voraussetzung für die Integrationsfähigkeit des Motoneurons. Während die neuromuskuläre Synapse der Vertebraten die Information im Verhältnis von Eins-zu-Eins weitergibt (d.h. ein präsynaptischer Impuls erzeugt einen postsynaptischen Impuls), benötigt das Motoneuron die mehr oder weniger gleichzeitige Aktivierung zahlreicher erregender präsynaptischer Endigungen, damit das synaptische Potential die Feuerschwelle erreichen und ein postsynaptisches AP auslösen kann. Die Frage, ob ein Neuron feuert oder nicht, hängt demnach von einer Vielzahl aktiver präsynaptischer Inputs ab. Diese „demokratische" Eigenschaft verhindert die Aktivierung eines Motoneurons durch die sporadisch auftretende spontane Aktivität einzelner synaptischer Eingänge. Noch wichtiger ist aber die Tatsache, daß bei diesem Prozeß sowohl erregende als auch hemmende Signale integriert werden und damit zu der „Entscheidung" beitragen, ob das Motoneuron feuert oder nicht bzw. wie viele APs es generiert.

Wird die Stärke des an die präsynaptischen Axone der dorsalen Wurzeln angelegten Reizstromes erhöht, so werden zunehmend mehr erregende Axone mit einbezogen (**Rekrutierung**). Wenn diese gleichzeitig feuern, steigt die Gesamtmenge an freigesetztem Transmitter entsprechend an und führt zu einem größeren EPSP. Erfolgt die Veränderung des Membranpotentials eines Neurons durch die Addition der Ströme von mehreren synaptischen Eingängen, so spricht man von **räumlicher Summation**. Sind alle Eingänge erregend, so wird die Depolarisation verstärkt (Abb. 6.43). Werden hemmende und erregende Transmitter gleichzeitig freigesetzt, so wird die Depolarisation entsprechend abgeschwächt (Abb. 6.44). Das Öffnen „hemmender" Kanäle führt zu einem Kurzschluß des Stromes, der von Na$^+$ durch „erregende" Kanäle nach innen getragen wird. Das bedeutet, daß ein Teil des durch Na$^+$ in die Zelle fließenden (depolarisierenden) Stroms durch einen K$^+$-Ausstrom bzw. Cl$^-$-Einstrom (repolarisierender Strom) sofort wieder nach außen transportiert wird. Die Aktivierung hemmender Synapsen vermindert die Depolarisation der Impulsentstehungszone und damit die Wahrscheinlichkeit für die Impulsentstehung.

Wird ein zweites postsynaptisches Potential kurze Zeit nach dem ersten ausgelöst, so „reitet" es auf dem ersten, selbst wenn beide synaptischen Ereignisse vom selben präsynaptischen Neuron ausgelöst werden. Dieser Effekt wird als **zeitliche Summation** bezeichnet (Abb. 6.**45**). Je kürzer das Intervall zwischen zwei aufeinanderfolgenden synaptischen Potentialen ist, desto eher wird das zweite auf dem ersten reiten und das postsynaptische Potential verstärken können. Eine weitere Summation läßt sich durch zusätzliche Reize erreichen, wobei das dritte synaptische Potential auf dem zweiten, das vierte auf dem dritten usw. aufsitzt. Normalerweise treten räumliche und zeitliche Summation gemeinsam auf. Sind z.B. verschiedene erregende Synapsen an einem Motoneuron mit nur geringen Zeitunterschieden aktiv, so summieren sich ihre Effekte zeitlich und räumlich.

Räumliche und zeitliche Summation hängen von den passiven elektrischen Eigenschaften der Neurone ab. Räumliche Summation ergibt sich, wenn gleichzeitig an verschiedenen Synapsen entstehende synaptische Ströme sich elektrotonisch bis zur Impulsentstehungszone des postsynaptischen Neurons ausbreiten (Abb. 6.42) und sich ihre Effekte dort addieren. Die zeitliche Summation integriert dagegen keine gleichzeitigen synaptischen Ströme, sondern summiert zeitlich getrennte Einzelströme zu einem erhöhten EPSP (Abb. 6.**45**C). Dies ist deshalb möglich, weil die Zeitkonstante der Membran lang ist im Verhältnis zu den kurzen synaptischen Strö-

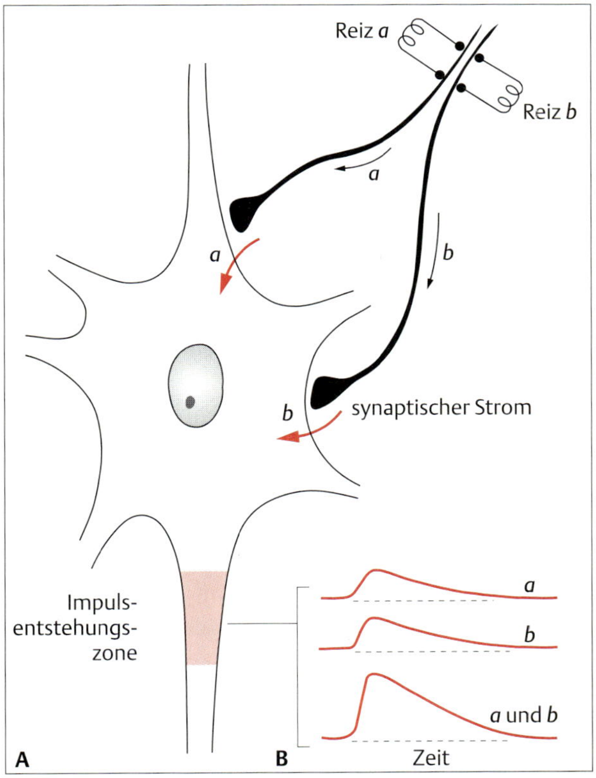

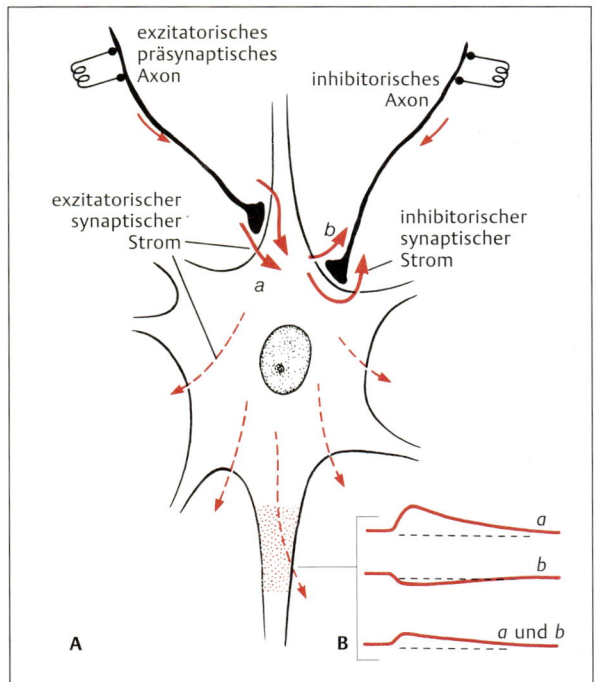

Abb. 6.43 Räumliche Summation exzitatorischer synaptischer Potentiale. A Zwei exzitatorische synaptische Potentiale der Neurone *a* und *b*, die räumlich getrennte Synapsen an einem Motoneuron bilden, lösen unabhängig voneinander synaptische Ströme aus. **B** Die Ableitungen an der Impulsentstehungszone zeigen, daß die durch Reizung der Leitungsbahnen *a* und *b* hervorgerufenen synaptischen Potentiale bei gleichzeitiger Reizung räumlich summiert werden. Die Summation der Ströme vieler Synapsen ist erforderlich, um die Feuerschwelle eines Neurons zu überschreiten.

Abb. 6.44 Räumliche Summation exzitatorischer und inhibitorischer synaptischer Potentiale. A Reizung getrennter präsynaptischer Bahnen führt zu exzitatorischen (*a*) und inhibitorischen (*b*) synaptischen Strömen. Die gestrichelten Pfeile deuten an, daß die erregenden synaptischen Ströme teilweise durch offene inhibitorische Kanäle verlorengehen. **B** Die Ableitungen an der Impulsentstehungszone (unten rechts) zeigen die durch Reizung der Leitungsbahnen *a* oder *b*, bzw. *a* und *b* hervorgerufenen synaptischen Potentiale. Bei gleichzeitiger Reizung von *a* und *b* tritt eine räumliche Summation auf.

212   6. Kommunikation innerhalb und zwischen Nervenzellen

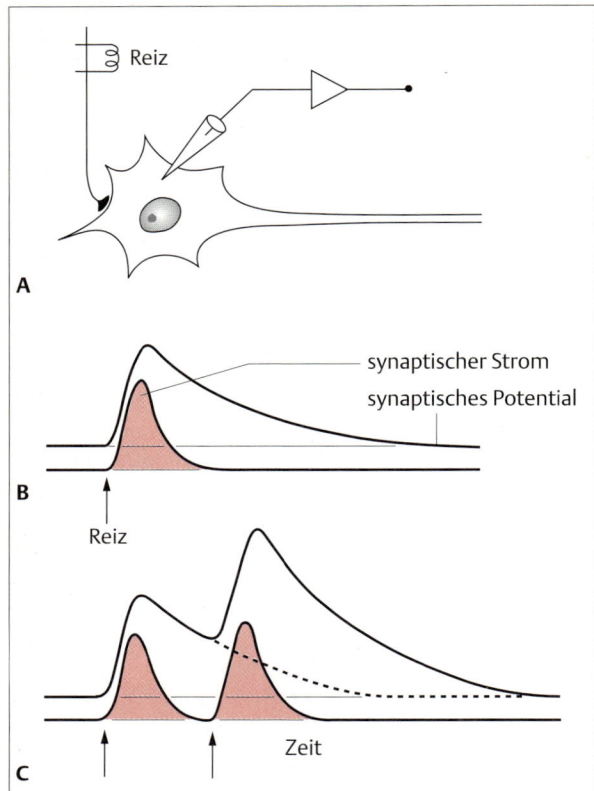

Abb. 6.45 Zeitliche Summation. Dieses Phänomen tritt auf, wenn präsynaptische Signale in rascher Folge an der Synapse eintreffen. **A** Versuchsaufbau zur Messung postsynaptischer Potentiale nach synaptischer Reizung. **B** Ein einzelner Reiz bewirkt einen synaptischen Strom (farbige Fläche) und ein langsamer abnehmendes synaptisches Potential. **C** Um eine Summation synaptischer Potentiale zu erhalten, benötigt man keine Summation synaptischer Ströme, da der Zeitverlauf der Potentialänderung länger ist als der Zeitverlauf des synaptischen Stroms. Die Pfeile geben den Zeitpunkt der Reizung des präsynaptischen Axons an.

men. Der erste synaptische Strom trägt positive Ladung in die Zelle und entlädt dabei teilweise das negative Ruhepotential der Zellmembran. Die durch den synaptischen Strom nach innen transportierte positive Ladung sickert langsam (durch K^+-Kanäle der Membran) nach außen, so daß das Potential nach Beendigung des synaptischen Stroms allmählich zum Ruhewert zurückkehrt. Die postsynaptische Potentialänderung dauert daher um einige Millisekunden länger als der synaptische Strom. Fließt ein zweiter synaptischer Strom, bevor das erste postsynaptische Potential zum Ruhewert zurückgekehrt ist, so erfolgt eine zweite Depolarisation, die der abfallenden Phase der ersten Potentialänderung

hinzugefügt wird, ohne daß sich die beiden synatischen Ströme zeitlich überlagern. Die Ladungsspeicherungs-Kapazität der Membran ermöglicht so die verzögerte Interaktion kurzer, zeitlich getrennter synaptischer Ströme. Je größer die Membran-Zeitkonstante (τ) ist, um so länger dauert der Abbau des synaptischen Potentials und desto effektiver ist die zeitliche Summation asynchroner synaptischer Inputs. Bei den spinalen (dem Rückenmark zugehörigen) Motoneuronen beträgt die Membran-Zeitkonstante etwa 10 ms, bei anderen Neuronen kann sie zwischen 1 ms und 100 ms betragen.

Unter normalen Bedingungen ist das Motoneuron praktisch niemals elektrisch ruhig, sondern zeigt stets ein **synaptisches Grundrauschen** (unregelmäßige Fluktuationen des Membranpotentials), das auf der spontanen Aktivität der präsynaptischen Neurone beruht. Die Folge ist ein sich kontinuierlich änderndes, unregelmäßiges Membranpotential. Sind genügend erregende Eingänge aktiv, so summieren sich diese und lösen im Motoneuron ein AP aus, das seinerseits zu einem AP und zur Kontraktion der Muskelfasern in der vom Motoneuron innervierten **motorischen Einheit** führt. Das Ergebnis dieser Spontanaktivität ist ein konstanter, niedriger Grundtonus des Muskels.

Die Membran der Impulsentstehungszone von Motoneuronen akkommodiert niemals vollständig bei anhaltender Depolarisation. Daher löst ein kontinuierlicher, intensiver synaptischer Input in das Motoneuron eine anhaltende Serie von APs aus. Die Impulsfrequenz einer solchen AP-Serie hängt vom Maß der Depolarisation der Impulsentstehungszone ab (Abb. 6.46) und diese wiederum von der Amplitude der aufsummierten synaptischen Eingänge. Die postsynaptische Impulsfrequenz spiegelt damit die Intensität des erregenden synaptischen Inputs abzüglich des inhibitorischen Inputs wider. Die AP-Frequenz ist die wichtigste Einheit der Informationsübertragung im ZNS.

Zusammenfassend läßt sich folgendes festhalten: APs entstehen, wenn die niedrigschwellige Initialzone am Axonhügel bis zum Schwellenwert oder darüber hinaus depolarisiert wird. Die Frequenz der APs erhöht sich mit zunehmender Depolarisation bis zu einer maximalen Feuerfrequenz. Das Ausmaß der Depolarisation hängt von der zeitlichen Beziehung und vom Entstehungsort (relativ zur Impulsentstehungszone) der erregenden und hemmenden synaptischen Ströme ab.

Synaptische Plastizität

Das Nervensystem wäre für das Überleben der Tiere wenig nützlich, wenn seine Funktionsweise nicht durch Erfahrung verändert werden könnte. Deshalb ist die Eigenschaft der **neuronalen Plastizität**, d.h. die Modifi-

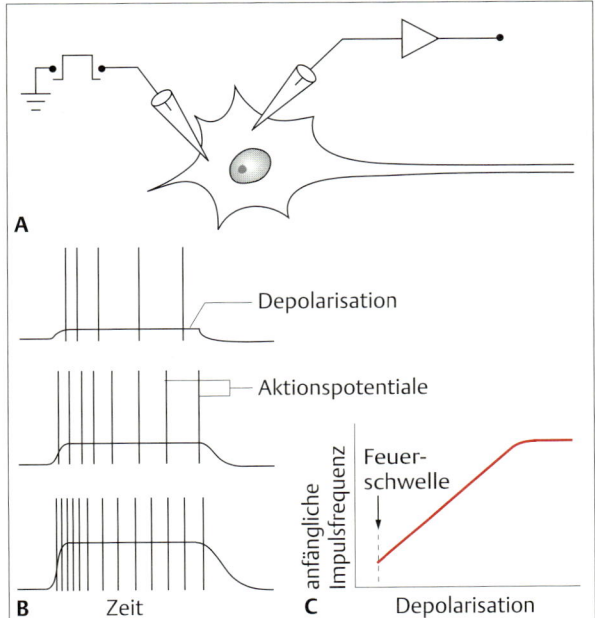

Abb. 6.46 Die Anfangsimpulsfrequenz eines Motoneurons ist annähernd proportional zur Amplitude der synaptischen Depolarisation. A Ein Depolarisationsstrom wird mit einer Reizelektrode dem Soma eines α-Motoneurons zugeführt, während mit einer Ableitelektrode das Membranpotential gemessen wird. **B** Eine zunehmende Depolarisation bewirkt eine ansteigende Feuerfrequenz. **C** Die Feuerfrequenz ist gegen die Depolarisationsstärke aufgetragen. Die Zahl der Aktionspotentiale nimmt mit steigender Depolarisation zu. Beachte, daß bei einer bestimmten Depolarisationsstärke eine maximale Feuerfrequenz erreicht wird.

kation neuronaler Funktionen, von entscheidender Bedeutung für das Überleben eines Tieres. Beispiele für neuronale Plastizität sind die Entwicklung von motorischen Fähigkeiten und Gewohnheiten, die Möglichkeit aus Erfahrung zu lernen und natürlich die Ontogenese des Nervensystems. Die neuronale Plastizität war von entscheidender Bedeutung für die Entwicklung der menschlichen Intelligenz. Sie spielt auch eine Schlüsselrolle beim Verhalten von Tieren, die Verhaltensleistungen zeigen, welche über das genetisch vorprogrammierte Repertoire hinausgehen. Bei weitgehend allen Tierarten tritt Verhaltensplastizität auf. Die Mechanismen, die der synaptischen Plastizität zugrunde liegen, werden derzeit intensiv erforscht. Synaptische Plastizität ist auch das Ergebnis von Entwicklungsprozessen im Laufe des Lebens. Während der Embryonalentwicklung angelegte synaptische Verbindungen werden im Laufe der Ontogenese zu den adulten Verbindungsmustern umgebaut. Veränderungen an ausgereiften Synapsen gelten als Grundlage für das Lernen und das Gedächtnis.

Sowohl bei der Ontogenese des Nervensystems als auch beim Lernen spielen offenbar **retrograde Messenger** (Botenstoffe, die vom postsynaptischen Neuron zum präsynaptischen Neuron wandern) eine wichtige Rolle.

Neuronale Plastizität im adulten Organismus beruht vermutlich auf einer Veränderung der **synaptischen Effizienz**. Die Beeinflussung der synaptischen Effizienz ist zwar nicht die einzige Möglichkeit, die neuronale Funktion zu verändern, aber derzeit die experimentell am besten untersuchte. Donald O. Hebb postulierte bereits 1949, daß die Effizienz einer erregenden Synapse zunimmt, wenn die Transmitterfreisetzung an dieser Synapse wiederholt mit der Aktivität des postsynaptischen Neurons zusammenfällt. Durch einen solchen Prozeß könnten synaptische Verbindungen erfahrungsabhängig verstärkt werden. Die Mechanismen, die dieser korrelierten Aktivität von prä- und postsynaptischen Elementen zugrunde liegen, sind noch nicht vollständig aufgeklärt.

Änderungen der synaptischen Effizienz können sowohl durch präsynaptische als auch durch postsynaptische Mechanismen beeinflußt werden. Ein möglicher präsynaptischer Mechanismus ist die Erhöhung der Transmittermenge, die durch ein AP aus dem präsynaptischen Axonterminal freigesetzt wird. Im zweiten Fall führen Veränderungen auf der postsynaptischen Seite (z.B. Erhöhung der Rezeptorzahl) zur Verstärkung der Depolarisation, die durch eine bestimmte Transmittermenge ausgelöst wird. Obwohl die postsynaptische Plastizität in verschiedenen Geweben nachgewiesen wurde, ist über sie nur wenig bekannt. Unsere Ausführungen konzentrieren sich deshalb auf die präsynaptischen Mechanismen der neuronalen Plastizität.

Es gibt zwei Hauptkategorien präsynaptischer Mechanismen, die zu Änderungen in der synaptischen Effizienz führen. Beim ersten Mechanismus ist es die Aktivität der Endigung selbst, die zu einer gebrauchsabhängigen Erhöhung der Transmitterfreisetzung führt, die jedoch nur kurze Zeit anhält. Dieser Mechanismus ist als **homosynaptische Modulation** bekannt. Beim zweiten Mechanismus werden die Änderungen der präsynaptischen Funktion durch die Wirkung einer Modulatorsubstanz ausgelöst, die von Nervenendigungen freigesetzt wird, die sich direkt auf oder nahe dem Axonterminal befinden. Dieser zweite Mechanismus wird als **heterosynaptische Modulation** bezeichnet und wirkt meist länger als die homosynaptische Modulation.

Homosynaptische Modulation – Bahnung

Die aktivitätsbedingte Änderung der synaptischen Wirkung kann man durch Ableitung der elektrischen Aktivität von mit Curare behandelten Endplattenregionen einer Frosch-Skelettmuskelfaser untersuchen. Das motorische Axon wird zweimal gereizt, wobei man den zweiten Reiz nach unterschiedlich langen Zeitintervallen gibt. Wird das zweite synaptische Potential aufgebaut, bevor das erste abklingt, so summieren sich die Potentiale, wobei das zweite eine größere Amplitude erreicht als allein aufgrund der zeitlichen Summation zu erwarten wäre. Beginnt das zweite synaptische Potential kurz nach dem vollständigem Abklingen des ersten Potentials, was zeitliche Summation ausschließt, so kann es dennoch eine größere Amplitude als das vorhergehende erreichen (Abb. 6.47). Dieser Effekt, der als **synaptische Fazilitation** oder **Bahnung** bezeichnet wird, hält an der motorischen Endplatte 100 bis 200 ms an.

Synaptische Bahnung beruht wahrscheinlich auf einem Anstieg der intrazellulären freien Ca^{2+}-Konzentration in der präsynaptischen Endigung. Das Eintreffen eines ersten Impulses in der Endigung öffnet spannungsabhängige Ca^{2+}-Kanäle und führt zu einem Anstieg der $[Ca^{2+}]_i$, der für kurze Zeit erhalten bleibt. Der durch einen zweiten Impuls hervorgerufene $[Ca^{2+}]_i$-Anstieg kann sich folglich mit dem verbliebenen Rest des ersten $[Ca^{2+}]_i$-Anstiegs aufsummieren. Da die Transmitterfreisetzung eine Potenzfunktion von $[Ca^{2+}]_i$ in der Nähe der präsynaptischen Freisetzungsstelle ist, führt der durch den zweiten Impuls ausgelöste Anstieg der $[Ca^{2+}]_i$ zu einer unverhältnismäßig hohen Transmitterfreisetzung. Die experimentelle Bestätigung dieser Hypothese gelang Katz und Miledi (1968). Mit Hilfe einer Mikropipette, welche in die Nähe der motorischen Endplatte des in Ca^{2+}-freier Ringerlösung gelegten Froschmuskels angebracht war, verabreichten sie lokale Ca^{2+}-Injektionen in die externe Lösung in der Nähe der motorischen Endplatte (Abb. 6.48 A). Wie Katz und Miledi weiterhin fanden, ist die Bahnung des durch einen zweiten Reiz ausgelösten postsynaptischen Potentials dann am stärksten, wenn die extrazelluläre Ca^{2+}-Injektion mit dem Eintreffen des ersten APs an der motorischen Endplatte zusammenfällt (Abb. 6.48 B). Die erste Ca^{2+}-Injektion hat keine deutliche Verstärkung der Bahnung zur Folge, wenn sie erst nach dem Eintreffen des ersten APs an den motorischen Nervenendigungen gegeben wird. Synaptische Bahnung tritt dann auf, wenn Ca^{2+} während des Eintreffens eines APs in die präsynaptische Endigung gelangt und einige Ca^{2+}-Ionen in der Axonendigung verbleiben. Die als Antwort auf ein zweites, wenig später eintreffendes präsynaptisches AP eindringenden zusätzlichen Ca^{2+}-Ionen führen zur Freisetzung einer größeren Transmittermenge.

Homosynaptische Modulation – Posttetanische Potenzierung

Wird ein motorisches Axon des Frosches **tetanisch** stimuliert (d.h. über längere Zeit mit einer hohen Frequenz), so ist unmittelbar nach dem tetanischen Reiz die synaptische Übertragung an der neuromuskulären Synapse unterdrückt. Dagegen sind die Reaktionen auf Testreize, die man zu verschiedenen späteren Zeiten nach der Reizung gibt, bis zu mehrere Minuten nach Reizende **potenziert** (erhöht). Diese **posttetanische Potenzierung** (PTP) ist ein weiteres Beispiel für eine aktivitätsabhängige Änderung der präsynaptischen Effizienz und findet sich bei vielen Synapsentypen. In Abb. 6.49 sind die Ergebnisse eines solchen Experimentes beschrieben. Zu Beginn wurden an der motorischen Endplatte durch sehr langsam wiederholte Reize (d.h. alle 30 s ein Reiz) EPSPs ausgelöst. Die Reizung wurde dann für 20 s auf 50 Reize/s erhöht, anschließend wurde wiederum alle 30 s ein Testreiz gegeben. Bei der normalen Ca^{2+}-Konzentration (Abb. 6.49, oben) tritt nach Ende der tetanischen Reizung zunächst eine posttetanische Depression des Endplattenpotentials auf. Dieser Depression folgt innerhalb von etwa 1 min eine Amplitudenzunahme der EPSPs, die posttetanische Potenzierung (CPTP). Nach etwa 10 min kehrt die Amplitude des

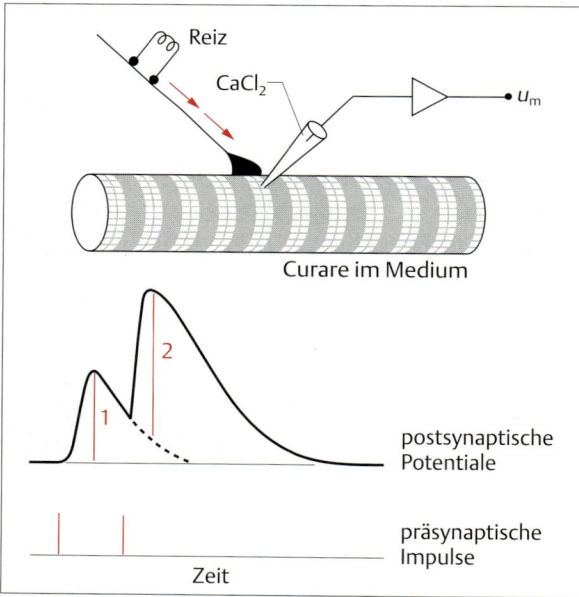

Abb. 6.47 Synaptische Bahnung an der neuromuskulären Synapse des Frosches. Durch Blockade von Acetylcholin-Rezeptoren mit Curare wurde die EPSP-Amplitude unter der Feuerschwelle gehalten. Zwei Reize wurden in rascher Folge auf den Nerv gegeben. Das zweite postsynaptische Potential summierte sich mit der Abfallphase des ersten; die Amplitude war jedoch größer, als sie allein durch Summation zu erwarten gewesen wäre (Linie 2).

Synaptische Plastizität   **215**

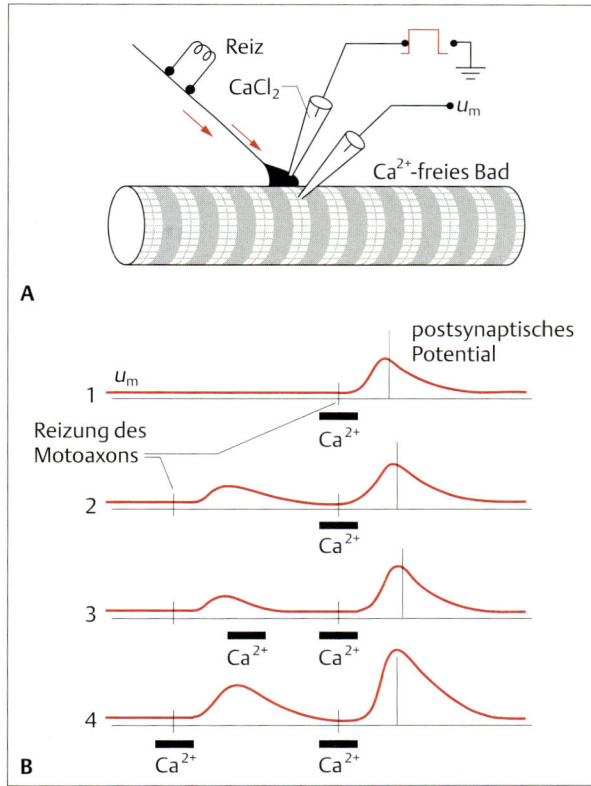

Abb. 6.48 Abhängigkeit der Bahnung von der extrazellulären Ca^{2+}-Konzentration. Die Bahnung eines synaptischen Potentials ist von der Anwesenheit extrazellulären Calciums während des vorausgehenden präsynaptischen Aktionspotentials abhängig. **A** Das Axon des Motoneurons wurde gereizt, und postsynaptische Potentiale wurden von der Muskelfaser in Ca^{2+}-freier Lösung abgeleitet. Mit einer weiteren Mikropipette wurde $CaCl_2$ in die Nähe der Endplatte gebracht. Der Zeitpunkt zwischen elektrischer Reizung und der Zugabe von $CaCl_2$ wurde variiert. **B** Aufzeichnung der Muskel-EPSPs. Die schwarzen Balken zeigen die zeitliche Abfolge der Ca^{2+}-Applikationen, die dünnen vertikalen Striche geben die Zeitpunkte der elektrischen Reizung an. (1) Amplitude des EPSPs nach einem einzigen Aktionspotential. Bei (2)–(4) wurde der Zeitabstand zwischen dem ersten Aktionspotential und der Zugabe von $CaCl_2$ variiert. Beim Eintreffen des zweiten Aktionspotentials war $CaCl_2$ stets vorhanden. Eine Bahnung fand nur dann statt, wenn Ca^{2+} auch beim Eintreffen des ersten Aktionspotentials an der Endplatte zur Verfügung stand (nach Katz u. Miledi, 1968).

Endplattenpotentials auf ihren Kontrollwert zurück. Bei einer Ringerlösung mit reduziertem Ca^{2+}-Gehalt (Abb. 6.49, unten) fehlt die Depression, und die PTP klingt schneller ab.

Diese Ergebnisse wurden folgendermaßen interpretiert: Während der hochfrequenten Reizung bei der normalen extrazellulären Ca^{2+}-Konzentration von etwa 2 mM werden die in den präsynaptischen Endigungen zur Verfügung stehenden Transmittervesikel schneller freigesetzt, als sie ersetzt werden können. Damit stehen unmittelbar nach einer Phase mit hoher Entladungsfrequenz weniger Vesikel zur Transmitter-Freisetzung zur Verfügung. Im Verlauf der posttetanischen Phase werden die Transmitter-Einheiten wieder aufgefüllt, so daß die Depression abflaut. Die während der tetanischen Reizung in die Axonterminalen eindringenden Ca^{2+}-Ionen werden aufgrund der Erregung angehäuft, beladen die Ca^{2+}-bindenden Zentren und verbleiben dort, bis sie schließlich aktiv aus den Axonterminalen gepumpt werden. Man nimmt an, daß die PTP und ihre langsame Abnahme den Anstieg und die nachfolgende Abnahme der intrazellulären freien Ca^{2+}-Konzentration widerspiegelt. Bei einer Ringerlösung mit herabgesetzter Ca^{2+}-Konzentration führt die begrenzte Ca^{2+}-Menge zu einer verringerten synaptischen Vesikelentleerung, so daß noch gefüllte Transmittervesikel zur Verfügung stehen und keine posttetanische Depression auftritt. Die PTP tritt dennoch mit voller Stärke auf, da die wiederholte Reizung zum Anstieg der $[Ca^{2+}]_i$-Konzentration führt. Die Beobachtung, daß die PTP unter diesen Bedingungen kürzer dauert, könnte damit erklärt werden, daß die Axonendigungen die angehäuften Ca^{2+}-Ionen

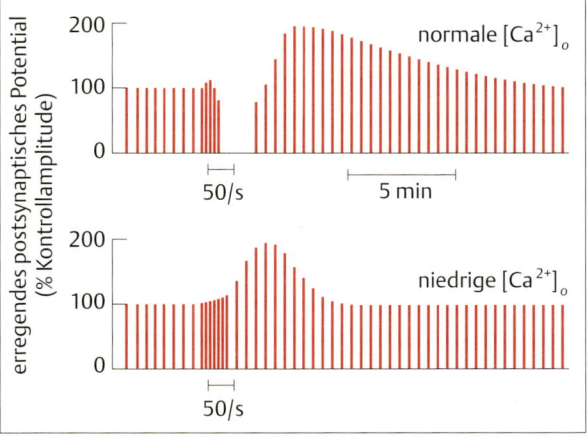

Abb. 6.49 Posttetanische Depression und posttetanische Potenzierung der Endplattenpotentiale beim Froschmuskel. Durch Zugabe von Curare wurde die Entstehung von Aktionspotentialen verhindert, so daß die EPSP-Amplituden unterhalb der Feuerschwelle gemessen werden konnten. Bei normaler $[Ca^{2+}]_o$ (2 mM, oben) folgte der Phase hochfrequenter motorischer Reizungen (50 Reize pro Sekunde für etwa 1 Minute) zuerst eine Depression der EPSPs und dann eine verzögerte Potenzierung. War $[Ca^{2+}]_o$ niedrig (0,225 mM, unten), dann beobachtete man nur eine frühe Potenzierungsphase nach der hochfrequenten Reizung (nach Rosenthal, 1969).

aufgrund der geringeren extrazellulären Ca^{2+}-Konzentration schneller hinauspumpen können.

Heterosynaptische Modulation

Die durch präsynaptische APs ausgelöste Transmitterfreisetzung an Nervenendigungen kann bei einigen Synapsen durch Neuromodulatoren beeinflußt werden. Zu diesen neuromodulatorischen Substanzen gehören Serotonin (bei Mollusken und Vertebraten), Octopamin (bei Insekten), Noradrenalin, Dopamin, Glutamat und GABA (bei Vertebraten). Diese Substanzen wirken selbst auch als Neurotransmitter (Tab. 6.2, S. 196). Ebenso wirken verschiedene Neuropeptide (wie z.B. Enkephalin) als Modulatoren bei Vertebratenneuronen. Diese Stoffe werden in den Blutkreislauf oder in der Nähe einer Synapse freigesetzt und modulieren die Transmitterfreisetzung aus der präsynaptischen Endigung der Synapse. Die an der präsynaptischen Endigung angreifende Modulation nennt man **heterosynaptisch,** da die Übertragung von einem Neuron zum anderen an der Synapse durch ein weiteres, drittes Neuron verändert wird. Eine Art heterosynaptischer Wirkung ist die bereits beschriebene präsynaptische Hemmung (s. Abb. 6.23), deren Wirkung durch eine verminderte Transmitterfreisetzung charakterisiert ist. Wird die präsynaptische Transmitterfreisetzung durch den Modulator erhöht, so spricht man von **heterosynaptischer Fazilitation**.

Ein heterosynaptischer Modulator verändert die Menge an Ca^{2+}, das in Folge eines präsynaptischen APs in die Nervenendigung einströmt. Synaptische Modulatoren öffnen (oder verschließen) Ionenkanäle aber meist nicht direkt. Vielmehr modulieren sie die Antwort bestimmter Ionenkanäle auf einen anderen Reiz und erhöhen

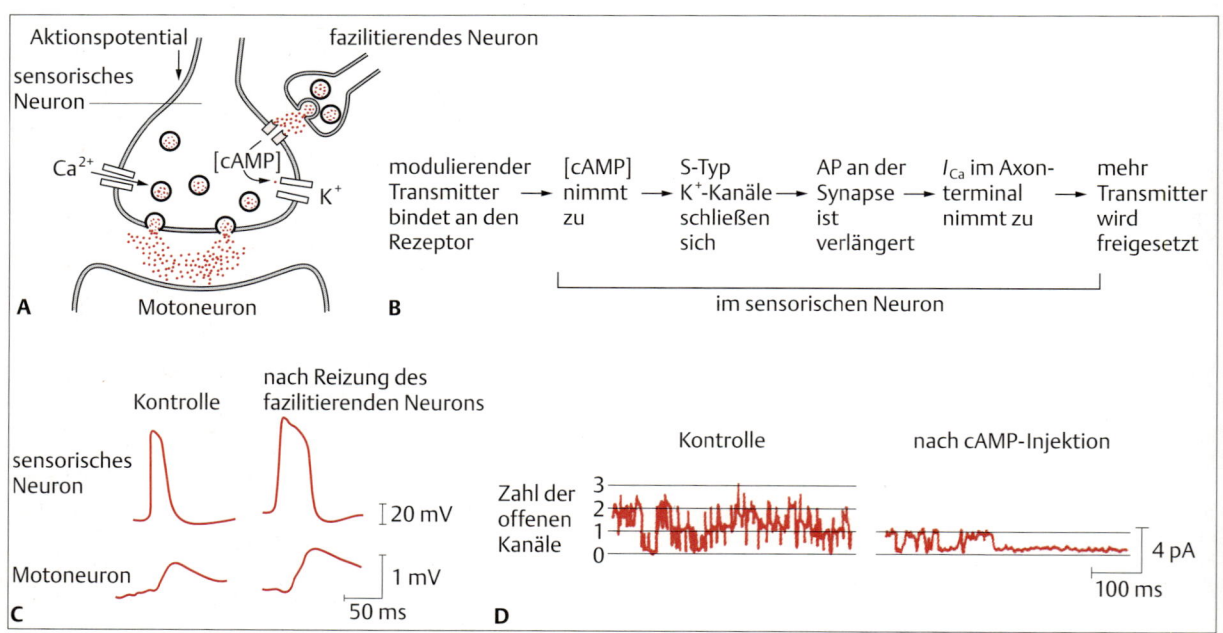

Abb. 6.50 Heterosynaptische Bahnung an einer sensomotorischen Synapse bei *Aplysia* **durch Erhöhung des präsynaptischen Ca^{2+}-Einstroms. A** Die Transmitterfreisetzung von einem sensorischen Neuron auf ein motorisches Neuron ist erhöht, wenn das bahnende (fazilitierende) Interneuron gleichzeitig mit dem Eintreffen von Aktionspotentialen im sensorischen Neuron aktiv ist. Der Transmitter des fazilitierenden Interneurons bindet an einen Rezeptor, der die Konzentration von cAMP in der präsynaptischen Endigung erhöht. Der Anstieg von cAMP bewirkt das Schließen von S-Typ K$^+$-Kanälen und führt so zu einer Verlängerung der Depolarisation. Dadurch bleiben Ca^{2+}-Kanäle länger geöffnet, und mehr Ca^{2+} kann in die präsynaptische Endigung einströmen, was zu einer Erhöhung der Transmitterfreisetzung aus dem sensorischen Neuron führt. **B** Zusammenfassung der Ereignisse an der präsynaptischen Endigung des sensorischen Neurons. **C** Ein Aktionspotential im sensorischen Neuron führt zu einem EPSP im Motoneuron. Bei gleichzeitiger Reizung des fazilitierenden Interneurons ist das Aktionspotential im sensorischen Neuron verlängert und das EPSP im Motoneuron verstärkt. **D** Patch-clamp-Ableitung von Einzelkanalströmen in der präsynaptischen Membran des sensorischen Neurons. Die Ströme wurden vor und nach der Injektion von cAMP in die Zelle gemessen. Die Aktivität von S-Typ K$^+$-Kanälen war nach cAMP-Injektion reduziert (C nach Kandel u. Mitarb., 1983; D nach Siegelbaum u. Mitarb., 1982).

oder vermindern den Ionenstrom, der durch die von APs aktivierten Kanäle fließt. Dies wird gewöhnlich durch intrazelluläre Signalketten vermittelt, welche die Aktivität der Ionen-Kanäle steuern. Im Gegensatz dazu binden schnelle Neurotransmitter direkt an Rezeptorkanalmembranen und öffnen (oder verschließen) Kanäle.

Das am besten untersuchte Beispiel für heterosynaptische Modulation einer Synapse stammt von der Meeresschnecke *Aplysia californica*. An dieser Nacktschnecke wurden einige Phänome der neuronalen Plastizität untersucht. Wie Eric Kandel und seine Mitarbeiter fanden, wird die exzitatorische Übertragung zwischen bestimmten identifizierten Neuronen im ZNS von *Aplysia* während der Sensitivierung des Kiemenrückziehreflexes verstärkt. Diese Verstärkung ist die Folge einer heterosynaptischen Bahnung der Transmitterfreisetzung durch die präsynaptische Freisetzung von Serotonin an dieser Synapse (Abb. 6.**50**). Serotonin wirkt auf die präsynaptischen Endigungen durch Erhöhung der Konzentration des intrazellulären Botenstoffes zyklisches Adenosin 3′, 5′-Monophosphat (cAMP); diese Substanz beeinflußt das Öffnen eines bestimmten K^+-Kanals, dem S-Kanal. Der erhöhte cAMP-Spiegel innerhalb des präsynaptischen Neurons führt zum Verschluß von S-Kanälen und vermindert die Wahrscheinlichkeit, daß diese sich bei einem bestimmten Membranpotential öffnen.

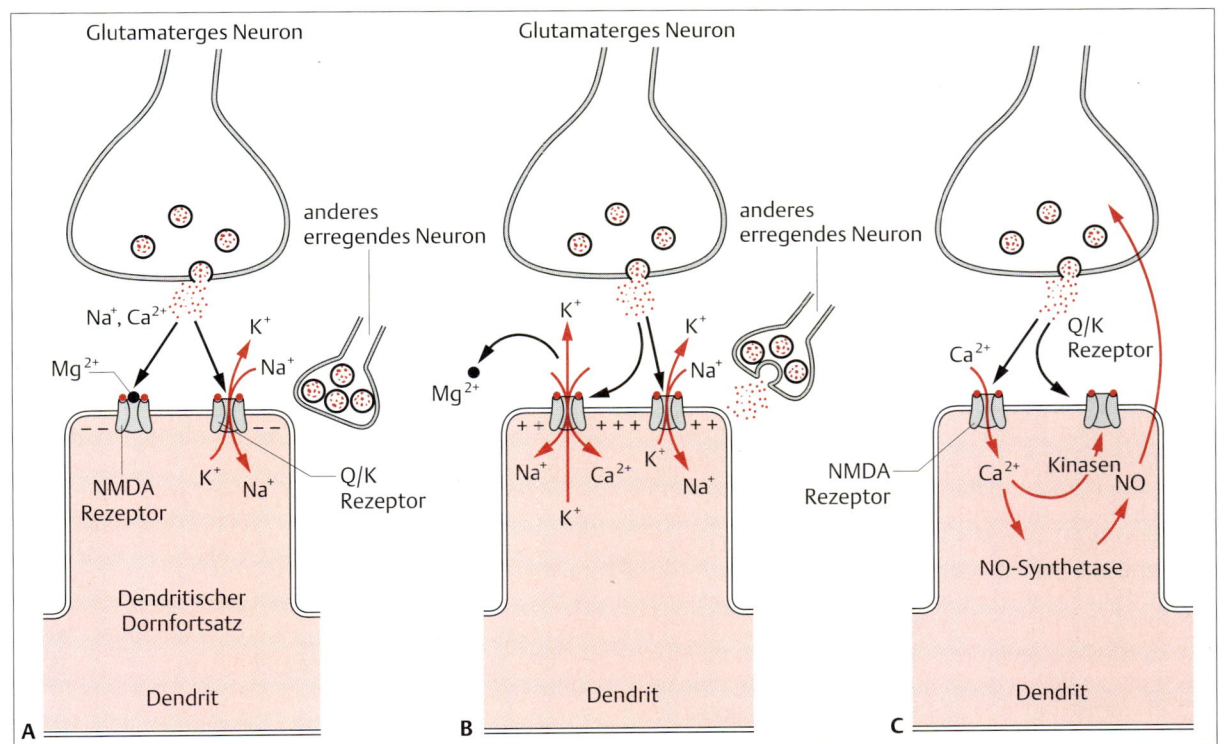

Abb. 6.51 Langzeitpotenzierung im Hippocampus. Dieses Phänomen hängt von der Aktivierung von NMDA-Rezeptorkanälen – einer bestimmten Klasse von Glutamat-Rezeptorkanälen – in der postsynaptischen Membran ab. Präsynaptisch freigesetztes Glutamat bindet sowohl an NMDA-Rezeptorkanäle als auch an Quisqualat/Kainat (Q/K)-Rezeptorkanäle in der postsynaptischen Membran dendritischer Dornfortsätze. **A** Wenn die postsynaptische Membran nicht depolarisiert ist, werden nur die Q/K-Rezeptorkanäle für Na^+ und K^+ geöffnet. Die NMDA-Rezeptorkanäle sind dagegen durch Mg^{2+}-Ionen blockiert, wenn das Membranpotential nahe beim Ruhepotential ist. **B** Wenn die postsynaptische Membran zusätzlich durch ein erregendes Neuron depolarisiert ist, löst sich der Mg^{2+}-Block und ermöglicht den Fluß von Na^+-, K^+- und Ca^{2+}-Ionen durch den NMDA-Rezeptorkanal. **C** Die Zunahme der Ca^{2+}-Konzentration im postsynaptischen Neuron führt zu weiteren Veränderungen, z. B. zur Aktivierung intrazellulärer Kinasen, die strukturelle Modifizierungen anderer Transmitterrezeptoren (z. B. eine Erhöhung der Anzahl der Q/K-Rezeptorkanäle) herbeiführen. Außerdem wird die Stickstoffmonoxid (NO)-Synthetase aktiviert und so die Bildungsrate von Stickstoffmonoxid (NO) erhöht. NO kann aus der postsynaptischen Membran in die präsynaptische Endigung diffundieren und dort als retrograder Botenstoff die Transmitterfreisetzung durch Aktionspotentiale noch weiter erhöhen.

Da der K$^+$-Ausstrom durch die S-Kanäle an der AP-Repolarisation beteiligt ist, verlängert das Verschließen dieser Kanäle das präsynaptische AP. Folglich kann mehr Ca^{2+} in die präsynaptischen Endigungen durch spannungsabhängige Ca^{2+}-Kanäle einströmen. Diese Erhöhung des Ca^{2+}-Einstroms führt zu einer erhöhten Transmitterfreisetzung und so zu einer Erhöhung der Amplitude und der Dauer des postsynaptischen Potentials.

Langzeitpotenzierung

In den letzten Jahren gab es ein großes Interesse an langanhaltenden Veränderungen der synaptischen Effizienz, wie sie vor allem im Hippocampus (einer der für das Gedächtnis wichtigen Strukturen des Gehirns) von Säugern beobachtet wird. Eine hochfrequente Reizung bestimmter Afferenzen zum Hippocampus führt zu einer Erhöhung der EPSP-Amplituden in Hippocampusneuronen, die Stunden, Tage oder sogar Wochen nach der Reizung anhält. Diese anhaltende Fazilitation der synaptischen Transmission, die auch in anderen synaptischen Schaltkreisen auftreten kann, nennt man **Langzeitpotenzierung** (LTP). In verschiedenen neuronalen Systemen können allerdings etwas andere Reizparameter für die LTP erforderlich sein, die Fazilitation kann mit einem anderen Zeitverlauf abnehmen, und es können unterschiedliche Mechanismen beteiligt sein. In den bisher untersuchten Systemen war stets Glutamat (oder ähnliche Substanzen) der wichtigste Transmitter. Von den drei pharmakologisch verschiedenen Glutamat-Rezeptorsubtypen ist wahrscheinlich vor allem der N-Methyl-D-Aspartat (NMDA)-Rezeptor für die Langzeitpotenzierung (LTP) verantwortlich. Obwohl dieser Rezeptor für die normale Neurotransmission im Hippocampus nicht unbedingt benötigt wird, ist die Aktivierung des NMDA-Rezeptors für die Entstehung der LTP notwendig. Die bisher durchgeführten Experimente stützen die Hypothese, daß die Verstärkung der synaptischen Effizienz über eine Veränderung der Eigenschaften von NMDA-Rezeptoren vermittelt wird. Außerdem zeigen einige Versuche, daß bei der Langzeitpotenzierung ein retrogrades Signal von der postsynaptischen Zelle über den synaptischen Spalt wandert und die Eigenschaften der Präsynapse verändert. Vermutlich handelt es sich bei diesem retrograden Messenger um das Gas Stickstoffmonoxid, NO (Abb. 6.**51**). NO verändert im präsynaptischen Axonterminal die Aktivität bestimmter Enzyme, wie der **Guanylatzyklase** und **ADP-Ribosyltransferase**. Ob diese Effekte tatsächlich für die dem Lernen zugrunde liegenden Veränderungen der Neurotransmission relevant sind, muß noch bewiesen werden. Jedenfalls werden derzeit die Untersuchungen zu den molekularen Grundlagen des Gedächtnisses mit großem Aufwand vorangetrieben.

Zusammenfassung

Die Struktureinheit des Nervensystems ist das Neuron, das mit anderen Neuronen oder Effektorzellen durch elektrische oder chemische Übertragung von Information an Synapsen kommuniziert. Das Neuron besteht typischerweise aus dem Soma (Zellkörper), das den Zellkern enthält und einer variablen Zahl von Dendriten, die (wie das Soma bei einigen Neuronen) synaptische Eingänge von anderen Neuronen erhalten. Über das Axon werden Aktionspotentiale (APs) bis zu einem präsynaptischen Axonterminal weitergeleitet. An der chemischen Synapse werden die Signale durch Freisetzung von Transmittermolekülen auf andere Neurone übertragen.

Das Nervensystem arbeitet mit zwei verschiedenen Signaltypen: (1) mit graduierten, passiv fortgeleiteten Potentialänderungen und (2) mit aktiv fortgeleiteten APs, die der Alles-oder-Nichts-Regel folgen. Graduierte Potentiale treten in den Sinneszellen und an postsynaptischen Membranen auf, während die APs weitgehend auf die Axone und die Axonterminalen beschränkt sind. Die Intensität eines Signals wird bei den graduierten Potentialen durch die Amplitude (Amplitudenmodulation) und bei den APs durch die Feuerfrequenz (Frequenzmodulation) kodiert. Die Informationsübertragung zwischen Neuronen erfolgt meist über chemische Botenstoffe und seltener über elektrische Synapsen.

Die Impulsfortleitung entlang eines Axons hängt von zwei Phänomenen ab: (1) von der longitudinalen Ausbreitung des Stromes entlang des Axons, die von dessen Kabeleigenschaften abhängt und (2) von der laufenden Verstärkung des Signals als Folge der Erregung weiterer Na$^+$-Kanäle. Die Signalverstärkung wird durch die Erregung von zuvor unerregten, vor einem Impuls liegenden Membranteilen durch lokale Ströme erreicht. Da APs ohne Dekrement entlang der Axone wandern, können sie Informationen zwischen weit entfernten Teilen des Nervensystems übertragen. Die Fortleitungsgeschwindigkeit der APs hängt vom Axondurchmesser und (bei einigen Vertebratenaxonen) von einer Myelinschicht zwischen unbedeckten Membranabschnitten, den Ranvier-Schnürringen, ab. Bei myelinisierten Axonen erfolgt eine saltatorische Erregungsleitung von Schnürring zu Schnürring, wobei die dicht umwickelten Abschnitte übersprungen werden und damit die Fortleitungsgeschwindigkeit beträchtlich erhöht wird.

Es gibt elektrische und chemische Synapsen. Das Funktionsprinzip der elektrischen Synapse entspricht prinzipiell der Impulsfortleitung entlang eines Axons. Der Strom fließt von einer Zelle über Gap junctions, die einen geringen elektrischen Widerstand haben, in die zweite Zelle und depolarisiert diese. Man unterscheidet zwei Arten der chemischen Übertragung, die schnelle und die langsame Übertragung. Bei der schnellen chemischen Signalübertragung wird aus der präsynaptischen Endigung ein Transmitter freigesetzt, der mit einem ligandengesteuerten Rezeptorkanalmolekül in der postsynaptischen Membran interagiert. Diese Interaktion öffnet ionenspezifische Kanäle der postsynaptischen Membran und führt zu einem Ionenstrom, der ein synaptisches Potential an der postsynaptischen Membran erzeugt. Bei der langsamen Übertragung (und bei der Neuromodulation) bindet der Transmitter an einen Rezeptor, der selbst nicht Teil des Ionenkanals ist, sondern der den Zustand eines G-Proteins verändert. Das veränderte G-Protein beeinflußt dann direkt oder über einen Second messenger (z.B. zyklische Nucleotide) einen Ionenkanal. Eine indirekte Veränderung der Ionenkanäle kann auch über die Aktivierung von Proteinkinasen erfolgen, die intrazelluläre Bereiche des Kanalproteins phosphorylieren.

Die chemische Synapse hat gegenüber der elektrischen Synapse drei Vorteile: (1) der postsynaptische Strom kann entweder erregende oder hemmende Wirkung haben; (2) da die postsynaptische Membran der Ursprung des synaptischen Stroms ist, kann ein winziges präsynaptisches Axonterminal durch den Einfluß seines Transmitters auf die postsynaptischen Kanäle einen großen postsynaptischen Strom hervorrufen; (3) die chemische Signalübertragung bietet mehr Möglichkeiten der synaptischen Integration (Summation und Langzeitpotenzierung).

Bei erregenden Synapsen verändert der Transmitter die Leitfähigkeit der Membran in der Weise, daß das postsynaptische Potential den Schwellenwert für ein AP übersteigt. Der Transmitter einer hemmenden Synapse verändert dagegen die Leitfähigkeit in einer Weise, welche der Depolarisation und damit dem Erreichen der Feuerschwelle entgegenwirkt. Erregend oder hemmend zu wirken sind keine Eigenschaften der Transmitter, sondern hängt von der Ionenselektivität der postsynaptischen Kanäle und den Umkehrpotentialen der Ionenströme ab, welche durch die Transmitter aktiviert werden. Die Wirkung schneller Neurotransmitter tritt innerhalb weniger Millisekunden ein und dauert nur kurz, während die Wirkung von langsamen Neurotransmittern und der Neuromodulatoren Sekunden oder Minuten anhält.

Erregende und hemmende Transmitter werden in Vesikeln der Nervenendigung gespeichert und aus ihnen freigesetzt. Durch das Eintreffen eines APs wird die präsynaptische Membran depolarisiert, worauf Ca^{2+}-Ionen in die Endigung gelangen. Das Ca^{2+} erhöht auf noch unbekannte Weise die Wahrscheinlichkeit, daß Transmittervesikel mit der präsynaptischen Membran verschmelzen und ihren Inhalt durch Exocytose in den synaptischen Spalt entlassen. Die Vesikelmembran wird durch Endocytose wieder internalisiert und für die Produktion neuer Vesikel bereitgestellt.

In Abhängigkeit von den passiven elektrischen Eigenschaften der Membran treten an der postsynaptischen Zelle zeitliche und räumliche Summationen der synaptischen Potentiale auf. Die Integration synaptischer Inputs führt zum Nettoeffekt, den synaptische Ströme auf die Depolarisation der Membran an der Impulsentstehungszone ausüben. Die Zeitkonstante der postsynaptischen Zelle ermöglicht eine zeitliche Summation, auch wenn sich die synaptischen Ströme zeitlich nicht überlagern.

Einige Änderungen der synaptischen Wirkung werden durch die vorhergehende Aktivität dieser Synapse bestimmt (homosynaptische Modulation). Wie in einigen Fällen nachgewiesen wurde, beruhen sie auf Veränderungen in der auf einen präsynaptischen Impuls freigesetzten Transmittermenge. Die aus endokrinen Geweben oder aus einem dritten Neuron sezernierten Modulatormoleküle beeinflussen die Effektivität der synaptischen Übertragung ebenfalls präsynaptisch über eine Veränderung der impulsabhängigen Ca^{2+}-Freisetzung (heterosynaptische Modulation).

Empfohlene Literatur

Hille, B.: Modulation of ion-channel function by G-protein-coupled receptors. Trends Neurosci. **17** (1994) 531–536

Snyder, S.H.: The molecular basis of communication between cells. Scientific American **253** (1985) 114–123

Südhof, T.C.: The synaptic vesicle cycle: A cascade of protein-protein interactions. Nature **375** (1995) 645–653

Unwin, N.: The structure of ion channels in membranes of excitable cells. Neuron **3** (1989) 665–676

Unwin, N.: Acetylcholine receptor channel imaged in the open state. Nature **373** (1995) 37–43

7. Wahrnehmung der Umwelt

Jegliches Verhalten eines Tieres hängt von seiner Wahrnehmung und der richtigen Interpretation der Informationen ab, die es aus seiner Umwelt und aus seinem internen Milieu empfängt. Ein Vogel, der den Gesängen seiner Rivalen lauscht – eine Gazelle, welche die Luft prüft, wenn ein Löwe im Gegenwind vorbei schleicht – ein Falke, der über einer Wiese kreist und zuerst mit dem einen und dann mit dem anderen Auge nach dem unten liegenden Busch späht – sie alle sammeln Informationen über ihre Umwelt um zu entscheiden, was sie als nächstes tun werden. Ihre Entscheidung kann nur dann situationsgerecht sein, wenn die aus der Umgebung aufgenommenen Informationen zuverlässig in Signalen kodiert werden, die von Neuronen im Gehirn empfangen und verarbeitet werden können.

Sinnesorgane sind die einzigen Informationskanäle von der Umwelt zum Nervensystem. Sensorische Informationen werden kontinuierlich aus der Umwelt aufgenommen und treten in Wechselwirkung mit dem Nervensystem, dessen Organisation und Eigenschaften, die über genetische Mechanismen vererbt und während der Ontogenese des Tieres organisiert werden. Der sensorische Input versorgt das Tier mit seinem gesamten „Wissen". Schon vor mehr als 2000 Jahren formulierte Aristoteles diese Vorstellung mit seinem Ausspruch: „Nichts ist im Bewußtsein, was nicht die Sinne durchlebt hat." Die Frage, wie Informationen aus der Umwelt in neuronale Signale umgewandelt und wie diese Signale verarbeitet werden, ist sowohl von großem philosophischem als auch von wissenschaftlichem Interesse.

Die Sinnesrezeption beginnt in den Sinnesorganen, genauer gesagt in den Rezeptorzellen, die auf Reize einer bestimmten **Modalität** abgestimmt sind. Sinnesorgane befinden sich an vielen verschiedenen Bereichen der Körperoberfläche, aber auch im Innern des Körpers; sie stellen die erste Stufe der Reizaufnahme dar. Neurone, die Informationen von der Peripherie zum Zentralnervensystem (ZNS) leiten, werden als **afferente Neurone** bezeichnet. Bei den Neuronen, die Informationen vom ZNS zur Peripherie leiten, handelt es sich um **efferente Neuronen**. Im Gegensatz zu diesem ersten Kodierungsschritt ist die Empfindung Teil unserer subjektiven Erfahrung. Empfindungen werden wahrgenommen, wenn Signale, die in sensorischen Rezeptorzellen entstehen, über das Nervensystem zu spezifischen Teilen des Gehirns übermittelt werden und ihrerseits im Gehirn Signale erzeugen, die wir als subjektive Phänomene erleben. Diese Phänomene sind mit dem Reiz eng assoziiert. Sie sind aber nicht mit dem ursprünglichen Reiz identisch.

Reize besitzen Eigenschaften, die sie voneinander unterscheidbar machen. So unterscheidet sich ein mechanischer Reiz, der das Gefühl einer Berührung hervorruft, deutlich von dem Licht, das eine visuelle Wahrnehmung auslöst. Darüber hinaus lassen sich Reize einer bestimmten Form in gewissen Eigenschaften unterscheiden. Licht kann rot oder blau sein, Töne hoch oder tief. Eigenschaften, die einen Reiz bestimmter Modalität charakterisieren, werden als dessen **Qualitäten** bezeichnet.

Der Mensch ist in der Lage, Empfindungen zu beschreiben, die als Folge eines bestimmten Reizes entstehen. Verschiedene Menschen beschreiben bei gleichen Reizsituationen gewöhnlich ähnliche oder gleiche Empfindungen, obwohl die subjektiven Empfindungen nicht in den Reizen vorgegeben sind. Gibt man z.B. Zucker auf die Zunge vieler Personen, werden ihn voraussichtlich alle als „süß" bewerten. Ganz entsprechend wird eine elektromagnetische Strahlung der Wellenlänge 650–700 nm von den meisten als „rot" empfunden. In beiden Beispielen sind diese Empfindungen nicht Bestandteil der Reize. Die wahrgenommene Empfindung hängt vielmehr vollständig von der neuronalen Verarbeitung des Reizes ab. Bei der Darstellung der Sinnesphysiologie müssen daher sowohl die Eigentümlichkeiten der Rezeptorzellen betrachtet werden, die es ihnen erlauben, Informationen aus der Umwelt zu empfangen, als auch die Art und Weise, wie das Nervensystem Informationen aus diesen Sinneszellen erhält, die dann eine Wahrnehmung hervorrufen. Man beachte, daß jede von den Sinneszellen hervorgerufene Verzerrung eines Reizes oder dessen neuronale Verarbeitung unsere Reiz-Empfindung beeinflußt, denn die bei den nachfolgenden „Institutionen" des Nervensystems ankommenden APs werden so bewertet, als seien die darin kodierten Eigenschaften schon im ursprünglichen Reiz enthalten gewesen.

Eine Auflistung der Sinnesmodalitäten (d.h. der Formen sensorischer Information, die wir unterscheiden können) umfaßt typischerweise Sehen, Hören, Tasten, Schmecken und Riechen (die „fünf Sinne"). Diese Liste berücksichtigt aber nicht die wichtigen inneren Rezeptorsysteme. So antworten z.B. viele **enterorezeptive Rezeptoren** (innere Rezeptoren) auf Signale, die im Körper entstehen und über Bahnen zum Gehirn übermittelt werden, ohne daß wir uns deren bewußt sind. **Propriorezeptoren** (Positionsrezeptoren) überwachen die Stellungen von Muskeln und Gelenken, während wiederum andere Rezeptoren die chemischen und thermischen Zustände im Organismus überwachen. Diese inneren Rezeptorsysteme sind von entscheidender Bedeutung für die Übermittlung von Informationen zum Gehirn über den Zustand des Körpers und seiner Lage im Raum; normalerweise sind wir uns dieser Signale nicht bewußt. Man stelle sich nur einmal vor, wie kompliziert das Gehen wäre, wenn wir dauernd auf die Position jedes Muskels und jeden Gelenks achten müßten, die wir dazu benötigen.

Viele Tierarten verfügen über Sinnesmodalitäten, die dem Menschen verschlossen sind. So können einige Schlangen, wie z.B. die Grubenottern, die abgestrahlte Wärme (Infrarotstrahlung) ihrer Beute wahrnehmen und lokalisieren, da sich Warmblüter gegen die kältere Umwelt abheben. Die „schwach elektrischen Fische" (zur Abgrenzung gegenüber den „stark elektrischen Fischen", die mittels Elektroschocks Beute betäuben oder töten können) setzen sehr niederfrequente elektrische Signale ein, um im trüben Wasser miteinander zu kommunizieren, zur Synchronisation der Partner bei der Fortpflanzung oder zur Revierabgrenzung und zur Ortung. Einige Tierarten scheinen in der Lage zu sein, das Erdmagnetfeld zur Navigation zu benützen. Offensichtlich haben wir nur unzureichende Vorstellungen über die subjektiven Qualitäten solcher Sinnesinformationen, da wir über keine entsprechenden Rezeptoren verfügen. Wichtige Organisationsprinzipien, die für diese Systeme zutreffen, gelten auch für andere Sinnessysteme, die wir in diesem Kapitel besprechen. Wir werden Chemorezeptoren, Mechanorezeptoren, Elektrorezeptoren, Thermorezeptoren und Photorezeptoren betrachten. Die Bezeichnungen für diese Rezeptoren begründen sich in der Reizform, für die jeder von ihnen am empfindlichsten ist: chemische Signale, mechanische, elektrische, thermische und elektromagnetische Energie.

Im Laufe der Evolution entwickelten sich Sinnessysteme aus einzelnen, unabhängigen Rezeptoreinheiten zu komplexen Sinnesorganen, in denen die Rezeptorzellen räumlich organisiert und mit hochentwickelten akzessorischen Strukturen assoziiert sind. Die Architektur der akzessorischen Strukturen und die Organisation der Rezeptorzellen erlauben eine weitaus feinere und genauere Abbildung der Umwelt, als dies mit voneinander unabhängigen und isolierten Rezeptorzellen möglich wäre. Das Vertebratenauge enthält z.B. viele strukturelle Anpassungen, die sowohl seine Empfindlichkeit erhöhen, als auch seine Fähigkeit verbessern, Bilder zu empfangen. Der Unterschied in der Leistungsfähigkeit zwischen einem einfachen Rezeptor und einem hoch organisierten Verband von Rezeptoren mit akzessorischen Strukturen in Form eines Sinnesorgans läßt sich verdeutlichen durch den Vergleich des Entenmuschel-Auges (Cirripedierauge) mit dem komplex strukturierten Vertebratenauge, das über einen optischen Apparat verfügt. Das Cirripedierauge besteht aus drei einfachen Photorezeptorzellen, die kein Bild entwerfen können. Die Photorezeptoren signalisieren lediglich Änderungen der Lichtintensität und erlauben dem Organismus, mit geeigneten schützenden Reflexen zu antworten, wenn z.B. der Schatten eines Räubers auf die Entenmuschel fällt. Das Vertebratenauge dagegen entwirft ein optisches Bild, von dem bestimmte Parameter in der neuronalen Aktivität des Sehnervs kodiert werden. Von dieser Information abstrahiert das ZNS eine komplexe, neuronale Repräsentation des Bildes, das dann das subjektive Erlebnis des „Sehens" erzeugt. Gutes Sehen trug offensichtlich wesentlich zum evolutiven Erfolg bei, da ca. 85% aller rezenten Tierarten bildentwerfende Augen besitzen.

Da zunächst keine offensichtlich einheitlichen Prinzipien bei der Reizaufnahme zu erkennen waren, betrachtete man bis vor kurzem die auf die Vielfalt der Reize spezialisierten Rezeptortypen als Ergebnis einer durch natürliche Selektion entstandenen Vielfalt an Lösungsmöglichkeiten. Neueste Erkenntnisse lassen jedoch bei den Sinnesrezeptoren erstaunliche Ähnlichkeiten auf molekularem und zellulärem Niveau erkennen. Das vorliegende Kapitel behandelt die grundlegenden Prinzipien, nach denen Sinnesrezeptoren Informationen kodieren und weiterleiten. Diese Ereignisse werden vergleichend für die wichtigsten Sinnessysteme dargestellt. Die Art und Weise, wie sensorische Informationen Verhaltensweisen auslösen, wird in Kap. 11 dargestellt.

Allgemeine Merkmale sensorischer Rezeption

Bis vor kurzem waren die Physiologen überrascht von der Vielfalt an Sinnesrezeptoren und den grundlegenden funktionellen Unterschieden bei den Rezeptorzellen der verschiedenen Sinnesmodalitäten. Wie wir inzwischen wissen, sind einige Eigenschaften Bestandteil vieler – möglicherweise der meisten – Sinnesrezeptoren, unabhängig von der Sinnesmodalität. Wir beginnen dieses Kapitel mit der Darstellung einiger dieser gemeinsamen Eigenschaften als Grundlage für die Betrachtung spezialisierter Sinnesmodalitäten.

Merkmale von Rezeptorzellen

Jede Sinneswahrnehmung beginnt in den Rezeptorzellen, genauer gesagt an deren spezialisierter Membran (Abb. 7.1). Zwei Eigenschaften treffen für alle Rezeptorzellen zu, die für die Verarbeitung von Reizen wichtig sind:
- Jede Rezeptorzelle ist für eine spezifische Form von Reizenergie hoch selektiv.
- Rezeptoren sind sehr empfindlich für ihren Reiz, da sie das empfangene Signal verstärken können.

Die Energieform (d.h. Licht, Ton, mechanischer Druck usw.), gegenüber der ein sensorischer Rezeptor am empfindlichsten ist, wird als **adäquater Reiz** bezeichnet. Rezeptorzellen wandeln die Reizenergie in die Energie von Nervenimpulsen um.

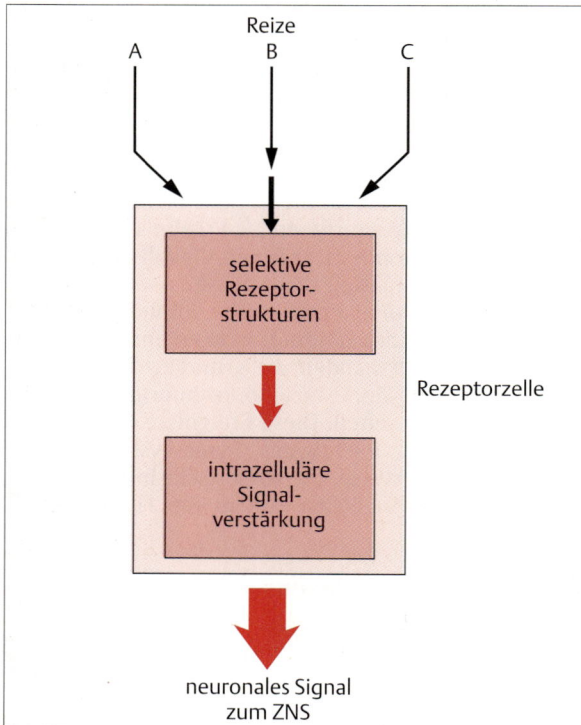

Abb. 7.1 Sinnesrezeptoren sind darauf spezialisiert, nur auf bestimmte Reize zu reagieren. Obwohl viele verschiedene Reizenergieformen (hier durch die Pfeile A, B und C repräsentiert) auf einen Rezeptor treffen, wird nur die adäquate Form – hier Reiz B – bereits bei schwachem bis mäßigem Energieniveau registriert. Die anderen Reize sind bei niedrigen Energieniveaus nicht in der Lage, den Rezeptor zu erregen. Das Signal wird innerhalb der Rezeptorzelle oft chemisch verstärkt, damit es die Membrankanäle öffnen (in einigen Fällen auch schließen) kann; es entsteht ein neuronales Signal, das zum ZNS geleitet wird.

Rezeptorzellen sind selektiv, ihre Membranen – oder Strukturen, die mit ihren Membranen assoziiert sind – reagieren auf verschiedene Energieformen unterschiedlich. Externe Energie wie etwa Licht kann auf jeden beliebigen Bereich der Körperoberfläche auftreffen; doch beim Säuger enthalten nur die Augen und das Pinealorgan (die Zirbeldrüse im Dach des Zwischenhirns) Rezeptorzellen, die Photonen in neuronale Energie umwandeln können. Oft besteht die Energieumwandlung in einer Konformationsänderung spezieller Rezeptormoleküle, die typischerweise von Proteinen gebildet werden.

So enthält z. B. die Membran einer Photorezeptorzelle das Sehpigment **Opsin**, ein Proteinmolekül. Ein funktionelles Pigmentmolekül, **Rhodopsin**, besteht aus Opsin und einem organischen, lichtabsorbierenden Molekül (**Retinal**). Die Rhodopsinmoleküle absorbieren Photonen und übernehmen deren Energie. Ist ein Photon absorbiert, bewirkt es eine vorübergehende strukturelle Veränderung des Rezeptormoleküls, die eine Reaktions-Kaskade in der mit dem Rhodopsin verbundenen Signalkette aktiviert, was letztendlich den funktionellen Zustand von Ionenkanälen der Zellmembran verändert. Auf ähnliche Weise enthalten die Membranen der Mechanorezeptoren Moleküle, die bereits auf geringfügige Änderungen im Zustand der Zellmembran infolge mechanischer Einwirkungen reagieren. Wie die Ergebnisse molekularbiologischer Untersuchungen an diesen Rezeptormolekülen erkennen lassen, besitzen viele von ihnen verwandte Strukturen und leiten sich vermutlich von gemeinsamen Vorläufern ab.

Rezeptorzellen können sehr schwache Reize ihrer speziellen Energieform empfangen und sind in der Lage, diese Reize in neuronale Signale wesentlich höherer Energie umzuwandeln. Dies ist möglich, da die Aktivierung membranständiger Rezeptormoleküle eine Reihe intrazellulärer Ereignisse auslöst, die das ursprüngliche Signal durch eine intrazelluläre Kaskade chemischer Reaktionen um mehrere Größenordnungen verstärkt. Als letzter Schritt erfolgt in allen Rezeptorzellen das Öffnen (oder Verschließen) von Ionenkanälen; der Ionenstrom, der durch die Zellmembran fließt, wird dadurch verändert und folglich auch das Membranpotential bzw. die Anzahl der APs, die in Rezeptorzellen gebildet werden. Wie wir jedoch sehen werden, bringen einige Rezeptorzellen nur graduierte Potentialänderungen als Antwort auf Sinnesreize hervor. Zusammenfassend läßt sich festhalten, daß jede Rezeptorzelle eine spezifische Form von Reizenergie in einen Membranstrom umwandelt, der dann das Membranpotential u_m der Rezeptorzelle verändert. In dieser Hinsicht ähneln Rezeptoren gewöhnlichen elektrischen Geräten – etwa einem Mikrophon oder einer Photozelle. Das Mikrophon wandelt die mechanische Energie des Tones in modulierte elektrische Signale um, die dann verstärkt werden können. Die Photozelle wandelt Licht in elektrische Signale um.

Photorezeptorzellen der Vertebraten bieten ein anschauliches Beispiel für die von Sinneszellen geleistete Signalverstärkung. Ein Photon roten Lichts enthält ungefähr $3 \cdot 10^{-19}$ Joule (J) an Strahlungsenergie und stellt den schwächsten wirksamen visuellen Reiz dar. Die Absorption eines einzelnen Photons durch eine Rezeptorzelle führt zu einem Rezeptorstrom, der ungefähr $5 \cdot 10^{-14}$ J elektrische Energie enthält. Die Zelle verstärkt dieses Signal folglich um den Faktor $1{,}7 \cdot 10^5$. Die hervorragende Empfindlichkeit menschlicher Photorezeptorzellen erlaubt einem dunkeladaptierten Menschen, einen Blitz wahrzunehmen, der aus nur 10 Photonen besteht, die gleichzeitig auf einen kleinen Bereich der Retina einwirken. Dies entspricht der Leistung, das Licht einer Kerze aus rund 25 km Entfernung zu sehen.

Gemeinsame Mechanismen und Moleküle der sensorischen Transduktion

Alle sensorischen Transduktionssysteme führen die gleichen grundlegenden Operationen durch: **Empfang**, **Verstärkung**, **Kodierung** des sensorischen Reizes und dessen **Übertragung**. Wie wir heute wissen, geschieht dies bei vielen sensorischen Rezeptortypen mittels ähnlicher zellulärer Mechanismen und verwandter Moleküle. Tab. 7.1 faßt die typischen Abläufe der sensorischen Transduktion zusammen, wie sie bei vielen unterschiedlichen Rezeptoren auftreten. Einige dieser Schritte finden innerhalb einzelner Rezeptorzellen statt, andere hängen von Interaktionen vieler Zellen ab.

Der erste Schritt jeder sensorischen Transduktion ist die Detektion. Die kleinste Reizenergie, die zu einer Rezeptorantwort in 50% aller Fälle führt, wird als **Schwellenwert der Detektion** bezeichnet. Wesentliche technische Entwicklungen ermöglichen es, Transduktionsvorgänge auch bei extrem niedrigen Reizintensitäten zu messen. Man erhält dabei eine sehr gute Vorstellung über den absoluten Schwellenwert der Detektion und die **Zeitkonstante der sensorischen Rezeption** – das ist die für jedes Sinnessystem konstante Zeit, die verstreicht, bis das System auf einen sensorischen Reiz anspricht. Viele Sinnesrezeptoren sind in der Lage, Inputs zu registrieren, die sehr dicht an den theoretischen Grenzen der Reizenergie liegen: Photorezeptoren kön-

Tab. 7.1 Allgemeine Eigenschaften und Prozesse vieler sensorischer Rezeptoren

Transduktionsprozesse	innerhalb einzelner Zellen	innerhalb von Zellpopulationen
Detektion ↓	Mechanismen, welche die Reizmodalität selektieren: Filter, Carrier, Abstimmung, Inaktivierung	Mechanismen, welche die Reizmodalität selektieren: Filter, Carrier, Abstimmung, Inaktivierung
Verstärkung ↓	positive Rückkopplung zwischen chemischen Reaktionen oder Membrankanälen, Verstärkung der Beziehung zwischen Signal und Grundrauschen, aktive Prozesse in Membranen	positive Rückkopplung zwischen Zellen, Verstärkung der Beziehung zwischen Signal und Grundrauschen
Kodierung und Diskrimination ↓	Intensitätskodierung, zeitliche Differenzierung, Qualitätskodierung	unterschiedliche dynamische Bereiche von Zellen, unabhängige Kodierung von Qualität und Intensität, Zentrum-Umfeld-Antagonismus, entgegengesetzte Mechanismen
Adaptation und Termination ↓	Desensibilisierung, negative Rückkopplung, zeitliche Diskriminierung, wiederholte Antworten	zeitliche Diskriminierung
Steuerung von Ionenkanälen ↓	Kanäle öffnen oder verschließen sich	
elektrische Antworten von Zellmembranen ↓	Depolarisation oder Hyperpolarisation	
Übertragung zum ZNS	elektrotonische Ausbreitung, Aktionspotentiale, synaptische Übertragung	räumliche Muster: Karten und Bildentstehung, zeitliche Muster: Richtungsselektivität, usw.

Die Pfeile zeigen an, daß es sich bei diesen Prozessen um eine Serie von Ereignissen handelt.

nen durch einzelne Photonen aktiviert werden; Haarsinneszellen der Mechanorezeptoren werden durch Auslenkungen aktiviert, die etwa dem Durchmesser eines Wasserstoffatoms entsprechen; Geruchsrezeptoren werden durch die Anlagerung einiger weniger Geruchsmoleküle erregt. Ein wichtiger Faktor ist die Zeitkonstante der sensorischen Rezeption, denn damit ein Sinnessystem genaue Informationen über sich schnell ändernde Reize geben kann, müssen die Rezeptoren in der Lage sein, schnell und wiederholt zu reagieren. Eine andere Möglichkeit wäre, daß die Rezeptoren so miteinander verschaltet sind, daß die Rezeptorpopulation Informationen über schnell auftretende Ereignisse aus ihrer kollektiven Aktivität herauslesen könnte. Interessanterweise variieren die Antwortlatenzen der verschiedenen Rezeptorzellen über einen Bereich von fünf Zehnerpotenzen: Haarsinneszellen des Hörsystems antworten innerhalb weniger Millisekunden, Riechrezeptorzellen reagieren erst nach mehreren Hundert Millisekunden. (Es ist verführerisch, darüber zu spekulieren, inwieweit solch große Unterschiede in der Zeitkonstante grundsätzliche Unterschiede der Bedeutung der verschiedenen Sinnesmodalitäten bei den einzelnen Arten widerspiegeln.)

Neuere Befunde deuten darauf hin, daß die Rezeptoren für drei Sinne – Sehen, Riechen und vermutlich das Schmecken von süß und bitter – in ihren Zellmembranen Proteine mit gemeinsamen Strukturelementen enthalten. Die Sekundärstruktur dieser Membranproteine enthält sieben transmembrane α-Helix-Domänen. Bei allen drei Sinnen fungieren bei der Transduktion G-Proteine als Transducer (Abb. 7.2). Dieses Prinzip wird auch bei der „Rezeption" verschiedener Neurotransmitter angewendet, z.B. beim muscarinischen Acetylcholinrezeptor (Kap. 6).

Über die Moleküle, die für die Detektion von Photonen verantwortlich sind, wissen wir am meisten. Es handelt sich um das Protein Opsin und die damit assoziierten Pigmentmoleküle (Abb. 7.3). Die enge Beziehung zwischen verschiedenen Sinnesrezeptoren wurde erst vor kurzer Zeit erkannt, als die für das Opsin kodierende DNA-Sequenz zur Identifizierung von Genen möglicher olfaktorischer (d.h. die Geruchssinne betreffender) Rezeptormoleküle benutzt wurde (Chess u. Mitarb., 1992). Die Sequenz der so neu entdeckten Familie olfaktorischer Rezeptormoleküle wird nur in den Zellen des olfaktorischen Epithels exprimiert. Die Rezeptorfamilie scheint sehr groß zu sein (sie enthält mehrere Hundert verschiedene Genprodukte – vielleicht sogar bis zu Tausend). Die Sequenzen dieser Moleküle unterscheiden sich nur in einem einzigen Abschnitt, von dem vermutet wird, daß es sich um die Bindungsstelle der Duftmoleküle handelt.

Die Detektion von „salzig" und „sauer" erfolgt über

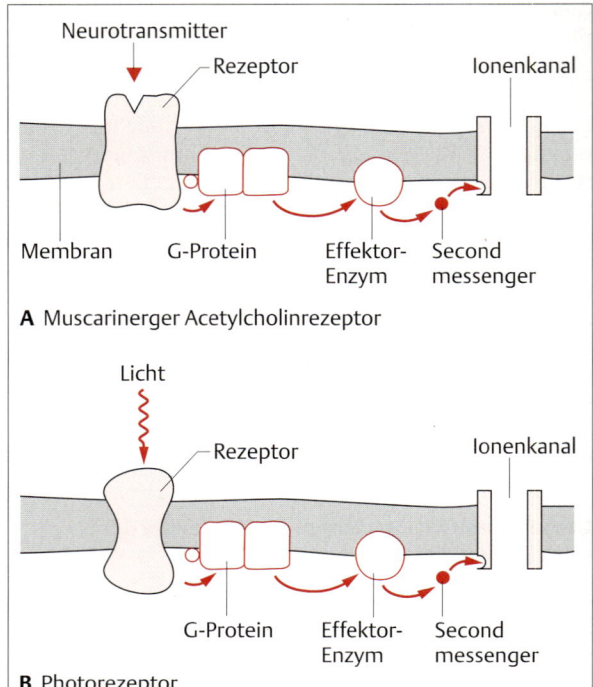

Abb. 7.2 **Die molekularen Mechanismen der Sinnesrezeption bei Sehrezeptoren ähneln den Mechanismen der Informationsübertragung an vielen Synapsen.** Beide Prozesse beginnen mit einer strukturellen Änderung eines transmembranen Proteins (Rezeptormolekül), das mit einem GTP-bindenden Protein (G-Protein) interagiert. Diese Wechselwirkung beeinflußt wiederum intrazelluläre Second-messenger-Signalwege. Die Second messenger verändern die Leitfähigkeit von Ionenkanälen – entweder direkt oder indirekt – und können so das Muster der APs in afferenten Neuronen modifizieren (nach Bear u. Mitarb., 1996).

wesentlich einfachere Mechanismen als die von Licht oder Duftstoffen. Die Detektion dieser Geschmacksrichtungen hängt von Ionenkanälen ab, die auch in allen nicht zur Geschmackswahrnehmung fähigen Zellen des Körpers zu finden sind. „Sauer" wird durch einen pH-empfindlichen K^+-Kanal registriert, während „salzig" mittels passiver Na^+-Bewegungen durch die Zellmembran erkannt wird, wodurch die Geschmackszellen direkt depolarisiert werden. In beiden Fällen ist kein dazwischengeschalteter Verstärkungsschritt nötig, da die Reize selbst aus reichlich vorhanden Ionen bestehen.

Bei einigen Sinnessystemen erfolgt innerhalb der Rezeptorzelle eine Verstärkung des sensorischen Signals. Es ist dabei eine Anzahl verschiedener intrazellulärer Mechanismen beteiligt, die später in diesem Kapitel behandelt werden. Interessanterweise erfolgt mit dieser Verstärkung oft gleichzeitig eine Unterdrückung des

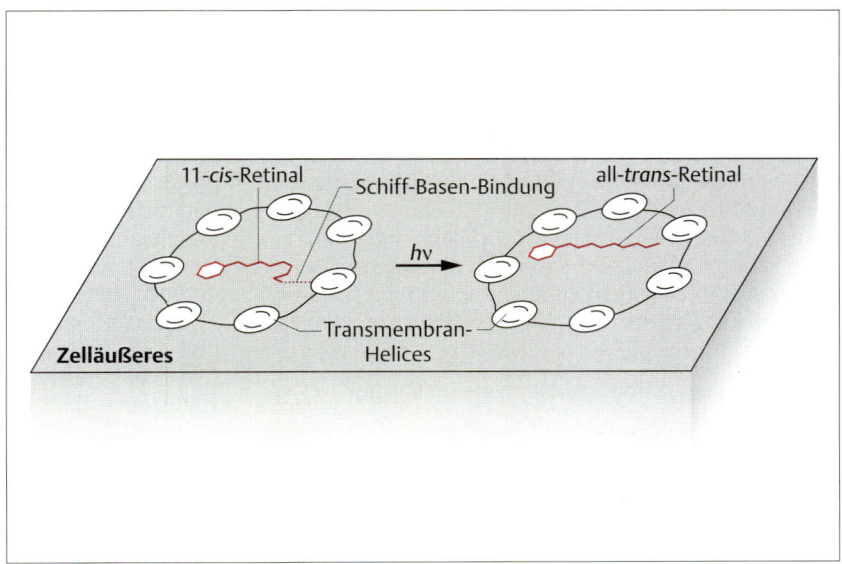

Abb. 7.3 Das Sehpigment Rhodopsin besteht aus dem Protein Opsin und dem lichtabsorbierenden Molekül 11-*cis*-Retinal. Die Zeichnung zeigt schematisch den Aufbau des Rhodopsins. Das „7-Helix-Motiv" dieses transmembranen Rezeptors findet sich auch bei anderen sensorischen Rezeptorproteinen ebenso wie bei Rezeptoren, die auf Hormone oder Neurotransmitter reagieren. Das 11-*cis*-Retinal-Molekül befindet sich innerhalb der transmembranen Domänen des Opsin-Proteins, fast in der Mitte der Lipiddoppelschicht. Lichtquanten werden durch 11-*cis*-Retinal absorbiert, wobei sich das Molekül in die all-*trans*-Konfiguration umwandelt; dadurch wird eine Kaskade intrazellulärer Vorgänge ausgelöst, die schließlich in einer veränderten Leitfähigkeit der Ionenkanäle resultiert und damit zu einer Änderung des Membranpotentials führt (s. Abb. 7.**66 A**).

Grundrauschens (oder Hintergrundrauschens, d.h. der andauernden Hintergrundaktivität in den sensorischen Afferenzen). Das Signal/Rausch-Verhältnis verbessert sich dadurch. Die Verstärkung ist am intensivsten am Beispiel des Photorezeptors der Vertebraten (am Rinderauge) untersucht worden und verstanden. Wird ein Photon von einem Sehpigment-Molekül aufgefangen, erfolgt als Nettoeffekt eine Aktivierung von **Transducin**, einem GTP-bindenden Protein oder G-Protein (s. Abb. 7.**2** u. S. 342). Transducin seinerseits aktiviert eine Phosphodiesterase, die das zyklische Guanosinmonophosphat (cGMP) hydrolysiert, was wiederum die Leitfähigkeit von Ionenkanälen verändert. Jedes aufgefangene Photon bewirkt die Hydrolyse vieler cGMP-Moleküle, und es erfolgt eine enorme Signalverstärkung. Obwohl diese Schritte bei der Geruchs- oder Geschmackswahrnehmung noch nicht nachgewiesen werden konnten, dürften dennoch verschiedene Aspekte der Transduktionskaskade ähnlich sein. In jedem Falle ist die durch den Rezeptor von einem einzelnen Reiz aufgenommene Energie so gering, daß eine Verstärkung innerhalb der Rezeptorzelle erforderlich ist, um APs zu generieren, die das Signal dem ZNS übermitteln können.

Das Verschlüsseln sensorischer Information in ein neuronales Signal, das zum Gehirn übermittelt werden kann, hängt von Änderungen der Leitfähigkeit von Ionenkanälen in der Membran ab. Ändert sich die Leitfähigkeit, ändert sich auch die Wahrscheinlichkeit, daß ein Neuron ein AP hervorbringt. Es sei daran erinnert, daß nicht alle Rezeptoren Informationen als APs übermitteln. Bei den Photorezeptoren kann cGMP direkt auf eine Klasse von Membrankanälen einwirken und deren Leitfähigkeit verändern. Die entsprechenden Mechanismen beim Riechen und Schmecken sind noch nicht bekannt, obgleich in jüngster Zeit im olfaktorischen System Kanäle entdeckt wurden, die auf zyklische Nucleotide antworten.

Antworten eines einzelnen Rezeptorneurons enthalten Informationen über die Reizstärke, aber nicht direkt die Qualität des Reizes. Beispielsweise kann ein einzelner Photorezeptor nicht mitteilen, ob das stimulierende Licht rot oder blau ist. Informationen – wie etwa die Wellenlänge des Lichtes oder die Frequenz eines Tones – werden durch Aktivitätsmuster innerhalb von Kombinationen von Rezeptorzellen übermittelt, die durch den Reiz aktiviert werden. Typischerweise enthalten Sinnesorgane eine Vielzahl verschiedener Rezeptorzellen, die unterschiedlich auf Reize unterschiedlicher Qualität reagieren. So antworten bestimme Photorezeptoren maximal auf rotes Licht, andere dagegen maximal auf blaues Licht. Sind Rezeptorzellen zu Organen zusammengelagert, können deutlich mehr Informationen über den Reiz übermittelt werden, z.B. seine absolute Intensität, seine räumliche Ausbreitung und weitere qualitative Eigenschaften.

Jedes Sinnessystem muß in der Lage sein, anhaltende Reize zu melden. Gleichzeitig muß es die Fähigkeit besitzen, auf weitere Reizänderungen zu reagieren. Der Adaptationsprozeß (für einzelne Neurone in Kap. 5 beschrieben) tritt auch bei der Antwort vieler Rezeptorzellen auf. Die Adaptation ermöglicht das Entdecken neuer Reize oder einer Reizveränderung – trotz gleichzeitig anhaltender Reizung. Damit wird das Sinnessystem viel nützlicher, wie das folgende Beispiel zeigt: Überall dort, wo unsere Kleidung die Haut berührt, werden Druckrezeptoren erregt; üblicherweise adaptieren wir auf den Berührungsreiz unserer Kleidung. Wir sind jedoch in der Lage, auf neue Druckreize zu reagieren, die auf unsere Haut einwirken, selbst dort, wo die Kleidung die Haut kontinuierlich berührt. Viele Mechanismen unterliegen der Adaptation, wobei viele von Ca^{2+} abhängig sind (z.B. beim Sehen und Riechen, sowie bei der Mechanorezeption). Zusätzlich hängen einige Adaptationen von negativen Rückkopplungen aus höheren Gehirnzentren ab.

Von der Transduktion zum neuronalen Output

Elektrische Ableitungen sind eine wertvolle Methode, die Schritte aufzuklären, die zwischen der sensorischen Transduktion und der Entstehung einer neuronalen Antwort liegen. Eines der ersten Experimente auf diesem Gebiet wurde an Dehnungsrezeptorzellen durchgeführt, welche die Muskellänge im Abdomen von Flußkrebs und Hummer überwachen (Abb. 7.**4**). Da jeder einzelne Dehnungsrezeptor eine verhältnismäßig große Zelle ist, kann der Zellkörper leicht mit Mikroelektroden angestochen werden. Gleichzeitig sind extrazelluläre Ableitungen vom Axon dieser Zelle möglich. Die Dendriten jedes einzelnen Dehnungsrezeptors erstrecken sich über die Oberfläche von Muskelfasern. Wird der Muskel gedehnt, läßt sich eine kontstante Folge von APs am Axon ableiten. Die Frequenz dieser APs hängt direkt vom Ausmaß der Dehnung ab. Um die Ursache dieser APs zu erfassen, registrierte man das intrazelluläre Potential durch Einführen einer Mikroelektrode in den Zellkörper. Wie sich zeigte, führt eine geringfügige Dehnung des entspannten Muskels zu einer schwachen Depolarisation, dem Rezeptorpotential (Abb. 7.4), das über die gesamte Dauer der Reizung anhält. Eine stärkere Dehnung ruft ein größeres depolarisierendes Rezeptorpotential hervor. Diese Änderung in u_m zeigt, daß ein Rezeptorstrom durch die Membran fließen muß und daß dieser Rezeptorstrom positive Ladung in die Zelle trägt und eine Depolarisation auslöst. Ausreichend große Rezeptorpotentiale führen zu einem oder mehreren APs (Abb. 7.**5**).

Welche Beziehung besteht zwischen Reiz, Rezeptorstrom, Rezeptorpotential und den APs? Das Aktionspotential läßt sich durch Blockierung der elektrisch erregten Natriumkanäle mit **Tetrodotoxin** (TTX) unterdrücken (Abb. 7.**5B**). Obwohl die APs unterdrückt werden, bleibt das Rezeptorpotential erhalten, was bedeutet, daß es durch einen anderen Mechanismus als demjenigen hervorgerufen wird, der den Alles-oder-Nichts-Aufstrich der APs generiert. Und weiter: Die Größe des Rezeptorpotentials ist mit der Reizstärke graduiert, im Gegensatz zu den APs, die dem Alles-oder-Nichts-Prinzip unterliegen. In dieser Hinsicht ähnelt das Rezeptorpo-

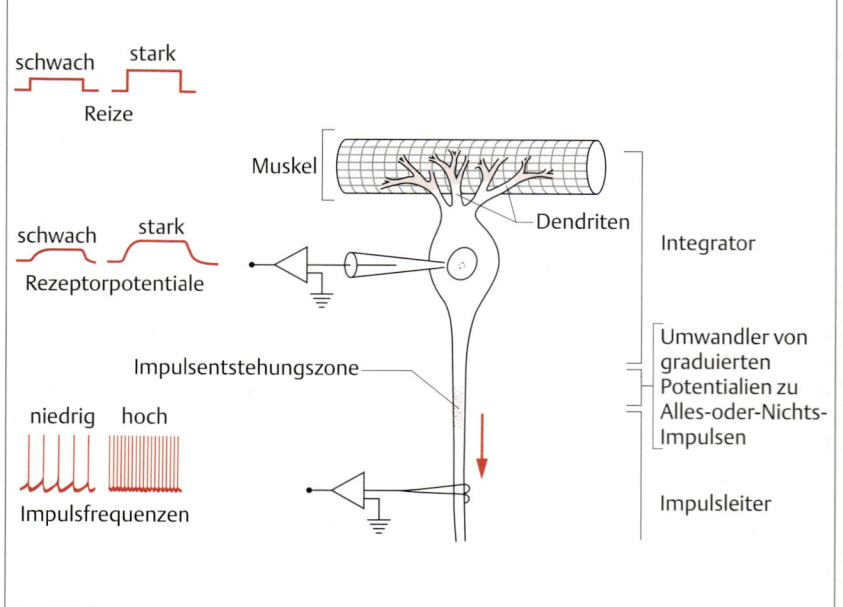

Abb. 7.4 Dehnungsrezeptoren. Rezeptoren im Schwanz des Flußkrebses übermitteln Informationen über das Ausmaß der Dehnung der Schwanzmuskeln. Der Dehnungsrezeptor besteht aus einem sensorischen Neuron, dessen dehnungsempfindliche Dendriten in ein spezielles Muskelbündel eingebettet sind, das sich an der dorsalen Oberfläche der Schwanzmuskulatur befindet. Bei Krümmung des Schwanzes wird der Muskel gedehnt und dadurch der Rezeptor aktiviert. Links: Intrazelluläre Ableitungen vom Soma und extrazelluläre Ableitungen vom Axon zeigen elektrische Antworten auf schwache und starke Dehnungen des Muskels. Rechts: Die Teile des Neurons sind funktionell differenziert. Graduierte Rezeptorströme aus der dehnungsempfindlichen Membran der Dendriten werden in der Impulsentstehungszone (Generatorzone) in Alles-oder-Nichts-Impulse umgewandelt. Der Pfeil gibt die Richtung der AP-Fortleitung an.

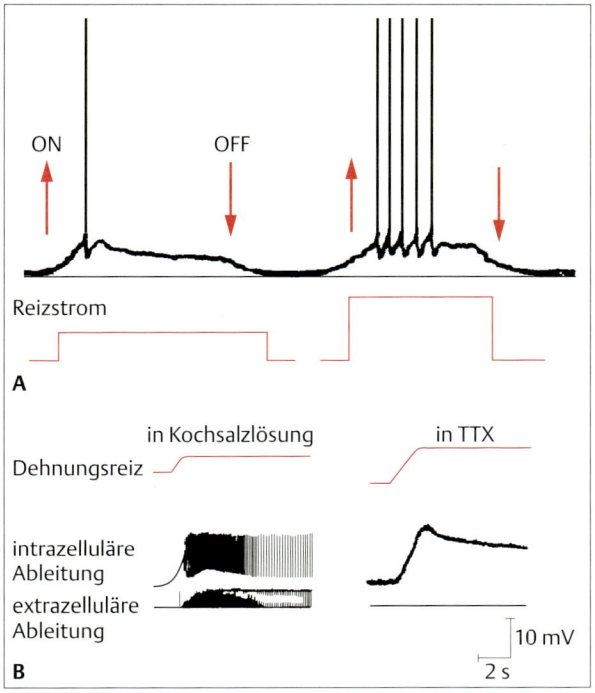 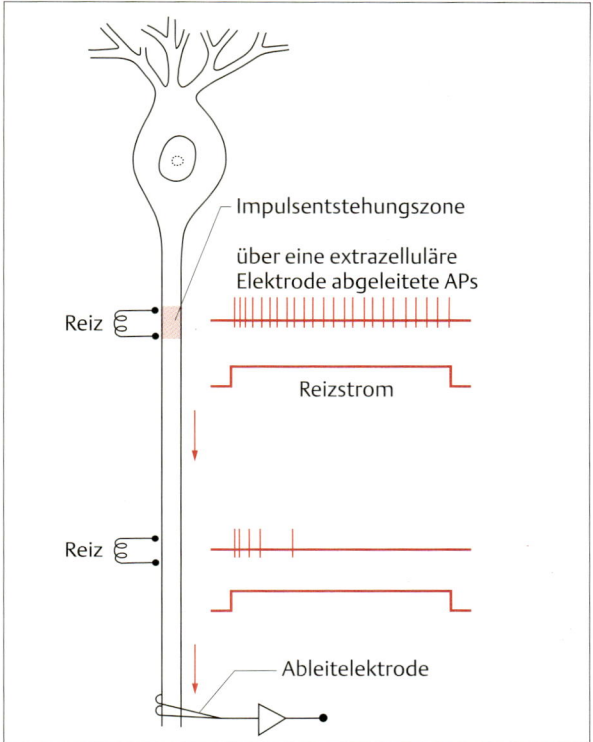

Abb. 7.5 Die Antwort der Dehnungsrezeptoren von einigen Krebsen verläuft phasisch, die von anderen tonisch. **A** Antworten eines phasischen Dehnungsrezeptors auf einen schwachen (links) und einen starken (rechts) Reiz. Eine starke Reizung führt zu mehr APs als eine schwache Reizung. Selbst wenn die Dehnung beibehalten wird, bringt die Zelle nur ein AP oder nur einige wenige hervor. **B** Antworten eines tonischen Dehnungsrezeptors in normaler Salzlösung (links) und nach Zugabe von Tetrodotoxin (TTX, rechts). TTX blockiert die Aktionspotentiale, das zugrundeliegende Rezeptorpotential wird sichtbar (A nach Eyzaguirre u. Kuffler, 1955; B nach Loewenstein, 1971).

Abb. 7.6 Dauerreizung des Dehnungsrezeptors beim Flußkrebs führt nur dann zu einer anhaltenden AP-Entladung, wenn die Reizung die Impulsentstehungszone depolarisiert. Andere Regionen der Zelle adaptieren dagegen schnell an die Dauerreizung (nach Nakajima u. Onodera, 1969).

tential dem erregenden postsynaptischen Potential an der postsynaptischen Membran von Muskel- und Nervenzellen.

Sinnesrezeptorzellen unterscheiden sich in der Genauigkeit, mit der sie die zeitliche Abfolge einer Reizung wiedergeben. Ein **phasischer Rezeptor** löst nur während eines Teils der Reizung APs aus – oft nur zu Beginn oder am Ende der Reizung – und kann daher keine Information über die Dauer der Reizung mitteilen. Im Gegensatz dazu antworten **tonische Rezeptoren** während der gesamten Reizdauer mit APs und können so direkt die Dauer einer Reizung mitteilen. Mit Hilfe lokaler Reizungen untersuchte man die Fähigkeit verschiedener Bereiche der Zellmembran der Dehnungsrezeptorzelle, anhaltende Folgen von APs zu produzieren. Bei diesen Experimenten (Abb. 7.6) führte eine andauernde elektrische Reizung nur dann zu einer anhaltenden konstanten Entladungsfrequenz, wenn der Strom die Impulsentstehungszone des Rezeptors (eine Region mit niedriger Auslöseschwelle) depolarisiert. Wurden andere Bereiche der Zelle gereizt, so wurden zwar ebenfalls APs ausgelöst, aber nicht eine anhaltende Folge von APs. Vermutlich hängt dieses andersartige Verhalten von der besonderen Verteilung oder auch von anderen Eigenschaften der Ionenkanäle in der Impulsentstehungszone ab.

Aus den Ergebnissen der Untersuchungen am Dehnungsrezeptor des Flußkrebses läßt sich eine allgemeine Abfolge der Ereignisse zusammenfassen, die von einem Reiz bis zur Auslösung einer Folge von APs in einem sensorischen Neuron führen (Abb. 7.7). Die Reizenergie verändert das Rezeptorprotein, das typischerweise in der Membran eingebettet liegt. Das Rezeptorprotein kann Bestandteil eines Ionenkanals sein; es kann die Aktivität der Membrankanäle aber auch indirekt über eine oder mehrere Enzymkaskaden beeinflussen, was

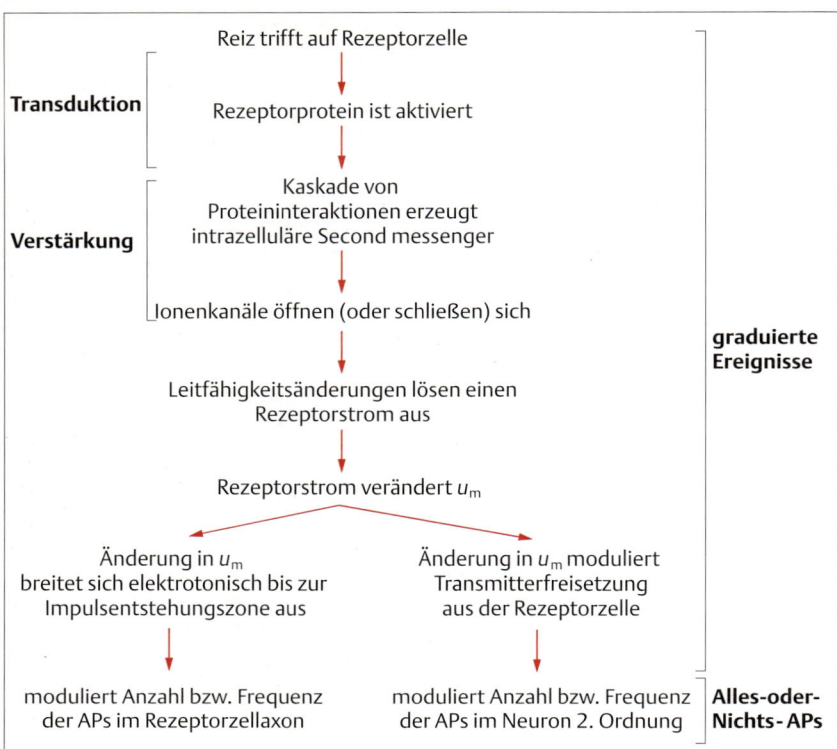

Abb. 7.7 Sequenz der Vorgänge in einer Rezeptorzelle vom Reiz bis zu den APs in der sensorischen Leitungsbahn. Bei manchen sensorischen Systemen werden die APs in der Rezeptorzelle selbst generiert und gelangen über das Axon dieser Zelle in das ZNS (unten links). In anderen Systemen moduliert die Rezeptorzelle synaptisch die APs in einem Neuron zweiter Ordnung (unten rechts), welches das Signal dem ZNS zuleitet.

zu einer Verstärkung des zellulären Signals führt. In beiden Fällen führt die Absorption von Reizenergie durch ein Rezeptormolekül direkt oder indirekt dazu, daß sich eine Population von Ionenkanälen, die den Rezeptorstrom tragen, öffnet oder verschließt. Die damit einhergehende Änderung der Membranpermeabilität verschiebt u_m nach den in Kap. 5 dargestellten Prinzipien. Nimmt die Reizenergie zu, antworten mehr Kanäle (sie öffnen oder verschließen sich). Das Ergebnis ist ein erhöhter (oder erniedrigter) Rezeptorstrom und folglich ein größeres Rezeptorpotential. Alle Schritte, die zum Rezeptorpotential führen, wie auch das Rezeptorpotential selbst, sind in ihrer Amplitude graduiert. Anders als der Na^+-Strom eines APs ist der Rezeptorstrom nicht regenerativ – selbst wenn er von Na^+ getragen wird – und breitet sich über die Zelle elektrotonisch aus (Kap. 6). Soll die sensorische Information über größere Entfernungen bis zum ZNS übermittelt werden, muß die in einem Rezeptorpotential enthaltene Information in APs umgewandelt werden, welche die Information frequenzkodiert weiterleiten. Diese Umwandlung erfolgt nach einer von zwei möglichen Arten:

1. Bei einigen Rezeptoren breitet sich das depolarisierende Rezeptorpotential elektrotonisch vom Entstehungsort in der sensorischen Zone (Rezeptorzone) zur Impulsentstehungszone in der Axonmembran aus, die dann APs generiert. Die Rezeptorzone kann ein Abschnitt des gleichen Neurons sein, das die APs dem ZNS übermittelt (Abb. 7.8 A u. B). Breitet sich das Rezeptorpotential direkt bis zur elektrisch erregbaren Membran aus, ohne daß eine Synapse dazwischen geschaltet ist und moduliert in der Impulsentstehungszone die AP-Bildung, bezeichnet man das Rezeptorpotential gelegentlich auch als **Generatorpotential**. In Abwandlung dieses Schemas befindet sich die Rezeptorzone bei einigen Systemen in einer unerregbaren Rezeptorzelle, die elektrisch mit einem afferenten Neuron gekoppelt ist (in Abb. 7.8 nicht dargestellt).

2. Bei anderen Sinnessystemen sind der Rezeptor und die leitenden Elemente durch eine chemische Synapse getrennt. In diesem Fall breitet sich ein depolarisierendes oder hyperpolarisierendes Rezeptorpotential elektrotonisch von der sensorischen Region der Rezeptorzelle zur präsynaptischen Region dieser Zelle aus und moduliert dort die Ausschüttung eines Transmitters (Abb. 7.8 C). Der Transmitter löst ein postsynaptisches Potential in dem zweiten Neuron

Allgemeine Merkmale sensorischer Rezeption

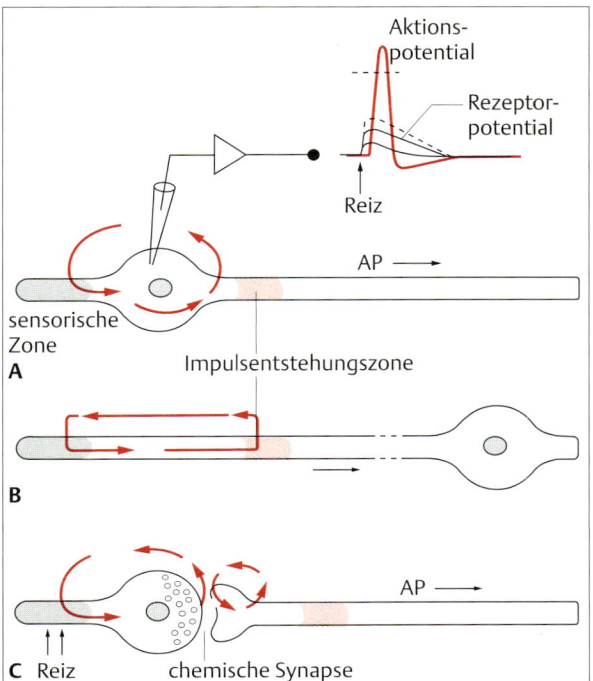

Abb. 7.8 Umwandlung des Rezeptorpotentials in fortgeleitete APs. A, B In der sensorischen Zone breitet sich der entstehende Rezeptorstrom elektrotonisch aus und depolarisiert die Impulsentstehungszone. Bei beiden Neuronentypen entspringt von der Rezeptorzelle eine afferente sensorische Faser, die sich bis ins ZNS erstreckt. In A ist ein Neuron mit einer peripheren Lage des Zellkörpers dargestellt, in B liegt der Zellkörper dagegen zentral. **C** Die Rezeptorzelle bringt keine APs hervor, sondern setzt an der Synapse einen Transmitter frei, der die AP-Entstehung in einem nachgeschalteten afferenten Neuron moduliert. Diese Anordnung findet sich bei Säugern im akustischen und visuellen System. Die roten Pfeile geben die Ausbreitungsrichtung des Stromflusses an; bei den Aufzeichnungen – oben rechts – handelt es sich um intrazelluläre Ableitungen aus dem Soma von Neuron A.

des Informationsweges aus; es wird daher als **Neuron zweiter Ordnung** bezeichnet. Das postsynaptische Potential verändert die Frequenz von APs im postsynaptischen Neuron. In jedem Falle wird das die Rezeptormembran enthaltende Neuron als **primär sensorisches Neuron** bezeichnet. Das die APs zum ZNS übertragende Axon wird sensorische Faser, afferente Faser oder auch sensorisches Neuron genannt.

Intensitätskodierung

Bereits um 1830 erkannte der Physiologe Johannes Müller, daß sich individuelle APs nicht voneinander unterscheiden lassen, auch wenn sie in verschiedenen Sinnesorganen entstehen. Müller sprach in diesem Zusammenhang vom **Gesetz spezifischer Nervenenergien**. Er folgerte, daß die Modalität eines Reizes nicht in den Eigenschaften einzelner APs enthalten ist, sondern in der anatomischen Region des Gehirns, zu der die Information übermittelt wird. Die Reizung der Photorezeptoren im Auge löst die Empfindung Licht aus, unabhängig davon, ob die Photorezeptoren durch Licht oder durch einen heftigen Schlag auf das Auge erregt werden.

Da die APs dem Alles-oder-Nichts-Prinzip folgen, besteht die einzige Möglichkeit, Informationen entlang einer Nervenfaser zu leiten – außer in der Spezifität anatomischer Verbindungen –, in der Anzahl und der zeitlichen Folge von APs. So repräsentiert im Regelfall eine hohe Impulsfolge eine starke Reizung, während eine verminderte Impulsfrequenz eine Abschwächung der Reizstärke bedeutet. Es gibt keine globale Regel für die sensorische Kodierung, da sich die Beziehungen zwischen Reiz und sensorischer Antwort in den verschiedenen Rezeptoren unterscheiden. So sind einige Rezeptoren, die eine bestimmte Reizinformation empfangen, tonisch, während andere phasisch sind. Dennoch lassen sich einige Gemeinsamkeiten erkennen, wie die Intensität eines Reizes kodiert wird. Nimmt die Intensität eines Reizes zu, so wird der Rezeptorstrom verstärkt, und es erfolgt eine größere Depolarisation (in einigen Fällen auch eine Hyperpolarisation). Bei vielen Rezeptoren bringt die impulsgenerierende Zone (Abb. 7.4) eine beständige Impulsfolge hervor, solange sie depolarisiert bleibt.

Input-Output-Beziehungen

Ein ideales sensorisches System sollte fähig sein, Reize aller Intensitätsstufen in sinnvolle Signale umzuwandeln. Biologische sensorische Systeme können jedoch Reizintensitäten nur innerhalb eines begrenzten Bereichs kodieren. Der Reizintensitätsbereich, in dem ein Rezeptor bei zunehmender Energie eine Intensitätskodierung vornehmen kann, indem er mehr APs mit einer höheren Frequenz hervorbringt, wird als **dynamischer Bereich** des Rezeptors (oder des Sinnesorgans) bezeichnet. Drei Hauptfaktoren begrenzen die maximale Antwort einer Rezeptorzelle auf starke Reize:

1. Eine endliche Anzahl von Rezeptor-Ionenkanälen begrenzt den maximalen Rezeptorstrom, der als Antwort auf eine starke Reizung fließen kann.
2. Es gibt eine obere Grenze der Amplitude des Rezeptorpotentials, da es das Umkehrpotential (s. S. 145ff) des Rezeptorstroms nicht übertreffen kann.
3. Impulsfrequenzen in sensorischen Axonen werden durch die jedem Impuls folgende Refraktärzeit (s. S. 154f), die den minimalen Zeitabstand zwischen

den entlang eines Axons fortgeleiteten Impulsen bestimmt, begrenzt. Typischerweise beträgt die maximale Frequenz einige 100 Impulse/s oder weniger.

Biophysikalische Eigenschaften sorgen dafür, daß die meisten sensorischen Antworten linear zum Logarithmus der Reizenergie erfolgen. Die Amplitude des Rezeptorpotentials ist in den meisten Rezeptorzellen dem Logarithmus der Reinzintensität ungefähr proportional (Abb. 7.9 A). Die Frequenz der sensorischen APs verhält sich ungefähr linear zur Amplitude des Rezeptorpotentials (Abb. 7.9 B) bis zu dem Punkt, an dem die nach jedem AP auftretende Refraktärzeit der Axonmembran die Frequenz bestimmt. Als Konsequenz dieser beiden Beziehungen ist die Frequenz der APs eines langsam adaptierenden Rezeptors typischerweise eine Funktion des Logarithmus der Reizintensität (Abb. 7.9 C). Erreichen die APs die Endigungen der sensorischen Neuronen, generieren sie postsynaptische Potentiale, die sich als Funktion der AP-Frequenz aufsummieren und einer synaptischen Fazilitation unterliegen. Folglich ist das im zentralen sensorischen Neuron ausgelöste postsynaptische Potential als Funktion der Reizintensität graduiert; es kann als Abbild des Reizes angesehen werden, wenn auch mit leicht veränderten Charakteristika.

Die logarithmische Beziehung zwischen der Reizenergie und der AP-Frequenz, die man bei vielen sensorischen Systemen beobachten kann, hat wichtige Implikationen für die Verarbeitung sensorischer Information. Die meisten sensorischen Systeme sind einem unglaublich weiten Bereich an Reizenergien ausgesetzt. So beträgt beispielsweise der Helligkeitsunterschied zwischen dem Sonnenlicht und dem Mondlicht das 10^9fache; das menschliche Gehör ist in der Lage, ohne nennenswerte Verzerrungen Töne wahrzunehmen, die sich über einen Intensitätsbereich von sieben Zehnerpotenzen erstrecken. Die Fähigkeit der Sinnesorgane, über solch große Energiebereiche zu funktionieren, ist bemerkenswert. Sie beruht auf verschiedenen physikalischen Mechanismen. So umfaßt der Transduktionsprozeß selbst einen großen dynamischen Bereich. Darüber hinaus verursacht eine fortgesetzte Reizeinwirkung eine Änderung in der Verstärkung der Rezeptorereignisse, wobei die Intensitätskodierung, ein Charakteristikum des Rezeptors, verschoben wird. Diesen Vorgang bezeichnet man als **Adaptation**. Weiterhin haben neuronale Netzwerke, die sensorische Signale verarbeiten, Mechanismen, die den dynamischen Bereich des Systems über die Fähigkeit individueller Rezeptorneurone hinaus erweitern.

Bei geringen Reizintensitäten stellt das Rezeptorpotential eines nicht adaptierten Rezeptorneurons eine sehr große Energieverstärkung dar. Der Verstärkungsfaktor wird jedoch in dem Maße abgeschwächt, in dem die Energie des Reizes ansteigt. Diese logarithmische Beziehung zwischen Reizstärke und Amplitude des Rezeptorpotentials wird, zumindest in Teilen, durch die Goldman-Gleichung (s. S. 151) beschrieben. Nach dieser Gleichung sollte u_m mit dem Logarithmus der Membranpermeabilität für das Ion (oder die Ionen) g_{ion} variieren, das am Rezeptorpotential beteiligt ist. So sollten nach einer Reizung die Änderungen des Membranpo-

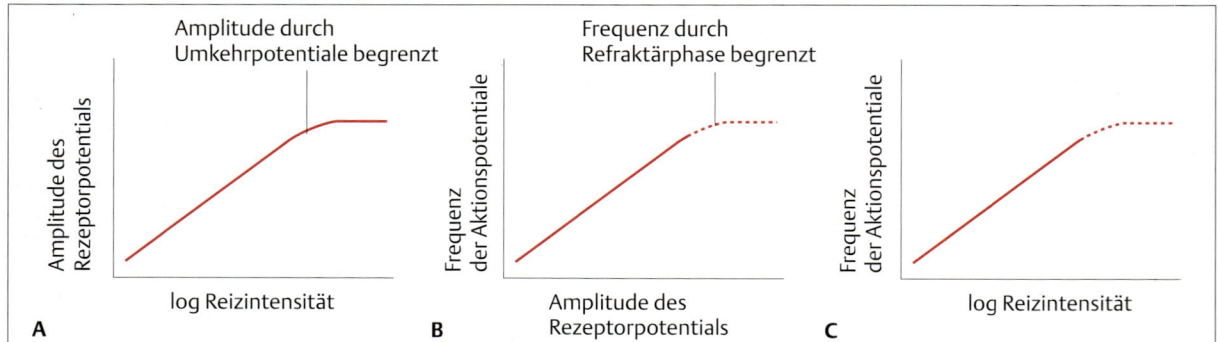

Abb. 7.9 Bei den meisten sensorischen Rezeptoren ist die Antwort dem Logarithmus der Reizintensität proportional.
A Bei vielen Rezeptoren besteht über einen weiten (aber begrenzten) Bereich eine lineare Beziehung zwischen der Amplitude des Rezeptorpotentials und dem Logarithmus der Reizintensität. Die Amplitude des Rezeptorpotentials kann nicht unbegrenzt ansteigen, da sie durch das Umkehrpotential des Rezeptorstroms und durch andere biophysikalische Eigenschaften der Rezeptorzelle begrenzt wird. **B** Innerhalb gewisser Grenzen verhält sich die Frequenz sensorischer APs eines Rezeptorneurons linear (d.h. proportional) zur Amplitude des Rezeptorpotentials. Die Refraktärphase des Neurons bestimmt die maximal erreichbare Frequenz. **C** Resultierend aus A und B: Die Frequenz der APs vieler sensorischer Fasern ändert sich linear mit dem Logarithmus der Reizintensität. Die gestrichelten Kurventeile in B und C deuten darauf hin, daß die AP-Frequenz durch die Refraktärzeit der Axonmembran begrenzt wird.

tentials u_m dem Logarithmus der Permeabilitätsänderung für Natrium (g_{Na}), die durch die Reizung hervorgerufen wurden, proportional sein. Die in der Umwelt normalerweise auftretenden Reizintensitäten liegen innerhalb des logarithmischen Abschnitts der Input-Output-Kurve (Abb. 7.9 A). Nicht alle Rezeptoren folgen dieser allgemeinen Regel. In einigen wird der Zusammenhang durch eine Potenzfunktion beschrieben: Der Logarithmus der Amplitudenantwort ist dem Logarithmus der Reizintensität proportional. Im Bereich der Reizintensitäten, wie sie gewöhnlich bei Tieren auftreten, beschreibt entweder eine logarithmische Funktion oder eine Potenz-Funktion die Beziehung zwischen Reizintensität und Rezeptorantwort sehr gut. Die Unterschiede zwischen den beiden Funktionen werden nur bei extremen Werten in der Reizintensität offensichtlich.

Eine Konsequenz der logarithmischen Beziehung zwischen der Intensität eines Reizes und der Amplitude des Rezeptorpotentials ist, daß jede gegebene prozentuale Änderung der Reizintensität über einen weiten Intensitätsbereich hinweg den gleichen Zuwachs (d.h. Zunahme um die gleiche Anzahl Millivolt) im Rezeptorpotential hervorruft. Das bedeutet: eine Verdopplung der Reizintensität am unteren Ende des Intensitätsbereichs ruft den gleichen Anstieg in der Amplitude des Rezeptorpotentials hervor wie eine Verdopplung der Intensität am oberen Ende der Skala, bis zu dem Bereich, an dem das Rezeptorpotential nicht weiter ansteigen kann. Mathematisch gefaßt heißt das:

$$\frac{\Delta I}{I} = K$$

wobei I die Reizintensität und K eine Konstante ist. Die hieraus folgende logarithmische Beziehung zwischen der Reizintensität und der Intensität der Antwort (Abb. 7.9 C) komprimiert folglich das obere Intensitätsende der Skala, wodurch der Unterscheidungsbereich in großem Maße erweitert wird. Diese Beziehung ist derjenigen ähnlich, welche die subjektiv wahrgenommenen Änderungen der Reizintensität kontrolliert und in der Psychophysik als das **Weber-Fechner-Gesetz** bekannt ist.

Diese Eigenschaft sensorischer Systeme ist von großer funktioneller Bedeutung. Zum Beispiel ermöglicht sie uns, Objekte zu erkennen, auch wenn wir sie unter sehr unterschiedlichen Lichtverhältnissen sehen. Bei hellem Sonnenlicht unterscheidet sich jedes Objekt durch seine spezifische Helligkeit. Betrachten wir einen Gegenstand bei Mondlicht, ist die absolute Helligkeit jedes Objekts vollkommen anders als im hellen Sonnenlicht. Der Helligkeitsunterschied eines Objekts bei diesen beiden Beleuchtungsintensitäten kann bei weitem größer sein als der Helligkeitsunterschied verschiedener Objekte aufgrund ihrer relativen Intensitäten, unabhängig von der absoluten Beleuchtungsintensität. Die Erfassung von relativen Reizintensitäten und Änderungen in der Intensität in einer gegebenen Situation ist bei weitem informativer für einen Betrachter als der absolute Energiegehalt jedes einzelnen Reizes. So ist z.B. die Wahrnehmung eines im Feld oder Wald stehenden Rehs genau auf Bewegungen (Änderungen in der Verteilung optischer Reize) in einem breiten Helligkeitsbereich eingestellt.

Aufteilung des Antwortbereichs

Der dynamische Bereich eines multineuronalen Sinnessystems ist typischerweise viel größer als der einer einzelnen Rezeptorzelle oder einer einzelnen afferenten sensorischen Faser. Dieser erweiterte dynamische Bereich des Gesamtsystems wird dadurch ermöglicht, daß individuelle afferente Fasern des sensorischen Systems unterschiedliche Anteile des Empfindlichkeitsspektrums abdecken. Die empfindlichsten Rezeptoren bringen die stärksten Antworten bei Reizstärken hervor, die für andere, weniger empfindliche Rezeptoren innerhalb der Population unterhalb des Schwellenwertes oder nur knapp darüber liegen. Bei höheren Reizintensitäten sind die empfindlichsten Rezeptoren bereits gesättigt, weniger empfindliche Rezeptoren können jetzt die Intensitätskodierung übernehmen. Bei niedrigsten Reizenergien reagieren demnach einige wenige, besonders empfindliche Fasern mit einer schwachen Antwort. Nimmt die Reizenergie leicht zu, erhöhen sich ihre Entladungsfrequenzen, und weitere, weniger empfindliche Fasern beginnen sich schwach zu beteiligen. Bei noch höheren Reizintensitäten wird eine andere, bisher ruhige und relativ unempfindliche Population afferenter Fasern mitfeuern. Mit steigender Intensität werden immer weitere, weniger empfindliche Rezeptoren aktiv – diesen Prozeß bezeichnet man als **Rekrutierung** – bis sich letztendlich auch die unempfindlichsten Fasern beteiligen und alle maximal feuern. An diesem Punkt ist das System gesättigt und wird nicht mehr in der Lage sein, ein weiteres Ansteigen der Reizintensität anzuzeigen. Diese Art der Aufteilung des Antwortbereichs, bei der individuelle Rezeptoren oder sensorische Afferenzen jeweils nur einen Teil des gesamten dynamischen Bereichs des sensorischen Systems abdecken (Abb. 7.10), versetzt die sensorischen Zentren des Zentralnervensystems in die Lage, Reizintensitäten in einem weitaus größeren Bereich zu unterscheiden, als es jeder einzelne sensorische Rezeptor kann. Ein Beispiel für eine Aufteilung des Antwortbereichs bieten die Photorezeptoren des Vertebratenauges. Stäbchen sind empfindlicher gegenüber Licht und reagieren auf schwächere Reize; Zapfen reagieren auf helles Licht, das die Stäbchen bereits sättigt.

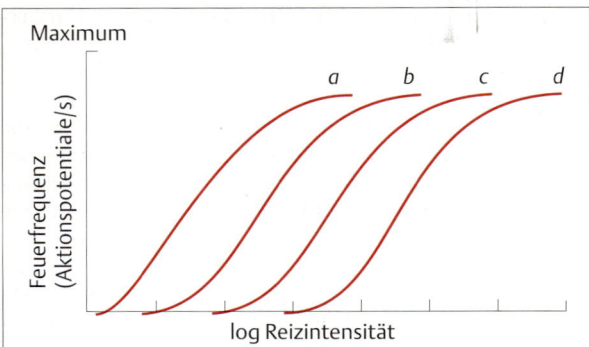

Abb. 7.10 Arbeitsbereichstrennung erweitert den dynamischen Bereich einer Gruppe sensorischer Rezeptoren. Jede der mit *a* bis *d* bezeichneten Kurven zeigt die Entladungsfrequenz einer individuellen sensorischen Afferenz in Abhängigkeit von der Reizstärke. In diesem hypothetischen Beispiel besitzt jede dieser vier sensorischen Fasern einen Dynamikbereich von etwa 3–4 logarithmischen Reizintensitätseinheiten, während der gesamte Dynamikbereich von *a* bis *d* sieben logarithmische Intensitätseinheiten abdeckt.

Determination der Rezeptorsensitivität

Mit welcher Präzision wird eine sensorische Information dem Zentralnervensystem übermittelt? Wie halten Sinnesorgane dem Vergleich mit physikalischen Transducern – wie z.B. einem Thermometer, einem Photometer oder einem Spannungsmesser – stand? Aus eigener Erfahrung wissen wir, daß biologische sensorische Systeme als Indikatoren absoluter Energiepegel nicht besonders verläßlich sind. Mehr noch: Viele Empfindungen verändern sich mit der Zeit. Springt man z.B. in ein ungeheiztes Schwimmbecken, empfindet man das Wasser zunächst kälter als eine oder zwei Minuten später. Tritt man aus einem dämmerigen Haus ins Freie, so vermag ein schöner, sonniger Tag für einige Minuten unangenehm hell erscheinen. Aus diesem Grunde verwendet selbst ein erfahrener Photograph einen Belichtungsmesser, um die Lichtverhältnisse für seine Aufnahmen exakt beurteilen zu können. Solche Empfindungsänderungen bei gleichbleibender Reizintensität werden unter dem Begriff **sensorische Adaptation** zusammengefaßt. Wo finden diese Adaptationen statt? Es gibt darauf keine einfache und allgemeingültige Antwort. Einige Adaptationen ereignen sich in den Rezeptorzellen, einige sind das Ergebnis von zeitabhängigen Änderungen in den akzessorischen Geweben, wieder andere erfolgen im Zentralnervensystem.

Adaptationsmechanismen

Verschiedene Rezeptorklassen zeigen verschiedene Adaptationsstufen. **Tonische Rezeptoren** (d.h. langsam adaptierende) feuern auf einen konstanten Reiz ununterbrochen weiter. Abb. 7.11 A zeigt die Reaktion eines Rezeptors, der auf die Verschiebung eines Haares reagiert; der Rezeptor erzeugt APs mit annähernd gleicher Frequenz, wenn das Haar verschoben und in der neuen Position gehalten wird. Im Gegensatz dazu adaptieren **phasische Rezeptoren** schnell. In einer Klasse phasischer Rezeptoren treten APs z.B. nur während Änderun-

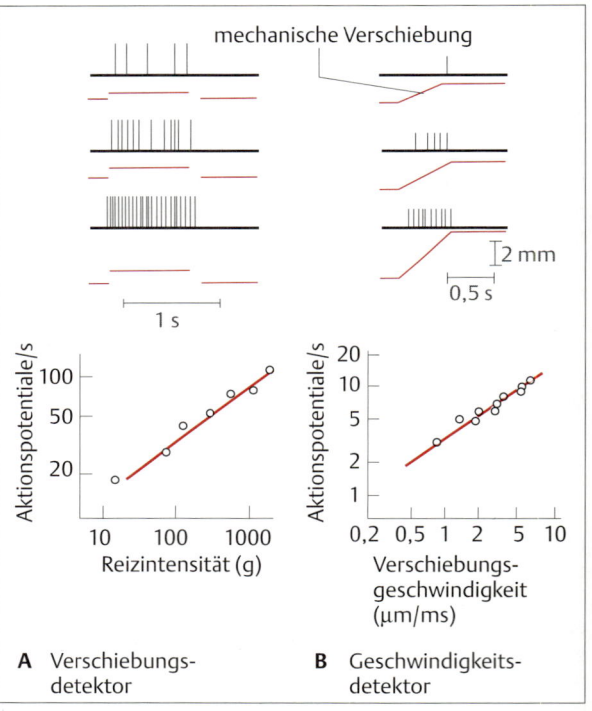

Abb. 7.11 Ein Verschiebungsdetektor feuert tonisch, ein Geschwindigkeitsdetektor phasisch. A Verhalten eines tonischen Verschiebungsdetektors. Dieser Mechanorezeptor antwortet auf eine gleichmäßige Verschiebung (durch die rote Linie dargestellt) mit einer relativ gleichmäßigen AP-Frequenz. Oben: Entladung bei drei verschiedenen Reizstärken; die Reizstärke (Verschiebung) nimmt von oben nach unten zu. Das Ausmaß der Verschiebung ist durch die jeweils rot darunter gezeichnete Kurve angegeben. Unten: Darstellung der Gleichgewichtsentladungsfrequenz in Abhängigkeit vom Dehnungszustand (in Gramm). **B** Verhalten eines phasischen Geschwindigkeitsdetekors. Dieser schnell adaptierende Mechanorezeptor antwortet auf die Geschwindigkeit der Positionsveränderung. Oben: je höher die Geschwindigkeit, desto höher liegt die AP-Frequenz. Unten: die Anzahl der APs während einer 0,5 s-Dehnung ändert sich mit dem Logarithmus der Verschiebungsgeschwindigkeit (nach Schmidt, 1971).

gen in der Reizstärke auf, wie es für einen Mechanorezeptor in Abb 7.**11 B** dargestellt ist: der Mechanorezeptor feuert nur dann, wenn sich die Auslenkung des Haares verändert; die Frequenz der APs hängt vom Ausmaß der Veränderung ab.

Die Adaptation eines Rezeptors kann auf verschiedenen Stufen entlang der Schritte vom Reiz bis zu den sensorischen Nervenimpulsen erfolgen (Abb. 7.**12**):
1. Als Filtermechanismen können die mechanischen und physiologischen Eigenschaften der Rezeptorzelle oder die Funktionsweise eines sensorischen Filters wirken. Der sensorische Filter läßt bevorzugt kurzfristige Reize durch. Dies gilt besonders für Mechanorezeptoren.
2. Die Übertragungsmoleküle können unter dem Einfluß eines konstanten Reizes „ermüden". So wird beispielsweise ein wesentlicher Anteil der Sehpigmentmoleküle durch Lichteinfall ausgebleicht; diese bedürfen metabolischer Regeneration, bevor sie wieder auf Licht reagieren können.
3. Die durch das Transduktions-Molekül aktivierte Enzymkaskade könnte in einigen Rezeptoren durch die Anhäufung eines Produkts oder eines Zwischenprodukts gehemmt werden.
4. Durch Dauerreizung könnten sich die elektrischen Eigenschaften der Rezeptorzellen ändern. In einigen Rezeptorzellen nimmt während anhaltender Reizung, bedingt durch die Anhäufung von Ca^{2+} innerhalb der Zelle, die Aktivierung der Rezeptorkanäle ab. Eine Ca^{2+}-Anhäufung kann auch calciumabhängige K^+-Kanäle aktivieren. Dabei verschiebt sich das Membranpotential u_m zurück in Richtung Ruhepotential.
5. Die impulsgenerierende Membran einer Spike-generierenden Zone (Abb. 7.**4**) kann während andauernder Reizung weniger erregbar werden.
6. Eine sensorische Adaptation findet ebenfalls im ZNS statt (die Vertebratenretina mit eingeschlossen).

Der erste und der fünfte Adaptationsmechanismus lassen sich am Beispiel der Dehnungsrezeptoren von Flußkrebsen und Hummern gut darstellen. Diese Rezeptoren treten paarweise in der Abdominalmuskulatur auf. Jedes Paar besteht aus einem phasischen und einem tonischen Rezeptor. Die Dehung der Rezeptormuskelfasern ruft eine vorübergehende Antwort im phasischen Rezeptor (Abb. 7.**13 A**) und eine andauernde Entladung im tonischen Rezeptor (Abb. 7.**13 B**) hervor. Auch wenn die Rezeptoren durch direkte Injektion eines depolarisierenden Stromes mittels einer Mikroelektrode – und nicht durch Dehnung der Muskelfasern – erregt werden, behalten beide Rezeptorzellen einige ihrer charakteristischen Eigenschaften. Das bedeutet, daß auf einen anhaltenden Reizstrom der tonische Rezeptor mit einer länger gleichbleibenden Feuerfrequenz antwortet als der phasische Rezeptor, dessen Feuerfrequenz schneller abfällt.

Die Filtereigenschaftenn akzessorischer Strukturen (Adaptationsmechanismus 1) sind auch für die schnelle Adaptation des **Pacini-Körperchens** (Abb. 7.**14 A**) von Bedeutung, einem Druck- und Vibrationsrezeptor, der in der Haut, den Muskeln, den Mesenterien, den Sehnen und Gelenken der Säugetiere vorkommt. Jedes einzelne Pacini-Körperchen enthält eine Rezeptormembran, die für mechanische Reize empfindlich und – ähnlich den

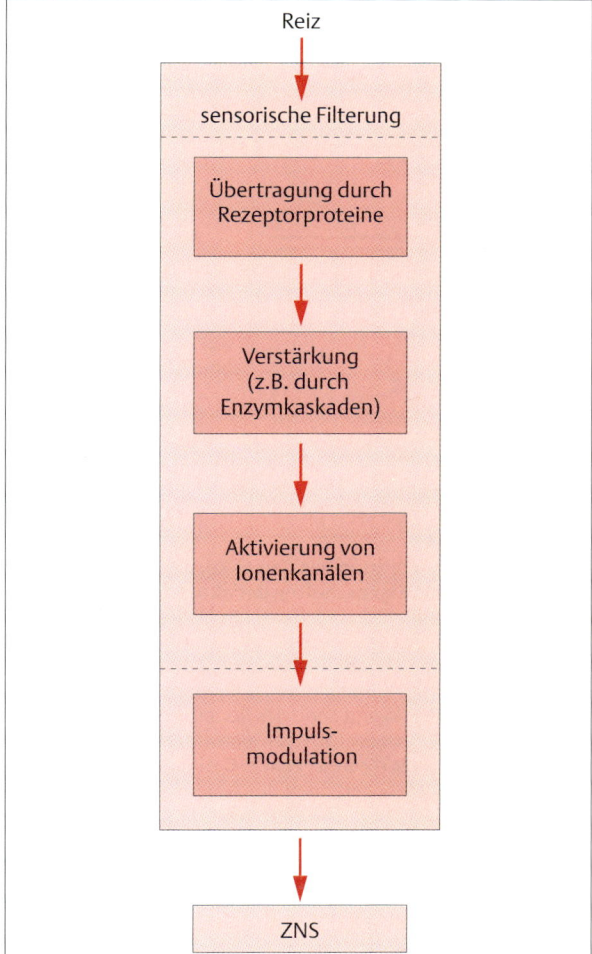

Abb. 7.12 Die sensorische Adaptation kann auf verschiedenen Stufen erfolgen. Die gestrichelte Linie gibt an, daß in einigen Systemen eine sensorische Filterung oder auch eine Modulation der AP-Frequenz in der Rezeptorzelle selbst erfolgen kann, während bei anderen diese Funktion außerhalb der Rezeptorzelle stattfindet.

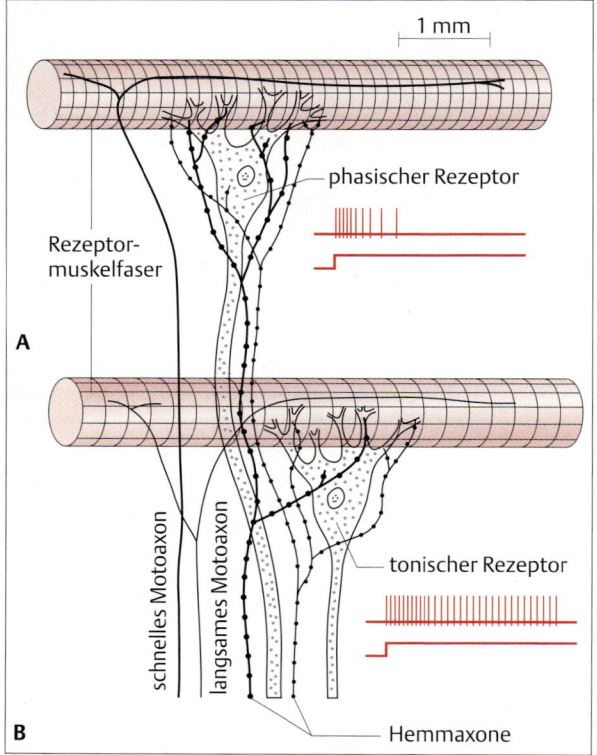

Abb. 7.13 Phasische und tonische Rezeptoren adaptieren bei anhaltender Reizung unterschiedlich. A Der phasische Dehnungsrezeptor des Flußkrebses adaptiert rasch an eine konstante Dehnung und produziert nur eine kurze Folge von APs. **B** Der tonische Rezeptor feuert dagegen ununterbrochen während einer anhaltenden Dehnung; die Frequenz ist zu Beginn der Dehnung am höchsten und fällt mit zunehmender Dauer der Reizung ab (nach Horridge, 1968).

Schalen einer Zwiebel – von konzentrisch angeordneten Bindegewebslamellen umgeben ist. Wird ein Pacini-Körperchen durch Druck verformt, so wird diese Störung mechanisch durch dessen Schalen auf die sensitive Membran übertragen. Normalerweise antwortet diese mit einer kurzen, vorübergehenden Depolarisation sowohl auf den Anfang als auch auf das Ende der Deformation (Abb. 7.14B). Schält man die Schichten des Pacini-Körperchens ab und gibt einen mechanischen Reiz direkt auf das ungeschützte Axon, hält das Rezeptorpotential wesentlich länger an und erzeugt ein genaueres Abbild des Reizes (Abb. 7.14C). Obwohl das Rezeptorpotential noch immer einen gewissen Grad an Adaptation zeigt (das Absinken in Abb. 7.14C), gibt es keine Antwort beim Reizende. Die mechanischen Eigenschaften des intakten Körperchens, die bevorzugt rasche Druckänderungen übermitteln, verleihen dem Rezeptorneuron

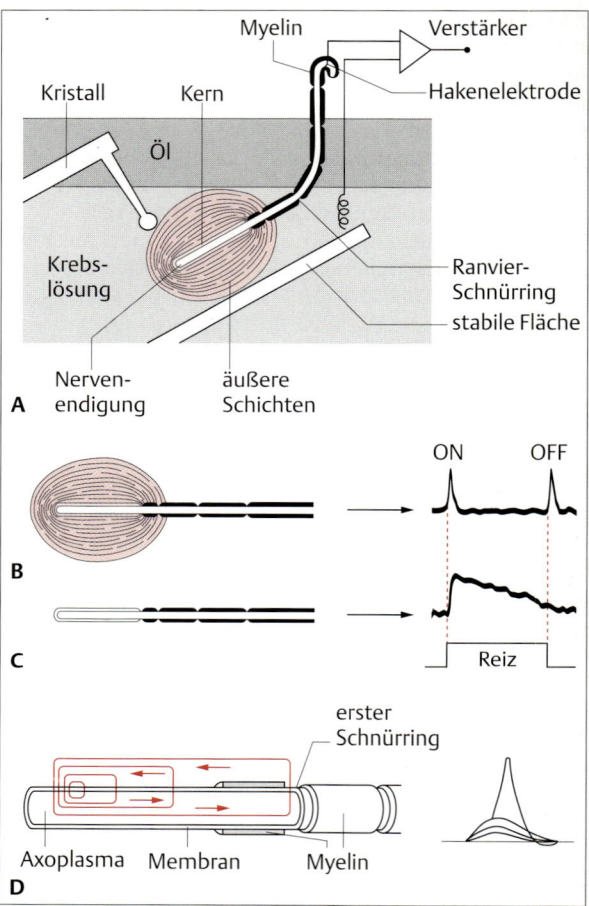

Abb. 7.14 Die Adaptation des Pacini-Körperchens hängt von den mechanischen Eigenschaften der akzessorischen Strukturen ab. A Versuchsanordnung zur Berührung des Rezeptors mit einem Kristallstift. Es wurde zwischen der Hakenelektrode und der Öl-Wasser-Trennschicht elektrisch abgeleitet. **B** Elektrische Antwort des intakten Körperchens. Das Neuron depolarisiert vorübergehend zu Beginn und Ende des Reizes (gestrichelte rote Linien). **C** Nach Entfernen der Lamellen hielt die elektrische Antwort an, solange mechanisch gereizt wurde. **D** Als Reaktion auf die Deformation der sensorischen Zone des Axons fließt ein Rezeptorstrom. Das Rezeptorpotential breitet sich elektrotonisch bis zur Impulsentstehungszone am ersten Ranvier-Schnürring aus. Ist das Generatorpotential genügend groß, depolarisiert es die Impulsentstehungszone bis zum Schwellenwert, und ein AP wird generiert (nach Loewenstein, 1960).

seine normalerweise phasische Antwort. Dieses Verhalten erklärt zumindest teilweise, warum wir die Wahrnehmung für gemäßigte, andauernde Druckreize auf die Haut – wie z.B. durch das Tragen von Kleidung – so schnell verlieren.

Unabhängig von ihrem Entstehungsort oder -mechanismus spielt die Adaptation eine wichtige Rolle für die Erweiterung des dynamischen Bereichs eines sensorischen Rezeptors. Zusammen mit der logarithmischen Natur des primären Transduktionsprozesses erlaubt die sensorische Adaptation einem Tier, Änderungen der Reizenergie gegen ein um mehrere Größenordnungen schwankendes Grundrauschen zu registrieren.

Empfindlichkeitserhöhende Mechanismen

Viele Rezeptorzellen zeigen spontane Entladungen, d.h. sie schütten ohne APs Neurotransmitter aus. (Die Menge an freigesetztem Transmitter variiert mit dem Membranpotential u_m.) Werden diese spontan aktiven Rezeptoren gereizt, erhöht oder erniedrigt sich die Frequenz ihrer APs – oder ihrer Transmitterfreisetzung – über den Grundwert hinaus. Verschiedene Mechanismen erhöhen die Empfindlichkeit von Rezeptoren gegenüber andauernden Reizen, und ein wichtiger Mechanismus verändert die Eigenschaft der fortgesetzten spontanen Aktivität des Rezeptors. Die spontane Transmitterausschüttung aus Rezeptorzellen hat zwei wichtige Konsequenzen:

1. Bereits der geringste Zuwachs an Reizenergie erhöht die Feuerfrequenz über die Spontanaktivität hinaus. Kleine Rezeptorströme als Antwort auf schwache Reize können die AP-Frequenz durch Verkürzung der Intervalle zwischen den APs modulieren (Abb. 7.15). Diese AP-Frequenzmodulation verleiht dem Rezeptor eine weitaus höhere Empfindlichkeit als dies mit einem Rezeptorstrom möglich wäre, der eine völlig inaktive Spike-generierende Zone bis zur Feuerschwelle depolarisieren müßte. Die Input-Output-Beziehung einer solchen sensorischen Faser wird durch die sigmoide Kurve in Abb. 7.16 beschrieben. Im unerregten Zustand befindet sich die Feuerfrequenz auf dem steilen Abschnitt der Kurve; selbst ein schwacher Input führt zu einer signifikanten Steigerung der Feuerfrequenz.

2. In einigen spontan aktiven sensorischen Neuronen erhöhen oder erniedrigen Reize die AP-Frequenz. Dies befähigt den Rezeptor dazu, Informationen über die Reizpolaritäten oder -richtungen mitzuteilen. Ein Beispiel dafür ist die elektrische Aktivität einiger Mechanorezeptoren, wie etwa der Haarzellen. Eine Ablenkung der Haare in die eine Richtung erhöht die Feuerrate der sensorischen Faser, während die Ablenkung in die andere Richtung die Feuerrate absenkt. Wären die Rezeptoren inaktiv, wenn sie nicht gereizt werden, so wäre es nicht möglich, Informationen über die Ablenkung in die zweite Richtung zu kodieren.

Eine weitere Möglichkeit des Nervensystems, ein Signal (d.h. eine auf einen Reiz zurückzuführende Aktivitätsänderung) eindeutig vom Grundrauschen (d.h. einer andauernden Hintergrundaktivität in den sensorischen Afferenzen) zu unterscheiden, beruht auf der Verarbeitung von aus zahlreichen weitgehend simultan eintref-

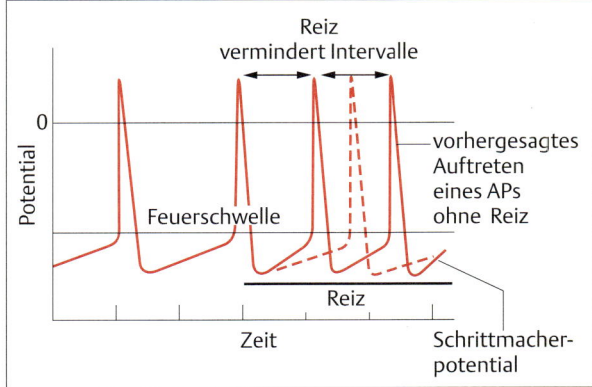

Abb. 7.15 Bei einer spontan feuernden Rezeptorzelle hängt das Intervall zwischen zwei APs von den Reizbedingungen ab. Das Intervall kann durch extrem niedrige Reize herabgesetzt werden, da ein Reiz die Steigung der intern generierten Depolarisation erhöht. (Werden die APs in sensorischen Fasern 2. Ordnung generiert, werden synaptische Potentiale und nicht intern generierte Depolarisationen verstärkt.)

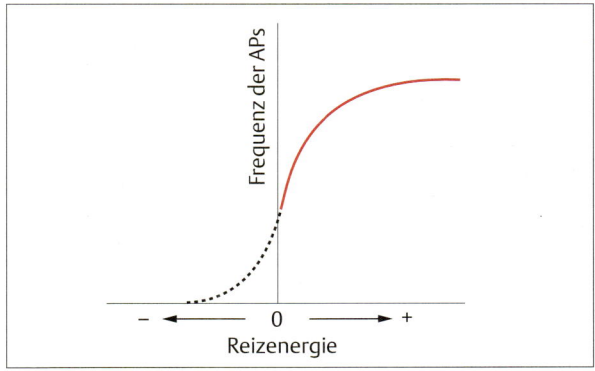

Abb. 7.16 Die Input-Output-Beziehungen einer spontan aktiven Rezeptorzelle (oder sensorischen Faser 2. Ordnung) ist sigmoidal. Ohne irgendeinen Input (0 auf der Abszisse) feuert die Rezeptorzelle oder die Faser 2. Ordnung spontan. Dieser spontane Output liegt im steilen Abschnitt der Kurve und zeigt die Beziehung zwischen Reizintensität und AP-Frequenz; selbst ein schwacher Reiz führt zu einer Erhöhung der Feuerrate. Bei einigen Rezeptoren führt die Reizung zu einer Abnahme der Feuerrate; dies wird durch den schwarz gestrichelten Teil der Kurve dargestellt.

fenden Inputs paralleler sensorischer Leitungsbahnen. Die simultanen Signale vieler Rezeptoren werden vom ZNS summiert; das Grundrauschen erfolgt zufallsgemäß und wird gewöhnlich an zentralen Synapsen eliminiert. Durch die Abschwächung des Grundrauschens werden auch geringfügige Änderungen des Inputs erkannt. So kann z.B. ein menschlicher Beobachter ein von einer einzelnen Rezeptorzelle absorbiertes Photon nicht verläßlich wahrnehmen. Wenn jedoch verschiedene Rezeptoren zur gleichen Zeit jeweils ein Photon absorbieren, erfährt der Beobachter die Empfindung „Licht".

Efferente Kontrolle der Rezeptorempfindlichkeit

Das Zentralnervensystem beeinflußt das Antwortverhalten einiger Sinnesorgane über efferente (zentrifugal leitende) Axone, welche die Sinnesorgane innervieren. So sind z.B. die Dehnungsrezeptoren oder Muskelspindeln, die man in der Skelettmuskulatur der Vertebraten und in der Muskulatur der Crustaceen findet, durch efferente Fasern innerviert. Diese efferente Innervation bestimmt durch Kontrolle der Länge des Rezeptormuskels die Empfindlichkeit des Dehnungsrezeptors auf Änderungen in der Gesamtlänge des Muskels.

Verkürzt sich beim Flußkrebs oder beim Hummer die Streckmuskulatur des Schwanzes, so lösen gleichzeitig efferente Neurone eine Verkürzung des Rezeptormuskels aus, welcher parallel neben dem Streckmuskel verläuft. Wenn es diesen Mechanismus nicht gäbe, würde der Streckrezeptor erschlaffen, sobald sich der Streckmuskel verkürzt – der Rezeptor wäre dann nicht mehr in der Lage, eine weitere Längenänderung des Streckmuskels zu erfassen. Durch den beschriebenen Mechanismus bleibt jedoch die Spannung des Streckrezeptors als Antwort auf einen efferenten Input an den sensorischen Abschnitten erhalten. Der Rezeptor behält dadurch seine Empfindlichkeit gegenüber Bewegungen des Schwanzes bei, unabhängig von der Streckung des Schwanzes im Raum. Neben diesem Mechanismus, bei dem der Rezeptor eine hohe Empfindlichkeit behält, werden die abdominalen Dehnungsrezeptoren von efferenten Neuronen innerviert, die direkt an den Rezeptorzellen inhibitorische Synapsen bilden (Abb. 7.13). Ist das inhibitorische Neuron aktiv, vermindert sich das Rezeptorpotential im Dehnungsrezeptor, wobei die Frequenz der APs im Axon vermindert wird oder diese ganz verschwinden. Das Zusammenspiel dieser beiden Mechanismen – einer, der die Antwortbereitschaft erhält, der andere, der sie vermindert – erlaubt dem ZNS, die Empfindlichkeit des Dehnungsrezeptors zu erhöhen oder zu vermindern.

Rückkopplungshemmung von Rezeptoren

Die Empfindlichkeit sensorischer Rezeptoren wird auch durch eine Feedback-Inhibition (Rückkopplungshemmung) kontrolliert. Bei diesem Mechanismus bringt die Aktivität der Rezeptoren Signale hervor, die mehr oder weniger direkt auf diese zurückgeschickt werden und sie hemmen. Auch hier seien die abdominalen Dehnungsmuskeln der Crustaceen als Beispiel angeführt (Abb. 7.17). Die Aktivierung des sensorischen Neurons durch Dehnung löst reflektorisch einen efferenten Out-

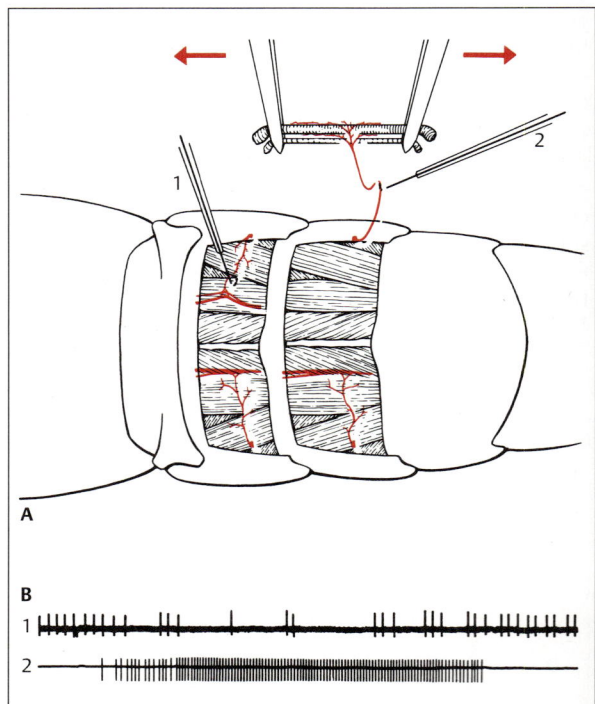

Abb. 7.17 Eine kontinuierliche Dehnung der Krebsmuskulatur führt zur Reflexinhibition der Muskeldehnungsrezeptoren im Schwanz des Flußkrebses. A Die Muskeldehnungsrezeptoren eines Segmentes wurden entnommen, die Innervation jedoch intakt gelassen; mit den Elektroden 1 und 2 wurden wie dargestellt Ableitungen vorgenommen. Elektrode 1 registriert die Aktivität in einem intakten tonischen Rezeptor, Elektrode 2 die Aktivität in einem Rezeptor, der dem Schwanz entnommen wurde. **B** Zu Beginn der Aufzeichnung registriert Elektrode 1 als Antwort auf eine beibehaltene Dehnung des Schwanzes eine stetige Folge von Aktionspotentialen. Wird der isolierte tonische Rezeptor gedehnt, registriert Elektrode 2 ein Folge sensorischer APs; gleichzeitig fällt die von Elektrode 1 registrierte Frequenz der APs im intakten Rezeptor ab. Die von Elektrode 2 im Dehnungsrezeptor abgeleitete Aktivität beruht auf der Aktivierung eines inhibitorischen Axons, welches den kontinuierlichen Output des Dehnungsrezeptors von Elektrode 1 hemmt (nach Eckert, 1961).

put des Zentralnervensystems aus, der über inhibitorische Neurone sowohl zum auslösenden sensorischen Neuron (**Autinhibition**) als auch zu seinen anterioren und posterioren Nachbarn zurückgeführt wird (**laterale Hemmung**). Bei niedrigen Reizintensitäten spielt die Rückkopplung keine oder nur eine untergeordnete Rolle, da es eines relativ starken sensorischen Signals bedarf, um eine reflektorische Entladung der inhibitorischen Neurone auszulösen. Je stärker der Reiz, desto stärker ist die inhibitorische Rückkopplung. Starke Reize wirken damit bevorzugt inhibitorisch auf den Rezeptor zurück. Dieser Mechanismus hält den Rezeptor innerhalb seines Arbeitsbereiches (d.h. er hält die AP-Frequenz unterhalb der maximalen Feuerfrequenz der Zelle). Die inhibitorische Rückkopplung bewirkt als Nettoeffekt eine Erweiterung des dynamischen Bereichs des Rezeptorneurons.

Wenn Rezeptoren Signale hervorbringen, die ihre Nachbarn inhibieren, wie etwa die Dehnungsrezeptoren der Flußkrebse, kann diese wechselseitige Hemmung zwischen benachbarten Rezeptoren die sensorische Rezeption stark beeinflussen. Die Konsequenz der lateralen Hemmung ist eine **Kontrastverschärfung**, die den Kontrast zwischen benachbarten Rezeptoren verstärkt (Abb. 7.18). Sie wurde zuerst im optischen System entdeckt (s. S. 471f), man fand sie jedoch auch in einer Reihe anderer sensorischer Systeme. Der Nettoeffekt der Interaktion zwischen benachbarten Zellen ist der, daß Antwortunterschiede zwischen schwach und stark erregten Rezeptoren „übertrieben" werden, so daß der Kontrast zwischen den Regionen schwacher und starker Reizung verstärkt wird.

Die chemischen Sinne – Geschmack und Geruch

Seit etwa 3,6 Milliarden Jahren gibt es einzellige Organismen auf unserem Planeten; die ersten Vielzeller traten erst 2,5 Milliarden Jahre später auf. Diese ungeheure Zeitdifferenz deutet darauf hin, daß die Evolution sehr lange Zeit benötigte, bis sich die für die Vielzelligkeit erforderlichen Mechanismen der Zell-Zell-Interaktionen entwickelten. Solche Kommunikationsmechanismen sind eine Grundvoraussetzung, um die Entwicklung und Aktivität vieler Zellen zu koordinieren, die miteinander zusammenspielen sollen. Verständigungssysteme zwischen Organismen könnten sich sogar vor den Verständigungssystemen zwischen Zellen innerhalb eines Organismus entwickelt haben. Das Phänomen, daß Zellen auf bestimmte Moleküle reagieren, ist weit verbreitet und schließt Stoffwechselantworten von Geweben auf chemische Botenstoffe mit ein. Niedere Organismen, z.B. Bakterien, haben die Fähigkeit, bestimmte Substanzen in ihrer Umwelt aufzuspüren und darauf zu reagieren. Obwohl viele Zelltypen auf Moleküle in ihrer Umwelt reagieren, sprechen wir nur dann von Chemorezeptorzellen, wenn diese Zellen darauf spezialisiert sind, Informationen über die chemische Umwelt aufzunehmen und auf andere Neurone zu übertragen.

Während der Evolution der Wirbeltiere sind die chemischen Sinnessysteme bereits frühzeitig sehr hoch entwickelt worden. Sie waren zunächst die dominierenden Orientierungssysteme, welche die im Wasser lebenden Organismen befähigten, ihre Nahrung zu finden und diese auf ihre Verträglichkeit zu prüfen, sich aber auch sozial zu verhalten, z.B. bei der Partnersuche und Partnerwahl. Mit der Erschließung des Land- bzw. des atmosphärischen Luftraums als Umgebungsmedium wurden die chemischen Sinne in ihrer Bedeutung zunehmend zurückgedrängt zugunsten des bei höheren Vertebraten hocheffektiven visuellen Systems.

Üblicherweise unterteilt man Chemorezeptoren in Geschmacks- oder **gustatorische Rezeptoren**, die auf gelöste Moleküle reagieren, und Geruchs- oder **olfaktorische Rezeptoren**, die auf luftgetragene Moleküle ansprechen. Diese Unterscheidung ist jedoch nicht ganz konsequent, denn aufgrund dieser Definition würden aquatisch lebende Organismen, z.B. Fische, keine Geruchsrezeptoren besitzen; sie wären nur in der Lage zu

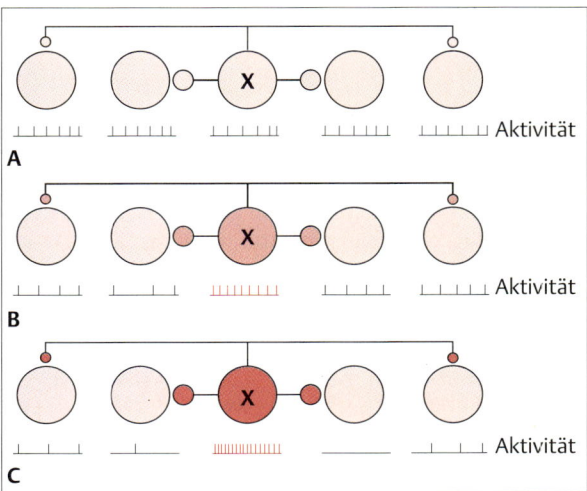

Abb. 7.18 Laterale Hemmung. Durch die laterale Hemmung werden die Kanten eines Reizes verstärkt, da die Aktivitätsunterschiede der in der Nähe der Kanten liegenden Rezeptoren übertrieben werden. **A** Fünf beieinanderliegende Rezeptoren sind ohne Reizeinwirkung spontan aktiv. **B** Wird der zentral liegende Rezeptor (mit einem Kreuz markiert) schwach gereizt, hemmt er seine unmittelbar benachbarten Rezeptoren. Die Stärke der Hemmung fällt mit zunehmender Entfernung vom aktivierten Rezeptor ab. **C** Eine stärkere Reizung des zentralen Rezeptors erhöht die Hemmwirkung auf seine Nachbarn.

schmecken. Aber selbst bei terrestrisch lebenden Organismen müssen die luftgetragenen Moleküle eine wässrige Schleimschicht durchdringen, bevor sie mit den olfaktorischen Rezeptoren interagieren können.

Das olfaktorische System gilt in erster Linie als Fern-Orientierungssystem, das gustatorische System dient hingegen als Nah-Orientierungssinn. Sollten Geschmack und Geruch tatsächlich verschiedene Sinne sein, müßte es sinnvollere Unterscheidungsmöglichkeiten geben. Wie wir sehen werden, arbeiten die Geschmacks- und Geruchsrezeptoren tatsächlich unterschiedlich.

Geschmackssysteme

Kontaktchemorezeptoren der Insekten

Die **Kontaktchemorezeptoren** (Geschmackshaare) der Insekten erwiesen sich für elektrophysiologische Studien an einzelnen Chemorezeptorzellen als sehr nützlich. Diese Rezeptorzellen senden feine Dendriten zu den Spitzen hohler, haarähnlicher Ausstülpungen der Cuticula, den **Sensillen**. Jedes Sensillum besitzt eine winzige Pore, die stimulierenden Molekülen den Zugang zu den Sinneszellen gewährt (Abb. 7.19). Im Rüssel oder den Extremitäten der Stubenfliege enthält jedes Sensillum mehrere Zellen, von denen jede für einen anderen chemischen Reiz empfindlich ist (z.B. Wasser, Kationen, Anionen, Kohlenhydrate).

Die elektrische Aktivität der Kontaktchemorezeptoren der Fliege läßt sich durch eine kleine, vom Experimentator herbeigeführte Öffnung in der Sensillenwandung über eine Elektrode ableiten. Die extrazellulär abgeleiteten elektrischen Antworten setzen sich aus zwei Komponenten zusammen: einem Rezeptorpotential und APs. Das Rezeptorpotential entsteht an den Dendritenenden, die sich bis in die Spitze des Sensillums erstrecken, während die Aktionspotentiale dicht am Zellkörper entstehen.

Eine Verhaltensreaktion kann bei der Fliege durch die geeignete chemische Reizung eines einzelnen Sensillums hervorgerufen werden. Ein kleiner Tropfen Zuckerlösung, den man an ein Sensillum des Fußes gibt, veranlaßt die Fliege, ihren Rüssel zum Trinken auszufahren. Mit Hilfe dieses Reflexes wurde die Wirksamkeit verschiedener chemischer Verbindungen auf die Auslösung dieses stereotypen Verhaltens getestet. Alle chemischen Verbindungen, die den Trinkreflex auslösten, riefen auch eine elektrische Aktivität im **Zuckerrezeptor** hervor. Diese spezifische Rezeptorzelle antwortet nur auf bestimmte Zucker. Kohlenhydrate, wie etwa D-Ribose, die den Trinkreflex nicht auslösen können, stimulieren auch nicht den Zuckerrezeptor. Interessanterweise zeigt der Zuckerrezeptor der Stubenfliege dieselbe Empfindlichkeitsabstufung (Fructose > Saccharose > Glucose) wie der **Süßrezeptor** der menschlichen Zunge.

Geschmackssystem der Vertebraten

Alle Vertebratenarten haben ein gustatorisches System, das hinsichtlich seiner Struktur und vor allem auch seiner Funktionen von einer zur nächsten Vertebratenklasse mehr oder weniger abgewandelt ist. Dies wird besonders deutlich, wenn man die Anzahl und das Vorkommen der peripheren Geschmackssinnesorgane, der Geschmacksknospen, betrachtet. So hat z.B. ein 35 cm langer Amerikanischer Zwergwels ca. 680000 Geschmacksknospen, die in der Mund-Rachenhöhle, größtenteils aber in der äußeren Körperhaut liegen. Beim Menschen dagegen kommen nur ca. 2000 bis 8000 (bei Kindern) Geschmacksknospen vor; alle befinden sich im Bereich des feuchten Milieus der Mundhöhle. Während Fisch-Geschmacksknospen speziell auf Aminosäuren sensitiv sind, sprechen Säuger-Geschmacksknospen eher auf die „klassischen" Geschmacksstoffe süß, sauer, salzig und bitter an. Des weiteren ist die zentralnervöse bzw. corticale Repräsentation des Geschmackssinns bei Berücksichtigung der relativen Gehirngrößen beim Fisch um ein Vielfaches größer als beim Säuger. Es gibt

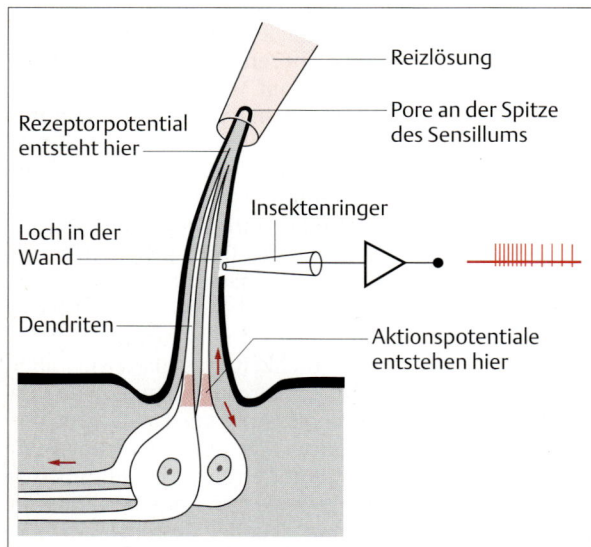

Abb. 7.19 Extrazelluläre elektrische Ableitung von einem Sensillum eines Kontaktchemorezeptors der Fliege. In einem Sensillum befinden sich mehrere Dendriten. Der Dendrit jedes Neurons ist für eine bestimmte Stoffklasse (Zucker, Kationen, Anionen, Wasser) empfindlich. Die Reize werden durch eine über die Spitze des Sensillums gestülpte Kanüle übermittelt. Elektrische Antworten (rechts, rot dargestellt) werden durch ein künstlich angebrachtes seitliches Loch im Sensillum abgeleitet.

aber auch sehr konservative Gemeinsamkeiten, welche die Geschmackssinnessysteme der Wirbeltiere miteinander verbinden: Alle Afferenzen zum ZNS verlaufen immer in denselben Hirnnerven, nämlich im N. facialis (VII), N. glossopharyngeus (IX) und N. vagus (X). (Als Hirnnerven werden die 12 Hauptnervenpaare, die unmittelbar vom Gehirn ausgehen, bezeichnet.)

Peripheres Geschmacksorgan – Die Geschmacksknospe: Geschmacksknospen sind intraepitheliale Organe (Abb. 7.20), die Knospen-, Kugel- oder Tonnenform haben und mit ihrer Längsachse weitgehend senkrecht im Epithel oder auf dessen Basalmembran stehen. Ihre Größe schwankt; sie können über 100 μm hoch und über 80 μm breit sein, insbesondere bei Amphibien. Das **Sinnesepithel** der Organe besteht aus epithelialen **sekundären Sinneszellen** (s. Abb. 7.8), die im wesentlichen parallel zur Längsachse des Organs angeordnet sind. Im Elektronenmikroskop lassen sich aufgrund ihrer unterschiedlichen Elektronendichten bis zu drei Zelltypen voneinander unterscheiden. Diese enden an der Epitheloberfläche mit Mikrovilli, den **Rezeptorvilli**. An der Knospenbasis liegen rundliche **Basalzellen**, die das apikale Knospenende nicht erreichen. Den Übergang zum meist mehrschichtigen Trägerepithel bilden die den nicht spezialisierten Epihelzellen sehr ähnlichen Rand- oder **Marginalzellen**. In den allermeisten Fällen umgibt das Trägerepithel die Geschmacksknospen nur im lateralen und basolateralen Bereich; die eigentliche Knospenbasis sitzt, nur getrennt durch die Basalmembran, in einer seichten Delle der Dermis, dem **Corium**, die papillenförmig in das Epithel bzw. zur Geschmacksknospe aufsteigt. Diese Bindegewebsstruktur enthält regelmäßig ein kapillares Blutgefäß sowie den **Geschmacksknospennerv**, der die Basalmembran durchdringt und mit den langgestreckten Zellen des Sinnesepithels Synapsen (sekundäre Sinneszellen!) eingeht.

Diese **Grundorganisation** der Geschmacksknospe findet man bei unterschiedlichen Gruppenvertretern der Wirbeltiere mehrfach abgewandelt wieder (Abb. 7.20), wobei es nicht möglich ist, eine konsequente Weiter- oder gar Höherentwicklung der Organe festzustellen. Viel wahrscheinlicher ist, daß die Geschmacksknospen sich dem jeweiligen Lebensraum bzw. den Lebensumständen des Organismus (Wasser/Luft, Hell/Dunkel, pflanzliche/tierische Nahrung) durch spezifische Ausleseprozesse angepaßt haben.

Hinsichtlich der Geschmacksorgane sind unter den **Fischen** die modernen Teleosteer am besten untersucht. Ihre Geschmacksorgane besiedeln die Epithelien der Lippen, des Mund-Rachenraumes bis hin zum Oesophagus, sowie des Reusenapparates der Kiemenbögen. Viele Arten, besonders die Welse, tragen im Gesamtbereich des Integuments Geschmacksknospen in besonders dichter Anordnung an Körperanhängen wie den Barteln, wo bis zu 1650 Organe/cm² Hautfläche gezählt wurden. Fisch-Geschmacksknospen (Abb. 7.20A) haben

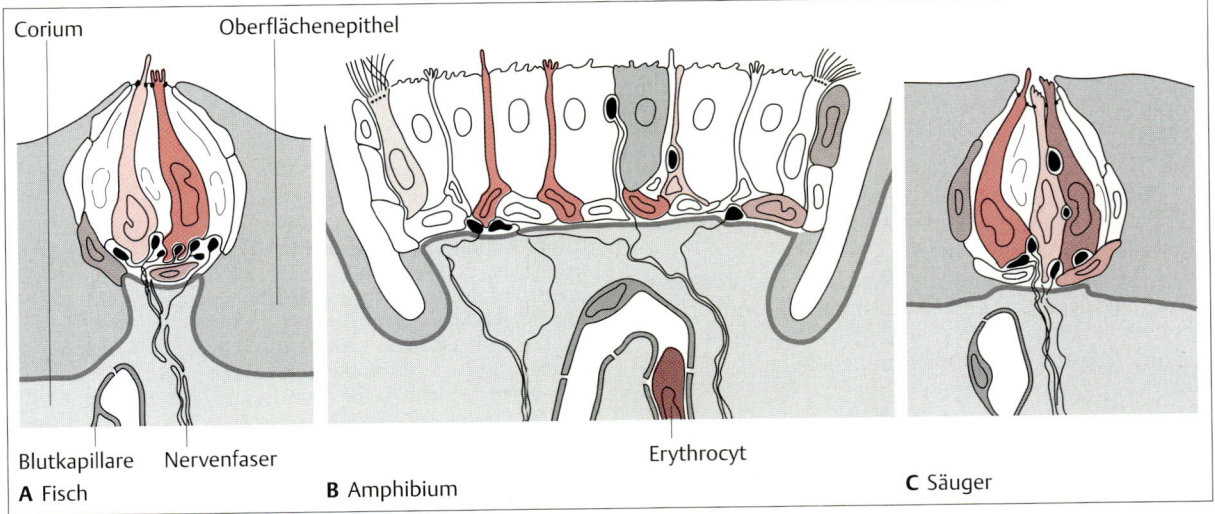

Abb. 7.20 Geschmacksorgane von Vertretern aus drei Vertebratenklassen. Die Organe sind jeweils im Längsschnitt dargestellt. **A** Fisch (Wels, *Teleostei*), **B** Amphibium (Frosch, *Anura*), **C** Säuger. Die verschiedenen Zelltypen der Sinnesepithelien sind unterschiedlich rot und grau markiert. Jeder Zelltyp ist nur einmal dargestellt (nach Originaldarstellung K. Reutter).

Sinnesepithelien, die aus hellen und dunklen Zellen bestehen und deren Rezeptorvilli ein Rezeptor-Areal einnehmen, das – besonders dann, wenn das Organ in einem Epithel-Hügel gelegen ist – das allgemeine Niveau der Epitheloberfläche überragt. Die hellen Zellen werden als die eigentlichen Sinneszellen angesehen, da sie an ihrer Basis häufiger als die dunklen Zellen Synapsen zu den Axonen des markanten Nervenfaserplexus haben. Die dunklen Zellen ausschließlich als Stützzellen zu interpretieren (wie früher üblich), ist sicher nicht richtig. Auch die Basalzellen sind mit dem Nervenfaserplexus synaptisch verknüpft. Sie werden als Interneuronen, als Neuromodulatoren, als parakrine Zellen und als Mechanorezeptoren interpretiert und aufgrund ihrer Ähnlichkeit zu Merkelzellen als Merkelzell-ähnliche Zellen beschrieben[1]. Jedenfalls handelt es sich bei diesen Zellen nicht um basale Ersatz- oder Regenerationszellen; die Zellerneuerung des Organs erfolgt über basal gelegene Marginalzellen.

Unter den **Amphibien** haben die Schwanzlurche (*Caudata*, *Urodela*) „normale" Geschmacksorgane; bei den Froschartigen (*Anura*, *Salientia*) besitzen die Prämetamorphose-Stadien (Kaulquappen) ebenfalls Geschmacksknospen (s.o.), die entwickelten Frösche besitzen dagegen Geschmacksscheiben. Amphibien-Geschmacksknospen sind relativ groß und denen der Fische ähnlich. Sie bestehen aus hellen und dunklen Zellen, Merkelzell-ähnlichen Zellen, basalen Ersatzzellen und Marginalzellen. Sie liegen in der Haut von Lippen und Mundhöhle.

Die **Geschmacksscheiben** der Frösche (Abb. 7.**20 B**) bilden das apikale Ende pilzförmiger Papillen, die fast ausschließlich auf der Zunge vorkommen. Es handelt sich um runde, flach ausgebreitete Sinnesepithelien von ca. 200 µm Durchmesser, die an ihrem Rand von Flimmerepithel- und Marginal-Zellen begrenzt sind. Das Rezeptor-Areal wird von zweierlei Sinneszelltypen, von Flügelzellen und von schleimbildenden Zellen aufgebaut. Die Basis des Sinnesepithels nehmen Ersatzzellen und Merkelzell-ähnliche Zellen ein. Mit insgesamt acht Zelltypen sind diese Scheiben die am kompliziertest gebauten Geschmacksorgane.

Die Geschmacksorgane der **Reptilien** und **Vögel** sind nur an wenigen Spezies elektronenmikroskopisch untersucht worden. Beide Gruppen haben Geschmacksknospen, die aus hellen und dunklen Zellen, basalen Ersatzzellen und Marginalzellen bestehen. Merkelzell-ähnliche Zellen sind nicht nachgewiesen. Mit dem etwas grubenartig eingesenkten Rezeptor-Areal ähneln die Reptilien-Organe den Säuger-Geschmacksknospen. Für Vogel-Geschmacksknospen ist kennzeichnend, daß sie weit basal im dicken, apikal verhornten Schnabelhöhlen-Epithel liegen und ihre Rezeptor-Areale über lange, enge Kanäle mit der Schnabelhöhle in Verbindung stehen: Man kann sich kaum vorstellen, wie Geschmacksstoffe schnell und effektiv zum Rezeptor-Areal

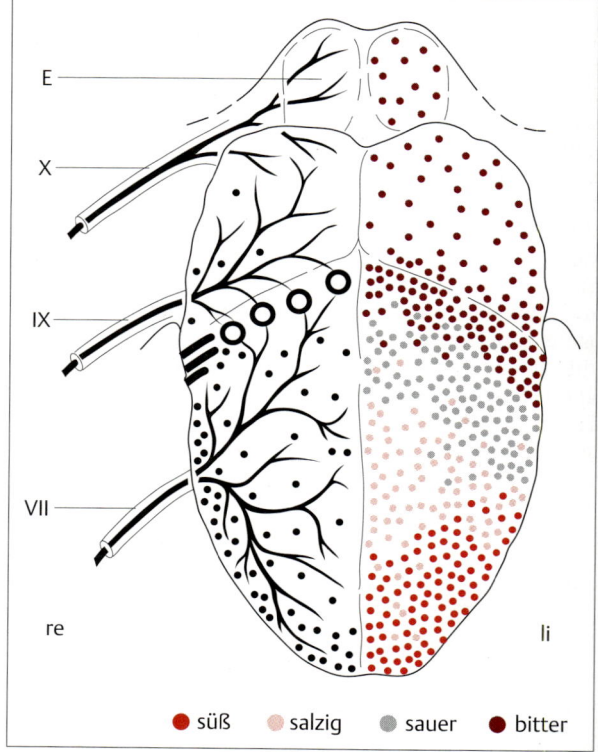

Fig. 7.21 Innervation, relative Anzahl und Lage der Geschmacksknospen tragenden Papillen. Zunge des Menschen samt Epiglottis (E); Ansicht von oben, die Zungenspitze zeigt nach unten. Auf der rechten Zungenhälfte sind dargestellt: die Geschmacksknospen führenden Zungenpapillen (Punkte: Pilzpapillen; Kreise: Wallpapillen; dicke Striche: Blattpapillen) sowie die Geschmacksfasern führenden sensorischen Anteile der Zungennerven und ihre Innervationsgebiete. Mit VII sind Geschmacksfasern bezeichnet, die dem Nervus facialis (VII) bzw. dem N. intermedius angehören und die zunächst im N. lingualis (Ast des N. trigeminus, V) verlaufen; IX bezeichnen Geschmacksfasern des N. glossopharyngeus, X des N. vagus. Auf der linken Zungenhälfte sind die bevorzugten Wahrnehmungsbereiche der Geschmacksqualitäten markiert. Die Wahrnehmungsbereiche (und auch die Innervationsgebiete) überlappen sich (nach Originaldarstellung K. Reutter).

---

[1] Merkel-Zellen (nach Johann Friedrich Merkel, 1845–1919) sind epitheliale, flache Zellen, die ausschließlich in der Basalschicht mehrschichtiger Epithelien vorkommen und an ihrer Basis Synapsen mit sensiblen Nervenfasern eingehen. Als Tastscheiben dienen sie der Mechanorezeption; sie haben wohl auch parakrine Funktion(en) und zählen daher zu den Paraneuronen bzw. parakrinen Zellen (s. S. 299).

vordringen sollen. Möglicherweise spielt der Geschmackssinn bei Vögeln eine nur untergeordnete Rolle, wie auch die nur geringe Anzahl der Organe – beim Huhn ca. 40–60 – vermuten läßt.

Unsere Kenntnis zur **Säuger-Geschmacksknospe** (Abb. 7.**20 C**) bezieht sich im wesentlichen auf Untersuchungen an Kaninchen, Mäusen, Ratten und am Menschen. Auf artspezifische Unterschiede kann hier nicht näher eingegangen werden.

Außer auf der Zunge (Abb. 7.**21**) findet man Geschmacksknospen im Gaumen, im Pharynx (Rachen), im Epiglottis (Kehldeckel) und im proximalen Oesophagus(Speiseröhren)-Epithel. Am weitaus häufigsten sind sie an den Zungenpapillen: Im vorderen Zungengebiet liegen zwischen 1 und 4 Geschmacksknospen im apikalen Epithel der pilzförmigen Papillen (Papillae fungiformes), am Übergang vom mittleren zum hinteren Zungendrittel besiedeln die Geschmacksknospen die seitlichen Epithelien der von Gräben umlaufenen, großen 1–8 (in seltenen Fällen maximal 12) Wallpapillen (Papillae circumvallatae) und am seitlichen basalen Zungenrand die paarigen Blattpapillen (Papillae foliatae), die allerdings beim Menschen nur schwach entwickelt sind (Abb. 7.**22**). (Die Fadenpapillen, Papillae filiformes, tragen keine Geschmacksknospen.)

Die Zellen der Säuger-Geschmacksknospe (Abb. 7.**23**) werden aufgrund ihrer unterschiedlichen Elektronendichte und ihrer speziellen Ausstattung an Zellorganellen den Typen I–V zugeordnet. Zellen des Typs I, II und III sind langgestreckte Zellen, die das eigentliche Sinnesepithel aufbauen. Sie erreichen mit ihren apikalen Rezeptorvilli das deutlich eingesenkte Rezeptor-Areal, die **Geschmacksgrube**. Die Rezeptorvilli sind allseitig von einem elektronendichten, sehr dunkel erscheinenden Schleim umgeben, der insgesamt die Grube erfüllt. Dieser Schleim wird von den dunklen **Typ I-Zellen**, die zahlreiche elektronendichte Vesikel enthalten, abgesondert. **Typ II-Zellen** sind hell, organellenreich und können an ihrer Basis Synapsen zu Nervenfasern ausbilden. Als die eigentlichen Sinneszellen gelten die **Typ III-Zellen**, die ebenfalls relativ hell erscheinen, reich an Organellen sind und – hauptsächlich basal – viele elektronendichte Vesikel enthalten; basal liegen auch die afferenten Synapsen. Während die Typ I- und II-Zellen büschelartig gegliederte Rezeptorvilli haben, tragen die Typ III-Zellen einen großen, ungeteilten Villus, der die ganze Geschmacksgrube durchzieht und erst am **Geschmacksporus**, dem oberflächennahen Grubenrand, endet. Die Zellen vom Typ IV und V sind relativ elektronendicht und erreichen die Geschmacksgrube nicht: **Typ IV-Zellen** sind basal liegende Ersatzzellen, **Typ V-Zellen** sind Marginalzellen. Wie das Beispiel der Maus-Geschmacksknospe zeigt, können wohl alle langgestreckten Zellen, also Typ I-, II- und III-Zellen, mit den Axonen (des schwach entwickelten) Nervenfaserplexus afferente Synapsen eingehen. Efferente Synapsen können an Typ II-Zellen vorkommen. Merkelzell-ähnliche Basalzellen fehlen in der Säuger-Geschmacksknospe. Interessanterweise haben aber die Typ III-Zellen einige Strukturdetails, die für ihre zusätzliche, parakrine Funktion

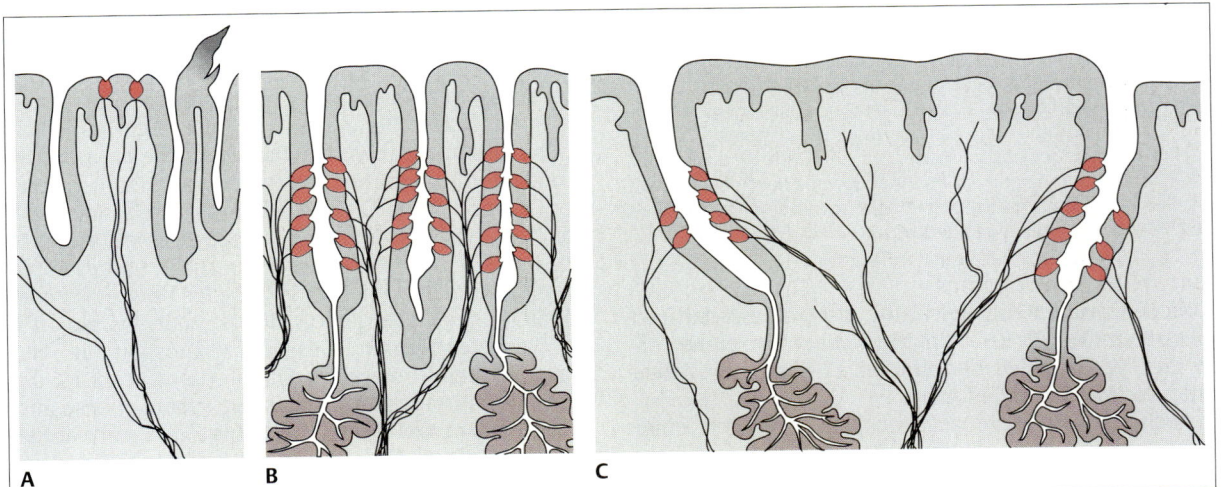

Abb. 7.22 Geschmackspapillen eines Säugers. Dargestellt sind jeweils Längsschnitte. **A** Pilzpapille (Papilla fungiformis) sowie eine (Geschmacksknospen-freie) Fadenpapille (P. filiformis, dunkelgrau). **B** Blattpapillen (Pp. foliatae). **C** Wallpapille (P. circumvallata). Die Geschmacksknospen (rot) besetzen jeweils distinkte Epithelbereiche. Bei B und C sind seröse Spüldrüsen (dunkelrot) dargestellt, normales Oberflächenepithel (grau), Corium (Dermis)-Bindegewebe (hellgrau) und Nervenfasern (schwarz) (nach Originaldarstellung K. Reutter).

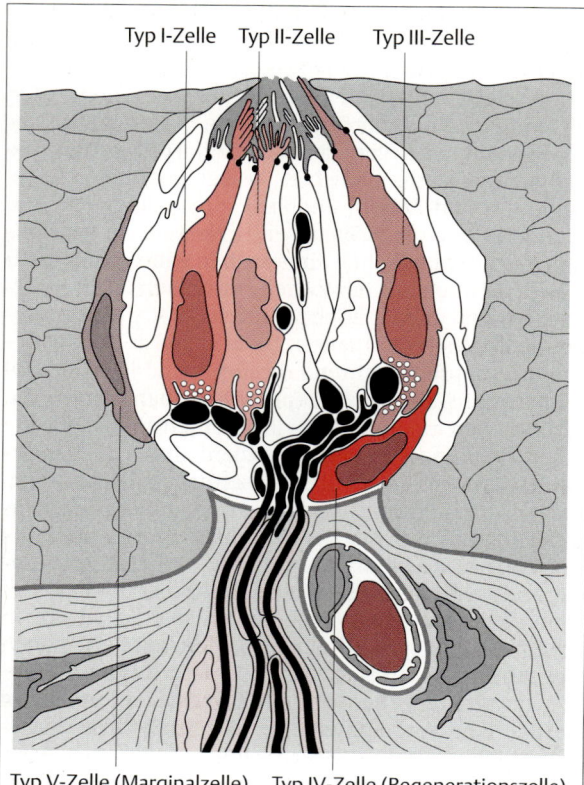

Abb. 7.23 Geschmacksknospe eines Säugers. Idealisierte Darstellung im Längsschnitt nach elektronenmikroskopischen Befunden. Zellen der Typen I, II und III bilden als langgestreckte Zellen das eigentliche Sinnesepithel; an ihren basalen Enden können diese Zellen Synapsen mit Geschmacksnervenfasern (schwarz) eingehen. Typ IV-Zellen sind basale Ersatz- oder Regenerationszellen, Typ V-Zellen Rand- oder Marginalzellen. Das Organ ruht auf einer kurzen Bindegewebspapille des Corium (Dermis), die von der Basalmembran umlaufen ist. Im Bindegewebe liegt der schwach myelinisierte Geschmacksknospennerv sowie eine Blutkapillare (nach Originaldarstellung K. Reutter).

sprechen, wie z.B. ihr Reichtum an Serotonin-haltigen elektronendichten Vesikeln. Möglicherweise stehen also die Typ III-Zellen den Merkelzell-ähnlichen Zellen oder den Merkel-Zellen nahe.

Auch Säuger-Geschmacksknospen sitzen auf einer eingedellten Corium(Dermis)-Papille, die aber sehr kurz sein kann. Ihr wesentlicher Inhalt ist der Geschmacksknospennerv und eine meist schleifenförmige Blutkapillare.

Nahe zu den Geschmacksknospen liegen regelmäßig seröse bis seromucöse Drüsen, die als **Spüldrüsen** fungieren: Ihr Sekret wäscht offenbar bereits „erkannte" Geschmacksstoffe aus den Geschmacksgruben aus. Es enthält auch ein Protein, das die Rezeptorvilli positiv stimuliert. Am stärksten sind Spüldrüsen der Papillae circumvallatae entwickelt, die ihr Sekret am Grund eines Wallgrabens absondern und, auch begünstigt durch die Bewegungen der Zunge, den ganzen Graben ausspülen können. (Da dies einige Zeit dauert, bleibt ein Geschmackseindruck eine Zeit lang erhalten.)

Geschmacksbahn: Die an den langgestreckten sekundären Sinneszellen generierten Erregungen werden an den basolateral und basal gelegenen Synapsen afferent auf das 1. Neuron der Geschmacksbahn übertragen. Dieses sensorische Neuron ist eine pseudounipolare Nervenzelle, deren Perikaryon in einem Hirnnervenganglion gelegen ist. Entsprechend verlaufen also die peripheren „Geschmacksfasern" in Hirnnerven zum Rautenhirn (Rhombencephalon; aus Hinter- und Nachhirn bestehender Teil des Gehirns; s. Abb. 11.**10**), bzw. zum dort gelegenen ersten gustatorischen Kerngebiet. Von hier ausgehend werden über ein 2. und ein 3., teilweise auch noch ein 4. Neuron, höhere gustatorische Zentren erreicht, die im Zwischen- oder auch Endhirn liegen. Dieses **Grundschema der Geschmacksbahn** ist bei allen Vertebraten verwirklicht (aber in unterschiedlicher Weise abgewandelt). Am besten untersucht sind die Verhältnisse bei Fischen und Säugern; sie sollen hier deshalb dargestellt werden.

Bei den **Fischen**, speziell den Teleosteern, hängt die Betonung der einzelnen Komponenten der Geschmacksbahn offenbar von der Anzahl und der Lokalität der Geschmacksknospen ab: So sind die Verhältnisse bei Welsen (*Siluridae*), die extrem viele Geschmacksknospen in der äußeren Körperhaut haben, deutlich anders als bei den Karpfenartigen (*Cyprinidae*), bei denen die allermeisten Organe im Oro-pharyngo-branchial-Bereich liegen. Zwar werden bei beiden die im vorderen Bereich der Mundhöhle und in der Außenhaut gelegenen Organe vom N. facialis (VII) sensorisch innerviert, jedoch ist bei Welsen dessen „Einzugsgebiet" viel größer, da es den Kopf samt Barteln und den gesamten Rumpfbereich umfaßt. Dies ist möglich über einen speziellen Ast des VII. Hirnnervs, den N. recurrens, der auch die weit entfernten Geschmacksknospen an der Schwanzwurzel innerviert. Entsprechend stark ist der N. facialis entwickelt und projiziert in sein ebenso ausgedehntes Kerngebiet im Rautenhirn, den stark aufgewölbten **Bulbus facialis**. Im Gegensatz hierzu wird beim Goldfisch – dem am besten untersuchten Cypriniden – die Vielzahl der im mittleren und hinteren Abschnitt der Oro-pharyngo-branchial-Höhle gelegenen Geschmacksknospen vom N. glossopharyngeus (IX) und überwiegend vom N. vagus (X) innerviert: folglich ist bei ihm der entsprechende Hirnnervenkern, der **Bulbus**

vagalis, extrem vergrößert. Beim Wels ist dagegen, bei vergleichbar großem Einzugsgebiet, der Bulbus vagalis nicht ganz so stark entwickelt. Beiden Fischarten ist ein Phänomen gemeinsam, das die hohe Entwicklungsstufe der ersten Projektionsorte für gustatorische Erregungen verdeutlicht: Die 2. Neuronen der Geschmacksbahn sind geschichtet und somatotopisch angeordnet, d. h. eine bestimmte Geschmacksknospen-tragende Körperregion projiziert in ein bestimmtes Areal der Bulbi. Weiterhin sind die kurzen interneuronalen Verbindungen zum motorischen Kernbereich des Nucleus nervi vagi auffallend, dessen im N. vagus verlaufende Efferenzen die Pharynxmuskulatur innervieren: Nach positiver Geschmacksprüfung wird die Nahrung verschluckt, bei negativer Befundung ausgespuckt. Die in der vorderen Mundhöhle und in der Außenhaut liegenden, zum Bulbus facialis projizierenden Geschmacksknospen dienen dagegen wohl eher der Nahorientierung bzw. der genaueren Lokalisierung einer mutmaßlichen Beute und lösen, nach Verschaltung der Afferenzen auf motorische Systeme, Wendemanöver, Schnappen und Beißen aus.

Die 2. Neuronen der Geschmacksbahn erreichen mit ihren aufsteigenden Axonen einen 2. gustatorischen Kern, der im **Pons** (oberes Rautenhirn, **Metencephalon**; s. Abb. 11.**10**) gelegen ist. Die hier gelegenen 3. Neuronen der Geschmacksbahn projizieren in das Zwischenhirn (**Diencephalon**), wo sie vor allem im gustatorischen Komplex des **Thalamus** enden, aber auch, nach synaptischer Verschaltung auf ein weiteres Neuron, zur Endhirn (**Telencephalon**)-Rinde führen. Das diencephale 3. Kerngebiet ist über Interneuronen mit den reflektorischen Steuerungszentren des Zwischen- und Mittelhirns (**Mesencephalon**) verbunden, die im wesentlichen das Vegetativum (z.B. Darmtätigkeit) betreffen.

Die **Säuger-Geschmacksbahn** (Abb. 7.**24**) ist, wie bereits angedeutet, ganz ähnlich aufgebaut. „Geschmacksfasern" aus den vorderen zwei Dritteln der Zunge (die von Geschmacksorganen der Papillae fungiformes, z. T. auch von den doppelt innervierten Papillae circumvallatae kommen; Abb. 7.**22**) verlaufen zunächst im N. lingualis (Ast des N. trigeminus, V. Hirnnerv), verlassen diesen und ziehen als Chorda tympani durch das Mittelohr, um sich dann dem N. facialis anzuschließen. Die Perikarya dieser Afferenzen (also des 1. Neurons der Geschmacksbahn) liegen an einem Knick (Knie) des N. facialis, im Ganglion geniculi. Von hier ziehen die Fasern, angelehnt an den N. facialis und als N. intermedius einen eigentlich selbständigen Hirnnerven bildend, zum Rhombencephalon. Hier erreichen sie über den Tractus solitarius, der auch die Geschmacksfasern der Hirnnerven IX und X führt, den in diesen inkorporierten langgestreckten **Nucleus tractus solitarii** (pars gustatoria). Die Geschmacksknospen des Zungengrundes, im wesentlichen die der Papillae circumvallatae und -foliatae, sind an Afferenzen angeschlossen, die dem N. glossopharyngeus (IX) angehören und deren Perikarya im unteren Ganglion des Glossopharyngeus liegen, im Ganglion inferius (Ganglion petrosum). Auch diese Geschmacksfasern schließen sich nach Eintritt in das Rhombencephalon dem Tractus solitarius an und ziehen zum Nucleus tractus solitarii. Geschmacksfasern, die von den Organen des Pharynx und des Larynx kommen, verlaufen im N. vagus (X) zentralwärts. Ihre Perikarya befinden sich im unteren Vagus-Ganglion, dem Ganglion nodosum. Auch die vagalen Geschmacksfasern erreichen auf dem dargestellten Weg den 1. Geschmackskern.

Die in der Pars gustatoria des Nucleus tractus solitarii gelegenen 2. Neuronen der Geschmacksbahn senden ihre Axone zu zwei Kerngebieten:

Ein Teil der Axone kreuzt größtenteils auf die Gegenseite und steigt innerhalb der medialen Schleifenbahn, dem Lemniscus medialis, zum diencephalen Thalamus auf, genauer: zum **Nucleus ventralis posteromedialis thalami**. Hier sind sie mit den 3. Neuronen der Geschmacksbahn verschaltet, deren Axone afferent in den telencephalen Cortex einstrahlen, und zwar einmal in den unteren Bereich des **Gyrus postcentralis**, wo auch das Repräsentationsfeld der Zungensensibilität liegt, zum anderen in den gleich anschließenden Bereich der **Insula**(Insel)-Rinde. Die gustatorischen Projektionsorte, an denen ein Geschmackseindruck bewußt wird, sind somatotopisch gegliedert (d.h. räumlich bestimmten Cortex-Regionen zugeordnet).

Die verbleibenden 2. Neuronen der Geschmacksbahn senden ihre Axone zu einem kleineren Kern im oberen Rautenhirn, dem **Nucleus parabrachialis medialis**. Hier werden die Impulse auf die dort liegenden, ebenfalls 3. Neurone der Geschmacksbahn übertragen, die ihre Axone zum **Hypothalamus** (Diencephalon) und zu Kernen des **limbischen Systems** (hauptsächlich telencephal) senden. Über diese Wege kann die Geschmacksinformation auf die vegetative Steuerung des Körpers einwirken (Hypothalamus; z.B. die reflektorische Aktivierung der Verdauungsdrüsen), aber auch das affektive, emotionale Verhalten beeinflussen (limbisches System). Bezeichnenderweise ist das limbische System auch Ziel der Riechbahn; hier bestehen also Querverbindungen beider chemischen Sinnessysteme.

Physiologie des Geschmackssins

Die wesentliche Aufgabe des Geschmackssinnessystems ist es, eine rasche und verläßliche Prüfung des Nahrungsangebotes vorzunehmen und eine Entscheidung zur Aufnahme einer Mahlzeit oder deren Zurückweisung – im Sinne eines Schutzreflexes – herbeizuführen. Hierbei sind die physiologischen Leistungen der

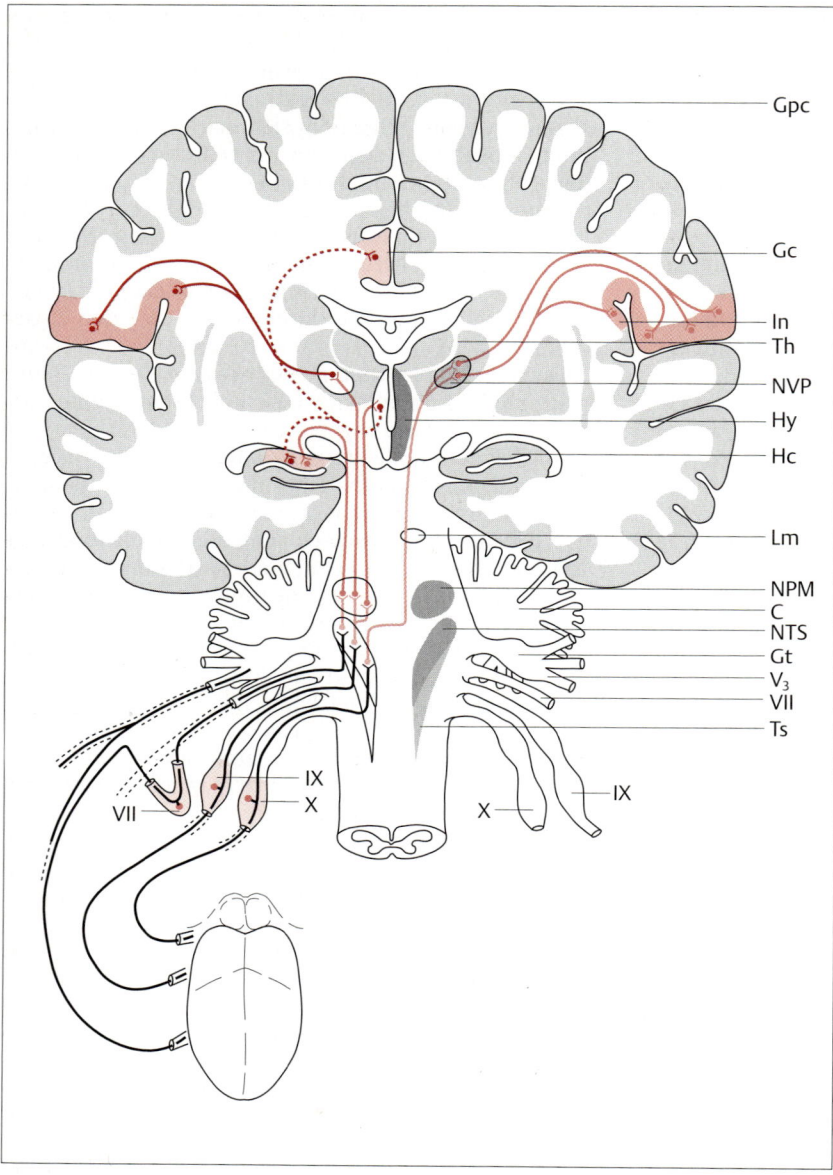

Abb. 7.24 Lage und Ziel der Geschmacksbahn. Die Geschmacksbahn des Menschen besteht aus mindestens drei Neuronen: Einem peripheren Neuron, dessen Soma in einem der Hirnnerven-Ganglien (VII: Ganglion geniculi, sensorisches Ganglion des N. intermedius; IX: Ganglion petrosum, unteres Ganglion des N. glossopharyngeus; X: Ganglion nodosum, unteres Ganglion des N. vagus) gelegen ist, und zwei zentralen im Gehirn gelegenen Neuronen. Das Soma des 2. Neurons liegt im Nucleus tractus solitarius (NTS) des Rautenhirns. Dieser befindet sich im „oberen" Bereich des Tractus solitarius (Ts), in dem die primären Geschmacksfasern verlaufen. Das Soma des 3. Neurons liegt entweder ebenfalls im Rautenhirn (Nucleus parabrachialis medialis, NPM), oder im Zwischenhirn, in einem Teilumfang des Thalamus (Th), dem Nucleus ventralis posteromedialis thalami (NVP). Hierbei kreuzt ein Teil der Axone der 2. Neuronen auf die Gegenseite und verläuft im Lemniscus medialis (Lm). Die 3. Neuronen des N. parabrachialis medialis ziehen entweder zu Umfängen des Limbischen Systems (z.B. Hippocampus, Hc; Gyrus cinguli, Gc) oder zu vegetativen Zentren des Zwischenhirns (Hypothalamus, Hy, mit Verbindungen zum Limbischen System) und außerdem zum NVP. Dieser projiziert mit 3. und 4. Neuronen zu sensorischen Geschmacksarealen der Großhirnrinde (unterer Umfang des Gyrus postcentralis, Gpc, und nahe liegende Anteile der Insula, In). Weitere Bezeichnungen: C = Kleinhirn, Cerebellum, in dorsaler Lage; Gt = Ganglion trigeminale; V3 bezeichnet den 3. Ast des N. trigeminus, den N. mandibularis. Die Strukturen der Geschmacksbahn sowie der Hirnstamm sind nicht maßstabsgerecht dargestellt (nach Originaldarstellung K. Reutter).

Geschmackssinnesorgane nicht bei allen Vertretern der Wirbeltiere gleich. Es kann davon ausgegangen werden, daß das bei einer Wirbeltiergruppe vorherrschende Nahrungsangebot bei ihren Vertretern ganz bestimmte Präferenzen gegenüber den in der Nahrung überwiegend enthaltenen Geschmacksstoffen bewirkt hat. Allerdings sind die Geschmacksempfindlichkeiten gegenüber ausgewählten Geschmacksstoffen bisher nur für wenige Wirbeltiergruppen bzw. wenige ihrer Vertreter genau ausgetestet. Die meisten Ergebnisse beziehen sich auf Fische, Amphibien und Säuger. Während bei den Knochenfischen (Teleostiern) bestimmte Aminosäuren eine bedeutende Geschmacksqualität haben, sind für das Schmecken der Amphibien und Säuger die klassischen Geschmacksqualitäten süß, sauer, salzig und bitter bestimmend. Katzen haben darüber hinaus auch Geschmacksrezeptoren für Wasser. Des weiteren sind in jüngster Zeit zwei weitere Geschmacksqualitäten bekannt geworden, nämlich die durch Glutamat und Fettsäuren bedingten Sinneseindrücke. Im Folgenden wollen wir uns wiederum auf die Befunde an Fischen und Säugern beschränken.

Geschmacksphysiologie der Fische: Bei Fischen konnte über entsprechende Dressurversuche, die im wesentlichen an der Elritze (*Phoxinus phoxinus*) durchgeführt wurden, und über elektrophysiologische Ableitungen an den Geschmacksnervenfasern bestimmter nordamerikanischer Welsarten (*Ictalurus punctatus* und *Arius felis*) sehr niedrige Schwellenwerte gegenüber süß, sauer, salzig und bitter schmeckenden Substanzen festgestellt werden; aber auch Nucleotide, Gallensalze und vor allem bestimmte Aminosäuren werden in sehr niedriger Konzentration wahrgenommen (Tab. 7.2). Die Geschmackswahrnehmung von Gallensalzen ist bisher nur für Salmoniden nachgewiesen und dürfte mit deren „Heimfinde"- oder „Homing"-Verhalten in Zusammenhang stehen: über populationsspezifische Gallensalz-Spuren finden Lachse in ihr angestammtes Flußquellgebiet zurück, um dort abzulaichen. Allerdings orientieren sie sich hierbei hauptsächlich olfaktorisch. Für Aminosäuren ist festzustellen, daß im allgemeinen die L-Aminosäuren in geringerer Konzentration gustatorisch wirksam sind als ihre Stereoisomere; die effektivsten Stimulanzien sind L-Alanin und L-Arginin.

Geschmacksphysiologie der Säuger: Bei Säugern wurde die Physiologie des Schmeckens hauptsächlich an Maus, Ratte, Hamster und Kaninchen, aber auch an Affen und am Menschen untersucht; das Forschungsgebiet ist längst nicht abgeschlossen und erfährt gegenwärtig durch die Anwendung neuer Test- und Meßverfahren einen bemerkenswerten Aufschwung. Hierbei steht das Geschmacksvermögen des Menschen verständlicherweise im Zentrum des Interesses und wird daher hier auch besonders berücksichtigt.

Wie bereits angedeutet, werden die Geschmacksorgane der Säuger und damit auch die des Menschen vor allem durch Stoffe der **Geschmacksqualitäten** süß, sauer, salzig und bitter stimuliert. Inzwischen gilt als weiterer Geschmacksstoff das Glutamat, das heutzutage vielen Lebensmitteln als Geschmacksverstärker zugesetzt wird und das in Japan als das „Umami" in vielen würzigen Soßen und damit in eigentlich allen nicht süßen

Tab. 7.2 Geschmacksschwellen bei Fischen

Spezies	Substanz	Geschmacksqualität	Wahrnehmungsschwelle	Nachweismethode
Phoxinus phoxinus	Raffinose	süß	$4 \cdot 10^{-6}$ M	
Phoxinus phoxinus	Saccharose	süß	$1,2 \cdot 10^{-5}$ M	
Gasterosteus aculeatus	Saccharose	süß	$1,2 \cdot 10^{-5}$ M	
Hemigrammus caudovittatus	Saccharose	süß	$2,4 \cdot 10^{-5}$ M	
Phoxinus phoxinus	Lactose	süß	$3,9 \cdot 10^{-4}$ M	
Phoxinus phoxinus	Glucose	süß	$4,8 \cdot 10^{-5}$ M	verhaltensphysiologisch
Phoxinus phoxinus	Galactose	süß	$1,9 \cdot 10^{-4}$ M	
Phoxinus phoxinus	Fructose	süß	$1,6 \cdot 10^{-5}$ M	
Phoxinus phoxinus	Arabinose	süß	$6,5 \cdot 10^{-5}$ M	
Phoxinus phoxinus	Saccharin (Süßstoff)	süß	$6,5 \cdot 10^{-7}$ M	
Phoxinus phoxinus	Chininhydrochlorid	bitter	$4 \cdot 10^{-8}$ M	
Phoxinus phoxinus	Natriumchlorid	salzig	$4 \cdot 10^{-5}$ M	
Phoxinus phoxinus	Essigsäure	sauer	$4,8 \cdot 10^{-5}$ M	
Ictalurus punctatus *Arius felis* *Cyprinus carpio* *Pseudorasbora parva*	L-Aminosäuren, spez. L-Alanin L-Arginin	?	$1 \cdot 10^{-6}$ M $-5 \cdot 10^{-9}$ M	elektrophysiologisch
Fugu pardalis *Misgurnus anguillocaudatus* *Cyprinus carpio*	Nucleotide (AMP, IMP, UMP, ADP)	?	$1 \cdot 10^{-5}$ M $-1 \cdot 10^{-6}$ M	elektrophysiologisch
Oncorhynchus mykiss	Gallensäuren	(bitter)	$1 \cdot 10^{-11}$ M	elektrophysiologisch

AMP = Adenosin-5-Monophosphat; IMP = Inosin-5-Monophosphat; UMP = Uridin-5-Monophosphat; ADP = Adenosin-5-Diphosphat.

Nach Glaser, 1966, Marui u. Caprio, 1992

Speisen enthalten ist. Des weiteren scheinen Fettsäuren als Hauptbestandteile der Fette eine eigene Geschmacksqualität auszumachen, wie Versuche an Ratten nahelegen. Allerdings lassen sich mit diesen insgesamt sechs Geschmacksqualitäten unsere Geschmacksempfindungen nur unvollkommen beschreiben. Beim Genuß einer Speise oder eines Getränks werden die unterschiedlichen Rezeptoren für süß, sauer, usw. regional unterschiedlich angeordneter Sinneszellen bzw. von Geschmacksknospen in unterschiedlicher Kombination und Häufigkeit stimuliert, so daß z.B. der Geschmack einer Speise nicht als reine (z.B. süß), sondern als **Mischempfindung** (z.B. süß-sauer) bewußt wird.

Betrachten wir nun die molekularen Transduktionsmechanismen der vier klassischen Geschmacksrichtungen.

– **Salzig** (Abb. 7.25 A): Geschmackszellen, die vorwiegend auf salzige Substanzen reagieren, besitzen in ihrer apikalen Membran Ionenkanäle, die vorwiegend für Na^+, aber auch für Protonen permeabel sind. Diese Na^+-Kanäle unterscheiden sich von den spannungsabhängigen Na^+-Kanälen, wie sie auf Axonen oder auch in Geschmackszellen vorkommen. Eine Erhöhung der Na^+-Konzentration auf der Zunge führt zu einem verstärkten Na^+-Einstrom durch diese Kanäle und damit zu einer Depolarisation (Schritt 1). Diese Depolarisation der Rezeptorzelle aktiviert spannungsabhängige Na^+- und K^+-Kanäle (Schritt 2), die dann die Generierung von Aktionspotentialen in der Geschmackszelle auslösen. Während der Depolarisation öffnen im Spannungsbereich um 0mV Ca^{2+}-Kanäle. Der resultierende Ca^{2+}-Einstrom (Schritt 3) löst die Transmitterfreisetzung (Schritt 4) und so die Reizung sensorischer Nervenfasern (Schritt 5) aus.

– **Sauer** (Abb. 7.25 B): Zellen depolarisieren, wenn ihre relative K^+-Leitfähigkeit abnimmt, d.h. wenn K^+-Kanäle blockiert werden. Geschmackszellen, die auf saure Substanzen reagieren, benutzen diesen Mechanismus: In ihrer apikalen Zellmembran befinden sich K^+-Kanäle, die von Protonen blockiert werden (Schritt 1). Dabei depolarisiert die Zelle, und es werden über die Aktivierung spannungsabhängiger Na^+- und K^+-Kanäle (Schritt 2) Aktionspotentiale ausgelöst. Dies führt über den Ca^{2+}-Einstrom durch span-

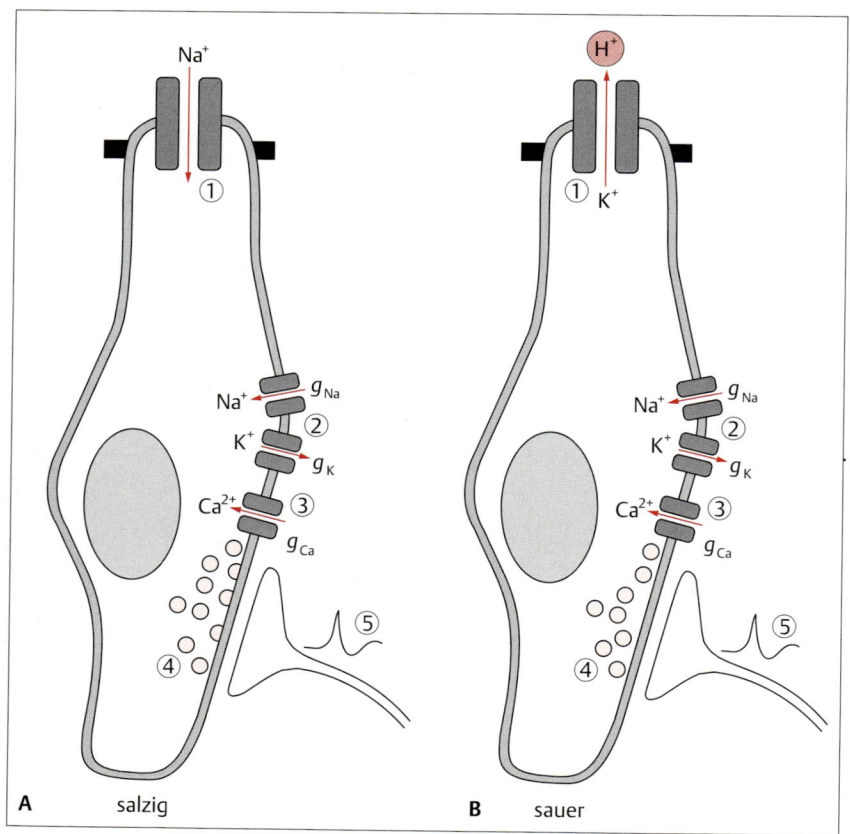

Abb. 7.25 Molekulare Transduktionsmechanismen in Geschmacksrezeptorzellen für die Geschmacksqualitäten salzig (A), sauer (B), süß (C) und bitter (D). Die Leitfähigkeiten für Na^+ (g_{Na}), K^+ (g_K) und Ca^{2+} (g_{Ca}) sind spannungsabhängig und werden während eines Aktionspotentials aktiviert. G = G-Protein; AC = Adenylatcyclase; PKA = Proteinkinase A; PLC = Phospholipase C; PIP_2 = Phosphatidylinositol-4,5-diphosphat; IP_3 = Inositol-1,4,5-triphosphat. Nähere Erläuterungen im Text (nach Frank, 1973).

nungsabhängige Ca^{2+}-Kanäle (Schritt 3) zur Transmitterfreisetzung (Schritt 4) und zur Erregung sensorischer gustatorischer Nervenfasern (Schritt 5).
- **Süß** (Abb. 7.25 C): Die als süß empfundenen Stoffe (z.B. Glucose oder Saccharose) binden an Rezeptoren der Plasmamembran (Schritt 1), worauf diese über ein G-Protein (Schritt 2) eine Adenylatzyklase (Schritt 3) aktivieren. Dadurch erhöht sich die cAMP-Konzentration. cAMP aktiviert dann die Proteinkinase A (Schritt 4), die einen K$^+$-Kanaltyp phosphoryliert und dadurch blockiert (Schritt 5). Das Resultat ist ein depolarisierendes Rezeptorpotential, dem sich durch die spannungsabhängige Aktivierung von Na$^+$- und K$^+$-Kanälen (Schritt 6) Aktionspotentiale überlagern. Dadurch kommt es zu einem spannungsabhängigen Ca^{2+}-Einstrom (Schritt 7), der die Transmitterausschüttung (Schritt 8) und so die Erregung der afferenten Nervenfaser auslöst (Schritt 9).
- **Bitter** (Abb. 7.25 D): Bitter wahrgenommene Substanzen binden wie Süßstoffe ebenfalls an spezifische Rezeptorproteine (Schritt 1). Diese stimulieren über G-Proteine (Schritt 2) eine Phospholipase C (Schritt 3).

Es folgt ein Konzentrationsanstieg von Inositoltriphosphat (Schritt 4), welches zum basolateralen Ende der Zelle diffundiert und dort zu einer Freisetzung von Ca^{2+} aus dem endoplasmatischen Reticulum führt (Schritt 5). Der Anstieg von [Ca^{2+}]$_i$ führt direkt zur Exocytose des Transmitters (Schritt 6) und zur Reizung der afferenten Nervenfaser (Schritt 7). Durch den Ausstrom von K$^+$ (Schritt 8) wird die Rezeptorzelle repolarisiert.

Die **Schwellenwerte** der Geschmacksstoffe (Tab. 7.3) sind nicht für alle Säuger gleich. Besonders niedrig erscheint jeweils der Wert für das Chinin, das als Bitterstoff in vielen Giftpflanzen vorkommt und möglicherweise über seinen unangenehmen Geschmack vom Verzehr derselben abhält, ganz im Sinne eines Schutzreflexes. Beim Menschen sind die Geschmacksstoff-Schwellenwerte über das Lebensalter nicht konstant. Kinder haben niedrigere Schwellen als Erwachsene und Greise, was möglicherweise von ihrer größeren Anzahl an Geschmacksknospen (Kinder 8000, Greise 2000) abhängt. Auch scheinen bei Erwachsenen übertriebener Coffein-

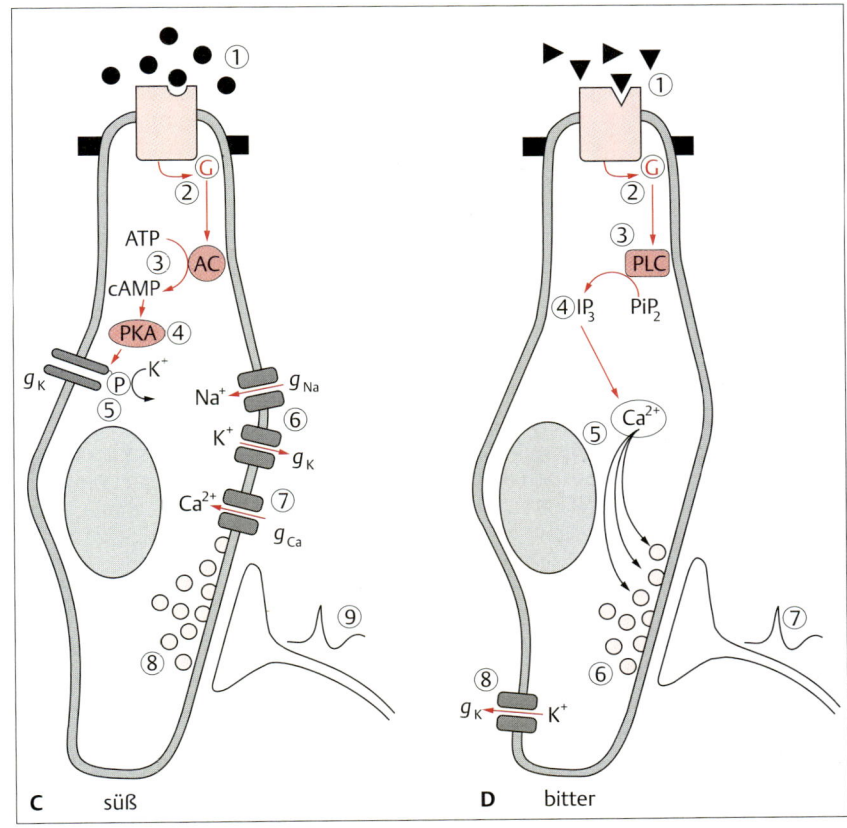

Tab. 7.3 Geschmacksschwellen des Menschen

Substanz	Geschmacks-qualität	Wahrnehmungsschwelle (verhaltensphysiologische Ermittlung)
Saccharose	süß	$1 \cdot 10^{-2}$ M
Glucose	süß	$8 \cdot 10^{-2}$ M
Saccharin (Süßstoff)	süß	$2,3 \cdot 10^{-5}$ M
Essigsäure	sauer	$1,8 \cdot 10^{-3}$ M
Zitronensäure	sauer	$2,3 \cdot 10^{-3}$ M
Salzsäure	sauer	$9 \cdot 10^{-4}$ M
Natriumchlorid	salzig	$1 \cdot 10^{-2}$ M
Kaliumchlorid	salzig	$1 \cdot 10^{-2}$ M
Nikotin	bitter	$8 \cdot 10^{-6}$ M
Chininsulfat	bitter	$1,6 \cdot 10^{-5}$ M

Nach Bierbaumer u. Schmidt, 1990, Hatt, 1997

genuß und das Rauchen sowie bestimmte Eß- und Trinkgewohnheiten eine Erhöhung der Schwellen zu bewirken. Des weiteren kann sich die Präferenz gegenüber einer Geschmacksqualität im Lauf des Lebens ändern: Kinder bevorzugen allgemein süße Speisen, Erwachsene eher Gesalzenes.

Ein interessantes Phänomen ist die **Adaption** des Geschmackssinns: Werden die Geschmacksorgane über einen längeren Zeitraum mit einer konstant bleibenden Geschmacksstoff-Konzentration gereizt, dann fällt die Sensitivität des Geschmacksorgans und damit der Sinneseindruck gegenüber diesem Geschmacksstoff kontinuierlich und deutlich ab.

Auf der Zunge des Menschen sind die Geschmacksknospen so angeordnet, daß sie in einer Region eine Geschmacksqualität bevorzugt, aber nicht ausschließlich wahrnehmen (Abb. 7.21). So ist z.B. die Zungenspitze und der Zungenrand besonders von süß-empfindlichen Geschmackspapillen (Pilzpapillen) bzw. Geschmacksknospen besetzt, während das hintere Zungendrittel, hauptsächlich an den Wallpapillen, überwiegend bittersensitive Geschmacksknospen hat. Hierbei geht man davon aus, daß eine afferente Nervenfaser (eines der Geschmacksnerven VII, IX und X) mit mehreren gleichsinnig differenzierten (also z.B. süß-perzipierenden) Sinneszellen, die auch in mehreren benachbarten Geschmacksorganen liegen können, synaptisch verbunden ist. Hierdurch kommt eine Kleinregion zustande, die sich an ihrem Rand mit den benachbarten Regionen überlappt. Solche unterschiedlich oder gleichsinnig Geschmacksstoff-sensitiven Zungenareale werden **rezeptive Felder** genannt.

Nicht gustatorisch vermittelte „Geschmackswahrnehmungen" betreffen z.B. die Schärfe von Pfeffer und Paprika, aber auch die durch Alkohol bedingte Wärmeempfindung oder die durch Menthol hervorgerufene Kühle. Diese Empfindungen, die den Wohlgeschmack einer Speise durchaus abrunden können, werden über intraepitheliale freie Nervenendigungen des Nervus trigeminus (V. Hirnnerv) wahrgenommen; scharfe Gewürze reizen die trigeminalen Schmerzfasern.

Verarbeitung der Geschmacksinformation: Die Innervation von Geschmacksknospen erfolgt (vor allem) durch den VII. und IX. Hirnnerven. Jede einzelne afferente Faser kann mehr als eine Geschmacksknospe und innerhalb einer solchen mehr als eine Rezeptorzelle versorgen. So erstaunt es nicht, daß einzelne Fasern des N. facialis (VII) und des N. glossopharyngeus (IX) mehr als eine Geschmacksqualität übertragen. Abbildung 7.26 zeigt dies ganz deutlich. Gleichzeitig wird aus der Abbildung klar, daß nicht alle Kombinationen von Sensitivitäten innerhalb einzelner Fasern vorkommen, sondern daß die Fasern in vier Klassen eingeteilt werden können. Trägt man die Qualitäten in der hädonischen Sequenz süß (S für „sweet"), salzig (N für NaCl), sauer (H für H^+) und bitter (Q für Quinin) auf (Abb. 7.26), so erkennt man folgende Ordnungsprinzipien:
1. Fasern des VII. Hirnnerven, die am besten auf S reagieren, reagieren am nächst besten auf N, dann auf H und kaum auf Q.
2. Fasern des VII. Hirnnerven, die am besten auf N reagieren, reagieren am nächst besten auf H und S, aber kaum auf Q.
3. Fasern des VII. Hirnnerven, die am besten auf H reagieren, reagieren am nächst besten auf N und Q, aber kaum auf S.
4. Fasern des VII. Hirnnerven reagieren am besten entweder auf S, N oder auf H, aber kaum auf Q, während die Fasern des IX. Hirnnerven am besten auf Q oder auf H reagieren.

Durch weitergehende Kombination wahrgenommener Geschmacksqualitäten entstehen immer wieder neue Geschmackseindrücke bzw. Geschmacksnuancen. Außerdem ist beim Schmecken einer Speise in sehr hohem Grad auch das **Geruchsorgan** beteiligt: Beim Essen werden flüchtige Moleküle frei, die als Geruchsstoffe über den Epipharynx (nasaler Abschnitt des Rachenraumes) und die offenen Choanen (hintere Öffnung der Nase zum Rachenraum) in den Nasenraum und dort an das Riechepithel gelangen. Die starke Beteiligung des Riechorgans beim Schmecken wird jedem dann bewußt, wenn er infolge eines starken Schnupfens geschwollene und verschleimte Luftwege hat und somit die Geruchsstoffe der Speise den Nasenraum nicht oder nur schwer erreichen können.

Die chemischen Sinne – Geschmack und Geruch

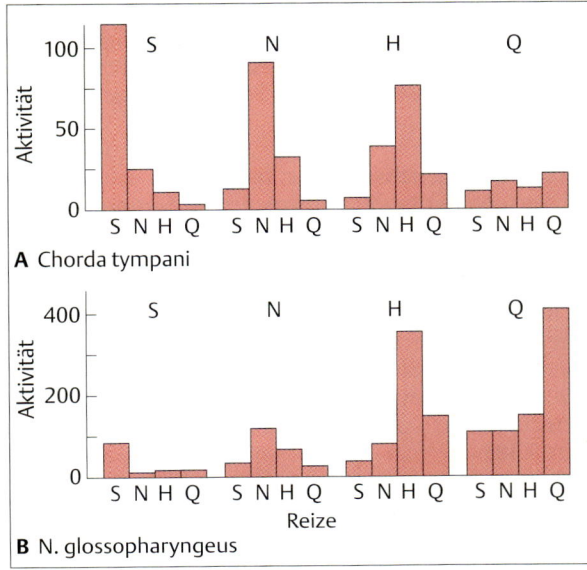

Abb. 7.26 Afferente Geschmacksfasern übermitteln nicht nur Informationen über eine einzige Geschmacksempfindung. Jedes afferente Geschmacksneuron wird am effektivsten durch einen Reiztyp erregt, reagiert aber auch auf andere Geschmacksreize. Die Antworten auf vier verschiedene Geschmacksreize wurden von einzelnen afferenten Geschmacksaxonen in zwei Nerven (N. chorda tympani [Fasern des N. facialis] und N. glossopharyngeus) des Hamsters aufgezeichnet. Jedes Axon reagiert zumindest schwach auf jeden der vier Reize (S, N, H, Q), maximal aber auf nur einen der vier Geschmacksreize. Verschiedene Neuronen antworten maximal auf verschiedene Reize. Abkürzungen: S = Zucker (süß); N = NaCl (salzig); H = HCl (sauer); Q = Quinin (bitter) (nach Hanamori u. Mitarb., 1988).

Geruchssysteme

Die Antennen der Insekten

Chemosensorische Systeme können außerordentlich empfindlich sein. Ein eindrucksvolles Beispiel dafür ist die Empfindlichkeit der Antennenrezeptoren (7.27 B) des männlichen Seidenspinners *Bombyx mori* für das weibliche Sexualpheromon **Bombykol** (7.28). Die Isolierung und spätere Synthese dieses Sexuallockstoffs durch den deutschen Biochemiker und Nobelpreisträger A. Butenandt und seine Mitarbeiter (1959) bildete die Grundlage für die erste quantitative Untersuchung der Physiologie eines Lockstoffrezeptors bei Insekten. Die Rezeptoren des Seidenspinners – sie befinden sich auf den Antennen – sind hochspezifisch und antworten nur auf Bombykol und – mit deutlich geringerer Sensitivität – auf einige wenige analoge chemische Verbindungen. Wie erste Verhaltensuntersuchungen und elektrophysiologische Ableitungen von den Antennen dieses

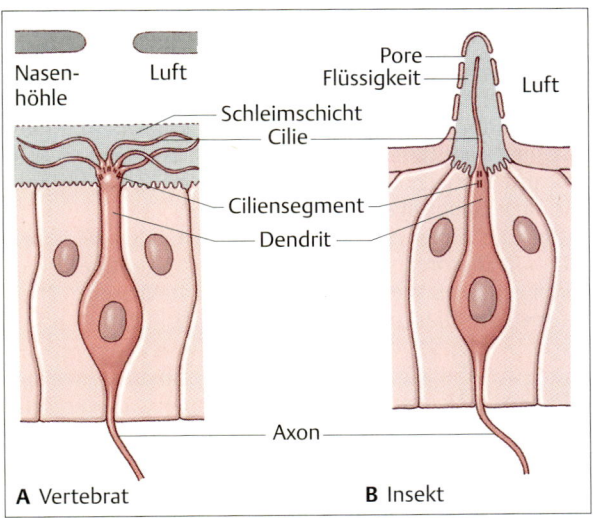

Abb. 7.27 Olfaktorische Rezeptoren. A Rezeptoren von Vertebraten. **B** Rezeptoren von Insekten. Die Rezeptoren senden primäre Afferenzen zum ZNS. Analoge Strukturen sind in A und B ähnlich dargestellt. Bei beiden Typen erstrecken sich feine Fortsätze von der Rezeptorzelle in die Schleimschicht(haut). Beim Insekt handelt es sich dabei um echte Dendriten (nach Steinbrecht, 1969).

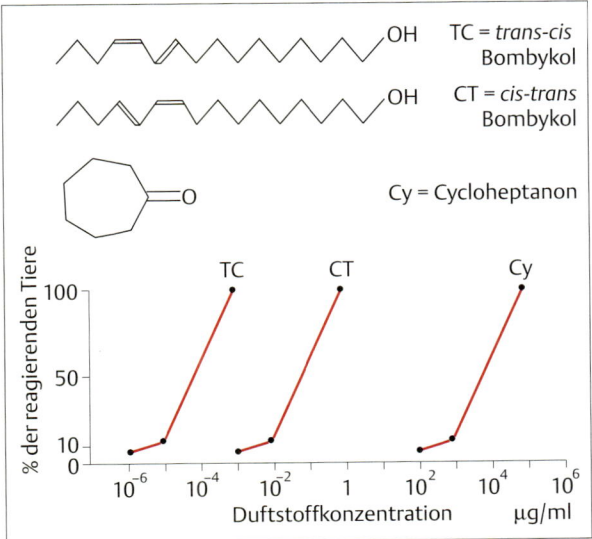

Abb. 7.28 Schwellenkonzentrationen von Duftstoffen auf das Verhalten des *Bombyx*-Männchens. Dargestellt ist das Ausmaß der Auslösung der Schwirr-Reaktion männlicher Tiere bei Reizung mit Bombykol (10-*trans*, 12-*cis*-Hexadecadienol; TC), mit einem Isomer (10-*cis*, 12-*trans*-Hexadecadienol; CT) und mit dem Duftstoff Cycloheptanon (Cy) (nach Boeckh u. Mitarb., 1965).

Insekts (Elektroantennogramm, EAG) durch D. Schneider und seine Arbeitsgruppe zeigten (1967), beantworten Männchen bereits eine Konzentration von 100 Duftmolekülen/cm^3 Luft mit Verhaltensäußerungen (Flügelschwirren), während für die EAG-Schwelle $1 \cdot 10^7$ Moleküle/cm^3 ermittelt wurden. (Diese Unterschiede waren vermutlich methodisch bedingt, wie sich in nachfolgenden Untersuchungen zeigte.)

Um die Empfindlichkeit der antennalen olfaktorischen Rezeptoren des Seidenspinners gegenüber Bombykol genau zu ermitteln, führte man elektrische Ableitungen an diesen Rezeptoren durch. Offensichtlich reicht bereits das Auftreffen von 90 Molekülen pro Sekunde auf eine einzelne Rezeptorzelle aus, um eine signifikante Steigerung in der Feuerfrequenz dieser Zelle hervorzurufen. 1986 berichtete K.E. Kaissling, daß durch den kombinierten Einsatz elektrophysiologischer, radiometrischer und verhaltensphysiologischer Methoden der Nachweis gelungen sei, daß bereits ein einzelnes Bombykol-Molekül einen Nervenimpuls auslösen könne. Verhaltensantworten sind jedoch erst dann zu beobachten, wenn etwa 40 der etwa 20000 Rezeptorzellen pro Antenne ein Duftmolekül pro Sekunde auffangen. Man geht davon aus, daß das zentrale Nervensystem des Seidenspinners fähig ist, sehr kleine Erhöhungen in der über zahlreiche chemosensorische Kanäle ankommenden mittleren Impulsfrequenz zu registrieren. Dieser Vorgang wurde im Abschnitt „Empfindlichkeitserhöhende Mechanismen" dieses Kapitels bereits besprochen.

Das hochentwickelte Duftmolekül-Rezeptorsystem ermöglicht dem *Bombyx*-Männchen, ein einzelnes Weibchen zu lokalisieren, das sich mehrere Kilometer windaufwärts befindet. Diese Fähigkeit bedeutet einen großen Fortpflanzungsvorteil für eine Art, bei der die einzelnen Individuen weit verstreut leben.

Geruchssystem der Vertebraten

Geruchsreize lösen einige wichtige, für das Überleben von Individuum und Art entscheidende Verhaltensantworten aus, z.B.: Genotyperkennung, Fortpflanzung, Homing-Verhalten oder Nahrungskontrolle. Einige Fische, wie z.B. Lachse oder die meisten Neunaugenarten, suchen zum Laichen wieder den Ort auf, an dem sie einst selbst Laich waren; dieses Verhalten scheint durch Geruchsreize bestimmt zu sein. Prägung auf Geruchsreize nach der Geburt spielen bei vielen Arten eine Rolle; so finden viele Nager die Zitzen der Mutter über Geruchsreize; Odorisierung derselben mit einem bestimmten artfremden Geruch führt dazu, daß sich die Jungen im folgenden, anstatt zum Muttertier, zu diesem artfremden Geruch hin orientieren.

Ein weiteres eindrucksvolles Beispiel für die Wirkung von Geruchsreizen ist der schon 1959 entdeckte **Bruce-Effekt**: Nimmt eine trächtige Maus den Uringeruch eines Männchens eines anderen Stammes wahr, so führt dies in mehr als 80% aller Fälle zu einem geruchsreizinduziertem Abort.

Aufbau des Geruchssystems: Das olfaktorische System der Vertebraten besteht aus mehreren Stationen. Erste Station sind die Rezeptorzellen (Abb. 7.**27 A**), die in einem **olfaktorischen Epithel** vorkommen. Ein solches Epithel besitzt **Stützzellen** (Glia), **Drüsenzellen**, **Rezeptorneuronen** und **Basalzellen**, die sich zu Rezeptorneuronen differenzieren können. Die Axone der Rezeptorzellen (primäre Sinneszellen) ziehen zur zweiten Station olfaktorischer Signalverarbeitung, dem **Bulbus olfactorius**, der aus folgenden Schichten besteht (Abb. 7.**38**):
1. Schicht der olfaktorischen Nervenfasern,
2. Schicht der Glomeruli,
3. externe plexiforme Schicht,
4. Mitralzellschicht,
5. interne plexiforme Schicht und
6. Körnerzellschicht.

Die Axone der Rezeptorneurone endigen in den Glomeruli[2]. Das sind ovale bis rundliche Neuropilknäuel (Nervenfaserknäuel), in denen die Endigungen der Rezeptorzellaxone Synapsen mit den Dendriten von **Mitralzellen** und **Pinselzellen** bilden. Der Neurotransmitter an diesen Synapsen ist Glutamat. Mitralzellen senden einen oder mehrere Dendriten in Glomerula und erhalten so von Rezeptorzellen die sensorische Information.

Interneurone (**periglomeruläre Zellen** und **Körnerzellen**) vermitteln zwischen Mitralzellen, oft über reziproke Synapsen in der äußeren plexiformen Schicht. Die Axone von Mitral- und Pinselzellen projizieren über die innere plexiforme Schicht und den olfaktorischen Trakt in verschiedene Hirnareale. Umgekehrt erhalten die Interneurone über den olfaktorischen Trakt Signale aus verschiedenen Hirnregionen, welche die Aktivität im Bulbus olfactorius modulieren.

Olfaktorische Rezeptoren und Rezeptorzellen: Bei Säugetieren befinden sich die Geruchsrezeptoren in der Nasenhöhle. Sie sind so angeordnet, daß sie während der Atmung von der Luft, welche die Duftmoleküle enthält, umströmt werden (Abb. 7.**29**). Tiere, die besonders von olfaktorischen Reizen abhängen, haben sehr komplex entwickelte Höhlungen mit charakteristischen Einstülpungen (Turbinalen), die mit Sinnesepithelien bedeckt sind. Es ist noch immer nicht bekannt, welcher

---

[2] Glomus: das Knäuel; davon abgeleitetes Diminutiv: glomerulum: das kleine Knäuel.

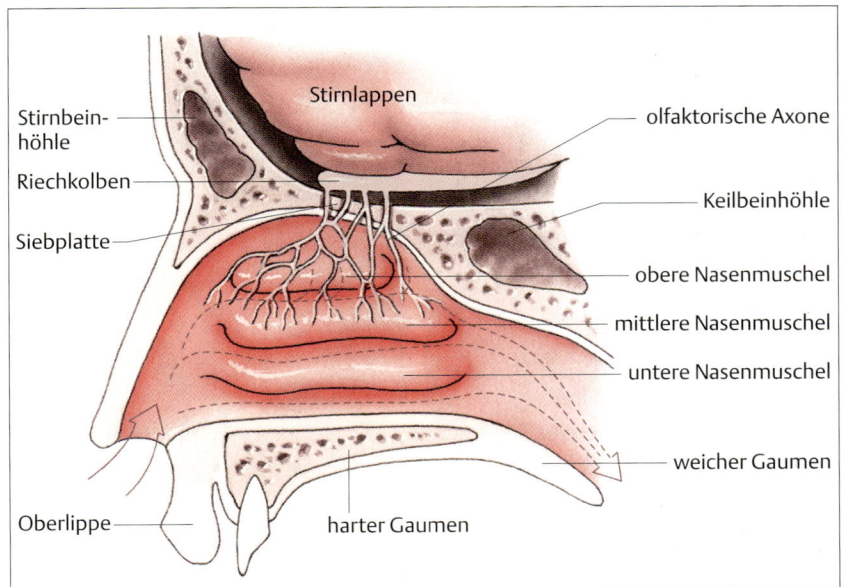

Abb. 7.29 Lage des olfaktorischen Epithels beim Menschen. Beim Menschen befindet sich das olfaktorische Epithel im dorsalen Bereich des Nasenraums. Das die olfaktorischen Rezeptorzellen umspülende Medium (Luft oder Wasser) enthält die Duftmoleküle. Die Pfeile geben die Luftbewegungen beim Einatmen an; die gestrichelten Teile beziehen sich auf die Luftbewegungen zwischen den Conchien (Nasenmuscheln). Über dem olfaktorischen Epithel bilden sich Luftverwirbelungen, die für eine bessere Versorgung der Riechrezeptoren mit Luft bzw. mit Duftstoffen sorgen.

Mechanismus dafür sorgt, daß der Luftstrom die gesamte Höhlung durchströmt.

Olfaktorische Rezeptorneurone sind kleine, bipolare Neurone. Bei Vertebraten entspringen vom dendritischen Ende dieser Zellen bis zu 30 Cilien (etwa 1 µm Durchmesser und bis zu 200 µm Länge; Abb. 7.**27 A**). Abb. 7.**30** zeigt olfaktorische Neurone des Menschen. Einige olfaktorische Rezeptorneurone besitzen Mikrovilli statt Cilien. Dies ist zum Beispiel der Fall bei Knorpelfischen (Haien und Rochen) sowie in den chemosensitiven Neuronen aller Vomeronasalorgane[3].

Wenn Geruchstoffe (Odorantien) in die Nase gelangen, so durchqueren sie zunächst eine dem Riechepithel aufgelagerte Schleimschicht (Mucus), die das Sinnesepithel schützt und Proteine enthält, die Odorantien binden können. Auf diese Weise wird die Diffusion von lipophilen Duftmolekülen durch die wässrige Schleimphase erleichtert. Die Odorantien binden dann an olfaktorische Rezeptorproteine (OR) in der Cilienmembran (bzw. Mikrovillusmembran). Diese Rezeptoren gehören zu der großen Klasse von Rezeptorproteinen, die mit sieben α-Helices die Plasmamembran durchqueren. In Abb. 7.**31** ist die Struktur olfaktorischer Rezeptoren im Vergleich mit ähnlichen Rezeptoren schematisch dargestellt.

---

[3] Neben dem Riechepithel in der Nase findet sich bei vielen Vertebraten ein zweites paariges Geruchssinnesorgan am Grund der Nasenscheidewand, das Vomeronasalorgan (Jacobson-Organ).

Es gibt zwei gute Gründe anzunehmen, daß die Primärprozesse der olfaktorischen Transduktion in den Cilien stattfinden. Zum einen reagieren nur mit Cilien besetzte Neurone auf Duftmoleküle, woraus man schließen kann, daß sie für die Transduktion zuständig sind. Der zweite Grund resultiert aus Experimenten, in denen man olfaktorische Neurone in Kultur hielt und dann Duftmolekülen aussetzte, während gleichzeitig der Rezeptorstrom mittels intrazellulärer Elektroden aus dem Soma abgeleitet wurde (Abb. 7.**32**). Brachte man eine Duftmoleküle enthaltende Lösung an die Cilien, antwortete die Zelle heftig; brachte man die Lösung dagegen an das Soma, so trat nur eine sehr schwache Antwort auf. Brachte man jedoch eine KCl enthaltende Lösung (welche die Rezeptormembran depolarisiert) an die Cilien, trat nur eine schwache Antwort auf, während das Anbringen dieser Lösung am Soma zu einer heftigen Antwort führte. Diese Daten können so interpretiert werden, daß nur die Cilien auf Duftmoleküle reagieren und u_m signifikant verändern.

Inzwischen ist eine große Anzahl von OR-Genen kloniert worden und es wird vermutet, daß es mehr als 1000 verschiedene ORs gibt. Die Bindung eines Duftmoleküls an einen olfaktorischen Rezeptor aktiviert im allgemeinen eine intrazelluläre Signalkaskade, die letztlich zu einem Rezeptorpotential führt. Depolarisierende Rezeptorpotentiale lösen Aktionspotentiale aus, hyperpolarisierende Rezeptorpotentiale schließen die Sinneszelle kurz und machen sie für weitere Reize weniger erregbar (Abb. 7.**33**).

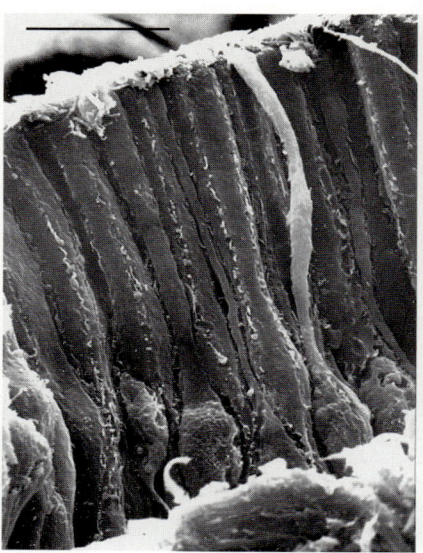 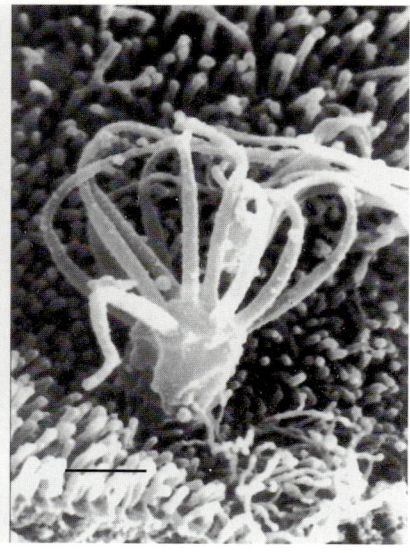

Abb. 7.30 Rasterelektronenmikroskopische Aufnahmen von Riechrezeptorzellen des Menschen. Links: Olfaktorisches Epithel, von der Seite betrachtet. Die Zelle mit dem langen, leicht hervortretenden Dendriten ist ein typisches olfaktorisches Neuron (Skalierungsbalken: 10 µm). Rechts: Ein Blick von oben auf die Riechschleimhaut zeigt den dendritischen Endkolben einer Riechzelle mit Cilien (Skalierungsbalken: 1 µm) (nach Morrison und Costanzo, 1990).

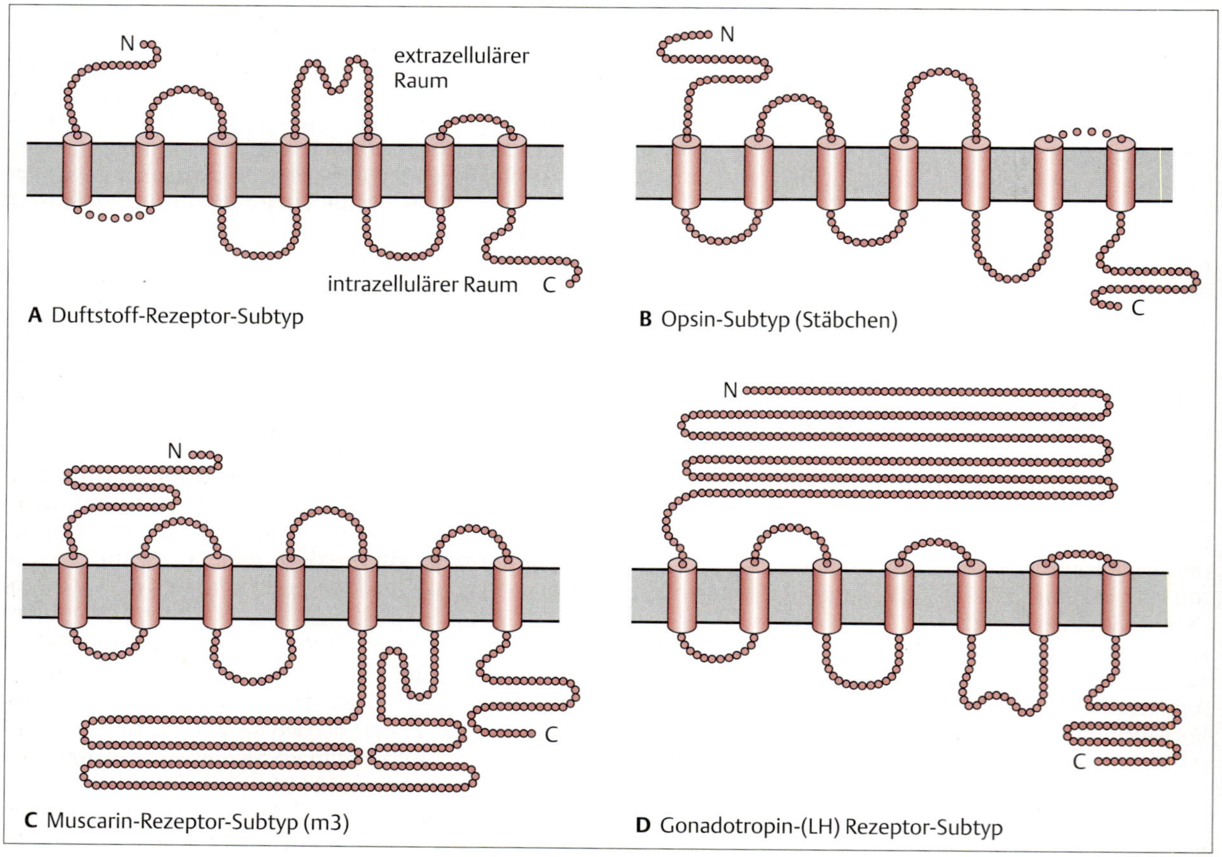

A Duftstoff-Rezeptor-Subtyp

B Opsin-Subtyp (Stäbchen)

C Muscarin-Rezeptor-Subtyp (m3)

D Gonadotropin-(LH) Rezeptor-Subtyp

Abb. 7.31 Struktur verschiedener G-Protein-gekoppelter Rezeptoren. A Geruchsrezeptor mit relativ kurzen intra- und extrazellulären Ketten. **B** Opsin. **C** Muscarinischer Acetylcholinrezeptor mit langer N-terminaler extrazellulärer Domäne, die vermutlich an der Bindung des Liganden beteiligt ist. **D** Gonadotropinrezeptor (nach Breer u. Mitarb., 1994).

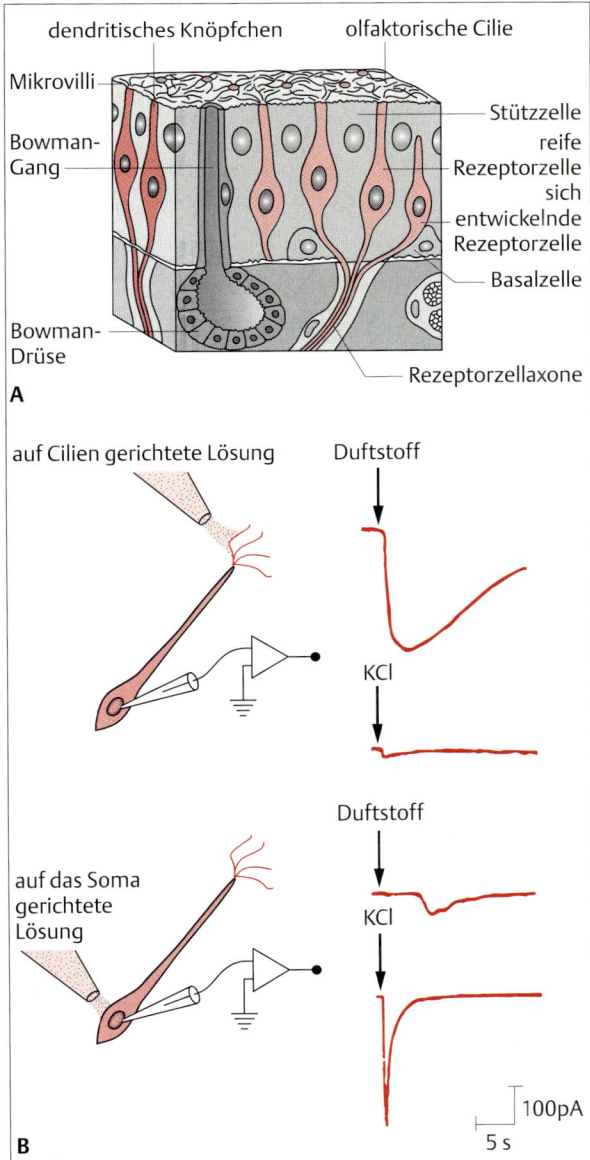

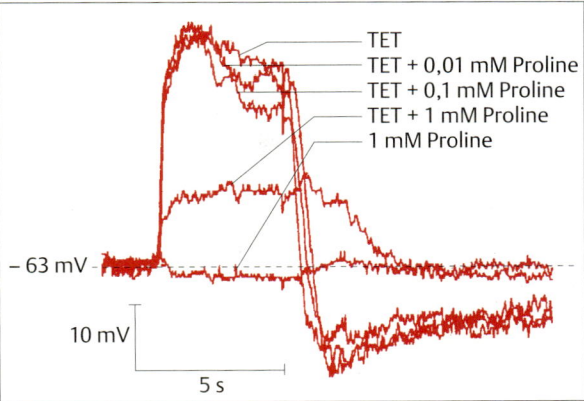

Abb. 7.33 Rezeptorpotentiale einer Riechsinneszelle des Hummers. Das Ruhepotential dieser Zelle ist –63 mV. Fischfutterextrakt ruft ein stark depolarisierendes Potential hervor, welches durch steigende Konzentrationen der Aminosäure Prolin zunehmend geblockt und bei 1mM Prolin in seiner Polarität leicht invertiert wird (nach Michel u. Ache, 1994).

Abb. 7.32 Riechrezeptoren des olfaktorischen Epithels der Vertebraten depolarisieren als Antwort auf Duftmoleküle. A Schematische Darstellung der Organisation der Zellen im olfaktorischen Epithel der Säuger. **B** Antwort in Kultur gehaltener Riechrezeptorneurone des Salamanders auf gezielte Duftpulse. Links: Wurden chemische Reizimpulse direkt auf die Membran der Cilien gerichtet, entwickelte sich ein starker Strom (oben). Wurde eine Lösung mit hohem K⁺-Gehalt auf dieselbe Stelle gerichtet, war nur eine schwache Reaktion zu verzeichnen (unten). Rechts: Wurde das Soma chemisch gereizt, trat nur eine schwache Antwort auf (oben). Sobald aber die Lösung mit hohem K⁺-Gehalt direkt auf das Soma gerichtet wurde, trat eine starke Antwort auf (unten) (A nach Shepherd, 1994; B nach Firestien u. Mitarb., 1990).

Die olfaktorischen Neurone von Vertebraten kodieren Odorantien jeweils nur in einem engen Konzentrationsfenster, d.h. die Konzentration c_{max}, bei der die Zellen maximal antworten, und die Konzentration c_{min}, bei der die Zellen eben zu antworten beginnen (Reizschwelle), liegen meist nicht weit auseinander, nämlich im Bereich von $c_{max}/c_{min} \sim 0{,}5$ bis $c_{max}/c_{min} \sim 1000$.

Manche olfaktorischen Neurone reagieren äußerst spezifisch auf gewisse Substanzen. Demgegenüber reagieren andere olfaktorische Neurone relativ unspezifisch, d.h. auf eine große Anzahl von Duftstoffen, aber auf jeden mit einer anderen AP-Frequenz. Ein bestimmter Geruchsstoff kann daher eine große Anzahl von olfaktorischen Neuronen reizen, und zwar verschiedene Zellen auf unterschiedliche Art und Weise.

Die Kodierung olfaktorischer Reize wurde elektrophysiologisch am olfaktorischen Epithel des Frosches untersucht (Abb. 7.**34A**). Die Aktivität eines einzelnen Rezeptoraxons wurde mittels einer Elektrode registriert, während gleichzeitig mit einer zweiten Elektrode das Summenpotential (**Elektroolfaktogramm** oder EOG) einer großen Anzahl olfaktorischer Rezeptoren des Epithels aufgezeichnet wurde (Abb. 7.**34B**). Impulse von individuellen Rezeptoren wurden elektronisch dem EOG überlagert. Diese Technik erlaubt den Vergleich einer Einzelzelle mit der Summenantwort vieler Rezeptoren auf ausgewählte Geruchsreize.

Die Ergebnisse lassen erkennen, daß die Reizkodierung in der Vertebratennase wesentlich komplexer ist als in den Kontaktchemorezeptoren der Insekten. Verschiedene Rezeptoren können unterschiedlich auf ein

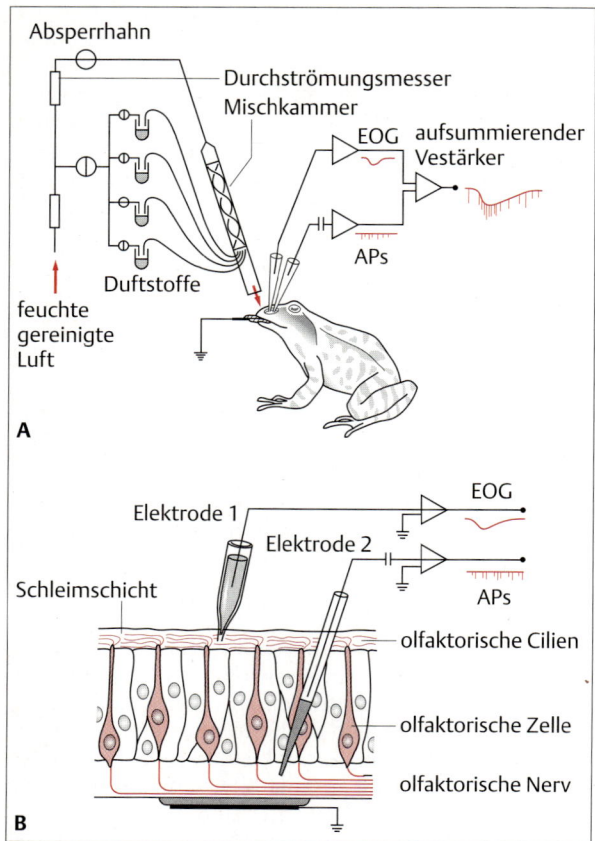
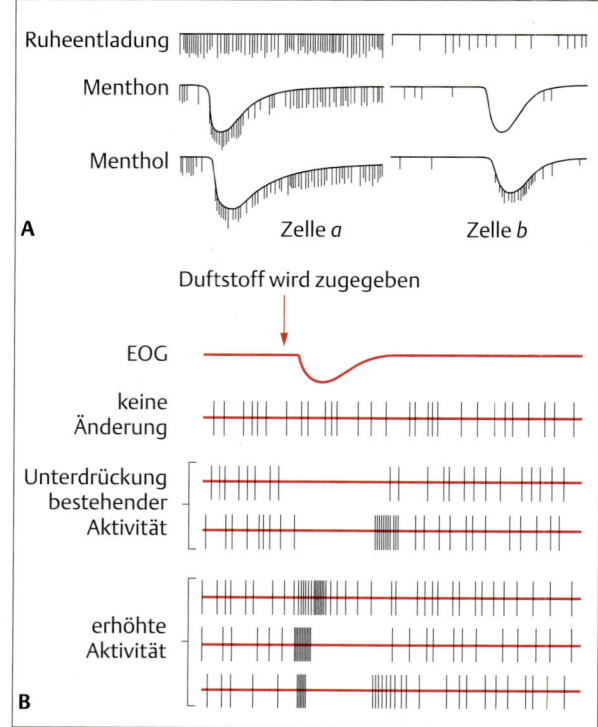

Abb. 7.34 Untersuchung der sensorischen Kodierung im Riechepithel des Frosches. A Dem Riechepithel können verschiedene Gerüche zugeführt werden, während das Elektroolfaktogramm (EOG) und APs einzelner Rezeptorzellen abgeleitet und zu einer zusammengesetzten Ableitung summiert werden (rechts). **B** Detailbild des Gewebes und der Elektroden. Elektrode 1 leitet aufgrund ihrer Position das gesamte EOG-Potential ab. Elektrode 2 registriert die Aktivität des ihr am nächsten liegenden einzelnen Axons (nach Gesteland, 1966).

Abb. 7.35 Riechrezeptorzellen zeigen komplexe Antworten auf unterschiedliche Duftmoleküle. A Aufzeichnungen der Aktivitäten zweier Riechrezeptoren des Frosches. Menthon und Menthol unterdrücken beide geringfügig die bestehende Aktivität in Zelle a. Dies läßt vermuten, daß diese Zelle die beiden Substanzen nicht unterscheiden kann. Zelle b reagiert anders: Die Reizung mit Menthol erhöht die vorhergehende Ruhefrequenz der APs in dieser Zelle, wohingegen die Reizung mit Menthon zu einer Abnahme der Ruhefrequenz führt. Folglich kann Zelle b die beiden Gerüche unterscheiden, auf die Zelle a gleich reagiert. Beachte, daß das EOG für jede Zelle aus den einzelnen Ableitungen aufsummiert wurde. **B** Aufzeichnungen der Aktivität nachgeschalteter Zellen des Riechsystems des Tigersalamanders. Duftstoffe können die vorhandene Aktivität dieser Zellen erhöhen oder erniedrigen (A nach Gesteland, 1966; B nach Kauer, 1987).

und den selben Duft antworten. In manchen sensorischen Axonen erhöhte ein bestimmter Duft die AP-Frequenz (Abb. 7.**35**). Interessant ist das Ergebnis, daß Düfte, die für den Menschen gleichartig riechen und nicht unterschieden werden können, auf bestimmte olfaktorische Sinneszellen des Frosches eine vergleichbare Wirkung ausüben, auf andere olfaktorische Sinneszellen des Frosches jedoch andere Wirkungen besitzen (Abb. 7.**35 A**); der Frosch kann diese Düfte daher wahrscheinlich voneinander unterscheiden.

Transduktionswege in olfaktorischen Neuronen: Geruchsstoffe können über verschiedene sekundäre Botenstoffe Rezeptorpotentiale auslösen. Am besten untersucht ist ein Transduktionsweg, der cAMP als Botenstoff benutzt (Abb. 7.**36**). In diesem Fall bindet ein Geruchsstoffmolekül an einen Rezeptor, woraufhin über ein G-Protein (G_{olf}) eine Adenylatzyklase aktiviert wird, welche die Konzentration von cAMP erhöht. cAMP bindet direkt an durch zyklische Nucleotide gesteuerte Ionenkanäle (g_{cn}), die vorwiegend Ca^{2+}, aber auch Na^+ passieren lassen. Ca^{2+} aktiviert schließlich Ca^{2+}-abhän-

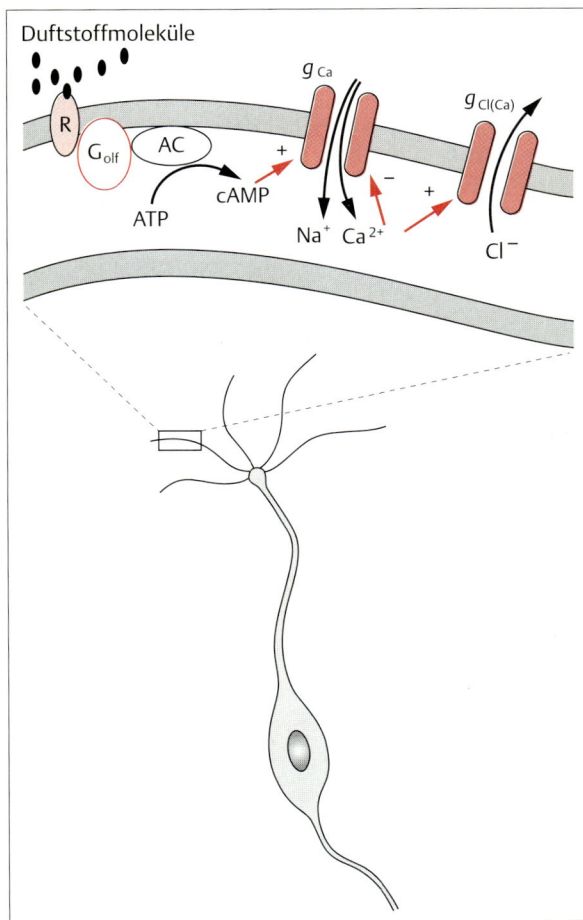

Die molekularen Mechanismen und die Elemente dieser Signalkaskaden sind aber erst teilweise bekannt.

Signalverarbeitung im Bulbus olfactorius: Einen Überblick über die Komplexität der Signalverarbeitung von Gerüchen erhält man durch die optische Registrierung der Aktivität von Glomerula oder auch Mitralzellen. Abbildung 7.**37** zeigt – stellvertretend für den Bulbus olfactorius der Säuger – Aufnahmen vom Lobus olfactorius der HoniMgbiene. Verschiedene Duftstoffe werden offensichtlich auf verschiedene Muster des Lo-

Abb. 7.36 cAMP-vermittelte Transduktionskaskade in einer Riechsinneszelle. Von den Zellkompartimenten Axon, Soma, Dendrit, dendritisches Knöpfchen und Cilien ist ein Cilium im Detail dargestellt. Die Duftstoffmoleküle binden an einen Rezeptor (R), der über ein G-Protein (G) eine Adenylatzyklase (AC) aktiviert. Diese setzt ATP zu cAMP um, welches eine Leitfähigkeit g_{Ca} aktiviert (öffnet). Das so einströmende Na^+ und Ca^{2+} depolarisiert die Membran. Ca^{2+} öffnet ferner Ca^{2+}-abhängige Cl^--Kanäle ($g_{Cl(Ca)}$), welche die Depolarisation verstärken (Originaldarstellung D. Schild).

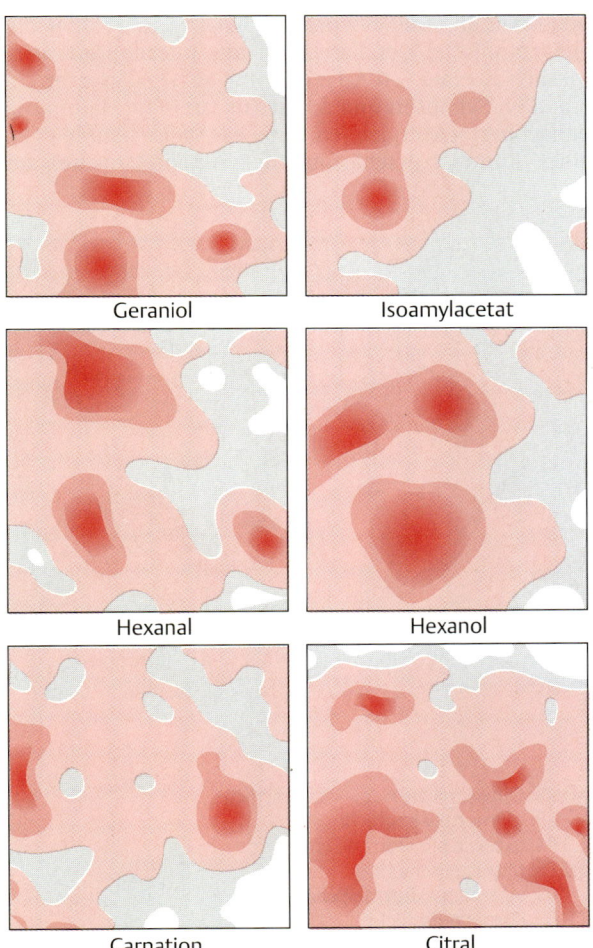

Abb. 7.37 Räumliche Verteilung neuronaler Aktivität im Lobus olfactorius der Biene. Dargestellt sind die neuronalen Aktivitäten nach Reizung des Tieres mit verschiedenen Duftstoffen. Die sechs hier dargestellten Duftstoffe haben unterschiedliche, wenn auch leicht überlappende Aktivitätsbereiche (nach Joerges u. Mitarb., 1996).

gige Chloridkanäle ($g_{Cl(Ca)}$). In diesen Zellen ist u_{Cl} weniger negativ als das Ruhemembranpotential ($u_m < u_{Cl}$), so daß ein Ausstrom von Cl^--Ionen und damit eine Depolarisation erfolgt. Diese Depolarisation ist das Rezeptorpotential. Die Öffnung der cAMP-abhängigen Kanäle (g_{cn}) unterliegt einer negativen Feedback-Kontrolle durch das intrazelluläre Ca^{2+}.

Neben cAMP werden als sekundäre Botenstoffe in olfaktorischen Zellen noch IP_3, cGMP und Ca^{2+} untersucht.

bus olfactorius abgebildet. Bei der Reizung mit Odorantienmischungen kommt es zu Wechselwirkungen zwischen diesen Mustern.

Die zellulären Wechselwirkungen zwischen Projektions- und Interneuronen sind relativ komplex. In Abb. 7.38 ist ein vereinfachtes Schema dargestellt: Die von den Rezeptorneuronen kommende Information wird in den Glomerula integriert und führt zu postsynaptischen Potentialen auf den Dendriten von Mitralzellen. Diese sind über zahlreiche reziproke Synapsen mit Interneuronen verbunden, wobei Glutamat als exzitatorischer Transmitter von Mitralzelle zum Interneuron und GABA als Transmitter vom Interneuron zur Mitralzelle wirkt (Abb. 7.28B). Die Aktivierung von Interneuronen an einer reziproken Synapse führt über die elektrotonische Depolarisation des Interneurons vermutlich zu einer GABA-Freisetzung an benachbarten reziproken Synapsen und damit zur lateralen Hemmung benachbarter Mitralzellen. Auf diese Weise könnte es zu einer Kontrastverschärfung der Aktivitätsmuster im Bulbus olfactorius und damit einer schärferen Diskrimination verschiedener Gerüche kommen.

Die Signalverarbeitung olfaktorischer Reize in höheren Hirnregionen wurde bisher kaum untersucht; gegenwärtig lassen sich hierüber daher kaum allgemeingültige Aussagen machen. Bei Säugern, die eine enorm große Anzahl von Düften unterscheiden können, müssen höhere olfaktorische Zentren im Gehirn die Fähigkeit besitzen, eine große Anzahl verschiedener Kombinationen zu dekodieren, die von verschiedenen olfaktorischen Sinneszellen des nasalen Epithels eintreffen.

Mechanorezeption

Alle Tiere sind in der Lage, einen physischen Kontakt auf ihrer Körperoberfläche wahrzunehmen. Solche Reize werden von Mechanorezeptoren registriert. Zu den einfachsten Mechanorezeptoren gehören morphologisch undifferenzierte Nervenendigungen im Bindegewebe

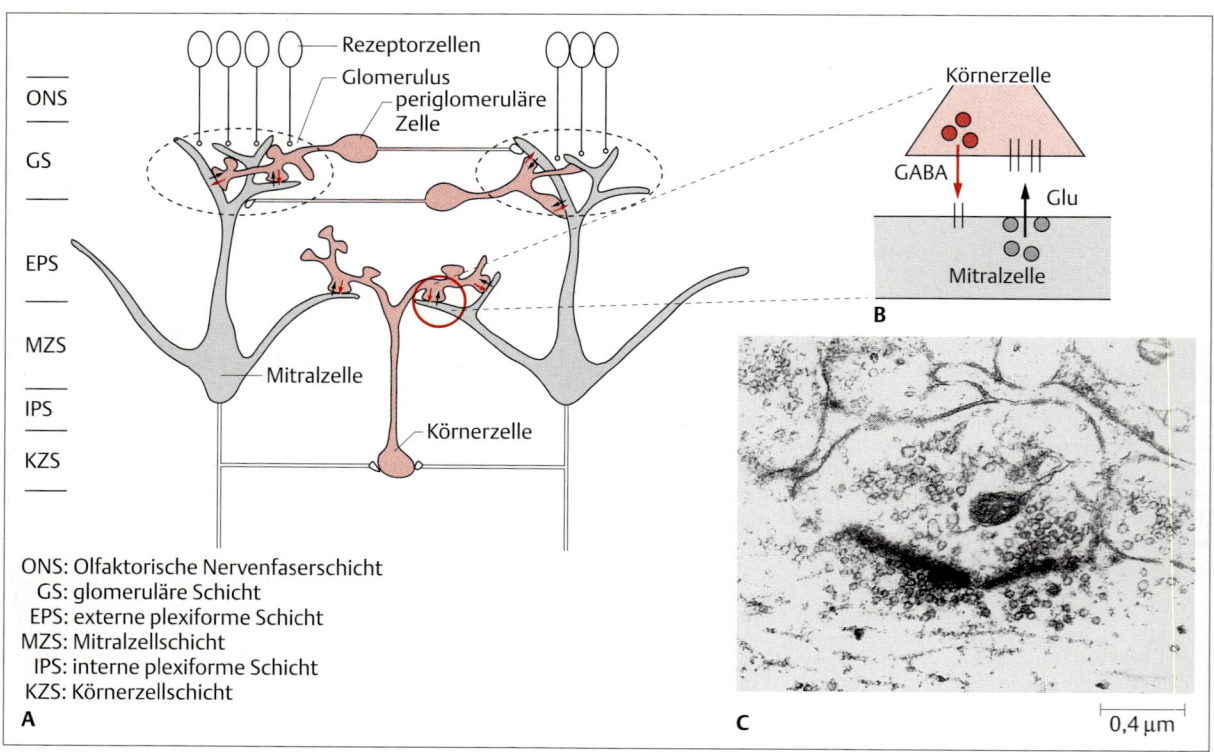

Abb. 7.38 Neuronenverschaltung mit reziproken Synapsen im Bulbus olfactorius der Säuger. A Schematische Darstellung der neuronalen Verschaltung im Bulbus olfactorius von Säugern zwischen Projektionsneuronen (Rezeptorzellen, Mitralzellen) und Interneuronen (periglomeruläre Zellen, Körnerzellen). **B** Ausschnittvergrößerung einer reziproken Synapse aus A mit Angabe der beteiligten Transmitter. **C** EM-Aufnahme einer reziproken Synapse aus dem Bulbus olfactorius eines Frettchens (*Mustela putorius f. furo*) (A u. B Originaldarstellung D. Schild; C aus Apfelbach, 1986).

der Haut. Komplexere Mechanorezeptoren haben akzessorische Strukturen, deren Aufgabe die Weiterleitung der mechanischen Energie zu den Rezeptormembranen ist. Diese akzessorischen Strukturen sind im allgemeinen zur Filterung mechanischer Energie in bestimmter Weise ausgebildet. Beispiele sind die Pacini-Körperchen, deren sensibles Ende von einer Kapsel bedeckt ist (Abb. 7.14); bei Arthropoden und Vertebraten gibt es verschiedene Muskelstreckrezeptoren, deren mechanisch sensible Nervenendigungen mit spezialisierten Muskelfasern in Verbindung stehen (Abb. 7.13); vom Exoskelett der Arthropoden erstrecken sich haarähnliche Sensillen (Abb. 7.39). Die am weitesten entwickelten akzessorischen Strukturen, die dazu dienen, Schallwellen zu erfassen und zu analysieren, befinden sich im Mittel- und Innenohr der Vertebraten sowie im Gleichgewichtssystem. Wir werden diese Organe später in diesem Kapitel betrachten.

Der unmittelbare Reiz, der auf einen Mechanorezeptor wirkt, ist eine Dehnung oder Verformung der Oberflächenmembran. Dehnungsempfindliche Kanäle gibt es bei allen Organismen, von den einfachsten bis zu den höchst entwickelten. Ergebnisse aus Patch-clamp-Versuchen zeigen, daß diese Kanäle auf mechanische Spannungsänderungen in der Ebene der Membran reagieren und daß sie durch eine Dehnung entweder aktiviert oder inaktiviert werden. Dehnungsempfindliche Kanäle lassen sich in bezug auf ihre Selektivität nicht in eine einfache Klassifikation bringen, da sie ein breites Spektrum in ihrem Leitvermögen und eine hohe Wiedergabegenauigkeit zeigen. Mögliche Transducer für mechanische Reizungen schließen das Cytoskelett, Enzyme oder die Ionenkanäle selbst mit ein. Mechanisch empfindliche Kanäle sind die einzigen primären Mechanotransducer, die nicht von einer Enzymaktivität abhängen; sie benutzen direkt die freie Energie, die im elektrochemischen Gradienten der Membran gespeichert ist. Mechanorezeptoren können erstaunlich empfindlich sein und auf eine winzige mechanische Verschiebung von nur 0,1 nm reagieren. Es ist eine große wissen-

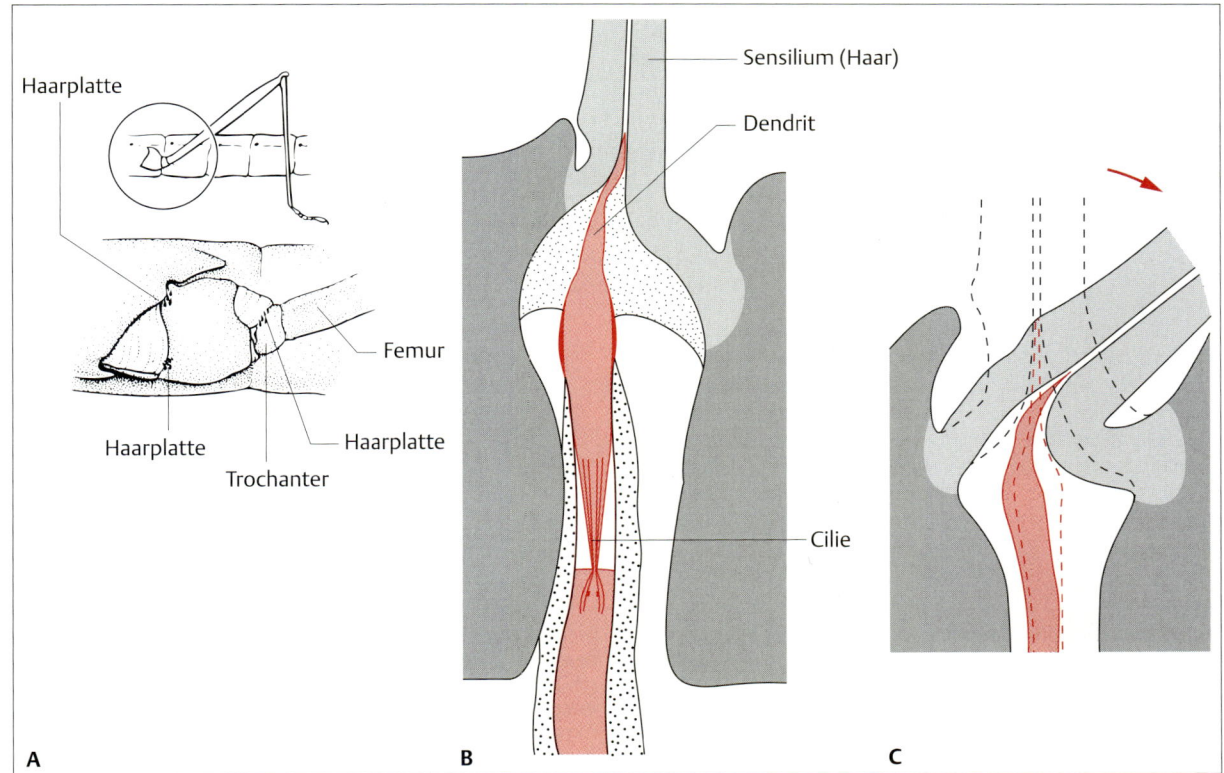

Abb. 7.39 Im Exoskelett vieler Insekten befinden sich haarartige Mechanorezeptorsensillen. A Lage der Gelenkstellungsrezeptoren. Jede Haarplatte enthält mehrere Sensillen, welche die Stellung des Gelenks registrieren. B Anatomischer Feinbau eines Sensillums in Ruhestellung. C Durch Biegung des Sensillums wird der Dendrit der Rezeptorzelle gedehnt und deformiert (nach Thurm, 1965).

schaftliche Herausforderung aufzuklären, wie so geringe Verschiebungen Änderungen in der Ionenpermeabilität durch die Membran hervorrufen können.

Haarsinneszellen

Die **Haarsinneszellen** der Vertebraten sind außergewöhnlich empfindliche Mechanorezeptoren. Sie sind für die Umwandlung mechanischer Reize in elektrische Signale verantwortlich (Abb. 7.40). Man findet sie in den Seitenlinienorganen der Fische und Amphibien, wo

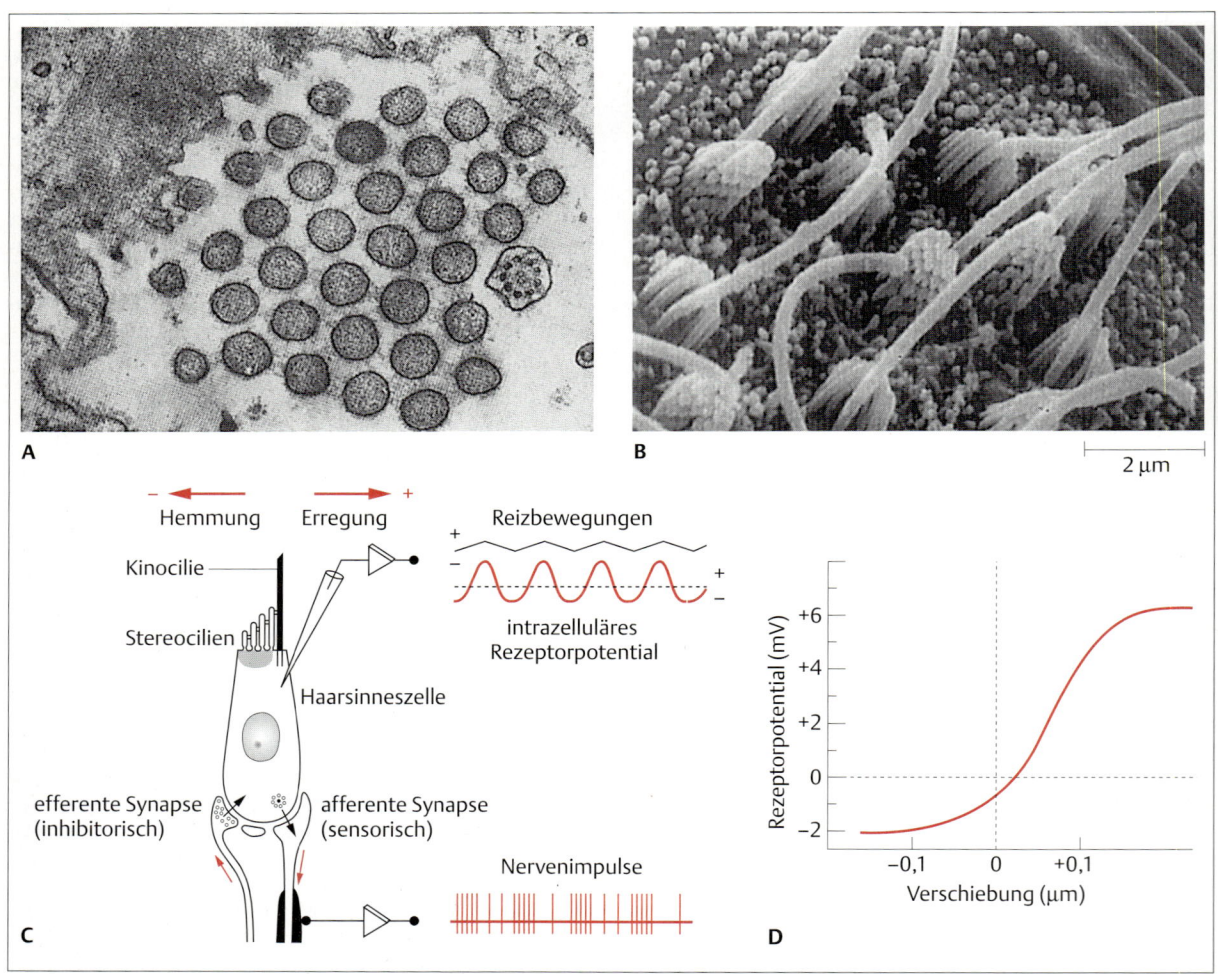

Abb. 7.40 Haarsinneszellen. A Transmissionselektronenmikroskopisches Querschnittbild durch die Cilien einer Haarsinneszelle. Das große Cilium mit der 9 + 2-Struktur ist das Kinocilium; bei den anderen handelt es sich um Stereocilien. **B** Rasterelektronenmikroskopische Aufnahme einer Haarsinneszelle aus dem Neuromasten (Sinneshügel des Seitenlinienorgans) eines Zebrafisches. **C** Schematische Darstellung einer typischen Haarsinneszelle. Die Haarsinneszelle setzt einen Transmitter frei, der zu einem nachgeschalteten, afferenten Neuron diffundiert, das die Information dem ZNS zuleitet. Abhängig von der Auslenkungsrichtung der Cilien (Pfeile) kann die Haarsinneszelle die Feuerrate im nachgeschalteten Neuron entweder erhöhen oder erniedrigen. Eine lineare Hin-und-Herbewegung der Cilien führt zu einer intrazellulären Potentialänderung, die über Mikroelektroden aufgezeichnet werden kann. Die extrazelluläre Ableitung vom afferenten Neuron zeigt APs, die mit Änderungen in u_m in der Rezeptorzelle assoziiert sind. **D** Input-Output-Beziehung einer Haarsinneszelle. Man beachte, daß die durch eine Depolarisation ausgelöste Bewegung in Richtung Kinocilium größer ist als die Hyperpolarisation, die als Antwort auf eine Bewegung vom Kinocilium weg entsteht (A aus Flock, 1967; B mit freundlicher Genehmigung von C. Braun; C nach Harris u. Flock, 1967; D nach Russel, 1980).

sie Wasserbewegungen registrieren (Abb. 7.**41**). Weiterhin finden sie sich in den Hörorganen der Vertebrates und in den Organen, welche die Lage im Raum überwachen (Gleichgewichtsorgane). Die Gleichgewichtsorgane schließen die Bogengänge und den Vestibularapparat mit ein.

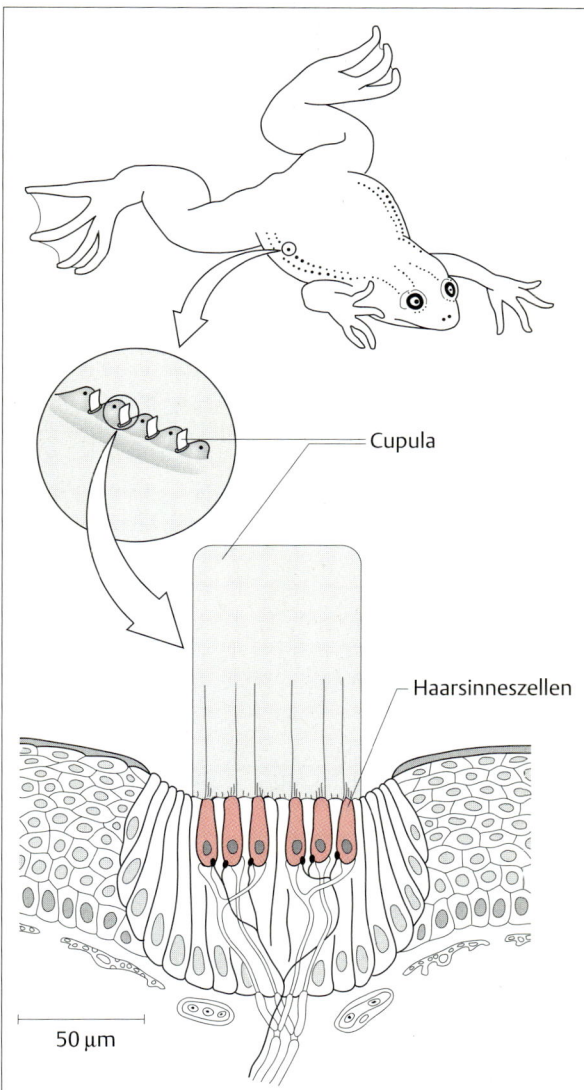

Abb. 7.41 Seitenlinienorgan eines Amphibiums. Die obere Darstellung gibt die Lage dieses Sinnesorgans am Körper des afrikanischen Krallenfroschs *Xenopus* an. Die untere Zeichnung zeigt einen Querschnitt durch einen Teil des Seitenliniensystems. Die Cupula wird durch Bewegungen des umgebenden Wassers ausgelenkt und diese Auslenkung auf die Cilien der Haarsinneszellen übertragen (s. Abb. 7.40).

Der Name „Haarzelle" leitet sich von den vielen Cilien ab, die am apikalen Ende jeder Rezeptorzelle entspringen: ein einzelnes **Kinocilium** und ungefähr 20 bis 200 starre, nicht eigenbewegliche **Stereocilien**. Das Kinocilium weist die typische „9+2"-Anordnung der Mikrotubuli (Abb. 7.**40 A**) beweglicher Cilien auf. Die Stereocilien enthalten viele feine longitudinal angeordnete Actinfilamente. Sie sind strukturell und entwicklungsgeschichtlich nicht mit den Mikrovilli verwandt.

Das Kinocilium ist bei den Haarzellen des Seitenlinienorgans und des Vestibulums vorhanden, es fehlt aber bei einigen Haarzellen der adulten Säugercochlea. Die heutigen mikrochirurgischen Operationsmethoden erlauben das Entfernen des Kinociliums aus denjenigen Haarzellen, die ein Kinocilium besitzen; die Mechanotransduktion wird dadurch nicht beeinträchtigt. Man geht daher davon aus, daß das Kinocilium für die Mechanotransduktion unwichtig ist. Die Stereocilien sind, nach ihrer Länge sortiert, auf der Zelle angeordnet (Abb. 7.**40 B** u. **C**). Legt man eine Symmetrieebene durch das Kinocilium, werden die Stereocilien in zwei Teile zerschnitten, die Haarzelle erscheint bilateralsymmetrisch mit einer schrägen Spitze, ähnlich einer Injektionskanüle. In den meisten Organen sind die Stereocilien- oder Haarbündel über ihre Kinocilien mit akzessorischen Strukturen verbunden. Reize, die auf die akzessorischen Strukturen einwirken, werden durch Bindeglieder an die Stereocilienbündel übermittelt, welche die akzessorischen Strukturen und das Kinocilium mit den Stereocilien verbinden. Berührt man die Spitze eines Stereocilienbündels mit einer feinen Sonde, so bewegt sich das starre Bündel (unabhängig von der Reizrichtung) als Einheit.

Der genaue Ablauf der Bewegung der Stereocilienbündel durch Druck oder Krafteinwirkungen aus der Umwelt hängt von der speziellen Anordnung der Haarzellen und der akzessorischen Strukturen innerhalb jedes Sinnesorgans ab. In der Endphase ist es immer die Bewegung der Stereocilien, die ein elektrisches Signal hervorbringt. Die Haarzellen sind richtungsempfindlich in bezug auf die mechanische Auslenkung der starren, nicht biegbaren Stereocilien. Die Auslenkung der Cilien in Richtung auf die längste Cilie führt zu einer Depolarisation der Haarzellen, während die Verbiegung in entgegengesetzter Richtung zu einem hyperpolarisierenden Rezeptorpotential führt (Abb. 7.**40 D**). Verändern die starren Stereocilien ihre Position zur Seite und nicht in Richtung auf das Kinocilium hin oder von diesem weg, bleibt u_m unverändert.

In Ruhe sind ungefähr 15% der Ionenkanäle einer Haarzelle geöffnet, was zu einem Ruhepotential von ca. −60 mV führt. Haarzellen lösen keine APs aus. Sie sind über chemische Synapsen mit afferenten Neuronen verbunden und setzen – je nach u_m im Rezeptorneuron –

Transmitter auf graduierte Art frei. Die afferenten Neuronen übermitteln die Information zum ZNS. Die freigesetzte Transmittermenge bestimmt die Frequenz der Entladungen in den afferenten Neuronen. Ein wichtiges Merkmal der Haarzellenantwort ist die deutlich asymmetrische Antwort-Kennlinie (Abb. 7.40 D). Das bedeutet, daß die durch die Auslenkung des Bündels in Richtung zur größten Cilie hin erreichte Potentialänderung (Depolarisation) größer ist als die durch Verbiegung in die Gegenrichtung bewirkte (Hyperpolarisation). Diese Asymmetrie ist wichtig, da bei Haarzellen die symmetrischen Vibrationen – z.B. Schallwellen – ausgesetzt sind, das Rezeptorpotential den alternierenden Phasen des Reizes genau nur bis zu Frequenzen von mehreren Hundert Hertz (Hz) folgen kann. Tonfrequenzen liegen häufig aber deutlich darüber. Bei höheren Frequenzen führen die Vibrationen zu einer Dauerdepolarisation. Auch wenn der Reiz um den Nullwert symmetrisch ist, wird die hochfrequente Reizung eine Depolarisation der Haarzellen hervorrufen. Die bei so hohen Frequenzen erfolgende Dauerdepolarisation führt zu einer ständigen Transmitterausschüttung aus den Haarzellen und folglich auch zu einer hohen Feuerfrequenz der afferenten Neuronen. Die Einzelheiten der Informationstransduktion bei Haarzellen werden später in diesem Kapitel beschrieben.

Statocysten

Die **Statocyste** ist das einfachste Gleichgewichtsorgan, welches sich zur Positionsbestimmung durch Schwerkraft und zur Beschleunigungsmessung entwickelte. Statocysten gibt es bei einer Reihe von Tiergruppen, von der Qualle bis hin zu Vertebraten. Insekten besitzen jedoch keine Statocysten und hängen für die Schwerkraftorientierung offensichtlich von anderen Sinnesorganen ab, etwa dem optischen System und vielleicht von Propriorezeptoren in den Gelenken (Nackenpolster der Bienen und Hummeln). Die Statocyste besteht aus einer Höhlung, welche von Mechanorezeptoren umgeben ist, die typischerweise begeißelt sind und mit einem **Statolithen** in Verbindung stehen. Der Statolith (Abb. 7.42 A) wird entweder vom Epithel der Statocyste sezerniert, oder er wird aus der Umgebung des Tieres aufgenommen (Sandkörner, Kalkkristalle usw.). Der Hummer verliert z.B. bei jeder Häutung seinen Statolithen und muß ihn durch Aufnahme von Sandkörnern wieder ersetzen. In jedem Fall hat der Statolith ein höheres spezifisches Gewicht als die Umgebungsflüssigkeit.

Verändert sich die Lage eines Tieres, ruht der Statolith auf verschiedenen Bereichen der Statocyste. Dreht man z.B. einen Hummer entlang seiner Längsachse auf die rechte Seite, stimuliert der Statolith die Rezeptorzellen auf dieser Statocystenseite und löst eine tonische (kon-

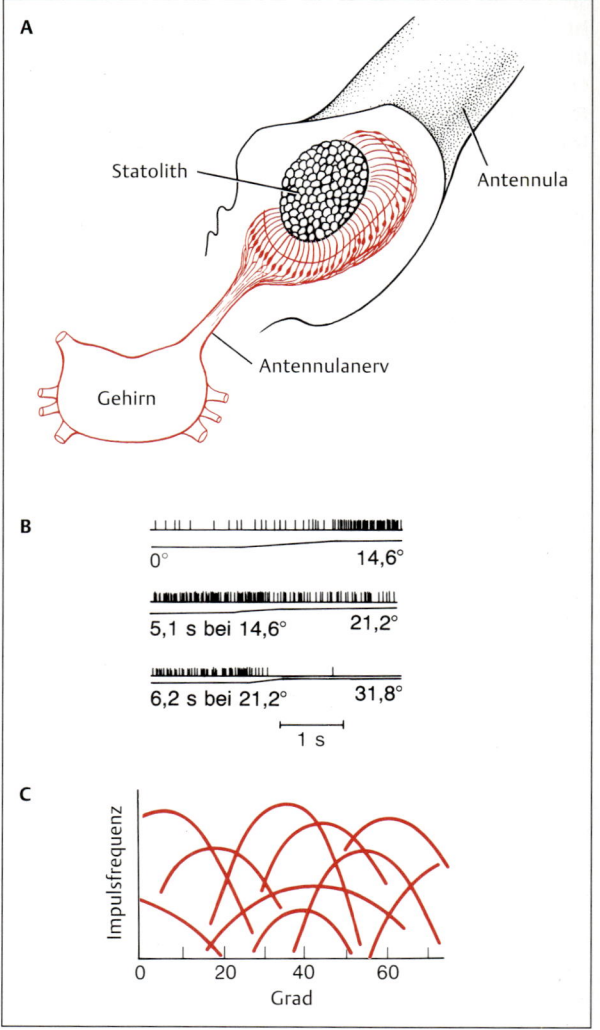

Abb. 7.42 Statocyste eines Krebses. Statocysten registrieren die Beschleunigung und die Lage eines Tieres bezogen auf die Schwerkraft. **A** Struktur einer Statocyste beim Hummer. Ein Statolith ruht auf den sensorischen Fortsätzen einer ganzen Reihe von Neuronen. **B** Ableitung von APs aus individuellen Nervenfasern als Antwort auf ein Kippen des Hummers. Jede Aufzeichnung stammt von einer anderen Faser. Die schwarze Linie unter jeder Ableitung gibt den Zeitverlauf des Kippens an und den Winkel, um den der Hummer gekippt wurde. **C** Aufzeichnung der AP-Frequenz in Abhängigkeit von der Stellung des Tieres. Jede Zelle reagiert bei einer bestimmten, von Zelle zu Zelle verschiedenen Position des Tieres mit maximaler Entladung (nach Horridge, 1968).

tinuierliche) Entladung der sensorischen Fasern der gereizten Rezeptorzellen aus (Abb. 7.42 B). Ableitungen von vielen verschiedenen Fasern einer Statocyste zeigen, daß jede Zelle ihre maximale Feuerfrequenz bei jeweils anderer Orientierung des Hummers erreicht feuert (Abb. 7.42 C). Informationen von diesen Rezeptoren werden dem ZNS zugeleitet und lösen Reflexbewegungen der Extremitäten aus. In einem klassischen Experiment wurde dieses Muster der Informationsverarbeitung bestätigt. Dazu wurde der Statolith eines sich häutenden Tieres durch Eisenspäne ersetzt. Unter dem Einfluß magnetischer Manipulationen des künstlichen Statolithen ließ sich der Hummer zu unterschiedlichen Köperbewegungen zwingen.

Vertebratenohr

Die Ohren der Vertebraten erfüllen zwei sensorische Funktionen, wobei beide auf der Aktivität von Haarzellen beruhen. Einige Strukturen des Ohres, die Gleichgewichtsorgane, arbeiten ähnlich wie die Statocysten der Evertebraten. Sie melden die Lage des Tieres im Raum bezogen auf die Schwerkraft und Beschleunigungsbewegungen. Andere Strukturen, die Hörorgane, liefern Informationen über Vibrationsreize der Umgebung; diese Reize bezeichnen wir als Töne, wenn sie innerhalb eines bestimmen Frequenzbereichs auftreten.

Gleichgewichtsorgane der Vertebraten

Die Gleichgewichtsorgane der Vertebraten befinden sich im **membranösen Labyrinthsystem**, das sich vom anterioren Ende des Seitenliniensystems der Fische und Amphibien herleitet. Es besteht aus zwei häutigen Kammern, dem **Utriculus** und dem **Sacculus**, die von Knochen umgeben und mit **Endolymphe** gefüllt sind. Vom Utriculus gehen die drei **Bogengänge** des Innenohrs aus, die in drei senkrecht zueinander stehenden Ebenen liegen (Abb. **7.43**). Haarzellen in den drei Bogengängen erfassen die Winkelbeschleunigungen des Kopfes. Wird der Kopf in eine dieser Ebenen gedreht, so führt die Trägheit der endolymphatischen Flüssigkeit im entsprechenden Kanal zu einer Bewegung der Endolymphe, die relativ zu einem gelatinösen, fahnenförmigen Gebilde (**Cupula**) der Beschleunigungsrichtung entgegengesetzt ist. Die Bewegung der Cupula stimuliert die an ihrer Basis liegenden Haarzellen, deren u_m sich daraufhin verändert. Alle Haarzellen des Kanals sind mit dem Kinocilium nach der gleichen Seite ausgerichtet. Damit werden alle Haarzellen in der Cupula bei Beschleunigung in die eine Richtung erregt und bei Beschleunigung in die andere Richtung gehemmt. Durch ihre Orientierung sind die drei Bogengänge hervorragend geeignet, jede Drehbewegung des Kopfes im dreidimensionalen Raum wahrzunehmen.

Die großen knöchernen Kammern unterhalb der Bogengänge weisen drei weitere Haarzellfelder auf. Diese Statolithenorgane werden als Maculae oder **Maculaorgane** bezeichnet (*Macula utriculi* und *Macula sacculi*). Mit diesen Maculae sind mineralisierte Ablagerungen, **Otolithe** genannt, verbunden – ähnlich wie die Statolithen mit den Statocysten. Die Otolithen erfüllen im großen und ganzen die gleichen Funktionen wie die Statolithen der Evertebraten. Sie signalisieren die relative Position zur Schwerkraft (Translationsbeschleunigungen, Linearbeschleunigungen). Bei den niederen Vertebraten dienen sie auch der Erfassung von Schwingungen wie Schallwellen. Die sensorischen Signale aus den Bogengängen werden mit anderen sensorischen Inputs im Hirnstamm und dem Cerebellum verschaltet; sie kontrollieren die Körperstellungs- und andere motorische Reflexe.

Säugerohr

Töne in der Umwelt führten bei vielen Tiergruppen zur Ausbildung von Hörorganen. Die Hörfähigkeit ermöglicht es einem Tier, seine Räuber oder Beute zu entdecken, zu lokalisieren und ihre Entfernung abzuschätzen, auch wenn sie noch relativ weit entfernt sind. Töne spielen bei der intraspezifischen Kommunikation ebenfalls eine wichtige Rolle und verlangen vom Sender wie auch vom Empfänger sehr exakte Abstimmungen. Ein Ton ist eine mechanische Schwingung, die sich durch Luft oder Wasser wellenförmig mit alternierenden Druckminima und -maxima ausbreitet. Das Medium führt dabei in Bewegungsrichtung der Schallwellen Vorwärts- und Rückwärtsbewegungen aus. Die Natur des Tones, besonders die Unterschiede in der Ausbreitung zwischen Luft und Wasser, stellt bestimmte Anforderungen an seine Detektion. Die Evolution des Hörens brachte viele unterschiedliche Mechanismen hervor, um die verschiedenen Probleme zu lösen, die durch die physikalische Natur des Tones vorgegeben sind. Ein besonders gut untersuchtes Beispiel ist das Säugerohr, das wir hier ausführlich darstellen wollen.

Äußeres Ohr, Hörkanal und Mittelohr: Die Struktur des äußeren Ohres, der **Ohrmuschel**, fungiert als ein Trichtersystem, das Tonschwingungen aus der Luft aus einem großen Gebiet sammelt und die oszillierenden Drücke auf eine kleine, spezialisierte Fläche konzentriert, dem **Trommelfell** oder der Tympanalmembran. Die muschelähnlichen äußeren Strukturen – bei einigen Arten auch die Beweglichkeit der Muschel – bestimmen die Richtungsempfindlichkeit des äußeren Systems. Bei einigen Arten (den Menschen eingeschlossen) verstärken die akustischen Eigenschaften des äußeren Ohres Schallwellen in bestimmten Frequenzbereichen (Abb. **7.44**). Darüber hinaus betont das menschliche Ohr die räumliche Verteilung von Reizen durch eine größere

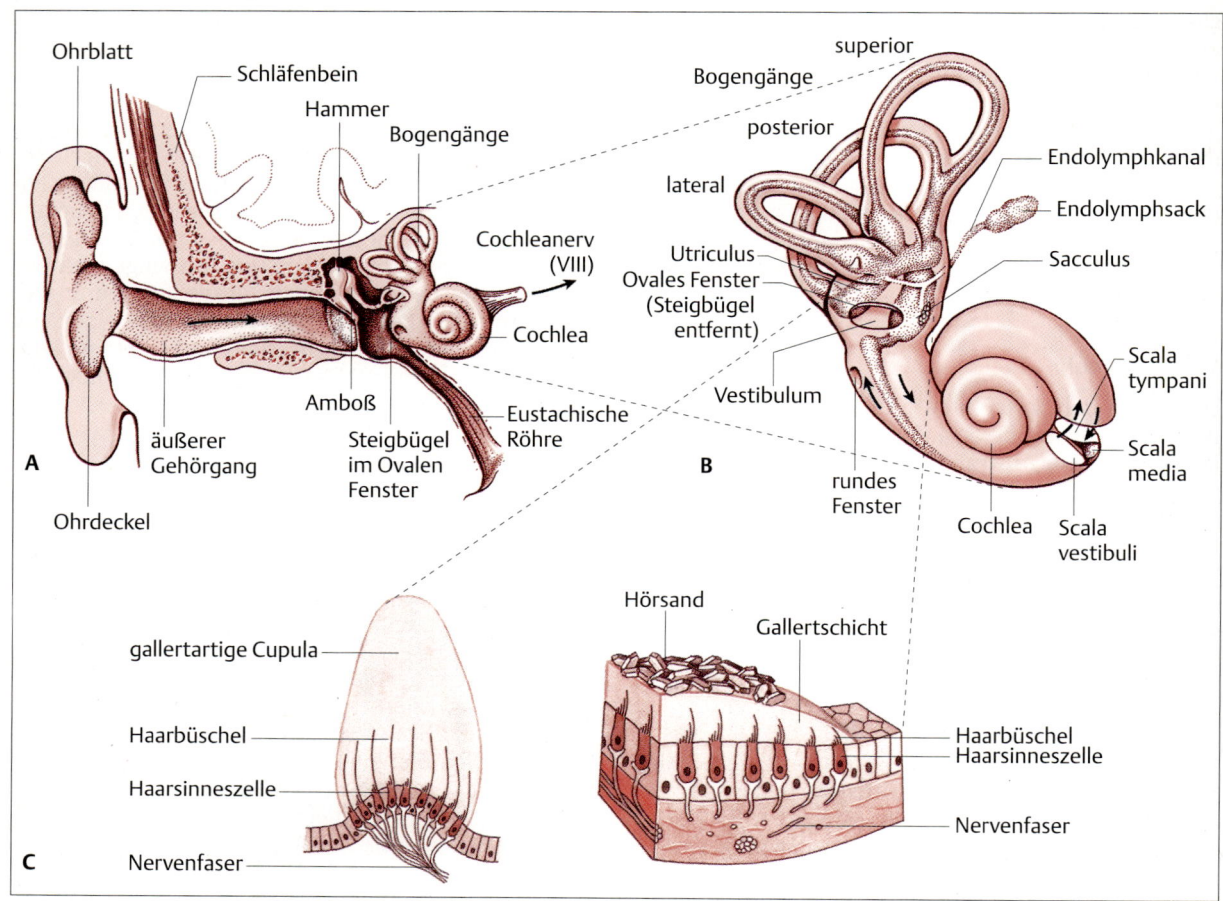

Abb. 7.43 Aufbau des Hör- und Gleichgewichtsorgans beim Menschen. A Hauptteile des Ohrs. **B** Bogengänge und Cochlea. Der Stapes ist entfernt, um das Ovale Fenster zu zeigen. Der Weg, den der Schall im äußeren Gehörgang und in der Cochlea nimmt, ist durch Pfeile dargestellt. Rechts wurde ein Stück der Cochlea entfernt, um deren inneren Aufbau zu zeigen. **C** Darstellung von zwei Teilen des Gleichgewichtsorgans. Links: Die Cilien der in den Bogengängen liegenden Rezeptorzellen sind in eine gallertige Cupula eingebettet. Wenn sich die Endolymphe bewegt, wird die Cupula bewegt, die dadurch die Cilienbündel ausgelenkt. Rechts: „Hörsand" befindet sich auf den Cilien der Rezeptoren im Sacculus. Wenn sich die Lage des Kopfes verändert, verändert sich auch die Lage des Hörsands, die Cilien werden entsprechend ausgelenkt (A u. B nach Beck, 1971; C nach Williams u. Mitarb., 1995).

Verstärkung von Geräuschen, die aus einer bestimmten Richtung kommen, als bei Geräuschen, die aus einer anderen Richtung kommen.

Um detektiert zu werden, müssen luftgetragene Schwingungen auf das flüssigkeitsgefüllte Innenohr übertragen werden. Dort befinden sich die Haarsinneszellen. Die Probleme, die sich bei der Kommunikation über ein wässriges „Interface" (eine „Schnittstelle") ergeben, lassen sich verdeutlichen, wenn man versucht, mit einem Partner zu sprechen, der sich unter Wasser befindet. Der größte Teil der in der Luft entstehenden Schallenergie wird von der Wasseroberfläche reflektiert. Es ist daher schwierig, genügend Energie mit luftgetragenen Tönen aufzubringen, um das Wasser in der erforderlichen Frequenz und Verschiebung zu bewegen. Im Ohr wird dieses Impedanzproblem teilweise durch drei kleine, hintereinander angeordnete Gehörknöchelchen überwunden, die in ihrer Reihenfolge von außen nach innen gemäß ihrer charakteristischen Form als **Hammer** (Malleus), **Amboß** (Incus) und **Steigbügel** (Stapes) bezeichnet werden (Abb. 7.43 A). Auf der einen Seite ist diese Funktionseinheit (über den Hammer) mit dem **Trommelfell**, auf der anderen (über den Steigbügel) mit dem **Ovalen Fenster** der Cochlea verbunden.

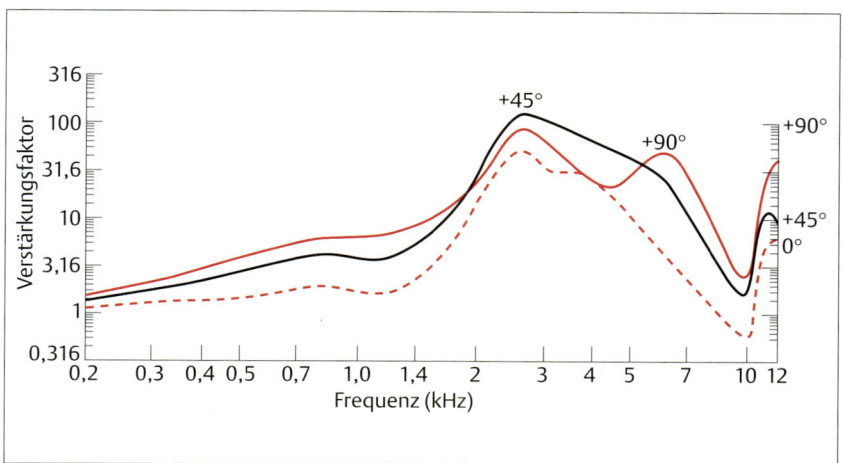

Abb. 7.44 Amplitudenverstärkung von Tönen durch Ohrblatt und Ohrdeckel. Die graphische Darstellung zeigt die Verstärkung des Tondrucks am Trommelfell sowie, wie der Druck wäre, wenn alle externen Ohrstrukturen entfernt würden. Ohne jegliche Verstärkung wäre die Kurve nur eine gerade horizontale Linie, die die Ordinate bei einem Verstärkungsfaktor von 1 schneidet (nicht dargestellt). Werte oberhalb von 1 bedeuten eine Verstärkung, unterhalb von 1 eine Abschwächung. Die Verstärkung variiert als Funktion der Frequenz; Töne aus verschiedenen Richtungen werden unterschiedlich verstärkt. Null Grad trifft zu, wenn die Tonquelle dem Gesicht genau gegenüberliegt (nach Shaw, 1974).

Die Gehörknöchelchen stammen entwicklungsgeschichtlich vom Unterkiefer ab, liegen jetzt aber im Mittelohr. Luftschwingungen, die auf das Trommelfell treffen, werden über die Gehörknöchelchen und durch das Ovale Fenster auf die Perilymphe der Cochlea übertragen. Auf der anderen Seite des mit Perilymphe gefüllten Raumes liegt das **Runde Fenster**.

Aufgrund dieser Anordnung ergeben sich zwei wichtige Konsequenzen: (1) Die Eigenschaften der mechanischen Kopplung zwischen Trommelfell, Gehörknöchelchen und Ovalem Fenster verstärken das Signal um das 1,3fache. (2) Der Schalldruck des Signals wird zwischen dem Trommelfell und dem Ovalen Fenster gewaltig verstärkt, da das Trommelfell eine Fläche von etwa 0,6 cm^2, das Ovale Fenster jedoch nur von 0,032 cm^2 besitzt. Das Flächenverhältnis der beiden Membranen von 17:1 bedeutet, daß die auf das Trommelfell einwirkende und über die Gehörknöchelchen auf das Ovale Fenster übertragene Schallenergie auf eine kleinere Fläche übertragen wird: Die Kraft pro Flächeneinheit (Druck) erhöht sich. Diese Druckzunahme ist für die Übertragung der Luftschwingungen auf die Endolymphe der Cochlea wichtig, da die Flüssigkeit auf der anderen Seite des Ovalen Fensters träger ist als Luft. Diese Druckzunahme ermöglicht eine wirkungsvolle Übertragung von Schallwellen auf die Endolymphe der Cochlea. Als Folge dieser beiden Mechanismen wird das am Trommelfell ankommende Signal um den Faktor 22 verstärkt, bis es die Cochlea erreicht.

Aufbau und Funktion der Cochlea: Das mechanisch verstärkte Geräusch wird von den Haarzellen des Innenohrs in neuronale Signale umgewandelt. Die Haarzellen des Säugerohres befinden sich im **Cortischen Organ** der Cochlea (Abb. 7.**45**) und ähneln den Haarzellen des Seitenliniensystems niederer Vertebraten. Allerdings fehlt bei Adulten einiger Arten das Kinocilium, nur die Stereocilien sind vorhanden. Die Vibrationen der Flüssigkeit in der Cochlea zwingen die Haarzellen zu Bewegungen, die ihre Stereocilien auslenken. Die Haarzellen ihrerseits erregen die sensorischen Axone des Hörnerven.

Die Cochlea der Säuger, ein im **Felsenbein** (Petrosum) eingeschlossener, spitz zulaufender Zylinder, gleicht der gewundenen Schale einer Schnecke (Abb. 7.**43A** u. **B**). Im Inneren ist sie in drei longitudinale Kompartimente unterteilt (Abb. 7.**43B** u. 7.**45A**). Zwischen den beiden äußeren Kompartimenten (Scala tympani und Scala vestibuli) besteht über das Helicotrema nahe dem apikalen Ende (Spitze) der Cochlea eine Verbindung (Abb. 7.**47B**). Dieser Raum ist mit einer wäßrigen Flüssigkeit, der **Perilymphe**, gefüllt. Die Perilymphe ähnelt mit ihrer vergleichsweise hohen Na$^+$-Konzentration (ca. 140 mM beim Menschen) und niedrigen K$^+$-Konzentration (ca. 7 mM) in ihrer Zusammensetzung anderen extrazellulären Flüssigkeiten. Zwischen diesen Kompartimenten befindet sich die **Scala media**, ein mit endolymphatischer Flüssigkeit oder **Endolymphe** gefüllter Raum, der durch die **Basilarmembran** und die **Reissner-Membran** gegen die anderen Kompartimente abgegrenzt ist. Die Endolymphe unterscheidet sich von den meisten extrazellulären Flüssigkeiten durch ihre hohe K$^+$-Konzentration (ca. 150 mM) und ihre niedrige Na$^+$-Konzentration (ca. 1 mM). Die ungewöhnliche ionale Zusammensetzung der Endolymphe trägt wesentlich zur akustischen Transduktion bei. Das Cortische Organ, das die Haarzellen enthält, welche die akustische Information in sensorische Signale umwandeln, befindet sich in der Scala media und liegt der Basilarmem-

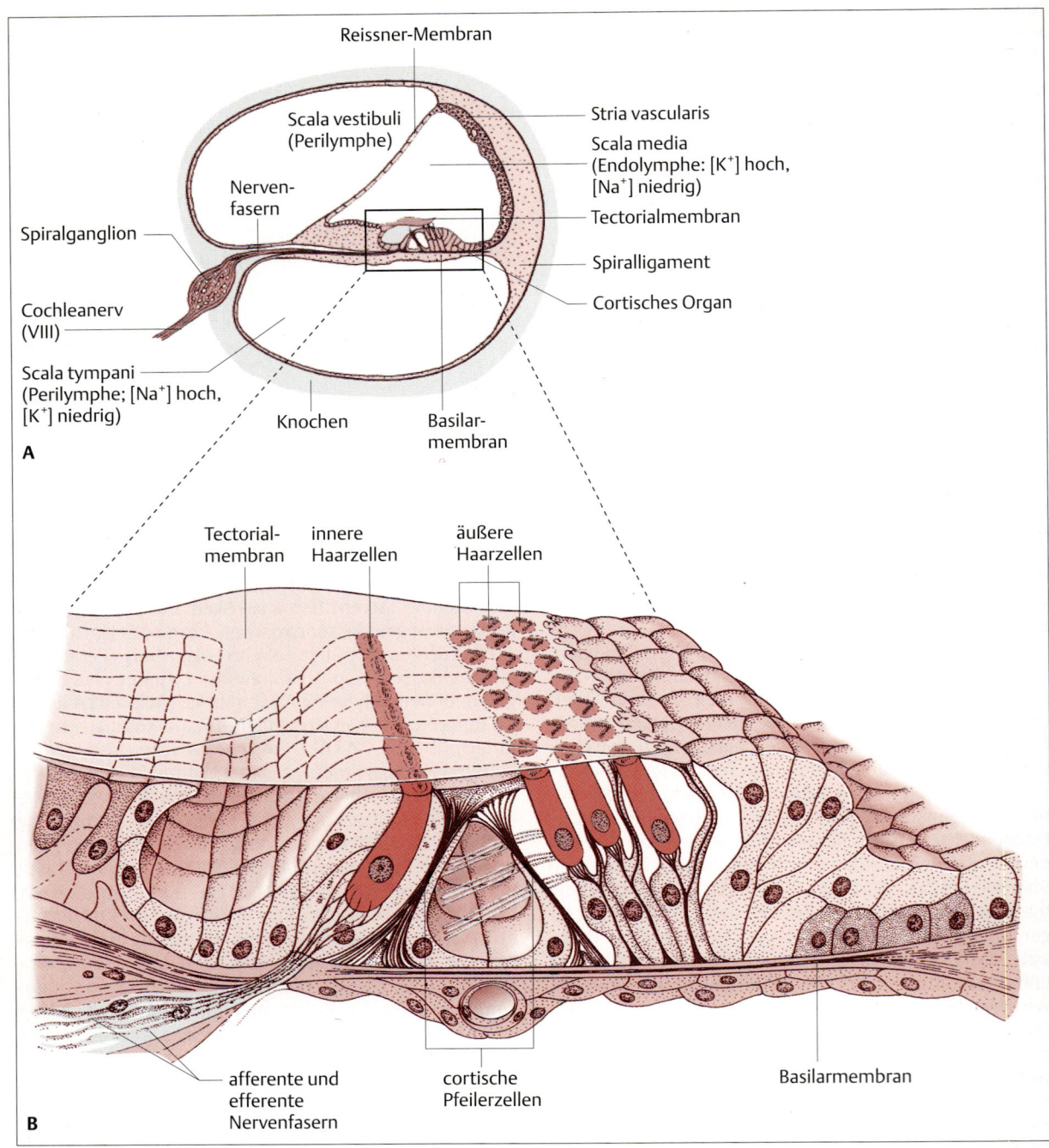

Abb. 7.45 Aufbau der Cochlea und des Cortischen Organs. Akustische Reize werden durch die Haarsinneszellen der Cochlea übertragen. **A** Der Querschnitt – ungefähr in dem in Abb. 7.43 B angegebenen Bereich – durch den cochleären Kanal zeigt die beiden äußeren Kammern (Scala vestibuli und Scala tympani) und das Cortische Organ im Zentralkanal, welches auf der Basilarmembran liegt. **B** Vergrößerte Darstellung der Anordnung der Haarsinneszellen im Cortischen Organ. Die Cilien der Haarsinneszellen liegen in einer gallertartigen Schicht der Tectorialmembran; die Somata sind an der Basilarmembran fixiert. Nur die Cilien der äußeren Haarsinneszellen berühren die Tectorialmembran.

bran auf. Die Signaltransduktion durch die cochleären Haarzellen hängt zum Teil von diesem anatomischen Aufbau ab.

Unter den Vertebraten besitzen nur die Säuger einen gewundenen **Cochleagang** (Ductus cochlearis); Vögel und Krokodile haben einen nahezu geraden Cochleagang mit einigen gleichen Merkmalen, einschließlich der Basilarmembran und des Cortischen Organs. Bei primären Wasserwirbeltieren gibt es (im Gegensatz zu den Meeressäugetieren) keine Cochleagänge. Die Wahrnehmung von Schallwellen erfolgt bei niederen Vertebraten durch Haarzellen, die mit den Otolithen des Utriculus und des Sacculus und mit der **Lagena** (eine Tasche des Labyrinths; die zugehörige Macula heißt Macula lagenae) in Verbindung stehen.

Beim Säuger kodieren die Haarzellen der Cochlea sowohl die Frequenz als auch die Intensität eines Tones. Ein adulter Säuger hat vier Reihen von Haarzellen – eine innere und drei äußere, wobei sich etwa 4000 Haarzellen in jeder Reihe befinden (Abb. 7.45B). Die Stereocilien der drei äußeren Reihen stehen mit der darüberliegenden **Tectorialmembran** (Membrana tectoria) in Kontakt, im Gegensatz zur inneren Reihe, die keinen direkten Kontakt hat. Die Stereocilien der Haarzellen werden durch Scherkräfte (d.h. Kräfte, die senkrecht zur Cilienachse angreifen) ausgelenkt, die auftreten, wenn sich die Haare durch den viskösen Schleim bewegen, der die Tectorialmembran bedeckt.

Schwingungen werden von den Gehörknöchelchen auf das Ovale Fenster übertragen, wandern dann durch die Cochleaflüssigkeiten und über die Membranen (Reissner-Membran und Basilarmembran), welche die Cochleakompartimente voneinander trennen, bevor sie ihre Energie auf das membranbedeckte Runde Fenster übertragen. Das Runde wie auch das Ovale Fenster ist für den Druckausgleich wichtig; wäre die flüssigkeitsgefüllte Cochlea nur in einem starren Knochen eingeschlossen, wären die Bewegungen des Ovalen Fensters, der Flüssigkeit und der internen Gewebe nur sehr gering. Die Flexibilität des Runden Fensters ermöglicht jedoch die Flüssigkeitsbewegung zwischen dem Ovalen und dem Runden Fenster als Antwort auf Schallwellen. Die räumliche Verteilung der Membranauslenkungen (Perturbationen) in der Cochlea hängt von den Schallfrequenzen ab, die über das Ovale Fenster einwirken. Um das zu verdeutlichen, muß man sich eine Verschiebung des Trommelfells vorstellen, die über die Gehörknöchelchen des Mittelohres zum Ovalen Fenster geleitet wird. Sehr langwellige, tiefe Frequenzen verschieben die inkompressible Perilymphe entlang der Scala vestibuli durch das Helicotrema und zurück durch die Scala tympani auf das Runde Fenster zu (vgl. Abb. 7.47B). Im Gegensatz dazu zeigen schnelle, kurzwellige Verschiebungen, die hochfrequenten Tönen entsprechen, eine größere Tendenz, die Abkürzung von der Scala tympani zur Scala vestibuli durch die dazwischen liegenden Membranen und die Endolymphe der Scala media zu nehmen, ohne sich weit von der Basis der Cochlea zu entfernen.

Erregung cochleärer Haarzellen: Elektrische Ableitungen an verschiedenen Stellen der Cochlea ergaben Schwankungen des elektrischen Potentials, welche bezüglich der Frequenz, der Phasenlage und der Amplitude den Schallwellen ähneln, durch die sie erzeugt werden. Diese **Mikrophonpotentiale** der Cochlea ergeben sich aus der Summation von Rezeptorströmen zahlreicher Haarzellen, die durch die Bewegungen der Basilarmembran erregt werden. Die eigentliche Transduktion findet dann statt, wenn die Membranauslenkung dazu führt, daß sich die Tectorialmembran relativ zur Basilarmembran bewegt und die Stereocilien damit seitlich auslenkt (Abb. 7.46). Diese mechanische Ablenkung öffnet die Ionenkanäle an der Spitze der Stereocilien. Während der letzten Jahre konnten wesentliche Aspekte dieser Vorgänge aufgeklärt werden, dennoch sind noch immer einige Fragen der Transduktion unbeantwortet.

Die Wahrnehmungsschwelle der cochleären Haarzellen liegt bei einer Ablenkung von 0,1–1,0 nm. Dies entspricht einer Änderung des Membranstroms von etwa 1 pA durch die Ionenkanäle in der Membran einer Haarzelle. Experimentell ließ sich nachweisen, daß diese Kanäle für viele monovalente Kationen (z.B. Li^+, Na^+, K^+, Rb^+ und Cs^+) permeabel sind. Wenn sie sich in vitro öffnen, dringen K^+-Ionen und einige Ca^{2+}-Ionen aus der Endolymphe in die Zelle. (Die hohe K^+-Konzentration in der Endolymphe führt zu einer nach innen gerichteten treibenden Kraft für K^+; dies entspricht nicht der normalen Situation, bei der $u_m - E_k$ eine nach außen gerichtete Kraft ist. Dieser nach innen gerichtete K^+-Strom depolarisiert die Haarzelle, da positive Ladungen dem Zellinneren zugeführt werden.)

Messungen des Stromflusses ergaben, daß zwischen 30 und 300 Kanäle pro Stereocilienbündel vorhanden sein müssen. Demnach würden 1–5 Kanäle pro Stereocilium für die Transduktion genügen. Vermutlich werden die Kanäle direkt durch einen mechanischen Reiz geöffnet, denn verbiegt man im Experiment isolierte Stereocilienbündel plötzlich, erhöht sich der Transduktionsstrom nach einer extrem kurzen Latenzzeit (ca. 40 µs). Die Kürze dieser Latenzperiode macht es unwahrscheinlich, daß ein enzymatischer oder biochemischer Schritt an diesem Prozeß beteiligt ist. Diese Interpretation wird durch Patch-clamp-Experimente unterstützt, nach denen sich die Kanäle schneller öffnen, wenn die Ablenkung größer ist. Ein direkter mechanischer Einfluß auf den Konformationszustand des Kanals erscheint plausibel.

Die äußeren Haarzellen der Cochlea könnten durch Veränderung der mechanischen Eigenschaften des Cortischen Organs zur Feinabstimmung in der Cochlea beitragen. Die äußeren Haarzellen haben wenige afferente Verbindungen, empfangen aber eine große Anzahl efferenter Synapsen. Wenn diese Zellen während eines Experiments elektrisch gereizt werden, verkürzen sie sich, wenn sie depolarisiert sind. Sie verlängern sich jedoch, wenn sie hyperpolarisiert sind. Es wäre daher möglich, daß die äußeren Haarzellen die mechanische Kopplung zwischen den inneren Haarzellen und der Tectorialmembran verändern, was dann die Transduktion verändern würde. Daß dieser Mechanismus tatsächlich das Hören beeinflußt, muß erst noch belegt werden.

Haarzellen adaptieren auf Lageveränderungen ihrer Stereocilien. Dieser Vorgang wurde besonders intensiv im Sacculus des Ochsenfrosches untersucht. Werden die Cilien der Haarzellen durch eine Sonde abgelenkt und in der neuen Position gehalten, adaptiert der Arbeitsbereich der Zelle innerhalb weniger Millisekunden auf diese neue tonische Lage. Die Haarzellen reagieren daraufhin auf minimale Abweichungen von diesem neuen Sollpunkt. Calciumionen spielen bei diesem Vorgang eine zentrale Rolle, vermutlich indem sie die Spannung in der Feder, welche die Transduktionskanäle öffnet, verändern. Schließlich vermindert ein efferenter Input auf eine Haarzelle die Zellantwort auf einen Ton. Er erweitert ihre Frequenzselektivität, indem inhibitorische K^+-Kanäle geöffnet werden; die elektrische Resonanz der Zelle wird damit kurzgeschlossen. Alle diese Eigenschaften zusammengenommen lassen die elegante Abstimmung der Haarzellen erkennen. Allerdings machen gerade die Anpassungen, welche die Haarzellen so unglaublich sensibel machen, sie auch empfindlich gegenüber einer Überreizung; diese kann zum Bruch der starren, nicht verbiegbaren Stereocilien an ihrer Basis führen. Ein akustisches Trauma kann zu einem dauerhaften Hörverlust führen, vor allem in Frequenzbereichen, die eine Schädigung der Haarzellen verursachen. Bei einigen kaltblütigen Vertebraten ist das Trauma reversibel, nicht aber bei Säugern.

Die Rezeptorströme spiegeln zuverlässig die Bewegungen der Basilarmembran über den gesamten hörbaren Frequenzbereich wider (bei jungen Menschen zwischen 16 Hz und 20000 Hz). Die Zellen übertragen ihre Erregung über chemische Synapsen auf sensorische Axone des achten Hirnnerven, die im Nucleus cochlearis terminieren. Die Somata dieser Hörneurone liegen im Spiralganglion. Die Freisetzung des Neurotransmitters durch die Haarzellen moduliert die Feuerfrequenz in den Hörfasern. Tatsächlich empfangen die Haarzellen der inneren Reihe etwa 90% der Kontakte, die von den Neuronen des Spiralganglions ausgehen. Die innere Reihe scheint damit vor allem für die Detektion von Geräu-

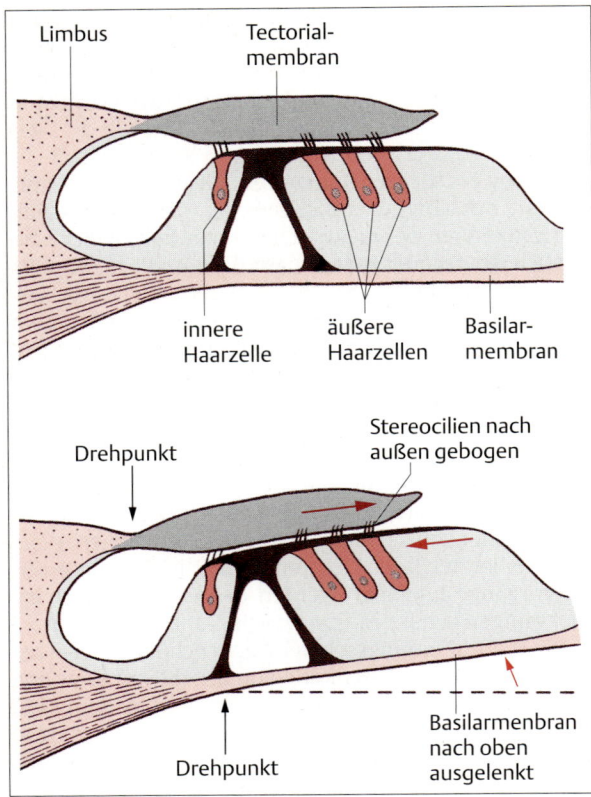

Abb. 7.46 Mechanik des Cortischen Organs. Darstellung der mutmaßlichen Scherkräfte, die aufgrund einer Aufwärtsbewegung der Basilarmembran auf die Cilien wirken. Die Tectorialmembran gleitet über das Cortische Organ, da Tectorialmembran und Basilarmembran verschiedene Drehpunkte haben, wenn sie durch Wanderwellen entlang der Cochlea verschoben werden. Die Bewegungen sind stark übertrieben dargestellt (nach Davis, 1968).

Verschiedene Faktoren beeinflussen die Empfindlichkeit einer Haarzelle. Als Ergebnis der mechanischen Eigenschaften und der Kanaleigenschaften scheint jede Haarzelle der Cochlea auf ein bestimmtes Reizfrequenzband eingestellt zu sein. Jede Zelle hat eine Resonanzfrequenz, die durch die Länge der Stereocilien im Haarbündel bestimmt wird. Zellen mit langen Haaren sind gegenüber niederfrequenten Schallwellen am empfindlichsten, während Zellen mit kurzen Haaren auf hochfrequente Schallwellen eingestellt sind. Darüber hinaus antwortet jede Zelle maximal auf eine bestimmte Frequenz elektrischer Reizung. Diese elektrische Resonanzfrequenz wird durch das Gleichgewicht der Ströme bestimmt, die durch spannungsregulierte Ca^{2+}-Kanäle und durch Ca^{2+}-abhängige K^+-Kanäle in der Basalmembran (sie ist der Perilymphe ausgesetzt) fließen.

schen verantwortlich zu sein. Im Gegensatz dazu empfangen die Haarzellen der drei äußeren Reihen viele efferente Synapsen und könnten an der Modulation der Empfindlichkeit der Cochlea beteiligt sein, indem sie die mechanischen Eigenschaften in der Cochlea ändern.

Frequenzanalyse durch die Cochlea: Pionierarbeiten von Georg von Békésy (Nobelpreis 1961) an der freigelegten Cochlea erbrachten wesentliche Einblicke, wie das Hörsystem Informationen über die Reizfrequenzen kodiert. Seine Untersuchungen führten zu folgenden Ergebnissen:
1. Die Schwingungen der Basilarmembran zeigen als Antwort auf einen einzelnen Ton (Sinuswelle) eine diesem Ton entsprechende Frequenz.
2. Die niederfrequenten Schwingungen laufen als Wanderwelle über die gesamte Länge der Basilarmembran.
3. Der Bereich auf der Basilarmembran, der die maximale Amplitude einer Welle aufweist, hängt von der Tonfrequenz ab: Hohe Frequenzen erzeugen eine maximale Auslenkung der Basilarmembran dicht am proximalen Ende der Cochlea (nahe der Basis der Schnecke), während niedere Frequenzen nahe dem distalen Ende der Cochlea (nahe der Spitze der Schnecke) eine maximale Auslenkung der Basilarmembran verursachen.

Das bedeutet, daß für jeden Bereich der Basilarmembran die Auslenkung bei einer ganz bestimmten Frequenz maximal ist. Für Frequenzen bis etwa 1 kHz scheinen die APs in den Hörnervfasern der Tonfrequenz zu folgen. Für Frequenzen, die 1 kHz übertreffen, gilt das 1:1-Verhältnis der Frequenzen der Schallwellen und der durch diese ausgelösten elektrischen Signale nicht mehr, da die Zeitkonstante der Haarzellen und die elektrischen Eigenschaften der Axone dies verhindern. Aus diesem Grund müssen wir im hochfrequenten Bereich nach einem anderen Mechanismus als der Frequenz der APs suchen, der das ZNS über die Tonfrequenz informiert.

Hermann von Helmholtz entdeckte 1867, daß die Basilarmembran aus vielen transversalen Bändern besteht, deren Länge und damit die mechanische Nachgiebigkeit der Basilarmembran von ihrem proximalen Ende (an der Basis der Schnecke) zum distalen Ende (an der Spitze der Schnecke) zunimmt (etwa 100 µm an der Basis und etwa 500 µm an der Spitze). Dies erinnerte ihn an die Saiten eines Klaviers und führte ihn zu seiner **Resonanztheorie**. Diese besagt, daß je ein bestimmter Bereich entlang der Basilarmembran in Resonanz nur mit einer bestimmten Tonfrequenz schwingt (so wie eine entsprechende Klaviersaite in Resonanz mit dem Ton einer Stimmgabel). Diese Theorie wurde später durch von Békésy (1960) in Frage gestellt. Von Békésy entdeckte, daß die Bewegungen der Basilarmembran keine stehenden Wellen wie die eines Klaviers darstellen, sondern daß es sich um Wanderwellen handelt, welche vom schmalen Ende der Basilarmembran (an der basalen Windung der Cochlea) zum breiten Ende der Basilarmembran (in den obersten Windungen der Cochlea) laufen (Abb. 7.47). Diese Wellen besitzen die gleiche Frequenz wie der Ton, der auf das Trommelfell trifft; ihre Geschwindigkeit ist jedoch viel geringer als die des Tones in der Luft.

Ein anschauliches Beispiel einer Wanderwelle ist ein Seil, das an einem Ende befestigt ist und dessen freies

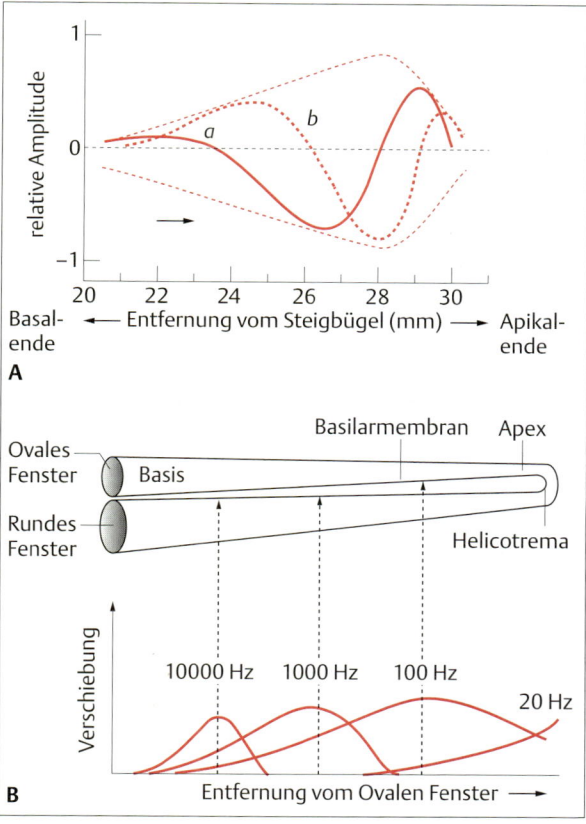

Abb. 7.47 Töne erzeugen Wanderwellen, die entlang der Basilarmembran wandern. A Die Wellen wandern in Richtung des Pfeiles. Zu zwei verschiedenen Zeiten (*a* und *b*) dargestelltes Profil einer Wanderwelle, die über die Basilarmembran läuft. Die dünn gestrichelten Linien zeigen die durch die Bewegung verursachte Einhüllende, die ihre größte Amplitude in der Nähe des apikalen Endes hat. (Die Amplituden sind stark übertrieben.) **B** Gestreckte Darstellung der Cochlea. Darunter sind die Bereiche angegeben, die maximal auf bestimmte Frequenzen ansprechen (A nach von Békésy, 1960; B nach Moffett u. Mitarb., 1993).

Ende ausgelenkt wird. Die Basilarmembran unterscheidet sich von einem Seil dadurch, daß sich die mechanischen Eigenschaften entlang ihrer Länge ändern. Die stetige Zunahme der mechanischen Nachgiebigkeit der Basilarmembran – vom schmalen (proximalen) zum breiten (distalen) Ende hin – schlägt sich in den sich ändernden Amplituden der Wanderwellen beim Durchlaufen der Membran nieder (Abb. 7.47). Die Stelle maximaler Auslenkung der Basilarmembran – und folglich der maximalen Erregung der Haarzellen und der sensorischen Axone – hängt von der Frequenz der Wanderwelle und damit von der stimulierenden Tonfrequenz ab. Bei hohen Tonfrequenzen bewirken die Wanderwellen eine maximale Auslenkung dicht am proximalen Ende der Basilarmembran, wo diese am schmalsten ist (in den basalen Windungen der Cochlea). Bei niedrigen Frequenzen liegt der Bereich maximaler Auslenkung nahe am distalen Ende der Basilarmembran, wo diese am breitesten ist (in den obersten Windungen der Cochlea). In dem Maße, in dem die Frequenz abfällt, wandert die Region maximaler Auslenkung entlang der Basilarmembran bis zur Spitze der Schnecke. Das Ausmaß der Ausdehnung der Basilarmembran an einem beliebigen Punkt bestimmt sowohl die Stärke der Reizung der jeweiligen Haarzellen als auch die Entladungsfrequenz der sensorischen Fasern, die von verschiedenen Stellen der Basilarmembran ausgehen. Selbst bei maximaler Amplitude sind alle Bewegungen sehr klein. Auch die lautesten Geräusche lenken die Basilarmembran nur um etwa 1 µm aus. Die Bewegungen der Cilien der Haarzelle sind wesentlich geringer, so daß die Wahrnehmungsschwelle an der Grenze der Wärmebewegung liegt.

Ein Insektenohr

Viele Organismen haben Hörorgane, die anders funktionieren als das Säugerohr. Der Vollständigkeit halber soll zumindest eines, das **Tympanalorgan** der Grillen, erwähnt werden. Grillen finden ihre Partner mittels akustischer Kommunikation. Das Männchen „singt" einen arttypischen Gesang, das Weibchen reagiert auf diesen. Das Hörorgan der Grille liegt im ersten thorakalen Beinpaar (Abb. 7.48). Das **Tympanum**, ein dünnes, straff gespanntes Areal des Integuments, das nach seiner Funktion dem Trommelfell des Säugerohrs analog ist, kann bei Insekten frei an der Körperoberfläche liegen oder auch in Taschen verborgen sein, die sich über Schlitze nach außen öffnen. Dem Tympanum liegen Tracheen (Luftkanäle) im Inneren des Beines an. Das Tympanum arbeitet als Druckempfänger, der Änderungen des Luftdrucks, wie sie durch einen Ton verursacht werden, auf die anliegende Trachee überträgt. Über das Tracheensystem ist das Tympanum Änderungen im Luftdruck sowohl außerhalb als auch innerhalb des Tieres ausgesetzt. Ein von der rechten Körperseite kommender Ton wird das Tympanum der rechten Körperseite zum Schwingen bringen und die Luftdruckänderung auf die Trachee übertragen. Die Schwingung wird über das Tracheensystem dem linken Tympanum zugeleitet, das daraufhin ebenfalls in Schwingungen versetzt wird. Die zeitliche Verzögerung, mit welcher der Ton das rechte und das linke Tympanum erreicht, ermöglicht die Lokalisation der Geräuschquelle. Dieses Prinzip der Ortslokalisation gilt auch für Vertebraten (s. S. 486ff). Bei einigen Arten sind Haarzellen mit dem Tympanum assoziiert. Dies deutet darauf hin, daß der Erregungsmechanismus im Insektenohr dem im Säugerohr ähnlich ist. Das Insektenohr besitzt folgende Gemeinsamkeiten mit dem Säugerohr: Ein Kanal leitet die Schallwellen zu einer beweglichen Oberfläche, die als Antwort auf die Schallwellen vibriert. Sobald das Trommelfell vibriert, erregt es Rezeptoren entweder direkt oder indirekt, so daß ein Signal dem ZNS zugeleitet wird. Allerdings ermöglicht das Tracheensystem, daß Schallwellen durch den Körper des Tieres wandern und das Trommelfell sowohl von der Innenseite als auch von der Außenseite des Tieres in Schwingungen versetzen können.

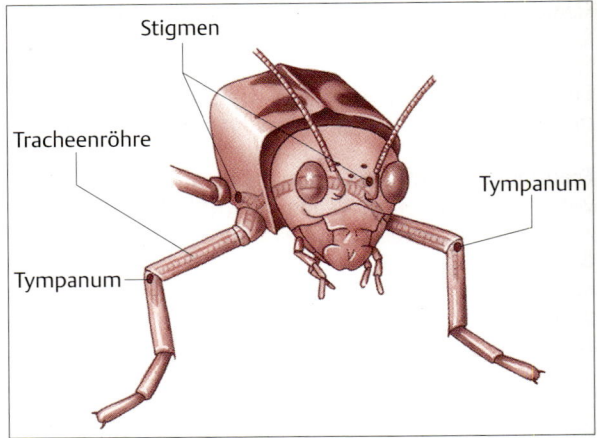

Abb. 7.48 Funktionsprinzip eines Tympanalorgans bei Insekten. Das Hörorgan der Grille ist in den Vorderbeinen lokalisiert. Das Trommelfell wird entweder durch Töne in Schwingungen versetzt, die direkt von außen empfangen werden, oder durch Töne, die im Tier über das Tracheensystem dem Trommelfell zugeleitet werden. Mit dem Trommelfell assoziierte Neurone leiten die akustischen Reize dem zugehörigen Ganglion zu.

Elektrorezeption und Elektrische Organe

Fische aus verschiedenen Klassen haben die Fähigkeit entwickelt, elektrische Ströme wahrzunehmen und diese entweder zur Orientierung in der Umwelt, zum Auffinden und Überwältigen von Beute oder auch zu beiden Zwecken zu verwenden. Sie nutzen dabei zum einen elektrische Ströme aus, die in der Umwelt durch physikalische Phänomene entstehen oder die von anderen Tieren erzeugt werden (alle elektrisch aktiven Gewebe, z.B. Muskeln, induzieren ein elektrisches Feld); zum anderen erzeugen sie selbst elektrische Ströme mit eigens dazu entwickelten Organen.

Haie und einige Rochen können elektrische Ströme wahrnehmen, die durch die Bewegung des sehr gut leitenden Seewassers unter dem Einfluß des Erdmagnetfeldes induziert werden. Somit können die Tiere, wenn sie selbst in Ruhe sind, Strömungen wahrnehmen. Schwimmen die Fische, dann bewegen sie sich selbst durch das Magnetfeld, wobei in ihren Sinnesorganen ein Strom induziert wird, der sie über ihre Schwimmrichtung informiert. Dies ist eine **passive Wahrnehmung**. Die dafür verantwortlichen Sinnesorgane sind die **Lorenzinischen Ampullen** (s. S. 273).

Bei der Ortung von Beute werden z.B. die Aktionspotentiale von Muskeln (etwa die der Kiemendeckelmuskeln anderer Fische oder die der Herzmuskelaktivität einer Schnecke) wahrgenommen. Es handelt sich hierbei ebenfalls um eine passive elektrische Ortung. Dazu sind eine Anzahl von Welsen – vielleicht sogar alle – in der Lage. Das hierzu befähigte Sinnesorgan besteht aus kleinen und großen **Sinnesgruben** am Kopf und an der Bauchseite, die teils vom Nervus trigeminus, teils vom Seitenliniennerv versorgt werden.

Aktive elektrische Ortung findet statt, wenn das Tier selbst elektrische Ströme in besonderen Organen erzeugt, die dann von seinen eigenen Elektrorezeptoren wahrgenommen werden. Solche **Elektrischen Organe** haben sich mehrfach entwickelt. Wir finden sie bei verschiedenen Zitterrochen (z.B. in den Gattungen *Torpedo, Narce, Narcine*), bei verschiedenen Teleostiern wie z.B. den Zitterwelsen (*Malapterurus*; Ordnung *Siluriformes*), dem Zitteraal *Electrophorus electricus* (Unterordnung *Gymnotoidei* der Ordnung *Cypriniformes*), den *Mormyridae* (Ordnung *Osteoglossiformes*) und unter den Barschartigen (*Perciformes*) der Sterngucker *Astroscopus*.

Die *Gymnotoidei* und *Mormyroidei* sind **schwach elektrisch**. Die von ihnen erzeugten Spannungen erreichen bei einer Stromstärke von einigen mA bis ca. 20 V. Alle „Zitterfische" und der Sterngucker sind dagegen **stark elektrisch**. Ihre Stromstöße sind auch für den Menschen sehr unangenehm, unter Umständen auch gefährlich. Die Spannung kann bis zu 800 V erreichen, die Stromstärke mehrere Ampere. Der Zitteraal, ein Süßwasserbewohner Mittel- und Südamerikas, ist besonders bemerkenswert, weil er mit einem Teil seines Elektrischen Organs schwache Entladungen, mit dem Gesamtorgan aber auch starke Entladungen erzeugen kann. Mit den schwachen Entladungen kann er sich orientieren und Beute auffinden, mit den starken Entladungen lähmt er die Beute. (Seine Zähne sind viel zu schwach, um größere Tiere damit halten zu können.) Die Zitterrochen, die ebenfalls sehr groß werden, lähmen ebenfalls ihre Beute. Weil sie im Meer leben, also in einem die Elektrizität sehr gut leitenden Medium, müssen sie hohe Stromstärken erzeugen und kommen mit geringeren Spannungen von ca. 40–50 V aus.

Die elektrische Ortung ist jedoch nur im Süßwasser möglich, weil sich der Strom wegen der sehr hohen Leitfähigkeit des Meerwassers dort nicht weit genug ausbreiten kann, da er kurzgeschlossen wird. Die schwach elektrischen Fische, die sich mit dem „elektrischen Sinn" in ihrer Umwelt orientieren und auch die Signale von Artgenossen wahrnehmen können, leben alle in tropischen Gewässern, die sich durch eine sehr geringe Leitfähigkeit (meistens weit unter 100 μS) auszeichnen. Je geringer die Leitfähigkeit (je höher der Widerstand) eines Leiters ist, desto weiter breitet sich das elektrische Feld aus, das bei jedem Stromstoß entsteht. (Die Bezeichnung „Feld" ist etwas irreführend: die Feld- bzw. Isopotentiallinien breiten sich dreidimensional aus; sie umgeben den Fisch also nicht flächig, sondern räumlich.) Im tropischen Süßwasser haben die Elektrischen Fische u.a. den Vorteil, sich auch in sehr stark turbulenten Strömungen orientieren zu können, wo der – rein mechanische „Seitenliniensinn" – überfordert ist. Stromschnellen sind daher dicht mit elektrischen Fischen besiedelt. In trüben oder durch Gelbstoffe (Huminsäuren) getrübten Gewässern, Weißwasser- und Schwarzwasserflüssen, reicht dagegen der Seitenliniensinn aus.

Elektrische Organe

Die Elektrischen Organe sind (bis auf eine Ausnahme, s.u.) aus Muskelfasern hervorgegangen. Meistens sind die **elektrischen Zellen**, die auch als **Elektroplaxen** oder **Elektrocyten** bezeichnet werden, flach und großflächig oder trommelförmig. Immer ist eine Seite von motorischen Spinalnerven innerviert, die pro mm^2 viele tausend Synapsen[4] haben können (z.B. beim Zitteraal). Die der innervierten Seite einer Elektroplaxe gegenüberliegende Seite ist reichlich mit Kapillaren versehen, welche die Zellen mit O$_2$ und Nährstoffen versorgen.

Die Elektrischen Organe liegen in den verschieden-

---

[4] Das meiste, was wir über cholinerge Synapsen wissen, wurde an Zitteraalen und Zitterrochen erarbeitet.

sten Körperregionen. Bei den Zitterrochen sind es Teile der Brustflossenmuskeln, die ausschließlich zur Stromerzeugung benutzt werden; beim Zitteraal dient fast die gesamte Rumpfmuskulatur zur Erzeugung der Elektrizität. Beim Zitterwels ist es je ein Myomer (ein einzelner Abschnitt der metamer gegliederten Muskulatur) auf jeder Körperseite, das sich von der Brustregion bis zum Schwanzstiel unter der Haut entlang geschoben hat und eine Art Mantel aus Tausenden elektrischer Zellen bildet. Beim Sterngucker ist einer der Augenmuskeln zum Elektrischen Organ geworden. Bei den in Afrika lebenden Mormyriden sind beim ausgewachsenem Fisch die Muskeln des Schwanzstiels zum Elektrischen Organ umgewandelt (Abb. 7.49A); im Jugendstadium ist es ein Teil der Rumpfmuskeln. Beim Nilhecht *Gymnarchus niloticus* – er gehört mit den Mormyriden in eine Unterordnung – sind es beiderseits vier unterschiedlich lange Stränge aus hintereinander liegenden Muskelzellen. Ähnlich sind die Elektrischen Organe der südamerikanischen *Gymnotoidei* gebaut, bei denen es auch noch „Nebenorgane" gibt. In der Familie der *Apteronotidae* dieser Unterordnung sind an Stelle von Muskeln Nervenfasern zum Elektrischen Organ geworden.

Allen diesen Organen ist gemeinsam, daß die innervierte Seite der elektrischen Zelle chemisch erregbar ist, d.h. die Entladung wird durch Acetylcholin an den Synapsen ausgelöst. Da dies mit hoher Präzision synchron erfolgt, summieren sich die Aktionspotentiale der einzelnen Zellen (deren Spannung nicht höher ist als ein Muskel- oder Nervenaktionspotential) beim Zitterwels zu einer Gesamtspannung von bis zu 450 V, beim Zitteraal können bis zu 800 V erreicht werden[5]. Je nachdem, wie die innervierte Membran der Elektroplaxe im Körper liegt, wird bei der Entladung entweder das Kopf- oder das Schwanzende des Tieres zum Plus-Pol. Im einfachsten Fall – bei den Zitterfischen – ist die Entladung monophasisch, weil die nicht innervierte Membran weder chemisch noch elektrisch erregbar ist. Bei vielen Mormyriden ist die Entladung biphasisch; hier ist auch die nicht innervierte Seite der Elektroplaxe elektrisch erregbar, d.h. auf die Entladung des innervierten Membranabschnitts folgt die Entladung des nicht innervierten Membranabschnitts. Da diese Seite spiegelsymmetrisch zur anderen liegt, wird sie zum Minus-Pol, und die Entladung hat zwei Spitzen (plus und minus).

Puls- und Wellenentlader

Die elektrischen Entladungen sind entweder pulsförmig (einzelne Stromstöße mit längeren Intervallen dazwi-

---

[5] Man kann also entweder aus der Zahl der Elektroplaxen auf die Spannung schließen oder aus der Spannung auf die Anzahl der elektrischen Zellen.

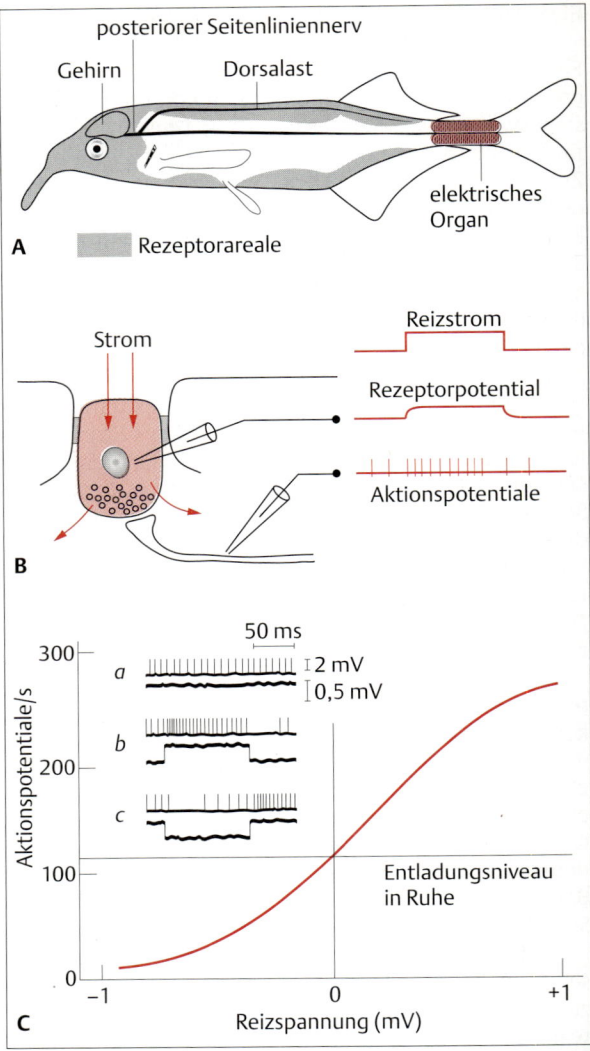

Abb. 7.49 Elektrisches Organ eines Mormyriden. Elektrorezeptoren sind abgewandelte Haarsinneszellen, die sich entlang des Seitenliniensystems vieler Fischarten befinden. **A** Lage des elektrischen Organs und des Seitenlinien-Nervenstranges sowie die Verteilung der Elektrorezeptoren beim schwach elektrischen Fisch *Gnathonemus petersii*. **B** An der Basis jeder Pore sitzt eine Elektrorezeptorzelle, deren apikale Membran – verglichen mit der basalen Membran – einen geringen elektrischen Widerstand besitzt. **C** Rezeptorzellen setzen spontan Transmitter frei (*a*). Strom, der in die Zelle (*b*) gelangt, depolarisiert diese; die Freisetzungsfrequenz erhöht sich, als Folge davon auch die Frequenz der APs in der die Zelle innervierenden sensorischen Faser. Strom, der die Zelle verläßt (*c*) verringert die Freisetzungsrate. Die von der Rezeptorzelle freigesetzte Transmittermenge ändert sich, auch wenn sich u_m nur um wenige Mikrovolt ändert (nach Bennett, 1968).

schen) oder wellenförmig (mehr oder minder sinusförmig). Die einzelne Membranentladung hat keine höhere Spannung als jedes Aktionspotential einer Muskel-oder Nervenzelle, d. h. etwa 100 mV; auch die ionalen Vorgänge an der Zellmembran sind in allen Fällen gleich.

Hörbar gemacht ergeben die **Wellenentladungen** Töne mit Frequenzen zwischen 200 und 1 600 Hz. Im Oszilloskop sind sie als mehr oder weniger abgewandelte Sinuskurven sichtbar. Wichtig ist in allen Fällen, daß eine große Anzahl elektrischer Zellen absolut gleichzeitig erregt wird. Die **Pulsentladungen** können mono-, bi- oder auch triphasisch sein. Hörbar gemacht – z.B. mit einem Ohrhörer (ohne Verstärker möglich) – sind es einzelne „Knackse", bei höheren Wiederholungsfrequenzen vergleichbar mit den Motorgeräuschen eines Mofas. Die Pulsentladungen der Mormyriden können einzeln oder mit einer Frequenz von bis zu 200 Hz erfolgen. Die Gymnotoiden, soweit sie nicht Wellenentlader sind, senden ebenfalls mit wechselnden Wiederholfrequenzen von etwa einem Dutzend bis 200/s[6].

Bei vielen Mormyriden ist die einzelne Entladung oft viel kürzer als ein einzelnes Aktionspotential einer Nerven- oder Muskelzelle, für die man etwa 1 ms annehmen kann. Mormyriden entladen oft ihre etwa 600 Elektroplaxen in 300 oder sogar nur 200 µs. Das Kommando dazu kommt aus einem Zentrum in der Medulla oblongata (dem „verlängerten Rückenmark" zwischen der Medulla spinalis und dem Gehirn) mit jeweils drei Nervenimpulsen von normaler Dauer. Erst der dritte Impuls löst die Entladung des elektrischen Organs aus. Die Elektroplaxen sind mit sehr komplizierten Stielen versehen, die wahrscheinlich zur Synchronisation der Entladungen dienen; sie wirken – je nach ihrer Lage im Organ – verzögernd auf den Kommandoimpuls. Bei einer Entladungsdauer im Millisekunden-Bereich liegt die Synchronisation sicherlich im Bereich von Nanosekunden. Beim Zitteraal und den Zitterwelsen, deren Entladungen jeweils ca. 1 ms andauern, führen die dicksten Äste der auslösenden Nervenfasern ohne Umwege zu den am weitesten vom Kommandozentrum entfernten Elektroplaxen. Die näher am Kommandozentrum liegenden Zellen werden von dünneren Ästen versorgt, die mehr oder weniger weite Umwege machen, bevor sie ihr Ziel erreichen. Beim Zitteraal können das recht lange Strecken sein; der Zitteraal erreicht eine Körperlänge von 2 m; ca. 85 % der Körperlänge und auch der -masse nehmen bei ihm die Elektrischen Organe ein.

---

[6] Nachtaktive Arten, die tagsüber im Boden des Gewässers eingegraben liegen, haben dann eine niedrige „Tagfrequenz" und stellen auf die „Nachtfrequenz" um, bevor (!) sie abends in das freie Wasser aufschwimmen.

Elektrorezeptoren

Der vom elektrischen Organ erzeugte Stromstoß breitet sich im Wasser aus; jeder elektrische Strom muß aber zur Stromquelle zurückkehren. Dabei muß er im Fall der elektrischen Fische wieder in den Körper eintreten. Dazu sind spezielle Eintrittsstellen (Poren) vorgesehen, an deren Basis die Elektrorezeptoren liegen. Die Elektrozeptoren sind im Seitenlinienorgan bevorzugt über den Kopfbereich und andere Körperabschnitte verteilt. Es gibt sehr verschiedene Typen von derartigen Sinnesorganen, die teils auf die eigenen Entladungen abgestimmt sind, teils aber auch auf diejenigen von Artgenossen oder verwandten Arten. Einige sprechen nur auf Beeinflussungen des elektrischen Feldes durch organisches Material an, z.B. Pflanzen oder Beutetiere, andere reagieren nur auf anorganisches Material, z.B. auf Ufergestein oder auf die Wasseroberfläche. Die Elektrorezeptoren (sie gehören zu den sekundären Sinneszellen, haben also keine eigenen Axone zur Weiterleitung von APs) werden von Zweigen des Nervus statoacusticus (VIII) innerviert. Sie sind mit den Sinneszellen des Gleichgewichts- und Hörsinns verwandt, ebenso wie die des Seitenlinienorgans. Die apikale Rezeptorzellmembran einer solchen Sinneszelle hat einen geringeren elektrischen Widerstand als die Basis der Zelle, an der sich afferente Synapsen befinden. Nach dem Durchlaufen der Zelle depolarisiert der in den Körper zurückfließende Strom die basale Rezeptorzellmembran. Dadurch werden Ca^{2+}-Kanäle geöffnet, und der Einstrom der Ca^{2+}-Ionen bewirkt die Ausschüttung eines Transmitters durch die Rezeptorzelle. Der Transmitter erhöht die spontane Entladungsfrequenz der den Rezeptor innervierenden afferenten Nervenfaser, wenn der vom Fisch erzeugte Entladungsimpuls mit einer bestimmten Stärke in den Fischkörper zurückfließt (Abb. 7.**49B**). Dies hängt davon ab, wie stark der Strom von der Umwelt moduliert wurde. Wenn das Feld auf der gegenüberliegenden Körperseite von der Umwelt weniger stark beeinflußt wurde, wird die auf dieser Körperseite spiegelbildlich angesiedelte Rezeptorzelle – im Vergleich zu der zuerst betrachteten – schwächer erregt, d. h. ihre basale Zellmembran wird schwächer depolarisiert und die Spontanfrequenz der afferenten Faser somit weniger moduliert. Die Feuerfrequenz nimmt in Abhängigkeit von der Richtung des Stromflusses durch die Elektrorezeptorzelle zu oder ab (Abb. 7.**49C**). Die Elektrorezeptoren der schwach elektrischen Fische können also nur erregt werden, wenn der Strom nur durch sie hindurch fließt und nicht an anderer Stelle wieder in den Körper eintritt. Bei den Mormyriden ist dazu aus der Epidermis eine Abschirmung entwickelt worden. Die Epidermis ist dreischichtig; proximal und distal besteht sie aus je einer Schicht normal geformten Zellen. Die mittlere Schicht besteht aus dicken Stapeln sehr flacher, dünner, sechseckiger Zellen von ca. 60 μm Durchmesser, aber nur 0,22 μm Dicke (Abb. 7.51 A). Diese Plättchenzellen bzw. Plättchensäulen dienen als Kondensatoren. Die Kapazität eines Kondensators hängt vom Abstand der beiden gegenüberliegenden Platten ab; in der Elektrorezeptor-Epidermis sind das die beiden Membranflächen einer Plättchenzelle. Weiterhin ist die Gesamtfläche der Kondensatorplatten wichtig; sie wird durch Parallelschaltung von Kondensatoren erhöht, durch Serienschaltung jedoch reduziert. Letzteres ist in der Epidermis der Mormyriden und auch Gymnotoiden der Fall. Je kleiner die Kapazität, desto schneller ist der Kondensator aufgeladen und läßt keinen Strom mehr hindurch. Bei den kurzen Stromimpulsen der Mormyriden ist daher eine möglichst kleine Kapazität wichtig für eine effiziente Abschirmung. Die Gymnotoiden haben durchweg längere Entladungen und dem entsprechend auch eine dünnere Plättchenschicht entwickelt. Unmittelbar um die Rezeptoren herum liegen normal (d.h. polyedrisch) geformte Zellen in mehreren Schichten; diese Höfe oder Areolen leiten den Strom an die Sinneszellen. Die sensorische Information wird schließlich im stark vergrößerten Cerebellum verarbeitet.

Die Pulsentlader unter den schwach elektrischen Fischen reagieren je nach Situation sehr verschieden. Wenn sie die elektrische Entladung eines anderen Tieres bemerken, stellen sie zunächst die eigenen Entladungen ein; man könnte sagen, sie „horchen auf". Nach einer Sendepause von einigen Sekunden senden sie dann mit deutlich höherer Entladungsrate. Begegnen sie in ihrer Umgebung einem für sie neuen Gegenstand, im Experiment z.B. einem in ihr Aquarium gebrachten Stück Metall oder auch einem Nichtleiter (Abb. 7.50), dann erhöhen sie ihre Entladungsrate und nähern sich mit dem Schwanzende voran dem unbekannten Material. Da die elektrischen Organe immer bis fast an das Körperende reichen, dort also ein elektrischer Pol liegt, dürfte der Sinn des Rückwärtsschwimmens darin zu sehen sein, daß so der fremde Gegenstand in einen Bereich kommt, wo die elektrischen Feldlinien am dichtesten liegen, also auch am stärksten durch das Material des Fremdkörpers verformt werden. Nachdem ein Fisch sich an einen neuen Gegenstand in seiner Umgebung gewöhnt hat, reagiert er nicht mehr darauf.

Empfindlichkeit der Elektrorezeption

Die Elektrorezeptoren sind äußerst empfindlich (Abb. 7.49 C). Sie reagieren auf Spannungsdifferenzen von wenigen μV. Dies wird besonders deutlich am Beispiel der Gymnotoiden – sie sind zum großen Teil Wellenentlader – die mit einigen Hundert Hertz senden oder am Beispiel der Apteronotiden, die mit 1000 bis

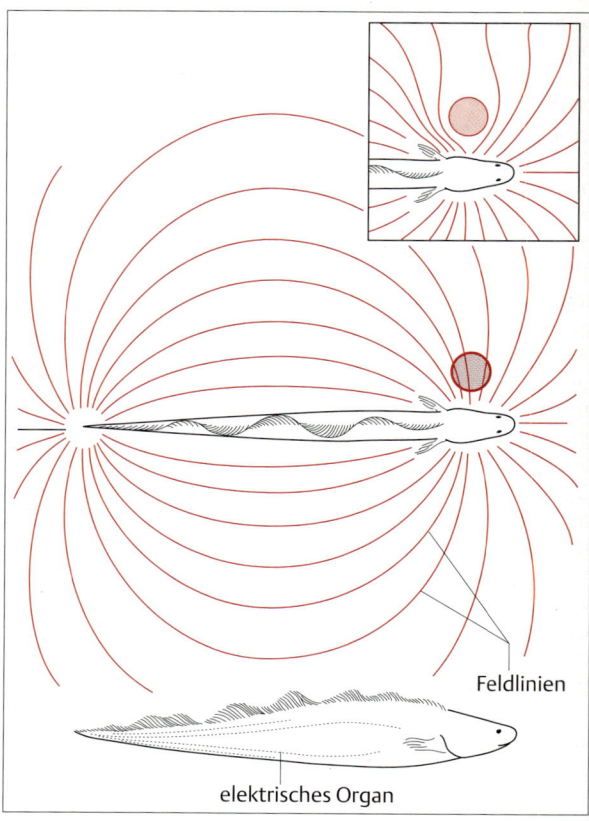

Abb. 7.50 Verlauf der Feldlinien um einen elektrischen Fisch. Dargestellt ist das sich zwischen dem elektrischen Organ und den Rezeptorporen im Kopf ausbreitende elektrische Feld. Bei den roten Linien handelt es sich um Feldlinien (Linien gleicher Stromstärke), auf denen die Isopotentiallinien (Linien gleicher Spannung) senkrecht stehen. Ein Objekt, dessen Leitfähigkeit größer als die des Wassers ist, zieht die Feldlinien an; ein Objekt geringerer Leitfähigkeit als Wasser (oben) lenkt die Feldlinien ab (nach Lissman, 1963).

1600 Hz senden. Die Tiere leben oft dicht zusammen, dadurch besteht die Wahrscheinlichkeit, daß sich zwei Individuen mit fast gleicher Entladungsfrequenz (z.B. mit nur 0,5 oder 1 Hz Differenz) begegnen. Das kann zu störenden Interferenzen führen, mit der Folge, daß die Tiere nicht mehr unterscheiden können, ob die empfangenen Signale von der eigenen Entladung oder von der des Nachbarn stammen. Diese Interferenzen werden durch die „jamming avoidance response" vermieden. Anfangs, d.h. innerhalb weniger Millisekunden, ändern beide Tiere ihre Frequenz: Das Tier mit der höheren Frequenz ändert diese nach oben, das andere nach unten, jeweils um wenige Entladungen pro Sekunde. Schließlich bleibt das Tier mit der anfangs niedrigeren Frequenz um etwa 5–6 Hz unter der des Artgenossen, der zum Anfangswert zurückkehrt. Bei *Eigenmannia spec.*, die z.B. mit 370 Hz sendet, ist das eine Änderung um weniger als 2 %. Diese geringe Abweichung reicht jedoch für einen ungestörten Empfang und die Unterscheidung von Eigen- und Fremdimpulsen aus. (Nachrichtentechniker können von solchen Werten nur träumen.)

Lorenzinische Ampullen

Die **Lorenzinischen Ampullen** (Abb. 7.51 B) bestehen aus langen, röhrenförmigen Kanälen mit einem offenen und einem kugelförmig aufgeblähten, verschlossem Ende. Um diese eigentliche Ampulle liegen die Sinneszellen. Die Röhre ist mit einem sehr leitfähigen Schleim gefüllt, die Wandungen haben eine geringe elektrische Kapazität. Dies macht das ganze Organ zu einem hervorragenden elektrischen Leiter. Die einzelnen Organe sind im Prinzip sternförmig angeordnet und bilden auf jeder Kopfseite mehrere symmetrisch zueinander liegende Rosetten.

Beim ruhenden Tier fließt der elektrische Strom, der im Wasser durch die Magnetfeldlinien erzeugt wird, durch die Ampullenorgane und bewirkt eine Erregung bzw. Hemmung. Daraus gewinnt das Tier Informationen über die Wasserströmung in seiner Umgebung. Bewegt sich das Tier, dann durchquert es das Magnetfeld der Erde, und mindestens ein Kanalpaar schneidet die Feldlinien, so daß ein maximaler Strom hindurch fließt. Auf einer Körperseite fließt dann ein elektrischer Strom von der Öffnung auf die Ampulle zu und erregt die Rezeptorzellen – auf der gegenüberliegenden Seite fließt der induzierte Strom von den Ampullen fort (zur Öffnung hin) und hemmt dort die Rezeptoren. Die anderen Ampullenorgane schneiden die Magnetfeldlinien in unterschiedlichen Winkeln, so daß entsprechend schwächere elektrische Ströme fließen und die Sinneszellen mehr oder weniger stark gereizt bzw. inhibiert werden.

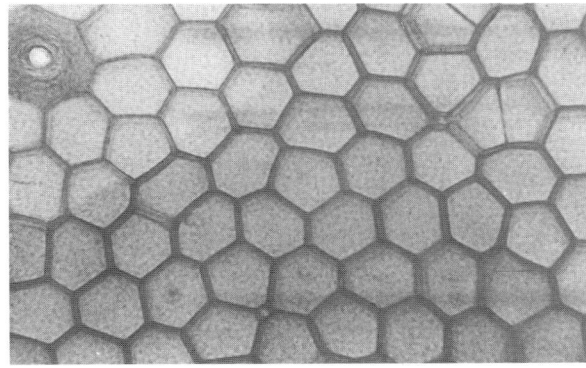

A

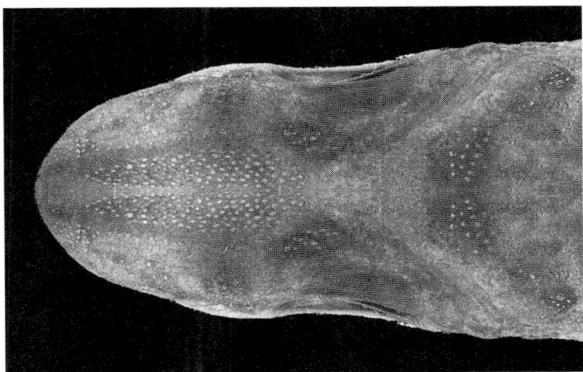

B

Abb. 7.51 Elektrorezeptorepidermis und Lorenzinische Ampullen A Flächenpräparat der Elektrorezeptorepidermis von *Gnathonemus*. Zu erkennen sind die sechseckigen Plättchensäulen (Durchmesser ca. 60 μm) und ein Hof von Elektrorezeptoren (oben links). Die Grenzen der Plättchen sind mit Sudanschwarz gefärbt (Foto W. Harder). **B** Kopfaufnahme (von dorsal aufgenommen) des im Mittelmeer lebenden Fleckhais (*Galeus melastomus*) mit zahlreichen Lorenzinischen Ampullen. Die Öffnungen der Lorenzinischen Ampullen sind als weiße Punkte erkennbar (Foto S. Gembella).

Thermorezeption

Temperatur ist eine wichtige Variable der Umwelt. Viele Organismen empfangen Informationen über die Temperatur durch die Aktivität spezialisierter Nervenendigungen oder **Thermorezeptoren** in der Haut. Neurone höherer Ordnung erhalten Inputs von Thermorezeptoren und tragen zu den Mechanismen bei, welche die Körpertemperatur regulieren (s. Kap. 16). Bestimmte Neurone im Hypothalamus der Vertebraten sind ebenfalls temperaturempfindlich.

Thermorezeptoren zeigen bemerkenswerte Empfindlichkeiten. Die **Infrarotdetektoren** (Wärmerezeptoren) im Grubenorgan der Klapperschlangen (Abb. 7.52 A) sind dafür ein gutes Beispiel. Das Infrarot-Sinnesorgan besteht aus den aufgezweigten Enden sensorischer Nervenfasern und weist keine erkennbaren strukturellen Besonderheiten auf. Die Nervenfaserendigungen scheinen nicht die Strahlungsenergie, sondern Änderungen in der Gewebetemperatur wahrzunehmen. Die Mechanismen, mittels der Temperaturänderungen den Output der Rezeptoren verändern, sind unbekannt. Die sensorischen Axone des Grubenorgans erhöhen ihre Feuerfrequenz vorübergehend bereits bei einer Temperaturzunahme um nur 0,002 °C im Grubenorgan. Diese Änderung der Feuerfrequenz kann zu Verhaltensänderungen führen. So ist eine Klapperschlange in der Lage, die Wär-

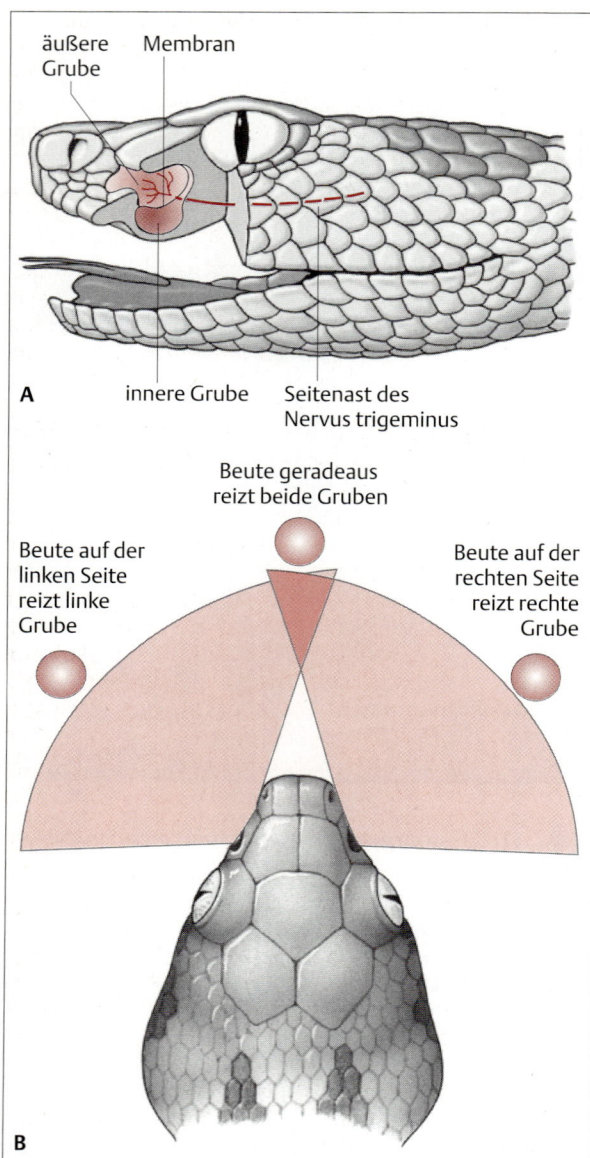

Abb. 7.52 **Grubenorgan der Klapperschlange.** Das Organ enthält hochempfindliche Thermorezeptoren, mit denen die Schlange ihre Beute orten kann. **A** Aufbau des Grubenorgans. **B** Die Anordnung der Grubenorgane verleiht den Thermorezeptoren im Inneren der Gruben eine Richtungsempfindlichkeit (nach Bullock u. Diecke, 1956).

mestrahlen (Infrarotstrahlen) einer Maus im Abstand von 40 cm wahrzunehmen, wenn die Temperatur der Maus 10 °C über der Umgebungstemperatur liegt. Da diese Rezeptoren auf einer Bindegewebsmembran tief im Grubenorgan auf beiden Seiten des Kopfes liegen, kann die Schlange die Strahlungsrichtung bestimmen (Abb. 7.**52**B).

Bei Säugern besitzen sowohl die Haut als auch die Oberfläche der Zunge zwei Arten von Thermorezeptoren: Rezeptoren, die bei Erwärmung ("Wärme"-Rezeptoren) und Rezeptoren, die bei Abkühlung ("Kälte"-Rezeptoren) vermehrt feuern. Diese Rezeptoren sind ebenfalls sehr empfindlich. Der Mensch ist in der Lage, Änderungen in der Hauttemperatur von nur 0,01 °C wahrzunehmen. Diese beiden Rezeptorarten unterscheidet man aufgrund ihres Antwortverhaltens auf Temperaturänderungen in der Nähe der normalen Körpertemperatur (beim Menschen 37 °C). Wärme- und Kälterezeporen erhöhen ihre Feuerfrequenz, wenn die Temperatur zunehmend von 30–35 °C abweicht (Abb. 7.**53**A). Wärmerezeptoren feuern schneller, wenn die Temperatur steigt; Kälterezeptoren feuern schneller, wenn die Temperatur absinkt. Weicht die Temperatur aber deutlich von 30°–35 °C ab, ändert sich das Verhalten beider Rezeptoren: die Frequenz der Impulse fällt ab. Die Antwort der Thermorezeptoren besteht in einer vorübergehenden starken Änderung der Feuerfrequenz, der eine länger andauernde Gleichgewichtsphase folgt (Abb. 7.**53**B).

Sehen

Seit der Entstehung der Erde vor mehr als 5 Milliarden Jahren übt das Sonnenlicht eine entscheidende Wirkung auf die Evolution der Organismen aus. Die meisten Organismen sind in der Lage, auf die eine oder andere Weise auf Licht zu reagieren. Die Photorezeption besteht in der Transduktion von Lichtphotonen in elektrische Signale, die vom Nervensystem interpretiert werden können. Photorezeptive Organe – sie werden üblicherweise als Augen bezeichnet – entwickelten sich in vielerlei Formen und Größen und mit zusätzlichen Hilfsstrukturen. Obwohl die physikalischen Parameter der Augen artspezifisch sehr unterschiedlich sein können, beruhen die molekularen Rezeptions- und Transduktionsprozesse visueller Information auf weit verbreiteten und in der Evolution stark konservierten Proteinmolekülen.

Die Sehpigmentproteine werden als Opsine bezeichnet. Sie sind im Tierreich weit verbreitet; selbst bei den einfachsten photorezeptiven Strukturen, die noch keine Augen darstellen, sind sie vorhanden. Jedes Opsin-Molekül besitzt sieben transmembrane Domänen. Die Opsine tragen niedermolekulare Photopigmentmoleküle (chromophore Gruppen), deren Struktur sich bei der Absorption von Photonen verändert; diese strukturelle

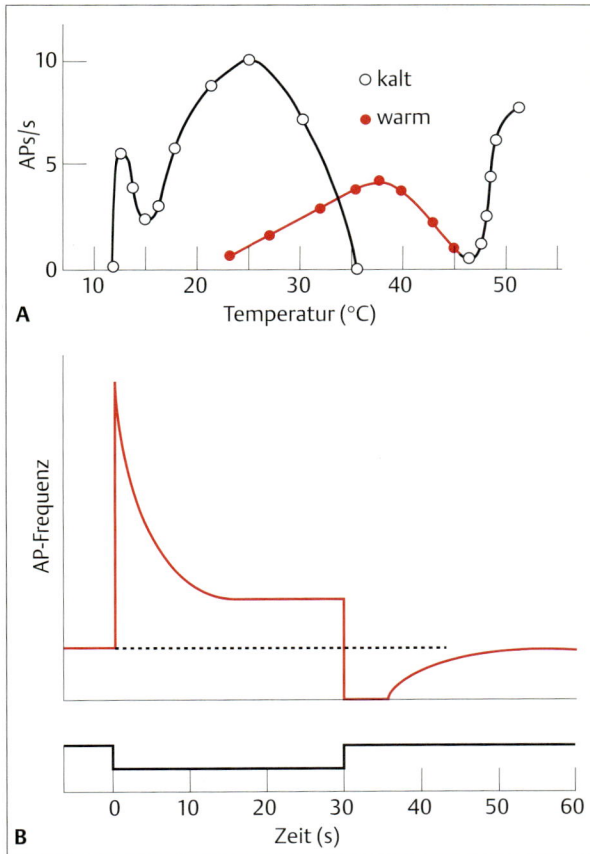

Abb. 7.53 Die AP-Frequenz in den Thermorezeptoren der Säuger variiert mit der Oberflächentemperatur des Körpers. **A** Antworten der „Kalt"- und „Warm"-Rezeptoren der Säugerzunge. **B** Frequenzänderungen einer „Kalt"-Faser bei Kühlung und nachfolgender Erwärmung. Die Temperaturänderung wird durch die untere schwarze Kurve dargestellt (nach Zotterman, 1959).

Modifikation wird auf das Opsin übertragen und verändert daraufhin dessen Eigenschaften (Abb. 7.3). Bei vielen Organismen entwickelten sich Augenstrukturen, welche die Lichtstrahlen sammeln und bündeln, ehe sie auf die Rezeptions- und Transduktionsmembranen treffen. Augen brechen das Licht mittels hochkonzentrierter und zu Linsen geformter Proteine. Diese lichtbrechenden Strukturen durchliefen ebenfalls eine hochinteressante Evolution. Wir werden zunächst betrachten, wie Augen Licht sammeln und bündeln.

Optische Mechanismen – Evolution und Funktion

Die physikalischen Eigenschaften des Lichtes setzen der Struktur des Auges, das ein brauchbares Bild entwerfen soll, enge Grenzen. Die meisten der möglichen Konstruktionen wurden im Laufe der Evolution „entdeckt", so daß selbst bei nicht verwandten Arten ähnliche Strukturen anzutreffen sind. Eines der besten Beispiele für eine konvergente Entwicklung ist die Ähnlichkeit der Augen zwischen den phylogenetisch nicht verwandten Cephalopoden und Fischen. Diese Augen sind sich in vielen Einzelheiten ähnlich, da die optischen Gesetze konvergente Lösungen für das Sehen unter Wasser diktieren. Da der Mensch und die Fische von gemeinsamen Vorfahren abstammen, weisen ihre Augen ebenfalls große Ähnlichkeiten auf, auch wenn sie sich durch Anpassung an ihre unterschiedlichen optischen Medien in einigen Punkten unterscheiden.

Die Evolution der Augen erfolgte in zwei Schritten. Weitgehend bei allen großen Tiergruppen entwickelten sich einfache **Augenflecken** oder **Grubenaugen**, die aus einigen wenigen Rezeptoren bestehen, welche in einer offenen Grube eingelagert und von abschirmenden Pigmentzellen umgeben sind (Abb. 7.**54**). Einige Biologen vermuten, daß sich solche Photonendetektoren im Laufe der Evolution etwa 40–65mal unabhängig voneinander entwickelten. Augenflecken liefern Informationen über die umgebenden Hell-Dunkel-Verhältnisse; sie liefern jedoch nicht genügend Informationen, um das Entdecken von Räubern oder Beute zu ermöglichen. Zur Mustererkennung oder zur Kontrolle der Fortbewegung ist ein **Auge** mit einem optischen Apparat erforderlich, der den Sehwinkel eines einzelnen Rezeptors beschränken und ein optisches Bild entwerfen kann. Solche komplexen Augen entwickelten sich nur bei sechs der 33 Metazoenstämme (*Cnidaria, Mollusca, Annelida, Onychophora, Arthropoda* und *Chordata*). Da diese Stämme 96% aller lebenden Arten umfassen, kann man vermuten, daß der Besitz von Augen einen signifikanten Selektionsvorteil darstellt.

Bis heute wurden zehn optisch unterschiedliche Entwicklungen für bildformende Augen entdeckt. Sie schließen weitgehend alle aus der optischen Physik bekannten Konstruktionsmöglichkeiten ein (mit Ausnahme der Fresnell- und Zoom-Linsen). Darüber hinaus gibt es einige Variationen wie etwa die „array" Optik (Rasteroptik), die von Physikern bisher nicht zur Untersuchung optischer Phänomene eingesetzt wurde.

Einfacher organisierte Tiere besitzen Strukturen, um die Richtung von Lichtquellen und Intensitätsschwankungen zu bestimmen; höher entwickelte Sehsysteme entwerfen Bilder mit Hilfe optischer Mechanismen. Einfache Augenflecken haben typischerweise einen Durchmesser von weniger als 100 μm und enthalten zwischen

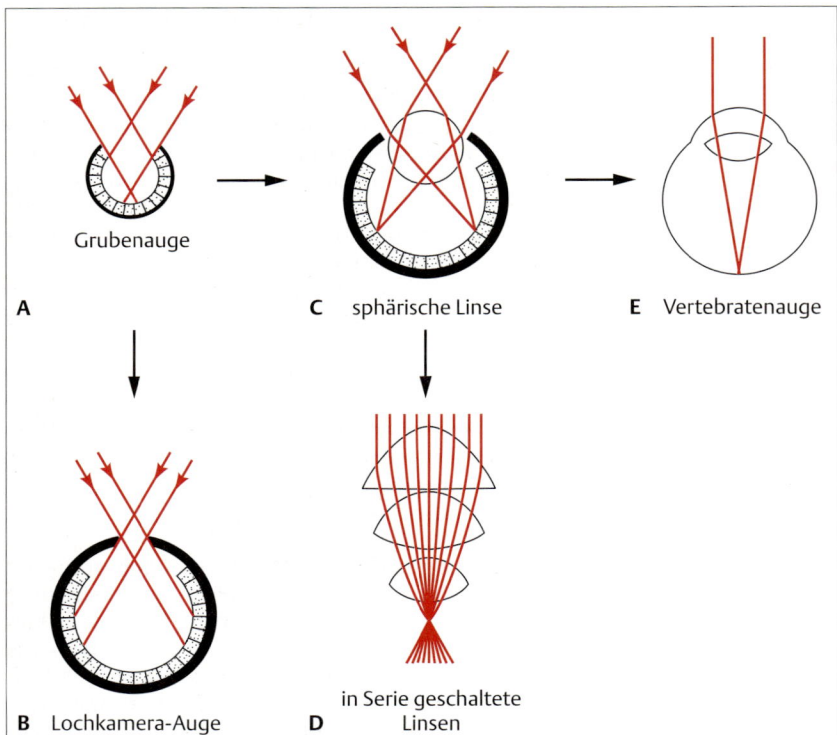

Abb. 7.54 Augentypen. Der Bauplan der Augen schließt mehrere optische Prinzipien ein. **A** Das am einfachsten strukturierte Auge besteht aus einer flachen Grube (Grubenauge), die mit Photorezeptorzellen ausgekleidet ist. **B** Beim etwas komplizierter gebauten Lochkamera-Auge ist die Apertur des Auges im Vergleich mit der Augengröße klein. **C** Eine deutliche Weiterentwicklung besteht in der Ausbildung einer sphärischen Linse (einfaches Linsenauge) zwischen der Apertur und den Photorezeptorzellen. **D** Beim Copepoden *Pontella* sind drei Linsen in Serie geschaltet; die optischen Eigenschaften werden dadurch deutlich verbessert. **E** Das Vertebratenauge vereinigt eine geringe Apertur und eine Linse. Die Pfeile geben die vermuteten Entwicklungswege an (nach Land u. Fernald, 1992).

1 und 100 Photorezeptorzellen. Selbst die einfachsten Augenflecken ermöglichen jedoch optisch gesteuertes Verhalten. Bei Protozoen und Plattwürmern wird die Richtung einer Lichtquelle mit Hilfe eines Abschirmpigments erfaßt, das einen Schatten auf die Photorezeptormoleküle wirft. Manche Flagellaten besitzen z.B. an der Flagellenbasis ein lichtempfindliches Organell, das einseitig durch einen pigmentierten Augenfleck abgeschirmt wird. Dieses abgeschirmte Organell ermöglicht eine grobe Richtungsbestimmung. Während der Flagellat umherschwimmt, rotiert er etwa einmal pro Sekunde um seine Längsachse. Gerät er in einen Lichtstrahl, der ihn seitlich senkrecht zu seiner Bewegungsrichtung trifft, so wird der Augenfleck immer dann beschattet, wenn sich das Abschirmpigment zwischen Lichtquelle und lichtempfindlichem Teil der Flagellenbasis befindet. Jedesmal, wenn dies geschieht, bewegt sich das Flagellum gerade soviel, wie zur Drehung des Flagellaten gegen die das Abschirmpigment tragende Seite notwendig ist. Da dies der Richtung der Lichtquelle entspricht, dreht sich der Flagellat durch Hinwendung zum Licht in diese Richtung. Dies ist ein Beispiel **positiver Phototaxis**. Eine Gruppe mariner Flagellaten besitzt sogar ein linsenähnliches Organell, um das Licht auf einen **Pigmentbecher** zu konzentrieren. Obwohl dieses Organell in der Lage ist, ein grobes Bild zu entwerfen, ist es unwahrscheinlich, daß Einzeller Bilder zur visuellen Diskrimination benutzen.

Die einfachsten Augen sind Weiterentwicklungen der Augenflecken; entweder wurde die Öffnung stark verengt (**Lochkameraauge**, Abb. 7.54 B) oder lichtbrechendes Material (Abb. 7.54 C) eingefügt. Der entwicklungsgeschichtlich alte Cephalopode *Nautilus* besitzt ein Lochkamera-Auge, das – bis auf die fehlende Linse – recht fortschrittlich ist. Sein Durchmesser beträgt fast 1 cm, die Blende ist variabel und kann sich zwischen 0,4 bis 2,8 mm weit öffnen. Zusätzlich stabilisieren extraokulare Muskeln das Auge gegen die Schaukelbewegungen des schwimmenden Tieres.

Die meisten aquatisch lebenden Tiere besitzen ein einkammeriges Auge mit einer sphärischen Linse (Abb. 7.54 C). Dieser Linsentyp ermöglicht die hohe Brechkraft, die für das Fokussieren von Objekten unter Wasser notwendig ist, wirft aber das Problem der sphärischen Aberration auf (die Lichtstrahlen werden am Rand der Linse, in Relation zum zentralen Linsenbereich, zu stark gebrochen). Die Linsen der Fische und Cephalopoden umgehen dieses Problem durch den Einsatz eines nicht homogenen Linsenmaterials. In der Mitte ist es sehr dicht und hat eine hohe Brechkraft; zur Peripherie hin schwächen sich Dichte und Brechkraft ab. Als Folge des Dichtegradienten entspricht dieses Auge einer Nahlinse von etwa dem 2,55fachen des Radius (1,275·Linsendurchmesser; diese Anordnung wurde erstmals von Matthiesen 1877 beschrieben und ist als **Matthiessen-Konstante** bekannt). Dieser bemerkenswerte Dichtegradient entwickelte sich achtmal bei aquatischen Tieren, was darauf schließen läßt, daß er eine sehr gute und vielleicht die einfachste Lösung dieses Problems darstellt. Einige andere aquatisch lebenden Arten besitzen Augen, die mehrere Linsen enthalten; das Auge des Ruderfußkrebses *Pontella* enthält z.B. drei in Serie geschaltete Linsen (Abb. 7.54D), die zusammen die sphärische Aberration kompensieren.

Das Vertebratenauge (Abb. 7.54E) kombiniert eine relativ kleine Apertur (Pupillenöffnung) mit einer lichtbrechenden Hornhaut sowie einer Linse. Durch Verengung oder Erweiterung der Pupille kann das Auge an die Lichtverhältnisse angepaßt (adaptiert) werden. Diese Eigenschaften ergeben zusammen eine sehr gute Abbildung auf der Schicht der Photorezeptoren, der Retina.

Man darf sich aber nicht vorstellen, daß alle Tiere mit Linsenaugen auch wirklich alle Einzelheiten, die nach den optischen Gesetzen auf der Retina abgebildet werden, mit gleicher Genauigkeit wahrnehmen. Die detailgetreue Wahrnehmung hängt ab

– vom Querschnitt einer einzelnen Sehzelle und von der Entfernung der Achsen der Sehzellen voneinander; dies bestimmt die Sehschärfe oder die Auflösung, d.h. den Winkel (gemessen in Bogenminuten oder -sekunden), unter dem zwei Punkte noch als voneinander getrennt wahrgenommen werden können;
– von der Verschaltung der Sehzellen auf den Sehnerv. Auch beim Menschen ist nur in der Fovea centralis jede der 166000 Sehzellen einzeln über Nervenfasern mit den Sehzentren im Hirn verbunden; beim Bussard sind es 1000000; in der Peripherie bilden immer größere Gruppen von Sehzellen ein rezeptives Feld und geben die Erregung über eine gemeinsame Faser ins Zentrum weiter; in der Retina des Menschen liegen z.B. 125 Millionen Sehzellen, im Sehnerv dagegen nur 1 Million Nervenfasern. In den rezeptiven Feldern, die sich mehr oder weniger überlappen, ist nur die Wahrnehmung der Grenzen größerer Flächen, Konturensehen und Bewegungssehen möglich.
– Es ist zudem wichtig, wie die von den Sehzellen kommende Information in den nachfolgenden Zentren weiter verarbeitet wird; dies ist entscheidend für ein echtes Bildsehen. Nur die Primaten (vielleicht nicht einmal alle) sind dazu fähig; andere Tiere sehen nur Konturen, Flächen und Bewegung. Nicht alles, was auf der Netzhaut abgebildet wird, ist für das Tier auch lebenswichtig und damit „interessant".

Die leistungsfähigsten Augen haben die Vögel. Die höchsten Sehschärfen, d.h. die kleinsten Sehwinkel, haben die Greifvögel, z.B. der Baumfalke mit 21″ (Bogensekunden) oder der Mäusebussard mit 17″. Der Mensch hat einen Sehwinkel von 30″; er kann zwei Punkte also nur unter einem wesentlich größeren Winkel unterscheiden. Bei Vögeln ist eine viel stärkere Akkommodation der Linse möglich (diese Fähigkeit ist in den verschiedenen Ordnungen sehr unterschiedlich ausgeprägt). Bei den nachtaktiven Eulen ist sie sehr viel schlechter als bei tagaktiven Greifvögeln. Die Form des Augapfels weicht auch oft sehr stark von der Kugelform ab; dies hängt mit der Lebensweise der Tiere zusammen. Extrem verformt sind die Augäpfel der Eulen. Ihnen vergleichbar sind die Teleskopaugen mancher Tiefseefische, die auf die Wahrnehmung kleinster Lichtmengen ausgelegt sind.

Komplexaugen

Die Komplexaugen der Arthropoden ermöglichen eine Bilddarstellung durch das Vorhandensein zahlreicher optischer Einheiten, der **Ommatidien**. Ommatidien stellen die individuellen funktionellen Einheiten des Komplexauges dar und sind jeweils mit einer eigenen Linse und eigenen Photorezeptorzellen ausgestattet. Jedes Ommatidium ist auf einen anderen Bereich des Sehfelds gerichtet (Abb. 7.55B, links) und erfaßt einen Winkel von ca. 2–3 Grad. Die Sehschärfe eines solchen Komplexauges ist daher geringer als die des Vertebratenauges, wo jeder Rezeptor nur 0,02 Grad des Sehfelds abdeckt. Das auf die Sehzellen eines Komplexauges projizierte **Mosaikbild** (Abb. 7.55B, rechts) ist – verglichen mit dem Bild eines Vertebratenauges (Abb. 7.55A, rechts) – folglich grob, aber dennoch gut erkennbar. Die feinstrukturellen und optischen Eigenschaften der Komplexaugen verschiedener Arthropoden variieren stark. Sie sollen hier nicht in allen Einzelheiten behandelt werden.

Die Sehzellen vieler Evertebraten-Augen haben keine Cilienstruktur, die – wie bei den Vertebraten – das innere mit dem äußeren Zapfensegment verbindet (Abb. 7.62). Bei diesen Evertebratenaugen ist das Photopigment in Mikrovilli lokalisiert. Die das Pigment enthaltenden Mikrovilli bilden das **Rhabdomer**, den lichtempfindlichen Randsaum der Evertebraten-Sehzellen. Da viele Evertebraten einfache Augen mit Photorezeptoren des Rhabdomertyps haben, ist es verführerisch zu spekulieren, daß Photorezeptoren dieses Typs nur bei einfachen Augen vorkommen. Dem steht jedoch entgegen, daß die Augen des *Octopus* von der optischen Ausstattung her betrachtet sehr komplex sind und dennoch dem Rhabdomertyp angehören. Darüber hinaus besitzen einige Muscheln (z.B. *Pecten* und *Lima*) Augen mit

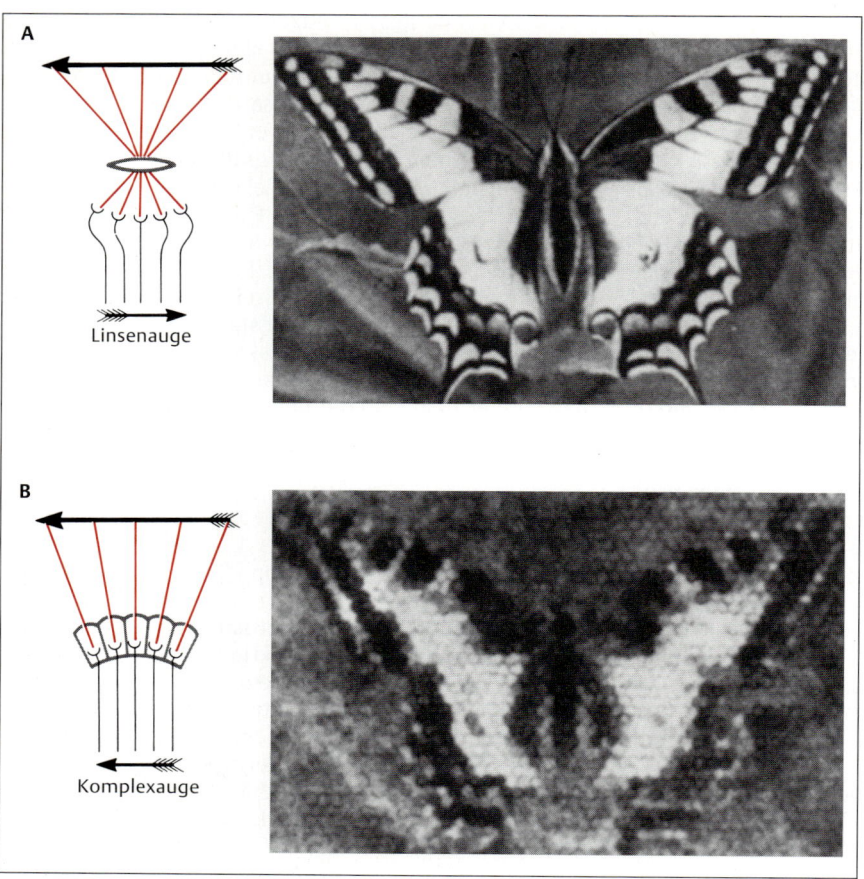

Abb. 7.55 Linsen- und Komplexauge. A Links: Schematische Darstellung eines Linsenauges. Jede Photorezeptorzelle deckt einen Teil des Sehfeldes durch eine gemeinsame Linse ab. Rechts: Photographie des Schmetterlings, wie er durch ein Linsenauge gesehen wird. Wie die schwarzen Pfeile erkennen lassen, wird das Bild im Vertebratenauge gedreht, nicht aber im Komplexauge. **B** Links: Im Komplexauge wertet jedes Ommatidium einen anderen Punkt des Sehfeldes durch eine eigene Linse aus. Rechts: Mosaikbild eines Schmetterlings (*Papilio machaon*), wie er vermutlich von einer Libelle aus einer Entfernung von 10 cm gesehen wird. (B nach Kirschfeld, 1971; A nach Mazokhin-Porshnyakov, 1969).

zwei getrennten Schichten von Photorezeptoren. Eine Schicht enthält Rezeptoren des Cilientyps, die andere Rezeptoren des Rhabdomertyps.

Das Limulus-Auge

Die bestuntersuchten Evertebraten-Photorezeptoren sind die des **Lateral-** und **Ventralauges** des Pfeilschwanzkrebses *Limulus polyphemus*[7] (Abb. 7.56). Die beiden Lateralaugen sind typische Komplexaugen, ähnlich den in Abb. 7.57A dargestellten. Das unpaare Ventralauge ist dagegen einfacher gebaut und den Grubenaugen ähnlich (Abb. 7.54A). Auch wenn *Limulus* eine extreme Ausnahme darstellt – es gibt nichts Vergleichbares bei z.B. Polychaeten, Spinnen, Krebsen, Insekten oder Mollusken – sei dieses Beispiel hier ausführlicher

---

[7] Dieses „lebende Fossil" gehört zu den Cheliceraten und ist mit den Spinnen verwandt, nicht mit den Crustaceen.

dargestellt, denn das Lateralauge von Limulus eignet sich gut für einfache elektrische Ableittechniken. Die meisten der frühen elektrischen Ableitungen von einzelnen visuellen Einheiten erfolgten daher an diesem Organismus.

Die Rezeptorzellen – sie sind an der Basis eines einzelnen Ommatidiums im Lateralauge des Pfeilschwanzkrebses lokalisiert – sind in Abb. 7.56B u. C dargestellt. Jedes Ommatidium liegt unter einer hexagonalen Facette der Cornea („Hornschicht" des Auges). Ein zentraler Dendrit, welcher der **exzentrischen Zelle** entspringt, wird von etwa 12 **Retinulazellen**, den primären Photorezeptoren, umgeben. Jede Retinulazelle besitzt ein **Rhabdomer**, das aus dicht zusammengelagerten, das Photopigment enthaltenden Mikrovilli der Zellmembran besteht (Abb. 7.56D). Auf diese Weise wird im Rhabdomer der Oberflächenbereich der Zellmembran außerordentlich vergrößert. Licht tritt durch die Linse ein und wird von den Molekülen des Photopig-

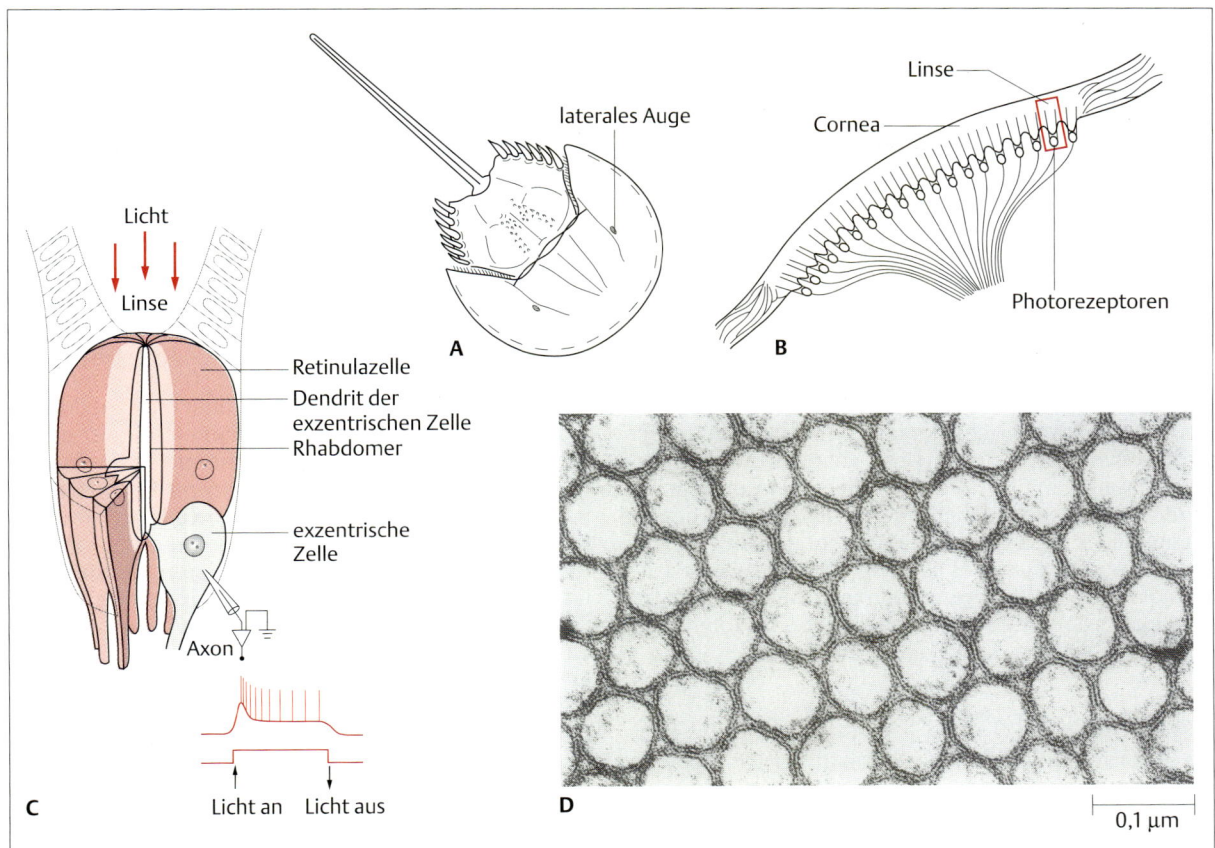

Abb. 7.56 Das Lateralauge von Limulus. Die Untersuchungen am Komplexauge von *Limulus polyphemus* erbrachten viele Kenntnisse über die visuelle Transduktion. **A** Die Lateralaugen befinden sich auf der Dorsalseite des Carapax. **B** Querschnittdarstellung durch ein Lateralauge, das aus vielen Ommatidien besteht. **C** Einzelnes Ommatidium (in B rot gekennzeichnet). Das Licht tritt am oberen Ende durch die Linse ein und wird im Rhabdomer vom Sehpigment der Retinulazelle aufgefangen. Die Retinulazellen sind wie die Segmente einer Orange um den Dendriten der exzentrischen Zelle gruppiert. Fällt Licht auf die Rhabdomere, dann depolarisieren die exzentrischen Zellen und generieren APs. **D** Elektronenmikroskopische Aufnahme eines Rhabdomers von *Limulus*. Man beachte die Fülle von Mikrovilli (im Querschnitt) (C aus Miller u. Mitarb., 1961; D mit freundlicher Genehmigung von A. Lasansky).

ments **Rhodopsin** absorbiert. Dieses Pigment ist in die Rezeptormembranen der Rhabdomere eingelagert. Ist das Limulus-Auge sehr schwachem Dauerlicht ausgesetzt, so treten in den Retinulazellen zufällig verteilte, kurze Depolarisationen des Membranpotentials auf. Diese „Quantenstöße" erscheinen mit höherer Frequenz, wenn die Lichtintensität allmählich erhöht wird, so daß mehr Photonen auf die Rezeptoren treffen. Die kurzen Depolarisationen sind elektrische Signale, die durch Absorption einzelner Lichtquanten durch einzelne Photopigmentmoleküle entstehen. Ein einziges Photon, das von einem einzigen Photopigmentmolekül des *Limulus* absorbiert wird, führt zu einem Rezeptorstrom von 10^{-9} A. Die Energieverstärkung dieser Transduktion stellt das 10^5–10^6fache der Energie eines einzelnen Lichtquanten dar.

Wie kann nun ein einzelnes, von einem Sehpigmentmolekül absorbiertes Photon zu einer derart schnellen Freisetzung einer so viel höheren als der eigenen Energiemenge führen? In diesem Falle erfolgt die Verstärkung über eine Kaskade, welche die Aktivierung eines G-Proteins einschließt. Als Nettoeffekt erfolgt das Öffnen von Ionenkanälen, so daß Kationen in die Zelle eindringen können. Der durch die lichtaktivierten Kanäle fließende Rezeptorstrom wird bei *Limulus* von Na^+ und K^+ getragen. Dieser Strom führt zu einem depolarisierenden Rezeptorpotential nach ähnlichen Prinzipien, wie wir sie schon von ACh bei der Aktivierung der Kanäle motorischer Endplatten im Muskel kennen (s. Kap. 6). Mit dem Erlöschen des Lichtes schließen sich diese Kanäle wieder, und die Membran repolarisiert. Die Empfindlichkeit einzelner Photorezeptoren fällt mit der Lichtexposition ab. Man nimmt an, daß diese Adaptation durch Ca^{2+}-Ionen vermittelt wird, die in die Zelle eindringen, sobald Licht die Ionenkanäle öffnet, und daraufhin den Strom durch die lichtaktivierten Kanäle vermindern.

Obwohl die Retinulazellen im Lateralauge von *Limulus* Axone besitzen, bringen sie anscheinend keine Aktionspotentiale hervor. Vielmehr fließt der entstehende Rezeptorstrom elektrotonisch über Gap junctions (elektrische Synapsen) (s. Abb. 4.16) aus den Retinulazellen in die Dendriten der exzentrischen Zelle. Von dort gelangt die elektrotonische Depolarisation in das Axon der exzentrischen Zelle, wo sie zur Generierung von Aktionspotentialen führt. Diese werden über den Sehnerv dem ZNS zugeleitet. Obgleich die Organisation des *Limulus*-Auges im Vergleich zum Vertebratenauge einfach ist, ist das Sehsystem des *Limulus* fähig, eine elektrische Aktivität hervorzubringen, die in mancher Hinsicht den hochentwickelten Eigentümlichkeiten der menschlichen Sehwahrnehmung (Box 7.1) ähnlich ist.

Wahrnehmung von polarisiertem Licht

Die Anordnung der Zellen innerhalb der Ommatidien erlaubt bei einigen Arthropoden die Wahrnehmung polarisierten Lichtes. Einige Insekten- und Crustaceen-Arten sind in der Lage, sich am Stand der Sonne zu orientieren, auch wenn diese durch Wolken verdeckt ist. In Abhängigkeit vom Stand der Sonne wird das Sonnenlicht in den verschiedenen Himmelsregionen unterschiedlich linear polarisiert. Viele Arthropoden können Unterschiede in der Ebene des elektrischen Vektors polarisierten Lichts mit dem Auge erfassen; einige Arten nützen diese Information zur Orientierung und Navigation. Messungen der Doppelbrechung (die Fähigkeit einer Substanz, in verschiedenen Ebenen polarisiertes Licht zu absorbieren) an Retinulazellen im Komplexauge des Flußkrebses zeigen ein Maximum in der Absorption polarisierten Lichts, wenn die Ebene des elektrischen Vektors parallel der Längsachse der rhabdomerformenden Mikrovilli liegt. Jedes Ommatidium des Flußkrebses besteht aus sieben Zellen; die Rhabdomere der sieben Retinulazellen jedes Ommatidiums greifen ineinander und bilden das **Rhabdomen**. Innerhalb eines Rhabdomens sind die Mikrovilli einiger Rezeptoren zu denen einer anderen Gruppe um jeweils 90 Grad versetzt (Abb. 7.57). Wenn man eine systematische Anordnung der Photopigmentmoleküle in den Mikrovilli annimmt, in der diese vektorparalleles Licht bevorzugt absorbieren, so liefert diese Einrichtung die anatomische Basis für die Erfassung der Ebenen polarisierten Lichtes. Elektrische Ableitungen aus einzelnen Retinulazellen ergaben, daß die elektrische Antwort auf eine gegebene Lichtintensität von der Polarisationsebene des Reizlichtes abhängt (Abb. 7.58). Dies stimmt mit der bevorzugten Absorption von parallel zu den Mikrovilli einfallendem polarisiertem Licht überein.

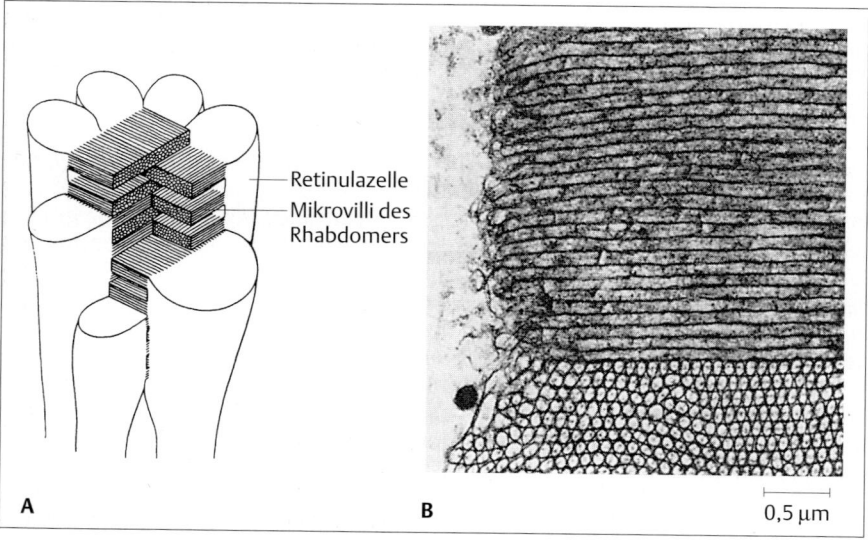

Abb. 7.57 Wahrnehmung von polarisiertem Licht. Die Struktur der Ommatidien ermöglicht einigen Arthropoden das Sehen von polarisiertem Licht. **A** Die ineinandergreifenden Rhabdomere getrennter Retinulazellen lassen Lagen wechselseitig senkrecht zueinander stehender Mikrovilli entstehen. **B** Elektronenmikroskopisches Bild eines Schnitts durch ein Rhabdomer, das zwei Lagen von Mikrovilli zeigt. Die obere Lage ist parallel, die untere senkrecht zur Längsachse der Mikrovilli geschnitten (A nach Horridge, 1968; B aus Waterman u. Mitarb., 1969).

Box 7.1 Subjektive Korrelate primärer Photorezeptorreaktionen

In den 30er Jahren wurden von H. Keffer Hartline und seinen Mitarbeitern grundlegende Arbeiten am Auge des Pfeilschwanzkrebses *Limulus* durchgeführt. Diese Autoren fanden Korrelationen zwischen der Rezeptoraktivität und den Reizparametern. Obwohl die *Limulus*-Rezeptoren nicht mit denen des Menschen identisch sind, gibt es dennoch einige grundlegende Übereinstimmungen, wie etwa beim Photopigment und den elektrischen Eigenschaften der Zellen. Als eines der bedeutendsten Ergebnisse dieser Arbeiten gilt, daß eine ganze Reihe subjektiver Phänomene des menschlichen Sehens (d.h. dessen, was ein Mensch wahrnimmt) ihre Parallele im elektrischen Verhalten einzelner *Limulus*-Sehzellen findet. Dies deutet darauf hin, daß einige der einfachsten Merkmale visueller Wahrnehmung auf dem Verhalten der Photorezeptoren beruhen und durch das Nervensystem kaum modifiziert werden. Beispiele dafür sind:

1. Die Frequenz der APs, die man von den Axonen einzelner Ommatidien ableitete, sind dem Logarithmus der Reizintensität proportional (**A**). Diese logarithmische Beziehung trifft ebenfalls für die menschliche Intensitätsbeurteilung beim Vergleich unterschiedlicher Helligkeiten zu.
2. Die Rezeptorantwort auf Blitze von weniger als 1s Dauer ist der Photonengesamtzahl im Blitz proportional, unabhängig von der Blitzdauer. Das bedeutet eine Konstanz in der erzeugten AP-Anzahl, vorausgesetzt, das Produkt aus Intensität und Dauer des Blitzes wird konstant gehalten. Dies ist einleuchtend, da die Antwort (innerhalb gewisser Grenzen) durch die Zahl der Photopigmentmoleküle bestimmt sein sollte, die durch auf den Rezeptor treffende Photonen isomerisiert werden. Bei Blitzen kurzer Dauer kann ein menschlicher Beobachter die Unterschiede zwischen den reziproken Änderungen in Intensität und Dauer des Blitzes nicht erkennen.
3. Wird der Rezeptor mit Flickerlicht gereizt, so kann das Membranpotential (u_m) den Blitzen bis zu einer Frequenz von nahezu 10 Hz folgen (**B**). Bei höheren Frequenzen kann das Rezeptorpotential den Blitzen nicht länger folgen; von nun an fließen die Wellen des Membranpotentials zu einem gleichbleibenden Depolarisationsniveau zusammen (s. Abb. 7.**68**). Die APs in den sensorischen Fasern sind jetzt nicht mehr mit den Blitzen korreliert, sondern zeigen eine gleichmäßige Entladungsrate. Bleibt aber diese Korrelation aus, so erhält das ZNS keine Informationen mehr über die Flickerfrequenz und bewertet die Reizung als Dauerlicht, auch wenn dem nicht so ist. Dies ist offenbar einer der Gründe, warum der Mensch nicht zwischen Dauerlicht und Flickerlicht oberhalb der **kritischen Verschmelzungsfrequenz** (Fusionsfrequenz) unterscheiden kann (z.B. bei einer Glühbirne, die mit 50 Hz Wechselstrom betrieben wird). Diese Eigenschaften der Photorezeptoren sind für die Film- und Fernsehindustrie von großer Bedeutung.

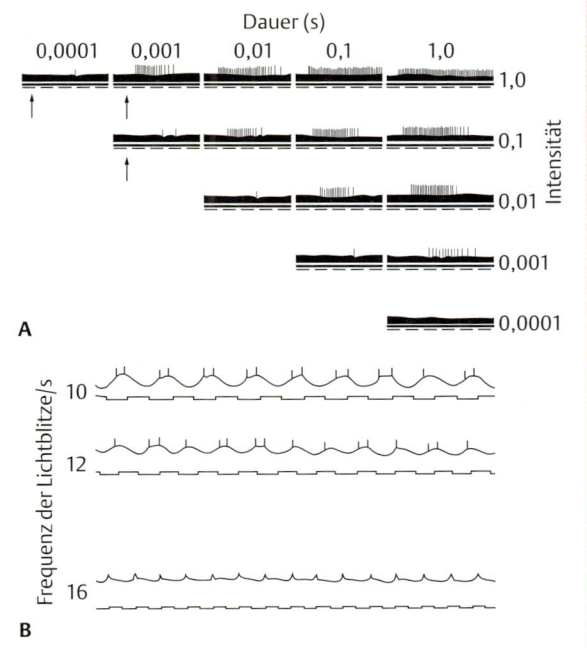

A Bei Lichtblitzen mit einer Dauer von weniger als 1s hängt die Anzahl der APs in einem *Limulus*-Photorezeptor von der Anzahl der Photonen ab, die auf das Ommatidium treffen. Deshalb können kurze, helle Blitze die gleiche Antwort hervorbringen, wie ein länger andauernder schwacher Blitz. **B** Flickerlicht oberhalb einer bestimmten Frequenz ist von konstantem Dauerlicht nicht zu unterscheiden. Das ON-OFF-Muster der Lichtblitze ist jeweils unter der elektrischen Ableitung aus einem *Limulus*-Photorezeptor dargestellt. Bei einer Frequenz von 10 Hz beträgt die Frequenz des Rezeptorpotentials ebenfalls 10/s. Bei 12 Blitzen/s beginnt das Rezeptorpotential, hinter den Lichtblitzen zurückzubleiben; bei 16 Hz antwortet der Photorezeptor kontinuierlich, die APs korrelieren zeitlich nicht mehr mit den Lichtblitzen (A nach Hartline, 1934; B aus Miller u. Mitarb., 1961).

Vertebratenaugen

Die Augen niederer Vertebraten (Abb. 7.**54 E**) weisen ganz bestimmte strukturelle Merkmale auf, die denen einer Kamera ähneln. Bei einer Kamera wird das Bild durch Verschieben der Linse entlang der optischen Achse auf den Film fokussiert. Um das Bild naher Objekte scharf zu erhalten, muß der Abstand der Linse zum Film vergrößert, um weiter entfernt liegende Objekte scharf zu bekommen, muß der Abstand der Linse zum Film verkleinert werden. Im Vertebratenauge wird das einfallende Licht auf zwei Ebenen fokussiert. Auf der ersten

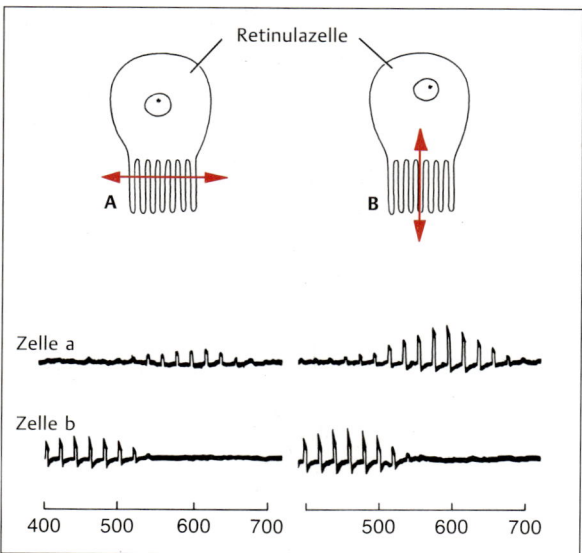

Abb. 7.58 Nachweis für die Analyse polarisierten Lichts beim Flußkrebs. Zwei Zellen, *a* und *b*, wurden einer Serie energiegleicher Blitze polarisierten Lichts unterschiedlicher Wellenlänge (unterer Maßstab) ausgesetzt. Zelle *a* zeigte ihre Maximalantwort bei ca. 600 nm, Zelle *b* bei 450 nm. Lag die Polarisationsebene (roter Pfeil) parallel zu den Mikrovilli, so fiel die Antwort schwach aus (links). Beide Zellen antworteten verstärkt, wenn die Polarisationsebene senkrecht zur Ausrichtung der Mikrovilli gedreht wurde (rechts) (nach Waterman u. Fernandez, 1970).

siert wird. Man spricht von der **Brennweitenänderung**. Die Form der Linse wird durch Änderung der mechanischen Spannung an der Peripherie der Linse variiert. Die Linse ist an radial angeordneten Bindegewebsfasern, den **Zonulafasern**, aufgehängt (Abb. 7.59), die vom Außenrand des **Ciliarkörpers** ausgehen. Die Zonulafasern üben einen radialen Zug auf die äußere Zone (den Äquator) der Linse aus. Solange die radial angeordneten Muskeln des Ciliarkörpers entspannt sind, wird die Linse durch den elastischen Zug der Zonulafasern etwas abgeflacht. Entfernte Objekte werden auf der Retina fokussiert, nahe Objekte werden unscharf gesehen. Die **Akkommodation** an nähere Objekte wird durch die Kontraktion der radial orientierten glatten Muskelfasern des Ciliarkörpers erreicht. Wenn sich diese kontrahieren, werden die Anheftungsstellen der Zonulafasern vom Außenrand des Ciliarkörpers auf die Linse zu gezogen. Dies bedeutet ein Nachlassen des Zuges, den die Zonulafasern auf den Äquator der Linse ausüben und erlaubt eine stärkere Krümmung bzw. Brennweitenverkürzung der Linse, was die Scharfstellung naher Objekte ermöglicht. Die Fähigkeit zu akkommodieren nimmt beim Menschen mit zunehmendem Alter ab; es wird eine Bifokalbrille (Brille mit Fern- und Nahteil) notwendig.

Die erstaunlichste Erscheinung bei der Akkommodation ist freilich nicht der physikalische Mechanismus für die Brennweitenänderung der Linse, sondern der neuronale Mechanismus, der durch Nervenimpulse zum Ciliarmuskel reflexartig für eine korrekte Scharfeinstellung eines aus der Komplexität der visuellen Umwelt erwählten Bildes auf der Retina sorgt. Dieser Mechanismus ist prinzipiell, wenn nicht sogar im Detail, den neuronalen Mechanismen der **binokularen Konvergenz** ähnlich. Die binokulare Konvergenz bringt linkes und rechtes Auge in die Position, in der die erzeugten Bilder auf analoge Regionen der beiden Retinae projiziert werden. Dies geschieht unabhängig von der Entfernung und somit dem Winkel zwischen dem Objekt und den beiden Augen. Bei einem in der Nähe befindlichen Objekt müssen beide Augen zur Nase hin bewegt werden; ist das Objekt weit entfernt, müssen die Augen von der Mittellinie nach außen bewegt werden.

Ebene werden einfallende Lichtstrahlen beim Durchdringen der durchsichtigen **Cornea** gebrochen (Abb. 7.59). Sie werden erneut gebrochen, wenn sie durch die dahinter liegende Linse dringen und erzeugen schließlich ein umgekehrtes Bild auf der **Netzhaut** oder **Retina**. Der größte Teil der Lichtbrechung (ca. 85%) entfällt auf den Lichtdurchtritt aus der Luft in die Cornea, der restliche Teil hängt von der Wirkung der Linse ab. Die Augen einiger Knochenfische fokussieren nach der einer Kamera ähnlichen Methode, d.h. durch Verschiebung der Linse längs der optischen Achse. (Dieses Prinzip – Änderung des Abstandes zwischen Linse und lichtabsorbierender Oberfläche zur Fokussierung – findet sich auch bei einigen Evertebraten, z.B. bei Springspinnen. Bei diesen Tieren ist die Linse jedoch fest; fokussiert wird durch Verschieben der Retina.)

Höhere Vertebraten sind jedoch nicht in der Lage, die Linse längs der optischen Achse zu verschieben oder die Retina zu bewegen; statt dessen wird das Bild durch Änderung des Krümmungsradius und der Dicke der Linse scharf gestellt. Jede Änderung des Krümmungsradius resultiert in einer Änderung des Abstandes, mit dem ein Bild, das durch die Linse dringt, hinter der Linse fokus-

Antworten auf Änderungen der Lichtintensität

Bei der Kamera reguliert eine mechanische Blende, durch deren Öffnung Licht während der Verschlußöffnung eintritt, die auf den Film einwirkende Lichtintensität. Das Vertebratenauge besitzt als Analogon zur mechanischen Blende der Kamera eine lichtundurchlässige **Irisblende**. Im Zentrum der Iris befindet sich eine Öffnung, die **Pupille**, durch die das Licht ins Auge eintritt. Wenn sich die zirkulär angeordneten, glatten Muskelfa-

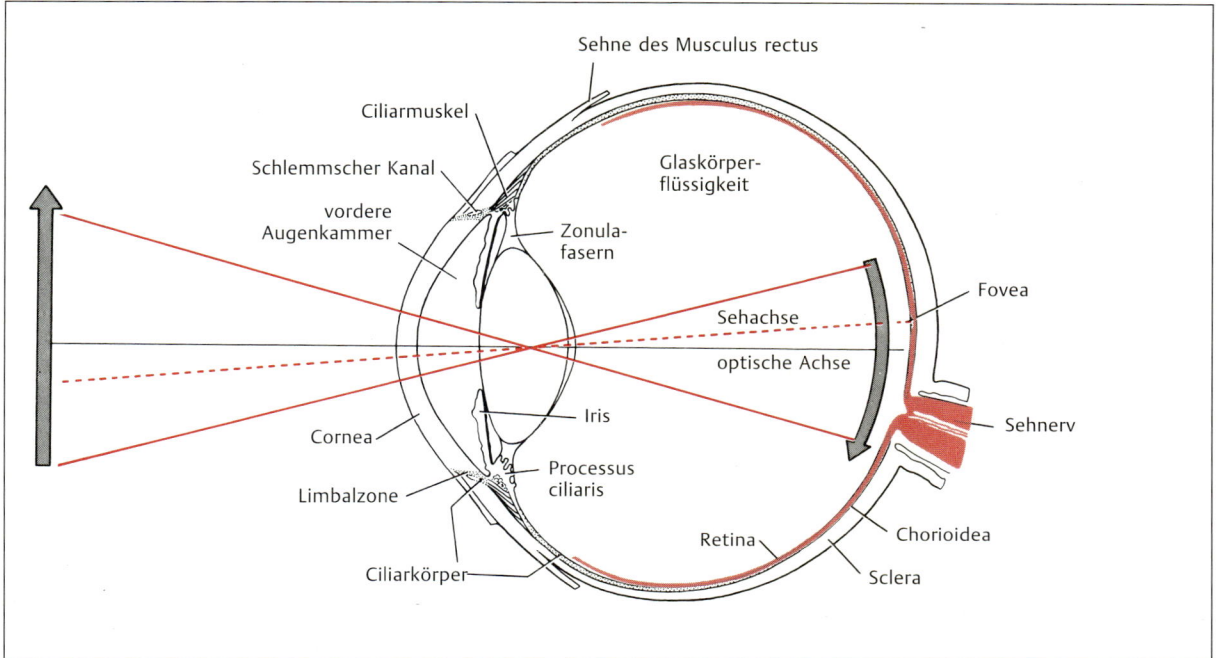

Abb. 7.59 Das Säugerauge. Auf die Retina im Augenhintergrund wird ein umgekehrtes Bild fokussiert. Licht wird durch die Cornea und die Linse gebrochen. Die Lichtbrechung ist vereinfacht dargestellt, da die Brechung an der Luft-Cornea-Grenze nicht berücksichtigt ist. Der Ciliarkörper ist nahe der (Lid-)Randzone verankert; kontrahiert er sich, läßt die Spannung der Zonulafasern nach, was der Linse eine elastische Wölbung gestattet. Die Sehachse deckt sich nicht mit der optischen Achse, da die Fovea nicht genau in der optischen Achse liegt.

sern in der Iris kontrahieren, verringert sich der Pupillendurchmesser, und es gelangt weniger Licht ins Auge. Die Kontraktion der radiär angeordneten Muskelfasern erweitert dagegen die Pupille. Die Kontraktion dieser Muskeln und folglich der Pupillendurchmesser wird von einem zentralen, neuronalen Mechanismus mit Ursprung in der Retina kontrolliert. Der **Pupillenreflex** kann in einem schwach beleuchteten Raum bei plötzlicher Blitzlichtbeleuchtung am Auge einer anderen Person beobachtet werden.

Die Änderungen des Pupillendurchmessers sind vorübergehend. Die Pupille kehrt nach einigen Minuten allmählich zu ihrer Durchschnittsgröße zurück. Die Pupillenfläche kann sich nur um etwa das Zehnfache verändern, was für die Lichtintensitätsänderungen, denen das Auge normalerweise ausgesetzt ist, nicht ausreicht. Diese Lichtintensitätsänderungen erstrecken sich über sechs oder mehr Größenordnungen. Der Pupillenreflex kann nur zu einem geringen Teil die visuelle Adaptation an unterschiedliche Lichtintensitäten der Umgebung erklären; er ist in erster Linie für die schnelle Einstellung auf mäßige Lichtintensitätsänderungen von Nutzen.

Weitere Mechanismen müssen vorhanden sein. Pigmentbleichung und -regeneration sowie neuronale Adaptation stellen wirksame Mittel zur Anpassung an extreme Beleuchtungsverhältnisse dar. Als Folge der Pupillenkonstriktion entsteht ein verbessertes Bild auf der Netzhaut, da der Rand der Linse, der naturgemäß schlechtere optische Eigenschaften als das Zentrum aufweist und daher eine optische Aberration hervorruft, mit Verengung der Pupille ausgeblendet wird. Außerdem erhöht sich mit abnehmendem Pupillendurchmesser die Tiefenschärfe, genau wie bei einer Kamera, deren Blende verkleinert wird.

Sehrezeptorzellen bei Vertebraten

Die adäquaten Reize aller Sehrezeptoren sind elektromagnetische Wellen innerhalb eines bestimmten Energiebereichs, der als Licht bezeichnet wird (Abb. 7.**60**). Der Energiegehalt der elektromagnetischen Wellen verhält sich umgekehrt zu ihrer Wellenlänge. Wir empfinden diese Variationen im Energiegehalt als Farbe. Violettes Licht – das Licht mit dem höchsten Energiegehalt,

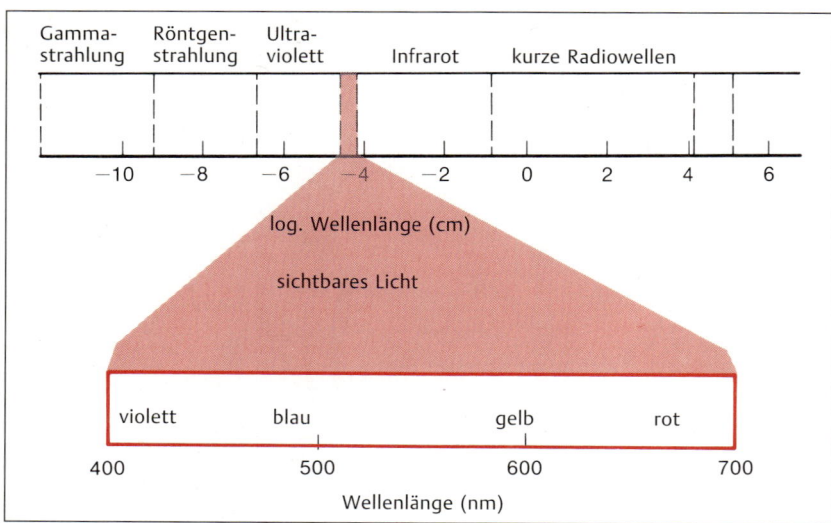

Abb. 7.60 Das elektromagnetische Spektrum. Verschiedene Sinnesmodalitäten decken einen breiten Energiebereich des elektromagnetischen Spektrums ab. Die meisten Sehrezeptoren detektieren Energie im sichtbaren Bereich, einige können aber auch ultraviolette Strahlung sehen. Die Grubenorgane der Klapperschlangen registrieren infrarote (Wärme-)Strahlung (nach Lehninger, 1965).

auf den das menschliche Auge reagiert – hat eine Wellenlänge von ca. 400 nm. Rotes Licht befindet sich auf der energiearmen Seite des visuellen Spektrums und hat Wellenlängen zwischen 650 und 700 nm. Helles Licht liefert mehr Energie pro Zeiteinheit als Dämmerlicht. Die Photorezeptoren, welche die Energie des Lichtes aufnehmen und in neuronale Signale umwandeln, befinden sich beim Vertebratenauge in der Retina.

Bei Säugern, Vögeln und vielen anderen Vertebraten enthält die Retina verschiedene Zelltypen, die miteinander zu einem Netzwerk verschaltet sind. Die visuellen Rezeptorzellen untergliedern sich entsprechend ihrer Form in **Stäbchen** und **Zapfen** (Abb. 7.61); sie sind in einem dicht gepackten Mosaik über die **Retina** verteilt. Alle innerhalb der Retina liegenden Neurone, wie auch eng assoziierte Epithelzellen, tragen zur Lichtreaktion des Auges bei. Stäbchen und Zapfen haben unterschiedliche physiologische Charakteristika. Zapfen arbeiten am besten bei hellem Licht und liefern eine hohe Auflösung, während Stäbchen bei Dämmerlicht am besten arbeiten. Diese unterschiedlichen Eigenschaften werden von verschiedenen Tierarten für bestimmte Sehleistungen ausgenutzt. So haben Tiere der offenen, flachen Landschaften (z.B. Geparden oder Kaninchen) gewöhnlich horizontale **Sehstreifen**, d.h. Regionen innerhalb der Retina, die eine hohe Zapfendichte aufweisen. Eine solche Region stimmt recht gut mit dem Sehhorizont überein, so daß man glaubt, daß sie eine maximale Auflösung in diesem Bereich liefert. Der Sehstreifen weist auch eine hohe Dichte von **Ganglienzellen** auf, welche die visuellen Informationen zum Gehirn übermitteln. Im Gegensatz dazu sind bei baumbewohnenden Arten (und auch beim Menschen) die Photorezeptoren typischerweise in einem radiärsymmetrischen Dichtegradienten angeordnet. Eine wichtige Struktur der so organisierten Retina ist die **Fovea** oder **Area centralis**. Es handelt sich um einen ca. 1 mm² großen zentralen Teil der Netzhaut, welcher der Ort der größten Sehschärfe (Winkeldiskrimination) ist. Beim Menschen und einigen anderen Säugern enthält die Fovea nur Zapfen, während die übrige Retina – mit Ausnahme der peripheren Bereiche, in denen sich fast nur Stäbchen befinden – sowohl Stäbchen als auch Zapfen aufweist. Bei Säugetieren dienen die Zapfen dem Farbensehen; die lichtempfindlicheren Stäbchen beschränken sich auf das achromatische Sehen (Hell-Dunkel-Sehen). Diese Differenzierung in Zapfen und Stäbchen gilt nicht für alle Vertebraten; einige Retinae enthalten nur Stäbchen, ermöglichen aber dennoch eine Farbwahrnehmung.

Die beiden Photorezeptortypen der Vertebraten sind strukturell und funktionell einheitlicher als die vielfältigen Photorezeptoren, die man bei Evertebraten findet (Abb. 7.62). Jede Rezeptorzelle der Vertebraten besitzt ein Segment mit einem rudimentären **Cilium**, welches das (die Rezeptormembranen enthaltende) **äußere Segment** mit dem **inneren Segment** verbindet. Das innere Segment enthält den Zellkern, Mitochondrien und bildet synaptische Kontakte (Abb. 7.61). Die Rezeptormembranen der Vertebratensehzellen formen sich zu abgeflachten Lamellen, die sich von der Oberflächenmembran nahe dem Ursprung des äußeren Segments ableiten. In den Zapfen der Säuger und einiger anderer Vertebraten öffnet sich das Lumen jeder Lamelle gegen das Zelläußere. In den Stäbchen schnüren sich die Lamellen während des dauernden Wachstums des äußeren Segments vollständig ab und bilden flache Mem-

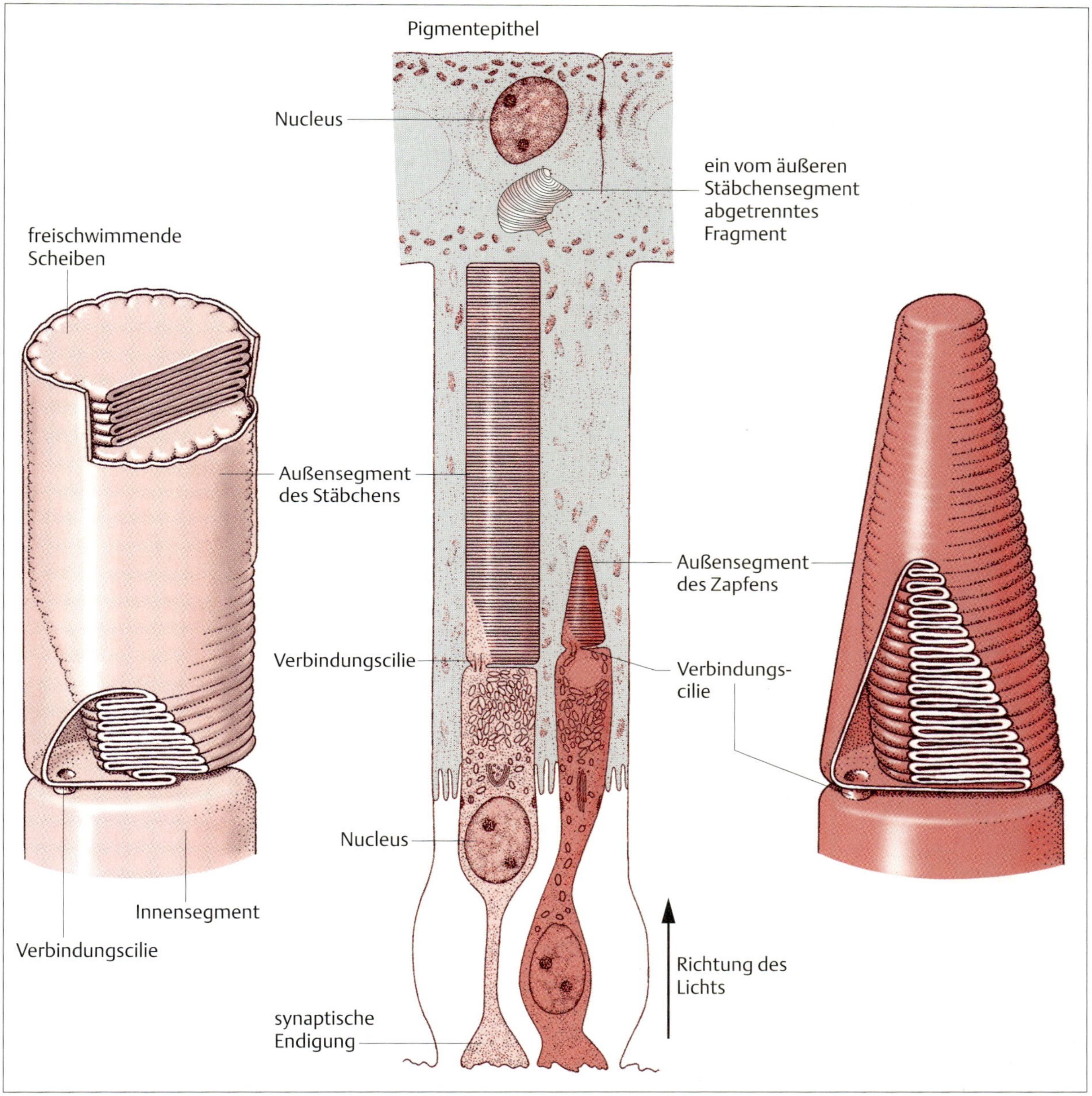

Abb. 7.61 Stäbchen und Zapfen der Vertebraten. Die Photorezeptoren der Wirbeltiere werden aufgrund morphologischer und physiologischer Merkmale in Stäbchen und Zapfen unterteilt. Bei beiden Rezeptortypen sind die äußeren, lichtabsorbierenden Segmente vom Licht weg in Richtung des Pigmentepithels im Augenhintergrund gewandt (inverses Auge). Das Sehpigment befindet sich in den Membranlamellen. Äußeres und inneres Segment der Zellen sind durch eine Cilie verbunden.

brantaschen oder -scheibchen, die innerhalb des äußeren Segments wie hohle Pfannkuchen aufeinandergestapelt sind. Dieser Stapel wird von der Oberflächenmembran der Sehzelle völlig umhüllt. Die **Photopigmentmoleküle** sind in diese Membranscheibchen eingelagert. Da das Photopigment in den Membranscheibchen des Außensegments des Stäbchens, aber nicht in der Oberflächenmembran liegt, muß die primäre photochemische Transduktion an den Membranscheibchen und nicht an der Oberflächenmembran erfolgen.

Bei allen Photorezeptoren bewirkt die Transduktion von Lichtenergie eine Membranpotentialänderung. Allerdings unterscheidet sich die Wirkung der Transduktion im Vertebratenauge von der im Evertebratenauge. Beim Evertebratenauge depolarisieren die Photorezeptoren als Antwort auf die Belichtung (Abb. 7.63 A). In den Stäbchen und Zapfen der Vertebraten dagegen ruft Licht ein hyperpolarisierendes Rezeptorpotential hervor (Abb. 7.63 B). Messungen der Membranleitfähigkeit vor und während der Belichtung ergaben, daß der Lichteffekt bei den Vertebratensehzellen zu einer Abnahme der Na$^+$-Leitfähigkeit (g_{Na}) im äußeren Segment der Rezeptorzellen führt. Im Dunkeln permeieren Na$^+$ und K$^+$ annähernd gleich gut durch die Oberflächenmembran des Photorezeptors. So ergibt sich ein Ruhepotential, das etwa in der Mitte zwischen u_K und u_{Na} liegt. Natrium-Ionen sickern durch die bei Dunkelheit ständig geöffneten Natriumkanäle in das äußere Segment (Abb. 7.64 A). Die Natrium-Ionen, die den nach innen gerichteten, lichtempfindlichen Strom oder **Dunkelstrom** (sein Maximum erfolgt bei Dunkelheit) tragen, werden durch die ATP-verbrauchende Na$^+$-K$^+$-Pumpe daran gehindert, sich im Cytosol anzuhäufen. Der Dunkelstrom ist ein Charakteristikum der Photorezeptorzellen der Vertebraten.

Der Lichtabsorption im Photopigment folgend, ver-

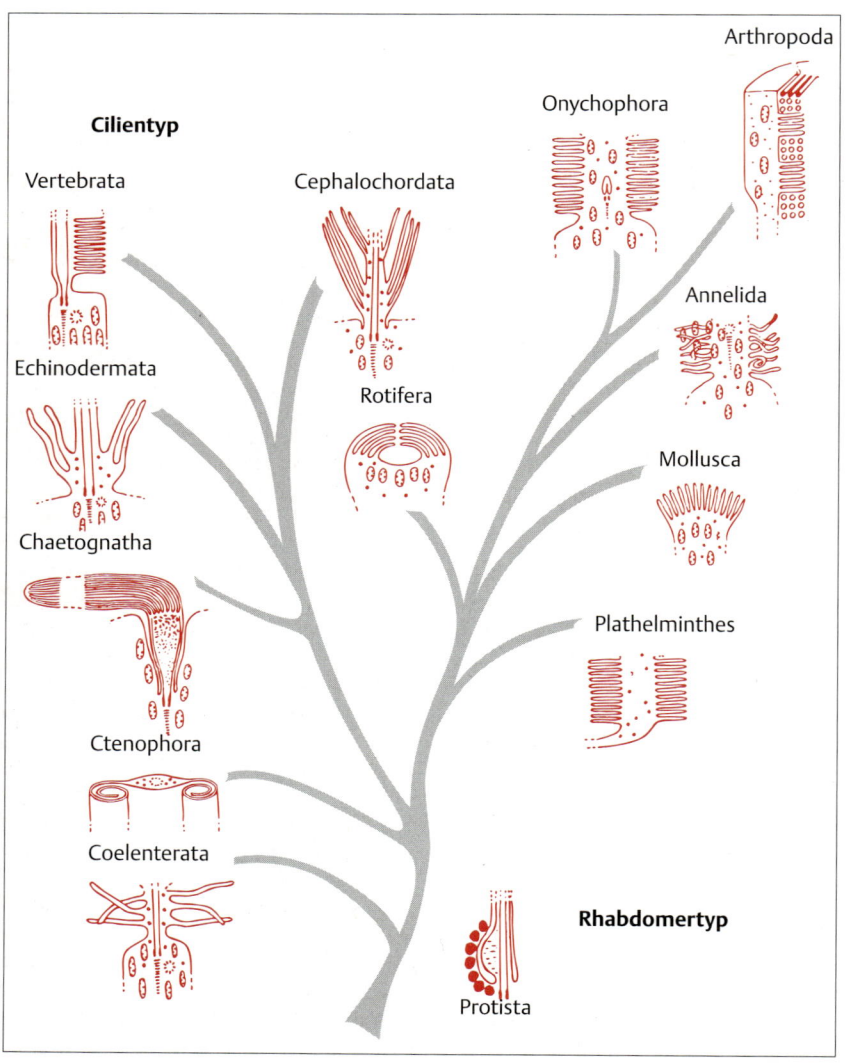

Abb. 7.62 Stammbaum der Photorezeptoren. Die Cilien der Vertebraten-Photorezeptoren sind nach der typischen 9 + 2-Cilienstruktur gebaut. Bei vielen Photorezeptoren von Evertebraten sind statt dieser Cilie viele Mikrovilli vorhanden. Die Abbildung zeigt die phylogenetische Aufspaltung in den Cilien- und Rhapdomer-Augentyp. Es gibt allerdings auch Ausnahmen: Sowohl die Kammuschel (*Pecten*), als auch die Feilenmuschel (*Lima*) haben kompliziert gebaute Augen, die zwei Photorezeptorschichten enthalten. In der einen Schicht befinden sich Photorezeptoren vom Cilientyp, in der anderen solche des Rhabdomertyps (nach Eakin, 1965).

Box 7.2 Das Elektroretinogramm

Es erweist sich manchmal als sinnvoll, die elektrische Summenaktivität des Auges abzuleiten, da sich diese viel einfacher erhalten läßt als Ableitungen mit Mikroelektroden aus einzelnen Zellen. Die Ableitelektrode (im allgemeinen eine mit physiologischer Kochsalzlösung getränkte Pinselelektrode) wird auf die Cornea gelegt, während die indifferente Elektrode irgendeinen anderen Körperteil berührt. Wird das Auge mit einem Blitz belichtet, so läßt sich eine komplexe Welle ableiten (Abb.). Dieses **Elektroretinogramm** (ERG) spiegelt in erster Linie die Summenaktivität der Sehzellen und anderer Neuronen der Retina wider. Nach jahrelanger Diskussion über die strukturellen Beziehungen der verschiedenen Komponenten des ERGs gilt es nun als gesichert, daß die a-Welle dem Rezeptorpotential der visuellen Rezeptorzellen zuzuordnen ist. Die nachfolgende b-Welle gibt die elektrische Aktivität der retinalen Neurone wieder, die von den Rezeptorzellen innerviert werden. Die c-Welle findet man nur bei Vertebraten; sie scheint von den nichtretinalen Pigmentepithelzellen zu stammen, an welche die Außensegmente der Sehzellen angrenzen. Bei Kaulquappen entsteht nur die a-Welle, bevor synaptische Kontakte sich entwickeln; nach Ausschaltung der synaptischen Übertragung durch Synapsenblocker entsteht auch in der Retina des adulten Frosches nur die a-Welle.

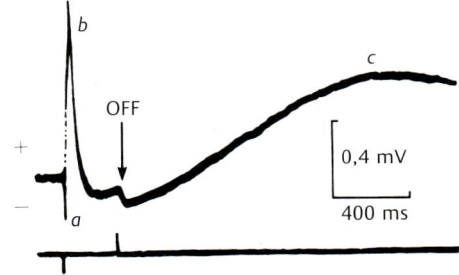

Komponenten des Vertebraten-Elektroretinogramms (ERG). a-, b- und c-Welle bei geringer Verstärkung und langsamer zeitlicher Ablenkung. Der Zeitpunkt der Reizung ist unter der Ableitung dargestellt (nach Brown, 1974).

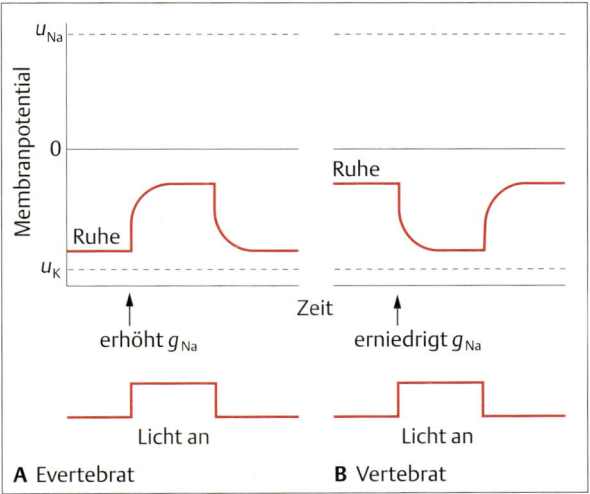

Abb. 7.63 Elektrische Antworten auf einen Lichtreiz bei Photorezeptoren von Evertebraten und Vertebraten. Die meisten Evertebratenphotorezeptoren beantworten einen Lichtreiz mit einer Depolarisation, die Photorezeptoren der Vertebraten mit einer Hyperpolarisation. **A** Bei Evertebraten führt die Transduktion von Lichtenergie in chemische Energie zu einer Erhöhung der Na$^+$- und K$^+$-Leitfähigkeit der Oberflächenmembran, was zu einer Depolarisation führt. **B** Vertebratenphotorezeptoren antworten auf Licht mit einer Abnahme der Na$^+$-Leitfähigkeit der Oberflächenmembran. Dies bedeutet eine Verlagerung weg von u_{Na} nach u_K und folglich eine Hyperpolarisation.

ringert sich die Natriumleitfähigkeit (g_{Na}) des äußeren Segments; der Dunkelstrom fällt ab, und das Membranpotential (u_m) gegen u_K hyperpolarisiert (Abb. 7.**63 B** und 7.**64 B**). Bei Erlöschen des Lichts erreicht die Natriumleitfähigkeit wieder ihren hohen Ruhewert, und das Membranpotential gleitet in positiver Richtung zu seinem Ruheniveau zwischen u_{Na} und u_K zurück. Die auf diese Weise ausgelösten Potentialänderungen in der Membran breiten sich in das innere Segment der Sehzelle mittels passiver Kabeleigenschaften elektrotonisch aus (s. S. 165). Dort modulieren die Änderungen im Membranpotential die kontinuierliche Transmitterfreisetzung aus den präsynaptischen Bereichen, die an den basalen Abschnitten des inneren Segmentes liegen.

Wie die akustischen Rezeptoren der Vertebraten haben die Sehrezeptoren kein Axon. Sie sind mit anderen Neuronen synaptisch verschaltet. Das neuronale Signal wird zunächst von anderen Nervenzellen der Retina weitergeleitet, bis es letztendlich die Aktivität von Neuronen beeinflußt, die über den Sehnerv (Nervus opticus) die visuellen Informationen dem ZNS zuleiten. Interessant ist dabei, daß die primäre Antwort über eine **Hyperpolarisation** und nicht über eine **Depolarisation** erfolgt, die durch die Transduktion in der Vertebraten-Rezeptorzelle hervorgerufen wird; bei den meisten Sinnessystemen führt die Erregung eines Rezeptors zu einer Depolarisation. Wie wird jedoch die Hyperpolarisation der Rezeptorzelle genutzt, um den Neuronen, mit denen sie synaptisch verschaltet ist, Signale zu übermitteln? Bei Dunkelheit schüttet das innere Segment in seinem teildepolarisierten Zustand, der durch den Dunkelstrom des äußeren Segmentes hervorgerufen wird, ständig Transmitter aus. Auf die lichtinduzierte Hyperpolarisation hin verlangsamt sich die Transmitterfreisetzung. Bei solchen Zellen stellt dann die Reduktion der Transmitterfreisetzung das Signal für die Erregung im nachgeschalteten Neuron dar.

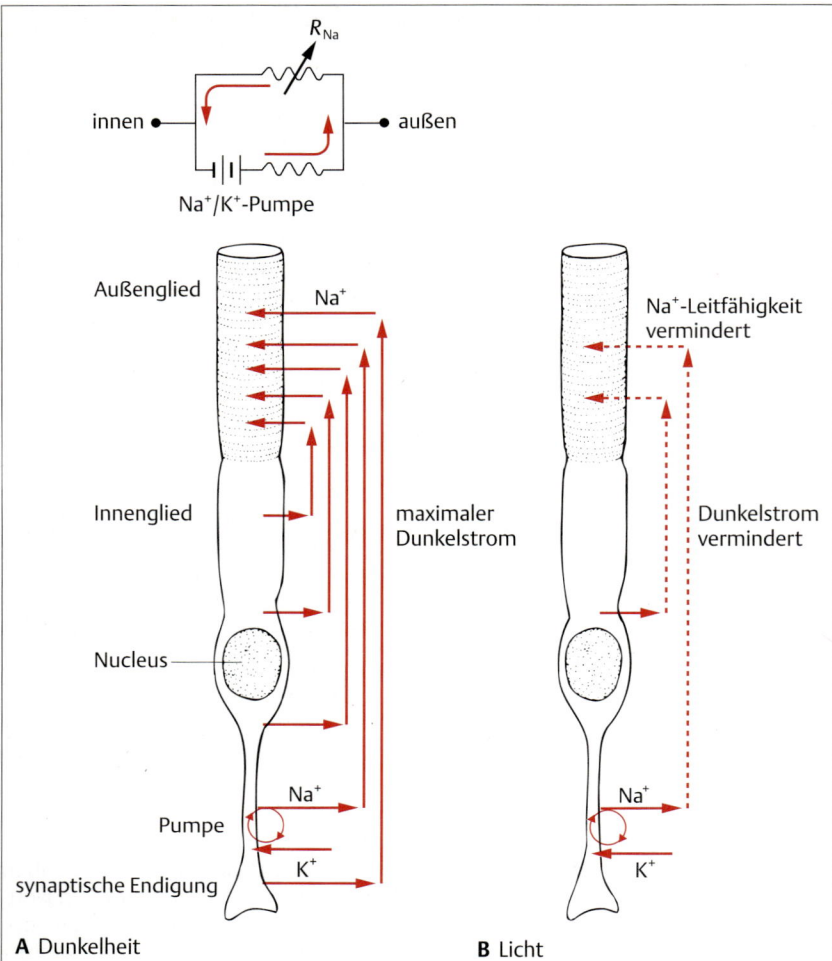

Abb. 7.64 Belichtung vermindert den Dunkelstrom in Vertebratenstäbchen. A Die Na^+-Leitfähigkeit des Stäbchenaußensegments ist bei Dunkelheit hoch. **B** Bei Lichtabsorption wird sie reduziert. Deshalb fällt der Dunkelstrom, der von dem in das Außensegment sickernden Na^+ getragen wird, bei Belichtung ab. Im Ersatzschaltbild (oben links) wird die Batterie durch die Na^+/K^+-Pumpe repräsentiert; der lichtaktivierte, veränderliche Widerstand (R_{Na}) steht für die Na^+-Leitfähigkeit des Außensegments (nach Hagins, 1972).

Viele Photorezeptoren sind so winzig, daß intrazelluläre Ableitungen kaum möglich sind. Die Änderungen im Membranpotential, die bei Belichtung einer Gruppe von Photorezeptoren ausgelöst werden, lassen sich mittels extrazellulärer Elektroden genauso aufzeichnen wie Aktionspotentiale, die über das Axon einer Nervenzelle wandern. Diese Ableitmethode, das **Elektroretinogramm**, erwies sich für die Untersuchung des Sehsystems als ein entscheidendes Hilfsmittel (Box 7.**2**).

Photorezeption – Umwandlung von Photonenenergie in neuronale Signale

Sobald Photonen auf die lichtempfindlichen Pigmentmoleküle der Photorezeptoren treffen, generiert die Zelle entweder selbst Impulse (bei den Photorezeptoren der Evertebraten) oder die Impulse entstehen – wie bei den Vertebraten – in nachgeschalteten Neuronen, die das Signal dem ZNS zuleiten. Enorme Forschungsanstrengungen wurden gemacht, um den Prozeß der visuellen Transduktion aufzuklären. Das Verständnis dieses Prozesses diente den Physiologen als Basismodell, um Vorstellungen über die sensorische Transduktion anderer Sinnesmodalitäten zu entwickeln. Die Photorezeption wurde bei einer Vielzahl von Arten aus mehreren Tierstämmen untersucht. Viele Ähnlichkeiten wurden zwischen Vertebraten und Evertebraten entdeckt, auch wenn nach heutigen Erkenntnissen die Photorezeption der Evertebraten komplexer zu sein scheint. So löst beispielsweise ein einzelnes Photon im Photorezeptor von *Limulus* einen Spitzenstrom von etwa 1 nA aus, während ein einzelnes Photon im Stäbchen eines Vertebraten den

Strom nur um etwa 1 pA verändert. Die Photorezeptoren der Evertebraten reagieren auf Lichtintensitätsunterschiede, die sich über sieben Größenordnungen erstrekken; die Stäbchen der Vertebraten antworten dagegen nur innerhalb von vier Größenordnungen auf Intensitätsunterschiede. Trotz dieser Unterschiede, die sich auf Einzelheiten beschränken, entwickelte sich bei allen Photorezeptortypen die Fähigkeit, die Energie der Lichtquanten in neuronale Energie umzuwandeln. Die vergleichende Untersuchung der verschiedenen Typen trug viel zum Verständnis dieses Prozesses bei.

Sehpigmente

Das Spektrum elektromagnetischer Strahlung reicht von γ-Strahlen, deren Wellenlänge bei 10^{-12} cm liegt, bis hin zu Radiowellen, deren Wellenlängen 10^6 cm übersteigen (Abb. 7.**60**). Elektromagnetische Strahlung, deren Wellenlänge zwischen 10^{-8} cm und 10^{-2} cm liegt, bezeichnen wir als **Licht**. Nur ein kleiner Teil – von etwa 400 nm bis etwa 750 nm – dieses Spektrums ist für den Menschen sichtbar. Unterhalb dieser Grenze (Wellenlängen < 400 nm) liegt der ultraviolette Anteil des Spektrums (UV), oberhalb (Wellenlängen > 740 nm) der infrarote Anteil; beide sind für den Menschen und andere Säuger nicht sichtbar.

Es gibt nichts, was das für uns sichtbare Spektrum der elektromagnetischen Strahlung qualitativ auszeichnet, um es für uns sichtbar zu machen. Die Grenzen unserer visuellen Wahrnehmung sind vielmehr durch die Absorptionseigenschaften unseres **Sehpigmentes** festgelegt. Die Sehpigmente der Vertebraten absorbieren vermutlich nur einen begrenzten Spektralbereich, da sie sich im Wasser entwickelten, welches den größten Bereich des elektromagnetischen Spektrums aus dem Sonnenlicht herausfiltert. Der Spektralbereich, gegenüber dem die Photopigmente der – auch terrestrisch lebenden – Vertebraten empfindlich sind, entspricht weitgehend dem, der nicht vom Wasser eliminiert wird. Entscheidend aber ist, welche Wellenlängen die Sehzellen überhaupt erreichen. Menschen, denen die (UV absorbierende) Linse wegen des grauen Stars entfernt wird, können anschließend im normalerweise unsichtbaren UV-Bereich sehen. Auch das Komplexauge vieler Insekten kann im UV Bereich sehen; für uns eintönig erscheinende Blüten mit Mustern UV-reflektierender Pigmente sehen für Insekten strukturierter aus als für Säugetiere. Alle Tiere sind jedoch nur gegenüber einem bestimmten Bereich der im Sonnenlicht enthaltenen elektromagnetischen Strahlung empfindlich.

Alle bekannten organischen Pigmente verdanken ihre Fähigkeit, Licht selektiv zu absorbieren, Kohlenstoffketten oder -ringen, die alternierend Einfach- und Doppelbindungen enthalten. Wird ein Photon durch eines dieser Moleküle aufgefangen, verändert sich der energetische Zustand des Moleküls. Die Energie eines Strahlungsquantums verhält sich umgekehrt proportional zu seiner Wellenlänge λ, d.h. die Energie eines Photons steigt mit abnehmender Wellenlänge der Strahlung. Quanten mit Wellenlängen unter 1 nm besitzen genug Energie, um Molekülbindungen und sogar Atomkerne aufzubrechen. Oberhalb von 1 μm reicht die Quantenenergie nicht mehr aus, um Molekularstrukturen zu beeinflussen. Innerhalb dieser Grenzen erfolgte die Selektion auf maximal absorbierende Pigmente, die sich bei lebenden Organismen zur Nutzung von Sonnenstrahlungsenergie entwickelten. Der Energiegehalt des sichtbaren Lichtes ist gerade hoch genug, um von den Molekülen absorbiert zu werden, ohne sie zu zerstören. Wird ein Strahlungsquantum durch ein Photopigmentmolekül absorbiert, so hebt es den Energiestatus des Moleküls an, indem es den Orbitaldurchmesser der mit der konjugierten Doppelbindung assoziierten Elektronen erweitert. Bei den Pflanzen bildet dieser Prozeß die Grundlage der photosynthetischen Umwandlung von Strahlungsenergie in chemische Energie; er stellt ebenfalls die Grundlage visueller Erregung bei Tieren dar.

Molekulare Grundlagen des Sehens

Ein Pigment ist notwendig, um Licht zu absorbieren und seine elektromagnetische Energie in chemische Energie umzuwandeln. Bereits 1872 folgerte John W. Draper, Licht müsse, um als solches erkannt zu werden, von Molekülen des Rezeptorsystems absorbiert werden. Er forderte daher als notwendige Voraussetzung für den Prozeß der Photorezeption ein absorptionsfähiges Pigment. Bald darauf fand R. Boll, daß die charakteristische purpurrote Farbe der Froschretina bei Belichtung ausbleicht. Die für die Farbe verantwortliche lichtempfindliche Substanz **Rhodopsin** wurde 1878 von W. Kühne extrahiert. Er erkannte außerdem, daß das einmal lichtgebleichte Pigment seine purpurrote Farbe wiedergewinnt, wenn die Retina dunkel gehalten wird, vorausgesetzt, die Rezeptorzellen behalten Kontakt mit dem Pigmentepithel im Augenhintergrund.

Wie sich bis heute zeigte, absorbiert Rhodopsin maximal bei Wellenlängen um 500 nm. Rhodopsin findet sich in den Außensegmenten der Stäbchen vieler Vertebratenarten und in den Photorezeptoren zahlreicher Evertebraten. Rhodopsinmoleküle liegen in einer Dichte von bis zu 20000 Molekülen pro μm^2 in den Rezeptormembranen vor; diese hohe Dichte entspricht einem Intermolekularabstand von ca. 5 nm.

Alle bekannten Sehigmente setzen sich aus zwei Hauptkomponenten zusammen: einem Protein, **Opsin**, und einer lichtabsorbierenden prosthetischen Gruppe, die entweder aus **Retinal**, dem Aldehyd des Carotinoids

Vitamin A_1 (des Alkohols Retinol) oder aus **3-Dehydroretinal**, dem Aldehyd des Vitamins A_2 (des Alkohols 3-Dehydroretinol) besteht (Abb. 7.65). Neben diesen zwei Hauptkomponenten enthält Rhodopsin eine aus sechs Zuckermolekülen aufgebaute Polysaccharid-Kette und eine variable Zahl (30 oder mehr) von Phospholipidmolekülen. Das Lipoprotein Opsin, das die Phospholipid- und Polysaccharid-Ketten bindet, scheint Teil der Mosaikstruktur der Sehrezeptormembran zu sein. Während der Bleichung und Regeneration des Sehpigments wandert die prosthetische carotinoide Gruppe zwischen der Rezeptormembran und dem Pigmentepithel auf der Rückseite der Retina hin und her. Das Pigment, das dem Pigmentepithel die dunkle Farbe verleiht, verhält sich photochemisch inaktiv und steht in keiner Beziehung zum Sehpigment. Es verhindert jedoch die diffuse Lichtstreuung und -reflexion zurück zur Retina.

Das Retinalmolekül kann zwei unterschiedliche sterische Zustände in der Retina einnehmen. Bei Dunkelheit sind das Opsin und das Retinal kovalent durch eine Schiff-Base miteinander verbunden, wobei das Retinal in der 11-*cis*-Konfiguration vorliegt (Abb. 7.3). Die Absorption eines Lichtquants bewirkt die Isomerisierung des 11-*cis*-Retinals in die all-*trans*-Konfiguration (Abb. 7.65). Diese **cis-trans-Isomerisierung** ist der einzige direkte Effekt, den das Licht auf das Sehpigment ausübt.

Die Umwandlung von 11-*cis*- zu all-*trans*-Retinal setzt eine Serie von Veränderungen in Gang, welche die Beziehung zwischen Renital und Opsin verändern, die Konformationsänderung des Opsins eingeschlossen.

Wenn Licht auf das Photopigment auftrifft, wird eine Zwischenstufe, das **Metarhodopsin II**, gebildet. Metarhodopsin II aktiviert ein mit der cytoplasmatischen Seite der Membran assoziiertes Protein, das GTP im Tausch gegen GDP bindet. Bei diesem Protein handelt es sich um **Transducin** (in Anlehnung an seine Rolle bei der Transduktion von Licht), das zur Familie der G-Proteine gehört. Die aktivierte α-Untereinheit des Transducins diffundiert an der Membranfläche entlang, wobei es Phosphodiesterase-Moleküle aktiviert, die cGMP zu 5′-GMP hydrolysieren. Bei den Photorezeptoren der Vertebraten sind die Na^+-Kanäle, über die der Dunkelstrom fließt, nur in Gegenwart von cGMP geöffnet (Abb. 7.66); wird cGMP nun infolge eines Lichtreizes abgebaut, verschließen sich diese Kanäle. Der nach innen gerichtete Na^+-Strom fällt ab, und der durch andere Kanäle aus der Zelle heraus fließende K^+-Strom hyperpolarisiert die Zelle. Nach der Beendigung des Lichtreizes werden keine neuen Transducinmoleküle aktiviert; die zuvor aktivierten G-Proteine inaktivieren sich schließlich selbst durch ihre GTPase-Aktivität. Der cGMP-Spiegel der Zelle wird durch die Guanylatzyklase regene-

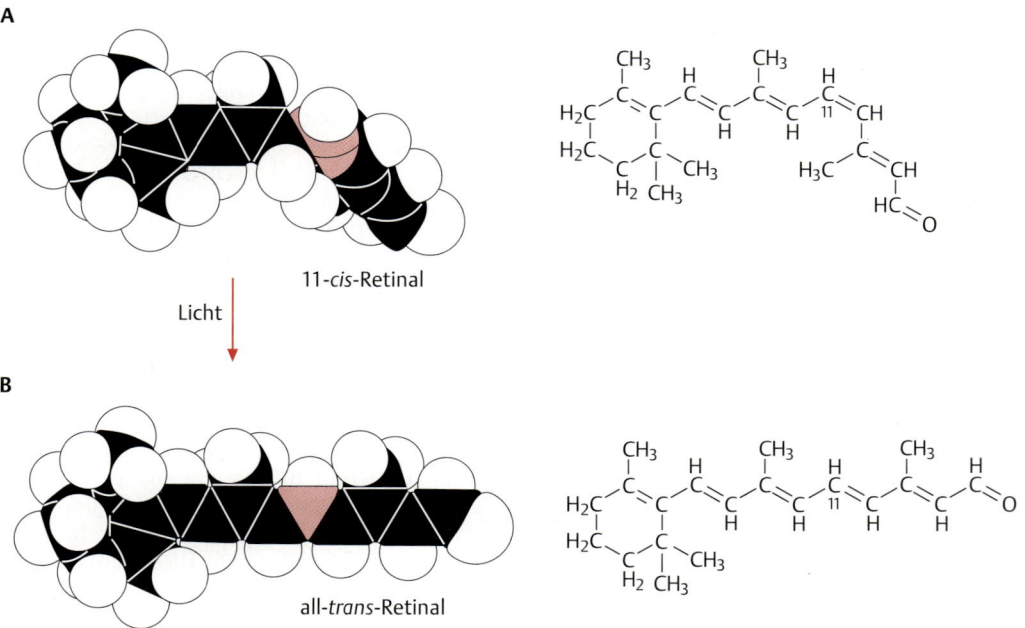

Abb. 7.65 Konformationsänderung des Retinals. Das Carotinoid Retinal ändert durch Lichtabsorption seine sterische Konfiguration. **A** Bei Dunkelheit liegt das Molekül in seiner geknickten 11-*cis*-Konfiguration vor. **B** Wird ein Photon absorbiert, geht das Molekül in die gestreckte all-*trans*-Konfiguration über (nach Hubbard u. Kropf, 1967).

Abb. 7.66 Regulierung des Dunkelstroms. Wird Licht durch Retinal absorbiert, bewirkt eine Ereignissequenz, daß die Na$^+$-Kanäle, die den Dunkelstrom tragen, geschlossen werden.
A Aktiviertes Rhodopsin erhöht die Aktivität des G-Proteins Transducin. Das aktivierte Transducin aktiviert daraufhin viele Phosphodiesterase-Moleküle (PDE); die intrazelluläre Konzentration des zyklischen Guanosinmonophosphats (cGMP) wird daraufhin vermindert, und die Na$^+$-Kanäle, die den Dunkelstrom tragen, verschließen sich. Die Rezeptorzelle hyperpolarisiert.
B Aufzeichnungen der Ströme eines einzelnen, aus der Krötenretina isolierten Photorezeptors. Links: Ein Lichtblitz reduziert den nach innen gerichteten Dunkelstrom von 10 pA auf Null. Rechts: Der Photorezeptor wurde geöffnet und die externe Kochsalzlösung so verändert, daß sie der intrazellulären Ionenkonzentration entspricht. Wenn cGMP der externen Kochsalzlösung zugegeben wird (die Innenseite des äußeren Segments wird dadurch einer hohen cGMP-Konzentration ausgesetzt), entwickelt sich ein großer, nach innen gerichteter Strom (B nach Yau u. Nakatani, 1985).

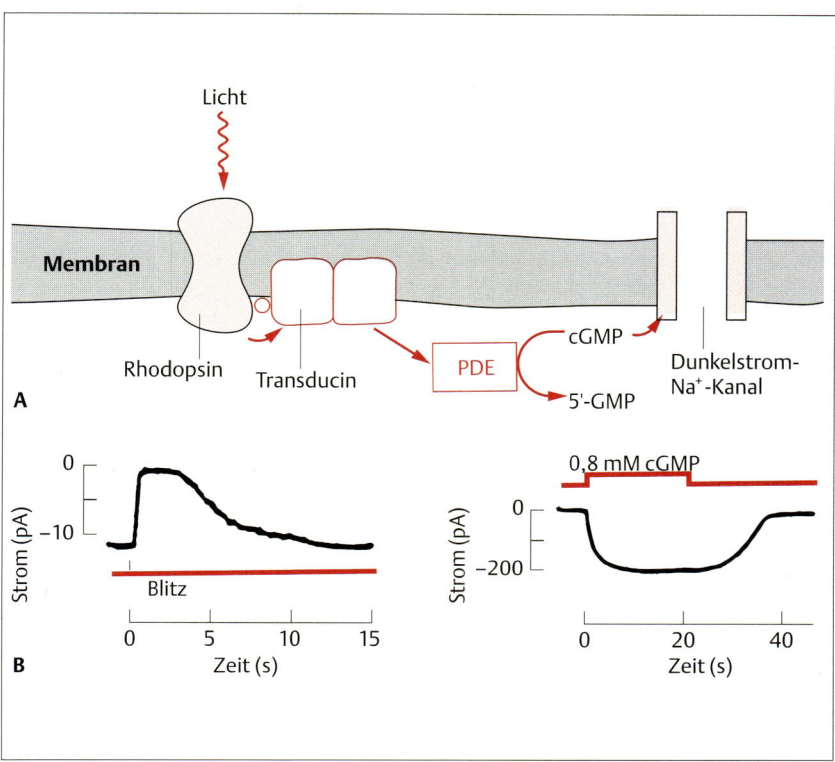

riert, und die Na$^+$-Kanäle öffnen sich wieder. Der Dunkelstrom kehrt schließlich zu seiner vollen Stärke zurück (vgl. auch Abb. 7.**63 B** u. 7.**64**).

Durch das Schließen der cGMP-abhängigen Ionenkanäle werden auch Ca^{2+}-Ionen „ausgesperrt"; bei unveränderter Aktivität der Ca^{2+}-Pumpen in der Membran der Rezeptorzelle sinkt dadurch der Ca^{2+}-Spiegel des Cytosols. Die Erniedrigung der Ca^{2+}-Konzentration führt zur Aktivierung des Enzyms Guanylatzyklase, welches cGMP aus GTP regeneriert. Mit ansteigender cGMP-Konzentration öffnen sich die Na$^+$-Kanäle, und der Dunkelstrom beginnt wieder zu fließen – auch dann, wenn der Lichtreiz anhält. Die lichtinduzierte Abnahme der cytoplasmatischen Ca^{2+}-Konzentration ist somit von Bedeutung für die visuelle Lichtreizadaptation der Vertebraten.

Aktiviertes Transducin trifft auf Phospodiesterasemoleküle, die es mit einer Rate von etwa 10^6 Molekülen/s aktiviert. Das Auffangen eines einzelnen Photons beeinflußt so eine enorm große Anzahl von Ionenkanälen. Dieses Zahlenverhältnis zeigt eindrucksvoll die Signalverstärkung, die sich zwischen dem Auffangen eines einzelnen Photons und dessen Wirkung auf u_m abspielt.

Nach der *cis-trans*-Isomerisierung des Retinals scheinen weitere Änderungen im Molekül für die Erregung der Sehrezeptorzellen ohne Bedeutung zu sein. Nachfolgende Reaktionen (Abb. 7.67) erwiesen sich aber als unentbehrlich für die Regeneration aktiven Rhodopsins. Aktiviertes Rhodopsin hydrolysiert spontan zu Retinal und Opsin. Retinal und Opsin werden beide in Zyklen von Bleichung und Rekonstitution wiederverwertet. Freies Retinal wird in die 11-*cis*-Form reisomerisiert und mit Opsin zu Rhodopsin vereint. Verlorenes oder chemisch abgebautes Retinal wird aus Vitamin A$_1$ (Retinol) ergänzt, das in den Zellen des Pigmentepithels gespeichert und von diesen aktiv aus dem Blut aufgenommen wird. Ein ernährungsbedingter Vitamin-A$_1$-Mangel spiegelt sich in einer Abnahme der Rhodopsinmenge wider. Das Resultat, eine verminderte Lichtempfindlichkeit des Auges, ist als „Nachtblindheit" bekannt.

Stäbchen sind in der Lage, auf die Absorption eines einzelnen Photons zu reagieren. Dies liegt u.a. daran, daß die Rhodopsinmoleküle dicht gepackt in den Membranen der Scheibchen der Außensegmente vorliegen (20000 pro µm^2). Die Dichte dieser Moleküle übertrifft damit deutlich die des Acetylcholinrezeptors an der neuromuskulären Endplatte. Mittels elektrophysiologischer Ableitungen gelang es Denis Baylor von der Stan-

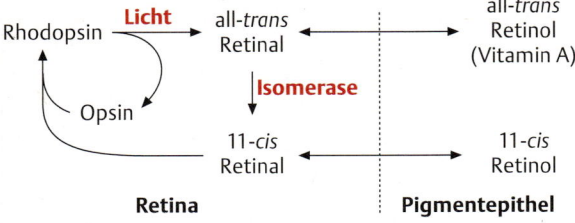

Abb. 7.67 Retinal-Recycling. Beim aktivierten Rhodopsin löst sich das all-*trans*-Retinal vom Opsin. Sobald eine Isomerase das Retinal wieder in die 11-*cis*-Konfiguration gebracht hat, wird das Rhodopsin wiederhergestellt. Retinol (Vitamin A) wird im Pigmentepithel gespeichert und kann dem Photorezeptor zur Bildung neuer Rhodopsinmoleküle abgegeben werden.

ford Universität, die Reaktion auf das Auffangen eines einzelnen Photons aufzuzeichnen (Abb. 7.**68**). Bei diesen Experimenten wurden Stäbchen auseinandergezupft und eines davon in eine Ableitpipette gebracht und mittels eines feinen Lichtstrahls gereizt. Bei sehr schwachem Reizlicht gelang es, geringe Stromschwankungen aufzuzeichnen. Jede dieser Schwankungen trat auf, wenn ein einzelnes Rhodopsinmolekül von einem einzelnen Photon photoisomerisiert wurde. Die Eigenschaften des unter diesen Bedingungen registrierten Stroms ähneln denen des Stroms, der durch einen einzelnen Kanal des Acetylcholinrezeptors an der neuromuskulären Endplatte fließt. (Die Stromänderungen, die mit der Absorption eines Photons einhergehen, betragen etwa 1 pA.) Da Photorezeptoren auf ein einzelnes Photon oder Energiequantum reagieren, wird die Empfindlichkeit der Photorezeption durch die Quantennatur des Lichtes bestimmt; es gibt keine geringere Lichtmenge als ein Photon.

Obgleich die Photorezeptoren der Vertebraten und der Evertebraten auf dem elektrophysiologischen Niveau sehr unterschiedlich zu sein scheinen, gibt es viele Ähnlichkeiten auf der molekularen Ebene. Die molekulare *Drosophila*-Genetik und die physiologischen Experimenten gut zugängliche Vertebratenretina ermöglichten aufschlußreiche experimentelle Ansätze zur Klärung der Frage, wie visuelle Informationen durch Photorezeptoren erhalten und verarbeitet werden. Wären die molekularen Grundlagen im Verlauf der Evolution nicht so stabil geblieben, hätte es sicher wesentlich länger gedauert, die einzelnen Schritte der visuellen Transduktion aufzuklären. Die Aufklärung dieses Prozesses ist ein Beispiel für den Vorteil des vergleichenden Forschungsansatzes.

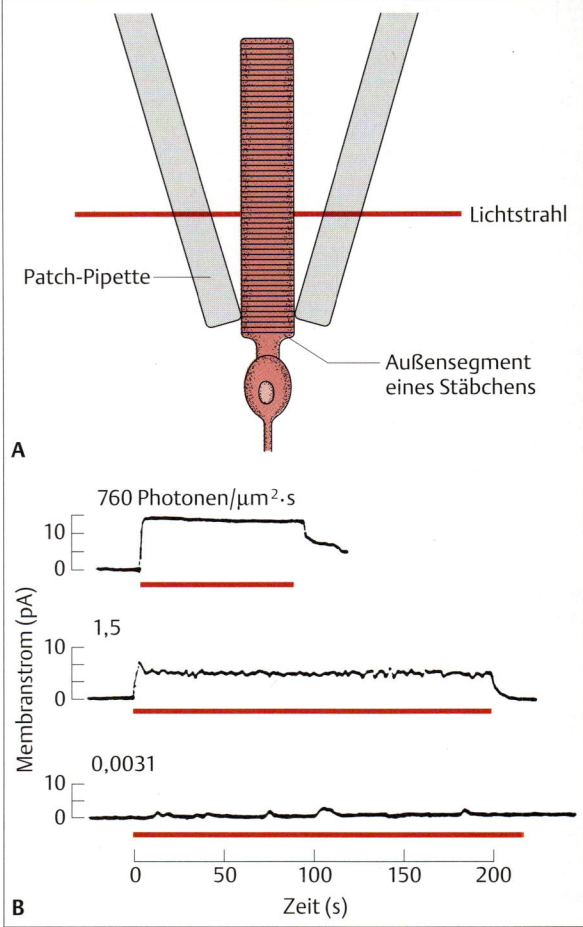

Abb. 7.68 Stäbchen können durch ein einzelnes Photon aktiviert werden. A Das Außensegment eines Stäbchens wird in eine Glaselektrode eingesaugt und mittels eines schmalen Lichtstreifens belichtet. Gleichzeitig wird der Ionenstrom durch die Membran von der Elektrode aufgezeichnet. **B** Der Membranstrom ändert sich mit der Belichtungsintensität. Bei sehr schwachem Licht (untere Aufzeichnung) erzeugt das Auffangen einzelner Photonen einzelne, geringfügige Änderungen im Strom. Wird die Lichtintensität erhöht (die Intensität ist oberhalb jeder Aufzeichnung in Photonen/$\mu m^2 \cdot s$ angegeben), wird die Antwort größer und erscheint geglätteter. Die Dauer der Belichtung ist durch den roten Balken unter jeder Aufzeichnung gekennzeichnet. Membranströme sind in pA angegeben (nach Baylor u. Mitarb., 1979).

Zapfen und Stäbchen

Die Fähigkeit, Farben zu unterscheiden und die Welt nicht nur in Grautönen zu sehen, ist mit dem Besitz verschiedener Sehpigmente korreliert, wobei jedes Pigment eine andere Wellenlänge maximal absorbiert (Box

Box 7.3 Licht, Farbe und Farbensehen

Im Jahre 1666 gelang es Sir Isaac Newton, weißes Licht durch ein Prisma in eine Anzahl verschiedener monochromatischer Farben zu zerlegen. Wie er zeigen konnte, läßt sich keine dieser **Spektralfarben** in weitere andere Farben aufspalten. Es war jedoch schon bekannt, daß ein Maler jede Spektralfarbe (z.B. Orange) erhalten kann, wenn er zwei reine Pigmente miteinander mischt (z.B. Rot und Gelb), von denen jedes Pigment eine andere Wellenlänge als die der Farbmischung reflektiert. Es bestand damit ein Widerspruch, da auf der einen Seite Newton unendlich viele Farben nachwies, auf der anderen Seite bereits die Renaissancemaler aber erkannten, man könne jede Farbe durch Kombination dreier primärer Pigmente – Rot, Gelb und Blau – hervorbringen. Auch die zu Beginn des 19. Jahrhunderts diskutierte **Farbenlehre** von Johann Wolfgang von Goethe stand im Gegensatz zur Newtonschen Lehre. Thomas Young löste diesen scheinbaren Widerspruch (1802) durch die Annahme, die Sehrezeptoren reagierten selektiv auf die drei **Primärfarben**: Rot, Gelb und Blau. Young konnte auf diese Weise die unendliche Vielfalt spektraler Farben mit der begrenzten Anzahl der Malpigmente in Einklang bringen. Seine Überlegung war folgende: Jede Farbrezeptorklasse wird in größerem oder geringerem Ausmaß durch jede Lichtwellenlänge erregt, so daß „Rot"- bzw. „Gelb"-Rezeptoren durch monochromatische „rote" bzw. „gelbe" Wellenlängen erregt werden oder beide in geringerem Maße auf eine Reizung mit monochromatischem „orangenfarbenem" Licht reagieren. Mit anderen Worten, die Wahrnehmung für „orange" ist das Resultat der gleichzeitigen Erregung von „Rot"- und „Gelb"-Rezeptoren. Young hatte keine Kenntnis über die Physiologie von Photorezeptoren, so daß seine Überlegung wahrhaftig bemerkenswert ist.

Youngs **trichromatische Theorie** wurde durch die umfassenden psychophysischen Untersuchungen von James C. Maxwell und Hermann von Helmholtz im 19. Jahrhundert sowie später durch die Arbeiten von William A.H. Rushton unterstützt. Zu Beginn der fünfziger Jahre unseres Jahrhunderts führte Hansjochen Autrum, ein erfahrener Experimentator an der Universität München, physikalische Meßmethoden in die Sinnesphysiologie ein. Ihm und seinen Mitarbeitern gelangen 1953 intrazellulären Ableitungen aus einzelnen Sehzellen der Schmeißfliege *Calliphora*. Dadurch konnte er als erster den direkten Nachweis von spektralselektiven Sehzellen bei Insekten liefern. 1965 wurde die neuronale Basis für das von K. Frisch (1914) und K. Daumer (1956) mit Hilfe von Verhaltensversuchen nachgewiesene trichromatische Farbensehen bei der Biene gefunden. Diese Ergebnisse waren ein unmittelbarer Beweis für die über 150 Jahre alte Theorie von der Verschiedenheit der Farbsehzellen, wie Young und von Helmholtz sie aufgrund der Gesetze der Farbwahrnehmung postuliert hatten. William B. Marks führte (1965) in Zusammenarbeit mit Edward F. MacNichol die ersten spektralphotometrischen Messungen (zur Farbabsorption) an einzelnen Zapfen der Fischretina durch (s. Abb. 7.**69** A). Auch sie fanden drei Klassen von Zapfen, jede mit einem anderen Absorptionsmaximum, entsprechend einem der drei Photopigmente. Ähnliche Messungen an den Retinae von Menschen, Affen und einigen Fischarten erbrachten die gleichen Ergebnisse. Man darf daher annehmen, daß die Retinae farbtüchtiger Arten Photorezeptorzellen mit verschiedenen Absorptionsspektren besitzen und bei vielen dieser Arten drei Klassen von Zapfen vorhanden sind.

7.**3**). Bei farbensehenden Vertebratenarten gibt es verschiedene Klassen von Photorezeptoren, die spektral bestimmbare Sehpigmente enthalten; jede Photorezeptorklasse besitzt ein spezifisches **Aktionsspektrum**. Das bedeutet, die elektrische Antwort jedes belichteten Photorezeptors ist bei einer bestimmten Wellenlänge maximal und fällt ab, wenn die Wellenlänge des einfallenden Lichtes entweder erhöht oder erniedrigt wird. Bei vielen Arten, bei denen das Aktionsspektrum ermittelt wurde, ließen sich drei Photorezeptorklassen nachweisen. Die Aktionsspektren einiger Arten wurden daraufhin mit den Absorptionsspektren einzelner Photorezeptoren verglichen. Zur ihrer Ermittlung bedient man sich der Mikrospektralphotometrie. Hierbei wird ein winziger Lichtstrahl auf einen einzigen Photorezeptor fokussiert und so die Absorptionseigenschaften der Zelle bestimmt. Die auf diese Weise untersuchten Photorezeptoren lassen sich in getrennte Klassen mit verschiedenen Absorptionsspektren unterteilen. Demnach synthetisiert jeder Photorezeptor nur einen Sehpigmenttyp (Abb. 7.**69**). Die Aktions- und Absorptionsspektren wurden bei vielen Tierarten bestimmt. Da beide Spektren gut zusammenpassen, hängt das Aktionsspektrum eines Photorezeptors offensichtlich von den Absorptionseigenschaften seines Sehpigments ab. Dies bestätigt ebenfalls, daß jeder Photorezeptor nur einen Sehpigmenttyp synthetisiert. Ein Prinzip der Photobiochemie besagt, daß aus verschiedenen Wellenlängen bestehendes Licht in einer individuellen Photorezeptorzelle photochemische Reaktionen in Abhängigkeit vom Anteil jeder absorbierten Wellenlänge generiert. Eine Photorezeptorzelle wird damit von verschiedenen Wellenlängen im Verhältnis zum Wirkungsgrad gereizt, mit dem sein Pigment jede Wellenlänge absorbiert. Ein Photon, das nicht absorbiert wird, hat keinerlei Effekt auf das Pigmentmolekül. Ist es jedoch einmal absorbiert, überträgt das Photon einen Teil seiner Energie auf das Molekül. Diese Energieübertragung läßt eine Reizung des Photorezeptors durch unterschiedliche Wellenlängen vermuten (wie das Aktionsspektrum zeigt) und zwar im Verhältnis zur Effizienz, mit der seine Pigmente diese Wellenlänge absorbieren (wie das Absorptionsspektrum zeigt). Wir können nun Youngs trichromatische Theorie mit Hilfe der Zapfen und ihrer Photopigmente erklären. In der menschlichen Retina gibt es drei verschiedene Zapfenklassen. Jede enthält ein Sehpigment,

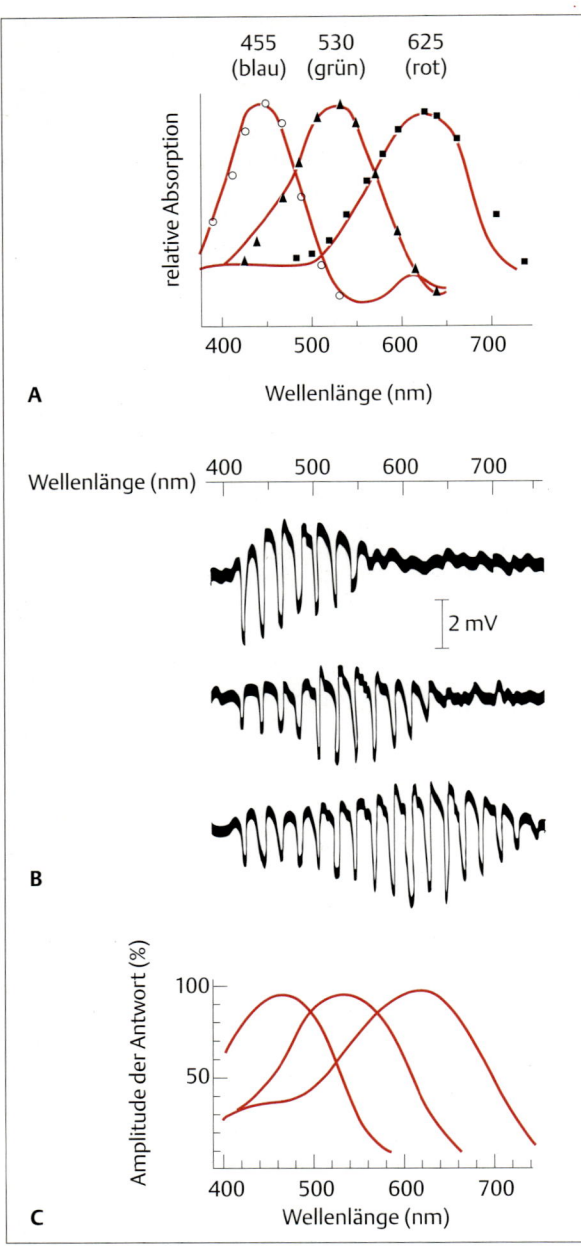

Abb. 7.69 **Jede Zapfenklasse hat ihr eigenes Aktionsspektrum. A** Die Absorptionsspektren individueller Zapfen der Karpfenretina deuten darauf hin, daß es verschiedene Sehpigmente gibt. Jedes Pigment hat sein charakteristisches Absorptionsmaximum. Die Messungen wurden mit Hilfe der Mikrospektralphotometrie durchgeführt, bei der das Absorptionsspektrum eines einzelnen Photorezeptors gemessen werden kann. Beim Menschen ist die Zapfenklasse, die beim Fisch den rotabsorbierenden Zapfen entspricht, eher bei 560 nm empfindlich, also im gelben Bereich des Spektrums. **B** Elektrische Antworten von drei individuellen Zapfen auf Lichtblitze unterschiedlicher Wellenlänge (Skala). Die Wellenlänge, die eine maximale Antwort auslöst, ist bei jedem der drei Zapfen verschieden. **C** Trägt man die Amplitude der Aktivität jeder der in B gezeigten Zellen als Funktion der Wellenlänge auf, werden drei Zapfenklassen erkennbar, deren Absorptionsspektren jeweils ungefähr einem der Absorptionsspektren in A entsprechen (A nach Marks, 1965; B und C nach Tomita u. Mitarb. 1967).

nung die Signale integrieren, die sie aus diesen drei Zapfenklassen empfangen.

Unser Wissen über die molekularen Grundlagen des Farbensehens ist seit 1984 gewaltig angestiegen. Zu jener Zeit beschrieb Jeremy Nathans die molekulare Struktur des menschlichen Opsins und lieferte damit eine Erklärung für die angeborene Farbenblindheit. So können Punktmutationen in den Pigmentgenen die Empfindlichkeit gegenüber bestimmten Wellenlängen herabsetzen. Tatsächlich wurde die molekulare Grundlage für die Spektralempfindlichkeit der Opsine charakterisiert, indem natürlich vorkommende Varianten der Sehpigmente herangezogen wurden.

Nach gegenwärtigem Kenntnisstand ist 11-*cis*-Retinal (oder 11-*cis*-3-Dehydroretinal) das lichtabsorbierende Molekül des Sehpigments. Diese prosthetische Gruppe ist mit verschiedenen Opsinmolekülen zu Sehpigmenten mit unterschiedlichen Absorptionsmaxima kombiniert. Unterschiede in der Aminosäurezusammensetzung des Opsins – und nicht Unterschiede in der lichtabsorbierenden prosthetischen Gruppe – liefern Rhodopsine mit unterschiedlichen Absorptionsmaxima. Der Arbeitsgruppe um Nathans gelang es, drei Gene zu entdecken, die für die Opsine in den menschlichen Zapfen kodieren. Das Gen, das für den Proteinanteil des Blau-absorbierenden Pigments kodiert, ist in einem autosomalen Chromosom lokalisiert, während die beiden Gene, die für die Grün- und Rot- bis Gelb-absorbierenden Proteine verantwortlich sind, auf dem X-Chromosom liegen. Die Rot- und Grün-Opsine unterscheiden sich nur in 15 der 348 Aminosäuren (Abb. 7.**70**); ihre Aminosäuresequenz stimmt zu 50% mit der des Stäbchen-Rhodopsins überein. Aufgrund der Ähnlichkeiten in ihrer Sequenz kann davon ausgegangen werden, daß die Gene für diese Pigmente von einem gemeinsamen „Ur-Gen" abstammen. Ein Vergleich der Aminosäurese-

das eine maximale Empfindlichkeit für entweder blaues, grünes oder rotes bis gelbes Licht zeigt. Der elektrische Output jeder Zapfenklasse hängt von der Zahl der Quanten ab, die durch das jeweilige Pigment absorbiert werden und trägt zur Transduktion bei. Eine Farbempfindung entsteht dann, wenn Neuronen höherer Ord-

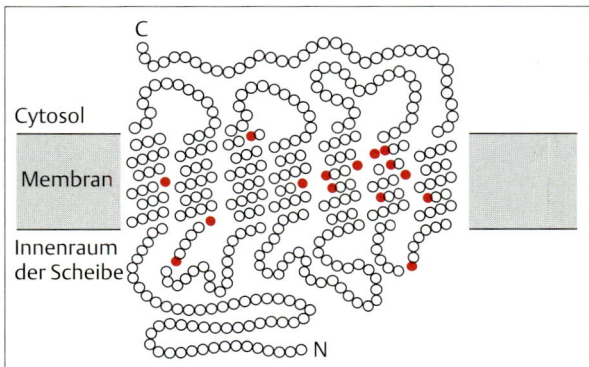

Abb. 7.70 Opsinstrukur. Zwei Opsinproteine des menschlichen Rhodopsins, die maximal im roten und grünen Bereich des sichtbaren Spektrums absorbieren, unterscheiden sich nur in 15 Aminosäuren. In der Zeichnung sind diese variablen Aminosäuren rot dargestellt. Es wird vermutet, daß die Opsinproteine in helicaler Anordnung die Membran durchbrechen (nach Nathans u. Mitarb., 1986).

quenz legt die Vermutung nahe, daß sich von den Zapfenpigmenten zuerst das Blau-empfindliche, dann das Rot-empfindliche und zuletzt das Grün-empfindliche Pigment entwickelte. Farbblindheit wird durch das Fehlen oder durch einen Defekt in einem der Zapfenphotorezeptor-Gene verursacht. Mit Hilfe molekularer Marker in Verbindung mit Sehtests ist es heutzutage möglich, die molekulare Grundlage dieser Sinnesstörung zu beschreiben. Das häufige Auftreten der Rot-Grün-Blindheit beruht auf der Rekombination der nahe beieinander liegenden Gene für die Rot- und Grün-Opsine.

Farbtüchtigkeit findet sich in allen Vertebratenklassen. Im allgemeinen werden zapfentragende Retinae mit dem Farbensehen in Verbindung gebracht. Man fand jedoch auch Farbklassen unter den Stäbchen. Frösche haben z.B. zusätzlich zu den Zapfen zwei Sorten Stäbchen: rote (sie enthalten ein Blau-Grün-absorbierendes Rhodopsin) und grüne (sie enthalten ein Blau absorbierendes Pigment). Unter den Evertebraten haben vor allem Insekten die Fähigkeit, Farben einschließlich des Ultraviolettbereiches wahrnehmen zu können.

Beim Menschen und wahrscheinlich auch bei anderen Primaten wird das Farbsehen vorwiegend durch die Zapfen vermittelt. Welche Funktion haben aber die Stäbchen? Stäbchen sind gegenüber Licht empfindlicher als Zapfen. Ihre Verschaltung mit nachgeschalteten Neuronen zeigt eine größere Konvergenz als die der Zapfen (s. Abb. 11.17) und erreicht daher eine höhere Summation schwacher Reize. Stäbchen sind demnach besonders für die visuelle Wahrnehmung im Dämmerlicht geeignet. Da die Zapfen für das Farbsehen verantwortlich sind, sehen wir bei sehr schwacher Beleuchtung – wenn nur unsere Stäbchen gereizt werden – lediglich schwarze und graue Schatten und keine Farben. In der menschlichen Retina werden die Bilder bevorzugt auf die Fovea fokussiert, wo die Zapfen dicht gepackt vorliegen. Stäbchen finden sich nur außerhalb der Fovea; sie dienen primär der Wahrnehmung schwachen Lichts. Die unterschiedliche Verteilung von Stäbchen und Zapfen macht unsere Wahrnehmung bei schwacher Beleuchtung dann am empfindlichsten, wenn ein Bild außerhalb der Fovea auf die Bereiche der Retina fokussiert wird, wo die Stäbchendichte höher ist. So erscheint ein schwach leuchtender Stern heller, wenn man knapp an ihm vorbeischaut, sein Bild also unmittelbar außerhalb der Fovea auf die Stäbchen fällt. Versucht man, den Stern auf die Fovea zu fokussieren, verblaßt er oder verschwindet sogar ganz. Diese erhöhte Empfindlichkeit hat ihren Preis: Die hohe Konvergenz der Stäbchen vermindert die Genauigkeit des auf den Stäbchen beruhenden Sehens. Unsere Lichtempfindlichkeit ist dann am höchsten, wenn ein Bild außerhalb der Fovea auf die Stäbchen fokussiert wird; unsere Sehschärfe ist dann am höchsten, wenn ein Bild auf die Zapfen der Fovea fällt.

Untersucht man die Sehpigmente in bezug auf ihre Phylogenie, zeichnet sich ein interessantes Muster ab. So bezeichnet man alle Sehpigmente, bei denen das Retinal die prosthetische Gruppe darstellt, als Rhodopsine. Alle menschlichen Sehpigmente – das Stäbchenpigment und die drei Zapfenpigmente – sind Rhodopsine. Sehpigmente, bei denen das 3-Dehydroretinal die prosthetische Gruppe bildet, bezeichnet man als **Porphyropsine**. Die Verbreitung der Rhodopsine und der Porphyropsine zeigt eine interessante Korrelation mit dem Lebensraum der jeweiligen Arten. Bei allen Sehpigmenten terrestrischer Vertebraten handelt es sich um Rhodopsine. Rhodopsine finden sich auch bei den Evertebraten (*Limulus*, Insekten und Crustaceen). Im Gegensatz dazu haben Süßwasserfische, euryhaline Fische (s. S.668) und einige Amphibien Porphyropsine in ihrer Retina. Dies läßt vermuten, daß Porphyropsine Eigenschaften besitzen, die sie besonders für das Leben im Süßwasser geeignet machen. Dafür spricht auch, daß anadrome Fische, die im Laufe ihres Lebens vom Süßwasser ins Salzwasser wandern – oder umgekehrt – während ihrer Wanderung Porphyropsin gegen Rhodopsin austauschen. Solange sie sich im Süßwasser aufhalten, bilden sie Porphyropsin; sind sie im Salzwasser, produzieren sie Rhodopsin. Die Absorptionsmaxima für die Porphyropsine sind in Richtung der längeren Wellenlängen verschoben, also auf das rote Ende des Sehspektrums zu, während Rhodopsine bei den kürzeren Wellenlängen maximal absorbieren. Vermutlich ist daher im Süßwasser die Empfindlichkeit gegenüber dem roten Ende des Spektrums von Bedeutung.

Auch wenn man den ganzen Weg von der Absorption eines Photons bis hin zur Auslösung eines neuronalen Signals verfolgt, bleibt die Frage unbeantwortet, wie diese gesamte Information einer einfallenden Strahlung zu einem zusammenpassenden, komplexen Bild der Welt zusammenfließt. Die gesammelte Information wird übergeordneten neuronalen Zentren zugeleitet, wo sie verarbeitet wird und zur Formung von Verhaltensweisen beiträgt. Diese Phänomene werden in Kap. 11 betrachtet.

Grenzen der sensorischen Rezeption

Ein idealer sensorischer Rezeptor sollte möglichst empfindlich gegenüber Reizen aus der Umwelt sein, und er sollte diese Informationen mit höchster Genauigkeit kodieren können. Wegen der physikalischen Eigenschaften der Reize und der Rezeptoren erfüllt jedoch kein Rezeptor diese Anforderungen. Alle Rezeptoren sind das Ergebnis eines Kompromisses zwischen Aufnahme der Sinnesinformation und deren Kodierung. Einige physikalische Prinzipien, die auf Rezeptoren vieler Sinnesmodalitäten zutreffen, begrenzen die Übertragungsgenauigkeit, mit der die Sinnesinformation von Zellen empfangen und übermittelt wird. In einigen Fällen wird die Genauigkeit der Sinneswahrnehmung durch die relative Größe des Signals gegenüber dem Grundrauschen begrenzt. Das Signal/Rauschen-Verhältnis begrenzt die Leistungsfähigkeit aller Systeme, die Informationen empfangen und weiterleiten, unabhängig davon, ob es sich um Lebewesen oder unbelebte Systeme handelt. In einigen anderen Fällen wird die Leistung und Empfindlichkeit eines Sinnessystems durch die Energieform begrenzt, auf die der Empfänger eingestellt ist. So stellen beispielsweise Photonen die Grundlagen des Lichtes dar. Kein Rezeptor kann weniger als ein Lichtquantum empfangen, da Licht nicht in kleinere Fraktionen unterteilt ist.

Ein wesentlicher Aspekt des Grundrauschens ergibt sich aus dem Dritten Gesetz der Thermodynamik. Es besagt, daß Moleküle bei jeder Temperatur oberhalb von 0°K kinetische Energie besitzen und sich bewegen. Die thermische Energie läßt sich wie folgt beschreiben:

$$E_{therm} = kT \tag{7.1}$$

Dabei stellt k die Boltzmann-Konstante (1,3805 · 10^{-16} erg/K) und T die absolute Temperatur dar. Diese Gleichung beschreibt die Energie, die bei Körpertemperatur eines Tieres mit der Bewegung der Moleküle assoziiert ist (Braun-Molekularbewegung). Sie vermindert die Empfindlichkeit eines Rezeptors, da die thermische Energie ein andauerndes Grundrauschen verursacht, auch bei Einwirkung eines Reizes. Um ein externes Signal zu entdecken, muß ein Rezeptor daher in der Lage sein, das Signal vom thermischen Grundrauschen zu unterscheiden. Wie kann ein Rezeptor diese Aufgabe lösen?

Photorezeptoren sind ein gutes Beispiel zur Beantwortung dieser Frage. Bei einer Körpertemperatur von 25 °C beträgt die thermische Energie ungefähr 0,58 kcal/mol oder 4 · 10^{-14} erg. Wir müssen nun diese Energie mit der Energie eines typischen Sinnesreizes vergleichen. Der Reiz für den Photorezeptor eines Vertebraten ist Licht im sichtbaren Bereich des elektromagnetischen Spektrums (Abb. 7.59). Die Energie eines einzelnen Photons wird durch die folgende Einstein-Gleichung beschrieben:

$$E = h \cdot \nu = \frac{h \cdot c}{\lambda} \tag{7.2}$$

Dabei ist h das Planck-Wirkungsquantum, ν, c und λ stehen für Frequenz, Geschwindigkeit und Wellenlänge des Lichtes. Setzt man den Wert für ein Photon blauen Lichtes ein (λ = 500 nm), ergibt sich eine Energie von etwa 57 kcal/mol, d.h. ein Betrag, der die thermische Energie um fast das 100fache übertrifft. Beim Sehen wird das Erkennen eines Reizes daher sicher nicht durch die thermische Energie im reizwahrnehmenden System begrenzt. Vielmehr ist die Quantennatur des Lichtes der begrenzende Faktor.

Beim Hören wird die Energie durch die Einstein-Gleichung für ein einzelnes Phonon beschrieben. Phononen sind – analog den Photonen für das Licht – Minimaleinheiten für die Tonenergie. Tiere sind in der Lage, Töne über ein Spektrum von 10 bis 10^5 Hz zu hören. Die Energie der Phononen erstreckt sich über diesen Frequenzbereich von 7 · 10^{-26} bis 7 · 10^{-23} erg. In der Mitte dieses Frequenzbereichs liegt die Energie eines einzelnen Phonons 10 Größenordnungen unter der Wahrnehmungsschwelle, die von der thermischen Energie vorgegeben wird. Dies deutet darauf hin, daß die Wahrnehmung akustischer Reize im wesentlichen durch das Grundrauschen begrenzt wird; es muß spezielle Mechanismen geben, welche die Wahrnehmung akustischer Reize ermöglichen. In der Tat wird dies durch Begrenzung des Frequenzbereichs der Detektoren erreicht, wie es z.B. bei den Haarzellen des Hörsystems der Fall ist. Zahllose Mechanismen entwickelten sich, um den Begrenzungen des thermischen Grundrauschens entgegenzuwirken. Direkte Messungen haben aber ebenfalls gezeigt, daß Sinneszellen des Hörsystems zuverlässig das thermische Grundrauschen an ihren Inputbereichen wiedergeben.

Wie bereits dargestellt wurde, binden die meisten chemischen Reizstoffe (Geruch, Geschmack, Chemotaxis) an spezifische Rezeptoren, ohne die Ionenströme durch Membrankanäle direkt zu verändern. In diesem

Fall bestimmt das Verhältnis zwischen Bindungsenergie und thermischer Energie die Wahrnehmungsgrenze. Die Bindungsenergien, die an chemosensorischen Systemen gemessen wurden, betragen ca. 1 kcal/mol. Dieser Energiegehalt ist genügend größer als die thermische Energie, so daß Chemosensoren theoretisch einzelne Moleküle zählen könnten. Es gibt allerdings einen wichtigen begrenzenden Faktor, der durch die Physik der Rezeptorbindung diktiert wird. Je größer die Bindungsenergie ist, desto länger bleibt das Molekül mit dem Rezeptor verbunden. Für eine Bindungskonstante von 10^{-6} M beträgt die Bindungsdauer ungefähr $3 \cdot 10^{-3}$ Sekunden; bei einer Bindungskonstanten von 10^{-11} M (dies ergibt eine sehr hohe Spezifität) würde die Bindungsdauer mehr als 5 Minuten betragen. Da die Arbeitsweise eines Rezeptorsystems zumindest zum Teil auf dem Vergleich der Signale vieler Rezeptoren beruht, würden lange Bindungszeiten lange Vergleichszeiten erfordern; wie es scheint, hat die Evolution solche Mechanismen nicht hervorgebracht. Die Bindungskonstanten zwischen chemischen Reizstoffen und ihren Rezeptormolekülen liegen in mittleren Bereichen, so daß die Bindungsenergie, aber auch die erforderliche Zeit für die Transduktion und Interpretation chemischer Signale herabgesetzt wurde.

Die Eigenschaften des Signal/Grundrauschen-Verhältnisses lassen sich für Reize vorhersagen, die Elektro- und Thermorezeptoren aktivieren. Die Elektrorezeption ist bei aquatisch lebenden Tieren vergleichsweise weit verbreitet und wird zur Navigation, Kommunikation und zum Beutefang eingesetzt. Die Energie der elektrischen Felder, die bei den eingesetzten Frequenzen durch das Wasser transportiert wird, liegt etwa 10 Größenordnungen unter der thermischen Energie des Wassers. Der Vorgang der Elektrorezeption wird folglich, wie bei der akustischen Rezeption, durch thermisches Grundrauschen im Detektor beherrscht. Die Thermorezeption hängt von der Detektion von Photonen im infraroten Bereich des elektromagnetischen Spektrums ab (das niedrigere Frequenzen und längere Wellenlängen hat als das sichtbare Spektrum) und wird vom Temperaturunterschied zwischen dem zu messenden Objekt und dem Meßorgan begrenzt. Einige Tierarten, zum Beispiel Käfer, arbeiten im theoretischen Grenzbereich oder nahe daran; andere haben offensichtlich Anpassungen entwickelt, die ihren Wärmedetektor kühler halten als den übrigen Körper und damit das thermische Grundrauschen vermindern.

Wissenschaftler haben die Grenzen der Sinnesleistungen bei Tieren erforscht. Wie sich zeigte, arbeiten viele Modalitäten nahe oder sogar am theoretischen Grenzbereich, der durch die Gesetze der Physik vorgegeben ist. Um diese große Aufgabe zu meistern, haben viele Rezeptortypen ähnliche molekulare Mechanismen entwickelt. Der zur Wahrnehmung einer bestimmten Sinnesmodalität geeignete Mechanismus wird zumindest zum Teil davon bestimmt, ob die sensorische Rezeption durch thermisches Rauschen oder durch die Quantennatur des Reizes begrenzt wird.

Zusammenfassung

Rezeptorzellen sind gegenüber adäquaten Reizen hochempfindlich, während sie gegenüber anderen Reizenergien relativ unempfindlich reagieren. Sie wandeln den Reiz in ein lokales elektrisches Signal, meist in eine Depolarisation um. Die untere Grenze der Empfindung hängt oft davon ab, wieviel Energie im Signal enthalten ist im Vergleich zur Energie des thermischen Grundrauschens innerhalb des Organismus. Der Transduktionsprozeß zeigt im allgemeinen bei niedrigen Reizstärken die größte Empfindlichkeit, indem ein die Reizenergie um Zehnerpotenzen übertreffendes Rezeptorsignal generiert wird. Mit zunehmender Reizstärke sinkt die Empfindlichkeit ab. Bei den meisten Rezeptorzellen finden Reizaufnahme und -transduktion in Rezeptormolekülen statt; Rezeptormoleküle sind entweder in der Zellmembran oder in intrazellulären Membranen lokalisiert.

Die Aktivierung dieser Rezeptormoleküle führt zu Änderungen der Ionenpermeabilität in der Zellmembran. Daraus entsteht ein Rezeptorstrom, der ein Rezeptorpotential nach sich zieht. Bei vielen Sinnesmodalitäten bringen die Rezeptorzellen keine Aktionspotentiale hervor. Vielmehr modulieren Rezeptorpotentiale die Transmittermenge, welche die Rezeptorzelle freisetzt. In nachgeschalteten Neuronen werden daraufhin APs ausgelöst oder deren Frequenz moduliert. Die Reizintensität wird typischerweise durch eine unterschiedlich dichte Abfolge von APs kodiert und ist in vielen sensorischen Fasern dem Logarithmus der Reizintensität bis zu einer oberen Grenzfrequenz ungefähr proportional. Die logarithmische Reiz-Reaktions-Beziehung ermöglicht eine Rezeption über einen weiten dynamischen Bereich unter Beibehaltung der hohen Empfindlichkeit gegenüber niedrigen Reizintensitäten.

Die gleichzeitig aus unterschiedlich empfindlichen Rezeptoren einlaufenden Inputs ermöglichen es dem jeweiligen sensorischen System, einen größeren Intensitätsbereich zu erfassen, als es mit einem Rezeptor allein möglich wäre. Der zeitabhängige Empfindlichkeitsabfall gegenüber einem konstanten Reiz tritt in fast allen Rezeptorzellen auf und wird als sensorische Adaptation bezeichnet. Manche Rezeptorzellen adaptieren schnell, andere langsam. Für die sensorische Adaptation sind verschiedene Mechanismen verantwortlich; einige laufen in den Rezeptorzellen, andere im Nervensystem ab. Bei *Limulus*-Photorezeptoren beruht die Adaptation z.T.

auf einer intrazellulären Ca^{2+}-Erhöhung: Calcium blokkiert hier die lichtabhängige Aktivierung der Na^+- und K^+-Kanäle.

Einige Rezeptorzellen treten einzeln auf, andere sind zu sensorischen Geweben und Organen, wie dem Nasenepithel der Vertebraten oder der Retina im Auge, organisiert. Der anatomische Aufbau kann eine bedeutende Rolle bei der Funktion sensorischer Organe spielen. Zum Beispiel erfordert das vom visuellen System der Vertebraten entworfene Bild eine Linse und ein Mosaik zahlreicher Sehzellen in der Retina.

Einige Sinnessysteme zeichnen sich durch gemeinsame Merkmale aus. So besitzen viele Rezeptormoleküle sieben Transmembran-Domänen. Dieses Merkmal findet sich auch bei einigen Neurotransmitter- und Hormonrezeptoren. Viele Sinnessysteme haben gemeinsame Elemente in der Kaskade der biochemischen Ereignisse, die unmittelbar auf die Signaldetektion folgen und das Signal verstärken.

Die Mechanorezeption stellt sich als Ergebnis der Verformung oder Dehnung der Rezeptormembran dar, was direkt zu veränderten ionalen Leitfähigkeiten führt. Die Auslenkung der Stereocilien liefert eine Richtungsinformation, indem die Spontanfrequenz in den sensorischen Fasern des achten Hirnnerven gesenkt oder angehoben wird. Diese Funktion stellt die Grundlage der Rezeption in verschiedenen Sinnesorganen dar: im Seitenlinienorgan der Fische und Amphibien, im Hörorgan der Vertebraten und in den Gleichgewichtsorganen der Vertebraten und Evertebraten. Inwieweit Tonfrequenzen verschiedene Abschnitte der Basilarmembran auslenken, ist entscheidend für die Analyse dieser Frequenzen in der Vertebratencochlea. Schallerzeugte Schwingungen des Trommelfells und der Gehörknöchelchen bewirken Wanderwellen auf der Basilarmembran. Diese Wanderwellen erregen die Haarzellen, die ihrerseits eine synaptische Wirkung auf die Fasern des Hörnervs ausüben. Grundlage der „Ortstheorie" der Frequenzdiskrimination bei Säugern war der Befund, daß ein bestimmter Abschnitt der Basilarmembran von einer bestimmten Tonfrequenz stärker erregt wird als von anderen Frequenzen.

Bei den Elektrorezeptoren der Fische handelt es sich um umgewandelte, cilienlose Haarzellen. Der Elektrorezeptor antwortet mit Potentialänderungen auf äußere Ströme, die durch Kanäle entlang der widerstandsarmen apikalen Membran fließen. Diese Potentialänderungen modulieren die Transmitterfreisetzung aus der Rezeptorbasis, welche die Feuerfrequenz der sensorischen Fasern bestimmt.

Sehrezeptoren arbeiten mit lichtempfindlichen, membrangebundenen Pigmentmolekülen, die nach Absorption eines Photons ihre Konformation ändern. Dies setzt eine Reaktionskaskade in Gang, die schließlich in einer veränderten Leitfähigkeit der Rezeptormembran mündet. Alle Sehpigmente bestehen aus einem Proteinmolekül (einem Opsin), das mit einem carotinoiden, chromophoren Bestandteil (Retinal bei Rhodopsin, 3-Dehydroretinal bei Porphyropsin) verbunden ist. Die Aminosäuresequenz des Opsins bestimmt das Absorptionsspektrum jedes Sehpigments. Die *cis-trans*-Isomerisierung des Carotinoids initiiert alle visuellen Antworten. Die Absorption von Photonen ist mit dem Öffnen (bei Evertebraten) oder Verschließen (bei Vertebraten) von Membrankanälen durch intrazelluläre Second messenger verbunden. Bei den Vertebraten aktiviert das Auffangen von Photonen durch Rhodopsin in den Stäbchen eng assoziierte G-Protein-Moleküle, die mit der Rezeptormembran assoziiert sind. Jedes G-Protein aktiviert viele Phosphodiesterase-Moleküle, von denen jedes einzelne wiederum viele Moleküle des im Cytosol vorliegenden Botenstoffes cGMP zu GMP hydrolysiert. Bei Dunkelheit aktiviert cGMP kontinuierlich die den Dunkelstrom tragenden Na^+-Kanäle. Die lichtabhängige Hydrolyse des cGMP vermindert den Dunkelstrom; der verbleibende K^+-Strom hyperpolarisiert die Sehrezeptorzellen, und die kontinuierliche Neurotransmitterfreisetzung am inneren Segment wird dadurch vermindert. Diese Verminderung der Transmitterfreisetzung verändert die Aktivität der nachgeschalteten Sehnervfasern.

Einige Vertebraten besitzen in der Fovea drei Zapfentypen mit jeweils verschiedenen Photopigmenten. Deren Absorptionsmaxima liegen in jeweils anderen Bereichen des sichtbaren Spektrums. Die Integration der Inputs aller Zapfen stellt die Grundlage für die Farbempfindung dar. Stäbchen, welche beim Menschen nur ein Photopigment enthalten, liegen in der Peripherie der Retina, also außerhalb der Fovea, in größter Dichte vor. Sie zeigen eine größere synaptische Konvergenz als die Zapfen und bilden daher ein intensitätsempfindlicheres System als diese. Die höhere Empfindlichkeit der Stäbchen impliziert jedoch eine verminderte Sehschärfe.

Empfohlene Literatur

Hudspeth, A. J.: How the ear's works work. Nature **341** (1989) 397–404
Kandel, E. R., Schwartz, J. H., Jessell, I. M.: Principles of Neural Science. 3. Aufl. Elsevier, New York 1991
Land, M., Fernald, R.: The evolution of eyes. Ann. Rev. Neurosci. **15** (1992) 1–29
Reichert, H.: Neurobiologie. Thieme, Stuttgart 1990
Shepherd, G. M.: Neurobiologie. Springer, Heidelberg 1993

8. Drüsen – Mechanismen und Kosten der Sekretion

Alle Zellen sezernieren Stoffe in ihre Umgebung, sei es zum Aufbau von Schutzschichten oder zur Kommunikation mit anderen Zellen. Oft sind Zellen, die ähnliche Substanzen sezernieren (z.B. Hormone) zu **Drüsen** zusammengefaßt. Spezialisierte Zellen, die eine Drüse bilden, arbeiten als Einheit zusammen. Sie sezernieren Substanzen innerhalb des Körpers oder scheiden Substanzen an der Körperoberfläche aus. Jede Tierart hat eine Vielzahl verschiedenartigster Drüsen unterschiedlicher Struktur und Funktion. Die Giftdrüsen der Schlangen, die Wachsdrüsen der Bienen, die menschlichen Schweißdrüsen, Schilddrüse und Hypophyse – diese Drüsen stellen nur einen Bruchteil der Drüsenvielfalt dar, die im Tierreich entwickelt wurde. Die Ausstattung eines Tieres mit verschiedenen Drüsentypen unterscheidet sich von Art zu Art und ist zudem vom Entwicklungsstadium abhängig, in dem sich das Tier befindet. Die Drüsensekrete werden von bestimmten Zellen synthetisiert, die Teil des sekretorischen Apparates der Drüse sind. Auf einen entsprechenden Reiz hin werden sie freigesetzt. Art und Ausmaß der Sekretion sowie die Art des aktivierenden Reizes variieren sehr stark zwischen den verschiedenen Drüsen.

Drüsensekretionen stellen eine wichtige Reaktionsform von Tieren auf vielfältige Situationen dar. Die Nahrungsaufnahme führt z.B. zur massiven Anregung eines ganzen Arsenals von Verdauungsdrüsen (s. Kap. 15). Bei Wirbeltieren kann die Ausschüttung von Salzsäure aus den Zellen der Magenschleimhaut so stark sein, daß der pH-Wert des Blutes nach dem Essen erheblich ansteigt und so eine postprandiale Alkaliflut hervorruft. Besonders bei Fleischfressern – z.B. Krokodilen, die in einer einzigen Mahlzeit eine ganze Gazelle fressen können – kann dieser pH-Anstieg beträchtlich sein. Die dem Beutefang dienenden Spinnennetze sind ein weiteres beeindruckendes Beispiel für die Leistungen von Drüsen. Sowohl die Art der Sekrete als auch das Muster der Netze hängt von der Spinnenart und den Umweltbedingungen ab. Manche Tiefseefische bilden Schleimnetze mit ähnlicher Aufgabe im komplexen und einzigartigen Räuber-Beute-System der Tiefsee. Sowohl beim Paarungsverhalten wie bei der Fortpflanzung spielen Drüsen eine wichtige Rolle (s. Kap. 9).

Drüsensekrete sind in allen Bereichen der Physiologie von Bedeutung, so daß sie an vielen Stellen in diesem Buch behandelt werden. Im vorliegenden Kapitel werden einige ausgewählte Beispiele eingehender besprochen. Zuerst werden die Arten und Mechanismen der zellulären Sekretion vorgestellt. Dann begeben wir uns auf die Organebene, betrachten das Nebennierenmark, die Speicheldrüsen der Säuger und schließlich die Spinndrüsen der Spinnen. Eine Betrachtung energetischer Aspekte der Drüsentätigkeit schließt das Kapitel ab.

Zelluläre Sekretion

Fast alle Zellen scheiden eine oberflächliche Hülle ab. Auch auf der Außenseite von Epithelien wird **Schleim** oder **Mucus** abgeschieden, was auch zu der Bezeichnung **Schleimhaut** oder **Mucosa** geführt hat. Eine spezifische Oberflächenschicht erlaubt den Zellen die gegenseitige Erkennung. Hüllen und Schleime schaffen eine Schutzbarriere um die Zellen und schaffen eine kontrollierte Mikroumgebung im Extrazellularraum zwischen den Zellen. Zusätzlich sezernieren viele Zellen Signalsubstanzen, sei es für lokale Zell-Zell-Kontakte oder zur Kommunikation mit anderen Zellen über weite Distanzen.

Arten und Funktionen der Sekretion

Sekretionsvorgänge, die der Zell-Zell-Kommunikation dienen, können nach der Entfernung, welche die Sekrete auf dem Weg zu ihrem Wirkungsort überwinden müssen klassifiziert werden (Abb. 8.1).

- **Autokrine Sekretion**: Das freigesetzte Sekret beeinflußt die sezernierende Zelle selbst. Ein Beispiel dafür ist Noradrenalin. Noradrenalin, das von adrenergen Nervenendigungen produziert wird, hemmt die weitere Noradrenalin-Ausschüttung von dieser Nervenzelle.
- **Parakrine Sekretion**: Die freigesetzte Substanz wirkt auf unmittelbar benachbarte Zellen. Bei der Entzündungsreaktion wird beispielsweise die lokale Gefäßerweiterung (Vasodilatation) hauptsächlich von Histamin bewirkt, das aus Mastzellen im Gebiet des beschädigten Gewebes stammt.
- **Endokrine Sekretion**: Das Sekret wird in den Blutstrom abgegeben und wirkt auf entfernt liegende Gewebe ein.

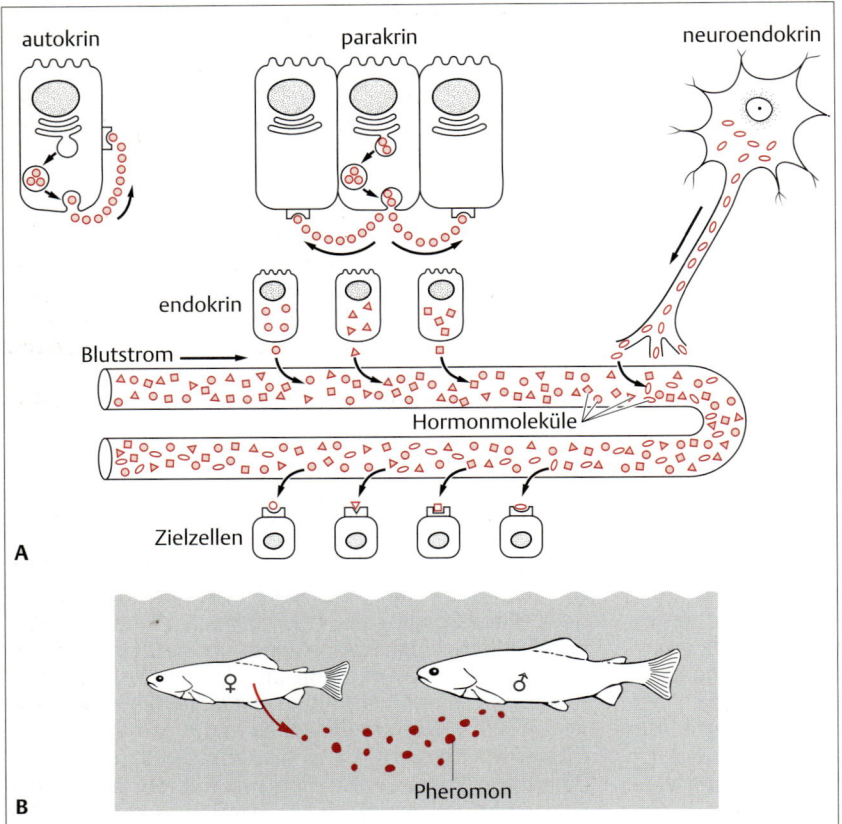

Abb. 8.1 Hormone und Pheromone. Zellen kommunizieren auf vielerlei Wegen. **A** Autokrine bzw. parakrine Aktionen beeinflussen die sekretierende Zelle selbst bzw. benachbarte Zellen. Eine endokrine Tätigkeit beinhaltet den Transport von Hormonen über die Blutbahn zu entfernteren Orten; ähnlich ist es bei der neuroendokrinen Tätigkeit, bei der von Nervenendigungen Hormone in den Kreislauf abgegeben werden. **B** Die Freisetzung von Pheromonen in die Umgebung dient der Nachrichtenübermittlung von einem Tier zum anderen, z. T. über große Distanzen. Der weibliche Fisch hat ein Pheromon in das Wasser abgegeben, das von männlichen Fischen wahrgenommen werden kann und dann bestimmte Verhaltensreaktionen auslöst.

- **Exokrine Sekretion**: Das Sekret wird an der Oberfläche des Tieres, einschließlich der Oberfläche von Darm und von anderen inneren Organen sezerniert.

Einige exokrine Substanzen, die sog. **Pheromone**, werden von einem Tier zur Kommunikation mit einem anderen abgegeben und lösen beim Empfänger eine bestimmte physiologische Reaktion aus. Viele Arten stützen sich bei ihrer Kommunikation weitgehend auf Pheromone. Bei staatenbildenden Insekten dienen sie z.B. dazu, die Mitglieder der eigenen Kolonie zu erkennen. Auch bei der Fortpflanzung spielen sie eine wichtige Rolle. **Bombykol**, ein hochwirksamer Lockstoff, wird von fortpflanzungsbereiten weiblichen Seidenspinnern ausgeschieden. Bei bestimmten marinen Wirbellosen, z.B. Muscheln oder Seesternen, wird die synchrone Ei- bzw. Spermienausschüttung ebenfalls durch Pheromone koordiniert, die mit den Gameten gemeinsam ausgestoßen werden. Gibt also ein einzelnes Individuum mit der Laichablage Pheromone ins Wasser ab, dann wird dadurch der Ausstoß von Eiern bzw. Spermien bei allen Artgenossen induziert. Der Sinn dieser synchronen Laichablage dürfte darin zu sehen sein, daß die Chance des Aufeinandertreffens von Eiern und Spermien beim gleichzeitigen Ablaichen vieler Tiere wesentlich erhöht wird. Ein Steroid, das die Häutung weiblicher Krabben steuert, wirkt zugleich als Sexuallockstoff und löst im Meerwasser bereits in so geringen Konzentrationen wie 10^{-13} M Verhaltensreaktionen bei Männchen aus. Diese Signale sind wichtige Bestandteile des Paarungsverhaltens.

Pheromone helfen auch bei der Feindabwehr. Ein besonders eindrucksvolles Beispiel dafür ist die übelriechende Substanz, die Stinktiere für ihre Feinde so ungenießbar macht. Produziert wird diese gelbe, ölige und faulig riechende Substanz von einem dicht am After liegenden Drüsenpaar. Verantwortlich für den abstoßenden Geruch sind die Substanzen **trans-2-Buten-1-Thiol, 3-Methyl-1-Butanethiol** und **trans-2-Butenyl-Methyl-Disulfid** im flüchtigen Teil des Sekrets. Durch Muskeln, welche die Drüsen umschließen, kann das Sekret über einen Meter weit geschleudert werden.

Häufig wirken Hormone oder ihre Abbauprodukte gleichzeitig als Pheromone. Wasser, in dem ovulierende weibliche Goldfische schwammen, enthält Sexualhormone bzw. deren Metabolite, die bei männlichen Goldfischen Sexualverhalten auslösen können; die Goldfischmännchen werden aktiver und inspizieren alle Aquariengenossen. Genauso werden männliche Zebrafische von **Steroidglucuroniden** (speziell Östradiolglucuronid) angelockt, die kurz nach der Ovulation von den Weibchen freigesetzt werden. Mischungen aus mehreren Steroidglucuroniden sind wirkungsvoller als Einzelsubstanzen.

Einige Tierarten produzieren Sekrete, die sowohl in der lokalen Umgebung der Drüsenzellen als auch in größerer Entfernung wirken und daher zugleich als autokrin, parakrin und endokrin zu bezeichnen sind. In den Kiemen des Pazifischen Lachses wird z.B. Calcitonin produziert, das über in den Kiemen liegenden Calcitonin-Rezeptoren den Calciumflux reguliert. Calcitonin wirkt folglich an den Kiemen auto- und parakrin. Zugleich wird beim Pazifischen Lachs Calcitonin auch in den Ultimobranchialkörpern (diese haben eine der Nebenschilddrüse – die bei Fischen anscheinend nicht existiert – ähnliche Funktion) produziert, in das Blutgefäßsystem ausgeschüttet und zu den Kiemen transportiert – dies ist ein endokriner Vorgang.

Neben der Kommunikation haben Sekrete noch weitere Aufgaben. Speichel im Mund macht die Nahrung gleitfähig, und Pankreassekrete helfen bei der Verdauung. Schnecken scheiden Schleim mit speziellen elastischen Eigenschaften aus, mit dessen Hilfe sie sowohl gleiten als auch haften können. Die Spur einer Landschnecke wird von diesem Schleim, der für ihre Art der Fortbewegung essentiell ist, gebildet.

Zellen scheiden also Substanzen aus, die in einigen Fällen von der Nachbarzelle, in anderen Fällen von Tieren in bis zu 30 km Entfernung wahrgenommen werden können. Autokrine und parakrine Zellen können, müssen aber nicht zu Drüsen zusammengefaßt sein. Hormon- oder pheromonproduzierende Zellen sind dagegen fast immer in Drüsenstrukturen zusammengefaßt. Viele von verschiedensten Tierarten produzierte Substanzen ähneln sich stark in ihrer Funktion und haben oft auch eine gleiche oder ähnliche chemische Struktur. Sezernierte Substanzen zeigen also ein hohes Maß an Übereinstimmung in ihrer Primärstruktur (Box 8.**1**).

Oberflächensekretionen: Zellhüllen und Schleime

Die äußere Oberfläche der Cytoplasmamembran tierischer Zellen wird in der Regel von einer Hülle, der **Glykocalyx** überzogen. Diese wird von der Zelle abgeschieden und ständig erneuert. Sie besteht aus Glykoproteinen und Polysacchariden mit negativ geladenen Sialinsäureresten. Durch geeignete Farbstoffe – z.B. Alzianblau für die Lichtmikroskopie oder Rutheniumrot für die Elektronenmikroskopie – kann die Glykocalyx sichtbar gemacht werden. Die Oligosaccharide in der Glykocalyx können durch Lectine, z.B. Concanavalin A, markiert werden, wobei diese Substanz zum Nachweis wiederum an fluoreszierendes oder elektronendichtes Material gebunden sein muß. Die Anfärbung der Glykocalyx macht deutlich, daß sie die Zelle schützt und eine Mikroumgebung bildet, mit der sie Filtrations- und Diffusionsprozesse beeinflußt. Ein Kollagenanteil in dieser Zellhülle dient der Festigung und Verankerung des Gewebes und schafft eine Oberflächenmatrix, auf der sich die Zellen bewegen können.

Die charakteristische chemische Zusammensetzung der Glykocalyx ermöglicht auch, daß bestimmte Zellen einander erkennen und aneinander haften, wodurch organisierte Zellverbände entstehen. In den meisten Geweben aggregieren ähnliche Zellen zu Organen; auch in Zellkulturen lagern sich gleiche Zellen zusammen.

An manchen Zelloberflächen enthält die Glykocalyx noch Mucopolysaccharide. Diese können mit Proteinen zu Mucoproteinen zusammentreten. Bei Mucoproteinen ist die Kohlenhydratkette viel länger als bei Glykoproteinen; sie sind amorph und bilden Gele, die eine große Menge Wasser binden können. Ein bekanntes Beispiel dafür ist die Gallerthülle der Froschereier. Obwohl sich Schleim (Mucus) von der Glykocalyx unterscheidet, enthält er Mucopolysaccharide mit einer Vielzahl von Sialinsäureresten. Schleime bilden ebenfalls Oberflächenschutzschichten um die Zellen.

Der Schleim wird von spezialisierten Zellen, den **Becherzellen** produziert, die wir in den meisten Epithelien von Tieren finden, die im Wasser oder in feuchter Umgebung leben. Die Schleimmenge dieser Becherzellen ist so gewaltig, daß sie eine große Anzahl benachbarter, nicht sezernierender Zellen bedecken kann. Wenn man beispielsweise einen Schleimaal, einen Vertreter der Agnathen, ärgert, produzieren die in seiner Haut liegenden Drüsen große Mengen an Schleim; da der Schleim sich im Wasser rasch ausdehnt, ist z.B. innerhalb weniger Minuten ein Eimer, in dem ein Schleimaal gefangen gehalten wird, völlig damit angefüllt. Mit dieser glitschigen Hülle schützt sich das Tier recht wirkungsvoll vor Angriffen und dem Festgehaltenwerden. In der Wirbeltierlunge finden wir ein weiteres Beispiel für eine sehr wirkungsvolle Schleimschutzbarriere. Die Wände der Lungenbläschen und Bronchiolen produzieren ständig einen klebrigen Schleimteppich, der durch dauernden Schlag unzähliger Cilien zum Mund transportiert wird. An diesem Schleimteppich bleiben Staub, Bakterien u.ä. kleben. Die ganze Mischung wird, sobald sie durch den Cilienschlag den Schlund erreicht hat, verschluckt oder ausgehustet. Die-

Box 8.1 Unterschiedliche Organismen sezernieren Substanzen mit ähnlicher Struktur und Funktion

So wie sich viele biochemische Stoffwechselwege in den Organismen ähneln, gibt es auch viele Ähnlichkeiten in der chemischen Struktur der Sekrete verschiedenster Tierarten. Substanzen mit ähnlichen Funktionen können bei den unterschiedlichsten Organismen ähnliche chemische Strukturen besitzen. So sind beispielsweise der α-Faktor der Hefezelle und das Gonadotropin-Releasing-Hormon (GnRH) aus der Hypophyse der Säugetiere beides kleine Peptidhormone mit ähnlicher Aminosäuresequenz. Aber nicht nur ihre Strukturen sind homolog, beide wirken auch im Fortpflanzungsbereich: Der α-Faktor dient bei der Hefe als Paarungspheromon; GnRH induziert die Freisetzung des luteinisierenden Hormons (LH), das beim Menschen die Ovulation auslöst (s. Kap. 9). Injiziert man Mäusen den α-Faktor der Hefe, wird LH ausgeschüttet. Der α-Faktor hat allerdings eine niedrigere Affinität zu GnRH-Rezeptoren als Mäuse-GnRH. In vielen, wenn auch nicht allen Fällen, besitzt das natürliche Hormon eine höhere Affinität zu seinen Rezeptoren und ist wirkungsvoller als ähnliche, aber artfremde Substanzen.

In wenigen Fällen hat die artfremde Substanz eine höhere Affinität als das arteigene Hormon. Ein Beispiel dafür ist das Calcitonin der Säuger, das von C-Zellen (von „clear", durchsichtig) der Schilddrüse produziert wird. Calcitonin wirkt auf Knochen – die wichtigsten Calciumspeicher des Körpers – und führt zur Reduktion der extrazellulären Ca^{2+}-Konzentration, wenn der Ca^{2+}-Spiegel im Körper steigt (s. Kap. 9). Dies wird durch eine Hemmung der knochenabbauenden Osteoklasten, nicht aber der knochenaufbauenden Osteoblasten bewirkt. Lachse und Aale produzieren ein dem Calcitonin sehr ähnliches Hormon in ihren Ultimobranchialkörpern. Dieses artfremde Hormon ist beim Menschen um ein Vielfaches effektiver als menschliches Calcitonin, wenn es darum geht, den Knochenabbau zu verhindern und den Blutcalcium-Spiegel zu senken.

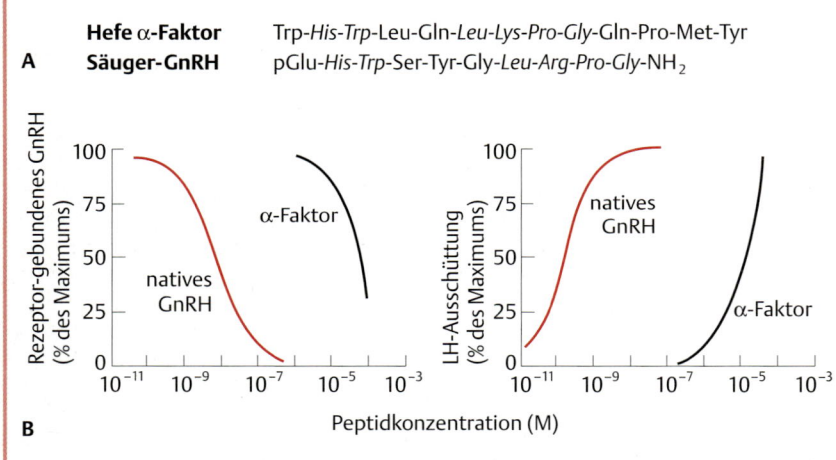

Viele Arten produzieren Sekrete ähnlicher Struktur und analoger Funktion. **A** Aminosäuresequenz von Hefe-α-Faktor und Säuger-GnRH. Beide kurzkettigen Peptidhormone enthalten einige identische Aminosäuren (kursiv). **B** Bindungs- und Aktivitätskurven von Hefe-α-Faktor und GnRH. Der α-Faktor kann an Säuger-GnRH-Rezeptoren binden (links). Nach Injektion in Mäuse bewirkt er eine LH-Ausschüttung, also die normale GnRH-Wirkung (rechts). Im Vergleich zu GnRH wird aber eine viel höhere α-Faktor-Konzentration benötigt, um an genügend Rezeptoren zu binden und die LH-Freisetzung auszulösen (nach Loumaye, Thorner u. Catt, 1982).

---

ser Mechanismus hält die Lunge sauber und wird durch Antikörper, die in den Schleim abgegeben werden sowie durch alveoläre Makrophagen unterstützt. Zigarettenrauch hemmt sowohl die Cilienaktivität als auch die Makrophagentätigkeit, regt aber die Schleimproduktion an. Das Bemühen des Körpers, sich des angesammelten Schleimes zu entledigen, führt zum Raucherhusten.

Verpackung und Transport des zu sezernierenden Materials

Zellen, die Sekrete produzieren, sind in der Regel morphologisch polarisiert, d.h. Synthese und Verpackung des Sekretes finden an einem Ende, die Abscheidung des Sekretes an dem anderen Ende der Zelle statt (Abb. 8.2). Art der Synthese und Speicherung variieren mit der Art der produzierten Substanz. Die Steroidhormone (s. Kap. 9) liegen z.B. meist diffus in der Zelle verteilt vor; sie sind also nicht in Vesikel verpackt. Die meisten Sekretions-Substanzen werden jedoch in membranumgebene Vesikel verpackt und später durch Exocytose in den Extrazellularraum entleert. Daher zeigen elektronenmikroskopische Aufnahmen von Drüsenzellen meist viele **sekretorische Bläschen** (sekretorische Vesikel, Sekretvesikel) mit einem Durchmesser von 100–400 nm, welche die Sekretsubstanzen enthalten. Die Begriffe Sekretgranula und Sekretvesikel sind austauschbar, abhängig davon, ob das Hauptaugenmerk auf dem Inhalt (Granula) oder der umgebenden Membran (Vesikel) liegt. Die Sekretvesikel ähneln in vieler Hinsicht den synaptischen Vesikeln – letztere sind jedoch meist kleiner (ca. 50 nm im Durchmesser).

Abb. 8.2 Zellulärer Sekretionsweg. Sekretorische Proteine werden im rauhen endoplasmatischen Reticulum (ER) gebildet, in Vesikeln zum Golgi-Apparat transportiert und an der apikalen Zelloberfläche freigesetzt. Sobald die Proteine in den sekretorischen Vesikeln angereichert sind, wandern diese zur apikalen Zellmembran, verschmelzen mit dieser und entlassen ihren Inhalt mittels Exocytose in das Lumen der Drüse.

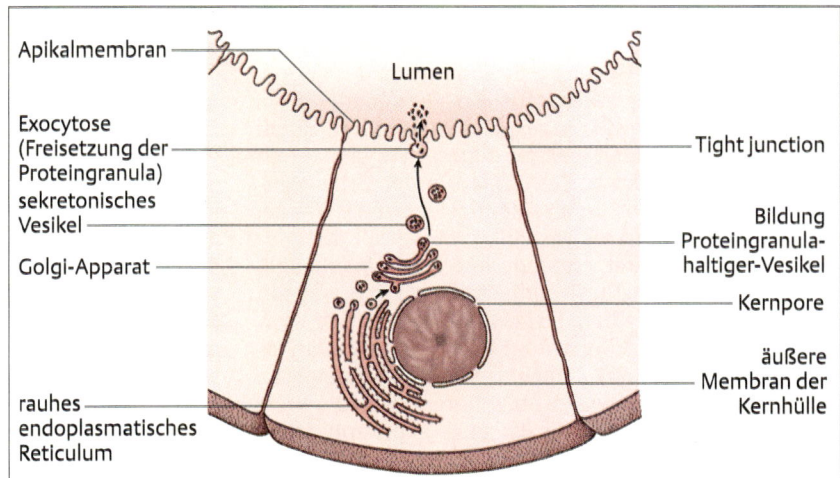

Polymergele

Mucus, ein Polymergel, wird mit anderen Substanzen zusammen als kompakte (kondensierte) Bläschen in den Becherzellen produziert und gespeichert. Er besteht aus extrem langen Mucoproteinketten mit einer Vielzahl von Sulfat- und Sialinsäureresten, die bei neutralem pH negativ geladen sind (Abb. 8.3). Die einzelnen Mucinketten sind endständig über Disulfidbrücken zwischen Cystein-Resten verbunden, wodurch Kettenlängen von 4–6 μm entstehen. Solange die Mucinketten in Vesikeln eingeschlossen sind, liegen sie als extrem dicht gepacktes polymeres Netzwerk vor. In Wasser kann sich das Netzwerk infolge seiner Quellung schlagartig ausdehnen und sein Volumen in kurzer Zeit um das Hundertfache vergrößern.

Polymergele liegen also in zwei Formen vor, der kondensierten und der ausgedehnten hydratisierten. Zwischen den beiden Phasen können sie sehr schnell hin und her wechseln, vergleichbar dem Übertritt von Wasser beim Kochen von der Flüssigphase in die Gasphase. Hohe Konzentration von Ca^{2+}- oder H^+-Ionen (niedriger pH) kann die negativen Ladungen der Sialinsäurereste an den Kettenenden des Mucins (Schleimstoff) neutralisieren und so die kondensierte Form begünstigen. Die Mucinvesikel enthalten wahrscheinlich genug Ca^{2+}, um diesen Zustand zu stabilisieren. Auch der niedrige pH wirkt vermutlich bei dem Kondensationsprozess mit. Lipide innerhalb der Vesikel begünstigen ebenfalls die kondensierte Netzwerkform. Ca^{2+} ist nicht das einzige die negativen Ladungen abschirmende Kation, das negativ geladene Polymergele in den Vesikeln in der kondensierten Form hält. In den Granulae des chromaffinen Gewebes des Nebennierenmarks ist **Chromogranin** das

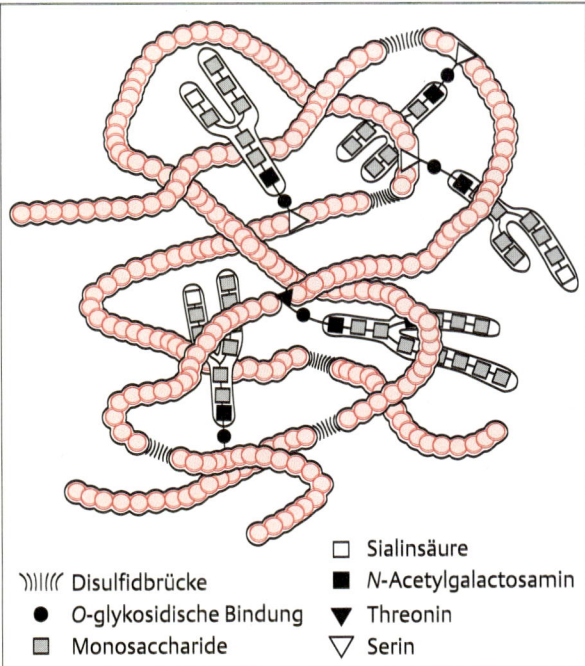

Abb. 8.3 Mucoprotein-Stränge. Schleim ist ein Polymergel, das aus Mucoprotein-Strängen besteht, die an den Enden über Disulfidbrücken verknüpft sind. Die Disulfidbrücken bilden keine Querverbindungen, was die Bewegungsfähigkeit der Polymerketten beeinträchtigen würde. Beachte die Oligosaccharid-Seitenketten, von denen viele negativ geladene Sialinsäurereste an ihren Enden tragen. In der kondensierten Phase bilden die Mucinstränge ein eng verschlungenes Netzwerk (nach Verdugo, 1990).

Polymer; Catecholamine wirken als abschirmende Kationen. In den Mastzellgranulae stellt Heparin das Polymer dar; hier wirkt Histamin als abschirmendes Kation.

Wahrscheinlich werden alle exo- und endokrinen Produkte, die in Vesikeln gespeichert werden, durch **Exocytose** freigesetzt. Meist wird dieser Vorgang durch die Konzentration freier Ca^{2+}-Ionen in der Zelle reguliert. Bei der Exocytose von Schleim wandert das Vesikel zur Membran. Wenn die Vesikelmembran mit der Zellmembran verschmilzt, entsteht eine Pore. Unabhängig von der Ausdehnung des Polymergels ist ein Anstieg in der Leitfähigkeit der Pore festzustellen. Zwischen Vesikelinhalt und Extrazellularraum kommt es zu einem Ionenaustausch; die Ca^{2+}-Konzentration des vesikulären Raumes fällt infolgedessen ab, während der pH-Wert steigen kann. Das Ergebnis ist eine explosionsartige Schleimfreisetzung aus dem Vesikel, da sich der Mucus schlagartig ausdehnt (Abb. 8.**4**A). Die Mucinnetzwerke in den großen Granulae der Strudelwürmer, *Turbellaria*, können in 20–30 ms auf das 600fache ihres Volumens im kondensierten Zustand anwachsen. Dies geschieht durch abstoßende Kräfte zwischen den negativen Ladungen der Mucinmoleküle, die infolge des Ca^{2+}-Verlustes und des pH-Anstiegs nicht mehr voneinander abgeschirmt werden. Die Wassereinlagerung durch Diffusion alleine würde viel zu langsam wirken (Abb. 8.**4**B), um die Schnelligkeit des Vorganges erklären zu können. Es scheint, daß Schleim in vielen verschiedenen sekretorischen Granulae enthalten ist um eine schnelle Freisetzung der jeweiligen Inhaltstoffe zu gewährleisten. Im chromaffinen Gewebe des Nebennierenmarks hilft möglicherweise Chromogranin in analoger Weise, Catecholamine schnell ins Blut freizusetzen.

Die Länge der Polymerstränge im Knäuel des kondensierten Gels bestimmt die Expansionsgeschwindigkeit: je kürzer die Stränge, desto schneller ihre Ausdehnung. Einige Polymernetze (nicht aber das Mucinnetzwerk) besitzen Disulfidbrücken, welche ihre Ausbreitung begrenzen und dadurch die exocytotische Wirkung beeinflussen können. Der wichtigste Faktor für die Geschwindigkeit der Ausdehnung des Mucingels ist das chemische Milieu, in welches das Gel entlassen wird. Hyperosmotische Lösungen können das Anschwellen des Mucinnetzes verhindern. Ionenzusammensetzung, pH-Wert sowie die Flüssigkeitsmenge der Umgebung beeinflussen das Endstadium der Hydration und dadurch die Fließeigenschaften des freigesetzten Schleimes. Der Schleim, der in die Atemwege entlassen wird, wird z.B. nachhaltig von den Eigenschaften des Flüssigkeitsfilms an deren Wand beeinflußt. Der abnorm dicke, zähflüssige Schleim von Patienten mit cystischer Fibrose hat seine Ursache im gestörtem Ionentransport durch das Epithel der Luftwege; die dadurch bewirkte Änderung der Ionenzusammensetzung der extrazellulären Flüssigkeit bewirkt die Zähigkeit des Schleimes.

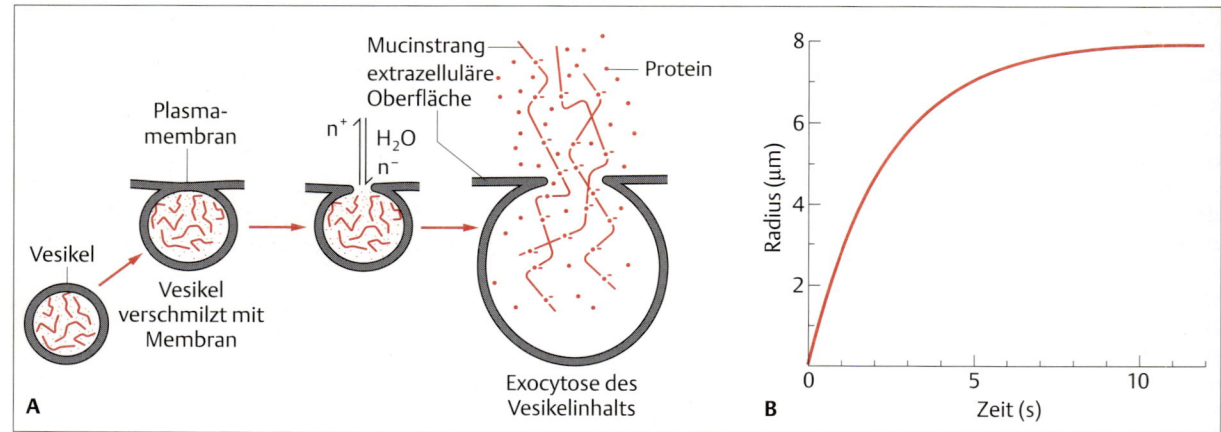

Abb. 8.4 Schleim schießt aus exocytotischen Vesikeln explosionsartig wie ein „Springteufel" hervor. A Modellvorstellung der Produktfreisetzung durch Exocytose. Nach der Fusion der Vesikel mit der Plasmamembran werden Kationen (n^+), die zuvor die negativen Ladungen der Schleimsubstanzen gegeneinander abschirmten, aus dem Vesikel freigesetzt, und extrazelluläre Anionen (n^-) strömen ein. Das Ergebnis der hohen Dichte negativer Ladungen in den kondensierten polyanionischen Mucinsträngen führt nun aufgrund der sich abstoßenden Ladungen zu einer schnellen Volumenausdehnung des Schleims, der die Freisetzung des Vesikelinhalts in den extrazellulären Raum explosionsartig beschleunigt. Wasser strömt ein und vergrößert die Vesikel, während der Schleim sich infolge der Quellung ausdehnt. **B** Zeitlicher Verlauf der Ausdehnung von Schleim im Extrazellulärraum unmittelbar nach dem Ausstoß aus einer Becherzelle *in vitro*. Die Änderungen des Radius als Funktion der Zeit folgen einer Reaktionskinetik erster Ordnung (nach Verdugo u. Mitarb., 1987).

Sekretorische Proteine und Membranproteine

Die intrazelluläre Bewegung sekretorischer Proteine wurde durch Pulschase-Radiographie verfolgt. Bei dieser Technik werden radioaktiv markierte Aminosäuren kurzzeitig in neusynthetisierte Proteinmoleküle eingebaut. Dabei zeigte sich, daß die Sekretproteine an den **Polyribosomen** (Polysomen) des **rauhen endoplasmatischen Reticulums** (ER) gebildet werden und sich zunächst im Reticulum anreichern. Danach treten sie in die glatten, polysomenfreien Teile des ER über, die sog. **Übergangselementen**. Von diesen werden **Transfervesikel** abgeschnürt (Abb. 8.5 A). Die Transfervesikel wandern zum **Golgi-Apparat**, einem Stapel flacher, leicht konkaver tellerförmiger Kompartimente oder Zisternen, von deren Rändern sich Vesikel abschnüren (Abb. 8.5 B). Mikroskopische Studien zeigen, daß die vom ER gebildeten Transfervesikel mit den Golgischeiben fusionieren. Im Golgi-Kompartiment, an dessen luminaler Membranoberfläche Enzyme gebunden sind, werden Proteine modifiziert, z.B. durch das Anhängen bzw. Abspalten von Zuckerresten.

Der Golgi-Komplex besteht aus mindestens drei Subkompartimenten, der *cis*-, der *medial*-, und der *trans*-Region. Die *cis*-Seite empfängt Transfervesikel vom ER, wohingegen die *trans*-Seite bzw. das *trans*-Golgi-Netzwerk (TGN) Sekretvesikel abschnürt, die zur Zelloberfläche wandern (Abb. 8.5 B). Man nimmt an, daß in einem Prozeß, der schon in den Golgizisternen beginnt, hauptsächlich aber in den kondensierenden Vakuolen abläuft, den Vakuolen Wasser entzogen wird, so daß die Proteinkonzentration auf das 20–25fache steigt. Reife Sekretvesikel erreichen schließlich die Cytoplasmamembran, verschmelzen auf ein entsprechendes Signal hin mit dieser und entlassen ihren Inhalt in den extrazellulären Raum.

Vesikel transportieren nicht nur Sekrete für die Exocytose an die Zelloberfläche, sondern liefern auch Plasmamembranproteine an ihren Bestimmungsort. Bereits während ihrer Synthese am rauhen ER werden die zukünftigen integralen Proteine der Plasmamembran in die ER-Membran eingebaut. In den Membranen der Transfervesikel gelangen sie dann über den Golgi-Apparat zur Cytoplasmamembran, in die sie durch dessen Fusion mit den Vesikelmembranen integriert werden. Das Vesikelsystem kann verschiedene Proteine zu verschiedenen Stellen der sekretorischen Zelle bringen. So wer-

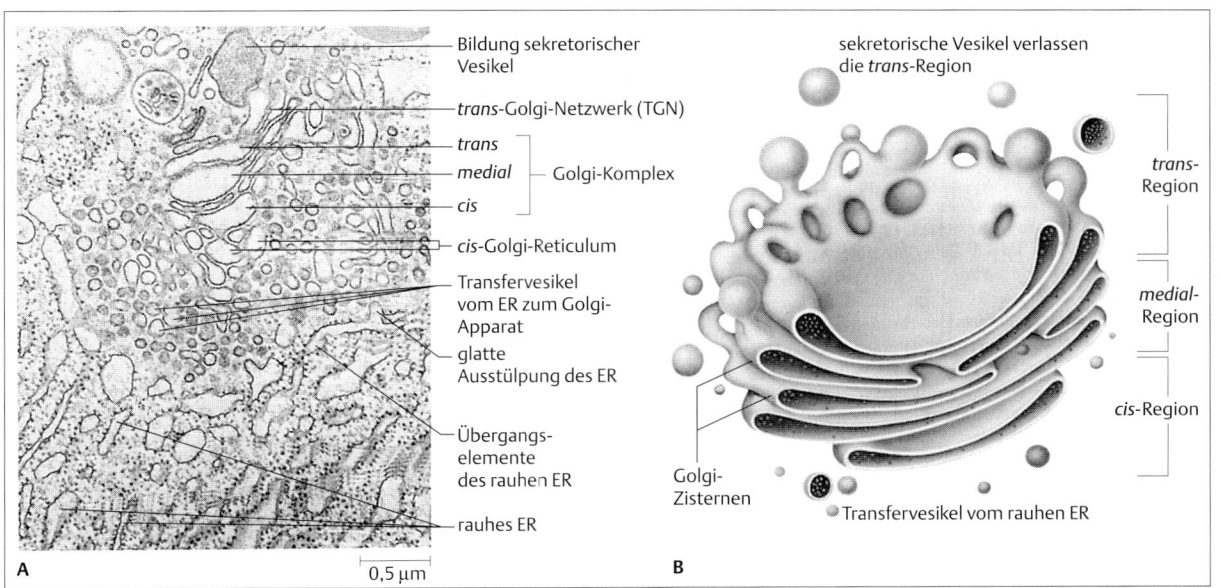

Abb. 8.5 Organellen des Sekretionsweges. Intrazelluläre Vesikel transportieren sowohl sekretorische Proteine als auch Membranproteine. **A** Elektronenmikroskopische Aufnahme des Golgi-Apparates und des rauhen ER einer exokrinen Pankreaszelle. Beachte die Kompartiment-Stapel des Golgi-Apparats, das sich gerade bildende Sekretvesikel, sowie die Transfervesikel, welche sekretorische Proteine und Membranproteine vom rauhen ER zum Golgi-Apparat transportieren. **B** Dreidimensionales Modell des Golgi-Apparates und der intrazellulären Vesikel. Transfervesikel, die vom rauhen ER abgeschnürt wurden, verschmelzen mit der Membran auf der *cis*-Seite des Golgikomplexes. Die sekretorischen Vesikel, die von Aussackungen an der *trans*-Seite abgeschnürt werden, speichern sowohl sekretorische Substanzen als auch Membranbestandteile in konzentrierter Form (A mit freundlicher Genehmigung von G. Palada; B nach Lodish u. Mitarb., 1995, nach einem Modell von J. Kephardt).

den z.B. Na⁺/K⁺-ATPase-Moleküle zur basolateralen und Protonen-ATPase-Moleküle zur apikalen Membran der selben Zelle transportiert. Unterschiede zwischen der apikalen und der basalen Region von Zellen werden somit durch die Spezifität der vesikulären Transportwege aufrecht erhalten.

Das *trans*-Golgi-Netzwerk ist für den gerichteten Transport von Material zur apikalen oder basolateralen Zelloberfläche verantwortlich. Einige Vesikel, die das TGN produziert, wandern zur apikalen, andere zur basolateralen Oberfläche. Auf dem Weg vom rauhen ER zum Golgi-Apparat benutzen alle Membranproteine einen gemeinsamen Transportweg. Erst im TGN trennen sich die Wege apikaler und basolateraler Membranproteine (Abb. 8.6). Einige Proteine, die zunächst zur basolateralen Membran gelangen, landen zum Schluß doch an der apikalen Membran; dieser Transport wird als **transcytotische Bewegung** bezeichnet. Beim Vesikeltransport spielt das Mikrotubulisystem eine wichtige Rolle; der Sortiermechanismus der Vesikel ist derzeit noch unbekannt.

Speicherung von Sekreten

Die Speicherung einer Substanz, z.B. eines Hormons, in Sekretvesikeln erfolgt auf verschiedene Arten. Große Proteinmoleküle werden aufgrund ihre Größe zurückgehalten, die es ihnen unmöglich macht, die Vesikelmembran zu durchqueren. Kleinere Hormonmoleküle werden an größere akzessorische Moleküle, meist Proteine, gekoppelt. Es gibt Hinweise darauf, daß die Catecholamine (Noradrenalin und Adrenalin) zumindest teilweise durch ständige aktive Aufnahme aus dem Cytosol in den Vesikeln gehalten werden. Die Beruhigungsdroge **Reserpin** greift in diese Aufnahmevorgänge ein und ermöglicht den Catecholaminen, langsam aus den Vesikeln und den Sekretzellen „herauszusickern".

Die Speicherungsdauer von Hormonen im Drüsengewebe variiert stark. Die fettlöslichen, nicht in Vesikel verpackten Steroidhormone scheinen innerhalb weniger Minuten nach ihrer Synthese durch die Oberflächenmembran der sezernierenden Zellen zu diffundieren. Die meisten Hormone verbleiben jedoch in ihren Vesikeln, bis ihre Freisetzung durch ein spezifisches Signal veranlaßt wird. Schilddrüsenhormone werden in den extrazellulären Raum der kugeligen Ansammlungen sezernierender Zellen (**Follikel**) entlassen und verbleiben dort unter Umständen mehrere Monate (s. Kap. 9). Selbst nach der Sekretion wird ein Hormon im Blut gespeichert, bis es von Zellen aufgenommen bzw. abgebaut wird. Die hydrophoben Steroid- und Schilddrüsenhormone werden im Blut an **Transportproteine** gebunden. Sie bleiben so lange inaktiv, bis sie von diesen Proteinen dissoziieren.

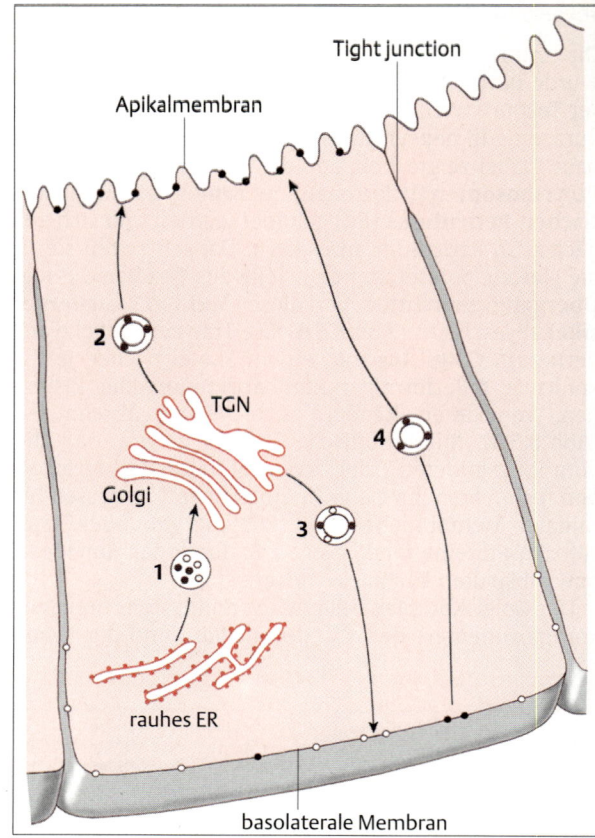

Abb. 8.6 Transportwege zur apikalen und zur basolateralen Membran. Das *trans*-Golgi-Netzwerk (TGN) sortiert neu synthetisierte Membranproteine in Vesikel, die entweder zur apikalen oder zur basolateralen Membran gelangen. Nach ihrer Synthese am rauhen ER werden alle Membranproteine zunächst gemeinsam zum Golgi-Apparat (1) gebracht, wo sie sich noch im gleichen Kompartiment befinden. Im TGN werden die Proteine dann in Vesikel sortiert, die entweder zur apikalen Membran (2) oder zur basolateralen Membran (3) gelangen. Einige für die apikale Membran bestimmte Proteine werden zunächst zur basolateralen Membran transportiert und erst dann zur apikalen Zelloberfläche gebracht; es handelt sich hierbei um einen transcytotischen Transport (4). Im Gegensatz zu sekretorischen Proteinen, die von der Zelle freigesetzt werden, werden Plasmamembranproteine in die Vesikelmembran eingebaut. Durch Fusion des Vesikels mit der Plasmamembran werden die Proteine in diese eingebracht.

Sekretionsmechanismen

Man kann sich verschiedene Mechanismen vorstellen, wie Substanzen, die im Zellinneren gespeichert sind, den Weg nach außen finden können. In den meisten Fällen wird vermutlich der gesamte Inhalt des Vesikels mittels Exocytose ausgestoßen. Die Besonderheiten der jeweiligen Freisetzungsmechanismen hängen jedoch von der Tierart und dem jeweiligen Gewebetyp ab. Nach ihrer Extrusionsart werden folgende Sekretionsformen unterschieden:

- Bei der **apokrinen Sekretion** wird das Sekret in Form größerer, lichtmikroskopisch erkennbarer Tröpfchen zusammen mit Anteilen des Cytoplasmas an der apikalen Spitze der Zelle abgestoßen. Die Zelle schließt sich anschließend wieder an der Spitze. Dieser Ausscheidungsmodus ist mit Membranverlust verbunden, der durch Neusynthese und Rekrutierung von Membranmaterial aus dem basalen Teil der Zellen ausgeglichen wird. Diesen Sekretionsmechanismus findet man z. B. bei einigen exokrinen Drüsen von Mollusken sowie bei den Milchdrüsen und Duftdrüsen (nicht den Schweißdrüsen) in der Haut der Säuger.
- Bei der **merokrinen (ekkrinen) Sekretion** scheidet die Drüsenzelle sehr kleine Sekretagranula aus. Die Membranen der Sekretgranula fusionieren bei der Exocytose mit der Oberflächenmembran, so daß die Zelle keinen Membranverlust hat. Dieser Mechanismus liegt bei den Schweißdrüsen, bei vielen Verdauungsdrüsen der Wirbeltiere sowie den exokrinen Drüsen der Anneliden und Arthropoden vor.
- Bei der **holokrinen Sekretion** bricht die Zelle insgesamt auf und ergießt ihren Inhalt nach außen. Eine Regeneration des Drüsenepithels erfolgt durch Ersatzzellen. Die Talgdrüsen in der Säugetierhaut sowie einige exokrine Drüsen bei Mollusken (Mitteldarmdrüsen) und Insekten sind bekannte Beispiele für diesen Freisetzungsmechanismus.

Die Sekretion erfolgt stets als Reaktion auf Reizung der Zelle. Der Reiz kann ein Hormon oder Neurotransmitter (etwa Acetylcholin) sein, der auf die Membran der sekretorischen Zelle einwirkt. Acetylcholin, das aus sympathischen Neuronen freigesetzt wird, bewirkt die Ausschüttung von Catecholaminen aus dem chromaffinen Gewebe des Nebennierenmarks (Abb. 8.15). Eine Sekretion kann aber auch auf nicht-humoralem, d. h. ohne Botenstoff ablaufendem Weg ausgelöst werden. So werden z. B. einige hormonproduzierende Zellen durch Anstieg der Plasmaosmolalität zur Sekretion veranlaßt. Bei neurosekretorischen Nervenzellen werden zunächst Aktionspotentiale ausgelöst, die zu den Axonendigungen gelangen und dort die Sekretausschüttung bewirken. Dieser Effekt läßt sich gut demonstrieren, wenn man etwa eine solche Zelle in einiger Entfernung von den Endigungen elektrisch reizt, dadurch APs auslöst und gleichzeitig die Hormonausschüttung an den Endigungen überwacht. Die freigesetzte Hormonmenge nimmt mit steigender AP-Frequenz zu (Abb. 8.7A). Eine Membrandepolarisation in Abwesenheit von Aktionspotentialen läßt sich auslösen, wenn man die extrazelluläre K^+-Kon-

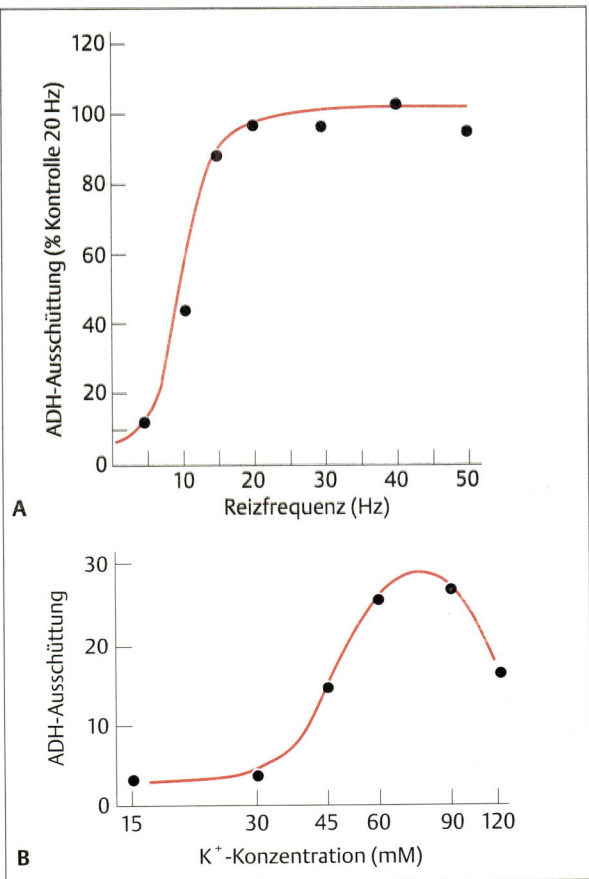

Abb. 8.7 Sekretion kann durch Depolarisationen ausgelöst werden. Sowohl elektrische Reizung (Aktionspotentiale) als auch erhöhte extrazelluläre K^+-Konzentrationen induzieren die Freisetzung des antidiuretischen Hormons ADH aus neurosekretorischen Zellen. **A** Freisetzung von ADH aus der Neurohypophyse der Ratte als Funktion der Frequenz elektrischer Reize. Bei jeder Frequenz wurde für 5 min gereizt. **B** Freisetzung des ADH (willkürliche Einheiten) als Funktion der extrazellulären K^+-Konzentration. Frisch präparierte Neurohypophysen wurden für jeweils 10 min in Inkubationsmedien mit verschiedenen K^+-Konzentrationen gegeben (um unterschiedliche Grade der Depolarisation zu erzeugen). Anschließend wurde die Menge an freigesetztem ADH im Medium bestimmt (A nach Mikiten, 1967; B nach Douglas, 1974).

zentration erhöht; auch das steigert die Hormonausschüttung. In diesem Falle nimmt die Freisetzung mit steigender K^+-Konzentration, also mit steigender Depolarisation, bis zu einem Maximalwert zu (Abb. 8.7B). Die Beobachtung, daß die Sekretion durch eine künstliche Depolarisation ausgelöst werden kann, legt die Vermutung nahe, daß auch die AP-vermittelte Depolarisation die Sekretion induziert.

Bei noch höherer K$^+$-Konzentration übersteigt die Depolarisation den Wert für maximalen Ca^{2+}-Eintritt, und die Sekretion nimmt dadurch ab (Abb. 8.7 B). Angesichts der bekannten Rolle des Ca^{2+} bei der Steuerung der Neurotransmitterfreisetzung (s. Abb. 6.11) überrascht es nicht, daß Ca^{2+} für die Kopplung von Membranstimulation und Hormonfreisetzung verantwortlich gemacht wird. Hinweise darauf geben Experimente mit verschiedenen Gewebetypen. Jeder Reiz, der zu einem Anstieg des intrazellulären Ca^{2+}-Spiegels im sezernierenden Teil der Zelle führt, wird mit einem Anstieg der Hormonausschüttung beantwortet.

Bei neurosekretorischen wie auch normalen Zellen wird der Reiz durch spezifische Rezeptoren in der sog. **Aufnahmeregion** oder **Input-Region** wahrgenommen. Diese ist von der freisetzenden **Output-Region** durch eine dazwischen liegende Leitregion getrennt (Abb. 8.8A u. B). Ankommende Reize (synaptische Signale, Änderungen physikalischer oder chemischer Plasmaparameter) lösen eine gesteigerte AP-Frequenz im Axon aus. Dadurch, daß sie die axonterminalen Membranen depolarisieren, bewirken die Aktionspotentiale eine Öffnung von Ca^{2+}-Kanälen an der Oberflächenmembran. Der folgende Ca^{2+}-Einstrom löst dann die Exocytose aus.

Die Reizung einiger endokriner bzw. exokriner Zellen führt zur Freisetzung von intrazellulär gespeichertem Ca^{2+} aus dem ER und dem Einstrom von Ca^{2+} aus dem extrazellulären Medium. Der resultierende Anstieg freier Ca^{2+}-Ionen im Cytosol induziert die Hormonausschüttung (Abb. 8.8C). In den acinösen Zellen des Pankreas, welche Verdauungsenzyme freisetzen, wird durch einen Reiz z.B. Inositoltriphosphat (IP$_3$) gebildet, ein Second messenger, der die Ca^{2+}-Ausschüttung aus dem ER veranlaßt.

Drüsensekretion

Die sekretorischen Leistungen von Drüsen entstehen aus der kombinierten Aktivität vieler Drüsenzellen. Oft erfolgt die Sekretion kontinuierlich auf einem vergleichsweise niedrigen Ruheniveau (Grundaktivität). Durch Signale, die auf die Drüse wirken, kann diese Grundaktivität erhöht oder erniedrigt werden. Einige Drüsen sezernieren jedoch erst dann, wenn sie zur Aktivität angeregt werden. So kann die Nasendrüse vieler Seevögel völlig inaktiv sein, solange die Tiere Süßwasser trinken. Nach der Aufnahme von Seewasser beginnt die Drüse dagegen mit der Ausscheidung von Salz. Die Aktivität von Drüsen wird durch verschiedene Signalarten reguliert: **Neurotransmitter**, die von Neuronen freigesetzt werden, welche das Drüsengewebe innervieren oder **Hormone**, die aus anderen Geweben entstammen.

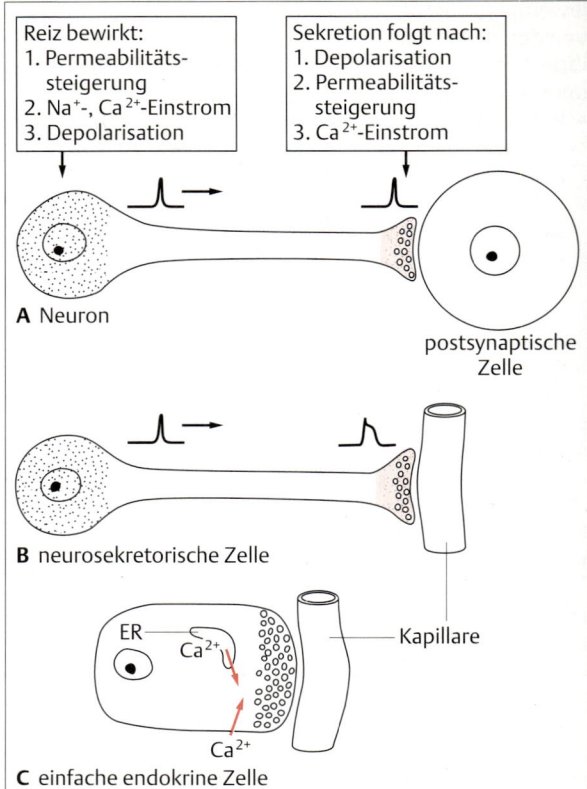

Abb. 8.8 Der Anstieg der intrazellulären Ca^{2+}-Konzentration in der Output-Region sekretorischer Zellen löst die Exocytose aus. **A** Normales Neuron. **B** Neurosekretorische Zelle. **C** Endokrine Zelle. Die Depolarisation entsteht in der Input-Region und breitet sich zur Output-Region durch Aktionspotentiale (A, B) oder elektronisch aus. Beachte die verlängerten Aktionspotentiale, die für manche neurosekretorischen Endigungen charakteristisch sind (B). Obwohl manche einfachen endokrinen Zellen APs erzeugen, werden viele ohne Membrandepolarisation zur Sekretabgabe aktiviert. Bei diesen Zellen ruft der Reiz eine Ca^{2+}-Freisetzung aus dem ER hervor, was zu einem Ca^{2+}-Anstieg im Cytosol führt (C).

Zusätzlich reagieren manche Drüsengewebe direkt oder indirekt auf den Zustand bestimmter Parameter des extrazellulären Mediums. Osmoregulatorische Neurone im Hypothalamus des Vertebratengehirns reagieren z.B. direkt auf den osmotischen Druck der extrazellulären Flüssigkeit, die den osmotischen Druck des Blutes widerspiegelt.

Die Speicheldrüsen stehen unter direkter neuronaler Kontrolle. Ihre Aktivität wird von konditionierten sowie von nicht-konditionierten Reflexen beeinflußt. Anblick oder Geruch von Futter kann eine deutliche Steigerung der Speichelabgabe bewirken, vor allem, wenn das Tier hungrig ist. Beim Menschen kann bereits der Gedanke an ein schmackhaftes Essen die Speichelproduktion anregen. Ein eindrucksvolles Beispiel für die Konditionierbarkeit der Speichelflußreaktion sind die Experimente von Pavlov an Hunden. Durch zeitliche Assoziation des Futterangebotes mit Glockentönen gelang es Pavlov, die Hunde schließlich allein durch Glockentöne zur Speichelabsonderung zu bringen (s. Box 15.**1**, S. 755).

Typen und allgemeine Eigenschaften von Drüsen

Seit Jahrhunderten werden Drüsen untersucht. Viele Symptome endokriner Fehlfunktion waren schon lange bekannt, bevor die Drüsengewebe identifiziert und die Funktionen ihrer Sekrete bestimmt waren. Die wissenschaftliche Untersuchung endokriner Prozesse begann 1849, als A.A. Berthold seine inzwischen klassischen Experimente vorstellte, in denen er nachwies, daß kastrierte Hähne nur schwach entwickelte Kämme und Kehllappen haben, wenig Interesse an Hennen und Kämpfen zeigen und nur kläglich krähen (Abb. 8.**10**). Implantierte er den Kastraten einen Hoden in die Bauchhöhle, entwickelten sich Kamm und Kehllappen normal, der Hahn krähte und zeigte typisches männliches Verhalten. Berthold spekulierte, daß die Hoden einen Stoff sezernieren, der das Blut in die Lage versetzte, die entsprechenden Wirkungen auszulösen.

Seit Bertholds Veröffentlichung sind viele Drüsen, deren Arbeitsweise und die chemische Struktur ihrer Produkte detailliert beschrieben worden. Seine Experimente ebneten den Weg für viele ähnliche Untersuchungen, bei denen die Wirkung der Entfernung und Wiedereinsetzung eines Organs erforscht wurde, um eine endokrine Aufgabe dieses Organs nachzuweisen.

Drüsenorgane werden entweder als endokrin oder als exokrin charakterisiert (Abb. 8.**9**). Exokrine und endokrine Drüsen können in der Regel durch das Vorhandensein bzw. die Abwesenheit eines Ausführganges unterschieden werden. **Endokrine Drüsen** werden bisweilen als „Drüsen ohne Ausführgang" bezeichnet, da sie ihre Produkte (Hormone) direkt ins Blut abgeben und Vorgänge im Körperinneren beeinflussen: Die Schilddrüse etwa produziert Thyroxin, das die Wachstumsvorgänge steuert. **Exokrine Drüsen** geben ihre Produkte durch einen Ausführgang ab, z.B. die Schweißdrüsen, welche den Schweiß zur Verdunstungskühlung abscheiden oder die Gallenblase, welche Gallensäuren aus der Leber speichert und über den Gallengang in den Darm abgibt.

Endokrine Drüsen haben außer einer reichlichen Versorgung mit Blutgefäßen keine charakteristischen morphologischen Merkmale oder einen gemeinsamen Grundbauplan. Aus diesem Grund war und ist es bisweilen schwierig nachzuweisen, ob ein bestimmtes Gewebe tatsächlich eine endokrine Funktion hat und wo sich

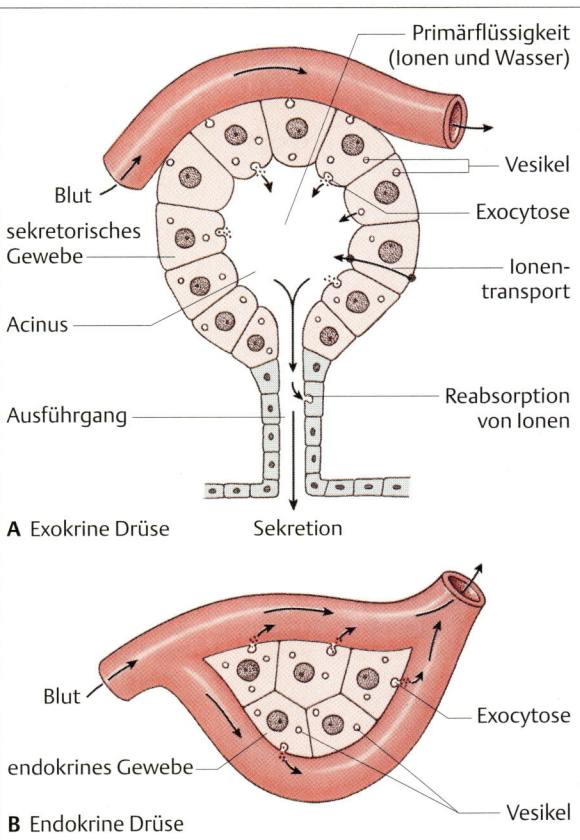

Abb. 8.9 Endokrine und exokrine Drüsen. Nach ihrer Struktur können Drüsen in zwei Gruppen eingeteilt werde. **A** Exokrine Drüsen entlassen ihre Sekrete über einen Ausführgang auf eine epitheliale Oberfläche. Die Primärflüssigkeit wird durch den Transport von Ionen gebildet, Wasser folgt osmotisch nach. Mucin und eine Reihe weiterer Bestandteile können danach durch Exocytose der Primärflüssigkeit hinzugefügt werden. Das entstehende Primärsekret kann durch Reabsorption von Stoffen weiter modifiziert werden, während die Flüssigkeit den Ausführgang entlang läuft. **B** Eine endokrine Drüse besitzt keinen Ausführgang und entläßt ihre Sekrete direkt in die Blutbahn. Wasserlösliche Sekrete werden durch Exocytose aus Sekretvesikeln freigesetzt, während fettlösliche Sekrete durch Diffusion aus den sekretorischen Zellen gelangen.

der sezernierende Teil befindet. Außerdem sind gerade endokrine Gewebe strukturell wie chemisch sehr verschiedenartig. Manche enthalten mehr als eine Art sekretorischer Zellen, wobei jeder Zelltyp einen anderes Hormon produziert. Exokrine Drüsen können leichter identifiziert werden als endokrine, weil man nur ihrem Ausführgang von der Oberfläche in das Innere des Körpers folgen muß.

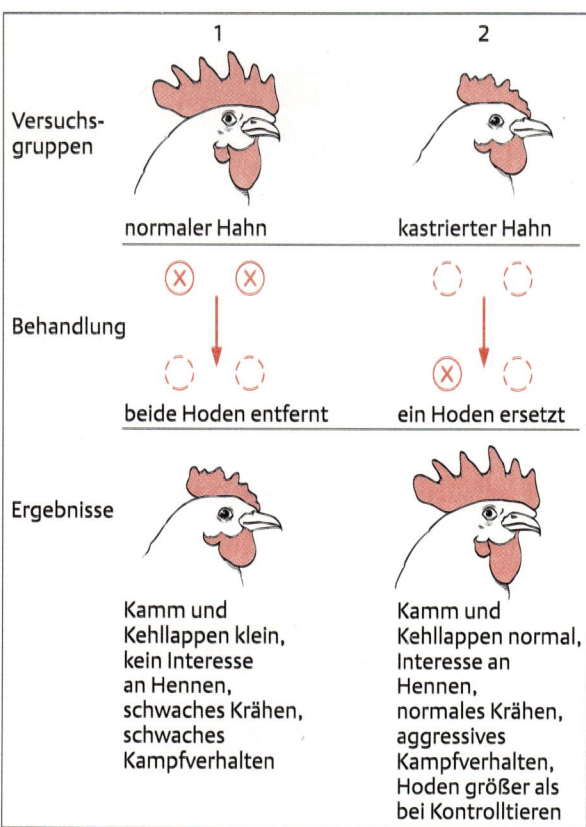

Abb. 8.10 Transplantationsexperiment zum Nachweis endokriner Aktivitäten eines Gewebes. Berthold führte als einer der ersten Experimente zum Nachweis von Hormonwirkungen durch. Als er die Hoden von männlichen Küken entfernte, bildeten sich viele Geschlechtsmerkmale der Hähne nicht aus (Gruppe 1). Wurde ein Hoden in die Bauchhöhle zurück implantiert, bildeten sich daraufhin männliche Merkmale aus (Gruppe 2). Seit Bertholds Experimenten wurde die Funktion vieler endokriner Drüsen durch ähnliche Experimente – Entfernung der Drüse und nachfolgende Reimplantation – nachgewiesen (nach Hadlay, 1992).

Bei exokrinen Drüsen können – aufgrund der asymmetrischen Verteilung von Ionenpumpen zwischen apikaler und basolateraler Oberfläche der sekretorischen Zellen – Ionen von einer Seite zur anderen Seite des Drüsenepithels gepumpt werden. Wasser folgt den Ionen osmotisch. Bei vielen exokrinen Drüsen (z. B. den Rektaldrüsen der Haie, den Nasendrüsen der Vögel oder den Schweißdrüsen der Säuger) werden Ionen in das Lumen dieser Drüsen gepumpt; Wasser folgt osmotisch nach und bildet zusammen mit den Ionen die **Primärflüssigkeit**. (Im Gegensatz zu exokrinen Drüsen geben endokrine Drüsen ihre Hormone direkt, ohne die vorausgehende Bildung einer Primärflüssigkeit, in das Blut.) Das abgegebene Salz ist meist Natriumchlorid, manchmal auch Kaliumchlorid. Bei einigen Drüsen, z.B. den Schweißdrüsen, wird ein Teil des Salzes im Ausführgang reabsorbiert (Abb. 8.9 A).

Bei vielen Drüsenarten werden Proteine, Hormone oder andere Stoffe durch Exocytose der Primärflüssigkeit hinzugefügt. So produzieren die Milchdrüsen der Säugetiere eine Primärflüssigkeit, der verschiedene Substanzen, einschließlich Hormone, zugefügt werden, bevor sie als Nahrung für die Jungen dient. In den Speicheldrüsen werden Amylase und Glykoproteine durch Exocytose sezerniert. Bei einigen anderen exokrinen Drüsen – z. B. den Schweißdrüsen – sind nur wenige Zusatzstoffe in der Primärflüssigkeit enthalten.

In den folgenden Abschnitten werden eine endokrine (Nebennierenrinde) und zwei exokrine Drüsen (Speicheldrüse und Spinndrüse) detailliert beschrieben. Obwohl diese Beispiele dargestellt werden, haben sie – wie alle Drüsen – ihre ganz spezifischen Eigenschaften; sie sollten daher nicht als charakteristisch oder typisch für alle Drüsen betrachtet werden.

Endokrine Drüsen

Tab. 8.1 zeigt die wichtigsten endokrinen Drüsen und Gewebe der Wirbeltiere, ihre Hormone und deren physiologische Rolle. Endokrine Gewebe sind oft in Organe mit nicht endokriner Funktion eingebettet. Beispielsweise produzieren Zellen in den Herzvorhöfen das natriuretische Peptid. Dieses Hormon ist an der Regulierung des Blutdrucks beteiligt und wird in den Blutstrom entlassen, wenn der venöse Blutdruck steigt. Zwar war die Rolle der Vorhöfe bei der Blutdruckregulation seit Jahrhunderten bekannt, doch wurde ihre Rolle bei der Bildung des natriuretischen Peptids erst kürzlich entdeckt. Einige hormonartige Substanzen, die **Leucotriene** und **Prostaglandine** eingeschlossen, werden von (fast) allen Geweben produziert, andere – darunter **Wachstumsfaktoren** und **Endorphine** – nur von ganz speziellen Geweben.

Identifikation und Untersuchung endokriner Gewebe

Wie erwähnt, wird die Identifizierung endokriner Gewebe durch das Fehlen charakteristischer morphologischer Merkmale erschwert. Folgende Kriterien werden herangezogen, um die endokrine Aktivität eines Gewebes nachzuweisen:
– Die Entfernung des in Verdacht stehenden Gewebes sollte Mangelsymptome beim Versuchstier hervorrufen. Dies kann jedoch experimentell schwer zu belegen sein, wenn das betreffende Gewebe Teil eines Organs ist, das noch andere Aufgaben hat.
– Ersatz (Reimplantation) des Gewebes an einer ande-

Tab. 8.1: Endokrine Drüsen und Gewebe der Vertebraten

Drüse/Bildungsort	Hormone	Wichtigste physiologische Wirkungen
Nebenniere		
Steroidogenes Gewebe (Rinde)	Aldosteron	steigert Natrium-Retention
	Cortisol, Corticosteron	steigern Kohlenhydrat-Stoffwechsel
Chromaffines Gewebe (Mark)	Adrenalin, Noradrenalin	vielfältige, teils stimulierende, teils hemmende Wirkungen auf Nerven, Muskeln, zelluläre Sekretion und Stoffwechsel
Verdauungstrakt	Cholecystokinin	steigert Enzymproduktion in Pankreas-Acinus-Zellen, fördert Gallenblasenkontraktion
	Chymodenin	steigert Chymotrypsinsekretion aus exokrinem Pankreas
	Gastrisches Inhibitorpeptid	vermindert Magensäuresekretion (HCl)
	Gastrin	steigert Magensäuresekretion (HCl)
	Gastrin-Releasing-Peptid	steigert Gastrinsekretion
	Motilin	steigert Magensäuresekretion und Motilität der Darmzotten
	Neurotensin	Neurotransmitter im Darm
	Sekretin	steigert Bicarbonatsekretion in Pankreas-Acinus-Zellen
	Substanz P	Neurotransmitter im Darm
	Vasoaktives Intestinalpeptid	steigert Elektrolytsekretion im Darm
Herz (Atrium)	Atriales natriuretisches Peptid	steigert Salz- und Wasserexkretion in der Niere
Niere	Calcitriol[1]	erhöht $[Ca^{2+}]$ im Blut, fördert Aufnahme von Ca^{2+} und PO_4^{-3} aus dem Darm, fördert die Knochenbildung
	Erythropoietin (Erythrocytenstimulierender Faktor)	steigert Produktion der Erythrocyten (Erythropoiese)
Ovar		
Prälutealer Follikel	Östradiol	Ausbildung weiblicher Geschlechtsmerkmale und Sexualverhalten
Corpus luteum	Progesteron	Wachstum von Uterus-Schleimhaut und Brustdrüsen, fördert mütterliches Verhalten
	Relaxin	dehnt Schambeinsymphyse und erweitert Gebärmutterhals
Pankreas (Langerhans-Inseln)	Glucagon	steigert Blutglucosespiegel, Gluconeogenese und Glykogenolyse
	Insulin	senkt Blutglucosespiegel, steigert Protein-, Glykogen- und Fettsynthese
	Pankreaspolypeptid	steigert oder senkt Sekretion anderer Pankreas-Insel-Hormone
	Somatostatin	senkt Sekretion der Pankreas-Insel-Hormone
Nebenschilddrüse	Parathhormon	erhöht $[Ca^{2+}]$ und senkt $[PO_4^{-3}]$ im Blut
Epiphyse	Melatonin	verlangsamt Gonadenentwicklung
Hypophyse	s. Kap. 9	
Placenta	Choriongonadotropin	steigert Progesteronsynthese im Corpus luteum
	Placentalaktogen	steigert Fötuswachstum und -entwicklung (möglicherweise), steigert Milchdrüsenentwicklung
Plasma-Angiotensinogen[2]	Angiotensin	steigert Vasokonstriktion und Aldosteronausschüttung, steigert Durst und Flüssigkeitsaufnahme

Tab. 8.1: *Fortsetzung*

Drüse/Bildungsort	Hormone	Wichtigste physiologische Wirkungen
Hoden		
Leydig-Zellen	Testosteron	steigert männliches Sexualverhalten und Geschlechtsmerkmale
Sertoli-Zellen	Inhibin	senkt FSH-Produktion in der Hypophyse
	Müller-Regressionsfaktor	fördert Atrophie des Müller-Ganges
Thymusdrüse	Thymushormone	steigern Bildung und Differenzierung der Lymphocyten
Schilddrüse		
Follikelzellen	Thyroxin und Trijodthyronin	steigern Wachstum und Differenzierung, steigern Stoffwechselrate und Sauerstoffverbrauch
Parafolliculäre Zellen (Ultimo-Branchialkörper)	Calcitonin	senkt Blutcalciumspiegel
Viele oder alle Gewebe	Leukotriene	regulieren Synthese der zyklischen Nucleotide
	Prostazykline	steigern cAMP-Synthese
	Prostaglandine	steigern cAMP-Synthese
	Thromboxane	steigern cGMP-Synthese
Bestimmte Gewebe	Endorphine	opiatähnliche Wirkung
	Epidermaler Wachstumsfaktor	steigert Zellvermehrung in der Epidermis
	Fibroblasten-Wachstumsfaktor	steigert Fibroblasten-Vermehrung
	Nervenwachstumsfaktor	fördert Nervenwachstum
	Somatomedin	steigert Zellwachstum und -vermehrung

[1] Die letzten Schritte der Calcitriolsynthese aus Vitamin D3 finden in der Niere statt, aber auch Haut und Leber spielen eine Rolle bei der Synthese.
[2] Angiotensinogen wird in der Leber produziert und gelangt in die Blutbahn, wo es durch Renin in die aktive Form Angiotensin II gespalten wird.

Nach Hadley, 1992

---

ren Stelle im Körper sollte die Mangelerscheinungen verhindern oder rückgängig machen. Wenn die Effekte der Gewebsentfernung auf das Fehlen einer im Blut transportierten Substanz zurückzuführen sind, sollte der Ersatz des Gewebes die normale Funktion wieder herstellen. Irreführende Ergebnisse können entstehen, wenn das entfernte Gewebe eng mit dem Nervensystem verbunden ist, weil dann durch den Eingriff wichtige neurale Verbindungen unterbrochen werden können.

- Die Mangelerscheinungen sollten nachlassen, wenn das vermutete Hormon durch Injektion zugeführt wird. Erfolgreiche Ersatzgabe ist das wichtigste Kriterium, um die endokrine Aktivität eines Gewebes oder den Hormoncharakter einer Substanz zu belegen. Die Substitutionstherapie für Patienten mit Fehlfunktion einer endokrinen Drüse wurde auf dieser Basis entwickelt.
- Nach Reinigung des vermuteten Hormons wird die chemische Struktur bestimmt, dann wird das Molekül synthetisiert und auf seine biologische Wirkung getestet.
- Ist das Hormon isoliert, kann mit Hilfe der Immunhistochemie die genaue zelluläre Lokalisation des Hormons in verschiedenen Geweben bestimmt werden.

Die schnelle Entwicklung der Endokrinologie in den letzten zwei Jahrzehnten ist einer Vielzahl neuer Techniken zu verdanken. **Radioimmunoassays** (RIA) erlauben die Bestimmung kleinster Mengen eines bestimmten Hormons mit hoher Genauigkeit und Zuverlässigkeit. Zunächst werden Antikörper gegen das Hormon produziert (in der Regel in Kaninchen). Dann wird mit Hilfe mit einer definierten Verdünnungsreihe des radioaktiv markierten Hormons und einer definierten Antikörper-Menge eine Eichkurve erstellt, welche die Hormon-Antikörper-Bindung quantitativ beschreibt. Gibt man unmarkiertes Hormon hinzu, wird dieses mit dem radioaktiv markierten Hormon um die Bindung an den Antikörper konkurrieren und daher die Bindung des markierten Hormons an den Antikörper herabsetzen. Daher kann die Hormonmenge einer Probe bestimmt werden indem man mißt, in welchem Ausmaß die Zugabe der Probe die Bindung des markierten Hormons an den Antikörper herabsetzt. Die Entwicklung der RIA-Technik hat viele neue Erkenntnisse über Synthese, Sekretion und Funktion von Hormonen und anderen Substanzen ermöglicht. Durch Verwendung **monoklonaler Antikörper** (s. S. 17), die nur ein einziges Antigen erkennen, wurde die Genauigkeit der Bestimmung und der Quantifizierung von Hormonen sowie ihren Rezeptoren deutlich verbessert.

Endokrinologen benutzen auch verschiedene Formen von rekombinanten DNA-Techniken. Genetisches Material kann beispielsweise in Bakterien eingebracht werden, wodurch Stämme entstehen, die menschliche Hormone produzieren (s. S. 18). Fremde Gene werden auch in Säugerembryonen eingepflanzt. Wenn z.B. das Strukturgen des Wachstumshormons von Ratten in Mäuseembryonen eingebracht wird, erreichen die heranwachsenden Tiere eine im Vergleich zu entsprechenden Kontrollgruppen überdurchschnittliche Körpergröße.

Das Nebennierenmark der Säuger

Die paarigen Nebennieren der Säugetiere liegen, wie der Name andeutet, nahe den Nieren, je eine am oberen Ende jeder Niere (Abb. 8.11). Tatsächlich besteht jedoch jede Nebenniere aus zwei Drüsen: die äußere **Nebennierenrinde** (Cortex) und das innen liegende **Nebennierenmark** (Medulla) (Abb. 8.12). Die Zellen der Rinde sind mesodermaler, die des Marks ektodermaler Herkunft.

Die Nebennierenrinde produziert Steroidhormone, die an der Ionen- und Glucoseregulation im Blut und an entzündungshemmenden Reaktionen beteiligt sind (s. Kap. 9). Die Zellen des Nebennierenmarks produzieren die Catecholamine Adrenalin und Noradrenalin. Adrenalin und Noradrenalin aus dem sympathischen Nervensystem und dem Nebennierenmark haben eine Vielzahl kardiovaskulärer und metabolischer Effekte, die in ihrer Gesamtheit die **Kampf- oder Flucht-Reaktion** bil-

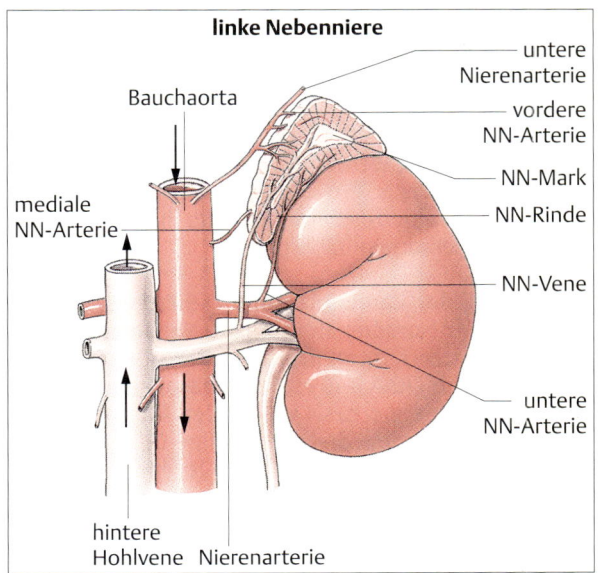

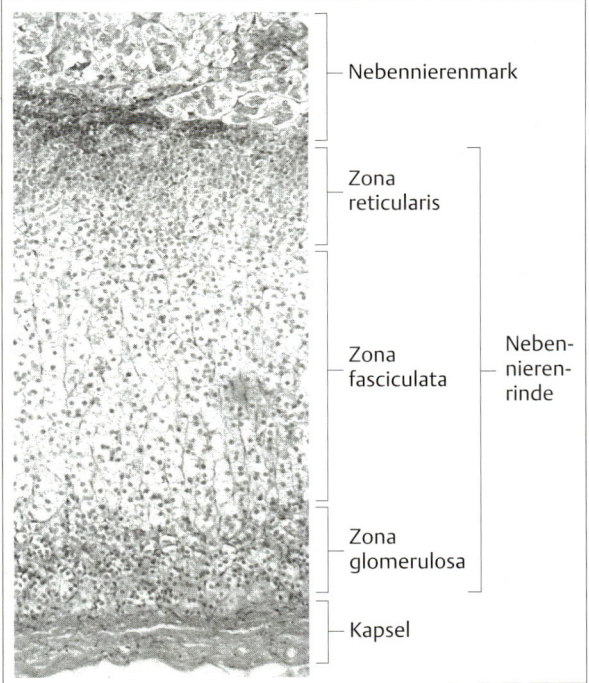

Abb. 8.11 Die Nebennieren sind wichtige endokrine Organe. Sie sitzen bei Säugern am rostralen Ende der Nieren. Zwei Arterien verlaufen durch die Kapsel in die Drüse und verzweigen sich dort in kleinere Gefäße, die in das zentral gelegene Mark eintreten. Hormone, die in der Rinde produziert werden und in das Blut gelangen, werden so zum Mark transportiert; von dort wird das Blut über die untere Nierenvene abgeleitet.

Abb. 8.12 Mark und Rinde der Säugernebennieren produzieren verschiedene Hormone. Die lichtmikroskopische Aufnahme zeigt die äußere Kapsel, die drei konzentrischen Schichten der Rinde (Cortex) und das darunterliegende Mark (Medulla). Die Zona glomerulosa (äußerste Rindenschicht) sezerniert Mineralcorticoide; die Z. fasciculata und Z. reticularis sezernieren Glucocorticoide. Das Nebennierenmark sezerniert die beiden Catecholamine Adrenalin und Noradrenalin (mit freundlicher Genehmigung von Frederic H. Martini).

den. Wenn beispielsweise eine Katze Hundegebell hört, steigt ihr Plasma-Adrenalinspiegel. Diese Kampf-Flucht-Reaktion ist eine Streßreaktion, bei der verschiedene Gewebe oder Organe mobilisiert werden, um den Körper auf die Flucht vor den Stressfaktoren vorzubereiten. Catecholamine werden nicht nur in Kampf- oder Fluchtsituationen ausgeschüttet, sondern z.B. auch bei starker Anstrengung oder sogar schon, wenn ein Mensch sich von der sitzenden in die stehende Position bewegt.

Die Zellen des Nebennierenmarks werden als **chromaffine Zellen** bezeichnet, weil sie mit Chromsalzen leicht färbbar sind. Die chromaffinen Zellen, die Noradrenalin produzieren, haben dunkel färbbare, unregelmäßige Granulae, die adrenalinproduzierenden dagegen hell färbbare, runde Körnchen. Chromaffine Zellen sind abgewandelte postganglionäre Sumpathicusneuronen. Einige Zellen im Mark, deren Merkmale zwischen Neuronen und chromaffinen Zellen liegen, werden als kleinkörnige chromaffine Zellen bezeichnet. Unter bestimmten Bedingungen können chromaffine Zellen zu typischen postganglionären Sumpathicusneuronen werden. Normalerweise wird dieser Vorgang durch hohe Konzentrationen von Glucocorticoidhormonen verhindert, die aus der umgebenden Rinde über das Blut zum Mark gelangen (Abb. 8.11).

Catecholaminsynthese: Produktion und Freisetzung der Catecholamine, einschließlich **Adrenalin** und **Noradrenalin**, sind in Abb. 8.13 zusammengefaßt. Jede Zelle sezerniert entweder Adrenalin oder Noradrenalin, dementsprechend enthalten die Sekretgranulae einer jeden Zelle nur eines der Catecholamine. Die Granulae enthalten aber auch Encephalin, ATP und einige saure Proteine, die als **Chromogranine** bezeichnet werden. Die Catecholamine sind in den Granulae wahrscheinlich an die Chromogranine gebunden, dessen Ladungen durch die Catecholamine voneinander abgeschirmt und so in einem kondensierten Polymerstatus gehalten werden. Sobald die Vesikelmembran mit der Plasmamembran fusioniert, diffundieren die Catecholamine in den extrazellulären Raum, und die Chromogranin-Polymere dehnen sich rasch aus, wodurch die weitere Beförderung des Vesikelinhaltes in den Extrazellularraum beschleunigt wird.

Noradrenalin wird aus Tyrosin über die Zwischenstufen Dopa und Dopamin gebildet (Abb. 8.14). Die Umwandlung von Tyrosin zum Dopamin geschieht im Cytosol, katalysiert von den Enzymen **Tyrosin-Hydroxylase** und **Dopa-Decarboxylase**. Anschließend wird das Dopamin in die Granulae aufgenommen und in Noradrenalin umgewandelt. Diese Reaktion wird von der **Dopamin-β-Hydroxylase** (DBH) katalysiert, die in den Sekretgranulae enthalten ist. Um in Adrenalin umgewandelt zu werden, muß Noradrenalin die Sekretgranulae verlassen; durch die im Cytosol lokalisierte **Phenylethanolamin-N-Methyl-Transferase** entsteht Adrenalin, das wieder in die Granulae aufgenommen wird (Abb. 8.13).

Nicht bei allen Wirbeltieren sind das chromaffine und das steroidogene Gewebe, also Mark und Rinde, so eng zusammengelagert wie bei Säugern. Bei Fischen sind zwar beide Gewebe in der Nierengegend lokalisiert, aber nicht miteinander verbunden. Das chromaffine Gewebe der Fische ist mit Blutgefäßen assoziiert, die steroidproduzierenden Zellen sind in die Niere eingebettet. Bei Säugern hat die enge Verbindung von Nebennierenmark und -rinde eine funktionelle Bedeutung: In Geweben, in denen die chromaffinen Zellen (Nebennierenmark) eng mit den steroidproduzierenden Zellen (Nebennierenrinde) verbunden sind, produzieren die meisten chromaffinen Zellen Adrenalin. Wie bereits erwähnt (Abb. 8.11), hat das Blut, bevor es das Nebennierenmark erreicht, bereits die Rinde passiert und enthält dadurch eine hohe Glucocorticoidkonzentration. Im Mark regen diese Glucocorticoide die Produktion von Phenylethanolamin-N-Methyl-Transferase an, also des Enzyms, welches die Umwandlung von Noradrenalin zu Adrenalin katalysiert.

Andererseits produziert chromaffines Gewebe an Stellen, an denen es vom Einfluß des steroidbildenden Gewebes getrennt ist, wie etwa bei Haien, mehr Noradrenalin als Adrenalin. Beim menschlichen Fötus gibt es noch teilweise isoliertes chromaffines Gewebe, das dementsprechend mehr Noradrenalin produziert, was auf den fehlenden Einfluß des steroidbildenden Gewebes zurückgeführt werden kann. Postganglionäre sympathische Neurone produzieren aus dem gleichen Grund – dem Fehlen des Einflusses der Steroidhormone – ebenfalls Noradrenalin.

Freisetzung der Catecholamine: Die Freisetzung von Adrenalin und Noradrenalin aus dem Nebennierenmark steht unter der Kontrolle präganglionärer sympathischer Neurone (Abb. 8.15). Diese präganglionären Fasern sind cholinerg, d.h. sie verwenden Acetylcholin als Transmitter. Werden die chromaffinen Zellen durch Acetylcholin stimuliert, erhöht sich ihre Membranleitfähigkeit für Ca^{2+}, so daß Ca^{2+} in die Zellen einströmt und der intrazelluläre Ca^{2+}-Spiegel ansteigt. Der erhöhte Ca^{2+}-Spiegel führt dann zur Freisetzung von Adrenalin und Noradrenalin durch Exocytose (Abb. 8.13). Catecholamine steigern den Blutfluß zu den Nebennieren; dies fördert zusätzlich die Catecholaminfreisetzung aus dem Nebennierenmark. Die Catecholaminfreisetzung hat folglich eine positive Feedback-Wirkung auf sich selbst. (Dagegen hemmt die Ausschüttung von Noradrenalin aus postganglionären Sympathicusneuronen die

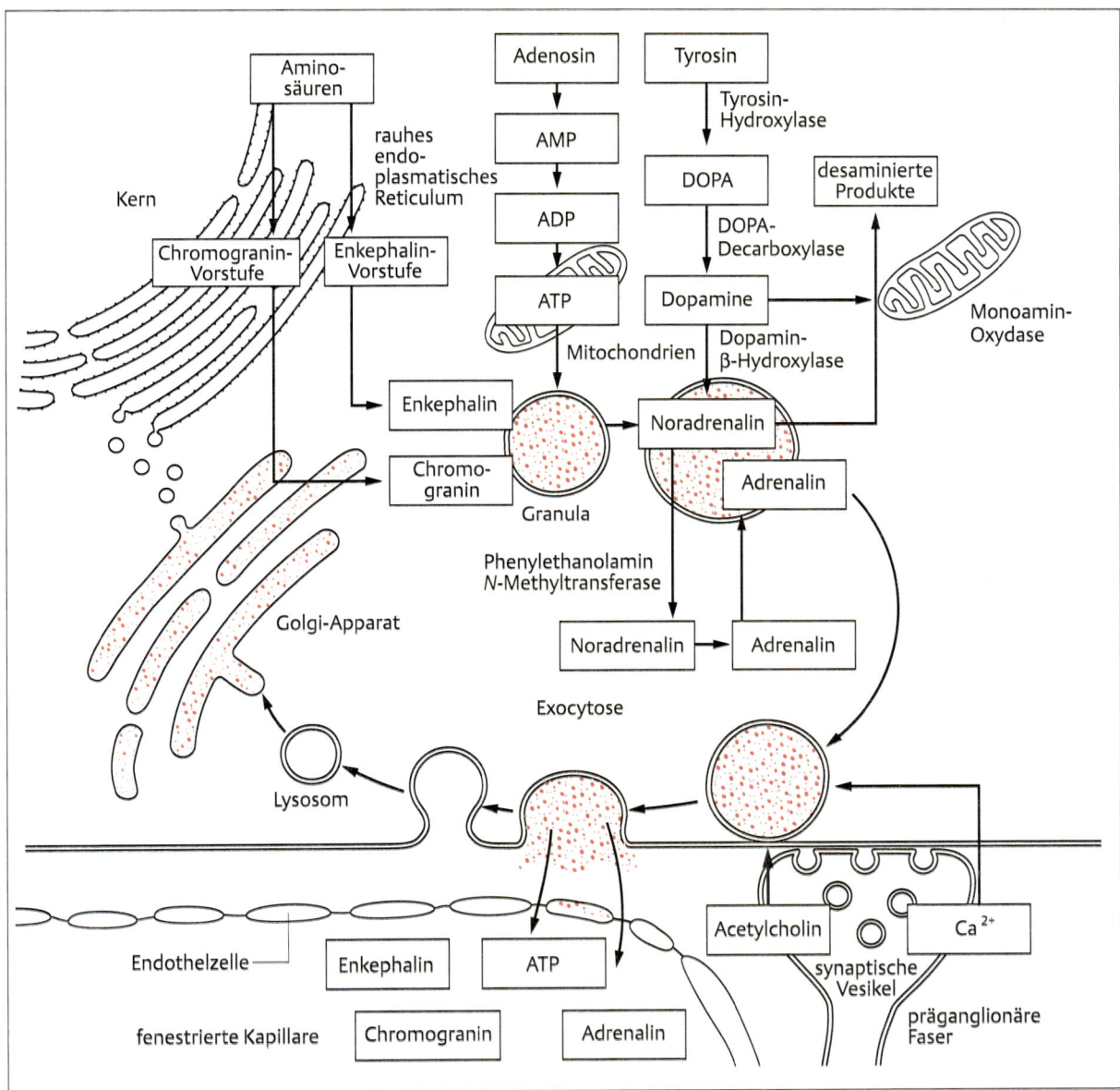

Abb. 8.13 Schema der Hormonproduktion in chromaffinen Zellen des Nebennierenmarks. Sekretorische Vesikel enthalten Catecholamine, Enkephalin, ATP und Chromogranin, die alle in verschiedenen Zellkompartimenten hergestellt werden. In Adrenalin-produzierenden Zellen (hier gezeigt) verläßt Noradrenalin die sekretorischen Vesikel, wird in Adrenalin umgewandelt und wieder in Vesikel aufgenommen. Stimulation chromaffiner Zellen durch Acetylcholin, welches aus präganglionären Nervenendigungen stammt, löst die Freisetzung des Inhalts durch Exocytose aus. Der neuronale Reiz erhöht die Membranpermeabilität für Ca^{2+}, was zu der für die Exocytose nötigen erhöhten intrazellulären Ca^{2+}-Konzentration führt (nach Matsumoto u. Ischii, 1992).

weitere Freisetzung dieses Hormons aus den Neuronenendigungen; hier wirkt also eine negative Rückkopplung.) ATP, welches ebenfalls in den Granulae der chromaffinen Zellen gespeichert ist, wird zusammen mit den Catecholaminen freigegeben. ATP und das durch seine Spaltung entstehende Adenosin hemmen die wei-

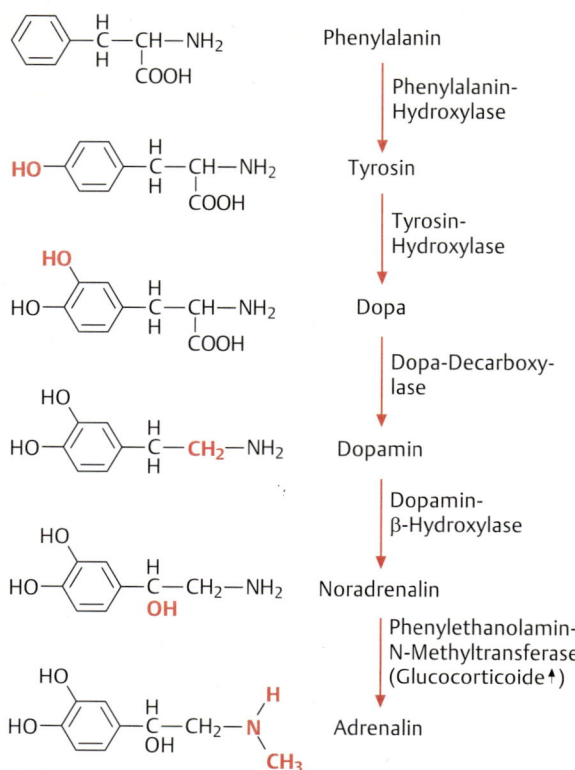

Abb. 8.14 Catecholamin-Synthese. Die Catecholamine – Dopamin, Noradrenalin und Adrenalin – werden aus Phenylalanin über Tyrosin gebildet. Die aus der Nebennierenrinde stammenden Glucocorticoide steigern die Aktivität der Phenylethanolamin-N-Methyltransferase und dadurch die Umwandlung von Noradrenalin in Adrenalin.

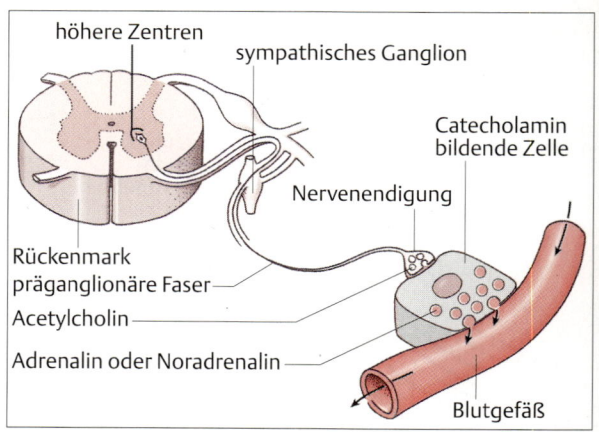

Abb. 8.15 Die Hormonausschüttung aus dem Nebennierenmark unterliegt der neuronalen Kontrolle. Sympathische Axone aus dem Rückenmark ziehen ohne Synapsenbildung durch die Sympathicus-Ganglien, um synaptisch an den Catecholamin-produzierenden Zellen zu enden. Acetylcholin, das aus diesen präganglionären Nervenendigungen freigesetzt wird, stimuliert die Abgabe der Hormone des Nebennierenmarks.

tere Catecholaminausschüttung durch Verminderung des Ca^{2+}-Einstroms. Es wirkt also auch eine negative Rückkopplung auf die Ausschüttung der Catecholamine aus dem Nebennierenmark. Hypoxie (Sauerstoffmangel) regt die Catecholaminausschüttung aus chromaffinen Zellen an. An Stellen, an denen chromaffine Zellen nicht innerviert sind, etwa im Herzen des Schleimaales, ist Hypoxie ein wichtiger Reiz für die Catecholaminausschüttung.

Catecholamine, die in die extrazelluläre Flüssigkeit entlassen wurden, werden sehr schnell aufgenommen und entweder in Sekretvesikeln gespeichert oder von der an der äußeren Mitochondrienmembran lokalisierten **Monoamin-Oxidase** abgebaut (Abb. 8.13). Im extrazellulären Raum, speziell in der Leber und der Niere, werden sie von der **Catecholamin-O-Methyltransferase** abgebaut. Die Abbauprodukte werden aus dem Körper ausgeschieden. Der Catecholaminspiegel im Blut hängt also vom Verhältnis zwischen Freisetzung, Aufnahme und Abbau ab. Obwohl der Hauptteil der Catecholamine im Blut aus dem Nebennierenmark stammt, trägt auch die Freisetzung aus postganglionären Sympathicusneuronen erheblich zu ihrer Gesamtkonzentration bei. Adrenerge Neurone setzen Noradrenalin frei, während das Nebennierenmark überwiegend Adrenalin bildet, d.h. auch das Verhältnis zwischen Nerventätigkeit und Markaktivität beeinflußt den relativen Anteil der beiden Hormone im Blut. Catecholaminspiegel bleiben im Blut des Menschen nur ein paar Minuten, bei Fischen jedoch nach starker Anstrengung über mehrere Stunden erhöht.

Effekte und Regulation der Catecholamine: Adrenalin und Noradrenalin binden in den Membranen der Zielzellen an **adrenerge Rezeptoren**, auch **Adrenorezeptoren** genannt. Diese Bindung aktiviert dann jeweils einen der intrazellulären Second messenger, wodurch gewebsspezifische Reaktionen ausgelöst werden (s. Kap. 9). Es gibt zwei Typen von Adrenorezeptoren – α und β – deren Existenz bereits 1948 von R.P. Ahlquist postuliert wurde und die sich in ihrer Empfindlichkeit gegenüber den sympathischen Aminen unterscheiden. Neuere Untersuchungen haben gezeigt, daß α- und β-Adrenorezeptoren wiederum mehrere Subtypen bilden. Ihre Unterscheidung basiert auf der Fähigkeit verschiedener Drogen, Rezeptoraktivität zu aktivieren oder zu hemmen (Abb. 8.16).

Die $α_1$-Adrenorezeptoren steuern die Kontraktion der

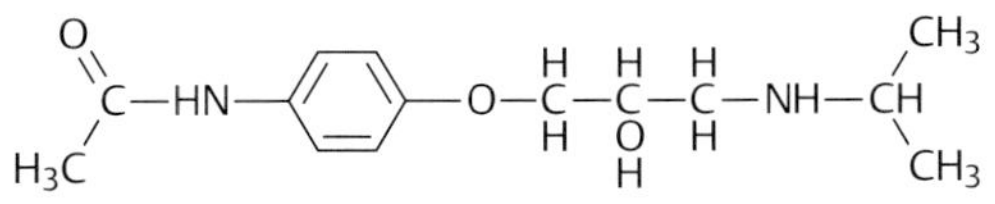

Practolol
(β_1-Antagonist)

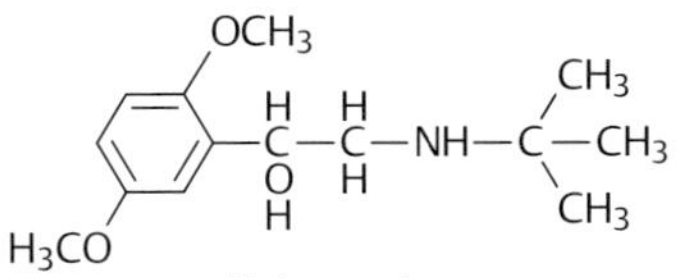

Butoxamin-
(β_2-Antagonist)

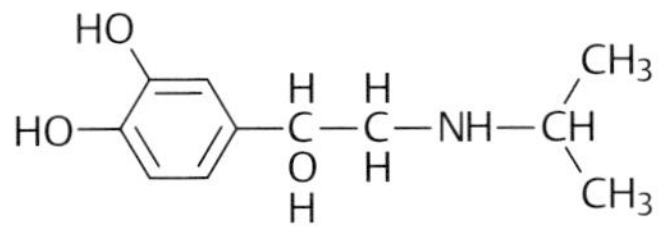

Isoproterenol
(β-Agonist)

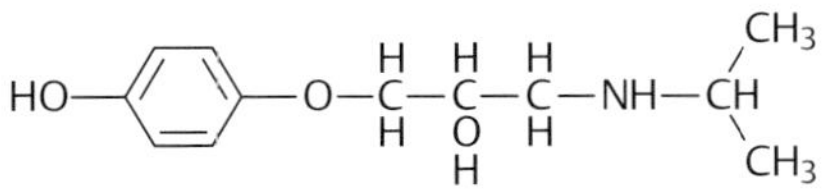

Prenalterol
(β_1-Agonist)

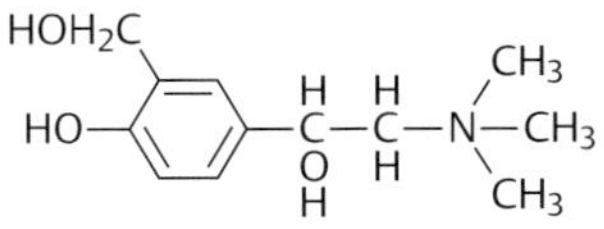

Salbutamol
(β_2-Agonist)

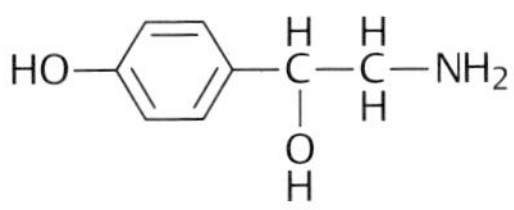

Phenylephrin
(α_1-Agonist)

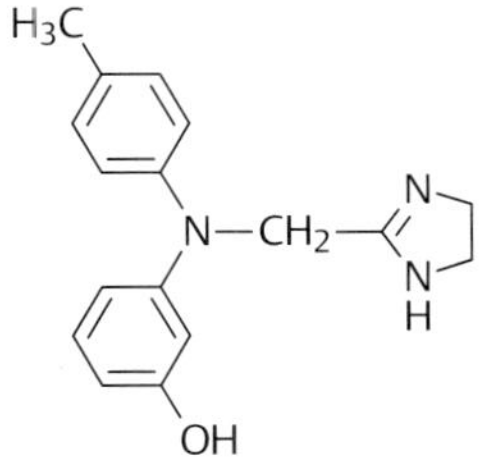

Phentolamin
(α-Adrenorezeptor-Antagonist)

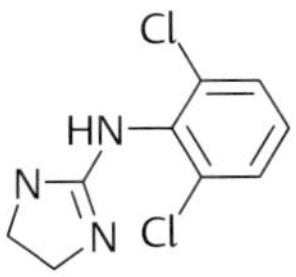

Clonidin
(α_2-Agonist)

Abb. 8.16 Agonisten und Antagonisten. Eine Vielzahl von Pharmaka kann Adrenorezeptoren aktivieren (Agonisten) oder blockieren (Antagonisten). Mit Hilfe solcher Pharmaka wurden die Subtypen der Adrenorezeptoren identifiziert und die Wirkungen der Catecholamine auf verschiedene Gewebe bestimmt.

glatten Muskulatur in vielen Geweben. Die Stimulation dieser Rezeptoren führt zur Aktivierung des Inositoltriphosphat (IP_3)-Weges, der zu einer Erhöhung der IP_3-Konzentration führt (Abb. 8.**17**). Der gestiegene IP_3-Spiegel setzt Ca^{2+} aus intrazellulären Ca^{2+}-Speichern frei. Der Anstieg des Ca^{2+} im Cytosol löst schließlich die Muskelkontraktion aus (s. Kap. 10). Es gibt Hinweise auf das Vorhandensein verschiedener α_1-Adrenorezeptor-Untertypen in verschiedenen Geweben. Die α_2-Adrenorezeptoren, die in den präsynaptischen Zellen noradrenerger Synapsen lokalisiert sind, hemmen die Noradrenalinfreisetzung. Diese Wirkung beruht auf einer Hemmung der Adenylatzyklase. Diese Rezeptoren sind Bestandteil einer kurzen negativen Rückkoppelungsschleife: Durch die anfängliche Freisetzung des Noradrenalins wird die weitere Noradrenalin-Ausschüttung gehemmt. Dieser Vorgang wird bisweilen als **Autoinhibition** bezeichnet. Auch an einigen postsynaptischen Stellen in der Leber, im Gehirn und in einigen glatten Muskeln gibt es α_2-Adrenorezeptoren.

Auch von den β-Adrenorezeptoren sind β_1- und β_2-Untertypen bekannt; beide aktivieren die Adenylatcyclase und erhöhen den cAMP-Spiegel (Abb. 8.**17**). Die Stimulation der β_1-Adrenorezeptoren, vor allem durch die neuronale Ausschüttung von Noradrenalin, führt zu einer erhöhten Kontraktion des Herzmuskels sowie zur Ausschüttung von Fettsäuren aus dem Fettgewebe. Die β_2-Stimulation – sie wird hauptsächlich durch erhöhte Catecholamin-Spiegel im Blut hervorgerufen – bewirkt eine Bronchodilatation (Bronchienerweiterung) und Vasodilatation (Blutgefäßerweiterung) als Folge der Erschlaffung der glatten Muskulatur. Die Stimulierung der β_1-Adrenorezeptoren bewirkt ebenfalls eine Erhöhung der intrazellulären cAMP-Konzentration. Diese induziert jedoch, im Gegensatz zur β_2-Stimulation, eine Zunahme der Ca^{2+}-Leitfähigkeit der Membran und einen erhöhten intrazellulären Calciumspiegel. Dies wiederum fördert die Muskelkontraktion. Im Gegensatz dazu führt der Anstieg des cAMP nach β_2-Adrenorezeptor-Stimulation zu einer vermehrten Aktivität der Ca^{2+}-Pumpe in der ER- und der Plasmamembran. Nach β_2-Adrenorezeptor-Stimulation wird also Ca^{2+} in das ER bzw. aus

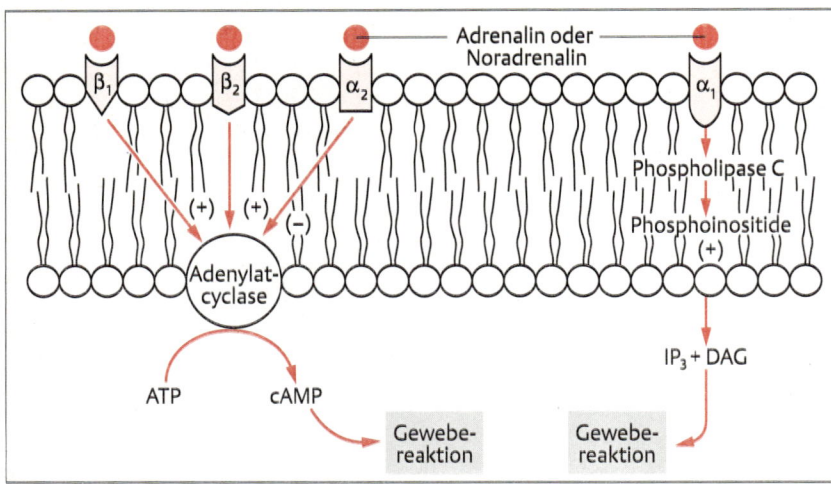

Abb. 8.17 Catecholamine wirken – abhängig vom Rezeptor – auf den cAMP-Weg oder auf die Inositolphospholipid-Kaskade. Die Bindung von Catecholaminen an α_1-, α_2-, β_1- oder β_2-Adrenorezeptoren aktiviert (+) oder hemmt (−) eine Second-messenger-Bahn. Die Signaltransduktion über Adrenorezeptoren erfolgt entweder über die Adenylatzyklase oder die Phospholipase C-Bahn: An ersterer ist cAMP als Second messenger beteiligt, an letzterer Inositoltriphosphat (IP_3) und Diacylglycerol (DAG). Zu weiteren Einzelheiten s. Abb. 9.11 und 9.14 (nach Hadley, 1992).

der Zelle heraus gepumpt; der intrazelluläre Calciumspiegel fällt, und die Muskulatur erschlafft.

Allgemein können über die Rolle der Adrenorezeptoren folgende Aussagen gemacht werden:
- α-Adrenorezeptoren ermöglichen eine Kontraktion der glatten Muskulatur (außer im Darm) und hemmen, von wenigen Ausnahmen abgesehen, die zelluläre Sekretion.
- β-Adrenorezeptoren führen zur Erschlaffung der glatten Muskulatur und regen die zelluläre Sekretion an.
- Wenn β-Adrenorezeptoren in einem bestimmten Gewebe eine Erschlaffung der Muskulatur bewirken, erhöht die Stimulierung von Cholin-Rezeptoren die Kontraktion in diesem Gewebe.
- Wenn α-Adrenorezeptoren in einem Gewebe eine Kontraktion verursachen, regeln Cholin-Rezeptoren in diesem Gewebe in der Regel die Erschlaffung.

Die physiologische Wirkung der Catecholamine ist unterschiedlich und hängt von weiteren Faktoren ab. **Neuropeptid Y** (NPY) beispielsweise, welches manchmal zusammen mit Noradrenalin aus adrenergen Neuronen freigesetzt wird, beeinflußt die Wirkung der Catecholamine auf den IP_3-Second-messenger-Weg. NPY unterstützt die Catecholaminwirkung in manchen Gewebetypen, hemmt sie jedoch in anderen. Viele weitere Faktoren können sowohl die Freisetzung als auch die Wirkung der Catecholamine beeinflussen. Adenosin kann z.B. die Catecholamin-Freisetzung aus Rinder-Nebennierenmark hemmen, indem es den Calciumfluß hemmt. Adenosin wird bei Sauerstoffmangel aus verschiedenen Geweben freigesetzt, aber im Blut rasch abgebaut – seine Wirkung ist also lokal auf die unmittelbare Umgebung der Produktionsstelle beschränkt.

Auch Änderungen in der Adrenorezeptordichte in der Membran der Zielzellen können die Catecholaminwirkung beeinflussen: Eine Zunahme der Rezeptordichte wird als **Aufwärtsregulierung**, eine Verminderung als **Abwärtsregulierung** bezeichnet. Eine ständige Anwesenheit von Catecholaminen kann zur Abwärtsregulierung der Rezeptordichte führen, was letztlich eine verminderte Sensitivität und Antwort bewirkt; Sympathicus-Denervation kann eine Aufwärtsregulierung der Rezeptordichte und damit eine gesteigerte Empfindlichkeit des Gewebes gegenüber den im Blut zirkulierenden Catecholaminen hervorrufen. Auch andere Substanzen, etwa Steroidhormone, können die Dichte der Adrenorezeptoren beeinflussen. Glucocorticoide verändern nicht nur die Adrenorezeptordichte, sondern besitzen auch noch andere Einflüsse auf die Catecholaminwirkung. Im Östrogen-dominierten Uterus führt die Stimulation der β-Adrenorezeptoren zur Kontraktion, während der Schwangerschaft dagegen zu Erschlaffung.

Zusammenfassend kann also festgestellt werden, daß die Wirkung der Catecholamine von Menge und Ort ihrer Freisetzung (d.h. ob aus Nebennierenmark oder Neuronen) sowie der Aufnahme- und Abbaurate der freigesetzten Moleküle abhängt. Zusätzlich ist die Art und Verteilung der Rezeptoren im Zielgewebe und deren Auf- bzw. Abwärtsregulierung durch vorausgegangene Ereignisse mitverantwortlich für Art und Ausmaß der Antwortreaktion. Anwesenheit oder Abwesenheit von Steroiden beeinflußt sowohl die Rezeptordichte als auch den Spiegel der an der Umwandlung von Noradrenalin in Adrenalin beteiligten Enzyme. Dieser Effekt steuert das Mengenverhältnis der beiden Catecholamine im Blut. Art und Natur der aus den Gonaden freigesetzten Steroide können z.B. die Reaktion des Uterus auf

Catecholamine von Kontraktion auf Erschlaffung umschalten. Schließlich können andere Substanzen, wie z.B. ATP, Adenosin oder Neuropeptid Y, die Freisetzung und Wirkung der Catecholamine beeinflussen. Als Ergebnis dieser vielfältigen Beeinflussungen sind die physiologischen Antworten auf Adrenalin und Noradrenalin sehr unterschiedlich und hängen vom Gewebetyp und vom physiologischen Zustand des Tieres ab (Tab. 8.2).

Exokrine Drüsen

Im Gegensatz zu endokrinen Sekreten diffundiert das Produkt exokriner Drüsen nicht ins Blut, sondern fließt normalerweise über einen Gang in eine Körperhöhle (z.B. Mund, Darmlumen, Nasengang oder Harnwege), die wiederum mit der Außenwelt verbunden ist. Wie schon erwähnt, bestehen exokrine Sekrete meist aus einer Primärflüssigkeit und mehreren zugefügten Bestandteilen. Im Verdauungstrakt bestehen diese aus Wasser, Ionen, Enzymen und Schleim. Exokrine Gewebe des Verdauungstraktes sind z.B. die Speicheldrüsen, die Drüsen der Magenschleimhaut und des Darmepithels und die Drüsenzellen von Leber und Pankreas.

Eine exokrine Drüse besteht typischerweise aus einem eingestülpten Epithel von dicht gepackten sekretorischen Zellen, die eine blind endende Höhlung, den sog. **Acinus**, auskleiden (Abb. 8.9A). Die basalen Seiten der Epithelzellen sind gewöhnlich in engem Kontakt mit dem Gefäßsystem. Mehrere Acini öffnen sich in einen kleinen Gang, der wiederum in einen größeren Gang mündet. Dieser führt in das Lumen des Verdauungstraktes bzw. endet an der Körperoberfläche. Die primären Sekretprodukte, die in das Lumen des Acinus gelangen, werden sekundär im folgenden Ausführgang modifiziert. Diese Modifikation kann den Ein- oder Austritt von Wasser oder Elektrolyten bedeuten, bis dann das endgültige Sekret ausgeschieden wird.

Exokrine Drüsen werden – je nach ihrer Struktur – als apokrine oder merokrine (ekkrine) Drüsen klassifiziert. Eine **merokrine Drüse**, z.B. eine Schweißdrüse, hat einen schlauchförmigen, nicht verzweigten Ausführgang, der von der sekretproduzierenden Region senkrecht zur Körperoberfläche führt. Merokrine Drüsen produzieren stetig Sekret, das laufend abfließen kann. Auf erhöhte Temperaturen antworten sie durch vermehrtes Abscheiden einer klaren Flüssigkeit (z.B. Schweiß), die an der Körperoberfläche verdunstet und dadurch die Körpertemperatur senkt. Eine **apokrine** oder **alveoläre Drüse** besteht aus einem verzweigten Gang, der von der sekretorischen Region bis zur Körperoberfläche führt; das Endstück gleicht einem kleinen Ballon, einer Art Speicherbehälter für das Sekret, das bei Bedarf in größeren Mengen abgegeben werden kann. Apokrine Drüsen produzieren oft trübe oder weiße Sekrete (z.B. Milch), die durch apokrine, merokrine oder holokrine Sekretionsmechanismen freigesetzt werden und nicht nur durch eine einfache apokrine Sekretion, wie der Name dieser Drüsen vermuten läßt. Diese verwirrende Terminologie ist Ausdruck der Vielfalt von Bau und Funktion der Drüsen.

Die Speicheldrüse der Wirbeltiere

Der Speichel im Mund eines Menschen ist eine Mixtur der Sekrete einer ganzen Reihe von Speicheldrüsen, von Bakterien der normalen Mundflora, von Epithelzellen und den Resten von Speisen und Getränken. Dieses komplexe Gemisch wird als Gesamtspeichel bezeichnet und vom Drüsenspeichel aus den Gängen der einzelnen Drüsen unterschieden. Der Gesamtspeichel enthält eine Reihe von Ionen (Tab. 8.3) und besteht zu ca. 99,5 % aus Wasser; sein pH-Wert liegt zwischen 5,0 und 8,0.

Speichelfluß und Funktionen des Speichels: Speichel hat viele Aufgaben:
- Er befeuchtet den Mund und dessen Umgebung, wodurch Sprechen und Nahrungsaufnahme erleichtert werden. Durch das Lösen und das Verdünnen von Speisen und Getränken werden das Schlucken erleichtert und der Geschmackssinn gefördert.

Tab. 8.2 Physiologische Reaktionen auf Adrenalin und Noradrenalin

Parameter	Reaktion auf Adrenalin	Reaktion auf Noradrenalin
Herzfrequenz	Zunahme	Abnahme[1]
Blutausstoß aus dem Herz	Zunahme	unterschiedlich
Peripherer Gesamtwiderstand im Kreislaufsystem	Abnahme	Zunahme
Blutdruck	Zunahme	weitere Zunahme
Atmung	Anregung	Anregung
Hautdurchblutung	Konstriktion	Konstriktion
Muskeldurchblutung	Dilatation	Konstriktion
Bronchien	Dilatation	geringe Dilatation
Stoffwechsel	Zunahme	geringe Zunahme
Sauerstoffverbrauch	Zunahme	geringer Effekt
Blutzuckerspiegel	Zunahme	geringe Zunahme
Niere	Vasokonstriktion	Vasokonstriktion

[1] Dieser Effekt ist eine sekundäre Folge der peripheren Gefäßverengung, die eine Blutdruckerhöhung bewirkt. Am isolierten Herzen erhöht Noradrenalin die Schlagfrequenz

Nach Bell u. Mitarb., 1972

Tab. 8.3 **Anorganische Bestandteile des Gesamtspeichels (mg/100 ml)**

Bestandteil	Spannbreite	Mittelwert
Natrium	0–80	15 in Ruhe 60 bei Anregung
Kalium	60–100	80
Calcium	2–11	6
Anorganisches Phosphat	6–71	17 in Ruhe 12 bei Anregung
Chlorid	50–100	–
Thiocyanat	–	9 (Raucher) 2 (Nichtraucher)
Fluorid (parts per milllion, ppm)	0,01–0,04	0,03 in Ruhe 0,01 bei Anregung
Hydrogencarbonat	0–40	6 in Ruhe 36 bei Anregung
pH-Wert	5,0–8,0	–

Nach Edgar, 1992

- Speichel kontrolliert die Bakterienflora im Mund; er hemmt manche Bakterien während er andere fördert. Die antibakterielle Wirkung hängt von drei Bestandteilen ab: **Lysozym** zerstört enzymatisch die Zellwände der Bakterien; **Laktoferrin** entfernt die freien Eisen-Ionen aus dem Speichel, die von manchen Bakterien zum Wachsen benötigt werden; **Sialoperoxidase** oxidiert Thiocyanat zu Hypothiocyanat, welches ein wirkungsvolles Bakterizid ist.
- Durch das im Speichel vorhandene Enzym Amylase wird die Stärkeverdauung eingeleitet.

Der hohe pH-Wert des Speichels unterstützt diese Funktionen und ist zudem als Puffer ein wichtiger Schutz für die Gewebe im Mund. Obwohl Speichel für die Verdauung nicht unbedingt nötig ist, erschwert eine gestörte Speichelabgabe das Kauen und das Schlucken und führt zu einer Verschlechterung der Zähne.

Durch einen circadianen Rhythmus ist der Speichelfluß nachts, vor allem im Schlaf, minimal. Wasserverlust und Streß aktivieren das Sympathicussystem, reduzieren den Speichelfluß und führen zu dem bekannten trockenen Mund (wir wissen alle, daß Reden oder Singen mit trockenem Mund schwierig ist). Beim Riechen oder beim Anblick von Speisen, vor allem im Hungerzustand, wird der Speichelfluß dagegen angeregt. Auch die Aktivierung von Muskel- und Sehnen-Dehnungsrezeptoren, die mit dem Öffnen des Mundes bei der Nahrungsaufnahme erfolgt, steigert die Speichelproduktion. Die Steigerung des Speichelflusses während des Essens wird vorwiegend durch Geschmacksreize angeregt. Im allgemeinen regt saurer Geschmack die Speichelabsonderung am stärksten an, gefolgt von süß, salzig und bitter. Die Speichelabsonderung steigt auch vor dem Erbrechen; dies schützt wahrscheinlich die Mundschleimhäute durch Pufferung und Verdünnung des Mageninhaltes.

Speichelbildung: Speichel wird als Primärsekret in den Acini gebildet und während der Passage der Ausführgänge verändert. NaCl wird sezerniert, Wasser folgt diesem osmotisch. Amylase, Schleimglykoproteine und prolinreiche Glykoproteine werden durch Exocytose zugefügt. Die Speichelproduktion ist – im Gegensatz zu anderen exokrinen Sekreten im Verdauungstrakt – ausschließlich unter neuronaler Kontrolle; die Speicheldrüsen sind sowohl sympathisch wie parasympathisch innerviert. Die sympathischen Fasern an den Speicheldrüsen sondern Noradrenalin ab, das die Produktion von Amylase und anderen Proteinen anregt, aber eine Vasokonstriktion und auch Reduktion der Speichelproduktion bewirkt. Die Parasympathicuserregung durch Acetylcholin, Substanz P und Vasoaktives Intestinalpeptid (VIP) löst Vasodilatation und erhöhten Speichelfluß aus. Das Kauen von Tabak täuscht die Effekte der Parasympathicus-Stimulation vor und führt zu einem stark gesteigerten Speichelfluß.

Die Bindung von Acetylcholin, Substanz P oder Noradrenalin an die entsprechenden Rezeptoren der Basalmembran einer acinösen Zelle aktiviert die **Phospholipase C**, die wiederum die Bildung von Diacylglycerol (DAG) und Inositoltriphosphat (IP_3) aus Phosphatidylinositoldiphosphat (PIP_2) katalysiert (Abb. 8.18). Das so gebildete IP_3 regt die Freisetzung von Ca^{2+} aus dem endoplasmatischen Reticulum an; dieses wiederum bewirkt die Öffnung der Kaliumkanäle in der Plasmamembran, was zu erhöhter K^+-Leitfähigkeit und damit zum K^+-Austritt aus der Zelle führt. Ein Anstieg des extrazellulären K^+-Spiegels wiederum aktiviert einen Na^+-K^+-Cl-Cotransporter, der K^+, Na^+ und Cl^- in die Zelle befördert. Diesen Bewegungen von Na^+ und K^+ wirkt die Na^+/K^+-ATPase entgegen, die den Na^+- und K^+-Spiegel in der Zelle konstant hält. Na^+ und K^+ wandern daher zyklisch über die Membran in die Zelle hinein und wieder heraus. Der einzige Nettotransport ist folglich die nach innen gerichtete Bewegung der Cl^--Ionen, die durch die Zelle wandern und sie an der apikalen Seite wieder verlassen. Wir erhalten also eine Nettobewegung von Cl^- aus dem Blut durch die acinösen Zellen in das Lumen der Drüse. Diese Nettobewegung schafft ein transepitheliales Potential, das auf der Blutseite positiv ist und die treibende Kraft für die Diffusion von Na^+ durch parazelluläre Kanäle aus dem Blut in die Drüsenlumina darstellt. Diese NaCl-Bewegung verursacht ihrerseits einen osmotischen Gradienten für die Wasseransammlung im Lumen der Drüse.

Drüsensekretion **321**

Abb. 8.18 Produktion und Freisetzung des Primärsekrets in Acinuszellen der Speicheldrüsen stehen unter neuronaler Kontrolle. Reizung von α-Adrenorezeptoren (α-R), Acetylcholin-Rezeptoren (ACh-R) und Substanz-P-Rezeptoren (SP-R) aktiviert die Phospholipase C (PLC). Dieses Enzym spaltet Phosphatidylinositoldiphosphat (PIP_2) in Diacylglycerol (DAG) und Inositoltriphosphat (IP_3). Dadurch wird die Freisetzung von gespeichertem Ca^{2+} ausgelöst, in dessen Folge Kaliumkanäle geöffnet werden. Als Ergebnis verschiedener Ionenbewegungen gelangen NaCl und Wasser in das Lumen der Drüse. Die Exocytose von Amylase und Glycoproteinen aus sekretorischen Granula wird durch die Aktivierung der Adenylatzyklase (AC)-Bahn erreicht, und zwar über Rezeptoren für das vasoaktive Intestinalpeptid (VIP-R) und β-Adrenorezeptoren (β-R). DAG und erhöhte Ca^{2+}-Konzentration in der Zelle begünstigen ebenfalls die Exocytose. Das Primärsekret, das in den Acinusraum entlassen wird, wird während seiner Passage durch den Drüsenausführgang modifiziert. Weitere Einzelheiten im Text (nach Edgar, 1990).

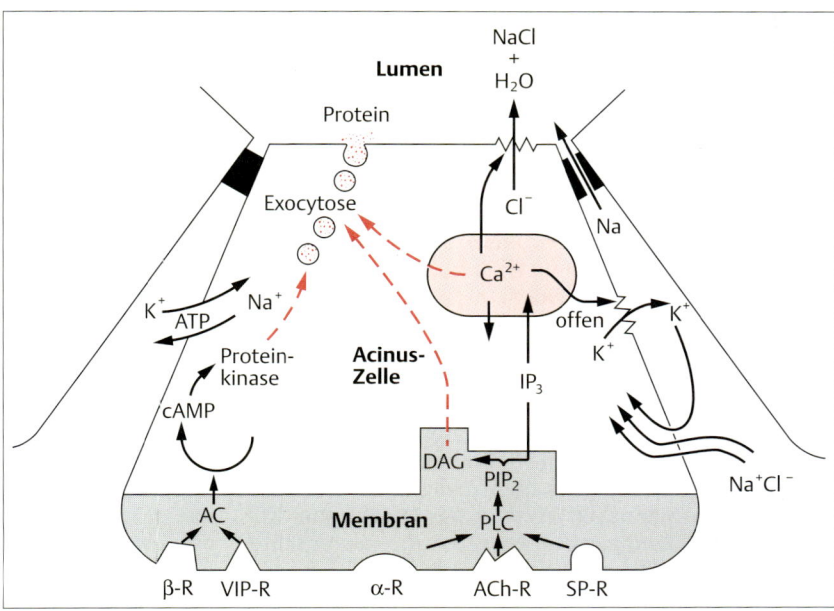

Die Bindung von Noradrenalin an β-Adrenorezeptoren oder von vasoaktivem Intestinalpeptid an peptiderge Rezeptoren aktiviert den Adenylatzyklase-Weg (Abb. 8.18). Dabei entsteht cAMP, das wiederum eine Proteinkinase aktiviert, welche die Exocytose anregt. Diacylglycerol, das im Phospholipase-C-Weg gebildet wird, steigert die Exocytose von Amylase, Mucoglykoproteinen und prolinreichen Glykoproteinen in das Lumen.

Das aus Wasser, Natriumchlorid, Aminosäuren, Proteinen und Glykoproteinen bestehende Primärsekret wird durch die ständige Produktion weiterer Flüssigkeit in den Ausführgang gepreßt. Während es durch den Gang fließt, wird Natriumhydrogencarbonat hinzugefügt und gewisse Mengen an Natrium reabsorbiert. Da bei hohen Fließraten weniger Natrium reabsorbiert wird, ähnelt das austretende Endprodukt bei hohem Speichelfluß der Primärflüssigkeit. Der Hydrogencarbonatspiegel dagegen fällt nicht ab, sondern steigt mit zunehmendem Speichelfluß an. Die Zufuhr von Hydrogencarbonat muß also an die Durchflußrate gekoppelt sein, so daß ein gesteigerter Durchfluß die Hydrogencarbonatabgabe steigert.

Spinndrüsen bei Evertebraten

Die Anzahl und die Verschiedenartigkeit der Drüsen sind bei Evertebraten wahrscheinlich noch viel größer als bei Vertebraten. Die Spinndrüse wird hier nicht deshalb dargestellt, weil sie besonders repräsentativ wäre, sondern weil ihre Funktion recht gut verstanden ist. Viele Insekten und Spinnen produzieren Seide, um Netze, Ei- oder Verpuppungskokons zu spinnen. Der Seidenspinner (*Bombyx mori*) wird kommerziell gezüchtet. Jede einzelne Raupe spinnt etwa 275 m Seidenfaden für ihren Schutzkokon. Handelsüblicher Seidenfaden wird durch Verweben der Fäden mehrerer Kokons gewonnen.

Die Herstellung von Seidenstoffen begann in China schon vor ca. 4000 Jahren. Seide, die über die Seidenstraße aus China nach Europa gebracht wurde, diente zur Herstellung der Roben römischer Kaiser. Die Reiterscharen von Dschingis Khan trugen Seidenkleidung als Schutz, da Seide von Pfeilen nur schwer durchbohrt wird und man einfach das in den Körper eingedrungene Seidengewebe herausziehen mußte, um eine Pfeilspitze aus der Wunde zu entfernen. Dieses starke und gleichzeitig leichte Material war einer der Gründe für den militärischen Erfolg der Mongolen. Auch heute wird aus Seidenraupen gewonnene Seide noch zur Stoffherstellung verwendet. Obwohl die Seide der Spinnen fester ist als die des Seidenspinners *Bombyx*, wird sie kaum genutzt. Europäische Ritter sind jedenfalls sicher nie mit Schutzkleidung aus Spinnenseide in die Schlacht gezogen.

Spinnenseide und Spinnennetze: Spinnen sind eine sehr individuenreiche Tiergruppe. Man schätzt, daß auf einem Hektar einer englischen Wiese über 2 Millionen Spinnen leben. Ein Grund für den Erfolg der Gruppe ist, daß die über 30000 bekannten Arten Seide spinnen. Spinnenseide wird von den auf der Unterseite des Abdomens liegenden Spinndrüsen produziert. Aus diesen tritt eine Flüssigkeit aus, die zu Fäden erhärtet, sobald sie die Drüsen verläßt. Die Seidenfäden dienen als Halteleinen und zur Herstellung einer Vielzahl von Netzen, seidenen Eikokons und seidenausgekleideten Tunnels. Die Hauptaufgabe, aber keineswegs die einzige Aufgabe der Netze ist der Beutefang: Insekten und andere Kleintiere, die am Netz kleben bleiben oder sich darin verfangen. Die Netze vibrieren leicht, und die Spinne kann am Vibrationsmuster die Beute lokalisieren und den Beutetyp erkennen. Verschiedene Vibrationsmuster bewirken unterschiedliche Verhaltensreaktionen. Ein paarungsbereites Männchen versetzt das Netz in ein artspezifisches Schwingungsmuster, um die gewünschte Reaktion des Weibchens hervorzurufen.

Nicht alle Spinnen bauen Netze. Die große, ungiftige Tarantel *Lycosa tarantula* verläßt sich statt dessen beim Beutefang auf ihre Laufgeschwindigkeit. Die meisten Spinnen beißen ihre Beute und injizieren ihr dabei mit Hilfe ihrer Klauen Gift, um sie zu lähmen und zu verdauen; den verflüssigten Inhalt der Beute saugen sie dann auf. Nur wenige Arten können dem Menschen gefährlich werden. Die männlichen Tiere der Schwarzen Witwe *Lactrodectus mactans* sind harmlos, die Bisse der viel größeren Weibchen dagegen giftig. Obwohl ein Biß Schmerzen und Fieber verursacht, überleben menschliche Opfer in der Regel. Die weiblichen Schwarzen Witwen sind etwa 1,3 cm lang und haben einen großen roten Fleck unter dem Abdomen.

Spinnen produzieren ihren Seidenfaden ständig, meist hängt er als „Halteleine" am Körperende und wird in gewissen Abständen am Substrat befestigt. Spinnen können sich in die Lüfte schwingen, wenn sie ihre Halteleine an Bäumen oder Büschen befestigen und sich daran baumeln lassen. Zweifellos entwickelten sich Spinnennetze aus Fangleinen; die einfachsten Fangapparate sind Klebefäden, die in der sanften Brise schaukeln, um Insekten zu fangen. Komplexere Netze werden zwei- oder dreidimensional gesponnen und haben komplizierte Webmuster. Netze werden in der Flugbahn von Insekten und anderen Kleintieren aufgespannt. Einige sind vertikal, andere horizontal angelegt, um vom Boden auffliegende Insekten zu fangen. Die Netze sind so gebaut, daß das Insekt beim Aufprall nicht wie bei einem Trampolin zurückfedert. Bei vielen Netzen reißen einige Fäden, wenn ein Insekt hineinfliegt. Je mehr das Insekt flattert, desto mehr verwickelt es sich. Bei anderen Arten sind Teile des Netzes klebrig; Insekten werden durch diese Klebefäden festgehalten.

Die Zugfestigkeit der Fäden und das Webmuster bestimmen die Eigenschaften eines Netzes. Es gibt viele verschiedene Netztypen. Häufig werden Spinnenarten nach ihrem Netztyp benannt, z.B. Leiternetz-Spinnen, Trichterspinnen, Kuppelnetz-Spinnen, Radnetzspinnen usw. (Abb. 8.19). Eines der bekanntesten Netze in gemäßigten Klimazonen ist das der Gartenkreuzspinne *Araneus diadematus*, die ein zweidimensionales Netz spinnt, bei dem radiale Speichen durch einen einzigen Spiralfaden, der vom Zentrum nach außen spiralförmig gewunden ist, verbunden werden.

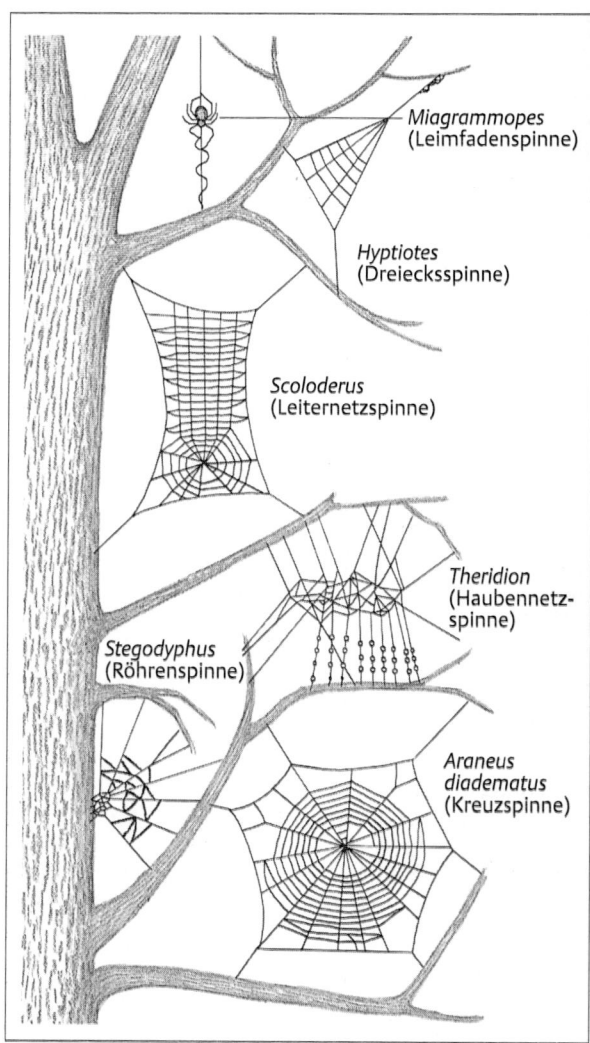

Abb. 8.19 Spinnennetzformen. Verschiedene Spinnenarten bauen charakteristische Netze. Die Namen der Spinnen basieren oft auf ihrer Netzform (nach Vollrath, 1992).

Seidenherstellung bei Spinnen: Die **Spinndrüsen** am Abdomen der Spinnen sind groß und münden über modifizierte Abdominalanhänge, die **Spinnwarzen**, von denen jede mehrere Öffnungen hat. Die Spinnwarzen sind sehr beweglich und erinnern an konische Geschütztürme. Die Fäden, die in den Abdominaldrüsen produziert und durch die Spinnöffnungen ausgetrieben werden, bestehen aus kristallinem α-Keratin in einer gummiartigen Matrix aus Aminosäureketten, die mit der kristallinen α-Keratin-Struktur nicht vernetzt sind (Abb. 8.20). Vielfach ist der ausgestoßene Faden trocken und bleibt es auch durch eine ölige Lipid-Schutzschicht. Diese trockenen Fäden sind elastisch und robust, können aber nur um etwa 1/4 ihrer Länge gedehnt werden, bevor sie reißen. Die Seidenfäden sind im trockenen Zustand steif und spröde, im nassen Zustand dagegen geschmeidig.

In dreidimensionalen Netzen wirken die trockenen Fäden als Fangstricke, die reißen, wenn sich ein Insekt darin verfängt und sich dabei immer mehr verwickelt. Bei zweidimensionalen Netzen, etwa dem der Gartenkreuzspinne, sind die Speichen des Rades aus trockenen, die spiralförmigen Klebefäden dagegen aus feuchten Fäden gesponnen. Diese Spiralfäden tragen in regelmäßigen Abständen glykoproteinhaltige Leimtröpfchen. An diesen bleiben Insekten leicht kleben, wenn sie sich verfangen. Cribellate Spinnen (bei ihnen sind die vorderen und mittleren Spinnwarzen zu einer siebförmigen Platte, dem Cribellum, verschmolzen) produzieren dagegen trockene Klebfäden indem sie die Fäden mit einem lockeren Maschenwerk aus verfilzten Aminosäureketten überziehen, ähnlich dem Klettverschlußprinzip.

Jede Spinne hat verschiedene Spinndrüsen, von denen jede ihren eigenen Fadentyp absondert, der durch die Zusammensetzung seiner Aminosäurekettenmatrix charakterisiert ist. Wahrscheinlich können die Spinnen die Öffnungsweite der Drüsenausgänge variieren um Fäden unterschiedlicher Dicke herzustellen. Wenn aber Fäden mit unterschiedlicher Aminosäurekettenmatrix benötigt werden, benutzen sie verschiedene Drüsen. Die Qualität der Seide kann also durch Veränderung der Öffnungsweite oder durch Wechsel auf eine andere Spinndrüse verändert werden, dadurch können die Spinnen Seide für eine Vielzahl von Verwendungsmöglichkeiten produzieren (Abb. 8.21). Außerdem imprägnieren sie die Fäden mit Fungiziden und Bakteriziden um zu vermeiden, daß sie von Mikroorganismen besiedelt werden. Vermutlich sind es diese Wirkstoffe, derentwegen Spinnennetze in der Volksmedizin zur Heilung von Schnitten und Hautabschürfungen verwendet wurden.

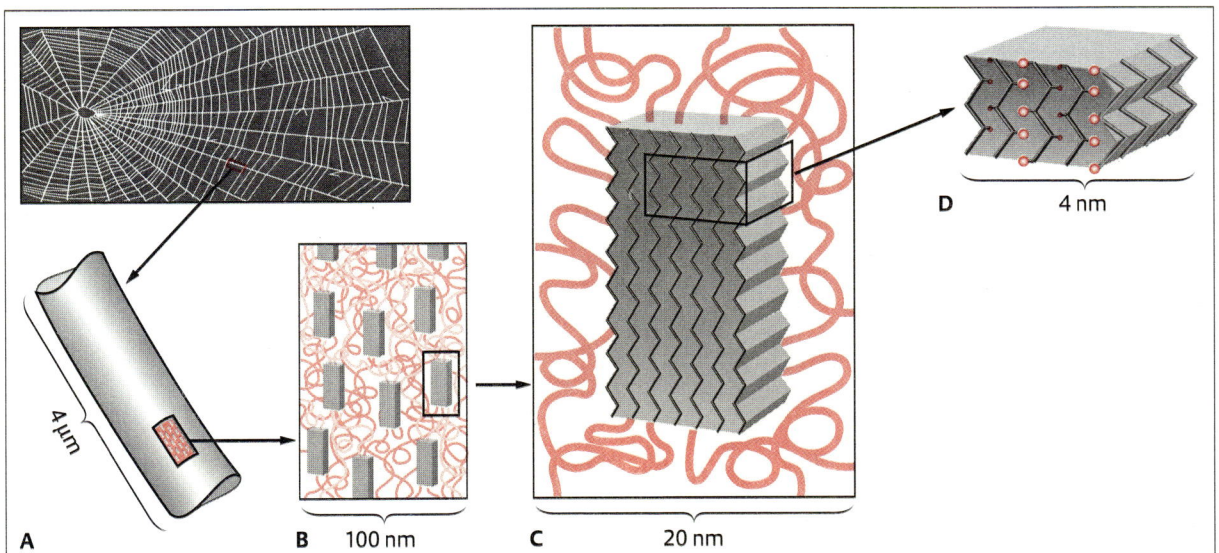

Abb. 8.20 Molekulare Struktur der Spinnfäden. A Die Spinnennetze sind aus feinen Spinnfäden konstruiert. **B** Diese enthalten α-Keratinkristalle, die in einer scheinbar ungeordneten Matrix aus Aminosäureketten eingebettet sind. **C** Vergrößerter Ausschnitt aus B. **D** Jeder α-Keratinkristall ist aus mehreren Aminosäureketten aufgebaut, die eine β-Faltblattstruktur bilden. Die ungeordnete, kontrahierte Struktur der Matrix verleiht der Spinnenseide ihre Elastizität. Das meiste, was wir über die Molekularstruktur der Seide wissen, stammt vom Seidenspinner. Der vorliegenden Illustration liegt die Annahme zugrunde, daß die Seide der Spinnen und die des Seidenspinners ähnlich aufgebaut sind (nach Vollrath, 1992).

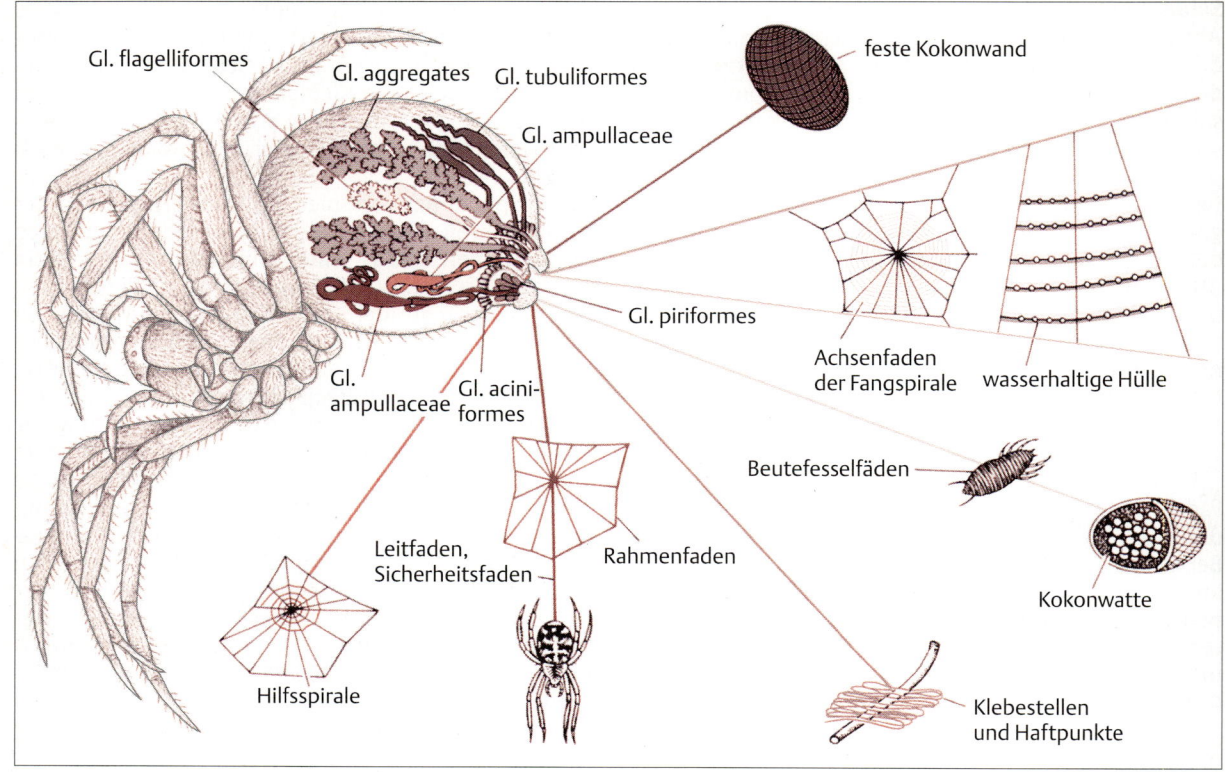

Abb. 8.21 Spinnen produzieren für verschiedene Funktionen unterschiedliche Seidenarten. Die Gartenkreuzspinne (*A. diadematus*) besitzt sieben verschiedene Spinndrüsen am Abdomen, von denen jede Seide mit einer charakteristischen Aminosäure-Matrix-Komposition produziert. Die verschiedenen Spinndrüsen münden in einer Spinnwarze, aber nur aus einer Drüse wird Seide ausgestoßen. Durch Umschalten von einer Drüse auf eine andere kann die Spinne für die anstehende Aufgabe die jeweils geeignete Seide herstellen (nach Vollrath, 1992).

Spinnen verwenden viel Energie für den Netzbau, obwohl diese Netze oft schnell beschädigt werden. Die Tiere fressen ihre eigenen schadhaften Netze auf – eine wichtige Aminosäure-Quelle – und bauen oft täglich oder über Nacht neue Netze. Die Gartenkreuzspinne kann z.B. in weniger als einer Stunde ein Netz aus etwa 20 m Faden bauen.

Energiekosten der Drüsenaktivität

Manche Drüsen haben sehr hohe Sekretionsraten. Die zusätzliche Energiemenge, die ein säugendes Muttertier für die Milchproduktion braucht, ist sehr groß. Muttermilch ist die einzige Nahrung von Jungmäusen, bis diese die Hälfte des Gewichtes der Mutter erreicht haben. Bei einem Wurf von acht Jungen beträgt das Gesamtgewicht der Jungtiere zum Zeitpunkt der Entwöhnung somit das Vierfache des mütterlichen Gewichts.

Die Mutter muß also zu diesem Zeitpunkt genug Nahrung aufnehmen, um zusätzlich das Vierfache ihres Körpergewichts zu ernähren, wobei 80% der aufgenommenen Nahrung in die Milchproduktion investiert werden. Abb. 8.22 zeigt, wie die Nahrungsaufnahme laktierender Mäuse mit der Anzahl der Jungen ansteigt.

Bei laktierenden Erdhörnchen ist während der Säugezeit die Energieaufnahme weitgehend verdoppelt (Abb. 8.23). Die Mutter nimmt aber nicht zu, weil die meiste Energie in der Milchproduktion umgesetzt wird. Nur ein kleiner Teil der gesteigerten Energieaufnahme wird von der Mutter genutzt, um die erhöhte Stoffwechselaktivität für die Milchproduktion zu sichern. Wiederholt man im Labor dieses Experiment bei niedriger Temperatur, so steigert die Mutter die Nahrungsaufnahme und den Stoffwechsel, um ihre Körpertemperatur zu halten und die Milchproduktion auf gleichem Niveau zu ermöglichen. Daraus kann man folgern, daß die Nahrungsaufnahme nicht der begrenzende Faktor ist. Da im

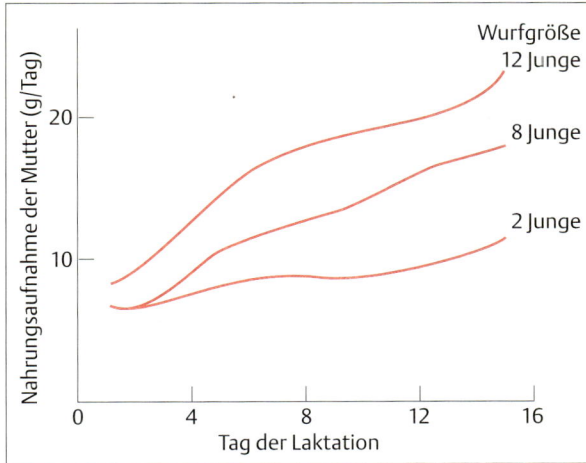

Abb. 8.22 Die Nahrungsaufnahme laktierender Mäuse nimmt mit der Wurfgröße und der Zeit nach der Geburt zu. Die mütterliche Nahrungsaufnahme verläuft parallel zu den Ansprüchen der heranwachsenden Jungtiere an die Milchproduktion. Die Milchproduktion erreicht ihr Maximum am 15. Lebenstag der Jungen; danach beginnen diese, ihren Nahrungsbedarf durch Knabbern an fester Nahrung zu decken (nach Diamond u. Hammond, 1992).

natürlichen Lebensraum der Erdhörnchen das Nahrungsangebot stets wechselt, wird die Nachzucht auf Zeiten guter Futterversorgung und warmer Wetterlagen verlegt, so daß möglichst viel von der aufgenommenen Energie in die Milchproduktion gesteckt werden kann.

Drüsentätigkeiten sind oft von entscheidender Bedeutung für das Überleben eines Tieres. Der Schweiß, der auf die Körperoberfläche vieler Säugetiere abgegeben wird, ist z.B. wichtig für die Temperaturregulation; durch die Verdunstung wird Hitze abgeführt. Der amerikanische Staatsmann, Politiker, Diplomat, Zeitungsverleger und Wissenschaftler Benjamin Franklin (1706–1790), der wegen seiner Untersuchungen zur Elektrizität zum Mitglied der Royal Society gewählt wurde, interessierte sich auch für die Temperaturregulation unseres Körpers. Er erkannte, daß die Hauttemperatur niedriger ist als die Temperatur in der Tiefe des Körpers, und zwar durch die Verdunstungswirkung von Schweiß. Etwa 20% des Wärmeverlustes eines Menschen entsteht durch Verdunstungskälte; 2/3 davon gehen durch Schwitzen und 1/3 geht über die Atmung verloren. Die Verdunstungskühlung wird durch starkes Schwitzen erhöht. Die erhebliche Schweißproduktion bei heftiger Bewegung oder Hitze kann oft ausreichen, um eine Überhitzung des Körpers zu vermeiden. Menschen überleben in einer Sauna, die heiß genug ist, um Fleisch zu garen, durch die Tätigkeit ihrer Schweißdrüsen, da

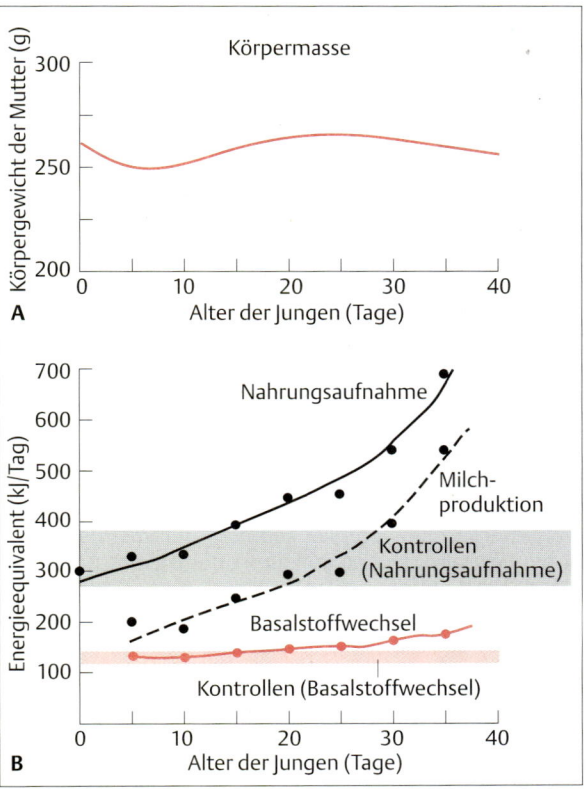

Abb. 8.23 Bei laktierenden Säugern wird der größte Teil der zusätzlich aufgenommenen Energie in die Milchbildung investiert und an die Jungtiere weitergegeben. Bei den Angaben handelt es sich um Mittelwerte von Erdhörnchen-Weibchen mit durchschnittlich vier Jungen. **A** Mütterliches Körpergewicht als Funktion des Alters der Jungtiere. Beachte, daß die Mütter trotz gestiegener Nahrungsaufnahme nicht an Gewicht zunehmen. **B** Vergleich zwischen Nahrungsaufnahme, Milchproduktion und Basalstoffwechsel von Muttertieren während der Säugezeit – ausgedrückt als Energieäquivalenten in kJ pro Tag. Nahrungsaufnahme und Basalstoffwechsel nicht laktierender Kontrolltiere sind durch schattierte Streifen angegeben. Beachte, daß die Milchproduktion ca. 75% der aufgenommenen Nahrung benötigt (nach Kenagy, Stevenson u. Masman, 1989).

diese genug Schweiß und damit Verdunstungskälte produzieren, um die Körpertemperatur unter 40°C zu halten. Wird die Luftfeuchte in der Sauna durch Wasseraufgüsse gesteigert, sinkt die Leistungsfähigkeit der Verdunstungskühlung, was einen sofortigen Anstieg der Oberflächentemperatur bewirkt.

Zusammenfassung

Drüsen sind Organe aus spezialisierten Zellen, die jeweils als Einheit arbeiten. Die Sekrete werden im sekretorischen Teil der Drüse gebildet. Als Reaktion auf einen Reiz werden die Drüsensekrete entweder ins Blutgefäßsystem, auf die Oberfläche eines Hohlraumes im Körperinnern oder auf die Körperaußenseite abgegeben. Art und Umfang der Sekrete sowie die zugehörigen Reize variieren zwischen den Drüsentypen, aber auch zwischen den Tierarten und den unterschiedlichen Entwicklungsstadien eines Tieres.

Die meisten Drüsensekrete enthalten Schleim, der mit anderen Sekretprodukten zusammen in Vesikel verpackt und schließlich durch Exocytose freigesetzt wird. Der Inhalt der Vesikel wird oft in eine Primärflüssigkeit abgegeben, die durch aktiven Transport von Ionen (z.B. NaCl) und osmotisch nachfolgendem Wasser in das Lumen der Drüse abgesondert wird. Sekretorische Vesikel werden im Golgi-Komplex gebildet und über das *trans*-Golgi-Netzwerk zu den apikalen oder basalen Membranen der sekretorischen Zellen transportiert. Die Exocytose wird normalerweise durch einen Anstieg der intrazellulären Calcium-Konzentration ausgelöst, die ihrerseits durch neuronale oder hormonelle Stimulation der sekretorischen Zelle induziert wird. Manchmal werden sekretorische Zellen auch durch Änderungen der Umweltparameter stimuliert.

Viele Sekrete haben Aufgaben bei der Kommunikation zwischen Zellen. Diese Sekrete werden, je nach Abstand zwischen Produktions- und Wirkort, in vier Typen eingeteilt: Ein autokrines Sekret beeinflußt die produzierende Zelle selbst, ein parakrines Sekret beeinflußt benachbarte Zellen; endokrine Sekrete werden in die Blutbahn entlassen und wirken auf weiter entfernte Zielgewebe; exokrine Sekrete, die der interindividuellen Verständigung dienen (Pheromone), werden über einen Ausführgang auf die epitheliale Körperoberfläche entlassen. Einige Substanzen wirken sowohl lokal wie über eine gewisse Distanz und sind daher zugleich autokrin, parakrin und endokrin. Zellen, die autokrin bzw. parakrin wirken, können, müssen aber nicht in Drüsen zusammengefaßt sein. Zellen, die endokrine Sekrete oder Pheromone produzieren, sind fast immer in Drüsenstrukturen zusammengefaßt.

Drüsen können entweder als endokrin oder exokrin charakterisiert werden. Da endokrine Drüsen keine auffälligen gemeinsamen morphologischen Merkmale besitzen, ist häufig eine Vielzahl von Methoden zu ihrer Identifizierung notwendig. Die Entwicklung von Radioimmunoassays (RIA) und gentechnischen Methoden führte zu einer schwunghaften Entwicklung der Endokrinologie in den letzten Jahrzehnten. Exokrine Drüsen sind leichter zu charakterisieren als endokrine, da diese zumindest einen Ausführgang besitzen und Material auf eine innere oder äußere Körperoberfläche abgeben.

Das Nebennierenmark, eine endokrine Drüse, gibt die beiden Catecholamine Adrenalin und Noradrenalin in die Blutbahn ab. Im Nebennierenmark der Säugetiere sind die Catecholamin-produzierenden chromaffinen Zellen mit steroidbildendem Gewebe verbunden; die meisten chromaffinen Zellen produzieren hier Adrenalin. Bei anderen Arten, z.B. Haien, sind chromaffine und steroidbildende Zellen nicht miteinander assoziiert; als Ergebnis davon überwiegt bei diesen Tieren die Noradrenalinproduktion. Catecholamine haben viele Auswirkungen auf Kreislauf und Stoffwechsel. Sie wirken über α- und β-Adrenorezeptoren, die mit dem Inositoltriphosphat- bzw. dem Adenylatzyklase-Second-messenger-System verknüpft sind. ATP, Neuropeptid Y und Adenosin können die Freisetzung und Aktivität der Catecholamine beeinflussen. Zusätzlich kann die Dichte der Adrenorezeptoren im Zielgewebe herauf oder herunter reguliert werden, was dessen Sensitivität für Catecholamine beeinflußt.

Die Produkte exokriner Drüsen gelangen über Ausführgänge zur Oberfläche, wobei diese Oberfläche, wie etwa in Mund oder Darm, durchaus in einem Körperhohlraum liegen kann. Speicheldrüsen sind exokrine Drüsen, die ihr Sekret in den Mund abgeben. Der ionenhaltige Speichel besteht zu 99,5 % aus Wasser. Abgesehen von der Hydrolyse von Polysacchariden zu Disacchariden mit Hilfe der Speichel-Amylase sind die Verdauungsprozesse im Mund von untergeordneter Bedeutung. Speichel dient als Gleitmittel beim Essen, Schlucken und Sprechen. Außerdem hat er antibakterielle Wirkungen, was dem Zahnverfall entgegen wirkt.

Spinnen besitzen am Abdomen exokrine Spinndrüsen, aus deren seidigen Fäden oft Netze gebaut werden. Diese Netze bestehen teils aus feuchten, teils aus trockenen Fäden und können sehr komplexe Baupläne haben. Oft werden die Spinnenarten nach der Art ihres Netzes benannt. Die Zugfestigkeit der Fäden und das Muster des Netzes bestimmen seine Eigenschaften. Die Spinnfäden werden durch Öffnungen der Spinnwarzen ausgeschieden; sie bestehen aus einer gummiartigen Matrix von Aminosäureketten, in die kristallines α-Keratin eingebettet, jedoch nicht mit der Matrix vernetzt ist. Verschiedene Spinndrüsen der gleichen Spinne produzieren Seide mit verschiedener Aminosäurezusammensetzung. Eine Spinne kann die Eigenschaften der gesponnenen Seide entweder über Ventile an der Ausstromöffnung der Spinnwarzen oder durch das Umschalten zwischen den verschiedenen Spinndrüsen ändern.

Drüsen sind überlebenswichtig, Betrieb und Wartung können jedoch sehr energieintensiv sein. Eine laktierende Maus muß zugleich für sich und ihren Nachwuchs fressen, der bis zur Entwöhnung das Vierfache ihres eigenen Körpergewichts erreicht.

Empfohlene Literatur

Edgar, W.M.: Saliva: Its secretions, compositions and functions. Br. Entomol. J. **172** (1992) 305–312

Foelix, R.F.: Biologie der Spinnen. Thieme, Stuttgart 1992

Matsumoto, A., Ischii, S. (Hrsg.): Atlas of Endokrine Organs. Spinger, Heidelberg 1992

Pimpiakar, S.W., Simons, K.: Role of heterotrimeric G proteins in polarized membrane transport. J. Cell Sci. **17**(Suppl.) (1993) 27–32

Vollrath, F.: Spider webs and silks. Sci. Am. **266** (3) (1992) 70–76

9. Chemische Botenstoffe und Regulatoren

Ein großer Fortschritt im Ablauf der biologischen Evolution war die Entstehung der Metazoen – vielzelliger Organismen, deren verschiedene Gewebetypen an unterschiedliche Funktionen angepaßt sind. Diese Spezialisierung (oder Arbeitsteilung) erfordert Kommunikationssysteme zwischen den einzelnen Zelltypen und Geweben, damit verschiedene Aktivitäten aufeinander abgestimmt werden und so das Überleben des Organismus gesichert wird. Tab. 9.1 gibt einen Überblick über verschiedene Botenstoffe und regulatorisch wirkende Moleküle bei vielzelligen Organismen.

Der französische Physiologe Claude Bernard (1813–1878) betonte den Unterschied zwischen der äußeren Umgebung eines Lebewesens und seinem inneren Milieu, in dem sich die Zellen des Körpers befinden. Er kam zu dem Schluß, daß Organismen immer unabhängiger von ihrer äußeren Umgebung wurden, je besser sie ihre inneren Bedingungen, das „milieu intérieur", kontrollieren konnten. Walter Cannon (1871–1945), der an der Harvard Universität lehrte, prägte den Begriff der Homöostase. **Homöostase** bezeichnet die Fähigkeit eines Lebewesens, sein inneres Milieu konstant zu halten (s. Kap. 1). Die Homöostase wird erreicht, indem eine Vielzahl physiologischer Prozesse, die in den verschiedenen Geweben ablaufen, mit Hilfe chemischer bzw. elektrischer Nachrichten so koordiniert wird, daß situationsgerechte Antworten auf innere oder äußere Faktoren erfolgen. Hormone spielen bei diesem Kommunikationsprozeß eine wesentliche Rolle und sind deshalb für die Aufrechterhaltung der Homöostase unverzichtbar.

Chemische Signale wirken **autokrin**, **parakrin**, **endokrin** oder **exokrin** (Abb. 8.1). Jeder Signalweg übermittelt seine Nachrichten, indem Signalstoffe in oder an den Zielzellen an ihre spezifischen Rezeptormoleküle andocken. Die Bildung des Komplexes aus Signalmolekül und Rezeptor initiiert die Antwort einer Zielzelle. In Kap. 6 wurde der Mechanismus beschrieben, wie Neurotransmitter von einer Nervenzelle abgegeben werden und über die sehr kurze Distanz des synaptischen Spaltes die Rezeptoren einer postsynaptischen Zelle aktivieren – ein Beispiel für einen parakrinen Mechanismus. Im Gegensatz hierzu werden **Hormone** von ihren Bildungsorten (spezialisierten Zellen, Geweben oder endokrinen Drüsen) in die Blutbahn abgegeben; sie entfalten ihre Wirkung z.T. weit entfernt vom Ort ihrer Entstehung – ein typisches Beispiel für einen **endokrinen Mechanismus**.

Es sollte nicht unerwähnt bleiben, daß die Regulation

Tab. 9.1 Einige chemische Botenstoffe und Regulatoren

Botenstoff	Ursprung	Wirkungsweise	Beispiele
intrazelluläre Messenger	intrazellulär	Regulierung intrazellulärer Reaktionen, Phosphorylierung von Enzymen usw.	Ca^{2+}, cAMP, cGMP, Inositoltriphosphat, Diacylglycerol
Neurotransmitter	Nervenzellen	synaptische Übertragung; Transportresistenz gering, Wirkungsdauer	Acetylcholin, Serotonin, Noradrenalin
Neuromodulatoren	Nervenzellen	beeinflussen die Durchlässigkeit von Ionenkanälen	Noradrenalin
Neurohormone	Nervenzellen	endokrine Funktion, Transport durch den Kreislauf; tropische Effekte	*Vertebrata:* Neurohypophysenhormone *Arthropoda:* Gehirnhormon
Drüsenhormone	nicht neurale endokrine Gewebe	endokrine Funktion, Transport durch den ganzen Körper zu entfernten Zielorganen	Adrenalin, Ecdyson, Juvenilhormon, Insulin
lokale Hormone	verschiedene Gewebe	endokrine Funktionen, Wirkung auf naheliegende Zielorgane	Prostaglandine, Histamine
Pheromone	Drüsen, die sich nach außen entleeren	intraspezifische Kommunikation zwischen Individuen	Bombykol

von Zellprozessen mit Hilfe chemischer Substanzen schon bei den einfachsten Pflanzen- und Tierarten auftritt. Zweifellos wurde eine solche chemische Regulation bzw. Kommunikation schon vor dem Auftreten der Metazoen entwickelt. So wirkt auf einzelne Myxamoeben (Schleimpilze) die Substanz cAMP (zyklisches Adenosin-3′,5′-monophosphat) als Lockstoff. Dieser kann von den Amöben selbst abgesondert werden. Die durch den Lockstoff ausgelöste Reaktion der Myxamöben wird als Aggregationsverhalten bezeichnet (bei „höher" entwickelten Organismen ist cAMP ein Signalmolekül, das bei vielen intrazellulären Regulationsprozessen eingesetzt wird). Eine noch einfachere Art der chemischen Steuerung findet man beim Süßwasserpolypen *Hydra*. Entnimmt man Wasser aus einer mit Hydren überbevölkerten Kultur und überträgt dies in eine andere, nicht überbevölkerte Kultur, dann wird bei den Tieren der zweiten Kultur die Bildung von Fortpflanzungszellen induziert. Dieser Effekt wird durch die angestiegene CO_2-Konzentration im Wasser der überbevölkerten Kultur hervorgerufen. CO_2 ist das Endprodukt von Stoffwechselprozessen und signalisiert in hohen Konzentrationen die Anwesenheit vieler Individuen. Chemische Botenstoffe können also sehr einfach gebaute Moleküle sein (z.B. NO, CO_2, H^+, O_2, Ca^{2+}). Es gibt aber auch sehr viel komplexere Verbindungen, die speziell der Kommunikation zwischen Zellen dienen und deren Funktionen regulieren.

Das vorliegende Kapitel konzentriert sich auf die Wirkung von Drüsen- und Neurohormonen. Hormone koordinieren längerfristig die Funktionen von tierischen Geweben und Organen. Unter hormoneller Kontrolle stehen besonders die folgenden Funktionen: Wachstum und Entwicklung, Erhaltungsfunktionen, Osmoregulation, Fortpflanzung und Verhalten.

Endokrine Systeme – ein Überblick

William Bayliss und Ernest H. Starling beschrieben das zuerst entdeckte Hormon, das **Sekretin**. Sekretin ist eine Substanz, die von der Dünndarmschleimhaut abgegeben wird und welche die Bauchspeicheldrüse zu vermehrter Aktivität anregt (s. Kap. 15). Starling führte 1908 den Begriff „Hormon" ein[1]. Hormonelle Substanzen besitzen nach seiner Vorstellung drei Grundeigenschaften:

– Sie werden in speziellen Geweben oder Drüsen gebildet.
– Sie werden in das Kreislaufsystem abgeben und über dieses zu ihren Zielorten transportiert.
– Sie verändern die Aktivität der Zielorgane.

---
[1] Dieser Begriff ist aus dem Griechischen abgeleitet und bedeutet „anregen" oder „aufwecken".

Obwohl Hormonmoleküle mit allen Gewebetypen in einem Organismus in Berührung kommen, wirken sie nur auf bestimmte Zellen. Nur Zellen, die über spezifische Hormonrezeptoren verfügen, reagieren auf die entsprechenden Hormone. Diese **Hormonrezeptoren** sind molekulare Bestandteile von Zellen (im Gegensatz zu Sinnesrezeptoren, die Zellen oder Zellverbände sind). Die Bindung eines Hormons an seinen Rezeptor kann eine Kaskade von zwei oder mehreren **intrazellulären Signalmolekülen** (Second-messenger-Molekülen) aktivieren; dies löst letztlich eine spezifische Antwort der Zielzellen aus.

Hormone werden nur in sehr geringen Konzentrationen produziert. Ihre Lösung im Blut oder der interstitiellen Flüssigkeit ruft einen zusätzlichen Verdünnungseffekt hervor. Deshalb müssen Hormone in sehr geringen Konzentrationen wirksam sein (Hormonkonzentrationen liegen typischerweise im Bereich von 10^{-8}–10^{-12} M). Ein Vergleich: Wenn menschliche Geschmacksknospen Zucker in einer Konzentration von 10^{-12} M wahrnehmen könnten, dann wären wir in der Lage, ein in einem großen Schwimmbecken voller Kaffee oder Tee aufgelöstes Stück Zucker zu schmecken. (Dagegen sind die örtlich begrenzten Konzentrationen von Neurotransmittern im Bereich des synaptischen Spaltes [$5 \cdot 10^{-4}$ M] sehr viel höher; Neurotransmitter sind nur bei diesen Konzentrationen wirksam.) Der sensible hormonelle Wirkungsmechanismus beruht auf der großen Affinität der Hormonrezeptoren der Zielzellen zu ihren Hormonen. Wie wir später sehen werden, führt die Bindung eines Hormons an einen Rezeptor zur Aktivierung einer **Enzymkaskade**, die das Signal vielfach verstärkt. Auf diesem Wege können nur wenige Hormonmoleküle Tausende, ja Millionen von molekularen Reaktionen beeinflussen.

Chemische Substanzklassen und allgemeine Funktionen von Hormonen

Obwohl Hormone unterschiedlichste chemische Strukturen aufweisen, lassen sich die meisten der bekannten Metazoen-Hormone einer von vier Substanzklassen zuordnen (Abb. 9.**1**):

– **Amine** leiten sich von Aminosäuren ab; hierzu zählen sowohl die Catecholamine Adrenalin und Noradrenalin als auch die Schilddrüsenhormone.
– **Peptide** und **Proteohormone** (z.B. Insulin) gehören zu den größten und am komplexesten aufgebauten Botenstoffen.
– **Prostaglandine** sind chemische Abkömmlinge von Fettsäuren.
– **Steroidhormone** (z.B. Testosteron und Östrogene) sind polyzyklische Kohlenwasserstoffe und leiten sich von der Cholesterin-Biosynthese ab.

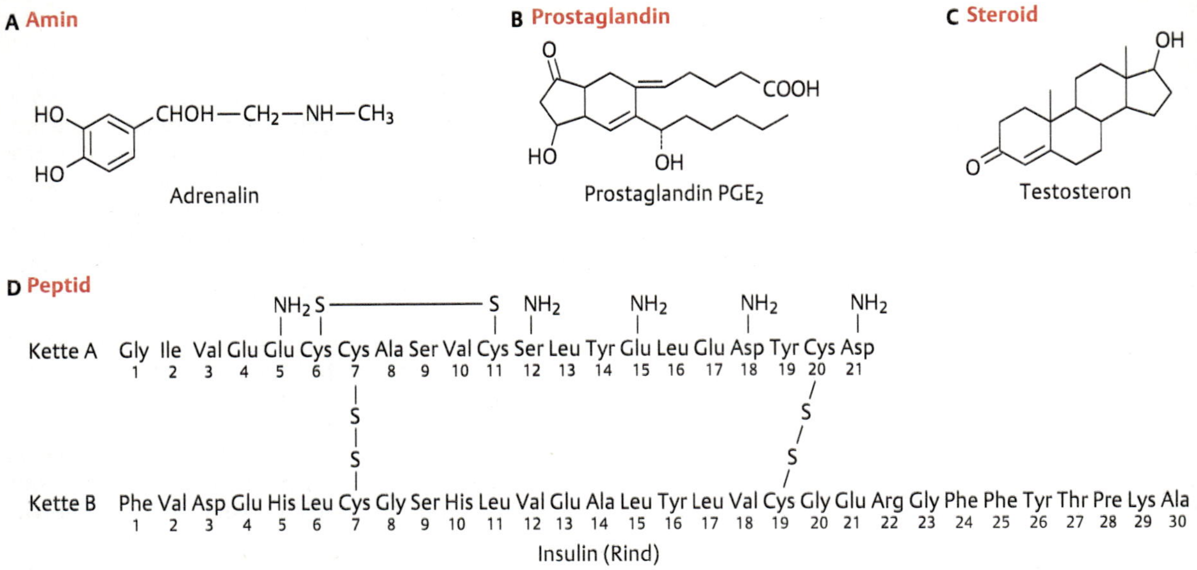

A Amin

HO—⟨⟩—CHOH—CH₂—NH—CH₃
(HO-)

Adrenalin

B Prostaglandin

Prostaglandin PGE$_2$

C Steroid

Testosteron

D Peptid

```
                    NH₂ S――――――S  NH₂       NH₂     NH₂     NH₂
                     |  |        |  |         |       |       |
Kette A   Gly Ile Val Glu Glu Cys Cys Ala Ser Val Cys Ser Leu Tyr Glu Leu Glu Asp Tyr Cys Asp
           1   2   3   4   5   6   7   8   9  10  11  12  13  14  15  16  17  18  19  20  21
                              |                    |
                              S                    S
                              |                    |
                              S                    S
                              |                    |
Kette B   Phe Val Asp Glu His Leu Cys Gly Ser His Leu Val Glu Ala Leu Tyr Leu Val Cys Gly Glu Arg Gly Phe Phe Tyr Thr Pre Lys Ala
           1   2   3   4   5   6   7   8   9  10  11  12  13  14  15  16  17  18  19  20  21  22  23  24  25  26  27  28  29  30
```

Insulin (Rind)

Abb. 9.1 Hormone aus vier Substanzklassen. Die meisten Hormone lassen sich den Stoffgruppen der vier dargestellten Vertreter zuordnen. Die von Aminosäuren abgeleiteten Hormone (mit Ausnahme der Schilddrüsenhormone), Proteo- und Peptidhormone sind – im Gegensatz zu Steroidhormonen und Prostaglandinen – nicht fettlöslich.

Im Gegensatz zu Neurotransmittern, die sehr schnell über kürzeste Distanzen agieren, wirken Hormone langsamer und über größere Distanzen. Deshalb ist das Hormonsystem gut geeignet, Prozesse, die Minuten, Stunden oder Tage andauern, zu kontrollieren. Dies beinhaltet die Aufrechterhaltung der Blutosmolarität (antidiuretisches Hormon) und des Blutzuckers (Insulin), die Regulation des Stoffwechsels (Wachstumshormon und Schilddrüsenhormone), die Kontrolle des Sexualverhaltens und der Fortpflanzungszyklen (Sexualhormone) sowie die Beeinflussung sonstiger Verhaltensweisen. Die schnelle Reaktion des Nervensystems und die mehr tonische und langsame Wirkung des Hormonsystems ergänzen einander in der Gesamtintegration physiologischer und metabolischer Funktionen. Der Zusammenhang zwischen Nervensystem und Hormonsystem wird dadurch besonders deutlich, daß ein und dasselbe Molekül im zentralen Nervensystem als Neurotransmitter und im Hormonsystem als chemischer Botenstoff agieren kann (z.B. die Catecholamine). Es gibt eine enge Verwandtschaft zwischen dem Nerven- und dem Hormonsystem. Die Funktion des einen Systems kann zum Teil nicht ohne die Funktion des anderen verstanden werden. Man könnte daher das zentrale Nervensystem auch als das wichtigste endokrine Organ bezeichnen, da in spezialisierten Teilen dieses Systems Hormone gebildet werden, welche die Aktivität nachgeschalteter Hormondrüsen beeinflussen.

Regulation der Hormonsekretion

Hormone werden gewöhnlich kontinuierlich in einer bestimmten Basal- oder Ruhekonzentration ausgeschüttet. Diese Ruhekonzentrationen werden von Signalen beeinflußt, welche die Ausschüttungsrate erhöhen oder erniedrigen. Signale kommen oftmals von Neurohormonen, die von spezialisierten Nervenzellen freigesetzt werden und direkt auf nachgeschaltete Hormondrüsen einwirken. In einigen Fällen reagiert das endokrine System auch direkt auf Faktoren der extrazellulären Umgebung (z.B. Änderungen der Osmolarität). Endokrine Gewebe sind Teil von Schaltkreisen, die offen oder rückkoppelnd organisiert sind. In offenen Schaltkreisen wird die Sekretion von Hormonen nicht durch ihre Wirkung modifiziert. Dagegen unterliegt in Rückkopplungsprozessen die Hormonsekretion der Kontrolle einer oder mehrerer ihrer Endergebnisse.

Im allgemeinen wird die Aktivität der endokrinen Gewebe über negative Rückkopplungsprozesse reguliert (Abb. 9.2). Das bedeutet, daß der ansteigende Titer eines Hormons selbst oder eine Antwort eines Zielorgans auf eine hormonelle Nachricht (z.B. erniedrigte Blutzuckerwerte innerhalb des Insulinregelkreises) einen inhibitorischen Effekt auf die Synthese oder Freisetzung des gleichen Hormons ausübt. Eine solche Rückkopplung kann auf verschiedenen Ebenen erfolgen. Bei einem kurzen Rückkopplungsweg wirkt entweder das Hor-

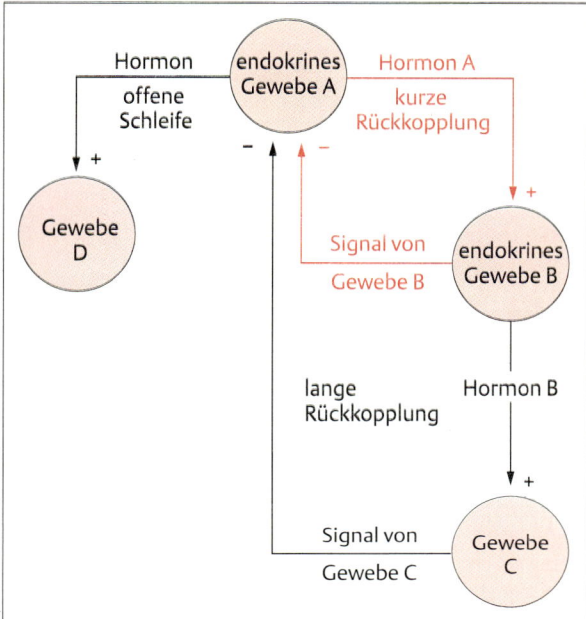

Abb. 9.2 Die meisten endokrinen Gewebe werden durch negative Rückkopplungsprozesse kontrolliert. Beim kurzen Rückkopplungsweg wirkt ein Produkt des primären Zielorgans (B) zurück auf die übergeordnete Instanz (A). Beim langen Rückkopplungsweg wirkt ein Produkt des sekundären Zielorgans (C) zurück auf alle vorgeschalteten Instanzen. Nur bei einer offenen Schleife gibt es keine Rückkopplungsprozesse (D).

Neuroendokrine Systeme

Es wurde bereits erwähnt, daß die Sekretion von Hormonen aus endokrinen Drüsen unter der Kontrolle von Neurohormonen steht, die in spezialisierten Nervenzellen (neurosekretorische Zellen) gebildet werden. Einige dieser **Neurohormone**, die aus dem **parvizellulären System** des basalen Hypothalamus stammen, regulieren die Sekretion diverser **glandotroper Hormone** (auf Drüsen einwirkende Hormone) aus der Adenohypophyse. Dagegen wirken Neurohormone, die von der Neurohypophyse freigesetzt werden, direkt auf Zielorgane ein; diese Neurohormone werden in neurosekretorischen Zellen des **magnozellulären Systems** im vorderen Teil des Hypothalamus gebildet. Diese enge Verbindung zwischen dem Nervensystem und dem endokrinen System ist die morphologische Grundlage für einen sogenannten **neuroendokrinen Reflexbogen** (Abb. 9.3). Die neurosekretorischen Zellen des Hypothalamus reagieren auf verschiedene Reize (z.B. mechanischer Art, wie Saugen an den Zitzen), die über Nervenbahnen an das ZNS und letztlich an den Hypothalamus gemeldet werden. Dies stimuliert zum einen die Bildung der Hormone in den neurosekretorischen Zellen, zum anderen die Freisetzung von Neurohormonen. Die **Hypophyse** (Hirnanhangsdrüse) ist ein kleines Anhängsel des Hypothalamus. Es handelt sich bei ihr um eine zusammengesetzte Drüse, da sie entwicklungsgeschichtlich betrachtet aus zwei unterschiedlichen Organanlagen besteht. Die **Adenohypophyse** (Hypophysenvorderlappen) ist ein Derivat der ektodermalen Mundbucht, die **Neurohypophyse** (Hypophysenhinterlappen) eine Ausstülpung des basalen Diencephalons (Hypothalamus). Im ausdifferenzierten Zustand steht das gesamte Organ über den Hypophysenstiel mit dem Hypothalamus in Verbindung (Abb. 9.5). Da die Hypophyse insgesamt neun Hormone freisetzt, nimmt sie eine Schlüsselposition im endokrinen System ein.

Obwohl normale Nervenzellen und die meisten neurosekretorischen Zellen im Prinzip gleich gebaut sind, gibt es doch einige wichtige Unterschiede:
– Die sekretorischen Vesikel, welche die Neurohormone enthalten, sind ca. 100–400 nm groß; präsynaptische Vesikel, die Neurotransmitter enthalten, sind dagegen nur ca. 30–60 nm groß (Abb. 9.4).
– Normale Nervenzellen verfügen über schnelle und langsame axonale Transportsysteme; neurosekretorische Zellen besitzen fast nur schnelle axonale Transportsysteme, welche die Neurohormonvesikel mit einer Geschwindigkeit von ca. 2,8 cm pro Tag befördern.
– Normale Nervenzellen treten an ihren Endigungen über Synapsen mit anderen Nervenzellen in Verbindung; die Axone neurosekretorischer Zellen enden in einem Kapillarbett und bilden hier ein sogenanntes

mon selbst oder ein direkt durch dieses Hormon hervorgerufener Effekt direkt auf die vorgeschaltete Instanz zurück und vermindert die Sekretion des Hormons. Der lange Rückkopplungsweg folgt dem gleichen Prinzip, es sind lediglich mehrere Instanzen beteiligt.

Wird eine extrem schnelle Reaktion benötigt, dann kann eine positive Rückkopplung die Antwort beschleunigen; das bedeutet: ein Hormon stimuliert direkt oder indirekt seine eigene Sekretion. Positive Rückkopplungsprozesse treten häufig zu Beginn einer Reaktion auf, z.B. bei der Kontrolle der Fortpflanzungszyklen bei Vertebraten (und möglicherweise auch bei Evertebraten). Hier müssen hormonelle Antworten schnell erfolgen (z.B. ansteigende Titer des luteinisierenden Hormons, das die Ovulation auslöst). Letztendlich muß eine solche positive Rückkopplung aber auch wieder beendet werden, damit das Gleichgewicht auf Dauer erhalten bleibt.

332 9. Chemische Botenstoffe und Regulatoren

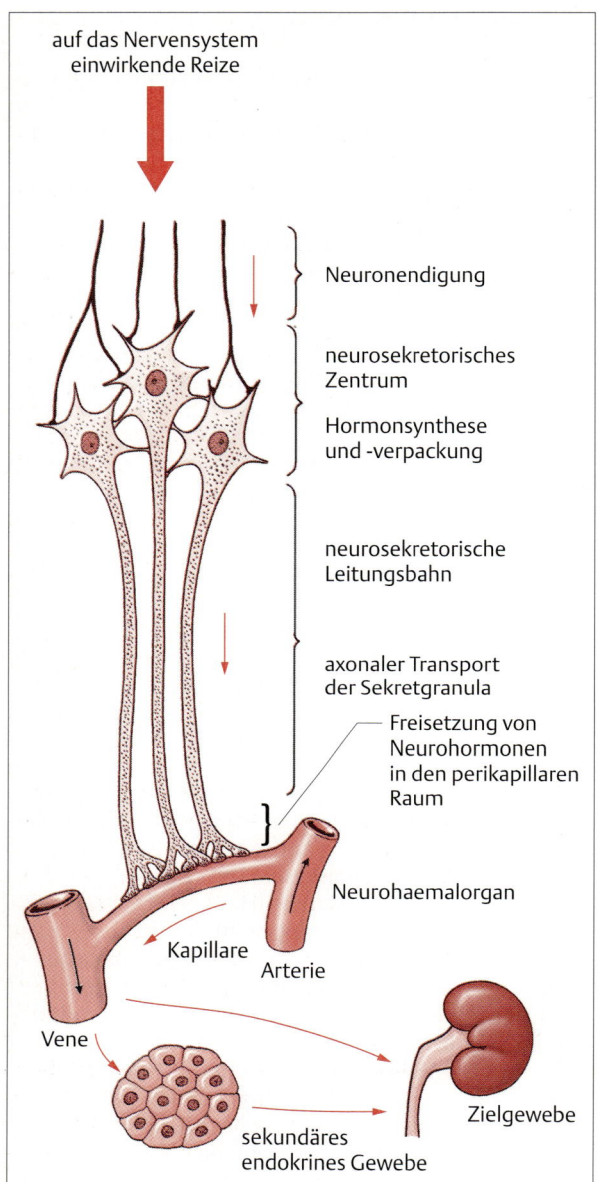

Abb. 9.3 Organisation eines neurosekretorischen Systems. Neurohormone werden in den Somata neurosekretorischer Zellen gebildet und axonal zu einem Geflecht von Kapillaren transportiert, wo Axonendigungen und Kapillaren ein Neurohaemalorgan bilden. Hier treten die Hormone in das Kreislaufsystem über. Einige Neurohormone (z. B. Oxytocin) wirken dann direkt auf Zielorgane ein, andere wirken über die Aktivierung nachgeschalteter endokriner Drüsen, die ihrerseits Hormone freisetzen und dann Zielorgane aktivieren oder inhibieren.

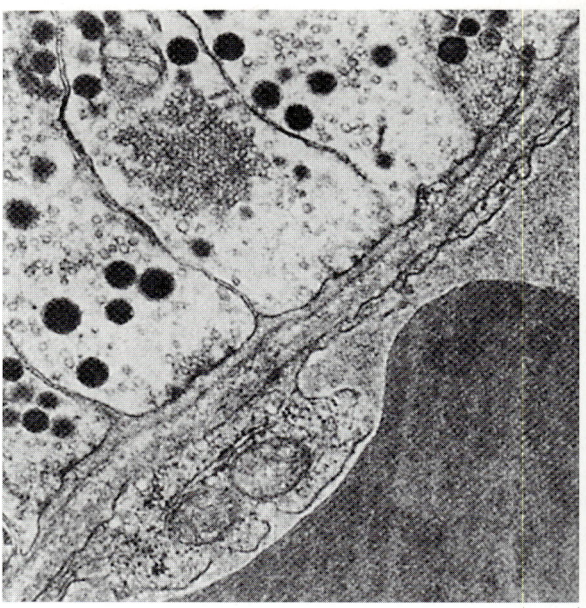

Abb. 9.4 Neurotransmitter-Vesikel im Transmissions-Elektronenmikroskop. Das Bild zeigt einen Ausschnitt aus der Neurohypophyse des Hamsters. Die sekretorischen Vesikel in neurosekretorischen Axonen sind sehr viel größer als Vesikel in normalen präsynaptischen Neuronen, die Neurotransmitter enthalten. Die großen, dunklen Punkte stellen die sekretorischen Vesikel (oder Granula) dar. Die Axone enden an einer endothelialen Basalmembran, welche die Nervenendigungen von der perforierten Kapillarwand trennt. Beim großen dunklen Objekt unten rechts handelt es sich um ein rotes Blutkörperchen in einer Kapillare.

Neurohaemalorgan (Abb. 9.3). An den Axonendigungen werden die Neurohormone in den interstitiellen Raum abgegeben, diffundieren von hier in die Kapillaren und werden über das Kreislaufsystem zu den Zielorten transportiert.

Hypothalamische Kontrolle der Adenohypophyse

Die sekretorische Tätigkeit der endokrinen Zellen der Adenohypophyse wird durch mindestens sieben Hormone des Hypothalamus reguliert (Tab. 9.**2**). Vier davon sind abgabestimulierende Hormone (**Releasing-Hormone** oder **Releasing-Faktoren**, RH bzw. RF), drei sind abgabehemmende Hormone (**Releasing-Inhibiting-Hormone** oder **Inhibiting-Hormone**, IH). Sie werden von neurosekretorischen Zellen des sog. parvizellulären Systems im Hypothalamus produziert. Die Axone der neurosekretorischen Zellen enden im Bereich der Eminentia mediana am Boden des Hypothalamus (Abb. 9.**5**).

Neuroendokrine Systeme

Tab. 9.2 Releasing-Hormone des Hypothalamus, welche die Abgabe von Hormonen aus der Adenohypophyse beeinflussen

Hormon	Struktur	Primärwirkung bei Säugern	Regulation
Stimulatoren			
Corticotropin-Releasing Hormon (CHRH)	Peptid	stimuliert ACTH-Freisetzung	stressorenreicher neuraler Input erhöht Sekretion; ACTH hemmt Sekretion
TSH-Releasing-Hormon (TRH)	Peptid	stimuliert TSH- und Prolactin-Freisetzung	tiefe Körpertemperaturen induzieren Sekretion; Schilddrüsenhorme hemmen Sekretion
GH-Releasing-Hormon (GRH)	Peptid	stimuliert GH-Freisetzung	Hypoglykämie stimuliert Sekretion
Gonadotropin-Releasing-Hormon (GnRH)	Peptid	stimuliert Freisetzung von FSH und LH	beim männlichen Geschlecht stimuliert ein niedriger Testosterongehalt im Blut die Sekretion; beim weiblichen Geschlecht stimulieren neuraler Input und erniedrigte Östrogenspiegel die Sekretion, hohe Blut-FSH oder -LH-Titer hemmen die Sekretion
Inhibitoren			
GH-Inhibitor-Hormon (GIH) oder Somatostatin	Peptid	hemmt GH-Freisetzung und die vieler anderer Hormone (z.B. TSH, Insulin, Glucagon)	Bewegung löst Sekretion aus, Hormon wird im Körpergewebe schnell inaktiviert
PRL-Inhibiting Hormon (PIH)	Amin	hemmt Prolactin-Freisetzung	hoher Prolactinspiegel erhöht Sekretion; Östrogen, Testosteron und neurale Stimuli (Saugen) hemmen Sekretion
MSH-Inhibiting Hormon (MIH)	Peptid	hemmt MSH-Freisetzung	Melatonin stimuliert Sekretion

ACTH = Adrenocorticotropes Hormon; FSH = Follikel-stimulierendes Hormon; GH = Wachstumshormon; LH = luteinisierendes Hormon; MSH = Melanophoren-stimulierendes Hormon; TSH = Thyreoidea-stimulierendes Hormon

Alle diese Hormone (bis auf eines) sind Polypeptide (Box 9.1). Die Entdeckung der Releasing-Hormone war eines der bedeutendsten Ereignisse in der Geschichte der Vertebraten-Endokrinologie. Sie eröffnete ein ganz neues Forschungsgebiet, das die Aufklärung des Zusammenspiels der endokrinen Funktionen zum Ziel hat.

Seit den dreißiger Jahren ist bekannt, daß die Kapillaren, die das Blut vom neurosekretorischen Gewebe zur Adenohypophyse bringen, in der Eminentia mediana zu einer Art Netz (**Primärplexus**) zusammenlaufen. In der Adenohypophyse bilden die Kapillaren erneut ein Kapillarnetz (**Sekundärplexus**), bevor sie letztlich in das Venensystem übergehen. Dieses Pfortadersystem erleichtert die chemische Kommunikation zwischen Hypothalamus und Adenohypophyse, indem es die hypothalamischen Neurohormone direkt ins Interstitium der Adenohypophyse transportiert (Abb. 9.5). In der Adenohypophyse kommen die Releasing-Hormone mit den endokrinen Zellen in Kontakt, welche die sieben Hormone des Hypophysenvorderlappens abgeben, und stimulieren oder hemmen deren Sekretionstätigkeit. Diese unmittelbare Verbindung zwischen Hypothalamus und Adenohypophyse hat zur Folge, daß das Releasing-Hormon (RH) oder das Inhibiting-Hormon (IH) in sehr geringen Konzentrationen wirken kann. Gelangen diese Hormone einmal in den Kreislauf, dann bewirkt der Verdünnungseffekt, daß sie unwirksam werden; zudem werden sie innerhalb weniger Minuten enzymatisch abgebaut.

Der erste physiologische Nachweis für die neurohumorale Kontrolle der Adenohypophyse wurde in den späten 50er Jahren mit der Entdeckung einer Substanz gemacht, welche die Abgabe des **adrenocorticotropen Hormons** (ACTH) aus dem Hypophysenvorderlappen stimuliert. Dieser Substanz, die man aus der Extraktion Tausender von Schweinegehirn-Hypothalami erhielt, gab man den Namen **Corticotropin-Releasing-Hormon** (CRH). Winzige Mengen des CRH werden von neurosekretorischen Zellen des Hypothalamus freigesetzt, wenn diese durch einen neuronalen Input als Antwort auf eine Vielzahl von auf den Organismus einwirkenden belastenden Reizen (z.B. Kälte, Schreck, anhaltender Schmerz) erregt werden. ACTH wird daraufhin von der Adenohypophyse abgegeben und gelangt über den Kreislauf zur Nebennierenrinde. Hier wird die Abgabe der Glucocorticoide stimuliert.

Die glandotropen Hormone der Adenohypophyse

Die Adenohypophyse besteht aus Pars distalis, Pars tuberalis und Pars intermedia (Abb. 9.5). Bei Säugern werden sechs Hormone von der Pars distalis und ein Hor-

Box 9.1 Peptidhormone

Ein interessantes Beispiel für den Opportunismus der biochemischen Evolution wird an der Struktur und Verbreitung einer Gruppe von Hormonen und Neurotransmittern deutlich, die aus kurzen Aminosäureketten bestehen. Sie können aus drei bis ca. 40 Aminosäureresten zusammengesetzt sein (Abb.) und werden als Peptidhormone bezeichnet. Sie sind in tierischen Organismen (einschließlich des Menschen) weit verbreitet. Wir finden Peptidhormone sowohl im Eingeweidegewebe (s. Kap. 15) als auch im zentralen Nervensystem (s. Kap. 6). So findet man z.B. Insulin und Somatostatin, die ursprünglich in der Bauchspeicheldrüse entdeckt wurden, auch in hypothalamischen Neuronen. Das hypothalamische Thyreotropin-Releasing-Hormon (TRH), das in der Adenohypophyse die Freisetzung des Schilddrüsen-stimulierenden Hormons (TSH) bewirkt, wurde kürzlich in Neunaugen (die kein TSH produzieren) und in Schnecken (die weder eine Schilddrüse noch eine Hypophyse besitzen) entdeckt. Viele andere Evertebraten besitzen ebenfalls TRH.

Zunächst glaubte man, daß Peptidhormone nur in den Eingeweidegeweben der Säuger vorkommen. Als man sie dann in den 70er Jahren auch in verschiedenen zentralnervösen Strukturen entdeckte, war das zunächst eine Überraschung. Heute ist das Konzept der „Gehirn-Eingeweide-Hormone" nicht mehr neu. Wir haben uns an den Gedanken gewöhnt, daß ein regulatorisches Molekül, das von einem Gen kodiert wird und in einem bestimmten Gewebe eine Aufgabe erfüllt, in einem anderen Gewebe eine völlig andere Funktion haben kann. Es sei daran erinnert, daß die Wirkung eines Hormons von der Enzymkaskade oder auch den Effektormolekülen abhängt, die durch dieses Hormon aktiviert werden.

Eine wichtige Eigenart der Peptidhormone ist, daß sie in abweichenden Formen sowohl innerhalb eines Individuums, aber auch in taxonomisch völlig verschiedenen Gruppen gebildet werden. Dies gilt besonders für die zyklischen Nonapeptide (z.B. Vasopressin und Oxytocin; s. Tab. 9.4, S. 338). Ein weiteres Beispiel ist das Cholecystokinin, das im Verdauungstrakt der Säuger vorkommt und aus 33, 39 oder 58 Aminosäureresten bestehen kann. Kleine Fragmente aus vier bis acht Aminosäureresten, die dem Carboxylterminus des Cholecystokinins entsprechen, wurden im Gehirn entdeckt.

TRH GLU–HIS–PRO–NH$_2$

GnRH GLU–HIS–TRP–SER–TYR–GLY–LEU–ARG–PRO–GLY–NH$_2$

Somatostatin ALA–GLY–CYS–LYS–ASN–PHE–PHE–TRP–LYS
NH$_2$–CYS–SER–THR–PHE–THR
(CYS–CYS-Disulfidbrücke)

Leu-Enkephalin TYR–GLY–GLY–PHE–LEU–NH$_2$

Substanz P ARG–PRO–LYS–PRO–GLN–GLN–PHE–PHE–GLY–LEU–MET–NH$_2$

VIP HIS–SER–ASP–ALA–VAL–PHE–THR–ASP–ASN–TYR–THR–ARG–LEU–SER–ASN–LEU–TYR–LYS–LYS–VAL–ALA–MET–GLN–LYS–ARG–ILE–LEU–ALA–NH$_2$

Cholecystokinin (Gehirn) ASP–TYR–MET–GLY–TRP–MET–ASP–PHE–NH$_2$

Peptidhormone variieren in der Länge der Aminosäurekette. Einige repräsentative Peptidhormone sind hier dargestellt. Die oberen drei sind Releasing-Hormone, die von hypothalamischen Neuronen gebildet werden. Die unteren vier sind sog. „Gehirn-Eingeweide-Hormone". Die Kreise stehen für die Aminosäurereste, die entsprechend der internationalen Konvention abgekürzt sind (s. Tab. 3.7). TRH = TSH-Releasing-Hormon; GnRH = Gonadotropin-Releasing-Hormon; VIP = Vasoaktives Intestinalpeptid.

Abb. 9.5 Die Abgabe von Hormonen aus der Primatenhypophyse wird vom Hypothalamus kontrolliert. Der vordere Teil der Hypophyse (Adenohypophyse) besteht aus der Pars distalis, der Pars intermedia und der Pars tuberalis (hier nicht dargestellt; sie besteht aus einer dünnen Lage von Zellen, die den Hypophysenstiel umgibt). Die Adenohypophyse ist ein Derivat der ektodermalen Mundbucht und enthält nichtneurales Drüsengewebe. Sie ist eine echte endokrine Drüse. Der hintere Teil der Hypophyse (Neurohypophyse) ist dagegen eine Ausstülpung des Gehirns und besteht aus modifiziertem Nervengewebe. Sie ist nur ein Speicherorgan für an anderer Stelle (im Hypothalamus) gebildete Neurohormone. Releasing oder Releasing-Inhibiting-Hormone des parvizellulären Systems des Hypothalamus treten im Bereich der Eminentia mediana in das Hypothalamus-Hypophysen-Pfortadersystem ein und werden von hier in die Adenohypophyse transportiert. Hier fördern oder hemmen sie die Bildung glandotroper Hormone. Die Neurohormone des magnozellulären Systems des Hypothalamus werden axonal in die Neurohypophyse transportiert und treten hier an der Verbindung von Axonende und Kapillare in das Kreislaufsystem über.

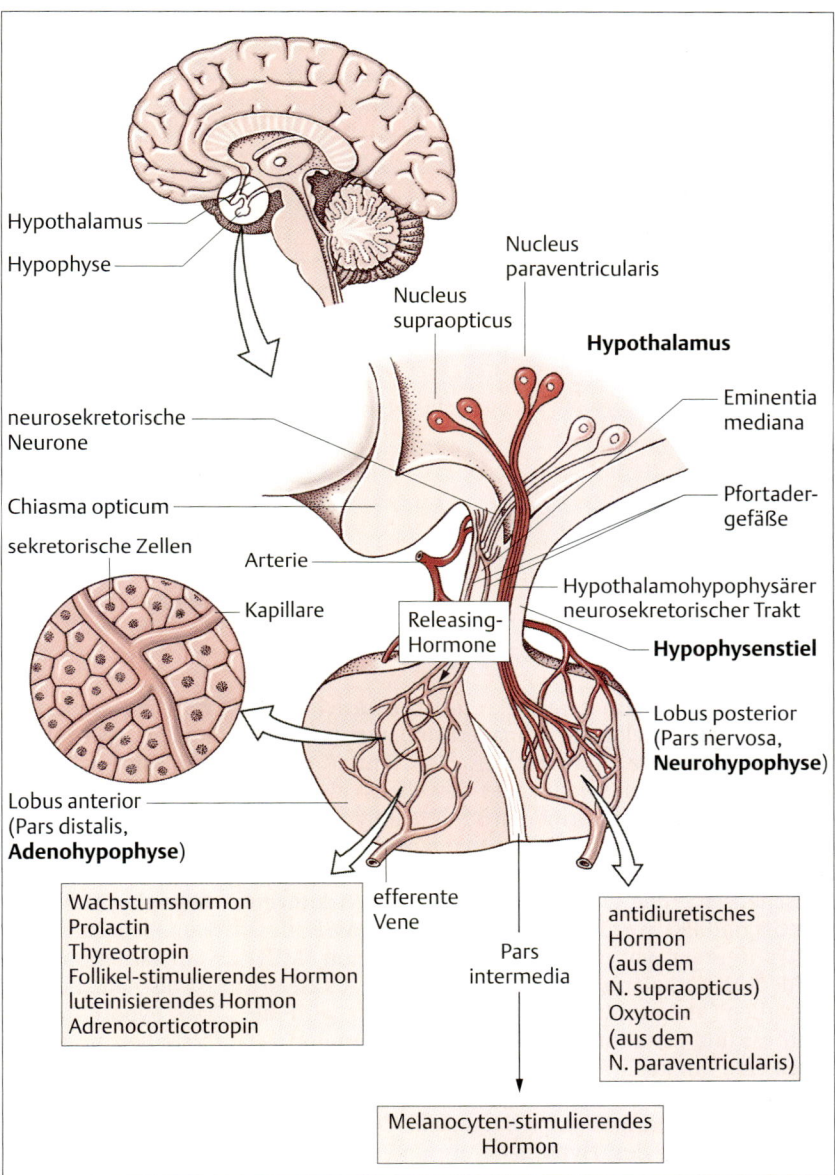

mon von der Pars intermedia gebildet. Die hormonbildenden Zellen des Vorderlappens sind einander ziemlich ähnlich, können aber in zwei histochemisch verschiedene Typen unterteilt werden:
- **Acidophile Zellen**, die sich mit säurehaltigen Farbstoffen rot oder orange färben lassen; sie produzieren das **Wachstumshormon** (GH, auch **Somatotropin** genannt) und **Prolactin** (PRL).
- **Basophile Zellen** lassen sich mit basischen Farbstoffen blau anfärben; sie produzieren ACTH, **Schilddrüsen-stimulierendes-Hormon** (TSH), **Melanocyten-stimulierendes-Hormon** (MSH), **luteinisierendes Hormon** (LH) und **Follikel-stimulierendes-Hormon** (FSH).

ACTH, TSH, FSH und LH haben primär tropische Wirkungen (Tab. 9.**3**), d.h. sie wirken auf nachgeschaltete endokrine Drüsen (z.B. Schilddrüse, Gonaden und Nebennie-

Tab. 9.3 Trope Hormone der Adenohypophyse

Hormon	Struktur	Zielgewebe	Primärwirkungen in Säugern	Regulation
Adrenocorticotropin (ACTH)	Peptid	Nebennierenrinde	erhöht die Steroidgenese und Sekretion in der Nebennierenrinde	Corticotropin-Releasing-Hormon (CRH): CRH-Sekretion stimuliert die Freisetzung, ACTH vermindert die Freisetzung von CRH
schilddrüsenstimulierendes Hormon (TSH)	Glykoprotein	Schilddrüse	erhöht die Synthese und Sekretion von Schilddrüsenhormonen	TRH induziert Sekretion, Schilddrüsenhormone und Somatostatin vermindern die Freisetzung von TSG
follikelstimulierendes Hormon (FSH)	Glykoprotein	Samenkanälchen (männlich) bzw. Follikel (weiblich)	im männlichen Geschlecht: Erhöhung der Spermienproduktion; im weiblichen Geschlecht: Stimulierung der Follikelreifung	GnRH stimuliert die Freisetzung, Inhibin und die Sexualhormone beeinträchtigen die Ausschüttung von FSH
luteinisierendes Hormon (LH)	Glykoprotein	interstitielle Zellen des Ovars (weiblich) bzw. der Hoden (männlich)	im weiblichen Geschlecht: induziert die endgültige Reifung des Follikels, die Östrogensekretion, die Ovulation, die Bildung des Corpus luteum und die Progesteronsekretion; im männlichen Geschlecht: Erhöhung des Synthese und Sekretion von Androgenen	GnRH stimuliert die Freisetzung, Inhibin und die Sexualhormone beeinträchtigen die Ausschüttung von LH

renrinde) und steuern deren sekretorische Aktivität. LH und FSH, deren Zielort die Gonaden sind, werden auch als **Gonadotropine** zusammenfaßt. Der Einfluß dieser tropen Hormone auf somatisches Gewebe ist also indirekt. Bei den anderen Hormonen der Adenohypophyse – GH, PRL und MSH – handelt es sich um direkt wirkende Hormone, d.h. sie beeinflussen ihre Zielgebiete ohne Zwischenschaltung weiterer Hormone. Die Wirkungen von GH und PRL werden später besprochen. MSH, dessen Freisetzung von einem Inhibiting-Hormon (MIH) aus dem Hypothalamus kontrolliert wird, hat als Zielort Farbzellen (**Melanophoren**) in der Haut. Hier wird die Synthese und Verteilung von **Melanin** gesteuert und dadurch eine Dunkelfärbung der Haut hervorgerufen.

Die Beziehungen zwischen Hypothalamus und Adenohypophyse sind in Abb. 9.**6** dargestellt. Die drei Inhibiting-Hormone des Hypothalamus unterdrücken in der Adenohypophyse die Freisetzung von MSH, PRL und GH. Die Freisetzung von GH wird zusätzlich durch ein Releasing-Hormon bewirkt. Beachte in der Abbildung die kurzen und langen Rückkopplungswege.

Die Neurohormone der Neurohypophyse

Die Neurohypophyse, auch als Pars nervosa bezeichnet, speichert und setzt zwei Neurohormone frei, das **antidiuretische Hormon** (ADH) auch **Vasopressin** genannt, und **Oxytocin**. Diese neurohypophysären Hormone werden in zwei Kerngebieten der vorderen hypothalamischen Region gebildet, dem Nucleus supraopticus und dem Nucleus paraventricularis (bei den Anamniern der Nucleus praeopticus). Diese Kerngebiete werden auch als magnozelluläres System des endokrinen Hypothalamus bezeichnet (Abb. 9.5). Die Neurohormone, die in den Zellkörpern synthetisiert und verpackt werden, werden innerhalb der Axone des **hypothalamisch-hypophysären-Traktes** zu den Nervenendigungen im Hypophysenhinterlappen transportiert, wo sie in ein Kapillarnetz abgegeben werden. Die Neurohypophyse ist also auch ein Beispiel für ein **Neurohaemalorgan**. Das hypothalamo-neurohypophysäre System war das erste bekannte Beispiel einer **Neurosekretion** bei Vertebraten.

Bei den Neurohormonen des magnozellulären Systems, ADH und Oxytocin, handelt es sich um aus neun Aminosäuren bestehende Peptide. Sie werden auch als **zyklische Nonapeptide** bezeichnet, da zwischen zwei Cystein-Resten eine Disulfidbrücke ausgebildet ist, die dem Molekül eine ringförmige Struktur verleiht. Beide Nonapeptide haben einen mäßigen Einfluß auf die Kontraktion der glatten Muskulatur in den Arteriolen und im Uterus (Abb. 9.7). Die bekannteste Funktion des Oxytocins bei Säugern ist die Aktivierung der Uteruskontraktionen während des Geburtsvorganges und die Aktivierung der Milchabgabe aus den Brustdrüsen; bei Vögeln regt es die Motilität des Oviduktes an. Die Hauptaufgabe von ADH liegt darin, die Wasserreabsorption in der Niere anzuregen.

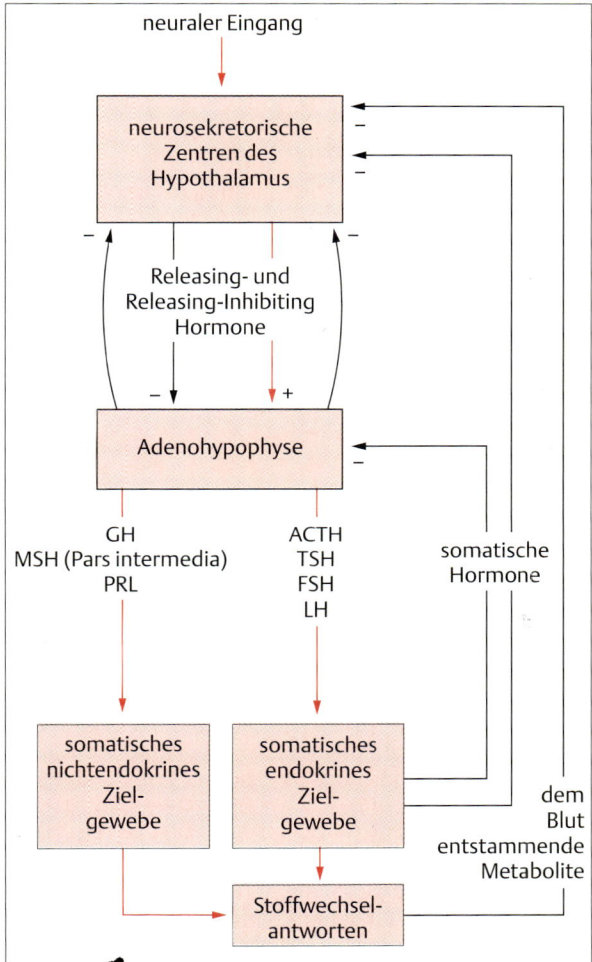

Abb. 9.6 Regulation der adenohypophysären Hormon-Sekretion. Die Freisetzung der adenohypophysären Hormone wird von hypothalamischen Releasing- oder auch Releasing-Inhibiting-Hormonen reguliert und durch Rückkopplungsprozesse moduliert. Wachstumshormon (GH), Melanocyten-stimulierendes-Hormon (MSH) und Prolactin (PRL) wirken direkt auf nichtendokrines somatisches (nichtneurales) Gewebe ein. Die tropen Hormone – adrenocorticotropes Hormon (ACTH), Schilddrüsen-stimulierendes-Hormon (TSH), Follikel-stimulierendes-Hormon (FSH) und luteinisierendes Hormon (LH) – stimulieren die Aktivität nachgeschalteter endokriner Drüsen. In diesen werden die somatischen Hormone gebildet, die negative Rückkopplungen auf die neurosekretorischen Zellen des Hypothalamus zeigen (in einigen Fällen auch auf die entsprechenden Zellen der Adenohypophyse). Einige Effekte metabolischer Antworten (z.B. der Blutzuckerspiegel) können ebenfalls auf die hypothalamischen Zentren rückwirken und damit eine zusätzliche negative Rückkopplung bewirken.

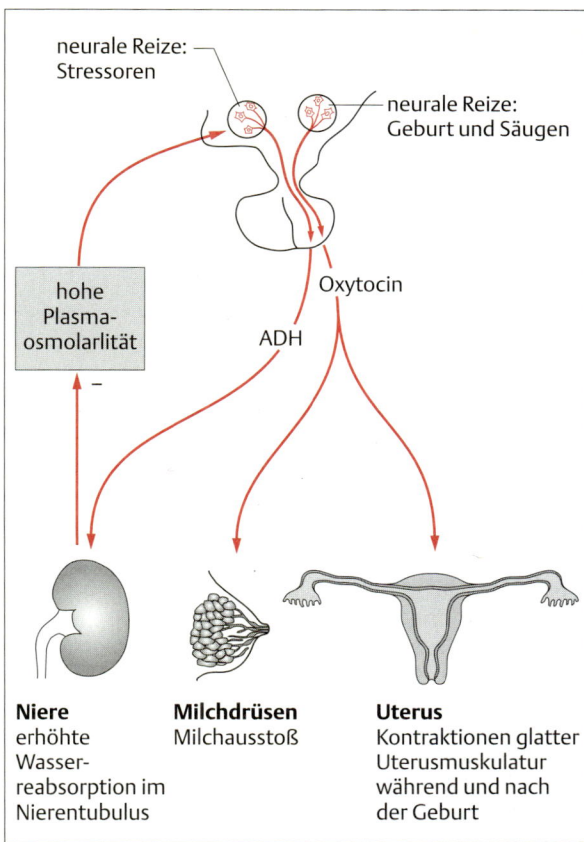

Abb. 9.7 Zielorgane der Neurohypophyse. Die beiden Hormone, die in der Neurohypophyse freigesetzt werden, agieren vor allem im Bereich der Reproduktion (Oxytocin) und der Regulation des Wasserhaushaltes (antidiuretisches Hormon, ADH). Osmorezeptoren im Hypothalamus, Barorezeptoren in der Aorta und exterorezeptiver sensorischer Input beeinflussen die Bildung des ADH. Hohe Plasmaosmolalität und niedriger Blutdruck (hervorgerufen z.B. durch ein geringes Blutplasmavolumen) stimulieren den ADH-Ausstoß. Oxytocin wird z.B. während einer Arbeitsbelastung und während des Stillens ausgeschüttet.

Die Nonapeptide sind hinsichtlich der molekularen Evolution von Interesse. Oxytocin und Arginin-Vasopressin der Säuger unterscheiden sich nur in den Positionen 3 und 8 ihrer Aminosäuresequenz. Vergleicht man die Aminosäurezusammensetzung der Nonapeptide bei verschiedenen Vertebraten, findet man lediglich in den Positionen 3, 4 und 8 Substitutionen von Aminosäuren (Tab. 9.4). Die Abfolge der anderen Aminosäuren in dem Molekül ist dagegen konserviert, d.h. sie wurden niemals substituiert und scheinen für die Funktion der Hormone wesentlich zu sein. Die austauschbaren Aminosäuren scheinen dagegen keine essentielle funktio-

Tab. 9.4 Einige der in verschiedenen Tiergruppen gefundenen neurohypophysären zyklischen Nonapeptide

Peptid	Lage der Aminosäurereste*									Tiergruppe
	1	2	3	4	5	6	7	8	9	
Oxytocin	Cys	Tyr	Ile	Gln	Asn	Cys	Pro	Leu	Gly — (NH$_2$)	Säuger
Arginin-Vasopressin	Cys	Tyr	Phe	Gln	Asn	Cys	Pro	Arg	Gly — (NH$_2$)	Säuger
Lysin-Vasopressin	Cys	Tyr	Phe	Gln	Asn	Cys	Pro	Lys	Gly — (NH$_2$)	Schweine und Verwandte
Arginin-Vasotocin	Cys	Tyr	Ile	Gln	Asn	Cys	Pro	Arg	Gly — (NH$_2$)	alle Vertebratenklassen
Isotocin	Cys	Tyr	Ile	Ser	Asn	Cys	Pro	Ile	Gly — (NH$_2$)	einige Knochenfische
Mesotocin	Cys	Tyr	Ile	Gln	Asn	Cys	Pro	Ile	Gly — (NH$_2$)	Reptilien, Amphibien und Lungenfische
Glumitocin	Cys	Tyr	Ile	Ser	Asn	Cys	Pro	Gln	Gly — (NH$_2$)	einige Knorpelfische

* Cysteinreste in den Positionen 1 und 6 jedes Peptids sind durch eine Disulfidbrücke miteinander verbunden.
Nach Frieden und Lipner, 1971

nelle Bedeutung zu besitzen. Sie bringen lediglich die essentiellen Aminosäurereste in eine Position, die für die biologische Aktivität der Nonapeptide wichtig ist.

Innerhalb ihrer jeweiligen neurosekretorischen Zellen werden die beiden neurohypophysären Nonapeptide im Verhältnis 1:1 an cysteinreiche Proteine, die **Neurophysine**, kovalent gebunden; die zwei Hauptkomponenten bezeichnet man als Neurophysin I und Neurophysin II. Oxytocin ist mit Neurophysin I verbunden, Vasopressin (ADH) mit Neurophysin II. Neurophysine haben keine Hormonwirkung, obwohl sie mit den beiden Hormonen zusammen abgegeben werden. Man vermutet, daß der Neurophysin-Hormonkomplex bei der Abgabe ins Blut auf enzymatischem Wege gespalten wird und dabei das aktive Nonapeptid und Neurophysin freigesetzt werden. Die Neurophysine könnten als **Speicherproteine** dienen, welche die Hormone in den Sekretgranula bis zu deren Abgabe zurückhalten und vor frühzeitigem Abbau schützen.

Molekulare Wirkungsmechanismen von Hormonen auf der Zellebene

Wie bereits erwähnt, wirken Hormone am Zielort, indem sie an spezifische Rezeptoren binden, die entweder an der Zelloberfläche oder im Cytoplasma der Zielzellen lokalisiert sind. Die meisten **hydrophoben** (fettlöslichen) Hormone, wie z.B. Steroide und Schilddrüsenhormone, können ohne weiteres die Zellmembran durchdringen und an cytoplasmatische Rezeptoren der Zielzellen andocken. Im Gegensatz dazu können **hydrophile** (fettunlösliche) Hormone die Zellmembran nicht durchdringen; sie binden an Rezeptormoleküle an der Zelloberfläche.

Der intrazelluläre Wirkungsmechanismus eines Hormons hängt davon ab, ob es an einen cytoplasmatischen oder an einen membranständigen Rezeptor ankoppelt (Abb. 9.8):
– Fettlösliche Hormone binden an cytoplasmatische Rezeptoren. Dieser Hormon-Rezeptor-Komplex wandert in den Zellkern und beeinflußt hier die Transkription der DNA; die so hervorgerufenen Effekte sind in der Regel lang anhaltend.
– Fettunlösliche Hormone binden an membranständige Rezeptoren; hierdurch wird im Zellinneren die Bildung von Second messengern ausgelöst. Das Hormonsignal wird dadurch zum einen verstärkt, zum anderen werden durch die Aktivierung von **Effektorproteinen** (z.B. Enzymen) schnelle Antworten ermöglicht, die häufig nur kurzfristig wirken.

Die Prostaglandine bilden in diesem Zusammenhang eine Ausnahme und bestätigen dadurch die Regel, daß nicht das Hormon, sondern die Art des Rezeptors den molekularen Wirkungsmechanismus bestimmt. Obwohl fettlöslich, binden Prostaglandine an membranständige Rezeptoren und rufen dadurch schnelle, kurzfristige Wirkungen hervor, ähnlich denen, die fettunlösliche Hormone auslösen. Die Eigenschaften der meisten fettlöslichen und fettunlöslichen Hormone sind in Tab. 9.5 zusammengefaßt.

Fettlösliche Hormone und cytoplasmatische Rezeptoren

Die fettlöslichen Steroide und die Schilddrüsenhormone werden im Blutstrom an **Trägerproteine** gebunden transportiert. Ohne diese Trägerproteine könnten in diesem wässerigen Medium nur geringe Mengen dieser

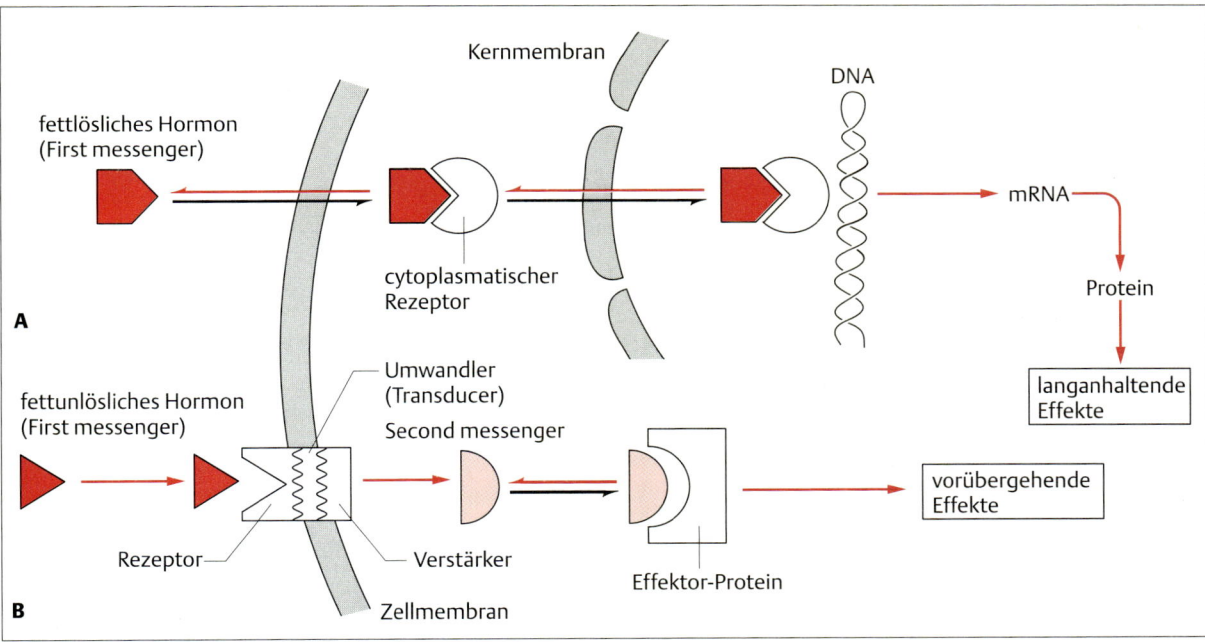

Abb. 9.8 Wirkungsmechanismen fettlöslicher und fettunlöslicher Hormone. A Die meisten fettlöslichen Hormone können Zellmembranen ungehindert durchdringen und an einen intrazellulären Rezeptor binden. Dieser Hormon-Rezeptor-Komplex wird in den Zellkern transportiert und beeinflußt hier die genetische Aktivität. **B** Fettunlösliche Hormone binden an membranständige Rezeptoren. Über eine Kaskade wird an der Innenwand der Zellmembran die Bildung eines Second messengers induziert, der sich seinerseits mit anderen Molekülen zu einem Komplex verbindet. Prostaglandine bilden eine Ausnahme: obwohl sie fettlöslich sind, binden sie an membranständige Rezeptoren (Modell von M. J. Berridge).

Tab. 9.5 Vergleich fettlöslicher und fettunlöslicher Hormone

Eigenschaft	fettlöslich		fettunlöslich	
	Steroide	Schilddrüsenhormome	Peptide und Proteine	Catecholamine
Rückkopplungsprozesse bei der Biosynthese	ja	ja	ja	ja
Bindung an Trägerproteine im Plasma	ja	ja	kaum	nein
Biologische Halbwertzeit im Blut	Stunden	Tage	Minuten	Sekunden
Wirkungsdauer	Stunden bis Tage	Tage	Minuten bis Stunden	Sekunden oder kürzer
Lage des Rezeptors	Cytosol oder Kern	Kern	Zellmembran	Zellmembran
Wirkungsmechanismus	differentielle Genaktivierung		Bindung eines Hormons aktiviert ein Second-Messenger-System oder Enzyme	Bindung eines Hormons verändert Membranpotentiale, wodurch Second-Messenger-Systeme aktiviert werden

Nach Smith u. Mitarb., 1983

Hormone transportiert werden. Zudem würden sie sofort mit den im Blutplasma vorhandenen Lipiden interagieren. Durch die Bindung an Trägerproteine können sehr viel größere Mengen dieser Hormone im Blut transportiert werden. Die Bindungsaffinitäten der Hormone zu den verschiedenen Trägerproteinen sind so abgestimmt, daß die Hormone an die Zielorgane in genügender Mengen abgegeben werden können.

Löst sich ein fettlösliches Hormon von seinem Träger, kann es in Zellen hinein und wieder hinaus diffundieren. Nur in Zielzellen werden die Hormone durch ihre Rezeptoren zurückgehalten. Dort bilden sie einen **Hormon-Rezeptor-Komplex**, der in den Zellkern wandert (Abb. 9.9A). In den 60er Jahren zeigten autoradiographische Untersuchungen, daß sich Steroide nur in den Kernen von Zielzellen, nicht aber in denen anderer Zellen ansammeln. Diese spezifische Anhäufung erfolgt sehr schnell und hält auch nach dem Verschwinden des markierten Steroidhormons aus dem Kreislauf noch eine bestimmte Zeit an. Diese Ergebnisse ließen vermuten, daß spezifische steroidhormonbindende Moleküle innerhalb der Zielzellen vorhanden sein müssen, welche den Nichtzielzellen fehlen.

Tatsächlich wurden solche Rezeptormoleküle gefunden. Man fraktionierte dazu ein mit markiertem Hormon inkubiertes Zielgewebe und trennte einzelne Komponenten mit verschiedenem Molekulargewicht durch eine Saccharose-Dichtegradienten-Zentrifugation voneinander. Der Hormon-Rezeptor-Komplex konnte über das radioaktiv markierte Hormon isoliert werden. Roger Gorski und seine Mitarbeiter (1979) identifizierten auf diesem Wege den **Östradiolrezeptor**, indem sie radioaktiv markiertes Östradiol und den Rattenuterus als Zielgewebe benutzten. Der Rezeptor erwies sich als Pro-

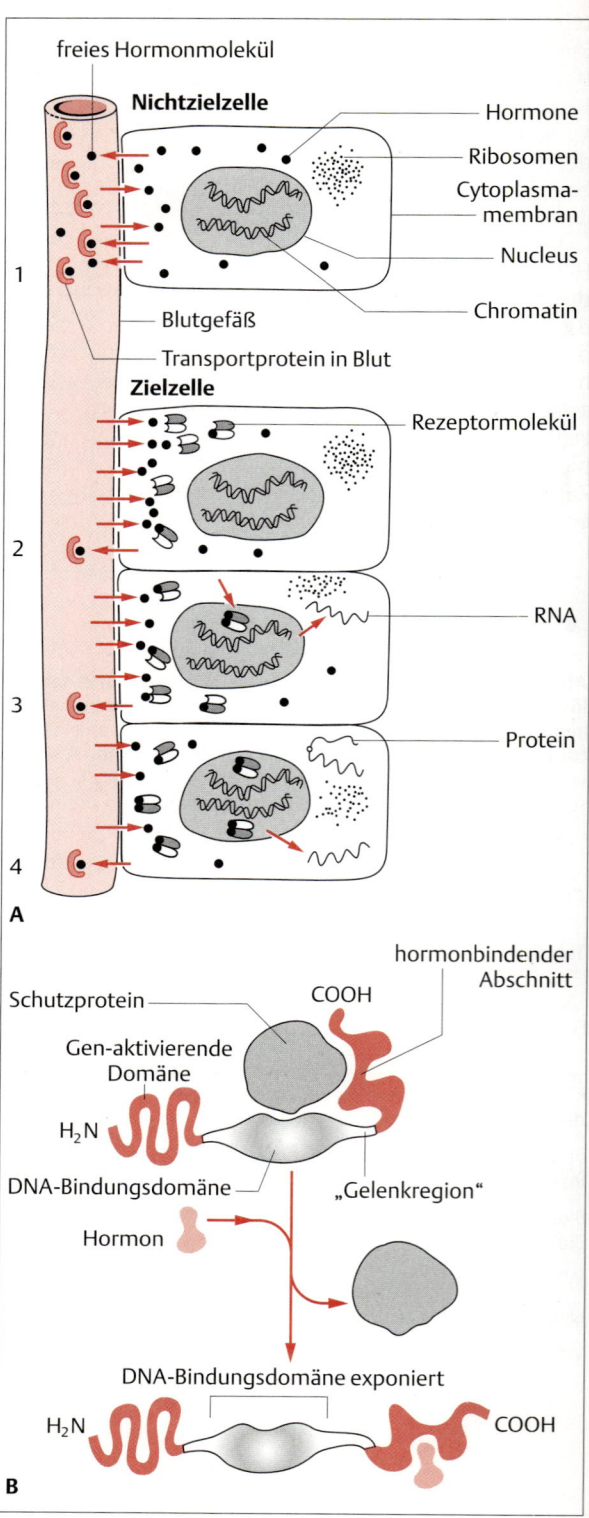

Abb. 9.9 Wirkungsmechanismen fettlöslicher Hormone. Steroid- und Schilddrüsenhormone gelangen aus dem Blutkreislauf in Zielzellen. Hier binden sie an spezifische Rezeptoren, die eine einheitliche Grundstruktur aufweisen, aber hormonspezifisch sind. **A** In Nichtzielzellen diffundieren die Hormone hinein und heraus, ohne einen Effekt zu erzielen (1). Zielzellen für Hormone enthalten spezifische cytoplasmatische Rezeptoren, die aus zwei Untereinheiten bestehen. In diesen Zielzellen werden die Hormone gebunden (2). Die Hormon-Rezeptorkomplexe werden in den Zellkern transportiert und stimulieren die Transkription spezifischer Gene (3). Die Information der gebildeten mRNAs wird an den Ribosomen in Proteine „übersetzt" (4). **B** Modell eines cytoplasmatischen Hormonrezeptors für fettlösliche Hormone. Im inaktiven Zustand ist der Rezeptor an ein Schutzprotein gebunden, das die DNA-Bindungsdomäne des Rezeptors blockiert. Bindet ein Hormon an den Rezeptor, dann dissoziiert das Schutzprotein – die DNA-Bindungsdomäne ist nun frei, und der Hormon-Rezeptor-Komplex wird in den Zellkern transportiert. (A nach O'Malley u. Schrader, 1976. B nach Alberts u. Mitarb., 1995).

teinmolekül mit einem Molekulargewicht von ungefähr 200000 Da. Der Rezeptor, der das Östradiol sehr fest bindet, war nur im Uterusgewebe, nicht in anderen Geweben vorhanden. Alle Substanzen, welche die Wirkung von Östradiol im Uterus nachahmen, wurden durch dieses Rezeptormolekül gebunden. Ähnliche Rezeptorproteine wurden seither in den Zielgeweben anderer fettlöslicher Hormone identifiziert.

Alle cytoplasmatischen Rezeptoren, die fettlösliche Hormone binden, besitzen eine gemeinsame **DNA-Bindungsdomäne** (Abb. 9.9 B). Ist kein Hormon vorhanden, dann sind diese Rezeptoren an **Schutzproteine** gebunden, welche die entsprechende DNA-Bindungsdomäne blockieren und damit inaktivieren. Bindet ein Hormon an den Rezeptor, dissoziiert das Schutzprotein vom Rezeptor, und dessen DNA-Bindungsdomäne wird exponiert. Wandert der Hormon-Rezeptor-Komplex in den Zellkern, dann kann dessen Bindungsdomäne mit der entsprechenden Protein-Bindungsregion der DNA in Kontakt treten und so die Transkription von Genen aktivieren. An den Ribosomen wird dann das Transkriptionsprodukt (mRNA) in ein Protein übersetzt. Da fettlösliche Hormone auf diesem Wege die Bildung bestimmter Proteine fördern oder auch hemmen, wirken sie über einen langen Zeitraum (Stunden bis Tage). Dagegen hält die Wirkung fettunlöslicher Hormone nur wenige Minuten bis maximal Stunden an.

Fettunlösliche Hormone und ihre intrazellulären Wirkungsmechanismen

Die Bindung eines Hormons an einen membranständigen Rezeptor löst im Zellinneren die Bildung von Second messengern aus, die dann eine spezifische Zellantwort hervorrufen. Obwohl zahlreiche Hormone bekannt sind, die über diesen Mechanismus agieren, gehören die Second messenger zu nur drei Substanzgruppen (Abb. 9.**10**):

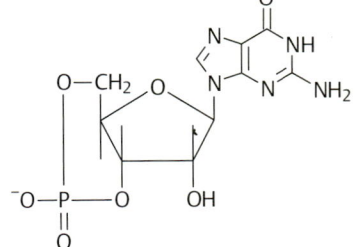

Abb. 9.10 Second messenger aus drei verschiedenen Substanzklassen. Die zyklischen Nucleotide sind Metabolite des ATP und GTP. Diacylglycerol und Inositoltriphosphat (IP_3) entstehen durch Hydrolyse aus einem gemeinsamen Vorläufer, einem Inositol-Phospholipid. Auch Ionen, hier Ca^{2+}, können als Second messenger fungieren.

- **Zyklische Nucleotidmonophosphate** (cNMP), wie z.B. zyklisches 3',5'-Adenosinmonophosphat (cAMP) und das verwandte zyklische 3',5'-Guanosinmonophosphat (cGMP);
- Spaltprodukte von Inositolphospholipiden, wie z.B. **Inositoltriphosphat** (IP_3) und **Diacylglycerol** (DAG);
- **Calcium-Ionen**.

Zunächst werden die Signalsysteme behandelt, die mit diesen Second messengern arbeiten. Danach werden Signalsysteme besprochen, die mit membrangebundenen Enzymsystemen arbeiten, ohne daß Second messenger involviert sind. Abschließend wird besprochen werden, wie die verschiedenen Systeme miteinander interagieren können, um komplexe Zellantworten hervorzurufen.

Das Signalsystem der zyklischen Nucleotide

Die Entwicklung der Wissenschaft hängt von zwei Formen des Fortschrittes ab. Einmal gibt es die tägliche Zunahme an wissenschaftlicher Erkenntnis durch die langsame, aber stetige Akkumulation von Daten aus Tausenden von Laboratorien. Hierin liegen die weitaus größten Anstrengungen der „scientific community". Diese kleinen, aber wichtigen Mosaiksteinchen des Fortschritts stützen meistens eine andere Art des Fortschrittes: den großen Sprung nach vorn, der im allgemeinen unerwartet völlig neue Einblicke ermöglicht oder zu neuen Fragestellungen führt. Solche Durchbrüche öffnen neue Forschungswege, die dann wieder in kleinen Schritten erkundet werden müssen, bis der nächste Durchbruch neue Erkenntnisse liefert und den Gang der alltäglichen Forschung wieder ändert.

Ein Meilenstein in der Aufklärung der hormonellen Wirkungsmechanismen auf der Zellebene war Mitte der 50er Jahre die Entdeckung des cAMP durch Earl W. Sutherland und seine Mitarbeiter. Bei den ersten Untersuchungen mit cAMP bemerkte Sutherland, daß die Aktivität der Adenylatzyklase (das Enzym, das die Umwandlung von ATP zu cAMP katalysiert) in zellfreien Leberhomogenaten durch Hormone aktiviert wird; gibt man diese Hormone an die Außenseite intakter Zellen, stimulieren sie die Aktivität des intrazellulären Enzyms. Er untersuchte daraufhin verschiedene Fraktionen des zellfreien Leberhomogenats und stellte dabei fest, daß die Adenylatzyklase-Aktivität der Extrakte verschwindet, sobald die Zellmembranfragmente aus dem Homogenat entfernt wurden. Wie sich herausstellte, ist das Enzym eng mit einem membranständigen Hormonrezeptor assoziiert. In diesem Zusammenhang ist es bemerkenswert, daß Hormone die Adenylatzyklase aktivieren, ohne selbst in die Zellen einzudringen, und daß weder ATP noch cAMP die Zellmembran von außen nach innen durchdringen können, wenn sie in die extrazelluläre Flüssigkeit gegeben werden.

Die Entdeckung des membrangebundenen Enzyms Adenylatzyklase lieferte erstmals einen Hinweis für eine Verbindung zwischen extrazellulären Hormonen und intrazellulären Messenger-Molekülen. Dies führte zur Formulierung der **Second-messenger-Hypothese**. Diese Hypothese besagt, daß ein Hormon an der äußeren Membranoberfläche der Zellen eines Zielorgans gebunden wird und daraufhin an der inneren Membranoberfläche ATP enzymatisch in cAMP umgewandelt wird. Das Hormon übermittelt seine Botschaft in das Zellinnere, ohne die Zellmembran durchdringen zu müssen. Sutherlands Entdeckung eröffnete im Bereich der Zellbiologie und Biochemie völlig neue Einsichten für das Verständnis von Regulationsprozessen innerhalb von Zellen. In der Folgezeit wurde von anderen Wissenschaftlern die Bedeutung von cAMP als intrazellulärem Regulator eindrucksvoll bestätigt; es konnte gezeigt werden, daß cAMP bei einer Vielzahl von äußeren Signalen (Hormonen und anderen Molekülen) als intrazellulärer Second messenger tätig wird.

Ein generalisiertes Modell des cAMP-Systems wird in Abb. 9.11 gezeigt. Auf der linken Seite sind die Schritte dargestellt, die nacheinander ablaufen (sie ähneln dem Inositolphospholipid-System, s. Abb. 9.14). Die Bindung eines externen Signalmoleküls an den extrazellulären Teil eines membranständigen Rezeptors der Zielzelle aktiviert ein **Umwandler-** oder **Überträgerprotein** (Transducer). Dieses Protein aktiviert ein **Verstärkerprotein**, das die Bildung des Second messengers bewirkt. Der Second messenger bindet an zellinterne **Regulatorproteine**, die über eine Kontrolle verschiedener Effektoren eine spezifische Zellantwort hervorrufen.

Auf der rechten Seite der Abb. 9.11 sieht man, daß im cAMP-System das äußere Signal über stimulierende (R_s) oder inhibierende (R_i) Rezeptoren vermittelt wird; beide sind über **G-Proteine** (stimulierende [G_s] und inhibierende [G_i]) mit dem Verstärker Adenylatzyklase verbunden. An der Übertragung eines extrazellulären Signals durch die Zellmembran sind also drei Instanzen beteiligt: Rezeptoren, G-Proteine und Adenylatzyklase. Die Bindung eines Hormons an einen Rezeptor stimuliert die Bindung von **Guanosintriphosphat** (GTP, ein dem ATP verwandtes Molekül) an die G-Proteine (daher ihr Name). Wie in Abb. 9.12 dargestellt, sind G-Proteine in der GTP-gebundenen Form aktiv; ihre Inaktivierung erfolgt durch die Hydrolyse von GTP zu **Guanosindiphosphat** (GDP). Die Hydrolyse des gebundenen GTP wird von den G-Proteinen selbst katalysiert; aktivierte G-Proteine schalten sich somit selber wieder ab. Die Bildung von cAMP aus ATP ist vom Vorhandensein von Mg^{2+}- und Spuren von Ca^{2+}-Ionen abhängig. cAMP bindet an die inhibitorische Untereinheit der **Proteinkina-**

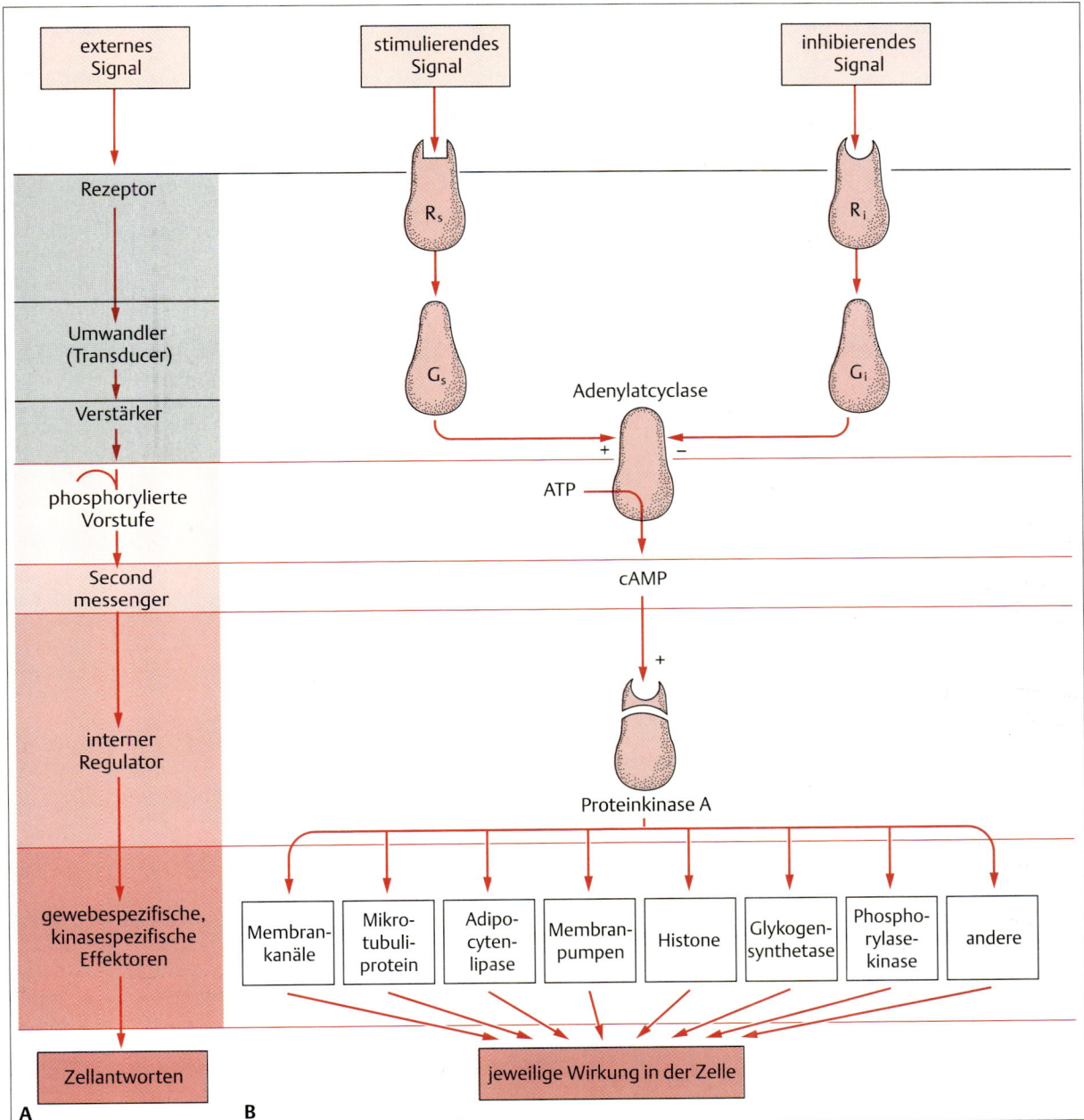

Abb. 9.11 Wirkungen des cAMP. Die Bindung vieler Hormone an membranständige Rezeptoren, die mit G-Proteinen gekoppelt sind, stimuliert oder inhibiert die Bildung des Second messengers cAMP, der das hormonelle Signal in eine zelluläre Antwort umwandelt. **A** Schritte von der Bindung eines Hormons an der Zelloberfläche bis zu den Zellantworten. **B** Komprimierte Darstellung des cAMP-Second-messenger-Systems. Stimulierende und inhibierende Rezeptoren sind als R_s bzw. R_i, die jeweiligen Signalumwandlungsproteine (Transducer) als G_s bzw. G_i bezeichnet.

Abb. 9.12 cAMP-Kaskade. Die durch Hormone stimulierte Regulation der Adenylatzyklase (AC) an der Innenseite der Zellmembran führt zu einem Ansteigen cytosolischer cAMP-Titer. Hormone oder andere Liganden, die entweder stimulierend oder inhibierend wirken, binden an ihre spezifischen Rezeptoren (R_s bzw. R_i). Dies induziert die Bindung von GTP an die jeweiligen Umwandlungsproteine (G_s bzw. G_i). Die so aktivierten G-Proteine sind in der Lage, die katalytische Aktivität der Adenylatzyklase (AC) anzuregen (+) oder zu hemmen (–), bis sie sich durch ihre endogene GTPase-Aktivität selbst wieder deaktivieren. Die aktivierte AC katalysiert die Synthese von cAMP aus ATP. Das cAMP bindet an die regulatorische Untereinheit der Proteinkinase A. Die katalytische Untereinheit der Proteinkinase wird dadurch frei und kann verschiedene intrazelluläre Proteine phosphorylieren, die so aktiviert werden und spezifische Zellantworten herbeiführen. cAMP wird durch eine Phosphodiesterase (PDE) zu AMP abgebaut und die phosphorylierten Effektorproteine durch Phophatasen deaktiviert. Die beiden letztgenannten Mechanismen reduzieren oder beenden die Effekte der externen Signale (nach Berridge, 1985).

se A und entfernt diese von dem Molekül. Die katalytische Untereinheit der Proteinkinase A wird so freigesetzt und kann Effektorproteine phosphorylieren, wobei ATP als Phosphatgruppenlieferant benutzt wird. Die Phosphorylierung der Effektorproteine stimuliert oder inhibiert ihre Aktivität und induziert damit eine Zellantwort. Einige dieser Effektorproteine können Enzyme sein, die dann ihrerseits weitere biochemische Reaktionen in der Zelle katalysieren. Andere Effektorproteine sind nicht enzymatischer Natur wie z.B. Membrankanäle, Strukturproteine oder auch Regulatorproteine (Abb. 9.11 unten).

Signalverstärkung durch das cAMP-System: Bei der Betrachtung der intrazellulären Signalwege ergibt sich die Frage, wie das durch das Hormon übermittelte Signal verstärkt wird, da nur wenige Hormonmoleküle die Funktion vieler Moleküle innerhalb einer Zelle beeinflussen. Die Bindung des Hormons an den Rezeptor erfolgt im Verhältnis von 1:1, eine Verstärkung findet dabei nicht statt. Sie geschieht erst bei den nachgeschalteten Reaktionen.

1. Ein einzelner aktivierter Rezeptor kann viele G-Proteinmoleküle aktivieren, die dann ihrerseits viele Moleküle der Adenylatzyklase aktivieren. In einigen Fällen bindet ein Hormon nur für Sekundenbruchteile an seinen Rezeptor. Aber wie bereits erwähnt, G-Proteine bleiben solange aktiv, wie GTP an sie gebunden ist (ca. 10 bis 15 Sekunden). Diese Zeit genügt, um das Signal zu verstärken:
2. Jedes Molekül der aktivierten Adenylatzyklase katalysiert die Umwandlung energiereicher ATP-Moleküle zu den weniger energiereichen cAMP-Molekülen. Diese Reaktion ist daher energetisch begünstigt und kann sehr schnell ablaufen. Auf diesem Wege kann also ein einzelnes Hormonmolekül, das nur für kurze Zeit an den Rezeptor bindet (ca. 1 Sekunde), die Bildung von Hunderten von cAMP-Molekülen verursachen. Jedes cAMP-Molekül bindet dann wiederum an die regulatorische Untereinheit der Proteinkinase A und setzt dadurch die katalytische Untereinheit frei, die wiederum viele Effektormoleküle aktivieren kann – ein weiterer Verstärkungseffekt.
3. Viele Effektormoleküle selbst sind Enzyme. Über ihre Aktivierung wird ein weiterer Verstärkungseffekt erzielt. Die Rolle, die Enzyme in einer solchen Verstärkungskaskade spielen, ist in Box 9.2 dargestellt.

Die Kontrolle der zellulären Antwort: Wie schaltet die Zelle einen aktivierten Second-messenger-Signalweg wieder ab, nachdem eine adäquate Zellantwort erfolgt ist? Drei Kontrollmechanismen sind im cAMP-Weg integriert. Wie wir gesehen haben, existieren zwei Typen von Rezeptoren, R_s und R_i. Von deren Aktivierung durch ein extrazelluläres Signal hängt die Aktivierung der Transducer G_s bzw. G_i ab. Deshalb kann die Aktivität der Adenylatzyklase durch ein stimulierendes Signal angehoben (G_s stimuliert AC) oder durch ein inhibitorisches Signal reduziert werden (G_i hemmt AC). Beide Wege können in der selben Zelle auftreten; das Resultat hängt von der Balance der jeweiligen Signale ab. Ein Beispiel: Der Fettabbau in Fettzellen wird durch die Bindung von Adrenalin an einen stimulierenden β-adrenergen Rezeptor beschleunigt; dieser Stoffwechselweg wird gehemmt, wenn Adrenalin bzw. Adenosin an inhibitorische α-adrenerge Rezeptoren bzw. Adenosinrezeptoren bindet.

Ein zweiter Kontrollmechanismus liegt auf der Ebene des cAMP-Spiegels. Der intrazelluläre cAMP-Spiegel hängt nicht nur von seiner Syntheserate ab, sondern auch davon, in welchem Maße cAMP in Adenosin-5′-monophosphat (AMP) abgebaut wird:

$$ATP \xrightarrow{1} cAMP \xrightarrow{2} MP$$

Das Gleichgewicht zwischen der Syntheserate (Schritt 1) und der Hydrolyserate (Schritt 2) bestimmt den cAMP-Spiegel in der Zelle. Schritt 1 ist in vielen Geweben unter der Kontrolle extrazellulärer Signale, welche die Aktivität der Adenylatzyklase beeinflussen. Schritt 2 wird durch die **Phosphodiesterase** (PDE) (Abb. 9.12) katalysiert, deren Aktivität wiederum vom Ca^{2+}-Spiegel abhängig ist. Die PDE-Aktivität wird durch **Methylxanthine** (Coffein oder Theophyllin) vermindert. Hierdurch kann die intrazelluläre cAMP-Konzentration erhöht werden. Die basalen cAMP-Titer von Zellen liegen im Bereich von 10^{-7} bis 10^{-12} M.

Schließlich kann die Zellantwort durch die Dephosphorylierung der phosphorylierten Effektorproteine kontrolliert werden. Diese Effektorproteine, die direkten Einfluß auf die Zellantwort haben, werden durch die katalytische Untereinheit der Proteinkinase A phosphoryliert. Sie werden durch eine **Phosphoprotein-Phosphatase** dephosphoryliert, welche die Intensität und die Dauer der hormoninduzierten Zellantwort beeinflußt. Interessanterweise ist die Aktivität der Phosphoprotein-Phosphatase der cAMP-Konzentration umgekehrt proportional, d.h. die Aktivität der Phosphatase sinkt mit steigendem cAMP-Spiegel.

Die Verschiedenheit der durch cAMP bewirkten Zellantworten: Nachdem Sutherland entdeckt hatte, daß cAMP die Verbindung zwischen der Glucosemobilisierung und der Hormonwirkung in Leber- und Muskelzellen herstellt, fand man heraus, daß cAMP auch für viele andere Hormone als Second messenger fungiert. Um nachzuweisen, daß cAMP tatsächlich als Second messenger fungiert, wurde z.B. ein fettlösliches analoges

Box 9.2 Verstärkung der Hormonwirkung durch Enzymkaskaden

Der cAMP-Signalweg wird durch Adrenalin oder Glucagon aktiviert und führt letztlich zum Abbau des Glykogens – ein anschauliches Beispiel dafür, wie Enzymkaskaden wirken. Der Weg von der Bindung eines Hormons an einen Rezeptor bis zur Glykogenolyse ist recht komplex (s. Abb. 9.13). Einfacher wäre dieser Stoffwechselweg, wenn cAMP direkt das letzte Enzym in dieser Kette aktivieren und damit viele Zwischenschritte überspringen würde. Andererseits wird die Existenz einer solchen Kaskade verständlicher, wenn man sich überlegt, daß die Wirkung der wenigen vorhandenen Hormonmoleküle verstärkt werden muß. Abb. 9.13 zeigt die einzelnen Stufen des Stoffwechselweges und die Stellen, an denen eine Verstärkung erfolgt. Die Schritte 1, 2, 4 und 5 werden durch Enzyme katalysiert, die zunächst einmal aktiviert werden müssen. Das Ergebnis ist eine progressive Verstärkung über vier Stufen. Zusätzlich kann das letzte Enzym in dieser Reihe, die Phosphorylase *a*, selbst Glykogenmoleküle in Glucose-1-phosphat umwandeln. Wenn man von der vorsichtigen Annahme ausgeht, daß jedes aktive Enzymmolekül die Aktivierung von 100 Molekülen im nächsten Schritt bewirkt, dann würden die insgesamt fünf Verstärkungsstufen eine Verstärkung um den Faktor 10^{10} ergeben. Demnach würde die Interaktion eines einzigen Glucagon- oder Adrenalinmoleküls mit dem Membranrezeptor einer Leber- oder Muskelzelle insgesamt etwa 10 000 000 000 Glucosemoleküle mobilisieren.

Die intrazelluläre Ausgangskonzentration des cAMP, dem Schlüsselmolekül bei der Übertragung des extrazellulären Signals in die Zelle, ist sehr gering (10^{-12} bis 10^{-10} M). Deshalb bedeutet die nur geringe hormoninduzierte Erhöhung der Zahl der cAMP-Moleküle eine große prozentuale Erhöhung der cAMP-Konzentration. Wenige Hormonmoleküle können signifikante Änderungen der cAMP-Titer bewirken, die ihrerseits in kürzester Zeit die Mobilisierung großer Glucosemengen aus Glykogen induzieren können.

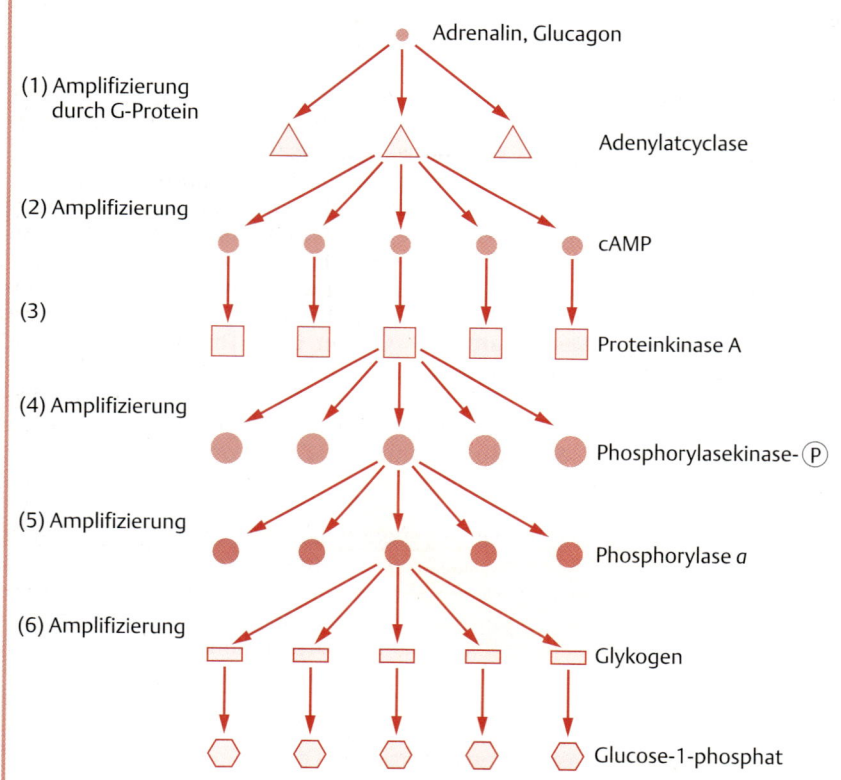

Enzymkaskaden verstärken die Hormonwirkung über viele Stufen. In der Glykogenolyse führt die Bindung eines Moleküls Adrenalin oder Glucagon an einen Rezeptor zur Mobilisierung von ca. 10^{10} Glucose-1-phosphat-Molekülen. Solche Verstärkungskaskaden erklären die extrem hohe Wirksamkeit vieler Hormone, auch wenn sie nur in sehr geringen Konzentrationen vorkommen. Vergleiche auch Abb. 9.13 (nach H.D. Lodish u. Mitarb., 1995).

Molekül, wie z.B. **Dibutyryl-cAMP**, verwendet. Dieses Molekül kann, anders als cAMP, Membranen durchdringen. Mit Dibutyryl-cAMP lassen sich bei der Abwesenheit von Hormonen genau die Effekte nachahmen, welche cAMP normalerweise auslöst. Ein anderer methodischer Ansatz, der zu gleichen Ergebnissen führt, beruht auf der Hemmung der Phosphodiesterase durch Methylxanthine; hierdurch werden die intrazellulären cAMP-Titer erhöht. Diese Ergebnisse waren der Nachweis dafür, daß Hormone über den cAMP-Weg wirken.

Einige Beispiele von cAMP-vermittelten Hormonwirkungen sind in Tab. 9.**6** dargestellt. Wie kann das gleiche Second-messenger-Molekül eine so große Vielzahl von biochemischen und physiologischen Antworten auslösen? Der Schlüssel für die Vielseitigkeit der Wirkungsweisen des cAMP liegt in der Verschiedenartigkeit und Mannigfaltigkeit der Effektorproteine, die durch die cAMP-abhängige Proteinkinase phosphoryliert werden. cAMP kann eine Vielzahl von Effektoren aktivieren (Abb. 9.11 unten), aber nicht alle Gewebezellen verfügen über diese Effektoren.

Zunächst nahm man an, daß cAMP auf mehrere verschiedene Proteinkinasen einwirkt, wobei jede einzelne ein anderes Zielprotein spezifisch phosphorylieren sollte. Dies scheint jedoch nicht zuzutreffen. Denn die aus dem Gewebe einer Tierart isolierte katalytische Untereinheit ist offensichtlich in der Lage, die natürliche katalytische Untereinheit im Gewebe einer anderen, nicht verwandten Art zu ersetzen. Es sieht ganz so aus, als ob es nur eine einzige cAMP-abhängige Proteinkinase, die Proteinkinase A, geben würde, deren Struktur im Laufe der Evolution erstaunlich wenig Änderungen erfahren hat.

Glucosemobilisierung – ein biochemisches Modell für die Rolle des cAMP als Second messenger: Im folgenden sollen die Schritte der **Glykogenolyse** und die Rolle, die cAMP dabei spielt, näher betrachtet werden. Die einzelnen Schritte dieses Stoffwechselweges, die schon von Sutherland untersucht wurden, sind heute bis in alle Einzelheiten bekannt. **Glucagon** stimuliert den Abbau von **Glykogen** zu **Glucose-6-phosphat** (Glykogenolyse) in der Leber; Adrenalin bewirkt in der Skelett- und Herzmuskulatur das gleiche. Gleichzeitig hemmen diese Hormone die Synthese von Glykogen aus Glucose und regen die Bildung von Glucose aus Lactat und Aminosäuren, die **Gluconeogenese** an. Das Endresultat ist ein Anstieg des Blutzuckerspiegels.

Abb. 9.**13** zeigt die einzelnen Schritte, die nach der Bindung der Hormone Adrenalin und Glucagon an die membranständigen Rezeptoren der Zielzellen ablaufen und damit zu einem Ansteigen des Blutzuckerspiegels führen. Die Bindung der Hormone (Glucagon in der Leber, Adrenalin im Skelett- und Herzmuskel) an die membrangebundenen β-adrenergen Rezeptoren aktiviert die Adenylatzyklase. Das Ergebnis dieser Hormon-Rezeptor-Interaktion ist eine gesteigerte cAMP-Synthese aus ATP (Schritte 1 und 2). Die unmittelbare Wirkung des cAMP – vermutlich der gemeinsame Schritt in den meisten, wenn nicht in allen cAMP-regulierten-Systemen – ist die Aktivierung der Proteinkinase A (Schritt 3). Die aktivierte Proteinkinase phosphoryliert ein anderes Enzym, die **Phosphorylasekinase** (Schritt 4). Die phosphorylierte Form diese Enzyms katalysiert die Umwandlung des Enzyms **Phosphorylase** *b* in seine aktive Form, die **Phosphorylase** *a* (Schritt 5), durch einen weiteren Phosphorylierungsschritt. Phosphorylase *a* katalysiert schließlich die Phosphorylyse von Glykogen, wobei zunächst **Glucose-1-phosphat** freigesetzt wird (Schritt 6); innerhalb der Zelle wird Glucose-1-phosphat zu **Glucose-6-phosphat** umgewandelt, welches dann für die Glykolyse zur Verfügung steht oder nach Dephosphorylierung als Glucose durch die Zellmembran in die Blutbahn gelangt.

Die cAMP-abhängige Proteinkinase A, die das Enzym Phosphorylase *a* aktiviert, bewirkt gleichzeitig eine in-

Tab. 9.6 cAMP-vermittelte Zellantworten auf externe Signale in verschiedenen Geweben

Signal	Gewebe	Zellantwort
Stimulatoren		
Adrenalin (α-Rezeptoren)	Skelettmuskel	Glykogenolyse
	Fettzelle	erhöhte Lipolyse
	Herz	erhöhte Herzfrequenz und Kontraktionskraft
	Eingeweide	Sekretion von Verdauungssäften
	Glatte Muskulatur	Erschlaffung
TSH	Schilddrüse	Thyroxinsekretion
Vasopressin	Niere	Reabsorption von Wasser
Glucagon	Leber	Glykogenolyse
Serotonin	Speicheldrüse (Schmeißfliege)	Sekretion von Verdauungssäften
Prostaglandin I$_1$	Blutplättchen	Hemmung der Aggregation und Sekretion
Inhibitoren		
Adrenalin (α$_2$-Rezeptoren)	Blutplättchen	Stimulierung zur Aggregation und Sekretion
	Fettzellen	verminderte Lipolyse
Adenosin	Fettzellen	verminderte Lipolyse

Nach Berridge, 1985

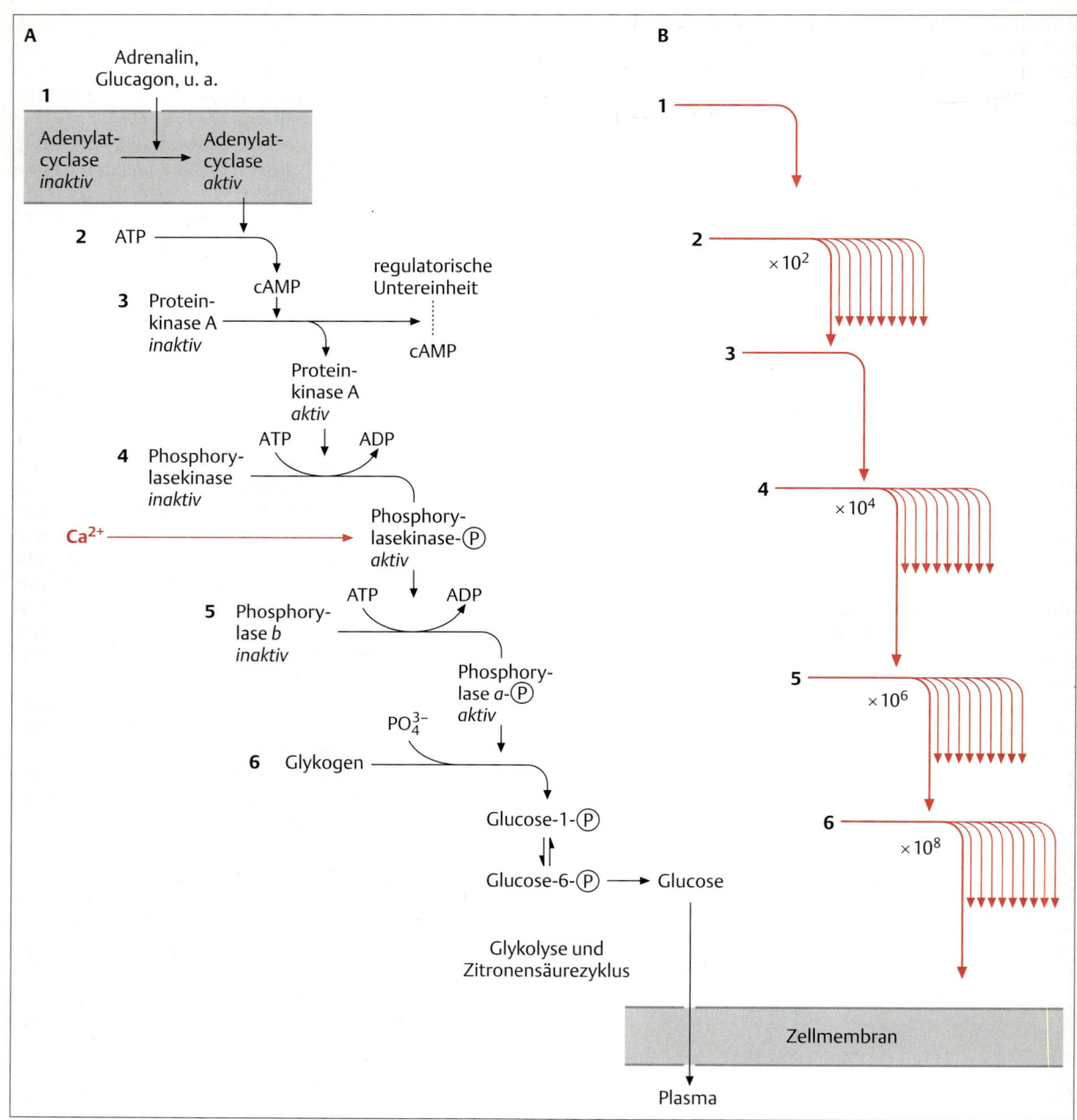

Abb. 9.13 Multiplizierung eines Hormonsignals durch Enzymkaskaden. Adrenalin und Glucagon stimulieren den Abbau von Glykogen zu Glucose (Glykogenolyse) in der Leber und in der Muskulatur. Die Bindung von Hormonen an β-adrenerge Rezeptoren löst eine Folge von Reaktionen aus, in deren Verlauf eine Reihe von Enzymen von einer inaktiven in eine aktive Form überführt werden. Als Folge wird das ursprüngliche Hormonsignal enorm verstärkt. Nähere Erläuterungen im Text (nach Goldberg, 1975).

direkte Hemmung der **Glykogensynthetase**. Dieses Enzym katalysiert die Polymerisation von Glucose zu Glykogen. Damit stimuliert der hormonell bedingte Anstieg des cAMP den Abbau von Glykogen zu Glucose und hemmt gleichzeitig die Synthese des Glykogens. Dieser synergistische Effekt ist wichtig, weil so der Glucoseanstieg nicht durch eine umfangreiche Resyntheseaktivität von Glykogen aus Glucose behindert wird. Andererseits verhindern gesenkte cAMP-Titer den Glykogenabbau und stimulieren die Glykogensynthese. Es handelt sich hier um ein Beispiel für die Vielfältigkeit der durch cAMP bewirkten Effekte, die gleichzeitig innerhalb einer einzigen Zelle stattfinden können. Box 9.2 zeigt, wie während der Glucosemobilisierung ein Hormonsignal vielfach verstärkt wird.

Zyklisches Guanosinmonophosphat als Second messenger: Neben dem cAMP können viele Zellen auch zyklisches Guanosinmonophosphat (cGMP) als Second messenger benutzen (Abb. 9.10). cAMP kommt in den Zellen in 10fach höheren Konzentrationen vor als cGMP. Der cGMP-Weg ist noch nicht völlig verstanden, er unterscheidet sich wesentlich von dem des cAMP. Die **Guanylatzyklase** (GC), welche die Bildung des cGMP aus **Guanosintriphosphat** (GTP) katalysiert, kommt in zwei Formen vor. Die eine Form ist an die Zellmembran gebunden, die andere liegt frei im Cytoplasma vor (die Adenylatzyklase ist immer an die Zellmembran gebunden). Die beiden Enzyme unterscheiden sich auch in ihrer Empfindlichkeit gegenüber Ca^{2+}-Ionen. Untersuchungen an isolierter Guanylatzyklase ergaben, daß das Enzym bei niedrigen Ca^{2+}-Konzentrationen inaktiv ist und mit zunehmenden Ca^{2+}-Konzentrationen aktiver wird. Im Gegensatz dazu zeigten Untersuchungen an isolierter Adenylatzyklase, daß das Enzym bei niedrigen Ca^{2+}-Konzentrationen sehr aktiv ist, mit zunehmender Ca^{2+}-Konzentrationen jedoch inaktiver wird. Das Optimum der Ca^{2+}-Konzentration liegt für die Adenylatcyclase niedriger als für die Guanylatzyklase. In Anbetracht der unterschiedlichen Calciumempfindlichkeiten dieser beiden Enzyme kann das relative Mengenverhältnis zwischen cAMP und cGMP im Prinzip durch die intrazelluläre Konzentration der freien Ca^{2+}-Ionen beeinflußt werden. Es wäre weiter denkbar, daß Ca^{2+} in manchen Systemen als Second messenger wirkt, der zunächst die cGMP-Synthese stimuliert; cGMP wirkt dann als ein **Third messenger**. Ähnlich wie cAMP aktiviert auch cGMP eine Proteinkinase, die **Proteinkinase G**, die dann Effektorproteine in der Zelle phosphoryliert.

Die hormonelle Stimulation der gleichen Rezeptortypen kann gleichzeitig Änderungen in den cAMP- und cGMP-Titern induzieren. Eine Aktivierung der β-adrenergen Rezeptoren der Herzmuskulatur, des Gehirns, der glatten Muskulatur und der Lymphocyten bewirkt einen Anstieg des cAMP-Spiegels und eine Abnahme des cGMP-Spiegels. Umgekehrt bewirkt Acetylcholin über die Stimulierung seiner Rezeptoren eine Abnahme des cAMP-Spiegels und gleichzeitig eine Zunahme des cGMP-Spiegels. Die durch cGMP stimulierten Reaktionen sind zumindest in einigen Fällen denen der cAMP-stimulierten Reaktionen entgegengesetzt. So stimuliert Adrenalin die Tätigkeit der Herzmuskulatur über eine Steigerung der cAMP-Bildung. Diesem Effekt wirkt eine Acetylcholin-induzierte Erhöhung der cGMP-Konzentration entgegen.

Das Inositolphospholipd-Signalsystem

In den frühen 50er Jahren entdeckte man, daß einige extrazelluläre Signale die Einlagerung von radioaktiv markierten Phosphaten in **Phosphatidylinositol** (PI), einem kleinen Phospholipid in Zellmembranen, stimulieren. Diese Tatsache veranlaßte M.R. und L.E. Hokin (1953) zu der Vermutung, daß **Inositolphospholipide,** auch **Phosphoinositide** genannt, bei den molekularen Wirkungsmechanismen von Hormonen eine Rolle spielen. Bis in die 80er Jahre wurde die Bedeutung dieser Substanzen sehr kontrovers diskutiert. Seither wird allgemein akzeptiert, daß sie eine wichtige Rolle als Second messenger bei verschiedenen zellphysiologischen Prozessen spielen.

Abb. 9.14 zeigt, wie durch ein extrazelluläres Signal eine Reaktionskette über den Inositolphospholipid-Weg (IP-Weg) in Gang gesetzt und eine Antwort der Zielzelle bewirkt wird. Obwohl auch diese Signalkette noch nicht so gut verstanden wird wie die des cAMP-Systems, zeigen beide Signalwege gewisse Ähnlichkeiten, wenn man Abb. 9.14A und Abb. 9.11A miteinander vergleicht. In beiden Fällen befindet sich in der Membran ein Rezeptor, ein G-Protein fungiert als Transducer und wirkt auf ein Verstärkerenzym. Das Verstärkerenzym wandelt eine phosphorylierte Vorstufe in einen Second messenger um, der seinerseits interne Regulatoren – hauptsächlich Proteinkinasen – aktiviert. Die Proteinkinasen aktivieren daraufhin gewebs- und kinasespezifische Effektormoleküle.

Ein näherer Blick auf Abb. 9.14 zeigt die Besonderheiten des IP-Weges. Anders als im cAMP-System, das über stimulierende und inhibierende G-Proteine verfügt, arbeitet das IP-System nur mit stimulierenden G-Proteinen. Die Stimulation dieses Proteins, provisorisch als G_p bezeichnet, aktiviert die phosphoinositolspezifische **Phospholipase C** (PLC), das Verstärker-Enzym des IP-Systems (G_p ist dem G_s im cAMP-System nur ähnlich, nicht gleich). PLC hydrolysiert **Phosphatidylinositol-4,5-diphosphat** (PIP_2) zu zwei Second messengern, **Inositoltriphosphat** (IP_3) und **Diacylglycerol** (DAG). Ei-

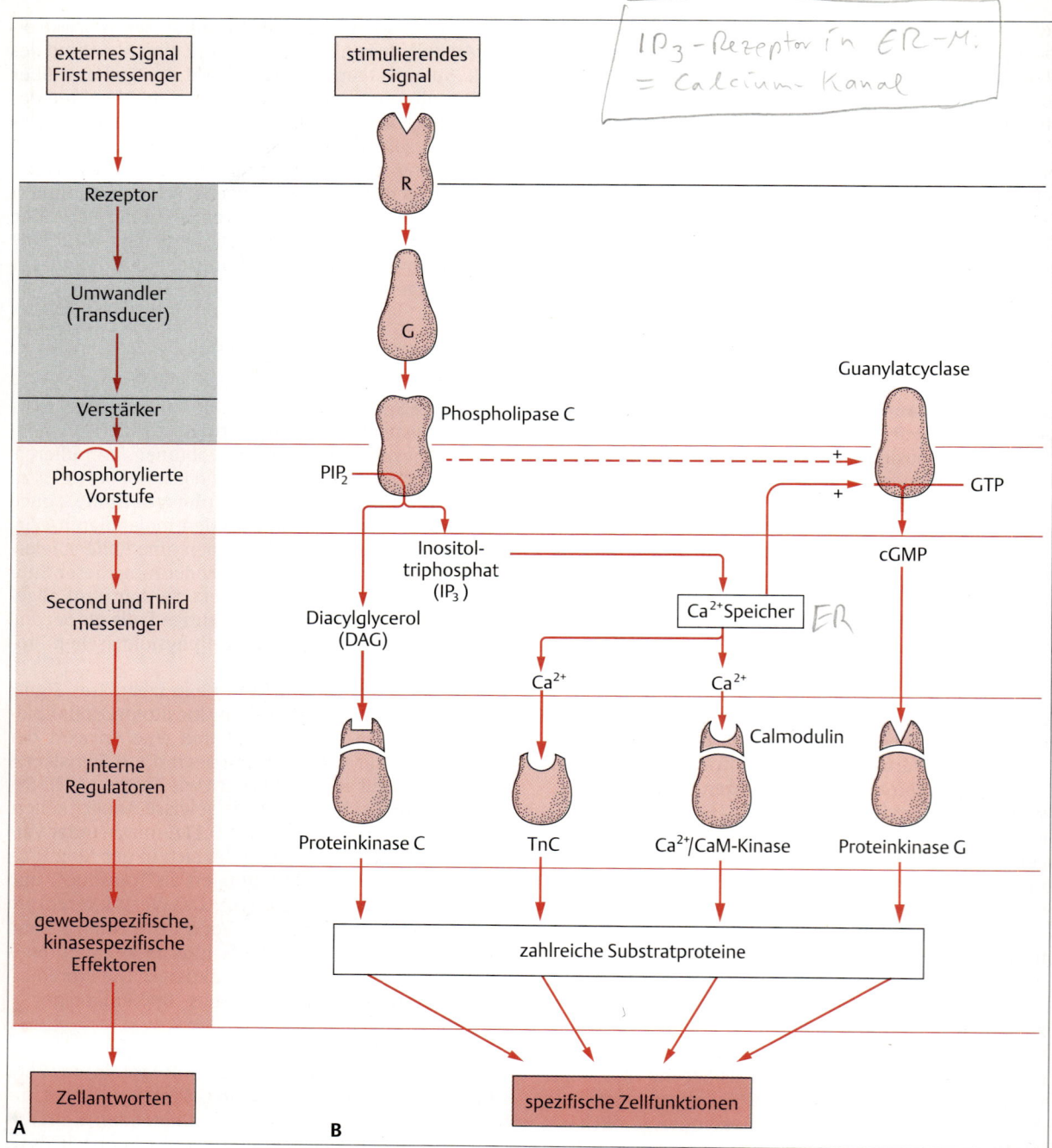

Abb. 9.14 Wirkungen von Diacylglycerol und Inositoltriphosphat. Die Bindung von Hormonen an Rezeptoren, die mit G-Proteinen gekoppelt sind, induziert die Bildung der von Phospholipiden abgeleiteten Second messenger Diacylglycerol (DAG) und Inositoltriphosphat (IP_3). **A** Allgemeines Schema des Inositolphospholipid-Weges. **B** Komprimierte Darstellung des IP_3-Second-messenger-Systems. Das Verstärker-Enzym bei diesem Signalweg ist die Phosphoinositol-spezifische Phospholipase C (PLC). Die direkte Aktivierung der Guanylatzyklase durch PLC (gestrichelte Linie) ist noch nicht eindeutig nachgewiesen. Beachte: Die Mobilisierung von Ca^{2+}-Ionen aus intrazellulären Speichern kann eine Vielzahl Ca^{2+}-abhängiger Prozesse beeinflussen, wie z.B. die Aktivierung des Troponin C (TnC), die Bildung eines Komplexes mit Calmodulin, der die Aktivierung der Ca^{2+}/Calmodulin-Kinase (Ca^{2+}/CaM Kinase) bewirkt und die Steigerung der Produktion von cGMP über eine Aktivierung der membranständigen Guanylatzyklase.

ne Besonderheit des IP-Systems ist, daß PIP_2, der Vorläufer der beiden Second messenger, selbst Bestandteil der dem Cytoplasma zugewandten Seite der Zellmembran ist. Hier kann es in Kontakt zur membrangebundenen Phospholipase C treten (Abb. 9.15). Das wasserlösliche IP_3 kann nach seiner Bildung in das Cytosol diffundieren. Der zweite durch die PLC gebildete Second messenger (DAG) ist nicht wasserlöslich und verbleibt in der cytoplasmatischen Seite der Plasmamembran. Die beiden Second messenger beeinflussen verschiedene Wege, manchmal wirken sie aber zusammen, um eine Zellantwort zu bewirken. IP_3 und DAG werden rasch metabolisiert, ihre Abbauprodukte werden zur Regenerierung von PIP_2 verwendet.

IP_3 setzt Ca^{2+}-Ionen aus intrazellulären Speichern wie dem sarcoplasmatischen Reticulum und dem endoplasmatischen Reticulum frei. Ein Teil des IP_3 wird weiter zu **Inositol-1,3,4,5-tetraphosphat** (IP_4) phosphoryliert, das Kanäle der Plasmamembran für den Einstrom von Ca^{2+}-Ionen öffnet. Calcium wirkt als weiterer Messenger und reguliert viele intrazelluläre Funktionen. Betrachtet man IP_3 als Second messenger, dann sind die Ca^{2+}-Ionen in diesem Signalweg als Third messenger anzusehen.

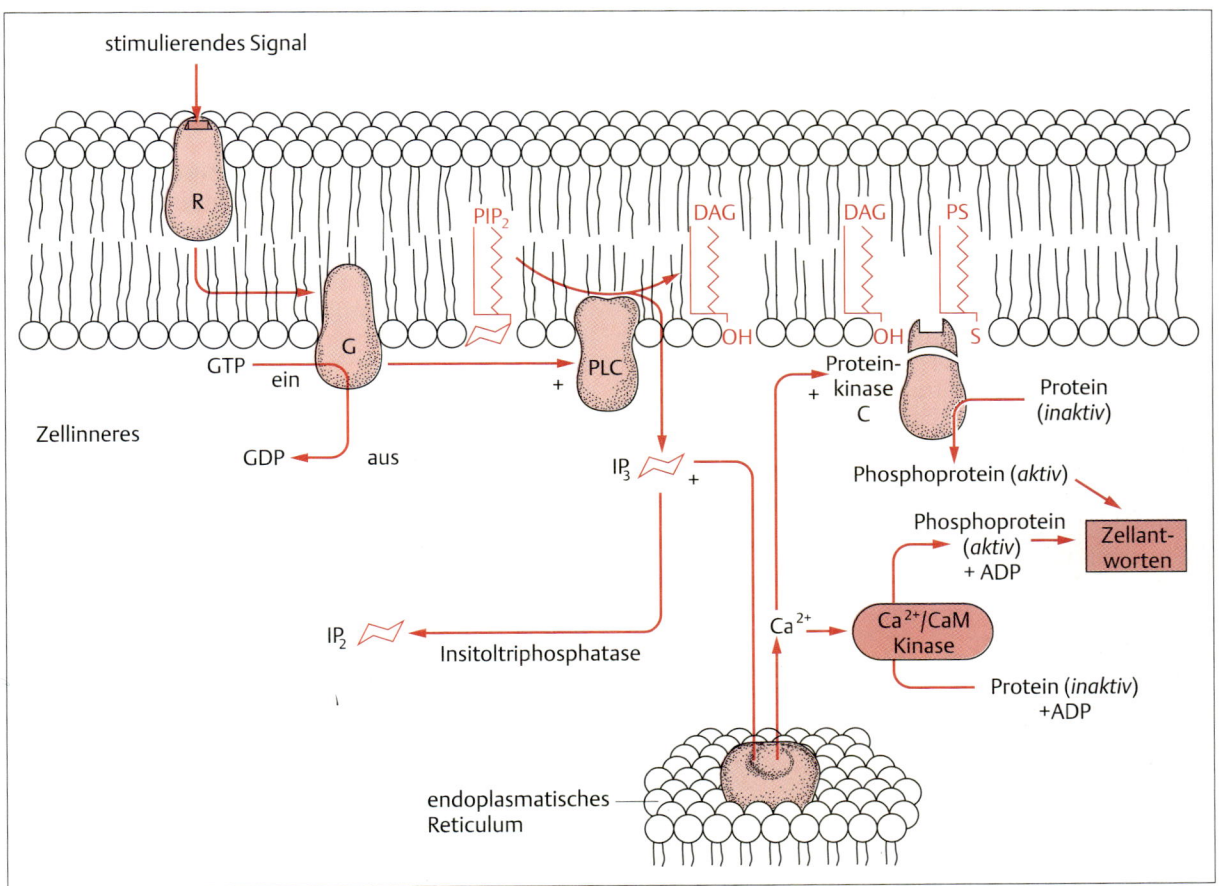

Abb. 9.15 Die Inositolphospholipid-Kaskade. Bei diesem System agiert ein Second messenger in der Membran, ein zweiter im Cytosol. Die Bindung eines Hormons an seinen Rezeptor (R) induziert die Aktivierung eines G-Proteins. Das G-Protein seinerseits aktiviert die Phosphoinositol-spezifische Phospholipase C (PLC), welche die Hydrolyse von PIP_2 zu DAG und IP_3 katalysiert. IP_3 wandert ins Cytosol, DAG verbleibt in der Membran und aktiviert weiterhin die membranständige Phospholipase C. Diese Aktivierung ist zusätzlich abhängig von Ca^{2+}-Ionen und Phosphatidylserin (PS), einem weiteren Membranphospholipid. IP_3 fördert die Freisetzung von Ca^{2+}-Ionen aus intrazellulären Speichern, wie z.B. dem endoplasmatischen Reticulum. Die freien Ca^{2+}-Ionen haben zahlreiche regulatorische Funktionen, u.a. die Stimulation der Ca^{2+}/Calmodulin-Kinase (Ca^{2+}/CaM-Kinase) (nach Berridge, 1985).

Ca^{2+}-Ionen binden z.B. an die Proteine **Troponin C** (TnC) und **Calmodulin**, die wiederum die Aktivität anderer Proteine regulieren. Wie in Kap. 10 dargestellt ist, wirkt Ca^{2+}/TnC direkt auf die Kontraktionsfähigkeit der Muskulatur ein. Aber Ca^{2+}/TnC aktiviert auch eine Vielzahl anderer Enzyme und Effektorproteine, die zu verschiedenen Zellantworten führen (vgl. Abb. 9.**14**).

Der zweite Second messenger, DAG, ist nur aktiv, wenn er mit der Zellmembran assoziiert ist. DAG kann problemlos in der Membran diffundieren und hat zwei wichtige Funktionen. Zum einen kann aus DAG **Arachidonsäure** freigesetzt werden, ein Vorläufer in der Biosynthese der Prostaglandine und anderer biologisch aktiver **Eicosanoide**. Zum anderen aktiviert DAG die membrangebundene Proteinkinase C (über einen ähnlichen Mechanismus, über den cAMP die Proteinkinase A aktiviert). Obwohl die Proteinkinase C auch frei im Cytoplasma vorkommt, kann sie durch DAG nur aktiviert werden, wenn sie mit der Zellmembran assoziiert ist. Diese Aktivierung ist weiterhin abhängig vom Vorhandensein von Ca^{2+}-Ionen und **Phosphatidylserin** (PS), einem weiteren Bestandteil der Zellmembran. Binden DAG und PS an die Proteinkinase C, die an der Innenseite der Zellmembran lokalisiert ist, dann wird die Affinität dieses Enzyms für Ca^{2+}-Ionen erhöht. Die Proteinkinase C kann über diesen Mechanismus trotz der normalerweise geringen Konzentrationen an Ca^{2+}-Ionen im Cytosol aktiviert werden. Die Aktivierung der Proteinkinase C ist also von zwei intrazellulären Boten abhängig, DAG und Ca^{2+}-Ionen, die beide über das gleiche extrazelluläre Signal aktiviert werden.

Folgende weitere gewebespezifische physiologische Antworten werden über den Inositolphospholipid-Weg vermittelt (Berridge, 1985):
- Glycogen-Abbau in der Leber, stimuliert durch Vasopressin (ADH);
- DNA-Synthese in Fibroblasten, stimuliert durch Wachstumsfaktoren;
- Prolactin-Sekretion aus der Adenohypophyse, stimuliert durch das Thyreotropin-Releasing-Hormon (TRH).

Ca^{2+}-Ionen als intrazelluläre Boten

Es gibt zwei Möglichkeiten, die Ca^{2+}-Konzentration im Cytosol zu erhöhen: (1) In vielen Zellen werden Ca^{2+}-Ionen als Antwort auf einen Reiz aus intrazellulären Speichern wie dem endoplasmatischen Reticulum (im Muskel als sarcoplasmatisches Reticulum bezeichnet) freigesetzt; (2) Die Ca^{2+}-Konzentration in der Zelle kann durch das Einströmen von Ca^{2+}-Ionen aus dem extrazellulären Raum durch Membrankanäle erhöht werden. Wie bereits beschrieben wurde, ist die Freisetzung von IP$_3$ aus der Zellmembran ein Signal, das die Ausschüttung von Ca^{2+}-Ionen aus intrazellulären Speichern bewirkt. Das Eindringen von Ca^{2+}-Ionen in eine Zelle durch spezifische Ionenkanäle der Plasmamembran wird entweder durch IP$_4$, durch die Phosphorylierung der Ca^{2+}-Kanäle durch die cAMP-abhängige Kinase oder durch elektrische Reizung ausgelöst.

In den letzten Jahrzehnten wurde immer deutlicher, daß Ca^{2+}-Ionen ubiquitäre intrazelluläre Regulatoren und wichtige Botenstoffe sind, die eine intrazelluläre Antwort mit extrazellulären Signalen verknüpfen. Zwei Tatsachen lassen die Ca^{2+}-Ionen als so effektive Mittler für Regulationsprozesse wirken: (1) Die Fähigkeit von Zellen, intrazelluläre Ca^{2+}-Titer über einen weiten Bereich regulieren zu können sowie (2) die Existenz zahlreicher intrazellulärer Proteine, deren Aktivität durch Ca^{2+}-Ionen moduliert wird. Wir werden zunächst die Aufgaben, welche Ca^{2+}-Ionen in einer Zelle besitzen und dann die Funktionen von Ca^{2+}-Ionen als Second messenger besprechen.

Modulation intrazellulärer Ca^{2+}-Konzentrationen: Sobald Ca^{2+}-Ionen in die Zelle gelangen, werden sie im Cytosol umgehend an anionische Zentren von Proteinmolekülen gebunden; lediglich ein geringer Prozentsatz kann frei diffundieren. Das führt dazu, daß die Titer freier Ca^{2+}-Ionen im Cytosol normalerweise auf einem sehr geringen Niveau gehalten werden (unterhalb 10^{-7} M), obwohl die Gesamtkonzentration aller Ca^{2+}-Ionen in den meisten Zellen ca. 10^{-3} M beträgt. (Werden im folgenden Titer von Ionen erwähnt, dann beziehen sich diese, wenn nichts anderes angegeben ist, immer auf die freien, ungebunden vorliegenden Ionen.) Der Vorteil niedriger intrazellulärer Konzentrationen von Ionen ist einfach zu verstehen: Strömen nur wenige Ionen (z.B. Ca^{2+}) in eine Zelle hinein, dann führt das bereits zu einem starken prozentualen Anstieg der intrazellulären Konzentration des einströmenden Ions. Dies wird deutlich, wenn man die relativen Veränderungen der Konzentrationen der Ca^{2+}- und der Na$^+$-Ionen miteinander vergleicht, die durch den Eintritt gleicher Ca^{2+}- und Na$^+$-Mengen in die Zelle als Folge einer für beide Ionenarten vorübergehenden Permeabilitätserhöhung der Membran auftreten (Abb. 9.**16**). Werden vergleichsweise geringe Mengen von Ca^{2+}-Ionen aus intrazellulären Speichern freigesetzt, dann ist die Folge ein großer Anstieg der Konzentration an freien Ca^{2+}-Ionen im Cytosol. Die Zelle versucht also, die cytosolischen Ca^{2+}-Konzentrationen so gering wie möglich zu halten, um durch einen kurzen Einstrom dieser Ionen ein schnelles und deutliches Signal (Erhöhung der Titer um den Faktor 10; in dem Beispiel in Abb. 9.**16** um den Faktor 100) zu erzeugen.

Die extrazellulären Konzentrationen der Ca^{2+}-Ionen liegen im Bereich von 10^{-3} M. Der elektrochemische Gradient fördert also den Einstrom von Ca^{2+}-Ionen in

$$\text{A} \quad \underset{[Ca^{2+}]_{init}}{10^{-8}\,M} + \underset{\Delta[Ca^{2+}]}{10^{-6}\,M} = \underset{[Ca^{2+}]_{final}}{1{,}01 \times 10^{-6}\,M} \quad \frac{[Ca^{2+}]_{final}}{[Ca^{2+}]_{init}} = \frac{1{,}01 \times 10^{-6}}{10^{-8}} \approx 100 \times \text{initiale } [Ca^{2+}]$$

(Ca²⁺ Einstrom)

$$\text{B} \quad \underset{[Na^{+}]_{init}}{10^{-2}\,M} + \underset{\Delta[Na^{+}]}{10^{-6}\,M} = \underset{[Na^{+}]_{final}}{1{,}0001 \times 10^{-2}\,M} \quad \frac{[Na^{+}]_{final}}{[Na^{+}]_{init}} = \frac{1{,}0001 \times 10^{-2}}{10^{-2}} \approx 1 \times \text{initiale } [Na^{+}]$$

(Na⁺ Einstrom)

Abb. 9.16 Der Einstrom weniger Ca²⁺-Ionen erhöht die intrazelluläre Konzentration freier Ca²⁺-Ionen bereits um ein Vielfaches. A In diesem Beispiel wird die ursprüngliche geringe Calcium-Konzentration $[Ca^{2+}]_{init}$ durch einen kurzen Calcium-Einstrom $\Delta[Ca^{2+}]$ um das 100fache erhöht. **B** Im Gegensatz dazu führt der Einstrom der gleichen Menge an Natrium-Ionen $\Delta[Na^+]$ zu keiner nennenswerten Änderung der intrazellulären Na⁺-Gesamtkonzentration.

die Zelle. Eine Zelle verfügt über mehrere Mechanismen, um die intrazellulären Konzentrationen der freien Ionen niedrig zu halten: (1) Zum einen können Ca²⁺-Ionen aktiv durch die Zellmembran nach außen gepumpt werden, (2) zum anderen können sie mit Hilfe einer speziellen Pumpe durch die retikuläre Membran in das endoplasmatische Reticulum transportiert werden. Diese beiden Mechanismen können durch zwei zusätzliche Hilfsmechanismen unterstützt werden: (3) Cytosolische Proteine können Ca²⁺-Ionen binden, wenn die Titer zu hoch werden, und sie können Ca²⁺-Ionen freisetzen, wenn die Titer zu niedrig sind. Diese Proteine wirken wie ein Ca²⁺-Puffer; (4) Erreichen die cytosolischen Ca²⁺-Titer abnorme Höhen, dann können die Mitochondrien im Austausch gegen H⁺-Ionen Ca²⁺-Ionen aufnehmen.

Einen wichtigen methodischen Fortschritt bei der Untersuchung intrazellulärer Ca²⁺-Titer brachte das 1963 in einer Tiefseequalle entdeckte Protein **Aequorin**. Aequorin emittiert Licht, wenn es mit Ca²⁺-Ionen einen Komplex bildet. Da sich Licht mit sehr empfindlichen Instrumenten messen läßt, können selbst geringste Änderungen in den intrazellulären freien Ca²⁺-Konzentrationen nachgewiesen werden, wenn man Aequorin in eine Zelle injiziert. Inzwischen verwendet man erfolgreich auch calciumempfindliche Farbstoffe wie z.B. Arsenazo III und calciumsensitive fluoreszierende Moleküle wie Quin-2 und Fura-2, um spektroskopisch die innerhalb einzelner lebender Zellen vorliegenden Calciumkonzentrationen zu bestimmen.

Ca²⁺-Ionen bindende Proteine: Die andere wichtige Eigenschaft der durch Ca²⁺-Ionen vermittelten intrazellulären Kontrolle beruht auf der Tatsache, daß Enzyme und regulatorische Proteine viele calciumbindende Zentren besitzen. Die hohe Affinität dieser spezialisierten Ca²⁺-Bindungszentren erlaubt auch bei einer sehr niedrigen Konzentration freier Ca²⁺-Ionen eine hoch selektive Bindung dieses Kations. Die Ca²⁺-Bindungsstellen dieser Proteine besitzen negativ geladene und sauerstoffreiche Aminosäurereste. Die negativen Ladungen sitzen in einer Schlaufe der Aminosäureketten und formen eine Art Höhle, die gerade groß genug ist, um die positiv geladenen Ca²⁺-Ionen aufzunehmen (Abb. 9.17 A). Die Aminosäuresequenzen verschiedener calciumbindender Proteine sind stark konserviert und zu etwa 70% identisch.

Die Anlagerung von Ca²⁺-Ionen an diese Proteine verursacht eine Konformationsänderung des Moleküls. Dieser allosterische Effekt verändert die Eigenschaften des Moleküls. Bindet z.B. Calcium an **Troponin C**, das sich nur in der quergestreiften Muskulatur befindet, löst die dadurch induzierte Konformationsänderung eine Ereigniskette aus, die zur Kontraktion des Muskels führt. Troponin C war das erste calciumbindende Molekül, das entdeckt worden ist (s. Kap. 10).

Calmodulin, ein dem Troponin C nahe verwandtes Molekül, kommt in relativ großen Mengen in jeder Eukaryotenzelle vor. Es fungiert als vielseitiges intrazelluläres Regulatorprotein und ist der Mittler für viele Effekte, die durch Ca²⁺-Ionen bewirkt werden. Die aus 148 Aminosäuren aufgebaute Polypeptidkette des Calmo-

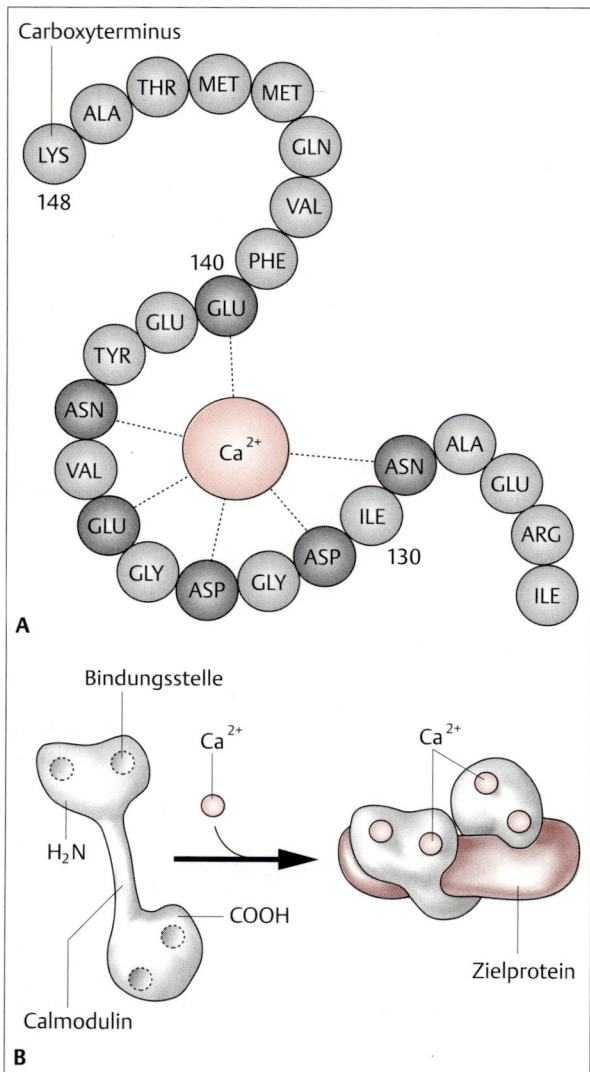

dulins enthält vier Bindungsstellen für Ca^{2+}-Ionen. Sind alle vier Bindungsstellen mit Ca^{2+}-Ionen besetzt, dann kann dieser Ca^{2+}/Calmodulin-Komplex zahlreiche Enzyme oder Effektorproteine aktivieren (Abb. 9.**17B**). Der Ca^{2+}/Calmodulin-Komplex bindet z.B. an die regulatorische Untereinheit der Ca^{2+}/Calmodulin-Kinase (CaM-Kinase). Von ihrer regulatorischen Untereinheit befreit, kann die katalytische Untereinheit dieser Kinase dann die Serin- oder Threoninreste verschiedener Effektorproteine phosphorylieren und so die Zellantwort induzieren (Abb. 9.**14**). Andere Enzyme und Zellaktivitäten, die durch Ca^{2+}/Camodulin reguliert werden, sind in Abb. 9.**18** dargestellt. Man beachte, daß Ca^{2+}/Calmodulin auch die **Myosin-Leichtketten-Kinase** aktiviert. Dies ist ein Protein, das die Kontraktion der glatten Muskulatur bei Vertebraten beeinflußt – seine Bedeutung entspricht derjenigen des Ca^{2+}-bindenden Troponin C in der quergestreiften Muskulatur.

Ca^{2+}-Ionen als Second messenger: Wir haben bereits besprochen, daß Ca^{2+}-Ionen im Inositolphospholipid-System als Third messenger fungieren. In anderen Signalwegen führt die Stimulation bestimmter Rezeptoren zu einem Einstrom von Ca^{2+}-Ionen, die dann als Second messenger agieren (Abb. 9.**19**). Dieser Mechanismus kann durch verschiedene Signale aktiviert werden. Die Aktivierung der α-adrenergen Rezeptoren in Leber- oder Speicheldrüsenzellen bei Säugetieren öffnet die Ca^{2+}-Kanäle und führt z.B. zu einem Einstrom von Ca^{2+}-Ionen in die Zellen; die Depolarisation der Membran von Muskelzellen führt ebenfalls zu einem Ca^{2+}-Einstrom in die Zellen.

Abb. 9.17 Calmodulin. Das cytosolische Protein besitzt vier Bindungsstellen für Ca^{2+}-Ionen. Der Ca^{2+}/Calmodulin-Komplex ist ein wichtiger intrazellulärer Regulator. **A** Aminosäuresequenz der Ca^{2+}-bindenden Domäne am Carboxyterminus des Calmodulins. Jede Bindungsdomäne enthält Aspartat (ASP), Glutamat (GLU) und Asparagin (ASN), deren Seitenketten eine Art Schleife im Molekül formen und Ionenbindungen bzw. elektrostatische Wechselwirkungen mit einem Ca^{2+}-Ion eingehen können. Andere Bindungsdomänen enthalten Threonin- und Serinreste, deren Sauerstoffatome ebenfalls Ca^{2+}-Ionen binden können. **B** Darstellung der Konformationsänderung eines Calmodulin-Moleküls als Folge der Besetzung der vier Bindungsstellen mit Ca^{2+}-Ionen. Der Ca^{2+}/Calmodulin-Komplex kann an Zielproteine binden und deren Aktivität beeinflussen (A, C nach Lodish u. Mitarb., 1995; B mit freundlicher Genehmigung von Y. S. Babu u. W. J. Cook).

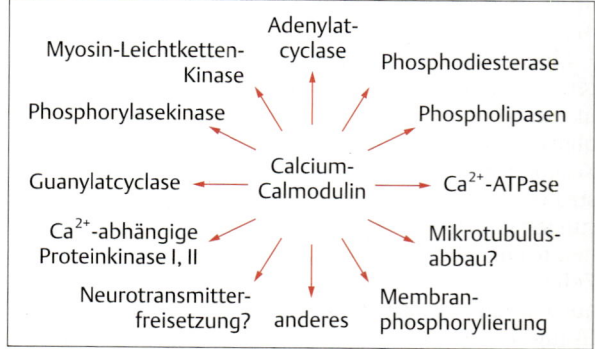

Abb. 9.18 Ca^{2+}/Calmodulin-regulierte Enzyme und zelluläre Prozesse. Darunter befinden sich die Adenylatzyklase und die Guanylatzyklase, welche die Bildung der von Nucleotiden abgeleiteten Second messenger katalysieren (nach Cheung, 1979).

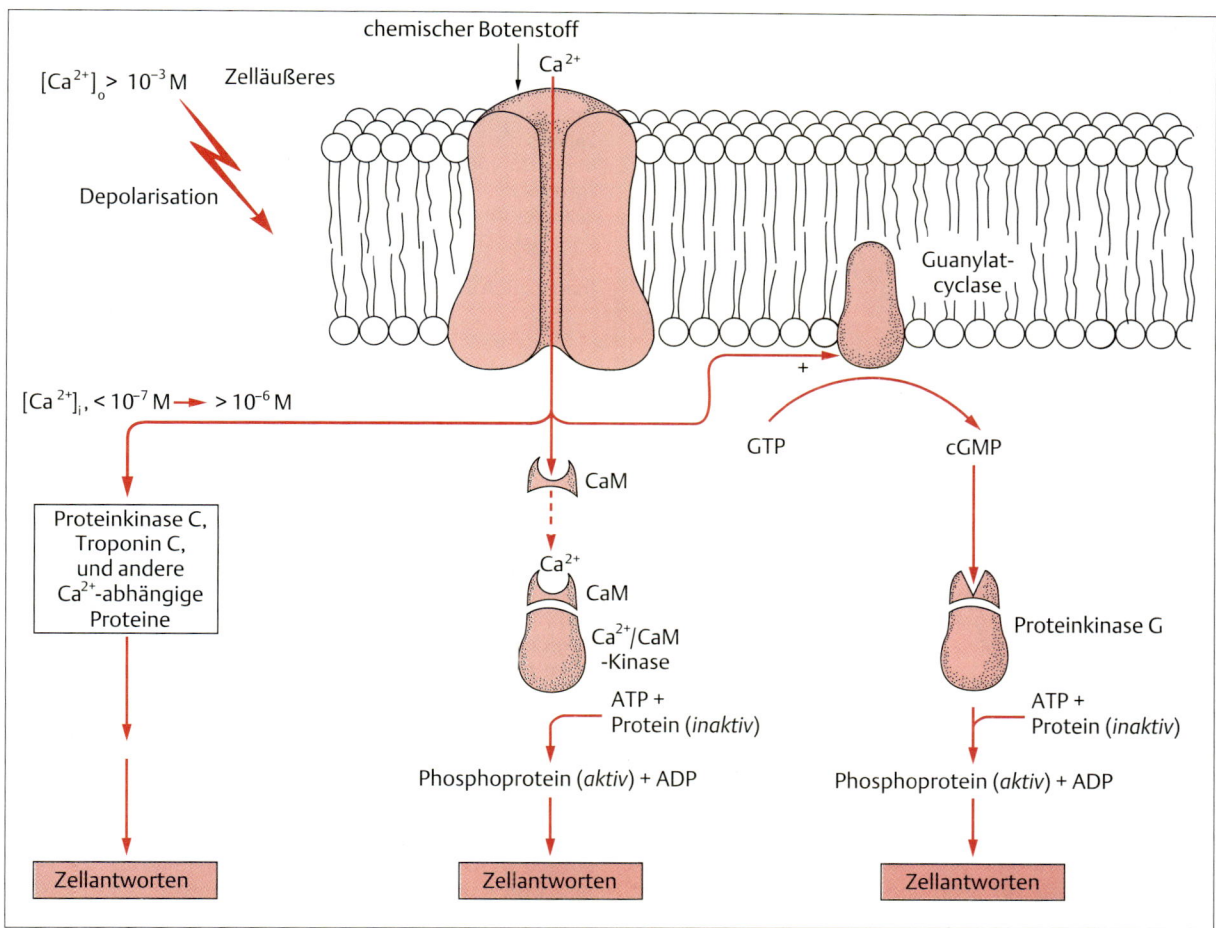

Abb. 9.19 Die Ca^{2+}-Kaskade. Die Stimulation eines Rezeptors, der als Ca^{2+}-selektiver Ionenkanal fungiert, bewirkt den Einstrom von Ca^{2+}-Ionen, die als Second messenger wirken. Entweder die Depolarisation der Membran oder die Bindung eines chemischen Botenstoffes (z. B. eines extrazellulären Hormons) öffnet den Ionenkanal. Ca^{2+}-Ionen können dann entlang ihres Gradienten durch den Kanal in das Cytosol einströmen. Die Erhöhung der lonalen Ca^{2+}-Konzentration um den Faktor 10 kann nunmehr zahlreiche intrazelluläre Regulationsmechanismen aktivieren, die zu Zellantworten führen (CaM = Calmodulin).

Enzymatisch aktive Rezeptorproteine

Einige Rezeptoren an der Zellmembran übertragen durch ihre enzymatische Aktivität Signale von der Zelloberfläche in das Cytosol. Diese Rezeptoren besitzen eine Bindungsdomäne für ihren Liganden an der äußeren Seite der Zellmembran sowie eine katalytische Domäne an der Innenseite der Zellmembran. Bindet ein Ligand an den Rezeptor, wird durch eine Konformationsänderung dessen katalytische Untereinheit aktiviert. Diese bewirkt intrazelluläre Reaktionen, die letztlich in der Zellantwort münden.

Man kennt heute Oberflächenrezeptoren, die intrinsische Proteinkinase- oder Adenylatzyklase-Aktivitäten besitzen. Am besten untersucht sind die **Rezeptor-Tyrosin-Kinasen** (RTK). Sie binden z. B. Insulin und verschiedene Wachstumsfaktoren. Wenn RTKs durch ein Signal aktiviert werden, dann übertragen sie eine Phosphatgruppe vom ATP auf die Hydroxylgruppe eines Tyrosinrestes in bestimmten cytosolischen Protein (Abb. 9.**20A**). In allen untersuchten Beispielen können sich aktivierte RTKs auch selbst phosphorylieren. Diese **Autophosphorylierung** verstärkt die Aktivität der Kinasen – ein weiteres Beispiel eines positiven Feedback-Mechanismus. Das **atriale natriuretische Peptid** (ANP) kann eine Rezeptor-Guanylatzyklase aktivieren (Abb.

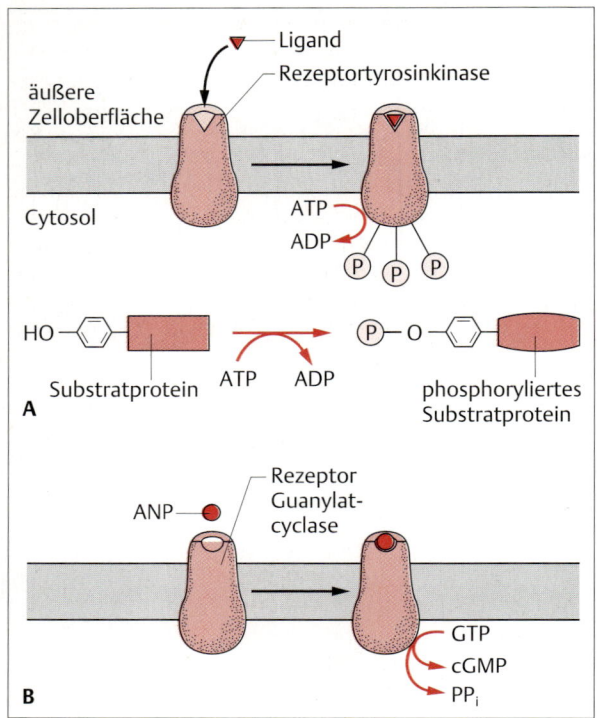

Abb. 9.20 Hormonrezeptoren mit enzymatischer Aktivität. Einige Hormonrezeptoren besitzen intrinsische katalytische Aktivitäten, die durch die Bindung eines Hormons stimuliert werden. **A** Die Bindung eines Liganden (z.B. Insulin) an die Rezeptor-Tyrosinkinase (RTK) aktiviert die cytosolische Kinase-Domäne des Rezeptors. Es erfolgt eine autokatalytische Phosphorylierung des Membranproteins. An den phosphorylierten Rezeptor binden intrazelluläre Proteine und aktivieren komplexe Signalwege. **B** Der Rezeptor für das atriale natriuretische Peptid (ANP) besitzt eine Guanylatzyklase-Aktivität. Die Bindung eines Hormons an diesen Rezeptor führt zur Produktion des Second messengers cGMP (nach Lodish u. Mitarb., 1995).

9.20B). Ein Blick auf Abb. 9.14 und 9.19 zeigt, daß die membranständige Guanylatzyklase durch Ca^{2+}-Ionen, die anderen Signalsystemen entstammen, aktiviert wird. Da aber die Rezeptor-Guanylatzyklase auch eine Bindungsdomäne für Liganden besitzt, kann sie direkt durch extrazelluläre Hormone aktiviert werden. Das auf diesem Wege hergestellte cGMP kann als klassischer Second messenger wirken.

Second-messenger-Netzwerke

Es soll hier nochmals darauf hingewiesen werden, daß ein einzelnes Hormon über eine Aktivierung verschiedener Rezeptoren sogar in derselben Zelle verschiedene Second messenger aktivieren kann. Die Bindung von Adrenalin an α- oder β-adrenerge Rezeptoren in der Speicheldrüse von Säugern ist ein Beispiel für einen solchen **divergierenden Signalweg**; hierbei lösen die beiden Second messenger – in diesem Fall Ca^{2+}-Ionen und cAMP – unterschiedliche Zellantworten aus (Abb. 9.21 A). In der Leber von Säugern dagegen führt die Bindung von Adrenalin an die α- oder β-adrenergen Rezeptoren zur gleichen Zellantwort – ein Beispiel für einen **konvergenten Signalweg** (Abb. 9.21 B). In diesem Fall sorgen beide Second messenger – wiederum Ca^{2+}-Ionen und cAMP – dafür, daß eine Phosphorylasekinase aktiviert wird, welche die Glykogenolyse stimuliert.

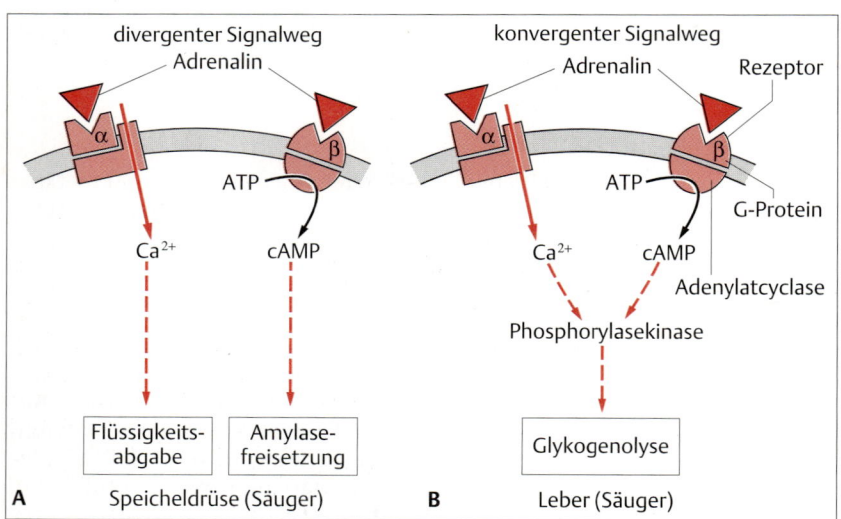

Abb. 9.21 Ein Hormon, das an verschiedene Rezeptoren bindet, kann auf konvergierende oder divergierende Signalwege wirken. Die Bindung von Adrenalin an α- oder β-adrenerge Rezeptoren führt zu einem Anstieg der intrazellulären Konzentrationen von Ca^{2+}-Ionen und cAMP. **A** In der Speicheldrüse von Säugern beeinflussen die beiden Second messenger unterschiedliche Stoffwechselwege – zum einen den zur Aktivierung des Speichelflusses, zum anderen den zur Aktivierung der Abgabe von Amylase (divergente Signalwege). **B** In der Leber von Säugern aktivieren beide Hormone die Phosphorylasekinase (vgl. Abb. 9.13). Die Bindung des Hormons an verschiedene Rezeptoren führt in diesem Fall also zum gleichen Ergebnis (konvergente Signalwege).

Ein etwas komplizierteres Beispiel eines solchen Netzwerkes von Botenstoffen besteht bei der Mitwirkung von **Serotonin** (auch **5-Hydroxytryptamin** oder 5-HT genannt), einem nicht-fettlöslichen Amin, das sowohl als Neurotransmitter als auch als Hormon agieren kann. Hauptfunktionen des Serotonins sind die Kontrolle der Ausschüttung der Verdauungssäfte und der Kontraktion der glatten Muskulatur in den Gefäßwänden. Wie in Abb. 9.22 dargestellt, bindet Serotonin an verschiedene Subtypen von Rezeptoren, die ihrerseits mit verschiedenen Second-messenger-Systemen oder Ionenkanälen gekoppelt sind. Einige dieser Wirkungsmechanismen divergieren, andere konvergieren. Wie andere nicht-fettlösliche Hormone auch, bindet Serotonin an Rezeptoren an der äußeren Zelloberfläche; sein Wirkungsmechanismus läuft aber letztendlich über den Weg der differentiellen Genaktivierung (s. Abb. 9.8B, vgl. S. 339).

Wie bereits dargestellt wurde, kann die Aktivierung verschiedener Rezeptoren stimulierend oder inhibierend auf dasselbe Signalsystem wirken. Noradrenalin z.B. stimuliert, das **Neuropeptid Y** dagegen inhibiert das Inositolphospholipid-System. Ein anderer Wirkungsmechanismus beruht darauf, daß ein einzelner Rezeptor

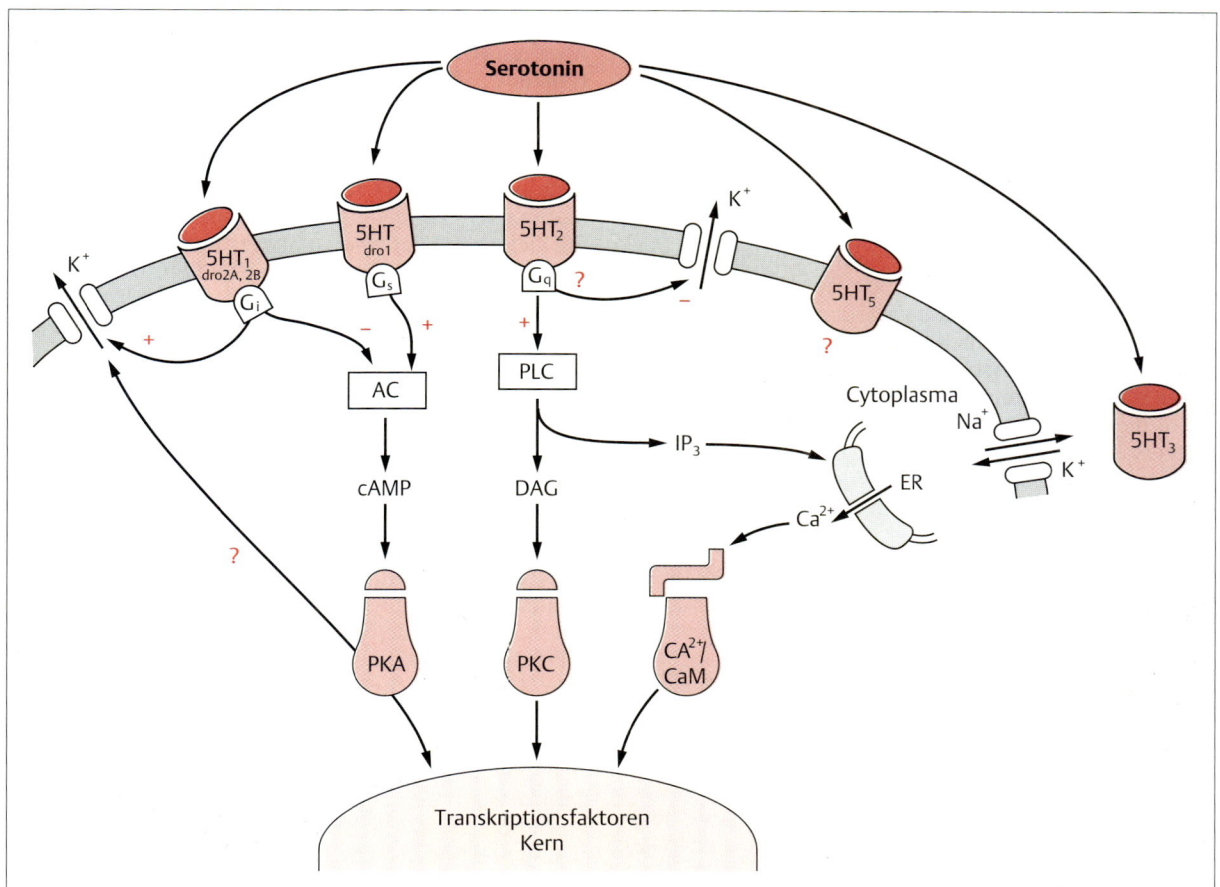

Abb. 9.22 Serotonin-Rezeptoren und Signalwege. Serotonin bindet an verschiedene Rezeptoren, die mit verschiedenen Second-messenger-Systemen verbunden sind. Die Bindung von Serotonin (auch als 5-Hydroxytryptamin bezeichnet, 5-HT) an Rezeptoren führt zur Bildung von cAMP, Diacylglycerol (DAG) oder Inositoltriphosphat (IP_3); alle beeinflussen die gleichen Antworten in den Zellen verschiedener Gewebe, z. T. aber auch in den gleichen Zellen. Die hier dargestellten verschiedenen Rezeptoren stellen Unterklassen der Serotonin-Rezeptorfamilie dar (dro = Drosophila). G_i = inhibitorische G-Proteine; G_s = stimulierende G-Proteine; G_q = Keuchhustentoxin-insensitive G-Proteine; AC = Adenylatzyklase; PLC = Phospholipase C; ER = endoplasmatisches Reticulum; PKA = Proteinkinase A; PKC = Proteinkinase C; Ca^{2+}/CaM-Kinase = Ca^{2+}/Calmodulin-abhängige Proteinkinase (nach Saudou u. Hen, 1994).

mit zwei unterschiedlichen G-Proteinen gekoppelt ist, die entweder mit gleichen oder verschiedenen Secondmessenger-Systemen verbunden sind. Somatostatin z.B. stimuliert die Adenylatzyklase bei einer Reihe von Zelltypen über zwei verschiedene G-Proteine, von denen das eine sensitiv, das andere nicht sensitiv gegenüber dem Keuchhustentoxin ist. Ein weiteres Beispiel für einen Rezeptor, der mit mehreren Second-messenger-Systemen gekoppelt ist, ist der **Octopamin/Tyramin-Rezeptor** bei *Drosophila*. Die Aktivierung dieses Rezeptors hemmt die Adenylatzyklase über ein bestimmtes G-Protein, aktiviert aber die Phospholipase C über ein anderes G-Protein. Der erzielte Effekt ist eine Erhöhung der Ca^{2+}-Konzentration in der Zelle. Dabei wirkt Tyramin stärker auf die Adenylatzyklase als das Octopamin, dieses dagegen stärker auf die Phospholipase C als Tyramin. Zwei einander sehr ähnliche Botenstoffe (sie unterscheiden sich lediglich im Besitz einer Hydroxylgruppe) können also ihren Rezeptor an zwei unterschiedliche Second-messenger-Systeme ankoppeln.

Die Änderungen der intrazellulären Ca^{2+}-Konzentration führt zu einer Vielzahl von Effekten, von denen in diesem Zusammenhang besonders ihr Einfluß auf Second-messenger-Systeme wichtig ist (Abb. 9.15). Es sei hier nochmals besonders nachdrücklich darauf hingewiesen, daß in diesem Kapitel aus Gründen der Verständlichkeit die verschiedenen intrazellulären Signalwege oft voneinander isoliert dargestellt werden, obwohl diese in lebenden Systemen auf die vielfältigste Weise miteinander verknüpft sind und interagieren. Die biologische Bedeutung der Signalwege kann daher nicht richtig erkannt werden, wenn man nur isolierte Systeme untersucht.

Physiologische Effekte von Hormonen

Die meisten Hormone rufen in Geweben spezifische Effekte hervor; dabei werden nur in Zielgeweben adäquate Antworten induziert. Die Spezifität der durch Hormone hervorgerufenen Antworten wird dadurch bewirkt, daß nur die Zielorte über die entsprechende Ausstattung mit Hormonrezeptoren und den entsprechenden intrazellären Signalwegen verfügen. In den folgenden Abschnitten werden die physiologischen Wirkungen von vier wichtigen Hormonklassen besprochen:
- Hormone, welche den Stoffwechsel und die Entwicklung regulieren,
- Hormone, die den Wasser- und Elektrolythaushalt steuern,
- Sexualhormone und
- Prostaglandine.

Stoffwechsel- und Entwicklungshormone

Der Metabolismus und die verschiedensten Entwicklungsprozesse eines Tieres werden durch eine Reihe von Hormonen kontrolliert. Die Bildung der Hormone, die verschiedenen Substanzklassen angehören (z.B. Steroide, Catecholamine, Peptide), erfolgt in unterschiedlichen endokrinen Geweben. Die Eigenschaften der wichtigsten Stoffwechsel- und Entwicklungshormone sind in Tab. 9.7 zusammengefaßt.

Glucocorticoide und Catecholamine

Die bei Säugern dicht der Niere anliegende Nebenniere ist eine zusammengesetzte Drüse. Sie entsteht aus zwei funktionell und entwicklungsgeschichtlich nicht verwandten Anlagen. Der äußere Bereich, die **Nebennierenrinde** (NNR), entstammt dem Mesoderm; der innere Bereich, das **Nebennierenmark** (NNM), entstammt dem Ektoderm und ist ein Derivat der Neuralleiste (Abb. 8.11). Wie in Kap. 8 beschrieben, werden im Nebennierenmark die **Catecholamine** (Adrenalin und Noradrenalin) gebildet und an die Blutbahn abgegeben. Die Zielorte für Catecholamine verfügen über die sog. α- oder β-adrenergen Rezeptoren. Die Stimulation der α-adrenergen Rezeptoren inhibiert die Bildung von cAMP über ein hemmend wirkendes G-Protein (G_i). Weiterhin wird über eine Aktivierung dieses Rezeptortyps die Inositolphospholipid-Kaskade angeregt, wodurch Ca^{2+}-Ionen aus intrazellulären Speichern freigesetzt werden. Zusätzlich werden Ca^{2+}-Kanäle geöffnet, durch die Ca^{2+}-Ionen in die Zelle einströmen können. Die Stimulation der β-adrenergen Rezeptoren induziert über ein stimulierendes G-Protein (G_s) die Synthese von cAMP. Die Catecholamine beeinflussen die Kontraktion der glatten Muskulatur, sie können gefäßverengend wirken, sie stimulieren die Glykolyse und die Lipolyse. Die physiologischen Aufgaben der Catecholamine sind in Kap. 8 ausführlich dargestellt und in Tab. 8.2 zusammengefaßt.

In diesem Abschnitt konzentrieren wir uns auf die Hormone, die von der Nebennierenrinde produziert werden. Das adrenocorticotrophe Hormon (ACTH) der Adenohypophyse stimuliert die Ausschüttung einer Gruppe von Nebennierenrinden-Hormonen, die sich von **Cholesterin** ableiten lassen (Abb. 9.23). Sie lassen sich in drei Kategorien unterteilen:
- **Sexualhormone**,
- **Mineralcorticoide**, welche die Nierentätigkeit regulieren und
- **Glucocorticoide**, die vielfältige Aufgaben besitzen (z.B. die Regulation des Kohlenhydratstoffwechsels, die Mobilisierung von Glucose und Aminosäuren und die Regulation antiinflammatorischer Effekte).

Tab. 9.7 Hormone, die den Energiestoffwechsel und Entwicklungsprozesse regulieren

Hormon	Bildungsort	Struktur	Zielgewebe	Primärwirkung	Regulation
Insulin	Pankreas (β-Zellen)	Peptid	alle Gewebe (außer den meisten neuralen Geweben)	erhöht die Aufnahme von Glucose und Aminosäuren durch Zellen	hoher Gehalt an Glucose und Aminosäuren, Anwesenheit von Glucagon erhöht Sekretion; Somatostatin hemmt Sekretion
Glucagon	Pankreas (α-Zellen)	Peptid	Leber, Fettgewebe	stimuliert Glykogenolyse und setzt Glucose aus der Leber frei, Lipolyse	niedriger Gehalt an Glucose im Serum erhöht Sekretion; Somatostatin hemmt Sekretion
Thyroxin	Schilddrüse	Aminosäurederivat	fast alle Zellen, aber speziell jene von Muskeln, Herz, Leber und Niere	erhöht Stoffwechselrate, Thermogenese, Wachstum und Entwicklung; fördert die Amphibienmetamorphose	TSH-Sekretion induziert Freisetzung
Noradrenalin und Adrenalin	Nebennierenmark (chromaffine Zellen)	Aminosäurederivate (Catecholamine)	fast alle Zellen	erhöht die Herzaktivität, induziert Vasokonstriktion, erhöht Glykolyse, Hyperglykämie und Lipolyse	sympathische Stimulation über splanchnische Nerven erhöht die Sekretion
Wachstumshormon (GH)	Adenohypophyse	Protein	alle Gewebe	stimuliert RNA-Synthese, Proteinsynthese und das Gewebewachstum; erhöht den Transport von Glucose und Aminosäuren in die Zellen; erhöht die Lipolyse und die Antikörperbildung	reduzierte Glucose und erhöhte Aminosäurentiter stimulieren Ausschüttung über GRH; Somatostatin hemmt Ausschüttung
Glucocorticoide (z.B. Cortisol)	Nebennierenrinde	Steroid	Leber, Fettgewebe	stimulieren die Mobilisierung von Aminosäuren aus dem Muskel und Gluconeogenese in der Leber, die zu einem erhöhten Blutglucosespiegel führen, erhöhen den Transport von Fettsäuren zur Leber, zeigen entzündungshemmende Wirkung	Stressoren erhöhen die Ausschüttung; die Ausschüttung über CRH und ACTH wird durch eine innere Uhr beeinflußt

Zunächst werden die Glucocorticoide, später die Mineralcorticoide besprochen.

Zu den **Glucocorticoiden** gehören die Steroidhormone **Cortisol**, **Cortison** und **Corticosteron**, wobei das Cortisol für den Menschen das wichtigste ist. Das Grundniveau der Glucocorticoid-Sekretion wird durch einen Rückkopplungsmechanismus aufrecht erhalten, der auf einer Wechselwirkung der Glucocorticoide mit den CRH (corticotrophes-Releasing-Hormon)-sezernierenden Neuronen des Hypothalamus und den ACTH (adrenocorticotrophes Hormon)-produzierenden Zellen der Adenohypophyse beruht (Abb. 9.24). Die Glucocorticoid-Sekretion unterliegt einem Tag-Nacht-Rhythmus, der aus einer zyklischen CRH-Sekretion resultiert, die durch eine endogene biologische Uhr gesteuert wird. Die basalen Glucocorticoid-Werte des Menschen haben ihr Maximum in den frühen Morgenstunden kurz vor dem Erwachen. Dies ist wegen der energiemobilisierenden Wirkung dieser Hormone eine sinnvolle Anpassung. Außer durch den endogenen Sekretionszyklus wird die Nebennierenrinde auch durch unterschiedliche Belastungen (zu denen auch das Hungern gehört) zur Glucocorticoid-Sekretion angeregt. **Stressoren**, die über das Nervensystem wirken, führen ebenfalls zu einer Erhöhung der CRH- und ACTH-Titer und stimulieren so die Nebennierenrinde.

Die Glucocorticoide wirken auf die Leber. Sie fördern die Synthese von Enzymen, welche die **Gluconeogenese** anregen (Synthese von Glucose aus Nichtkohlenhydraten). Ein Teil der Glucose kann in Glykogen umge-

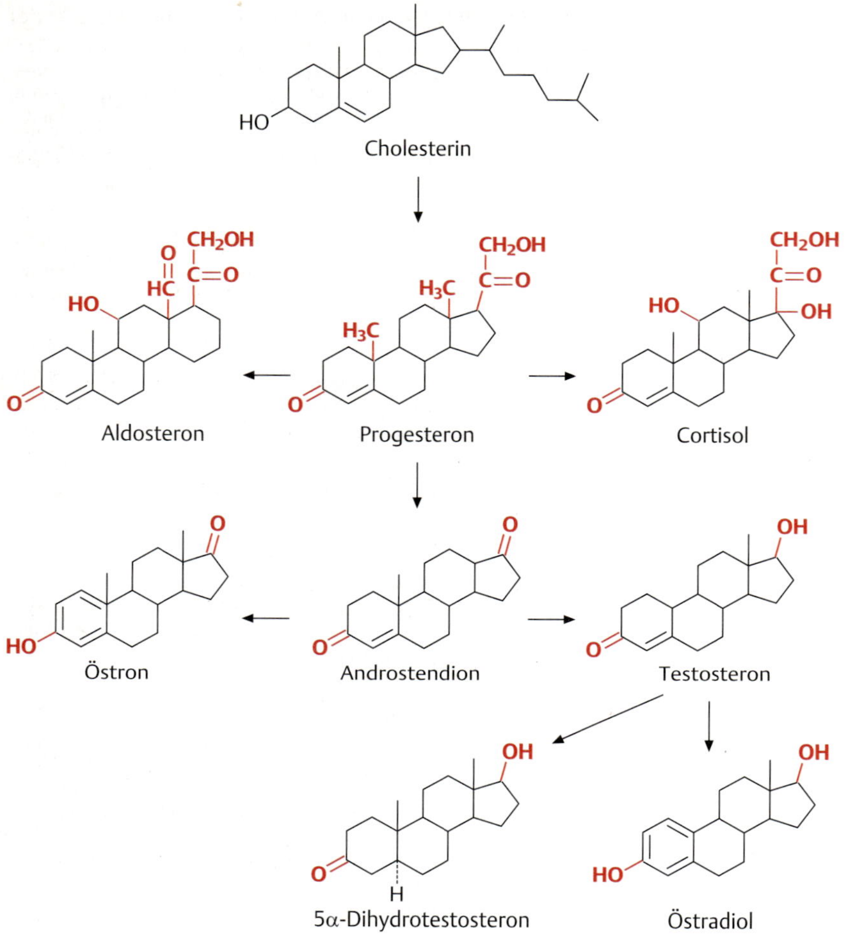

Abb. 9.23 Synthese von Hormonen aus Cholesterin. Cholesterin ist der Vorläufer der drei Hauptgruppen der Steroidhormone: Mineralcorticoide, Glucocorticoide und Sexualhormone. Modifizierungen der Grundstruktur des Cholesterins (rot dargestellt) ergeben eine Vielzahl von verwandten Steroiden und Intermediärprodukten (von denen viele in diesem Schema nicht dargestellt sind). Viele Steroide besitzen Mineral- oder Glucocorticoidaktivitäten; die wichtigsten in diesem Zusammenhang bei Säugern sind Aldosteron und Cortisol. Sie entstammen der Nebennierenrinde. Die Sexualhormone (Progesteron, Testosteron, Östron und 17β-Östradiol) werden hauptsächlich in den Gonaden gebildet, obwohl einige auch aus der Nebennierenrinde stammen können.

wandelt und in der Leber und der Muskulatur gespeichert werden. Der größte Anteil der neu gebildeten Glucose wird jedoch in den Kreislauf abgegeben und bewirkt einen Anstieg des Blutzuckerspiegels. Die Glucocorticoide vermindern die Aufnahme von Glucose durch die peripheren Gewebe. Gleichzeitig ist die Aufnahme von Aminosäuren durch das Muskelgewebe erniedrigt, und Aminosäuren werden von Muskelzellen in den Kreislauf abgegeben, wodurch der Aminosäuregehalt des Blutes ansteigt. Die Aminosäuren stehen zur Umwandlung in Glucose in der Leber zur Verfügung. Dieser Prozeß wird von Glucocorticoiden kontrolliert. Ein solcher Mechanismus ist besonders während Hungerphasen wichtig, weil dabei letztendlich Gewebeproteine abgebaut und dem Stoffwechsel als Energiereserven zur Verfügung gestellt werden können (besonders wichtig für das Gehirn, das ständig auf eine ausreichende Zufuhr von Energie in Form von Glucose angewiesen ist). Eine andere Wirkung der Glucocorticoide ist die Mobilisierung von Fettsäuren aus Fettspeichern der Fettgewebe. Sie dienen, wie auch die Aminosäuren, als Substrat für die in der Leber stattfindende Gluconeogenese, oder sie werden direkt in der Muskulatur als Energieträger metabolisiert. All diese Effekte bewirken eine rasche Bereitstellung von Energie – hauptsächlich für die Muskulatur und das zentrale Nervensystem. Weiterhin wirken Glucocorticoide auf den gastrointestinalen Trakt ein und fördern die Verdauung. Eine andere Eigenschaft der Glucocorticoide ist, daß sie die Immunantworten des Organismus hemmen.

Wie bereits zuvor beschrieben, wirken die Glucocorticoide, wie andere fettlösliche Hormone auch, über intrazelluläre cytosolische Rezeptoren und somit über den Weg der differentiellen Genaktivierung (vgl. Abb. 9.8 und 9.9).

mon, TSH, genannt) hält die sekretorische Aktivität der Schilddrüse aufrecht. Wie sein Name besagt, stimuliert es die Freisetzung der beiden wichtigen Schilddrüsenhormone **Thyroxin** (T_4) und **3,5,3′-Trijodthyronin** (auch **Thyronin**, T_3, genannt). Sie werden in den Follikeln des Schilddrüsengewebes aus zwei jodierten Tyrosinvorstufen (Abb. 9.**25**) synthetisiert. Jod wird vom Schilddrüsengewebe aktiv aus dem Blut aufgenommen und angereichert. Die Freisetzung des thyreotropen Hormons wird durch die Sekretion des TSH-Releasing-Hormons (TRH) aus dem Hypothalamus reguliert. Sowohl die hypothalamischen neurosekretorischen Zellen, die TRH produzieren, als auch die TSH-sezernierenden Zellen der Adenohypophyse werden durch einen Anstieg des zirkulierenden Schilddrüsenhormonspiegels über negative Rückkopplungsprozesse gehemmt (Abb. 9.**27**). Dieser chemischen Regulation ist die neurale Stimulation des Hypothalamus, z.B. durch belastende

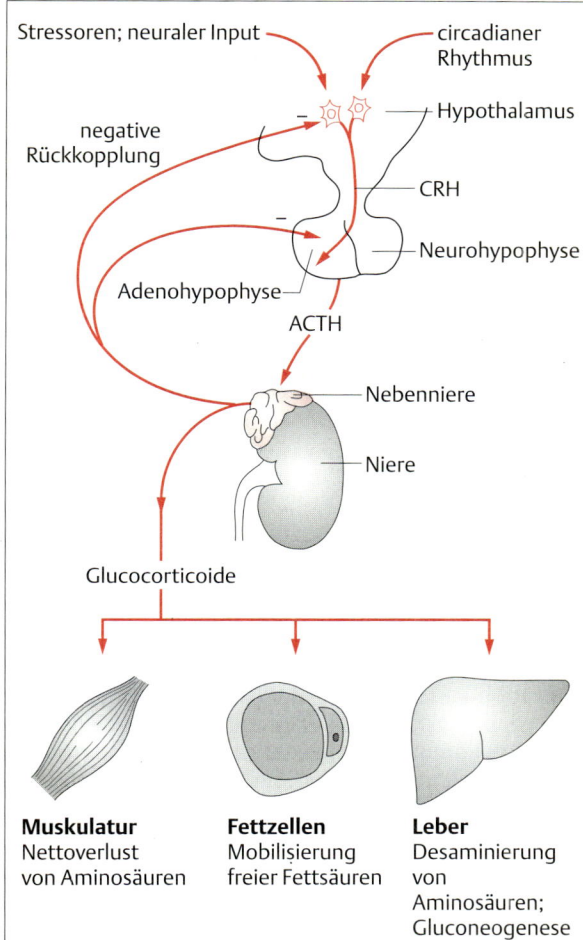

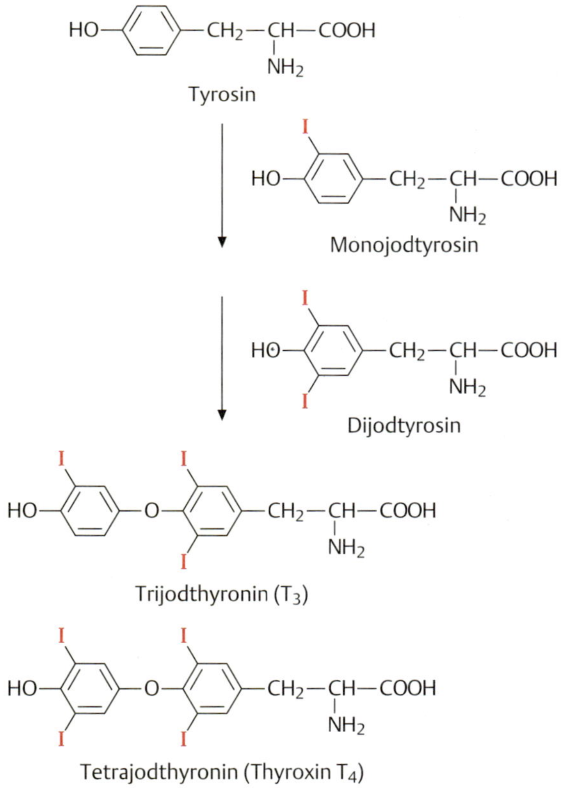

Abb. 9.24 Regulation und Wirkung der Glucocorticoide. Die Bildung der Glucocorticoide und ihre Wirkung auf Zielgewebe wird durch neuronale Reize und negative Rückkopplungsprozesse gesteuert. Neuronale Stimuli induzieren die Freisetzung des Corticotropin-Releasing-Hormons (CRH) aus neurosekretorischen Zellen des Hypothalamus. CRH wird über das Hypothalamus-Hypophysen-Pfortadersystem in die Adenohypophyse transportiert und stimuliert hier die Freisetzung des adrenocorticotropen Hormons (ACTH). ACTH regt die Glucocorticoid-Sekretion in der Nebennierenrinde an. Diese Steroide bewirken einen Anstieg des Blutzuckerspiegels und des Leberglykogens, indem sie die Umwandlung von Aminosäuren und Fetten zu Glucose stimulieren. Durch negative Rückkopplungsprozesse der Glucocorticoide auf der Ebene der Adenohypophyse und des Hypothalamus wird die ACTH-Bildung limitiert.

Schilddrüsenhormone

Das von der Adenohypophyse freigesetzte **thyreotrope Hormon** (auch **Schilddrüsen-stimulierendes-Hor-**

Abb. 9.25 Synthese der Schilddrüsenhormone. Die Hormone der Schilddrüse sind jodierte Produkte der Aminosäure Tyrosin. Die Verbindung der Tyrosinderivate ergibt 3,5,3′-Trijodthyronin (T_3) oder Thyroxin (T_4). T_3 kann auch durch die Entfernung eines Jodatoms aus T_4 entstehen.

Reize (Stressoren) übergeordnet; so stimuliert beispielsweise eine niedrige Hauttemperatur die Freisetzung von TRH.

Die Schilddrüsenhormone wirken auf Leber, Niere, Herz und Skelettmuskulatur sowie auf das Nervensystem. Diese Gewebe werden z.B. gegenüber Adrenalin sensibilisiert; die Zellatmung, der Sauerstoffverbrauch und die Stoffwechselrate werden angeregt. Eine derartige Beschleunigung des Stoffwechsels führt zu einem Anstieg der Wärmeproduktion, einem Vorgang, der von größter Bedeutung für die **Thermoregulation** vieler Vertebraten ist (s. Kap. 16).

Schilddrüsenhormone spielen eine wichtige Rolle bei Wachstums- und Entwicklungsprozessen verschiedener Vertebratengruppen. Sie können nur in Gegenwart des von der Adenohypophyse gebildeten **Wachstumshormons** (GH) auf Entwicklungprozesse Einfluß nehmen und umgekehrt kann auch das Wachstumhormon nur in Gegenwart der Schilddrüsenhormone wirken. Zusammen fördern sie die Proteinsynthese. Eine **Schilddrüsenunterfunktion** (**Hypothyreodismus**), hervorgerufen z.B. durch Jodmangel in der Nahrung während früher Entwicklungsstadien, führt bei Fischen, Vögeln und Säugern zu einer Mangelkrankheit (beim Menschen als **Kretinismus** bezeichnet), bei der die somatische, neurale und sexuelle Entwicklung stark verzögert, die Stoffwechselraten auf die Hälfte der normalen Raten reduziert und die Widerstandskraft gegenüber Infektionen deutlich herabgesetzt sind. Eine nicht ausreichende Produktion von Schilddrüsenhormonen – ebenfalls auf einer nicht genügenden Zufuhr von Jod beruhend – führt zu einer Störung des Regelkreissystems der Bildung dieser Hormone. Längerfristig anhaltende niedrige Schilddrüsenhormon-Titer ziehen ein starkes Ansteigen der TSH (Schilddrüsen-stimulierendes-Hormon)-Titer nach sich. Die hohen TSH-Titer wirken auf die Schilddrüse ein und bewirken eine Vergrößerung des Organs, die dann als „Kropf" bezeichnet wird. Verbessert man die Jodaufnahme über die Nahrung, dann wird die Hormonproduktion in der Schilddrüse wieder angeregt und der Regelkreis der Bildung der Schilddrüsenhormone normalisiert. Auch die Folgeerscheinungen, wie z.B. die Kropfbildung, können zurückgehen. In Jodmangelgebieten kann durch die routinemäßige Jodierung von Speisesalz einer solchen Unterfunktion der Schilddrüse sehr einfach vorgebeugt werden. Die Bevölkerung ist dadurch nicht mehr auf die natürlichen Spurenmengen von Jod in der Nahrung (z.B. in Meerestieren) angewiesen.

Die Rolle der Schilddrüsenhormone für die Entwicklung und Differenzierung von Geweben wird besonders bei der Metamorphose der Amphibien deutlich. Liegt ein Mangel an Thyroxin und Trijodthyronin vor, unterbleibt bei Kaulquappen die Metamorphose zu Fröschen.

Die Entwicklung von der Kaulquappe zum Frosch erfolgt in drei Schritten:
1. Während der **Prämetamorphose** (sie dauert etwa 20 Tage) bindet die jugendliche Schilddrüse Jod und synthetisiert Thyroxin (Abb. 9.26 unten).
2. Während der folgenden 20 Tage erfolgt der erste Teil der Metamorphose, die **Prometamorphose**. Dieses Stadium ist charakterisiert durch langsame morphologische Veränderungen, Wachstum der Schilddrüse, Jodkonzentrierung und -bindung, erhöhte sekretorische Aktivität des Schilddrüsengewebes und Differenzierung der Eminentia mediana und des Hypothalamus.
3. Im letzten Schritt, dem **Metamorphosehöhepunkt**, bei dem sich die Adultform herausbildet, erfährt die Eminentia mediana ihre endgültige Differenzierung und wird hoch vaskularisiert. Die hypothalamo-hypophysäre-Achse ist auf ihrem funktionellen Höhepunkt.

Wie in Abb. 9.26 dargestellt, wirkt die im Blutstrom vorhandene T_4 (Thyroxin)-Konzentration auf die hypothalamischen Zielzellen zurück und stimuliert oder hemmt die TRH (TSH-Releasing-Hormon)-Bildung. Die sich im Laufe der Kaulquappenentwicklung ändernde T_4-Konzentration läßt vermuten, daß sich die Sensibilität der Rückkopplungskontrolle während der Entwicklung ändert. Dies könnte die Folge der graduellen Entwicklung des hypothalamo-hypophysären-Systems während dieser Phase sein.

Die Empfindlichkeit von metamorphierendem Gewebe gegenüber Schilddrüsenhormonen erhöht sich mit der Entwicklung; das postmetamorphe Wachstum der Frösche findet jedoch unter Kontrolle des Wachstumshormons statt.

Schilddrüsenhormone sind wie die Steroidhormone fettlöslich und wirken wie diese über cytosolische Rezeptoren und damit über den Weg der differentiellen Genaktivierung. Aus diesem Grund tritt ihre Wirkung auch nur sehr zeitverzögert ein. So kann es bis zu 48 Stunden dauern, bis nach einer Erhöhung der Produktion der Schilddrüsenhormone physiologische Effekte festgestellt werden können.

Insulin und Glucagon

Insulin wird von den β-Zellen der **Langerhans-Inseln** (kleine Bereiche endokrinen Gewebes im exokrinen Gewebe der Bauchspeicheldrüse) gebildet. Ein hoher Blutzuckerspiegel ist der wichtigste Stimulus, der die β-Zellen des **Pankreas** veranlaßt, Insulin abzugeben (Abb. 9.28). Die Abgabe von Insulin wird auch durch Glucagon, Wachstumshormon, das **gastrisch-inhibitorische-Peptid** (GIP, auch als glucoseabhängiges Insulin-

Physiologische Effekte von Hormonen

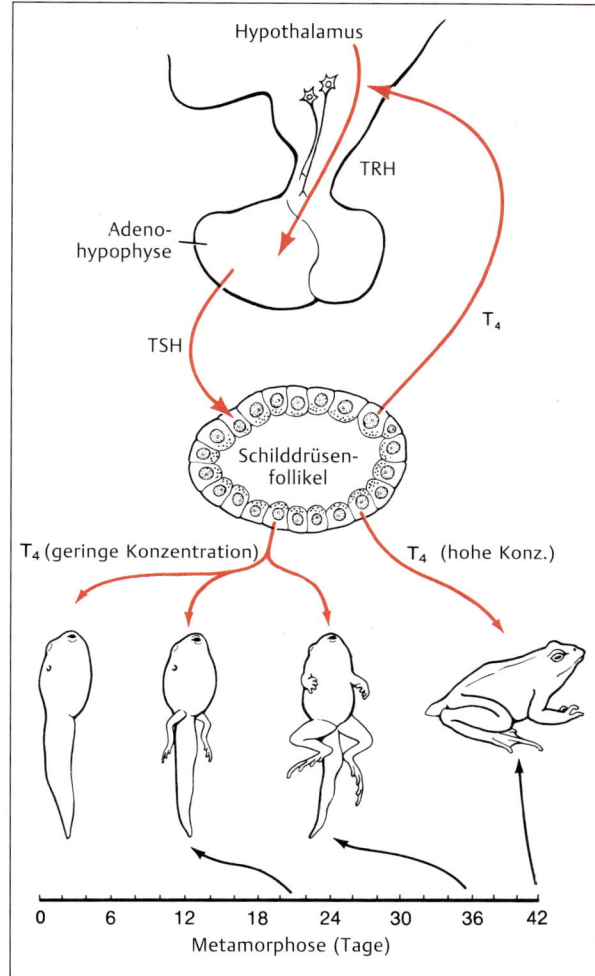

Abb. 9.26 Die Rolle von Schilddrüsenhormonen bei der Kontrolle der Metamorphose des Grasfroschs. Während der ersten 20 Tage (Prämetamorphose) ist die Eminentia mediana undifferenziert, die TRH- und TSH-Sekretion niedrig. Die Schilddrüse ist ebenfalls nur schwach entwickelt und mit Ausnahme der Jodbindung und Hormonsynthese inaktiv. Die folgenden 20 Tage (Prometamorphose) sind charakterisiert durch eine sich verstärkende Differenzierung der Schilddrüse, sowie einer vermehrten Jodaufnahme und sekretorischen Aktivität derselben. Die Empfindlichkeit der Gewebe auf das Schilddrüsenhormon (T_4) ist altersabhängig und bestimmt folglich z. T. den Zeitplan der morphologischen Veränderungen während der Ampibienmetamorphose (nach Spratt, 1971).

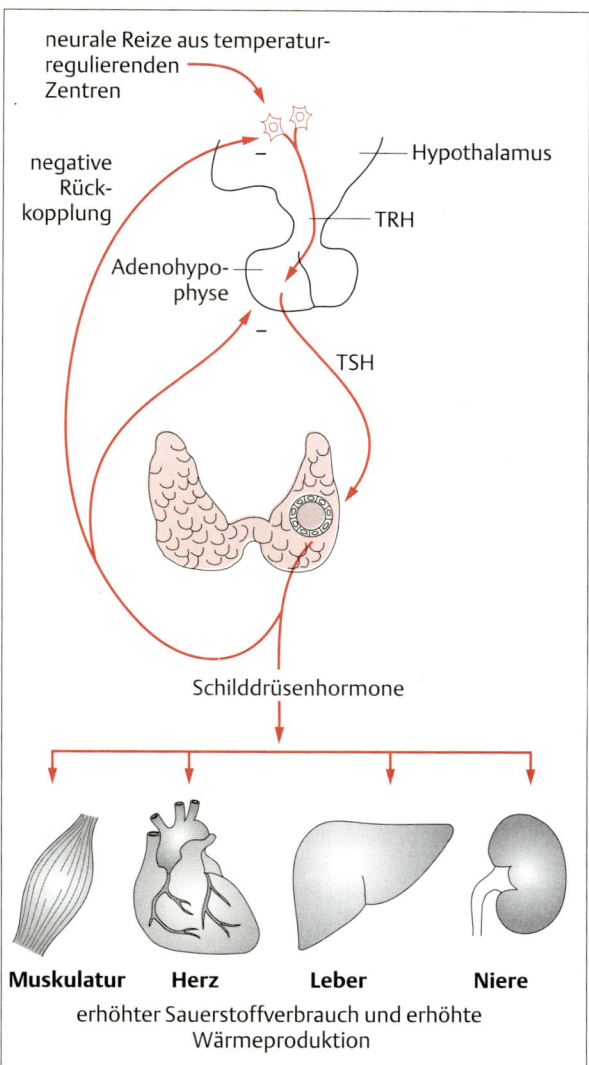

Abb. 9.27 Regulation und Wirkung der Schilddrüsenhormone. Die Bildung der Schilddrüsenhormone, die Stoffwechselprozesse in verschiedenen Organen steuern, werden durch neuronale Reize und negative Rückkopplungsprozesse kontrolliert. Eine niedrige Hauttemperatur und Stressoren regen die Freisetzung des TSH-Releasing-Hormons (TRH) an; TRH gelangt über das Pfortadersystem zur Adenohypophyse und stimuliert hier die Bildung des Schilddrüsen-stimulierenden-Hormons (TSH). TSH bewirkt in der Schilddrüse die Bildung der Schilddrüsenhormone, die in Skelett- und Herzmuskulatur, Leber und Niere Stoffwechselprozesse anregen und damit u.a. zu einer metabolischen Wärmeproduktion führen. Eine negative Rückkopplung der Schilddrüsenhormone scheint auf der Ebene der Adenohypophyse und des Hypothalamus zu erfolgen. Der in der Schilddrüse dargestellte Follikel ist überproportional groß dargestellt.

Releasing-Peptid bekannt), durch Adrenalin und durch erhöhte Aminosäurespiegel angeregt.

Insulin wirkt auf den Kohlenhydrat-, Fett- und Eiweißstoffwechsel ein. Im Bereich des Kohlenhydrat-

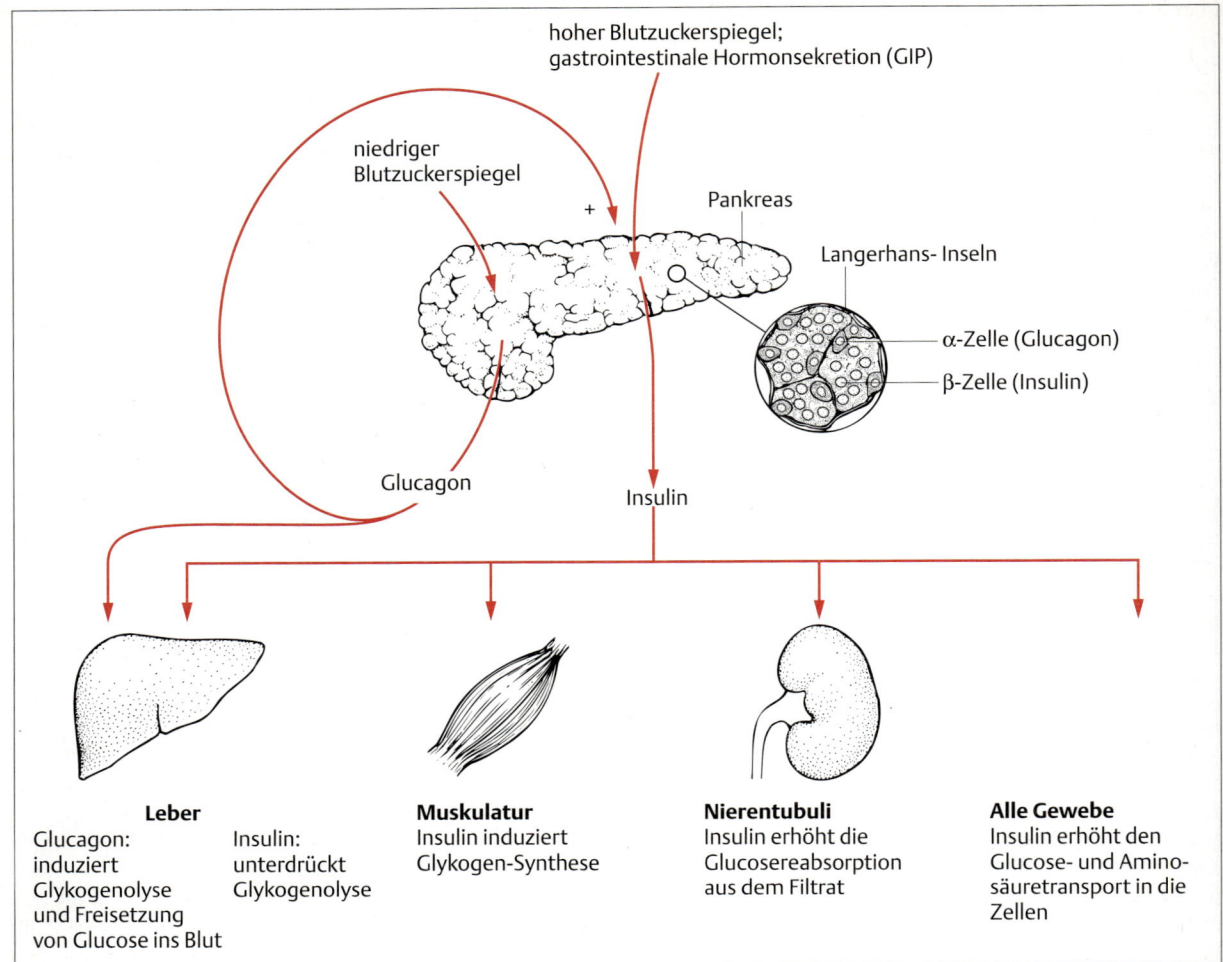

Abb. 9.28 Regulation und Wirkung der Pankreashormone. Insulin und Glucagon sind wesentlich an der Regulation des Blutzuckerspiegels beteiligt. Hohe Blutglucose- und -glucagonwerte oder auch gastrointestinale Hormone, wie z. B. das gastrointestinalinhibitorische Peptid (GIP), die eine Nahrungsaufnahme signalisieren, stimulieren die β-Zellen des Pankreas zur Abgabe von Insulin. Dieses stimuliert alle Gewebe zur Aufnahme von Glucose. Glucagon, das von den α-Zellen des Pankreas gebildet wird, wirkt als Gegenspieler des Insulins in der Leber. Hier stimuliert Glucagon die Glykogenolyse und damit die Freisetzung von Glucose. Insulin hat noch viele andere Effekte.

stoffwechsels hat Insulin zwei Aufgaben: (1) Die Stimulation der Leber-, Muskel- und Fettzellen, mehr Glucose aufzunehmen und (2) die Förderung der Glykogen-Synthese. Im Bereich des Fettstoffwechsels fördert Insulin den Aufbau von Fetten in der Leber und im Fettgewebe. Im Bereich des Eiweißstoffwechsels stimuliert Insulin Leber- und Muskelzellen, Aminosäuren aufzunehmen und diese in Proteine einzubauen.

Diabetes mellitus (Zuckerkrankheit) kommt beim Menschen in zwei Formen vor, die entweder durch eine fehlende oder verminderte Insulinproduktion charakterisiert sind. Diabetes mellitus Typ I ist durch einen starken Verlust an β-Zellen gekennzeichnet; durch die verminderte Zellzahl kommt es zu einer stark verminderten Insulinproduktion (absoluter Insulinmangel). Diabetes mellitus Typ II ist dadurch gekennzeichnet, daß die Insulin-Rezeptoren defekt sind (relativer Insulinmangel). Worin auch immer begründet (fehlendes Insulin oder Unwirksamkeit des Insulins wegen defekter Rezeptoren), ein Insulinmangel führt zu schwerer **Hyperglykämie** und **Glykosurie** (Ausscheiden von Glucose mit dem Urin, wenn der Schwellenwert der Nieren überschritten wird). Gleichzeitig wird die Fähigkeit reduziert, Fette und Proteine wieder aufzubauen, die an Stelle von Glucose zur Energiegewinnung abgebaut wurden. Zusätzlich reichern sich Fettpartikel, die nicht schnell genug verbrannt werden können, als Ketonkörper im Blut an. Diese werden zwar mit dem Urin ausgeschieden, können aber auch die Leberfunktionen stören. Die Folgen dieser Störungen bei den verschiedenen Stoffwechselprozessen rufen eine Reihe krankhafter Veränderungen in anderen Organen hervor (z.B. grauer Star, Herz-Kreislauferkrankungen und Schädigungen der Blutgefäße).

Obwohl der Insulinrezeptor und die Tyrosinkinasen z.T. ähnliche Eigenschaften besitzen, sind die intrazellulären Signalwege unterschiedlich. Die Phosphorylierung der verschiedenen Effektor- und Regulatorproteine durch den aktivierten Insulinrezeptor führt zu den kurz- und langfristigen Wirkungen des Insulins. Weiterhin wird durch die Bindung von Insulin an seinen Rezeptor die Bildung von Insulin-Mediatoren induziert. Diese können die Adenylatzyklase hemmen und eine cAMP-abhängige Phosphodiesterase aktivieren. Diese duale Wirkung vermindert die intrazellulären cAMP-Spiegel.

Glucagon wird von den α-Zellen der Langerhans-Inseln als Antwort auf **Hypoglykämie** (niedriger Blutzuckerspiegel) sezerniert. Dieses Hormon ist der Antagonist des Insulins: es stimuliert die Glykogenolyse in der Leber sowie die Lipolyse und stellt damit Fettsäuren für die Gluconeogenese zu Verfügung (Abb. 9.**28**). Die ausgewogene Wirkung von Insulin und Glucagon sind für die Aufrechterhaltung eines physiologischen Blutzuckerwertes von immenser Bedeutung. Dadurch wird gewährleistet, daß alle Gewebe, besonders das Nervensystem, immer ausreichend mit Energieträgern in Form von Glucose versorgt werden. Wie Adrenalin, das ja ebenfalls Einfluß auf die Glykogenolyse hat, bindet auch Glucagon an Rezeptoren, die mit dem cAMP-Signalweg gekoppelt sind.

Wachstumshormon

Die Synthese des **Wachstumshormons** (GH oder **Somatotropin**) in der Adenohypophyse und seine Freisetzung stehen unter der unmittelbaren Kontrolle des **GH-Releasing-Hormons** (GRH) und des **GH-Inhibiting-Hormons** (GIH, auch **Somatostatin** genannt; Tab. 9.**2**). Die Freisetzung von GRH und GIH kann zusätzlich durch weitere Faktoren wie den Blutzuckerspiegel reguliert werden (Abb. 9.**29**). Niedrige Blutzuckerspiegel stimulieren z.B. indirekt die GH-Ausschüttung über eine gesteigerte Sekretion von GRH.

Das Wachstumshormon hat sowohl Einfluß auf den Metabolismus als auch auf Entwicklungsprozesse. Viele dieser Wirkungen sind denen des Insulins entgegengesetzt. So induziert GH für die Energiegewinnung die Freisetzung von Fett aus Speichergeweben, während Insulin in den Fettzellen die Lipogenese fördert und die Lipolyse hemmt. Die als Antwort auf GH aus Fettgeweben in den Blutstrom entlassenen Fettsäuren werden in der Leber zu Ketonkörpern umgebaut und in den Kreislauf abgegeben. GH stimuliert die Aufnahme von Fettsäuren in die Muskelzellen als Energiequelle und schont dadurch deren Glykogenspeicher (Abb. 9.**29**).

GH hat auch eine dem Insulin entgegengesetzte Wirkung auf den Glucosestoffwechsel: Es erhöht die Blutzuckerwerte, während Insulin diese verringert. GH wirkt einer Hypoglykämie entgegen, Insulin einer Hyperglykämie. GH steigert die Blutzuckerwerte über drei Wege:
1. GH stimuliert die Gluconeogenese aus Fettsäuren,
2. hemmt die Aufnahme von Glucose in die Gewebe (nicht jedoch im Nervengewebe) und
3. fördert für die Energiegewinnung den Verbrauch von Fettsäuren statt von Glucose.

GH und Glucagon wirken also zusammen, um einen ausgewogenen Blutzuckerspiegel aufrecht zu halten. GH erreicht maximale Plasmaspiegel einige Stunden nach einer Mahlzeit, wenn die unmittelbaren Energiequellen (z.B. Blutzucker, Aminosäuren und Fettsäuren) in nicht mehr genügendem Maße vorhanden sind. Das Wachstumshormon stimuliert die Insulinsekretion direkt durch seine Wirkung auf die β-Zellen des Pankreas und indirekt durch seine Effekte, die zu einem erhöhten Blutzuckerspiegel führen.

GH fördert über die Stimulierung der RNA-Bildung die Proteinsynthese. Diese Effekte sind verantwortlich für den Einfluß von GH auf Wachstums- und Entwicklungsprozesse, besonders im Bereich des Knorpel- und Knochengewebes. Das durch GH geförderte Wachstum in den Geweben ist eher durch die Zunahme der Zellzahlen als durch eine Größenzunahme der Zellen bedingt. Wie bereits erwähnt, wirken Schilddrüsenhormone und Wachstumshormon gemeinsam auf das Gewebewachstum während der Entwicklung ein. Diese Wirkungen hängen jedoch wesentlich vom Entwicklungsstadium des Organismus ab. Die Empfindlichkeit gegenüber GH ist in der frühen Ontogenese bei Säugern sehr gering, sie nimmt mit zunehmenden Alter aber zu. GH stimuliert das Zellwachstum jedoch nicht nur direkt. Es bewirkt in der Leber die Bildung weiterer Wachstumsfaktoren, den „Insulin-like-growth-factors" (IGF, auch **Somatomedine** genannt), welche direkt auf das Zellwachstum einwirken. Die Bedeutung von GH bei der Regulation des Wachstums wird beim Menschen deutlich, wenn es zu Störungen im GH-Haushalt kommt.
- **Gigantismus:** Der Körper erreicht eine abnorme Grö-

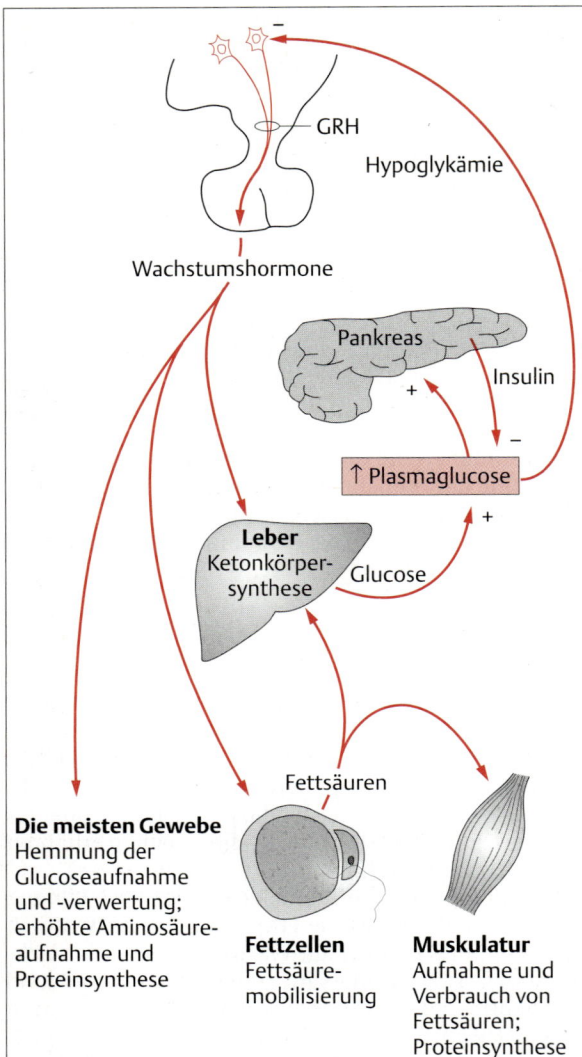

Abb. 9.29 Regulation und Wirkung des Wachstumshormons und des Insulins. Das Wachstumshormon (GH) wirkt vielfach als ein Antagonist des Insulins. Die Insulinausschüttung aus den β-Zellen des Pankreas erfolgt als Antwort auf einen hohen Blutzuckerspiegel, wie z.B. nach einer Mahlzeit. Das GH wird gewöhnlich erst einige Stunden nach einer Mahlzeit oder nach länger dauernder körperlicher Arbeit als Antwort auf eine insulininduzierte Hypoglykämie abgegeben. GH wirkt lipolytisch und fördert die Aufnahme von Fettsäuren in Muskelzellen zur Energiegewinnung und in Leberzellen zur Synthese von Ketonkörpern. Hierdurch wird eine generelle Suppression der Glucoseaufnahme bewirkt (mit Ausnahme des ZNS!) und damit wiederum ein Anstieg des Blutzuckerspiegels erzielt, der wiederum die Insulinsekretion anregt. Insulin stimuliert die Aufnahme von Glucose in Zellen und wirkt damit der GH-induzierten Hyperglykämie entgegen.

ße als Folge extrem hoher GH-Titer vor der Pubertät;
- **Akromegalie:** Eine Vergrößerung der Knochen des Kopfes und der Extremitäten (besonders an den Knochenendigungen), die durch eine nachpubertäre GH-Übersekretion hervorgerufen wird;
- **Zwergwuchs:** Eine abnorme Unterwicklung des Körpers, da die GH-Titer von der Kindheit bis zum Erreichen des Erwachsenenalters extrem niedrig waren.

Sehr wenig ist über die Rezeptoren für das Wachstumshormon an den Zelloberflächen und die intrazellulären Signalwege bekannt. Man weiß lediglich, daß die Gabe von GH in den Geweben junger Tiere die Adenylatzyklaseaktivität hemmt und infolgedessen die cAMP-Titer gesenkt werden.

Hormonelle Regulation des Wasser- und Elektrolythaushaltes

Die wichtigsten Organe, die bei den Vertebraten für die Regulierung des Wasser- und **Elektrolythaushaltes** verantwortlich sind, schließen die Niere, die Eingeweide und die Knochen, bei Fischen auch die Kiemen mit ein. In jedem Fall sind Epithelzellen für die Aufnahme oder Ausscheidung von Wasser oder Elektrolyten verantwortlich. Die meisten Hormone, die den Wasser- und Elektrolythaushalt steuern, wirken auf diese Epithelgewebe ein. Die Prozesse, die der Homöostase im Wasser- und Elektrolythaushalt zugrunde liegen, sind in Kap. 14 ausführlich dargestellt. An dieser Stelle sollen die Hormone besprochen werden, welche in diese Regulation eingreifen (Tab. 9.**8**).

Das **antidiuretische Hormon** (ADH, auch **Vasopressin** genannt) reguliert den Wasserumsatz in der Niere. Dieses Neurohormon wird von der Neurohypophyse an die Blutbahn abgegeben. Stimuliert wird die Abgabe durch eine hohe Osmolarität des Blutes, die von **Osmorezeptoren** im vorderen Hypothalamus gemessen wird (Abb. 9.**7**). ADH bewirkt eine Erhöhung der Wasserpermeabilität der Sammelkanäle in den Nieren und entzieht dadurch dem Primärharn Wasser. Das Ergebnis ist, daß der Primärharn konzentriert, sein Volumen verringert und Wasser im Körper zurückgehalten wird. Ein Anstieg des venösen Blutdrucks, der eine Erhöhung des Blutvolumens signalisiert, stimuliert **arterielle Dehnungsrezeptoren** im Herzen. Diese melden eine solche Blutdruckerhöhung an den Hypothalamus, der daraufhin mit einer Erniedrigung der ADH-Ausschüttung reagiert. Dadurch wird das Volumen des gebildeten Urins erhöht und damit das Blutvolumen reduziert. Ein weiterer Effekt des ADH ist, daß die Freisetzung von TSH (Schilddrüsen-stimulierendes-Hormon) und ACTH (adrenocorticotrophes Hormon) aus der Adenohypophyse gesteigert wird.

Tab. 9.8 Hormone bei Säugern, die den Wasser- und Elektrolythaushalt regulieren

Hormon	Bildungsort	Struktur	Zielort	Primärwirkung	Regulation
antidiuretisches Hormon (ADH = Vasopressin)	neurosekretorische Zentren des Hypothalamus; Abgabe aus der Neurohypophyse	Nonapeptid	Nieren	erhöht Wasserreabsorption	erhöhter osmotischer Druck oder verringertes Blutvolumen stimulieren Freisetzung
atriales natriuretisches Peptid (ANP)	Herz (Atrium)	Peptid	Nieren	reduziert Na^+- und Wasserreabsorption	erhöhter venöser Blutdruck stimuliert Freisetzung
Calcitonin	Schilddrüse (C-Zellen)	Peptid	Knochen, Nieren	verringert die Freisetzung von Ca^{2+} aus den Knochen; erhöht die Ausscheidung von Ca^{2+} und PO_4^{3-} durch die Nieren	erhöhte Plasma-Konzentrationen an Ca^{2+}-Ionen stimulieren Freisetzung
Mineralcorticoide (z.B. Aldosteron)	Nebennierenrinde	Steroid	distales Ende der Nierentubuli	fördert die Reabsorption von Na^+ aus dem Nierenfiltrat	Angiotensin II stimuliert die Freisetzung
Parathormon (PTH)	Nebenschilddrüsen	Peptid	Knochen, Nieren, Eingeweide (Darm)	erhöht die Freisetzung von Ca^{2+} aus dem Knochen; zusammen mit Calcitriol erhöht es die Reabsorption von Ca^{2+} aus dem Darm; verringert die Ca^{2+}-Ausscheidung durch die Nieren	gesenkte Plasma-Konzentrationen an Ca^{2+}-Ionen stimulieren Freisetzung

Säuger produzieren **Arginin-Vasopressin**, andere Vertebraten etwas unterschiedliche zyklische Nonapeptide, welche aber die gleichen Funktionen haben. Reptilien, Fische und Vögel verfügen über ein verwandtes Peptid, das **Arginin-Vasotocin**, das die gleichen Effekte ausübt wie Vasopressin und Oxytocin (Tab. 9.**4**, S. 338). Auch Vasotocin erhöht die Wasserreabsorption in den Nierenkanälchen. Zusätzlich kann dieses Hormon bei der Kontrolle des Sexualverhaltens eine Rolle spielen. Bei Schildkröten fördert es die Austreibung der Eier aus dem Oviduct (eine Funktion ähnlich der des Oxytocins). Beide Nonapeptide aktivieren die Kontraktion der glatten Muskulatur. ADH und seine verwandten Moleküle wirken über den cAMP-Signalweg.

Mineralcorticoide, speziell **Aldosteron**, verstärken das Zurückhalten von Natrium-Ionen (und indirekt von Chlorid-Ionen) in den Nierentubuli und erhöhen damit die Osmolarität des Blutes. Aldosteron wird von der Nebennierenrinde gebildet; seine Freisetzung wird durch das **Renin-Angiotensin-System** reguliert. ACTH kann nur kurzfristig in hohen Dosierungen die Aldosteronabgabe stimulieren. Die Mineralcorticoide entfalten ihren molekularen Wirkungsmechanismus wie alle Steroide über den Weg der differentiellen Genaktivierung.

Das **atriale natriuretische Peptid** (ANP) bewirkt in der Niere, daß verstärkt Natrium-Ionen und Wasser ausgeschieden werden. Es ist daher ein direkter Gegenspieler des Aldosterons und des ADH. ANP wird im Atrium des Herzens gebildet und bei einem Anstieg des venösen Blutdrucks freigesetzt (s. auch S. 574). Seine Wirkungsmechanismen sind noch nicht aufgeklärt.

Ca^{2+}-Ionen spielen eine zentrale Rolle bei den verschiedensten Regulations- und Stoffwechselprozessen. Millimolare Änderungen in der Konzentration der Calcium-Ionen im Blut und im extrazellulären Plasma sind kritischer als Änderungen in der Konzentration der meisten anderen Ionen. Ca^{2+}-Ionen werden aktiv durch die intestinale Wand ins Plasma aufgenommen und im Knochen, dem Hauptspeicher für Calcium, deponiert. Die Ausscheidung von Ca^{2+}-Ionen aus dem Körper erfolgt durch die Niere und wird durch drei Hormone kontrolliert: **Parathormon**, **Calcitonin** und **Calcitriol**.

Das Parat- oder **Nebenschilddrüsenhormon** (PTH) wird aus den beiden paarigen Nebenschilddrüsen (Epithelkörperchen, **Parathyreoidea**) sezerniert. Die Freisetzung erfolgt als Antwort auf einen Abfall des Calciumspiegels im Plasma. Während seiner kurzen Wirkungszeit (biologische Halbwertszeit ca. 20 Minuten) fördert es die Ca^{2+}-Mobilisierung aus den Knochen, erhöht die renale Ca^{2+}-Aufnahme aus dem Primärharn in den Nierentubuli, erhöht die renale Phosphatexkretion und die intestinale Ca^{2+}-Aufnahme (Abb. 9.30). PTH wirkt mit Calcitriol zusammen, einer steroid-ähnlichen Substanz, die aus **Vitamin D** (das mit der Nahrung aufgenommen wird) gebildet wird. Calcitriol kann auch aus Vitamin D$_3$, das in der Haut unter Lichteinfluß aus Cholesterin synthetisiert werden kann, entstehen. Die Biosynthese von Calcitriol findet in der Leber und den Nieren statt. Die Wirkungen des Calcitriols sind denen des PTH ähnlich.

Calcitonin wird von den **parafollikulären** oder **C-Zellen** der Schilddrüse als Antwort auf eine **Hyperkalzämie** (hohe Ca^{2+}-Konzentrationen im Plasma) gebildet. Die Dominanz von Calcitonin verhütet eine Hyperkalzämie und damit eine Auflösung der Knochen; es unterdrückt schnell den Abbau von Ca^{2+}-Ionen aus dem Knochen (der Knochen stellt im wesentlichen ein großes Reservoir und einen Puffer für Ca^{2+}- und PO$_4^{3-}$-Ionen dar) und wirkt damit dem PTH entgegen. Obwohl diese beiden Hormone antagonistisch wirken, findet keine Rückkopplung zwischen ihnen statt. Jedes Hormon steuert seine Bildung über negative Rückkopplungsprozesse selber. Die Konzentrationen der Ca^{2+}- und PO$_4^{3-}$-Ionen werden durch die antagonistischen Wirkungen von PTH und Calcitonin innerhalb enger Grenzen gehalten und der Austausch der Minerale zwischen Plasma und Knochen durch die beiden Hormone reguliert.

PTH und Calcitonin, beide sind Peptidhormone, wir-

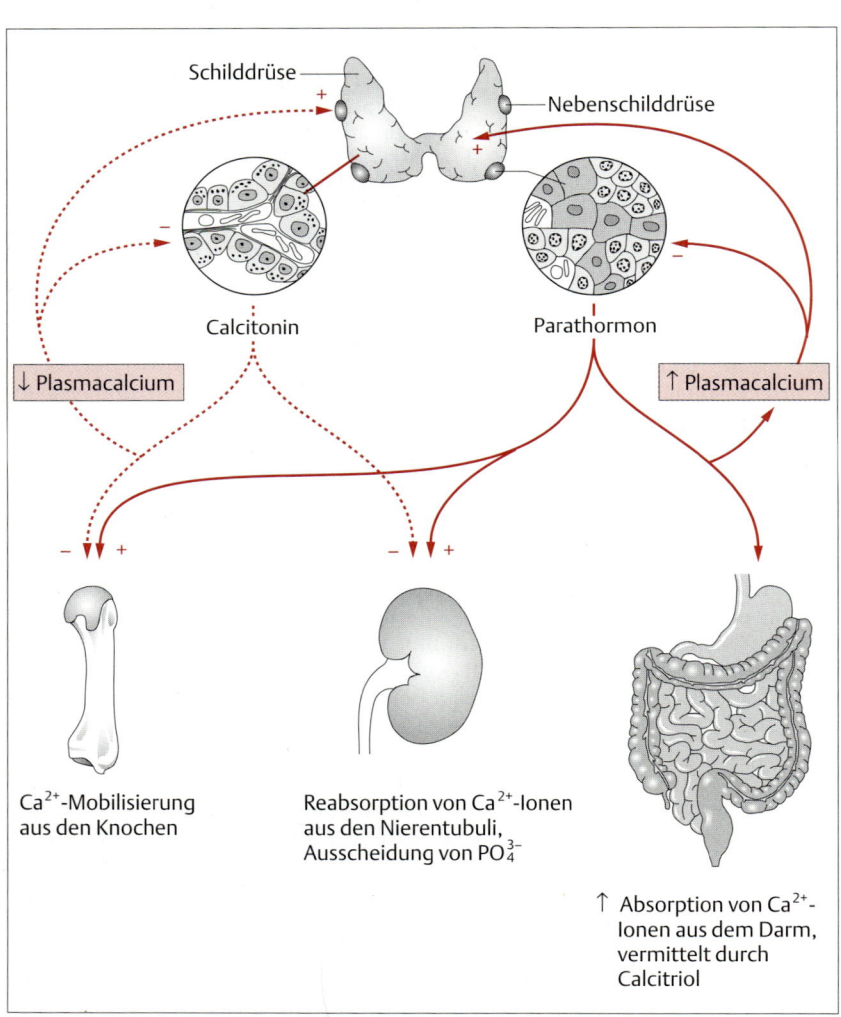

Abb. 9.30 Plasma-Ca^{2+}-Regulation durch Calcitonin und Parathormon. Calcitonin und Parathormon (PTH) haben entgegengesetzte Wirkungen auf den Ca^{2+}-Spiegel im Plasma. Niedrige Plasma-Ca^{2+}-Spiegel regen die Zellen der Nebenschilddrüsen zur PTH-Ausschüttung an. PTH hat zahlreiche Effekte, die alle zum Ansteigen der Ca^{2+}-Konzentration im Plasma führen. Hohe Plasmakonzentrationen von Ca^{2+}-Ionen stimulieren dagegen die parafollikulären Zellen in der Schilddrüse zur Freisetzung von Calcitonin, das über verschiedene Prozesse ein weiteres Ansteigen der Plasma-Ca^{2+}-Konzentrationen verhindert. Calcitriol, die aktive hormonelle Form des Vitamin D, stimuliert die intestinale Absorption von Ca^{2+}-Ionen.

ken über membranständige Rezeptoren; es ist aber bisher nur sehr wenig über die intrazellulären Signalwege bekannt. Calcitriol ist fettlöslich und wirkt deshalb wahrscheinlich über intrazelluläre cytosolische Rezeptoren.

Sexualhormone

Bei den Vertebraten werden viele Steroidhormone, die mit dem Fortpflanzungsgeschehen verbunden sind (**Östrogene**, **Androgene**, **Gestagene**), in den Gonaden (Ovarien und Testes) und der Nebennierenrinde produziert. Ausgangssubstanz für die Biosynthese der Sexualhormone ist das Cholesterin (Abb. 9.23). Es wird zunächst in **Progesteron** umgewandelt, das dann zu den Androgenen **Androstendion** und **Testosteron** metabolisiert wird. Diese werden zu Östrogenen aromatisiert; das potenteste ist das **17 β-Östradiol**. Der Wirkungsmechanismus der Sexualhormone läuft wie bei allen Steroiden über cytosolische Rezeptoren und über den Weg der differentiellen Genaktivierung. Zwei Hormone der Hypophyse sind ebenfalls an Fortpflanzungsprozessen (Geburt und Laktation) beteiligt. Die Eigenschaften der an Fortpflanzungsvorgängen beteiligten Hormone sind in Tab. 9.9 dargestellt.

Produktion und Sekretion der Steroide stehen unter der Kontrolle des **Follikel-stimulierenden-Hormons** (FSH) und des **luteinisierenden Hormons** (LH) (Tab. 9.3, S. 336). Beide werden auch als **Gonadotropine** bezeichnet; sie kommen in beiden Geschlechtern vor. FSH und LH werden unter dem Einfluß nur eines hypothalamischen Neurohormons, dem **Gonadotropin-Releasing-Hormon** (GnRH), aus der Adenohypophyse freigesetzt. Die Sexualhormone wirken auf der Ebene der Adenohypophyse und des Hypothalamus negativ rückkoppelnd auf die Bildung der Gonadotropine und des GnRH ein (lange und kurze Rückkopplungswege) (Abb. 9.2 u. 9.6).

Sexualhormone im männlichen Geschlecht

Die **Samenkanälchen** der **Testes** (Hoden) sind innen mit Keimzellen und **Sertoli-Zellen** ausgekleidet (Abb. 9.31). Nach dem Erreichen der Geschlechtsreife wird durch das Follikel-stimulierende-Hormon (FSH) in den Tubuli die **Spermatogenese** angeregt, die je nach

Tab. 9.9 Wichtige Sexualhormone bei Säugern

Hormon	Bildungsort	Struktur	Zielorgan	Primärwirkung	Regulation
eigentliche Sexualhormone:					
Testosteron (Androgen)	Leydigsche Zwischenzellen (Hoden); Nebennierenrinde	Steroid	fast alle Gewebe	fördert Entwicklung und Aufrechterhaltung männlicher Merkmale und Verhaltensweisen, Spermatogenese	erhöhter LH-Titer stimuliert die Ausschüttung
17α-Östradiol	Follikelwand, Corpus luteum, Nebennierenrinde	Steroid	fast alle Gewebe	fördert Entwicklung und Aufrechterhaltung weiblicher Merkmale und Verhaltensweisen; Oocytenreifung, Uterusproliferation	erhöhte FSH- und LH-Konzentrationen stimulieren die Ausschüttung
Progesteron (Progestin)	Corpus luteum, Nebennierenrinde	Steroid	Uterus, Brustdrüsen	erhält die Uterussekretion und stimuliert die Ausbildung der Brustdrüsengänge	erhöhte LH- und PRL-Titer stimulieren die Ausschüttung
andere Hormone:					
Oxytocin	neurosekretorische Zentren des Hypothalamus; Abgabe aus der Neurohypophyse	Nonapeptid	Brustdrüsen, Uterus	fördert die Kontraktion der glatten Muskulatur; fördert Milchausstoß (neuroendokriner Reflexbogen)	Erweiterung des Cervix und Saugen stimulieren die Freisetzung; hohe Progesterontiter inhibieren die Freisetzung
Prolactin (PRL)	Adenohypophyse	Protein	Brustdrüsen (Alveolen)	fördert die Milchbildung und das Wachstum der Brustdrüsen; fördert Elternverhalten	PIH inhibiert die Freisetzung; Erhöhte Östrogen-Titer und niedrige PIH-Titer stimulieren die Ausschüttung

Tierart entweder kontinuierlich oder saisonal gebunden stattfindet. An den Sertoli-Zellen findet die Reifung der Spermien statt; sie sind für die Synthese eines **Androgen-bindenden-Proteins** (ABP) und des Inhibins verantwortlich. Zwischen den Samenkanälchen liegen die interstitiellen Zellen, auch **Leydig-Zwischenzellen** genannt; in ihnen erfolgt die Biosynthese der Steroide, die durch das luteinisierende Hormon (LH) gefördert wird.

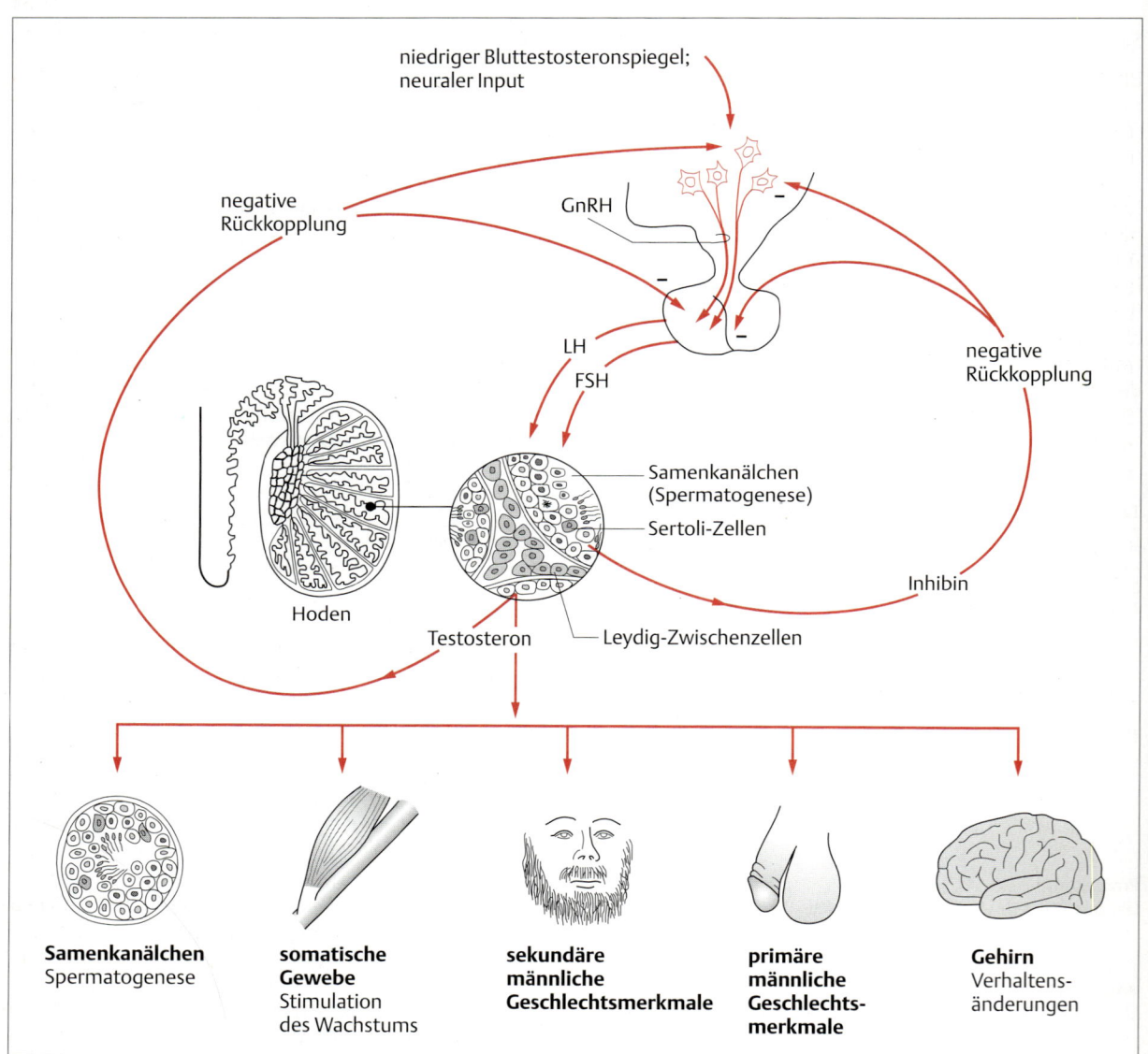

Abb. 9.31 Regulation und Wirkung des Testosterons. Das wichtigste männliche Sexualhormon hat eine Vielzahl von Wirkungen. Seine Bildung wird durch neuronale Reize und negative Rückkopplungsprozesse gesteuert. Abnehmende Blutliter des Testosterons stimulieren die Bildung des Gonadotropin-Releasing-Hormons (GnRH), das in der Adenohypophyse die Freisetzung des follikelstimulierenden Hormons (FSH) und des luteinisierenden Hormons (LH) fördert. Einige der Wirkungen des Testosterons sind in der Abbildung unten dargestellt. (Hierbei ist anzumerken, daß Testosteron in den Zielorten nicht direkt wirkt, sondern in den Zielzellen zunächst in eine aktive Form umgewandelt werden muß; die aktiven Metabolite des Testosterons sind 5α-Dihydrotestosteron und 17β-Östradiol.) Hohe Testosterontiter und ein weiteres Hormon aus den Sertoli-Zellen der Samenkanälchen, das Inhibin, wirken auf der Ebene der Adenohypophyse und des Hypothalamus negativ rückkoppelnd auf den Testosteronspiegel.

Die wichtigsten Androgene sind **Testosteron** und **Dihydrotestosteron**. Testosteron und Inhibin wirken negativ rückkoppelnd auf die Adenohypophyse und den Hypothalamus und kontrollieren damit die Bildung von FSH, LH und GnRH (Gonadotropin-Releasing-Hormon).

Östrogene und Androgene sind in beiden Geschlechtern für Entwicklungs- und Wachstumsvorgänge und für morphologische Differenzierungsprozesse von Bedeutung; sie kontrollieren die Entwicklung und Ausprägung des Fortpflanzungsverhaltens und der Reproduktionszyklen. In der Regel sind Androgene bei männlichen Säugern vorherrschend, Östrogene dagegen bei den weiblichen. Androgene bewirken in den Embryonen die Entwicklung der primären männlichen Geschlechtsmerkmale (Penis, Vas deferens, Samenblasen, Prostatadrüse und Nebenhoden); beim Erreichen der Geschlechtsreife lösen sie die Ausbildung der sekundären männlichen Geschlechtsmerkmale (z.B. Löwenmähne, Hahnenkamm und -gefieder, Bartwuchs beim Mann) aus. Androgene beeinflussen auch das normale Wachstum und die Proteinsynthese, insbesondere die Synthese der Myofibrillenproteine in der Muskulatur. Bei vielen Vertebraten ist der Muskelanteil an der Körpermasse im männlichen Geschlecht größer als im weiblichen Geschlecht.

Es ist noch anzumerken, daß das hauptsächliche Androgen, das Testosteron, bei vielen Prozessen nicht direkt wirkt, sondern lediglich eine Art Vorhormon darstellt. In den Zielorten muß es zunächst in eine aktive Form überführt werden, bevor es wirksam werden kann. Biologisch aktive Metabolite des Testosterons sind das 5α-Dihydrotestosteron und das 17β-Östradiol. Die Aromatisierung des Testosterons zu 17β-Östradiol spielt besonders dann eine Rolle, wenn der Zielort des Testosterons das zentrale Nervensystem ist.

Sexualhormone im weiblichen Geschlecht –
Die Regulation des Menstruationszyklus

Östrogene spielen – im Gegensatz zu den Androgenen – in der frühen Ontogenese keine so wichtige Rolle beim morphologischen Differenzierungsgeschehen weiblicher Embryonen. Erst in späteren Entwicklungsstadien sind sie wichtig für die Ausbildung der primären weiblichen Geschlechtsmerkmale wie Uterus, Ovar und Vagina. Östrogene bewirken die Entwicklung der sekundären weiblichen Geschlechtsmerkmale (z.B. der Brust), und sie kontrollieren den Ablauf der weiblichen Zyklen (Abb. 9.**32**).

Die Synchronisation der Fortpflanzung innerhalb einer Population kann große Vorteile in sich bergen. Der Zeitpunkt, zu dem sich zahlreiche Individuen beider Geschlechter zur Paarung, zum Gebären und zur Pflege der Jungen sammeln, kann dabei so gewählt werden, daß er in eine günstige Wetterperiode mit ausreichendem Nahrungsangebot fällt. Mehr noch, beim Auftreten einer großen Zahl hilfloser Individuen kann selbst dem gefräßigsten Räuber nicht der gesamte Nachwuchs zum Opfer fallen; es bleiben genügend Individuen der neuen Generation übrig, um das Überleben der Population zu sichern. Im allgemeinen wird die Fortpflanzungsphase eines Tieres endogen über sein neuroendokrines System gesteuert, aber diese endogenen Zyklen unterliegen der Kontrolle von Umweltreizen (z.B. der Tageslänge), die das Fortpflanzungsgeschehen in eine für die Population günstige Jahreszeit einpassen.

Weibliche Säuger und Vögel werden mit einem vollständigen Satz an **Oocyten** geboren. Jede Oocyte wird in einen Follikel innerhalb des Ovars eingebettet und kann zu einem befruchtungsfähigen Ei heranreifen. Die meisten Follikel und ihre Oocyten degenerieren frühzeitig, einige entwickeln sich jedoch vor der Pubertät bis kurz vor das Dotter- bzw. Reifestadium. Beim Menschen reifen etwa 400 Eier zwischen **Menarche** (Beginn der Menstruation) und **Menopause** (Ende der Menstruation). Bei niederen Vertebraten findet die Oogenese das ganze Leben über statt.

Der Menstruationszyklus weiblicher Säuger besteht aus drei Phasen: Follikelphase, Ovulation und Lutealphase (Abb. 9.**33** links). Die **Follikelphase** beginnt damit, daß unter dem Einfluß von FSH (Follikel-stimulierendes Hormon) 15–20 Follikel heranreifen. Diese bestehen jeweils aus einem flüssigkeitsgefüllten Hohlraum, der von einem membranösen, dreischichtigen Epithel umgeben ist und das Ei enthält. In einer dieser Schichten, der **Theca interna**, erfolgt unter LH (luteinisierendes Hormon)-Stimulation die Biosynthese von Androgenen. FSH regt in den Zellen der Granulosaschicht die Bildung eines Enzymkomplexes (Aromatasen) an, der die Androgene in Östrogene umwandelt. Dies führt zu ständig steigenden Östrogen-Titern. Erreichen die Titer kurz vor der Ovulation ein Maximum, dann aktivieren sie über die Hypothalamus-Hypophysen-Achse die stoßartige Freisetzung von LH und FSH (ein Beispiel für einen positiven Rückkopplungsmechanismus). FSH beschleunigt die Follikelreifung. Ein Follikel vollendet den Reifungsprozeß: Unter dem Einfluß des LH-Stoßes reißt der Follikel auf und entläßt ein reifes Ei. Dieser Vorgang wird als Eisprung oder **Ovulation** bezeichnet. Bei einigen Arten wird der zur Ovulation nötige LH-Stoß über einen neuroendokrinen Reflexbogen hervorgerufen (**Reflexovulation**). Die mechanische Reizung der Vagina während der Kopulation wird über das sympathische Nervensystem an das zentrale Nervensystem gemeldet. Dadurch werden über die Hypothalamus-Hypophysen-Achse steigende LH-Titer induziert. Die Ovulation wird ausgelöst, wenn die LH-Titer einen oberen Schwellenwert überschreiten. Die stei-

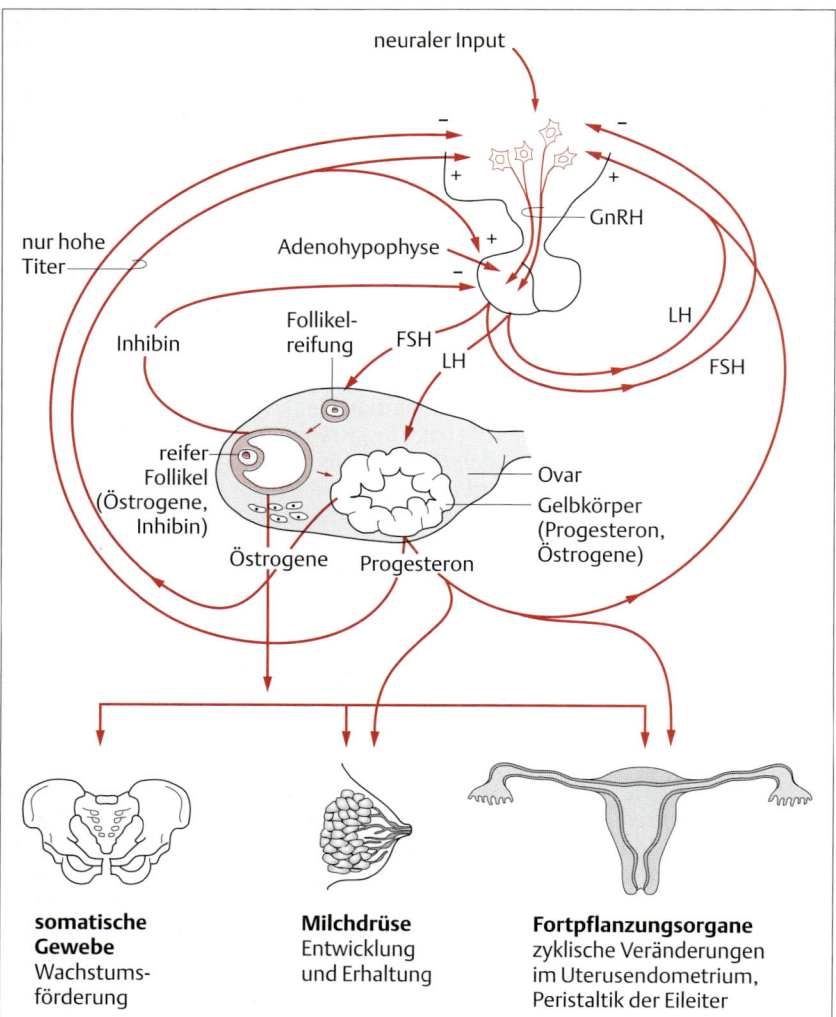

Abb. 9.32 Regulation und Wirkung der weiblichen Sexualhormone.
Östrogene und Gestagene, die vorherrschenden weiblichen Sexualhormone, kontrollieren die Fortpflanzungszyklen und andere komplexe physiologische Vorgänge. Bei Säugern führt ein Absinken der Progesteron- und Östrogentiter zur Ausschüttung des hypothalamischen Gonadotropin-Releasing-Hormons (GnRH), das in der Adenohypophyse die Freisetzung des follikelstimulierenden Hormons (FSH) bewirkt. FSH stimuliert die Reifung der Primärfollikel im Ovar. Die Östrogene, die vom Follikelepithel und den interstitiellen Zellen abgegeben werden, erreichen zur Zyklusmitte sehr hohe Titer. Dies ist der hormonelle Reiz, der zu einer pulsartigen Ausschüttung des LH führt. Dieser plötzliche LH-Anstieg löst die Ovulation aus und bewirkt anschließend die Entwicklung des Gelbköpers (Corpus luteum), der aus dem im Ovar verbleibenden Follikelrest gebildet wird. Das Corpus luteum bildet in erster Linie Progesteron (aber auch Östrogene); diese Steroide sind für die Aufrechterhaltung einer eingetretenen Schwangerschaft verantwortlich. Hohe Titer von FSH, LH und Progesteron inhibieren die sekretorische Aktivität der neurosekretorischen Zellen des Hypothalamus und führen zum Absinken der Gonadotropinsekretion in der Adenohypophyse. Hierdurch wird verhindert, daß ovarielle Zyklen während der Schwangerschaft auftreten.

genden Östrogen-Titer während der Follikelphase fördern gleichzeitig die Proliferation der Zellen im **Endometrium**, jenem Gewebe, das den Uterus auskleidet.

Während der **Lutealphase** oder **Gelbkörperphase**, die nach der Ovulation beginnt, sinkt die Östrogenproduktion ab, und unter dem Einfluß von LH wandelt sich der im Ovar verbleibende Follikelrest in ein temporäres endokrines Organ um, den **Gelbkörper** (Corpus luteum). Der Gelbkörper produziert Östrogene und Progesteron, die über negative Rückkopplungsprozesse die Bildung von GnRH, FSH und LH einschränken. Das ebenfalls dem Ovar entstammende **Inhibin** hemmt die Bildung von FSH (nicht aber von LH). Progesteron regt die Sekretion von Uterusflüssigkeit durch das Endometriumgewebe an und bereitet es auf die Einnistung (**Nidation**) eines befruchteten Eies vor. Hat keine Befruchtung und Nidation eines Eies stattgefunden, dann degeneriert der Gelbkörper (beim Menschen) nach 14 ± 1 Tagen, und die Produktion von Östrogenen und Progesteron sinkt auf ein Minimum ab. Beim Menschen und einigen anderen Primaten führt dies zur **Menses** oder durch Abstoßen von Teilen der Uteruswand zur **Menstruation**. Nehmen die Titer von Östrogenen, Progesteron und Inhibin weiter ab, dann entfällt die negative Rückkopplung dieser Hormone im Bereich des Hypothalamus und der Adenohypophyse. Die Freisetzung von FSH und LH kann erneut einsetzen; ein neuer Zyklus beginnt.

Hat eine Befruchtung stattgefunden, nistet sich bei

placentalen Säugern das Ei in das Endometrium ein. Von der sich entwickelnden **Placenta** wird das **Choriongonadotropin** (CG) gebildet (Abb. 9.33 rechts). Dieses Hormon, in seiner Wirkung dem LH ähnlich, bewirkt ein weiteres Wachstum des Corpus luteum und damit eine anhaltende Produktion von Progesteron und Östrogen. Schon ungefähr einen Tag nach der Nidation des Eies beginnt die Placenta, CG zu bilden. CG (bzw. die Placenta)

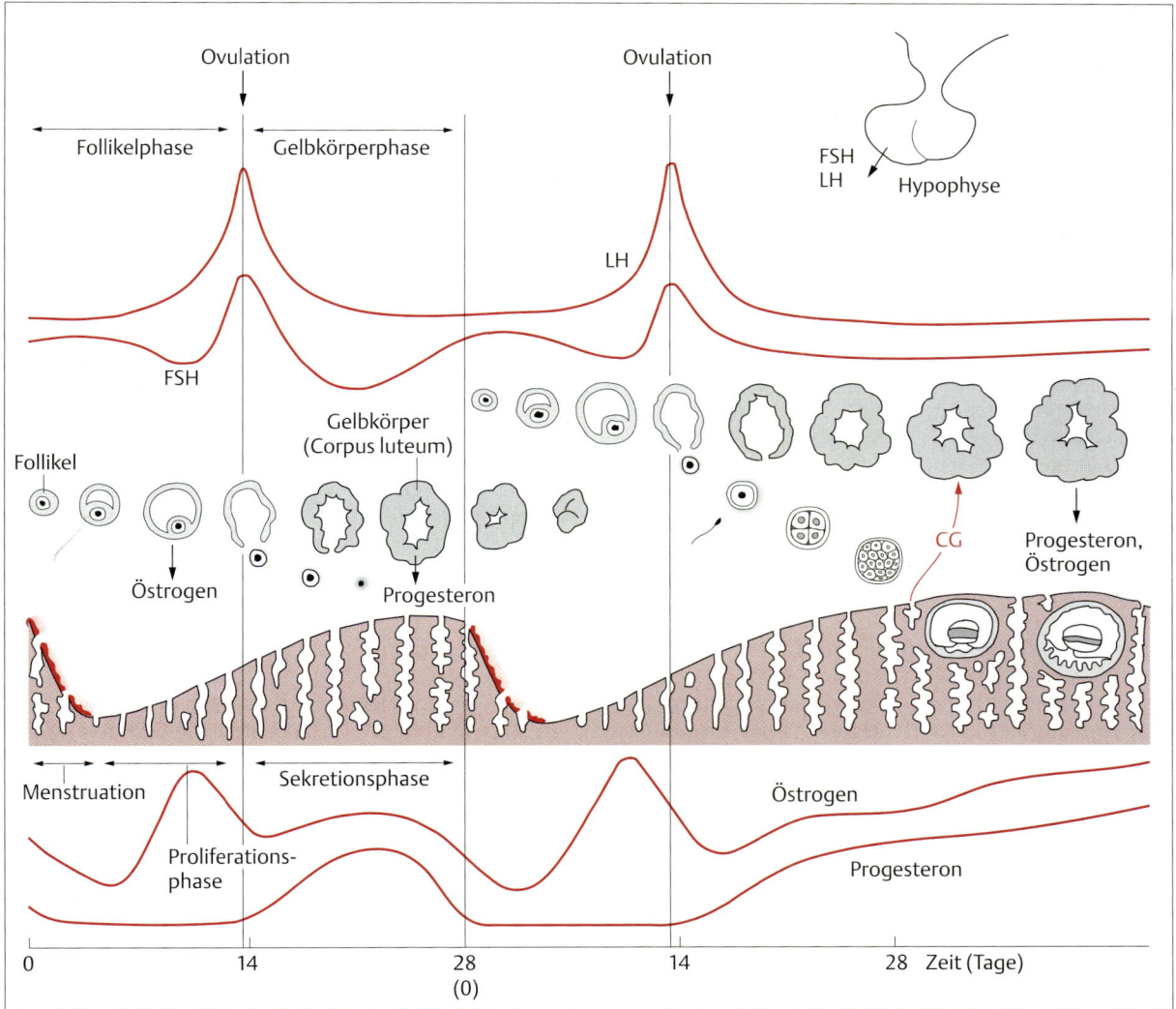

Abb. 9.33 Der Menstruationzyklus der Primaten wird durch arttypische periodische Schwankungen der Gonadotropin-, Östrogen- und Gestagen-Titer reguliert. Vor der Ovulation fördert FSH die Reifung des Follikels, dessen Epithel die Östrogene sezerniert. Hohe Östrogentiter lösen eine stoßartige Sekretion des LH aus, das die Ovulation eines Follikels bewirkt. LH fördert die Entwicklung des Corpus luteum und damit die Sekretion von Progesteron und geringer Östrogen-Mengen. Nistet sich kein befruchtetes Ei in die Uteruswand ein (linker Teil der Abbildung) erreichen Progestron- und Östrogentiter ein Maximum und sinken dann spontan ab. Hierdurch wird die Menstruation ausgelöst. Die sinkenden Titer der Steroide (und des Inhibins) erlauben es nun, daß die Hypothalamus-Hypophysen-Achse wieder aktiviert wird. Ein neuer Zyklus beginnt. Nistet sich jedoch ein befruchtetes Ei in die Uteruswand ein (rechter Teil der Abbildung), dann bildet die Placenta ein weiters Hormon, das Choriongonadotropin (CG). Unter dem Einfluß dieses Hormons bleibt das Corpus luteum aktiv und sezerniert über weitere zwei Monate (beim Menschen) Östrogene und Gestagene. Nach diesem Zeitpunkt bildet die Placenta selbst genügend Östrogene und Gestagene, die für die weitere Aufrechterhaltung der Schwangerschaft notwendig sind (nach McNaught u. Callander, 1975).

übernimmt während der frühen Phase der Trächtigkeit praktisch die gonadotrope Funktion der Hypophyse; gleichzeitig schützt sie den Gelbkörper vor der Degeneration. Bis zur Geburt des Fötus wird von der Hypophyse kein FSH und LH mehr ausgeschüttet. Das Corpus luteum bleibt bei vielen Säugern, einschließlich des Menschen, so lange aktiv und produziert Progesteron und Östrogene, bis die Placenta diese Funktion selbst vollständig übernehmen kann. Ab diesem Zeitpunkt bildet sich das Corpus luteum zurück. Die Placenta der fötoplacentalen Einheit ist ab diesem Zeitpunkt in der Lage, sozusagen autark alle für das Fortbestehen der Schwangerschaft notwendigen Hormone selbst zu produzieren. Bei anderen Säugetieren, z.B. der Ratte, ist das Corpus luteum, das in diesem Fall durch Prolactin stimuliert wird, unerläßlich für die Aufrechterhaltung der Trächtigkeit.

Die Dauer der Follikel- und Gelbkörperphase im Fortpflanzungszyklus variiert innerhalb der verschiedenen Säugetiergruppen. Beim **Menstruationszyklus** der Primaten sind diese Phasen ungefähr gleich lang. Beim **Östruszyklus** vieler Nichtprimaten ist dagegen die Lutealphase viel kürzer. Die Zahl der jährlichen Zyklen variiert ebenfalls zwischen den Arten. Beim Menschen wiederholt sich der Menstruationszyklus ca. alle 28 Tage, also ungefähr 13mal innerhalb eines Jahres. Einige Nichtprimaten durchlaufen den Zyklus nur einmal im Jahr (gewöhnlich im Frühjahr), andere Tiere, z.B. die Laborratte, dagegen mehrfach innerhalb eines Jahres (**Polyöstrus**).

Der Östruszyklus beruht auf endokrinen Wechselwirkungen, die denen, welche den Menstruationszyklus der Primaten kontrollieren, ähneln, aber nicht mit diesen identisch sind. Vier Hauptunterschiede lassen sich zwischen dem Menstruations- und Östruszyklus erkennen:

1. Bei Säugern mit einem Östruszyklus ist die Gelbkörperphase weitgehend reduziert. Eine Proliferation (Aufbau) der Uterusschleimhaut und damit ein jähes Abstoßen derselben unterbleibt daher. Solche Arten haben folglich keine Regelblutung. Während des Östruszyklus finden jedoch morphologische Änderungen im Epithel der Vagina statt, die eine Bestimmung der Zyklusphase ermöglichen.
2. Der Östruszyklus ist hochgradig von Umweltfaktoren (z.B. den Jahreszeiten) abhängig.
3. Während der Phase des Östruszyklus, bei der das Weibchen ovulationsfähig ist, wird es gegenüber dem Männchen empfänglich. Es zeigt deutliche Verhaltensänderungen, welche die Wahrscheinlichkeit einer Paarung erhöhen. Man bezeichnet diese Periode als **Östrus**, das Weibchen ist „heiß".
4. Bei einigen Arten mit Östrus (z.B. Frettchen, Katze, Kaninchen) wird die Ovulation normalerweise kurz vor oder während des Östrus durch die Verpaarung (**Koitus**) ausgelöst (**Reflexovulation**). Da bei diesen Arten eine Paarung außerhalb der Östrusphase selten erfolgt, ist der Befruchtungserfolg bei einer Paarung sehr hoch. Bei den meisten Arten erfolgt die Ovulation jedoch wie bei den Arten mit Menstruationszyklus unabhängig vom Koitus.

Bei der Laborratte, bei der sich der Östruszyklus alle vier Tage wiederholt (man spricht vom **Diöstrus-1**, **Diöstrus-2**, **Proöstrus** und **Östrus**), erfolgt die Ovulation spontan. Interessanterweise werden die Corpora lutea ohne zusätzliche Reizung nicht aktiv. Ihre Aktivierung hängt von neuralen Inputs ab, die durch mechanische Reizung des Uteruscervix um den Zeitpunkt der Ovulation auftreten. Eine mechanische Reizung erfolgt normalerweise beim Koitus; experimentell läßt sie sich auch durch Reizung mit einem Glasstab nachahmen. Die Folge ist ein physiologischer Zustand, der als **Scheinträchtigkeit** bekannt ist. Dieses Phänomen ist interessant, da das endokrine Verhalten in der Anfangsphase der Scheinträchtigkeit dem der echten Trächtigkeit ähnelt. Dieser Zustand dauert etwa 12 Tage; die nachfolgenden Zyklen werden entsprechend verzögert. Die Scheinträchtigkeit veranschaulicht den neuralen Einfluß auf die Aktivierung der humoralen Mechanismen bei dieser Art; man kann verfolgen, wie die Corpora lutea aktiv gehalten werden kann.

Während der **Tragzeit** (Trächtigkeit, Schwangerschaft) bereiten die zunächst aus dem Corpus luteum und dann aus der Placenta stammenden Gestagene und Östrogene die Brustdrüsen auf die Laktation vor. Bei den Säugern unterstützen Prolactin und ein Hormon der Placenta, das placentare **Laktogen**, diesen Vorgang. Die Milchbildung wird während der Trächtigkeit durch Progesteron gehemmt. Die negativen Rückkopplungsprozesse, die durch Östrogene und Gestagene in der Hypothalamus-Hypophysen-Achse ausgeübt werden, verhindern das Heranreifen weiterer Eier und unterbinden eine Ovulation. Die „Anti-Baby-Pillen" enthalten geringe Mengen an Progesteron und Östrogen oder synthetische Analoga. Bei täglicher Einnahme täuschen diese Steroide die Frühphase einer Schwangerschaft vor, verhindern somit eine Ovulation und wirken auch auf das Endometrium. Dadurch kann eine Befruchtung mit sehr hoher Wahrscheinlichkeit verhindert werden.

Hormone, die bei der Geburt und Laktation eine Rolle spielen

Zum Ende der Schwangerschaft wird von der Neurohypophyse, bedingt durch die verstärkte Ausdehnung des Cervix, Oxytocin vermehrt ausgeschüttet (Tab. 9.9, S. 369). Dieses Hormon induziert u.a. Kontraktionen der glatten Uterusmuskulatur und leitet damit den natürlichen Geburtsvorgang ein. Einige Prostaglandine unterstützen diesen Vorgang. Nach der Geburt sinken die Progesteron-Titer ab. Damit entfällt der hemmende Einfluß des Progesterons auf die Milchproduktion. Prolactin (zusammen mit den Glucocorticoiden) fördert die Milchbildung. Die Reizung der Brustwarzen durch das Saugen führt über einen **neurendokrinen Reflexbogen** zur Freisetzung von Oxytocin und Prolactin. Dadurch wird die Milchabgabe an die Säuglinge optimiert.

Prostaglandine

Die langkettigen, ungesättigten Fettsäuren, die man als **Prostaglandine** bezeichnet, wurden erstmals in den dreißiger Jahren in der Samenflüssigkeit entdeckt (Abb. 9.1 B). Man glaubte, daß sie in der Prostata gebildet werden und gab ihnen deshalb diesen Namen. Die Prostaglandine der Samenflüssigkeit werden jedoch in den Samenbläschen gebildet. Sie werden in den Membranen aus Arachidonsäure synthetisiert; diese entsteht bei der Spaltung von membranständigen Phospholipiden mit Hilfe des Enzyms Phospholipase (Abb. 9.15). Man fand Prostaglandine bisher in weitgehend allen daraufhin untersuchten tierischen Geweben. In einigen Fällen wirken sie lokal als parakrine Agenzien, in anderen wirken sie auf entfernt liegende Gewebe nach der klassischen endokrinen Weise. Es sind bisher mehr als 16 verschiedene Prostaglandine bekannt, die in neun Klassen eingeteilt werden (PGA–PGI). Einige davon werden in andere biologisch aktive Prostaglandine umgebaut. Prostaglandine werden in der Leber und der Lunge oxidativ rasch zu inaktiven Produkten abgebaut.

Prostaglandine können auf verschiedene Gewebe sehr unterschiedliche Wirkungen haben, so daß Verallgemeinerungen ihrer Effekte schwierig sind. Obwohl sie fettlöslich sind, entfalten sie ihre Wirkung über membranständige Rezeptoren, die mit dem cAMP-Signalweg gekoppelt sind. Viele ihrer Effekte wirken sich auf die glatte Muskulatur aus. Einige der Wirkungen von Prostaglandinen sind in Tab. 9.10 dargestellt. Prostaglandine, die in der Niere gebildet werden, wirken z.B. auf die glatte Muskulatur der Blutgefäße und verengen oder erweitern diese. Sie sind auch an den Funktionen von Blutzellen, etwa den Blutplättchen, beteiligt und könnten Entzündungsreaktionen hervorrufen. Aspirin wirkt vermutlich entzündungshemmend, weil es die Prostaglandinsynthese hemmt.

Endokrine Systeme bei Insekten

Endokrine Zellen – insbesondere neurosekretorische – wurden bei allen Evertebratengruppen einschließlich der Coelenteraten nachgewiesen. Bei *Hydra* vermutet man z.B., daß Neurone ein wachstumsförderndes Hormon während des Wachstums, der Knospung und der Regeneration abgeben. Der evolutionäre Erfolg der Evertebraten beruht unter anderem wohl auch darauf, daß sie über ausgeklügelte endokrine Steuerungssysteme verfügen. Hormonelle Mechanismen sind an einer sehr begrenzten Auswahl von Arten untersucht worden, vor allem an solchen, bei denen die entsprechenden physiologischen Systeme gut zugänglich waren. Eines der wohl am besten untersuchten Beispiele der hormonellen Steuerung bei Evertebraten sind Entwicklung und Metamorphose der Insekten.

Aufgrund von Unterschieden in ihrer Entwicklung werden Insekten in zwei große Gruppen eingeteilt: **Hemimetabole Insekten** entwickeln sich schrittweise bis zur **Imago** (geschlechtsreifes Tier) und durchlaufen in ihrer Entwicklung nur eine unvollständige Metamorphose. **Holometabole Insekten** schließen in ihre Entwicklung eine vollständige Metamorphose mit einem Puppenstadium ein. Der Lebenszyklus der hemimetabolen Insekten – z.B. *Hemiptera* (Wanzen), *Orthoptera* (Heuschrecken, Heimchen) und *Dictyoptera* (Schaben, Gottesanbeterinnen) – beginnt mit der Entwicklung

Tab. 9.10 Prostaglandine

Bildungsort	Zielorgan	primäre Wirkungsweise	Regulation
Samenbläschen, Uterus, Ovarien	Uterus, Ovarien, Eileiter	ermöglicht Kontraktion der glatten Muskulatur und evtl. Luteolyse, vermittelt wahrscheinlich Östrogenstimulation durch LH und Progesteronsynthese	eingebracht während des Koitus mit der Samenflüssigkeit
Niere	Blutgefäße (besonders in den Nieren)	reguliert Vasodilatation oder Konstriktion	erhöhter Angiotensin II- und Adrenalingehalt stimulieren die Sekretion; Inaktivierung in der Lunge und Leber
Nervengewebe	Endigungen des adrenergen Systems	blockiert die noradrenalinsensitive Adenylatzyklase	neurale Aktivität erhöht Hormonspiegel

vom Ei zu einem unreifen Larvenstadium. Die Larve frißt und wächst. Sie häutet sich mehrmals, indem sie ihr altes Exoskelett gegen ein neues, weiches ersetzt, das sich vor der Aushärtung jeweils auf einen etwas größeren Umfang ausdehnt. Die Stadien zwischen den Häutungen werden Larvenstadien genannt. Aus dem letzten Larvenstadium (Nymphe) entwickelt sich dann das Adulttier (die Imago). Die Entwicklung der holometabolen Insekten – z.B. *Diptera* (Fliegen), *Lepidoptera* (Schmetterlinge) und *Coleoptera* (Käfer) – ist komplizierter. Aus dem Ei entwickelt sich eine Larve (Made, „Wurm", Raupe), die über mehrere Larvenstadien wächst. Das Larvenstadium der holometabolen Insekten ist praktisch nur auf das Fressen spezialisiert und verursacht deshalb die meisten Schäden an vielen landwirtschaftlichen Erzeugnissen. Das letzte Larvenstadium verpuppt sich. Das Puppenstadium macht nach außen hin einen „schlafenden" Eindruck, doch im Inneren der Puppe erfolgt eine radikale Neuorganisation der Tiere. Aus der Puppe schlüpft schließlich das Adulttier, das fast keine morphologische Ähnlichkeit mit den vorhergehenden Stadien hat. Das Adulttier stellt das Reproduktionsstadium dar; in einigen Fällen ist es sogar nicht mehr zur Nahrungsaufnahme fähig.

Die ersten Versuche, eine mögliche endokrine Kontrolle der Insektenentwicklung aufzuzeigen, wurden zwischen 1917 und 1922 von S. Kopec durchgeführt. Kopec schnürte das letzte Larvenstadium einer Motte entlang ihres Körpers zu verschiedenen Zeiten und an verschiedenen Stellen ab. Er fand dabei heraus, daß – wenn man vor einer bestimmten kritischen Phase abbindet – sich der vor der Ligatur liegende Teil der Larve verpuppt, der dahinter liegende Teil dagegen larval bleibt. Da das Durchschneiden des Bauchmarks keinen Effekt zeigte, schloß er daraus, daß es eine Substanz geben müsse, die den Übergang zum Puppenstadium induziert. Diese Substanz müsse ihren Ursprung in einem Gewebe haben, das im vorderen Teil der Larve liegt. Nachdem Kopec verschiedene Gewebe getestet hatte, fand er heraus, daß das Entfernen des Gehirns die Verpuppung verhindert. Nach Reimplantation des Gehirns konnte eine normale Weiterentwicklung fortgesetzt werden. Später stellte man fest, daß ein von Gehirnzellen gebildetes Neurohormon die Aktivität der **Prothoraxdrüsen** stimuliert, welche daraufhin das **Häutungshormon** bilden. Wird eine Larve hinter den Prothoraxdrüsen abgebunden, dann wird die Verpuppung des Abdomens verhindert. Die Verpuppung kann aber ausgelöst werden, wenn aktivierte Prothoraxdrüsen in das isolierte Abdomen eingepflanzt werden.

Die Widerstandsfähigkeit der Insekten macht sie zu geeigneten Versuchsobjekten, um die hormonelle Kontrolle der Häutung und Metamorphose zu demonstrieren. Es ist möglich, ausgedehnte **Parabioseexperimente** durchzuführen, bei denen zwei Insekten oder zwei Teile eines Insekts so verbunden werden, daß sie einen gemeinsamen Kreislauf haben und Körperflüssigkeit austauschen (Abb. 9.34). Fenster aus dünnem Glasmaterial ermöglichen es, Veränderungen in der Entwicklung der Insektenteile zu beobachten.

Die Entwicklung und Häutung der Insekten wird von insgesamt fünf Hormonen kontrolliert, von denen drei in neurosekretorischen Zellen produziert werden (Tab. 9.11 und Abb. 9.35):

– Das **prothoracotrope Hormon** (PTTH) ist ein Neurohormon, das in neurosekretorischen Zellen gebildet wird, deren Zellkörper in der Pars intercerebralis des Gehirns liegen. PTTH ist ein kleines Protein mit einem Molekulargewicht von ca. 5000 Da.

– Das **Juvenilhormon** (JH) wird in den Corpora allata gebildet und von diesen in die Haemolymphe abgegeben. Die paarigen Corpora allata sind nicht-neuraler

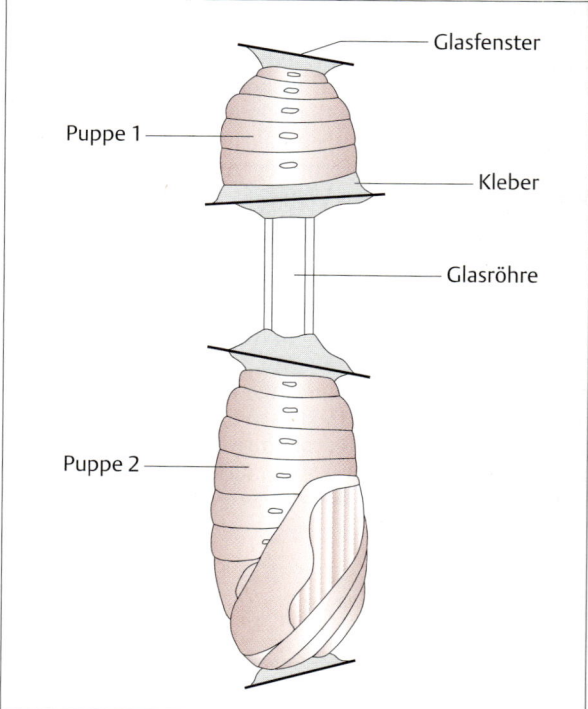

Abb. 9.34 Beispiel eines Parabioseexperiments in der Insektenendokrinologie. Hierbei werden Körperteile verschiedener Individuen miteinander verbunden. Das Insektengewebe übersteht solch radikale Eingriffe wie das Durchschneiden und Decapitieren ohne weiteres. Beim gezeigten Beispiel wird das Abdomen einer Puppe über eine Glasröhre mit dem Abdomen einer anderen Puppe verbunden. Glasscheiben an jedem Ende erlauben es, die Entwicklung der Gewebe zu beobachten.

Tab. 9.11 Insektenentwicklungshormone

Hormon	Bildungsort	Struktur	Zielgewebe	Primärwirkung	Regulation
Bursicon	neurosekretorische Zellen des ZNS	Protein (~ 40000 Da)	Epidermis	fördert Cuticulaentwicklung, induziert Gerbung der Cuticula frisch gehäuteter Adulttiere	Reize im Zusammenhang mit der Häutung stimulieren Sekretion
Ecdyson (Häutungshormon)	Prothoraxdrüsen, Ovarfollikel	Steroid	Epidermis, Fettkörper, Imaginalscheiben	erhöhte Synthese von RNA, Protein, Mitochondrien, endoplasmatischem Reticulum; stimuliert Sekretion einer neuen Cuticula	Sekretion stimuliert durch PTTH
Eclosionshormon	neurosekretorische Zellen im Gehirn	Peptid	Nervensystem	verursacht Schlüpfen des Adulttieres aus dem Puppenstadium	„innere Uhr"
Juvenilhormon	Corpora allata	Terpenderivat	Epidermis, Ovarfollikel, Geschlechtsanhangdrüsen, Fettkörper	*Larven:* fördert Synthese der larvalen Strukturen, hemmt Metamorphose *Adulte:* stimuliert Eigelb-Protein-Synthese und -Aufnahme, aktiviert die Ovarfollikel und akzessorischen Geschlechtsdrüsen	inhibitorische und stimulierende Faktoren aus dem Gehirn
Prothoracotropin, PTTH (Aktivationshormon)	neurosekretorische Zellen im Gehirn	kleines Protein (~ 5000 Da)	Prothoraxdrüse	stimuliert Ecdysonausschüttung	verschiedene Umwelt- und interne Faktoren wie Photoperiode, Temperatur, Übervölkerung oder Abdominaldehnungen; wird bei einigen Arten durch das Juvenilhormon unterdrückt

Herkunft und ähneln in ihrer Funktion der Adenohypophyse der Vertebraten. In Insekten gibt es viele verschiedene Juvenilhormon-Analoga; von ihrer Struktur her sind sie den Fettsäuren zuzurechnen (Abb. 9.36 A).

– **Ecdyson** wird von den Prothoraxdrüsen gebildet; die Biosynthese leitet sich vom Cholesterin ab. Von der Struktur her ist es den Steroiden der Vertebraten ähnlich, enthält aber mehr Hydroxylgruppen (Abb. 9.36 B).

– Das **Eclosionshormon** ist ein Peptidhormon, das von neurosekretorischen Zellen des Gehirns gebildet und axonal zu den Corpora cardiaca transportiert wird, von wo aus es in die Haemolymphe abgegeben wird. Die paarigen Corpora cardiaca befinden sich direkt hinter dem Gehirn und fungieren als Neurohaemalorgan.

– **Bursicon** ist ebenfalls ein Neurohormon, das von neurosekretorischen Zellen des Gehirns und des Bauchmarks gebildet wird. Es ist ein Protein mit einem Molekulargewicht von ca. 40000 Da.

Das **prothoracotrope Hormon** (PTTH) wird axonal zu Speicher- oder Neurohaemalorganen transportiert (Abb. 9.35). Man hielt die Corpora cardiaca lange Zeit für das Neurohaemalorgan, das PTTH speichert und freisetzt. Neuere an der Sphinxmotte *Manduca sexta* gewonnene Ergebnisse deuten jedoch darauf hin, daß die Corpora allata als das Speicherorgan anzusehen sind; die PTTH-produzierenden Zellen des Gehirns ziehen mit ihren Fortsätzen lediglich durch die Corpora cardiaca hindurch und enden in den am hinteren Ende der Corpora cardiaca gelegenen Corpora allata. Die Corpora allata scheinen der Ort zu sein, an dem die Endigungen der neurosekretorischen Zellen PTTH in die Haemo-

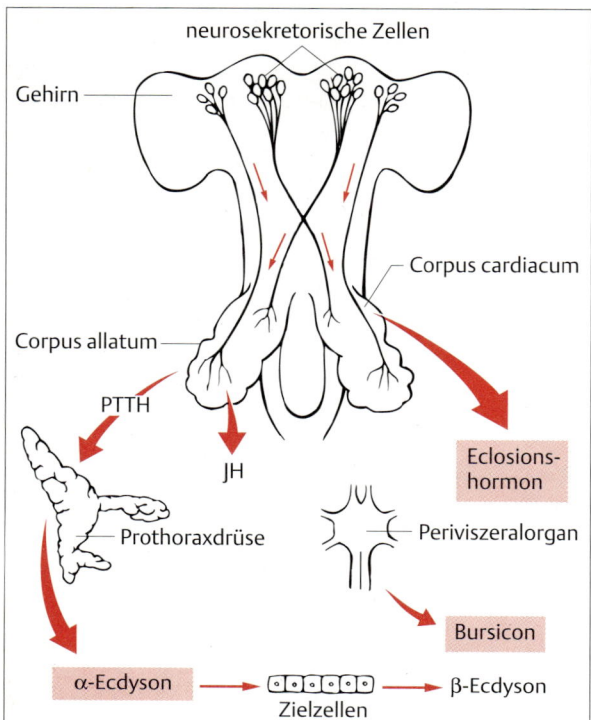

Abb. 9.35 Das neuroendokrine System der Insekten. Von den fünf wichtigen Hormonen, die bei der Entwicklung von Insekten eine Rolle spielen, werden drei von neurosekretorischen Zellen des Gehirns produziert, zwei von endokrinen Geweben. Neurosekretorische Zellen im Gehirn synthetisieren das Prothorakotrope Hormon (PTTH) und das Eclosionshormon; sie werden in Nervenendigungen gespeichert, bis sie in den Blutsinus im Bereich der Corpora cardiaca und Corpora allata (beides paarige Neurohaemalorgane) abgegeben werden. Hier gelangen sie dann in die Haemolymphe. Ein drittes Neurohormon, Bursicon, wird von neurosekretorischen Zellen des Gehirns gebildet und vom Thorakalganglion freigesetzt (bei einigen Insektengruppen vom letzten Abdominalganglion). Die Corpora allata enthalten auch nicht neuronale Zellen, die das Juvenilhormon (JH) bilden. Unter dem Einfluß des PTTH synthetisiert die Prothoraxdrüse α-Ecdyson, das in den Zielzellen in das biologisch aktive Häutungshormon β-Ecdyson umgewandelt wird (nach Riddiford u. Truman, 1978).

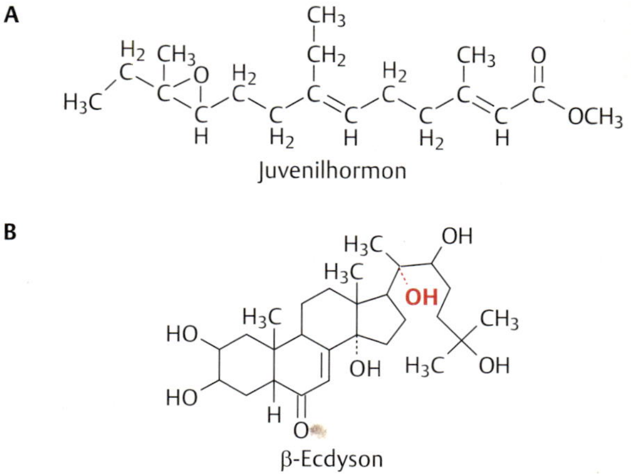

Abb. 9.36 Juvenilhormon und β-Ecdyson. Diese Hormone nehmen eine Schlüsselstellung bei der Steuerung der Entwicklung von Insekten ein. **A** Struktur des Juvenilhormons eines nordamerikanischen Seidenspinners (*Hyalophora cecropia*). Dieses Hormon fördert die Beibehaltung juveniler Merkmale bei den Larven; bei Adulten induziert es die Fortpflanzungsfähigkeit. Das Juvenilhormon kommt natürlicherweise in verschiedenen Formen bei Insekten vor. **B** Struktur von β-Ecdyson, dem biologisch aktiven Häutungshormon. Das Prohormon α-Ecdyson, dem die Hydroxylgruppe am C_{20} (rot) fehlt, wird in der Prothoraxdrüse aus Cholesterin synthetisiert. Von der Prothoraxdrüse wird es freigesetzt und in den Zielgeweben in die aktive Form β-Ecdyson umgewandelt.

lymphe freisetzen. Ob dies für alle Insekten zutrifft, ist noch nicht untersucht worden.

Das in die Haemolymphe ausgeschüttete PTTH aktiviert die Prothoraxdrüse zur Sekretion des Häutungshormons **α-Ecdyson**. Insekten synthetisieren α-Ecdyson aus dem in der Nahrung enthaltenen Cholesterin. Hierbei handelt es sich vermutlich um ein Prohormon, das in den Zielgeweben in die physiologisch aktive Form, das **20-Hydroxyecdyson** (**β-Ecdyson**), umgewandelt werden muß (Abb. 9.36 B).

Das **Juvenilhormon** sorgt zusammen mit dem β-Ecdyson dafür, daß in der Entwicklung die larvalen Merkmale beibehalten werden, bis die Larvalentwicklung abgeschlossen ist und die Metamorphose eintreten kann. Das Vorhandensein von JH im frühen Nymphenstadium wurde Mitte der dreißiger Jahre durch V.B. Wigglesworth nachgewiesen. Wigglesworth führte Parabioseversuche durch, indem er ein frühes Larvenstadium mit dem letzten Larvenstadium verband. Das letzte Larvenstadium konnte sich daraufhin nicht zum Adulttier entwickeln. Die Konzentration des zirkulierenden JH ist zu Beginn des Larvallebens am höchsten und fällt am Ende der Verpuppungsphase auf ein Minimum ab (Abb. 9.37). Die Metamorphose zum Adulttier findet dann statt, wenn das JH nicht mehr in der Haemolymphe vorhanden ist. Die Konzentration steigt beim erwachsenen, fortpflanzungsbereiten Tier nach der Metamorphose wieder an. Bei den Männchen einiger Insektenarten fördert das JH die Entwicklung der akzessorischen Geschlechtsorgane. Bei den Weibchen vieler Arten löst es die Eidottersynthese aus und fördert die Eireifung.

Die normale Entwicklung eines Insekts hängt damit in jedem Stadium von genau eingestellten Juvenilhormon-Konzentrationen ab. Die Rolle dieses Hormons ist

Endokrine Systeme bei Insekten 379

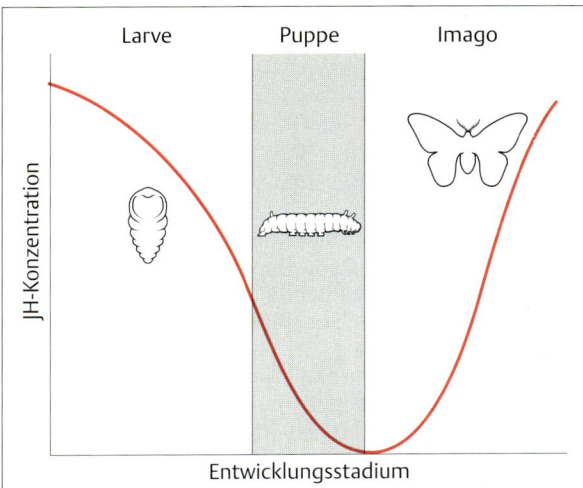

Abb. 9.37 Die normale Entwicklung eines Insekts ist von Änderungen in den Titern des Juvenilhormons abhängig. Der Übergang vom Larven- in das Puppenstadium kann nur stattfinden, wenn der Titer des Juvenilhormons unterhalb eines Schwellenwertes fällt. Bei der Metamorphose zum Adultus sind die Titer praktisch gleich Null. Nach dem Schlupf beginnt das adulte Tier zu fressen; jetzt beginnt die Produktion des Juvenilhormons erneut und steuert nun die Entwicklung der Ovarien bei den Weibchen und der akzessorischen Geschlechtsdrüsen bei den Männchen (nach Spratt, 1971).

Enzymen abgebaut, die in der von der Epidermis sezernierten Häutungsflüssigkeit enthalten sind. Liegt JH in hohen Konzentrationen vor, entsteht eine neue larvale Cuticula. Bei einer niedrigen JH-Konzentration wird die Cuticula des Adulttieres angelegt und nachfolgend die anderen Metamorphosevorgänge induziert.

Zwei weitere Hormone regulieren die Endphase des Häutungsprozesses, das Eclosionshormon und das Bursicon. Die eigentliche Abstoßung oder **Ecdysis** der Puppencuticula wird zumindest bei einigen holometabolen Arten durch das **Eclosionshormon** ausgelöst. Das frisch gehäutete Insekt hat eine helle, weiche Cuticula, die durch Atembewegungen etwas ausgedehnt wird, bevor sie unter dem Einfluß von **Bursicon** hart bzw. gegerbt wird (Abb. 9.**38**).

Die Interaktion der Entwicklungshormone im Laufe des Lebens eines holometabolen Insekts ist am Beispiel des nordamerikanischen Seidenspinners *Hyalophora*

in gewissem Sinne derjenigen des Thyroxins bei der Regulation der Amphibienentwicklung analog. In beiden Fällen führt eine Störung der Relation zwischen der Konzentration eines Hormons und dem Entwicklungsstadium zu einer abnormalen Entwicklung. Da durch das JH oder durch synthetische Analoga die Insektenreifung verhindert werden kann, wurde vorgeschlagen, diese Stoffe, die praktisch untoxisch und ökologisch unbedenklich sind, zur Insektenbekämpfung einzusetzen, zumal es unwahrscheinlich ist, daß Insekten gegen solche Substanzen Resistenzen erwerben können.

Die Epidermis der Insekten macht während der Entwicklung und des Wachstums bemerkenswerte Veränderungen durch, besonders bei der Bildung der äußeren chitinhaltigen **Cuticula**. Die Prozesse, die der Bildung der neuen und dem Abstoßen der alten Cuticula während der Häutung zugrunde liegen, wurden besonders eingehend untersucht. PTTH, JH und α-Ecdyson sind bei der Auslösung der Häutung beteiligt (Abb. 9.38). Ecdyson, das durch PTTH-Stimulation von den Prothoraxdrüsen abgegeben wird, regt die Epidermis an, eine neue Cuticula zu bilden. Zunächst wird die alte Cuticula von den darunterliegenden Epidermiszellen abgelöst (**Apolysis**). Die Epithelzellen synthetisieren daraufhin das Material für die neue Cuticula. Die alte Cuticula wird teilweise von

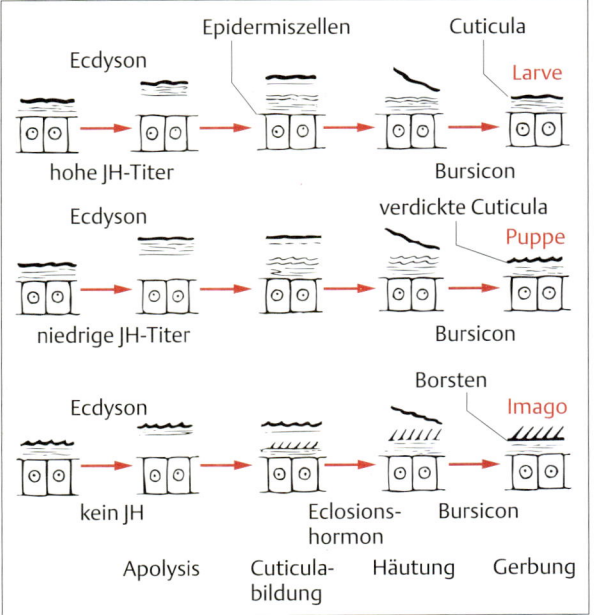

Abb. 9.38 Hormonelle Kontrolle der Cuticulabildung und der Häutung bei Insekten. Die Änderungen in der Cuticula bei den Häutungen während der Larvalzeit, dem Übergang ins Puppenstadium und der Metamorphose zum Adultus (in der Abbildung von oben nach unten dargestellt) werden vom Juvenilhormon kontrolliert. Ecdyson initiiert die Bildung einer neuen Cuticula; dieser Vorgang beginnt mit der Ablösung der alten Cuticula (Apolysis). Die Häutung der alten Cuticula (Ecdysis) wird durch das Eclosionshormon ausgelöst. Bursicon reguliert die Sklerotisierung und Verfärbung der neuen Cuticula. Die Titer des Juvenilhormons bestimmen, ob Larven-, Puppen- oder Adultmerkmale ausgebildet werden (nach Riddiford u. Truman, 1978).

cecropia in Abb. 9.**39** dargestellt. PTTH induziert die larvalen Häutungen und regt die Prothoraxdrüsen zur Sekretion des Häutungshormons Ecdyson an. Während mehrerer Häutungen wächst die Raupe. Solange die JH-Konzentration oberhalb eines bestimmten Minimalwertes bleibt, entwickelt sich das Tier nicht zum Adultstadium. Das Wachstum hält gewöhnlich über vier bis fünf Häutungen an, wobei die JH-Titer kontinuierlich absinken. Unterschreiten die JH-Konzentrationen eine bestimmte Schwelle, erfolgt die Verpuppung. Die Puppe ist das Überwinterungsstadium dieses Schmetterlings und durchläuft eine obligatorische Diapause (Ruhezustand während der Entwicklung). Ist die Puppe über einen längeren Zeitraum Kältereizen ausgesetzt gewesen, wird die PTTH-Ausschüttung angeregt und daraufhin Ecdyson freigesetzt; in der Abwesenheit des JH erfolgt die Entwicklung zur Imago.

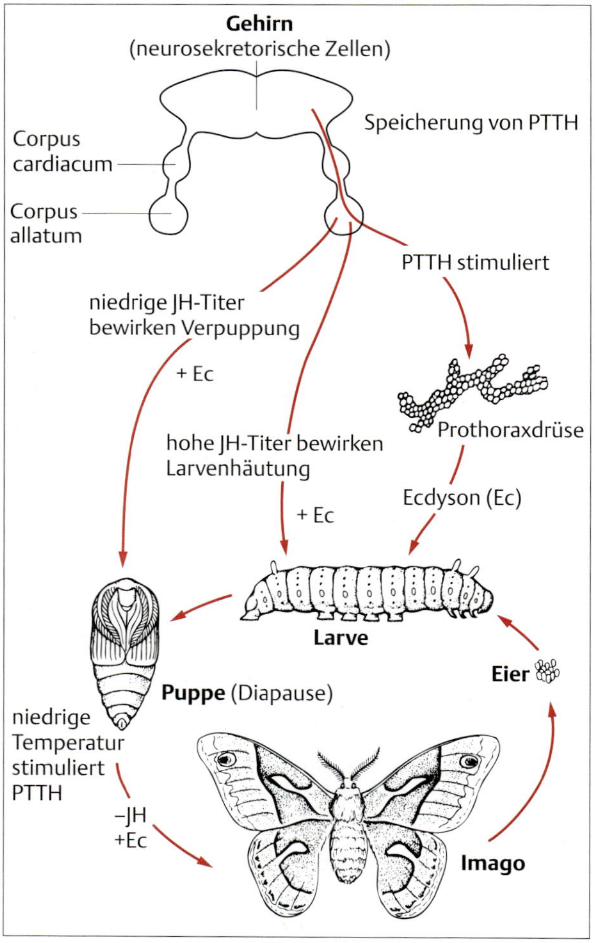

Zusammenfassung

Physiologische und biochemische Prozesse in Zellen, Geweben und Organen werden im tierischen Körper größtenteils durch spezielle Botenstoffe, Hormone genannt, kontrolliert und koordiniert. Sie entstammen endokrinen Geweben. Bei den Vertebraten unterteilt man diese Hormone in vier Substanzklassen: (1) Aminosäuren, (2) Prostaglandine, (3) Steroide, (4) Peptide und Proteine. Hormone werden in sehr geringen Konzentrationen in das Blut abgegeben und über das Kreislaufsystem im gesamten Körper verteilt. Ihre selektive Wirkung auf Zielgewebe hängt vom Vorhandensein spezifischer Rezeptoren sowie verschiedener Effektorproteine in oder an den Membranen der Zielzellen ab.

Die sekretorische Tätigkeit vieler endokriner Gewebe wird durch die Wirkung von Hormonen moduliert, die in anderen Hormondrüsen oder neurosekretorischen Nervenzellen gebildet werden. Letztere sind Grundlage für die Existenz neuroendokriner Reflexbögen. Einige endokrine Gewebe können auch direkt auf physikalische Parameter in der extrazellulären Flüssigkeit reagieren. Die sekretorische Aktivität der meisten endokrinen Gewebe wird durch negative Rückkopplungsprozesse kontrolliert. Das bedeutet, daß ansteigende Titer eines Hormons selbst oder die Wirkung eines nachgeschalteten endokrinen Organs (z.B. verminderte Blutzuckerspiegel im Insulin-Regelkreis) einen hemmenden Effekt auf die Synthese oder Freisetzung dieses Hormons besitzen. Positive Rückkopplungsprozesse kommen in einigen Systemen vor; gelegentlich können Hormone auch in offenen Schleifen gebildet werden.

Um ihre Wirkung entfalten zu können, müssen Hormone an spezifische Rezeptoren binden. Diese Bindung verändert den zellulären Stoffwechsel und löst eine Zellantwort aus. Die fettlöslichen Steroide und Schilddrüsenhormone können die Zellmembranen durchdingen und an cytosolische Rezeptoren binden. Dieser Hormon-Rezeptor-Komplex wird in den Zellkern transportiert, bindet dort an regulatorische DNA-Abschnitte und fördert die Transkription bestimmter Gene (differentielle Genaktivierung). Alle anderen Hormone binden an membranständige Rezeptoren. Diese Bindung setzt dann einen oder mehrere Signalwege in Gang, die zu einer Zellantwort führen (Second-messenger-Prinzip).

Beim cAMP-Signalweg wird durch die Bindung eines Hormons an seinen Rezeptor ein G-Protein aktiviert, das über die Stimulation der Adenylatzyklase ATP in den Second messenger cAMP umwandelt. Ein anderer Weg führt über die Aktivierung der Guanylatzyklase zur Bil-

Abb. 9.39 Hormonwechselwirkungen bei der Metamorphose eines holometabolen Insekts. Dieses Beispiel zeigt die Entwicklungsschritte beim nordamerikanischen Seidenspinner *Hyalophora cecropia* (nach Spratt, 1971).

dung des chemisch verwandten Second messengers cGMP. Die zyklischen Nucleotide aktivieren Proteinkinasen, die dann Effektorproteine phosphorylieren und so deren Aktivität regulieren.

Beim Inositolphospholipid-Signalweg wird nach der Bindung eines Hormons an seinen Rezeptor über ein G-Protein die Phosphoinositol-spezifische Phospholipase C aktiviert, die PIP_2 in zwei wichtige Second messenger umwandelt, IP_3 und DAG. IP_3 bewirkt die Freisetzung von Ca^{2+}-Ionen aus intrazellulären Speichern. Zusätzlich wird IP_3 zu IP_4 phosphoryliert, das den Einstrom von Ca^{2+}-Ionen über die Zellmembran in das Cytoplasma fördert. Der Anstieg der Konzentration an freien Ca^{2+}-Ionen in der Zelle aktiviert viele zelluläre Proteine. DAG verbleibt in der Membran und aktiviert dort die Proteinkinase C. Diese Kinase phosphoryliert ebenfalls eine Reihe von Effektorproteinen.

Beim Ca^{2+}-Signalweg führt die Bindung eines Hormons an einen Rezeptor direkt zur Öffnung von Ca^{2+}-Kanälen in der Membran und damit zu einem Einstrom von Ca^{2+}-Ionen in die Zelle. Diese hormoninduzierten Änderungen der intrazellulären Ca^{2+}-Konzentration beeinflussen viele intrazelluläre Prozesse. Bei den membranständigen Enzym-Signalketten aktiviert ein Hormon die intrinsischen Enzymaktivitäten der dem Zellinneren zugewandten Domäne des Rezeptors. Die aktivierten Enzyme rufen dann spezifische Zellantworten hervor.

Sogar an der selben Zelle kann ein Hormon an unterschiedliche Oberflächenrezeptoren binden, die mit verschiedenen Second-messenger-Systemen verbunden sein können und die dann entweder gleiche (konvergenter Signalweg) oder verschiedene (divergierender Signalweg) Zellantworten hervorrufen. Ein bestimmter Rezeptor kann mit zwei verschiedenen G-Proteinen gekoppelt sein; jedes G-Protein ist entweder mit einem eigenen Second-messenger-System verbunden, oder beide aktivieren das selbe Second-messenger-System. Neben Second messengern können auch Third messenger auftreten. Es sei betont, daß alle intrazellulären Signalwege miteinander vernetzt sind.

Obwohl Hormone sehr viele verschiedenartige Wirkungen ausüben, können die meisten in funktionelle Gruppen gegliedert werden (bei den Prostaglandinen mit ihren vielfältigen Wirkungen ist dies jedoch schwierig). Die Bildung und Freisetzung verschiedener direkt wirkender Hormone wird durch das Hypothalamus-Hypophysen-System kontrolliert (Releasing- und Inhibiting-Hormone und die tropen Hormone).

Die folgenden Hormone haben wichtige Aufgaben bei der Regulation von Stoffwechsel- und Entwicklungsprozessen: Die Glucocorticoide und Catecholamine der Nebennieren beeinflussen den Energiestoffwechsel; Schilddrüsenhormone regulieren den Energiegrundumsatz; Insulin und Glucagon aus der Bauchspeicheldrüse steuern den Blutzuckerspiegel; das Wachstumshormon aus der Adenohypophyse wirkt zusammen mit den Schilddrüsenhormonen auf Wachstums- und Entwicklungsprozesse ein.

Die Sexualhormone (Östrogene und Androgene) haben in der frühen Ontogenese differenzierende Aufgaben im Rahmen der Sexualdifferenzierung; sie fördern die Ausbildung der sekundären Geschlechtsmerkmale und kontrollieren die Reifung der Gameten. Im weiblichen Geschlecht bereitet Progesteron das Endometrium vor, ein befruchtetes Ei zu implantieren. Außerdem bereitet es das Drüsengewebe der Brust für die Laktation vor, hemmt jedoch die Milchbildung. Oxytocin stimuliert die Uterusmuskulatur während des Geburtsvorganges und bewirkt die Milchfreisetzung nach der Geburt. Prolactin stimuliert die Milchbildung und fördert das Fürsorgeverhalten der Mutter.

Der Elektrolyt- und Wasserhaushalt wird von folgenden Hormonen kontrolliert: Das antidiuretische Hormon (ADH) erhöht die Wasserreabsorption in der Niere; Mineralcorticoide fördern die Reabsorption von Na^+-Ionen in der Niere; das atriale natriuretische Peptid (ANP) verringert die Reabsorption von Wasser und Na^+-Ionen in der Niere; das Parathormon und Calcitriol (aus Vitamin D oder Cholesterin gebildet) erhöhen die Ca^{2+}-Plasmakonzentrationen; Calcitonin wirkt als Gegenspieler der letztgenannten Hormone und erniedrigt die Ca^{2+}-Plasmakonzentrationen.

Empfohlene Literatur

Alberts, B., Francisco, J.: Molekularbiologie der Zelle. Wiley-VCH, Weinheim 1995

Raymond, J.R.: Multiple mechanisms of receptor-G protein signaling specificity. Am. J. Physiol. **269** (Renal Fluid Electrolyte Physiol. 38) (1995) FI41-F158

Robb, S., Cheek, T.R. u. Mitarb.: Agonist-specific coupling of a cloned Drosophila octopamine/tyramine receptor to multiple second messenger systems. EMBO J. **13** (1994) 1325-1330

Spindler, K.-D.: Vergleichende Endokrinologie. Thieme, Stuttgart 1997

Truman, J.W.: The eclosion hormone system of insects. Prog. Brain. Res. **92** (1992) 361-374.

10. Muskel und Bewegung

Tierische Bewegungen – z.B. zum Zweck der Lokomotion, der Nahrungsaufnahme, der Paarung, der Äußerung von Lauten und fast alle Formen nicht chemischer Kommunikation – sind Äußerungen neuraler Befehle, die in koordinierte mechanische Aktivität umgesetzt werden. Die meisten Muskeln kontrahieren, wenn Neurone ihnen bestimmte Signale zukommen lassen, wodurch eine Serie von Vorgängen ausgelöst wird, an deren Ende die Verkürzung der Muskeln steht. Drei fundamentale Mechanismen sind für die Erzeugung tierischer Bewegung verantwortlich: **amöboide Bewegung**, **Cilien-** und **Flagellenbewegung** sowie **Muskelkontraktionen**. Letztere bilden die sichtbarsten und wichtigsten makroskopischen Anzeichen tierischen Lebens, die seit urdenklicher Zeit die Phantasie des Menschen angeregt haben. Im zweiten Jahrhundert vor unserer Zeitrechnung nahm Galen an, daß die „tierische Seele" aus den Nerven in den Muskel fließe und dessen Durchmesser auf Kosten seiner Länge aufblähe.

Bis in die 50er Jahre vermutete man, daß die Muskelkontraktion durch Verkürzung linearer Moleküle, der „kontraktilen Proteine", zustande komme. Man nahm an, daß diese Moleküle eine spiralförmige Struktur haben, wobei Änderungen in der Steigung der Spiralwindungen die Längenänderungen der Muskeln bewirken sollten. Diese Hypothese hielt sich jedoch nur kurze Zeit, da die Entwicklung neuer Techniken schließlich zu einer bedeutenden Verbesserung unseres Wissens über die Muskelfunktion führte. Als Folge dieser Entwicklung ist unser Wissensstand über die Muskelfunktion vollständiger und zufriedenstellender als der auf den meisten anderen physiologischen Gebieten. Mit Hilfe der Elektronenmikroskopie, Biochemie und Biophysik wurden der Bau und die Funktion des kontraktilen Mechanismus des Muskels aufgeklärt. In zunehmendem Maße wird auch verständlich, wie der Kontraktionsvorgang durch die elektrische Aktivität der Muskelmembran eingeleitet und kontrolliert wird.

Aufgrund morphologischer und funktioneller Eigentümlichkeiten teilt man Muskeln in zwei Haupttypen – **glatte** und **quergestreifte Muskeln** – ein. Da über den Bau und die Funktion des quergestreiften Muskels der Vertebraten (besonders über die Frosch- und Kaninchenskelettmuskulatur) am meisten bekannt ist, wird er hier als Modell herangezogen. Der quergestreifte Muskel kann in den Skelett- und in den Herzmuskel unterteilt werden. Diese Einteilung ist jedoch nicht grundlegender Art, da die Organisation und die Funktion des kontraktilen Mechanismus trotz einiger wichtiger Unterschiede bei beiden Muskeltypen annähernd identisch ist.

Neuere Forschungen über Muskelfunktionen sind vergleichend und integrativ vorgegangen und haben eine zuvor ungeahnte Vielfalt auch innerhalb eines Muskeltyps, z.B. der Skelettmuskulatur, aufgedeckt. Wie wir an einigen Beispielen zeigen werden, sind die Funktionsweisen der Muskeln und ihre biologischen Aufgaben erstaunlich elegant aufeinander abgestimmt.

Strukturelle Grundlagen der Muskelkontraktion

Die hierarchische Organisation des Skelettmuskelgewebes ist in Abb. 10.1 dargestellt. Muskeln können Teile eines Tieres gegeneinander bewegen, weil sie in der Regel an Knochen oder anderen Strukturen befestigt sind. Verkürzen sich die Muskeln, ändert sich die Ausrichtung dieser Körperteile zueinander. Die langen, zylindrischen und vielkernigen Zellen oder **Muskelfasern** eines quergestreiften Muskels erstrecken sich typischerweise von der **Sehne** oder einem anderen, mit einem Knochen verbundenen Bindegewebe, zu einer an einem anderen Knochen angehefteten Sehne und können so parallele Zugkräfte entwickeln. Quergestreifte Muskelfasern haben einen Durchmesser von $5–100\,\mu m$ und können mehrere Zentimeter lang sein. Ihre außergewöhnliche Länge beruht auf ihrem syncytialen Ursprung, d.h. sie stammen von mehreren Zellen, den **Myoblasten**, ab, die während der Embryonalentwicklung zu **Myotubuli** verschmelzen. Diese enthalten innerhalb einer Plasmamembran viele Kerne und differenzieren sich zu den vielkernigen Muskelfasern. Jede einzelne Faser enthält zahlreiche parallel angeordnete Strukturelemente, die **Myofibrillen**, die aus longitudinal angeordneten Einheiten, den **Sarcomeren**, zusammengesetzt sind; die Sarcomere werden auf beiden Seiten von den **Z-Scheiben** abgeschlossen. Das Sarcomer der Myofibrille ist die funktionelle Einheit des quergestreiften Muskels. Die parallel verlaufenden Myofibrillen einer Muskelfaser sind mit ihren Sarcomeren so angeordnet, daß sie der Faser im Lichtmikroskop ein gebändertes oder quergestreiftes Aussehen verleihen.

Strukturelle Grundlagen der Muskelkontraktion 383

Die Feinstruktur des quergestreiften Muskels ist ein schönes Beispiel dafür, wie die Kenntnis der Struktur das Verständnis der Funktion erleichtern kann. Das elektronenmikroskopische Bild (Abb. 10.**2**) zeigt einen Längsschnitt durch mehrere Myofibrillen. Die Z-Scheibe enthält α-**Actinin**, ein Protein, das in allen motilen Zellen zu finden ist. Von der Z-Scheibe aus erstrecken sich nach beiden Seiten zahlreiche dünne Filamente, die größtenteils aus dem Protein **Actin** gebildet werden. Diese greifen zwischen die dicken Filamente, die aus dem Protein **Myosin** bestehen. Der Überlappungsbereich, der von den Actin- und Myosinfilamenten eingenommen wird, nimmt den größten Teil eines Sarcomers ein und stellt das sogenannte **A-Band** dar („A" steht für anisotrop, da diese elektronendichte Bande Licht stark polarisiert). Der hellere actinfreie Teil in der Mitte der A-Bande wird als **H-Zone** bezeichnet. In der Mitte der H-Zone liegt die **M-Linie**. In der M-Linie befinden sich Enzyme, die für den Energiestoffwechsel von Bedeutung sind (z.B. die **Kreatin-Kinase**). Den Abschnitt zwischen zwei A-Banden eines Sarcomers nennt man **I-Band** („I" steht für isotrop, da sie Licht nicht polarisiert).

Betrachtet man Querschnitte durch verschiedene Regionen eines Sarcomers, dann wird die präzise geometrische Anordnung der verschiedenen Elemente deutlich. Der Querschnitt durch die I-Bande läßt nur Actinfilamente erkennen (Abb. 10.**3 B**), der Querschnitt durch die H-Zone dagegen nur die dicken Myosinfilamente. In der Überlappungsregion wird jedes (dicke) Myosinfilament von sechs (dünnen) Actinfilamenten eingeschlossen, deren Nachbarschaft es sich mit benachbarten

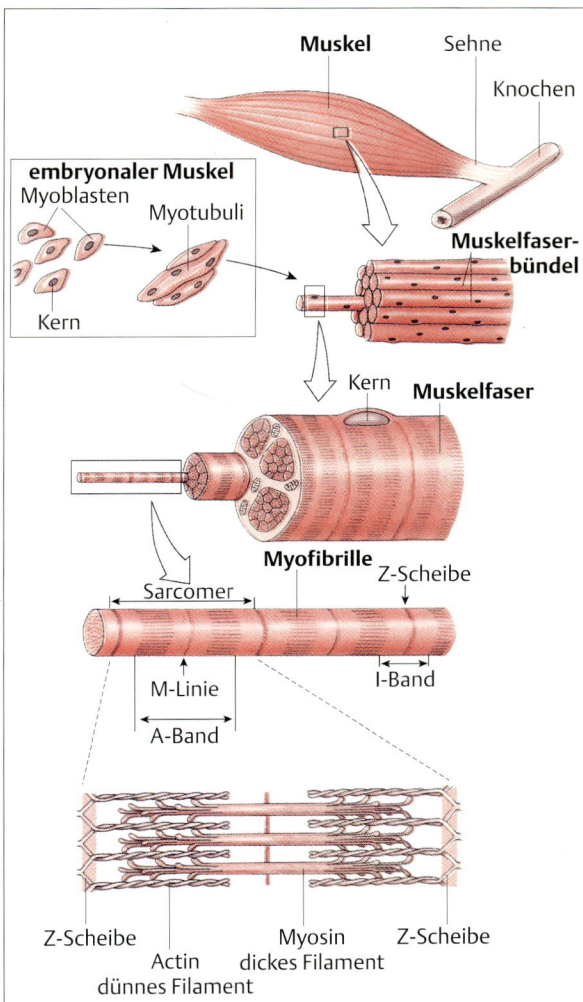

Abb. 10.1 Hierarchische Organisation der Vertebraten-Skelettmuskulatur. Das als Muskel bezeichnete Organ besteht aus vielkernigen, parallel angeordneten Muskelfasern, die viele Myofibrillen enthalten. Muskeln sind über Sehnen an einem Knochen oder an einem anderen Anheftungspunkt verankert. Embryonal gehen Muskelfasern aus Myoblasten hervor, die zu Myotubuli verschmelzen. Ein Myotubulus synthetisiert die Proteine, die für Muskelfasern charakteristisch sind, wenn er sich in die Adultform differenziert. Die Myofibrillen bestehen aus hintereinander liegenden Sarcomeren. Jedes Sarcomer enthält dünne Actinfilamente und dicke Myosinfilamente, die streng geometrisch angeordnet sind und wie Finger ineinander greifen (s. Abb. 10.**3**). Die dünnen Filamente gehen von den sogenannten Z-Scheiben aus (nach Lodish u. Mitarb., 1995).

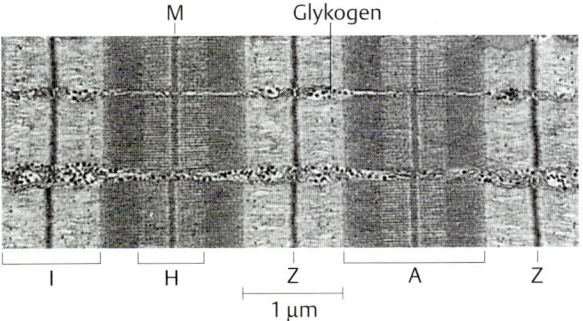

Abb. 10.2 Elektronenmikroskopisches Bild eines quergestreiften Muskels im Längsschnitt. Aufnahme eines Froschmuskels in einem longitudinalen Schnitt, die zwei vollständige und zwei halbe Sarcomere dreier Myofibrillen zeigt. Die Sarcomere verschiedener Myofibrillen sind parallel zueinander angeordnet und verleihen dem Muskel so das quergestreifte Erscheinungsbild. I-, H- und A-Bande sowie die Z-Scheibe sind gekennzeichnet. Die dunklen Granula zwischen den Fibrillen bestehen aus Glykogen (mit freundlicher Genehmigung von L.D. Peachey).

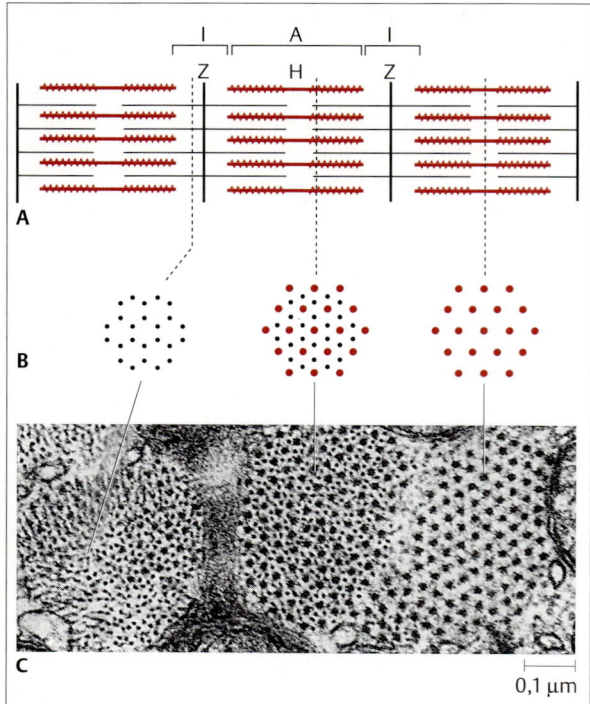

Abb. 10.3 Molekulare Organisation der Myofibrillen. Innerhalb einer Myofibrille erstrecken sich die dünnen Actinfilamente von der Z-Scheibe zur Mitte des Sarcomers und überlappen nach einem genauen geometrischen Muster mit den dicken Myosinfilamenten. **A** Schematischer Längsschnitt durch drei Sarcomere mit dünnen und dicken Myofilamenten; I-, A- und H-Banden sowie Z-Scheiben sind gekennzeichnet. **B** Der schematische Querschnitt durch verschiedene Sarcomerabschnitte verdeutlicht die geometrischen Beziehungen zwischen den dicken und den dünnen Filamenten. **C** Das elektronenmikroskopische (EM) Bild zeigt einen Querschnitt durch Myofibrillen des Extraokularmuskels eines Klammeraffen. Die Sarcomere der benachbarten Myofibrillen sind in verschiedenen Bereichen getroffen, die mit der schematischen Darstellung in B gut korrelieren (mit freundlicher Genehmigung von L. D. Peachey).

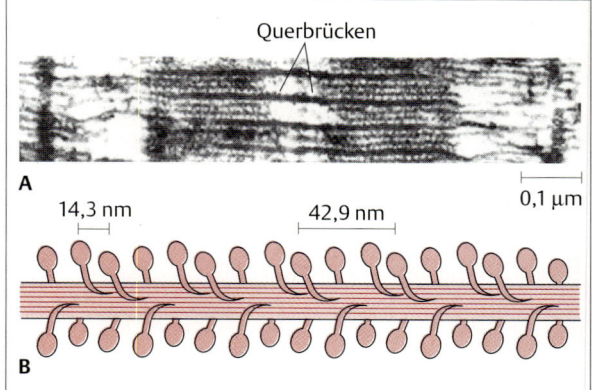

Abb. 10.4 Querbrücken ragen aus den Myosinfilamenten hinaus und erstrecken sich in Richtung der Actinfilamente. **A** EM-Aufnahme, bei der die Querbrücken als feine Fortsätze zu erkennen sind, die von den Myosin- zu den Actinfilamenten reichen. **B** Zweisträngige, helixartige Anordnung von Querbrücken auf dem dicken Filament. Die Querbrücken sind übertrieben groß dargestellt (A aus Huxley, 1963; B nach Murray, 1974).

Myosinfilamenten teilt. Jedes Actinfilament ist von drei Myosinfilamenten umgeben.

Bei genauer elektronenmikroskopischer Betrachtung erkennt man von den Myosinfilamenten ausgehende kleine Fortsätze (Abb. 10.**4A**), die **Querbrücken**. Diese Fortsätze verbinden sich während einer Kontraktion mit den Actinfilamenten. Die Querbrücken sind doppelspiralig um das Myosinfilament angeordnet (Abb. 10.**4B**). Der Abstand zwischen zwei Querbrücken einer Querbrückenhelix-Helix beträgt 14,3 nm, der Winkel zwischen zwei unmittelbar aufeinanderfolgenden Querbrücken einer Helix beträgt 120 Grad. (In der Längsrichtung des Filaments betrachtet stehen die Querbrücken einer Helix also in drei Reihen hintereinander.)

Feinstruktur der Myofilamente

Seit den Arbeiten von Wilhelm Kühne in der Mitte des 19. Jahrhunderts ist bekannt, daß aus einem Muskel verschiedene Proteinfraktionen gewonnen werden können, wenn man den zerhackten Muskel in Wasser mit verschiedenen Salzkonzentrationen bringt. Lösliche Muskelproteine, wie z.B. **Myoglobin**, lassen sich in destilliertem Wasser extrahieren. Die Actin- und Myosinfilamente werden dagegen erst von hochkonzentrierten Salzlösungen aufgelöst, deren Ionen die Wechselwirkungen zwischen den Actin und Myosin-Monomeren aufbrechen. Zusammen mit Actin und Myosin werden auch andere Proteine extrahiert (Abb. 10.**5B**).

Unser gegenwärtiger Wissensstand über die Muskelkontraktion beruht z. T. auf der Isolierung von Actin- und Myosinfilamenten und der nachfolgenden Analyse ihrer Struktur und Zusammensetzung. Isolierte, mehrere Sarcomere lange Myofibrillenfragmente erhält man durch Homogenisieren eines frischen Muskels im Mixer. Vorsichtiges Homogenisieren in einer Erschlaffungslösung, die Mg^{2+}-Ionen, ATP und einen Calcium-Chelatbildner wie EGTA enthält, verhindert den Kontakt zwischen den Querbrücken der Myosinfilamente und den Actinfilamenten. Die Myofibrille zerfällt daraufhin in ihre Actin- und Myosinfilamente. EGTA und andere Calcium-Chelatbildner binden Ca^{2+} so fest, daß sie dieses effektiv aus der Lösung entfernen.

Das Actinfilament erinnert an zwei Perlenketten, die zu einer Doppelhelix umeinander gewunden sind (Abb. 10.5). Bei jeder Perle handelt es sich um ein monomeres **G-Actinmolekül**; diese Bezeichnung bezieht sich auf die rundliche (globuläre) Form dieses Moleküls. G-Actinmoleküle (Durchmesser 5,5 nm) polymerisieren zu einer langen Doppelhelix, die wegen ihres faserähnlichen Aussehens **F-Actin** genannt wird. Gereinigtes G-Actin polymerisiert in vitro zu F-Actin-Filamenten mit der gleichen physikalischen Struktur, welche die Filamente auch im Muskel bilden. Der Abstand der einzelnen Windungen der F-Actin-Doppelhelix beträgt ca. 73 nm, so daß sich die beiden Stränge alle 36,5 nm überkreuzen. (Diese F-Actin-Doppelhelix darf jedoch nicht mit den viel kleineren α-Helices der Peptidketten verwechselt werden.) Die Actinfilamente der Froschmuskeln sind ca. 1 µm lang und 8 nm dick. Sie sind mit einem Ende an die Z-Scheiben angeheftet. In der Furche der Actin-Doppelhelix windet sich eine **Tropomyosin**-Doppelhelix um den Actinstrang (Abb. 10.5 B). An jedem Tropomyosin ist ein Komplex globulärer Proteinmoleküle angelagert, die man als **Troponin-Komplex** zusammenfaßt. Der Troponin-Komplex wiederholt sich alle 40 nm auf dem Actinfilament. Troponin und Tropomyosin spielen eine entscheidende Rolle bei der Steuerung der Muskelkontraktion (s. S. 398).

Das proteolytische Enzym Trypsin spaltet das Myosinmolekül in das **schwere Meromyosin** (HMM, bestehend aus der „Kopf"- und der „Halsregion" des Myosins) und in das **leichte Meromyosin** (LMM, bestehend aus der „Schwanzregion" des Myosins). Ein Myosinmolekül besteht aus zwei identischen schweren Ketten und einigen wesentlich kürzeren leichten Ketten, die mit der Kopfregion der schweren Ketten assoziiert sind (Abb. 10.6). Die durchschnittliche Länge der schweren Ketten beträgt 150 nm, ihre Breite in der Hals- und Schwanzregion ca. 2 nm. Die langen Ketten sind in der Hals- und Schwanzregion des Moleküls spiralförmig umeinander gewunden. An einem Ende des Myosinmoleküls befindet sich ein rundlicher, zweigeteilter Kopf, der nach den Seiten abgeknickt ist; diese Region ist etwa 4 nm dick und 20 nm lang. Die Kopfregion besteht aus den globulären Enden der beiden langen Peptidketten und aus mehreren (je nach Art drei oder vier) assoziierten leichten Myosinketten. Der Kopf enthält die gesamte enzymatische und actinbindende Aktivität des Myosinmoleküls. Bei den leichten Ketten des Kopfes handelt es sich um calciumbindende Proteine. Sie unterscheiden sich bei den verschiedenen Muskeltypen und bestimmen die maximale Geschwindigkeit, mit der sich der Muskel verkürzt.

Myosinmoleküle aggregieren und polymerisieren in vitro – ähnlich wie die G-Actinmoleküle – zu Myosinfilamenten. Dies geschieht in vitro spontan, wenn der Ionengehalt einer Myosinmoleküllösung herabgesetzt wird. Der erste Schritt bei der Bildung eines Myosinfilaments ist die Zusammenlagerung mehrerer Myosinmo-

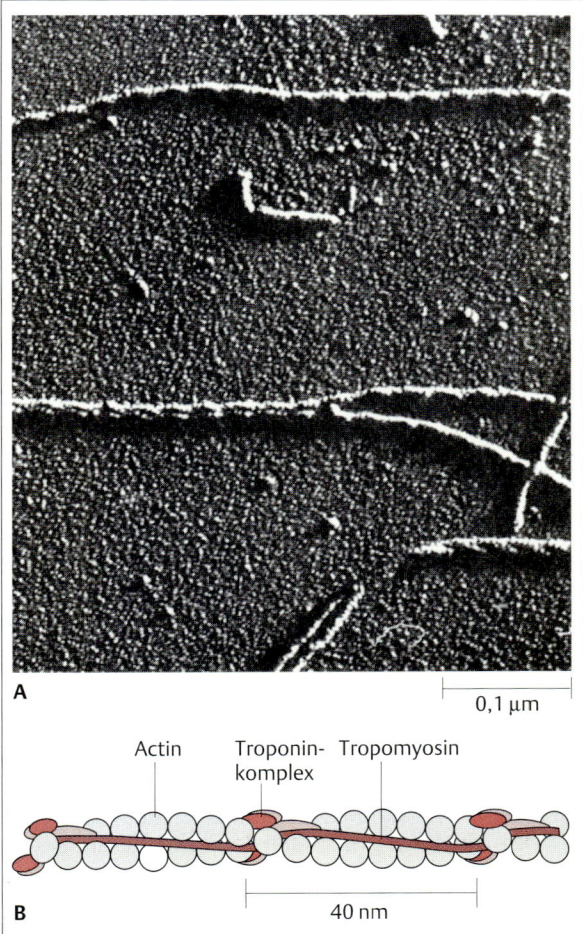

Abb. 10.5 Struktur der Actinfilamente. A EM-Aufnahme von F-Actinfilamenten. Beachte die doppelsträngige helixartige Anordnung der globulären Monomere. Das Präparat wurde vor dem Mikroskopieren mit einem dünnen Metallfilm beschichtet. **B** Das Schema zeigt die Anordnung der kugelförmigen G-Actinmonomere in der doppelsträngigen Helix des F-Actins. Intakte dünne Filamente enthalten zwei weitere Proteine – Tropomyosin und Troponin, einem aus drei Untereinheiten bestehendem Komplex. Die Struktur wurde aus elektronenmikroskopischen Aufnahmen (wie in A) und aus Röntgenbeugungsstudien erschlossen (A mit freundlicher Genehmigung von R.B. Rice; B nach Ebashi u. Mitarb., 1969).

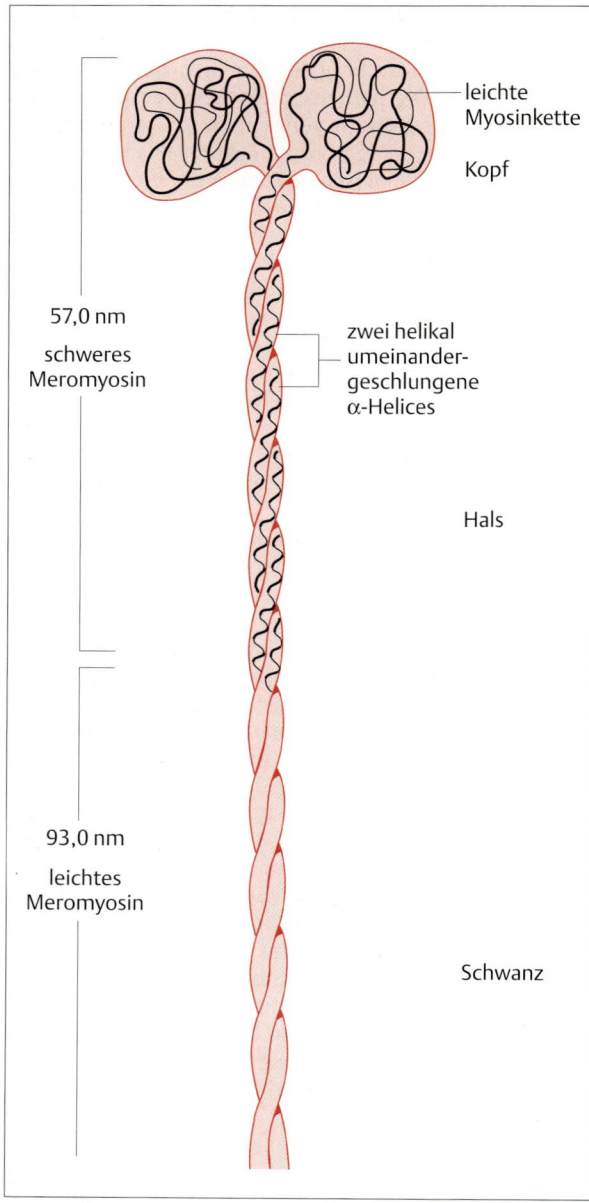

Abb. 10.6 Schematische Darstellung eines Myosinmoleküls. Das dimere Protein besitzt einen globulären Doppelkopf und einen langen, dünnen Schwanz, in dem die α-helikalen Proteine zu einer Superhelix umeinander gewunden sind. Die Protease Trypsin spaltet Myosin in leichtes und schweres Meromyosin. Leichtes Meromyosin besteht aus Myosin-Schwänzen, schweres Meromyosin enthält die globulären Köpfe mit einem „Hals"-Abschnitt (nach Lehninger, 1993).

leküle, wobei die Schwänze überlappen und die Köpfe von der Überschneidungsregion fort in die entgegengesetzte Richtung zeigen (Abb. 10.7). Das Ergebnis dieser Zusammenlagerung ist ein kurzes Filament mit einer zentralen Region ohne Köpfchen. Diese „kahle Zone" hat, wie wir noch sehen werden, eine wichtige Bedeutung für den Ablauf der Muskelverkürzung. Wenn sich weitere Myosinmoleküle anlagern, wächst das Filament. Die Schwänze zeigen jeweils in das Zentrum des Filaments und überschneiden sich mit den bereits angelagerten Molekülen. Mit der Anlagerung eines neuen Myosinmoleküls ragt auch ein neuer Kopf seitlich aus dem Filament heraus. Da sich die Myosinmoleküle symmetrisch an die wachsenden Enden anlagern, sind die Köpfe einer Hälfte des Filaments denen der anderen Hälfte entgegengerichtet (Abb. 10.7). Die Anlagerung erfolgt zumindest bei der Wirbeltiermuskulatur solange, bis das Myosinfilament etwa 1,6 μm lang und 12 nm dick ist. Warum die Filamente bei dieser Länge aufhören zu wachsen, ist unbekannt. Grundsätzlich scheint es jedoch, als bildeten sich Filamente in der lebenden Zelle nach den gleichen Regeln wie in den *in vitro*-Experimenten.

Kontraktion des Sarcomers: Die Gleitfilamenttheorie

Die Z-Scheiben, welche die Sarcomere begrenzen, wurden erstmals vor mehr als einem Jahrhundert mit dem Lichtmikroskop entdeckt. Man beobachtete auch, daß sich die Länge des Sarcomers bei Dehnung und Verkürzung des Muskels ändert, und daß diese Änderungen mit Änderungen in der Muskellänge übereinstimmen. Mit Hilfe eines speziell entwickelten Interferenz-Lichtmikroskops, das genauere Vermessungen der Sarcomere erlaubte, konnten Andrew F. Huxley und R. Niedergerke 1954 ältere Berichte bestätigen, nach denen die A-Banden (Myosinfilamente) ihre Längen während einer Muskelkontraktion konstant beibehalten, die I-Banden und die H-Zone (Bereiche, in denen die Actin- und Myosinfilamente nicht überlappen) schmäler werden. Wird der Muskel gestreckt, bleiben die A-Banden wiederum gleich lang, die I-Banden und die H-Zone werden dagegen länger. Im gleichen Jahr berichteten Hugh E. Huxley und Jean Hanson, daß die Myosinfilamente der A-Banden und die Actinfilamente der I-Banden im elektronenmikroskopischen Bild ihre Längen nicht verändern, auch wenn die Sarcomere sich verkürzen oder verlängern (Abb. 10.8A). Im Gegensatz dazu änderte sich aber das Ausmaß der Überlappung der Actin- und Myosinfilamente, wenn sich die Länge des Sarcomers ändert.

Hauptsächlich aufgrund dieser Befunde stellten 1954 unabhängig voneinander H.E. Huxley und A.F. Huxley

Feinstruktur der Myofilamente **387**

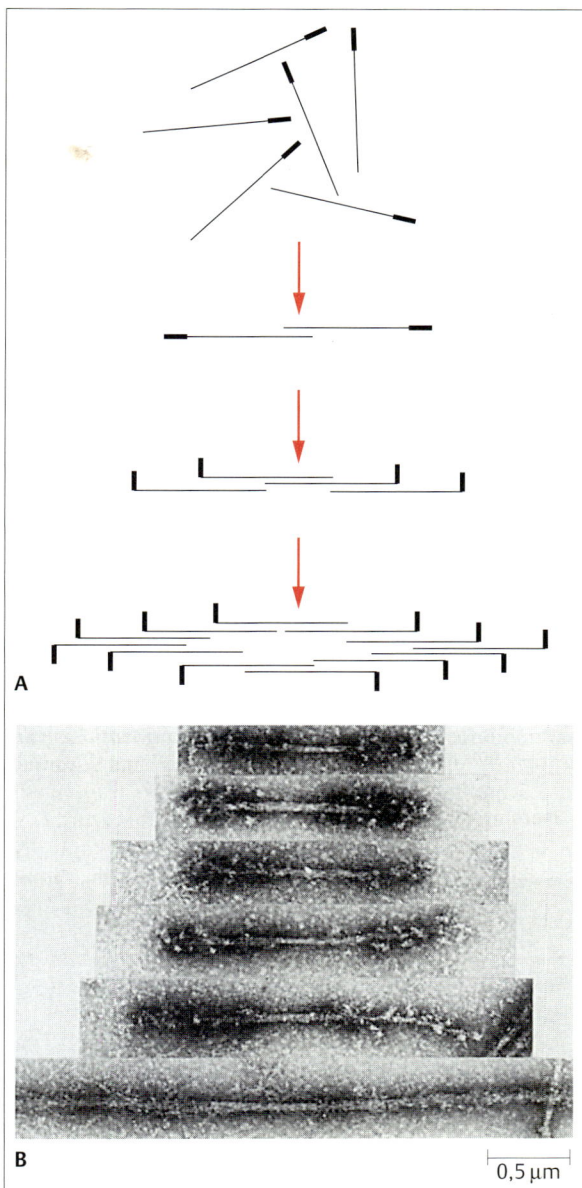

Abb. 10.7 Myosinmoleküle polymerisieren *in vitro* spontan zu dicken Filamenten, deren Struktur der *in vivo*-Organisation dicker Filamente entspricht. A Schematische Darstellung der spontanen Zusammenlagerung gelöster Myosinmoleküle zu einem dicken Filament. **B** Die EM-Aufnahme zeigt, daß sich Myosinmoleküle zu dicken Filamenten unterschiedlicher Länge organisieren. Beachte, daß die spontan gebildeten Filamente eine doppelendige Organisation haben und den dicken Filamenten im Muskel ähnlich sind. Die dunklen Bereiche an beiden Enden korrespondieren mit der Lage der Myosinköpfe. Der hellere Mittelbereich jedes dicken Myosinfilaments enthält nur Schwanzregionen der Myosinmoleküle (nach Huxley, 1969).

die **Gleitfilamenttheorie der Muskelkontraktion** auf. Nach dieser Theorie sind Verkürzungen der Sarcomere (und damit der Muskelfaser) die Folge eines aktiven Gleitens der dünnen Actinfilamente zwischen die dicken Myosinfilamente. Eine Verkürzung erfolgt dann, wenn die Actinfilamente tiefer in Richtung auf das Zentrum der A-Bande gezogen werden (Box 10.**1**). Bei Erschlaffung oder Dehnung des Muskels wird das Ausmaß der Überlappung reduziert und das Sarcomer verlängert sich. Diese Theorie unterschied sich grundsätzlich von allen vorhergehenden Hypothesen zur Erklärung der Muskelkontraktion. Sie konnte jedoch alle im Laufe der Zeit erarbeiteten Daten erklären.

Einer der überzeugendsten Beweise für die Gleitfilamenttheorie ist die Beziehung zwischen dem Ausmaß der Überlappung der Actin- und Myosinfilamente und der Spannung, die vom aktiven Sarcomer bei verschiedenen Überlappungszuständen produziert wird. Die Längen-Spannungskurve stellt eine Beziehung zwischen dem Überlappungsgrad der Actin- und Myosinfilamente und der vom aktiven Sarcomer in diesem Zustand erzeugten Spannung oder Kraft dar. Huxley und Niedergerke schlossen daraus, daß, wenn jede Myosinbrücke, die mit dem Actinfilament interagiert, einen Anstieg der Spannung bewirkt, die gesamte, von einem Sarcomer produzierte Spannung der Anzahl der auf das Actinfilament einwirkenden Querbrücken proportional sein müsse. Und da die Anzahl der Myosinquerbrücken, die mit den Actinfilamenten interagieren, linear mit dem Ausmaß der Überlappung ansteigt, müßte die Spannung dem Ausmaß der Überlappung proportional sein. Die Gleitfilamenttheorie sagt weiterhin voraus, daß keine aktive Spannung (außer derjenigen, die auf die Elastizität der Muskelfaser zurückzuführen ist) aufgebracht werden kann, wenn das Sarcomer so weit gedehnt wird, daß keine Überlappung mehr zwischen den Actin- und Myosinfilamenten vorhanden ist.

Um diese vorhergesagte Beziehung zwischen der Filamentüberlappung und der Spannung zu überprüfen, wurden einzelne Amphibien-Muskelfasern gereizt, damit sie sich bei verschiedenen, genau festgelegten Sarcomerlängen kontrahieren. Tatsächlich stand die Sarcomerlänge in einem direkten Zusammenhang mit dem Ausmaß der Überlappung zwischen den Actin- und Myosinfilamenten (Abb. 10.**8 B**). Die Länge der Sarcomere wurde mittels einer elektromechanischen Vorrichtung eingestellt, welche die Spannung der Muskelfaser so kontrollierte, daß die jeweils gewünschte Sarcomerlänge „fixiert" werden konnte. Dann wurden die Spannungen gemessen, die bei Reizung der Fasern erzeugt wurden und als Funktion der Sarcomerlänge aufgetragen. Wurden die Fasern so weit gedehnt, daß keine Überlappung zwischen den dicken und dünnen Filamenten mehr vorlag, bewirkte die Reizung keine Span-

388 10. Muskel und Bewegung

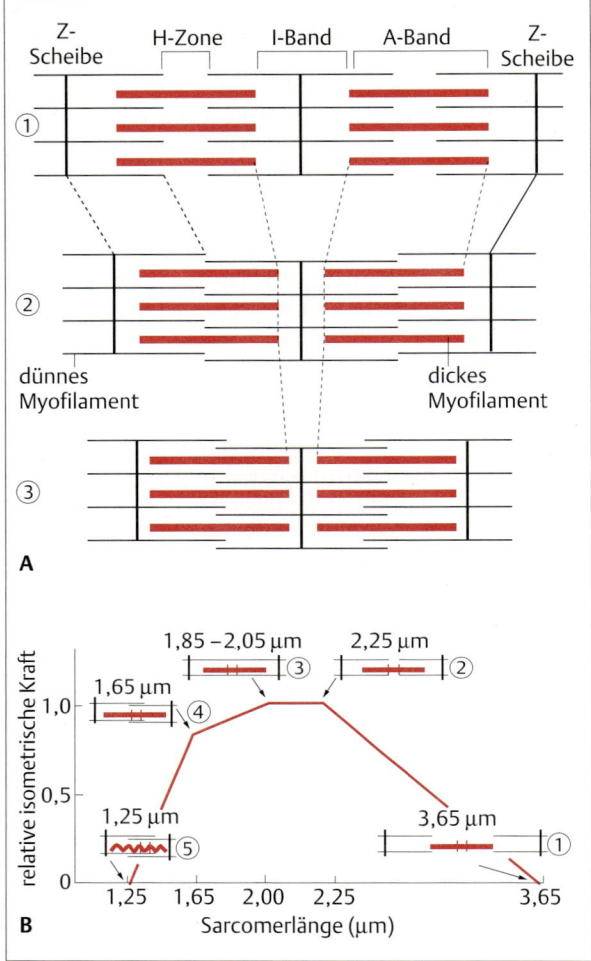

Abb. 10.8 Gleitfilamenttheorie. Dieses Modell beschreibt die Verkürzung von Muskelfasern durch das Aneinandervorbeigleiten der Actin- und Myosinfilamente eines Sarcomers.
A Beziehung der Myofilamente bei der Verkürzung zweier Sarcomere. Beachte, daß die dicken und dünnen Filamente während des Aneinandervorbeigleitens eine konstante Länge behalten; lediglich das Ausmaß der Überlappung ändert sich. Gleiten die Filamente in Richtung auf das Zentrum der A-Bande aneinander vorbei, verschmälert sich die I-Bande.
B Längen-Spannungs-Beziehung für ein typisches Säuger-Sarcomer. Länge und Konfiguration des Sarcomers sind an kritischen Punkten der Kurve dargestellt. Die vom Muskel aufgebrachte Spannung ist dann maximal, wenn die Überlappung der dünnen und dicken Filamente die Bildung der größtmöglichen Anzahl von Querbrückenkontakten zwischen dünnen und dicken Filamenten erlaubt (Punkte 2–4). Nimmt die Länge weiter zu, fällt die Spannung ab, da die dünnen und dicken Filamente weniger überlappen und folglich weniger Querbrückenkontakte ausgebildet werden können (Punkt 1). Die Spannung fällt auch dann ab, wenn die Länge einen kritischen Punkt unterschreitet (Punkt 5), da die dünnen Filamente aufeinander stoßen und eine weitere Verkürzung verhindern. Die Skelettmuskulatur kontrahiert sich normalerweise nicht über einen so großen Bereich, wie er für diese Messung gezeigt wird, da das Skelett und die Gelenke die Bewegungsspielräume so begrenzen, daß die Sarcomerlänge nicht wesentlich von der Plateauregion abweichen kann (nach Gordon u. Mitarb., 1966).

nung außer der bereits vorhandenen passiven elastischen Spannung des Ruhezustandes. Bei einer Sarcomerverkürzung, bei der sich die Actinfilamente vollständig mit den die Querbrücken tragenden Myosinfilamenten überlappten, trat dagegen die maximale Spannung auf. Wenn man die Fasern sich so lange verkürzen ließ, bis die Actinfilamente beider Sarcomerhälften aneinanderstießen, nahm die Spannung bei noch weiterer Verkürzung wieder ab. Die Spannung fiel noch weiter ab, wenn die Verkürzung so weit ging, daß die Myosinfilamente an der Z-Scheibe zusammengestaucht wurden.

Tatsächlich gelang es vor Durchführung der Experimente einige Eigenschaften der Längen-Spannungskurve vorherzusagen. Wie oben erwähnt, nimmt die Gleitfilamenttheorie an, daß die Kraft, die ein Sarcomer aufbringen kann, der Zahl der Querbrückenkontakte zwischen Myosin- und Actinfilamenten proportional ist. Sie nimmt weiterhin an, daß Querbrücken entlang der dicken Filamente gleichmäßig verteilt sind, abgesehen von der kahlen Zone, wo sie ganz fehlen (letzteres wurde experimentell bestätigt). Aus diesen Annahmen und den Abmessungen der Filamente (Abb. 10.9 A) war es möglich, die Form der Längen-Spannungskurve vorherzusagen.

– *Bei welcher Sarcomerlänge werden die Filamente aus dem Überlappungsbereich gezogen und produzieren keine Kraft mehr?* Um die Sarcomerlänge für einen vorgegebenen Grad der Überlappung zwischen Filamenten bekannter Länge zu verdeutlichen, stellen wir uns eine Ameise vor, die versucht, entlang der Filamente vom Mittelpunkt einer Z-Scheibe zum Mittelpunkt der nächsten zu krabbeln. Bei einem Sarcomer, das gerade bis zur „Nicht-mehr-Überlappung" der Filamente gedehnt wurde, müßte die Ameise eine Hälfte der Dicke einer Z-Scheibe (0,025 μm) überqueren, entlang eines dünnen Actinfilaments (1,0 μm) spazieren, auf ein dickes Filament heruntersteigen und es entlang gehen (1,6 μm), dann wieder auf ein dünnes Filament umsteigen (1,0 μm) und zum Zentrum der nächsten Z-Scheibe marschieren (0,025 μm). Die Gesamtstrecke und damit die Beantwortung der Frage ist: 3,65 μm (Abb. 10.9 B, Zustand 1).

– *Warum gibt es ein Plateau der maximalen Kraftausübung zwischen 2,05 und 2,25 μm?* Wenn das Sarco-

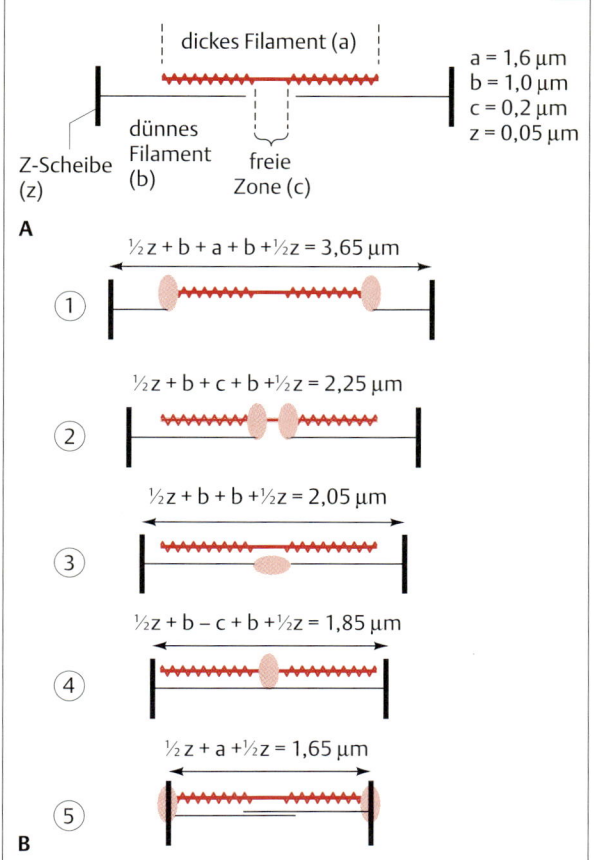

Abb. 10.9 Vorhersagen der Gleitfilamenttheorie zu Sarcomerlängen an verschiedenen Punkten der Längen-Spannungskurve. Sind die Längen der dünnen und dicken Filamente bekannt, so kann die Sarcomerlänge bei verschiedenen Überlappungsgraden vorhergesagt werden. **A** Filamentlängen, wie sie mittels hochauflösender elektronenmikroskopischer Aufnahmen in Froschmuskelfasern bestimmt wurden; a = Länge des dicken Filaments, b = Länge des dünnen Filaments, c = Länge der Zone, die keine Querbrücke aufweist, z = Dicke der Z-Scheibe. **B** Ausmaß der Überlappung zwischen dicken und dünnen Filamenten an kritischen Punkten der Längen-Spannungskurve. Jeder Zustand auf diesem Bild entspricht einem Punkt (1–5) aus Abb. 10.8 B. Die farbigen Ovale der Teilabbildungen geben jene Regionen an, in denen es schwierig zu bestimmen ist, wieviel Kraft vom Sarcomer durch die Interaktion der Filamente aufgebracht werden kann. Die zugehörige Formel gibt die Länge eines einzelnen Sarcomers bei dem jeweiligen Überlappungsgrad an (B nach Gordon u. Mitarb., 1966).

mer genau 2,25 µm lang ist, enden die dünnen Filamente mit dem Beginn der querbrückenfreien Zone der dicken Filamente. Alle Querbrücken auf den dicken Filamenten sind dann optimal ausgerichtet, um mit actinbindenden Bereichen der dünnen Filamente zu interagieren (Abb. 10.9 B, Zustand 2). Wird das Sarcomer weiter verkürzt, kommen keine weiteren Querbrücken mehr hinzu, so daß die aufgebrachte Kraft gleich bleibt. Das Ende des Plateaus wird erreicht, wenn sich die dünnen Filamente in der Mitte des Sarcomers treffen (Abb. 10.9 B, Zustand 3).

- *Warum fällt die entstehende Kraft, wenn sich das Sarcomer weiter verkürzt?* Die Gleitfilamenttheorie macht keine quantitativen Vorhersagen über die Muskelkraft nach dem Punkt maximaler Überlappung. Diese Frage mußte daher experimentell beantwortet werden. Einerseits könnte man erwarten, daß die Kraft konstant bleibt, weil alle Querbrücken mit dem Actin der dünnen Filamente überlappen und theoretisch Kraft aufbringen könnten. Jedoch könnten hier zwei Effekte kraftmindernd wirken: (1) Wenn die dünnen Filamente in der Mitte des Sarcomers überlappen, könnte die Bindung der Myosinköpfchen mit den dünnen Filamenten sterisch behindert werden (Abb. 10.9 B, Zustand 4). (2) Die Querbrücken könnten an ein „ungeeignetes" dünnes Filament binden (z.B. an eines, das von der Z-Scheibe am andern Ende des Sarcomers herausragt) und Kraft aufbringen, welche die Z-Scheiben auseinanderschiebt, anstatt sie zusammenzuziehen. Eine solche Kraft wäre negativ und müßte daher von der Kraftproduktion der regulären normalen Querbrückenwechselwirkungen abgezogen werden.
- *Warum fällt die Kraft bei einer Sarcomerverkürzung auf 1,65 µm stark ab und erreicht bei ca. 1,25 µm den Nullpunkt?* Die Kraft fällt stark ab, wenn das Sarcomer so kurz geworden ist, daß die dicken Filamente an beiden Enden die Z-Scheibe erreichen (Abb. 10.9 B, Zustand 5). Danach wäre eine weitere Verkürzung nur möglich, wenn die dicken Filamente zusammengepreßt würden. Der genaue Verlauf der abfallenden Kurve und die Länge des Sarcomers, bei der keine Kraft mehr erzeugt werden kann, sind durch die Gleitfilamenttheorie nicht vorhersagbar, weil sie von der Elastizität der dicken Filamente und der Zahl der kraftproduzierenden Querbrücken abhängen.
- *Wie beeinflußt eine Längenänderung der Filamente die Form der Längen-Spannungskurve?* Dünne Filamente in Säugermuskeln sind ca. 1,2 µm lang, also etwa 0,2 µm länger als die bei Fröschen. Daraus und aus den in Abb. 10.9 B aufgeführten Berechnungen würden wir erwarten, daß das Plateau der Längen-Spannungskurve beim Säugermuskel zwischen 2,45 µm und 2,65 µm liegt und daß bei 4,05 µm keine Kraft entwickelt werden kann. Die Länge der dicken Filamente kann ebenfalls die Eigenschaften der Längen-Spannungskurve beeinflussen. Bei allen Wirbeltieren sind die dicken Filamente etwa 1,6 µm lang, bei vielen Wir-

Box 10.1 Parallele und serielle Anordnung – Geometrie der Muskeln

Muskeln haben einen hochorganisierten, fast kristallartig geometrischen Bau auf allen Ebenen – von der Struktur der Filamente bis hin zur Organisation ganzer Muskeln. Dabei sind einige Bestandteile zueinander parallel, andere in Serie geschaltet. Diese Anordnungen beeinflussen die Mechanik der Muskelkontraktion wesentlich.

Die Querbrücken am Ende eines dicken Filaments sind parallel zueinander geschaltet, während die an beiden Enden eines dicken Filaments entgegengesetzt zueinander orientiert sind. Jede Querbrücke erstreckt sich – unabhängig von allen anderen – von einem dicken zu einem dünnen Filament. Durch diese Anordnung addieren sich die Kräfte aller Querbrücken entlang eines dicken Filaments, so wie sich die Kräfte aller Mitglieder einer Mannschaft beim Tauziehen addieren oder wie bei einem Strom, der durch mehrere parallele Widerstände fließt. Die Kraft in eine Richtung, die von einem dicken Filament erzeugt wird, entspricht der Kraft pro Querbrücke mal der Anzahl der Querbrücken auf jeder Hälfte des Filaments. Was ist aber mit den Querbrücken auf der anderen Hälfte des dicken Filaments?

Hugh Huxley erkannte als erster, daß alle Myosinmonomere einer Hälfte eines dicken Filaments so angeordnet sind, daß ihre Köpfe auf eine Z-Scheibe zeigen, die der anderen Hälfte aber auf die andere Z-Scheibe ausgerichtet sind. Diese polarisierte Anordnung ist für die effektive Krafterzeugung entscheidend. Jede Gruppe von Querbrücken übt Kraft auf die dünnen Filamente in Richtung auf die Mitte der Sarcomere aus, so daß die von den Querbrücken erzeugte Kraft die Z-Scheiben aufeinander zu zieht. Die Kraft, die ein dünnes Filaments auf ein dickes Filament ausübt, ist gleich, aber entgegengesetzt zu derjenigen, die ein dickes Filament auf ein dünnes ausübt. Die entgegengesetzte Polarität der Querbrücken an beiden Enden eines dicken Filaments bedeutet, daß ein dünnes Filament an einem Ende eines Sarcomers in seiner Krafterzeugung gerade eben vom entsprechenden dünnen Filament der anderen Seite ausgeglichen wird. Die Nettokraft, die auf ein dickes Filament durch die umgebenden dünnen Filamente einwirkt, ist also Null; das dicke Filament bleibt in der Mitte des Sarcomers (**A**). Wenn z. B. die Querbrücken auf der rechten Seite eine Kraft vom relativen Betrag 100 aufbringen, müssen die der linken Seite den gleichen Betrag aufbringen, um das dicke Filament mit der Nettokraft Null ausgeglichen in der Mitte des Sarcomers zu halten. Würde man die von den Querbrücken aufgebrachte Kraft an der Z-Scheibe messen, erhielte man dort den Wert 100.

Was würde geschehen, wenn die Polarität nicht in das dicke Filament eingebaut wäre? Wären z. B. alle Querbrücken entlang eines dicken Filaments in die gleiche Richtung angeordnet, dann würden die dünnen Filamente ihre Kraft nur in eine Richtung ausüben, und das dicke Filament würde entlang der dünnen Filamente auf eine der Z-Scheiben zuwandern (**B**). Eine einseitig gerichtete Nettokraft würde auf das dicke Filament ausgeübt werden, und es würde auf die Z-Scheibe zuwandern – mit unerwünschten Folgen: Das Sarcomer könnte in der Situation keine Kraft durch Verkürzung ausüben.

Einige Evertebraten haben lange dicke Filamente mit vielen parallel geschalteten Querbrücken und der Möglichkeit zu mehr Krafterzeugung. Jedoch hängt diese Möglichkeit vom Verhältnis der Querbrückenanzahl zur Gesamtlänge des Filaments ab und diese wiederum von dem Bruchteil der Länge jedes dicken Filaments, das mit Querbrücken besetzt ist (also ohne die freie Zone).

Sarcomere sind in Serie angeordnet: Die Sarcomere einer Myofibrille sind Ende an Ende (von Z-Scheibe zu Z-Scheibe) hintereinandergeschaltet, genauso wie mehrere Widerstände in einem Schaltkreis. Dementsprechend ist die Kraft einer Serie von Sarcomeren überall entlang der Kette gleich, genau wie der Strom durch jeden Widerstand einer in Serie geschalteten Reihe. Trotz der enormen Anzahl von hintereinander geschalteten Querbrücken ist die von der Sarcomerkette aufgebrachte Kraft nicht größer als die eines einzelnen Sarcomers, und diese hängt wiederum von der Anzahl der Querbrücken ab, die in einer Sarcomerhälfte parallel geschaltet sind.

Da die Sarcomere jedoch in Serie geschaltet sind, sind die Längenänderungen und Kontraktionsgeschwindigkeiten additiv. Nehmen wir an, 1000 Sarcomere seien in Serie geschaltet, jedes 2 µm lang. Verkürzt sich jedes davon um 0,1 µm, dann verkürzt sich die ganze Kette um 1000 · 0,1 µm = 100 µm. Ebenso gilt, daß wenn die dünnen Filamente in jedem Sarcomer mit 100 µm/s an den dicken vorbeigleiten, sich die Kette mit einer Geschwindigkeit von 2 · 1000 µm/s, also mit 20 mm/s, verkürzt. (Beachte: Da jede Z-Scheibe sich mit 10 µm/s auf die Mitte des Sarcomers zubewegt, verdoppelt sich die Gesamtverkürzungsgeschwindigkeit jedes Sarcomers.) Der Verstärkungsfaktor für die Längenänderung zeigt auch, daß man, um hohe Ver-

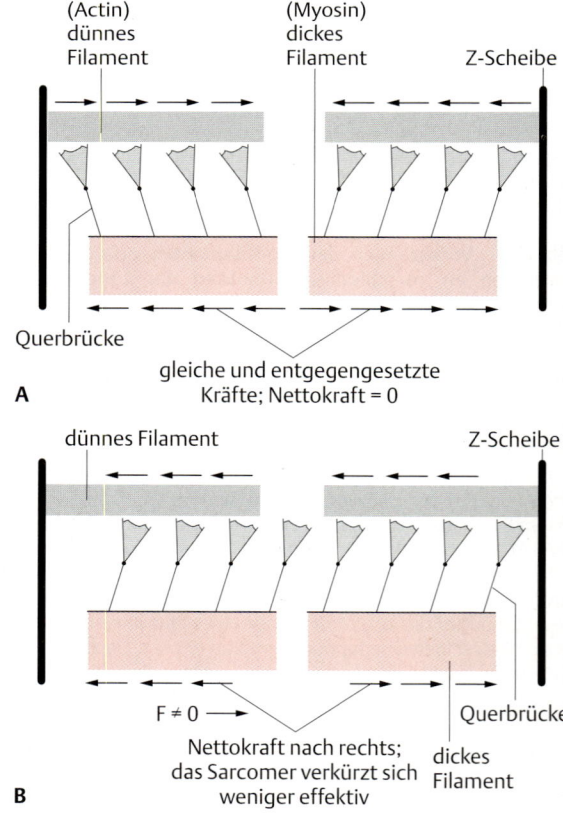

A gleiche und entgegengesetzte Kräfte; Nettokraft = 0

B F ≠ 0 Nettokraft nach rechts; das Sarcomer verkürzt sich weniger effektiv

kürzungsgeschwindigkeiten zu erreichen, so viele Sarcomere wie möglich in Serie schalten muß.

Muskelfasern sind parallel angeordnet. Jede Muskelfaser erstreckt sich typischerweise von einer Sehne zu einer anderen und erzeugt zwischen den Sehnen Kraft, unabhängig von anderen Fasern. Muskelfasern sind parallel geschaltet, ihre Kraft ist also additiv. Um die Kraft eines Muskels zu erhöhen, müssen mehr Fasern parallel geschaltet werden. Diese Situation tritt vorübergehend dann auf, wenn das Nervensystem unterschiedliche Faserzahlen für verschiedene Aufgaben einsetzt.

Die präzise geometrische Anordnung der Muskelteile ermöglicht es, die Kraft einer Querbrücke zu berechnen, wenn man die Kraft eines ganzen Muskels oder sogar eines ganzen Tieres kennt. Betrachten wir beispielsweise einen Froschmuskel von 1 cm² Querschnittsfläche, der eine Kraft von 30 N erzeugen kann. Es gibt etwa $5 \cdot 10^{10}$ dicke Fasern pro cm², die alle parallel geschaltet sind. Jedes dicke Filament muß daher $6 \cdot 10^{-10}$ N = 600 pN erzeugen. An jedem Ende eines dicken Filamentes sind ca. 150 Querbrücken, so daß jede Querbrücke etwa 4 pN Kraft erzeugen muß.

bellosen sind sie aber beträchtlich länger. Längere dicke Filamente verändern nicht nur die Form der Längen-Spannungs-Beziehung des Sarcomers, sondern auch die erzeugbare absolute Kraft. Längere dicke Filamente können mehr parallel arbeitende Querbrücken besitzen und folglich mehr Kraft produzieren (Box 10.**1**).

Bei den Experimenten, mit denen diese Vorhersagen überprüft wurden, war es von entscheidender Bedeutung, daß die Längenmessungen an einigen wenigen Sarcomergruppen gleichen Verhaltens gemacht wurden, die nahe dem Zentrum der Muskelfaser lagen. Ältere Messungen mit weniger exakten Meßinstrumenten ergaben gerundete Kurven, da die verschiedenen Sarcomere eines ganzen Muskels – und auch einer einzelnen Faser – zu jedem Zeitpunkt in unterschiedlichen Überlappungsstadien waren. Eine gerundete Kurve hätte die Vorhersagen der Gleitfilamenttheorie nicht bestätigen können; Muskelphysiologen wären daher zu völlig falschen Ergebnissen gekommen.

Funktion der Querbrücken und Kraftentwicklung

Die grundlegenden Fragen der Muskelforschung beschäftigten sich mit der genauen Funktionsweise der Querbrücken. Nach dem heutigen Stand der Gleitfilamenttheorie entstammt die Kraft für die Muskelkontraktion aus der aufeinanderfolgenden Anheftung verschiedener Teile des Myosinkopfes an verschiedene Stellen des Actinfilaments. Anschließend wird die Verbindung zwischen dem Myosinkopf und dem Actinfilament wieder gelöst; der Kopf ist danach bereit, einen neuen Bindungszyklus an einer weiter hinten liegenden Stelle des Actinfilaments zu vollziehen. Diese Vorgänge werden nachfolgend ausführlich beschrieben.

Chemische Grundlagen des Querbrückenmechanismus

Um Bewegung und Kraft zu erzeugen, müssen sich Myosinquerbrücken an ihre Bindungsstellen am Actin anheften und sich nach dem Arbeitsvorgang wieder vom Actin lösen können. Würden sie sich nicht mehr ablösen, könnte der Muskel sich weder verkürzen noch erschlaffen. Die Filamente können nur dann aneinander vorbeigleiten, wenn das Anheften und Loslassen in einem zyklischen Prozeß erfolgt.

Ein solches System fordert natürlich die Biochemiker heraus: Wie kann das Myosin am Actin binden, so daß Kraft erzeugt wird und dann wieder loslassen, um die Filamente aneinander vorbeigleiten zu lassen? Die ersten Anhaltspunkte über die chemischen Vorgänge während der Wechselwirkungen zwischen den Myosin-Querbrücken und den Actinfilamenten stammten von Untersuchungen, die bereits vor mehreren Jahrzehnten mit rohen und gereinigten Muskelextrakten durchgeführt wurden. Halbgereinigte Actin- und Myosinlösungen – aus frisch zerhacktem Kaninchenmuskel mit konzentrierten Salzlösungen extrahiert und anschließend mit Ammoniumchlorid versetzt – zeigten mehrere interessante physikalische Eigenschaften.

Werden Actin (A) und Myosin (M) vermischt, ohne daß ATP vorhanden ist, bilden sie einen stabilen **Actomyosin-Komplex** (AM). Gibt man dann ATP zur Lösung, erfolgt eine rasche Dissoziation des Komplexes in Actin und Myosin-ATP:

$$AM + ATP = A + M\text{-}ATP$$

Die Beobachtung, daß ATP die Dissoziation des Actomyosins und damit die Ablösung der Querbrücken vom Actin induziert, erklärt ein Phänomen, das allen Krimi-Lesern geläufig ist. Nach dem Tode wird ein Mensch oder ein Tier zunehmend steif und behält dieselbe Position für Stunden oder Tage bei. Dieser Zustand, als **Rigor mortis** oder auch als Totenstarre bezeichnet, ist etwas anderes als eine Kontraktion der Muskulatur, weil beim Rigor die Muskeln nicht verkürzt werden. Sie behalten statt dessen dieselbe Länge für lange Zeit bei. Dieser Zustand tritt ein, weil kurz nach dem Zelltod alles ATP hydrolysiert ist und das an Actin gebundene Myosin von diesem nicht mehr abgelöst werden kann.

Wenn ATP an Myosin bindet, wird es sehr schnell in ADP und P_i hydrolysiert. Diese Spaltprodukte lösen sich jedoch nur sehr langsam vom Myosin. Die ATP-Hydrolyserate des Myosins ist also deshalb niedrig, weil die langsame Freisetzung von ADP und P_i den geschwindigkeitsbestimmenden Schritt der Reaktion bildet. Bindet aber Actin an Myosin, dann wird die Abspaltung von ADP und P_i erheblich beschleunigt – wahrscheinlich durch eine allosterische Änderung der Myosinkonformation. Dieser actininduzierte Effekt steigert die ATP-Hydrolysate des Myosins erheblich:

$$\text{M-ATP} \xrightarrow{\text{sehr langsam}} \text{M-ADP-}P_i \longrightarrow \text{M} + \text{ADP} + P_i$$

$$\text{M-ADP-}P_i + \text{A} \xrightarrow{\text{sehr schnell}} \text{AM} + \text{ADP} + P_i$$

Da die Actin-induzierte Freisetzung von ADP + P_i den Komplex in einen energieärmeren Zustand überführt, ist die Actomyosinbildung thermodynamisch begünstigt. (Die Bindung des Actins an Myosin unterliegt jedoch einer kinetischen Kontrolle.) Eine Kombination dieser Reaktionen erzeugt Zyklen von Bindung und Ablösung (Abb. 10.**10**). Der Nettoeffekt eines einzelnen Zyklus ist die Spaltung eines Moleküls ATP in ADP + P_i, wobei Energie freigesetzt wird.

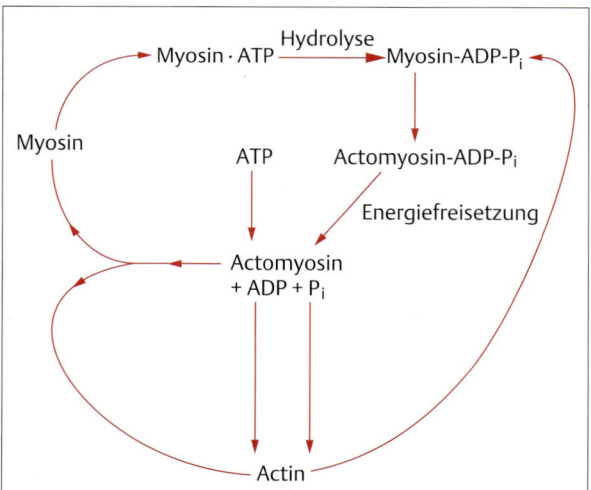

Abb. 10.10 Actin- und Myosinfilamente durchlaufen einen ATP-abhängigen Zyklus von Bindung und Lösung. ATP bindet an Actomyosin und induziert dessen Dissoziation in Actin und Myosin. Das Myosin wirkt als ATPase und hydrolysiert ATP. Die Freisetzung der Produkte ADP und P_i erfolgt allerdings sehr langsam. Bindet Actin an Myosin-ADP-P_i, wird die Freisetzung von ADP und P_i beschleunigt. Das Nettoergebnis eines Zyklus ist die Hydrolyse von einem Molekül ATP, wodurch Energie freigesetzt wird, die zur Erzeugung mechanischer Kraft verwendet werden kann.

Box 10.2 Extrahierte Muskelfasern

In den späten 40er Jahren gelang Albert Szent-Györgyi ein wichtiger Durchbruch in der Muskelzellphysiologie, als er eine neue Technik zur Isolation von Muskelfasern entwickelte, bei der die intrazelluläre Struktur intakt blieb, die Membran aber den freien Stoffaustausch zwischen Cytoplasma und extrazellulärer Lösung nicht mehr behinderte. Dieses Präparat wird als „enthäutete" Muskelfaser bezeichnet, weil die äußere Membran völlig entfernt oder so „durchlöchert" wird, daß sie funktionell als fehlend betrachtet werden kann.

Bei Szent-Györgyis Vorgehen werden Muskelfasern einige Tage oder Wochen in eine Lösung aus gleichen Teilen von Glycerol und Wasser bei Temperaturen unter dem Gefrierpunkt eingelegt. Die Zellmembran zerspringt schließlich, und alle löslichen Bestandteile sickern aus dem Myoplasma, der nicht lösliche Kontraktionsmechanismus bleibt jedoch erhalten. Das Glycerol in der Lösung verhindert die Bildung von Eiskristallen, welche die Strukturen der Faser zerstören könnten, löst aber auch Membranen auf. Die Lagerung der Gewebe unter dem Gefrierpunkt hält die Enzyme aktiv, verlangsamt aber katabolische Prozesse, die andernfalls zur Selbstverdauung der Zelle führen würden. **Glycerolextrahierte Fasern** können bei entsprechenden Bedingungen reaktiviert, d.h. zu Kontraktion und Erschlaffung gebracht werden. Man kann dabei die Zusammensetzung der intrazellulären Flüssigkeit verändern, ohne daß die Regelprozesse einer intakten Muskelfaser einsetzen.

Eine neuere Methode, Substanzen aus den Zellen zu extrahieren und die unlöslichen Proteine intakt zu lassen, benutzt nichtionische Detergentien wie z.B. die der Triton-X-Serie. Diese Agenzien, die bei etwa 0 °C verwendet werden, lösen die Lipidbestandteile der Zellmembran schnell auf. Die löslichen Metabolite diffundieren aus der Zelle hinaus, und im extrazellulären Medium vorhandene Substanzen diffundieren schnell in die Zelle hinein. Wenn Fasern auf diese Art behandelt werden, bezeichnet man sie als „chemisch enthäutete Fasern". Da sich dieser Prozeß innerhalb von Minuten und nicht in Tagen abspielt, wie es bei einer Glycerolextraktion der Fall ist, wird viel Zeit gespart; auch die enzymatische Aktivität bleibt hoch.

Eine dritte Möglichkeit, abgehäutete Fasern zu erzeugen, ist die **manuelle Präparation**, bei der die Zellmembranen mit feinen Pinzetten entfernt werden. Das Ganze ähnelt dem Abpellen einer Wursthaut, erfordert aber sehr große manuelle Geschicklichkeit. Mit entsprechender Übung erhält man so strukturell intakte Fasern.

Unabhängig von der Methode, die man zum Abhäuten benutzt, erhält man die Möglichkeit, die chemische Umgebung der kontraktilen Maschinerie zu beeinflussen und dadurch die molekulare Grundlage der Kontraktion besser zu verstehen.

Energieübertragung durch Querbrücken

Eine der Hauptfragen bezüglich der Funktion der Myosinquerbrücken betrifft die Umsetzung von chemischer in mechanische Energie während des in Abb. 10.**10** dargestellten Zyklus. Wie erzeugen die Querbrücken eine Kraft zwischen dicken und dünnen Filamenten, die veranlaßt, daß die Filamente aneinander vorbeigleiten? Man untersuchte diese Frage teilweise an intakten Muskelfasern sowie *in vitro* mit „gehäuteten" Muskelfasern (Box 10.2). Obwohl verschiedene Hypothesen zur Erklärung vorgeschlagen wurden, ist die am weitesten akzeptierte diejenige, daß eine teilweise Rotation des actingebundenen Myosinkopfes die Kraft erzeugt (Abb. 10.11 A). Diese Kraft wird über das Halsstück des Myosinmoleküls (welches den Kopf des Myosinmoleküls mit dem dicken Filament verbindet) auf das dicke Filament übertragen. Bei diesem Modell wirkt also der Hals des Myosinmoleküls als Verbindung zwischen dem Myosinkopf und dem dickem Filament und überträgt die durch die Rotation des Myosinkopfes am Actinfilament entstehende Kraft auf das dicke Filament.

In Untersuchungen von Andrew F. Huxley und R.M. Simmons über die mechanischen Eigenschaften des sich kontrahierenden Muskels wurde diese Interpreta-

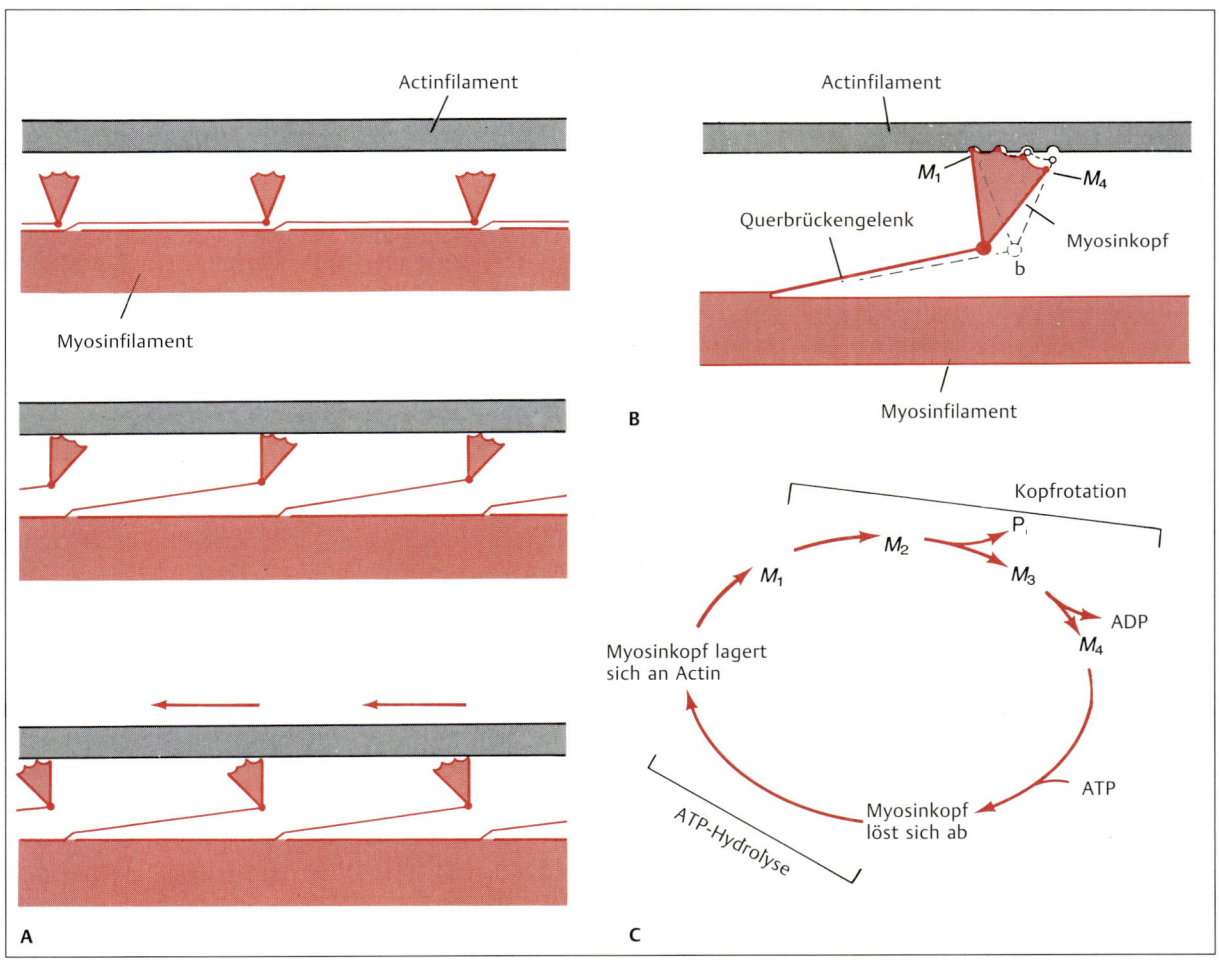

Abb. 10.11 Schematische Darstellung des Querbrückenzyklus. A Sequenz der Querbrückenanheftung an Actinfilamente: Erschlaffter Zustand (oben), Anheftung der Myosinköpfe am Actin (Mitte). Die Köpfe ziehen am Actinfilament und bewirken so dessen Vorbeigleiten am Myosinfilament (unten). Obwohl die Querbrücken hier so dargestellt sind, als ob sie gleichzeitig arbeiten, arbeiten sie in Wirklichkeit nicht synchron (nähere Einzelheiten dazu im Text). **B** Das Modell zeigt vier Zentren (M_1–M_4) am Myosinkopf, die der Reihe nach (von links nach rechts) mit vier Bindungsstellen des Actinfilaments interagieren. Die resultierende Bewegung führt dazu, daß der Myosinkopf am elastischen Querbrückengelenk zieht und es dabei dehnt. Diese Spannung zieht das Actinfilament nach links und bewirkt, daß es am Myosinkopf entlanggleitet. **C** Zusammenfassende Darstellung des Querbrückenzyklus. Beachte, daß sich der Myosinkopf nur dann ablöst, wenn sich ATP anlagert (A, B nach Huxley u. Simmons, 1971; C nach Keynes u. Aidley, 1981).

tion der Querbrückenfunktion bestätigt. Sie entdeckten, daß ein großer Teil der Elastizität, die in Serien kontraktiler Bestandteile des Muskels vorhanden ist, in den Querbrückenverbindungen steckt (Serienelastische Komponenten, s.u.). Diese Autoren vermuteten, daß, wenn der Myosinkopf am Actinfilament eine Rotationsbewegung ausführt, die Querbrücke elastisch gedehnt und dabei mechanische Energie im Gelenk gespeichert wird (Abb. 10.11 B). Nach ihrer Hypothese wird diese Rotation ausgeführt, indem nacheinander verschiedene Stellen des Myosinkopfes (M_1–M_4) mit verschiedenen Anheftungsstellen am Actin interagieren. Diese Anheftungsstellen sind so angeordnet, daß die Actin-Affinität von M_1 nach M_4 ansteigt. Nach der Anheftung an M_1 gelangt der Myosinkopf durch eine Rotationsbewegung sukzessive in eine energieärmere und damit thermodynamisch begünstigte Konformation, wenn sich die Bindungsstellen M_2, M_3 und schließlich M_4 an Actin anlagern.

Die Anheftung des Myosins an das Actin erfolgt bei Abwesenheit von ATP oder auch, wenn das ATPase-Zentrum vergiftet ist. Dieser Befund läßt vermuten, daß der Teil des Myosins, der sich an das Actin anlagert, nicht identisch ist mit dem Zentrum, das die ATPase-Aktivität entfaltet. Offensichtlich gibt es aber eine allosterische Interaktion zwischen dem Teil des Myosins, der sich an das Actin anlagert, und dem ATP-spaltenden Zentrum des Myosins, denn dessen ATPase-Wirkung wird durch die Bildung des Actomyosinkomplexes deutlich verstärkt. Die Bildung des Actomyosinkomplexes aktiviert die ATPase-Aktivität des Myosins durch einen allosterischen Mechanismus. Nur der Myosinkopf besitzt die Fähigkeit zur Bindung an das Actin und zur ATP-Hydrolyse. Er ist auch der einzige Teil des Myosinmoleküls, der im lebenden Muskel mit dem Actinfilament in Kontakt kommt.

Die Elastizität des Gelenks ermöglicht eine Rotationsbewegung ohne plötzliche Spannungsänderung. Wird das Gelenk gestreckt, überträgt es seine Spannung weich auf das dicke Filament. Es trägt damit zu der Kraft bei, die das Gleiten der Filamente bewirkt. Einer der überzeugendsten Beweise für dieses Modell ist die Entdeckung von Huxley und Simmons, daß die Serienelastizität einer Muskelfaser dem Ausmaß der Überlappung der dicken und dünnen Filamente proportional ist und damit auch der Anzahl der an Actin angelagerten Querbrücken. Wie sie ebenfalls feststellten, werden plötzliche, kleine Längenabnahmen mit sehr schnellen Spannungskorrekturen beantwortet. Sie erklärten dies mit der Rotation der Querbrückenköpfe zu ihren stabileren Bindungsstellen an den Actinfilamenten (d.h. von der M_1- in die M_4-Interaktionsstellung).

Bis heute sind noch nicht alle Einzelheiten der Querbrückenfunktion aufgeklärt. Die gegenwärtig für am wahrscheinlichsten gehaltene Reihenfolge der Ereignisse, die sich bei der Querbrückenfunktion abspielen (Abb. 10.11 C), ist nachfolgend zusammengefaßt:

1. Der Kopf der Myosin-Querbrücke lagert sich am Actinfilament an die erste einer Reihe von stabilen Anheftungsstellen an, die mit der Reihenfolge der Wechselwirkungen eine ansteigende Actin-Affinität aufweisen (d.h. der Komplex geht innerhalb eines Zyklus mit jedem Wechsel der Bindungsstelle in einen Zustand geringerer Energie über).
2. Diese Interaktion bewirkt ein Schwingen oder Rotieren des Myosinkopfes am Actinfilament. Der Kopf zieht dabei am Querbrückengelenk, das den Myosinkopf mit dem dicken Filament verbindet. Die Elastizität des Gelenkes ermöglicht ein schrittweises Schwingen des Kopfes ohne plötzliche große Änderungen in der Spannung.
3. Die Gelenkspannung wird auf das Myosinfilament übertragen und so die Gleitbewegung erzeugt. Die Gleitbewegung führt zu einem Nachlassen der durch die Streckung aufgebauten Spannung im Gelenk.
4. Sobald die Rotation des Kopfes vollendet ist, löst sich der Myosinkopf vom Actinfilament ab und schwingt in seine Ruhestellung zurück.

Die Querbrücken müssen sich nacheinander an das Actinfilament anheften, Kraft entwickeln, sich ablösen und an eine weitere, „weiter vorne" im Actinfilament liegende Stelle binden. Zwei Ereignisse sind bei diesem Ablauf besonders erwähnenswert: (1) Für die Querbrückenanheftung ist eine freie intrazelluläre Calciumkonzentration von mehr als 10^{-7} M notwendig, und (2) ATP wird nicht direkt dazu benützt, Querbrückenkräfte zu erzeugen, sondern dazu, den Myosinkopf vom Actinfilament abzulösen. Für die Ablösung des Myosinkopfes wird Mg^{2+}-ATP benötigt, das an die ATPase-Stelle der Kopfregion angelagert und hydrolysiert wird. Die Hydrolyse von ATP induziert eine Konformationsänderung des Kopfes und reichert diesen so mit Energie an. Verbindet sich der Myosinkopf erneut mit einem Actinfilament, ermöglicht die gespeicherte Energie die Rotation des Kopfes am Actin und damit die aktive Gleitbewegung. Für die Aufrechterhaltung einer aktiven und gleichmäßigen Kontraktion muß die Aktivität der Querbrücken asynchron sein, so daß zu jeder Zeit einige am Actin angeheftet, andere davon losgelöst sind. Auf diese Art und Weise wird mittels vieler, asynchroner und kleiner Schritte eine weiche Gleitbewegung erzeugt.

Mechanik der Muskelkontraktion

Viele der mechanischen Eigenschaften von kontrahierenden Muskeln wurden bereits vor 1950 erforscht, als die Kontraktionsmechanismen noch nicht bekannt waren. Es erweist sich als aufschlußreich, diese klassischen Ergebnisse im Licht unserer heutigen Kenntnis des Querbrückenmechanismus zu betrachten.

Der Begriff **Kontraktion** bezieht sich auf die Aktivierung der Muskeln und die entstehende Krafterzeugung. Man hat die Muskelkontraktionen auf der Basis dessen, was mit der Länge der aktiven Muskeln geschieht, unterteilt: Bei einer **isometrischen Kontraktion** (einer „längengleichen" Kontraktion) kann sich der Muskel nicht verkürzen, die Muskellänge wird festgehalten (Abb. 10.12A). Die vorangehenden Abschnitte über Längen-Spannungs-Beziehungen eines Sarcomers beruhen auf isometrischen Kontraktionen. Man beachte, daß – obwohl keine äußere Verkürzung auftreten kann – eine minimale innere Verkürzung (um ca. 1%) möglich ist, wenn intra- und extrazelluläre elastische Bestandteile wie Querbrückenverbindungen und Bindegewebe an den Muskelfasern gedehnt werden. Bei einer **isotonischen Kontraktion** (der „spannungsgleichen" Kontraktion) verkürzt sich der Muskel, wenn Kraft erzeugt wird (Abb. 10.12B). Solche Kontraktionen finden statt, wenn wir uns bewegen. Kontraktionen können sogar auftreten, wenn ein Muskel durch äußere Kräfte verlängert wird, während er arbeitet (z.B. wenn an einen kontrahierenden Muskel plötzlich ein schweres Gewicht angehängt wird).

Beziehung zwischen Kraft und Verkürzungsgeschwindigkeit

Damit sich Tiere bewegen können, müssen sich ihre Muskeln verkürzen. Das Verhältnis zwischen Kraftproduktion und Verkürzungsrate eines Muskels (die **Kraft-Geschwindigkeits-Kurve**) ist entscheidend für das Verständnis vom Aufbau des Muskelsystems. Historisch hat man zur Untersuchung der Kraft-Geschwindigkeits-Beziehung zunächst einen Muskel an einem Hebelarm befestigt und am Ende der Wippe ein Gewicht (Abb. 10.13A). Heute verwendet man statt des Gewichtes einen Motor mit Rückkopplung (Servomotor), was wesentlich feinere Kontrollen ermöglicht. Das System wird so aufgebaut, daß es eine Grenze gibt, bis zu der das Gewicht oder der Motor den Muskel dehnen kann. Wird nun der Muskel elektrisch gereizt, beginnt er sich zu verkürzen; ist die Kraft des Muskels dabei genauso groß wie die am Gewicht ziehende Schwerkraft, dann beginnt der Muskel sich mit konstanter Geschwindigkeit – also isotonisch – zu verkürzen.

In unserem Beispiel ist die maximale isometrische Spannung, die der Muskel erzeugen kann, 100 g. Kontrahiert sich der Muskel also gegen eine Last von 100 g oder mehr, kann er sich nicht verkürzen. Ist die Last weniger als 100 g, z.B. 50 g, wird er sich langsam verkürzen. Ist die Last noch geringer, verkürzt er sich schneller. Ist überhaupt kein Gewicht angehängt, dann verkürzt er sich mit der maximalen Verkürzungsgeschwindigkeit V_{max}. Trägt man die erzeugte Kraft gegen die Verkürzungsgeschwindigkeit auf, so erhält man eine hyperbolische Kurve, die Archibald V. Hill (Abb. 10.13C), einer der Pioniere der Muskelphysiologie, in den 30er Jahren durch folgende Gleichung beschrieb:

$$V = b \cdot \frac{(P_0 - P)}{P + a} \qquad 10.1$$

V ist die Verkürzungsgeschwindigkeit, P die Kraft (oder Last), P_0 die maximale isometrische Spannung dieses Muskels, b eine Konstante mit der Dimension der Geschwindigkeit und a eine Konstante mit der Dimension der Kraft.

Gleichung 10.1 besagt, daß, wenn die Last steigt, die Verkürzungsgeschwindigkeit sinkt. Dieses Phänomen kennt jeder aus eigener Erfahrung: Eine Feder läßt sich mit größerer Geschwindigkeit anheben als ein schweres

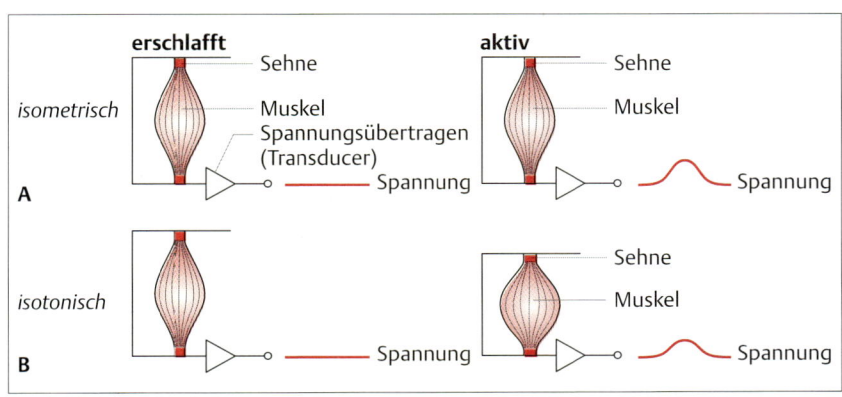

Abb. 10.12 Isometrische und isotonische Muskelkontraktionen. A Bei einer isometrischen Kontraktion wird die Muskellänge konstantgehalten. Dies tritt z.B. dann ein, wenn man versucht, ein Auto mit dem linken Arm hochzuheben. Die Kontraktion der Armmuskeln wäre isometrisch, weil das große Gewicht des Autos die Verkürzung der Muskeln verhindern würde. **B** Bei einer isotonischen Kontraktion kann sich der Muskel dagegen verkürzen, während er Spannung erzeugt. Isotonische Kontraktionen bewegen unsere Gelenke z.B. beim Laufen und Rennen.

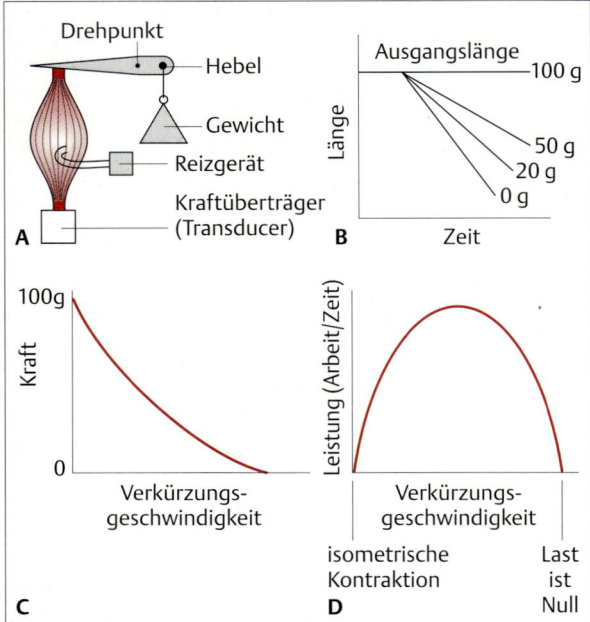

Abb. 10.13 Zwischen der Kraft, gegen die ein Muskel arbeitet, und seiner Verkürzungsgeschwindigkeit, besteht eine reziproke Beziehung. A Typische Versuchsanordnung zur Bestimmung der Beziehung zwischen Kraft und Geschwindigkeit eines Muskels. Der Muskel arbeitet gegen die Masse, die auf der anderen Seite des Hebels angebracht ist. Wenn die Kraft des gereizten Muskels die Gewichtskraft der Masse übertrifft, wird er sich verkürzen und die Masse hochheben. Mit Hilfe eines servomotorischen Systems könnte bei dieser Versuchsanordnung eine feinere Kontrolle über die initiale Muskellänge und die Last ausgeübt werden. **B** Kontraktionsgeschwindigkeit des Muskels bei drei verschiedenen Lasten: 100 g, 50 g, 20 g und ohne Gewicht. Bei geringerer Last wird weniger Kraft benötigt, und der Muskel kontrahiert sich schneller. Die maximale isometrische Kraft des Muskels entspricht einer Gewichtskraft von 100 g. Folglich kann sich der Muskel bei diesem Gewicht nicht verkürzen. Zu Beginn des Experiments richtet man die Muskellänge so ein, daß die Überlappung der dicken und dünnen Filamente in den Sarcomeren optimal ist. **C** Darstellung der Kraft-Geschwindigkeits-Kurve nach den Daten von Teil B. Bei maximaler Kraft (100 g) ist die Verkürzungsgeschwindigkeit gleich Null, d.h. die Kontraktion ist isometrisch. **D** Leistungs-Geschwindigkeits-Kurve nach Multiplikation der Kraft und der Geschwindigkeit für jeden Wert in Teil C. Die Leistung ist gleich Null, wenn entweder die Kraft oder die Geschwindigkeit gleich Null ist.

Gewicht. Man beachte, daß der Rückgang der erzeugten Kraft mit zunehmender Geschwindigkeit nicht Ausdruck einer verminderten Myofilament-Überlappung ist. Im Gegenteil, da diese Experimente gezielt in der Plateauphase der Längen-Spannungskurve durchgeführt werden, bleibt die Anzahl der Querbrücken, die mit Actin interagieren können, bei der Verkürzung unverändert hoch.

Die Beziehung zwischen Leistung und Geschwindigkeit ist genauso wichtig wie diejenige zwischen Kraft und Geschwindigkeit. Damit ein Fisch schwimmen oder ein Frosch springen kann, müssen die Muskeln mechanische Arbeit leisten. Die mechanische Arbeit eines Muskels ist das Produkt aus Kraft und Längenänderung (ΔL):

$$\text{Mechanische Leistung} = \text{Arbeit/Zeit} = \text{Kraft} \cdot \Delta L / \text{Zeit} = \text{Kraft} \cdot \text{Geschwindigkeit}$$

Daher ergibt sich die Leistung eines Muskels unter jeder Bedingung aus dem Produkt von Verkürzungsgeschwindigkeit und erzeugter Kraft. Wie in Abb. 10.13 D gezeigt, ist die Leistung bei mittleren Geschwindigkeiten am höchsten und sinkt auf Null, wenn entweder die Verkürzungsgeschwindigkeit oder die Kraft gleich Null werden.

Wie wir später sehen werden, wird die Kraft- oder Leistungsproduktion durch V/V_{max} beschrieben (mit V = Geschwindigkeit unter einer bestimmten Bedingung, V_{max} = maximale Verkürzungsgeschwindigkeit). Die Leistung des Muskels in Abb. 10.13 ist maximal bei einem V/V_{max} zwischen 0,15 und 0,4. Das scheint für alle Muskeln zu gelten, unabhängig von ihrer V_{max}.

Auswirkungen des Querbrückenmechanismus auf die Kraft-Geschwindigkeits-Beziehung

Aus der im letzten Abschnitt beschriebenen Kraft-Geschwindigkeits-Kurve wissen wir, daß die Kraft eines Muskels abfällt, wenn die Verkürzungsgeschwindigkeit zunimmt. Wir wissen auch, daß diese Reaktion nichts mit einer geänderten Überlappung von dicken und dünnen Filamenten zu tun hat, da sie auch bei maximaler Überlappung auftritt. Aus der vorhergehenden Diskussion zur Rolle der Querbrücken bei isometrischer (längengleicher) Kontraktion könnte man vermuten, daß dieser Kraftabfall entstehen könnte, wenn sich bei schnellerer Verkürzung weniger Querbrücken ausbilden bzw. wenn jede der Querbrücken bei der Anheftung eine geringere Kraft ausüben würde. Andrew Huxleys Modell der Querbrückenkinetik von 1957 liefert immer noch die Grundprinzipien zum Verständnis der Mechanik und Energetik der Muskelkontraktion, auch wenn es in einigen Details abgewandelt wurde.

Nach Huxleys Modell werden Querbrücken als elastische Strukturen betrachtet, die in Gleichgewichtslage keine Kraft erzeugen. Dieses Verhalten entspricht dem einer Stahlfeder, die aus einer Oberfläche ragt. Wird sie durch Biegung deformiert, dann entsteht eine Rückstellkraft, welche sie in die Ausgangslage zurückbringt. Ganz entsprechend entsteht eine Rückstellkraft, wenn eine

Querbrücke zu einer Z-Scheibe hin oder von ihr weggebogen wird, die sie in die ursprüngliche Position zurückzubringen versucht. Die Größe der Kraft ist der Auslenkung der Querbrücke aus der Gleichgewichtslage proportional (Abb. 10.**14A**). Wäre eine Querbrücke zur Z-Scheibe hin gebogen und gleichzeitig an einem dünnen Filament befestigt, dann würde die rückstellende Kraft die Z-Scheibe zum Zentrum des Sarcomers hin ziehen; diese Kraft würde also in positiver Richtung wirken. Wäre dagegen eine Querbrücke bei der Anheftung von der Z-Scheibe weggebogen, würde die Rückstellkraft die Z-Scheibe vom Zentrum des Sarcomers wegschieben; diese Kraft würde in negativer Richtung wirken.

Abbildung 10.**14 B** zeigt, wie die durch Querbrückenauslenkung entstehenden Kräfte eine Bewegung eines dünnen Filaments bewirken könnten. Ist die Querbrücke in Gleichgewichtslage (0), so ist die Kraft $F_0 = 0$. Ist die Querbrücke zur Z-Scheibe gebogen, ist die Kraft positiv (F_1 und F_2). Ist sie weggebogen, sind die Kräfte $F_{1'}$ und F_3 negativ. Die Kraft, die ein dickes Filament liefert, ist $\Sigma n_i \cdot F_i$, also die Summe aus dem Produkt aus „Anzahl der bei jeder Auslenkung angehefteten Querbrücken (n_i)" und „der von jeder Querbrücke aufgebrachten Kraft bei jeweils dieser Auslenkung (F_i)". Wenn die Verkürzungsgeschwindigkeit sich ändert, verringert sich die Anzahl der angehefteten Querbrücken, und die Auslenkung derer, die angeheftet sind, wird kleiner (Abb. 10.**14**C). Zusätzlich werden bei großer Geschwindigkeit einige Querbrücken in einer Anordnung angeheftet, die eine negative Kraft entstehen läßt. Als Ergebnis all dieser Änderungen verringert sich die Nettokraft mit zunehmender Verkürzungsgeschwindigkeit.

Nach Huxleys Theorie werden nicht angeheftete Querbrücken durch zufällige thermische Bewegungen aus ihrer neutralen Position ausgelenkt. Würden sich die Querbrücken zufallsgemäß an dünne Filamente anheften, würde als Ergebnis dieser thermischen Bewegung keine Kraft entstehen, da die Anzahl der Querbrücken mit positiver und mit negativer Kraft gleich wäre. Anfänglich können sich Querbrücken jedoch nur anlagern, wenn sie in einer Position sind, die positive Kräfte erzeugt. Wenn also ein Muskel maximal belastet ist und sich isometrisch kontrahiert, wird eine zufallsgemäße Verteilung der Querbrücken auftreten, die eine positive

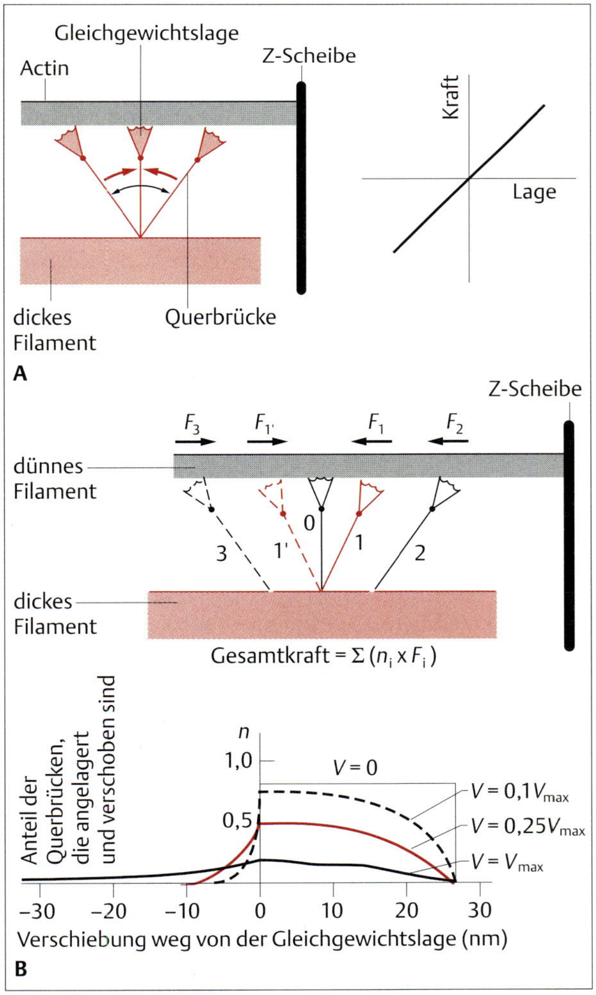

Abb. 10.14 Querbrücken erzeugen Kraft bei der Auslenkung aus ihrer Gleichgewichtsposition. A Beziehung zwischen der Position der Querbrücke sowie der Größe und der Richtung der erzeugten Kraft. In der Gleichgewichtsposition wird keine Kraft erzeugt. Eine Auslenkung der Querbrücken aus der Gleichgewichtsposition in beide Richtungen erzeugt eine Rückstellkraft, welche die Querbrücke wieder in die Gleichgewichtslage bringt. **B** Gezeigt sind Querbrücken, die in verschiedenen Stellungen an ein dünnes Filament angeheftet sind. Werden sie zur Z-Scheibe hin ausgelenkt (durchgezogene Linien), erzeugen sie eine positive Kraft (z.B. F_2). Werden sie dagegen von der Z-Scheibe weg ausgelenkt, erzeugen sie eine negative Kraft (gestrichelte Linien, z.B. F_3). Die Gesamtkraft ist die Summe der Kräfte aller Querbrücken. Durch Bewegungen des dünnen Filaments kann die Stellung einiger Querbrücken verändert werden (z.B. von 1 nach 1'), so daß sie negative ($F_{1'}$) statt positive (F_1) Arbeit leisten. **C** Anteil der Querbrücken, die jeweils angeheftet und abgelöst sind. Steigt die Geschwindigkeit, mit der dicke und dünne Filamente aneinander vorbeigleiten, dann werden weniger Querbrückenkontakte gebildet, und die Krafterzeugung durch die ausgebildeten Querbrückenkontakte wird zunehmend negativ. Bei V_{max} ist die Nettokrafterzeugung der Querbrücken gleich Null, weil die positiven Kräfte der Querbrücken durch die negativen Kräfte anderer Querbrücken aufgehoben werden. Umgekehrt ist bei isometrischer Kontraktion ($V = 0$) die Krafterzeugung maximal, weil viele Querbrücken angeheftet und alle in einer Position sind, in der sie eine positive Kraft erzeugen.

Kraft hervorbringt. Da alle Querbrücken positive Kräfte erzeugen, ist die durchschnittliche Kraft pro Querbrücke positiv und groß.

Wie können Querbrücken überhaupt negative Kräfte erzeugen, wenn sie sich nur dann an dünne Filamente anlagern, wenn sie in eine Lage ausgelenkt werden, die eine positive Kraft hervorbringt? Während der Verkürzung bewegen sich die dünnen Filamente zur Mitte des Sarcomers hin, so daß die Querbrücken, die bezogen auf die Z-Scheibe in einem spitzen Winkel an das dünne Filament angeheftet sind (z.B. Brücke 2 in Abb. 10.**14B**), näher an ihre Gleichgewichtsposition hin bewegt werden und ihre Krafterzeugung durch die Bewegung der dünnen Filamente reduziert wird. Eine Querbrücke, die bezogen auf die Z-Scheibe in einem weniger spitzen Winkel an das dünne Filament angeheftet ist (z.B. Brücke 1 in Abb. 10.**14B**), kann in eine Position (1′) verschoben werden, die sie plötzlich negative Kraft ($F_{1'}$) erzeugen läßt. Dieser Prozeß kann natürlich nicht unentwegt weitergehen, weil solche Querbrücken mehr und mehr negative Kräfte erzeugen und dadurch ein weiteres Hineingleiten des dünnen Filaments verhindern würden. Jede Querbrücke muß sich ablösen, und die Zeit, die sie bis zur Ablösung benötigt, ist entscheidend für die Begrenzung der maximalen Verkürzungsgeschwindigkeit.

Angenommen, es dauert eine vorgegebene Zeit, bis die Querbrücken sich ablösen, dann würden, mit zunehmender Gleitgeschwindigkeit der Filamente, immer mehr Querbrücken in eine Position gezogen, in der sie negative Kräfte erzeugen, bevor sie sich ablösen können. Daraus sollte dann eine Geschwindigkeit resultieren, bei der die negative Kraft der negativ ausgelenkten Querbrücken und die positive Kraft der positiv ausgelenkten Querbrücken sich gerade aufheben. Die Nettokraft aller angehefteten Querbrücken wäre damit gleich Null. Da der Muskel sich nicht noch schneller verkürzen kann, stellt dies die maximale Verkürzungsgeschwindigkeit V_{max} dar. Bei V_{max} sind also einige Querbrücken angeheftet, aber die Nettokraft bzw. die durchschnittliche Kraft pro Querbrücke ist gleich Null. Daraus folgt, daß ein Muskel eine hohe V_{max} haben kann, wenn seine Querbrücken sich schnell ablösen und dadurch die Verbindung zu den dünnen Filamenten abbrechen können, bevor sie große negative Kräfte erzeugen.

Nach dieser Vorstellung gibt es zwei Gründe für die zu beobachtende Abnahme der Kraft bei zunehmender Geschwindigkeit der Kontraktion (Abb. 10.**13D**):
1. Die durchschnittliche Kraft der Querbrücken fällt mit zunehmender Verkürzungsgeschwindigkeit ab.
2. Die Anzahl der Querbrücken, die zu jeder Zeit angeheftet sind, nimmt mit zunehmender Verkürzungsgeschwindigkeit ebenfalls ab.

Das Argument für den zweiten Grund kommt aus der chemischen Kinetik: Wenn Querbrücken in Positionen gezogen werden, in denen sie negative Kräfte erzeugen, lösen sie sich schneller ab. Dies bedeutet, daß es bei höheren Geschwindigkeiten weniger angeheftete Brücken gibt. Bei V_{max} sind nur noch etwa 20% der Querbrücken angeheftet.

Steuerung der Muskelkontraktion

Bisher haben wir nur betrachtet, wie die Querbrücken der dicken Myosinfilamente einer maximal aktivierten Muskelfaser an die Actinfilamente binden, sich wieder ablösen und dadurch Kraft erzeugen. Bei ständig aktivierter Muskulatur wären wir in einem konstanten Starrezustand, der es uns nicht erlauben würde zu sprechen oder zu atmen. Um sinnvolle Arbeit leisten zu können, müssen Muskeln zur rechten Zeit aktiviert oder inaktiviert werden. Die Mechanismen, welche die Muskelaktivität regulieren, werden im folgenden Abschnitt besprochen.

Calcium und Querbrückenaktivierung

Im Laufe der Zeit häuften sich die Hinweise, daß den Calcium-Ionen bei der Muskelkontraktion eine wichtige Rolle zukommt. Diese Erkenntnis setzte sich jedoch nur allmählich durch. Die ersten Beweise für eine physiologische Rolle des Ca^{2+} stammen aus den Arbeiten von Sidney Ringer und Dudley W. Buxton gegen Ende des 19. Jahrhunderts. Sie beobachteten, daß ein isoliertes Froschherz aufhört zu schlagen, wenn der Nährlösung Ca^{2+} fehlte. (Diese Beobachtung führte zur Entwicklung der Ringerlösung und anderer physiologischer Lösungen.) Die Vermutung, daß Ca^{2+} an der Regulation der Muskelkontraktion beteiligt ist, wurde 1943 von Takeo Kamada und H. Kinosita durch die Zugabe verschiedener Kationen in das Innere von Muskelfasern überprüft. Lewis V. Heilbrunn und Floyd J. Wierczinski führten 1947 vergleichbare Experimente durch. Wie sich herausstellte, bewirkt nur Calcium eine Kontraktion der Muskelfaser, und dies bei einer Konzentration, wie sie im lebenden Muskel vorliegt. Kurz darauf wurde entdeckt, daß sich der Skelettmuskel als Antwort auf eine Depolarisation nicht mehr kontrahiert, sobald seine internen Calciumbestände aufgebraucht sind.

Im Cytosol von Muskelfasern liegt die freie Ca^{2+}-Konzentration bei 10^{-6} M oder sogar darunter. Frühe Versuche, die Vorgänge bei der Muskelkontraktion zu untersuchen, schlugen fehl, da es nicht möglich war, die Ca^{2+}-Konzentration der Versuchslösungen so niedrig wie im Cytosol zu halten. Selbst bidestilliertes Wasser enthält Ca^{2+}-Konzentration von über 10^{-6} M. Vor der Entdekkung von Calcium-Chelatbildnern, wie z.B. EDTA (Ethylendiaminotetraessigsäure) oder EGTA, war es nicht möglich die Ca^{2+}-Konzentration einer Versuchslösung auf einem so niedrigen Niveau zu halten. Die Entwicklung von Untersuchungsmethoden, bei denen die äußere Membran intakter Muskelfasern entfernt wird, trug ebenfalls zur Klärung der Rolle des Ca^{2+} bei der Muskelkontraktion bei (Box 10.2).

Die quantitative Beziehung zwischen der im Sarcoplasma (dem Cytoplasma der Muskelfaser) vorhandenen freien Ca^{2+}-Konzentration und der Muskelkontraktion wurde erst in jüngerer Zeit bestimmt. Man entfernte dazu die Oberflächenmembran von Muskelfasern und benetzte die freigelegten Myofibrillen mit Lösungen unterschiedlicher Ca^{2+}-Konzentrationen. Nur wenn ATP in der Lösung vorhanden war, kontrahierten sich solche Präparationen, da ATP für die Muskelfunktion erforderlich ist (Abb. 10.11 C). Bei solchen Experimenten kontrahieren und erzeugen die Myofibrillen nur dann Spannung, wenn der umgebenden Lösung Ca^{2+} und ATP zugegeben wird. Wird das Ca^{2+} entfernt, erschlaffen die Myofibrillen (Abb. 10.15 A). Die erzeugte Spannung ist von der Ca^{2+}-Konzentration der Versuchslösung abhängig und steigt von Null bei ca. 10^{-8} M sigmoidal auf ein Maximum an, das bei Ca^{2+}-Konzentration von ca. $5 \cdot 10^{-6}$ M erreicht wird (Abb. 10.15 B).

Nur wenn Myosinquerbrücken an Actin binden, wird Kraft erzeugt. Alles, was diese Bindung hemmt oder fördert, wird also die Kontraktion beeinflussen. Der Schlüssel, wie Ca^{2+} die Kontraktion auslöst, liegt in zwei Proteinen – Troponin und Tropomyosin – die mit den Actinfilamenten assoziiert sind. **Troponin** ist ein Komplex aus verschiedenen Polypeptidketten (Abb. 10.16A). Er besitzt als einziger Bestandteil der Actin- und Myosinfilamente der quergestreiften Vertebratenmuskulatur eine hohe Bindungsaffinität für Ca^{2+}, wobei jeder Troponin-Komplex vier Calcium-Ionen bindet. Der Troponin-Komplex wiederholt sich auf dem Actinfilament alle 40 nm; er interagiert sowohl mit dem Actinfilament als auch mit dem Tropomyosinmolekül. Im Ruhezustand befindet sich das langgestreckte **Tropomyosin** in einer Position, welche die Anheftung der Myosinköpfchen an das Actinfilament verhindert (Abb. 10.16B). Mit der Bindung von Ca^{2+} erfährt das Troponin eine Konformationsänderung, die auf das Tropomyosin übertragen wird. Tropomyosin verändert daraufhin seine Lage so, daß sich die Myosinquerbrücken an die entsprechenden Actinbindungsstellen anlagern können. Die Bindung des Ca^{2+} an Troponin beseitigt also eine andauernde Hemmung der Querbrückenanheftung. Aus Experimenten, wie sie in Abb. 10.15B dargestellt sind, schließt man, daß die Beseitigung des Querbrückenblocks bei einer freien Calciumkonzentration oberhalb 10^{-7} M erfolgt.

Wie bereits erwähnt, steigt die ATPase-Aktivität der Myosinköpfchen dramatisch, wenn sie an Actin binden. Da Ca^{2+} die Bindung der Myosinköpfchen steigert, sollte man erwarten, daß es auch die ATPase-Aktivität des Myosins erhöht. Tatsächlich steigt die ATPase-Aktivität enthäuteter Fasern mit der Calciumkonzentration der umgebenden Lösung an (Abb. 10.17A). Für den normalen Zyklus von Bindung und Ablösung der Köpfchen ist sowohl Ca^{2+} als auch ATP im Cytosol der Muskelfasern nötig. Dies wird durch die Daten in Abb. 10.17B deutlich. Setzt man glycerolextrahierte Muskelfasern zunächst ohne Mg-ATP nur dem Calcium aus, so erzeugen sie keine Kontraktionsspannung. Erst nach Zugabe von Mg-ATP wird Spannung erzeugt. Die Spannung bleibt sogar nach Entfernung des Mg^{2+}-ATP erhalten – diese Situation entspricht derjenigen des Rigor mortis. Ist der Muskel im Rigor, dann hat auch die Entfernung des Ca^{2+} aus der Lösung keine Wirkung mehr, da infolge des ATP-Mangels alle Querbrücken am Actin fixiert sind. Gibt man zu dem Muskel in Rigor wieder Mg^{2+}-ATP hinzu und legt ihn in Ca^{2+}-Lösung, dann erschlafft er wieder. Das zeigt, daß für eine wirkungsvolle Zusammenarbeit dicker und dünner Filamente sowohl Mg^{2+}-ATP als auch Ca^{2+} vorhanden sein müssen.

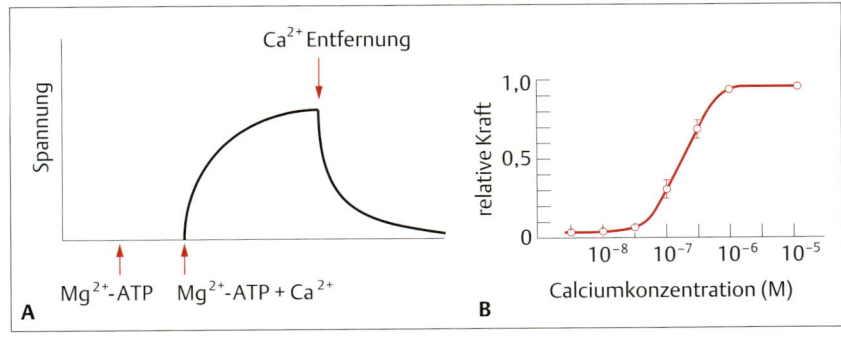

Abb. 10.15 Freie Ca^{2+}-Ionen regulieren den Kontraktionszustand des Muskels. **A** Glycerolextrahierte Muskelfasern erzeugen bei Anwesenheit von Ca^{2+} und Mg^{2+}-ATP Kraft. Wird Ca^{2+} entfernt, erschlaffen sie, auch wenn Mg^{2+}-ATP weiterhin vorhanden ist. **B** Die Kraft einer glycerolextrahierten Muskelfaser hängt von der im umgebenden Medium vorhandenen Ca^{2+}-Konzentration ab. Mit steigender Ca^{2+}-Konzentration nimmt die Kraft bis zu einem Maximalwert zu (nach Hellam u. Podolsky, 1967).

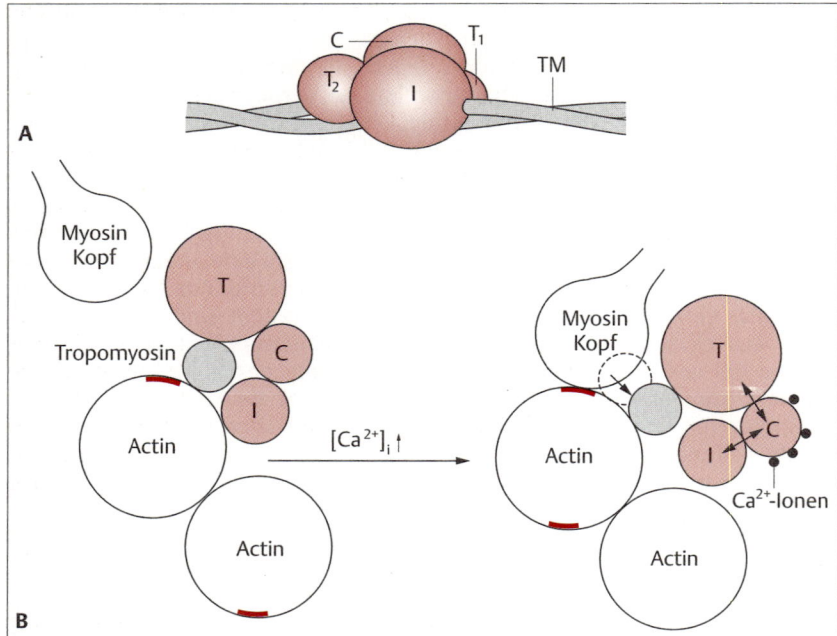

Abb. 10.16 Troponin und Tropomyosin regulieren die Anlagerung der Myosinköpfe an die dünnen Actinfilamente. A Schematische Darstellung des doppelhelikalen Tropomyosins (TM) und seiner Beziehung zum Troponinkomplex. Der Troponinkomplex besteht aus den Untereinheiten C, I und T. **B** Modelldarstellung, die den Ablauf der Ca^{2+}-vermittelten Actin-Myosin-Interaktion verdeutlicht. Bei niedriger Ca^{2+}-Konzentration (links) ist der Troponinkomplex so mit dem Actin und Tropomyosin verbunden, daß letzteres sterisch die Anheftung der Querbrückenköpfe an die myosinbindenden Zentren des Actins verhindert. Steigt die sarcoplasmatische Ca^{2+}-Konzentration an, binden Ca^{2+}-Ionen (rechts) an das Troponin; daraufhin werden die Affinitäten der Untereinheiten und die Konformation des Komplexes so verändert, daß das Tropomyosinmolekül die myosinbindenden Zentren freigibt. Querbrücken können sich nunmehr zyklisch anlagern und ablösen, was das Aneinandervorbeigleiten der dünnen und dicken Filamente zur Folge hat. Die Querbrückenaktivität kann nun so lange andauern, bis das Ca^{2+} vom Troponinkomplex entfernt wird (A nach Phillips u. Mitarb., 1986; B nach Ebashi u. Mitarb., 1980).

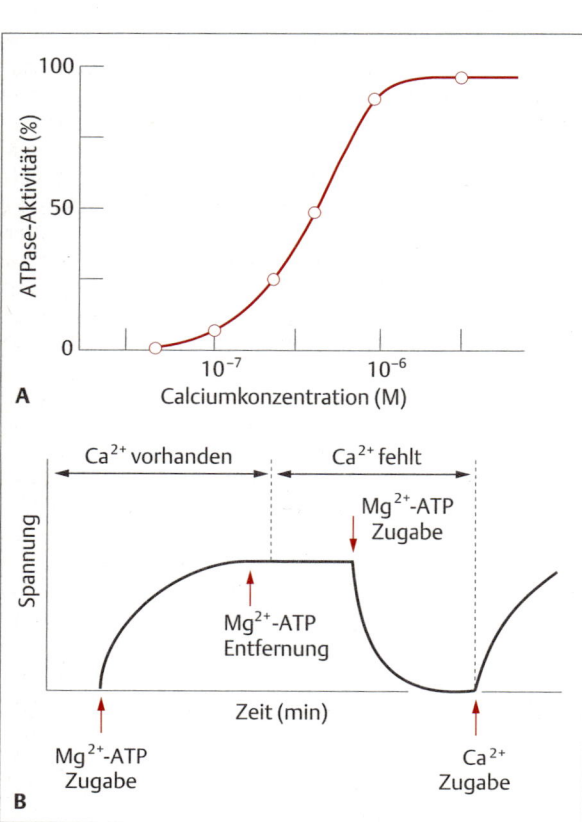

Abb. 10.17 Ca^{2+} moduliert die ATPase-Aktivität und die von glycerolextrahierten Muskelfasern aufgebrachte Kraft. A Die ATPase-Aktivität des Myosins steigt sigmoidal mit der Ca^{2+}-Konzentration in der umgebenden Lösung an; der Schwellenwert liegt bei etwa 10^{-8} M. **B** Ca^{2+} und Mg^{2+}-ATP sind für die Muskelkontraktion notwendig. Bei Anwesenheit von Mg^{2+}-ATP und Fehlen von Ca^{2+} erfolgt eine Erschlaffung. Wird Mg^{2+}-ATP nach einer Muskelkontraktion entfernt, geht die Faser in die Totstarre (Rigor mortis) über (flacher Teil der Kurve). Dieser Starrezustand wird durch Zugabe von Mg^{2+}-ATP bei Abwesenheit von Ca^{2+} aufgehoben (A nach Bendall, 1969).

Das bisher Dargestellte gilt für die Rolle des Ca^{2+} bei der Regulation der Actin-Myosin-Interaktion in der Skelett- und Herzmuskulatur der Vertebraten. Bei den meisten anderen Muskeln hat Ca^{2+} eine andere Aufgabe. Zwei weitere Actin-Myosin-Interaktion-Regulationsmechanismen sind bekannt. Bei den meisten quergestreiften Evertebratenmuskeln regt Calcium die Kontraktion an, indem es sich an die leichte Myosinkette des Querbrückenkopfs anlagert. Die Kontraktion der glatten Vertebratenmuskulatur und die des nicht muskulären Actomyosins hängt von der Ca^{2+}-abhängigen Phosphorylierung des Myosinkopfes ab. Dies wird im letzten Abschnitt dieses Kapitels beschrieben.

Kopplung zwischen Erregung und Kontraktion

Nach allem, was wir über die Querbrückenanheftung, über den Gleitfilament-Mechanismus und die Rolle des Calciums wissen, ist anzunehmen, daß die Muskelkontraktion über einen Mechanismus der Ca^{2+}-Regulation im Cytosol gesteuert wird. Wie in Kap. 6 beschrieben, führt ein Aktionspotential (AP), das in den Endigungen eines Motoaxons eintrifft, zur Freisetzung des Neurotransmitters Acetylcholin. Dieser Transmitter bindet an postsynaptische Rezeptorproteine und öffnet dabei Ionenkanäle in der Muskelmembran. Der Strom, der durch diese Kanäle fließt, hat ein Umkehrpotential, das positiver ist als der Schwellenwert der Muskelfasern, so daß das synaptische Potential an der neuromuskulären Verbindung Alles-oder-Nichts-APs in der Faser auslösen kann. Das an der neuromuskulären Verbindungsstelle ausgelöste AP wandert von der Endplatte aus in alle Richtungen, erregt dabei die gesamte Membran der Muskelfaser (Abb. 10.18A) und löst eine Serie von Ereignissen aus, die schließlich zur Kontraktion führen.

An der neuromuskulären Verbindungsstelle kann ein einziges AP im Motoneuron ein AP in der postsynaptischen Muskelfaser auslösen; diese Synapse unterscheidet sich damit von vielen Neuron-Neuron-Synapsen. Wenn ein AP die Muskelfaser entlangläuft, löst es eine kurze Kontraktion, eine Zuckung aus. Mehrere Millisekunden liegen zwischen dem Entstehen des APs und dem Zeitpunkt, bis die Zuckung einsetzt (Abb. 10.18B). Während dieser Latenzphase erfolgt die Kopplung zwischen Erregung und Kontraktion (**elektromechanische Kopplung**). Diese besteht in der Verknüpfung von APs der Plasmamembran mit der im Cytosol vorliegenden Konzentration freier Ca^{2+}-Ionen. Wir werden die einzelnen Schritte dieses komplexen Vorganges im Folgenden näher betrachten.

Membranpotential und Kontraktion

Ersetzt man in der extrazellulären Flüssigkeit einen Teil des Na^+ durch K^+, depolarisiert die Zellmembran; das Ausmaß der Depolarisation hängt von der K^+-Konzentration ab. Muskelfasern zeigen als Antwort auf eine so erzeugte andauernde Depolarisation eine Dauerkontraktion, die man als **Kontraktur** (d.h. eine nicht fortgeleitete, andauernde, aber reversible Kontraktion) bezeichnet. In einem Experiment behandelte man einzelne Froschmuskelfasern mit verschiedenen extrazellulären K^+-Konzentrationen und überwachte gleichzeitig das Membranpotential und die Muskelspannung (Abb. 10.19). Bei einer Depolarisation der Membran auf ca. –60 mV entwickelte sich eine Spannung (mechanischer Schwellenwert), die bei weiter fortschreitender Depolarisation sigmoidal anstieg und ihr Maximum bei etwa –25 mV erreichte.

Dieses Experiment verdeutlicht, daß das kontraktile System zu graduierten Kontraktionen als Antwort auf unterschiedliche Stufen eines depolarisierten Membranpotentials fähig ist. Eine Einzelzuckung als Reaktion auf ein AP ist aber normalerweise ein Alles-oder-Nichts-Ereignis. Wie passen diese zwei Befunde zusammen? Während eines Aktionspotentials in der Muskelfaser steigt das Membranpotential von seinem Ruhewert (ca. –90 mV) auf einen Spitzenwert von ca. +50 mV; dies ist ein Sprung von 140 mV. Der Gipfel ist um 75 mV positiver als das Potential, das für eine maximale Kontraktur notwendig ist. Die Muskelzuckung ist deshalb eine Alles-oder-Nichts-Antwort, weil das Alles-oder-Nichts-Aktionspotential die Membran der Muskelfaser auf einen Wert depolarisiert, der den Kontraktionsmechanismus vollständig aktiviert.

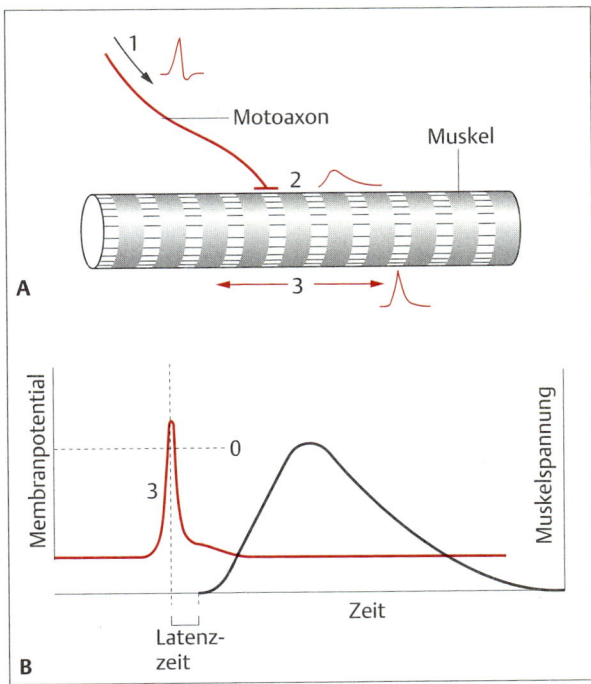

Abb. 10.18 Trifft ein AP an der motorischen Endplatte ein und löst ein postsynaptisches AP aus, kontrahiert sich die Muskelfaser. A Ein AP in einem motorischen Neuron (1) löst in der Muskelfaser ein postsynaptisches Potential aus (2), das zu einem fortgeleiteten Muskelaktionspotential (3) führt. **B** Dem AP in der Muskelfaser (farbiger Kurve) folgt nach einer Latenzphase eine Alles-oder-Nichts-Kontraktion, die Muskelzuckung.

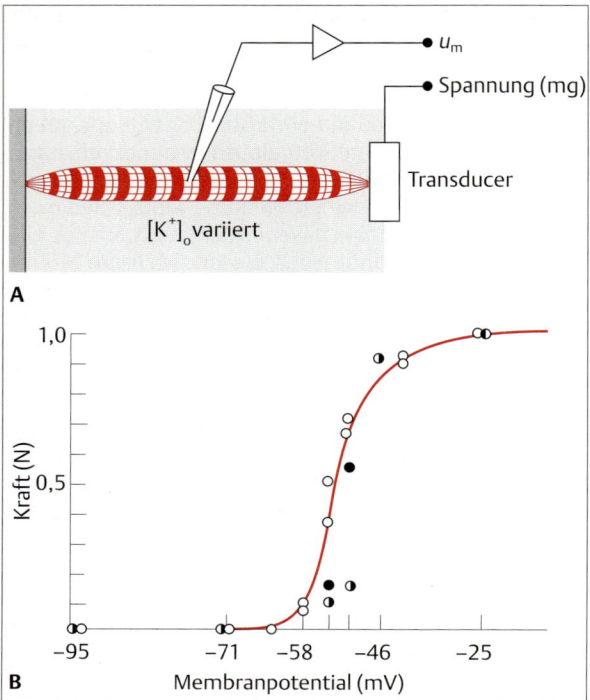

Abb. 10.19 Beziehung zwischen der von einer Muskelfaser aufgebrachten Kraft und dem Membranpotential. A Experimentelle Anordnung zur Messung des Membranpotentials und der von einer isolierten Muskelfaser aufgebrachten Kraft bei verschiedenen KCl-Konzentrationen in der umgebenden Lösung. **B** Darstellung der von der Muskelfaser aufgebrachten Kraft als Funktion der Depolarisation. Die Kraft steigt als Funktion der Depolarisation sigmoidal an. Das Schwellenpotential liegt bei etwa −60 mV (nach Hodgin u. Horowicz, 1960).

Der direkte physikalische Einfluß einer Potentialdifferenz über der Oberflächenmembran kann sich höchstens einige Bruchteile eines Mikrometers von den inneren Oberflächen der Membran aus in das Cytoplasma erstrecken. Damit kann eine Potentialänderung über der Oberflächenmembran keinen direkten Einfluß auf den größten Teil der Myofibrillen einer 50–100 μm dikken Muskelfaser ausüben. Deshalb wurde nach einer Substanz oder einem Mechanismus gesucht, welcher die Aktivität der tief in der Muskelfaser liegenden Myofibrillen an die Depolarisation der Oberflächenmembran koppelt. Eine elektrotonische Ausbreitung lokaler Ströme, die von einem fortgeleiteten Aktionspotential hervorgebracht werden, konnte experimentell ausgeschlossen werden.

In den 30er und 40er Jahren unseres Jahrhunderts betonte Lewis V. Heilbrunn die Bedeutung des Calciums für zelluläre Prozesse. Er äußerte die Vermutung, daß die Kontraktion des Muskels durch intrazelluläre Änderungen in der Calciumkonzentration kontrolliert wird. Wie wir heute wissen, ist diese Hypothese im wesentlichen richtig. Sie wurde jedoch zunächst abgelehnt, da man vor der Entdeckung des sarcoplasmatischen Reticulums davon ausging, daß Ca^{2+} durch die Zellmembran in das Cytosol (**Myoplasma**) eindringen müsse, um eine Kontraktion in Gang zu setzen, und Archibald V. Hill (1948) darauf hinwies, daß die Diffusionsgeschwindigkeit eines Ions oder Moleküls von der Oberflächenmembran bis zur Mitte einer Muskelfaser mit einem Radius von 25–50 μm viel zu langsam sei, um für die kurze Latenzzeit (2 ms) zwischen dem Aktionspotential der Oberflächenmembran und der Aktivierung des gesamten Muskelfaserquerschnitts verantwortlich sein zu können. Hill folgerte daraus richtig, daß ein Prozeß und keine Substanz für die Übermittlung des Oberflächensignals zu den tief in der Muskelfaser gelegenen Myofibrillen verantwortlich ist, der schließlich zur Auslösung einer Kontraktion führt. Wie weiter unten beschrieben, wird das AP tief in das Zellinnere übermittelt, wo es die Freisetzung von intrazellulärem Ca^{2+} aus inneren Speichern bewirkt, welche die Myofibrillen umgeben. Die Erhöhung der freien Ca^{2+}-Konzentration im Myoplasma (Sarcoplasma) erlaubt den Myosinquerbrücken die Interaktion mit den Actinfilamenten, was zur aktiven Gleitbewegung der Filamente und zur Verkürzung der Sarcomere führt.

Das T-Tubulus-System

Etwa 10 Jahre nach Hills Folgerung erhielt man anatomische und physiologische Befunde, die für einen intrazellulären Kommunikationsprozeß zwischen der Oberflächenmembran und den innen gelegenen Myofibrillen sprachen. Im Jahre 1958 reizten Anrew F. Huxley und Robert E. Taylor die Oberfläche einer einzelnen Froschmuskelfaser mit einer tubulären Glasmikroelektrode (Abb. 10.**20 A**). Die wichtigsten Ergebnisse von Huxley und Taylor lassen sich wie folgt zusammenfassen:

- Extern zugeführte Stromstöße, die zwar zu klein waren, um ein fortgeleitetes Aktionspotential an der Oberflächenmembran auszulösen, jedoch groß genug, um eine Membrandepolarisation unterhalb der Mikroelektrode herbeizuführen, bewirkten kleine lokale Kontraktionen (Abb. 10.**20 B**). Die Kontraktionen traten jedoch nur dann auf, wenn die Pipettenspitze direkt über einer Z-Scheibe plaziert wurde.
- Die Kontraktionen pflanzten sich mit steigender Reizstromstärke weiter ins Innere der Faser fort.
- Die Kontraktionen sind auf die beiden Halb-Sarcomere begrenzt, die unmittelbar der Z-Scheibe anliegen, über der sich die Elektrode befindet; folglich gibt es

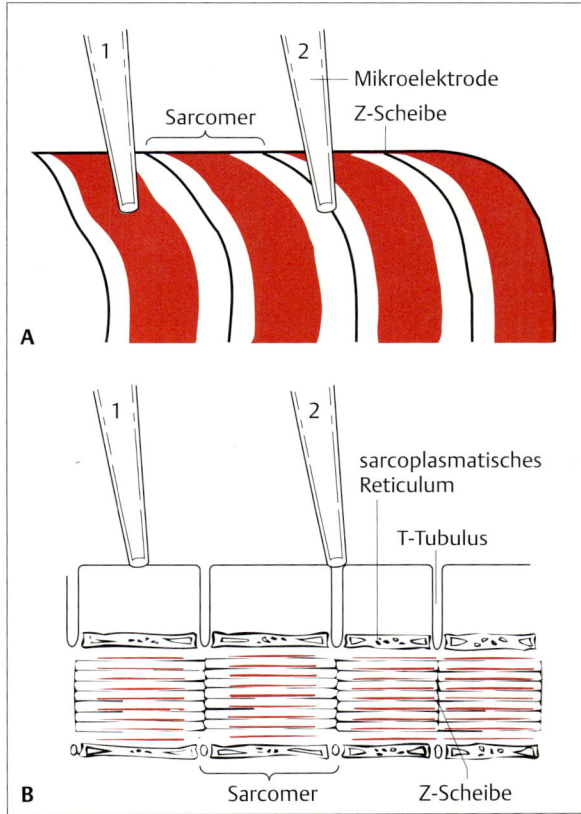

Abb. 10.20 Nur an bestimmten Stellen einer Faser können durch kleine Ströme lokale Kontraktionen ausgelöst werden.
A Experimentelle Anordnung zur Reizung des Muskels. Die extrazelluläre Reizpipette ist an verschiedenen Stellen – entweder in der Mitte eines Sarcomers (1) oder direkt über einer Z-Scheibe (2) – plaziert. **B** Lokale Kontraktionen als Antwort auf mit der Pipette zugeführte Reizströme treten nur dann auf, wenn die Pipette über den winzigen Öffnungen der T-Tubuli, in der Ebene der Z-Scheibe, plaziert wird.

eine nach innen, aber keine longitudinal gerichtete Ausbreitung der graduierten Kontraktionen.

Elektronenmikroskopische Aufnahmen von Amphibienskelettmuskeln, die um die gleiche Zeit entstanden, lieferten die anatomische Ergänzung dieser Entdeckung. Um jede Myofibrille befindet sich auf der Höhe der Z-Scheibe ein von einer Membran begrenzter **transversaler Tubulus** oder **T-Tubulus**, der einen Durchmesser von weniger als 0,1 μm hat. Er verzweigt sich und bildet mit anderen Tubuli, die um benachbarte Myofibrillen liegen (Abb. 10.21), eine räumliche Einheit. Das anastomosierende Tubulisystem geht aus Einstülpungen

Steuerung der Muskelkontraktion

der Oberflächenmembran der Muskelfaser hervor und steht mit dieser in Verbindung. Zunächst war jedoch noch unklar, ob das Lumen des T-Tubulus-Systems mit dem extrazellulären Raum eine Einheit bildet. Diese Einheit wurde jedoch mit Hilfe von Ferritin und Meerrettichperoxidase (große, elektronenundurchlässige Proteinmoleküle) nachgewiesen. Diese Proteinmoleküle waren dem Fixierbad beigemischt, das zur Fixierung von Muskelgewebe für elektronenmikroskopische Untersuchungen verwendet wurde. Wie sich zeigte, waren diese Moleküle bereits in den T-Tubuli zu finden, bevor das Gewebe fixiert war. Da diese großen Moleküle die Zellmembranen nicht durchdringen, muß zwischen den T-Tubuli und dem extrazellulären Raum eine offene Verbindung bestehen.

Das T-Tubulus-System stellt das anatomische Bindeglied zwischen der Oberflächenmembran und den tief in der Muskelfaser gelagerten Myofibrillen dar. Bringt man die Huxley-Reizpipette über den Eingang eines T-Tubulus an der Oberflächenmembran (Abb. 10.20), breitet sich der depolarisierende Strom in den Tubulus hinein aus und bewirkt tief in der Muskelfaser eine Kontraktion. Ein hyperpolarisierender Strom bleibt ohne Wirkung. Die Schlußfolgerung, daß die Erregung von den T-Tubuli tief in die Muskelfaser getragen wird, wird durch vergleichende Untersuchungen unterstützt, bei denen die Lage des T-Tubulus-Systems mit der Oberflächenempfindlichkeit gegenüber einem depolarisierenden Strom korreliert wird. Bei Muskeln, bei denen sich die T-Tubuli an den Enden der A-Banden und nicht an der Z-Scheibe befinden (z.B. bei Krabben und Eidechsen) (Abb. 10.22), liegen die stromempfindlichen Stellen der Oberflächenmembran am Rande der A-Banden und nicht wie beim Frosch über den Z-Scheiben.

Die Rolle der T-Tubuli an dem Prozeß, der die Aktivierung des Sarcomers an die Depolarisation der Oberflächenmembran koppelt, wurde nachgewiesen, indem man die Verbindung der T-Tubuli mit der Oberflächenmembran mit einer 50%igen Glycerollösung durch einen osmotischen Schock unterbrach. Sobald die Verbindung der Tubuli mit der Oberflächenmembran unterbrochen ist, bewirkt eine Membrandepolarisation keine Kontraktion mehr. Die physikalische Abtrennung des T-Tubulus-Systems hat also eine funktionelle Trennung des kontraktilen Systems von den Erregungsprozessen der Oberflächenmembran zur Folge.

Die nach innen gerichtete Ausbreitung elektrischer Signale entlang der T-Tubuli betrachtete man zunächst als einen elektrotonischen Vorgang. Nachfolgende Arbeiten zeigten jedoch, daß die Ausbreitung einer Erregung bis hin zum Zentrum einer Muskelfaser, die als Antwort auf eine Membrandepolarisation eintritt, reduziert wird, sobald man Tetrodotoxin hinzufügt oder die Na^+-Konzentration in der extrazellulären Flüssigkeit er-

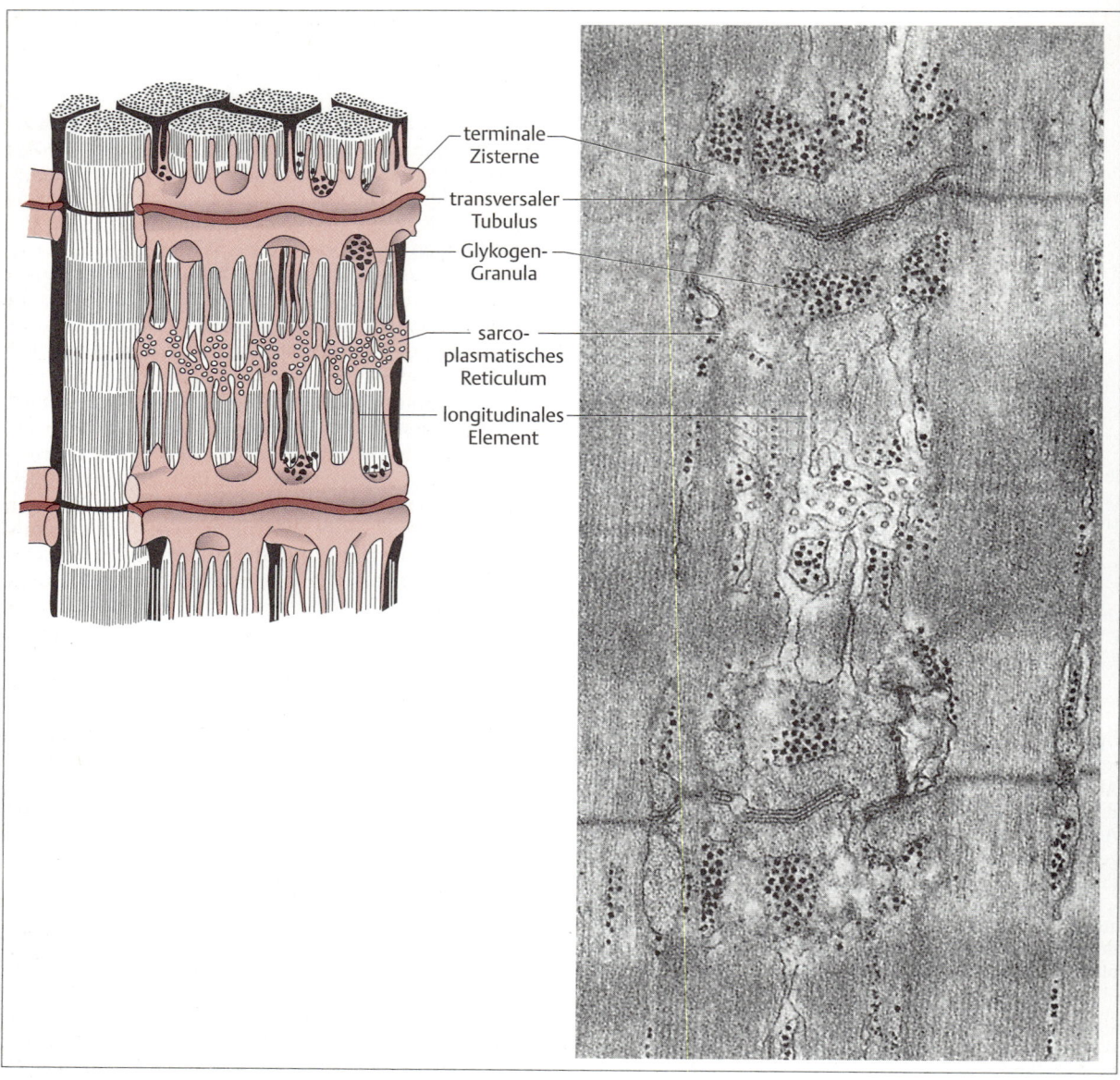

Abb. 10.21 Transversaltubuli sind Ausstülpungen der Plasmamembran. Die T-Tubuli reichen tief in das Innere jeder Muskelfaser und stehen mit dem sarcoplasmatischen Reticulum (SR) in Kontakt. Das Schema und die EM-Aufnahme zeigen die räumliche Beziehung zwischen den T-Tubuli und dem SR in einem Froschmuskel. Das SR umgibt mehrere Myofibrillen. Beachte, daß diese Strukturen tief im Innern jeder einzelnen Faser liegen können und die Plasmamembran bis zu 50 µm entfernt sein kann. Bei den dunklen Punkten im EM-Bild handelt es sich um Glykogengranula (nach Peachey, 1965).

niedrigt. Jede dieser beiden Behandlungen führt zu einer Beeinträchtigung oder Bockierung des Natriumaktionspotentials. Dies läßt darauf schließen, daß das Aktionspotential, das für die Oberflächenmembran einer Vertebratenzuckfaser charakteristisch ist, aktiv über die Membran der transversalen Tubuli tief in die Muskelfaser übertragen wird. Bei Muskelfasern, die kein Aktionspotential hervorbringen (z.B. viele Arthropodenmuskeln), übermitteln die T-Tubuli passive elektrotonische Signale in das Innere der Faser, die mit den graduierten

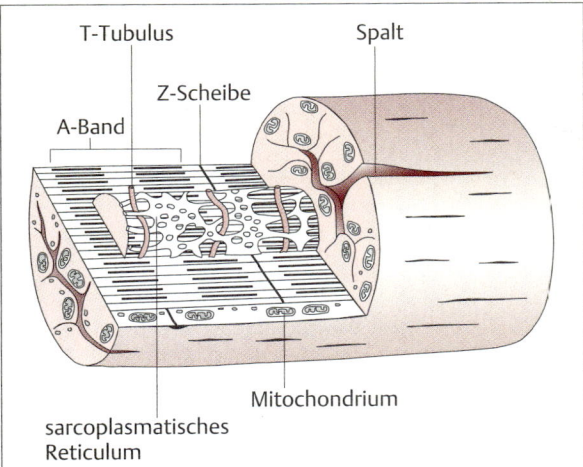

Abb. 10.22 Die Reizposition zur Erzeugung lokaler Kontraktionen hängt von der Lokalisierung der T-Tubuli ab. Bei den Krebsmuskelfasern liegen die T-Tubuli im Bereich der A-Bande und nicht, wie bei den Muskelfasern des Frosches, an der Z-Scheibe. Reizung mit einer extrazellulären Mikropipette löst bei den Fasern des Krebses nur dann eine lokale Kontraktion aus, wenn die Pipettenspitze dicht am Rand der A-Bande plaziert ist. Im Vergleich mit den Froschmuskelfasern haben die Krebsfasern einen größeren Durchmesser und tiefere Spalten (nach Ashley, 1971).

Depolarisationen der Oberflächenmembran korrelieren.

Sarcoplasmatisches Reticulum

Bei quergestreiften Muskelfasern findet sich neben dem Membransystem der transversalen Tubuli auch das **sarcoplasmatische Reticulum** (SR). In der Froschmuskulatur bildet das SR ein Membransystem, das wie ein hohler Kragen um jede Myofibrille von einer Z-Scheibe zur anderen gewickelt ist (Abb. 10.21). Das SR, das jedes Sarcomer umgibt, ist ein intrazelluläres Kompartiment, das von einer Membran gegen das Myoplasma abgegrenzt ist. Die **terminalen Zisternen** der SRs zweier aneinander grenzender Sarcomere stehen in sehr engem Kontakt mit einem T-Tubulus, der zwischen beiden eingeschlossen liegt, und bilden eine sog. **Triade**. Das elektrische Signal, das in die T-Tubuli gelangt, führt zur Freisetzung des Ca^{2+} aus dem SR.

Wie jedoch gelangt das Ca^{2+} in das SR? Bei der Isolierung mit Hilfe von Fraktionierungstechniken bilden die Membranen des sarcoplasmatischen Reticulums mikroskopisch kleine Vesikel von ca. 1 µm Durchmesser. Diese sind in der Lage, Ca^{2+}-Ionen aus dem umgebenden Medium aufzunehmen. Wenn die Calciumkonzentration innerhalb der Vesikel als Folge des aktiven Calciumtransports durch die SR-Membran ansteigt, bildet sich in Gegenwart von Oxalsäure – sie verbindet sich mit Ca^{2+} zum weitgehend unlöslichen Calciumoxalat – innerhalb der Vesikel ein Calciumoxalatniederschlag. Bei nicht fraktioniertem Muskelgewebe kann man das Calciumoxalat in den terminalen Zisternen mit Hilfe des Elektronenmikroskops sichtbar machen. Diese experimentell herbeigeführte Ausfällung des Calciumsalzes wird als intrazellulärer Ca^{2+}-Nachweis verwendet.

Die Ca^{2+}-Sammelaktivität des SRs ist hoch genug, um die Konzentration an freiem Ca^{2+} im Sarcoplasma des ruhenden Muskels $< 10^{-7}$ M zu halten. Das genügt, um die Bindung des Calciums an Troponin und damit eine Kontraktion zu verhindern. Die Fähigkeit des SRs, Ca^{2+} aus dem Myoplasma aufzunehmen, hängt von der Aktivität von Proteinen innerhalb der SR-Membran ab, Ca^{2+} zu binden und zu transportieren. Diese Ca^{2+}-Pumpen lassen sich in elektronenmikroskopischen Gefrierbruchaufnahmen dicht gepackt in den Membranen erkennen, welche die longitudinalen Elemente des SRs bilden. Wie bei anderen aktiven Transportsystemen benötigt die Ca^{2+}-Pumpe ATP als Energielieferant.

Unter normalen Bedingungen ist Ca^{2+} im SR an das Protein **Calsequestrin** gebunden. Das bewirkt, daß die Konzentration freien Calciums im SR recht niedrig ist, wodurch der Gradient herabgesetzt wird, gegen den die Ca^{2+}-Pumpen arbeiten müssen. Zusätzlich steigt durch diese Bindung auch die Lagerkapazität des SRs für Ca^{2+}.

Nachdem bekannt war, daß Ca^{2+}-Ionen vom SR gesammelt werden, wurde die Auslösung der Muskelkontraktion durch die Freisetzung des Ca^{2+} aus den Zisternen des SR in das Sarcoplasma für wahrscheinlich gehalten. Der erste direkte Beweis dafür, daß die Konzentration freier sarcoplasmatischer Ca^{2+}-Ionen als Antwort auf eine Reizung ansteigt, gelang mit einer photometrischen Methode. Diese Methode beruht auf der Calciumempfindlichkeit des aus einer Quallenart der Tiefsee gewonnenen Proteins **Aequorin** (s. Abb. 6.28). Verbindet sich ein Aequorinmolekül mit drei Ca^{2+}-Ionen, sendet es ein Photon sichtbaren Lichts aus. Die dabei ablaufenden chemischen Prozesse sind sehr komplex, so daß Aequorin nur sehr langsam auf Änderungen in der freien Ca^{2+}-Konzentration reagiert. Aus diesem Grunde geht man vermehrt dazu über, Fluoreszenzfarbstoffe zu verwenden, deren fluoreszierende Eigenschaften sehr viel schneller auf sich ändernde freie Ca^{2+}-Konzentrationen reagieren.

Ein solcher calciumanzeigender Fluoreszenzfarbstoff ist **Furaptra**. Ist kein Ca^{2+} vorhanden, fluoresziert dieser Farbstoff, d.h. er sendet Licht einer bestimmten Wellenlänge aus, wenn er mit Licht einer anderen Wellenlänge bestrahlt wird. Mit steigender Ca^{2+}-Konzentration nimmt die Fluoreszenz ab. Dieser Farbstoff eignet sich daher, Änderungen in der Ca^{2+}-Konzentration von Mus-

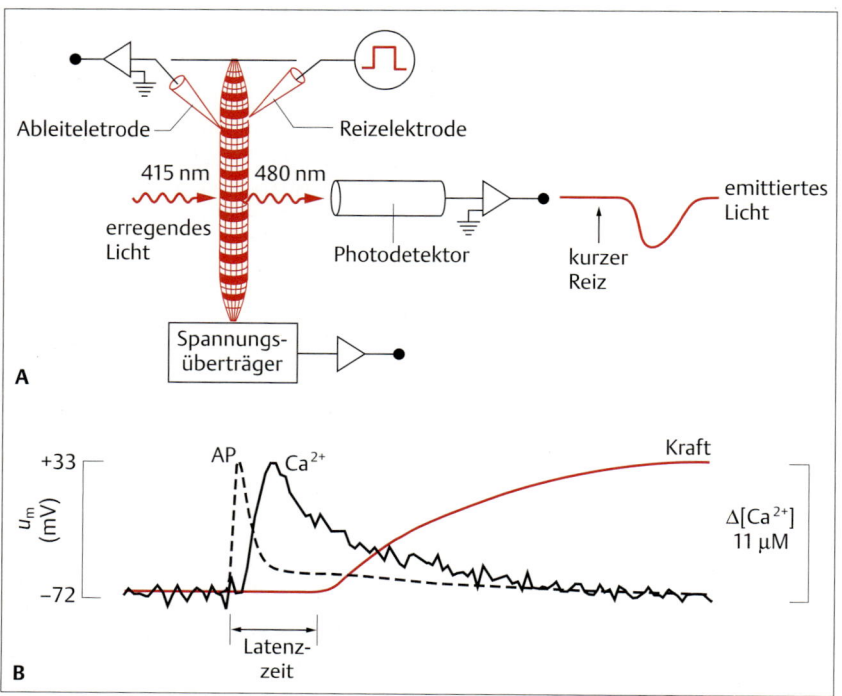

Abb. 10.23 Zeitliche Beziehung zwischen Aktionspotential, Ca^{2+}-Puls und Kraftentwicklung in einer Muskelfaser. Die Menge an freiem Calcium und deren Konzentrationsänderungen in einer Muskelfaser können mit einem calciumempfindlichen Fluoreszenzfarbstoff wie Furaptra gemessen werden. **A** Eine mit dem Fluoreszenzfarbstoff injizierte Muskelfaser wird elektrisch gereizt; die entstehenden Änderungen in Fluoreszenz, Membranpotential und Muskelspannung werden aufgezeichnet. **B** Wird die Muskelfaser gereizt, breitet sich ein AP über die Oberflächenmembran aus und wird von der Ableitelektrode erfaßt. Kurze Zeit später zeigt das Fluoreszenzsignal aus dem Innern der Faser an, daß die Ca^{2+}-Konzentration in der Faser angestiegen ist. Wenig später mißt der Krafttransducer eine Kraftentwicklung durch die Faser. Beachte, daß die Muskelkraft erst dann steigt, nachdem das AP beendet ist und die intrazelluläre Ca^{2+}-Konzentration abfällt (B wurde freundlicherweise von D.M. Baylor zur Verfügung gestellt).

kelfasern zu bestimmen. Wird beispielsweise ein mit Furaptra behandelter Muskel elektrisch gereizt, nimmt die Fluoreszenz des Farbstoffes erst ab, kehrt dann aber kurz darauf wieder auf den ursprünglichen Wert zurück (Abb. 10.23). Diese Beobachtung wurde dahingehend interpretiert, daß als Folge der Reizung die Menge an freiem Ca^{2+} im Myoplasma ansteigt. Ein kleiner Teil des freigesetzten Ca^{2+} verbindet sich mit Furaptra, die Fluoreszenz nimmt daraufhin ab. Wird das freigesetzte Ca^{2+} wieder in das SR aufgenommen, löst sich Ca^{2+} vom Farbstoff, und die ursprüngliche Fluoreszenzintensität wird wiederhergestellt.

Alle Befunde zeigen, daß eine Kontraktion ausgelöst wird, wenn Ca^{2+}-Ionen aus dem SR freigesetzt werden. Die Ca^{2+}-Konzentration steigt, wenn APs, die auf der Oberflächenmembran entstehen, über das T-Tubulus-System in die Tiefe der Muskelfaser geleitet werden. Die Anatomie der T-Tubuli und die des sarcoplasmatischen Reticulums lassen Rückschlüsse zu, wie eine solche Kopplung stattfinden könnte. Wie bereits erwähnt, befindet sich jeder T-Tubulus dicht bei der Terminalzisterne des SRs (Abb. 10.21). Histologen bezeichnen den Teil der Muskelfaser, bei dem ein T-Tubulus nahe an den Terminalbläschen des SR liegt (Abb. 10.21) seit Jahrzehnten als **Triade**, weil Schnitte durch diese Region regelmäßig drei miteinander assoziierte Röhren oder Aussackungen zeigen. Zwei der Säcke sind immer sehr groß und liegen beiderseits von einem viel kleineren Röhrchen. Wir wissen, daß die sackförmigen Kompartimente zwei Terminalzisternen des SRs darstellen und das kleine in der Mitte liegende Röhrchen einem T-Tubulus entspricht. Wie kann ein AP vom T-Tubulus auf das SR übertragen werden und die Ca^{2+}-Freisetzung auslösen? Obwohl noch nicht alle Details völlig aufgeklärt sind, ist der grundlegende Mechanismus jetzt bekannt.

Membranrezeptoren in den Triaden: Elektronenmikroskopische Aufnahmen von Clara Franzini-Armstrong (1970) zeigen elektronendichte Moleküle in dem Teil der SR-Membran, welche dem T-Tubulus dicht benachbart ist. Sie nannte diese Moleküle zunächst „Füße", heute werden sie als **Ryanodin-Rezeptoren** bezeichnet, weil sie die Droge Ryanodin binden. Knox Chandler und seine Kollegen vermuteten, daß diese Proteine Ca^{2+}-Kanäle sein könnten und integrierten sie in das „Eintauch-Modell" („Plunger-Modell") für die Ca^{2+}-Freisetzung aus dem SR (Abb. 10.24). Nach diesem Modell bewirkt eine Depolarisation der T-Tubuli, daß ein Stöpsel aus den Ca^{2+}-Kanälen der SR Membran entfernt wird und Ca^{2+} dadurch seinem starken elektrochemischen Gradienten folgend in das Myoplasma einströmen kann. Wird die T-Tubulus-Membran repolarisiert, dann wird der Stöpsel wieder eingesetzt, der Kanal somit verschlossen und die Ca^{2+}-Freisetzung beendet.

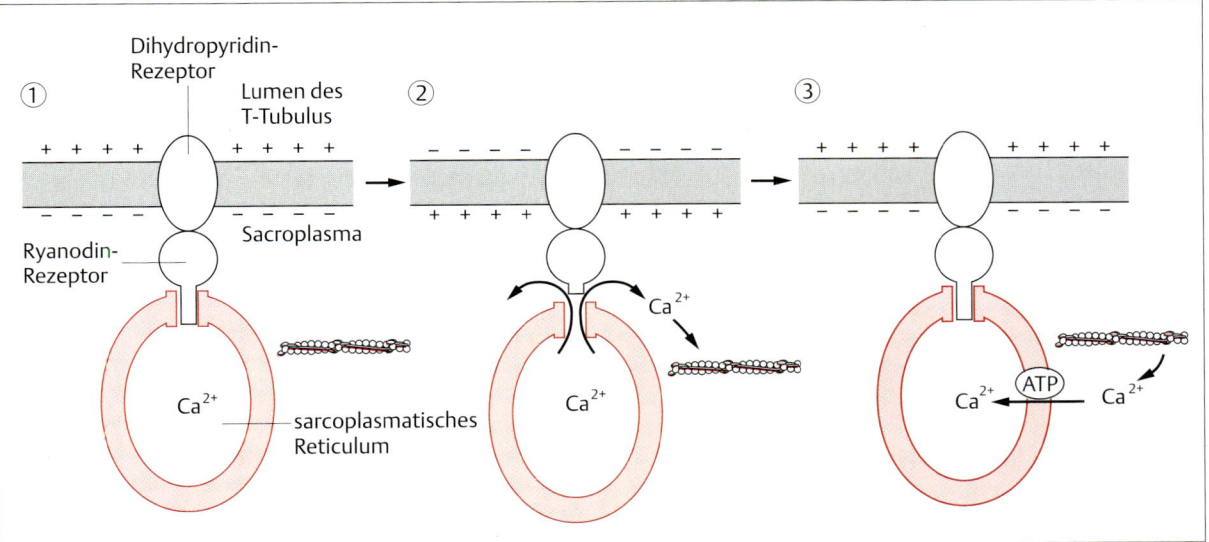

Abb. 10.24 Die Depolarisation der T-Tubulusmembran führt indirekt zur Öffnung von Ca^{2+}-Kanälen in der SR-Membran. Ist die Membran im Ruhezustand (1), werden die Calciumkanäle in der SR-Membran vom „Stöpsel" der Ryanodin-Rezeptoren verschlossen. Depolarisiert die Membran der T-Tubuli (2), übertragen die spannungssensitiven Dihydropyridin-Rezeptoren das Signal an die Ryanodin-Rezeptoren; die „Stöpsel" werden entfernt, und Ca^{2+}-Ionen strömen aus dem Lumen des SR in das Myoplasma. Die freien Ca^{2+}-Ionen binden an Troponin und geben Bindungsstellen für Querbrücken an Actinmolekülen frei. Kehrt das Membranpotential zum Ruhewert zurück (3), dann blockieren die Ryanodin-Rezeptoren wieder die Ca^{2+}-Kanäle. Calciumpumpen der SR-Membran befördern das Ca^{2+} wieder in das SR-Lumen zurück. Der Gleichgewichtsreaktion der Ca^{2+}-Bindung an Troponin C werden dadurch Ca^{2+}-Ionen entzogen, und Tropomyosin verdeckt wieder die Querbrücken-Bindungsstellen am Actin (nach Berridge, 1993).

Das Plunger-Modell lieferte eine Erklärung für die mögliche Kopplung von T-Tubulus-Membran und SR-Membran, es konnte aber noch nicht erklären, wodurch der Stöpsel als Reaktion auf die Depolarisation der T-Tubulus-Membran bewegt werden könnte. Nachfolgende elektronenmikroskopische Studien zeigten in den T-Tubuli-Membranen Knäuel von Proteinen, die den Ryanodin-Rezeptoren der SR-Membran genau gegenüber liegen. Diese T-Tubulus-Proteine, als **Dihydropyridin-Rezeptoren** bezeichnet, sind spannungssensitiv. Da die Ryanodin-Rezeptoren sich fast über den ganzen Spalt zwischen den SR- und den T-Tubuli-Membranen erstrecken, vermutete man eine direkte mechanische Verbindung zwischen den Ryanodin-Rezeptoren und den Dihydropyridin-Rezeptoren (Abb. 10.25). Nach dieser Hypothese induziert eine Depolarisation der T-Tubuli-Membranen eine Konformationsänderung der spannungssensitiven Dihydropyridin-Rezeptoren. Dadurch werden die mit den Dihydropyridin-Rezeptoren verbundenen Ryanodin-Rezeptor mechanisch von den Ca^{2+}-selektiven Kanälen der SR-Membran entfernt oder es wird diesen eine Konformationsänderung aufgezwungen, wodurch die Ca^{2+}-Kanäle der SR-Membran geöffnet werden.

Interessanterweise sind nur etwa die Hälfte der Ryanodin-Rezeptoren der SR-Membran direkt mit spannungssensitiven Dihydropyridin-Rezeptoren in der T-Tubulus-Membran assoziiert. Dies läßt vermuten, daß, wenn es eine direkte mechanische Verbindung zwischen T-Tubuli und SR gibt, nur etwa die Hälfte der Ryanodin-Rezeptoren daran beteiligt ist. Man könnte dann annehmen, daß die anderen – nicht assoziierten – Ryanodin-Rezeptoren als Folge der Öffnung der mechanisch verbundenen Kanäle und dem dadurch einsetzenden Anstieg des freien Ca^{2+} im Myoplasma aktiviert werden. Die Aktivierung dieser „freien" Ryanodin-Rezeptoren würde dann noch mehr Ca^{2+}-Kanäle in der Membran des SRs öffnen. Ein solcher Mechanismus, als Ca^{2+}-induzierte Ca^{2+}-Freisetzung bezeichnet, wurde schon in anderen Geweben gefunden, z.B. bei dem Mechanismus, der im Herzmuskel für die Kopplung zwischen Erregung und Kontraktion verantwortlich ist.

Zeitverlauf der Freisetzung und Wiederaufnahme von Calcium: Da man in der Lage war, schnelle Änderungen der Ca^{2+}-Konzentration des Myoplasmas zu messen und diese Ergebnisse mit Informationen über

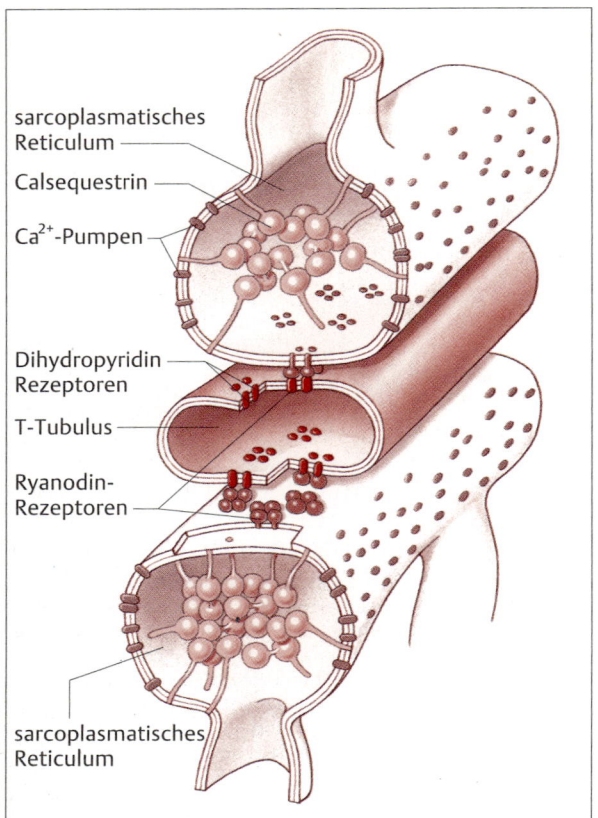

Abb. 10.25 Triade. Mehrere Moleküle der Triade tragen zur Kontrolle des Calciumspiegels im Myoplasma bei. Die spannungsempfindlichen Dihydropyridin-Rezeptoren und die Ryanodin-Rezeptoren wirken zusammen, um die Depolarisation des T-Tubulus an das Öffnen calciumselektiver Kanäle in der SR-Membran zu koppeln; Ca^{2+} gelangt daraufhin aus dem SR in das Myoplasma. Die „Fußstöpsel" der Ryanodin-Rezeptoren reichen bis in den Spalt zwischen T-Tubuli und SR. Eine Calcium-ATPase (Calciumpumpe) in der SR-Membran sammelt das Ca^{2+} aus dem Myoplasma wieder auf; Calsequestrin im SR bindet Ca^{2+} und senkt dadurch die Konzentration an freiem Ca^{2+} im Lumen des SR (nach Block u. Mitarb., 1988).

die Ca^{2+}-Bindung an Troponin und die Kinetik der Ca^{2+}-Pumpen der SR-Membran zu verknüpfen, war es möglich, den Ca^{2+}-Fluß während der Muskelkontraktion und -erschlaffung im Gedankenmodell nachzuvollziehen. Diese Modellvorstellungen lassen vermuten, daß bei der Depolarisation der T-Tubuli für einige Millisekunden Ca^{2+} aus dem SR strömt. Dann schließen sich die Ca^{2+}-Kanäle auf noch nicht geklärte Art.

Der größte Teil des aus dem SR strömenden Ca^{2+} bindet sehr schnell an Troponin. Die Konzentration des Troponin in Muskelfasern beträgt etwa 240 µM, was eine große Pufferkapazität für Ca^{2+}-Ionen bedeutet. Daher verbleibt nur ein sehr kleiner Teil des freigesetzten Ca^{2+} frei im Myoplasma. Nur dieser kleine Teil der ungebundenen Ca^{2+}-Ionen wird in Versuchen wie dem in Abb. 10.23 dargestellten mittels Ca^{2+}-sensitiver Moleküle nachgewiesen. Sowohl während als auch nach der Ca^{2+}-Freisetzung aus dem SR wird das freie Ca^{2+} aus dem Myoplasma in das SR zurückgepumpt, ein Vorgang, der die myoplasmatische Konzentration an freiem Ca^{2+} senkt. Unterschreitet die Ca^{2+}-Konzentration einen bestimmten Schwellenwert, dann wird Ca^{2+} vom Troponin wieder freigesetzt, gelangt ins Myoplasma und wird letztendlich wieder in das SR zurückgepumpt, wo es an Calsequestrin bindet.

Zusammenfassung von Kontraktion und Relaxation: Ausgehend vom erschlafften Skelettmuskel führt die nachfolgend beschriebene Ereigniskette zur Kontraktion und Erschlaffung der Skelettmuskelfaser:

1. Die Oberflächenmembran der Muskelfaser wird von einem Aktionspotential oder bei manchen Muskeln von synaptischen Potentialen depolarisiert. Aktionspotentiale in Skelettmuskelfasern werden durch synaptische Potentiale generiert. Neuronale Signale sind also nötig, um die Muskelkontraktion bei einem intakten Tier auszulösen.
2. Das AP wird über die T-Tubuli tief in die Muskelfaser geleitet.
3. Als Reaktion auf die Depolarisation der T-Tubulus-Membran ändern die in dieser Membran lokalisierten spannungssensitiven Dihydropyridin-Rezeptoren ihre Konformation. Dies führt – durch eine direkte mechanische Kopplung mit den Ryanodin-Rezeptoren in der SR Membran – zur Öffnung von Ca^{2+}-Kanälen (Abb. 10.24, Schritte 1 und 2).
4. Dieser Vorgang führt wiederum innerhalb weniger Millisekunden zur Freisetzung von im SR angehäuften Ca^{2+}-Ionen. Die freie Ca^{2+}-Konzentration im Myoplasma steigt von ihrem Ruhewert von $< 10^{-7}$ M auf ein aktives Niveau von 10^{-6} M oder höher. Die Ca^{2+}-Kanäle in der SR-Membran schließen sich daraufhin wieder.
5. Der größte Teil des in das Myoplasma eintretenden Calciums verbindet sich mit Troponin, wodurch eine Konformationsänderung des Troponins ausgelöst wird. Diese Konformationsänderung führt zu einer Änderung in der Lage der Tropomyosinmoleküle. Die sterische Hemmung der Myosinquerbrücken-Bindung an die dünnen Actinfilamente wird dadurch aufgehoben (Abb. 10.16B).
6. Myosinquerbrücken heften sich an die Actinfilamente an. Nacheinander interagieren verschiedene Teile des Myosinkopfes, so daß dieser am Actinfilament

entlang schwingt und gleichzeitig am Querbrückengelenk zieht (Abb. 10.**11A** u. **B**). Dieses Ziehen erzeugt Kräfte und – wenn genügend Köpfe ziehen – eine aktive Gleitbewegung der Actinfilamente in das Sarcomer hinein. Das Sarcomer verkürzt sich dadurch (Abb. 10.**8A**).

7. ATP bindet an das katalytische ATPase-Zentrum des Myosinkopfes, so daß sich dieser vom Actinfilament lösen kann. ATP wird dabei hydrolysiert. Die durch die Hydrolyse freigesetzte Energie wird als Konformationsänderung im Myosinkopf gespeichert. Der Myosinkopf kann sich an eine nächste Anheftungsstelle am Actinfilament anlagern, solange noch Anbindungsstellen vorhanden sind. Der Anlagerungs- und Ablösezyklus wiederholt sich (Abb. 10.**11C**). Während einer einzigen Kontraktion heftet sich jede Querbrücke mehrmals an ein Actinfilament an, zieht, löst sich wieder ab und dringt dabei zwischen den Actinfilamenten in Richtung auf die Z-Scheibe vor.
8. Schließlich wird der freie Ca^{2+}-Spiegel des Sarcoplasmas durch aktive Ca^{2+}-Aufnahme des SRs wieder gesenkt (Abb. 10.**24**, Schritt 3). Mit abfallender freier Ca^{2+}-Konzentration im Myoplasma dissoziiert Ca^{2+} vom Troponin. Tropomyosin verhindert erneute die Querbrückenanheftung und der Muskel erschlafft bis zur nächsten Depolarisation.

Zwischen der Struktur des sarcoplasmatischen Reticulums und der Muskelfunktion besteht eine interessante Korrelation. Muskeln, die sich schnell kontrahieren und entspannen können, haben ein hoch entwickeltes SR und ein ausgedehntes System transversaler Tubuli. Solche aber, die langsam kontrahieren und erschlaffen, haben ein schlecht entwickeltes SR. Diese Unterschiede in den Kontraktions- und Erschlaffungsraten stehen offensichtlich in Zusammenhang mit der Fähigkeit des SRs, Änderungen in der Ca^{2+}-Konzentration zu kontrollieren, die ihrerseits das kontraktile System ein- bzw. ausschalten.

Kurzfristige Erzeugung von Kraft

Bisher haben wir die Myosinquerbrücken nur im maximal aktivierten Zustand betrachtet. Wie schon berichtet, besteht eine zeitliche Verzögerung, eine **Latenzzeit**, zwischen dem Aktionspotential in der Muskelfaser und der Krafterzeugung des Muskels (Abb. 10.**18B** u. 10.**23B**). Die Latenzzeit setzt sich zusammen aus der Zeitspanne, die benötigt wird für die Erzeugung des APs an der Muskelfaser, dessen Weiterleitung entlang der T-Tubuli in die Faser hinein, die Freisetzung des Ca^{2+} aus dem sarcoplasmatischen Reticulum, die Diffusion der Ca^{2+}-Ionen zum Troponin sowie deren Bindung daran, die Aktivierung der Myosinquerbrücken und deren Bindung an Actin, sowie für die eigentliche Krafterzeugung. All das geschieht in sehr kurzer Zeit: Zwischen dem AP und den ersten Anzeichen von Anspannung liegen oft nur 2 ms. Jetzt werden wir die mechanischen Eigenschaften der Muskelfasern bei der Aktivierung, der Erzeugung von Spannung und der Erschlaffung betrachten.

Serienelastische Komponenten

Der Muskel kann funktionell als kontraktile Komponente dargestellt werden, der eine **parallelelastische Komponente** (PEK) und eine **serienelastische Komponente** (SEK) zugeordnet ist (Abb. 10.**26A**). (Nach dem **Hooke-Gesetz** nimmt die Länge eines Gegenstandes mit idealer Elastizität proportional zur aufgewendeten Kraft zu.) Zu den parallelelastischen Komponenten gehören die Plasmamembran der Muskelfasern und das Bindegewebe, welche parallel zu den Muskelfasern angeordnet sind. Zu den serienelastischen Komponenten gehören die Sehnen und das Bindegewebe, welches die Muskelfasern mit den Sehnen verbindet, und evtl. auch das Z-Scheiben-Material. Ein zusätzlicher wichtiger Bestandteil der Serienelastizität scheint die Elastizität der Querbrückengelenke zu sein, die sich bei Anspannung bis zu einem gewissen Grad dehnen (Abb. 10.**11B**). Die Reduktion der elastischen Komponenten auf nur zwei Bestandteile (PEK und SEK) ist jedoch eine grobe Vereinfachung. Jedoch macht dieses Modell die mathematische Betrachtung des Systems leichter, wobei es immer noch präzise genug ist, um die Mechanismen der Muskelkontraktion verständlich zu machen.

Sobald der Muskel aktiviert wird und sich die kontraktile Komponente verkürzt, muß zuerst die SEK gedehnt werden, ehe Spannung entwickelt und auf die externe Last übertragen werden kann (Abb. 10.**26B**, Schritte 1 und 2). Übertrifft die in der SEK entwickelte Spannung das Gewicht der Last, beginnt sich der Muskel extern zu verkürzen und die Last hochzuheben (Schritt 3). Bei den Schritten 1 und 2 handelt es sich um eine isometrische Kontraktion, zum Schritt 3 hin wird sie mit dem Heben der Last isotonisch. Wäre die Last genügend schwer, so daß der Muskel niemals Spannung erzeugen könnte, die dem Gewicht der Last entsprechen würde, würde es sich durchweg um eine isometrische Kontraktion handeln. Bei maximaler Spannung während einer isometrischen Kontraktion streckt die geringe Verkürzung der kontraktilen Komponente die serienelastische Komponente um einen Betrag, der etwa 2% der Muskellänge entspricht, obgleich sich die externe Länge des Muskels unter diesen Bedingungen nicht verändert.

Man erinnere sich an die Beziehung zwischen Last und Latenzzeit. Es dauert eine gewisse Zeit, bis serienelastische Komponenten gestreckt werden, Spannung

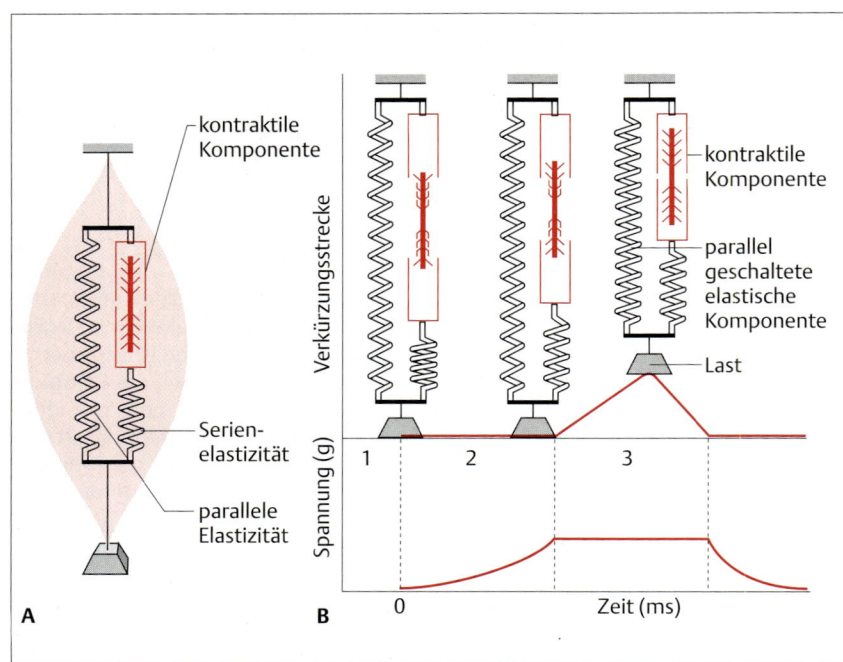

Abb. 10.26 **Mechanisches Modell eines Muskels mit kontraktilen und elastischen Komponenten. A** Mechanisches Model eines Muskels, der eine kontraktile Komponente (Sarcomer) in Serie mit einer elastischen Komponente (z.B. Sehnen) enthält und parallel dazu eine andere elastische Komponente (z.B. die Außenmembran). **B** Bedeutung der serienelastischen Komponenten für die Muskelkontraktion. Bei Kontraktionsbeginn ruht die Last auf einem Substrat (1). Das Filamentgleiten beginnt einen Zug auf die Serienlastizität auszuüben, die dabei gedehnt wird (1–2), die Muskellänge ändert sich jedoch nicht. Bis zu diesem Punkt (2) ist die Kontraktion isometrisch. Bringt der Muskel Kraft auf, die das Gewicht der Last übertrifft, wird die Last gehoben, die Muskelkontraktion wird isotonisch (3). Man beachte die fortschreitende Überlappungszunahme der Filamente und die Zunahme der aktiven Querbrücken während der Kontraktion (nach Vander u. Mitarb., 1975).

aufgebaut wird und die Filamente mittels der Querbrückenaktivität aneinander vorbeigeglitten sind. Die Serienelastizität bewirkt damit einen langsamen Aufbau von Spannung im Muskel und glättet plötzliche Spannungsänderungen.

Aktiver Zustand

Während einer Kontraktion erreicht die externe Verkürzung einer Faser und der Aufbau einer Spannung innerhalb von 10–500 ms ein Maximum, je nach Art des Muskels und in Abhängigkeit von der Temperatur und der Last. Im ersten Augenblick könnte man vermuten, daß der kontraktile Mechanismus mit einem ähnlich langsam ansteigenden Zeitverlauf aktiviert wird. Man darf jedoch den Zeitverlauf der Spannung, die vom Muskel entwickelt wird, nicht mit dem der Querbrückenanlagerung verwechseln. Es sei daran erinnert, daß nach Erregung und Freisetzung von Ca^{2+} aus dem SR die Querbrücken sich zuerst an die Actinfilamente anheften, bevor das aktive Ineinandergleiten einsetzt. Darüber hinaus muß die Gleitbewegung zuerst die schlaffen Anteile der SEK aufnehmen, ehe die volle Spannung entwickelt werden kann.

Das Stadium der Querbrückenaktivität, das besteht, bevor der Muskel seine volle Spannung entwickeln kann, läßt sich mit Hilfe einer Meßeinrichtung feststellen, die schnelle Dehnungen des Muskels zu verschiedenen Zeiten nach einer Reizung vor und während einer Zuckung erlaubt. Diese Dehnungen können zu verschiedenen Zeiten nach einer Reizung und vor oder während einer Kontraktion durchgeführt werden. Zweck einer solchen schnellen Dehnung des Muskels ist es, auch die serienelastischen Komponenten zu dehnen und damit die Zeit zu eliminieren, die der kontraktile Mechanismus benötigt, um die Schlaffheit der SEK zu überwinden. Auf diese Weise läßt sich der Zustand der Querbrückenaktivität mit einer verbesserten Zeitauflösung messen. Die von der Meßeinrichtung während der schnellen Dehnung registrierte Spannung repräsentiert die Zugfestigkeit des kontraktilen Mechanismus im Augenblick der schnellen Dehnung. Diese Zugfestigkeit hängt von der Haltekraft der Querbrücken zum Zeitpunkt der Dehnung ab. Ist die angelegte Dehnung stärker als die Haltekraft der Querbrücken, werden die Querbrücken durchrutschen und die Filamente auseinandergleiten. Die Spannung, die gerade notwendig ist, damit die dicken und dünnen Filamente aneinander vorbeigleiten, entspricht ungefähr der Lasttragekapazität des Muskels zum Zeitpunkt der Dehnung. Diese Spannung sollte der durchschnittlichen Anzahl der aktiven Querbrücken pro Sarcomer proportional sein.

Ein schlaffer Muskel setzt einer Dehnung – abgesehen vom Bindegewebe, Sarcolemma usw. – nur sehr wenig Widerstand entgegen. Die Technik der schnellen Dehnung zeigte, daß nach einer Reizung der Widerstand gegen eine Dehnung steil ansteigt und etwa innerhalb der Zeit ein Maximum erreicht, die verstreicht, bis die externe Verkürzung oder Spannung im ungedehnten Muskel einsetzt. Nach einem nur kurze Zeit andauernden Plateau sinkt die Lasttragekapazität wieder auf das niedere Niveau ab, das für den schlaffen Muskel charakteristisch ist.

Der nach einer kurzen Reizung mittels schneller Dehnungsexperimente bestimmte Anstieg in der Lasttragefähigkeit des Muskels wird als **aktiver Zustand** bezeichnet (Abb. 10.27 A). Er stimmt mit der Bildung des Actomyosinkomplexes überein, der durch die Anheftung von Myosinquerbrücken an die Actinfilamente und der nachfolgenden geringen internen Verkürzung entsteht. Da die Querbrückenaktivität durch die Konzentration freier Ca^{2+}-Ionen im Myoplasma kontrolliert wird, vermutet man, daß der zeitliche Verlauf des aktiven Zustandes ungefähr dem der erhöhten Calciumkonzentration im Myoplasma nach einer Reizung entspricht. Der durch die Querbrückenaktivität bedingte kurzfristige Spannungsanstieg wird als Zuckung bezeichnet.

Wird die Reizung des Muskels verlängert, dann bleibt der aktive Zustand erhalten. Diese Verlängerung des aktiven Zustandes durch eine Salve hochfrequenter APs bezeichnet man als **Tetanus**. Dabei kann die meßbare isometrische Spannung enorm vergrößert werden, bis sie den Wert des aktiven Zustandes bei Schnelldehnungsexperimenten erreicht (Abb. 10.27 B). Im nächsten Abschnitt werden wir uns mit dem Unterschied zwischen Einzelzuckung und Tetanus beschäftigen.

Einzelzuckung und Tetanus

Bei Betrachtung der Abbildung 10.27 A ergibt sich eine naheliegende Frage: Warum ist die maximale, vom Muskel während einer Einzelzuckung aufgebrachte externe isometrische Spannung so viel niedriger als die mit dem aktiven Zustand assoziierte interne Spannung? Mit anderen Worten: Warum bringt der Muskel während einer kurzen Kontraktion so viel weniger Spannung auf, als er tatsächlich aufbringen könnte?

Während einer Einzelzuckung wird der aktive Zustand schnell durch die Ca^{2+}-Aufnahmeaktivität des SRs beendet, welches das Ca^{2+} bald nach dessen Freisetzung aus dem Myoplasma entfernt. Daher fällt der aktive Zustand bereits wieder ab, bevor die Filamente Zeit haben, weit genug zu gleiten und die SEK auf eine voll entwickelte Spannung zu strecken. Aus diesem Grund kann man die Spannung, die das kontraktile System aufbringen kann, nicht mit einer Einzelzuckung bestimmen.

Bevor der Gipfel der Zuckungsspannung erreicht ist, speichern die kontraktilen Elemente potentielle Energie durch fortschreitende Streckung der SEK. Folgt ein zweites Aktionspotential dem ersten, bevor das SR das zuvor freigesetzte Ca^{2+} entfernen kann, bleibt der Ca^{2+}-Spiegel im Myoplasma hoch, und der aktive Zustand wird verlängert. Ist dies der Fall, steigt die isometrische Spannung mit der Zeit weiter bis zu einem Punkt an, an dem die Verkürzung der kontraktilen Komponenten und die Streckung der serienelastischen Komponenten ein solches Ausmaß erreicht hat, daß die Querbrücken anfangen „durchzurutschen" und eine weitere Verkürzung der kontraktilen Komponenten verhindert wird. Der Muskel hat damit die vollständige **tetanische Spannung** erreicht. (Die Verlängerung des aktiven Zustandes durch kurz hintereinander wiederholte Aktionspoten-

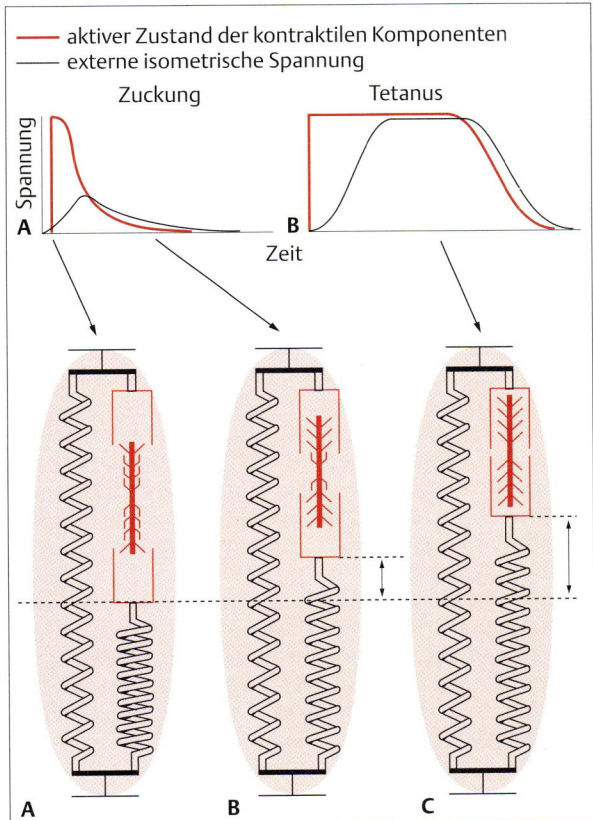

Abb. 10.27 Zeitverlauf der Muskelaktivität und der Krafterzeugung. A Der mittels schneller Dehnungsexperimente gemessene aktive Zustand baut sich als Antwort auf einen kurzen Reiz schnell auf. Diese kurze Antwort wird als Zuckung bezeichnet. Die meßbare externe isometrische Spannung entwickelt sich viel langsamer und erreicht nicht die gleiche Kraft wie bei einer schnellen Dehnung. **B** Als Reaktion auf einen anhaltenden Reiz entsteht die tetanische Kontraktion (Tetanus). In diesem Fall hat die externe isometrische Kraft genügend Zeit, um den gleichen Wert zu erreichen, wie die bei schneller Dehnung gemessene interne Kraft (nach Vander u. Mitarb., 1975).

tiale bezeichnet man als Tetanus.) In Abhängigkeit von der Wiederholungsrate der Muskelaktionspotentiale werden unterschiedliche Stufen von Zuckungsverschmelzungen bis hin zur Tetanusspannungen hervorgebracht (Abb. 10.28).

Energetik der Muskelkontraktion

Bei der Muskelkontraktion verbrauchen zwei Prozesse Energie: Am auffälligsten ist die Hydrolyse von ATP durch die Myosinquerbrücken, wenn diese sich zyklisch an Actinfilamenten binden und wieder lösen (Abb. 10.10). Der zweite energieverbrauchende Prozeß ist das Zurückpumpen des Ca^{2+} gegen seinen Gradienten aus dem Myoplasma in das SR nach der Erregungs-Kontraktions-Koppelung (Abb. 10.24, Schritt 3).

Biochemische Untersuchungen ergaben, daß zwei Moleküle ATP nötig sind, um ein Ca^{2+}-Ion in das SR zu pumpen. Bei einer Einzelzuckung wird innerhalb weniger Millisekunden nach dem AP eine gewisse Menge an Ca^{2+} freigesetzt, und genau diese Menge muß letztlich in das SR zurückgepumpt werden, wenn die Muskelfaser gesund bleiben soll. Beim Tetanus, wie bei der Einzelzuckung auch, starten die Calciumpumpen sofort mit dem Rücktransport des bei der ersten Reizung freigesetzten Ca^{2+}. Sie haben aber nicht genügend Zeit, um das gesamte Ca^{2+} aus dem Myoplasma zu entfernen, wenn durch weitere schnell folgende APs erneut Ca^{2+} freigesetzt wird. Der Anstieg der Ca^{2+}-Konzentration im Myoplasma hält das Troponin Ca^{2+}gesättigt, bis die APs aufhören. Erst dann können die Ca^{2+}-Pumpen nach und nach das gesamte Ca^{2+} in das SR zurückpumpen. Während des Tetanuszustandes wird ständig ATP hydrolysiert – sowohl von den Myosin-ATPase als auch von den Ca^{2+}-Pumpen in der SR-Membran.

ATP-Verbrauch durch die Myosin-ATPase und Calciumpumpen

Der relative ATP-Verbrauch durch die Myosin-ATPase und Ca^{2+}-Pumpen im SR wurde an Froschmuskeln unter Tetanusbedingungen erforscht. Die Muskelpräparate wurden dazu in unterschiedlichem Ausmaß gestreckt, so daß die Überlappung zwischen dicken und dünnen Filamenten unterschiedlich groß war. Je mehr der Muskel gedehnt wird, desto weniger Querbrücken können mit dem Actin interagieren; als Folge davon vermindert sich die erzeugte Kraft, aber auch die Menge des durch die Myosin-ATPase hydrolysierten ATPs. (Man erinnere sich, daß Myosin auch alleine ATP spalten kann. Die Spaltprodukte ADP und P_i werden aber wesentlich langsamer freigesetzt, als wenn Myosin an Actin gebunden ist. Wenn also die Myosinquerbrücken wenige Anheftungsstellen am Actin haben, ist die ATPase-Aktivität der Filamente gering.) Im Gegensatz dazu sollte die Dehnung des Muskels keine oder fast keine Wirkung auf die Freisetzungs- und Wiederaufnahmerate des Ca^{2+} aus dem bzw. in das SR haben, da diese Prozesse von Membranproteinen – unabhängig vom Ausmaß des Überlappungsgrades der Myofilamente – vermittelt werden. Werden also die Muskeln immer weiter gedehnt, wird die gesamte ATPase-Aktivität zurückgehen; überlappen die Myofilamente nicht mehr, sollte die verbleibende ATPase-Aktivität nur noch von den Ca^{2+}-Pumpen stammen.

Durch diese Experimente stellte man fest, daß die Ca^{2+}-Pumpen etwa 25–30% der Gesamt-ATPase-Aktivität während der Muskelkontraktion ausmachen. Dieser Prozentsatz dürfte für alle Muskeln konstant sein, d.h. Muskeln mit höherer maximaler Kontraktionsgeschwindigkeit haben auch schnellere Ca^{2+}-Pumpen im SR. Es ist jedoch möglich, daß bei den sehr schnellen geräuschproduzierenden Muskeln (s. S. 426ff.) die Ca^{2+}-Pumpen einen größeren Anteil am gesamten Energieverbrauch haben.

Regeneration von ATP während der Muskelaktivität

Wie die vorangehende Diskussion zeigt, verbrauchen Muskeln ATP ausschließlich für die Kontraktion. Die ATP-Konzentrationen in gereizten und ungereizten Muskeln sind jedoch erstaunlicherweise nahezu identisch. Daher waren einige Physiologen lange Zeit der Meinung, Muskeln benötigen kein ATP für die Kontrak-

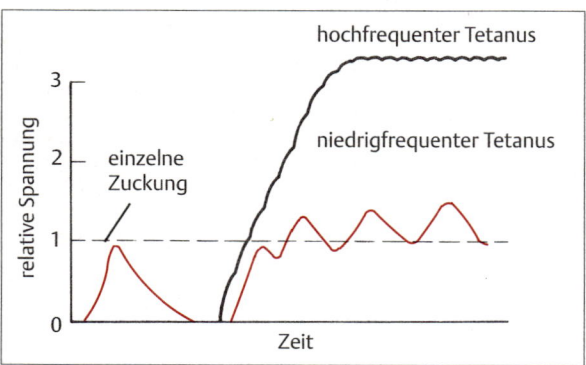

Abb. 10.28 Einzelzuckungen der Faser verschmelzen, wenn APs in schneller Folge auftreten. Ein einzelnes AP erzeugt eine einzelne Zuckung. Kommt eine Reihe niedrigfrequenter APs die Faser entlang, dann beginnt jede nachfolgende Zuckung, noch bevor der Muskel Zeit hat, zum entspannten Zustand zurückzukehren. Bei maximaler Frequenz verschmelzen die Zuckungen miteinander und erzeugen eine lange, starke, als Tetanus bezeichnete Kontraktion.

tion. Eine andere Erklärung, die sich schließlich als richtig erwies, ging davon aus, daß Muskeln zusätzlich zum ATP ein zweites energiereiches Molekül enthalten. Dieses zweite Molekül wurde nach seiner Entdeckung als **Kreatinphosphat** oder **Phosphokreatin** bezeichnet (s. Abb. 3.39). Innerhalb der Muskelfasern überträgt das Enzym **Kreatin-Phosphokinase** ein energiereiches Phosphat von Kreatinphosphat auf ADP und regeneriert dadurch das ATP so schnell, daß dessen Konzentration praktisch konstant bleibt. Will man das vom Muskel hydrolysierte ATP quantitativ erfassen, mißt man daher entweder die Abnahme der Kreatinphosphat-Konzentration oder den Anstieg der P_i-Konzentration.

Über den technischen Aspekt einer akkuraten Messung der ATP-Hydrolyserate hinaus ist die Kreatin-Phosphokinase-Reaktion sehr wichtig für die Muskelfunktion. Wenn einem Muskel das ATP ausgeht, fällt er in Rigor (Abb. 10.17B). Es ist daher überlebenswichtig, daß die ATP-Konzentration im Muskel gepuffert ist. Während ausdauernder Aktivitäten können oxidative und anaerobe Stoffwechselwege ATP schnell genug erzeugen, um eine ausreichende Versorgung der Muskelkontraktion zu ermöglichen. Während kurzzeitiger hochintensiver Aktivität (z.B. bei Sprints zum Beutefang oder zur Flucht) wird die ATP-Konzentration im Muskel durch kontinuierliche Rephosphorylierung von ADP durch die Kreatin-Phosphokinase-Reaktion aufrecht erhalten (Abb. 10.29).

Die Konzentration des Kreatinphosphats in Muskelfasern (20–40 mM) ist viel höher als die des ATPs (ca. 5 mM). Als Ergebnis davon kann ein Tier die großen Reserven energiereichen Phosphats im Kreatinphosphat nutzen, um die Muskelkontraktion anzutreiben, bis anaerobe und oxidative Stoffwechselwege ATP erzeugen. Der Muskel kann sich folglich viel länger bewegen als dies nur mit seinen eigenen ATP-Vorräten möglich wäre. Das Überleben eines Tieres könnte von dieser zusätzlichen Energiequelle abhängen. Die Kreatin-Phosphokinase-Reaktion hält darüber hinaus die ATP-Konzentration weitgehend konstant, während sie gleichzeitig zusätzliche Energie liefert. Die ATP-Konzentration wird durch eine große Gleichgewichtskonstante stabilisiert, welche die Phosphorylierung von ADP mit Kreatinphosphat begünstigt. Unter den meisten Bedingungen fällt im Muskel nur die Kreatinphosphat-Konzentration, die ATP-Konzentration bleibt annähernd konstant.

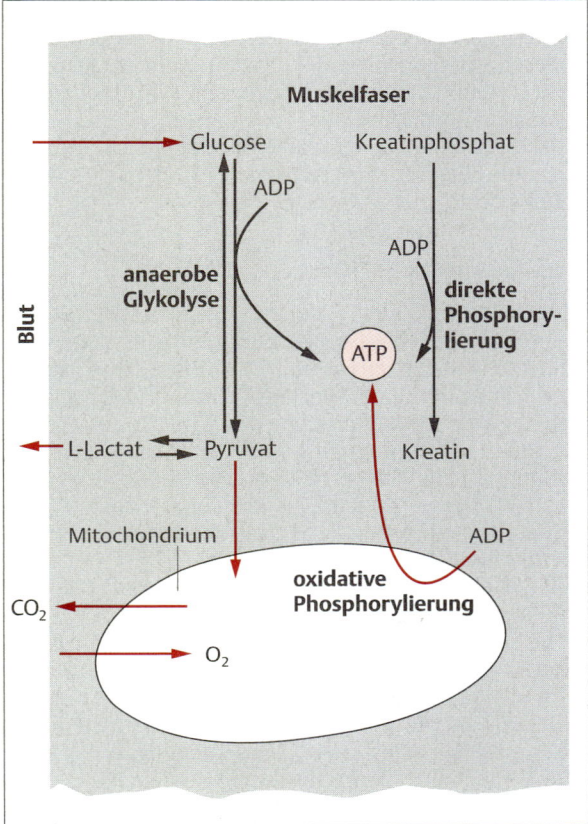

Abb. 10.29 ATP zur Energieversorgung der Muskelkontraktion kommt aus verschiedenen Quellen. Bei der direkten Phosphorylierung werden energiereiche Phosphatgruppen von Kreatinphosphat auf ADP übertragen und regenerieren ATP. In Muskelfasern ist die Kreatinphosphat-Konzentration viel höher als die ATP-Konzentration und puffert damit sehr wirkungsvoll Änderungen in der ATP-Konzentration ab. Die anaerobe Glykolyse hydrolysiert Glucose und rephosphoryliert dabei ADP. Lactat sammelt sich dabei als Nebenprodukt an. Die oxidative Phosphorylierung von ADP regeneriert ebenfalls ATP, erfolgt aber langsamer als die beiden anderen Prozesse und benötigt O_2. Die roten Pfeile geben den Materialtransport in, aus oder zwischen den Kompartimenten der Faser an. Die schwarzen Pfeile symbolisieren chemische Reaktionen.

Fasertypen im Skelettmuskel der Vertebraten

Muskelsysteme erfüllen eine Vielzahl von Aufgaben, von sehr schnellen Bewegungen, die in 50–100 ms vorbei sind, bis hin zu Langstreckenwanderungen und von anhaltenden tetanischen zu hochfrequenten Kontraktionen bei der Lauterzeugung, die mit mehreren hundert Hertz erfolgen. Jeder Betrachter erkennt die Vielfalt im Erscheinungsbild und in den Funktionen der Muskeln, z.B. in Flügeln, in Flossen und in Beinen. Eine ebenso beeindruckende Vielfalt liegt in den molekularen Eigenschaften der Muskeln. Um eine solche Bandbreite von Aktivitäten zu erzeugen, müssen die Muskeln sehr unterschiedlich organisiert sein. Neuere Experimente zeigten, daß oft die Eigenschaften der Muskeln auf die anderen Komponenten des Systems sehr exakt eingestellt sind und dadurch das System für seine biologische Funktion optimiert wird. Um zu verstehen, wie gut ein Muskel an seine biologische Rolle angepaßt ist, müssen wir seine Eigenschaften im Licht der zu erfüllenden Aufgaben betrachten.

Einteilung der Muskelfasern

Die Skelettmuskulatur der Vertebraten besteht aus mehreren Muskelfasertypen. Einige enthalten einen hohen Anteil tonischer Fasern, die auf langsame, andauernde Kontraktionen spezialisiert sind; diese eignen sich besonders zur Einhaltung des Körpertonus. Andere Muskeln enthalten einen hohen Anteil an Zuckfasern, die für schnelle Gliederbewegungen besonders geeignet sind. Die verschiedenen Muskelfasertypen lassen sich aufgrund biochemischer, metabolischer und histochemischer Kriterien unterscheiden.

Folgende Eigenschaften charakterisieren die verschiedenen Fasertypen:
- Die elektrischen Eigenschaften der Membran bestimmen, ob eine Faser mit einer Alles-oder-Nichts-Zuckung oder mit einer graduierten Kontraktion antwortet. Erzeugt die Membran APs, kontrahiert sich die Faser mit einer Alles-oder-Nichts-Zuckung.
- Die maximale Kontraktionsgeschwindigkeit, V_{max}, wird von der Ablösegeschwindigkeit der Querbrücken von den dünnen Actinfilamenten bestimmt; diese hängt wiederum von der Art der schweren Myosinketten ab.
- Die Zeitspanne, in der das freie Ca^{2+} im Myoplasma nach einem AP hoch bleibt, hängt vor allem von der Dichte der Ca^{2+}-Pumpen in der SR-Membran ab.
- Die Zahl der Mitochondrien und die Dichte der Blutgefäße in einer Faser bestimmen die Rate der oxidativen ATP-Produktion und damit ihre Widerstandsfähigkeit gegen Ermüdung.

Aufgrund dieser und weiterer Eigenschaften lassen sich vier Hauptgruppen der Vertebratenskelettmuskulatur darstellen: tonische Fasern und drei verschiedene Typen der phasischen Fasern (oder Zuckfasern) (Tab. 10.1).

Tonische Muskelfasern

Sie kontrahieren sich sehr langsam und erzeugen keine Zuckung. Man findet sie in den Skelettmuskeln der Amphibien, Reptilien und Vögel sowie in den Muskelspindeln und der Extraokularmuskulatur der Säuger. Tonische Fasern erzeugen normalerweise keine APs. Um eine Erregung weiterzuleiten, sind Aktionspotentiale auch nicht notwendig, da die Äste des innervierenden Motoaxons entlang der gesamten Länge der Muskelfaser synaptische Kontakte eingehen. Bei diesen Muskelfasern lagern sich die Myosinquerbrücken sehr langsam an Actin an und lösen sich auch nur langsam wieder von diesem ab. Dies ist auch die Ursache für ihre extrem langsame Verkürzungsgeschwindigkeit und ihre Fähigkeit, isometrische Spannung aufzubauen.

Ein einzelner präsynaptischer Impuls führt nur zu einer unbedeutenden Kontraktion. Bei einer Impulsfolge unterliegt das postsynaptische Potential einer zeitlichen Summation und Bahnung (s. Abb. 6.45), was zu einer verstärkten graduierten Depolarisation führt. Eine der biochemischen Spezialisierungen der tonischen Fasern stellt die extrem langsame Umsatzrate der Myosin-ATPase dar, aufgrund derer sie eine isometrische Spannung sehr wirksam aufrecht erhalten kann.

Tab. 10.1 Eigenschaften von Zuckfasern (phasischen Fasern) der Säugerskelettmuskulatur

Eigenschaft	langsam oxidativ (Typ I)	schnell oxidativ (Typ IIa)	schnell glykolytisch (Typ IIb)
Kontraktionsgeschwindigkeit (V_{max})	langsam	schnell	schnell
Myosin-ATPase-Aktivität	niedrig	hoch	hoch
Ermüdbarkeit	gering	mittelmäßig	hoch
Kapazität für oxidative Phosphorylierung	hoch	hoch	niedrig
Enzyme für anaerobe Glykolyse	niedrig	mittelmäßig	hoch
Mitochondrienzahl	hoch	hoch	gering
Faserdurchmesser	gering	mittelmäßig	groß
Kraft pro Querschnittsfläche	gering	mittelmäßig	groß

Nach Sherwood, 1993

Langsame phasische Fasern

Diese auch als **Typ I** bezeichneten Fasern kontrahieren sich langsam und ermüden auch langsam (niedriges V_{max}, langsame Ca^{2+}-Kinetik). Sie kommen in den Stellmuskeln der Säuger vor, erzeugen Alles-oder-Nichts-Aktionspotentiale und kontrahieren sich daher als Antwort auf motorische Nervenimpulse mit langsamen Alles-oder-Nichts-Zuckungen. Wie alle phasischen Fasern (d.h. Zuckungsfasern) besitzen Typ I-Fasern nur eine oder wenige motorische Endplatten; bei Säugern wird die gesamte Muskelendplatte an einer Faser von einem einzigen Motoneuron gebildet. Die langsamen phasischen Fasern dienen wie die tonischen Fasern zur Einhaltung der Körperstellung und für langsame, sich wiederholende Bewegungen. Sie ermüden aus zwei Gründen nur sehr langsam: Sie haben einen hohen Mitochondriengehalt und eine gute Durchblutung, so daß viel Sauerstoff für die oxidative Phosphorylierung angeliefert wird. Sie sind durch eine rötliche Färbung charakterisiert (daher das „dunkle" Fisch- und Geflügelfleisch), da sie hohe Konzentrationen des O_2-speichernden Proteins **Myoglobin** enthalten (s. S. 589). Muskeln, die einen hohen Anteil dieses Fasertyps enthalten, bezeichnet man daher auch als Rote Muskulatur.

Schnelle oxidative Fasern

Diese sich schnell kontrahierenden **Typ IIa**-Fasern haben eine hohe V_{max} und werden schnell aktiviert. Sie enthalten viele Mitochondrien, so daß sie schnell ATP mittels oxidativer Phosphorylierung bereitstellen können und nur langsam ermüden. Sie sind auf schnelle, sich wiederholende Bewegungen spezialisiert, wie z.B. bei andauernder, anstrengender Lokomotion. Sie herrschen in der Flugmuskulatur der Vögel vor.

Schnelle glykolytische Fasern

Diese kräftigen **Typ IIb**-Fasern kontrahieren sich schnell, ermüden aber auch schnell. Aufgrund ihrer hohen Ca^{2+}-Kinetik haben sie eine hohe V_{max} und werden schnell aktiv, erschlaffen aber auch rasch wieder. Diese Fasern werden gewöhnlich dann eingesetzt, wenn eine sehr schnelle Kontraktion notwendig ist. Die Fasern enthalten nur sehr wenig Mitochondrien und hängen daher von der anaeroben Glykolyse für die ATP-Produktion ab. Während einer Kontraktion gehen sie eine Sauerstoffschuld ein, die unmittelbar danach wieder beglichen wird. Ein bekanntes Beispiel für diesen Fasertyp ist die weiße Brustmuskulatur des Haushuhns, die weder zum Fliegen dient, noch lange aktiv sein kann. Ektotherme Vertebraten wie Amphibien und Reptilien haben einen hohen Anteil glykolytischer Muskelfasern.

Die Unterteilung in diese Kategorien ist bis zu einem gewissen Grad willkürlich, da es zwischen den phasischen Kategorien verschiedene Zwischenstufen gibt. Die absoluten Werte vieler dieser Parameter variieren bei den einzelnen Arten. Die langsamen Fasern einer Maus haben z.B. eine höhere V_{max} als die meisten schnellen oxidativen Fasern eines Pferdes. In einem Muskel lassen sich diese Typen jedoch aufgrund ihrer histologischen Merkmale (Färbeeigenschaften) unterscheiden. Diese Eigenschaften lassen sich zum Teil auf chemische Unterschiede der verschiedenen Myosin-ATPasen zurückführen, die man in diesen Fasern findet (Abb. 10.30). Eine weitere Unterscheidungsmöglichkeit beruht auf der unterschiedlichen Ausstattung mit Enzymen des oxidativen Stoffwechsels, wie z.B. der Succinatdehydrogenase.

Funktionelle Hintergründe der verschiedenen Fasertypen

Obwohl die Eigenschaften der Fasertypen sehr unterschiedlich erscheinen mögen, sind sie alle aus den gleichen Grundbausteinen aufgebaut und nutzen den gleichen Mechanismus für die Kontraktion. Sie unterscheiden sich jedoch in molekularen Eigenschaften (z.B. in der Länge der Myofilamente, der Ablösungsrate der Myosinquerbrücken oder der Zahl der Ca^{2+}-Pumpen in der SR-Membran). Diese Unterschiede können die kontraktile Gesamteigenschaft des Muskels, der ja aus vielen Fasern besteht, beeinflussen.

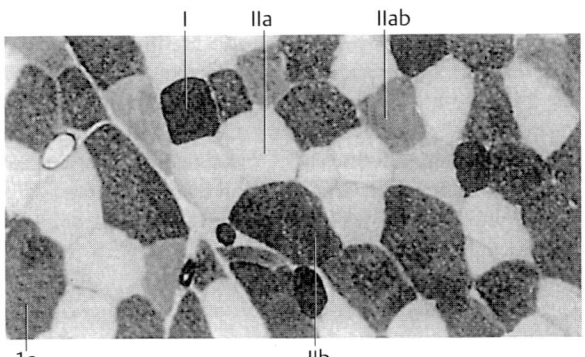

Abb. 10.30 Histochemische Unterscheidung verschiedener Muskelfasertypen. Der histochemische Nachweis der Myosin-ATPase-Aktivität kennzeichnet verschiedene Fasertypen innerhalb eines einzigen Muskels. Die Abbildung eines Schnitts durch einen Pferdemuskel zeigt langsame oxidative Fasern (Typ I), schnelle oxidative Fasern (Typ IIa) und schnelle glykolytische Fasern (Typ IIb). Typ IIab hat intermediäre Eigenschaften (mit freundlicher Genehmigung von L. Rome).

Welchen Vorteil haben die Tiere von verschiedenen Muskelfasertypen? Schnelle Fasern sind natürlich notwendig, wenn ein Tier sich schnell bewegen muß, aber warum langsame? Ein Grundprinzip der Muskelphysiologie ist, daß zwischen **Geschwindigkeit** und **Energiekosten** abgewogen werden muß. Sehr schnelle Muskeln brauchen sehr viel ATP. Langsame Muskeln brauchen dagegen vergleichsweise wenig Energie. Um diese Abwägung besser zu verstehen, betrachten wir die Energiekosten und die mechanischen Eigenschaften von Fasertypen mit unterschiedlichen V_{max}-Werten.

Die mit Abstand präziseste und deshalb den meisten Schlußfolgerungen zugrunde gelegte Messung des Energieverbrauchs in Muskeln – was die zeitliche Auflösung betrifft – erfolgt über Wärmemessungen. Die ATP-Hydrolyse im Muskel ist eine exotherme Reaktion, so daß auch Wärme frei wird. Bei einer typischen Kontraktion erwärmt diese Energie den Muskel um ca. 0,001–0,01 °C. Sehr schnelle und empfindliche Thermometer, sog. Thermopile, können mit sehr hoher Präzision die Wärmeproduktion im Muskel messen. Theoretisch ist die im Muskel hydrolysierte ATP-Menge berechenbar, wenn man die durch Kontraktion geleistete Arbeit mißt und mit der Enthalpie des ATPs vergleicht. Unglücklicherweise wird bei der Kontraktion auch von vielen anderen chemischen und physikalischen Prozessen (z.B. dem Dehnen elastischer Elemente) Wärme aufgenommen oder erzeugt. Daher ist es unmöglich, die Wärmeproduktion zum ATP-Verbrauch in Beziehung zu setzen. Trotzdem haben Wärmemessungen erhebliche Aufschlüsse über den Energieverbrauch bei der Muskelkontraktion gebracht.

Die mechanischen Eigenschaften einer Muskelfaser (z.B. Krafterzeugung oder Leistung) und auch die energetischen Aspekte (z.B. ATP-Verbrauch und Wirkungsgrad) hängen sowohl von V als auch von V/V_{max} ab. Bei jeder beliebigen Verkürzungsgeschwindigkeit V können Kraft und mechanische Leistung pro Querschnittsfläche in einer Faser mit hoher V_{max} beträchtlich höher sein als in einer langsamen Faser (Abb. 10.31 A u. B). Es werden daher weniger Fasern mit hoher V_{max} benötigt als Fasern mit langsamer V_{max}, um die gleiche Kraft zu erzeugen.

Es scheint daher von Vorteil zu sein, nur Muskelfasern mit hoher V_{max} zu haben – jedoch muß für eine hohe V_{max} ein energetischer Preis bezahlt werden. Messungen der freigesetzten Wärme und des hydrolysierten energiereichen Phosphats zeigen, daß auch der ATP-Verbrauch eine Funktion von V und V/V_{max} ist. Die ATP-Hydrolyserate steigt mit steigendem V/V_{max} bis zu einem Maximalwert und fällt dann wieder ab, wenn V/V_{max} gegen 1 geht (Abb. 10.31 C). Dieser Anstieg der ATP-Hydrolyserate wird aus dem Huxley-Modell der Querbrückenfunktion verständlich (Abb. 10.11). Wenn die Muskeln sich immer schneller verkürzen, lösen sich die Quer-

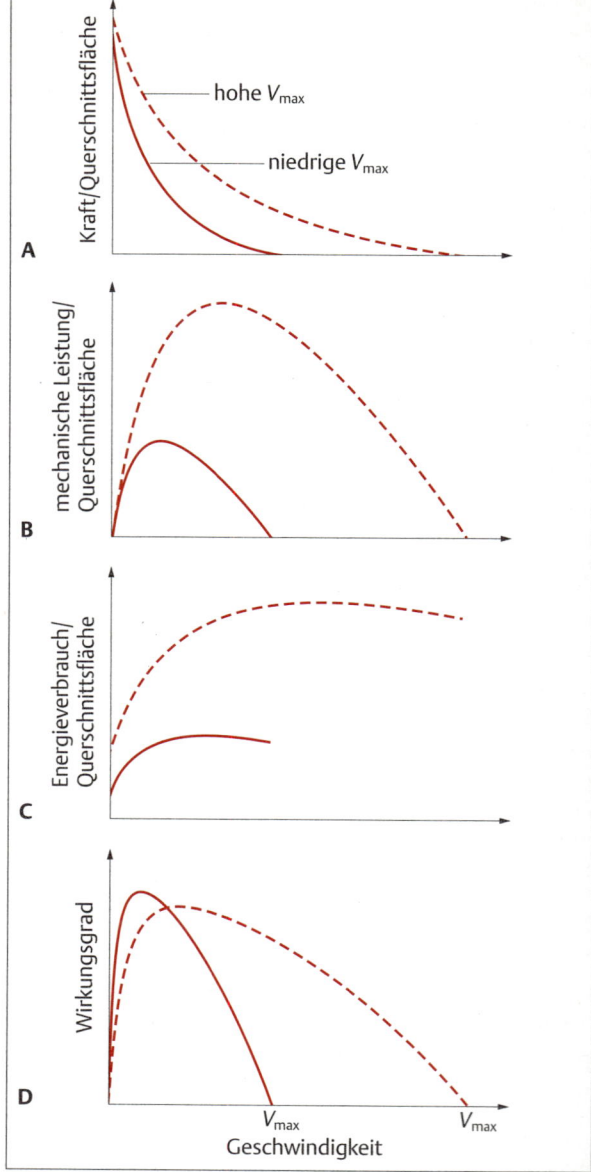

Abb. 10.31 Kraft, Leistung, Energieverbrauch und Wirkungsgrad ändern sich als Funktion der Verkürzungsgeschwindigkeit. A Fasern mit hoher V_{max} können mehr Kraft und **B** mehr mechanische Leistung aufbringen als solche mit niedriger V_{max}. **C** Sie verbrauchen aber bei jeder Verkürzungsgeschwindigkeit mehr Energie. **D** Der Wirkungsgrad der Kontraktion berechnet sich aus Leistung dividiert durch Energieverbrauch. Man beachte, daß Fasern mit niedriger V_{max} bei langsamer Verkürzung effektiver sind, solche mit hoher V_{max} dagegen bei schneller Verkürzung. Die Daten für die Kurven wurden aus den Messungen der Wärmeproduktion und des Sauerstoffverbrauchs sowie mechanischen Messungen an kontrahierenden Froschmuskeln gewonnen (nach Hill, 1964; Hill, 1938; Rome u. Kushmerick, 1983).

brücken immer schneller ab und erhöhen dadurch den ATP-Verbrauch pro Zeiteinheit. Man beachte, daß in Abbildung 10.31 C bei allen Verkürzungsgeschwindigkeiten die ATP-Verbrauchsrate bei Fasern mit hoher V_{max} wesentlich höher ist als bei Fasern mit niedriger V_{max}.

Es gibt also ein adaptives Gleichgewicht zwischen Mechanik und Energetik der Kontraktion. Aus der Kombination mechanischer und energetischer Daten läßt sich der **Wirkungsgrad der Muskelkontraktion** – definiert als das Verhältnis zwischen mechanischer Leistung und Energieverbrauch – berechnen. Auch der Wirkungsgrad ist eine Funktion von V/V_{max} (Abb. 10.31 D). Fasern mit niedriger V_{max} sind bei langsamer Verkürzung effektiver; bei größerer Verkürzungsgeschwindigkeit sind dagegen Fasern mit hoher V/V_{max} wirkungsvoller. Wenn also ein Tier langsame und schnelle Bewegungen effektiv ausführen soll, braucht es beide Fasertypen und muß beide auch situationsgerecht einsetzen.

Anpassungen der Muskeln an verschiedene Aktivitäten

Die Prinzipien, welche die mechanischen Eigenschaften von Muskeln bestimmen, sollen nun an drei sehr verschiedenen Bewegungsaktivitäten erläutert werden: dem **Springen** der Frösche, dem **Schwimmen** der Fische und der **Lauterzeugung** bei Krötenfischen und Klapperschlangen. Wir werden uns jede der drei Aktivitäten und die dafür verwendeten Muskeln unter drei Aspekten ansehen:

- dem **Überlappungsgrad** zwischen dicken und dünnen Filamenten (d.h. an welchen Stellen der Längen-Spannungskurve der Muskel arbeitet) (Abb. 10.8),
- der relativen **Verkürzungsgeschwindigkeit** V/V_{max}, welche die Leistung und Effizienz des Muskels bestimmt,
- dem **Aktivierungsgrad** des Muskels.

In diesem Abschnitt werden wir vor allem die Arbeiten von Lawrence Rome und seinen Mitarbeitern heranziehen, die sehr viel zum Verständnis der vergleichenden Muskelphysiologie beigetragen haben.

Anpassung an Leistung – Springende Frösche

Wenn Frösche springen, bewegen sie sich sehr schnell (in 50–100 ms) aus einer zusammengekauerten Position, in der potentielle und kinetische Energie gleich Null sind, in eine ausgestreckte Position, in der beide Energieformen hoch sind. Wenn kinetische und potentielle Energie eines Körpers zunehmen sollen, muß mechanische Arbeit geleistet werden, und da diese Arbeit in so kurzer Zeit verrichtet werden muß, müssen die betreffenden Muskeln eine hohe Leistung (d.h. Arbeit/Zeit) aufbringen. Die Sprungweite eines Frosches hängt direkt von der Leistung seiner Muskeln ab. Wir können also erwarten, daß die Springmuskeln von Fröschen entsprechende Eigenschaften besitzen.

Aus obigen Überlegungen wissen wir, daß ein Muskel mit hoher Leistung drei Eigenschaften hat:
1. Er arbeitet in der Plateauphase der Längen-Spannungskurve, wo die Sarcomere maximale Kraft erzeugen (Abb. 10.8 B).
2. Er verkürzt sich mit der Geschwindigkeit, bei der die maximale Leistung erzeugt wird (Abb. 10.13 D).
3. Er wird vor Beginn der Verkürzung maximal aktiviert.

Um zu überprüfen, ob die Springmuskeln eines Frosches tatsächlich diese Eigenschaften besitzen, beobachteten C. Lutz und L.C. Rome springende Frösche (*Rana pipiens*), machten Experimente an isolierten Froschmuskeln, und kombinierten die Ergebnisse aus beiden Untersuchungen.

Längen-Spannungs-Beziehung

Um im Muskel während eines Sprunges die Beziehung zwischen Länge und Spannung zu untersuchen, maßen Lutz und Rome die Länge und die Änderungen in der Länge des Musculus semimembranosus, eines Hüftextensors (Hüftstrecker). Die Messungen wurden sowohl beim Sprung eines intakten Frosches als auch an einem isolierten Bein gemacht, dessen Position jeweils der eines springenden Froschbeines angepaßt wurde (Abb. 10.32). Wenn man Längenänderung des Muskels gegen den Hüftwinkel aufträgt, läßt sich der Momentarm des Muskels bestimmen (in der Physik ist der Momentarm die Entfernung des Ansatzpunktes eines festgelegten Hebels [hier des Oberschenkels] vom Angriffspunkt der Kraft [dem Muskelansatz am Becken], die eine Masse [das Becken] um den Fixpunkt [das Hüftgelenk] dreht) (Abb. 10.32). In diesem Fall ist der Momentarm (also die Entfernung zwischen Hüftgelenk und Ursprung des Muskels am Becken) entscheidend, weil er sowohl die mechanischen Eigenschaften des Muskels und die für jede Winkeländerung nötige Längenänderung bestimmt.

Die Länge der Sarcomere im Hüftextensor wurde in gekauerter und gestreckter Haltung des Frosches bestimmt. Beim Sprung verkürzt sich die Sarcomerlänge von 2,34 μm (kauernd) auf 1,82 μm beim Abheben vom Boden. Um zu bestimmen, wo diese Längen auf der Längen-Spannungskurve des Sarcomers liegen, wurden die Werte mit der Längen-Spannungskurve der nahe verwandten Art *Rana temporaria* verglichen (Abb. 10.33 A).

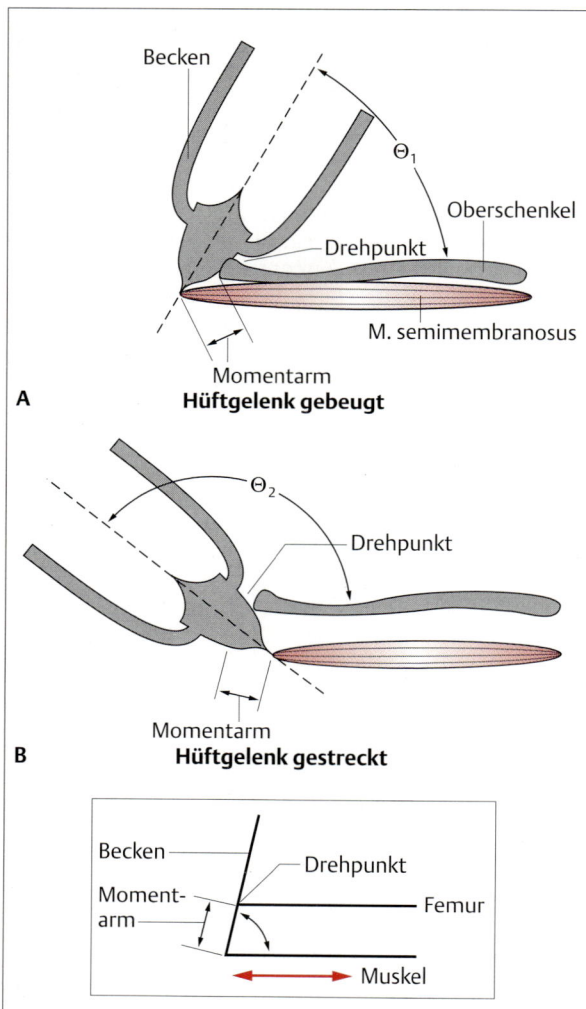

Abb. 10.32 Mechanik des Froschsprunges. Kontrahiert sich der Hüftextensor (Hüftstrecker) eines Frosches, dann dreht sich das Hüftgelenk um den Anheftungspunkt zwischen Becken und Femur. **A** Ist der Frosch zusammengekauert, dann ist der Winkel (θ_1) am Hüftgelenk klein, und der Streckmuskel (M. semimembranosus) ist erschlafft. **B** Springt der Frosch, vergrößert sich der Hüftwinkel (θ_2), da die Muskelkontraktion über den eingezeichneten Momentarm wirkt und am Becken zieht. Kleines Einsatzbild: Schemazeichnung mit den mechanischen Bestandteilen, die zum Sprung beitragen (nach Lutz u. Rome, 1996).

Die gemessenen Sarcomerlängen des Hüftextensors fielen in die Plateauphase der Längen-Spannungskurve; wie für Hochleistungsmuskeln vorhergesagt, arbeiteten die Fasern des Hüftextensors beim Sprung nahe ihrem Leistungsoptimum. Berechnungen ergaben, daß dieser Muskel mindestens 90% seiner Maximalspannung beim Sprung leistet. Wenn die ursprüngliche Sarcomerlänge nur geringfügig länger oder kürzer wäre, könnte der Muskel nicht so viel leisten.

Eine Reihe von Faktoren muß zusammenpassen, um dieses optimale Ergebnis zu erreichen. Die Längen der Myofilamente und die Anzahl der Sarcomere pro Muskelfaser müssen so zusammenpassen, daß dicke und dünne Filamente optimal überlappen, solange der Frosch zusammengekauert ist. Zusätzlich muß bei jeder Änderung des Winkels am Hüftgelenk der Momentarm dem Muskel und den Sarcomeren die nötige Längenänderung erlauben.

Der Wert von V/V_{max}

Die maximale Verkürzungsgeschwindigkeit (V_{max}) des Hüftextensors beträgt etwa 10 Muskellängen pro Sekunde; seine maximale Leistung erzielt er bei 3,44 Muskellängen pro Sekunde (Abb. 10.**33 B**). Die durchschnittliche Verkürzungsrate bei einem Sprung ist 3,43 Muskellängen pro Sekunde, also bei $V/V_{max} = 0,32$. Dieser Wert entspricht der Geschwindigkeit, bei welcher der Muskel seine maximale Leistung hat. Muskulatur, Gelenkbau und Masse sind also so angelegt, daß der Hüftextensor bei einem für maximale Leistung geeigneten V/V_{max}-Wert arbeitet.

Aktivierungszustand

Auch wenn der Hüftextensor sich bei optimaler Sarcomerlänge zu kontrahieren beginnt und sich mit optimaler Geschwindigkeit verkürzt, muß er zur maximalen Leistung auch maximal aktiviert werden. Begänne der Muskel sich zu verkürzen, bevor er voll aktiviert wurde, dann würde er weniger Kraft produzieren als es bei dieser Geschwindigkeit möglich ist (d.h. die aufgebrachte Kraft läge unter dem Wert der Kraft-Geschwindigkeits-Kurve), und dadurch wäre auch die Leistung nicht maximal. Wie bereits erwähnt, hängt die Zeit, die zur Aktivierung benötigt wird, von der Freisetzungsgeschwindigkeit des Ca^{2+} und dessen Bindung an Troponin ab sowie von der Geschwindigkeit der Querbrückenanheftung. Soll der Hüftextensor des Frosches vor Beginn der Verkürzung maximal aktiviert werden, muß die Aktivierung schnell erfolgen und die Bewegung des Hüftgelenkes bis zur vollständigen Aktivierung verzögert werden (was von der Masse des Frosches abhängt).

Eine Möglichkeit zu bestimmen, ob der Extensormuskel erst nach maximaler Aktivierung mit der Verkürzung beginnt, wäre, Kraft und Leistung des Muskels während des Sprunges zu messen. Um das Verhalten eines einzigen Muskels zu messen, müßten jedoch Kraft-Transducer in den Frosch implantiert werden. Dies ist technisch noch nicht möglich. In einer alternativen Ver-

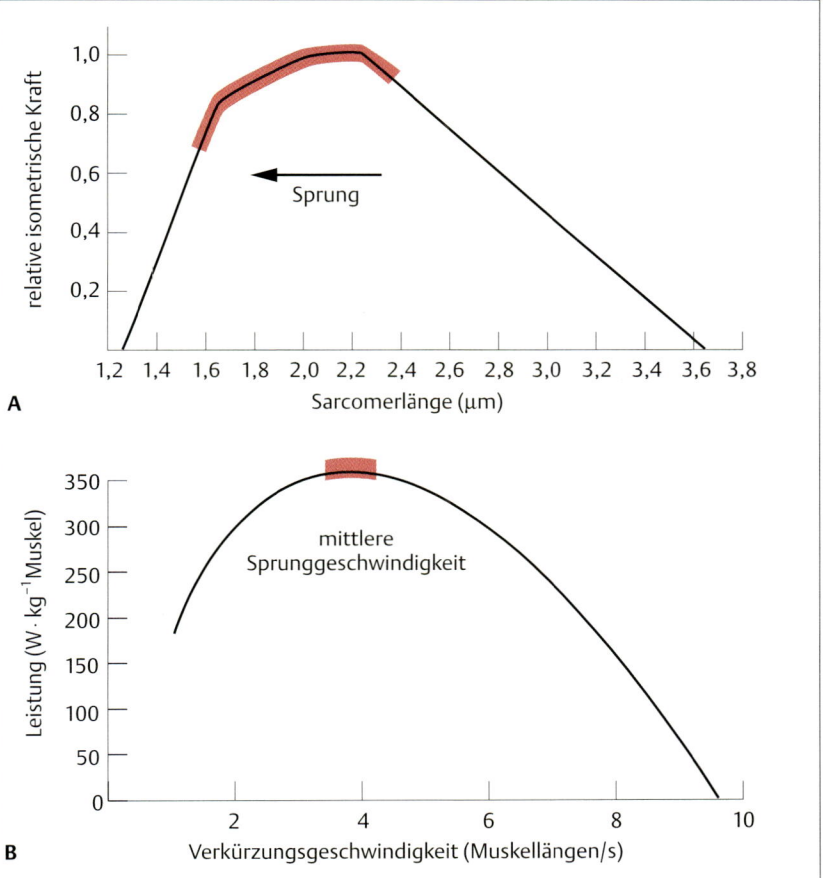

Abb. 10.33 Die Mechanik des Hüftextensors arbeitet beim Sprung eines Frosches optimal. A Zu Beginn des Sprungs sind die Sarcomere im M. semimembranosus 2,34 μm lang und verkürzen sich (roter Teil der Kurve) beim Sprung auf 1,83 μm. Selbst bei kürzester Sarcomerlänge liefert der Muskel noch über 90% seiner Maximalkraft. **B** Bei der beim Sprung auftretenden Geschwindigkeit arbeitet der Muskel im rot gezeichneten Teil der Leistungskurve, bei der mindestens 99% der maximalen Leistung erzeugt wird. Die Verkürzungsgeschwindigkeit wird in Muskellängen pro Sekunde ausgedrückt, um die auftretenden Längenunterschiede zwischen verschiedenen Muskeln zu berücksichtigen (nach Lutz u. Rome, 1994).

suchsanordnung werden beim intakten Frosch die Länge des Hüftextensors und die elektrische Aktivität der Fasern im Muskel so exakt wie möglich gemessen und diese Werte bei einem isolierten Muskel reproduziert.

Mit diesem zweiten Ansatz wurde das Experiment in Abb. 10.**34** durchgeführt. Die elektrische Aktivität des Muskels im intakten Frosch wurde durch implantierte Minielektroden gemessen; solche Elektroden zeichnen APs im Muskel auf, so wie extrazelluläre Elektroden APs in Nervenfaserbündeln aufzeichnen (s. Box 6.**1**, S. 170). Die erhaltene Messung ist das **Elektromyogramm** (EMG). Die APs der Muskelfasern sind asynchron, und die Amplitude eines Signals einer einzelnen Faser hängt davon ab, wie nahe die Elektrode an der betreffenden Faser liegt. Eine EMG-Aufzeichnung kann also sehr komplex sein. Das Muster der APs in den größten von der EMG-Elektrode aufgezeichneten Einheiten kann jedoch aus der Messung übernommen werden und ein isolierter Muskel mit diesem Muster elektrisch gereizt werden (Abb. 10.**34A**). Zusätzlich zur elektrischen Aktivität des Muskels wurde das zeitliche Muster der Längenänderung des Hüftextensors beim Sprung eines intakten Frosches gemessen; ein isolierter Muskel wurde entsprechend diesem Muster der Längenänderungen gestreckt, während er elektrisch gereizt wurde (Abb. 10.**34B**). Bei dieser Behandlung erzeugte der isolierte Hüftmuskel die für die aufgezwungene Verkürzungsgeschwindigkeit erwartete maximale Kraft (Abb. 10.**34C**). Dies läßt vermuten, daß er beim Sprung maximal aktiviert ist. Dieses Resultat bedeutet, daß bei diesem Muskel die molekularen Aktivierungskomponenten den mechanischen Anforderungen angepaßt sind.

Diversität der Funktion – Schwimmende Fische

Die Untersuchung von Fischmuskeln hat aus zwei Gründen sehr viel zur Aufklärung der Organisation von Muskelsystemen beigetragen:

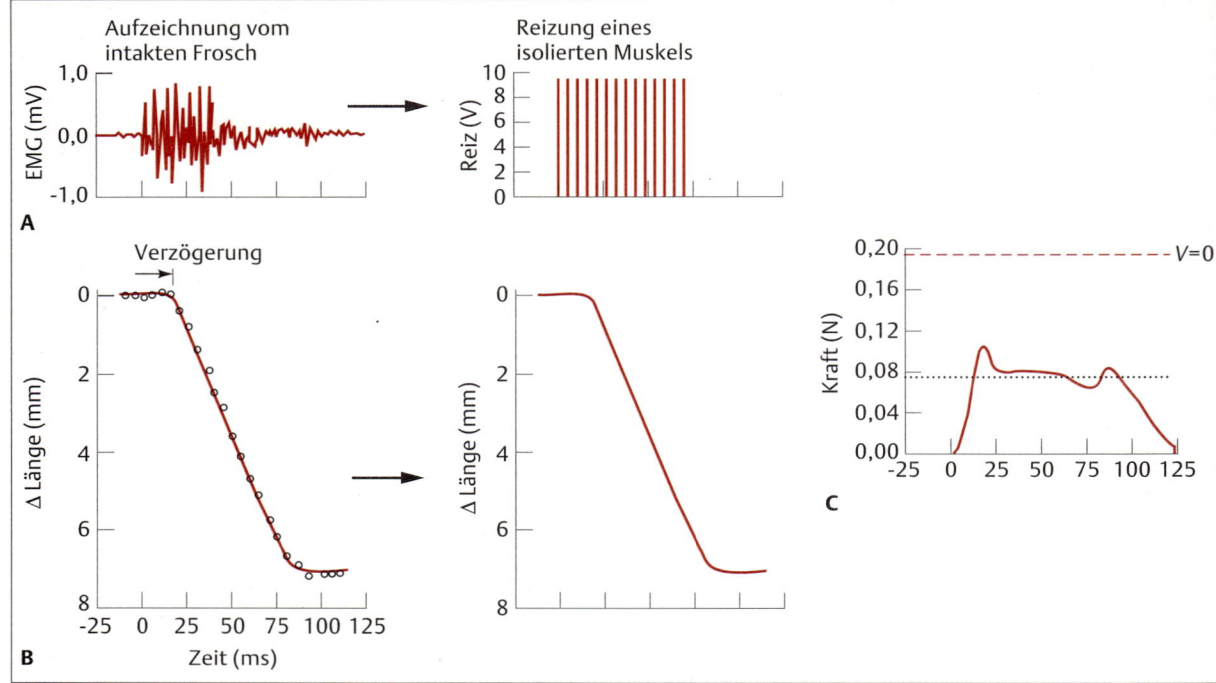

Abb. 10.34 Elektrische Aktivitätsmuster und Längenänderungen werden isolierten Froschmuskeln aufgezwungen, um die Krafterzeugung zu messen. A Elektromyogramm des M. semimembranosus beim Sprung (links) und das abstrahierte Reizmuster, mit dem ein isolierter Muskel erregt wurde (rechts). **B** Verkürzungsrate des Muskels eines intakten Frosches bei Sprung und die Längenänderungen, die einem isolierten Muskel aufgezwungen wurden, während er wie in A gezeigt elektrisch gereizt wurde. **C** Die vom isolierten Muskel aufgebrachte Kraft (durchgezogene Linie) während des Experiments, das die Reizung und Verkürzungsrate des Sprungs simuliert, wie sie beim intakten Frosch ermittelt wurde. Die gestrichelte Linie gibt die isometrische Kraft an, die dieser Muskel bei $V = 0$ erzeugt. Die gepunktete Linie zeigt die Kraft an, die beim gleichen Muskel während eines Kraft-Geschwindigkeit-Experiments (ähnlich dem in Abb. 10.31 A) bei der erzwungenen Verkürzungsgeschwindigkeit zu erwarten wäre (nach Lutz u. Rome, 1994).

- Fische zeigen eine Vielzahl von Bewegungen, die leicht ausgelöst und quantitativ analysiert werden können.
- Verschiedene Bewegungsarten werden von verschiedenen Muskelfasertypen erzeugt, die (mit Ausnahme der cyclostomen Fische) anatomisch gut voneinander getrennt sind (Abb. 10.35). Mittels EMG-Elektroden läßt sich daher die Aktivität für einen speziellen Muskelfasertyp aufzeichnen. Wie bereits erwähnt, enthalten die Muskeln der meisten Vertebraten mehr als nur einen Fasertyp, was die elektrische Registrierung der Aktivität in einem speziellen Fasertyp schwierig oder sogar unmöglich macht.

Während der vielen Bewegungen, zu denen Fische fähig sind, ist die Änderung der Sarcomerlängen in etwa der Wirbelsäulenkrümmung proportional. Wenn sich ein Karpfen beim langsamen andauernden Schwimmen mit einer gleichmäßigen Geschwindigkeit von z.B. 25 cm/s fortbewegt, erfordern die undulatorischen Schwimmbewegungen nur geringfügige Krümmungen entlang des größten Teils der Wirbelsäule (Abb. 10.36A); die Sarcomerlängen entlang des Körpers ändern sich folglich kaum. Wird der Fisch dagegen erschreckt – z.B. durch ein lautes Geräusch – und zeigt eine Fluchtreaktion, dann krümmt sich seine Wirbelsäule stark, was bedeutet, daß die Sarcomere auf einer Seite deutlich verkürzt, auf der anderen deutlich verlängert werden (Abb. 10.36B). Man beachte die unterschiedliche Zeitskala beim normalen Schwimmen und bei der Fluchtbewegung. Beim ruhigen Schwimmen dauert ein Schwanzschlag ca. 400 ms, während bei der Fluchtreaktion der Körper vom gestreckten bis zum stark gebogenen Zustand nur 25 ms benötigt.

Die Muskeln eines Fisches müssen also sowohl langsame Bewegungen mit niedriger Amplitude als auch

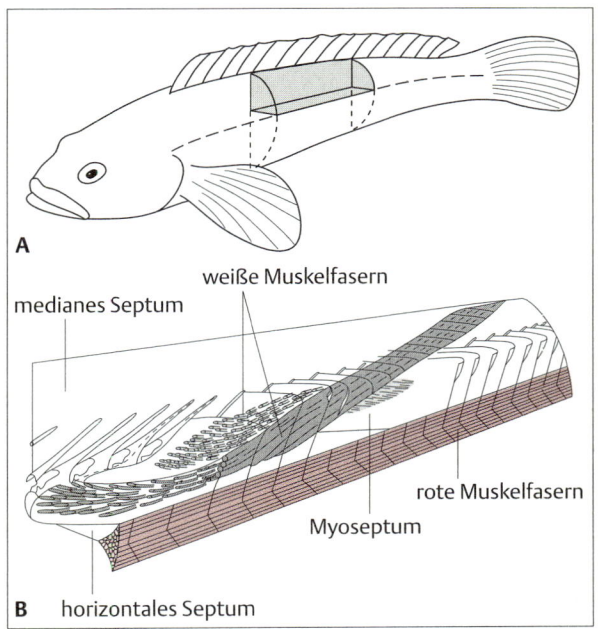

Abb. 10.35 Räumliche Anordnung funktionell und physiologisch verschiedener Muskelfasern bei Fischen. Bei gnathostomen Fischen sind die verschiedenen Muskelfasertypen anatomisch separiert, so daß die Aktivität elektromyographisch für die verschiedenen Muskelfasertypen getrennt aufgezeichnet werden kann. **A** Dorsolaterale Ansicht eines Fisches. **B** Detaildarstellung des in A grau unterlegten Bereiches aus der epaxialen Muskulatur der mittleren Rumpfregion der linken Körperseite. Die Schemazeichnung zeigt einen ca. 20 Myomere umfassenden Ausschnitt (nach Untersuchungen an einem Schlangenkopffisch, *Channa obscura*). Die schwarzen Umrißlinien geben die Lageverhältnisse der Wirbelsäule, des horizontalen und medianen Septums und der Myosepten wieder. Die räumliche Anordnung der verschiedenen Muskelfasertypen ist mit grauer und roter Farbgebung hervorgehoben. Die Faserzüge der roten und weißen Muskulatur sind segmentübergreifend dargestellt. Die Einschaltungen der Myoseptengrenzen in diese Faserzüge sind angegeben. Die rote Muskulatur (Typ I: langsame oxidative Muskelfasern, rot dargestellt) bildet eine dünne oberflächliche Lage von Muskelfasern, die um das horizontale Septum angeordnet ist. Die roten Muskelfasern verlaufen parallel zur Körperachse, so daß Längenveränderungen in ihren Sarcomeren direkt aus den Köperkrümmungen bei der undulatorischen Lokomotion berechenbar sind. Die weißen Muskelfasern (Typ II: schnelle glykolytische Muskelfasern, grau dargestellt) füllen den Großteil des Rumpfes aus. Innerhalb dieser weißen Muskulatur ist einem Kontraktionsbogen mit helical verlaufenden Fasern (dunkler Grauton) eine achsennahe Muskelportion (heller Grauton) unterlagert, deren Fasern gekreuzt zu denen des Kontraktionsbogens verlaufen. Der Übergang zwischen den beiden Portionen der weißen Muskulatur erfolgt graduell. Die Fasern eines Kontraktionsbogens überspannen etwa 15 Segmente. Durch ihre starke Abweichung von der Körperlängsrichtung müssen sich die weißen Fasern deutlich weniger verkürzen als die roten Fasern, um dieselbe Körperkrümmung zu bewirken. Die abgebildete Verteilung und räumliche Anordnung der verschiedenen Muskelfasertypen ist innerhalb der gnathostomen Fische sehr einheitlich (Originaldarstellung S. Gemballa, nach Daten aus Gemballa 1995, 1998).

schnelle Bewegungen mit hoher Amplitude ausführen können. Schon früher in diesem Kapitel wurde argumentiert, daß Muskeln auf eine bestimmte Anforderung fein abgestimmt sein müssen, um Optimales leisten zu können.

EMGs von Fischen, die entweder gleichmäßig bei geringer Geschwindigkeit schwimmen oder auf ein lautes Geräusch reagieren, zeigen, daß verschiedene Muskelfasertypen bei diesen beiden Verhaltensweisen aktiv sind. Die bei Fischen mögliche Zuordnung der Fasertypen zu gut abgrenzbaren Bereichen der Rumpfmuskulatur erleichterte diese Schlußfolgerung: Schwimmt ein Fisch gleichmäßig, sind nur **rote Muskeln** aktiv, die aus langsamen oxidativen (Typ I) Fasern bestehen. **Weiße Muskeln** mit schnellen glykolytischen (Typ IIa) Fasern werden dagegen zum schnellen Schwimmen oder für schnelle Reaktionen wie z.B. die Flucht eingesetzt. Ein Fisch kann sehr verschiedene Arten von Bewegung gut ausführen, da er für jede Bewegung Muskeln benutzt, die für diese Aufgabe spezialisiert sind. Schauen wir uns also bei diesen Fischmuskeln die gleichen Eigenschaften an, die wir für die Hüftextensoren eines Frosches betrachtet haben.

Längen-Spannungs-Beziehung

Die obige Schlußfolgerung, daß die Sarcomerlänge direkt zur Krümmung des Körpers eines Fisches in Beziehung gesetzt werden kann, beruht auf Messungen der Sarcomerlänge von toten Fischen, die in den Körperhaltungen eingefroren wurden, die lebende Fische bei verschiedenen Verhaltensweisen einnehmen. Diese Messungen zeigen, daß die Sarcomere der roten Muskulatur bei langsam schwimmenden Fischen wiederholt zwischen 1,89 µm und 2,25 µm mit einer Häufung bei 2,07 µm variierten (Abb. 10.36A). Diese Werte müssen mit der Längen-Spannungskurve der Fisch-Sarcomere verglichen werden, um festzustellen, ob die dicken und dünnen Filamente eine maximale Überlappung behalten, während die Sarcomere ihre Länge ändern. Elektronenmikroskopische Untersuchungen roter und weißer Muskeln von Karpfen zeigen, daß die Längen der Myofilamente fast identisch mit denen von Froschmuskeln sind. Die Längen-Spannungskurve der Sarcomere der Froschmuskulatur kann daher mit einer gewissen Berechtigung auf den Karpfen übertragen werden. Der

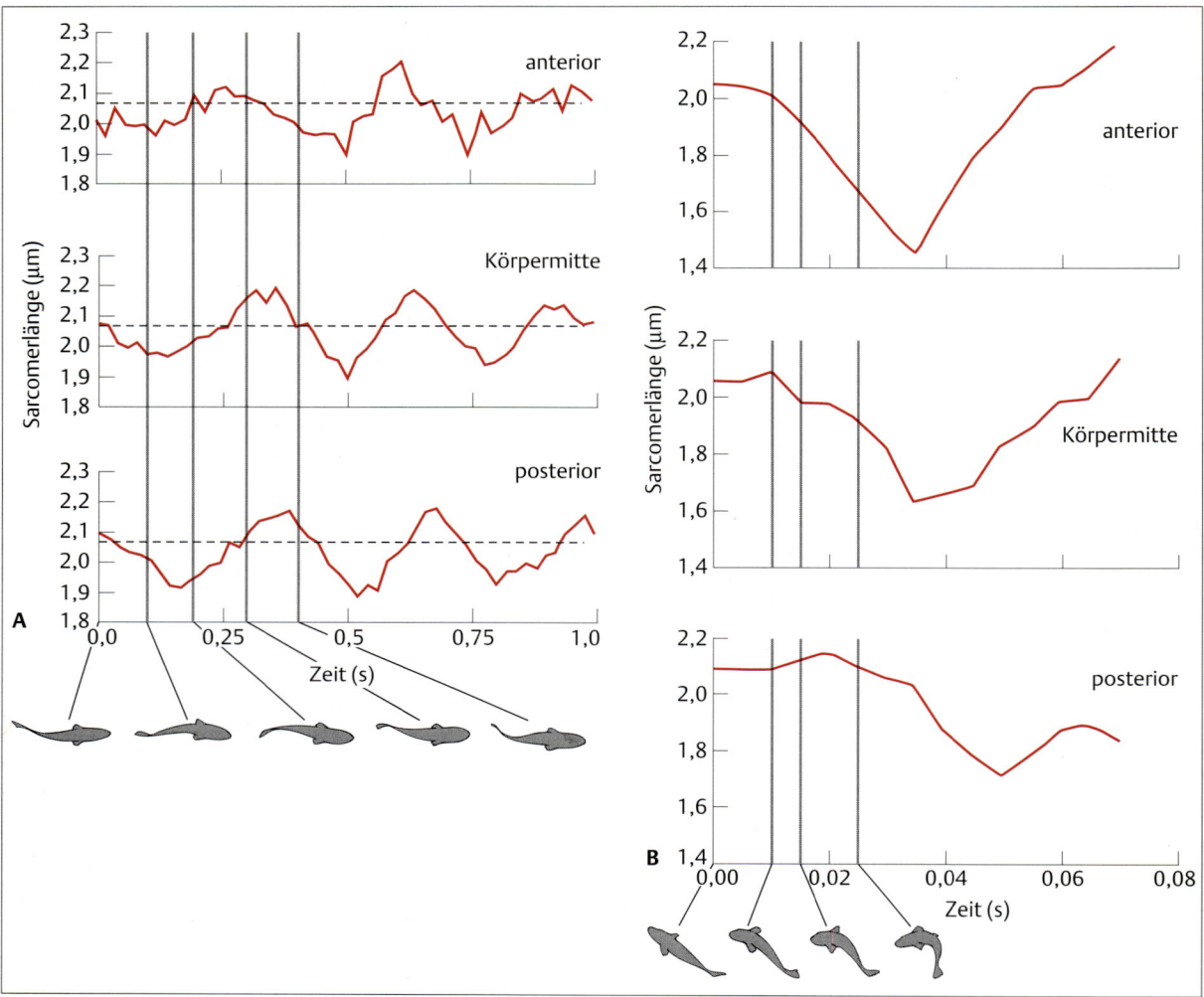

Abb. 10.36 Gleichmäßige Schwimm- und Fluchtbewegungen der Fische unterscheiden sich drastisch im Zeitverlauf, in den auftretenden Körperkrümmungen und in den Längenänderungen der Sarcomere. Dargestellt sind Längenänderungen in den Sarcomeren der roten Muskelfasern einer Körperseite für den vorderen, mittleren und hinteren Rumpfbereich eines Karpfens (*Cyprinus carpio*) beim gleichmäßigen Schwimmen (25 cm/s) und bei akustisch ausgelösten Fluchtbewegungen. Die Längenänderungen in den Sarcomeren sind zu ausgewählten Zeitpunkten aus den jeweiligen Körperumrissen des Fisches in den Filmaufnahmen berechnet. Die Körperumrisse zu den gewählten Zeitpunkten sind unter den Kurven dargestellt. **A** Beim gleichmäßigen Schwimmen, das von den roten Muskelfasern (Typ I- Fasern, langsam-oxidativ) angetrieben wird, sind nur geringe Längenänderungen in den Sarcomeren erforderlich. **B** Für die Fluchtreaktion wären hingegen enorme Längenänderungen in den Sarcomeren der roten Muskelfasern notwendig. Diese Reaktion wird daher von den günstiger angeordneten weißen Muskelfasern (Typ IIb, schnell-glykolytisch) angetrieben (A nach Rome u. Mitarb., 1990a; B verändert nach Rome u. Mitarb., 1988).

Vergleich der Sarcomerlängen, die bei schwimmenden Karpfen gemessen wurden, mit der Längen-Spannungs-Beziehung von Froschmuskeln zeigt, daß die roten Muskeln beim Schwimmen mindestens 96% ihrer maximalen Kraft erzeugen (Abb. 10.37A, links).

Bei der Fluchtreaktion bewegt sich der Fisch schnell, und sein Rumpf krümmt sich dramatisch. Wie in Abb. 10.35 skizziert, verlaufen die roten Muskeln parallel zur Längsachse des Fisches, die weißen dagegen weichen in ihrem (dorsoventralen) Verlauf um bis zu 30 Grad von der Längsachse ab. Aufgrund ihrer längsparallelen Anordnung müßten sich die roten Muskelfasern

Anpassungen der Muskeln an verschiedene Aktivitäten

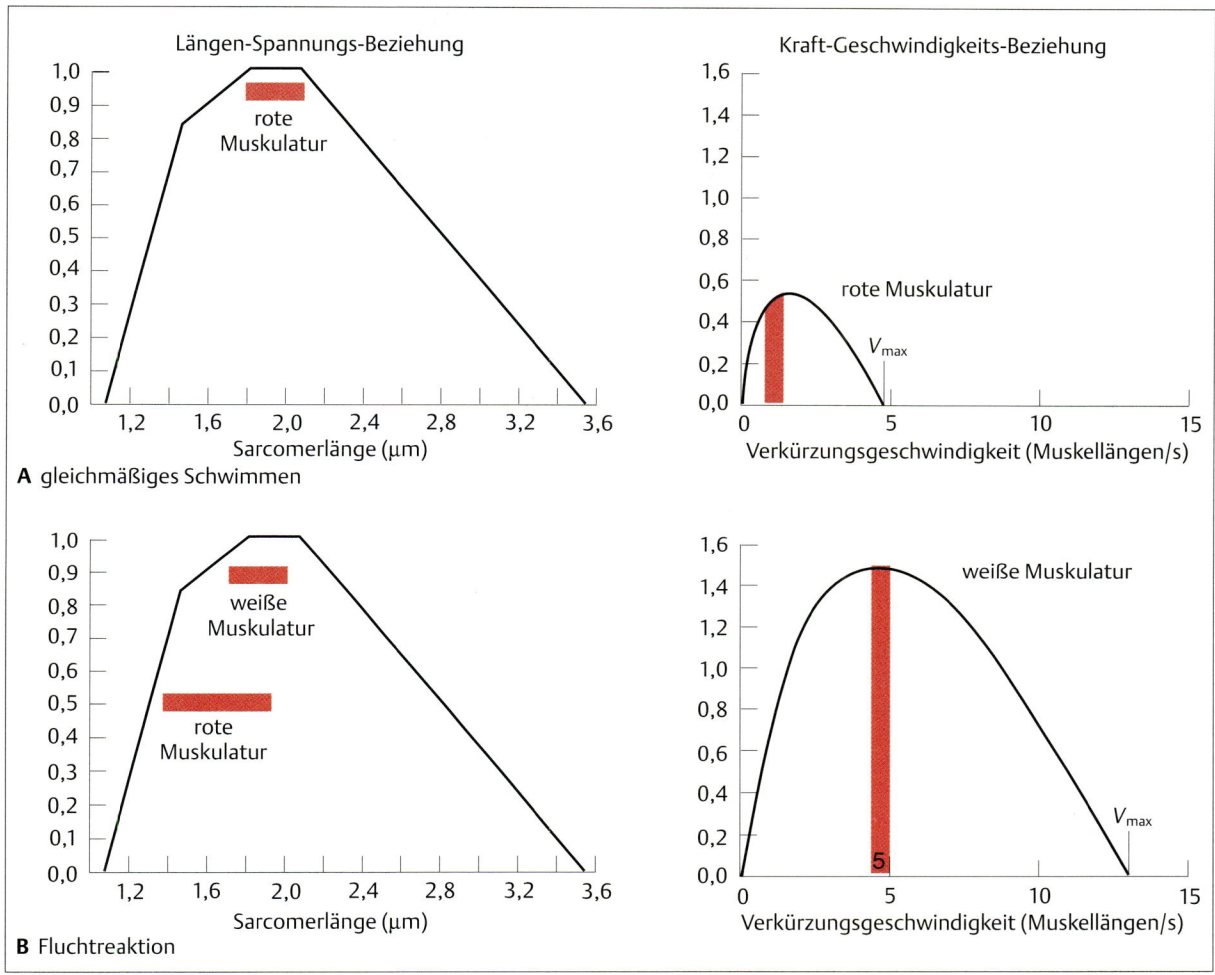

Abb. 10.37 Rote und weiße Muskulatur sind optimal an ihre Einsatzbereiche angepaßt. A Die Längenänderungen in den Sarcomeren der roten Muskelfasern während einer Kontraktion fallen in den Bereich des Kraftmaximums der Längen-Spannungs-Kurve (links). Der rote Balken gibt die Längenänderung der roten Muskelfasern beim langsamen, gleichmäßigen Schwimmen an. Die Kontraktionsgeschwindigkeit der roten Muskelfasern bei dieser Art der Fortbewegung liegt im Bereich von 0,17 V/V_{max} bis 0,36 V/V_{max} (rechts; roter Bereich). Damit fällt sie in den Bereich, in dem die roten Fasern ihre maximale Leistung erzielen. **B** Wegen ihrer anatomischen Anordnung können die weißen Muskelfasern bei der Fluchtreaktion in einem günstigeren Bereich der Längen-Spannungs-Kurve der Sarcomere arbeiten als es die roten Muskelfasern könnten (links). Aufgrund ihrer hohen V_{max} können sich weiße Muskelfasern sehr schnell kontrahieren. Mit einem Wert von 0,38 für V/V_{max} bei der Fluchtreaktion liegen sie im Bereich des Maximums der Leistungs-Geschwindigkeits-Kurve (nach Rome u. Sosnicki, 1991).

für die starke Krümmung bei der Fluchtreaktion auf 1,4 µm verkürzen, die weißen dagegen nur auf 1,75 µm. Die weiße Muskulatur besitzt also gegenüber der roten einen mechanischen Vorteil, da sie mit einer geringeren Sarcomerverkürzung die Wirbelsäule krümmen kann. Weiße Muskeln sind also besser für die Fluchtreaktion geeignet; sie erzeugen dabei etwa 85 % ihrer maximalen Kraft (Abb. 10.**37 B**, links). Wird weiße Muskulatur für weniger extreme Bewegung, z.B. schnelles Schwimmen, genutzt, dann ist die Krümmung der Wirbelsäule auch nicht so extrem. Die Sarcomere verkürzen sich weniger, und die Muskeln erzeugen nahezu maximale Kraft. Da Fische verschiedene Muskeln für verschiedene Bewegungen nutzen, ist der Überlappungsgrad der Myofilamente nie weit vom Optimalwert entfernt, auch nicht bei extremsten Bewegungen. Die Länge der dicken und dünnen Filamente und die anatomische Anordnung der Fasertypen ermöglichen diese Optimierung.

Der Wert von V/V_{max}

Außer ihrer unterschiedlichen anatomischen Anordnung haben die roten und weißen Muskeln eines Karpfens verschiedene Werte für V_{max}. Für die rote Muskulatur liegt der Wert bei 4,65 Muskellängen/s, für die weiße beträgt er 12,8 Muskellängen/s, d.h. er liegt etwa 2,5fach höher. Bei gleichmäßigem Schwimmen verkürzt sich die rote Muskulatur mit einem V/V_{max}-Wert zwischen 0,17 bis 0,36, was nahe am Wert ihrer maximalen Leistung liegt (Abb. 10.**37 A**, rechts). Bei höherer Schwimmgeschwindigkeit (höheren Werten von V/V_{max}) muß der Fisch mehr mechanische Leistung bringen; der Leistungswert der roten Muskulatur nimmt bei diesen Werten jedoch ab. Um schneller zu schwimmen, muß ein Fisch daher zusätzlich weiße Muskeln aktivieren. Die Fluchtreaktion hängt – im Gegensatz zum gleichmäßigen Schwimmen – völlig von der Aktivität der weißen Muskulatur ab. Um die Flucht anzutreiben, müßten sich die roten Muskeln mit 20 Längen/s verkürzen, also etwa vier mal schneller als V_{max}. Wäre die weiße Muskulatur anatomisch wie die rote Muskulatur angeordnet, wäre sie ebenfalls unfähig, die Fluchtreaktion auszuführen, da ihr V_{max} auch nur bei 13 Muskellängen/s liegt. Die helicale Anordnung der weißen Muskeln ermöglicht jedoch die Fluchtreaktion bei einer Verkürzungsgeschwindigkeit von nur 5 Längen/s. Dies entspricht einem V/V_{max}-Wert von 0,38, d.h. dem Wert, bei dem die weiße Muskulatur ihre höchste Leistung erbringt (Abb. 10.**37 B**, rechts).

Vielleicht wäre es für einen Fisch günstiger, nur weiße Muskulatur zu besitzen, da sie sicher auch langsames Schwimmen antreiben könnte. Jedoch wäre wegen deren hoher V_{max} der Wert von V/V_{max} beim langsamen Schwimmen so niedrig (0,01–0,03), daß sie sehr ineffektiv wäre. Rote Muskeln können beim langsamen Schwimmen wesentlich effektivere Leistung erbringen als weiße Muskeln. Die anatomische Anordnung und die V_{max}-Werte der beiden Muskeltypen sind also genau an die Anforderungen des Verhaltens angepaßt, bei dem sie aktiv sind. Fische brauchen beide Arten von Muskeln, um sich sowohl beim langsamen Schwimmen als auch auf der schnellen Flucht situationsgerecht und ökonomisch bewegen zu können.

Die anatomische Separierung und die unterschiedliche Anordnung der weißen und roten Muskelfasern ist in der beschriebenen Art und Weise bei den bisher untersuchten Fischarten (mit Ausnahme der cyclostomen Fische und einiger weniger Knochenfische) vorgefunden worden. Die Rekrutierung der roten und weißen Muskelfasern für unterschiedliche Schwimmaktivitäten konnte ebenso für zahlreiche Arten bestätigt werden. Es ist daher naheliegend zu vermuten, daß die am Beispiel des Karpfens aufgezeigten Zusammenhänge innerhalb der Fische eine breite Gültigkeit besitzen.

Kinetik von Aktivierung und Erschlaffung

Beim Sprung eines Frosches galt unser Hauptinteresse der Frage, ob der Muskel in der frühen Verkürzungsphase schon maximal aktiviert ist. Die Kinetik der Muskelerschlaffung war dabei weitgehend unwichtig. Bei zyklischen Längenänderungen von Muskeln, wie etwa beim Schwimmen eines Fisches, sind Tiere mit einem ganz anderen Problem konfrontiert. Schwimmen ist am effektivsten, wenn die Muskeln nicht gegeneinander arbeiten müssen. Wenn sich beispielsweise die Muskeln einer Körperseite verkürzen, dann verändern sie die Gestalt des Fisches am effektivsten, wenn während ihrer Kontraktion die Muskeln der anderen Seite erschlafft sind. Würden sich die Muskeln beider Seiten gleichzeitig maximal kontrahieren, wäre der Fisch steif und gestreckt. Es ist also wichtig, daß jeder Muskel nach der Verkürzung schnell erschlafft, damit er keinen Widerstand leistet, wenn der kontralaterale Muskel kontrahiert.

Um die Kinetik von Aktivierung und Erschlaffung bei der Leistungserzeugung zyklischer Muskelkontraktionen besser zu verstehen, verwendete Robert Josephson eine Art Rückkopplungsschleife. Durch ein Servomotorsystem werden Muskeln dabei in zyklische Längenänderungen – vergleichbar denen bei der Fortbewegung – versetzt. Zu bestimmten Zeiten im Zyklus wird der Muskel gereizt. Der Zeitpunkt des Reizes, seine Dauer, die muskeleigene Aktivierungs- und Relaxationsrate sowie V_{max} bestimmen dann, wieviel Leistung der Muskel bringt.

Eine wirkungsvolle Art, diese teils recht komplexen Zusammenhänge zu quantifizieren, besteht in der Messung der Nettoarbeit (Kraft · Längenänderung), die der Muskel während eines ganzen Zyklus von Verlängerung und Verkürzung aufbringt (Abb. 10.**38 A**). Nur bei Verkürzung erzeugt der Muskel positive Arbeit. Diese positive Arbeit entspricht daher der Fläche unter der Kraft-Längen-Kurve während der Verkürzungsphase des Zyklus (Abb. 10.**38 B**, Mitte). Wird der Muskel passiv durch Antagonisten (oder einen Servomotor) gedehnt, dann leistet er negative Arbeit. Diese entspricht der Fläche unter der Kurve während der Verlängerungsphase des Zyklus (Abb. 10.**38 B**, links). Die Nettoarbeit, d.h. die Differenz zwischen positiver und negativer Arbeit während eines Zyklus, entspricht der Fläche, die innerhalb des Diagramms der Kraft-Längen-Schleife dargestellt ist (Abb. 10.**38 B**, rechts). Damit die Nettoarbeit des Muskels positiv wird, muß er also bei jeder Verkürzung mehr Arbeit leisten als aufgewendet wird, um ihn wie-

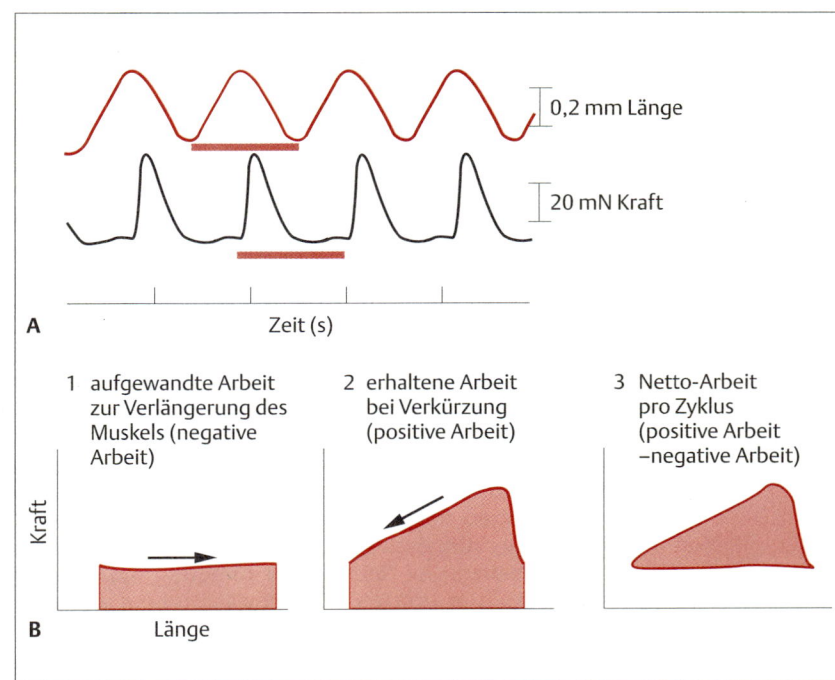

Abb. 10.38 Kraft-Längen-Schleife zur Darstellung der geleisteten Nettoarbeit eines Muskels. A Aufzeichnung der Längenänderung (oben) und der Muskelspannungsänderung (unten) in einem Flugmuskel einer Langfühlerschrecke (Schwertschrecke *Neoconocephalus triops*, Conocephalidae), der extern gereizt wird. Die roten Balken geben die Dauer eines Aktivitätszyklus an. **B** Kraft-Längen-Beziehungen während eines Aktivitätszyklus. (1) Der Muskel verlängert sich, da er von einer äußeren Kraft gedehnt wird; die Fläche unter der Kurve gibt die negative Arbeit an, die während dieser Phase aufgewendet wird. (2) Der Muskel verkürzt sich. Die Fläche unter der Kurve gibt die positive Arbeit an, die während dieser Phase geleistet wird. Die Nettoarbeit (3) ist die Differenz von positiver und negativer Arbeit und entspricht der Fläche, die von der Kraft-Längen-Schleife eingeschlossen wird. Dieses am Insektenflugmuskel etablierte Verfahren findet auch bei der Untersuchung der Rumpfmuskeln von Fischen Anwendung (nach Josephson, 1985).

der zu dehnen. Die Nettoleistung bei zyklischer Kontraktion wird folgendermaßen ausgedrückt:

(positive Arbeit − negative Arbeit)/
Zyklus · Frequenz der Zyklen

Es scheint, Muskeln können optimal arbeiten, wenn ihre Fasern während der Verkürzung voll aktiviert sind (wie beim Frosch) und erschlaffen, bevor sie durch andere Muskeln zur Dehnung gezwungen werden. Wäre ein Muskel sofort voll aktiv und wieder sofort voll relaxierbar, dann wäre die entstehende Kraft bei der Verkürzung aus der Kraft-Geschwindigkeits-Kurve abzulesen. Hierbei träte aber folgendes Problem auf: Ein Muskel, der bei Verkürzung maximal aktiviert war und anschließend sofort erschlaffen müßte, wäre aus zwei Gründen sehr „teuer": Erstens müßte er sehr schnell Ca^{2+} zurück in das SR pumpen, was eine große Zahl ständig aktiver Ca^{2+}-Pumpen erfordern würde – und damit sehr viel ATP. Zweitens müßten die Querbrücken sich sehr schnell ablösen; schnell ablaufende Querbrückenzyklen verbrauchen ATP sehr viel schneller als langsam ablaufende. Ein Muskel mit geringer Ca^{2+}-Pumpenleistung und Geschwindigkeit beim Durchlauf eines Querbrückenzyklus ist energetisch billiger, kann folglich effektiver arbeiten. Die Effektivität ist ja gerade bei Muskeln, die fast dauernd arbeiten – wie die Schwimmuskulatur (insbesondere die ausdauernde rote Mus-

kulatur) eines aktiven Fisches – besonders entscheidend.

Wenn ein Muskel sich langsam entspannt und daher stoffwechseleffektiv ist, dann wird der Zeitpunkt der Reizung wichtig. Damit ein langsam erschlaffender Muskel vor der Dehnung hinreichend entspannt ist, muß die Reizung während der Verlängerung einsetzen und sollte nur bis zum ersten Teil der Verkürzungsphase andauern. Dieses Reizmuster wird aber die Arbeit, die der Muskel leisten kann, vermindern. Wieder einmal gilt es, zwei wünschenswerte Eigenschaften miteinander in Einklang zu bringen: Auf der einen Seite steht die Fähigkeit, Arbeit zu verrichten, auf der anderen die Effektivität des Stoffwechsels. Experimente an schwimmenden Fischen sollten klären, ob bei Schwimmuskeln die **energetisch teure schnelle Erschlaffung** oder die **energetisch günstige verminderte Arbeitsleistung** vorherrscht.

Der experimentelle Ansatz bei diesen Untersuchungen ähnelte dem Ansatz für den Hüftextensor beim Frosch. Elektrische Aktivität und Längenänderung wurden an Muskeln schwimmender Fische bestimmt. Mit einem wie in Abb. 10.34 dargestellten Versuchsaufbau wurden danach isolierte rote Muskeln genau so gereizt, wie es das beim Schwimmen aufgenommene EMG vorgab, und deren Länge entsprechend den Schwimmbewegungen eingestellt. Die von den Muskeln unter die-

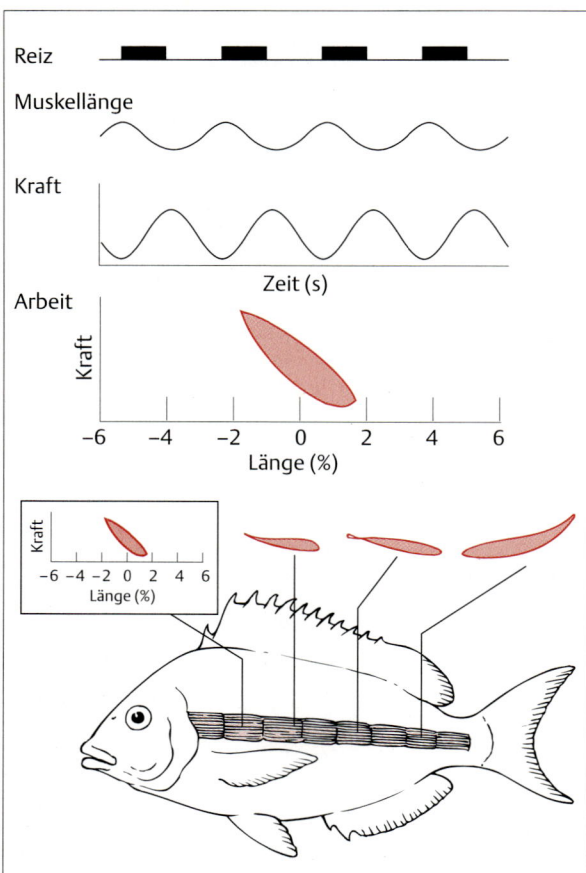

Abb. 10.39 Beim langsamen Schwimmen leisten rote Muskelfasern im caudalen Bereich mehr Arbeit als anteriore Fasern. Entlang des Rumpfes eines Brassen (*Stenotomus chrysops*; *Sparidae*) wurde an vier Positionen die Nettoarbeit der roten Muskelfasern während des langsamen, ausdauernden Schwimmens mit Hilfe von Kraft-Längen-Schleifen bestimmt. Die Flächen innerhalb der vier Kraft-Längen-Schleifen (Skalierungen jeweils identisch) zeigt an, daß die caudal gelegenen roten Muskelfasern bei dieser Art der Fortbewegung mehr Nettoarbeit leisten als die weiter anterior gelegenen roten Muskelfasern. Obere Kurven: Typischer Stimulus mit dazugehörigen Längen- und Muskelspannungsaufzeichnungen, die zur Erstellung einer Kraft-Längen-Schleife dienen (nach Rome u. Mitarb., 1993).

sen Bedingungen aufgebrachte Kraft wurde dann bestimmt; anschließend wurde aus der Arbeitskurve die Leistung ermittelt. Die Versuche ergaben, daß die hinteren Muskeln beim langsamen, gleichmäßigen Schwimmen mehr Nettoarbeit leisten als die vorderen (Abb. 10.**39**).

Muskeln an verschiedenen Stellen entlang der Körperachse erhalten verschiedene Reizmuster und ändern ihre Länge unterschiedlich stark. Dies beeinflußt sowohl die erzeugte Kraft als auch die Leistung. Der Aktivitätszyklus des Reizes (der Prozentsatz eines Zyklus, während dem die roten Muskelfasern gereizt werden) beträgt im vorderen Teil des Fisches etwa 50% und fällt im hinteren Teil auf etwa 25% ab. Zusätzlich ändern die hinteren Muskelgruppen ihre Länge beim Schwimmen viel stärker als die vorderen. Die Kombination von großen Längenänderungen und kurzem Aktivitätszyklus erlaubt den hinteren roten Muskelfasern, den größten Teil der mechanischen Leistung zu bringen. Wurden isolierte vordere Muskeln den gleichen Bedingungen in Reizmuster und Längenänderung ausgesetzt, dann erzeugten sie auch die gleiche Leistung wie hintere. Es ist also das Muster des **Muskelverhaltens** im hinteren Teil des Fisches, das für mehr Leistung sorgt, und nicht etwa eine Eigenschaft der Fasern selbst.

Untersuchungen an der **roten Muskulatur** beim Schwimmen zeigen, daß diese Schwimmuskeln mit langsamer Aktivierungs- und langsamer Erschlaffungsrate arbeiten. Die Reizung der hinteren Muskeln, die mehr Leistung bringen, beginnt während der Verlängerung und endet genau nach dem Beginn der Verkürzung, wie oben vorhergesagt. Als Ergebnis muß der Muskel während des Kraftschlages erschlaffen, erbringt dadurch weniger mechanische Leistung, verringert damit aber wahrscheinlich den energetischen Aufwand und arbeitet somit stoffwechseleffektiver.

Die für die rote Muskulatur geschilderten Befunde lassen sich nicht auf die **weiße Muskulatur** übertragen. Es gibt Hinweise darauf, daß die Muskeln des hinteren Rumpfbereiches zunehmend aktiv sind, wenn sie passiv gedehnt werden und somit negative Arbeit verrichten. Sie versteifen damit den hinteren Rumpfbereich mechanisch. Positive Arbeit hingegen wird von den vorderen Myomeren verrichtet. (Ein Myomer entspricht einem einzelnen Abschnitt der metamer gegliederten Rumpfmuskulatur.) Der hintere Rumpfbereich könnte mechanisch derart eingestellt werden, daß er optimale Eigenschaften zur Kraftübertragung auf die Schwanzflosse besitzt. Für die weiße Muskulatur ist eine funktionelle Differenzierung in vordere krafterzeugende und hintere kraftübertragende Myomere sehr plausibel, da der Großteil der Muskelmasse aus hydrodynamischen Gründen im vorderen Rumpfbereich konzentriert sein muß.

Anpassungen an Schnelligkeit – Lauterzeugung

Einige Tiere erzeugen Laute ohne direkte Kopplung mit Muskelkontraktionen (Beispiele sind schwingende Luftsäulen, die an einer vibrierenden Membran oder an Stimmbändern vorbeistreichen). Bei anderen Tieren werden Geräusche erzeugt, wenn Muskelkraft direkt bestimmten Strukturen, z.B. die Schwimmblase eines Krötenfisches oder die Schwanzrassel einer Klapperschlange, vibrieren läßt. Bei diesen Tieren müssen die lauterzeugenden, **sonischen Muskeln** oder **Schallmuskeln** Kontraktionszyklen durchlaufen, die der Frequenz der produzierten Töne entsprechen. Diese sind 10–100 mal schneller als die der meisten Bewegungsmuskeln.

Im vorausgegangenen Abschnitt haben wir gesehen, daß die Schwimmuskeln der Fische vergleichsweise langsame Erschlaffungsraten besitzen, wodurch sie die hohen Energiekosten übermäßig vieler Ca^{2+}-Pumpen vermeiden. Reizt man die Schwimmuskeln experimentell mit den hohen Frequenzen, wie sie für die Geräuschproduktion erforderlich sind, dann können diese zwischen den Reizen nicht mehr entspannen und kontrahieren sich tetanisch (Abb. 10.28). Im tetanisierten Zustand würden Lauterzeugungsmuskeln ebenfalls keine Töne mehr hervorbringen. Lauterzeugungsmuskeln müssen also Eigenschaften besitzen, die es ihnen erlauben, bei hohen Frequenzen, die z. T. über 80 Hz liegen, arbeiten zu können.

Die Schwimmblase der Froschfische

Der männliche Austernfisch *Opsanus tau* erzeugt als Paarungsruf einen „Bootsmannpfiff", um Weibchen zu seinem Nest zu locken – oft stundenlang 10–12 mal in der Minute. Dieser Ton wird durch oszillierende Kontraktionen der Muskeln rund um die gasgefüllte Schwimmblase erzeugt (s. S. 649 ff.). Die gleichmäßigen Schwimmbewegungen des Austernfisches erfolgen mit etwa 1–2 Hz, die schnelle Fluchtreaktion mit 5–10 Hz. Um Töne zu erzeugen, müssen sich die Muskeln der Schwimmblase jedoch mit mehreren Hundert Hertz kontrahieren und erschlaffen. Zum Klärung der Unterschiede zwischen den verschiedenen Muskeltypen mit ihren unterschiedlichen zeitlichen Charakteristika wurden die drei Muskeltypen für Schwimmen, Flucht und Lauterzeugung untersucht. Für viele biologische Vorgänge wird als charakteristisches Maß eines zeitlichen Verlaufs die **Halbwertszeit** gewählt, d.h. der Bereich auf der Zeitachse, bei dem die Ereigniskurve 50% ihres Spitzenwertes erreicht. Die Halbwertszeit einer Einzelzuckung der roten (Schwimm-) Muskulatur beträgt 500 ms, bei der weißen (Flucht-) Muskulatur 200 ms und bei der lauterzeugenden Schwimmblasenmuskulatur nur 10 ms.

Wenn ein Muskel sich schnell kontrahieren und wieder erschlaffen soll, müssen zwei Bedingungen erfüllt sein:
- Ca^{2+}, der Auslöser für die Kontraktion, muß schnell ins Myoplasma hinein diffundieren und wieder aus ihm entfernt werden (Abb. 10.40, Schritte 1 und 4).
- Die Querbrücken müssen sich kurz nach beginnen-

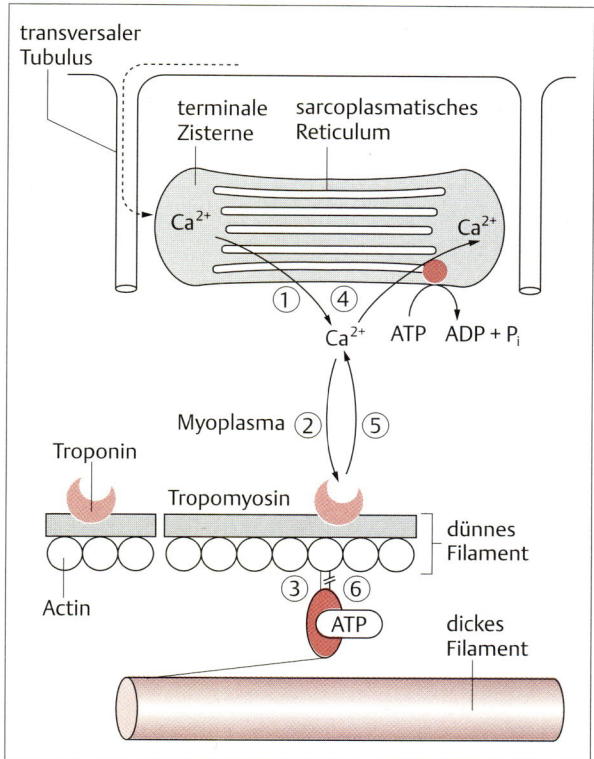

Abb. 10.40 Kritische Schritte im Kontraktions-Erschlaffungs-Zyklus der mit hohen Frequenzen kontrahierenden Muskeln. Bei einer Aktivierung wird das Reizsignal (gestrichelter Pfeil) sehr schnell entlang des T-Tubulus zum SR geleitet; Ca^{2+}-Kanäle in der SR-Membran öffnen sich daraufhin, und Ca^{2+} strömt in das Myoplasma ein (Schritt 1). Die Bindung des freien Ca^{2+} an Troponin (Schritt 2) löst die tropomyosinabhängige Hemmung der Bindung von Myosin an Actin. Myosinquerbrücken heften sich an (Schritt 3), und dicke und dünne Filamente gleiten aneinander vorbei. Bei Erschlaffung entfernen die in der SR-Membran lokalisierten Ca^{2+}-Pumpen die Ca^{2+}-Ionen aus dem Myoplasma (Schritt 4). Der Abfall der myoplasmatischen Ca^{2+}-Konzentration erleichtert die Freisetzung der an Troponin gebundenen Ca^{2+}-Ionen (Schritt 5), so daß Tropomyosin wieder die Anheftung der Querbrücken verhindern kann (Schritt 6).

dem Ca^{2+}-Anstieg an Actin anheften und Kraft erzeugen (Abb. 10.40, Schritte 2 und 3), sich dann schnell wieder ablösen und die Krafterzeugung einstellen, sobald die Ca^{2+}-Konzentration zu fallen beginnt (Schritte 5 und 6).

Das freie Ca^{2+} im Myoplasma der roten und weißen Muskulatur des Austernfischs steigt und fällt mit typischer Kinetik; von keiner anderen Muskelfaser als bei den lauterzeugenden Muskeln (als Schallmuskeln oder

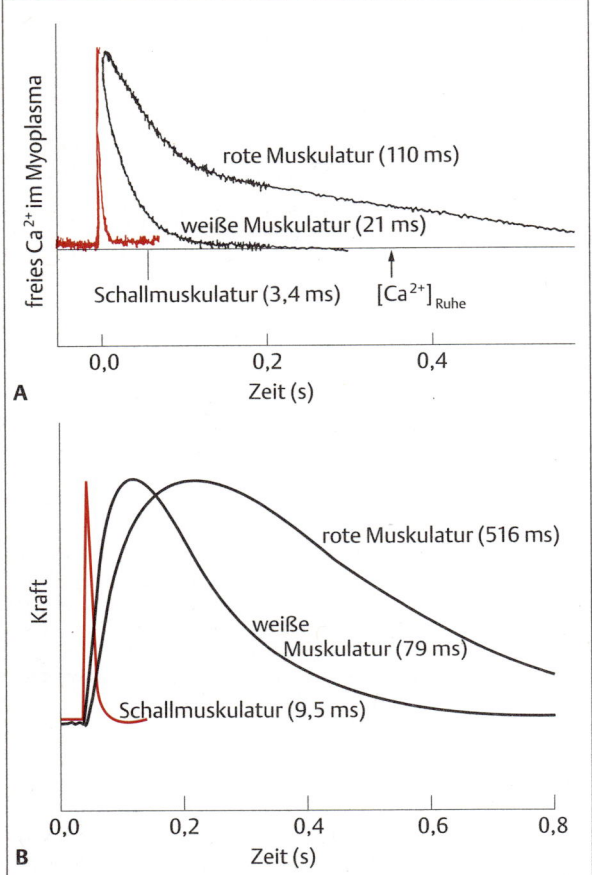

Abb. 10.41 Zeitlicher Verlauf der myoplasmatischen Ca^{2+}-Konzentration und der Kraftentwicklung bei der Zuckung verschiedener Muskeln. Weil die Schallmuskeln beim Krötenfisch viel schneller kontrahieren und relaxieren als rote Schwimm- und weiße Fluchtmuskeln, können sie auch bei höheren Reizfrequenzen arbeiten, ohne tetanisch zu werden. **A** Zeitlicher Verlauf der Ca^{2+}-Konzentration im Myoplasma bei drei isolierten Muskelfasertypen eines Krötenfisches nach Reizung bei 16 °C. Die durchschnittlichen Halbwertzeiten der Ca^{2+}-Transienten (Ca^{2+}-Sprünge) erstrecken sich von 3,4–110 ms. **B** Zeitlicher Verlauf der Zuckungen in den drei Fasertypen, die unter gleichen Bedingungen wie A gemessen wurden. Schallmuskeln kontrahieren und erschlaffen viel schneller als rote oder weiße Fasern. Die durchschnittlichen Halbwertzeiten der Zuckspannungen reichen von 9,5–516 ms. Schallmuskeln arbeiten also 50mal schneller als rote Muskeln. Die Aufzeichnungen der Ca^{2+}-Konzentration und Kraft sind auf die Maximalwerte aller Fasertypen normiert (nach Rome u. Mitarb., 1996).

auch als Trommelmuskeln bezeichnet) ist ein so schneller Wechsel in der Ca^{2+}-Konzentration bekannt (Abb. 10.41 A). Kräftemessungen zeigen, daß lauterzeu-

gende Muskeln etwa 50mal schneller kontrahieren und relaxieren als rote Muskeln (Abb. 10.41 B).

Die Wirkung des sehr schnellen Ca^{2+}-Wechsels in den Schallmuskeln wird bei wiederholter Reizung am deutlichsten. Wird rote Muskulatur mit einer Frequenz von 3,5 Hz gereizt, dann „bummelt" das freie Ca^{2+} im Myoplasma herum und kehrt zwischen den Reizen nicht zu seiner Ruhekonzentration zurück; der Ca^{2+}-Spiegel bleibt über dem Schwellenwert für die Krafterzeugung, und als Konsequenz entsteht ein unvollständiger Tetanus (Abb. 10.42 A). Im Gegensatz dazu hat die Schwimmblasenmuskulatur einen so schnellen Ca^{2+}-Konzentrationswechsel, daß selbst bei einer Frequenz von 67 Hz die myoplasmatische Ca^{2+}-Konzentration vor jedem neuen Reiz zum Ruhewert zurückkehrt (Abb. 10.42 B). Um die notwendigen Oszillationen der Schwimmblase für die Lauterzeugung aufzubringen, muß jeder Reiz mit einer Einzelzuckung beantwortet werden.

Die Fähigkeit eines Muskels zur schnellen Erschlaffung hängt nicht nur von einem schnellen Wechsel der myoplasmatischen Ca^{2+}-Konzentration ab, sondern auch von der schnellen Ca^{2+}-Freisetzung vom Troponin (Abb. 10.40, Schritt 5). Mathematische Modelle deuten an, daß, wenn die Zeitkonstante der Ca^{2+}-Ablösung vom Troponin in Schallmuskelfasern die gleiche wäre wie die bei den schnellen weißen Fasern von Fröschen, die Zuckungen der Schallmuskeln viel länger als beobachtet dauern müßten. Vergleiche der zeitlichen Verläufe von Krafterzeugung und Ca^{2+}-Konzentrationswechsel im Myoplasma deuten darauf hin, daß die Ablösung des Ca^{2+} vom Troponin der Schallmuskulatur der Krötenfischschwimmblase dreimal schneller erfolgen muß als bei weißen Fasern von Fröschen.

Letztendlich müssen sich auch die Myosinquerbrücken sehr schnell nach der Dissoziation des Ca^{2+} vom Troponin vom Actin lösen, um die Krafterzeugung schnell zu beenden. Das in diesem Kapitel bereits besprochene Huxley-Modell läßt erwarten, daß die maximale Verkürzungsgeschwindigkeit V_{max} proportional zur Ablöserate der Querbrücken vom Actin sein sollte. In der Tat liegt V_{max} im Schallmuskel an der Schwimmblase des Austernfisches mit ca. 12 Muskellängen/s außergewöhnlich hoch, 5mal höher als bei der roten und 2,5mal höher als bei der weißen Muskulatur.

Die Schallmuskelfasern des Austernfischs haben einige ultrastrukturelle und biochemische Anpassungen durchgemacht, aufgrund derer sie bei sehr hohen Frequenzen arbeiten können: Der schnelle Ca^{2+}-Konzentrationswechsel wird durch eine ungewöhnlich hohe Dichte von Ca^{2+}-Kanälen in der SR-Membran möglich; die Dichte der Ca^{2+}-Pumpen, durch die Ca^{2+} wieder in das SR gepumpt wird, ist ebenfalls sehr hoch; die Konzentration calciumbindender Proteine (z.B. Troponin) ist erhöht; eine geänderte Morphologie der Fasern – der

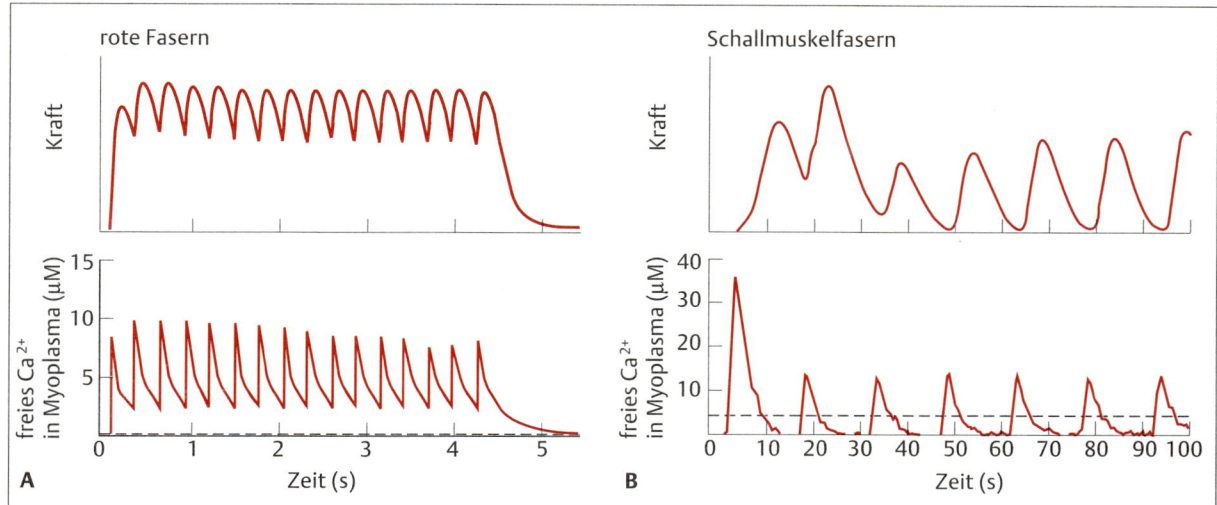

Abb. 10.42 Schallmuskelfasern können mit hoher Frequenz gereizt werden, ohne tetanisch zu kontrahieren. Die rote Muskulatur eines Krötenfisches geht bei vergleichsweise niedrigfrequenter Reizung in eine tetanische Kontraktion über, während die Schallmuskeln selbst bei viel höheren Reizfrequenzen noch Einzelzuckungen hervorbringen. **A** Krafterzeugung einer roten Faser des Krötenfisches, die mit 3,5 Hz gereizt wurden sowie die im Myoplasma vorhandene freie Ca^{2+}-Konzentration. Die für die Krafterzeugung notwendige Schwellenkonzentration von im Myoplasma vorhandenen freien Ca^{2+}-Ionen wird durch die gestrichelte Linie in der Ca^{2+}-Kurve angegeben. **B** Analoge Diagramme für eine Schallfaser aus der Schwimmblase nach Reizung mit 67 Hz. Obwohl der Schwellenwert des Ca^{2+} für die Kontraktion (gestrichelte Linie) viel höher liegt als beim roten Muskel, ist der Ca^{2+}-Transient kurz genug, um zwischen den Reizen wieder unter den Schwellenwert zu fallen. Beachte die unterschiedlichen Zeitskalen von A und B (nach Rome, 1996).

Abstand zwischen SR Membran und Myofilamenten wird dadurch besonders kurz – vermindert die Diffusionszeit. Die schnelle Ca^{2+}-Ablösung von Troponin beruht wahrscheinlich auf einer reduzierten Ca^{2+}-Affinität des Troponins; auch das Myosin hat bei Schallmuskelfasern offenbar besondere molekulare Eigenschaften, welche die schnelle Ablösung der Querbrücken ermöglichen.

Diese Anpassungen erlauben es den lauterzeugenden Muskeln der Schwimmblase mit hohen Frequenzen mechanische Arbeit zu leisten. Um Laute zu erzeugen, müssen Schwimmblasenmuskeln Arbeit leisten, die den Reibungsverlust im lauterzeugenden System überwindet und Schallenergie erzeugt. Die Fasern der Schwimmblasenmuskulatur können bei 25 °C mit Frequenzen von über 100 Hz arbeiten; dies sind die höchsten bekannten Frequenzen, mit denen irgend ein Wirbeltiermuskel arbeitet. Zum Vergleich: Bei schnellen Zuckmuskeln der Maus und der Eidechse, die bei 35 °C untersucht wurden, ermittelte man Frequenzen zwischen 25 und 30 Hz. Dies sind die höchsten bekannten Frequenzen für Muskeln des Bewegungsapparates.

Klapperschlangen

Klapperschlangen der Gattung *Crotalus* benützen ebenfalls spezielle lauterzeugende Muskeln. Die hervorgebrachten Geräusche dienen zur Warnung für Tiere anderer Arten und nicht zum innerartlichen Anlocken von Partnern. Das Rasseln stellt eine laute und wirkungsvolle Warnung dar, die diese Schlangen sehr auffällig macht – von vielen Giftieren ist bekannt, daß sie auffällige Signale abgeben. Im Gegensatz zu den periodischen Pfiffen der Froschfische kann das Rasseln über drei Stunden hinweg kontinuierlich erfolgen. Die Geschwindigkeit, mit der sich die Rasselmuskeln kontrahieren, läßt viele gemeinsame Eigenschaften mit den „Trommelmuskeln" der Froschfische vermuten.

Die Fasern der Rasselmuskeln haben tatsächlich einen sehr schnellen Ca^{2+}-Konzentrationswechsel mit einer Halbwertszeit von 4–5 ms bei 16 °C. Sie sind damit nur 1–2 ms langsamer als die Schallmuskeln der Schwimmblase (Abb. 10.43A). Die Halbwertszeit der Zuckung eines Rasselmuskels ist dagegen bei 16 °C viel länger als die des Schwimmblasenmuskels (Abb. 10.43B). Die Zuckung des Rasselmuskels ist deshalb langsamer, weil sich die Querbrücken vermutlich langsamer ablösen. V_{max} des Rasselmuskels beträgt etwa 7 Muskellängen/s und ist damit nur halb so schnell wie

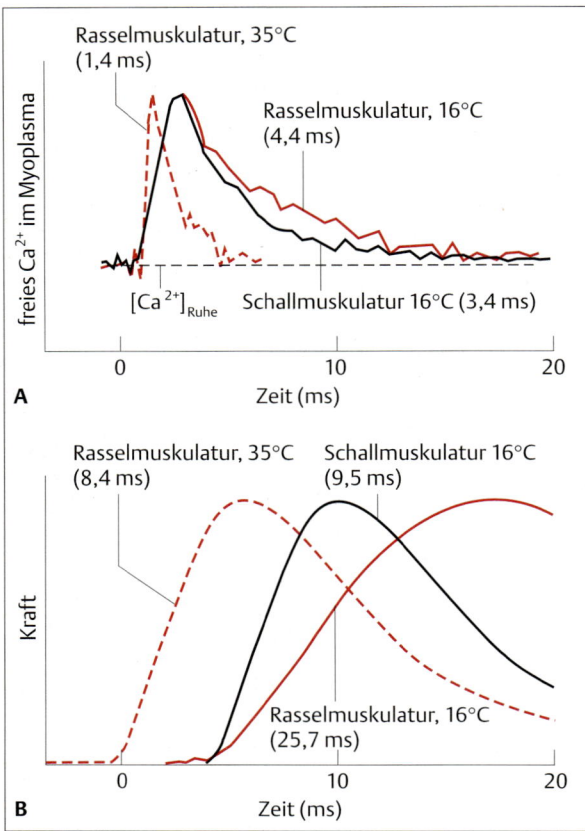

Abb. 10.43 Ca²⁺-Transienten und zeitlicher Verlauf der Zuckkraft von Rasselmuskelfasern der Klapperschlange und Schallmuskelfasern des Krötenfisches. Bei 16 °C entspricht der Ca²⁺-Transient im Rasselmuskel der Klapperschlange ungefähr dem Ca²⁺-Transienten in den Schallmuskeln des Krötenfisches, aber ihre Zuckungen dauern länger. **A** Freies Ca²⁺ im Myoplasma von Schallmuskelfasern des Krötenfisches und von Rasselmuskelfasern der Klapperschlange nach Reizung bei den angegebenen Temperaturen. Die Halbwertzeiten der Ca²⁺-Transienten (in den Klammern angegeben) sind bei 16 °C für Schall- und Rasselfasern annähernd gleich. Bei 35 °C, der typischeren Umgebungstemperatur der Klapperschlangen, ist der Ca²⁺-Transient der Rasselfasern viel schneller. **B** Zeitlicher Verlauf der Zuckkraft von Schallfasern des Krötenfisches und von Rasselfasern der Klapperschlange, gemessen unter den gleichen Bedingungen wie in A. Bei 16 °C ist die Halbwertzeit der Zuckkraft der Rasselfasern fast 3mal länger als die der Schallfasern; bei 35 °C kontrahieren und erschlaffen die Rasselfasern deutlich schneller. Die Ca²⁺-Konzentration sowie die gemessenen Kräfte sind auf ihre Maximalwerte normiert (nach Rome u. Mitarb., 1996).

V_{max} der Schwimmblasenmuskeln. Möglicherweise löst sich Ca²⁺ von Troponin langsamer, doch muß diese Vermutung noch überprüft werden. Die Eigenschaften der Rasselmuskeln deuten an, daß ein rascher Ca²⁺-Konzentrationswechsel allein nicht ausreicht, um sehr schnelle Kontraktionen zu ermöglichen. Die Ablösung des Ca²⁺ von Troponin und die Ablösung der Querbrücken von den Actinfilamenten muß ebenfalls ungewöhnlich schnell vor sich gehen. Rasselmuskeln können z.B. bei 16 °C nur bis zu 20 Hz gereizt werden, bevor die Summation der entstehenden Kraft beginnt; bei ungefähr 50 Hz beginnt die tetanische Fusion (gerasselt wird bei 16 °C mit etwa 30 Hz). Im Gegensatz dazu erzeugen Schallmuskelfasern bei 16 °C Einzelzuckungen mit einer Frequenz von bis zu 67 Hz.

Viele Schlangen sind bei über 30 °C aktiv und rasseln bei Temperaturen um 35 °C mit 90 Hz. Bei dieser Temperatur sind Ca²⁺-Konzentrationswechsel und Zuckgeschwindigkeit im Rasselmuskel noch viel schneller als beim Schallmuskel bei 16 °C (Abb. 10.43). Höchstwahrscheinlich sind sowohl V_{max} der Rasselfasern als auch die Ca²⁺-Ablösung von Troponin bei 35 °C schneller als bei 16 °C. Bei 35 °C können Rasselfasern mit 100 Hz ohne vollständige Entstehung eines Tetanus gereizt werden; bei 90 Hz können sie Arbeit leisten. Diese ähnlichen Eigenschaften zwischen den Schallmuskeln der Froschfischschwimmblase und den Rasselmuskeln der Klapperschlange lassen konvergente Evolutionswege annehmen, die zu ähnlichen Lösungen für hochfrequente Oszillationen geführt haben.

Energetische und räumliche Beschränkungen der Muskeltätigkeit bei hoher Frequenz

Die schnelle Ca²⁺-Kinetik, die für Muskelfasern mit so schneller Kontraktion und Erschlaffung notwendig ist, erfordert eine relativ große SR-Oberfläche (und mehr Volumen) sowie mehr Mitochondrien pro Faser. Jede derartige Vermehrung muß zwangsläufig den Platz verringern, der in jeder Faser für die Myofilamente bleibt, also für die krafterzeugenden Strukturen. Bei den Schallmuskeln der Froschfische erfolgt die Ca²⁺-Aufnahme durch das SR z.B. etwa 50mal schneller als in roten Muskelfasern; etwa 30 % des gesamten Volumens einer Schallmuskelfaser wird vom SR eingenommen. Wenn weiterhin ein schneller Muskel wie der Rasselmuskel kontinuierlich arbeiten soll, muß er aerob arbeiten, um in genügendem Maß ATP für die schnell arbeitenden Ca²⁺-Pumpen bereit zu stellen. Jede Faser muß folglich viele Mitochondrien enthalten, die ihrerseits Raum benötigen und daher Myofilamente verdrängen.

Auch an diesem Beispiel wird deutlich, daß es einen Kompromiß zwischen den Eigenschaften geben muß, die einem Muskel schnelle Aktivität erlauben und dem in jeder Faser verbleibenden Raum für die kontraktilen Elemente. Würde zuviel Raum von den Bestandteilen eingenommen, die eine schnelle Calciumkinetik ermöglichen, dann hätte der Muskel eventuell eine beeindruckende Kinetik, aber nicht genug Myofilamente, um die zur Arbeit notwendige Kraft aufzubringen.

Schallerzeugende Muskeln bei Wirbeltieren und einigen Insekten können bei Frequenzen von über 100 Hz arbeiten. Die Schallerzeugung erfordert nur wenig Kraft, und in vielen Fällen muß sie auch nicht lange aufrechterhalten werden. Ganz anders ist die Situation beim Insektenflug; es sind Muskeln gefordert, die bei hoher Frequenz beträchtliche Leistung erzielen können. Um Flügelschlagfrequenzen von über 100 Hz zu erzeugen, haben Insekten spezielle Fasern entwickelt, die trotz hoher Frequenz große Leistung bringen. Deren Merkmale werden wir im nächsten Abschnitt kennenlernen.

Asynchrone Flugmuskeln

Die meisten Arten der *Hymenoptera* (Bienen und Wespen), *Diptera* (Fliegen), *Coleoptera* (Käfer) und *Hemipteria* (Wanzen) haben Flugmuskeln, die eine bemerkenswerte Ausnahme von der Regel darstellen, daß jede Kontraktion durch eine Depolarisation der Oberflächenmembran hervorgerufen wird. Bei ihrer quergestreiften Muskulatur ist zwischen der zeitlichen Koordination einzelner Muskelkontraktionen und dem Eintreffen motorischer Impulse kein direkter Zusammenhang nachzuweisen. Man bezeichnet sie deshalb als **asynchrone Muskeln** oder **fibrilläre Muskeln**, um sie von den Muskeln zu unterscheiden, die sich synchron mit jedem motorischen Impuls kontrahieren. Obwohl die zeitliche Koordination der Kontraktionen keine Beziehung zur Folge der in diesen Muskeln eintreffenden neuralen Inputs hat, wird der Muskel durch kontinuierlich eintreffende motorische Impulse und Muskeldepolarisationen in einem aktiven Zustand gehalten.

Bei kleinen Insektenarten übertrifft die Flügelschlagfrequenz (und die Frequenz der Flugmuskelkontraktionen) bei weitem die maximal andauernde Entladungsrate, zu der Axone fähig sind. Die Flügelschlagfrequenz steigt mit abnehmender Flügelgröße an. So liegt beispielsweise die Flügelschlagfrequenz einer winzigen Mücke bei mehr als 1000 Hz; dies wird als hoher Ton wahrgenommen.

Wie können nun die Kontraktionen der asynchronen Muskeln mit einer zeitlichen Abstimmung auftreten, die von den Membranpotentialen unabhängig ist? Wie auch bei den synchronen Muskeln wird für den aktiven Zustand (Querbrückenaktivität) asynchroner Muskeln eine genügend hohe freie Ca^{2+}-Konzentration im Myoplasma benötigt. Die myoplasmatische Ca^{2+}-Konzentration wird so lange auf einem Aktivierungsniveau gehalten, wie neurale Inputs in den Muskel gelangen. Der aktive Zustand des asynchronen Muskels wird jedoch erst durch seine plötzliche Streckung erreicht. Umgekehrt wird der aktive Zustand dann beendet, wenn die Muskelspannung abfällt. Die Bedeutung der Längenänderung für die sich wiederholenden Kontraktionen wurde an mit Glycerol extrahierten fibrillären Muskeln, denen die funktionelle Zellmembran fehlte, aufgeklärt. Wie sich zeigte, kontrahiert sich der extrahierte Muskel (Spannungaufbau) bei einem konstanten Ca^{2+}-Spiegel von mehr als 10^{-7} M als Antwort auf eine Streckung; wird der Muskel mit einem schwingenden mechanischen System versehen, oszilliert er zwischen Kontraktionen und Erschlaffungen (Abb. 10.**44**).

Die Flugmechanik verschiedener Insekten unterscheidet sich je nachdem, ob sie synchrone oder asynchrone Flugmuskeln besitzen. Bei Insekten mit synchronen Flugmuskeln (direkte Flugmuskulatur, z.B. bei Libellen) erfolgt das Heben und Senken der Flügel durch einfache Hebelmechanik (Abb. 10.**45 A**). Insekten mit asynchronen Muskeln haben eine wesentlich komplexere Muskel-Skelett-Anordnung (indirekte Flugmuskulatur; z.B. Wespen und Stubenfliegen). Kontraktionen der antagonistischen Flugmuskeln verändern die Form des Thorax derart, daß nur zwei stabile Flügelpositionen oder „Klick"-Punkte – „Flügel oben" oder „Flügel unten" – möglich sind (Abb. 10.**45 B**). Die von der Flugmuskulatur durchgeführten Bewegungen werden über das thorakale Exoskelett auf die lateral eingespannten Flügel übertragen, wodurch diese indirekt aufwärts und abwärts bewegt werden. Bei den Insekten mit asynchroner Flugmuskulatur fungiert der Thorax als schwingendes System; die durch die Schwingungen erzeugten Dehnungen der Muskeln wirken als Kontraktionsreize; die „Entdehnung" der Muskeln führt zu ihrer Deaktivierung:

1. Kontraktionen der **Heber** (Muskeln, welche die Flügel anheben, indem sie das Dach des Thorax nach unten ziehen) bewirken, daß das Dach des Thorax über den „Flügel-oben"-Klick-Punkt schnappt;
2. durch ihre Verkürzung werden die Heber deaktiviert und erschlaffen.
3. Bei der Hebung der Flügel werden die **Senker** (Muskeln, welche die Flügel niederholen, indem sie das thorakale Exoskelett von vorn nach hinten verkürzen und dabei den Thorax dorsoventral dehnen) gedehnt und durch diese Dehnung aktiviert.
4. Die aktiven Senker bewirken eine nach oben gerichtete Deformation des Thoraxdaches, so daß dieses in die erhobene (flügelsenkende) Position „klickt".
5. Infolge ihrer Verkürzung werden die Senker deaktiviert;
6. die gleichzeitig gestreckten Heber werden durch ihre Streckung aktiviert und die Flügel wieder angehoben.

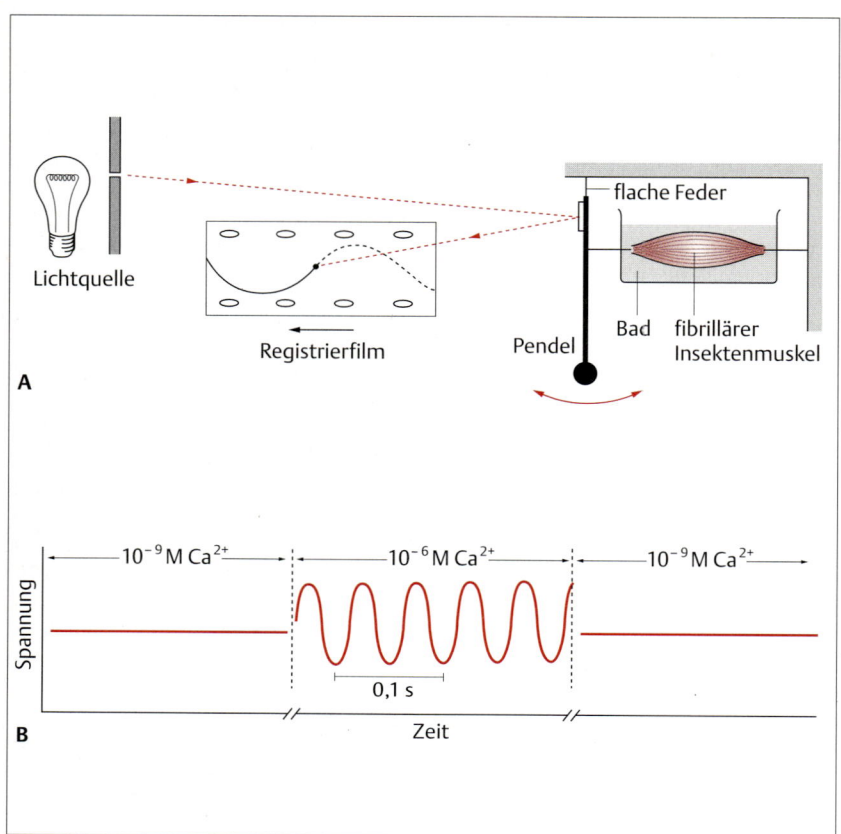

Abb. 10.44 Asynchrone Flugmuskeln der Insekten. Ein glycerolextrahierter asynchroner Muskel wird oszillatorisch kontrahieren und erschlaffen, wenn genügend Ca^{2+} vorhanden ist und eine mechanische Dehnung erfolgt. **A** In dieser experimentellen Anordnung befindet sich der Muskel in einer physiologischen Lösung. An einem Ende ist er mit einer starren Oberfläche verbunden, am anderen mit einem beweglichen Pendel. Ein Registrierfilm zeichnet die vom Muskel erzeugte Kraft auf. Wird der Muskel gereizt und kontrahiert er sich daraufhin, zieht er am Pendel, welches seinerseits den Muskel dehnt. Diese Anordnung führt zu einem mechanischen Resonanzsystem zwischen Muskel und Pendel: Der Muskel bewegt das Pendel, das Pendel dehnt den Muskel, der dadurch reaktiviert wird. Entspricht die Resonanzfrequenz des Pendels den Eigenschaften des Muskels, wird sich der Muskel so lange rhythmisch kontrahieren und wieder erschlaffen, wie die Konzentration an freien Ca^{2+}-Ionen in der Lösung genügend hoch und die ATP-Versorgung gewährleistet ist. **B** Die Fähigkeit eines asynchronen Muskels, Oszillationen zu produzieren, hängt von der Ca^{2+}-Konzentration der Reaktivierungslösung ab (nach Jewell u. Ruegg, 1966).

Bleiben die neuronalen Kommandos zu den asynchronen Muskeln aus, repolarisiert sich die Muskelmembran, der Ca^{2+}-Spiegel im Myoplasma fällt ab, die Querbrücken können sich nicht mehr an die Actinfilamente anlagern. Eine von außen durchgeführte Streckung führt nicht mehr zum aktiven Zustand, die Flügelbewegungen hören auf. Die motorischen Inputs zu den fibrillären Muskeln arbeiten weitgehend wie ein Ein-Aus-Schalter. Die Kontraktionsfrequenz hängt von den mechanischen Eigenschaften des Muskels und der mechanischen Resonanz des Flugapparates (Thorax, Muskeln, Flügel) ab. Kürzt man die Flügel, steigt die Flügelschlagfrequenz an, obgleich sich die Frequenz der APs nicht ändert.

Die Kraft-Geschwindigkeitskurven von asynchronen Insektenflugmuskeln ähneln in der Form denen synchroner Muskeln bei Wirbeltieren. Die Rückkopplungsschleifen-Methode zur Untersuchung der Mechanik von Kontraktionen wurde zuerst an asynchronen Muskeln entwickelt. Die Beispiele in Abbildung 10.**38** stammen von Flugmuskeln einer Sattelschrecke (Ordnung *Orthoptera*).

Mit ihrer einzigartigen mechanischen Anordnung vermeiden die asynchronen Flugmuskeln der Insekten viele der Einschränkungen, denen die Kontraktionsfrequenz der meisten Muskelfasern unterliegt. Dies erlaubt ihnen eine hohe Flügelschlagfrequenz, obwohl die Ca^{2+}-Konzentration im Myoplasma sich nur langsam ändert. Als Folge davon brauchen diese Muskeln kein so großes sarcoplasmatisches Reticulum wie die schallerzeugenden Muskeln der Wirbeltiere und keinen so großen Raumanteil für viele Mitochondrien, um die Ca^{2+}-Pumpen mit ATP zu versorgen. Daher können die asynchronen Flugmuskeln mehr Raum für krafterzeugende Myofilamente nutzen; die Mitochondrien versorgen vor allem die Myosin-ATPase mit ATP.

Neurale Kontrolle der Muskelkontraktion

Sollen tierische Bewegungen erfolgreich sein, müssen die Aktionen der einzelnen Muskelfasern – und vieler Muskeln im ganzen Körper – zeitlich genau aufeinander abgestimmt werden. Ihre Koordination wird durch die zeitliche Abfolge der vom ZNS ausgehenden motorischen Impulse gesteuert, die an der motorischen Endplatte eintreffen. (Die asynchrone Muskulatur bildet eine Ausnahme von dieser Regel.) Darüber hinaus muß auch die Kontraktionskraft jedes einzelnen Muskels vom Nervensystem gesteuert werden; es muß dazu die zu aktivierenden Fasertypen bestimmen und mitteilen, wie viele Fasern gleichzeitig aktiviert werden sollen. Ein motorisches System, das lediglich Kontraktionen des ganzen Muskels nach dem Alles-oder-Nichts-Prinzip hervorbringen würde, wäre nur zu einem spastischen Verhalten mit einem sehr begrenzten Bewegungsrepertoire fähig. Im Laufe der Evolution entwickelten sich bei verschiedenen Organismen unterschiedliche Mechanismen, um eine Feinkontrolle über die Muskelkontraktion zu erreichen. Die neuromuskulären Mechanismen der Vertebraten und Arthropoden eignen sich besonders gut für einen Vergleich. In diesen beiden Gruppen entwickelte sich eine große Vielfalt neuromotorischer Organisationen für die Kontrolle der Kontraktion.

Neuromotorische Kontrolle bei Vertebraten

Die Skelettmuskulatur der Vertebraten wird von Motoneuronen innerviert, deren Zellkörper im ventralen Horn der grauen Substanz des Rückenmarks liegen. Das motorische Axon verläßt das Rückenmark in einer ventralen (vorderen) Wurzel, erreicht den Muskel über einen peripheren Nervenstrang, verzweigt sich schließlich und innerviert – je nach Muskeltyp – nur einige wenige oder mehr als 1000 Skelettmuskelfasern. (Anatomie und Organisationsprinzipien des Wirbeltier-ZNS werden ausführlich in Kap. 11 beschrieben.) Während ein einziges Motoneuron viele Muskelfasern innervieren kann, erhält bei Wirbeltieren jede Muskelfaser nur Eingänge von einem einzelnen Motoneuron.

Das Motoneuron und die Muskelfasern, die von ihm innerviert werden, bilden zusammen eine **motorische Einheit**. Spinale Motoneurone eines Wirbeltieres empfangen eine enorme Vielzahl synaptischer Eingänge von sensorischen Neuronen und von Interneuronen. Bei Wirbeltieren sind diese spinalen Motoneurone die einzige Kontrollstelle zur Muskelkontraktion, sozusagen

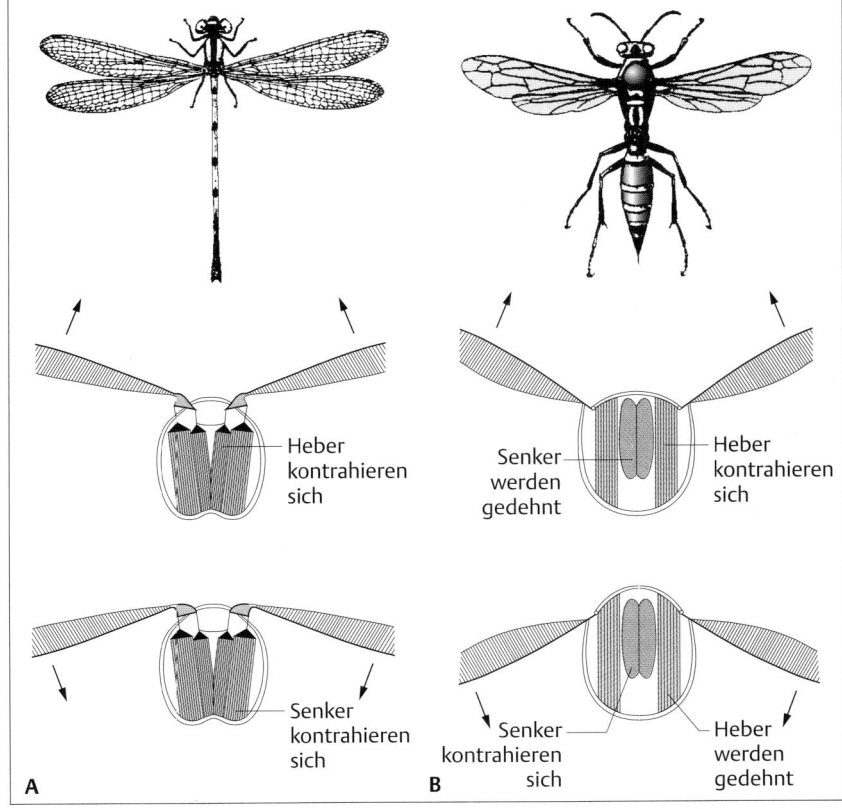

Abb. 10.45 Die Mechanik des synchronen Insektenflugs unterscheidet sich von der des asynchronen Insektenflugs. A Eine Libelle mit synchroner Flugmuskulatur, die so angeordnet ist, daß Heber (Mitte) und Senker (unten) vertikal arbeiten um die Flügel zu heben oder zu senken (direkte Flugmuskulatur). Der Querschnitt durch den Thorax zeigt, daß die Muskelfasern von dorsal nach ventral angeordnet sind. **B** Eine Wespe mit asynchroner Flugmuskulatur. Die Muskeln sind so angeordnet, daß die Kontraktion der dorsoventral verlaufenden Heber das Thoraxdach nach unten zieht (Mitte) und dadurch die Flügel angehoben werden (indirekte Flugmuskulatur). Die Kontraktion der longitudinal angeordneten Senker drückt dagegen das Thoraxdach nach oben (unten), wodurch sich die Flügel senken. Bei der Thoraxbewegung wird eine intermediäre Stellung mit geringer Stabilität passiert, die beiden Endstellungen – oben und unten – sind dagegen stabil (nach Smith, 1965).

der letzte, integrierende Schaltweg. Ein Aktionspotential, das als Folge synaptischer Inputs am Motoneuron entsteht, wandert von seinem Entstehungsort im Axonhügel in Richtung Peripherie bis in alle Endverzweigungen des Axons an den Endplatten, welche die Muskelfasern dieser motorischen Einheit innervieren (s. Abb. 6.13). Alle spinalen α-Motoneurone der Wirbeltiere produzieren den Transmitter **Acetylcholin** (ACh); wird die Endplatte eines α-Motoneurons aktiviert, dann wird ACh freigesetzt und gelangt zu allen Fasern der neuromotorischen Einheit. In einem Zuckmuskel, wie z.B. im Sprungmuskel des Frosches, übertrifft die Depolarisation gewöhnlich die Schwelle („firing level"), die für die Auslösung eines Muskelaktionspotentials notwendig ist. Daher werden jedesmal, wenn ein Motoneuron ein Aktionspotential hervorbringt, alle Muskelfasern der motorischen Einheit durch die Transmitterfreisetzung aus den motorischen Endigungen dieses Neurons voll aktiviert (Abb. 10.46A). Ob es sich bei einer Kontraktion um eine Einzelzuckung oder um anhaltende tetanische Kontraktionen handelt, hängt von der Frequenz der motorischen Impulse ab, die durch die synaptischen Inputs am Motoneuron erzeugt werden.

Die Spannung, die in einer solchen motorischen Einheit auftritt, die dem Alles-oder-Nichts-Gesetz unterliegt, läßt sich nur in sehr geringem Maße regulieren, da es keine Abstufung zwischen Inaktivität und Zuckung gibt. Treten viele APs nacheinander im motorischen Neuron auf, entsteht eine ziemlich uneinheitliche Antwort, es sei denn, die Feuerrate ist hoch genug, um eine volle tetanische Kontraktion auszulösen (Abb. 10.28). Bei Vertebraten wird das Problem, wie man die Gesamtmuskelspannung graduiert erhöhen kann, gelöst, indem die Anzahl der in jedem Augenblick aktiven motorischen Einheiten erhöht (**Rekrutierung motorischer Einheiten**) oder die durchschnittliche Feuerfrequenz der Motoneurone variiert wird.

Ist z.B. nur eine geringe Anzahl der motorischen Einheiten in einem Muskel maximal aktiv, wird sich der Muskel nur zu einem Bruchteil seiner maximalen Spannung kontrahieren. Wenn andererseits alle Motoneurone des Muskels mit hoher Frequenz feuern, werden alle motorischen Einheiten des Muskels in einen vollen tetanischen Zustand versetzt, was zu einer maximalen Kontraktion des Muskels führt. Zwischen diesen beiden Extremen sind alle Spannungsabstufungen möglich. Darüber hinaus enthalten viele Muskeln Fasern verschiedener Typen (Abb. 10.30). Das Nervensystem entscheidet, welche und wie viele Fasern aktiviert werden. Die Aktivität dieser den Muskel innervierenden Motoneurone bestimmt daher den Zeitpunkt, die Kraft und Dauer der Muskelkontraktion.

Bei den Arthropoden und Vertebraten (vor allem bei Amphibien und Eidechsen) sind die langsamen tonischen Muskelfasern multiterminal innerviert – d.h., der motorische Nerv hat entlang der ganzen Länge jeder Muskelfaser viele Synapsen. In diesen keine APs erzeugenden Muskelfasern rufen synaptische Potentiale die graduierten Depolarisationen hervor, die für die graduierten Kontraktionen verantwortlich sind (Abb. 10.46B).

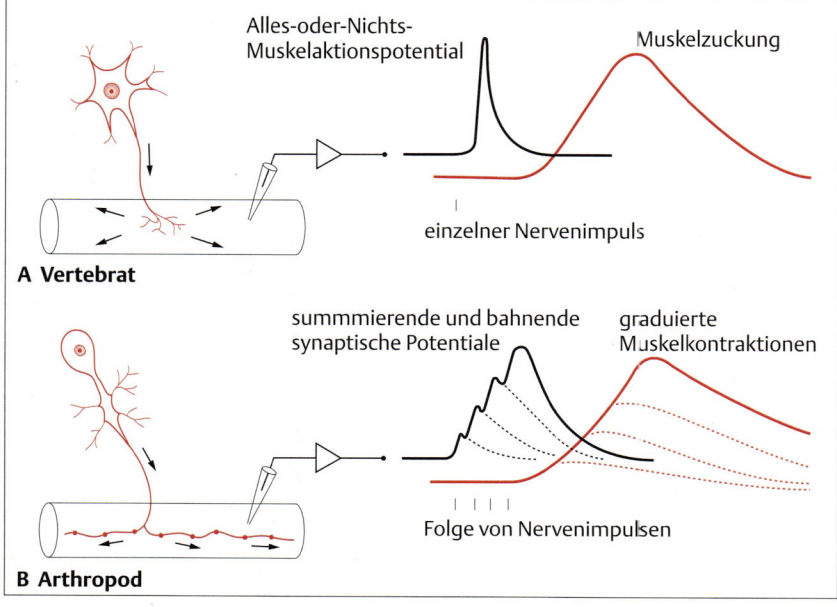

Abb. 10.46 Vergleich der neuromuskulären Erregung bei Vertebraten und Arthropoden. Der größte Teil der Vertebratenmuskulatur besteht aus Zuckfasern. Die Muskulatur der Evertebraten besteht dagegen aus Fasern, die graduierte Kontraktionen hervorbringen. **A** Bei den Vertebraten-Zuckfasern löst ein Alles-oder-Nichts-AP in der Membran der Muskelfaser eine Alles-oder-Nichts-Zuckung aus. **B** Viele Muskelfasern der Arthropoden erzeugen, wie auch die tonischen Muskelfasern der Vertebraten, graduierte Kontraktionen als Antwort auf überlappende postsynaptische Potentiale. In solchen Muskeln leiten Nervenfasern die APs zu den verschiedenen motorischen Synapsen weiter, die entlang der Faser liegen.

Wegen der ausgeprägten frequenzabhängigen Bahnung der neuromuskulären Übertragung hängt die durch diese Muskeln aufgebaute Spannung stark von der Frequenz der Motoneuronenaktivität ab. Tonische Muskelfasern findet man bevorzugt dort, wo langsame, aber anhaltende Kontraktionen erforderlich sind.

Mit Ausnahme der Extraokularmuskeln und der intrafusalen Spindelfasern besitzen Säuger keine langsamen tonischen Muskelfasern. Die Skelettmuskeln der Säuger enthalten aber verschiedene Zuckmuskeltypen. Normalerweise sind alle Fasern in einer motorischen Einheit vom selben Typ. Zusätzlich passen die Eigenschaften der innervierenden Motoneurone mit den Eigenschaften der Muskelfasern zusammen. So leiten Motoneurone, die langsame oxidative (Typ I) Muskelfasern innervieren, APs mit einer niedrigeren Frequenz als Motoneurone, die schnelle glykolytische (Typ II) Fasern innervieren.

Neuromuskuläre Organisation bei Arthropoden

Das Nervensystem der Arthropoden enthält im Vergleich zu dem der Vertebraten relativ wenig Neurone. Es sind also nicht viele motorische Einheiten vorhanden, durch deren variierende Aktivierung feine Bewegungsabstufungen hervorgebracht werden könnten. Darüber hinaus erzeugen viele Typen der Arthropodenmuskeln keine Aktionspotentiale (oder nur als Antwort auf synaptische Inputs von bestimmten motorischen Endigungen). Bei diesen Muskeln wird, wie bei den tonischen Muskelfasern der Vertebraten, die Kontraktion durch graduierte Depolarisation der Muskelfasermembran kontrolliert und nicht durch die Frequenz der Muskelaktionspotentiale (wie bei der Zuckmuskulatur der Vertebraten). Das Muster der neuronalen Kontrolle unterscheidet sich daher deutlich von dem der Vertebraten.

Die Zuckmuskelfaser der Vertebraten wird nur an einer oder zwei Endplatten innerviert; ein dort oder in der Nähe entstehendes postsynaptisches AP breitet sich ohne Dekrement über die Muskelfaser aus. Im Gegensatz dazu ist die Crustaceen-Skelettmuskelfaser, wie auch die tonische Vertebratenfaser, multiterminal innerviert. Da das Motoaxon die Nachricht über die gesamte Länge der Muskelfaser sendet, erübrigt sich ein fortgeleitetes Aktionspotential in der Muskelfaser (Abb. **10.46 B**). Die zu den verschiedenen neuromuskulären Verbindungen geleiteten synaptischen Potentiale unterliegen der Summation: Wird der Abstand zwischen zwei erregenden synaptischen Potentialen kürzer, erhöht sich die Depolarisation der Muskelmembran. Da die Kopplung zwischen dem Membranpotential und der Spannung graduiert ist, kann jede Muskelfaser graduierte Kontraktionen hervorbringen und ist nicht, wie die Vertebratenzuckmuskel, auf Alles-oder-Nichts-Zuckungen

oder den Tetanus beschränkt. Die Arthropodenmuskulatur kann daher mit nur sehr wenigen motorischen Einheiten über einen großen Spannungsbereich tätig sein. Bei einigen Arthropodenmuskeln innerviert ein einziges Motoneuron alle oder zumindest die meisten Fasern eines Muskels.

Der grundlegende mechanische Unterschied zwischen Zuckmuskeln und tonischen Muskeln besteht darin, daß im ersten Fall die Freisetzung des Ca^{2+} aus dem SR nach dem Alles-oder-Nichts-Prinzip durch ein AP erfolgt, während im zweiten Fall die Ca^{2+}-Freisetzung graduiert abläuft, da die elektrischen Signale (d.h. die synaptischen Potentiale), die entlang der Membran geleitet werden, graduiert sind (Abb. 10.**47**).

Die Flexibilität der motorischen Kontraktionskontrolle wird bei Crustaceen und anderen Arthropoden weiterhin durch eine **multineuronale Innervation** der Muskelfasern gesteigert. Jede Muskelfaser empfängt

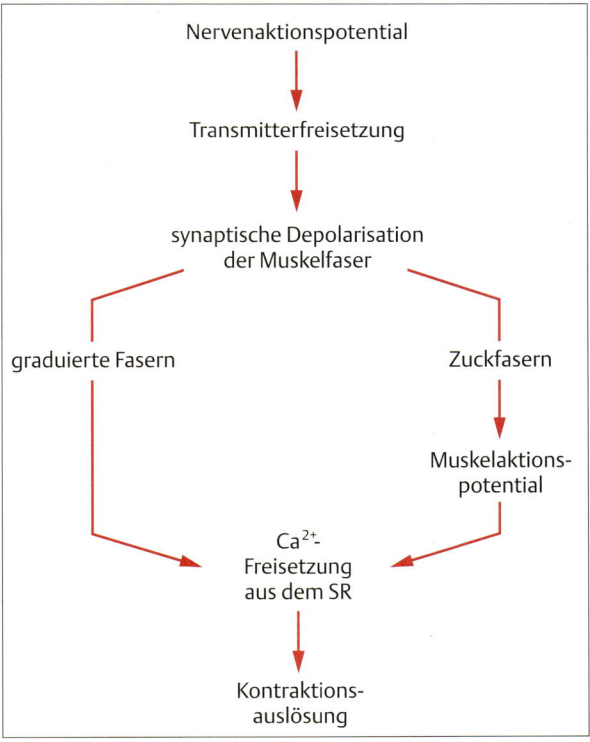

Abb. 10.47 Schritte zwischen APs und Muskelkontraktion. Bei der graduierten tonischen Muskelfaser (links) variiert das Membranpotential aufgrund von Summation und Bahnung synaptischer Potentiale an den über die gesamte Muskelfaserlänge verteilten Synapsen. Bei Zuckmuskelfasern (rechts) wandern APs entlang der Fasermembran, die der Kontraktion einen Alles-oder-Nichts-Charakter verleihen.

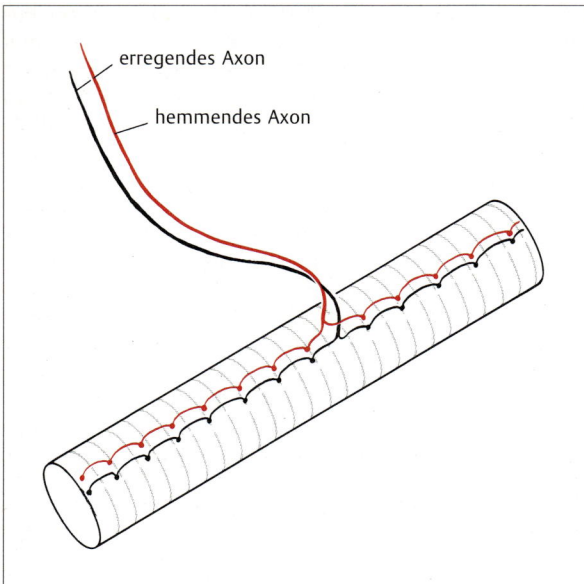

Abb. 10.48 Multineuronale und multiterminale Innervation. Im Gegensatz zu den Zuckfasern der Vertebraten erhält bei den Arthropoden jede Muskelfaser synaptische Inputs aus einer Reihe motorischer Neurone. Gewöhnlich gibt es mehrere erregende Axone und ein oder mehrere hemmende Axone. Jedes Motoneuron hat mehrere Synapsen entlang der Muskelfaser. Zur Vereinfachung ist hier von jedem Motoneuronentyp nur einer dargestellt.

Synapsen mehrerer Motoaxone, darunter ein oder zwei hemmende Axone (Abb. 10.48). Die synaptischen Effekte inhibitorischer und exzitatorischer Motoaxone summieren sich an der Muskelfaser. Bei diesen Systemen gibt es typischerweise ein erregendes Neuron, das ungewöhnlich große synaptische Potentiale in der Muskelfaser hervorruft. Dieses schnell erregende Axon kann eine stärkere Kontraktion auslösen als ein langsam erregendes Axon, das andauernd mit hoher Frequenz feuern muß, um mit Hilfe von Bahnung und Summation (s. Abb. 6.45 u. 6.47) ähnliche Depolarisationswerte und folglich eine entsprechende Kontraktion der Muskelfaser zu erreichen.

Die Vielfalt und Komplexität der peripheren motorischen Organisation wird dadurch noch erhöht, daß in den meisten Arthropodenmuskeln verschiedene Muskelfasertypen mit unterschiedlichen elektrischen, kontraktilen und morphologischen Eigenheiten vorhanden sind. Auf der einen Seite dieses Spektrums findet man Fasern, die schnelle Alles-oder-Nichts-Kontraktionen hervorbringen und damit den Vertebratenzuckmuskeln ähnlich sind. Eine Serie intrazellulärer Stromstöße löst eine Serie unterschwelliger Depolarisationen aus, bis die Feuerschwelle überschritten wird (Abb. 10.49 A) und die Membran mit einem Alles-oder-Nichts-Potential reagiert. Dies löst eine Alles-oder-Nichts-Zuckung aus. Auf der anderen Seite des Spektrums findet man in der Muskulatur der Crustaceen auch Fasern, bei denen die

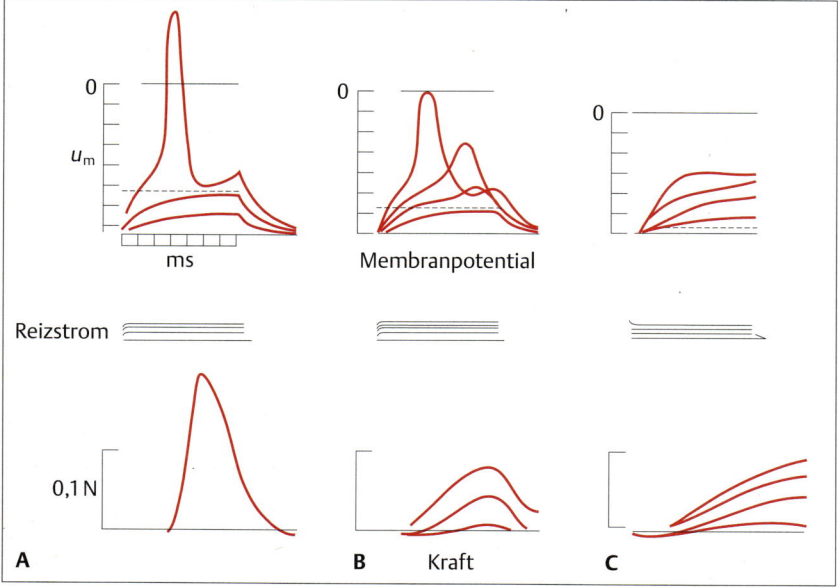

Abb. 10.49 Crustaceen-Muskeln enthalten Fasern mit unterschiedlichen Eigenschaften. Aufgetragen sind die Membranpotentiale (oben), die intrazellulären Reizströme (Mitte) und die erzeugte Kraft (unten) von drei verschiedenen Muskelfasertypen. **A** Alles-oder-Nichts-Fasern produzieren APs und schnelle Zuckungen. **B** Intermediäre graduierte Fasern erzeugen nicht fortgeleitete graduierte Potentiale und graduierte Kontraktionen. **C** Langsame Fasern produzieren nur sehr kleine und langsame Depolarisationen und kontrahieren sehr langsam (nach Hoyle, 1967).

elektrischen Antworten nur geringe Anzeichen einer regenerativen Depolarisation zeigen; die Kontraktionen sind vollständig mit der Höhe der Depolarisation graduiert (Abb. 10.49C). Zwischen diesen beiden Extremen gibt es alle Zwischenstufen an Muskelfasertypen (Abb. 10.49B). Die Unterschiede im kontraktilen Verhalten dieser Fasertypen lassen sich morphologisch erklären. Die langsam kontrahierenden Fasern haben weniger T-Tubuli und ein weniger gut ausgebildetes sarcoplasmatisches Reticulum als die schnell kontrahierenden Fasern. So sind also, genau wie bei Vertebraten, die Eigenschaften der Motoneurone zumindest einigermaßen auf die Eigenschaften ihrer zugehörigen Muskelfasern abgestimmt.

Herzmuskel

Der Herzmuskel, der dritte Typ der quergestreiften Muskulatur (neben den tonischen und phasischen Muskeln), hat mit der Skelettmuskulatur viele Merkmale gemeinsam, unterscheidet sich aber von dieser in wesentlichen Punkten (Tab. 10.2). Die Skelettmuskelfaser wird individuell durch erregende Motoaxone innerviert; der Herzmuskel (Ventrikelmuskulatur) wird dagegen bei fast allen Vertebraten nur diffus durch Neurone des sympathischen (erregenden) und parasympathischen (hemmenden) Teils des autonomen Nervensystems (s. S. 462ff.) innerviert. Die Innervation der Herzmuskulatur hat lediglich modulatorische Funktion und erzeugt keine diskreten, postsynaptischen Potentiale. Ihre Aufgabe ist es, die Kraft der spontan myogenen (d.h. durch die elektrische Aktivität in der Schrittmacherregion des Herzens selbst entstehenden) Kontraktionen zu erhöhen oder abzuschwächen (S. S. 523ff.). Außerdem enthält eine Herzmuskelzelle oder **Myocyte** nur einen Zellkern, während Skelettmuskelzellen vielkernig sind. Herzmuskelzellen sind elektrisch so miteinander verbunden, daß ein in der Schrittmacherregion entstehendes AP schnell von Muskelzelle zu Muskelzelle gelangt, wodurch Vorhöfe und Hauptkammern jeweils als Einheit arbeiten können.

Der kontraktile Mechanismus der Ventrikelmuskulatur ähnelt grundsätzlich dem der Skelettzuckmuskulatur. Die Hauptspezialisierungen sind im Aktionspotential zu finden, das sich von dem der Nerven und der Skelettmuskulatur in den folgenden Punkten unterscheidet:

Tab. 10.2 Charakteristika der wichtigsten Muskelfasertypen der Vertebraten

Eigenschaft/Bestandteil	quergestreifte Muskulatur		glatte Muskulatur	
	Skelett	Herz	Multi-unit	Single-unit
sichtbare Banden	ja	ja	nein	nein
dicke Myosin- und dünne Actinfilamente	ja	ja	ja	ja
Tropomyosin und Troponin	ja	ja	nein	nein
T-Tubuli	ja	ja	nein	nein
sarcoplasmatisches Reticulum	gut entwickelt	gut entwickelt	sehr gering	sehr gering
Innervierung	somatische Nerven	autonome Nerven	autonome Nerven	autonome Nerven
Auslösung einer Kontraktion[1]	neurogen	myogen	neurogen	myogen
Herkunft des für die Aktivierung benötigten Ca^{2+}	SR	EZF und SR	EZF und SR	EZF und SR
Gap junctions zwischen den Fasern	nein	ja	nein	ja
Kontraktionsgeschwindigkeit	je nach Fasertyp langsam oder schnell	langsam	sehr langsam	sehr langsam
klare Beziehung zwischen Länge und Spannung	ja	ja	nein	nein

[1] Neurogene Muskeln kontrahieren nur, wenn sie von Neuronen entsprechende synaptische Inputs erhalten. Myogene Muskeln bringen selbst depolarisierende Membranpotentiale hervor, so daß sie unabhängig von einem neuronalen Input kontrahieren können.
SR = sarcoplasmatisches Reticulum; EZF = extrazelluläre Flüssigkeit.

Nach Sherwood, 1993

- Das AP der Herzmuskulatur hat ein Plateau, das sich nach dem Aufstrich über einige hundert Millisekunden erstreckt (s. Abb. 12.**7**).
- Die lange Dauer des Herzmuskelaktionspotentials und die nachfolgende, einige hundert Millisekunden dauernde Refraktärphase verhindern eine tetanische Kontraktion und ermöglichen die Erschlaffung des Muskels, so daß sich die Ventrikel zwischen den APs mit Blut füllen können.
- Als Folge dieser regelmäßig verlaufenden, verlängerten Aktionspotentiale kontraiert und entspannt sich das Herz mit einer Geschwindigkeit, die seiner Pumpfunktion angepaßt ist.

Wie der Skelettzuckmuskel wird auch der Herzmuskel durch einen Anstieg in der cytoplasmatischen Ca^{2+}-Konzentration aktiviert. Der Anstieg der Ca^{2+}-Konzentration beruht einerseits auf dem Einstrom von Ca^{2+} durch die Plasmamembran, andererseits aus der Freisetzung aus dem sarcoplasmatischen Reticulum. Die Zellen des Säugerherzmuskels besitzen ein ausgedehntes SR und T-Tubulus-System (Abb. 10.**50**). Bei Säugern aktiviert eine Membrandepolarisation die spannungsabhängigen L-Typ Ca^{2+}-Kanäle in den T-Tubuli, was zum Einstrom von Ca^{2+} aus dem extrazellulären Raum führt. Dieser minimale Ca^{2+}-Einstrom löst die Freisetzung einer viel größeren Ca^{2+}-Menge über Calciumkanäle aus dem SR aus; eine Kontraktion ist die Folge. Das Ca^{2+} wird sehr schnell wieder durch die in der SR Membran vorhandenen Ca^{2+}-Pumpen und Na^+/Ca^{2+}-Austauschproteine im Sarcolemma entfernt.

Die Bedeutung des SRs und der Plasmamembran für die Regulierung der Ca^{2+}-Konzentration ist bei den verschiedenen Tierarten unterschiedlich. Der Herzmuskel der Amphibien ist einfacher organisiert als derjenige der höheren Vertebraten. Beim Frosch ist im Herzmuskel nur ein rudimentäres Reticulum und Tubuli-System vorhanden; die Myocyten sind wesentlich kleiner. Das relativ große Oberfläche/Volumen-Verhältnis dieser kleinen Zellen reduziert die Notwendigkeit für ein ausgedehntes intrazelluläres Reticulum zur Speicherung, Freisetzung und Wiederaufnahme von Ca^{2+}. Vielmehr dringt ein großer Teil des Ca^{2+}, das die Kontraktion des Amphibienherzens reguliert, durch die Oberflächenmembran in diese Zellen ein. Dies geschieht als Folge einer erhöhten Ca^{2+}-Permeabilität der Membran während einer Depolarisation. Beim Säugerherz dagegen ist die Ca^{2+}-Freisetzung aus dem SR viel bedeutsamer.

Wie beim Skelettmuskel sind auch beim Herzmuskel Ryanodin-Rezeptoren an der Kopplung zwischen Erregung und Kontraktion beteiligt. Niedrige Ryanodin-Konzentrationen (im nanomolaren Bereich) halten die Ca^{2+}-Kanäle im SR der Herzmuskulatur offen (Abb. 10.**24**, S. 407). Das bei niedrigen Ryanodin-Konzentrationen aus dem SR freigesetzte Ca^{2+} wird durch Na^+/Ca^{2+}-Austausch über das Sarcolemma wieder aus den Myocyten entfernt. Die Folge ist, daß die Ca^{2+}-Vorräte im SR abnehmen, die Freisetzung des Ca^{2+} aus dem SR dementsprechend zurückgeht und die Kontraktionsfähigkeit des Herzens abfällt. Da die Wirkung des Ryanodins mit der Bedeutung des SR bei Regulation der Herztätigkeit wechselt, hat diese Droge wenig Wirkung auf die Tätigkeit des Froschherzens, wirkt aber nachhaltig auf das Herz erwachsener Ratten.

Die Höhe der mechanischen Spannung, die von einem Herzmuskel aufgebracht werden kann, hängt von der Ca^{2+}-Konzentration im Myoplasma ab. Sind z.B. im Froschherzen die Muskeln depolarisiert, dringt Ca^{2+} aufgrund der erhöhten Ca^{2+}-Permeabilität der depolarisierten Membran in die Zelle ein. Da der Ca^{2+}-Einstrom spannungsabhängig ist, entwickelt sich die Muskelspannung als Funktion der Depolarisation, wobei eine größere Depolarisation eine größere Spannung zur Folge hat (Abb. 10.**51 A**). Reduziert man die extrazelluläre Ca^{2+}-Konzentration, so ist die Kontraktion bei vorgegebener Depolarisation niedriger, da weniger Ca^{2+} in die Zelle eindringt (Abb. 10.**51 B**). Die intrazelluläre Ca^{2+}-Konzentration im Herzmuskel wird nicht nur durch Depolarisation bestimmt, sondern auch durch eine Reihe anderer Faktoren, wie etwa durch die Wirkung von Ca-

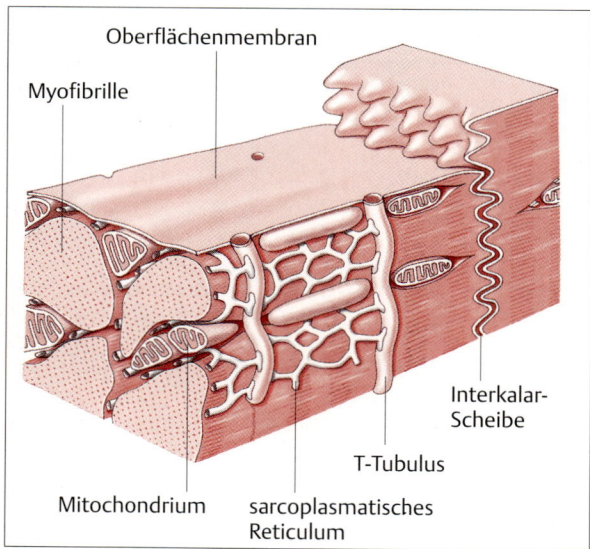

Abb. 10.50 Ventrikelmuskelzellen aus dem Herz adulter Säuger. Das SR ist deutlich entwickelt. Die Zellen sind elektrisch über Interkalarscheiben (Glanzstreifen) gekoppelt. Diese bestehen aus den Membranen zweier benachbarter Zellen, die an ihren Enden durch zahlreiche Gap junctions und Desmosomen miteinander verbunden sind (nach Threadgold, 1967).

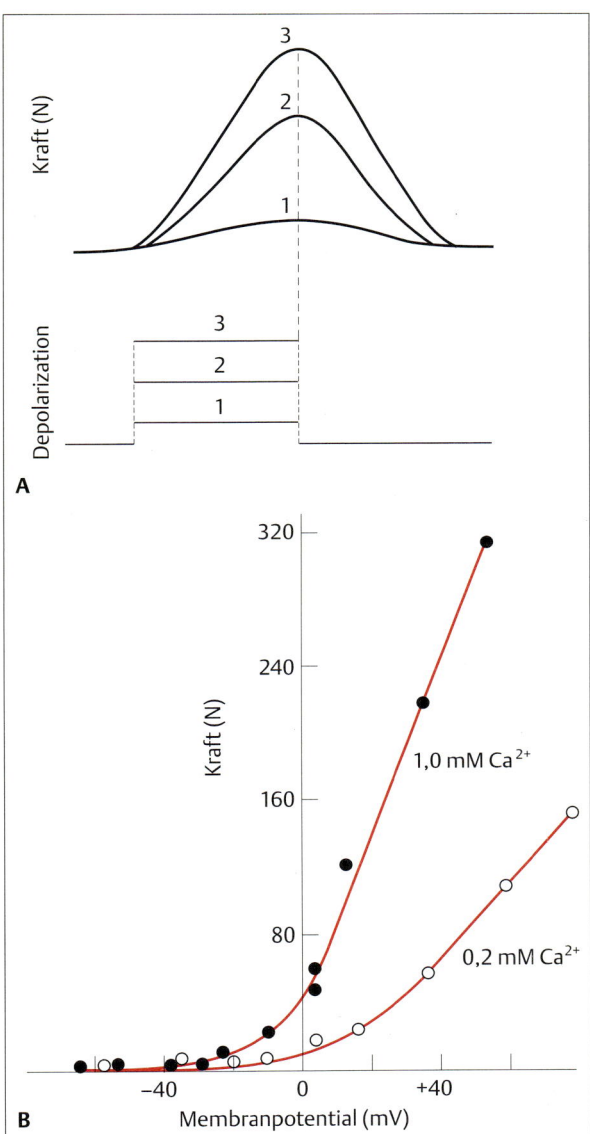

Abb. 10.51 **Beziehung zwischen Depolarisation und Kraft beim Herzmuskel.** Je größer die Depolarisation und je höher die extrazelluläre Ca²⁺-Konzentration, desto größer ist die erzeugte Kraft im isolierten Ventrikelmuskel des Frosches. **A** Kraftentwicklung (oben) bei drei verschiedenen Depolarisationsstufen (unten). **B** Das Ausmaß der Kraftentwicklung hängt vom Ausmaß der Depolarisation und den extrazellulären Ca²⁺-Konzentrationen ab. Die Ordinate gibt die Kraft am Ende einer Depolarisation (Spannungsschritt) an und ist gegen das Membranpotential (in mV) aufgetragen (nach Morad u. Orkand, 1971).

techolaminen. Die Catecholamine Adrenalin und Noradrenalin, die mit dem Blutstrom im Körper zirkulieren oder von neuronalen Endigungen freigesetzt werden, aktivieren α- und β-Adrenorezeptoren auf der Oberfläche der Herzzellen. Reizung der α-Adrenorezeptoren aktiviert das Inositol-Phospholipid-Second-messenger-System (s. Abb. 9.**14** u. 9.**15**), was zu einer erhöhten Freisetzung von Ca^{2+} aus dem SR führt. Im Gegensatz dazu aktiviert eine Stimulation der β-Adrenorezeptoren das Adenylatzyklase-Second-messenger-System (s. Abb. 9.**11** u. 9.**12**); dies erhöht den Ca^{2+}-Fluß durch das Sarcolemma. Die Reizung beider Adrenorezeptor-Typen unterstützt folglich die Herzkontraktion.

Der zeitliche Verlauf der Herzkontraktion wird von der Dauer des Ca^{2+}-Anstiegs im Cytosol und der Geschwindigkeit des Querbrückenzyklus bestimmt. Beide Größen sind möglicherweise temperaturabhängig. Schnelle Abkühlung des Säugerherzens von 30 °C auf 10 °C führt zu einer verlängerten Kontraktion, da die Ca^{2+}-Pumpen in der SR-Membran und der Na^+/Ca^{2+}-Austausch über die Membran des Sarcolemmas verlangsamt werden; die Dauer des Ca^{2+}-Pulses wird folglich verlängert. Tiere, die bei niedrigen Temperaturen leben, können hohe Herzschlagraten halten, weil sie – im Vergleich mit dem Säugerherz bei gleicher Temperatur – verbesserte Ca^{2+}-Freisetzungs- und Ca^{2+}-Wiederaufnahme-Mechanismen besitzen. Einige Tiere, wie z.B. Karpfen, die ihre Muskeln über einen breiten Temperaturbereich nutzen, haben zwei Arten von Myosin: eines für niedrige Temperaturen im Winter und eines für hohe im Sommer. Diese unterschiedlichen Myosinarten erlauben dem Karpfen einen hinreichend stabilen zeitlichen Verlauf der Herzkontraktion trotz jahreszeitlich unterschiedlicher Umwelttemperaturen.

Glatte Muskulatur

Muskelfasern ohne die charakteristische Streifung, die durch die spezifische Anordnung der Actin- und Myosinfilamente innerhalb eines Sarcomers zustande kommt, werden als „glatt" bezeichnet. Die Filamente der **glatten Muskulatur** erscheinen innerhalb des Myoplasmas zufällig verteilt zu sein. Das Myosin in diesen wenig spezialisierten Muskelzellen ähnelt dem in kontraktilen Nicht-Muskelzellen. Die Myofilamente der glatten Muskulatur sind in dicke und dünne Filamente gebündelt, wobei die Bündel entweder in dichten Ansammlungen vorliegen, oder die Filamente an Anheftungsplatten („attachment plaques") am Sarcolemma befestigt sind. Diese Anheftungsplatten enthalten große Mengen an α-Actinin, das auch in den Z-Scheiben der quergestreiften Skelettmuskeln vorhanden ist. Daneben findet sich das Protein **Vinculin**, das in den Z-Scheiben fehlt. Vinculin bindet an α-Actinin und verankert die Actinfilamente am Sarcolemma.

Man unterscheidet zwei Typen von glatten Muskelzellen: Single-unit-Typ-Muskeln und Multi-unit-Typ-Muskeln (Tab. 10.**2**, S. 437). Bei den Vertebraten sind die **Single-unit-Typ-Muskeln** – einkernige, spindelförmige Muskelzellen (die 10–100mal länger als breit sind und einen Durchmesser von 2–20 μm haben) – elektrisch über Gap junctions miteinander verbunden. Größere Zellverbände reagieren damit wie eine funktionelle Einheit. Depolarisiert eine oder depolarisieren einige wenige Zellen spontan, dann depolarisiert der Rest der Zellen ebenfalls, da sich die Erregung über die Gap junctions ausbreitet. Einige wenige Zellen innerhalb der Single-unit-Typ-Muskeln können so eine Kontraktion auslösen, die sich wie eine Welle über den ganzen Muskel erstreckt. Neurone enden synaptisch an Single-unit-Typ-Muskelzellen. Neuronale Kommandos beeinflussen zwar die Geschwindigkeit und Stärke einer Kontraktion, sind aber für die Auslösung einer Kontraktion nicht erforderlich. Single-unit-Typ-Muskeln bilden bei Vertebraten die Wände im Magen-Darmtrakt, in Urogenitalorganen (z.B. Harnblase, Ureter und Uterus), aber auch in Arterien und Arteriolen.

Im Gegensatz zu den Single-unit-Typ-Muskeln wirken **Multi-unit-Typ-Muskeln** nur einzeln, d.h. unabhängig voneinander. Sie kontrahieren nur nach einem entsprechenden neuronalen Input. Zu den Multi-unit-Typ-Muskeln gehören z.B. die inneren Augenmuskeln (Irismuskulatur), die den Durchmesser der Pupille regulieren.

Die Innervation der glatten Muskulatur unterscheidet sich grundlegend von derjenigen der Skelettmuskulatur, die einzelne synaptische Verbindungen zwischen der motorischen Endigung und der Muskelfaser hat. Bei der glatten Muskulatur der Vertebraten wird der Transmitter aus vielen, entlang des autonomen Axons innerhalb des glatten Muskelgewebes liegenden Anschwellungen oder **Varikositäten** freigesetzt. Die Varikositäten gehen jedoch keine synaptischen Verbindungen mit postsynaptischen Differenzierungen ein. Vielmehr diffundiert der aus einer Varikosität freigesetzte Transmitter in den extrazellulären Raum und trifft auf kleine, spindelförmige, glatte Muskelzellen. Die Transmitter-Rezeptoren der glatten Muskulatur scheinen diffus über die Zelloberfläche verteilt zu sein. Die glatte Muskulatur der Vertebraten steht gewöhnlich unter autonomer und hormoneller Kontrolle und kann nicht willentlich kontrolliert werden wie die Skelettmuskulatur (die Muskulatur der Harnblase bildet eine Ausnahme). Bemerkenswert ist die Empfindlichkeit der Membran gegenüber mechanischen Reizen. Dehnung des Muskels führt zu einer Depolarisation, diese zu einer Kontraktion. Als Folge davon kann die Muskelspannung über einen großen Längenbereich der Muskulatur gehalten werden. Daraus resultiert zumindest teilweise die autoregulatorische Fähigkeit der Arteriolen, die sich als Reaktion auf einen Anstieg des Blutdrucks kontrahieren und damit den Blutfluß in der Peripherie einigermaßen konstant halten (s. S. 552ff.). Auch die peristaltischen Bewegungen im Eingeweidetrakt beruhen auf Kontraktionen der Single-unit-Typ-Muskeln, die als Folge von Dehnungen (durch den Darminhalt) auftreten.

Glatte Muskelzellen kontrahieren und entspannen sich langsamer als die quergestreiften Muskelfasern. Sie können aber gewöhnlich längere Zeit den Kontraktionszustand beibehalten. Die langsamere Kontraktion und Erschlaffung spiegelt sich auch in der Dauer und Amplitude des cytosolischen Ca^{2+}-Pulses wieder – er löst auch bei der glatten Muskulatur die Kontraktion aus – sowie im langsameren Ablauf der Kopplung zwischen Erregung und Kontraktion. Diese langsamer verlaufende Kopplung unterscheidet sich von der im quergestreiften Muskel. Der langsame Ausstoß und Rücktransport des Ca^{2+} hängt mit dem sarcoplasmatischen Reticulum zusammen, das in den Zellen der glatten Muskulatur nur rudimentäre glatte und flache Vesikel dicht an der Zellmembran bildet. Ein hochentwickeltes SR, wie das der quergestreiften Muskelfaser, erübrigt sich, da die glatten Muskelzellen klein sind und daher ein großes Oberfläche/Volumen-Verhältnis haben. Kein Punkt des Cytoplasmas liegt weiter als nur einige μm von der Oberflächenmembran entfernt. Die Oberflächenmembran glatter Muskelzellen kann daher die Ca^{2+}-Regulation übernehmen, wie sie für die Membranen des SR der quergestreiften Muskulatur beschrieben wurde.

Calcium wird, um die innere Ca^{2+}-Konzentration sehr niedrig zu halten, ununterbrochen durch die Oberflächenmembran nach außen gepumpt. Ist die Membran depolarisiert, wird sie für Ca^{2+} permeabler. Ein Ca^{2+}-Einstrom ist die Folge – es kommt zur Kontraktion. Die Muskulatur erschlafft, wenn die Ca^{2+}-Permeabilität auf ihren niedrigen Ruhewert zurückkehrt, während die Membran Ca^{2+} nach außen pumpt. Große Depolarisationen führen zu Aktionspotentialen, bei denen Ca^{2+} für den nach innen gerichteten Strom verantwortlich ist. Aktionspotentiale haben den größten Ca^{2+}-Einstrom zur Folge und bewirken damit die stärksten Kontraktionen, da die erzeugte Spannung zur intrazellulären Ca^{2+}-Konzentration proportional ist.

Bei der glatten Muskulatur kann die Kopplung zwischen Erregung und Kontraktion nach verschiedenen Mechanismen erfolgen. Wie bereits dargestellt, schließt die Regulation im quergestreiften Muskel die Anlagerung von Ca^{2+} an Troponin mit ein (Abb. 10.**16**). In der glatten Muskulatur findet sich kein Troponin. Ca^{2+} bindet vielmehr an **Calmodulin** – einem dem Troponin C ähnlichen wichtigen Regulatormolekül – und bildet mit

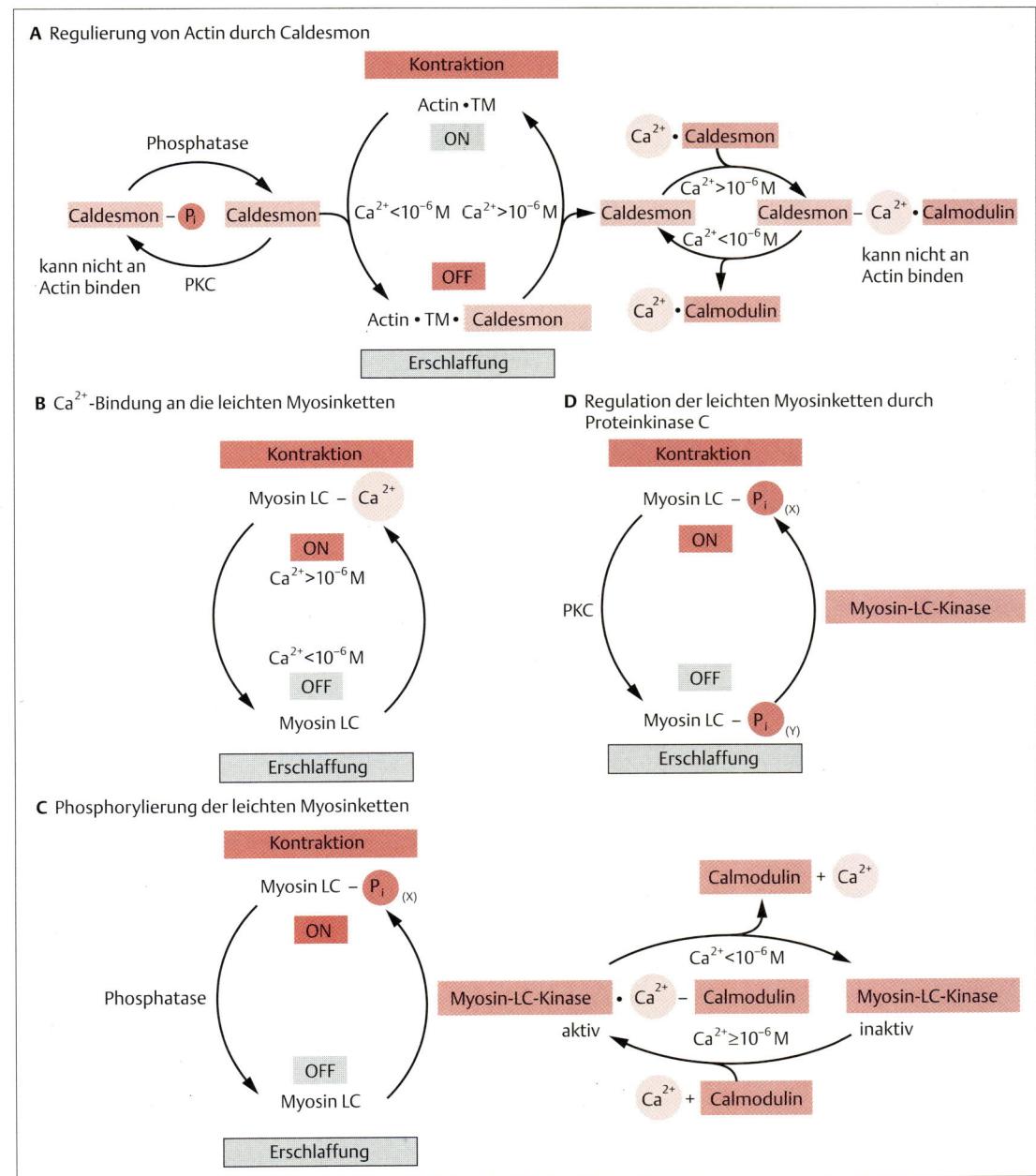

Abb. 10.52 Kontrolle von Kontraktion und Erschlaffung der glatten Muskulatur. A Die Bindung von Caldesmon an Actin und an Tropomyosin (TM) der dünnen Filamente verhindert eine Kontraktion. Übertrifft die Ca^{2+}-Konzentration im Cytosol 10^{-6} M, bildet sich der Ca^{2+}/Calmodulinkomplex. Die Bindung dieses Komplexes an Caldesmon setzt dieses von den dünnen Filamenten frei und ermöglicht die Muskelkontraktion. Die Phosphorylierung von Caldesmon durch Proteinkinase C (PKC) verhindert ebenso die Bindung an dünne Filamente und fördert eine Kontraktion. **B** Die Bindung von Ca^{2+} an eine regulatorische leichte Kette des Myosins erlaubt Actin-Myosin-Interaktionen und fördert die Kontraktion. **C** Die Phosphorylierung der regulatorischen leichten Kette durch die Myosin-LC-Kinase, die durch Ca^{2+}/Calmodulin aktiviert wird, fördert ebenfalls die Muskelkontraktion. **D** Eine Phosphorylierung der regulatorischen leichten Kette durch die Proteinkinase C – an einer anderen Stelle als derjenigen, an der die Myosin-LC-Kinase wirkt – verhindert Myosin-Actin-Interaktionen und führt zur Erschlaffung der glatten Muskulatur (nach Lodish u. Mitarb., 1995).

diesem den Ca^{2+}/Calmodulin-Komplex (s. Abb. 9.**17**). Dieser Komplex bindet seinerseits an das langgestreckte Protein **Caldesmon**. Caldesmon bindet an das dünne Actinfilament, unterbindet die Myosin-Actin-Wechselwirkung und verhindert so die Muskelkontraktion. Bindet jedoch Ca^{2+}/Calmodulin an Caldesmon oder wird Caldesmon von der Proteinkinase C phosphoryliert, kann es nicht mehr an Actin binden, und die Myosin-Actin-Interaktion wird nicht unterbunden. Die Bindung des Ca^{2+}/Calmodulin-Komplex an Caldesmon oder die Phosphorylierung von Caldesmon aktiviert folglich die Kontraktion der glatten Muskulatur (Abb. 10.**52A**).

Drei andere Mechanismen zur Regulierung der Kontraktion glatter Muskulatur benutzen die regulatorischen leichten Myosinketten. Bei der glatten Muskulatur und bei einigen Evertebratenmuskeln induziert die direkte Ca^{2+}-Bindung an die regulatorischen leichten Ketten eine Konformationsänderung im Myosinkopf, die eine Bindung an Actin ermöglicht, worauf sich der Muskel kontrahiert (Abb. 10.**52B**). Phosphorylierung der leichten Myosinkette durch die Myosin-Leichtkettenkinase (LC-Kinase) führt ebenfalls zur Kontraktion glatter Wirbeltiermuskulatur (Abb. 10.**52C**). Da die Myosin-LC-Kinase durch Ca^{2+}/Calmodulin aktiviert wird, ist die Phosphorylierungsrate ebenfalls calciumabhängig. Die Phosphorylierung einer anderen Stelle der regulatorischen leichten Myosinkette durch Proteinkinase C führt dagegen zu einer Konformationsänderung, welche die Actin-Myosin-Interaktionen verhindert und zur Relaxation führt (Abb. 10.**52D**). Die Phosphorylierung von Caldesmon durch Proteinkinase C und der regulatorischen leichten Myosinketten durch Myosin-LC-Kinase führt also zu einer Kontraktion, wohingegen die Phosphorylierung einen anderer Stelle der leichten Myosinkette durch die Proteinkinase C zur Erschlaffung führt. Die langsamen Aktionen der Proteinkinasen zusammen mit den langsamen Änderungen in der cytosolischen Ca^{2+}-Konzentration führen zu den langsamen Kontraktionsraten der glatten Muskulatur.

Die Kontraktion der glatten Muskulatur wird durch eine Vielfalt von Reizen – neuronaler wie humoraler Art – beeinflußt, sei es aktivierend oder hemmend. Alle diese Reize beeinflussen die Ca^{2+}-Konzentration im Cytosol bzw. die Aktivitäten der Proteinkinase C, Myosin-LC-Kinase und der Muskelphosphatasen. Wie beim Herzmuskel wird auch bei der glatten Muskulatur die Ca^{2+}-Konzentration durch hormonelle Aktivierung des Adenylatzyklase- und des Inositol-Phospholipid-Second-messenger-Systems reguliert. Die verschiedenen Mechanismen, welche die glatte Muskulatur kontrollieren, führen zu den komplexen Kontraktionsmustern, die in diesem Muskeltyp zu beobachten sind.

Zusammenfassung

Die Muskulatur wird in zwei Kategorien eingeteilt: quergestreifte und glatte Muskulatur. Die quergestreifte Muskulatur ist inzwischen so eingehend untersucht, daß ihre Struktur vermutlich besser verstanden wird als die jedes anderen Gewebes. Die Querstreifung beruht auf der regelmäßigen Anordnung paralleler Myofilamente, welche die gebänderten Sarcomere bilden. Das Sarcomer besteht aus Myosin- und Actinfilamenten. Die dicken Myosinfilamente (A-Bande) greifen zwischen die dünnen Actinfilamente (I-Bande). Während der Muskelaktivität wird das aktive Ineinandergleiten der Filamente durch Interaktionen zwischen den Actinfilamenten und den Querbrücken, die aus den Myosinfilamenten herausragen, bewirkt.

Bindet der Kopf der Myosinbrücke an Actin, entfaltet er seine ATPase-Aktivität. Die Hydrolyse von ATP – dafür ist Mg^{2+} notwendig – bewirkt eine Konformationsänderung des Kopfes. Die Konformationsänderung ist für einen Querbrücken-Aktivitäts-Zyklus verantwortlich, der aus der Anheftung an das Actin, der Rotation des Kopfes und der Loslösung vom Actin besteht. Nach jeder Loslösung lagert sich der Myosinkopf an einer „weiter hinten" gelegenen Stelle des Actinfilaments mit einer ersten von mehreren Anheftungsstellen an. Die krafterzeugende Rotation des Myosinkopfes am Actin beruht vermutlich auf einer nacheinander erfolgenden Bindung mehrerer Zentren des Myosinkopfes an das Actinfilament; dabei führt der Kopf eine Rotationsbewegung gegen das Actinfilament aus und zieht so am Querbrückengelenk. Das Querbrückengelenk zieht seinerseits am dicken Filament, aus dem es herausragt, und bewirkt damit, daß das Myosinfilament entlang der dünnen Filamente auf das Ende des Sarcomers zugleitet. Dieser Vorgang ereignet sich symmetrisch auf beiden Seiten der dicken Filamente; das Sarcomer verkürzt sich, da die Z-Scheiben beider Seiten auf das Zentrum des Sarcomers zu bewegt werden. Viele der klassischen Muskeleigenschaften werden unter Berücksichtigung der Gleitfilamenttheorie der Muskelkontraktion verständlich.

Im unerregten Zustand wird die Anheftung des Myosinkopfes durch eine sterische Behinderung der Actinanheftungsstelle durch Tropomyosin unterbunden. Das Tropomyosin, ein langgestrecktes Molekül, ist eng mit dem Actinfilament assoziiert. Wird die Muskelzelle durch ein Aktionspotential depolarisiert, gelangt das AP in die T-Tubuli. Als Reaktion auf die Depolarisation der T-Tubulus-Membran verändern die in ihr lokalisierten spannungssensitiven Dihydropyridin-Rezeptoren ihre Konformation. Dies führt – durch die elektromechanische Kopplung mit den Ryanodin-Rezeptoren in der SR-Membran – zur Öffnung der Ca^{2+}-Kanäle der SR-Membran; Ca^{2+}-Ionen werden aus dem sarcoplasmatischen Reticulum entlassen und binden im Myoplasma an Troponin, das aus einer Gruppe globulärer Proteinmoleküle besteht, die sowohl mit Actin als auch mit Tropomyosin verbunden sind. Das Ca^{2+} bewirkt eine Konformationsänderung des Troponins, so daß dieses das Tropomyosin von den Anheftungsstellen weg bewegt und die Köpfe der Myosinquerbrücken sich an das Actinfilament anheften können. Auf diese Weise reguliert Calcium die Kontraktion der quergestreiften Vertebratenmuskulatur. Repolarisiert sich die Oberflächenmembran, nimmt das sarcoplasmatische Reticulum das Ca^{2+} wieder auf, entfernt es also vom Troponin, was zur Beendigung des aktiven Zustandes des Muskels und zu dessen Erschlaffung führt, solange ATP vorhanden ist. Zur Aktivierung des glatten Muskels wird ebenfalls Ca^{2+} benötigt. Die daran beteiligten Mechanismen unterscheiden sich aber von denen der quergestreiften Muskulatur.

Die mechanischen und energetischen Eigenschaften verschiedener Muskeltypen sind bemerkenswert unterschiedlich und an die jeweiligen Erfordernisse angepaßt. Die Muskelsysteme sind so evolviert, daß sie jeweils im optimalen Überlappungsbereich der Myofilamente eine optimale Krafterzeugung liefern und bei passender Geschwindigkeit (V/V_{max}) maximale Leistung bei fast optimalem Wirkungsgrad bringen. Bei Muskeln des Bewegungsapparates ist die Kinetik von Aktivierung und Erschlaffung vergleichsweise langsam, wodurch der Energieaufwand für das Zurückpumpen des Ca^{2+} in das SR reduziert wird. Dagegen sind schallerzeugende Muskeln bei Wirbeltieren fähig, bei sehr hohen Frequenzen zu arbeiten und haben ein entsprechend ausgeprägtes Ca^{2+}-Pumpsytem. Schallerzeugende Muskeln sind damit sehr energieaufwendig, nehmen aber nur einen kleinen Teil der Muskelmasse eines Wirbeltieres ein. Die asynchronen Flugmuskeln der Insekten können hohe Leistung bei hoher Frequenz erbringen, ohne hohe Energieaufwendungen für die Ca^{2+}-Rückpumpleistung einbringen zu müssen, da sie durch Dehnung aktiviert und durch Verkürzung deaktiviert werden.

Die Kontrolle der Muskelspannung durch das Nervensystem hat sich in verschiedenen Tiergruppen unterschiedlich entwickelt. Die quergestreiften Muskelfasern der Vertebraten antworten auf Impulse eines einzigen Motoneurons mit Alles-oder-Nichts-Zuckungen, da sie sich als Antwort auf in den Fasern erzeugten Alles-oder-Nichts-Aktionspotentiale kontrahieren. Treffen die Impulse mit genügend hoher Frequenz ein, verschmelzen die Einzelzuckungen zu einer tetanischen Kontraktion. Bei Arthropoden antworten viele quergestreiften Muskelfasern (wie auch tonische Fasern der Vertebraten) mit graduierten Kontraktionen als Antwort auf graduierte, nicht fortgeleitete Depolarisationen an Synapsen, die entlang jeder Muskelfaser lokalisiert sind. Die meisten Muskelfasern der Arthropoden haben zusätzlich zur Innervation mit verschiedenen erregenden Motoaxonen auch eine hemmende Innervation.

Auf der myofibrillären Ebene ist der Herzmuskel der Vertebraten bis auf folgende Abweichungen wie die quergestreifte Muskulatur aufgebaut:
1. Die Herzmuskelfasern bestehen aus vielen kurzen, einkernigen Zellen, die elektrisch über Gap junctions miteinander gekoppelt sind, so daß eine Fortleitung von Aktionspotentialen möglich wird. Im Gegensatz zu den Herzmuskelzellen verschmelzen die embryonalen Skelettmuskelzellen zu langen, vielkernigen, zylindrischen Fasern, wobei sie ihre Individualität verlieren.
2. Die ionalen Mechanismen der Herzmuskulatur sind an die Erfordernisse der Schrittmacheraktivität in der Vorhofwand und der Erzeugung verlängerter APs in den Ventrikeln angepaßt.

Innerhalb der glatten Muskulatur werden zwei Muskelzelltypen voneinander unterschieden: Die Multi-unit-Typ-Muskulatur ist aus unabhängig arbeitenden Zellen zusammengesetzt, die für ihre Kontraktion einen neuronalen Input benötigen. Die Single-unit-Typ-Muskulatur – sie ist bei Vertebraten weiter verbreitet – besteht aus spindelförmigen Zellen, die elektrisch miteinander gekoppelt sind. Die Single-unit-Typ-Muskulatur findet sich in der Wand der visceralen Organe bei Vertebraten; sie kontrahiert nach mechanischer Dehnung. Die glatte Muskulatur enthält Actin- und Myosinfasern, jedoch nicht in der organisierten Form wie bei der quergestreiften Muskulatur. Die Kontraktion wird durch Ca^{2+} ausgelöst, das während einer Depolarisation hauptsächlich von außerhalb in die Zelle eindringt und nicht, wie bei der quergestreiften Muskulatur, aus dem SR freigesetzt wird. Der Ca^{2+}-Einstrom über die Plasmamembran ist bei glatten Muskeln ausreichend, da die Kontraktionen langsam verlaufen und weil die kleinen Zellen ein großes Oberfläche/Volumen-Verhältnis haben und nur kurze Diffusionsstrecken zu überwinden sind.

Die mechanischen Eigenschaften des Muskel-Skelett-Systems hängen von mehreren Faktoren ab. Zu diesen gehören:
1. Die angeborenen kontraktilen Eigenschaften des Muskels; diese hängen von der ATPase-Aktivität des Myosinkopfes, der Länge und der Überlappung der dicken und dünnen Filamente, der Ca^{2+}-Freisetzungs- und Ca^{2+}-Aufnahmegeschwindigkeit des SRs und weiteren Faktoren ab, die unter der Kontrolle des Motoneurons stehen, welches die Muskelfaser innerviert.
2. Die Architektur des Muskels und der Skelettelemente; sie bestimmt die Bewegungsmechanik. Sind sonst alle anderen Faktoren gleich, bewegen sich die Enden

eines langen Muskels schneller aufeinander zu als die eines kurzen Muskels. Die Orte der Muskelanheftung relativ zur Lage des Drehpunktes und die Last des Knochens, die bewegt wird, bestimmen die Geschwindigkeit und Kraft der Ansatzbewegung.

Empfohlene Literatur

Ebashi, S., Maruyama, K., Endo, M. (Hrsg.): Muscle Contraction: Its Regulatory Mechanisms. Springer, New York 1980
Huxley, H. E.: The mechanism of muscular contraction. Science **164** (1969) 1356–1365
Josephson, R. E.: Contraction dynamics and power output of skeletal muscle. Ann. Rev. Physiol. **55**: (1993) 527–546
Lutz, G., Rome, L. C.: Built for jumping: the design of frog muscular system. Science **263** (1994) 370–372.
Rome, L. C., Funke, R. P. u. Mitarb.: Why animals have different muscle fiber types. Nature **355** (1988) 824–827

11. Neuronale Verarbeitung und Verhalten

Nur wenige Phänomene der natürlichen Umwelt haben das menschliche Interesse stärker gefesselt als das Verhalten der Tiere. Menschen haben die Verhaltensweisen der Tiere wohl schon beobachtet und sich in Vorhersagen darüber versucht, seit die Art *Homo sapiens* existiert. Während unser derzeitiges Interesse an Ursprung und Kontrolle tierischen Verhaltens sicher auch dem Bedürfnis nach Modellen für unser eigenes Verhalten entspringt, beobachteten unsere Vorfahren Tiere, um Jagdstrategien zu optimieren oder zu verhindern, daß sie selbst deren Beute wurden. In dieser Hinsicht mag unsere Neugier darüber, wie und warum sich Tiere in einer bestimmten Weise verhalten, aus der Notwendigkeit entstanden sein, zu erfahren, was z.B. ein Löwe wohl als nächstes tun wird. Die Komplexität des Problems wird deutlich, wenn wir alle Prozesse betrachten, die zu einem bestimmten Verhalten beitragen. Wie werden die Informationen verschiedener Sinnesorgane gesammelt und ausgewertet, bevor sie eine Verhaltensweise auslösen? Wo im Nervensystem werden Entscheidungen für oder gegen bestimmte Verhaltensweisen getroffen und wo wird die koordinierte Aktion organisiert? Wie werden die Aktivitäten im Nervensystem in Verhalten umgesetzt? Das Verständnis der Funktion des Nervensystems und des Hormonsystems ist eine Voraussetzung für die Beantwortung dieser Fragen.

Alle Verhaltensaktivitäten werden letztendlich durch Aktivität von Motoneuronen erzeugt, welche die Muskeln zur Kontraktion bringen. Das Verhalten eines Tieres ändert sich ständig, jeweils als Reaktion auf Reize aus der Umwelt. Einige dieser Verhaltensantworten sind einfache und vorhersagbare Reflexe. Andere Verhaltensweisen hängen (neben dem physiologischen Status, z.B. dem des Hormonhaushaltes) von gespeicherten Informationen ab, die aus früheren Erfahrungen stammen. Diese Verhaltensweisen sind daher für den Beobachter, der keinen Zugang zum Gedächtnis der Tiere hat, schwer vorherzusagen. Allen Verhaltensweisen liegt als „Hardware" ein neuronales Netzwerk zugrunde. Im Gegensatz zu elektrischen Stromkreisen, die in bestimmter Weise fest verdrahtet vorliegen, sind die Verbindungen in neuronalen Netzwerken nicht statisch. Vielmehr zeigen letztere eine **Plastizität**, d.h. sie besitzen die Fähigkeit, sich als Reaktion auf Erfahrungen funktional, in einigen Fällen auch strukturell, zu verändern.

Das einfachste neuronale Netzwerk ist der **Reflexbogen** (Abb. 11.1). Sensorische Informationen werden über einige Synapsen geleitet, um ein motorisches Signal zu produzieren, das seinerseits Muskeln zur Kontraktion bringt. Möglicherweise bestand der ursprüngliche Reflexbogen nur aus einer **Rezeptorzelle**, welche direkt eine **Effektorzelle** innervierte (Abb. 11.1 B). Im Pharynx des Nematoden *Caenorhabditis elegans* identifizierte man einzelne Zellen, die wahrscheinlich sowohl Rezeptor- als auch motorische Antwortfunktionen haben. Bei noch einfacheren Organismen werden sensorische und motorische Funktionen ebenfalls von einer einzigen Zelle übernommen (Box 11.1).

Bei einfach organisierten Tieren mögen Rezeptoren und Effektoren über den ganzen Körper verteilt gewesen sein, so daß jede Region des Körpers recht unabhängig auf die Umwelt reagieren konnte, ohne daß andere Körperregionen notwendigerweise betroffen waren. Diese Art von **diffusem Nervensystem** finden wir heute bei modernen Quallen und dem Polypen *Hydra*. Mit zunehmender Komplexität der Tiere stieg die Anzahl der Neuronen, die Schaltkreise wurden komplexer: Das Nervensystem wurde schließlich in einem **zentralen System** zusammengefaßt (ZNS). Innerhalb des zentralen Nervensystems liegen viele Neuronen eng benachbart, was die Verschaltungsmöglichkeiten gewaltig erhöht. An das ZNS, in dem die meisten Neuronen lokalisiert sind, werden die in der Peripherie liegenden Rezeptoren und Effektoren über lange Axone angekoppelt.

Der bei heute lebenden Tieren weit verbreitete einfachste Schaltkreis ist der **monosynaptische Reflexbogen** (Abb. 11.1 B), bei dem ein sensorisches Neuron (der Rezeptor) im ZNS über eine Synapse mit einem Motoneuron verbunden ist, welches einen Muskel (den Effektor) versorgt. Dieser Reflexbogen besteht aus drei Elementen: sensorisches Neuron, motorisches Neuron und Muskelfasern. Immer dann, wenn das sensorische Neuron genügend aktiviert ist, erregt es das motorische Neuron und letztendlich den Muskel. Durch die gesamte Entwicklungsgeschichte des Tierreichs sind diese Bestandteile des Reflexbogens – sensorische Eingangsneurone und motorische Ausgangsneurone, die auf Muskeln geschaltet sind – durch gemeinsame Merkmale gekennzeichnet, die von den einfachsten Evertebraten bis zu den komplexesten Vertebraten unverändert geblieben sind.

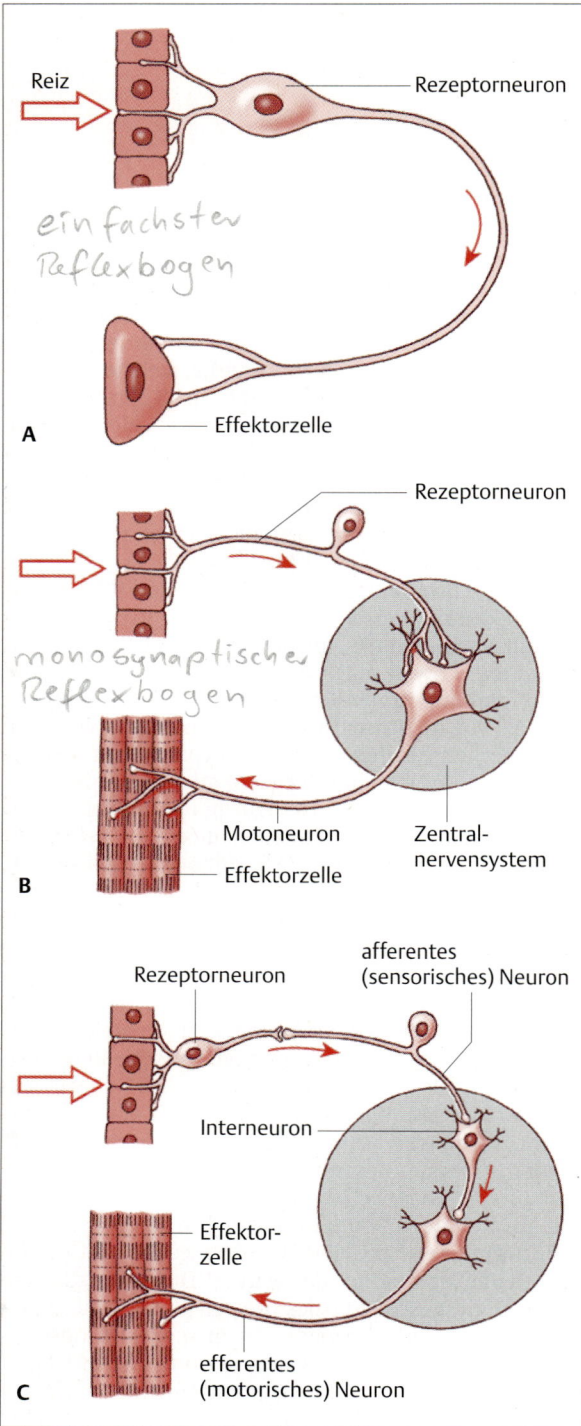

Abb. 11.1 Reflexbögen. Bei einfachen Reflexbögen aktivieren sensorische Rezeptoren die Effektorzellen über wenige Synapsen. **A** Bei diesem einfachsten Reflexbogen innerviert und aktiviert die Rezeptorzelle direkt eine Effektorzelle. Einige Chemorezeptoren im Pharynx des Nematoden *Caenorhabditis elegans* arbeiten wahrscheinlich so. **B** Ein monosynaptischer Reflexbogen besteht aus einem Rezeptorneuron, das synaptisch mit einem Motoneuron verschaltet ist, welches seinerseits Muskelfasern aktiviert. Dieser Reflexbogen wird als monosynaptisch bezeichnet, da er im ZNS nur eine Synapse enthält. **C** Dieser kompliziertere Reflexbogen enthält mehrere in Serie geschaltete Synapsen. In B und C umschließt der Kreis den Teil des Reflexbogens, der im ZNS liegt.

Die meisten Reflexbögen enthalten mehr als nur eine zentrale Synapse und sind daher polysynaptisch. Ein solcher Schaltkreis enthält mindestens ein **Interneuron**, das zwischen sensorischem und motorischem Neuron geschaltet ist (Abb. 11.1 C). Während der Evolution der Tiere nahm die Anzahl der Interneurone mit der Komplexität der Organismen zu. Diese Entwicklung führte zu einer dramatisch gesteigerten Verhaltenskomplexität. Es gibt viele Hinweise darauf, daß der Besitz einer großen Anzahl von Interneuronen zwischen Eingangs- und Ausgangsneuronen die Grundlage eines großen Lernpotentials darstellt.

Obwohl viele Eigenschaften der Motoneurone, die den Weg des motorischen Ausgangs darstellen, durch die ganze stammesgeschichtliche Entwicklung beibehalten wurden, gilt dies nicht in gleichem Maße für die neuronalen Systeme, die sensorische Informationen verarbeiten. Einige Elemente der sensorischen Transduktion sind vielen Sinnen gemeinsam (s. Kap. 7), aber die Eigenschaften der zentralen Neurone, die sensorische Signale verarbeiten, sind sehr fein auf die Lebensumstände der jeweiligen Art abgestimmt und können, je nach der Bedeutung des Sinnessystem für die betreffende Art, enorm stark variieren. Obwohl Vögel und Fledermäuse fliegen – und daher den gleichen Umweltanforderungen begegnen sollten –, ist die Art, wie sie die Information über ihre Umgebung in sensorischen Signalen kodieren, sehr unterschiedlich. Die im Dunkeln fliegenden Fledermäuse erhalten Informationen über ihre Umgebung durch die Aussendung von Lauten und dem Lauschen auf Echos, die von Oberflächen reflektiert werden. Die meisten Vögel verlassen sich dagegen vor allem auf ihr Sehsystem. Wenn ein Vogel und eine Fledermaus in der gleichen Umgebung flögen, würden ihre Sinnesysteme die Umwelt völlig unterschiedlich abbilden. Informationen über den Abstand zu einem Objekt würde für die Fledermaus in der Intensität des reflektierten Schalls oder dessen Laufzeit liegen, für den Vogel in der Lage von relativen Brennebenen, der Lage des Bildes auf der Retina und der Position beider Augen. Vogel und Fledermaus nutzen auch ganz verschiedene Hirn-

Box 11.1 Verhalten von Tieren ohne Nervensystem

Das Verhalten vielzelliger Organismen hängt von der Aktivität ihres Nervensystems ab. Auch Protozoen zeigen einige interessante Verhaltensweisen, obwohl diese Einzeller weder Neurone noch Muskeln besitzen. Prozesse, die sich innerhalb der Einzeller abspielen, übernehmen die gleichen Funktionen, die bei Metazoen von Sinnesrezeptoren, Interneuronen, Motoneuronen und Muskeln ausgeführt werden. Die Betrachtung der Mechanismen, die diesen offensichtlich einfach organisierten Organismen so komplexe Verhaltensweisen ermöglichen, kann Erkenntnisse über die hochgradig konservative Natur der Evolution liefern.

Der Ciliat *Paramecium* zeigt eine **Vermeidungsreaktion**, wenn er auf ein Hindernis trifft. Berührung des Hinterendes eines *Parameciums* führt zu einem schnelleren Vorwärtsschwimmen (**Fluchtreaktion**); Berührung des Vorderendes veranlaßt das Tier, rückwärts zu schwimmen und eine neue Richtung einzuschlagen (**A**). Die Schwimmrichtung hängt davon ab, in welche Richtung die Cilien schlagen. Eine Umkehr der Schwimmrichtung erfolgt dann, wenn sich der Cilienschlag umkehrt. Doch welcher Mechanismus sorgt für eine Schlagumkehr nach einer mechanischen Reizung?

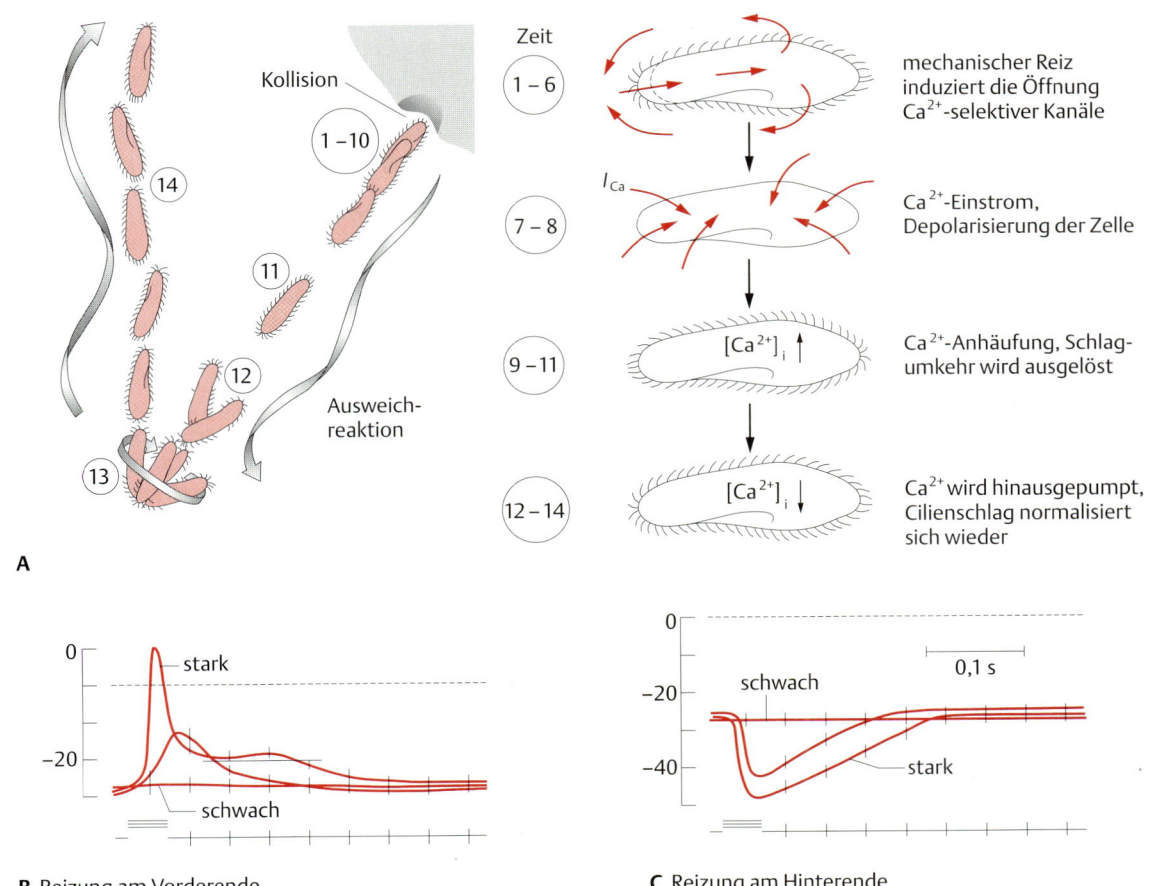

B Reizung am Vorderende

C Reizung am Hinterende

Ein *Paramecium* weicht Gegenständen aus, auf die es trifft, indem es seine Schwimmrichtung und -geschwindigkeit ändert. **A** Nachdem es mit einem Gegenstand kollidiert ist, schwimmt *Paramecium* rückwärts, dreht sich und schwimmt in einer neuen Richtung weiter. Die eingekreisten Zahlen setzen den Zeitverlauf dieses Verhaltens (links) in bezug zu den rechts dargestellten Vorgängen: Die mechanische Reizung des Vorderendes öffnet Ca^{2+}-selektive Kanäle. Die interne freie Ca^{2+}-Konzentration erhöht sich – was zur Schlagumkehr führt – und wird schließlich wieder herabgesetzt. **B** Werden die Ca^{2+}-Kanäle durch mechanische Reizung am Vorderende geöffnet, depolarisiert die Membran und verursacht eine graduierte, schwach regenerative Änderung im Membranpotential, die zur Umkehr des Cilienschlags führt. **C** Mechanische Reizung des Hinterendes öffnet K^+-selektive Kanäle und führt zu einer graduierten Hyperpolarisation der Membran, die über einen unbekannten Mechanismus den Cilienschlag beschleunigt (A nach Grell, 1973; B, C nach Eckert, 1972).

Experimente, die im Labor von Roger Eckert durchgeführt wurden, zeigten, daß die Membran von *Paramecium* dehnungsempfindliche Ionenkanäle enthält, die unterschiedlich über den ganzen Organismus verteilt sind. Die Ionenkanäle am Vorderende sind Ca^{2+}-selektiv (**B**), während die am Hinterende K^+-selektiv sind (**C**).

Öffnen sich die Kanäle in der Membran des Einzellers, ändert sich der Ionenstrom durch die Membran und, als Folge dieser Ereignisse, ändert sich das Verhalten. Möglicherweise können die Eigenschaften von Neuronen und Muskeln als Abstraktion einiger der Fähigkeiten dieser multifunktionellen „einfachen" Zellen betrachtet werden.

areale und Verarbeitungsmechanismen, um diese sensorischen Eindrücke zu interpretieren. Die Hörregionen im Gehirn der Fledermaus sind groß und komplex, die visuelle Region dagegen klein – im Gegensatz zum Vogel, dessen visuelle Regionen sehr groß und komplex sind.

Trotz solcher Unterschiede über die Sinnesmodalitäten hinweg gibt es allgemeine Prinzipien, die für viele sensorische Verarbeitungssysteme zutreffen. Beispielsweise werden unabhängige Parameter des Reizes – etwa Farbe, Größe und Bewegungsrichtung eines visuellen Reizes – in getrennten, parallelen Schaltwegen verarbeitet. Während die Informationen aus jeder Sinnesmodalität durch das Gehirn geschleust werden, werden die Eigenschaften des Reizes in den jeweiligen Hirnregionen immer spezieller abgebildet. Zusätzlich werden die Reize meist innerhalb jeder Hirnregion systematisch organisiert, wodurch eine Karte entsteht, auf die Teile des Körpers, Teile der Umwelt, oder Eigenschaften des Reizes (z.B. Tonfrequenzen) topographisch und zueinander systematisch repräsentiert werden. Die frühere Ansicht, diese Karten seien statisch und starr, wird heute zunehmend durch eine dynamische Betrachtung ersetzt, wonach die Topographie in gewissem Umfang benutzungsabhängig variieren kann. Darauf werden wir später in diesem Kapitel zurückkommen.

Tiere können ihr Verhalten aufgrund von Erfahrungen ändern, also **Lernen**, und diese Informationen für die zukünftige Nutzung speichern, was wir als **Gedächtnis** bezeichnen. Die Untersuchungen der physiologischen (und möglicherweise anatomischen) Mechanismen von Lernen und Gedächtnis konzentrieren sich in zunehmendem Maße auf synaptische Veränderungen. Neue Erkenntnisse über zelluläre und molekulare Prozesse beim Lernen und über das Gedächtnis können nun in unsere Vorstellungen von der Entstehung des Verhaltens integriert werden. Sowohl Lernen als auch das Entstehen komplexer Verhaltensmuster hängt von einer großen Zahl neuronaler Schaltkreise ab, die zwischen den afferenten sensorischen und den efferenten motorischen Wegen liegen. Bei höheren Organismen sind die meisten Neurone zentrale Interneurone. In Abb. 11.2 wird diese komplexe Schaltstelle zwischen sensorischem Eingang und motorischem Ausgang durch einen einfachen Kasten dargestellt, der Eingangs- und Ausgangsneurone trennt. In der Tat ist dieser Teil des Nervensystems immer noch weitgehend eine „black box", die wir nur in sehr begrenztem Maß verstehen. Das Gebiet der Verhaltensforschung ist die beobachtbare Beziehung zwischen Reiz und Reaktion. Das Ziel der Neurobiologie ist es, die Funktionsweise der Reiz und Reaktion verbindenden neuronalen Schaltkreise zu verstehen. Ein Ansatz dazu war die Untersuchung des Nervensystems von vergleichsweise einfachen Tieren, um zu erkennen, was in der Zeitspanne zwischen Reizaufnahme und beobachtbarer Verhaltensantwort geschieht. Wir werden einige der Systeme untersuchen, die uns helfen zu verstehen, was das Nervensystem eigentlich tut, wenn es sensorische Informationen verarbeitet und Antwortmuster hervorbringt.

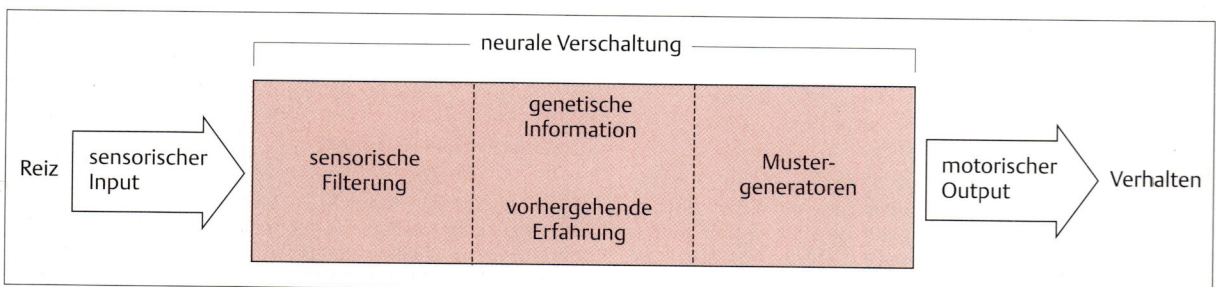

Abb. 11.2 Informationsverarbeitung im ZNS. Die Informationsverarbeitung erfolgt in verschiedenen Bereichen, die funktionell miteinander verschaltet sind. Die sensorische Information wird über Sinnesrezeptoren aufgenommen, gefiltert und bearbeitet. Sie wird anschließend mit anderen sensorischen Informationen, genetischen Programmen und Erinnerungen an frühere Erfahrungen integriert und aktiviert schließlich Neurone, die geeignete motorische Antworten hervorrufen.

Evolution von Nervensystemen

Die Evolution des Nervensystems kann nicht in gleichem Maß wie etwa die Evolution der Beinknochen eines Vertebraten direkt mit Hilfe von Fossilien nachvollzogen werden, da das weiche Nervengewebe kaum fossile Spuren hinterläßt. Durch das vergleichende Studium der neuronalen Organisation bei verschiedenen, zunehmend komplexen Vertretern der verschiedenen Tierstämme erhalten wir jedoch eine Basis, auf der wir über die möglichen stammesgeschichtlichen Entwicklungswege spekulieren können. Bis vor kurzem war die vergleichende Betrachtung von Struktur und Funktion der Nervensysteme verschiedener Tierstämme die einzige Möglichkeit, um evolutionäre Beziehungen nachzuvollziehen. Inzwischen ist es möglich, DNA-Sequenzen zu vergleichen, die über Artgrenzen hinweg konserviert wurden, und auf der Basis ihrer Ähnlichkeit evolutionäre Beziehungen zu rekonstruieren. Diese Methode der **molekularen Phylogenetik** liefert uns zusätzliche Informationen, welche die herkömmlichen Analysen von Organismen ergänzen können. Die Rekonstruktion phylogenetischer Beziehungen auf der Basis von DNA-Sequenzvergleichen erfordert, daß die fossilen oder rezenten Organismen mindestens ein oder mehrere Moleküle gemeinsam haben, für welche die kodierenden Nucleinsäure-Sequenzen bestimmt werden können.

Auf zellulärer Ebene scheint das Nervensystem erstaunlich wenige Modifikationen im Lauf der stammesgeschichtlichen Entwicklung durchgemacht zu haben. Die elektrischen und chemischen Eigenschaften der Nervenzellen sind bei Vertebraten und Evertebraten bemerkenswert ähnlich (s. Kap. 5 u. 6). Viele Prinzipien der neuronalen Funktionen wurden durch Untersuchungen der recht einfachen Nervensysteme von Evertebraten und niederen Vertebraten erarbeitet. Diese einfacheren Systeme sind dem Experimentieren zugänglicher als die komplexeren Systeme der höheren Vertebraten. Insbesondere sind die Neuronen vieler Evertebraten groß und dadurch einfacher zugänglich sowie leicht von Tier zu Tier wieder identifizierbar, so daß ihre Aktivität vergleichsweise unkompliziert registriert und analysiert werden kann. Seit kurzem ist es auch möglich, biochemische und molekulare Analysen an einzelnen Neuronen durchzuführen, die im Nervensystem von Vertebraten identifiziert und isoliert wurden.

Die anatomisch am einfachsten organisierten Nervensysteme bestehen aus Nervenzellen mit sehr feinen Axonen (Nervenfasern), die kreuz und quer verlaufend ein diffuses Netzwerk bilden (Abb. 11.3). Solche **Nervennetze** sind besonders bei den Coelenteraten (Hohltiere) verbreitet. Die Nervenfasern sind an Schnittpunkten synaptisch miteinander verbunden. Ein Reiz, der an einer Stelle des Organismus einwirkt, verursacht eine Erregung, die sich von dort bis zu einem gewissen Grad nach allen Seiten hin ausbreitet. Wird der Reiz kurz hintereinander mehrmals wiederholt, erfolgt eine **Fazilitation** (Bahnung), und die Erregung breitet sich stärker aus. Über die synaptischen Mechanismen der diffusen Nervennetze ist sehr wenig bekannt, da die Nervenfasern äußerst fein sind intrazelluläre Ableitungen daher technisch schwierig sind. Jedoch gibt es selbst bei den einfachen Nervennetzen der Coelenteraten und Ctenophoren (Rippenquallen) Hinweise auf Reflexbögen.

Ein früher, wichtiger Fortschritt in der Evolution der Nervensysteme war die Organisation von Neuronen zu Ganglien. Ganglien sind bereits bei Coelenteraten zu erkennen und nahezu durch das gesamte Tierreich verbreitet. Ein **Ganglion** (Abb. 11.4A u. C) ist eine Zusam-

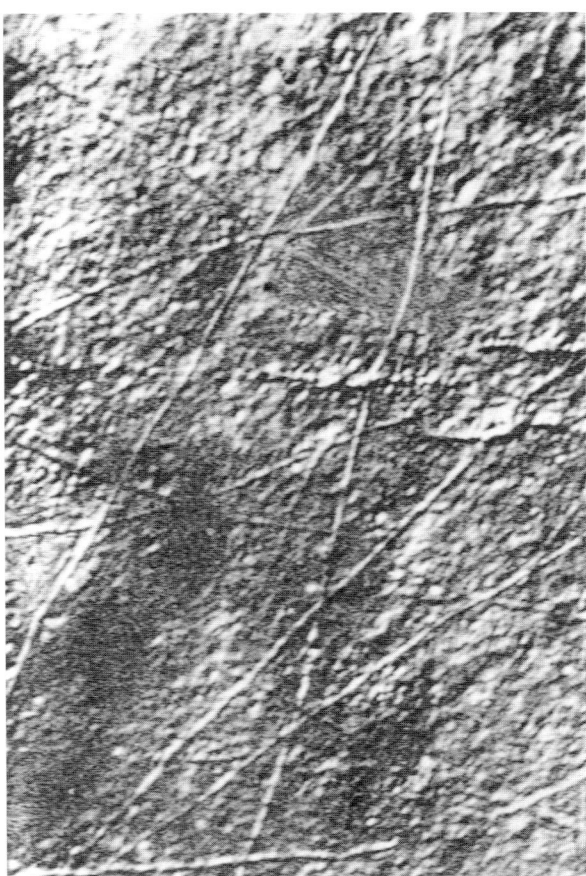

Abb. 11.3 Einfaches Nervennetz der Ohrenqualle *Aurelia*. Die Axone sind auf der Unterseite des Schirms sichtbar, wenn man das Tier im Streulicht betrachtet. Sie sind in einem diffusen Netzwerk in allen Richtungen angeordnet. Sie innervieren die Muskeln, die den Schirm zur Kontraktion bringen (Aufnahme: A. Horridge).

menlagerung vieler Nervenzellkörper, die um ein Knäuel von Nervenfortsätzen (Axone und Dendriten), dem **Neuropil**, organisiert sind. Diese Organisationsform erlaubt unzählige Verbindungen zwischen den Neuronen mittels kollateraler Fortsätze (Seitenäste der Axone). Ein Neuropil mag wie ein zufälliges Gewirr dünner Fortsätze erscheinen. Die Injektion von Markern oder Farbstoffen in einzelne Neurone (Abb. 11.**4B** u. **D**) zeigt jedoch, daß die wichtigsten Merkmale jedes Neuronentyps innerhalb einer Art ähnlich, zwischen verschiedenen Arten jedoch unterschiedlich sind. Wie zudem physiologische Befunde zeigen, sind die synaptischen Verbindungen im Neuropil so angeordnet, daß zwischen homologen Neuronen verschiedener Tiere einer Art identische synaptische Verbindungen bestehen.

Segmentierte Evertebraten haben dezentralisierte Nervensysteme. Jedes Körpersegment ist mit einem Ganglion (oder einem Ganglienpaar) ausgestattet. Das Ganglion eines Segments ist normalerweise für die Reflexfunktionen seines Segmentes und eines oder mehrerer unmittelbar benachbarten Körpersegmente verantwortlich. Die Verbindung zwischen den Ganglien aufeinanderfolgender Körpersegmente erfolgt über **Konnektive**. Das Ergebnis ist eine Hintereinander-Schaltung von Ganglien und Konnektiven zu einem ventralen Nervenstrang (Strickleiternervensystem), der für die Anneliden und die Arthropoden charakteristisch ist (Abb. 11.**5**). Am vorderen Ende des ventralen Nervenstrangs dieser Tierstämme finden wir eine oder mehrere recht große Ansammlungen von Neuronen, die ein **Gehirn** – oder Superganglion – bilden, welches sensorische Informationen vom Vorderende des Tieres erhält und die Kopfbewegungen kontrolliert. Zusätzlich üben Neuronen, deren Somata im Gehirn liegen, oft eine Kontrolle über die Ganglien entlang des ventralen Nervenstrangs aus und können dadurch zu koordinierten Bewegungen des gesamten Körpers beitragen. Dieser Zusammenschluß von Neuronen am vorderen Ende des Tieres, wo auch viele Sinnesorgane konzentriert sind, wird als **Cephalisation** bezeichnet und ist ein typisches Merkmal zentraler Nervensysteme (nicht alle Gehirne sitzen am Vorderende; der Blutegel hat z.B. ein „Schwanzhirn" am hinteren Ende seines Bauchmarks, welches größer ist als sein „Kopfhirn").

Die in den Segmenten liegenden Ganglien der Anneliden und Arthropoden sind für neurophysiologische Untersuchungen sehr gut geeignet, da jedes Ganglion eine vergleichsweise geringe Zahl an Neuronen enthält. In vielen Fällen ist die Neuronenausstattung mehrerer Ganglien sogar identisch. Die Aufklärung der neuronalen Interaktionen innerhalb eines Segments kann als Grundlage für alle anderen Segmente des Nervenstrangs dienen. Dieses Vorgehen erwies sich als besonders hilfreich bei den Untersuchungen des Nervensystems des Blutegels (Abb. 5.**5**), bei dem die Ganglien besonders zahlreich und einander sehr ähnlich sind. Trotz der einfachen Strukturen in seinem Nervensystem kann ein Blutegel so komplexe Aufgaben kontrollieren wie z.B. das Schwimmen bei der Nahrungssuche oder das Kriechen zur Gefahrenvermeidung. Blutegel eignen sich daher besonders gut zum Studium der zellulären Verhaltensgrundlagen.

Die Struktur des Nervensystems unterscheidet sich zwischen den Stämmen der Evertebraten. Im Gegensatz zu Würmern und Arthropoden mit ihrem segmentalen und bilateralsymmetrischen Bauplan ist für Echinodermen (Stachelhäuter) ein Nervenring entlang einer Achse sekundärer Radiärsymmetrie typisch. Vermutlich als Folge dieser Radiärsymmetrie haben Stachelhäuter kein gehirnähnliches Ganglion. Das Nervensystem der Mollusken ist unsegmentiert; mehrere verschiedenartige Ganglien werden durch lange Nervenstränge miteinander verbunden.

Die Neuronen einiger Mollusken haben unser Wissen über neuronale Interaktionen wesentlich gefördert. Die Ganglien opisthobrancher Mollusken wie des Seehasen *Aplysia* oder der Nudibranchier wie *Tritonia* besitzen einige Neurone mit außergewöhnlich großen Zellkörpern; bei *Aplysia* haben manche einen Durchmesser von mehr als 1 mm. Einzelne dieser Riesenneurone wurden bevorzugt für neurophysiologische Untersuchungen auf zellulärer Ebene herangezogen, da sie bereits mit bloßem Auge als individuelle Neurone erkannt werden können und sich für langandauernde elektrische Ableitungen, Injektionen experimenteller Substanzen und zur Isolierung für mikrochemische Analysen usw. gut eignen. Wie im Nervensystem der Anneliden und Arthropoden können individuelle Neurone auf der Basis ihrer Lage und der Größe ihrer Zellkörper verläßlich identifiziert werden. Dadurch ist man in der Lage, die Eigenschaften eines bestimmten Zelltyps zu charakterisieren und das Ausmaß der Variation abzuschätzen, das von Individuum zu Individuum auftreten kann.

Das komplexeste Nervensystem aller bekannten Evertebraten besitzt der *Octopus*. Die Neuronenzahl allein seines Gehirns wird auf ca. 10^8 geschätzt. Man vergleiche diese Anzahl mit den ca. 10^5 Neuronen im ganzen Körper eines Blutegels! Die Neurone im Octopusgehirn sind in einer Reihe hochspezialisierter Lobi und Tractus angeordnet, die sich vermutlich aus den verstreut liegenden Ganglien niederer Mollusken entwickelt haben. Wenn die Anzahl von Neuronen etwas mit Intelligenz zu tun hat, sollte der *Octopus* recht schlau sein; Verhaltensstudien haben tatsächlich gezeigt, daß er für einen Evertebraten zu erstaunlichen Leistungen fähig ist.

Im Allgemeinen enthält das Nervensystem wirbelloser Tiere, mit Ausnahme des *Octopus*, erheblich weniger

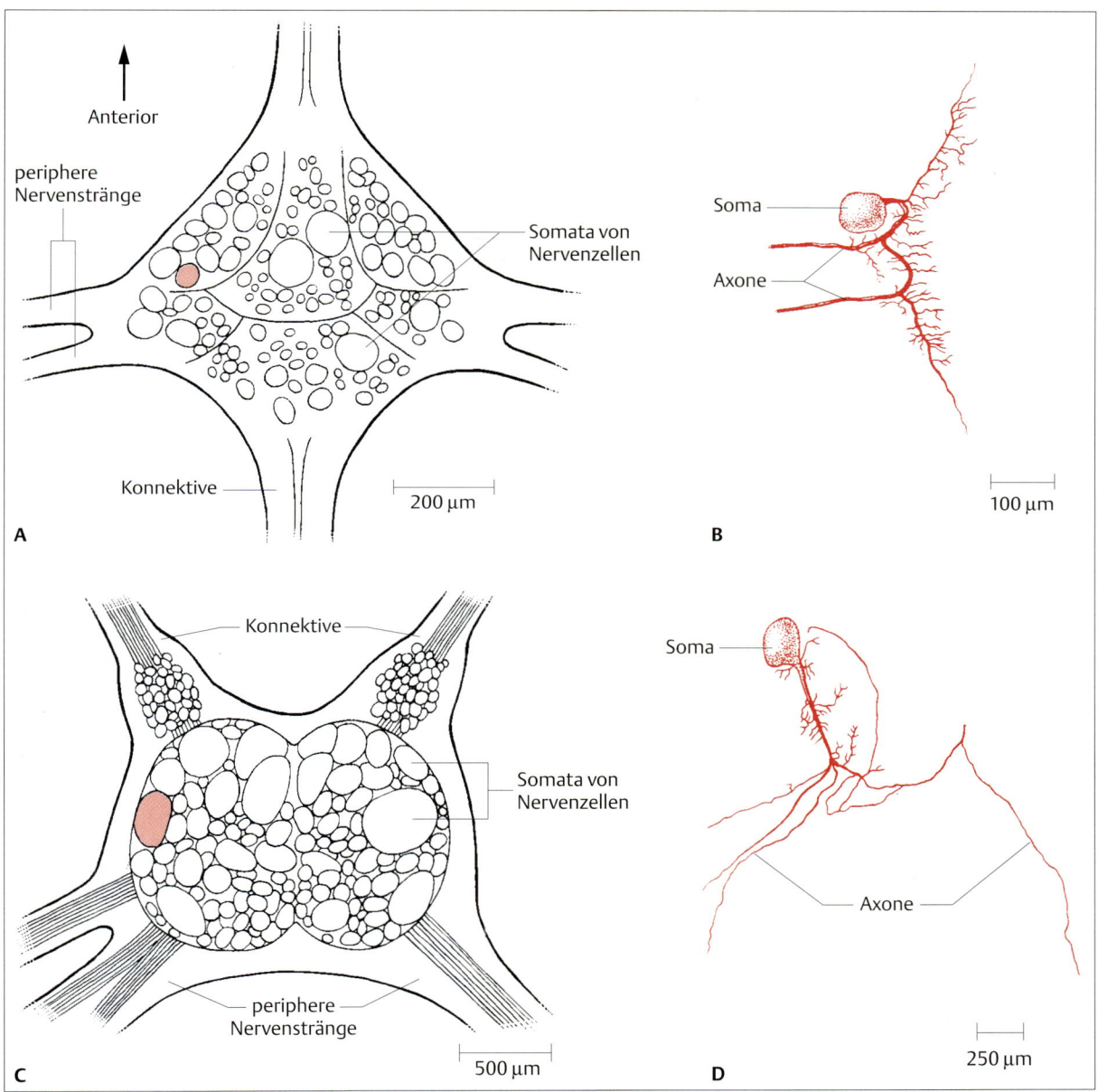

Abb. 11.4 Ganglien des Blutegels *Hirudo* und der Meeresnacktschnecke *Aplysia californica*. Neuronale Zellsomata sind bei vielen Arten – auch bei höheren Vertebraten – in Ganglien angeordnet. Die Abbildung zeigt Ganglien von Angehörigen zweier Evertebratengruppen. Der regelmäßige Bauplan dieser Ganglien ermöglicht die Identifizierung bestimmter Nervenzellen in den Ganglien verschiedener Tiere. **A** Ein segmentales Ganglion des Blutegels *Hirudo* (*Annelida*) zeigt die Lage der einzelnen Somata. Die paarigen Konnektive (im Bild oben und unten) enthalten Axone, die Neurone im Ganglion mit Neuronen in Ganglien benachbarter Körperabschnitte verbinden. Die peripheren Neuronenstränge, die seitlich austreten, enthalten motorische und sensorische Axone, die zu Eingeweiden und Muskeln ziehen. **B** Ein mechanosensorisches Neuron (in A farbig dargestellt) wurde mit einem Farbstoff intrazellulär markiert. Der Marker bleibt in der Zelle und diffundiert in alle ihre Verzweigungen. Beachte die vielen kleinen Äste, auf denen synaptische Kontakte mit ähnlichen Ästen anderer Zellen möglich sind. Die zwei großen Axone treten links in die peripheren Nervenstränge ein; die kleineren Axone laufen zu den Konnektiven. **C** Schematische Darstellung des Abdominalganglions der Meeresnacktschnecke *Aplysia californica*, dem Seehasen. **D** Morphologie eines Neurons (in C farbig dargestellt), dem intrazelluläre Marker injiziert wurden. Das Neuron sendet axonale Zweige in alle peripheren Nerven, die unten in C zu sehen sind (A nach Yau, 1976; B nach Müller, 1979; C nach Kandel, 1976; D nach Winlow u. Kandel, 1976).

entwickelt. Wir werden später in diesem Kapitel Beispiele für das Verhalten von Evertebraten und die diesem zugrundeliegenden neuronalen Verschaltungen kennenlernen.

Aus der Beobachtung einer Vielzahl von Nervensystemen sind mehrere Prinzipien der Evolution abzuleiten:

1. Die Nervensysteme aller tierischen Organismen sind auf dem gleichen Zelltyp, dem Neuron aufgebaut. Obwohl Neurone im Laufe der Entwicklung in unzählige Formen abgewandelt wurden, sind die Mechanismen der elektrischen Leitung und Signalübertragung zwischen Zellen für die Gesamtheit der Tierstämme identisch.
2. Die Organisation des Nervensystems evolvierte durch Verbesserung eines einzigen fundamentalen Musters: des Reflexbogens. So wie das Neuron die grundlegende strukturelle Einheit des Nervensystems bildet, ist der Reflexbogen die grundlegende funktionelle Einheit. In seiner einfachsten Form erzeugt ein Reflex eine stereotype Antwort auf einen bestimmten Sinnesreiz. Beim einfachsten Reflexbogen, dem monosynaptischen Reflexbogen, innerviert ein sensorisches Neuron über eine Synapse ein motorisches Neuron und dieses einen Muskel. Koordinierte Muskelkontraktion bestimmter Muskeln erzeugt dann ein Verhalten.
3. Durch die Evolution hindurch zieht sich ein Trend zur Konzentration von Neuronen in ein ZNS, das durch lange Axone mit peripheren sensorischen Rezeptoren und Muskeln verbunden ist. Die Organisation dieser Netzwerke begünstigt die „Einbahnstraßenleitung" durch Neurone – von den Dendriten zum Axon und von dort zu den Axonendigungen –, obwohl die biophysikalischen Eigenschaften der Axone die Informationsleitung sowohl zum Soma als auch von diesem weg ermöglichen würden.
4. Komplexe Organismen haben mehr Neurone als einfache. Diese sind oft in einem meist im Kopf liegenden Gehirn konzentriert.
5. In dem Maße, in dem die Komplexität der Nervensysteme zunahm, wurden neue Strukturen hinzugefügt, anstatt alte ersetzt. Als Ergebnis liegen Strukturen, die neue Funktionen erfüllen (und in der Evolution oft erst kürzlich entwickelt wurden), buchstäblich in Schichten den stammesgeschichtlich älteren, ursprünglicheren Strukturen auf.
6. Die Größe spezieller Areale des Gehirns einer Art steht in Beziehung zur Wichtigkeit dieser Areale für sensorische Ein- oder motorische Ausgänge bei der betreffenden Art. Beispielsweise sind bei Arten, die hauptsächlich auf den Sehsinn angewiesen sind, die visuellen Areale des Gehirns meist größer als alle anderen Areale. Bei nachtaktiven Tieren sind andere Hirnareale, z.B. solche, die akustische oder olfaktorische Reize verarbeiten, stärker ausgeprägt.

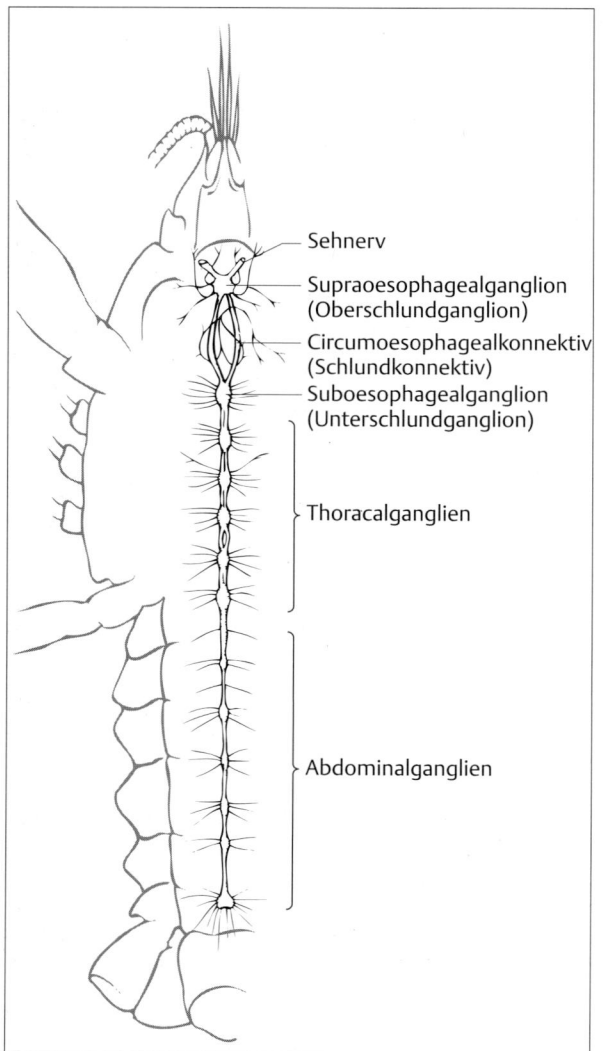

Abb. 11.5 Aufbau eines Strickleiternervensystems. Der ventrale Nervenstrang des Flußkrebses *Astacus* zeigt die segmentale Organisation des Nervensystems vieler Evertebraten. In jedem Körpersegment liegt ein Ganglion. Konnektive enthalten Axone, die zwischen den Ganglien laufen, sowie Nervenwurzeln, welche die Ganglien über sensorische und motorische Axone mit Strukturen in der Peripherie verbinden. Auch die Bilateralsymmetrie, ein weiteres Merkmal des Nervensystems der meisten Tierstämme, wird in dieser Abbildung deutlich.

Neuronen als das eines Vertebraten. Aus diesem Grund bezeichnet man die Nervensysteme der Evertebraten oft als „einfach". Diese oberflächliche Betrachtung kann jedoch täuschen. Die Neurone einfacher Systeme erweisen sich bei näherem Hinsehen oft als funktionell weit

Nervensystem der Vertebraten

Das Nervensystem der Vertebraten ist in erkennbare strukturelle und funktionale Regionen gegliedert (Abb. 11.**6**), auch wenn die Neurone vieler Regionen zusammenarbeiten, um eingehende Informationen zu einem sinnvollen Verhalten zu verarbeiten. Man unterscheidet zwischen dem **zentralen Nervensystem** (ZNS) und dem **peripheren Nervensystem** (PNS). Das ZNS enthält die meisten Zellkörper, darunter die aller Interneurone und die der meisten Neuronen, die Muskeln und andere Effektoren innervieren. Im PNS sind Nerven, also Bündel von Axonen sensorischer und motorischer Neurone, Ganglien, welche die Zellkörper einiger autonomer Neurone enthalten und Ganglien mit den Zellkörpern der meisten sensorischen Neurone enthalten (die Retina gehört – im Gegensatz zu allen anderen sensorischen Systemen – vollständig zum ZNS). Nerven sind **afferent**, wenn sie Informationen zum Gehirn hin leiten und **efferent**, wenn sie Informationen von dort fortleiten. Viele Nerven der Vertebraten enthalten afferente und efferente Axone und werden daher als gemischte Nerven bezeichnet.

Der efferente Ausgang des ZNS kann in das **somatische** und in das **autonome System** unterteilt werden. Das somatische System wird auch als das **willkürliche System** bezeichnet, weil die Motoneurone dieses Systems die Skelettmuskeln kontrollieren und diese willkürliche Bewegungen ausführen. Das autonome Nervensystem enthält Nervenzellen, welche die Kontraktion der glatten Muskulatur und der Herzmuskeln sowie die Aktivität der Drüsen steuern. Das autonome System kontrolliert also den „Betriebsablauf" wie Herzschlag, Verdauung und Thermoregulation. Der Begriff „autonom" bedeutet „selbstgesteuert" und wurde eingeführt, als die Zusammenhänge zwischen den autonomen und den willkürlicheren Teilen des ZNS noch unzureichend erfaßt waren. Wir wissen heute, daß die scheinbar automatischen Reaktionen des autonomen Nervensystems vom ZNS integriert und kontrolliert werden. Die Neuronen des autonomen Systems werden ihrerseits in **sympathische** und **parasympathische Bereiche** unterteilt, die sich anatomisch und funktionell unterscheiden.

Ein auffallendes Charakteristikum des Vertebratennervensystems ist die enorme Redundanz, d.h. es gibt eine Vielzahl individueller Neuronen jedes erkennbaren Typs.

Bei den Arthropoden kann ein einziges Motoneuron nahezu alle Fasern eines bestimmten Muskels innervieren. In einigen Fällen kann ein Neuron sogar mehr als nur einen Muskel einer Extremität innervieren. Im Gegensatz dazu wird bei den Vertebraten jeder Muskel typischerweise von einem **Pool**, bestehend aus mehreren hundert Motoneuronen, innerviert. Jedes Motoneuron kontrolliert dabei eine **motorische Einheit**, die etwa 100 Muskelfasern umfaßt. (Jedoch können motorische Einheiten auch viel kleiner oder größer sein und über 2000 Muskelfasern enthalten.) Da sich die Motoneurone jedes einzelnen Pools in ihren physiologischen Eigenschaften qualitativ ähneln, können Daten, die von einem Motoneuron gewonnen wurden, als repräsentativ für den ganzen Pool angesehen werden. Würde diese Redundanz nicht existieren und wären alle Neurone des Vertebraten-ZNS in ihren wesentlichen funktionellen Eigenschaften verschieden, dann wäre jeder Versuch,

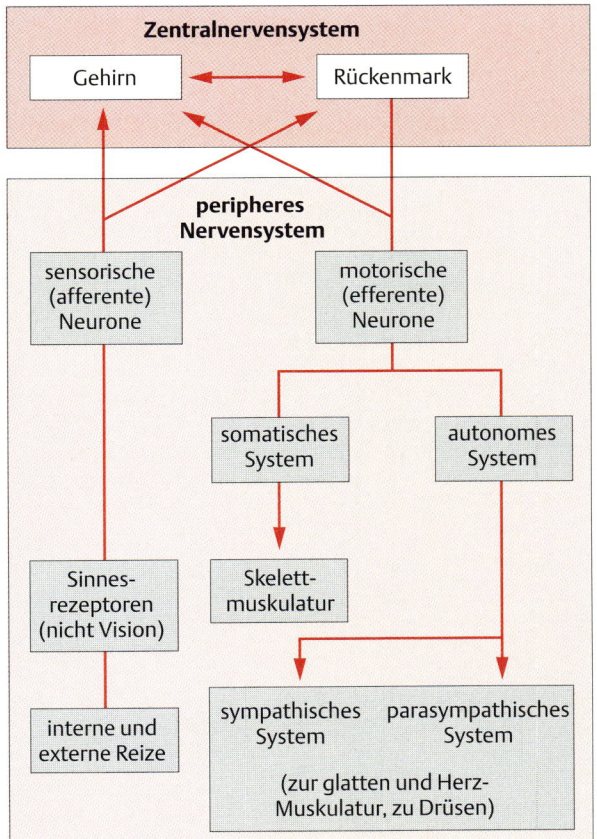

Abb. 11.6 Organisationsschema des Vertebraten-Nervensystems. Das Nervensystem der Vertebraten ist in erkennbare Regionen unterteilt. Das zentrale Nervensystem besteht aus Gehirn und Rückenmark. Informationen über die Umwelt gelangen über sensorische (afferente) Neurone zum ZNS. Die Antworten des Tieres werden von motorischen (efferenten) Neuronen geleistet. Somatische Motoneurone kontrollieren die Kontraktion der Skelettmuskeln. Autonome Neurone, die in das sympathische und parasympathische System unterteilt sind, kontrollieren die Aktivität glatter Muskeln und Herzmuskeln sowie von Drüsen.

die Funktionsweise des Nervensysteme aufzuklären aufgrund der großen Neuronenzahl hoffnungslos. Alle Ergebnisse haben jedoch eine grundlegende Ordnung im Nervensystem offenbart. Die natürliche Selektion hat also zu einer Erhaltung und Vervielfältigung neuronaler Eigenschaften geführt.

Wichtige Abschnitte des Zentralnervensystems

Obwohl Vertebraten mit ihrem recht großen Gehirn ein beachtliches Maß an Cephalisation besitzen, ist das ZNS in weiten Teilen segmental gegliedert. Besonders deutlich wird sie im Bau des Rückenmarks (Abb. 11.7); sie spiegelt sich aber auch teilweise in den Hirnnerven wider, die Zentren des Gehirns mit Strukturen in Kopf und Körper verbinden.

Rückenmark

Bei einfacheren Vertebraten enthält das Rückenmark, **Medulla spinalis**, das von der Wirbelsäule umschlossen wird (Abb. 11.8A), eine segmental organisierte Ansammlung von Reflexverbindungen, die unabhängig vom Gehirn arbeiten kann, jedoch auch viele Inputs von höheren Zentren erhält. Obwohl die Vertebraten im Laufe ihrer Stammesgeschichte komplexer wurden und das Gehirn mehr Kontrolle über die Rückenmarksfunktionen erhielt, blieb die funktional-segmentale Organisa-

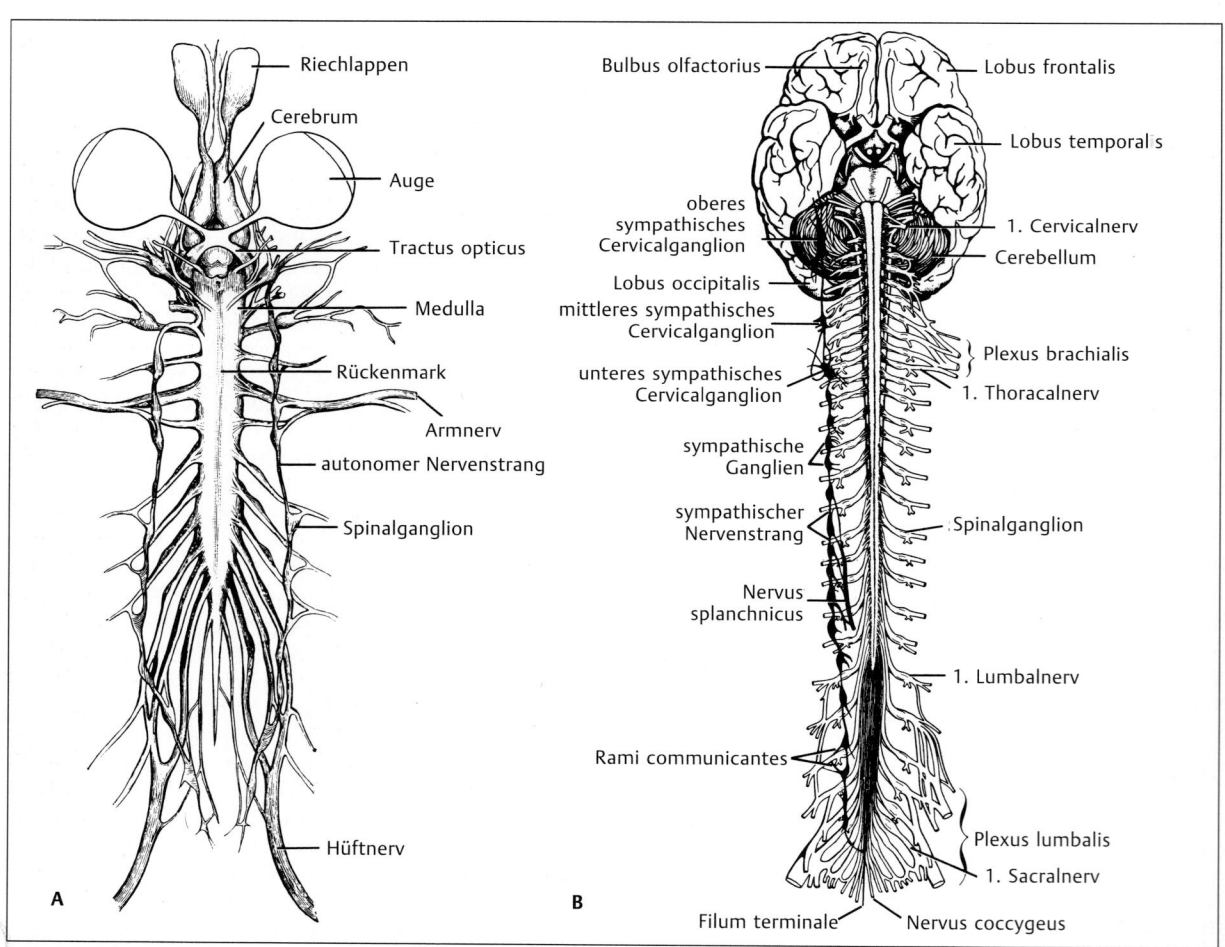

Abb. 11.7 Struktur des Vertebraten-ZNS. A Ventralansicht des ZNS eines Frosches. **B** Ventralansicht des ZNS eines Menschen. Obwohl in vielen Strukturen des Gehirns keine offensichtliche Segmentierung erkennbar ist, liegt sie seiner Organisation zugrunde, was bei einem Teil der Hirnnerven deutlich wird. Im Bereich des Rückenmarks ist die Segmentierung dagegen deutlich erkennbar (nach Wiedersheim, 1907; Neal u. Rand, 1936).

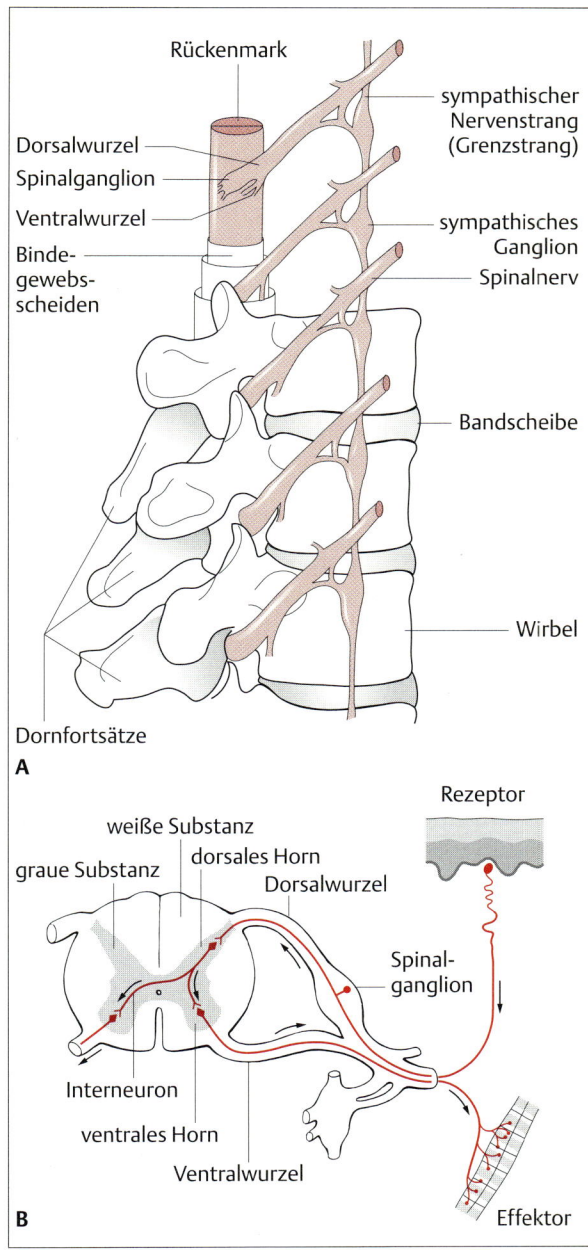

Abb. 11.8 Wirbelsäule und Rückenmark. Jedes Rückenmarksegment wird über eine dorsale Wurzel (über die afferente Signale eintreten) und eine ventrale Wurzel (durch die efferente Signale austreten) mit der Peripherie verbunden. **A** Lagebeziehung zwischen Wirbelsäule, Rückenmark und Spinalnerven, die zwischen den Wirbeln austreten. Die Wirbel sind durch die Bandscheiben (Kissen aus Bindegewebe) getrennt. In der Abbildung sind auch Regionen des sympathischen Nervensystems, die in der Peripherie liegen, dargestellt. **B** Querschnitt durch ein einzelnes Rückenmarksegment. Neuronen eines polysynaptischen Reflexbogens, die Inputs von Hautrezeptoren mit Outputs zu Skelettmuskeln verbinden, sind farbig dargestellt. Der Reflexbogen enthält neben dem sensorischen Neuron und dem Motoneuron noch ein Interneuron. Beachte, daß das Soma des sensorischen afferenten Neurons im Ganglion der dorsalen Wurzel außerhalb des Rückenmarks liegt (nach Montagna, 1959).

11.8 B). Wie Querschnitte zeigen, ist das Rückenmark bilateralsymmetrisch. Aufsteigende (sensorische) und absteigende (motorische) Axone sind entlang der äußeren Oberfläche in genau begrenzten Leitungsbahnen in der **weißen Substanz** angeordnet. (Sie hat ihre weiße Färbung aufgrund der Myelinscheiden, die viele Axone umhüllen.) Die mehr zentral liegende **graue Substanz** des Rückenmarks enthält die Zellkörper und Dendriten von Inter- und Motoneuronen sowie Axone und präsynaptische Endigungen von Neuronen, die auf diese geschaltet sind. (Die meisten Strukturen der grauen Substanz sind nicht myelinisiert, daher fehlt ihnen der weiße Glanz.) Der hohle Zentralraum, der **Spinalkanal**, ist mit einer als **Liquor cerebrospinalis** bezeichneten Flüssigkeit gefüllt. Dieser Kanal erweitert sich im Gehirn zu den **Ventrikeln**. Die Cerebrospinalflüssigkeit ist ähnlich wie das Blutplasma zusammengesetzt.

Die regelmäßige Struktur innerhalb des Rückenmarks hat dessen neurophysiologische Untersuchung begünstigt. Afferente und efferente Bahnen sind weitgehend anatomisch voneinander getrennt (ein Phänomen, das schon mehr als 100 Jahre bekannt ist und als „**Bell-Magendie-Gesetz**" formuliert wurde). Afferente (sensorische) Nervenfasern treten in das ZNS über die dorsalen Rückenmarkswurzeln ein (Abb. 11.**8 B**); efferente (motorische) Nervenfasern verlassen das ZNS über die ventralen Wurzeln. Es gibt jedoch auch Ausnahmen. Katzen besitzen z.B. feine, nicht myelinisierte sensorische afferente Fasern, die in das Rückenmark durch zumindest einige der ventralen Wurzeln eintreten. Die Zellkörper der spinalen Motoneurone liegen in der ventralen grauen Substanz, dem **ventralen Horn**, des Rückenmarks. Die Zellkörper der Interneurone, die sensorische Eingänge enthalten, liegen in der dorsalen grauen Substanz, dem **dorsalen Horn**. Afferente Axone, die synaptisch auf sensorischen Interneuronen im Mark enden, entspringen von sensorischen Neuronen, deren Zellkör-

tion des Rückenmarks erhalten. Das Rückenmark wird in die Hals-, Brust-, Lenden-, Kreuzbein- und Steißbeinsegmente unterteilt. Innerhalb jeder Region ist das Rückenmark wieder in Segmente geteilt. Jedes von ihnen erhält durch die dorsalen und durch die ventralen **Spinalwurzeln** Informationen von der Peripherie (Abb.

per in den Spinalganglien der dorsalen **Rückenmarkswurzeln** außerhalb des ZNS liegen (davon gibt es pro Segment auf jeder Seite eines). Die Trennung der sensorischen und motorischen Axone in dorsale und ventrale Wurzeln erlaubt es, den sensorischen Eingang und den motorischen Ausgang eines einzelnen spinalen Segmentes gezielt zu reizen. Genauso können Ein- und Ausgänge selektiv durch Durchtrennung ausgeschaltet werden.

Viele Reflexverbindungen sitzen im Rückenmark (z.B. der Streckreflex und der Schmerz-Rückzugsreflex). Zusätzlich sind im Rückenmark neuronale Verbindungen, die Bewegungsmuster auslösen – z.B. Gehen, Rennen oder Hüpfen – lokalisiert. Obwohl Signale aus dem Gehirn Verhaltensmuster aktivieren, unterdrücken oder modulieren können, scheinen Verbindungen zwischen spinalen Neuronen auszureichen, um komplexe und koordinierte Bewegungsmuster zu erzeugen.

Gehirn

Bei allen Vertebraten besteht das Gehirn aus vielen Gruppen von Neuronen mit spezialisierten Aufgaben wie Empfang und Verarbeitung von Informationen aus den Augen oder Einleitung von Bewegungen, welche die Koordination des gesamten Körpers erfordern. Bei höheren Vertebraten enthält das Gehirn wesentlich mehr Neurone als das Rückenmark und übt eine strenge Kontrolle über den Rest des Nervensystems aus.

Struktur des Vertebratengehirns: Die Grundstruktur des Vertebratengehirns ist bei allen Vertebratenklassen gleich (Abb. 11.9 u. 11.10). Am hinteren Ende, dem Nachhirn (**Myelencephalon**), wo Gehirn und Rückenmark aneinander stoßen, liegt die **Medulla oblongata**, auch verlängertes Mark genannt. Die Medulla ist ein Teil des Stammhirns und enthält Zentren, welche die Atmung, die Herz-Kreislauf-Aktivitäten sowie die Verdauungssekretion kontrollieren. Außerdem sind zwei Gruppen von Neuronen vorhanden, die sensorische Informationen aus verschiedenen Sinnesmodalitäten empfangen und zu anderen sensorischen oder motorischen Zentren im Gehirn weiterleiten.

Das dem Hinterhin (**Metencephalon**) zugehörige Kleinhirn (**Cerebellum**) liegt dorsal der Medulla und besteht aus zwei Hemisphären, die bei niederen Vertebraten (oder solchen, die sich nur weitgehend zweidimensional bewegen) glatt, bei höheren (oder kletternden, fliegenden, sich im dreidimensionalen Raum bewegenden) stark gefurcht sind. Die Furchen und Falten vergrößern die Oberfläche, so daß Platz für mehr Rindenneurone geschaffen wird. Das Cerebellum ist an der Entstehung motorischer Antworten beteiligt. Es integriert die Informationen aus den Bogengängen des Innenohres und anderen Propriorezeptoren (innere Lage- und Bewegungssensoren) und aus dem optischen und akustischen System. Diese Eingänge werden im Cerebellum miteinander verarbeitet; die daraus resultierenden Antworten helfen, die motorischen Signale zu koordinieren, welche für die Lageeinhaltung, für die Orientierung im Raum und für genaue Bewegungen der Gliedmaßen verantwortlich sind. Die relative Größe des Cerebellums schwankt zwischenartlich stark und zeigt einmal mehr, daß die Größe einer Hirnregion mit ihrer relativen Bedeutung für das Verhalten der betreffenden Art verknüpft ist. Die relative Größe des Cerebellums bei Vögeln und Säugern läßt beispielsweise erkennen (Abb. 11.9 C u. **D**), daß beim Vogelgehirn das Cerebellum meistens größer ist – es sei denn, man betrachtet das eines kletternden, schwimmenden oder fliegenden Säugetiers. Man deutet das größere Cerebellum der Vögel als Anpassung an die höheren Anforderungen an die Kontrolle und Orientierung eines Tieres, das sich in dreidimensionalen Raum und nicht nur auf der zweidimensionalen Erdoberfläche bewegt.

Dem Cerebellum fehlt eine direkte Verbindung zum Rückenmark, es kann also Bewegungen nicht direkt kontrollieren. Statt dessen schickt es Signale zu Gehirnregionen, welche die Bewegungen direkt steuern. Wie man feststellte, ist das Cerebellum beim Lernen motorischer Fähigkeiten beteiligt. Neue Beobachtungen legen nahe, daß Abnormalitäten in Neuronen des Cerebellums zu den Problemen autistischer Menschen beitragen. Je mehr wir über die Funktionen des Cerebellums lernen, desto mehr erkennen wir seine bedeutende Rolle bei der Verhaltenssteuerung.

Ebenfalls im Metencephalon findet sich die Brücke (**Pons**). Bei Säugern besteht die Brücke aus Faserzügen, die viele Hirnregionen, z.B. das Cerebellum und die Medulla, mit höheren Zentren verbinden.

Das Mittelhirndach (**Tectum**) des Mittelhirns (**Mesencephalon**) dient als Schaltstation, die Informationen empfängt und weiterleitet; es empfängt und integriert z.B. visuelle, taktile und akustische Eingänge. Informationen aus jedem der Sinneskanäle, die im Tectum ankommen, werden in eine Karte integriert, die einige Merkmale der Umwelt repräsentiert. In der Karte der visuellen Inputs sind z.B. in der Umwelt nah beieinander liegende Orte auch nahe beieinander abgebildet. Karten der verschiedenen Sinnesmodalitäten befinden sich in verschiedenen, aber in der räumlichen Zuordnung einander entsprechenden Schichten des Tectums. Beispielsweise werden in der akustischen Karte Geräuschquellen in ihrer Lagebeziehung genauso zueinander repräsentiert, wie sichtbare Objekte in der visuellen Karte. Bei Fischen und Amphibien kontrolliert das Tectum maßgeblich die Körperbewegungen. Die chirurgische Entfernung der Großhirnhemisphären eines Frosches

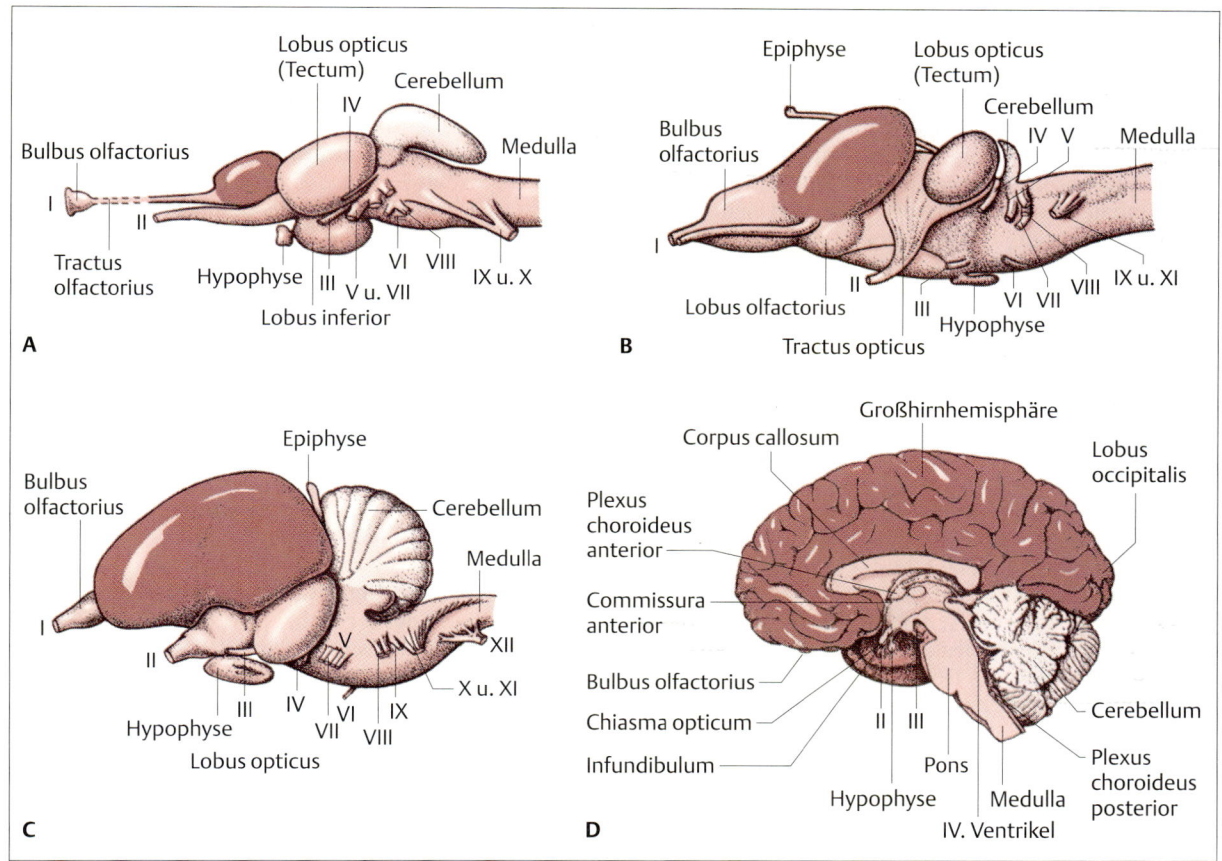

Abb. 11.9 Entwicklungsstufen des Vertebratengehirns. Seitenansichten der Gehirne von **A** Fisch, **B** Frosch, **C** Vogel. **D** Mensch (Längsschnitt durch die Symmetrieebene). Die Gehirne aller Vertebratenklassen haben gewisse Strukturen gemeinsam, auch wenn die relative Größe der einzelnen Strukturen zwischen den Arten variiert. Beachte die zunehmende Vergrößerung des Vorderhirns (Cerebrum) im Laufe der Stammesgeschichte. Demgegenüber behält das Tectum seine relative Größe im Laufe der Evolution bei. Das Cerebellum, das für die Bewegungskoordination wichtig ist, ist bei Vögeln und Säugern besonders hoch entwickelt. Die zwölf Hirnnerven sind – soweit sichtbar – mit römischen Ziffern beschriftet (nach Romer, 1955).

beeinträchtigt dessen Verhaltensrepertoire recht wenig, aber nach Entfernung des Tectums geht fast nichts mehr. Auch bei Reptilien und Vögeln spielt das Tectum eine wichtige Rolle, bei Säugetieren dagegen ist es nur eine Durchgangsstation für Signale auf deren Weg zu höheren Zentren.

Wichtige Kerngebiete des Zwischenhirns (**Diencephalon**) sind der Thalamus und der Hypothalamus. Außerdem entwickeln sich vom Zwischenhirn aus nach vorn-unten ein Teil der Hirnanhangsdrüse (**Neurohypophyse**) (s. Kap. 9) und nach oben die Zirbeldrüse (**Epiphyse**). Der **Thalamus** ist ein wichtiges Koordinationszentrum für sensorische und motorische Signale. Er dient als Schaltstation der Informationsverarbeitung für sensorische Eingänge. Mit Ausnahme des olfaktorischen Systems passieren alle sensorischen Eingänge der Großhirnrinde entsprechende Gebiete im Thalamus. Die Thalamustätigkeit kann ihrerseits durch höhere Zentren beeinflußt werden, z.B. durch Eingänge aus der Hirnrinde. Der **Hypothalamus** enthält mehrere Zentren, die viszerale (die Eingeweide betreffende) Funktionen kontrollieren, z.B. Körpertemperatur, Essen, Trinken und Sexualverhalten. Hypothalamische Zentren tragen auch zum Ausdruck emotionaler Reaktionen wie Aufregung, Vergnügen und Wut bei. Neuroendokrine Zellen im Hypothalamus kontrollieren den Wasser- und den Elektrolythaushalt und die sekretorische Aktivität der Hypophyse (s. Kap. 9).

Der vordere Teil des Gehirns (Endhirn, Großhirn, **Telencephalon**, **Cerebrum**) enthält Strukturen, die zu den ältesten und zu den jüngsten Eigenschaften Bezug haben. Bei vielen ursprünglichen Vertebraten nimmt das olfaktorische System (Riechsystem) den größten Teil des Vorderhirns ein; offenbar waren die Entdeckung von Nahrungsgerüchen und die Interpretation chemischer Signale sehr wirkungsvolle Selektionsfaktoren bei frühen Vertebraten (s. Kap. 7). Der Geruch ist die einzige Sinnesmodalität, die nicht durch den Thalamus, sondern direkt zum Telencephalon läuft. Bei niederen Vertebraten ist das primitive Telencephalon für die Integration olfaktorischer Signale und motorischer Antworten zuständig. Die großen Endhirnhemisphären, die das menschliche Gehirn so dominieren, entwickelten sich aus diesem kleinen Endhirn und seinen begrenzten Aufgaben.

Entwicklung des Vertebratengehirns: Die Gliederung des Wirbeltier-ZNS scheint auf Entwicklungsprozessen zu beruhen, deren Ergebnis in der Stammesgeschichte sehr starr beibehalten wurden. Der Vorläufer des gesamten Nervensystems ist das Neuralrohr, eine Bildung der äußersten Schicht des Gastrulastadiums und damit ektodermaler Herkunft. Der erste Schritt in der ontogenetischen Hirnentwicklung ist die Bildung von drei ausgedehnten Bläschen am vorderen Ende des Neuralrohrs. Diese bilden von vorn nach hinten das Vorder-, Mittel- und Hinterhirn (Abb. 11.**10**). In der Mitte des Rohrs befindet sich ein flüssigkeitsgefüllter Hohlraum, der Vorläufer der Hirnventrikel. In späteren Stadien bilden die drei Regionen insgesamt fünf Unterteilungen aus. Jede davon wächst als Ergebnis von Zellteilungen, vor allem entlang der Oberfläche des flüssigkeitsgefüllten Hohlraums, der ventrikulären Zone und durch Zellwanderung von dieser Zone weg. Embryonale Neurone wandern typischerweise innerhalb ihres Ursprungssegmentes, obwohl einige auch über dessen Grenzen hinaus gelangen. Die lineare Gliederung, die in der frühen Hirnentwicklung zu erkennen ist, wird in der weiteren Entwicklung durch Drehungen aufgrund ungleichmäßigen Wachstums der embryonalen Untereinheiten verschleiert. Die lineare Anordnung der ursprünglichen Bläschen bleibt jedoch zumindest teilweise in der Anordnung der Leitungsbahnen für ein- und ausgehende Informationen im adulten Gehirn erhalten.

Organisation der Säuger-Großhirnrinde: Bei höheren Säugern ist der **Cortex cerebri** (Großhirnrinde) – bestehend aus den Zellschichten, welche die Großhirnhemisphären bedecken – stark gefurcht und in auffällige Windungen gelegt. Dies hat eine enorme Vergrößerung

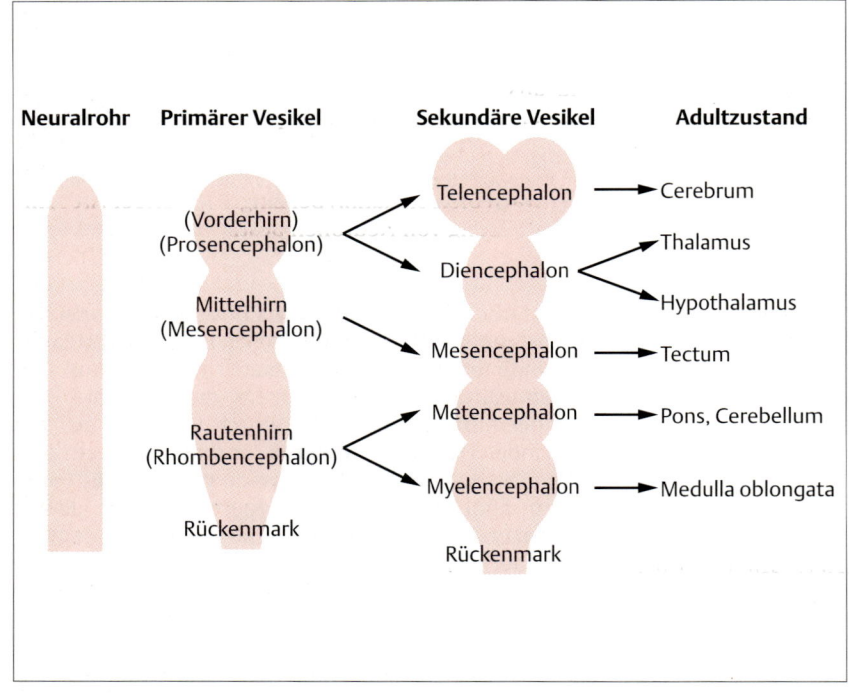

Abb. 11.10 Differenzierung des Gehirns. Ausgangsbasis für die ontogenetische Entwicklung des Vertebratengehirns sind drei hintereinander angelegte Vergrößerungen am Vorderende des Neuralrohrs. Diese entwickeln sich zu den ursprünglich Gehirnteilen Vorder-, Mittel- und Hinterhirn. Im weiteren Verlauf teilt sich das Vorderhirn in Telencephalon und Diencephalon; das Hinterhirn bildet das Metencephalon und das Myelencephalon. Im rechten Teil der Abbildung sind Strukturen aufgelistet, die bei Adulten aus den Sekundärvesikeln entstehen. Sensorische Informationen werden typischerweise Strukturen zugeleitet, die von Myelencephalon oder Metencephalon abgeleitet sind, und werden dann rostral (zum Vorderende gerichtet) durch von Mesencephalon und Diencephalon abgeleitete Strukturen gesandt, bis hin zum Cerebralcortex, der sich aus dem Telencephalon entwickelt. Morphogenetische Änderungen im Gehirn verschleiern dessen ursprüngliche Gliederung, die Informationsverarbeitung spiegelt diese jedoch noch wider.

der Oberfläche zur Folge, und dadurch auch die Anzahl der Rinden-Neurone erhöht. Diese Oberflächenschicht aus grauer Substanz ist wiederum in Schichten unterteilt, die parallel zur Oberfläche verlaufen und von denen jede ein erkennbares Muster von Ein- und Ausgängen hat. Zusätzlich ist sie in funktionelle Bereiche untergliedert (Abb. 11.11). Einige Abschnitte der Großhirnrinde enthalten Neuronen mit rein sensorischer Funktion, d.h. sie empfangen Informationen, verarbeiten sie und reichen sie weiter. Andere Regionen sind rein motorisch. Bei einfacheren Säugern, etwa einer Ratte, nehmen sensorische und motorische Regionen fast den gesamten Cortex ein. Dagegen wird der Cortex beim Menschen und anderen höheren Säugern zum großen Teil von Regionen gebildet, die weder eindeutig sensorisch noch eindeutig motorisch sind. Diese Regionen, z.B. der frontale Cortex, werden als **assoziativer Cortex** bezeichnet und sind für komplexere Aufgaben wie intersensorische Assoziationen, Gedächtnis und Kommunikation zuständig.

Die Cortexregionen, die rein sensorische Funktion haben, schließen die primär auditiven, somatosensorischen und visuellen Cortexabschnitte ein. **Primäre Projektionsfelder** sind die ersten Cortexorte, auf welche die Informationen einer bestimmten Sinnesmodalität übertragen werden. Die Größe des Hirnareals, das für jede Sinnesmodalität zur Verfügung steht, hängt mit der Lebensweise einer Art zusammen. So ist etwa der primäre somatosensorische Cortex, der Informationen von Neuronen aus Tast-, Temperatur- und Schmerzrezeptoren erhält, bei Ratten und Koboldmakis (eine primitive Primatenart im Übergangsfeld zwischen Halbaffen und echten Affen) größer als bei Schimpansen und beim Menschen. Der größere somatosensorische Cortex von Ratten und Koboldmakis korreliert mit deren Abhängigkeit von taktilen Informationen. Andererseits haben alle Primaten, sei es Schimpanse, Mensch oder Koboldmaki, viel größere primäre visuelle Felder im Cortex als Nager, wie z.B. Ratten.

Größe und Lage der Cortexareale sind in elektrophysiologischen Untersuchungen bestimmt worden, bei denen man die Neuronenaktivität an bestimmten Stellen mit der Präsentation spezifischer Reize korrelierte. Viele neurochirurgische Eingriffe werden am wachen und ansprechbaren Menschen durchgeführt. (Da das ZNS selbst keine Schmerzrezeptoren hat, reicht eine Lokalanästhesie in Kopfhaut und Schädel an der Stelle aus, an der die Elektroden eingeführt werden, so daß der Patient wach bleiben kann.) Bei Eingriffen dieser Art führte die Reizung von Neuronen bestimmter Regionen des sensorischen Cortex zu Empfindungen beim Patienten, die dem Chirurgen sagten, welcher Sinneskanal gereizt wurde und an welcher Stelle der Peripherie die Empfindung zu entstehen schien. Solche Experimente, die während therapeutisch-chirurgischer Eingriffe durchgeführt wurden, sind ein Beweis dafür, daß sich alle Empfindungen im ZNS abspielen, hauptsächlich in den sensorischen Arealen der Großhirnrinde.

Der somatosensorische Cortex verdeutlicht die kartenartige (topographische) Repräsentation der sensorischen Eingänge innerhalb des sensorischen Cortex. Diese Region ist so aufgeteilt, daß verschiedene ihrer Abschnitte jeweils Eingänge aus speziellen Körperarealen erhalten. Empfindungen von benachbarten Körperarealen werden auch in benachbarten Cortex-Arealen abgelegt (Abb. 11.12A). Dabei sind mehr Neurone für peri-

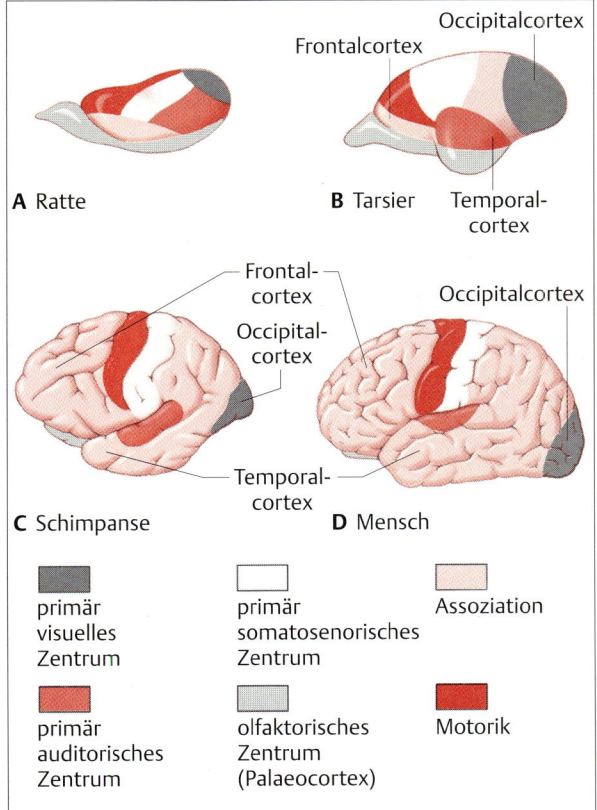

Abb. 11.11 Die Areale der Großhirnrinde von Säugetieren besitzen spezifische Funktionen. Seitenansichten der Hirnrinde von vier verschiedenen Säugern zeigen die funktionellen Unterteilungen. Areale, die rein sensorische oder rein motorische Funktion haben, sind grafisch hervorgehoben. Nicht hervorgehobene Bereiche haben Assoziationsfunktion. Beachte, daß der relative Anteil des Assoziationscortex von der Ratte zum Menschen zunimmt. Frontal-, Temporal- und Occipitalregion sind bei den drei Primatenhirnen beschriftet. Bei allen Abbildungen zeigen die Vorderenden nach links.

phere Körperteile mit „wichtiger" Informationsaufnahme, z.B. Gesicht oder Hände, reserviert, als für andere Körperabschnitte. Tatsächlich erhält beim Menschen etwa die Hälfte des somatosensorischen Cortexfläche Eingänge vom Gesicht und von den Händen, die andere Hälfte ist für den gesamten restlichen Körper verantwortlich. Diese bemerkenswerte Zuordnung von Fläche für taktile Informationen an Gesicht und Händen läßt die Bedeutung dieser Körperteile für unser Leben erkennen. Das ZNS des Menschen benötigt z.B. detaillierte Informationen von den Händen, um die feinen Manipulationen zu steuern, die wir zur Ausführung manueller Aufgaben und zur Objekterkennung durch Betasten benötigen. Die Karten der sensorischen Arealverteilung, als „sensorischer Homunculus" bezeichnet, unterscheiden sich im Detail zwischen verschiedenen Arten und spiegeln die unterschiedlichen Bedeutungen wider, die verschiedenen Körperteilen bei unterschiedlichen Arten zukommt. Bei Waschbären wird z.B. mehr Cortexareal für die Vorderpfoten als für irgendeinen anderen Körperabschnitt bereitgehalten, weil diese Tiere ihre Nahrung und andere Objekte wahrscheinlich ausschließlich mit den Vorderpfoten bearbeiten.

Einen weiteren Beleg des allgemeinen Prinzips, daß die Arealgröße im Gehirn von der Bedeutung eingehender sensorischer Informationen abhängt, finden wir im somatosensorischen Cortex des Sternmulls. Bei diesem Tier, einem entfernten Verwandten des Maulwurfes, sind an jeder Seite der Nase elf fleischige Fortsätze zu sehen (Abb. 11.**13 A** u. **B**), von denen jeder eine Reihe von Hauterhebungen trägt. Diese sind mit Rezeptoren und Nervenendigungen bestückt. Wenn das Tier Nahrung sucht, wedelt es mit diesen fleischigen Auswüchsen und bringt sie in Kontakt mit dem Substrat. Die Projektionsbahnen dieses bemerkenswerten Organs konnten anatomisch bis in den somatosensorischen Cortex verfolgt werden. Der Sinneseingang kreuzt die Körpermitte; im kontralateralen somatosensorischen Cortex finden sich

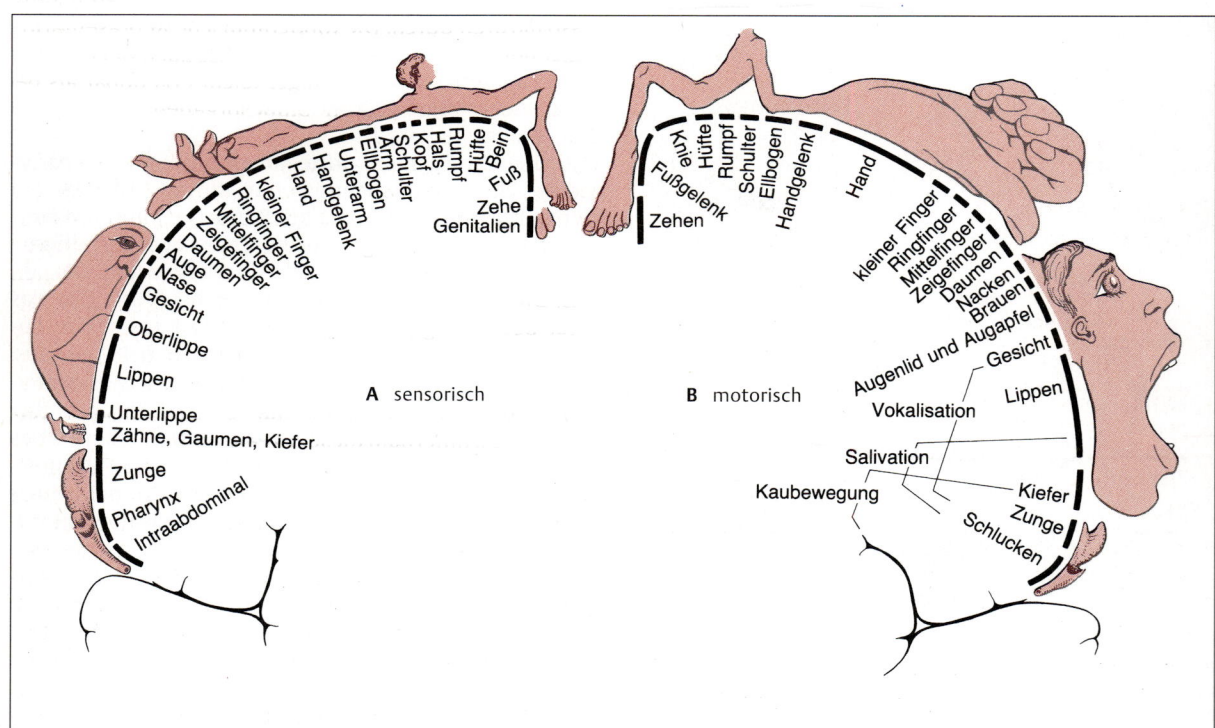

Abb. 11.12 Sensorischer und motorischer Cortex sind als topographische Karten des Körpers organisiert. A Der Querschnitt zeigt auf einer Karte des somatosensorischen Cortex die Lokalisation der Gebiete, die mit den peripheren Projektionen übereinstimmen, d.h. den Orten an der Peripherie, an denen die Reize subjektiv „wahrgenommen" werden. Die aus Gesicht und Händen stammende Information nimmt etwa die Hälfte des menschlichen somatosensorischen Cortex ein. **B** Querschnitt durch den motorischen Cortex des Menschen. Dargestellt sind die Projektionen zu Motoneuronen im Gehirn und Rückenmark, die ihrerseits die Aktivität in spezifischen Skelettmuskeln kontrollieren.

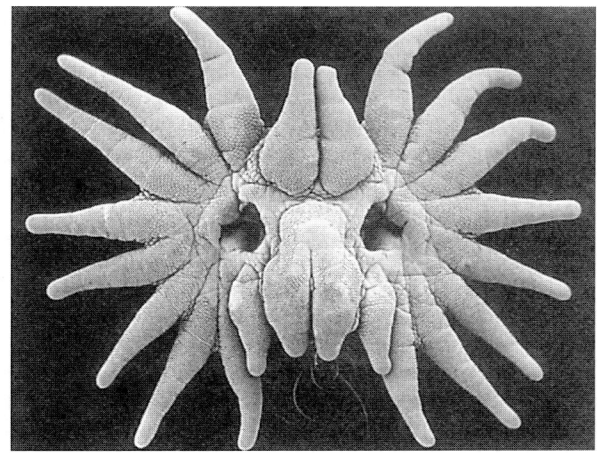

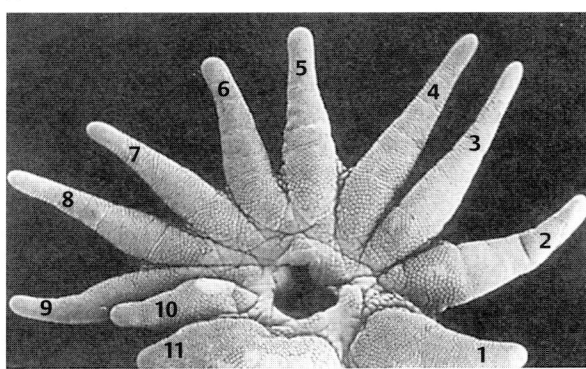

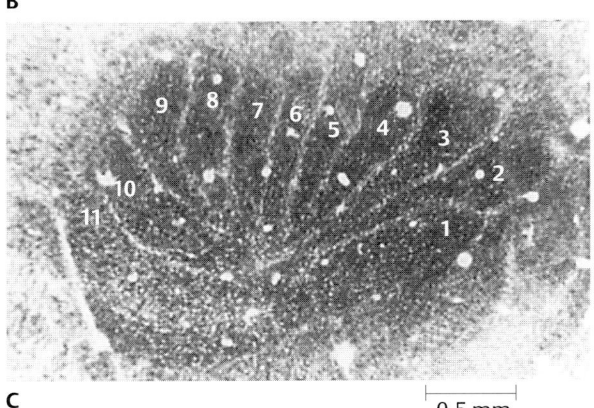

Abb. 11.13 **Repräsentation der Sternmullnase im sensorischen Cortex.** Sensorische Rezeptoren in der gut ausgebildeten Nase des Sternmulls projizieren auf spezielle Regionen des sensorischen Cortex. **A** Nase eines Sternmulles von vorn gesehen. **B** Stärkere Vergrößerung der strahlenförmigen fleischigen Anhänge um das rechte Nasenloch. **C** Gehirnschnitt, parallel zur Oberfläche des somatosensorischen Cortex, der mit Cytochromperoxidase behandelt wurde. Das Muster der strahlenförmigen Streifen aus dunkel gefärbtem Gewebe entspricht dem Muster der Nasenanhänge. Medial = oben, posterior = rechts (mit freundlicher Genehmigung von K. Catania).

Informationen aus spezifischen sensorischen Lokalisationen in morphologisch abgegrenzte Hirnstrukturen geschickt werden. Ähnliche topographische Anordnungsmuster wurden bei Mäusen und Ratten für die Projektion einzelner Tasthaare auf spezielle Neuronengruppen, sog. „barrel fields" („Tönnchen"), im somatosensorischen Cortex beschrieben. Bei Arten wie dem Sternmull oder Säugern mit Tasthaaren führt der somatosensorische Cortex eine räumliche Verarbeitung der Informationen aus diesen leicht identifizierbaren Sinnesstrukturen durch. Die topographische Repräsentation eingehender Sinnesinformationen ist auch bei anderen Tierarten üblich – nur weniger leicht erkennbar als bei Arten mit „spektakulären" Sinnesorganen.

Auditorischer und visueller Cortex: Der **auditorische Cortex** im Temporallappen und der **visuelle Cortex** im Okzipitallappen (Abb. 11.**11**) sind rein sensorisch. Direkte elektrische Reizung dieser Areale während Hirnoperationen löst rudimentäre Hör- bzw. Sehempfindungen aus. Die relative Größe dieser Areale ist wiederum mit ihrer Bedeutung für die jeweils betrachtete Art korreliert. Der visuelle Cortex der Koboldmakis nimmt z.B. fast ein Drittel der gesamten Cortexoberfläche ein, derjenige der Ratte dagegen nur einen winzigen Teil (Abb. 11.**11**). Innerhalb dieser Areale ist die Sinneswelt in hochgeordneter Form organisiert. Im primären visuellen Cortex wird z.B. das zweidimensionale Bild der Netzhaut direkt auf der zweidimensionalen Oberfläche des Cortex abgebildet. Das bedeutet: Punkte, die in der Umwelt nahe beisammen liegen, erregen Zellen, die auch im Cortex nahe beieinander liegen. Diese **retinotope Karte** war eine der ersten entdeckten Eigenschaften der Hirnorganisation und hat die Erforschung anderer Sinnessysteme beeinflußt. Wie andere Sinneseindrücke verarbeitet werden, war jedoch wesentlich schwieriger aufzuklären. Das Abbild der optisch erkennbaren Szenerie und die zugehörigen Areale der Hirnrinde lassen sich direkt zweidimensional darstellen. Die Karten anderer Sinnessysteme verlangen vom Nervensystem jedoch wesentlich komplexere Berechnungen, wie wir noch sehen werden.

elf keilförmige Zellanhäufungen, von denen jede den Eingang eines Nervenstrahles erhält (Abb. 11.**13C**). Offenbar bildet jeder Nervenstrahl der Nase auf einen Neuronenstreifen im Gehirn ab. Dieses Beispiel verdeutlicht wieder das Prinzip, wonach in einigen Fällen

Motorischer Cortex: Der **motorische Cortex** liegt neben dem somatosensorischen und zeigt ebenfalls ein topographisches Abbild der Peripherie (Abb. 11.**12 B**). Wie im somatosensorischen Cortex korreliert auch hier die räumliche Anordnung der Neurone mit der räumlichen Beziehung der durch sie kontrollierten Peripherie (hier der betreffenden Muskeln). Neurone, die benachbarte Muskeln kontrollieren, liegen auch im Cortex eng benachbart. Zusätzlich werden viele Neurone zur Kontrolle von Muskeln eingesetzt, die sehr präzise Bewegungen vollführen; Muskeln die großräumige, wenig präzise Bewegungen steuern, werden von wenigen Neuronen kontrolliert. Im Gegensatz dazu führen die Muskeln, welche die menschlichen Finger bewegen, sehr detaillierte und fein abgestimmte Bewegungen aus. Das Gebiet im motorischen Cortex, welches die Finger kontrolliert, ist daher sehr groß. Die Zehenbewegungen dagegen sind recht einfach und grob kontrolliert, die Fläche für die Zehen im motorischen Cortex ist entsprechend klein. Interessanterweise sind die feinen Details der motorischen Areale zu einem gewissen Teil plastisch und können gebrauchsabhängig verändert werden.

Der motorische Cortex erhält von anderen Cortex- und Gehirnregionen Informationen und kontrolliert Bewegungen. Das Signal des motorischen Cortex gelangt über verschiedene Wege in den Körper, u.a. über den **Tractus corticospinalis**, welcher die Axone von Neuronen enthält, deren Zellkörper im motorischen Cortex liegen und die im Rückenmark synaptisch mit anderen Neuronen verschaltet sind. (Es ist bei der Bezeichnung eines Tractus im Vertebratennervensystem üblich, ihn nach Lage der Somata und der Synapsen zu benennen.) Die Zahl der Synapsen, die zwischen Neuronen im motorischen Cortex und den spinalen motorischen Neuronen liegen, ist von Art zu Art verschieden: Je höher organisiert die Art, desto weniger Synapsen. Beim Kaninchen wird z.B. ein Signal aus dem motorischen Cortex über mehrere im Rückenmark liegende Synapsen übertragen, bevor es die Motoneurone erreicht. Bei der Katze liegen nur wenige Synapsen zwischen motorischem Cortex und den „Zielzellen" im Spinalsegment. Gelangt das Signal in das entsprechende Spinalsegment, wird es über einige Interneurone geleitet, bevor es die Motoneurone erreicht. Bei Primaten sind einige corticale Motoneurone direkt mit spinalen Motoneuronen synaptisch verschaltet. Man nimmt an, daß durch diese Verschaltung die Primaten zu speziellen motorische Leistungen fähig sind. Jedoch nur ca. 3% der motorischen Neurone verbinden den motorischen Cortex direkt mit spinalen Motoneuronen. Selbst beim Menschen wird die motorische Kontrolle meist über weniger direkte Wege erreicht.

Neurone, welche die motorische Aktivität steuern, zeigen eine gleichmäßig niedrige Grundaktivität synaptischer Inputs zu den Motoneuronen. Eine Zunahme ihrer Aktivität aktiviert auf synaptischem Weg Motoneurone, die kräftige Extremitätenbewegungen ausführen können. Dies geschieht natürlicherweise dann, wenn ein Tier gezielt eine kräftige Muskelkontraktion ausführt; man spricht daher vom „willkürlichen" System. Reizt man gezielt Neuronengruppen im motorischen Cortex narkotisierter Tiere mit einem schwachen elektrischen Strom, lassen sich ebenfalls Bewegungen auslösen.

Autonomes oder vegetatives Nervensystem

Bei Vertebraten werden die viszeralen Funktionen, die der bewußten Kontrolle entzogen sind, weitgehend durch das autonomen Nervensystem reguliert (Abb. 11.**6**). Dieses liegt zum großen Teil außerhalb des ZNS. Wie bereits erwähnt, ist das autonome Nervensystem in den Sympathicus und den Parasympathicus unterteilt. Im allgemeinen arbeiten diese Bereiche ständig komplementär, und das Gleichgewicht zwischen beiden bestimmt den Zustand eines Tieres. Ist ein Tier entspannt oder schläft es, ohne daß es durch Reize beeinflußt wird, dominiert die Aktivität des Parasympathicus: die Herzfrequenz sinkt, Stoffwechselenergie wird auf physiologische Aktivitäten wie die Verdauung gelenkt. Wird ein Tier erschreckt oder bedroht, so stellt es sich auf eine Notfallreaktion ein. Die sympathischen Neurone unterbinden die durch den Parasympathicus aktivierten Stoffwechselprozesse und fördern statt dessen Funktionen, die heftige körperliche Aktivitäten ermöglichen: die Herzfrequenz wie auch der Glucosespiegel im Blut steigen, die Skelettmuskulatur wird stärker durchblutet. Diese zwei Stadien – Tiefschlaf und Alarmzustand – sind die entgegengesetzten Enden eines Kontinuums. Die meiste Zeit über befinden sich die beiden Systeme weitgehend im Gleichgewicht; als Ergebnis liegen die physiologischen Werte, z.B. die Herzschlagfrequenz, in einem mittleren Bereich. In Tab. 11.**1** sind einige Wirkungen der sympathischen und parasympathischen Systeme zusammengefaßt.

Die funktionelle Einheit im sympathischen wie auch im parasympathischen Bereich ist der **autonome Reflexbogen**. Abb. 11.**14** zeigt einen sympathischen Reflexbogen. Die afferente (sensorische) Seite des autonomen Reflexbogens ist mit der des somatischen Reflexbogens weitgehend identisch, obwohl die sensorischen Neurone wohl auf andersartige Reize, z.B. die Glucosekonzentration im Blut oder den Sauerstoffgehalt in den Geweben, reagieren. Die efferente (motorische) Seite eines autonomen Reflexbogens ist dagegen von der des somatischen Reflexbogens verschieden. In beiden Bereichen des autonomen Nervensystems wird die motorische Antwort von zwei hintereinander geschalteten

Tab. 11.1 Entgegengesetzte Wirkungen von sympathischen und parasympathischen Ästen des autonomen Nervensystems an Zielorganen

Zielgewebe	sympathische Wirkungen	parasympathische Wirkungen
Auge		
Radiärmuskel der Iris	Pupillendilatation	
Schließmuskel der Iris		Pupillenkonstriktion
Ciliarmuskel (kontrolliert Dicke der Linse)	Erschlaffung (Fokussierung auf Ferne)	Kontraktion (Fokussierung auf Nähe)
Tränendrüse		regt Tränenfluß an
Speicheldrüse	regt Bildung geringer Mengen viskösen Speichels an („trockener Mund")	regt Bildung großer Mengen flüssigen Speichels an
Arteriolen	Vasokonstriktion, vor allem in Blutgefäßen, welche die Haut versorgen	geringe bis keine Wirkung
Herz		
Schrittmacherzellen	Beschleunigung der Herzfrequenz	Verlangsamung der Herzfrequenz
kontraktile Fasern des Ventrikels	Erhöhung der Kontraktionskraft	geringe bis keine Wirkung
Lunge		
Bronchiolen	Dilatation der Bronchiolen	Konstriktion der Bronchiolen
Schleimdrüsen		Stimulation der Schleimsekretion
Verdauungstrakt		
Schließmuskeln	Kontraktion	Relaxation
Motilität und Tonus glatter Muskulatur	Hemmung	Stimulation
exokrine Drüsensekretion	Hemmung	Stimulation
Gallenblase	hemmt Kontraktion	stimuliert Kontraktion
Leber	erhöht Glykogenolyse und damit den Blutzuckerspiegel	
Harnblase		Kontraktion der Muskulatur
Nebennierenmark	regt Sekretion an	

Neuronen übertragen (Abb. 11.15A). Das Soma des ersten Neurons, dem **präganglionären Neuron**, liegt im ZNS; das Soma des zweiten Neurons, dem **postganglionären Neuron**, liegt z.B. in der sympathischen Ganglienkette (Grenzstrang oder paravertebrale Ganglien). Postganglionäre Neurone liegen völlig außerhalb des ZNS und enden synaptisch auf Zielzellen des autonomen Reflexes.

Lage und Eigenschaften dieser postganglionären Neurone hängen davon ab, zu welchem Bereich des autonomen Systems sie gehören (Abb. 11.15). Im Sympathicus sind präganglionäre Neurone synaptisch mit postganglionären Neuronen im Grenzstrang verschaltet, der die Zellkörper der postganglionären Neurone enthält. Die Axone der postganglionären Neurone ziehen dann zu den Zielzellen, die weit vom Ganglion entfernt liegen können. (Eine Ausnahme ist das Ganglion coeliacum der Bauchhöhle, das die Somata sympathischer postganglionärer Neurone enthält, welche Magen, Leber, Milz, Pankreas, Nieren und Nebennieren innervieren. Dieses liegt in der Bauchhöhle.)

Präganglionäre Neurone des Parasympathicus enden synaptisch auf postganglionären Neuronen in Ganglien nahe bei oder sogar direkt in der Wand der Zielorgane. Daher können im parasympathischen Bereich die Axone der präganglionären Neurone sehr lang sein, die postganglionären sind dagegen typischerweise sehr kurz. Präganglionäre Neurone des sympathischen Nervensystems liegen im cervialen (Hals), thorakalen (Brust) und lumbalen (Lenden) Bereich des Rückenmarks. Die Zell-

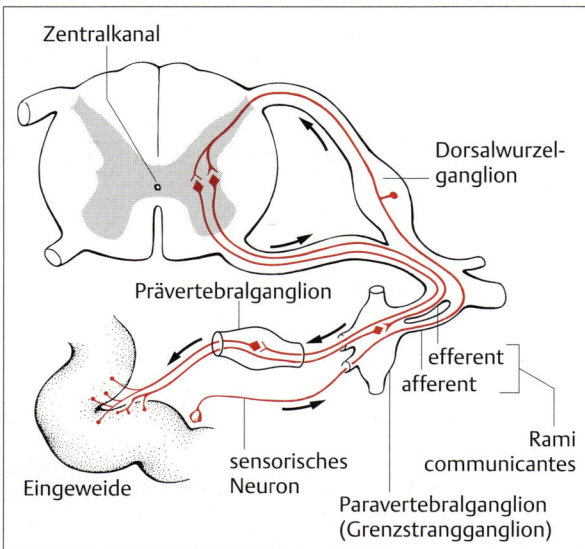

Abb. 11.14 Die funktionelle Einheit des autonomen Nervensystems ist der autonome Reflexbogen. Dargestellt ist ein Reflexbogen des sympathischen Nervensystems. Sensorische Information wird durch das Grenzstrangganglion geleitet und endet synaptisch im ZNS. Motorische Information aus höheren Zentren wird synaptisch auf das präganglionäre Neuron übertragen, das seinerseits mit postganglionären Neuronen im sympathischen Grenzstrangganglion verschaltet ist. Postganglionäre Neurone sind synaptisch mit dem Zielorgan verschaltet (nach Montagna, 1959).

körper der parasympathischen präganglionären Neuronen liegen im Gehirn und Sakral-(Kreuzbein-)Bereich des Rückenmarks.

Die beiden Teile des autonomen Nervensystems unterscheiden sich auch pharmakologisch. Alle präganglionären Neurone sind cholinerg, d.h. der Transmitter ist Acetylcholin (ACh). Die postganglionären Neurone verwenden unterschiedliche Neurotransmitter – je nachdem, zu welchem Bereich das Neuron gehört. Die parasympathischen postganglionären Neurone sind ebenfalls cholinerg; die sympathischen postganglionären Neurone verwenden dagegen Noradrenalin (und ein wenig Adrenalin).

Postganglionäre Neurone des parasympathischen und sympathischen Systems innervieren typischerweise dieselben Zielorgane (Abb. 11.**15 B**) und haben dort im allgemeinen antagonistische Wirkungen. So wird z.B. die Schrittmacherfunktion des Herzens durch die Freisetzung von ACh aus den postganglionären parasympathischen Neuronen verlangsamt, durch die Freisetzung von Adrenalin aus den sympathischen postganglionären Neuronen jedoch erhöht. Im Verdauungssystem sind die Wirkungen genau umgekehrt. ACh aus parasympathischen Neuronen regt die Darmbewegung und Verdauungssekretion an, Noradrenalin aus sympathischen Neuronen hemmt diese.

Im autonomen Nervensystem gibt es für ACh und Noradrenalin jeweils zwei Rezeptortypen. In beiden Fällen lassen sich diese pharmakologisch unterscheiden – d.h. mittels Substanzen, die entweder als Agonisten (den natürlichen Transmitter nachahmen) oder als Blocker wirken. Die zwei cholinergen (ACh-empfindlichen) Rezeptortypen werden als **nikotinisch** und **muscarinisch** bezeichnet. Diese Namen wurden von früheren Untersuchungen übernommen, die mit Nikotin und Muscarin durchgeführt wurden, die natürlicherweise nicht im tierischen Körper gebildet werden. Nikotin – ein Pflanzenalkaloid – wirkt als Agonist an einigen cholinergen Synapsen, einschließlich derer zwischen prä- und postganglionären Neuronen in beiden Bereichen des autonomen Systems (s. Box 6.**3**, S. 182). Muscarin – das Gift des Fliegenpilzes – wirkt als Agonist an anderen cholinergen Synapsen, einschließlich an denen der parasympathischen postganglionären Neuronen auf ihre Zielzellen. Curare (D-Tubocurarin) blockiert die Wirkung des ACh an nikotinischen Rezeptoren (auch die an der Endplatte der Skelettmuskulatur); Atropin blockiert dagegen die muscarinischen Rezeptoren. Nikotinische und muscarinische Rezeptoren haben völlig unterschiedliche Molekülstrukturen und Antwortmechanismen. Nikotinische Rezeptoren bestehen aus Proteinkomplexen, die den Neurotransmitter binden; in ihrer Struktur sind ionenselektive Kanäle enthalten. Muscari-

Abb. 11.15 Die beiden Bereiche des autonomen Nervensystems haben viele gemeinsame Ziele. A Sowohl Sympathicus wie Parasympathicus innervieren ihre Zielorgane über eine Zwei-Neuronen-Kette. Die Somata der präganglionären Neuronen liegen im ZNS. Die präganglionären Neurone enden in peripheren Ganglien auf postganglionären Neuronen, die das Zielorgan erreichen. Die zwei Teile unterscheiden sich pharmakologisch. In beiden Teilen sind die präganglionären Neurone cholinerg. Im Parasympathicus sind die postganglionären Neurone ebenfalls cholinerg, im Sympathicus sind sie dagegen adrenerg, meist mit Noradrenalin als Transmitter. ACh = Acetylcholin, NA = Noradrenalin. **B** Lage und Zielorgane von prä- und postganglionären Neuronen im Sympathicus (links) und Äste des Parasympathicus (rechts) des autonomen Nervensystems. Präganglionäre Neurone sind farbig, postganglionäre Neurone als schwarze Linien dargestellt. Die Grafik zeigt das autonome Nervensystem des Menschen, es ist aber bei den meisten Vertebraten ähnlich aufgebaut. Abkürzungen: C1 = erstes Halssegment des Rückenmarks; Th1 = erstes Brustsegment; L1 = erstes Lendensegment; S1 = erstes Kreuzbeinsegment. CX = Steißbeinsegment. Im Parasympathicus laufen mehrere Wege in Hirnnerven, diese sind in römischen Ziffern angegeben.

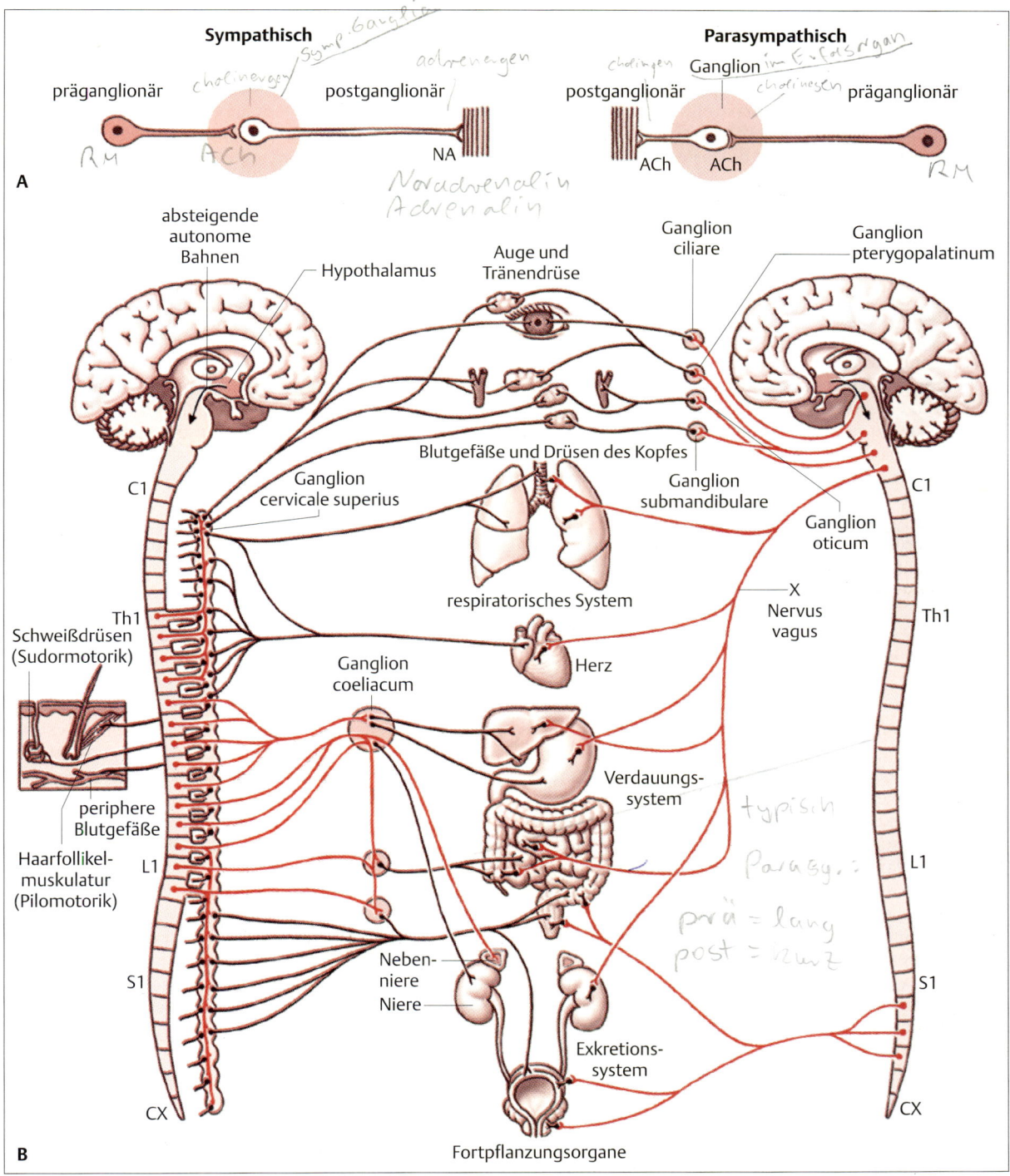

nische Rezeptoren sind Moleküle mit sieben Transmembran-Domänen; sie beeinflussen Ionenkanäle über Vermittlung von intrazellulären Second messengern (s. Abb. 6.**38**).

Die adrenergen postganglionären Neurone des sympathischen Systems innervieren zwei Typen noradrenerger Rezeptoren: die α- und die β-Rezeptoren. Wie die ACh-Rezeptoren unterscheiden sich auch die adrenergen Rezeptoren pharmakologisch. Der α-Rezeptor ist gegenüber Noradrenalin empfindlicher als gegenüber **Isoproterenol** und wird selektiv durch **Phenoxybenzamin** gehemmt. Der β-Rezeptor ist gegenüber Isoproterenol empfindlicher als gegenüber Adrenalin und wird durch **Propranolol** selektiv gehemmt. Die beiden Typen adrenerger Rezeptoren aktivieren getrennte, aber parallele intrazelluläre regulatorische Bahnen.

Obwohl alle Vertebraten ein autonomes Nervensystem besitzen, sind die beiden Bereiche nicht bei allen Gruppen so gut voneinander abgegrenzt. Während bei Knochenfischen sympathische und parasympathische Bereiche klar erkennbar sind, ist das autonome System bei Cyclostomen (Rundmäulern) nicht unterteilt. Das autonome System der Amphibien scheint dem der Säuger sehr ähnlich zu sein. Bei Reptilien ist die Trennung in Sympathicus und Parasympathicus dagegen nicht klar erkennbar. Vergleichende Studien zum autonomen Nervensystem sind derzeit sehr rar. Weitere Forschungen mögen sehr wohl noch stammesgeschichtliche Überraschungen bringen.

Eigenschaften neuronaler Schaltkreise

Trotz der hohen Komplexität der Nervensysteme sind einige Verallgemeinerungen bezüglich ihrer Organisation und Funktion möglich. Neuronale Schaltkreise bestehen aus spezifischen Verbindungen zwischen den Neuronen. Das Muster dieser Verbindungen ist im wesentlichen bei allen Individuen einer Art identisch. Diese neuralen Schaltungen werden während der Embryonalentwicklung angelegt und bleiben in den nachfolgenden Lebensabschnitten erhalten, werden aber durch Gebrauch während des gesamten Lebens modifiziert. Nichtgebrauch kann zu einem beträchtlichen Funktionsverlust führen. (Bedeckt man z.B. bei jungen Katzen während einer kritischen Phase nach der Geburt die Augen – es genügt bereits, die Augen mit einer nur diffuses Licht durchlassenden Abdeckung zu versehen –, wird die Funktion des visuellen Systems nur unvollständig ausgebildet.) Dagegen kann innerhalb gewisser Grenzen eine wiederholte Aktivierung die Stärke bestehender Verbindungen erhöhen.

Die Notwendigkeit einer korrekten Verknüpfung neuronaler Verbindungen wird in Abb. 11.**16** am Beispiel eines einfachen Reflexbogens dargestellt. Bei diesem Experiment wurden am Frosch die Folgen einer Veränderung der neuronalen Verbindungen untersucht. Die sensorischen Fasern, die in das Rückenmark von einer Seite her eintreten, wurden durchtrennt und mit den dorsalen Wurzeln der gegenüberliegenden Seite verbunden. Beim nicht operierten Frosch löst ein schmerzhafter Reiz am Bein ein reflektorisches Zurückziehen des Beines aus. Beim operierten Frosch, bei dem die neuronalen Verbindungen modifiziert wurden, verursacht der Reiz eine Bewegung des anderen, nicht gereizten Beines.

Wie wichtig die Spezifität neuronaler Verbindungen für die Sinneswahrnehmung ist, wurde bereits vor einem Jahrhundert von Johannes Müller beschrieben. Müller erkannte, daß die Modalität einer Empfindung letztlich von den zentralen Verbindungen der Nervenfasern bestimmt wird, die durch diesen Reiz aktiviert werden und nicht durch die Natur des auf das Sinnesorgan einwirkenden Reizes. Es besteht unter Wissenschaftlern weitgehende Übereinstimmung darin, daß dieses der hauptsächliche – vielleicht der einzige – Weg ist, wie eine sensorische Modalität an das Zentralnervensystem übermittelt wird. Wie an früherer Stelle erwähnt, sind den verschiedenen Sinnen ebenso wie der topographischen Verteilung der Sinnesrezeptoren im somatosensorischen Cortex bestimmte Bezirke zugeordnet (Abb. 11.**12**). Direkte elektrische Reizung eines dieser Hirnbezirke ruft im Bewußtsein einer Versuchsperson mehr oder weniger dieselbe Empfindung hervor wie die Reizung des entsprechenden Sinnesorgans. Die periphere Reizung erbrachte ein weiteres Ergebnis: Reizt man einen bestimmten Hautbezirk, so entstehen in lokal begrenzten Bereichen des somatosensorischen Cortex als Antwort auf diesen sensorischen Input elektrische Signale. Beide experimentelle Ansätze zusammen ermöglichen eine Punkt-für-Punkt Konstruktion einer somatosensorischen Karte (Abb. 11.**12**). Es ist erstaunlich, daß – obwohl periphere Reize vom Gehirn empfangen werden – wir nichts davon merken, sondern glauben, daß die Empfindung an der Stelle stattfindet, von welcher der Reiz kommt. Die im somatosensorischen Cortex gebildeten Empfindungen werden an die Stelle der Peripherie projiziert, von der das sensorische Signal (der sensorische Input) ausgeht.

Die zweite allgemeingültige Feststellung, die man über das Nervensystem machen kann, ist folgende: Die synaptischen, metabolischen und elektrischen Eigenschaften der einzelnen Neurone bestimmen die Art und Weise, mit der jedes einzelne Neuron auf die Gesamtsumme aller auf das Neuron einwirkenden synaptischen Signale antwortet. Jedes aktive Neuron beeinflußt wiederum seinerseits über seine Verbindungen mit anderen Neuronen deren Aktivität.

Eigenschaften neuronaler Schaltkreise   467

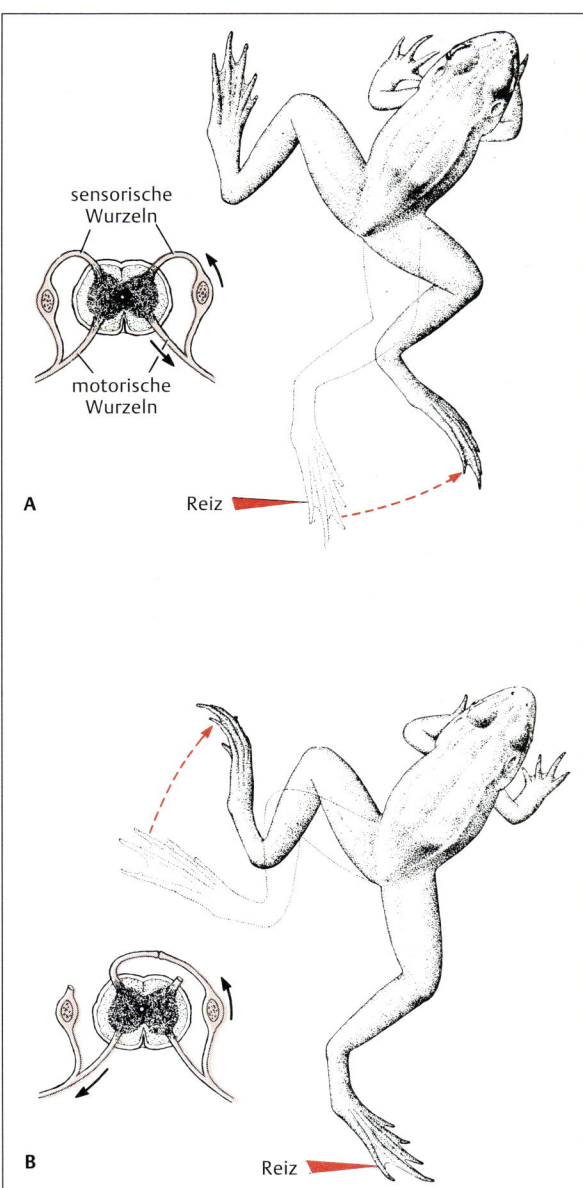

Abb. 11.16 **Die Verschaltung des Nervensystems ist entscheidend für die Erzeugung eines situationsgerechten Verhaltens.** **A** Ein Frosch zieht bei einem noxischen Reiz, z.B. dem Kneifen des Beines, das Bein reflektorisch weg. **B** Wurden die dorsalen Nervenwurzeln durchtrennt und dazu gebracht, in die kontralaterale Seite des Rückenmarks einzuwachsen, dann antwortet der Frosch auf Reizung des operativ behandelten Beins mit Wegziehen des ungereizten Beines. Der Grund hierfür ist, daß durch die Operation der sensorische Input vom rechten Bein zum motorischen Netzwerk des linken Beins umgeleitet wird (nach Sperry, 1959).

Die dritte und umfassendste allgemeingültige Feststellung, die wir bezüglich des Nervensystems machen können, ist, daß die Komplexität und Verschiedenheit der Funktionen auf zwei Organisationsebenen beruht: (1) Individuelle Neurone bringen unterschiedliche Signale hervor und (2) Neurone sind in hochgradig komplexen und unterschiedlichen Schaltkreisen organisiert. Die zwei Grundsignalarten – fortgeleitete Alles-oder-Nichts-Signale (Aktionspotentiale) und nicht fortgeleitete graduierte Signale (synaptische und Rezeptorpotentiale) – werden in Kap. 6 behandelt. Synapsen können entweder erregend oder hemmend, stark oder schwach wirken. Letztendlich beruhen alle bioelektrischen Signale auf Ionenbewegungen, welche durch elektrochemische und osmotische Gradienten durch Ionenkanäle der Zellmembranen angetrieben werden.

Verhalten wird ausgelöst, wenn die sensorische Information vom ZNS empfangen und so verarbeitet wird, daß ein motorisches Ausgangssignal (Output) an die Effektororgane gelangt. Allerdings kann auch die Aktivität des ZNS ohne äußere Einflüsse Verhalten hervorbringen – z.B. wenn Sie mit dem Lesen aufhören und das Buch zuklappen. Um diese ganzen Prozesse zu verstehen, ist es notwendig zu wissen, wie das ZNS sensorische Informationen verarbeitet und wie die neuronale Aktivität zu geordneten Muskelkontraktionen führen kann. Wir werden nun die drei Teilaspekte einer Input-Output-Beziehung betrachten, die zu einem Verhalten führen: sensorischer Input, zentralnervöse Verarbeitung und motorischer Output.

Teile eines neuronalen Puzzles

Betrachten wir das gesamte Netz, das einem bestimmten Verhalten zugrunde liegt, so erkennen wir Untereinheiten, deren Eigenschaften die Art, in der das Gesamtnetz funktioniert, beeinflussen. **Sensorische Filternetzwerke** übertragen nur bestimmte Merkmale komplexer sensorischer Eingänge und halten andere zurück. **Zentrale mustergenerierende Netzwerke** (ZMN) bringen motorische Antworten hervor, die so beschaffen sind, daß sie mehr oder weniger stereotype Bewegungen auslösen. Der Output einiger Mustergeneratoren, z.B. derer, die die Atmung oder Lokomotion steuern, erfolgt zyklisch. Bei anderen, z.B. denen, welche die Bewegungen von Frosch- oder Krötenzungen beim Beutefang steuern, ist der Output dagegen nicht zyklisch. Einigen zentralen Mustergeneratoren ist ein **motorisches Kommandosystem** überlagert, in dem kurzfristige Änderungen des sensorischen Eingangs (Input) die motorische Antwort ändern können. Einige Verhaltensweisen erfordern die Beteiligung von sensorischen Filtern auf der Eingangs- und von zentralen Mustergeneratoren auf der Ausgangsseite. Ein Beispiel dafür ist der im folgenden Abschnitt beschriebene Beutefangreflex des Frosches. Einige der einfachsten Verhaltensabläufe, z.B. der Kniesehnenreflex, sind dagegen völlig unabhängig sowohl von sensorischen Filtern als auch von zentralen motorischen Kontrollnetzen.

Selbst eine kleine Zahl von Neuronen kann in verschiedener Weise zu Schaltkreisen kombiniert werden. Bei höheren Vertebraten ist es sogar üblich, daß ein einzelnes Neuron mit Tausenden präsynaptischer Endigungen anderer Neuronen in Verbindung steht, wobei einige exzitatorischer, andere inhibitorischer Art sind. Darüber hinaus kann sich das Neuron seinerseits vielfach verzweigen und viele andere Neurone innervieren. Die **Divergenz** – die wiederholte Aufzweigung eines Axons – ermöglicht dem Neuron einen weitreichenden Einfluß auf viele postsynaptische Neuronen (Abb. 11.17 A). Die **Konvergenz** von Eingängen auf ein einziges Neuron (Abb. 11.17 B) ermöglicht dieser Einheit, die Signale zahlreicher präsynaptischer Neuronen zu integrieren. Die meisten Neuronen, wie etwa die spinalen Motoneurone der Säuger, werden kaum je ohne erhebliche räumliche und zeitliche Summation exzitatorischer synaptischer Eingänge bis zur Feuerschwelle depolarisiert. Daraus ergibt sich, daß diese Neurone nur dann APs erzeugen, wenn eine mehr oder weniger simultane Aktivität in einer Reihe von exzitatorischen präsynaptischen Neuronen vorliegt und diese Inputs konvergent erfolgen. Innerhalb eines Netzes können sowohl Konvergenz als auch Divergenz vorliegen. Wenn beispielsweise eine Information aus der Retina zum Gehirn übertragen wird, kommen Signale von jeder Stelle im Zentrum des visuellen Feldes über mehrere Neurone; dies deutet auf eine Divergenz der Information aus jedem Photorezeptor hin. Im Gegensatz dazu werden die aus der Peripherie des Sehfeldes eintreffenden Signale in der Hirnrinde über eine große Fläche zusammengefaßt; dadurch wird eine Konvergenz der Signale aus vielen Photorezeptoren erreicht.

Neuronen erhalten typischerweise gleichzeitig ganze Salven exzitatorischer und inhibitorischer Eingänge, die von der postsynaptischen Zelle integriert und verarbeitet werden. Die Erregung eines Neurons kann unterdrückt werden, wenn die aktiven inhibitorischen Synapsen die aktiven exzitatorischen in ihrer Wirkung übertreffen. Die inhibitorischen Synapsen bestimmen also, wie leicht exzitatorische Inputs ein Neuron bis zur Feuerschwelle erregen können (Abb. 11.18 A). Je größer die Anzahl der aktiven inhibitorischen Synapsen auf einem Neuron ist, desto größer muß daher die Anzahl der aktiven exzitatorischen Synapsen sein, um das integrierende postsynaptische Neuron bis zur Feuerschwelle zu bringen. Die Nettowirkung der Inhibition hängt jedoch von Verbindungen innerhalb des Netzwerkes ab (Abb. 11.18 B). Die Hemmung der die Aktivität hemmenden

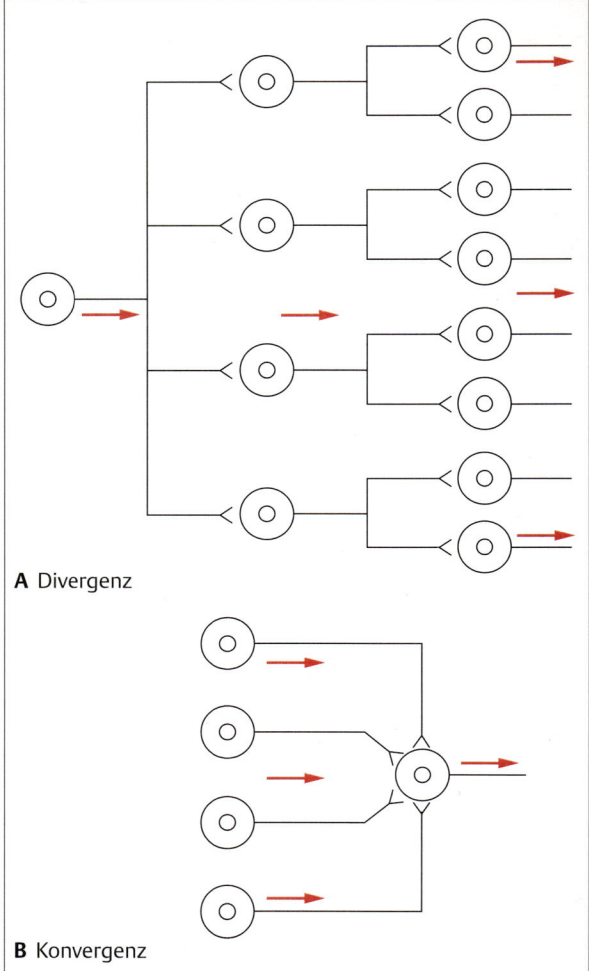

Abb. 11.17 Divergenz und Konvergenz. Informationen werden im Nervensystem über divergente und konvergente Wege geleitet. **A** Unter Divergenz versteht man die Verzweigung eines Neurons, das mehrere andere Neurone innerviert. **B** Konvergenz bedeutet die Innervation eines einzelnen Neurons durch viele präsynaptische Neurone.

Neuronen – sie wird als **Enthemmung** oder **Disinhibition** bezeichnet – kann zu einem Nettoanstieg der Erregung im Netz führen.

In neuralen Schaltkreisen wird häufig das Prinzip der Rückkopplungsmechanismen benutzt. Ein Beispiel für eine positive Rückkopplung ist in Abb. 11.19 A für einen hypothetischen Schwingkreis dargestellt; ein Seitenast eines Neurons erregt ein Interneuron, das mit dem Neuron verschaltet ist, dieses seinerseits erregt und somit für längere Zeit aktiv hält. Theoretisch könnte dieses

Eigenschaften neuronaler Schaltkreise **469**

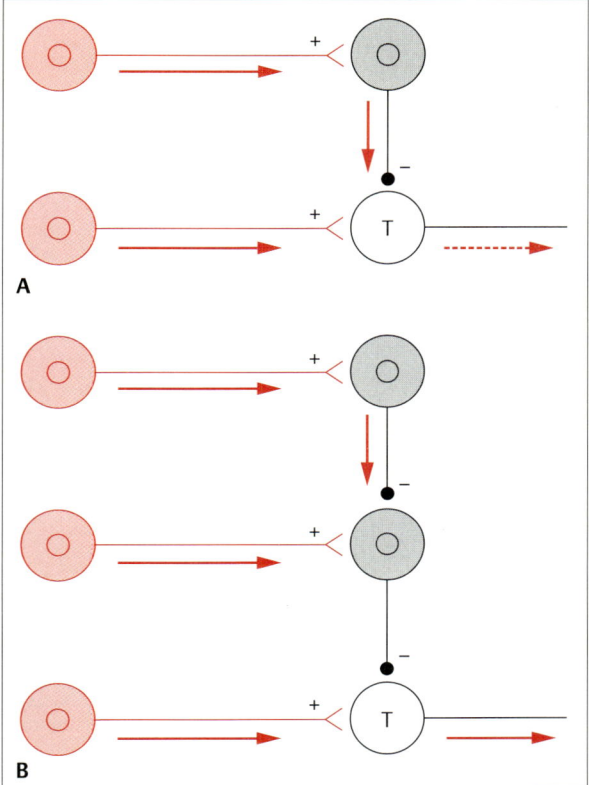

Abb. 11.18 Der Nettoeffekt inhibitorischer Nervenaktivität hängt von der Organisation des Netzwerkes ab. A Aktivität im hemmenden Neuron (grau) vermindert die Wahrscheinlichkeit für das Auftreten von APs (gestrichelter Pfeil) in der Folgezelle T. **B** Sind zwei hemmende Neurone in Serie geschaltet und ist das zweite tonisch aktiviert oder spontan aktiv, dann vermindert die Erregung der ersten hemmenden Zelle den hemmenden Einfluß der zweiten auf die Folgezelle T und erhöht so deren Aktivierung (durchgezogener Pfeil).

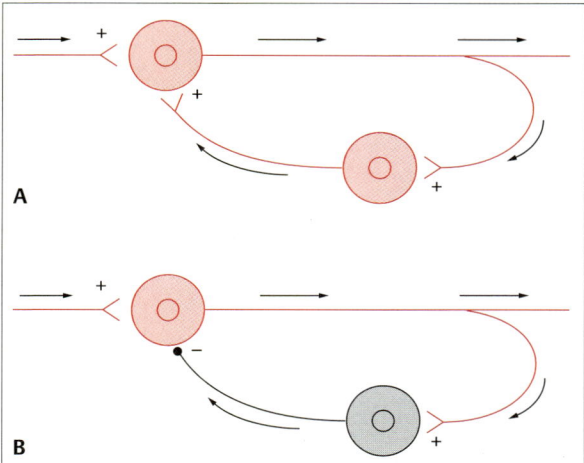

Abb. 11.19 Neurone können lokale Rückkopplungskreise bilden. A Rekurrente Bahnung. Ist das Interneuron exzitatorisch, bewirkt es eine positive Rückkopplung und verlängert die Aktivität im ersten Neuron. **B** Rekurrente Hemmung. Ist das Interneuron inhibitorisch, dann bewirkt es eine negative Rückkopplung und begrenzt die Aktivität im ersten Neuron.

Neuron, sobald es durch einen synaptischen Input erregt wurde, unendlich lange feuern. Ist das Interneuron in einem solchen Schaltkreis inhibitorisch und nicht exzitatorisch (Abb. 11.**19 B**), resultiert daraus eine negative Rückkopplung, wodurch die Tendenz des Neurons, kontinuierlich zu feuern, vermindert wird. Ein Beispiel einer inhibitorischen (negativen) Rückkopplung findet sich in der großen Ansammlung von Motoneuronen im Rückenmark der Vertebraten. Hier entspringen von den α-Motoneuronen (Neurone, welche die Skelettmuskelfasern aktivieren) kleine Seitenäste (**Kollaterale**), die kurze inhibitorische Interneurone, die **Renshaw-Zellen** (Abb. 11.**20**), innervieren; diese koppeln ihrerseits auf die Motoneurone zurück. Die Renshaw-Zellen werden somit jedesmal erregt, wenn die Motoneurone feuern. Sie antworten mit einer hochfrequenten Impulssalve, die zu inhibitorischen postsynaptischen Potentialen in den Motoneuronen führt. Die funktionelle Bedeutung dieser Schaltung ist nicht ganz klar. Vermutlich dient sie aber dazu, die motorische Entladung unter Kontrolle zu halten. Strychnin blockiert die Glycin-gesteuerten inhibitorischen Synapsen, die sich zwischen den Renshaw-Zellen und den Motoneuronen befinden, und vermutlich auch andere Glycin-gesteuerte Hemmsynapsen. Das erklärt, warum dieses Gift Krämpfe und spastische Lähmungen hervorruft und – bedingt durch die fehlende Koordination der Atemmuskulatur – zum Tod führt. Die grausame Folge einer Blockade hemmender Synapsen zeigt, wie wichtig die synaptische Hemmung für die Funktion des Nervensystems ist.

Sensorische Filternetzwerke

Aufgabe der sensorischen Filterung – dem ersten Schritt bei der Generierung zweckmäßiger Verhaltensweisen – ist es, alle sensorischen Inputs zu sortieren und zu filtern. Einzelne sensorische Neurone antworten nur auf einen begrenzten Bereich der Reizenergie, die durch eine Tuningkurve dargestellt werden kann (Box 11.**2**). Diese Eigenschaft der Rezeptoren und andere Eigenschaften sensorischer Netzwerke filtern gemeinsam die eintreffende Sinnesinformation. Inzwischen ist bekannt,

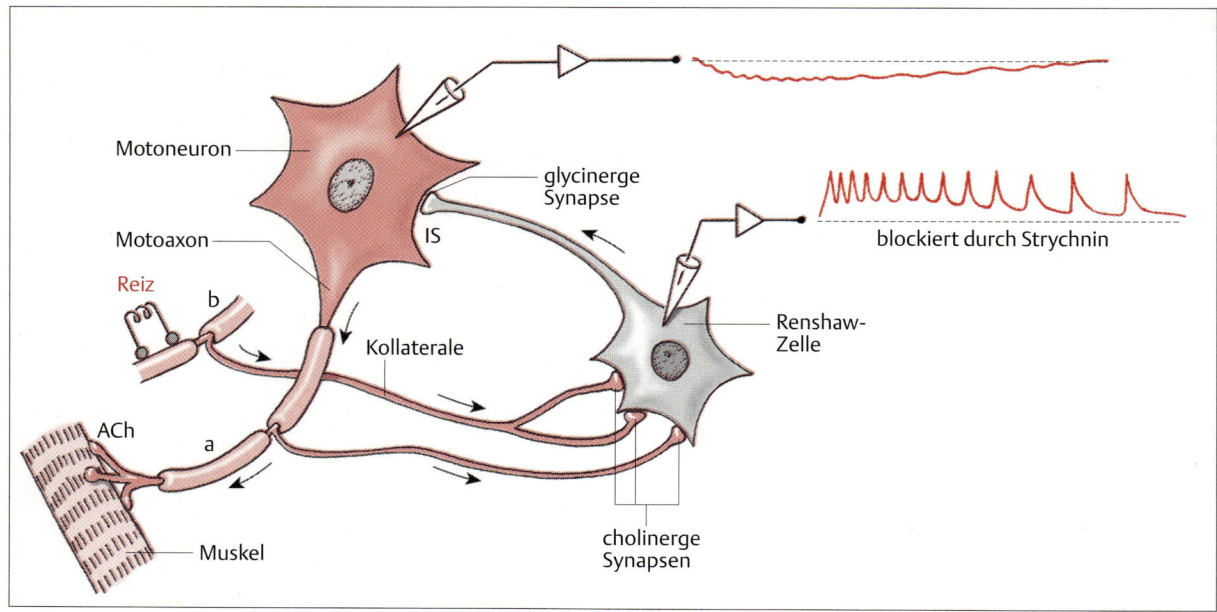

Abb. 11.20 Renshaw-Zellen hemmen durch Rückkopplung spinale α-Motoneurone. Eine vereinfachte Darstellung der Axone von Motoneuronen mit kollateralen Verzweigungen, die eine Renshaw-Zelle innervieren. Die Renshaw-Zellen bilden glycinerge hemmende Synapsen auf den Motoneuronen. Die Kurve neben jeder Ableitelektrode zeigt eine typische Aufzeichnung. In diesem Fall wurde die Renshaw-Zelle durch ein antidromes AP erregt, das im Motoneuron *b* elektrisch ausgelöst wurde. Aktionspotentiale in der Renshaw-Zelle erzeugen ein inhibitorisches postsynaptisches Potential im Motoneuron *a*. Diese inhibitorischen postsynaptischen Potentiale können durch Strychnin blockiert werden (nach Eccles, 1969).

daß sensorische Netzwerke außerdem die Muster der sensorischen Inputs vergrößern, verstärken, addieren, subtrahieren und sogar total umstellen können. Das visuelle System ist in dieser Hinsicht besonders gut untersucht. Wir werden es daher ausführlicher betrachten, weil auch einige allgemeine Organisationsprinzipien

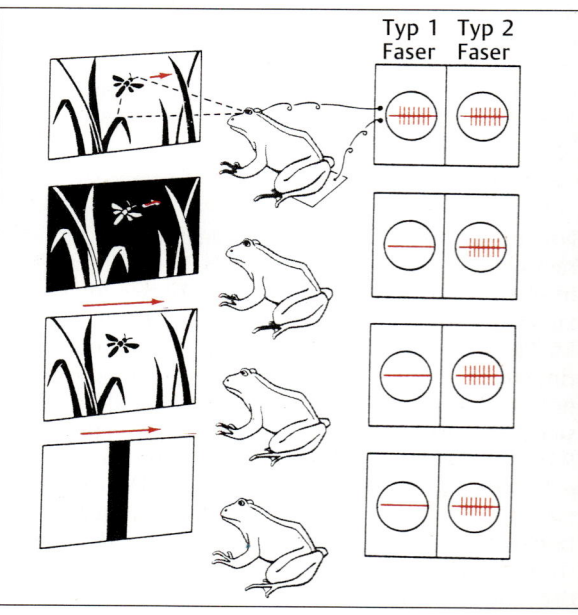

Abb. 11.21 Sensorische Filterung. Einige Neurone in der Froschnetzhaut reagieren speziell auf Reize, die einer bewegten Fliege ähneln. Die Reaktion des Frosches kann an seinem Verhalten erkannt werden, dem Herausschleudern der klebrigen Zunge auf ein kleines, dunkles Objekt das sich in seinem Gesichtsfeld bewegt. Der Frosch reagiert nicht auf ein helles Objekt, das sich vor einem dunklen Hintergrund bewegt, auch nicht auf Bewegung des Hintergrunds gegen ein ortsfestes Objekt oder auf unspezifische optische Reize. Einige Axone im Sehnerv (Typ 1) werden nur durch Bewegung eines kleinen, dunklen, scharf abgegrenzten Objektes aktiviert, das sich vor einem hellen Hintergrund bewegt. Andere Fasern (Typ 2) werden durch eine Vielzahl von Bewegungen im Blickfeld aktiviert, wie etwa ein sich bewegender Hintergrund oder ein großer, sich bewegender Balken (nach Bullock u. Horridge, 1965).

Box 11.2 Tuningkurven – Antworten eines Neurons aufgetragen gegen die Parameter des Reizes

Ableitungen der Aktivität einzelner Neurone aus sensorischen Arealen des Cortex lassen erkennen, daß jedes Neuron auf einen bestimmten Reizbereich antwortet. Am empfindlichsten reagiert ein Neuron jedoch nur auf sehr spezifische Parameter eines Reizes. Graphische Darstellungen, die zeigen, wie sich die Antworten eines sensorischen Neurons mit den Reizparametern ändern, bezeichnet man als **Tuningkurve** (in der Abbildung sind vier solcher Kurven aufgetragen). Einige Neurone, z.B. Neuron c der Abbildung, haben einen breit eingestellten Bereich (**Tuningbereich**), in dem sie auf Reize reagieren. Die Art, wie die Information durch einen neuronalen Schaltkreis übermittelt wird, hängt wesentlich von den Tuningkurven der Neurone auf jeder Stufe der Informationsverarbeitung ab. So arbeiten eng eingestellte Neurone als Filter, die nur Signale mit ganz bestimmten Eigenschaften zur nächsten Stufe hindurchlassen. Andererseits hängt die Tuningkurve eines zentralen Neurons vom Muster seiner synaptischen Inputs ab.

Tuningkurven geben die Beziehung zwischen der Aktivität eines Neurons und effektiven Reizparametern an. Die Abbildung zeigt den Tonfrequenzbereich, auf den vier primär auditorische Neurone (*a*, *b*, *c* und *d*) aus dem Ohr der Fledermaus *Rhinolophus* antworten. Jedes Neuron ist für eine bestimmte Frequenz besonders empfindlich (d.h. die Schwellenenergie, die notwendig ist, das Neuron zu erregen, ist am geringsten), kann aber innerhalb gewisser Grenzen auch durch andere Frequenzen erregt werden. Rezeptor *d* ist sehr eng, Rezeptor *c* dagegen sehr breit getunt. Frequenzen außerhalb der Tuningkurve eines Neurons sind nicht in der Lage, dieses bei normalen Energieniveaus zu erregen (nach Camhi, 1984).

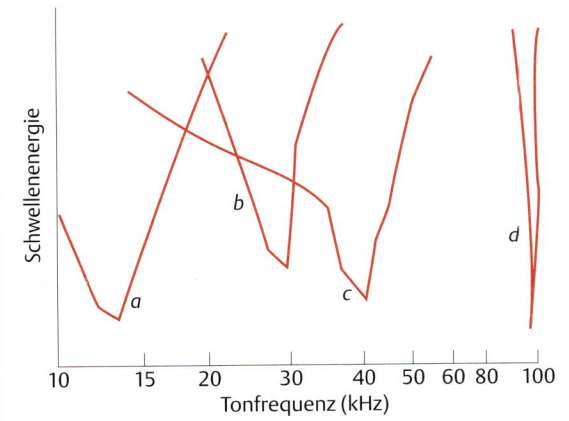

sensorischer Systeme daran gut erklärt werden können. Zusätzlich werden wir das Hörsystem der Schleiereule als Beispiel dafür heranziehen, wie Neurone sensorische Signale umwandeln.

In der einfachsten Form kann sensorische Verarbeitung als Abstraktion der Information betrachtet werden, die aus den ursprünglichen Signalen gewonnen wird. Ein klassisches Beispiel ist in Abb. 11.**21** dargestellt. Ableitungen von Axonen des Sehnervs beim Frosch zeigen, daß einige der optischen Neurone nur auf bestimmte Merkmale im Gesichtsfeld reagieren. Einige Neurone reagieren in dieser Hinsicht selektiver als andere. Beispielsweise feuert ein optischer Fasertyp nur dann, wenn die Photorezeptoren, mit denen die Fasern verbunden sind, von einem kleinen Objekt erregt werden, etwa einer Fliege, die sich vor einem hellen Hintergrund mit unbeweglichen Objekten bewegt. Diese Neurone feuern nicht, wenn sich die ganze Szenerie bewegt oder wenn das Hintergrundlicht ein- und ausgeschaltet wird. Da Frösche sich bewegende Insekten fangen und verspeisen, meldet diese Neuronenklasse dem Froschgehirn, daß „Futter" im Anflug ist. Diese Information ist für den Frosch wesentlich wichtiger als die meisten anderen Details der visuellen Szenerie. Jeder, der versucht, Frösche in Gefangenschaft zu halten, wird schnell erkennen, daß ein Frosch tote Insekten nicht als Futter annimmt. Offensichtlich erregt eine tote Fliege nicht die Schaltkreise, die das Fang- und Freßverhalten des Frosches auslösen. Die tote Fliege ist eben kein kleines, sich vor einem stationären Hintergrund bewegendes Objekt – Kennzeichen, die eben nur auf eine lebende Fliege zutreffen.

Dieses Beispiel führt zur der Frage, wo denn die neuronale Umwandlung von Sinneseingängen erfolgt. Beim Frosch sind die Axone im Sehnerv Neurone dritter Ordnung. Das bedeutet, die Information hat bis zum Erreichen dieser Neurone mindestens zwei Synapsen passiert. Um herauszufinden, wo die spezielle Erkennung im visuellen System stattfindet, müssen wir die Organisation der Retina, beginnend mit den Photorezeptoren, betrachten.

Laterale Inhibition

Zeitliche oder räumliche Änderungen in der Reizenergie oder -qualität sind für ein Tier im allgemeinen die signifikanten Signale; deshalb entwickelten sich neurale Mechanismen zur Verstärkung solcher Unterschiede. Eine den visuellen Systemen gemeinsame Eigenschaft dient der Verschärfung des optischen Kontrasts. Die Wirkung der optischen Kontrastverstärkung führt die Betrachtung von Abb. 11.22 vor Augen: Jeder Streifen scheint auf der Seite heller, die an einen dunkleren Streifen grenzt. Andererseits erscheint der Rand jedes Streifens dunkler, der an einem helleren anliegt. Bei diesem Effekt handelt es sich um eine **optische Täuschung**, denn jeder Streifen ist über seine gesamte Breite gleich hell. (Man kann sich leicht davon überzeugen, indem man mit zwei Blättern alle Streifen bis auf einen abdeckt.)

Wie entsteht diese optische Täuschung? Sie ist eine Folge **lateraler Hemmung** auf Rezeptorebene. Dieses Phänomen wurde erstmals im Laboratorium von H.K. Hartline an der Rockefeller University Mitte der 50er Jahre entdeckt; 1967 erhielt er dafür den Nobelpreis. Hartline registrierte die Aktivität eines einzelnen Ommatidiums im Auge des Pfeilschwanzkrebses *Limulus* als Reaktion auf einen hellen Lichtreiz, der ausschließlich auf dieses Ommatidium gerichtet war. Man könnte nun vermuten, daß ein zusätzlicher Lichtreiz die AP-Frequenz im Testommatidium erhöhen würde. Der zusätzliche vom Raumlicht kommende Lichtreiz führt jedoch nicht zu einer Zunahme der Entladungsfrequenz dieser Einheit, sondern zu einer Frequenzabnahme. Das diffuse Raumlicht erregt jedoch die umgebenden Ommatidien und hemmt das zu untersuchende Ommatidium. Dieses Phänomen, als laterale Hemmung bezeichnet, wurde inzwischen auch in anderen visuellen Systemen sowie in einigen anderen sensorischen Systemen beobachtet.

Anhand eines weiteren Experiments konnte die Ursache der lateralen Hemmung im *Limulus*-Auge auf die Wechselwirkung mit benachbarten Photorezeptoren zurückgeführt werden (Abb. 11.**23**). Wie das Experiment zeigte, hemmt die Beleuchtung der Ommatidiengruppe *b* die ständige Entladung des Ommatidiums *a*. Die Hemmwirkungen sind natürlich innerhalb der sich gegenseitig beeinflussenden Einheiten wechselseitig. Das Ausmaß der Inhibition nimmt mit der Entfernung ab; die stärkste Hemmung erfolgt also zwischen unmittelbaren Nachbarn. Im *Limulus*-Auge wird die laterale Hemmung durch den sogenannten **lateralen Plexus** vermittelt, der aus Axonkollateralen der exzentrisch liegenden Zelle (s. Abb. 7.**56**) besteht, die mittels inhibitorischer Synapsen untereinander verschaltet sind. Aktionspotentiale in den Kollateralen führen zur Freisetzung eines hemmenden Transmitters aus den synaptischen Endigungen, die an benachbarten Axonen exzentrischer Zellen enden. Der Transmitter reduziert die Wahrscheinlichkeit für eine Erregung des nachgeschalteten postsynaptischen Axons. Da die Hemmwirkung einer Einheit, die sie auf ihre Nachbarn ausübt, in dem Maße zunimmt wie ihre Aktivität (d.h. die AP-Frequenz) ansteigt, wird ein stark gereiztes Ommatidium benachbarte, weniger stark gereizte Ommatidien stark hemmen. Gleichzeitig empfängt die stark erregte Einheit nur eine schwache Inhibition von ihren Nachbarn. Diese Interaktion verstärkt den Aktivitätsunterschied zwischen benachbarten Einheiten, die unterschiedlichen Lichtintensitäten ausgesetzt sind (Abb. 11.**24**). Die **Kontrastverstärkung** ist für solche Einheiten am größten, die entlang einer Hell-Dunkel-Grenze direkt aneinander grenzen, da die lateralen Effekte mit zunehmender Entfernung abnehmen. Die laterale Hemmung dient damit der Verschärfung von optischen Kanten durch Erhöhung des Kontrasts an Grenzen zwischen Gebieten unterschiedlicher Helligkeiten. Die Betrachtung von Abb. 11.**22** wird dies bestätigen.

Die Verarbeitung visueller Information beginnt damit bereits in den ersten Neuronen des neuronalen Netzwerkes. Die Verarbeitung der Information durch in der Neuronenkette weiter hinten liegenden Neuronen führt zu weiteren Abstraktionen des ursprünglichen Reizes und betont die Eigenschaften von Grenzen und anderen Merkmalen visueller Reize.

Abb. 11.22 Laterale Hemmung. Dieses Phänomen verstärkt die Kontraste zwischen benachbarten Arealen. Jede Bande in dieser Abbildung ist von der linken bis zur rechten Grenze gleich dunkel, aber sie erscheint neben ihrem dunklen Nachbarn heller und neben ihrem hellen Nachbarn dunkler. Daß die Helligkeit jeder Bande von Rand zu Rand einheitlich ist, wird deutlich, wenn man die Nachbarn einer Bande auf beiden Seiten abdeckt.

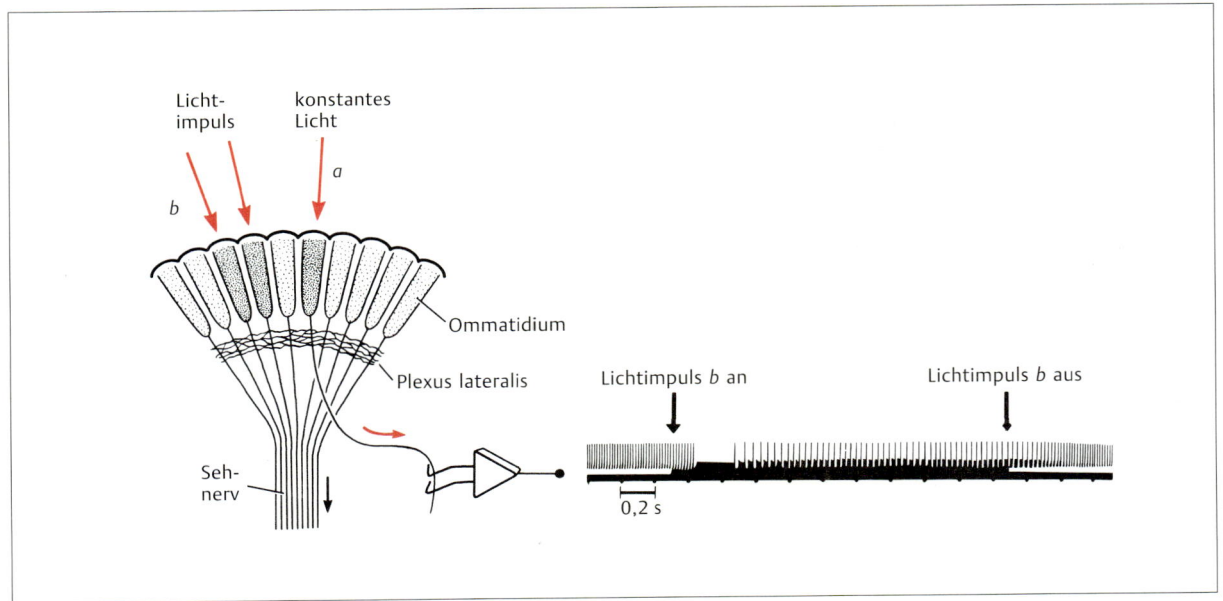

Abb. 11.23 Laterale Hemmung im Auge des Pfeilschwanzkrebses *Limulus*. Der Output von Ommatidium *a* reduziert sich, wenn benachbarte Ommatidien (*b*) gereizt werden (nach Hartline et al., 1965).

Visuelle Verarbeitung in der Vertebratenretina

Das Bild der Welt, das auf die Retina fällt, ist eine recht genaue Wiedergabe des Gesichtsfeldes des Auges und wird nur von dessen optischen Eigenschaften beschränkt. Die Art, wie das visuelle System dieses Rohmaterial in ein wahrgenommenes Bild umwandelt, wurde auf verschiedenen Organisationsstufen intensiv erforscht, von der Untersuchung lichtabhängiger Membrantransduktionsprozesse (s. Abb. 7.66) bis hin zur Betrachtung der Neurone im Gehirn, die vielleicht wahrgenommene Objekte in ihrer Gesamtheit erkennen können. Das visuelle System ist das am besten untersuchte Sinnessystem, vermutlich weil der Gesichtssinn für Pri-

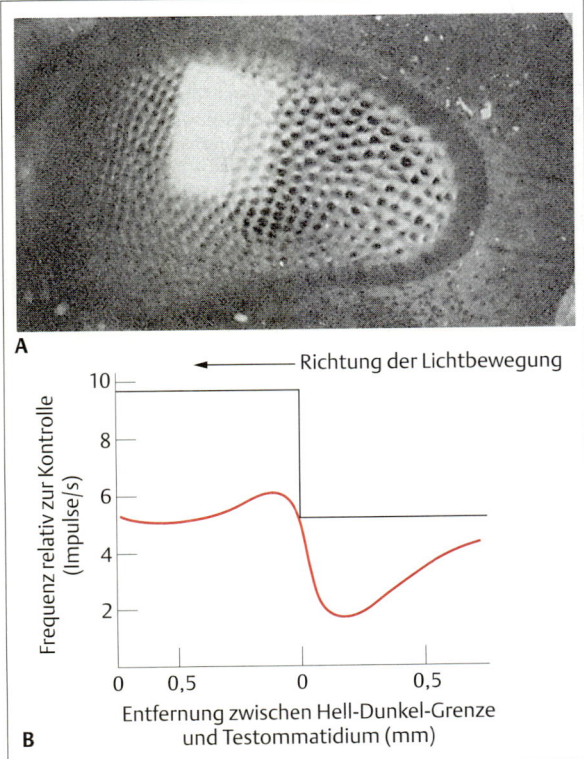

Abb. 11.24 Kontrast wird an einer Hell-Dunkel-Grenze am meisten verstärkt. A Bei diesem Versuch wird die Aktivität eines Einzelommatidiums aufgezeichnet, während ein stark beleuchtetes rechteckiges Feld über das mittelmäßig beleuchtete Facettenauge bewegt wird. **B** Die Aktivität im Ommatidium wird gegen die Position des herannahenden helleren Randes aufgetragen. Sind alle anderen Ommatidien abgedeckt, dann ändert sich die Antwort des betrachteten Ommatidiums abrupt stufenartig, wenn das helle Rechteck das Ommatidium erreicht (schwarze Linie in B). Wird die Abdeckung jedoch entfernt und die Lichtgrenze über alle Ommatidien geführt, dann erzeugt der Output des Ommatidiums eine Kurve, die der roten Linie ähnlich ist (nach Miller u. Mitarb., 1961).

maten einschließlich uns Menschen so wichtig ist. Die Grundprinzipien sind jedoch auch auf andere Sinnessysteme übertragbar. Dies läßt vermuten, daß die Evolution einige prinzipielle Lösungen für die verschiedenen Aufgaben neuronaler Netzwerke gefunden hat. In diesem Abschnitt untersuchen wir die neuronalen Prozesse, welche der visuellen Wahrnehmung zugrunde liegen.

Die optische Bahn der Vertebraten beginnt in der Retina und zieht sich bei niederen Vertebraten bis ins **Tectum opticum** (Abb. 11.25 A) bzw. bei Vögeln und Säugern zu den **Corpora geniculati laterales** und zum **visuellen Cortex** (Abb. 11.25 B). Das visuelle System kann als Serie von mit einander verbundenen Zellplatten gesehen werden (Abb. 11.25 C). Die Zellen innerhalb einer Platte haben gemeinsame Eigenschaften. In den Projektionen von einer Platte zur nächsten wird die Information sowohl konvergent als auch divergent geleitet.

In der Retina gibt es eine große Anzahl synaptischer Querverbindungen und damit bereits die Möglichkeit der Bildverarbeitung. Die Photorezeptoren sind mit **Bipolarzellen** verbunden, die wiederum mit **Ganglienzellen** verknüpft sind, deren Axone den Sehnerv bilden (Abb. 11.26). In der afferenten Bahn stellen die Rezeptoren Zellen erster Ordnung dar, die Bipolarzellen sind Zellen zweiter Ordnung, die Ganglienzellen Zellen dritter Ordnung. Diese Nomenklatur ist sehr vereinfacht, da noch zwei weitere Neuronentypen an der neuronalen Verschaltung in der Retina beteiligt sind, nämlich die **Horizontalzellen** und die **amakrinen Zellen** oder **Amakrine**, die speziell für laterale Wechselwirkungen in der Retina verantwortlich sind. Die Horizontalzellen erhalten Inputs von benachbarten und in der Nähe liegenden Rezeptorzellen und innervieren die Bipolarzellen. Die Amakrinen verbinden Bipolarzellen mit den Ganglienzellen.

Bei Untersuchungen, bei denen intrazelluläre Ableitungen mit der Injektion von fluoreszierenden Markierungsstoffen kombiniert wurden, konnte die elektrische Aktivität eines jeden Zelltyps der Retina bestimmt werden (Abb. 11.27). Die Photorezeptorzellen der Vertebraten erzeugen bei Belichtung keine Aktionspotentiale,

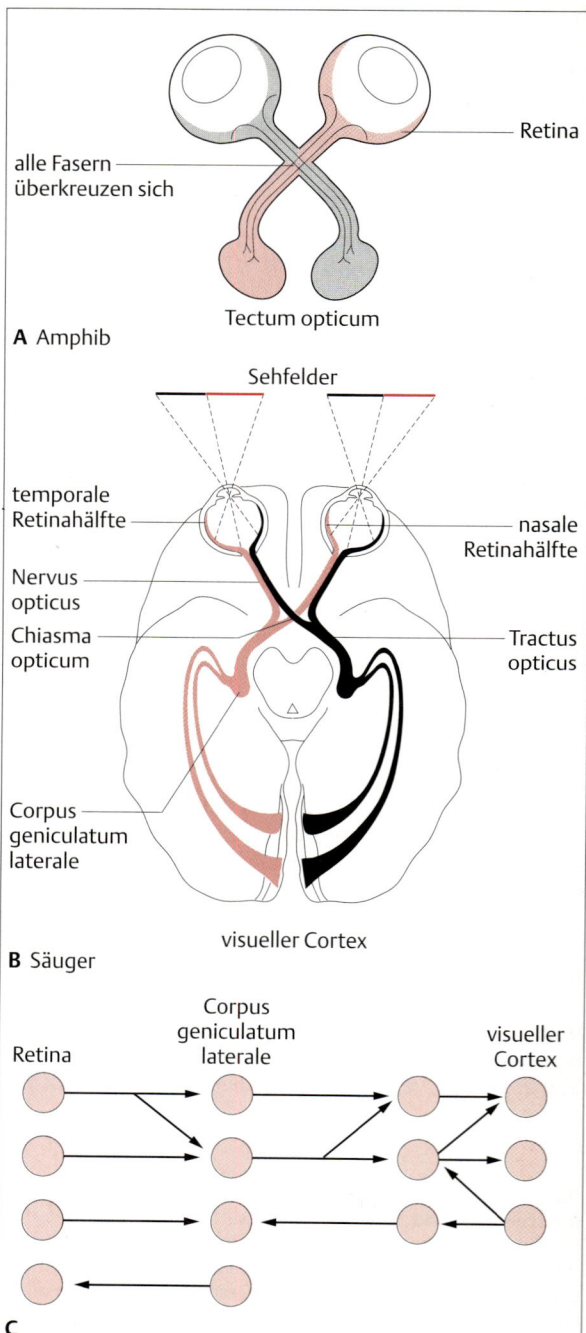

Abb. 11.25 Optische Informationen wird von der Retina über mehrere Zellschichten zum Gehirn übertragen. A Bei Amphibien erhalten das rechte und das linke Tectum opticum jeweils die Projektionen vom gesamten Gesichtsfeld des kontralateralen Auges. **B** Bei Säugern wird jede Seite des Gesichtsfeldes auf die gegenüberliegende Seite des visuellen Cortex projiziert. Die temporale Hälfte der linken und die nasale Hälfte der rechten Retina projizieren z.B. auf den linken visuellen Cortex. **C** Die Neurone, die zuerst die visuelle Information verarbeiten, sind in Schichten angeordnet. Die Retina enthält die ersten drei Schichten, die übrigen liegen im Gehirn – im Nucleus geniculatum laterale und im Cortex. Die Information konvergiert und divergiert zwischen den Schichten und wird innerhalb der Schichten in beiden Richtungen hin- und her-bewegt (A nach Michael, 1969; B nach Noback u. Demarest, 1972).

Abb. 11.26 Aufbau der Vertebratenretina. Die Vertebratenretina enthält fünf verschiedene Neuronentypen mit unterschiedlicher Funktion. Photorezeptoren empfangen Lichtreize und wandeln sie in Nervensignale um. Die Bipolarzellen übertragen die Signale der Photorezeptoren auf die Ganglienzellen, deren Axone den Sehnerv bilden. Die in den äußeren und inneren plexiformen Schichten gelegen Horizontalzellen und Amakrine leiten Signale lateral weiter (nach Young, 1970).

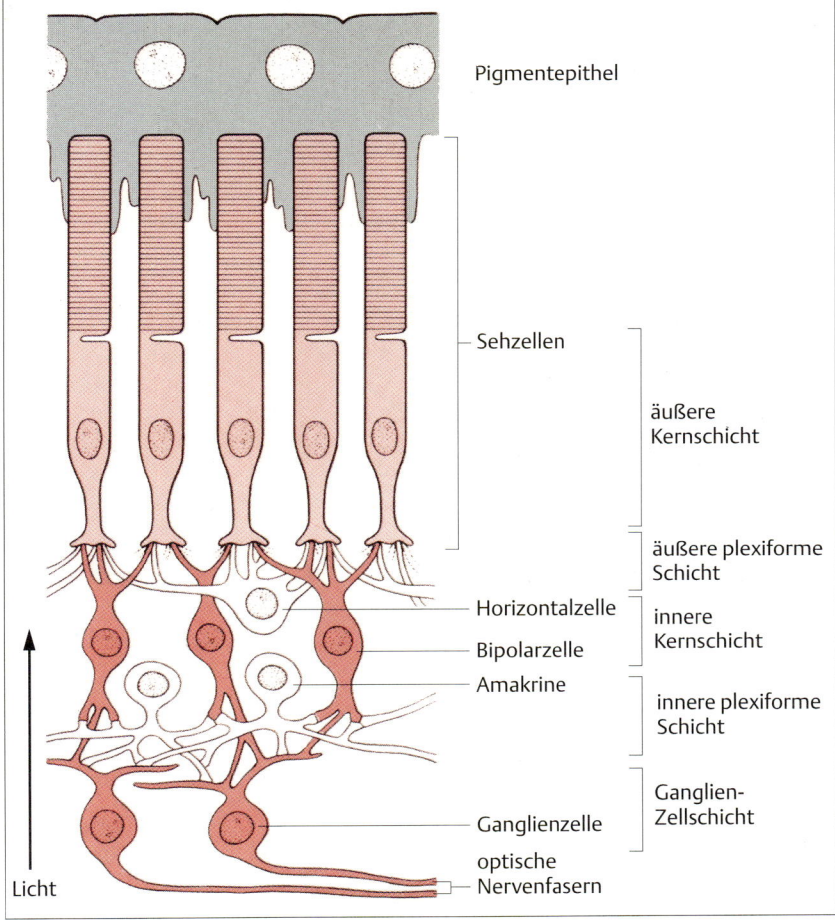

sondern zeigen hyperpolarisierende Potentialänderungen (s. Abb. 7.**63**). Im Dunkeln setzen sie an den Synapsen ständig Transmitter frei; werden die Photorezeptorzellen als Antwort auf Belichtung hyperpolarisiert, wird die Transmitterfreisetzung reduziert (Abb. 11.27). Auch die Horizontalzellen zeigen bei Belichtung nur hyperpolarisierende, graduierte Potentialänderungen. Die Bipolarzellen bilden graduierte Potentialänderungen beider Polaritäten. Eine Ganglienzelle antwortet mit einer Polarität, die den Signalen der sie innervierenden Bipolarzelle entspricht. Werden die Bipolarzellen, die mit den Ganglienzellen synaptisch verschaltet sind, depolarisiert, wird auch das Membranpotential der Ganglienzellen depolarisiert; die Ganglienzellen generieren dann APs. Werden die bipolaren Verbindungen hyperpolarisiert, wird auch die Membran der Ganglienzellen hyperpolarisiert und stellt ihre Feueraktivität ein. Amakrine reagieren kurzfristig zu Beginn und am Ende eines Lichtreizes als Reaktion auf Inputs von Bipolarzellen.

Die Bipolarzellen verbinden in der Regel mehr als nur eine Rezeptorzelle mit einer Ganglienzelle und können auch jede Rezeptorzelle mit verschiedenen Ganglienzellen verbinden. Beim optischen System tritt Konvergenz und Divergenz somit bereits zwischen den Zellen erster und dritter Ordnung auf; das Ausmaß hängt von der Lokalisation in der Retina ab. Bei Säugern sind Konvergenz und Divergenz in der **Fovea** oder **Area centralis** (dem Zentrum der Retina, auf dem die Bilder am schärfsten fokussiert sind) nur minimal ausgebildet. Dort besteht eine Tendenz zur 1:1:1-Verschaltung zwischen Zapfen, Bipolarzellen und Ganglienzellen, die für eine hohe visuelle Genauigkeit wichtig ist. (Zapfen sind die häufigsten Photorezeptoren in der Fovea.) Außerhalb der Fovea centralis erhält jede Ganglienzelle Inputs von

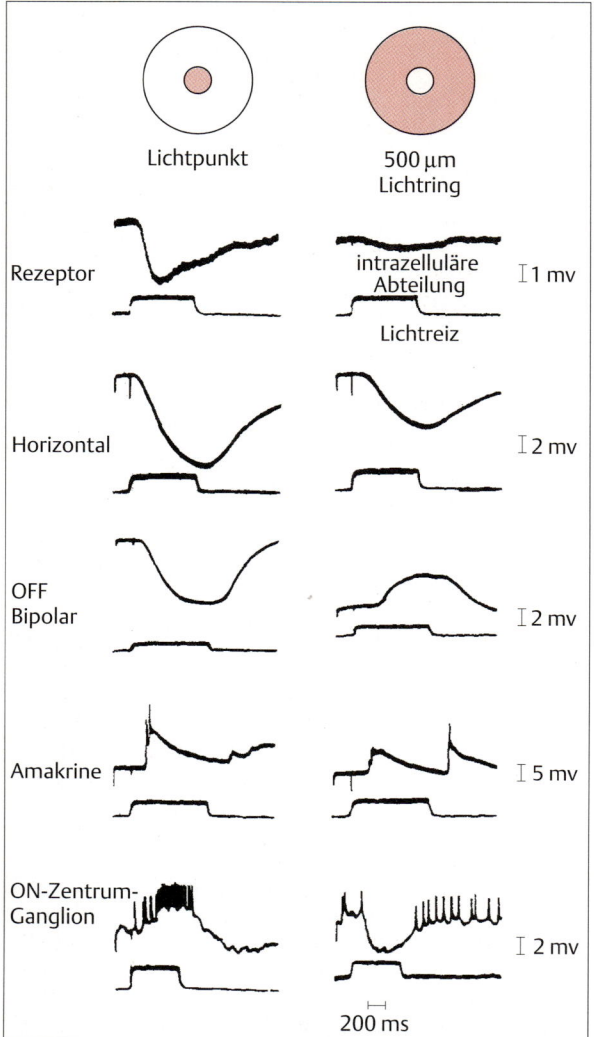

Abb. 11.27 Jeder Neurontyp in der Retina reagiert spezifisch auf einen Lichtreiz. Für die Neuronentypen wurde die elektrische Antwort auf einen Lichtpunkt (links), der direkt auf die Rezeptoren gerichtet war, und auf einen Lichtring (rechts), der um die Rezeptoren herum auf die Retina fiel, registriert. Die Dauer des Reizes ist bei jeder Aufzeichnung jeweils darunter angegeben. In diesem Beispiel wird die Ganglienzelle von Licht aktiviert, das auf das Zentrum ihres rezeptiven Feldes gerichtet ist. Beachte, daß die Antworten der Bipolarzelle und der Ganglienzelle auf einen Lichtpunkt und ringförmiges Licht entgegengesetzte Polaritäten aufweisen. Beachte auch, daß die OFF-Bipolarzelle und die ON-Zentrum-Ganglienzelle nicht synaptisch verbunden sind (für die genaue Darstellung der Beziehung zwischen den Antworten der Ganglienzellen und den Signalen der Bipolarzellen s. Abb. **11.29**) (nach Werblin u. Fowling, 1969).

vielen Rezeptorzellen, hauptsächlich von Stäbchen. Durch diese Konvergenz werden die Ganglienzellen bei Dämmerlicht wesentlich stärker erregt, die Sehschärfe jedoch vermindert.

Der Output der Retina wird über die Axone der Ganglienzellen im Sehnerv übermittelt. Wie jedoch wir der Output organisiert? Zum Verständnis dieses Informationsweges müssen wir uns mit dem Konzept des **rezeptiven Feldes** befassen. Die Idee des rezeptiven Feldes wurde erstmals von Sherrington in die Diskussion gebracht und durch Hartline in den 40er Jahren auf die Verarbeitung visueller Informationen angewandt. Das rezeptive Feld einer Zelle auf der Retina ist jenes Feld, innerhalb dessen Grenzen Lichtreize die Aktivität der betrachteten Zelle beeinflussen. Das rezeptive Feld einer Ganglienzelle ist grob auf diese Zelle zentriert und kann in der Größe variieren, abhängig vom Ausmaß der Konvergenz zwischen den Photorezeptoren und den Ganglienzellen. Im Zentrum der Fovea erstreckt sich das rezeptive Feld einer Ganglienzelle nur auf einen bis wenige Photorezeptoren; an der Peripherie der Retina, wo die Konvergenz sehr groß ist, kann es einen Durchmesser von bis zu 2 mm besitzen.

Jede Ganglienzelle ist bei Dunkelheit spontan aktiv. Das Ausmaß der Aktivität ändert sich, wenn ein Lichtstrahl auf ihr rezeptives Feld fällt. Je nachdem, welche Rezeptorzellen des rezeptiven Feldes durch einen kleinen Lichtstrahl belichtet werden, kann die AP-Frequenz der Ganglienzelle steigen: eine sog. **ON-Antwort** (Zunahme der Feuerfrequenz, wenn das Reizlicht eingeschaltet wird). Im anderen Fall kann die Frequenz der APs als Reaktion auf Belichtung fallen: eine **OFF-Antwort** (Abnahme der Feuerfrequenz). Das rezeptive Feld einer Ganglienzelle ist in ein Zentrum und in eine ringförmige Peripherie unterteilt; die Reaktion der Zelle hängt davon ab, ob das Zentrum, die ringförmige Peripherie oder beide belichtet werden (Abb. **11.28**). Bei einer **ON-Zentrum-Ganglienzelle** steigt die Frequenz der APs, wenn das Zentrum belichtet wird (Abb. **11.28 A**). Fällt ein Lichtring auf das ganze rezeptive Feld, dessen Mitte auf dem Zentrum des Feldes liegt, dann sinkt die Aktivität in den Zellen. Eine schwächere OFF-Antwort der ON-Zentrum-Ganglienzelle wird durch einen Lichtpunkt ausgelöst, der nur auf einen Teil des Feldes fällt. Der Ring (Anulus), der das Zentrum des rezeptiven Feldes umgibt, ist der **inhibitorische Randbereich** des rezeptiven Feldes einer ON-Zentrum-Ganglienzelle. Eine **OFF-Zentrum-Ganglienzelle** zeigt genau das gegenteilige Verhalten und vermindert oder beendet ihre Aktivität, wenn das **inhibitorische Zentrum** ihres rezeptiven Feldes belichtet wird. Wird dagegen die Peripherie belichtet, steigt ihre Feuerfrequenz an.

Die Zentrum-Peripherie-Organisation der rezeptiven Felder stellt – ähnlich wie beim Komplexauge des *Limu-*

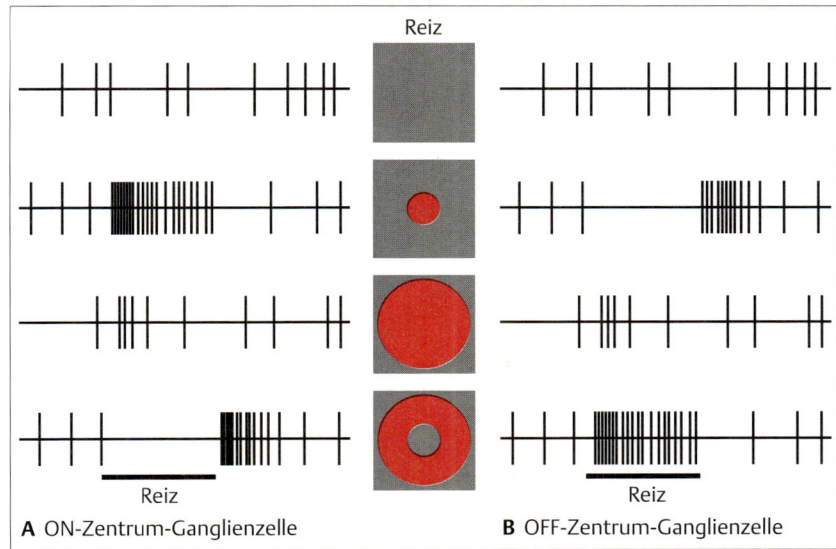

Abb. 11.28 Retina-Ganglienzellen geben auf Lichtreize ON-Zentrum- oder OFF-Zentrum-Antworten.
A Vier Ableitungen einer typischen ON-Zentrum-Ganglienzelle. Jede Aufzeichnung zeigt die Aktivität in der Ganglienzelle während eines 2,5 s Intervalls. Die Reize sind in der Mitte der Abbildung dargestellt. Bei Dunkelheit erfolgen die APs in der Zelle langsam und mehr oder weniger zufällig. Die unteren drei Aufzeichnungen zeigen Antworten auf einen kleinen Lichtpunkt, auf einen großen Lichtpunkt, der Zentrum und Peripherie des rezeptiven Feldes trifft, und auf einen Lichtring, der nur das Umfeld trifft. **B** Reaktionen einer OFF-Zentrum- Ganglienzelle auf die gleichen Reize (nach Hubel, 1995).

lus – ein Beispiel für eine laterale Hemmung dar. Im Vertebratenauge findet die laterale Interaktion vor allem durch die Aktivität der Horizontalzellen in der **äußeren plexiformen Schicht** (Abb. 11.26) statt. Horizontalzellen haben lange seitliche Verzweigungen, die mit ihren benachbarten Horizontalzellen elektrotonisch verschaltet sind. Darüber hinaus sind sie mit Bipolarzellen über chemische Synapsen verbunden und erhalten von vielen Rezeptorzellen synaptische Inputs. Licht, das auf die Peripherie des rezeptiven Feldes einer Ganglienzelle fällt, entfaltet seine Wirkung auf diese Zelle über die lateralen Verbindungen, die von den Horizontalzellen hergestellt werden. Da die Horizontalzellen ein ausgedehntes Netzwerk bilden und miteinander über Gap junctions mit niedrigerem Widerstand verbunden sind, kann der Input von einer beliebigen Rezeptorzelle, der auf eine Horizontalzelle übertragen wird, ein hyperpolarisierendes Signal bilden, das sich vom Rezeptor nach allen Seiten elektrotonisch ausbreitet. Jede Bipolarzelle erhält Inputs von den sie umgebenden Rezeptorzellen über das Netzwerk der Horizontalzellen. Diese Signale werden mit zunehmender Entfernung abgeschwächt, da die graduierten, hyperpolarisierenden Potentiale der Horizontalzellen bei der elektrotonischen Ausbreitung einen Kabelverlust erleiden. Der indirekte Input, den eine Bipolarzelle von außerhalb liegenden Rezeptorzellen über das Netzwerk der Horizontalzellen erhält, wirkt dem direkten Input entgegen, den sie über die direkte Verbindung aus den darüberliegenden Photorezeptoren erhält. Diese Anordnung bildet die Grundlage für die Zentrum-Peripherie-Organisation der retinalen rezeptiven Felder. Die lokale, **direkte Bahn** vom Photorezeptor über die Bipolarzelle zur Ganglienzelle ist für die Antwort des Zentrums verantwortlich. Die **indirekte Bahn** von den Photorezeptoren über Horizontalzellen zu Bipolarzellen und schließlich zu Ganglienzellen vermittelt die Antwort der belichteten Peripherie. Diese beiden Wege zeigen, daß bestimmte Eigenschaften eines Reizes selbst durch recht einfache neuronale Netze erkannt werden können.

Die spezifischen Antworten von ON-Zentrum- und OFF-Zentrum-Ganglienzellen ergeben sich aus ihren Verbindungen mit zwei Sorten von Bipolarzellen: ON-Bipolarzellen und OFF-Bipolarzellen. Diese beiden Bipolarzelltypen reagieren auf die synaptischen Signaleingänge von den Rezeptorzellen und den Horizontalzellen entgegengesetzt (Abb. 11.29). Die **OFF-Bipolarzellen** werden durch Belichtung von Rezeptoren hyperpolarisiert, während die **ON-Bipolarzellen** depolarisiert werden. Ein auf die Peripherie eines rezeptiven Feldes fallender Lichtblitz führt unter Beteiligung der Horizontalzellen in beiden Bipolarzelltypen zu einem Antwortpotential, dessen Vorzeichen demjenigen elektrisch entgegengesetzt ist, das durch die Belichtung des Zentrums des betrachteten Feldes hervorgerufen wird. Jede Bipolarzelle verursacht in ihrer Ganglienzelle (oder ihren Ganglienzellen) synaptische Potentialänderungen. Diese Potentialänderungen haben dasselbe Vorzeichen wie die Potentialänderungen der Bipolarzelle. Dadurch haben Ganglienzellen, die von ON-Bipolarzellen innerviert werden, ON-Zentrum rezeptive Felder, während diejenigen, die von OFF-Bipolarzellen innerviert

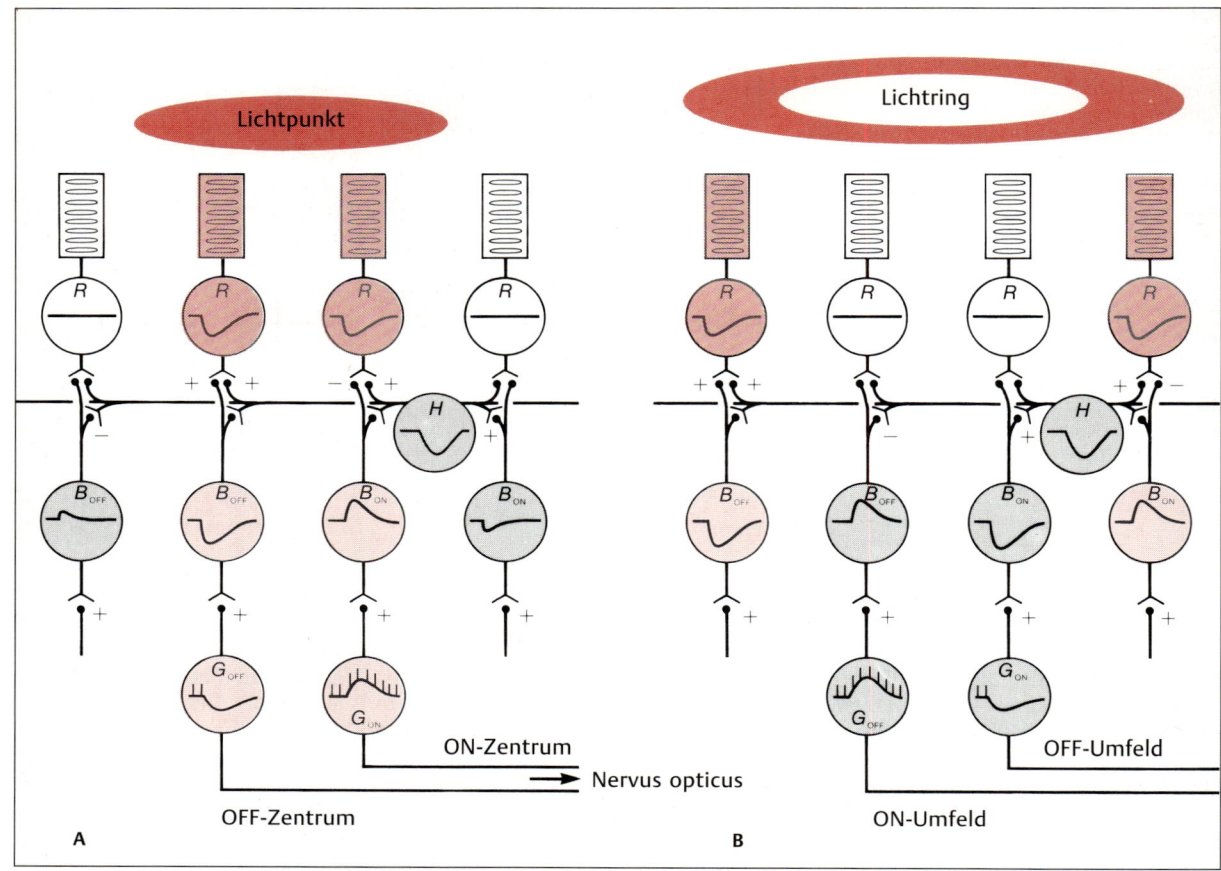

Abb. 11.29 Verschaltungen in der Retina bedingen die für ON-Zentrum- und OFF-Zentrum-Ganglienzellen typischen Antworten. Zwei Arten von Bipolarzellen (B_{ON} und B_{OFF}) antworten entgegengesetzt auf den direkten Input von den Rezeptoren (R) und auf indirekten Input, der lateral von den Horizontalzellen (H) eintrifft: Die ON-Bipolarzellen werden depolarisiert, wenn die darüber liegenden Rezeptoren aktiv sind, und werden durch lateralen Input von den Horizontalzellen schwach hyperpolarisiert. Die OFF-Bipolarzellen reagieren entgegengesetzt. **A** Reaktionen von Bipolarzellen und Ganglienzellen auf einen Lichtpunkt. **B** Reaktionen von Bipolarzellen und Ganglienzellen auf einen Lichtring. Amakrine wurden der Einfachheit halber weggelassen. Der direkte Schaltweg von den Photorezeptoren zu den Ganglienzellen (G) ist farbig dargestellt; der indirekte, laterale Weg über Horizontalzellen ist grau. Die Plus- und Minussymbole zeigen die synaptische Übertragung an, bei der die Polarität des Signals erhalten (+) oder vertauscht (–) wird.

werden, OFF-Zentrumfelder aufweisen. Eine ON-Zentrum-Ganglienzelle wird von Licht im Zentrum ihres rezeptiven Feldes erregt, weil sie einen direkten synaptischen Input von ON-Bipolarzellen erhält. Sie wird von Licht auf die Peripherie ihres rezeptiven Feldes gehemmt, da Horizontalzellen, die Inputs aus umliegenden Photorezeptoren erhalten, die ON-Bipolarzelle auf dem direkten Weg von den Rezeptoren zur Ganglienzelle hemmen.

Die Antworten der ON- und OFF-Bipolarzellen hängen davon ab, wie diese Zellen auf den Neurotransmitter reagieren, der von den Photorezeptorzellen freigesetzt wird und wie sie auf den Neurotransmitter reagieren, der von den Horizontalzellen ausgeschüttet wird. Bei Dunkelheit sind die ON-Bipolarzellen aufgrund des dauernd aus den teilweise depolarisierten Rezeptorzellen freigesetzten Transmitters **hyperpolarisiert**. Erfolgt durch Lichteinfall eine Hyperpolarisation der Photorezeptoren, sinkt die Transmitterausschüttung, und die ON-Bipolarzellen können depolarisieren. Diese Depolarisation verursacht die Ausschüttung eines erregenden Transmitters aus den ON-Bipolarzellen. Dieser Transmitter depolarisiert seinerseits die nachgeschalteten Ganglienzellen und erhöht deren AP-Frequenz (ON-

Antwort). Im Gegensatz dazu werden die OFF-Bipolarzellen, die eine andere Klasse postsynaptischer Kanäle und eine andere Ionenselektivität besitzen, durch die Freisetzung des Transmitters aus den Photorezeptoren im Dunkeln **depolarisiert**. Belichtung der Photorezeptoren und die damit einhergehende Abnahme in der Transmitterfreisetzung führt zu einer Hyperpolarisation. Diese Hyperpolarisation wird von einer Abnahme der Transmitterfreisetzung aus den OFF-Bipolarzellen und einer Hyperpolarisation der nachgeschalteten postsynaptischen Ganglienzellen begleitet, wodurch deren AP-Frequenz herabgesetzt wird (OFF-Antwort).

Zusammenfassend sei festgehalten, daß die Organisation der rezeptiven Felder in der Vertebratenretina auf drei grundlegenden Eigenschaften beruht:
1. Retinale Ganglienzellen erhalten Inputs von zwei Klassen von Bipolarzellen. Die Verbindungen erzeugen ON-Zentrum- bzw. OFF-Zentrum-Ganglienzellantworten.
2. Rezeptoren in der Peripherie eines rezeptiven Feldes üben ihre Effekte auf die zwei Klassen von Bipolarzellen über ein Netzwerk elektrotonisch miteinander verbundener Horizontalzellen aus.
3. Der direkte Input in die Bipolarzellen aus vorgeschalteten Rezeptorzellen und der indirekte Input in diese Zellen über das Netzwerk der Horizontalzellen hemmen sich gegenseitig. Diese gegenseitige Hemmung führt zu den kontrastreichen Zentrum-Peripherie-Effekten, die sowohl von den ON-Zentrum-Ganglienzellen als auch von den OFF-Zentrum-Ganglienzellen gezeigt werden.

Die Organisation der Retina zeigt außerdem mehrere allgemeine Organisationsprinzipien, die auch für andere Teile des ZNS von weitreichender Bedeutung sind:
1. Nervenzellen können auch elektrotonisch, ohne APs, Informationen übermitteln, wenn die zu überwindenden Entfernungen ausreichend kurz sind. Durch variable Depolarisationen können sogar mehr Informationen übermittelt werden, als dies mit Alles-oder-Nichts-Signalen möglich ist. Elektrotonische Signale werden mit zunehmender Entfernung schwächer, was die Reichweite von Effekten wie der lateralen Hemmung begrenzt.
2. Erregung bedeutet nicht notwendigerweise Depolarisation. Bei einigen Nervenzellen (z.B. den Photorezeptoren und einigen Horizontalzellen) ist die normale Antwort auf eine Reizung die Hyperpolarisation; diese verändert die synaptische Übertragung durch Reduktion der im nicht erregten Zustand gleichmäßig erfolgenden Transmitterfreisetzung.
3. Die postsynaptische Antwort eines Neurons läßt sich nicht aus dem Vorzeichen der Potentialänderung im präsynaptischen Neuron vorhersagen. Eine Zelle kann als Antwort auf eine Hyperpolarisation der präsynaptischen Zelle entweder depolarisiert oder hyperpolarisiert werden. Die postsynaptische Antwort hängt von den Ionenströmen ab, die in der postsynaptischen Zelle als Antwort auf die veränderte Transmitterfreisetzung aus dem präsynaptischen Neuron auftreten.

Informationsverarbeitung im visuellen Cortex

Was passiert nun mit einem Netzhautbild, nachdem es in der Retina in eine Reihe von rezeptiven Feldantworten transformiert worden ist? Physikalisch wird die Information über Axone zu visuellen Zentren im Gehirn transportiert. Die Details dieser Schaltwege variieren je nach Tierart. Bei Säugern und Vögeln teilen sich die Axone der Ganglienzellen am **Chiasma opticum** – der Stelle, an der einige Axone die Mittellinie des Gehirns kreuzen – auf die ipsilaterale (diesseitige) und kontralaterale (gegenüberliegende) Gehirnhälfte auf (Abb. 11.**25 B**). Bei niederen Vertebraten werden alle Fasern zur kontralateralen Seite geführt (Abb. 11.**25 A**). In gewisser Weise hängt das Ausmaß der Überkreuzung im Chiasma opticum davon ab, wie stark die Sehfelder der beiden Augen überlappen. Bei Arten, bei denen die Sehfelder beider Augen völlig getrennt sind, kreuzen alle Axone der retinalen Ganglienzellen zur anderen Gehirnseite. Bei Säugern bilden sie im **Corpus geniculatum laterale** (seitlicher Kniehöcker) des Thalamus synaptische Kontakte mit den Zellen vierter Ordnung; deren Axone sind mit corticalen Neuronen fünfter Ordnung im Cortex occipitalis (Abb. 11.**11**) in der Area 17 (dem **primären visuellen Cortex**) synaptisch verknüpft. Die Area 17 ist die erste Cortexregion, welche die visuellen Informationen erhält.

Das Muster synaptischer Beziehungen im lateralen Corpus geniculatum beruht auf Herkunft und Art der Information, die von den retinalen Ganglienzellen kommt und bildet einen weiteren Schritt in der Verarbeitung visueller Eingänge. Jeder laterale Geniculatum-Kern oder -Körper besteht aus sechs Zellschichten, die wie ein gefaltetes Sandwich übereinander gestapelt sind (Abb. 11.**30**). Die vier oberen Schichten enthalten Neurone mit kleinen Somata (**parvozelluläre Neurone**), die beiden unteren Schichten enthalten Neurone mit großen Zellkörpern (**magnozelluläre Neurone**). Die Eingänge in diese Neurone sind streng geordnet. Jeder laterale Geniculatum-Kern erhält Informationen nur aus einer Hälfte des Sehfeldes (d.h. einem der beiden in Abb. 11.**25 B** abgebildeten Felder), und die Zellen jeder Schicht erhalten Eingänge aus nur einer Retina. Jedes Neuron im lateralen Corpus geniculatum bekommt Informationen nur von einem Auge. Die Neurone einer Schicht erhalten alle Information vom selben Auge; die Schichten wechseln

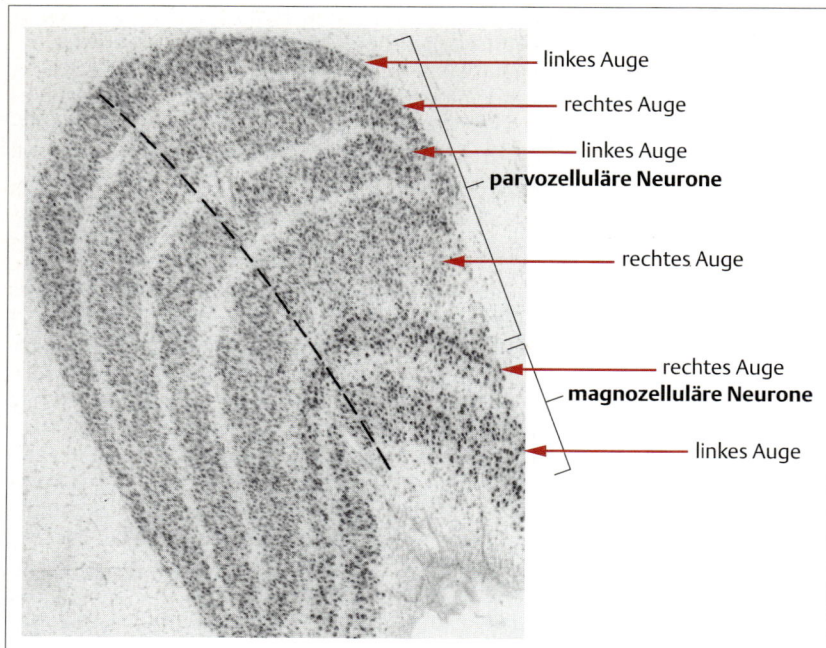

Abb. 11.30 Die Zellen im Nucleus geniculatum laterale der Säugetiere sind in Schichten angeordnet, die jeweils nur von einem Auge Informationen erhalten. Histologischer Schnitt durch das linke Geniculatum laterale eines Makaken: Die Schnittebene liegt parallel zur Ebene des Gesichts. Die parvozellulären Zellen der vier äußeren Schichten haben kleine Somata. Die Zellen in der tiefen Schicht sind magnozellulär. Im linken Geniculatum laterale erhalten alle Zellen Informationen aus dem rechten Gesichtsfeld. Darüber hinaus erhält die äußerste Schicht nur Information vom linken Auge, die nächste nur vom rechten, usw.; würde man eine Ableitelektrode von einer Schicht zur nächsten vorschieben, würde sich zeigen, daß alle Zellen entlang der gestrichelten Linie auf genau die gleiche Position im Sehfeld „gerichtet" sind, aber das Auge, von dem diese Information kommt, von Schicht zu Schicht alterniert (nach Hubel, 1995).

von einem Auge zum andern, wobei sich das Wechselmuster zwischen der vierten und fünften Schicht ändert (Abb. 11.30). Über allen Schichten bleibt die Topographie der entsprechenden Retinaoberfläche exakt erhalten; auch zwischen den Schichten deckt sie sich. Schiebt man eine Elektrode entlang der gestrichelten Linie in Abb. 11.30, so trifft man stets Zellen, die auf einen auf genau dieselbe Stelle des Sehfeldes gerichteten Lichtreiz reagieren. Die Erregung wird in Abhängigkeit von der Schicht, in welche die Elektrode eindringt, abwechselnd vom einen oder anderen Auge wahrgenommen.

Gibt es funktionelle Unterschiede zwischen den Schichten, die jeweils Informationen von nur einem Auge erhalten? Dies ist tatsächlich der Fall, denn die Zellen jeder Schicht reagieren auf bestimmte Eigenschaften eines Reizes, und die Antwort variiert von Schicht zu Schicht. Bei Affen reagieren z.B. die Zellen der vier dorsalen Schichten auf die Farbe eines Reizes, die Zellen der beiden unteren Schichten jedoch nicht. Die beiden unteren Schichten antworten auf Bewegungen, die oberen nicht. Diese räumliche Trennung der Antworten von Ganglienzellen zeigt ein weiteres Organisationsprinzip des Gehirns: Informationen über verschiedene Qualitäten eines Reizes werden auf parallele Bahnen aufgeteilt. Diese **Parallelverarbeitung von Informationen ist** gegenwärtig eines der zentralen Themen der Hirnforschung. Die rezeptiven Felder der Neurone im Geniculatum unterscheiden sich nicht wesentlich von denen der Retinaganglienzellen. Sie haben ebenfalls eine konzentrische Zentrum-Peripherie-Anordnung des ON-Zentrum- oder OFF-Zentrum-Typs.

Die schwierige Frage, wie denn die visuelle Welt auf der nächst höheren Projektionsebene, der Area 17, organisiert sei, wurde intensiv von David Hubel und Torsten Wiesel in den 60er Jahren bearbeitet. In Anerkennung ihrer großen Verdienste erhielten sie 1981 den Nobelpreis. Während Elektroden die Aktivität einzelner Neurone im Gehirn betäubter Katzen ableiteten, wurde ein einfacher Lichtreiz, ein Punkt, ein Balken oder eine Lichtkante, auf eine Leinwand projiziert, die das Gesichtsfeld der unbeweglichen Katze abdeckte (Abb. 11.31 A). Die Antworten der Cortexneurone wurden mit der Lage, der Form und der Bewegung der Silhouetten auf der Leinwand korreliert. Rückblickend muß man anmerken, daß Hubel und Wiesel sowie ihre Mitarbeiter zwei Entscheidungen bei ihrer Versuchsplanung trafen, die es ihnen erst ermöglichten, die Ordnung und Regelmäßigkeit in der enormen Komplexität des visuellen Cortex zu erkennen. Zum einen entschlossen sie sich, nicht nur einfach Punkte, sondern komplexere Reize zu wählen und fragten, welcher dieser Reize am effektivsten in der Auslösung einer neuronalen Antwort war. Zum anderen zeichneten sie bei jeder Einführung der Elektrode in das Gehirn die Aktivität vieler Zellen nacheinander auf; aus diesen Aktivitätsaufzeichnungen konnten sie Gemeinsamkeiten benachbarter Zellen und

Eigenschaften neuronaler Schaltkreise **481**

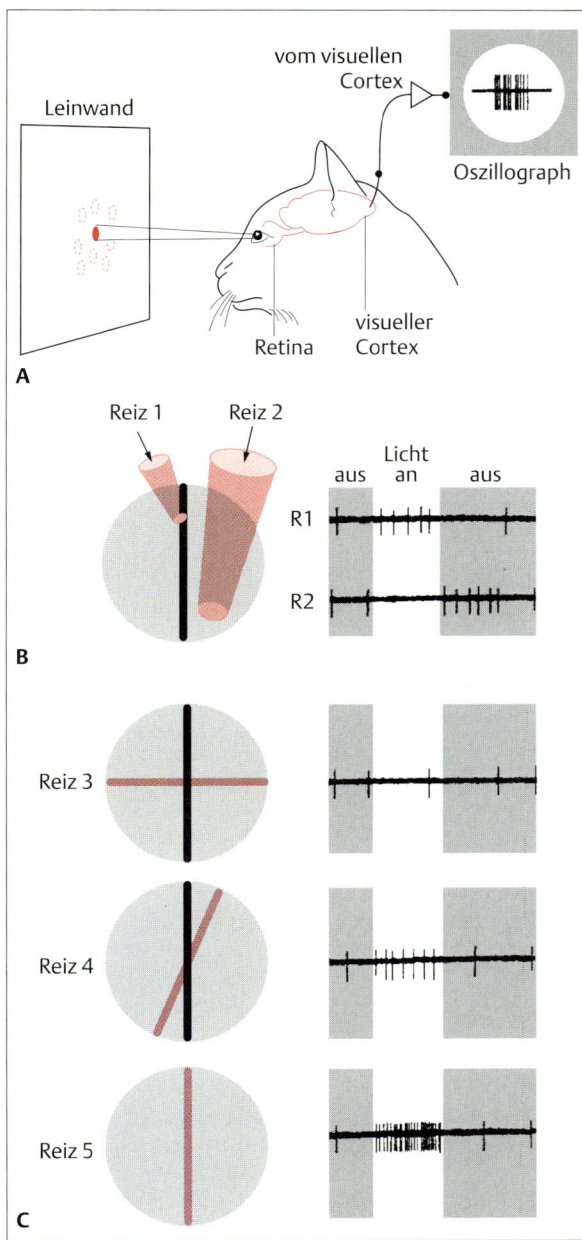

Abb. 11.31 Untersuchung der neuronalen Antworten im visuellen Cortex einer Katze. Neuronen der Area 17 einer Katze haben ganz andere rezeptive Felder als die der retinalen Ganglienzellen oder die Zellen im Geniculatum laterale. **A** Eine Elektrode wird durch den Cortex geschoben, während Lichtreize auf den Schirm projiziert werden. **B** Das rezeptive Feld der corticalen Einfachzelle ist balkenförmig. Fällt ein Lichtpunkt irgendwo auf den ON-Bereich dieses rezeptiven Feldes (Reiz 1), erfolgt eine schwache Erregung der Einfachzelle. Fällt der Lichtpunkt auf den Nachbarbereich des balkenförmigen ON-Bereichs (Reiz 2), wird die Bildung von APs in diesen tonisch aktivierten Zellen gehemmt. **C** Rotation eines Lichtbalkens (roter Balken) über das rezeptive Feld einer corticalen Einfachzelle führt zu einer maximalen Erregung der Zelle, wenn der Balken mit der ON-Region des rezeptiven Feldes (Reiz 5) völlig übereinstimmt, und führt – je nach Überlappungsgrad des Lichtbalkens mit dem ON-Bereich – bei anderer Orientierungslage zu einer teilweisen Erregung (z.B. Reiz 3 oder 4) (A nach Stent, 1972; B, C nach Hubel, 1963).

war, daß die Zellen des visuellen Cortex auf ganz andere Reizeigenschaften ansprechen als die retinalen Ganglienzellen. Cortexzellen reagieren am stärksten auf Balken in unterschiedlicher Raumorientierung. Im Cortex wurden zwei Klassen von Neuronen identifiziert und als **Komplexzellen** und **Einfachzellen** bezeichnet. Wie Hubel und Wiesel fanden, sind die Zellen jeder Klasse systematisch entsprechend der sie optimal erregenden Reize im visuellen Cortex angeordnet.

Die rezeptiven Felder der Einfachzellen sind lang und balkenförmig. Die ON-Region des Feldes wird – im Gegensatz zu den kreisförmigen Grenzlinien in der Retina und der Zellen im Corpus geniculatum – immer entlang einer geraden Grenze von der OFF-Region getrennt (Abb. 11.31 B). Wie bei den retinalen Ganglienzellen und den Zellen des Corpus geniculatum umfaßt das rezeptive Feld einer Einfachzelle einen bestimmten, genau festgelegten Teil der Retina und repräsentiert dadurch einen bestimmten Ausschnitt des gesamten Sehfeldes. Die rezeptiven Felder der Einfachzellen sind unterschiedlich: Bei einigen besitzt das rezeptive Feld eine balkenförmige ON-Region, die von einer OFF-Region umgeben wird. Andere haben eine balkenförmige OFF-Region mit einer umgebenden ON-Region. Wieder andere haben ein rezeptives Feld, bei dem eine geradlinige Kante die OFF-Region der einen Seite von der ON-Region der anderen Seite trennt.

Ein balkenförmiger Reiz löst bei einer Einfachzelle die maximale Antwort aus, wenn er vollständig deren rezeptives ON-Feld überlappt (Abb. 11.31 C). Wird der Balken gedreht, paßt er nicht mehr genau auf das rezeptive Feld und hat entweder keinen Einfluß auf die Spontanaktivität der Einfachzelle, oder er hemmt deren Aktivität. Wird der Lichtbalken so verschoben, daß er außerhalb der ON-Region liegt, wird die Zelle maximal ge-

deren Organisation im Gehirn erkennen. Diese Vorgehensweise erlaubte es ihnen, mehrere Ordnungsprinzipien in den neuronalen Verbindungen des visuellen Cortex zu erkennen. Ihre Entdeckungen lieferten auch Modellvorstellungen für die Erforschung anderer sensorischer Systeme.

Die wichtigste Entdeckung von Hubel und Wiesel

hemmt. Die Orientierung und die ON-OFF-Grenzen unterscheiden sich von Einfachzelle zu Einfachzelle; bewegt sich ein Lichtbalken horizontal oder vertikal über die Retina, aktiviert er nacheinander verschiedene Einfachzellen, so wie er nacheinander von einem rezeptiven Feld zum anderen wandert.

Was läßt Einfachzellen spezifisch auf gerade Kanten oder auf Grenzlinien mit genau festgelegter Orientierung und Lage reagieren, die auf die Retina projiziert werden? Hubel und Wiesel vermuteten – und neue Experimente haben es belegt – daß jede Einfachzelle, deren ON-Zentren linear auf der Retina angeordnet sind, exzitatorische Verschaltungen aus den Zellen des lateralen Corpus geniculatum lateralis erhält (Abb. 11.32 A). Einfachzellen mit rezeptiven Feldern vom Grenzlinientyp, die auf Lichtgrenzen und nicht auf Balken reagieren, erhalten vermutlich Inputs, wie sie in Abb. 11.32 B dargestellt sind. Eine Einfachzelle erhält demnach einen maximalen Input, wenn Licht auf alle Rezeptorzellen fällt, welche die ON-Zentrum-Felder der Ganglienzellen und die Geniculatumzellen auf dem Weg zu dieser Einfachzelle aktivieren. Jede zusätzliche Belichtung würde das hemmende Umfeld der Ganglienzellen treffen, was dazu führt, daß die Antwort der corticalen Zellen vermindert wird.

Komplexzellen bilden die nächste Abstraktionsstufe in der visuellen Informationsverarbeitung. Sie werden vermutlich von den Einfachzellen innerviert, so daß sie die Zellen der sechsten Ordnung innerhalb der Hierarchie der Informationsverarbeitung im visuellen System darstellen. Wie Einfachzellen antworten auch Komplexzellen am besten auf gerade Grenzen mit spezifischer Winkelorientierung auf der Retina. Im Gegensatz zu den Einfachzellen haben sie aber keine topographisch festgelegten rezeptiven Felder. Geeignete Reizmuster, die auf relativ große Flächenanteile der Retina fallen, sind alle gleich wirksam, wogegen sich eine generelle Belichtung des gesamten rezeptiven Areals (wie bei den Einfachzellen) als unwirksam erweist. Einige Komplexzellen antworten auf spezifisch orientierte Lichtbalken (Abb. 11.33 A); andere reagieren mit einer ON-Antwort, wenn Licht auf die eine Seite eines geraden Balkens fällt, bzw. mit einer OFF-Antwort, wenn sich das Licht auf der anderen Seite des Balkens befindet. Wieder andere Komplexzellen antworten optimal auf eine sich bewegende Lichtgrenze, die sich nur in eine Richtung bewegt (Abb. 11.33 B). Bewegung in die andere Richtung löst entweder überhaupt keine oder nur eine schwache Reaktion aus. Diese rezeptiven Felder können als Kombination von synaptischen Inputs aus Einfachzellen erklärt werden. Wenn sich eine Hell-Dunkel-Kante durch die rezeptiven Felder der Einfachzellen bewegt, die mit einer Komplexzelle synaptisch verschaltet sind, dann erregt jede Einfachzelle die in Frage kommende Kom-

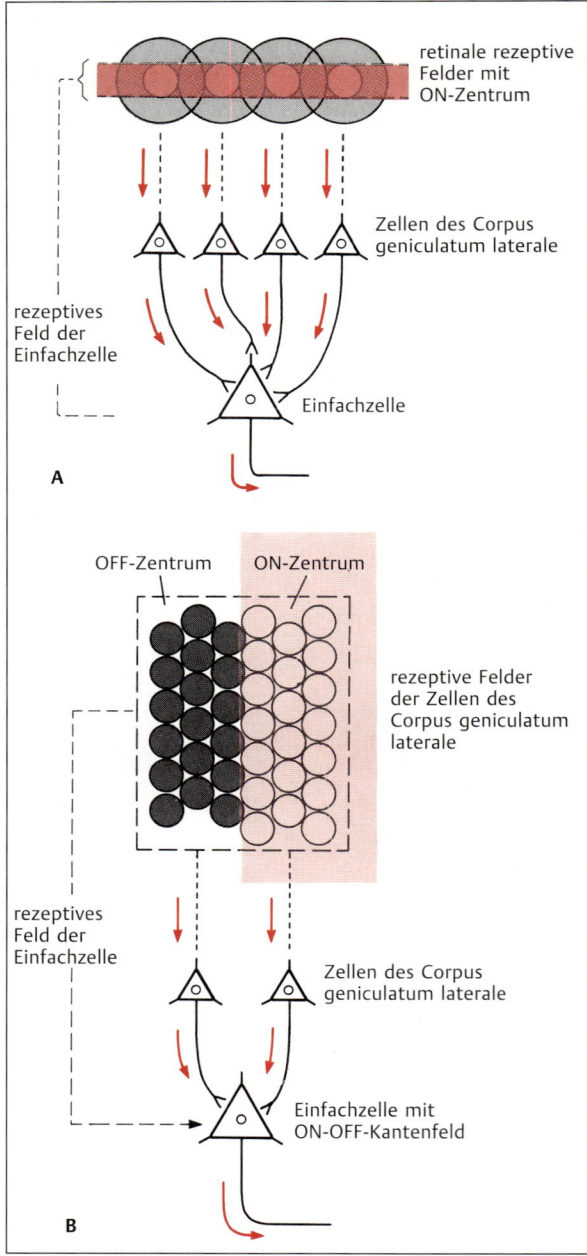

Abb. 11.32 Antworten von Einfachzellen im visuellen Cortex entstehen durch das Muster ihres synaptischen Inputs. A Das feststehende, balkenförmige rezeptive Feld einer Einfachzelle beruht vermutlich auf einer Konvergenzverschaltung der Outputs aus Ganglienzellen und Zellen des Corpus geniculatum laterale, deren zirkuläre ON-Zentrum rezeptive Felder, wie gezeigt, linear hintereinander angeordnet sind. **B** Die ON-OFF-Kante eines rezeptiven Feldes beruht auf der Konvergenz von OFF-Zentrum- und ON-Zentrum-Geniculatumzellen auf Einfachzellen.

Eigenschaften neuronaler Schaltkreise   483

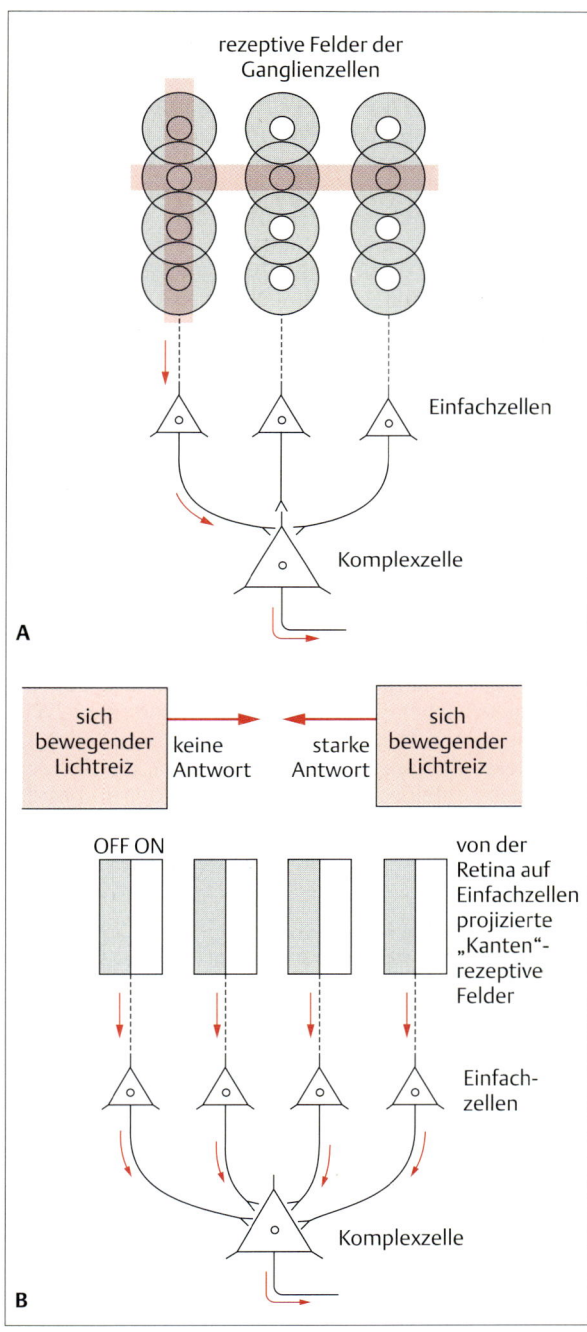

Abb. 11.33 Antworten von Komplexzellen könnten auf dem Inputmuster aus Einfachzellen beruhen. A Einige Komplexzellen antworten auf Lichtbalken mit spezifischer Winkelorientierung, die sich innerhalb eines großen rezeptiven Feldes befinden. Dieses Antwortmuster wird möglicherweise durch eine Konvergenzverschaltung vieler Einfachzellen erreicht, die ähnlich orientierte, balkenförmige rezeptive Felder haben. In diesem Beispiel stimuliert der vertikale Lichtbalken eine Einfachzelle zum Feuern, weil er auf eine Reihe rezeptiver Felder von Ganglienzellen fällt, die zusammen das balkenförmige rezeptive Feld einer Einfachzelle bilden. Würde der Balken nach rechts bewegt, würde er eine andere Einfachzelle erregen, deren Synapsen auf der gleichen Komplexzelle enden, und dadurch Aktivität in der Komplexzelle auslösen. Im Gegensatz dazu löst ein horizontaler Lichtbalken in Einfachzellen nur eine unterschwellige Erregung aus, und daher gelangt keine Information zur Komplexzelle. **B** Einige Komplexzellen reagieren nur auf Lichtkanten, wenn sie sich in eine bestimmte Richtung bewegen. Dieses Antwortmuster könnte auf einer Konvergenzverschaltung mehrerer Einfachzellen beruhen, die gegenüber Hell-Dunkel-Kanten mit derselben Orientierung sensitiv sind. Die Komplexzelle wird dann erregt, wenn die Kante sich so bewegt, daß sie die ON-Seite des rezeptiven Feldes der Einfachzelle vor der OFF-Seite belichtet. Eine Bewegung in umgekehrter Richtung bewirkt eine Hemmung.

plexzelle in der Folge, mit der die Hell-Dunkel-Kante nacheinander jede der ON-OFF-Grenzen in den rezeptiven Feldern der Einfachzellen durchwandert. Diese Anordnung könnte die Richtungsempfindlichkeit bei der Bewegung der ON-OFF-Grenze bewirken (Abb. 11.**33 B**). Bewegt sich die Lichtkante so, daß aufeinander folgende Einfachzellen nacheinander belichtet werden, dann wird eine nach der anderen erregt und erregt damit auch die Komplexzelle. Wird eine Einfachzelle durch die dunkle Seite der bewegten Lichtkante gehemmt, dann wird die nächste erregt. Im Gegensatz dazu werden bei Bewegung in anderer Richtung die einzelnen Einfachzellen nacheinander erst gehemmt und dann erregt, so daß jede Einfachzelle die Komplexzelle hemmt und dadurch der Erregung durch die helle Seite der Kante entgegenwirkt.

Die Eigenschaften einzelner corticaler Zellen lassen vermuten, daß sie Merkmale der visuellen Reize, wie etwa Kanten, abstrahieren und dadurch einen ersten Schritt bei der Analyse und Erkennung leisten. Die räumlichen Beziehungen zwischen Zellen des visuellen Cortex sind mit ihren funktionalen Eigenschaften korreliert. Wie bereits Hubel und Wiesel entdeckten, reagieren benachbarte Zellen auf ähnliche Merkmale eines Reizes. Bei ihren systematischen Analysen des visuellen Cortex führten Hubel und Wiesel Elektroden im rechten Winkel zur Cortexoberfläche ein und registrierten die Antworten der Zellen entlang des Elektrodenweges. Sie fanden, daß die Zellen entlang einer solchen „Stichstraße" auf Lichtbalken gleicher Orientierung reagieren. Bewegten sie die Elektrode zur Seite und stachen wieder ein, fanden sie eine Säule von Zellen, die auf eine andere Orientierung des Reizes als die zuerst untersuchte Nachbarsäule optimal ansprachen. Eine solche vertikale

Zellgruppe wird als **Cortexsäule** bezeichnet. Führt man dagegen die Elektrode auf einem Weg parallel zur Cortexoberfläche, dann findet man einen erstaunlich regelmäßigen Wechsel in der optimalen Ausrichtung des Reizes, wobei die bevorzugte Orientierung etwa alle 50 µm um ungefähr 10° wechselt. Dieses Ergebnis läßt vermuten, daß die Zellen des visuellen Cortex in Säulen angeordnet sind, entsprechend eines bestimmten Merkmals ihres optimalen Reizes, und daß sich diese Unterschiede in geordneter Weise über den Cortex ändern (Abb. 11.34A).

Die säulenartige Anordnung von Zellen mit vergleichbaren Antworteigenschaften wurde schon früher beim somatosensorischen Cortex erkannt, wo benachbarte Säulen auf Berührung oder die Abwinkelung eines bestimmten Gelenks reagieren. Die geordnete Form der **Orientierungssäulen** (deren Zellen auf Lichtbalken gleicher Orientierung reagieren) war die zuerst erkannte funktionell bedingte räumliche Anordnung von Zellen im visuellen Cortex. Als nächstes entdeckte man eine Unterteilung, die sich auf das Auge bezog, von dem das visuelle Signal ausging. Hubel und seine Mitarbeiter injizierten in ein Auge ein radioaktiv markiertes Tracermolekül, das durch den axoplasmatischen Transport zum visuellen Cortex gelangte. Dort fanden die Forscher auf der Rindenoberfläche das Projektionsmuster des jeweiligen Auges. Diese Experimente enthüllten ein zweites Säulensystem, bei dem abwechselnde Säulen einmal das eine und dann wieder das andere Auge repräsentieren (Abb. 11.34B, Box 11.3). Die Verteilung dieser sog. **okularen Dominanz-Säulen** über die Cortexoberfläche zeigt Abb. 11.34C.

Diese Experimente verdeutlichten, daß der visuelle Cortex in kleine funktionelle Einheiten unterteilt ist, die den Reiz analysieren, d.h. in verschiedene Bestandteile zerlegen und diese abstrahieren, bevor sie ihn zur weiteren Analyse auf die nächst höhere Stufe weitergeben. Diese modulare Organisation ist auf eine grundlegende, den Raum repräsentierende Karte aufgelagert, welche durch die Schichten der visuellen Zellen hindurchreicht. Um die Natur der räumlichen Karte auf Cortexebene zu verstehen, führte man Experimente mit radioaktiven Markierungstechniken durch, die das Gesichtsfeld direkt auf den Cortex abbilden sollten (Abb. 11.35). Eine dieser Techniken verwendet radioaktive 2-Desoxyglucose (2-DG). Aktive Neurone nehmen mehr 2-DG auf als ruhende Neurone. So wurde 2-DG einem betäubten Affen injiziert; anschließend projizierte man ein komplexes Muster auf die Retina. Die Erwartung war, daß die durch die Reizung aktivierten Cortexneurone eine höhere Radioaktivität aufweisen als ihre inaktiven Nachbarn. Das Radioaktivitätsmuster, das man im visuellen Cortex fand, zeigte, daß das Muster – obwohl die zweidimensionale Retina-Oberfläche vollständig auf der Cortexoberfläche repräsentiert war – keine exakte Wiedergabe der räumlichen Reizmuster auf der Retina ist. Statt dessen waren Regionen der Retina, die das Zentrum des Sehfeldes (Fovea) darstellen, gegenüber der

---

Box 11.3 Spezifität neuronaler Verbindungen und Interaktionen

Man beachte in Abb. 11.25B, daß diejenige Bildhälfte, die auf den temporalen (dem Ohr zugewandten) Teil der einen Retina fällt, auf die nasale Seite der anderen Retina fällt und umgekehrt. Beim Menschen senden die Ganglienzellen auf der rechten Seite jeder Retina ihre Axone zur rechten Gehirnseite; jene auf der linken Seite senden ihre Axone zur linken Gehirnseite. Daraus ergibt sich, daß die rechte Gehirnseite die linke Hälfte des Gesichtsfeldes und die linke Gehirnseite die rechte Hälfte „sieht".

David Hubel und Torsten Wiesel fanden bei ihren Untersuchungen über die visuelle Verarbeitung im Gehirn, daß einige einzelne Zellen des rechten und linken visuellen Cortex rezeptive Felder in beiden Retinae haben. Diese Felder sind so angeordnet, daß sie optisch zur Deckung kommen. Das heißt, corticale Zellen erhalten von beiden Retinae Inputs, die von entsprechenden Bildteilen stammen. Dies wiederum bedeutet, daß diese corticalen Zellen extrem genaue neuronale Projektionen von Ganglienzellen erhalten, die denselben Teil des Gesichtsfeldes „sehen", jedoch in beiden Retinae liegen. Diese Ergebnisse bestätigen die bereits vor einem Jahrhundert von J. Müller geäußerte Vermutung, daß Informationen, die aus analogen Rezeptoren (z.B. jede, die denselben Teil des Gesichtsfeldes „sehen") der rechten und linken Retina stammen, auf spezifische Neuronen im Gehirn konvergieren. Ein derart hohes Maß an morphologischer Spezifität steht in direktem Gegensatz zu der Vorstellung, daß die Aktivität des Nervensystems diffus organisiert ist und daß für die Kodierung neuronaler Nachrichten eher das Muster der elektrischen Aktivität von Bedeutung ist und nicht die präzise Verschaltung der Neurone.

Die Anordnung der Neurone im visuellen Cortex weist einen bemerkenswert hohen Ordnungsgrad auf. Wird eine Ableitelektrode allmählich in den Cortex eingeführt – senkrecht zu seiner Oberfläche – und passiert nacheinander aufeinanderfolgende Einfachzellen, so wird deutlich, daß jede Zelle jeder vertikalen Kolumne retinale rezeptive Feder mit derselben Orientierung besitzt die aber entlang der Retinaoberfläche fortlaufend versetzt angeordnet sind. Jene Zellen, welche die daran anschließende vertikale Säule bilden, besitzen rezeptive Felder, deren Winkelorientierung nur wenig von denen der ersten Kolumne differieren (s. Abb. 11.34A).

Dies ist ein Beispiel für die Ordnung der ungeheuer großen Anzahl von Verschaltungen im ZNS. Eines der Hauptprobleme der modernen Neurobiologie liegt darin, herauszufinden, wie die Verschaltungen während der Entwicklung des Nervensystems mit solch hoher Spezifität und Präzision entstehen.

Eigenschaften neuronaler Schaltkreise **485**

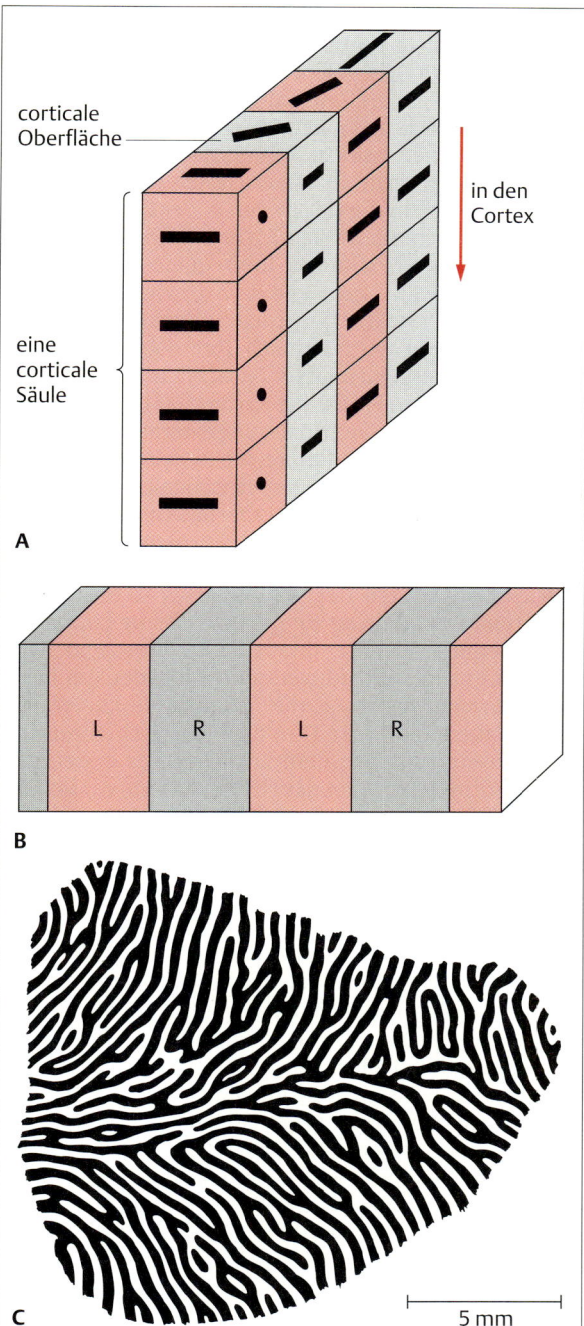

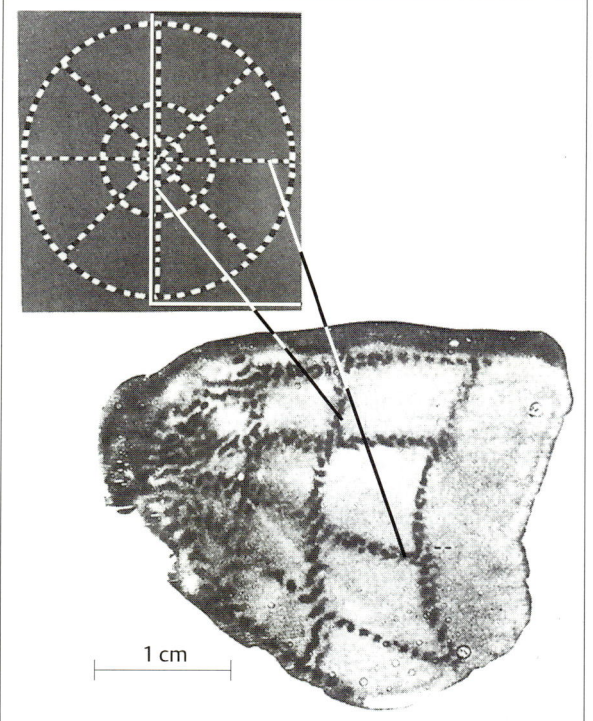

Abb. 11.34 Orientierungssäulen. Neurone im visuellen Cortex sind in Säulen rechtwinklig zur Cortexoberfläche angeordnet. **A** Organisation der Zellsäulen, die auf die Orientierung der Reize ansprechen. Säulen sind Gruppen von Zellen, für welche die optimale Orientierung des Reizes jeweils gleich ist. Zellen in benachbarten Säulen haben unterschiedliche optimale Reizorientierungen, die systematisch von Säule zu Säule wechseln. **B** Das Auge, das corticale Neurone reizt, alterniert zwischen benachbarten Säulen. Rote Säulen werden vom linken, graue vom rechten Auge erregt. **C** Simon LeVays Rekonstruktion der okularen Dominanzsäulen in einem Teil der Area 17 (nach Hubel, 1995).

Abb. 11.35 Die Oberfläche des visuellen Cortex repräsentiert den sichtbaren Raum in etwas verzerrter Form. Der zielscheibenförmige optische Reiz mit radialen Linien wurde für 45 Minuten auf das Gesichtsfeld eines narkotisierten Makaken gerichtet, nachdem ihm zuvor radioaktiv markierte 2-Desoxyglucose injiziert worden war. Ein Auge war verschlossen. Danach wurde das Tier getötet, der Cortex entfernt, flach ausgebreitet, gefroren und geschnitten. Das untere Bild zeigt einen Schnitt parallel zur Cortexoberfläche. Die nahezu vertikalen Markierungslinien stellen die gebogenen Linien des Reizes dar; die horizontalen Markierungslinien bilden die radialen Linien im Gesichtsfeld des rechten Auges ab. Die Linien sind unterbrochen, weil nur ein Auge gereizt wurde. Dieses gepunktete Muster zeigt die okularen Dominanzsäulen (nach Tootell u. Mitarb., 1982).

Peripherie stark vergrößert. Dieses Muster entspricht der unterschiedlichen Sehschärfe der verschiedenen Retinabereiche, wie auch den Unterschieden in der Konvergenz der primären Photorezeptoren auf nachfolgende Neuronenschichten. Diese Verzerrung der Karte ist charakteristisch für alle Tiere mit gut entwickelten visuellen Systemen; sie entspricht den spezifischen Anforderungen, welche sich aus der Lebensweise eines Tieres ergeben: Kaninchen, die in weiten, offenen Ebenen leben, haben horizontal verlängerte Regionen, die **retinalen Streifen**, welche die größte Zahl der Photorezeptoren und die geringste Konvergenz besitzen, um Reize entlang des visuellen Horizonts hochauflösend empfangen zu können.

Nach der Reizanalyse müssen alle Ebenen der Cortexorganisation wieder kombiniert werden, um die nächste Gruppe von Cortexzellen mit einem vollständigen Bild der visuellen Reize zu versorgen. Wie diese Synthese erfolgt, ist Gegenstand intensiver Forschung. Es erscheint z.B. möglich, daß einige visuelle Neurone höherer Ordnung nur aktiv werden, wenn ein ganz bestimmtes Objekt (z.B. ein Gesicht) in ihr rezeptives Feld gelangt.

Der visuelle Cortex lehrt uns einiges über die Organisationsprinzipien sensorischer Netzwerke:

1. Das visuelle System ist hierarchisch organisiert. Auf jeder Ebene benötigen die Zellen komplexe Reize, um optimal erregt zu werden. Diese Komplexität entsteht durch Konvergenz von Zellen mit einfacheren rezeptiven Feldern auf solche mit komplizierten rezeptiven Feldern.
2. Obwohl das Prinzip der Konvergenz in diesem Schema überwiegt, erfordert die parallele Auswertung von bestimmten Merkmalen gleichzeitig die Divergenz von Information. Die gleichzeitige Analyse verschiedener Merkmale eines Reizes entlang paralleler Bahnen scheint ein wichtiges Prinzip der funktionellen Organisation zu sein.
3. Die Aktivität corticaler Neurone in Area 17 führt zur Abstraktion visueller Reize.
4. Der visuelle Cortex empfängt keine einfache 1:1-Projektion von der Retina – weder räumlich noch zeitlich. Vielmehr werden einige Regionen des Gesichtsfeldes in ihrer corticalen Repräsentation dramatisch ausgedehnt, andere dagegen zusammengedrängt.

Die auditorische Karte im Eulengehirn

Die Sinnesinformation trifft auf ihrem Weg durch die verschiedenen Ebenen des Gehirns auf viele retinotope und somatotopische Karten. Wir können diese Karten erkennen, da sie – auch wenn sie verzerrt sind – die räumliche Anordnung der Objekte so wiedergeben, wie sie in der Umwelt angeordnet sind. Die zweidimensionale Anordnung der Zellen auf der Retina liefert eine zweidimensionale Karte der Umwelt; die räumlichen Beziehungen der Umwelt werden auch bei der Projektion des Bildes auf die Zellen des lateralen Geniculatum und in den Cortex beibehalten. Wie solche zentralnervösen Karten bei anderen Sinnessystemen konstruiert sind, ist häufig nicht so offensichtlich. Beispielsweise sind im Hörsystem die Haarzellen in der Cochlea so angeordnet, daß ihre jeweilige Position mit der Empfindlichkeit für eine bestimmte Tonfrequenz korreliert ist (s. Kap. 7). Würde die räumliche Anordnung dieser Haarzellen bei der Projektion ihrer Axone zum Gehirn beibehalten, so hätten wir eine nach Tonfrequenzen aufgebaute **tonotope Gehirnkarte**. Tatsächlich gibt es in einigen Gehirnregionen tonotope Karten. Es ist jedoch nicht ersichtlich, welchen Informationsgewinn ein Tier über seine Umwelt erhalten könnte, wenn es Töne nach Frequenzen sortieren würde. Der Menschen kann eine Tonquelle im Raum lokalisieren, aber allein die Frequenz des Tones zu erkennen, hilft bei der Lösung dieses Problems nicht.

Wie lokalisiert ein Tier Geräusche im Raum? Die Information, wo sich eine Tonquelle in Bezug zum Empfänger befindet, ist in der Intensität des Tones und in der Zeitdifferenz kodiert, die verstreicht, bis der Ton beide Ohren erreicht hat. Liegt die Tonquelle links, erreicht der Ton zuerst das linke Ohr, dann das rechte. Aus der Zeitdifferenz zwischen dem Erreichen des ersten und zweiten Ohres errechnet das Nervensystem, wo sich die Tonquelle befindet. Um dieses Phänomen näher zu verstehen, untersuchten Eric Knudsen und Mark Konishi Schleiereulen. Diese Vogelart ist besonders auf ihre Fähigkeit angewiesen, Geräuschquellen auch bei völliger Dunkelheit zu lokalisieren.

Schleiereulen haben einige Eigenschaften, die sie zu exzellenten Studienobjekten zur Aufklärung der neuronalen Grundlagen der Tonlokalisation prädestinieren. Bei Licht setzen sie zum Jagen ihren Seh- und Hörsinn ein. Sie sind aber auch fähig, bei völliger Dunkelheit Mäuse zu fangen, indem sie nur auf die von den Mäusen verursachten Geräusche hören (Abb. 11.**36**). Da eine Eule ihre Augen nicht bewegen kann, muß sie ihren ganzen Kopf drehen, wenn sie sich einem hörbaren oder sichtbaren Objekt zuwendet. Diese Orientierungsreaktion ist sehr genau. Eulen können ihren Kopf auf eine Geräuschquelle mit einer Genauigkeit von 1–2 Grad ausrichten und zwar sowohl im **Azimuth** (laterale Entfernung von einem Punkt, der sich genau vor dem Eulenkopf befindet) als auch in der **Elevation** (Höhenrichtung bzw. vertikale Entfernung von einem Punkt, der sich genau vor dem Kopf befindet).

Um die Orientierungsfähigkeit einer Eule zu ermitteln, setzte man sie auf eine Sitzstange; ein Lautsprecher, der auf einer kugelförmigen Bahn mit festem Ab-

Abb. 11.36 Beutefang der Schleiereule. Diese Bilder stammen aus einem Film, der mit für die Eule nicht sichtbarer Infrarotbeleuchtung aufgenommen wurde. Die Eule fing die Maus in völliger Dunkelheit (Foto: M. Konishi).

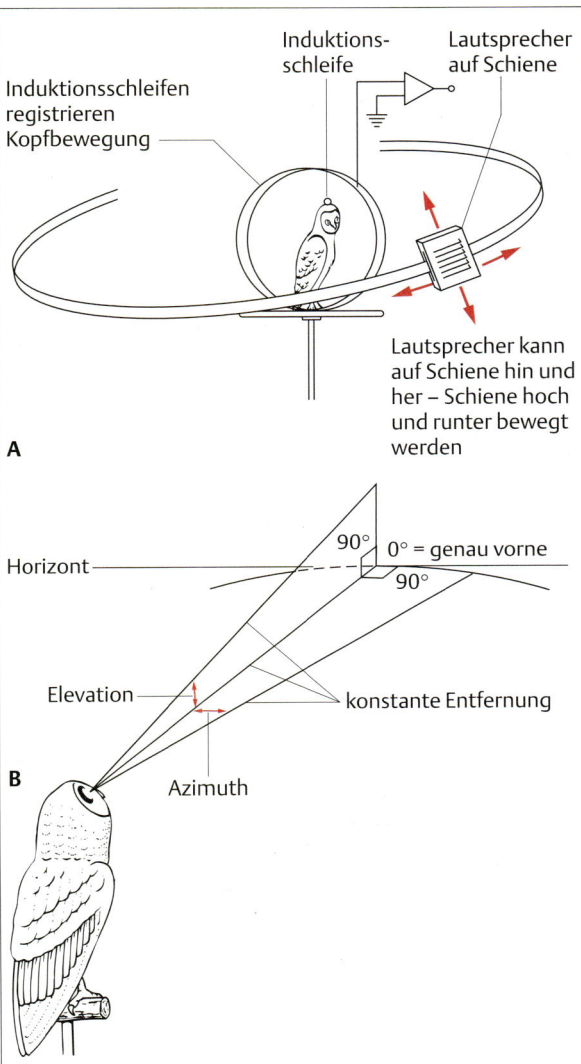

Abb. 11.37 Eulen bewegen den Kopf, um sich zu einem Geräusch hin zu orientieren. Dieses Verhalten ist leicht zu beobachten. **A** Versuchsaufbau, um die Ortungsfähigkeit der Eule zu einer Geräuschquelle zu untersuchen. Der Lautsprecher kann auf einer kugelförmigen Bahn rund um den Kopf der Eule bewegt werden, wobei die Entfernung des Eulenkopfs zum Lautsprecher immer gleich bleibt. **B** Koordinatensystem zur Bestimmung einer Geräuschquelle. Die Elevation gibt den Winkel entlang der Vertikalachse an, der Azimuth den Winkel auf der Horizontalebene (nach Knudsen, 1981).

stand zum Vogel bewegt wurde, sandte Töne aus (Abb. 11.37 A). Sobald sich die Eule einem Ton zuwandte, wurde die Orientierung zu diesem Ton gemessen und in Grad der Elevations- und Azimuthauslenkung angegeben (Abb. 11.37 B). Wie genaue Verhaltensbeobachtungen erkennen ließen, verwendet die Eule zwei Reizqualitäten: Die Intensität der Töne wird zur Elevationsmessung, ihre jeweiligen Ankunftszeiten an beiden Ohren zur Azimuthbestimmung der Tonquelle benutzt.

Um die Rolle der Reizintensitäten zu bestimmen, wurde entweder das rechte oder das linke Ohr mit einem Stöpsel verschlossen, der die Intensität des Tones stark oder schwach dämpfte. Die Ergebnisse zeigten, daß die Eule ihren Kopf falsch einstellt, wenn eines der Ohren verstopft ist (Abb. 11.38 A). Ist das rechte Ohr verstopft, orientiert sich die Eule so, als ob die Tonquelle nach unten und leicht nach links verschoben wäre; ist das linke Ohr verstopft, orientiert sie sich zu hoch und als ob die Tonquelle leicht nach rechts verschoben wäre. Anders gesagt: Ist der Ton im rechten Ohr lauter, scheint er für die Eule von oben zu kommen. Ist er links lauter, scheint er von unten zu kommen. Die leichte Azimuthverschiebung läßt vermuten, daß ein kleiner Teil der In-

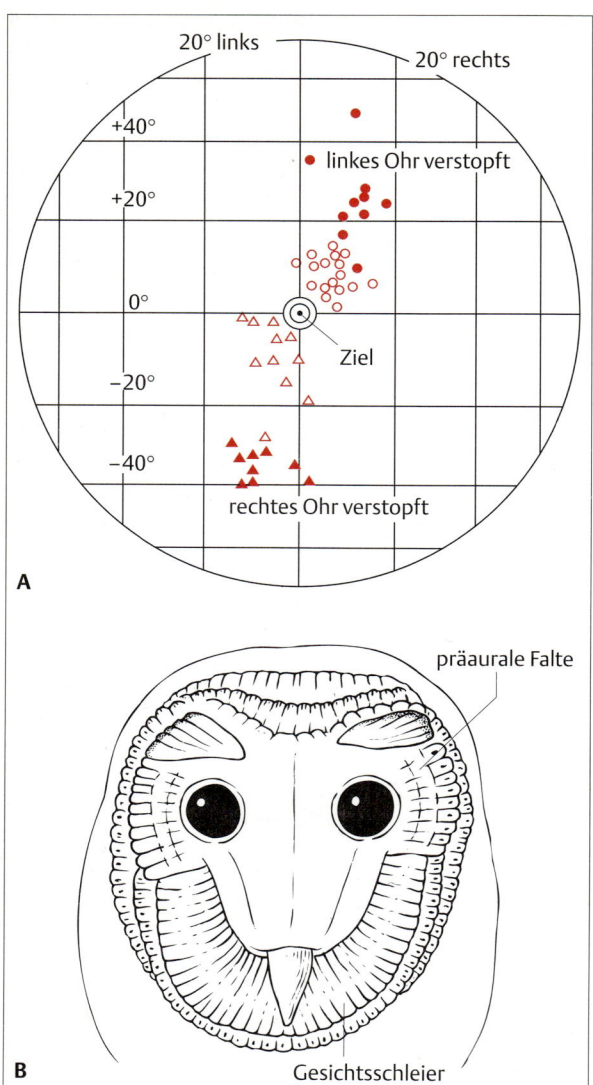

Abb. 11.38 Wenn man ein Ohr der Eule verstopft, irrt sie sich bei der Lokalisation eines Geräusches. A Ein Geräusch wurde direkt vor der Eule präsentiert, die entweder Stöpsel mit hoher Schalldämpfung (geschlossene Symbole) oder geringer Dämpfung (offene Symbole) in einem Ohr hatte. Wenn das linke Ohr verstopft war (Kreise), schätzte die Eule die Geräuschquelle zu hoch ein; war das rechte Ohr verstopft (Dreiecke), schätzte sie die Lokalisation der Geräuschquelle zu tief ein. **B** Gesichtsschleier mit eingezeichneter Asymmetrie. Die rechte Ohröffnung zeigt leicht nach oben, die linke leicht nach unten. Dieser kleine Unterschied wird durch die Anordnung der Federn im Gesichtsschleier verstärkt (nach Knudsen, 1981).

formation über die horizontale Lokalisation aus der Intensität gewonnen werden kann, aber die Intensität allein kann diese Orientierungsreaktion nicht erklären.

Wie können Intensitätsunterschiede zwischen den Ohren die Bestimmung der Elevation einer Tonquelle ermöglichen? Die Antwort liegt – zumindest in Ansätzen – in der Anatomie. Die Region rund um die Ohröffnungen wird von steifen Federn, dem Gesichtsschleier bzw. dessen herzförmigem Rand umgeben. Diese leiten einen Ton genauso effektiv in die Hörkanäle hinein wie die fleischigen Ohrmuscheln des Säugerohres. Werden diese Federn entfernt, erkennt man die asymmetrische Anordnung der äußeren Ohröffnungen der Eule. Die Öffnung des rechten Ohres zeigt nach oben, die des linken nach unten. Diese Anordnung könnte die Voraussetzung für die Elevationsschätzung aus Intensitätsunterschieden schaffen. Wie wichtig der Schleierrand ist, sah man nach Entfernung der Federn: Die Eule konnte die Elevation der Schallquelle nicht mehr orten. Die Orientierung entlang der horizontalen Achse war mit und ohne Gesichtsschleier unverändert exakt. Der Schleierrand verstärkt demnach die Richtungsasymmetrie der Ohren und ist für die Wahrnehmung von Unterschieden in der Elevation zwischen Schallquellen wichtig.

Wie ortet eine Eule Geräusche entlang der Horizontal- oder Azimuthebene? Aus Verhaltensexperimenten war bekannt, daß Unterschiede in der Ankunftszeit der Töne an den beiden Ohren für die Lokalisation der Tonquelle wichtig sind. Jedoch könnte der entscheidende Punkt entweder ein Unterschied im Beginn (oder dem Ende) des Tones oder eine kontinuierliche Verschiebung während eines andauernden Tones sein (Abb. 11.39). Trifft ein Ton mit gewisser zeitlicher Differenz nacheinander an den beiden Ohren ein, wird das der Tonquelle näher liegende Ohr das Signal zuerst erhalten. Zeitliche Verschiebungen zwischen Signalen können aber auch auftreten, während die Signale andauern und von beiden Ohren empfangen werden. So wie der Beginn eines Tones nacheinander von den Ohren empfangen wird, können auch andere Eigenschaften des Tones die Ohren zu unterschiedlichen Zeiten erreichen. Diese unterschiedlichen Eigenschaften wurden unabhängig voneinander variiert und untersucht, indem man kleine Lautsprecher in die Eulenohren einsetzte. Als Antwort auf Töne, die beide Ohren mit einer konstant bleibenden Zeitversetzung erreichten, führte die Eule keine korrekten Kopfbewegungen aus. Als Antwort auf Töne, die beide Ohren mit einer konstanten Zeitversetzung (10–80 μs) erreichten, führte die Eule dagegen schnelle und exakte Orientierungsbewegungen mit dem Kopf zu dem Punkt im Azimuth aus, welcher der jeweiligen Zeitdifferenz entsprach (Abb. 11.39B). Eulen können sich demnach mit bemerkenswerter Genauigkeit auf Geräusch-

Eigenschaften neuronaler Schaltkreise

quellen im Raum hin orientieren. Die Elevation wird durch Intensitätsunterschiede der Töne zum Zeitpunkt der Ankunft an beiden Ohren bestimmt, der Azimuth durch die zeitlichen Verschiebungen, mit denen Geräuschmuster an beiden Ohren eintreffen.

Wie ist nun die Information über die räumliche Lage eines Geräusches im Nervensystem repräsentiert? Die Ohren können dem Gehirn kein Abbild der Umwelt liefern. Um die Elevation einer Geräuschquelle zu erfassen, muß die Eule die Intensitätsunterschiede zwischen beiden Ohren verrechnen. Weiterhin bewertet sie die andauernde zeitliche Verschiebung der Geräusche, die an den beiden Ohren eintreffen, um die Lage in der Azimuthebene zu bestimmen. Knudsen und Konishi entdeckten in den späten 70er Jahren, wo und wie diese Verrechnungen erfolgen und wie das Ergebnis im Gehirn repräsentiert wird.

Die beiden Forscher fanden in einem Kern des Mittelhirns der Eule raumspezifische Neurone. Jede dieser Zellen reagiert am besten auf einen Ton, der an einer bestimmten Stelle im Raum erzeugt wird. Jede Zelle hat ein rezeptives Feld mit ON-Zentrum- und OFF-Peripherie-Organisation, ähnlich der, wie sie von den Ganglienzellen der Retina bereits bekannt war (Abb. 11.**40 A**). Töne, die im Zentrum des rezeptiven Feldes (durchschnittlicher Durchmesser etwa 25 Grad) entstehen, erregen die Zelle; Töne, die in der Peripherie des rezeptiven Feldes entstehen, hemmen sie dagegen. Die Neurone sind im Kern so angeordnet, daß sie eine räumliche Karte bilden (Abb. 11.**40 B**), analog der retinotopen Karte aus der Retina und der somatotopischen Karte der Körperoberfläche. Zellen an jedem Punkt der Oberfläche des Kerns feuern APs als Antwort auf Töne, die an einer bestimmten Stelle im Raum entstehen. Benachbarte Neurone reagieren auf Reize, die auch im Raum benachbart sind.

Ein weiteres gemeinsames Merkmal dieser und anderen Gehirnkarten ist die Tatsache, daß die rezeptiven Felder der Zellen, die Informationen von direkt vor dem Tier liegenden Reizquellen erhalten, kleiner sind als diejenigen solcher Zellen, die Informationen von den Seiten erhalten. Der Raum, der sich direkt vor dem Tier befindet, projiziert auf einen größeren Bereich des Kerns und ist daher im Vergleich zu den seitlichen Regionen vergrößert. Diese Repräsentation erinnert an die übermäßig große Darstellung der Fovea im visuellen Cortex, oder der Repräsentation von Gesicht und Händen auf dem somatosensorischen Cortex. Bei der Schleiereule handelt es sich bei dem Kern, auf dem diese räumlichen Felder erkannt wurden, um den **Nucleus mesencephalicus lateralis dorsalis** (NMLD). Der NMLD der Vögel ist dem **Colliculus inferior** der Säuger homolog. (Der Colliculus inferior ist ein wichtiges Hörzentrum, das direkt unter dem Colliculus superior liegt, der Struktur im Säugergehirn, die dem **Tectum opticum** homolog ist.) Der

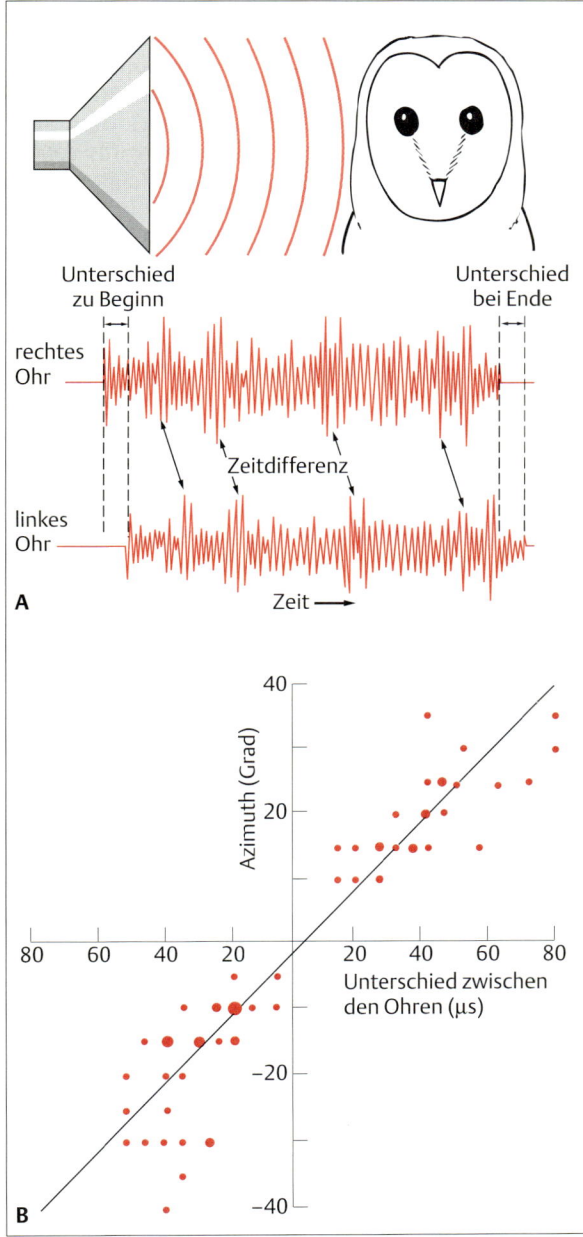

Abb. 11.39 Eulen bestimmen die Azimuthposition einer Geräuschquelle aus der Laufzeitdifferenz zwischen dem Eintreffen andauernder Töne an beiden Ohren. A Eine Laufzeitdifferenz ist dann vorhanden, wenn der Ton ein Ohr vor dem andern erreicht. Eine andauernde Ungleichheit bezieht sich auf eine fortwährende Laufzeitdifferenz in den von beiden Ohren aufgefangenen Schallwellen. **B** Eulen nutzen die andauernde Laufzeitdifferenz zwischen den an beiden Ohren eintreffenden Schallwellen, um ein Signal exakt zu orten. Die lineare Beziehung zwischen Azimuth und andauernder Ungleichheit läßt vermuten, daß die Laufzeitdifferenz der entscheidende Hinweis ist (nach Knudsen, 1981).

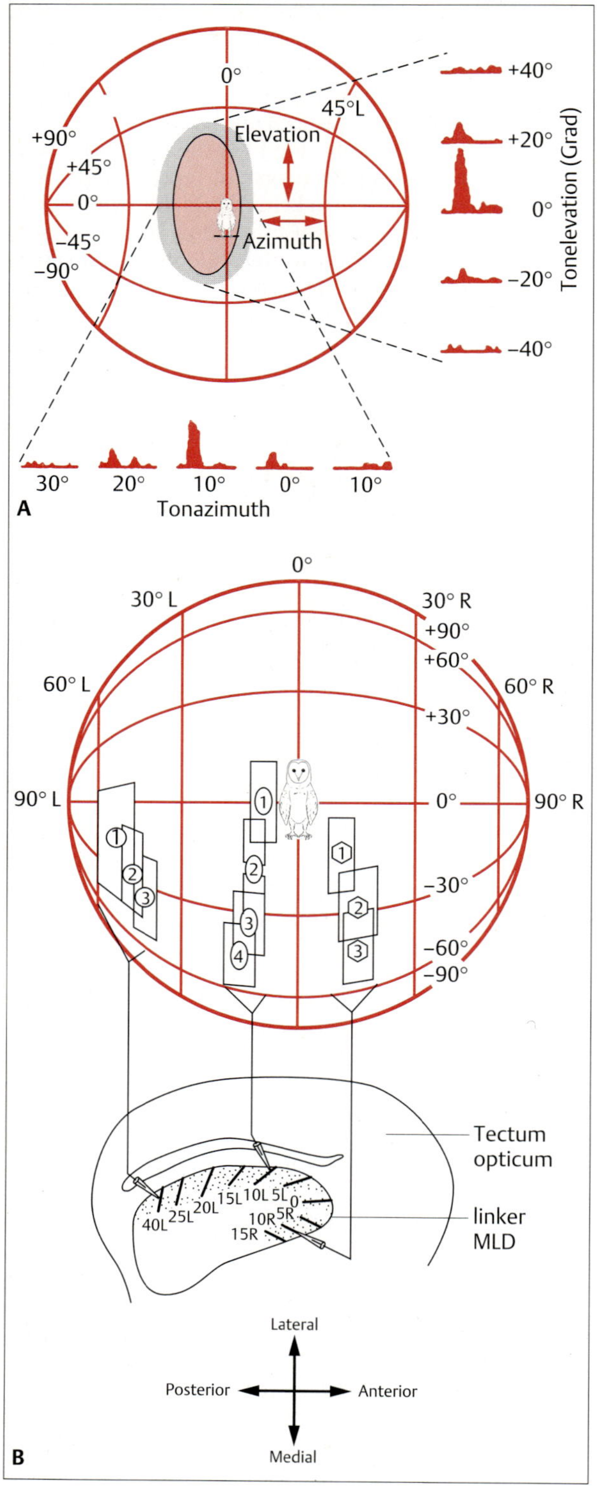

NMLD gibt die Karte der im Raum lokalisierten Geräuschquellen an höhere Zentren weiter. Unterschiede zwischen den Signalen werden von Neuronen in Kerngebieten, die unter dem NMLD im Mittelhirn liegen, erfaßt. Diese Neurone, als **Koinzidenzdetektoren** bezeichnet, erhalten Inputs von beiden Ohren. Ihre Aktivität richtet sich danach, ob die Signale aus den beiden Ohren simultan oder nacheinander eintreffen. Die Mechanismen, mit denen Unterschiede in der Lautintensität im Eulengehirn verrechnet werden, sind derzeit noch Gegenstand der Forschung.

Die Karte des akustischen Raumes war das erste Beispiel einer Gehirnkarte, die *de novo* aus den Antworteigenschaften von Neuronen erzeugt wird. Ähnlich erzeugte Karten sind inzwischen auch im Gehirn von Fledermäusen gefunden worden, die, wie Eulen, im Dunkeln mit Hilfe akustischer Informationen Beute jagen. Die räumliche Wiedergabe der Geräusche im Eulengehirn wird letztendlich auf das Tectum projiziert, wo sie mit einer räumlichen Karte aus dem visuellen System zur Deckung gebracht wird. Benachbarte Schichten des Tectums werden dann topographisch korreliert, wobei eine Schicht Informationen über Geräusche, die andere Informationen aus dem visuellen Eingang verarbeitet. Diese Organisation läßt vermuten, daß Verhalten effektiver organisiert werden kann, wenn alle Sinnesinformationen über ein bestimmtes Objekt an einer Stelle zusammenlaufen. Die daraus resultierende nächste Frage ist: Wo und wie führt die sensorische Information zu einem Verhalten?

Abb. 11.40 Hörneurone im Eulengehirn haben räumlich organisierte rezeptive Felder. A Auf eine Hemisphäre aufgetragenes rezeptives Felder einer Zelle mit ON-Zentrum (rot) und OFF-Umgebung (grau). Diese Zelle reagiert am stärksten auf Geräusche in 0° Höhe und 10° von der Mitte nach rechts verschoben. Geräusche, die 20° entfernt von diesem Ort liegen, erregen die Zelle nur schwach, Geräusche, die 40° entfernt sind, hemmen sie. **B** Räumliche Hörkarte im Nucleus dorsalis lateralis im Mesencephalon der Eule. Gezeigt sind Daten, die mit Hilfe von drei Elektroden gewonnen wurden. Ort und Orientierung jedes Elektrodenwegs sind in der unteren Zeichnung dargestellt, die den Nucleus in einer horizontalen Schnittebene zeigt (die Orientierung ist unter dem Bild angegeben). Die Neuronen, die entlang eines Elektrodenwegs aufgefunden wurden, sind fortlaufend numeriert; das rezeptive Feld jedes Neurons ist dargestellt. Neurone entlang eines Wegs reagieren auf zusammenhängende räumliche Bereiche. Wird die Elektrode von einer Bahn zur nächsten geführt, dann ändert sich der Azimuthwinkel des rezeptiven Feldes (wie auf der Zeichnung des Nucleus angedeutet) (nach Knudsen u. Konishi, 1978).

Neuromotorische Netzwerke

Die sensorische Seite des Nervensystems erhält und analysiert die Informationen über die Außenwelt, die für das Entstehen von sinnvollem Verhalten für die momentane Situation wichtig sind. Diese Informationen müssen den Neuronen zugeleitet werden, die für die Ausbildung koordinierter Antworten zuständig sind. Über die Schnittstelle zwischen der sensorischen und der motorischen Seite dieses Prozesses ist vergleichsweise wenig bekannt. Dies liegt zum Teil daran, daß Forscher unabhängig voneinander entweder die eine oder die andere Seite untersuchen. In einigen Fällen wurde jedoch die Verbindung zwischen dem sensorischen und dem motorischen System erfolgreich bearbeitet. Beispiele dafür sind die einfachen Reflexe der Vertebraten oder komplexere Verhaltensweisen der Evertebraten.

Wir werden motorische Kontrollsysteme zunehmender Komplexität betrachten. Unser Überblick erstreckt sich von solchen, die einfache Reflexantworten erzeugen, über Netzwerke, die wiederholte Aktionen kontrollieren, bis hin zu komplexen Netzwerken, die allgemeine Prinzipien zentraler neuromotorischer Organisation verdeutlichen. Motorische Muster verschiedener Komplexität zeigen unterschiedliche Maße an Flexibilität. „Fixed Action Pattern" (FAP, s. S. 500) sind recht starr und treten auch bei wiederholter Ausführung mit nur geringfügigen Variationen auf. Viele Verhaltensweisen sind jedoch erstaunlich plastisch. Das Tier kann sie formen und neuen Situation anpassen. Eine der großen wissenschaftlichen Herausforderungen bei der Untersuchung neuromotorischer Kontrollsysteme ist die Frage, wie es die neuronale Aktivität einem Tier ermöglichen kann, ein Verhalten zu zeigen, das sich den jeweiligen Anforderungen der Situation von einem Augenblick auf den anderen anpaßt.

Ebenen motorischer Kontrolle

Tiere mit einfachen Nervensystemen eignen sich besonders gut für Untersuchungen zur Frage, wie Neurone die Muskelaktivitäten kontrollieren. Aber auch komplexer organisierte Tiere zeigen Aktivitäten, die immer wieder mit hoher Konstanz ausgeführt werden und sich daher für ähnliche Untersuchungen anbieten. Die Analyse der neuronalen Kontrolle von FAPs war ein Forschungsschwerpunkt, da die Alles-oder-Nichts-Eigenschaften dieses Verhaltens erwarten ließen, daß nur eine einzige neuronale Entscheidung für ihre Entstehung nötig ist. Diese Entscheidung unterliegt keinem bewußten Prozeß; es scheint sich vielmehr um die Aktivierung eines neuronalen Schalters im ZNS zu handeln, der für die Ausführung dieses Verhaltens verantwortlich ist. Man stellt sich dabei ein hierarchisch organisiertes motorisches Kontrollsystem vor, bei dem ein sensorischer Input benutzt wird, um spezifische motorische Antworten zu erzeugen. Die niedrigste Kontrollinstanz ist das Motoneuron, das mit einem Muskel verschaltet ist. Die Aktivität in Motoneuronen wird von integrierten neuronalen Inputs reguliert (Abb. 11.**41**).

Ursprünglich war man der Meinung, daß eine kurze Rückkopplungsschleife zwischen den Streckrezeptoren in den Beinmuskeln und den spinalen Motoneuronen, die diese Muskeln kontrollieren, ausreichte, um die Laufbewegung von Vertebraten zu erzeugen. Inzwischen ist jedoch bekannt, daß wiederholte motorische Outputs – Laufen, Schwimmen oder Fliegen – von der

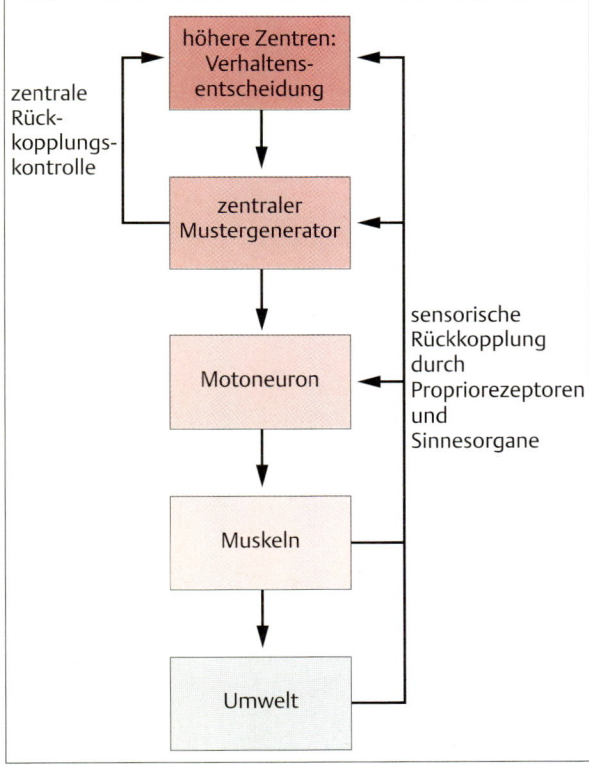

Abb. 11.41 Hierarchische Anordnung motorischer Kontrollsysteme. Neurone im Gehirn und Rückenmark kontrollieren die gesamte motorische Seite des Nervensystems und entscheiden über motorische Antworten. Diese Entscheidungen beeinflussen die Aktivität innerhalb bestimmter Neuronengruppen, die als zentrale Mustergeneratoren bezeichnet werden. Diese aktivieren Motoneurone nach mehr oder weniger vorgegebenen Mustern. Die Motoneurone stellen den einzigen Schaltweg zwischen Nervensystem und Muskeln her, welche letztendlich Verhalten hervorbringen. Auf allen Ebenen der Hierarchie finden Rückkopplungen statt, die wahrscheinlich an der Formung der Antwort beteiligt sind.

Aktivität eines zentralen Netzwerks abhängen, welches die wichtigsten Merkmale des motorischen Musters hervorbringt. Das Lauf-, Schwimm- oder Flugmuster kann als Reaktion auf sensorische Rückkopplungen verändert werden und ändert sich auch mit den Geländeeigenschaften, Wasser- oder Windströmungen. Schließlich wird von höheren Zentren im Nervensystem eine Kontrollfunktion ausgeübt, deren Entscheidungen oder Kommandos von sensorischen Inputs beeinflußt werden. Man beachte, daß in dieser Kontrollhierarchie nicht in jedem Fall eine starre Kommandostruktur eingehalten wird. Eine Vielzahl von Umwelteinflüssen kann zu ähnlichen motorischen Antworten führen; zudem arbeiten auf allen Ebenen des Systems Rückkopplungs-Kontrollmechanismen.

Einfache Reflexe

Der einfachste Schaltkreis, der die Aktivität von Skelettmuskeln kontrolliert, ist der Reflexbogen. So hängt der **myotatische Reflex** oder **Dehnungsreflex** der Vertebraten nur von zwei Neuronenarten ab: von der **1a-afferenten sensorischen Faser** (1a-afferentes Neuron) und dem spinalen α-Motoneuron (Abb. 11.42 A). Da die Grundform dieses Reflexes nur eine Synapse zwischen dem afferenten und efferenten Neuron (und kein dazwischen geschaltetes Interneuron) benötigt, bezeichnet man ihn als **monosynaptischen Reflexbogen**.

Die Sinnesendigungen der Streckrezeptor-Neurone liegen in jedem Muskel, in Verbindung mit Sinnesstrukturen, den **Muskelspindeln** (Spindelorgan). Jedes Spindelorgan enthält ein kleines Bündel spezialisierter Muskelfasern, die als **intrafusale** Fasern bezeichnet werden, um sie von der Masse der kontraktilen, **extrafusalen** Fasern zu unterscheiden. Die extrafusalen Fasern sind die Skelettmuskelfasern (Arbeitsmuskeln, s. Kap. 10), die von den α-Motoneuronen innerviert werden. Diese Muskelfasern sind für die Entwicklung der Spannung im Muskel und für seine Verkürzung verantwortlich. Die intrafusalen Fasern sind wesentlich weniger häufig und tragen nichts zur Muskelspannung bei. Sie sind Teil einer Rückkopplungsschleife, die reguliert, wie empfindlich die Spindeln auf Streckung reagieren.

Die Muskelspindeln liegen parallel zu den extrafusa-

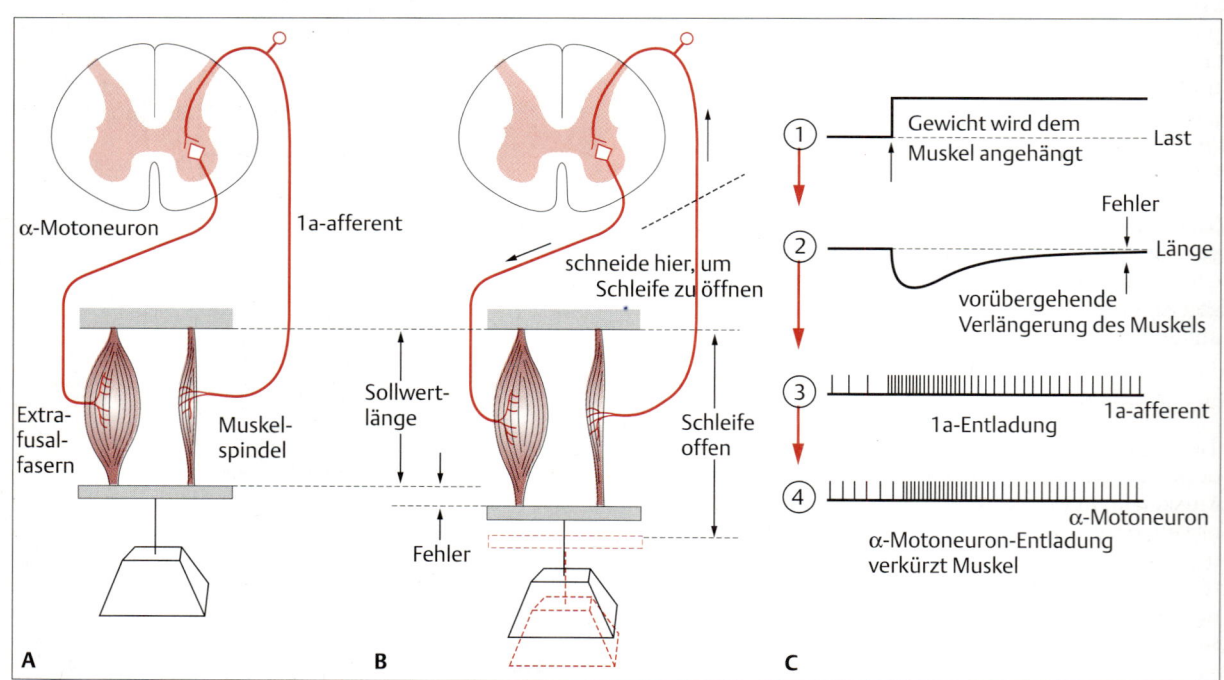

Abb. 11.42 Nur zwei Arten von Neuronen sind für den myotatischen Reflex (Dehnungsreflex) erforderlich. A Gleichgewichtszustand: Eine leichte angehängte Last wird durch die sich kontrahierenden extrafusalen Fasern gehalten. **B** Wird eine schwerere Last hinzugefügt, dehnt diese den Muskel, aktiviert dabei Dehnungsrezeptoren, die synaptisch auf α-Motoneuronen des selben Spinalsegmentes enden und eine kräftigere Kontraktion des Muskels veranlassen. Werden die sensorischen Axone durchtrennt, gibt es keine Rückkopplung auf die Motoneuronen, und die Last zieht den Muskel in die Länge (gestrichelte Darstellung). **C** Abfolge der Ereignisse, die zur Entstehung des Dehnungsreflexes führen.

len Fasern eines Muskels. Wenn also ein Muskel gestreckt wird (z.B. ein Gewicht an einen isolierten Muskel gehängt wird oder ein Gelenk sich beugt und dadurch den darüberlaufenden Muskel dehnt), werden auch die Muskelspindeln gedehnt. Durch Streckung der zentralen Region der Muskelspindel steigt die Frequenz der APs in den 1a-afferenten Axonen. Diese afferenten Axone bilden exzitatorische Synapsen direkt auf den α-Motoneuronen, die den Muskel kontrollieren, der das Spindelorgan enthält. Wenn also die Aktivität in den 1a-afferenten Axonen steigt, werden die Motoneurone erregt und der vorher gedehnte Muskel reflexartig kontrahiert (Abb. 11.42 B u. C).

Die Streckrezeptoren bewirken eine negative Rückkopplung, weil die Dehnung des Muskels neuronale Aktivität auslöst, die dann zur Kontraktion führt und der Dehnung entgegenwirkt. Das bekannteste Beispiel eines monosynaptischen Dehnungsreflexes ist der **Kniesehnenreflex** oder **Patellarsehnenreflex**. Er wird durch einen leichten Schlag auf die über dem Kniegelenk liegende Sehne des Kniestreckmuskels (M. quadriceps femoris) ausgelöst. Der Schlag bewirkt eine plötzliche Dehnung des Muskels und damit auch seiner Spindelorgane. Die reflektorische Entladung der α-Motoneurone erzeugt durch eine leichte Kontraktion des Muskels eine Zuckung des frei hängenden Unterschenkels. Die bogenartige Natur dieses Reflexes zeigt sich, wenn die dorsale Wurzel, durch welche die 1a-Afferenzen in das Rückenmark eintreten, durchtrennt wird. Diese Durchtrennung läßt alle motorischen Innervierungen intakt, verhindert aber den sensorischen Input in dieses Spinalsegment. Wird die dorsale Wurzel durchtrennt, werden die von dessen Spinalsegment innervierten Muskeln schlaff, auch wenn deren motorische Verbindung intakt bleibt.

Man beachte, daß die Spannung von den Muskelspindeln genommen wird, wenn ein Muskel unter dem Einfluß des Streckreflexes kontrahiert. Damit die Muskelspindeln des kontrahierten Muskels auch bei geringfügiger Dehnung ansprechen können, ist ihre eigene Länge regulierbar. Die intrafusalen Fasern – sie stehen unter der Kontrolle einer anderen Art von Motoneuronen, den γ-Efferenzen – regulieren die Länge der Streckrezeptoren. Verkürzt sich ein Muskel durch Aktivität seiner α-Motoneurone, dann führt die Aktivität der γ-Efferenzen auch bei den intrafusalen Fasern zur Verkürzung, wodurch die Spannung in den Spindelfasern erhalten bleibt. Auf diese Weise erlauben die γ-Efferenzen den Spindelfasern, ihre Empfindlichkeit auch bei einer Dehnung des Muskels über einen weiten Bereich konstant zu halten.

Zentral generierte motorische Rhythmen

Lokomotion und Atmung bestehen typischerweise aus rhythmischen Bewegungen, die durch wiederholte Muster von Muskelkontraktionen erzeugt werden. Jeder Phase eines solchen neuromotorischen Zyklus geht eine charakteristische Aktivität der Motoneurone voraus und folgt ihr nach. Aktivitätsentladungen stehen stets in zeitlicher Beziehung zueinander. Diese wiederholten Aktivitäten werden gesteuert von sensorischen Eingängen oder von autonomen, motorische Muster erzeugenden Netzwerken, die von sensorischen Eingängen völlig unabhängig sind; möglicherweise ist auch eine Kombination beider Mechanismen wirksam (Abb. 11.43). Die Steuerung der wiederholten motorischen Outputs wurde an vielen Tierarten untersucht. Nach diesen Befunden scheinen beide Mechanismen eine Rolle spielen. Die dazu erforderlichen Experimente werden typischerweise an semiintakten Tieren durchgeführt, d.h. an Tieren, bei denen das Nervensystem freigelegt wird, um die neuronalen Aktivitäten aufzuzeichnen, wobei erkennbare Verhaltensantworten weiterhin möglich sind. Bei einigen Verhaltensabläufen können isolierte Nervenstränge die gesamten Merkmale eines motorischen Outputmusters hervorbringen. Auch wenn die Vorstellung von „Verhalten aus einem isolierten Nervenstrang" merkwürdig erscheint, können doch Verhaltensweisen an semiintakten Systemen oder an isolierten Nerven-

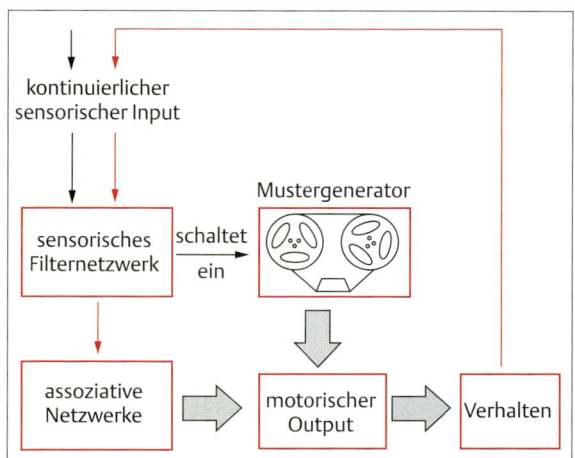

Abb. 11.43 Der motorische Output des Nervensystem hängt von sensorischen Inputs und der zentralen Musterentstehung ab. Der sensorische Input stammt teilweise aus Propriorezeptoren des Tieres, teilweise aus der Umwelt. Zentrale Mustergeneratoren – hier als Tonbandgerät mit einer Tonbandschleife dargestellt, da diese Neuronen immer wieder denselben Output produzieren – spielen bei der Verhaltensentstehung eine wichtige Rolle, liefern aber nur einen Teil des Inputs für die Motoneurone.

strängen untersucht werden, je nachdem, was geeigneter erscheint.

Am überzeugendsten sind zentrale motorische Muster in den Nervensystemen einiger Evertebraten dargestellt worden, z.B. die neuromotorische Kontrolle rhythmischer Lokomotionsbewegungen. Der Flug von Heuschrecken wird von Muskeln kontrolliert, die für die alternierenden Auf- und Abbewegungen der zwei Flügelpaare verantwortlich sind. Diese Muskeln erhalten eine entsprechende Sequenz von Nervenimpulsen durch verschiedene Motoaxone (s. Kap. 10). Die Aktivitätsmuster in diesen Motoneuronen treten kontinuierlich in entsprechender Phasenbeziehung auf, auch wenn der sensorische Input von den Muskeln oder Flügelgelenken nach Durchtrennung der sensorischen Nerven unterbrochen ist (Abb. 11.**44A**). Diese Kontinuität läßt vermuten, daß das motorische Muster im ZNS weitgehend von einem Netzwerk von Neuronen generiert wird, die durch gegenseitige Wechselwirkungen die zeitliche Abfolge der Kontraktionen verschiedener Muskeln koordinieren.

Spielt der sensorische Eingang bei der Kontrolle des Heuschreckenfluges überhaupt eine Rolle, da dieser doch von einem zentral programmierten motorischen Output gesteuert zu sein scheint? Die sensorische Rückkopplung aus den an der Basis jedes Flügels lokalisierten Streckrezeptoren wird durch die Flügelbewegungen stimuliert und kann den motorischen Output beeinflussen: Frequenz, Intensität und Präzision des Rhythmus werden gesteigert. Werden diese Rezeptoren ausgeschaltet, dann verlangsamt sich der neuronale Output zu den Flugmuskeln auf etwa die Hälfte seiner normalen Frequenz, obwohl die Phasenbeziehungen zwischen den APs der verschiedenen Motoneurone erhalten bleiben. Die ursprüngliche Rhythmusfrequenz kann wiederhergestellt werden, wenn die Nervenwurzeln, welche die Axone der Flügelgelenk-Rezeptoren enthalten, elektrisch gereizt werden (Abb. 11.**44B**). Obwohl der motorische Rhythmus seine Frequenz steigert, wenn er sensorischen Input erhält, ist die zeitliche Beziehung zwischen dem motorischen Output nicht eng mit der zeitlichen Beziehung der APs in den sensorischen Nerven korreliert. Die zufällige Stimulation der Axone von Flügelgelenk-Rezeptoren kann den motorischen Output beschleunigen, obwohl sensorische Eingänge am effektivsten sind, wenn sie in einer bestimmten Phase des Flügelschlag-Zyklus auftreten. Die propriorezeptive Rückkopplung ist also für die richtige Phasenlage der motorischen APs zu den Flugmuskeln nicht nötig. Wenn aber der zentrale Flugmustergenerator aktiviert wird, verstärkt die sensorische Rückkopplung den Output (Abb. 11.**44C**).

Was schaltet den Flugmotor ein und aus? Wenn die Heuschrecke vom Substrat abspringt, um zu fliegen, werden Haarrezeptoren auf dem Kopf durch die vorbeiströmende Luft gereizt. Dieses spezifische sensorische Signal schaltet den Flugmotor ein. Landet das Insekt, wird der zentrale Mustergenerator über Signale von Mechanorezeptoren, die sich in den Tarsen (den Füßen des Insekts) befinden, ausgeschaltet.

Endogene musterbildende Netzwerke wurden mittlerweile für eine ganze Reihe von Evertebraten-Nervensystemen nachgewiesen. So bleibt der zyklische motorische Output zu den abdominalen Schwimmextremitäten des Krebses nicht nur in einem isolierten Nervenstrang, sondern sogar in einzelnen, isolierten Abdominalganglien erhalten. Der ihnen eigene Rhythmus wird von der Aktivität von Kommando-Interneuronen gestartet und aufrecht erhalten, deren Somata im Oberschlundganglion liegen. Obwohl die Aktivitätsmuster jedes abdominalen Ganglions dauernde Aktivität in einem oder vielleicht auch in mehreren Interneuronen benötigen, gibt es keine einfache 1:1-Beziehung zwischen der Feuerfrequenz dieser Interneurone und dem Muster des motorischen Outputs zu den Schwimmanhängen. Die entscheidenden Interneurone schaffen offenbar einen generellen Erregungsgrad, der den zentralen Mustergenerator aktiv hält.

Eines der am besten untersuchten rhythmischen Muster ist das Fluchtverhalten der Nacktkiemerschnecke *Tritonia* (Abb. 11.**45A**). Diese Meeresnacktschnecke schwimmt von schädlichen Reizen weg, indem sie alternierend dorsale und ventrale Körperbiegungen ausführt, die durch alternierende Kontraktionen der dorsalen und ventralen Biegemuskeln entstehen. Das zentrale Muster wird durch die Verschaltung zwischen drei Neuronentypen geschaffen – einem Cerebralneuron (C2), den dorsalen Schwimm-Interneuronen (DSI) und den ventralen Schwimm-Interneuronen (VSI) –, die synaptisch auf den dorsalen und ventralen Biegeneuronen (DBN, VBN) enden (Abb. 11.**45B**). Das Cerebralneuron C2 ist mit den dorsalen und den ventralen Schwimm-Interneuronen durch reziproke Verbindungen verknüpft, von denen viele eine Mischung aus exzitatorischen und inhibitorischen Synapsen darstellen. Reziproke inhibitorische Synapsen zwischen Neuronen sind für viele zentrale Mustergeneratoren, die rhythmische Outputs erzeugen, nachgewiesen. Bei *Tritonia* werden die reziproken inhibitorischen Synapsen im für das Schwimmen zuständigen zentralen Mustergenerator für die Erzeugung der Schwimmbewegung benötigt. Nach dem auslösenden Reiz erzeugen die dorsalen und ventralen Schwimm-Interneurone alternierende explosionsartige neuronale Aktivitäten, welche die Biegeneurone aktivieren, die für den motorischen Output zuständig sind. Intrazelluläre Aufzeichnungen der Aktivität aller fünf Neuronentypen zeigen, daß der Schwimmrhythmus sowohl von den Membraneigenschaften der

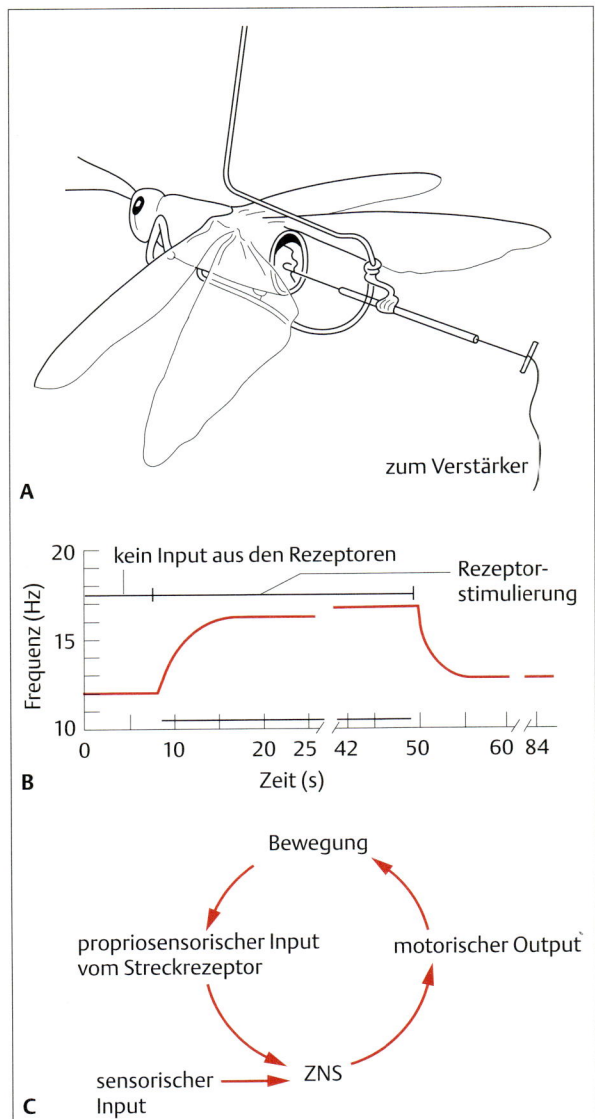

Abb. 11.44 Zentraler Mustergenerator und sensorische Rückkopplung kontrollieren den Heuschreckenflug. A Versuchsaufbau: Eine Heuschrecke, deren Hinterende abgetrennt wurde, wird so befestigt, daß sie mit ihren Flügeln schlagen kann, wenn eine Luftströmung Haarrezeptoren am Kopf reizt. Elektroden zur Ableitung des motorischen Outputs und zur Reizung der Rezeptorneurone sind angebracht. **B** Sind die sensorischen Rezeptorneurone an der Flügelbasis zerstört, dann erzeugt der zentrale Mustergenerator ein niedrigfrequentes Muster. Elektrische Reizung der Rezeptoraxone steigert die Frequenz der endogenen motorischen Aktivität. Die Zeit, während der der Rezeptornerv stimuliert wurde, ist durch die schwarze Linie angegeben. Nach Reizende kehrt der Rhythmus zur niedrigen Ausgangsfrequenz zurück. **C** Zyklische Organisation des Verhaltens. Ein externer sensorischer Input (z.B. ein Lufthauch auf die Haarrezeptoren) stimuliert das Verhalten. Die Flügelbewegungen aktivieren Dehnungsrezeptoren, die wiederum den Flugmotor antreiben. Beachte, daß diese Schleife der positiven Rückkopplungsschleife in Abb. 11.**19** ähnelt (nach Wilson, 1964 u. 1971).

einzelnen Neurone, als auch von deren synaptischen Verbindungen abhängt. Der Rhythmus ist also neurogen, d.h. durch Wechselwirkungen zwischen den Neuronen erzeugt. In jüngster Zeit gelang der Nachweis, daß die synaptische Stärke zwischen den Neuronen des Netzwerkes während einer Schwimmepisode verändert werden kann; dadurch ändern sich die Eigenschaften des Netzwerkes, sogar während es den Output zum Schwimmen erzeugt.

Autonome zentrale neuronale Kontrolle gibt es in unterschiedlichem Ausmaß auch bei Vertebraten. Atembewegungen, die von Zellen im Hirnstamm angetrieben werden, bleiben bei vielen Säugern erhalten, wenn durch Durchtrennung der entsprechenden Nervenwurzeln der sensorische Eingang von der Brustmuskulatur wegfällt. Kröten, bei denen alle sensorischen Wurzeln, außer denen der Kopfnerven, durchtrennt waren, zeigten immer noch einfache koordinierte Laufbewegungen; diese sind jedoch schwer zu erkennen, da der Verlust der myotatischen Reflexe die Muskeln schlaff werden läßt. Bei Haien und Neunaugen erfolgt der motorische Output zu den Schwimmuskeln weiterhin in einem normalen, alternierenden Muster, auch wenn der segmentale sensorische Input ausgeschaltet ist. Die intersegmentale Sequenz des motorischen Outputs, die normalerweise von vorn nach hinten erfolgt, kann jedoch unterbrochen sein.

An Katzen durchtrennte man den Hirnstamm oberhalb der Medulla oblongata („Spinalkatze") und untersuchte deren Laufbewegungen auf einem Laufband. Diese und weitere Untersuchungen zeigten, daß die Laufsequenz auch ohne Input vom Gehirn auftreten kann. Ein rudimentärer Laufrhythmus blieb sogar auch dann erhalten, wenn die dorsalen Wurzeln durchtrennt waren und jeglicher sensorische Input fehlte. Damit ist belegt, daß auch bei Vertebraten einige Aspekte rhythmischer Bewegungen so in das Neuronennetz von Rückenmark und Nachhirn einprogrammiert sind, daß sie ablaufen können, auch wenn die sensorische Rückkopplung fehlt und andere sensorische Eingänge unterbrochen sind.

Zentrale Kommandosysteme

Die Reizung bestimmter Neurone im ZNS kann koordinierte Bewegungen unterschiedlicher Komplexität aus-

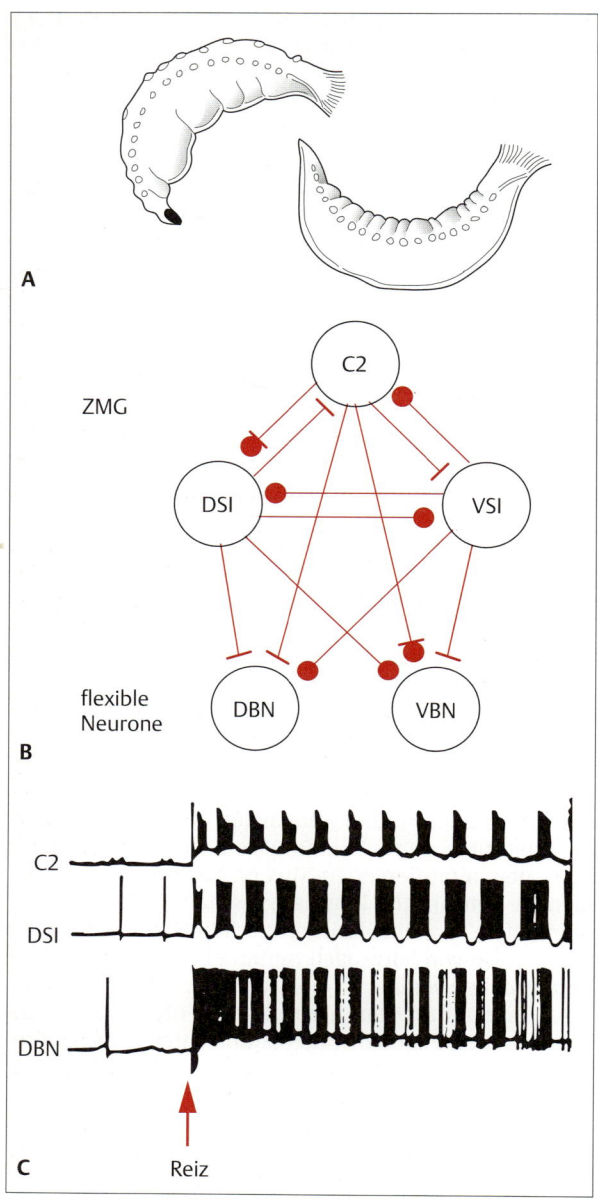

Abb. 11.45 Das Schwimmverhalten der Nacktkiemerschnecke *Tritonia*. Dieses Bewegungsmuster wird von einem aus drei Neuronentypen bestehenden zentralen Mustergenerator gesteuert. **A** Wird *Tritonia* bedroht, z.B. von einem *Tritonia*-fressenden Seestern, dann löst sie sich vom Untergrund und schwimmt mit sich rhythmisch kontrahierenden dorsalen und ventralen Flexormuskeln. **B** Drei miteinander verschaltete Neuronentypen arbeiten zusammen, um das Schwimmuster zu erzeugen. Eine exzitatorische Synapse ist durch einem Querstrich, eine inhibitorische Synapse durch einen ausgefüllten Kreis dargestellt; die Kombination beider Symbole zeigt eine multifunktionale Synapse an. Membraneigenschaften und synaptische Wechselwirkungen bestimmen das Schwimmuster. Ändern sich diese Parameter, ändert sich auch das Schwimmuster. **C** Aufzeichnungen der Aktivität in zentralen schwimmustergenerierenden Neuronen (ZMG) eines isolierten Gehirns nach Reizung des Pedalnervenstrangs. Abkürzungen: C2 = cerebrales Neuron; DSI = dorsales Schwimminterneuron; VSI = ventrales Schwimminterneuron; DBN = dorsales Beugeneuron; VBN = ventrales Beugeneuron. (A nach Willows; B, C nach Katz u. Mitarb. 1994.)

me bei Arthropoden aktivieren charakteristischerweise viele Muskeln in koordinierter Weise und erzeugen in jedem Segment reziproke Aktionen, d.h. Antagonisten werden gehemmt, Synergisten erregt. Es überrascht eigentlich nicht, daß die Kommandointerneurone, die am effektivsten eine koordinierte motorische Antwort auslösen, durch einen einfachen sensorischen Input kaum aktivierbar sind.

Die Entdeckung dieses Kommandoneurons beim Flußkrebs ließ Physiologen ursprünglich annehmen, wesentliche Teile des tierischen Verhaltens würden durch eine kleine Gruppe von Kommandoneuronen kontrolliert, von denen jedes für die Auslösung und Durchführung eines bestimmten Verhaltens zuständig sei. In diesem Fall würde die „Auswahl" des Verhaltens davon abhängen, welche Kommandoneurone am aktivsten wären. Nach neueren Untersuchungen über die neuronalen Grundlagen des Verhaltens ist jedoch eher anzunehmen, daß die meisten Kommandofunktionen innerhalb von Neuronennetzwerken entstehen, in denen alle beteiligten Neurone eine wichtige Rolle spielen. Um experimentell zu bestimmen, ob ein Neuron eine Kommandofunktion hat, muß man nachweisen, daß die Aktivität dieses Neurons notwendig und ausreichend für den motorischen Output ist. Seine Entfernung aus dem Netzwerk muß das Verhalten daher blockieren oder stark verändern (notwendiges Merkmal), und die Aktivierung nur dieses Neurons muß das Verhalten auslösen (ausreichendes Merkmal).

lösen. Die elektrische Reizung eines solchen Kommandosystems im Nervenstrang eines Krebses läßt das Tier seine Verteidigungsposition mit hochgereckten geöffneten Scheren und aufgebäumtem Körper auf gestreckten Vorderbeinen einnehmen. Der auslösende sensorische Input erregt dieses System durch ein spezifisches Interneuron; dieses verzweigt sich vielfach, erregt einige Motoneurone und hemmt andere. Kommandosyste-

Wenn unter diesen Gesichtspunkten (notwendiges und ausreichendes Merkmal) Experimente zur Aufklärung der neuronalen Grundlagen vieler Verhaltensweisen durchgeführt werden, treten immer wieder drei Phänomene auf:

1. Viele Neurone sind multifunktional und arbeiten unter verschiedenen Bedingungen unterschiedlich. Einige retinale Bipolarzellen leiten bei Dämmerlicht Signale von Stäbchen, bei hellem Licht von Zapfen. Offenbar gibt es eine Verschiebung in ihrem Verknüpfungsmuster, wenn der Lichtwert der Umgebung wechselt.
2. Ein Neuron kann verschiedenen Ebenen eines hierarchischen Kontrollsystems angehören (vgl. Abb. 11.**41**). So kann bei *Tritonia* ein Neuron im Kontrollnetz einerseits für die Schwimmbewegung im zentralen Mustergenerator für das Schwimmen und andererseits im Kommandosystem für die Fluchtreaktion aktiv sein.
3. Weil Netzwerke je nach Situation umgestaltet werden können, muß es Mechanismen geben, welche die neuronalen Verbindungen verändern können. Anatomische Verbindungen können wohl die möglichen Outputs einer Neuronengruppe beschränken, aber funktionelle Verbindungen begrenzen ihren Output andauernd.

Der am besten verstandene Mechanismus, der zur Verschiebung neuronaler Netzwerke zwischen möglichen funktionalen Konfigurationen führt, ist die Neuromodulation. Neuromodulatoren können Änderungen in der synaptischen Wirkung verursachen, die eine Neuronengruppe dynamisch in eine neue funktionelle Einheit umgestalten. Die Erkenntnis, daß zumindest im Nervensystem „Anatomie nicht Schicksal sein muß", hat auch die Analyse von Kommandosystemen beeinflußt. Wir werden uns zwei Systeme ansehen, die Beispiele für die drei erwähnten Organisationsprinzipien von Kommandosystemen liefern.

Viele Evertebraten entkommen möglichen Freßfeinden mittels stereotyper Bewegungen. Ein gut untersuchtes Beispiel ist der Flußkrebs *Procambarus clarkii*. Diese Art verfügt über zwei Fluchtreaktionen, die je nach dem Ort der Reizeinwirkung ausgeführt werden (Abb. 11.**46A**). Bei beiden Verhaltensreaktionen ist zumindest ein Riesenaxon Teil des Schaltkreises; dies ist ein typisches Merkmal der neuronalen Kontrolle vieler Fluchtreaktionen, da Riesenaxone Signale besonders schnell leiten und dem Tier ein schnelles Entkommen ermöglichen. Beim Flußkrebs gibt es zwei Riesenfasern: Das mediale Rieseninterneuron kontrolliert die Flexion zum plötzlichen Rückwärtsstart (nach Reizung der Antennen); das laterale Rieseninterneuron nimmt eine Schlüsselrolle bei der schnellen Auf- und Vorwärtsbewegung ein (nach Reizung des Abdomens). Der Schaltkreis, an dem das laterale Rieseninterneuron beteiligt ist, ist in Abb. 11.**46B** dargestellt. Das neuronale Netzwerk mit der medialen Riesenfaser ist sowohl auf der Input- als auch auf der Output-Seite völlig anders aufgebaut. Dies erklärt das wesentlich andere Verhalten des Krebses, wenn seine Antenne berührt wird.

Die Fluchtreaktion des Flußkrebses zeigt noch einige weitere Merkmale von motorischen Kontrollsystemen:
1. Wenn ein Krebs immer wieder gereizt wird, reagiert er nach etwa 10 Minuten auf diesen Reiz nicht mehr; eine **Habituation** (Gewöhnung, s. S. 503) an den Reiz ist erfolgt. Eine Habituation kann an vielen Stellen im Netzwerk eintreten. Im Falle des Fluchtverhaltens erfolgt eine Habituation, weil von den Endigungen der sensorisch-afferenten Neurone weniger Neurotransmitter freigesetzt wird, wenn die Reize über längere Zeit wiederholt werden.
2. Es besteht ein zweiter, **paralleler Schaltweg** im gesamten Kontrollsystem des Krebses, der ebenfalls den Hinterleibsschlag auslösen kann. Die schnellen Biege-Motoneurone – es handelt sich nicht um Riesen-Motoneurone – erzeugen eine präzisere Kontrolle des Hinterleibsschlages, wobei diese Bewegung weder so schnell noch so kraftvoll ist, wie die von den Riesenneuronen erzeugte. Wird der Hinterleibsschlag von den motorischen Riesenneuronen ausgelöst, dann wird der zweite Weg über die schnellen Biege-Neurone ebenfalls aktiviert, obwohl der langsame Weg auch allein arbeiten kann.
3. Wenn der Serotoninspiegel (ein Neuromodulator) im Krebs sich ändert, kann sich auch die Reaktion des Krebses auf einen bestimmten Reiz dramatisch ändern. Ein aggressiver Krebs kann submissiv (verhalten) werden und umgekehrt. Die **Neuromodulation** beeinflußt demnach die Verbindungen zwischen sensorischen und motorischen Neuronen.

Die Fluchtreaktion des Krebses ist ein typisches „Fixed Action Pattern". Die Neuronen, die dieses Verhalten kontrollieren, verdeutlichen viele der oben besprochenen Eigenschaften von Kommandosystemen. Die wichtigste Eigenschaft ist vielleicht die Existenz vieler Kontrollpunkte innerhalb des Netzwerkes, die mehrere Möglichkeiten zur Auslösung oder zu Änderungen in der Ausführung eines Verhaltens bieten. Die Flexibilität innerhalb der Grenzen eines FAP ermöglichte viele Einblicke in die Organisation von Verhalten.

Die Erkenntnis, daß synaptische Neuromodulatoren die Eigenschaften eines Netzwerkes ändern können, hat zu neuen Denkansätzen geführt. Zentrale Kommandosysteme, von denen man früher annahm, daß sie ein einzelnes Verhaltensmuster bis zur Vollendung steuerten, müssen nun als plastisch betrachtet werden, ausgestattet mit Neuronen, die in Abhängigkeit von den jeweiligen Umständen verschiedene synaptische Beziehungen ausbilden. Ein Beispiel eines dynamischen Netzwerks ist das von 30 großen Neuronen gebildete **stomatogastrische Ganglion** (STG) der *Crustaceae*. Oe-

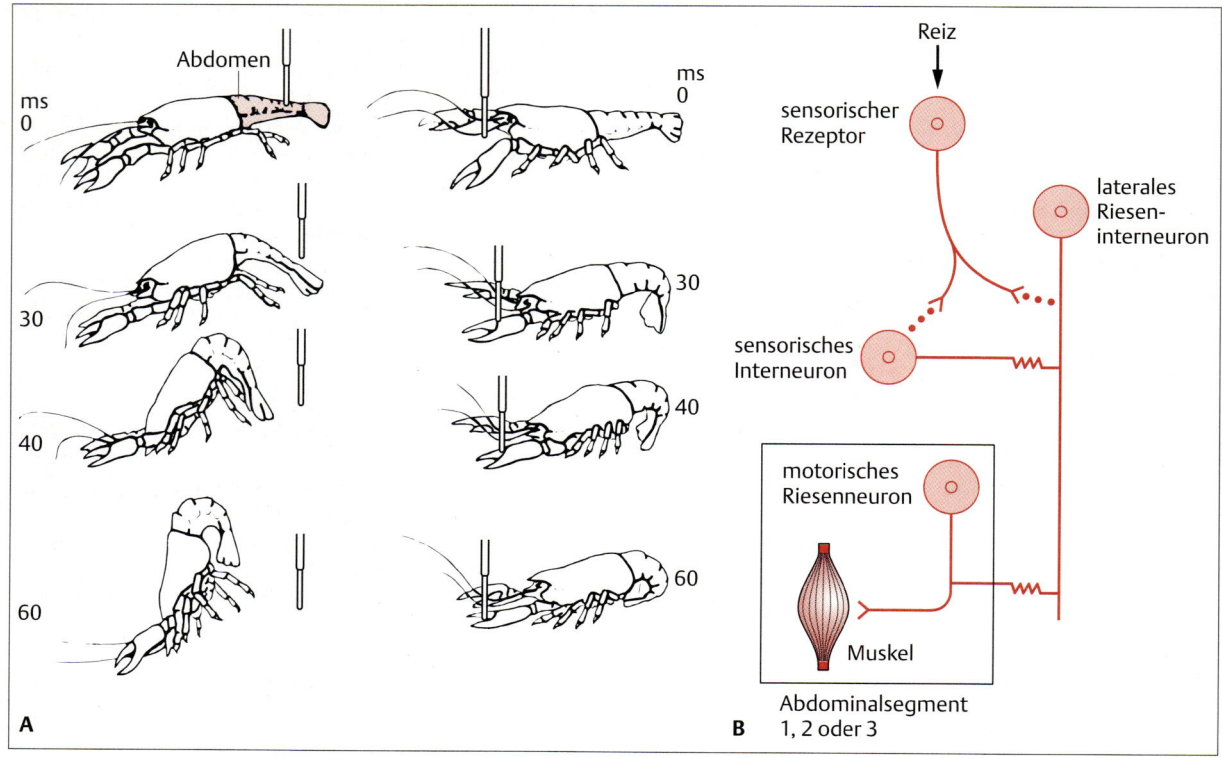

Abb. 11.46 Beim Flußkrebs führt eine taktile Reizung der Rieseninterneurone zu einer Änderung der Körperhaltung.
A Reizung des Abdomens (oben links) führt zu einer Abdominalflexion, die den Krebs nach vorn und oben bewegt. Dieses Verhalten wird von den lateralen Rieseninterneuronen gesteuert. Stimulation der Antenne (oben rechts) bewirkt dagegen eine Abdominalflexion, die den Krebs nach hinten befördert. Diese Reaktion wird von den medialen Rieseninterneuronen gesteuert. In beiden Fällen bewegt sich das Tier dadurch von der Reizquelle weg. In den Zeichnungen ist die Zeit ab Reizung – von oben nach unten – in Millisekunden angegeben. **B** Vereinfachte Darstellung des Schaltkreises, der die Fluchtreaktion des Krebses nach einer Abominalreizung steuert. Die sensorische Information wird über chemische Synapsen (Winkel) und elektrische Synapsen (Widerstandssymbole) auf das laterale Rieseninterneuron übertragen, welches seinerseits über eine schnelle elektrische Synapse mit dem motorischen Riesenneuron verbunden ist. Das motorische Riesenneuron endet synaptisch auf den Flexormuskeln des Abdomens. Die enorme Größe der Riesenaxone bedingt eine hohe Leitungsgeschwindigkeit; die elektrischen Synapsen sorgen für eine schnelle Übertragung zwischen den Neuronen. Elektrische Stimulation der lateralen Rieseninterneurone führt nur zur Flexion in den Abdominalsegmenten 1–3. Man vergleiche diesen Effekt mit der endgültigen Haltung eines Krebses, der am Abdomen gereizt wurde: Die Flexion ist besonders ausgeprägt im vorderen Teil des Abdomens (nach Wine u. Krasne, 1972, 1982).

sophagus und Magen von Hummern und Krabben sind komplexe Strukturen, die zur Aufnahme, Aufbewahrung, zum Kauen, Zermahlen und Filtern der Nahrung dienen (Abb. 11.**47**). Es gibt vier funktionelle Regionen im stomatogastrischen System: Oesophagus, Magensack (Cardia), Kaumagen und Pylorus. Die Neuronen des STG kontrollieren alle Muskelkammern, die für die Aufnahme und den peristaltischen Transport der Nahrung zuständig sind. Sie kontrollieren auch die Magenzähne, welche die Nahrung kauen und zermahlen. Bei den meisten Neuronen des STG handelt es sich um Motoneurone, welche die Muskeln im stomatogastrischen System innervieren. Ihre Eigenschaften sind von Bedeutung, wenn man die funktionale Anordnung der Unternetzwerke aufdecken will, aus denen diese kleine Neuronengruppe aufgebaut wird. Das Ganglion kann in drei Neuronennetze unterteilt werden, welche die Muskeln im Oesophagus, Kaumagen und Pylorus kontrollieren. Jedes der drei Netze kann unabhängig von den anderen rhythmische Outputmuster erzeugen (Abb. 11.**48A**). Die Frequenz des Outputs ist jeweils charakteristisch für dieses Netzwerk.

Signale von modulatorischen Neuronen ändern das Verhalten dieser Motoneurone drastisch. Beispielsweise

Eigenschaften neuronaler Schaltkreise   499

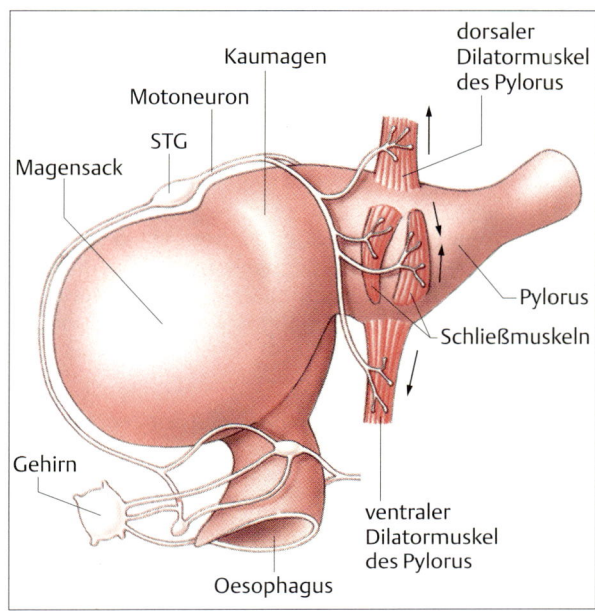

Abb. 11.47   Das stomatogastrische Nervennetz kontrolliert beim Hummer die Aktivität von Oesophagus, Kaumagen und Pylorus. Das stomatogastrische Ganglion (STG, eines von vier Ganglien im System) enthält nur 30 Neurone, die meisten davon sind Motoneurone; alle sind mittlerweile identifiziert und charakterisiert. Die Aktivität dieser Neurone kontrolliert die Kontraktion der Muskeln, die für das Kauen und Schlucken der Nahrung sowie für deren Weitertransport zu den nachfolgenden Abschnitten des Verdauungssystem zuständig sind. (Hier sind die Muskeln gezeigt, die den Pylorus betätigen. Konstriktormuskeln schließen den Pylorus und verhindern, daß die Nahrung herausläuft. Dilatormuskeln öffnen ihn und erlauben der Nahrung, in den nächsten Abschnitt des Verdauungssystems zu gelangen. Diese Muskeln werden von STG-Neuronen aktiviert.) (Nach Hall, 1992.)

können zwei elektrisch gekoppelte Neurone, die **PS-Neurone**, die Funktion des ganzen Netzwerks umorganisieren. Feuern die PS-Neurone, dann öffnet sich ein Ventil zwischen Oesophagus und Magen: es erfolgt ein Verschlucken der Nahrung. Dann beginnt ein völlig neuer Rhythmus, der alle drei Teile des STG-Systems koordiniert, um eine Reihe peristaltischer Wellen zu erzeugen,

Abb. 11.48   Modulatorische Inputs zum stomatogastrischen Ganglion ändern den Output der neuronalen Aktivität dramatisch und gruppieren die Unternetzwerke im Ganglion um.
A Wenn die modulatorischen PS-Neurone inaktiv sind, dann sind die Neurone im stomatogastrischen Ganglion in drei getrennten Unternetzwerken organisiert, je eines für Oesophagus, Magen und Pylorus. Jedes dieser Unternetzwerke erzeugt eine rhythmische Aktivität, die aber nicht zeitlich mit der Aktivität der anderen Unternetze abgestimmt ist. In diesem Zustand wird Nahrung im Magensack und der Pylorushöhle bewegt und gekaut (durch rote Pfeile angedeutet). Keine Nahrungsteile gelangen aus diesem Teil des Verdauungstraktes hinaus oder in ihn hinein. **B** Sind die PS-Neurone aktiv, dann werden Neurone aus allen drei Subnetzwerken in ein neues Netzwerk integriert, in dem ihre koordinierte Aktivität zum „Schlucken" dient (roter Pfeil). Abkürzungen: Oes, Gast, Pyl und PS zeigen die Aktivität der Neurone in Oesophagus, Magen, Pylorus und der PS-Neuronen an (nach Meyrand, 1994).

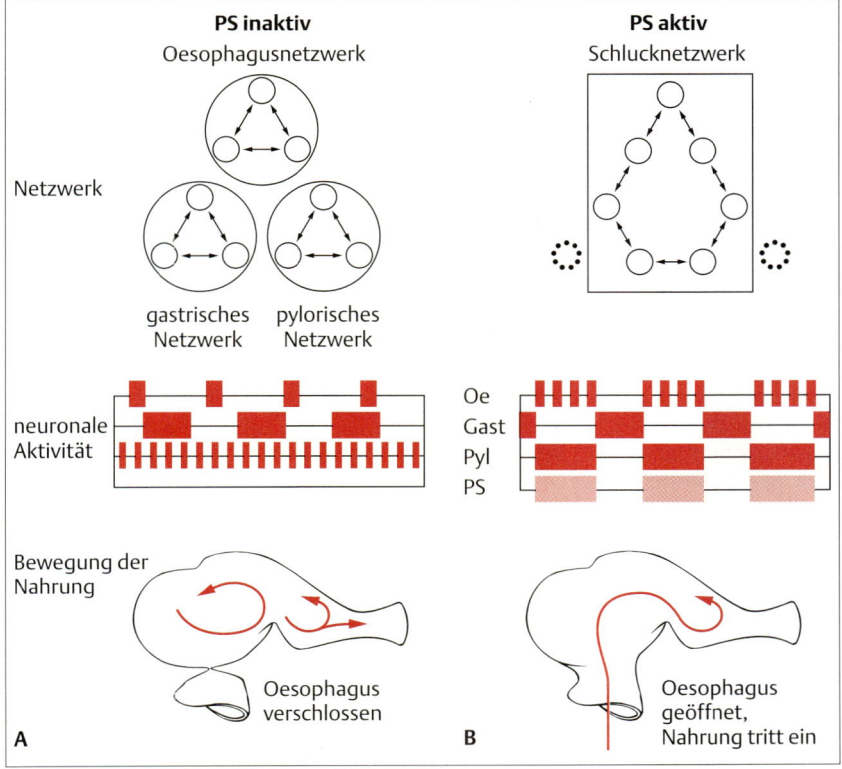

die vom Oesophagus zum Pylorus laufen (Abb. 11.**48 B**). Während dieses Vorganges sind alle anderen Rhythmen gehemmt. Sobald die Aktivität in den PS-Neuronen stoppt, tritt kurzzeitig wieder ein anderer Rhythmus auf; schließlich kehren jedoch alle Neurone des Schlucknetzwerkes zu ihren Ausgangsrhythmen zurück. Die Neurone des Schlucknetzwerkes sind u.a. solche, die ohne PS-Neuronenaktivität im Oesophagus-, Magen- oder Pylorusnetzwerk aktiv sind.

Einige der Neuromodulatoren, welche die Aktivität der STG-Neurone kontrollieren, sind identifiziert. Das biogene Amin Serotonin und die Neuropeptide Proctolin und Cholecystokinin verändern das Outputmuster zumindest einiger Neurone im STG.

Die Umorganisation einer kleinen Gruppe von Neuronen in mehrere funktionale Netzwerke läßt eine neue Betrachtung der für die motorische Kontrolle zuständigen Neurone zu. Frühere Arbeiten haben gezeigt, daß ein einziges anatomisch genau definiertes Netz verschiedene Outputs als Reaktion auf neuromodulatorische Substanzen generieren kann. Das stomatogastrische System des Krebses läßt aber vermuten, daß selbst die anatomische Zusammensetzung des Netzes plastisch sein kann. Wenn in vielen funktionalen Netzwerken mit einem definierbaren Satz an Neuronen dynamische Spezifikationen möglich sind, dann bietet das eine viel größere Anzahl von Möglichkeiten, den motorischen Output zu kontrollieren. Es ist sicher eine zukünftige Herausforderung herauszufinden, wo die Kontrollinstanz für diesen Mechanismus lokalisiert ist und wie diese wiederum reguliert wird.

Verhalten

Eine kurze Einführung in die Grundlagen des Verhaltens kann nicht einmal ansatzweise die beachtliche Spanne der Verhaltenskapazitäten von Tieren andeuten. Bei vielen Tierarten entwickelten sich spezielle sensorische und motorische Fähigkeiten, die sie zu erstaunlichen Verhaltensweisen befähigen. Wir werden einige Beispiele heranziehen, um die Komplexität der zugrundeliegenden neuronalen Systeme aufzuzeigen.

Um zu verstehen, wie Verhalten ausgelöst und vom Gehirn und anderen Teilen des ZNS kontrolliert wird, muß man die Eigenschaften der Neurone und die Art der Informationsübertragung von einem Neuron zum anderen kennen. Wie bereits dargestellt, sind Neurone in Schaltkreisen organisiert. Die einfachsten neuronalen Schaltkreise sind Reflexbögen, an denen nur wenige Neurone beteiligt sind. Schaltkreise, die Verhaltensweisen zugrunde liegen, können dagegen sehr komplex sein. Um diese komplexen Schaltkreise zu verstehen, müssen verschiedene Fragestellungen berücksichtigt werden:

1. Was genau am Verhalten wollen wir erklären?
2. Können wir diese Erklärung aus den bekannten Schaltkreisen und ihren Wechselwirkungen konstruieren?
3. Lassen sich daraus allgemeine Prinzipien ableiten oder ist jedes Verhalten ein „Sonderfall"?

Um zu zeigen, wie klar und vollständig diese Fragen derzeit beantwortet werden können, werden wir im weiteren Verlauf dieses Kapitels einige komplexe Verhaltensweisen und dann die Eigenschaften der Netzwerke betrachten, die solchen Verhaltensweisen zugrunde liegen.

Grundlegende verhaltensbiologische Konzepte und „Fixed Action Pattern"

Ein Grundproblem jedes Tieres ist es zu entscheiden, was es in irgendeiner Situation tun oder lassen soll. Es stellt eine beachtliche wissenschaftliche Herausforderung dar, die Mechanismen verstehen zu wollen, welche einem Tier diese Wahlentscheidungen ermöglichen:

– Die Grundidee des **klassisch ethologischen Ansatzes** war, ein Tier in seiner natürlichen Umwelt zu beobachten und eine Beziehung zwischen Umwelt und Verhalten herzustellen. Verhalten wird als arttypische, phylogenetische aber auch ontogenetische Anpassung an Herausforderungen der unbelebten und belebten Umwelt betrachtet. Der Ethologe möchte weiterhin die ein Verhalten auslösenden Reize, den inneren Zustand eines Tieres oder die den Verhaltensweisen zugrunde liegenden Mechanismen ergründen. Dazu hält er sich Tiere in Gefangenschaft unter Bedingungen, die soweit wie möglich ihrem natürlichen Lebensraum entsprechen und führt gezielte Manipulationen (z.B. mit Hilfe von Attrappen, s. S. 502) in der Umwelt des Tieres – nicht am Tier – durch. Ergeben sich daraufhin Verhaltensänderungen, korreliert er diese mit seinen Manipulationen und versucht, Aussagen über verhaltensrelevante Reize oder Reizkombinationen oder über den inneren Zustand eines Tieres zu machen.

– Beim **neuroethologischen Ansatz** greift der Experimentator direkt in das Sinnes- oder Nervensystem des Tieres ein. Er bringt das Tier dazu ins Labor, um dessen Verhaltensweisen unter drastisch vereinfachten, aber gut definierten Bedingungen zu untersuchen. Bei einigen Versuchen wird das Nervensystem chirurgisch freigelegt, um parallel zu den ablaufenden Verhaltensweisen Aktivitäten von Neuronen zu registrieren. Dann können z.B. Sinnesreize, neuronale Aktivitäten und Verhalten in einen direkten Zusammenhang gebracht werden. Untersuchungen unter solch eingeschränkten Bedingungen sind nützlich, sogar notwendig, um eng umschriebene Fragen zum Verhalten zu beantworten. Allerdings erlauben die unter künstlichen Bedingungen gewonnenen Ergebnisse nur selten Rückschlüsse auf das Verhalten eines Tieres in seinem natürlichen Lebensraum. So gibt es etwa im Labor keine Freßfeinde, Anzahl und Geschlecht der Artgenossen werden vom Experimentator kontrolliert; unnatürliche Licht-, Geruchs- und Geräuschreize werden präsentiert, und allzu oft ist die Bewegungsmöglichkeit eines Tieres auf einen sehr kleinen Raum beschränkt.

Für einen physiologisch orientierten Wissenschaftler führt der ethologische Ansatz zu einer Reihe von Problemen, die sich von denen der Laborarbeit unterscheiden. Wenn man ein Tier in seiner natürlichen oder in einer seminatürlichen Umgebung beobachtet, ist es schwierig zu erkennen, welche Bedeutung die verschiedenen Verhaltensweisen jeweils für das Tier haben, und es ist praktisch nicht möglich, Aktivitäten von Einzelneuronen aufzuzeichnen. Allerdings hat man erhebliche Fortschritte durch das Erkennen wiederholbarer Einheiten des natürlichen Verhaltens gemacht.

Aufgrund von Freilandbeobachtungen und einfallsreichen Experimenten gelang es, von vielen Tierarten detaillierte Ethogramme[1] zu erstellen. Beobachtungen

---
[1] Ein Ethogramm ist ein möglichst umfassender Katalog aller Verhaltensweisen einer Tierart.

bildeten auch die Basis der von Konrad Lorenz und Niko Tinbergen erarbeiteten grundlegenden Konzepte der Ethologie. 1973 erhielten sie zusammen mit dem Zoologen Karl von Frisch in Anerkennung der Bedeutung ihrer Arbeiten den Nobelpreis.

Schon seit langem wird beobachtet, daß Tiere aller phylogenetischen Ebenen mit „angeborenen" lokomotorischen Verhaltensmustern schlüpfen bzw. geboren werden, die zutage treten, ohne daß sie vorher im Ei oder im Uterus eingeübt oder erlernt werden konnten. Solche Verhaltensweisen bezeichnet man nach Lorenz (1937) als **Instinkthandlung** oder als **instinktiv**. Dieser Bezeichnung liegt die Vermutung zugrunde, daß die anatomische und physiologische Organisation, die für komplexe neuronale Funktionen zuständig ist, im genetischen Material programmiert vorliegt. Instinkthandlungen bestehen aus einer formstarren Bewegungskomponente, der **Erbkoordination** oder **Instinktbewegung**, die zu ihrem Anstoß eines Außenreizes bedarf, und einer richtenden Bewegung, der **Orientierungsreaktion** oder **Taxis**. Es bürgert sich heute jedoch auch ein, statt von Instinkthandlungen etwas neutraler von genetisch bedingten oder sogar nur von formkonstanten Verhaltensweisen zu sprechen und den englischen Ausdruck **Fixed Action Pattern** (FAP) zu übernehmen. Abb. 11.49 zeigt einige typische FAPs.

Fixed Action Patterns haben folgende gemeinsame Eigenschaften:

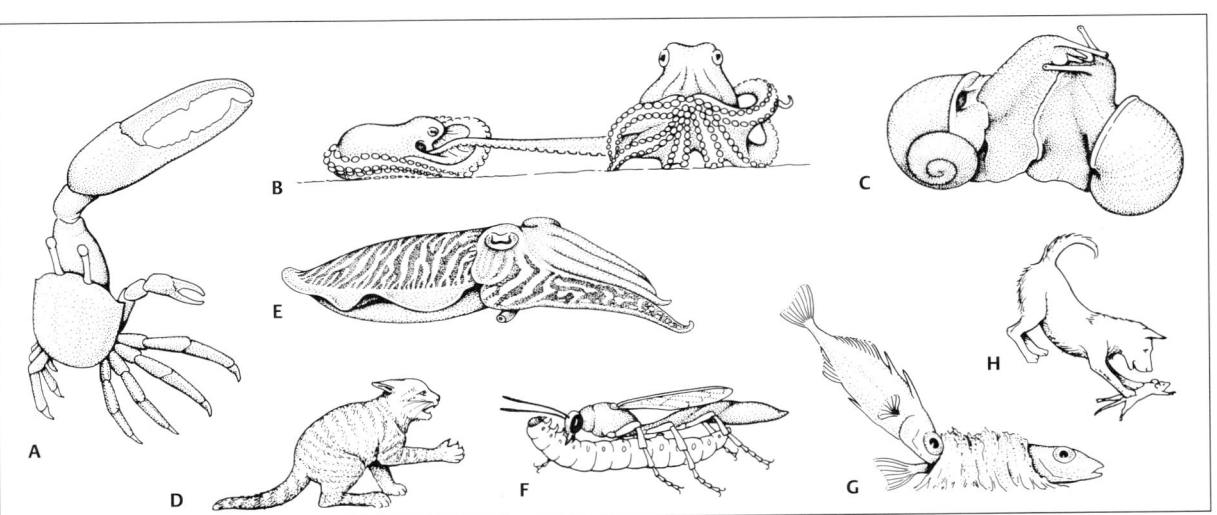

Abb. 11.49 Instinkthandlungen (FAPs). Die Verhaltensmuster scheinen vom Lernen unabhängig zu sein. **A** Winkerkrabbe, die mit ihren Scheren winkt. **B** Paarungsverhalten beim *Octopus*. **C** Paarungsverhalten bei *Helix pomatia*. **D** Europäische Wildkatze, die mit ihrer Pfote zuschlägt. **E** Männliche *Sepia officinalis* beim Balzverhalten. **F** Schlupfwespe mit ihrer Beute. **G** Männlicher, dreistachliger Stichling stimuliert das Weibchen zum Ablaichen durch Zittern. **H** Mäusesprung beim Haushund (A, C, E, F, G nach Tinbergen 1951, B nach Buddenbrock 1956, D nach Lindemann 1955, H nach Lorenz 1954).

1. Sie sind keine einfachen Reflexe. Es handelt sich um recht komplexe motorische Abläufe, deren Einzelkomponenten eine definierte zeitliche Abfolge zeigen.
2. Sie werden typischerweise durch einen spezifischen Umweltreiz, den **Schlüsselreiz**, und nicht von einem allgemeinen Reiz ausgelöst. Innerartliche Schlüsselreize werden auch **Auslöser** genannt, weil sie eine im Tier vorgegebene Verhaltensreaktion auslösen.
3. Der Schlüsselreiz löst das FAP aus. Entfällt dieser Reiz, nachdem das Tier mit der Verhaltensausführung begonnen hat, wird der Verhaltensablauf normalerweise nicht vorzeitig beendet. Man nimmt daher an, daß der Schlüsselreiz nur benötigt wird, um das Verhalten auszulösen. Sobald es aber begonnen hat, läuft das zugehörige Repertoire ohne weitere Reizeinwirkung ab. Diese Alles-oder-Nichts-Eigenschaft unterscheidet die FAPs von polysynaptischen Reflexen, die typischerweise eine fortlaufende Reizung zur Aufrechterhaltung der Ausführung benötigen.
4. Die Reizschwelle ändert sich mit dem inneren Zustand des Tieres. Diese Änderungen können enorm sein. Viele Tiere sind unmittelbar nach Ausführung einer Verhaltensweise, z.B. nach einer Kopulation, nicht fähig, diese Verhaltensweise erneut auszuführen, es sei denn, der Reiz wird optimiert. Die Auslöseschwelle ist folglich gestiegen, fällt aber mit der Zeit wieder ab.
5. Bietet man den Schlüsselreiz allen Mitgliedern einer Art an, werden diese – zumindest die der gleichen Alters- und Geschlechtsgruppe – ihn mit nahezu identischem Verhalten beantworten. Einige FAPs sind vielen Arten einer Gattung gemeinsam. Innerhalb mancher Taxa sind die Eigenschaften von FAPs so ähnlich, daß ein Vergleich der Variationen herangezogen werden kann, um taxonomische Beziehungen herzuleiten.
6. Auch wenn ein Tier noch keine Erfahrung mit den betreffenden Schlüsselreizen hatte, werden FAPs in betreffenden Reizsituationen zumindest in erkennbarer Form ausgeführt. Das bedeutet: Die Muster werden vererbt, sind jedoch in gewissen Grenzen durch Erfahrung veränderbar. Diese Eigenschaft der Vererbbarkeit war die Grundlage einer langanhaltenden Debatte über die scheinbare Dichotomie zwischen vererbtem und erlerntem Verhalten („nature versus nurture"), die regelmäßig wie ein schlecht gelöschtes Feuer immer wieder aufflackert.

Die stereotype Art der Muskelaktivität macht die FAPs für Physiologen, welche die zelluläre Basis motorischer Aktivitäten untersuchen wollen, sehr interessant. Die Tatsache, daß durch Präsentation des Schlüsselreizes die selben Muskelkontraktionen immer und immer wieder zuverlässig ausgelöst werden können, öffnete ein Fenster zur Arbeitsweise des Nervensystems, vor allem bei einfachen Tieren.

Um den oder die relevanten Reize oder Reizkombinationen zu analysieren, die ein FAP auslösen, verwendet man **Attrappen**. Bei den verschiedenen Attrappenmodellen werden Eigenschaften variiert, um festzustellen, welche Eigenschaft am effektivsten das zu untersuchende Verhalten auslöst. Ein klassisches Beispiel für ein FAP, das mittels Attrappen untersucht wurde, ist die aggressive Reaktion des balzenden Dreistachligen Stichlingmännchens (*Gasterosteus aculeatus*). Taucht in der Nähe eines fortpflanzungsbereiten Männchens ein anderes Männchen auf, so reagiert ersteres mit aggressivem Imponierverhalten und greift möglicherweise an. Mit Hilfe von Attrappen verschiedener Form und Farbe konnte der Schlüsselreiz für dieses Verhalten bestimmt werden – nämlich die rote Körperunterseite, die für das fortpflanzungsbereite Männchen charakteristisch ist (Abb. 11.**50**A). Die Form der Attrappe ist dabei relativ unwichtig. Die rote Unterseite verliert jedoch ihre Signalwirkung, wenn sich der Fisch nicht mehr in hori-

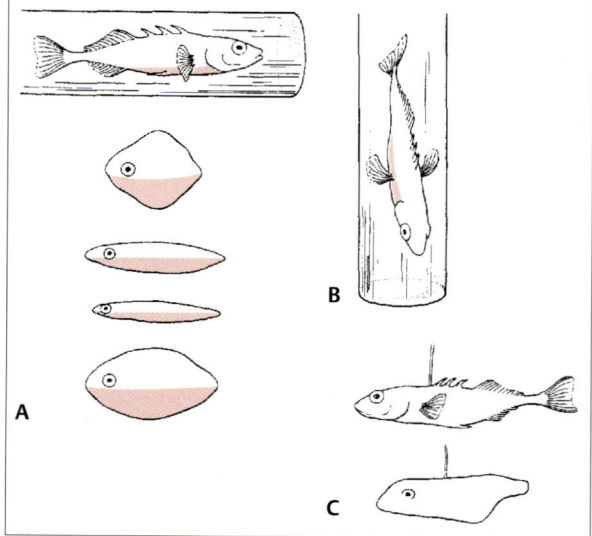

Abb. 11.50 Reize, die das aggressive Verhalten eines balzenden Stichlingmännchens auslösen, wurden durch Attrappenversuche bestimmt. A Die Reaktionen der Fische auf die verschiedenen Modelle zeigten, daß das aggressionsauslösende Merkmal die horizontale rote Körperunterseite eines anderen Fisches ist. Die gezeigten Attrappen lösten zuverlässig aggressives Verhalten aus. **B** Ein vertikal orientierter männlicher Fisch löste dagegen keine Aggression aus. **C** Diese Fischattrappen zeigten ebenfalls keine Wirkung (nach Tinbergen, 1951).

zontaler, sondern in vertikaler Lage befindet (11.**50B**). Somit löst nicht die rote Farbe das Aggressionsverhalten aus, sondern der rote Bauch bei entsprechender Lage. Die Entdeckung dieser Schlüsselreize zog ebenso weitere Experimente nach sich wie zuvor die Entdeckung der FAPs. Die hochspezifische Art der auslösenden Reize ließ vermuten, daß es im visuellen System des Stichlings Anpassungen geben könnte, die auf wichtige Eigenschaften des Reizes eingestellt sind und so als sensorischer Filter wirken. Dieser Filter sollte nur die spezifischen Reizparameter passieren lassen. Tatsächlich erwies sich diese Hypothese als richtig: spezielle Detektoren sind ein wichtiges und mächtiges Organisationsprinzip in der Sinnesphysiologie.

Schlüsselreize und FAPs treten nicht isoliert auf, sondern sind nahtlos in das kommunikative Verhaltensrepertoire integriert. Bei der Balz, der Brutpflege oder bei aggressiven Begegnungen zeigen Tiere komplexe Verhaltensfolgen, um ihre **Handlungsbereitschaft** mitzuteilen. So kann beispielsweise bei der Balz eine bestimmte Bewegung eines Tieres ein Signal für seinen Partner darstellen. Dieser antwortet in bestimmter Weise und sendet dadurch ein Signal zurück.

Die genetischen Komponenten der FAPs und der Schlüsselreize lassen sich heranziehen um zu klären, wie **artspezifisches Verhalten** organisiert ist. Ein Beispiel für diesen Ansatz sind die Flügelbewegungen, welche die Zirplaute und Triller im Balzgesang der männlichen Grille hervorrufen. Die Muster des Grillengesanges sind artspezifisch und weitgehend von Umweltfaktoren – außer der Temperatur – unabhängig. Darüber hinaus stehen die Lautmuster, die eine Art hervorbringt, in direkter Beziehung zum Muster der Aktionspotentiale (APs) in den Motoneuronen, welche die lautproduzierenden Muskeln kontrollieren. In einer vergleichenden Studie wurde die Lauterzeugung der Männchen zweier verwandter Arten untersucht. Die eine Art erzeugt nur einen kurzen Triller aus 2 Lautimpulsen, die andere einen langen Triller aus etwa 10 Pulsen. Die Triller der F1-Hybriden, also der Nachkommen aus der Kreuzung beider Arten, bestanden aus etwa 4 Impulsen. Rückkreuzungen mit dem Ziel, verschiedene genetische Kombinationen in der F2-Generation zu erhalten zeigten, daß das gesangmustergenerierende neuronale Netzwerk unter strenger genetischer Kontrolle steht. Es ist sogar präzise genug, um Details wie die exakte Zahl der APs zu den Zirpmuskeln festzulegen.

Ähnliche Experimente mit Vertebraten lassen erkennen, daß bei höheren Organismen ebenfalls einige Aspekte des Verhaltens genetisch kontrolliert werden und Hybride intermediäre Verhaltensformen zeigen. Sogar vergleichsweise komplexe Verhaltensmuster, die Mustererkennung und richtige Verhaltensantworten beinhalten, können genetisch kodiert sein. Die Fähigkeit, sich an Sternbildern zu orientieren, einschließlich der Zeitkorrektur für die Erdrotation ist z.B. bei einigen Vogelarten auch dann vorhanden, wenn die Tiere in geschlossenen Räumen geschlüpft und unter Reizentzug aufgezogen wurden. Unter diesen Bedingungen konnten die Vögel niemals durch Übung die korrekte Himmelsnavigation erlernen. Mindestens ein Teil der für die Orientierung nötigen Information ist folglich im genetischen Material festgelegt. Das Nervensystem des Vogels ist so programmiert, daß der Start in die richtige Himmelsrichtung erfolgt, wenn die entsprechenden visuellen Signale des nächtlichen Himmels angeboten werden.

Verhaltensmodifikationen

Alle „einfachen" und „höheren" Tiere zeigen genetisch programmiertes Verhalten. Das genetisch programmierte Verhalten dominiert bei Tieren mit einfachen Nervensystemen, aber selbst sehr einfache Organismen zeigen Ansätze, aus Erfahrung zu lernen. Neben den fest „verdrahteten" Verhaltensweisen besitzen vor allem die höheren Tiere die Fähigkeit, ihr Verhalten aufgrund von Lernprozessen zu ändern. Der relative Beitrag von Vererbung und Erfahrung variiert erheblich zwischen den Arten und den Verhaltensformen. Das Lernpotential ist um so größer, je komplexer das Nervensystem aufgebaut ist. Dieses Potential ermöglicht den Tieren nicht nur eine Abweichung von ihrem beschränkten Repertoire ererbter, fixierter Verhaltensmuster, sondern auch dessen Erweiterung.

Ohne tiefer in die Einzelheiten zu gehen erscheint es sinnvoll, zwischen nicht assoziativem und assoziativem Lernen (**Assoziationslernen**) zu unterscheiden. Beispiele für nicht assoziatives Lernen sind die **Habituation** (die Verhaltensantwort schwächt sich aufgrund von Reizwiederholung ab) und die **Sensibilisierung** (die Verhaltensantwort fällt bei Wiederholung bedrohlicher oder schmerzhafter Reize stärker aus). Das bekannteste Beispiel für assoziatives Lernen ist die von dem russischen Physiologen Iwan P. Pawlow (1906) erstmals beschriebene **klassische Konditionierung**. Diese besteht in der Ausbildung einer (erfahrungs-)bedingten Reaktion. Das ursprüngliche Experiment beruhte auf der zeitlichen Beziehung zwischen einem zunächst verhaltensneutralen Ton und der Fütterung eines Hundes (s. Box 15.**1**). Eine andere Form des assoziativen Lernens stellt die **instrumentelle** oder **operante Konditionierung** dar, als deren bekanntester Vertreter Burrhus F. Skinner, ein amerikanischer Psychologe, gilt. Die instrumentelle Konditionierung unterscheidet sich von der klassischen Konditionierung dadurch, daß hier nicht ein zunächst verhaltensneutraler Reiz an eine bereits vorhandene Reaktion gebunden wird, sondern daß eine neue Verhaltensweise mit der Verminderung eines Bedürfnisses (z.B. Stillen von Hunger oder Durst) assoziiert wird. Diese Verhaltensweise, z.B. eine einfache Rechts- oder Linksbewegung, das Picken nach einer Scheibe oder das Drücken einer Hebeltaste, muß zunächst spontan auftreten. Folgt einer solchen Bewegung mehrfach eine Belohnung, etwa ein Futterkorn, so assoziiert das Tier die Bewegung mit der Belohnung, und die betreffende Verhaltensweise wird in entsprechenden Situationen vermehrt ausgeführt werden. Die Schule der Behavioristen (Verhaltenspsychologen) betont, daß ein großer Teil des tierischen und menschlichen Verhaltens auf solchen Konditionierungsphänomenen beruhe.

Eines der herausragenden Ziele der neurobiologischen Forschung ist die Aufklärung der zellulären Mechanismen, die zu vorübergehenden und dauerhaften Änderungen in der neuronalen Funktion nach vorhergehender Erfahrung führen. Wie man annimmt, stellen solche Änderungen die Grundlage des nicht assoziativen und des assoziativen Lernens dar. Sollten wir lernen, wie eine Erfahrung die Funktion individueller Neurone, Synapsen und einfacher neuronaler Schaltkreise modifiziert, beginnen wir vielleicht zu verstehen, wie das Gehirn lernt und sich erinnert.

Die uns vertrautesten und ausführlichsten Arbeiten zum zellulären Mechanismus des Lernens wurden an der marinen Schnecke *Aplysia californica* durchgeführt. Dieser Seehase war lange Zeit der Favorit für zelluläre Untersuchungen des Nervensystems, da er sog. „Riesenneurone" besitzt. Viele dieser Riesenneurone lassen sich von einer Präparation zur anderen leicht identifizieren. Dies ist von großem Vorteil für die Durchführung von Lernstudien. Eine Gruppe von Neurowissenschaftlern an der Columbia Universität unter der Leitung von Eric Kandel versuchte mit einem breit angelegten Versuchsansatz, die zellulären Mechanismen der neuronalen Plastizität von *Aplysia* aufzuklären. Wir werden hier nur einen kleinen Ausschnitt dieser Arbeiten zur neuronalen Funktion betrachten, die an den Verhaltensänderungen beteiligt zu sein scheinen.

Zentraler Punkt dieser Untersuchungen war der Kiemen-Rückziehreflex und die Aufklärung der daran beteiligten neuronalen Strukturen. Dieser Reflex, ein sehr einfaches Verhalten, besteht in einem reflektorischen Zurückziehen der Kieme in die Mantelhöhle als Antwort auf eine mechanische Reizung des Siphons. Aufgrund von Erfahrung wird dieses Verhalten modifiziert. Wiederholte Reizung des Siphons führt zu einer Habituation: jede Berührung des Siphons führt zu einem zunehmend abgeschwächten Zurückziehen der Kieme. Wird jedoch ein schmerzhafter Reiz, etwa ein elektrischer Schock, angebracht, erfolgt eine Sensibilisierung: eine erneute Berührung führt zu einem stärkeren Zurückziehen als vor der schmerzhaften Reizung.

Physiologische Untersuchungen ließen im Abdominalganglion von *Aplysia* eine Neuronengruppe erkennen, die für das Zurückziehen der Kieme zuständig ist. Die Berührung des Siphons aktiviert eine Population von 24 mechanosensorischen Neuronen, welche mit sechs Motoneuronen exzitatorisch synaptisch verknüpft sind, sowie mit einer kleinen Anzahl von Interneuronen, die letztendlich ebenfalls mit den Motoneuronen Synapsen bilden. Die kombinierte Wirkung der direkten und indirekten exzitatorischen Verbindungen zwischen den sensorischen und motorischen Neuronen führt dazu, daß die Motoneurone durch eine taktile Berührung des Siphons erregt werden. Die Erregung der Motoneurone führt zur Erregung der Muskelzellen innerhalb der Kieme und damit zur Kontraktion.

Vorausgesetzt, diese Neurone vermitteln das Zurückziehen der Kieme, wie werden dann die Eigenschaften dieser einfachen Verschaltung durch Erfahrung so verändert, daß eine Verhaltensänderung hervorgerufen wird? Ist *Aplysia* Gewöhnungsreizen ausgesetzt, wird die Informationsübertragung an den erregenden Synapsen zwischen dem sensorischen und dem motorischen Neuron vermindert. Ganz entsprechend führt die wiederholte Reizung sensorischer Neurone an isolierten Abdominalganglien zu einer Reduktion der Informationsübertragung an dieser Synapse. Diese Wirkungen beruhen auf einer Transmitterfreisetzung aus den präsynaptischen sensorischen Neuronen; dies bedeutet, daß die Habituation auf einer synaptischen Unterdrückung beruht. Andererseits könnte die Sensibilisierung die Folge einer vermehrten synaptischen Übertragung am selben Neuron sein. Sensibilisierende Reize aktivieren Interneurone, die mit sensorischen Neuronen synaptisch verknüpft sind. Die Aktivierung dieser Neurone erhöht die Übertragung an der sensomotorischen Synapse aufgrund einer heterosynaptischen Bahnung (s. Abb. 6.**50**).

Am Beispiel von *Aplysia* läßt sich – zumindest in Ansätzen – auch das Phänomen Gedächtnis bearbeiten. **Gedächtnis**, d.h. die Fähigkeit, Informationen über vorausgegangene Ereignisse zu speichern und abzurufen, ist für Lernprozesse notwendig. Wie dargestellt, kann die synaptische Plastizität die Grundlage von einfachen Lern- und Kurzzeit-Gedächtnisprozessen sein. Über die Übertragung von Informationen aus dem Kurzzeit- in den Langzeitspeicher und die Mechanismen des Langzeitgedächtnisses ist nur sehr wenig bekannt. Verschiedene Befunde lassen vermuten, daß bei Vertebraten Änderungen in der Struktur von Synapsen und im Muster von dendritischen Verzweigungen für die Ausbildung des Langzeitgedächtnisses wichtig sind. Möglicherweise könnten Second messenger (Ca^{2+}, cAMP) das Bindeglied zwischen beiden Speicherformen darstellen. Sie könnten zur Auslösung lokaler zellulärer Änderungen beitragen, die beim Kurzzeitgedächtnis wichtig sind; sie könnten aber auch als molekulares Bindeglied in die Proteinsynthese eingreifen. Eine enge Beziehung zwischen Proteinsynthese und Langzeitgedächtnis gilt als gesichert.

Zusammenfassend läßt sich festhalten, daß die Untersuchung einfacher Verhaltensweisen, wie sie durch das Nervensystem von *Aplysia* und anderen Organismen hervorgebracht werden, wichtige Erkenntnisse über die Änderungen neuronaler Funktionen und damit bedingter Verhaltensänderungen erbracht haben. Solche Untersuchungen führten zu Modellvorstellungen, die sich bei der Bearbeitung ähnlicher Fragen an komplexeren Nervensystemen als hilfreich erweisen und letztendlich zum Verständnis von Lernen und Gedächtnis beitragen könnten.

Orientierung und Navigation

Viele Tiere bewegen sich vorhersagbar in bezug auf spezifische Reize; ein solches Verhalten wird **Orientierung** genannt. Jede Orientierung erfordert die Integration sensorischer Inputs und die Koordination motorischer Outputs. Orientierung hängt also ab von den Eigenschaften der sensorischen Rezeptorneurone, den Verbindungen innerhalb des ZNS und den Muskeln, die den Körper bewegen. Selbst einfache Organismen sind zu diesem komplexen Verhalten fähig. Wir betrachten verschiedene Beispiele für Orientierung und Navigation, um einige der Mechanismen zu erläutern, die diesem Verhalten zugrunde liegen.

Taxien und Korrekturreaktionen

In feuchtwarmen Gegenden sind Schaben, die auch in menschliche Wohnbereiche eindringen, keine Seltenheit. Diese nachtaktiven Insekten flüchten sofort in dunkle Verstecke, wenn z. B. das Küchenlicht angeht. Bei diesem Fluchtverhalten handelt es sich um eine Taxis – eine verhältnismäßig variable, von Außenreizen abhängige Verhaltensweise, von denen sie nicht nur in Gang gesetzt, sondern auch während ihres Ablaufs ständig gesteuert wird. Sich verstekkende Schaben bewegen sich vom Licht weg, was als **negative Phototaxis** bezeichnet wird (Abb. 11.51 A). Ein Tier, das sich dem Licht zuwendet, zeigt eine **positive Phototaxis**. Schon 1918 vermutete Jacques Loeb, daß derart einfache Taxisbewegungen von einer asymmetrischen motorischen Aktivierung herrühren, die durch asymmetrische sensorische Inputs verursacht wird. Nach dieser Überlegung tritt eine negative Phototaxis dann auf, wenn Licht, das auf ein Auge fällt, eine starke ipsilaterale motorische Antwort auslöst (d. h. auf derselben Körperseite wie das Auge) und sich das Tier dann von der Lichtquelle wegdreht. Ei-

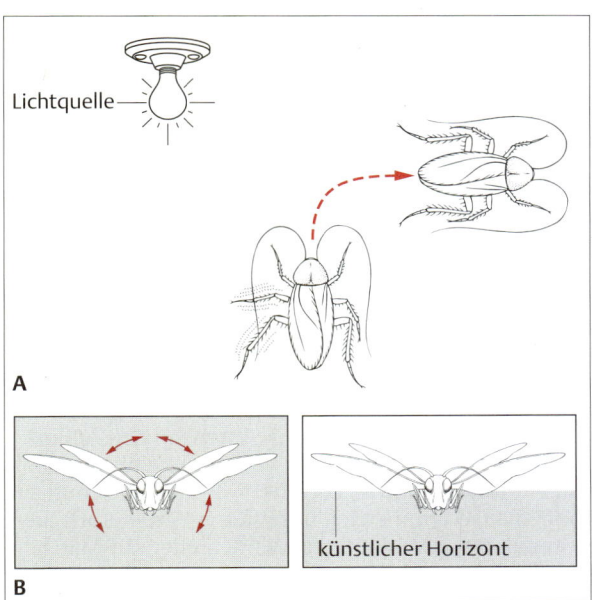

Abb. 11.51 Sensorische Informationen steuern das Verhalten. A Eine Schabe rennt von einer Lichtquelle weg (negative Phototaxis). **B** Eine angebundene Heuschrecke, die im Dunkeln fliegt, rotiert normalerweise um ihre Längsachse. Ein künstlicher Horizont stabilisiert die Körperposition, weil der visuelle Input den motorischen Output zur Flugmuskulatur moduliert.

ne positive Phototaxis liegt vor, wenn der auf das Auge auftreffende Lichtreiz eine kontralaterale (auf der gegenüber liegenden Körperseite) lokomotorische Antwort bewirkt. Das Tier bewegt sich dann zur Lichtquelle hin. Diese Hypothese wurde bestätigt: Auf einem Auge erblindete, positiv phototaktische Tiere orientieren sich so, daß das intakte Auge von der Lichtquelle wegzeigt. Dieses Konzept des sensomotorischen Servosystems scheint für eine Vielzahl von Orientierungsreaktionen – zum Reiz hin oder von ihm weg – zu gelten, z. B. bei Licht-, Hitze-, Geruch-, Schall- oder Schwerkraftreizen.

Die Sinnesinformation wird weiterhin dazu benutzt, strukturelle oder funktionelle Asymmetrien von zentralen Mustergeneratoren oder von Strukturen (Flügel, Beine, Flossen usw.), welche die Lokomotion beeinflussen, auszugleichen. Eine Wanderheuschrecke fliegt auch dann weiterhin in einer geraden Linie, wenn einer ihrer vier Flügel teilweise oder ganz entfernt wird, vorausgesetzt, sie kann ihre Augen zur Orientierung einsetzen. Im Dunkeln wird sich eine angebundene, ansonsten intakte Heuschrecke um ihre Längsachse drehen, wenn man sie zum Fliegen bringt. Die Drehung ist auf eine leichte Asymmetrie der Flügel und der im Nervensystem gebildeten motorischen Outputs zurückzuführen.

Bietet man der Heuschrecke einen optischen Anhaltspunkt, beispielsweise einen künstlichen Horizont (Abb. 11.51 B), hört die Drehbewegung auf. Diese Stabilisierung beruht auf der Korrektur der motorischen Outputs, die an die Flügel gesendet werden. Visuelle Inputs übermitteln Informationen an den zentralen Flugmotor, der daraufhin die relativen Outputs an die linke und rechte Flugmuskulatur so reguliert, daß die Horizontalebene eingehalten werden kann.

Wie wichtig die sensorische Rückkopplung für die Korrektur der Orientierung und Fortbewegung auch beim Menschen ist, bestätigt sich in unserer täglichen Erfahrung. Wie in Kap. 1 geschildert, führt der Fahrer eines Wagens ständig kleine Lenkkorrekturen aus: Seine Augen sind die Sensoren eines Rückkopplungssystems, welches sein neuromuskuläres System an den Lenkmechanismus des Autos koppelt und jegliche Abweichung von der Fahrbahnmitte korrigiert; diese Abweichungen können auf Asymmetrien in seinem neuromotorischen System, aber auch auf Seitenwinden oder auf Mängeln der Straße oder des Wagens beruhen. Im Zusammenhang damit steht die Tatsache, daß Menschen mit verbundenen Augen, die auf einem offenen flachen Feld laufen oder fahren, einen mehr oder weniger runden Kurs einhalten, wobei die Größe des durchschnittlichen Radius und die Richtung (nach links oder rechts) individuell verschieden sind. Einen ähnlichen Hang, im Kreis zu laufen, finden wir bei Tieren auf allen phylogenetischen Ebenen. Optische und andere exterorezeptive Rückkopplungsmechanismen kompensieren solche angeborenen lokomotorischen Abweichungen, die vermutlich auf angeborenen Asymmetrien im neuromotorischen System zurückzuführen sind.

Vibrationsorientierung

Viele Tiere orten ihre Beute durch Erschütterungen, die von der Beute im Substrat verursacht werden. So werden beispielsweise Spinnen durch die von einer ins Netz geratenen Beute ausgelösten Vibrationen der Spinnfäden alarmiert. Diese Vibrationen nimmt sie mit in ihren Beinen lokalisierten Mechanorezeptoren wahr. Die nachtaktiven wüstenbewohnenden Skorpione – eine andere Gruppe der Spinnentiere – sind in der Lage, die von einem Beutetier verursachten Vibrationen des Sandbodens zur Lokalisation der Beute über eine Entfernung von ca. 50 cm auszunutzen. Bis zu einer Entfernung von ca. 15 cm kann ein Skorpion die Entfernung und Richtung einer Vibrationsquelle genau bestimmen. Skorpione besitzen außer den typischen mechanorezeptorischen Sensillen an jedem der acht Beine noch ein besonders empfindliches Spaltsinnesorgan, einen **Vibrationsrezeptor** (basitarsaler Vibrationsrezeptor; Abb. 11.52 A). Mit Hilfe einer geeichten mechanischen Vorrichtung zur Auslenkung der Beine ließ sich zeigen, daß dieser Rezeptor auf eine durch sandgetragene Vibrationswellen verursachte Auslenkung des Tarsalsegmentes von weniger als 0,1 nm steuert.

Zur genauen Orientierung auf eine Vibrationsquelle hin hält der Skorpion mit allen acht Beinen eine genau angeordnete Kreisbahn auf dem Substrat ein (Abb. 11.52 B). Das Bein, das der Vibrationsquelle am nächsten ist, wird als erstes die über das Substrat laufenden Vibrationswellen registrieren. Zentrale Neurone erhalten die aus den Rezeptoren eintreffenden Informationen und scheinen die zeitliche Abfolge der Inputs aus den Vibrationsrezeptoren aller Beine zu verrechnen.

Um eine Orientierungsreaktion generieren zu können, scheint das Nervensystem die Richtung der Vibrationsquelle aus der zeitlichen Abfolge der APs aus den Vibrationsrezeptoren aller Beine zu bestimmen. Die Beine, die der Reizquelle am nächsten sind, empfangen die Schwingungen um etwa 1 ms früher als die auf der anderen Seite (Vibrationsschwingungen breiten sich im Sand mit einer Geschwindigkeit von 40–50 m/s aus). Durch Integration der Verzögerungen der APs aus den verschiedenen Beinen errechnet das ZNS offensichtlich die Richtung der Reizquelle und erzeugt daraufhin die entsprechende motorische Antwort für die Orientierungsreaktion (Abb. 11.52 C).

Viele wasserbewohnende Organismen können sich relativ zu Schwingungsreizen orientieren. Einige an der Wasseroberfläche schwimmende Insekten, sowie viele Fische und Amphibien erkennen die Reflexion von Wellen, die durch ihre eigenen Schwimmbewegungen erzeugt und von Hindernissen zurückgeworfen werden. Fische und Amphibien detektieren diese reflektierten Wellen mit ihrem Seitenliniensystem (s. Kap. 7). Einige Säuger und Vögel nutzen ebenfalls das Prinzip, sich mit Hilfe reflektierter Wellen zu orientieren; sie stoßen **Ultraschallaute** aus und detektieren die zurückgeworfenen Echos mittels der Haarzellen ihrer Ohren. Bei diesem spezialisierten Orientierungsverhalten handelt es sich um Echoortung.

Echoortung

Die hochgradig verfeinerten Hörmechanismen bei Säugern und Vögeln führten bei einigen Arten zur Entwicklung einer bemerkenswerten Form akustischer Orientierung: Die zurückgeworfenen Echos ausgestoßener hochfrequenter Lautimpulse werden benutzt, um Richtung, Entfernung, Größe und Beschaffenheit von Objekten in der Umgebung zu erkunden. Dieser sonarähnliche Einsatz akustischer Signale – er wird **Echoortung** genannt – ist am höchsten in zwei Säugetiergruppen entwickelt: bei den *Microchiroptera* (Fledermäusen) und bei bestimmten *Cetacea*, insbesondere bei Tümm-

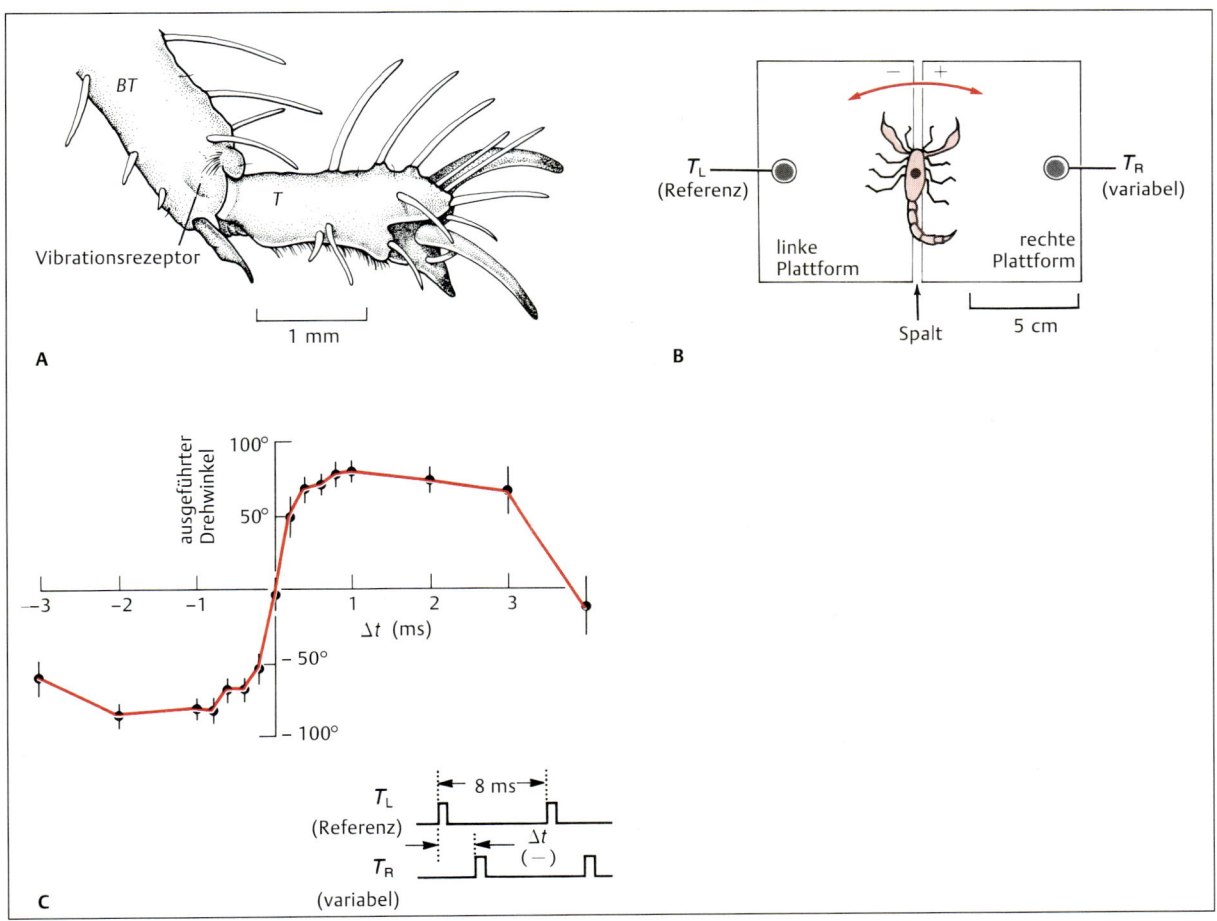

Abb. 11.52 Vibrationsrezeption beim Skorpion. Sensorische Rezeptoren an den Beinen von Wüstenskorpionen registrieren Vibrationen, die von potentiellen Beutetieren erzeugt und über den Sand weitergeleitet werden. Zentrale Neurone verarbeiten die Zeitdifferenzen, mit denen die Vibrationen alle acht Beine erreichen, und erzeugen motorische Antworten, die den Skorpion veranlassen, sich zur Quelle der Erschütterung hinzuwenden. **A** Lage des Vibrationsrezeptors. BT = Basitarsus, T = Tarsus. **B** Versuchsaufbau, um den Zeitpunkt der sensorischen Inputs an den Vibrationsempfängern zu beeinflussen (T_L und T_R stehen für rechte und linke Schwingungserzeuger). **C** Beziehung zwischen der Zeit, die verstreicht, bis der sensorische Input aus den verschiedenen Beinen im ZNS ankommt und dem Winkel, der vom Skorpion eingenommen wird. Der Skorpion dreht sich zu dem Bein, an dem der Reiz zuerst ankam (nach Brownell u. Farley, 1979a, b).

lern und Delphinen. Bei den Vögeln scheinen nur asiatische Salangen (*Collocalia*) und südamerikanische Fettschwalme (*Steatomis*) die Echoortung zu benutzen, indem sie hörbare Zungenklicks produzieren.

Die Entdeckung, daß Fledermäuse die Echoortung benutzen, wurde gegen Ende des 18. Jahrhunderts gemacht. Zu jener Zeit wunderte sich der italienische Naturforscher Lassaro Spallanzani darüber, daß Fledermäuse auch bei totaler Dunkelheit in der Luft befindliche Hindernisse umfliegen konnten, seine zahme Eule jedoch zumindest einen schwachen Lichtschimmer benötigte. Nach einigen Fehlversuchen gelang es ihm, eine Veröffentlichung des Schweizer Chirurgen Louis Jurine zu bestätigen, in der dargestellt wurde, daß der Verschluß der Ohren die Orientierungsfähigkeit einer Fledermaus im Dunkel beeinträchtigt. Wie Spallanzani weiterhin feststellte, fanden selbst geblendete Fledermäuse den Weg zu ihren Schlafplätzen im Glockenturm der Kathedrale von Pavia. Er beobachtete auch, daß diese blinden Fledermäuse recht erfolgreich Insekten fingen. Bei der Sektion solcher Fledermäuse zeigte sich, daß ihre Mägen mit Insekten gefüllt waren. Zu dieser Zeit wußte man wenig über die Physik von Geräuschen und Spallanzani übersah die Möglichkeit, daß die Fledermäuse selbst möglicherweise für den Menschen unhörbare Töne ausstoßen könnten. Er kam vielmehr zu dem Fehlschluß, daß Fledermäuse mit Hilfe der Echos navigieren, die durch die Geräusche ihres eigenen Flügelschlags erzeugt werden, und ihre Beute durch das Gebrumm der Insektenflügel lokalisieren.

Erst 1938 konnten Donald Griffin und Robert Galambos, zwei Studenten in Harvard, mit kurz zuvor entwickelten akustischen Geräten nachweisen, daß Fledermäuse Ultraschallrufe ausstoßen und deren Echos zum „Sehen im Dunkeln" (Abb. 11.53) nutzen. Weitere von Griffin und seinen Mitarbeitern durchgeführte Studien erbrachten Einblicke in die phänomenale Fähigkeit zur Echoortung insektivorer Fledermäusen. Wie filmische Hochgeschwindigkeitsaufnahmen erkennen lassen, fangen Fledermäuse innerhalb von etwa 0,5 s zweimal erfolgreich Moskitos oder Fruchtfliegen. Auf Trinidad entdeckte man eine fischfressende Fledermausart. Diese Art lokalisiert ihre im Wasser befindliche Beute an den kleinen Oberflächenwellen, die von dem dicht unter der Oberfläche schwimmenden Fisch erzeugt werden.

Der Insektenfang der Fledermäuse läßt sich in drei akustische Orientierungsphasen einteilen (Abb. 11.53 B). Bei der Fledermausart *Myotis lucifugus* werden bei der Normalflugphase, dem Geradeausfliegen, etwa ein Dutzend gepulster Laute ausgestoßen, die von stillen Perioden von zumindest 50 ms Dauer unterbrochen werden. Jeder Lautimpuls ist **frequenzmoduliert** (FM) und durchläuft ein Frequenzspektrum von etwa einer Oktave, das zwischen 20 kHz und 100 kHz liegt (wir Menschen hören oberhalb 20 kHz nichts und sprechen daher von Ultraschall). Die zweite Lautemissionsphase beginnt, sobald die Fledermaus ein Beuteobjekt wahrgenommen hat. In dieser Phase werden die Laute in kürzeren Intervallen ausgestoßen, wobei bis zu 100 Laute pro Sekunde auftreten. Die dritte und letzte Phase besteht aus einer fast summenden Lautemission, während der die Intervalle kürzer als 10 ms werden, die Impulsdauer auf etwa 0,5 ms verkürzt wird und die Lautfrequenzen auf ungefähr 25–30 kHz abfallen. Schließlich schaufelt die Fledermaus das Insekt mit den Flügeln oder mit der zwischen den Hinterbeinen befindlichen Haut herauf und führt den Leckerbissen zum Maul.

Die von der Fledermaus ausgestoßenen Laute sind außerordentlich energiereich und erreichen in der Nähe des Mauls Intensitäten von mehr als 120 dB Schalldruck. Die Intensität eines solchen Lautes entspricht der eines startenden Düsenflugzeuges, das in 100 m Höhe vorüberfliegt, und ist 20mal intensiver als das Geräusch eines wenige Meter entfernten Preßlufthammers. Trotz-

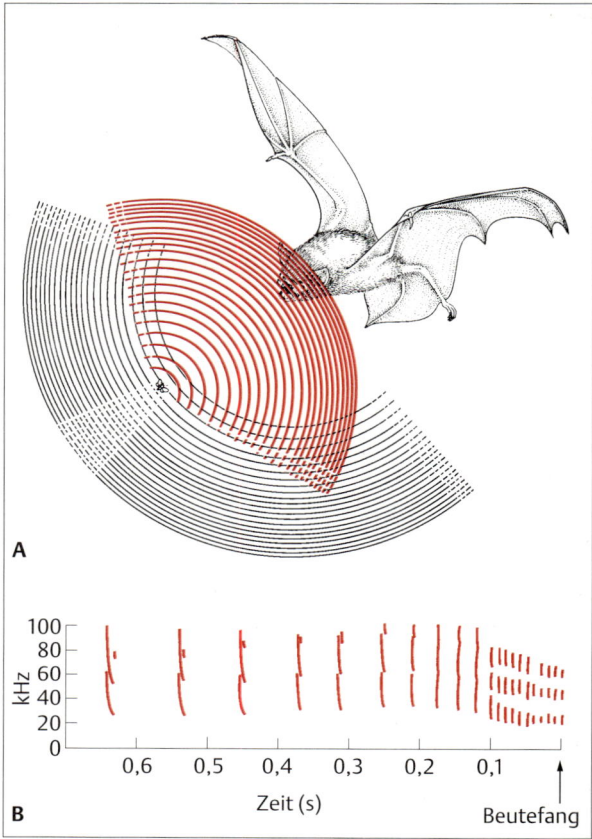

Abb. 11.53 Fledermäuse jagen mit Hilfe der Echoortung. **A** Darstellung der Kleinen Braunen Fledermaus (*Myotis lucifugus*) mit ihren speziellen Strukturen an der Schnauze und den Ohrmuscheln. Die Echolaute sind frequenzmoduliert; Laute mit hoher Frequenz (geringer Wellenlänge) werden zuerst ausgestoßen und sind daher am weitesten von der Schallquelle entfernt. Der Abstand zwischen den Schallinien bezeichnet die sich ändernde Wellenlänge der ausgestoßenen und zurückgeworfenen Laute. Nur ein winziger Teil der ausgesandten Töne (schwarze Wellen) wird zur Fledermaus zurückgeworfen (rote Wellen), und wiederum nur ein kleiner Teil von diesen wird von der Fledermaus aufgefangen. Die Laute werden pulsartig ausgestoßen, d.h. die Fledermaus sendet und empfängt zu verschiedenen Zeiten. **B** Drei Phasen der Echoortung bei der Verfolgung eines Insektes durch die Fledermaus *Eptesicus*. Zu Beginn sind die Rufe zeitlich deutlich getrennt und streichen abwärts von 100 Hz bis etwa 40 Hz. Entdeckt die Fledermaus ein Insekt, werden die Töne häufiger, decken aber immer noch den gleichen Frequenzbereich ab. Im Nahbereich werden die Rufe zu einem Summen mit sehr kurzen Abständen zwischen den Rufen und einem verkleinerten Frequenzbereich (B nach Simmons u. Mitarb. 1979).

dem ist die von einem kleinen Objekt als Echo zurückgeworfene Energie sehr schwach, da die Lautenergie – wie andere Strahlungsenergien auch – mit dem Quadrat der Entfernung abnimmt. Da diese Beziehung sowohl für den Schrei als auch für den geringen Bruchteil der von einem kleinen Objekt zurückgeworfenen Energie gilt, wird die Fledermaus mit einer gewaltigen neuralen Aufgabe konfrontiert: Sie muß die sehr schwachen und komplexen Echos aus den weitaus energiereicheren ausgestoßenen Lauten herausdifferenzieren.

Eine Reihe morphologischer und neuraler Modifikationen bei echolokalisierenden Fledermäusen trägt zu diesen beeindruckenden Fähigkeiten bei. So zeigt die Schnauze komplexe Faltungen; der Abstand zwischen den beiden Nasenlöchern ist so gestaltet, daß eine Megaphonwirkung erzielt wird. Die Ohrmuscheln sind zum Auffangen der Echos stark vergrößert; das Trommelfell und die Gehörknöchelchen sind besonders klein und leicht und dadurch an hochfrequente Laute gut angepaßt. Die Kontraktion der Gehörknöchelchenmuskulatur während einer Lautemission vermindert kurzfristig die Empfindlichkeit, was ein Charakteristikum des Säugerohres darstellt. Die direkte Lautübertragung vom Maul zum Innenohr wird durch einen Blutsinus sowie durch Binde- und Fettgewebe vermindert, die das Innenohr gegen den Schädel isolieren. Es überrascht nicht, daß die Hörzentren des Gehirns im Vergleich zum Gesamthirn deutlich vergrößert sind. Viele Bereiche des Fledermausgehirns empfangen auditorische Signale, die sie zu einem räumlichen Bild ihrer Umwelt verarbeiten. Ähnliche Verarbeitungsmechanismen für auditorische Signale fanden sich, wie bereits berichtet, auch im Gehirn der Eulen (s. Abb. 11.**40**).

Tierische Navigation

Die Fähigkeit bestimmter Tierarten, über weite Entfernungen zu navigieren, ist außerordentlich eindrucksvoll. Viele Tiere, vom Monarchfalter bis zum Goldregenpfeifer und zu Grauwalen, wandern über lange Strecken durch unbekannte Regionen. Die Navigationsfähigkeiten der Tiere sind von einem geheimnisvollen Hauch umgeben, da unser Wissen über die Merkmale, die sie zur Richtungswahrnehmung heranziehen, noch sehr unzureichend ist. Die langsame Enträtselung dieser Fähigkeiten beruht auf der großen Anzahl verschiedener sensorischer Systeme, die ein Tier zur Navigation heranziehen kann, wobei eines oder mehrere Systeme dominieren können, wenn die Bedingungen für die übrigen weniger günstig sind. Diese Mannigfaltigkeit an Systemen macht kontrollierte Experimente, welche die Untersuchung einer einzigen Variablen erlauben, äußerst schwierig. So benutzen z.B. Vögel zum Heimfinden und Navigieren in unterschiedlichem Maße Landmarken, polarisiertes Licht, Düfte, Geräusche, den Sonnenstand sowie Sternpositionen und sogar das Magnetfeld der Erde.

Kompaßuhren: Es war das Verdienst des großen, in Österreich geborenen Zoologen und späteren Nobelpreisträgers Karl von Frisch, den inzwischen berühmt gewordenen Schwänzeltanz der Bienen (Abb. 11.**54**) zu entdecken und zu beschreiben (1965). Hat eine Kundschafterin eine lohnende Futterquelle gefunden, teilt sie deren Richtung und Entfernung den Stockgenossinnen mit diesem Tanz mit. Die Tatsache, daß die Verhüllung der Sonne durch Wolken die Orientierung nicht stört, führte zu der erstaunlichen Entdeckung, daß Bienen den jeweiligen Stand der Sonne aus der Polarisationsebene des blauen Himmelslichtes „errechnen" können. Um der Richtung vom Bienenstock zur Futterquelle zu folgen, benutzen Bienen demnach die Sonnenstellung und das Muster des polarisierten Himmelslichtes.

Bestimmte Vogelarten navigieren ohne Landmarken über den Ozean. Einige in der Nacht ziehende Arten, wie z.B. die Gartengrasmücke, orientieren sich, wenn sie in einem Planetarium dem Nachthimmel ausgesetzt werden, anhand bestimmter Sternkonstellationen. Wenn die Nacht fortschreitet und sich die projizierte Konstellation über die Wölbung weiterbewegt, um die Erdrotation nachzuahmen, so orientieren sich die Vögel in der „richtigen" Richtung im Hinblick auf den projizierten Himmel. Sie kompensieren kontinuierlich die zeitabhängigen Lageveränderungen der Sternkonstellation bezüglich der Erdachse. Bei willkürlichen Lageänderungen des projizierten Himmels änderten die Vögel ihre Orientierung entsprechend. Es sieht demnach so aus, als ob Vögel, Bienen und andere Tiere, die nach Himmelsmerkmalen navigieren, sich auf **innere Uhren** beziehen, um die relativ zu den Himmelsmerkmalen erfolgende Erdrotation auszugleichen. Die kaum verstandenen Mechanismen der zeitkompensierten Orientierung in bezug auf Himmelsmerkmale werden als **Kompaßuhr** bezeichnet; von der zugrundeliegenden Physiologie weiß man kaum etwas. Wird ein Vogel oder eine Biene einem Tag-Nacht-Programm ausgesetzt, wobei die simulierte „Morgen-" und die „Abenddämmerung" um einige Stunden verschoben ist, so werden sie die falsche Zeit in ihre innere Kompaßuhr mit einbeziehen und sich mit einer Kompaßabweichung orientieren, die der künstlichen Phasenverschiebung im Tag-Nacht-Wechsel entspricht (Abb. 11.**55**).

Geomagnetismus: Seit langer Zeit vermutete man, daß einige Tiere das Magnetfeld der Erde zur Orientierung und Navigation benützen. Verschiedene neuere Befunde unterstützen diese Vermutung, auch wenn die Diskussion darüber noch nicht abgeschlossen ist. So finden

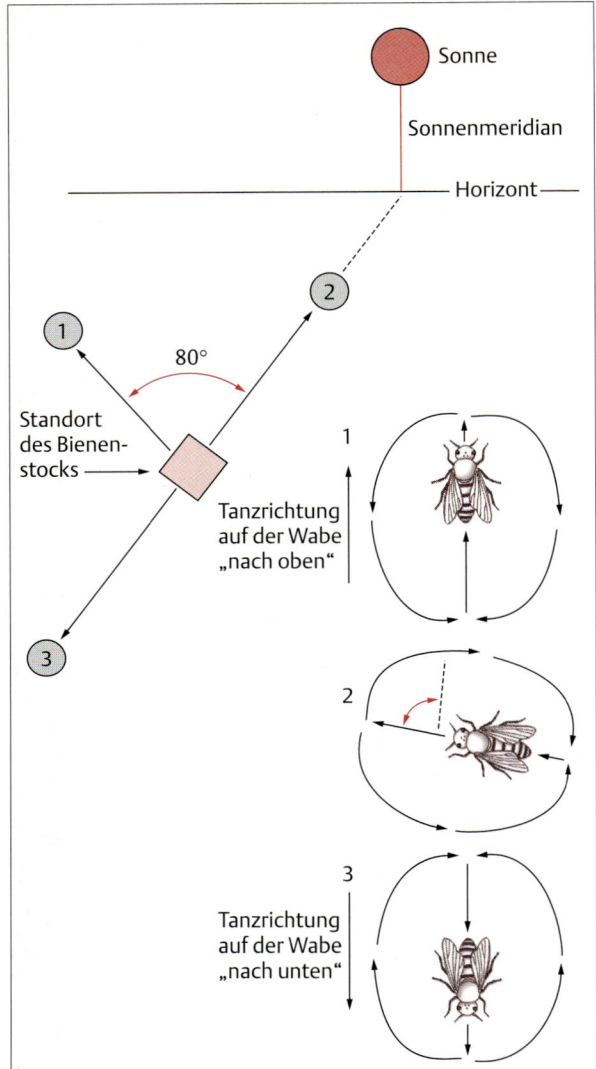

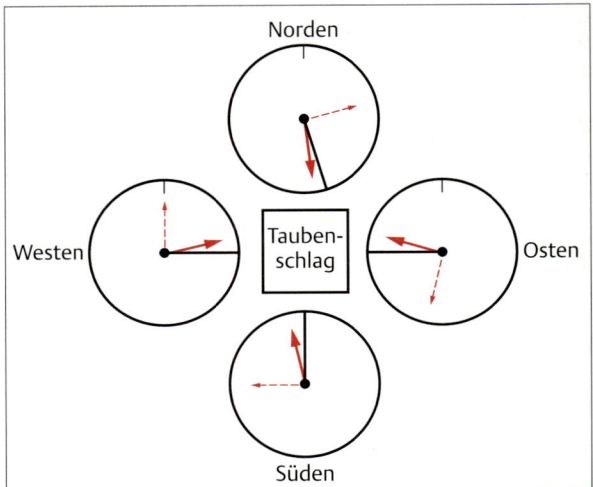

Abb. 11.54 Tanz der Bienen. Diese Insekten können die Information über die relative Position einer Futterquelle zum Stock verschlüsseln, indem sie die Richtung der Quelle relativ zur Sonne angeben. Bei diesem Versuch wurden drei Futterquellen (1–3) an verschiedenen Stellen plaziert. Suchbienen, die eine Futterquelle finden, geben die Richtung relativ zum Stock dadurch an, daß sie in entsprechendem Winkel an der Vertikalwand des Stockes tanzen. Die Richtung des geraden Stücks ihres Tanzes gibt die Richtung der Futterquelle relativ zur Sonne an (nach Camhi, 1984).

Abb. 11.55 Die Kompaßuhr heimkehrender Brieftauben wird durch Änderung des Hell-Dunkel-Zyklus verstellt. Brieftauben wurden darauf trainiert, aus vier Richtungen heimzukehren. Dann wurde die Hälfte der Tauben einem künstlichen, um 6 h vorgestellten Lichtzyklus ausgesetzt. Ließ man die „zeitverschobenen" Tauben von den vier Auflaßorten frei, dann flogen sie in eine Richtung ab, die gegenüber der korrekten um 90° gegen den Uhrzeigersinn verschoben war. Die dicke schwarze Linie gibt die Richtung zum Taubenschlag an. Der durchgezogene rote Pfeil gibt die durchschnittliche Richtung an, welche die Tauben bei normalem Tag-Nacht-Zyklus einschlagen; der gestrichelte rote Pfeil gibt die Richtung an, welche die zeitverschobenen Tauben wählten (nach Camhi, 1984).

Brieftauben auch dann nach Hause, wenn alle ihnen vertrauten Landmarken vorenthalten werden und der Himmel völlig bedeckt ist. Nach einer kurzen Orientierungsphase – sie kreisen mehrere Minuten – ziehen die Vögel dann in die Heimatrichtung. Sie werden jedoch desorientiert, wenn man an ihren Köpfen kleine Magnete anbringt. Entsprechendes geschieht, wenn man sie in Transportkisten, die gegen das Magnetfeld abgeschirmt sind, an einen Auflaßpunkt bringt und fliegen läßt. Auch örtliche magnetische Abnormalitäten, wie sie z.B. durch Eisenablagerungen auftreten können, führen bei aufgelassenen Brieftauben zu Orientierungsstörungen.

Der Höhlensalamander *Eurycea* findet bei totaler Dunkelheit seinen Weg „nach Hause". Ob er dazu ein Magnetfeld benutzt, wurde im Labor überprüft. Das Tier wurde dazu zunächst auf ein bestimmtes Magnetfeld dressiert. In der Testsituation bot man ihm verschiedene gekreuzte Wege an, auf die jeweils unterschiedliche Magnetfelder wirkten. Wie sich herausstellte, orientiert sich diese Art tatsächlich am Magnetfeld. Aus zwei Gründen ist diese Entdeckung bedeutsam: (1) Der Salamander scheint das Magnetfeld der Erde direkt wahrzunehmen, da er sich (im Vergleich zu einem Vogel) nur sehr langsam bewegt; eine indirekte Magnetfeld-Wahrnehmung über elektrische Ströme, die innerhalb des Tieres als Folge einer schnellen Bewegung durch das

Magnetfeld erzeugt werden, scheidet für den Salamander aus. (2) Da sich der Salamander durch Luft und nicht durch Wasser bewegt, kann der elektrische Strom, der durch die Wasserbewegung in einem Magnetfeld entsteht, nicht der direkte Orientierungsparameter sein, auch wenn dies bei einigen Fischarten der Fall ist (s. S. 269).

Kann ein Tier das Magnetfeld direkt wahrnehmen? Im Augenblick läßt sich diese Frage nicht mit Sicherheit beantworten. Bei Tauben fand man jedoch zwischen Gehirn und Schädel eine kleine schwarze Struktur, die magnetisches Material biologischen Ursprungs, **Magnetit**, enthält. Pelagische Wale, die sich nach den magnetischen Feldlinien der Erde orientieren, enthalten in ihrem Cerebralcortex ebenfalls Areale mit Magnetit. Das unglückliche Stranden von Walen an ihnen unbekannten Stränden hängt wahrscheinlich mit geomagnetischen Störungen in den betroffenen Gebieten zusammen.

Inzwischen fand man auch bei bestimmten Mollusken, Bienen und „Schlammbakterien" Magnetit. Das Vorhandensein von Magnetit könnte auf eine sensorische Funktion bei der Wahrnehmung magnetischer Feldlinien hinweisen; Rezeptorzellen, die magnetische Signale in neuronale Signale übertragen, wurden bisher jedoch nicht gefunden. Bienen zeigen Verhaltensweisen, die erkennen lassen, daß sie das Magnetfeld der Erde wahrnehmen können; ähnliches wird auch von Schlammbakterien berichtet. Schlammbakterien der nördlichen Halbkugel orientieren sich zum magnetischen Nordpol, während sich die der südlichen Halbkugel zum magnetischen Südpol orientieren. Diese Fähigkeit beruht auf intrazellulären magnetischen Partikeln. Sie ermöglichen es den Bakterien, dem Winkel, mit denen die Magnetfeldlinien an ihrer Position in die Erde eintreten, zu folgen und tiefer in den Schlamm vorzudringen.

Der amerikanische Aal (Anguilla rostrata) demonstriert eine andere Möglichkeit, wie marine Organismen mit Hilfe des Geomagnetismus navigieren können. Die Larven dieser Fischart wandern von ihren Laichgründen in der Sargasso-See über 1000 km bis zur Atlantikküste Nordamerikas. Die Vermutung, daß sie sich am Erdmagnetfeld orientieren, wurde zunächst spöttisch zurückgewiesen, da dessen Dichte dafür zu gering sei. Aale haben in ihrem Seitenlinienorgan empfindliche Elektrorezeptoren. Die Bewegung der Wassermassen in den ozeanischen Strömen wirkt wie ein riesiger Generator, da das Salzwasser ein elektrischer Leiter ist, der durch das Erdmagnetfeld wandert. Die geoelektrischen Felder, die im Meer durch ozeanische Ströme wie z.B. den Golfstrom entstehen, erreichen Intensitätsdifferenzen von ungefähr $0,5\,\mu V/cm$. Dies entspricht einem Spannungsabfall von $1,0\,V$ pro $20\,km$. Die winzigen elektrischen Ströme, die durch die geringen Spannungsgradienten hervorgerufen werden, werden von den Elektrorezeptoren des Seitenlinienorgans registriert. Aale unterwarf man klassischen Pawlow-Konditionierungen und trainierte sie, bei Änderungen des elektrischen Feldes ihre Herzfrequenz zu verlangsamen. Nach dem Training reagierten die Tiere mit verminderten Herzfrequenzen auf Änderungen eines Gleichstromfeldes von nur $0,002\,\mu V/cm$. Da die Felder, die im Ozean entstehen, um eine oder zwei Zehnerpotenzen höher liegen, ist es durchaus vorstellbar, daß der Aal die Orientierung eines geoelektrischen Feldes zur Navigation benutzt.

Jedes Verhalten wird durch den motorischen Output von Neuronen des Nervensystems kontrolliert. Motoneurone sind in verschiedenen Netzwerken organisiert, die bis zu einem gewissen Grad plastisch sein können und dadurch eine Flexibilität der Verhaltensantwort ermöglichen. Um Verhalten auf neuronaler Ebene zu verstehen, ist das Verständnis der neuronalen Wechselwirkungen, die den Verhaltensoutput erzeugen, Voraussetzung.

Im Laufe der Evolution entwickelten sich die einfachen, anatomisch diffusen „Nervennetze", die für Coelenteraten noch heute charakteristisch sind, zu Nervensträngen und Ganglien; diese lassen sich erstmals bei Medusen nachweisen. Bei segmentierten Tieren differenzierte sich das Vorderende der Nervennetze, ursprünglich Sitz vieler Sinnesorgane, zu einem Superganglion oder Gehirn.

Die kompliziertesten Nervensysteme haben die Vertebraten. Diese Systeme können in das zentrale und in das periphere Nervensystem unterteilt werden. Alle Nervenzellen des Ñervensystems sind entweder afferente oder efferente Neurone oder Interneurone. Interneurone sind der häufigste Neuronentyp in komplexen neuronalen Netzwerken. Die Verschaltungen in diesen zentralen Netzwerken scheinen zu einem großen Teil genetisch programmiert zu sein. Sie werden jedoch während der ontogenetischen Entwicklung und später durch den Gebrauch erhalten und modifiziert.

Die Verarbeitung eines sensorischen Inputs und die darauf folgende Aktivität hängt von zwei Hauptfaktoren ab:
1. der Organisation der Verschaltungen und der Synapsen, die zwischen den in Wechselwirkung stehenden Neuronen gebildet werden, und
2. den integrativen Eigenschaften der einzelnen Neurone, mittels derer sie aus den eintreffenden Signalen ihre eigenen Aktionspotentiale hervorbringen.

Die integrierenden Eigenschaften eines Neurons hängen von seiner Anatomie, seinen Verbindungen mit anderen Neuronen und von den Eigenschaften seiner Zellmembran sowie seinen Ionenkanälen ab.

Sensorische neuronale Netzwerke sortieren und verfeinern die Informationen, die ein Tier empfängt. Sie wirken als „Filter". Bestimmte Merkmale der einlaufenden Reize werden verstärkt, andere dagegen unterdrückt; diese Netzwerke formen den ursprünglichen Input um. Das Sehsystem der Säugetiere hat uns Wesentliches über die Arbeitsweise von sensorischen Systemen gezeigt. Elektrische Ableitungen von Zellen des visuellen Cortex zeigen, daß einzelne zentrale Neurone durch bestimmte Merkmale eines Reizes aktiviert werden und diese Merkmale aus der Reizflut herausfiltern, anstatt eine exakte „Punkt-für-Punkt"-Darstellung des peripheren Eingangs zu vermitteln. Untersuchungen des visuellen Systems zeigten weiterhin, daß es eine hierarchische Anordnung von Neuronen gibt. Die Spezifität sensorischer Merkmale, die Aktivität in den Neuronen auslösen, nimmt mit jeder Ebene zu, bis nur noch ganz spezifische Merkmale eines visuellen Reizes Antworten der nächst höheren Ebene hervorrufen. Einige Zellen werden möglicherweise nur durch sehr komplexe Reize, etwa ein Gesicht, aktiviert. Untersuchungen an Schleiereulen zeigten, daß aus Intensitäts- und Zeitunterschieden, die von den beiden Ohren wahrgenommen werden, eine Karte der akustischen Umgebung errechnet wird. Die anatomische Grundlage der akustischen Karte entspricht der anatomischen Grundlage anderer sensorischer Karten, z.B. der retinotopen Karte des visuellen Systems.

Den einfachsten Fall eines neuronalen Netzwerkes stellen die monosynaptischen Reflexbögen dar. Das bekannteste Beispiel ist der Dehnungsreflex der Vertebraten. Komplexere Verhaltensabläufe umfassen die lokomotorischen Bewegungen, die zum Teil auf zentralen motorischen Programmen basieren. Diese Programme bestimmen z.B. die Aufeinanderfolge der Muskelkontraktionen, welche die koordinierte Fortbewegung ermöglichen. Die Rückkopplung über propriorezeptive sensorische Neuronen kann auf die Stärke und Frequenz der motorischen Outputs einen Einfluß ausüben und bei den meisten rhythmischen motorischen Aktivitäten auch zur Feinabstimmung der Koordination beitragen.

Die Muskelaktivitäten werden von einem hierarchischen System kontrolliert. Ein Beispiel für die niedrigste Kontrollebene ist der monosynaptische Reflexbogen, der für die Aufrechterhaltung der Körperhaltung nötig ist. Auf der nächst höheren Ebene finden wir rhythmische Bewegungsmuster wie Laufen, Schwimmen oder Kriechen. Die Spitze dieser Hierarchie bilden die komplexen Instinktbewegungen (Erbkoordination oder „Fixed Action Pattern"). Diese sehr stereotypen motorischen Muster werden typischerweise durch sog. Schlüsselreize ausgelöst.

Ziel der Neuroethologie ist es, Verhalten auf neuronaler Ebene zu verstehen. Die Beziehungen zwischen den verschiedenen Kontrollebenen werden bei den recht einfachen motorischen Systemen der Evertebraten am deutlichsten. Bei diesen Modellsystemen wurde erkannt, daß ein bestimmtes Neuron an mehreren motorischen Netzwerken auf unterschiedlichen Ebenen beteiligt sein kann. Darüber hinaus kontrollieren zumindest bei einigen Systemen neuromodulatorische Substanzen die Arbeitsweise der Netzwerke.

Viele tierische Verhaltensweisen sind instinktiv, d.h. sie sind genetisch in die Struktur und Chemie des Nervensystems einprogrammiert. Höhere Tiere zeigen bei verschiedenen Konditionierungen und bei höheren Lernformen ein unterschiedliches Ausmaß an neuronaler Plastizität. Einfache Konditionierungen führen zu langfristigen Änderungen im reflektorischen Verhalten mariner Schnecken; diese Änderungen lassen sich mit Änderungen in den Eigenschaften von Ionenkanälen einzelner Neurone des Reflexbogens korrelieren. Solche molekularen Änderungen könnten eine wichtige Rolle bei verschiedenen Lernformen spielen.

Mittels hoch entwickelter sensorischer Fähigkeiten können bestimmte Tierarten sich orientieren und navigieren. Skorpione sind in der Lage, ihre Beute mittels sandgetragener Vibrationen zu lokalisieren. Vögel benützen Sternkonstellationen, die Sonne, Landmarken sowie das Magnetfeld der Erde zu ihrer lokalen Orientierung. Bestimme Fledermausarten, Vögel und marine Säuger „sehen" mit Hilfe eines Sonarsystems ihre Umwelt. Diese Fähigkeiten hängen maßgeblich von der bemerkenswerten Zeitdiskrimination ihrer auditorischen Zentren ab.

Empfohlene Literatur

Camhi, J.: Neuroethology. Sinauer, Sunderland/MA 1984

Carew, T J., Sahlev, C.L.: Invertebrate learning and memory: From behavior to molecule. Ann. Rev. Neurosci. **9** (1986) 435–487

Ewert, J.-P.: Neurobiologie des Verhaltens. Verlag Hans Huber, Bern 1998

Finger, T. E. (Hrsg.): Neural Cartography: How does the CNS use Sensory Maps? Karger, Basel 1988

Frank, D.: Verhaltensbiologie. Thieme, Stuttgart 1997

Grillner, S., Wallen, P.: Central pattern generators for locomotion, with special reference to vertebrates. Ann. Rev. Neurosci. **8** (1985) 233–261

Gwinner, E.: Internal rhythms in bird migration. Sci. American **254** (1986) 84–92

Hubel, D.: Auge und Gehirn. Spektrum Akademischer Verlag, Heidelberg 1989

Immelmann, K., Pröve, E., Sossinka, R.: Einführung in die Verhaltensforschung. Blackwell, Berlin 1996

Kandel, E., Schwartz, J., Jesseil, T.: Neurowissenschaften. Spektrum Akademischer Verlag, Heidelberg 1995

Knudsen, E.: The hearing of the barn owl. Sci. American **245** (1981) 113–125

Konishi, M.: Birdsong: From behavior to neuron. Ann. Rev. Neurosci. **8** (1985) 125–170

Lorenz, K.Z.: Vergleichende Verhaltensforschung. Springer, Wien 1978

McFarland, D.: Biologie des Verhaltens. Wiley-VCH, Berlin 1988

Torre, V., Nichols, J.: Neural Circuits and Networks. Proc. NATO Adv. Stud. Inst. Erice, Italien 1998

Teil III

Integration physiologischer Systeme

In den vorausgegangenen Kapiteln haben wir die grundlegenden Prinzipien der tierischen Physiologie behandelt (Kapitel 1–4), die Funktion der Nerven, des Muskelapparates sowie des endokrinen Systems diskutiert und betrachtet, wie diese Systeme gemeinsam die physiologischen Funktionen steuern (Kapitel 5–11). In dem nun folgenden Teil III wenden wir uns in den Kapiteln 12–16 verschiedenen regulierten physiologischen Systemen zu, die der Nahrungs- und Energieaufnahme, der Beseitigung von Abfallprodukten oder der Fortpflanzung dienen, und beschreiben, wie diese Systeme auf veränderte Umweltbedingungen reagieren.

Aus historischen Gründen behandelten Lehrbücher der Tierphysiologie jedes dieser physiologischen Systeme separat, ohne die gemeinsamen funktionellen und strukturellen Zusammenhänge und Wechselwirkungen zu beachten. Dieser Ansatz wird auch heute noch beibehalten, häufig aus Bequemlichkeit oder wegen der einfacheren Diskussion, und spiegelt – jedenfalls bis zu einem gewissen Grad – das Interesse der jeweiligen Autoren für bestimmte Sachverhalte wider. Physiologen bezeichnen sich häufig entsprechend ihrer Forschungsrichtung z.B. als „Herz-Kreislauf-Physiologe" oder als „Endokrinologe". Wenige betonen den integrierenden Ansatz und bezeichnen sich dann etwa als „Stoffwechselphysiologe"; dieser untersucht die Wege der Nahrungsaufnahme, der Abfallbeseitigung und den Wärmeaustausch zwischen Umwelt und Tier.

Da es zwischen den Kreislaufsystemen der verschiedenen Tierarten Ähnlichkeiten gibt, ist es naheliegend, diese in einem gemeinsamen Kapitel zu behandeln. Die Unterteilung physiologischer Systeme in solche Einheiten war zwar für die Organisation eines Buches sinnvoll, suggerierte aber Generationen von Studenten, daß verschiedene physiologische Prozesse weitgehend unabhängig voneinander in einem Tier ablaufen und beziehungslos in einem Organismus nebeneinander eingeschlossen sind. Um diesen Eindruck zu verhindern, wollen wir betonen, daß Tiere integrierte Systeme darstellen, die auf ihre Umwelt reagieren und auch durch die Umwelt in ihren Möglichkeiten eingeengt werden: Wenn der Gesamtorganismus Stress-Situationen ausgesetzt wird – sei es durch abiotische (z.B. Temperatur und Druck) oder biotische Faktoren (z.B. Räuber und Krankheiten) –, müssen die verschiedenen physiologischen Systeme über vielfältige Wechselwirkungen in hochgradig koordinierter Art und Weise fungieren, um das Überleben des Tieres zu gewährleisten.

Da jedes physiologische System Teil eines komplexen physiologischen Netzwerkes ist, unterliegen Ausbildung und Funktionsweise eines einzelnen Systems gewissen Einschränkungen; da alle diese Systeme voneinander abhängen, kann eine Umweltbelastung widersprüchliche Anforderungen an einzelne Systeme stellen. In diesem Zusammenhang ist es wichtig, die raumzeitlichen Interaktionen zu berücksichtigen. Beispiele dafür gibt es Überfluß. So ist etwa bei Schlangen die Lungenkapazität nach dem Verschlingen einer Beute vermindert, da das Raumangebot im Verdauungstrakt beschränkt ist. Die Lungenkapazität kehrt jedoch in dem Maße zurück, wie die Beute verdaut wird (raumzeitliche Interaktion). Ähnliche Situationen gibt es auch beim Menschen, z.B. nach einer üppigen Mahlzeit oder während einer Schwangerschaft. Ein weiteres Beispiel finden wir bei der Muskulatur: Die Muskelkraft steigt im Laufe der Zeit infolge eines intensiven Trainings an. Dieser Effekt betrifft jedoch nicht nur die Muskelmasse: die Muskulatur muß vermehrt durchblutet werden, was wiederum einen veränderten Herzausstoß und Änderungen der Atmungsaktivität erfordert (Änderungen der Beziehungen zwischen lokomotorischer Aktivität und dem Herz-Lungen-System). Weiterhin muß das Skelettsystem verstärkt werden, um der durch das Training gestiegenen körperlichen Belastung Stand zu halten.

Auch wenn wir die Bedeutung der ganzheitlichen Betrachtung betonen möchten, ist uns klar, daß ein Student nicht gleichzeitig alles über geregelte physiologische Systeme lernen kann. Dieser dritte Abschnitt ist daher in mehrere Kapitel unterteilt, von denen jedes nur ein physiologisches System und dessen Arbeitsweise behandelt. An Beispielen werden die Interaktionen zwischen diesen Systemen und ihren Reaktionen auf veränderte Umweltbedingungen veranschaulicht.

Die Kapitel 12 bis 14 behandeln echte multifunktionale Systeme. Das Kreislaufsystem (Kap. 12) dient der Versorgung der Gewebe mit Materialien – vor allem mit Sauerstoff und Nährstoffen – und führt Abfallprodukte (Kohlendioxid) ab. Die Sauerstoffaufnahme und die Kohlendioxidabgabe wird in Kapitel 13 besprochen. Kreislauf- und Atmungssystem dienen gemeinsam zur Aufrechterhaltung der Homöostase, z.B. durch Regulierung des Säure-Basen-Gleichgewichts oder bei einigen Systemen durch die Regulierung des Ionenhaushalts und des osmotischen Gleichgewichts (Kap. 14). Im Tierreich gibt es eine Vielzahl an Mechanismen, die der Energieaufnahme dienen, angefangen vom Nahrungserwerb durch Filtration bis hin zum komplexen Beutefangverhalten. Kapitel 15 behandelt Mechanik, Physiologie und Chemie der Nahrungsaufnahme, Verdauung und Assimilation und die daran beteiligten Kontrollmechanismen. Das abschließende Kapitel 16 stellt eine Art Zusammenfassung oder Integration aller im Buch behandelten Themen dar, wobei der Energiehaushalt der Tiere berücksichtigt wird. Der energetische Aufwand für Lokomotion, Fortpflanzung, Wachstum oder zur Aufrechterhaltung der Homöostase wird hinterfragt und seine Bedeutung für den Fortbestand der Arten diskutiert.

12. Herz und Kreislauf

Eine der ältesten Erfahrungen der Menschheit ist, daß im Körper der Menschen und Tiere Blut fließt. Jede Menstruation und jede Geburt zeigten dies; bei der Jagd, beim Kampf und bei Unfällen, erfuhren dies auch die Männer. Die Menschen lernten außerdem, daß ein großer Blutverlust tödlich sein konnte und bemerkten, daß in der Brust ein Organ arbeitet, dessen Tätigkeit bei hohem Blutverlust zum Erliegen kommt. Beim Zerlegen von Opfer- und Schlachttieren wurde man näher mit diesem Organ, dem Herzen, bekannt; man sah auch die mit ihm in Verbindung stehenden Gefäße, von denen manche einen von außen ertastbaren „Puls" besitzen, solange der Mensch oder das Tier leben. Diese Blutgefäße nannte man „Schlagadern", die anderen, ohne fühlbaren Puls, „Blutadern". Man erkannte auch früh, daß alle Organe Blut enthalten und daß jedes Organ mit Adern in Verbindung steht. Jedoch erst im 16. Jahrhundert, mit Beginn der Neuzeit, wurde erkannt, woher das so lebenswichtige Blut kommt und wie es über den Körper verteilt wird. Bis dahin gab es darüber allerlei geheimnisvolle und legendäre Vorstellungen, ähnlich wie über das Herz, das – wie die Mythen aller Völker zeigen – primär als geistiges und emotionales Zentralorgan angesehen wurde. Das Gehirn wurde in dieser Beziehung praktisch nicht beachtet; selbst bei den Griechen des klassischen Altertums, die in Medizin und Naturwissenschaften recht gut bewandert waren, wurde es schlicht und nichtssagend als „Encephalon" (wörtlich: „das im Schädel") bezeichnet.

Vom Blut galt die Lehrmeinung, daß es direkt aus der Nahrung entstehe und von der Leber wieder beseitigt werde. Im Körper sollte es durch die Herztätigkeit hin- und herströmen, den Gezeiten vergleichbar. Man nahm auch an, daß das Blut aus der rechten Herzseite durch Löcher in der Scheidewand in die linke Herzkammer gelange, sich dort mit Luft mische und über die Schlagadern den Organen zugeleitet werde. In den Blutadern sollte das nun von der Luft befreite Blut wieder in die rechte Herzkammer fließen. Dem lag wohl die Beobachtung zugrunde, daß das Blut bei Kontakt mit der Luft seine Farbe zum hellen Rot ändert, bei fehlendem Kontakt zur Luft dagegen eine dunkelrote Farbe zeigt. Erst 1553 entdeckte der spanische Arzt Miguel Serveto (1511–1553) den Lungenkreislauf und erkannte, daß es eine Durchlöcherung der Kammerscheidewand nicht gibt. Wesentlich später entdeckte der englische Arzt William Harvey (1578–1657) den großen Kreislauf, d.h. den Körperkreislauf, den er 1628 in seinem Werk „Exercitatio Anatomica de Motu Cordis et Sanguis in Animalibus" beschrieb. Harvey zeigte auch, daß das Blut in den Venen nur in einer Richtung fließt und deutete die Aufgabe der Venenklappen richtig. Diese waren bereits 1574 von Hieronymus Fabricius ab Aquapendente (1537–1619) in Padua entdeckt, aber noch nicht verstanden worden; er nahm an, sie seien lediglich in den Arm- und Beinvenen anzutreffen. Ein anderer Italiener, Andreas Cesalpinus (1519–1603) hatte 1593 in Rom erkannt, daß das Blut in den Arterien vom Herzen fort, in den Venen zum Herzen hin fließt. Der Schüler von Fabricius, Harvey, untersuchte den Kreislauf dann genauer und illustrierte seine Erkenntnisse an den Venen des Unterarms. Sein entscheidendes Experiment kann jeder an sich selbst leicht wiederholen: Auf dem Handrücken treten oft einige Venen hervor. Streicht man das Blut aus ihnen in Richtung auf die Finger zurück, bleiben sie leer, bis der Weg wieder freigegeben wird. Harvey erkannte weiterhin, daß die Kontraktion des Herzens dem Pulsschlag etwas vorausgeht, das Herz also Blut auspreßt und nicht ansaugt. Durch Messung des Ventrikelvolumens und Zählung der Herzschläge kam er zu dem Ergebnis, daß das Herz in jeder Stunde mehr Blut pumpt, als es der Nahrungsmenge eines Tages entspricht. Demnach mußte also ein Kreislauf vorliegen, wie er richtig erkannte. Seine Ergebnisse wichen kaum von dem ab, was man später mit besseren Hilfsmitteln fand. Harvey widerlegte noch eine Reihe weiterer, teils abenteuerlicher Theorien über die Natur von Blut und Kreislauf. Er hatte jedoch noch keine Kenntnis von den Kapillaren, die letztlich Arterien und Venen miteinander verbinden. Sie wurden erst 1661 von Marcello Malpighi (1628–1694) entdeckt, als Mikroskope in Gebrauch kamen.

Allgemeine Grundlagen des Kreislaufsystems

Stoffwechselprozesse benötigen Material und bilden Endprodukte, darunter auch Gase und leicht lösliche Verbindungen. Bei Tieren, deren Körper nicht mehr als 1 mm Durchmesser hat, erfolgen Aufnahme und Ausscheidung mittels Diffusion. Da sich die Vorgänge im Organismus in einem wäßrigen Milieu abspielen, in dem, verglichen mit Gasen, die Diffusionsgeschwindigkeiten sehr niedrig sind, ist bei größeren Tieren keine ausreichende Gewebeversorgung auf der Basis von Diffusionsprozessen gewährleistet. In größerer Entfernung von der Körperdecke würden Nachschub und Abtransport bzw. Ausscheidung von Verbindungen den Anforderungen nicht mehr genügen. Zur Überwindung der Diffusionsbeschränkungen entwickelten sich Kreislaufsysteme, d.h. Blut und Gefäße, in denen sich das Blut bewegt, so daß nun mit dem Blut die zum Stoffwechsel benötigten oder dabei anfallenden Stoffe zu bzw. aus den verschiedenen Geweben des Körpers heraus transportiert werden konnten. Zu diesen Stoffen gehören Atemgase, Nährstoffe, Abfallprodukte, Hormone, Vitamine, Antikörper und Ionen. Obwohl **Blut** eine Flüssigkeit ist, hat es die Eigenschaften eines Organs; es hat zwar keine feste Form und keinen Zusammenhalt, erhält diese aber durch die Gefäße. Blut besteht aber aus vielen spezialisierten Zelltypen, die Stelle eines festen Bindegewebes vertritt bei ihm das flüssige Blutplasma. Es dient als Transportmittel für die meisten bei homöostatischen Prozessen benötigten Ausgangsstoffe und ist an fast allen physiologischen Vorgängen beteiligt.

Dieses Kapitel behandelt den Blutkreislauf und seine Regulation, mit deren Hilfe die Bedürfnisse der Gewebe sichergestellt werden. Weil das Kreislaufsystem der Säuger am besten untersucht ist, wird es bevorzugt dargestellt. Säuger sind sehr aktive, überwiegend aerob und an Land lebende Tiere; die im Wasser lebenden Säuger sind sekundär dorthin gegangen. Ihr Kreislaufsystem entwickelte sich so, daß es die mit der aquatischen Lebensweise verbundenen besonderen Anforderungen erfüllen kann. Das Kreislaufsystem der Säuger ist nur eines der verschiedenen möglichen Systeme. Alle Kreislaufsysteme lassen sich jedoch in verschiedene Anteile mit ähnlichen Funktionen unterteilen. Diese Komponenten sind:

- ein Hauptantriebssystem, gewöhnlich ein **Herz**, welches das Blut durch den Körper treibt, meistens über Gefäße.
- **Arterien**, die sowohl als Verteilersystem als auch als Druckreservoir, d.h. zur Dämpfung des Blutdrucks dienen.
- **Kapillaren**, in denen der Stoffaustausch zwischen Blut und Geweben erfolgt.
- **Venen**, die das Blut zum Herzen zurückführen und als Blutreservoir dienen.

Die Bewegung des Blutes durch den Körper ist das Ergebnis einiger oder aller der folgenden Vorgänge:
- rhythmische Kontraktionen des Herzens,
- elastische Rückformung der Arterienwände nach Füllung der Gefäße durch die Herztätigkeit,
- Zusammenpressen von Blut- und Lymphgefäßen bei Körperbewegungen oder Aktionen benachbarter Muskeln, oder auch durch peristaltische Kontraktionen der glatten Muskulatur, welche die Blutgefäße umgibt.

Die jeweilige Bedeutung jedes einzelnen dieser Mechanismen für die Erzeugung des Blutstroms ist verschieden. Bei den Vertebraten spielt das Herz für den Blutkreislauf die Hauptrolle; bei den Arthropoden sind die Bewegungen der Gliedmaßen und die Kontraktionen des dorsal gelegenen, mehr oder minder schlauchförmigen Herzens gleich wichtig für die Erzeugung der Blutströmung. Ein Herz kann aber auch gänzlich fehlen, wie bei den Hüpferlingen (*Copepoda*); hier sorgen die Beinbewegungen für den Umtrieb der Hämolymphe. Der australische Riesenregenwurm *Glossoscolex giganteus*, der bis zu 6 m lang werden kann, hat, wie alle Ringelwürmer (*Annelida*), eine durch Membranen (Septen) unterteilte sekundäre Leibeshöhle, ein Coelom (Abb. 12.**1 A**). Seine Größe macht ihn besonders geeignet für Untersuchungen am Kreislaufsystem. Die peristaltischen Kontraktionen des Dorsalgefäßes treiben das Blut nach vorne und füllen auch die Lateralherzen. Versuche mit Tracern zeigten, daß die vorderen 13 Segmente, die je ein Paar Lateralherzen enthalten, einen sehr schnellen Kreislauf haben; im Gegensatz dazu ist er in den folgenden Segmenten – ohne Lateralherzen – sehr träge. Die Peristaltik des Dorsalgefäßes bewirkt dort einen sehr viel höheren Blutdruck als im Ventralgefäß (Abb. 12.**1 B**).

Bei Krebsen (*Crustacea*) ist das Dorsalgefäß je nach Ordnung mehr oder weniger lang. Es liegt in einem eigenen Kompartiment der Leibeshöhle (**Pericardhöhle**), die es gegen die übrigen Organe des Abdomens abschirmt und ihm so Bewegungsfreiheit für seine peristaltischen Bewegungen verschafft. Das Blut, die **Hämolymphe**, gelangt in das am Ende verschlossene Dorsalgefäß durch dessen seitliche Öffnungen (**Ostien**), die in der Regel pro Körpersegment paarweise vorliegen. Je nach Ordnung können es aber auch weniger Ostien sein; bei Wasserflöhen (*Cladocera*) ist nur noch ein Ostienpaar vorhanden; bei den *Copepoda* fehlt das Herz gänzlich. Die Ostien werden durch die Druckwelle bei jeder peristaltischen Bewegung geschlossen und danach durch die elastische Rückstellung der Gefäßwand wieder geöffnet. Je nach Länge des Körpers führt eine mehr oder minder lange Aorta das Blut in den Thorax oder den Kopf des Tieres. Bei Insekten ist das Herz ein relativ langes Rückengefäß; es liegt über dem dorsalen Diaphragma, das den Pericardial- oder Dorsalsinus gegen die Organe des Abdomens abgrenzt, dabei aber seitlich Lücken zum Durchtritt der Hämolymphe freiläßt. Das Diaphragma enthält Muskelzellen, die ihren Ursprung an der Körperwand haben und fächerförmig in Bindegewebsfasern auslaufen, die am Herzschlauch zwischen den Ostien ansetzen. Die Muskeln helfen zumindest

Offene Kreislaufsysteme

Viele Evertebraten haben ein **offenes Kreislaufsystem**, d.h. ein System, bei dem sich das vom Herzen gepumpte Blut über eine oder mehrere Arterien in einen offenen Flüssigkeitsraum, das **Hämocoel**, entleert, also in die Leibeshöhle. Die im Hämocoel befindliche Flüssigkeit wird **Hämolymphe** oder auch Blut genannt. Sie umgibt die Gewebe direkt, da es im offenen Kreislauf keine Kapillaren gibt. Die Abbildungen 12.2 A und B zeigen die Anordnung der Hauptgefäße des offenen Kreislaufs bei zwei Evertebraten-Gruppen. In diesen Darstellungen wurde das Hämocoel nicht berücksichtigt; es ist bei vielen Tieren jedoch sehr groß und nimmt 20–40 % des Körpervolumens ein, bei einigen Krabben ca. 30 %. Im Gegensatz dazu nimmt das Blutvolumen bei Vertebraten, die alle einen geschlossenen Kreislauf haben, nur 5–10 % des Körpervolumens ein. Offene Kreislaufsysteme haben einen niedrigen Druck, der selten mehr als 5–10 mm Hg übersteigt (0,6–1,3 kPa). In einigen Abschnitten des offenen Kreislaufs der Weinbergschnecke *Helix pomatia* wurden jedoch auch höhere Drücke gemessen; doch dies sind Ausnahmen. Bei Schnecken werden diese hohen Drücke durch Kontraktionen des Herzens erzeugt, bei Muscheln dagegen durch die Muskulatur des Fußes. Die funktionelle Bedeutung dieser hohen Drücke in einem offenen Kreislaufsystem dürfte in der Stabilisierung von Körperstellungen liegen.

In einem offenen Kreislaufsystem können Umlaufgeschwindigkeit und Verteilung des Blutes nur in engen Grenzen verändert werden. Bei Muscheln und anderen Tierarten, die einen offenen Kreislauf besitzen und Blut zum Gastransport benutzen, erfolgen Änderungen in der Sauerstoffaufnahme gewöhnlich langsam; die maximalen Sauerstofftransportraten pro Gewichtseinheit sind niedrig. Dennoch ist mit einem offenen Kreislaufsystem eine Kontrolle über die Fließrichtung und die Verteilung der Hämolymphe möglich. Viele kleine Spalten zwischen und in den Geweben leiten die Hämolymphe zu den Orten, an denen Sauerstoff benötigt wird. Wenn es nämlich größere Diffusionsstrecken zwischen dem Sauerstoff in der Hämolymphe und den aktiven Geweben gäbe, wären selbst mäßige Sauerstoffverbrauchsraten nicht mehr möglich.

Insekten haben dieses Problem mit ihrem Tracheensystem gelöst. Es dient dem direkten Gastransport zu den Geweben über luftgefüllte Röhren, weitgehend ohne Beteiligung des Blutes. Zwar haben Insekten ein offenes Kreislaufsystem, sie benötigen es aber nicht für den Sauerstofftransport. Dennoch sind sie in hohem Maße zu einem aeroben Stoffwechsel fähig (S. 625ff).

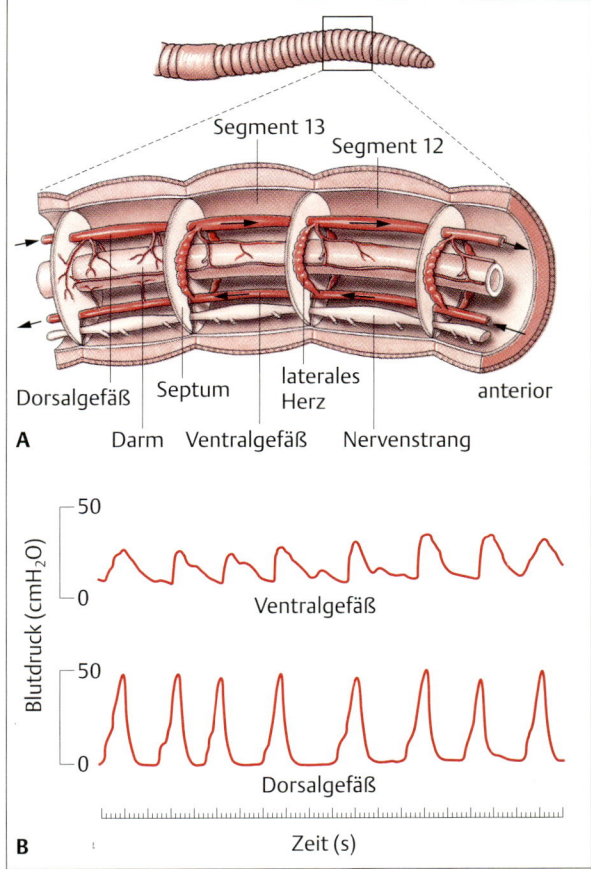

Abb. 12.1 Blutkreislauf des Riesenerdwurms *Megascolidus australis*. Peristaltische Kontraktionen des Dorsalgefäßes zusammen mit der Pumpaktivität der Lateralherzen sind für die Bewegung des Blutes wichtig. **A** Blut fließt vom Dorsalgefäß zu den in den 13 vorderen Segmenten befindlichen Lateralherzen und wird von dort in das Ventralgefäß gepumpt. **B** Aufgrund seiner peristaltischen Kontraktionen übertrifft der Blutdruck im Dorsalgefäß den Blutdruck im Ventralgefäß um das Doppelte (nach Jones u. Mitarb. 1994).

mit, das Herz in der Diastole wieder zu erweitern und Blut aus dem Pericardialsinus anzusaugen. Das Insektenherz ist, anders als das der Krebse, myogen (d.h. das Erregungsbildungszentrum ihres Herzens besteht, wie bei Vertebraten, aus modifizierten Muskelzellen). Das Herz der Spinnentiere (*Chelicerata*) ist entsprechend dem Körperbau mehr oder minder verkürzt.

Bei allen Tieren bestimmen Klappen oder auch Septen die Fließrichtung der Körperflüssigkeit. Glatte Muskelzellen umgeben die Gefäße und regulieren ihren Durchmesser und damit die Blutmenge, die durch eine bestimmte Bahn fließen soll; somit kontrollieren sie die Verteilung des Blutes im ganzen Organismus.

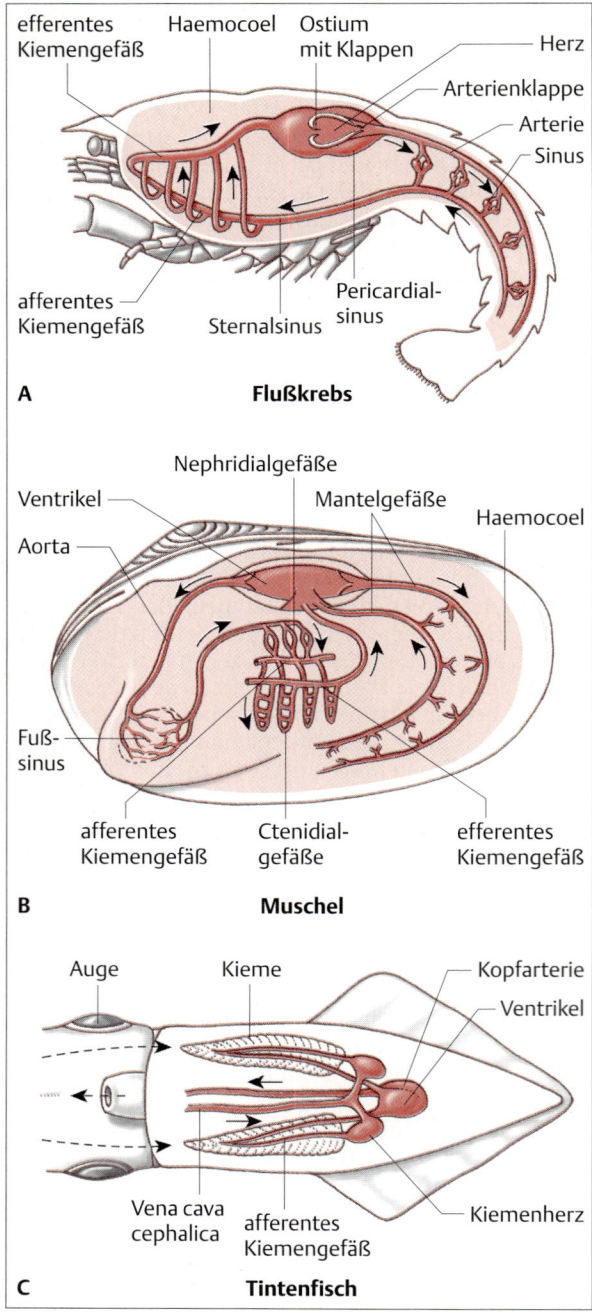

Abb. 12.2 Blutkreislaufsysteme von Evertebraten. Die meisten Evertebraten haben einen offenen Blutkreislauf, nicht jedoch Cephalopoden, bei denen das Kreislaufsystem geschlossen ist. Die Hauptgefäße der Krebse **A** und der Muscheln **B** entleeren sich ins Hämocoel, das etwa 30% des gesamten Körpervolumens ausmacht. Im Vergleich mit dem offenen Kreislaufsystem ist das geschlossene Kreislaufsystem der Cephalopoden **C** durch einen hohen Blutdruck und eine bessere Sauerstoffverteilung im Organismus charakterisiert. In allen Darstellungen sind nur die Hauptgefäße eingezeichnet. Pfeile geben die Fließrichtung des Blutes an.

Geschlossene Kreislaufsysteme

In einem **geschlossenen Kreislauf** ist das Blut in einem beständigen Umlauf in Gefäßen mit eigenen Wandungen. Alle Vertebraten und einige Evertebraten (z.B. Cephalopoden wie Sepien, Oktopusse und Calamare; Abb. 12.**2**C) haben einen geschlossenen Kreislauf (aber auch Blutlakunen), bei dem das Blut vom arteriellen System über Kapillaren zum venösen System fließt (Abb. 12.**3**). Im allgemeinen sind die Funktionen bei geschlossenen Kreislaufsystemen schärfer voneinander getrennt als bei offenen Systemen. Das Blutvolumen hat bei den geschlossenen Systemen der Vertebraten im allgemeinen einen Anteil von 5–10% des Körpervolumens und damit einen wesentlich geringeren Anteil als in den offenen Kreisläufen der Evertebraten. Das gesamte extrazelluläre Flüssigkeitsvolumen der Vertebraten – in Prozent des Körpervolumens – entspricht dem Volumen des Hämocoels der Evertebraten. Der geschlossene Kreislauf der Vertebraten ist also als ein spezialisierter Anteil des extrazellulären Raumes anzusehen.

Das wichtigste Antriebsorgan des geschlossenen Kreislaufs ist das Herz, welches das Blut in das **arterielle System** preßt und für einen hohen Druck in den Arterien sorgt. Das arterielle System funktioniert als ein **Druckreservoir** (Abb. 12.**28** u. 12.**38A**) und ist unerläßlich für die gleichmäßige Durchblutung der Kapillaren. Die Kapillarwände sind dünn und erlauben daher hohe Stoffaustauschraten zwischen dem Blut und den Geweben, entweder durch Diffusion, aktiven Transport oder Filtration. Jedes Gewebe ist reichlich mit Kapillaren durchsetzt, so daß keine Zelle durch mehr als zwei oder drei andere Zellen von einer Kapillare getrennt ist. Kapillarnetze laufen parallel zueinander; dies ermöglicht eine genaue Kontrolle der Blutverteilung und damit der Sauerstoffversorgung der einzelnen Gewebe. Tiere mit einem geschlossenen Kreislauf können die Sauerstoffabgabe in einem Gewebe sehr schnell erhöhen. Aus diesem Grunde sind Cephalopoden, anders als die übrigen Mollusken, zu sehr schnellen Bewegungen fähig und können eine hohe Sauerstoffaufnahmerate der aktiven Gewebe beibehalten. Sie haben zwar keinen typischen geschlossenen Kreislauf, da sie neben einem Kapillarsy-

Allgemeine Grundlagen des Kreislaufsystems

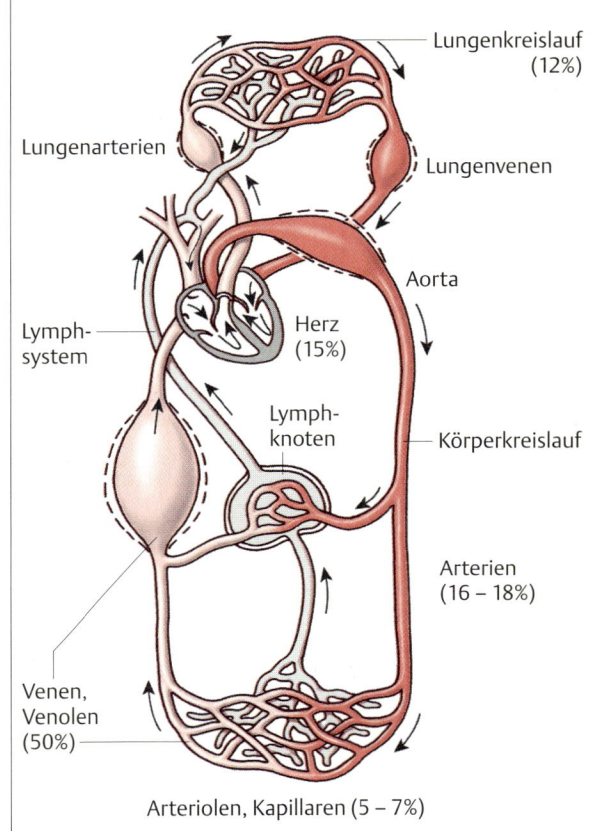

Abb. 12.3 Geschlossener Säugerkreislauf. Die Abbildung zeigt die Hauptbestandteile des Säugerkreislaufsystems. Die vollständige Teilung des vierkammrigen Herzens ermöglicht unterschiedliche Drücke im Lungen- und Körperkreislauf. Mit Sauerstoff angereicherte Abschnitte im Körper- und Lungenkreislauf sind kräftig rot dargestellt, die sauerstoffarmen blaßrot. Das mit dem Blutkreislaufsystem verbundene Lymphsystem (hellgrau) leitet Flüssigkeit aus dem extrazellulären Zwischenraum über den Ductus thoracicus in den Blutkreislauf zurück. Die Prozentangaben geben den relativen Blutanteil in den verschiedenen Teilen des Kreislaufsystems an. Das Lymphsystem und die damit verbundenen Lymphknoten sind für die Immunabwehr von wesentlicher Bedeutung.

stem – Merkmal eines geschlossenen Kreislaufs – auch Blutlakunen besitzen, d.h. Spalträume im Gewebe ohne eigene Wandung. Aber auch ihr Kreislauf erlaubt einen genügenden Zufluß und eine wirksame Verteilung der Hämolymphe zu der Muskulatur, um kurze Schübe hoher Bewegungsaktivität zu ermöglichen.

Der Blutdruck in einem geschlossenen System ist hoch genug, um eine Ultrafiltration in den Geweben zu ermöglichen, besonders in den Nieren. Unter **Ultrafiltration** versteht man die Abtrennung eines von kolloidalen Bestandteilen freien Ultrafiltrats aus dem Blutplasma über eine semipermeable Membran, die Kapillarwand. Die Energie dazu liefert der Blutdruck, der die Flüssigkeit durch die Membran hindurchpreßt. Da die Kapillarwände permeabel und die über der Wandschicht liegenden – transmuralen – Drücke hoch sind, kann Flüssigkeit langsam durch die Wände in den interzellulären Raum sickern. In den meisten Nieren von Vertebraten erfolgt eine Ultrafiltration mit dem Ergebnis einer Nettobewegung eines proteinfreien Plasmas aus dem Blut in die Nierenkanälchen.

Tiere mit einem offenen Kreislauf und einem niedrigem Blutdruck sind typischerweise nicht fähig, eine Exkretionsflüssigkeit durch Filtrationsprozesse zu bilden. Beispielsweise wird bei Insekten die Exkretionsflüssigkeit in den **Malpighi-Gefäßen** durch Sekretion gebildet. Blutsaugende Insekten erhöhen den Druck der Hämolymphe durch einen Saugakt und können dann über Filtrationsprozesse Harn produzieren. Der Palmendieb *Birgos latro*, auch Kokosräuber genannt, ein Vertreter der Landeinsiedlerkrebse, hat trotz seines offenen Kreislaufsystems einen hohen Blutdruck und bildet seinen Harn mittels eines Filtrationsprozesses. Ein offenes Kreislaufsystem bedeutet also nicht zwangsläufig einen niederen Blutdruck und eine Harnbildung durch einen Sekretionsvorgang.

In Zusammenhang mit dem geschlossenen Hochdruck-Kreislaufsystem der Vertebraten entwickelte sich auch ein **lymphatisches System** (Abb. 12.3). Dies gilt jedoch nur für die höheren Vertebraten (von den Lungenfischen, *Dipnoi*, an). Die Knochenfische haben im Gegensatz dazu ein zweites, erythrocytenfreies Arteriensystem entwickelt (s.u.). Das Lymphgefäßsystem sammelt die aus dem Blut in die Gewebe übergetretene Flüssigkeit und führt sie wieder dem Blutkreislauf zu. Die Menge des Filtrats hängt vor allem vom Blutdruck und von der Permeabilität der Kapillarwände ab. Die Filtrationsrate kann herabgesetzt werden durch eine Verminderung der Wandpermeabilität oder des Blutdrucks. Die Permeabilität der Kapillarwand in den verschiedenen Geweben ist daher auch recht unterschiedlich. In Lunge und Leber, wo die Permeabilität funktionell bedingt sehr hoch ist, ist der Blutdruck z.B. niedriger als in anderen Teilen des Körpers.

In der Säugerlunge wird die Filtration durch Verminderung des arteriellen Drucks herabgesetzt. Der Kapillardruck in der Lunge liegt daher unter dem des restlichen Körpers. Bei Säugern werden die Druckunterschiede zwischen dem **Körper-** und **Lungenkreislauf** durch die vollständige Teilung Herzens erreicht (Abb. 12.3). Die rechte Herzseite pumpt Blut in den Lungenkreislauf, die linke Seite zum Körperkreislauf. Dies setzt jedoch voraus, daß der Blutfluß in Lungen- und Körperkreislauf gleich groß sein muß, weil das aus der Lunge kommende Blut anschließend durch den Körper gepumpt wird. Bei anderen Vertebraten sind die beiden Herzkammern nicht vollständig voneinander getrennt, und der Blutstrom durch die Lungen kann unabhängig vom Körperkreislauf verändert werden (s. S. 536f).

Das **venöse System** sammelt das Blut aus den Kapillaren und leitet es über die Venen dem Herzen wieder zu. Die Venen sind dehnbare Strukturen, die große Blutvolumina aufnehmen können, ohne daß dabei die Blutmenge den venösen Druck beeinflußt; der Druck in ihnen ist niedrig. Das Venensystem nimmt daher die größte Menge des Blutes auf und stellt so ein großräumiges **Blutreservoir** dar. Daher entnimmt man Blutspendern Blut aus diesem Reservoir, weil so die Druckverhältnisse auch in den anderen Körperabschnitten praktisch nicht verändert werden.

Das Herz

Herzen sind mit Ventilen ausgestattete muskulöse Pumpen, die das Blut durch den Körper treiben. Herzen bestehen aus einer oder mehreren muskulösen, hintereinander liegenden Kammern, die durch Ventile, Klappen oder – in einigen Fällen – durch Schließmuskel voneinander getrennt sind. (Letzteres ist z.B. bei einigen Mollusken der Fall.) Diese Mechanismen erlauben den Blutfluß nur in einer Richtung. (Eine Ausnahme bilden aber die Tunicaten oder Manteltiere.)

Das **Säugerherz** ist ein Hohlmuskel mit vier Räumen (Abb. 12.**4**), zwei **Atrien** (Vorhöfe) und zwei **Ventrikeln** (Kammern). Durch Kontraktionen des Herzens wird das Blut in das Kreislaufsystem hineingetrieben. Die Verdoppelung der Herzkammern erlaubt eine stufenweise Erhöhung des Druckes, wenn das Blut von der venösen Seite des Kreislaufs in die arterielle Seite übergeleitet wird.

Außer den Kammern muß man am Herzen noch die Herzbasis als funktionell sehr wichtigen Teil nennen. Sie ist aus sehr straffem Bindegewebe aufgebaut. Von ihr gehen zum einen die Herzmuskeln (**Myocard**) aus; zum andern ist die Herzbasis der Ursprungsort der **Lungenarterie** und der **Aorta**. Damit ist sie auch Sitz der Herzklappen, der beiden **Segelklappen** (Gefäßklappen mit segelförmig ausgebildeten Verschlußlamellen), Ostium atrioventriculare dexter und sinister (zwischen Atrien und Ventrikel) und der beiden **Taschenklappen** (Ostium trunci pulmonalis und O. aortae), die in die Lunge bzw. in den großen oder Körperkreislauf führen. Die Herzbasis wird daher auch „Ventilebene" genannt. Die Segelklappen sind „Niederdruckventile", denn um das Blut aus den Atrien in die Ventrikel zu pumpen, ist kein hoher Druck erforderlich; die relativ große Blutmenge muß aber schnell durch die Klappen laufen, deshalb ist ein großer Querschnitt nötig. Die Taschenklappen sind dagegen „Hochdruckventile", denn auf ihnen lastet der Druck aus den Lungengefäßen, der höher ist als der Venendruck, bzw. der Druck aus dem Körperkreislauf, der noch wesentlich höher ist. Äußerlich ist die Herzbasis

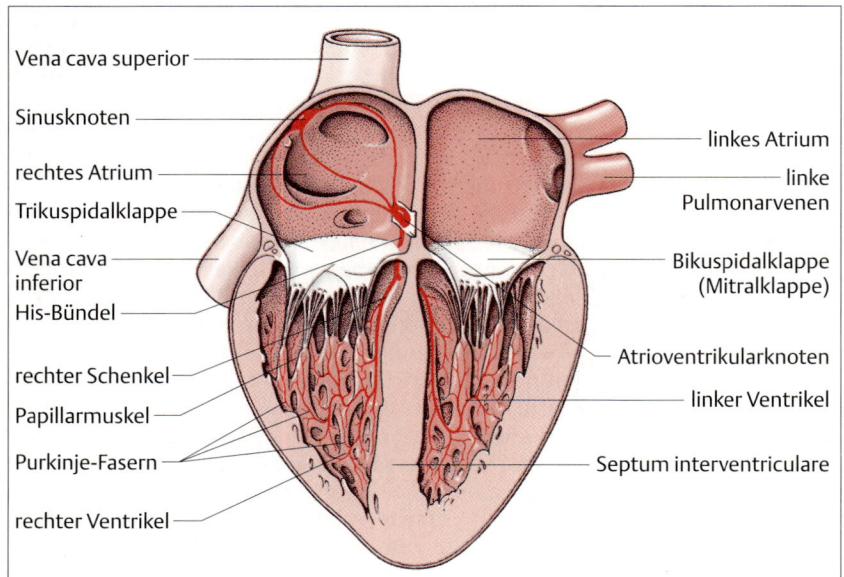

Abb. 12.4 Ansicht eines aufgeschnittenen menschlichen Herzens. Das vierkammrige Säugerherz sorgt für eine Druckerhöhung, wenn das Blut vom venösen zum arteriellen System überführt wird. Dargestellt ist der rückwärtige Teil mit dem Schrittmacher und dem Weg, über den die Erregungsausbreitung geleitet wird. Beim Herzschrittmacher handelt es sich um eine dicht an der Herzbasis liegende Struktur, den Sinusknoten. Die vom Schrittmacher ausgehenden APs breiten sich über die Atrien zum Atrioventrikularknoten aus, von wo sie auf die Ventrikel übertragen werden. Bei den Schrittmacherzellen handelt es sich bei einigen Evertebraten um modifizierte Nervenzellen, bei anderen Evertebraten und allen Vertebraten um modifizierte Muskelzellen (nach Adolph, 1967).

erkennbar an der Kranzfurche, dem Sulcus coronarius, dem die Herzkranzgefäße folgen. Bei Wiederkäuern (*Ruminantia*) und Pferdeartigen (*Perissodactyla*) sind um die Taschenklappen herum Verstärkungen ausgebildet; bei Wiederkäuern sind diese verknöchert (**Herzknochen**, Ossa cordis), bei Pferden sind sie knorpelig.

Das Blut, das aus dem Körper kommt, sammelt sich im rechten Atrium und fließt von dort über den rechten Ventrikel in den Lungenkreislauf. Das von der Lunge zurückfließende Blut gelangt in das linke Atrium, von dort in den linken Ventrikel und wird anschließend in den Körperkreislauf gepumpt. Klappen verhindern den Rückfluß des Blutes von der Aorta in den Ventrikel, vom Ventrikel in das Atrium und vom Atrium in die Venen. Die Klappen bewegen sich nur passiv und werden lediglich durch Druckunterschiede zwischen den Herzkammern betrieben. Die **Atrioventrikularklappen** (Bikus-, Trikuspidalklappen, Abb. 12.4) sind mit der Ventrikelwand durch bindegewebige Fasern, die **Sehnenfäden** (Chordae tendineae), verbunden. Diese Fasern verhindern zusammen mit den **Papillarmuskeln**, daß die Klappen bei einer Ventrikelkontraktion durch die wesentlich höheren Ventrikel-Drücke in die Atrien hinein gedrückt und umgestülpt werden, wenn die Ventilebene, der Sitz der Segelklappen, bei der Kammerkontraktion in Richtung Herzspitze gezogen wird. Dabei sorgen die Papillarmuskeln dafür, daß die Sehnenfäden immer stramm gehalten werden. Hier wird die Spannung der Segelklappen also aktiv kontrolliert.

Die Skelett- und Herzmuskeln der Vertebraten sind in vieler Hinsicht sehr ähnlich gebaut, abgesehen davon, daß die Herzmuskelzellen elektrisch gekoppelt sind (s. S. 437) und das T-Tubulisystem im Herzmuskel der niederen Vertebraten weniger ausgedehnt ist. Wenn man zudem von Unterschieden in der Aufnahme und Ausschüttung von Ca^{2+}-Ionen absieht, kann man die Kontraktionsvorgänge im Skelett- und Herzmuskel als prinzipiell gleich ansehen. Das **Myocard** (Herzmuskel) besteht aus drei verschiedenen Muskelfasertypen, die sich in Größe und Funktion unterscheiden:

– Die Muskelzellen des **Sinusknotens** (oder Sinoatrialknoten) und des **Atrioventrikularknotens** (AV-Knoten) sind oft dünner als andere Herzmuskelzellen und nur wenig kontraktil. Sie sind aber autorhythmisch tätig und weisen eine sehr langsame Erregungsleitung zwischen den Zellen auf.
– Die größten Myocardzellen liegen im **Endocard** (Herzinnenhaut) des Ventrikels. Sie sind ebenfalls nur wenig kontraktil, jedoch auf eine schnelle Erregungsleitung spezialisiert und sorgen für die Fortleitung und Ausbreitung der Erregung über das ganze Herz.
– Die mittelgroßen Myocardzellen sind sehr kontraktil; sie machen die Hauptmasse des Herzens aus.

Die Wände der Ventrikel, besonders die der linken Kammer, sind dick und muskulös. Der innere Teil der Wand, das Endocard, ist im allgemeinen schwammiger als die äußere Region (**Epicard**). Das Herz der Vertebraten liegt innerhalb eines häutigen, flexiblen Beutels, dem **Pericard**. Bei den Arthropoden ist ein analoger Pericardialraum ausgebildet.

Elektrische Aktivität des Herzens

Ein Herzschlag besteht aus der rhythmischen Kontraktion (**Systole**) und Relaxation (**Diastole**) der gesamten Herzmuskelmasse. Die Kontraktion jeder einzelnen Zelle ist mit einem Aktionspotential (AP) in dieser Zelle verbunden. Die elektrische Aktivität geht von einer **Schrittmacherregion** des Herzens aus und verbreitet sich von Zelle zu Zelle über das gesamte Herz, da die Zellen über Membranverbindungen (Gap junctions) elektrisch miteinander gekoppelt sind. Art und Ausmaß der Kopplung bestimmen die Verteilung der Erregung über das Herz und die Geschwindigkeit der Erregungsleitung.

Schrittmacher

Schrittmacher können entweder Neurone sein, wie bei den **neurogenen Schrittmachern** vieler Evertebraten, oder **myogene Schrittmacher** (umgewandelte Muskelzellen), wie bei den Vertebraten und einigen Evertebraten. Man teilt die Herzen oft nach ihrem Schrittmachertyp ein und spricht dann entsprechend von neurogenen und myogenen Herzen. In Herzen von Vertebraten liegt der Schrittmacher im **Sinus venosus** oder in einem Überrest davon, dem **Sinus-** oder **Sinoatrialknoten**. Die Schrittmacherregion setzt sich aus dünnen, wenig kontraktilen Muskelzellen zusammen, die spontan aktiv sind, d.h. die Erregung nicht von einer Nervenzelle empfangen. Ihr Ruhepotential bricht von Zeit zu Zeit ohne Erregung von anderen Zellen zusammen, so daß ein Aktionspotential resultiert.

Neurogene Schrittmacher: Von vielen Evertebraten ist nicht bekannt, ob sie einen neurogenen oder einen myogenen Schrittmacher haben. Decapoden (Hummer, Krabben, Garnelen) haben ein echtes neurogenes Herz. Das **Herzganglion**, das direkt am Herzen liegt, fungiert bei ihnen als Schrittmacher. Entfernt man das Herzganglion, hört das Herz auf zu schlagen, während das Ganglion weiterhin in seinem endogenen Rhythmus aktiv bleibt. Das Herzganglion besteht, je nach Art, aus neun oder mehr Neuronen unterschiedlicher Größe. Die kleinen Zellen fungieren als die eigentlichen Schrittmacher; sie sind mit den großen nachgeschalteten Zellen verbunden, die ihrerseits alle miteinander elektrisch gekoppelt sind. Die Aktivität der kleinen Schrittmacherzellen wird auf die großen nachfolgenden Zellen übertragen, dort integriert und dann über den ganzen Herzmuskel verbreitet. Das Herzganglion der Crustaceen wird von erregenden und hemmenden Nerven innerviert, die vom Zentralnervensystem (ZNS) kommen und die Entladungsrate des Ganglions und damit die Herzschlagrate (Schläge pro Minute) verändern können.

Myogene Schrittmacher: Vertebraten, Mollusken und viele andere Evertebraten haben myogene Schrittmacher. Deren modifizierte Muskelzellen wurden bei vielen Vertebratenarten ausführlich untersucht; sie liegen bei niederen Vertebraten im **Sinus venosus**, bei den höheren in dessen Überrest, dem **Sinus-** oder **Sinoatrialknoten**. Die Muskelfasern der myogenen Herzen sind alle zu einer Schrittmacheraktivität fähig. Da jedoch alle Herzzellen elektrisch miteinander gekoppelt sind, bringt die Zelle (oder Zellgruppe) mit der schnellsten inneren Entladungsrate das ganze Herz zur Kontraktion und bestimmt damit die Herzfrequenz. Diese Schrittmacherzellen „überspielen" normalerweise jene mit einer geringen Schrittmacheraktivität. Fällt der normale Schrittmacher jedoch aus, übernehmen die untergeordneten Schrittmacherzellen dessen Tätigkeit, was dann eine neue, aber langsamere Herzfrequenz bewirkt. Daher kann man Zellen, die zur spontanen Aktivität befähigt sind, unterteilen in Schrittmacher und **latente Schrittmacher**. Wird ein latenter Schrittmacher vom Schrittmacher elektrisch abgekoppelt, entlädt er sich in seinem Rhythmus – der von dem des normalen Schrittmachers abweicht – und kontrolliert einen Teil des Herzens, gewöhnlich eine ganze Kammer. Ein solcher **ektopischer** oder **potentieller Schrittmacher** ist gefährlich, da er die Pumpaktivität der Herzkammern desynchronisiert.

Herzschrittmacher-Potentiale

Ein wichtiges Charakteristikum der Schrittmacherzellen ist das Fehlen eines stabilen Ruhepotentials zwischen den Aktionspotentialen. An den Zellmembranen des Schrittmachergewebes kommt es daher ständig zu einer spontanen Depolarisation, dem **Schrittmacherpotential**, welchem eine Repolarisation folgt (Abb. 12.5). Sobald das Schrittmacherpotential die Membran der Herzmuskelfasern auf das Schwellenpotential gebracht hat, entsteht ein **Herzmuskel-Aktionspotential**, das dem Alles-oder-Nichts-Prinzip unterliegt. Das Intervall zwischen den APs, das die Herzfrequenz bestimmt, hängt ab von der Depolarisationsgeschwindigkeit des Schrittmacherpotentials, aber auch vom Ausmaß der Repolarisation und dem Schwellenpotential des Herz-Aktionspotentials. Eine schnellere Depolarisation bringt die Membran früher auf Entladungsniveau und erhöht damit die Entladungsfrequenz und damit die Herzfrequenz. Eine langsamere Depolarisation wirkt entgegengesetzt (Abb. 12.5).

Die Schrittmachertätigkeit hat ihren Ursprung in zeitabhängigen Änderungen in der Membranleitfähigkeit. Im Sinusknoten des Froschherzens beginnt die Schrittmacherdepolarisation unmittelbar nach dem vorangegangenen AP, wenn die K^+-Leitfähigkeit der Membran sehr hoch ist. Danach sinkt die K^+-Leitfähigkeit allmählich ab, und die Membran zeigt eine entsprechende Depolarisation – verursacht durch eine intrazelluläre Zunahme von K^+ und eine mäßig hohe, gleichmäßige Na^+-Leitfähigkeit. Die Schrittmacherdepolarisation dauert an, bis sie die Na^+-Leitfähigkeit aktiviert. Der Hodgkin-Zyklus (s. Abb. 5.**18**) herrscht dann vor und bewirkt den schnellen regenerativen Aufstrich des Herzmuskel-Aktionspotentials (s. Kap. 5).

Das aus den Endigungen des Nervus vagus (Parasympathicus, zehnter Hirnnerv) freigesetzte Acetylcholin verlangsamt die Herztätigkeit, indem es die K^+-Leitfähigkeit der Schrittmacherzellen erhöht. Die erhöhte Leitfähigkeit hält das Membranpotential länger in der Nähe des K^+-Gleichgewichtspotentials. Die Schrittmacherdepolarisation wird damit verlangsamt und der Beginn des nächsten Aufstrichs verzögert (Abb. 12.**6**A). Auf der anderen Seite führt das vom Sympathicus freigesetzte Noradrenalin zu einem schnellen Abfall des Schrittmacherpotentials und erhöht damit die Herzfrequenz (Abb. 12.**6**B). Obgleich Noradrenalin die Na^+- und Ca^{2+}-Leitfähigkeit erhöht, ist dieser Mechanismus vermutlich nicht an der Beschleunigung des Schrittmacherrhythmus beteiligt. Vielmehr scheint Noradrenalin den während der Diastole erfolgenden zeitabhängigen

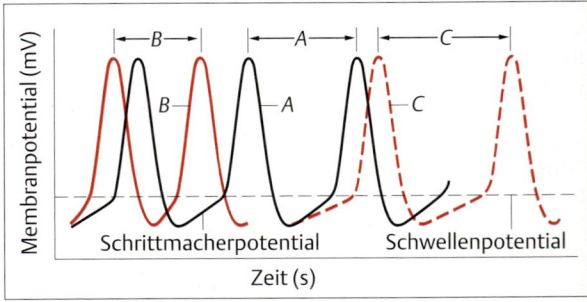

Abb. 12.5 Schrittmacherpotentiale. Schrittmacherzellen unterliegen spontanen Depolarisationen, die als Schrittmacherpotentiale bezeichnet werden und die autorhythmisch Herzaktionspotentiale auslösen (A). Eine schnellere Depolarisation erhöht die Feuerrate (B) und damit auch die Herzfrequenz, eine langsamere Depolarisation erniedrigt sie (C).

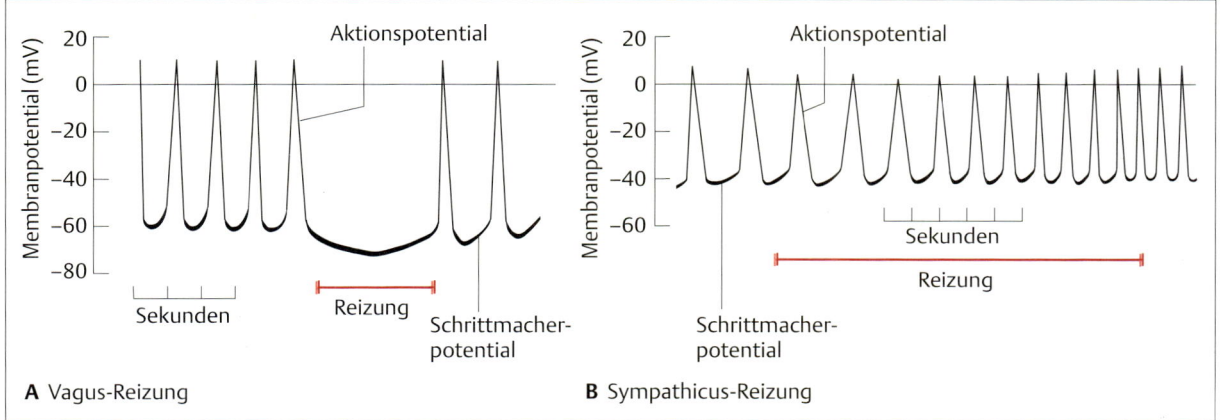

Abb. 12.6 Modifikation der Herzfrequenz. Die parasympathische Reizung über den N. vagus hat eine der Sympathicusreizung entgegengesetzte Wirkung auf das Schrittmacherpotential und die Herzfrequenz. **A** Die Vagusreizung ruft einen Anstieg im diastolischen transmembranen (Ruhe-)Potential, eine Abnahme in der Depolarisationsrate des Schrittmacherpotentials und eine Abnahme in der Dauer und der Frequenz der Aktionspotentiale hervor. **B** Die sympathische Reizung führt zu einer Erhöhung der Feuerfrequenz der Schrittmacherzellen (nach Hutter u. Trautwein, 1956).

K^+-Ausstrom zu vermindern und dadurch die Geschwindigkeit der Schrittmacherdepolarisation zu erhöhen.

Herzmuskel-Aktionspotentiale

Die APs, die bei allen Vertebraten einer Kontraktion des Herzmuskels vorausgehen, dauern im Vergleich zu denen der Skelettmuskulatur recht lange. Beim Skelettmuskel ist das AP bereits vor Beginn der Kontraktion beendet und die Membran wieder in einem nichtrefraktären Zustand. Daher sind wiederholte Erregung und Summation der Kontraktionen (Tetanus) möglich (Abb. 12.7 A). Beim Herzmuskel verbleibt die Membran dagegen in einem refraktären Zustand, bis das Herz wieder vollständig erschlafft ist (Abb. 12.7 B). Damit kann es im Herzmuskel keine Summation der Kontraktionen geben.

Aktionspotentiale im Herzmuskel beginnen mit einer schnellen Depolarisationsphase als Ergebnis eines starken und schnellen Anstiegs der Na^+-Leitfähigkeit. Dies unterscheidet sie von der langsamen Depolarisation des Schrittmacherpotentials, die sich auszeichnet durch eine stabile Na^+-Leitfähigkeit und die Abnahme der K^+-Leitfähigkeit. Die Repolarisation der Zellmembranen ist verzögert, dadurch bleiben die Zellen einige hundert Millisekunden lang depolarisiert in der sog. **Plateauphase** (Abb. 12.7 B). Diese lang andauernden APs des Herzmuskels führen zu einer verlängerten Kontraktion; die gesamte Kammer kann sich daher kontrahieren, bevor ein Teil von ihr erschlafft – ein Vorgang, der für die wirksame Pumpaktivität von entscheidender Bedeutung ist.

Das verlängerte Plateau beruht auf einer lang andauernden hohen Ca^{2+}-Leitfähigkeit und auf einem verzögerten Beginn der nachfolgenden erhöhten (repolarisierenden) K^+-Leitfähigkeit (anders als in der Skelettmuskulatur). Die hohe Ca^{2+}-Leitfähigkeit während der Plateauphase erlaubt es den Ca^{2+}-Ionen, in die Zelle einzufließen, weil das Gleichgewichtspotential für Calcium stark einwärtsgerichtet ist. Dieser Einstrom ist besonders bei niederen Vertebraten von Bedeutung, bei denen ein Großteil des für die Kontraktion notwendigen Ca^{2+} durch die Oberflächenmembran der Zellen eindringt. Bei Vögeln und Säugern ist das Oberflächen/Volumen-Verhältnis der größeren Herzmuskelzellen zu gering, als daß genügend Ca^{2+} über die Zellmembran eindringen könnte, um eine Kontraktion auszulösen. Der größte Teil des Ca^{2+} wird – durch die Depolarisation der T-Tubuli (S. 402 ff) – während der Plateauphase aus dem bei höheren Vertebraten gut entwickelten SR freigesetzt. Eine schnelle Repolarisation beendet das Plateau; sie ist zurückzuführen auf eine plötzliche Abnahme der Ca^{2+}-Leitfähigkeit und auf eine Steigerung der K^+-Leitfähigkeit.

Die Dauer der Plateauphase sowie die Depolarisations- und Repolarisationsgeschwindigkeiten sind in verschiedenen Zellen desselben Herzens unterschiedlich. Die Summation dieser Unterschiede kann als **Elektrokardiogramm** (EKG) aufgezeichnet werden (Abb. 12.8). Die Zellen des Atriums haben gewöhnlich ein kürzeres AP als die des Ventrikels. Die Dauer des APs in den

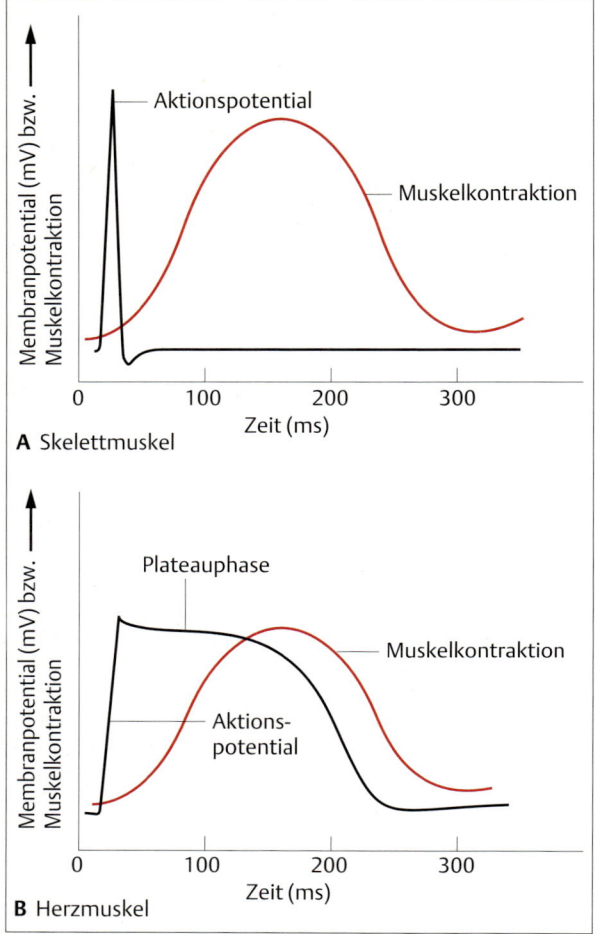

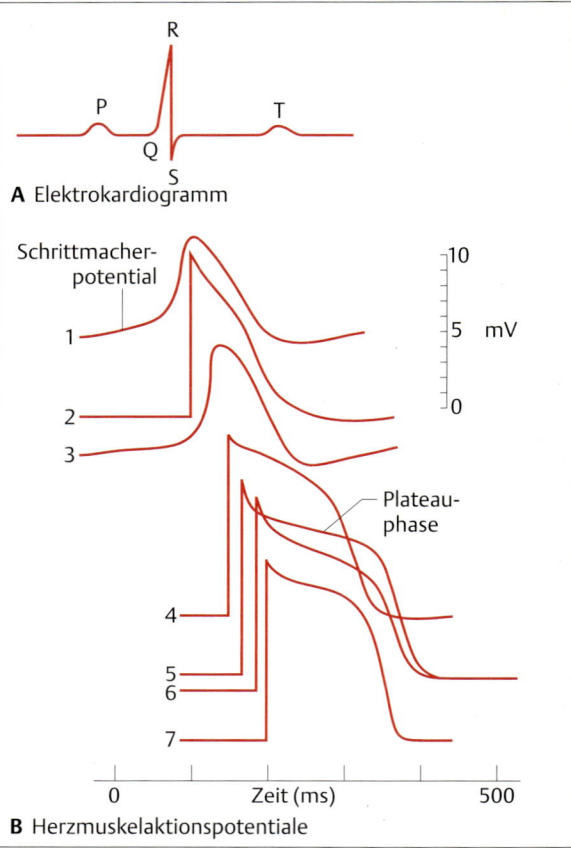

Abb. 12.7 Vergleich zwischen Skelett- und Herzmuskel. A Im Skelettmuskel sind die Aktionspotentiale kurz, **B** im Herzmuskel dagegen dauert die Repolarisation – auch als Plateauphase bezeichnet – sehr lange. Während der Plateauphase ist der Herzmuskel gegenüber einer Reizung unempfindlich. Aus diesem Grund ist der Herzmuskel – im Gegensatz zu Skelettmuskeln – nicht tetanisierbar.

Abb. 12.8 Elektrokardiogramm. Das Elektrokardiogramm (EKG) ist das Abbild der Summation elektrischer Aktivitäten in verschiedenen Bereichen des Herzens. **A** Die wichtigsten Abschnitte des Elektrokardiogramms sind: P = Atriumdepolarisation, QRS = Ventrikeldepolarisation, T = Ventrikelrepolarisation. **B** Amplitude, Form und Dauer der APs sind in verschiedenen Herzteilen unterschiedlich. Die Potentialänderungen wurden von folgenden Strukturen abgeleitet: 1 = Sinusknoten, 2 = Atrium, 3 = Atrioventrikularknoten, 4 = His-Bündel, 5 = Purkinje-Faser in einer fehlerhaften Sehne, 6 = terminale Purkinje-Faser, 7 = Ventrikelmuskelfaser. Die Nummern geben die Sequenz an, in der die verschiedenen Bereiche nacheinander feuern (B nach Hoffman u. Cranfield, 1960).

Fasern des Atriums oder des Ventrikels ist ein wichtiger, die maximale Herzschlagfrequenz bestimmender Faktor und bei verschiedenen Arten sehr unterschiedlich. Bei kleineren Säugern schlägt das Herz meist relativ schnell: ihr Ventrikel-Aktionspotential ist wesentlich kürzer als das der größeren Säuger.

Die Herzen in den verschiedenen Stämmen der Evertebraten unterscheiden sich z.T. erheblich. Folglich können nur wenige allgemeingültige Aussagen über die ionalen Mechanismen gemacht werden. Weit verbreitet scheint jedoch die Beteiligung von Ca^{2+}-Ionen zu sein. So findet man z.B. bei den Muscheln ein Ca^{2+}-Aktionspotential.

Erregungsausbreitung im Herzen

Die von der Schrittmacherregion ausgehende Aktivität breitet sich über das gesamte Herz aus. Die Depolarisation einer Zelle bewirkt eine Depolarisation in benachbarten Zellen als Folge der elektrischen Kopplung, d.h. der elektrische Strom fließt über die **Gap junctions** (s. Abb. 4.**35**) von Zelle zu Zelle. Diese Verbindungen zwischen den Zellen liegen in engen Aneinanderlagerungen benachbarter Myocardzellen, den **Glanzstreifen** („intercalated disks"). Sie sind nicht auf die Enden der Myocardzellen beschränkt, sondern auch dazwischen ausgebildet (Abb. 12.**9**). Das Kontaktgebiet wird zusätzlich durch starke Faltungen und Verzahnungen der Myocardfasern vergrößert (s. Abb. 10.**50**). Hier ist der elektrische Widerstand zwischen Zellen herabgesetzt und damit die Ausbreitung des elektrischen Stroms von einer Zelle auf eine andere möglich. Das Ausmaß der Faltung und Verzahnung nimmt mit der – ontogenetischen wie phylogenetischen – Entwicklung des Herzens zu und ist auch bei verschiedenen Arten unterschiedlich stark ausgeprägt.

Obwohl die Verbindungen zwischen den Myocardzellen nach beiden Seiten leiten können, erfolgt die Übermittlung der Erregung gewöhnlich nur in einer Richtung, da sie immer in der Schrittmacherregion entsteht und sich von dort ausbreitet. Aufgrund der zahlreichen interzellulären Verbindungen kann eine Erregung eine einzelne Zelle über verschiedene Leitungsbahnen erreichen. Wird ein Teil des Herzens funktionslos, kann die Erregungswelle leicht diesen Abschnitt umfließen und das übrige Herz erregen. Das lang andauernde Myocard-Aktionspotential gewährleistet, daß die vielen Verbindungen nicht zu vielen einzelnen, asynchronen Erregungen führen, was die Herzmuskelkraft schwächen würde. Ein in der Schrittmacherregion entstehendes Aktionspotential führt zu einem einzigen Aktionspotential, das durch alle anderen Herzmuskelzellen geleitet wird; für eine nächste Erregungswelle wird ein neues Schrittmacher-Aktionspotential benötigt.

Beim Säugerherz liegt der Schrittmacher im **Sinusknoten**. Die Erregungswelle breitet sich von dort über beide Vorhöfe konzentrisch mit einer Geschwindigkeit von etwa 80 cm/s aus. Die Atrien sind mit den Ventrikeln über den **Atrioventrikularknoten** (AV-Knoten) elektrisch verbunden; an allen übrigen Berührungsstellen befindet sich unerregbares Bindegewebe, das die Erregungsübertragung von den Atrien zu den Ventrikeln verhindert. Die Erregung gelangt also nur über dünne Verbindungsfasern zum Ventrikel (Abb. 12.**4**); die Erregungsgeschwindigkeit fällt in diesen Fasern auf etwa 5 cm/s ab. Die Verbindungsfasern sind mit Knotenfasern, diese über Übergangsfasern mit dem **His-Bündel** verbunden. Das His-Bündel ist in einen linken und rechten Ast unterteilt. Diese beiden Äste überziehen das gesamte Endocard der beiden Ventrikel. Die Leitungsgeschwindigkeit ist in den Knotenfasern langsam (etwa 10 cm/s), im His-Bündel jedoch schnell (4–5 m/s). Das His-Bündel und die daran anschließenden kurzen **Purkinje-Fasern** übertragen die Erregungswelle annähernd gleichzeitig auf das gesamte ventrikuläre Myocard, so daß sich alle seine Muskelfasern annähernd synchron kontrahieren. Die Erregungswelle springt mit einer Geschwindigkeit von 50 cm/s von der inneren Herzwand (**Endocard**) auf die äußere Herzwand (**Epicard**) über; als Folge davon kontrahieren sich die Epicardzellen des Ventrikels fast gleichzeitig mit der Erregungswelle. Die funktionelle Bedeutung der elektrischen Verschaltung der Herzmuskelzellen liegt darin, zeitlich getrennte, aber jeweils synchrone Kontraktionen der Atrien und der Ventrikel zu ermöglichen. Die geringe Leitungsgeschwindigkeit des Atrioventrikularknotens hat zur Folge, daß sich zuerst die Atrien kontrahieren und erst dann die Ventrikel; so bleibt genügend Zeit für das Blut, aus den Atrien in die Ventrikel zu fließen.

Da sehr viele Zellen an diesem Vorgang beteiligt sind, können die elektrischen Ströme, die während der synchronen Aktivität der Herzzellen auftreten, als geringe Potentialänderungen am ganzen Körper abgegriffen werden. Diese Potentialänderungen – sie werden als **Elektrokardiogramm** (EKG) aufgezeichnet – sind ein Spiegelbild der elektrischen Aktivität des Herzens, das sich leicht aufzeichnen und analysieren läßt. Die **P-Welle** entspricht der Depolarisation des Atriums, der **QRS-Komplex** der Depolarisation des Ventrikels und die **T-Welle** der Repolarisation des Ventrikels (Abb. 12.**8A**).

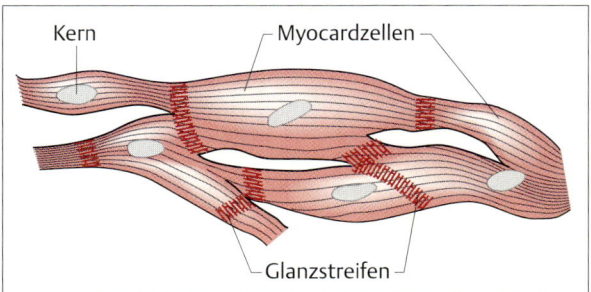

Abb. 12.9 Schematische Darstellung der Myocardzellen in einem Säugerherz. Die elektrische Aktivität kann sich über das ganze Herz ausbreiten, da die Myocardzellen an den Glanzstreifen dicht beieinander liegen und über viele Gap junctions miteinander verbunden sind. Charakteristisch für Glanzstreifen sind starke Membranauffaltungen und das fingerartige Ineinandergreifen gegenüberliegender Membranen. Desmosomen sind ebenfalls vorhanden und unterstützen den Zusammenhalt den Zellen, sind aber nur schwierig zu erkennen.

Die elektrischen Vorgänge bei der Repolarisation der Atrien werden von den weit stärkeren der QRS-Welle überdeckt. Die genaue Form des Elektrokardiogramms hängt von der Art und der Lage der Ableitelektroden und vom physiologischen Zustand des Herzens ab.

Mit den Depolarisationswellen geht die Kontraktion der Vorhöfe bzw. Kammern einher; während der P-Welle arbeitet die Vorhofmuskulatur, während des QRS-Komplexes das Kammermyocard. Zwischen T- und P-Welle liegt eine mehr oder minder lange Pause. Bei einer Erhöhung der Herzfrequenz wird nur die Dauer dieser Pause verkürzt, die Zeit zwischen P-Welle und S-Spitze kann nicht verkürzt werden. Arbeit wird nur in dieser Zeit geleistet. Summiert man die P-S-Perioden über einen Tag, dann ergibt sich für das Herz bei normaler Beanspruchung etwa ein 8-Stundentag.

Wie bereits erwähnt, verändern verschiedene Substanzen die Eigenschaften der Herzmuskelzellen. So erhöht das aus cholinergen Fasern freigesetzte Acetylcholin (ACh) die Intervalle zwischen Aktionspotentialen in den Schrittmacherzellen. Als Folge davon wird die Herzfrequenz herabgesetzt (Abb. 12.**6A**). Diese Abnahme in der Herzfrequenz wird gelegentlich als **negativer chronotroper Effekt** bezeichnet. Parasympathische cholinerge Fasern des Nervus vagus innervieren den Sinusknoten und den Atrioventrikularknoten des Vertebratenherzens. Das Acetylcholin verlangsamt nicht nur die Herzfrequenz, sondern auch die Überleitungsgeschwindigkeit von den Atrien zu den Ventrikeln am AV-Knoten. Hohe Acetylcholinwerte blockieren die Überleitung am AV-Knoten, so daß nur jede zweite oder dritte Erregungswelle auf den Ventrikel übertragen wird. Unter diesen ungewöhnlichen Umständen übertrifft die Frequenz der Vorhöfe diejenige der Ventrikel um das Zwei- oder Dreifache. Hohe Acetylcholinkonzentrationen können die **Erregungsüberleitung** am AV-Knoten sogar ganz blockieren; die Folge ist ein **atrioventrikulärer Block**. Ein nachgeschalteter **ektopischer Schrittmacher** (s. S. 524) im Ventrikel übernimmt dann die Führung. Die Atrien und Ventrikel werden in diesem Fall von verschiedenen Schrittmachern gesteuert und kontrahieren sich unabhängig voneinander[1]. Bei Fischen würde dies verheerende Folgen haben, weil bei ihnen die Vorhofkontraktion besonders wichtig für die Füllung des Ventrikels ist. Bei Säugern wären die Folgen ungleich weniger dramatisch, weil hier die Kontraktion der Atrien nur die Füllung der Ventrikel abschließt; die Ventrikel werden überwiegend (d.h. zu 70%) durch einen direkten Zufluß des Blutes aus dem Venensystem über die entspannten Vorhöfe aufgefüllt.

---

[1] In Zellkulturen kontrahieren sich Myocardzellen – je nach Herkunft aus Atrium oder Ventrikel – mit unterschiedlicher Frequenz.

Experimentell läßt sich eine Blockade der Erregungsübertragung, z.B. am Froschherzen, durch die **Stannius-Ligaturen** erreichen. Bei der 1. Ligatur wird der Sinus venosus durch eine Fadenschlinge von den Atrien getrennt, bei der 2. Ligatur werden die Atrien vom Ventrikel getrennt. Im ersten Fall kann man eine von den übrigen Teilen des Herzens unabhängige, relativ hohe Schlagfrequenz des Sinus venosus beobachten; die ektopischen Schrittmacher der Atrien bestimmen dann die Frequenz des Ventrikels. Im zweiten Fall wird die Tätigkeit der ventrikulären, ektopischen Schrittmacher sichtbar: Alle drei Herzabschnitte – Sinus venosus, Atrien und Ventrikel – kontrahieren nun unabhängig mit eigenen Frequenzen, der Ventrikel am langsamsten.

Amphibien haben an Stelle von bindegewebigen Atrioventrikularklappen einen muskulösen Atrioventrikulartrichter. In ihm liegen auch die erregungsbildenden Myocardfasern, das Schrittmacherzentrum, analog dem Atrioventrikularknoten der höheren Vertebraten. Wird der Trichter beim Anlegen der 2. Stannius-Ligatur versehentlich in den Ventrikel abgedrängt, dann wird dem Ventrikel die Frequenz des Vorhofs aufgezwungen; er kontrahiert dann schneller als ein gut isolierter Ventrikel.

Die **Catecholamine** Adrenalin und Noradrenalin haben drei deutlich verschiedene positive Wirkungen auf die Herzfunktion:

– **Positiver chronotroper Effekt**: Zunahme der Kontraktionsrate des Myocards, d.h. Steigerung der Herzfrequenz.
– **Positiver inotroper Effekt**: Steigerung der Kontraktionskraft des Myocards.
– **Positiver dromotropischer Effekt**: Steigerung der Überleitungsgeschwindigkeit der Erregungswelle über den Herzmuskel.

Die Wirkung dieser Catecholamine auf die Kontraktionsrate wird von den Schrittmachern vermittelt. Der Anstieg der Kontraktionskraft beruht dagegen auf einer direkten Einwirkung auf alle Myocardzellen. Noradrenalin erhöht auch die Überleitungsgeschwindigkeit des AV-Knotens. Es wird aus adrenergen Nervenfasern freigesetzt, die den Sinusknoten, die Atrien, den AV-Knoten und die Ventrikel innervieren. Eine sympathische adrenerge Erregung wirkt damit direkt auf das gesamte Herz.

Wird der N. vagus durchtrennt oder z.B. ein Froschherz in einen künstlichen Kreislauf eingebunden, entfällt die hemmende Wirkung des Acetylcholins; die Schrittmacherpotentiale des Sinusknotens können ihre Eigenfrequenz ungehindert beibehalten. Das Herz schlägt dann wesentlich schneller, und die nachgeordneten Schrittmacher des Vorhofs und des Kammermyocards müssen dem Sinusknoten (bei niederen Vertebraten dem Sinus venosus) folgen. Das vagusektomierte Herz des Menschen hat dann eine Basisfrequenz von 120 Schlägen pro min. Beim intakten Herz wird die Basisfrequenz durch den Parasympathicus, einem Ast des N. vagus, auf 70 Schläge pro min gedämpft. Wird der Sympathicus aktiviert, kann die Frequenz auf 220 Schläge pro min ansteigen. Dies ist aber nur sehr kurzfristig der Fall; mit der Stimulation der Herzmuskeln wird auch die Nebenniere angeregt, aus ihrem Mark Catecholamine auszuschütten, die dann über die Blutbahn ins Herz gelangen und langfristig eine hohe Schlagfrequenz aufrechterhalten.

Isolierte Herzen in einem „Kreislauf" mit geeigneter Nährlösung können u.U. sehr lange schlagen. Berühmtheit erlangte das „Dahlemer Hühnchen", ein Herzpräparat, das etwa 1923 im Kaiser-Wilhelm-Institut für Biologie in Berlin-Dahlem hergestellt und erst durch die Kriegsereignisse 1944 zerstört wurde. Das Herz schlug demnach länger, als es der Lebenserwartung eines Huhns entspricht.

Coronar-Kreislauf

Die Herzkranzgefäße oder Coronargefäße stellen einen eigenen Kreislauf dar, der dem Herzen Nährstoffe und Sauerstoff zuführt. Die coronare Versorgung ist sehr beträchtlich; der Herzmuskel hat eine sehr viel höhere Kapillardichte und mehr Mitochondrien als die meisten Skelettmuskeln. Außerdem ist der Myoglobingehalt sehr hoch. Die Folge davon ist die typische intensive Rotfärbung des Herzens. Das durch das Herz gepumpte Blut versorgt bei Fischen und Amphibien die innere, spongiöse Muskelschicht während es durch das Herz fließt. Aber auch bei diesen Tieren ist eine Versorgung über Coronargefäße nötig, um die äußeren, kompakteren Gewebe der Herzwand mit Sauerstoff und Nährstoffen zu versorgen. Ganz allgemein können Herzen eine Vielzahl von Nährstoffen verarbeiten, einschließlich Fettsäuren, Glucose und Milchsäure; das jeweils verwendete Substrat hängt vor allem von seiner Verfügbarkeit ab.

Weil das Herz in erster Linie aerobe Stoffwechselwege zur Energieerzeugung benutzt, ist es auf eine ständige Versorgung mit Sauerstoff angewiesen. Daher verlangt die Aufrechterhaltung der Herztätigkeit eine kontinuierliche Durchblutung der Coronargefäße. Ein Anstieg der Herztätigkeit hängt von einem Anstieg des Stoffwechsels ab, der wiederum einen erhöhten Coronardurchfluß benötigt. Adenosin ist wahrscheinlich ein Schlüssel-Metabolit, der das Verhältnis von Coronardurchfluß und Herztätigkeit steuert. Adenosin, das aus Adenosintriphosphat (ATP) während des Herzstoffwechsels erzeugt wird, und andere lokal auftretende Stoffwechselfaktoren bewirken eine Erweiterung (Dilatation) der Coronargefäße und damit eine Erhöhung des coronaren Durchflusses. Bildung und Freisetzung von Adenosin nehmen mit steigendem Stoffwechsel oder während myokardialer **Hypoxie** (Abfall des Sauerstoffgehalts) zu, was zu einer Erhöhung der Durchblutung der Herzkranzgefäße führt. Erregung über den Sympathicus ist ein anderer, weniger wichtiger Mechanismus zur Erhöhung des Coronardurchflusses. Im Blut kreisende Catecholamine steigern die Kontraktionsfähigkeit des Herzens und verursachen eine Entspannung der Coronargefäße über β_1-Adrenorezeptoren (S. 316ff).

Mechanische Eigenschaften des Herzens

Die mechanischen Aspekte der Herzfunktion beziehen sich auf die Wechsel in den Druckverhältnissen und dem Volumen des Herzens, die zum Austreiben von Blut während jedes Herzschlags führen. Im Folgenden werden diese Eigenschaften und die Arbeitsleistung des Herzens näher betrachtet.

Herzausstoß, Schlagvolumen und Herzfrequenz

Der **Herzausstoß** ist das Blutvolumen, das pro Zeiteinheit aus einem Ventrikel ausgestoßen wird. Bei Säugern ist er definiert als das Volumen des rechten oder linken Ventrikels und nicht als das Gesamtvolumen beider Ventrikel. Das durch jeden Herzschlag ausgetriebene Blutvolumen wird als **Schlagvolumen** bezeichnet; das durchschnittliche Schlagvolumen läßt sich durch Teilung des Herzausstoßes durch die Herzfrequenz berechnen.

Beim Schlagvolumen handelt es sich um die Differenz zwischen dem Volumen des Ventrikels unmittelbar vor Beginn einer Kontraktion (**enddiastolisches Volumen**) und dem Ventrikelvolumen am Ende einer Kontraktion (**endsystolisches Volumen**). Änderungen im Schlagvolumen können durch Änderungen sowohl im enddiastolischen als auch im endsystolischen Volumen auftreten.

Das enddiastolische Volumen wird bestimmt durch
- den Füllungsdruck der Hohlvenen und der Vorhöfe (Atrien),
- den Druck, der durch die Vorhofkontraktion entsteht,
- die Dehnbarkeit der Ventrikelwand und
- die Zeit, welche zur Füllung des Ventrikels zur Verfügung steht.

Das endsystolische Volumen wird bestimmt durch
- die Ventrikeldrücke, die bei der Systole auftreten und
- den Druck im aus dem Herzen ableitenden Gefäß (Aortendruck, Pulmonalarteriendruck).

Im isolierten Säugerherz bewirkt die Vergrößerung des venösen Füllungsdrucks eine Zunahme des enddiastolischen Volumens und ein größeres Schlagvolumen

Box 12.1 Der Frank-Starling-Mechanismus

Otto Frank entdeckte, daß mit Zunahme der Füllung des Froschherzens das Schlagvolumen zunimmt. Das bedeutet, daß ein größerer Rückfluß aus den Venen zu einem größeren Schlagvolumen führt. Frank zeigte damit, daß die Kontraktionsspannung mit der Streckung bis zu einem Maximum ansteigt und bei weiterer Streckung wieder abfällt. Ernest Starling, eine überragende Persönlichkeit auf vielen Gebieten der Physiologie zu Beginn des 20. Jahrhunderts, kam zu ähnlichen Schlußfolgerungen wie Frank. Obwohl weder Starling noch Frank die mechanische Arbeit berücksichtigten, bezeichnet man den Anstieg in der mechanischen Arbeit des Ventrikels, der durch eine Erhöhung des enddiastolischen Volumens (oder des venösen Füllungsdrucks) hervorgerufen wird, als **Frank-Starling-Mechanismus** (A). Die Kurven, die man durch Messung der vom Ventrikel bei verschiedenen venösen Fülldrücken geleisteten Arbeit erhält, werden als **Starling-Kurven** bezeichnet (B).

Keine einzige Starling-Kurve beschreibt jedoch die Beziehung zwischen dem venösen Fülldruck und der Arbeitsleistung des Ventrikels. Die mechanischen und die elektrischen Eigenschaften des Herzens werden durch mehrere Faktoren beeinflußt. Diese schließen das Aktivitätsniveau der das Herz innervierenden Nerven und die Zusammensetzung des durch den Herzmuskel fließenden Blutes mit ein. So wird z. B. die Beziehung zwischen der Arbeitsleistung des Ventrikels und dem venösen Füllungsdruck durch Erregung der sympathischen, das Herz innervierenden Nerven deutlich beeinflußt.

Starling war ein vielseitiger Forscher, der zusammen mit William Bayliss das Hormon Sekretin entdeckte. Er prägte den Begriff Hormon und definierte die grundlegenden Eigenschaften der Hormone (s. Kap. 9). Starling lieferte auch viele Beiträge zum Verständnis des Kreislaufs. Außer den Beobachtungen, die zur Beschreibung des Frank-Starling-Mechanismus führten, schlug er die Starling-Hypothese vor; sie besagt, daß der Flüssigkeitsaustausch zwischen Blut und Geweben abhängt vom Filtrationsdruck und dem kolloidosmotischen Druck über der Kapillarwand. Diese Hypothese wurde später im wesentlichen durch die Arbeiten von E. Landis bestätigt.

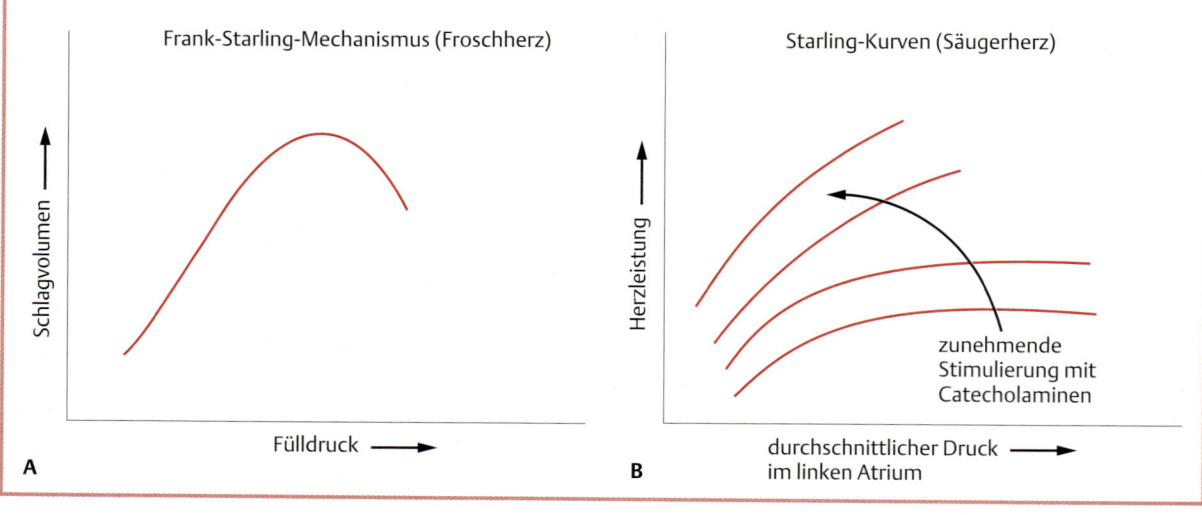

(**Frank-Starling-Mechanismus**, Box 12.1). Das endsystolische Volumen nimmt zwar ebenfalls zu, aber nicht so stark wie das enddiastolische. Somit verhält sich der Herzmuskel in mancher Beziehung wie der Skelettmuskel: Eine Streckung des entspannten Muskels in einem gewissen Längenbereich führt zur erhöhten Spannung bei der nächsten Kontraktion. Die Anhebung des arteriellen Druckes bewirkt ebenfalls eine Zunahme sowohl des enddiastolischen als auch des endsystolischen Volumens, mit einer nur geringen Änderung des Schlagvolumens. In diesem Fall wird die Arbeit, die zur Aufrechterhaltung des Schlagvolumens bei erhöhtem arteriellem Druck benötigt wird, durch die stärkere Streckung des Herzmuskels während der Diastole verursacht.

Wie oben beschrieben, erhöhen die aus sympathischen Nerven freigesetzten oder im Blut kreisenden Catecholamine Adrenalin und Noradrenalin die Kontraktionskraft des Ventrikels; sie steigern also die Geschwindigkeit und das Ausmaß der Ventrikelentleerung. Die Auswirkungen der cholinergen Nervenaktivität, also des N. vagus oder N. parasympathicus, auf die Geschwindigkeit und den Kraftausstoß des Ventrikels während jedes Schlages sind viel weniger auffallend als die Auswirkungen der adrenergen, sympathischen Nerven. Die im Vergleich mit der ausgedehnten adrenergen Innervation des Herzens viel schwächere cholinerge Innervation steht damit in Einklang.

Erregung über das sympathische Nervensystem oder

auch die Erhöhung des Catecholaminspiegels im Blut führt zu mehreren miteinander in engem Zusammenhang stehenden Wirkungen. Über ihre Wirkung auf die Schrittmacherzellen steigern sie die Herzfrequenz; die Leitungsgeschwindigkeit über das Herz wird erhöht und damit eine annähernd synchrone Ventrikelkontraktion gewährleistet. Die ATP-Produktion und die Umwandlung chemischer Energie in mechanische wird gesteigert und führt zu einer Erhöhung der Ventrikelaktivität: Die Ventrikelentleerung während der Systole wird dadurch erhöht, so daß die Blutauswurfleistung des Herzens ansteigt und das gleiche oder sogar ein größeres Schlagvolumen in viel kürzerer Zeit zustande kommt. Diese erhöhte Kontraktionskraft wird durch die Wirkung der Catecholamine auf α- und β-Adrenorezeptoren vermittelt (s. S. 316 ff). Obgleich die Zeit, die bei steigender Herzfrequenz für die Füllung und Entleerung des Herzens zur Verfügung steht, abnimmt, wird dennoch ein ungefähr gleiches Schlagvolumen über einen weiten Frequenzbereich ausgestoßen. So ist z.B. die körperliche Betätigung bei einem Säuger auch mit einer großen Steigerung der Herzfrequenz verbunden, das Schlagvolumen ändert sich aber nur unwesentlich; lediglich bei extrem hohen Frequenzen fällt das Schlagvolumen ab (Abb. 12.**10**). Dies liegt daran, daß bei fast allen Herzfrequenzen die gesteigerte sympathische Aktivität eine schnellere Entleerung gewährleistet und ein erhöhter venöser Druck eine schnellere Füllung bei steigender Herzfrequenz bewirkt.

Die Diastole kann jedoch nur innerhalb bestimmter Grenzen verkürzt werden. So bestimmen nicht nur die maximale Geschwindigkeit der Ventrikelfüllung und Ventrikelentleerung die kürzeste Dauer einer Diastole, sondern auch die Eigenart des Coronarkreislaufs. Bei jeder Herzkontraktion werden die Herzkranzkapillaren verschlossen, ihre Durchblutung wird also während einer Systole sehr stark eingeschränkt; während einer Diastole steigt sie jedoch drastisch wieder an. Die Reduktion der diastolischen Phase führt zu einer Abnahme in der Blutversorgung der Herzgefäße und damit zu einer verringerten Versorgung des Herzens. Catecholamine erweitern die Herzkranzgefäße und erhöhen deren Durchblutung. Wie erwähnt, sind bei Säugern die durch körperliche Betätigungen bedingten Anstiege im Herzstoß oft mit großen Änderungen in der Herzfrequenz und weniger mit Änderungen im Schlagvolumen verbunden (Abb. 12.**10**). Auch nach einer sympathischen Denervierung des Herzens führen körperliche Betätigungen zu ähnlichen Anstiegen im Herzausstoß, doch handelt es sich jetzt um größere Änderungen im Schlagvolumen und nicht um Änderungen der Herzfrequenz. Diese Anstiege im Herzausstoß beruhen vermutlich auf einem gesteigerten venösen Rückstrom zum Herzen. Die sympathischen Nerven sind an der Steigerung des Herzausstoßes nicht direkt beteiligt. Sie erhöhen vielmehr die Herzfrequenz bei Konstanthaltung des Schlagvolumens unter Vermeidung großer Druckschwankungen, die mit großen Schlagvolumina verbunden sind. Sie halten so die Herztätigkeit dicht an einem für eine wirksame Kontraktion optimalen Schlagvolumen. Die sympathischen Nerven spielen demnach für das Verhältnis von Herzfrequenz zu Schlagvolumen eine wichtige Rolle. An dem durch körperliche Betätigung bewirkten Anstieg im Herzausstoß sind jedoch noch weitere Faktoren beteiligt.

Änderungen in Druck und Strömung während eines einzelnen Herzschlages

Die durch eine Kontraktion bewirkten Änderungen im Druck und im Volumen des Herzens sind in Abb. 12.**11 A** dargestellt. Die Ereigniskette in einem Säugerherz ist in Abb. 12.**11 B** zusammengefaßt:
1. Während der Diastole halten die geschlossenen Aortenklappen große Druckunterschiede zwischen den entspannten Ventrikeln und der Körper- und Lungenarterie aufrecht. Die Atrioventrikularklappen sind geöffnet, Blut fließt direkt aus dem Venensystem in den Ventrikel.

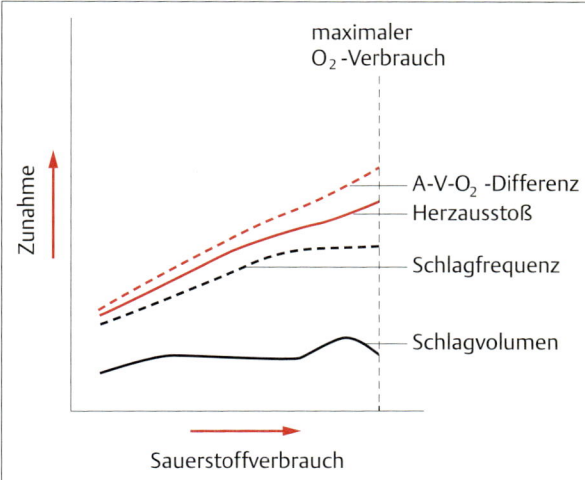

Abb. 12.10 Sauerstoffbedarf bei gesteigerter körperlicher Aktivität. Beim Menschen und vielen anderen Säugern wird der während körperlicher Aktivitäten erhöhte intrazelluläre Sauerstoffbedarf durch eine Steigerung der Herzfrequenz gedeckt und nicht durch eine Erhöhung des Schlagvolumens; die Herzausstoßrate nimmt dadurch zu. Bei sehr hohem Sauerstoffbedarf wird die Herzfrequenz erniedrigt, das Schlagvolumen zunächst erhöht, fällt dann jedoch wieder ab. Zusätzlich wird während gesteigerter Aktivitäten dem Blut der Kapillaren mehr Sauerstoff entnommen, wie aus der Zunahme der arteriell-venösen A-V-O_2-Differenz zu erkennen ist (nach Rushmer, 1965b).

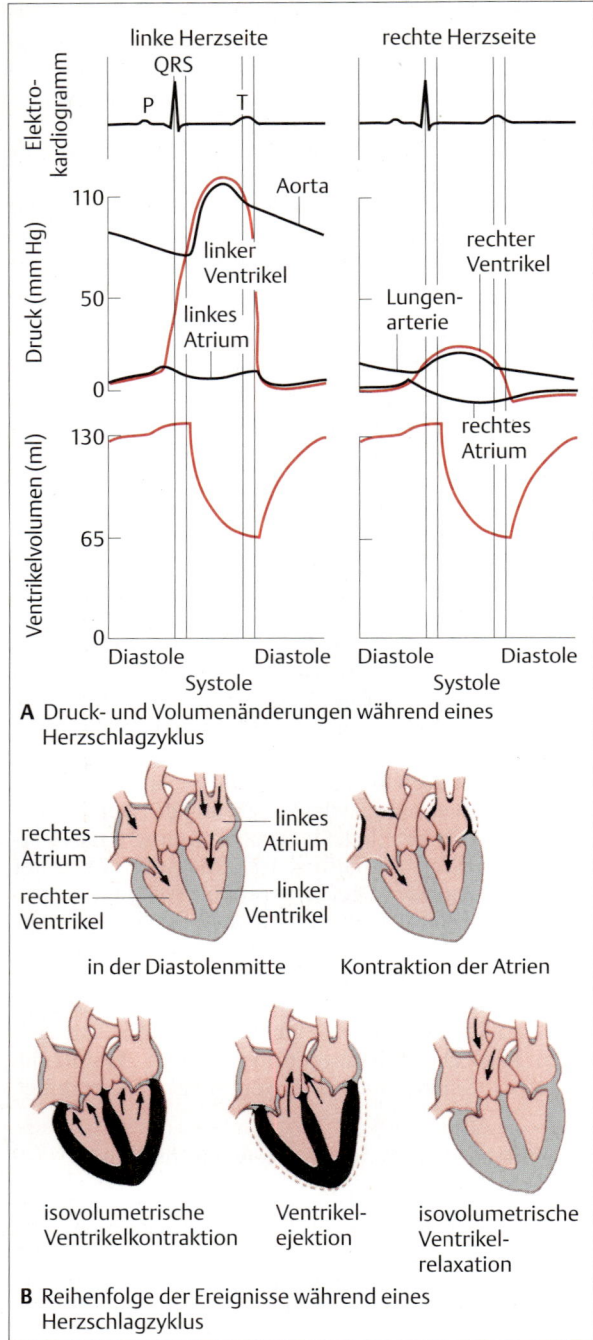

Abb. 12.11 Druck- und Volumenänderungen in den Ventrikeln und der Aorta sowie der Lungenarterie. Während eines einzigen Herzzyklus bewirkt die Kontraktion der Atrien und Ventrikel sowie das Öffnen und Verschließen der Herzklappen charakteristische Änderungen in Blutdruck und -volumen. **A** Änderungen im Druck und im Volumen in den Ventrikeln und in der Aorta (links) und in der Lungenarterie (rechts) während eines einzigen Herzzyklus. **B** Sequenz der Ereignisse bei der Kontraktion des Säugerherzens. Der sich kontrahierende Ventrikel ist schwarz, der relaxierende Ventrikel grau dargestellt (nach Vander u. Mitarb. 1975).

Drücke in den Ventrikeln steigen an und übertreffen schließlich diejenigen der Atrien. Die Atrioventrikularklappen werden dadurch geschlossen und verhindern so den Rückfluß des Blutes in die Atrien, während die Ventrikelkontraktion weiter zunimmt. Während dieser Phase sind sowohl die Atrioventrikularklappen als auch die Aorten- und Lungenatrienklappe verschlossen. Die Ventrikel sind jetzt geschlossene Kammern, deren Volumen sich nicht ändert. Die Ventrikelkontraktion ist isometrisch, d.h. die Myocardfasern sind gespannt, aber noch nicht verkürzt.

4. Die Drücke innerhalb der Ventrikel steigen jetzt schnell weiter an und übertreffen schließlich diejenigen in der Aorta bzw. der Lungenarterie. Daraufhin öffnen sich die Klappen zu Aorta und Lungenschlagader, und die Volumina der Ventrikel nehmen in dem Maße ab, wie Blut in diese Gefäße gepreßt wird; in dieser Phase kontrahiert das Kammermyocard isotonisch: Der Druck bleibt konstant, die Muskelfasern verkürzen sich.
5. Die Ventrikel erschlaffen, der Druck in ihnen fällt unter den der Aorta bzw. Lungenarterie, die zugehörigen Klappen schließen sich, eine iso(volu)metrische Entspannung des Ventrikels setzt ein, d.h. die Volumina beider Herzkammern werden gleich groß gehalten. Dies ist für den Kreislauf von entscheidender Bedeutung, denn es müssen stets gleiche Blutmengen in den Lungen und in den Körperkreislauf eingebracht werden. Ungleiche Ventrikelräume bzw. -füllungen müssen zu schweren Kreislaufstörungen führen.

Sobald die Ventrikeldrücke unter die der Atrien fallen, öffnen sich die Atrioventrikularklappen. Erneut füllen sich die Ventrikel, und der ganze Zyklus wiederholt sich. Beim Säugerherzen werden durch die Kontraktion der Vorhöfe nur etwa 30% des Blutvolumens in die Kammern gepreßt, das durch deren Kontraktion in die abführenden Gefäße gelangt. Bei Säugern wird das Blut weniger durch den Fülldruck der Venen gepreßt, als vielmehr durch die Kontraktion der Kammern (durch welche die Ventilebene zur Herzspitze gezogen wird) in

2. Wenn sich die Atrien kontrahieren, steigt dort der Druck an, und das Blut wird in die Ventrikel gepreßt.
3. Anschließend kontrahieren sich die Ventrikel; die

die Vorhöfe gesaugt (s. u. bei der Besprechung des Pericards, S. 534). Bei ihnen fließt das Blut aus den Körper- bzw. Lungenvenen durch die Atrien direkt in die Ventrikel. Die Kontraktion der Vorhöfe dient lediglich zur Abrundung der ohnehin fast vollständigen Füllung der Ventrikel mit Blut. Bei einer Schwächung der Vorhofmuskulatur kann jedoch der maximale Herzausstoß gefährdet sein.

Die Kontraktion des Herzmuskels ist komplex und setzt sich aus zwei Phasen zusammen. Bei der ersten handelt es sich um eine isometrische Kontraktion, während der die Spannung im Muskel und der Druck im Ventrikel rasch ansteigt. Die zweite Phase ist im wesentlichen isotonisch; diese Änderung ist jedoch nur geringfügig, denn sobald sich die Klappen öffnen, wird das Blut sehr schnell aus den Ventrikeln in die Aorta bzw. in die Lungenarterie gepreßt. Die Drucksteigerungen in den Ventrikeln sind dabei nur mäßig. Zuerst wird Spannung ohne eine nennenswerte Längenänderung entwickelt, dann verkürzt sich der Muskel, wobei eine nur geringe Spannungsänderung eintritt. Der Herzmuskel wechselt also bei jeder Kontraktion von einer isometrischen zu einer isotonischen Kontraktion.

Herztöne

Die Herztätigkeit wird von charakteristischen Tönen begleitet. Der erste, etwas längere und dumpfere Herzton, kommt durch die isometrische Kontraktion des Ventrikelmyocards zustande. Das Blut ist eine nicht elastische Flüssigkeit; bei der Kammersystole behält es sein Volumen unverändert bei; weil es zunächst weder durch die Segelklappen zurück in die Atrien, noch durch die Taschenklappen in Lungen- und Körperkreislauf ausweichen kann, wirkt es der Kontraktion wie ein Festkörper entgegen. Das Myocard muß sich daher schnell maximal kontrahieren, und dabei geraten die Myocardfasern in hörbare Vibrationen. Der zweite, kürzere und hellere Herzton entsteht durch die plötzliche Straffung der Aortenwand und der Aortenklappen, wenn die Systole ihren Höhepunkt gerade überschritten hat.

Arbeit des Herzens

Ein einfaches physikalisches Prinzip besagt, daß externe Arbeit das Produkt aus Kraft mal der zurückgelegten Wegstrecke ist. In diesem Zusammenhang errechnet sich Arbeit als Änderung des Produkts **Druck** mal **Strömung**. Die Strömung steht in direkter Beziehung mit der Volumenänderung jeder Ventrikelkontraktion: Gibt man den Druck in g/cm^2 und das Volumen in cm^3 an, ist das Produkt Druck · Volumen ($g \cdot cm^3/cm^2$) gleich dem Produkt von Masse und zurückgelegter Strecke ($g \cdot cm$). Die Darstellung der Druck-Volumen-Beziehung einer einzelnen Kontraktion des Ventrikels ergibt damit eine **Druck-Volumen-Schleife** (d.h. Druck · Volumen), deren Fläche der vom Herzen aufgebrachten externen Arbeit proportional ist.

In Abbildung 12.**12** sind die Druck-Volumen-Schleifen für den rechten und den linken Ventrikel eines Säugerherzens dargestellt. Beide Ventrikel stoßen gleiche Blutvolumina aus, doch ist der Druck im Lungenkreislauf (rechter Ventrikel) wesentlich geringer; der rechte Ventrikel leistet wesentlich weniger externe Arbeit als der

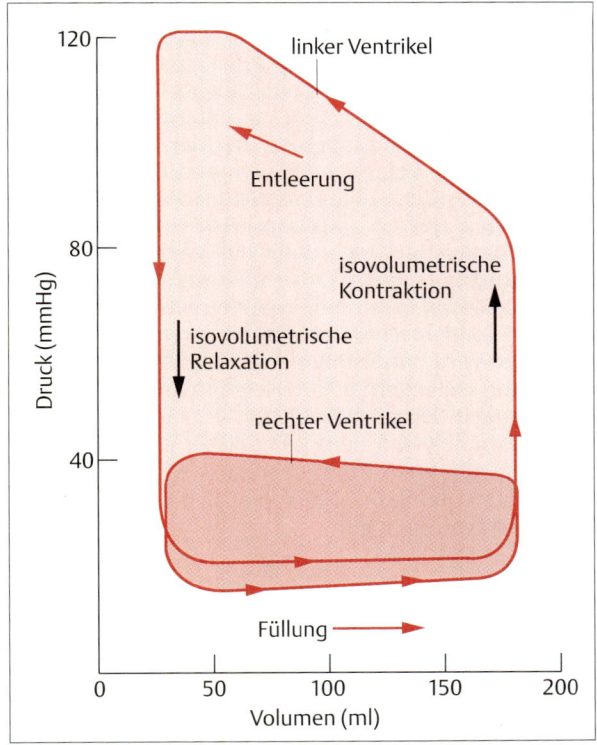

Abb. 12.12 Druck- und Volumenschleife für den rechten und linken Ventrikel. Die Fläche einer ventrikulären Druck-Volumen-Schleife ist der externen Arbeit proportional, die von einem Ventrikel während eines Herzzyklus ausgeführt wird. Dargestellt sind die Schleifen für den rechten und linken Ventrikel eines Säugerherzens. Eine dem Uhrzeigersinn entgegengesetzte Schleife entspricht einem Herzschlag. Die Ventrikelfüllung erfolgt bei geringem Druck; dieser Druck steigt abrupt an, wenn sich der Ventrikel kontrahiert (senkrechter Anstieg auf der rechten Seite der Schleife). Das Ventrikelvolumen nimmt ab, wenn Blut in das arterielle System ausgestoßen wird; erschlafft der Ventrikel, fällt der Ventrikeldruck ab. Danach beginnt eine neue Füllung. Beachte, daß, wenn auch die Volumenänderungen ähnlich sind, die Druckänderungen im linken Ventrikel viel größer sind als im rechten. Deswegen hat der linke Ventrikel eine viel größere Schleife und verrichtet mehr Arbeit als der rechte Ventrikel.

linke Ventrikel. Wie oben beschrieben, wird Blut aus einem Ventrikel nur dann ausgestoßen, wenn der Druck innerhalb des Ventrikels den arteriellen Druck übertrifft. Wird der arterielle Druck erhöht, muß das Herz mehr externe Arbeit verrichten, um den Druck innerhalb des Ventrikels so hoch anzuheben, damit das Schlagvolumen auf dem ursprünglichen Stand gehalten wird. Das bedeutet natürlich, daß das Herz bei erhöhtem Blutdruck stärker belastet ist.

Nicht die ganze vom Herzen verbrauchte Energie erscheint als Druck- und Strömungsänderung. Ein kleiner Teil der Energie wird zur Überwindung des Reibungswiderstandes innerhalb des Myocards benötigt, ein größerer Teil wird in Wärme umgesetzt. Die vom Herzen geleistete externe Arbeit, die nur einen Teil der gesamten Energie verbraucht, bezeichnet man als **Wirkungsgrad der Kontraktion**. Die geleistete externe Arbeit kann durch Messungen des Drucks und der Strömung bestimmt und als Volumen des verbrauchten Sauerstoffs dargestellt werden. Dieser Wert läßt sich als Teil der insgesamt vom Herzen aufgenommenen O_2-Menge darstellen. Daraus läßt sich dann der Wirkungsgrad der Kontraktion berechnen. Tatsächlich werden nicht mehr als 10–15% der gesamten, vom Herzen verbrauchten Energie für die mechanische Arbeit verwendet.

Energie wird zur Erhöhung der Wandspannung und des Blutdrucks innerhalb des Herzens verbraucht. Nach dem **Laplace-Gesetz** steht die Beziehung zwischen der Wandspannung und dem Innendruck in einem Hohlkörper in direktem Zusammenhang mit dem Krümmungsradius der Wand. Handelt es sich bei der Struktur um eine Kugel, dann gilt:

$$p = 2y/R \qquad (12.1)$$

Dabei ist p der **transmurale Druck** (der Druckunterschied zwischen der Innen- und Außenseite der Kugelwand), y die Wandspannung und R der Radius der Kugel. Nach dieser Beziehung muß ein großes Herz eine doppelt so hohe Wandspannung aufbringen wie ein Herz halber Größe, um einen annähernd gleichen Druck hervorzubringen. Folglich verbraucht ein großes Herz für die Druckerzeugung mehr Energie. Man könnte bei solchen Herzen ein größeres Verhältnis von Muskelmasse zum gesamten Herzvolumen erwarten. Herzen sind natürlich keine idealen Kugeln, sondern haben einen komplizierten makroskopischen und mikroskopischen Aufbau; trotzdem trifft auch hier die Laplace-Beziehung weitgehend zu. Die Energie, die benötigt wird, um eine bestimmte Blutmenge aus dem Herzen zu pressen, hängt vom Wirkungsgrad der Kontraktion, den dabei entwickelten Drücken und der Größe und Form des Herzens ab.

Pericard

Das Herz liegt in der **Pericardialhöhle** und ist von einer Bindegewebsmembran, dem Pericard (**Herzbeutel**), umgeben. Die Höhe des Drucks innerhalb der Pericardialhöhle hängt von dessen Starrheit und vom Umfang der Geschwindigkeitsänderung des Herzvolumens ab. Das Pericard kann dünn und flexibel (elastisch-dehnbar) sein; in diesem Fall können die Druckänderungen während jedes Herzschlages in der Pericardialhöhle vernachlässigt werden. Das Pericard kann aber auch recht steif (nicht dehnbar) sein; dann unterliegt der intrapericardiale Druck bei jedem Herzschlag starken Schwankungen.

Die das Säugerherz umgebende elastische Pericardialmembran besteht aus einer äußeren faserigen und einer inneren serösen Schicht. Letztere ist doppelt; sie bildet sowohl die innere Auskleidung der Pericardhöhle als auch die äußere Lage des Herzens (Epicard); die seröse Schicht sezerniert die Pericardialflüssigkeit, die als „Schmierstoff" dient und die Herzbewegungen erleichtert. Dies trifft für alle Tiere mit einer dünnen, elastischen Pericardialmembran zu.

Crustaceen und Muscheln haben ein nicht dehnbares Pericard; bei ihnen vermindern die Kontraktionen des Herzens den Druck in der Pericardialhöhle und verstärken dadurch den Einstrom aus den Venen in die Vorhöfe (Abb. 12.**13**). Die Spannung, die in der Ventrikelwand entsteht, drückt somit das Blut in das arterielle System und zieht es aus dem venösen System in die Atrien.

Das Pericard der *Elasmobranchia* (Knorpelfische: Haie, Rochen) und *Dipnoi* (Lungenfische) ist ebenfalls – im Gegensatz zu dem der *Teleostei* (Knochenfische) – nicht dehnbar. Das Herz der Elasmobranchier besteht aus drei Kammern – dem Atrium, dem Ventrikel und dem **Bulbus cordis** – die alle innerhalb des Pericards liegen (Abb. 12.**14**). Der Sinus venosus, der ebenfalls kontraktil ist, liegt außerhalb des Herzens. (Der Bulbus cordis wird oft fälschlich als Conus arteriosus oder einfach Conus bezeichnet. Er ist aber nicht mit dem Conus arteriosus der Säuger homolog. Er darf auch nicht mit dem Bulbus aortae der Säuger verwechselt werden. Das ist eine Wandverdickung der Aorta auf Höhe der Aortenklappen rund um den Sinus aortae. Der Bulbus cordis der Fische hat eine eigene dicke Muskelschicht und eine unabhängige Schlagfrequenz.) Erniedrigt sich beim Elasmobranchierherz der intrapericardiale Druck während einer Ventrikelsystole, entstehen Saugkräfte, die das Atrium dehnen und damit den venösen Rückstrom zum Herzen verstärken. Ist die Pericardialhöhle offen, verringert sich der Herzausstoß. Damit gewinnt der verminderte Pericardialdruck an Bedeutung für die Steigerung des Herzausstoßes: Durch den verminderten Druck im Pericard kann das Atrium durch den Venen-

Das Herz 535

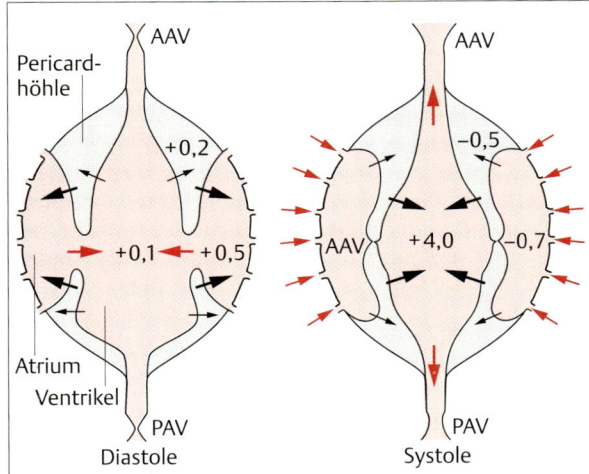

Abb. 12.13 Herz der Muschel *Anodonta*. Die Ventrikelkontraktion führt nicht nur zum Ausstoß von Blut, sondern vermindert auch den Druck in der Pericardhöhle, so daß die Füllung der Atrien unterstützt wird. Dies ist möglich, da das Pericard nicht nachgiebig ist. Die Drücke (schwarze Zahlen) sind in cm Salzwassersäule relativ zum Umgebungsdruck angegeben. Die breiten schwarzen Pfeile zeigen die Wandbewegungen der sich kontrahierenden Kammern, die schmalen schwarzen Pfeile die Wandbewegungen der erschlaffenden Kammern. Die roten Pfeile geben die Richtung des Blutstromes an. AAV = anteriore Aortenklappe, PAV = posteriore Aortenklappe, AVV = Atrioventrikularklappe (nach Brand, 1972).

druck stärker gefüllt werden und damit auch der Ventrikel, folglich wird der Ausstoß erhöht.

Bei einigen Knorpelfischen besteht eine Verbindung zwischen der Pericardialhöhle und der Leibeshöhle, der **perikardioperitoneale Kanal** (Abb. 12.**14**). Beim ruhenden Tier gibt es keinen oder nur einen geringen Strom durch diesen Kanal; im aktiven Zustand, beim „Husten" oder bei der Nahrungsaufnahme verursacht der Verlust von Flüssigkeit aus dem Pericardraum eine Zunahme der Herzgröße und damit des Schlagvolumens. Die Pericardialflüssigkeit wird anschließend langsam durch Ultrafiltration aus dem Blutplasma ersetzt. Das relative steife Pericard der Haie kann – zusammen mit der Möglichkeit, das pericardiale Flüssigkeitsvolumen zu verändern – den Herzausstoß merklich beeinflussen. Bei höheren Vertebraten, von den Amphibien an, hat das dünne, elastische Pericard nur geringe Wirkung auf den Herzausstoß; es stellt nur einen Schutz für das Herz dar.

Die Bedeutung des Herzbeutels für die Herztätigkeit wird in der Physiologie oft sehr vernachlässigt; ohne ihn wäre jedoch ein geregelter Ablauf der Herztätigkeit auf Dauer kaum möglich. Er ist in der Brusthöhle fest ausgespannt. Bei Säugern liegt er im vorderen Mittelfell (Me-

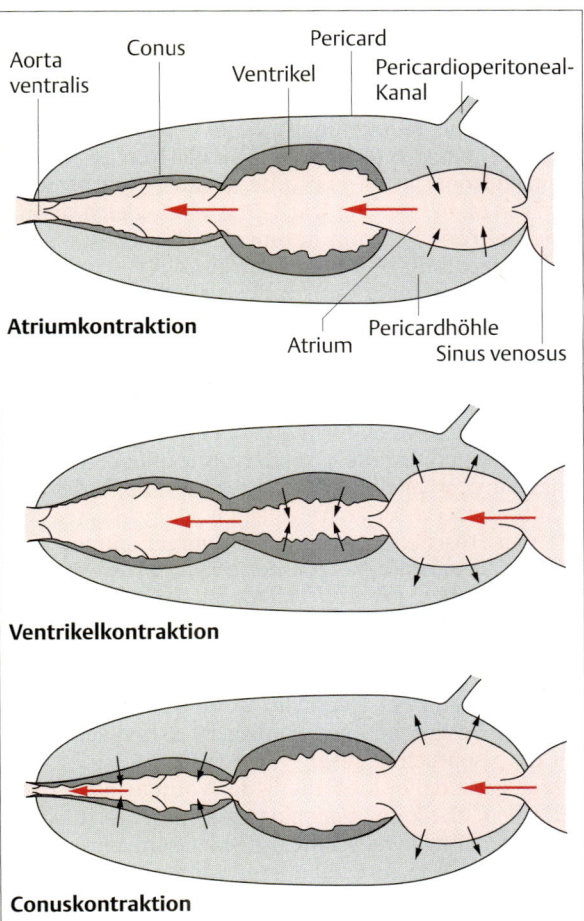

Abb. 12.14 Elasmobranchierherz. Da das Elasmobranchierherz in einem nicht dehnbaren Pericard liegt, rufen die Kontraktionen des Ventrikels Unterdrücke in der Pericardhöhle hervor, die das Füllen der Atrien unterstützen. Bei einigen Elasmobranchiern führt ein Flüssigkeitsverlust über den Pericardioperitoneal-Kanal während körperlicher Aktivität, Nahrungsaufnahme und Husten zu einer Zunahme der Herzgröße und des Schlagvolumens. Die schwarzen Pfeile geben die Richtung der Wandbewegung während einer Muskelkontraktion oder -erschlaffung an. Die roten Pfeile zeigen die Fließrichtung des Blutes.

diastenum anterius) zwischen den beiden Pleuralhöhlen, welche die Lungenflügel enthalten, dem Brustbein und dem Centrum tendineum des Zwerchfells. Diese Sehnenplatte ist der Mittelteil des Zwerchfells, von dem die Zwerchfellmuskeln strahlenförmig ausgehen, der jedoch bei der Zwerchfellatmung seine Lage nicht ändert. Da das Pericard keine eigene Muskulatur hat, kann es keine aktive eigene Veränderung in Form und Volumen durchführen. Beides geschieht – in geringem Umfang – nur durch die Arbeit des Herzmuskels. Die feste Aufhängung des Herzbeutels in der Brust- bzw. Leibeshöhle hat aber auch zur Folge, daß sich das Herz nicht bei jedem Herzschlag zusammenziehen kann wie ein Ballon, der aufgeblasen und wieder entleert wird. Vielmehr bewegt sich die Ventilebene des Herzens bei der Ventrikelkontraktion – also der Systole – in Richtung Herzspitze, bei der Ventrikel-Diastole – gleich der Systole der Atrien – dann in umgekehrter Richtung. Der sehr enge intrapericardiale Spaltraum, der – wie bereits erwähnt – mit einer serösen Flüssigkeit gefüllt ist, läßt keine Ablösung der Herzwand (Epicard), von der Innenwand des Pericards zu, sondern nur ein Gleiten dieser Flächen aneinander. (Zum Vergleich: Zwei Glasplatten oder Folien, zwischen denen eine sehr dünne Schicht Wasser liegt, können nicht quer zu ihrer Ebene voneinander getrennt werden, sondern nur aneinander entlanggleiten.) Weil die Versuche zur Physiologie des Herzens typischerweise an freigelegten oder isolierten Herzen von Fröschen und Hühnchen vorgenommen werden, bei denen der Herzbeutel geöffnet oder entfernt wird, entsteht der Eindruck, daß sich das Herz bei jeder Systole zusammenzieht, d.h. sein Volumen verändert. Durch die feste Verankerung des Herzbeutels in der Brusthöhle, die eben nur ein Gleiten der Herzwand an der Innenwand des Herzbeutels erlaubt, kann sich jedoch das Gesamtvolumen von Vorhöfen und Ventrikeln nur unwesentlich ändern.

Man kann daher die Füllung der Vorhöfe auch so beschreiben: Dank der Venenklappen in den Hohlvenen und in der Lungenvene kann das Blut als inkompressible Flüssigkeit nicht zurückfließen. Während der Diastole werden die Vorhöfe über diese Blutsäulen gestülpt und so gefüllt.

In den Außenwänden der Vorhöfe und Kammern des Herzens sind einige Unebenheiten vorhanden, z.B. die Kranzfurche auf Höhe der Ventilebene. Ein Einschnüren des Pericards in diese Vertiefungen wird vermieden durch Fettanlagerungen an das Epicard. Da das Herz als „Hochleistungsmuskel" – anders als die meisten Skelettmuskeln – Fett statt Glucose als Energiespender benötigt, ist zudem ein gewisser Vorrat in unmittelbarer Nähe sicher vorteilhaft.

Die geringe Dehnbarkeit des Pericards kann bei Stich- oder Schussverletzungen des Herzens fatale Folgen haben: Bei der Kammersystole kann dann Blut in den Pericardialraum gepreßt werden, der Gegendruck des Lungengewebes ist viel geringer als der Aortendruck. Dann füllt sich der Herzbeutel mit Blut, wenn es nicht durch die Wunde in den Brustraum fließen kann. Damit wird der Bewegungsraum für den Herzmuskel mit jedem Herzschlag geringer und damit auch der Herzausstoß, bis es schließlich zum Herzstillstand und zu Sauerstoffmangel in Herz und Gehirn kommt.

Funktionelle Morphologie des Vertebratenherzens

Die Herzstruktur ist in den einzelnen Wirbeltiergruppen durchaus verschieden. Die vergleichende Untersuchung der Vertebratenkreislaufsysteme liefert Einblicke über die Beziehung zwischen Herzstruktur und Funktion. Zwischen luftatmenden Vertebraten und denen, die nicht Luft, sondern Wasser atmen, gibt es zahlreiche anatomische und funktionelle Unterschiede in den Herz- und Kreislaufsystemen. Die luftatmenden Amphibien, Reptilien, Vögel und Säuger unterscheiden sich in dieser Beziehung in dem Maße, wie ihre Körper- und Lungenkreisläufe voneinander abweichen. Bei Fischen und Amphibien besteht das Myocard der Ventrikel aus einem Maschenwerk, das auch als **Spongiosa** bezeichnet wird. Das Blut füllt diese Maschen aus. Anfänger in der Histologie haben daher Schwierigkeiten, in Präparaten bei diesen Tieren das Herz zu erkennen. Die Erregung wird auch nicht von Fasern eines His-Bündels fortgeleitet, sondern von dünnen Myocardfasern, den **Konturfasern**, die an der Innenseite der Spongiosa verlaufen.

Der Lungen-(Atmungs-)Kreislauf der Vögel und Säuger wird durch wesentlich geringere Drücke aufrechterhalten als der Körperkreislauf, da sie zwei parallel geschaltete Herzkammerserien besitzen. Die linke Seite des Herzens pumpt das Blut in den Körperkreislauf, die rechte Seite in den Lungenkreislauf (Abb. 12.**3**). Der Vorteil eines hohen Blutdrucks liegt darin, daß schnelle Fließgeschwindigkeiten und plötzliche Durchflußänderungen durch die Kapillaren mit ihren kleinen Durchmessern leicht erreicht werden können. Wenn jedoch die Druckdifferenz über der Kapillarwand (der transmurale Druck) sehr hoch ist, wird Flüssigkeit durch diese Wandung gepreßt. Dies erfordert eine gründliche lymphatische Entwässerung der Gewebe. In der Säugerlunge kann der Kapillardurchfluß mittels eines relativ geringen Eingangsdrucks aufrechterhalten werden; die lymphatische Entwässerung erübrigt sich damit weitgehend. Auf ausgedehnte Interzellularräume, welche die Diffusionsstrecken zwischen Blut und Luft vergrößern und damit die Gasaustauschfähigkeit der Lunge herabsetzen würden, kann daher verzichtet werden. Der Vorteil eines geteilten Herzens, wie etwa des Säugerherzens, liegt darin, daß der Blutfluß zum Körper und zur Lunge bei verschiedenen Eingangsdrücken aufrechterhalten werden kann. Der Nachteil eines vollständig geteilten Herzens ist, daß zur Vermeidung von Verschiebungen im Blutvolumen aus dem Körperkreislauf zum Lungenkreislauf (oder umgekehrt) der Herzausstoß in beiden Herzseiten – unabhängig von den Erfordernissen in den beiden Kreisläufen – gleich sein muß.

Lungenfische, Amphibien, Reptilien, Vogelembryonen und Säugerföten haben entweder einen ungeteilten (nicht getrennten) Ventrikel oder einen anderen Mechanismus, der das Verschieben von Blut aus einem Kreislauf in den anderen ermöglicht. Diese Verschiebungen bewirken gewöhnlich Blutbewegungen aus der rechten Atmungs- oder Lungenseite zur linken Körper- oder Herzseite während eines reduzierten Gasaustausches in der Lunge. In solchen Perioden wird Blut, das aus dem Körper zurückfließt, von der rechten Herzseite statt in die Lunge in die linke Herzseite überführt und erneut, unter Umgehung der Lunge, in den Körperkreislauf gepumpt. Bei Lungenfischen, Amphibien und Reptilien wird der Durchfluß durch die Lungen gewöhnlich während längerer Tauchperioden reduziert, wenn ein Gasaustausch über die Haut oder auch Sauerstoffvorräte im Körper benutzt werden können. Der Blutfluß durch die Lungen ist bis zur Geburt bei Säugern bzw. bis zum Schlüpfen bei Vögeln ebenfalls eingeschränkt, bis die Lungen voll funktionsfähig werden. Ein einzelner, ungeteilter Ventrikel ermöglicht Änderungen in der Durchströmungsrate durch den Lungen- und Körperkreislauf, doch in beiden Seiten des Herzens müssen identische Drücke aufgebracht werden.

Bei den Tunicaten (Manteltieren) ist das Herz ein einfacher Schlauch, der in einem Pericard verläuft. Die Muskulatur ist ungleichmäßig um den Querschnitt verteilt, d.h. auf einer Seite wulstig verdickt. Bei der Kontraktion der Ringmuskeln, die nur auf einem kurzen Abschnitt des Herzens erfolgt, wird das Lumen des Rohrs eingeengt, der Inhalt also abgeklemmt. Die Kontraktion verläuft dann als eine Welle über den Herzschlauch und treibt das Blut vor sich her. Nach einigen Kontraktionswellen in einer Richtung kehrt sich deren Richtung um. Man kann in diesem Kreislauf daher nicht von Arterien und Venen sprechen, nur von Blutgefäßen.

Wasseratmende Fische

Das Herz wasseratmender Fische, einschließlich der Elasmobranchier (Knorpelfische) und einiger Teleosteer (Knochenfische) besteht aus vier in Serie geschalteten Kammern, von denen drei im Pericard liegen (Abb. 12.**14**). Mit Ausnahme des elastischen Bulbus cordis der Knochenfische sind alle Kammern kontraktil. Klappen an den Übergängen vom Sinus venosus zum Atrium und vom Atrium zum Ventrikel sowie am Ausgang des Ventrikels sorgen für einen Durchstrom in nur einer Rich-

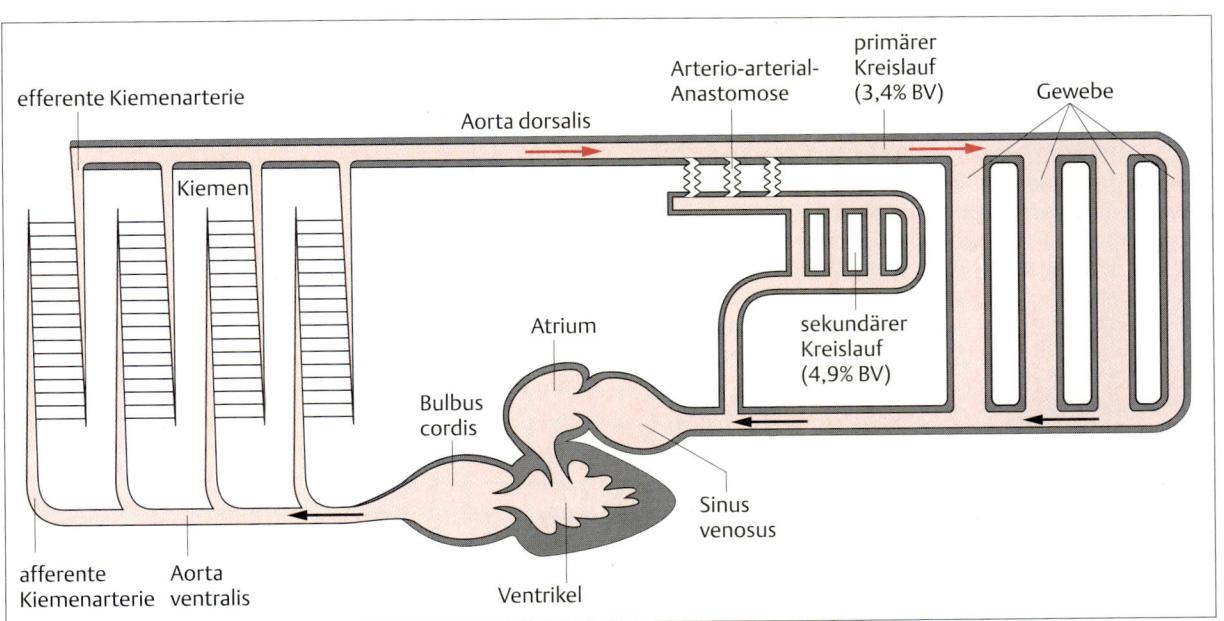

Abb. 12.15 Anordnung der Kreislaufsysteme bei einem typischen wasseratmenden Knochenfisch. Bei Knochenfischen, wie z.B. der Forelle, sind der respiratorische Kreislauf durch die Kiemen und der Körperkreislauf in Serie geschaltet. In dem vierkammrigen, ungeteilten Herzen liegt der Schrittmacher im Sinus venosus. Der Ventrikel pumpt das Blut in den dehnbaren Bulbus und in die kurze Aorta ventralis. Blut fließt durch die Kiemen in die steife, lange Aorta dorsalis. Die meisten Knochenfischarten besitzen ein sekundäres Kreislaufsystem, das Blut zur Haut und zu den Eingeweiden leitet. In diesem System ist der Hämatokrit niedrig, diese Gefäße transportieren folglich wenig Sauerstoff, dafür aber Nährstoffe. Die schwarzen Pfeile geben die Fließrichtung des sauerstoffarmen Blutes an, die roten Pfeile die des sauerstoffreichen Blutes. BV = Blutvolumen.

tung. Das vom Herzen kommende Blut gelangt bei den Elasmobranchiern, *Holocephali, Dipnoi, Chondrostei* und *Holostei* aus dem Bulbus cordis über den Truncus arteriosus in die Aorta ventralis. Bei den Knochenfischen mit ihrem stark verkürzten Bulbus cordis fließt es in den Bulbus arteriosus. Aus der Aorta ventralis gelangt das Blut zunächst in die Kiemengefäße und von dort über die Aorta dorsalis in den Kopf und die Rumpfregion des Körpers.

Bei den Knorpelfischen wird der Ausgang des Ventrikels zum Bulbus cordis von einem Taschenklappen-Paar gesichert; weitere zwei bis sieben Klappenpaare liegen hintereinander innerhalb des Bulbus (Abb. 12.14). Die Länge des Bulbus cordis ist arttypisch verschieden; im allgemeinen haben Arten mit einem langen Bulbus cordis mehr Klappen als solche mit einem kurzen Bulbus cordis. Unmittelbar vor einer Systole des Ventrikels sind alle Klappen geöffnet, mit Ausnahme der am weitesten vom Ventrikel entfernt liegenden. Der Bulbus cordis und der Ventrikel sind miteinander verbunden. Eine geschlossene Klappe am Ausgang des Bulbus cordis sorgt jedoch für die Aufrechterhaltung eines Druckunterschiedes zwischen dem Bulbus cordis und der ventralen Aorta. Während der Systole des Atriums werden der Ventrikel und der Bulbus cordis mit Blut gefüllt (Abb. 12.14A). Die Ventrikelkontraktion durchläuft bei den Elasmobranchiern keine isovolumetrische Phase, da mit dem Einsetzen der Kontraktion Blut aus dem Ventrikel in den Bulbus cordis bewegt wird (Abb. 12.14B). Der Druck steigt im Ventrikel und im Bulbus cordis gleichzeitig an und übertrifft schließlich den in der ventralen Aorta; die distalen Klappen öffnen sich, und das Blut wird in den Truncus arteriosus und die Aorta gepreßt. Die Systole des Bulbus cordis setzt nach der des Ventrikels ein (Abb. 12.14C). Während der Bulbussystole schließen sich die proximalen Klappen und verhindern damit den Rückfluß des Blutes in den Ventrikel, sobald dieser erschlafft. Die Systole des Bulbus cordis verläuft relativ langsam vom Herzen weg in Richtung Aorta; jedes einzelne Klappenpaar schließt sich nacheinander und verhindert so den Rückfluß des Blutes.

Bei den Knochenfischen ist der Bulbus cordis stark verkürzt, bei ihnen kommt aber ein weiterer Gefäßabschnitt hinzu, der Bulbus arteriosus; er ist durch viel elastisches Bindegewebe stark dehnbar und hat, im Gegensatz zu den **quergestreiften Myocardfasern** der anderen Abschnitte, nur **glatte Muskelzellen**. Er hat, vergleichbar mit dem Aortenbogen der höheren Vertebraten, die im wesentlichen Luftatmer sind, eine „Windkesselfunktion", d.h. die durch die Systole verursachten Stöße im Blutfluß werden von der elastischen Wand des Bulbus arteriosus (bzw. der Aortenwand) aufgefangen und deutlich „geglättet"; so können sie sich nicht nachteilig auf die Gefäße der Kiemenlamellen (oder die Kapillaren) auswirken. Dies geschieht ohne zusätzlichen Energieverbrauch.

Wie Abbildung 12.15 zeigt, durchläuft das vom Herzen kommende Blut bei einem typischen wasseratmenden Fisch zuerst den Kiemen-(Atmungs-)Kreislauf, gelangt dann in die dorsale Aorta und tritt dann in den Körperkreislauf ein. Atmungs- und Körperkreislauf sind also, anders als bei luftatmenden Vertebraten, in Reihe und nicht parallel zueinander angeordnet. In den Kiemen herrscht daher ein höherer Blutdruck als im übrigen Körper. Die Kiemen der Fische sind außer am Gasaustausch auch an der Osmoregulation, d.h. am Ionenaustausch, beteiligt. Hinzu kommt, daß viele Funktionen der Niere von Landtieren über die Kiemen abgewickelt werden. Die Konsequenzen eines hohen Blutdrucks im Kiemenbereich für den Gas- und Ionenaustausch sind noch nicht geklärt.

Luftatmende Fische

Luftatmung hat sich bei niederen Vertebraten mehrfach entwickelt; sie ist eine Reaktion auf hypoxische (sauerstoffarme) Bedingungen, die z.B. durch hohe Wassertemperaturen oder andere Umweltfaktoren verursacht werden. Im allgemeinen bleiben luftatmende Fische im Wasser, steigen aber immer wieder zur Oberfläche auf, um eine Luftblase aufzunehmen und so die Sauerstoffaufnahme zu verbessern. Weil die Kiemenblättchen und -lamellen gewöhnlich kollabieren und verkleben, wenn sie der Luft ausgesetzt werden, sind sie zum Gasaustausch in der Luft unbrauchbar. Fische, welche die Fähigkeit haben, Luft zu atmen, gebrauchen zu diesem Zweck andere Organe als die Kiemen: die Mundhöhle, Teile des Darmes, die Schwimmblase oder auch ganz allgemein die Haut.

Auch wenn die Kiemen bei diesen Fischen nicht oder nur in geringem Umfang zur Aufnahme von Sauerstoff gebraucht werden können, werden sie zur Ausscheidung von CO_2 und zur Ionen- und Säure-Basen-Regulation benötigt. Bei vielen luftatmenden Fischen sind die Kiemen reduziert, vermutlich um den Verlust von Sauerstoff aus dem Blut in das Wasser zu vermindern. Die Kiemen des im Amazonasgebiet lebenden Knochenfisches *Arapaima* sind so klein, daß über sie nur ein Fünftel der O_2-Aufnahme aus Wasser mit normalem Sauerstoffgehalt läuft. Die Hauptmenge des Sauerstoffs gelangt durch Schlucken in die Schwimmblase und wird dort aufgenommen. Der Fisch gehört zu den Physostomen, besitzt also einen Ductus pneumaticus zwischen Mundhöhle und Schwimmblase (s. Abb. 13.57). Diese ist reichlich mit Blutgefäßen versehen und hat viele Septen – Falten der Wand – zur Vergrößerung der Oberfläche und damit der Sauerstoffaufnahme. *Arapaima* stirbt, wenn man den Zugang zu Luft unterbindet, ist also ein obligatorischer Luftatmer.

Luftatmende Fische haben eine Vielzahl von Nebenverbindungen in den Gefäßen entwickelt, die es ermöglichen, das Blut auf die Kiemen und die Luftatmungsorgane zu verteilen. Beim südamerikanischen Süßwasserfisch *Hoplerythrinus* stehen die hinteren Kiemenbögen in Verbindung mit der Arteria coeliaca (Eingeweidearterie), welche die Schwimmblase versorgt und mit der Aorta dorsalis über einen engen Kanal verbunden ist. Wenn der Fisch Wasser atmet, fließt der größte Teil des Herzausstoßes durch die beiden ersten Kiemenbögen in den Körperkreislauf. Sobald Luft aufgenommen wird, nimmt der Blutfluß durch die hinteren Kiemenbögen zu und ermöglicht so eine verstärkte Sauerstoffaufnahme über die Schwimmblase.

Der luftatmende *Chana argus*, ein Schlangenkopffisch aus Südostasien, nutzt mehrere Mechanismen zur Trennung von oxigeniertem (sauerstoffreichem) und desoxigeniertem (sauerstoffarmem) Blut. Die wichtigste Anpassung an diese Funktion ist eine Aufteilung der Aorta ventralis in einen vorderen und hinteren Zweig (Abb. 12.16). Die Aorta ventralis anterior versorgt die beiden vorderen Kiemenbögen und das Luftatmungsorgan; von dort aus gelangt das Blut in die vordere Kardinalvene, Vena cardinalis anterior, und zurück zum Herzen. Die Aorta ventralis posterior versorgt die hinteren Kiemenbögen. Diese sind verkleinert, und im vierten, letzten Bogen sind die zuführenden und abführenden Kiemenarterien (A. branchialis afferens und A. branchialis efferens) direkt miteinander verbunden. Sauerstoffreiches Blut wird bevorzugt in die hinteren Kiemenbogengefäße geleitet, das sauerstoffarme Blut dagegen in die Gefäße der beiden vorderen Kiemenbögen. Dies ist möglich, auch wenn das Herz nicht unterteilt ist. Die schwammige Struktur der Ventrikelmuskulatur könnte dazu dienen, eine Vermischung des sauerstoffreichen und des sauerstoffarmen Blutes zu verhindern, wie dies auch für die spongiöse Ventrikelwand der Amphibien angenommen wird. Muskulöse Leisten an der Wand des Bulbus cordis verhindern wahrscheinlich auch die Vermischung der beiden Blutsorten, wenn sie das Herz verlassen. Diese Anordnung ähnelt ebenfalls derjenigen der Amphibien.

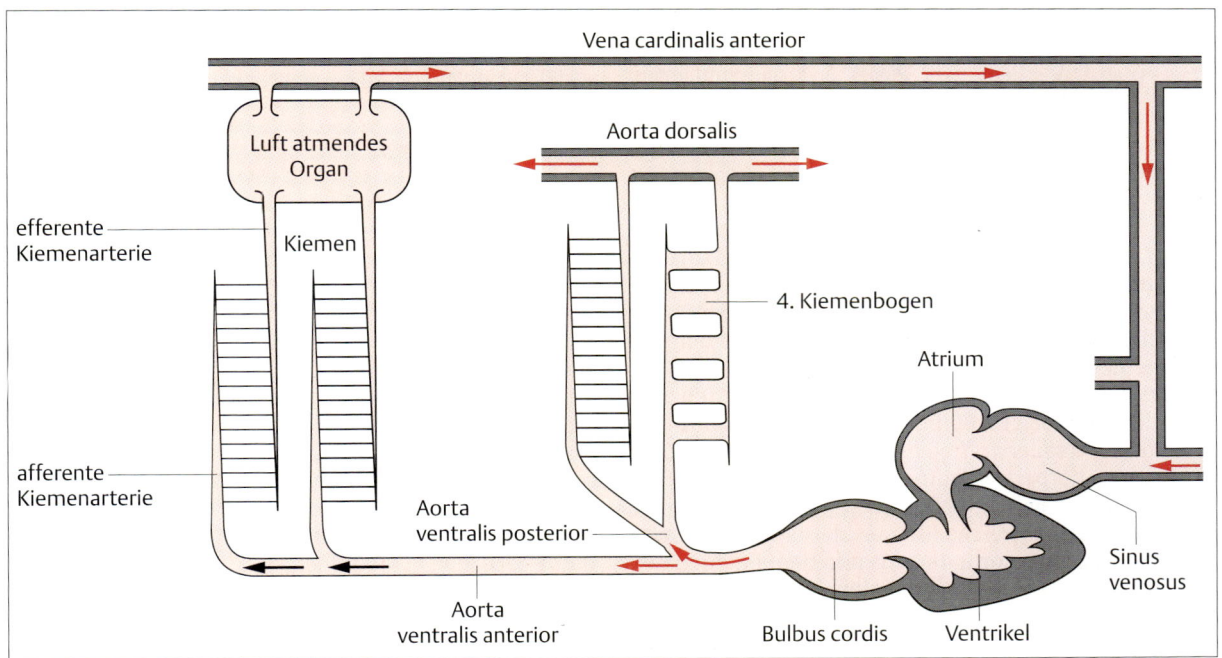

Abb. 12.16 Kreislaufsystem eines luftatmenden Knochenfischs. Obwohl das Herz des luftatmenden Knochenfisches *Channa argus* nicht gekammert ist, wird sauerstoffreiches Blut teilweise vom sauerstoffarmen Blut getrennt. Sauerstoffarmes Blut (schwarze Pfeile) wird vorwiegend zu den ersten beiden vorderen Kiemenbögen (Organ zum Luftatmen) geleitet, während sauerstoffreiches Blut (rote Pfeile) durch die hinteren Kiemenbögen in die Aorta dorsalis fließt. Der vierte Kiemenbogen ist so modifiziert, daß die afferenten und efferenten Kiemenarterien direkt miteinander verbunden werden. Man vergleiche die Darstellung mit Abb. 12.15, die das Kreislaufsystem eines typischen wasseratmenden Knochenfischs zeigt (nach Ishimatzu u. Itazawa, 1993).

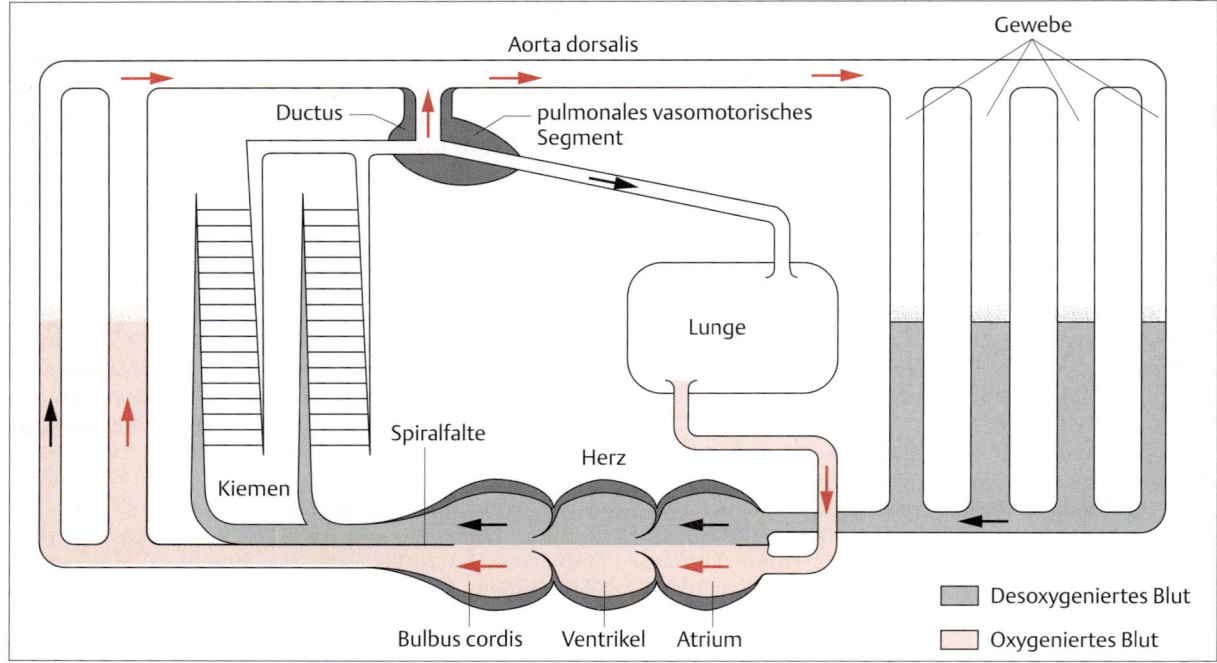

Abb. 12.17 Kreislaufsystem des afrikanischen Lungenfischs *Protopterus*. Bei *Protopterus* ist eine weitgehende Trennung zwischen sauerstoffreichem (rote Pfeile) und sauerstoffarmem (schwarze Pfeile) Blut erreicht. Die Trennung erfolgt durch ein Septum, das Vor- und Hauptkammern teilt und eine lange Spiralfalte im Bulbus cordis. Der Fisch besitzt eine Lunge und einen gut ausgebildeten Lungenkreislauf. Da in den anterior gelegenen Kiemenbögen keine Kiemenlamellen vorhanden sind, gelangt Blut über die Aorta dorsalis direkt in den Körperkreislauf. Der Ductus und die vasomotorischen Segmente der Lunge wirken einander entgegengesetzt und leiten Blut in Richtung Aorta dorsalis oder in Richtung Lunge – je nachdem, ob der Fisch Wasser oder Luft atmet (nach Randall, 1994).

Die Lungenfische (*Dipnoi*, „Doppelatmer") haben eine noch vollständigere Teilung der Kreisläufe; sie besitzen Kiemen, Lungen und einen Lungenkreislauf (Abb. 12.**17**). Die afrikanischen Lungenfische der Gattung *Protopterus* haben eine Trennwand vom Atrium bis in den Ventrikel hinein (dort bleibt sie unvollständig), Spiralfalten und zahlreiche Klappen im Bulbus cordis. Dadurch wird eine Trennung von sauerstoffreichem Lungenblut und sauerstoffarmem Körperblut aufrechterhalten. Die vorderen Kiemengefäße haben keine Kiemenlamellen, daher kann das sauerstoffreiche Blut aus der linken Herzseite unmittelbar in die Aorta dorsalis und damit zu den Geweben fließen. Die Kiemenlamellen der hinteren Kiemenbogengefäße haben an der Basis eine Querverbindung von der A. branchialis afferens zur A. branchialis efferens; sie erlaubt dem Blut, an den Lamellen vorbei zu fließen, wenn die Lunge arbeitet, also z.B. während der „Ästivation" („Sommerschlaf", d.h. ein Starrezustand in der Trockenzeit, wenn die Gewässer ausgetrocknet sind). Blut aus den hinteren Kiemenbögen fließt dann in die Lunge oder über einen besonderen Weg, den Ductus, in die Aorta dorsalis. Der Ductus ist stark innerviert und zweifellos an der Kontrolle des Blutflusses zwischen Lungenarterie und Körperkreislauf beteiligt. Der Eingang der Lungenarterie, das **pulmonale vasomotorische Segment**, hat eine stark entwickelte Muskulatur. Dieses Segment und der Ductus wirken wahrscheinlich komplementär zueinander: Wenn ein Teil kontrahiert, erschlafft der andere. Dieser Verbindungsgang der Lungenfische ist dem Ductus arteriosus oder Ductus arteriosus Botalli der Säugetierföten analog, der das Blut an der Lunge vorbeileitet, solange diese noch keine Luft aufnehmen kann.

Amphibien

Die Vorhöfe der Amphibien sind vollkommen getrennt, es gibt aber nur einen Ventrikel. Beim Frosch wird das Blut innerhalb des Herzens getrennt, obgleich der Ventrikel nicht geteilt ist. Die Trennung in sauerstoffreiches und sauerstoffarmes Blut erfolgt mit Hilfe einer innerhalb des Conus arteriosus des Herzens liegenden **Spiral-**

Das Herz 541

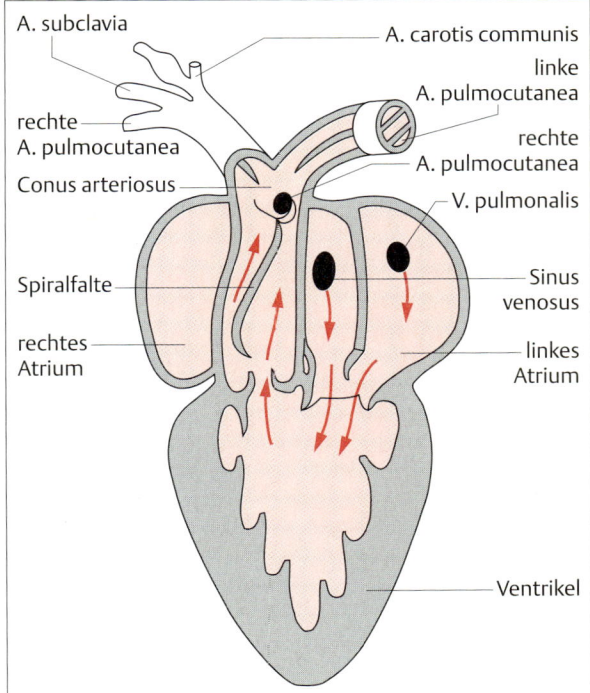

Abb. 12.18 Ventralansicht der inneren Struktur des Froschherzens. Das Froschherz besitzt nur einen ungeteilten Ventrikel. Dennoch wird sauerstoffarmes Blut über den pulmocutanen Bogen zur Lunge geleitet, während sauerstoffreiches Blut über den systemischen Bogen zu den sauerstoffverbrauchenden Geweben gelangt. Die Lage der Spiralfalte, die für die Trennung der beiden Blutströme sorgt, ist gut zu erkennen (nach Goodrich, 1958).

falte (Abb. 12.18). Das von der Lunge und der Haut kommende sauerstoffreiche Blut wird bevorzugt in den Körper, das aus dem Körper kommende sauerstoffarme Blut bevorzugt in den pulmocutanen Bogen geleitet. Das sauerstoffarme Blut verläßt während der Systole zuerst den Ventrikel und gelangt in den Lungenkreislauf, der dem Blut nur einen geringen Widerstand entgegensetzt. Darauf steigt der Druck im pulmocutanen Bogen und wird dem des Körperkreislaufs ähnlich. Blut fließt in beide Bögen, wobei die Spiralfalte eine teilweise Trennung der Ströme zum Körperkreislauf- bzw. zum pulmocutanen Bogen innerhalb des Conus arteriosus bewirkt.

Die Blutmenge, die zur Lunge oder zum Körper fließt, steht in umgekehrter Beziehung zum Widerstand, den die beiden Kreisläufe dem Blutstrom entgegensetzen. Unmittelbar nach einem Atemzug ist der Widerstand in der Lunge gegenüber dem Blutstrom gering (der Strömungswiderstand einer kollabierten Lunge ist größer als derjenige einer mit Luft gefüllten), der Blutstrom ist daher hoch; zwischen zwei Atemzügen steigt der Widerstand kontinuierlich an, als Folge davon fällt der Blutstrom ab. Dieser regelmäßige Wechsel in der Durchblutung der Lunge wird durch die teilweise Trennung des Herzens ermöglicht. Obgleich sauerstoffarmes Blut in den pulmocutanen Bogen (Arteria pulmocutanea) geleitet wird, gestattet diese unvollständige Trennung eine Blutverschiebung, die das Durchblutungsverhältnis der Lunge demjenigen des Körperkreislaufs anpaßt. Das bedeutet, daß, wenn das Tier nicht atmet, die Durchblutung der Lunge vermindert und das vom Ventrikel gepumpte Blut zum Körper geleitet werden kann. Atmet das Tier, läßt sich eine annähernd gleiche Durchblutung der Lunge und des Körpers erreichen. Diese Verteilung ist nur möglich, weil der Ventrikel nicht (wie bei Säugern) in eine rechte und linke Kammer unterteilt ist.

Reptilien mit Ausnahme der Krokodile

Bei den Reptilien ist der Ventrikel – anders als bei den Amphibien – entweder teilweise oder vollständig in zwei Kammern geteilt. Eine vollständige Trennung in einen rechten und linken Ventrikel gibt es nur bei den Krokodilen. Alle Reptilien haben, wie die Amphibien, einen rechten und einen linken Aortenbogen ausgebildet.

Bei Schildkröten, Schlangen und manchen Eidechsen ist der Ventrikel durch eine unvollständige, muskulöse Scheidewand unterteilt, die als **horizontales Septum**, **Muskelleiste** oder **Muskelrücken** bezeichnet wird. Das horizontale Septum trennt das Cavum pulmonale vom Cavum venosum und Cavum arteriosum, die ihrerseits durch das **vertikale Septum** teilweise voneinander getrennt werden (Abb. 12.19). Das rechte Atrium kontrahiert sich kurz vor dem linken Atrium und preßt sauerstoffarmes Blut über die freie Kante des horizontalen Septums in das Cavum pulmonale. Das sauerstoffreiche Blut aus dem linken Atrium füllt das Cavum venosum und das Cavum arteriosum. Das Blut im Cavum pulmonale wird in die Lungenarterie gepreßt, das Cavum venosum und das Cavum arteriosum entleeren sich in die Aortenbögen.

Messungen an Schildkröten unterstützen die Annahme, daß das sauerstoffreiche Blut des linken Atriums in den Körperkreislauf gelangt, während das sauerstoffarme Blut des rechten Atriums durch die Lungenarterie fließt. Der diastolische Druck der Lungenarterie liegt oft unter dem diastolischen Druck des Körperkreislaufs; folglich öffnen sich bei einer Ventrikelkontraktion zuerst die Klappen zum Lungenkreislauf. Bei jedem Herzzyklus beginnt daher zuerst die Durchblutung der Lungenarterie, danach erst die der Aorten. Bei Schildkröten könnte es zu einem begrenzten Rückfluß arteriellen Blutes in den Lungenkreislauf kommen, da vermutlich

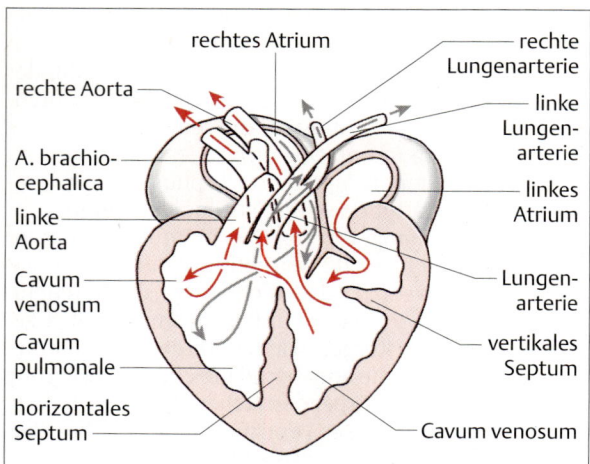

Abb. 12.19 Ventralansicht eines Schildkrötenherzens. Bei Reptilien (hier Schildkröten der Gattung *Chelonia*), nicht aber beim Krokodil, ist der Ventrikel durch das Horizontalseptum in Cavum venosum und dem ventral dazu liegenden Cavum pulmonale teilweise unterteilt. Die Lungenarterie entspringt aus dem Cavum pulmonale, die Arterien zum Körperkreislauf aus dem Cavum venosum. Die roten Pfeile geben die Fließrichtung des sauerstoffreichen, die schwarzen Pfeile die des sauerstoffarmen Blutes an. Mit dieser schematischen Darstellung soll jedoch nicht ausgedrückt werden, daß es getrennte Blutbahnen durch das Herz gibt (nach Shelton u. Burggren, 1976).

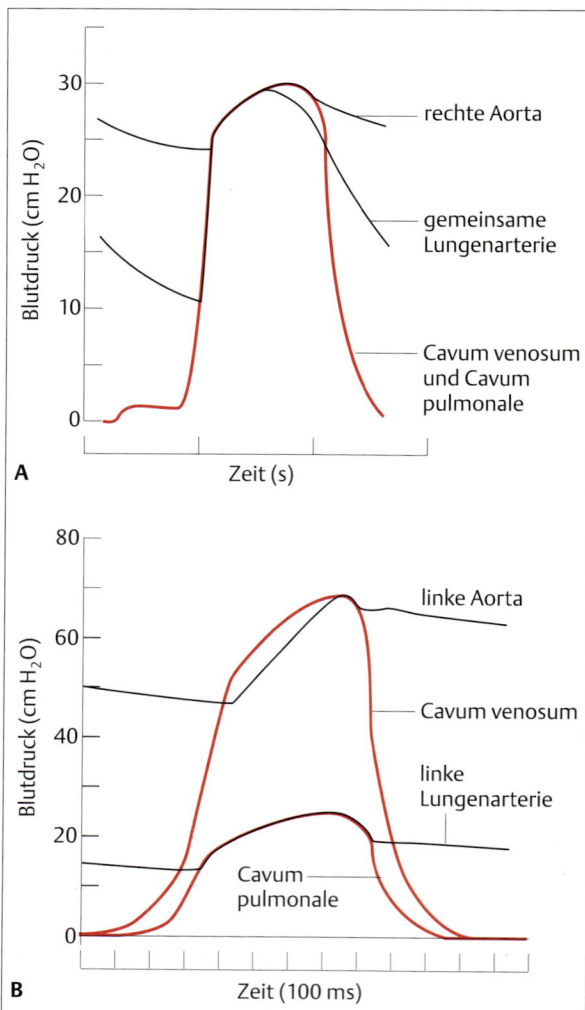

Abb. 12.20 Vergleich der Druckverhältnisse am Anfang von Körper- und Lungenkreislauf von Schildkröten und Waranen. Bei Schildkröten, nicht aber bei Waranen, sind die Drücke während einer Systole am Anfang des Körper- und Lungenkreislaufs annähernd identisch. Dargestellt sind die gleichzeitig gemessenen Blutdrücke an den angegebenen Stellen während eines einzelnen Herzschlags **A** bei der Zierschildkröte (*Chrysemys scripta*) und **B** beim Steppenwaran (*Varanus exanthematicus*) (A nach Shelton u. Burggren, 1976; B nach Burggren u. Johansen, 1982).

eine Blutverschiebung von links nach rechts innerhalb des Herzens stattfindet. Der Ventrikel bleibt während des gesamten Herzzyklus funktionell ungeteilt, und die relative Durchblutung des Lungen- und Körperkreislaufs wird durch den Strömungswiderstand bestimmt, der in den beiden Teilen des Kreislaufsystems herrscht. Atmet die Schildkröte, ist der Strömungswiderstand der Lunge gering, die Lungendurchblutung daher hoch. Atmet sie nicht, wie etwa beim Tauchen, steigt der Gefäßwiderstand in der Schildkrötenlunge an und fällt im Körperkreislauf ab. Die Folge ist eine Rechts-Links-Verschiebung des Blutes im Herzen und eine Abnahme der Lungendurchblutung im Vergleich zu der Körperdurchblutung. Wie bei vielen anderen luftatmenden Vertebraten erfolgt während eines Tauchvorgangs eine Reduktion im Herzausstoß und gleichzeitig eine bemerkenswerte Verlangsamung des Herzens (**Bradycardie**).

Die ähnlichen Druckverhältnisse in Lungen- und Körperkreislauf bei Schildkröten, Schlangen und manchen Eidechsen weisen darauf hin, daß die unvollständige Unterteilung des Ventrikels ihrer Herzen selbst während der Systole fortbesteht (Abb. 12.**20A**). Bei Waranen und verwandten Eidechsen hat der Ausstoß in die Lungen einen sehr viel niedrigeren Druck als der Ausstoß in den Körperkreislauf (Abb. 12.**20B**). Bei *Varanus* kann der Blutdruck im Cavum pulmonale z.B. nur ein Drittel so hoch sein wie der im Cavum venosum. Dieser Druckunterschied in Waranenherzen wird durch einen druckfesten Kontakt zwischen dem Septum horizontale und der Herzwand während der Systole erreicht (Abb. 12.**21**).

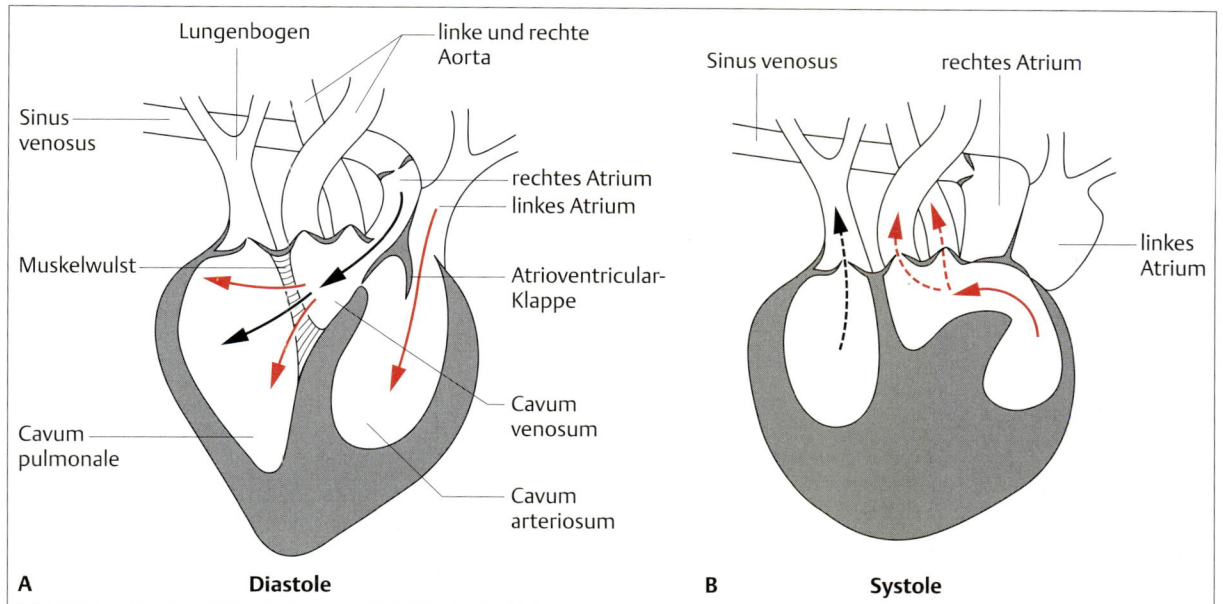

Abb. 12.21 Funktion des Waranherzens. Bei Waranen besteht während der Systole ein druckfester Verschluß zwischen Cavum pulmonale und Cavum venosum. **A** Während der Diastole trennt der Muskelwulst das Cavum pulmonale vom Cavum venosum nur teilweise. Sauerstoffreiches Blut, das sich von der vorhergehenden Systole noch im Cavum venosum befindet, wird durch sauerstoffarmes Blut in das Cavum pulmonale gespült; sauerstoffreiches Blut wird in das Cavum arteriosum geleitet. Zwischen Cavum arteriosum und Cavum venosum befindet sich zumindest eine Atrioventrikularklappe. **B** Während der Systole wird der Muskelwulst eng an die äußere Herzwand gepreßt, so daß ein druckfester Verschluß entsteht. Sauerstoffarmes Blut, das sich von der vorhergehenden Diastole noch im Cavum venosum befindet, wird mit sauerstoffreichem Blut aus dem Cavum arteriosum vermischt und in die Aortenbögen gedrückt. Sauerstoffarmes Blut wird zusammen mit etwas sauerstoffreichem Blut aus dem Cavum pulmonale in den Lungenbogen gedrückt. Da zwischen Cavum venosum und Cavum pulmonale keine offene Verbindung besteht, können sich unterschiedliche Drücke in den Ausführgefäßen entwickeln (nach Heisler et al., 1983).

Krokodile

Im Gegensatz zu den oben genannten Reptilien haben Krokodile vollständig getrennte Ventrikelkammern. Der linke Aortenbogen geht aus dem rechten Ventrikel hervor, der rechte Aortenbogen aus dem linken Ventrikel. Nahe ihrem Ursprung sind die Aortenbögen durch das **Foramen Panizzae** miteinander verbunden (Abb. 12.**22A**). Außerdem befindet sich zwischen den beiden Aorten caudal vom Herzen eine kurze Anastomose.

Atmen Krokodile normal, ist der Strömungswiderstand in der Lunge gering, und die vom rechten Ventrikel erzeugten Drücke sind in allen Phasen des Herzzyklus niedriger als die des linken Ventrikels. Das aus dem linken Ventrikel kommende Blut fließt dann während der Systole sowohl in den rechten Aortenbogen als auch durch das Foramen Panizzae in den linken Bogen (Abb. 12.**22B**). Die Drücke im linken Aortenbogen bleiben über denen des rechten Ventrikels; die an der Basis des linken Aortenbogens liegenden Klappen bleiben daher während eines ganzen Herzzyklus geschlossen. Das gesamte aus dem rechten Ventrikel stammende Blut gelangt in die Lungenarterie und damit in die Lunge. Während der Systole gibt es einen geringen Rückfluß von der rechten Aorta in die linke über die Anastomose zwischen diesen beiden Gefäßen. Wegen dieser Verbindung bleiben die Drücke im linken Aortenbogen höher als im rechten Ventrikel, mit der Folge, daß die Klappen an der Basis des linken Bogens während des gesamten Herzzyklus geschlossen bleiben (Abb. 12.**22C**). Das gesamte Blut aus dem rechten Ventrikel gelangt in die Lungenarterie und damit in die Lungen. Funktionell entspricht also der Kreislauf der Krokodile demjenigen der Säuger: Bei beiden besteht eine vollständige Trennung von Körper- und Lungenkreislauf.

Krokodile haben zusätzlich noch eine weitere Möglichkeit, einen Kurzschluß zwischen Lungen- und Körperkreislauf herzustellen. Dieser P-S-Kurzschluß („pulmonary-systemic" = Lungen-Körper-Kurzschluß)

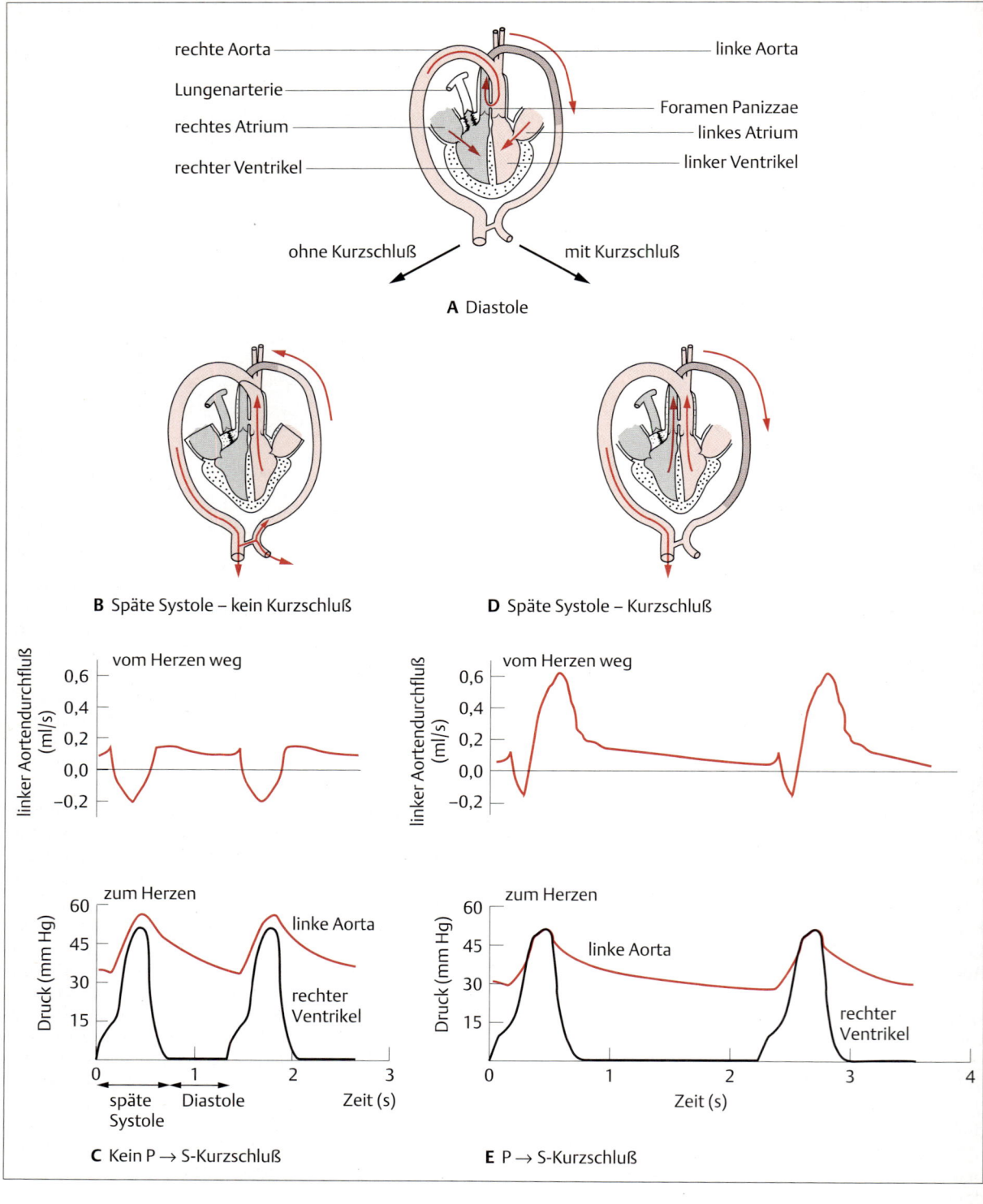

kommt zustande durch den aktiven Verschluß einer Klappe an der Basis des Zustroms zur Lunge gegen Ende der Systole. Unter experimentellen Bedingungen wird die Spitze des Drucks im rechten Ventrikel gleich dem Spitzenwert des Drucks im linken Ventrikel und übertrifft den Druck im linken Teil des Körperkreislaufs. Als Folge davon öffnen sich die Klappen des linken Aortenbogens, und Blut strömt gegen Ende der Systole aus dem rechten Ventrikel in den Körperkreislauf (Abb. 12.22 D u. E). In dieser Situation wird ein Teil des sauerstoffarmen Blutes, das aus dem Körper zum Herzen strömt, wieder in den Körperkreislauf zurückgeleitet. Man weiß jedoch noch nicht, wann genau dieser P-S-Kurzschluß normalerweise beim Tier wirksam wird. Auch die Rolle des Foramen Panizzae bleibt rätselhaft; es ist nur während der Diastole geöffnet und gestattet einen Blutstrom zwischen den beiden Aortenbögen, wenn das Herz erschlafft.

Vögel und Säuger

Bei Vögeln und Säugern besteht das Herz aus vier getrennten Kammern; in Wirklichkeit sind es zwei gleichzeitig schlagende Herzen: Während der pränatalen Entwicklung lagern sich zwei getrennte Schläuche zum postnatalen Herzen mit vier Kammern zusammen, die zwei Kreisläufe versorgen. (Ein Techniker würde sagen, ein Niederdrucksystem arbeitet parallel zu einem Hochdrucksystem.) Die Kreislaufsysteme von Vögeln und Säugern haben mit dem der Reptilien gemein, daß die rechten Herzteile den Lungenkreislauf, die linken Teile den Körperkreislauf versorgen. Auch bei ihnen gelangt das sauerstoffarme Blut aus dem Körper in den rechten Vorhof und über die rechte Kammer in die Lunge (Abb. 12.3). Von dort kommt das sauerstoffreiche Blut in den linken Vorhof, in die linke Kammer und wieder in den Körperkreislauf. Den Druckverhältnissen in den beiden Kreislaufanteilen entsprechend, sind die Kammerwände unterschiedlich dick: das Myocard der linken Kammer ist erheblich kräftiger als das der rechten.

Unterschiede zwischen Vögeln und Säugern bestehen im Verlauf des Aortenbogens: bei Vögeln ist der rechte Bogen von den beiden Bögen der niederen Vertebraten erhalten geblieben. Für die Funktion dürfte das ohne Bedeutung sein. Bei den Vögeln geht aber aus dem linken Ventrikel nur ein sehr kurzer Aortenstamm hervor, von dem der relativ dünne Aortenbogen abzweigt. Der Hauptteil des Blutes gelangt in die linke und rechte Kopf-Arm-Arterie (**Truncus brachiocephalicus sinister** bzw. **dexter**). Die Flugmuskulatur benötigt offensichtlich eine gute Blutversorgung. Weitere Unterschiede zwischen Vogel- und Säugerherz bestehen in der Form des rechten Ventrikels und der Struktur der rechten Herzklappe. Bei Säugern ist dies eine Segelklappe (Valva bicuspidalis). Bei den Vögeln dagegen besteht dieses Ventil aus einem halbmondförmigen Muskelwulst, der an der dicken Herzscheidewand gleich unterhalb des Atriums ansetzt. Seine in die rechte Kammer gerichtete Kante ist dünn und schmiegt sich an die äußere Wand der Kammer an, sobald durch deren Kontraktion ein Rückstau des Blutes einsetzt. Vermutlich ist diese muskulöse Klappe aktiv am Verschluß der rechten Kammer beteiligt. Der rechte Ventrikel umschließt den linken halbkreis- bzw. mantelförmig; eine Segelklappe wie bei Säugern wäre schon aus Raumgründen kaum möglich. Zwischen linkem Vorhof und linker Kammer liegt eine Segelklappe, die ähnlich wie die der Säuger gebaut und passiv ist.

Bei den Säugern ist der linke Aortenbogen erhalten geblieben, die atrioventrikulären Ventile sind passiv tätige Segelklappen (Valva bicuspidalis, rechts, und Valva tricuspidalis, links) (s. Abb. 12.4). Hoher Druck in den Kammern schließt diese Klappen, niedriger Druck löst den Verschluß. Ein Zurückschlagen in den jeweiligen Vorhof verhindern Sehnenfäden (Chordae tendineae), die mit Hilfe der Papillarmuskeln stets unter Spannung gehalten werden. Diese Muskeln stellen sich als zahlreiche kleine Kegel dar, die bei jeder Ventrikelkontraktion kurz vor dem Myocard erregt werden.

Innen ist das Myocard bei Vögeln ebenso wie bei Säugern mit einem Endothel, dem Endocard, ausgekleidet. Es entspricht der Innenwand der übrigen Blutgefäße. Es ist glatt und läßt normalerweise nicht zu, daß sich Blutzellen an der Wandung festsetzen können. Zum Herzbeutel hin wird das Myocard vom Epicard bedeckt.

Fötales Säugerherz: Mit der Geburt stellen Säuger vom Placenta- zum Lungenkreislauf um. Dieser Vorgang schließt mehrere grundlegende Neuordnungen im kardiovaskulären System ein. Die Lunge der Säugerföten ist kollabiert und stellt dem Blutstrom einen hohen Widerstand entgegen. Beim Fötus ist die Lungenarterie mit dem Aortenbogen über ein kurzes, aber dickes Blutgefäß, den **Ductus arteriosus** (Botalli), verbunden (Abb. 12.23). Die Herztätigkeit der Säugerföten zeichnet sich durch drei wichtige Merkmale aus:

Abb. 12.22 Blutströmung und Blutverschiebung beim Krokodil. Unter bestimmten Voraussetzungen gibt es während der Spätphase der Systole eine Blutverschiebung vom Lungen- in den Körperkreislauf (P → S = „pulmonary-systemic"). Die schematischen Darstellungen verdeutlichen zusammen mit den Druckverhältnissen und Fließrichtungen die Vorgänge während eines Herzzyklus **B** mit und **C** ohne Blutverschiebung. Weitere Erklärungen dazu im Text (nach Jones, 1995).

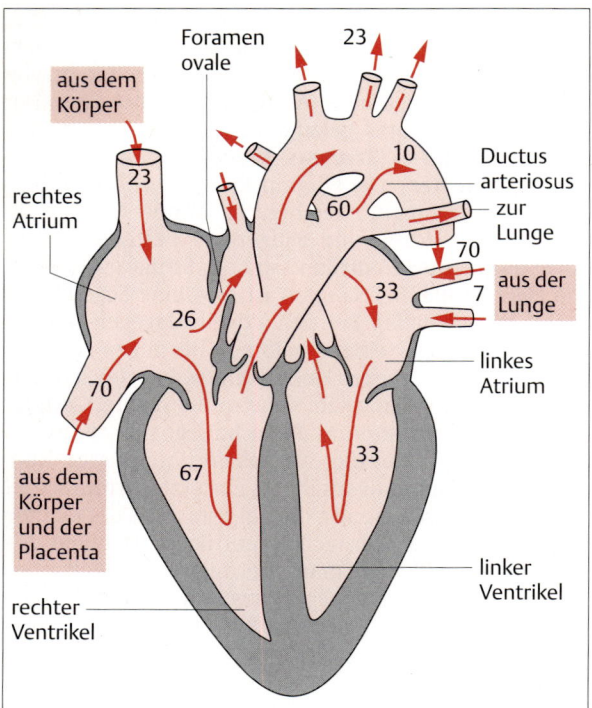

Abb. 12.23 Blutströmung durch das fötale Säugerherz. Der überwiegende Teil des Blutes, das aus dem rechten Ventrikel ausgestoßen wird, gelangt über den Ductus arteriosus zurück in den Körperkreislauf. Sauerstoffreiches Blut, das von der Placenta zum Herzen zurückfließt, wird durch das Foramen ovale vom rechten zum linken Atrium geleitet und dann in die Aorta gepumpt. Nach der Geburt verschließt sich der Ductus arteriosus normalerweise; Lungen- und Körperkreislauf werden dadurch getrennt. Die Zahlen stehen für Blutvolumina (%), die aus dem rechten und linken Ventrikel in die verschiedenen Körperregionen fließen.

- Das meiste Blut aus dem rechten Ventrikel wird über den Ductus arteriosus in den Körperkreislauf zurückgeleitet.
- Der Lungenkreislauf ist stark reduziert.
- Ein deutlicher Rechts-Links-Kurzschluß bewirkt einen Blutstrom statt in den Lungen- zum Körperkreislauf.

Mit der Geburt wird die Lunge mit Luft gefüllt (Geburtsschrei) und der Strömungswiderstand im Lungenkreislauf vermindert. Das aus dem rechten Ventrikel ausgestoßene Blut fließt vermehrt in die Lungengefäße und verstärkt damit den Rückfluß zur linken Herzseite. Gleichzeitig wird die Durchblutung der Placenta eingestellt, wodurch sich der Widerstand im Körperkreislauf bedeutend erhöht. Der Druck im Körperkreislauf übertrifft nun den im Lungenkreislauf, und falls (ausnahmsweise) der Ductus arteriosus nach der Geburt offen bleibt, bewirkt dies eine Links-Rechts-Verschiebung des Blutstroms (P-S-Kurzschluß), d.h. daß dann Blut aus dem linken Ventrikel statt nur in den Körper, nun auch in die Lunge fließt. Normalerweise schließt sich jedoch der Ductus arteriosus.

Bleibt der Ductus arteriosus jedoch auch nach der Geburt geöffnet, übertrifft, wie bereits erwähnt, der Blutstrom zur Lunge den zum Körperkreislauf. Unter solchen Umständen bleibt die Blutströmung durch den Körperkreislauf oft normal, der Blutstrom durch die Lunge kann jedoch doppelt so hoch sein wie der durch den Körper. Der Herzausstoß des linken Ventrikels kann dann den des rechten Ventrikels um den Faktor zwei übertreffen. Die Folge ist eine starke Hypertrophie des linken Ventrikels. Die vom linken Ventrikel verrichtete Arbeit während körperlicher Betätigung übertrifft dann ebenfalls den Normalwert deutlich. Weil die Möglichkeit zur Erhöhung des Herzausstoßes begrenzt ist, ist auch die maximale Leistungsfähigkeit deutlich reduziert, wenn der Ductus arteriosus nach der Geburt weiterhin offen bleibt. Außerdem wird unter dieser Bedingung der Blutdruck in der Lunge erhöht mit der Folge eines größeren Flüssigkeitsverlustes durch die Kapillarwände. Dies kann zu einem Lungenstau führen. Der Ductus arteriosus kann jedoch auch chirurgisch verschlossen werden.

Das fötale Blut wird in der Placenta mit Sauerstoff angereichert und mit Blut vermischt, das aus der unteren Körperhälfte über die Vena cava inferior zurückkommt, die in den rechten Vorhof mündet (Abb. 12.**23**). Im fötalen Herzen befindet sich im Septum zwischen den beiden Atrien ein Loch, das **Foramen ovale**, das von einer flachen Klappe abgedeckt wird. Blut kann vom rechten in den linken Vorhof, aber nicht in die andere Richtung fließen. Sauerstoffreiches Blut gelangt so aus der Vena cava inferior durch das Foramen ovale direkt in den linken Vorhof, in die linke Kammer und anschließend in die Aorta. Diese leitet es zum Kopf und zu den Vordergliedmaßen. Das aus der Vena cava superior zum rechten Atrium kommende sauerstoffarme Blut wird bevorzugt zum rechten Ventrikel geleitet, von wo es über den Ductus arteriosus in den Körperkreislauf fließt. Während der Geburt übertrifft der Druck im linken Atrium den im rechten; daraufhin verschließt sich das Foramen ovale und verwächst schließlich ganz mit der interatrialen Wand, so daß ein dauerhafter Verschluß entsteht. Die Lage des Foramens bleibt jedoch an einer Vertiefung in der Wand zu erkennen.

Vogelembryo: Unmittelbar unter der Eischale liegt ein dichtes Gefäßnetz (**Chorioallantois**), das den Sauerstoff aufnimmt, der durch die Poren in der Schale diffundiert.

Mit zunehmender Größe und damit zunehmendem Sauerstoffbedarf des Embryos vergrößern sich die Poren, deren Durchmesser zum Inneren hin abnimmt, da die Schale von innen her aufgelöst wird. Die Schale dient nicht nur als Schutz, sondern auch als Kalkreservoir für den Vogelembryo. Das sauerstoffreiche Blut aus der Chorioallantois und sauerstoffarmes aus Kopf und Körper gelangen in den rechten Vorhof des embryonalen Vogelherzens (ähnlich ist es bei eierlegenden Reptilien). Das Septum interatriale des Vogelherzens ist durch mehrere große und zahlreiche kleine Löcher durchbrochen. Das sauerstoffreiche Blut aus den chorioallantoischen Gefäßen fließt durch diese Löcher vom rechten in den linken Vorhof. Anschließend wird es in die linke Kammer und in die Aorta gepumpt, von wo es zum Kopf und zum Körper fließt. Nach dem Schlüpfen schließen sich die Durchlässe in der Trennwand der Vorhöfe; Lungen- und Körperkreislauf werden wie bei Säugern vollkommen getrennt.

Hämodynamik

Die Herzkontraktionen treiben das Blut durch die Gefäße (Arterien, Kapillaren und Venen), die das Kreislaufsystem bilden. Zum besseren Verständnis der Eigenschaften dieser Gefäße müssen einige Grundeigenschaften der Strömung und die Beziehung zwischen Druck und Strömung besprochen werden. Die physikalischen Gesetzmäßigkeiten zwischen Druck und Strömung gelten für geschlossene ebenso wie für offene Kreislaufsysteme.

Bei Vertebraten und anderen Tieren mit einem geschlossenen System fließt das Blut in einem kontinuierlichen Kreislauf. Da Flüssigkeiten inkompressibel sind, muß in jedem Abschnitt des Kreislaufsystems und jederzeit durch die Arterien, Kapillaren und Venen das gleiches Blutvolumen pro Minute fließen. Solange also keine Änderung im gesamten Blutvolumen eintritt, führt eine Volumenverminderung in einem Teil des Systems zu einem entsprechenden Anstieg im restlichen Teil.

Die Fließgeschwindigkeit an jedem beliebigen Punkt hängt nicht von der Entfernung vom Herzen, sondern vom Gesamtquerschnitt des betreffenden Kreislaufabschnitts ab, d.h. von der Summe der Querschnitte aller Gefäße (Arterien, Kapillaren und Venen) im betreffenden Kreislaufabschnitt oder Körperteil. So wie die Fließgeschwindigkeit eines Flusses steigt, wenn das Flußbett enger wird, ist auch die Strömungsgeschwindigkeit des Blutes dort am höchsten, wo der Querschnitt am geringsten ist. Querschnitt und Strömungsgeschwindigkeit sind umgekehrt proportional zueinander. Entsprechend ist beim größten Querschnitt die Strömungsgeschwindigkeit am geringsten. Alle Arterien zusammen haben

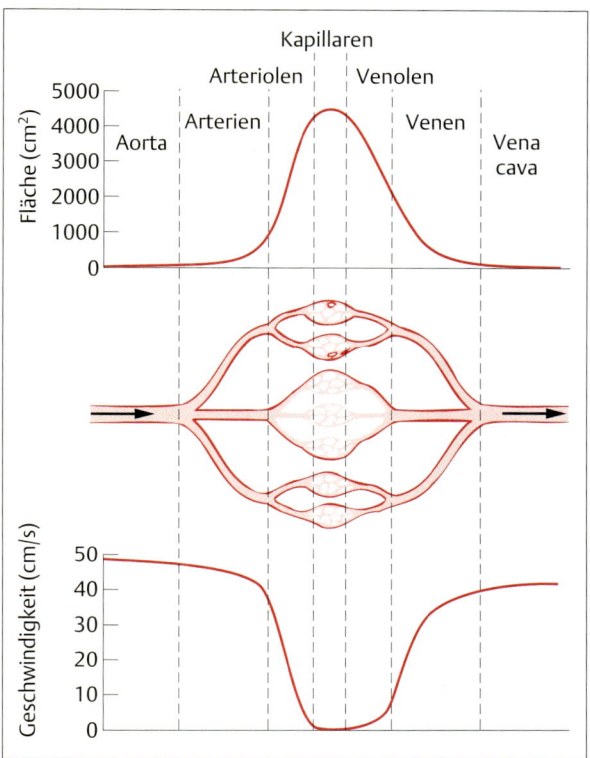

Abb. 12.24 Änderungen der Gesamtquerschnittsfläche und der Blutgeschwindigkeit in verschiedenen Teilen des Kreislaufsystems. Die Blutgeschwindigkeit ist an jedem Punkt umgekehrt proportional zum Gesamtquerschnitt der Gefäße. Die Fließgeschwindigkeit des Blutes ist in den Arterien und Venen am höchsten und in den Kapillaren am niedrigsten; das Umgekehrte gilt für die Querschnittsfläche (nach Feigl, 1974).

den geringsten Gesamtquerschnitt, die Kapillaren den weitaus größten. Die höchsten Geschwindigkeitswerte mißt man daher in Aorta und Lungenarterie der Säuger; beim Durchfließen der Kapillaren fällt die Geschwindigkeit deutlich ab und steigt mit dem Übertritt in die Venen wieder an (Abb. 12.24). Die langsame Durchblutung der Kapillaren ist sehr wichtig für ihre Funktion, denn dort findet der zeitaufwendige Stoffaustausch zwischen Blut und Geweben statt.

Laminare und turbulente Strömung

In vielen kleineren Gefäßen ist die Strömung **laminar**, verläuft also glatt und ohne Verwirbelungen (Turbulenzen); ihr Geschwindigkeitsprofil in einem Längsschnitt ist parabolisch (Abb. 12.25 A). Die Strömung an den Gefäßwänden ist annähernd Null und erreicht in der Mitte

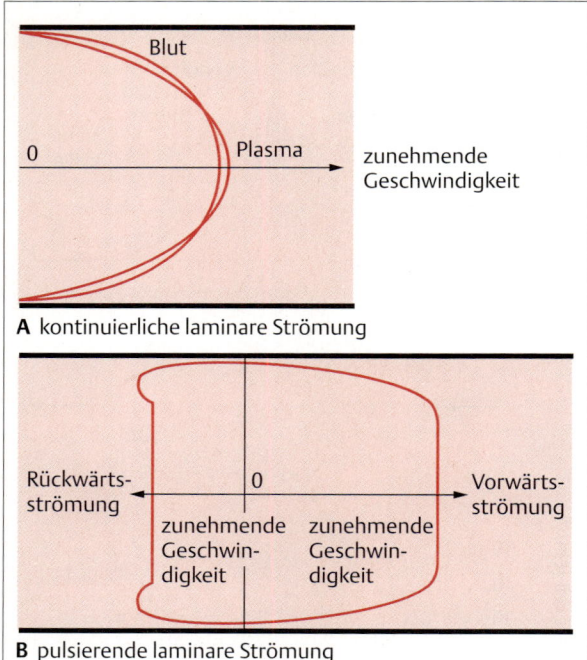

Abb. 12.25 Geschwindigkeitsprofil von in Röhren fließenden Flüssigkeiten. Das in kleinen Gefäßen fließende Blut hat ein annähernd kontinuierlich laminares Strömungsprofil; in großen Gefäßen ist dagegen ein pulsierendes laminares Strömungsprofil zu erkennen. Wie die Geschwindigkeitsprofile zeigen, ist die Fließgeschwindigkeit in der Mitte des Gefäßes am höchsten. **A** Sind in der Flüssigkeit Zellen vorhanden, wird das Strömungsprofil im Vergleich zu reinem Plasma leicht abgeflacht. **B** Das pulsierende laminare Profil ist flach und durch eine Rückwärtsbewegung bei jedem Herzschlag charakterisiert.

des Gefäßes ihr Maximum. Unmittelbar an der Gefäßwand bewegt sich eine dünne Blutschicht (fast) nicht, die nächste Flüssigkeitsschicht gleitet über diese erste Schicht usw. In jeder weiteren Schicht nimmt die Geschwindigkeit zu; das Maximum wird im Zentrum des Gefäßes erreicht. Die zum Gleiten benötigte Kraft stammt aus der Druckdifferenz zwischen benachbarten Schichten. Die Viskosität ist ein Maß für den Gleitwiderstand zwischen benachbarten Flüssigkeitsschichten. Eine Erhöhung der Viskosität erfordert einen größeren Druckunterschied im System, wenn die gleiche Durchströmungsrate aufrechterhalten werden soll.

Der pulsierende laminare Strom, der typisch für die größeren Blutgefäße ist, hat ein wesentlich komplexeres Strömungsprofil als derjenige der kleineren Gefäße, in denen eine kontinuierliche laminare Strömung herrscht. In den großen Arterien wird das Blut mit jedem Herzschlag zunächst beschleunigt, kurz darauf fällt die Geschwindigkeit wieder ab. Hinzu kommt, daß die Gefäßwände elastisch sind: sie dehnen und entspannen sich mit den durch den Herzschlag erzeugten Druckoszillationen. In unmittelbarer Nähe des Herzens kehrt sich zudem der Blutfluß jedesmal um, wenn sich die Taschenklappen an der Aorta bzw. Lungenarterie schließen. Letztlich zeigt sich, daß große Arterien ein wesentlich flacheres Geschwindigkeitsprofil (Abb. 12.**25 B**) haben als Blutgefäße, deren Blutströmung laminar ist und weniger oszilliert.

Bei der **turbulenten Strömung** bewegt sich die Flüssigkeit nicht nur in Richtung der Strömungsachse, sondern nach allen Seiten gleichzeitig. Daraus ergibt sich, daß wesentlich mehr Energie benötigt wird, um eine Flüssigkeit durch ein Gefäß zu bewegen. Die laminare Strömung ist weitgehend geräuschlos, während die turbulente geräuschvoll ist. Im Blutstrom verursachen die Turbulenzen Vibrationen, welche die Kreislaufgeräusche erzeugen. Die Geräusche werden beim Öffnen und Schließen der Herzklappen hörbar und wenn die Blutgeschwindigkeit innerhalb eines Gefäßes einen bestimmten kritischen Punkt überschreitet. Die Blutdruckmessung mit einem Erkameter nutzt mit Hilfe eines Stethoskops die Hörbarkeit von Turbulenzen aus, die auftreten, wenn der Blutstrom den Bereich der Druckmanschette nach einer Systole verläßt.

Turbulente Strömungen sind im peripheren Kreislauf selten, kommen aber gelegentlich vor. Mit einem empirisch ermittelten Maß, der **Reynold-Zahl** $(Re)^2$, kann ermittelt werden, ob unter bestimmten Bedingungen eine Strömung laminar oder turbulent ist. Eine hohe Reynold-Zahl bedeutet eine turbulente Strömung, während eine niedrige eine laminare Strömung anzeigt. Die Reynold-Zahl ist der Strömungsrate $\dot{Q}$ (in ml/s) und der Dichte ϱ (in g/ml) des Blutes direkt proportional und umgekehrt proportional dem Innenradius der Gefäße r (in cm) und der Viskosität η des Blutes:

$$Re = \frac{2 \cdot \dot{Q} \cdot \varrho}{\pi \cdot r \cdot \eta} \qquad (12.2)$$

Das Verhältnis Viskosität zu Dichte (η/ϱ) bezeichnet man als kinematische Viskosität. Mit steigender kinematischer Viskosität wird die Wahrscheinlichkeit geringer, daß Turbulenzen auftreten. Die relative Viskosität und damit die kinematische Viskosität steigt mit dem **Hämatokrit** (Volumenanteil der roten Blutzellen pro Einheit Blutvolumen); Erythrocyten verringern daher Turbulenzen im Blutstrom.

---

[2] In Box 16.**2** (S.823) wird dargestellt, daß die Reynold-Zahl für die Lokomotionsenergetik durch Flüssigkeiten wichtig ist. Für die Anwendung bei der Bewegung eines Objektes durch einen unendlichen Flüssigkeitsraum muß die *Re*-Zahl jedoch etwas abgewandelt werden.

Im allgemeinen ist die Blutgeschwindigkeit nicht hoch genug, um in glattwandigen, nicht verzweigten Gefäßen Turbulenzen hervorzurufen, ausgenommen bei starker körperlicher Bewegung mit sehr schneller Strömung. Die höchsten Strömungsgeschwindigkeiten im Kreislauf von Säugern treten in den proximalen Abschnitten der Aorta und der Lungenarterie auf. Turbulenzen können daher distal der Aorten- und Pulmonalklappen auf dem Gipfel des Ventrikelausstoßes oder während der nach rückwärts gerichteten Strömungsphase beim Schließen dieser Klappen auftreten. Im allgemeinen kann eine turbulente Strömung in glattwandigen, unverzweigten Gefäßabschnitten nur bei *Re*-Werten über 1000 auftreten, die jedoch selten sind. Kleine, rückläufige Wirbel können sich an arteriellen Abzweigungen bilden – ähnlich den rückläufigen Wirbeln, wie sie in einem Fluß entstehen – und als kleine Turbulenzabschnitte stromabwärts getragen werden. Diese Wirbel können sich im Kreislaufsystem bereits bei *Re*-Werten von ca. 200 bilden.

Beziehung zwischen Druck und Strömung

Eine Strömung zwischen zwei Orten tritt auf, wenn dort eine Differenz in der potentiellen Energie vorliegt: sie kann als Druckunterschied gemessen werden. Druckunterschiede zwischen zwei Punkten eines Strömungsweges zeigen also einen Druckgradienten und damit eine Strömungsrichtung an, und zwar vom hohen zum niedrigeren Druck. (Eine Ausnahme macht eine unbewegte Flüssigkeit unter dem Einfluß der Gravitation, wenn der Druck gleichmäßig mit der Tiefe zunimmt, ohne daß eine Strömung auftreten kann.) Wenn sich das Herz kontrahiert, nimmt die potentielle Energie, d.h. der Druck, in den Ventrikeln zu. Vom Herz erzeugte Drücke verbrauchen sich mit dem Blutstrom, weil ihre Energie benötigt wird, um den Widerstand zu überwinden, den die Gefäße dem Strom entgegenstellen. Aus diesem Grund nimmt der Blutdruck von der arteriellen zur venösen Seite des Kreislaufs ab (Abb. 12.**26**).

Die Rolle der kinetischen Energie

Energie wird aufgewendet, um das Blut in Bewegung zu setzen. Einmal in Bewegung, unterliegt das fließende Blut jedoch der Trägheit; bewegte Flüssigkeiten haben eine kinetische Energie. In stehenden Flüssigkeiten wird die potentielle Energie als Druck gemessen, in bewegten Flüssigkeiten sowohl im Sinn von Druck als auch von kinetischer Energie. Die kinetische Energie liefert im allgemeinen jedoch nur einen vernachlässigbaren Beitrag zur Strömungsrate des Blutes. Die kinetische Energie pro Milliliter Flüssigkeit wird angegeben als ½ ($\varrho \cdot v^2$), wobei ϱ die Dichte der Flüssigkeit und *v* die Strömungs-

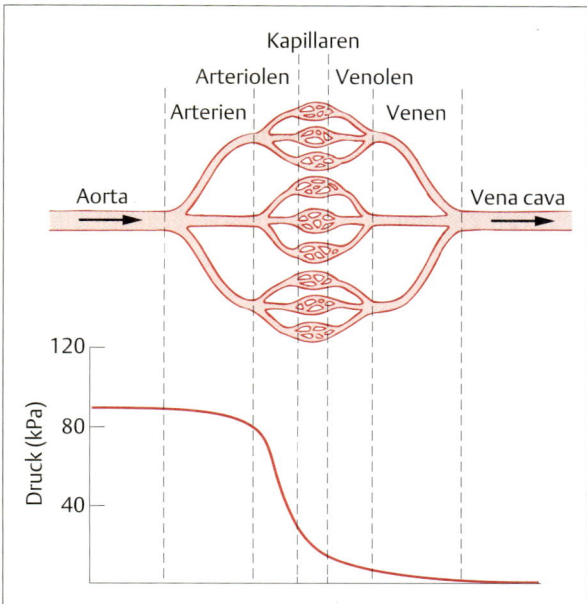

Abb. 12.26 Änderungen der Durchschnittsdrücke in verschiedenen Teilen des Kreislaufsystems. Der durch jede Kontraktion des Herzens aufgebrachte Druck (potentielle Energie) vermindert sich bei der Überwindung des Fließwiderstandes der Gefäße. Der größte Druckabfall erfolgt in den Arteriolen (nach Freigl, 1974).

geschwindigkeit ist. Wenn die Geschwindigkeit in cm/s und die Dichte in g/ml angegeben wird, kann die kinetische Energie (wie der Druck) in dynes/cm² angegeben werden.

Die maximale Geschwindigkeit des Blutstroms tritt bei Säugern an der Basis der Aorta auf und beträgt (beim Menschen) etwa 50 cm/s, wenn der Ausstoß aus dem Ventrikel seinen Gipfelpunkt erreicht. Die Dichte des Blutes beträgt etwa 1,055 g/ml. Daraus errechnet sich für die kinetische Energie des Blutes während des Ausstoßgipfels ½ · 1,055 · 50² oder 1 mm Hg. Das ist wenig gegenüber dem transmuralen Spitzendruck während der Systole von rund 120 mm Hg. Die Geschwindigkeit des Blutes im Ventrikel ist niedrig; sie erhöht sich jedoch, wenn das Blut in die Aorta ausgestoßen wird. Das Blut gewinnt daher an kinetischer Energie, wenn es den Ventrikel verläßt. Diese Umwandlung von Druck in kinetische Energie ist für die kleine Abnahme des Drucks zwischen Ventrikel und Aorta verantwortlich. Die kinetische Energie ist in der Aorta am größten. In den Kapillaren liegt die Geschwindigkeit jedoch nur bei etwa 1 mm/s, daher kann die kinetische Energie dort vernachlässigt werden.

Das Poiseuille-Gesetz

Die Beziehung zwischen Druck und einer gleichmäßigen laminaren Strömung in einem starren Rohr läßt sich durch das **Poiseuille-Gesetz** darstellen. Danach hängt die Strömungsrate $\dot{Q}$ einer Flüssigkeit ab proportional von der Druckdifferenz p_1- p_2 entlang der Länge einer Röhre und von der 4. Potenz des Röhrchenradius r und umgekehrt proportional von der Röhrenlänge L und der Flüssigkeitsviskosität η:

$$\dot{Q} = \frac{(p_1 - p_2)\,\pi \cdot r^4}{8 \cdot L \cdot \eta} \qquad (12.3)$$

Da $\dot{Q}$ proportional zu r^4 ist, haben bereits sehr kleine Änderungen von r tiefgreifende Auswirkungen auf $\dot{Q}$. Die Verdoppelung des Gefäßdurchmessers führt beispielsweise zu einer Steigerung der Stromstärke auf das 16fache, wenn die Druckdifferenz $(p_1 - p_2)$ entlang des Gefäßes unverändert bleibt. Ganz entsprechend führt die Halbierung des Gefäßdurchmessers zu einer 16fachen Erhöhung des Widerstandes und zu einer deutlichen Reduktion der Strömung.

Das Poiseuille-Gesetz gilt für gleichmäßige Strömungen in geraden, starren Röhren. Blutdruck und Blutstrom unterliegen im Gegensatz dazu aber Pulsationen, und Blut ist eine komplexes, aus Plasma und Zellen gebildetes Gewebe. Trotzdem wurde – mit einigen Einschränkungen (sie werden später besprochen) – die Poiseuille-Gleichung herangezogen, um die Beziehung zwischen Druck und Strömung in Arterien, Arteriolen, Kapillaren und Venen zu analysieren. Da die Blutgefäße jedoch nicht starr sind, sind die Oszillationen im Druck und in der Strömung nicht in Phase. Die Beziehung zwischen diesen beiden Größen wird daher durch das Poiseuille-Gesetz nur unvollkommen dargestellt.

Die Abweichung in der Beziehung zwischen Druck und Strömung läßt sich durch eine dimensionslose Konstante α aufzeigen:

$$\alpha = r \cdot \sqrt{\frac{2\,\pi \cdot n \cdot f \cdot \varrho}{\eta}} \qquad (12.4)$$

In dieser Formel stehen ϱ und η für die Dichte bzw. für die Viskosität der Flüssigkeit, f für die Frequenz der Oszillationen, n für die Ordnung der harmonischen Komponenten und r für den Radius des Gefäßes. Ist $\alpha \leq 0{,}5$, gilt für die Beziehung zwischen Druck und Strömung das Poiseuille-Gesetz. Weil die Werte für α in den kleinen Endarterien und in den Venen bei etwa 0,5 liegen, kann es zur Beschreibung der Beziehung zwischen Druck und Strömung in diesen Abschnitten des Kreislaufs angewendet werden. Im Gegensatz dazu schwanken bei Säugern und Vögeln die Werte von α im arteriellen System, je nach Art und physiologischem Zustand des Tieres, zwischen 1,3 und 16,7. Da die meisten Werte für α im arteriellen System um 6 liegen, ist das Poiseuille-Gesetz hier nicht anwendbar.

Nur wenige Untersuchungen wurden *in vivo* an Mikrokreisläufen durchgeführt, da es sehr schwierig ist, Blutstrom und -druck in Kapillaren zu messen. In den Geweben, in denen dies gelang, wurde die Beziehung zwischen Blutströmung und Druck als nicht linear erkannt. Die Poiseuille-Gleichung beschreibt daher die Beziehung zwischen diesen beiden Größen in einem Mikrokreislauf nicht genau. Es gibt hierfür zwei Gründe: Die Kapillaren zweigen sich in kollaterale Bahnen auf, die zur Zeit der Messung offen oder geschlossen sein können, und sie sind so eng, daß die Erythrocyten sich beim Durchgang hindurchquetschen müssen und dabei verformt werden.

Strömungswiderstand

Der Ausdruck $8 \cdot L \cdot \eta / \pi \cdot r^4$, die Umkehr der Poiseuille-Gleichung (Gleichung 12.3), bezeichnet den Strömungswiderstand R. Der Strömungswiderstand läßt sich auch aus dem Druckunterschied $(p_1 - p_2)$ in einem Gefäßbett geteilt durch die Strömungsrate $\dot{Q}$ berechnen:

$$R = \frac{p_1 - p_2}{\dot{Q}} = \frac{8 \cdot L \cdot \eta}{\pi \cdot r^4} \qquad (12.5)$$

Der Strömungswiderstand im peripheren Kreislauf wird gelegentlich in Widerstandseinheiten oder „**peripheral resistance units**" (PRU) angegeben. Ein PRU ist definiert als derjenige Widerstand, bei dem ein Druck von 1 mm Hg (0,13 kPa) benötigt wird, um 1 ml Blut/s durch ein Gefäß zu bewegen.

Der Blutstrom in einem Gefäß steigt mit zunehmendem Druckunterschied an und nimmt mit dem Strömungswiderstand ab, der umgekehrt proportional zur 4. Potenz des Gefäßradius ist. In dem Maße, in dem der Druck in einem elastischen Gefäß ansteigt, steigt auch der Radius an; als Ergebnis kann mehr Blut hindurchfließen. Man betrachte z.B. ein Blutgefäß, das zwar einen konstanten Druckabfall über seine gesamte Länge aufweist, aber mit verschiedenen Drücken arbeitet:

Beispiel 1: Eingangsdruck 10 kPa, Ausgangsdruck 9 kPa, Δ = 1 kPa
Beispiel 2: Eingangsdruck 2 kPa, Ausgangsdruck 1 kPa, Δ = 1 kPa

Wenn die Gefäßwand dehnbar ist, ist die Durchblutung in diesem Gefäß bei hohem Druck (Beispiel 1) wesentlich besser als bei niedrigem Druck (Beispiel 2), da der Radius vergrößert und folglich der Strömungswiderstand herabgesetzt wird.

Blutviskosität

Nach dem Poiseuille-Gesetz steht der Blutstrom in umgekehrter Beziehung zur Viskosität des Blutes. Plasma hat gegenüber Wasser eine Viskosität von 1,8. Durch die Anwesenheit der Erythrocyten wird die relative Viskosität stark erhöht, so daß sie bei Säugern und Vögeln (37 °C Körpertemperatur) zwischen 3 und 4 liegt; d.h., daß vor allem wegen der Erythrocyten das Blut 3–4mal visköser ist als Wasser. Deshalb sind größere Druckgradienten erforderlich, um die Durchblutung eines Gefäßabschnittes aufrechtzuerhalten, als nötig wären, wenn nur Plasma hindurchströmen würde. Blut, das durch kleine Röhren fließt, verhält sich jedoch so, als ob die relative Viskosität stark herabgesetzt wäre. Tatsächlich nimmt die relative Viskosität in Röhren von weniger als 0,3 mm Durchmesser (z.B. in Kapillaren) mit dem Durchmesser ab und nähert sich der Plasmaviskosität an (**Fahraeus-Lindqvist-Effekt**).

Das Geschwindigkeitsprofil innerhalb des Querschnitts eines Gefäßes mit konstanter laminarer Flüsigkeitsbewegung entspricht einer Parabel (Abb. 12.25 A). Die maximale Geschwindigkeit ist doppelt so hoch wie die Durchschnittsgeschwindigkeit und wird berechnet, indem man die Strömungsrate durch den Querschnitt des Gefäßes teilt. Geschwindigkeitsänderungen treten bevorzugt in der Nähe der Wände auf und nehmen gegen die Mitte des Gefäßes hin ab. Im fließenden Blut sammeln sich die roten Blutkörperchen bevorzugt in der Mitte des Gefäßes an, wo die Geschwindigkeit am höchsten ist und die Änderungen in der Geschwindigkeit zwischen angrenzenden Schichten am geringsten sind. Die Gefäßwände bleiben damit annähernd zellfrei. Flüssigkeit, die von diesen Teilen in kleine Nebengefäße fließt, enthält nur wenige rote Blutkörperchen und besteht fast ausschließlich aus Plasma. Diesen Vorgang bezeichnet man als **plasma skimming** oder **Plasmaabschöpfung**.

Die Ansammlung roter Blutkörperchen in der Mitte des Blutstroms erhöht die Viskosität im Zentrum und verringert sie gegen die Wände hin. Dieses Gefälle in der Viskosität zwischen dem Zentrum und den Wänden des Blutstroms ändert das Geschwindigkeitsprofil des Blutes im Vergleich zu dem des Plasmas. Die Folge dieser Viskositätsunterschiede ist eine leichte Zunahme der Strömungsgeschwindigkeit entlang der Wände und eine leichte Abnahme der Strömungsgeschwindigkeit im Zentrum, d.h. das parabolische Geschwindigkeitsprofil wird etwas abgeflacht (Abb. 12.25 A).

In kleinen Gefäßen ist der Hämatokrit (der Anteil der Erythrocyten am Blutvolumen) kleiner als in größeren. Bei gegebener Durchblutungsrate nimmt die der Gefäßwand anliegende Plasmaschicht in kleinen Gefäßen einen größeren Volumenanteil ein als in großen. Der axiale Fluß der roten Blutkörperchen in kleinen Gefäßen bedeutet, daß die größte Geschwindigkeitsänderung in den dicht der Wandung anliegenden Schichten eintritt, und dies erklärt, warum sich die scheinbare Viskosität des Blutes der des Plasmas annähert: der Fahraeus-Lindquist-Effekt läßt sich auf den verminderten Hämatokrit in kleinen Gefäßen erklären. Die Verminderung der scheinbaren Viskosität, die in den Arteriolen einsetzt, hat zur Folge, daß weniger Energie benötigt wird, um Blut durch die Bereiche mit Mikrozirkulation zu treiben.

In sehr kleinen Gefäßen (Durchmesser 5–7 μm) führt die weitere Verringerung des Durchmessers zu einer Umkehr des Fahraeus-Lindqvist-Effekts, nämlich zu einer Erhöhung der scheinbaren Viskosität des Blutes. In diesen Gefäßen füllt ein rotes Blutkörperchen das Lumen vollständig aus, wobei es während der Passage auch noch verformt wird. Weil die Zellmembran der Erythrocyten nicht mit den darunter liegenden Strukturen fest verbunden ist, kann sie sich über ihrem eigenen Zellinhalt bewegen. Bildlich ausgedrückt bewegt sich die Erythrocytenmembran ähnlich wie die Raupen eines Kettenfahrzeugs durch das Gefäß. Diese Deformation der Erythrocyten in sehr engen Gefäßen führt zu einer komplexen Bewegung von Zellmembran und umgebender Flüssigkeit, wenn die Blutzellen durch enge Gefäße „gequetscht" werden.

Wenn die Strömung laminar und – wie in den Arterien – gleichzeitig pulsierend ist, so ist, wie bereits erwähnt, das Geschwindigkeitsprofil stärker abgeflacht als bei einer kontinuierlichen laminaren Strömung (Abb. 12.25 B). Die Geschwindigkeit des Blutes ist daher, quer durch den Blutstrom betrachtet, überall annähernd gleich; nur nahe der Wandung fällt sie stark ab. In einer turbulenten Strömung bewegt sich dagegen das Blut – bezogen auf die Achse der Strömung – in die verschiedensten Richtungen; folglich kann es im Zentrum des Gefäßes nur zu einer geringen Anreicherung von Blutzellen kommen. Dies hat zur Folge, daß sich die Blutviskosität und die Strömungsgeschwindigkeit nur geringfügig über den Querschnitt des Gefäßes ändern.

Compliance der Gefäßwände

Bei weiterer Untersuchung der Beziehung zwischen Blutdruck und Blutströmung muß in Betracht gezogen werden, daß die Gefäßwände elastische Fasern enthalten und daher dehnbar sind. Blutgefäße sind nämlich keine geraden, starren Röhren, auf die das Poiseuille-Gesetz anwendbar wäre. Denn wenn der Druck in einem Blutgefäß steigt, dehnen sich dessen Wände, und das Gefäßvolumen wird vergrößert. Die Beziehung zwischen Volumen- und Druckänderung wird als **Weitbarkeit**, auch **Compliance** oder **Capacitance** des Systems bezeichnet. Die Compliance eines Gefäßes hängt von seiner Größe und der Elastizität seiner Wände ab. Je größer das Anfangsvolumen und die Elastizität sind, desto größer ist die Compliance des Systems.

Das Venensystem ist sehr dehnbar; kleine Druckänderungen können große Volumenänderungen zur Folge haben. Da selbst große Volumenänderungen nur geringe Auswirkungen auf den venösen Druck (und damit auf die Herzfüllung während der Diastole) oder die Durchblutung der Kapillaren haben, fungiert das Venensystem als Blutreservoir oder **Volumenreservoir**. Das arterielle System ist deutlich weniger dehnbar; es dient als **Druckreservoir** und gewährleistet die Durchblutung der Kapillaren. Die proximalen Teile des arteriellen Systems sind jedoch elastisch, um den durch die Kontraktionen des Herzens hervorgerufenen Druckanstieg zu dämpfen und die Strömung in den distalen Arterien während einer Diastole zu glätten.

Insgesamt gesehen beeinflußt also eine Reihe von Faktoren die Beziehung zwischen Druck und Strömung im Kreislauf. Die Geschwindigkeit des Blutstroms hängt vom Gesamtquerschnitt der Anteile des Kreislaufs ab. Sie ist am höchsten in den Arterien und Venen und am geringsten im Bereich der Kapillaren, denn die Summe aller Kapillarquerschnitte ist größer als die Summe der Arterien- und Venenquerschnitte (Abb. 12.**24**). Die Herztätigkeit erzeugt Druck und bewirkt die Strömung. Die höchsten Drücke treten in den Ventrikeln und in den vom Herz ausgehenden Gefäßen auf. Sie vermindern sich durch den Energieverbrauch bei der Überwindung des Strömungswiderstands in den Gefäßen. Änderungen in der kinetische Energie zeigen sich lediglich in sehr geringen Blutdruckänderungen, während sich die Strömungsgeschwindigkeit ändert. In den arteriellen und venösen Systemabschnitten gibt es nur geringe Druckminderungen, weil diese Gefäße weit sind und der Strömungswiderstand gering ist. Die größte Druckminderung findet im Bereich der Arteriolen statt; dort ist der Durchfluß groß; die Gefäße sind eng und stellen einen größeren Widerstand dar (Abb. 12.**26**). Diese Form des Blutstroms durch ein Gebiet mit hohem Wandwiderstand vermindert die Viskosität (Fahraeus-Lindqvist-Effekt) und damit den Strömungswiderstand, obwohl die größte Druckabnahme bereits in den Arteriolen stattfindet. Die Kapillaren sind noch enger als die Arteriolen. Der Durchfluß ist in jeder einzelnen Kapillare sehr viel geringer, daher ist der Druckabfall über die Kapillaren viel geringer als der über die Arteriolen.

Peripherer Kreislauf

Das aus dem linken Ventrikel des Säugerherzens gepumpte sauerstoffreiche Blut gelangt über die Arterien in die Kapillarnetze der Gewebe, wo dann der Sauerstoff gegen Kohlendioxid ausgetauscht wird. Das Venensystem leitet das sauerstoffarme Blut zum rechten Ventrikel (Abb. 12.**3**). Obwohl alle Blutgefäße einige gemeinsame Strukturmerkmale haben, sind sie in den verschiedenen Teilen des peripheren Kreislaufs an ihre besonderen Funktionen angepaßt.

Abbildung 12.**27** zeigt den Aufbau verschieden großer Arterien und Venen. Eine Schicht endothelialer Zellen, das **Endothel**, kleidet das Lumen aller Blutgefäße aus. Die Wände der Kapillaren bestehen aus einer einzigen Schicht von Endothelzellen. In größeren Gefäßen ist das Endothel umgeben von einer Schicht aus elastischen und kollagenen Bindegewebsfasern. Zwischen den Bindegewebsfasern oder um sie herum können glatte Muskelzellen liegen, entweder ringförmig oder in Längsrichtung des Gefäßes. Die Wände größerer Gefäße bestehen aus drei Schichten:
- **Tunica adventitia**: fibrinöse Mantelschicht,
- **Tunica media**: Mittelschicht aus ringförmigen und Längsmuskeln,
- **Tunica intima**: innere, dem Lumen zugekehrte Schicht aus Endothelzellen und elastischen Bindegewebsfasern.

Die Grenze zwischen Tunica intima und Tunica media ist nicht genau festzustellen; die Gewebe gehen ineinander über. Aufgrund ihrer stärkeren Muskelschicht haben die Arterien eine dickere Tunica media; die herznahen Arterien sind elastischer mit einer dickeren Tunica intima. Die dicken Wände der größeren Blutgefäße benötigen eigene Kapillarnetze (**Vasa vasorum**). Allgemein haben die Arterien dickere Wandungen und mehr glatte Muskulatur als die Venen von gleichem Außendurchmesser. In manchen Venen fehlt das Muskelgewebe.

Arterielles Gefäßsystem

Das arterielle System besteht aus sich aufzweigenden, dickwandigen, elastischen und mit Muskeln versehenen Gefäßen. Es ist hervorragend geeignet, das Blut vom Herz zu den feinen Kapillaren zu transportieren, die es dann durch die Gewebe leiten. Die Arterien erfüllen vier Hauptfunktionen (Abb. 12.**28**):
1. Sie dienen als Leitungsbahnen für das Blut zwischen dem Herzen und den Kapillaren.
2. Sie wirken als Druckspeicher, der das Blut durch die dünnen Arteriolen preßt.
3. Sie dämpfen die durch das Herz erzeugten Druck- und Strömungsschwankungen und bewirken so eine gleichmäßige Durchblutung der Kapillaren.
4. Sie kontrollieren die Verteilung des Blutes zu den verschiedenen Kapillarnetzen, indem sie die terminalen Arterienzweige des Arterienstammes, die Arteriolen, selektiv verschließen.

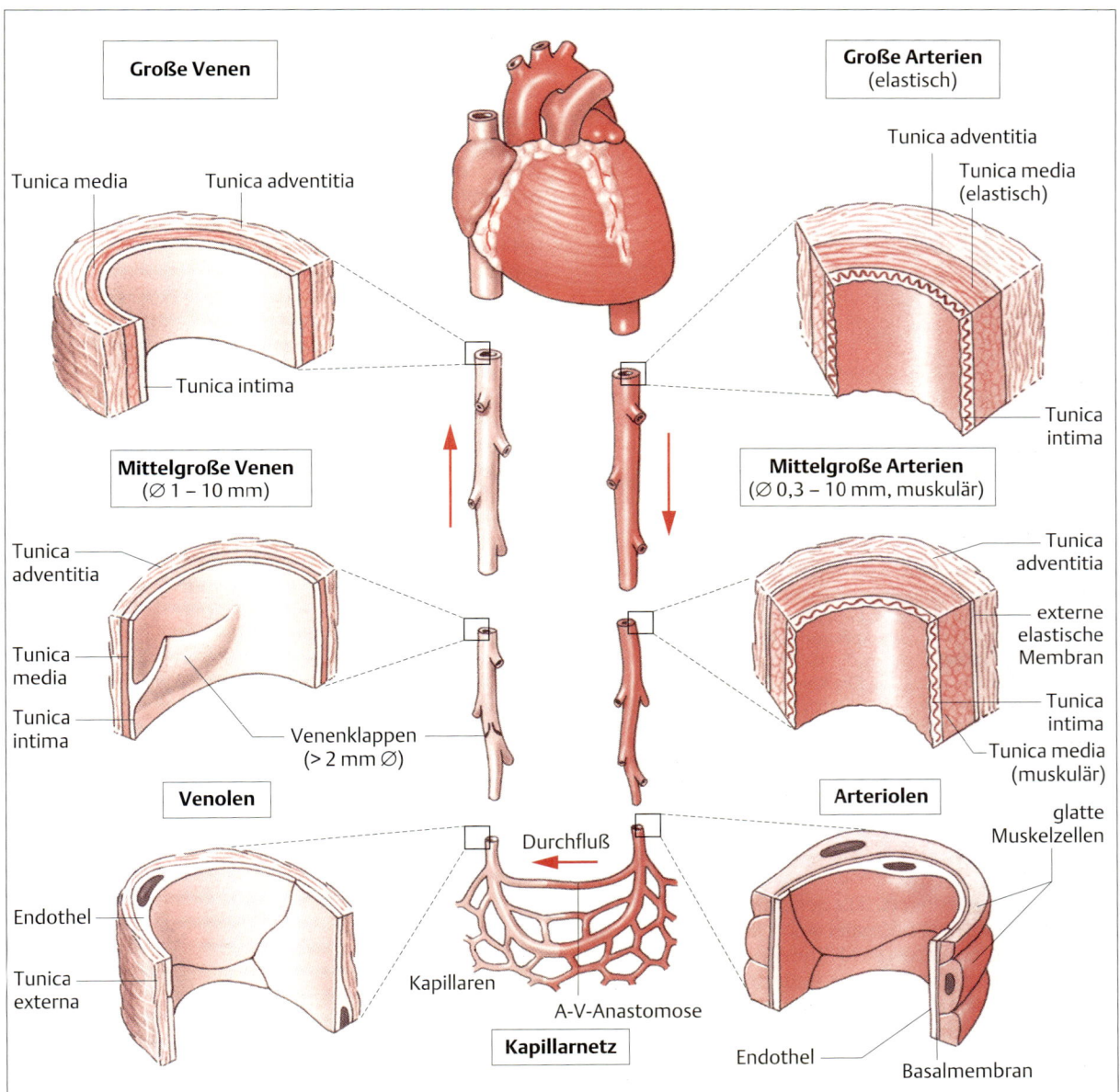

Abb. 12.27 Schematische Darstellung der wichtigsten Strukturen des peripheren Kreislaufsystems. Beim Säuger fließt das Blut aus dem Herzen über die Aorta dorsalis durch immer kleiner werdende Arterien und Arteriolen bis hin zu den Kapillaren. Dort, im Kapillarnetz, erfolgt eine Mikrozirkulation. Anschließend sammelt sich das Blut in immer größer werdenden Venen. Alle Gefäße sind auf der Innenseite von einem Endothel bedeckt. Bei großen Gefäßen wird das Endothel von einer Muskelschicht (Tunica media) und einer äußeren Faserschicht (Tunica adventitia) bedeckt (nach Martini u. Timmons, 1995).

Der Druck im arteriellen System wird durch das darin enthaltene Blutvolumen und die Wandeigenschaften bestimmt. Wird eine dieser beiden Größen verändert, ändert sich auch der Blutdruck. Das in den Arterien enthaltene Blutvolumen hängt von der vom Herzen kommenden und über die Arteriolen in die Kapillaren abfließenden Blutmenge ab. Erhöht sich der Herzausstoß, steigt der arterielle Blutdruck; wird die Durchblutung

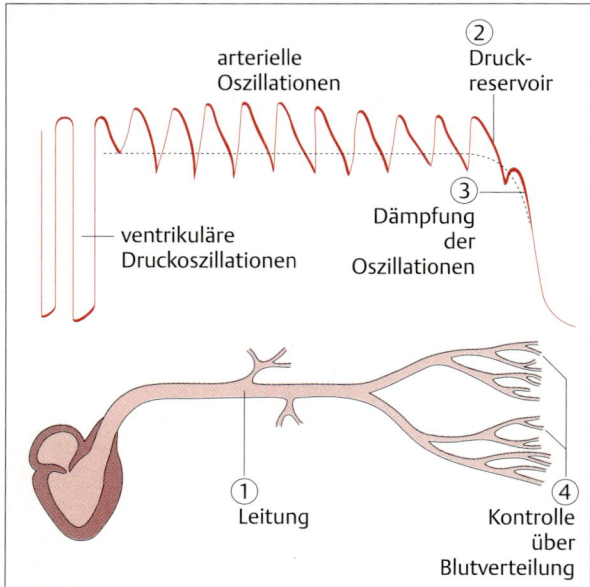

Abb. 12.28 Funktionen des Arteriensystems. Das Arteriensystem des Körperkreislaufs dient als Leitungssystem und als Druckreservoir; weiterhin glättet es Druckschwankungen und kontrolliert die Durchblutung der Kapillaren. Die Leitungsfunktion (1) wird von den Gefäßen, durch die das Blut mit minimalem Reibungsverlust fließt, ausgeübt. Die Kombination dehnbarer Wände und hoher Widerstände der Arterien gegen den Blutausstrom aus dem Herzen erklärt den Druckerhaltungsfunktion (2), welche auch Dämpfungen der Druck- und Strömungsschwankungen (3) erlaubt. Ein kontrolliertes hydraulisches Widerstandssystem in den peripheren Gefäßbetten (4) kontrolliert die Verteilung des Blutes zu den verschiedenen Geweben (nach Rushmer, 1965a).

der Gefäße auftreten, weil mit abnehmendem Durchmesser der Fließwiderstand ansteigt.

Die durch die Herzkontraktionen auftretenden Schwankungen im Blutdruck und Blutstrom werden durch die Elastizität der Arterienwände gedämpft. In dem Maße, wie Blut in das Arteriensystem gepreßt wird, steigt dort der Druck an, und die Gefäße weiten sich. Erschlafft das Herz, wird der Blutstrom in Richtung Peripherie durch das elastische Zusammenziehen der Gefäßwände und die Reduktion im arteriellen Volumen aufrechterhalten (Abb. 12.28). Wären die Arterien starre Röhren, wäre die Strömung in der Peripherie den gleichen großen Schwankungen unterworfen wie die Strömung am Ausgang des Ventrikels bei jedem Schlag des Herzens. Zwar sind die Arterienwände elastisch, sie werden aber mit zunehmender Dehnung steifer. Daraus folgt, daß sie bei geringem Druck leicht gedehnt werden, aber bei hohem Druck einer weiteren Dehnung Widerstand entgegensetzen. Die Reaktion der Arterienwände auf Dehnung ist bei vielen Tierarten gleich, was auf den gleichen Aufbau und die gleiche Funktion hindeutet (Abb. 12.29).

Nach dem Laplace-Gesetz nimmt die zur Aufrechter-

der Kapillaren gesteigert, fällt der Druck ab. Der arterielle Blutdruck variiert normalerweise jedoch nur geringfügig, da Änderungen in der Füllung und Entleerung der Arterien durch entsprechende Änderungen im Herzausstoß kompensiert werden, der seinerseits mit Änderungen in der Durchblutung der Kapillaren in Zusammenhang steht.

Die Strömung in den Kapillaren ist der Druckdifferenz zwischen dem arteriellen und dem venösen System proportional. Da der venöse Druck niedrig ist und sich nur geringfügig ändert, übt der arterielle Druck eine primäre Kontrolle auf den Blutstrom in den Kapillaren aus und ist für eine adäquate Durchblutung der Gewebe verantwortlich. Der arterielle Druck schwankt von Art zu Art; im allgemeinen werden Werte zwischen 50 und 150 mm Hg (ca. 6,5 und 20 kPa) gemessen. In großen Arterien ist der Druckabfall nur gering (weniger als 1 mm Hg oder 133 Pa). In kleineren Arterien und Arteriolen können jedoch beträchtliche Druckabnahmen entlang

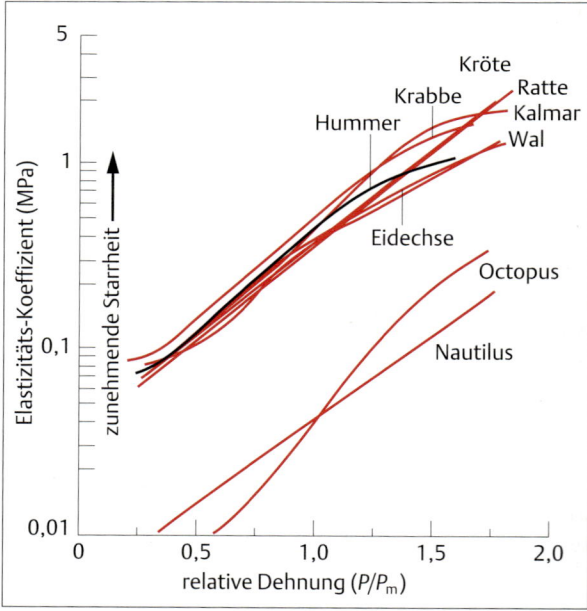

Abb. 12.29 Die elastischen Eigenschaften der Arterien sind bei vielen Tierarten erstaunlich ähnlich. Diese Ähnlichkeit zeigt sich bei der graphischen Auftragung des Elastizitätskoeffizienten gegen die relative Dehnung (ausgedrückt als Druck, P, geteilt durch den Blutdruck in Ruhe, P_m, der betreffenden Art). *Nautilus* und *Octopus* sind bemerkenswerte Ausnahmen (nach Shadwick, 1992).

haltung eines gegebenen Druckes benötigte Wandspannung eines Hohlzylinders mit zunehmendem Radius zu (Gleichung 12.1, S. 534). Elastische Röhren sind daher instabil und neigen dazu, sich aufzublähen: weil sie bei steigendem Druck keine hohe Wandspannung entwickeln können, beulen sie aus. In Blutgefäßen wird eine Ausweitung durch eine Schicht der nicht dehnbaren Kollagenfasern verhindert. Ist diese Kollagenscheide jedoch beschädigt, kann es zur Aufblähung von Gefäßen (**Aneurismus**) kommen.

Ganz allgemein nehmen die Elastizität der Arterienwand und die Dicke ihrer Muskelschicht mit zunehmender Entfernung vom Herz ab. Je größer also die Entfernung vom Herzen, desto starrer wird eine Arterie; sie verliert so zunehmend ihre Funktion als Druckreservoir und dient fast nur noch zur Blutversorgung eines Organs. So wird z.B. beim Hund die Aorta zunehmend starrer, ihr Durchmesser nimmt mit der Entfernung vom Herz ab (Abb. 12.**30**). Bei einem Wal ist der Aortenbogen am Ausgang des Herzens sehr elastisch und hat einen großen Durchmesser. Das Arteriensystem verengt sich hinter dem Aortenbogen schnell und wird sehr viel starrer als das des Hundes. Der elastische Aortenbogen des Wals erweitert sich mit jedem Herzschlag und nimmt

50–75% des Schlagvolumens auf. Der verbleibende Rest fließt in die Arterien stromab des Aortenbogens. Bei einem großen Wal können bei 12–18 Schlägen pro Minute mit jedem Herzschlag bis zu 35 Liter den Ventrikel verlassen.

Der Anteil an elastischem Gewebe in den Arterien hängt also von der spezifischen Funktion jedes einzelnen Gefäßes ab. So wird z.B. bei Fischen das Blut vom Herzen in einen elastischen Bulbus und in eine ventrale Aorta gepumpt (Abb. 12.**15**). Das Blut fließt dann durch die Kiemen und sammelt sich in der dorsalen Aorta, dem Gefäß, das für die Verteilung des Blutes im restlichen Körper verantwortlich ist. Ein glatter, gleichmäßiger Blutstrom durch die Kapillaren der Kiemen ist für einen wirkungsvollen Gasaustausch notwendig. Bulbus, ventrale Aorta und die zu den Kiemen führenden Arterien sind sehr dehnbar; sie glätten die großen, vom Herzen verursachten Schwankungen und sorgen für eine gleichmäßigere Durchblutung der Kiemen. Die dorsale Aorta, die das aus den Kiemen kommende Blut aufnimmt, ist deutlich weniger elastisch als die ventrale Aorta. Wäre dies nicht der Fall, wäre die Folge eine rasche und stoßweise Durchblutung der Kiemen mit jedem einzelnen Herzschlag. Die Oszillationen im Blutstrom würden dann nicht ausreichend geglättet, eher sogar erhöht werden. Dies Beispiel zeigt, daß zur gleichmäßigen Durchblutung der Kiemen die Gefäße dehnbar sein müssen, bevor das Blut die Kiemen erreicht und nicht danach. Die ventrale Aorta muß dazu elastisch, die dorsale Aorta dagegen relativ starrwandig sein. Nur so können Schwankungen in der Durchblutung der Kiemen ausreichend gedämpft werden (Abb. 12.**31**).

Blutdruck

Bei den meisten gemessenen arteriellen Druckwerten handelt es sich um **transmurale Drücke** (d.h. um Unterschiede zwischen dem Druck innerhalb und außerhalb eines Blutgefäßes). Drücke außerhalb der Gefäße entsprechen weitgehend denen der umgebenden Gewebe. Änderungen in den Gewebsdrücken können jedoch nachhaltige Auswirkungen auf den transmuralen Druck und damit auf den Gefäßquerschnitt und die Gefäßdurchblutung haben. So erhöhen z.B. die Herzkontraktionen die Drücke um die Herzkranzgefäße, was eine starke Verminderung in der Coronardurchblutung während der Systole zur Folge hat. Beim Einatmen wird der Druck im Lungenraum vermindert; der transmurale Druck in den zum Herzen leitenden Venen und der venöse Blutfluß zum Herzen werden dadurch erhöht. Der maximale arterielle Druck während eines Herzschlagzyklus wird als **systolischer Druck**, der minimale als **diastolischer Druck** angegeben; die Differenz bezeichnet man als **Pulsdruck**.

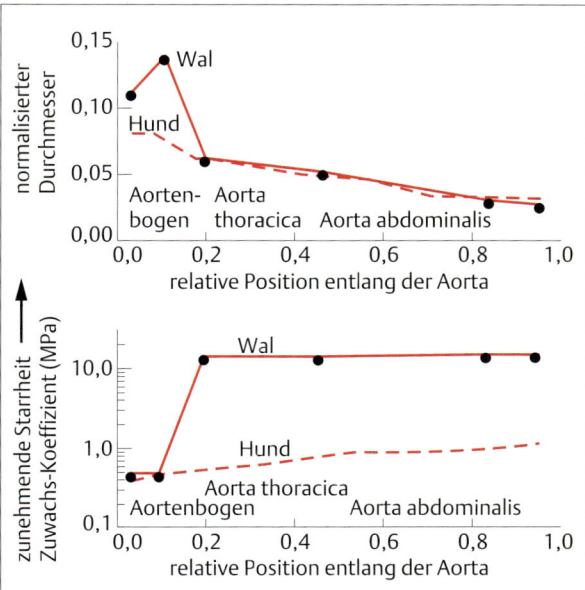

Abb. 12.30 Arteriensystem von Hund und Wal. Das Arteriensystem der Tiere wird mit zunehmender Entfernung vom Herzen steifer, gleichzeitig verringert sich der Durchmesser der Arterien. Beim Wal tritt zwischen dem Aortenbogen und der Thoraxarterie eine plötzliche Abnahme im Durchmesser und eine Zunahme der Steifheit ein (nach Gosline u. Shadwick, 1996).

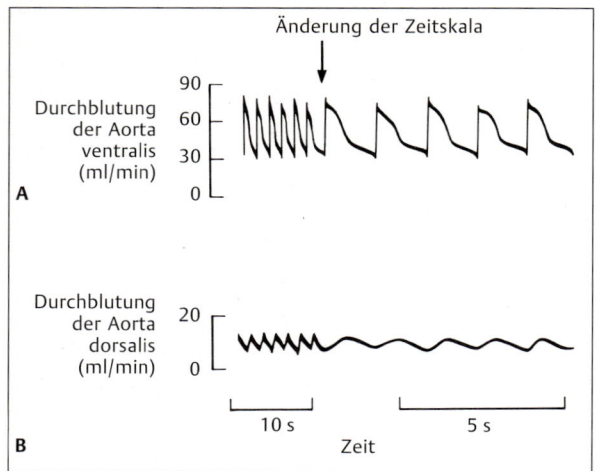

Abb. 12.31 Blutströmung in der ventralen und dorsalen Aorta eines Kabeljaus. Die Strömung unterliegt **A** in der Aorta ventralis größeren Druckschwankungen als **B** in der Aorta dorsalis. Die Elastizität von Bulbus arteriosus und Aorta ventralis dämpft die Schwankungen im Blutdruck und -strom (nach Jones et al., 1974).

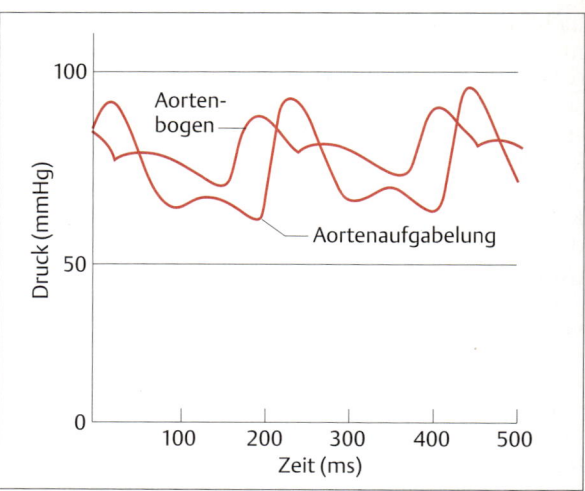

Abb. 12.32 Simultanableitung des Blutdrucks im Aortenbogen und in der Aortenaufgabelung des Kaninchens. In der Aorta von Säugern und Vögeln steigen die Spitzenwerte von Blutdruck und Pulsdruck mit zunehmender Entfernung vom Herzen an. Dargestellt sind die gleichzeitig erfolgenden Ableitungen des Blutdrucks im Aortenbogen, 2 cm vom Herzen entfernt, und an der Aufgabelung der Aorta, 24 cm vom Herzen entfernt. Beachte, daß der Durchschnittsdruck an der Aufgabelung der Aorta geringfügig niedriger ist als in dem dem Herzen näher liegenden Aortenbogen (nach Langille, 1975).

Transmurale Drücke gibt man gewöhnlich in Millimeter Quecksilbersäule an – man beschreibt das Verhältnis systolisch/diastolisch als z.B. 120/80 mm Hg. Blut ist 12,9mal weniger dicht als Quecksilber. Ein Blutdruck von 120 mm Hg entspricht daher 120 · 12,9 = 1550 mm oder 155 cm Blutsäule. Mit anderen Worten: Aus einem offenen Blutgefäß würde das Blut während der Systole bis maximal 155 cm über die Schnittwunde spritzen. (Um einen Wert in Kilopascal umzurechnen, muß man den mm Hg-Blutdruckwert mit dem Faktor 0,1333 multiplizieren; also 120 · 0,1333 = 16 kPa.)

Die Schwankungen im Blutdruck, die durch das Wechselspiel zwischen Kontraktion und Erschlaffung des Ventrikels hervorgerufen werden, werden am Eingang der Kapillarnetze reduziert, im Venensystem treten sie überhaupt nicht mehr auf. Die Herzkontraktionen bewirken nur geringfügige Druckschwankungen in den Kapillaren. Die Pulsgeschwindigkeit nimmt zu mit abnehmendem Arteriendurchmesser und zunehmender Steifheit der Arterienwand. In der Aorta der Säugetiere wandert der Druckpuls mit einer Geschwindigkeit von 3–5 m/s und erreicht in den kleinen Arterien eine Geschwindigkeit von 15–35 m/s.

Der Blutdruckgipfel und die Höhe des Pulsdrucks innerhalb der Säuger- und Vogelaorta steigen mit **zunehmender Entfernung** vom Herzen (Abb. 12.32). Diese Pulsverstärkung kann bei körperlicher Aktivität sehr groß sein. Für dieses eigenartige Phänomen gibt es drei Erklärungsmöglichkeiten:

- Druckwellen werden von peripheren Ästen des arteriellen Stammes reflektiert; Ausgangswelle und reflektierte Wellen addieren sich, und dort, wo ihre Gipfel zusammenfallen, übertreffen der Pulsdruck und die Druckspitze die Werte, die sie haben, wenn beide nicht in Phase sind. Beträgt der Phasenunterschied zwischen ursprünglicher und reflektierter Welle 180 Grad, werden die Schwankungen im Druck reduziert. Eine Überlegung geht dahin, daß das Herz an einer Stelle liegt, an der ursprüngliche und reflektierte Wellen außer Phase sind und folglich in der Nähe des Ventrikels, also innerhalb der Aorta, der Gipfel des arteriellen Drucks abgeschwächt wird. Mit zunehmender Entfernung vom Herzen gleichen sich die Phasen der beiden Wellen an – mit dem Ergebnis einer Zunahme des Drucks in der Peripherie.
- Die Abnahme der Elastizität und des Durchmessers der Arterien mit dem Abstand vom Herzen könnten eine Zunahme der Höhe des Druckpulses bewirken.
- Der Pulsdruck ist eine komplexe Welle, die aus verschiedenen Harmonischen besteht, d.h. eine Grundwelle (bzw. -frequenz) wird überlagert von einer 2., 3. Welle usw. Harmonischen mit 1/2, 1/3, usw. Wellenlänge der 1. (= doppelter, dreifacher, usw. Frequenz).

Höhere Frequenzen (kürzere Wellen) wandern mit höheren Geschwindigkeiten. Eine Änderung in der Wellenform des Druckpulses mit zunehmender Entfernung könnte auf der Summation verschiedener Harmonischen beruhen. Diese dritte Erklärung muß weiter hinterfragt werden, da die Entfernungen zu gering sind, um eine Summation von Harmonischen zu ermöglichen.

Schwerkraft und Körperhaltung

Bei einem liegenden Menschen befindet sich das Herz auf gleicher Höhe wie die Füße und der Kopf. In den Arterien des Kopfes, der Brust und der Extremitäten herrschen folglich annähernd gleiche Druckverhältnisse. Geht der Mensch in eine sitzende oder stehende Position über, ändern sich die Beziehungen zwischen Kopf, Herz und Gliedmaßen in bezug auf die Schwerkraft. Darüber hinaus befindet sich das Herz etwa einen Meter oberhalb der unteren Extremitäten. Der arterielle Druck nimmt im Kopf daher ab, in den unteren Extremitäten dagegen zu. Allein die Höhe der Blutsäule führt aufgrund der Schwerkraft zu einem erhöhten Blutdruck.

Die Schwerkraft beeinflußt die Durchblutung der Kapillaren nur unwesentlich; letztere hängt weitgehend von der Druckdifferenz zwischen den arteriellen und venösen Kreislaufabschnitten ab. Da die Schwerkraft auf beide gleich wirkt, ändern sich die Druckdifferenz und die Kapillardurchblutung nicht. Da das Gefäßsystem elastisch ist, weitet eine Erhöhung des absoluten Drucks lediglich die größeren Gefäße aus, vor allem die dehnbaren Venen. Verändert ein Tier oder der Mensch seine Lage in bezug auf die Schwerkraft, kommt es in verschiedenen Körperabschnitten, vor allem in den Venen, zu Blutansammlungen. Dies ist nur möglich, weil die Blutgefäße elastisch und keine starren Röhren sind.

Dieses Problem tritt bei einigen Arten stärker in Erscheinung als bei anderen. Die mit der Blutansammlung und der Aufrechterhaltung der Kapillardurchblutung verbundenen Probleme sind besonders auffällig bei Tieren mit langen Hälsen. Steht beispielsweise eine Giraffe mit erhobenem Kopf, dann ist ihr Gehirn etwa 6 Meter über dem Boden und mehr als 2 Meter über dem Herzen (Abb. 12.33A). Soll der arterielle Druck im Gehirn bei ungefähr 98 mm Hg gehalten werden, muß der Blutdruck in der Aorta dicht beim Herzen zwischen 195 und 300 mm Hg liegen. Im Kopf einer betäubten Giraffe, der 1,5 m über das Herz angehoben war, wurden in der Aorta Drücke von über 195 mm Hg gemessen (Abb. 12.33B). Der arterielle Druck in den Beinen einer Giraffe ist sogar höher als der Aortendruck. Um dort Blutansammlungen zu vermeiden, hat die Giraffe sehr viel Bindegewebe um die Blutgefäße der Beine. Senkt die Giraffe ihren Kopf zum Boden, muß der arterielle Druck auf Höhe des Her-

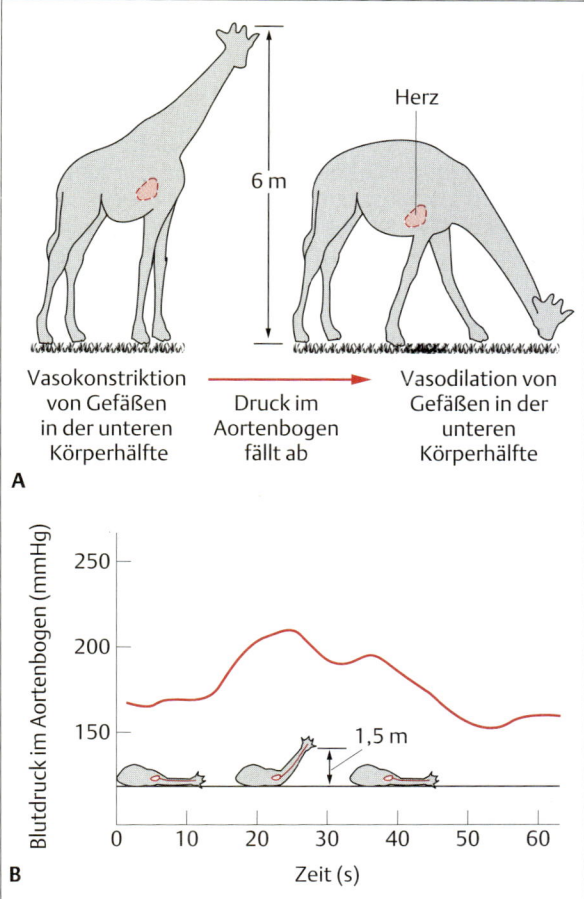

Abb. 12.33 Besondere Anforderungen an das cardiovasculäre System von Tieren mit langen Hälsen. Bei Giraffen muß das cardiovasculäre System die Blutverteilung zum Gehirn so kontrollieren, daß beim Heben und Senken des Kopfes eine gleichmäßige Blutversorgung gewährleistet ist und keine Blutansammlungen in den unteren Körperpartien auftreten (nach White, 1972).

zens beträchtlich reduziert werden, um die Durchblutung des Gehirns einigermaßen konstant zu halten. Die großen Änderungen im Aortendruck, die eintreten, wenn die Giraffe ihren Kopf hebt oder senkt, könnten – bei erhobenem Kopf – zu einer erheblichen Blutansammlung oder – bei gesenktem Kopf – zu einem verminderten Durchstrom in den außerhalb des Kopfes liegenden Arteriolen führen. Höchstwahrscheinlich werden bei erhobenem Kopf Blutansammlungen in den peripheren Gefäßen durch sehr starke Gefäßverengungen (**Vasokonstriktion**) vermieden. Wird dagegen der Kopf gesenkt, bewirkt wahrscheinlich eine ausgiebige Gefäßerweiterung (**Vasodilatation**) der Arteriolen, die außerhalb des Kopfes zu Kapillarnetzen führen, daß trotz des verminderten Aortendrucks die Durchblutung des Kopfes gleich bleibt.

Die Fähigkeit der Giraffe, Blutdruck und Durchblutung in den peripheren, kopffernen Gefäßen zu regulieren, ist besonders für das Funktionieren der Nieren wichtig. Wären die Nierentubuli den außerordentlichen Blutdruckschwankungen ausgesetzt, die beim Heben und Senken des Kopfes entstehen, würde die Filtrationsrate in den Glomeruli chaotisch werden. Jede Hebung des Kopfes würde zu einem starken Anstieg des arteriellen Drucks und zu einer wesentlich verstärkten Ultrafiltratbildung in der Niere führen. Dies wiederum hätte zur Folge, daß die Reabsorption von Wasser ebenso beschleunigt werden müßte. Wären keine entsprechenden Kontrollmechanismen vorhanden, würde die Giraffe ihren Kopf senken, um zu trinken, und dann – sobald sie den Kopf hebt – durch die gesteigerte Nierentätigkeit die gesamte aufgenommene Flüssigkeit wieder verlieren. Die Giraffe muß folglich Regulationsmechanismen besitzen, die den Strömungswiderstand in verschiedenen Kapillarnetzen so steuern, daß die Versorgung des Gehirns auch dann gewährleistet ist, wenn sie ihren Kopf vom Boden bis in 6 m Höhe hebt. Ähnliche Probleme traten bzw. treten bei vielen anderen langhalsigen Tieren auf, so z.B. bei Dinosauriern oder beim Kamel.

Bei im Wasser lebenden Tieren besteht das Problem einer Blutansammlung als Folge einer Lageänderung nicht, da das umgebende Medium nur geringfügig weniger dicht ist als Blut: Luft hat dagegen eine sehr viel geringere Dichte als Blut. Im Wasser steigt der hydrostatische Druck mit zunehmender Tiefe an und gleicht schwerkraftbedingte Erhöhungen des Blutdrucks aus. Der transmurale Druck ändert sich daher nicht, und aus diesem Grund sind Blutansammlungen nicht möglich. Die riesigen landbewohnenden Dinosaurier hatten sicherlich ganz andere Kreislaufprobleme als ihre im Wasser lebenden Verwandten.

Geschwindigkeit der arteriellen Blutströmung

Der Blutstrom und die Schwankungen in diesem Strom bei jedem Herzschlag sind am Ausgang des Ventrikels am größten; sie nehmen mit zunehmender Entfernung vom Herzen ab (Abb. 12.**34**). Am Anfang der Aorta ist, wie oben ausgeführt, die Strömung turbulent und kehrt sich während der Diastole beim Schließen der Aortenklappen um, da sich während der Systole, beim Bluteintritt in die Aorta, Wirbel bilden. In den meisten anderen Kreislaufabschnitten liegt eine laminare Strömung vor, bei der die Schwankungen durch die Compliance der Aorta und der proximalen Gefäße gedämpft werden.

Beim Menschen beträgt die mittlere Geschwindigkeit

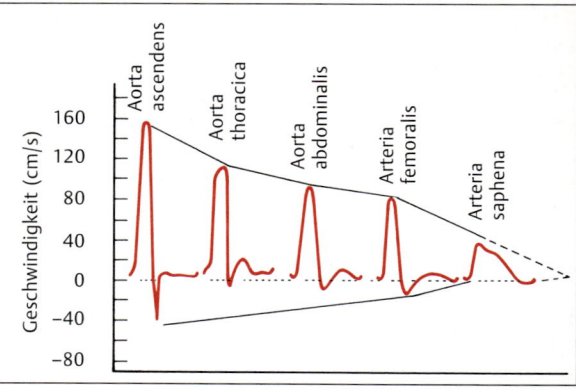

Abb. 12.34 Änderungen des Blutdrucks im arteriellen System eines Hundes. Im arteriellen System fallen mit zunehmender Entfernung vom Herzen die Maximalgeschwindigkeit und die Oszillationen der Blutströmung ab. In den großen Arterien wird eine Rückflußphase beobachtet; in der Aorta ascendens steht dies wahrscheinlich mit einem kurzen Blutrückfluß durch die Aortenklappen in Zusammenhang. In den Kapillaren werden die Oszillationen vollständig gedämpft (nach McDonald, 1960).

in der Aorta – dem Abschnitt mit der höchsten Blutgeschwindigkeit – ca. 33 cm/s, bei einer Querschnittsfläche von ca. 2,5 cm^2 und einem Herzausstoß von ca. 5 l/min. Unter der Annahme, daß die maximale Geschwindigkeit im Gefäß doppelt so hoch ist wie die Durchschnittsgeschwindigkeit (was jedoch nur bei einem parabolischen Geschwindigkeitsprofil zutrifft), liegt die maximale Geschwindigkeit des Blutstroms beim Menschen bei 66 cm/s. Wenn der Herzausstoß während intensiver Aktivität um den Faktor 6 erhöht wird, steigt die Maximalgeschwindigkeit auf 3,96 m/s an. Im Gegensatz dazu läuft der Druckpuls, der mit jedem Herzschlag verbunden ist, mit 3–35 m/s durch den Kreislauf, da er schneller ist als der Strömungspuls.

Venöses Gefäßsystem

Das Venensystem dient der Rückleitung des Blutes von den Kapillaren zum Herzen. Es ist ein großvolumiges Niederdrucksystem aus Gefäßen mit größerem Innendurchmesser als dem der entsprechenden Arterien (Abb. 12.**27**). Bei Säugern enthält das Venensystem 50% des gesamten Blutvolumens (Abb. 12.**3**). Der venöse Druck übertrifft selten 1,5 kPa, also ca. 10% des arteriellen Blutdrucks. Die Wände der Venen sind wesentlich dünner und weniger elastisch als die der Arterien, weil sie mehr – nicht dehnbare – Kollagenfasern als elastische Fasern enthalten. Die Folge ist, daß die Wände der Venen leichter gedehnt werden können und viel weniger „zurückprallen", als es den Arterien möglich ist. Ihr großer Durchmesser und der niedrige Druck in den Venen macht sie zu einem **Blutreservoir**. Wenn der venöse Blutdruck hoch wäre, würden sich nach dem Laplace-Gesetz (Gleichung 12.1, S. 534) sehr hohe Wandspannungen ergeben, und die Wände müßten sehr stark sein, um ein Zerreißen zu vermeiden.

Bei einem Blutverlust sinkt das venöse, nicht das arterielle Volumen, damit der arterielle Druck und die Durchblutung der Kapillaren aufrechterhalten werden. Die Verkleinerung des Blutvorrates wird durch die Verminderung des Volumens der Venen ausgeglichen. Die Wände vieler Venen sind von glatten Muskelzellen umgeben, die von adrenergen Fasern des sympathischen Nervensystems innerviert werden. Reizung dieser Nerven bewirkt eine Vasokonstriktion und damit eine Verminderung der Blutreserve. Dieser Reflex ermöglicht, daß Blutverluste auftreten können, ohne einen Druckabfall im Venensystem zu verursachen. Blutspender geben z.B. Blut aus ihrem venösen Reservoir ab; dieser Verlust ist jedoch nur vorübergehend, da sich das venöse System in dem Maße wieder ausdehnt, in dem Blut durch Zurückhalten von Flüssigkeit, d.h. durch verminderte Ausscheidung über die Nieren, ersetzt wird.

Venöser Blutfluß

Die Strömungsgeschwindigkeit in den Venen hängt außer von den Herzkontraktionen auch von einer Reihe anderer Faktoren ab. Durch die oft enge Nachbarschaft von Arterien und Venen wirkt sich die Druckwelle in den Arterien fördernd auf den Blutstrom in den Venen aus. Der Druck überträgt sich auf die Venen, sie werden gleichsam massiert und, da die Venenklappen (Taschenklappen) den Strom nur in einer Richtung zulassen, wird der Rücklauf zum Herzen unterstützt[3]. Vor allem aber die Aktivität der Gliedermuskulatur und der Druck, der – bei Säugern – vom Zwerchfell (**Diaphragma**) auf die Eingeweide ausgeübt wird, drücken die Venen in diesen Körperteilen zusammen. Dieses Zusammendrücken der Venen in Kombination mit der Funktion der Venenklappen ist für die Rückkehr des Blutes zum Herzen verantwortlich. Der Rückstrom zum Herzen wird bei körperlicher Anstrengung vermehrt, weil die Kontraktionen der Skelettmuskeln auf die Venen drücken und so das Blut in Richtung Herz treiben. Dies wiederum erhöht den Herzausstoß. Die Aktivierung dieser **Skelettmuskel-Venenpumpe** geht mit einer erhöhten Aktivität des adrenergen sympathischen Nervensystems einher, das die glatte Muskulatur der Venen versorgt und den Tonus der Muskelfasern erhöht. Der erhöhte venöse Tonus stellt sicher, daß der steigende Druck durch die Muskel-Venenpumpe den Druck in den Venen erhöht und das Blut zurück zum Herzen treibt, statt lediglich andere Teile des Venensystems auszuweiten. Das sympathische Nervensystem führt allerdings, hier wie im Herzen, nur zu einer kurzzeitigen Erhöhung des Gefäßtonus; eine länger dauernde Wirkung wird durch Hormonausschüttung aus der Nebenniere erzielt. Kontrahieren sich die Skelettmuskeln nicht, kann es zu beträchtlichen Blutansammlungen im venösen System der Extremitäten kommen.

Bei Säugetieren unterstützt auch die Atmung die Rückkehr des venösen Blutes zum Herzen. Die Dehnung des Thorax verringert den Druck innerhalb des Brustraums und läßt Luft in die Lungen strömen; die Druckminderung saugt aber auch Blut aus den Venen des Kopfes und der Bauchhöhle in die Venen, die in der Brusthöhle liegen. Bei Elasmobranchiern reduzieren die Ventrikelkontraktionen den Druck in der Pericardhöhle, so daß Blut aus den Venen in das Atrium gesaugt wird (s. Abb. 12.**14**).

In den **Venolen** – kleinen, zwischen den Kapillaren und Venen liegenden Gefäßen – können in manchen Fällen peristaltische Kontraktionen glatter Muskelzellen den venösen Blutstrom unterstützen, z.B. in Venolen des Fledermausflügels.

Verteilung des Blutes in den Venen

Die glatte Muskulatur der Venen dient auch zur Regulierung der Blutverteilung im venösen System. Geht ein Mensch von einer sitzenden in eine stehende Körperhaltung über, werden durch diese Lageänderung von Herz und Gehirn relativ zur Schwerkraft sympathische adrenerge Fasern aktiviert, welche die Venen der Extremitäten innervieren. Daraufhin kontrahiert sich deren glatte Muskulatur und sorgt so für eine Neuverteilung des dort angesammelten Blutes. Diese Venenkontraktionen reichen jedoch für eine gute Blutzirkulation nicht aus, besonders dann nicht, wenn der Mensch längere Zeit steht und seine Extremitäten nicht bewegt (z.B. stehende Soldaten während einer Parade). In einem solchen Fall ist der Venenrückstrom zum Herzen, der Herzausstoß, der arterielle Druck und der Blutstrom zum Gehirn reduziert; eine Ohnmacht kann eintreten. Ähnliche Probleme haben bettlägerige Patienten, die nach einigen Tagen Ruhe versuchen, aufzustehen, und Astronauten, die nach einem langen, schwerelosen Flug zur Erde zurückkehren. Es ist möglich, daß unter solchen Umständen andere Systeme, die Barorezeptoren (Druckrezeptoren) eingeschlossen, und Arteriolen

---

[3] Die Vena cava posterior und die Vv. femorales liegen überdies im Rumpf- und Beckenbereich zwischen der Aorta descendens bzw. den Aa. femorales und der Wirbelsäule bzw. den Beckenknochen. Die über die Aorta und die Beinarterien laufenden starken Druckwellen wirken sich daher besonders auf die Venen aus und drücken deren Inhalt zum Herzen hin.

ebenfalls gestört werden. Unterbleiben Körperbewegungen, welche die relative Lage von Herz und Gehirn gegenüber der Schwerkraft verändern, fällt das Korrektursystem aus, und Blut sammelt sich in den Extremitäten an. Eine erneute Muskeltätigkeit stellt das Reflexsystem, welches das Venenvolumen kontrolliert, aber alsbald wieder her.

Die Organisation des Venensystems hängt von dem Grad der Unterstützung ab, die der Körper durch sein umgebendes Medium erfährt. Wie bereits erwähnt, hat die Schwerkraft bei Wassertieren nur mäßigen Einfluß auf die Verteilung des Blutes, weil die Unterschiede in der Dichte von Blut und Wasser unbedeutend sind. Durch Schwerkraft verursachte Blutansammlungen kommen daher bei Wassertieren nicht vor. Wegen der großen Dichteunterschiede zwischen Luft und Wasser wurden aber solche Ansammlungen unmittelbar mit der Entwicklung terrestrischer Vertebraten ein Problem, da sich die Tragkraft des Wassers nicht mehr auswirken konnte. Eine umfassende Neuorganisation des Venensystems mußte erfolgen. Zu den nötigen Änderungen im Venensystem kamen noch Umkonstruktionen hinzu, um die Trennung von sauerstoffreichem und sauerstoffarmem Blut im Herzen sicherzustellen.

Obgleich die Schwerkraft nur gering auf Wassertiere wirkt, wird der Rückstrom zum Herzen in den Venen durch die Schwimmbewegungen behindert. Beim Schwimmen wird das arterielle Blut durch die Massenträgheit und durch die über den Körper laufenden Druckwellen – verursacht durch die Muskeltätigkeit – in Richtung Schwanz verschoben. Um die nachteiligen Folgen zu vermindern, verlaufen die meisten Venen im Zentrum des Körpers. Die Wasserströmung über dem Brustbereich des Fisches könnte dazu beitragen, den hydrostatischen Druck dort zu vermindern und so mit zunehmender Schwimmgeschwindigkeit den venösen Rückfluß zum Herzen zu unterstützen. Manche Fische haben ein zusätzliches **Caudalherz** (Abb. 12.**35**) entwickelt, das früher einem Lymphsystem zugerechnet wurde. Die Knochenfische haben aber nach neueren Erkenntnissen kein Lymphsystem, sondern ein sekundäres Arteriensystem, das an verschiedenen Stellen vom bekannten Arteriensystem abzweigt, aber keine Erythrocyten eintreten läßt. Diese Gefäße münden dann in Venen. Zur Unterstützung dieses Rückflusses können akzessorische kontraktile Abschnitte dazwischengeschaltet sein – die Caudalherzen. Bei Amphibien sind meist zahlreiche solcher Organe anzutreffen, die dort aber zum Lymphsystem gehören.

Gegenstromaustauscher – Retia mirabilia

Nach dem **Gegenstromprinzip** (s. Box 14.2, S.697) angeordnete Gefäßnetze sind bei Tieren weit verbreitet,

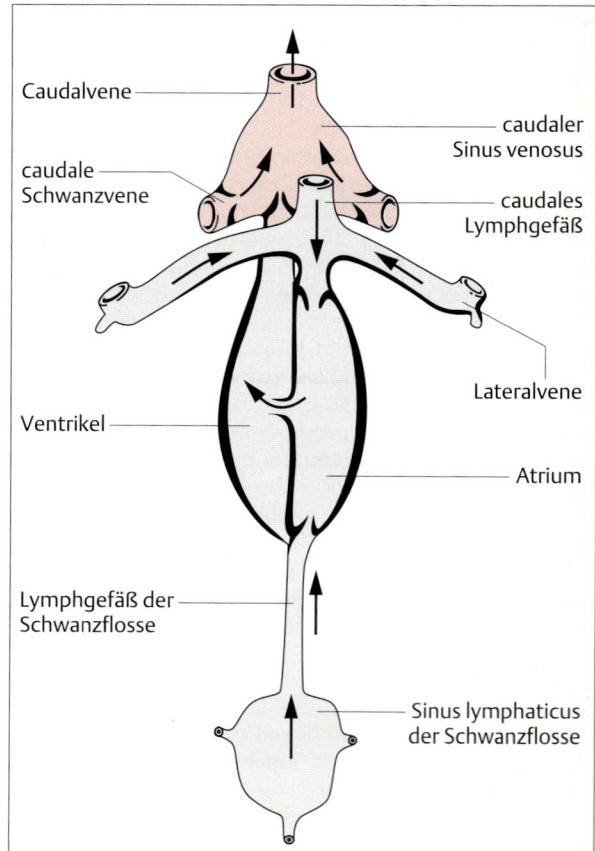

Abb. 12.35 Schema eines Caudalherzens im Schwanzbereich eines Fisches. Bei einigen Fischarten ist im Schwanz ein Caudalherz ausgebildet, das den Rückfluß sauerstoffarmen Blutes über die caudale Vene zum Zentralherz unterstützt. Die Wände des Caudalherzens enthalten quergestreifte Muskulatur und kontrahieren sich rhythmisch (nach Kampmeier, 1969).

sowohl im Bereich der Arterien und Venen, als auch im Bereich der kleineren Gefäße, Arteriolen und Venolen und im Kapillarbereich. Grundprinzip eines **Rete mirabile** ist, daß sich ein Gefäß in viele kleinere aufspaltet und diese wieder zu einem „gleichnamigen" Gefäß zusammentreten, also Arterie zu Arterie oder Vene zu Vene. Diese Bauweise ist schon den frühen Anatomen aufgefallen, und da man sich wohl über ihre Funktion nicht im klaren war, wurden diese Gefäßnetze als Retia mirabilia – „Wundernetze" – bezeichnet.

Gegenstromaustauscher liegen dann vor, wenn arterielle und venöse Gefäße dicht zusammen liegen und das Blut in entgegengesetzter Richtung hindurchströmt. So kommt es im einfachsten Falle zu einem Wärmeaustausch, da Wärme auch dickere Gefäßwände und größere Abstände überwinden kann. Solche Austauscher sind bei den Vögeln und bei Säugern anzutreffen. Die Beinvenen laufen den Arterien entgegen und nehmen ihnen die Wärme ab; Unterschenkel und Unterarme erhalten gekühltes Blut. So wird ein lebensbedrohender Wärmeverlust vermieden. Wasservögel z.B. bekommen keine kalten Füße – sie haben schon welche. Beim Menschen liegen im Arm tiefere und oberflächennahe Venennetze. Bei warmer Witterung werden die Venen direkt unter der Haut stärker durchblutet, Wärme kann dann abgegeben werden; bei Kälte werden diese Venen minimal, die tieferen dagegen besser durchblutet und so der Wärmeverlust eingedämmt.

Die Wundernetze der Wale und Robben, die zwischen den Rippen liegen und als Speicher für sauerstoffreiches Blut dienen, sind nur aus Arterien aufgebaut; dieser Vorrat erlaubt längere Tauchzeiten. Ein Beispiel für ein venöses Wundernetz ist das Pfortadersystem der Leber bei den Vertebraten. Die aus dem Darm kommenden Venen verästeln sich bis zu Kapillaren, welche die Leberläppchen durchsetzen und sich anschließend wieder zu größeren Gefäßen, den Venen, vereinigen, die dann zum Herz zurückführen. (Zusätzlich wird die Leber von einem „normalen" Gefäßsystem versorgt, das den nötigen Sauerstoff herbeitransportiert; die zugehörigen Venen vereinigen sich mit denen des Pfortadernetzes.)

Einige Fische, z.B. Haie und Thunfische, haben Wärmetauscher aus Arteriolen und größeren Kapillaren entwickelt, welche die Stoffwechselwärme aus der (roten) Muskulatur, aus den Eingeweiden und aus den Augen in das Arteriensystem zurückführen (Abb. 16.**23** u. 16.**24**). Diese Wärmetauscher ermöglichen ihnen einen besseren Stoffwechsel bzw. eine bessere Funktion des Hirns – es erhält so die „Abwärme" aus den Augen. Die Kiemen, die auch nach dem Gegenstromprinzip arbeiten, wobei das Wasser dem Blutstrom in den Kiemenlamellen entgegengeleitet wird, sind auch sehr wirksame Wärmetauscher, die das Blut abkühlen. Fische ohne entsprechende Retia können daher keine Wärme zurückhalten.

Soll ein Stoffaustausch nach dem Gegenstromprinzip erfolgen, kann ein Rete mirabile nur aus Kapillaren bestehen, weil nur diese dünnwandig genug sind, um einen Übertritt aus einem „Schenkel" in den anderen zuzulassen. „Arterielle" Kapillaren verlaufen in großer Zahl und über längere Strecken parallel zu „venösen" Kapillaren. Das ergibt große Austauschflächen und geringe Diffusionsstrecken, also optimale Bedingungen für den Austausch von Gasen – O_2 hin, CO_2 zurück – sowie von Ionen und Nährstoffen. Beispiele für kapillare Retia mirabilia finden sich in den Nieren der Wirbeltiere und in den Nephridialorganen der Evertebraten, soweit sie einen geschlossenen (Blut-)Kreislauf haben. Hier werden lebenswichtige Ionen und Wasser zurückgewonnen, schädliche Stoffe in den Urin abgeschieden.

Nicht zuletzt sei auf die Retia mirabilia in den Gasdrüsen vieler Fische hingewiesen (s. S.651ff). Hier liegt zwischen dem arteriellen und dem venösen Schenkel ein „normales" Kapillargeflecht, aus dem der Sauerstoff dann in die Schwimmblase abgegeben wird. Dabei muß oft ein erheblicher Gegendruck überwunden werden.

Anastomosen

Um eine gleichmäßige Blutversorgung der Organe, besonders der Eingeweide zu gewährleisten, sind in die Gefäße – Arterien wie Venen – der verschiedensten Größenordnungen Kurzschlüsse (**Anastomosen**) eingebaut. Werden z.B. bei Bewegungen des Darmes Gefäße, die einzelne Abschnitte versorgen, durch den Druck auf das Mesenterium (Bauchfellduplikatur, welche die Nerven und Gefäße für den Dünndarm enthält) abgequetscht, kann Blut durch Gefäße von der entgegengesetzten Richtung zu- bzw. abgeleitet werden. Sie verhindern ein Stagnieren des Blutstroms, wenn die Zu- und Abfuhr mechanisch gestört wird.

Kapillaren und Mikrozirkulation

Die meisten Gewebe enthalten ein so ausgedehntes Kapillarnetz, daß jede einzelne Zelle nicht mehr als drei oder vier Zellen von einer Kapillare entfernt liegt. Dies ist für den Austausch von Gasen, Nährstoffen und Abfallprodukten wichtig, da die Diffusion ein außerordentlich langsamer Prozeß ist. Kapillaren sind im allgemeinen ca. 1 mm lang bei einem Durchmesser von 3–10 µm, d.h. gerade weit genug, daß die Erythrocyten noch durch sie „hindurchgequetscht" werden können. Große Leukocyten können dagegen stecken bleiben und den Blutstrom stoppen. Sie werden dann entweder durch einen Anstieg im Blutdruck befreit oder wandern langsam die Gefäßwand entlang, bis sie ein größeres Gefäß erreichen und in den Blutstrom gerissen werden. Da sich die Fließrichtung in Kapillarnetzen oft umkehrt, können die Leukocyten auch auf diese Weise „befreit" werden.

Mikrozirkulation

Abbildung 12.**36** zeigt den Aufbau eines Gefäßnetzes mit Mikrozirkulation. Kleine **Arterien** spalten sich in **Arteriolen** auf, die sich ihrerseits in **Metarteriolen** und anschließend in **Kapillaren** aufteilen. Die Kapillaren vereinigen sich zu Venolen, die in Venen übergehen. Die Arteriolen sind mit glatter Muskulatur ausgekleidet; die glatte Muskulatur verliert im Bereich der Metarteriolen ihren Zusammenhang und endet in einem schmalen Muskelring, dem präkapillaren **Sphinkter**. Kapillaren haben weder Bindegewebe noch glatte Muskulatur. Ihre

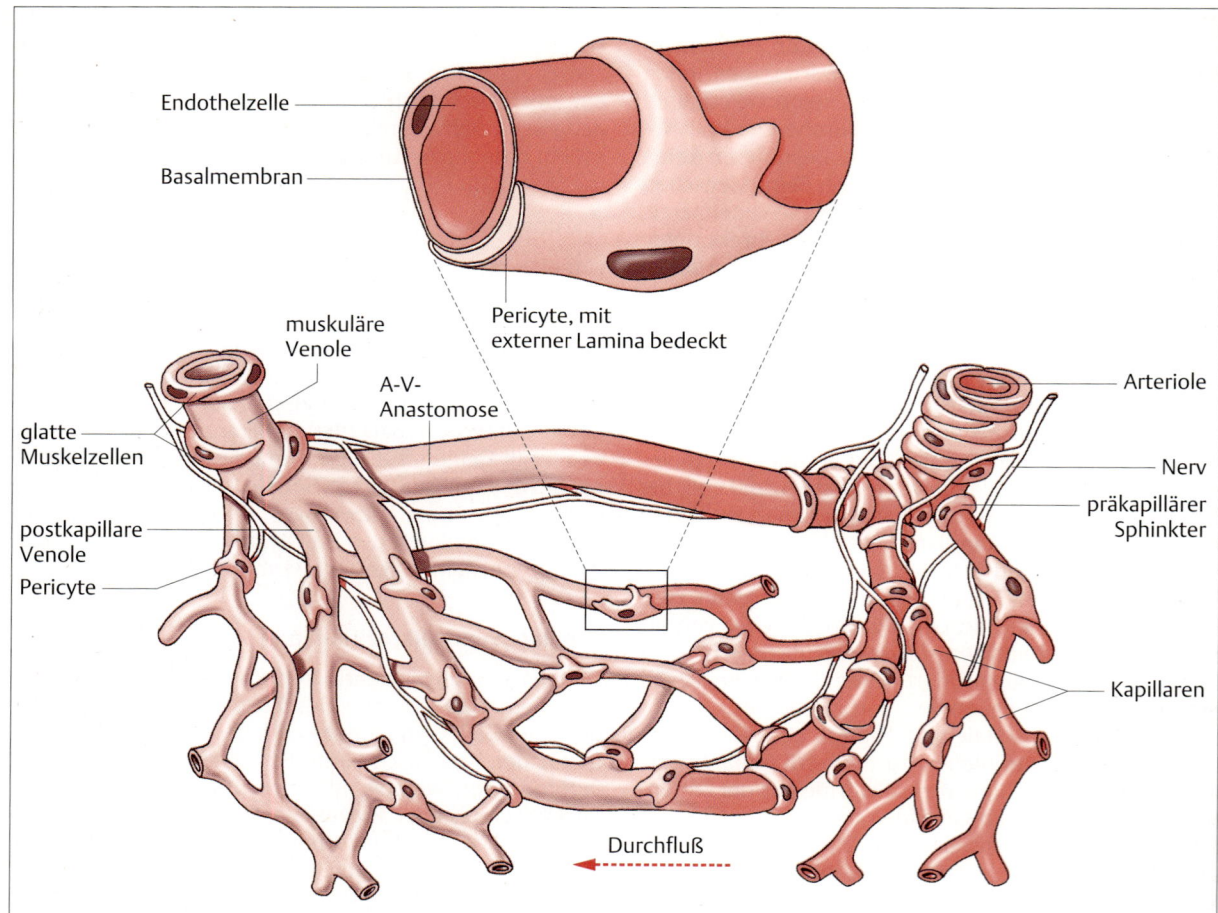

Abb. 12.36 Kapillarbett eines Froschmesenteriums. Ein Kapillarbett besteht aus kleinen Arterien (Arteriolen), Kapillaren und Venolen. Kapillaren bestehen aus einer einzelligen Endothelschicht, die von einer Basalmembran umgeben ist; gelegentlich liegen den Kapillaren kontraktile Pericyten auf. Ein Teil des Blutes gelangt über Anastomosen direkt vom arteriellen zum venösen System, doch der größte Teil durchfließt das Kapillarbett. Präkapilläre Sphinkter regulieren die Durchblutung des Kapillarbetts.

Wand besteht nur aus einer einzelligen Endothelschicht, die von einer aus Kollagen und Mucopolysacchariden bestehenden **Basalmembran** umgeben wird. Man unterscheidet **arterielle, mittlere** und **venöse Kapillaren**, wobei letztere etwas weitlumiger sind. Einige langgestreckte Zellen, die sich kontrahieren können, die **Pericyten**, liegen um die Kapillaren. Die venösen Kapillaren entleeren sich in **pericytische Venolen**, die in die muskulösen **Venolen** und **Venen** überleiten. In den Venolen und Venen befinden sich Klappen; die Muskelschicht beginnt nach der ersten postkapillären Klappe. Obgleich die Kapillarwände dünnwandig und leicht zerreißbar sind, benötigen sie – nach dem Laplace-Gesetz – wegen ihres geringen Durchmessers nur eine geringe Wandspannung, um bei steigendem Blutdruck den Dehnungskräften zu widerstehen (Gleichung 12.1, S. 534).

Die innervierte glatte Muskulatur der Arteriolen, besonders die der an den Verzweigungsstellen der Arterien und Arteriolen liegenden Sphinkter, kontrolliert die Blutzufuhr zu jedem Kapillarnetz. Die meisten Arteriolen werden durch das sympathische Nervensystem innerviert, einige wenige, etwa die der Lunge, durch das parasympathische Nervensystem. Verschiedene Gewebe haben unterschiedlich viele Kapillaren und verfügen über unterschiedliche Kontrollmechanismen der Blutverteilung durch das Kapillarnetz. In einigen Geweben wird die Blutzufuhr der Kapillaren durch nicht innervierte, sondern wohl durch unter lokaler Kontrolle stehende präkapilläre Sphinkter reguliert. Dagegen sind in anderen Geweben – z.B. im Gehirn – die meisten, vielleicht sogar alle Kapillaren offen, während sie z.B. in der Haut längere Zeit verschlossen sein können. Alle Kapillaren zusammen haben ein potentielles Volumen von 14% des gesamten Blutvolumens eines Tieres. In jedem Augenblick sind jedoch nur 30–50% der Kapillaren geöffnet, so daß sich nur etwa 5–7% des gesamten Blutvolumens in den Kapillaren befindet.

Stofftransport über die Kapillarwände

Der Stoffaustausch zwischen dem Blut und den Geweben erfolgt durch die Wände der Kapillaren, der pericytischen Venolen und – in geringerem Maße – durch die der Metarteriolen. Das Endothel der Kapillarwand ist um mehrere Größenordnungen permeabler als andere einzellige Epithelien und erlaubt einen leichten Stoffaustausch in beiden Richtungen. Die Durchlässigkeit der Kapillaren ist jedoch in den einzelnen Geweben sehr verschieden und deutlich von der Struktur des Endothels abhängig. Nach ihrer Wandstruktur können drei Typen von Kapillaren unterschieden werden (Abb. 12.37):

– **Dichte Kapillaren** mit fast lückenloser Wandung; sie haben die geringste Permeabilität. Sie liegen in Muskeln, Nervengeweben, in Lungen, exokrinen Drüsen und im Bindegewebe (Abb. 12.37A).
– **Fenestrierte Kapillaren** (Gefensterte Kapillaren) mit mittlerer Permeabilität; sie befinden sich im Nierenglomerulus, im Darm und in endokrinen Drüsen (Abb. 12.37B).
– **Sinusoide Kapillaren**, Kapillarknäuel; diese haben die größte Permeabilität und liegen in der Leber, im Knochenmark, in der Milz, in den Lymphknoten und in der Nebennierenrinde (Abb. 12.37C).

Die dichten Kapillaren der Skelettmuskulatur wurden besonders eingehend untersucht. Ihr Endothel ist etwa 0,2–0,4 µm dick und liegt auf einer durchgehenden Basalmembran (Abb. 12.37A). Die Zellen werden von **Spalten** oder **Lücken** getrennt, die an der engsten Stelle nur ca. 4 nm breit sind. In den Endothelzellen liegen zahlreiche pinocytotische Vesikel mit einem Durchmesser von ca. 70 nm. Die Mehrzahl dieser Vesikel ist mit der inneren oder der äußeren Membran der Endothelzellen verbunden, der Rest liegt in der Zellmatrix.

Stoffe können die Wand dichter Kapillaren entweder über die Spalten im Endothel oder durch die Endothelzellen hindurch passieren. Fettlösliche Stoffe diffundieren durch die Membran, Wasser und Ionen durch wassergefüllte Poren. Hinzu kommt, zumindest bei den Ge-

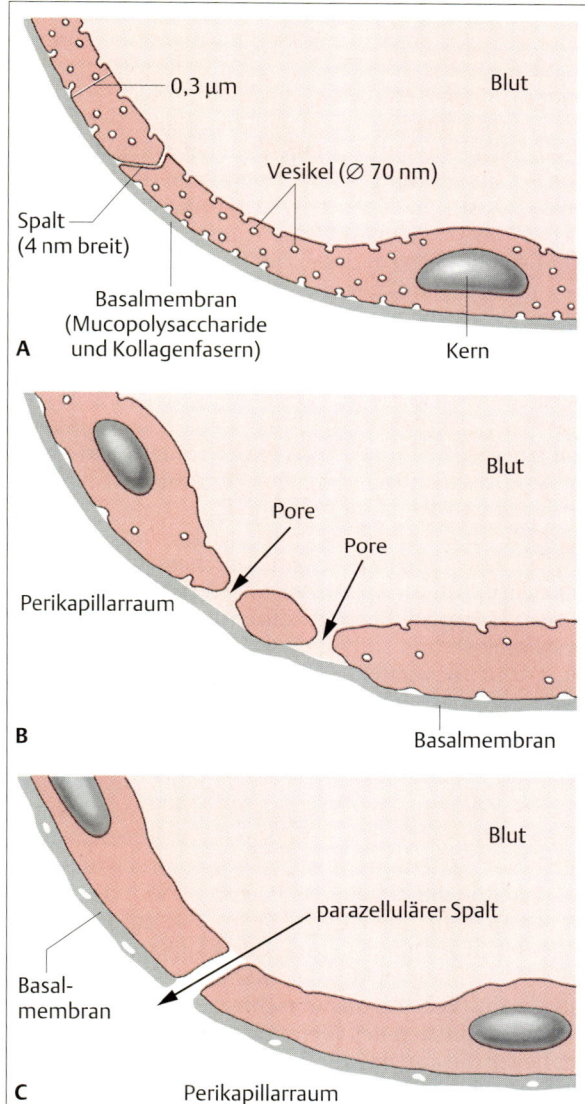

Abb. 12.37 Ausschnitte aus der endothelialen Wand verschiedener Kapillartypen. Aufgrund von Strukturunterschieden im Kapillarendothel unterscheidet man drei Kapillartypen. **A** Dichte Kapillare: Die Basalmembran ist vollständig ausgebildet; zwischen den Endothelzellen befindet sich ein 4 nm breiter Spalt, in den Endothelzellen sind viele Vesikel enthalten. **B** Fenestrierte Kapillare: Die Basalmembran ist vollständig ausgebildet; an dünnen Stellen der Endothelschicht befinden sich feine Poren, die Endothelzellen enthalten wenig Vesikel. **C** Sinusoidale Kapillare: Die Basalmembran ist durchbrochen, die Kapillarwand weist große parazelluläre Spalten auf. Die dichte Kapillare ist am wenigsten, die sinusoidale Kapillare am meisten permeabel.

hirnkapillaren, ein Transportmechanismus für Glucose und einige Aminosäuren. Viele Kapillarwände können von großen Makromolekülen mittels eines noch weitgehend unbekannten Mechanismus durchquert werden. Es gibt Hinweise darauf, daß die Vesikel in den Endothelzellen am Stofftransport durch die Kapillarwand beteiligt sind. Elektronenmikroskopische Untersuchungen am Muskel haben gezeigt, daß in Kapillaren eingebrachte Meerrettichperoxidase zuerst in Vesikeln nahe dem Kapillarlumen nachweisbar ist, später dann in solchen nahe der äußeren Endothelzellmembran, jedoch nie im umgebenden Cytoplasma. Vermutlich wird Material in Vesikel verpackt und durch die Zelle transportiert. Diese Vermutung des vesikelgebundenen Stofftransports wird durch die Tatsache gestützt, daß die weniger permeablen Endothelzellen der Gehirnkapillaren weniger Vesikel enthalten als die Endothelzellen anderer Kapillarnetze. Die geringere Permeabilität der Gehirnkapillaren kann aber auch auf die Tight junctions zwischen den Endothelzellen zurückgeführt werden. Eine weitere Möglichkeit wird durch mikroskopische Beobachtungen an Kapillaren im Zwerchfell der Ratte gestützt. Diese zeigten, daß die intrazellulären Vesikel verschmelzen und so Poren im Endothel bilden könnten. Damit ist vorstellbar, daß in den Endothelzellen durch die Verschmelzung unbeweglicher Vesikel Kanäle entstehen, durch die Material diffundieren kann, anstatt von beweglichen Vesikeln transportiert zu werden.

Bei einigen weniger permeablen Endothelien, wie etwa denen der Lungenkapillaren, könnte der Druckpuls für die Stoffbewegung (z.B. für Sauerstoff) durch das Endothel von Bedeutung sein. Steigt der Druck an, wird Flüssigkeit in die Kapillarwand gepreßt; fällt der Druck wieder ab, kehrt die Flüssigkeit ins Blut zurück. Diese wellenförmige Durchspülung der Kapillarwand sollte die Vermischung in der Endothelbarriere verstärken und die Stoffübertragung erleichtern.

In den Kapillaren des Nierenglomerulus und des Darmes liegen die inneren und äußeren Plasmamembranen der Endothelzellen dicht beieinander; in manchen Abschnitten sind die Zellen mit Poren ausgestattet. Es handelt sich also um gefensterte oder **fenestrierte Endothelien** (Abb. 12.37B). Es überrascht nicht, daß diese Kapillaren für fast alle Stoffe – nicht jedoch für große Proteine und rote Blutkörperchen – permeabel sind. Das Ultrafiltrat in der Niere wird über eine solche Barriere gebildet. Die Basalmembran fenestrierter Endothelien ist normalerweise vollständig und könnte eine wichtige Schranke bei der Stoffbewegung darstellen. Dieser Kapillartyp enthält nur wenige Vesikel, die für den Stofftransport vermutlich ohne Bedeutung sind.

Im Endothel **sinusoidaler Kapillaren** fehlen Vesikel, typisch für sie sind breite parazelluläre Lücken, die sich durch die Basalmembran hindurch erstrecken (Abb. 12.37C). Die Kapillaren der Leber und des Knochenmarks haben immer breite, parazelluläre Lücken; der meiste Stofftransport über diese Kapillaren erfolgt durch diese Spalträume. Daher ist die Flüssigkeit, welche die Leberkapillaren umgibt, weitgehend wie das Blutplasma zusammengesetzt.

Die Poren, Spalten und die parazellulären Lücken zwischen Endothelzellen sind ungefähr 4 nm breit. Da nur wesentlich kleinere Moleküle hindurchgelangen können, muß es einen weiteren Siebmechanismus geben. Der Durchmesser der Öffnungen variiert aber selbst innerhalb eines einzelnen Kapillarnetzes. Gewöhnlich sind die Spalten der pericytischen Venolen breiter als die der arteriellen Kapillaren. Dies ist funktionell wichtig, da der Blutdruck, der die Filtrationskraft für die Flüssigkeitsbewegung durch die Wand darstellt, innerhalb des Kapillarnetzes von der arteriellen zur venösen Seite abfällt. Eine Entzündung oder die Behandlung mit verschiedenen Substanzen, z.B. mit Histamin, Bradykinin oder Prostaglandinen, vergrößert die Öffnungen an der venösen Seite des Kapillarnetzes und macht es sehr permeabel.

Druck und Strömung in den Kapillaren

Die Arteriolen und Venolen sind so angeordnet, daß alle Kapillaren nur wenig von einer Arteriole entfernt liegen; Druck und Strom sind in einem Kapillarnetz daher ziemlich gleichmäßig. In Kapillaren wurden transmurale Drücke von etwa 10 mm Hg gemessen (Abb. 12.38). Diese hohen Drücke innerhalb der Kapillaren ermöglichen eine Flüssigkeitsfiltration aus dem Plasma in den interstitiellen Raum. Diesem Filtrationsdruck steht der **kolloidosmotische Druck** des Plasmas gegenüber. Dieser beruht auf der hohen Konzentration von Plasmaproteinen im Blut, die wegen ihrer Größe weder in den interstitiellen Raum diffundieren können, noch durch das Endothel transportiert werden.

Die Beziehungen zwischen Filtrationsdruck (transmuralem Druck) und kolloidosmotischem Druck sind in Abbildung 12.39 dargestellt. Auf der arteriellen Seite einer Kapillare ist der transmurale Druck höher als der kolloidosmotische Druck (Fläche 1), deshalb wird Flüssigkeit[4] aus dem Blut in den interstitiellen Raum (der Raum zwischen den Zellen) gepreßt. Der transmurale Druck fällt jetzt entlang der Kapillare ab und wird – weil die großen Eiweißkörper die Kapillare nicht verlassen können – am venösen Ende vom kolloidosmotischen Druck übertroffen (Fläche 2) mit der Folge, daß nun Flüssigkeit osmotisch aus dem interstitiellen Raum in

---

[4] Die Flüssigkeit des Blutplasmas ohne große Proteine wird als Lymphe bezeichnet; sie kann die Kapillaren verlassen und in den interstitiellen Raum eindringen.

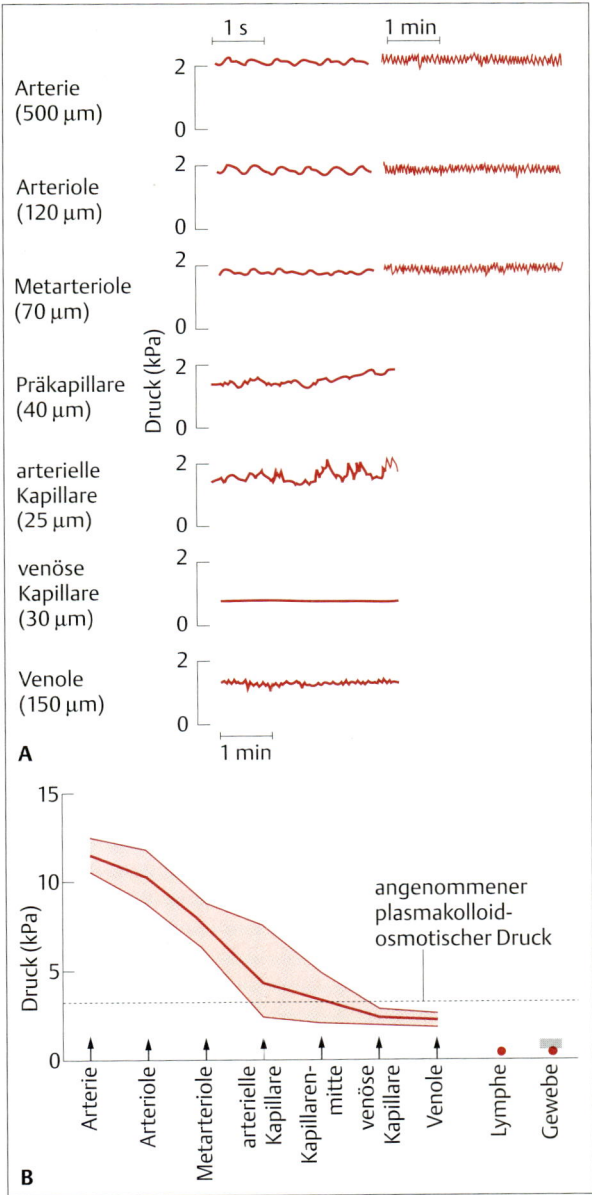

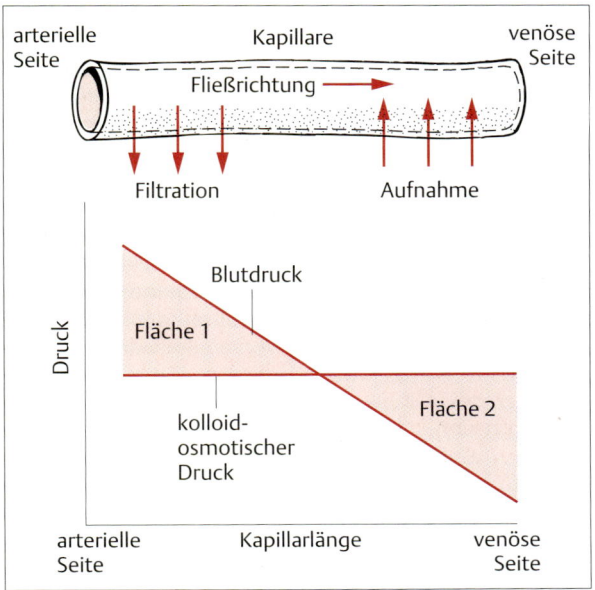

Abb. 12.39 Blutdruck und kolloidosmotischer Druck. Die Nettoflüssigkeitsbewegung durch Kapillarwände hängt von der Differenz zwischen dem Blutdruck und dem kolloidosmotischen Druck in der extrazellulären Flüssigkeit ab. Auf der arteriellen Seite der Kapillare (Fläche 1) übertrifft der Blutdruck den kolloidosmotischen Druck, so daß Flüssigkeit aus dem Plasma in den interstitiellen Raum gefiltert wird. Auf der venösen Seite (Fläche 2) sind die Verhältnisse umgekehrt, und Flüssigkeit wird aus dem interstitiellen Raum in das Plasma aufgenommen. In den meisten Kapillarbetten ist Fläche 1 etwas größer als Fläche 2. Das bedeutet, es findet ein geringer Flüssigkeitsverlust aus dem Kreislaufsystem in den extrazellulären Raum statt. Gewöhnlich wird diese Flüssigkeit vom Lymphsystem aufgenommen und dem Blutkreislaufsystem wieder zugeführt.

Abb. 12.38 Druckverhältnisse im Kreislauf, den Lymphgefäßen und den Geweben. Fließt das Blut durch ein Kapillarbett, reduziert sich der Druck in Fließrichtung, der mittlere Blutdruck fällt ab. **A** Messungen des Blutdrucks, während das Blut durch das Kapillarbett eines Froschmesenteriums fließt. Der Druck wird geglättet und fällt ab. **B** Blutdruck in verschiedenen Abschnitten des Kreislaufsystems in den subcutanen Schichten des Fledermausflügels. Die schattierte Fläche repräsentiert die Standardabweichung vom Mittelwert (dicke rote Linie). Zum Vergleich sind auch typische Gewebe- und Lymphdrücke aufgetragen (A nach Weiderhielm u. Mitarb. 1964; B nach Weiderhielm u. Weston, 1973).

das Gefäß zurückgezogen wird. Die Nettobewegung der Lymphe an jedem beliebigen Punkt der Kapillare wird demnach von zwei Faktoren bestimmt:
- der Differenz zwischen dem Blutdruck und dem kolloidosmotischen Druck und
- der Membrandurchlässigkeit, die gegen Ende der Kapillare zunimmt.

Der Nettoverlust von Flüssigkeit ist an der arteriellen Seite der meisten Kapillarnetze größer als die Nettoaufnahme (Nettorückstrom) von Lymphe an der venösen Seite (Flächen 1 bzw. 2, Abb. 12.**39**). Die durch Filtration über die Kapillarwände erzeugte Lymphe sammelt sich jedoch nicht im Gewebe an, sondern wird über das Lymphgefäßsystem abgeleitet und dem Kreislauf wieder zugeführt. Es gibt also in den meisten Kapillarnetzen eine Flüssigkeitsbewegung (**Mikrozirkulation**) aus der arteriellen Seite der Kapillare in den interstitiellen Raum und zurück in die venöse Seite der Kapillare – oder die Flüssigkeit wird über das Lymphsystem zum Kreislauf zurückgeführt. Diese massive Flüssigkeitsbewegung ermöglicht einen höheren Austausch von Gasen, Nährstoffen und Abfallprodukten zwischen Blut und Geweben, als es reine Diffusionsbewegungen erwarten ließen.

Wenn die überschüssige Flüssigkeit nicht über die Lymphgefäße in den Blutkreislauf zurückgeleitet wird, die Nettofiltration durch die Kapillarwände damit also zu einem erhöhten Flüssigkeitsvolumen im interstitiellen Raum führt, spricht man von einem **Ödem**.

In den Nephronen der Niere ist der Druck in den Kapillaren des Glomerulus hoch, der Filtrationsdruck übertrifft den kolloidosmotischen Druck. Das dort gebildete Ultrafiltrat wird in den Nierentubulus geleitet, wo die Stoffe, die nicht ausgeschieden werden sollen, reabsorbiert werden. Die restliche Flüssigkeit ergibt den Urin. Die Niere ist in eine feste Bindegewebskapsel eingeschlossen, die eine Schwellung trotz Bildung von Ultrafiltrat verhindert. In den meisten anderen Geweben ergibt sich nur eine geringfügige **Nettoflüssigkeitsbewegung** durch die Kapillarwände, weil der Filtrationsdruck vom osmotischen Druck annähernd ausgeglichen wird. Steigender Kapillardruck (als Folge eines gestiegenen arteriellen oder venösen Drucks) erhöht jedoch die Filtration in den interstitiellen Raum, und es findet ein Nettoflüssigkeitsverlust aus dem Blut statt. Gewöhnlich bleibt der arterielle Druck aber weitgehend konstant, um große Schwankungen im Gewebevolumen zu verhindern.

Ein Abfall im kolloidosmotischen Druck kann bei Hunger durch einen Proteinverlust aus dem Plasma, durch Exkretion oder durch eine erhöhte Permeabilität in der Kapillarwand und den damit verbundenen Übertritt von Proteinen in den interstitiellen Raum entstehen. Dadurch wird die osmotische Druckdifferenz zwischen Plasma und interstitieller Flüssigkeit (Lymphe) vermindert. Bleibt gleichzeitig der Filtrationsdruck konstant, erfolgt ein erhöhter Nettoflüssigkeitsverlust in den interstitiellen Raum. Volumen und Zusammensetzung der interstitiellen Flüssigkeit stehen also in enger Beziehung mit den die Kapillardurchblutung bestimmenden Faktoren. Diese Beziehung ist in den einzelnen Geweben etwas unterschiedlich. Die Leberkapillaren sind sehr permeabel, die Gehirnkapillaren dagegen deutlich weniger. Der Blutstrom durch das Gehirn ist nur geringfügigen Schwankungen unterworfen, der Strom in den Skelettmuskeln ändert sich dagegen zwischen Ruhe und körperlicher Betätigung beträchtlich. Man kann daher vermuten, daß die interstitielle Flüssigkeit des Gehirns geringeren Schwankungen unterworfen ist als der der Leber oder der Skelettmuskulatur.

Ganz allgemein gilt, daß nur geringe Nettoflüssigkeitsbewegungen aus dem Kreislaufsystem in den interstitiellen Raum erfolgen. Diese Flüssigkeit sammelt sich nicht im Gewebe an, sondern wird über das Lymphsystem in den Blutkreislauf zurückgeleitet.

Lymphsystem

Lymphe ist eine wässerige, leicht gelbliche oder auch milchig-trübe Flüssigkeit die sich in den Zellzwischenräumen ansammelt und durch ein eigenes Gefäßnetz, das **Lymphgefäßnetz**, in die Blutbahn zurückgeleitet wird. Weil die Lymphe keine Erythrocyten, sondern nur weiße Blutzellen enthält, ist sie nahezu farblos und das Lymphgefäßsystem deshalb schwer auffindbar. Deshalb ist es bei weitem nicht so gut untersucht wie das Herz-Kreislauf-System, obwohl es schon seit etwa 400 Jahren bekannt ist. Nur wenn es z.B. durch eine Vergiftung in einem Gewebsabschnitt zu einer Hämolyse (Zerstörung von Erythrocyten) kommt, bei der Hämoglobin in die Lymphe gelangt, können größere Lymphgefäße sichtbar werden.

Die Lymphgefäße bilden keinen geschlossenen Kreislauf, sondern gleichen einem Wurzelgeflecht, das mit blind endenden Lymphkapillaren beginnt. Deren Aufgabe ist es, die nicht reabsorbierte Lymphe in den Blutkreislauf zurückzuleiten. Die **Lymphkapillaren** vereinigen sich wie die Wurzeln eines Baumes, wobei sie an Durchmesser zunehmen. Die Wände der Lymphkapillaren bestehen aus einem einschichtigen Endothel. Die Basalmembran fehlt oder ist unterbrochen; zwischen nebeneinander liegenden Zellen gibt es große parazelluläre Lücken. Im Mikroskop kann man den Übertritt von Substanzen wie Meerrettichperoxidase oder Tusche durch die Wände von Lymphkapillaren beobachten. Die Lymphgefäße entleeren sich schließlich in das Venensystem, bei Säugern und vielen anderen Vertebraten über den **Ductus thoracicus** in die Vena cava anterior; dort herrscht der niedrigste Blutdruck (Abb. 12.**3**). (Bei Vertebratenembryonen und bei niederen Vertebraten sind anstelle der unpaaren, vorderen und hinteren Hohlvenen, V. cava anterior bzw. posterior, eine paarige Kardinalvene, V. cardinales anterior bzw. posterior, ausgebildet.)

Die im Lymphsystem festgestellten Drücke liegen unter denen des umgebenden Gewebes; die interstitielle Flüssigkeit kann daher leicht in die Lymphkanälchen eindringen. Die etwas größeren Gefäße haben Klappen, die für eine Strömung weg von den Lymphkapillaren sorgen. Die größeren Lymphgefäße sind von glatten Muskelfasern umgeben, die sich in einigen Fällen rhythmisch kontrahieren, dabei Drücke von bis zu 10 mm Hg erzeugen und Flüssigkeit aus den Geweben abziehen

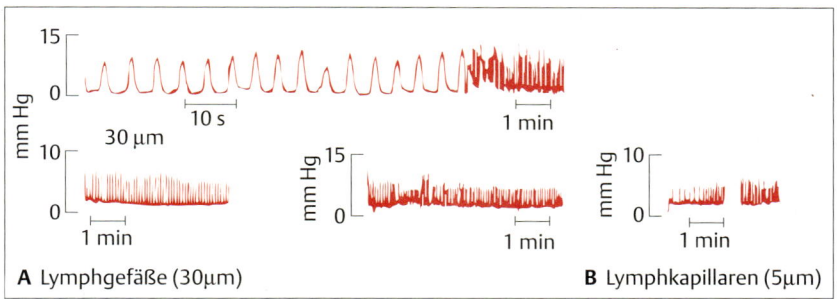

Abb. 12.40 Die Drücke in den Lymphgefäßen sind denen des Venensystems ähnlich. Drücke in den **A** Hauptstämmen des Lymphgefäßsystems und in den **B** Lymphkapillaren des Flügels einer nicht narkotisierten Fledermaus. Die Drücke wurden mittels einer Mikropunktion ohne vorhergehenden chirurgischen Eingriff aufgezeichnet (nach Weiderhielm u. Weston, 1973).

(Abb. 12.**40**). Die Gefäße werden auch durch Kontraktionen der Eingeweide- und Skelettmuskulatur sowie durch Körperbewegungen zusammengepreßt: die Lymphe wird dadurch bewegt. In Nachbarschaft von Arterien bewirkt auch der Pulsdruck, ähnlich wie in den Venen, eine Bewegung der Lymphe. Das Lymphsystem leitet also die durch die Kapillarwände gefilterte, überschüssige interstitielle Flüssigkeit und die kleineren Proteine, die das Endothel der Kapillaren passieren können, dem Blut wieder zu. Große Moleküle, vor allem das von den Eingeweiden absorbierte Fett und vermutlich hochmolekulare Hormone, gelangen so ins Blut.

Im Darm werden Fette mit langkettigen Fettsäuren in die Lymphgefäße aufgenommen, nur Fette mit kurzkettigen Fettsäuren gelangen direkt in die Blutbahn. Die Darmzotten der Säuger (Vorstülpungen der Darmschleimhaut) haben jede ein Lymphgefäß, das Zentral(lymph)gefäß (s. Abb. 15.**21 A**), in das hinein Fette und fettlösliche Nährstoffe aus dem Darmlumen diffundieren, wie z.B. die Vitamine A, D, E und K. Die anderen Vertebraten haben mehr oder minder komplizierte Faltensysteme, die ähnlich vaskularisiert sind. Der Fettgehalt der im Darm gebildeten Lymphe läßt diese milchig trübe aussehen, sie wird daher als **Chylus** (griechisch: Saft, Brühe) bezeichnet, die Gefäße entsprechend als „Chylusgefäße". Diese vereinigen sich schließlich mit den Lymphgefäßen des Rumpfes, die in die Vena cava anterior einmünden. Da auch der Inhalt der Rumpflymphgefäße durch den Zusammenfluß mit den Chylusgefäßen milchig trübe wird, hat dieser Gefäßabschnitt, der **Ductus thoracicus**, auch die Bezeichnung **Milchbrustgang** erhalten. Die Lymphgefäße sind innerviert; welcher Art diese Innervation ist und welche Funktion sie hat, ist noch nicht geklärt.

Der Lymphstrom ist variabel. Beim ruhenden Menschen gelten 11 ml/h als Durchschnittswert. Dies entspricht 1/3000 des Herzausstoßes während derselben Zeit. Obwohl der Lymphstrom gering ist, spielt er für die Entwässerung der Gewebe eine große Rolle. Die Zerstörung der Lymphkanälchen wie auch eine übermäßige Lymphproduktion führen zu einer Flüssigkeitsansammlung in den Geweben, zu einem **Ödem**, das schwerwiegende Auswirkungen haben kann. Bei der Tropenkrankheit **Filariasis** dringen Nematodenlarven, die von Moskitos auf den Menschen übertragen werden, in das Lymphsystem ein und blockieren die Lymphkanälchen – in einigen Fällen unterbinden sie die lymphatische Entwässerung aus bestimmten Körperpartien sogar völlig. Das dadurch hervorgerufene Ödem kann dazu führen, daß einige Körperpartien gewaltig anschwellen. Dieses Krankheitsbild bezeichnet man als **Elephantiasis**, da die Haut infolge der Lymphstauung anschwillt und einer Elefantenhaut ähnelt.

Lymphgefäßsysteme sind bei Cyclostomen (Neunaugen, Ingern oder Schleimfischen) und Elasmobranchiern (Haien, Rochen, Chimären) nur unvollständig ausgebildet. Sie fehlen den ursprünglichen und echten Knochenfischen von den Crossopterygiern an. Gut ausgebildet sind die Lymphgefäße erst bei Lungenfischen (*Dipnoi*), besonders hoch entwickelt bei Amphibien; speziell Anuren (Froschlurche) haben unter der Haut ausgedehnte Lymphräume. Bei Fröschen und Kröten, auch beim Chamäleon, wird die Zunge durch schnelles Einpressen von Lymphe hydraulisch vorgeschnellt.

Viele Rundmäuler, die Lungenfische, die Amphibien und die Reptilien haben **Lymphherzen**, die der Flüssigkeitsbewegung dienen. Im Schwanz des Inger (*Myxine* und Verwandte) liegt ein Lymphherz, das die Flüssigkeitsbewegung zum Herzen hin unterstützt. Im Gegensatz zum **myogen** arbeitenden Herz des übrigen Kreislaufs sind Lymphherzen **neurogen**. Sie haben keine eigenen Schrittmacher, sondern werden über das autonome Nervensystem aktiviert. Im Bau gleichen Lymphherzen dem Caudalherz der Teleostier, welches das erythrocytenfreie Blut aus dem sekundären Arteriensystem in das Venensystem zurückleitet. Vogelembryonen haben ein Paar Lymphherzen in der Beckenregion. Bei einigen Arten bleiben sie auch im Adultstadium erhalten. Bei Säugern kommen Lymphherzen jedoch nicht vor.

Frösche und Kröten haben nicht nur zahlreiche Lymphherzen, sondern auch sehr umfangreiche Lymphräume. Diese dienen als Wasser- oder Ionenreservoir und als Puffer zwischen der Haut und den darunterliegenden Geweben. Das große Lymphvolumen der Anuren stammt aus den Kapillaren, aus der Filtration und aus dem umgebenden Wasser, das durch die Haut diffundiert. Frösche trinken nicht, sie nehmen Wasser über die Haut auf. Das Verhältnis von Lymphstrom zu Herzausstoß ist bei Kröten (1:60) im Vergleich zu Säugern (1:3000) ungleich höher. Die vielen Lymphherzen der Anuren haben zwar jedes ein sehr viel geringeres Schlagvolumen, dafür aber eine höhere Schlagfrequenz als das Herz, wodurch der große Lymphstrom ermöglicht wird.

Den Teleosteern fehlt ein Lymphgefäßsystem; sie haben ein weiteres Gefäßsystem, das ursprünglich als Lymphgefäßsystem beschrieben, neuerdings aber als ein sekundäres Arteriensystem erkannt wurde (Abb. 12.**15**). Dieses sekundäre Kreislaufsystem hat einen niedrigen Hämatokrit und ist mit dem primären Kreislaufsystem über arterio-arteriale Anastomosen verbunden; es entleert sich in der Nähe des Herzens in das primäre Venensystem. Seine Funktion wird noch nicht vollständig verstanden; es transportiert vermutlich Nährstoffe, aber kaum Sauerstoff an die Körperoberfläche und an die Eingeweide. In anderen Körperteilen ist es praktisch nicht ausgebildet. An der Körperoberläche erfolgt der Gasaustausch mit dem umgebenden Wasser. Aufgrund seiner geringen Ausbildung ist es unwahrscheinlich, daß dieses sekundäre System die Funktion eines Lymphsystems übernehmen kann. Da Fische in einem Medium leben, das eine ähnliche Dichte besitzt wie ihr eigener Körper, könnte sich bei ihnen ein Lymphsystem erübrigen.

Milz

Zum Blutgefäßsystem gehört anatomisch wie physiologisch die **Milz** (Lien oder Splen), ein vielseitiges Organ. Es ist Teil des retikuloendothelialen Systems und gehört damit zum Abwehrsystem, also in den Kreis der lymphatischen Organe. In der Milz werden Lymphocyten gebildet. Auch Erythrocyten werden teils gebildet, teils abgebaut. Bei niederen Vertebraten, die nur wenig Knochenmark besitzen, werden Erythrocyten vor allem in der Milz gebildet; nur bei Säugern ist deren wichtigster Bildungsort das Knochenmark.

Alle Vertebraten haben eine Milz, in der Regel als kompaktes, dunkelrotes Organ in der Nähe des Magens. Beim Menschen liegt sie im linken Oberbauch, etwa 200 g schwer und faustgroß. Gelegentlich sind auch mehrere Nebenmilzen ausgebildet, so bei Elasmobranchiern, aber auch beim Menschen. Bei Cyclostomen liegt als Milz nur ein retikuläres Bindegewebe über einem Teil des Darms. Bei fast allen Vertebraten ist die Milz in eine Bindegewebskapsel eingeschlossen. Das eigentliche Milzgewebe, **Pulpa lienis**, enthält ein Maschenwerk aus Bindegewebsbalken, den Trabekeln, die bei höheren Vertebraten auch Muskelzellen enthalten. Die Maschen umschließen bluthaltige Hohlräume (Blutsinus) der **roten Pulpa**, in denen sich verschiedene Leukocyten (Lymphocyten, Plasmacyten, Granulocyten) sowie Erythrocyten und deren Abbauprodukte befinden. Dazwischen liegen die Milzfollikel oder -knötchen, (Malpighi-Körperchen der Milz), die den Lymphfollikeln entsprechen; sie bilden die **weiße Pulpa**, in der die Lymphocyten gebildet werden. Die in die Milz führende Arteria lienalis verästelt sich in der roten Pulpa über Zentralarterien in die Pulpaarteriolen. Die Kapillaren münden in die dünnwandigen, großlumigen Sinus der roten Pulpa. Da die Endkapillaren immer enger werden, ist für die Erythrocyten schließlich die Reibung an den Wänden zu stark; ihre Zellmembran platzt, und die Zellreste werden durch Phagocytose beseitigt. Das dabei freiwerdende Hämoglobin wird ebenfalls abgebaut, das Eisen den blutbildenden Geweben wieder zugeführt.

Eine weitere Funktion der Milz ist die Speicherung von Erythrocyten, die bei Bedarf – z.B. bei schnellen Flucht- oder Beutefangbewegungen – in Umlauf gebracht werden. Das kann dann zu einer erheblichen temporären Verkleinerung der Milz führen.

Lymphsystem und Immunreaktion

Auch an der Infektionsabwehr ist das Lymphsystem beteiligt. Wichtigste Partner bei der Immunantwort sind die **Lymphocyten**, ein Typ der weißen Blutzellen oder **Leukocyten**. Das besondere Merkmal der Lymphocyten ist ihre Fähigkeit, fremde Substanzen (**Antigene**) zu „erkennen". Dazu gehören auch die Oberflächenstrukturen von Pathogenen (Bakterien, virusinfizierte Zellen sowie Tumorzellen). Es gibt zwei Haupttypen von Lymphocyten: B-Lymphocyten (B-Zellen) und T-Lymphocyten (T-Zellen). Letztere werden unterschieden in Helfer-T-Zellen (T_H) und cytotoxische T-Zellen (T_C). Die Lymphocyten werden von anderen Leukocyten unterstützt, insbesondere von neutrophilen Granulocyten und von Makrophagen. Unter bestimmten Bedingungen können sowohl neutrophile Granulocyten als auch **Makrophagen** Mikroorganismen und andere Fremdkörper mittels **Phagocytose** in sich aufnehmen und vernichten. Die Phagocyten produzieren darüber hinaus verschiedene cytotoxische Faktoren und antibakterielle Wirkstoffe, die sie auch nach außen abgeben können.

Die Immunantwort besteht in der Erkennung des Eindringlings, der dann markiert und schließlich zerstört wird. Die Erkennung erfolgt ausschließlich durch Lymphocyten, die Zerstörung dagegen sowohl durch Lymphocyten als auch durch **Phagocyten**. Das Erkennungssystem der Lymphocyten muß in der Lage sein, zwischen den körpereigenen Bestandteilen des Organismus und fremden Eindringlingen zu unterscheiden, d.h. zwischen „Selbst" und „Nicht-Selbst". Versagt diese Fähigkeit, kommt es zu Autoimmunkrankheiten, die tödlich verlaufen können.

Die Lymphocyten reagieren in drei verschiedenen Weisen auf das Eindringen eines Krankheitskeims oder Pathogens (Abb. 12.41). **B-Zellen** entwickeln sich zu Plasmazellen, die **Antikörper** ausscheiden, welche an das Pathogen binden und es so für den Abbau durch Phagocyten markieren. **T$_C$-Zellen** können Tumorzellen und mit einem Pathogen infizierte Zellen erkennen; durch einen Antigen-Kontakt stimulierte T$_C$-Zellen wandeln sich in aktive cytotoxische T-Lymphocyten (CTL-Zellen) um, welche die veränderten körpereigenen Zellen zerstören. Erkennen **T$_H$-Zellen** ein Antigen, dann schütten sie **Cytokine** aus, die daraufhin das Wachstum und die Reaktionsfähigkeit von B-Zellen, T-Zellen und Makrophagen anregen. Damit wird die Immunantwort auf ein Pathogen verstärkt.

Leukocyten kreisen sowohl im Blut als auch in der Lymphe. Große Mengen Lymphocyten werden in den **Lymphknoten** angetroffen, die über die Lymphgefäße verteilt sind (Abb. 12.3). In den Lymphknoten wird die Lymphe gewissermaßen gefiltert, von den Lymphocyten überwacht und so die Wahrscheinlichkeit erhöht,

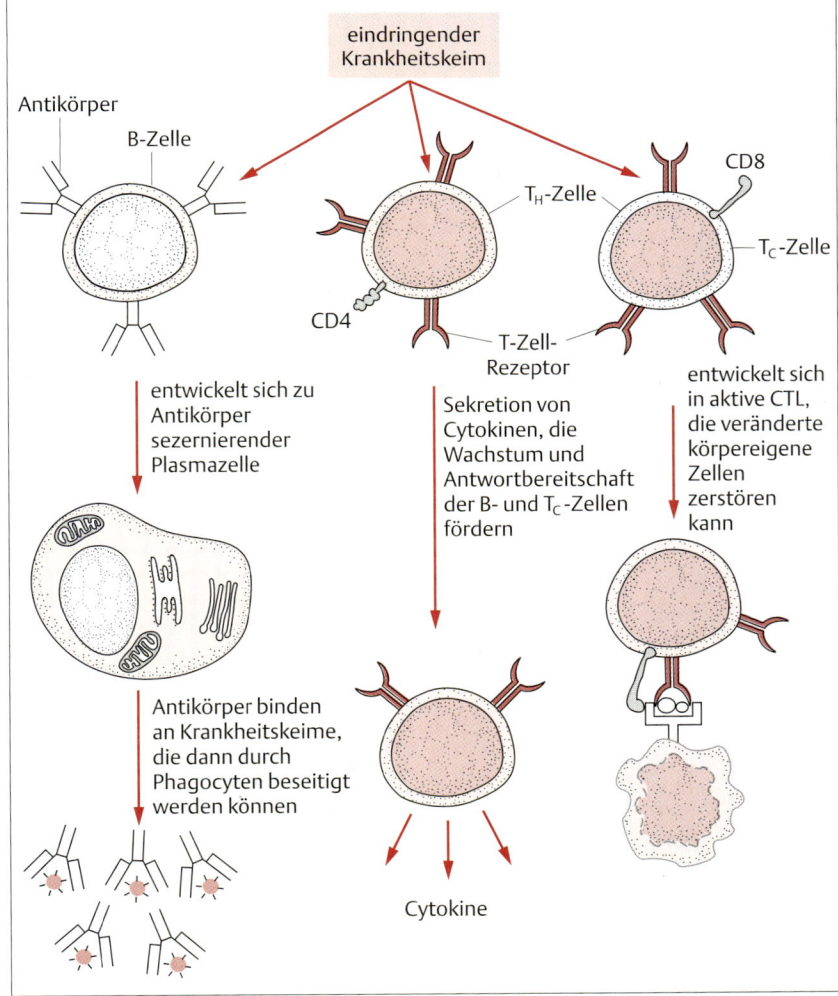

Abb. 12.41 Lymphocyten. B-Zellen, T-Helferzellen (T$_H$) und cytotoxische T-Zellen (T$_C$). Diese drei Zelltypen reagieren unterschiedlich auf Antigene. Membrangebundene Antikörper bei B-Zellen und T-Zellrezeptoren bei T-Zellen erkennen und binden Antigene spezifisch. T$_H$- und T$_C$-Zellen können durch bestimmte Membranproteine, CD4 und CD8, voneinander unterschieden werden. Weitere Erklärungen im Text.

daß Antigene mit Lymphocyten in Kontakt kommen. Um zu den mit Pathogenen infizierten Geweben zu gelangen, müssen die Leukocyten in der Lage sein, die Lymph- und die Blutbahn zu verlassen; dies wird als **Extravasation** bezeichnet (Abb. 12.**42A**). Im Normalfall halten sich die Leukocyten aber in der Blutbahn auf und dringen nicht durch die Gefäßwände nach außen. Dort jedoch, wo eine Infektion erfolgt ist, entstehen Signale, die eine Entzündung anzeigen; das regt dann die Synthese und Aktivierung von Proteinen an, die an der Innenseite des Endothels verankert werden. Wenn nun Leukocyten dieses entzündete Endothel passieren, bindet das auf der Lumenseite der Endothelzellen verankerte P-Selektin an die Leukocyten und verlangsamt deren Bewegung (Abb. 12.**42B**). Diese Interaktion regt die Leukocyten zur Bildung von Integrin-Rezeptoren (z.B. LFA-1) an, die sich dann an intrazelluläre Adhäsionsmoleküle (ICAM) auf der Oberfläche des Endothels ankoppeln. Als Folge dieser und anderer Reaktionen bleiben Leukocyten am Endothel „kleben" und können schließlich über die Lücken zwischen den Endothelzellen die Blutbahn verlassen und in das entzündete Gewebe einwandern.

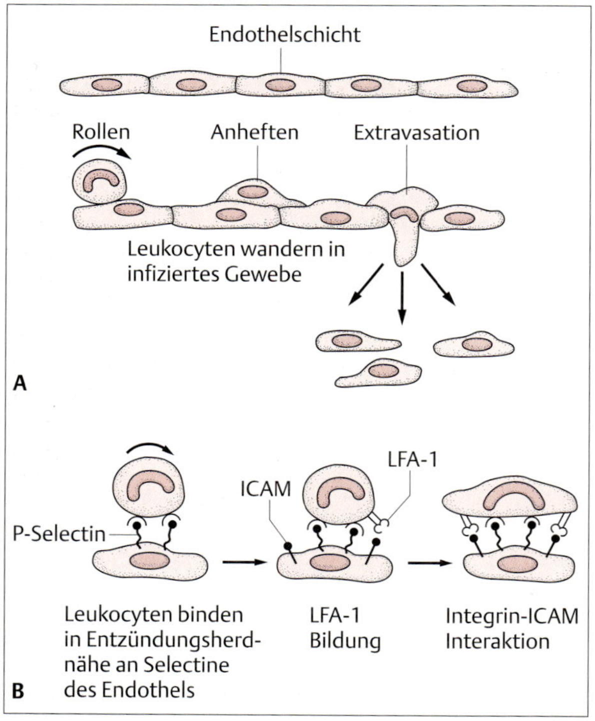

Regulation des Kreislaufs

Die Organe des Organismus brauchen im Ruhezustand und unter wechselnden Belastungen immer eine ausreichende Versorgung mit Blut. Die Ansprüche der einzelnen Organe sind jedoch sehr unterschiedlich. Gehirn und Nieren benötigen immer und unter allen Belastungszuständen des übrigen Körpers eine weitgehend gleichbleibende Versorgung; Skelettmuskulatur, Magen-Darmtrakt, Leber und Haut haben dagegen stark wechselnde Anforderungen an den Kreislauf. Gebiete mit höherem Stoffwechsel werden zwar stärker durchblutet, ihre Sauerstoffaufnahme muß deswegen aber nicht entsprechend hoch sein; die relative Größe der Organe (das Organgewicht) führt zu unterschiedlichen Relationen in der O_2-Aufnahme. Bei einem Menschen von 70 kg Körpermasse erhält z.B. das Eingeweidegebiet mit 2,8 kg (4%) der Körpermasse 1400 ml Blut/min, das sind 24% des Blutes, und entnimmt dem Blut 58 ml O_2 (25%). Die ungefähr 300 g schweren Nieren entnehmen aus 1100 ml (19%) Blut 16 ml O_2 (7%). Das Gehirn erhält 750 ml Blut (13%) bei einer Masse von 1500 g (2%) und nimmt 46 ml O_2 (20%) auf.

Das ungestörte Funktionieren des Kreislaufs hängt von der **Kontrolle des arteriellen Blutdrucks** ab, wobei drei zentrale Grundansprüche erfüllt werden müssen:
1. Die angemessene Versorgung des Gehirns und des Herzens mit Blut;
2. sobald dies gewährleistet ist, die Versorgung der übrigen Gewebe mit Blut,
3. die Kontrolle des Kapillardrucks und damit des Gewebevolumens sowie der Zusammensetzung der interstitiellen Flüssigkeit innerhalb enger Grenzen.

Um das regionale Blutangebot an die funktionellen Anforderungen der Organe anzupassen, sind Änderungen der Durchblutung nötig, die vom Strömungswiderstand der Gefäße abhängig sind. Dieser ändert sich seinerseits zum geringsten Teil mit dem Blutdruck, vielmehr überwiegend entsprechend der vierten Potenz des Gefäßradius, also mit dem Gefäßquerschnitt. Dieser wird bestimmt vom augenblicklichen Kontraktionszustand der glatten Muskelfasern der Gefäßwand, dem **Gefäßtonus**. Bei der **Vasokonstriktion** nimmt der Gefäßtonus zu, d.h. der Gefäßdurchmesser wird kleiner; bei der **Vasodilatation**, der teilweisen Erschlaffung der Muskelfasern, nimmt dagegen der Durchmesser eines Gefäßes zu. Gefäße, die für diese Zustandsänderungen zuständig

Abb. 12.42 Leukocyten verlassen das Gefäßsystem und wandern in entzündetes Gewebe ein. A Überblick, wie Leukocyten mittels Extravasation zu den mit Pathogenen infizierten Geweben gelangen. **B** Vereinfachte Darstellung der Interaktionsschritte zwischen Oberflächenmolekülen, die dazu führen, daß sich Leukocyten in der Nähe von Entzündungsherden an das Endothel anlagern (nach Kuby, 1997).

sind, die **Widerstandsgefäße**, sorgen durch eine Änderung des relativen Widerstandes für die Verteilung des Herzzeitvolumens auf die Organkreisläufe, die parallel zueinander geschaltet sind und regulieren so die Stärke des Blutstroms zu den Versorgungsgebieten.

Eine Anzahl verschiedener Rezeptoren überwacht das Herz- und Kreislaufsystem. Bei entsprechendem Reizeingang gehen von ihnen neurale oder humorale Signale aus, die geeignete Regelmechanismen in Gang setzen, um einen der Situation entsprechenden Gefäßtonus aufrecht zu erhalten.

Kontrolle des kardiovaskulären Systems durch das Zentralnervensystem

Baro- oder **Pressorezeptoren** (Druckrezeptoren) überwachen an verschiedenen Stellen des kardiovaskulären Systems den Blutdruck. Informationen aus den Barorezeptoren werden zusammen mit der Information der **Chemorezeptoren**, die den O_2- und CO_2-Gehalt sowie den pH-Wert des Blutes überwachen, dem Gehirn übermittelt. Muskelkontraktionen oder Änderungen in der Zusammensetzung der extrazellulären Muskelflüssigkeit aktivieren im Muskelgewebe eingebettete afferente Fasern; dies führt dann zu Reaktionen im kardiovaskulären System. Darüber hinaus gehen Informationen aus **Mechanorezeptoren** des Herzens und aus verschiedenen **Thermorezeptoren** in die kardiovaskulären Regelkreise ein.

Im Gehirn der Säuger wird dieser sensorische Input von einer Anzahl Neuronen im Bereich der Medulla oblongata und dem Pons integriert, dem **medullären kardiovaskulären Zentrum**. Es empfängt auch Meldungen aus anderen Hirnteilen, so z.B. vom Atmungszentrum, das gleichfalls in der Medulla liegt, vom Hypothalamus, vom Mandelkern (Amygdala) und von der Großhirnrinde (Cortex). Der Output des medullären kardiovaskulären Zentrums gelangt vorwiegend über sympathische, in geringerem Umfang auch über parasympathische, autonome Motoneurone zum Herzen und zur glatten Muskulatur der Arteriolen und der Venen und in andere Hirnbezirke wie das Atemzentrum.

Eine Erregung der **sympathischen Nerven** erhöht die Herzfrequenz und die Kontraktionskraft des Herzens und bewirkt damit eine Verengung der Gefäße. Das Ergebnis ist eine deutliche Erhöhung des Gefäßtonus und damit des Blutdrucks und des Herzzeitvolumens. Eine umgekehrte Wirkung hat in der Regel die Stimulation der **parasympathischen Nerven**. Die Folge ist eine Abnahme des Blutdrucks und des Herzausstoßes. Das medulläre kardiovaskuläre Zentrum kann in zwei funktionelle Regionen unterteilt werden, die entgegengesetzte Wirkung auf den Blutdruck haben:

- Reizung des **Pressor-Areals** aktiviert Sympathicusneurone und erhöht den Gefäßtonus, den Blutdruck, die Kontraktionskraft des Herzens und das Herzzeitvolumen.
- Im **Depressor-Areal** werden Neurone des Parasympathicus aktiviert und folglich Gefäßtonus, Blutdruck und Herzausstoß herabgesetzt.

Verschiedene Sinneswahrnehmungen beeinflussen die Balance zwischen Pressoren und Depressoren: einige aktivieren die Neurone des Pressor-Areals und hemmen die des Depressor-Areals, andere haben entgegengesetzte Wirkung. Die verschiedenen Sinnesinformationen, die im medullären kardiovaskulären Zentrum zusammenlaufen, werden dort zusammengefaßt und verarbeitet. Das Ergebnis ist ein Output, der den Gefäßtonus und mit ihm die Blutzufuhr zu den Organen auf veränderte Ansprüche des Körpers einstellt oder Störungen im Kreislaufsystem entgegenwirkt. Abbildung 12.43 gibt einen Überblick über den zentralen Regelkreis des Kreislaufs von Säugetieren.

Arterielle Barorezeptoren

Barorezeptoren, die innerhalb des arteriellen Systems der Vertebraten weit verbreitet sind, reagieren auf Erhöhungen des Blutdrucks mit erhöhten Entladungsraten. **Nichtmyelinisierte Barorezeptoren** – Nervenendigungen ohne Myelinscheide – wurden im Kreislaufsystem von Amphibien, Reptilien und Säugern nachgewiesen. Sie reagieren nur auf Überschreitung des normalen Drucks und lösen reflexartig Reaktionen aus, die zur Verminderung des Drucks führen. Sie schützen den Organismus folglich vor Beschädigung durch einen zu hohen Blutdruck. **Myelinisierte Barorezeptoren** – Fasern mit Myelinscheide, die nur bei Säugern ausgebildet sind – reagieren auf Senkung des Blutdrucks unter den Normalwert und schützen so den Organismus vor längeren Perioden mit zu niedrigem Blutdruck. Die im Carotissinus der Säuger liegenden Barorezeptoren sind eingehender untersucht als die des Aortenbogens, der Arteria subclavia, der Arteria carotis communis oder der Lungenarterien. Zwischen denen des Carotissinus und denen des Aortenbogens scheinen nur geringfügige quantitative Unterschiede zu bestehen. Die Vögel haben Barorezeptoren im Aortenbogen.

Der Carotissinus der Säuger ist eine Erweiterung der Arteria carotis interna unmittelbar an ihrem Ursprung; dort sind die Gefäßwände dünner als in der übrigen Arterie. In die Gefäßwand des Sinus caroticus sind fein verzweigte Nervenendigungen eingebettet, die als Druckrezeptoren fungieren. Unter normalen physiologischen Bedingungen feuern diese Barorezeptoren mit einer bestimmten Ruhefrequenz. Ein Anstieg im Blut-

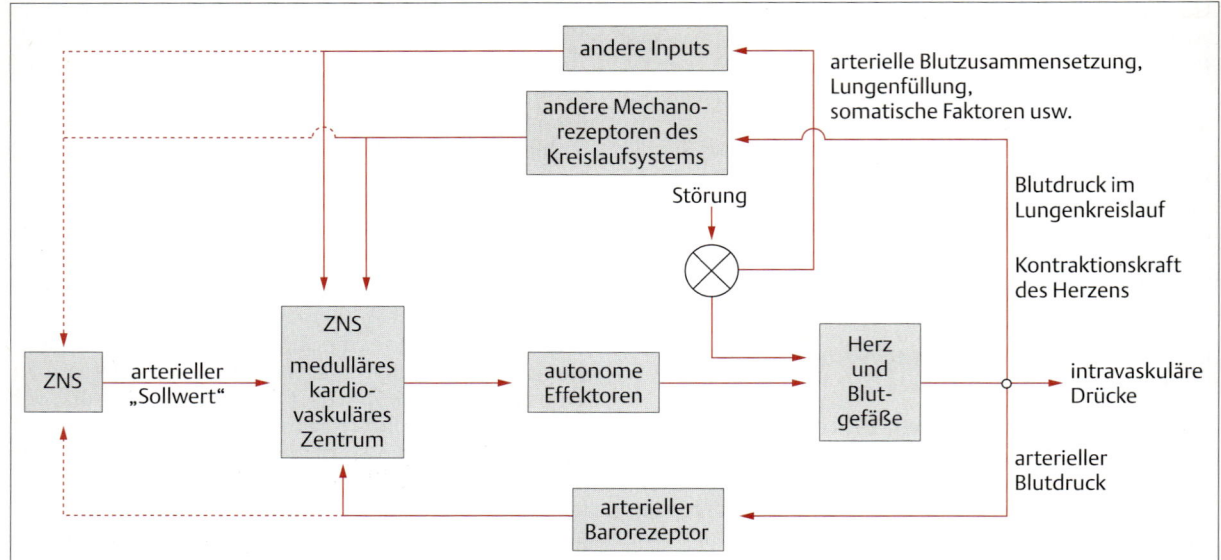

Abb. 12.43 Das Kreislaufkontrollsystem der Säuger umfaßt eine Vielzahl negativer Rückkopplungsschleifen. Zahllose Rezeptoren überwachen das Kreislaufsystem und senden ihre Meldungen an das medulläre Kreislaufkontrollsystem. Nach Verarbeitung dieser Inputs und dem Vergleich mit dem arteriellen Sollwert sendet dieses Kontrollzentrum Signale über das autonome Nervensystem, um den arteriellen Blutdruck auf dem erforderlichen Wert zu halten. Der arterielle Sollwert wird von Inputs aus anderen Gehirngebieten modifiziert, die ihrerseits von verschiedenen peripheren Inputs (gestrichelte Linie) beeinflußt werden (nach Korner, 1971).

druck dehnt die Wände des Carotissinus und führt zu einer gesteigerten Entladungsfrequenz der Barorezeptoren. Zwischen dem Blutdruck und der Impulsfrequenz der Barorezeptoren besteht eine sigmoidale Beziehung, wobei das System im Bereich der physiologischen Schwankungsbreite des Blutdrucks am empfindlichsten ist (Abb. 12.**44**). Die Entladungsfrequenz der Barorezeptoren ist bei einem pulsierenden Druck höher als bei einem konstanten Druck. Untersuchungen an einem vergleichbaren Sinnesorgan, den Barorezeptoren der A. pulmocutanea einer Kröte, zeigen, daß diese bei Druckschwankungs-Frequenzen von 1–10 Hertz am empfindlichsten sind, also innerhalb des normalen physiologischen Bereichs, denn der arterielle Blutdruck steigt und fällt mit jedem Herzschlag (Abb. 12.**45**). Efferente sympathische Fasern enden in der Arterienwand in der Nähe der Barorezeptoren. Erregung dieser sympathischen Fasern steigert die Entladungsfrequenz der im Carotissinus liegenden Barorezeptoren. Unter normalen physiologischen Bedingungen könnte das Zentralnervensystem über diese efferenten Neurone die Empfindlichkeit der Rezeptoren verändern.

Die aus den Barorezeptoren kommende Information wird durch das in der Medulla oblongata liegende **medulläre kardiovaskuläre Zentrum** auf autonome Mo-

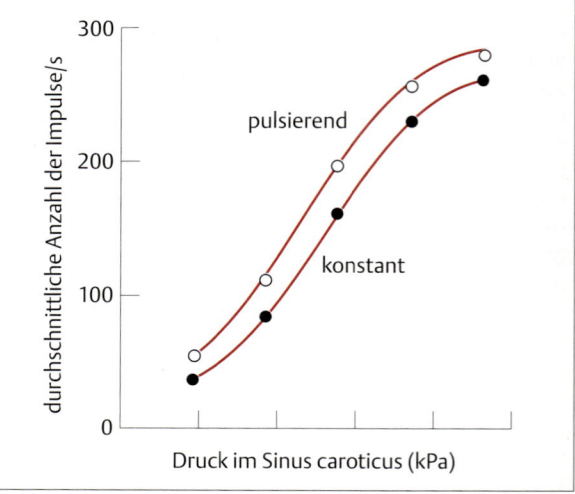

Abb. 12.44 Die Entladungsfrequenz der Barorezeptoren steigt bei zunehmendem Druck sigmoidal an. Diese Rezeptoren sind bei pulsierender Blutströmung innerhalb des physiologischen Druckbereichs am empfindlichsten. Die Werte wurden von einem Multifaserpräparat des Sinus-caroticus-Nerven abgegriffen und gegen den mittleren Druck im Sinus caroticus bei pulsierender oder gleichmäßiger Strömung aufgetragen (nach Korner, 1971).

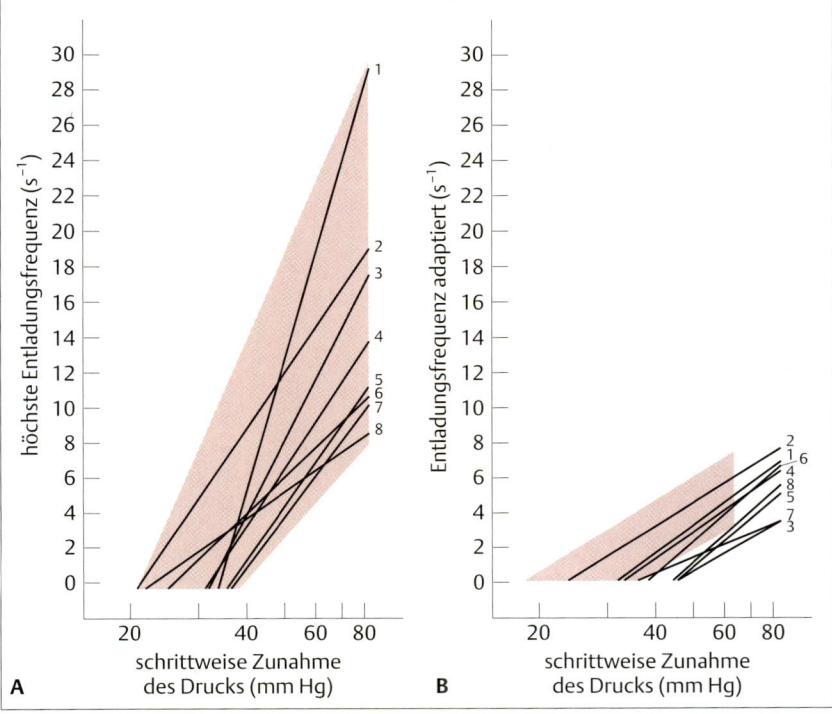

Abb. 12.45 Barorezeptoren reagieren gegenüber Druckänderungen sehr empfindlich. Auftragung der Wirkung schrittweiser Druckerhöhungen auf die Entladungsfrequenz der pulmocutanen Barorezeptoren einer Kröte. **A** Werte unmittelbar nach der Druckerhöhung. **B** Werte 45 Sekunden nach der Druckerhöhung. Jede numerierte schwarze Linie ist das Ergebnis einer Beobachtung und korrespondiert mit der auf der Horizontalachse dargestellten Druckzunahme. Die nach der Druckzunahme gemessene schnelle Anfangsantwort ist deutlich stärker als die 45 s später erfolgende Antwort.

toneurone umgeschaltet. Einem Anstieg im Blutdruck folgt eine erhöhte Entladungsfrequenz der im Carotissinus lokalisierten Barorezeptoren, die ihrerseits eine reflektorische Reduktion im Herzausstoß und im peripheren Gefäßwiderstand nach sich zieht; der arterielle Blutdruck fällt daraufhin ab (Tab. 12.1). Die Reduktion im Herzausstoß beruht auf einer Abnahme sowohl der Herzfrequenz als auch der Kontraktionskraft. Das Resultat der verschiedenen autonomen Effekte ist die Verminderung des arteriellen Blutdrucks. Damit wird auch wieder die Entladungsfrequenz der Barorezeptoren erniedrigt, und dies bewirkt reflektorisch eine Steigerung sowohl des Herzausstoßes als auch des peripheren Widerstandes: der arterielle Blutdruck steigt wieder. Der im Carotissinus wirkende **Barorezeptorreflex** arbeitet demnach nach dem Prinzip der negativen Rückkopplung, das darauf abzielt, den arteriellen Druck bei einem bestimmten Sollwert zu stabilisieren. Dieser Sollwert kann durch die Interaktion mit anderen Rezeptoreingaben verändert oder durch das medulläre Kreislaufzentrum, das Informationen auch aus anderen Gehirnteilen erhält, neu festgelegt werden (Abb. 12.**43**).

Arterielle Chemorezeptoren

Die bei den Säugern im Glomus caroticum und Glomus aorticum, bei Vögeln im G. caroticum, bei Amphibien im Carotidenlabyrinth liegenden arteriellen Chemorezeptoren üben nicht nur wichtige reflektorische Effekte auf die Atmung aus (s. S. 640), sondern haben auch für das kardiovaskuläre System eine gewisse Bedeutung. Die Chemorezeptoren reagieren mit einer Frequenzsteigerung auf eine Zunahme des CO_2-Gehalts und auf eine Abnahme des O_2-Gehalts und des pH-Werts des Blutes im Carotisglomus und im Aortenbogen. Ein Anstieg in der Entladungsfrequenz führt zu einer peripheren Gefäßverengung und zur Abnahme der Herzfrequenz, jedoch nur, wenn das Tier nicht atmet (z.B. während des Tauchens). Bei Vögeln und Säugern ist der Herzausstoß während des Tauchens reduziert; eine periphere Gefäßverengung sorgt jedoch für die Einhaltung des arteriellen Blutdrucks und damit für die Aufrechterhaltung der Hirndurchblutung trotz des verminderten Herzausstoßes.

Die periphere Gefäßverengung kann zu einem Anstieg des arteriellen Drucks führen, was dann durch die Reizung der Barorezeptoren im Körperkreislauf zur reflektorischen Verlangsamung des Herzens (**Bradycar-**

Tab. 12.1 Reflexwirkungen während Druckänderungen im Sinus caroticus

autonomer Effektor	Druck im Sinus caroticus	
	erhöht	erniedrigt
Herz-Vagus	++++	–
Herz-Sympathicus	–	+++
Eingeweidebett		
Widerstandsfähigkeit der Gefäße	– –	++
Kapazität der Gefäße	– –	++
Nierenbett	~0	+
Muskelbett		
Widerstandsfähigkeit der Gefäße	– – –	++++
Kapazität der Gefäße	–	+
Haut		
Widerstandsfähigkeit der Gefäße	–	++
Kapazität der Gefäße	?0	0
Catecholamine der Nebenniere	~0	++
antidiuretisches Hormon	?	++

+ erhöhter autonomer Effekt,
– erniedrigter autonomer Effekt,
0 kein autonomer Effekt.

Nach Korner, 1971

die) führt. Eine Reizung arterieller Chemorezeptoren kann auch dann zu einer Bradycardie führen, wenn der arterielle Druck auf einem konstanten Niveau gehalten wird. Die Reizung der Chemorezeptoren hat damit einerseits eine direkte Auswirkung auf die Herzfrequenz, andererseits eine indirekte Wirkung über die Änderungen des arteriellen Drucks, hervorgerufen durch eine periphere Gefäßverengung.

Es überrascht nicht, daß zwischen den Kontrollsystemen der Atmung und des kardiovaskulären Systems viele Wechselwirkungen bestehen. So hat z.B. das Entladungsmuster der Streckrezeptoren der Lunge einen nachhaltigen Effekt auf die Art der kardiovaskulären Änderungen nach einer Reizung der Chemorezeptoren. Atmet das Tier normal, führen Änderungen der im Blut vorhandenen Gaskonzentrationen zu einer bestimmten Art reflektorischer Antworten; atmet das Tier jedoch nicht, führt die chemorezeptorische Reizung zu völlig anderen kardiovaskulären Reaktionen (s. S. 582).

Herzrezeptoren

In den verschiedenen Teilen des Herzens gibt es zahlreiche Endigungen mechanorezeptorischer und chemorezeptorischer afferenter Nerven. Sie erfassen Änderungen im Zustand des Herzens und übermitteln diese Informationen über das Rückenmark an das medulläre kardiovaskuläre Zentrum und an andere Hirnareale. Die Reizung der Herzrezeptoren ruft dazu eine Reihe von Reflexantworten hervor, wie z.B. Änderungen der Herzfrequenz und des Kontraktionsvermögens, unter extremen Bedingungen auch die Schmerzen, die mit einem Herzanfall einhergehen. Das Herz fungiert auch als endokrines Organ: die Reizung einiger Herzrezeptoren führt zur Ausschüttung von Hormonen – entweder direkt aus den Vorhöfen oder aus anderen endokrinen Geweben im Körper.

Vorhofrezeptoren: Die Vorhofwände enthalten viele afferente mechanorezeptorische Fasern, bei denen drei Typen unterschieden werden: myelinisierte A-Fasern und B-Fasern sowie nicht myelinisierte C-Fasern. Die **A-Rezeptoren** antworten auf Änderungen der Herzfrequenz; sie scheinen dem kardiovaskulären Kontrollzentrum die Herzfrequenz mitzuteilen. Die **B-Rezeptoren** reagieren auf Erhöhungen der Füllrate und des Füllvolumens der Vorhöfe. Der venöse Druck und das Volumen sind entscheidende Faktoren für die Füllung der Atrien. Erhöhungen des venösen Volumens erhöhen den Venendruck und damit auch die Vorhoffüllung und letztlich die Feuerrate der B-Rezeptoren. Die Verarbeitung dieser Information im kardiovaskulären Zentrum hat zwei Effekte, zum einen auf das Herz, zum anderen auf die Nieren. Die Anregung der B-Rezeptoren wirkt über den Sympathicus auf den Sinusknoten und erhöht die Herzfrequenz. Die Erregung dieser afferenten Fasern stimuliert aber gleichermaßen auch eine bemerkenswerte Diurese (Harnbildung und Ausscheidung), vermutlich über eine Verminderung der Konzentration des antidiuretischen Hormons (ADH) im Blut. Es besteht damit eine negative Rückkopplung zur Regulierung des Blutvolumens: Eine Erhöhung des Blutvolumens erhöht den Venendruck und die Füllung der Vorhöfe; dies aktiviert atriale B-Rezeptoren, die daraufhin die ADH-Ausschüttung aus dem Hypophysenhinterlappen hemmen. Die nun folgende Absenkung des ADH-Spiegels im Blut führt zur Diurese und damit zu einer Verminderung des Blutvolumens.

Einen dritten Typ atrialer Mechanorezeptoren bilden die nicht myelinisierten afferenten **C-Fasern**. Sie innervieren den Einmündungsbereich der Hohlvenen in den rechten Vorhof. Ist die Herzfrequenz niedrig, wird sie durch die Dehnung dieser Bereiche gesteigert. Ist diese jedoch hoch, führt die Erregung der C-Fasern zu einer Absenkung der Herzfrequenz. Außerdem senkt die Reizung der C-Fasern den Blutdruck. In den Atrien befinden sich sowohl myelinisierte als auch nichtmyelinisierte sympathische Nervenendigungen. Als Reiz wirken Kontraktion wie auch Erschlaffung der Vorhöfe, mit der Folge einer Erhöhung der Herzfrequenz.

Die Vorhofwände enthalten Zellen, die das **atriale natriuretische Peptid** (ANP) (s. S. 367) produzieren, das bei Dehnung freigesetzt wird. Dieses Hormon hat mehrere Wirkungen. Wie sein Name sagt, erhöht es die Urinproduktion und damit die Na^+-Ausscheidung. Dies führt zu einer Verminderung des Blutvolumens und Blutdrucks. ANP hemmt die Reninausschüttung durch die Niere und die Produktion von Aldosteron in der Nebennierenrinde. Damit setzt es die Wirkung des Renin-Angiotensin-Aldosteron-Systems herab, welches die Natriumaufnahme anregt und zu einer Erhöhung des Blutvolumens führt (s. S. 690). Außerdem hemmt ANP die Ausschüttung von ADH und wirkt direkt auf die Nieren, um die Wasser- und NaCl-Ausscheidung zu erhöhen. Es hat sich gezeigt, daß ANP depressorische Wirkung hat und den Herzausstoß ebenso wie den Blutdruck verringert. Schließlich ist ANP Gegenspieler des Angiotensins, welches den Blutdruck erhöht.

Das atriale natriuretische Peptid gehört zu einer Peptidfamilie (A-, B-, C- und V-Typ natriuretisches Peptid), die als gemeinsame Struktur einen Ring aus 17 Aminosäuren besitzt, der durch eine Disulfidbrücke zusammengehalten wird. Seit den ersten Untersuchungen an ANP in den frühen 80ern wurden natriuretische Peptide in vielen verschiedenen Geweben gefunden, das Zentralnervensystem eingeschlossen. In vielen Fällen haben sie möglicherweise autocrine oder paracrine Funktion, sie wirken also entweder in der Zelle selbst oder über die interstitielle Flüssigkeit nur auf benachbarte Zellen. ANP-Rezeptoren wurden sowohl in den Atrien als auch in den Ventrikeln bei verschiedenen Vertebraten nachgewiesen. Die Bindung des lokal ausgeschütteten ANP könnte die Kontraktionsfähigkeit herabsetzen; das wäre ein Hinweis auf eine paracrine Funktion innerhalb des Herzens.

Ventrikelrezeptoren: Im Ventrikel enden sowohl myelinisierte als auch nichtmyelinisierte sensorische, sympathische, afferente Nerven. Die myelinisierten Nervenfasern haben mechanorezeptorische und chemorezeptorische Endigungen, je nach Modalität. Die mechanorezeptorischen Endigungen werden durch Unterbrechung der Coronardurchblutung erregt, die chemorezeptorischen durch Substanzen wie **Bradykinin**. Bei niederem Aktivierungsniveau wird die Erregung durch den Sympathicus erhöht und der Vagus(Parasympathicus)-Einfluß auf das Herz vermindert. Dies erhöht die Kontraktionskraft des Herzens und den Blutdruck. Bei höherem Aktivierungsniveau läuft die Schmerzwahrnehmung im Herzen über diese Fasern.

Im linken Ventrikel gibt es viele Endigungen nichtmyelinisierter afferenter C-Fasern, aber nur wenige Endigungen myelinisierter Fasern. Auf eine schwache Reizung der C-Fasern erfolgt eine periphere Gefäßerweiterung und eine Verminderung der Herzfrequenz. Stärkere Reizungen der C-Fasern führen zur Erschlaffung der Magenmuskulatur, sehr starke Reizungen verursachen Erbrechen.

Afferente Skelettmuskelfasern

Es mag etwas überraschen, daß die meisten Nerven, die zu den Skelettmuskeln führen, mehr afferente als efferente Fasern enthalten. Die afferenten Fasern lassen sich einer von vier großen Gruppen zuordnen. Bei den **Gruppen I und II** handelt es sich um sensorische Fasern aus den Muskelspindeln und dem Golgi-Sehnen-Organ. Sie scheinen keine oder nur eine untergeordnete Rolle bei der Kontrolle des kardiovaskulären Systems zu spielen. Im Gegensatz dazu dürften die Fasern der **Gruppe III** – myelinisierte „freie Nervenendigungen" – und die der **Gruppe IV** – nichtmyelinisierte sensorische Endigungen – kardiovaskuläre Effekte haben. Sie werden durch mechanische oder chemische Reize aktiviert, wobei die meisten Fasern nur auf eine einzige Reizmodalität reagieren. Mechanische Reize sind z.B. Kontraktion, Streckung oder Quetschung bei der Muskelaktivität; chemische Reize sind Änderungen in der extrazellulären Flüssigkeit, die damit einhergehen. Große Änderungen im pH oder im osmotischen Druck steigern die Aktivität der Fasern Gruppe III. Es ist jedoch noch nicht geklärt, ob diese pH-Änderungen oder osmotischen Änderungen *in vivo* kardiovaskuläre Effekte auslösen.

Elektrische Reizung der afferenten Fasern aus Muskeln kann zur Erhöhung oder zur Erniedrigung des arteriellen Blutdrucks führen, je nachdem, welche Fasern einer bestimmten Gruppe gereizt wurden oder mit welcher Frequenz sie gereizt wurden. Manche mit niedriger Frequenz gereizte afferente Fasern führen zur Verminderung des arteriellen Blutdrucks; die Reizung derselben Fasern mit hohen Frequenzen erhöht ihn. Die elektrische Reizung afferenter Nervenfasern aus dem Muskel verändert die Herzfrequenz in die gleiche Richtung wie den Blutdruck, d.h. wird der Blutdruck erhöht, erfolgt eine Frequenzerhöhung und umgekehrt. Wenn eine elektrische Reizung von Muskelafferenzen eine Erhöhung der Herzfrequenz und des Herzausstoßes bewirkt, wird auch die Blutverteilung im Körper verändert. Die Durchblutung von Haut, Nieren, Eingeweiden und inaktiven Muskeln wird zugunsten der aktiven Muskeln vermindert.

Nach Durchtrennung der dorsalen Nervenwurzel unterbleiben jedoch kardiovaskuläre Reaktionen auf Muskelkontraktionen; sie erfolgen daher vermutlich reflektorisch aufgrund einer Aktivierung der Muskelfaserafferenzen. Die Antwort variiert je nachdem, ob die Muskelkontraktion isometrisch (statische Übung) oder isotonisch (dynamische Übung) ist. Eine statische Übung ist mit einer Erhöhung des arteriellen Blutdrucks verbunden, wobei nur geringste Änderungen im Herzausstoß auftreten. Dynamische Übungen erhöhen den Herzausstoß, es treten jedoch nur minimale Änderungen im arteriellen Blutdruck auf. Diese Reflexantworten, ausgelöst durch die Aktivitäten der afferenten Fasern des Muskels, werden im kardiovaskulären Zentrum verarbeitet und an die Nerven des autonomen Systems weitergegeben, die das Herz und die Blutgefäße innervieren. Sie bilden den efferenten Arm des Reflexbogens.

Regulation der Kapillardurchblutung

Die Durchblutung der Kapillaren paßt sich den Bedürfnissen der Gewebe an. Ändern sich die Anforderungen plötzlich, wie z.B. in der Skelettmuskulatur während einer körperlichen Betätigung, so ändert sich ebenfalls die Durchblutung der Kapillaren. Schwanken die Anforderungen an Nährstoffe nur geringfügig innerhalb einer bestimmten Zeit, wie z.B. im Gehirn, ändert sich die Durchblutung der Kapillaren ebenfalls nur geringfügig. Die Regulation der Kapillardurchblutung läßt sich in zwei Haupttypen unterteilen: die nervöse und die lokale Kontrolle.

Nervöse Kontrolle der Kapillardurchblutung

Die nervöse Kontrolle dient zur Aufrechterhaltung des arteriellen Drucks durch entsprechende Anpassungen des Strömungswiderstandes im peripheren Kreislauf. Bei den Vertebraten müssen Gehirn und Herz stets mit Blut versorgt werden. Unterbleibt z.B. die Versorgung des menschlichen Gehirns, treten schon nach wenigen Minuten schwerste Schädigungen auf. Die nervöse Kontrolle der Arteriolen sorgt dafür, daß jeweils nur eine begrenzte Anzahl der verschiedenen Kapillarnetze durchblutet ist. Wären alle Kapillaren gleichzeitig geöffnet, würde der arterielle Druck plötzlich abfallen und die Blutversorgung des Gehirns reduziert werden. Die nervöse Kontrolle der Kapillardurchblutung arbeitet nach einem Prioritätsprinzip: Fällt der arterielle Druck ab, wird die Blutversorgung des Darmes, der Leber und der Muskulatur zugunsten der Gehirn- und Herzversorgung reduziert.

Arteriolen werden überwiegend von sympathischen Nerven innerviert; sie setzen gewöhnlich Noradrenalin frei, das mit adrenergen Rezeptoren der glatten Gefäßmuskulatur reagiert und eine Vasokonstriktion bei den Arteriolen bewirkt. Einige Arteriolen werden aber vom N. vagus, dem Parasympathicus versorgt, der Acetylcholin ausschüttet, das hier – anders als in somatischen Muskeln – inhibitorisch wirkt.

Steuerung über den Sympathicus und durch Catecholamine im Kreislauf: Noradrenalin koppelt an die α-Adrenorezeptoren der glatten Muskeln der Arteriolen und bewirkt eine Vasokonstriktion, d.h. eine Abnahme des Gefäßdurchmessers (Gefäßverengung). Das führt zu einer Erhöhung des Strömungswiderstands und reduziert folglich die Durchströmung eines Kapillarnetzes. Allgemein bewirkt eine sympathische Erregung durch eine periphere Vasokonstriktion eine Erhöhung des arteriellen Blutdrucks. Diese Gesamtwirkung hängt vom Ausmaß der Bindung des aus den Nervenendigungen freigesetzten Noradrenalins an die α-Rezeptoren der glatten Muskelzellen ab. Die Folge ist eine höhere Spannung dieser Muskeln.

Erregung der β-Adrenorezeptoren in den glatten Muskeln der Arterien bewirkt dagegen deren Entspannung und führt zu einer Gefäßerweiterung (Dilatation) der Arteriolen. Dies vermindert den Strömungswiderstand und erhöht die Kapillardurchblutung. Die β-Adrenorezeptoren liegen selten in der Nähe von Nervenendigungen, sie werden in der Regel durch in der Blutbahn kreisende Catecholamine erregt. Die Catecholamine werden entweder aus adrenergen Neuronen des autonomen Nervensystems oder aus den chromaffinen Zellen des Nebennierenmarks in die Blutbahn abgegeben. Dominant bei den zirkulierenden Catecholaminen ist das Adrenalin (s. S. 313 ff).

Adrenalin bindet an α- und β-Rezeptoren, was zur Gefäßverengung bzw. Gefäßerweiterung führt. Die α-Rezeptoren sind zwar gegenüber Adrenalin weniger empfindlich, dominieren aber über die durch β-Adrenorezeptoren bewirkte Vasodilatation. Hohe Catecholaminkonzentrationen im Blut führen folglich über die Aktivierung der α-Adrenorezeptoren zu einer Gefäßverengung, während bei niederen Konzentrationen die Stimulation der β-Rezeptoren überwiegt. Die Folge ist eine allgemeine Vasodilatation und damit eine Abnahme des peripheren Widerstands. Selbst wenn der Adrenalinspiegel so niedrig ist, daß Vasodilatation die Folge ist, wird der arterielle Blutdruck erhöht, da Adrenalin auch mit den α-Rezeptoren des Herzens reagiert und zu einer Steigerung des Herzausstoßes führt.

Adrenerge β-Rezeptoren lassen sich in zwei Untergruppen unterteilen: β_1-Adrenorezeptoren werden sowohl durch im Blut kreisendes Adrenalin als auch durch das an adrenergen Nervenendigungen freigesetzte Noradrenalin aktiviert. Die β_2-Rezeptoren reagieren dagegen nur auf die Catecholamine in der Blutbahn. Im peripheren Kreislauf sind nur β_2-Rezeptoren anzutreffen, wogegen β_1-Rezeptoren im Herz selbst und im Coronarkreislauf vorhanden sind, wo sowohl im Blut kreisende Catecholamine als auch das von Nervenendigungen freigesetzte Noradrenalin eine deutliche Wirkung haben können.

Zusammenfassend ergeben sich folgende Effekte:
- Die Erregung des Sympathicus bewirkt im allgemeinen eine periphere Vasokonstriktion und damit eine Erhöhung des arteriellen Blutdrucks.
- Die Zunahme der Catecholamine in der Blutbahn verursacht eine Erhöhung des peripheren Strömungswiderstands. Damit einher geht eine Erhöhung des arteriellen Blutdrucks infolge gleichzeitiger Anregung der Herztätigkeit und Erhöhung des Herzausstoßes.

Die Reaktion in einem beliebigen Gefäßnetz hängt von mehreren Faktoren ab: vom Typ des Catecholamins, von der Natur der beteiligten Rezeptoren und von der Beziehung zwischen der Erregung des Rezeptors und der Änderung im Muskeltonus. Obwohl die Erregung der α-Rezeptoren gewöhnlich zu einer Gefäßverengung, die der β-Rezeptoren jedoch zu einer Vasodilatation führt, ist dies nicht unter allen Umständen der Fall, da nicht alle sympathischen Fasern adrenerg sind. Einige sind cholinerg, d.h. sie setzen aus ihren Nervenendigungen Acetylcholin frei. Die Stimulation sympathischer cholinerger Nerven führt zur Vasodilatation in den Gefäßen der Skelettmuskulatur.

Die Aktivität der Catecholamine wird nachhaltig von verschiedenen anderen Substanzen moduliert, einschließlich Neuropeptid Y und Adenosin. **Neuropeptid Y** wurde 1982 aus dem Schweinehirn isoliert; es ist dem Pancreas-Polypeptid der Säuger in der Struktur ähnlich. Neuropeptid Y ist im Tierreich weit verbreitet und wurde sowohl bei vielen Vertebraten als auch bei Insekten nachgewiesen. Es befindet sich zusammen mit Noradrenalin in den Sympathicusganglien und adrenergen Nerven, desgleichen in vielen noradrenergen Fasern. Das Myocard der Vorhöfe wie der Ventrikel und die Coronararterien sind umgeben von Nervenfasern, die Neuropeptid Y enthalten. Hinzu kommt, daß wahrscheinlich die Myocardzellen selber Neuropeptid Y produzieren und freisetzen. Ganz allgemein kann gesagt werden, daß das Neuropeptid Y die Coronardurchblutung und die Kontraktionsfähigkeit des Herzmuskels durch eine Reduzierung der Inositoltriphosphat(IP_3)-Konzentration vermindert (s. S. 349ff). Welche Rolle das Neuropeptid Y im Kreislauf spielt, ist weniger gut bekannt; es scheint aber die über α-Adrenorezeptoren ausgelöste Gefäßverengung nach Ausschüttung von Noradrenalin zu verstärken, also blutdrucksteigernd zu wirken.

ATP und Neuropeptid Y werden zusammen mit Catecholaminen gespeichert und ausgeschüttet. ATP und sein Abbauprodukt Adenosin hemmen die Freisetzung von Catecholaminen. Adenosin wird von vielen Geweben bei **Hypoxie** (Verminderung des O_2-Partialdrucks im Gewebe) freigesetzt; es hat aber nur eine parakrine oder autokrine Wirkung, weil es sehr schnell inaktiviert wird. Die Ausschüttung von Catecholaminen aus chromaffinen Geweben ins Blut wird durch Hypoxie gefördert; sie wird jedoch örtlich durch die Freisetzung von Adenosin reguliert.

Steuernde Wirkung über den Parasympathicus: Arteriolen in den Kreislaufabschnitten, die zum Gehirn und zur Lunge führen, werden von parasympathischen Nerven, Ästen des N. vagus, innerviert. Parasympathische Nerven enthalten cholinerge Fasern, die bei Erregung Acetylcholin aus ihren Endigungen freisetzen. Bei Säugern führt die Erregung des Parasympathicus zur Vasodilatation in den Arteriolen. Einige parasympathische Neurone entlassen ATP und andere Purine aus ihren Endigungen. Einige dieser **purinergen** Neurone bewirken zusammen mit anderen Faktoren die Regulation der Kapillardurchblutung. So bewirkt etwa ATP eine Vasodilatation.

Lokale Kontrolle der Kapillardurchblutung

Alle Gewebe haben Mindestanforderungen an die Kapillardurchblutung, um den Bedarf an Nährstoffen und O_2 sowie die Beseitigung der Stoffwechselendprodukte zu sichern. Aktive Gewebe haben größere Ansprüche, folglich muß der Blutstrom durch die Kapillaren entsprechend steigen. Außer der nervösen Kontrolle durch das zentrale kardiovaskuläre Zentrum gibt es für die Mikrozirkulation eine Reihe lokaler Regulationsmechanismen. Wenn z.B. ein Gefäß durch eine Zunahme des Zuflusses gedehnt wird, reagiert die glatte Gefäßmuskulatur mit Kontraktion, wirkt also der Zunahme des Gefäßdurchmessers entgegen. Dieses Bestreben, den Gefäßdurchmesser innerhalb enger Grenzen zu halten, verhindert größere Änderungen im Strömungswiderstand; damit wird ein annähernd gleichmäßiger Mindeststrom durch ein Kapillarnetz aufrechterhalten. Eine lokale Erwärmung des Gewebes, die z.B. auf einer Entzündung beruhen könnte, wird von einer deutlichen Vasodilatation begleitet. Im Gegensatz dazu bewirkt eine Temperaturverminderung eine Gefäßverengung. Ein Eisbeutel kann z.B. die Durchblutung und damit die Anschwellung vermindern und so das Gewebe vor Beschädigung schützen.

Zahlreiche andere Wirkstoffe beeinflussen den Blutstrom durch ein Gewebe. Man kann drei Gruppen unterscheiden:
- vom Endothel des Gefäßes produzierte Verbindungen,
- zahlreiche von anderen Zellen freigesetzte Vasokonstriktoren und Vasodilatatoren sowie
- bei erhöhter Aktivität des Gewebes anfallende Stoffwechselprodukte.

Endotheleigene Wirkstoffe: Das Endothel ist nicht nur eine Barriere zwischen dem Blut und dem umgebenden Gewebe, sondern auch aktiv an der Erzeugung vieler Wirkstoffe beteiligt. Einige von ihnen – wie Stickstoffmonoxid, Endothelin und Prostacyclin – beeinflussen die glatten Gefäßmuskelzellen und damit den Blutstrom in den Kapillaren.

Stickstoffmonoxid wird ständig vom Endothel der Gefäße produziert und freigesetzt. Es bewirkt eine Erschlaffung der Gefäßmuskulatur. Der Stickstoffmonoxid-vermittelte dilatatorische Gefäßtonus reguliert Blutstrom und Blutdruck bei Säugern und vielleicht auch bei anderen Vertebraten. Die Beobachtung der endothelabhängigen Gefäßentspannung führte zur Entdeckung des **„endothelium-derived relaxing factor"** (EDRF, endothelstämmiger Erschlaffungsfaktor). Man weiß nun, daß diese Wirkung hauptsächlich auf die Produktion und Freisetzung von Stickstoffmonoxid zurückzuführen ist. Stickstoffmonoxid aktiviert die Guanylatcyclase, was zu einer Erhöhung in der Konzentration des intrazellulären sekundären Messengers cGMP (zyklisches 3′,5′-Guanosinmonophosphat) führt. Eine Entspannung der Muskelzellen ist die Folge.

Eine Enzymfamilie, die **Stickstoffmonoxid-Synthetasen**, oxidiert im Endothel L-Arginin zu Stickstoffmonoxid und L-Citrullin. Einige Stickstoffmonoxid-Synthetasen sind Ca^{2+}-abhängig; der Eintritt von Ca^{2+} in Endothelzellen veranlaßt die Produktion und Ausschüttung von Stickstoffmonoxid und die Erschlaffung der benachbarten glatten Muskelzellen. Da einige Ca^{2+}-Kanäle des Endothels dehnungsempfindlich sind, ist zu vermuten, daß die Produktion von Stickstoffmonoxid nach Dehnung der Gefäße durch einen vermehrten Ca^{2+}-Einstrom verursacht wird. Verschiedenste Verbindungen, wie z.B. Acetylcholin, ATP und Bradykinin, regen die Ausschüttung von Stickstoffmonoxid an. Das gleiche geschieht durch Hypoxie, pH-Änderung und erhöhte Beanspruchung der Gefäße durch Scherkräfte. Es gibt auch Hinweise auf eine erhöhte Stickstoffmonoxidproduktion bei Druckerhöhung, die mit jedem Herzschlag einhergeht.

Stickstoffmonoxid-Synthetasen sind bei den verschiedensten Tieren gefunden worden, so etwa beim Pfeilschwanzkrebs *Limulus*, der blutsaugenden Wanze *Rhodnius*, bei Neunaugen (Rundmäuler) und beim Menschen. Stickstoffmonoxid hat außer der Aufrechterhaltung des Gefäßwandtonus noch viele andere Funktionen, daher ist sein Vorkommen bei Tieren ohne Gefäßtonus oder in Geweben ohne Blutgefäße nicht überraschend. Beispielsweise ist das im ZNS freigesetzte Stickstoffmonoxid an der Modulation der Synapsenaktivität durch Anregung der N-methyl-D-Aspartat-Rezeptoren beteiligt (s. Abb. 6.**51**). Stickstoffmonoxid könnte auch an unspezifischen Abwehrreaktionen beteiligt sein, an der Entspannung der gefäßfreien glatten Muskulatur im Magen-Darmtrakt und im Urogenitaltrakt, sowie an der Ausschüttung einiger Hormone. Hinzu kommt, daß das aus dem Endothel, den Blutplättchen und aus Leukocyten freigesetzte Stickstoffmonoxid die Haftfähigkeit und die Zusammenlagerung der Blutzellen herabsetzt und so Thrombosen verhindert.

Das Gefäßendothel setzt außer Stickstoffmonoxid Endotheline und Prostacyclin frei. **Endotheline** sind kleine Proteine mit vasokonstriktiver Wirkung, die aus 21 Aminosäuren aufgebaut sind. **Prostacyclin** bewirkt eine Gefäßerweiterung und wirkt als Antikoagulans. Damit fungiert es als Antagonist des Prostaglandins Thromboxan A_2, das die Blutgerinnung unterstützt und eine Gefäßverengung bewirkt.

Wirkstoffe bei Entzündungsvorgängen: Thromboxan A_2 wird im Blutplasma aus Arachidonsäure gebildet, die aus Blutplättchen freigesetzt wird, wenn diese an verletztes Gewebe binden. Obwohl der Thromboxanspiegel in einem verletzten Gewebe steigt und eine Gefäßverengung verursacht, führt eine lokale Verletzung bei Säugern zu deutlichen Gefäßerweiterungen im Verletzungsgebiet, hauptsächlich durch die lokale Ausschüttung von **Histamin**. Histamin wird nicht aus dem Endothel abgegeben, sondern aus Bindegewebe und aus weißen Blutkörperchen im verletzten Gewebe. Antihistaminika vermindern zwar die Entzündungserscheinungen, beseitigen sie jedoch nicht ganz. In verletzten Geweben wird noch eine andere Gruppe sehr starker Vasodilatatoren, die **Plasmakinine**, aktiviert. Verletzung eines Gewebes führt zur Abgabe proteolytischer Enzyme, die Kininogen, ein α_2-Globulin, zu Kininen spalten. Auch andere ungünstige Umstände wie Hypoxie, können die Bildung von Kininen veranlassen.

Zu den Vasokonstriktoren, die auf Arteriolen wirken, zählen das von den Sympathicusendigungen freigesetzte Noradrenalin und **Angiotensin II**. Angiotensin wird vor allem in der Lunge aus Angiotensinogen gebildet, das in der Blutbahn zirkuliert (s. S. 690). Schließlich wirkt **Serotonin** (5-Hydroxytryptamin) entweder gefäßverengend oder gefäßerweiternd, je nach Gefäßnetz und in Abhängigkeit von der Konzentration. Es liegt in hohen Konzentrationen im Darm und in den Blutplättchen (Thrombocyten) vor.

Histamin, Bradykinin und Serotonin steigern die Kapillarpermeabilität. Große Proteine und andere Makromoleküle neigen dazu, sich gleichmäßig zwischen Plasma und interstitiellem Raum zu verteilen. Dies vermindert die Differenz des kolloidosmotischen Drucks über der Kapillarwand, worauf die Filtration zunimmt und ein Gewebsödem entsteht. Andererseits führen Noradrenalin, Angiotensin II und Vasopressin zu einem Rückstrom der interstitiellen Flüssigkeit ins Blut. Diese Reabsorption könnte durch Reduktion des Filtrationsdrucks oder auch durch eine veränderte Kapillarpermeabilität erreicht werden.

Stoffwechsel und Aktivität: Mit Zunahme der Aktivität eines Organs bzw. eines Gewebes muß eine Zunahme der Blutzufuhr einhergehen. Die **lokale Kontrolle** sorgt dafür, daß das aktivste Gewebe die am meisten erweiterten Gefäße hat und damit am besten mit Blut versorgt wird. Das Ausmaß der Gefäßerweiterung hängt von den lokalen Bedürfnissen des betreffenden Gewebes ab. Ganz allgemein sorgen gerade die mit einem hohen Aktivitätsniveau einhergehenden Vorgänge für eine Vasodilatation. Der Begriff **Hyperämie** bedeutet verstärkte Durchblutung eines Gewebes; **Ischämie** das Ende der Durchblutung. **Aktive Hyperämie** bezieht sich auf den Anstieg der Durchblutung, dem ein Aktivitätsanstieg in einem Organ folgt, speziell in der Skelettmuskulatur.

Aktive Gewebe mit aerobem Stoffwechsel verbrauchen O_2 und produzieren CO_2, H^+, verschiedene andere Metabolite (z.B. Adenosin sowie andere ATP-Spaltprodukte) und Wärme. Bei Bewegung ändert sich auch die Ionenverteilung in der Skelettmuskulatur, beispielsweise steigt die extrazelluläre K^+-Konzentration an. Alle diese aktivitätsabhängigen Änderungen des Stoffwechsels haben, ebenso wie Stickstoffmonoxid und Prostacyclin, nachweislich Gefäßerweiterungen und örtliche Zunahmen der Kapillardurchblutung zur Folge. Das heißt also: das aktivste Gewebe hat die am stärksten erweiterten Gefäße und daher die beste Durchblutung.

Im Körperkreislauf ist ein niedriger O_2-Partialdruck das Anzeichen eines aktiven Gewebes; er bewirkt gleichzeitig eine Gefäßerweiterung und eine vermehrte Durchblutung von Kapillaren. Im Lungengewebe verhalten sich die Kapillarnetze gerade entgegengesetzt: Niedrige O_2-Werte bewirken lokale Gefäßverengungen und keine Gefäßerweiterungen. Funktionell ist dieser Unterschied mit der Richtung des Gasaustausches zu erklären. In den Lungenkapillaren wird O_2 vom Blut aufgenommen, Blut muß daher zu den O_2-reichen Abschnitten der Lunge fließen. Im Körperkreislauf wird umgekehrt O_2 aus dem Blut an die Gewebe abgegeben; darum muß die stärkste Blutzufuhr dorthin erfolgen, wo der größte Bedarf ist, also zu Gebieten mit geringem Sauerstoffpartialdruck.

Falls die Blutversorgung eines Organs durch Abklemmen der Arterie oder durch eine starke Gefäßverengung unterbrochen wird, ist nach Beseitigung der Sperre die Durchblutung des betreffenden Organs sehr viel stärker als vorher. Dieser Vorgang ist die **reaktive Hyperämie**. Wahrscheinlich sinken während der Ischämie (d.h. der Zeit ohne Durchblutung) die O_2-Werte, während sich CO_2, H^+ und andere Stoffwechselendprodukte anhäufen. Die Folge ist eine lokale Gefäßerweiterung. Das ermöglicht nach Beseitigung des Verschlusses eine im Vergleich zum Normalzustand stärkere Durchblutung.

Kardiovaskuläre Antworten auf extreme Belastungen

Bisher wurde die allgemeine Organisation des Kreislaufs beschrieben und seine Regulation in unbelastetem Zustand behandelt. Herz und Kreislauf reagieren in jeweils charakteristischer Weise auf Belastungen, z.B. durch Arbeit, Tauchen, innere Blutungen – im schlimmsten Fall ein Blutsturz (Hämorrhagie), um den physiologischen Herausforderungen solcher extremen Bedingungen gewachsen zu sein.

Belastung durch Arbeit

Die Regulierung des kardiovaskulären Systems während körperlicher Betätigung ist ein komplexer Vorgang, der sich auf mehreren Organisationsstufen abspielen kann. Dazu gehören Kontrollmechanismen des Zentralnervensystems, periphere neurale Regelmechanismen (vor allem aus Muskelafferenzen) und lokale Reaktionen. Viele während körperlicher Arbeit auftretende kardiovaskuläre Änderungen sind auch ohne neuronale Mechanismen möglich. Lokale Kontrollsysteme sind also ebenfalls sehr wichtig für die Erhöhung der Durchblutung aktiver Muskeln. Die Kontrollmechanismen des Zentralnervensystems und Reflexe aus Muskelafferenzen, deren Inputs aus Mechano- bzw. Chemorezeptoren kommen, spielen dennoch eine Rolle; sie hängen jedoch vom Ausmaß der Anstrengung ab. Die reflektorische Beeinflussung des kardiovaskulären Systems hängt also von der Art der Betätigung und damit von den Afferenzen aus der Muskulatur ab:
- **Isometrische Kontraktionen** erhöhen den Blutdruck ohne nennenswerte Erhöhung des Herzausstoßes.
- **Isotonische Kontraktionen** erhöhen den Herzausstoß, aber nicht den arteriellen Blutdruck.

Bei körperlicher Arbeit erhöht sich die Durchblutung des Skelettmuskelgewebes entsprechend seiner Aktivierung. Die Durchblutung eines Muskels kann dabei auf das 20fache des Ruhewertes steigen, die Sauerstoffübertragung aus dem Blut in den Muskel auf das 3fache, so daß seine Nutzung des Sauerstoffangebotes schließlich 60 mal höher sein kann. Aktive Hyperämie, die Durchblutungssteigerung, ist in erster Linie verantwortlich für eine erhöhte Zunahme der Blutzufuhr zu einem Muskel. Die daraus folgende Abnahme des peripheren Gefäßwiderstands führt über die Erregung sympathischer Nerven zu einer Zunahme des Herzausstoßes.

Gleichzeitig wird die Durchblutung des Darmes und der Niere vermindert; zunächst erhält aber die Haut mehr Blut, um die vermehrt anfallende Wärme abzustrahlen; man läuft rot an vor Anstrengung. Bei sehr anstrengender Arbeit wird aber auch die Hautdurchblutung gedrosselt (Abb. 12.46); man erblaßt vor Anstrengung. Der Herzausstoß kann bis auf das 10fache seines Ruhewertes ansteigen. Dies ist auf eine große Steigerung der Herzfrequenz bei nur geringer Änderung des Schlagvolumens zurückzuführen. Dieser erhöhte Herzausstoß ist zum großen Teil auf die – im Vergleich zum Ruhewert – etwa 50%ige Abnahme des peripheren Strömungswiderstandes zurückzuführen, sowie auf den verstärkten venösen Rückstrom, der zum einen durch die pumpende Tätigkeit der Skelettmuskulatur auf die Venen, zum anderen durch erhöhte Atemtätigkeit bei Anstrengung hervorgerufen wird.

Die erhöhte Aktivität des Sympathicus bei gleichzeitig verminderter Aktivität des Parasympathicus, die beide das Herz innervieren, hat eine erhöhte Schlagfrequenz und eine Verstärkung der Kontraktionskraft zur Folge. Dies führt zu einem relativ gleichbleibenden Schlagvolumen. Tatsächlich nimmt das Schlagvolumen bei Säugern bei Anstrengung nur um das 1,5fache zu, trotz starker Erhöhung der Herzfrequenz und der damit zwangsläufig einhergehenden Verminderung der Zeit, die für Füllung und Entleerung der Ventrikel zur Verfügung steht. Nach Erregung des Sympathicus wird das Blut bei jedem Herzschlag schneller aus den Ventrikeln ausgestoßen und damit das Schlagvolumen bei erhöhter Schlagfrequenz beibehalten.

Je nach Tierklasse haben Schlagvolumen und Herzfrequenz bei vermehrter Anstrengung unterschiedliche Wirkung auf die Erhöhung des Herzausstoßes. Bei Fischen beispielsweise ändert sich das Schlagvolumen viel stärker als die Herzfrequenz, wogegen es bei Vögeln bei größerer Belastung eine höhere Schlagfrequenz, aber nur geringe Änderungen im Schlagvolumen gibt.

Während der Belastung durch Arbeit treten nur geringfügige Änderungen im arteriellen Blutdruck, beim pH und den Gas-Partialdrücken auf. Die Schwankungen im P_{CO_2} und P_{O_2}, die während des Atmens auftreten, sind etwas größer, ebenso wie die des arteriellen Druckpulses. Die größeren Schwankungen im Druckpuls werden zu einem gewissen Grad durch die erhöhte Elastizität der Arterienwände gedämpft, die auf einem erhöhten Catecholaminspiegel im Blut beruht. Vermutlich spielen arterielle Chemo- und Barorezeptoren für die kardiovaskulären Änderungen, die mit Arbeit einhergehen, nur eine untergeordnete Rolle. Motoneurone, welche die Skelettmuskulatur innervieren, werden zu Beginn einer physischen Betätigung durch höhere Gehirnzentren im Cortex aktiviert (s. Kap. 10); möglicherweise werden durch diese Vorgänge auch die Änderungen der Ventilation und der Durchblutung der Lungen in Gang gesetzt. Ein Rückkopplungsmechanismus, der über Propriorezeptoren in den Muskeln angetrieben wird, könnte ebenfalls an der erhöhten Lungenventilation und dem erhöhten Herzausstoß beteiligt sein (s. Kap. 13). Eine Anzahl anderer Veränderungen verbessern den Gasaustausch bei Arbeit; bei vielen Tieren werden z. B. Erythrocyten aus der Milz in den Kreislauf entlassen. Dies erhöht die Kapazität des Blutes, Sauerstoff zu transportieren, aber auch den Hämatokrit und damit die Viskosität des Blutes. Körperliche Betätigung löst also eine Reihe komplexer, ineinandergreifender Veränderungen aus, die für eine der Situation entsprechende Versorgung der Muskeln mit Sauerstoff und Nährstoffen sorgen und gleichzeitig Kohlendioxid und andere Stoffwechselendprodukte aus dem Kreislauf entfernen helfen.

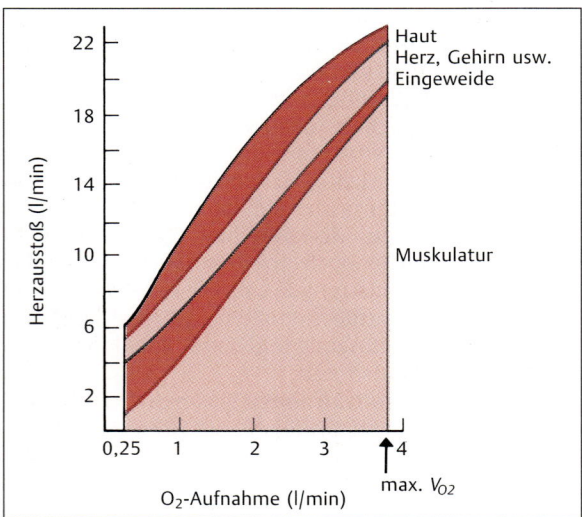

Abb. 12.46 Verteilung des Herzausstoßes in Ruhe und bei verschiedenen Aktivitätsniveaus. Während körperlicher Aktivität ist der gesamte Herzausstoß erhöht, und Blut wird zu den aktiven Muskeln geleitet. In der Grafik ist die ungefähre Verteilung des Herzausstoßes in Ruhe und bei verschiedenen Aktivitätsniveaus bis hin zum maximalen Sauerstoffverbrauch (max. $\dot{V}_{O_2}$) bei einem gesunden jungen Mann dargestellt. Der Abschnitt „Eingeweide" läßt eine fortschreitende Abnahme der absoluten Durchblutung und eine prozentuale Abnahme des Herzausstoßes zur Eingeweideregion und zu den Nieren erkennen, während die Durchblutung der Muskulatur gefördert wird. Während kurzer Tätigkeitsphasen mit hohem Sauerstoffverbrauch wird auch die Versorgung der Haut herabgesetzt (nach Rowell, 1974).

Kardiovaskuläre Antworten auf das Tauchen

Viele luftatmende Vertebraten können für längere Zeit tauchen. Unabhängig davon, wie lange der Tauchgang dauert, muß die Atmung unterbrochen werden, der Körper ist damit auf den im Blut gespeicherten Sauerstoffvorrat angewiesen (s. S. 645 ff). Das Herz- und Kreislaufsystem ist darauf eingestellt, die begrenzten Sauerstoffvorräte den Organen zuzumessen, die am wenigsten einer **Anoxie**, einem Sauerstoffmangel, widerstehen können, also dem Gehirn, dem Herz und einigen endokrinen Geweben.

Viele Erkenntnisse über die mit dem Tauchen verbundenen Reaktionen wurden an Tieren gewonnen, die man untergetaucht hatte; oft genügt es, den Kopf unter Wasser zu halten. Weil Tauchvorgänge unter natürlichen Bedingungen erheblichen Schwankungen in der Tauchtiefe, der Zeit und dem Grad der Anstrengung unterworfen sind, können Werte, die durch erzwungenes Tauchen erhalten wurden, nicht immer auf natürliche Tauchvorgänge übertragen werden. Bartenwale und Zahnwale verbringen ihr ganzes Leben im Wasser und kommen nur zum Atmen an die Oberfläche, wohingegen Robben auch recht lange Zeit an Land verbringen. Andere Tiere verbringen dagegen die meiste Zeit an Land und gehen nur gelegentlich ins Wasser. Da Tiere über sehr unterschiedlich große Sauerstoffvorräte verfügen, ist der Stoffwechsel bei manchen während des Tauchens vollständig aerob, bei anderen weitgehend anaerob. Wale und Robben haben spezielle Arterien zu Wundernetzen (Retia mirabilia) entwickelt, in denen sie O_2-reiches Blut vorrätig halten können. Meeressäuger haben daher sehr viel mehr Blut im Körper als Landsäugetiere.

Abbildung 12.**47** zeigt die typischen Reaktionen des Kreislaufs, die eintreten, wenn eine Robbe abtaucht und längere Zeit unter Wasser bleibt. Bei allen tauchenden Vertebraten wird die Atmung durch Reizung spezifischer, in den Nasengängen und im Pharynx liegender Rezeptoren unterbrochen. Diese sprechen auf Kälte an und lösen reflektorisch eine **Apnoe** (Atemhemmung) aus. Nur bei Säugern, nicht aber bei anderen Vertebraten, bewirkt die Reizung dieser Gesichtsrezeptoren außerdem eine deutliche Bradycardie, also eine Verminderung der Herzfrequenz.

Obgleich die mit dem Tauchen verbundene Zunahme des Druckes auf die Lunge zu einer vorübergehenden Zunahme der O_2- und CO_2-Konzentrationen im Blut führen kann, führt der währenddessen fortlaufende O_2-Verbrauch zu einer Abnahme des Sauerstoffgehalts. Die Abnahme des Blutsauerstoffs stimuliert die arteriellen Chemorezeptoren, und weil die Streckrezeptoren der Lunge ungereizt bleiben, erfolgt nun eine periphere Vasokonstriktion sowie eine Verminderung der Herzfrequenz und des Herzausstoßes. Dadurch wird die Blutzufuhr zum Gehirn, zum Herzen und zu einigen endokrinen Drüsen sichergestellt, während sie zu den übrigen Organen deutlich vermindert wird.

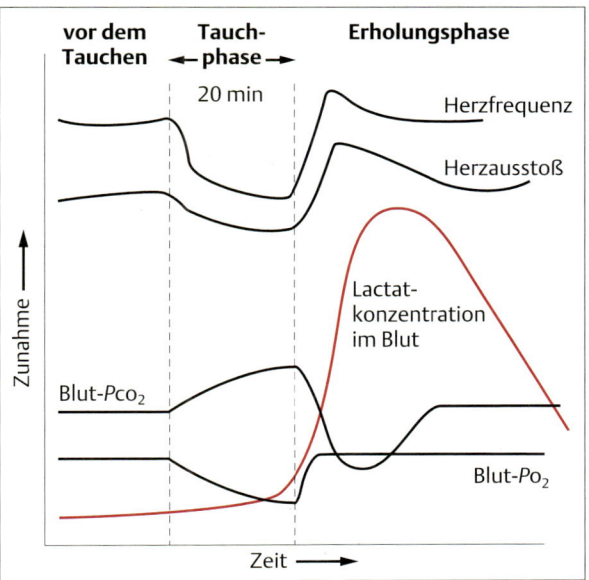

Abb. 12.47 Auswirkungen eines Tauchvorgangs. Wenn eine Robbe taucht, finden im Kreislaufsystem verschiedene Anpassungsvorgänge statt: Herzfrequenz, Herzausstoß und O_2-Gehalt des Blutes nehmen ab; der CO_2-Gehalt des Blutes steigt an. Während der Erholungsphase nach einem Tauchvorgang nimmt der Lactatgehalt des Blutes deutlich zu. Die anderen Parameter zeigen zuerst überschießende Werte und kehren erst allmählich auf ihre vorherigen Werte zurück.

Der Ausfall der Afferenzen der Streckrezeptoren der Lunge wird durch das Aussetzen der Atmung und durch die Kompression der Lunge verursacht, während das Tier dem Druck der Wassersäule ausgesetzt ist. Die Steigerung des peripheren Widerstands ist die Folge eines bemerkenswerten Anstiegs der Aktivität des Sympathicus und bewirkt auch eine Verengung der relativ großen Arterien. Bei tauchenden Weddel-Robben wurde eine Reduktion der Nierendurchblutung beobachtet. In manchen Fällen wird die Blutzufuhr zu den Skelettmuskeln stark gedrosselt, dies hängt aber von dem Grad der mit dem Tauchen verbundenen Anstrengung ab und ist von Art zu Art verschieden. In einigen Fällen steigt der arterielle Druck während des Tauchens an, so daß die Barorezeptoren erregt werden und die Bradycardie durch eine gesteigerte Entladungsfrequenz der Baro- und Chemorezeptoren beibehalten wird. Die Bradycardie beruht auf der gesteigerten parasympathischen und vermutlich herabgesetzten sympathischen Aktivität der das Herz innervierenden Fasern.

Wie Beobachtungen an Robben gezeigt haben, können an der durch das Tauchen ausgelösten Bradycardie auch assoziative Lernvorgänge beteiligt sein. Bei einigen abgerichteten Robben trat Bradycardie bereits vor dem Tauchen auf, also bevor irgendwelche peripheren Rezeptoren gereizt werden. Die Herzfrequenz kann bei vielen Tieren folglich einem psychogenen Einfluß unterliegen. Allgemein gilt: Wenn die Herzfrequenz vor dem Tauchen niedrig ist, wird sie durch das Tauchen wenig oder gar nicht verändert. Ist sie vorher jedoch hoch, dann kann eine deutliche Bradycardie und eine verminderte Aktivität der Streckrezeptoren der Lunge durch das Befeuchten des Gesichts ausgelöst werden. Es genügt z.B., daß ein Mensch sein Gesicht in eine Schüssel mit Wasser hält.

Die „Wasser"-Rezeptoren der Vögel sind nicht direkt an den mit dem Untertauchen einhergehenden Reaktionen des Kreislaufs beteiligt. Eine Abnahme der Herzfrequenz wurde weder bei getauchten Enten beobachtet, die Luft durch eine Tracheakanüle atmeten, noch bei solchen, deren Glomus caroticum denerviert worden war (Abb. 12.48). Die „Wasser-Rezeptoren" bewirken demnach nur eine Apnoe; der nachfolgende Abfall des Blut-P_{O_2} und des pH sowie der Anstieg im P_{CO_2} stimulieren die Chemorezeptoren, die dann reflektorisch die kardiovaskulären Änderungen hervorrufen.

Bei Säugern verändert die Reizung der in der Lunge liegenden Dehnungsrezeptoren die Reflexantworten, die durch die chemorezeptorische Reizung eingeleitet werden. Wenn das Tier nicht atmet und die Streckrezeptoren der Lunge nicht gereizt werden, lösen die Chemorezeptoren andere Reflexantworten aus als während der Atmung. Setzt die Atmung aus, neigt die Lungenfüllung zur Unterdrückung der reflektorischen Herzhemmung und der peripheren Gefäßverengung, die durch die Reizung der arteriellen Chemorezeptoren ausgelöst wird. Wenn ein tauchendes Säugetier zur Oberfläche zurückkehrt und der auf ihm lastende Wasserdruck abnimmt, dehnt sich die Lunge wieder aus, wobei möglicherweise deren Streckrezeptoren erregt werden und damit eine Beschleunigung der Herzfrequenz ausgelöst wird. Wenn das Tier wieder atmen kann, bewirken die arteriellen Chemorezeptoren eine deutliche Erhöhung der Atmungsrate. In diesem Fall löst der niedrige Sauerstoffgehalt bzw. der hohe CO_2-Gehalt des Blutes eine Erweiterung der peripheren Gefäße aus. Die Vasodilatation ihrerseits zieht einen erhöhten Herzausstoß nach sich, so daß der arterielle Druck trotz der gesteigerten peripheren Durchblutung erhalten bleibt. Die durch Einstellung der Atmung beim Tauchen auftretende **Hypoxie** (Sauerstoffmangel) wird von einer Bradycardie und einer Verminderung des Herzausstoßes begleitet. Im Gegensatz dazu ist eine Hypoxie beim atmenden Tier, z.B. in großer Höhe, mit erhöhter Herzfrequenz und gesteigertem Herzausstoß verbunden.

Kardiovaskuläre Antwort auf Hämorrhagien

Normalerweise hemmt eine Reizung der Barorezeptoren in den Arterien und den Vorhöfen die Ausschüttung von Vasopressin; das sympathische Nervensystem wirkt ebenso auf den peripheren Kreislauf. Durch Blutungen (**Hämorrhagien**) werden sowohl der venöse als auch der arterielle Blutdruck vermindert und damit auch Reizungen der Barorezeptoren in den Vorhöfen und in den Arterien ausgelöst. Dadurch wird die barozeptive Hemmung des Sympathicus angeregt. Die Folge ist eine Verengung sowohl der Arterien (Vasokonstriktion) als auch der Venen (Venokonstriktion) und damit eine Erhöhung des Herzausstoßes. Zusammen mit der Verengung der peripheren Arterien führt letzteres zu einer Zunahme des arteriellen Blutdrucks, während die Venenverengung den Rückstrom des Blutes auf gleichem Niveau hält.

Die durch Blutungen verursachte Verminderung der von Druckrezeptoren ausgelösten Hemmung des Sympathicus fördert die Ausschüttung von **Vasopressin**. Hinzu kommt eine Erhöhung der Aktivität des Renin-Angiotensin-Aldosteron-Komplexes, die in der Niere einen Abfall des Blutdrucks und so eine verminderte Blutversorgung zur Folge hat. Vasopressin und **Aldosteron** vermindern die Urinbildung und tragen so zur Erhaltung des Plasmavolumens bei. Gleichzeitig wird der

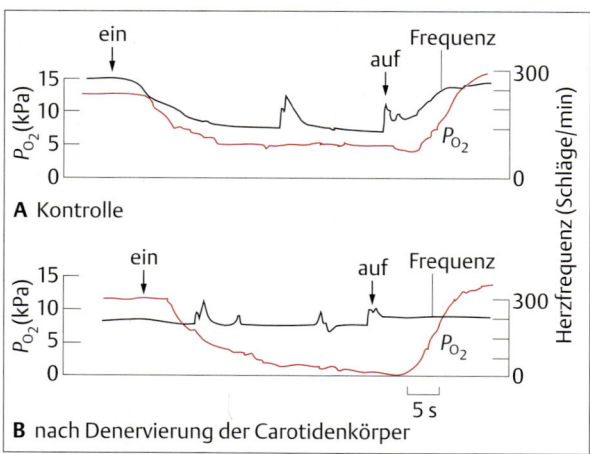

Abb. 12.48 Änderungen in der Herzfrequenz und in der Sauerstoffspannung. Die gewöhnlich bei tauchenden Enten auftretende Abnahme der Herzfrequenz (Bradycardie) hängt von einer intakten Innervation der Carotidenkörper ab. Die Graphik zeigt die Herzfrequenz und den Sauerstoffpartialdruck (P_{O_2}) der brachiocephalen Arterie, wenn der Kopf unter Wasser getaucht ist. Die Zeitpunkte des Ein- und Auftauchens sind durch Pfeile markiert. **A** Kontrolltier, eine sechs Wochen alte Ente mit intakten Nerven. **B** Das selbe Tier drei Wochen nach Denervierung der Carotidenkörper (nach Jones u. Purves, 1970a).

Durst deutlich erhöht, was ebenfalls zur Wiederherstellung des Plasmavolumens dient. Der verminderte Blutstrom durch die Nieren regt die Produktion von **Erythropoetin** an, welches dann die Bildung von Erythrocyten im Knochenmark fördert. Damit wird der Verlust von roten Blutkörperchen durch eine Blutung innerhalb von Tagen – ungünstigstenfalls Wochen – durch eine gesteigerte Produktion ersetzt. Gleichzeitig wird die Leber angeregt, die Produktion von Plasmaproteinen zu erhöhen. Die erhöhte Produktion von Erythrocyten und Plasmaproteinen führt, zusammen mit verminderter Urinproduktion und erhöhter Wasseraufnahme durch Trinken, zu einer Wiederherstellung des ursprünglichen Blutvolumens.

Zusammenfassung

Kreislaufsysteme lassen sich in zwei Kategorien einteilen: solche mit einem offenen und solche mit einem geschlossenen Kreislauf. Beim offenen Kreislaufsystem sind die transmuralen Drücke niedrig. Das vom Herzen gepumpte Blut (Hämolymphe) wird in einen Raum entleert, in dem das Blut die Zellen direkt umspült. Beim geschlossenen Kreislauf gelangt das Blut über Kapillaren vom arteriellen zum venösen Abschnitt. Die transmuralen Drücke sind hoch, so daß ein langsamer Flüssigkeitsübertritt durch die Kapillarwände in den extrazellulären Raum erfolgt. Diese Flüssigkeit wird über das Lymphsystem dem Kreislauf wieder zugeführt.

Das Herz ist eine Muskelpumpe, die das Blut in das arterielle System preßt. Die Erregung des Herzens geht von einem Schrittmacher aus. Das Ausbreitungsmuster der Erregung über die Herzmuskelmasse wird durch die Natur der Kontaktstellen zwischen den Zellen bestimmt. Die Verbindungsstellen zwischen den Muskelfasern des Herzens (Glanzstreifen) haben einen geringen elektrischen Widerstand. Dies erlaubt die Übertragung der elektrischen Erregung von einer Zelle auf eine benachbarte.

Die Anfangsphase jeder einzelnen Herzkontraktion ist isometrisch; ihr folgt eine isotonische Phase, bei der das Blut in das arterielle System gepreßt wird. Der Herzausstoß hängt vom venösen Rückfluß ab. Bei Säugern werden Änderungen im Herzausstoß durch Änderungen der Herzfrequenz und weniger durch Änderungen im Schlagvolumen bewirkt.

Die Blutströmung ist gewöhnlich fortlaufend laminar, d.h. „stromlinienförmig". Da jedoch die Beziehung zwischen Druck und Strömung komplex ist, gilt das Poiseuille-Gesetz nur für kleine Arterien und Arteriolen.

Das arterielle System dient für das Blut als Druckreservoir und als Leitungsbahn zwischen Herz und Kapillaren. Die elastischen Arterien dämpfen die Druck- und Strömungsschwankungen, die durch die Herzkontraktionen hervorgerufen werden. Die terminalen Segmente präkapillärer Arteriolen, die Sphinktergefäße (Verschlußgefäße), regeln die Verteilung des Blutes zu den Kapillaren. Das Venensystem dient sowohl als Leitungsbahn für das Blut zwischen den Kapillaren und dem Herzen, als auch als Blutreservoir. Bei Säugern befinden sich rund 50% der gesamten Blutmenge in den Venen. Wale und Robben haben arterielle Wundernetze zwischen den Rippen als zusätzliches Blutreservoir und dadurch ein größeres Blutvolumen als Landsäuger.

In den Kapillaren erfolgt der Stoffaustausch zwischen Blut und Geweben. Nur 30–50% aller Kapillaren werden gleichzeitig durchblutet. Keine einzige Kapillare bleibt jedoch längere Zeit verschlossen, da sich alle kontinuierlich öffnen und schließen. Die Durchblutung der Kapillaren wird durch Nerven kontrolliert. Diese innervieren die glatte Muskulatur, welche die Arteriolen umgibt. Änderungen in der Zusammensetzung des Blutes und der extrazellulären Flüssigkeit (Lymphe) im Bereich der Kapillaren bewirken, daß sich die Gefäße entweder verschließen oder öffnen und damit die Durchblutung des Gewebes verändern.

Die Wände der Kapillaren sind gewöhnlich etwa tausendfach permeabler als andere Zellschichten. Stoffe werden zwischen dem Blut und den Geweben entweder durch Endothelzellen, welche die Kapillarwände bilden, hindurch oder über zwischen ihnen liegende Spalten ausgetauscht. Endothelzellen enthalten viele Vesikel, die sich zu Kanälen zusammenlagern und Stoffe durch die Zelle leiten können. Einige Endothelzellen haben spezielle Transportmechanismen für Stoffe wie Glucose und Aminosäuren. Die Spalten zwischen den Zellen sind bei verschiedenen Kapillaren unterschiedlich; die Gehirnkapillaren sind durch ausgeprägte Tight junctions wenig durchlässig, während die Leberkapillaren mit großen und gut durchlässigen Spalten für einen intensiven Stoffaustausch ausgerüstet sind.

Der arterielle Blutdruck wird von zentralnervösen Zentren so gesteuert, daß der Strom durch die Kapillaren gleich bleibt, aber, wenn es die besonderen Ansprüche der Gewebe erfordern, auch lokal geändert werden kann. Arterielle Barorezeptoren überwachen den Blutdruck und verändern reflektorisch den Herzausstoß und den peripheren Widerstand, so daß der arterielle Druck aufrechterhalten wird. Mechanorezeptoren der Vorhöfe und der Ventrikel überwachen den venösen Druck und die Ergebnisse der Herzkontraktion und stellen so sicher, daß die Herztätigkeit dem Blutrückfluß aus dem venösen System und den Abfluß in das arterielle System entspricht. Arterielle Chemorezeptoren reagieren auf Änderungen der pH-, O_2- und CO_2-Werte des Blutes. Alle diese Informationen der Sinnesrezeptoren werden im Kreislaufzentrum in der Medulla oblongata, dem kardiovaskulären Zentrum, so verarbeitet, daß der Kreislauf an veränderte Ansprüche des Tieres, die z.B. bei körperlicher Arbeitsbelastung auftreten, zweckmäßig angepaßt wird. Natriuretische Peptide, Vasopressin und das Renin-Angiotensin-Aldosteron-System arbeiten mit neuralen Regelkreisen zusammen, um das Blutvolumen nach der Wasseraufnahme durch Trinken oder nach einem Blutverlust infolge von Verletzungen auf gleicher Höhe zu halten.

Allgemein verursacht die Einwirkung des Sympathicus auf die glatten Muskelzellen der Gefäße eine periphere Vasokonstriktion und damit eine Erhöhung des arteriellen Blutdrucks, während eine Zunahme der in der Blutbahn kreisenden Catecholamine, besonders des Noradrenalins, den Gefäßwiderstand (Vasodilatation) herabsetzt und gleichzeitig durch eine Steigerung des Herzausstoßes den Blutdruck anhebt. Das Gefäßendothel gibt verschiedene Wirkstoffe ab (z.B. Stickstoffmonoxid, Endothelin oder Vasodilatin), die lokale Gefäßverengungen oder -erweiterungen auslösen, wodurch die Blutzufuhr den örtlichen und zeitlichen Ansprüchen des Gewebes angepaßt wird. Entzündungswirksame Stoffe wie Histamin und verschiedene Kinine erhöhen die Blutzufuhr zu verletzten Geweben. Wenn schließlich aerobe, sauerstoffzehrende Stoffwechselvorgänge in einem Gewebe zunehmen, findet eine Erhöhung der lokalen Blutzufuhr statt, es tritt Hyperämie ein. Dies stellt sicher, daß die Gewebe mit der höchsten Belastung auch die intensivste Kapillardurchblutung erhalten.

Empfohlene Literatur

Bundgaard, M.: Transport pathways in capillaries: in search of pores. Ann. Rev. Physiol. **42** (1980) 325–326

Crone, C.: Ariadne's thread: an autobiographical essay on capillary permeability. Microvasc. Res. **20** (1980) 133–149

Heisler, N. (Hrsg.): Mechanisms of Systemic Regulation: Respiration and Circulation. Adv. Comp. Environ, Physiol. Vol. 21 (1995)

Kooyman, G.L.: Diverse Divers. Zoophysiology. Vol. 23. Springer, New York 1989

Lewis, D.H. (Hrsg.): Lymph circulation. Acta Physiol. Scand. Suppl. 463 (1979)

Radomski, M.W., Salas, E.: Biological significance of nitric oxide. 4th Int. Congress. Comp. Physiol. Biochem. Physiol. Zool. **68** (1995) 33–36

Schmidt-Nielsen, K.: How Animals Work. Cambridge University Press, New York 1972

Van Vilet, B.N., West, N.H.: Phylogenetic trends in the baroreceptor control of arterial blood pressure. Physiol. Zool. **67** (6) (1994) 1284–1304

13. Gasaustausch und Säuren-Basen-Gleichgewicht

Erst vor gut 200 Jahren zeigte Antoine Lavoisier (1743–1794), daß Tiere Sauerstoff verbrauchen und gleichzeitig Wärme und Kohlendioxid erzeugen (Box 13.1). Viel später wurde dann erkannt, daß die dieser Beobachtung zugrunde liegenden Prozesse in den Mitochondrien erfolgen (s. S.89ff). Die Tiere nehmen Sauerstoff, den sie für die Zellatmung benötigen, aus der Umgebung auf und geben Kohlendioxid nach außen ab. Für die Zellatmung ist eine ständige Sauerstoffzufuhr und ein ständiger Abtransport des Abfallprodukts Kohlendioxid Voraussetzung. Formal kann man drei Stufen der Atmung unterscheiden:
1. die Gasaufnahme oder äußere Atmung,
2. den Gastransport,
3. die innere Atmung oder Zellatmung.

Wenn sich CO_2 im Körper ansammelt, fällt der pH-Wert der Körperflüssigkeit, und das Leben des Tieres ist bedroht. Wenn der Gastransport zu stark behindert wird, stirbt das Tier, weil es zu wenig O_2 bekommt (und nicht an zuviel CO_2); O_2 ist für den Fortgang des aeroben Stoffwechsels unerläßlich; CO_2 ist eines der Endprodukte des Stoffwechsels. Luft enthält ca. 21% O_2, aber nur geringe Mengen an CO_2 sowie einige Edelgase und andere gasförmige Oxide; der Rest besteht aus Stickstoff (78%). Das von den Tieren in die Außenwelt ausgeschiedene CO_2 wird von Algen und höheren Pflanzen sowie von Bakterien – soweit diese Photosynthese betreiben – aufgenommen und dafür O_2 abgegeben. Dieser Kreislauf von O_2 und CO_2 trägt zur wechselseitigen Abhängigkeit von Pflanzen und Tieren bei.

Das vorliegende Kapitel behandelt den O_2- und CO_2-Transport im Blut und die Systeme, die sich bei Tieren entwickelt haben, um den Gasaustausch einerseits zwischen der Umgebung und dem Blut und andererseits zwischen dem Blut und den Geweben zu gewährleisten. Im Mittelpunkt dieser Darstellung werden die Vertebraten, insbesondere die Säuger, stehen, welche in dieser Hinsicht besonders intensiv untersucht worden sind. Für den Transport von O_2 und CO_2 zwischen Umwelt und Geweben gibt es außer Lungen, Kiemen und den dazugehörigen Gefäßen auch noch andere interessante Organe für den Gasaustausch. Hierher gehört vor allem die Gasdrüse, die bei vielen Fischen die Schwimmblase mit Gas füllt – und das nicht selten gegen einen Druck von vielen hundert Atmosphären.

Allgemeine Betrachtungen

Wenn gefragt wird, wozu die Atmung dient, wird in den allermeisten Fällen die Antwort sein „zur Versorgung des Organismus mit O_2". Richtiger ist aber „zur Erhaltung eines CO_2-Spiegels innerhalb enger, konstanter Grenzen". CO_2 ist nicht etwa nur ein Endprodukt des Stoffwechsels, das unbedingt ausgeschieden werden muß, es hat auch viele wichtige Funktionen zu erfüllen, ohne die unser Stoffwechsel nicht möglich wäre.

Sauerstoff und Kohlendioxid werden mittels Diffusion passiv durch die Körperoberfläche (z.B. die Haut oder ein besonderes Atmungsepithel) transportiert. Wichtige physikalische Gesetze, die das Verhalten von Gasen betreffen und die in der Atmungsphysiologie gebräuchlichen Fachausdrücke werden in Box 13.2 behandelt.

Die Übertragungsgeschwindigkeit eines Gases der Masse M, das durch ein Epithel befördert wird, hängt von der zur Diffusion verfügbaren Oberfläche A, der Diffusionsstrecke x, dem Diffusionskoeffizienten D und dem Konzentrationsunterschied über der Atmungsfläche $(a_1 - a_2)$ ab:

$$M = \frac{D \cdot A \cdot (a_1 - a_2)}{x}$$

Aus der Gleichung ist ersichtlich, daß die Oberfläche des **Atmungsepithels** (auch **respiratorisches Epithel** oder Respirationsepithel genannt) so groß wie möglich und die Diffusionsstrecke so klein wie möglich sein muß, um den Gasaustausch bei einem gegebenen Partialdruck zu erleichtern. Der O_2-Bedarf und die CO_2-Erzeugung eines Tieres nehmen proportional mit seiner Masse zu; die Gasaustauschrate über die Körperoberfläche ist dagegen weitgehend von der Größe der Oberfläche abhängig. Es sei daran erinnert, daß die Oberfläche einer Kugel proportional zum Quadrat, das Volumen dagegen proportional zur dritten Potenz ihres Durchmessers zunimmt. Bei sehr kleinen Tieren ist die Diffusionsstrecke sehr kurz und die Oberfläche im Verhältnis zum Volumen groß. Aus diesem Grunde genügt bei kleinen Tieren, z.B. Protozoen und Rädertierchen, deren Durchmesser weniger als 0,5 mm beträgt, allein die Diffusion zum Gasaustausch. Mit der Größenzunahme wird auch die Diffusionsstrecke verlängert und das Verhältnis der Oberfläche zum Volumen herabgesetzt. Allgemein kann

Box 13.1   Erste Experimente zum Gasaustausch bei Tieren

Poul Astrup und John Severinghaus, zwei herausragende Wissenschaftler auf dem Gebiet des Gasaustausches, beschrieben in ihrem 1986 erschienen Buch „The History of Blood Gases, Acids and Bases" viele der wichtigsten Experimente, die wesentlich zu unserem heutigen Wissen über den Gasaustausch bei Tieren beitrugen. Die wissenschaftliche Bearbeitung dieses Themas begann vermutlich mit Robert Boyl (1627–1691), der sich im 17. Jahrhundert mit den Eigenschaften der Luft befaßte. Boyle erkannte als erster, daß im Vakuum Tiere sterben und Feuer erlischt. Er folgerte daraus, daß etwas in der Luft enthalten sein müsse, das für die Erhaltung des Lebens ebenso wichtig sei wie für das des Feuers.

Joseph Priestley (1733–1804), der seinen Wohnsitz dicht bei einer Brauerei hatte, war beeindruckt über die unglaubliche Menge an Gas, die beim Brauen anfiel. Er griff Boyles Experimente in modifizierter Form auf, indem er verschiedene Chemikalien erhitzte und das dabei über Wasser oder Quersilber entstehende Gas sammelte. Anschließend testete er, ob Mäuse in diesen Gasen leben konnten. Wie er feststellte, lebten Mäuse länger und Kerzenlicht brannte heller in Gas, das beim Erhitzen von Quecksilberoxid entstand, als in Gas aus jeder anderen untersuchten Chemikalie. Auch erkannte er, daß Mäuse länger überlebten, wenn Pflanzen in ihrem Behälter vorhanden waren. Diese Beobachtung Priestleys veranlaßte Benjamin Franklin zu der Forderung, Bäume in der Nachbarschaft von Wohnhäusern nicht mehr zu fällen, da Pflanzen die Luft verbesserten, diese jedoch durch Fäulnis verdorben würde. Priestley gelang der Nachweis, daß Pflanzen – ebenso wie einige Chemikalien – beim Erhitzen ein Gas freisetzen, das Tiere am Leben erhält und Kerzen länger brennen läßt. Nach seinen Vorstellungen konnte dieses Gas **Phlogiston** absorbieren, das beim Verbrennen von Materie freigesetzt würde. Nach den damaligen Vorstellungen enthielt Kohle große Mengen an Phlogiston, das beim Verbrennen in die Luft freigesetzt würde. Dabei würde Asche zurückbleiben. Da Substanzen beim Verbrennen Phlogiston verlören, würden sie auch an Gewicht verlieren.

Das Ende der Phlogiston-Theorie kam, als Antoine Lavoisier (1743–1794) bei seinen Untersuchungen feststellte, daß Phosphor und einige andere Substanzen beim Verbrennen in Luft schwerer werden, nicht aber, wenn sie im Vakuum erhitzt wurden. Er folgerte daher, beim Erhitzen einiger Substanzen werde etwas verbraucht, das in der Luft enthalten sei. Lavoisier gab dieser unbekannten Substanz, die beim Verbrennen verbraucht wird und Tiere am Leben erhält, den Namen „Oxygen". Dieses Wort stammt aus dem Griechischen und bedeutet „säurebildend".

Lavoisier wiederholte einige der von Henry Cavendish (1731–1810) durchgeführten Experimente. Schon Cavendish hatte entdeckt, daß das nicht brennbare Gas, das entsteht, wenn man Metalle zu Säure gibt, sich mit Sauerstoff vereinigt und Wasser bildet. Lavoisier nannte dieses Gas „Hydrogen". (Dieser Begriff stammt ebenfalls aus dem Griechischen und bedeutet „wasserbildend".) Er wiederholte und erweiterte auch einige der von Priestley durchgeführten Experimente und erkannte, daß beim Erhitzen von Quersilber mit Kohle Kohlendioxid entsteht. Schon vorher war von Joseph Black (1728–1799) die Bildung von Kohlendioxid durch Zugabe von Säure zu Kalk beschrieben worden.

Es war damals bereits bekannt, daß ausgeatmete Luft Kohlendioxid enthält. Lavoisier gelang die nächste, weiterführende Entdeckung. Er erkannte, daß sowohl brennende Kohle als auch Tiere Sauerstoff verbrauchen, dabei aber Wärme erzeugen und Kohlendioxid abgeben. Er ermittelte daraufhin die Sauerstoffaufnahme und Wärmeabgabe von Tieren und verglich diese Werte mit denen, die beim Verbrennen von Kohle entstehen. Wie er feststellte, sind die Werte in beiden Fällen weitgehend identisch, bis auf die Tatsache, daß diese Prozesse bei Tieren wesentlich langsamer ablaufen.

---

man feststellen, daß Tiere, deren Durchmesser nicht größer als 1 mm ist, weder Atmungs- noch Kreislauforgane benötigen (s. Kap. 13). Große Oberflächen/Volumen-Verhältnisse werden bei den größeren Tieren durch die Entwicklung speziell zum Gasaustausch bestimmter Bereiche erreicht. Bei einigen Tieren genügt es dann schon, wenn die gesamte Körperoberfläche am Gasaustausch beteiligt ist. Noch größere bzw. aktivere Tiere benötigen jedoch spezialisierte respiratorische Oberflächen. Diese sind mit einer dünnen Zellschicht, dem Atmungsepithel, bedeckt, das zwischen 0,5 und 15 µm dick ist, und den weitaus größten Teil der Gesamtoberfläche des Tierkörpers bildet. Beim Menschen beträgt die alveoläre Oberfläche der Lunge, je nach Alter und Lungenausdehnung, 50–100 m^2, wogegen die Oberfläche des restlichen Körpers bei maximal 2,0 m^2 liegt.

Der Gasaustausch zwischen Umwelt und Eiern, Embryonen, den Larven vieler Tiere, vielen Planktonorganismen und manchen erwachsenen Amphibien – Fröschen wie Molchen – erfolgt durch einfache Diffusion. Hier gibt es dann in der Körperflüssigkeit immer Grenzschichten mit niedrigem O_2- und hohem CO_2-Gehalt. Ein Stagnieren des umgebenden Mediums in der Nähe der Gasaustauschfläche wird bei den meisten Tieren durch Atembewegungen verhindert, die Luft bzw. Wasser über die respiratorischen Flächen bewegen. Größere Tiere haben ein Kreislaufsystem, das den über das respiratorische Epithel aufgenommenen Sauerstoff zu den Geweben transportiert und die Kohlensäure aus den Geweben zum Atemorgan befördert. Diese Austauschvorgänge erfolgen in ausgedehnten Kapillarnetzen, die unmittelbar unter der respiratorischen Oberfläche verlaufen und die in den Geweben höchstens durch wenige Zellschichten von den zu versorgenden Zellen getrennt sind. Wegen der großen Oberfläche der Kapillargefäße wird das Blut großflächig verteilt und durch die feinen Verästelungen die Diffusionsstrecken für die Gase wesentlich verkürzt.

Das **Graham-Gesetz** besagt, daß die Diffusionsrate einer Substanz entlang eines gegebenen Gradienten um-

Allgemeine Betrachtungen

Box 13.2 Die Gasgesetze

Vor über 300 Jahren stellte Robert Boyle fest, daß bei einer bestimmten Temperatur das Produkt aus Druck und Volumen für eine bestimmte Anzahl von Gasmolekülen konstant ist. Das **Gay-Lussac-Gesetz** besagt, daß entweder der Druck oder das Volumen eines Gases der absoluten Temperatur direkt proportional ist, wenn die andere Größe konstant gehalten wird. In einer Gleichung zusammengefaßt, beschreiben diese Gesetze den Zustand eines Gases:

$$p \cdot V = n \cdot R \cdot K$$

p steht für den Druck, V ist das Volumen, n die Anzahl der Gasmoleküle, R die universelle Gaskonstante (0,08205 l · bar/K · mol oder 1,987 cal/K · mol), K die absolute Temperatur. Für den präzisen Gebrauch muß die Gleichung mit Hilfe der van der Waals-Konstanten modifiziert werden.

Das Gasgesetz besagt, daß gleiche Volumina verschiedener Gase bei gleicher Temperatur und gleichem Druck gleiche Molekülanzahlen enthalten (**Avogadro-Gesetz**). Ein mol eines Gases beansprucht etwa 22,414 Liter bei 0°C und 101 kPa. Da die Anzahl der Moleküle pro Volumeneinheit von Druck und Temperatur abhängt, müssen diese Größen immer mit dem Gasvolumen angegeben werden. In der Physiologie werden Gasvolumina gewöhnlich für folgende Bedingungen angegeben:
– Körpertemperatur, Atmosphärendruck und mit Wasserdampf gesättigt (BTPS),
– Umgebungstemperatur und -druck und mit Wasserdampf gesättigt (ATPS),
– Standardtemperatur und -druck (0°C, 101 kPa) und trocken (bei Wasserdampfdruck Null) (STPD).

Gasvolumina, die bei BTPS gemessen wurden, können in ATPS- oder STPD-Volumina mit Hilfe der Gasgesetze umgerechnet werden. So wird das von einem Säuger bei Körpertemperatur (37°C oder 273 + 37 = 310 K) ausgeatmete Luftvolumen oft bei Raumtemperatur gemessen (z.B. 20°C oder 273 + 20 = 293 K). Der Temperaturabfall verringert das ausgeatmete Gasvolumen. Ein mit Wasser in Kontakt stehendes Gas ist mit Wasserdampf gesättigt. Der Wasserdampfdruck bei 100%iger Sättigung schwankt mit der Temperatur. Ausgeatmete Luft ist mit Wasser gesättigt; fällt die Temperatur jedoch ab, kondensiert das Wasser. Diese Kondensation verringert das ausgeatmete Gasvolumen. Beträgt das gemessene ausgeatmete Volumen bei 20°C 500 ml und der Luftdruck 101 kPa, dann ist der Wasserdampfdruck bei 37°C bzw. 20°C 6,26 kPa bzw. 2,32 kPa. Das bei BTPS ausgeatmete Volumen berechnet sich dann wie folgte:

$$500 \cdot \frac{(760 - 17,5)}{(760 - 47,1)} \cdot \frac{(273 + 37)}{(273 + 20)} = 551 \text{ ml}$$

Unter den soeben dargestellten Bedingungen reduziert sich ein in der Lunge vorhandenes Gasvolumen von 551 ml nach der Ausatmung auf 500 ml. Ursache dafür sind der Abfall in der Gastemperatur und die Kondensation des Wassers.

Das **Dalton-Gesetz** des Partialdrucks fordert, daß der Partialdruck eines jeden Gases in einer Mischung von den anderen Gasen unabhängig ist. Der Gesamtdruck setzt sich dabei aus der Summe der Partialdrücke aller anwesenden Gase zusammen. Der Partialdruck eines Gases in einer Mischung hängt von der Anzahl der Moleküle ab, die in einem bestimmten Volumen bei einer bestimmten Temperatur vorliegen. Gewöhnlich sind in trockener Luft 20,95% O_2-Moleküle enthalten. Ist der Gesamtdruck 101 kPa, beträgt der O_2-Partialdruck P_{O_2} 101 kPa · 0,2094 = 2,1 kPa. Luft enthält normalerweise jedoch Wasserdampf, der ebenfalls zum Gesamtdruck beiträgt. Ist z.B. die Luft bei 22°C zu 50% mit Wasserdampf gesättigt, beträgt der Wasserdampfdruck 1,3 kPa. Bei einem Gesamtdruck von 101 kPa errechnet sich der O_2-Partialdruck aus (101 kPa – 1,3 kPa) · 0,2094 = 2,08 kPa. Beträgt der CO_2-Partialdruck in der Gasmischung 1,0 kPa und der Gesamtdruck 101 kPa, entfallen 1% der in Luft enthaltenen Moleküle auf CO_2. Gase sind in Flüssigkeiten löslich. Die Gasmenge, die sich bei einer bestimmten Temperatur löst, ist dem Partialdruck des betreffenden Gases in der Gasphase proportional (**Henry-Gesetz**). Die Quantität eines Gases in Lösung entspricht $\alpha \cdot P$, wobei P der Partialdruck des Gases und α der **Bunsen-Löslichkeitskoeffizient** ist, der von P unabhängig ist. Der Bunsen-Löslichkeitskoeffizient variiert mit der Natur des Gases, der Temperatur und der jeweiligen Flüssigkeit, ist aber für jedes Gas in einer gegebenen Flüssigkeit und gleichbleibender Temperatur konstant. Der Bunsen-Löslichkeitskoeffizient für Sauerstoff nimmt ab, wenn die Ionenstärke und die Temperatur des Wassers zunehmen.

---

gekehrt proportional zur Quadratwurzel ihres Molekulargewichts (oder ihrer Dichte) ist. Da O_2 und CO_2 ähnlich große Moleküle sind, besitzen sie auch ähnliche Diffusionsgeschwindigkeiten. Weil sie auch mit annähernd gleicher Geschwindigkeit verbraucht (O_2) und erzeugt (CO_2) werden, liegt es nahe, daß ein Beförderungssystem, das den O_2-Bedarf eines Tieres deckt, auch die Entfernung des CO_2 gewährleistet.

Bei vielen Tieren erfolgt der Gastransport in vier Stufen (Abb. 13.1):
1. Atmungsbewegungen gewährleisten eine ständige Zufuhr „frischer" Luft oder „frischen" Wassers zu den respiratorischen Oberflächen (z.B. Lungen oder Kiemen).
2. Diffusion von O_2 und CO_2 durch das Epithel der Atemorgane.
3. Beförderung der Gase durch das Blut.
4. Diffusion von O_2 und CO_2 durch die Kapillarwände, die zwischen dem Blut und den Gewebezellen liegen.

Diese Ebenen sind in ihrer Leistungsfähigkeit (die ihrer Bedeutung für das Überleben des Tieres angepaßt ist) aufeinander abgestimmt, denn die Evolution neigt dazu, alle zu aufwendigen und nicht genutzten Einrichtungen zu eliminieren. Diese Gleichbewertung der Glieder einer funktionellen Kette von Vorgängen wird als **Symmorphose** bezeichnet. Vermutlich wird das Leistungsvermögen der Einzelschritte innerhalb einer Kette

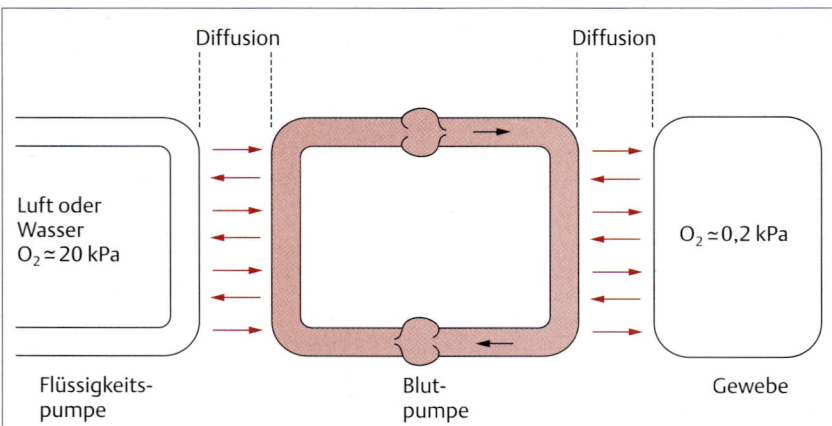

Abb. 13.1 Gastransportsystem eines Vertebraten. Das System besteht aus zwei Pumpen und zwei alternierenden, in Serie geschalteten Diffusionsbarrieren, die zwischen der externen Umwelt und den Geweben liegen (nach Rahn, 1967).

durch den Schritt begrenzt, der die Umsatzrate bestimmt. Nicht immer jedoch stimmen die Leistungskapazitäten der Glieder solcher Ketten wirklich überein. Die Erklärung für eine Über- oder Unterentwicklung eines einzelnen Elements könnte darin liegen, daß es ein gemeinsames Glied verschiedener Ketten darstellt; an der einen Kette von Vorgängen könnte es „angemessen" beteiligt sein, während es, gemessen an den Anforderungen einer anderen Kette, „überdimensioniert" erscheint.

Die verschiedenen Tiere haben außerordentlich unterschiedliche Gas-Austauschraten. Diese variieren von 0,08 ml/g · h beim Regenwurm bis zu 40 ml/g · h beim rüttelnden Kolibri. Die Konzentrationen der am Sauerstoffumsatz beteiligten Enzyme (z.B. Cytochromoxidase) und die Oberfläche der Cristae in den Mitochondrien nehmen mit ansteigender Stoffwechselrate zu. Kolibris und einige Insekten scheinen die oberen Grenzen für die Ausnutzung des Sauerstoffs erreicht zu haben. Der Mitochondriengehalt in den Muskelfasern kann z.B. nicht unbegrenzt zunehmen, ohne deren Kontraktionsfähigkeit zu beeinträchtigen. Es muß also ein bestimmtes ausgewogenes Verhältnis eingehalten werden zwischen den Strukturen, welche die Energie liefern (Mitochondrien) und denen, welche die Energie verbrauchen (Muskelfilamente). Der von den Mitochondrien eingenommene Raum beträgt nie mehr als 45% des Gesamtvolumens eines Muskels, weder bei Säugern, Vögeln, noch bei Insekten, d.h. bei den Tieren mit dem höchsten Sauerstoffumsatz. Es muß auch konstruktionsbedingte Grenzen im Bau der Mitochondrien geben; die Anzahl der Cristae pro Volumeneinheit Mitochondrium kann nicht beliebig groß werden. Die Grenze der Miniaturisierung des Organells wird durch das Mindestvolumen der Enzyme bestimmt, die an der Energieumwandlung beteiligt sind. Kolibris, vielleicht auch einige andere kleine Tiere und einigen Insekten dürften den morphologischen Grenzen, die dem Sauerstoffumsatz gesetzt sind, recht nahe kommen.

Insekten sind gewöhnlich viel kleiner als die kleinsten Vögel und Säugetiere. Einige große Insektenarten scheinen im Laufe der Evolution von kleinen Vogelarten verdrängt worden zu sein. Die Konstruktion der Atmungsorgane könnte für die „Miniaturisierung" der Vögel der begrenzende Faktor gewesen sein. Insekten besitzen zum unmittelbaren Gasaustausch zwischen umgebendem Medium und Gewebe ein Röhrensystem, die **Tracheen**. Das Tracheensystem erlaubt einen hohen Sauerstoffumsatz in sehr kleinen Tieren.

Sauerstoff und Kohlendioxid im Blut

Die Darstellung, wie O_2 und CO_2 zwischen Umgebung und Zellen ausgetauscht werden, beginnt mit der Betrachtung der Vorgänge, die sich bei der Aufnahme und dem Transport dieser Gase im Blut abspielen. Anschließend sollen die Vorgänge in den Atmungsorganen und in den Geweben besprochen werden. Die Art und Weise, wie O_2 und CO_2 vom Blut transportiert werden, wirkt sich nämlich auf den Gasaustausch einerseits zwischen der Umwelt und dem Blut und andererseits zwischen dem Blut und den Geweben entscheidend aus.

Atmungspigmente

Sauerstoff diffundiert durch das respiratorische Epithel in das Blut und verbindet sich mit einem **Atmungspigment** oder **respiratorischen Pigment**, das dem Blut seine charakteristische Farbe verleiht. Bei den Atmungspigmenten handelt es sich um Verbindungen aus Proteinen und Metallionen. Jedes Atmungspigment hat seine charakteristische Farbe, die sich jedoch mit dem O_2-Gehalt ändert. Das bekannteste Atmungspigment ist das rote **Hämoglobin**; das mit O_2 beladene Molekül ist hellrot; wird O_2 abgegeben, wechselt seine Farbe zu Dunkelrot. Hämoglobin gibt es bei Vertebraten und auch bei verschiedenen Evertebraten. Die Hämoglobine unterscheiden sich in ihrem Bindungsvermögen für Sauerstoff. Diese Unterschiede beruhen auf strukturellen Unterschieden der Moleküle.

Ohne Atmungspigment wäre der Sauerstoffgehalt des Blutes sehr gering. Durch die Bindung von O_2 an Atmungspigmente kann der O_2-Gehalt des Blutes erheblich erhöht werden. Der **Bunsen-** oder **Löslichkeits-Koeffizient** für Sauerstoff im Blut beträgt 2,4 ml O_2/100 ml Blut bei 37 °C und einem O_2-Partialdruck von 1 bar (= 10^5 Pa = 750 Torr [mm Hg] = 0,987 atm). Folglich beträgt der Anteil des physikalisch gelösten Sauerstoffs (d.h. ohne Bindung an ein Atmungspigment) im menschlichen Blut bei einem normalen P_{O_2}-Wert von 12,6 kPa 2,4 · 95/760 = 0,3 ml O_2/100 ml Blut oder nur 0,3 Volumenprozent (Vol%). In Wirklichkeit beträgt der gesamte O_2-Gehalt im arteriellen menschlichen Blut bei normalem P_{O_2} aber 20 Volumenprozent. Diese ca. 70fache Steigerung beruht auf der Bindung des O_2 an Hämoglobin. Bei fast allen Tierarten, die Hämoglobin als Atmungspigment verwenden, hat der im Blut physikalisch gelöste Sauerstoff nur einen sehr geringen Anteil am gesamten Sauerstoffgehalt des Blutes.

Die antarktischen Eisfische *Channichthyidae* und *Notothaeniidae* stellen unter den Vertebraten eine bemerkenswerte Ausnahme dar, da ihr Blut weder Erythrocyten noch Atmungspigmente enthält und deshalb sehr sauerstoffarm ist. Das Fehlen von Hämoglobin wird durch ein größeres Blutvolumen und einen erhöhten Herzausstoß ausgeglichen; die O_2-Aufnahme dieser Fische ist gering, verglichen mit den im gleichen Gebiet vorkommenden und Hämoglobin besitzenden Arten. Das Blutplasma der Eisfische hat eine O_2-Kapazität von 0,75 Vol%; es bindet 18% des Sauerstoffs, der an die Kiemen gelangt (bei manchen Arten werden sogar 34–38% erreicht). Es gibt aber auch Arten mit einer Blutplasma-O_2-Kapazität von 6 Vol%, ein Wert, den sonst nur Fische erreichen, die Hämoglobin besitzen. Die Umweltbedingungen der antarktischen Gewässer haben die Evolution der Eisfische geprägt: die Anreicherung des Meerwassers mit Sauerstoff wird durch die höhere Löslichkeit von Gasen in kalten Gewässern und das dort vorherrschende stürmische Wetter begünstigt. Diese Faktoren führen zu einer Übersättigung des antarktischen Seewassers mit Sauerstoff. Weiterhin spielt der niedrige Stoffwechsel wechselwarmer (poikilothermer) Tiere eine Rolle. Die Eisfische sind jedoch nicht die einzigen Fische ohne Hämoglobin. Fischlarven haben vor der vollen Funktionsfähigkeit ihres Kreislaufs ebenfalls noch keine Atmungspigmente, so z.B. die Larven und Postlarven vieler Heringsfische (*Cupeoidei*) und die Leptocephaluslarven der Aalartigen (*Anguilloidei*).

Das **Hämoglobin** der Vertebraten (mit Ausnahme der *Cyclostomata*) hat ein Molekulargewicht von 68 000 Da. Das tetramere Protein ist aus vier **Globin**-Untereinheiten (zwei α- und zwei β-Globine) zusammengesetzt, von denen jede ein Eisenporphyrin, das **Häm**, als prosthetische Gruppe trägt (Abb. 13.2A). Je ein α- und ein β-Globin bilden zwei festverbundene Dimere, $α_1β_1$ und $α_2β_2$. Diese Dimere sind im tetrameren Hämoglobin untereinander durch Salzbrücken verbunden. Die O_2-Aufnahme verändert die Wechselwirkungen zwischen den Dimeren, was zu einer Änderung der Konformation und der O_2-Bindungseigenschaften des Hämoglobinmoleküls führt. **Myoglobin**, ein Atmungspigment, das bei Wirbeltieren O_2 in den Muskeln speichert, entspricht einer Hämoglobin-Untereinheit und zeigt deutliche Homologien mit der Sequenz der α-Kette des Hämoglobins.

Im Hämoglobinmolekül ist Eisen als zweiwertiges Fe^{2+}-Ion so in dem Porphyrinring des Häms eingegliedert, daß es mit den vier Pyrrol-Stickstoffatomen koordinative Bindungen eingeht (Abb. 13.2B). Die beiden restlichen Koordinationsstellen des Fe^{2+} dienen zur Bindung der Hämgruppe an ein O_2-Molekül und an den Imidazolring eines Histidinrestes des Globins (Abb. 13.2C). Solange Sauerstoff gebunden ist, wird das Molekül als **Oxyhämoglobin** bezeichnet, wenn Sauerstoff abgegeben wurde, als **Desoxyhämoglobin**. Die Anlagerung des O_2 an das Hämoglobin zur Bildung von Oxyhämoglobin ist keine Oxidation des Fe^{2+} zu Fe^{3+}. Eine Oxidation des zweiwertigen in dreiwertiges Eisen macht aus dem Hämoglobin **Methämoglobin**, welches keinen Sauerstoff mehr binden kann und daher physiologisch funktionslos ist. In der Regel bildet sich jedoch auch immer etwa 1% Methämoglobin; die Erythrocyten enthalten deshalb ein Enzym, die Methämoglobinreduktase, die das Fe^{3+} wieder zu Fe^{2+} reduziert. Manche Verbindungen (Nitrate oder Chlorate) oxidieren entweder das Hämoglobin oder inaktivieren die Methämoglobinreduktase, wodurch der Methämoglobinspiegel erhöht und der O_2-Transport vermindert wird.

Die Affinität des Hämoglobins zum Kohlenmonoxid (CO) ist 200mal größer als die zum O_2. Als Folge davon verdrängt das CO den Sauerstoff auch bei einem sehr niedrigen CO-Partialdruck und sättigt das Hämoglobin; der Sauerstofftransport zum Gewebe wird dadurch stark reduziert. Mit CO beladenes Hämoglobin wird als **Carboxyhämoglobin** bezeichnet. CO-angereichertes Blut bewirkt im oxidativen Stoffwechsel einen mehr oder minder schweren O_2-Mangel. Deshalb ist das von Autos oder schlecht bedienten Kohle- oder Holzöfen erzeugte CO so extrem giftig. Selbst die im Stadtverkehr

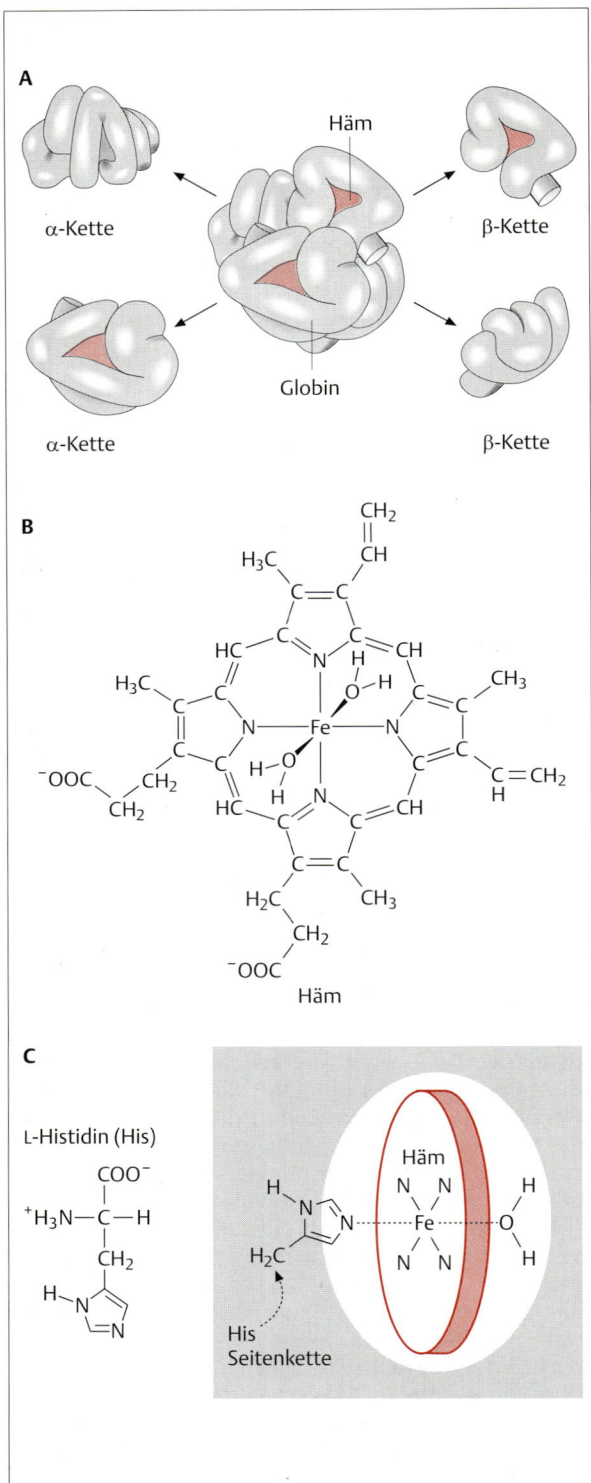

Abb. 13.2 Aufbau des Hämoglobinmoleküls. Hämoglobin, das wichtigste respiratorische Pigment der Vertebraten, besteht aus vier Globinuntereinheiten mit jeweils einer Hämgruppe. **A** Schematische Darstellung des Hämoglobinmoleküls mit Angabe der relativen Beziehung zwischen den α- und β-Ketten. Zwei der vier Hämgruppen (rot) sind in den Taschen sichtbar, die von den Polypeptidketten gebildet werden. **B** Struktur des Häms, das durch Komplexierung eines Eisen-Ions (Fe^{2+}) durch Protoporphyrin IX entsteht. **C** Die Seitenkette eines Histidinrestes (His) des Globins wirkt als zusätzlicher Ligand für das Eisenatom im Häm. Wenn Sauerstoff gebunden wird, verdrängt er den H_2O-Liganden (nach McGilvery, 1970).

vorkommenden Konzentrationen können die Gehirnfunktion aufgrund einer partiellen **Anoxie** (Sauerstoffmangel) beeinträchtigen. Durch reichliche Zufuhr reiner Luft (z.B. durch sehr tiefes Atmen) kann das CO wieder aus dem Blut entfernt werden.

Hämoglobin wird auch bei verschiedenen Gruppen der Evertebraten gefunden, z.B. bei Insekten bei den Larven der Chironomiden (Mücken); diese Larven leben in sauerstoffarmem Wasser, dem sie mit Hilfe des Hämoglobins den Sauerstoff entnehmen können. Neben Hämoglobin gibt es bei Evertebraten weitere Atmungspigmente. Innerhalb eines Stammes können verschiedene respiratorische Pigmente ausgebildet sein: bei Anneliden findet man **Hämerythrin** aber auch **Chlorocruorin**. Hämerythrin ist auch bei den *Priapulida* und *Brachiopoda* zu finden. **Hämocyanin** ist sowohl bei Mollusken als auch bei Arthropoden – mit geringen Unterschieden in der Struktur – vorhanden. Hämocyanin gleicht in manchen Eigenschaften dem Hämoglobin. Es ist ein großes Eiweiß, das jedoch Kupfer an Stelle des Eisens enthält. Es bindet O_2, wenn dessen Partialdruck hoch ist, und gibt ihn bei niedrigem O_2-Partialdruck wieder ab. Bei Arthropoden werden zur Bindung von 1 mol O_2 ca. 75000 g Atmungspigment benötigt; dagegen sind nur 50000 g Molluskenhämocyanin erforderlich, um die gleiche O_2-Menge zu binden. Im Vergleich dazu binden 64500 g des tetrameren Hämoglobins bei vollständiger Sättigung 4 mol O_2 (1,39 ml O_2/g Hb). Im Gegensatz zum Hämoglobin der Vertebraten ist Hämocyanin nicht in Zellen eingelagert und nicht mit hohen Konzentrationen von Carboanhydrase im Blut assoziiert. Oxygeniertes Hämocyanin ist hellblau, desoxygeniertes farblos.

Sauerstofftransport im Blut

Jedes Hämoglobinmolekül kann sich mit vier Sauerstoffmolekülen verbinden, dabei bindet jedes Häm ein Molekül Sauerstoff. Der Partialdruck des Sauerstoffs (P_{O_2}) entscheidet, wie viele O_2-Moleküle an das Hämoglobin gebunden werden. Wenn am Hämoglobinmolekül alle Stellen vom Sauerstoff besetzt sind, ist das Blut zu 100% gesättigt, der **Sauerstoffgehalt** des Blutes entspricht dann seiner **Sauerstoffkapazität**. Ein mmol Häm kann ein mmol O_2 binden, das entspricht einem Volumen von 22,4 ml. Das menschliche Blut enthält ungefähr 0,9 mmol Häm pro 100 ml Blut. Die Sauerstoffkapazität beträgt demnach $0,9 \cdot 22,4 = 20,2$ ml O_2/ml Blut oder 20,2 Volumenprozent. Der Sauerstoffgehalt einer Volumeneinheit Blut besteht aus dem in physikalischer Lösung befindlichen und dem an das Hämoglobin gebundenen Sauerstoff. In den meisten Fällen macht der gelöste Sauerstoff jedoch nur einen sehr geringen Teil des gesamten O_2-Gehaltes aus.

Weil die O_2-Aufnahmefähigkeit proportional mit der Hämoglobinkonzentration zunimmt, wird der Sauerstoffgehalt in Prozent der Sauerstoffkapazität ausgedrückt, d.h. als **prozentuale Sättigung**. Das ermöglicht den Vergleich von Blut mit unterschiedlichem Hämoglobingehalt. Die **Sauerstoffdissoziationskurven** (Abb. 13.**3**, 13.**4** u. 13.**5**) veranschaulichen die Beziehung zwischen der prozentualen Sättigung und dem Sauerstoffpartialdruck.

Die Sauerstoffdissoziationskurven des **Myoglobins** und die des Neunaugenhämoglobins sind hyperbolisch. Die Hämoglobin-Sauerstoff-Dissoziationskurve anderer Vertebraten verläuft dagegen sigmoidal (Abb. 13.**3**). Diese Unterschiede in den Dissoziationskurven sind darauf zurückzuführen, daß das Myoglobin ebenso wie das Neunaugenhämoglobin als Globinmonomere mit nur einer Hämgruppe vorliegt; die anderen Hämoglobine sind im Gegensatz dazu aus vier Proteinuntereinheiten mit je einer Hämgruppe aufgebaut. Der sigmoidale Kurvenverlauf der tetrameren Hämoglobine läßt sich mit der **Kooperation von Untereinheiten** erklären: die O_2-Anlagerung an die erste Hämgruppe erleichtert die Anlagerung von O_2 an die anderen Gruppen. Der steile Abschnitt der Kurve korrespondiert mit O_2-Konzentrationen, bei denen zumindest eine Hämgruppe von einem O_2-Molekül besetzt ist – die Affinität der übrigen Hämgruppen für Sauerstoff wird dadurch erhöht. Die Oxygenierung eines Hämoglobinmoleküls geht mit einer Konformationsänderung des Globins aus dem angespannten Zustand T („tense state") in den Ruhezustand R („relaxed state") einher. Die Oxygenierung ist mit Änderungen in der Tertiärstruktur des Moleküls in der Nähe der Hämgruppen verbunden, die allosterisch auf die Kontaktregionen der $\alpha_1\beta_1$- und $\alpha_2\beta_2$-Dimere übertragen werden und die Wechselwirkungen zwischen diesen schwächen oder stärken. Dies führt dann zu einer großen Veränderung in der Quartärstruktur vom T- zum R-Zustand. Diese Konformationsänderung zieht auch Änderungen in dem Dissoziationsgrad saurer Seitenketten nach sich; bei der Sauerstoffaufnahme werden Protonen abgegeben – das Hämoglobin wird zur Säure.

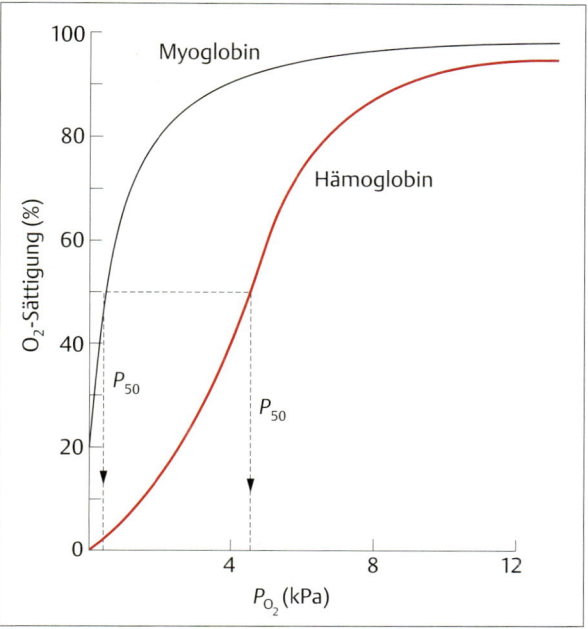

Abb. 13.3 O_2-Dissoziationskurven von Hämoglobin und Myoglobin. Hämoglobine mit mehreren Hämgruppen haben sigmoidale Dissoziationskurven; Myoglobin, das nur eine Hämgruppe besitzt, hat eine hyperbolische Dissoziationskurve. Die Dissoziationskurve des Neunaugen-Hämoglobins, das nur eine Hämgruppe besitzt, ähnelt derjenigen des Myoglobins. Der P_{50}, der O_2-Partialdruck, bei dem das respiratorische Pigment zu 50% mit Sauerstoff gesättigt ist, ist ein Maß für dessen Sauerstoffaffinität.

Funktionell besonders wichtig ist die Eigenschaft der Atmungspigmente, bei allen normalerweise in einem Tier auftretenden Partialdrücken O_2 reversibel zu binden. Bei einem niedrigen P_{O_2} verbindet sich wenig, bei einem hohen P_{O_2} jedoch viel O_2 mit dem Atmungspigment. Aufgrund dieser Eigenschaft dient das Atmungspigment als Sauerstoffträger; an den respiratorischen Oberflächen (hoher P_{O_2}) lädt es sich mit O_2 auf und setzt diesen wieder in den Geweben (niedriger P_{O_2}) frei. Bei manchen Tierarten kann ein Atmungspigment als O_2-Depot fungieren, indem es O_2 nur bei einem relativen O_2-Mangel an die Gewebe abgibt. In Ruhe ist bei vielen Tieren das in die Lungen oder Kiemen gelangende venöse Blut zu 70% mit O_2 gesättigt. Der größte Teil des an das Hämoglobin gebundenen Sauerstoffs wird im Ruhezustand bei der Passage durch den Körper nicht an die Gewebe abgegeben. Wenn jedoch bei Bewegungen der O_2-Bedarf in den Muskeln ansteigt, wird der O_2-Vorrat im Venenblut angegriffen, und die O_2-Sättigung kann auf 30% oder weniger absinken.

Hämoglobine mit hohen O_2-Affinitäten sind bei niedrigen P_{O_2}-Werten gesättigt. Hämoglobine mit niedrigen O_2-Affinitäten benötigen dagegen hohe Sauerstoffpartialdrücke zur vollen Sättigung. Die O_2-Affinität wird als P_{50} angegeben, was gleichbedeutend mit dem O_2-Partialdruck ist, bei dem das Hämoglobin zu 50% mit Sauerstoff gesättigt ist. Je geringer der P_{50}-Wert ist, desto höher ist die O_2-Affinität. Wie Abbildung 13.**3** zeigt, hat Myoglobin eine höhere O_2-Affinität als Hämoglobin. Diese Unterschiede in den O_2-Affinitäten beruhen auf unterschiedlichen Eigenschaften der Globine und nicht auf unterschiedlichen Hämgruppen. Die α- und β-Ketten des Globins bestehen aus 141 bis 157 Aminosäuren, je nach Art des Hämoglobins. Die Aminosäuresequenzen der α- und β-Ketten verschiedener Hämoglobine haben manche Gemeinsamkeiten, aber auch manche Unterschiede. Die meisten Substitutionen von Aminosäuren sind wirkungslos für die Funktion der Proteine, einige haben dagegen erhebliche Folgen. Wenn z.B. Glutaminsäure in Position 6 der β-Kette durch Valin ersetzt wird (ein genetischer Defekt, der beim Menschen auftreten kann), bilden sich lange Polymere, mit der Folge, daß die Erythrocyten eine sichelförmige Gestalt annehmen. Dies wird bei O_2-Mangel und starker körperlicher Belastung akut. Es kommt zur **Sichelzellanämie**. Weil vermutlich die veränderten Blutkörperchen nicht mehr ungehindert die Kapillaren passieren können, wird die Zellatmung behindert. Menschen, die normales und Sichelzellhämoglobin haben, werden durch diese Krankheit weniger geschwächt, sie haben sogar eine größere Resistenz gegen Malaria. Das sichert das Überdauern des Sichelzellgens in Populationen, die Malaria-Gebiete bewohnen. Bestimmte Aminosäuren des Hämoglobins binden verschiedene Liganden (z.B. organische Phosphate, s.u.); die Substitution dieser Restgruppen kann die O_2-Affinität des Hämoglobins verändern.

Die O_2-Austauschrate in das Blut hinein und wieder aus diesem hinaus nimmt proportional mit der Partialdruckdifferenz über dem Epithel zu. Ein Hämoglobin mit einer hohen O_2-Affinität erleichtert den Übertritt des Sauerstoffs aus dem umgebenden Medium ins Blut, da O_2 trotz eines niederen P_{O_2} an das Hämoglobin gebunden wird. Das in die Blutbahn aufgenommene O_2 wird unverzüglich an das Hämoglobin gebunden, also aus der Lösung entfernt und damit der Partialdruck des physikalisch gelösten Sauerstoffs niedrig gehalten. Entsprechend wird so eine große P_{O_2}-Differenz über dem respiratorischen Epithel – und folglich eine hohe Übertrittsrate von O_2 ins Blut – aufrechterhalten, bis das Hämoglobin völlig gesättigt ist. Erst dann steigt der P_{O_2} im Blut an. Ein Hämoglobin mit einer hohen O_2-Affinität kann jedoch nur O_2 an die Gewebe abgeben, wenn der P_{O_2} der Gewebe sehr niedrig ist. Im Gegensatz dazu wird eine niedrige O_2-Affinität die O_2-Abgabe an die Gewebe erleichtern. Folglich unterstützt ein Hämoglobin mit hoher O_2-Affinität die Aufnahme von O_2 in das Blut, wogegen ein Hämoglobin mit niedriger O_2-Affinität die Abgabe des O_2 an die Gewebe erleichtert. Ein Atmungspigment sollte deshalb in den Geweben eine niedrige O_2-Affinität, an den respiratorischen Oberflächen dagegen eine hohe O_2-Affinität besitzen. Tatsächlich wird die O_2-Affinität des Hämoglobins durch Änderungen in den chemischen und physikalischen Eigenschaften des Blutes in den verschiedenen Körperregionen genau in dieser Weise variiert.

Die Hämoglobin-Sauerstoff-Affinität ist variabel und hängt von den Bedingungen innerhalb der Erythrocyten ab. Sie kann herabgesetzt werden durch:
- Erhöhung der Temperatur,
- Bindung organischer Phosphate – z.B. 2,3-Diphosphoglycerat (DPG), ATP oder GTP,
- Abnahme des pH-Wertes (Zunahme von [H^+]),
- Erhöhung der Kohlensäurekonzentration (P_{CO_2}).

Das Hämoglobinmolekül hat eine sehr viel höhere Affinität zu Liganden, wenn es sich im desoxygenierten T-Zustand befindet.

Eine Zunahme der H^+-Konzentration (pH-Abnahme) verursacht eine Verminderung der Hämoglobin-Sauerstoff-Affinität; dies wird als **Bohr-Effekt** oder **Bohr-Verschiebung** bezeichnet (Abb. 13.**4**). Kohlendioxid, selbst eine Säure, bildet mit Wasser Kohlensäure und reagiert mit NH_2-Gruppen von Plasmaproteinen und Hämoglobin zu Carbamino-Verbindungen. Die Zunahme des CO_2-Partialdrucks vermindert daher die O_2-Affinität des Hämoglobins (Abb. 13.**5**) auf zweierlei Weise: zum einen durch die Verminderung des pH-Wertes (Bohreffekt), zum anderen durch die direkte chemische Verbindung mit dem Hämoglobin, wobei Carbamino-Verbindungen entstehen. Wenn also CO_2 aus den Geweben ins Blut übertritt, erleichtert es damit die O_2-Abgabe vom Hämoglobin; wenn das CO_2 dagegen in Lungen oder Kiemen das Blut verläßt, wird die O_2-Aufnahme in das Blut begünstigt. Im Gegensatz zum Hämoglobin ist die O_2-Dissoziationskurve des Myoglobins relativ unempfindlich gegenüber pH-Änderungen.

Hämocyanine der Dungeness-Krabbe *Cancer magister* und einiger anderer Evertebraten zeigen einen ähnlichen Bohr-Effekt wie Hämoglobin (Abb. 13.**5**). Hämocyanine von mehreren Mollusken und vom Pfeilschwanzkrebs *Limulus* gewinnen dagegen mit der Abnahme des pH-Wertes eine größere O_2-Affinität. Dieses Phänomen, der **negative Bohr-Effekt**, erleichtert vermutlich die O_2-Aufnahme in Zeiten, in denen nur wenig O_2 zur Verfügung steht und der pH im Blut (infolge ansteigender CO_2-Konzentrationen) ständig sinkt.

Bei Vertebraten vermindert die Anlagerung von **Organophosphaten** an bestimmte Hämoglobinseitengruppen die O_2-Affinität des Hämoglobins (dies trifft jedoch

Sauerstoff und Kohlendioxid im Blut

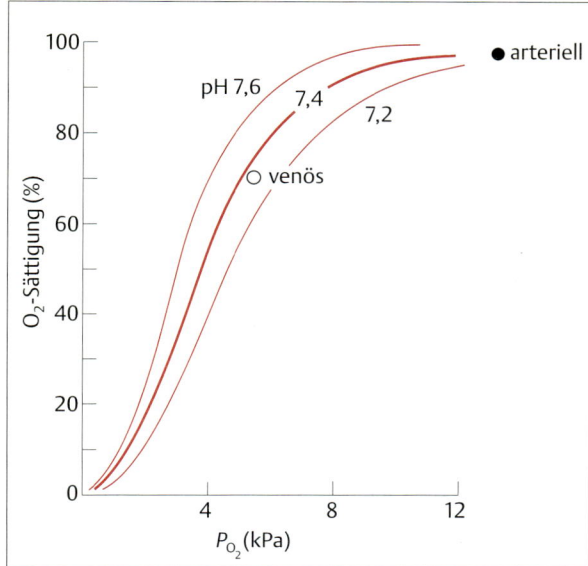

Abb. 13.4 Bohr-Effekt. Die Sauerstoffaffinität des Hämoglobins nimmt mit sinkendem pH-Wert ab. Aufgrund dieses als Bohreffekt bezeichneten Phänomens beeinflussen Änderungen im P_{CO_2} des Blutes – sie sind an der pH-Regulierung des Blutes beteiligt – die Hämoglobin-Sauerstoff-Affinität. Dargestellt sind Dissoziationskurven für drei verschiedene pH-Werte beim Menschen. Die P_{O_2}-Werte des vermischten venösen und arteriellen Blutes sind angegeben (nach Bartels, 1971).

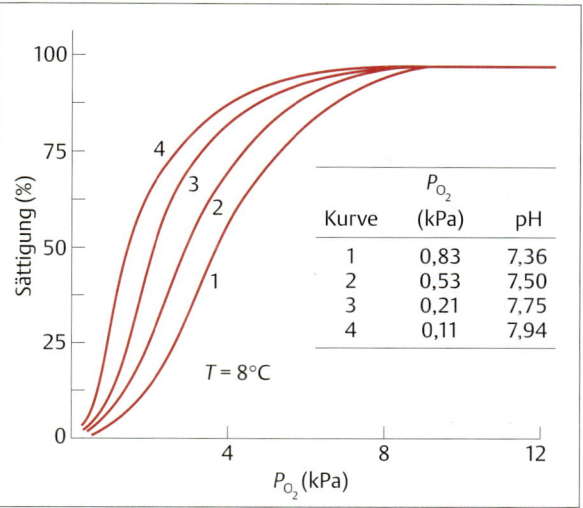

Abb. 13.5 Einige Hämocyanine zeigen wie Hämoglobin eine Bohrverschiebung. Die hier dargestellte Blutsauerstoff-Dissoziationskurve der Krabbe *Cancer magister* läßt erkennen, daß das Hämocyanin dieser Krabbe einer Bohrverschiebung unterliegt (nach unveröffentlichten Daten von McDonald).

nicht zu für Neunaugen, Krokodile und Wiederkäuer). Je nach Tierart sind die dominanten Erythrocyten-Organophosphate verschieden. Die Erythrocyten von Säugern enthalten hohe Konzentrationen von **2,3-Diphosphoglycerat** (DPG); in den menschlichen Erythrocyten liegen Hämoglobin und DPG in annähernd gleicher Molarität vor. DPG bindet an spezifische Aminosäurereste der β-Ketten und verursacht eine Rechtsverlagerung der O_2-Bindungskurve. Als Antwort auf eine Abnahme der Blutsauerstoff- oder Hämoglobinkonzentrationen und einem Anstieg des pH-Wertes steigt der DPG-Spiegel an (also als Reaktion auf Zustände bzw. „Indizien" einer verschlechterten Sauerstoffversorgung). Dies geschieht z.B. als Folge einer Bergbesteigung, wenn im Blut niedrige O_2-Werte auftreten, weil mit dem Luftdruck auch der O_2-Partialdruck mit zunehmender Höhe sinkt. Die als Antwort auf eine Höhenzunahme resultierende Erhöhung des DPG-Spiegels benötigt 24 Stunden mit einer Halbwertzeit von etwa 6 Stunden. In 3000 m Höhe steigt die DPG-Konzentration in den Erythrocyten um 10% über den in Meereshöhe vorhandenen Wert. In Hochlagen wird durch das Absinken des Blutsauerstoffs die Atemtätigkeit angeregt (Hyperventilation). Der damit verbundene stärkere Gasaustausch über die Lunge vermindert die CO_2-Konzentration im Blut und erhöht so den Blut-pH; dies hat eine Zunahme der Hämoglobin-Sauerstoff-Affinität zur Folge und erschwert die Sauerstoff-Freisetzung vom Hämoglobin in den Geweben. Die Anhebung des DPG-Spiegels (Folge: Erniedrigung der O_2-Hb-Affinität) hebt die Wirkung des abgesunkenen CO_2-Wertes (Folge: Erhöhung des pH-Wertes – Erhöhung der O_2-Hb-Affinität) auf und balanciert so die Hämoglobin-Sauerstoff-Affinität nahe bei den Werten, die sie in Meereshöhe hat. Die Sauerstoff-Beladung des Hämoglobins in der Lunge wird durch DPG nicht beeinträchtigt, da es sich hier vom Hämoglobin löst, (da die DPG-Hämoglobin-Affinität mit steigendem pH-Wert abnimmt).

Die Erythrocyten einiger Vertebraten enthalten nicht DPG, sondern andere phosphorylierte Verbindungen in höheren Konzentrationen. Sie sind für die Modifizierung der O_2-Affinität des Hämoglobins daher von größerer Bedeutung als DPG. Bei den meisten Fischen haben ATP oder auch GTP diese Funktion, wogegen **Inositolpentaphosphat** (IP_5) bei den Vögeln das dominierende Erythrocyten-Organophosphat ist. Die Dominanz der Organophosphate kann sich auch während der Lebenszeit eines Tieres ändern. Jungfische des südamerikanischen *Arapaima gigas* haben vorwiegend ATP in den Erythrocyten; bei den obligat luftatmenden Adultformen überwiegt dagegen IP_5.

Die phosphorylierten Verbindungen in den roten Blutkörperchen beeinflussen nicht nur die O_2-Affinität des Hämoglobins, sie vergrößern zugleich den Umfang des Bohr-Effektes und beeinflussen möglicherweise auch die Wechselwirkung der Untereinheiten. Bei Säugern scheint die funktionelle Bedeutung des erhöhten DPG-Spiegels darin zu bestehen, die O_2-Affinität des Hämoglobins auch bei Hypoxie (Sauerstoffmangel) aufrechtzuerhalten, z.B. in großen Höhen. Im Gegensatz dazu vermindert bei Fischen eine Hypoxie die Konzentration der Organophosphate in den Erythrocyten. Bei ihnen ist eine Hypoxie oft mit einer Verminderung des Blut-pH (**Azidose**) verbunden – wie bei Säugern in großen Höhen – mit seiner Erhöhung (**Alkalose**). Bei Fischen wirkt ein verminderter ATP (oder GTP)-Spiegel der durch die Hypoxie verursachten Azidose entgegen und hält die O_2-Affinität des Blutes aufrecht. Funktionell gesehen ist daher die Wirkung eines veränderten Organophosphat-Gehaltes in den Erythrocyten von Fischen und Säugern gleich; in beiden Fällen wird so die O_2-Affinität des Hämoglobins unter veränderten pH-Bedingungen aufrechterhalten.

Die Bindungsgeschwindigkeit des Sauerstoffs an das Hämoglobin ist sehr hoch und begrenzt normalerweise den Sauerstoffaustausch nicht. Die Bindungsrate, mit der O_2 an Hämoglobin gebunden wird, hängt dagegen von dessen Konzentration ab. Je größer sie ist, desto mehr O_2 kann pro Zeiteinheit gebunden werden. Je mehr O_2 pro Zeiteinheit aufgenommen wird, desto länger bleibt ein hoher Diffusionsgradient für O_2 über der respiratorischen Oberfläche erhalten und damit auch die O_2-Diffusionsrate.

In Gegenwart eines Atmungspigments wird auch der O_2-Tansport durch das Blut erhöht, weil das oxygenierte Pigment zusammen mit dem Sauerstoff entlang des Diffusionsgradienten diffundiert. Das bedeutet: Für O_2 und das oxygenierte Atmungspigment verläuft das Diffusionsgefälle in gleicher Richtung durch die Flüssigkeit. Der Gradient für das desoxygenierte Pigment verläuft in umgekehrter Richtung zu der des oxygenierten Pigmentes und des Sauerstoffs. Folglich diffundiert das oxygenierte Pigment in gleicher Richtung wie der Sauerstoff, das desoxygenierte in umgekehrter Richtung. Daher verbessert wahrscheinlich ein Atmungspigment wie Hämoglobin die Durchmischung des Blutes mit O_2; Myoglobin könnte eine ähnliche Rolle im Gewebe spielen.

Bei einigen Fischen, Cephalopoden und Crustaceen verursacht eine CO_2-Zunahme oder eine pH-Abnahme nicht nur eine Verminderung der O_2-Affinität des Hämoglobins, sondern auch eine Reduzierung der O_2-Kapazität. Dies wird als **Root-Effekt** oder **Root-Verschiebung** bezeichnet (Abb. 13.**6**). Bei Hämoglobinen, die dem Root-Effekt unterliegen, vermindern niedrige pH-Werte die O_2-Bindung an das Hämoglobin; selbst bei einem hohem Sauerstoffpartialdruck sind nur einige Anlagerungsstellen oxygeniert. Eine 100%ige Sättigung kann so nie erreicht werden. Dieser Effekt ist von großer Bedeutung für Tiefseebewohner: Sauerstoff besitzt bei dem in der Tiefsee herrschenden extremen Wasserdruck auch einen entsprechend hohen Partialdruck, der ihn auch ohne die Vermittlung von Enzymen spontan mit anderen Verbindungen reagieren läßt. Um solche unkontrollierten Oxydationen zu vermeiden, wird der Root-Effekt dazu genutzt, nur so viel O_2 im Gewebe freizusetzen, wie dort gerade benötigt wird.

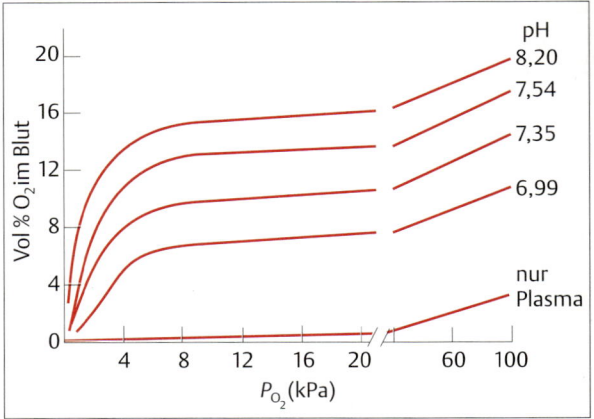

Abb. 13.6 Root-Effekt. Eine Senkung des pH-Wertes vermindert die Sauerstoffkapazität des Blutes (Root-Effekt) einiger Teleosteer. Die dargestellten O_2-Gleichgewichtskurven stammen von 14 °C warmen Aalblut, dessen pH-Wert zwischen 6,99 und 8,20 lag. Die untere Linie gibt den O_2-Gehalt des Plasmas an (nach Steen, 1964).

Eine Temperaturerhöhung vergrößert die Probleme der O_2-Abgabe bei poikilothermen Wassertieren, z.B. bei Fischen. Die Temperaturerhöhung vermindert nicht nur die O_2-Löslichkeit im Wasser, sondern auch die O_2-Affinität des Hämoglobins. Die O_2-Aufnahme aus dem Wasser ins Blut wird folglich erschwert. Unglücklicherweise tritt die verminderte Affinität gerade dann auf, wenn der O_2-Bedarf der Gewebe als Folge einer Temperaturerhöhung ansteigt. In tropischen Gewässern lebende Fische und Evertebraten sind besonders davon betroffen; in den Polarregionen und größeren Meerestiefen lebende Tiere haben bessere Bedingungen. Marine Tiere sind nochmals schlechter als Süßwassertiere gestellt, da das Meerwasser etwa 20% weniger O_2 enthält als Süßwasser gleicher Temperatur. In Süßwasser sind bei normalem Luftdruck und einer Temperatur von 0 °C ca. 10 ml O_2/l Wasser enthalten, bei 30 °C dagegen nur ca. 5,3 ml/l. Seewasser enthält bei gleichem Luftdruck und einer Salinität von 3,25% bei 0 °C nur 8,2 ml O_2/l, bei 30 °C sogar nur

4,8 ml O$_2$/l. Die Löslichkeit eines Stoffes hängt von der Gesamtmenge der gelösten Verbindungen ab; hohe Konzentrationen von Na$^+$- und Cl$^-$-Ionen im Meerwasser beschränken daher die O$_2$-Löslichkeit ganz erheblich.

Allgemein wird angenommen, daß sich ein bestimmtes Hämoglobin entwickelt hat, um den besonderen Gasaustausch- und H$^+$-Pufferbedürfnissen des betreffenden Tieres gerecht zu werden. Die Unterschiede in den Eigenschaften der Hämoglobine beruhen auf Veränderungen in den Aminosäuresequenzen der Peptidketten im Globinanteil des Moleküls; das Häm ist bei allen Hämoglobinen gleich. Diese Globine variieren aber nicht nur zwischen den Arten, sie können sich auch während der Individualentwicklung ändern. Beim Menschen beispielsweise kodieren mehrere Gene β-ähnliche Globinketten, deren Expression pränatal und postnatal sehr verschieden ist (Abb. 13.7). Menschliches fötales Hämoglobin, das γ-Ketten anstelle von β-Ketten enthält, hat eine höhere O$_2$-Affinität als das der Erwachsenen. Die höhere O$_2$-Affinität des fötalen Hämoglobins fördert die O$_2$-Übertragung von der Mutter auf den Fötus. Mit Abnahme des fötalen und der Zunahme des adulten Hämoglobins nach der Geburt nimmt die O$_2$-Affinität des Blutes ab (Abb. 13.8). Bei anderen Säugerarten gibt es ähnliche Unterschiede zwischen fötalem und adultem Hämoglobin.

Es ist jedoch wichtig zu wissen, daß – obwohl bei den meisten Arten das Hämoglobin in den roten Blutkörperchen enthalten ist – sich üblicherweise die Werte der Blutparameter auf die Bedingungen im Blutplasma beziehen und nicht auf die in den Erythrocyten. Zwischen der Innen- und Außenseite einer Zelle – die roten Blutkörperchen nicht ausgenommen – sind jedoch Unterschiede vorhanden. Zum Beispiel beträgt der arterielle Blut-pH der Säugetiere 7,4 bei einer Temperatur von 37 °C. Dies ist jedoch der pH-Wert des arteriellen Blutplasmas; der pH-Wert in den roten Blutzellen ist niedriger und beträgt 7,2 bei 37 °C.

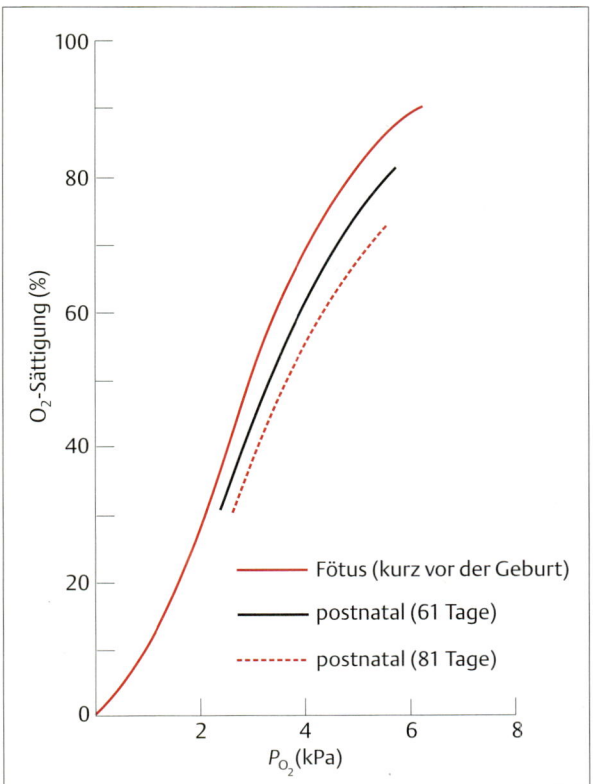

Abb. 13.8 Änderungen in den Blut-Sauerstoff-Dissoziationskurven des Menschen. Beim Menschen nimmt die Sauerstoffaffinität des Blutes während der ersten drei Monate nach der Geburt ab, da das fötale Hämoglobin durch das adulte Hämoglobin ersetzt wird (s. Abb. 13.7). Die hier dargestellten Blut-Sauerstoff-Dissoziationskurven wurden bei einem pH-Wert von 7,4 ermittelt (nach Bartels, 1971).

Kohlendioxidtransport im Blut

Das Kohlendioxid diffundiert aus den Geweben ins Blut, wird durch das Blut befördert und diffundiert anschließend über die respiratorische Oberfläche in die Umwelt. Das CO$_2$ reagiert mit Wasser zu Kohlensäure, einer schwachen Säure, die in Hydrogencarbonat- und Carbonat-Ionen dissoziiert:

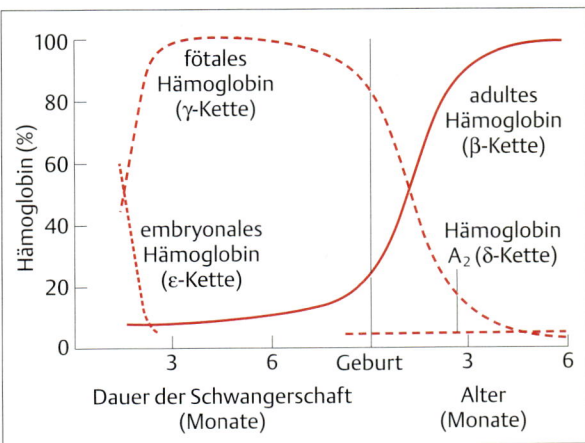

Abb. 13.7 Während der Entwicklung des Menschen werden unterschiedliche Hämoglobine gebildet. Der relative Anteil der verschiedenen β-ähnlichen Hämoglobinketten ändert sich im Laufe der Schwangerschaft. Das fötale Hämoglobin, das zwei α- und zwei γ-Ketten enthält, hat eine höhere Sauerstoffaffinität als das Hämoglobin der Erwachsenen ($\alpha_2\beta_2$) (nach Young, 1971).

$$CO_2 + H_2O \rightleftharpoons H_2CO_3 \rightleftharpoons H^+ + HCO_3^-$$
$$HCO_3^- \rightleftharpoons H^+ + CO_3^{2-}$$

Kohlendioxid reagiert außerdem mit Hydroxydionen zu Hydrogencarbonat:

$$H_2O \rightleftharpoons H^+ + OH^-$$
$$CO_2 + OH^- \rightleftharpoons HCO_3^-$$

Das Verhältnis zwischen CO_2, HCO_3^- und CO_3^{2-} in einer Lösung hängt vom pH-Wert, der Temperatur und der Ionenkonzentration der Lösung ab. Im Blut von Säugern mit einem pH von 7,4 beträgt das Verhältnis von CO_2 und H_2CO_3 ca. 1000:1, das von CO_2 zu den Hydrogencarbonat-Ionen ca. 1:20. Hydrogencarbonat ist daher bei normalem pH die überwiegende Form des Kohlendioxids im Blut. Der Carbonatgehalt kann bei den Vögeln und Säugern in der Regel vernachlässigt werden. Ganz anders bei den poikilothermen (wechselwarmen) Tieren. Bei ihren niedrigen Körpertemperaturen und hohem Blut-pH kann die Carbonatmenge 5% des gesamten CO_2-Gehalts im Blut erreichen, wobei das Hydrogencarbonat jedoch noch immer die Hauptform des CO_2 darstellt.

CO_2 reagiert mit den -NH_2-Gruppen von Proteinen, insbesondere mit dem Aminoterminus der Globinketten, zu Carbamat-Verbindungen:

$$\text{Protein-NH}_2 + CO_2 \rightleftharpoons H^+ + \text{Protein-NHCOO}^-$$

Das Ausmaß der Carbamatbildung hängt sowohl von der Menge der verfügbaren terminalen NH_2-Gruppe als auch vom Blut-pH und P_{CO_2} ab. Die Carbamatbildung steigt mit dem Blut-pH und steigendem CO_2-Spiegel. Die terminalen NH_2-Gruppen sowohl der α- als auch der β-Ketten der Hämoglobine von Säugern, Vögeln und Krokodilen sind der Carbamatbildung zugänglich. Die terminale NH_2-Gruppe der α-Ketten des Hämoglobins von Fischen und Amphibien ist acetyliert und daher für eine Carbamatbildung nicht zugänglich. Weil Organophosphate an die gleichen Aminosäuren binden, die an der Bildung von Carbamaten beteiligt sind, reduzieren sie deren Bildung. Hohe pH-Werte vermindern andererseits die Bindung von Organophosphaten und begünstigen so die Bildung von Carbamaten, indem sie mehr NH_2-Gruppen zugänglich machen. Weil Fischerythrocyten oft sehr hohe Organophosphatspiegel und auch acetylierte α-Ketten haben, erfolgt der CO_2-Transport bei Fischen weniger durch Carbamat-Verbindungen als bei Säugern.

Die Summe aller CO_2-Formen im Blut – d.h. CO_2, H_2CO_3, HCO_3^-, CO_3^{2-} und Carbamat-Verbindungen – wird als der **gesamte CO_2-Gehalt** des Blutes bezeichnet. Der CO_2-Gehalt schwankt mit dem P_{CO_2}, wobei sich diese Beziehung graphisch als CO_2-Dissoziationskurve darstellen läßt (Abb. 13.9). Steigt der P_{CO_2} an, ändert sich vorwiegend der Hydrogencarbonatgehalt des Blutes. Die Bildung von Hydrogencarbonat ist natürlich pH-abhän-

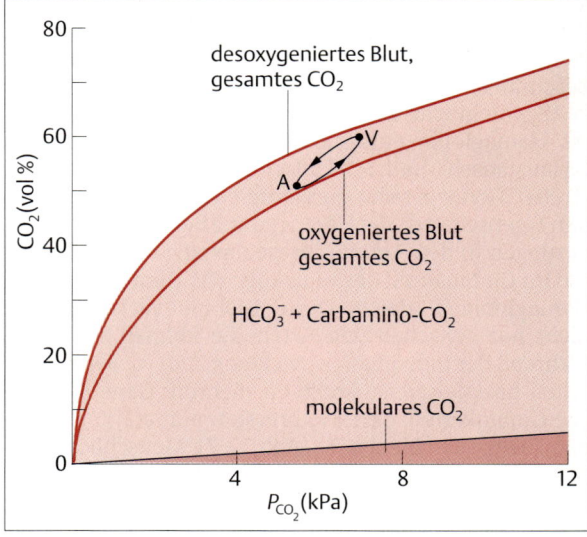

Abb. 13.9 Beziehung zwischen CO_2 und P_{CO_2}. Der gesamte CO_2-Gehalt steigt mit zunehmendem P_{CO_2}, aber nur das Volumen des molekularen CO_2 nimmt linear zu. Man beachte, daß das oxygenierte Blut weniger CO_2 enthält als das desoxygenierte (Haldane-Effekt). A bzw. V beziehen sich auf arterielle und venöse Blutspiegel.

gig. Die Beziehungen zwischen Plasma-HCO_3^--Konzentration und Plasma-pH bei drei verschiedenen Werten des P_{CO_2} sind in Abb. 13.**10** dargestellt. Fällt bei konstantem P_{CO_2} der pH ab, vermindert sich auch das Hydrogencarbonat. Der pH der roten Blutkörperchen liegt unter dem des Plasmas, doch befindet sich P_{CO_2} über der Membran im Gleichgewicht. Folglich liegt die Hydrogencarbonatkonzentration der Erythrocyten unter derjenigen des Plasmas.

Der Anteil der Erythrocyten am Blutvolumen liegt meistens unter 50% (das Plasmavolumen ist also meist größer als das Gesamtvolumen aller Erythrocyten), und der Hydrogencarbonatgehalt des Plasmas ist höher als derjenige der roten Blutkörperchen; das meiste Hydrogencarbonat ist also im Plasma enthalten.

Gastransport zwischen Geweben und Blut

Das Blut wird in den Geweben mit CO_2 beladen, das ihm in den Atmungsepithelien wieder entzogen wird. Die Spiegel von CO_2, HCO_3^- und den Carbamat-Verbindungen ändern sich während dieser Übertragung. Kohlendioxid gelangt als molekulares CO_2 ins Blut und verläßt es auch wieder in dieser Form, und nicht als ein Hydrogencarbonat-Ion, denn die CO_2-Moleküle diffundieren viel schneller durch die Membran als die HCO_3^--Ionen. In

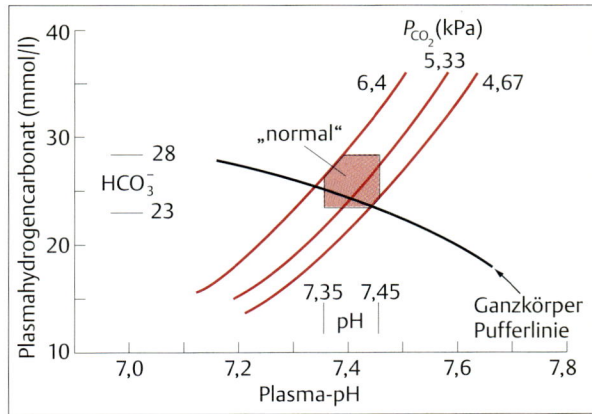

Abb. 13.10 Beziehung zwischen pH-Wert, HCO_3^- und P_{CO_2}. Beim Menschen stehen diese drei Größen miteinander in enger Beziehung, wie das Davenport-Diagramm zeigt (rotes Quadrat). Wird *in vivo* der P_{CO_2} des Blutes durch Hyper- oder Hypoventilation verschoben, dann verändern sich Plasma-pH-Wert und Hydrogencarbonat-Konzentration über das übliche Maß hinaus, wie die Ganzkörper-Pufferlinie beschreibt (nach Davenport, 1974).

den Geweben gelangt CO_2 ins Blut und bildet dort über Kohlensäure Hydrogencarbonat-Ionen oder reagiert mit den H_2N-Gruppen des Hämoglobins und anderer Proteine zu Carbamat-Verbindungen. Der Vorgang verläuft umgekehrt, wenn CO_2 das Blut wieder verläßt. Die größten Änderungen finden in der HCO_3^--Konzentration statt; die Veränderungen des CO_2- und Carbamat-Gehalts machen normalerweise weniger als 20% der CO_2-Ausscheidung aus.

Die Reaktion von CO_2 mit OH^- zu HCO_3^- verläuft ohne Katalysator langsam (im Sekundenbereich). In Anwesenheit des Enzyms **Carboanhydrase**, das sich in den roten Blutzellen befindet, stellt sich das Reaktionsgleichgewicht jedoch sehr schnell ein. Obwohl das Plasma einen höheren Gesamtgehalt an CO_2 als die roten Blutkörperchen hat, nimmt das CO_2, das in das Plasma eintritt und es wieder verläßt, den Weg über die Erythrocyten, da die Carboanhydrase in den Erythrocyten und nicht im Plasma vorliegt. Aus diesem Grund findet die Bildung des Hydrogencarbonats im Gewebe und die „Rückbildung" des CO_2 in der Lunge überwiegend in den Erythrocyten statt.

Nach Übertritt in das Blut diffundiert CO_2 also in die roten Blutkörperchen, wobei in Anwesenheit der Carboanhydrase sehr rasch Kohlensäure und daraus Hydrogencarbonat gebildet wird. Der Hydrogencarbonatspiegel erhöht sich daraufhin und führt zur Ausscheidung von HCO_3^- aus den roten Blutkörperchen. Das elektrische Gleichgewicht innerhalb der Zellen wird durch einen Anionenaustausch aufrechterhalten; verlassen die HCO_3^--Ionen die roten Blutkörperchen und gehen ins Plasma über, wandert eine gleich große Anzahl von Cl^--Ionen in die Erythrocytenzelle. Dieser Austausch wird als **Chloridverschiebung** bezeichnet. Erythrocyten sind – anders als viele andere Zellen – sowohl für Cl^- als auch für HCO_3^- sehr permeabel, da die Membran einen speziellen Anionencarrier in hoher Konzentration enthält. Es handelt sich um das **Bande-III-Protein**, das Cl^- und HCO_3^- bindet und in entgegengesetzten Richtungen durch die Erythrocytenmembran transportiert. Der Anionentransport ist passiv und wird von den Konzentrationsunterschieden beiderseits der Zellmembran angetrieben; in den Geweben fließt Hydrogencarbonat aus den Erythrocyten hinaus und an der respiratorischen Oberfläche in sie hinein (Abb. 13.**11**). Das Bande-III-Protein ist in allen Vertebraten-Erythrocyten vorhanden, mit Ausnahme der Neunaugen und Inger (*Petromyzones* und *Myxini*). Bei diesen verbleibt das Hydrogencarbonat in den roten Blutkörperchen, da es keinen Anionenaustausch zwischen ihnen und dem Blutplasma gibt.

Ein weiterer Grund (neben der Lokalisierung der Carboanhydrase), warum der größte Teil des CO_2, welches in das Blut ein- oder austritt, die Erythrocyten durchläuft, liegt darin, daß die Oxygenierung des Hämoglobins Protonen freisetzt, wodurch der Zellinhalt angesäuert wird. Umgekehrt wird bei Desoxygenierung der Zellinhalt alkalischer, weil das Hämoglobin wieder Protonen aufnimmt. Die O_2-Aufnahme des Hämoglobins an der respiratorischen Oberfläche erleichtert also die Bildung von CO_2 (eine pH-Erniedrigung begünstigt die Bildung von H_2CO_3 aus HCO_3^- und damit die Freisetzung von CO_2), während die Abgabe von O_2 im Gewebe (durch die dadurch erzeugte pH-Erhöhung) die Bildung von HCO_3^- erleichtert (Abb. 13.**12**). Dies alles hat zur Folge, daß die Änderungen des pH, die mit dem Austausch von CO_2 im Blut verbunden sind, durch die Protonenfreisetzung von Hämoglobin bei der Oxygenierung – bzw. bei Protonenbindung vom Hämoglobin bei der Desoxygenierung – auf einem Minimum gehalten werden.

Mit jedem Anstieg des CO_2-Partialdrucks in den Geweben setzt die Bildung von HCO_3^-- bzw. Carbamat-Verbindungen H^+-Ionen frei. Parallel dazu wird durch die Abgabe von O_2 Desoxyhämoglobin gebildet, das seinerseits Protonen bindet. Mit fortschreitender Desoxygenierung werden auf dem Hämoglobinmolekül immer mehr Protonenakzeptoren verfügbar. Bei vollständiger Desoxygenierung des gesättigten Hämoglobins werden pro mol abgegebenen Sauerstoffs 0,7 mol H^+-Ionen gebunden. Wenn das Verhältnis CO_2-Produktion zu O_2-Verbrauch, (der **respiratorische Quotient**, **RQ**) den Wert von 0,7 hat (z.B. bei reiner Fettnahrung; s. S. 774) kann CO_2 ohne jegliche Veränderung des Blut-pH transportiert werden. Selbst wenn der respiratorische Quo-

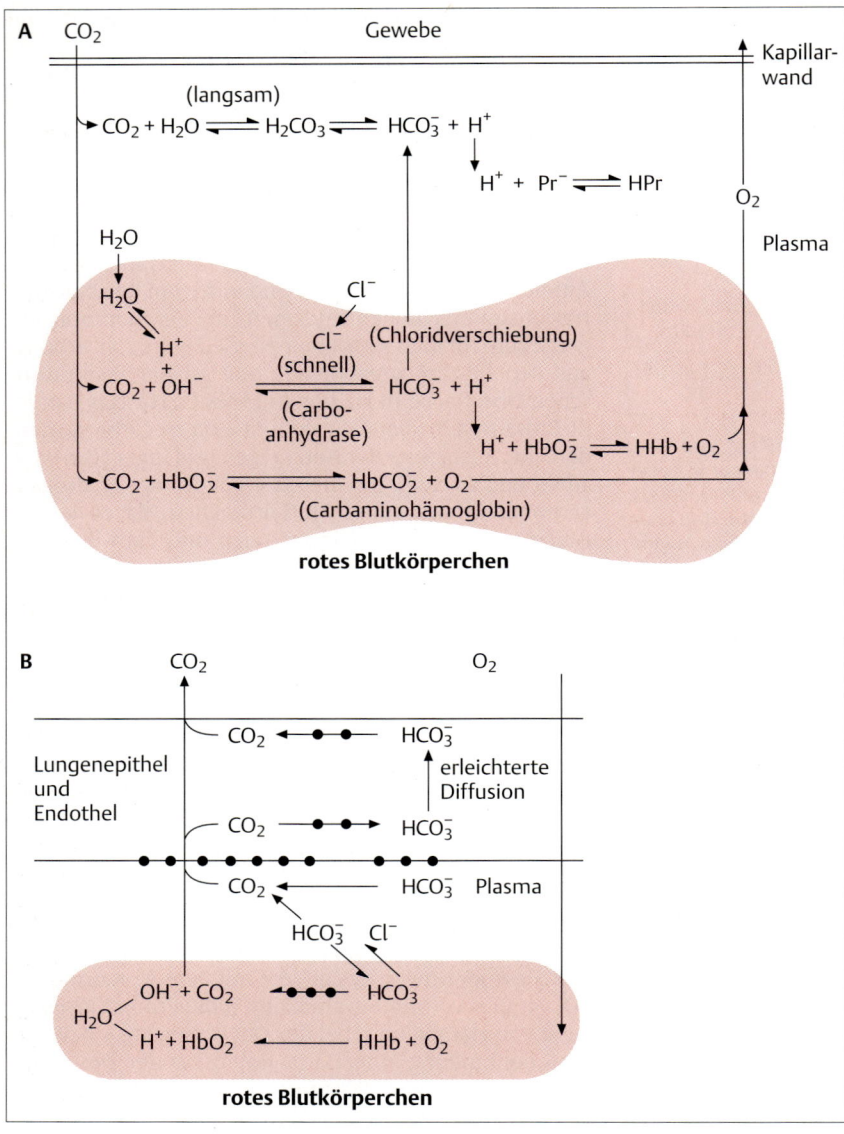

Abb. 13.11 Übertragung von CO_2 zwischen Blut und Geweben. Der größte Teil des CO_2, das in den Geweben in das Blut übertritt und in der Lunge das Blut wieder verläßt, durchwandert die Erythrocyten. **A** CO_2, das in den Geweben entsteht, wird in den Erythrocyten in Hydrogencarbonat (HCO_3^-) umgewandelt, da diese Reaktion durch die in den Erythrocyten vorhandene Carboanhydrase katalysiert wird. Im Austausch für Chlorid verläßt das Hydrogencarbonat die Erythrocyten wieder, wobei überschüssige Protonen vom desoxygenierten Hämoglobin gebunden werden. **B** In der Lunge verläuft diese Reaktion in umgekehrter Reihenfolge. Sauerstoff, der in die Erythrocyten aufgenommen wird, verdrängt die Protonen vom Hämoglobin. Dies unterstützt die CO_2-Bildung im Plasma. Die im Endothel der Lungenmembran lokalisierte Carboanhydrase (schwarze Punkte) wandelt einen Teil des Plasmahydrogencarbonats in CO_2 um. Die Diffusion des CO_2 durch die respiratorische Oberfläche wird durch die Diffusion von Hydrogencarbonat und dessen Umwandlung zu CO_2 an der äußeren Oberfläche des Diffusionsbereiches unterstützt. Bei diesem Prozeß handelt es sich um eine erleichterte Diffusion.

tient 1 beträgt, können die zusätzlichen 0,3 mol H^+ von den Blutproteinen einschließlich dem Hämoglobin gepuffert werden, so daß sich der Blut-pH nur geringfügig verändert.

Bei einem gegebenen P_{CO_2} bindet das Desoxyhämoglobin mehr Protonen als Oxyhämoglobin und erleichtert damit die Bildung von HCO_3^-; Desoxyhämoglobin bildet auch leichter mit CO_2 Carbamathämoglobin als das Oxyhämoglobin. Der gesamte CO_2-Gehalt des desoxygenierten Blutes bei einem gegebenen P_{CO_2} übersteigt deshalb den des oxygenierten Blutes (Abb. 13.9).

Demgemäß vermindert die Desoxygenierung des Hämoglobins in den Geweben eine Veränderung im P_{CO_2} und im pH-Wert beim Übertritt von CO_2 ins Blut. Dieser Effekt wird als **Haldane-Effekt** bezeichnet.

In den Lungen gibt es zwei Möglichkeiten zum CO_2-Austausch mit dem Blut. Wie erwähnt, ist Blutplasma frei von Carboanhydrase; d.h. im katalysatorfreien Plasma erfolgt die Umwandlung von CO_2 in HCO_3^- nur sehr langsam. Das Endothel der Lungenkapillaren enthält jedoch in den Zellmembranen Carboanhydrase, die für die im Plasma enthaltene Kohlensäure zugänglich ist. In-

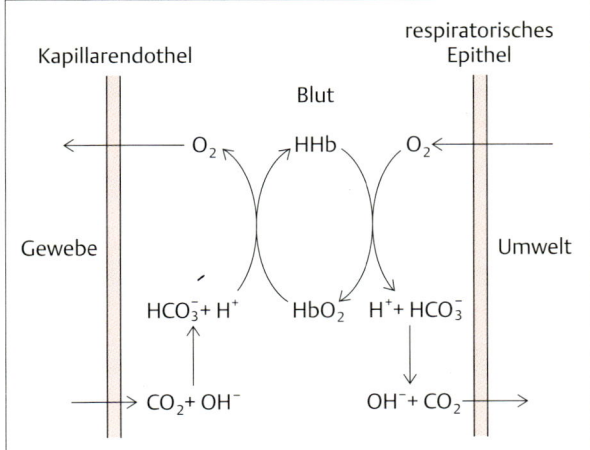

Abb. 13.12 Die Puffer-Wirkung des Hämoglobins unterstützt die CO_2-Aufnahme im Gewebe und die CO_2-Abgabe in der Lunge. Die mit den Änderungen im P_{CO_2} des Blutes einhergehenden Änderungen im pH-Wert der Gewebe und an der respiratorischen Oberfläche werden durch die Bindung bzw. Freisetzung von H^+-Ionen durch desoxygeniertes bzw. oxygeniertes Hämoglobin gepuffert. In den Geweben führt der Übergang von CO_2 in das Blut aufgrund der Hydrogencarbonat-Bildung zu einer Abnahme des pH-Wertes. Die gleichzeitige Desoxygenierung des Hämoglobins setzt Protonenakzeptoren frei, die H^+-Ionen binden. Die umgekehrte Reaktion findet am respiratorischen Epithel statt.

nerhalb der Lungenkapillaren kann daher – solange Blut die Kapillaren durchfließt – die Umwandlung von HCO_3^- in CO_2 katalysiert werden und entsprechend schnell stattfinden (Abb. 13.11 B). Hinzu kommt, daß die Oxygenierung des Hämoglobins die Erythrocyten in den Lungenkapillaren ansäuert; dies begünstigt die Umwandlung von Hydrogencarbonat in CO_2. Dieses diffundiert daraufhin in das Plasma und durch das Lungenepithel. Die Abnahme des Erythrocyten-Hydrogencarbonats zieht einen Einstrom von Hydrogencarbonat aus dem Plasma bei gleichzeitigem Ausstrom von Cl^--Ionen nach sich. Die relativen Anteile des in den Erythrocyten und im durch die respiratorischen Epithelien fließenden Blutplasma in CO_2 umgewandelten HCO_3^- hängen von der Protonenproduktion bei der Oxygenierung des Hämoglobins und von der Höhe der Carboanhydraseaktivität an den Zellmembranen der Kapillaren ab. Beispielsweise ist bei Teleosteern das die Kiemen durchfließende Plasma nicht der Carboanhydrase ausgesetzt. Bei Knochenfischen wird daher das meiste CO_2 über die Erythrocyten ausgeschieden; die Ausscheidung ist eng an die O_2-Aufnahme durch Protonenproduktion während der Oxygenierung des Hämoglobins gekoppelt.

Die Carboanhydrase ist auch im Endothel mancher Kapillarnetze des Körperkreislaufs aktiv, eingeschlossen die des Skelettmuskels. In diesen Kapillaren kann die HCO_3^--Bildung bei Abwesenheit roter Blutkörperchen durch die Carboanhydrase katalysiert werden. Ein Teil des aus dem Skelettmuskel in das Blut abgegebenen CO_2 läuft also nicht über die Erythrocyten. Die Carboanhydrase erleichtert demnach die Übertragung von CO_2; dieser Vorgang wird als **erleichterte** oder **fazilierte CO_2-Diffusion** bezeichnet (Abb. 13.11 B). Sie ist das Ergebnis einer gleichzeitigen Diffusion von Hydrogencarbonat und Protonen durch das Kapillarepithel, wobei die Protonen auch aus Puffern kommen können. Die Carboanhydrase katalysiert bei der fazilierten Diffusion die rasche Umwandlung von CO_2 in HCO_3^- und umgekehrt, wobei CO_2 in die Zelle eintritt oder diese verläßt.

Es gibt mindestens sieben Formen der **Carboanhydrase** (CA-I bis CA-VII). Alle sind strukturell ähnlich und katalysieren die Umwandlung von CO_2 in Hydrogencarbonat. Carboanhydrase I (CA-I) und Carboanhydrase II (CA-II) – beide kommen im menschlichen Blut vor – haben ein Molekulargewicht von ca. 29000 Da und enthalten etwa 260 Aminosäuren. CA-II, ein äußerst wirksamer Katalysator der Kohlensäure/Hydrogencarbonat Hydratisierung/Dehydratisierung, wird in einer Vielzahl von Geweben bzw. Organen angetroffen; dazu gehören: Gehirn, Hypophysenvorderlappen, Augen, Nieren, Lunge, Leber, Pancreas, Magenschleimhaut, Skelettmuskeln, Knorpel und – nicht zu vergessen – die Erythrocyten. Diese Carboanhydrase ist an einer Vielzahl von Prozessen beteiligt und steigert die Versorgung einer Anzahl von Stoffwechselvorgängen in Zellen und Geweben mit Hydrogencarbonat bzw. Protonen. Einige Menschen haben einen erblichen CA-II-Mangel, der autosomal-rezessiv vererbt wird. Obwohl die betroffenen Menschen keine nachweisbare CA-II besitzen, ist ihr CA-I-Spiegel in den Erythrocyten normal. Der CA-II-Mangel beeinträchtigt nicht nur den Gasaustausch, er zeigt noch viele andere Symptome, wie z.B. metabolische Azidose, Azidose der Nierentubuli und manchmal auch Verzögerungen in der geistigen Entwicklung. Weil CA-II an der Bildung von Protonen beteiligt ist, die für Resorption von Knochensubstanz durch die Osteoklasten benötigt werden, kann das Fehlen von Carboanhydrase-II zu Osteoporose führen, die mit Knochenbrüchigkeit (Osteomalazie) verbunden ist. Das große Spektrum der Symptome, die mit dem erblichen Carboanhydrase-II-Mangel verbunden sind, spiegelt die Vielzahl der Vorgänge wieder, bei denen CA-II an der Verbesserung der Protonen- bzw. Hydrogencarbonatversorgung beteiligt ist.

Die Bewegungsgeschwindigkeit von CO_2 und O_2 in die roten Blutkörperchen bzw. aus diesen heraus wird von ihrem Diffusionskoeffizienten und von ihrer Diffusionsstrecke bestimmt. Man könnte erwarten, daß die Verschiedenheiten bei der Diffusion und damit die Geschwindigkeiten, mit der die Erythrocyten oxygeniert werden, mit der Größe der Zelle korrelieren. Die Erythrocyten unterscheiden sich von Art zu Art ganz wesentlich in ihrer Größe. Beispielsweise hat der Furchenmolch (*Necturus spec.*) Erythrocyten, deren Volumen 600mal größer ist als diejenigen der Ziege (*Capra hircus*), deren Erythrocyten nur 4 μm Durchmesser und ein Volumen von 19,4 μm³ haben. (Es handelt sich dabei um die kleinsten Säugererythrocyten, deren – kernlose – rote Blutkörperchen sehr viel kleiner sind als die anderer Vertebraten.) Ältere *in vitro*-Untersuchungen kamen zu dem Ergebnis, daß kleine Erythrocyten schneller O_2 aufnehmen als große (Abb. 13.**13**); für die Verhältnisse *in vivo* gelten diese Befunde wohl nicht. Neuere Untersuchungen mit einer „Ganz-Blut-Dünnschicht"-Technik, die einer *in vivo* Situation entspricht, haben gezeigt, daß die Geschwindigkeit der O_2-Aufnahme von der Zellgröße unabhängig ist. Die abgeflachte Form der Erythrocyten könnte eine Erklärung für dieses Phänomen sein. Wenn die große, flache Oberfläche der Zellen dem Atemmedium – Wasser oder Luft – gegenüberliegt, während sie in Einzelreihe die Kapillaren des Atemorgans passieren, dann ist die Diffusionsstrecke wahrscheinlich für kleine und große Zellen ziemlich gleich, auch wenn ihre Volumina recht unterschiedlich sind. Die *in vitro*-Ergebnisse sind also nicht auf *in vivo* Situationen übertragbar.

Vermutlich wird die CO_2-Ausscheidung durch die Hydrogencarbonat-Chlorid-Austauschrate über die Erythrocytenmembran begrenzt. Das Oberfläche/Volumen-Verhältnis der Erythrocyten sowie deren Transportkapazität für den Hydrogencarbonat-Chlorid-Austausch, den das Bande-III-Protein vermittelt, ist vermutlich für die Geschwindigkeit der CO_2-Ausscheidung wichtig. Die Beziehungen zwischen diesen Parametern sind in Tab. 13.**1** dargestellt. In dieser Tabelle werden die Erythrocyten der Forelle mit denen des Menschen verglichen. Die ovalen Erythrocyten der Forelle (13,8 · 8,4 μm) sind sehr viel größer und haben einen höheren Gehalt an Bande-III-Protein in der Zellmembran als dies bei den Erythrocyten des Menschen der Fall ist (Durchmesser 7,5 μm). Die höhere Konzentration des Bande-III-Proteins kompensiert vermutlich – wenigstens zum Teil – die Nachteile für den Anionenaustausch, das das größere Zellvolumen und die niedrige Körpertemperatur des Fisches mit sich bringen. Aber immer noch ist der Anionenaustausch durch die Erythrocyten der Forelle bei 15 °C geringer als der beim Menschen bei 38 °C. Dafür ist jedoch die Durchlaufzeit der Erythrocyten durch die Kiemen länger als die Durchlaufzeit durch die Lunge; damit bleibt den Erythrocyten mehr Zeit für den Anionenaustausch.

Dennoch ist es nicht klar, warum verschiedene Arten unterschiedlich große rote Blutzellen entwickelt haben. Da Tiere mit großen Erythrocyten allgemein auch große Körperzellen haben, entwickelte sich die Zellgröße möglicherweise unabhängig von der Fähigkeit einer gesteigerten Austauschrate. Beispielsweise haben triploide Lachse, deren rote Blutzellen 1,5mal größer sind als die ihrer diploiden Verwandten, die gleiche Hämoglobinkonzentration und können ebenso schnell schwimmen wie sie; ihr Gasaustausch dürfte daher auch ebenso wirksam sein.

Wichtig ist festzuhalten, daß der Gasaustausch *in vivo* ein dynamischer Vorgang ist, der während der Durchblutung der Kapillaren erfolgt. Daher müssen bei der Analyse dieser Vorgänge die Diffusionsraten, Reaktionsgeschwindigkeiten und die Gleichgewichtsbedingungen der Gase im Blut in Betracht gezogen werden. So wäre z.B. eine Bohr-Verschiebung (Abnahme der Häm-

Tab. 13.1 Vergleich des Hydrogencarbonat-Chlorid-Austauschsystems der Erythrocyten von Forelle und Mensch

Eigenschaft	Forelle	Mensch
Zelloberfläche (cm²)	$2,67 \cdot 10^{-6}$	$1,42 \cdot 10^{-6}$
Bande III-Moleküle/Zelle	$8 \cdot 10^6$	$1 \cdot 10^6$
Bande III-Moleküle/cm²	$30 \cdot 10^{11}$	$7 \cdot 10^{11}$
Halbwertzeit des Cl^--Ionen-Austauschs (s) bei 0 °C	3,42	17,2
10 °C	1,29	2,32
15 °C	0,81	0,89
38 °C	–	0,05

Nach Romano u. Passow, 1984

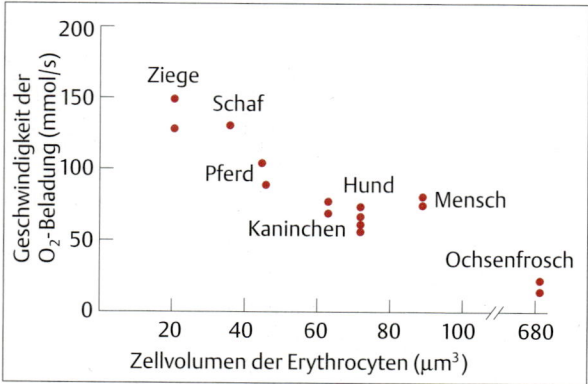

Abb. 13.13 Beziehung zwischen der Oxygenierungsrate und dem Volumen der roten Blutkörperchen. Kleine Erythrocyten werden *in vitro* schneller oxygeniert also große. Vermutlich hat die Zellgröße *in vivo* jedoch keinen Einfluß auf die Oxygenierungsrate (nach Holland u. Forster, 1966).

globin-Sauerstoff-Affinität mit fallendem pH) praktisch bedeutungslos, wenn sie erst dann erfolgte, nachdem das Blut die Kapillaren, die ein aktives Gewebe versorgen, bereits wieder verlassen hat. Die Bohr-Verschiebung erfolgt jedoch sehr rasch; in den menschlichen Erythrocyten hat sie eine Halbwertzeit von 0,12 Sekunden (bei 37 °C). Obwohl eine Verminderung der Temperatur immer eine Verminderung der Gasaustausch-Geschwindigkeit zur Folge hat, bleibt diese bei verschiedenen Temperaturen konstant. Dies wird über Konzentrationsänderungen der Atmungspigmente erreicht, die über Stunden oder sogar Tage wirksam bleiben. So hängt z.B. der Sauerstoffgehalt des Blutes von seinem Hämoglobingehalt ab, der bei vielen Vertebraten als Antwort auf eine Hypoxie erhöht wird. Schnelle Änderungen der Gasaustauschraten werden bei Vertebraten durch Anpassung der Atemfrequenz und des -volumens erreicht oder auch durch Anpassung der Fließgeschwindigkeit und der Verteilung des Bluts in den Geweben und an der respiratorischen Oberfläche.

Regulierung des pH-Werts

Der pH-Wert im Tierkörper ist leicht alkalisch, es sind also weniger Wasserstoff- als Hydroxidionen in den Geweben. Beide Ionenarten liegen in wäßrigen Lösungen nur in sehr geringer Konzentration vor, weil Wasser nur schwach dissoziiert. Der pH-Wert des menschlichen Blutplasmas bei 37 °C liegt bei 7,4, was einer H^+-Aktivität von 40 nmol/l (1 nmol = 10^{-9} mol) entspricht. Bei Säugern können normale Körperfunktionen bei 37 °C und einem Blutplasma-pH-Wert zwischen 7,0 und 7,8 ablaufen, d.h. zwischen 100 und 16 nM H^+. Verglichen mit der wesentlich geringeren Toleranzbreite der Na^+- und K^+-Konzentrationen im Tierkörper ist dies eine große prozentuale Abweichung vom Normalwert (40 nM); die absoluten Konzentrationsänderungen sind jedoch gering.

Der Blut-pH liegt in der Mitte zwischen den pK-Werten der Kohlendioxid/Hydrogencarbonat- und Ammoniak/Ammonium-Reaktionen (Abb. 13.14A). Die meisten Zellmembranen sind für HCO_3^- und NH_4^+-Ionen nicht sehr durchlässig, aber leicht permeabel für CO_2 und NH_3. Einige Zellmembranen sind relativ wenig durchlässig für NH_3, aber das ist eher die Ausnahme als die Regel. Ein Körper-pH, der mitten zwischen diesen pK-Werten liegt, garantiert gleiche Exkretionsraten für die beiden wichtigsten Stoffwechselendprodukte, nämlich CO_2 und NH_3. Da diese pK-Werte mit der Temperatur variieren, ist dies auch für den Blut-pH der Fall. Damit ist sichergestellt, daß die CO_2- und NH_3-Exkretionsraten über einen großen Temperaturbereich ausreichend groß sind (Abb. 13.14B).

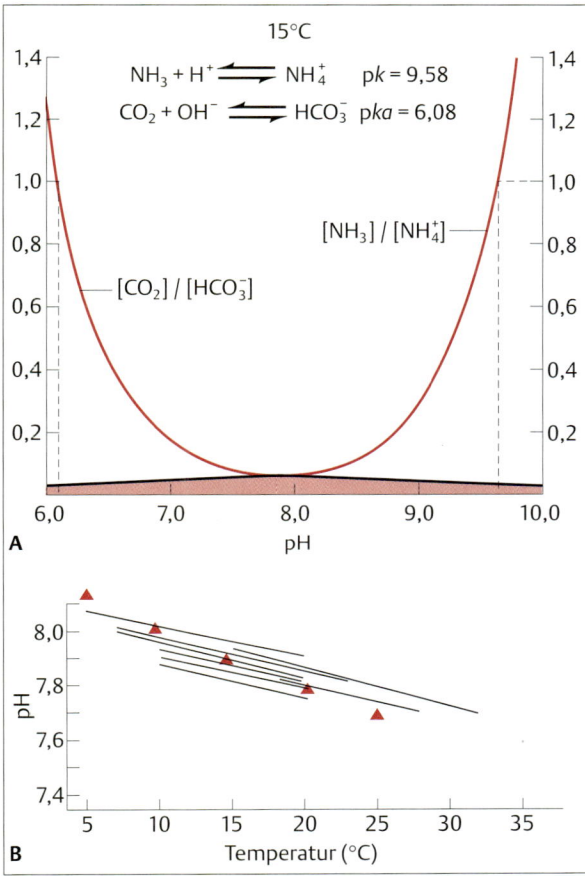

Abb. 13.14 Bei Vertebraten liegt der pH-Wert des Plasmas zwischen den pk- und pka-Werten der Ammoniak/Ammonium- und CO_2/Hydrogencarbonat-Reaktionen. A Wirkung verschiedener pH-Werte auf die $[CO_2]/[HCO_3^-]$ und $[NH_3]/[NH_4^+]$ Verhältnisse im Plasma einer Forelle bei 15 °C. Die gestrichelten Linien geben die pH-Werte an, bei denen die Verhältnisse gleich 1 sind (und damit die pK-Werte). B Wirkung der Temperatur auf den pH-Wert des Plasmas bei verschiedenen Fischen. Die roten Dreiecke sind errechnete pH-Werte, bei denen die $[CO_2]/[HCO_3^-]$- und $[NH_3]/[NO_4^+]$-Verhältnisse bei verschiedenen Temperaturen gleich sind. Das bedeutet: der pH-Wert des Plasmas wird so reguliert, daß die Ausscheidung von NH_3 und CO_2 gewährleistet ist (nach Randall u. Wright, 1989).

Änderungen im pH-Wert des Körpers ändern den Dissoziationsgrad der schwachen Säuren und damit die Ionisation von Proteinen. Die Nettoladung der Proteine beeinflußt die Enzymaktivitäten, die Assemblierung von Untereinheiten und die Membraneigenschaften. Sie trägt zum osmotischen Druck von Kompartimenten bei. Der letztgenannte Effekt beruht darauf, daß die Ladung der Proteine ein wichtiger Faktor für die Gesamtladung innerhalb der Zellen ist. Eine Änderung in der Ladung verändert die Donnan-Verteilung (s. Box 4.1, S. 117) von Ionen und kann daher den osmotischen Druck beeinflussen. Jede Änderung im osmotischen Druck zwischen zwei Körperkompartimenten verschwindet umgehend, da die Membranen für Wasser permeabel sind; solche Wasserbewegungen verändern das Volumen der verschiedenen Körperkompartimente.

Tiere regulieren ihren inneren pH-Wert trotz fortlaufender, stoffwechselbedingter Freisetzung von H^+-Ionen, um das Körpervolumen zu stabilisieren und die Enzymaktivität zu kontrollieren. Auch in Zellen wird der pH laufend verändert, entweder als Ergebnis ihrer Stoffwechselaktivität oder um diese zu kontrollieren und zu regulieren. Beispielsweise spielt der pH eine Rolle bei der Aktivierung der Seeigelspermien und bei Fröschen bei der Stimulierung der Glykolyse im Muskel durch Insulin. Zellen unterliegen auch pH-Änderungen durch äußere Einflüsse. So wird z.B. das Zellplasma während einer Hypoxie angesäuert, wenn in Geweben ein anaerober Stoffwechsel einsetzt und Lactat (Milchsäure) produziert wird.

Bildung und Ausscheidung von Wasserstoff-Ionen

Wasserstoff-Ionen werden aufgrund von Stoffwechselprozessen kontinuierlich gebildet oder mit der Nahrung aufgenommen (z.B. über die Zitronensäure der Zitrusfrüchte) und auch ständig ausgeschieden. Der größte Vorrat und Nachschub fällt bei der CO_2-Bildung im Stoffwechsel an; CO_2 reagiert mit Wasser zu Kohlensäure (H_2CO_3), welche zu H^+ und HCO_3^- dissoziiert (Abb. 13.11A). An den respiratorischen Oberflächen wird HCO_3^- in CO_2 überführt und ausgeschieden (Abb. 13.11). Wenn also CO_2-Bildung und -Ausscheidung ausgewogen sind, ist der Effekt des CO_2-Umsatzes auf den pH des Körpers gleich Null. Wenn weniger CO_2 ausgeschieden als produziert wird und sich CO_2 daher im Körper ansammelt, wird dieser angesäuert; im umgekehrten Fall steigt der pH, das Gewebe wird alkalischer. Landtiere sind jedoch in der Lage, die CO_2-Ausscheidung zu regulieren, um den pH-Wert des Körpers konstant zu halten.

Mit dem Verzehr von Fleisch ist gewöhnlich eine Aufnahme von Säure verbunden, mit Pflanzenkost oft die Nettoaufnahme von Basen. Allgemein haben Nahrungsaufnahme und Stoffwechselvorgänge eine geringe Nettoproduktion von H^+-Ionen zur Folge, bewirken also insgesamt eine ständige leichte Säurebildung. Der pH des Körpers wird durch die Ausscheidung dieser Säure konstant gehalten. Bei Landwirbeltieren erfolgt die Ausscheidung über die Nieren, bei Amphibien über die Körperoberfläche und bei Fischen über die Kiemen. Bei Säugern treten Änderungen im pH-Wert des Blutes als Folge einer Säurebewegung zwischen den Kompartimenten auf. So kann z.B. die nach einer üppigen Mahlzeit erfolgende umfangreiche Säurebildung des Magens zu einer **alkalischen Flutwelle** im Blut führen, da Säure vom Blut in den Magen übertritt. Auf ähnliche Weise führt die Bildung großer Mengen des alkalischen Pancreassaftes zu einer **sauren Flutwelle** im Blut.

Wie auf S. 54 ausgeführt, wird der Zusammenhang zwischen dem pH-Wert und dem Dissoziationsgrad einer schwachen Säure HA durch die **Henderson-Hasselbalch-Gleichung** beschrieben:

$$pH = pK, + \log \frac{[A^-]}{[HA]}$$

Wenn der pH der Lösung einer schwachen Säure dem pK' der Säure gleich ist, dann liegen 50% der Säure in undissoziierter Form HA vor und 50% in der dissoziierten Form $H^+ + A^-$. Bei einer pH-Einheit über dem pK ist das Verhältnis der undissoziierten zur dissoziierten Form 10% zu 90%. Bei 2 pH-Einheiten über dem pK ist dieses Verhältnis 1% zu 99%. Für das CO_2/HCO_3^- Säure-Basen-Paar kann die Henderson-Hasselbalch-Gleichung folgendermaßen geschrieben werden:

$$pH = pK' + \log \frac{[HCO_3^-]}{P_{CO_2}}$$

P_{CO_2} steht für den Partialdruck des CO_2 im Blut, α ist der Bunsen-Löslichkeitskoeffizient für CO_2, $[HCO_3^-]$ die Konzentration des Hydrogencarbonats und pK' die sichtbare Dissoziationskonstante. „Sichtbar" heißt, daß es sich nicht um den echten pK handelt, weil der pK' ein Sammelwert aller Reaktionen von CO_2 mit Wasser und der nachfolgenden Hydrogencarbonatbildung ist. Aus der Gleichung geht hervor, daß sich Änderungen im pH auf das Verhältnis HCO_3^-/P_{CO_2} auswirken und umgekehrt. Der pK'-Wert der CO_2/HCO_3^--Reaktion beträgt ungefähr 6,1. Der pK, der HCO_3^-/CO_3^{2-}-Reaktion liegt bei etwa 9,4. Beim pH-Wert des Körpers liegen rund 95% des Kohlendioxids als HCO_3^- vor, der Rest als Kohlendioxid und Kohlensäure. Der Betrag an CO_3^{2-} ist unbedeutend.

Schwache Säuren haben ihr größtes Pufferungsvermögen, wenn der pH = pK ist. Weil der pK der Plasmaproteine und des Hämoglobins sehr nahe beim pH des Blutes liegt, sind diese Verbindungen wichtige physikalische Puffer im Blut. Das CO_2/HCO_3^--Paar, bei dem der sichtbare pK' unter dem pH des Blutes liegt, ist als physikalisches Puffersystem weniger wichtig als es Hämoglobin oder Proteine sind. Der Vorteil des CO_2-Hydrogencarbonat-Systems liegt darin, daß eine verstärkte Atmung sehr schnell den pH-Wert des Blutes durch eine Senkung des CO_2-Spiegels erhöht. HCO_3^- wird dann über die Niere ausgeschieden und damit der pH-Wert im Blut wieder gesenkt. Obwohl Hydrogencarbonat für die chemische Pufferung lebender Systeme ohne größere Bedeutung ist, wird es oft als Puffer angesehen, weil das

Verhältnis CO_2/Hydrogencarbonat über die Exkretion zur pH-Regulierung herangezogen werden kann. Die wichtigsten Puffer im Blut sind die Proteine, vor allem das Hämoglobin. In Zellen bilden auch Phosphate wichtige Puffersysteme.

Die Bedeutung der Puffer bei pH-Änderungen läßt sich durch Betrachtung der Effekte einer Säureinfusion ins Säugerblut aufzeigen. Etwa 28 mmol H^+-Ionen müssen injiziert werden, um den Blut-pH von 7,4 auf 7,0 zu senken. Im Vergleich dazu werden aber nur 60 nmol (etwa 0,2 %) benötigt, um den pH in einer wäßrigen Lösung um den gleichen Betrag zu senken. Im Blut wird die Hauptmasse der 28 mmol H^+ gepuffert. Daran sind beteiligt die Umwandlung von HCO_3^- zu CO_2 mit 18 mmol, Hämoglobin mit 8 mmol, Plasmaproteine mit 1,7 mmol und Phosphate mit 0,3 nmol. Damit werden nahezu 500000mal so viele H^+-Ionen gepuffert wie benötigt werden, den pH von 7,4 auf 7,0 zu senken. Wenn die Ventilation der Lunge so stark reduziert wird, daß die CO_2-Bildung die CO_2-Ausscheidung übertrifft, steigt der CO_2-Spiegel des Körpers an, und der pH-Wert fällt ab. Diesen Abfall im pH-Wert bezeichnet man als **respiratorische Azidose**; der umgekehrte Effekt – Erhöhung des pH-Werts als Folge einer verstärkten Atmung (Hyperventilation) – wird als **respiratorische Alkalose** bezeichnet. Der Begriff „respiratorisch" wird zur Unterscheidung dieser pH-Änderungen von denen gewählt, die durch Stoffwechseländerungen oder Änderungen in der Nierenfunktion auftreten. So führt der anaerobe Stoffwechsel zu einer Netto-Säureüberproduktion, die den pH-Wert senkt; eine solche Änderung wird als **metabolische Azidose** bezeichnet.

Körperflüssigkeiten sind, wie andere Lösungen auch, elektroneutral, d. h. die Summe aller Anionen entspricht der Summe aller Kationen. Der normale Elektrolytzustand des menschlichen Plasmas ist in Abb. 13.15 dargestellt. Alle Hydrogencarbonat-, Phosphat- und Proteinionen werden als **Pufferbasen**, die verbleibenden Kationen und Anionen als starke Ionen bezeichnet (solche, die in physiologischen Lösungen vollständig dissoziieren und keine Puffereigenschaft besitzen). Die Differenz zwischen der Summe aller starken Kationen und der Summe aller starken Anionen ist die **Starkionendifferenz** („strong ion difference", SID); sie ist ein Spiegelbild der Stärke der Pufferbasen. Weil eine Änderung im pH des Blutes eine Verschiebung der Pufferkapazität nach sich zieht, muß auch eine Änderung der SID erfolgen, um die elektrische Neutralität zu erhalten. Dies bedeutet aber auch eine Änderung des Na^+- oder Cl^--Spiegel, da dies die wichtigsten Ionen im Blut sind. So muß z. B. die Abnahme des Hydrogencarbonats mit einer Erhöhung des Cl^--Spiegels oder einer Verminderung des Na^+-Spiegels einhergehen. Umgekehrt gehen Änderungen im Verhältnis zwischen Na^+ und Cl^- mit Änderun-

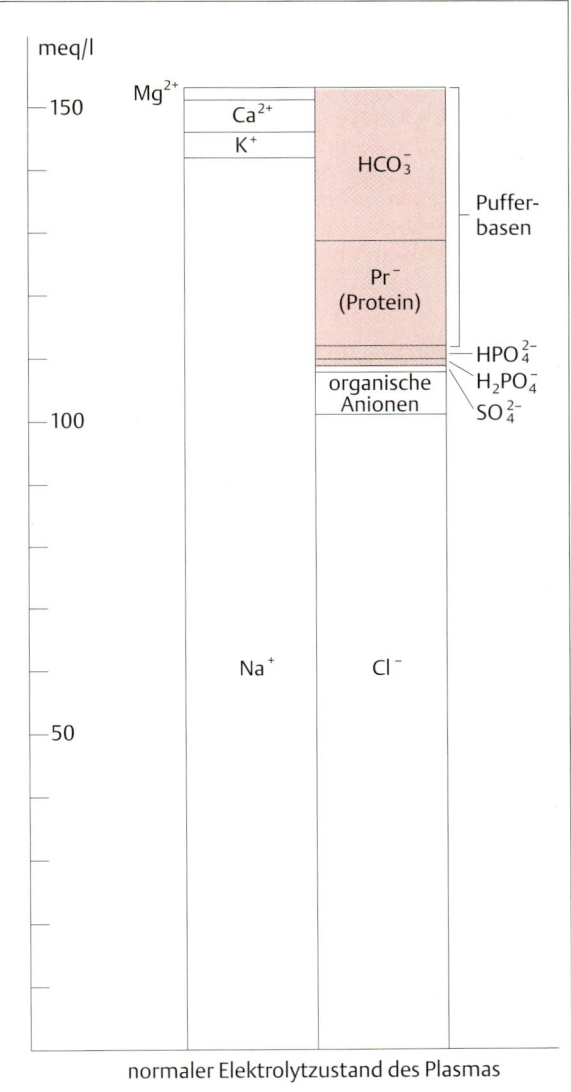

Abb. 13.15 Blockdiagramm zur Illustration des Gesetzes der Elektroneutralität. Alle Körperflüssigkeiten sind elektroneutral, d. h. die Summe der positiven und negativen Ladungen ist gleich. Das Diagramm gibt die Equivalentkonzentrationen (meq/l) der wichtigsten Elektrolyte des menschlichen Plasmas bei normalem pH-Wert an. Die Konzentration der Pufferbasen (nicht respiratorische Säure-Basen-Verschiebung) hängt vom pH-Wert ab. Eine Erhöhung oder Erniedrigung des pH-Wertes, welche die Pufferbasenkonzentration verändert, muß folglich mit einer korrespondierenden Veränderung in der Konzentration eines oder mehrerer stärkerer Ionen einhergehen – gewöhnlich Natrium oder Chlorid (nach Siggaard-Andersen, 1963).

gen der Pufferbasen und damit auch des Blut-pH-Wertes einher. Erbrechen des Mageninhalts führt zu einem Verlust von Cl^--Ionen und damit zu einer Verminderung des Cl^--Spiegels im Blut; als Folge davon wird der Hydrogencarbonatspiegel zusammen mit dem Blut-pH ohne jede Änderung des CO_2-Partialdrucks erhöht. Dieser Zustand wird als **metabolische Alkalose** bezeichnet. Erbrechen von Dünndarminhalt an Stelle von Mageninhalt führt zu einem größeren Verlust an Hydrogencarbonat als an Chlorid und hat eine **metabolische Azidose** zur Folge.

Verteilung von Wasserstoff-Ionen zwischen Kompartimenten

Zellmembranen und Zellschichten, die intrazelluläre und extrazelluläre Körperkompartimente trennen, sind für CO_2 viel permeabler als für H^+- oder Hydrogencarbonat-Ionen. Zwar ist die Membranpermeabilität der meisten Zellen für H^+-Ionen normalerweise sehr gering, sie übertrifft aber oft die für K^+-, Cl^- und HCO_3^--Ionen. Eine bemerkenswerte Ausnahme ist die Membran der Erythrocyten, die für Hydrogencarbonat und Cl^--Ionen gut durchlässig ist, jedoch viel weniger gut für H^+-Ionen. Rote Blutkörperchen und die Zellen der Sammelkanälchen der Säugerniere haben – im Gegensatz zu anderen Zellen – einen hohen Gehalt an Bande-III-Protein in der Zellmembran. Wie oben beschrieben, vermittelt das Bande-III-Protein den raschen Austausch von HCO_3^-- gegen Cl^--Ionen. Obwohl alle Zellmembranen für CO_2 permeabel sind, können nur wenige Zellen rasch HCO_3^--Ionen über den Bande-III-Protein-Mechanismus austauschen.

Steigt der P_{CO_2} in der extrazellulären Flüssigkeit, steigen auch die Hydrogencarbonat- und H^+-Ionenkonzentrationen. Gleichzeitig nehmen auch die Gradienten für CO_2, Hydrogencarbonat- und Wasserstoff-Ionen zwischen der Zelle und der extrazellulären Flüssigkeit zu. In den Zellen, die leicht permeabel für CO_2 und nur schwer permeabel für H^+ oder Hydrogencarbonat sind, führt dies zu einem raschen Eintritt von CO_2. Da CO_2 in der Zelle zu H_2CO_3 umgewandelt wird, das zu HCO_3^- und H^+ dissoziiert, fällt der intrazelluläre pH steil ab. Die Ansäuerung, zusammen mit einem erhöhten P_{CO_2}, erfolgt oft sehr viel schneller im intrazellulären als im extrazellulären Kompartiment, weil die Carboanhydrase, welche die Umwandlung von CO_2 in HCO_3^- katalysiert, in den Zellen stets – extrazellulär dagegen nicht immer – vorhanden ist. Selbst wenn der P_{CO_2} erhöht bleibt, kehrt der intrazelluläre pH langsam zum Ausgangswert zurück, da H^+ langsam die Zelle verläßt oder weil Alkali-Ionen über die Zellmembran aufgenommen werden (Abb. 13.**16**A). Nach Rückgang des P_{CO_2} auf seinen Ausgangswert übertrifft schließlich der intrazelluläre pH seinen Anfangswert, d.h. es kommt zu einem geringfügigen pH-Überschuß.

Wie bereits erwähnt, sind die meisten Zellmembranen für Ammoniak (NH_3) viel permeabler als für Ammonium-Ionen (NH_4^+). Steigen die NH_4Cl-Spiegel in der extrazellulären Flüssigkeit, so gelangt Ammoniak viel schneller in die Zelle als die Ammonium-Ionen. Folglich steigen auch die Ammoniakspiegel innerhalb der Zelle sehr viel schneller an. Ammoniak verteilt sich gleichmäßig zu beiden Seiten der Zellmembran und verbindet sich innerhalb der Zelle mit Wasserstoffionen zu Ammonium; der pH-Wert steigt daraufhin an (Abb. 13.**16**B). Ist ein Maximum erreicht, beginnt der pH, während die Zelle dem NH_4Cl weiter ausgesetzt ist, wieder abzufallen, weil NH_4^+ zusammen mit anderen Säure-Base-regulierenden Vorgängen langsam passiv einströmt. Die Rückkehr des externen NH_4Cl-Spiegels auf den ursprünglichen Wert führt zu einem steilen Abfall im intrazellulären pH-Wert, da NH_3 aus der Zelle diffundiert. Aufgrund der intrazellulären NH_4^+-Anhäufung fällt der pH-Wert der Zelle unter seinen Ursprungswert; NH_4^+ diffundiert langsam aus der Zelle, der pH kehrt auf den Ursprungswert zurück.

Diese pH-Anpassungsmechanismen werden entweder durch Verminderung des intrazellulären pH-Wertes oder durch Erhöhung des extrazellulären pH-Wertes aktiviert. In Säugerzellen wird die Säureverdrängung herabgesetzt, wenn der extrazelluläre pH-Wert unter 7,0 fällt oder der intrazelluläre über 7,4 steigt. Injiziert man eine Säure in eine Zelle, wird sie mit zunehmender Geschwindigkeit aus der Zelle verdrängt, entsprechend der pH-Verminderung der Zelle. Obgleich der H^+-Ausstrom zum Teil mit einem Na^+-Einstrom gekoppelt ist, könnte er teilweise von der H^+-Diffusion aus der Zelle heraus stammen. Die Kopplung des Natrium- und Protonentransports könnte darauf beruhen, daß entweder ein Mechanismus für den Kationenaustausch oder eine elektrogene Protonenpumpe in der Zellmembran vorhanden ist, die das Membranpotential erhöht und dabei einen elektrochemischen Gradienten für die Diffusion von Na^+-Ionen durch Na^+-Kanäle bereitstellt. Einige Zellen können z.B. mittels einer Protonen-ATPase in der Zellmembran aktiv Protonen hinauspumpen; dieser Protonenausstrom kann einen Na^+-Einstrom zur Folge haben. Oftmals verläuft die Säureverdrängung zusammen mit einem Cl^--Ausstrom, vermutlich im Austausch gegen extrazelluläres HCO_3^-, wie es die Regulierung des pH der Zelle erfordert. Beispielsweise hemmt die Droge SITS (4-Acetamido-4'-Isothiocyanostilbene-2,2'-Disulfonsäure), die den Chlorid-Hydrogencarbonataustausch der Erythrocyten blockiert, ebenfalls die pH-Regulation in anderen Zellen.

Bei der Angleichung des intrazellulären pH-Wertes spielen demnach sowohl der Protonen- als auch der

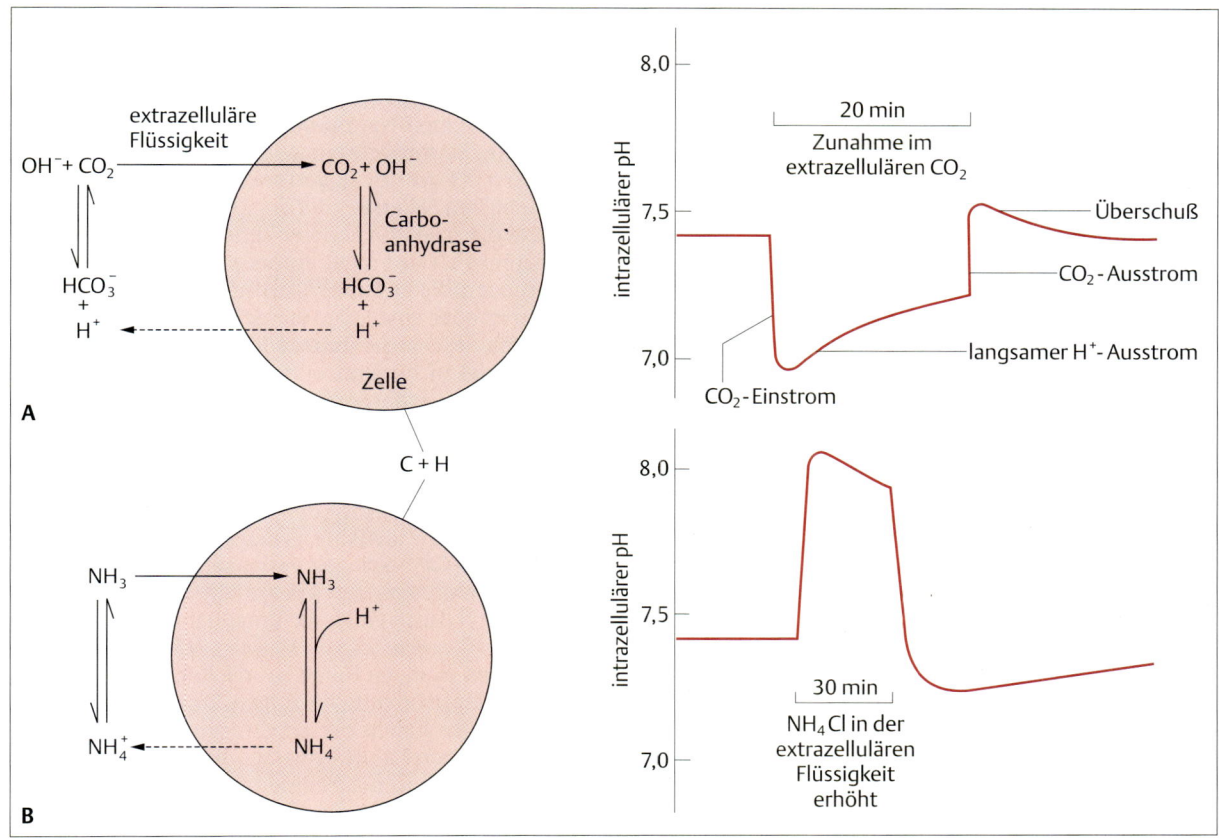

Abb. 13.16 Reaktion des intrazellulären pH-Wertes von Gewebszellen bei Veränderungen der extrazellulären CO₂- und Ammoniumchlorid-Konzentrationen. A Wird die CO₂-Konzentration in der extrazellulären Flüssigkeit plötzlich erhöht, diffundiert CO₂ schnell in die Zelle hinein und bildet Hydrogencarbonat, was zu einem rapiden Abfall des intrazellulären pH-Wertes führt. Der nachfolgende Ausstrom von H⁺-Ionen (gestrichelte Linie) führt zu einem allmählichen Anstieg des intrazellulären pH-Wertes. **B** Steigt die extrazelluläre NH₄Cl-Konzentration plötzlich an, diffundiert NH₃ schnell in die Zelle und verbindet sich mit H⁺-Ionen zu NH₄⁺, das nur sehr langsam durch die Zellmembran nach außen diffundiert (gestrichelte Linie). Der intrazelluläre pH-Wert steigt folglich an.

Anionenaustausch eine wichtige Rolle. Eine Säurebelastung der Zelle wird von einem H⁺-Ausstrom begleitet, der mit einem Na⁺-Einstrom gekoppelt ist, und einem HCO₃⁻-Einstrom, der an einen Cl⁻-Ausstrom gekoppelt ist. Der HCO₃⁻-Einstrom ist gleich groß wie der H⁺-Ausstrom, weil die Hydrogencarbonat-Ionen in der Zelle zu CO₂ dehydriert werden. Die dabei entstehenden Hydroxid-Ionen erhöhen den pH. Das CO₂ verläßt die Zelle und wird wieder zu HCO₃⁻ zurückverwandelt, wobei Protonen abgespalten werden. Dieser Kreislauf von CO₂ und HCO₃⁻, der als **Jacobs-Stewart-Zyklus** bezeichnet wird, dient bei einer Säurebelastung, wie sie z.B. beim anaeroben Stoffwechsel auftritt, zur Beseitigung von H⁺ aus dem Zellinneren (Abb. 13.17).

In den Erythrocyten der meisten Vertebraten sind – im Gegensatz zu den meisten anderen Zellen – die H⁺-Ionen passiv über die Membran verteilt, und das Membranpotential hält den pH innerhalb der Zelle etwas niedriger als im umgebenden Blutplasma. Eine plötzliche Zugabe von H⁺ zum Plasma – z.B. nach der anaeroben Bildung von Milchsäure und H⁺-Ionen – läßt den pH in den roten Blutkörperchen absinken. Die Säure wird aus dem Plasma in die Zelle transportiert, allerdings nicht als H⁺-Diffusion, sondern mittels eines Hydrogencarbonat-Chlorid-Austauschs (Abb. 13.17). Die Zugabe von H⁺ zum Plasma erhöht den CO₂-Partialdruck infolge der Umwandlung von HCO₃⁻ in CO₂, das dann in die Erythrocyten hineindiffundiert, dort wieder in HCO₃⁻ um-

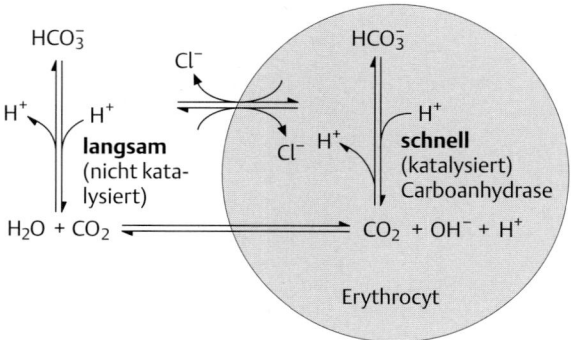

Abb. 13.17 Einstellung des intrazellulären pH-Wertes durch HCO_3^- und Cl^--Austausch durch Zellmembranen. Als Jacob-Stewart-Zyklus wird der Kreislauf von CO_2 und Hydrogencarbonat bezeichnet, durch den Säure zwischen dem extrazellulären Raum und den intrazellulären Kompartimenten transportiert wird. In Erythrocyten dient dieses Zirkulieren gewöhnlich dazu, Säure aus dem Plasma in die Zelle zu transportieren. Da nur in den Erythrocyten das Enzym Carboanhydrase vorhanden ist, bestimmt die langsame, nicht katalysierte Umwandlung von CO_2 zu HCO_3^- in der extrazellulären Flüssigkeit die Geschwindigkeit der Säureübertragung.

gewandelt wird und dabei den intrazellulären pH reduziert. Das Hydrogencarbonat diffundiert dann über den Chlorid-Hydrogencarbonat-Mechanismus wieder aus der Zelle. Der Jacobs-Stewart-Zyklus ist also in den Erythrocyten beim Säuretransport aus dem Plasma in die Zelle wirksam.

Faktoren, die den intrazellulären pH-Wert beeinflussen

Der intrazelluläre pH-Wert bleibt stabil, wenn die Säurebelastung – sei es durch den Stoffwechsel der Zelle oder durch H^+-Einstrom von außen – der Beseitigungsrate der Säure entspricht. Jede plötzliche Erhöhung im Säuregehalt wird von verschiedenen Mechanismen, wie oben diskutiert, abgefangen. Folgende Faktoren sind daran beteiligt:
- physikalische Puffer (d.h. Proteine und Phosphate), die innerhalb der Zelle vorliegen;
- die Reaktion von HCO_3^- mit H^+, in dessen Folge CO_2 gebildet wird, das aus der Zelle hinaus diffundiert;
- passive Diffusion oder aktiver Transport von Protonen aus der Zelle;
- Kationen-Austausch (Na^+/H^+), Anionenaustausch (HCO_3^-/Cl^-) oder beide Mechanismen in der Zellmembran.

Außerdem kann die metabolische Protonenbildung durch den pH reguliert werden. Viele Enzyme werden durch niedrige pH-Werte gehemmt. Es erscheint daher möglich, daß die Hemmung der Glykolyse (und vermutlich noch weiterer Stoffwechselwege) bei einem niederen pH-Wert dazu dienen könnte, mittels einer verminderten Protonen-Nettoproduktion während Phasen überhöhter Säurewerte ein weiteres Absinken des intrazellulären pH-Wertes zu vermeiden.

In manchen Fällen könnte der Zell-pH verändert werden, um die Funktion anderer Zellen zu regulieren oder zu begrenzen. Es ist nicht immer deutlich, ob diese pH-Änderungen die mit ihnen verbundenen Zellvorgänge regulieren oder eine Folge dieser Vorgänge sind. In vielen Zellen stehen der intrazelluläre pH (pH_i) und der Ca^{2+}-Spiegel in direkter oder umgekehrter Beziehung zueinander. In anderen Zellen stehen sie nicht in einer direkten, sondern in einer zeitlichen Beziehung. Wenn z.B. Froscheier befruchtet werden, ändert sich der intrazelluläre Ca^{2+}-Spiegel vorübergehend, gefolgt von einem anhaltenden Anstieg des pH_i. Es gibt einige Hinweise darauf, daß diese Alkalisierung der Zelle die Aktivität des erhöhten Ca^{2+}-Spiegels verlängert. In solchen Fällen könnten Änderungen des pH_i also die Ca^{2+}-Aktivität regulieren und damit viele calciumabhängige Vorgänge in der Zelle.

In einigen wenigen Fällen hat die Regulierung des intrazellulären pH deutliche Folgen für die Zellfunktion. Beispielsweise haben die Erythrocyten mancher Knochenfische einen Na^+/H^+-Austauscher und einen HCO_3^-/Cl^--Austauscher in der Zellmembran. Das Hämoglobin dieser Tiere ist zum Root-Effekt befähigt, d.h. mit Abnahme des Blut-pHs tritt eine Verminderung der O_2-Kapazität des Blutes ein (siehe Abb. 13.**6**). Dieser Effekt würde sicherlich den O_2-Transport durch die Erythrocyten während einer metabolischen Azidose behindern, wenn er nicht durch andere Mechanismen ausgeglichen würde. Tatsächlich werden während der Perioden metabolischer Azidose Catecholamine in das Blut entlassen, die den Na^+/H^+-Austauscher aktivieren, der dann H^+-Ionen aus der Zelle hinaus und Na^+-Ionen in die Zellen hineinschafft. Bei Fischen mit großen Muskelmassen führen plötzliche Schwimmstöße zu einer deutlichen Azidose. Dieser Abfall im Plasma-pH würde, falls er auf die Erythrocyten übergreift, die O_2-Bindung an das Hämoglobin behindern und den Fisch daran hindern, aerob zu schwimmen. Dies geschieht jedoch nicht, weil der pH_i der Erythrocyten reguliert ist und während schneller Schwimmstöße hoch bleibt.

Faktoren, die den pH-Wert des Körpers beeinflussen

Ein stabiler pH-Wert setzt ein Gleichgewicht zwischen Säurebildung und Säurebeseitigung voraus. Bei Säugern wird diese Übereinstimmung durch Regulierung der CO_2-Ausscheidung in der Lunge und über die Säure-

oder die Hydrogencarbonatexkretion durch die Niere gewährleistet. Die Exkretion gleicht dabei die Produktion aus, die ihrerseits weitgehend von den Stoffwechselbedürfnissen des Tieres bestimmt wird. In den Nierenkanälchen der Säuger befinden sich Zellen vom A-Typ („acid-excreting" = Säure ausscheidend) und vom B-Typ („base-excreting" = Basen ausscheidend) (s. Abb. 14.**29**). Die Säure- bzw. Basenausscheidung dieser Zellen ist regulierbar. Bei im Wasser lebenden Tieren hat die Körperoberfläche die Fähigkeit, Säure auf ähnliche Weise auszuscheiden, wie es in den Nierenkanälchen der Säuger geschieht (s. Kap. 14). So haben z.B. die Froschhaut und die Kiemen der Süßwasserfische eine Protonen-ATPase in der Außenseite des Epithels, die Protonen ausscheidet. Fischkiemen haben außerdem einen HCO_3^-/Cl^--Austauschmechanismus. Eine Blockade dieser Mechanismen durch Drogen wirkt sich auf den pH-Wert des gesamten Körpers aus.

Auch die Temperatur kann den pH-Wert des Körpers deutlich beeinflussen. Bei neutralem pH sind die OH^-- und H^+-Ionenkonzentrationen gleich ($[OH^-]/[H^+] = 1$). Die Dissoziation des Wassers ist temperaturabhängig; der pH-Neutralwert (pN) von 7,00 (d.h. das Ionenprodukt des Wassers beträgt 10^{-14}) gilt daher nur für 25 °C. Fällt die Temperatur ab, vermindert sich auch die Dissoziation des Wassers, und der pH-Neutralwert steigt. Bei 37 °C beträgt der pN 6,8 (d.h. das Ionenprodukt des Wassers beträgt $10^{-13,6}$), bei 0 °C dagegen 7,47. Das menschliche Blutplasma hat bei 37 °C einen pH-Wert von 7,4, ist also leicht alkalisch. Bei pN ist das Konzentrationsverhältnis von OH^-/H^+ gleich 1. Mit steigender Alkalinität steigt das Verhältnis an, bei pH 7,4 und 37 °C beträgt es ca. 20. Die meisten Tiere halten – unabhängig von ihrer Körpertemperatur – die Alkalinität vieler Gewebe weitgehend konstant gegenüber dem pN (Abb. 13.**18**). Bei Fischen in 5 °C warmem Wasser beträgt der Plasma-pH-Wert 7,9–8,0; bei Schildkröten liegt er bei 20 °C ungefähr bei 7,6 und bei Säugern bei 37 °C Körpertemperatur bei 7,4. Demnach haben alle die gleiche relative Alkalinität und folglich das gleiche OH^-/H^+-Verhältnis von ungefähr 20 im Plasma. Gewebe sind allgemein etwas weniger alkalisch als das Plasma; bei den Erythrocyten liegt der intrazelluläre pH-Wert um etwa 0,2 Einheiten unter dem des Plasmas; der pH_i der Muskeln liegt bei ca. 7,0.

Die Temperatur hat auch einen deutlichen Einfluß auf den pK'-Wert der Plasmaproteine und das CO_2/HCO_3^--System; der pK' nimmt zu, wenn die Temperatur absinkt. Wie aus der Henderson-Hasselbalch-Gleichung ersichtlich, bewirken pK'-Änderungen auch Änderungen im pH-Wert oder in der Dissoziation schwacher Säuren. Die temperaturbedingten Änderungen des Plasma-pH (Abb. 13.**18**) gleichen jedoch die temperaturbedingten Änderungen des pK' der Plasmaproteine wieder

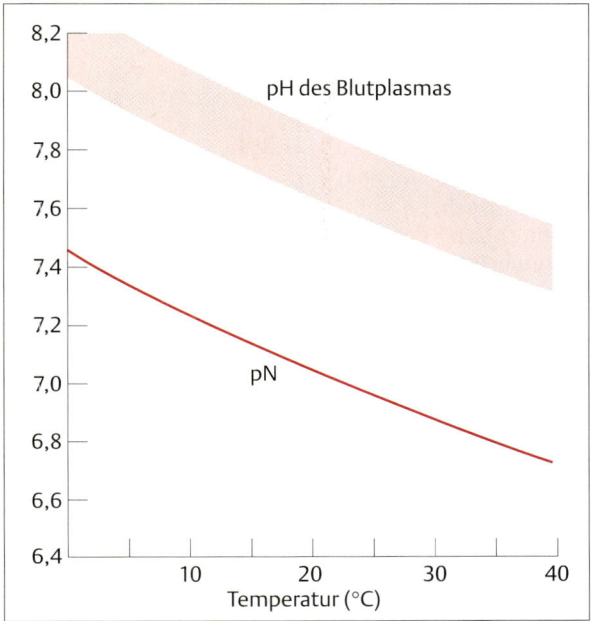

Abb. 13.18 Blut-pH-Wert von Schildkröten, Fröschen und Fischen bei verschiedenen Temperaturen. Der pH-Neutralwert (pN) und der pH-Wert des Plasmas sinken mit steigender Temperatur, doch bleibt die Beziehung zwischen diesen beiden Größen bei den meisten Tierarten konstant. In der Darstellung wird die Wirkung der Temperatur auf den pH-Wert des Plasmas mit der Änderung im pN verglichen (nach Rahn, 1967).

aus. Damit bleibt der Umfang der Dissoziation der Plasmaproteine konstant.

Weil sich der pK' der CO_2-Hydrierung bzw. -Dehydrierung mit der Temperatur langsamer ändert als der pH-Wert vom Blut, müssen die Tiere das CO_2/HCO_3^--Verhältnis im Blut regulieren. Im allgemeinen scheint es so, daß luftatmende, poikilotherme (wechselwarme) Vertebraten bei sinkenden Temperaturen den Hydrogencarbonatspiegel konstant halten, aber den Gehalt von molekularem CO_2 herabsetzen. Bei den Wassertieren dagegen bleibt der CO_2-Gehalt unverändert, der Hydrogencarbonatspiegel steigt bei abnehmender Temperatur an. Dieser Vorgang führt bei wasser- und luftatmenden Vertebraten zu einer genauen Einstellung des CO_2^-/HCO_3^--Verhältnisses und damit auch des pH-Wertes. Der entscheidende Punkt hierbei ist, daß, wenn sich der pH-Wert des Körpers und der pK'-Wert der Proteine mit der Temperatur in gleicher Richtung ändern, die Ladung der Proteine entsprechend der Henderson-Hasselbalch-Gleichung unverändert bleiben sollte. Ändert sich die Nettoladung der Proteine nicht oder nur geringfügig, wird die Funktion über einen großen Temperaturbereich beibehalten.

Die Fähigkeit des Körpers zur Umverteilung von Säure zwischen den Kompartimenten ist von großer funktioneller Bedeutung, da einige Gewebe von pH-Änderungen schwerwiegender betroffen werden als andere. Besonders empfindlich ist das Gehirn, während die Muskulatur große pH-Schwankungen tolerieren kann. Im Gehirn muß es folglich gut funktionierende, bisher jedoch weitgehend unbekannte Mechanismen zur Regulierung des pH der Cerebrospinalflüssigkeit (CSF) geben. Bei einer plötzlichen Übersäuerung des Blutes nimmt die Muskulatur H^+-Ionen auf; dies führt zur Verminderung der pH-Schwankungen im Blut und schützt das Gehirn und andere empfindlichere Gewebe. Die H^+-Ionen werden anschließend langsam wieder ins Blut entlassen und entweder über die Lunge als CO_2 oder über die Niere als saurer Harn ausgeschieden. Wenn also plötzlich eine Übersäuerung im Körper auftritt, kann die Muskulatur als temporärer H^+-Speicher fungieren und damit die Größe der pH-Schwankungen in anderen Körperregionen vermindern.

Gastransport in der Luft – Lungen und andere Systeme

Der vorhergehende Abschnitt beschrieb, wie Sauerstoff und Kohlendioxid vom Blut transportiert werden. Dieser Abschnitt beschreibt, wie O_2 und CO_2 zwischen der Umwelt und dem Blut ausgetauscht werden. Zunächst wird die Lunge der Vertebraten behandelt, zusammen mit ähnlichen Organen. Anschließend wird der Austausch der Atemgase über Kiemen beschrieben.

Die Struktur eines Gasaustauschsystems wird sowohl von den Eigenschaften des Mediums, als auch von den Bedürfnissen des Tieres bestimmt. Offensichtlich ist die Lunge der Säugetiere völlig anders gebaut als eine Fischkieme; sie wird auch ganz anders vom Atemmedium durchströmt. Die Ursache für diese Unterschiede ist, daß Dichte und Viskosität des Wassers etwa 1000mal größer sind als die der Luft; dagegen beträgt die Menge des im Wasser enthaltenen molekularen Sauerstoffs nur 1/20 bis 1/40 der in der Luft enthaltenen Menge. Diese Werte sind überdies abhängig von der Natur des Wassers: Seewasser enthält je nach Salinität weniger O_2 als Süßwasser; Temperaturunterschiede wirken sich ebenfalls sehr deutlich auf den O_2-Gehalt aus. Kaltes Wasser löst mehr O_2 als warmes. Auch die Höhenlage eines Gewässers wirkt sich nachteilig auf den O_2-Partialdruck aus. Hinzu kommt, daß die Gasmoleküle 10000mal schneller in Luft diffundieren als in Wasser. Die Luftatmung der Vertebraten, ausgenommen die der Vögel (s. S. 619), besteht aus wechselseitigen Luftbewegungen in die Lunge hinein und aus der Lunge heraus (Abb. 13.19 A); man bezeichnet sie auch als **Pool-Atmung**. Die Wasseratmung beruht dagegen auf einem in nur einer Richtung über die Kiemen erfolgenden Wasserstrom (Abb. 13.19 B); es ist eine **Durchstrom-Atmung**, vergleichbar mit den Atemvorgängen bei Vögeln. Die Konstruktionsmerkmale der Kieme sind die Minimierung des Diffusionsabstands im Wasser durch Erzeugung einer dünnen Wasserschicht über der respiratorischen Oberfläche. Diese Unterschiede in der Umwelt, im Aufbau des Atmungssystems und in der Art der Durchlüftung führen zu Unterschieden in den Partialdrücken der Gase im Blut und in den Geweben der luft- und wasseratmenden Tiere. Dies gilt besonders für den P_{CO_2}.

Die oben erwähnten Unterschiede im Sauerstoffgehalt von Luft und Wasser haben auch die Folge, daß Wassertiere sehr sparsam mit dem zur Verfügung stehenden Sauerstoff umgehen müssen. Sie sind darauf angewiesen, dem Wasser möglichst viel O_2 zu entziehen, während Luftatmer eher verschwenderisch damit umgehen können. Die Atemluft enthält 21% O_2. 16% des in der Atemluft enthaltenen Sauerstoffs werden unverbraucht wieder ausgeatmet, d.h. von dem Sauerstoffangebot der Luft nutzen Luftatmer nur ca. 25%. Fische müssen ihr Angebot dagegen viel effektiver ausschöpfen: unter günstigen Umständen nutzen sie 85% des Sauerstoffangebotes.

Funktionelle Anatomie der Lunge

Die Lunge der Vertebraten entwickelt sich als eine **Ausstülpung des Vorderdarmes**. Sie besteht aus einem weitverzweigten Netz von Röhren und Bläschen; in ihrem Feinbau gibt es von Art zu Art wesentliche Unterschiede. Die Größe der Endbläschen der Lungen nimmt von den Amphibien über die Reptilien zu den Säugetieren ab, während ihre Gesamtzahl pro Volumeneinheit zunimmt. Der Aufbau der Amphibienlunge ist sehr variabel: Einige Urodelen haben lediglich einen weichhäutigen Beutel ausgebildet, während bei Fröschen und Kröten die Lunge durch Scheidewände und Falten in zahlreiche, miteinander verbundene Luftsäcke unterteilt ist. Diese Unterteilung hat bei den Reptilien weiter zugenommen und ist bei den Säugern am weitesten fortgeschritten. Die Folge davon ist eine beträchtliche Vergrößerung der respiratorischen Oberfläche pro Volumeneinheit der Lunge. Im allgemeinen vergrößert sich bei Säugetieren die (absolute) respiratorische Oberfläche mit dem Körpergewicht (Abb. 13.20 A) und der Sauerstoffaufnahme (Abb. 13.20 B). Knochenfische haben eine kleinere respiratorische Oberfläche als gleich schwere Säugetiere.

Die Lunge der Säugetiere besteht aus vielen Millionen kleinster, am Ende der millionenfach verzweigten Luftwege (Abb. 13.21) liegender Bläschen oder **Alveoli**. Die Luftröhre oder **Trachea** verzweigt sich in die Bron-

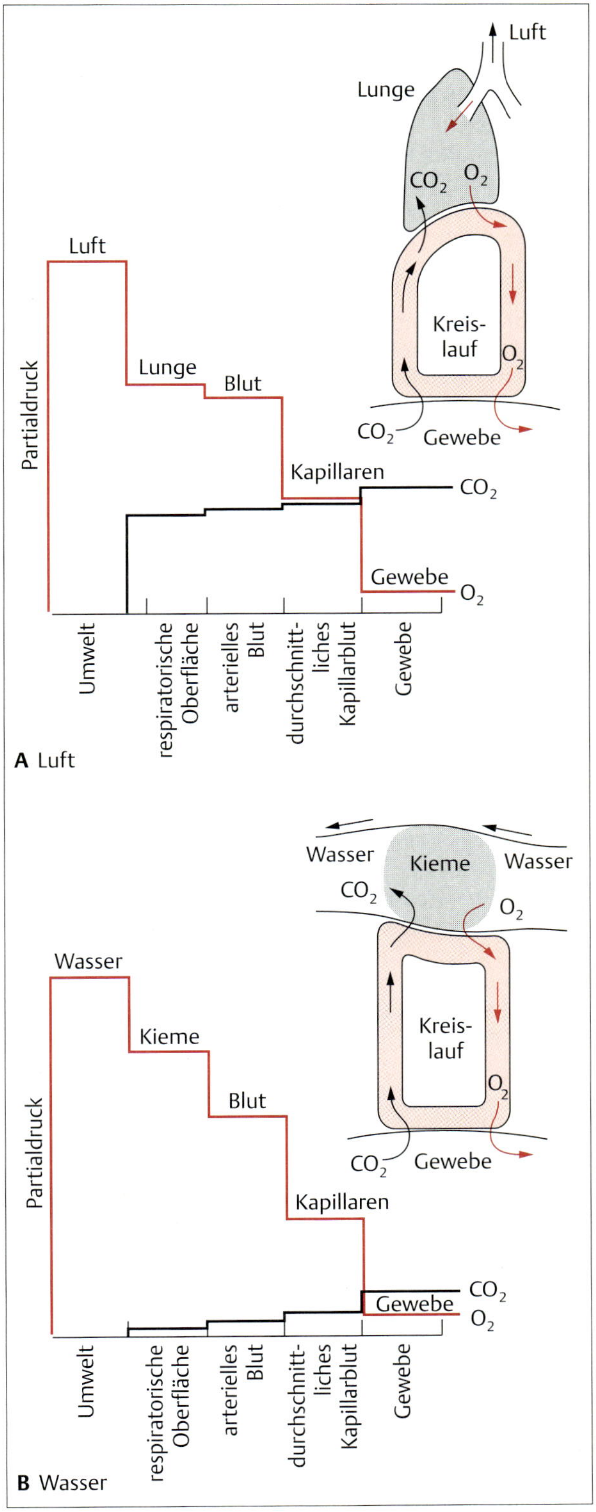

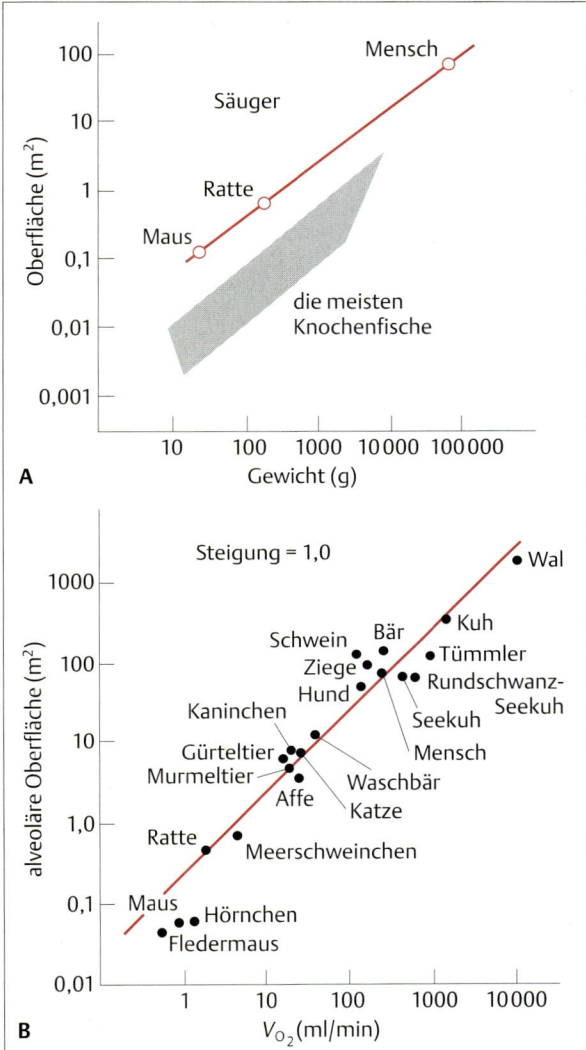

Abb. 13.19 Die Gasaustauschsysteme luft- und wasseratmender Tiere sind mit charakteristischen Verteilungen der Atemgase im Blut und in den Geweben gekoppelt. A Schematische Darstellungen der O_2- und CO_2-Ströme bei wasser- und luftatmenden Arten. **B** Relative P_{O_2}- und P_{CO_2}-Werte im Atemmedium, im Blut und in den Geweben bei luftatmenden (oben) und wasseratmenden (unten) Tieren.

Abb. 13.20 Bei größeren Arten nimmt die respiratorische Oberfläche zu. A Beziehung zwischen respiratorischer Oberfläche und Körpermasse bei Knochenfischen und einigen Säugerarten. **B** Beziehung zwischen alveolärer Oberfläche und Sauerstoffaufnahme bei verschiedenen Säugerarten (A nach Randall, 1970; B nach Tenney u. Temmers, 1963).

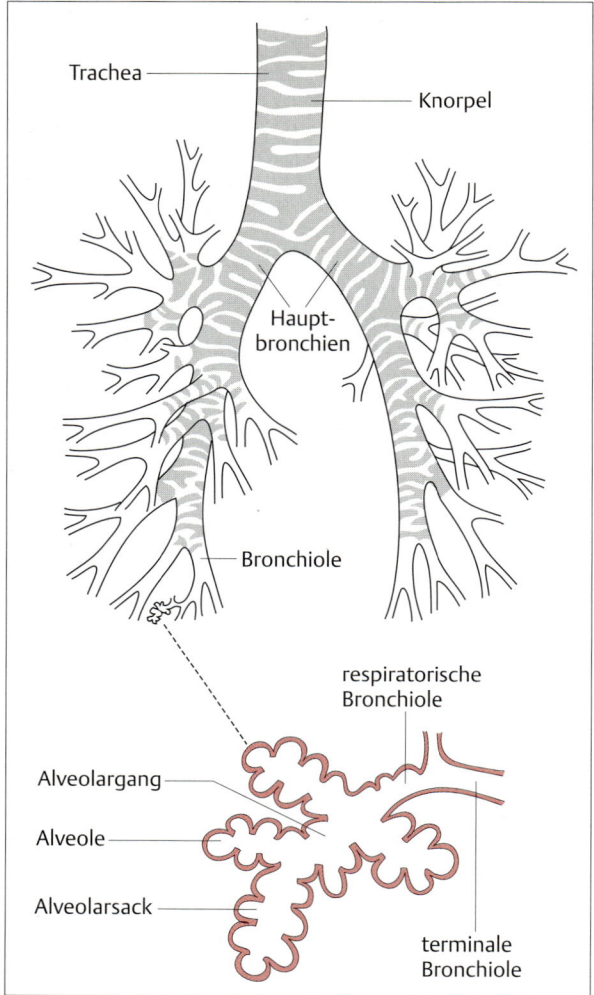

Abb. 13.21 Bau der Säugerlunge. In der Säugerlunge wird Luft durch sich aufteilende und gleichzeitig schmaler werdende Bahnen zu den respiratorischen Abschnitten geleitet. Diese bestehen aus terminalen und respiratorischen Bronchiolen, alveolären Kanälen und Säckchen. Der Gasaustausch erfolgt in den rot dargestellten Bereichen des respiratorischen Epithels.

chien, die sich vielfach bis zu den **Bronchioli** hin unterteilen, die ihrerseits in die **Bronchioli respiratorii** übergehen; deren Wände bestehen schon teilweise aus Alveolen. Ihre Endaufzweigungen sind die ausschließlich aus Alveolen bestehenden **Ductuli** und **Sacculi alveolares** (**Alveolargänge** und **Alveolarsäckchen**, zusammen manchmal als **Acini**, Träubchen bezeichnet). Den Abschluß bilden die **Alveoli pulmonales**, die Alveolen, die beim Menschen einen Durchmesser zwischen 0,1–0,9 mm haben (Abb. 13.**22A** u. **B**). Über ihre sehr dünnen Wände erfolgt der Gasaustausch. Die mit einem einzelnen Bronchiolus verbundenen Alveolen oder Lungenbläschen bilden ein **Lungenläppchen** oder Lobulus von 1–1,5 cm Durchmesser, das von einer Bindegewebshülle umgeben ist. Die Alveolen selbst haben ein Stützgerüst aus kollagenen und elastischen Fasern. Wegen der ausgedehnten Verzweigung des **Bronchialbaumes** nimmt die Gesamtfläche des Querschnitts der Luftwege rasch zu, während der Durchmesser der einzelnen Luftgänge von der Trachea bis zu den terminalen Bronchiolen immer kleiner wird. Die Bronchioli haben, anders als die Bronchien, keine knorpelige Versteifung der Wände. Ein Gasaustausch findet nur in den Alveoli statt. Die Alveolen benachbarter Endbäumchen sind über die **Kohnle-Poren** miteinander verbunden, die seitliche Luftbewegungen ermöglichen. Diese kollateralen Luftbewegungen spielen wahrscheinlich bei der Gasverteilung während einer Lungenventilation eine wichtige Rolle.

Die zu den respiratorischen Bereichen der Lunge führenden Luftgänge enthalten Knorpel und etwas glatte Muskulatur. Sie sind innen mit einem Flimmerepithel ausgekleidet. Das Epithel sezerniert einen Schleim, der durch Cilienbewegungen in Richtung Mund bewegt wird und Fremdpartikel bindet. Diese „Schleimrolltreppe" trägt dazu bei, die Lunge von Fremdkörpern freizuhalten (s. S. 301). Im Atmungsteil der Lunge fehlen knorpelige Versteifungen der Wandungen, die ein Kollabieren der Luftgänge verhindern. Technisch gesehen sind die Bronchien Unterdruckschläuche, denn bei jedem Einatmen wird der Druck in ihrem Lumen vermindert, was ohne Versteifungselemente zur Folge haben könnte, daß der äußere Luftdruck die Röhren zusammendrückt und damit funktionsunfähig macht. An Stelle von Knorpelspangen enthalten die Bronchioli respiratorii glatte Muskulatur. Durch sie kann der Umfang der Luftwege in der Lunge je nach Bedarf stark verändert werden.

Kleine Säugetiere nehmen in Ruhe mehr O_2 pro Körpergewichtseinheit auf als größere, denn sie haben eine größere alveoläre Oberfläche pro Gewichtseinheit. Die Flächenvergrößerung wird durch Verminderung der Alveolengröße bei gleichzeitiger Vermehrung der Alveolen pro Volumeneinheit Lunge erreicht. In der menschlichen Lunge entwickeln sich die meisten Alveolen erst nach der Geburt. Ihre Anzahl nimmt rasch zu und erreicht im Alter von 8 Jahren mit etwa 300–750 Millionen die Gesamtzahl des Erwachsenen. Die nachfolgende Vergrößerung der respiratorischen Oberfläche wird durch die Vergrößerung des Volumens der einzelnen Alveolen erreicht. Ihre Gesamtfläche beträgt etwa 100 m^2. Zwischen ihnen liegt ein ausgedehntes Kapillarnetz von etwa 300 m^2 Oberfläche. Die O_2-Aufnahme in Ruhe pro

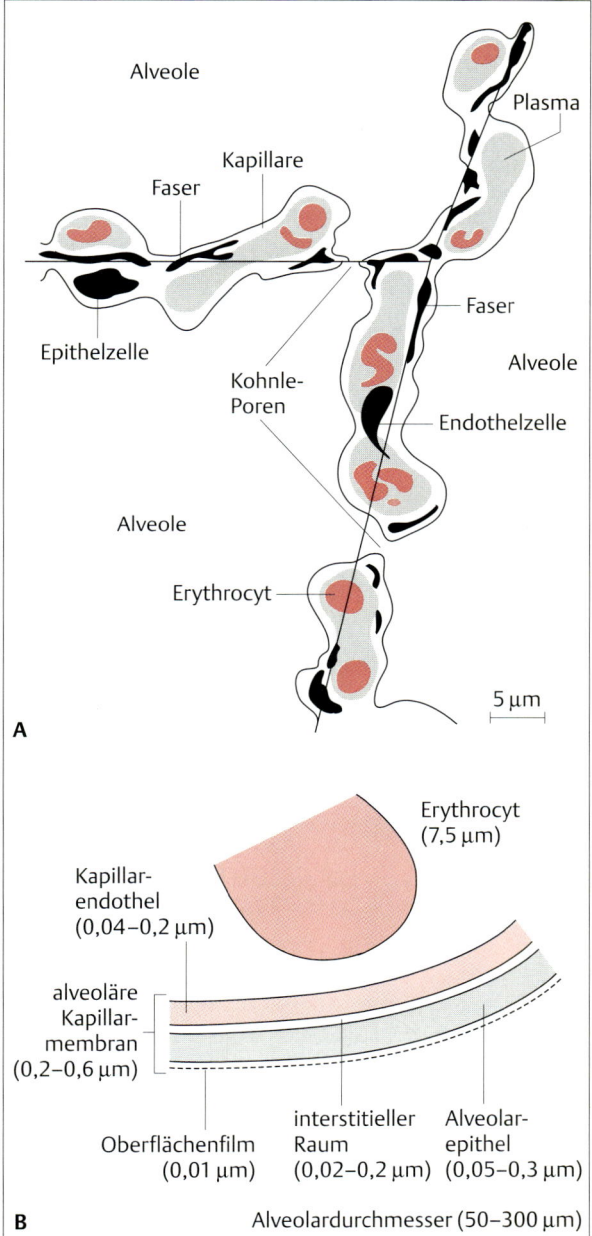

Abb. 13.22 **In der Säugerlunge werden die Atemgase zum Alveolarraum und von dort in das Blut der Lungenkapillaren geleitet. A** Schnittpunkt dreier interalveolärer Septen einer Hundelunge. Bindegewebsfasern liegen in der Zentralebene und bilden ein dehnbares, zusammenhängendes Netzwerk, das mit dem Kapillarnetz verwoben ist. Endothelzellen und Typ I-Epithelzellen bilden die Auskleidung der dünnen Luft-Blut-Schranke. Kohnle-Poren verbinden Alveolen miteinander. **B** Dimension und Struktur der alveolären Kapillarmembran (A nach Weibel, 1973; B nach Hildebrandt u. Young, 1965).

Körpergewichtseinheit ist bei Kindern größer als bei Erwachsenen; auch hier besteht eine Korrelation zwischen O_2-Aufnahme und alveolärer Oberfläche pro Gewichtseinheit.

Die Diffusionsschranke der Säugetiere besteht aus einem wäßrigen Oberflächenfilm, den Epithelzellen der Alveole, dem interstitiellen Raum, den Endothelzellen der Blutkapillaren, dem Plasma und der Wand der Erythrocyten (Abb. 13.**22B**). Das Lungenepithel enthält verschiedene Zelltypen (Abb. 13.**22A**). Die **Typ I-Zellen** sind am zahlreichsten und stellen den Hauptteil des Lungenepithels dar. Es sind dünne, blättchenförmige, schuppenartig zusammengefügte Epithelzellen; eine einzelne Zelle erstreckt sich in zwei benachbarte Alveolen, wobei der Zellkern in eine Ecke geklemmt ist. Kennzeichen der **Typ II-Zellen** sind ein geschichteter Körper im Inneren und Mikrovilli an der Zelloberfläche. Sie produzieren Surfactants (s. S. 622), mit denen die Oberflächenspannung der Alveolen vermindert wird. Die seltenen **Typ III-Zellen** enthalten viele Mitochondrien und haben an ihrer Oberfläche einen Bürstensaum. Sie scheinen bei der NaCl-Aufnahme aus der Lungenflüssigkeit beteiligt zu sein. Neben diesen Zellen gibt es noch eine Reihe **alveolärer Makrophagen**, die über die Oberfläche des Epithels wandern. Auch wenn dies nicht bewiesen ist, so nimmt man doch im allgemeinen an, daß der Diffusionskoeffizient für Gase in den Lungengeweben verschiedener Tiere gleich ist. Die Lungenoberfläche und die Diffusionsstrecke zwischen Luft und Blut stellen die einzigen strukturellen Variablen dar.

Für die verschiedenen Typen der Atmung und der Lungenventilation werden folgende Bezeichnungen verwendet:
- **Eupnoe** bezeichnet die normale, für ein ruhendes Tier typische, ruhige Atmung.
- **Hyperventilation** und **Hypoventilation** bedeuten eine Zunahme bzw. eine Abnahme der ein- oder ausgeatmeten Luftmenge, die durch Änderungen in der Geschwindigkeit oder auch in der Tiefe der Atembewegungen entsteht, und haben zur Folge, daß die CO_2-Abgabe nicht länger der CO_2-Bildung entspricht und sich infolgedessen die CO_2-Blutwerte ändern.
- **Hyperpnoe** bezeichnet den Anstieg der Lungenventilation mit Zunahme der CO_2-Bildung, wie z.B. bei körperlicher Betätigung.
- **Apnoe** steht für Atmungsstillstand.
- **Dyspnoe** bezeichnet die erschwerte Atmung, die mit dem unangenehmen Gefühl der Atemnot einhergeht.
- **Polypnoe** ist eine Erhöhung der Atmungsgeschwindigkeit ohne Vergrößerung der Atmungstiefe.

Die zwischen den Alveolen und der Umgebung ausgetauschte Luft muß eine Reihe von Röhren (Trachea, Bronchien, nicht respiratorische Bronchiolen) passieren, die nicht unmittelbar am Gasaustausch beteiligt sind. Am Ende der Ausatmungsphase stammt diese Luft aus den Alveoli und ist daher arm an O_2 und reich an CO_2. Diese Luft wird beim nächsten Atemzug als erste wieder in die Alveoli eintreten. Beim Ende der Einatmung sind die nicht am Gasaustausch beteiligten Luftwege mit unverbrauchter Luft gefüllt, die als erste wieder ausgeatmet wird. Das Volumen der in diesen nicht an der Atmung beteiligten Strukturen enthaltenen Luft ist der **anatomische Totraum**. Ein Teil der Luft kann sich auch in Alveolen befinden, die vorübergehend nicht am Gasaustausch teilnehmen. Einige Alveolen werden auch mit zu hoher Geschwindigkeit durchlüftet, so daß die Luftmenge, in der kein Gasaustausch stattfindet, erhöht wird. Dieses Luftvolumen bezeichnet man als **physiologischen Totraum**. Es ist normalerweise größer als der anatomische Totraum, den er mit einschließt (Box 13.3).

Die Luftmenge, die bei jedem normalen Atemzug ein- oder ausgeatmet wird, ist das **Atemzugvolumen**. Die Luftmenge, die in die Alveolensäckchen ein- und austritt, entspricht dem Atemzugvolumen abzüglich dem anatomischen Totraum und wird **alveoläres Ventilationsvolumen** genannt. Nur dieses „Gasvolumen" ist direkt am Gasaustausch beteiligt. Die Lunge ist auch bei maximaler Ausatmung nie ganz leer, da ein **Residualvolumen** zurückbleibt. Das maximale Luftvolumen, das ein- oder ausgeatmet werden kann, ist die **Vitalkapazität**. Zur Veranschaulichung dieser und weiterer Begriffe siehe Abb. 13.**23**.

Wie oben angedeutet, ist im Gas der Alveolen der O_2-Gehalt niedriger und der CO_2-Gehalt höher als in der umgebenden Luft, da mit jedem Atemzug nur ein Teil des Lungenvolumens erneuert wird. Beim Menschen beträgt die alveoläre Durchlüftung 350 ml/Atemzug, wogegen das **funktionelle Residualvolumen** der Lunge 2000 ml übertrifft. Während der Einatmung dehnen und weiten sich die Alveolargänge, die zu den Alveolen führen und vergrößern damit das Volumen der Lungenläppchen. Während des Atmens strömt Luft in den Alveolargängen ein und aus und kann durch die Kohle-Poren auch in benachbarte Alveolen gelangen. Die Diffusion und die durch das Atmen erzeugten Konvektionsströme sorgen für eine Durchmischung der Gase in den Luftwegen und Alveolen (Abb. 13.**24**). Das in den Alveolargängen vorhandene O_2 diffundiert in Richtung der Alveolen, das CO_2 von diesen weg. Die O_2- und CO_2-Partialdrücke sind wahrscheinlich innerhalb der Alveolen gleich, da die Diffusion in der Luft schnell erfolgt und die betreffenden Entfernungen gering sind. Die Partialdrücke der Gase innerhalb der Alveolen oszilieren in Phase mit den Atmungsbewegungen, wobei deren Größe vom Umfang der Atemzugventilation beeinflußt wird.

Der O_2- und CO_2-Gehalt im alveolären Gas wird von der Gasaustauschgeschwindigkeit durch das respiratorische Epithel und durch die alveoläre Ventilation bestimmt. Die alveoläre Ventilation hängt von der Atmungsgeschwindigkeit, dem Atemzugvolumen und dem anatomischen Totraum ab. Änderungen in der Größe des anatomischen Totraums ändern auch die Gaspartialdrücke in den Alveolen, wenn das Atemzugvolumen unverändert bleibt. Daher führen künstliche Vergrößerungen des anatomischen Totraums, beim Menschen z.B. beim Atmen durch eine Röhre (wie beim Schnorcheln), zu einer Erhöhung des CO_2- und einer Abnahme des O_2-Gehaltes in der Lunge. Wie weiter unten

---

Box 13.3 Lungenvolumina

Die **alveoläre Ventilation** V_A entspricht der Differenz zwischen der **Atemzugventilation** V_T und dem **Totraumvolumen** (Totraumventilation) V_D:

$$V_A = V_T - V_D$$

Da f die Atmungsfrequenz angibt, wird das pro Minute ein- und ausgeatmete Luftvolumen $V_A \cdot f$ als **alveoläres Minutenvolumen** oder **alveoläres Ventilationsvolumen** bezeichnet:

$$V_A \cdot f = \dot{V}_A$$

Der **anatomische Totraum** V_{Danat} ist das Volumen der leitenden, nichtrespiratorischen Teile der Lunge; unter dem funktionellen oder physiologischen Totraum $V_{Dphysiol}$ versteht man alle Anteile der Lunge, die nicht am Gasaustausch beteiligt sind. Der Partialdruck von CO_2 in der ausgeatmeten Luft wird als $P_E CO_2$, der Partialdruck von CO_2 in der Alveolarluft als $P_A CO_2$ und der Partialdruck von CO_2 in der eingeatmeten Luft als $P_I CO_2$ bezeichnet. Demnach gilt:

$$P_E CO_2 \cdot V_T = (P_A CO_2 \cdot V_A) + (P_I CO_2 \cdot V_D) \quad (1)$$

Da aber $V_A = V_T - V_D$ ist, erhalten wir durch Einsetzen in Gleichung 1:

$$P_E CO_2 \cdot V_T = P_A CO_2 (V_T - V_D) + (P_I CO_2 \cdot V_D)$$

und

$$P_E CO_2 \cdot V_T = (P_A CO_2 \cdot V_T) - (P_A CO_2 \cdot V_D) + (P_I CO_2 \cdot V_D)$$

Durch Umstellen erhält man:

$$(P_A CO_2 \cdot V_D) - (P_I CO_2 \cdot V_D) = (P_A CO_2 \cdot V_T) - (P_E CO_2 \cdot V_T)$$

$$V_D \cdot (P_A CO_2 - P_I CO_2) = V_T \cdot (P_A CO_2 - P_E CO_2)$$

$$V_{Dphysiol} = V_T \cdot \frac{P_A CO_2 - P_E CO_2}{P_A CO_2 - P_I CO_2}$$

Da jedoch $P_I CO_2$ gegen Null geht und $P_A CO_2$ mit dem Partialdruck des arteriellen Blutes ($P_a CO_2$) identisch ist, gilt

$$V_{Dphysiol} = V_T \cdot \frac{P_a CO_2 - P_E CO_2 \cdot V_T}{P_a CO_2}$$

Der physiologische Totraum der Lunge läßt sich damit durch Messung des Atemzugvolumens (V_T), dem O_2-Partialdruck im arteriellen Blut ($P_a CO_2$) und in der ausgeatmeten Luft ($P_E CO_2$) berechnen.

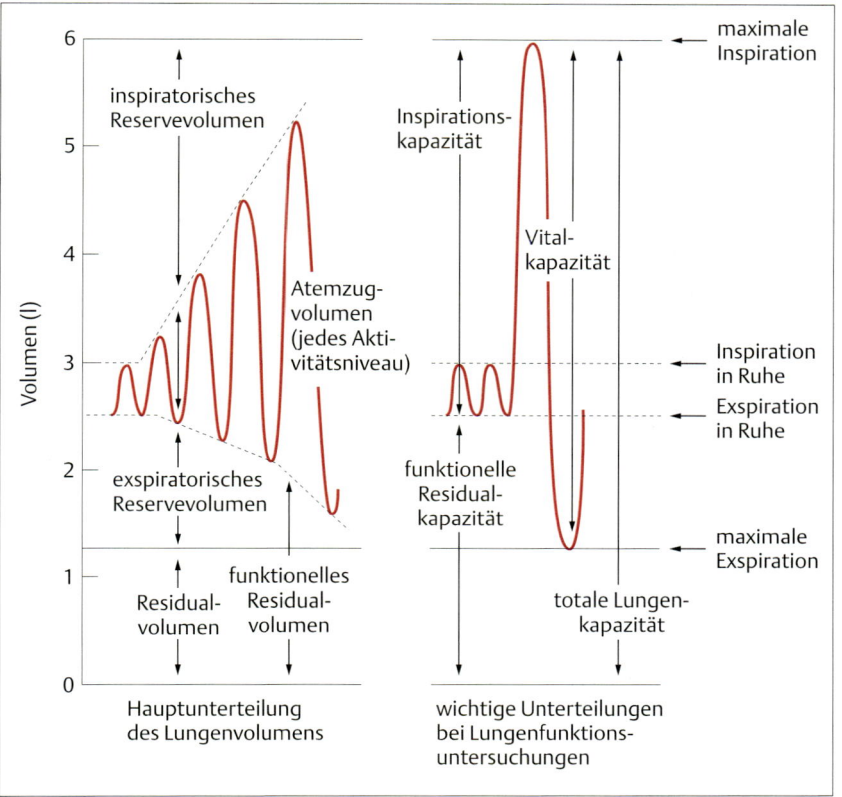

Abb. 13.23 Lungenvolumina und -kapazitäten des Menschen. Das Atemzugvolumen ist das Volumen, das bei normaler Atmung ein- und ausgeatmet wird. Die Vitalkapazität ist das maximale Luftvolumen, das ein- oder ausgeatmet werden kann.

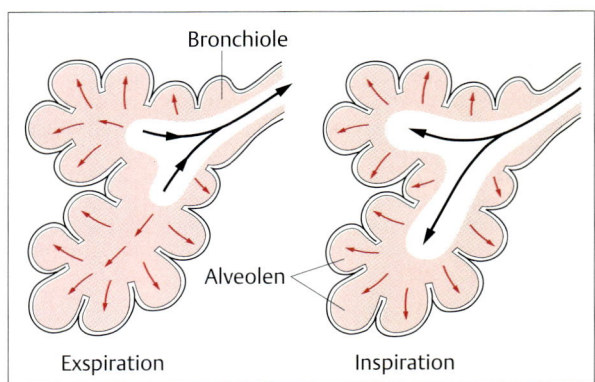

Abb. 13.24 Luftströmung und Sauerstoffdiffusion in den Bronchiolen. Änderungen in der Strömungsrichtung der Luft (schwarze Pfeile) und die Wege der O_2-Diffusion (rote Pfeile) in den respiratorischen Abschnitten der Lunge während des Ein- und Ausatmens. In jedem Falle diffundiert der Sauerstoff in Richtung Alveolenwand.

dargestellt, aktivieren solche Änderungen bestimmte Chemorezeptoren, die eine Vergrößerung des Atemzugvolumens einleiten. Viele Tiere, z.B. Giraffen und Schwäne, haben lange Hälse, welche die Länge der Trachea und folglich auch den anatomischen Totraum vergrößern. Der Trompeterschwan bietet ein extremes Beispiel für eine Tracheaverlängerung (Abb. 13.25). Ohne eine gleichzeitige Vergrößerung des Atemzugvolumens wären die Gaspartialdrücke in der Lunge und im Blut beeinträchtigt. Bei den Vögeln muß aber berücksichtigt werden, daß ihre anders gebaute Lunge und die damit verbundenen anderen Ventilationsbedingungen auch andere Bedingungen für den anatomischen Totraum darstellen.

Die Atmungsgeschwindigkeit und das Atemzugvolumen sind bei den Tieren sehr verschieden. Der Mensch atmet durchschnittlich zwölfmal in der Minute, wobei das Atemzugvolumen in Ruhe etwa ein Zehntel der Totalkapazität der Lunge ausmacht. Ein derartig schnelles, flaches Atmen erzeugt nur geringe Schwankungen im P_{O_2} der Lunge und des Blutes. Ganz anders die Aalmolche (*Amphiuma spec.*), ausschließlich aquatische, aber

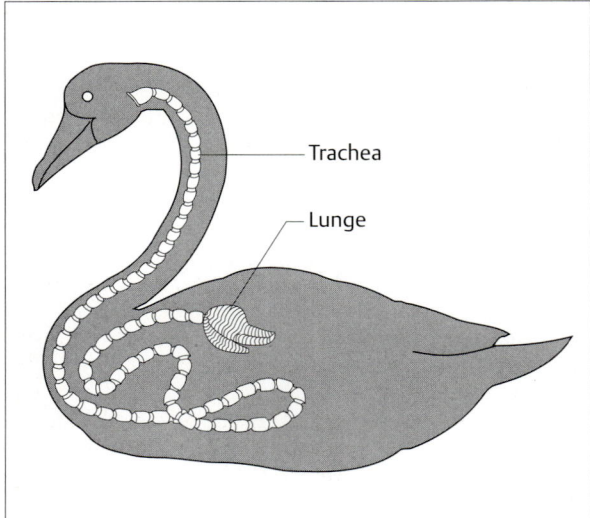

Abb. 13.25 Vergrößerung des Totraumvolumens. Die extrem lange Trachea des Trompeterschwans führt zu einem extrem großen anatomischen Totraumvolumen. Zum Vergleich mit der menschlichen Trachea siehe Abb. 13.**29** (nach Banko, 1960).

luftatmende Amphibien der Sümpfe der südlichen USA. Sie tauchen jede Stunde einmal zum Atmen auf; das Atemzugvolumen beträgt mehr als 50% des Lungenvolumens. Dieses große Atemzugvolumen ergibt, zusammen mit der langsamen Atmung, große, langsame Änderungen im P_{O_2} der Lunge und im Blut, die mehr oder weniger mit den Atmungsbewegungen in Phase sind (Abb. 13.**26**). Aalmolche werden von Schlangen gejagt und sind am meisten gefährdet, wenn sie zum Atmen auftauchen; da sie in Wasser mit niedrigem O_2-Gehalt leben, bietet die Wasseratmung keine geeignete Alternative. Das Risiko, beim Auftauchen gefressen zu werden, könnte die Evolution so beeinflußt haben, daß sehr niedrige Atmungsfrequenzen, große Atemzug- und Lungenvolumina und kardiovaskuläre Anpassungen herausgebildet wurden, welche die Aufrechterhaltung der O_2-Zufuhr zu den Geweben auch unter äußerst schwankenden Blutgasspiegeln gewährleisten. Der CO_2-Spiegel schwankt bei den Aalmolchen nicht in dem Maße wie der O_2-Gehalt, weil CO_2 über die Haut austritt und nicht so sehr von der Lungenventilation abhängig ist.

Zusammenfassend ist festzuhalten: Der O_2- und CO_2-Gehalt der alveolären Gase wird durch die Ventilation und die Gasaustauschrate bestimmt. Die Ventilation des respiratorischen Epithels wird durch die Atemfrequenz, das Atemzugvolumen und das Volumen des anatomischen Totraums bestimmt. Art und Ausmaß der Ventila-

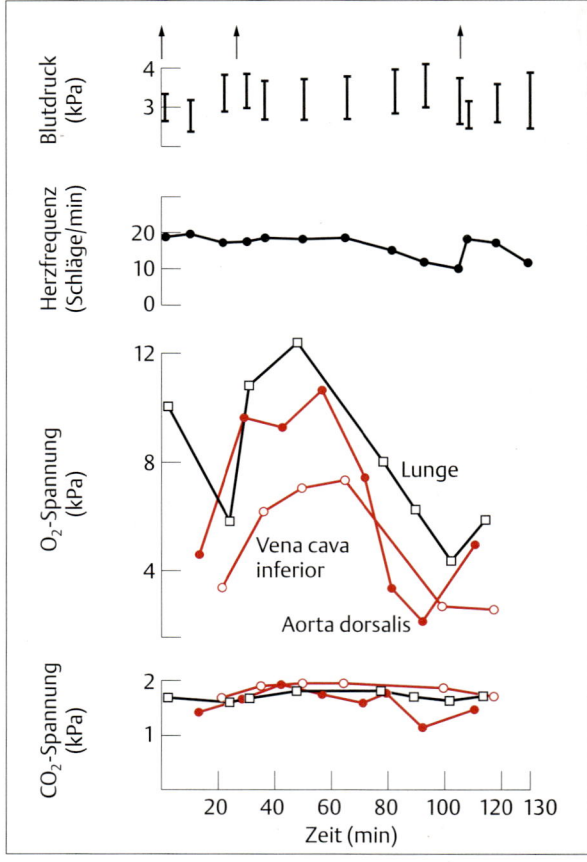

Abb. 13.26 Die Atemfrequenz steht in einem umgekehrten Verhältnis zum Atemzugvolumen und der Größe der P_{O_2}-Oszillationen. Bei *Amphiuma*, einem aquatisch lebenden, luftatmenden Amphibium, das unregelmäßig atmet, sind das Atemzugvolumen und die P_{O_2}-Änderungen groß. Dargestellt sind Blutdruck, Herzfrequenz, P_{O_2} und P_{CO_2} einer 515 g schweren *Amphiuma* während zweier Atem-Tauch-Zyklen. Die vertikalen Pfeile geben an, wann das Tier aufgetaucht ist und atmet. Beachte, daß Blutdruck, Herzfrequenz und der P_{CO_2} zwischen den Atembewegungen annähernd konstant sind, wohingegen der P_{O_2} großen, langsamen Oszillationen in der Lunge und im Blut unterliegt (nach Toews u. Mitarb. 1971).

tion beeinflussen auch die Schwankungsbreite im O_2- und CO_2-Gehalt des Blutes während eines Atemzyklus.

Lungenkreislauf

Die Lunge, wie auch das Herz, bekommt Blut aus zwei Quellen. Der größte Zustrom kommt aus der Lungenarterie. Er bringt desoxygeniertes Blut, das die Lunge durchströmt, wobei gleichzeitig die O_2-Aufnahme und die CO_2-Ausscheidung erfolgt. Dies ist der **Lungenkreislauf**. Eine zweite Blutversorgung, die **bronchiale Zirkulation**, stammt aus dem Körperkreislauf und versorgt das Lungengewebe mit O_2 und anderen für den Aufbau und die Erhaltung nötigen Substanzen. Hier werden wir nur den Lungenkreislauf besprechen.

Bei Vögeln und Säugetieren ist der Blutdruck des Lungenkreislaufs niedriger als der des Körperkreislaufs. Die Flüssigkeitsfiltration in die Lunge wird dadurch deutlich vermindert. Darüber hinaus erfolgt eine ausgiebige lymphatische Entwässerung des Lungengewebes, die eine Flüssigkeitsansammlung in der Lunge verhindert (s. Kap. 12). Dies ist für die normale Lungenfunktion wichtig, weil jede zusätzliche Flüssigkeit, die sich an der Lungenoberfläche ansammelt, die Diffusionsstrecke zwischen Blut und Luft vergrößert und den Gasaustausch herabsetzt.

Der Blutstrom im Lungenkreislauf wird am besten als **Blattstrom** („sheet flow") beschrieben, d.h. als ein Strom zwischen zwei parallelen Oberflächen. Das kennzeichnet am besten die Unterschiede gegenüber dem laminaren Strom durch eine Röhre und gegenüber dem Blutstrom im Körperkreislauf. Das Endothel der Lungenkapillaren gleicht zwei parallelen, durch eine Art Pfeiler getrennten Flächen, zwischen denen das Blut fließt. Mit ansteigendem Druck weichen diese Flächen auseinander, wobei die Dicke des dazwischen liegenden Blutblattes zunimmt. In den Lungenkapillaren wird also durch eine Blutdruckerhöhung nicht die Fläche des Blutblattes, sondern der Durchmesser der Blutschicht vergrößert. Der mittlere arterielle Druck in der menschlichen Lunge beträgt ungefähr 13 mm Hg, schwankt jedoch bei jedem Herzschlag zwischen 7,5 und 22,5 mm Hg. Bei aufrechter Körperhaltung reicht der arterielle Druck beim Menschen gerade noch aus, das Blut zur Lungenspitze zu befördern; folglich ist auch die Durchblutung an der Spitze minimal und nimmt allmählich zum Boden der Lunge hin zu (Abb. 13.27). Bei horizontaler Lage wird das Blut in der Lunge gleichmäßiger verteilt.

Die Lungenblutgefäße sind äußerst dehnbar und können durch die Atmungsbewegungen verformt werden. Die kleineren Gefäße innerhalb der interalveolären Septen sind für Änderungen im alveolären Druck besonders empfindlich. Der Durchmesser dieser dünnwandigen, kollabierbaren Kapillaren wird vom transmuralen Druck (Blutdruck innerhalb der Kapillaren [P_a] abzüglich dem alveolären Druck, [P_A]) bestimmt. Wenn der transmurale Druck negativ wird, d.h. $P_A > P_a$, kollabieren diese Kapillaren, und ihre Durchblutung wird unterbrochen. Dies kann an der Spitze der menschlichen Lunge, wo der Blutdruck (P_a) niedrig ist, vorkommen (Abb. 13.27). Wenn der arterielle Druck der Lunge höher ist als der alveoläre Druck, der wiederum größer ist als der venöse Lungendruck, bestimmt der Unterschied

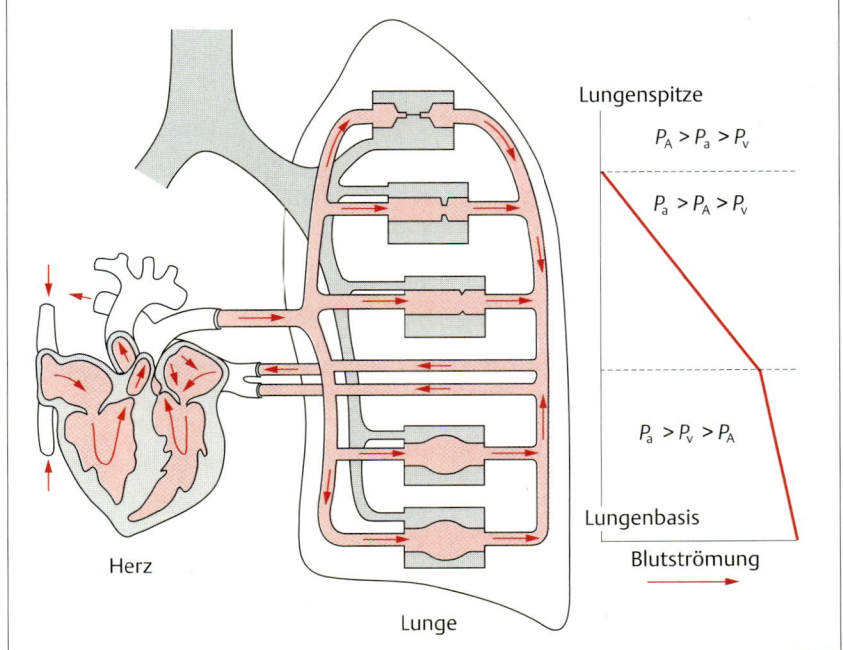

Abb. 13.27 Durchblutung der menschlichen Lunge bei aufrechter Körperhaltung. Im oberen Bereich der vertikal ausgerichteten Lunge hängt der Durchmesser der Alveolarkapillaren und folglich auch deren Durchblutung von der Druckdifferenz zwischen dem arteriellen Druck (P_a) und dem alveolären Druck (P_A) ab. Die Kästen innerhalb der schematisch dargestellten Lunge stellen die Kapillarverhältnisse im interalveolären Septum verschiedener Lungenabschnitte dar. An der Lungenspitze übertrifft P_A oft P_a; als Folge davon kollabieren die Kapillaren, und ihre Durchblutung wird eingestellt. P_V = venöser Druck (nach West, 1970).

zwischen dem arteriellen und dem alveolären Druck den Kapillardurchmesser in den interalveolären Septen und reguliert dabei wie eine Schleuse die Durchblutung der Kapillaren. Der venöse Druck beeinflußt den Rückstrom in das venöse Reservoir so lange nicht, wie der alveoläre Druck höher ist als der venöse. Die Durchblutung des oberen Teils der Lunge wird bei aufrechter Körperhaltung wahrscheinlich in dieser Weise durch den Unterschied zwischen dem arteriellen Blutdruck und dem alveolären Druck bestimmt. Der arterielle Blutdruck (und folglich auch die Durchblutung) nimmt mit zunehmender Entfernung von der Lungenspitze zu.

In der unteren Hälfte der Lunge, wo der venöse Druck den alveolären Druck übertrifft, wird die Durchblutung vom Unterschied zwischen dem arteriellen und venösen Blutdruck bestimmt. Dieser Druckunterschied ändert sich nicht, die beiden Drücke nehmen jedoch zur Lungenbasis hin zu. Die Erhöhung des absoluten Drucks führt zu einer Gefäßerweiterung und einer damit einhergehenden Verminderung im Strömungswiderstand. Demgemäß vermehrt sich der Blutstrom zur Basis der Lunge hin, obgleich sich der arterielle/venöse Druckunterschied nicht verändert (Abb. 13.**27**). Die Lage der Lunge, relativ zum Herzen, ist demnach eine wichtige Determinante der Lungendurchblutung. Die Lungenflügel umgeben das Herz, so daß die Wirkung der Schwerkraft auf die Lungendurchblutung möglichst gering bleibt, wenn das Tier von einer horizontalen zu einer vertikalen Stellung umwechselt. Die enge räumliche Nähe zwischen der Lunge und dem Herzen im Brustkorb ist auch für die Herzfunktion von Bedeutung: Während einer Einatmung wird der Brustkorb durch die Bewegung des Zwerchfells und der Rippen vergrößert. Die damit verbundene Druckminderung innerhalb des Brustkorbs unterstützt die Rückkehr des venösen (sauerstofffreichen) Blutes zum Herzen.

Obgleich im Lungenkreislauf der Säugetiere deutlich erkennbare Arteriolen fehlen, versorgen sowohl adrenerge Fasern des Sympathicus als auch cholinerge Fasern des Parasympathicus die glatten Muskeln um die Blutgefäße und Bronchiolen. Der Lungenkreislauf ist jedoch – verglichen mit dem Körperkreislauf – wesentlich weniger innerviert und auch gegenüber einer Nervenstimulation oder injizierten Drogen relativ unempfindlich. Eine Reizung des Sympathicus oder die Injektion von Noradrenalin erhöhen den Strömungswiderstand geringfügig; Reizung des Parasympathicus oder Zugabe von Acetylcholin haben den umgekehrten Effekt.

Verminderungen im O_2-Spiegel oder im pH-Wert verursachen im Lungenkreislauf örtliche Gefäßverengungen. Diese Vasokonstriktion als Reaktion auf einen niedrigen O_2-Gehalt ist gerade umgekehrt wie im Körperkreislauf und stellt sicher, daß das Blut den Weg zu gut durchlüfteten Abschnitten der Lunge nimmt. Die schlecht durchlüfteten Bereiche der Lunge haben einen niedrigen alveolären O_2-Spiegel, was zu einer lokalen Vasokonstriktion und folglich zu einer verminderten Blutzufuhr zu diesen Teilen führt. Demgegenüber besitzt ein gut durchlüfteter Lungenabschnitt einen hohen alveolären O_2-Spiegel, so daß die lokalen Blutgefäße erweitert werden und die Durchblutung gesteigert wird. Obwohl die hypoxische Vasokonstriktion der Lungengefäße sehr wichtig ist für die Zuleitung des Blutes zu gut durchlüfteten Lungenabschnitten, kann sie problematisch werden, wenn ein Tier einer genereller Hypoxie ausgesetzt ist, wie z.B. in großen Höhen.

Der Herzausstoß zum Lungenkreislauf ist bei Säugern und Vögeln identisch mit dem Herzausstoß zum Körperkreislauf. Bei Amphibien und Reptilien mit nur einer oder einer teilweise geteilten Herzkammer, die das Blut sowohl in den Lungen- als auch in den Körperkreislauf befördert, kann das Durchblutungsverhältnis zwischen dem Lungen- und Körperkreislauf variiert werden. Bei Schildkröten und Fröschen nimmt die Blutzufuhr zur Lunge nach einem Atemzug merklich zu, weil die Lungengefäße dilatieren. In der Pause zwischen zwei Atemzügen nimmt die Lungendurchblutung beim Krallenfrosch *Xenopus* ab, die Körperdurchblutung bleibt jedoch fast unverändert, vielleicht weil der Ventrikel ungeteilt ist (Abb. 13.**28**). Das Tier atmet stoßweise, und ein variabler Blutstrom zum Gasaustauscher – unabhängig von dem zum übrigen Körper – erlaubt eine gewisse Kontrolle über den O_2-Verbrauch aus dem Vorrat der Lunge und eine schnelle Erneuerung des Blutsauerstoffs während des Atemzuges. Hinzu kommt, daß die Herztätigkeit während des Atemstillstands reduziert wird.

Ventilationsmechanismen der Lunge

Tiere haben eine Vielzahl sehr verschiedener Mechanismen zur Ventilation der Lunge bzw. der Atemorgane entwickelt. Diese Verschiedenheiten spiegeln Unterschiede in der funktionellen Anatomie der Lungen und der zugehörigen Organe wieder. Hier wird zunächst beschrieben, wie die Ventilation der Säugerlunge erfolgt; anschließend wird die Lungenventilation der Vögel, Reptilien, Amphibien und einiger Evertebraten dargestellt.

Säugerlunge

Die in der **Pleurahöhle** liegende Säugerlunge ist elastisch. Die aus vielen Kammern bestehende Lunge ist mit der Außenwelt nur über eine einzige Röhre, die **Trachea**, verbunden (Abb. 13.**29**). Die Wände der Brusthöhle, oft als Pleurahöhle (Thoraxhöhle) bezeichnet, werden von den Rippen (Costae) und dem **Zwerchfell** (Dia-

Gastransport in der Luft – Lungen und andere Systeme

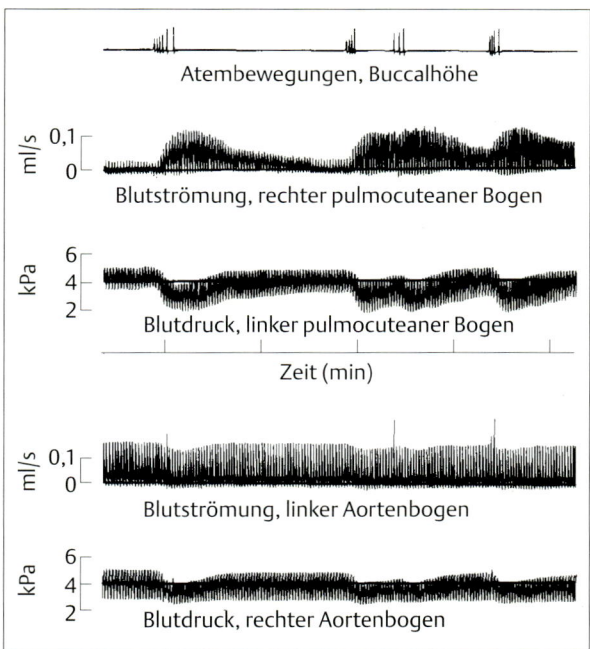

Abb. 13.28 Druck- und Strömungsverhältnisse in den Arterienbögen von *Xenopus*. Bei Schildkröten und Fröschen nimmt die Durchblutung der Lunge nach einer Atembewegung gewöhnlich zu, während die des Körperkreislaufs konstant bleibt. Dargestellt sind die Druckänderungen in der Buccalhöhle, die durch die Bewegung des Mundbodens hervorgerufen werden (oberer Strahlen); darunter sind die Drücke und Durchblutungsraten in den zugehörigen Arterienbögen dargestellt (nach Shelton, 1970).

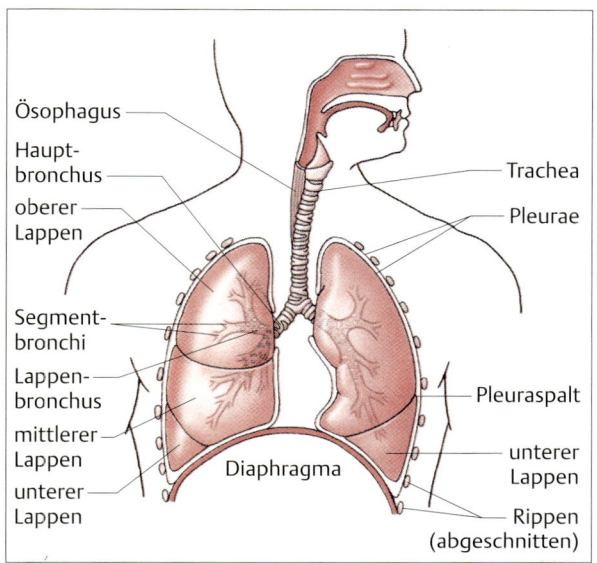

Abb. 13.29 **Bei Säugern nimmt die Lunge in dem durch Rippen und Zwerchfell begrenztem Brustkorb den größten Raum ein.** Beim Menschen ist die rechte Lunge dreilappig, die linke zweilappig. Der minimale Interpleuraspalt zwischen Lunge und Brustkorbwand ist mit Flüssigkeit gefüllt.

phragma) gebildet. Ausgekleidet ist die Brusthöhle mit dem **Brustfell** (Pleura). Die Rippen sind mit den Brustwirbeln über echte Gelenke verbunden, mit dem Brustbein über knorpelige Anteile, die dank ihrer Elastizität eine gewisse Gelenkigkeit zulassen. Beim Einatmen wird ein Teil der Energie, die aus den Interkostalmuskeln kommt, im elastischen Knorpel gespeichert und bewegt dann – beim Ausatmen – die Rippen wieder in ihre Ausgangslage zurück. Die Lungenflügel liegen in einer Einbuchtung des Brustfells, das dann als **Rippenfell** (Pleura costalis) die Brusthöhle auskleidet und als Lungenfell die Lungen umgibt. Dazwischen bleibt nur der sehr enge Interpleuraspalt; er ist abgeschlossen und mit Flüssigkeit gefüllt. Da die Lunge sehr elastisch ist, ist das isolierte Organ deutlich kleiner als die Brusthöhle. *In situ* füllen die Lungenflügel die Brusthöhle fast vollständig aus; sie werden durch den äußeren Luftdruck in die Brusthöhle gepreßt, in der ein Unterdruck herrscht. Durch Adhäsion zwischen Lungen- und Brustfell im flüssigkeitsgefüllten Interpleuraspalt haftet die Lunge fest in der Brusthöhle, kann aber darin gleiten und den Bewegungen des Brustkorbes bzw. des Zwerchfells bei der Atmung folgen. Wird der Brustraum verletzt, so daß Luft in den Pleuraraum gelangt, kollabiert die Lunge; dieser Zustand wird als **Pneumothrorax** bezeichnet.

Werden intakte Lungen auf unterschiedliche Volumina gefüllt und der Eingang verschlossen, wobei die Muskeln entspannt sind, so steigt, wie erwartet, der alveoläre Druck mit steigendem Lungenvolumen an. Bei geringen Lungenvolumina liegt aufgrund der Festigkeit des Thorax der alveoläre Druck unter dem der Umgebung. Bei großen Lungenvolumina übertrifft der alveoläre Druck den der Umgebung aufgrund der zur Erweiterung des Brustraums benötigten Kräfte. Bei großem Lungenvolumen und wenn der Mund und die Glottis (Stimmritze des Kehlkopfes) geöffnet sind, entweicht Luft aus der Lunge, da das Gewicht der Rippen das Lungenvolumen vermindert. Bei einem mittleren Volumen (V_r), entspricht der alveoläre Druck dem Umgebungsdruck (Abb. 13.30).

Während der normalen Atmung wird die Brusthöhle durch das Zusammenspiel einer Anzahl von Skelettmuskeln, dem Zwerchfell und den inneren und äußeren Zwischenrippenmuskeln (Mm. intercostales externi et interni) gedehnt bzw. verengt. (Abb. 13.**31**). Die Kontraktionen dieser Muskeln werden durch die Aktivität

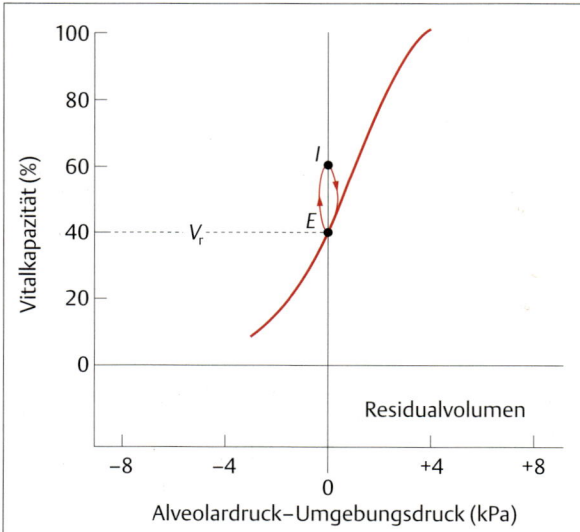

Abb. 13.30 Atmung beim Menschen. Während der ruhigen Atmung bei entspannter Thoraxmuskulatur sind der Alveolardruck und der Umgebungsdruck zwischen zwei Atembewegungen gleich. Die Grafik gibt die Beziehung zwischen Lungenvolumen und -druck bei entspannter Thoraxmuskulatur und geschlossener Glottis an. V_r ist das Lungenvolumen, wenn der alveoläre Druck und der Umgebungsdruck gleich sind und der Brustraum entspannt ist. Die beiden Punkte geben den Druck und das Volumen des Systems nach Inspiration (*I*) und Exspiration (*E*) bei ruhiger Atmung an.

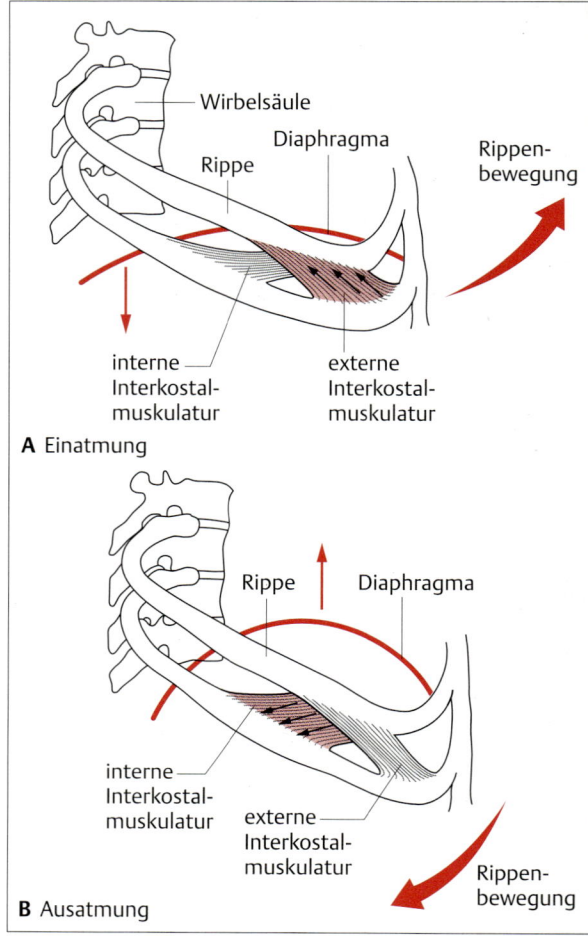

Abb. 13.31 Lageänderung von Rippen und Zwerchfell. Das Thoraxvolumen der Säuger ändert sich beim Atmen. **A** Einatmen. **B** Ausatmen.

von Motoneuronen ausgelöst, die ihrerseits durch das in der Medulla oblongata liegende respiratorische Zentrum kontrolliert werden. Beim Menschen spielt sich folgendes ab: Das Volumen des Brusthöhle wird vergrößert durch die Kontraktion der externen Interkostalmuskeln, wobei die Rippen gehoben und nach außen bewegt werden, oder auch durch die Kontraktion der Zwerchfellmuskeln, die das Zwerchfell straffen und sein Zentrum (Centrum tendineum) nach unten ziehen (Abb. 13.**31 A**). Die Zwerchfellkontraktion trägt zu etwa 2/3 zur Vergrößerung des Lungenvolumens bei. Die mit diesen Muskelaktionen verbundene Ausdehnung der Lunge vermindert den Druck in den Alveolen, und damit wird Luft in die Lunge eingesaugt. Die Erschlaffung des Zwerchfells und der externen Interkostalmuskulatur vermindert das Volumen des Brustraums, dabei steigt der alveoläre Druck an, und die Luft wird aus der Lunge preßt (Abb. 13.**31 B**). Bei ruhiger Atmung hat das Lungenvolumen zwischen zwei Atemzügen einen mittleren Umfang (V_r), bei dem alveolärer und äußerer Luftdruck gleich hoch sind (Abb. 13.**30**). Die normale Ausatmung geschieht meistens passiv, und zwar einfach aufgrund der Erschlaffung des Zwerchfells und der externen Zwischenrippenmuskeln. (Das Zwerchfell wird dabei durch die vorher mehr oder minder verdrängten Eingeweide der Bauchhöhle zurückgedrängt, die Rippen durch ihr Gewicht und die Elastizität ihrer knorpeligen Anteile wieder in die Ruhestellung gebracht.) Bei erhöhtem Atemzugvolumen wird auch die Ausatmung aktiv (forciert) durchgeführt; dabei werden auch die internen Interkostalmuskeln aktiviert und das Volumen des Brustraums weiter verkleinert, bis es am Ende der Ausatmung unter V_r fällt. Das Zwerchfell kann ebenfalls – jedoch passiv – dazu beitragen, da es durch die Bauchmuskeln, die auf die Baucheingeweide drücken, nach vorne gewölbt wird.

Technisch gesehen ist auch die Lungenatmung nach dem Gegenstromprinzip gebaut; es ist aber ein **alternierender Gegenstrom**, im Gegensatz zum **kontinuierlichen Gegenstrom** bei der Kiemenatmung. Der Wirkungsgrad der Säugerlunge ist jedoch den Anforderungen angemessen.

Vogellunge

Die Vogelatmung hat den wirksamsten Mechanismus aller Atmungssysteme. Die Lunge der Vögel ist völlig anders gebaut als die der Säuger. Im Gegensatz zur Pool-Lunge der Säuger, bei der die Luft in die eigentlich gasaustauschenden Abschnitte ein- und wieder ausströmt, ist die Vogellunge eine **Durchströmungslunge**, in der in jeder Atemphase ein Gasaustausch stattfindet. Der Gasaustausch erfolgt in kleinen Luftkapillaren; diese haben – ähnlich wie die Blutkapillaren – einen Durchmesser von 10 µm. Sie gehen von den **Parabronchien** aus (Abb. 13.32) und stellen das funktionelle Äquivalent der alveolären Säckchen der Säugetiere (Abb. 13.21). Die Parabronchien sind parallel angeordnete kleine Röhren („**Lungenpfeifen**"), die sich zwischen den großen **Dorsobronchien** und den **Ventrobronchien** erstrecken. Die Dorso- und Ventrobronchien münden in den noch größeren **Mesobronchus** ein, der in die Trachea übergeht (Abb. 13.33 A u. B). Die Parabronchien bilden zusammen mit den Dorso- und Ventrobronchien die im Brustraum liegende Lunge. Ein straffes, horizontales Septum schließt das caudale Ende des Brustraumes ab; es entspricht anatomisch dem Zwerchfell, ist aber an der Atemtätigkeit nicht beteiligt. Die Rippen sind gebogen; sechs von ihnen sind mit einem dorsocaudal gerichtetem Fortsatz (Processus uncinatus) ausgestattet, wodurch der Brustkorb versteift wird. Zwischen dem längeren oberen und dem kürzeren unteren Abschnitt der meisten Rippen ist ein Gelenk ausgebildet, ein weiteres zwischen den Rippen und dem Brustbein. Zwischen den Rippen ist eine komplizierte Muskulatur ausgespannt, die bei der Ein- bzw. Ausatmung aktiv wird; allerdings bewegen sich die Rippen bei der Atmung nur wenig hin und her. Das Volumen des Brustraumes und der Lunge ändert sich während der Atmung kaum. Die großen Flugmuskeln der Vögel, die mit dem Brustbein verbunden sind, üben keinen Einfluß auf die Atmung aus. Obgleich zwischen den Flug- und Atmungsbewegungen der Vögel kein mechanischer Zusammenhang besteht, können diese Bewegungen durch die synchrone neuronale Aktivierung beider Muskelgruppen dennoch „in Phase" sein.

Wie wird nun aber die Vogellunge durchlüftet? Die Antwort liegt in dem mit der Lunge verbundenen **Luftsacksystem** (Abb. 13.32 u. 13.33). Es erstreckt sich in Form von Diverticula zwischen die Organe und bis in die

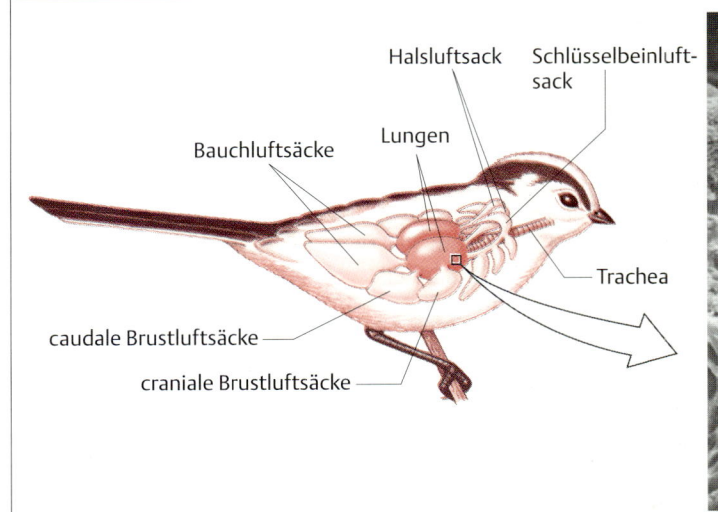
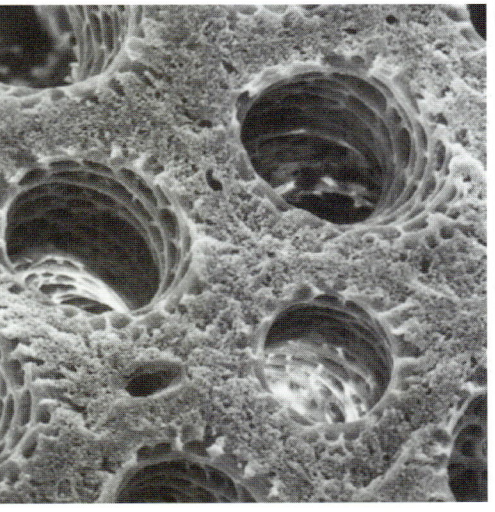

Abb. 13.32 Bau der Vogellunge. In der Vogellunge erfolgt der Gasaustausch zwischen Luft und Blut in den von den Parabronchien abzweigenden Luftkapillaren – kleine röhrenförmige Strukturen, die funktionell den Alveolen der Säuger entsprechen. Die Parabronchien (Foto) bilden zusammen mit den Verbindungsröhren die Lunge. Während der Atmung finden in den mit der Lunge verbundenen Luftsäcken Volumenänderungen statt, nicht jedoch im Brustraum oder gar der Lunge selbst (nach Duncker, 1972; Photo von R. Duncker).

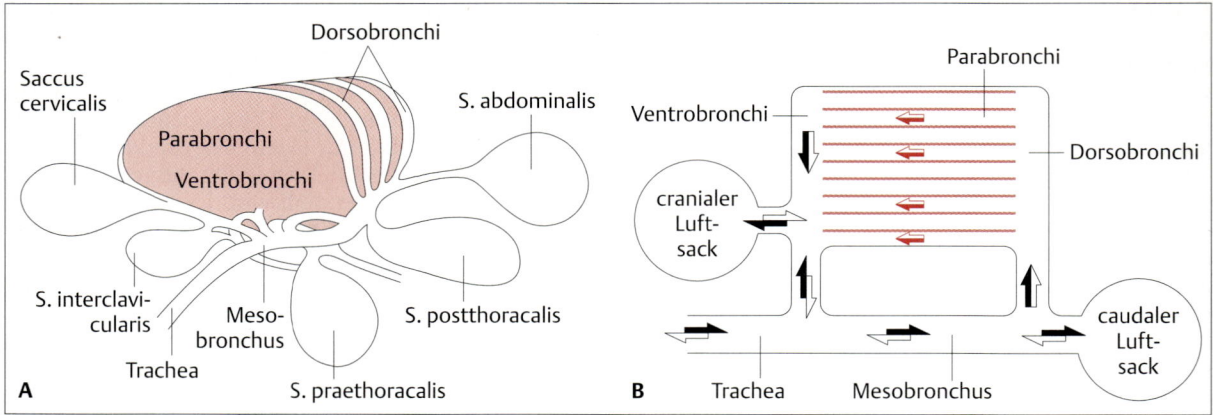

Abb. 13.33 Funktion der Vogellunge. Werden die Luftsäcke zusammengedrückt, wird Luft durch die Parabronchien geleitet. **A** Schematische Darstellung des Bronchialraums und seiner Verbindungen mit den Luftsäcken. Die cranialen Luftsäcke (cervicaler, interclaviculärer und präthorakaler Luftsack) gehen von den drei cranialen Ventrobronchi aus, während die caudalen Luftsäcke (postthorakaler und abdominaler Luftsack) direkt mit dem Mesobronchus verbunden sind. **B** Schematische Darstellung der Luftströmungen durch die Vogellunge. Die Strömung in den Parabronchi erfolgt in nur eine Richtung. Die gefüllten Pfeile geben die Strömungsrichtung bei der Inspiration, die offenen Pfeile bei der Exspiration an (nach Scheid u. Mitarb. 1972).

Knochen[1] des Vogels. Nur die (cranialen) **Brust-** und (caudalen) **Bauch-Säcke** – also nur einige unter den vielen Luftsäcken – zeigen während der Atmung deutliche Volumenänderungen. Diese sind das Resultat einer Schaukelbewegung des Sternums gegen die Wirbelsäule und seitlicher Bewegungen der hinteren Rippen. Es kommt aber vor allem auf die Lagesituation des Vogels an, wie die Atembewegungen zustande kommen. Beim stehenden Vogel ist der Rücken die feste Basis der Einatembewegung; das Brustbein hängt mitsamt der Flugmuskulatur unter dem Rücken und zieht den Brustkorb passiv nach unten. Die Luftsäcke werden dadurch gedehnt, und Luft strömt ein, ein Teil davon auch durch die Lunge. Zum Ausatmen muß das Volumen der Leibeshöhle aktiv durch Muskelarbeit verkleinert werden. (Brust- und Bauchhöhle sind bei Vögeln, anders als bei Säugern, nicht gegeneinander abgeschlossen.) Die Luftsäcke werden jetzt gepreßt, und Luft strömt aus, wiederum ein Teil durch die Lunge. Sitzt der Vogel auf dem Boden, auf dem Nest oder schwimmt er, dann ist das Brustbein fixiert, und beim Einatmen wird die Rückenpartie aktiv angehoben, die Leibeshöhle erweitert und Luft strömt ein. Beim Ausatmen drückt das Gewicht des Rückens, mit Wirbelsäule, Flügeln und Schwanz auf die Bauchhöhle, und weil das Brustbein festliegt, werden die Luftsäcke wieder zusammengepreßt.

Während der Einatmung strömt Luft über die Trachea durch den Mesobronchus in die caudalen Luftsäcke und gleichzeitig durch den Ventrobronchus, den Dorsobronchus und die Parabronchien in craniale Luftsäcke. Werden die caudalen Säcke zusammengedrückt, wird abermals Luft durch die Parabronchien gepreßt. Im Mesobronchus erfolgt die Luftströmung in beide Richtungen, durch die Parabronchien nur in einer Richtung (Abb. 13.33B). Während der Exspiration strömt Luft aus den caudalen Luftsäcken hauptsächlich durch die Parabronchien, zum Teil auch durch den Mesobronchus zur Trachea. Die cranialen Luftsäcke, deren Volumen sich weniger ändert als das der caudalen, verlieren etwas an Volumen, wenn die Luft von ihnen über die Ventrobronchien und den Mesobronchus zur Trachea strömt. Damit strömt also während beider Atmungsphasen Luft in nur einer Richtung durch die Parabronchien.

Der Sauerstoff diffundiert aus den Parabronchien in die Luftkapillaren und wird vom Blut aufgenommen. Die Blutgefäße liegen zwischen den Parabronchien, die Blutkapillaren verlaufen mehr oder minder quer zu den Luftkapillaren. Man kann dies als einen „**Kreuzstrom**" bezeichnen; diese Konstruktion ist fast ebenso effektiv wie der Gegenstrom, der im Bau der Fischkiemen verwirklicht ist. Vögel können noch in sehr großer Höhe ihr Blut zu 85% mit Sauerstoff sättigen, auch wenn der O_2-

---

[1] Die Luftsäcke in den Knochen nehmen nicht an den Atembewegungen teil; O_2 gelangt aus ihnen vermutlich durch Diffusion in die „aktiven" Luftsäcke. Beide zusammen setzen aber die Netto-Dichte des Vogelkörpers deutlich herab, was sich positiv auf die Flächenbelastung beim Fliegen auswirkt. Verletzungen der Luftsäcke werden meist ohne große Folgen ertragen und heilen schnell aus.

Partialdruck der Luft unter dem des Blutes liegt. Vögel sind daher auch fähig, ohne langwierige Höhenanpassung in große Höhen aufzusteigen; Säugern ist dies erst nach langen Gewöhnungszeiten möglich. Der Gasaustausch findet sowohl beim Ein- als auch beim Ausatmen statt; er wird dadurch sehr viel intensiver als bei anderen Atemmechanismen. Die Durchströmung in nur einer Richtung wird nicht mit Hilfe mechanischer Klappen, sondern durch eine **aerodynamische Ventilwirkung** erzielt. Die Einmündungen der Ventro- und Dorsobronchien in den Mesobronchus setzen dem Luftstrom einen variablen, richtungsabhängigen Widerstand entgegen. Die Struktur dieser Einmündungen sorgt dafür, daß die Wirbelbildung und folglich der Strömungswiderstand mit der Strömungsrichtung variiert wird.

Reptilienlunge

Die Rippen der Reptilien bilden, wie die der Säuger, einen Brustkorb um die Lunge. Während des Einatmens werden die Rippen cranial und ventral bewegt, wobei der Brustkorb vergrößert wird. Hierbei sinkt der Druck im Brustkorb unter den atmosphärischen Druck; die Nasenlöcher und die Glottis öffnen sich, Luft strömt in die Lunge. Erschlaffen die Muskeln, die den Brustkorb vergrößern, wird Energie frei, die durch die Dehnung der elastischen Komponente der Lungen- und Körperwand gespeichert wurde, so daß eine passive Ausatmung zustande kommt. Die respiratorische Oberfläche besteht bei den Reptilien aus mehr oder minder großen Alveolen, die aber nicht so klein sind wie bei den Säugern. Sie ist auch – ähnlich wie bei den Vögeln – in einen respiratorischen und einen ventilatorischen Teil gegliedert, also eine **Durchströmungslunge** (im Gegensatz zur Pool-Lunge der Säuger). Auch bei Reptilien wird die Luft bei der Ein- und Ausatmung durch den respiratorischen Abschnitt geleitet, wobei jedoch bei der Exspiration sauerstoffärmere Luft angeboten wird. Die Reptilien haben kein Zwerchfell, doch weisen Messungen der Druckunterschiede in der Brust- und Bauchhöhle auf eine zumindest teilweise funktionelle Trennung dieser zwei Höhlen hin.

Die Rippen der Schildkröten sind zu einem starren Panzer verschmolzen, der nicht gedehnt werden kann. Die Lunge wird durch die nach außen gerichtete Bewegung der Gliedmaßen und die Vorwärtsbewegung der Schultern gefüllt. Die umgekehrte Reihenfolge dieses Prozesses bewirkt die Lungenentleerung. Die Gliedmaßenbewegungen sind also mit Änderungen des Lungenvolumens gekoppelt; werden die Gliedmaßen und der Kopf in den Panzer gezogen, wird das Lungenvolumen reduziert.

Amphibienlunge

Bei Fröschen und Molchen öffnet sich die Nase in die Mundhöhle (Buccalhöhle), die über die Glottis mit der paarigen Lunge verbunden ist (Abb. 13.34A). Der Frosch kann sowohl seine Nasenlöcher (Nares) als auch die Glottis öffnen und schließen. Die Luft wird in die Mund-

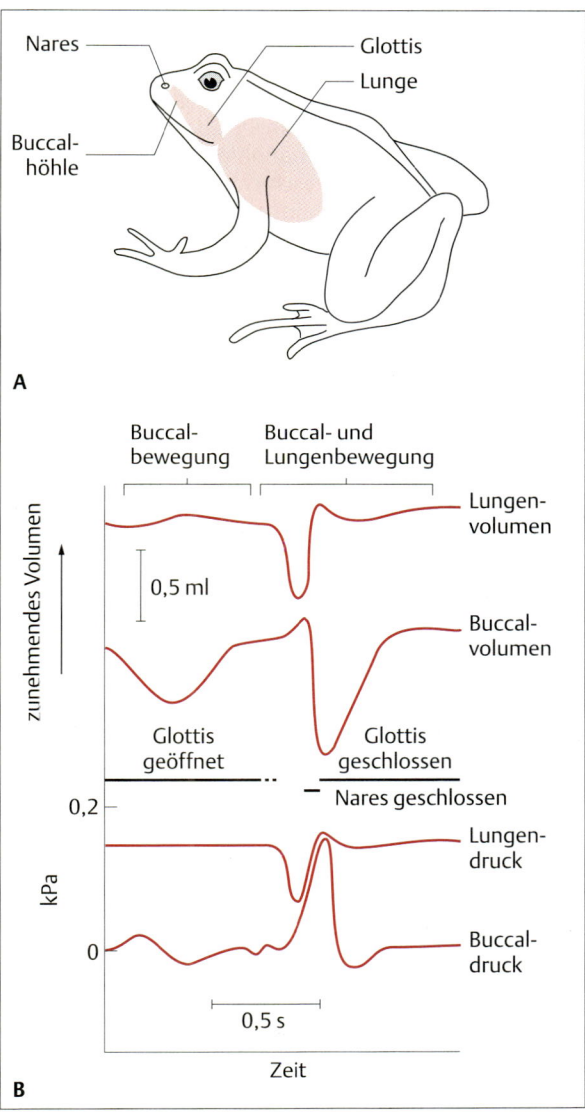

Abb. 13.34 Atmung beim Frosch. Druck- und Volumenänderungen in der Buccalhöhle und der Lunge eines Frosches während der Mundbodenbewegungen bei geschlossener Glottis und während der Mundboden- und Lungenbewegungen bei offener Glottis, aber geschlossenen Nasenöffnungen (d.h. die Lungen werden gefüllt) (nach West u. Jones, 1975).

höhle eingesogen und danach durch Heben des Mundbodens bei geschlossenen Nasenlöchern und offener Glottis in die Lunge gepreßt (**Luftschlucken**). Dieser Vorgang kann mehrere Male hintereinander wiederholt werden. Auch die Verminderung des Lungenvolumens kann in mehreren Schritten erfolgen, wobei die Lunge die Luft in Raten an die Mundhöhle abgibt (Abb. 13.**34B**). Die lungenfüllenden und -entleerenden Bewegungen können auch alternierend stattfinden. Dabei wird ein Teil der eingeatmeten Luft ausgeatmet, der Rest zusammen mit der Luft in der Mundhöhle in die Lunge zurückgepumpt. Damit wird eine Mischung aus Lungenluft, die vermutlich arm an O_2, aber reich an CO_2 ist, und frischer Luft in der Mundhöhle zusammengebracht und in die Lunge zurückgeschickt. Der Grund für diese komplizierte Lungendurchlüftung ist nicht klar. Ziel dieser Durchlüftung könnte sein, die Schwankungen im CO_2-Spiegel zu reduzieren und dadurch den Blut-P_{CO_2} zu stabilisieren und so den pH-Wert des Blutes zu kontrollieren. Im übrigen decken Amphibien einen großen Teil ihres O_2-Bedarfs durch Hautatmung; ihr Kreislaufsystem ist darauf besonders ausgerichtet. Kleinere Molche haben die Lunge ganz oder teilweise zurückentwickelt.

Luftatmungssysteme bei Evertebraten

Bei Evertebraten gibt es eine Anzahl unterschiedlicher Atmungssysteme. Bei einigen erfolgt der Gasaustausch ausschließlich durch Diffusion, also ohne zusätzliche Ventilation; andere haben auch eine aktive Durchlüftung der Atemorgane entwickelt. Spinnen besitzen z.B. paarige ventilierbare Lungen im Abdomen. Das respiratorische Epithel besteht aus einer Anzahl dünner, blutgefüllter Blättchen (**Fächerlunge**), die wie die Seiten eines Buches in eine Höhlung hineinragen, die von einer Öffnung, dem Spiraculum, geschützt wird. Das Spiraculum kann geöffnet oder verschlossen werden, um den Wasserverlust zu regulieren.

Auch Lungenschnecken haben Ventilationslungen in Form gefäßreicher Einstülpungen der Mantelhöhle. Die Volumenänderung, zu der die Schneckenlunge fähig ist, ermöglicht es dem Tier, sich in das feste Schneckenhaus zurückzuziehen und wieder hervorzukommen. Wenn sich die Schnecke in ihre Schale zurückzieht, entleert sich die Lunge – ein Vorgang, der dem bei den Schildkröten beobachteten ähnlich ist (s.o.). Bei den Nacktschnecken von der Mantelhöhle ist nur die Atemhöhle erhalten geblieben. Die Lunge der Wasserschnecken dient auch dazu, die Dichte des Tieres zu regulieren.

Oberflächenspannung und Alveolen

Die Spannung der Lungenwand ist abhängig von den Eigenschaften der Alveolarwandung und der Oberflächenspannung an der Grenze zwischen Luft und Flüssigkeit. Die **Oberflächenspannung** ist die Kraft, die auf eine Minimierung der Oberfläche einer Flüssigkeit hinwirkt. Sie macht auch einen Oberflächenfilm gegen Dehnung widerstandsfähig, so daß Arbeit geleistet werden muß, um die Oberfläche einer Flüssigkeit auszudehnen. Da die Lungenalveolen so nachgiebig und dehnungsfähig sind, sind 70% des Widerstandes der Lunge gegen Dehnung auf ihre Oberflächenspannung zurückzuführen. Wäre der Flüssigkeitsfilm, der die Wand der Alveolen überzieht, reines Wasser, dann müßte deren Oberflächenspannung etwa 10mal größer sein als sie es tatsächlich ist; entsprechend stärkere Kräfte wären dann nötig, um die Lunge aufzublasen und die verklebten Membranen zu trennen. Die Erklärung für die relativ geringe Oberflächenspannung der Flüssigkeit, die die Lunge auskleidet, ist die Anwesenheit von **Surfactants** (Tenside). Dies sind grenzflächenaktive Verbindungen, meist Lipoproteine, die der Grenzfläche Luft/Flüssigkeit eine sehr geringe Oberflächenspannung verleihen. Die Lungentenside reduzieren nicht nur den zur Atmung nötigen Energieaufwand, sie verhindern auch, daß die Lungenbläschen in sich zusammenfallen und ihre Epithelien verkleben.

Die Surfactants werden von Typ II-Zellen im Epithel der Alveolen erzeugt; bei Säugern haben sie eine Halbwertzeit von etwa 12 Stunden. Das vorherrschende Lipid in den Lipoproteinkomplexen ist **Dipalmitoyl-Lecithin**. Der Lipoproteinfilm ist dauerhaft, das Lipid bildet eine äußere monomolekulare Schicht über der darunterliegenden Proteinschicht. Die Synthese des Tensids benötigt Cortison, dessen Ausschüttung durch tiefes Einatmen angeregt wird. Derartige oberflächenwirksame Substanzen wurden in den Lungen von Amphibien, Reptilien, Vögeln und Säugern gefunden; möglicherweise produzieren auch Fische, die Schaumnester bauen, Tenside.

Die geringen Dimensionen der zarten alveolären Bläschen bereiten mechanische Probleme: sie neigen zum Kollabieren. Zum besseren Verständnis der Wirkung von Tensiden hilft es, sich jede Alveole als einen winzigen Luftballon vorzustellen, der abwechselnd aufgeblasen und entleert wird. Nach dem **Laplace-Gesetz** ist der Druckunterschied zwischen der Innen- und Außenseite einer Luftblase proportional zu $2y/r$, wobei y die Wandspannung pro Längeneinheit und r den Radius der Blase darstellt. Haben zwei Luftblasen annähernd gleiche Wandspannungen, aber unterschiedliche Radien, übertrifft der Druck in der kleineren Blase den in der größeren. Folglich entleert sich die kleinere Blase in die größere, wenn die zwei Blasen vereinigt werden (Abb. 14.**35A u. B**).

Eine vergleichbare Situation existiert in der Lunge. Man kann die Alveolen als eine Reihe miteinander ver-

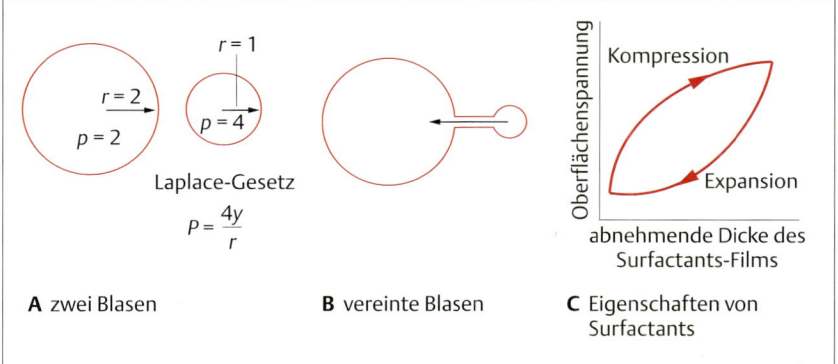

Abb. 13.35 Surfactants in der Lunge verhindern, daß die Alveolen in sich zusammenfallen und ihre Epithelien verkleben. **A** Das Laplace-Gesetz besagt, daß der Druck P in einer Blase mit zunehmendem Radius r abnimmt, wenn die Wandspannung y konstant bleibt. Wenn zwei Blasen die gleiche Wandspannung haben, der Radius der einen Blase aber doppelt so groß ist wie derjenige der anderen Blase, dann ist der Druck in der kleineren doppelt so groß wie der in der großen Blase. Die Gleichung wird mit $4y/r$ und nicht $2y/r$ geschrieben, da die Blase in der Luft eine innere und eine äußere Oberfläche hat. **B** Werden die beiden Blasen vereint, kollabiert die kleinere Blase (höherer Druck) in die größere (geringerer Druck). **C** Die Gefahr des alveolären Kollapses wird durch oberflächenaktive Substanzen (Surfactants) herabgesetzt. Breitet sich der Surfactant-Film mit der Alveole aus, nimmt die Dicke des Film ab und die Oberflächenspannung zu. Da das Surfactant ein wesentlicher Faktor für die Wandspannung ist, vermindert dieser Effekt die Druckdifferenz zwischen unterschiedlich großen Alveoli; diese werden so stabilisiert.

bundener Luftblasen betrachten. Wenn die Wandspannung in Alveolen verschiedener Größe gleich ist, neigen die kleineren Alveolen dazu, sich mit den größeren zu vereinigen und sich in sie zu entleeren. Aus zweierlei Gründen geschieht dies aber normalerweise nicht: Zum einen verhindert das umgebende Gewebe eine Überdehnung der Alveolen, zum anderen nimmt die Wirkung der tensidhaltigen Auskleidung der Alveolen ab, wenn dieser Film gedehnt wird, und steigt an, wenn er wieder schrumpft. Da die Oberfläche einer Alveole bei Zunahme ihres Volumens gedehnt wird, breitet sich das Tensid aus und hat damit eine geringere Wirkung auf die Oberflächenspannung, weil die Menge pro Flächeneinheit geringer wird (Abb. 13.**35 C**). Damit wird der Druckunterschied zwischen größeren und kleineren Alveolen vermindert und so auch das Risiko, zu kollabieren. Wenn das Volumen der Alveolen abnimmt, bilden sich Fältchen, und dazwischen wird die Tensidschicht dicker. Die sehr verminderte Oberflächenspannung in dieser dickeren Schicht erleichtert das Aufblasen kollabierter und gefalteter Alveolen. Reines Wasser zwischen den Fältchen würde dagegen das Trennen und Aufblasen der Alveolen sehr viel schwieriger machen, weil viel mehr Energie aufgebracht werden müßte.

Bei Säugern befinden sich oberflächenaktive Substanzen bereits vor der Geburt in der Lunge; sie vermindern die Kraft, die zum Aufblasen der Lunge nach der Geburt nötig ist. Neugeborene, die keine Lungentenside produziert haben, können ihre Lunge nicht ohne Hilfe entfalten. Das **Neugeborenen-Atemnot-Syndrom**, wie dieser Zustand genannt wird, tritt vorwiegend bei Frühgeburten auf. Durch Aufblasen der Lunge und durch Verabreichung von Tensiden kann dem Neugeborenen geholfen werden. Außerdem kann Frauen, die zu Frühgeburten neigen, während der Schwangerschaft Cortison verabreicht werden, um die Tensidproduktion im Fötus anzuregen. Es kann bei Neugeborenen auch sein, daß die Alveolaroberfläche mit Fibrinniederschlägen, sogenannten hyalinen Membranen, bedeckt ist, wodurch die Entfaltung der Lunge behindert wird und schwere Atemnot entsteht. Allgemein wird eine Störung der Bildung oberflächenaktiver Substanzen oder ihrer Wirksamkeit als **Atelektase** bezeichnet.

Wärme- und Wasserverlust bei der Atmung

Eine Zunahme der Ventilation vermehrt nicht nur den Gasaustausch, sondern führt auch zu einem erhöhten Wärme- und Wasserverlust. Mit der Evolution der Lunge gingen daher einige Veränderungen einher, welche die Verluste in erträglichen Grenzen halten. Die mit dem respiratorischen Epithel in Berührung stehende Luft wird mit Wasserdampf gesättigt und kommt mit dem Blut in ein thermisches Gleichgewicht. Die in die Lungen der Säugetiere eintretende, in der Regel kältere und daher trockenere Luft wird befeuchtet und erwärmt. Das Ausatmen dieser warmen, feuchten Luft führt zu erheblichem Wärme- und Wasserverlust, welcher der Durchlüftungsrate der Lungenoberfläche proportional ist. Viele luftatmende Tiere leben in sehr trockenen Lebensräumen, wo die Einsparung von Wasser von ausschlaggebender Bedeutung ist. Es ist daher nicht verwunderlich, daß gerade diese Tiere Wege zur Verminderung des Wasserverlustes entwickelt haben.

Wärme- und Wasserverluste aus der Lunge stehen in engstem Zusammenhang. Während der Einatmung wird die Luft erwärmt und durch die Wasserverdunstung an der Nasenschleimhaut und in den Luftwegen befeuchtet. Die Wasserverdunstung kühlt die Nasenschleimhaut ab und erzeugt ein Temperaturgefälle entlang des Nasengangs. Am Eingang ist die Luft kühl; sie wird zur Glottis hin und in der Trachea und den übrigen Luftwegen wärmer. In der Lunge ist der Partialdruck des Wasserdampfes etwa ebenso hoch wie der Partialdruck der Kohlensäure. Sobald die feuchte Luft die Lunge verläßt, kühlt sie wieder ab. Dadurch kondensiert Wasser an den Wänden der Luftwege und auf der Schleimhaut der Nase, da der Wasserdampfdruck für eine 100%ige Sättigung mit der Temperatur abnimmt. Folglich bewirkt die Kühlung der ausgeatmeten Luft in den Luftwegen die Erhaltung von Wärme und Wasser (s. Abb. 14.**6**). Die Luft wird dabei aber nicht vollständig auf den Wassergehalt bei der Einatmung zurückgebracht, es bleibt ein Verlust, der durch die Durchblutung der Nasenschleimhaut und der Luftwege ausgeglichen wird, ohne jedoch das durch die Wasserverdampfung und die Luftbewegung hervorgebrachte Temperaturgefälle zu zerstören.

Der Bau der Nasengänge ist bei den Vertebraten unterschiedlich. Er steht bis zu einem gewissen Grad im Zusammenhang mit der Fähigkeit des Tieres, den Wärme- und Wasserverlust zu regulieren. Der Mensch kann nur in begrenztem Umfang die ausgeatmete, mit Wasserdampf gesättigte Luft kühlen, deren Temperatur nur wenige Grade unter der Temperatur des Körperkerns liegt. Tiere haben sehr oft längere und engere Nasengänge, um die Wassereinsparung zu erhöhen.

Reptilien und Amphibien, deren Körpertemperaturen sich der Umgebungstemperatur angleichen, atmen eine mit Wasserdampf gesättigte Luft aus, deren Temperatur 0,5–1,0 °C unter der Körpertemperatur liegt. Die ständige Wasserverdunstung in der Lunge und an der Körperoberfläche führt dazu, daß ihre Temperatur ein wenig unter der Umgebungstemperatur liegt. Bei einigen Reptilien wird die Körpertemperatur jedoch über der Umgebungstemperatur gehalten. Beim Grünen Leguan *Iguana iguana* erfolgt die Wärme- und Wasserkonservierung in ähnlicher Weise wie bei den Säugetieren. Außerdem konserviert diese Echse Wasser, indem sie der Luft im Nasenraum Wasser mit Hilfe von Salz, das von dort liegenden **Salzdrüsen** (s. S. 702 ff) ausgeschieden wird, hygroskopisch entzieht. Diese Fähigkeit zur Wasserrückgewinnung ist besonders für Reptilien aus ariden Lebensräumen lebenswichtig. Allgemein gilt aber, daß Reptilien – verglichen mit Säugetieren – einen sehr viel geringeren O_2-Bedarf haben; damit ist auch der Wasserverlust geringer, der mit ihrer Lungenventilation und damit mit der O_2-Aufnahme eng korreliert ist.

Gastransport im Vogelei

Die Schalen der Vogeleier begrenzen ein konstantes Volumen, umschließen jedoch einen Embryo, dessen Gasaustausch zwischen dem Legen des Eies und dem Ausschlüpfen um den Faktor 1000 zunimmt. Folglich muß der O_2- und CO_2-Austausch durch die Eischale während der Entwicklung ständig zunehmen, obgleich die zum Austausch zur Verfügung stehende Oberfläche – die Eischale – unverändert bleibt. Die Gase diffundieren durch kleine, mit Luft gefüllte Poren in der Eischale und durch darunterliegende Membranen, einschließlich der Allantoismembran (Abb. 13.**36A**). Die Zirkulation in der **Allantois**, die dicht an der Eischale stattfindet, nimmt mit der Entwicklung des Embryos zu. Bei der Steigerung der Gasaustauschrate während der Entwicklung im Vogelei wirken eine Reihe von Faktoren mit: In der Allantoismembran entwickelt sich ein Gefäßsystem, Blutstrom und -volumen nehmen zu, der Hämatokrit wird vergrößert, ebenso die O_2-Affinität des Hämoglobins, und schließlich wird die O_2-Partialdruckdifferenz durch die Eischale hindurch vergrößert (Abb. 13.**36B**).

Während der Entwicklung verliert das Ei Wasser. Dies führt zu einer ständigen Vergrößerung der Luftkammer im Ei, deren Volumen beim Hühnerei zum Zeitpunkt des Schlüpfens bis zu 12 ml betragen kann. Kurz vor dem Ausschlüpfen belüften die Jungvögel ihre Lunge, indem sie ihren Schnabel in diese Luftkammer stecken. Der Blut-P_{CO_2} ist am Anfang sehr niedrig, steigt jedoch kurz vor dem Ausschlüpfen bis auf ca. 45 mm Hg (Abb. 13.**36C**). Dieser Druck wird nach dem Ausschlüpfen beibehalten, um so drastische Änderungen im Säure-Basen-Verhältnis zu mildern, wenn der Vogel den Gasaustausch vom Ei auf die Lunge umstellt.

Die Eischale und die darunterliegenden Eihäute stellen die Schranke zwischen der umgebenden Luft und dem Blut des Embryos dar. Diese Schranke trennt zwei Phasen: die äußere, gasförmige (die Luftkammer) von der inneren, flüssigen (dem Blut). In Meereshöhe stellt die Gasphase etwa 30–40% des Diffusionswiderstands für den O_2-Austausch dar und 85% für den CO_2-Austausch. Sie blockiert den Wasserdampfaustausch vollständig. In großer Höhe sind Vogeleier einer Verminderung des O_2-Partialdrucks und des totalen Luftdrucks ausgesetzt. Die Diffusionsrate eines Gases nimmt mit Abnahme des totalen Luftdrucks zu; der verminderte P_{O_2} in der Höhe wird teilweise durch die erhöhte Diffu-

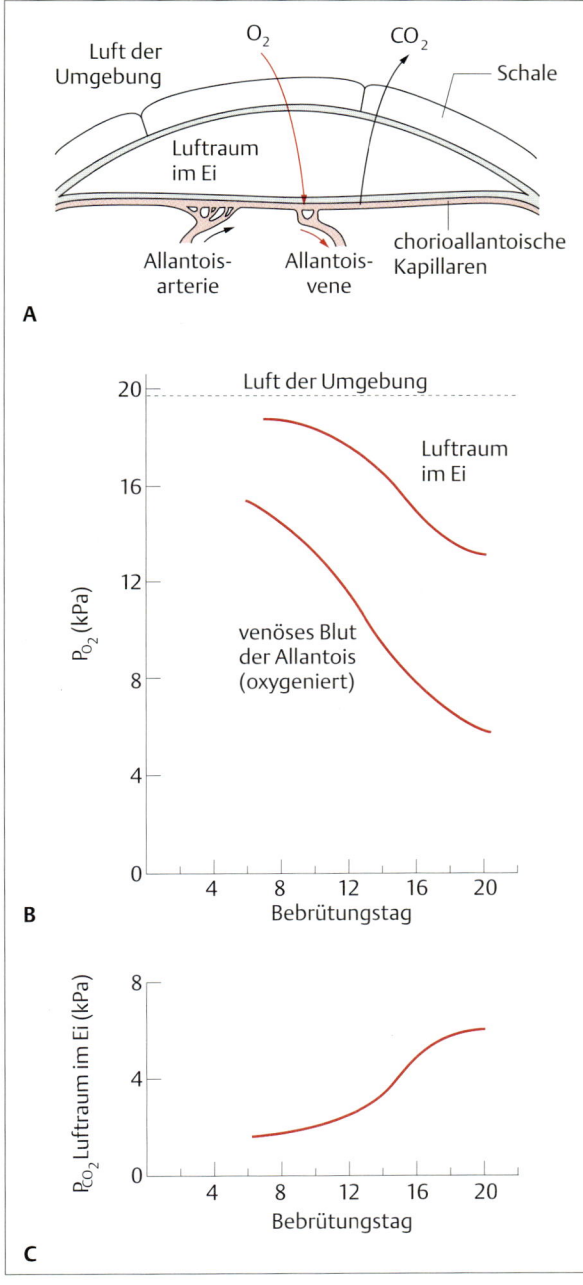

Abb. 13.36 Gasaustausch im Vogelei. Während der Entwicklung eines Vogelembryos nimmt der Gasaustausch durch die Eischale zu, obwohl sich die Struktur der Eischale nicht ändert. **A** Darstellung des Diffusionsweges zwischen der Luft und dem Blut des Vogelembryos durch die Eischale in der Region der Luftblase. **B** Aufgetragen ist der O_2-Partialdruck gegen das Bebrütungsalter; die Meßergebnisse aus der Luftblase werden mit denen des allantoischen venösen Blut-P_{O_2} verglichen. **C** Der CO_2-Partialdruck des Luftraums und der des allantoischen venösen Blutes ist gegen das Bebrütungsalter aufgetragen. Zwischen dem Luftraum und dem allantoischen venösen Blut besteht keine P_{CO_2}-Differenz, wohl aber eine P_{O_2}-Differenz, die während der Embryonalentwicklung des Hühnchens weiter zunimmt (nach Wangensteen, 1972).

sionsrate in der Gasphase kompensiert. Trotzdem ergibt sich für Vogeleier in großer Höhe ein O_2-Mangel. Werden Eier einer hypoxischen (sauerstoffarmen) Umgebung ausgesetzt, bilden sich mehr Kapillaren in der Allantoismembran aus, wodurch die O_2-Aufnahme durch Diffusion verbessert und die Nachteile der Höhenlage für den O_2-Tansport durch die Eischale vermindert werden. Weil CO_2 und Wasserdampf ebenfalls in großer Höhe und bei vermindertem Druck schneller diffundieren, haben Eier unter diesen Bedingungen einen verminderten CO_2-Partialdruck und verlieren auch Wasser schneller als in Meereshöhe. Die Eigenschaften der Eischale werden bei der Entwicklung des Eies im Weibchen vor dem Legen den Umweltbedingungen angepaßt; wahrscheinlich können einige Vogelarten die effektive Porengröße der Eischale vermindern und so auf die Höhenlage einstellen.

Das Tracheensystem der Insekten

Das System, das sich bei Insekten zum Gasaustausch zwischen den Geweben und der Umgebung entwickelt hat, unterscheidet sich grundsätzlich von dem der luftatmenden Vertebraten. **Tracheensysteme** bestehen aus einer Anzahl luftgefüllter Röhren, die sich von der Körperoberfläche bis hin zu den Zellen erstrecken. Ein Kreislaufsystem zum Transport der Gase zwischen der Atmungsfläche und den Geweben ist daher nicht notwendig. Das Tracheensystem dient der raschen Beförderung von O_2 und CO_2 und nutzt die Tatsache aus, daß sowohl O_2 als auch CO_2 in der Luft 10000mal schneller diffundieren als im Wasser, im Blut oder in Geweben.

Tracheen sind Einstülpungen der Körperoberfläche; ihre Wandungen sind ähnlich aufgebaut wie die Cuticula. Wie die Luftwege der Vertebraten sind die Tracheen ebenfalls „Unterdruckschläuche", die dem Druck der umgebenden Gewebe widerstehen müssen, um nicht zu kollabieren. Dies geschieht durch spiralförmige Leisten in ihren Wandungen – analogen Gebilden zu den Knorpelspangen bei Säugern und Vögeln. Zu beachten ist auch, daß die Tracheen, als Einstülpungen der Körperwand, bei jeder Häutung ebenfalls gehäutet werden müssen; ausgenommen davon sind nur die feinsten Enden, die **Tracheolen**. Abgesehen von einigen wenigen ursprünglichen Insekten werden die Tracheeneingänge von **Stigmen** geschützt, die den Luftstrom in die Tracheen kontrollieren, den Wasserverlust regulieren und Staub fernhalten. Die Raubwanze *Rhodnius* verendet innerhalb von drei Tagen, wenn ihre Tracheen in trockener Umgebung offengehalten werden. Die Tracheen verzweigen sich über den ganzen Körper; die kleinsten Endzweige, die Tracheolen, enden blind und reichen bis an und in einzelne Zellen (ohne jedoch die Zellmembran zu durchdringen). Sie bringen damit O_2 bis dicht an die Mitochondrien. Innerhalb des verzweigten Röhrensystems können in unterschiedlichen Abständen Luftsäckchen ausgebildet sein; sie erweitern das Tracheenvolumen und folglich den O_2-Vorrat. Diese Luftsäckchen dienen in einigen Fällen dazu, die Dichte des Insektenkörpers zu reduzieren und damit entweder auch die Flächenbelastung bei flugfähigen oder den Auftrieb bei schwimmenden Arten zu erhöhen.

Ventilation der Tracheen

Die Diffusion der Gase ist in der Luft schneller als in Wasser. Verschiedene Berechnungen haben gezeigt, daß die Diffusion in der Luft schnell genug ist, um bei vielen Arten den Bedarf der Gewebe zu befriedigen, aber oft doch noch zu langsam, um den Ansprüchen mancher Insekten zu genügen. Ein viel schnellerer O_2- und CO_2-Austausch läßt sich durch die Bewegung größerer Gasmengen erreichen. Zur Steigerung des Gasaustausches findet bei großen Insektenarten eine aktive Belüftung der Tracheen statt, bei einigen kleineren Arten jedoch nur während Perioden höherer Aktivität.

Große Insekten verfügen gewöhnlich über Mechanismen zur Erzeugung von Luftbewegungen in den größeren Röhren ihres Tracheensystems. Die Luftsäckchen und die Tracheen sind oft kompressibel, wodurch ihr Volumen verändert werden kann. Manche größere Insekten durchlüften die größeren Röhren und Luftsäcke durch abwechselndes Zusammenziehen und Ausdehnen des Körpers, vor allem des Abdomens. Während der verschiedenen Phasen eines Atmungszyklus können unterschiedliche Stigmen geöffnet und geschlossen werden, wodurch dann eine gerichtete Luftströmung entsteht. Bei manchen Heuschrecken gelangt Luft durch die Stigmen des Thorax in den Körper und verläßt ihn wieder durch Öffnungen des Abdomens. Das Tracheenvolumen der Insekten ist äußerst variabel; beim Maikäfer *Melolontha* umfaßt es 40% des Körpervolumens, bei der Larve des im Wasser lebenden Gelbrandkäfers *Dytiscus* erreicht es dagegen nur 6–10%. Mit einer Ventilation werden bei *Melolontha* 30%, bei *Dytiscus* dagegen 60% des trachealen Volumens ausgetauscht.

Viele Insekten haben einen **„unterbrochenen Ventilationszyklus"** ihrer Stigmen entwickelt, bei dem drei Phasen unterschieden werden können: eine offene, eine geschlossene und dazwischen die Flatterphase. Während der Flatterphase öffnen und schließen sich die Stigmen in rascher Folge. O_2 wird in allen Phasen verbraucht und CO_2 aus den Geweben ausgeschieden; der O_2-Nachschub kommt aus den Vorräten in den Tracheen, wenn die Stigmen verschlossen sind. Der Gasdruck im Tracheensystem fällt während der geschlossenen Phase ab, weil der O_2-Spiegel schneller sinkt als der CO_2-Spiegel ansteigt, da der größte Teil des CO_2 in den Geweben gespeichert wird. Daher bewegen sich die Gase während der Flatterphase und zu Beginn der offenen Phase entlang eines Druckgradienten und durch Diffusion. CO_2 und Wasserdampf diffundieren aus dem Tracheenvolumen während der offenen Phase und auch während der Flatterphase, jedoch nicht, während die Stigmen geschlossen sind (Abb. 13.37).

Theoretisch kann die unterbrochene Ventilation den durch Atmung bedingten Wasserverlust vermindern. Der bei geschlossenen Stigmen niedrige O_2-Spiegel im Tracheenraum sorgt bei geöffneten Stigmen für einen erhöhten O_2-Einstrom, während gleichzeitig nur wenig Wasserdampf hinausströmen kann. Die funktionelle Bedeutung der Flatterphase für den Gas- uns Wasserdampfaustausch ist noch unklar, sie kann aber die Durchmischung der Gase innerhalb der Tracheen ver-

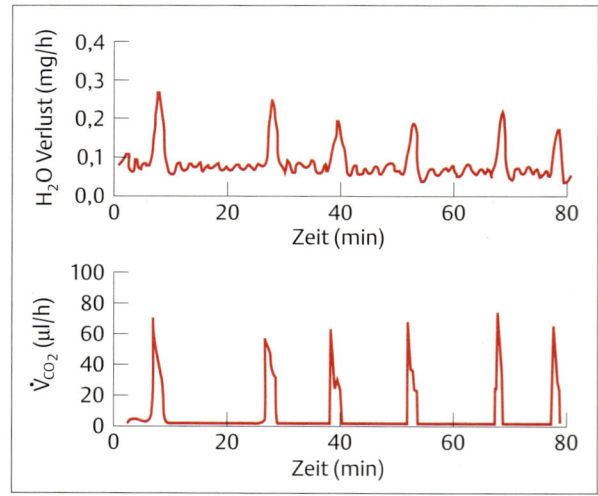

Abb. 13.37 Unterbrochene Ventilation bei Insekten. Einige Insektenarten können ihre Stigmen öffnen und verschließen. Messungen an einer geflügelten Blattschneiderameise während der „Offenphase" der Stigmen zeigen, daß der respiratorische Wasserverlust mit einer CO_2-Ausscheidung verbunden ist. Zwischen den CO_2-Ausscheidungsphasen sind die Stigmen verschlossen. Während der „Zuphase" der Stigmen wird der Wasserverlust durch die Cuticula gemessen (nach Lighton, 1994).

bessern. In einigen Fällen scheint die unterbrochene Ventilation jedoch für den Wasserhaushalt keine große Rolle zu spielen. Viele trockenheitliebende Arten, die wenig Wasser benötigen, zeigen keine unterbrochene Ventilation. Dazu gehört z.B. die Tölpel-Heuschrecke („Lubber grashopper"). Obwohl diese Art die Fähigkeit zur unterbrochenen Ventilation hat, übt sie diese Form der Ventilation nicht aus. Da sie nur etwa 5% ihres Wassergehaltes über ihr Tracheensystem verliert, überrascht es nicht, daß sie ihr normales Belüftungsmuster auch während einer Austrocknung nicht verändert. Bei Küchenschaben, die unter Wasserstreß stehen, ist der Wasserausstrom durch die Körperdecke mehr als doppelt so hoch wie der Verlust über die Stigmen; ein Verschluß der Cuticula-Poren kann Wasser während Trockenperioden zurückhalten. Obwohl dieser Mechanismus einen Wasserverlust – bezogen auf die O_2-Aufnahme – vermindert, scheint die Wasserersparnis für das Tier oft bedeutungslos zu sein. Die funktionelle Bedeutung der unterbrochenen Ventilation bleibt daher bis jetzt unklar.

Gasaustausch über die Tracheolen

Der Gasaustausch zwischen der Luft und den Geweben erfolgt durch die Wände der Tracheolen. Die Wände sind äußerst dünn; ihre Dicke beträgt zwischen 40 und 70 nm. Die gesamte innere Oberfläche der Tracheolen ist sehr groß. Nur in den seltensten Fällen liegt eine Zelle mehr als drei Zellen von einer Tracheole entfernt. Die Spitzen der Tracheolen sind – außer bei einigen wenigen Arten – mit Flüssigkeit gefüllt. Die aus den Tracheolen zu den Geweben diffundierenden Gase müssen daher die darin enthaltene Flüssigkeit, die Tracheolenwand, den extrazellulären Raum (oft zu vernachlässigen) und die Zellmembran passieren, um zu den Mitochondrien zu gelangen. Diese Diffusionsstrecke kann bei aktiven Geweben verändert werden: entweder durch eine Erhöhung der Osmolarität des Gewebes, wodurch Wasser aus den Tracheolen in das Gewebe übertritt, oder durch Änderungen der Aktivität der Ionenpumpe, was einen Nettoausstrom von Ionen und Wasser aus den Tracheolen zur Folge hat. In dem Maße, wie die Tracheolen Flüssigkeit verlieren, wird diese durch Luft ersetzt, so daß O_2 rascher in die Gewebe hineindiffundieren kann (Abb. 13.**38**). Weil das Tracheolenwasser während längerer Ruhepausen viel O_2 aufnimmt, unter Umständen bis zur Sättigung, erhalten z.B. die Muskelfasern zu Beginn neuer Aktivität eine größere Menge O_2 als Starthilfe. Da in der Ruhe kaum CO_2 gebildet wird, ist dessen Anteil in der Tracheolenflüssigkeit bedeutungslos. Die Flugmuskulatur der Insekten hat die höchste bekannte O_2-Aufnahmerate aller Gewebe; diese kann während des Fluges den Ruhewert um das 10–100fache

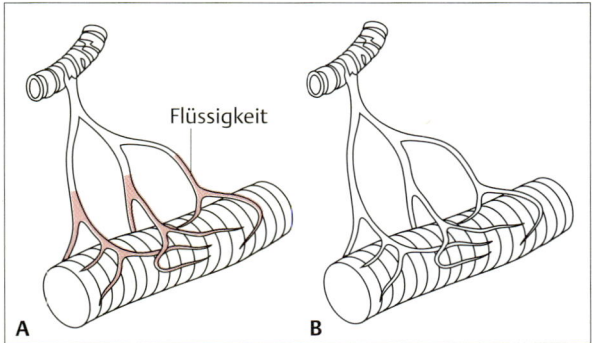

Abb. 13.38 Schematische Darstellung von Tracheolen, die eine Muskelfaser versorgen. A Beim inaktiven Muskel sind die terminalen Bereiche der Tracheolen mit Flüssigkeit (rot) gefüllt. **B** Beim aktiven Muskel verdrängt Luft die Flüssigkeit, die Diffusionsgeschwindigkeit von Sauerstoff in den Muskel wird dadurch erhöht (nach Wigglesworth, 1965).

übertreffen. In der Regel enthalten aktivere Gewebe auch mehr Tracheolen; das Tracheensystem größerer Insekten wird der Größe entsprechend ventiliert.

Besondere Anpassungen des Tracheensystems

Von dem oben beschriebenen Tracheensystem gibt es viele Abwandlungen. Einige Insektenlarven praktizieren ausschließlich die Hautatmung, da ihr Tracheensystem verschlossen und mit Flüssigkeit gefüllt ist. Einige aquatische Insekten haben ein geschlossenes, luftgefülltes Tracheensystem, in welchem die Gase zwischen dem Wasser und der Luft der Tracheen über **Tracheenkiemen** ausgetauscht werden. Die Kiemen sind mit Tracheen besetzte Ausstülpungen der Körperwand. Die Luft wird durch eine 1 µm dicke Membran vom Wasser getrennt. Dieses Tracheensystem läßt sich nicht so leicht zusammendrücken, so daß das Insekt unter Wasser seine Tauchtiefe verändern kann, ohne den Gasaustausch zu beeinträchtigen.

Viele Wasserinsekten, wie zum Beispiel die Moskitolarven, atmen durch einen wasserabweisenden Siphon, der über die Wasseroberfläche hinausragt; andere nehmen Luftblasen mit unter die Wasseroberfläche. Beim Rückenschwimmer *Notonecta*, einer Wanze, lagern sich beim Tauchen Luftblasen an die wasserabweisenden, samtartigen Härchen der Bauchseite an. Der Gelbrandkäfer *Dytiscus* taucht mit Luftblasen unter, die entweder unter den Flügeln oder am Körperende angeheftet sind. Beim Tauchen werden die Gase zwischen der Luftblase und den Geweben über das Tracheensystem ausgetauscht; die Gase können auch zwischen der Blase und dem Wasser diffundieren (Abb. 13.**39**). Die Geschwindigkeit des Austausches vom Wasser in die Luftblase hängt von den Gradienten und der Ausdehnung der Grenzfläche zwischen Luft und Wasser ab.

Der Gasaustausch bei solchen „**Blasenatmern**" erfordert eine Diffusion sowohl durch die Tracheolenmembranen als auch durch die Grenzschicht zwischen Luftblase und Wasser. Die Austauschrate für O_2 zwischen Wasser und dem Blaseninhalt hängt vom bestehenden O_2-Gradienten und der Fläche der Luft/Wasser-Grenzschicht ab. Bei einem Tümpel befindet sich der O_2-Gehalt der Wasseroberfläche im Gleichgewicht mit der darüber liegenden Luft. Wenn das Wasser hinreichend bewegt wird und sich das Oberflächenwasser mit den darunter liegenden Wasserschichten gut vermischt, ist der P_{O_2} im Gleichgewicht mit dem der Luft und schwankt auch nicht mit zunehmender Tiefe. Voraussetzung ist allerdings, daß dem Wasser von Tieren kein O_2 entzogen wird und daß durch die Photosynthese der Wasserpflanzen kein Sauerstoff zugefügt wird. Wird eine Luftblase in tiefere Wasserschichten gebracht, z.B. durch einen Wasserkäfer, dann wird sie durch den hydrostatischen Druck komprimiert. Dadurch steigt der

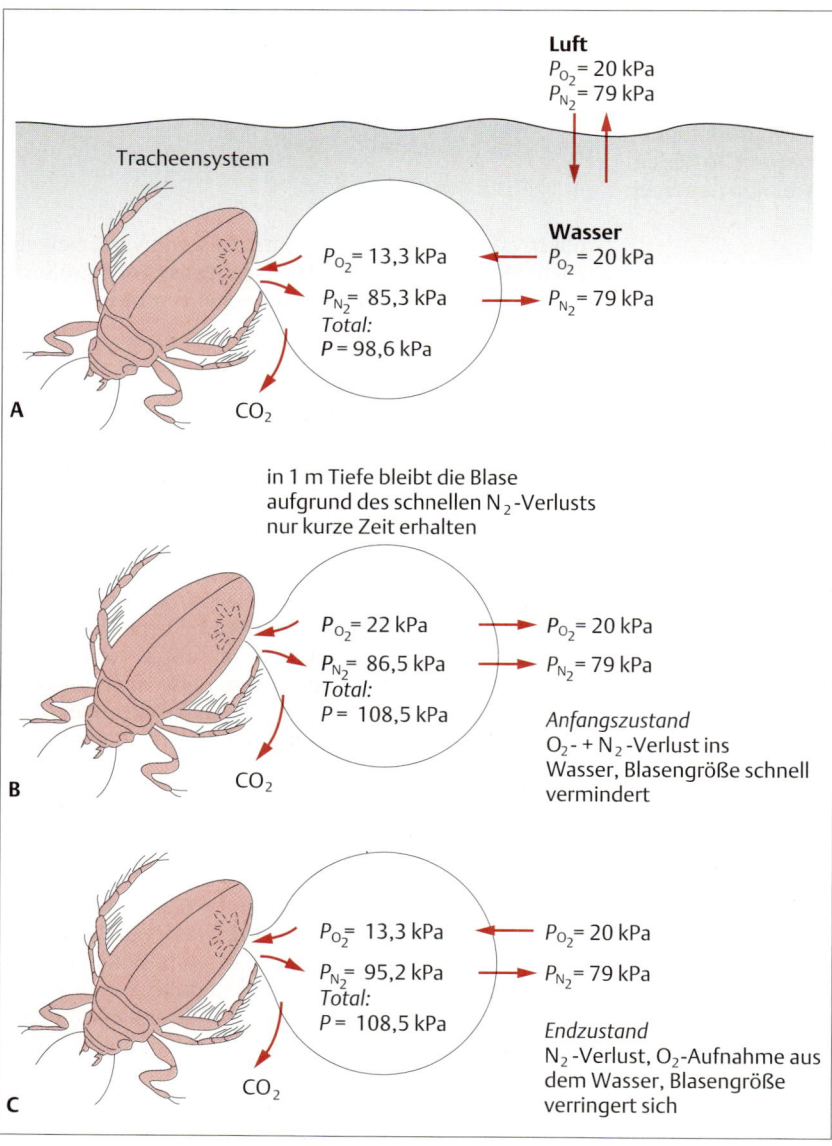

Abb. 13.39 Luftblasenatmung. Einige aquatisch lebende Insektenarten führen beim Tauchen Luftblasen mit sich. Unter Wasser erfolgt ein Gasaustausch zwischen der Blase und dem Tracheensystem des Insekts und zwischen der Blase und dem umgebenden Wasser. Die Richtung der Gasbewegung hängt von den Partialdrücken von O_2, CO_2 und N_2 sowie dem Gesamtdruck in der Blase unter Wasser ab. Verhältnisse in der Luftblase **A** zu Beginn des Tauchvorgangs, **B** unmittelbar nach Erreichen einer Tauchtiefe von 1 m und **C** einige Zeit später bei gleicher Tauchtiefe. Man beachte, daß die Summe aller Gaspartialdrücke in der Wasserphase (und der Atmosphäre) immer 742,7 mm Hg beträgt.

Gasdruck und übertrifft den Druck im umgebenden Wasser. Der Druck in der Luftblase steigt je 10 m Tiefe um etwa 1 bar (750 mm Hg).

In einer Blase gerade unter der Wasseroberfläche nimmt der O_2-Gehalt wegen der O_2-Aufnahme durch das Tier ab. Vorausgesetzt, das Wasser ist mit O_2 gesättigt, entsteht damit ein O_2-Gefälle zwischen der Blase und dem Wasser; O_2 diffundiert dann aus dem Wasser in die Blase. In dem Maße, in dem der P_{O_2} in der Blase abnimmt, nimmt der Stickstoffpartialdruck (P_{N_2}) zu. Befindet sich die Blase gerade unter der Wasseroberfläche, ist der Druck dem atmosphärischen Druck annähernd gleich. Der Stickstoff diffundiert deshalb sehr langsam aus der Blase ins Wasser (Abb. 13.**39**). (Wegen der hohen Löslichkeit des CO_2 in Wasser ist der CO_2-Spiegel in der Blase ohne Bedeutung.) Wird die Blase jedoch vom Insekt mit in die Tiefe genommen, steigt der Druck um 0,1 bar (75 mm Hg) pro Meter Wassersäule an, wobei sowohl der P_{O_2} als auch der P_{N_2} zunehmen. Die Diffusion von N_2 und O_2 aus der Blase in das Wasser wird dadurch beschleunigt. Die Blase wird immer kleiner und – da N_2 die Blase verläßt – verschwindet schließlich ganz. Folglich hängt die Lebensdauer der Blase ab von der Stoffwechselrate des Insektes, der ursprünglichen Größe der Blase und der Tiefe, zu der sie mitgenommen wird. Sie kollabiert, weil sie N_2 verliert, wenn das Insekt O_2 verbraucht. Bis zum 7fachen des ursprünglichen O_2-Gehalts diffundiert aus dem Wasser in die Blase und wird dem Insekt zugänglich, bevor die Blase verschwindet.

Würden die mitgenommenen Luftvorräte nicht infolge der Diffusion von N_2 in das Wasser und des O_2-Verbrauchs verschwinden, bestünde für das Insekt keine Notwendigkeit, zur Oberfläche aufzusteigen; wegen des geringeren O_2-Partialdrucks in der Luftblase würde O_2 aus dem Wasser hineindiffundieren und von dort über die Tracheen in die Gewebe gelangen. Bei einigen Insekten, z.B. *Aphelocheirus* spec., hat sich ein Polster aus dicht stehenden, wasserabweisenden Härchen entwickelt, in dem sich eine dünne Luftblase (**Plastron**) verfängt (Abb. 13.**40**). Das Plastron hält einem Druck von mehreren bar stand, bevor es kollabiert. Vermutlich steht N_2 in der kleinen Luftblase im Gleichgewicht mit dem N_2 des Wassers; der P_{O_2} ist niedrig, O_2 kann daher aus dem Wasser in das Plastron, das mit dem Tracheensystem verbunden ist, diffundieren. Die Wasserspinne *Argyroneta aquatica* baut unter Wasser ein Wohngespinst, in das sie Luftblasen hineinschafft, die sich an ihrem mit stark gefiederten Haaren besetzten Opisthosoma sammeln. Die Verluste durch N_2-Diffusion werden ständig ersetzt, besonders wenn Jungtiere in der Glocke leben. Diese können erst selbständig werden, wenn sich der Haarbesatz an ihrem Opisthosoma gebildet hat.

Möglicherweise nutzen auch luftatmende Vertebraten wie Biber die O_2-Diffusion aus dem Wasser in Luft-

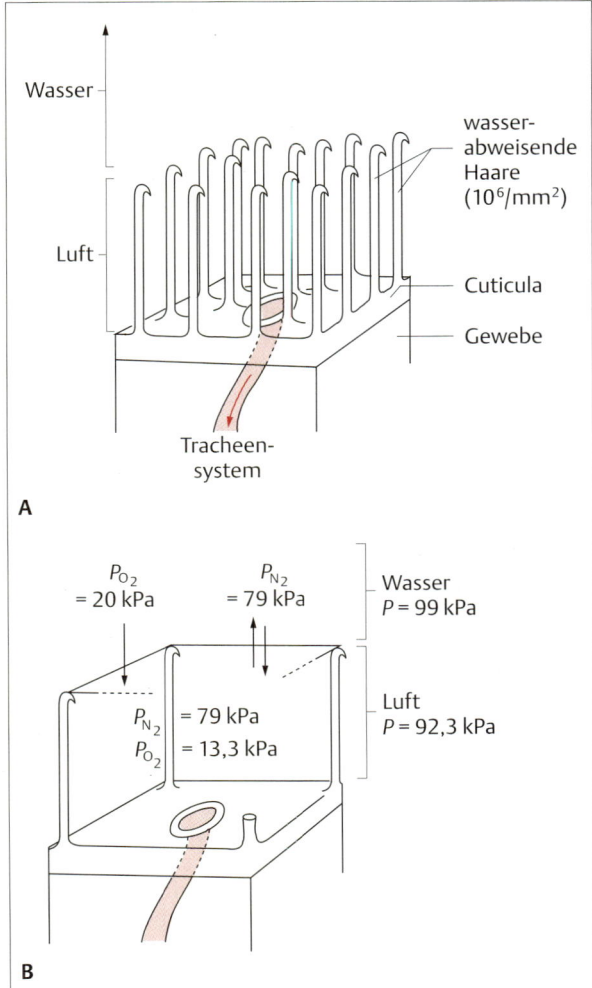

Abb. 13.40 Funktion des Plastrons bei luftblasenatmenden Insekten. Die dem Wasser zugekehrten Haare auf der Oberfläche einiger Insektenarten und Insekteneier haben eine inkompressible Luftblase (Plastron), die innerhalb der Brustplatte liegt und als Unterwasserkieme fungiert. **A** Schematische Darstellung der Brustplatte mit den wasserabstoßenden Haaren. O_2 diffundiert aus dem Wasser in die Luftblase und dann über das Tracheensystem in das Tier. Die Haardichte beträgt etwa 10^6 Haare pro mm^2. **B** Partialdrücke von O_2 und N_2 in der Luft- und Wasserphase.

blasen, die sich unter dem Eis ansammeln. Diese Tiere atmen unter dem Eis aus; O_2 diffundiert aus dem Wasser in die erzeugten Luftblasen hinein und CO_2 aus diesen hinaus; die so erneuerte Luft kann wieder eingeatmet werden.

Gasaustausch im Wasser – Kiemen

Primär im Wasser lebende Tiere sind zur Atmung auf Sauerstoff angewiesen, der physikalisch im Wasser gelöst ist; im Wasser lebende Luftatmer sind sekundär in diesen Lebensraum zurückgekehrt. Solange eine bestimmte Körpergröße nicht überschritten wird, erfolgt der Gasaustausch einfach über die Körperwand. Dies ist auch der Fall, solange die Gewebe nicht sehr kompakt sind. So können die oft beachtlich großen, solitären Anthozoen ohne Atemorgane auskommen, da sie nur aus Epithelien bestehen, deren große Oberflächen den Gasaustausch selbst besorgen. Ähnlich ist es bei den Schwämmen, die noch ohne echte Gewebe sind; die Zellen liegen nahe – kaum mehr als einen Millimeter entfernt – an den Filterkammern oder den zuleitenden Kanälen. Hinzu kommt, daß ihr Stoffwechsel nicht besonders aktiv ist.

Ein aktiver Stoffwechsel erfordert spezielle Organe für den Gasaustausch. Sind die Ansprüche des Stoffwechsels nicht so hoch, bleiben auch die Atemorgane eher einfach konstruiert, ohne besondere Einrichtungen zum Austausch des Atemwassers. Bei den Meeresnacktschnecken (*Opisthobranchia*) genügen durchblutete Kiemenanhänge, die zur Vergrößerung der Oberfläche meist gefiedert sind; die Strömung des umgebenden Wassers genügt zur Zufuhr von O_2 und zur Ableitung von CO_2. Die Vorderkiemer (*Prosobranchia*) haben ihre Kiemen in einer Mantelhöhle liegen; hier ist meist ein Wasseraustausch nötig, der durch Körperbewegungen oder Flimmerepithelien erzeugt wird. Die Muscheln haben komplizierte Kiemenapparate entwickelt, die neben der Atmung auch der Nahrungsaufnahme dienen. Hier sind es Flimmerepithelien, die den Wasserstrom antreiben. Ebenso ist es in den Kiemenkörben der *Tunicata*. Kleine Crustaceen (z.B. *Cladocera*, *Copepoda*, *Cirripedia*) haben in der Regel sehr dünne Integumente, die den Gasaustausch kaum behindern[2]. Die Tintenfische (*Cephalopoda*) haben recht große, gefiederte Kiemen in der Mantelhöhle; der Atemwasserstrom wird durch rhythmische Bewegungen der Mantelmuskulatur erzeugt und kann auch – nach dem Rückstoßprinzip – zur schnellen Fortbewegung dienen. Viele Larven von Knochenfischen haben entlang dem Rücken und Bauch, etwa zwischen der Nackenregion und dem After, einen reichlich mit Kapillaren versehenen, durchgehenden Flossensaum (**Primordialflosse**); dieser vergrößert die Körperoberfläche ganz erheblich und ist zugleich das erste Atemorgan. Mit der Entwicklung der Kiemen, die oft erst lange nach dem Verbrauch des Dotters beginnt, wird die Primordialflosse abgebaut und durch die definitiven Rücken-, Schwanz- und Afterflossen ersetzt.

Soweit nicht die ohnehin vorhandene Wasserströmung oder die Fortbewegungsorgane für den Wasseraustausch sorgen, haben sich zwei Einrichtungen dazu entwickelt. Die **Pool-Atmung**, bei der Wasser – ähnlich wie die Luft bei der Lungenatmung der Säuger (Abb. 13.**19**A) – abwechselnd ein- und ausströmt, findet sich vor allem bei den *Cephalopoda* und einigen wenigen anderen Evertebraten. Sie ist sehr energieaufwendig und damit relativ unökonomisch, weil während der Ausströmphase kein O_2 aufgenommen werden kann. Dafür müssen große Massen des sehr dichten Atemmediums bewegt werden, das dazu noch eine hohe Viskosität und damit einen hohen Reibungswiderstand hat. Einen sehr viel besseren Wirkungsgrad hat demgegenüber die **Durchströmungsatmung**, bei der Wasser im kontinuierlichen Strom über die Kiemen geleitet wird, unabhängig von der Atemphase (Abb. 13.**19**B). Diese Atmungsform ist bei den höheren Krebsen (*Decapoda*) und bei den meisten Fischarten anzutreffen.

Gasaustausch über Kiemen

Die Rundmäuler (*Cyclostomata*) und die Störe (*Acipenseridae*) bilden eine Ausnahme von der Regel, daß Kiemen nur in einer Richtung vom Wasser durchströmt werden. Bei den adulten Neunaugen (Abb. 13.**41**) ist die Mundöffnung versperrt, weil sich das parasitisch lebende Tier damit an seinem Wirt festsaugt. Die Kiementaschen sind zwar mit Schlundhöhle und Mundhöhle verbunden, sie werden aber durch einen alternierenden Ein- und Ausstrom über die getrennten Kiemenöffnungen mit Wasser durchströmt. Die Larvenform der Neunaugen (*Ammocoetes*) lebt im Gegensatz zur Adultform nicht parasitisch, ihre Kiemen werden – wie bei wasserlebenden, niederen Vertebraten üblich – kontinuierlich und in einer Richtung vom Wasser durchströmt. Beim Stör können die Kiemen durch darauf abgestimmte Bewegungen der Kiemendeckel alternierend durchströmt werden, wenn das Tier im Schlamm nach Nahrung sucht, das Maul also nicht zur Atmung zur Verfügung steht. Außerhalb der Nahrungssuche haben auch Störe einen kontinuierlichen Wasserstrom über die Kiemen. Die *Elasmobranchia* haben vor den Kiemenspalten noch eine weitere Öffnung, das **Spritzloch** (Spiraculum), das zwar auch eine reduzierte Kieme (eine Halbkieme), enthält und sich bei den *Teleostei* zur Pseudobranchie entwickelt hat. Das Spritzloch der Haie kann als Einströmöffnung für das Atemwasser dienen, wenn die Mundöffnung (bei den räuberische lebenden Arten) durch Beute verstopft ist. Bei den Haien, welche die meiste Zeit auf

---

[2] Die sogenannten Kiemen an den Extremitäten oder kleinen Crustaceen verdanken diese Bezeichnung eher einer Fehldeutung ihrer Funktion. Sie dienen in der Regel der Ausscheidung von NaCl, also der Osmoregulation. Ihre Fläche wäre auch kaum ausreichend für den nötigen Gasaustausch.

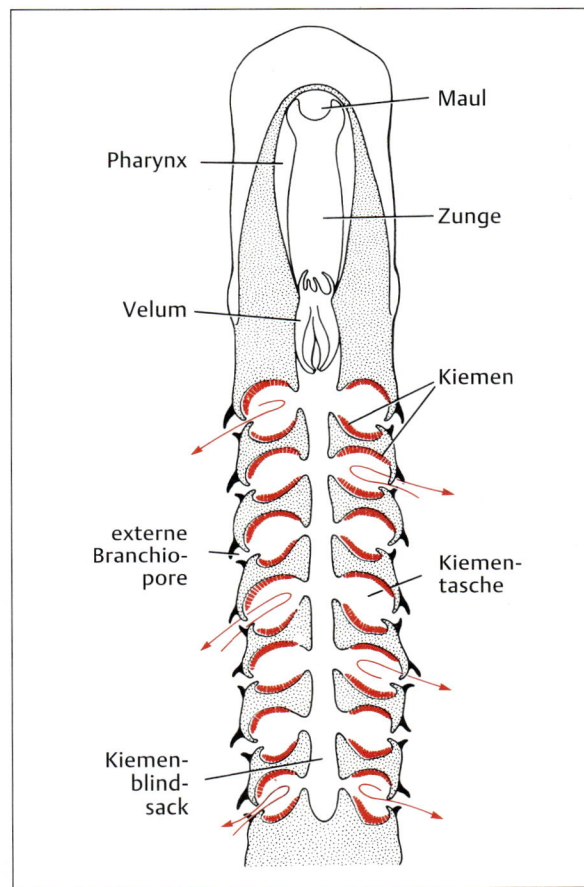

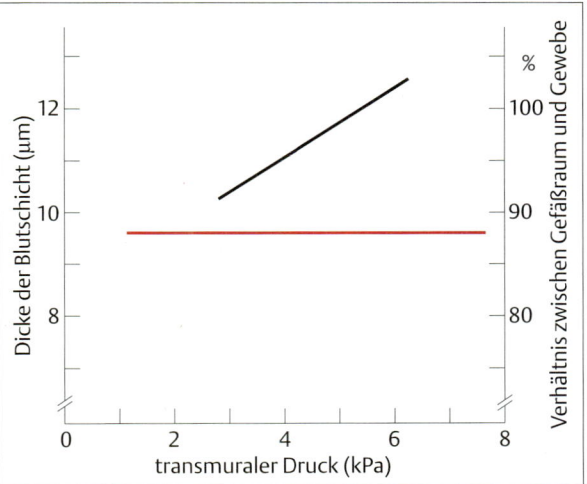

Abb. 13.41 Longitudinaler Schnitt durch den Kopf eines adulten Neunauges. Bei den meisten Fischarten werden die Kiemen in nur einer Richtung durchströmt. Beim adulten Neunauge strömt Wasser jedoch bei jeder einzelnen Kiementasche über die externe Branchiopore ein- und aus. Die Pfeile geben die Richtung der Wasserströmung an. Die Ventile der externen Branchiopore werden mit dem oszillierenden Wasserstrom nach innen und außen bewegt.

Abb. 13.42 Wenn in Kiemen der Blutdruck ansteigt, nimmt nur die Dicke der Blutschicht zu. Die graphische Darstellung beruht auf Daten, die an den Kiemenlamellen von *Ophiodon elongatus* gemessen wurden. Die schwarze Linie gibt die Dicke der Blutschicht an, die rote das Verhältnis zwischen Vaskularraum und Gewebe, ein Maß für die Höhe und Länge der Blutschicht (nach Farrell u. Mitarb. 1980).

dem Grund liegen und bei den Rochen, die sich eingraben, muß das Wasser den Weg über das Spritzloch nehmen, um die Kiemen frei von Sand oder ähnlichen Fremdkörpern zu halten.

Der Blutstrom durch die Kiemen kann als blattförmig beschrieben werden, d.h. wenn der Blutdruck ansteigt, nimmt nur die Dicke der Blutschicht zu, alle anderen Dimensionen bleiben unverändert (Abb. 13.42). In dieser Hinsicht gleicht der Kiemenkreislauf dem Lungenkreislauf. Der Blutstrom durch die Kiemen ist entweder dem des Wassers entgegengesetzt (**Gegenstromsystem**), oder er verläuft in die gleiche Richtung (**Gleichstromsystem**); beide können miteinander kombiniert werden (Abb. 13.**43**). Der Vorteil des Gegenstromprinzips liegt darin, daß die Partialdruckdifferenzen von O_2 zwischen dem Wasser und dem Blut über der Austauschstrecke lange erhalten bleiben und folglich auch die Gasaustauschrate über der Austauschstrecke konstant ist. Eine Gegenstromatmung ist dann am günstigsten, wenn das Verhältnis zwischen O_2-Gehalt und Strömungsrate im durchfließenden Blut und im vorbeiströmenden Wasser ähnlich ist. Weicht das Verhältnis zwischen O_2-Gehalt und Strömungsrate für Blut und Wasser weit voneinander ab, bietet das Gegenstromprinzip keinen nennenswerten Vorteil gegenüber einem parallel verlaufenden Wasserstrom. Ist z.B. die Wasserströmung, bezogen auf die Blutströmung, sehr hoch, würde sich am P_{O_2} des Wassers während der Durchströmung der Kieme wenig ändern; die über der Kieme liegende, mittlere P_{O_2}-Differenz wäre bei beiden Strömungsanordnungen ähnlich. Obwohl der O_2-Gehalt des Fischbluts im allgemeinen viel höher ist als der des Wassers und die Durchströmungsrate für Wasser über die Kiemen wesentlich höher ist als die Durchblutungsrate, bleibt das Verhältnis zwischen Kapazität und Strömungsrate dennoch annähernd gleich.

Weil Wasser sehr viel weniger O_2 enthält als Luft, benötigen wasseratmende Tiere eine sehr viel stärkere Ventilationsrate als Luftatmer, um eine vergleichbare

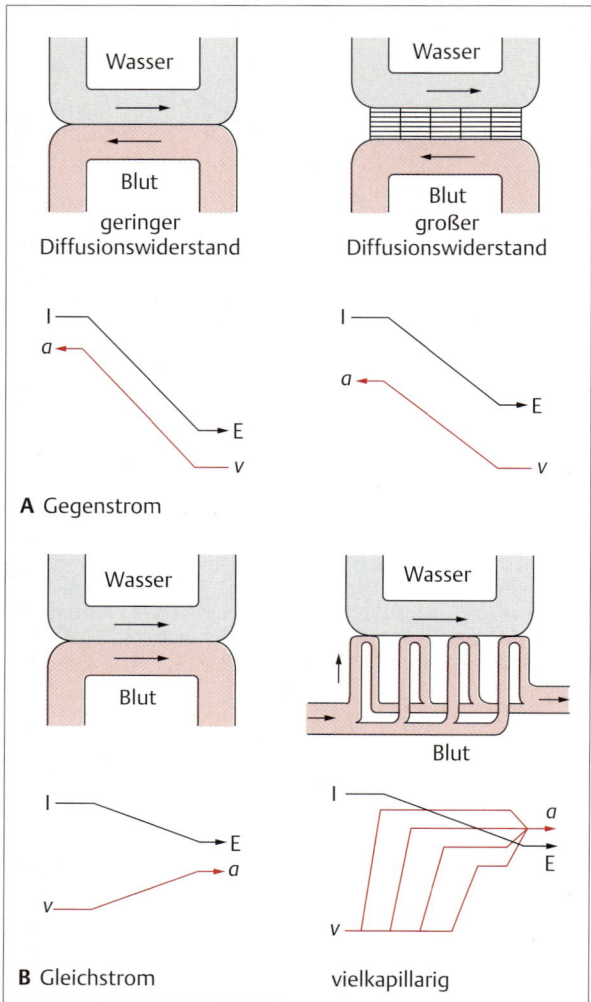

Abb. 13.43 Verschiedene Anordnungen von Wasser- und Blutströmen an den respiratorischen Oberflächen aquatischer Tiere. Relative Änderungen im P_{O_2} des Wassers und des Blutes sind unter jedem Diagramm angegeben. I = Inspirationswasser, E = Exspirationswasser, a = arterielles Blut, v = venöses Blut.

Menge O_2 aufnehmen zu können. Diese Notwendigkeit ergibt sich aus der größeren Dichte des Wassers – bei Süßwasser ein Faktor von etwa 800, bei Seewasser etwa 1000; hinzu kommt die höhere Viskosität des Wassers, abermals ein Faktor von etwa 100. Die O_2-Aufnahme aus dem Wasser ist daher vom Energieaufwand her sehr kostspielig. Mit dem kontinuierlichen Strom des Atemmediums wird dies etwas ausgeglichen; ein alternierender oder ein paralleler Wasserstrom wäre zu unwirtschaftlich. Wenn der Wasserstrom im Experiment in entgegengesetzter Richtung durch die Kiemen geleitet wird, erreichen die Kiemen nur noch etwa 20% ihres normalen Wirkungsgrades.

Der Wasserstrom über die Kiemen wird bei Teleosteern durch Skelettmuskeln, die rund um die **Mundhöhle** und den **Kiemenraum** (Opercular- oder Kiemendeckelhöhle) liegen, erzeugt und aufrechterhalten. Die Muskeln bilden zusammen mit Skelettelementen einen Pumpapparat, der sowohl Sog als auch Druck erzeugen kann (Abb. 13.**44**). Dazu müssen auch Ventile vorhanden sein, um Verluste zu vermeiden, denn Wasser ist ein sehr dichtes, träges und wenig ergiebiges Atemmedium; sehr viel Energie wird benötigt, um es an und über die respiratorischen Oberflächen zu führen. Ein Rückstrom wird durch Verschluß der Mundöffnung verhindert: entweder werden Ober- und Unterkiefer dazu in Kontakt gebracht, oder besondere Querfalten, ein **Gaumensegel** und ein **Unterkiefersegel** verschließen durch den Rückstau beim Anheben des Mundbodens die Mundöffnung. Am Ende des Atemweges, am Rand des Kiemendeckels (**Operculum**), sind in der Regel mehr oder minder breite **Hautsäume** vorhanden, die sich beim Spreizen der Kiemendeckel an die Körperwand anlegen und den Opercularspalt verschießen. Zum Einatmen wird der Mundboden abgesenkt, Wasser strömt durch den offenen Mund ein; aus der Opercularhöhle kann kein Wasser zurückfließen, weil der Kiemendeckel an den Körper angelegt ist und die Höhle nach hinten abschließt. Wenn der Mundboden angehoben wird, steigt der Druck in der Mundhöhle, die gleichzeitig verschlossen wird. Das Wasser kann nun aus der Mundhöhle nur über die Kiemen in den Kiemenraum gelangen. Darin wird der Druck zunächst erniedrigt, indem sich die Kiemendeckel bei geschlossenen Hautsäumen abspreizen, seitlich bewegen und das Wasser durch den entstehenden Unterdruck durch die Kiemen saugen (Abb. 13.**44**). Wenn die Kiemendeckel wieder angelegt werden, öffnet sich der Opercularspalt, und das Wasser kann die Kiemenhöhle wieder verlassen, zusammen mit dem Wasser, das durch die noch andauernde Hebung des Mundbodens durch die Kiemen gepreßt wird. Durch die synchrone Tätigkeit der beiden Höhlenabschnitte kommt ein leicht oszillierender, aber im wesentlichen kontinuierlicher Atemwasserstrom zustande.

Bei den Elasmobranchiern (Haien und Rochen), die meistens fünf getrennte Kiemenspalten und damit Opercularhöhlen(paare) haben, sind ähnliche Pumpmechanismen für jede dieser Höhlen ausgebildet. Einige Hochseefische, die kontinuierlich schwimmen (auch weil ihnen eine Schwimmblase fehlt), haben die Atemmuskulatur an den Kiemendeckeln reduziert. Sie nutzen den hydrodynamischen Staudruck aus, der beim Schwimmen unvermeidlich entsteht, und leiten damit

Gasaustausch im Wasser – Kiemen 633

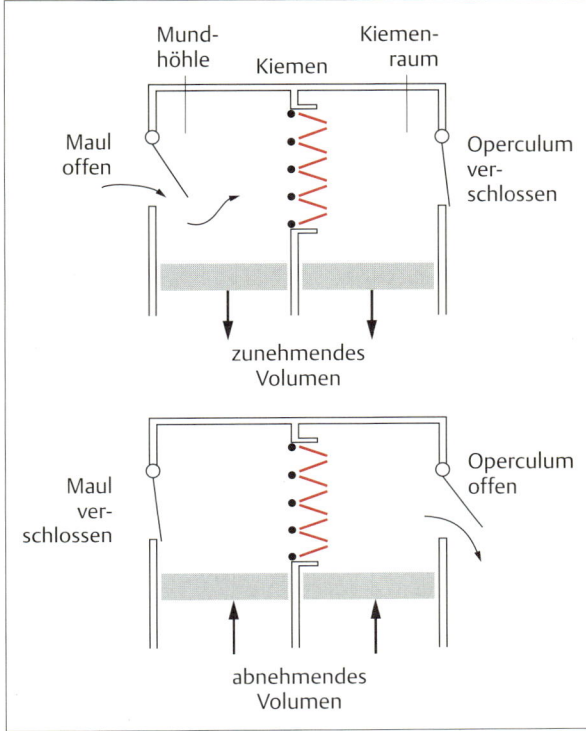

Abb. 13.44 Schematische Darstellung der Kiemenventilation der Teleostier. Die Kieme wird nur in einer Richtung durchströmt, da nacheinander Maul und Kiemendeckel geöffnet und wieder verschlossen werden; zusätzlich herrscht ein geringer Druckunterschied zwischen Mund- und Kiemenraumhöhle. Die dünnen Pfeile geben die Fließrichtung des Wassers an, die dicken die Bewegungen des Mundbodens.

Atemwasser durch die Kiemen. Hierzu gehören die Thune und einige Makrelen, aber auch die Hochsee-Haie. Da bei ihnen die Gefahr besteht, daß bei zu schnellem Schwimmen der Staudruck zu hoch wird und die Kiemenblätter den Kontakt zueinander verlieren, sind die Spitzen der Kiemenblätter und auch die Ränder der Kiemenlamellen miteinander verwachsen. So wird ein geschlossenes Kiemennetz gewährleistet (Abb. 13.**45B**), mit dem verhindert wird, daß Atemwasser ungenutzt über einen „Totraum" zwischen den Kiemen entweichen kann. Der Schiffshalter *Remora*, der sich an schnell schwimmende Fische anhängen kann, atmet dann ebenfalls per Staudruck. Schwimmt er jedoch selbständig, kehrt er zur Kiemenventilation zurück.

Funktionelle Anatomie der Kiemen

Der Grundbauplan der Fischkiemen ist, trotz artspezifischer Unterschiede, bei allen Arten ähnlich. Als Beispiel sollen die Kiemen der Teleosteer dienen, insbesondere der Aufbau des respiratorischen Epithels. An jeder Seite des Kopfes befinden sich in der Regel vier **Kiemenbögen**, welche Mundhöhle und Kiemenraum trennen (Abb. 13.**45A**). Jeder Bogen hat zwei Reihen von **Kiemenblättern**. Jedes Kiemenblatt ist dorsoventral abgeflacht und trägt eine obere und eine untere Reihe (sekundärer) **Kiemenlamellen** (Abb. 13.**45B** u. **C**). Die Lamellen der in einer Reihe aufeinanderfolgenden Kiemenblätter liegen eng aneinander. Die Spitzen der benachbarten Kiemenbögen sind so nebeneinander gestellt, daß die ganze Kieme wie ein Sieb im Wasserstrom wirkt. Das Kiemenepithel ist mit Schleim bedeckt, der von Schleimzellen (Becherzellen) abgeschieden wird. Er schützt die Kiemen vor Verletzungen durch Fremdkörper, die etwa bei der Nahrungsaufnahme in den Kiemenkorb gelangen können, und stellt auch eine Grenzschicht zwischen Wasser und Epithel dar. Dies ist besonders wichtig bei Fischen, die mit Luft in Berührung kommen können, da der Schleim die Kiemen vor Austrocknung schützt.

Das Wasser durchströmt die schlitzartigen Kanäle der nebeneinanderliegenden Lamellen (Abb. 13.**45C** u. **D** und 13.**46**). Diese Kanäle sind etwa 20–50 µm breit, 200–160 µm lang und 100–500 µm hoch. Die Lamellen stellen den respiratorischen Abschnitt der Kieme dar; die Diffusionsstrecken im Wasser sind maximal 10–25 µm lang, d.h. etwa die Hälfte der Entfernung zwischen zwei Lamellen am gleichen Bogen. Damit wird die Diffusionsstrecke für die O_2-Moleküle minimiert.

Die Lamellen sind mit einer dünnen Epithelzellschicht bedeckt, die an den Kanten von Tight junctions zusammengehalten werden (Abb. 13.**46B**). Die inneren Wände der Lamellen werden von **Pfeilerzellen** gebildet, die etwa 20–40% des inneren Volumens der Lamellen beanspruchen. Diese enden an beiden Seiten in breiten Flanschen, die in Kontakt miteinander sind und einen Raum einschließen, durch den das Blut fließen kann. Die Pfeiler enthalten sowohl Kollagenfasern, die ein Ausbeulen der Lamellen bei zu hohem Innendruck verhindern, als auch Muskelfasern, die den Raum einengen und damit den Blutstrom kontrollieren können. Das Blut fließt wie eine Schicht durch die Räume zwischen den Pfeilerzellen, vergleichbar mit dem Blutstrom in den Lungenalveolen. Die Diffusionsstrecke von der Mitte eines roten Blutkörperchens bis zum Wasser beträgt etwa 3–8 µm; dies ist deutlich mehr als die Diffusionsstrecke durch das Lungenepithel der Säuger (Abb. 13.**22B**). Die Gesamtfläche der Lamellen ist groß; sie liegt zwischen 1,5–15 cm²/g Körpergewicht, abhängig

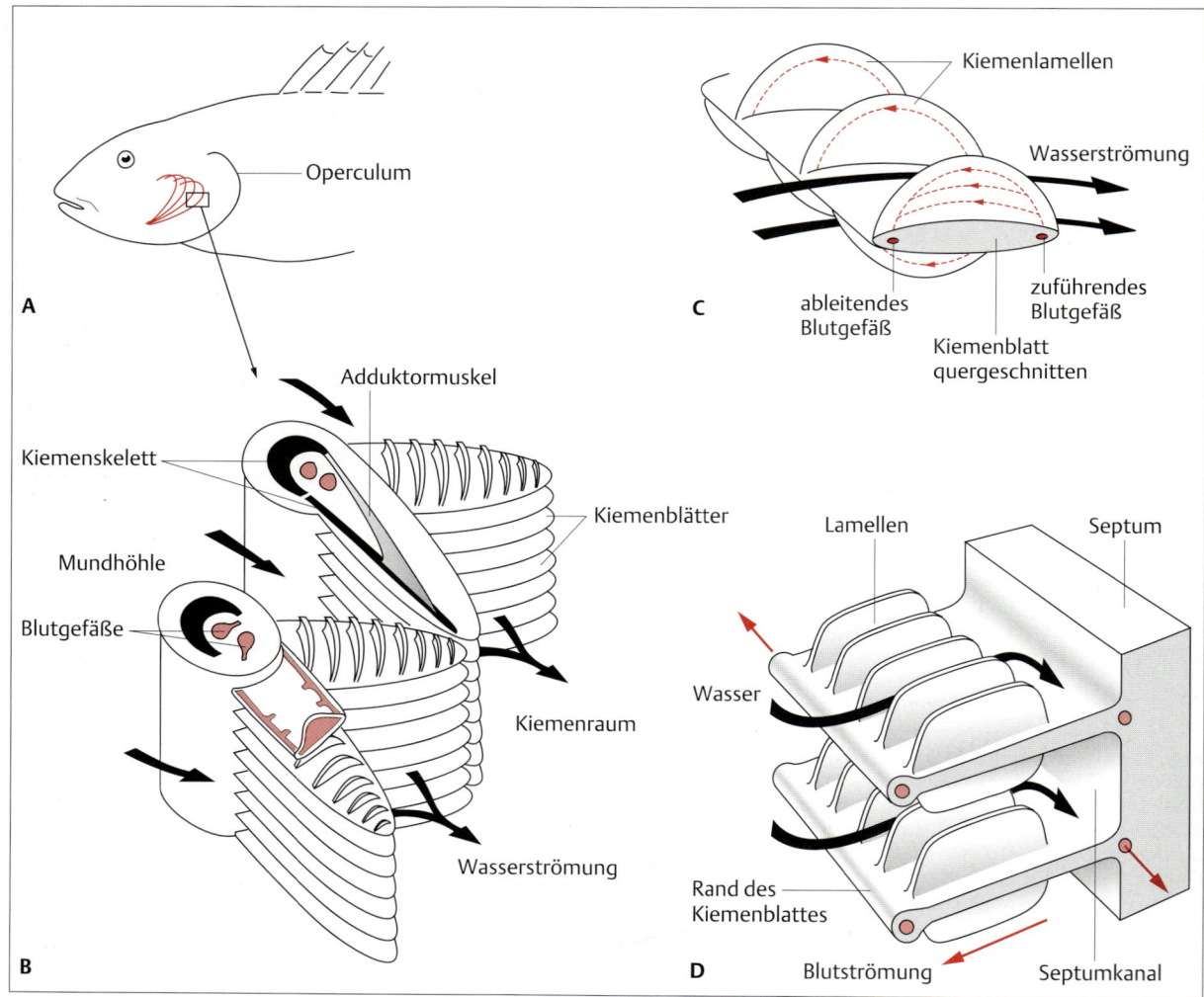

Abb. 13.45 Kiemenaufbau der Teleosteer. Grundsätzlich sind die Kiemen aller Teleosteer ähnlich gebaut. Kleine arttypische Unterschiede können jedoch vorhanden sein. **A** Lage der vier Kiemenbögen unter dem Operculum auf der linken Seite eines Teleosteers. **B** Vergrößerte Teildarstellung zweier Kiemenbögen; die Kiemenblätter benachbarter Bögen berühren sich an ihren Spitzen. Auch sind die Blutgefäße dargestellt, über die das Blut in die Kieme ein- und wieder austritt. **C** Teil eines einzelnen Kiemenblatts mit drei Kiemenlamellen auf jeder Seite. Die Strömungsrichtung des Blutes (rote Linien und Pfeile) ist der Wasserströmung (schwarze Pfeile) entgegengesetzt. **D** Teil einer Haifischkieme. Wie bei den Teleosteern ist die Strömungsrichtung des Blutes derjenigen des Wassers entgegengesetzt (A–C nach Hughes, 1964; D nach Grigg, 1970).

von der Größe des Fisches, seiner Art und seiner Bewegungsweise.

Durch ihre Eigenschaft als Gegenstromaustauscher sind Kiemen nicht nur besonders geeignet zum Gasaustausch, sie dienen auch als Exkretionsorgane für stickstoffhaltige Stoffwechselendprodukte, und sie sind auch an der Regulierung des Ionenhaushalts beteiligt. Damit übernehmen sie einige Funktionen, die bei Landwirbeltieren von der Niere übernommen werden. Der Ionenaustausch wird im Kiemenepithel von wenigstens zwei Zelltypen ausgeführt, wobei der Lebensraum – Süß- oder Seewasser – eine ganz erhebliche Rolle spielt (s. S. 706ff). Der Ionenaustausch benötigt sehr viel Energie, der O_2-Verbrauch im Kiemenepithel kann daher mehr als 10% des gesamten O_2-Umsatzes betragen.

Kiemen sind sehr gute Wärmetauscher. Wasser hat

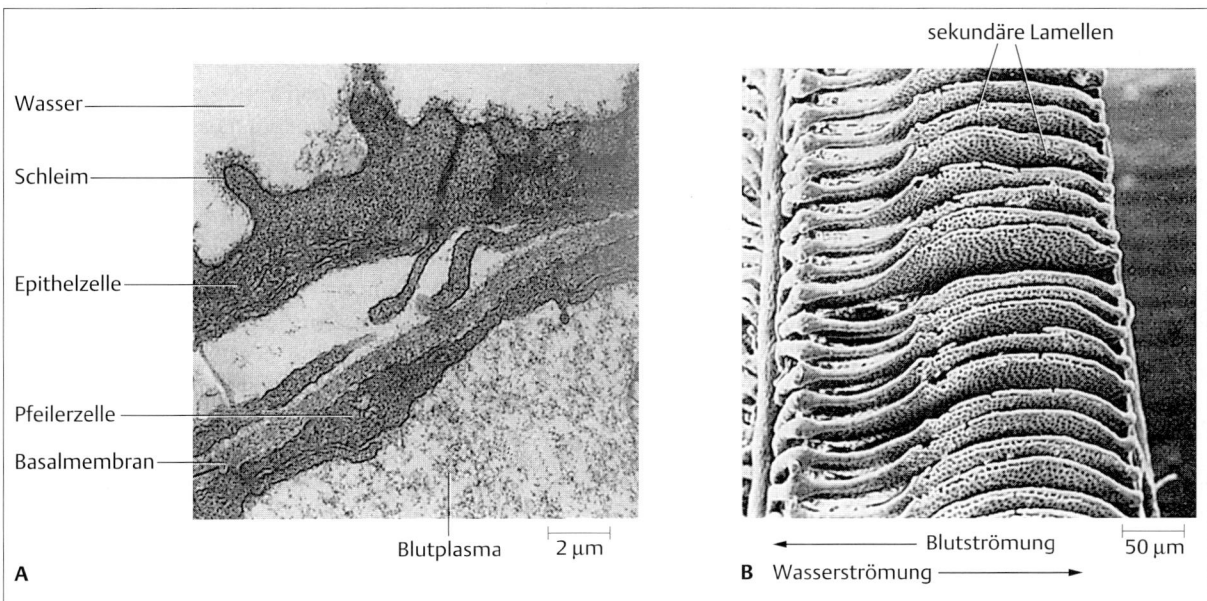

Abb. 13.46 Wasser fließt an den Kiemenlamellen vorbei, die von einer dünnen Epithelschicht bedeckt sind. **A** Rasterelektronenmikroskopische Aufnahme der Gefäßversorgung eines Kiemenfilaments einer Forelle. Mehrere Kiemenlamellen (sekundäre Lamellen) sind zu erkennen. **B** Querschnitt durch die Kiemenlamelle einer Forelle. Die Wasser-Blut-Barriere ist zu sehen (mit freundlicher Genehmigung von B. J. Gannon).

eine sehr viel höhere Wärmekapazität als Luft, daher ist das Blut, das die Kiemen verläßt, im thermischen Gleichgewicht mit der Umgebung. Einige Fische – die größeren Haie und Thune – haben die Fähigkeit, die anfallende Stoffwechselwärme im Körper zurückzuhalten. Dies betrifft vor allem die Leber als aktivstes Organ und die **rote Muskulatur** (s. S. 415), die bei den betreffenden Arten ständig aktiv ist, weil sie keine Schwimmblase haben und daher kontinuierlich schwimmen müssen, um nicht in die Tiefe abzusinken. Verdauungsorgane und Niere erzeugen ebenfalls kontinuierlich Wärme. In allen diesen Geweben haben sich Gegenstromaustauscher (**Wundernetze**, Retia mirabilia) entwickelt, in denen Arteriolen neben Venolen liegen und ihnen die Wärme abnehmen und dem Gewebe wieder zuführen. So kommt immer nur abgekühltes Blut zum Herzen und zu den Kiemen zurück. Da auch das Gehirn Wärme benötigt, um effektiver arbeiten zu können, wird es mit warmem Blut versorgt; diese Wärme stammt aus den Kapillarnetzen im Augenhintergrund, die durch Retia mirabilia den Augenvenen abgenommen und auf die zum Auge führenden Arterien übertragen wird.

Wenn Kiemen der Luft ausgesetzt sind, kollabieren sie in aller Regel und sind nicht mehr funktionsfähig. Im schlimmsten Fall werden sie hypoxisch: Der Fisch erleidet einen O_2-Mangel in den Geweben oder einen erhöhten CO_2-Spiegel im Blut (**Hyperkapnie**), eine allgemeine Senkung des pH-Wertes im ganzen Körper (**Azidose**), die eine Erholung unmöglich macht, weil das angesäuerte Blut keinen Sauerstoff mehr aufnehmen kann, auch wenn der Fisch ins Wasser zurückgesetzt wird. Einige Fische haben zusätzlich zur Kiemenatmung eine Luftatmung entwickelt, die über modifizierte Schwimmblasen, modifizierte Kiemen, eine stark vaskularisierte Mundhöhle oder den Enddarm abläuft. Diese akzessorischen Atmungsorgane können O_2 aufnehmen und dadurch dem Fisch das Überleben in O_2-armer Umgebung ermöglichen (z.B. in Tümpeln), wie sie etwa beim Austrocknen eines Gewässers in den Tropen entstehen kann. Weil darin das Wasser sehr warm werden kann, enthält es oft zu wenig O_2 oder auch schädliche Gase wie H_2S. Da akzessorische Atmungsorgane aber untauglich für die Ausscheidung von CO_2 und auch NH_3 sind, müssen luftatmende Fische von Zeit zu Zeit die Gelegenheit haben, ins Wasser zurückzukehren, weil sich sonst zu viele Schadstoffe im Körper ansammeln. Die Lungenfische (*Dipnoi*) können zwar im Schlamm eingegraben auch zwei Trockenzeiten überleben, wenn die Regenzeit dazwischen nicht genügend Wasser gebracht hat; längere Trockenperioden sind jedoch lebensbedrohend, weil sich zu viel NH_3 ansammelt und den Körper vergiftet.

Die *Malacostraca* unter den Crustaceen – soweit sie nicht den Carapax verloren haben – (z.B. *Stomatopoda* und *Decapoda* mit Flußkrebs, Hummer, Taschenkrebs, Garnelen) haben ebenfalls eine sehr effektive Kiemenatmung entwickelt. Die Kiemen liegen unter den **Branchiotergiten**, seitlichen Auswüchsen des Integumentes, die vom Cephalothorax ausgehen und sich ventrad bis über die Coxae der Pereiopoden (Thoraxextremitäten) erstrecken und so die seitlich gelegenen Kiemenhöhlen bilden. Beim Flußkrebs liegen in jeder Kiemenhöhle 18 Kiemen, die teils von der Körperwand, teils von der Gelenkhaut zwischen Cephalothorax und Coxa (Arthrobranchien), teils von der Coxa ausgehen (Podobranchien). Von einem langen Schaft, der craniodorsad verläuft, gehen zylindrische Anhänge und auch breite, gefaltete und durch ein wellenförmiges Profil versteifte, großflächige Lamellen aus, die insgesamt die Kiemen bilden. Das Blut wird durch diese Gebilde so geleitet, daß es in etwa dem Wasserstrom entgegenläuft; es ist kein genauer Gegenstrom, aber vergleichbar effektiv. Das Wasser tritt zwischen den Extremitäten ein, wobei Borsten den Eintritt von Fremdkörpern verhindern. Angetrieben wird der Wasserstrom in jeder Kiemenkammer von einem **Scaphognathiten** (der flächig ausgebildete und sehr lange Epipodit der 2. Maxille). Der Scaphognathit schlägt rhythmisch und treibt damit das Wasser durch eine nach vorne gerichtete Öffnung aus der Kiemenhöhle. Seine Aktivität hängt vom O_2 bzw. CO_2-Gehalt des Wassers ab.

Nicht wenige Krebse, vor allem Kurzschwanzkrebse (*Brachyura*) wie die Rennkrabben (*Pachygrapsus spec.*), können für längere Zeit an Land gehen. Der Wollhandkrabbe *Eriocheir sinensis* genügt es, einen feuchten Unterschlupf zu haben, wenn sie tagelang an Land bleibt. Manche *Anomalura*, zu denen die Einsiedlerkrebse gehören, können oft längere Zeit außerhalb des Wassers, sogar auf Bäumen leben, vorausgesetzt sie haben Gelegenheit, die Kiemen feucht zu halten. Wenn sie ins Wasser zurückgehen, wird gewöhnlich der O_2-Verbrauch eingeschränkt und der CO_2-Gehalt des Blutes gesenkt. Einige Arten, z.B. die Purpurstrandkrabbe (*Leptograpsus variegatus*), verändert den O_2-Gehalt des Körpers nicht, wenn sie zwischen Wasser- und Landaufenthalt wechselt. Vermutlich kann sie den CO_2-Gehalt ihres Körpers und damit den pH regulieren und das Verhältnis von Luft- zu Wasseratmung kontrollieren. Das wäre eine echte amphibische Lebensweise.

Regulierung des Gasaustausches und der Atmung

Die Regulierung der O_2- und CO_2-Austauschrate ist bisher nur bei Säugern intensiv untersucht worden; deshalb wird sie hier bevorzugt dargestellt. Der O_2- und CO_2-Transport zwischen der Umgebung und den Mitochondrien wird durch die Änderung der Lungenventilation, der Blutströmung und der Blutverteilung innerhalb des Körpers geregelt. Das Schwergewicht der Darstellung liegt nun auf der Kontrolle der Atmung; bezüglich der Einzelheiten über die Kontrolle des kardiovaskulären Systems sei auf Kap. 12 verwiesen.

Beziehung zwischen Atmung und Durchblutung

Um die respiratorische Oberfläche mit Luft oder Wasser zu versorgen und das respiratorische Epithel mit Blut zu durchströmen, wird Energie benötigt. Es ist sehr schwer, den Gesamtenergieverbrauch für diese zwei Vorgänge zu bestimmen. Je nach Art und dem physiologischen Zustand des Tieres kann er 4–10% der vom Tier erzeugten aeroben Energie betragen. Der Gasaustausch zwischen der Umgebung und den Zellen benötigt demnach einen erheblichen Teil der von einem Tier umgesetzten Energie; er stellt damit auch einen bedeutenden Teil des Selektionsdrucks in Richtung auf die Entwicklung einer möglichst energiesparenden Regulierung der Atemfunktionen dar.

Die Durchblutung der respiratorischen Oberfläche steht in Zusammenhang mit dem Bedarf der Gewebe und mit dem Gasbeförderungsvermögen des Blutes. Damit genügend Sauerstoff an die Atmungsoberfläche gelangt, um das Blut zu sättigen, müssen die Ventilationsrate ($\dot{V}_A$) und die Durchblutungsrate ($\dot{Q}$) sowie der Gasgehalt der beiden Medien Luft und Blut so aufeinander abgestimmt sein, daß die Menge des an die respiratorische Oberfläche gebrachten Sauerstoffs mit derjenigen übereinstimmt, die vom Blut aufgenommen wird. Der O_2-Gehalt des arteriellen Blutes beim Menschen ist dem der Luft ähnlich; das $\dot{V}_A/\dot{Q}$-Verhältnis beträgt demzufolge beim Menschen ungefähr 1 (Abb. 13.**47A**). Wasser enthält dagegen nur etwa 1/30 an gelöstem O_2 wie ein gleiches Volumen Luft bei gleichem P_{O_2} und gleicher Temperatur. Somit beträgt das Verhältnis zwischen dem Wasserdurchfluß ($\dot{V}_G$) und der Durchblutung der Kiemen eines Fisches 10:1 bis 20:1 (Abb. 13.**47**) und liegt damit bedeutend höher als das $\dot{V}_A/\dot{Q}$-Verhältnis luftatmender Säugetiere. Der Unterschied zwischen den in Luft und Wasser vorhandenen O_2-Mengen ließe ein $\dot{V}_G/\dot{Q}$-Verhältnis von 30/1 erwarten; es ist jedoch geringer, weil die O_2-Kapazität des Blutes bei niederen Vertebraten sehr viel niedriger ist – häufig nur etwa die Hälfte – als bei Säugern.

Änderungen im O_2-Gehalt des einzuatmenden Mediums beeinflussen auch das $\dot{V}_A/\dot{Q}$-Verhältnis. Eine Verminderung des P_{O_2} der eingeatmeten Luft oder des Wassers muß durch eine Steigerung der Ventilation und damit des Ventilations/Durchblutungs-Verhältnisses aus-

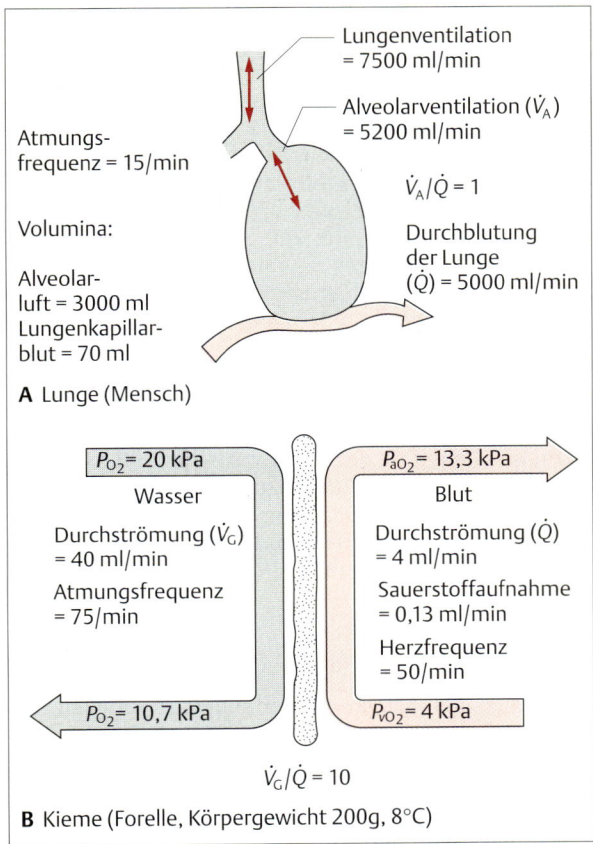

Abb. 13.47 Das Ventilations/Durchblutungs-Verhältnis liegt bei der Fischkieme wesentlich höher als bei der menschlichen Lunge. **A** Lunge (Mensch). **B** Kieme (Forelle). Ungefähre Volumen- und Strömungsangaben; die tatsächlichen Werte können beträchtlich schwanken.

geglichen werden. Umgekehrt muß ein Anstieg des P_{O_2} mit einer Verminderung der Ventilationsrate einhergehen, wenn die O_2-Aufnahme gleich bleibt.

Das Verhältnis zwischen Ventilation und Durchblutung muß sowohl in jedem einzelnen Abschnitt der respiratorischen Oberfläche als auch über der gesamten Oberfläche aufrechterhalten werden. Der Anteil der jeweils durchbluteten Kapillaren und damit die Verteilung des Blutes über die respiratorische Oberfläche ist sowohl in den Kiemen als auch in der Lunge veränderlich. Die Verteilung der Luft oder des Wassers muß der Blutverteilung entsprechen. Die Durchblutung einer nicht ventilierten Alveole ist ebenso nutzlos wie die Ventilation einer nicht durchbluteten Alveole. Derartig extreme Situationen werden zwar kaum vorkommen, aber schon eine zu hohe oder zu niedrige Durchblutung

oder Ventilation führt zu einer Reduktion der pro Energieeinheit beförderten Gasmenge. Um einen wirksamen Gasaustausch zu gewährleisten, muß über die gesamte respiratorische Oberfläche ein optimales Verhältnis zwischen Ventilation und Durchblutung beibehalten werden. Dies schließt keineswegs aus, daß die respiratorische Oberfläche unterschiedlich durchblutet sein kann; es besagt nur, daß die Strömungen des Blutes und des Atemmediums aneinander angepaßt werden müssen.

Der Wirkungsgrad des Gasaustausches wird vermindert, wenn ein Teil des in die Lunge eintretenden Blutes die respiratorische Oberfläche umgeht oder einen ungenügend ventilierten Teil durchblutet (Abb. 13.48). Das Ausmaß dieser **venösen Nebenschlüsse** oder **arteriovenöse Anastomosen** läßt sich als ein Prozentanteil an der gesamten zum respiratorischen Epithel strömenden Blutmenge ausdrücken; er errechnet sich aus dem O_2-Gehalt des arteriellen und venösen Blutes, unter der Annahme eines idealen O_2-Gehalts des arteriellen Blutes. So ist z.B. das Blut in der Lunge mit den alveolären Gaspartialdrücken fast im Gleichgewicht. Sind diese und die Blut-Sauerstoff-Dissoziationskurven bekannt, kann der erwartete ideale O_2-Gehalt des arteriellen Blutes berechnet werden. Der ideale O_2-Gehalt könnte z.B. 20 ml O_2 pro 100 ml Blut (20 Vol%) betragen, die gemessenen Werte für das arterielle und das venöse Blut sind jedoch 17 Vol% bzw. 5 Vol%. Der im Vergleich zum Idealwert vorhandene Fehlbetrag im arteriellen O_2-Gehalt kann auf einen venösen Nebenschluß zurückgeführt werden, wobei das oxygenierte arterielle Blut (20 Vol%) mit dem venösen Blut (5 Vol%) im Verhältnis 4 : 1 gemischt wird. Daraus ergibt sich ein O_2-Gehalt von 17 Vol%; d.h. 20% des Blutes, das die Lunge durchblutet, werden über eine oder mehrere arteriovenöse Anastomosen geleitet. Es handelt sich hierbei um ein besonders auffälliges Beispiel; in den meisten Fällen sind die venösen Nebenschlüsse weniger deutlich ausgeprägt.

Die Blut- und Luft- oder Wasserströmungen werden reguliert, um ein optimales Verhältnis von Ventilation und Durchblutung über die Oberfläche des respiratorischen Epithels auch unter verschiedensten Bedingungen aufrechtzuerhalten. Allgemein gesagt: $\dot{Q}$ (die Durchblutungsrate) wird geregelt, um die Bedürfnisse der Gewebe zu erfüllen; $\dot{V}_A$ (Ventilationsrate) und $\dot{V}_G$ (Wasserdurchfluß) werden geregelt, um ausreichende Austauschraten von O_2 und CO_2 zu gewährleisten. Mechanismen wie die hypoxische Vasokonstriktion dienen dazu, ein optimales $\dot{V}_A/\dot{Q}$-Verhältnis in verschiedenen Bereichen der respiratorischen Oberfläche zu erhalten. Wie bereits dargestellt, verursacht ein niedriger O_2-Gehalt in Alveolen eine Vasokonstriktion der Lungengefäße und vermindert damit die Blutzufuhr zu den schlecht durchlüfteten und folglich hypoxischen Bereichen;

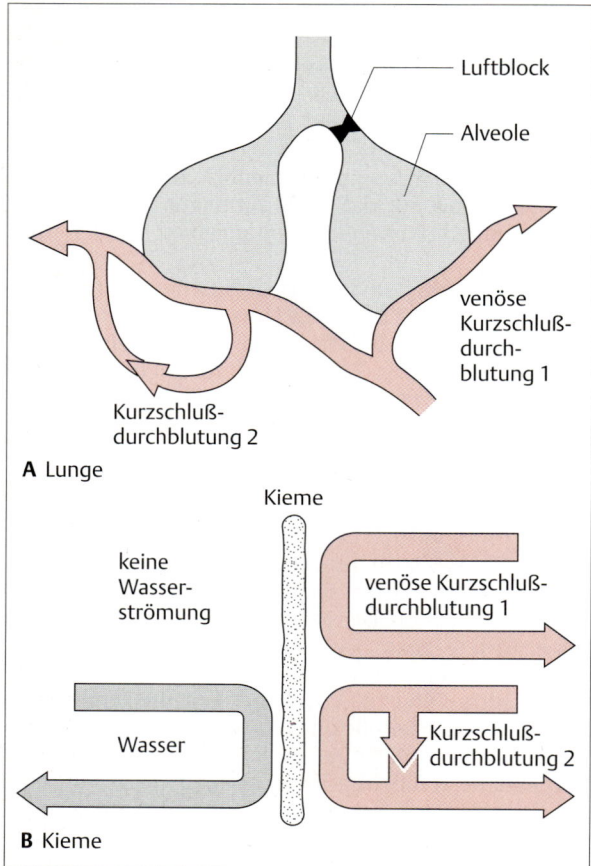

Abb. 13.48 Kurzschlüsse der Gasübertragung. Versorgungsprobleme aufgrund einer ungenügenden Gasübertragung können sich ergeben, wenn das Blut zu einem Bereich der respiratorischen Oberfläche fließt, der ungenügend ventiliert wird (Kurzschluß 1) – oder wenn das Blut nicht in die Nähe der respiratorischen Oberfläche gelangt (Kurzschluß 2). Die Durchblutung der Lunge und der Kiemen wird so reguliert, daß keine venösen Kurzschlußwege entstehen.

gleichzeitig wird der Blutstrom zu den gut durchlüfteten Bereichen der respiratorischen Oberflächen verstärkt. Die Durchblutung der respiratorischen Oberfläche ist bei ruhenden Tieren ziemlich ungleichmäßig. Mit zunehmender Aktivität nimmt der Blutdruck zu, und das Blut verteilt sich gleichmäßiger; folglich wird die Ventilations-/Durchblutungs-Rate der respiratorischen Oberfläche ausgeglichen.

Neurale Regelung der Atmung

Das Zusammenspiel der Atembewegungen ist bei allen luftatmenden Tieren das Ergebnis einer zentralnervösen Verarbeitung vieler Informationen, die von zahlreichen Rezeptoren stammen. Der zentrale Prozessor besteht aus einem **Mustergenerator**, der die Tiefe und die Amplitude eines jeden Atemzugs bestimmt, und einem **Rhythmusgenerator**, der die Atemfrequenz kontrolliert. Einige Rezeptoren regulieren die Atmungstiefe, um ausgewogene Verhältnisse zwischen Gasaustausch und Blut-pH sicherzustellen. Andere Rezeptoren sorgen für die Übereinstimmung zwischen Atembewegungen, Nahrungsaufnahme, Sprechen oder Singen und anderen Körperbewegungen. Bestimmte Sinneswahrnehmungen können Husten, Räuspern oder Schluckreflexe auslösen und helfen so, das respiratorische Epithel vor Gefährdung durch Fremdkörper zu schützen, welche in die Luftwege eindringen könnten. Wieder andere Sinneswahrnehmungen haben die Funktion, die Atemweise so zu optimieren, daß möglichst wenig Energie verbraucht wird.

Atemzentren der Medulla oblougata

Die Lunge der Säuger wird durch die Tätigkeit des Zwerchfells und der zwischen den Rippen liegenden Interkostalmuskulatur ventiliert (Abb. 13.**29** und 13.**31**). Diese Muskeln werden von spinalen Motoneuronen und dem Nervus phrenicus aktiviert, die ihre Erregung von den in der Medulla oblongata liegenden **Atemzentren** erhalten. Die Kontrolle der Atemmuskulatur kann sehr genau sein, was eine äußerst feine Regulierung des Luftstroms ermöglicht, wie sie z.B. für komplexe menschliche Tätigkeiten – etwa Singen, Pfeifen oder Sprechen – und auch schon beim einfachen Atmen notwendig ist. Bei Tieren ist es nicht viel anders. Ausschaltversuche am Hirnstamm neugeborener Ratten weisen darauf hin, daß der ventral in der Medulla oblongata liegende **Prae-Botzinger-Komplex** den Atemrhythmus erzeugt und daher als das Schrittmacherzentrum der Atmung angesehen werden kann. Dabei wirken Neurone in der Pons und in der Medulla mit; einige andere Neurone, die direkt vor der Medulla liegen, verursachen eine verlängerte Einatmung, wenn ein rhythmischer Antrieb aus der Pons ausbleibt.

Im Jahre 1868 berichteten Ewald Hering und Josef Breuer, daß die Aufblähung der Lunge die Atmungsfrequenz reduziert. Dieser **Hering-Breuer-Reflex** kann durch Durchtrennung des Nervus vagus ausgeschaltet werden. Die Aufblähung aktiviert Dehnungsrezeptoren in den Bronchien bzw. Bronchiolen, die einen Hemmreflex über den Vagus auf das **medulläre Einatmungszentrum** (Nucleus tractus solitarius) auslösen und damit die Atmung hemmen. In der Medulla liegt daher ein zentrales Schrittmacherzentrum, das dem Mustergenerator in den Atmungszentren übergeordnet ist und die Atembewegungen veranlaßt. Dieses Steuerungssystem erhält Information aus anderen Hirnabschnitten und verschiedenen peripheren Rezeptoren.

Das in der Medulla oblongata liegende Atmungszentrum besteht aus **inspiratorischen Neuronen**, deren Aktivität mit der Inspiration korreliert, und aus **exspiratorischen Neuronen**, deren Aktivität mit der Exspiration korreliert. Früher wurde angenommen, daß der Atmungsrhythmus auf einer wechselseitigen Hemmung inspiratorischer und exspiratorischer Neurone beruht, wobei innerhalb jeder Neuronengruppe Wiedererregungen und Akkommodationen erfolgen würden. Es gibt inzwischen jedoch zahlreiche Belege dafür, daß diese Vorstellungen von einem solchen zentralen Rhythmusgenerator nicht haltbar sind; neuere Untersuchungen weisen darauf hin, daß der Atmungsrhythmus primär von der Aktivität der inspiratorischen Neurone bestimmt wird.

Bei der wechselseitigen Hemmung wäre jedoch eine exspiratorische, neuronale Aktivität erforderlich. Darüber hinaus zeigen die respiratorischen Neurone wenig Hinweise für eine Akkommodation. Auch die Tatsache, daß die exspiratorischen Neurone durch die Aktivität inspiratorischer Neurone gehemmt werden, spricht gegen dieses Modell, da die exspiratorische neuronale Aktivität die inspiratorischen Neurone innerhalb der Medulla nicht hemmt. Welcher Art ist nun aber bei Säugern der zentrale Atmungskontrollmechanismus?

Die vom Nervus phrenicus oder von einzelnen Neuronen in der Medulla abgeleitete inspiratorische neuronale Aktivität zeigt am Anfang der Einatmung einen plötzlichen Beginn, eine allmähliche weitere Zunahme und ein plötzliches Ende. Diese neuronale Aktivität löst eine Kontraktion der inspiratorischen Muskulatur und damit eine Abnahme des Drucks in der Lunge aus (Abb. 13.**49**A). Erhöhte CO$_2$-Werte des Blutes führen zu einer schnelleren Zunahme der inspiratorischen Aktivität (Abb. 13.**49**B). Die Anstiegsrate wird folglich durch die Erregung von Chemorezeptoren beschleunigt, eine kräftigere Inspirationsphase ist die Folge. Nach Erreichen eines Schwellenwertes seiner Entladungsaktivität geht ein Inspirationsneuron in die „OFF-Stellung" über. Der Schwellenwert wird von Streckrezeptoren modifiziert, die durch die Dehnung der Lunge erregt werden (Abb. 14.**49**C). Diese Streckrezeptoren verhindern also eine Überdehnung der Lunge, indem sie auf die Inspirationsneurone einwirken.

Der Abstand zwischen den Atemzügen wird durch das Intervall zwischen den Aktivitätssalven der Inspirationsneurone bestimmt, das eng korreliert ist mit dem Aktivitätsniveau der vorhergehenden Salven und der af-

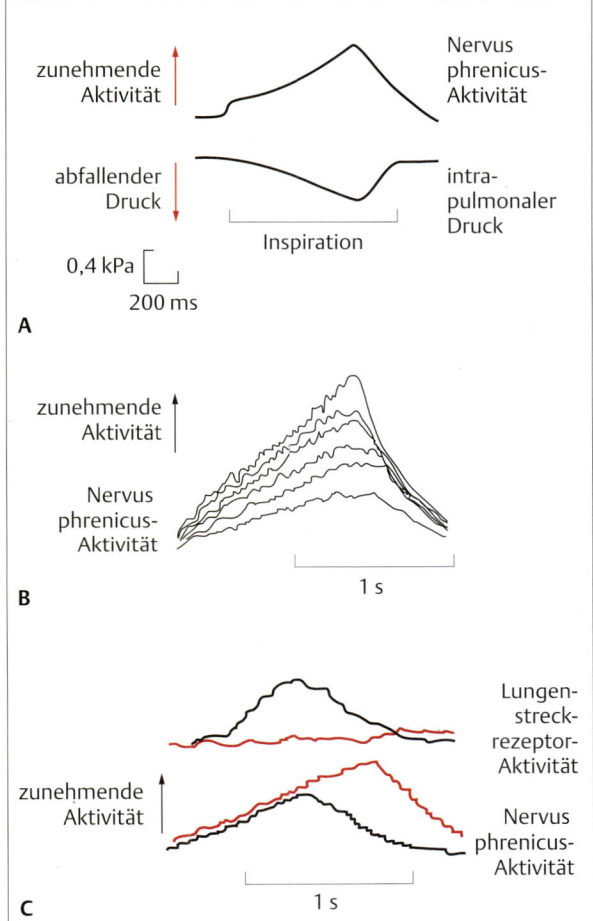

Abb. 13.49 Die Aktivität des das Zwerchfell innervierenden Nervus phrenicus löst – angeregt durch einen steigenden alveolären P_{CO_2} – die Inspiration aus. A Beziehung zwischen der Aktivität des N. phrenicus und dem intrapulmonalen Druck während einer Inspiration. Beachte den plötzlichen Beginn, die allmähliche weitere Erhöhung und die OFF-Schaltung (Beendigung) der Inspirationsaktivität. **B** Wirkung steigender alveolärer P_{O_2}-Spiegel (P_ACO_2) auf die Entladung des N. phrenicus. Die Aufzeichnungen erfolgten bei einem P_ACO_2 von 28,5 mm Hg (unterste Kurve) bis zu 60 mm Hg (oberste Kurve). Die Erhöhung des P_ACO_2 führt zu einer stärkeren Aktivitätszunahme des N. phrenicus während der Inspiration. **C** Wirkung einer gesteigerten Aktivität der Lungenstreckrezeptoren auf die Aktivität des N. phrenicus. Treffen von den Lungenstreckrezeptoren keine Signale ein, ist das Abschalten der Aktivität des N. phrenicus verzögert (rote Linie). Eine erhöhte Rezeptoraktivität führt zu einer früheren Beendigung der Aktivität im N. phrenicus, beeinflußt aber nicht die Erhöhungsrate im N. phrenicus vor dem Abschalten (schwarze Linien).

ferenten Fasern der Lungendehnungsrezeptoren. Allgemein gilt: Je höher das inspiratorische Aktivitätsniveau (d.h. je tiefer der Atemzug), desto länger ist die Pause zwischen den Atemzügen. Das Verhältnis zwischen der Inspirations- und Exspirationsdauer bleibt daher trotz Änderung in der Länge jedes Atmungszyklus konstant. Dieses Verhältnis ist vom Aktivitätsniveau der Dehnungsrezeptoren in der Lunge abhängig. Entleert sich z.B. die Lunge während der Ausatmung nur langsam, bleiben die Dehnungsrezeptoren aktiv, solange die Lungen noch gefüllt sind. Die Aktivitätsdauer der Dehnungsrezeptoren bestimmt die Länge der zum Ausatmen verfügbaren Zeit. Die neuronalen Mechanismen, welche die phasische Aktivität der Inspirationsneurone hervorbringen, sind bisher kaum verstanden; ebenso wenig die Natur des zentralnervösen Schrittmachers, der möglicherweise im Prae-Botzinger-Komplex an der Ventralseite der Medulla oblongata liegt.

Die Ausatmung erfolgt weitgehend passiv; d.h. sie ist nicht von der Aktivität der Exspirationsneurone abhängig. Dies trifft vor allem für die ruhige, normale Atmung zu. Die Exspirationsneurone sind nur dann aktiv, wenn die Inspirationsneurone in Ruhe sind, zeigen dann aber einen plötzlichen Aktivitätsausbruch, der dem der Inspirationsneurone ähnlich, jedoch nicht mit ihm in Phase ist. Die inspiratorischen Neurone hemmen die Aktivität der exspiratorischen; sie dominieren demnach bei der Auslösung der rhythmischen Atmung. Bleibt die inspiratorische Aktivität aus, dann sind die Exspirationsneurone kontinuierlich aktiv. Die Aktivität der inspiratorischen Neurone prägt den Atemrhythmus, indem sie die Erregung der Exspirationsneurone hemmt.

Fische, Vögel und Säuger im Wachzustand atmen gewöhnlich rhythmisch und **kontinuierlich**, wogegen Amphibien und Reptilien längere Pausen zwischen gelegentlichen rhythmischen Atemzügen einlegen, also **episodisch** atmen. Neuere Untersuchungen am Stammhirn des Ochsenfrosches ergaben, daß diese episodischen Atmungsmuster eine Systemeigenschaft des Stammhirns sind, unabhängig von einem sensorischen Feedback. Der Nucleus isthmi im Hirnstamm des Ochsenfrosches ist nicht nur an der Verarbeitung der aus Chemorezeptoren stammenden Erregung beteiligt, sondern scheint auch wesentlichen Anteil an der Aufrechterhaltung der episodischen Atmung zu haben. Bei schlafenden Säugetieren scheint eine episodische Atmung das Ergebnis eines Wechselspiels von peripheren und zentralen Komponenten des Kontrollsystems zu sein. Während des Schlafs ist bei ihnen der zentrale Antrieb vermindert, und die Atmung wird von peripheren Chemorezeptoren kontrolliert, die den CO_2-Spiegel des Blutes messen. Eine Atemperiode erhöht den O_2-Gehalt des Blutes und baut den CO_2-Spiegel ab, wodurch die Erregung der Chemorezeptoren wieder vermindert wird.

Während der Atempause erhöht sich der CO_2-Partialdruck des Blutes, wodurch die Chemorezeptoren wiederum erregt werden und die Atmung wieder in Gang gesetzt wird. Das führt zur Verminderung von CO_2 im Blut und gleichzeitig – aber eher als „Nebeneffekt" – zur O_2-Aufnahme und damit zur Erhöhung des O_2-Partialdrucks. In der Atemperiode wird der CO_2-Pegel bis zu seinem unteren Grenzwert abgebaut, worauf dann die Erregung der Chemorezeptoren wieder vermindert wird. Die Atmung wird solange unterbrochen, bis der CO_2-Spiegel wieder weit genug angestiegen ist, daß die Chemorezeptoren erneut aktiv werden und die Atmung wieder einsetzt. Das Ergebnis ist die für viele schlafenden Säugetiere typische periodische Atmung. Beim wachen Säuger reicht der zentralnervöse Antrieb zur Beibehaltung einer rhythmischen Atmung aus. O_2-Mangel kann zwar auch die Atmung wieder in Gang setzen; im normalen Ablauf dominieren jedoch die CO_2-Rezeptoren über die O_2-Rezeptoren.

Kontrolle der Atemfrequenz und der Atemtiefe

Mehrere Arten von Rezeptoren reagieren auf Reize, die Einfluß auf die Ventilation der Atemorgane haben und die Atemfrequenz oder auch die Atemtiefe regulieren. Zu den Reizen, die sich auf die Atmung auswirken, gehören:
- Änderungen im O_2-, CO_2- und pH-Wert,
- der Füllungszustand der Lunge,
- Emotionen,
- Schlaf,
- Wirkung von Reizstoffen auf die Lunge,
- Reizung durch Licht- und Temperaturänderungen,
- Anforderungen, die durch das Sprechen bzw. ganz allgemein durch Lautäußerungen gestellt werden.

All diese Einflüsse werden durch Neurone des medullären Atemzentrums integriert. Die Atmung kann natürlich auch durch den Willen beeinflußt werden.

Die meisten, wenn nicht alle Tiere, reagieren auf O_2- und CO_2-Änderungen mit Änderungen in der Atemtätigkeit. Die daran beteiligten Rezeptoren wurden bisher nur bei einigen wenigen Tiergruppen aufgefunden. Chemorezeptoren, die bei den Säugetieren im **Glomus caroticum** und **Glomus aorticum**, bei Vögeln im Glomus caroticum und bei Amphibien im **Carotidenlabyrinth** liegen, überwachen O_2- und CO_2-Änderungen im arteriellen Blut. Bei Teleosteern reagieren Chemorezeptoren in den Kiemen auf eine Verminderung des O_2-Spiegels im Wasser und im Blut. In allen Fällen werden die Chemorezeptoren von Ästen des IX. oder des X. Gehirnnerven (Nervus glossopharyngeus bzw. N. vagus) innerviert.

Säuger und wahrscheinlich auch andere luftatmende

Vertebraten haben in der Medulla oblongata **zentrale Chemorezeptoren** zur Steuerung der Lungenventilation. Sie reagieren auf eine pH-Abnahme im Liquor cerebrospinalis[3] (kurz: Liquor), die gewöhnlich durch einen Anstieg im P_{CO_2} hervorgerufen wird. Die Erregung dieses Systems ist für die Aufrechterhaltung der normalen Atmung notwendig: Fällt der P_{CO_2} im Körper ab oder wird er experimentell niedrig gehalten, wird die Atmung eingestellt. Diese zentralen Chemorezeptoren reagieren kaum auf einen sinkenden O_2-Partialdruck im Körper; wichtig für die Ventilationssteigerung während einer Hypoxie sind nur **periphere Chemorezeptoren**.

Die in den Carotiden – vor allem im Glomus caroticum – und in den Paraganglien des Aortenbogens (Glomera aortica) liegenden peripheren Chemorezeptoren (Abb. 13.**50A**) werden gut mit Blut versorgt und haben eine hohe O_2-Aufnahme pro Gewichtseinheit. Diese arteriellen Chemorezeptoren bestehen aus mehreren **Lobuli** oder **Glomoiden**, welche die stark verknäuelten Kapillaren umgeben. Die Gefäßknäuel bestehen aus kleinen und großen Kapillaren und arteriovenösen Anastomosen. Die Arteriolen werden von sympathischen und parasympathischen postganglionären, efferenten Fasern innerviert. Jeder Lobulus besteht aus mehreren Glomus-Zellen (Typ I), die von Stützzellen (Typ II) bedeckt sind. Die **Glomus-Zellen** gelten als die Rezeptoren; es sind kleine, ovale Zellen mit einem großen Kern und vielen, im Zentrum dichten Vesikeln oder Granula (Abb. 13.**50B**). Die Glomus-Zellen sind miteinander synaptisch verbunden und tragen häufig cytoplasmatische Fortsätze unterschiedlicher Länge. Die Glomus-Zellen werden von afferenten Fasern des N. glossopharyngeus innerviert, vermutlich auch von präganglionären sympathischen Efferenzen. Die Innervation ist komplex; eine einzelne Nervenfaser kann 10 oder 20 Glomus-Zellen innervieren. Die Glomus-Zelle kann, bezogen auf eine Nervenfaser, entweder prä- oder postsynaptisch sein oder beides (reziprok). Eine einzelne Nervenfaser kann ihrerseits postsynaptisch (afferent) gegenüber einer Glomus-Zelle sein und gleichzeitig mit einer benachbarten Glomus-Zelle oder aber mit einem anderen Be-

---

[3] Der Liquor cerebrospinalis wird bei den Säugetieren und möglicherweise auch bei anderen Vertebraten vom Plexus choroideus des Gehirns erzeugt, durch den Austausch mit dem Gehirn und Gliazellen modifiziert und schließlich vom Plexus arachnoideus wieder resorbiert. Die Produktionsrate ist äußerst variabel und liegt bei vielen Säugerarten zwischen 2–164 µl pro Minute.

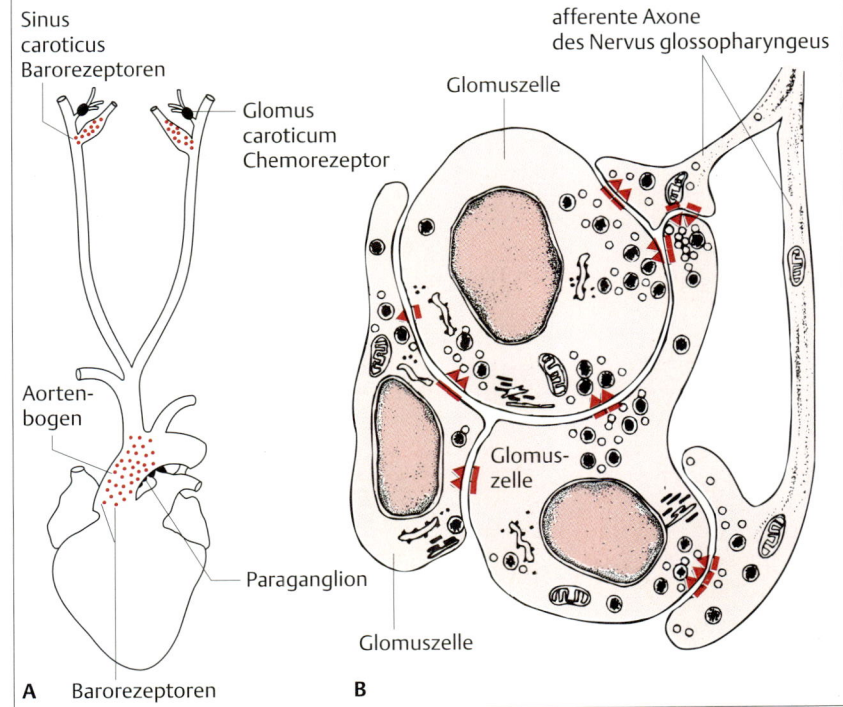

Abb. 13.50 Bei Säugern überwachen Chemorezeptoren in den Carotiden und in den Aortenkörpern die Gaswerte und den pH-Wert im Blut.
A Lage der Chemorezeptoren im Glomus caroticum und in den Paraganglien des Aortenbogens sowie der Barorezeptoren (kleine rote Punkte) im Aortenbogen und im Sinus caroticus eines Hundes. Die Barorezeptoren unterstützen die Regulation des arteriellen Blutdrucks (s. Kap. 12). **B** Schematisierter Ausschnitt aus dem Carotiden-Körper einer Ratte, der aus mehreren Läppchen besteht, die Glomuszellen enthalten. Diese sind synaptisch miteinander verbunden und durch afferente Fasern des N. glossopharyngeus innerviert. Einige Regionen der afferenten Nervenendigungen sind – bezogen auf die Glomuszelle – präsynaptisch, andere postsynaptisch, und wieder andere bilden reziproke Synapsen ▲ = präsynaptische Regionen (A nach Comroe, 1962; B nach McDonald u. Mitchell, 1975).

reich der ersten Glomus-Zelle präsynaptische (efferente) Verbindungen haben. Viele Glomus-Zellen sind selbst nicht innerviert, jedoch synaptisch mit anderen Glomus-Zellen verbunden. Einige wenige können auch von efferenten Fasern des Sympathicus innerviert sein.

Die Chemorezeptoren in den Carotiden und im Aortenbogen werden durch ein Absinken des O_2-Gehalts im Blut (Hypoxie) und des pH, sowie durch einen Anstieg des CO_2-Gehalts (Hyperkapnie) erregt. Möglicherweise sind die beobachteten Reaktionen auf Änderungen des pH-Wertes innerhalb der Rezeptoren selbst zurückzuführen und nicht direkt auf Änderungen des CO_2-Spiegels. Als Ergebnis der Rezeptorreizung werden weitere Fasern erregt und die Frequenz afferenter Neurone, welche die Glomus-Zellen innervieren, erhöht. Die Chemorezeptoren adaptieren auf sich ändernde arterielle CO_2-Spiegel. Die Chemorezeptoren des Glomus caroticum reagieren auf Änderungen im pH bzw. auf CO_2-Änderungen wesentlich stärker als die des Aortenbogens. Die Erregung dieser Chemorezeptoren steigert über das medulläre Atemzentrum die Lungenventilation. Der tatsächliche Anstieg als Antwort auf eine bestimmte Abnahme im arteriellen P_{O_2} hängt von den CO_2-Blutwerten ab und umgekehrt (Abb. 13.51). Die efferente Aktivität des Glomus caroticum moduliert dessen Antwortverhalten. Erhöhte Aktivität der sympathischen Efferenzen führt über einen α-adrenergen Mechanismus zur Vasokonstriktion in Arteriolen des Glomus caroticum und damit zu einer Verminderung der Durchblutung; dies wiederum steigert die Entladungsfrequenz der Chemorezeptoren und führt zur Erhöhung der Lungenventilation. Nichtsympathische efferente Aktivität in den Nervi carotici vermindert die Antwort des Glomus caroticum gegenüber Änderungen des P_{O_2} und des P_{CO_2} bzw. des Blut-pH. Ein Anstieg der Temperatur oder der Osmolarität erregt ebenfalls arterielle Chemorezeptoren, und auf die Reizung der Nervi carotici externi folgt eine vermehrte ADH-Ausschüttung. Die Chemorezeptoren des Glomus caroticum könnten demnach eine wichtige Rolle bei der Osmoregulation wie auch bei der Atmungs- und Kreislaufsteuerung spielen.

Wie erwähnt, haben Säugetiere und wahrscheinlich auch anderer luftatmende Vertebraten im Zentralnervensystem liegende Chemorezeptoren, die für eine normale Atmung nötig sind. Diese H^+-sensitiven Rezeptoren liegen im Bereich der medullären Atemzentren und reagieren auf die Abnahme des pH der Cerebrospinalflüssigkeit (CSF, Liquor). Der Liquor der Säuger und vielleicht auch anderer Vertebraten enthält nur geringe Eiweißmengen, er ist im wesentlichen eine Lösung aus NaCl und $NaHCO_3$, mit geringen – aber genau dosierten – Anteilen an K^+, Mg^{2+} und Ca^{2+}. Er ist nur wenig gepuffert, so daß bereits kleine Änderungen im P_{CO_2} nachhaltige Wirkung auf seinen pH haben. Da die Blut-Hirn-Schranke für H^+ nur geringfügig permeabel ist, sind die zentralen H^+-empfindlichen Chemorezeptoren relativ unempfindlich gegenüber pH-Änderungen im Blut. Änderungen des P_{CO_2} des Blutes verursachen jedoch entsprechende Änderungen des P_{CO_2} des Liquors, was zu Änderungen seines pH-Wertes führt. Erhöhungen im CO_2-Spiegel des Blutes beeinflussen die Höhe des CO_2-

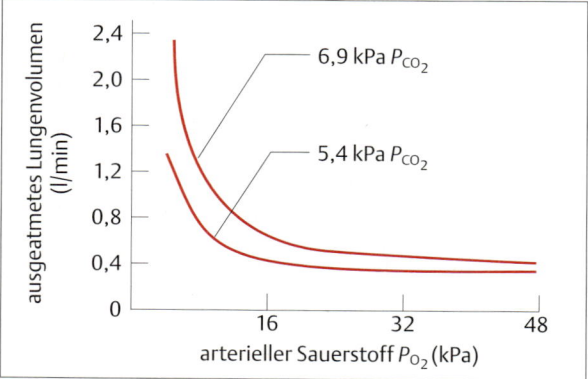

Abb. 13.51 Wirkung einer Änderung im arteriellen P_{O_2} auf die Lungenventilation einer Ente. Die Lungenventilation steigt mit abnehmendem arteriellen P_{O_2} und mit zunehmenden arteriellen P_{CO_2} an (nach Jones u. Purves, 1970).

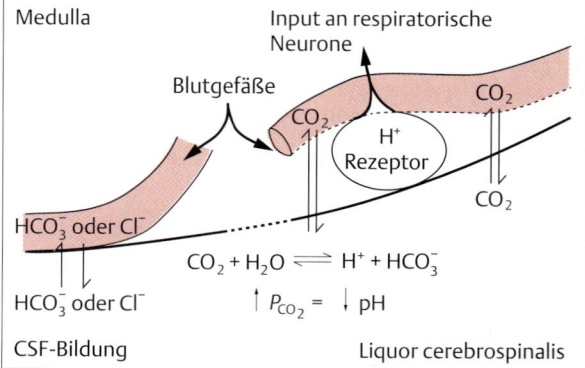

Abb. 13.52 Zentrale H^+-Rezeptoren werden durch den pH-Wert der cerebrospinalen Flüssigkeit (LCS) und durch den arteriellen P_{CO_2} beeinflußt. CO_2-Moleküle diffundieren leicht durch die Wände der Gehirnkapillaren und verändern den pH-Wert der CSF, während andere Moleküle zurückgehalten werden. Eine Erhöhung im P_{CO_2} führt zu einer Verminderung des pH-Werts der CSF; die daraus erfolgende Erregung von H^+-Rezeptoren stimuliert reflexartig die Atmung. An einigen Kapillarwänden unterstützt der Austausch von HCO_3^- und CO_2 die Stabilisierung des CSF-pH-Wertes bei anhaltenden P_{CO_2}-Änderungen.

Spiegels und des pH-Wertes im Liquor der Säugetiere und bewirken über die zentralen H^+-Rezeptoren im Gehirn eine Zunahme der Atmung (Abb. 13.**52**). Anhaltende Änderungen im P_{CO_2} führen zu einer Anpassung des pH-Wertes im Liquor, indem die HCO_3^--Werte verändert werden.

Bei Säugetieren, wie auch bei anderen luftatmenden Vertebraten, dominiert der CO_2- und nicht der O_2-Partialdruck die Atemregulation. Bei den aquatischen Vertebraten spielt dagegen O_2 die wichtigste Rolle. Tatsächlich vermindern Fische, die hohen O_2-Konzentrationen ausgesetzt sind, ihre Atmung, was einen deutlichen Anstieg im Blut-P_{CO_2} zur Folge hat. Zwei Umstände sind maßgebend für diesen Unterschied:
– der O_2-Gehalt im Wasser ist sehr viel variabler als in der Luft;
– O_2 ist im Wasser sehr viel schlechter löslich als CO_2.

Im Süßwasser lösen sich bei einem Luftdruck von 1 bar und 0 °C ca. 35mal mehr CO_2 als O_2 im Wasser, bei 24 °C immer noch 27mal mehr: Für Seewasser von 3,6% Salinität gelten bei 0 °C die Faktoren 37 und bei 24 °C ca. 29. Wenn also die Ventilation genügend O_2 an die Kiemen bringt, kann genügend CO_2 in das umgebende Medium abgegeben werden, weil für CO_2 immer ein sehr viel steileres Konzentrationsgefälle besteht als für O_2. Hinzu kommt, daß CO_2 20–30mal schneller diffundiert als O_2. Unter den meisten Bedingungen beschränkt die Ventilation die CO_2-Ausscheidung bei aquatischen Vertebraten nicht. Nur in den seltenen Fällen, wenn die O_2-Werte im Wasser extrem hoch sind, wird die Ventilation vermindert und damit die CO_2-Abgabe beeinträchtigt.

Lungen enthalten mehrere Rezeptor-Typen, welche die Aufblähung der Lunge beim Einatmen regulieren und so eine Schädigung der respiratorischen Oberfläche vermeiden. Wie oben dargestellt, verhindert die Reizung der **Streckrezeptoren** in der Lunge durch Auslösung des Hering-Breuer-Reflexes eine Überdehnung dieses Organs. In der Lunge des Kaninchens wurden **CO_2-empfindliche Mechanorezeptoren** festgestellt. Erhöhte CO_2-Werte vermindern die hemmende Wirkung dieser Lungendehnungsrezeptoren auf das Atmungszentrum und vergrößern dadurch die Tiefe der Atmung und die Lungenventilation. Es ist noch nicht eindeutig geklärt, ob die in der Lunge der Vögel untersuchten CO_2-empfindlichen Rezeptoren reine CO_2-Rezeptoren sind oder CO_2-empfindliche Mechanorezeptoren wie bei den Säugern. Eine CO_2-Zunahme in der Lunge der Vögel hat einen größeren Einfluß auf die sensorische Erregung der Lunge, als es bei den Säugern der Fall ist.

Zusätzlich zu den Dehnungsrezeptoren gibt es in der Lunge noch Rezeptoren, die durch Schleim, Staub oder andere Reizstoffe aktiviert werden und eine reflektorische **Bronchiokonstriktion** und **Husten** hervorrufen.

Eine dritte Gruppe von Rezeptoren befindet sich in den interstitiellen Räumen nahe bei den Lungenkapillaren; sie werden als **juxtapulmonale Kapillarrezeptoren** oder **Typ-J-Rezeptoren** bezeichnet. Die Typ-J-Rezeptoren wurden früher „Deflationsrezeptoren" genannt: Ihr natürlicher Reiz scheint jedoch nicht die Lungenentleerung, sondern die Vergrößerung des interstitiellen Volumens zu sein, wie sie beispielsweise bei einem Lungenödem auftritt. Die Reizung der Typ-J-Rezeptoren ruft ein Gefühl der Atemlosigkeit hervor. Heftige Anstrengungen führen möglicherweise zur Erhöhung des Kapillardrucks in der Lunge und zur Vergrößerung des interstitiellen Volumens, was die Reizung der Typ-J-Rezeptoren und folglich die Atemlosigkeit hervorrufen könnte.

Atmung unter extremen Bedingungen

Die Atmung hängt von verschiedenen Faktoren ab, wie z.B. der quantitativen Zusammensetzung des Atemmediums, der Belastung des Körpers – z.B. beim Tauchen luftatmender Tiere – oder bei der Leistung von Arbeit.

Verminderte Sauerstoffverfügbarkeit – Hypoxie

Wassertiere sind häufiger schnellen Änderungen im O_2-Angebot ausgesetzt als luftatmende Tiere. Durchmischung und Diffusion sind in der Luft sehr viel schneller als im Wasser; die Diffusion wird in der Luft nach m/s gemessen, im Wasser nach mm/s. Dadurch können im Wasser schneller O_2-Mangelgebiete entstehen. Obwohl die Photosynthese tagsüber im Wasser lokal sehr hohe O_2-Konzentrationen verursachen kann, können andere biologische und chemische Vorgänge gebietsweise einen O_2-Mangel herbeiführen. Diese Veränderungen im O_2-Gehalt des Wassers können – müssen aber nicht – von Änderungen im CO_2-Gehalt begleitet sein.

Viele Wassertiere können trotz eines O_2-Mangels (Hypoxie) längere Zeit überleben. Einige Fische (z.B. Karpfen) überwintern im Bodenschlamm der Seen, wo der P_{O_2} sehr niedrig ist. Viele Evertebraten graben sich in Schlamm mit niedrigem P_{O_2}, aber hohem Nährstoffgehalt ein. Einige Parasiten leben während einer oder mehrerer Phasen ihres Lebens in hypoxischen Bereichen, z.B. im Wirbeltierdarm. Um ihre Austrocknung bei Ebbe zu verhindern, verschließen Napfschnecken und Muscheln ihre Schalen, müssen dann aber eine Hypoxie überstehen. Viele Lebewesen benutzen verschiedene anaerobe Stoffwechselprozesse, um O_2-arme Perioden zu überleben. Andere wiederum verändern Atmung und Kreislauf so, daß die O_2-Zufuhr auch bei O_2-Mangel ausreichend ist. Beispielsweise verstärken viele Fische den Durchstrom durch die Kiemen, wenn dort liegende Chemorezeptoren einen O_2-Mangel feststellen. Der vermehrte Wasserdurchstrom gleicht die O_2-Abnahme aus und sichert ein gleichmäßiges Angebot. Fische, die den Staudruck beim Schwimmen zur Atmung ausnutzen, wie die Thunfische, öffnen bei einem O_2-Minderangebot entsprechend das Maul.

Verglichen mit den Bedingungen im Wasser ist der Anteil an O_2 und CO_2 in der Luft recht konstant; örtliche Zonen mit niedrigem O_2- oder hohem CO_2-Partialdruck sind selten und lassen sich leicht umgehen. In großen Höhen sind die Temperaturen und die Drücke sehr niedrig. Solche Faktoren dürften auf die Verbreitung der Tiere einen entscheidenden Einfluß ausgeübt haben. Mit zunehmender Höhe vermindert sich der P_{O_2} allmählich. Die Fähigkeit der Tiere, in die Höhe zu steigen und bei einem geringen O_2-Gehalt leben zu können, ist recht unterschiedlich. Die höchste menschliche Siedlung liegt in etwa 5800 m Höhe; der P_{O_2} beträgt dort 79 mm Hg (auf Meeresniveau beträgt der P_{O_2} 156 mm Hg), ist also nur noch etwa halb so hoch und entspricht fast genau dem Partialdruck des venösen Blutes, das in die Lunge zurückkehrt. Viele Vögel legen auf dem Zug lange Strecken in mehr als 6000 m Höhe zurück; der dort herrschende geringe atmosphärische Druck würde bei vielen Säugern ernsthafte Atembeschwerden hervorrufen. Wie bereits dargestellt (s. S. 619), ist die Vogellunge aufgrund ihres Aufbaus als „Durchströmungslunge" aber in der Lage, der Luft auch in solchen Höhen soviel O_2 zu entziehen, daß das arterielle Blut die Parabronchien zu 85% O_2-gesättigt verläßt.

Eine Abnahme des P_{O_2} in der Luft führt auch zu einer Reduktion des P_{O_2} im Blut. Letzteres reizt die im Glomus caroticum und Glomus aorticum gelegenen Chemorezeptoren und erhöht dadurch bei den Säugetieren die Lungenventilation. Die erhöhte Lungenventilation beschleunigt die Abgabe von CO_2 und senkt den Blut-P_{CO_2}, darauf sinkt auch der P_{CO_2} im Liquor cerebrospinalis und führt zu einer Erhöhung des pH-Wertes. Sowohl die Verminderung im Blut-P_{CO_2} als auch die Erhöhung im pH-Wert des Liquors führt zu einer Abnahme der Atemfrequenz, womit dann auch die durch den O_2-Mangel bewirkte Zunahme der Lungenventilation wieder ausgeglichen wird. Bleiben die hypoxischen Bedingungen bestehen, z.B. wenn Tiere in höhere Regionen übersiedeln, kehrt der pH-Wert sowohl im Blut als auch im Liquor durch die Ausscheidung von Hydrogencarbonat auf einen normalen Wert zurück. Dieser Prozeß dauert beim Menschen etwa eine Woche. In dem Maße also, wie der pH-Wert im Liquor wieder seinen Normalwert erreicht, gewinnen die durch O_2-Mangel ausgelösten Reflexe wieder die Herrschaft über die Atemtätigkeit, und mit der Akklimatisation des Organismus an große Höhen nimmt die Ventilation allmählich zu. Diese Reaktion auf eine langandauernde Hypoxie kann auch die Wirkung des CO_2 auf die Chemorezeptoren des Glomus caroticum und des Glomus aorticum verändern und ihren Sollwert auf den neuen, niedrigeren CO_2-Spiegel der Höhe einstellen.

Ein niedriger O_2-Spiegel führt bei Säugetieren zu einer lokalen Vasokonstriktion in den Lungenkapillaren und erhöht den Blutdruck in den Lungenarterien. Diese Reaktion spielt bei der Blutverteilung, bei der Blut aus schlecht ventilierten und demzufolge hypoxischen Abschnitten ferngehalten wird, eine wichtige Rolle. Bei einer allgemeinen, umweltbedingten Hypoxie kann jedoch der erhöhte Strömungswiderstand durch die Lunge nachteilige Folgen haben. Bei einigen in großen Höhen lebenden Säugern ist die lokale pulmonale Vasokonstriktion bei einer Hypoxie vermindert; dies dürfte eine genetisch bedingte Anpassung an die Umwelt sein. Menschen, die in großen Höhen leben, sind gewöhnlich kleinwüchsig und haben einen faßförmigen Brustkasten sowie ein großes Lungenvolumen. Die Entwicklung der Lunge ist gegenüber dem O_2-Angebot unempfindlich; das Wachstum der Gliedmaßen wird jedoch bei O_2-Mangel vermindert. Das große Verhältnis von Lunge zu Körpergröße ermöglicht es diesen Menschen, die O_2-Aufnahme auch bei einem mangelhaften Angebot auf normaler Höhe zu halten. Ihr Blutdruck im Lungenkreislauf ist hoch, oft ist eine Hypertrophie des rechten Ventrikels ausgebildet. Der hohe Blutdruck sorgt für eine gleichmäßigere Durchblutung der Lunge und erhöht damit die Diffusionskapazität für Sauerstoff.

Dauert die Hypoxie längere Zeit an, können auch langfristige Anpassungen auftreten. Bei den meisten Vertebraten erhöht sich mit dem Volumenanteil der roten Blutkörperchen am Gesamtblutvolumen (der Hämatokrit) auch der Hämoglobingehalt und damit die O_2-Kapazität des Blutes. Eine Verminderung des O_2-Gehaltes im Blut regt die Produktion des Hormons **Erythropoetin** in Niere und Leber an. Erythropoetin veranlaßt im Knochenmark die Bildung von roten Blutkörperchen (**Erythropoese**). Bei O_2-Mangel verändert sich der Gehalt an hämoglobinbindenden Organophosphaten (z.B. 2,3-Diphosphoglycerat, DPG) und damit die O_2-Affinität des Hämoglobins. Beim Menschen ist eine Bergbesteigung mit einem Anstieg des DPG-Spiegels und einer entsprechenden Verminderung der O_2-Affinität des Hämoglobins verbunden. Der steigende DPG-Spiegel gleicht die durch einen hohen Blut-pH hervorgerufenen Wirkungen auf die O_2-Affinität des Hämoglobins aus und fördert die O_2-Abgabe im Gewebe (s. S. 593). Der hohe pH-Wert des Blutes stellt sich aufgrund einer durch O_2-Mangel ausgelösten Hyperventilation ein.

Die durch eine Reise in große Höhen ausgelöste Hypoxie führt auch zu einer Vasodilatation im Körperkreislauf und zu einem erhöhten Herzausstoß. Der höhere Herzausstoß fällt nach wenigen Tagen wieder auf den Normalwert oder sogar darunter ab, da die O_2-Versorgung der Gewebe durch kompensatorische Erhöhung der Ventilation und erhöhte Hämoglobinspiegel ausgeglichen wird. Ein länger andauernder O_2-Mangel führt auch zu einer Vermehrung der Kapillaren in den Geweben und damit zu ihrer besseren Versorgung mit Sauerstoff. Die Kiemen der Fische und Amphibienlarven, die längere Zeit einer Hypoxie ausgesetzt waren, sind deutlich vergrößert. Diese Wachstumsprozesse steigern die O_2-Übertragung, den O_2-Transport im Blut und seine Abgabe an die Gewebe, benötigen aber mehrere Stunden bis hin zu Tagen oder sogar Wochen, bis sie abgeschlossen sind. Bei Säugetieren oder anderen Luftatmern kommt eine Vergrößerung der respiratorischen Oberfläche anscheinend nicht vor.

Hyperventilation

Eine **Hyperventilation**, d.h. eine Durchströmung der Lunge mit Luft, die nicht den wirklichen Erfordernissen des Stoffwechsels entspricht, kann zu einer Auswaschung von CO_2 nicht nur aus dem Blut, sondern auch aus den Geweben führen; damit steigt der pH des Blutes. Das von wenig beanspruchten bzw. wenig aktiven Geweben produzierte CO_2 reicht dann nicht aus, das Blut in den Kapillaren so stark anzusäuern, daß sich O_2 vom Hämoglobin löst und den Verbrauchern zur Verfügung stellt. Besonders dramatisch sind die damit verbundenen Effekte im Gehirn. Das Gehirn hat einen immer gleich hohen O_2-Verbrauch und bildet folglich gleich viel CO_2. Bei einer absichtlich herbeigeführten Hyperventilation säuert das CO_2 im Gehirn das stark alkalisch gewordene Blut nicht mehr genügend an; als Folge davon bindet Hämoglobin den Sauerstoff fester – O_2 wird nicht mehr freigesetzt. Dieser O_2-Mangel im Gehirn kann zur Bewußtlosigkeit führen. Meistens werden die Rezeptoren, die den CO_2-Partialdruck überwachen so rechtzeitig gereizt, daß sie für eine kürzere oder längere Atempause sorgen, bis der CO_2-Spiegel im Blut wieder seinen normalen Wert erreicht hat. Diese Art Ohnmacht wurde früher als „Sauerstoffrausch" bezeichnet, weil man eine Übersättigung des Gehirns mit Sauerstoff als Folge der forcierten Atmung annahm; genau das Gegenteil ist tatsächlich der Fall. Es gibt jedoch Situationen, in denen unbeabsichtigt eine Hyperventilation eintreten kann. Wenn z.B. bei manchen Schwimmstilen die Atmung synchron mit den Armbewegungen erfolgt, kann die Lunge hyperventiliert werden; als geringste Folge ist der Schwimmer dann sehr schnell erschöpft. Möglicherweise sind aber auch einige Badeunfälle auf Hyperventilation zurückzuführen.

Manche Vögel sind der Gefahr einer Hyperventilation ausgesetzt. Dies betrifft vor allem die größeren Arten mit entsprechend großen Flügeln. Der Flügelschlag ist von der Länge der Flügel abhängig und gehorcht den Pendelgesetzen. Kleine, kurze Flügel können schnell schlagen, mit der Größe nimmt die Schlagfrequenz ab. Bei Kleinvögeln wirkt sich die hohe Schlagfrequenz nicht auf die Atembewegungen aus, bei großen Vögeln kann aber der Brustkorb synchron mit dem Flügelschlag gedehnt und wieder eingeengt werden. Damit kann die Durchströmung der Lunge so stark sein, daß das CO_2 mit den oben geschilderten Folgen aus dem Blut ausgewaschen wird. Um einen unphysiologisch niedrigen CO_2-Partialdruck zu vermeiden, muß die Vogellunge einen großen Totraum haben, in dem sich die CO_2-reiche Lungenluft mit der CO_2-armen Außenluft mischt. Der nötige Totraum wird durch eine sehr lange Luftröhre geschaffen. Wo ein langer Hals noch nicht ausreicht, wird die Luftröhre im Brustbein in Schlingen gelegt (z.B. beim Trompeterschwan, Abb. 13.**25**). Schwäne können keine größeren Strecken im Segelflug zurücklegen, sie müssen fast andauernd mit den Flügeln schlagen. Andere große Vögel, z.B. Störche, können lange Strecken segeln und haben daher Luftröhren, die der Halslänge entsprechen. Wenn die Gefahr der Hyperventilation auftritt, können sie zum Segelflug übergehen, bis der Blut-pH wieder normal ist. Auch Vögel mit kurzen Hälsen und langsamem Flügelschlag, wie viele Greifvögel, müssen zeitweilig segeln, um den Folgen einer Hyperventilation zu entgehen.

Erhöhter Kohlensäurespiegel – Hyperkapnie

Bei vielen Tieren führt eine Erhöhung des P_{CO_2} (**Hyperkapnie**) zu einer Erhöhung der Atemfrequenz; bei Säugetieren steigt sie proportional zur Erhöhung des CO_2 im Blut. Die Regelung dieser Anpassung wird von verschiedenen Rezeptoren vermittelt, die Signale an das Atmungszentrum in der Medulla oblongata senden. Hierzu gehören die Chemorezeptoren des Glomus aorticum und des Glomus caroticum sowie die Mechanorezeptoren der Lunge; das Antwortverhalten wird jedoch von den H^+-Rezeptoren innerhalb der Medulla oblongata dominiert (Abb. 13.**52**). Für die Rückkehr zur normalen Atmung ist die Anpassung des pH-Wertes des Liquor cerebrospinalis an die veränderten CO_2-Partialdrücke wesentlich.

Auf eine CO_2-Zunahme erfolgt fast umgehend eine deutliche Erhöhung der Atemtätigkeit. Bleibt der CO_2-Spiegel hoch, wird diese Erhöhung für längere Zeit aufrechterhalten, fällt jedoch im Laufe der Zeit auf ein Niveau ab, das nur noch etwas höher liegt als das Ventilationsvolumen vor Eintritt der Hyperkapnie. Diese Rückkehr auf einen Wert, der leicht über dem Ausgangswert liegt, hängt mit der Zunahme des Hydrogencarbonats im Plasma und im Liquor zusammen; die Folge ist, daß der pH auf seinen normalen Wert zurückgeht, obgleich der CO_2-Spiegel weiterhin hoch bleibt.

Respiratorische Anpassungen an das Tauchen

Viele luftatmende Vertebraten leben im oder auf dem Wasser und können für längere Zeit tauchen. Wale verbringen die meiste Zeit ihres Lebens unter Wasser; die Robben – abgesehen von der Paarungszeit – ebenso. Die Tauchzeit zwischen zwei Atemperioden ist je nach Tierart verschieden, bei vielen liegt sie zwischen 10–20 min (Tab. 13.2). Der Nördliche See-Elefant *Mirounga angustirostris* taucht regelmäßig bis in 400 m Tiefe und ist dabei einem Druck von 40 bar am tiefsten Punkt seines Tauchgangs ausgesetzt. Dieser Druck würde den Brustkorb eines Menschen zerdrücken (falls er ein Hohlraum wäre). Es gibt Berichte, nach denen der Pottwal *Physeter catodon* bis zu 2000 m tief tauchen und über 1,5 Stunden unter Wasser bleiben kann. Der Entenwal *Hyperoodon ampullatus* taucht bis über 2 Stunden lang und bis auf 500 m Tiefe. Dies sind Schätzungen der Maximalwerte; die meisten Tauchgänge sind sicher kürzer und reichen weniger tief.

Tauchende Säuger und Vögel sind während des Tauchens natürlich von der O_2-Versorgung abgeschnitten. Sie müssen daher mit ihren O_2-Vorräten äußerst sparsam umgehen, da das Zentralnervensystem und das Herz auch während des Tauchens ausreichend mit Sauerstoff versorgt werden müssen. Beide Systeme würden durch eine Hypoxie schwer geschädigt; die übrigen Organe können hingegen einen O_2-Mangel für kürzere oder längere Zeit ertragen. Tauchende Tiere lösen dieses Problem, indem sie den O_2-Vorrat ihres Körpers in der Lunge, im Blut und in Geweben (Abb. 13.53) nicht wahllos aufbrauchen, sondern vor allem den Organen zur Verfügung stellen, die unbedingt O_2 benötigen – also dem Gehirn und dem Herzen –, die Blutzufuhr zu den anderen Organen wird gedrosselt. Viele tauchende Arten haben zudem hohe Hämoglobin- und Myoglobinspiegel, wodurch ihr gesamter O_2-Vorrat größer als derjenige nicht tauchender Arten ist. Die während des Tauchens weniger oder nicht mit O_2 versorgten Organe wechseln bei einigen Tierarten zum anaeroben Stoffwechsel über. Taucht ein Tier oder wird es im Versuch

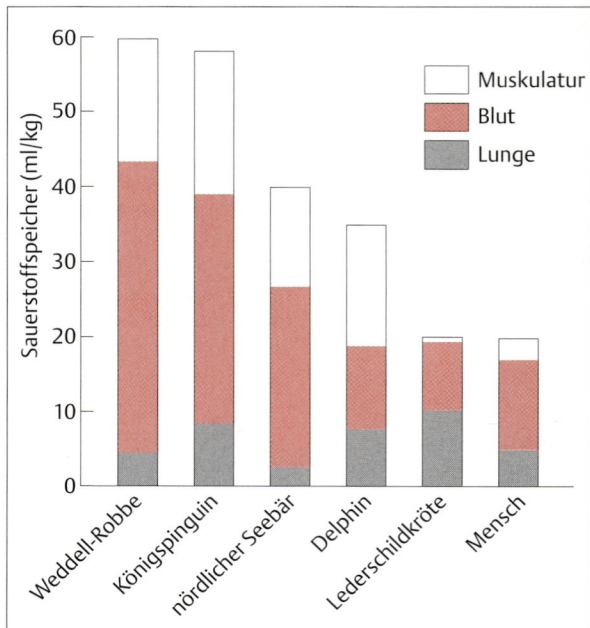

Abb. 13.53 Luftatmende Tiere benutzen beim Tauchen Sauerstoffvorräte in der Lunge, im Blut und in Geweben (vor allem Muskelgewebe). Die Gesamtsauerstoffvorräte (ml O_2/kg Körpermasse) der wichtigsten marinen Säuger werden mit denen des Menschen verglichen. Die Verteilung des Gesamtsauerstoffvorrats zwischen Lunge (grau), Blut (rot) und Muskulatur (weiß) ist bei den einzelnen Arten etwas unterschiedlich (nach Kooyman, 1989).

Tab. 13.2 Sauerstoffvorrat, durchschnittliche Tauchzeit und -tiefe von tauchenden Vertebraten

Art	O_2-Vorrat (ml/kg)	durchschnittliche Tauchdauer (min)	durchschnittliche Tauchtiefe (m)
Ledernackenschildkröte	20	11	–
Pinguin[1]	58	6	100
Weddell-Robbe	60	15	100
Nördlicher See-Elefant	–	20	400
Mensch[2]	20	2	nur Wasseroberfläche

[1] Die O_2-Vorräte gelten für einen Königspinguin, die Tauchdauer und -tiefe für einen Kaiserpinguin.
[2] Die Ledernackenschildkröte hat ähnliche Sauerstoffvorräte wie der Mensch, kann aufgrund des wesentlich geringeren Sauerstoffverbrauchs jedoch wesentlich länger tauchen.

Nach Kooyman, 1989

absichtlich unter Wasser gehalten, dann setzt eine deutliche Verminderung der Herzfrequenz (**Bradycardie**) ein, und der Herzausstoß wird herabgesetzt (s. Abb. 12.**47**). Der Kreislauf wird so weit eingeschränkt, daß nur die für Herz und Gehirn nötige Durchblutung sichergestellt ist. Viele luftatmende Tierarten, die längere Zeit im Meer tauchen, müssen ausreichende O_2-Vorräte haben, um einen aeroben Stoffwechsel zu gewährleisten; sie können sich keine große Anhäufung von Milchsäure leisten, wie sie bei der anaeroben Energiegewinnung entsteht. Das Blut würde einen zu niedrigen pH bekommen und dann – während der Atmung an der Oberfläche – nicht mehr genügend O_2 aufnehmen können. Während längerer Tauchgänge schränken diese Tiere deshalb den Stoffwechsel und damit den Sauerstoffverbrauch auf das Nötigste ein.

Viele tauchende Tiere atmen vor dem Untertauchen aus. Untersucht wurde u.a. die Weddell-Robbe *Leptonychotes weddelli*, die bis 600 m tief taucht. Ob Wale vor dem Tauchen ebenfalls ausatmen, ist nicht bekannt. Tauchende Tiere haben aber relativ kleine Lungen, beim Finnwal *Balaenoptera physalus* nimmt sie nur 3% des Körpervolumens ein, beim Entenwal sogar nur 1%. Bei der Weddellrobbe sind es wie beim Menschen 7%. Die Zunahme des hydrostatischen Drucks während eines tiefen Tauchvorganges führt zu einer Lungenkompression. Durch die vorhergehende Entleerung der Lunge bleibt nur ein Rest Luft darin, der mit zunehmender Tauchtiefe aus den Alveolen hinausgedrängt wird. Dies wird durch die Anatomie des Brustraums und der Lunge bei den zum Tieftauchen fähigen Tieren begünstigt. Bei ihnen ist das Zwerchfell flach im Brustkorb ausgespannt, so daß die Luft leicht und vollständig aus den Alveolen ausgepreßt werden kann. Die restliche Luft gelangt dann in die stabileren, aber weniger gasdurchlässigen Bronchien und in die Trachea. Letztere ist geräumiger als bei Nichttauchern und hat besonders starke inkompressible Wände. Es wird auch angenommen, daß die Wände der Luftwege mit Fett bedeckt sind, in dem sich O_2 löst und somit nicht mehr in die Blutbahn gelangen kann. Hinzu kommt, daß die Durchblutung der Lunge beim Tauchen vermutlich stark eingeschränkt wird. So kann kein Gas mehr gelöst werden. Blieben Sauerstoff und Stickstoff in den Alveolen, würden sie beim Tauchen infolge der Druckzunahme ins Blut und damit in die Gewebe gelangen. Hier würde sich die hohe Löslichkeit des Stickstoffs in Fetten sehr nachteilig auswirken; sie ist rund fünfmal höher als in Wasser. Bei einer schnellen Druckentlastung am Ende des Tauchganges würde der Stickstoff in die Gasform übergehen, so daß ein rasches Auftauchen die Bildung von Gasblasen im Blut zur Folge hätte – was der **Dekompressionskrankheit** (Taucherkrankheit, „bends", Caissonkrankheit) beim Menschen entspräche. Die Apparaturen, die sich der Mensch geschaffen hat, um unter Wasser arbeiten zu können, haben alle den Nachteil, daß sie ihm dauernd Luft zuführen; das heißt aber auch, daß andauernd Stickstoff gelöst wird, der im Fettgewebe deponiert wird. Damit läuft der Mensch besonders Gefahr, beim Auftauchen Schaden durch ausperlenden Stickstoff zu erleiden. Der Ersatz des Stickstoffs durch Helium kann nützlich sein; er verkürzt die Aufstiegszeit, macht aber eine Dekompressionsphase, während derer der im Fett gelöste Stickstoff langsam in das Blut übertreten und ausgeatmet werden kann, nicht überflüssig. Das gilt für das Tauchen in Tauchanzügen ebenso wie für das Flaschentauchen, denn in beiden Fällen muß der Luftdruck in der Lunge ebenso hoch sein wie der des umgebenden Wassers.

Je nach Tierart befinden sich nahe der Glottis, dem Mund und der Nase Wasserrezeptoren, die das Einatmen unterbinden können; sobald sie mit Wasser in Kontakt kommen, werden Nase und Kehlkopf durch einen Reflex verschlossen. Die Abnahme des O_2-Spiegels und der Anstieg des CO_2 im Blut führen jedoch nicht zur Steigerung der Atmung, denn die Erregung der Chemorezeptoren in Glomus caroticum und Glomus aorticum werden von den Neuronen des medullären Atmungszentrums nicht weiter verarbeitet, solange das Tier taucht. Die Nahrungsaufnahme wird während des Tauchens keineswegs unmöglich. Entweder wird die Trachea im Kehlkopf fest verschlossen, oder der Kehlkopf reicht weit in den knöchernen Teil des Nasengangs an der Schädelbasis hinein, wie es z.B. bei Zahnwalen der Fall ist. Dort wird er von einem Muskelring eng umfaßt. Damit wird verhindert, daß Wasser in die Luftwege eindringen kann; Zahnwale erzeugen auch unter Wasser Laute, indem sie Luft zwischen der Lunge und speziellen Luftsäcken im Bereich der Nase hin und her schieben. Die Nahrung kann an dem eingeschlossenen Kehlkopf vorbei in den Magen gelangen.

Mit seiner Geburt verläßt ein Säuger sein wäßriges Milieu. Er muß dann für kurze Zeit eine Anoxie überstehen, wenn der placentäre Kreislauf unterbrochen wird, bevor zum ersten Mal Luft eingeatmet werden kann. Die Atmungs- und Kreislaufreaktionen eines Fötus sind während dieser Phase denen eines tauchenden Säugers in vieler Hinsicht ähnlich.

Atmung und körperliche Aktivität

Jede Bewegung erhöht den O_2-Verbrauch, die Erzeugung von CO_2 und die Säureproduktion durch den Stoffwechsel. Der Herzausstoß steigt, um den erhöhten Bedarf der Gewebe zu decken. Obwohl die Durchströmungsdauer des Blutes durch die Lungenkapillaren herabgesetzt wird, findet dennoch ein fast vollständiger Gasaustausch statt (Abb. 13.**54**). Das Atmungsvolumen

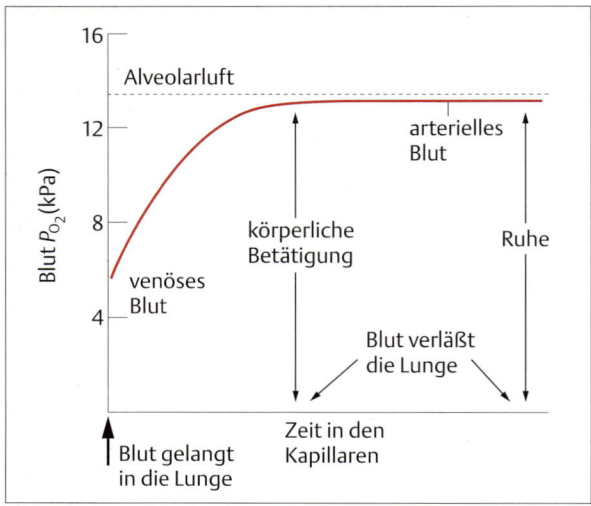

Abb. 13.54 Darstellung der P_{O_2}-Zunahme während der Durchblutung der Lungenkapillaren. Der Blut P_{O_2} erreicht schnell ein annäherndes Gleichgewicht mit dem alveolären P_{O_2}, auch bei körperlicher Betätigung. Obwohl die Durchblutung während körperlicher Aktivitäten zunimmt und Blut folglich weniger lang in den Lungenkapillaren verbleibt, wird das Gleichgewicht wegen einer gesteigerten Ventilation nur unwesentlich beeinflußt (nach West, 1970).

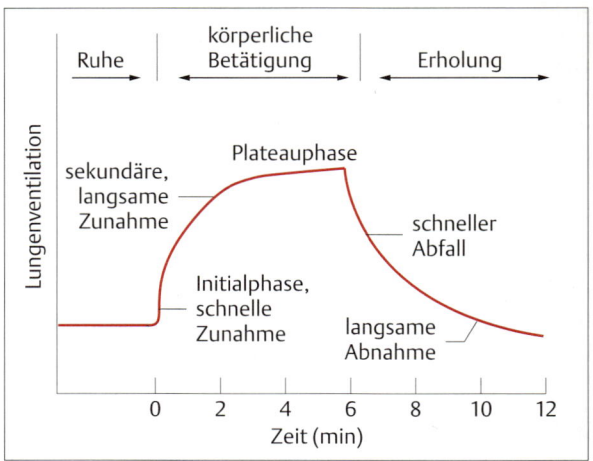

Abb. 13.55 Charakteristische Änderungen in der Lungenventilation des Menschen bei körperlicher Aktivität. Die Erhöhung der Lungenventilation trägt zur Deckung des gesteigerten Sauerstoffbedarfs während körperlicher Aktivität bei.

wird vergrößert, um die Gaspartialdrücke im arteriellen Blut trotz der gesteigerten Blutströmung aufrechtzuerhalten. Die Atmungszunahme erfolgt bei den Säugetieren gleichzeitig mit dem Beginn der Muskeltätigkeit. Der plötzlichen Zunahme der Ventilation folgt eine Phase der allmählichen Ventilationserhöhung, bis ein Ausgleich zwischen Atmungsvolumen und Sauerstoffaufnahme erreicht ist (Abb. 13.55). Mit Ende der körperlichen Betätigung tritt zunächst eine plötzliche Verminderung der Atmung ein, gefolgt von einer allmählichen Abnahme der Ventilation. Während der Muskeltätigkeit fällt der O_2-Gehalt des venösen Blutes ab, die CO_2- und H^+-Werte nehmen dagegen zu. Die durchschnittlichen O_2- und CO_2-Partialdrücke des arteriellen Blutes erfahren jedoch keine merkliche Änderung, außer während sehr intensiver körperlicher Anstrengungen. Die Schwankungen des P_{O_2} und P_{CO_2} im arteriellen Blut, die mit jedem Atemzug einhergehen, werden zwar größer, trotzdem bleiben die Durchschnittswerte konstant.

Körperliche Betätigung reicht von langsamen Bewegungen bis hin zu maximaler physischer Leistung. Die Aussage „mäßige Belastung" bezieht sich auf Tätigkeiten oberhalb des Ruhewertes, wobei die Energie größtenteils aerob und nur ein geringer Teil durch die anaerobe Glykolyse bereitgestellt wird. „Schwerste Belastung" bedeutet höchste körperliche Tätigkeit, bei der die O_2-Aufnahme ihr Maximum erreicht und zusätzlicher Energienachschub anaerob gewonnen wird. Liegt das Aktivitätsniveau zwischen der mäßigen und der schwersten Belastung, spricht man auch von einer „schweren Belastung" oder einem „intensiven Training".

Der Beginn einer körperlichen Trainingsphase wird von vielen Änderungen in der Lungenventilation und im Kreislauf begleitet. Im Anfangsstadium, während des Übergangs von der Ruhe- in die Aktivitätsphase, wird die vom Organismus benötigte Energie nicht von einem einzigen Stoffwechselvorgang geliefert, vielmehr kommt ein Teil der Energie aus anaeroben Prozessen. Bleibt das Aktivitätsniveau in erträglichem Rahmen und wird es konstant beibehalten, stellt sich der Körper auf ein neues, dem Aktivitätsgrad angepaßtes Gleichgewicht zwischen diesen Prozessen ein; die Lungenventilation wird erhöht, wie auch der Herzausstoß, die Durchblutung der trainierten Muskulatur und die O_2-Aufnahme. Die Beziehung zwischen Lungenventilation und O_2-Aufnahme verläuft während einer mäßigen Belastung linear; der Anstieg ist abhängig von der Art der Belastung.

Es gibt vermutlich mehrere Rezeptorsysteme, die mit den Reaktionen auf eine Muskeltätigkeit zu tun haben. Möglicherweise sind noch nicht alle identifiziert. Die Muskelkontraktionen stimulieren die **Dehnungs**-, **Beschleunigungs**- und **Positionsmechanorezeptoren** in den Muskeln, Gelenken und Sehnen. Die Aktivität dieser Rezeptoren regt reflektorisch die Atmung an und verursacht so wahrscheinlich die plötzlichen Änderungen der Atmungstiefe und -frequenz, die am Anfang und Ende einer Betätigungsphase auftreten. Die Zunahme der Atmung richtet sich auch nach Anzahl, Größe und Beteiligung der Muskeln, welche die Arbeit verrichten. Beinarbeit führt z.B. zu einer stärkeren Zunahme der Atmung als Armarbeit; ähnliches gilt auch für den Vergleich zwischen dem Fahrradfahren und dem Training auf einem Laufband. Man vermutet auch, daß die Änderungen der Aktivität im Gehirn und im Rückenmark, welche die Muskelkontraktion und damit eine Bewegung verursachen, auch das Atmungszentrum in der Medulla oblongata und so die Atmung beeinflussen können.

Die Kontraktion der Muskeln ist mit Wärmeerzeugung verbunden und erhöht die Körpertemperatur, die über **Temperaturrezeptoren** im Hypothalamus die Atmung beschleunigt. Die genaue Reaktion des Hypothalamus hängt von der Umgebungstemperatur ab. Die Steigerung der Atemtätigkeit ist in einer heißen Umgebung ausgeprägter. Da die Zu- und Abnahme der Temperatur, die mit Arbeit und nachfolgender Erholung einhergeht, allmählich erfolgt, dürfte sie nur die langsamen Änderungen der Atmung bei Arbeit erklären.

Ohne körperliche Betätigung wären erhebliche Veränderungen im CO_2- und O_2- Gehalt des Blutes erforderlich, um ähnliche Änderungen in der Atmungstätigkeit auszulösen. Die **Chemorezeptoren** des Glomus aorticum und des Glomus caroticum sowie die der Medulla oblongata sind vermutlich nicht direkt an der mit einer körperlichen Betätigung verbundenen Atmungsreaktion beteiligt, da die durchschnittlichen P_{O_2}- und P_{CO_2}-Werte im arteriellen Blut hierbei keine nennenswerten Änderungen erfahren. Es ist jedoch möglich, daß die Empfindlichkeit der Rezeptoren während der körperlichen Betätigung zunimmt, so daß bereits kleine Änderungen eine Erhöhung der Ventilation verursachen. In diesem Zusammenhang ist es bemerkenswert, daß die Catecholamine, die während der Muskeltätigkeit in größeren Mengen freigesetzt werden, die Empfindlichkeit der medullären Rezeptoren gegenüber Änderungen im CO_2-Gehalt steigern. Nach Ende der Belastung werden Adrenalin und Noradrenalin in der Lunge abgebaut.

Um die Atmung während einer körperlichen Betätigung anzutreiben, muß der CO_2-Gehalt einen Schwellenwert überschreiten. Schafe, die während einer körperlichen Aktivität an eine künstliche, externe Lunge angeschlossen waren, so daß die P_{CO_2}-Werte niedrig und die P_{O_2}-Werte hoch gehalten werden konnten, atmeten unter diesen Bedingungen nicht. Beim gesunden Säuger steigt die Atmung proportional mit der CO_2-Anlieferung zur Lunge an; die daran beteiligten, vermutlich in der Lunge lokalisierten Rezeptoren sind jedoch nicht bekannt. Im arbeitenden Muskel finden chemische Veränderungen statt; sie könnten bei der reflektorischen Erregung der Atmung über Muskelafferenzen eine Rolle spielen.

Bei schwerer körperlicher Betätigung ist die Steigerung der Atemtätigkeit deutlich größer als bei geringer Belastung. Die Beziehung zwischen Lungenventilation und O_2-Aufnahme ist nicht länger linear, sondern wird exponentiell. Die starke Ventilationszunahme wird vermutlich über denselben Mechanismus gesteuert wie bei der mäßigen Betätigung. Die bei Stoffwechselprozessen auftretende Azidose und hohe Konzentrationen von Catecholaminen im Blutstrom verstärken die Erregung der beteiligten Rezeptoren.

Schwimmblasen

Der Fischkörper hat eine höhere Dichte als das umgebende Wasser. Fische müssen daher Auftriebskräfte entwickeln, um eine einmal eingenommene Lage im Wasser beibehalten zu können und nicht abzusinken. Der Auftrieb kann durch die Schwimmbewegungen erzeugt werden, wobei Flossen und Körper als Tragflächen benutzt werden. Das trifft z.B. für die Elasmobranchier und für eine Anzahl von Teleosteern zu, z.B. die Thune, die alle keine Schwimmblase besitzen. Als Mindestgeschwindigkeit, bei deren Unterschreitung kein genügender Auftrieb mehr erzeugt wird, sind beim Bonito (*Katsuwonus pelamis*) 0,6 m/s gemessen worden. Die Fische müssen daher dauernd schwimmen, um immer auf der gleichen Tiefe zu bleiben; ihre Kiemendeckelmuskulatur ist so weit reduziert, daß sie nur mit dem Staudruck, der beim Schwimmen entsteht, einen genügenden Gasaustausch aufrechterhalten können. Dies gilt auch für die Hochseehaie. Andere Fische benutzen ihre Flossen, um auf einer Höhenposition zu bleiben, vergleichbar mit dem Rüttelflug der Falken oder Kolibris. Beide Methoden benötigen einen mehr oder minder großen Energieaufwand zur Erhaltung einer bestimmten Position; Einrichtungen, die ein Schweben auf gleicher Höhe erlauben, können diesen Aufwand vermindern helfen. Das Ergebnis ist ein **neutraler Auftrieb**.

Viele Wassertiere haben solche Einrichtungen entwickelt. Sie erzeugen einen neutralen Auftrieb, eine **Schwebfähigkeit**, um die Dichte des Körpers zu kompensieren. Bei den Cephalopoden haben die *Sepioidea* den Rest einer Schale (den Schulp) in ein poröses Organ aus Kalk umgewandelt, das nur an der Oberseite kompakt und dicht ist. In die Lamellen und Poren des Schulps kann aus dem Blut Gas abgeschieden und daraus wieder entfernt werden; damit wird die Konstruktion leichter oder schwerer, und das Tier kann eine gewählte Tiefe einhalten, ohne Energie dafür aufwenden zu müssen. Sepien sind keine ausdauernden Schwimmer und graben sich oft im Meeresboden ein. Anders die Kalmare (*Theuthoidea*), bei denen die Schale zu einem elastischen Gladius (schwertförmige Lamelle, die als

Stützorgan fungiert) reduziert ist, der keinerlei Hohlraum enthält. Schon dadurch wird der Körper weniger dicht, bleibt aber schwerer als Wasser. Zur Dichteregulation lagern Kalmare größere Mengen Ammoniumchlorid in die Gewebe ein; der ganze Körper wird damit zum „Auftriebsorgan". Andere Tiere, angefangen bei Planktonorganismen, lagern Fette bzw. Öle im Körper ein, Haie vor allem in der Leber. Auch Teleostier nutzen dieses Prinzip, wenn sie keine Schwimmblase haben (oder auch als Ergänzung dazu). Bei Teleosteern, die ständig in großen Tiefen leben, kann die Schwimmblase mit Fett gefüllt sein. Fette und NH_4Cl-Lösungen haben den Vorteil, daß sie nicht kompressibel sind und ihr Volumen auch bei Zunahme des hydrostatischen Druckes, die mit dem Aufsuchen größerer Tiefe verbunden ist, unverändert bleibt. Schwimmblasen haben den Vorteil einer noch geringeren Dichte, sie können deshalb viel kleiner sein als Schwimmkörper aus Fett; auch NH_4Cl kann nicht beliebig viel eingelagert werden, weil es selbst sonst zuviel Volumen beansprucht und bei zu hoher Konzentration den Ionenhaushalt des Tieres stören kann. Schwimmblasen haben aber den Nachteil, kompressibel zu sein und ihr Volumen zu ändern, so daß der Auftrieb des Tieres mit der Tiefe abnimmt.

Der hydrostatische Druck nimmt pro 10 m Tiefe um 1 bar (750 mm Hg) zu. Wenn ein Fisch, der gerade unter der Wasseroberfläche schwimmt, plötzlich 10 m tief taucht, verdoppelt sich der Druck in der Schwimmblase von 1 auf 20 bar, und ihr Volumen vermindert sich auf die Hälfte. Dadurch wird die Dichte des Fisches erhöht, wodurch der Fisch noch tiefer sinken wird, es sei denn, er wendet Energie auf, um die Tiefe einzuhalten. Mit jeder Verdoppelung der Tiefe wird das Volumen der Schwimmblase um die Hälfte kleiner, in 20 m hat es folglich 1/4 des Ausgangswertes, in 40 m 1/8 und in 80 m 1/16. Mit zunehmender Tiefe hat ein Fisch also einen größeren Tiefenspielraum, in dem er sich frei bewegen kann, ohne daß die Aufblähung seiner Schwimmblase beim Aufsteigen Beschwerden macht. Das Komprimieren des Gasinhaltes entlastet die Wand der Schwimmblase und dürfte dem Fisch kaum unangenehm sein; Fische fliehen leicht in die Tiefe. Sie steigen aber nicht gerne freiwillig schnell auf, weil der Spannungszustand der Schwimmblasenwand von Rezeptoren kontrolliert wird und nur ein langsames Verlassen der Tiefe zuläßt. Ein Fisch vermindert seine Tiefenposition nie schnell um mehr als 1/4 der Ausgangstiefe; das entspricht einer Druckverminderung von 18%. Aus 100 m würde er also bestenfalls auf 80 m gehen, aus 10 m auf 7,5 m und nur aus etwa 2 m würde er ohne Beschwerden schnell bis zur Oberfläche aufsteigen können. Das ist zugleich ein lebenswichtiger Mechanismus, denn ein schnelles Aufsteigen würde zu einer zu schnellen Verminderung der Gaspartialdrücke im Blut führen, und außer Sauerstoff würde auch der unter hohem Druck gelöste Stickstoff wieder gasförmig werden: die Gasblasen würden die Kapillaren zerstören. Von Fischern aus größerer Tiefe heraufgeholte Fische haben deshalb oft riesige Gasblasen in den Augen, die besonders gut durchblutet sind. Wenn sie eine Schwimmblase haben, drückt sie meistens auch den Magen aus dem Maul heraus. Steigt der Fisch auf, dehnt sich seine Schwimmblase, seine Dichte nimmt ab, und folglich wird er gezwungen, dem Auftrieb aktiv entgegen zu arbeiten, also wiederum Energie aufzuwenden. Da Seewasser dichter ist als Süßwasser, haben Meeresfische allgemein eine kleinere Schwimmblase, weil der Dichteunterschied vom Fischkörper zur Umwelt geringer ist. Eine Möglichkeit, Volumen- und damit Dichteänderungen zu verhindern, ist die Zugabe bzw. Entnahme von Gas, wenn der Fisch tiefer taucht bzw. aufsteigt. Viele Fischarten verfügen über einen solchen Mechanismus, mit dem sie die Gasmenge in der Schwimmblase vergrößern oder verkleinern und damit deren Volumen über einen breiten Druckbereich konstant halten können.

Die meisten Fische mit Schwimmblasen halten sich in den oberen 200 m der Seen, Meere und Ozeane auf. Der Druck in der Schwimmblase reicht von 1 bar an der Oberfläche bis zu ungefähr 21 bar in 200 m Tiefe (bei einer Dichte des Seewassers von 1,026 bei 3,5% Salzgehalt liegt der hydrostatische Druck schon bei ca. 21,5 bar). Die wenigsten Fische mit Schwimmblase führen größere Tiefenwanderungen freiwillig aus. Der Gasgehalt des Wassers steht im Gleichgewicht mit der Luft, und weder der Partialdruck noch der Gasinhalt im Wasser ändern sich mit der Tiefe, da Wasser (im Gegensatz zu einer Luftsäule) nicht kompressibel ist. Das Schwimmblasengas besteht bei den meisten Fischarten überwiegend aus O_2, mit wechselnden Anteilen von CO_2 oder auch N_2. Wenn ein Fisch in eine Tiefe von 100 m taucht, wird der Schwimmblase O_2 zugeführt, um die Schwebfähigkeit zu erhalten. Der Sauerstoff kommt aus dem umgebenden Wasser und wird gegen einen Druckunterschied in die Schwimmblase befördert (Abb. 13.**56**); in diesem Beispiel annähernd 10 bar. (Der O_2-Partialdruck beträgt im Wasser 0,228 bar, in der Schwimmblase 10 bar.) Fische mit Schwimmblase sind aus Tiefen von mehr als 4000 m bekannt, sie leben also unter einem Druck von mehr als 400 bar. Sie haben oft eine reduzierte Schwimmblase, aber bei mindestens der Hälfte der unter 2000 m lebenden benthischen (die Bodenzone bewohnenden) Fischarten ist sie gut entwickelt. Ihr Innendruck muß dem Außendruck gleich sein, also mehrere Hundert bar betragen. Wie kann O_2 gegen solche hohen Drücke in die Schwimmblase abgeschieden werden? Zum besseren Verständnis dieses Vorgangs betrachten wir den Aufbau der Schwimmblase näher.

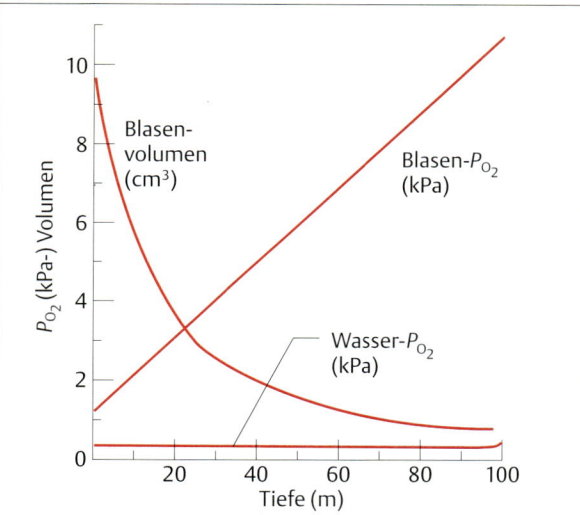

Abb. 13.56 Mit zunehmender Tiefe steigt der P_{O_2}-Gradient, gegen den ein Fisch O_2 vom Wasser in die Schwimmblase bewegen muß. Der hydrostatische Druck steigt pro 10 m Tiefe um ca. 1 bar. In diesem Beispiel wird angenommen, daß Sauerstoff das einzige anwesende Gas ist und dieses in der Schwimmblase weder vermehrt noch vermindert wird. Fische können ihre Dichte nur durch Beibehaltung ihres Schwimmblasenvolumens konstant halten. Dieses Volumen läßt sich beim Tiefertauchen durch die O_2-Aufnahme in die Schwimmblase aufrechterhalten.

Wundernetze oder Retia mirabilia der Schwimmblase

Die Schwimmblase der Teleosteer ist ein aus dem Vorderdarm hervorgegangenes sackartiges Gebilde (Abb. 13.57). Aus dem ursprünglichen Schwimmblasengang, dem **Tractus pneumaticus**, hat sich die **eigentliche Schwimmblase** (Vesica natatoria propria) entwickelt, die den distalen Teil des Tractus darstellt und zur **vorderen Kammer** (Schwimmblasen-Kammer) wird. Aus dem proximalen Teil ist der **Ductus pneumaticus** „im weitesten Sinne" geworden, aus dem die Praevesica oder **hintere Kammer** oder später das **„Oval"** wurde, sowie der Ductus pneumaticus „im engeren Sinne", der bei einer Gruppe der Knochenfische (den **Physostomen**) bestehen bleibt. Bei anderen Fischarten (den **Physoclisten**) fehlt dieser Gang im Adultstadium ganz. Diese Bezeichnungen stehen in keiner Beziehung zur systematischen Stellung der Arten, für die sie zutreffen. Sie beziehen sich nur darauf, wie weit der Schwimmblasentrakt noch relativ ursprünglich oder weiterentwickelt ist (Abb. 13.57).

Die Blasenwand ist reißfest und auch bei sehr hohen Drücken für Gase nur sehr wenig durchlässig. Sie ist sehr dehnungsfähig und beginnt sich auszudehnen, sobald ihr Innendruck den Druck des umgebenden Wassers übersteigt. Alle Fische müssen, wie bereits erläutert, den Druck in der Schwimmblase an den Außendruck anpassen; wenn das nicht geschieht, sinken sie, oder sie laufen Gefahr, daß sie unfreiwillig aufsteigen und dabei die Schwimmblase infolge ihrer Ausdehnung die Bauchorgane aus dem Maul hinausdrückt.

Um die Schwimmblase zu füllen, muß Gas hineintransportiert werden. Die Physostomen könnten an der Wasseroberfläche zwar Luft aufnehmen; wenn sich der Fisch aber schon wenige Meter unter der Oberfläche befindet, dürfte das kaum durchführbar sein. Wenn er womöglich in mehr als 10 m Tiefe schwimmt, ist es unmöglich. Das Schwimmblasengas kommt immer über den Kreislauf in die Schwimmblase hinein. Physostomen können über den Ductus pneumaticus Gas abgeben, einige Arten (z.B. der Hering) haben sogar noch einen an-

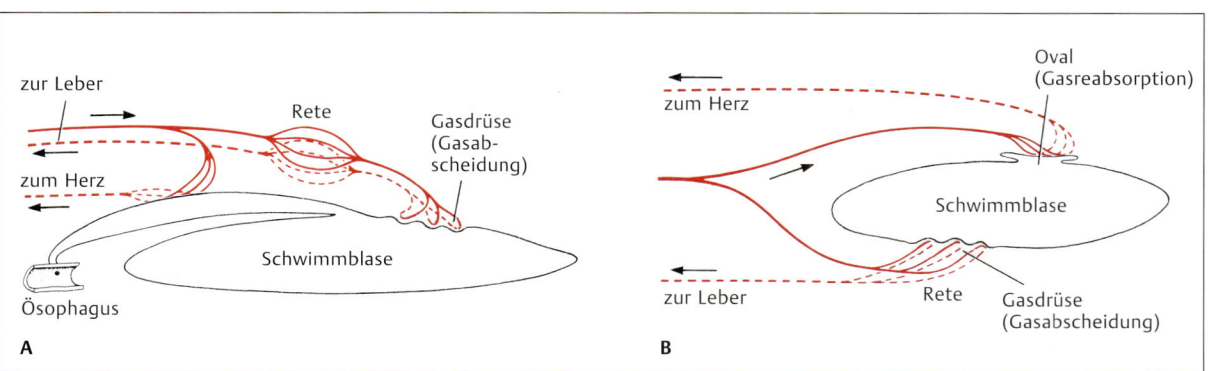

Abb. 13.57 Haupt-Schwimmblasentypen. A Bei Physostomen (z.B. dem Aal *Anguilla vulgaris*) ist die Schwimmblase über einen Kanal zum Oesophagus mit der Außenwelt verbunden. **B** Bei Physoclisten (z.B. dem Barsch *Perca fluviatilis*) ist dagegen kein Verbindungskanal vorhanden. Das Gas gelangt nur über das Blut in die Schwimmblase bzw. aus ihr heraus (nach Denton, 1961).

deren Ausgang hinter dem After liegen und verfügen über eine entsprechend lange Schwimmblase. Zur Füllung der Schwimmblase dient – bei Physoclisten und Physostomen – eine **Gasdrüse**, die immer in der Wand der Vorderkammer liegt. Wegen ihrer starken Blutversorgung wird die Gasdrüse auch als „Roter Körper" oder „Rote Drüse" bezeichnet. Dieses Organ kann Gas – überwiegend O_2 – auch unter extrem hohem Druck in die Schwimmblase abscheiden. Anatomisch ist die Gasdrüse ein Wundernetz, ein **Rete mirabile** (s. S. 560). Es dient aber nicht der Vorratshaltung von Blut (wie die Wundernetze der Wale und Robben oder der Abscheidung von Flüssigkeit, wozu auch rein arterielle oder rein venöse Retia ausreichen würden). Das Rete der Gasdrüse ist, seiner Funktion entsprechend, komplizierter gebaut. Es besteht aus einem Bündel langgestreckter arterieller Kapillaren, das mit ebenso langen venösen Kapillaren eng zusammenliegt. Diese Blutgefäße sind nach dem Gegenstromprinzip angeordnet. Dazwischen liegt – als eigentlich gasabscheidender Anteil – ein Kapillarknäuel im Drüsenepithel der Schwimmblasenwand. Aus dem venösen Schenkel des Rete fließt das Blut zurück in den übrigen Kreislauf. Für den Aal *Anguilla anguilla* wurde z.B. berechnet, daß die Rote Drüse aus 88000 venösen und 116000 arteriellen Kapillaren besteht, die bei einem Durchmesser zwischen 7–10 µm etwa 0,4 ml Blut enthalten. Die Kontaktfläche zwischen den venösen und den arteriellen, je etwa 4 mm langen Kapillaren beträgt ungefähr 100 cm², ihre Gesamtlänge etwa 400 m. Die beiden Blutströme des Rete sind ca. 1,5 µm voneinander entfernt. Das ganze Organ wiegt etwa 65 mg, sein Volumen entspricht ungefähr dem eines Wassertropfens.

Der Aufbau der Gasdrüse ermöglicht die Durchblutung der Blasenwand ohne gleichzeitigen Gasverlust aus der Schwimmblase. Das Blut, das die Kapillaren des Drüsenepithels mit einem hohen P_{O_2} verläßt, gelangt in den venösen Schenkel des Rete. Hier, wie auch im arteriellen Schenkel, nimmt der P_{O_2} mit zunehmender Entfernung vom Gasdrüsenepithel ab. Die P_{O_2}-Differenz zwischen arteriellem und venösem Blut am Ein- bzw. Ausgang des Rete ist gering, verglichen mit der O_2-Partialdruckdifferenz zwischen der Schwimmblase und der Umgebung. Der O_2-Verlust aus der Schwimmblase wird dadurch reduziert. Die Annahme, daß O_2 aus dem venösen in den arteriellen Schenkel des Wundernetzes zurückdiffundiert, erwies sich als unhaltbar (Kobayashi, Pelster u. Scheid, 1993); im Rete gibt es keinen nennenswerten Sauerstoffaustausch. Der O_2-Partialdruck nimmt mit der Entfernung von der Gasdrüse ab, weil O_2 vom Hämoglobin gebunden wird, und nicht, weil es wieder in den arteriellen Schenkel übertritt. Die Ursachen werden im folgenden Abschnitt besprochen.

Sauerstoffabscheidung gegen starke Druckgefälle

Das Rete mirabile ist nach seiner Konstruktion und Funktion ein Gegenstromaustauscher, aber nicht für Sauerstoff. Es reduziert nicht nur den O_2-Verlust aus der Schwimmblase, es bewirkt im Gegenteil eine O_2-Abgabe in die Schwimmblase unter Druckverhältnissen, die auch vom Menschen technisch nicht leicht zu beherrschen sind. Daraus ergibt sich die Frage: Wie wird O_2 in die Schwimmblase abgegeben? Zuerst sei das Verhältnis zwischen dem P_{O_2}, der O_2-Löslichkeit und dem O_2-Gehalt betrachtet. Sauerstoff wird im Blut zunächst physikalisch gelöst und dann an Hämoglobin gebunden und befördert. Wenn O_2 vom Hämoglobin wieder abgegeben und physikalisch gelöst wird, steigt der P_{O_2}. Die Abgabe von O_2 aus dem Hämoglobin kann durch die Verminderung des pH-Wertes aufgrund des Root-Effektes veranlaßt werden (Abb. 13.**58**). Eine Zunahme der Ionenkonzentration vermindert die O_2-Löslichkeit und erhöht den P_{O_2}, solange der Gehalt an physikalisch gelöstem O_2 unverändert bleibt. Folglich kann eine Erhöhung des Blut-P_{O_2} entweder durch Freisetzung von O_2 aus dem Hämoglobin oder durch eine Erhöhung der Ionenkonzentration erreicht werden.

Die Zellen der Gasdrüse enthalten nur wenige Mitochondrien, und in diesen ist der Krebs-Zyklus wenig aktiv. Daher wird auch bei hohen Sauerstoffkonzentrationen im Gasdrüsenepithel der Schwimmblase Energie anaerob über die Glykolyse gewonnen, die zwei Moleküle Lactat und zwei Protonen pro Molekül Glucose liefert (Abb. 13.**58**). Der Pentosephosphatzyklus ist, im Gegensatz zum Krebs-Zyklus, dagegen auch in der Gasdrüse aktiv und liefert CO_2 über die Decarboxylierung von Glucose ohne O_2-Verbrauch. Die Bildung von Kohlensäure, Lactat (Milchsäure) und Protonen durch die Zellen der Gasdrüse bewirkt
- eine Abnahme des pH-Wertes und somit die Abgabe von O_2 aus dem Hämoglobin (**Root-off-Verschiebung**);
- eine Zunahme der Ionenkonzentration und folglich eine Abnahme der Sauerstofflöslichkeit, auch als „**salting-out-effect**" oder „Aussalzeffekt" bezeichnet.

Beide Änderungen führen im sekretorischen Epithel der Gasdrüse zu einem P_{O_2}, welcher denjenigen der Schwimmblase übertrifft; in der Folge diffundiert O_2 aus dem Blut in den Gasraum der Schwimmblase (Abb. 13.**58**). Die Aussalzung vermindert auch die Löslichkeit anderer Gase, z.B. von Stickstoff und CO_2, da die Löslichkeit eines Stoffes von der Summe aller bereits gelösten Stoffe – seien es Gase, Moleküle oder Ionen – abhängt. Dies könnte die gelegentlich beobachteten hohen Anteile dieser Gase in der Schwimmblase erklären.

Wie oben beschrieben, lassen die Membranen der

Erythrocyten kaum H^+-Ionen passieren. Der Abfall des pH-Wertes in der Gasdrüse wird daher durch CO_2 in die Erythrocyten übertragen, weil CO_2 deren Membran leicht durchquert (Abb. 13.59). Die in der Gasdrüse produzierten Protonen reagieren mit HCO_3^-, das wahrscheinlich aus dem Blutplasma stammt, wodurch CO_2 gebildet wird. Daher hat das Blut, das die Gasdrüse verläßt und in die venösen Kapillaren des Rete eintritt, einen hohen CO_2-Gehalt. Während das CO_2-reiche Blut durch den venösen Schenkel des Wundernetzes fließt, diffundiert CO_2 in den arteriellen Schenkel hinein, der Blut zur Gasdrüse führt. Das erhöht den pH des venösen Blutes, wodurch das Hämoglobin mehr O_2 binden kann (**Root-on-Verschiebung**). Mit zunehmender O_2-Bindung an Hämoglobin fällt der Partialdruck des physikalisch gelösten Sauerstoffs im Plasma ab, wenn das Blut die Gasdrüse und das Rete verläßt (Abb. 13.58). Im arteriellen Schenkel des Rete mirabile vermindert das eindringende CO_2 den Blut-pH und löst damit O_2 aus dem Hämoglobin (**Root-off-Verschiebung**). Dadurch steigt der P_{O_2} des Blutes. Die Änderungen des O_2-Partialdrucks im Rete sind daher das Ergebnis des Be- und Entladens des Hämoglobins mit O_2, wobei das Rete als Gegenstromaustauscher für CO_2 und nicht für O_2 wirkt. Wie bereits erwähnt, ist seine Durchlässigkeit für O_2 minimal.

Die Gasdrüse und das zugehörige Rete mirabile ermöglichen dem Fisch, O_2 in die Schwimmblase abzugeben, selbst wenn dort ein Druck von vielen Atmosphären herrscht. Die Wandung der Schwimmblase ist für Gase geringfügig durchlässig, so daß mit zunehmender Tiefe und damit zunehmendem Gasdruck im Organ ein Gasverlust stattfindet. Daher muß ständig Gas in die Schwimmblase abgesondert werden, um deren Gasdruck aufrecht zu erhalten. Bei Aalen wurde beobachtet, daß sie bei ihrer Wanderung in größeren Tiefen ihre Gasdrüse und das Rete vergrößern, während sich die Durchlässigkeit der Schwimmblasenwand für Gase vermindert. Letzteres geschieht durch eine Verdickung der

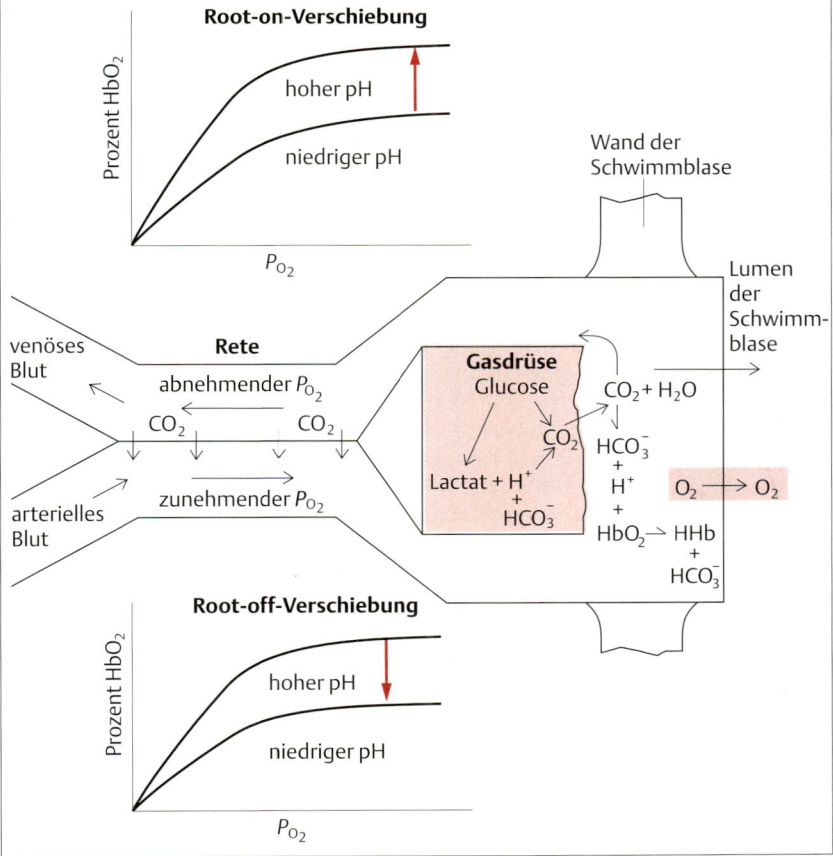

Abb. 13.58 Bei der Abgabe von Sauerstoff durch die Gasdrüse in die Schwimmblase wird der Root-Effekt genutzt. Der anaerobe Abbau von Glucose zu Lactat und CO_2 in der Gasdrüse, die an der Wand der Schwimmblase des Fisches lokalisiert ist, führt zu einer Abnahme im pH-Wert der Erythrocyten und zu einer Freisetzung von O_2 durch Hämoglobin. Als Folge davon wird der P_{O_2} im Blut, das durch die Gasdrüse fließt, höher als der P_{O_2} im Lumen der Schwimmblase: O_2 diffundiert in die Schwimmblase. Die Root-off-Verschiebung, die zu einer Zunahme im P_{O_2} führt, erfolgt an der arteriellen Seite des Rete, wohingegen die Root-on-Verschiebung, die zu einer Abnahme im P_{O_2} führt, auf der venösen Seite erfolgt.

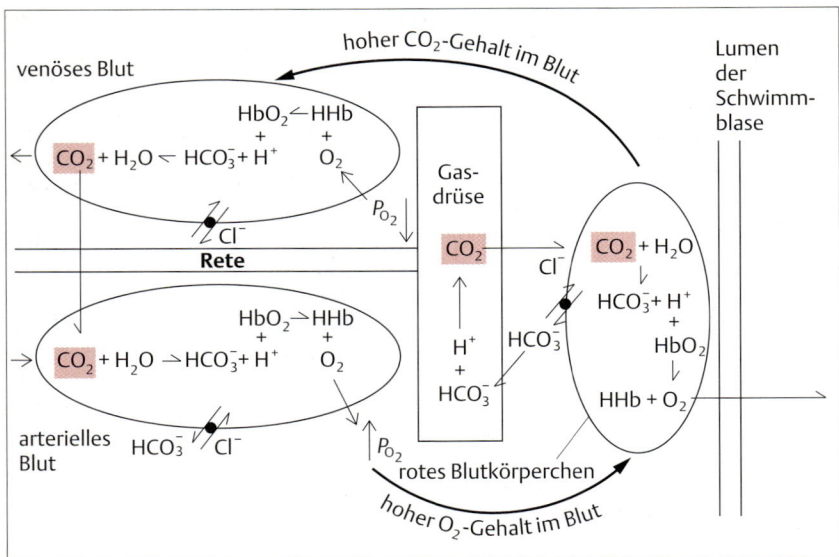

Abb. 13.59 Das mit der Gasdrüse verbundene Rete wirkt als Gegenstromaustauscher für CO_2. Das aus der Gasdrüse kommende venöse Blut hat einen hohen Anteil an CO_2, das auf die arterielle Seite des Rete diffundiert. Der pH-Wert wird dabei herabgesetzt, die Root-off-Verschiebung ausgelöst (s. Abb. 13.**58**) und der P_{O_2}-Gehalt im arteriellen Blut, das in die Drüse fließt, erhöht. CO_2 rezirkuliert über das Rete, wobei der P_{O_2}-Wert im arteriellen Blut weiterhin erhöht und im venösen Blut erniedrigt wird.

Wand mittels der Einlagerung von Guanin. Durch Guanineinlagerung in die Haut ändert der Aal bereits vor Beginn seiner Wanderung auch seine Farbe vom Gelben ins Silbrige.

Anpassung der Schwimmblase an verminderte Drücke

Das Schwimmblasenvolumen muß aber nicht nur auf die Tiefe eingestellt werden. Mindestens ebenso wichtig sind Veränderungen beim Aufstieg. Physoclisten können dazu vermutlich Gas über den Ductus pneumaticus, den Magen und den Oesophagus abgeben, manche Tiere, wie einige Clupeiden, auch durch einen Porus in der Analregion. Die Physoclisten, denen diese Wege fehlen, müssen Gas aus der Schwimmblase reabsorbieren, d.h. wieder in die Blutbahn zurückbringen. Bei ihnen ist der Ductus pneumaticus bis auf einen Rest, die hintere Kammer (Praevesica), reduziert (nicht zu verwechseln mit der Zweiteilung der Schwimmblase durch eine Einschnürung der vorderen Kammer). Aus der Praevesica ist das „Oval" geworden, das der eigentlichen Kammer eng anliegt und praktisch kein eigenes Lumen hat. Es hat zur Kammer hin eine Öffnung, die mit einem Muskel versehen ist; die Rückwand des Ovals ist mit einem dichten Kapillarnetz ausgestattet (Abb. 13.**57B**). Die Öffnung kann nach Bedarf erweitert oder verengt werden, ähnlich der Iris des Auges. Dadurch werden die Kapillaren dem Schwimmblasengas ausgesetzt oder dagegen abgeschirmt, d.h. sie können Gas reabsorbieren oder werden daran gehindert. Auf diese Weise kann der Inhalt und damit der Druck in der Schwimmblase sehr genau den jeweiligen Erfordernissen angepaßt werden.

Zusammenfassung

Auf dem Niveau der Mitochondrien werden im Stoffwechsel der Tiere ungefähr ebenso viele, aus der Umgebung aufgenommene O_2-Moleküle verbraucht, wie CO_2-Moleküle erzeugt und an die Umgebung abgegeben werden. Bei sehr kleinen Tieren werden die Gase zwischen der Körperoberfläche und den Mitochondrien ausschließlich über die Diffusion transportiert. Bei größeren Tieren entwickelte sich zu diesem Zweck ein Kreislaufsystem und Atmungsorgane mit respiratorischen Oberflächen.

Atemorgane zeichnen sich durch große respiratorische Oberflächen und geringe Abstände zwischen dem Atemmedium (Luft oder Wasser) und dem Blut aus, wodurch der Gasaustausch erleichtert wird. Atembewegungen sorgen für eine stetige Versorgung mit unverbrauchtem Atemmedium und verhindern dessen Stillstand am respiratorischen Epithel. Der Aufbau der respiratorischen Oberfläche und die Atemmechanik werden von der Natur des Atemmediums bestimmt; Kiemen als Organe der Wasseratmung sind anders konstruiert als Lungen, die Luft zum Atmen brauchen.

Der Transport großer Mengen O_2 und CO_2 wird durch Atmungspigmente (Blutfarbstoffe, z.B. Hämoglobin) unterstützt. Sie erhöhen nicht nur die Transportkapazität des Blutes für Sauerstoff, sondern erleichtern auch die Aufnahme und Abgabe von O_2 und CO_2 in der Lunge und den Geweben.

Die Austauschrate für Gase durch eine respiratorische Oberfläche hängt ab vom Verhältnis der Ventilation an der Atmungsfläche zur Blutströmung ($\dot{V}_A/\dot{Q}$) sowie vom absoluten Ventilationsvolumen und dem Herzausstoß. Diese Faktoren werden sehr genau reguliert, um eine dem O_2-Bedarf der Gewebe angemessene Gasaustauschrate aufrechtzuerhalten. Das bisher nur bei den Säugern eingehender untersuchte Kontrollsystem besteht aus mehreren Mechano- und Chemorezeptoren, die ihre Information in eine zentrale Integrationsregion senden, dem Atmungszentrum in der Medulla oblongata. Dieses Zentrum bewirkt über verschiedene Effektoren geeignete Änderungen in der Atmung und im Blutstrom, um die Austauschraten für O_2 und CO_2 auf einem Niveau zu halten, das den Bedürfnissen des Stoffwechsels entspricht.

Tiere regulieren den pH ihres Körpers trotz ständiger Produktion und Ausscheidung von H^+-Ionen. Deren Bildungsrate hängt von den Stoffwechselbedürfnissen des Tieres ab; die Exkretionsrate über die Lunge oder die Niere entspricht genau der Bildungsrate. Puffer, vor allem Proteine und Phosphate, mildern die Schwankungen des pH-Werts im Körper, die durch unausgewogene Raten zwischen Säurebildung und Säurebeseitigung auftreten können. Das Muskelgewebe dient als temporärer H^+-Speicher und schützt damit gleichzeitig empfindlichere Gewebe, wie z.B. das Gehirn, vor großen pH-Schwankungen, bis die überschüssigen Protonen aus dem Körper ausgeschieden werden können. Der intrazelluläre pH-Wert wird über Na^+/H^+- und HCO_3^-/Cl^--Austauscher reguliert, die in den Zellmembranen lokalisiert sind.

Insekten haben ein Tracheensystem aus mit Luft gefüllten Röhren entwickelt, die sich durch den gesamten Körper erstrecken. Das Tracheensystem dient als Diffusionsweg für O_2 und CO_2 zwischen den Zellen und der Umwelt. Die Wirksamkeit dieses Systems beruht darauf, daß die Atemgase in Luft sehr schnell diffundieren (ca. 10^6mal schneller als in Wasser); ein Gastransport im Blut erübrigt sich daher. Die Tracheenenden, die Tracheolen, reichen bis an die Zellen heran; dort ist deren Wandung membranös. Bei einigen größeren aktiven Insekten wird das Tracheensystem durch Pumpbewegungen des Abdomens ventiliert.

Die höheren Krebse haben sehr komplizierte Kiemenapparate entwickelt, die große Austauschflächen für O_2 und CO_2 darstellen und geeignet beatmet werden. Bei jeder Häutung, deren Anzahl bei Crustaceen nicht festgelegt ist, muß der gesamte Atmungsapparat ebenfalls gehäutet werden.

Das Vogelei und die Schwimmblase der Fische stellen interessante Probleme auf dem Gebiet des Gasaustausches dar. Das Vogelei enthält einen Embryo, dessen O_2-Bedarf – der über eine Schale mit gleichbleibenden Abmessungen gestillt werden muß – zwischen dem Legen des Eis und dem Schlüpfen um den Faktor 1000 zunimmt. Der Gasdruck in der Schwimmblase eines Fisches kann – entsprechend der Tiefe, in der sich das Tier aufhält – mehrere Hundert bar betragen und übertrifft damit den Gasdruck im Blut um mehrere Größenordnungen. Die Blutzufuhr und die Gasdrüse sind jedoch so organisiert, daß auch unter solch extremen Bedingungen Gase aus dem Blut in die Schwimmblase übertreten können. Ein Kapillarnetz in einem besonderen Kompartiment der Schwimmblase ermöglicht es dem Fisch, den Gasdruck der Schwimmblase bei sich ändernden Tiefen dem Druck der jeweiligen Umgebung anzupassen.

Empfohlene Literatur

Brauner, C.J., Randall, D.J.: The interaction between oxygen and carbon dioxide movements in fishes. Comp. Biochem. Physiol. **113A** (1996) 83–90

Diamond, J.: How eggs breathe while avoiding desiccation and drowning. Nature **295** (1982) 10–11

Euler, C., von: Central pattern generation during breathing. Trends Neurosci. **3** (1980) 275–277

Heisler, N. (Hrsg.): Mechanisms of Systemic Regulation: Respiration and Circulation. Advances in Comparative and Environmental Physiology. Vol. 21. Springer, Berlin 1995

Kobayashi, H., Pelster, B., Scheid, P.: Gas exchange in fish swimbladder. In: Scheid, P. (Hrsg.): Respiration in Health and Disease: Lessons from Comparative Physiology. Fischer, Stuttgart 1993

Milvaganam, S.E.: Structural basis for the Root effect in haemoglobin. Nature Struct. Biol. **3** (1996) 275–283

Nikinmaa, M.: Vertebrate red blood cells: adaptations of function to respiratory requirements. In: Bradshaw, S.D., Burggren, W., Heller, H.C., Ishii, S., Langer, H., Neuweiler, G., Randall, D.J.: Zoophysiology. Vol. 28. Springer, New York 1990

Perutz, M.E.: Cause of the Root effect in fish haemoglobins. Nature Struct. Biol. **3** (1996) 211–212

Rahn, H.: Aquatic gas exchange theory. Resp. Physiol. **1** (1966) 1–12

Richter, D.W., Ballanyi, K., Schwarzacher, S.: Mechanism of respiratory rhythm generation. Curr. Opin. Neurobiol. **2** (1992) 788–793

Roos, A., Boron, W.E.: Intracellular pH. Physiol. Rev. **61** (1981) 296–434

Schmidt-Nielsen, K.: How Animals Work. Cambridge University Press, Cambridge 1972

Zhu, X.L., Sly, W.S.: Carbonic anhydrase IV from human lung. J. Biol. Chem. **15** (1990) 8795–8801

14. Ionen- und Wasserhaushalt

Die einzigartigen physikalischen und chemischen Eigenschaften des Wassers spielten zweifellos eine besondere Rolle bei der Entstehung des Lebens. Auch heute noch laufen alle Lebensvorgänge in einem wäßrigen Milieu ab (s. Kap. 3) – Wasser ist für alle biochemischen und physiologischen Abläufe eine unverzichtbare Voraussetzung. Die extrazellulären Flüssigkeiten, welche die lebenden Zellen umgeben, ähneln in ihrer Zusammensetzung wohl immer noch dem urzeitlichen, flachen und salzigen Meer, in dem vor einigen Milliarden Jahren das Leben auf der Erde seinen Anfang nahm (Tab. 14.1).

Die Fähigkeit, in einer Vielzahl osmotisch unterschiedlicher Umwelten zu überleben, wurde bei den höher entwickelten Tiergruppen durch die Stabilisierung ihres inneren Milieus gegen äußere Einflüsse ermöglicht, wodurch die inneren Gewebe gegen die Veränderungen und die Extreme des äußeren Milieus geschützt werden. Die Fähigkeit, auch bei osmotischem Stress (Bedingungen, die zu einer Störung der ionalen und osmotischen Homöostase des Organismus führen können) ein geeignetes inneres Milieu aufrecht zu erhalten, spielte daher in der Evolution der Tiere eine äußerst wichtige Rolle: Tiere werden in ihrer geographischen Verbreitung durch verschiedene abiotische Umweltfaktoren eingeschränkt, unter denen die osmotischen Bedingungen zu den wichtigsten zählen; die geographische Ausbreitung, gefolgt von genetischer Isolation, ist aber ein wichtiger Mechanismus für die divergierende Entwicklung der Arten im Verlauf der Evolution. Hätten z.B. die Gliederfüßer und die Vertebraten keine Mechanismen entwickelt, die eine Regulation der Flüssigkeiten in den extrazellulären Räumen erlauben, wäre ihnen die Besiedelung des unter osmotischen Gesichtspunkten ungünstigen Süßwassers und des terrestrischen Lebensraumes nicht gelungen. Bei der dann fehlenden Konkurrenz durch landbewohnende Gliederfüßer und Vertebraten hätten sich andere Gruppen mit entsprechenden Fähigkeiten, die freien Nischen an Land zu besetzen, entwickelt. Die lebendige Welt böte dann ein ganz anderes Bild als wir es heute erleben.

Dieses Kapitel behandelt die osmotische Umwelt, die osmotisch bedingten Austauschvorgänge zwischen Tieren und ihrer Umgebung sowie die Mechanismen, mit denen es verschiedenen Tieren gelingt, mit extremen osmotischen Verhältnissen in ihren Lebensräumen zurecht zu kommen. Die Bewegung von Wasser und gelösten Teilchen über Zellmembranen und mehrzellige Epithelschichten hinweg wurde, zusammen mit anderen zellulären Abläufen, bereits in Kap. 4 dargestellt. Die Kenntnis dieser Vorgänge bildet eine wichtige Grundlage für das Verständnis der osmoregulatorischen Prozesse in Organen wie der Niere, den Kiemen und den Salzdrüsen, die in diesem Kapitel behandelt werden. Gegen Ende des Kapitels wird das mit der Osmoregulation eng verknüpfte Problem der Elimination von toxischen stickstoffhaltigen Abfallprodukten besprochen, die beim Abbau von Aminosäuren und Proteinen anfallen.

Problematik der Osmoregulation

Zu den Erfordernissen für die Regulation des inneren Milieus gehört das Zurückhalten einer ausreichenden Wassermenge. Eine weitere wichtige Bedingung für das Überleben der Zellen ist das Vorhandensein verschiedener gelöster Stoffe (z.B. Salze und Nährstoffmoleküle) in geeigneten Konzentrationen in den extra- und intrazellulären Flüssigkeitsräumen (Tab. 14.2). Einige Gewebe verlangen im Hinblick auf die ionale Zusammensetzung ihrer extrazellulären Flüssigkeiten Verhältnisse, welche den Meerwasserbedingungen ähneln, nämlich einen hohen Natrium- und Chloridgehalt bei gleichzeitig niedrigen Konzentrationen der anderen Hauptionen wie Kalium und den zweiwertigen Kationen. Für viele marine Evertebraten kann das Meerwasser selbst das extrazelluläre Medium darstellen; bei den höher entwickelten Formen stehen die Körperflüssigkeiten nahezu in einem ionalen Gleichgewicht mit dem Meerwasser. Im Gegensatz dazu weisen die extrazellulären Flüssigkeiten der Vertebraten, mit Ausnahme der Inger (*Myxinidae*), nur etwa ein Drittel der Salzkonzentration von Meerwasser auf, wobei der größte Teil des Magnesiumsulfates entfernt und ein Teil des Chlorids durch Hydrogencarbonat ersetzt wurde (Tab. 14.1). Dies läßt vermuten, daß die meisten Vertebraten, einschließlich der marinen Knochenfische, ihren Ursprung im Süßwasser hatten. Die extrazellulären Flüssigkeiten der marinen Knochenfische sind im Vergleich mit Meerwasser stark verdünnt; diese Fische halten gegenüber dem Meerwasser Unterschiede sowohl in der ionalen Zusammensetzung als auch im osmotischen Druck ihrer Körperflüssigkei-

Tab. 14.1 Zusammensetzung der extrazellulären Flüssigkeiten verschiedener repräsentativer Tiere[1]

	Lebensraum	Osmolarität (mosm/l)	Ionen-Konzentration (mM)							Harnstoff
			Na^+	K^+	Ca^{2+}	Mg^{2+}	Cl^-	SO_4^{2-}	HPO_4^{2-}	
Meerwasser		1000	460	10	10	53	540	27		
Coelenterata										
Aurelia (Ohrenqualle)	MW		454	10,2	9,7	51,0	554	14,6		
Echinodermata										
Asterias (Seestern)	MW		428	9,5	11,7	49,2	487	26,7		
Annelida										
Arenicola (Pierwurm)	MW		459	10,1	10,0	52,4	537	24,4		
Lumbricus (Regenwurm)	T		76	4,0	2,9		43			
Mollusca										
Aplysia (Seehase)	MW		492	9,7	13,3	49	543	28,2		
Loligo (Kalmar)	MW		419	20,6	11,3	51,6	522	6,9		
Anodonta (Muschel)	SW		15,6	0,49	8,4	0,19	11,7	0,73		
Crustacea										
Cambarus (Krebs)	SW		146	3,9	8,1	4,3	139			
Homarus (Hummer)	MW		472	10,0	15,6	6,7	470			
Insecta										
Locusta (Heuschrecke)	T		60	12	17	25				
Periplaneta (Schabe)	T		161	7,9	4,0	5,6	144			
Cyclostomata										
Eptatretus (Inger)	MW	1002	554	6,8	8,8	23,4	532	1,7	2,1	3
Lampetra (Neunauge)	SW	248	120	3,2	1,9	2,1	96	2,7		0,4
Chondrichthyes										
Squalus (Dornhai)	MW	1075	269	4,3	3,2	1,1	258	1	1,1	376
Carcharhinus (Menschenhai)	SW		200	8	3	2	180	0,5	4,0	132
Coelacantha										
Latimeria (Quastenflosser)	MW		181	51,3	6,9	28,7	199			355
Teleostei										
Paralichthys (Flunder)	MW	337	180	4	3	1	160	0,2		
Carassius (Goldfisch)	SW	293	142	2	6	3	107			
Amphibia										
Rana esculenta (Wasserfrosch)	SW	210	92	3	2,3	1,6	70			2
R. cancrivora (Krabbenfrosch)	SW	290	125	9			98			40
	80% MW	830	252	14			227			350
Reptilia										
Alligator	SW	278	140	3,6	5,1	3,0	111			
Aves										
Anas (Ente)	SW	294	138	3,1	2,4		103		1,6	
Mammalia										
Homo sapiens	T		142	4,0	5,0	2,0	104	1	2	
Rattus (Laborratte)	T		145	6,2	3,1	1,6	116			

[1] Osmolarität und Zusammensetzung des Meerwassers schwanken, die hier angegebenen Werte können deshalb nicht als absolut betrachtet werden. Die Zusammensetzung der Körperflüssigkeiten von Osmokonformern ist ebenfalls in Abhängigkeit von der Zusammensetzung des Meerwassers, in dem sie leben, Schwankungen unterworfen.

MW = Meerwasser; SW = Süßwasser; T = terrestrisch

Tab. 14.2 Die wichtigsten anorganischen Ionen in Geweben

Ionenart	Vorkommen	wichtigste Funktionen
Na^+	wichtigstes extrazelluläres Kation	hauptsächlich verantwortlich für den osmotischen Druck im Extrazellularraum stellt Energie für den Stofftransport durch Membranen bereit verantwortlich für den Einwärtsstrom bei Erregungsvorgängen an Membranen
K^+	wichtigstes Kation im Cytosol	bewirkt osmotischen Druck im Cytosol verantwortlich für den Auswärtsstrom zur Repolarisation von Membranen, stellt das Membranruhepotential her
Ca^{2+}	niedrige Konzentration in Zellen	reguliert Exocytose und Muskelkontraktion beteiligt sich am „Aneinanderzementieren" von Zellen reguliert viele Enzyme und andere Zellproteine (Second messenger)
Mg^{2+}	intra- und extrazellulär	Cofaktor für viele Enzyme (z.B. ATPasen)
HPO_4^{2-}, HCO_3^-	intra- und extrazellulär	puffert Protonen ab
Cl^-	wichtigstes extrazelluläres Anion in Geweben	fungiert als Gegenion für anorganische Kationen

ten aufrecht. Andererseits zeigen die Körperflüssigkeiten der Knorpelfische zwar Unterschiede in der ionalen Zusammensetzung gegenüber dem Meerwasser, weisen aber nur geringfügige osmotische Differenzen zu diesem auf; über die Anreicherung von Harnstoff regulieren die Knorpelfische die Osmolarität ihrer Körperflüssigkeit sogar auf einem etwas höheren Niveau.

Die intrazelluläre Flüssigkeit der meisten Tiere enthält geringe Konzentrationen von Natrium, ist aber reich an Kalium, Phosphat und Proteinen (Tab. 14.**3**). Zwischen den intra- und extrazellulären Flüssigkeitsräumen bestehen nur geringfügige und meist nur für kurze Zeit auftretende osmotische Unterschiede. Die Zellmembran sorgt dafür, daß zwischen Intra- und Extrazellularraum zwar Unterschiede in den Konzentrationen der Ionen, nicht aber im osmotischen Druck aufrecht erhalten werden; das den Körper umschließende Epithel hält dagegen oftmals sowohl ionale als auch osmotische Unterschiede zwischen Tieren und ihrer Umgebung aufrecht. Bei den meisten vielzelligen Tieren ist normalerweise nicht die gesamte Körperoberfläche an der Osmo- und Ionenregulation beteiligt; diese Regulationsvorgänge werden in der Regel von spezialisierten Bereichen der Oberfläche übernommen, wie den Kiemen der Fische oder bestimmten inneren Strukturen, wie den Salzdrüsen der Knorpelfische oder den Nieren der Säugetiere. Die restliche Körperoberfläche ist, mit Ausnahme der Darmwand, relativ undurchlässig gegenüber Ionen und Wasser.

Tiere benötigen Nahrung und Sauerstoff zur Aufrechterhaltung des Stoffwechsels und bilden infolge der Stoffwechselvorgänge Abfallprodukte. Zellmembranen,

Tab. 14.3 Elektrolyte in den Körperflüssigkeiten des Menschen

Elektrolyte	Serum (mval/kg H_2O)	interstitielle Flüssigkeit (mval/kg H_2O)	intrazelluläre Flüssigkeit (Muskel) (mval/kg H_2O)
Kationen			
Na^+	142	145	10
K^+	4	4	156
Ca^{2+}	5		3
Mg^{2+}	2		26
gesamt	153	149	195
Anionen			
Cl^-	104	114	2
HCO_3^-	27	31	8
HPO_4^{2-}	2		95
SO_4^{2-}	1		20
organische Säuren	6		
Proteine	13		55
gesamt	153	145	180

Hinweis: Einige der in Zellen enthaltenen Ionen liegen nicht vollständig dissoziiert im Cytosol vor, sondern können in Organellen „maskiert" sein. Daher liegt z.B. die tatsächliche Konzentration von freiem Ca^{2+} im Cytosol in der Regel unter dem in der Tabelle angegebenen Wert. Abweichungen in den Gesamtkonzentrationen von Anionen und Kationen gehen auf fehlende Werte in der Tabelle zurück.

die für Sauerstoff durchlässig sind, sind auch für Wasser permeabel, weshalb der Wasser- und Ionenhaushalt nur unter Energieverbrauch ausgeglichen werden kann. Ein Tier kann die Probleme im Zusammenhang mit der Osmoregulation und dem Ionenhaushalt nicht einfach dadurch umgehen, daß es sich gegenüber seiner Umwelt vollständig abschottet, da Nahrung in den Körper gelangen muß und die Abfallprodukte entfernt werden müssen. Einige Tiere bilden Cysten, aber dies ist nur auf Kosten eines stark reduzierten Stoffwechsels möglich. Die Larven von Salinenkrebschen können z.B. viele Jahre in einem Zustand latenten Lebens (Anabiose) überdauern, wobei sie nicht oder nur wenig wachsen; werden sie in diesem Zustand in Wasser gebracht, nehmen sie ihre normalen Lebensfunktionen wieder auf. Dies ist nur möglich, weil der Energieumsatz während der Encystierung sehr stark reduziert ist, weshalb praktisch keine Nahrung benötigt wird und keine Exkretstoffe angehäuft werden. Die meisten Tiere können jedoch nicht in diesen Zustand latenten Lebens verfallen und müssen regelmäßig Nahrung zu sich nehmen, woraus unvermeidlich die damit verknüpften Probleme der Osmo- und Ionenregulation entstehen.

Die während des Stoffwechsels gebildeten Abfallprodukte sind oftmals toxisch und können nicht gefahrlos in größeren Mengen im Körper angehäuft werden. Deshalb muß die Umgebung der Zellen von diesen giftigen Nebenprodukten des Stoffwechsels frei gehalten werden. Bei den kleinsten Wasserbewohnern erfolgt diese Reinigung durch einfache Diffusion der Exkretstoffe in das umgebende Wasser. Bei Tieren, die über ein Kreislaufsystem verfügen, fließt das Blut im typischen Fall durch exkretorisch tätige Organe, die im allgemeinen als **Nieren** bezeichnet werden. Bei landbewohnenden Tieren spielen die Nieren nicht nur bei der Beseitigung organischer Exkretstoffe eine wichtige Rolle, sondern stellen auch das wichtigste Organ für die Osmoregulation dar.

Tiere benutzen eine Reihe verschiedener Mechanismen zur Bewältigung ihrer osmotischen Probleme und um die unterschiedlichen Konzentrationen zwischen Intrazellular- und Extrazellularräumen sowie zwischen den Extrazellularräumen und dem umgebenden Medium zu regulieren. Diese werden in ihrer Gesamtheit als **osmoregulatorische Mechanismen** bezeichnet, ein Begriff, der 1902 von Rudolf Hober geprägt wurde und der sich auf die Regulation des osmotischen Druckes und der Ionenkonzentrationen im Extrazellularraum des Tierkörpers bezog. Die Entstehung effektiver osmoregulatorischer Mechanismen hatte außerordentlich weitreichende Auswirkungen auf andere Aspekte bei der Bildung von Arten und unterschiedlichen Lebensformen in der Tierwelt. Die vielfältigen Anpassungen und physiologischen Mechanismen, die entwickelt wurden, um dem osmotischen Stress in der Umwelt zu begegnen, bilden besonders faszinierende Beispiele für den Einfallsreichtum der evolutiven Anpassung. Mit diesem Thema befaßt sich das ausgezeichnete Buch des verstorbenen Homer Smith mit dem Titel „From Fish to Philosopher".

Obwohl der osmotische Wert der Körperflüssigkeiten stündliche und tägliche Schwankungen aufweisen kann, befindet sich ein Tier langfristig in einem osmotischen Gleichgewichtszustand. Das heißt, über längere Zeiträume hinweg entspricht die durchschnittliche Aufnahme von Wasser und Salzen der Abgabe. Landtiere nehmen Wasser mit der Nahrung und dem Trinkwasser zu sich. Bei Tieren, die im Süßwasser leben, gelangt das Wasser hauptsächlich durch das Epithel der respiratorischen Oberflächen in den Körper – den Kiemenoberflächen bei Fischen und Evertebraten sowie der Haut bei Amphibien und ebenfalls vielen Evertebraten. Wasser verläßt den Körper mit dem Urin, dem Kot sowie durch Verdunstung über die Lungen und die Körperoberfläche.

Das Problem der Osmoregulation ist mit der Aufnahme und Abgabe von Wasser noch nicht bewältigt. Sonst wäre die Osmoregulation eine verhältnismäßig leichte Aufgabe: Ein Frosch bräuchte im Süßwasser, das gegenüber seiner Körperflüssigkeit stark verdünnt ist, nur die gleiche Menge an Wasser wieder auszuscheiden, die über seine Haut eindringt, und ein Kamel bräuchte auf dem Weg von Oase zu Oase nur seine Urinproduktion einzustellen. Zur Osmoregulation gehört auch die Aufrechterhaltung geeigneter Konzentrationen an gelösten Stoffen im Extrazellularraum. Ein in hypotonem Teichwasser untergetauchter Frosch steht daher nicht nur vor der Aufgabe, überschüssiges Wasser auszuscheiden, sondern ist auch mit dem Problem konfrontiert, Ionen zurückzuhalten, die bestrebt sind, durch die Haut auszuströmen, da die Haut von Amphibien im allgemeinen für Ionen durchlässiger ist als diejenige anderer Vertebraten.

Die Austauschvorgänge, die zwischen einem Tier und seiner Umgebung stattfinden, können in zwei Gruppen unterteilt werden (Abb. 14.1):
– obligatorische osmotische Austauschvorgänge, die hauptsächlich durch physikalische Faktoren bedingt sind, über die das Tier keine oder nur eine geringe physiologische Kontrolle ausüben kann, und
– regulierte osmotische Austauschvorgänge, die unter physiologischer Kontrolle stehen und mithelfen, die innere Homöostase zu erhalten.

Die regulierten Austauschvorgänge dienen im allgemeinen dazu, die Folgen des obligatorischen Austausches zu kompensieren. Der Fluß einer Substanz durch eine Membran wird von ihrem Konzentrationsgradienten sowie der Oberfläche, der Dicke (d.h. der Diffusions-

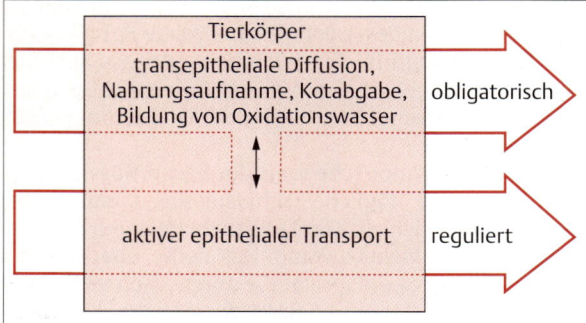

Abb. 14.1 Obligatorischer und regulierter Austausch zwischen Tier und Umwelt. Osmotische Austauschvorgänge zwischen einem Tier und seiner Umgebung werden zwei Hauptgruppen zugeordnet. Obligatorische Austauschvorgänge erfolgen im Zusammenhang mit physikalischen Umweltfaktoren, die ein Tier nur in geringem Maße unmittelbar physiologisch kontrollieren kann. Zum regulierten Austausch zählen solche Vorgänge, auf die ein Tier physiologisch Einfluß nehmen kann, um die Homöostase seines inneren Milieus aufrechtzuerhalten.

strecke) und der Permeabilität der betreffenden Membran bestimmt. Sowohl obligatorische als auch regulierte Austauschvorgänge werden von den gleichen Faktoren beeinflußt. Im folgenden Abschnitt werden zunächst obligatorische, in den anschließenden Abschnitten verschiedene Mechanismen regulierter Austauschvorgänge betrachtet.

Obligatorischer Austausch von Ionen und Wasser

Das Integument, die respiratorischen Oberflächen und andere Epithelgewebe, die mit dem umgebenden Medium in Verbindung stehen, wirken als Barrieren für die obligatorischen Austauschvorgänge zwischen einem Organismus und seiner Umwelt. Im folgenden werden die verschiedenen Faktoren dargestellt, die zum obligatorischen Austausch beitragen.

Gradienten zwischen Tier und Umgebung

Je größer der Unterschied in den Konzentrationen eines Stoffes im äußeren Medium und in den Körperflüssigkeiten ist, desto größer ist dessen Bestreben für eine Nettodiffusion in Richtung niedrigerer Konzentration. Während daher ein in einem Teich untergetauchter Frosch Gefahr läuft, Wasser aus seiner hypotonen Umgebung aufzunehmen, ist ein im Meer lebender Knochenfisch mit dem Problem konfrontiert, Wasser an das umgebende hypertone Meerwasser zu verlieren. In ähnlicher Weise findet bei einem marinen Fisch mit einer niedrigeren NaCl-Konzentration als derjenigen von Meerwasser eine ständige Diffusion von Ionen in den Körper statt, wohingegen ein Süßwasserfisch einen anhaltenden Ionenverlust erfährt. Das Ausmaß des Substanzflusses hängt von der Größe des Gradienten sowie von den Permeabilitätseigenschaften und der Größe der Körperoberfläche des Tieres ab.

Oberflächen/Volumen-Verhältnis

Das Volumen eines Tieres verändert sich mit der dritten Potenz seiner Körpergröße, seine Oberfläche dagegen mit dem Quadrat. Deshalb weisen kleine Tiere ein größeres Oberfläche/Volumen-Verhältnis auf als große Tiere. Daraus folgt, daß die Fläche des Integumentes, durch die Wasser oder ein gelöster Stoff mit der Umgebung ausgetauscht werden können, bei einem kleinen Tier im Verhältnis zu seinem Wassergehalt relativ größer ist als bei einem großen Tier. Dies wiederum bedeutet, daß bei einer bestimmten Austauschrate über das Integument hinweg (in mol/s·cm^2) ein kleines Tier schneller in die Gefahr einer Entwässerung gerät oder Wasser aufnimmt als ein größeres Tier von gleicher Gestalt (Abb. 14.2).

Permeabilität des Integumentes

Das Integument wirkt als Barriere zwischen dem Extrazellularraum und der Umgebung. Die Bewegung von

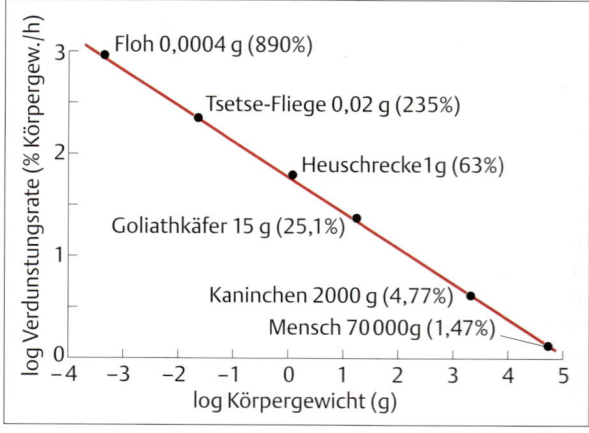

Abb. 14.2 Kleine Tiere trocknen wegen ihres größeren Oberfläche/Masse (und damit Oberfläche/Volumen)-Verhältnisses schneller aus als große. Diese doppelt logarithmische Darstellung zeigt den Zusammenhang zwischen dem evaporativen Wasserverlust (in Prozent des Körpergewichts) und dem Körpergewicht unter Wüstenbedingungen (nach Edney u. Nagy, 1976).

Wasser über das Integument hinweg erfolgt durch Zellen hindurch (**transzellulär**) und zwischen den Zellen (**parazellulär**). Reine phospholipidhaltige Doppelmembranen sind jedoch für Wasser wenig durchlässig; der transzelluläre Fluß von Wasser erfordert daher bei biologischen Membranen das Vorhandensein von Wasserkanälen. Erythrocyten z.B. schwellen schnell an oder schrumpfen bei Veränderungen im osmotischen Druck der extrazellulären Flüssigkeit, weil sie in ihrer Zellwand ein 28-kDa-Protein enthalten, das treffend als **Aquaporin** bezeichnet wird. Es scheint, daß die Wasserkanäle in Membranen durch ein Tetramer von identischen Aquaporin-Molekülen gebildet werden. Die Funktion des Aquaporins als Wasserkanal wurde in Experimenten mit Froscheiern und Oocyten untersucht, die für Wasser wenig permeabel sind und deshalb in Wasser kaum anschwellen. Wenn jedoch für Aquaporin kodierende mRNA in Frosch-Oocyten injiziert wurde, erhöhte sich deren Durchlässigkeit für Wasser und sie schwollen an. Die Permeabilität für Wasser steht in engem Zusammenhang mit der Zahl von Aquaporin-Wasserkanälen in der Doppelmembran. Tight junctions (Zonula occludens) zwischen Zellen reduzieren den parazellulären Wasserfluß, während das Fehlen von Aquaporin-Wasserkanälen den transzellulären Wasserfluß einschränkt.

Die Permeabilität des Integumentes für Wasser und gelöste Stoffe ist bei den einzelnen Tiergruppen sehr unterschiedlich. Amphibien haben im allgemeinen eine feuchte, hochpermeable Haut, durch die der Gasaustausch (O_2 und CO_2) stattfindet und durch die über passive Diffusion Wasser und Ionen fließen. Den Verlust an Elektrolyten gleicht die Amphibienhaut durch aktiven Transport von Ionen aus dem umgebenden Wasser in den Körper aus. Fischkiemen sind notwendigerweise ebenfalls permeabel, da über sie der Austausch von Sauerstoff und Kohlendioxid zwischen Blut und wäßriger Umgebung stattfindet. Wie die Froschhaut übernehmen auch die Kiemen Aufgaben im Zusammenhang mit dem aktiven Ionentransport. Untersuchungen haben gezeigt, daß die Durchblutung der Kiemen bei sinkendem Sauerstoffbedarf abnimmt, bei steigendem Sauerstoffbedarf dagegen zunimmt. Die Reduktion des Blutflusses durch die Kiemen bei geringem O_2-Bedarf beschränkt sehr wirkungsvoll auch den Fluß von Wasser und Ionen durch das Kiemenepithel. Bei einer Zunahme der Sauerstoffaufnahme steigen daher gleichzeitig auch der osmotisch bedingte Wasserfluß und der Austausch von Ionen mit der Umwelt an.

Im Gegensatz dazu haben Reptilien, einige wüstenbewohnende Amphibien, Vögel und viele Säugetiere eine relativ wenig permeable Haut und verlieren deshalb nur geringe Wassermengen auf diesem Weg. Die Haut einiger Säugetiere (z.B. die von Kühen) ist so undurchlässig, daß sie zum Transport von Wasser oder Wein benutzt werden kann. Die geringe Permeabilität des Integumentes von landbewohnenden Tieren bleibt auch bei solchen Arten erhalten, die sekundär wieder zum Wasserleben übergegangen sind, wie z.B. Wasserinsekten und Meeressäuger.

Aber nicht alle Vertebraten verfügen über ein relativ undurchlässiges Integument. Viele Amphibien sowie schwitzende Säugetiere können bei niedriger Luftfeuchtigkeit aufgrund des Wasserverlustes durch die Haut rasch austrocknen. Tiere mit stark permeabler Haut sind nicht in der Lage, sehr trockene und heiße Umgebungsbedingungen zu ertragen. Die meisten Frösche halten sich deshalb in der Nähe von Wasser auf. Kröten und Salamander können sich etwas weiter entfernen, aber auch sie bleiben auf feuchte Wälder oder Wiesen beschränkt, die nicht allzu weit von Pfützen, Bächen oder anderen Wasservorkommen liegen, in denen die Tiere ihre Wasserreserven auffüllen können. Sie minimieren ihre Wasserverluste auch durch Verhaltensmaßnahmen, indem sie die heiße und trockene Tageszeit in kühlen, feuchten Mikrohabitaten verbringen und damit ein Austrocknen vermeiden. Die in trockenen Lebensräumen heimischen Frösche *Chiromantis xerampelina* und *Phyllomedusa sauvagii* haben extrem geringe Wasserverluste über ihre Haut, da diese mit einer selbst produzierten Wachsschicht bedeckt ist. Sie scheiden anstelle von Ammoniak oder Harnstoff auch in verstärktem Umfange Harnsäure aus (s. S. 716, Exkretion stickstoffhaltiger Endprodukte).

Frösche und Kröten sind mit einem großvolumigen lymphatischen System und einer vergrößerten Harnblase ausgestattet, in denen sie Wasser speichern können. Wenn diese Tiere ihre Gewässer verlassen (oder während Trockenperioden), fließt Wasser wegen der osmotischen Verhältnisse aus dem Lumen der Harnblase in den teilweise entwässerten interstitiellen Raum und in das Blut. Das Epithel der Harnblase ist wie die Amphibienhaut zum aktiven Transport von Natrium- und Chloridionen fähig; der Transport dieser Ionen aus dem Lumen der Harnblase in den Körper dient dazu, Salzverluste auszugleichen, die im Zusammenhang mit der Aufnahme überschüssigen Wassers in einer wasserreichen Umgebung auftreten. Die Harnblase der Froschlurche erfüllt also eine doppelte Funktion: Während wasserarmer Zeiten dient sie als Reservoir, mit dessen Hilfe die Gefahr des Austrocknens verringert werden kann; bei Aufnahme von überschüssigem Wasser dient sie dagegen als Salzquelle. Die hohe Wasserpermeabilität der Amphibienhaut ist bei der Aufnahme von Wasser aus hypoosmotischen Quellen, z.B. Pfützen, von Vorteil. Viele Froschlurche verfügen über spezialisierte Hautbereiche am Abdomen und den Oberschenkeln („pelvic patch"), die, in Wasser getaucht, das Dreifache des Körpergewichts an Wasser pro Tag aufnehmen können. Die Permeabilität der Amphibienhaut wird von dem Hormon Arginin-Vasotocin (AVT) oder einfacher **Vasotocin**, kontrolliert. Wie bei den Säugetieren das Hormon **Vasopressin** (oder antidiuretisches Hormon, ADH) erhöht Vasotocin die Wasserpermeabilität. Die äußeren Lagen der Haut von Kröten enthalten winzige Kanälchen, die über Kapillarkräfte Wasser aufnehmen, die Haut befeuchten und damit die inneren Wasserreserven bei der Verdunstung von der Körperoberfläche entlasten.

Da Insekten eine wachshaltige Cuticula besitzen, die für Wasser weitgehend undurchlässig ist, sind ihre evaporativen Wasserverluste viel geringer als bei den meisten anderen Tiergruppen (Tab. 14.4). Das Wachs wird an der Oberfläche der Exocuticula (in der Epicuticula) abgelagert, wohin es durch feine Kanälchen gelangt, welche die Cuticula durchziehen (Abb. 14.3). Die Bedeutung der Wachsschicht für das Zurückhalten des Wassers bei den Insekten ist in Versuchen gezeigt worden, bei denen das Ausmaß der Wasserabgabe bei verschiedenen Temperaturen gemessen wurde. In Abbildung 14.4 ist zu sehen, daß die Wasserabgabe sprungartig ansteigt, wenn die Temperatur den Schmelzpunkt der Wachsschicht erreicht. Bei Landinsekten entstehen die Wasserverluste hauptsächlich über das Tracheensystem, das aus mit Luft gefüllten Röhren besteht, welche die Gewebe durchziehen. Solange die Tracheen in offener Verbindung mit der umgebenden Luft stehen, kann Wasserdampf heraus diffundieren, während Sauerstoff und Kohlendioxid entlang ihrer jeweiligen Gradienten diffundieren. Die Zugänge zu den Tracheen sind deshalb in der Regel durch ventilartige Stigmen geschützt, die periodisch durch Stigmenmuskeln verschlossen werden, was die Wasserverluste reduziert. Die Bedeutung dieses Mechanismus für das Zurückhalten von Wasser bei den Insekten ist jedoch in Frage gestellt worden (s. S. 626f).

Ernährung, Stoffwechsel und Exkretion

Wasser und gelöste Teilchen werden mit der Nahrung aufgenommen. Abfallstoffe, die bei der Verdauung und im Stoffwechsel anfallen, müssen entfernt werden. Kohlendioxid diffundiert von den respiratorischen Oberflächen in die Umgebung. Obwohl Wasser ebenfalls ein Endprodukt des Zellstoffwechsels ist, sind die dabei anfallenden Mengen zu klein, als daß deren Ausscheidung Probleme machen könnte (Tab. 14.5). Für viele Wüsten-

Tab. 14.4   Evaporative Wasserverluste bei verschiedenen repräsentativen Tieren unter Wüstenbedingungen

Art	Wasserverlust (mg/cm² · h)	Bemerkungen[1]
Arthropoda		
Eleodes armata (Käfer)	0,20	30 °C, 0 % r. F.
Hadrurus arizonensis (Skorpion)	0,02	30 °C, 0 % r. F.
Locusta migratoria (Heuschrecke)	0,70	30 °C, 0 % r. F.
Amphibia		
Cyclorana alboguttatus (Frosch)	4,90	25 °C, 100 % r. F.
Reptilia		
Gehyra variegata (Gecko)	0,22	30 °C, trockene Luft
Uta stansburiana (Echse)	0,10	30 °C
Aves		
Amphispiza belli (Sperling)	1,48	30 °C
Phalaenopterus nutallii (Nachtschwalbe)	0,86	30 °C
Mammalia[2]		
Peromyscus eremicus (Kaktusmaus)	0,66	30 °C
Oryx beisa (Afrikanische Oryx)	3,24	22 °C
Homo sapiens	22,32	70 kg, nackt, in der Sonne sitzend, 35 °C

[1] r. F. = relative Feuchte; wenn nicht angegeben, liegen hierüber keine Werte vor.
[2] Kaktusmaus und Afrikanische Oryx sind Wüstentiere und verfügen über verschiedene Wassersparmechanismen. Ihre evaporativen Wasserverluste sind deshalb viel geringer als die des Menschen.

Nach Hadley, 1972

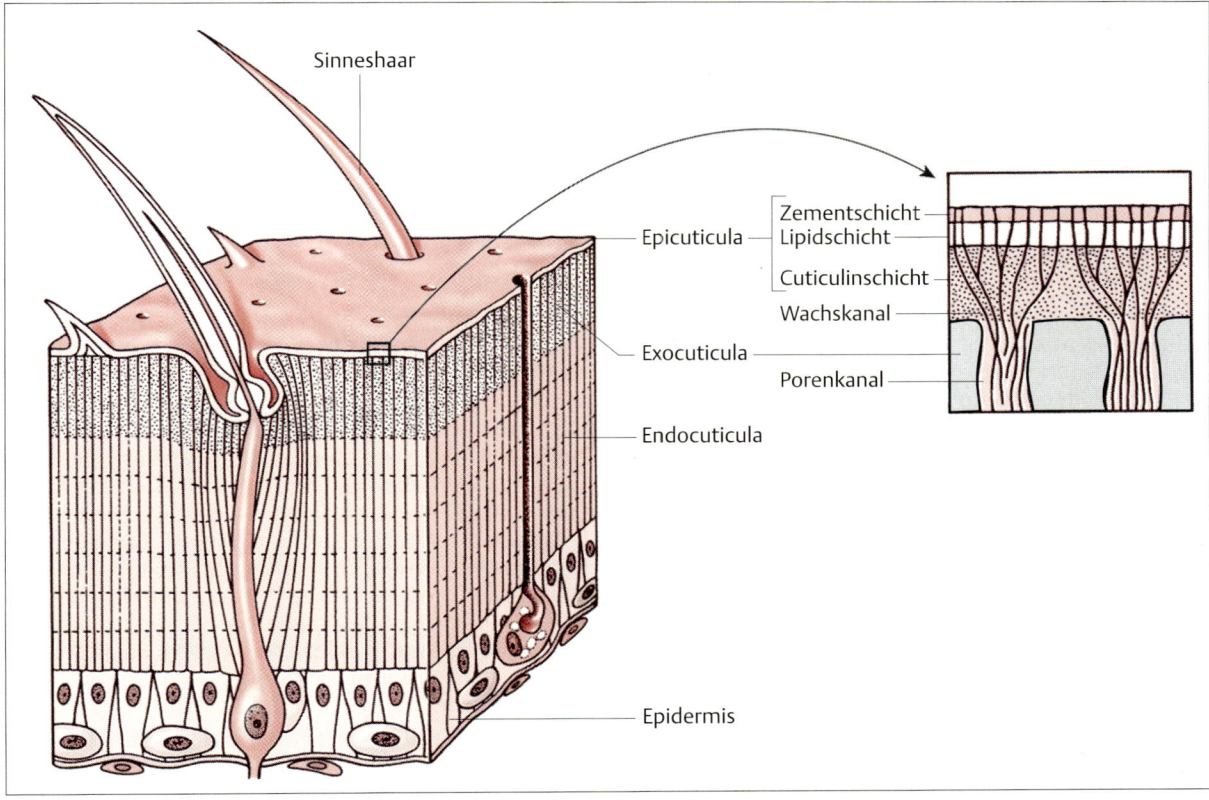

Abb. 14.3 Aufbau des Insekten-Integuments. Die wachshaltige Lipidschicht auf der Oberseite ist das Haupthindernis für einen Wasserverlust durch das Insekten-Integument. Das Wachs gelangt durch winzige Kanäle im Integument an die Oberfläche (verändert nach Edney, 1974).

bewohner stellt dieses sogenannte **Stoffwechselwasser** oder **Oxidationswasser** sogar eine wichtige Wasserquelle dar. Osmotische Probleme entstehen dagegen durch die unvermeidliche Bildung stickstoffhaltiger Stoffwechselendprodukte (z.B. Ammoniak und Harnstoff) und durch die Aufnahme von Salzen, da für deren Ausscheidung Wasser erforderlich ist.

Die Nahrung kann überschüssiges Wasser oder überschüssige Salze enthalten. Eine Robbe, die sich von marinen Evertebraten ernährt, deren Körperflüssigkeit eine dem Seewasser vergleichbare Osmolarität aufweist, nimmt dabei eine in Relation zum Wasser zu große Salzmenge auf, benötigt aber wiederum Wasser, um die Salzlast ausscheiden zu können. Ernährt sich die Robbe dagegen von marinen Knochenfischen, deren Körperflüssigkeit im Vergleich zum Meerwasser stärker verdünnt ist, fällt die aufgenommene Salzlast deutlich niedriger aus. Wenn sie sich von marinen Evertebraten ernährt, verbrennt die Robbe Fett, um sowohl Energie als auch Wasser zu gewinnen, aber sie baut Fett auf, wenn sie Fische frißt. Bei der Verbrennung von Fett entsteht das Wasser, das für die Ausscheidung der Salzlast erforderlich ist, die im Zusammenhang mit der Ernährung von marinen Evertebraten anfällt (Tab. 14.5). Die Robbe wird also fett, solange sie Fische frißt, verliert aber an Gewicht, wenn sie sich von marinen Evertebraten ernährt.

Bei Landtieren ist die Regulation der Ionenkonzentration im Plasma und die Ausscheidung stickstoffhaltiger Abfallstoffe mit unvermeidlichen Wasserverlusten verbunden. Eine Reihe von physiologischen Anpassungen zielen darauf ab, die mit diesen wichtigen physiologischen Funktionen exkretorischer Systeme verknüpften Wasserverluste möglichst gering zu halten. Unter den landbewohnenden Evertebraten haben die Insekten besonders effektive Mechanismen zur wassersparenden Exkretion stickstoffhaltiger und anorganischer Abfallstoffe entwickelt. Das Ausmaß, in dem Ionen im End-

Tab. 14.5 Bildung von Wasser bei der Oxidation der Nahrung

	Nährstoff		
	Kohlenhydrate	Fette	Proteine
Gramm Stoffwechselwasser pro Gramm Nahrung	0,56	1,07	0,40
freigesetzte Energie (Kilojoule) pro Gramm Nahrung	17,58	39,94	17,54
Gramm Stoffwechselwasser pro freigesetztes Kilojoule	0,032	0,027	0,023

Nach Edney u. Nagy, 1976

darm der Insekten resorbiert oder mit dem Kot ausgeschieden werden, richtet sich nach dem osmotischen Zustand des Insekts. Dies zeigt ein Experiment, bei dem Heuschrecken entweder reines Wasser oder eine konzentrierte Salzlösung trinken konnten, die NaCl und KCl enthielt (450 mosm/l). Wenn das Insekt von der Salzlösung getrunken hatte, war die Konzentration der Rektalflüssigkeit einige hundertmal höher als nach dem Trinken von reinem Wasser, während die Salzkonzentration in der Hämolymphe nach dem Trinken von Salzlösung nur um etwa 50% anstieg (Tab. 14.6).

Bei den meisten landbewohnenden Vertebraten ist die Niere das zentrale Organ für die Osmoregulation und die Stickstoffausscheidung, vor allem bei Säugetieren, die über keine andere Möglichkeit zur Ausscheidung von Salzen oder Stickstoff verfügen. Die Nieren der Vögel und Säugetiere arbeiten nach dem Prinzip der **Gegenstrom-Multiplikation**, wobei ein **hyperosmotischer** Urin erzeugt wird, der höher konzentriert ist als das Blutplasma. Diese Besonderheit, die auf einem als **Henle-Schleife** bezeichneten haarnadelförmigen Verlauf der Nierentubuli beruht, war zweifellos von größter Bedeutung bei der Besiedelung trockener terrestrischer Lebensräume durch Vögel und Säuger. Den höchsten Grad an Spezialisierung erreicht die Henle-Schleife bei Wüstentieren wie der Känguruhratte und der Australischen Hüpfmaus, die Urin mit einer Konzentration von bis zu 9000 mosm/l produzieren können. Bei Vögeln erfolgt die Konzentrierung im Gegenstrom im Bereich der Henle-Schleife weniger effektiv, möglicherweise weil die Vogelniere sowohl Tubuli vom „Reptilien-Typ", die keine Henle-Schleife aufweisen, als auch vom „Säuger-Typ" enthält. Die höchsten Konzentrationen, die bisher in Vogelurin bestimmt wurden (bei einer vorwiegend Marschland bewohnenden Form des Savannen-Sperlings), lagen bei 2000 mosm/l. Reptilien und Amphibien, deren Nieren nicht die Voraussetzungen für eine Gegen-

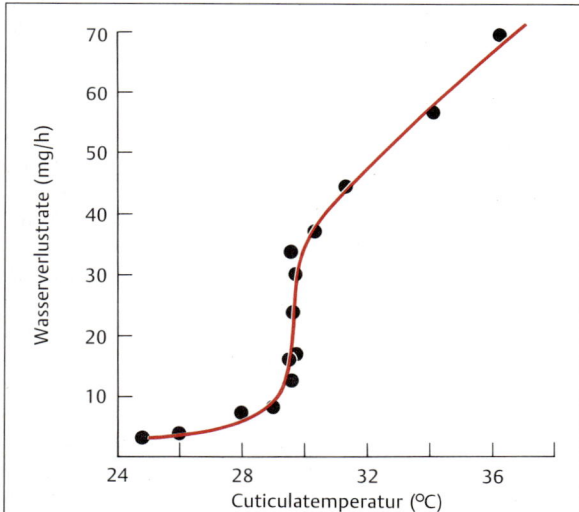

Abb. 14.4 Auswirkung der Cuticulatemperatur auf den Wasserverlust. Übersteigt die Temperatur den Schmelzpunkt der Wachsschicht der Cuticula, nimmt der Wasserverlust rasch zu. Der steile Anstieg in der Kurve, welche die Wasserabgabe in Abhängigkeit von der Cuticula-Temperatur bei einer Schabe darstellt, fällt mit dem Schmelzpunkt des Wachses in der Cuticula zusammen (nach Beament, 1958).

Tab. 14.6 Ionenregulation bei Heuschrecken[1]

Flüssigkeit	Konzentration (Mittelwerte in mval/l)		
	Na^+	K^+	Cl^-
Salzlösung zum Trinken	300	150	450
Hämolymphe			
mit Wasser	108	11	5
mit Salzlösung	158	19	569
Rektalflüssigkeit			
mit Wasser	1	22	5
mit Salzlösung	405	241	569

[1] Wüstenheuschrecken erhielten konzentrierte Salzlösung oder reines Wasser zum Trinken. Nach dem Trinken von Salzlösung stieg die Ionenkonzentration in der Hämolymphe an, aber nicht auf den Wert der Salzlösung. Die Konzentrationen der Ionen in der Rektalflüssigkeit überstieg dagegen die Werte in der Salzlösung.

Nach Edney u. Nagy, 1976

strom-Multiplikation besitzen, können keinen hyperosmotischen Urin bilden. Dafür sind einige Amphibien bei Gefahr der Austrocknung in der Lage, für den Zeitraum des osmotischen Stresses die Harnbildung vollständig einzustellen.

Temperatur, Arbeit und Atmung

Aufgrund seiner hohen Verdunstungswärme eignet sich Wasser besonders gut für das Abführen von Körperwärme über epitheliale Oberflächen. Bei der Verdunstung gehen die energiereichsten Wassermoleküle in die Gasphase über und nehmen dabei ihre thermische Energie mit sich. Das zurückbleibende Wasser wird dadurch abgekühlt. Die Bedeutung von Wasser für die Temperaturregulation führt bei terrestrischen Tieren zu Konflikten und zu Kompromissen zwischen den physiologischen Anpassungen an die hohen Umgebungstemperaturen und dem osmotischem Stress.

Wüstentiere, die gleichzeitig mit hohen Temperaturen und einem knappen Wasserangebot konfrontiert sind, sind extremen Anforderungen ausgesetzt, da sie sowohl ein Überhitzen als auch zu hohe Wasserverluste vermeiden müssen. In einigen Fällen tolerieren Säugetiere und Vögel in der Wüste eher einen Anstieg der Körpertemperatur auf über 40°C, anstatt Wasser für die Verdunstungskühlung zu verbrauchen. Bei harter körperlicher Arbeit entsteht im Zusammenhang mit dem Stoffwechsel der Muskulatur Wärme, die über eine Intensivierung der Mechanismen zur Wärmeabgabe in entsprechendem Umfang abgeführt werden muß. Dies kann am besten durch eine Verdunstungskühlung über respiratorische Oberflächen (z.B. Lungen, Atemwege und Zunge) oder durch eine evaporative Wasserabgabe über die Haut geschehen. Bei einigen sehr aktiven Säugetieren steigt zwar die Körpertemperatur während körperlicher Tätigkeit an, aber eine Erhöhung der Gehirntemperatur wird mit Hilfe eines Gegenstromwärmeaustauschers, in dem das zum Gehirn fließende Blut abgekühlt wird, weitgehend vermieden. Sogar unter absoluten Ruhebedingungen (keine körperliche Arbeit außer der Atmung) bedingt die Art und Weise des Atmungsablaufes bei vielen Landtieren einen Wasserverlust über die respiratorischen Oberflächen. Bei den Säugetieren spielt die Nase eine wichtige Rolle bei der Reduktion der Wasserabgabe über diesen Weg.

Wie bereits betont, stellen respiratorische Oberflächen – schon wegen ihrer Funktionsweise – bei luftatmenden Tieren einen Hauptweg für die Wasserverluste dar. Die Verlagerung solcher Oberflächen in eine Körperhöhle (wie z.B. die Lunge) trägt bei Landtieren zur Verringerung der evaporativen Wasserverluste bei. Jedoch auch in Lungen führt die Ventilation des respiratorischen Epithels mit nicht vollständig wasserdampfgesättigter Luft zur Verdunstung aus dem Wasserfilm, der die Epitheloberfläche befeuchtet. Bei Vögeln und Säugetieren werden diese evaporativen Wasserverluste noch verstärkt, weil ihre Körpertemperatur die Umgebungstemperatur im allgemeinen übersteigt. Das gleiche gilt für solche Reptilien und Amphibien, die ihre Körpertemperatur durch temperaturregulatorisches Verhalten erhöhen. Bei solchen Tieren enthält die wärmere Ausatmungsluft mehr Wasser als die kühlere Einatmungsluft, da die Kapazität der Luft zur Aufnahme von Wasserdampf mit der Temperatur zunimmt (Abb. 14.5).

Die respiratorischen Wasserverluste werden durch einen Mechanismus minimiert, der zuerst von Knut Schmidt-Nielsen in der Nase der wüstenbewohnenden Känguruhratte *Dipodomys merriami* entdeckt wurde. Er funktioniert in Form eines **zeitlich gestaffelten Gegenstrom-Systems** und hält einen großen Teil des in der Ausatmungsluft enthaltenen Wasserdampfes dadurch zurück, daß dieser bei der Passage von vorgekühlten Epithelflächen in der Nase kondensiert. Die Einatmungsluft wird auf ihrem Weg in die Lungen auf ca. 37–38°C erwärmt und mit Wasserdampf gesättigt, der während der Passage durch die Atemwege – vor allem den Epithelien der Nase, der Trachea und der Bronchien – entzogen wird (Abb. 14.6A). Die Epithelien, vor allem in der Nase, werden durch die Verdunstung von Wasser und die vorbeifließende kältere Luft abgekühlt. Die Temperatur des Gewebes ist im Bereich der Nasenspitze am niedrigsten und nimmt entlang der Atemwege bis in die Lungen zu. Die Nasenhöhle ist stark durchblutet und kann das zum Anfeuchten der Einatmungsluft erforderliche Wasser bereit stellen. Durch die Blutversorgung wird die Nase nicht erwärmt, da die Gefäße in Form eines Gegenstromaustauschers angeordnet sind, wobei das warme Blut, bevor es in die Nase gelangt, durch von dort zurückfließendes kühleres Blut abgekühlt wird.

Während des Ausatmens läuft der Vorgang des Wärmeaustausches zwischen Luft und Nasenepithel in umgekehrter Richtung ab. Die warme Ausatmungsluft wird, während sie über die Atemwege zurückströmt (die sie zuvor beim Einatmen selbst gekühlt hat) auf Werte abgekühlt, die etwas über der Umgebungstemperatur liegen. Da die Ausatmungsluft einen Teil ihrer Wärme an das Epithel der Atemwege abgibt, kondensiert der größte Teil des zuvor aufgenommenen Wasserdampfes an den kühleren Epitheloberflächen (Abb. 14.6B). Säugetiere, der Mensch eingeschlossen, die diesen Mechanismus benutzen, um die einströmende Luft anzufeuchten, haben „kalte Nasen", die feucht sein können und gelegentlich sogar tropfen. Beim nächsten Einatmen trägt die kondensierte Feuchtigkeit wieder zum Befeuchten der eingeatmeten Luft bei, und der Zyklus wiederholt sich.

Die Nase spielt daher eine wichtige Rolle bei der Re-

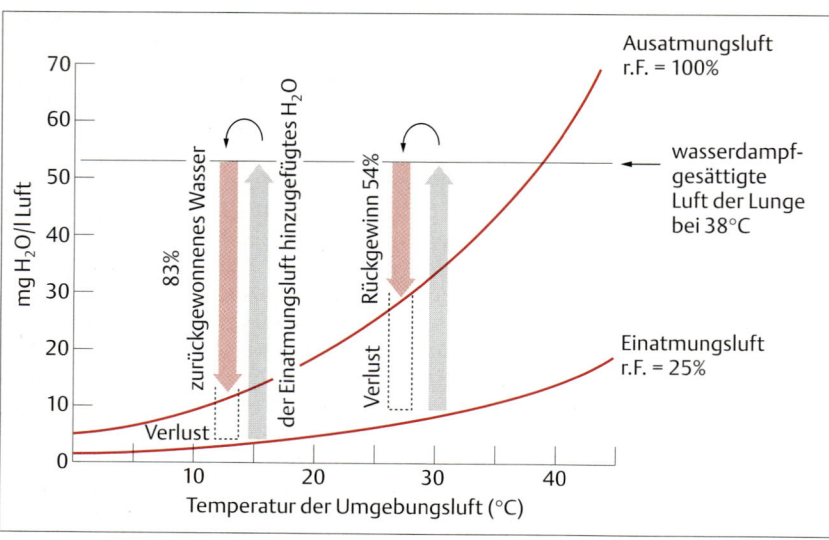

Abb. 14.5 Wasserverluste durch Atmung in Abhängigkeit von der Lufttemperatur. Beim Erwärmen der ungesättigten Luft in den Lungen nimmt diese bis zur Sättigung Feuchtigkeit auf (graue Pfeile). Während des Ausatmens wird die Luft bei der Passage durch die Nase abgekühlt, so daß ein großer Teil des Wassers zurückgewonnen wird (rote Pfeile). Die hier angegebenen Werte gelten für die Känguruhratte, bei einer relativen Feuchte (r. F.) der Einatmungsluft von 25% und einer Lufttemperatur von 15°C (links) bzw. 30°C (rechts). Es ist deutlich zu erkennen, daß die zurückgewonnene Wassermenge bei der niedrigeren Temperatur größer und damit der Wasserverlust geringer ist. Tatsächlich liegt die Temperatur der Ausatmungsluft bei der Känguruhratte unter diesen klimatischen Bedingungen bei 13°C, also unter der Umgebungstemperatur (verändert nach Schmidt-Nielsen u. Mitarb. 1970).

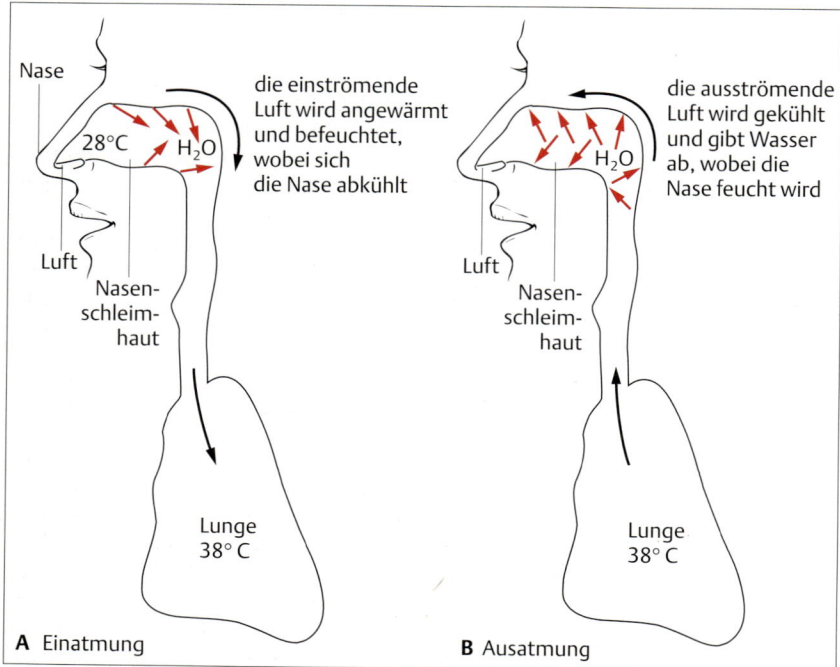

Abb. 14.6 Ein zeitlich gestaffelter Gegenstromaustausch sorgt im Atmungssystem vieler Wirbeltiere für das Einsparen von Körperwärme und -wasser. A Während des Einatmens wird die kühlere Luft (z. B. von 28°C) auf ihrem Weg in die Lungen aufgewärmt und befeuchtet, indem sie Wärme und Wasser von den Nasenepithelien aufnimmt. **B** Während des Ausatmens verliert die gleiche Luft den größten Teil der zuvor aufgenommenen Wärme und des Wassers wieder, indem sie diese auf ihrem Weg nach außen an die vorher abgekühlten Nasenwege abgibt. Die kleinen roten Pfeile geben die Richtung des Wärme- und Wasserflusses an; lange Pfeile zeigen die Richtung des Luftstroms.

duktion von Wasser- und Wärmeverlusten des Körpers. Die Funktion der Nase beim Kühlen der Ausatmungsluft kann man sich leicht verdeutlichen, indem man eine Hand vor Nase und Mund hält und gleichzeitig durch Mund und Nase ausatmet; normalerweise ist dabei ein deutlicher Temperaturunterschied zu spüren. Da die durch den Mund ausgeatmete Luft (z.B. wenn die Nase bei einer Erkältung verstopft ist) kaum abgekühlt wird, ist der Verlust an Wasser und Wärme dabei größer als beim Ausatmen durch die Nase. Wenn der Luftweg durch die Nase über einen Bypass umgangen wird, z.B. wenn, wie bei Operationen an Menschen und Tieren, ein Schlauch in die Luftröhre geschoben wird, können Wärme- und Wasserabgabe ansteigen. Deshalb müssen solche Patienten zusätzliche Nahrung und mehr Wasser erhalten, um die höheren Wasserverluste zu kompensieren. Die vermehrten Wasserverluste in der Trachea (Luftröhre) führen häufig zu postoperativen Schluckbeschwerden.

Ein ähnlicher Mechanismus zur Zurückgewinnung von Wasser aus der Ausatmungsluft findet sich bei zahlreichen Vögeln und Echsen. Wo z.B. Ausführgänge von Salzdrüsen in die Nase münden, wie bei einigen Leguanen, wird das in deren salzigem Sekret enthaltene Wasser von der Einatmungsluft aufgenommen und durch Kondensation beim Ausatmen weitgehend zurückgehalten. Gelegentlich wird das gesamte Wasser verdunstet, wonach um die Nase dieser Meerwasser trinkenden Echsen Salzkrusten zurückbleiben. Dies geschieht jedoch nur, wenn die Temperatur des Tieres höher ist als die Umgebungstemperatur.

Bei Säugetieren, die in feuchtwarmen Klimazonen leben, ist der Wasserverlust über die Lungen gering, bei solchen in trockenkalten Gegenden groß. Die Atemfrequenz und die Atmungsweise (z.B. Atmen entweder durch den Mund oder die Nase) beeinflussen ebenfalls das Ausmaß der Wasserabgabe über die Lungen. Bei Tieren, deren Körpertemperatur sich nur wenig von der Umgebungstemperatur unterscheidet, ist das Problem der respiratorischen Wasserverluste viel geringer; in diesem Fall muß die Luft nur entsprechend der herrschenden Umgebungstemperatur angefeuchtet werden. Ein Reptil, das mit einer geringen Atemfrequenz eine niedrige Stoffwechselrate unterhält und dessen Körpertemperatur der Umgebungstemperatur entspricht, hat nur ganz minimale Wasserverluste über die Lungen. Dies bedeutet für Reptilien in wasserarmen Gegenden einen Vorteil gegenüber Säugetieren.

Osmoregulierer und Osmokonformer

Wenn Tiere die Osmolarität ihrer Körperflüssigkeiten auf einem Niveau halten, das sich von der des umgebenden Mediums unterscheidet, werden sie als **Osmoregulierer** bezeichnet. Wenn sie dagegen die osmotischen Verhältnisse ihrer Körperflüssigkeiten nicht aktiv kontrollieren und statt dessen mit der Osmolarität des Mediums übereinstimmen, gelten sie als **Osmokonformer**. Tab. 14.1 (S. 657) zeigt Beispiele für diese beiden Extreme der adaptiven Strategien. Die meisten Vertebraten sind, mit den bemerkenswerten Ausnahmen der Knorpelfische und „Schleimaale" (Inger), strenge Osmoregulierer und kontrollieren die Zusammensetzung ihrer Körperflüssigkeiten innerhalb eines engen osmotischen Bereichs. Obwohl es zwischen den Wirbeltierarten gewisse osmotische Unterschiede gibt, ist das Blut der Vertebraten gegenüber Meerwasser **hypoosmotisch** (bei den Haien schwach hyperosmotisch) und deutlich **hyperosmotisch** gegenüber Süßwasser. Dies trifft auch für Fische zu, die zwischen Süß- und Salzwasser hin- und herwandern; diese Arten benutzen endokrin gesteuerte Mechanismen, um den mit dem Wechsel der Umgebung sich ändernden osmotischen Bedingungen zu begegnen.

Viele landbewohnende Evertebraten verhalten sich gleichfalls in hohem Maße wie Osmoregulierer. Süß-, Brack- und Meerwasser bewohnende Evertebraten sind natürlich verschiedenen osmotischen Bedingungen in ihrer Umwelt ausgesetzt. Marine Evertebraten stehen in der Regel in einem osmotischen Gleichgewicht mit dem Meerwasser; die Konzentrationen der Ionen in ihren Körperflüssigkeiten gleichen im allgemeinen den Verhältnissen in den Ozeanen, in denen diese Arten leben. Diese Übereinstimmung ermöglicht den Gebrauch von Meerwasser als physiologische Salzlösung bei Untersuchungen an Geweben von marinen Arten. So bleiben z.B. einige große Neurone mariner Wirbelloser für viele Stunden funktionsfähig, wenn man sie in Meerwasser legt.

Einige wasserbewohnende Evertebraten gelten wie die Vertebraten als **strenge Osmoregulierer**, einige als **eingeschränkte Osmoregulierer**, und einige sind **strenge Osmokonformer**. Die verschiedenen Formen sind in Abb. 14.7 dargestellt, in der die Osmolarität der extrazellulären Flüssigkeit gegen diejenige des aquatischen Lebensraumes aufgetragen ist. Wenn die Osmolarität der Umgebung sich verändert, ändert sich bei einem strengen Osmokonformer die Osmolarität der Körperflüssigkeit im gleichen Ausmaß, was zu einer Geraden führt, welche die Gleichheit von innerer und äußerer Osmolarität widerspiegelt. Im Gegensatz dazu hält ein strenger Osmoregulierer eine konstante innere Osmolarität aufrecht, auch wenn sich die Osmolarität im Außenmedium über einen breiten Bereich verändert; dies führt zu einer parallel zur x-Achse verlaufenden Geraden. Eingeschränkte Osmoregulierer regulieren nur in einem begrenzten Osmolaritätsbereich und verhalten sich außerhalb davon wie Osmokonformer.

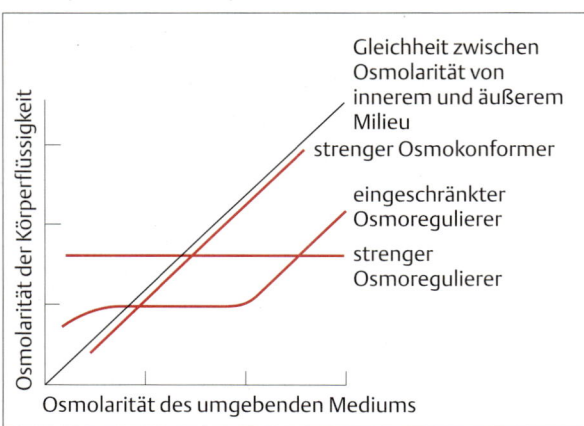

Abb. 14.7 Osmokonformer und Osmoregulierer. Aquatische Tiere können auf der Grundlage des Verhältnisses zwischen der Osmolarität ihrer Körperflüssigkeiten und der des umgebenden Mediums in drei Gruppen eingeteilt werden. In dieser Abbildung, bei der die innere gegen die äußere Osmolarität aufgetragen wurde, verläuft die Kurve für einen strengen Osmokonformer parallel zu der Geraden, welche die Gleichheit zwischen innerer und äußerer Osmolarität anzeigt (schwarze Linie).

Osmokonformer zeigen ein hohes Maß an **zellulärer osmotischer Toleranz**, während Osmoregulierer angesichts der großen Unterschiede in der Konzentration der Elektrolyte in der Umwelt streng auf die Aufrechterhaltung der Homöostase im Extrazellularraum achten. Bei osmoregulierenden Tieren sind die inneren Gewebe im allgemeinen nicht in der Lage, mehr als kleine Schwankungen in der Osmolarität der Körperflüssigkeit zu ertragen; sie hängen hinsichtlich des Erhalts des Zellvolumens vollständig von der Regulation der osmotischen Verhältnisse im Extrazellularraum ab. Die Zellen von Osmokonformern kommen dagegen mit hohen osmotischen Werten in der Körperflüssigkeit zurecht, indem sie den osmotischen Druck innerhalb der Zellen erhöhen und damit Veränderungen des Zellvolumens vermeiden. Dies erreichen sie durch eine Erhöhung der intrazellulären Konzentration von osmotisch wirksamen organischen Molekülen, den **Osmolyten**. Der Einsatz solcher Substanzen senkt die Notwendigkeit, den osmotischen Druck durch anorganische Ionen aufrecht zu erhalten, was zu anderen Problemen führen könnte (z.B. einer Herabsetzung der Aktivität von Enzymen). Bei einigen marinen Vertebraten und Evertebraten treten organische Osmolyte sowohl im Blut und in der interstitiellen Flüssigkeit als auch innerhalb der Zellen auf, so daß die Osmolarität sowohl des Extra- als auch des Intrazellularraumes in den Bereich der Osmolarität des Meerwassers gebracht wird. Die bekanntesten solcher Osmolyte sind **Harnstoff** und **Trimethylaminoxid**, die beide von verschiedenen im Meer lebenden Knorpelfischen, dem ursprünglichen Coelacanthiden *Latimeria* (Quastenflosser) und dem krabbenfressenden Brackwasser-Frosch *Rana cancrivora*, in Südostasien verwendet werden (Tab. 14.1).

Osmoregulation in aquatischen und terrestrischen Lebensräumen

Die osmotischen Probleme, mit denen Tiere in aquatischen und terrestrischen Lebensräumen konfrontiert werden, sind sehr unterschiedlich. In diesem Abschnitt wird zunächst die Osmoregulation bei wasseratmenden, danach bei luftatmenden Tieren betrachtet. Abb. 14.8 gibt einen Überblick über den Wasser- und Ionenaustausch bei verschiedenen Osmoregulierern.

Wasseratmer

Viele Wasserbewohner sind einschließlich ihrer respiratorischen Oberflächen vollständig von Wasser umgeben. Die Osmolarität aquatischer Lebensräume reicht von einigen mosm/l in Süßwasserseen bis zu über 1000 mosm/l in Meerwasser oder zu noch höheren Werten in Salzseen. Zwischen diesen Extremen liegen die Salinitäten in Lebensräumen wie Brackwasserzonen, Marschgebieten und Flußmündungen. Im allgemeinen besteht für die Körperflüssigkeiten (d.h. die interstitielle Flüssigkeit und das Blut) eine Tendenz, sich nicht den osmotischen Extremen in der Umwelt anzugleichen. **Euryhaline** Wasserbewohner können einen breiten Bereich von Salzkonzentrationen tolerieren, während **stenohaline** Tiere nur innerhalb eines engen Konzentrationsbereichs überleben können. Im Verlauf dieses Abschnitts werden wir die osmotischen Probleme betrachten, mit denen sich Süßwasser- und Meerwasserbewohner auseinandersetzen müssen, sowie die zu deren Bewältigung eingesetzten Strategien und Mechanismen beschreiben.

Süßwasserbewohner

Die Körperflüssigkeiten von Süßwasserbewohnern, einschließlich der Evertebraten, Fische, Amphibien, Reptilien und Säugetiere, sind im allgemeinen hyperosmotisch gegenüber ihrer wäßrigen Umgebung (Tab. 14.1). Die Osmolarität des Blutes der im Süßwasser lebenden Vertebraten liegt im Bereich von 200–300 mosm/l, diejenige von Süßwasser dagegen meist unter 50 mosm/l. Da Süßwasserbewohner gegenüber ihrem wäßrigen Lebensraum hyperosmotisch sind, stehen sie vor zweierlei osmoregulatorischen Problemen:

Osmoregulation in aquatischen und terrestrischen Lebensräumen

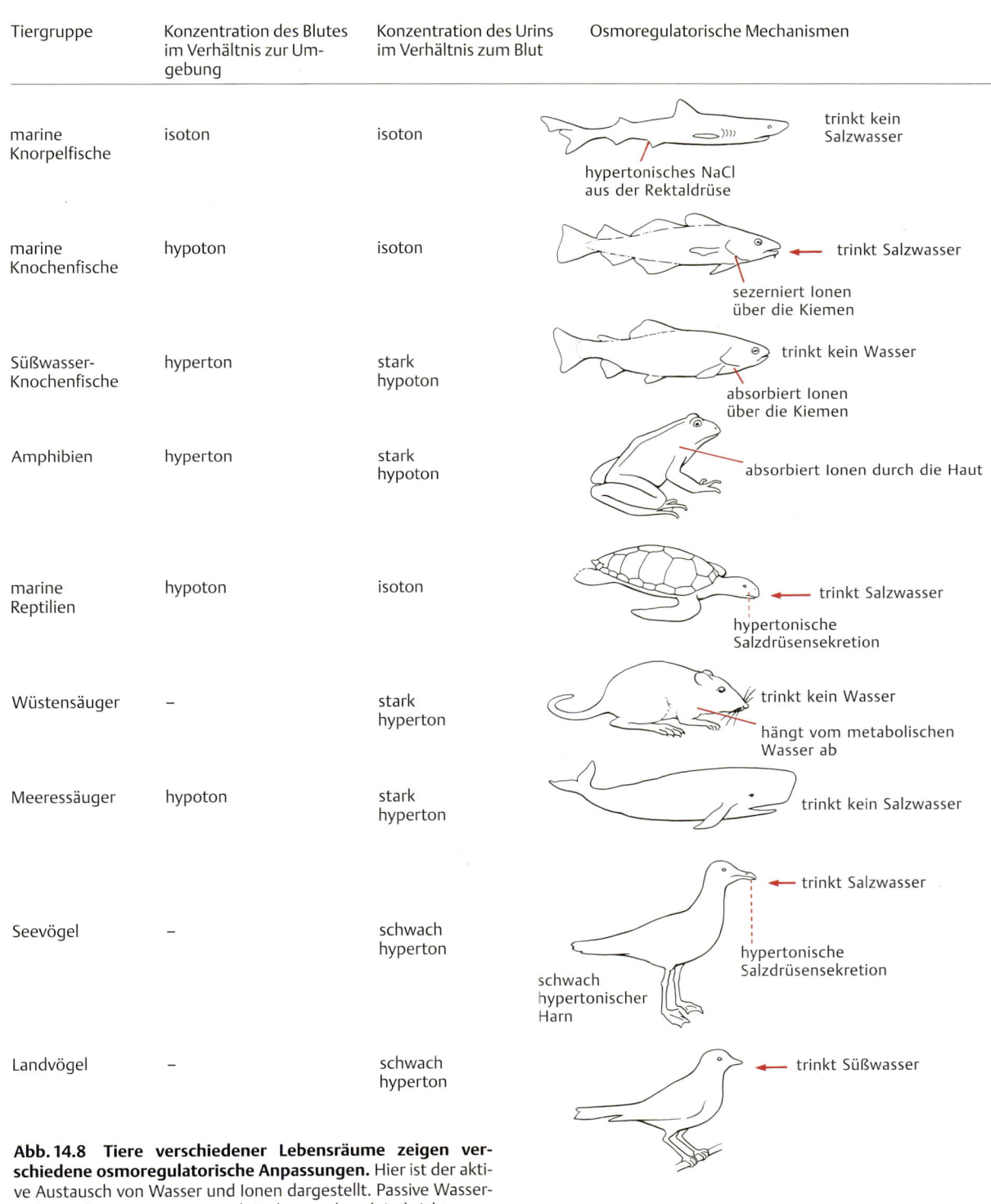

Tiergruppe	Konzentration des Blutes im Verhältnis zur Umgebung	Konzentration des Urins im Verhältnis zum Blut	Osmoregulatorische Mechanismen
marine Knorpelfische	isoton	isoton	trinkt kein Salzwasser; hypertonisches NaCl aus der Rektaldrüse
marine Knochenfische	hypoton	isoton	trinkt Salzwasser; sezerniert Ionen über die Kiemen
Süßwasser-Knochenfische	hyperton	stark hypoton	trinkt kein Wasser; absorbiert Ionen über die Kiemen
Amphibien	hyperton	stark hypoton	absorbiert Ionen durch die Haut
marine Reptilien	hypoton	isoton	trinkt Salzwasser; hypertonische Salzdrüsensekretion
Wüstensäuger	–	stark hyperton	trinkt kein Wasser; hängt vom metabolischen Wasser ab
Meeressäuger	hypoton	stark hyperton	trinkt kein Salzwasser
Seevögel	–	schwach hyperton	trinkt Salzwasser; hypertonische Salzdrüsensekretion; schwach hypertonischer Harn
Landvögel	–	schwach hyperton	trinkt Süßwasser

Abb. 14.8 Tiere verschiedener Lebensräume zeigen verschiedene osmoregulatorische Anpassungen. Hier ist der aktive Austausch von Wasser und Ionen dargestellt. Passive Wasserverluste über Haut, Lungen und Verdauungskanal sind nicht angegeben.

- Wegen des osmotischen Gradienten strömt Wasser in den Körper der Süßwasserbewohner ein und führt zu einem Anschwellen der Tiere.
- Süßwasserbewohner unterliegen einem ständigen Salzverlust an das umgebende Medium, das einen niedrigen Salzgehalt aufweist.

Daher müssen Süßwassertiere den Netto-Einstrom von Wasser und den Netto-Ausstrom von Ionen verhindern, was sie auf verschiedene Weise erreichen.

Eine Möglichkeit zur Vermeidung einer Netto-Wasseraufnahme besteht in der Bildung eines verdünnten Urins. Unter nah verwandten Fischen produzieren z.B. solche, die im Süßwasser leben, größere Mengen an (verdünntem) Harn als ihre Vettern im Meer (Abb. 14.9). Die nutzbaren Ionen werden in den Nierentubuli weitgehend durch Reabsorption aus dem Ultrafiltrat in das Blut zurückgeholt; auf diese Weise kann ein verdünnter Urin ausgeschieden werden. Trotzdem gehen einige Ionen mit dem Urin verloren, so daß das potentielle Problem eines allmählichen Auswaschens von biologisch wichtigen Salzen wie KCl, NaCl und $CaCl_2$, besteht. Teilweise wird der Ionenverlust aus der Nahrung ersetzt. Eine wichtige Anpassung von Süßwassertieren zur Kompensation der Ionenverluste besteht jedoch im aktiven Transport von Ionen über Epithelgewebe aus dem umgebenden Wasser in die interstitielle Flüssigkeit und das Blut. Dieser Transport erfolgt über speziell differenzierte Epithelien wie z.B. in der Haut von Amphibien und in den Kiemen von Fischen. Bei Fischen und vielen aquatischen Evertebraten dienen die Kiemen als Hauptorgan für die Osmoregulation, indem sie viele der Funktionen übernehmen, die in der Niere der Säugetiere stattfinden.

Süßwassertiere haben bemerkenswerte Fähigkeiten zur Aufnahme von Ionen aus ihrem verdünnten Milieu entwickelt. So sind z.B. Süßwasserfische in der Lage, über ihre Kiemen Na^+- und Cl^--Ionen aus Wasser aufzunehmen, das weniger als 1 mM NaCl enthält, obwohl die NaCl-Konzentration in ihrem Plasma 100 mM übersteigt (Abb. 14.9A). Der aktive NaCl-Transport in den Kiemen erfolgt also entgegen einem über 100fachen Konzentrationsgradienten. Der Mechanismus zur Reabsorption von Natrium scheint in den Kiemen von Süßwasserfischen, der Froschhaut, der Harnblase von Schildkröten und der Niere von Säugetieren ähnlich zu sein. In jedem Fall sind die Zellen der Transportepithelien durch Tight junctions miteinander verbunden. Der Transport von Na^+ in diese Zellen hängt von einer elektrogenen Protonen-ATPase ab, die aktiv Protonen aus den Zellen in das umgebende Wasser pumpt. Der genaue Mechanismus der Natrium-Rückgewinnung wird später beschrieben.

Bei einigen Süßwassertieren, einschließlich der Fische, Reptilien, Vögel und Säugetiere, wird der Einstrom

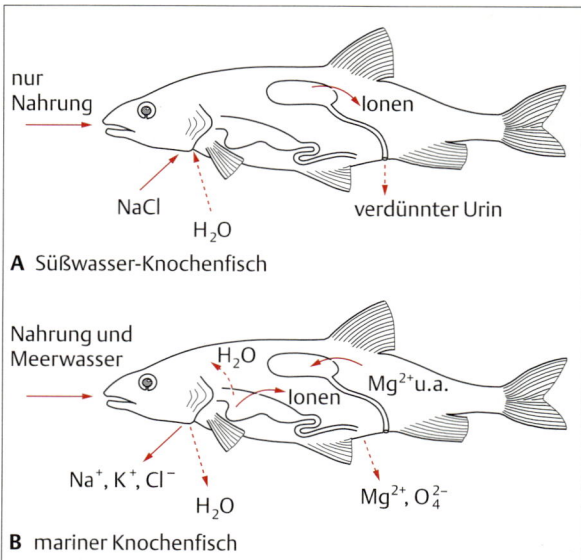

Abb. 14.9 Salz- und Wasseraustausch verlaufen bei Süßwasser- und Meeresfischen in umgekehrter Richtung. A Süßwasser-Knochenfische vermeiden eine Netto-Aufnahme von Wasser und den Verlust von Ionen durch die reichliche Ausscheidung eines dünnen Urins, aus dem der größte Teil der Ionen zuvor reabsorbiert wurde. B Marine Knochenfische stehen dagegen vor dem Problem, einen Wasserverlust bzw. einen Ionenüberschuß vermeiden zu müssen. Ausgefüllte Pfeile stellen aktive, unterbrochene Pfeile passive Vorgänge dar. Zu beachten ist die aktive Rolle der Kiemen beim Ionentransport in beiden Gruppen (verändert nach Prosser, 1973).

von Wasser und der Verlust von Ionen dadurch minimiert, daß das Integument sowohl für Wasser als auch für Ionen nur wenig permeabel ist. Tiere, die im Süßwasser leben, vermeiden das Trinken von Wasser, um die Notwendigkeit zur Ausscheidung überschüssigen Wassers zu reduzieren.

Meeresbewohner

Die intra- und extrazellulären Flüssigkeiten der marinen Evertebraten sind im allgemeinen dem Meerwasser ähnlich, sowohl bezüglich der Osmolarität (d.h. sie sind isoosmotisch) als auch der Konzentration der einzelnen anorganischen Hauptionen (Tab. 14.1). Solche Tiere müssen daher wenig Energie für die Regulation der Osmolarität ihrer Körperflüssigkeiten aufbringen. Eine Ausnahme unter den Vertebraten stellen die Schleimaale aus der Familie *Myxinidae* dar, deren Plasma ebenfalls isoosmotisch zum Meerwasser ist. Sie unterscheiden sich jedoch von den meisten marinen Evertebraten dadurch, daß sie die Konzentration einzelner Ionenarten regulieren. Vor allem der Ca^{2+}-, Mg^{2+}- und SO_4^{2-}-Gehalt ihres Blutes wird auf einem im Vergleich zum Meerwasser deutlich niedrigerem Niveau gehalten, während ihre Na^+- und Cl^--Konzentrationen die des Meerwassers übersteigen. Da verschiedene Funktionen erregbarer Gewebe wie der Nerven und der Muskulatur bei Vertebraten besonders empfindlich gegenüber den Konzentrationen von Ca^{2+} und Mg^{2+} reagieren, könnte sich die Regulation dieser zweiwertigen Kationen als Anpassung an die Erfordernisse neuromuskulärer Funktionen entwickelt haben.

Wie die Schleimaale haben auch die Knorpelfische (Haie und Rochen) sowie der ursprüngliche Quastenflosser *Latimeria* ein zum Meerwasser annähernd isoosmotisches Plasma. Im Unterschied zu den Schleimaalen halten sie weit niedrigere Elektrolytkonzentrationen aufrecht, der Fehlbetrag wird durch organische Osmolyte wie Harnstoff und Trimethylaminoxid (TMAO) ausgeglichen. Hohe Harnstoffkonzentrationen können das Zerfallen von Multienzymkomplexen in ihre Bausteine verursachen, während TMAO den gegenteiligen Effekt hat; letzteres hebt die Wirkung des Harnstoffs auf und stabilisiert die Struktur komplex aufgebauter Enzyme auch bei hohen Harnstoffwerten. Bei Knorpelfischen und Quastenflossern werden überschüssige anorganische Elektrolyte wie NaCl über die Nieren und zusätzlich mit Hilfe eines speziellen Organs, der **Rektaldrüse**, ausgeschieden, die im Endabschnitt des Verdauungskanals liegt.

Die Körperflüssigkeiten der marinen Teleosteer (moderne Knochenfische) sind wie die der meisten höheren Vertebraten hypoton gegenüber Meerwasser, weshalb bei diesen Fischen die Tendenz besteht, Wasser – besonders über das Kiemenepithel – an die Umgebung zu verlieren. Um den Wasserverlust auszugleichen, trinken diese Fische Meerwasser. Darauf beruht der größte Teil ihrer Netto-Ionenaufnahme – weniger auf der Aufnahme über die Körperoberfläche oder die Kiemen. Durch Absorption über das Darmepithel gelangen 70–80% des aufgenommenen Wassers zusammen mit dem größten Teil des darin enthaltenen NaCl und KCl in den Blutstrom. Zunächst wird das getrunkene Meerwasser durch diffusionsbedingte Aufnahme von Ionen im Bereich des Oesophagus um etwa 50% verdünnt. Eine aktive Salzaufnahme erfolgt im Dünndarm mit Hilfe eines $Na^+/2Cl^-/K^+$-Cotransports zunächst über die apikale Membran, dann durch einen Na^+/K^+-ATPase-unterstützten Transport über die basolaterale Membran. Im Darm zurück bleiben der größte Teil der zweiwertigen Kationen wie Ca^{2+}, Mg^{2+} und SO_4^{2-}, die dann durch den After ausgeschieden werden. Das im Überschuß zusammen mit dem Wasser absorbierte Salz wird schließlich durch aktiven Transport von Na^+ und Cl^- (zu einem geringeren Teil auch K^+) über das Kiemenepithel in das Meerwasser ausgeschieden; die Exkretion der zweiwertigen Ionen erfolgt über die Niere (Abb. 14.9 B). Der Urin ist isotonisch zum Blut, enthält aber in reichem Maße solche Salze (vor allem Ca^{2+}, Mg^{2+} und SO_4^{2-}), die nicht über die Kiemen ausgeschieden werden. Im Ergebnis führt die kombinierte osmotische Arbeit von Kiemen und Nieren bei den marinen Knochenfischen zu einem Netto-Gewinn an Wasser.

Einige Arten von Knochenfischen – z.B. der Lachs aus dem nordwestlichen Pazifik und Aale im östlichen Nordamerika und in Europa – können eine mehr oder weniger konstante Osmolarität im Plasma aufrechterhalten, obwohl sie Wanderungen zwischen dem Meer und dem Süßwasser durchführen. Solche Fische zeigen physiologische Anpassungsvorgänge, die sie in die Lage versetzen, in beiden Lebensräumen eine weitgehend konstante Ionenzusammensetzung aufrecht zu erhalten. Einige der physiologischen Veränderungen, die im Zusammenhang mit der Wanderung von Knochenfischen aus Süß- in Meerwasser auftreten, beginnen bereits, bevor die Tiere das Meer erreichen. Aale z.B. verringern die Permeabilität des Integumentes, wobei ihre Farbe von gelb nach silbrig umschlägt. In ähnlicher Weise beginnt die für die Anpassung von Lachsen an das Meerwasser charakteristische Umgestaltung der Kiemen schon im Verlauf der Abwärtswanderung der Fische in den Flüssen. Die Anpassungen wandernder Knochenfische werden später in diesem Kapitel genauer besprochen (Tab. 14.11).

Zusammenfassend kann man sagen, daß Süßwassertiere dazu neigen, Wasser passiv aufzunehmen und es aktiv durch die osmotische Arbeit von Nieren (Vertebraten) oder nierenähnlichen Organen (Evertebraten) wieder auszuscheiden. Sie verlieren Salze an das verdünnte Medium und ersetzen diese durch die aktive Aufnahme von Ionen über die Haut, über die Kiemen oder über andere zum aktiven Transport befähigte Epithelien aus der umgebenden Flüssigkeit. Andererseits verlieren Meeresfische Wasser aus osmotischen Gründen über die Kiemen oder durch das Integument, falls dieses wasserdurchlässig ist. Für den Ersatz des verlorenen Wassers trinken marine Fische Meerwasser und scheiden die zusammen mit dem Meerwasser im Überschuß aufgenommenen Ionen aktiv in die Umgebung aus. Dies erfolgt in Form eines aktiven Transports in extrarenalen Organen wie den Kiemen und der Rektaldrüse.

Luftatmer

Die Tiere in einer terrestrischen Umwelt kann man sich als „eingetaucht in ein Meer von Luft" anstelle von Wasser vorstellen. Wenn die Luftfeuchtigkeit nicht hoch ist, sind Tiere mit einem wasserdurchlässigen Integument der Gefahr des Austrocknens ausgesetzt, ganz ähnlich, wie wenn sie von einem hypertonen Medium wie dem Meerwasser umgeben wären. Ein Austrocknen könnte verhindert werden, wenn alle epithelialen Oberflächen, die der Luft ausgesetzt sind, für Wasser völlig impermeabel wären. Im Verlauf der Evolution hat sich diese Lösung aber nicht verwirklichen lassen, da ein Epithel, das für Wasser undurchlässig (und damit trocken) ist, auch für Sauerstoff und Kohlendioxid nur eine eingeschränkte Permeabilität besitzt, und damit für die Erfordernisse der Atmung bei einem terrestrischen Tier ungeeignet wäre. Daraus ergibt sich, daß luftatmende Tiere einem Wasserverlust über ihre respiratorischen Epithelien ausgesetzt sind. Sie machen jedoch von verschiedenen Möglichkeiten Gebrauch, um die Wasserabgabe an die Luft über die Körperoberfläche und andere Wege zu minimieren (Abb. 14.**6**).

Marine Reptilien (z.B. Leguane, in Ästuaren lebende Schildkröten, Krokodile, Seeschlangen) und Seevögel trinken Meerwasser als Wasserquelle, sind aber, wie marine Knochenfische, nicht in der Lage, einen konzentrierten Urin zu bilden, der deutlich hyperosmotisch gegenüber ihren Körperflüssigkeiten ist. Statt dessen sind sie mit Drüsen ausgestattet, die auf die Sekretion von Salzen in einer stark hyperosmotischen Flüssigkeit spezialisiert sind. Diese Salzdrüsen liegen im allgemeinen bei den Vögeln über den Augenhöhlen und bei den Echsen in der Nähe der Nase oder der Augen. Von Brackwasser-Krokodilen vermutete man lange Zeit, daß sie extrarenale Mechanismen zur Exkretion von Salzen benutzen; tatsächlich wurden schließlich Salzdrüsen in ihrer Zunge gefunden. Zwar sind weder die Nieren der Reptilien noch diejenigen der Vögel in der Lage, einen Urin zu bilden, der höher konzentriert ist als Meerwasser, aber die Salzdrüsen der Meerechsen und Seevögel sezernieren eine ausreichend hoch konzentrierte Salzlösung, um ihnen dennoch das Trinken von Meerwasser zu ermöglichen (Abb. 14.**10A**). Meeressäuger, denen Salzdrüsen oder ähnliche Spezialisierungen fehlen, vermeiden das Trinken von Meerwasser; sie beziehen ihr Wasser ganz aus der Nahrung (freies Wasser und Oxidationswasser) und verlassen sich bei der Aufrechterhaltung des osmotischen Gleichgewichts hauptsächlich auf ihre Nieren.

Menschen sind, wie andere Säugetiere, nicht in der Lage, auf Dauer Meerwasser zu trinken. Die menschliche Niere kann pro Liter gebildeten Urins bis zu 6 g Na^+ aus dem Blutstrom entfernen. Da Meerwasser aber 12 g Na^+/l enthält, führt das Trinken von Meerwasser bei Menschen zu einer Anhäufung von Ionen, ohne daß gleichzeitig eine physiologisch äquivalente Menge an Wasser zugeführt wird (Abb. 14.**10B**). Anders ausgedrückt: für die Ausscheidung der Ionen, die mit einer bestimmten Menge an Meerwasser aufgenommen werden, benötigt die menschliche Niere mehr Wasser als in

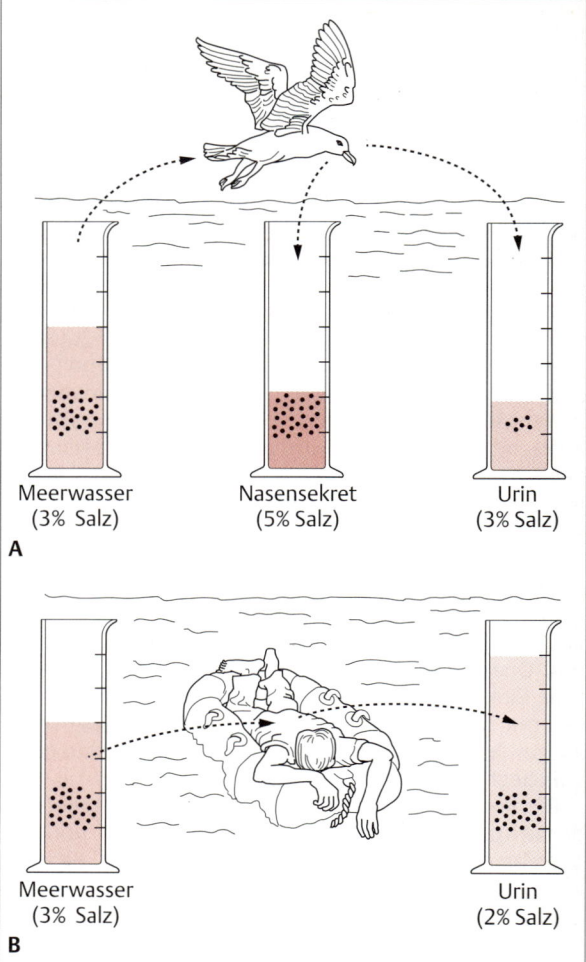

Abb. 14.10 Im Meer lebende Reptilien und Seevögel trinken Meerwasser zur Wasseraufnahme, während die meisten Säugetiere nach dem Trinken von Meerwasser austrocknen würden. A Wenn Seevögel Meerwasser trinken, scheiden sie Salz über Salzdrüsen aus, wobei etwa 80% des aufgenommenen Salzes zusammen mit nur 50% des aufgenommenen Wassers ausgeschieden werden. Infolgedessen können diese Vögel einen hypotonen Urin bilden, ohne auszutrocknen. **B** Wenn Menschen und andere Säugetiere, die keine Salzdrüsen besitzen, Meerwasser trinken, können die meisten Arten den Urin nicht genügend hoch konzentrieren, um bei der Ausscheidung von Salz Wasser mit Gewinn zurückzuhalten. Wie terrestrische Säugetiere können auch Meeressäuger kein Meerwasser trinken; diese Tiere wenden verschiedene Mechanismen zur Wasserersparnis an, um zu überleben (nach Schmidt-Nielsen, 1959).

dieser Menge enthalten ist. Das Trinken von Meerwasser führt somit schnell zu einer Entwässerung. Deshalb sterben in Seenot geratene Menschen, wenn sie kein Süßwasser zu trinken bekommen. Sie können ihre Wasserverluste nicht durch das Trinken von Meerwasser ersetzen. Tun sie dies doch, verschlimmern sie nur ihre Lage. Menschen sind auf ständigen Zugang zu Trinkwasser angewiesen, um überschüssige Ionen und Stoffwechselendprodukte ausscheiden zu können.

Die meisten Säugetiere können kein Meerwasser trinken, und doch leben Meeressäuger wie die *Pinnipedia* (z.B. Seelöwen, Robben) und *Cetacea* (z.B. Tümmler, Wale) in den Ozeanen, obwohl sie keine extrarenalen salzsezernierenden Organe (Salzdrüsen) wie die Vögel und die Reptilien besitzen. Kamele und viele andere Säugetiere können in der Wüste überleben. Anders als Menschen können also viele Säuger in Lebensräumen überleben, in denen es kein Trinkwasser gibt. Joseph Priestley (1733–1804), der erstmals Gase isolierte (auch Sauerstoff), fiel auf, daß er Mäuse in einem Käfig über viele Monate am Leben halten konnte, ohne ihnen Trinkwasser zu geben. Die Mäuse standen auf einem Regal über der Feuerstelle in der Küche seines Hauses in Yorkshire (England). Ein anderes kleines Säugetier, die Känguruhratte, *Dipodomys merriami*, die im Südwesten Amerikas vorkommt, ist ein klassisches Beispiel dafür geworden, wie kleine Säuger ohne Trinkwasser unter den trockenen Bedingungen der Wüsten überleben können. Die folgenden Abschnitte zeigen, wie diese Säugetiere, ebenso wie bestimmte terrestrische Arthropoden, ohne Trinkwasser auskommen können.

Wüstenbewohnende Säugetiere

Die von der Känguruhratte angewandten Überlebensstrategien bieten ein gutes Beispiel für die vielfältigen osmoregulatorischen Anpassungen, die für viele kleine Wüstensäugetiere kennzeichnend sind (Abb. 14.11). Die Känguruhratte und viele andere Wüstensäuger stehen vor einer doppelten physiologischen Gefährdung – extreme Hitze und nahezu völliges Fehlen von Wasser. Die Regulation des Wasserhaushaltes und der Körpertemperatur stehen natürlich in enger Beziehung zueinander, da die Verdunstungskühlung ein wichtiges Mittel zur Abfuhr überschüssiger Körperwärme darstellt. Da sich Verdunstungskühlung und Wasserersparnis nicht miteinander vereinbaren lassen, können sich die meisten Wüstentiere diese Methode nicht leisten und haben deshalb ausgeklügelte Methoden entwickelt, sie zu umgehen. Wie viele andere Wüstensäuger weicht die Känguruhratte der stärksten Hitzebelastung aus, indem sie den Tag in einem unterirdischen Bau verbringt, den sie nur während der Nacht verläßt. Diese nächtliche Lebensweise ist ein wichtiges und weitverbreitetes Verhalten der Wüstenbewohner. In dem kühleren Bau wird nicht nur die Wärmelast des Tiers, sondern auch der evaporative Wasserverlust verringert. Die Effektivität des zur Rückgewinnung von Feuchtigkeit aus der Atem-

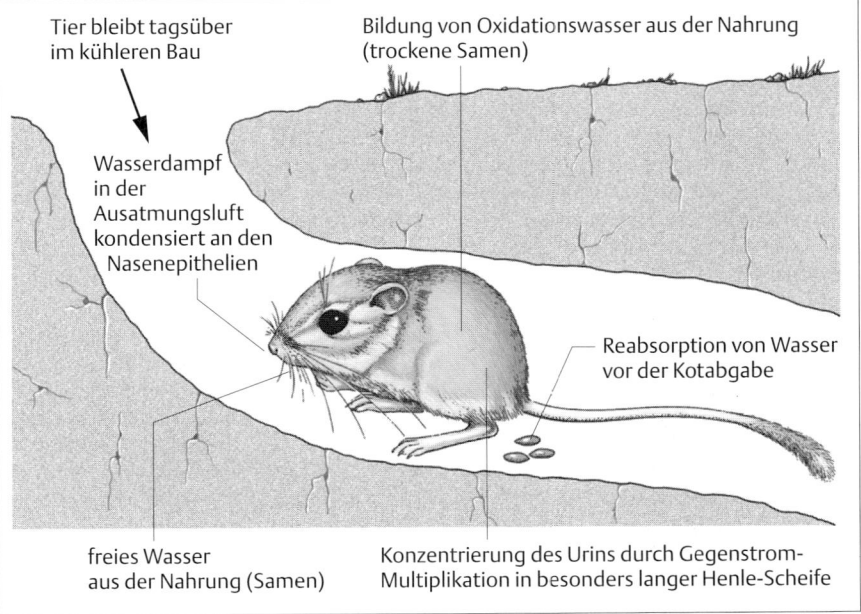

Abb. 14.11 Anpassungen der Känguruhratte. Die von der Känguruhratte zur Wasserersparnis verfolgten Strategien sind typisch für viele kleine Wüstenbewohner.

luft dienenden Gegenstrom-Mechanismus in der Nase hängt natürlich davon ab, daß die Temperatur im Bau deutlich niedriger ist als die typische Kerntemperatur, die bei Vögeln und Säugern 37–40 °C beträgt. Wenn das Nagetier sich aus seinem kühleren Bau an die Luft wagt, deren Temperatur seiner eigenen entspricht, werden seine respiratorischen Wasserverluste abrupt ansteigen, da der Kühleffekt seines Nasenepithels sich verringert. Wüstensäuger vermeiden tagsüber im allgemeinen auch Wärmebildung durch körperliche Tätigkeit, wenn die Abgabe überschüssiger Körperwärme durch die hohe Umgebungstemperatur erschwert wird. Dank ihrer effektiv arbeitenden Nieren kann die Känguruhratte einen hoch konzentrierten Urin ausscheiden; die Reabsorption von Wasser im Rektum sorgt für die Bildung sehr trockener Kotpillen.

Indem sie alle diese Anpassungen für das Überleben in der Wüste einsetzt, reduziert die Känguruhratte ihre Wasserverluste in starkem Maße. Trotz des extrem sparsamen Umgangs mit Wasser müssen die geringen Wasserverluste natürlich ersetzt werden, sonst würde das Tier schließlich austrocknen. Da die Känguruhratte sich von trockenen Samen ernährt (die nur Spuren von freiem Wasser enthalten), offenbar kein Trinkwasser zu sich nimmt und trotzdem auch bei annähernd völligem Fehlen von freiem Wasser überleben kann, muß sie über eine verborgene Wasserquelle verfügen. Es zeigt sich, daß dies das bereits erwähnte **Oxidationswasser** ist (Tab. 14.5, S. 664). Ihre ausgefeilten Wassersparmechanismen erlauben es der Känguruhratte, vorrangig mit dem Wasser zu überleben, das bei der Verbrennung der Nahrung gebildet wird, so daß langfristig der Wassergewinn den Wasserverlust ausgleicht (Tab. 14.7).

Im Gegensatz zur Känguruhratte sind Kamele zu groß, um in unterirdischen Bauen vor der heißen Wüstensonne Schutz suchen zu können. Wenn kein Trinkwasser zur Verfügung steht, schwitzen Kamele nicht, sondern lassen während der Tageshitze lieber ihre Körpertemperatur ansteigen, statt kostbares Wasser für die Verdunstungskühlung zu opfern. Während der kühleren Nacht sinkt die Körpertemperatur des Kamels. Am nächsten Tag steigt sie wegen der großen Körpermasse des Tieres und weil das dichte Fell wie ein Hitzeschild wirkt, nur langsam wieder an. Die Körpertemperatur eines unter Wassermangel leidenden Kamels kann dabei zwischen 35 °C am Ende der Nacht und 41 °C am frühen Nachmittag schwanken (Abb. 14.12 A). Diese Strategie des Aufheizens am Tage und Abkühlens während der Nacht ist bei kleinen Nagetieren nicht möglich, da sich ihre Körpertemperatur viel rascher verändert als beim großen Kamel (Abb. 14.12 B). Wegen ihrer geringen Größe heizen sich Wüstennager in der Sonne schnell auf und müssen zu ihrem Bau zurückkehren, um abzukühlen. Das Kamel verlangsamt das Aufheizen auch dadurch, daß es sich so stellt, daß es den einfallenden Sonnenstrahlen die kleinst mögliche Oberfläche darbietet. Wie andere Wüstentiere bildet das Kamel einen trockenen Kot und einen konzentrierten Urin. Wenn überhaupt kein Wasser zur Verfügung steht, produzieren Kamele keinen Urin, sondern speichern Harnstoff in den Geweben. Sie können nicht nur in hohem Maße ein Austrocknen des Körpers ertragen, sondern tolerieren auch hohe Harnstoffwerte im Körper. Wenn sie wieder Zugang zu Wasser haben, können diese „Wüstenschiffe" ihre Wasserverluste rasch ersetzen, indem sie innerhalb von 10 min 80 Liter Wasser trinken.

Meeressäuger

Die Meeressäuger stehen vor ähnlichen Problemen wie Wüstentiere, da sie in einer Umgebung ohne verfügbares Trinkwasser leben. Wasser, überall Wasser und doch nicht trinkbar! Die physiologischen Reaktionen der Meeressäuger gleichen, obwohl im Einzelnen unterschiedlich, denen der Wüstensäuger. Auch bei ihnen steht der sparsame Umgang mit Wasser im Vordergrund. Wie andere Säugetiere sind sie mit sehr effektiv arbeitenden Nieren ausgestattet, die einen stark hypertonen Urin bilden können. Robben besitzen charakteristische, stark verzweigte Auswüchse der Epitheloberflächen in den Nasengängen, die den Wasserverlust über die Atmung verringern. Wale und Delphine haben anstelle der typischen Säugernase ein Blasloch und ein großes Atemzugvolumen. Die Luft strömt bei ihnen mit großer Geschwindigkeit durch das Blasloch, da sowohl das Ein- wie auch das Ausatmen sehr schnell erfolgt; dabei wird mit jedem Atemzug ein großes Luftvolumen bewegt. Bei Walen kühlt die Ausatmungsluft nach der Passage durch das enge Blasloch infolge ihrer Expansion ab. Möglicherweise kommt es dabei zu einer Kondensation von Wasser im Bereich des Blasloches, welches zur Befeuchtung der Einatmungsluft dienen könnte. Dadurch würden die Wasserverluste bei der Atmung reduziert.

Ein bemerkenswertes Beispiel für Wasserersparnis bei einem Meeressäuger bieten frisch entwöhnte junge

Tab. 14.7 Wege der Wasseraufnahme und -abgabe bei der Känguruhratte

Wasseraufnahme		Wasserabgabe	
Stoffwechselwasser	90%	Evaporation	70%
freies Wasser im Futter	10%	Urin	25%
Trinkwasser	0%	Faeces	5%
	100%		100%

Nach Schmidt-Nielsen, 1972

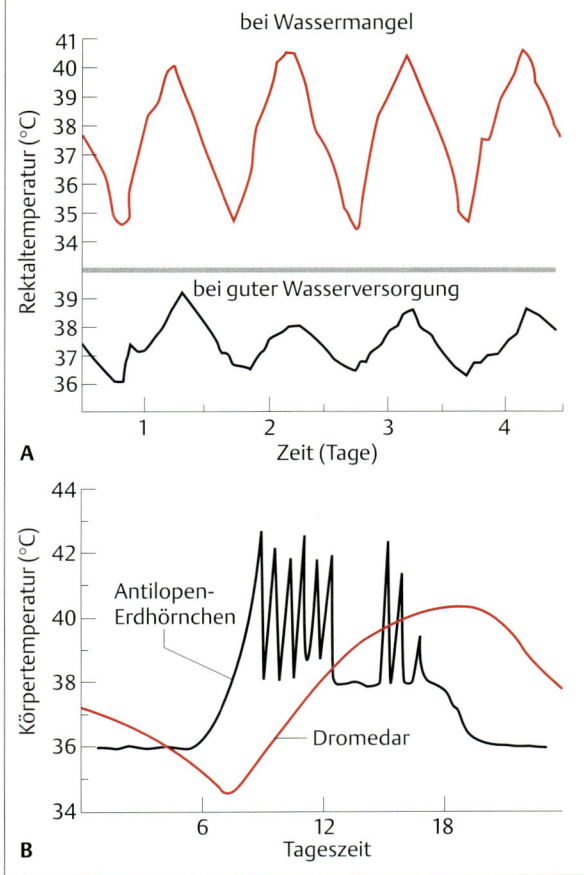

Abb. 14.12 Tagesverlauf der Körpertemperatur bei einem großen und einem kleinen Säugetier unter Wüstenbedingungen. Wenn Wasser knapp ist, zeigen viele große Wüstentiere wie das Kamel während des Tages einen starken, aber langsamen Anstieg der Körpertemperatur, während kleinere Tiere sich rasch aufheizen, sobald sie der Sonne ausgesetzt sind. **A** Tägliche Temperaturschwankungen bei einem gut mit Wasser versorgten und einem an Wassermangel leidenden Kamel. Wenn Kamelen das Trinkwasser vollständig entzogen wird, kann die tägliche Schwankungsbreite der Körpertemperatur bis zu 7 °C betragen. Dies wirkt sich in starkem Maße auf den Verbrauch von Wasser zur Temperaturregulation aus. **B** Schematische Darstellung des täglichen Temperaturverlaufs bei einem großen und einem kleinen Säugetier, die unter Wüstenbedingungen Hitzestress ausgesetzt sind. Um ein Überhitzen zu vermeiden, müssen kleine Tiere periodisch den unterirdischen Baue aufsuchen (Teilabbildung A aus Schmidt-Nielsen, 1963; Teilabbildung B aus Bartholomew, 1964).

See-Elefanten. Wenn ein Junges von seiner Mutter allein gelassen wird, muß es 8–10 Wochen ohne Nahrung und Wasser auskommen. Während dieser Zeit ist seine einzige Wasserquelle das beim Verbrennen des Körperfettes anfallende Oxidationswasser. Ein See-Elefantenbaby wiegt zum Zeitpunkt der Entwöhnung etwa 140 kg und verliert nur ca. 800 g Wasser pro Tag, davon weniger als 500 g über die Atmung. Dieser sparsame Umgang mit Wasser wird sowohl dem Gegenstrom-Wärmeaustausch in der Nase als auch einer Absenkung der Stoffwechselrate zugeschrieben, die ein Alternieren zwischen 40 min langen Atempausen und 5 min langen, tiefen Atemphasen ermöglicht. Die Fähigkeit zum Anhalten der Atmung ist natürlich für einen Meeressäuger wie den See-Elefanten, der lange unter Wasser bleiben kann, nichts Außergewöhnliches. Die Fähigkeit zum Wassersparen ist auch bei adulten See-Elefanten zu erkennen. Die großen Männchen verbringen bis zu drei Monate am Strand, wobei sie weder trinken noch fressen. Die Weibchen säugen ihre Jungen ungefähr vier Wochen lang am Strand, dann wird das Junge allein gelassen und die Weibchen kehren für etwa vier Monate in das Meer zurück. Für den ungefähr einen Monat dauernden Fellwechsel gehen sie an Land, danach verbringen sie wieder ca. sechs Monate im Meer. Solange sie sich im Meer aufhalten, trinken die See-Elefanten nicht, sondern decken ihren Wasserbedarf mit dem Wasser aus ihrer Fischnahrung (freies Wasser und Stoffwechselwasser).

Terrestrische Arthropoden

Bestimmte terrestrische Arthropoden haben die Fähigkeit, Wasserdampf direkt aus der Luft aufzunehmen; einigen Arten gelingt dies sogar, wenn die relative Luftfeuchte nur noch 50 % beträgt (Tab. 14.8). Bis heute konnte diese noch wenig verstandene Fähigkeit nur bei einigen Spinnentieren (Zecken, Milben) und bei einer Reihe von flügellosen Insekten (in erster Linie bei Larvenstadien) nachgewiesen werden. Arten, die über die-

Tab. 14.8 Kritische Schwellen der Luftfeuchte, bei denen einige Arthropoden der Dampfphase gerade noch Wasser entziehen können

	relative Feuchtigkeit (%)
Arachnida	
Ixodes ricinus	92
Rhipicephalus sanguineus	84–90
Insecta	
Thermobia domestica	45
Tenebrio molitor (Larven)	88

Hinweis: Bei relativen Feuchten unterhalb der angegebenen kritischen Schwellen sind die Tiere nicht mehr in der Lage, der Luft Feuchtigkeit zu entziehen.

Nach Edney u. Nagy, 1976

se Fähigkeit verfügen, bewohnen Habitate ohne oder fast ohne freies Wasser. Die Fähigkeit dieser Gliederfüßer, Wasser aus der Luft zu beziehen, ist um so bemerkenswerter, als dabei der Wasserdampfdruck der Hämolymphe höher ist als derjenige der Luft; dies ist stets der Fall, wenn die relative Luftfeuchtigkeit unter 99% liegt.

Der Wasserdampfdruck einer Lösung nimmt mit steigendem Gehalt an gelösten Teilchen ab, weshalb hochkonzentrierte Salzlösungen Wasser aus der Luft absorbieren. Insekten machen sich dies zu Nutze, indem sie hochkonzentrierte Lösungen produzieren. Häufig nehmen sie Wasser über das Rektum auf, indem der Wassergehalt des Kotes auf bemerkenswert niedrige Werte gesenkt wird. Wenn dem Kot Wasser entzogen wird, kann er frisches Wasser aus der Luft aufnehmen, sofern deren Wasserdampfdruck hoch genug ist und die Luft in das Lumen des Rektums einströmen kann. Bei Zecken gibt es Gewebe im Mundbereich, die mit der Aufnahme von Wasserdampf in Zusammenhang gebracht werden; vermutlich produzieren die Speicheldrüsen eine hochkonzentrierte KCl-Lösung, die wiederum Wasser aus der Luft absorbieren kann.

Osmoregulatorische Organe

Die osmoregulatorischen Fähigkeiten der Metazoen hängen in starkem Maße von den Eigenschaften der **Transportepithelien** der Kiemen, der Haut, der Nieren (Abb. 14.**15**) und des Darmkanals ab. Die Zellen, welche diese Epithelien aufbauen, sind hochspezialisiert und unterscheiden sich von allen anderen Zelltypen dadurch, daß sie anatomisch und funktionell polar organisiert sind. Die apikale Seite einer Epithelzelle (manchmal auch als Mucosa- oder Lumen-Seite bezeichnet) grenzt an einen Raum, der mit der äußeren Umwelt (Meer, Teich, Darmlumen, Lumen eines Nierentubulus usw.) in Verbindung steht. Die entgegengesetzte Seite einer Epithelzelle, die basale Seite (manchmal als Serosa- oder Blut-Seite bezeichnet), ist im allgemeinen stark gefaltet (basales Labyrinth) und grenzt an ein Kompartiment im Körperinneren, das die Extrazellulärflüssigkeit enthält. Dieses Kompartiment enthält auch alle anderen Zellen der übrigen Körpergewebe. Diese befinden sich sozusagen in ihrem eigenen privaten „Teich", der aus der extrazellulären Flüssigkeit besteht, in die sie eingetaucht sind. Die geeignete Zusammensetzung dieses „inneren Teiches" hängt von der osmoregulatorischen Arbeit und der Schutzfunktion der Epithelzellen ab.

Die Exkretion stickstoffhaltiger Abfallstoffe wird je nach der Verfügbarkeit von Wasser von den einzelnen Arten unterschiedlich gehandhabt. Die Unterschiede betreffen sowohl die Art der stickstoffhaltigen Endprodukte als auch die Vielzahl der Organe, über welche die Ausscheidung von Ammoniak, Harnstoff oder auch Harnsäure erfolgt. Bei Süßwasserfischen ist z.B. Ammoniak das wichtigste stickstoffhaltige Endprodukt; seine Ausscheidung erfolgt in der Hauptsache über die Kiemen. Bei Säugetieren wird dagegen hauptsächlich Harnstoff gebildet und über die Nieren ausgeschieden. Da die Exkretion stickstoffhaltiger Endprodukte sehr variabel und nicht organspezifisch ist, erfolgt ihre Besprechung am Ende dieses Kapitels (S. 716ff).

Die Mechanismen, die zum Stofftransport über Epithelien hinweg eingesetzt werden, wurden in Kap. 4 dargestellt; die Funktionsweise aller exkretorisch oder osmoregulatorisch tätigen Organe beruht auf den gleichen grundlegenden zellulären Mechanismen. Sehr ähnliche salzsezernierende Zellen findet man z.B. in den Salzdrüsen der Vögel und Reptilien, der Säugerniere, der Rektaldrüse von Knorpelfischen und den Kiemen von marinen Knochenfischen. Die Zellen sind sich nicht nur sehr ähnlich, auch die Regulation ihrer Tätigkeit erfolgt unter dem Einfluß ähnlicher Hormone. Die Funktionsweise und die Systemeigenschaften von Organen, die aus ähnlich gebauten Zellen zusammengesetzt sind, können aufgrund eines unterschiedlichen anatomischen Aufbaus verschieden sein. Die Leistungsfähigkeit von Transportepithelien in osmoregulatorischen Organen kann durch die besondere anatomische Anordnung verschiedener Abschnitte erheblich verbessert werden, wie vor allem die Säugetierniere verdeutlicht. Zusätzlich zu einem hohen Grad an spezieller Differenzierung für den transepithelialen Transport ist hier das Epithel in röhrenartigen Tubuli in einer Weise angeordnet, welche die Effektivität des Ionentransportes durch die Tubulus-Epithelzellen noch einmal erheblich steigert. Dieses Zusammenwirken von zellulärer Funktion und Organstruktur hat zur Entstehung eines außerordentlich effizienten Organs für die Osmoregulation und die Exkretion geführt. In den folgenden Abschnitten werden unterschiedliche Typen von osmoregulatorischen Organen, die bei verschiedenen Tieren auftreten, beschrieben und ihre Funktionsweisen verglichen.

Die Niere der Säugetiere

Die Säugerniere ist das osmoregulatorische Organ, über dessen Funktionsweise dank intensiver Forschung im Verlauf der letzten vier bis fünf Jahrzehnte am meisten bekannt ist. Die Niere übernimmt bei den Säugetieren bestimmte Funktionen, die bei niederen Vertebraten von anderen Organen ausgeführt werden, z.B. von der Haut und der Harnblase bei Amphibien, von den Kiemen bei Fischen und von den Salzdrüsen bei Reptilien und Vögeln. Die Säugetierniere ist deshalb nicht repräsentativ für alle Nierentypen der Vertebraten; diese sind in den verschiedenen Wirbeltiergruppen etwas unterschiedlich gebaut.

Bau der Säugerniere

Den allgemeinen Bau der Säugetierniere zeigt Abb. 14.13. Jedes Individuum besitzt normalerweise zwei Nieren, eine auf jeder Körperseite, die außerhalb des Peritoneums (Bauchfell) an der Dorsalseite im hinteren Abdominalbereich liegen. Angesichts ihrer geringen Größe (beim Menschen nur etwa 1% des Körpergewichtes) weisen die Nieren mit ungefähr 20–25% des gesamten Herzzeitvolumens eine bemerkenswert gute Blutversorgung auf. Alle 4–5 min wird in den Nieren eine dem gesamten Blutvolumen äquivalente Flüssigkeitsmenge filtriert. Die äußere funktionelle Schicht, der **Cortex** (Rinde), wird von einer kräftigen bindegewebigen Kapsel umhüllt. Aus der inneren funktionellen Schicht, der **Medulla** (Mark), ragen **Papillen** in das **Nierenbecken** hinein. Aus dem **Nierenkelch** entspringt der **Harnleiter** (Ureter), der in die **Harnblase** mündet. Der Urin fließt während der Harnabgabe über die **Harnröhre** (Urethra) ab, die bei männlichen Tieren bis zum Ende des Penis, bei weiblichen Tieren in die Vulva führt.

Erwachsene Männer produzieren pro Tag etwa einen Liter eines schwach sauren Urins (pH ca. 6,0). Die Menge des gebildeten Urins schwankt im Tagesverlauf, mit tagsüber hohen Werten und niedrigen bei Nacht, worin sich das zeitliche Muster von Wasseraufnahme und Bildung von Stoffwechselwasser widerspiegelt. Der Urin enthält außer Wasser und anderen Nebenprodukten des Stoffwechsels (wie Harnstoff) NaCl, KCl, Phosphate und andere Substanzen, die im Überschuß im Körper vorhanden sind. Ziel ist die Aufrechterhaltung einer mehr oder weniger konstanten Zusammensetzung des Körpers; Menge und Zusammensetzung des Urins sind daher ein Spiegelbild des aufgenommenen Flüssigkeitsvolumens und der Menge und Zusammensetzung der verzehrten Nahrung. Die momentane Urinmenge wird bestimmt durch das aufgenommene Wasservolumen und durch das Oxidationswasser; davon gehen die evaporativen Wasserverluste über die Atmung und das Schwitzen ab sowie – von geringerer Bedeutung – die Wasserverluste durch den Kot. Bei der Abgabe ist der Urin normalerweise klar und durchsichtig, nach einer umfangreichen Mahlzeit kann er aber alkalisch und etwas trübe werden. Geruch und Farbe des Urins hängen von der Art der aufgenommenen Nahrung ab. Die Aufnahme von Methylenblau z.B. verleiht dem normalerweise gelblichen Urin eine deutlich blaue Farbe und der Verzehr von Spargel verändert deutlich den üblicherweise leicht aromatischen Geruch des Urins.

Die Abgabe des Urins wird erzielt durch gleichzeitige Kontraktion der glatten Muskulatur der Harnblasenwand und der Erschlaffung des gestreiften Sphinktermuskels um die Blasenöffnung. Wenn die Blasenwand bei allmählicher Füllung der Blase gedehnt wird, erzeugen darin vorhandene Streckrezeptoren Nervenimpulse, die durch sensorische Neurone zum Rückenmark und in das Gehirn geleitet werden, wo sie das damit verbundene Empfinden der Füllung hervorrufen. Der Sphinkter kann daraufhin durch inhibitorische motorische Impulse zum Erschlaffen gebracht werden, die glatte Muskulatur der Blasenwand kann sich unter Kontrolle des autonomen Nervensystems kontrahieren und den Blaseninhalt austreiben. Das Vorhandensein einer Harnblase erlaubt die kontrollierte Abgabe von gespeichertem Urin anstelle eines kontinuierlichen und tropfenweisen Urinierens parallel zum Fluß des Urins aus der Niere in die Blase. Diese kontrollierte Abgabe wird von einigen Tieren zur olfaktorischen Markierung ihres Territoriums benutzt.

Die funktionelle Einheit der Säugerniere ist das **Nephron** (Abb. 14.14), eine kompliziert gebaute Epithelröhre, deren Anfang geschlossen ist, die aber ein offenes Ende besitzt. Jede Niere enthält zahlreiche Nephrone,

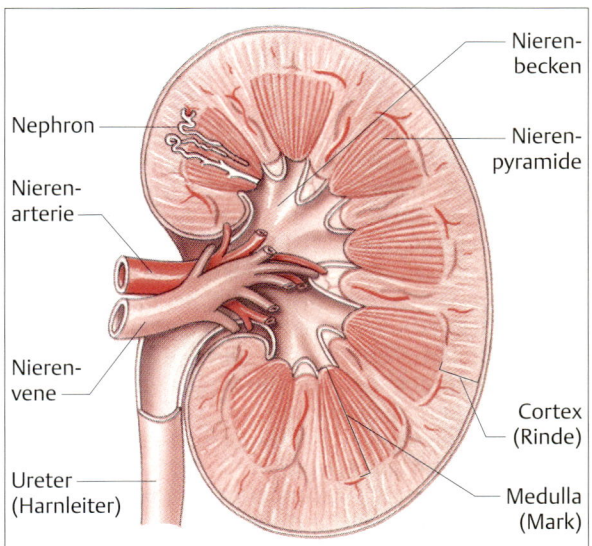

Abb. 14.13 Aufbau der Säugerniere. Die funktionellen Einheiten der Säugetierniere, die Nephrone, sind innerhalb der Nierenpyramiden strahlenförmig angeordnet. Das distale Ende jedes Nephrons in einer Pyramide geht in ein Sammelrohr über, das durch eine Papille zu einem Nierenkelch führt. Die Nierenkelche entleeren in einen zentralen Hohlraum, der als Nierenbecken bezeichnet wird. Aus dem Nierenbecken fließt der Urin in den Ureter, der ihn zur Harnblase leitet. In dieser Darstellung eines Sagittalschnittes ist nur ein Nephron eingezeichnet; jede Pyramide enthält jedoch zahlreiche Nephrone.

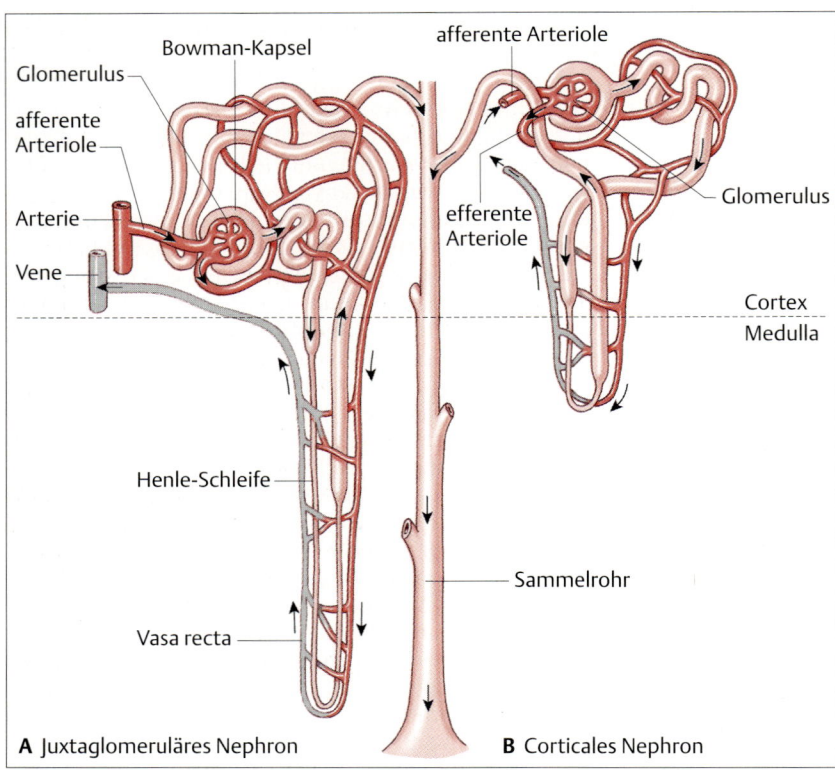

Abb. 14.14 Aufbau juxtamedullärer und corticaler Nephrone der Säugerniere. Das Nephron der Säugetiere ist ein langes, röhrenartiges Gebilde, das an seinem Anfang, der Bowman-Kapsel, geschlossen, an seinem Ende, wo es in ein Sammelrohr mündet, dagegen offen ist. **A** Juxtamedulläre Nephrone haben eine lange Henle-Schleife, die tief in das Nierenmark hineinzieht und von Vasa recta begleitet wird. Das Blut fließt zunächst durch die Kapillaren des Glomerulus, dann durch die haarnadelförmigen Schleifen der Vasa recta, die zusammen mit der Henle-Schleife in das Nierenmark eintauchen. **B** Die häufigeren corticalen Nephrone haben eine kurze Henle-Schleife, von der nur ein kurzes Stück durch das Mark verläuft, und besitzen keine Vasa recta. In diesen Nephronen fließt das Blut aus den afferenten Arteriolen in die Kapillaren des Glomerulus und verläßt dann das Nephron über die efferente Arteriole.

die in **Sammelrohren** münden. Letztere ziehen in den Papillen mehr oder weniger parallel verlaufend zu den Papillenspitzen, wo sie in den Nierenkelch münden. An ihrem geschlossenen Ende sind die Nephrone erweitert und bilden die tassenförmige **Bowman-Kapsel**, die einem von oben in Richtung seines Halses eingestülpten Ballon gleicht. Das Lumen der Kapsel geht in das enge Lumen der Nierentubuli über. Ein Kapillarknäuel bildet den **Glomerulus** im Inneren der Bowman-Kapsel. Dieses bemerkenswerte Gebilde ist für den ersten Schritt der Urinbildung verantwortlich: Ein mit Hilfe des Blutdruckes erzeugtes **Ultrafiltrat** des Blutes passiert zunächst die einzellige Endothelschicht der Glomeruluskapillaren, danach eine Basalmembran und schließlich eine weitere einzellige Epithelschicht, die von der Wand der Bowman-Kapsel gebildet wird. Das Ultrafiltrat sammelt sich im Lumen der Kapsel und beginnt dann seinen Weg durch die verschiedenen Abschnitte des Nierentubulus, um schließlich über ein Sammelrohr in den Nierenkelch zu gelangen.

Die Wand der Nierenkanälchen besteht aus einer einzigen Zellschicht; dieses Epithel trennt das Ultrafiltrat im Kanallumen von der interstitiellen Flüssigkeit. In einigen Abschnitten des Nephrons weisen die Epithelzellen morphologische Spezialisierungen für den Stofftransport auf; insbesondere besitzen sie dann einen dichten Besatz mit Mikrovilli an ihrer dem Lumen zugewandten (apikalen) Oberfläche und tiefe Einfaltungen der Zellmembran an ihrer basalen Seite (Abb. 14.15). Diese Epithelzellen sind über undichte Tight junctions miteinander verbunden, die in begrenztem Umfang eine parazelluläre Diffusion von Stoffen zwischen Tubuluslumen und dem den Tubulus umgebenden interstitiellen Raum ermöglichen.

Das Nephron kann in drei Hauptabschnitte unterteilt werden: das proximale Nephron, die Henle-Schleife und das distale Nephron. Das proximale Nephron besteht aus der Bowman-Kapsel und dem **proximalen Tubulus**. Die haarnadelförmige **Henle-Schleife** umfaßt einen absteigenden und einen aufsteigenden Schenkel. Letzterer geht in den **distalen Tubulus** über, der in ein zu mehreren Nephronen gehörendes Sammelrohr mündet. Die Zahl der Nephrone pro Niere schwankt zwischen einigen Hundert bei niederen Vertebraten, mehreren Tausend bei kleinen Säugern und bis zu einer Million oder mehr beim Menschen und anderen großen Arten.

Die Henle-Schleife, die nur in den Nieren von Säugetieren und einigen Vogelarten ausgebildet ist, hat offen-

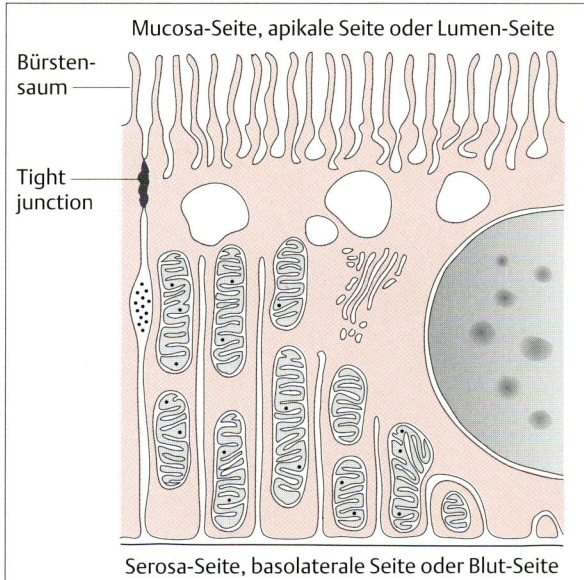

Abb. 14.15 Morphologie der proximalen Tubuluszellen. Diese Zellen sind spezialisiert auf den Transport von Ionen und anderen Substanzen von der dem Lumen der Nierentubuli zugewandten (apikalen) Seite zur basolateralen (Serosa-) Seite. Die zum Lumen gerichtete apikale Membran trägt fingerartige Ausstülpungen (Mikrovilli), welche die Zelloberfläche enorm vergrößern. Diese Oberflächenstruktur wird als Bürstensaum bezeichnet. In der Nähe der basolateralen Oberfläche, die weit in die Zelle ragende Einfaltungen aufweist, treten zahlreiche Mitochondrien auf. Diese Struktureigenschaften stehen in Zusammenhang mit der Funktion der Zellen: der Konzentrierung von Ionen im Interstitium der Niere durch einen aktiven Transport über die basale Membran hinweg.

bar zentrale Bedeutung für die Konzentrierungsleistung. Vertebraten, denen die Henle-Schleife fehlt, können keinen gegenüber dem Blut hyperosmotischen Urin bilden. Bei den Säugetieren ist das Nephron so gestaltet, daß Henle-Schleifen und Sammelrohre parallel zueinander verlaufen (Abb. 14.14). Die Glomeruli befinden sich in der Nierenrinde, und die Henle-Schleifen ziehen bis in die Papillen des Nierenmarks; die Nephrone sind daher strahlenartig innerhalb der Niere angeordnet (Abb. 14.13). Sie können zwei Gruppen zugeordnet werden:

- **Juxtaglomeruläre Nephrone**, deren Glomeruli im inneren Bereich der Rinde liegen; diese Nephrone besitzen lange Henle-Schleifen, die tief in das Mark hineinziehen (Abb. 14.14 A) und
- **corticale Nephrone**, deren Glomeruli im äußeren (oberflächennahen) Bereich der Rinde liegen und die relativ kurze Henle-Schleifen besitzen; letztere ziehen nur über eine kurze Strecke in das Mark hinein (Abb. 14.14 B).

Die Anordnung der Gefäße in der Niere ist für die Funktion der Nephrone ebenfalls wichtig. Die Nierenarterie teilt sich in kurze **afferente Arteriolen**, von denen jeweils eine ein Nephron versorgt (Abb. 14.14). Auf die glomerulären Kapillaren innerhalb der Bowman-Kapsel wirkt ein etwas höherer Druck als auf andere Kapillaren, da dem Blutstrom auf der Zuflußseite ein geringerer, auf der Abflußseite aber ein hoher Widerstand entgegenwirkt (Abb. 14.16). Die Kapillaren im Glomerulus vereinigen sich wieder und bilden dann eine **efferente Arteriole**. Anders als bei den meisten Gefäßen, die nach ihrer Vereinigung Venen bilden, teilt sich die efferente Arteriole der juxtaglomerulären Nephrone noch einmal in ein Kapillarnetz auf, das die Henle-Schleife umgibt. Das aus dem in der Rinde gelegenen Glomerulus ausströmende Blut fließt demnach in die efferente Arteriole, wird von dieser in eine im Mark zunächst ab- und dann wieder aufsteigende Schleife von Kapillaren geführt, die miteinander über Anastomosen in Verbindung stehen; es verläßt schließlich die Niere über eine Vene. Die Haarnadelschleifen der Kapillaren, die parallel zu den

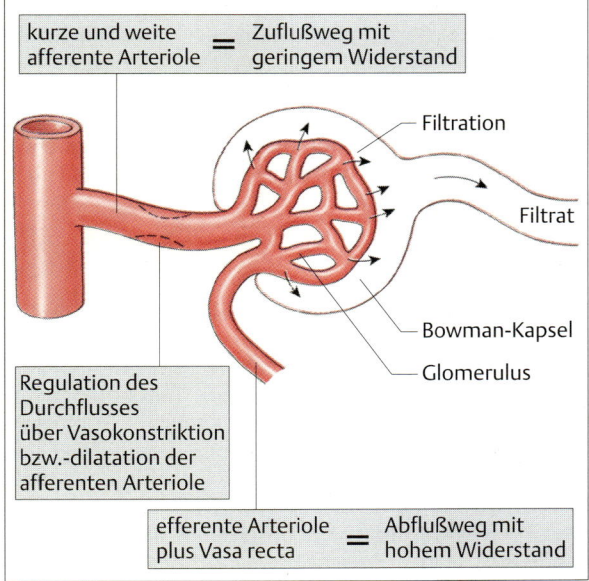

Abb. 14.16 Blutdruckwiderstände im Glomerulusbereich. Der Blutdruck im Nieren-Glomerulus ist wegen des niedrigen Widerstands im Zuflußweg (afferente Arteriole) und des hohen Widerstands im Abflußweg hoch. Die Regulation des glomerulären Blutdrucks, der die Filtrationsrate beeinflußt, erfolgt weitgehend über Veränderungen im Durchmesser der afferenten Arteriole.

Henle-Schleifen der juxtaglomerulären Nephrone verlaufen, werden als **Vasa recta** bezeichnet (Abb. 14.**14A**). Die in die efferente Arteriole einströmende Blutmenge ist etwas geringer als in der afferenten Arteriole, da im Bereich der Bowman-Kapsel eine Flüssigkeitsmenge abfiltriert wird, die etwa einem Zehntel des einströmenden Blutvolumens entspricht. Beim Menschen summiert sich das zu einem Volumen von ca. einem Liter, das alle 10 min abfiltriert wird. Da das Urinvolumen offensichtlich viel geringer ist, bedeutet dies, daß ein großer Teil des ursprünglich in der Bowman-Kapsel gebildeten Filtrats im Verlauf der Nierentubuli in das Blut reabsorbiert wird.

Harnbildung

Die Zusammensetzung des Endharns wird durch hauptsächlich drei Prozesse bestimmt (Abb. 14.**17**):
- Die **glomeruläre Filtration** des Plasmas, die zur Bildung eines Ultrafiltrates im Lumen der Bowman-Kapsel führt,
- die **tubuläre Rückresorption** von annähernd 99% des Wassers und der meisten im Ultrafiltrat enthaltenen Ionen, wobei die Abfallstoffe wie Harnstoff zurückbleiben und konzentriert werden, sowie
- die **tubuläre Sekretion** einer Reihe von Substanzen, die in fast allen Fällen als aktiver Transport erfolgt.

Die Bildung eines Ultrafiltrates ist der erste Schritt bei der Harnbereitung; Reabsorption und Sekretion erfolgen im Verlauf der Nierentubuli. Zusätzlich zu diesen Vorgängen erfordert die Exkretion stickstoffhaltiger Endprodukte, die am Ende dieses Kapitels besprochen wird, die Synthese bestimmter Substanzen in den Tubuluszellen und im Lumen.

Glomeruläre Filtration

Das glomeruläre Ultrafiltrat enthält praktisch alle Inhaltsstoffe des Blutes, nicht jedoch Blutzellen und fast alle Blutproteine. Der Filtrationsprozeß im Glomerulus ist so umfangreich, daß dabei dem durchfließenden Plasma 15–25% des Wassers und der gelösten Stoffe entzogen werden. In der menschlichen Niere beträgt das Volumen des Ultrafiltrates etwa 125 ml/min bzw. etwa 180 l/d. Ein Vergleich dieser Werte mit der normalen Wasseraufnahme macht deutlich, daß ohne anschließende Reabsorption des größten Teils des Ultrafiltrates der Körper schnell austrocknen würde.

Der Vorgang der Ultrafiltration im Glomerulus (Abb. 14.**18**) hängt von drei Faktoren ab:
1. der **hydrostatischen Druckdifferenz** zwischen dem Lumen der Kapillaren und der Bowman-Kapsel, der die Filtration begünstigt,

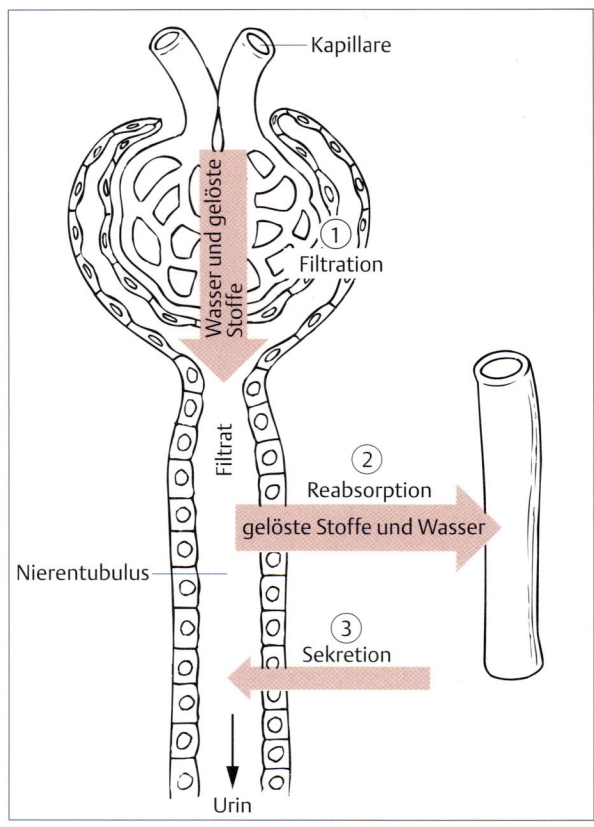

Abb. 14.17 Hauptschritte der Harnbildung bei Säugern. Filtration, der erste Schritt der Harnbildung in der Säugerniere, erfolgt in der Bowman-Kapsel, gefolgt von Resorption und Sekretion, die entlang des Nierentubulus stattfinden. Am Ende dieser Vorgänge entsteht ein hypertoner Urin, dessen Zusammensetzung von der des Blutes abweicht.

2. dem **kolloidosmotischen Druck**, welcher der Filtration entgegenwirkt und
3. der **hydraulischen Leitfähigkeit** (siebartige Eigenschaften) der aus drei Lagen (Glomerulus-Endothel, Basalmembran und Podocyten) bestehenden Gewebsschicht, welche die beiden Kompartimente voneinander trennt.

Der effektive Filtrationsdruck ergibt sich als Summe aus der hydrostatischen Druckdifferenz zwischen den beiden Kompartimenten und der kolloidosmotischen Druckdifferenz. Letztere wirkt der Filtration entgegen und entsteht durch die beim Filtrationsprozeß im Glomerulus zurückgehaltenen Proteine. Beim Menschen bewirken die im Blutplasma zurückbleibenden Proteine eine osmotische Druckdifferenz von ca. −30 mm Hg, die

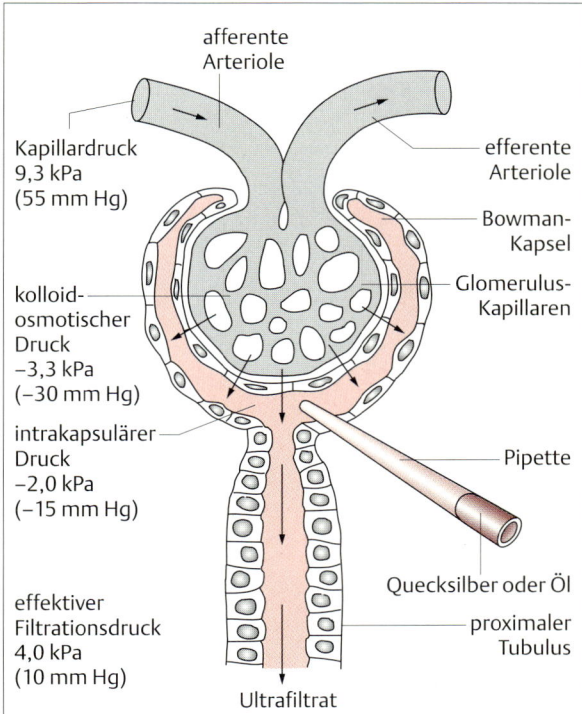

Abb. 14.18 Druckbedingungen der glomerulären Filtration. Der effektive Filtrationsdruck, der die Filtrationsrate bestimmt, ergibt sich als Summe aus verschiedenen Kräften, die auf der linken Seite der Grafik aufgeführt sind. Proben des Glomerulus-Filtrats können, wie rechts gezeigt, durch Einstechen mit einer Mikropipette gewonnen werden. Das Quecksilber in der Pipette wird durch Druck in die Spitze der Pipette gepreßt, bevor die Kapselwand durchstoßen wird. Dann wird eine Probe zur anschließenden Mikroanalyse in die kalibrierte Pipettenspitze gesaugt (verändert nach Hoar, 1975).

Tab. 14.9 Bilanzrechnung für die Drücke (in mm Hg), die bei der glomerulären Filtration auftreten

	Salamander	Mensch[1]
glomerulärer Kapillardruck	17,7	55
interstitieller Druck in der Bowman-Kapsel	−1,5	−15
hydraulischer Nettodruck	16,2	40
kolloidosmotischer Druck	−10,4	−30
effektiver Filtrationsdruck	5,8	10

[1] Siehe auch Abb. 14.18.

Nach Pitts, 1968; Brenner u. Mitarb. 1971.

hydraulische Druckdifferenz (Blutdruck in den Kapillaren minus dem Gegendruck in der Bowman-Kapsel) liegt bei 40 mm Hg (Tab. 14.**9**). Daraus resultiert ein effektiver Filtrationsdruck von nur etwa 10 mm Hg. Diese kleine Druckdifferenz reicht aufgrund der hohen hydraulischen Leitfähigkeit des glomerulären Siebes zur Bildung des eindrucksvollen Gesamt-Filtratvolumens in den Millionen von Glomeruli jeder menschlichen Niere aus. Es ist wichtig, sich darüber im Klaren zu sein, daß die Filtration in der Niere ein vollkommen passiver Vorgang ist und nur vom hydrostatischen Druck abhängt, dessen Energie letztlich aus der Kontraktionsarbeit des Herzens stammt. Bei niederen Vertebraten wie den Salamandern ist der Blutdruck in den glomerulären Kapillaren viel geringer als beim Menschen; der effektive Filtrationsdruck ist aber trotzdem nicht viel niedriger als in der menschlichen Niere, da sowohl der Druck in der Bowman-Kapsel als auch der kolloidosmotische Druck bei Salamandern kleiner ist (Tab. 14.**9**).

Die Flüssigkeit, die aus dem Blut in die Bowman-Kapsel filtriert wird, muß zunächst die Wand der Kapillaren, dann eine Basalmembran und schließlich die innere Zellschicht der Bowman-Kapsel passieren. Die Kapillarwände des Glomerulus bestehen aus einem fenestrierten Endothel mit großen Poren und sind etwa 100mal durchlässiger als die durchgehenden Kapillarwände in anderen Körperteilen (s. Abb. 12.**37**). Die Basalmembran enthält aus strukturellen Gründen Kollagenfasern und negativ geladene Glykoproteine, die Albumin und andere Proteine, die ebenfalls eine negative Ladung tragen, abweisen. Die hydraulischen Eigenschaften des glomerulären Apparates hängen vorwiegend von den siebartigen Eigenschaften sogenannter **Filtrationsschlitze** ab, die durch eine bemerkenswerte Anordnung feiner Zellfortsätze gebildet werden; man bezeichnet diese als **Fußfortsätze**. Diese wiederum entspringen aus gröberen Fortsätzen der **Podocyten** („Fußzellen"), den Zellen, welche die innere Schicht der Bowman-Kapsel bilden (Abb. 14.**19 A**). Die Fußfortsätze bedecken aneinandergereiht das Endothel (Epithel der Gefäße) der glomerulären Kapillaren. Diese fingerartigen Fortsätze sind so miteinander verzahnt, daß zwischen ihnen sehr schmale Räume freibleiben, die Filtrationsschlitze (Abb. 14.**19 B**). Das Filtrat passiert, getrieben vom effektiven Filtrationsdruck, die Poren in der Wand der Glomeruluskapillaren und dann die Filtrationsschlitze. Die aus drei Lagen bestehende Wand zwischen dem Lumen der Kapillaren und dem der Bowman-Kapsel (Glomerulus-Endothel, Basalmembran und Podocyten) wirkt wie ein Molekül-Sieb, das hauptsächlich auf der Basis der Molekülgröße, aber auch aufgrund sterischer Verhältnisse und der elektrischen Ladungen fast alle Proteine zurückhält (Tab. 14.**10**, S.683). Es verbleibt ein beachtlicher Wasserfluß durch das Sieb, der Ionen, Glucose,

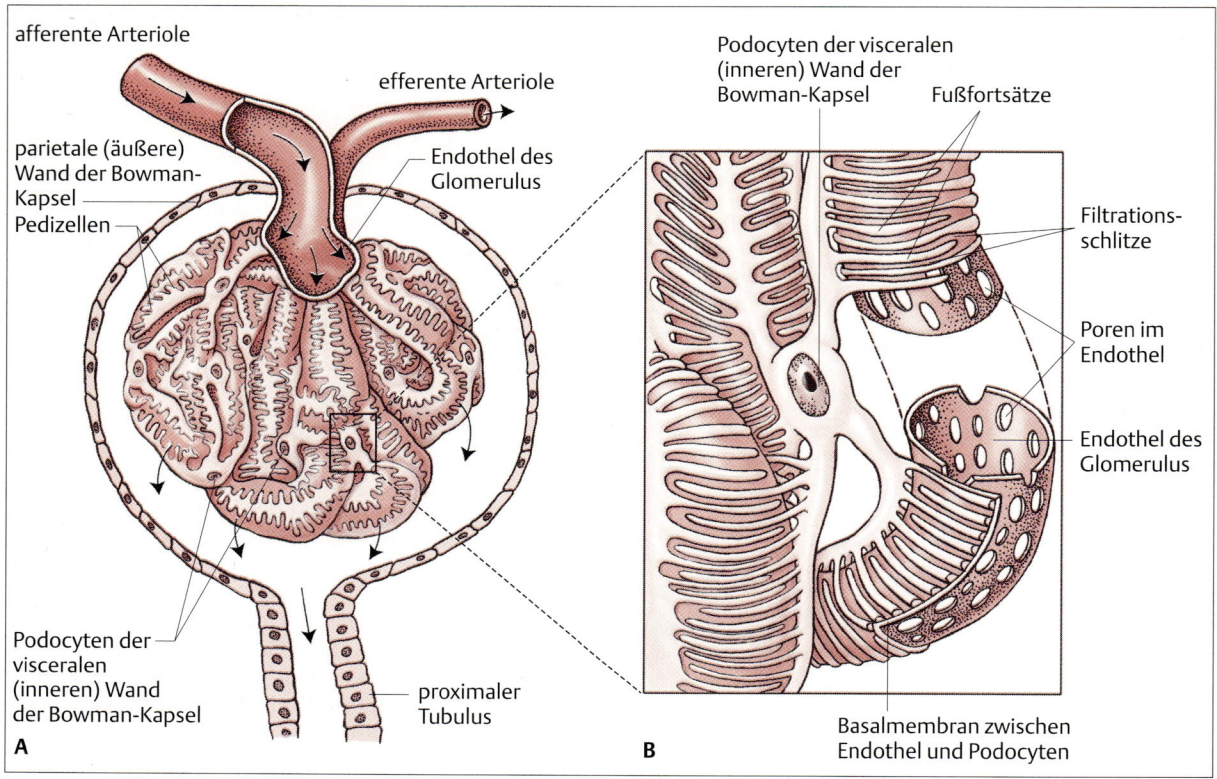

Abb. 14.19 Spezialisierungen der inneren Oberfläche der Bowman-Kapsel auf das Filtrieren des Blutes in den glomerulären Kapillaren. A Überblick über den Glomerulus. Die Podocyten, welche die innere Oberfläche bilden, haben lange, als Fußfortsätze bezeichnete Ausläufer, die das Gefäßepithel bedecken.

B Vergrößerung des durch ein Rechteck gekennzeichneten Ausschnitts aus Teilabbildung A. Stoffe gelangen aus dem Blut durch die Poren des Endothels, dann durch die Basalmembran und anschließend durch die Filtrationsschlitze zwischen den Fußfortsätzen.

Harnstoff und viele andere kleine Moleküle mit sich führt.

Obwohl nur etwa 1% des Körpergewichts auf die Nieren entfällt, werden sie von 500–600 ml Blutplasma pro Minute durchströmt, was 20–25% des gesamten Herzzeitvolumens entspricht. Diese herausragende Rolle der Nieren bei der Blutversorgung ist vor dem Hintergrund zu verstehen, daß das Gefäßbett innerhalb der Niere dem Blutfluß nur einen relativ geringen Strömungswiderstand entgegensetzt. Die weitgehend direkte Blutversorgung über arterielle Gefäße bewirkt einen hohen Blutdruck in der Niere; da die Arterien und Arteriolen ein relativ weites Lumen bei kurzer Länge aufweisen, bleibt der Druckverlust aufgrund von Reibungskräften minimal. Die efferenten Arteriolen (über die das Blut aus den Glomeruli abfließt) haben einen geringeren Durchmesser und weisen, zusammen mit den Vasa recta, den größten Strömungswiderstand im Gefäßbett der Nieren auf; dadurch wird sichergestellt, daß innerhalb der Glomeruli ein hoher Druck herrscht.

Wie bereits bemerkt, hängt die glomeruläre Filtrationsrate weitgehend vom effektiven Filtrationsdruck und der Leitfähigkeit der Bowman-Kapsel ab. Der effektive Filtrationsdruck hängt seinerseits vom Blutdruck (Kapillardruck in den Glomeruli), dem Druck innerhalb der Bowman-Kapsel und dem kolloidosmotischen Druck des Blutplasmas ab (Tab. 14.9, S. 681). Normalerweise sind der kolloidosmotische Druck und der Druck in der Bowman-Kapsel konstant. Der kolloidosmotische Druck des Plasmas kann bei Wasserentzug, der intrakapsuläre Druck beim Auftreten von Nierensteinen, welche die Nierentubuli verengen, erhöht sein; beides führt zu einem Rückgang der glomerulären Filtrationsrate. Andererseits kann nach Verbrennungen das Durchsickern von Plasma durch die Haut zu einem Absinken des kolloidosmotischen Druckes führen, was wiederum eine Erhöhung der glomerulären Filtrationsrate zur Folge hätte. Diese Beispiele sind jedoch Ausnahmen und nicht die Regel.

Tab. 14.10 Zusammenhang zwischen der Molekülstruktur einer Substanz und dem Verhältnis ihrer Konzentrationen im Ultrafiltrat in der Bowman-Kapsel und im Blutplasma

Substanz	Molekulargewicht DA	Radius (abgeleitet vom Diffusionskoeffizienten)	Maße (in nm, berechnet nach der Beugung von Röntgenstrahlen)	[Ultrafiltrat]/[Plasma]
Wasser	18	0,11		1,0
Harnstoff	60	0,16	Zylinder: Ø 54, Höhe 8	1,0
Glucose	180	0,36		1,0
Sucrose	342	0,44	Ellipsoid: 88 × 22	1,0
Inulin	5500	1,48		0,98
Myoglobin	17500	1,95	Zylinder: Ø 54, Höhe 32	0,75
Eialbumin	43500	2,85		0,22
Hämoglobin	68000	3,25	Ellipsoid: 150 × 36	0,03
Serumalbumin	69000	3,55		< 0,01

Nach Pitts, 1968

Obwohl Blutdruck und Herzzeitvolumen während körperlicher Tätigkeit normalerweise ansteigen, wirken sich diese Veränderungen bei Säugetieren aufgrund von Regelvorgängen, die den Blutfluß zur Niere steuern, nur in geringem Umfang auf die glomeruläre Filtrationsrate aus. Diese Regulation beruht auf einer Modulation des Strömungswiderstandes in den afferenten Arteriolen, die zu jedem Nephron führen, und hängt von einer Reihe untereinander verknüpfter Vorgänge ab, zu denen sowohl parakrine und endokrine Stoffsekretion als auch neurale Kontrollen gehören.

Aufgrund verschiedener organspezifischer Mechanismen unterliegt die glomeruläre Filtrationsrate einer Autoregulation. Würde z.B. ein Anstieg des Blutdrucks die afferenten Arteriolen dehnen, so wäre eine Erhöhung des Blutstromes zum Glomerulus zu erwarten. Die Wand der afferenten Arteriole reagiert jedoch auf die Dehnung mit einer Kontraktion, was letztlich zu einer Verringerung des Gefäßdurchmessers und damit zu einer Erhöhung des Strömungswiderstandes führt. Dieser myogene Mechanismus verringert demnach Schwankungen in der Durchblutung der Glomeruli bei wechselndem Blutdruck. Ferner sezernieren Zellen im **juxtaglomerulären Apparat** (JGA), der sich an der Stelle befindet, wo der distale Tubulus in enger Nachbarschaft zur Bowman-Kapsel zwischen afferenter und efferenter Arteriole hindurchzieht, Substanzen, welche die Durchblutung der Niere modulieren.

Der juxtaglomeruläre Apparat ist aus drei Zelltypen aufgebaut (Abb. 14.**20**):
- Modifizierte Zellen des distalen Tubulus bilden die **Macula densa** und registrieren die Osmolarität sowie die Durchflußrate im distalen Tubulus.
- Spezialisierte Zellen der Gefäße, die als **granulierte Zellen** bezeichnet werden, liegen zwischen afferenten und efferenten Arteriolen.
- Sekretorische **juxtaglomeruläre Zellen**, modifizierte glatte Muskelzellen, treten vor allem in der Wand der afferenten Arteriole auf.

Unter bestimmten Voraussetzungen setzen die juxtaglomerulären Zellen das Hormon **Renin** frei, das auf indirektem Wege den Blutdruck und damit – wie weiter unten erläutert – auch die Durchblutung der Niere beeinflußt. Außerdem gibt der juxtaglomeruläre Apparat über parakrine Sekretion (s. Kap. 8) verschiedene Substanzen ab, die in Reaktion auf eine erhöhte bzw. erniedrigte Durchflußrate im distalen Tubulus eine gefäßverengende bzw. -erweiternde Wirkung auf die afferente Arteriole haben. Myogene Reaktion und juxtaglomerulärer Apparat arbeiten demnach im Sinne einer Rückkopplungs-(Feedback-)Kontrolle zusammen, um über den Mechanismus der renalen Autoregulation die glomeruläre Filtrationsrate auch bei stark schwankendem Blutdruck konstant zu halten.

Zusätzlich zu diesen autoregulatorischen Mechanismen steht die glomeruläre Filtrationsrate auch unter äußerer Kontrolle durch das Nervensystem. Die afferenten Arteriolen werden durch das sympathische Nervensystem innerviert. Über diese Bahnen ankommende Impulse führen zu einer Verengung der betroffenen Gefäße und damit einer Verringerung der glomerulären Fil-

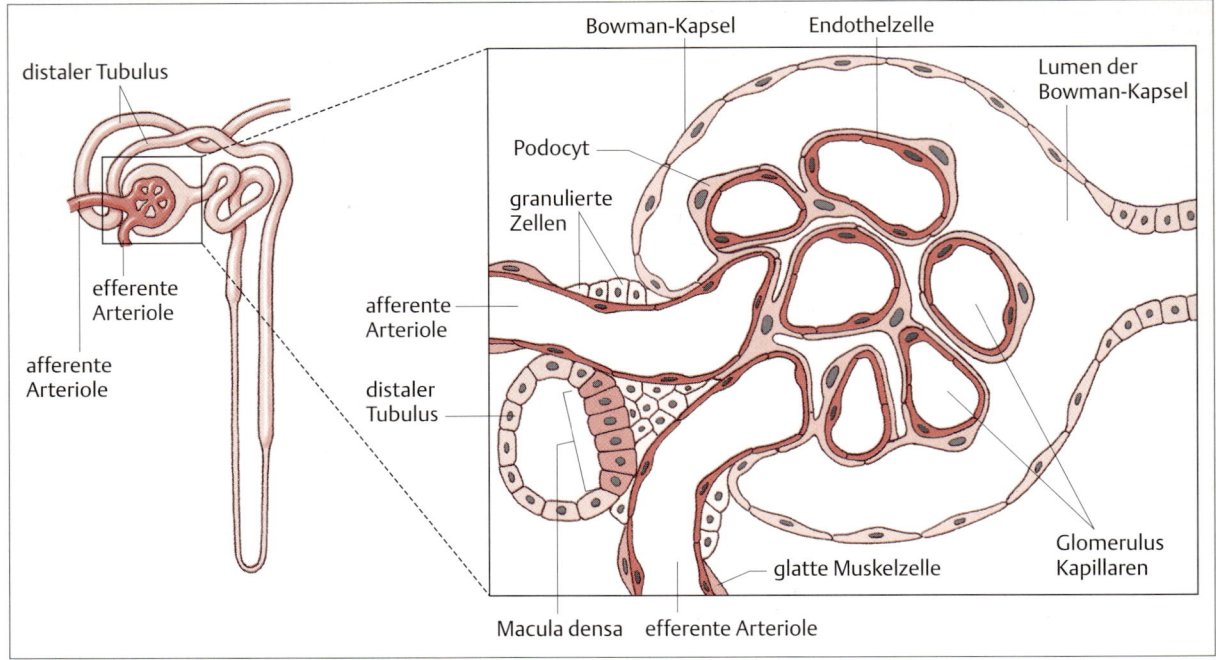

Abb. 14.20 Aufbau des juxtaglomerulären Apparates. Bei der Kontrolle des Blutflusses durch den Glomerulus spielt der juxtaglomeruläre Apparat eine Schlüsselrolle. Dieses Gebilde setzt sich aus verschiedenen Zelltypen zusammen, einschließlich modifizierter Zellen des distalen Tubulus, welche die Macula densa aufbauen, sekretorischer juxtaglomerulärer Zellen in der Wand der afferenten Arteriole und granulierter Zellen. Nähere Erläuterungen im Text (verändert nach Sherwood, 1993).

tration. Diese Reaktion, die alle autoregulatorischen Mechanismen außer Kraft setzt, tritt bei einem plötzlichen Abfall des Blutdrucks ein, z.B. infolge eines starken Blutverlustes. Die Verringerung der Filtrationsrate trägt dazu bei, Blutvolumen und Blutdruck wieder auf das normale Niveau zu bringen. Umgekehrt führt eine Erhöhung des Blutdrucks zu einer Reduzierung der durch den Sympathicus verursachten Vasokonstriktion und damit zu einer Verstärkung der glomerulären Filtration, was wiederum eine Abnahme von Blutvolumen und -druck bewirkt.

Über den Sympathicus ankommende Aktionspotentiale können auch die Kontraktion von Elementen innerhalb des Glomerulus auslösen, wodurch Teile des Kapillarknäuels vom Filtrationsprozeß ausgeschlossen werden und die für die Filtration zur Verfügung stehende Fläche wirkungsvoll verkleinert wird. Die Podocyten sind ebenfalls kontraktil. Durch die Kontraktion eines oder beider Elemente kann die hydraulische Leitfähigkeit der Bowman-Kapsel effektiv herabgesetzt werden. Früher dachte man, die hydraulische Leitfähigkeit des glomerulären Filters würde sich nur krankheitsbedingt durch das Auftreten von Lecks verändern. Nach dem heutigen Wissensstand gehören solche Veränderungen der Leitfähigkeit offensichtlich zu den Mechanismen, die bei der normalen Regulation der Filtrationsrate eingesetzt werden.

Ein Abfall des Blutdrucks in der Niere, ein Rückgang im Ionentransport zum distalen Tubulus oder auch eine Aktivierung durch das sympathische Nervensystem induzieren die Freisetzung des Hormons Renin aus den sekretorischen Zellen des juxtaglomerulären Apparates in der Wand der afferenten Arteriole, die das Blut zu den glomerulären Kapillaren in der Bowman-Kapsel leitet. Renin ist ein proteolytisches Enzym, dessen Freisetzung zu einem erhöhten Spiegel von **Angiotensin II** im Blut führt. Dieses Hormon hat verschiedene Wirkungen (Abb. 14.26), eine davon ist eine allgemeine Vasokonstriktion (Verengung der Arteriolen); über die dadurch hervorgerufene Erhöhung des Blutdrucks kommt es zu einer Verstärkung der Nierendurchblutung und der glomerulären Filtrationsrate. Angiotensin II kann auch zu einer Verengung der efferenten Arteriolen führen, wodurch sich der Blutdruck im Glomerulus und damit die Filtrationsrate erhöht. Außerdem stimuliert Angiotensin II die Freisetzung des Steroidhormons Aldosteron aus der Nebennierenrinde und von Vasopressin aus dem Hypophysenhinterlappen. Die Rolle dieser Hormone bei der tubulären Reabsorption von Ionen und Wasser wird später besprochen.

Tubuläre Reabsorption

Auf seinem Weg durch das Nephron wird das Glomerulus-Filtrat durch die Reabsorption verschiedener Stoffwechselprodukte, Ionen und Wasser schnell in seiner ursprünglichen Zusammensetzung verändert. Die menschlichen Nieren bilden etwa 180 Liter Ultrafiltrat pro Tag, das endgültige Harnvolumen beträgt aber nur ca. 1 Liter, d.h. über 99% des Wassers werden wieder reabsorbiert. Von den normalerweise im ursprünglichen Filtrat enthaltenen ca. 1800g NaCl erscheint bei einer täglichen Aufnahme von 10g Kochsalz auch nur eine vergleichbare Menge (weniger als 1% der NaCl-Menge im Ultrafiltrat) im Urin. Eine Reihe weiterer im Filtrat gelöster Stoffe wird ebenfalls im Verlauf des Nephrons

---

Box 14.1 Renale Clearance

Die **renale Clearance** einer aus dem Plasma stammenden Substanz entspricht dem Blutplasmavolumen, aus dem diese Substanz pro Zeiteinheit in den Nieren vollständig entfernt (engl. „to clear") wird. Eine Substanz, die zusammen mit Wasser ungehindert das Nierenfilter passiert, aber im weiteren Verlauf des Nephrons weder reabsorbiert noch sezerniert wird, erlaubt die Berechnung der **glomerulären Filtrationsrate** (GFR) durch einfache Division der im Urin erscheinenden Substanzmenge durch die Konzentration dieser Substanz im Plasma. Ein solches Molekül ist **Inulin** (nicht Insulin!), ein kleines stärkeähnliches Kohlenhydrat mit einem Molekulargewicht von 5000 Da. Weil das Inulinmolekül in den Nierentubuli weder reabsorbiert noch sezerniert wird, entspricht die **Inulin-Clearance** der Bildungsrate des Ultrafiltrates – d.h., der GFR, die im allgemeinen in Milliliter pro Minute angegeben wird.

Wenn von einer frei filtrierbaren Substanz die GFR und ihre Konzentration im Plasma (und damit auch im Ultrafiltrat) bekannt sind, kann leicht festgestellt werden, ob diese Substanz eine Nettosekretion bzw. Nettoreabsorption im Verlauf des Nierentubulus erfährt: Erscheint weniger von dieser Substanz im Urin als im Glomerulus abfiltriert wurde, muß ein Teil davon im Tubulus reabsorbiert worden sein. Dies trifft z.B. für Wasser, Kochsalz, Glucose und viele andere im Urin erscheinenden wichtigen Bestandteile des Blutes zu. Ist jedoch die Menge einer im Urin enthaltenen Substanz größer als die über die Ultrafiltration im Glomerulus in das Nephron gelangte, kann daraus geschlossen werden, daß diese Substanz aktiv in das Tubuluslumen sezerniert wird. Leider ist die **Clearance-Technik** bei Untersuchungen zur Nierenfunktion nur von begrenztem Nutzen, da sie nur Informationen über den Nettooutput der Niere relativ zum Input bietet, aber keinen Einblick in physiologische Einzelheiten erlaubt.

Bei Untersuchungen zur renalen Clearance wird der Person zunächst Inulin in den Kreislauf injiziert und abgewartet, bis dieses sich gleichmäßig im Blut verteilt hat. Dann entnimmt man eine Blutprobe und bestimmt daraus die Inulin-Konzentration im Plasma (P). Das Ausmaß des Erscheinens im Urin bestimmt man durch Multiplikation der Konzentration von Inulin im Urin (U) mit dem Urinvolumen (V), das pro Minute gebildet wird. Die pro Minute im Urin erscheinende Inulinmenge (VU) muß gleich dem Produkt aus Filtrationsrate (GFR) und Konzentration von Inulin im Plasma (P) sein:

$$\frac{VU}{(GFR)\,P} = \frac{\text{pro Minute im Urin erscheinende Inulinmenge}}{\text{pro Minute aus dem Blut abfiltrierte Inulinmenge}} = 1$$

In diesem speziellen Fall passiert die verwendete Substanz (hier Inulin) das Nierenfilter ungehindert und wird im weiteren Verlauf der Tubuluspassage weder reabsorbiert noch sezerniert. Deshalb sind GFR und Clearance (C) für diese Substanz gleich. Für Inulin ergibt sich nach Ersetzen von GFR durch C

$$\frac{VU}{CP} = 1$$

und die renale Clearance ist demnach

$$\frac{VU}{P} = C = \text{renale Clearance (ml/min)}$$

Wenn die pro Minute im Urin erscheinende Menge einer Substanz x von der Menge dieser Substanz im pro Minute abgefilterten Plasmavolumen abweicht, spiegelt sich dies in einem Wert von C_x wider, der sich von der renalen Inulin-Clearance (C) unterscheidet. Wenn z.B. die Inulin-Clearance (und damit auch die GFR) einer Person 125 ml/min beträgt, und die Substanz x einen Clearance-Wert von 62,5 ml/min aufweist, dann ist

$$\frac{VU_x}{P_x}\,C_x = 62{,}5\ \text{ml/min} = 0{,}5\ (\text{GFR})$$

In diesem Fall wird einem Plasmavolumen, das der Hälfte der glomerulären Filtrationsrate entspricht, in jeder Minute die Substanz x vollständig entzogen. Oder umgekehrt ausgedrückt, nur die Hälfte der Menge einer in einem bestimmten pro Minute abfiltrierten Plasmavolumen enthaltenen Substanz x taucht tatsächlich in dem pro Minute gebildeten Urinvolumen auf.

Die renale Clearance einer Substanz kann aus zweierlei Gründen niedriger als die GFR sein. Zunächst könnte es sein, daß diese nicht ungehindert das Nierenfilter passieren kann. Die Filtration einer Substanz könnte z.B. durch ihre Bindung an Serumproteine behindert sein, durch ihre molekulare Größe oder durch andere Faktoren. Zweitens könnte eine Substanz zwar frei filtrierbar sein, aber in den Nierentubuli reabsorbiert werden, wodurch sich die im Urin erscheinende Menge verringern würde. Tatsächlich können die meisten Moleküle mit einem Molekulargewicht unter 5000 das Filter ungehindert passieren, aber viele von ihnen werden entweder teilweise reabsorbiert oder teilweise auch sezerniert (Tab. 14.**10**, S. 683). Das Ausmaß von Reabsorption oder Sekretion kann durch Ermitteln der renalen Clearance einer Substanz abgeschätzt werden. Reabsorption senkt die renale Clearance unter die GFR. Tubuläre Sekretion führt jedoch dazu, daß eine Substanz in größeren Mengen im Urin erscheint, als über die Filtration im Glomerulus in die Tubuli gelangt.

in wechselnden Mengen aus dem Tubuluslumen reabsorbiert. Zusätzlich werden aber auch einige Substanzen in die Tubulusflüssigkeit hinein sezerniert. Die **renale Clearance** eines Stoffes ist ein Maß für die Rate, mit der er in der Niere reabsorbiert bzw. sezerniert wird (Box 14.**1**).

Am Beispiel der Glucose soll der Zusammenhang zwischen Clearance und Reabsorption verdeutlicht werden. Bei einem gesunden Säugetier beträgt die Glucose-Clearance 0 ml/min. Das bedeutet, daß die Glucosemoleküle, die wegen ihrer geringen Größe das Nierenfilter im Glomerulus ungehindert passieren können, normalerweise von den Tubulusepithelzellen wieder vollständig reabsorbiert werden (Abb. 14.**21**); die Abgabe von Glucose mit dem Urin würde für den Organismus einen Verlust an chemischer Energie bedeuten. In der Regel erscheint Glucose nur dann im Urin, wenn die Konzentration im Plasma – und damit auch im Glomerulus-Filtrat – sehr hoch ist. Aus Abb. 14.**21** ist ersichtlich, daß es für die Reabsorption der Glucose aus der Tubulusflüssigkeit eine maximale Rate gibt. Dieses Transport-Maximum (T_m) beträgt beim Menschen etwa 320 mg/min. Solange die Glucosekonzentration im Plasma unter 1,8 mg/ml liegt, kann die gesamte im Glomerulus-Filtrat erscheinende Glucose reabsorbiert werden. Bei etwa 3,0 mg/ml ist der Carrier-Mechanismus voll ausgelastet, die gesamte zusätzlich im Filtrat auftretende Glucose wird daher mit dem Urin ausgeschieden. Beim Menschen wird die arterielle Plasma-Glucosekonzentration durch einen hormonellen Rückkopplungs-Mechanismus, an dem Insulin beteiligt ist, bei etwa 1 mg/ml gehalten. Da dieser Wert deutlich unter dem T_m-Wert für Glucose liegt, enthält der Urin normalerweise praktisch keine Glucose. Die für den **Diabetes mellitus** typischen hohen Glucosekonzentrationen im Plasma übersteigen die Fähigkeiten zur Rückresorption in den Nierentubuli, so daß Diabetiker häufig Glucose im Urin ausscheiden.

Die Funktionen der Nierentubuli sind im einzelnen von Art zu Art unterschiedlich. Unser Wissen über die Veränderungen in der Zusammensetzung des Urins im Verlauf des Nephrons beruht zu einem großen Teil auf der Mikropunktions-Technik, die von Alfred Richards und seinen Mitarbeitern in den 20er Jahren entwickelt wurde. Dabei wird mit Hilfe einer feinen Glaskapillare aus dem Lumen des Nephrons eine winzige Menge Tubulusflüssigkeit entnommen. Die Osmolarität der Probe (in mosm/l) wird dann über die Bestimmung ihres Schmelzpunktes ermittelt. Die Mikroperfusionstechnik, eine Modifikation von Richard's ursprünglicher Technik, kann dazu verwendet werden, *in vitro* an einem funktionell isolierten Abschnitt des Tubulus dessen Antwort auf die Injektion definierter Lösungen zu untersuchen (Abb. 14.**22**).

Heute werden mikrochemische Methoden zur Bestimmung der Konzentrationen bestimmter Ionenarten in den Proben verwendet. Bei einer erst in den letzten Jahren entwickelten Methode wird ein bestimmter Abschnitt des Nierentubulus herausgeschnitten und *in vitro* mit einer definierten Probelösung durchspült; die Analyse des Perfundates eröffnet Einblicke in die Stoffbewegung über die Wand des isolierten Tubulusabschnittes (Abb. 14.**23**). Die Ergebnisse aus zahlreichen auf dieser Technik basierenden Untersuchungen haben Detailkenntnisse über die Beteiligung verschiedener Teile des Nephrons bei der Reabsorption von Ionen und Wasser geliefert, die in Abb. 14.**24** zusammengefaßt sind.

Der **proximale Tubulus**, in dem die Konzentrierung des Glomerulus-Filtrats beginnt, spielt die wichtigste Rolle bei der aktiven Reabsorption von Ionen. In diesem Abschnitt werden dem Lumen etwa 70% der Na^+-Ionen entnommen; dieser aktive Transport wird begleitet von einem dazu annähernd proportionalen passiven Ausstrom von Wasser und anderen gelösten Teilchen, z.B. Cl^-. Auf diese Weise wird das Volumen des Filtrates bereits vor dem Erreichen der Henle-Schleife um ca. 75% verringert. Im Tubuluslumen verbleibt dabei eine Flüssigkeit, die isoosmotisch zum Blutplasma und zur interstitiellen Flüssigkeit ist. Mit der Mikroperfusionstech-

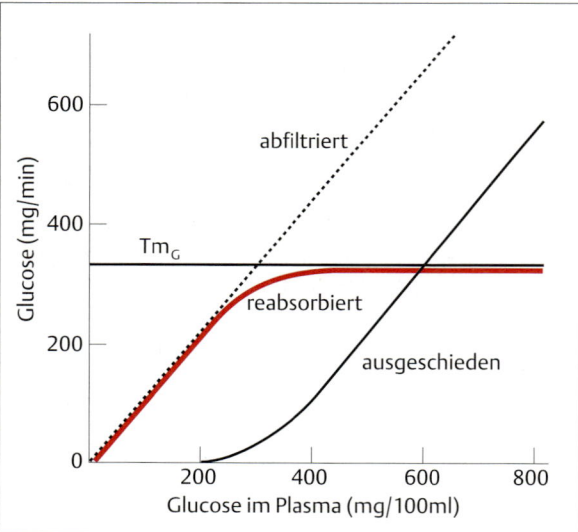

Abb. 14.21 Glucosekonzentrationen im Glomerulusfiltrat und im Harn. Die Konzentration von Glucose im Glomerulus-Filtrat (gestrichelte Linie) ist proportional zur Glucosekonzentration im Plasma. Die Nierentubuli sind in der Lage, Glucose durch aktiven Transport mit einer Rate bis zu 320 mg/ml (Tm_G) zu reabsorbieren (rote Kurve). Glucose, die über diesen Wert hinaus in das Filtrat gelangt, wird zwangsläufig mit dem Urin ausgeschieden (schwarze Kurve).

Die Niere der Säugetiere **687**

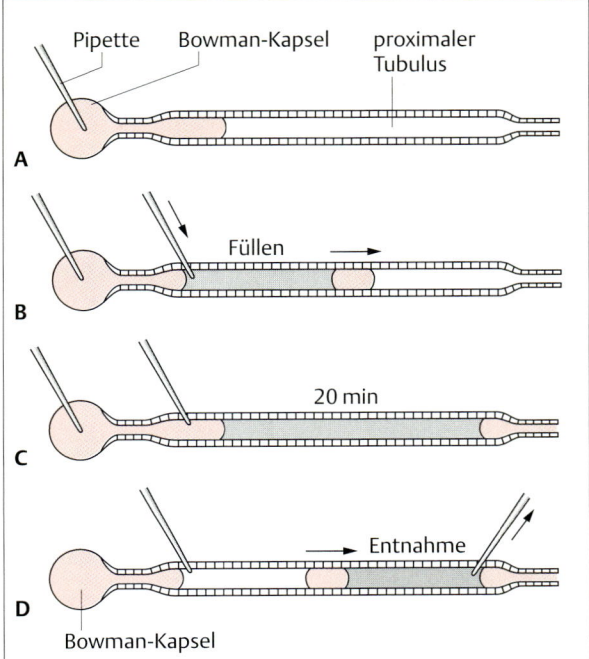

Abb. 14.22 Untersuchung der Fähigkeit eines Tubulussegments, Stoffe zu reabsorbieren oder zu sezernieren. Für *in vitro*-Untersuchungen der Funktion verschiedener Abschnitte des Nierentubulus wird die Methode des gespaltenen Tropfens eingesetzt. (**A**) Eine Mikropipette wird in die Bowman-Kapsel eingeführt und Öl (rot) solange injiziert, bis es in den proximalen Tubulus einfließt. (**B**) Durch eine zweite Pipette wird in der Mitte der Ölsäule Perfusionsflüssigkeit (grau) zugeführt, um somit ein Öltröpfchen vor sich her zu treiben. (**C**) Der Tubulus ist gefüllt, wenn das Öltröpfchen dessen äußerstes Ende erreicht hat. (**D**) Nach etwa 20 Minuten wird die Perfusionsflüssigkeit durch Injektion einer zweiten Lösung hinter dem in der Nähe des Glomerulus verbliebenen Öl gesammelt. Die Fähigkeit des Tubulussegments, Stoffe zu resorbieren oder zu sezernieren, kann durch den Vergleich der Zusammensetzung der Perfusionsflüssigkeit vor und nach der Injektion ermittelt werden (nach Solomon, 1962).

nik durchgeführte Experimente zeigten, daß eine Verringerung der NaCl-Konzentration in der Tubulusflüssigkeit auch zu einer Abnahme des Wasserausstroms führt. Das belegt, daß der passive Wasserfluß an den aktiven Transport von Natrium gekoppelt ist (s. Kap. 4). Der tatsächliche Pumpvorgang für Na^+-Ionen findet, genauso wie bei der Froschhaut und dem Epithel der Gallenblase, an der basolateralen (Serosa- oder Blut-)Seite der Epithelzellen des proximalen Tubulus statt. Bei Amphibien beträgt das Potential der im Tubulus verbleibenden Flüssigkeit nach der aktiven Entfernung der positiv geladenen Na^+-Ionen gegenüber der das Nephron umgebenden Flüssigkeit ca. –20 mV. Wahrscheinlich erfolgt aufgrund dieser Potentialdifferenz eine Netto-Diffusion von Chlorid-Ionen aus dem Tubulus heraus, die als Gegenionen dem Natrium folgen. Im glomerulusnahen (proximalen) Bereich des proximalen Tubulus wird hauptsächlich $NaHCO_3$, im distalen Abschnitt des proximalen Tubulus hauptsächlich NaCl reabsorbiert.

An der glomerulusfernsten Stelle des proximalen Tubulus (wo er in den dünnen absteigenden Schenkel der Henle-Schleife übergeht) ist das Glomerulusfiltrat bereits auf ein Viertel seines ursprünglichen Volumens vermindert. Aufgrund der Reduktion des Volumens der Tubulusflüssigkeit sind Substanzen, die nicht aktiv durch die Tubuluswand hindurch transportiert werden oder passiv durch diese diffundieren, am Ende des proximalen Tubulus gegenüber dem ursprünglichen Ultrafiltrat vierfach konzentriert. Trotz der starken Verringerung des Volumens der Tubulusflüssigkeit ist diese am Ende des proximalen Tubulus mit einer Osmolarität von etwa 300 mosm/l isoosmotisch zu der das Nephron umgebenden Flüssigkeit. Es ist interessant zu sehen, daß alleine der aktive Transport von Na^+-Ionen die starken Veränderungen im Volumen der Tubulusflüssigkeit und die erhöhten Konzentrationen von Harnstoff und vielen anderen abfiltrierten Substanzen bewirken kann.

Der proximale Tubulus ist für die massive Reabsorption von Ionen und Wasser hervorragend gerüstet. Zahlreiche Mikrovilli an der dem Lumen zugewandten Seite der Tubulusepithelzellen bilden einen sogenannten

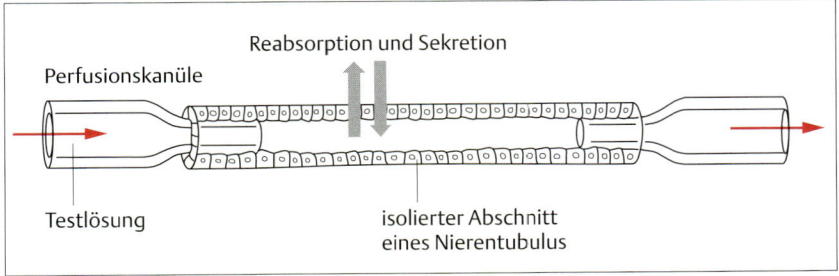

Abb. 14.23 Perfusion eines an Kanülen angeschlossenen Nierentubulussegments. Die Perfusion eines isolierten Abschnitts des Nierentubulus und chemische Analyse der Perfusionsflüssigkeit ermöglichen *in vitro* die Bestimmung der Ionenflüsse über die Wand des Tubulus.

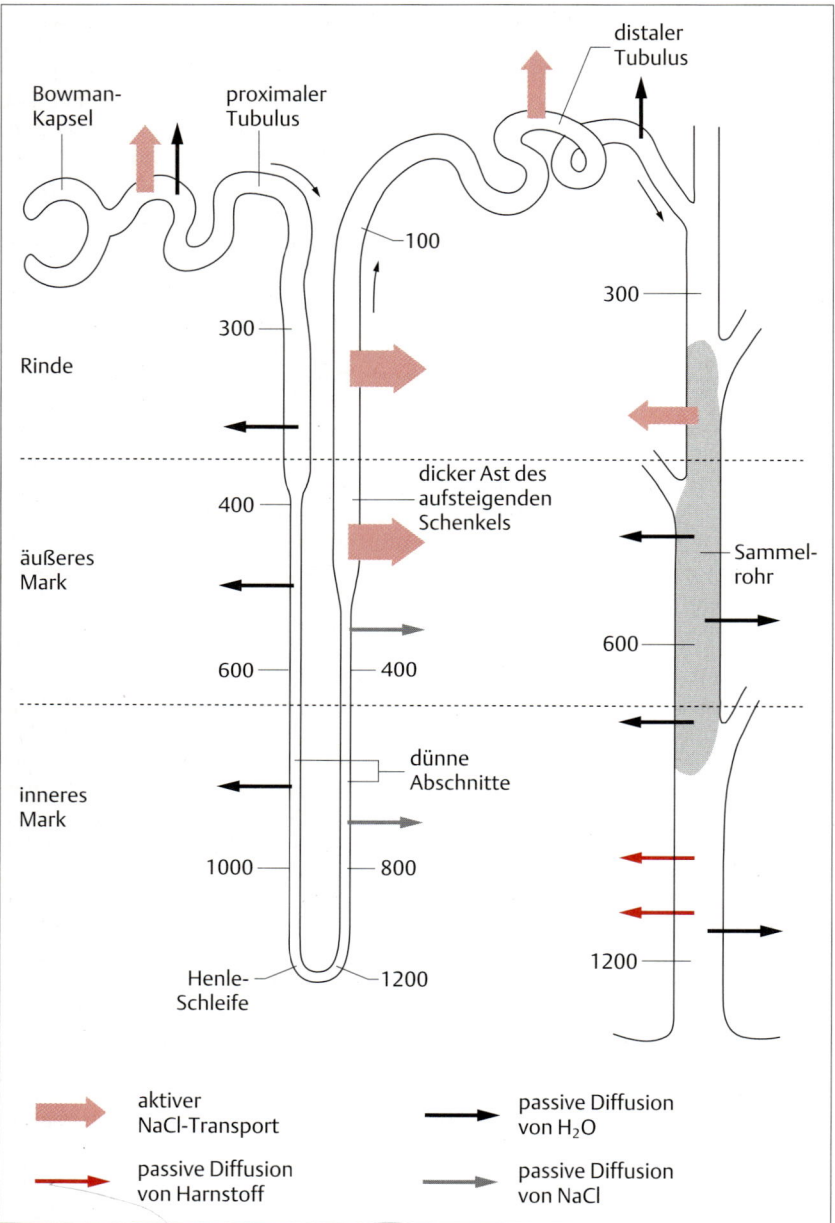

Abb. 14.24 Bewegungen von NaCl, Wasser und Harnstoff in verschiedenen Abschnitten des Säugernephrons. Die Zusammensetzung des Urins wird im Verlauf des Nierentubulus durch die Bewegung von Ionen, Wasser und anderen Substanzen in die Tubulusflüssigkeit hinein und aus ihr heraus bestimmt. Die Zahlen geben die Osmolarität des Filtrats in mosm/l an. Die relative Stärke des aktiven Transports von NaCl ist durch die Größe des Pfeiles symbolisiert. Die Permeabilität des gepunkteten Teils des Sammelrohrs wird durch das antidiuretische Hormon (ADH) reguliert (verändert nach Pitts, 1959).

Bürstensaum (Abb. 14.**15**). Durch diese Ausstülpungen wird die resorbierende Oberfläche der Zellmembran stark vergrößert, was die Diffusion von Ionen und Wasser aus dem Tubuluslumen in die Epithelzellen unterstützt.

Glucose und Aminosäuren werden durch einen Na^+-abhängigen Mechanismus ebenfalls im proximalen Tubulus reabsorbiert und treten daher nach diesem Abschnitt normalerweise nicht mehr in der Tubulusflüssigkeit auf. Carrier in der apikalen Membran transportieren Natrium und Glucose oder Aminosäuren über einen Cotransport aus dem Tubuluslumen in die Epithelzellen. Die Aufnahme, die für Glucose und Aminosäuren „bergauf" verläuft, hängt von dem elektrochemischen

Natrium-Gradienten ab, der durch die Tätigkeit der Na$^+$/K$^+$-ATPase in der basolateralen Membran der Tubuluszellen erzeugt wird. Aus den Tubuluszellen diffundieren Glucose und Aminosäuren in das Blut.

Phosphat, Calcium-Ionen und andere normalerweise im Blut auftretende Elektrolyte werden so weit reabsorbiert, daß der Bedarf des Körpers gedeckt ist; aller Überschuß wird ausgeschieden. Die Reabsorption von Phosphat und Calcium wird durch das Hormon der Nebenschilddrüse (**Parathormon** oder Parathyrin) gesteuert. Dieses steigert die Aktivität der 1α-Hydroxylase in der Niere, die wiederum die Bildung von **Calcitriol** anregt, der aktiven Form des Vitamins D. In das Blut abgegebenes Calcitriol stimuliert sowohl die Reabsorption von Phosphat und Calcium in den Nieren als auch deren Aufnahme im Darmkanal und die Freisetzung aus den Knochen (s. Abb. 9.30).

Der **absteigende Schenkel** und das **dünne Segment des aufsteigenden Schenkels** der Henle-Schleife sind aus sehr flachen Zellen aufgebaut, die nur wenige Mitochondrien enthalten und keinen Bürstensaum aufweisen. *In vitro*-Untersuchungen mit der Perfusionstechnik haben gezeigt, daß im absteigenden Schenkel kein aktiver Ionentransport stattfindet. Darüber hinaus weist dieser Abschnitt eine sehr geringe Permeabilität für NaCl und eine nur geringe Durchlässigkeit für Harnstoff auf, ist aber für Wasser permeabel. Wie später gezeigt werden wird, spielt diese unterschiedliche Permeabilität eine wichtige Rolle beim Mechanismus der Harnkonzentrierung im Nephron. Mit Hilfe von Perfusionsexperimenten wurde gezeigt, daß auch im dünnen aufsteigenden Ast kein aktiver Ionentransport stattfindet, allerdings ist dieser Abschnitt (im Gegensatz zum absteigenden Schenkel) für NaCl sehr durchlässig. Gegenüber Harnstoff ist die Permeabilität gering, gegenüber Wasser (wiederum im Gegensatz zum absteigenden Schenkel) sogar sehr gering. Diese unterschiedlichen Permeabilitäten sind ein Schlüsselfaktor des renalen Konzentrierungs-Mechanismus.

Der im **äußeren Mark gelegene dicke Teil des aufsteigenden Schenkels** unterscheidet sich vom Rest der Henle-Schleife dadurch, daß hier wieder ein aktiver Transport von Na$^+$-Ionen aus dem Lumen in den interstitiellen Raum stattfindet (Abb. 14.24). Dieser Abschnitt hat, wie der übrige aufsteigende Schenkel, eine geringe Permeabilität für Wasser. Als Folge der Reabsorption von NaCl ist die Flüssigkeit, die den distalen Tubulus erreicht, leicht hypoosmotisch gegenüber der interstitiellen Flüssigkeit. Auf die Bedeutung der Ionenreabsorption im dicken aufsteigenden Tubulus wird später im Abschnitt über den Mechanismus der Harnkonzentrierung eingegangen.

Die Bewegungen von Ionen und Wasser über die Wand des **distalen Tubulus** hinweg sind kompliziert. Der distale Tubulus ist wichtig für den Transport von K$^+$, H$^+$ und NH$_3$ in das Tubuluslumen hinein, und von Na$^+$, Cl$^-$ und HCO$_3^-$ aus dem Tubuluslumen heraus in die interstitielle Flüssigkeit. Beim Pumpen von Ionen aus dem Tubulus heraus folgt Wasser passiv nach. Der Ionentransport im distalen Tubulus steht unter hormoneller Kontrolle und wird den osmotischen Verhältnissen angepaßt.

Da die **Sammelrohre** für Wasser permeabel sind, fließt Wasser dem osmotischen Gradienten folgend aus dem verdünnten Urin in die konzentriertere, interstitielle Flüssigkeit des Nierenmarks (Abb. 14.24). Dies ist der letzte Schritt bei der Bereitung eines hyperosmotischen Urins. Die Wasserdurchlässigkeit der Sammelrohre ist veränderlich und wird über das **antidiuretische Hormon** (ADH) (Abb. 14.35) reguliert. Das Ausmaß, in dem Wasser resorbiert wird, unterliegt damit einer fein abgestuften Rückkopplungs-Kontrolle. In den Sammelrohren wird NaCl durch aktiven Natrium-Transport reabsorbiert. Der Sammelrohrabschnitt, der durch das innere Mark verläuft, ist stark permeabel für Harnstoff. Die Bedeutung dieser Eigenschaft wird im Verlauf der späteren Darstellung des Gegenstrommechanismus zur Harnkonzentrierung in den Sammelrohren klar werden.

Nach dieser Übersicht über die Entnahme von Wasser, Ionen und Glucose aus dem Ultrafiltrat soll jetzt die Reabsorption von Natrium im Nephron näher betrachtet werden. Im proximalen Tubulus und im aufsteigenden Schenkel der Henle-Schleife erfolgt der Natrium-Fluß zunächst über die apikale Membran in Form eines Cotransports, der anschließende Übertritt in das Blut ist ein aktiver Transport mit Hilfe einer Na$^+$/K$^+$-ATPase (Abb. 14.25 A). Der elektrochemische Gradient für Natrium zwischen Ultrafiltrat und Blut begünstigt die Diffusion von Na$^+$ durch Kanäle in der apikalen Membran aus dem Ultrafiltrat in die Tubulusepithelzellen. Über einen elektrisch neutralen Na$^+$/H$^+$-Austauscher wird Natrium auch gegen ein Proton ausgetauscht; in diesem Fall liefert die „bergab" gerichtete Bewegung von Na$^+$ die Energie für die „bergauf" gerichtete Bewegung von H$^+$ in das Lumen (Abb. 14.25 B). Im weiteren Verlauf entlang dem distalen Tubulus und dem Sammelrohr ist die Na$^+$-Reabsorption gekoppelt an die Sekretion von Protonen in den Urin durch säureexzernierende Zellen, die hauptsächlich an der Regulierung des pH-Wertes beteiligt sind. Diese Zellen werden später genauer beschrieben.

Für mehr als 90 % des osmotischen Druckes der extrazellulären Flüssigkeit ist Kochsalz verantwortlich. Da die Reabsorption von Ionen mit der Reabsorption von Wasser verknüpft ist, spielt der Ionengehalt des Körpers eine wichtige Rolle für das Volumen der extrazellulären Flüssigkeit (EZF). Ein großes EZF-Volumen hat in der Regel einen Anstieg des Blutdrucks zur Folge. Umgekehrt

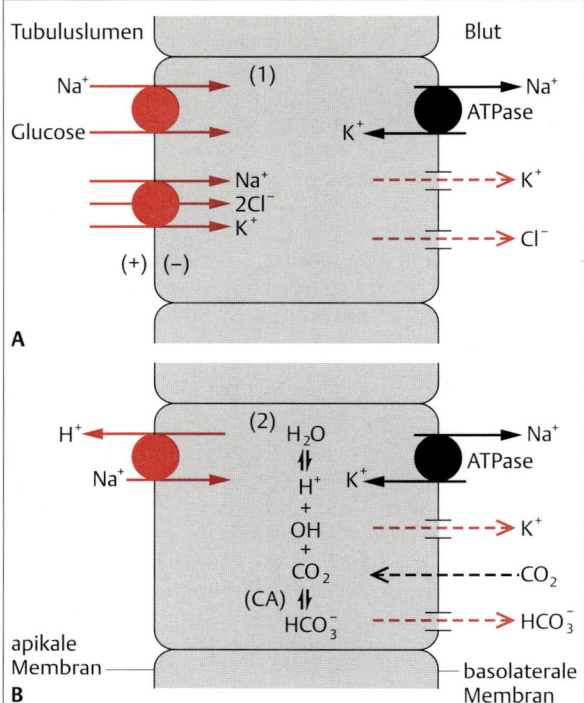

Abb. 14.25 Transportsysteme zur Na$^+$-Reabsorption sind in der Säugerniere. An der Reabsorption von Na$^+$ im proximalen Tubulus und im aufsteigenden Schenkel der Henle-Schleife sind verschiedene Transportsysteme beteiligt. **A** Natrium durchquert passiv die apikale Membran mit Hilfe von Na$^+$/2Cl$^-$/K$^+$- und Glucose/Na$^+$-Cotransport-Systemen. Eine Na$^+$/K$^+$-ATPase in der basolateralen Membran transportiert aktiv Na$^+$ aus der Zelle in das Blut; K$^+$ und Cl$^-$ verlassen die Zelle entlang ihrer Konzentrationsgradienten durch Ionenkanäle. **B** Die Bewegung von Na$^+$ in die Zelle entlang seines Konzentrationsgradienten liefert auch die Energie für den Auswärtsfluß von Protonen über einen elektrisch neutralen Na$^+$/H$^+$-Austauscher. CO$_2$ diffundiert aus dem Blut in die Zellen, wo das Enzym Carboanhydrase (CA) sicherstellt, daß dem Austauscher eine große Menge an Protonen zur Verfügung steht. Eine basolaterale Natrium-Pumpe transportiert Na$^+$ aus der Zelle in das Blut. K$^+$ und HCO$_3^-$ verlassen die Zelle über Ionenkanäle entlang ihrer elektrochemischen Gradienten.

führt eine Verringerung des EZF-Volumens zu einem Blutdruckabfall, z.B. nach einem größeren Blutverlust. Der Blutdruck ist demnach ein Indikator für das Blutvolumen, das seinerseits wiederum den Ionengehalt des Körpers widerspiegelt. Wenn die Zellen in der Macula densa des juxtaglomerulären Apparates (Abb. 14.**20**) einen Abfall des Blutdrucks oder auch einen Rückgang des Flüssigkeitstransports zum distalen Tubulus wahrnehmen, stimulieren sie die Freisetzung von Renin aus den juxtaglomerulären Zellen in der Wand der afferenten Arteriolen. Wie in Abb. 14.**26 A** dargestellt, bewirkt **Renin** einen Anstieg der Blutkonzentration von Angiotensin II und damit schließlich von Aldosteron; letzteres steigert die Reabsorption von Natrium aus der Tubulusflüssigkeit.

Renin, ein proteolytisches Enzym, spaltet **Angiotensinogen**, ein Glykoprotein, das in der Leber gebildet wird und zur α_2-Globulin-Fraktion des Plasmas gehört. Dabei wird ein aus 10 Aminosäuren bestehendes Peptid freigesetzt, das **Angiotensin I**. Das **Angiotensin Converting Enzyme** (ACE) spaltet dann zwei weitere Aminosäuren ab, wodurch das aus acht Aminosäuren aufgebaute Oligopeptid **Angiotensin II** entsteht (Abb. 14.**26 B**). Ein Großteil des Angiotensin II wird während der Passage des Blutes durch die Lungen gebildet. Dieses stimuliert die Sekretion von Aldosteron in der Nebennierenrinde und bewirkt außerdem eine allgemeine Vasokonstriktion, wodurch der Blutdruck gesteigert wird. Durch Entfernen der am aminoterminalen Ende des Angiotensins II stehenden Asparaginsäure entsteht **Angiotensin III**, das ebenfalls die Sekretion von Aldosteron aus der Nebennierenrinde bewirkt, allerdings in einem geringerem Umfang als Angiotensin II.

Wie andere Steroidhormone diffundiert **Aldosteron** durch die Zellmembran und bindet in den Zielzellen an einen cytoplasmatischen Rezeptor, was zu einer Steigerung der Transkription spezifischer Gene und letztlich zur Synthese der von diesen kodierten Proteinen führt (s. Abb. 9.**9**). Aldosteron bewirkt in den Tubulusepithelzellen eine Zunahme der Na$^+$-Reabsorption, ohne dabei aber die Wasserpermeabilität zu verändern. Als Ursache für die Aldosteron-induzierte Steigerung der Na$^+$-Reabsorption durch die Tubulusepithelzellen wurden drei Hypothesen aufgestellt (Abb. 14.**27**):

1. **Natrium-Pumpen-Hypothese**: Gesteigerte Aktivität der Na$^+$/K$^+$-ATPase in der basolateralen Membran, möglicherweise sowohl aufgrund von Änderungen in der Membranstruktur, welche die ATPase-Aktivität fördern, als auch aufgrund einer erhöhten Syntheserate des Pumpen-Proteins.
2. **Stoffwechsel-Hypothese**: Steigerung der ATP-Bildung zur energetischen Versorgung der Na$^+$/K$^+$-Pumpe, möglicherweise aufgrund einer durch Aldosteron stimulierten Intensivierung des Fettsäurestoffwechsels.*
3. **Permeabilitäts-Hypothese**: Erhöhte Permeabilität der apikalen Membran für Na$^+$-Ionen, vermutlich aufgrund einer Zunahme der Zahl von Na$^+$-Kanälen in der Membran.

Möglicherweise sind alle drei Mechanismen in durch Aldosteron stimulierten Tubuluszellen wirksam.

Ein erhöhter Pegel von Angiotensin II im Kreislauf steigert wiederum die Bildung von **Vasopressin** (auch

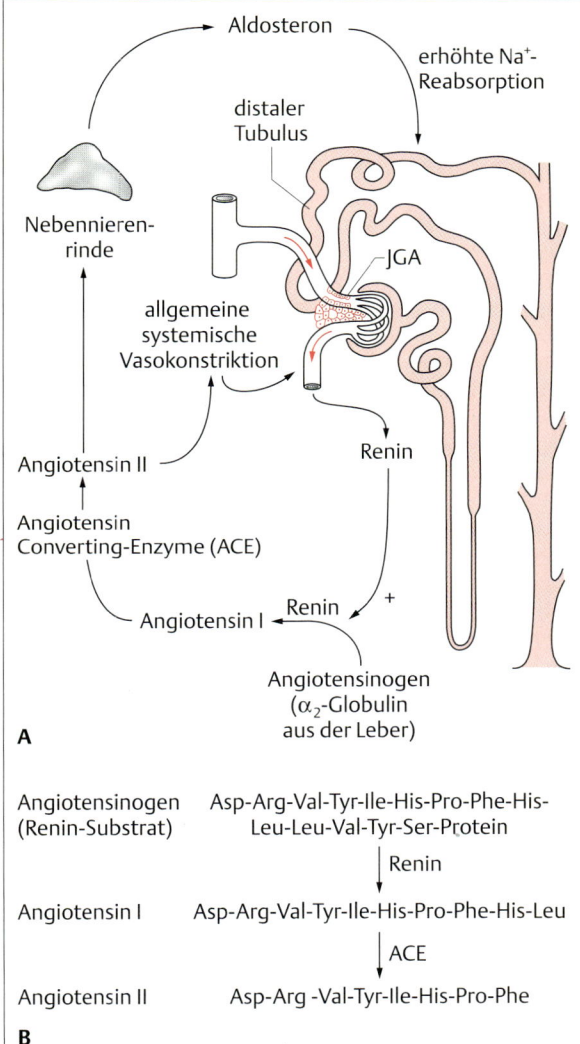

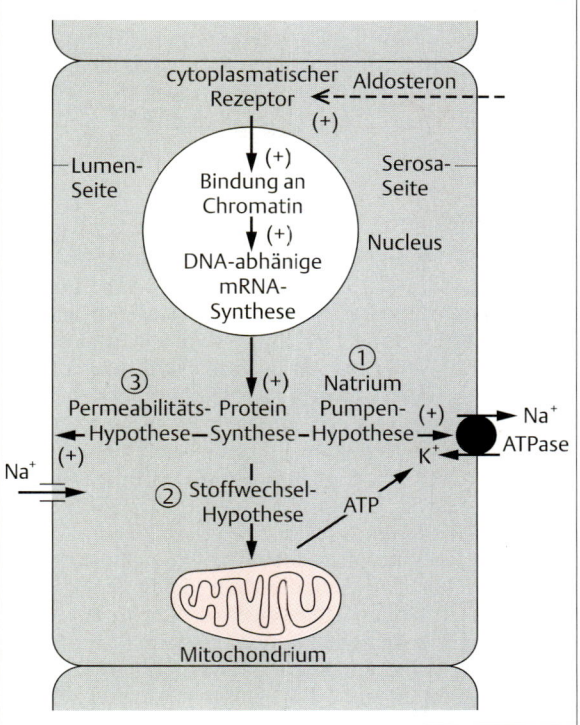

Abb. 14.26 Regulation der Na⁺-Reabsorption in der Säugerniere. Das Renin-Angiotensin-System spielt hierbei eine wichtige Rolle. **A** Renin wird bei einem Druckabfall in der afferenten Arteriole und bei einer niedrigen Na⁺-Konzentration im distalen Tubulus aus den sekretorischen Zellen des juxtaglomerulären Apparates freigesetzt. Im Blut zirkulierendes Renin führt zu einem Anstieg der Konzentrationen von Angiotensin II und Aldosteron. Aldosteron stimuliert im Nierentubulus die Reabsorption von Na⁺ aus dem Filtrat. **B** Renin ist ein proteolytisches Enzym, das Angiotensinogen, ein α₂-Globulin, spaltet, wobei Angiotensin I entsteht. Ein weiteres proteolytisches Enzym entfernt dann die beiden Reste am Carboxylende, wobei Angiotensin II entsteht.

Abb. 14.27 Hypothesen zur Aldosteron-Wirkung auf die Na⁺-Reabsorption. Aldosteron, ein Steroid-Hormon, das die Genexpression reguliert, bewirkt eine Steigerung der Natrium-Reabsorption in der Niere. Die Abbildung zeigt drei mögliche Mechanismen zur Erklärung der Aldosteron-Wirkung: (1) direkt über eine Zunahme der Aktivität der Na⁺/K⁺-ATPase (Natrium-Pumpen-Hypothese) oder indirekt (2) durch Erhöhung der ATP-Konzentration (Stoffwechsel-Hypothese) bzw. (3) eine Aktivitätssteigerung der Natrium-Kanäle (Permeabilitäts-Hypothese) (verändert nach M.E. Hadley, 1992).

als **antidiuretisches Hormon**, ADH, bezeichnet) im Hypothalamus und dessen Freisetzung aus dem Hypophysenhinterlappen (Abb. 9.5 und 9.7). Vasopressin führt über eine Vermittlung durch cAMP zu einer Erhöhung der Wasserpermeabilität der Hauptzellen im distalen Tubulus und im Sammelrohr, wobei es zu einer Zunahme in der Zahl der Wasserkanäle in der apikalen Membran und damit zu einer Erleichterung der Wasser-Reabsorption kommt. Anders als Vasopressin wirkt Aldosteron nicht über cAMP, steigert aber zusammen mit Vasopressin sowohl die Na⁺- als auch die H₂O-Reabsorption in der Niere.

Das aus dem Vorhof des Herzens bei einem Anstieg des venösen Drucks in das Blut abgegebene **Atriopeptin** (atrialer natriuretischer Faktor, ANF) bewirkt eine Steigerung der Urinbildung und der Ausscheidung von Na⁺

und hat damit auf die Niere einen gegensätzlichen Effekt wie das Renin-Angiotensin System. ANF hemmt die Freisetzung von Vasopressin und Renin und die Bildung von Aldosteron in der Nebennierenrinde. ANF wirkt direkt auf die Niere, um den Na^+-Gehalt und damit die Wasser-Reabsorption zu erniedrigen (s. S. 574f).

Tubuläre Sekretion

Das Nephron verfügt über mehrere eigenständige Systeme zur Sekretion von Substanzen aus dem Plasma in das Tubuluslumen. Am besten untersucht sind die Systeme für die Sekretion von K^+, H^+, NH_3 sowie von organischen Säuren und Basen. Obwohl die Zahl sekretorischer Mechanismen und Transportmoleküle begrenzt sein muß, ist das Nephron dennoch in der Lage, zahllose „neue" Substanzen auszuscheiden, einschließlich Medikamente und Toxine sowie körpereigene, natürlicherweise vorkommende Moleküle. Wie kann das Nephron alle diese verschiedenen Substanzen erkennen und transportieren? Die Antwort scheint in einer Funktion der Wirbeltierleber zu liegen, die viele Moleküle so verändert, daß sie mit den Transportsystemen in der Wand des Nephrons reagieren können. Diese sekretorischen Mechanismen sind wichtig, da hierdurch potentiell gefährliche Stoffe aus dem Blut entfernt werden können. In der Leber werden viele dieser Stoffe zusammen mit normalen Stoffwechselprodukten mit Glucuronsäure oder deren Sulfat konjugiert. In beiden Fällen werden die konjugierten Moleküle aktiv durch das System transportiert, das für die Erkennung und Sekretion organischer Säuren zuständig ist. Da die Konjugate hochpolar sind, können sie, wenn sie einmal von der Transportmaschinerie in das Lumen des Nephrons befördert worden sind, nicht ohne weiteres über die Wand des Nephrons wieder in den peritubulären Raum und von dort in das Blut zurück diffundieren und werden deshalb mit dem Urin ausgeschieden.

Normalerweise wird der größte Teil der K^+-Ionen, die ungehindert das Glomerulus-Filter passieren können, im proximalen Tubulus und der Henle-Schleife mit Hilfe eines $Na^+/2Cl^-/K^+$-Cotransportsystems in der apikalen und der Na^+/K^+-ATPase in der basolateralen Membran reabsorbiert (Abb. 14.**25A**). Über K^+-Kanäle in der basalen Membran ist eine Rückführung des Kaliums in den peritubulären Raum möglich. Das Ausmaß der aktiven Reabsorption im proximalen Tubulus und in der Henle-Schleife bleibt auch dann unverändert, wenn der K^+-Gehalt im Blut und im Ultrafiltrat nach exzessiver Aufnahme dieses Ions stark erhöht ist. Im distalen Tubulus und im Sammelrohr ist jedoch eine Sekretion von K^+ in die Tubulusflüssigkeit möglich, um die Homöostase bei einer hohen K^+-Belastung des Körpers aufrecht zu erhalten. Die Sekretion von K^+ schließt dessen aktiven Transport durch die übliche Na^+/K^+-ATPase in der basolateralen Membran aus der interstitiellen Flüssigkeit in die Tubuluszelle und die anschließende Diffusion in die Tubulusflüssigkeit durch Kalium-Kanäle in der apikalen Membran ein (Abb. 14.**28**). Aufgrund des lumennegativen transepithelialen Potentials kann K^+ einfach entlang seines elektrochemischen Gradienten aus dem Inneren der Tubuluszelle in das Lumen des Nephrons diffundieren.

Die Intensität der K^+-Sekretion (und Na^+-Reabsorption) durch diese Mechanismen wird durch Aldosteron gesteigert, das sowohl in Reaktion auf erhöhte K^+- als auch erniedrigte Na^+-Konzentrationen im Plasma freigesetzt wird. Eine Erniedrigung des Kaliumwertes wirkt direkt stimulierend auf die Hormondrüsen in der Nebenniere, während bei einem Absinken des Natriumwertes die Nebennieren über eine Aktivierung des Renin-Angiotensin-Systems angeregt werden. Die Steigerung der Na^+-Reabsorption ist daher über die Wirkung von Aldosteron an die K^+-Sekretion gekoppelt; die Regulation eines der beiden Ionen kann nicht erfolgen, ohne daß davon auch das andere betroffen ist. Die Freisetzung von Aldosteron infolge niedriger Natriumwerte im Blut hat eine Steigerung der Na^+-Reabsorption zur Folge; sie kann aber auch zu abnormal niedrigen Kaliumkonzentrationen im Blut führen, da gleichzeitig die K^+-Sekretion und -Ausscheidung erhöht werden.

Da hohe extrazelluläre K^+-Konzentrationen unter Umständen zu Herzstillstand und konvulsivischen (krampfartigen) Muskelkontraktionen führen, müssen

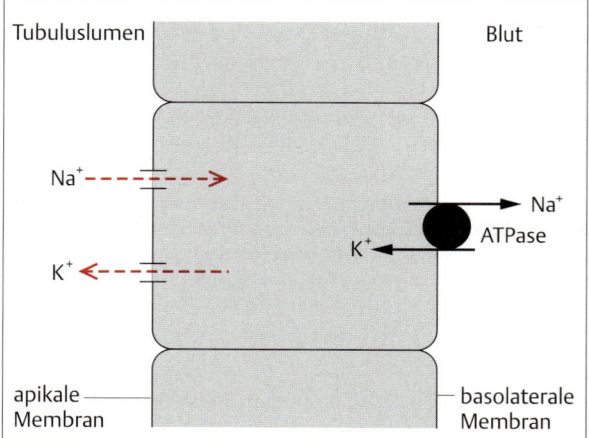

Abb. 14.28 K^+-Sekretion. Im distalen Tubulus und im Sammelrohr kann K^+ in die Tubulusflüssigkeit sezerniert werden. Eine Na^+/K^+-ATPase in der basolateralen Membran transportiert aktiv K^+ in die Tubulusepithelzellen; von dort gelangt es passiv entlang seines elektrochemischen Gradienten durch Kalium-Kanäle in der apikalen Membran in das Tubuluslumen.

überschüssige K⁺-Ionen schnell aus dem Plasma entfernt werden. Als Reaktion auf hohe K⁺-Konzentrationen wird Insulin abgegeben, das die Aufnahme von K⁺ in die Zellen, insbesondere Fettzellen, steigert. Anschließend wird K⁺ von diesen Zellen langsam wieder freigesetzt und über den etwas langsamer reagierenden Mechanismus in der Niere ausgeschieden. Auf diese Weise kann die Abgabe von Insulin (wie die von Aldosteron) zu niedrigen K⁺-Konzentrationen im Plasma führen.

Regulation des pH-Wertes über die Niere

Wie ausführlich in Kap. 13 (S. 601 ff) dargestellt, bestimmt bei Säugetieren in erster Linie das Kohlendioxid/Hydrogencarbonat-Puffersystem den pH-Wert im Extrazellularraum. Die Grundlage dieses Systems bilden drei Reaktionen:

$$1.\ CO_2 + H_2O \rightleftharpoons H_2CO_3 \rightleftharpoons HCO_3^- + H^+$$
$$2.\ CO_2 + OH^- + H^+ \rightleftharpoons HCO_3^- + H^+$$
$$3.\ H_2O \rightleftharpoons OH^- + H^+$$

Die Reaktion 1 erfolgt bei Körpertemperatur nur sehr langsam, Reaktion 2 dagegen wird durch das Enzym Carboanhydrase katalysiert und läuft daher schnell ab. Zwei Faktoren haben bei Säugetieren die stärksten Auswirkungen auf das CO_2/HCO_3^--System: die Ausscheidung von CO_2 über die Lungen und die Ausscheidung von Säure über die Nieren. Das Verhältnis zwischen der Ventilation der Lungen und der CO_2-Bildung bestimmt in starkem Maße die CO_2-Konzentration im Körper. Ist z.B. die Ventilation der Lungen erniedrigt, steigt die CO_2-Konzentration und der pH-Wert des Blutes sinkt, da es zu einer Anreicherung von Wasserstoff- und Hydrogencarbonat-Ionen (HCO_3^-) kommt (s. Abb. 13.**10**). Durch Steuerung der Atmung kann die Kohlendioxid-Abgabe beeinflußt und damit der pH-Wert des Blutes schnell verändert werden. Die Ausscheidung von Säure (H⁺-Ionen) im Urin ist letztlich für die Aufrechterhaltung der HCO_3^--Konzentration im Plasma von Säugetieren verantwortlich. Die Ausscheidung von Säure über die Haut von Amphibien oder die Kiemen von Fischen ergänzt bzw. ersetzt bei diesen Tieren die Säureausscheidung durch die Niere.

Die Konzentration von HCO_3^- im Plasma von Säugetieren liegt bei $25 \cdot 10^{-3}$ mol/l, die Konzentration von H⁺ dagegen bei $40 \cdot 10^{-9}$ mol/l. Die Konzentrationen von Hydrogencarbonat und Protonen im Glomerulusfiltrat gleichen denen im Plasma, d.h. das Ultrafiltrat enthält große Mengen an Hydrogencarbonat, aber nur wenige Protonen. Dennoch hat der Urin einen pH-Wert von ca. 6,0 und enthält wenig oder kein Hydrogencarbonat. Das bedeutet, daß im Verlauf der Harnbildung dem Filtrat Säure hinzugefügt und das meiste, wenn nicht alles Hydrogencarbonat entzogen wird. Bei einem pH-Wert von 6 enthält der Urin immer noch eine geringe Konzentration an Protonen und die Änderung in der H⁺-Konzentration im Verlauf der Tubuluspassage allein würde nicht ausreichen, um die Aufrechterhaltung des pH-Wertes im Körper in Anbetracht der ständigen Bildung von Säuren im Stoffwechsel zu gewährleisten. Tatsächlich wird der größte Teil der im Urin auftauchenden Säuren entweder durch Phosphat oder Ammoniak abgepuffert.

Da über die gesamte Tubuluslänge dem Filtrat Protonen hinzugefügt werden, wird dieses zunehmend sauer. Im proximalen Tubulus und in der Henle-Schleife werden Protonen über einen H⁺/Na⁺-Austauschmechanismus sezerniert (Abb. 14.25 B). Der distale Tubulus und das Sammelrohr enthalten sogenannte **A-Typ-Zellen** (Abb. 14.29), die über eine Protonen-ATPase in der apikalen Membran und ein Chlorid/Hydrogencarbonat-Austauschsystem in der basolateralen Membran verfügen. (Dieser Anionenaustauscher ähnelt dem Bande-3-Protein in der Membran der Erythrocyten.) Diese Zellen enthalten außerdem hohe Konzentrationen an Carboanhydrase, so daß intrazelluläres Kohlendioxid unter Bildung von Hydrogencarbonat-Ionen und Protonen schnell hydratisiert wird; die Protonen werden durch die apikale Membran in den Tubulus transportiert; die Hydrogencarbonat-Ionen nehmen ihren Weg durch die basolaterale Membran in die interstitielle Flüssigkeit. Die sezernierten Protonen können in der Tubulusflüssigkeit mit Hydrogencarbonat zu Kohlendioxid und Wasser reagieren, das in die Zelle zurück diffundieren kann. Auf diese Weise kann die Sekretion von Protonen aus der Typ A-Zelle über das Zirkulieren des Kohlendioxids zu einer Netto-Aufnahme von Hydrogencarbonat in das Blut führen (Abb. 14.29 A). Die Zellen vom A-Typ sind offensichtlich säuresezernierende Zellen.

Die Entfernung von Protonen aus A-Typ-Zellen macht deren intrazelluläres Potential negativer und fördert dadurch die Reabsorption von Natrium aus der Tubulusflüssigkeit. Die intrazelluläre Na⁺-Konzentration von wird durch die Tätigkeit einer Na⁺/K⁺-ATPase in der basolateralen Membran niedrig gehalten, die Na⁺ aus der Zelle in die interstitielle Flüssigkeit pumpt. Die basolaterale Membran der A-Typ-Zellen enthält auch K⁺-Kanäle; der Kreislauf von K⁺ über diese Membran wird ebenfalls durch die Na⁺/K⁺-ATPase in Gang gehalten. Auf diese Weise ist die Ansäuerung der Tubulusflüssigkeit durch die A-Typ-Zellen mit der Reabsorption von Natrium gekoppelt.

Der distale Tubulus und das Sammelrohr enthalten darüber hinaus basensezernierende Zellen, die als **B-Typ-Zellen** (Abb. 14.29 B) bezeichnet werden. Diese Zellen verfügen über ein Chlorid/Hydrogencarbonat-Austauschsystem in der apikalen Zellmembran. (Dieser Austauscher unterscheidet sich von dem Bande-3-Pro-

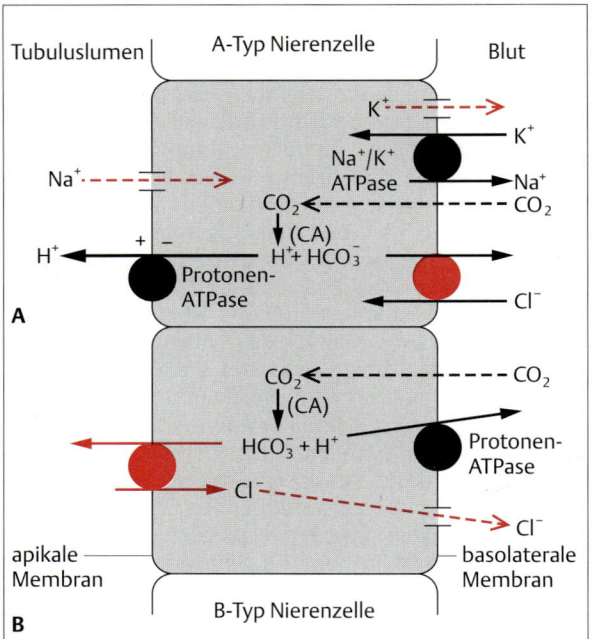

der Anzahl von Hydrogencarbonat/Chlorid-Austauschern in der basolateralen Membran.

Die Sekretion von Protonen durch die Tubuluszellen bewirkt eine Absenkung des pH-Wertes der Tubulusflüssigkeit und führt damit gleichzeitig zu einer Erhöhung des Gradienten, gegen den Protonen transportiert werden. Die Fähigkeit, Protonen zu sezernieren, nimmt deshalb mit sinkendem pH-Wert ab; wenn der pH-Wert der Tubulusflüssigkeit unter 4,5 sinkt, hört die Säuresekretion auf. Ist die Tubulusflüssigkeit jedoch gepuffert, können mehr Protonen über das Tubulusepithel gepumpt werden, bevor es zu einem Abfall im pH-Wert kommt, der ausreicht, um die Protonenpumpe zu stoppen. Die Tubulusflüssigkeit wird durch Hydrogencarbonat, Phosphate und Ammoniak gepuffert. In das Tubuluslumen sezernierte Säure reagiert mit Hydrogencarbonat zu Kohlendioxid, mit HPO_4^{2-} zu $H_2PO_4^-$ oder mit NH_3 (Ammoniak) zu NH_4^+ (Ammonium)-Ionen (Abb. 14.30). Die apikale Membran der Tubuluszellen ist sowohl für Phosphate als auch für Ammonium-Ionen praktisch undurchlässig. Phosphate gelangen aus dem Blut über das Glomerulusfilter in die Tubulusflüssigkeit, während Ammoniak aus dem Blut durch die Tubulusepithelzellen in das Lumen diffundiert, wo es in Ammonium-Ionen umgewandelt wird. Sowohl Phosphate als

Abb. 14.29 pH-Regulation durch die Säugerniere. Der pH-Wert der Körperflüssigkeiten kann bei Säugetieren durch Regulation der relativen Aktivität von säure- (A-Typ) und basensezernierenden (B-Typ) Zellen im distalen Tubulus und im Sammelrohr der Niere verändert werden. **A** Zellen vom A-Typ pumpen Protonen über eine apikale H^+-ATPase in das Lumen und säuern damit die Tubulusflüssigkeit an; die sich daraus ergebende Zunahme des Potentials über der apikalen Membran begünstigt die Reabsorption von Na^+. **B** Zellen vom B-Typ benützen die H^+-ATPase in der basolateralen Membran, um Protonen in das Blut zu pumpen; dieser Vorgang wird begleitet durch die Absorption von Cl^-. Beide Zelltypen enthalten Carboanhydrase (CA), die CO_2, das aus dem Blut in die Zellen diffundiert, rasch in H^+ und HCO_3^--Ionen umwandelt.

tein in der basolateralen Membran der A-Typ-Zellen.) Die B-Typ-Zellen enthalten Carboanhydrase und sezernieren im Austausch gegen Chlorid-Ionen Hydrogencarbonat-Ionen in das Lumen des Tubulus. Protonen und Cl^--Ionen fließen mit Hilfe einer Protonen-ATPase und von Cl^--Kanälen durch die basolaterale Membran in die interstitielle Flüssigkeit.

Säugetiere können über die Aktivität der Zellen vom A- bzw. B-Typ den pH-Wert des Blutes regulieren. Die Aktivität der A-Typ-Zellen, und damit auch die Säureausscheidung, nimmt bei einer Azidose (Säurebildung im Überschuss) zu, diejenige der B-Typ-Zellen, und damit die Sekretion von Hydrogencarbonat, bei einer Alkalose. Veränderungen in der Aktivität von A-Typ-Zellen beruhen sowohl auf Änderungen in der Aktivität der Protonen-ATPase in der apikalen Membran als auch in

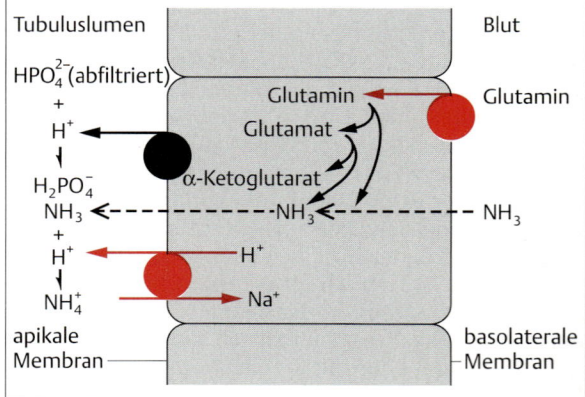

Abb. 14.30 Die Pufferung des Nierenfiltrats durch HPO_4^{2-} und NH_4^+ ermöglicht eine stärkere Protonen-Sekretion. Die Phosphat-Ionen im Lumen stammen aus dem Filtrationsvorgang, während die Ammonium-Ionen aus der passiven Diffusion von NH_3 aus dem Blut durch die Tubuluszellen oder aus dem intrazellulären Abbau von Glutamin herrühren. Glutamin gelangt (wie andere Aminosäuren) über basolaterale Transportsysteme in die Tubuluszellen und wird desaminiert, wobei NH_3 entsteht, das durch die apikale Membran in das Tubuluslumen diffundiert. Da die Membran sowohl für $H_2PO_4^-$ als auch für NH_4^+ weitgehend undurchlässig ist, bleiben beide Ionen in der Tubulusflüssigkeit gefangen und werden mit dem Urin ausgeschieden.

auch Ammonium-Ionen bleiben in der Tubulusflüssigkeit gefangen und werden mit dem Urin aus dem Körper ausgeschieden. Die Hydrogencarbonat-, Phosphat- und Ammoniak-Puffersysteme konkurrieren um die in die Tubulusflüssigkeit sezernierten Protonen. Die Menge an Phosphaten hängt von der Nahrung ab, wobei überschüssiges Phosphat in das Ultrafiltrat gelangt. Die Kapazität des Phosphat-Puffersystems (d.h. die Anzahl von Protonen, die es binden kann) hängt somit von der Art der Nahrung ab und ist unabhängig von den Säure-Basen-Bedürfnissen des Organismus. Der pH-Wert im Körper kann im allgemeinen nicht über die Auswahl bestimmter Nahrung reguliert werden.

Bei einer Azidose sinkt die Konzentration von Hydrogencarbonat im Plasma häufig ab; infolgedessen verringert sich auch die Konzentration in der Tubulusflüssigkeit, und eine geringere Menge steht als Puffer zur Verfügung. Unter solchen Voraussetzungen spielt Ammoniak eine Hauptrolle bei der Ausscheidung von überschüssiger Säure. Ammoniak wird innerhalb der Tubuluszellen durch enzymatische Desaminierung von Aminosäuren, besonders Glutamin, gebildet (Abb. 14.30). In seiner unpolaren, nicht ionisierten Form diffundiert Ammoniak ungehindert durch die Zellmembran in das Tubuluslumen, wo es mit Protonen reagiert und NH_4^+-Ionen bildet. Da für das hochpolare NH_4^+ die Membran nicht mehr permeabel ist, hält dieses sowohl Stickstoffatome als auch Protonen im Urin zurück und dient so als Vehikel für deren Exkretion. Wenn die Azidose im Körper einige Tage anhält, nimmt die Ammoniakbildung in den Tubulusepithelzellen zu, die Konzentration von NH_4^+ in der Tubulusflüssigkeit steigt, und die Ausscheidung von Säure durch die Nieren erhöht sich. Die Sekretion von Ammoniak kann sehr gut an die jeweiligen Erfordernisse angepaßt werden. Säugetiere, die in einen Zustand metabolischer Azidose geraten sind, zeigen einen dramatischen Anstieg der Ammoniakbildung und -sekretion, da dies der wichtigste Regulationsmechanismus ist, über den der Organismus bei einer länger anhaltenden Säurebelastung verfügt.

Mechanismus der Harnkonzentrierung

Die Konzentrierung des Harns erfolgt bei Vögeln und Säugetieren im Verlauf der Sammelrohre durch das Nierenmark über osmotische Reabsorption von Wasser aus der Tubulusflüssigkeit. Zwischen dem Bau der Wirbeltierniere und ihrer Fähigkeit, einen zu den Körperflüssigkeiten hypertonen Harn zu bilden, besteht eine klare Beziehung. Nieren, die einen hypertonen Urin produzieren können (diejenigen der Säugetiere und Vögel) haben alle Nephrone, die eine Henle-Schleife aufweisen. Darüber hinaus ist das Ausmaß, in dem ein Säugetier seinen Urin konzentrieren kann, direkt abhängig von der Länge der Henle-Schleifen. Letztere sind bei Wüstenbewohnern, wie z.B. der Känguruhratte, am längsten; mit Hilfe dieser längeren Schleifen kann ein stärkerer osmotischer Gradient zwischen Nierenrinde und -mark aufgebaut werden, der seinerseits einen effektiveren osmotisch bedingten Entzug von Wasser aus den Sammelrohren ermöglicht. Im allgemeinen ist die Konzentrierungsfähigkeit eines Nephrons um so größer, je länger die Schleife ist und je tiefer sie in das Nierenmark hineinreicht. Deshalb findet man bei Wüstensäugern sowohl die längsten Henle-Schleifen als auch den am stärksten hypertonen Urin.

Zusätzlich zu der Beziehung zwischen Anatomie und Konzentrierungsfähigkeit des Nephrons steigt der osmotische Druck der interstitiellen Flüssigkeit in Richtung auf die tieferen Bereiche des Nierenmarks ständig an (Abb. 14.31); die Gründe hierfür werden später besprochen. Aufgrund dieser Befunde vermuteten B. Hargitay und W. Kuhn (1951), daß die Funktion der Henle-Schleife in einer **Multiplikation im Gegenstrom** besteht (Box 14.2). Diese attraktive und plausible Hypothese war zunächst wegen der Schwierigkeit des Entnehmens von Tubulusflüssigkeit aus dem dünnen Ast der Henle-Schleife schwer zu überprüfen. Die Bestimmung des Schmelzpunktes der Flüssigkeit aus in Scheiben geschnittenen gefrorenen Nieren und spätere Experimente mit in situ-Perfusionen von Schleifenabschnitten stützte die Gegenstrom-Hypothese.

Diese Untersuchungen ergaben, daß die Flüssigkeit, die aus dem proximalen Tubulus in den absteigenden Ast der Henle-Schleife fließt, an dieser Stelle (d.h. im äußeren Bereich des Nierenmarks) mit einer Konzentration von etwa 300 mmol/l (Abb. 14.24) isoosmotisch ist in Bezug zur extrazellulären Flüssigkeit. Entlang dem absteigenden Ast nimmt die Konzentration der Tubulusflüssigkeit allmählich zu und erreicht bis zur Haarnadelkurve der Schleife bei den meisten Säugetieren Werte von 1000–3000 mmol/l. Auch an diesem Punkt ist sie annähernd isoosmotisch zur extrazellulären Flüssigkeit im umgebenden Gewebe des tiefen Bereiches des inneren Nierenmarks. Die Zunahme in der Osmolarität der Tubulusflüssigkeit entlang dem absteigenden Schenkel beruht darauf, daß das Tubulusepithel in diesem Abschnitt relativ permeabel für Wasser, aber weit weniger durchlässig für NaCl oder Harnstoff ist. Der osmotisch bedingte Ausstrom von Wasser führt daher zur Einstellung eines osmotischen Gleichgewichts zwischen Tubulusflüssigkeit und interstitieller Flüssigkeit im Bereich der Haarnadelschleife. Auf ihrem Weg entlang des aufsteigenden Schenkels erfährt die Tubulusflüssigkeit einen zunehmenden Verlust an NaCl (aber nicht an Wasser). Der größte Teil des NaCl wird aktiv über die Tubuluswand des dicken Abschnitts des aufsteigenden Schenkels transportiert, allerdings tritt im Bereich des

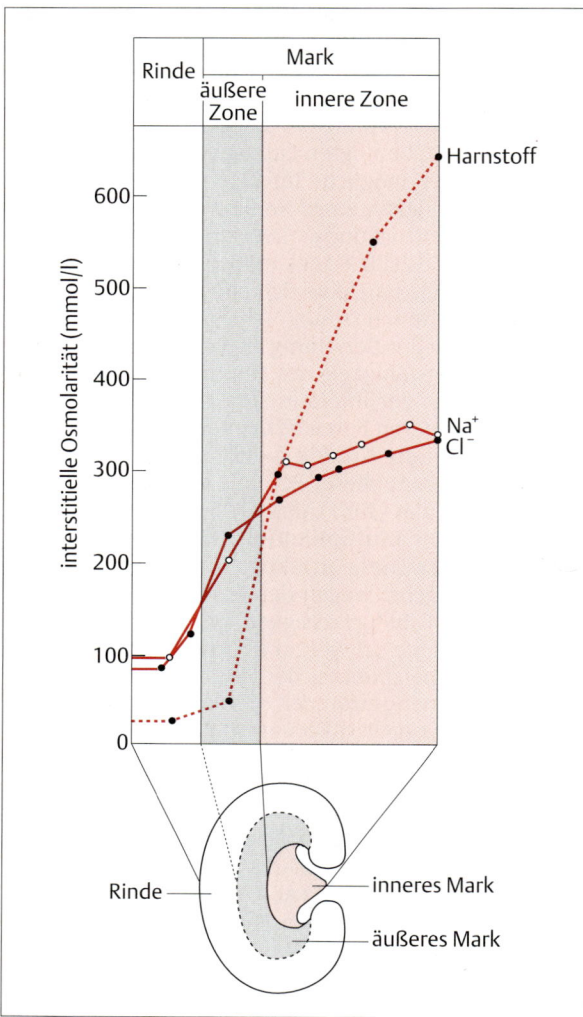

Abb. 14.31 Konzentrationsprofil gelöster Stoffe entlang der corticomedullären Achse in einer Säugerniere. Die Konzentrationen gelöster Stoffe nehmen im Interstitium von der Rinde bis in das tiefe Mark der Niere hinein kontinuierlich zu. Hier sind die interstitiellen Konzentrationen (in mmol/l) von Harnstoff, Natrium und Chlorid in verschiedenen Abschnitten dargestellt. Die größte Zunahme der Harnstoffkonzentration erfolgt im inneren Mark, während die Konzentration von NaCl am stärksten im äußeren Mark zunimmt. Da sich die osmotischen Beiträge von Na$^+$ und Cl$^-$ addieren, sind NaCl und Harnstoff in den tiefen Bereichen des Marks etwa im gleichen Umfang an der Gesamtosmolarität beteiligt (verändert nach Ulrich u. Mitarb. 1961).

Die funktionelle Asymmetrie zwischen absteigendem und aufsteigendem Schenkel der Henle-Schleife ist gemeinsam mit dem Gegenstrom-Prinzip für den interstitiellen **corticomedullären osmotischen Gradienten** für NaCl und Harnstoff verantwortlich, der in Abb. 14.**32** durch den grau unterlegten Keil symbolisiert wird. Man glaubt, daß dieser interstitielle osmotische Gradient durch ein Zusammenwirken von Mechanismen zustande kommt, zu denen der aktive Transport von NaCl aus dem aufsteigenden dicken Abschnitt und die selektive passive Permeabilität für Wasser, Ionen und Harnstoff an speziellen Abschnitten des Nephrons gehören.

Es sei daran erinnert, daß der absteigende Schenkel der Henle-Schleife eine hohe Durchlässigkeit für Wasser und eine geringe Permeabilität für Harnstoff und Ionen hat, während der aufsteigende Schenkel wenig durchlässig für Wasser und Harnstoff, aber hoch permeabel für Ionen ist. Wie in Abbildung 14.**32** dargestellt, wird NaCl im dicken Abschnitt des aufsteigenden Schenkels und im distalen Tubulus aktiv aus der Tubulusflüssigkeit heraus transportiert (Schritt 1). Der Mechanismus dieses aktiven Ionentransports ähnelt der Salzsekretion in den Rektaldrüsen von Haien und den Kiemen von marinen Knochenfischen (s. S. 701), außer daß in der Niere Ionen aus dem Tubuluslumen in das Blut verfrachtet werden. Der Verlust von Ionen aus diesen Abschnitten des Tubulus und deren Hinzufügen zum umgebenden Interstitium hat den osmotischen Verlust von Wasser aus dem distalen Tubulus und aus dem ionenundurchlässigen absteigenden Schenkel in der Nierenrinde und im äußeren Nierenmark zur Folge (Schritt 2).

Wegen des Netto-Verlustes an Wasser und Ionen in der Henle-Schleife und dem distalen Tubulus hat die Tubulusflüssigkeit beim Eintritt in das Sammelrohr eine hohe Harnstoff-Konzentration. Bis zu diesem Punkt sind die Nierentubuli weitgehend undurchlässig für Harnstoff, aber mit dem Vordringen der Sammelrohre in die tieferen Bereiche des Nierenmarks werden diese für Harnstoff stark permeabel. Infolgedessen strömt Harnstoff seinem Konzentrationsgradienten folgend aus (Schritt 3) und erhöht zusätzlich die Osmolarität im Interstitium des inneren Nierenmarks. Der sich daraus ergebende hohe osmotische Druck im Interstitium zieht Wasser aus dem absteigenden Ast der Henle-Schleife (Schritt 4), was wiederum eine hohe Konzentration der Tubulusflüssigkeit im Bereich der Haarnadelkurve zur Folge hat. Wenn darauf die hoch konzentrierte Tubulusflüssigkeit durch den für NaCl stark permeablen dünnen Teil des aufsteigenden Schenkels fließt, diffundiert NaCl entlang seines Konzentrationsgradienten heraus (Schritt 5). Der Endteil des Sammelrohrs ist der einzige Abschnitt des Nephrons mit einer starken Permeabilität für Harnstoff. Der hohe osmotische Druck im Interstiti-

dünnen Abschnitts auch ein passiver Verlust auf. Sowohl der dicke als auch der dünne Abschnitt des aufsteigenden Schenkels sind (im Gegensatz zum absteigenden Schenkel) für Wasser relativ undurchlässig.

Box 14.2 Gegenstromsysteme

Im Jahre 1944 veröffentlichte Lyman C. Craig eine Methode zur Konzentrierung chemischer Substanzen mit Hilfe des Gegenstromprinzips. Diese Methode erwies sich bei vielen Anwendungen in der Industrie und im Labor als nützlich. Wie in vielen anderen Fällen spiegelt der menschliche Scharfsinn auch hier den Einfallsreichtum der Natur wider. Wie sich zeigte, war diese Entdeckung nichts Neues, denn Gegenstrommechanismen sind in einer ganzen Reihe biologischer Systeme wirksam, z. B. in der Niere von Wirbeltieren, in den gasabsondernden Organen der Schwimmblase und beim Gasaustausch in den Kiemen von Fischen sowie in den Extremitäten einer Vielzahl von Vogel- und Säugerarten, die in kalten Klimazonen leben.

Das Prinzip läßt sich mit Hilfe eines hypothetischen Modells zur Gegenstrommultiplikation veranschaulichen, bei dem ein aktiver Transportmechanismus tätig ist – ganz ähnlich wie bei dem in der Säugerniere arbeitenden System. Das in Teil **A** der Abbildung gezeigte Modell besteht aus einer U-förmig gebogenen Röhre, wobei die beiden Schenkel durch eine gemeinsame Wand getrennt werden. Eine NaCl-Lösung fließt in einen der Röhrenschenkel ein und durch den anderen wieder aus. In der gemeinsamen Trennwand sei ein Mechanismus vorhanden, der aktiv NaCl aus dem Ausström-Schenkel in den Einström-Schenkel der Röhre transportiert, ohne daß dieser Transport durch einen Wasserfluß begleitet wird. Da die Flüssigkeit mit dem Hauptstrom entlang dem Einström-Schenkel wandert, ist die Wirkung des NaCl-Transports kumulativ, und die Salzkonzentration wird zunehmend höher. Wenn die Flüssigkeit die Biegung an der Schenkelspitze erreicht hat und durch den zweiten Schenkel wieder auswärts fließt, wird die Salzkonzentration aufgrund der kumulativen Wirkung des Auswärts-Transports von NaCl entlang dieses Abschnitts wieder zunehmend geringer. Am Ende des Ausström-Schenkels ist ihre Osmolarität geringfügig niedriger als diejenige der frisch in den Einström-Schenkel gelangenden Flüssigkeit. Insgesamt wird durch dieses System ein Ionengradient entlang der Röhre aufgebaut.

Dieses Modell ähnelt prinzipiell der Henle-Schleife, unterscheidet sich davon aber in Einzelheiten. In der Henle-Schleife weisen die beiden Schenkel keine gemeinsame Wand auf; durch die interstitielle Flüssigkeit sind sie trotzdem funktionell gekoppelt, so daß das NaCl, das aus dem aufsteigenden Schenkel herausgepumpt wird, über die kurze Entfernung zum absteigenden Schenkel diffundieren und dort die osmotisch bedingte Reabsorption von Wasser bewirken kann. Im Zusammenhang mit Gegenstromsystemen wie der Henle-Schleife sollten einige wichtige Punkte beachtet werden.

1. Der dauerhafte Konzentrationsgradient in beiden Schenkeln erfordert sowohl ein ständiges Strömen der Flüssigkeit durch das System als auch den kumulativen Effekt des Transports aus dem Auström- in den Einström-Schenkel. Der Gradient würde verschwinden, wenn entweder der Flüssigkeitsstrom oder der Transport durch die Membran aufhören würde.
2. Der Konzentrationsunterschied zwischen den jeweiligen zwei Enden beider Schenkel des Gegenstrom-Multiplikations-Systems ist an jeder beliebigen Stelle viel größer als der Unterschied über die Trennwand zwischen den beiden Schenkeln (**B**). Deshalb kann die Multiplikation im Gegenstrom größere Konzentrationsänderungen erzeugen als durch ein einfaches Transportepithel ohne die Anordnung im

Gegenstrom erreicht werden könnte. Je länger das System ist, desto größer kann seine multiplikative Wirkung sein und desto größere Konzentrationsunterschiede können aufgebaut werden.

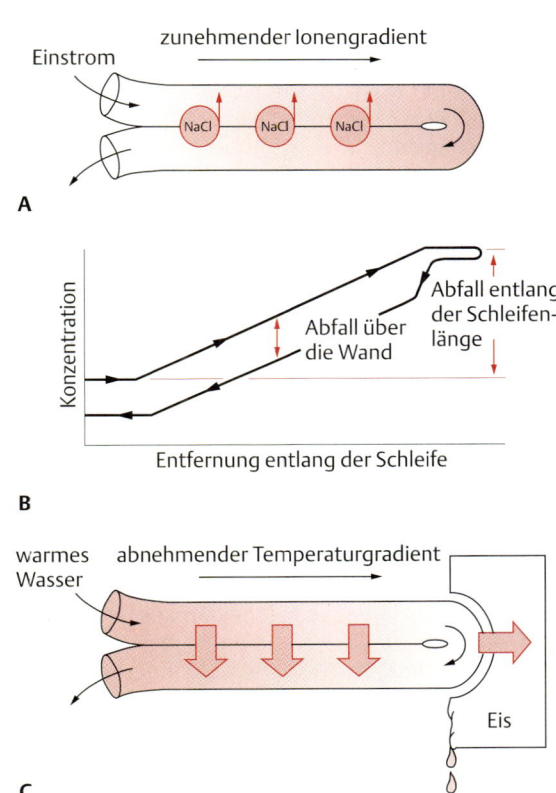

Im Gegensatz zu passiven Gegenstromsystemen arbeiten aktive nur unter Energieverbrauch. **A** Modell eines aktiven Systems, bei dem eine Salzlösung durch eine U-förmige Röhre fließt, deren Schenkel durch eine gemeinsame Wand voneinander getrennt sind. Der aktive Transport von Salz aus dem Ausstrom-Schenkel in den Einstrom-Schenkel erzeugt eine Asymmetrie, die für die Funktion des Multiplikationssystems notwendig ist. **B** Darstellung der Salzkonzentrationen im Verlauf der beiden Schenkel. Zu beachten ist, daß der Konzentrationsunterschied über die Wand hinweg an jeder Stelle klein ist im Vergleich zum Konzentrationsunterschied über die gesamte Länge der Schleife. Letzterer wird sowohl durch die Länge der Schleife als auch durch die Effizienz des Transports über die Wand hinweg bestimmt. **C** Modell eines passiven Systems, bei dem warmes Wasser durch den Einstrom-Schenkel fließt und einen Teil seiner Wärme an kühleres Wasser abgibt, das im Ausstrom-Schenkel in entgegengesetzter Richtung fließt. Etwas von der Wärme geht an das Eis verloren, aber viel mehr Wärme wird durch den passiven Transfer vom Einstrom- zum Ausstrom-Schenkel zurückgehalten.

3. Das Multiplikator-System kann nur funktionieren, wenn es eine asymmetrische Anordnung aufweist. Im Modell (**A**) gibt es einen aktiven, energieverbrauchenden Nettotransport von NaCl in einer Richtung durch die Trennwand. Ein passives Gegenstromsystem, wie z.B. eines zur Zurückhaltung von Wärme, erfordert keinen Energieaufwand (**C**). In den Extremitäten von Vögeln und Säugern aus kalten Klimazonen gibt es z.B. einen Temperaturunterschied zwischen arteriellem und venösem Blutstrom, da das Blut abgekühlt wird, wenn es durch die Beine zu den Füßen fließt. Infolge dieser Asymmetrie und der Anordnung der Gefäße im Gegenstrom gibt das arterielle Blut einen Teil seiner Wärme an das aus dem Bein zurückströmende venöse Blut ab, was zu einer Verringerung der Wärmeverluste an die Umgebung führt.

---

um des inneren Nierenmarks hängt damit weitgehend von der sich dort ergebenden passiven, auf dem Gegenstrom-Mechanismus des Nephrons beruhenden Anreicherung von Harnstoff ab. Wäre der aufsteigende Schenkel genauso permeabel für Harnstoff wie das Sammelrohr, könnte diese Anreicherung nicht erfolgen. Wenn NaCl nicht aktiv aus der Tubulusflüssigkeit entnommen würde (wobei Wasser passiv nachströmt), würde Harnstoff im Sammelrohr nicht konzentriert werden, und dessen starke Anreicherung im Nierenmark würde sich ebenfalls nicht einstellen.

Es ist interessant, daß der Harnstoff-Gradient im Interstitium des Nierenmarks weitgehend auf passiven Vorgängen beruht, obwohl der aktive Transport von NaCl eine unabdingbare Voraussetzung für das Funktionieren des Systems ist und den größten Teil der für die Etablierung der NaCl- und Harnstoff-Gradienten benötigten Stoffwechselenergie beansprucht. Das Ergebnis dieses Zusammenwirkens von zellulärer Spezialisierung und anatomischem Bau eines Organs ist ein dauerhafter corticomedullärer Gradient von Harnstoff und NaCl, bei dem die Osmolarität sowohl innerhalb des Tubulus als auch im peritubulären Interstitium in Richtung auf die tieferen Bereiche des Nierenmarks kontinuierlich zunimmt. Dieser Gradient ist verantwortlich für den am Ende erfolgenden osmotisch bedingten Wasserausstrom aus den Sammelrohren in das Interstitium und die darauf basierende Bildung eines hyperosmotischen Harns.

Für die Aufrechterhaltung des Konzentrationsgradienten im Interstitium ist es unerläßlich, daß auch die Vasa recta – die das Nephron umgebenden Blutgefäße – nach dem Prinzip des Gegenstroms angeordnet sind. Das Blut fließt aus der Rinde in die tieferen Bereiche des Marks in Kapillaren, die schlingenartige Netze um jedes juxtaglomeruläre Nephron ausbilden und dann wieder in Richtung auf die Nierenrinde ziehen (Abb. 14.**14A**). Aus osmotischen Gründen nimmt dabei das Blut in dem Maße Ionen auf und gibt Wasser ab, wie das umgebende Interstitium zunehmend hyperosmotisch wird. Daher steigt die Osmolarität des Blutes an, je tiefer die Vasa recta in das Nierenmark hinabziehen (Abb. 14.**33**). Der umgekehrte Vorgang läuft ab, wenn das Blut in Richtung auf die Nierenrinde zurückfließt und dabei Bereiche mit zunehmend geringerer Osmolarität im Interstitium passiert. Im Endeffekt stellen sich beim Durchfließen der Vasa recta nur geringfügige Änderungen in der Osmolarität des Blutes ein, obwohl das Wasser und gelöste Stoffe, die während ihrer Passage durch das Nephron aus der Tubulusflüssigkeit reabsorbiert wurden, durch das Blut abtransportiert werden. Das Volumen der reabsorbierten Flüssigkeit macht jedoch nur einem kleinen Prozentsatz des gesamten Blutvolumens aus, das durch die Niere strömt.

Als wichtige Konsequenz aus der Anordnung der Vasa recta im Gegenstrom ergibt sich eine hohe Durchblutungsrate der Niere (was für eine effektive glomeruläre Filtration erforderlich ist), ohne daß dadurch der corticomedulläre Gradient von NaCl und Harnstoff gestört wird. Wenn das Blut den Glomerulus verläßt und über die Vasa recta in das Nierenmark strömt, nimmt es aus dem Interstitium passiv NaCl und Harnstoff auf, da es durch Gewebsbereiche mit ständig zunehmender Osmolarität fließt. NaCl und Harnstoff erreichen im Blut ihre höchsten Konzentrationen, wenn dieses die Haarnadelschleifen der Vasa recta in den tiefen Abschnitten des Marks passiert. Auf dem Rückweg zur Nierenrinde diffundieren überschüssiges NaCl und Harnstoff wieder in das Interstitium zurück und verbleiben in der Niere, wenn das Blut diese verläßt. Tatsächlich gewinnt das Blut vor dem Verlassen der Niere einen Teil des Wassers zurück, das es bei der glomerulären Filtration verloren hat. Der Grund hierfür liegt in der Erhöhung des kolloidosmotischen Druckes im Blut bei der Bildung des Ultrafiltrates.

Regulation der Wasser-Reabsorption

Die Tubulusflüssigkeit wird im Sammelrohr während der Passage durch den tiefen hyperosmotischen Bereich des inneren Marks wegen des osmotisch bedingten Entzugs von Wasser konzentriert (Abb. 14.**32**). Dieser Konzentrierungsvorgang bietet die Möglichkeit zur Regulation der mit dem Urin ausgeschiedenen Wassermenge. Das Ausmaß, in dem Wasser dem osmotischen Gradienten folgend durch die Wand des Sammelrohrepithels in das umgebende Interstitium austritt, hängt von der Wasserdurchlässigkeit der Sammelrohrepithelzellen ab. Das **antidiuretische Hormon** ADH reguliert die Wasserpermeabilität des Sammelrohrs und damit auch

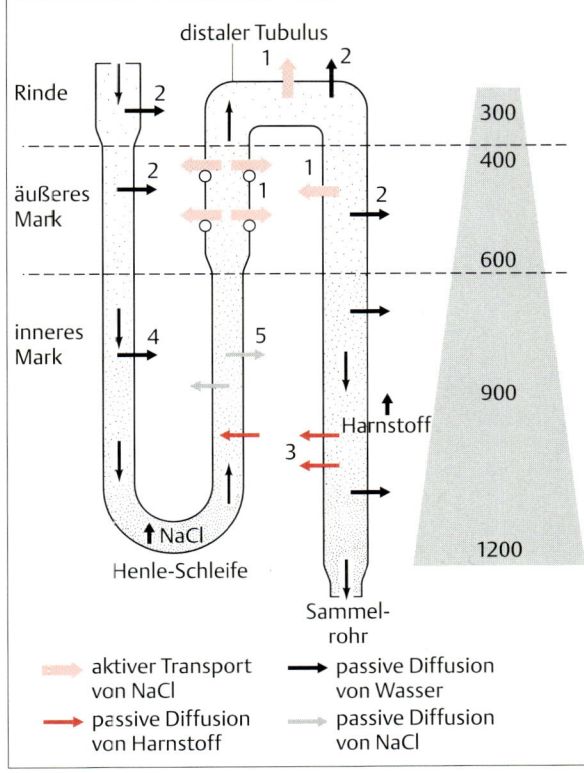

Abb. 14.32 Hauptmerkmale des renalen Gegenstrommodells. Der osmotische Gradient, der sich unter Gleichgewichtsbedingungen im Interstitium der Niere zwischen Rinde und Mark aufbaut, hängt sowohl von der unterschiedlichen Permeabilität und dem aktiven Transport von Ionen in verschiedenen Abschnitten der juxtaglomerulären Nephrone als auch vom anatomischen Aufbau der Nephrone und ihrer Gefäßversorgung (den nicht dargestellten Vasa recta) ab. Der graue Keil verdeutlicht den osmotischen Gradienten in der extrazellulären Flüssigkeit, wobei die Zahlen die jeweilige Gesamtosmolarität angeben. Für die Osmolarität im Interstitium der Rinde und des äußeren Marks ist größtenteils der aktive Transport von NaCl aus dem dicken aufsteigenden Schenkel und dem distalen Tubulus verantwortlich (Schritt 1). Die hohe Osmolarität im inneren Mark geht weitgehend auf die passive Diffusion von Harnstoff aus dem unteren Bereich der Sammelrohre zurück (Schritt 3), dem einzigen Abschnitt des Nephrons, der für Harnstoff gut permeabel ist. Ein Teil des Harnstoffs tritt im dünnen Schenkel der Henle-Schleife, wo die Harnstoffkonzentration relativ niedrig ist, wieder in die Tubulusflüssigkeit über, was einen Kreislauf des Harnstoffs zur Folge hat (dünner roter Pfeil). Die verschiedenen weiteren hier dargestellten Transportschritte werden im Text erläutert (verändert nach Jamison u. Maffly, 1976).

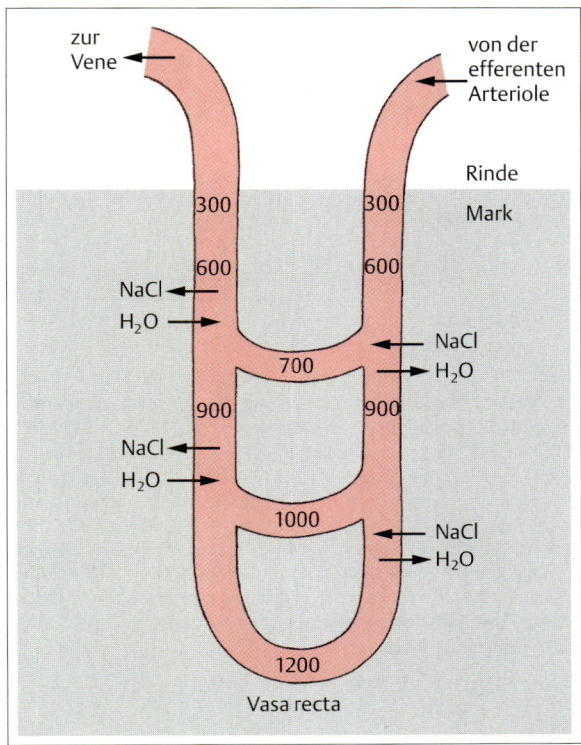

Abb. 14.33 Die Anordnung der Vasa recta im Gegenstrom trägt zur Aufrechterhaltung des corticomedullären osmotischen Gradienten im Interstitium bei. Diese schematische Darstellung der Vasa recta zeigt die passiven Flüsse von NaCl und Wasser sowie die Osmolarität des Blutes an verschiedenen Stellen. Das Blut hat am Anfang und am Ende der Vasa recta die gleiche Osmolarität.

die Wasserabgabe mit dem Urin. Je höher die ADH-Konzentration im Blut ist, desto durchlässiger ist die Epithelwand des Sammelrohrs und desto mehr Wasser wird damit der Flüssigkeit auf ihrem Weg zum Nierenbecken entzogen. Die Auswirkung von ADH auf die Reabsorption von Wasser im Sammelrohr zeigt Abb. 14.**34**.

Die Konzentration von ADH im Blut hängt vom osmotischen Druck des Plasmas und vom Blutdruck ab. Die Zellkörper der ADH produzierenden neurosekretorischen Zellen liegen im Hypothalamus und die Enden ihrer Axone in der Neurohypophyse (Hypophysenhinterlappen). Diese osmosensitiven Zellen reagieren auf eine erhöhte Osmolarität des Plasmas mit einer gesteigerten Freisetzung von ADH an ihren axonalen Enden in das Blut; die erhöhte ADH-Konzentration im Blut führt dann zu einer verstärkten Wasser-Reabsorption in den Sammelrohren (Abb. 14.**35**). Wenn z.B. die Osmolarität des Blutes infolge von Wassermangel ansteigt, erhöht sich die Aktivität der

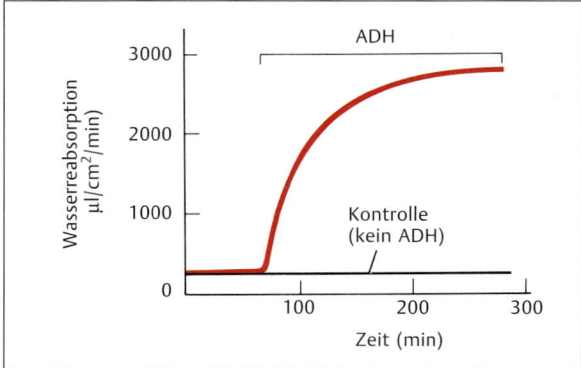

Abb. 14.34 Wirkung von ADH auf die Wasserreabsorption aus dem Sammelrohr. Das antidiuretische Hormon (ADH) erhöht die Wasserpermeabilität in Teilen des Sammelrohrs (s. Abb. 14.35). Die hier gezeigten Werte stammen von einem Perfusionsexperiment, bei dem in den Flüssigkeiten, mit denen das Sammelrohr durchspült bzw. in denen es gebadet wurde, konstante Osmolaritäten von 125 mosm/l bzw. 290 mosm/l eingeregelt wurden. Bei Abwesenheit von ADH wurde wenig Wasser aus der Spülflüssigkeit reabsorbiert. Zugabe von ADH führte jedoch zu einer dramatischen Steigerung der Reabsorption (verändert nach Grantham, 1971).

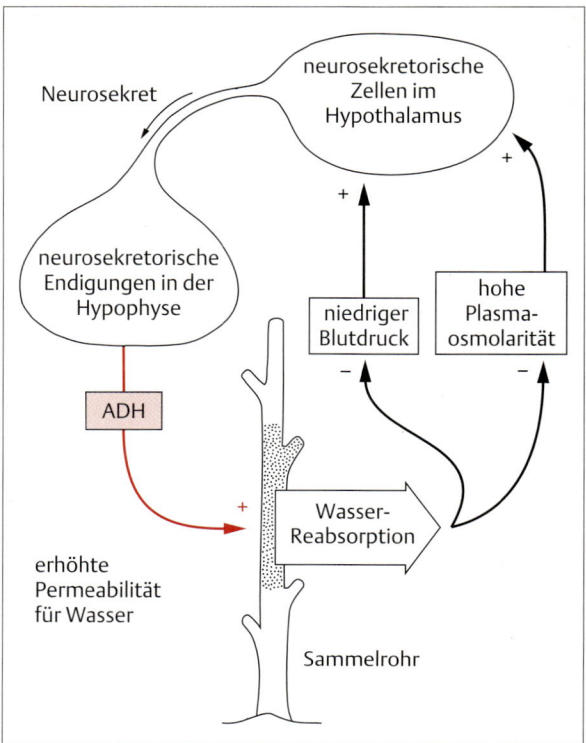

Abb. 14.35 Feedback-Kontrolle der Wasserreabsorption in den Sammelrohren über die Blutosmolarität. Die Osmolarität des Blutes unterliegt einer Rückkopplungskontrolle über die Wirkung von ADH auf das Sammelrohr. Das antidiuretische Hormon (ADH) erhöht die Wasserpermeabilität im gepunkteten Bereich des Sammelrohres, wodurch die osmotisch bedingte Reabsorption von Wasser verstärkt wird. Der gesteigerte Rückgewinn von Wasser wirkt einer Verstärkung der Bedingungen entgegen, durch welche die ADH-Sekretion stimuliert wurde (hohe Plasmaosmolarität, niedriger Blutdruck).

neurosekretorischen Zellen, und es wird mehr ADH freigesetzt; die Sammelrohre werden wasserdurchlässiger, und Wasser wird aus osmotischen Gründen in verstärktem Maße aus dem Lumen reabsorbiert. Dieser Ablauf führt zur Ausscheidung eines konzentrierten Harns und damit zum Einsparen von Wasser.

Die hypothalamischen Zellen, die ADH bilden und freisetzen, werden durch Druckrezeptoren in Arterien sowie in den Vorhöfen des Herzens, die auf eine Erhöhung des Blutdrucks ansprechen, gehemmt. Hämorrhagie z.B. hat einen Abfall des Blutdrucks zur Folge, der zu einer Verringerung der Aktivität dieser Druckrezeptoren führt (s. Abb. 12.**44**); die sich daraus ergebende Verminderung des inhibitorischen Einflusses auf die ADH-bildenden Zellen im Hypothalamus führt zu einer verstärkten Abgabe von ADH, folglich auch zu einer Verringerung des Wasserverlustes mit dem Urin, und trägt somit dazu bei, das normale Blutvolumen wieder herzustellen. Umgekehrt führt jeder Umstand, der zu einer Erhöhung des venösen Blutdrucks beiträgt (z.B. eine Zunahme des Blutvolumens nach der Aufnahme von Wasser), zu einer Hemmung der ADH bildenden hypothalamischen Zellen und damit zu einer Steigerung der Wasserabgabe über den Urin. Die Aufnahme alkoholhaltiger Getränke (Ethylalkohol) hemmt die Freisetzung von ADH und führt daher zu einer übermäßigen Urinproduktion und einer Steigerung der Osmolarität des Plasmas über den normalen Sollwert hinaus. Dies hat eine gewisse Entwässerung zur Folge, was zu dem Unwohlsein bei einem „Kater" beiträgt.

Die Wirkung des ADH bei Säugetieren und des damit verwandten Peptids Arginin-Vasotocin bei anderen Vertebraten ist nicht auf die Niere beschränkt. Wenn diese antidiuretisch wirkenden (die Harnausscheidung hemmenden) Hormone auf Haut und Blase von Fröschen aufgetragen werden, erhöhen sie die Wasserdurchlässigkeit dieser Epithelien.

Die besprochenen Mechanismen lassen sich wie folgt zusammenfassen: Die Harnbildung in der Säugetierniere beginnt mit einer starken Reduzierung des Glomerulus-Filtratvolumens im proximalen Tubulus. Etwa 75% des Salzes und des Wassers werden in osmotisch äquivalenten Mengen dem Filtrat bei seiner Passage durch den proximalen Tubulus entzogen, wobei Harnstoff und bestimmte andere Substanzen im Lumen zurückbleiben. Beim Eintritt in die Henle-Schleife ist die Tubulusflüssigkeit isoosmotisch zur extrazellulären Flüssigkeit im umgebenden Gewebe. Im Verlauf der Passage durch die Henle-Schleife und den distalen Tubulus wechselt die Osmolarität der Tubulusflüssigkeit zwar in starkem Maße, am Ende des distalen Tubulus ist sie jedoch im Vergleich zum Eintritt in die Henle-Schleife nur geringfügig verändert. Mit Hilfe des Prinzips der Multiplikation im Gegenstrom wird aber in diesem Abschnitt des Nephrons im Interstitium des Nierenmarks ein Konzentrationsgradient entlang der Henle-Schleife aufgebaut. Dieser Gradient bildet die Grundlage für die osmotisch bedingte Reabsorption von Wasser bei der Passage durch die Sammelrohre im Bereich des Nierenmarks. Der gesamte Prozeß der Harnbildung läuft ab, ohne daß es an irgendeiner Stelle des Nephrons zu einem aktiven Transport von Wasser kommt.

Ein Tier kann aufgrund von Änderungen in der Temperatur oder im Salzgehalt seiner Umgebung sowie infolge der Aufnahme von Nahrung und Trinkwasser in einen osmotischen Stress geraten. Störungen in der Osmolarität der Körperflüssigkeiten werden durch Rückkopplungs-Mechanismen gering gehalten, mittels derer die osmoregulatorischen Organe ihre Aktivität den Erfordernissen so anpassen, daß das „innere Milieu" konstant gehalten wird. Diese Kontrollmechanismen können neuronaler oder humoraler Art sein oder eine Kombination aus beiden darstellen. Bei Säugetieren bestehen die wichtigsten Maßnahmen zur Aufrechterhaltung der osmotischen Homöostase in der Regulierung des Blutvolumens und der Konzentration des Urins. Als Reaktion auf osmotischen Stress können Säugetiere regulierend auf verschiedene Teilbereiche der Harnbildung einwirken:
1. die glomeruläre Filtrationsrate,
2. den Umfang der Reabsorption von Ionen und Wasser aus dem Tubuluslumen,
3. die Sekretion unerwünschter Substanzen und
4. das Ausmaß, in dem Wasser osmotisch der Flüssigkeit in den Sammelrohren entzogen wird.

Nieren anderer Vertebraten

Bei den Nieren der **marinen Inger** (Rundmäuler) besitzen die Nephrone zwar Glomeruli, aber keine Tubuli, weshalb das Ultrafiltrat aus den Bowman-Kapseln direkt in die Sammelrohre gelangt. Die Nieren dienen hier hauptsächlich der Ausscheidung von zweiwertigen Ionen (z.B. Ca^{2+}, Mg^{2+} und SO_4^{2-}) und beteiligen sich nicht oder nur in geringem Maße an der Osmoregulation. Die extrazelluläre Flüssigkeit der ursprünglichsten heute lebenden Vertebraten, der Inger, weist daher hinsichtlich der Konzentration der wichtigsten Salze große Ähnlichkeit mit dem Meerwasser auf; ihr Plasma ist praktisch isotonisch zu Meerwasser (Tab. 14.1, S. 657).

Im allgemeinen besitzen die Nieren von **Süßwasserfischen** größere und zahlreichere Glomeruli als die ihrer im Meer lebenden Verwandten. Da ihre Körperflüssigkeiten hyperton zur Umgebung sind und Wasser deshalb in den Körper diffundiert, halten die Süßwasserfische ihren Wasserhaushalt im Gleichgewicht, indem sie große Mengen eines verdünnten Urins produzieren. Die Nephrone in den Nieren verschiedener **mariner Knochenfische** verfügen weder über Glomeruli noch über Bowman-Kapseln. In solchen **aglomerulären Nieren** wird der Urin vollständig durch Sekretion gebildet, da es keine spezielle Einrichtung für die Bildung eines Ultrafiltrates gibt. Diese Fische sind gegenüber ihrer Umgebung hypoton und verlieren daher ständig Wasser über die Haut und die Kiemen. Ihr Problem besteht darin, Wasser zurückzuhalten; sie produzieren nur kleine Harnmengen. Auch Harnstoff wird nur in geringem Umfange gebildet und Ammoniak über die Kiemen ausgeschieden.

Amphibien und **Reptilien** scheinen ebenfalls nicht in der Lage zu sein, einen hypertonen Urin zu bilden (d.h. Urin mit einer höheren Osmolarität als das Plasma), da ihnen das Gegenstrom-System der Henle-Schleife fehlt, das für die Produktion eines Urins mit deutlich höherer Osmolarität als das Plasma benötigt wird. Nur bei **Säugetieren** und **Vögeln** wurde ein Gegenstrom-System in der Niere gefunden: offensichtlich verfügen demnach nur diese Tiere über die für eine Multiplikation der Osmolarität im Gegenstrom erforderliche spezielle Anordnung der Tubuli. Die Vogelniere enthält ein Gemisch von Nephronen, die teils dem Reptilien-Typ, teils dem Säuger-Typ entsprechen. Das heißt, bei den Vögeln fehlt bei einigen Nephronen die Henle-Schleife; bei bestimmten Vögeln verläuft die Schleife senkrecht zum Sammelrohr, was eine geringere Effektivität des Konzentrierungsmechanismus zur Folge hat.

Bei dem Rochen *Raja erinacea* wurde gezeigt, daß er über eine komplizierte Anordnung der Nierentubuli verfügt, welche die anatomischen Voraussetzungen für eine Multiplikation im Gegenstrom bietet. Die Nephrone der Rochen unterscheiden sich jedoch funktionell erheblich von den Nephronen der Säugetiere. Wie beschrieben, scheidet die Säugerniere Harnstoff aus und hält Wasser zurück, wobei ein hypertoner Urin gebildet wird. Die Niere der Elasmobranchier hält dagegen Harnstoff zurück (der als Osmolyt verwendet wird) und bildet keinen konzentrierten Urin. Das Gegenstrom-System in der Niere der Elasmobranchier setzt sich aus Bündeln von Tubuli zusammen. Diese wurden in der

Niere von **marinen Knorpelfischen** beschrieben, die eine hohe Harnstoffkonzentration in ihren Geweben aufweisen und Harnstoff aus dem Ultrafiltrat in der Niere reabsorbieren. Andererseits reabsorbieren Süßwasserrochen keinen abfiltrierten Harnstoff und besitzen keine Tubulibündel in den Nieren, was darauf hindeutet, daß die Harnstoff-Reabsorption in den Tubulibündeln erfolgt. Die Funktion des Gegenstrom-Systems in den Nephronen der Knorpelfische besteht daher vermutlich im Zurückhalten von Harnstoff.

Extrarenale osmoregulatorische Organe bei Vertebraten

Wie im vorherigen Abschnitt bereits angedeutet, bedienen sich viele Vertebraten zur Aufrechterhaltung der osmotischen Homöostase außerhalb der Niere gelegener osmoregulatorischer Organe. Im folgenden wird zunächst auf spezielle Drüsen eingegangen, die bei verschiedenen Tieren der Ausscheidung von Salz dienen, danach wird die Rolle der Fischkieme für die Osmoregulation besprochen.

Salzdrüsen

Knorpelfische, Seevögel und einige Reptilien besitzen Drüsen, die mit Hilfe von zellulären Mechanismen, die denen der Natrium-Reabsorption in der Säugerniere ähneln, Salz ausscheiden.

Die Rektaldrüse der Knorpelfische

Marine Knorpelfische enthalten viel weniger NaCl als Meerwasser, obwohl sie gegenüber diesem leicht hyperton sind. Als Folge davon diffundiert NaCl ständig in den Körper dieser Tiere. Die überschüssigen Ionen werden zum größten Teil über die Rektaldrüse wieder ausgeschieden, die eine konzentrierte Salzlösung bildet und bei marinen Elasmobranchiern den wichtigsten (vielleicht den einzigen) extrarenalen Mechanismus zur Ausscheidung von überschüssigem NaCl darstellt. Die Aufgabe dieser Drüse ist die Regulation des extrazellulären Volumens über die Kontrolle der NaCl-Konzentration im Körper.

Die Rektaldrüse besteht aus einer großen Zahl blind endender Schläuche, die sich in einen Gang entleeren, der in der Nähe des Rektums in den Darmkanal mündet. Die von der Drüse gebildete Flüssigkeit kann eine geringfügig höhere Salzkonzentration aufweisen als Meerwasser, ist aber isoosmotisch zum Plasma. Das Blut der Knorpelfische ist ebenfalls leicht hyperosmotisch gegenüber Meerwasser, hat aber eine viel geringere Salzkonzentration, da die Osmolarität des Blutes weitgehend durch hohe Konzentrationen von Harnstoff und Trimethylaminoxid (TMAO) bestimmt wird. Die Elasmobranchier sind in der Lage, hohe Harnstoffkonzentrationen zu tolerieren, die normalerweise zur Dissoziation von Multi-Enzymkomplexen führen, wobei diese ihre Funktionsfähigkeit verlieren. TMAO fördert dagegen die Zusammenlagerung der Untereinheiten und wirkt so dem Harnstoff entgegen. Die von der Rektaldrüse gebildete Flüssigkeit enthält nur NaCl, aber keinen Harnstoff und kein TMAO.

Zur Bildung der in der Rektaldrüse abgeschiedenen Flüssigkeit ist keine Filtration des Blutes erforderlich; NaCl wird vielmehr in das Lumen der Tubuli sezerniert, und Wasser strömt passiv nach. Die Epithelzellen der Tubuluswände in der Rektaldrüse bestehen aus einem einzigen Zelltyp, einer salzsezernierenden Zelle, die den Chlorid-Zellen in den Kiemen von marinen Knochenfischen ähnelt (s. S. 707). Diese Zellen weisen eine ausgedehnte, stark gefaltete basolaterale Membran auf, deren Oberfläche die der apikalen Membran bei weitem übertrifft. Die basolaterale Membran ist reich ausgestattet mit einer Na^+/K^+-ATPase, die Na^+ aus der Zelle heraus und K^+ in die Zelle hinein pumpt; die K^+-Ionen diffundieren durch die ebenfalls in großer Zahl in der basolateralen Membran vorhandenen Kalium-Kanäle wieder zurück (Abb. 14.**36**). Durch die Tätigkeit der Na^+/K^+-ATPase entsteht ein starker Natrium-Gradient über der basalen Zellmembran, welcher wiederum die Aufnahme von NaCl über ein zusätzlich in der basolateralen Membran vorhandenes $Na^+/2Cl^-/K^+$-Cotransport-System antreibt. Während demnach Na^+ und K^+ einen Kreislauf über die basale Membran durchlaufen, steigt die intrazelluläre Cl^--Konzentration über diejenige des Tubuluslumens; schließlich strömt Cl^- seinem Konzentrationsgradienten folgend über Cl^--Kanäle in der apikalen Membran in das Lumen aus. In der Bilanz ergibt sich aus dem ganzen Ablauf ein Transport von Cl^--Ionen aus dem Blut über die Tubuluswand in das Lumen. Dies schafft ein elektrisches Potential, wobei die Blutseite positiv gegenüber dem negativen Lumen ist; der sich daraus ergebende elektrochemische Gradient für Na^+ ermöglicht die parazelluläre Diffusion von Na^+ aus der Serosaseite in das Lumen. Wasser folgt dem NaCl-Transport passiv durch die Tubuluswand nach, die aber undurchlässig für Harnstoff und TMAO ist. Auf diese Weise produziert die Rektaldrüse eine Lösung, die eine viel höhere NaCl-Konzentration als das Blut hat, mit diesem aber isoosmotisch ist.

Das Herz von Dornhaien enthält ein natriuretisches Peptidhormon, das in perfundierten Rektaldrüsen die Sekretion von Salz anregt. Obwohl es noch keine Messungen über die Konzentration des natriuretischen Peptids bei Elasmobranchiern gibt, ist es möglich, daß vom Herzen in das zirkulierende Blut freigesetzte natriureti-

Extrarenale osmoregulatorische Organe bei Vertebraten 703

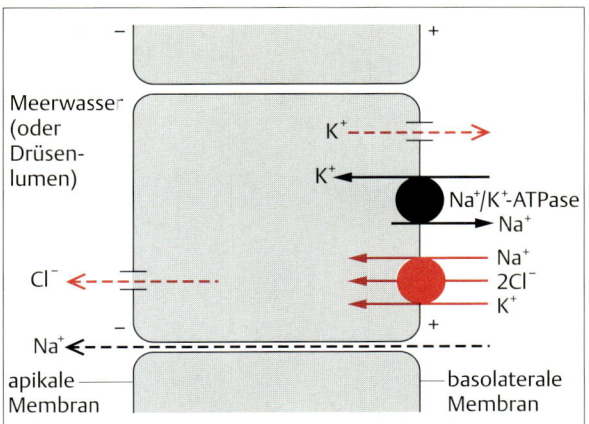

Abb. 14.36 Transportsysteme NaCl-sezernierender Zellen. Salzsezernierende Zellen in den Rektaldrüsen von Haien, den Salzdrüsen von Vögeln und Reptilien und den Kiemen von marinen Knochenfischen benutzen alle den gleichen grundlegenden Mechanismus zum Transport des Salzes aus dem Blut. Die Arbeit der Na^+/K^+-ATPase und des $Na^+/2Cl^-/K^+$-Cotransporters in der basolateralen Membran resultiert in einer Netto-Bewegung von Cl^- aus dem Blut in die Drüsentubuli oder bei den Fischen in das Meerwasser. Das durch diese Ionenbewegung erzeugte Potential über der Membran erhöht den elektrochemischen Gradienten in so hohem Maße, daß Na^+ über parazelluläre Kanäle sogar entgegen seinem hohen Konzentrationsgradienten diffundiert.

sche Peptide die sekretorische Tätigkeit der Rektaldrüse stimulieren und damit zur Reduktion des extrazellulären Volumens führen. Der adäquate Reiz für die Freisetzung des natriuretischen Peptids ist vermutlich ein Anstieg des venösen Blutdrucks, d.h. der Fülldruck des Herzens. Tatsächlich konnte gezeigt werden, daß das Herz eines Knochenfisches, der Regenbogenforelle, natriuretisches Peptid enthält, das bei erhöhtem venösem Druck in den Kreislauf freigesetzt wird.

Salzdrüsen bei Vögeln und Reptilien

Knut Schmidt-Nielsen und seine Mitarbeiter entdeckten 1957, als sie der Frage nachgingen, wie Seevögel ihr osmotisches Gleichgewicht aufrecht erhalten, ohne Zugang zu Süßwasser zu haben, daß deren Salzdrüsen in der Nase eine hypertone NaCl-Lösung sezernieren. Bei diesen frühen Studien wurde gefunden, daß bei Kormoranen und Möwen, denen Meerwasser durch intravenöse Injektion oder mittels Magensonden zugeführt wurde, der Anstieg der Ionen-Konzentration im Plasma zur anhaltenden Ausscheidung einer Flüssigkeit durch die Nase führte, deren Osmolarität zwei- bis dreimal höher war als diejenige des Plasmas. In der Folge wurden Salzdrüsen bei vielen Vogel- und Reptilienarten beschrie-

ben, vor allem bei solchen, die durch ihr Vorkommen in marinen oder ariden (trockenen) Lebensräumen einem besonderen osmotischen Streß ausgesetzt sind. Hierzu gehören fast alle Seevögel, Strauße, Meerechsen, Seeschlangen, Meeresschildkröten sowie viele landbewohnende Reptilien. Krokodile haben eine ähnliche salzsezernierende Drüse in der Zunge.

Die Salzdrüsen von Vögeln und einigen Reptilien befinden sich in flachen Gruben des Schädels über den Augen. Bei den Vögeln besteht die Salzdrüse aus zahlreichen Lappen mit einem Durchmesser von ca. 1 mm, von denen jeder sich in sekretorische Tubuli aufzweigt und sein Sekret über einen Zentralkanal in einen Gang entläßt, der durch den Schnabel zieht und in die Nasengänge mündet (Abb. 14.37A u. B). Die aktive Sekretion erfolgt über das Epithel der sekretorischen Tubuli, die aus charakteristischen salzsezernierenden Zellen aufgebaut sind. Diese weisen zahlreiche tiefe Einfaltungen im Bereich der basolateralen Membran auf und enthalten dicht gepackte Mitochondrien. Wie bei vielen anderen Transportepithelien sind die aneinanderstoßenden Zellen durch Tight junctions miteinander verbunden, die verhindern, daß es zu einem starken Wasserfluß von einer Seite des Epithels zur anderen kommt. Diese Zellverknüpfungen sind jedoch nicht so dicht wie diejenigen, welche die Zellen in der Froschhaut zusammenhalten, sondern erlauben wie in der Rektaldrüse den parazellulären Transport von Ionen.

Die Bildung der Tubulusflüssigkeit ist – wie bei der Rektaldrüse – nicht mit einer Filtration des Blutes verbunden. Dies kann aus dem Befund abgeleitet werden, daß kleine filtrierbare Moleküle (z.B. Inulin oder Sucrose), die in das Blut injiziert werden, nicht im Drüsensekret auftauchen. In der basolateralen Membran der Tubuluszellen wurden hohe Konzentrationen einer Na^+/K^+-ATPase nachgewiesen. Durch Einwirken von Ouabain auf die basale Oberfläche des Epithels wird der Ionen-Transport gestoppt. Da dieser Inhibitor nicht durch Epithelien hindurch wandert und die Pumpe nur durch direkten Kontakt mit der ATPase blockieren kann, ist der Natrium-Transportmechanismus offensichtlich in der basalen Membran der Zellen lokalisiert. Eine Steigerung der Ionen-Sekretion ist mit einer Steigerung der Na^+/K^+-ATPase-Aktivität in der Salzdrüse verbunden. Die Na^+/K^+-ATPase ist in einem gewissen Umfang auch in der apikalen Membran der Salzdrüse von Vögeln vorhanden. Die basale Membran der Salzdrüsen-Epithelzellen enthält darüber hinaus einen $Na^+/2Cl^-/K^+$-Cotransport-Mechanismus und Cl^--Kanäle. In der Bilanz ergibt sich ein Transport von NaCl aus dem Blut über das Epithel hinweg in das Lumen der Salzdrüse (Abb. 14.37C).

Wie schon beschrieben, ist die Salzlösung, die von der Rektaldrüse der Knorpelfische gebildet wird, isoosmo-

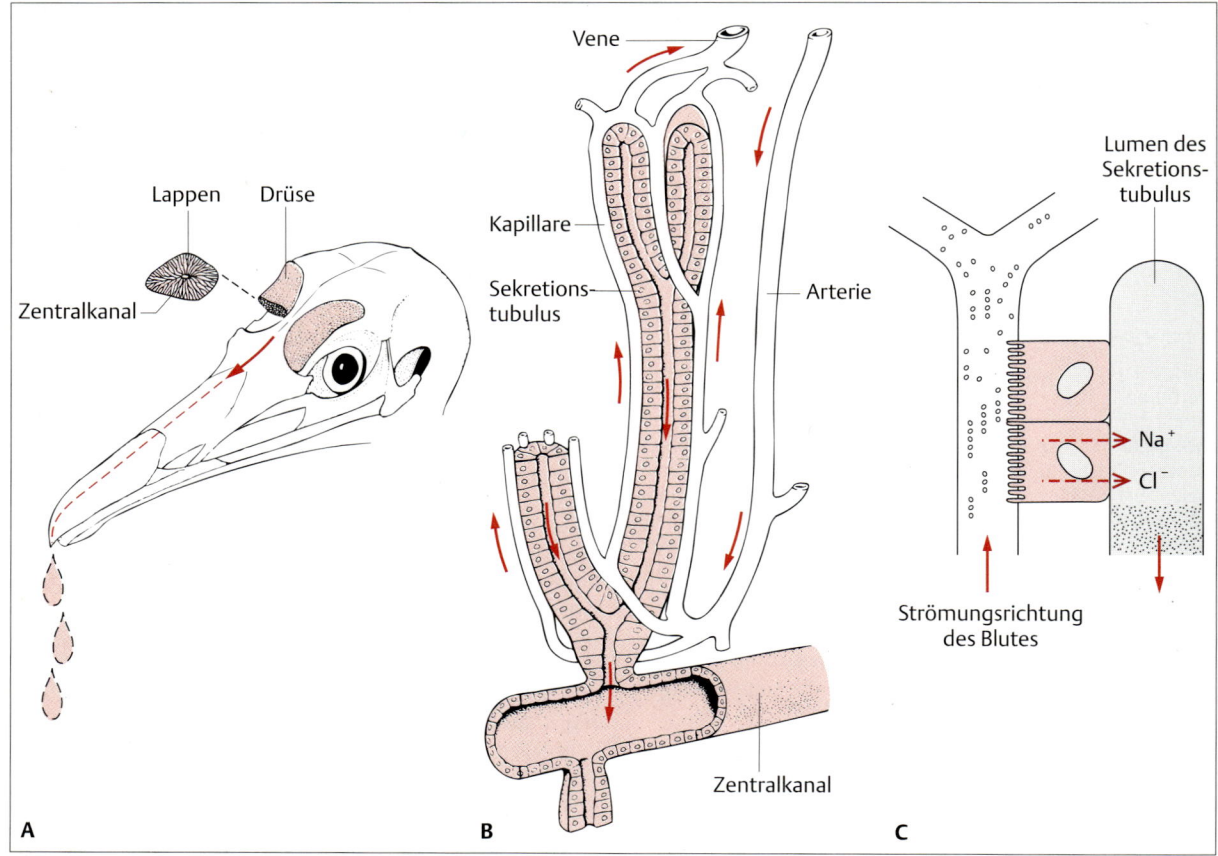

Abb. 14.37 Salzdrüsen der Seevögel. Die Aufrechterhaltung ihres osmotischen Gleichgewichts gelingt Seevögeln durch das Ausscheiden einer konzentrierten Salzlösung, die in oberhalb der Augenhöhlen gelegenen Drüsen produziert wird. **A** Die Salzdrüse der Vögel besteht aus längs angeordneten Lappen (Loben), die ihr Sekret über einen Zentralkanal einem Ausführgang zuführen, der in die Nasenwege mündet. **B** Jeder Lobus besteht aus Tubuli und Kapillaren, die radiär um einen Zentralkanal angeordnet sind. Die einzelnen Tubuli sind von Kapillaren umgeben, in denen das Blut entgegen der Fließrichtung der Sekretflüssigkeit in den Tubuli strömt. Diese Anordnung im Gegenstrom erleichtert den Übertritt von Ionen aus dem Blut in die Tubuli, da hierdurch der „Bergauf"-Gradient der Ionenkonzentration zwischen Kapillaren und Tubuli an jeder Stelle entlang der Tubuli möglichst klein gehalten werden kann. **C** Die sekretorischen Zellen, welche die Wände der Tubuli bilden, transportieren über den in Abb. 14.**36** dargestellten Mechanismus NaCl aus dem Blut in das Tubuluslumen. Diese Zellen haben einen Bürstensaum und enthalten viele Mitochondrien (A verändert nach Schmidt-Nielsen, 1960; B nach Schmidt-Nielsen, 1959).

tisch zum Plasma; die von der Salzdrüse gebildete Flüssigkeit ist dagegen hyperosmotisch zum Plasma. In beiden Fällen hat das Drüsensekret eine hohe Ionen-Konzentration, aber die Osmolarität des Blutes ist bei den Knorpelfischen viel höher als bei Vögeln und Reptilien. Es ist noch nicht vollständig geklärt, wie die Konzentrierung der von den Salzdrüsen der Vögel und Reptilien gebildeten Flüssigkeit erfolgt. Möglicherweise ist die zu Beginn des Vorgangs in den Apex eines Tubulus sezernierte Flüssigkeit noch isoosmotisch zum Plasma und wird dann auf dem Weg entlang des Tubulus aufkonzentriert. In Richtung auf die Basis der Tubuli werden die Zellen ihres sekretorischen Epithels größer und weisen deutlichere parazelluläre Kanäle auf; dies könnte ein Hinweis darauf sein, daß die Tubulusflüssigkeit gegen die Basis der Tubuli hin stärker konzentriert ist. Diejenigen Vögel, welche die höchsten Salzkonzentrationen aufbauen können, haben auch die größten sekretorischen Zellen und lange parazelluläre Kanäle zwischen den Zellen. Zusätzlich sind die Salzdrüsen der Vögel und die sie versorgenden Blutgefäße nach dem Prinzip des Gegenstroms angeordnet, was die Konzentrierung der

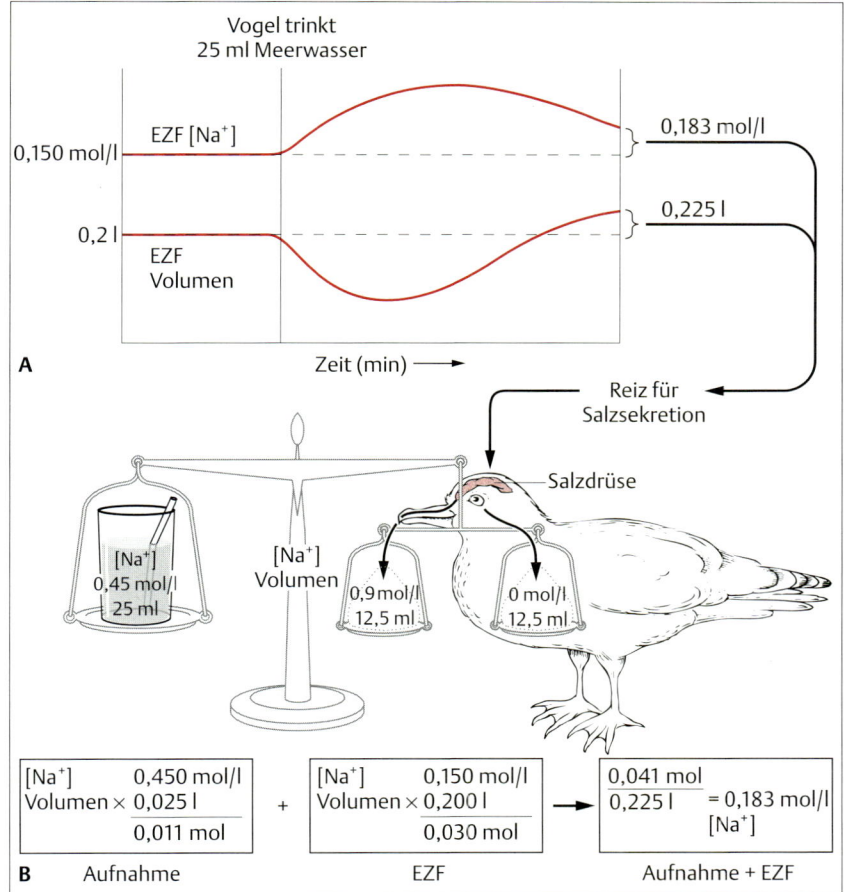

Abb. 14.38 Bilanz der Salzdrüsentätigkeit eines Seevogels.
Da das Sekret der Salzdrüsen konzentrierter ist als das Meerwasser, können Vögel, die Meerwasser trinken, daraus freies Wasser gewinnen. **A** In diesem Beispiel hat die Möwe vor dem Trinken von Meerwasser ein extrazelluläres Flüssigkeitsvolumen (EZF) von 0,2 Litern; die Konzentration von Na^+ in der extrazellulären Flüssigkeit beträgt 0,15 mol/l; insgesamt enthält die EZF damit 0,03 mol Na^+ (0,2 l · 0,15 mol/l). Dann trinkt die Möwe 0,025 Liter Meerwasser mit einer Na^+-Konzentration von 0,45 mol/l, nimmt also 0,011 mol Na^+ auf. Das Volumen der EZF nimmt anfänglich ab, und die Konzentration von Na^+ in der EZF steigt an, da Na^+ aus dem Meerwasser im Darmkanal in die EZF übertritt (entlang seines Konzentrationsgradienten), während Wasser in den Darmkanal ausströmt, bis zwischen der EZF und dem Darminhalt ein osmotisches Gleichgewicht hergestellt ist. Die anfängliche Abnahme im Volumen der EZF unterdrückt die Sekretion in den Salzdrüsen. Mit dem Anstieg der Na^+-Konzentration in der EZF fließt Wasser aus dem Darmkanal in die EZF zurück. Wenn sowohl das Volumen der EZF als auch die Konzentration von Na^+ in der EZF ihre Ausgangswerte überschreiten, wird die Salzdrüse stimuliert. **B** Bei einer Na^+-Konzentration von 0,9 mol/l im Sekret (doppelt so hoch wie im aufgenommenen Meerwasser), kann die Möwe das gesamte aufgenommene Salz mit der Hälfte dieser Flüssigkeitsmenge ausscheiden. In diesem Beispiel ergibt sich für die Möwe damit ein Netto-Wassergewinn von 12,5 ml. Dieses Wasser kann zur Ausscheidung anderer Ionen (und Moleküle) über die Nieren verwendet werden, wo der Filtrationsvorgang weiterhin abläuft (verändert nach unveröffentlichtem Material, freundlicherweise zur Verfügung gestellt von Maryanne Hughes).

Salzlösung unterstützen könnte. Die Kapillaren sind so angeordnet, daß das Blut parallel zu den sekretorischen Tubuli und in entgegengesetzter Richtung zum Sekret fließt (Abb. 14.37 B). Diese Anordnung sorgt dafür, daß entlang dem gesamten Tubulus ein minimaler Konzentrationsgradient zwischen Blut und Tubuluslumen vorhanden ist; dadurch wird die für den „Bergauf"-Transport aus dem Plasma in das Drüsensekret erforderliche Arbeit minimiert.

Die Salzdrüse ist nicht ständig aktiv, sondern reagiert

erst auf eine Salzbelastung bzw. eine Zunahme des Volumens der extrazellulären Flüssigkeit. Wenn Vögel Meerwasser trinken, fließt Wasser aus dem Körper in den Verdauungskanal, da Meerwasser eine höhere Osmolarität hat als die Körperflüssigkeiten. Gleichzeitig diffundiert NaCl aus dem Meerwasser im Darmkanal in den Körper. Die anfänglichen Folgen des Trinkens von Meerwasser bestehen demnach in einer Verringerung des Volumens der extrazellulären Flüssigkeit und einer gleichzeitigen Erhöhung der NaCl-Konzentrationen in dieser und im Blut (Abb. 14.**38A**). Die Ionen-Konzentration im Darmkanal nimmt daher aufgrund des Salzverlustes an den Körper und des Wassereinstroms aus dem Körper ab. Nach einiger Zeit sinkt die Osmolarität der Darmflüssigkeit unter die des Körpers ab, so daß sich der Wasserfluß umkehrt, d.h. Wasser strömt jetzt – dem Salz folgend – wieder in den Körper zurück. Der anfängliche Rückgang des Volumens der extrazellulären Flüssigkeit hemmt unmittelbar nach dem Trinken von Meerwasser die Sekretbildung in der Salzdrüse. Die anschließende Zunahme sowohl des extrazellulären Volumens als auch der Salzkonzentration wirkt als ein starker Reiz auf die Salzsekretion, weshalb zwischen dem Trinken von Meerwasser und der Sekretion in der Salzdrüse häufig eine kleine Verzögerung auftritt. Da die von der Salzdrüse sezernierte Flüssigkeit konzentrierter ist als das aufgenommene Meerwasser, gewinnt der Vogel am Ende Wasser, wie in Abb. 14.**38B** dargestellt.

Die Regulation der sekretorischen Tätigkeit der Salzdrüse schließt bei den Vögeln sowohl neurale (durch den Parasympathicus) als auch humorale Kontrolle (durch die Hypophyse) ein (Abb. 14.**39**). Osmorezeptoren im Hypothalamus reagieren auf einen Anstieg des osmotischen Druckes im Plasma mit Entladungen. Diese Reaktion aktiviert zusammen mit Antworten von extracranialen Osmorezeptoren oder auch Volumenrezeptoren parasympathische cholinerge Neurone, welche die Salzdrüse innervieren. Das an den axonalen Enden dieser Neurone freigesetzte Acetylcholin regt nicht nur die Salzsekretion an, sondern fördert die Sekretion auch durch eine Erweiterung der Gefäße, was den Blutfluß zum sekretorischen Gewebe steigert. Acetylcholin bindet an Rezeptoren vom Muscarin-Typ in den sekretorischen Zellen der Drüse, wodurch der intrazelluläre Signaltransduktionsweg über Inositoltriphosphat (IP_3) in Gang gesetzt wird, der für einen Anstieg der Calcium-Konzentration im Cytosol sorgt (s. Abb. 9.**14**). Hierdurch werden Chlorid-und Kalium-Kanäle in der Zellmembran der sekretorischen Zellen aktiviert. Eine Reihe anderer Wirkstoffe kann die Sekretion durch eine Erhöhung der cAMP-Menge stimulieren, das seinerseits aktivierend auf Cl^--Kanäle wirkt. Ein Anstieg der intrazellulären Calcium- oder cAMP-Konzentrationen bewirkt die Sekretion von Ionen.

Die Ionen-Sekretion wird auch durch Nebennierenrindenhormone und durch Prolactin angeregt. Die di-

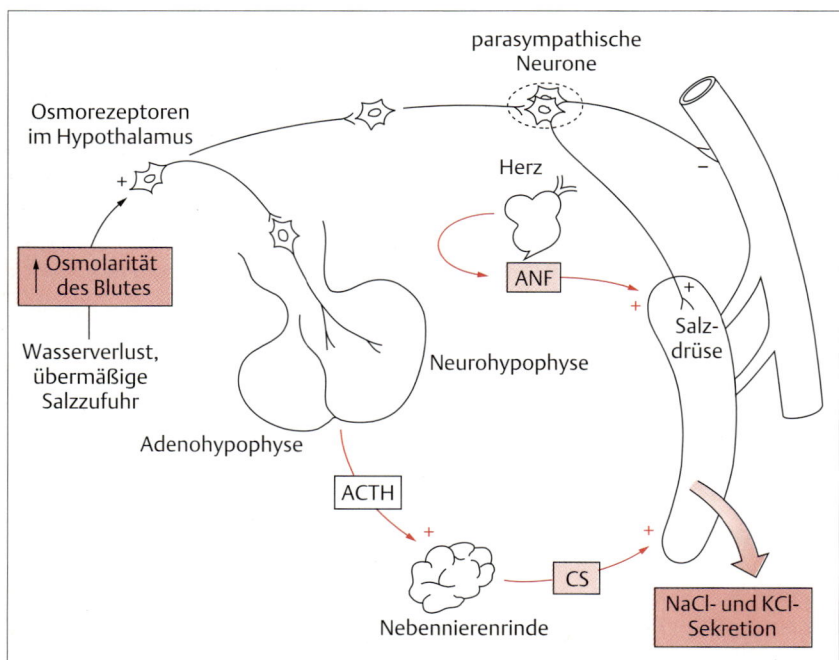

Abb. 14.39 Regulation der Salzdrüsentätigkeit von Vögeln. Der Anstieg in der sekretorischen Aktivität der Salzdrüsen von Vögeln als Reaktion auf eine Erhöhung der Osmolarität des Blutes und eines Blutdruckabfalls wird durch direkt und indirekt wirkende Mechanismen eingeleitet. Die Reizung osmotisch sensibler Neurone im Hypothalamus und Meldungen peripherer Osmorezeptoren aktivieren parasympathische Bahnen, die direkt zur Salzdrüse und zu den Blutgefäßen führen, die diese versorgen. Atrialer natriuretischer Faktor (ANF), der bei niedrigem Blutdruck im Herzen freigesetzt wird, stimuliert ebenfalls auf direktem Wege die Sekretion. Die Freisetzung von ACTH aus der Hypophyse in Reaktion auf einen Anstieg der Osmolarität des Blutes steigert die Salzsekretion indirekt durch die Stimulation der Corticosteronabgabe (CS) in der Nebennierenrinde. Dieses Hormon wirkt direkt auf die Drüse und macht sie reaktionsbereit für Schwankungen in der Osmolarität des Blutes.

rekte neurale Kontrolle ist zwar für die schnelle Anpassung an osmotisch bedingte Stress-Situationen am wichtigsten, jedoch ist Corticosteron erforderlich, um die Funktionsfähigkeit der Salzdrüse aufrecht zu erhalten. Wird z.B. die Nebennierenrinde eines Tieres, der Bildungsort der Corticosteroide, entfernt, löst die Infusion einer hochkonzentrierten Salzlösung keine Salzsekretion mehr aus (Abb. 14.**40**). Wird dem Versuchstier daraufhin aber Corticosteron injiziert, stellt sich die Tätigkeit der Salzdrüse wieder ein. **Atriopeptin** (ANF), das in Reaktion auf einen Anstieg des venösen Druckes vom Herzen abgegeben wird, regt bei Vögeln die Sekretion in der Salzdrüse durch direkte Wirkung auf die sekretorischen Zellen ebenfalls an. Dieses Hormon verursacht einen vorübergehenden Anstieg der Ionen-Sekretion, vermutlich über eine Verringerung des Blutvolumens und damit des venösen Druckes.

Anders als viele Säugetiere können die oben erwähnten Vögel und Reptilien Meerwasser trinken und überleben, weil sie mit Hilfe ihrer Salzdrüse eine hypertone Salzlösung ausscheiden können. Säugetiere haben salzsezernierende Zellen im dicken Teil des aufsteigenden Schenkels der Henle-Schleife, die denen in der Salzdrüse von Vögeln und in der Rektaldrüse von Knorpelfischen ähneln. Bei den Säugetieren scheinen diese Zellen durch die gleichen Hormone kontrolliert zu werden, nämlich natriuretische Peptide und das Renin-Angiotensin-System. Bei ihnen sind diese Zellen jedoch nicht so angeordnet, daß die Bildung einer hypertonen Salzlösung möglich ist, die ausgeschieden werden könnte. Sowohl der Aufbau auf Organebene als auch im zellulären und molekularen Bereich bestimmt daher entscheidend die Fähigkeit eines Tieres, in unterschiedlichen Lebensräumen zu überleben.

Die Kiemen der Fische

Die Epitheloberfläche einer Kieme muß groß sein, damit der Gasaustausch über dieses Organ effektiv erfolgen kann. Einerseits macht diese Eigenschaft für Tiere wie Fische, die mit ihrem wäßrigen Milieu nicht im Gleichgewicht stehen, die Kieme zu einer „osmotischen Achillesferse", andererseits bietet sie jedoch auch hervorragende Voraussetzungen, um diese als osmoregulatorisches Organ einzusetzen. Tatsächlich spielen die Kiemen zahlreicher aquatischer Tierarten nicht nur eine Rolle beim Gasaustausch, sondern auch bei so vielfältigen Aufgaben wie dem Ionentransport, der Ausscheidung stickstoffhaltiger Endprodukte und der Aufrechterhaltung des Säure-Basen-Gleichgewichtes. Bei Knochenfischen kommt den Kiemen z.B. die wichtigste Rolle beim Bewältigen von osmotischem Stress zu.

Der Bauplan einer Teleosteerkieme ist in Abb. 14.**41** dargestellt. Das Epithel, welches das Blut von dem umgebenden Wasser trennt, besteht aus mehreren Zelltypen, darunter Schleimzellen, Chloridzellen und Pflasterzellen (Abb. 14.**42**). Das Epithel der Lamellen besteht hauptsächlich aus flachen Pflasterzellen, die nur 3–5 μm dick sind, und einige Mitochondrien enthalten. Sie sind eindeutig am besten für den Austausch der Atemgase geeignet, da sie die Diffusion von Gasen nur minimal behindern. Das die Kiemenfilamente überziehende Epithel enthält auch Chloridzellen, die eine mehr säulenartige Gestalt haben und von der Basis bis zur Spitze um ein Mehrfaches dicker sind als die Pflasterzellen. Die Chloridzellen weisen tiefe Einfaltungen an der basolateralen Membran auf und sind dicht gepackt mit Mitochondrien und Enzymen, die in Beziehung zum aktiven Ionentransport stehen. Pflaster- und Chloridzellen sind durch Tight junctions verbunden, die den parazellulären Fluß von Wasser und Ionen einschränken.

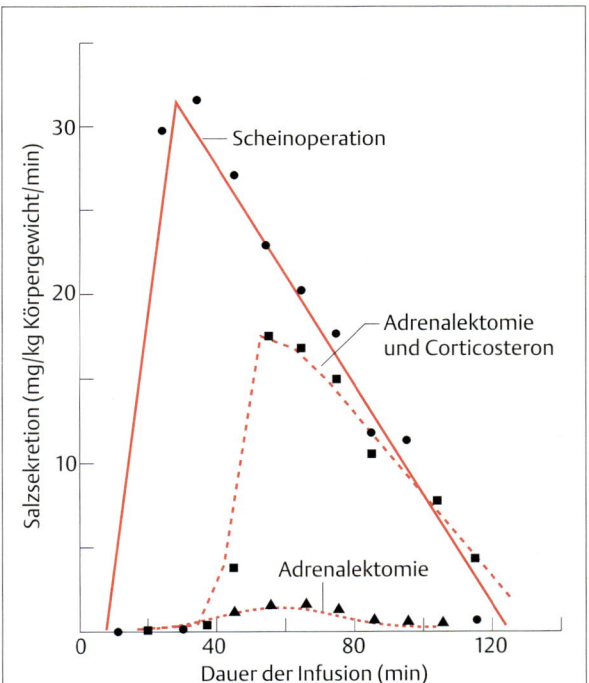

Abb. 14.40 Das Reaktionsvermögen der Salzdrüse von Vögeln gegenüber hohen Osmolaritäten im Blut hängt von Corticosteron ab. In diesem Experiment wurde Tieren zwei Tage nach dem Entfernen der Nebennieren mit (schwarze Rechtecke) und ohne (schwarze Dreiecke) Corticosteron-Substitution eine 10%ige Kochsalzlösung in das Blut injiziert (verändert nach Thomas u. Phillips, 1975).

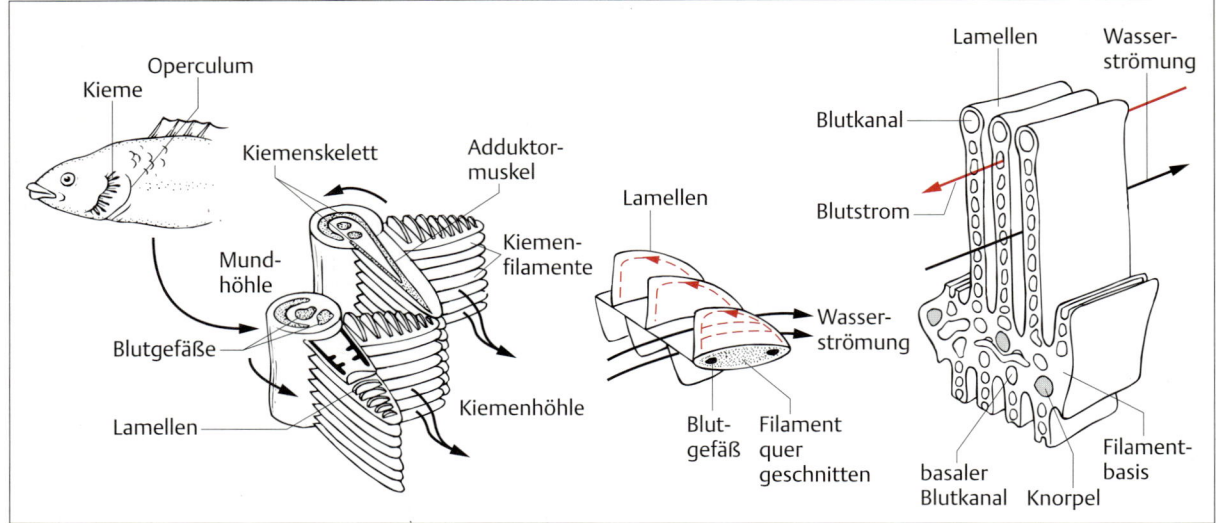

Abb. 14.41 Fischkiemen dienen als Atmungs- und osmoregulatorische Organe. Diese Darstellungen zeigen mit zunehmender Vergrößerung einen Teil der Kieme von Knochenfischen. Zusätzlich zum Gasaustausch zwischen Blut und Wasser kann in den Lamellen Na$^+$ in das Blut aufgenommen oder aus diesem abgegeben werden. Schwarze Pfeile geben die Strömungsrichtung des Wassers, rote Pfeile und gestrichelte Linien diejenige des Blutes an.

Salzsekretion im Meerwasser

Die **Chloridzellen** wurden erstmals von Ancel Keys und Edward Willmer (1932) beschrieben, die ihnen eine Rolle beim Chloridtransport zuschrieben, da sie histochemische Ähnlichkeiten mit Zellen aufweisen, die im Magen von Amphibien Salzsäure sezernieren und weil bereits zuvor gezeigt worden war, daß die Kieme mariner Knochenfische der Ort extrarenaler Ausscheidung von Cl$^-$ (und Na$^+$) ist. Spätere histochemische Untersuchungen bestätigten das Auftreten hoher Cl$^-$-Konzentrationen in diesen Zellen, vor allem im Bereich der Grube, die sich bei Fischen häufig nach Adaptation an hohe Salzkonzentrationen an der apikalen Membran dieser Zellen bildet.

Der Mechanismus des Ionentransports durch Chloridzellen ähnelt dem in Abb. 14.**36** dargestellten Transport in salzsezernierenden Zellen. So weisen Chloridzellen in der basolateralen Membran hohe Konzentrationen einer mit Na$^+$/2Cl$^-$/K$^+$-Cotransportern assoziierten Na$^+$/K$^+$-ATPase und in der apikalen Membran Cl$^-$-Kanäle auf. Jede Chloridzelle ist mit einer Begleitzelle assoziiert (die sich von einer Pflasterzelle unterscheidet); Na$^+$ diffundiert durch die weniger dichten parazellulären Kanäle zwischen Chloridzelle und Begleitzelle aus dem Blut in das Meerwasser. Im Fall der marinen Knochenfische erfolgt die Ionen-Sekretion entgegen einem osmotischen Gradienten und hat keinen Ausstrom von Wasser zur Folge. Die Rektaldrüse der Haie, die nasale Salzdrüse der Vögel, die Kieme der marinen Knochenfische und der dicke Teil des aufsteigenden Schenkels der Henle-Schleife enthalten demnach offenbar alle ionensezernierende Zellen, die NaCl nach dem gleichen grundlegenden Schema transportieren (Abb. 14.**25 A** u. 14.**36**). In der Säugetierniere erfolgt der Ionen-Transport jedoch in das Blut und nicht in die Umwelt, wie in den anderen Fällen.

Seit Chloridzellen erstmals beschrieben und mit dem Transport von Cl$^-$ durch die Kiemen mariner Knochenfische in Verbindung gebracht wurden, zeigte sich, daß sie auch für den Austausch anderer einwertiger Ionen, aber auch von Ca^{2+} verantwortlich sind. So wird z.B. im Wasser vorhandenes Ca^{2+} durch Calcium-Kanäle in der apikalen Membran der Chloridzellen aufgenommen und dann mit Hilfe einer Ca^{2+}-ATPase, die in der basolateralen Membran in hohen Konzentrationen vorhanden ist, aktiv in das Blut transportiert. Die häufig verwendete Bezeichnung **Ionocyten** ist für diesen Zelltyp daher korrekter.

Salzaufnahme im Süßwasser

Die Pflasterzellen in den Kiemen von Süßwasserfischen scheinen über eine Protonen-ATPase und Na$^+$-Kanäle in der apikalen Membran zu verfügen. Die Protonen-ATPase ist vermutlich elektrogen und pumpt Protonen aus

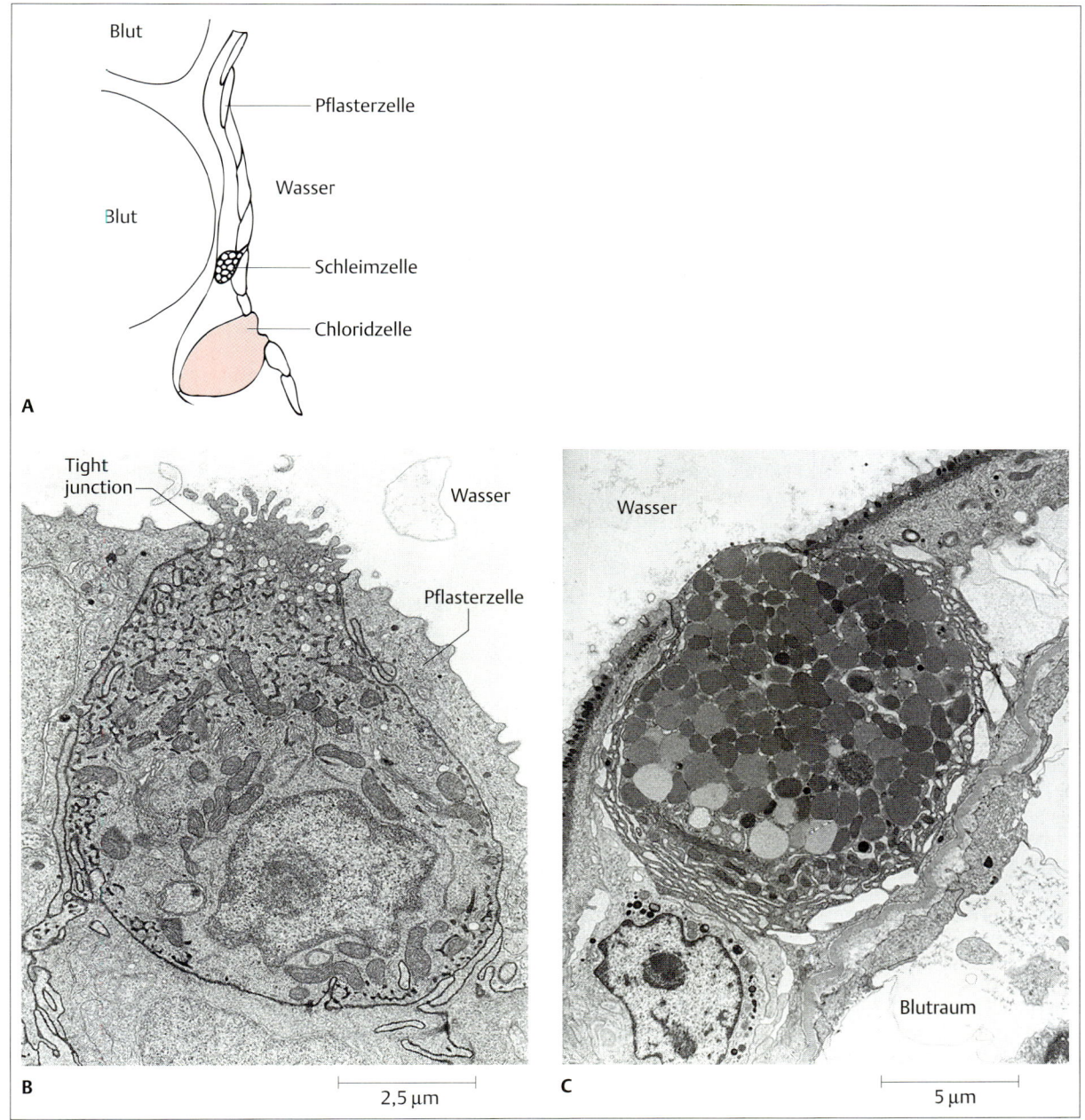

Abb. 14.42 Zelltypen im Kiemenepithel der Knochenfische.
Das Kiemenepithel der Teleosteer besteht zum größten Teil aus Pflasterzellen, in die Schleim- und Chloridzellen eingestreut sind. **A** Zeichnung des Lamellenepithels, welche die typische Verteilung von Pflaster-, Schleim- und Chloridzellen zeigt. Die Chloridzellen liegen vorzugsweise an der Basis der Sekundärlamellen. **B** Elektronenmikroskopisches Bild einer Chloridzelle mit benachbarten Pflasterzellen bei einem Süßwasserfisch. **C** Elektronenmikroskopisches Bild einer Schleimzelle vom Dornhai mit vielen großen Schleimgranula (elekronenmikroskopische Bilder mit freundlicher Erlaubnis von Jonathan Wilson).

den Kiemen heraus, wobei sie ein Potential aufbaut, das Na$^+$ in die Zellen zieht – ein Mechanismus, ähnlich wie er in der Froschhaut und der Säugerniere gezeigt wurde (Abb. 14.29A). Der Beweis für einen eindeutigen Zusammenhang zwischen der Tätigkeit der Protonen-Pumpe und dem apikalen Membranpotential steht jedoch für die Fischkieme noch aus. Eine Na$^+$/K$^+$-ATPase in der basolateralen Membran pumpt Na$^+$ aus der Zelle heraus in das Blut; K$^+$ fließt durch K$^+$-Kanäle in der Membran wechselweise ein- bzw. auswärts. So scheint eine Protonen-ATPase energetisch die Na$^+$-Aufnahme über die apikale Membran anzutreiben, während eine Na$^+$/K$^+$-ATPase Na$^+$ über die basolaterale Membran der Pflasterzellen in den Kiemen von Süßwasserfischen transportiert.

Im Kiemenepithel von Süßwasserfischen treten ebenfalls Chloridzellen auf, die hier wohl vor allem die Aufnahme von Ca^{2+} aus dem Wasser bewirken. Diese Zellen unterscheiden sich von den Chloridzellen der marinen Knochenfische dadurch, daß bei ihnen keine Begleitzellen auftreten; sie verfügen über einen Anionen-Transportmechanismus in der apikalen Membran und weisen hohe Konzentrationen einer Protonen-ATPase auf. Außer für die Aufnahme von Ca^{2+} könnten sie auch für die Aufnahme von Cl$^-$ eingesetzt werden.

Physiologische Anpassungen bei wandernden Fischarten

Bei Arten, die regelmäßig zwischen Meer und Süßwasser hin- und herwandern (z.B. Lachse und Aale), verändert sich das Kiemenepithel im Sinne einer Anpassung an den jeweiligen Salzgehalt des umgebenden Wassers. Diese Fische nehmen mit Hilfe der oben beschriebenen Mechanismen im Süßwasser NaCl aktiv auf, während sie dieses im Meerwasser aktiv ausscheiden. Die physiologische Anpassung der Kiemen umfaßt die Synthese und den Abbau von molekularen Komponenten des epithelialen Transportsystems sowie Veränderungen im Bau und in der Zahl der Chloridzellen. Wenn Fische, die in der Lage sind, einen breiten Bereich unterschiedlicher Salinitäten zu tolerieren, aus dem Süßwasser in das Meerwasser gesetzt werden oder umgekehrt, kann es einige Tage dauern, bis die physiologische Anpassung an die neue Umgebung abgeschlossen ist und das Tier sein osmotisches Gleichgewicht wiederhergestellt hat. Man weiß inzwischen, daß die osmoregulatorischen Anpassungen durch Hormone bewirkt werden, welche die Differenzierung der Epithelzellen und deren Stoffwechsel beeinflussen. Das Steroidhormon Cortisol und das Wachstumshormon stimulieren die mit dem Übergang aus dem Süßwasser in das Meerwasser verbundenen strukturellen Veränderungen in der Kieme, während Prolactin für die entsprechenden Veränderungen beim Wandern in umgekehrter Richtung verantwortlich ist.

Wir werden zunächst die Ereignisse darstellen, die sich abspielen, wenn Fische aus dem Süßwasser in Salzwasser wandern (Tab. 14.11, Teil A). Solange die Fische sich in Süßwasser aufhalten, ist die Protonen-ATPase in den Pflasterzellen aktiv. Wenn sie sich aber aus dem Süßwasser in das Meer begeben, wird die Protonen-ATPase heruntergeregelt, weil die Aufnahme von Na$^+$ nicht mehr erforderlich ist. Der Einstrom von Na$^+$ aus dem Meerwasser führt zu einem Anstieg der Na$^+$-Konzentration im Plasma, der seinerseits wieder die Sekretion von Cortisol stimuliert (Abb. 14.43A). Cortisol induziert zusammen mit dem Wachstumshormon eine Zunahme der Zahl typischer Meerwasser-Chloridzellen. Als Ergebnis dieser Veränderungen nehmen die Aktivität der Na$^+$/K$^+$-ATPase in der Kieme und die Salzausscheidung zu (Abb. 14.43B). Beim Lachs beginnt die Abgabe von Cortisol bereits, während der Fisch noch flußabwärts schwimmt, wodurch dieser schon im voraus auf das Leben im Meer angepaßt wird. Dieser Vorgang wird als „smolting" bezeichnet, und das Endprodukt ist

Tab. 14.11 Physiologische Anpassungen von Fischen im Zusammenhang mit der Wanderung zwischen Gewässern von unterschiedlichem Salzgehalt

(A) Süßwasser → Salzwasser
1. Die Protonen-ATPase, welche die Energie für die aktive Aufnahme von NaCl liefert, wird abwärts reguliert.
2. Ein erhöhter Na$^+$-Einstrom in den Körper führt zum Anstieg der Na$^+$-Konzentration im Plasma, was wiederum die Erhöhung der Plasma-Konzentrationen von Cortisol und Wachsturmshormon bewirkt.
3. Die Hormone induzieren eine Vermehrung der Chlorid-Zellen und eine strukturelle Umgestaltung ihrer basolateralen Membranen, die zu einer starken Auffaltung führt.
4. Daraus resultiert eine Zunahme der Na$^+$/K$^+$-ATPase-Aktivität und der NaCl-Sekretion.
5. Die Na$^+$-Konzentration im Plasma kehrt zu normalen Werten zurück.

(B) Salzwasser → Süßwasser
1. Niedrige Natrium-Konzentrationen im Außenmedium führen zum Schließen der parazellulären Spalten zwischen Chloridzellen und benachbarten Zellen, so daß der NaCl-Ausstrom rasch abnimmt.
2. Die Konzentration von Prolactin im Plasma steigt an.
3. Das Hormon bewirkt eine Abnahme der Zahl der Chlorid-Zellen und ein Verschwinden der apikalen Gruben.
4. Das Ergebnis ist eine Abnahme der Na$^+$/K$^+$-ATPase-Aktivität.
5. Durch die Aufwärtsregulierung der Protonen-ATPase erreicht der Fisch die adaptive Konstitution zum Leben in Süßwasser.

Osmoregulatorische Organe bei Evertebraten

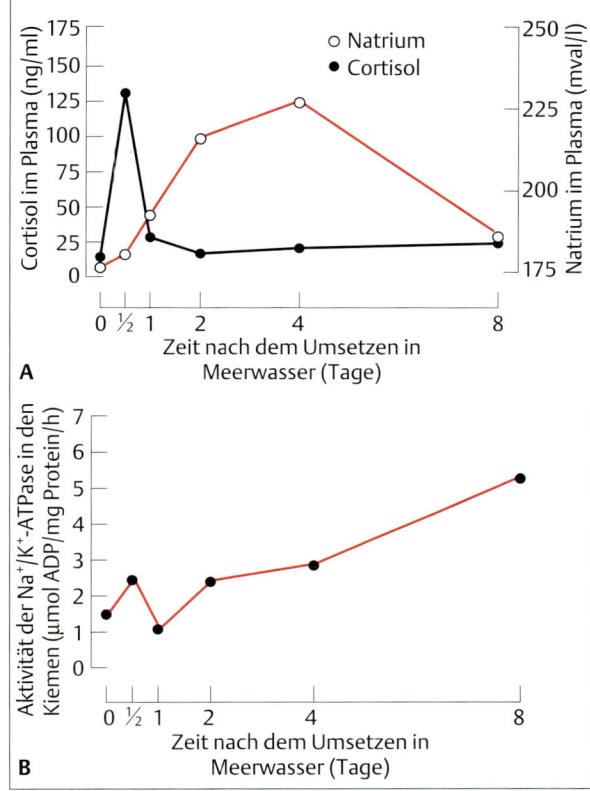

Abb. 14.43 Cortisol spielt eine wichtige Rolle bei der Induktion physiologischer Anpassungen im Zusammenhang mit der Wanderung von Fischen aus dem Süßwasser in das Meerwasser. Die dargestellten Ergebnisse wurden an Coho-Lachsen gewonnen. **A** Wenn ein Lachs in Meerwasser einwandert, beginnt zunächst die Konzentration von Na$^+$ im Plasma zu steigen, was zu einer Stimulation der Cortisol-Sekretion führt. **B** Durch den steilen Anstieg der Cortisol-Konzentration wird in den Kiemen eine Reihe von Veränderungen ausgelöst, einschließlich einer Zunahme der Na$^+$/K$^+$-ATPase-Aktivität. Parallel zu dieser Aktivitätssteigerung erhöht sich die Sekretion von Na$^+$ aus den Kiemen; nach einigen Tagen im Meerwasser kehrt auf diese Weise der Na$^+$-Spiegel im Plasma auf die Süßwasser-Werte zurück.

ein „smolt", ein Fisch, der für den Übertritt in das Meerwasser bereit ist. Der Anstieg der Na$^+$-Konzentration im Plasma, der mit der Ankunft im Meer eintritt, führt zu einer zusätzlichen Freisetzung von Cortisol und setzt die Veränderungen in Gang, die dem Fisch das Überleben im Meerwasser ermöglichen. Nach dem Erreichen des Ozeans dauert es normalerweise etwa eine Woche, bis die erhöhte Na$^+$-Konzentration im Plasma auf normale Werte zurückgegangen ist, wie sie für Süßwasserfische charakteristisch sind (Abb. 14.43A).

Wenn ein mariner Teleosteer aus dem Meer in Süßwasser einwandert, treten mehr oder weniger die umgekehrten Veränderungen auf, mit denen sich der Fisch an den niedrigen Salzgehalt anpaßt (Tab. 14.11, Teil B). Zu Beginn schließen sich die parazellulären Lücken im Kiemenepithel, wodurch sich der Ionenverlust verringert. Ein Anstieg in der Konzentration von Prolactin im Plasma regt Veränderungen in den Chloridzellen an, so daß die Aktivität der Na$^+$/K$^+$-ATPase abnimmt. Schließlich ermöglicht das Heraufregulieren der Protonen-ATPase die für das Überleben im Süßwasser notwendige Aufnahme von Ionen.

Osmoregulatorische Organe bei Evertebraten

Im allgemeinen setzen die osmoregulatorischen Organe der wirbellosen Tiere zur Bildung eines Urins, der sich hinsichtlich Osmolarität und Zusammensetzung deutlich von den Körperflüssigkeiten unterscheidet, Filtrations-, Reabsorptions- und Sekretionsmechanismen ein, die denen in der Wirbeltierniere prinzipiell sehr ähnlich sind. Diese Mechanismen werden in unterschiedlichem Ausmaß in einer Reihe von Organen bei den verschiedenen Tiergruppen eingesetzt. Das Auftreten einer konvergenten Entwicklung physiologischer Mechanismen in nicht homologen Organen unterstreicht die Nützlichkeit dieser Mechanismen. Die einzigen bekannten Evertebraten, die einen konzentrierten Urin produzieren können, sind Insekten und möglicherweise einige Spinnentiere.

Filtrations-Reabsorptions-Systeme

Aus verschiedenen Richtungen gibt es Hinweise darauf, daß die Bildung des Primärharns sowohl bei den **Mollusken** als auch den **Crustaceen** auf einer Filtration des Plasmas beruht, die prinzipiell derjenigen in der Bowman-Kapsel der Vertebraten gleicht. Wenn z.B. das unverdauliche Polysaccharid Inulin in das Blut oder die Coelomflüssigkeit injiziert wird, taucht es in hohen Konzentrationen wieder im Urin auf. (Genau das gleiche geschieht bei Säugetieren.) Da es sehr unwahrscheinlich ist, daß solche Substanzen aktiv sezerniert werden, müssen sie über einen Filtrationsvorgang in den Urin gelangen, bei dem alle Moleküle, die eine bestimmte Größe nicht überschreiten, eine siebartige Gewebsmembran passieren. Bei der Reabsorption von Wasser und wichtigen gelösten Stoffen bleiben diese Moleküle (meist Polymere) im Urin zurück.

Wie bei den Vertebraten enthält der normale Urin einiger Evertebraten wenig oder gar keine Glucose, obwohl diese im Blut in erheblichem Umfang enthalten ist. Untersuchungen an einigen Mollusken haben jedoch gezeigt, daß nach einer experimentell herbeigeführten Erhöhung des Blutzuckergehaltes (z.B. durch Injektion) auch im Urin Glucose erscheint. Für jede Art existiert eine charakteristische Schwellenkonzentration für Blutzucker, bei deren Überschreiten Glucose im Urin auftritt; oberhalb dieser Schwellenkonzentration steigt der Zuckergehalt im Urin linear mit der Blutzuckerkonzentration an. Dies gleicht dem Verhalten in der Säugerniere (Abb. 14.21) und resultiert wahrscheinlich aus einer Sättigung des Transportsystems, durch das die in die Tubulusflüssigkeit abfiltrierte Glucose in das Blut reabsorbiert wird. Wenn das Transportsystem gesättigt ist, verhält sich der Glucoseüberschuß im Urin proportional zu der Konzentration von Glucose im Blut. Aufschlußreichere Hinweise ergibt die Anwendung des Arzneimittels Phlorizin, von dem bekannt ist, daß es den aktiven Glucosetransport stoppt. Wenn Phlorizin Mollusken und Crustaceen verabreicht wird, erscheint auch bei normalen Blutzuckerwerten Glucose im Urin. Die einleuchtendste Erklärung hierfür ist, daß Glucose bei der Bildung des Ultrafiltrates in den Primärharn gelangt und bei einer Blockierung des Reabsorptionsmechanismus durch Phlorizin im Urin verbleibt.

Weitere Unterstützung erhält die Hypothese eines Filtrations-Reabsorptions-Mechanismus durch analytische Untersuchungen der Tubulusflüssigkeit in der Nähe vermuteter Filtrationsorte, die zeigten, daß deren Zusammensetzung hier noch weitgehend der des Plasmas gleicht. Außerdem wurde gefunden, daß bei einigen Evertebraten das Ausmaß der Urinproduktion vom Blutdruck abhängt. Diese Beziehung steht im Einklang mit einem Filtrations-Mechanismus; Veränderungen im Blutdruck könnten jedoch auch zu Änderungen in der Blutversorgung des osmoregulatorischen Organs führen.

Den Ort der Primärharnbildung durch Filtration kennt man nur bei wenigen Evertebraten (Abb. 14.44). Bei einer Reihe von marinen und im Süßwasser lebenden Mollusken erfolgt die **Filtration über die Herzwand in den Perikardialraum**, das Filtrat wird danach durch einen speziellen Kanal zur „Niere" geleitet. Hier werden Glucose, Aminosäuren und wichtige Elektrolyte resorbiert. Beim Flußkrebs ist die sogenannte **Antennendrüse** das wichtigste osmoregulatorische Organ (Abb. 14.44C). Ein Teil dieses Organs, der Coelomsack, gleicht in seiner Ultrastruktur dem Glomerulus der Vertebraten. Untersuchungen mit Hilfe der Mikropunktion haben gezeigt, daß die exkretorische Flüssigkeit, die sich im Coelomsack ansammelt, durch Ultrafiltration des Blutes gebildet wird. Die Antennendrüse der Crustaceen spielt eindeutig eine Rolle bei der Regulation der Ionenkonzentrationen (z.B. Mg^{2+}) in der Hämolymphe.

Da sich die Zusammensetzung des Endharns bei den Mollusken und Crustaceen vom anfänglich gebildeten Filtrat unterscheidet, muß entweder eine Sekretion von

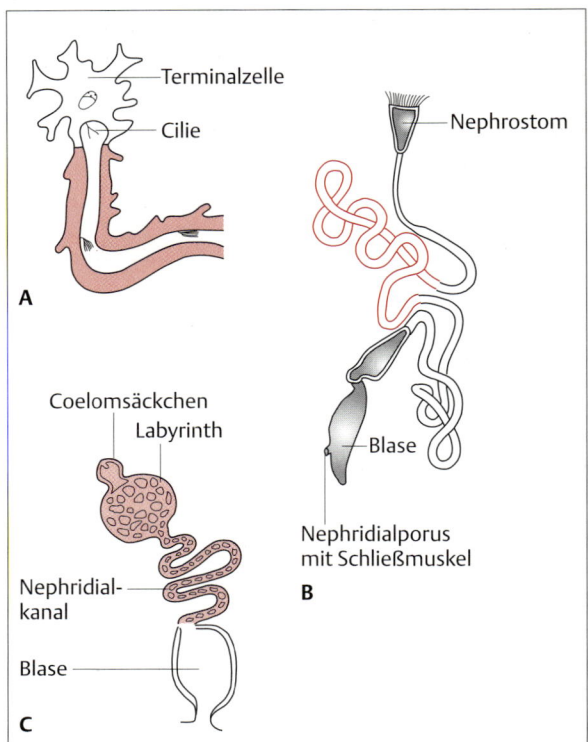

Abb. 14.44 Exkretionsorgane von Evertebraten. Bei einigen Evertebraten hängt die Osmoregulation von Organen zur Filtration/Reabsorption ab, die sich strukturell von der Säugerniere unterscheiden, die aber in analoger Weise arbeiten: **A** Protonephridium (*Turbellaria*), **B** Metanephridium (*Annelida*), **C** Antennendrüse des Flußkrebses. In dieser schematischen Darstellung sind die osmoregulatorisch aktiven Bereiche farbig hervorgehoben. Durch Filtration des Blutes bildet sich der Primärharn, der anschließend durch selektive Reabsorption verschiedener Substanzen modifiziert wird.

Substanzen in das Filtrat oder eine Reabsorption aus dem Filtrat stattfinden. Bei Süßwasserarten ist die Reabsorption von Elektrolyten gut belegt, da der Endharn eine niedrigere Ionen-Konzentration aufweist als sowohl das Plasma wie auch das Filtrat. Glucose muß ebenfalls reabsorbiert werden, da sie im Plasma und im Filtrat vorhanden ist, aber im Endharn entweder ganz fehlt oder nur in geringen Mengen auftaucht.

Es ist interessant, daß osmoregulatorische Systeme vom Filtrations-Reabsorptions-Typ in mindestens drei, vielleicht sogar mehr Tierstämmen entwickelt wurden (Mollusken, Arthropoden, Chordaten). Dieser Typ hat den wichtigen Vorteil, daß alle niedermolekularen Bestandteile des Plasmas im Verhältnis zu ihren Konzentrationen im Plasma in den Primärharn abfiltriert werden. Physiologisch wichtige Moleküle wie Glucose und – bei Süßwasserarten – Na^+-, K^+-, Cl^-- und Ca^{2+}-Ionen werden anschließend durch Reabsorption aus dem Ultrafiltrat entfernt, während Giftstoffe oder nicht benötigte Moleküle zurückbleiben und mit dem Urin ausgeschieden werden. Dieser Vorgang vermeidet die Notwendigkeit eines aktiven Transports von toxischen Stoffwechselprodukten in den Urin; heute ist dies in zunehmendem Maße auch von Bedeutung im Zusammenhang mit dem Auftreten (und Aufnehmen) von Substanzen unnatürlicher Herkunft, die durch die Tätigkeiten des Menschen in die Umwelt gelangen, gleichgültig, ob diese für den Organismus harmlos oder toxisch sind. Ein Vorteil des Filtrations-Reabsorptions-Systems ist deshalb, daß es das Ausscheiden unbekannter und unerwünschter Chemikalien, die aus der Umwelt aufgenommen wurden, ermöglicht, ohne daß hierfür viele spezifische Transportsysteme erforderlich sind.

Ein Nachteil der osmoregulatorischen Systeme vom Filtrations-Reabsorptions-Typ sind die hohen energetischen Kosten für den Organismus. Das Abfiltrieren großer Plasmamengen erfordert die aktive Aufnahme großer Ionenmengen, entweder in den exkretorischen Organen selbst oder in anderen Organen wie den Kiemen oder der Haut. Bei der Froschhaut ist z.B. gezeigt worden, daß für den Transport von jeweils 16–18 mol Na^+ im Zusammenhang mit der Bildung von ATP 1 mol O_2 reduziert werden muß. Bei Süßwassermuscheln beansprucht die Aufrechterhaltung des Na^+-Gleichgewichts etwa 20% des gesamten Energieumsatzes. Bei marinen Evertebraten erweist sich das Filtrations-Reabsorptions-System jedoch als energetisch weniger kostspielig, da hier der Verlust von Ionen ein viel geringeres Problem darstellt.

Sekretions-Reabsorptions-Systeme

Insekten können sowohl im Süßwasser als auch in ariden terrestrischen Lebensräumen überleben; angesichts ihres oft großen Oberflächen/Volumen-Verhältnisses können die osmotischen Anforderungen, die an die Insekten gestellt werden, außerordentlich groß sein. So verfügt die Wüstenheuschrecke über große Fähigkeiten bei der Regulation des osmotischen Druckes ihrer Hämolymphe (Blut). Bei Wassermangel kann das Volumen der Hämolymphe um bis zu 90% abnehmen, ihre ionale Zusammensetzung bleibt dabei aber konstant. Gibt man darüberhinaus diesen Insekten Lösungen zu trinken, deren osmotischer Wert von Meerwasser bis zu Leitungswasser reicht, verändert sich der osmotische Druck der Hämolymphe nur um 30%. Diese Fähigkeit, die Zusammensetzung der Hämolymphe zu regulieren, beruht auf einem osmoregulatorischen System nach dem Sekretions-Reabsorptions-Typ.

Allgemein betrachtet besteht das osmoregulatorische System der Wanderheuschrecken und anderer Insekten aus den **Malpighi-Schläuchen** (Malpighi-Gefäße) und dem Enddarm (Ileum, Colon und Rektum). Die langen, dünnen Malpighi-Schläuche ragen mit ihren geschlossenen Enden in das Hämocoel (die das Blut oder die Hämolymphe enthaltende Körperhöhle); die Schläuche münden an der Übergangsstelle zwischen Mittel- und Enddarm in den Verdauungskanal (Abb. 14.**45**). Das in den Schläuchen gebildete Sekret gelangt in den Enddarm, wo ihm das Wasser weitgehend entzogen wird; der zurückbleibende konzentrierte Urin wird durch den After ausgeschieden. Der Besitz eines Tracheensystems (s. S.625ff) verringert bei den Insekten die Bedeutung eines leistungsfähigen Kreislaufsystems für die Atmung. Infolgedessen verfügen die Malpighi-Schläuche über keine direkte arterielle Blutversorgung, bei der das Blut, wie im Nephron der Säugetiere, mit einem bestimmten Druck ankommt. Statt dessen sind sie von Hämolymphe umgeben, deren Druck praktisch identisch ist mit dem Druck im Inneren der Schläuche. Wegen des fehlenden Druckgradienten kann eine Filtration über die Wand der Malpighi-Schläuche hinweg keine Rolle bei der Harnbildung der Insekten spielen. Statt dessen muß die gesamte Harnbildung durch Sekretion erfolgen, begleitet von einer anschließenden Reabsorption einiger Bestandteile aus der sezernierten Flüssigkeit. Dieser Vorgang erfolgt analog zur Harnbildung durch Sekretion in den aglomerulären Nieren einiger mariner Teleosteer. An der äußeren (zum Hämocoel gerichteten) Seite der Malpighi-Schläuche befinden sich zahlreiche Mikrovilli und Mitochondrien – eine Spezialisierung wie sie häufig in hochaktiven, sekretorisch tätigen Epithelien auftritt.

Auch wenn Unterschiede bei der Harnbildung durch tubuläre Sekretion zwischen den verschiedenen Insektenarten bestehen, treten offenbar einige wesentliche Eigenschaften bei allen Arten auf. KCl und in geringerem Maße NaCl werden zusammen mit Abfallprodukten des Stickstoffmetabolismus (z.B. Harnsäure und Allantoin) aus dem Hämocoel in das Tubuluslumen transportiert. Der Transport von K^+ scheint dabei die hauptsächlich treibende Kraft bei der Bildung des Primärharns in den Malpighi-Schläuchen zu sein, während die meisten anderen Substanzen passiv nachfolgen. Dies wurde aus folgenden Beobachtungen geschlossen:

– Der Primärharn ist gegenüber der Hämolymphe isoton oder schwach hyperton.
– Der Primärharn weist bei allen Insekten eine hohe K^+-Konzentration auf.
– Das Ausmaß der Primärharnbildung hängt von der K^+-Konzentration in der die Malpighi-Schläuche umgebenden Flüssigkeit ab: höhere K^+-Konzentrationen führen zu einer schnelleren Primärharn-Bildung.
– Im Gegensatz dazu ist die Primärharnbildung von der

714 14. Ionen- und Wasserhaushalt

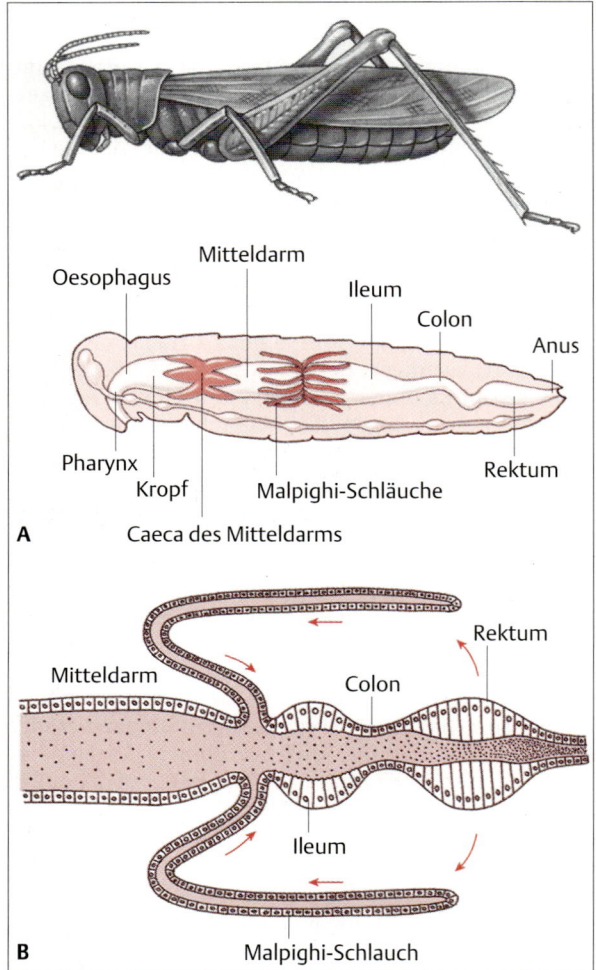

Abb. 14.45 Sekretions-Reabsorptions-Mechanismus der Insekten. A Seitenansicht und Längsschnitt durch eine Heuschrecke. **B** Vereinfachte Darstellung der Lagebeziehung zwischen Malpighi-Schläuchen und Darmkanal bei Heuschrecken. Der Primärharn wird durch Sekretion in das Lumen der Malpighi-Schläuche gebildet, die in der Hämolymphe des Hämocoels flottieren. Er fließt in das Rektum, wo er durch die Reabsorption von Ionen und Wasser konzentriert wird. Obwohl Ionen reabsorbiert werden, ist der ausgeschiedene Urin hyperton gegenüber der Hämolymphe. Die Pfeile kennzeichnen die Kreisläufe von Wasser und Ionen. Insekten haben meistens zahlreiche Malpighi-Schläuche; hier sind nur zwei dargestellt.

Na^+-Konzentration der umgebenden Flüssigkeit weitgehend unabhängig.

Kalium hat unter den aktiv transportierten Substanzen zwar die größte osmotische Bedeutung, es gibt aber Hinweise darauf, daß ein aktiver Transport auch bei der Sekretion von Harnsäure und anderen stickstoffhaltigen Abfallprodukten eine wesentliche Rolle spielt.

Der in den Malpighi-Schläuchen gebildete Primärharn hat bei allen Arten weitgehend die gleiche Zusammensetzung und bleibt auch bei unterschiedlichen osmotischen Verhältnissen isoton in Bezug zur Hämolymphe. Die in den Malpighi-Schläuchen gebildete Flüssigkeit gelangt in den Enddarm, wo sie verschiedene wichtige Veränderungen in ihrer Zusammensetzung erfährt. Hier werden ihr Wasser und Ionen in einem Ausmaß entzogen, daß eine geeignete Zusammensetzung der Hämolymphe gewährleistet bleibt. Die endgültige Zusammensetzung des Urins wird also im Enddarm bestimmt. Durch eine enge räumliche Anordnung ist sichergestellt, daß das im Enddarm reabsorbierte Wasser zusammen mit den ebenfalls zurückgewonnenen Ionen wieder in das Lumen der Malpighi-Schläuche gelangt. Diese Substanzen unterliegen also einem Kreislauf zwischen Malpighi-Schläuchen und Enddarm (Abb. 14.45 B).

Die umfassendste Untersuchung des osmoregulatorischen Systems im Enddarm erfolgte bei der Wüstenheuschrecke *Schistocerca*. Die zur Hämolymphe gerichtete Oberfläche des Epithels von Ileum und Rektum ist hier hoch spezialisiert für sekretorische Vorgänge (Abb. 14.46). Wenn eine der Hämolymphe ähnliche Flüssigkeit in den Enddarm dieser Insekten injiziert wird, werden Wasser, K^+, Na^+ und Cl^- in die umgebende Hämolymphe aufgenommen. Messungen der elektrischen Ströme legen den Schluß nahe, daß die Ionen aktiv transportiert werden und Wasser passiv nachfolgt. Die Aufnahme von KCl aus dem Enddarmlumen in die Darmepithelzellen scheint über eine elektrogene Cl^--Pumpe und K^+-Kanäle in der apikalen Zellmembran zu erfolgen (Abb. 14.47). Die Aufnahme von Na^+ aus dem Lumen ist an die Aufname von Aminosäuren bzw. die Exkretion von Ammonium-Ionen gekoppelt. Aus den Zellen fließt KCl über geeignete Kanäle in der basolateralen Membran in die Hämolymphe, während Na^+ mittels einer Na^+/K^+-ATPase aus den Zellen in die Hämolymphe geschafft wird. Säure wird über eine Protonen-ATPase in das Lumen des Enddarms ausgeschieden. Der Enddarm der Heuschrecken ist in der Lage, große Mengen an Wasser und Ionen zu reabsorbieren, wobei überschüssige Ionen und Stoffwechselendprodukte zurückbleiben, so daß der ausgeschiedene Urin hyperton ist und eine bis zu vierfach höhere Osmolarität als die Hämolymphe aufweist.

Bei der Larve des Mehlkäfers *Tenebrio*, dem „Mehlwurm", kann die Osmolarität des Urins die der Hämolymphe um das 10fache übertreffen, was mit dem Konzentrierungsvermögen der effektivsten Säugernieren vergleichbar ist. Man vermutete, daß der „Bergauf"-

Abb. 14.46 Epithelzellen des Insektenhinterdarms. Der Hinterdarm der Insekten ist darauf spezialisiert, Wasser und Ionen aus dem Lumen in das umgebende Hämocoel zu transportieren. Hier ist die Ultrastruktur des Epithels im Ileum und Rektum von Heuschrecken dargestellt, die beide an der Reabsorption beteiligt sind. Bemerkenswert sind die ausgeprägten Einfaltungen der apikalen Membran und die ausgedehnten seitlichen Interzellularräume (verändert nach Irvine et al., 1988).

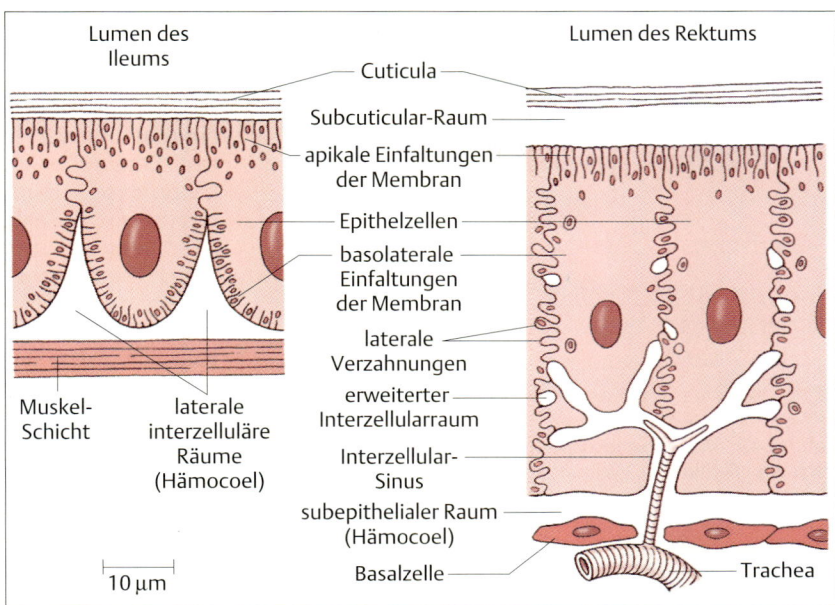

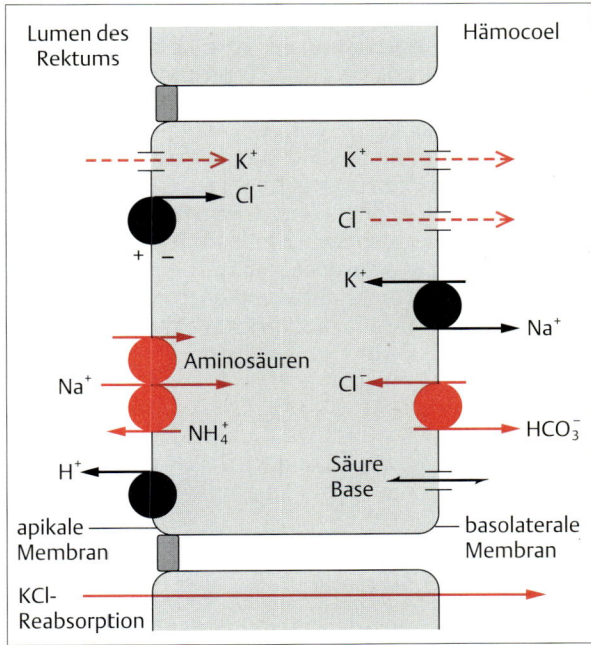

Abb. 14.47 Transportsysteme im Rektum der Heuschrecken. Der Transport von Ionen in die Zellen hinein und aus den Zellen heraus erfolgt im Rektum von Heuschrecken mit Hilfe zahlreicher Mechanismen. Die hauptsächliche Wirkung der Transportvorgänge besteht in der Reabsorption von KCl und Wasser sowie der Ausscheidung von Ammoniak und Säure.

Transport von Wasser bei *Tenebrio* und einigen anderen Arten darauf beruht, daß die Malpighi-Schläuche, der perirektale Raum und das Rektum in Form eines Gegenstrom-Systems angeordnet sind (Abb. 14.**48**). Aufgrund eines KCl-Gradienten, der durch aktiven Transport aufgebaut wird, fließt Wasser aus osmotischen Gründen aus dem Rektum in die Malpighi-Schläuche. Die Richtung des hauptsächlichen Flüssigkeitsstroms in diesen Kompartimenten erfolgt so, daß der osmotische Gradient entlang des gesamten Komplexes ein Maximum erreicht, wobei die höchste Osmolarität am afternahen Ende des Rektums auftritt. Dieser Gradient könnte es ermöglichen, daß die Konzentrationen in Richtung auf das anale Ende diejenigen in der Hämolymphe um ein Mehrfaches übertreffen.

Es gibt Hinweise, daß die Osmoregulation bei den Evertebraten, vor allem bei den Insekten, einer Rückkopplungs-Kontrolle unterliegt. Die Wanze *Rhodnius* schwillt infolge einer Blutmahlzeit bei einem Säugerwirt gewaltig an. Daraufhin steigern die Malpighi-Schläuche innerhalb von 2–3 min ihre Sekretion um mehr als das Tausendfache, wobei große Urinmengen gebildet werden. Bringt man die Wanze im Experiment mit einer Salzlösung zum Anschwellen, führt dies bei einer hungernden *Rhodnius* nicht zu einer solchen Diurese (Harnausscheidung). Darüber hinaus fand man, daß isolierte Malpighi-Schläuche, die in die Hämolymphe eines hungernden Artgenossen getaucht werden, nicht aktiv werden, beim Eintauchen in die Hämolymphe ei-

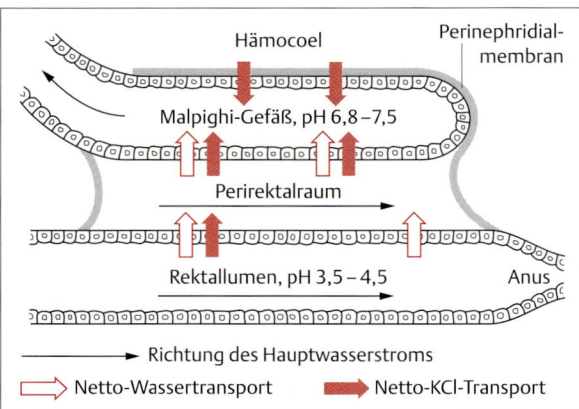

Abb. 14.48 Wasserreabsorptionsvorrichtung im Rektalbereich des Mehlkäfers. Wahrscheinlich ist die Anordnung im Gegenstrom beim wasserresorbierenden Apparat im Rektum von Mehlkäfern (*Tenebrio*) für die Fähigkeit dieser Tiere zur starken Konzentrierung des Urins verantwortlich. Der größte Teil des Wassers und des KCl, das in das Lumen des Rektums gelangt, wird in die Malpighi-Schläuche zurücktransportiert. Nähere Erläuterungen im Text (verändert nach Phillips, 1970).

nes kurz zuvor gefütterten Individuums aber intensiv zu sezernieren beginnen. Aus dem Nervengewebe, das die Zellkörper oder Axone von neurosekretorischen Zellen enthält, vor allem aus dem Ganglion im Metathorax, kann eine Substanz extrahiert werden, welche die Sekretion der Tubuli stimuliert. Es sieht demnach so aus, daß diese Zellen als Reaktion auf einen im aufgenommenen Blut vorhandenen Faktor ein diuretisch wirkendes Hormon freisetzen. Der einzige bisher gefundene Neurotransmitter, der die diuretische Tätigkeit der neurosekretorischen Zellen anregt, ist Serotonin. Ähnliche Befunde bei anderen Insektenarten legen die Vermutung nahe, daß im Nervensystem gebildete diuretische und antidiuretische Hormone die sekretorische Tätigkeit der Malpighi-Schläuche oder die Reabsorptions-Tätigkeit im Rektum regulieren. Bei Regenwürmern führt die Entfernung des Oberschlundganglions zum Zurückhalten von Wasser und einer damit verbundenen Abnahme der Osmolarität des Plasmas. Die Injektion von homogenisiertem Hirngewebe kehrt diese Wirkung um, was auf humorale Mechanismen schließen läßt.

Exkretion stickstoffhaltiger Endprodukte

Beim Abbau von Aminosäuren wird die Aminogruppe freigesetzt oder zur Ausscheidung bzw. Wiederverwendung auf ein anderes Molekül übertragen. Anders als bei den Atomen des Kohlenstoffgerüstes der Aminosäuren, die zu CO_2 und H_2O oxidiert werden können, muß die Aminogruppe entweder für die Neusynthese von Aminosäuren verwendet oder ausgeschieden werden, um im Plasma einen Anstieg stickstoffhaltiger Abfallprodukte auf toxisch wirkende Konzentrationen zu vermeiden. Erhöhte Ammonium-Konzentrationen im Körper haben verschiedene schädliche Auswirkungen auf Stoffwechselvorgänge und den Transport von Aminosäuren; NH_4^+ kann außerdem bei Ionen-Austausch-Mechanismen K^+ verdrängen, was zu Krämpfen, Koma und letztlich sogar zum Tod führen kann. Bei den meisten Tieren besteht daher eine enge Verknüpfung zwischen den Funktionen der Osmoregulation und den Vorgängen, die an der Beseitigung des überschüssigen Stickstoffs beteiligt sind. Bei Tieren, denen Wasser nur in begrenztem Umfang zur Verfügung steht, erwächst aus dieser Beziehung ein ernstes Problem – nämlich der unvermeidbare Konflikt zwischen dem Zwang zum sparsamen Umgang mit Wasser auf der einen Seite und der Vermeidung der Anhäufung toxischer stickstoffhaltiger Abfallprodukte auf der anderen Seite. Die folgenden Abschnitte werden zeigen, daß Tiere Strategien der Exkretion entwickelt haben, die an die Erfordernisse ihres Wasserhaushalts angepaßt sind.

Tiere scheiden im allgemeinen den größten Teil des überschüssigen Stickstoffs in Form von **Ammoniak**, **Harnstoff** oder **Harnsäure** aus (Abb. 14.**49**). Ein kleinerer Teil des Stickstoffs wird als **Kreatinin**, **Kreatin** oder **Trimethylaminoxid** ausgeschieden; darüber hinaus können auch sehr kleine Mengen von Aminosäuren, Purinen und Pyrimidinen als Exkretstoffe auftreten. Die drei hauptsächlichen stickstoffhaltigen Exkretstoffe unterscheiden sich in ihren Eigenschaften, weshalb es für verschiedene Tiergruppen vorteilhaft ist, während ihres gesamten Lebens oder auch nur während bestimmter Lebensabschnitte mehr den einen oder mehr einen anderen dieser Stoffe für die Stickstoffexkretion zu verwenden (Abb. 14.**50**).

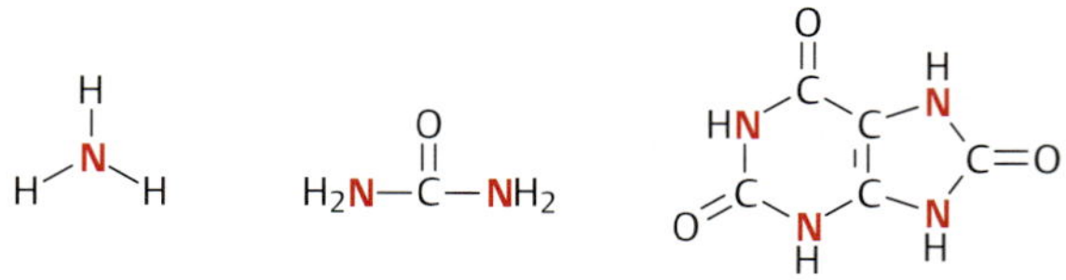

Abb. 14.49 Strukturen der drei wichtigsten Stoffe zur Stickstoffexkretion. Der größte Teil des überschüssigen Stickstoffs wird in Form von Ammoniak, Harnstoff oder auch Harnsäure ausgeschieden. Bei diesen Stoffen erfordert die Exkretion von 1 g Stickstoff in Form des leicht löslichen Ammoniaks am meisten und in Form der relativ unlöslichen Harnsäure am wenigsten Wasser. Beachte die unterschiedliche Zahl von Stickstoffatomen pro Molekül.

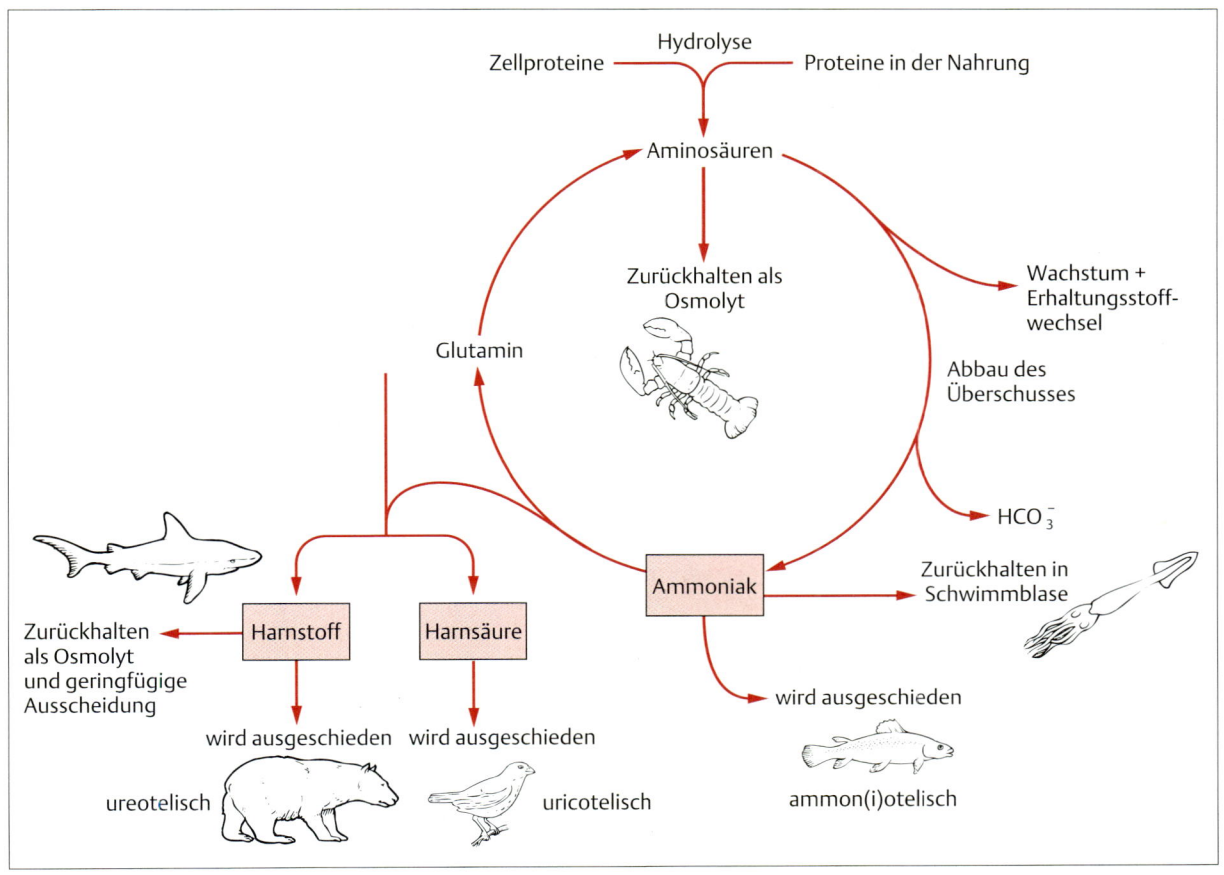

Abb. 14.50 Zusammenhang zwischen dem Lebensraum von Tieren und den verwendeten Stickstoffexkretionsprodukten. Obwohl Ausnahmen existieren, ist die bei den verschiedenen Tieren hauptsächlich verwendete Form der Stickstoffausscheidung (rosa Kästchen) mit der Verfügbarkeit von Wasser im Lebensraum dieser Tiere korreliert. Dieses allgemeine Schema von Stickstoffstoffwechsel und -exkretion veranschaulicht dies. Auf der Grundlage des von einem Tier hauptsächlich verwendeten stickstoffhaltigen Exkretstoffes kann dieses entweder als ammon(i)otelisch, ureotelisch oder uricotelisch klassifiziert werden. Bei einigen Tieren dienen stickstoffhaltige Substanzen als Osmolyte; das sind Stoffe, die zur Einstellung der Osmolarität der Körperflüssigkeiten eingesetzt werden (verändert nach Wright, 1995).

Ammoniak ist toxischer als Harnstoff oder Harnsäure und darf deshalb nur in niedrigen Konzentrationen im Körper auftreten. Da die Exkretion von Ammoniak (in Form von Ammonium-Ionen) über Diffusion erfolgt, wird viel Wasser benötigt, um die Konzentration von Ammoniak in der Exkretflüssigkeit niedriger als im Körper zu halten, was für die Diffusion erforderlich ist. In der Bilanz werden ungefähr 500 ml Wasser benötigt, um 1 g Stickstoff in Form von Ammoniak auszuscheiden. Harnstoff ist weniger toxisch als Ammoniak. Zur Ausscheidung von 1 g Stickstoff in Form von Harnstoff sind nur 50 ml Wasser erforderlich, also ca. 90 % weniger als beim Ammoniak. Bei der Synthese des Harnstoffs wird jedoch ATP verbraucht; wenn genügend Wasser vorhanden ist, um die Ammoniakkonzentration im Körper unter toxischen Konzentrationen zu halten, spart daher die Ausscheidung von überschüssigem Stickstoff in Form von Ammoniak Energie. Die Ausscheidung von Harnsäure erfordert am wenigsten Wasser: nur 1 ml für die Exkretion von 1 g Stickstoff, also weniger als 1 % der für die Ammoniakausscheidung benötigten Menge. Harnsäure ist nur wenig wasserlöslich und wird als weiße, cremige Paste ausgeschieden, wie sie für Vogelkot charakteristisch ist. (Um die Harnsäure aus dem Körper zu befördern, wird zwar zunächst wegen der schlechten Wasserlöslichkeit viel Wasser benötigt, dieses kann dann aber zu großen Teilen wieder reabsorbiert werden.) Die geringe Löslichkeit von Harnsäure ist auch insofern von Bedeutung, als die Harnsäure in ihrer kristallisierten Form nicht zur Osmolarität des Urins oder der Faeces beiträgt.

Im allgemeinen richten sich Art und Muster der Stickstoffexkretion nach der Verfügbarkeit von Wasser. Wassertiere scheiden Stickstoff als Ammoniak normalerweise über ihre Kiemen aus, während Landtiere Harnstoff oder Harnsäure über ihre Nieren abgeben. Der Exkretionstyp steht also in enger Beziehung zum Lebensraum: Landvögel scheiden ungefähr 90% ihrer stickstoffhaltigen Exkrete als Harnsäure und nur 3–4% als Ammoniak aus; bei semiaquatischen Vögeln, wie z.B. Enten, macht dagegen die Harnsäure nur etwa die Hälfte der stickstoffhaltigen Exkrete aus, Ammoniak dagegen rund 30%. Säugetiere scheiden hauptsächlich Harnstoff aus. Die im Wasser lebenden Kaulquappen scheiden Ammoniak aus, nach der Metamorphose – als adulte Tiere – erzeugen sie Harnstoff. Vogelembryonen bilden bis etwa zum zweiten Tag Ammoniak, dann wechseln sie zur Harnsäureproduktion über. Die Harnsäure wird innerhalb des Eies in kristalliner Form gespeichert und hat daher keine Auswirkungen auf die Osmolarität der geringen und deshalb kostbaren Flüssigkeitsmenge im Ei. Echsen und Schlangen wechseln zu verschiedenen Zeitpunkten während ihrer Entwicklung von der Ammoniak- und Harnstoffbildung zur Produktion von Harnsäure. Bei Arten, die ihre Eier in feuchten Sand legen, erfolgt der Wechsel zur Harnsäurebildung spät im Verlauf der Entwicklung, aber noch vor dem Schlüpfen. Der Wechsel zur Bildung von Harnsäure ist eine Art biochemischer Metamorphose, durch die der Organismus auf das Leben in einer trockenen, terrestrischen Umwelt vorbereitet wird. Es gibt jedoch auch Fälle, in denen Tierarten, die ähnliche Lebensräume besiedeln, verschiedene Exkretstoffe bilden.

Ammoniak-ausscheidende Tiere

Die meisten Teleosteer und aquatische Evertebraten sind **ammon(i)otelisch**; d.h. sie scheiden ihre stickstoffhaltigen Stoffwechselendprodukte vorrangig als Ammoniak aus und produzieren wenig oder gar keinen Harnstoff. Wie oben dargestellt, bilden dagegen die meisten landbewohnenden Arten entweder Harnsäure oder Harnstoff, um Wasser einzusparen. Interessante Ausnahmen stellen sowohl die terrestrischen *Isopoda* (Asseln) als auch einige Landschnecken und Krabben dar; diese Tiere scheiden einen beträchtlichen Teil ihres überschüssigen Stickstoffs in Form von gasförmigem Ammoniak aus.

Zellmembranen sind im allgemeinen zwar für nicht ionisiertes Ammoniak (NH_3) permeabel, aber nicht sehr durchlässig für Ammonium-Ionen (NH_4^+). Die Ammoniak-Sekretion erfolgt hauptsächlich über eine passive Diffusion von nicht ionisiertem Ammoniak. Bei den meisten Teleosteern wird fast der gesamte Ammoniak als NH_3 ausgeschieden. Durch die diesen Vorgang begleitende Exkretion von H^+ und CO_2 wird das Wasser in der unmittelbaren Umgebung der Kiemen angesäuert, wodurch NH_3 in Form des weitgehend nicht permeablen NH_4^+ „gefangen" und die Ammoniak-Exkretion erleichtert wird. Einige Membranen sind jedoch sowohl für NH_3 als auch für NH_4^+ wenig durchlässig. Beispiele hierfür sind die Membranen von Eiern des Krallenfrosches *Xenopus* und diejenigen der Zellen im dicken Teil des aufsteigenden Schenkels der Henle-Schleife, die eine geringe NH_3-Permeabilität aufweisen.

Die Aminogruppen verschiedener Aminosäuren werden mit Hilfe einer Transaminase zur Bildung von Glutamat verwendet, das dann in der Leber desaminiert wird, wobei Ammonium-Ionen und α-Ketoglutarat entstehen. Ebenfalls in der Leber wird Glutamat zu Glutamin umgeformt, das weit weniger toxisch ist und Membranen leicht passieren kann, aber normalerweise nicht in nennenswerten Mengen ausgeschieden wird. Obwohl Säugetiere den größten Teil des überschüssigen Stickstoffs in Form von Harnstoff ausscheiden, enthält ihr Urin auch geringe Mengen an Ammoniak. Aus der Leber der Säugetiere wird eher das weniger toxische Glutamin als Ammoniak in das Blut abgegeben und in der Niere aufgenommen. Das Glutamin wird dann in den Zellen der Nierentubuli desaminiert und Ammoniak in die Tubulusflüssigkeit freigesetzt. Ammoniak kann ein Proton aufnehmen, wobei sich NH_4^+ bildet, das nicht mehr in die Tubuluszellen zurück diffundieren kann und mit dem Urin ausgeschieden wird (Abb. 14.**30**). Da Ammoniak sowohl in seiner freien als auch in seiner ionisierten Form hochtoxisch ist, ist es sinnvoll, das nicht toxische Glutamin als Transportmolekül für die Aminogruppe durch das Blut und die Gewebe bis zu seiner Desaminierung in der ammonotelischen Niere einzusetzen.

Für die meisten Säugetiere ist bereits eine Ammoniakkonzentration von nur 0,05 mmol/l Blut toxisch und führt zu Krämpfen bzw. zum Tod. Vergleichbare toxische Wirkungen wurden bei vielen anderen Tieren beobachtet, einschließlich Vögeln, Reptilien und Fischen. Die Guano-Fledermäuse in Mexiko nehmen unter den Säugetieren eine Sonderstellung ein: Sie ertragen sehr hohe Konzentrationen von Ammoniak (1800 ppm) in der Luft der Höhlen, in denen sie sich tagsüber aufhalten. Diese Konzentration würde ausreichen, um einen Menschen zu töten, weshalb beim Betreten solcher Höhlen Vorsicht geboten ist. Die Toxizität des Ammoniaks beruht z.T. auf der von ihm hervorgerufenen Erhöhung des pH-Wertes, was wiederum zu Veränderungen in der Tertiärstruktur von Proteinen führt. Ammoniak behindert darüber hinaus verschiedene Ionen-Transportmechanismen, da in einigen Fällen K^+ durch NH_4^+

ersetzt werden kann. Ammoniak kann sich auch auf die Durchblutung des Gehirns und verschiedene Bereiche der synaptischen Übertragung auswirken, vor allem auf den Glutamat-Stoffwechsel.

Einige Tintenfische, Garnelen und Manteltiere scheiden NH_4^+ in hohen Konzentrationen in spezielle angesäuerte Kammern ab, die als **Schwimmblasen** wirken und den Tieren einen stärkeren Auftrieb verleihen. In den Gaskammern dieser marinen Tiere wird NH_4^+ gegen schwerere Ionen wie Ca^{2+}, Mg^{2+} und SO_4^{2-} ausgetauscht (Abb. 14.50). Die Ammoniumkonzentrationen in den Schwimmblasen sind sehr hoch und die Gewebe, die sie aufbauen, müssen gegen die toxischen Wirkungen von Ammoniak resistent sein. Die Ammoniakkonzentrationen in anderen Körperteilen sind auch bei diesen Tieren relativ niedrig.

Harnstoff-ausscheidende Tiere

Ureotelische Tiere scheiden den größten Teil ihres überschüssigen Stickstoffs als Harnstoff aus, der in Wasser verhältnismäßig gut löslich und weit weniger toxisch ist als Ammoniak sowie viel weniger Wasser zu seiner Ausscheidung erfordert. Darüber hinaus enthält Harnstoff zwei Stickstoffatome pro Molekül. Die Harnstoffbildung erfolgt bei den ureotelischen Tieren auf einem von zwei möglichen Wegen. Mit Ausnahme der meisten Teleosteer synthetisieren Vertebraten den Harnstoff vorrangig in der Leber über den **Ornithin-Harnstoff-Zyklus** (Abb. 14.51). Im Verlauf dieses Zyklus werden dem Ornithin zwei -NH_2-Gruppen und ein Molekül CO_2 hinzugefügt, wobei Arginin entsteht. Das Enzym Arginase, das bei diesen Tieren in relativ großen Mengen vorhanden ist, katalysiert dann die Abspaltung des Harnstoffmoleküls vom Arginin, wobei wieder Ornithin entsteht.

Ab. 14.51 Harnstoffbildung im Ornithin-Harnstoff-Zyklus. Mit Ausnahme der Knochenfische wird Harnstoff bei allen Wirbeltieren auf diesem Weg gebildet. Da für den ersten Schritt ATP benötigt wird, verbrauchen ureotelische Tiere mehr Energie bei der Ausscheidung von Stickstoff als andere Tiere.

Die in Kenia im Lake Magadi vorkommende Maulbrüter-Art *Oreochromis alcalicus grahami* ist ein ausschließlich im Süßwasser lebender Fisch; im Unterschied zu den meisten Teleosteern scheidet diese Art ihren gesamten überschüssigen Stickstoff in Form von Harnstoff aus. Der im Lake Magadi herrschende pH-Wert (ca. 10) behindert die Ausscheidung von Ammoniak in einem Maße, die bei anderen Fischen zur Anhäufung von Ammoniak und zum Tode führen würde. *Oreochromis alcalicus grahami* kann im Lake Magadi überleben, weil Ammoniak über den Ornithin-Harnstoff-Zyklus in Harnstoff umgewandelt wird, wodurch toxische Ammoniak-Konzentrationen vermieden werden. Knorpelfische verwenden Harnstoff, der über den Ornithin-Harnstoff-Zyklus aus Ammoniak gebildet wird, zur Erhöhung der Osmolarität ihrer Körperflüssigkeiten; sie scheiden auch den größten Teil ihres überschüssigen Stickstoffs in Form von Harnstoff über die Kiemen aus. Nicht alle aquatischen Tiere benutzen also Ammoniak als Exkretstoff.

Die meisten Teleosteer und viele Evertebraten benutzen den sogenannten **Uricolyse-Weg**, wobei Harnstoff aus Harnsäure gebildet wird, die entweder durch eine Transaminierung über Aspartat oder im Verlauf des Nucleinsäure-Stoffwechsels entsteht. Bei diesem Stoffwechselweg wird die Harnsäure mit Hilfe der Enzyme Uricase und Allantoinase zunächst in Allantoin und Allantoinsäure umgewandelt und dann mitttels des Enzyms Allantoicase zu Harnstoff umgesetzt (Abb. 14.52). Im Verlauf der Evolution haben die meisten Säugetiere die Fähigkeit zur Bildung von Allantoicase und Allantoinase verloren; Mensch und Menschenaffen können auch keine Uricase bilden und scheiden als Endprodukt des Purinstoffwechsels daher Harnsäure aus. Beim Menschen beträgt die Harnsäureausscheidung normalerweise nur ungefähr 1% der Ausscheidung von Harnstoff (bezogen auf die Masse). Bei einem Anstieg der Harnsäurebildung oder -aufnahme kann deren Konzentration im Blut jedoch ansteigen, da die Ausscheidung wegen der geringen Löslichkeit von Harnsäure besonders bei kleinen Harnvolumina erschwert ist. Die geringe Löslichkeit kann bei einem Anstieg der Harnsäurekonzentration im Blut auch das Ausfallen von Harnsäurekristallen zur Folge haben; dies verursacht die mit großen Schmerzen verbundene Gicht.

Da Lipid-Membranen für Harnstoff wenig durchlässig sind, passiert dieser die Membranen entweder durch Wasserporen oder mit Hilfe spezieller Transportsysteme in der Membran. Man nimmt an, daß spezifische Systeme für den Harnstoff-Transport bei Elasmobranchiern und verschiedenen anderen Vertebraten, einschließlich der Säugetiere, vorhanden sind. Harnstoff-Transporter sind weit verbreitet; sie könnten in einigen Fällen durch einen schnellen Harnstoff-Transport zur

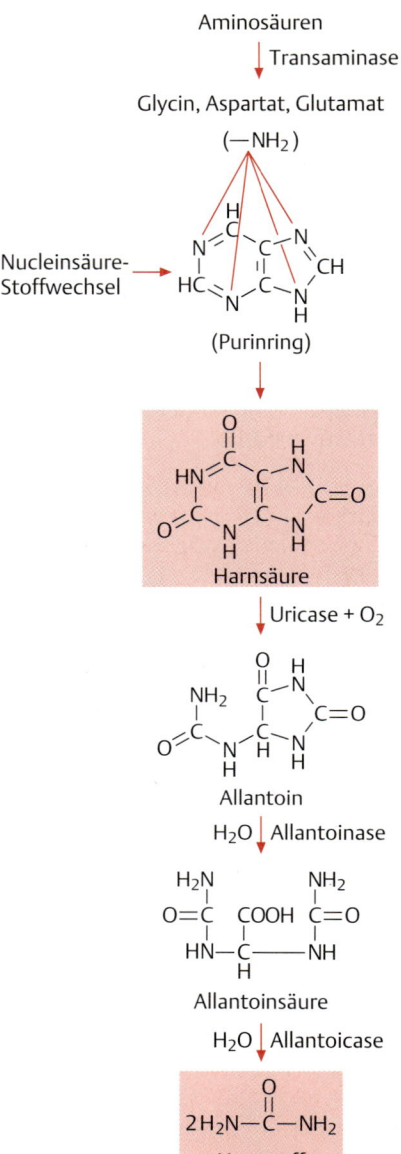

Abb. 14.52 Harnstoff- und Harnsäurebildung über den uricolytischen Weg. Harnsäure stammt aus einem Purinring, der durch eine komplizierte Vereinigung von Asparaginsäure, Ameisensäure, Glycin und CO_2 entsteht. Menschen verfügen nicht über die zum Abbau der Harnsäure erforderlichen Enzyme und scheiden deshalb Harnsäure als Endprodukt des Nucleinsäure-Stoffwechsels aus.

Stabilisierung des Zellvolumens bei einem osmotischen Schock beitragen.

Harnsäure-ausscheidende Tiere

Uricotelische Tiere – Vögel, Reptilien und die meisten terrestrischen Insekten – scheiden Stickstoff hauptsächlich in Form von Harnsäure oder dem eng verwandten Guanin aus. Harnsäure und Guanin haben den Vorteil, daß damit pro Molekül vier Stickstoffatome aus dem Körper entfernt werden. Die im Harnsäuremolekül enthaltenen Stickstoffatome stammen letztlich aus dem Abbau der Aminosäuren Glycin, Aspartat und Glutamin (Abb. 14.**52**). Da diesen Tieren eine Uricase fehlt, können sie die Harnsäure nicht weiter abbauen. Der Abbau stickstoffhaltiger Moleküle wird daher auf dem Niveau der Harnsäure gestoppt, die zu großen Teilen wegen ihrer geringen Löslichkeit ausfällt und unter geringem Wasserverbrauch als Endprodukt ausgeschieden wird. Im allgemeinen sind uricotelische Tiere an ein begrenztes Wasserangebot angepaßt.

Die Harnsäure wird mit Hilfe eines Urat-Anionenaustauschers oder eines Urat-Uniportsystems aus dem Blut in die Zellen der Nierentubuli transportiert. Aus den Zellen gelangt sie dann entlang eines elektrochemischen Gradienten in das Tubuluslumen und wird mit dem Urin ausgeschieden. In den Nierentubuli der Vögel, nicht aber der Reptilien, konkurriert der Urattransport mit dem Transport von *para*-Aminohippursäure.

Zwei ungewöhnliche Amphibien sind die in Trockengebieten lebenden Frösche *Chiromantis xerampelina* und *Phyllomedusa sauvagii*. Diese Frösche haben nicht nur einen extrem niedrigen evaporativen Wasserverlust über die Haut, sondern scheiden wie Reptilien Stickstoff eher in Form von Harnsäure aus, statt – wie die meisten anderen Amphibien – in Form von Ammoniak oder Harnstoff. Die niedrige Löslichkeit von Harnsäure führt zu deren Ausfällung in der Kloake; sie ermöglicht diesen Fröschen, wie bei Reptilien und Vögeln, die Ausscheidung ihres überschüssigen Stickstoffs mit einem Minimum an Wasser.

Zusammenfassung

Die extrazelluläre Flüssigkeit gleicht in ihrer Zusammensetzung bei vielen marinen und nichtmarinen Tieren weitgehend verdünntem Seewasser. Diese Ähnlichkeit spiegelt die Herkunft des Lebens wider, dessen Ursprung wohl in den flachen „Urmeeren" der Erde zu suchen ist. Die Fähigkeit vieler Tiere zur Regulation der Zusammensetzung ihrer Körperflüssigkeiten bestimmt in starkem Maße die Möglichkeiten dieser Tiere zur Besiedelung von Lebensräumen, deren osmotische Verhältnisse den osmotischen Bedürfnissen ihrer Gewebe nicht entsprechen. Osmoregulation erfordert den Austausch von Ionen und Wasser zwischen Umwelt und Organismus, um obligatorische oder nicht regulierbare Verluste und Gewinne auszugleichen. Eine grundlegende Voraussetzung für alle osmoregulatorischen Aktivitäten ist der Transport von gelösten Stoffen und Wasser durch Epithelschichten. Der obligatorische Austausch von Wasser hängt ab von (1) dem osmotischen Gradienten zwischen Medium und Organismus, (2) dem Oberfläche/Volumen-Verhältnis des Tieres, (3) der Permeabilität des Integumentes, (4) der Nahrungs- und Wasseraufnahme, (5) den mit der Temperaturregulation verbundenen evaporativen Wasserverlusten und (6) der Beseitigung von unverdaulichen Nahrungsbestandteilen und Stoffwechselendprodukten über Urin und Faeces.

Meeresbewohner und Landtiere sind mit dem Problem von Wasserverlusten konfrontiert, während Süßwassertiere einen unkontrollierten Wassereinstrom in den Körper vermeiden müssen. Seevögel, Reptilien und Knochenfische ersetzen Wasserverluste, indem sie Meerwasser trinken und Salz durch sekretorische Epithelien aktiv ausscheiden. Süßwasserfische trinken kein Wasser; sie ersetzen Salzverluste durch aktive Ionenaufnahme. Vögel und Säugetiere sind die einzigen Wirbeltiergruppen, die einen hypertonen Urin ausscheiden. Viele wüstenbewohnende Arten verfügen über zusätzliche Mechanismen zur Minimierung der Wasserverluste über die Atemwege.

In den Nieren der meisten Vertebraten erfolgt die Harnbildung durch Filtration, Reabsorption und Sekretion. In den Nieren von Säugetieren und Vögeln ermöglicht ein Gegenstrom-Mechanismus die Produktion eines hypertonen Urins. Die Filtration des Plasmas im Glomerulus hängt vom arteriellen Blutdruck ab. Kleine organische Moleküle können das Filter passieren, Blutzellen und große Moleküle werden zurückgehalten. Ionen und organische Moleküle wie Zucker werden in den Nierentubuli teilweise aus dem Ultrafiltrat reabsorbiert, während verschiedene Substanzen dem Filtrat durch Sekretion hinzugefügt werden. Durch ein im Bereich der Sammelrohre und der Henle-Schleifen wirkendes System der Multiplikation im Gegenstrom wird ein steiler extrazellulärer Konzentrationsgradient bezüglich der Salz- und Harnstoffkonzentrationen aufgebaut, der tief in das Mark der Säugetierniere hineinreicht. Während der Passage durch Bereiche des Nierenmarks mit hohen Konzentrationen von Salz und Harnstoff in Richtung auf das Nierenbecken wird Wasser (osmotisch bedingt) der Flüssigkeit im Sammelrohr entzogen. Die Wasserpermeabilität der Sammelrohrepithelzellen unterliegt einer hormonellen Kontrolle und bestimmt das Ausmaß, in dem Wasser reabsorbiert und dem Kreislauf wieder zugeführt wird. Der Endharn ist demnach das Ergebnis von Filtrations-, Reabsorptions- und Sekretionsvorgängen. Diese Vorgänge machen es möglich, daß die Zusammensetzung des Urins stark vom Verhältnis der Substanzen im Blut abweichen kann.

Die Bildung des Urins folgt bei allen oder den meisten Vertebraten und Evertebraten dem gleichen Grundmuster. Zunächst wird ein Primärharn gebildet, der praktisch alle kleinen Moleküle und Ionen enthält, die im Blut transportiert werden. Bei den meisten Vertebraten sowie bei den Crustaceen und Mollusken erfolgt dies durch Ultrafiltration; bei den Insekten durch Sekretion von KCl, NaCl und Phosphat in die Malpighi-Gefäße, wobei Wasser und andere kleine Moleküle, wie z.B. Aminosäuren und Zucker, aus osmotischen Gründen und durch Diffusion entlang ihres Konzentrationsgradienten passiv folgen. Der Primärharn wird anschließend durch selektive Reabsorption von Ionen und Wasser und – bei einigen Tierarten – durch Sekretion von Abfallstoffen durch die Tubulusepithelzellen verändert.

Viele Vögel und Reptilien können Meerwasser trinken, da sie die im Überschuß aufgenommenen Ionen durch eine im Nasenbereich gelegene Salzdrüse ausscheiden können. Knorpelfische scheiden Ionen über eine Rektaldrüse aus, die aus ionensezernierenden Zellen besteht, die denjenigen im dicken Teil des aufsteigenden Schenkels der Henle-Schleife in der Säugerniere, in den Salzdrüsen von Vögeln und Reptilien und den Chlorid-Zellen in den Kiemen mariner Teleosteer ähnlich sind. Auch die hormonelle Regulation der Aktivität dieser Zellen zeigt bei Haien, Vögeln, Reptilien und Säugetieren große Ähnlichkeit. Die Kiemen von Teleosteern und vielen Evertebraten beteiligen sich an der Osmoregulation durch aktiven Ionen-Transport, wobei dieser Transport bei Süßwasserfischen in den Körper hinein und bei Meeresfischen aus dem Körper heraus gerichtet ist.

Der Stickstoff, der beim Abbau von Aminosäuren und Proteinen anfällt, taucht – abhängig von den osmotischen Verhältnissen in der Umwelt der verschiedenen Tiergruppen – hauptsächlich in drei Formen stickstoffhaltiger Exkretstoffe auf. Ammoniak ist gut wasserlöslich, aber hoch toxisch und muß mit viel Wasser verdünnt (bei den Knochenfischen über die Kiemen) ausgeschieden werden. Harnsäure ist weniger toxisch und schlecht wasserlöslich; sie kann annähernd kristallin als Suspension über die Kloake von Vögeln und Reptilien ausgeschieden werden. Harnstoff hat die geringste Toxizität; seine Exkretion ist mit einer vergleichsweise geringen Wassermenge möglich. Säugetiere wandeln ihre stickstoffhaltigen Abfallstoffe zum größten Teil in Harnstoff um, der mit dem Urin ausgeschieden wird; Elasmobranchier benutzen Harnstoff als osmotisch wirksame Substanz im Blut und scheiden den größten Teil des überschüssigen Stickstoffs in Form von Harnstoff über die Kiemen aus.

Empfohlene Literatur

Deetjen, P., Boylan, J.W., Kramer, K.: Niere und Wasserhaushalt. In Gauer, Kramer, Jung (Hrsg.): Physiologie des Menschen. Bd. 7. Urban und Schwarzenberg, Berlin 1973

Hochachka, P.W., Somero, G.N.: Strategien biochemischer Anpassung. Thieme, Stuttgart 1980

Krogh, A.: Osmotic Regulation in Aquatic Animals. Cambridge University Press, Cambridge 1939

Kultz, D., Jurss, K., Jonas, L.: Cellular and epithelial adjustments to altered salinity in the gill and opercular epithelium of a cichlid fish *(Oreochromis mossambicus)*. Cell Tissue Res. **279** (1995) 65–73

Larsen, E.H.: Chloride transport by high-resistance heterocellular epithelia. Physiol. Rev. **71** (1991) 235–283

Phillips, J.E. u. Mitarb.: Mechanisms of acid-base transport and control in locust excretory system. Physiol. Zool. **67** (1994) 95–119

Riordan, J.R., Forbush, B., Hanrahan, J.W.: The molecular basis of chloride transport in shark rectal gland. J. Exp. Biol. **196** (1994) 405–418

Schmidt-Nielsen, K.: How Animals Work. Cambridge University Press, Cambridge 1972

Schmidt-Nielsen, K.: Countercurrent systems in animals. Sci. American **244** (1981) 118–128

Smith, H.W.: From Fish to Philosopher. Little, Brown, Boston 1953

Wright, P.A.: Nitrogen excretion: three end products, many physiological roles. J. Exp. Biol. **198** (1995) 273–281

15. Ernährung, Verdauung und Resorption

Für den Erhaltungsstoffwechsel, das Wachstum und die Fortpflanzung braucht jedes Tier Rohstoffe und Energie. Die Stoffe und die Energie für den Stoffwechsel kommen aus der Nahrung. Was Nahrung ist, kann je nach Tierart sehr verschieden sein: von einzelnen Molekülen, die über die gesamte Oberfläche aufgenommen werden können, bis hin zu lebender Beute, die als Ganzes verschlungen wird. Ungeachtet ihrer Herkunft – sei es pflanzliches, tierisches oder anorganisches Material – dient die Nahrung als Rohmaterial für den Aufbau neuer Körpersubstanz und als Energiequelle für alle im Organismus ablaufenden Lebensprozesse.

Die gesamte in der Nahrung enthaltene chemische Energie stammt letztendlich von der Sonne (s. Abb. 3.35). Photosynthetische **autotrophe** Organismen, vor allem die chlorophyllhaltigen Pflanzen, fangen die Energie der Sonne ein und bauen damit aus einfachen anorganischen Grundstoffen – CO_2 und H_2O – komplexe organische Kohlenstoffverbindungen auf. Die in diesen Verbindungen gespeicherte chemische Energie wird verwendet, um über gekoppelte Reaktionen die energieverbrauchenden Prozesse lebender Gewebe in Gang zu halten. Die Mehrzahl der Organismen ist **heterotroph**, sie hängt von den energieliefernden Kohlenstoffverbindungen ab, die durch die Aufnahme pflanzlicher oder tierischer Nahrung gewonnen werden. Eine Ausnahme sind die erst vor kurzer Zeit entdeckten wirbellosen Tiere aus dem Umfeld hydrothermer Tiefseequellen („deep-sea vent"), die ihre Energie über **chemoautotrophe** Bakterien aus dem am Meeresgrund ausströmenden mineralreichen Wasser beziehen. Gerade dieses Beispiel zeigt auch die unvermeidliche Abhängigkeit tierischen Lebens von autotrophen Organismen.

Eine vereinfachte Übersicht über den Energietransfer von der Sonne über einen photosynthetisch autotrophen Organismus bis zum ATP-Molekül in einem hete-

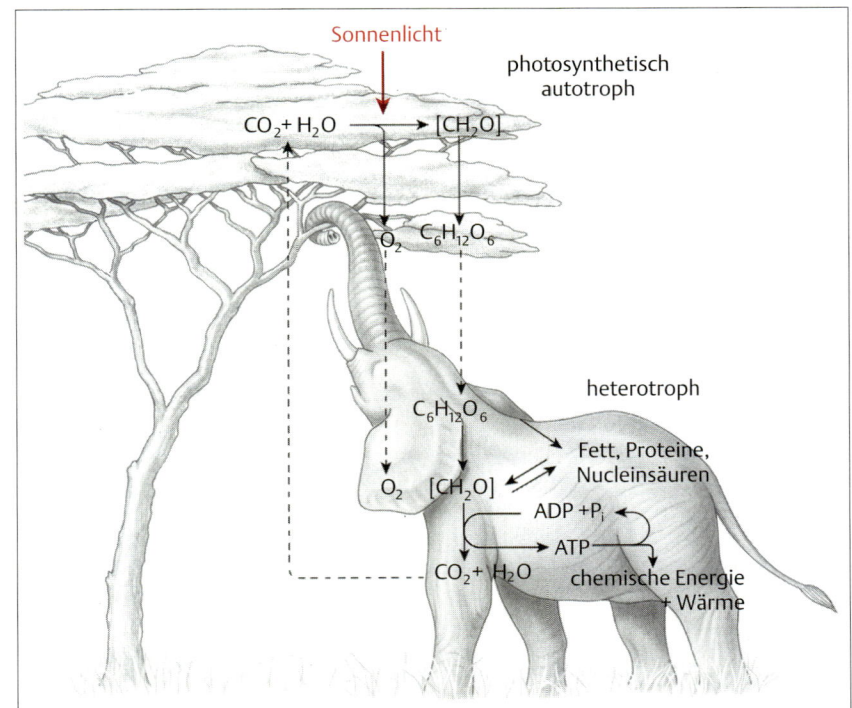

Abb. 15.1 Flußdiagramm der chemischen Energie in einer Nahrungskette mit zwei trophischen Niveaus. Der Fluß beginnt mit der photosynthetischen Bildung energiereicher Moleküle (Zucker) aus energiearmen Vorstufen (H_2O und CO_2) durch die Pflanzen. Die Oxidation dieser energiereichen Moleküle setzt Energie für die Synthese anderer energiereicher Verbindungen wie ATP frei, das dann im Stoffwechsel als Energiequelle für die verschiedensten Aufgaben verwendet wird. Werden Pflanzen von einem heterotrophen Tier gefressen, wird ein Teil der chemischen Energie ihrer Kohlenstoffverbindungen in Wärme umgewandelt und geht damit als Triebkraft für biologische Prozesse verloren.

rotrophen Organismus zeigt Abb. 15.1. Grüne Pflanzen synthetisieren aus CO_2 und H_2O Monosaccharide wie z.B. Glucose. Diese wichtigen Kohlenstoffverbindungen stehen am Anfang der **Nahrungskette** oder **Nahrungspyramide**. Als Nahrungsketten bezeichnet man Gruppen von Organismen, die, wie Glieder einer Kette, so miteinander verbunden sind, daß jede Gruppe die Nahrung der nächstfolgenden ist. Jede Gruppe repräsentiert eine **Trophieebene**. In einer kurzen Nahrungskette mit nur zwei Trophieebenen werden grüne Pflanzen von einem großen heterotrophen Organismus, zum Beispiel einem Elefanten, gefressen. Dieser heterotrophe Organismus, der außer dem Menschen keine natürlichen Feinde hat, wird nach seinem Tod von Aasfressern verzehrt und von Bakterien abgebaut. In einer längeren Nahrungskette ist die Reihenfolge z.B.: Phytoplankton → Zooplankton → kleine Fische → mittelgroße Fische → große Fische. Im allgemeinen ist der Nahrungsfluß jedoch wesentlich vielfältiger.

Beim Übergang von einer Trophieebene zur nächsthöheren gehen in jeder Nahrungskette Material und freie Energie verloren. Für den Verzehr bietet das auf einem Hektar Weizenfeld produzierte Getreide mehr direkt verfügbare Nährstoffe und Energie als das Fleisch der Tiere, zu deren Fütterung das Getreide verwendet würde: um ein Kilogramm Protein für den menschlichen Verbrauch zu liefern, benötigt eine Kuh über 20 kg Pflanzenprotein. Der Mensch bildet die höchste Trophieebene der Nahrungskette. Auf jeder Stufe der Ernährung, Verdauung und des Stoffeinbaus in den Körper entstehen entlang der Nahrungskette erhebliche Energieverluste durch den Energieverbrauch für die Erhaltung der Gewebe, der Verdauung der Nahrung und deren Umbau in neue Moleküle. Bei einem vergleichbaren Wirkungsgrad der Energieübertragung zwischen den Trophieebenen steht in einer kurzen Nahrungskette für den „Endverbraucher" ein höherer Anteil der durch die Photosynthese eingefangenen Energie zur Verfügung als in einer langen Nahrungskette.

Ernährungsstrategien

Die meisten Tiere verbringen den größten Teil ihres Lebens damit, für geeignete Nahrung in ausreichender Menge zu sorgen. Physiologie und Morphologie eines Tieres sind das Ergebnis eines natürlichen Selektionsprozesses, der darauf zielt, seine Energiegewinnung aus der Nahrung zu optimieren und gleichzeitig zu vermeiden, daß es selbst für andere Tiere zur Mahlzeit wird. Die Methoden des Nahrungserwerbs sind sehr verschieden. Festsitzende, bodenbewohnende Arten ernähren sich durch Absorption von Nährstoffen über die Körperoberfläche, durch Filtrieren oder das Stellen von Fallen. Bewegungsfähige Tiere gehen aktiv auf Nahrungssuche. Bei vielen Carnivoren (Fleischfressern) haben sich komplexe Verhaltensmuster entwickelt (Suchen – Anschleichen – Anspringen – Festhalten und Töten der Beute).

Nahrungsaufnahme durch die Körperoberfläche

Die direkte Aufnahme von Nährstoffen durch die Körperoberfläche ist am wenigsten von spezialisierten Organen für den Fang und die Verdauung der Nahrung abhängig. Einige Protozoen, Endoparasiten (Tiere, die in anderen Tieren leben) und wasserbewohnende Evertebraten können Nährstoffmoleküle aus dem sie umgebenden Milieu direkt durch ihre weiche Außenhülle aufnehmen. Parasitische Protozoen, Bandwürmer, Leberegel und einige Mollusken und Crustaceen sind in ihren Wirten von deren Gewebe oder Darminhalten umgeben, die reich an Nährstoffen sind. Bandwürmer von mehreren Metern Länge besitzen nicht einmal einen rudimentären Verdauungsapparat. Wahrscheinlich haben sie ihn nicht sekundär zurückgebildet, sondern sind aus primitiven acoelomatischen (ohne sekundäre Leibeshöhle) Plattwürmern entstanden. Bei anderen Endoparasiten scheint der ursprünglich bei ihren Vorfahren vorhandene Verdauungsapparat dagegen sekundär verlorengegangen zu sein. Endoparasitische Crustaceen aus der Gruppe der Rankenfüßer (*Cirripedia*) besitzen zwar auch keinen Verdauungstrakt, sie stammen aber mit großer Wahrscheinlichkeit von nicht parasitischen Vorfahren ab, die einen Darm besaßen. Einige freilebende Protozoen und Evertebraten nehmen einen Teil ihrer Nahrung ebenfalls aus dem umgebenden Medium direkt über die Körperoberfläche auf. Kleine organische Moleküle, wie z.B. Aminosäuren, werden gegen ein Konzentrationsgefälle über spezielle Transportsysteme aufgenommen (s. Kap. 4), größere Moleküle oder auch Partikel über Phagocytose.

Endocytose

Die **Endocytose** ist eine aktive Form der Nahrungsaufnahme. Wie die direkte Absorption von Nährstoffen findet sie aber eher auf lokalem zellulärem als auf der Gewebe- oder Organebene statt. Die Endocytose umfaßt Phagocytose (Aufnahme von Festbestandteilen in die Zelle) und Pinocytose (Aufnahme von Flüssigkeit in die Zelle). Bei der **Phagocytose** werden pseudopodienartige Vorwölbungen ausgestreckt, die relativ große Nahrungspartikel „erfassen" und umhüllen. Bei der **Pinocytose** binden kleinere Partikel an die Zelloberfläche. Die Zellmembran stülpt sich ein und bildet ein **endocytotisches Bläschen** oder Vesikel. Sowohl bei der Phagocytose als auch bei der Pinocytose wird die Nahrung in dem von einer Membran umgebenen Bläschen eingeschlossen, das sich dann ins Innere der Zelle hinein abschnürt.

Das Vesikel, bei Protozoen **Nahrungsvakuole** genannt, verschmilzt mit Lysosomen (Zellorganellen mit Verdauungsenzymen) und wird dann als **sekundäre Vakuole** bezeichnet. Nach erfolgter Verdauung gelangen die Nährstoffe durch die Wand der Vakuole in das Cytoplasma. Der verbleibende unverdauliche Rest wird durch Exocytose, einer Umkehr der Endocytose, nach außen abgegeben. Die Nahrungsaufnahme durch Pinocytose und Phagocytose ist bei Protozoen wie dem Pantoffeltierchen *Paramecium* üblich, tritt aber auch in der Wand des Verdauungskanals und anderer Gewebe vieler Metazoen auf.

Filtrieren

Im Meer- und Süßwasser gibt es verschiedene Gruppen von **Filtrierern**. Dieser Ernährungstyp wird auch als **Suspensionsfresser** bezeichnet. Die Nahrung (meist Phyto- oder Zooplankton) wird mit hochspezialisierten Fangapparaten, die sich an der Körperoberfläche oder im Inneren der Tiere befinden, aus dem umgebenden Wasser herausgefiltert. **Passive Filtrierer** nutzen dazu die vorhandenen Strömungen aus, während **aktive Filtrierer** den die Nahrung transportierenden Wasserstrom durch Cilien oder Flagellen selbst erzeugen.

Die meisten Filtrierer, überwiegend aus dem marinen Bereich, sind kleine sessile Tiere wie Schwämme, Brachiopoden, Lamellibranchier und Tunicaten. Brachiopoden rotieren auf ihrem Stiel, um die Strömungsrichtung optimal auszunutzen. Andere sessile Tiere nutzen in strömendem Wasser den **Bernoulli-Effekt**, um den Wasserdurchsatz durch den Filterapparat ohne zusätzlichen Energieaufwand zu erhöhen. Ein Beispiel eines solchen passiv unterstützten Filtrierens findet man bei Schwämmen (Abb. 15.**2**). Das an der großen terminalen Öffnung, dem **Osculum**, vorbeiströmende Wasser verursacht einen Druckabfall (Bernoulli-Effekt). Dadurch wird am Osculum Wasser aus dem Schwamm heraus- und durch die zahlreichen **Ostia** (Singular: Ostium; mundähnliche Öffnungen in der Körperwand) in den Schwamm hineingesaugt. Der Druckabfall wird durch die Körperform des Schwammes noch gesteigert, da das Wasser am Osculum schneller fließt als an den Ostia. Die mit der Wasserströmung durch die Ostia in den Schwamm transportierten Nahrungspartikel werden von den **Choanocyten** (Kragengeißelzellen, welche die Geißelkammern auskleiden) aufgenommen. Die Geißeln der Choanocyten treiben auch den Wasserstrom im Spongocoel, dem wassergefüllten Zentralraum, an. Einige in stark strömendem Wasser lebende Schwämme filtrieren pro Tag das 20000fache ihres Körpervolumens.

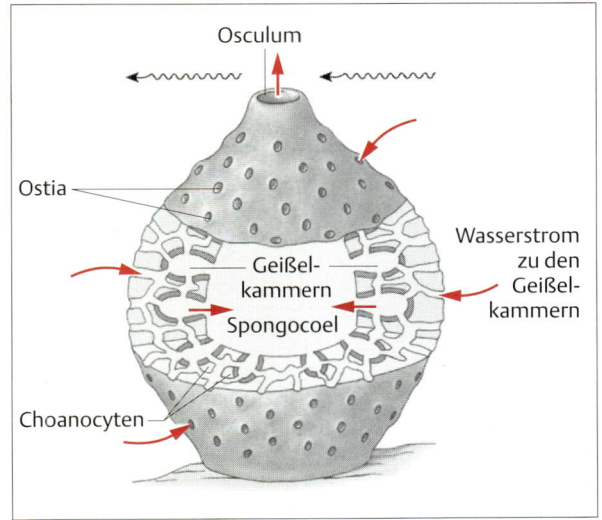

Abb. 15.2 Schematischer Querschnitt durch einen syconoiden Schwamm. Rote Pfeile markieren Wasserströmungen durch den Schwamm. Die Druckminderung am Osculum (Bernoulli-Effekt) durch das darüber fließende Umgebungswasser (schwarze Pfeile) kann einen wesentlichen Anteil an der Erzeugung des Wasserdurchsatzes haben. Die Strömung durch den Schwamm wird aber auch aktiv durch die Flagellen der Choanocyten (Kragengeißelzellen) erzeugt, welche die Geißelkammern auskleiden. Die Choanocyten befinden sich in den rot markierten Regionen der Geißelkammern. Das Wasser tritt durch die Ostia ein, wird über ein Kanalsystem zu den Geißelkammern geführt, gelangt dann in einen zentralen Hohlraum (Spongocoel) und von dort durch das Osculum wieder nach außen. Die aus dem Wasser gefilterten Nährstoffe werden von den Choanocyten durch Endocytose aufgenommen (nach Hyman, 1940; Vogel, 1978).

Der aus einer klebrigen Mischung von Mucopolysacchariden bestehende Schleim vieler filtrierender Tiere spielt bei deren Nahrungserwerb eine wichtige Rolle. Im Wasser schwebende Mikroorganismen und Nahrungspartikel bleiben auf der ein Wimpernepithel bedeckenden Schleimschicht kleben. Der Schleim wird dann durch Cilienschläge zur Mundöffnung transportiert. Bei sessilen Tieren ist der von den Cilien erzeugte Wasserstrom nicht nur für das Heranführen von im Wasser suspendierten Nahrungspartikeln wichtig, sondern er unterstützt auch die Atmung. Dies ist in stehenden Gewässern von besonders großer Bedeutung. Bei Muscheln (z.B. der Miesmuschel *Mytilus*) bewirken die Cilien an der Kiemenoberfläche, daß Wasser durch den Ingestionssipho angesaugt und zwischen den Kiemenfilamenten hindurchgepreßt wird (Abb. 15.**3**). Diese Cilien treiben auch Schleim entlang der Kiemenfilamente (90 Grad zum Wasserstrom versetzt) zur Spitze der Kieme; von dort aus wird er durch Cilien mitsamt der Nahrung

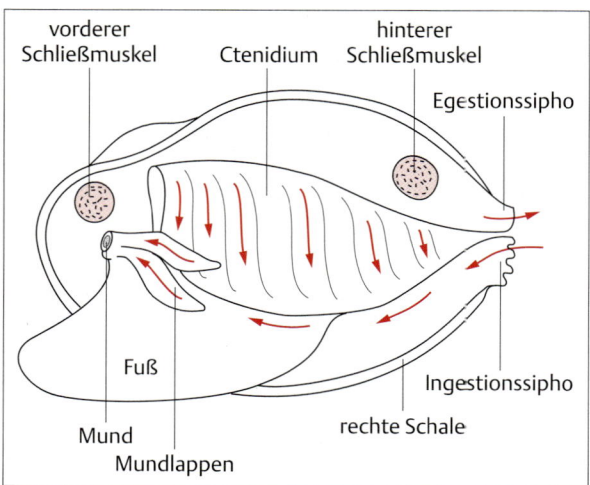

Abb. 15.3 Nahrungsaufnahme mit Hilfe von Cilien bei Lamellibranchiern. Schematische Seitenansicht eines Lamellibranchiers mit entfernter linker Schale und Kieme. Die roten Pfeile markieren den Weg des durch die Ingestionsöffnung und Egestionsöffnung strömenden Wassers, den Transportweg des Schleimes mit den darin gebundenen Nahrungspartikeln über die Kieme und über die Mundlappen zur Mundöffnung. Nach dem Passieren der Kiemen werden Sand und anderes unverdauliches Material über den Egestionssipho abgeführt. Der Transport der Nahrungspartikel zum Mund wird von Cilien angetrieben.

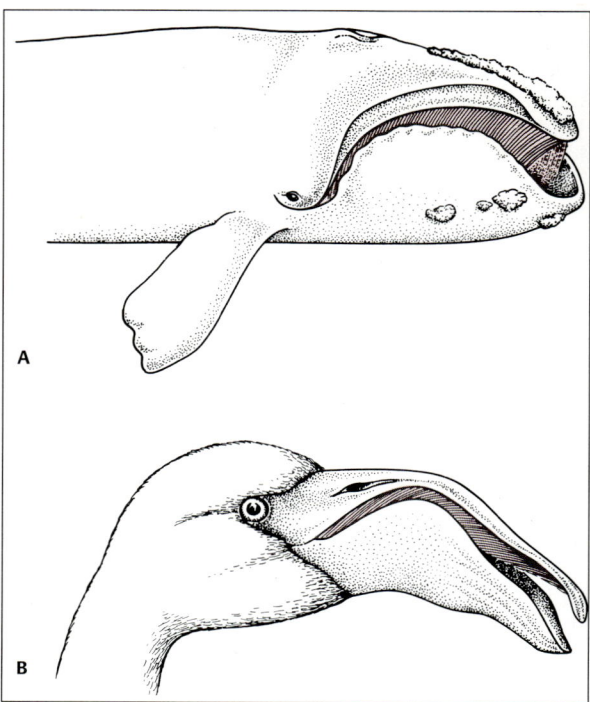

Abb. 15.4 Konvergente Evolution von Filtermechanismen und -strukturen. Sowohl die Barten des Wals wie auch der Saum entlang des Flamingoschnabels dienen als Sieb. **A** Bartenwal (*Eubalaena glacialis*). **B** Zwergflamingo (*Phoeniconaias minor*) (nach Milner, 1981).

als Schleimstrang in einer speziellen Rinne zum Mund transportiert. Sandkörnchen und andere unverdauliche Partikel werden aussortiert (vermutlich auf Grund ihrer Oberflächenstruktur) und durch den Egestionssipho ausgeschieden.

Bei frei beweglichen Tieren findet man sehr unterschiedliche Filtermechanismen. Manche Fische, die sich von Plankton ernähren, filtern die Nahrung mit abgewandelten Kiemenstrahlen aus dem Wasser, das durch den Mund und über die Kiemen streicht. Mit schnellem und ausdauerndem Schwimmen sorgen die Jungtiere des Paddelfisches *Polyodon spathula* für eine Wasserströmung an den Kiemen, aus der Nahrungspartikel herausgefiltert werden. Auch viele Amphibienlarven sind Filtrierer. Im Kiemenraum der Kaulquappen des südafrikanischen Krallenfroschs *Xenopus laevis* befinden sich Kiemen mit Kiemenfilterplatten, die suspendiertes organisches Material einfangen. Dieses Material bleibt an Schleimsubstanzen haften, wird von Cilien zum Oesophagus transportiert und dort verschluckt. Diese doppelte Aufgabe der Kieme (als Organ für die Atmung und den Nahrungserwerb) führt bei *Xenopus* möglicherweise zu einem funktionellen Konflikt. Die Anreicherung der Nahrungspartikel an den Kiemenfilterplatten verursacht einen starken Anstieg des Strömungswiderstands am Kiemenapparat. Tatsächlich nimmt bei Xenopuslarven mit zunehmender Futterdichte im eingeatmeten Wasser die Kiemenventilation ab. Vermutlich wird die Nahrungsaufnahmerate konstant gehalten. Nimmt bei für das Filtrieren optimalen Bedingungen der Wasserdurchsatz durch die Kiemen ab, wird die verminderte Kiemenatmung anscheinend durch eine Erhöhung der Haut- und Lungenatmung kompensiert.

Die größten Filtrierer sind die Bartenwale. In ihrem Oberkiefer sitzen hornige **Gaumenleisten** mit einem Saum paralleler Filamente aus einem der Haarsubstanz ähnlichem Keratin (**Barten**); dieser Saum hängt zwischen Ober- und Unterkiefer herab und bildet so einen Siebapparat, der den Kiemenstrahlen der Fische und der Amphibienlarven analog ist (Abb. 15.4**A**). Wale schwimmen mit geöffnetem Maul in Schwärme pelagischer Crustaceen, wie z.B. dem Krill, und nehmen dabei mehrere Tonnen von Wasser mit den darin enthaltenen Tieren auf. Wenn sich die Kiefer schließen, wird das Wasser mit Hilfe der riesigen Zunge durch die Barten aus dem

Maul herausgepreßt; die zurückbleibenden Crustaceen werden verschluckt. Dieses Beispiel zeigt, daß Filtrieren eine recht effektive Ernährungsweise ist, die auch den Energiebedarf sehr großer Tiere decken kann.

Eine ähnliche, natürlich wesentlich kleinere Vorrichtung, benutzt der Flamingo, um kleine Tiere und andere Nahrung, die sich im schlammigen Boden von Frischwasser befinden, herauszufiltern (Abb. 15.4B). Flamingo und Bartenwal zeigen eine bemerkenswerte konvergente Entwicklung: beide besitzen seitlich hohe Unterkiefer, ein nach unten gebogenes Rostrum (über das Vorderende eines Tieres herausragender Fortsatz), faserige Filtersäume, die vom Oberkiefer herabhängen und eine große, muskulöse Zunge. Beide gewinnen ihre Nahrung, indem sie die Mundhöhle mit Wasser füllen und die Zunge als Kolben benutzen, der das Wasser durch den Filter auspreßt. Die im Wasser befindlichen Nahrungsteilchen werden zurückgehalten. Im Gegensatz zum Bartenwal nimmt der Flamingo seine Nahrung mit nach unten gedrehtem Kopf auf.

Aufnahme flüssiger Nahrung

Stechen und Saugen

Nahrungsaufnahme durch Stechen und Saugen findet man bei Plathelminthen, Nematoden, Anneliden und Arthropoden. Blutegel gehören zu den Anneliden; sie sind echte Blutsauger. Ihr Speichel enthält ein **Antikoagulans**, welches die Blutgerinnung der Beute hemmt. Dieser gerinnungshemmende Stoff (Hirudin) wurde isoliert und wird seither klinisch eingesetzt. Die Egel selbst werden in der Medizin immer noch verwendet, um Venenleiden und Thrombosen zu behandeln. Einige freilebende Plattwürmer fangen ihre Evertebratenbeute, indem sie sich um sie herumwickeln. Daraufhin durchstoßen sie die Körperwand mit einem ausstülpbaren Pharynx und saugen ihre Beute aus. Das Eindringen des Pharynx und die Verflüssigung der Gewebe des Opfers wird durch proteolytische Enzyme ermöglicht, die vom muskulösen Pharynx sezerniert werden.

Viele Arthropoden ernähren sich durch Stechen und Saugen. Besonders bekannt und für den Menschen lästig sind Stechmücken, Flöhe, Bettwanzen und Läuse. Sie übertragen auch Krankheiten. Obwohl der größte Teil der saugenden Arthropoden auf Tiere spezialisiert ist, gibt es in mehreren Ordnungen (z.B. *Hemiptera, Homoptera, Aphida*) Arten, die an Pflanzen saugen. Stechend-saugende Insekten wie die Stechmücke besitzen dünne, langgestreckte Mundwerkzeuge (Abb. 15.5A u. B). Das **Labium** bildet eine Rinne, in der die Stechborsten geborgen sind. Das dorsal liegende **Labrum**, dessen Seiten umgerollt sind, bildet den **Nahrungskanal**. Der vom Ausführgang der Speicheldrüsen durchzogene **Hy-**

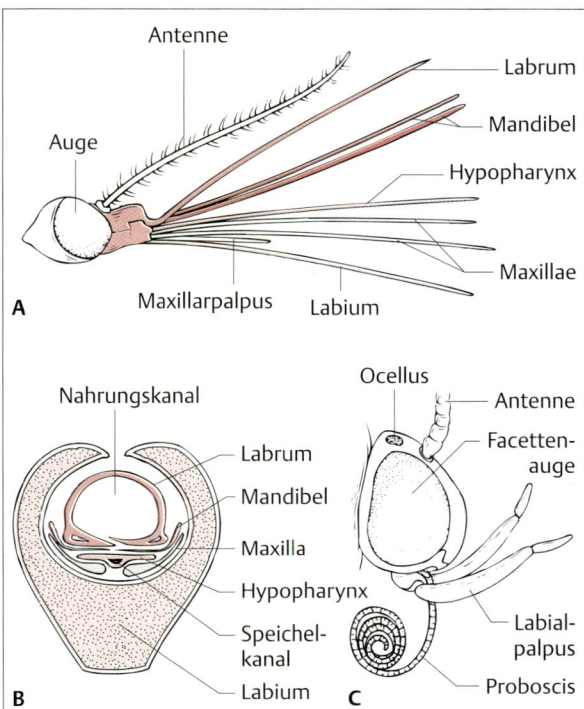

Abb. 15.5 Röhrenförmige Mundwerkzeuge saugender Insekten. A Seitenansicht des Kopfes einer Stechmücke; die Mundwerkzeuge sind zur besseren Übersicht auseinandergezogen. **B** Der Querschnitt durch die Mundwerkzeuge einer Stechmücke in ihrer natürlichen Anordnung zeigt zwei getrennte Kanäle. Im oberen Kanal wird das Blut zum Mund transportiert, im unteren Speichel zur Wunde. **C** Seitenansicht des Kopfes eines Kleinschmetterlings. Zwischen den Mahlzeiten wird die Proboscis (aus den verlängerten Galeae der Maxillen gebildeter Saugrüssel) eingerollt.

popharynx bildet ventral den **Speichelkanal**, durch den Speichel, Antikoagulantien und Enzyme abgegeben werden. Das Saugen erfolgt durch den Einsatz des muskulösen Pharynx. Die saugenden Mundwerkzeuge der Schmetterlinge besitzen einen als **Proboscis** bezeichneten, im Ruhezustand eingerollten Rüssel, der bei der Nahrungsaufnahme ausgestreckt wird (Abb. 15.5B).

Beißen, Reißen und Lecken

Viele Evertebraten und einige wenige Vertebraten beißen oder reißen Wunden in die Körperwand ihrer Beute und lecken oder saugen die austretenden Körpersäfte auf. Kriebelmücken (*Simuliidae*) und verwandte Mücken haben scharfe Mandibeln, mit denen sie eine Wunde reißen. Mit dem schwammartigen Labium übertragen sie die Körpersäfte (gewöhnlich Blut) dann zum Oesophagus. Bei Chordaten findet man diese Ernährungsweise bei den Rundmäulern (*Cyclostomata*), einer phylogenetisch alten Fischgruppe, zu der die Neunaugen und der Inger gehören. Mit einem raspelartigen Mund fügen sie ihren Wirten große, kreisrunde Wunden zu und ernähren sich von dem austretenden Blut. Die Vampirfledermäuse fallen vor allem Rinder, selten Menschen, an. Sie reißen mit ihren spitzen Zähnen Wunden und lecken daran Blut. Ihr Speichel enthält neben gerinnungshemmenden auch schmerzstillende Substanzen, so daß der Wirt den Biß nicht wahrnimmt, zumindest so lange nicht, bis die Fledermaus ihre Mahlzeit beendet hat.

Beutefang

Räuber setzen verschieden ausgebildete Mundwerkzeuge und andere Körperanhänge ein, um andere Tiere zu fangen und zu zerkauen. Oft werden auch Gifte benutzt, um die Beute bewegungsunfähig zu machen.

Kiefer, Zähne und Schnäbel

Obwohl es bei Evertebraten keine echten Zähne gibt, besitzen einige schnabel- oder zahnähnliche chitinöse Gebilde, um zu beißen und zu fressen. Die vorderen Gliedmaßen sind oft für den Beutefang spezialisiert, z.B. bei der Gottesanbeterin oder beim Hummer (Abb. 15.6). Die Spinnen und ihre Verwandten haben nadelartige Mundwerkzeuge, mit denen sie ihrer Beute Gift injizieren. Der Oktopus (*Cephalopoda*) besitzt zwei scharfe, kräftige Kiefer, die wie ein Papageienschnabel geformt sind. Bei den Vertebraten haben Neunaugen, Haifische, Knochenfische, Amphibien und Reptilien spitze Zähne, die auf Kiefern oder am Gaumen sitzen und dazu dienen, die Beute festzuhalten oder zu zerreißen.

Mit Ausnahme der Säuger (*Mammalia*) sind die Zähne der meisten Vertebraten normalerweise nicht differenziert, d.h. man findet nur einen Zahntyp. Eine Ausnahme sind Giftschlangen – wie Vipern, Kobras und Klapperschlangen – die abgewandelte Zähne, die Giftzähne, besitzen, mit denen sie Gift injizieren (Abb. 15.7). Die Giftzähne haben entweder eine Giftrinne oder sind hohl, ähnlich einer Injektionsnadel. Bei den Klapperschlangen sind sie im Ruhezustand an den Gaumen angelegt. Wenn der Mund geöffnet wird, um eine Beute zu schlagen, ragen sie dagegen im rechten Winkel hervor. Die Unterkiefer der Schlangen sind durch elastische Bänder verbunden; die Mundöffnung ist somit sehr dehnbar. Auf diese Weise können Schlangen Beute verschlingen, die größer als ihr Kopfdurchmesser ist. Nichtsäuger verschlingen häufig ihre Beute; dies trifft auch auf Schlangen zu.

Säugetiere gebrauchen ihre Zähne, um Beute zu fan-

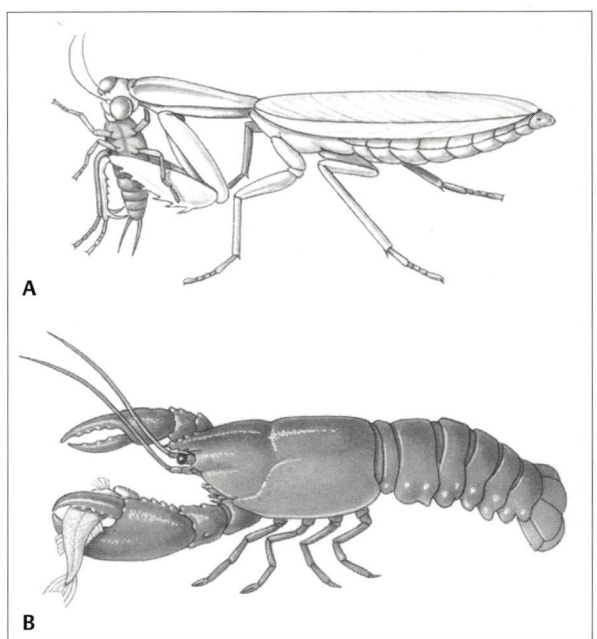

Abb. 15.6 Spezialisierung der vorderen Gliedmaßen von Arthropoden zum Nahrungserwerb. Die vorderen Gliedmaßen der Arthropoden sind häufig für das Ergreifen und Festhalten von Beute modifiziert, während die Mundwerkzeuge von der Nahrung kleine Stücke abreißen und zum Mund führen. **A** Gottesanbeterin (Ordnung *Neuroptera*). **B** Beim Hummer (Ordnung *Decapoda*) dient die kräftigere der beiden Scheren zum Knacken oder Zerquetschen, die schlankere zum Reißen und Schneiden.

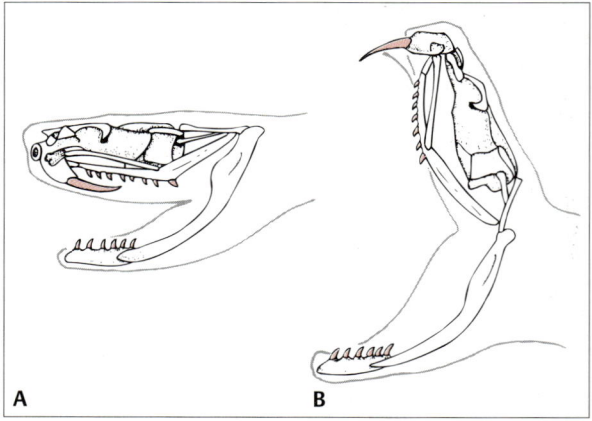

Abb. 15.7 Giftzähne einer Klapperschlange. A Bei nur teilweise geöffnetem Maul sind die Giftzähne an den Gaumen zurückgeklappt. **B** Beim zum Biß weit geöffneten Maul werden die Giftzähne vorgestreckt. Aufgrund des großen Öffnungswinkels und der außergewöhnlichen Dehnbarkeit des Kiefers kann die Schlange ihre Beute, nachdem diese durch Gift gelähmt wurde, als Ganzes schlucken (nach Romer, 1962; Cornwall, 1956).

gen und zu töten, sie in Stücke zu reißen und zu zerkauen. Im Laufe der Evolution haben sich, je nach Ernährungsweise und Gebrauch der Zähne, sehr verschiedene Zahnformen entwickelt (Abb. 15.8). Die *Rodentia* (Nagetiere) und *Lagomorpha* (Hasen und Kaninchen) benutzen meißelartige **Schneidezähne** zum Nagen. Bei den *Proboscidea* (Elefant, Mammut) haben sich die Schneidezähne zu großen Stoßzähnen entwickelt. Spitze, dolchartige **Eckzähne** (Canini) zum Reißen der Beute findet man bei Carnivoren, Insektivoren und Primaten. In einigen Gruppen, z.B. bei Wildschweinen und Wasserraubtieren (*Pinnipedia*), sind die Eckzähne zu Hauern verlängert und dienen zum Aufreißen des Bodens bzw. der Beute und als Waffe. Kompliziert und interessant in ihrer Form sind die **Mahl**- oder **Backenzähne** (Molaren) einiger Herbivorengruppen, wie der *Artiodactyla* (Rinder, Schweine, Flußpferde), der *Perissodactyla* (Pferde, Zebras) und der *Proboscidea* (Elefanten). Diese Zähne, die mit seitwärts mahlenden Bewegungen gebraucht werden, bestehen aus aufgefalteten **Schmelz-**, **Zement-** und **Dentinlagen**, die sich alle in Härte und Abnutzungsgrad unterscheiden. Da sich das weichere Dentin schneller abnutzt, bilden der härtere Schmelz und der Zement scharfe Grate, welche die Effektivität der Mola-

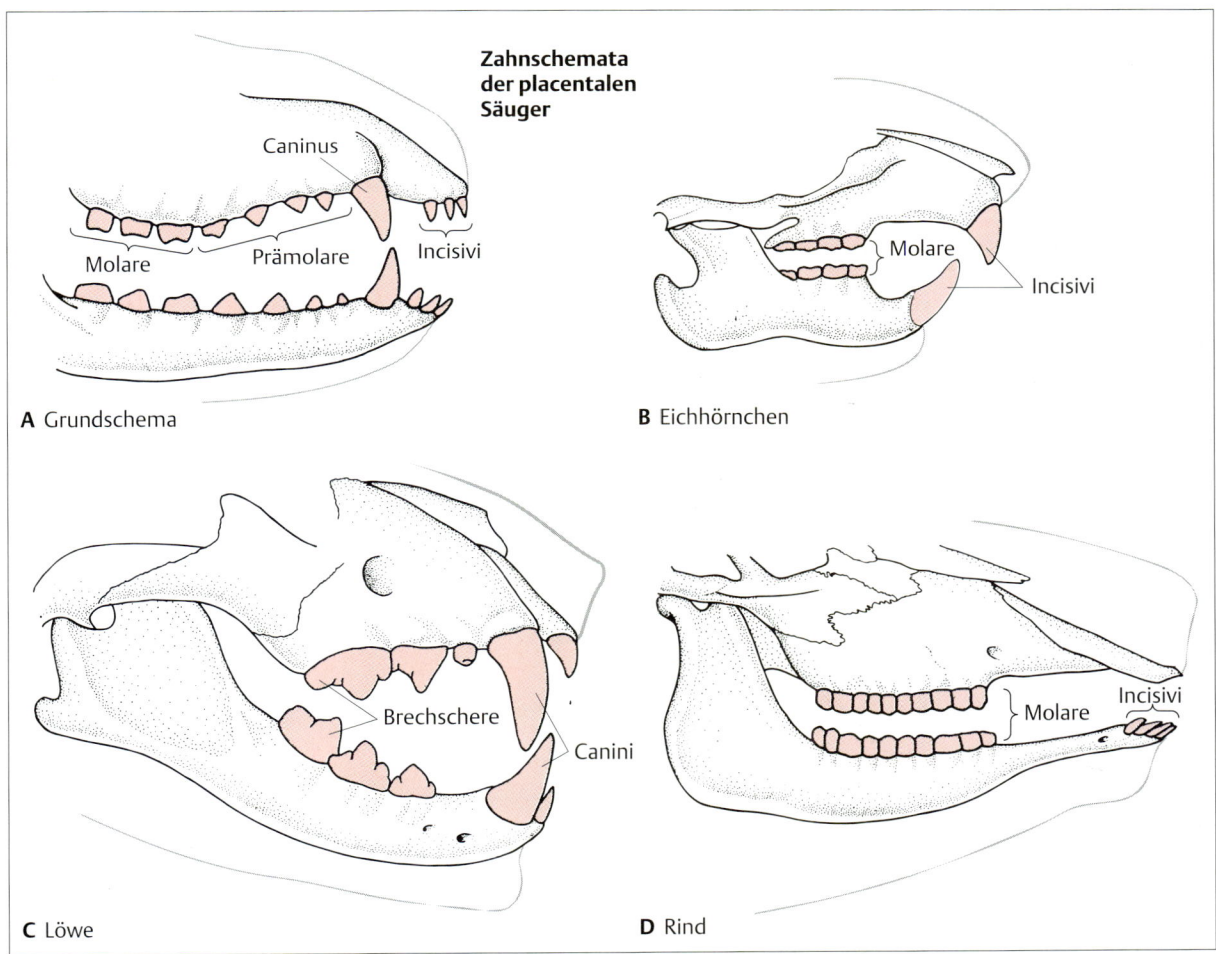

Abb. 15.8 Zähne der Säugetiere. Bei den Säugetieren ist die Bezahnung der Ernährungsweise angepaßt. **A** Allgemeines Zahnschema eines placentalen Säugers mit den verschiedenen Zahntypen. **B** Eichhörnchengebiß mit für das Nagen vergrößerten Incisivi (Schneidezähne). **C** Löwengebiß mit Caninen (Reiß- oder Brechzähne) für das Durchtrennen von Knochen und Sehnen. **D** Rindergebiß mit stark entwickelten Molaren (Mahlzähne) für das Zerreiben von pflanzlichem Material (nach Romer, 1962; Cornwall, 1956).

ren beim Kauen von Gras und anderer harter Vegetation erhöhen. Einige Säugetiere, wie die *Felidae* (Hauskatzen und Großkatzen wie Löwen), verwenden beim Beutefang zusätzlich zu den Zähnen ihre scharfen Klauen.

Vögel haben keine Zähne; statt dessen besitzen sie einen Hornschnabel, der beispielhaft die optimale Anpassung eines Tieres an die Art seiner Nahrung bzw. seines Nahrungserwerbs demonstriert. So können Schnäbel z.B. fein gesägte Ränder, scharfe, hakenartige Fortsätze am Oberschnabel oder scharfe Spitzen aufweisen (Abb. 15.9). Körnerfressende Vögel schlucken ihre Nahrung unzerteilt (manchmal nach Entfernen einer äußeren Schale); sie besitzen einen **Muskelmagen**, in dem die Körner mit Hilfe von verschluckten Steinchen zermahlen werden. Greifvögel (Falken, Adler) verfügen über eine hervorragende Sehschärfe und Flugbeweglichkeit; sie schlagen ihre Beute sowohl mit den Krallen, als auch mit dem Schnabel.

Gifte

Gifte, die meist auf das Nervensystem wirken, dienen bei Vertretern verschiedener Tierstämme dem Beuteerwerb und der Verteidigung. Erstaunlicherweise verfügen schon recht einfach gebaute Tiere über hochentwickelte, giftproduzierende Zellen. *Cnidaria* (Polypen, Quallen, Anemonen, Korallen) besitzen z.B. verschiedene Arten von **Nematocyten** (Nesselzellen). Diese sitzen besonders zahlreich auf den Fangtentakeln und injizieren bei Berührung ein lähmendes Gift in die Beute, die dadurch bewegungslos wird und von den Tentakeln zur Mundöffnung befördert werden kann (Abb. 15.10). Viele *Nemertini* (Schnurwürmer) lähmen ihre Beute, indem sie ihr Gift durch einen stilettartigen Proboscis injizieren. Auch Anneliden, Mollusken (darunter eine Octopusart) und Arthropoden benutzen Gifte.

Unter den Arthropoden sind Skorpione und Spinnen vom Menschen am meisten gefürchtet. Ihre Toxine binden meist sehr spezifisch an bestimmte Rezeptortypen. Hat ein Skorpion sein Opfer mit den mächtigen Chelae (Singular: Chela; pinzettenartiges Greiforgan) ergriffen,

Abb. 15.9 Anpassungen der Vogelschnäbel an verschiedene Ernährungsweisen. (Nach Marshall und Hughes, 1980.)

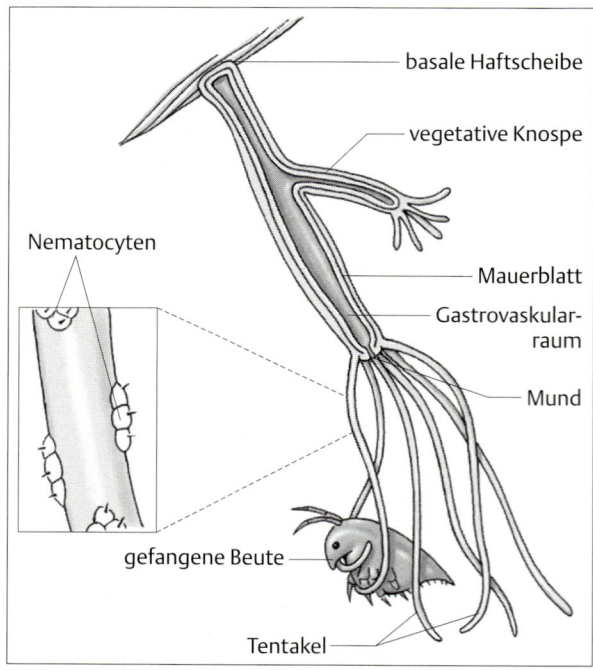

Abb. 15.10 Süßwasserpolyp mit Beute. Die Mundöffnung einer *Hydra* ist von mit Nematocyten (Nesselzellen) bewehrten Tentakeln umgeben. Diese spezialisierten Zellen enthalten Nematocysten (Nesselkapseln). Aus den Nematocysten geschleuderte giftige Nesselfäden lähmen kleine Beutetiere (meist Zooplankton), die dann zum Mund transportiert und verschlungen werden.

biegt er den Schwanz über seinen Rücken nach vorne zur Beute und injiziert sein Gift (Abb. 15.11). Dieses Gift enthält ein Neurotoxin, das die Na$^+$/K$^+$-ATPase blockiert und somit die Auslösung und die Weiterleitung der Nervenimpulse hemmt. Spinnengifte enthalten ebenfalls Neurotoxine. Das Gift der Schwarzen Witwe enthält eine Substanz, die zu einer überhöhten Ausschüttung von Neurotransmittern an den motorischen Endplatten führt. Das Neurotoxin α-Bungarotoxin (s. Box 6.3, S. 182), das im Gift der kobraähnlichen Krait enthalten ist, bindet an Acetylcholinrezeptoren und blockiert damit die neuromuskuläre Übertragung in Vertebraten. Das Gift einiger Klapperschlangen enthält hämolysierende (blutzellenzerstörende) Substanzen.

Toxine sind zwar eine sehr wirksame Waffe, ihre Synthese verursacht aber dem Stoffwechsel hohe Energiekosten. Bei einem Biß oder Stich werden daher nur sorgfältig dosierte Giftmengen abgegeben. Toxine müssen bis zur ihrer Verwendung auch besonders sorgfältig gespeichert werden, um eine Selbstvergiftung zu vermeiden. Gifte sind im allgemeinen Proteine, die, wenn der Räuber seine vergiftete Beute frißt, durch proteolytische Enzyme zu ungefährlichen Produkten umgebaut werden.

Weidegang

Pflanzenfresser (Herbivore) sind Tiere, die sich direkt von der pflanzlichen Primärproduktion ernähren. Die Mundwerkzeuge der Herbivoren sind auf die Verarbeitung von Pflanzenmaterial besonders spezialisiert. Gastropoden (Schnecken) besitzen ein Raspelorgan, die **Radula**, mit der sie Algen von Steinen kratzen und Pflanzenteile abraspeln können (Abb. 15.12). Vertebraten haben **Knochenplatten** (einige Fische und Reptilien) oder **Backenzähne** mit breiter, flacher Oberseite,

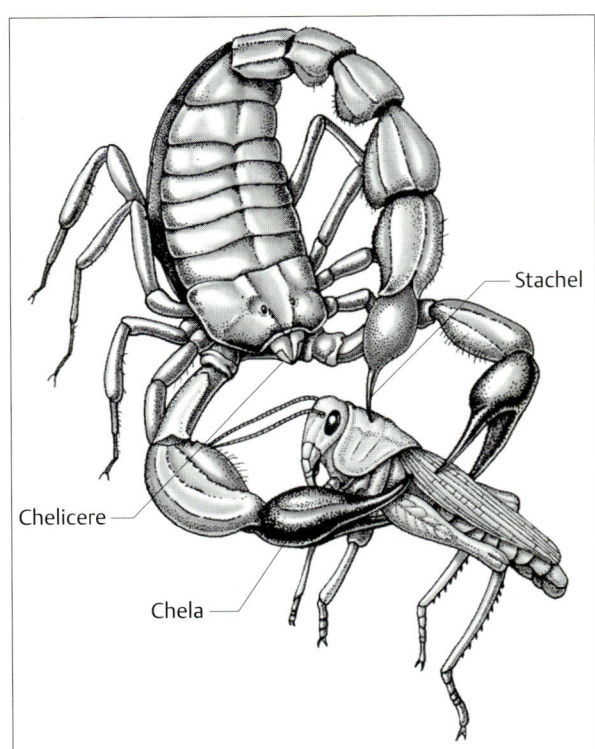

Abb. 15.11 Skorpion mit Beute. Der Skorpion *Androctonus* ergreift seine Beute und lähmt sie durch Gift. Das Beutetier wird mit den Chelae (Scheren) festgehalten. Zum Stich wird der Giftstachel über den Rücken nach vorne gebogen und der Beute ein rasch wirkendes Gift injiziert (nach Jennings, 1972).

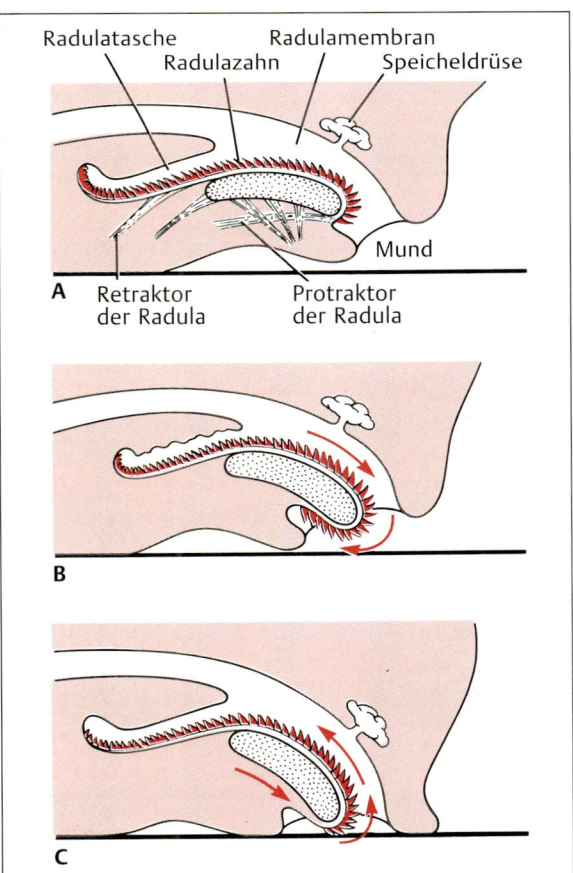

Abb. 15.12 Funktion der Radula bei Schnecken. A Sagittalschnitt mit der raspelartigen Radula. Sie dient zum Abweiden des pflanzlichen Aufwuchses auf Substraten. **B** Ausstülpen der Radula. **C** Zurückziehen der Radula (nach Rupert u. Barnes, 1994).

die an das Zermahlen von pflanzlichem Material angepaßt sind. Viele Pflanzen, vor allem Gräser, enthalten verhältnismäßig viel Silicat und verursachen eine rasche Abnutzung des Kauapparates. Um dies zu vermindern, sind die Backenzähne (Mahlzähne) von Herbivoren in vielen Fällen mit einem besonders harten Schmelz überzogen. Andere Tiere, wie z.B. kleine Nagetiere (Feldmäuse, Wühlmäuse, Lemminge usw.), haben kontinuierlich nachwachsende Zähne ohne Wurzel.

Verdauungssysteme

Im Verdauungssystem werden die Nährstoffe aufgeschlossen und in den Organismus aufgenommen. Unverdauliche Nahrungsreste und toxische Nebenprodukte werden ausgeschieden. Die einfachsten Verdauungssysteme findet man bei den einzelligen Organismen. Mikroskopisch kleine Nahrungspartikel werden unverdaut durch Endocytose in die Zelle aufgenommen und dort **intrazellulär** mit Hilfe von Säuren und Enzymen verdaut. Bei komplexer gebauten vielzelligen Tieren wird die Nahrung **extrazellulär** in einer schlauchförmigen Körperhöhle verdaut, die sich durch das Tier hindurch zieht.

Die Entwicklung der extrazellulären Verdauung in einem Verdauungskanal war eine wichtige evolutionäre Errungenschaft. Sie befreite die Tiere davon, kontinuierlich Nahrung aufnehmen zu müssen; vielmehr können sie nun schnell ein paar große Nahrungsstücke zu sich nehmen, auch wenn diese nicht klein genug sind, um direkt in Zellen aufgenommen zu werden.

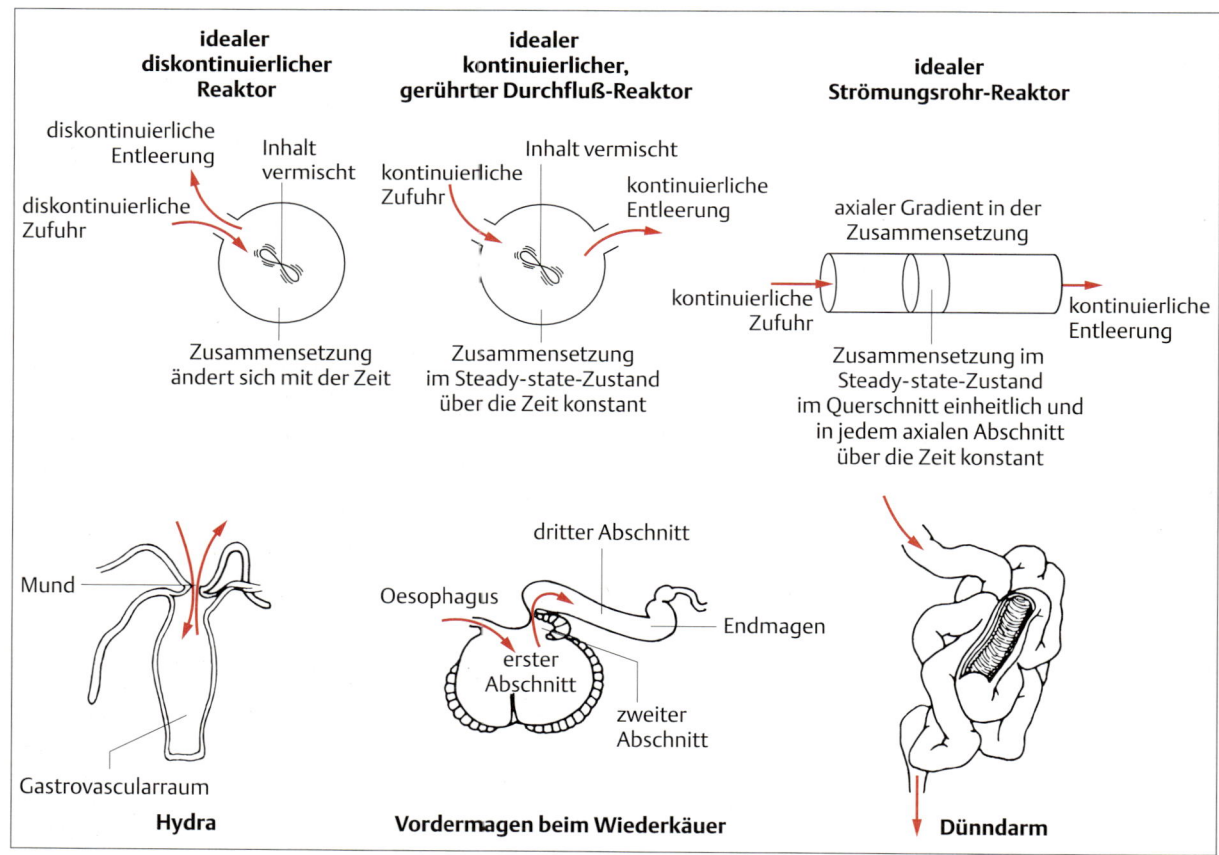

Abb. 15.13 Einteilung der Verdauungssysteme in funktionell verschiedene Reaktortypen. Diskontinuierliche Reaktoren („batch reactor") findet man bei einfachen Organismen wie Hydra (links). Der Vordermagen der Wiederkäuer (Mitte) entspricht einem kontinuierlichen, gerührten Durchfluß-Reaktor („continuous-flow-rector", „stirred-tank-reactor"). Bei vielen Vertebraten arbeitet der Dünndarm als Strömungsrohr („plug-flow-reactor"; rechts) und ergänzt die Funktion des Magens (aus Hume, 1989, nach Penny u. Jumars, 1987).

Verdauungssysteme sind – anatomisch betrachtet – sehr verschieden gebaut. Aus physiologischer Sicht kann man sie in drei Kategorien einteilen, je nach Art und Weise, wie die Nahrung in einem „Reaktor" (Behälter, in dem chemische Prozesse ablaufen) verarbeitet wird: Ein **diskontinuierlicher Reaktor** („batch reactor") ähnelt einem an einem Ende geschlossenen Rohr oder Hohlraum, in dem schubweise zuerst die Nahrung aufgenommen und aus dem dann die Abfallstoffe entfernt werden. Das heißt, eine Beladung wird verarbeitet und dann ausgeschieden, bevor die nächste aufgenommen wird (Abb. 15.**13**, links). Coelenteraten haben z.B. einen solchen Darmsack, das **Coelenteron** (Gastralraum), der nur eine „Mundöffnung" hat, durch die auch die unverdauten Nahrungsreste ausgestoßen werden. Die tubuläre Organisation des Verdauungskanals (Abb. 15.**16** u. 15.**17**) ist vorteilhafter, denn die Nahrung wird hier nur in eine Richtung transportiert, wobei sie verschiedene Regionen passiert, in denen spezielle Verdauungsprozesse ablaufen. Ab den Plattwürmern besitzen alle Tiergruppen eine tubuläre Organisation des Verdauungssystems – den **Verdauungskanal**, der sich durch den ganzen Körper zieht und an beiden Enden offen ist. Neue Nahrung wird bereits aufgenommen, während die zuvor aufgenommene noch verarbeitet wird. Im Darmtrakt der Vertebraten gibt es zudem saure und basische Bereiche, die verschiedenen Verdauungsvorgängen das jeweils adäquate Milieu bieten.

Einige Verdauungskanäle funktionieren wie ein idealer **kontinuierlicher-Durchfluß-Reaktor mit Rührung** („continuous-flow-stirred-tank-reactor"). In diesem Fall wird die Nahrung kontinuierlich hinzugefügt und zu einer homogenen Masse vermischt, ebenso kontinuierlich werden die Verdauungsprodukte aus dem Reaktor hinaus befördert (Abb. 15.**13**, Mitte). Ein Beispiel dieses Reaktortyps ist der Vordermagen der Wiederkäuer. Ein dritter Reaktortyp ist der **Strömungskanal-Reaktor** („plug-flow-reactor"): Ein Nahrungspropfen wird auf seinem Weg durch einen langen, röhrenförmigen Verdauungsreaktor zunehmend verdaut (Abb. 15.**13**, rechts). Im Unterschied zu den gerührten Tank-Reaktoren ändert sich die Zusammensetzung des Röhreninhalts im Verlauf der Reaktorröhre. Der Dünndarm vieler Vertebraten entspricht diesem Prinzip. Der Verdauungskanal vieler Tierarten funktioniert wie diese beiden letztgenannten Reaktortypen. Die chemische Verdauung beginnt bei vielen Tieren im Magen, der wie ein kontinuierlicher-Durchfluß-Reaktor mit Rührung arbeitet; sie wird im Dünndarm nach dem Strömungskanal-Reaktor-Prinzip fortgesetzt.

Form und Funktionsweise des Verdauungskanals eines Tieres sind auf die normalerweise verfügbare Nahrungsqualität abgestimmt. Aus hochwertiger Nahrung kann während einer kurzen Verweildauer im Verdauungsreaktor die maximale Energiemenge gewonnen werden (Abb. 15.**14**). Es erfordert mehr Zeit, um aus minderwertiger Nahrung die Energie freizusetzen als aus hochwertiger; eine längere Verweildauer im Reaktor und längere Durchlaufzeiten durch den Verdauungskanal sind dazu notwendig. Abbildung 15.**14** zeigt auch, daß die Energie, die für den Nahrungserwerb aufgewendet werden muß, von der Nahrungsqualität abhängig ist.

Eine vereinfachte Darstellung des Verdauungstraktes zeigt Abb. 15.**15**. Das Lumen des Verdauungskanals liegt, topologisch betrachtet, außerhalb des Körpers. Schließ-

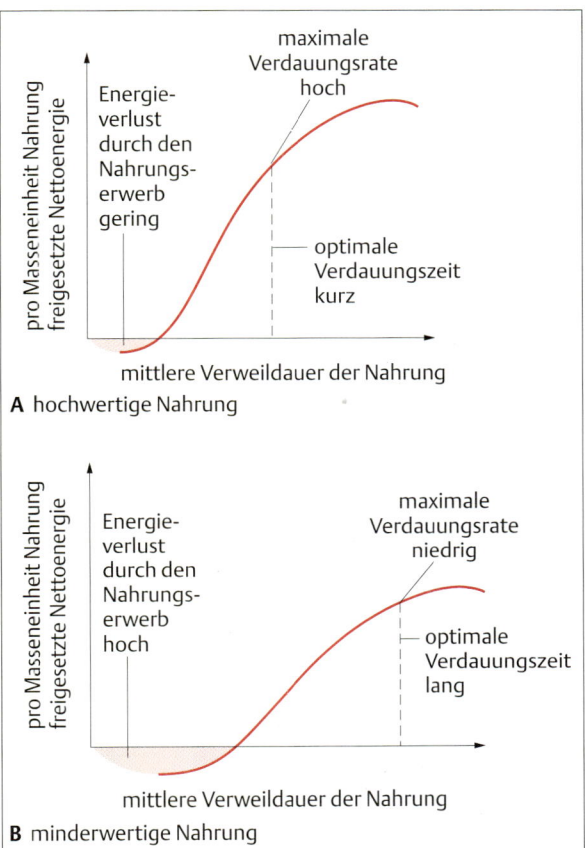

Abb. 15.14 Einfluß der Nahrungsqualität auf den Zeitverlauf der Verdauung in einem kontinuierlichem Durchfluß-Reaktor. **A** Hochwertige Nahrung erfordert wenig Energie für das Fangen und Fressen, sie wird rasch verdaut und liefert viel Energie. Die maximale Verdauungsrate liegt in dem Teil der Kurve, in dem die Steigung am größten ist. **B** Minderwertige Nahrung erfordert wesentlich mehr Energie für das Fangen und Fressen; ihre Verdauung benötigt bei geringerer Energieausbeute mehr Zeit (nach Hume, 1989; Sibly, 1981).

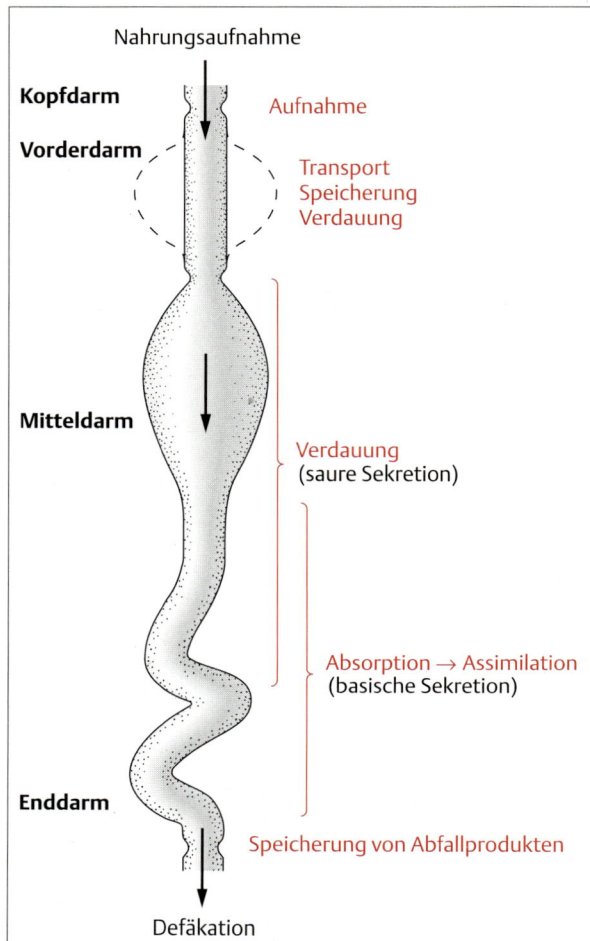

Abb. 15.15 Vereinfachte Darstellung des Verdauungstraktes. In einem Verdauungstrakt mit Nahrungspassage in nur einer Richtung können – in verschiedenen Abschnitten – aufeinanderfolgende Stufen der Nahrungsverarbeitung gleichzeitig ablaufen. Die Vermischung von verdautem und unverdautem Material wird vermieden. Die gestrichelte Linie deutet den Kropf einiger Tiere an, ein Abschnitt, in dem die Nahrung zwischengelagert werden kann.

muskel und andere Vorrichtungen verhindern einen unkontrollierten Austausch zwischen dem Lumen und der Außenwelt. Die Nahrung wird während der Darmpassage verschiedenen mechanischen, chemischen und bakteriellen Einflüssen ausgesetzt; in bestimmten Bereichen werden **Verdauungssäfte** sezerniert, die als wirksame Bestandteile vor allem Enzyme und Säuren enthalten. Sobald die Nahrung verdaut ist, werden die absorbierbaren Nährstoffe in den Blutkreislauf aufgenommen. Die unverdaulichen Bestandteile werden kurz gespeichert, bis sie mit den Bakterienresten als Faeces durch **Defäkation** ausgeschieden werden.

Vereinfacht kann der Verdauungstrakt nach strukturellen und funktionellen Prinzipien in die vier Hauptabschnitte **Kopfdarm**, **Vorderdarm**, **Mitteldarm** und **Enddarm** eingeteilt werden (Abb. 15.**15**). Die Funktionen dieser vier Abschnitte im einzelnen sind:
1. Nahrungsaufnahme,
2. Weiterleitung, Speicherung und Verdauung,
3. Verdauung und Nährstoffresorption,
4. Wasserresorption und Ausscheidung.

Abbildung 15.**16** zeigt Verdauungskanäle von einigen Evertebraten, Abb. 15.**17** solche von verschiedenen Vertebratenklassen.

Kopfdarm – Nahrungsaufnahme

Der Kopfdarm ist die vorderste (craniale) Region des Verdauungskanals mit einer Öffnung nach außen. Hier liegen Organe und Vorrichtungen zur Aufnahme und zum Verschlucken der Nahrung (Abb. 15.**15**). Dazu gehören die Mundteile (Gaumen, Pharynx) und damit verbundene Strukturen wie Schnabel, Zähne, Zunge und Speicheldrüsen. Haben der Verdauungskanal und die Atemwege (Trachea, Luftröhre) eine gemeinsame Eintrittsöffnung, können noch zusätzliche Schließmuskel (Sphinkter) oder ventilartige Vorrichtungen vorhanden sein, die den Weg der Nahrung und der Atemluft (oder des Atemwassers) lenken. **Speicheldrüsen** finden sich bei den meisten Metazoen, außer bei Kleinpartikelfressern wie Coelenteraten, Plattwürmern und Schwämmen. Die primäre Funktion des **Speicheldrüsensekrets** ist eine „Schmierung", die den Schluckvorgang erleichtert, aber auch eine Mitwirkung bei der mechanischen und chemischen Aufbereitung der Nahrung (s. S. 319ff). Das „Einschmieren" der Nahrung erfolgt in vielen Fällen mit einem schlüpfrigen Schleim, dessen Hauptkomponente ein Mucopolysaccharid, das **Mucin**, ist. Oft enthält der Speichel zusätzlich Verdauungsenzyme, Toxine und Antikoagulantien (bei blutleckenden oder blutsaugenden Tieren, wie z.B. Vampirfledermäusen und Egeln).

Die **Zunge**, eine Errungenschaft der Vertebraten, hilft beim Vermischen und Verschlucken der Nahrung. Einige Tiere benutzen die Zunge, um Futter zu ergreifen. Sie ist ebenfalls an der Chemorezeption beteiligt, da sie Geschmacksrezeptoren, sogenannte Geschmacksknospen, besitzt (s. S. 239ff). Schlangen benutzen ihre gespaltene Zunge zur Übertragung von Geruchsstoffen aus der Luft auf das Jacobson-Organ (Vomeronasalorgan). Das Jacobson-Organ besteht aus paarigen, reich innervierten chemosensorischen Gruben am Gaumendach der Tiere. Auch andere Reptilien, einige Amphibien und die Säuger

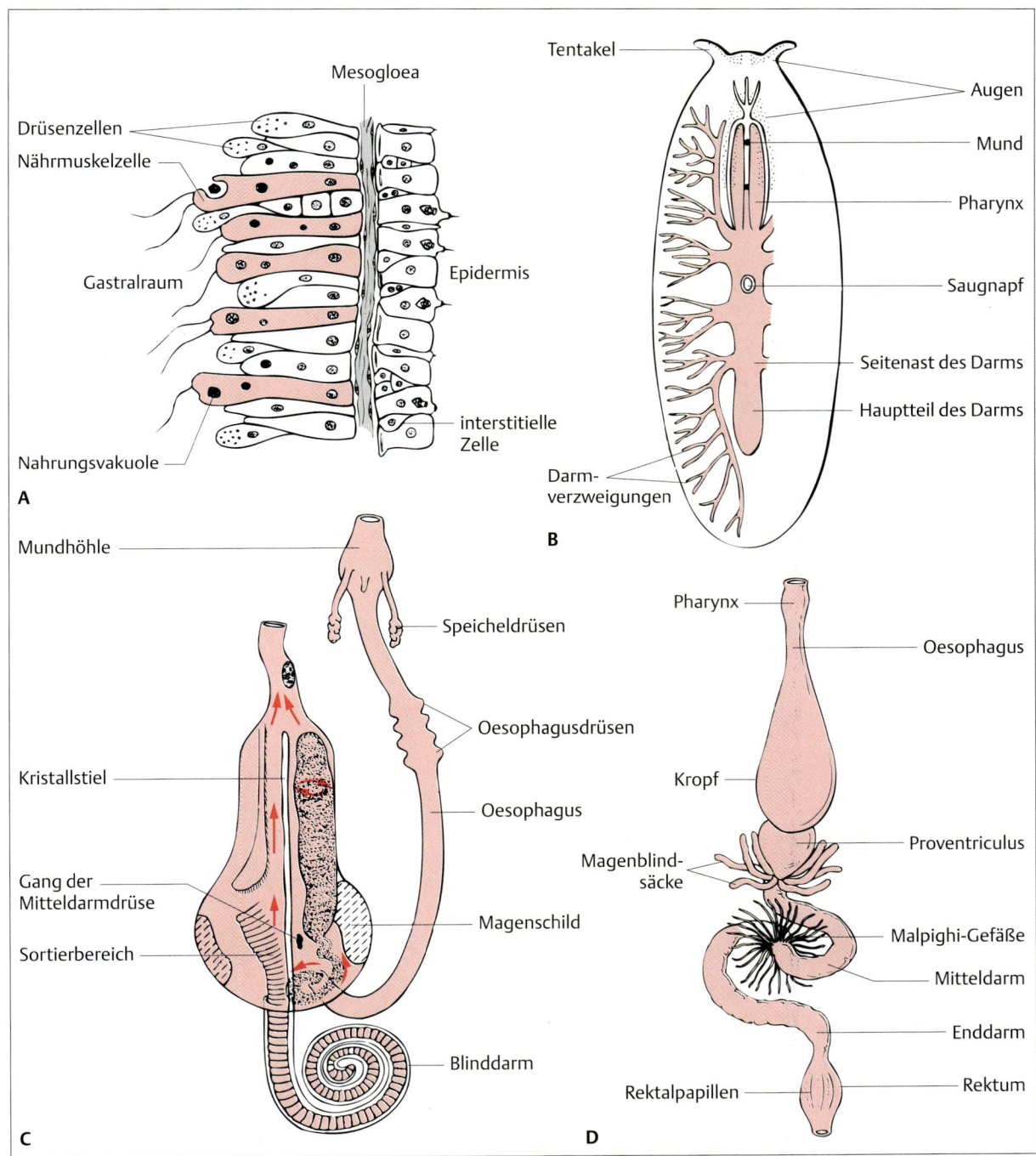

Abb. 15.16 Verdauungssysteme von Evertebraten. A Schnitt durch die Körperwand von *Hydra* (*Coelenterata*). Das den Gastralraum auskleidende Epithel enthält Phagocyten (oft auch als Nährmuskelzellen bezeichnet) und Drüsenzellen, die Verdauungsenzyme sezernieren. **B** Verdauungssystem eines Plattwurmes (*Plathelminthes*). **C** Verdauungssystem einer Schnecke (*Mollusca*). Pfeile zeigen die Richtung der Cilienbewegungen und die Drehung der Schleimmasse um den Kristallstiel. **D** Verdauungssystem der Schabe *Periplaneta*. Der Proventriculus (oder Muskelmagen) hat „Chitinzähne", um die Nahrung zu zermahlen (C nach Rupert u. Barnes, 1994; D aus Imms, 1949).

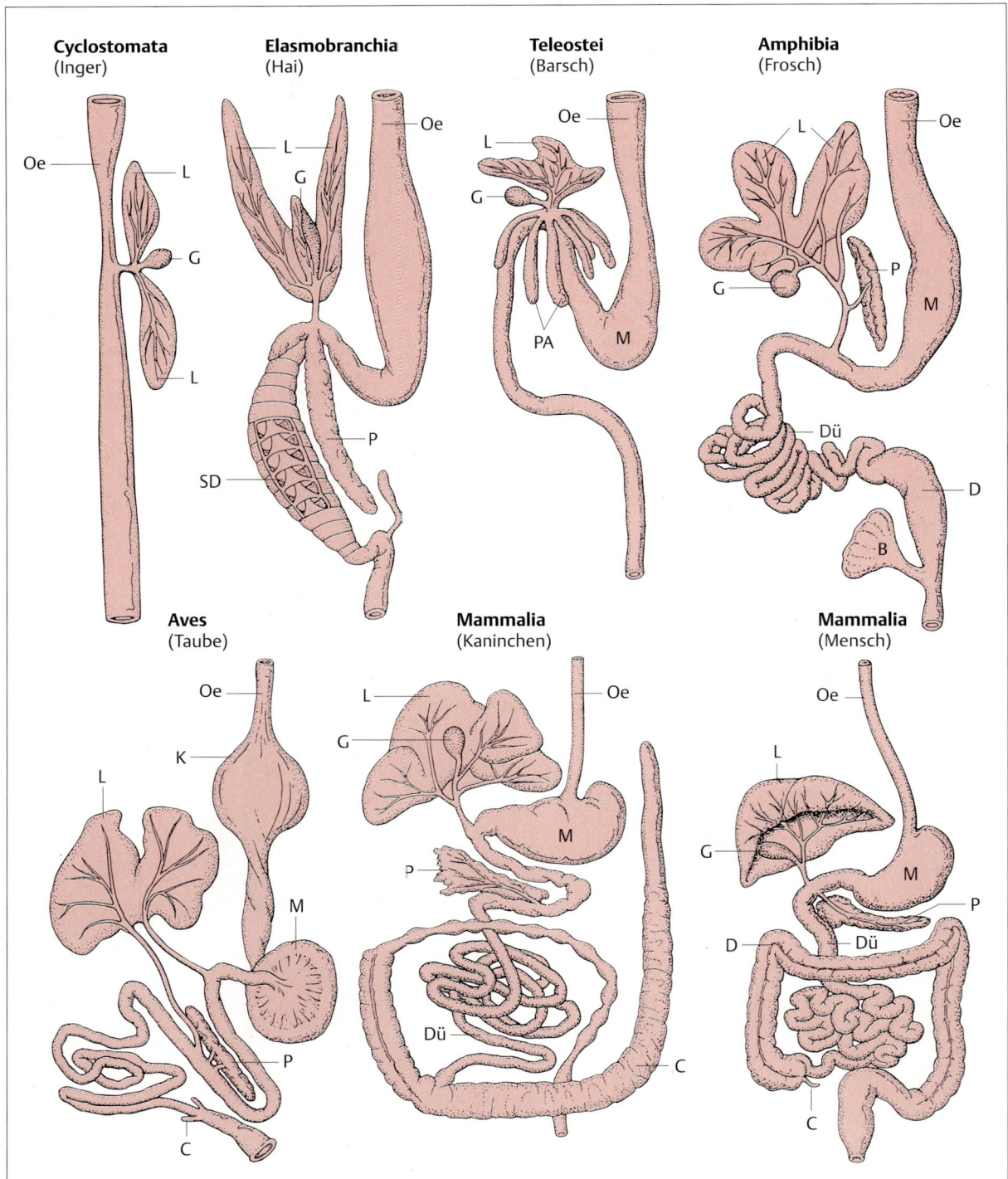

Abb. 15.17 Verdauungssysteme von Vertebraten. Der röhrenförmige Verdauungstrakt der Vertebraten ist nach einem einheitlichen Organisationsschema aufgebaut. Allen Vertebraten gemeinsame Abschnitte sind Oesophagus, Magen und Darm. B = Blase; C = Caecum (Blinddarm), K = Kropf, Oe = Oesophagus, G = Gallenblase, L = Leber, D = Dickdarm, P = Pankreas, PA = Pankreasanhänge, SD = Spiraldarm, DÜ = Dünndarm, M = Magen (aus Florey, 1966, nach Stempel, 1926).

einschließlich des Menschen, mit Ausnahme der Wale und den meisten Primatenarten, besitzen ein Jacobson-Organ.

Vorderdarm – Transport, Speicherung und Verdauung

Bei den meisten Tieren besteht der Vorderdarm aus einem **Oesophagus** (Speiseröhre), einer Röhre, die von der Mundregion zum eigentlichen Verdauungstrakt führt, und einem **Magen** (Abb. 15.**15**).

Oesophagus

Der Oesophagus der Chordaten und einiger Evertebraten transportiert den Speisebrei (gekaute Nahrung, vermischt mit Speichel) mittels **peristaltischer Bewegungen** von der Mundhöhle oder dem Pharynx aus weiter. Bei einigen Arten besitzt diese Region eine sackförmige Ausbuchtung, den **Kropf**, in dem die Nahrung vor der Verdauung gespeichert wird. Ein Kropf, der meist mit einer unregelmäßigen Nahrungsaufnahme der Tiere korreliert ist, erlaubt es, größere Mengen an Futter für eine spätere Verdauung zu speichern. Ein Beispiel dafür ist der Blutegel, der in unregelmäßigen Abständen große Blutmengen zu sich nimmt und für viele Wochen speichern kann, um sie zwischen den Mahlzeiten in kleinen Portionen zu verdauen. Im Kropf kann auch eine leichte Gärung oder Vorverdauung für Zwecke erfolgen, die nicht der unmittelbaren Verdauung dienen. Vogeleltern „vorverdauen" das Futter auf diese Art, um es für ihre Jungen wieder heraufzuwürgen.

Magen

Bei Vertebraten und einigen Evertebraten finden die wesentlichen Verdauungsprozesse im Magen und im Mitteldarm statt. Der Magen dient zur Nahrungsspeicherung; bei vielen Arten laufen hier die Anfangsstadien der Verdauung ab. Bei den meisten Vertebraten beginnt z.B. die Proteinverdauung im Magen. Die Drüsen der Magenwand produzieren **Pepsinogen** (das später zum enzymatisch aktiven Pepsin umgewandelt wird) und **Salzsäure**, die für das stark saure Milieu sorgt, in dem Pepsin aktiviert wird. Kontraktionen der muskulösen Magenwand bewirken eine gründliche Durchmischung der Nahrung mit Speichel und Magensekreten.

Nach der Anzahl der Kammern unterscheidet man monogastrische und digastrische Mägen. Ein **monogastrischer Magen** besteht aus einer einzelnen muskulösen, röhren- oder sackförmigen Kammer. Für carnivore und omnivore Vertebraten ist ein monogastrischer Magen charakteristisch (Abb. 15.**18**). An Stelle eines Magens haben einige Evertebraten – Insekten eingeschlossen (Abb. 15.**16D**) – Ausstülpungen oder Magenblind-

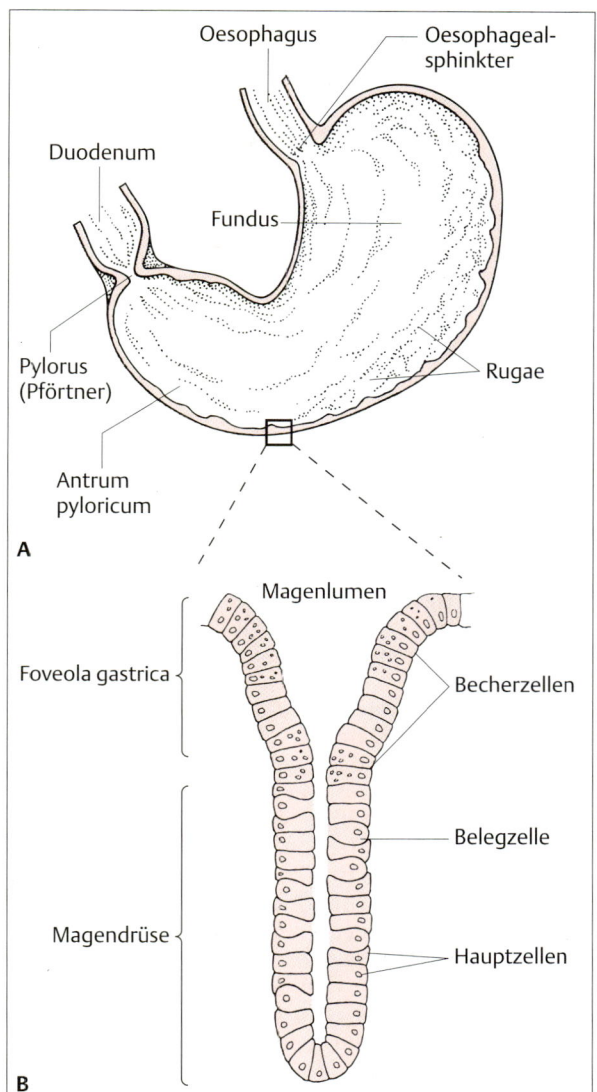

Abb. 15.18 Aufbau eines monogastrischen Magens. Ein monogastrischer Magen besteht aus einer einzigen Kammer, die mit einem spezialisierten Epithel ausgekleidet ist. **A** Wichtige Abschnitte des Säugermagens. **B** Fundus- oder Magendrüse aus der Wand eines Magengrübchens. An der Innenseite des Magens befinden sich Tausende solcher Magengrübchen, in welche die Magendrüsen münden und ihr Sekret abgeben. Das Epithel der Magendrüsen enthält pepsinogenbildende Hauptzellen, HCl-bildende Belegzellen und schleimbildende Becherzellen.

säcke (Caeca, Singular: Caecum, Blindsack), die mit enzymsezernierenden Zellen und Phagocyten ausgekleidet sind, die nach Aufnahme der vorverdauten Nahrungspartikel den Verdauungsprozeß fortsetzen. Bei diesen Verdauungssystemen finden Verdauung und Absorptionsprozesse ausschließlich in den Caeca statt. Der Rest des Verdauungskanals dient hauptsächlich dem Wasser- und Elektrolythaushalt sowie der Ausscheidung

Einige Vogelarten haben einen derben Muskelmagen oder einen Kropf, mitunter auch beides (Abb. 15.**17**). Verschluckte Sandkörner oder Steinchen werden in den Muskelmagen aufgenommen, wo sie das Zermahlen von Samen und Getreidekörnern erleichtern. Der **Proventriculus** der Insekten (Abb. 15.16 **D**) und der Magen der decapoden Krebse enthalten einen Kauapparat („Magenzähne"), um die verschluckte Nahrung zu zermahlen. Einige Fische, z.B. die Meerbarben, haben ebenfalls einen Muskelmagen. Andere Fische und Krötenkaulquappen besitzen überhaupt keinen Magen. Bei ihnen schließt sich an den Oesophagus unmittelbar die Mitteldarmregion an.

Digastrische Mägen (Abb. 15.**19**) mit mehreren Kammern findet man in der Säugerunterordnung der *Ruminantia* (z.B. Hirsch, Elch, Giraffe, Bison, Schaf, Rind). Ähnliche digastrische Mägen gibt es auch außerhalb dieser Unterordnung, besonders in der Unterordnung *Tylopoda* (Kamel, Lama, Alpaka, Vicuaña). All diese Gruppen sind **Wiederkäuer**, d.h. teilweise verdaute Nahrung, die unzerkaut verschluckt wurde, wird heraufgewürgt und gründlich zermahlen, nachdem sie bereits im ersten Abschnitt des Magens mit Hilfe von Mikroorganismen fermentiert[1] wurde. Dieser Vorgang erlaubt es Wiederkäuern (z.B. einer Gazelle in der offenen Savanne), das Futter hastig zu schlucken und es später – an einem sicheren Ort – gründlich wiederzukäuen. Nach dem Wiederkäuen wird die Nahrung erneut geschluckt und gelangt in den zweiten Abschnitt des Magens. Hier erfolgt der zweite Teil der Verdauung, der hydrolytische Abbau der Nahrungsbestandteile mit Hilfe von aus der Magenwand sezernierten Verdauungsenzymen.

Der digastrische Magen der *Ruminantia* (Abb. 15.**19**) besteht aus vier Kammern, die in zwei Abschnitte unterteilt sind. Im ersten Abschnitt liegen **Pansen** (Rumen) und **Netzmagen** (Reticulum), im zweiten Abschnitt (echter Magen) **Blättermagen** (Omasum) und **Labmagen** (Abomasum). Pansen und Netzmagen wirken wie Gärkammern, welche die unzerkauten Pflanzen aufnehmen. Bakterien und Protozoen wachsen auf den Pflanzenteilen und bauen sie fermentativ durch Vergärung von Kohlenhydraten zu Butyrat, Lactat, Acetat und Propionat ab. Diese Gärungsprodukte werden zusammen mit Peptiden, Aminosäuren und kurzkettigen Fettsäu-

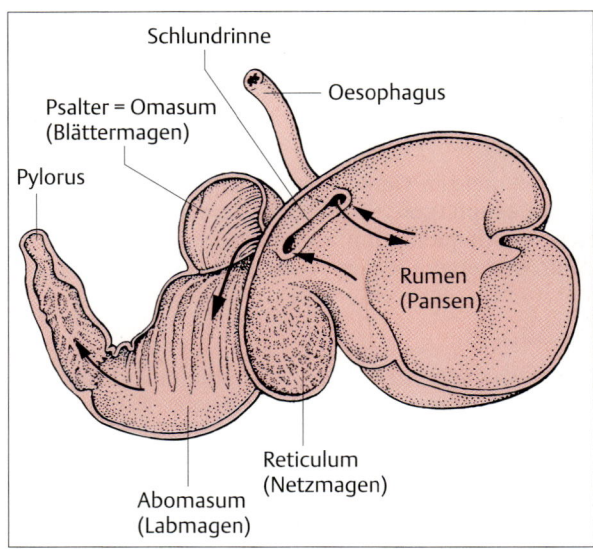

Abb. 15.19 Aufbau eines digastrischen Magens. Der digastrische Magen der Wiederkäuer hat mehrere Kammern für Speicherung und Verdauung der Nahrung. Der abgebildete Schafmagen ist für Wiederkäuer (*Ruminantia*) charakteristisch. Er hat zwei Abschnitte, bestehend aus vier Kammern. Rumen und Reticulum bilden den fermentativen Abschnitt. Der verdauende Abschnitt besteht aus Omasum und Abomasum (echter Magen).

ren aus dem Pansensaft in den Blutkreislauf aufgenommen. Symbiontische Mikroorganismen, die im Pansen wachsen, gelangen zusammen mit unverdauten Partikeln in den Blättermagen (fehlt bei den *Tylopoda*) und von dort in den Labmagen. Nur der Labmagen sezerniert Verdauungsenzyme und ist dem monogastrischen Magen der Nichtruminantier homolog.

Gärung im Magen ist nicht auf Wiederkäuer beschränkt, man findet sie auch bei anderen Arten, bei denen die Nahrungspassage durch den Magen verzögert ist, um das Wachstum von Symbionten zu ermöglichen. Beispiele hierfür sind die Mägen der Kängurus und der Kropf der galliformen (hühnerähnlichen) Vögel.

Mitteldarm – Chemische Verdauung und Absorption

Sobald der Speisebrei im Vertebratenmagen aufbereitet ist, wird er durch den Pylorussphinkter in den Mitteldarm (**Dünndarm**) entlassen. Dieser Sphinkter erschlafft, sobald die peristaltischen Bewegungen des Magens den sauren Speisebrei in den Anfangsabschnitt des Dünndarms pressen (Abb. 15.18 **A**). Im Dünndarm wird die Verdauung im allgemeinen in einem alkalischen Milieu fortgesetzt. Dort erfolgt bei Vertebraten die chemische Verdauung von Proteinen, Fetten und

---

[1] Anaerober Abbau organischer Bestandteile in einfachere Bestandteile, wobei Energie in Form von ATP gewonnen wird.

Kohlenhydraten. Nachdem diese Stoffe in ihre Grundbestandteile zerlegt sind, werden sie aus dem Verdauungskanal in das Blut aufgenommen und weiter transportiert.

Allgemeine Struktur und Funktion des Mitteldarms

Bei den Vertebraten haben Carnivore (Fleischfresser) einen kürzeren und einfacheren Darm als Herbivore (Pflanzenfresser), da Fleisch schneller als pflanzliches Material verdaut werden kann. Beispielsweise hat eine Kaulquappe, die sich von Pflanzen ernährt, einen längeren Darm als der viel größere, fleischfressende Frosch.

Der Mitteldarm der Vertebraten ist typischerweise in drei Abschnitte gegliedert. Der erste, eher kurze Teil ist das **Duodenum** (Zwölffingerdarm), das selbst Schleim und Flüssigkeit produziert und dem aus **Leber** und **Pankreas** (Bauchspeicheldrüse) Sekrete zugeführt werden. Darauf folgt das **Jejunum** (Leerdarm), das ebenfalls Verdauungssekrete bildet, in dem aber auch schon Nährstoffe aufgenommen werden. Der hinterste Abschnitt, das **Ileum** (Hüftdarm), dient in erster Linie zur Absorption der in den vorhergehenden Abschnitten verdauten Nährstoffe, obwohl auch hier noch Sekretionsprozesse stattfinden.

Die sekretorische Funktion des Duodenumepithels wird durch Sekrete aus Leber und Pankreas ergänzt. Die Leberzellen bilden **Gallensalze**, die mit der **Gallenflüssigkeit** über den Gallengang in das Duodenum gelangen. Die Gallenflüssigkeit ist wichtig, um Fette zu emulgieren und den sauren pH des Speisebreis, der aus dem Magen kommt, zu neutralisieren. Das Pankreas, ein wichtiges exokrines Organ (s. Kap. 9, Abb. 9.**28**), produziert Pankreassekrete, die über den **Ductus pancreaticus** dem Dünndarm zugeführt werden. Dies Sekret enthält Proteasen, Lipasen und Carbohydrasen. Das alkalische Pankreassekret ist auch für die Neutralisation der Magensäure im Darm wichtig.

Der Darm der meisten Tiere enthält eine Vielzahl von Bakterien, Protozoen und Pilzen. Diese tragen zur enzymatischen Verdauung bei, vermehren sich und werden schließlich selbst verdaut. Eine wichtige Funktion der Darmsymbionten ist die Synthese essentieller Vitamine.

Die Mitteldarmregion verschiedener Tiergruppen unterscheidet sich deutlich in Struktur und Funktion. Bei vielen Evertebraten, die Caeca und Darmdivertikel (Blindsäcke oder Ausstülpungen vom Hauptkanal) besitzen, dient der Darm nicht der Verdauung. Bei einigen luftatmenden Fischen (z.B. dem asiatischen Wetterfisch *Misgurnus anguillicaudatus*) ist der Mitteldarm zu einem Atmungsorgan umgewandelt: Aus verschluckter Luft nehmen die Darmzellen O_2 auf und geben CO_2 in das Darmlumen ab. Das Restgas wird aus dem Anus ausgestoßen.

Darmepithel

Der Dünndarm der Vertebraten zeigt auf jedem anatomischen Niveau – von der Grobanatomie bis zu den Organellen der einzelnen Zellen – Anpassungen zur Vergrößerung der für die Resorption der Nährstoffe verfügbaren Oberfläche. Beim Menschen umschließt das Dünndarmlumen makroskopisch nur eine zylindrische Oberfläche von $0,4\,m^2$ (das entspricht etwa 7–8 Seiten dieses Buches). Auf Grund der enormen Dimensionalität einer ganzen Hierarchie von Strukturen macht die tatsächliche Oberfläche aber mindestens das 500fache aus, also 200 bis 300 m^2 (das entspricht etwa der Fläche eines Tennisplatzes). Diese Oberflächenvergrößerung ist für die Effektivität der Aufnahme von Nährstoffen aus dem Darminhalt sehr wichtig, da die Resorptionsrate proportional der Fläche der apikalen Membranen der Darmepithelzellen ist. Wir werden dieses bemerkenswerte System aus Tälern und Gipfeln, Halbinseln und Buchten nun näher betrachten.

Der allgemeine Aufbau des Vertebraten-Dünndarms ist in Abb. 15.**20** dargestellt. Die äußerste (dem Körperinneren zugewandte) Schicht ist die **Serosa**, die alle Eingeweideorgane umhüllt. Unter der Serosa liegt eine äußere glatte **Längsmuskelschicht**. Eine innere glatte **Ringmuskelschicht** umgibt eine Epithelschicht, bestehend aus **Submucosa** (eine faserige Bindegewebsschicht) und **Mucosa** (Schleimschicht). In das Dünndarmlumen ragen zahlreiche Falten der Mucosa, die **Kerckring-Falten** oder Ringfalten (Abb. 15.**20A**). Diese Falten vergrößern die Oberfläche, zusätzlich verlangsamen sie den Transport des Nahrungsbreis – somit bleibt mehr Zeit für die Verdauung. Auf den Falten sitzen die etwa 1 mm hohen fingerförmigen **Villi** (Singular: Villus, Darmzotte oder Zotte; Abb. 15.**20B** u. **C**), zwischen denen sich röhrenförmige Einstülpungen, die sog. **Lieberkühn-Krypten** oder -Drüsen befinden (Abb. 15.**20C**). In jedem Villus findet sich ein Netz aus Blutgefäßen – Arteriolen, Kapillaren und Venolen – und Lymphgefäßen, einschließlich des **zentralen Chylusgefäßes**. Über diese Blut- und Lymphgefäße werden die Nährstoffe aufgenommen und zu anderen Geweben transportiert. Das zentrale Chylusgefäß kann auch größere Partikel aufnehmen.

Die Oberfläche der Villi wird von absorbierendem Darmepithel gebildet (Abb. 15.**21**). Das Epithel besteht aus säulenförmigen **Absorptionszellen** oder **Enterocyten** mit dazwischen eingebetteten Becherzellen (Abb. 15.**21A**). Die absorbierenden Zellen werden an der Basis des Villus gebildet und rücken stetig zur Spitze vor, wo sie sich im menschlichen Darm mit einer Rate von etwa

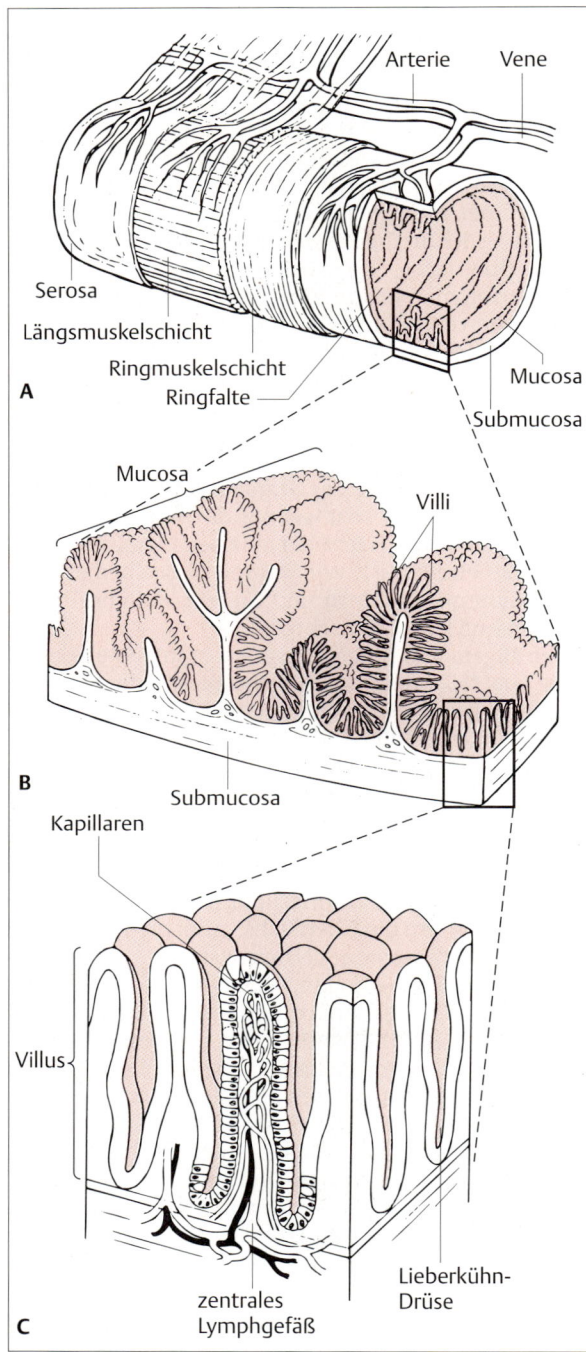

Abb. 15.20 Aufbau des Dünndarms. Die Anatomie des Dünndarms wird durch Strukturen zur Oberflächenvergrößerung bestimmt. **A** Übersicht. **B** Vergrößerter Ausschnitt aus A mit Auffaltungen der Darmschleimhaut (Mucosa). **C** Vergrößerter Ausschnitt aus B mit fingerartigen Villi (Einzahl: Villus = Zotte, Darmzotte) (nach Moog, 1981).

$2 \cdot 10^{10}$ Zellen pro Tag ablösen. Das bedeutet, daß das gesamte Dünndarmepithel während weniger Tage vollständig erneuert wird.

Jede Absorptionszelle hat an ihrer apikalen Oberfläche einen **Bürstensaum** aus **Mikrovilli** oder Mikrozotten (Abb. 15.**21 B–D**). Auf jeder Zelle befinden sich mehrere Tausend Mikrovilli (etwa $2 \cdot 10^5$ pro mm^2) die 0,5–1,5 µm hoch und ca. 0,1 µm breit sind. Die Mikrovilli sind ausgestreckte Zellfortsätze und enthalten Aktinfilamente, die Querbrücken mit Myosinfilamenten an der Basis der Mikrovilli bilden (Abb. 15.**21 C**). Intermittierende Aktin-Myosin-Interaktionen führen zu einer rhythmischen Bewegen der Mikrovilli, die hilft, den **Chymus** (halbflüssige Masse von teilweise Verdautem) nahe der absorbierenden Oberflächen zu durchmischen.

Die Oberfläche der Mikrovilli wird von der **Glykocalyx**, einem bis zu 0,3 µm dicken Netzwerk aus sauren Mucopolysacchariden und Glykoproteinen überzogen (Abb. 15.**21 C**). In den Lücken der Glykocalyx sind Wasser und Schleim in einer unbeweglichen Schicht eingelagert. Der Schleim wird von – nach ihrer Form oder Funktion so benannten – **Becher-** oder **Schleimzellen** sezerniert, die zwischen den Enterocyten sitzen (Abb. 15.**21 A**).

Die Zellen des Darmepithels werden von Desmosomen (s. S. 125) zusammengehalten. Nahe dem Apex (dem apikalen Ende der Zelle oder der Zelloberseite) besitzt jede Zelle eine ringförmige **Zona occludens**, in deren Bereich sie mit den Nachbarzellen Tight junctions bildet (Abb. 15.**21 B**). Die Tight junctions sind im Darmepithel besonders „dicht". Die apikalen Zellmembranen bilden so eine geschlossene Oberfläche. Alle Nährstoffe müssen durch diese Fläche und durch das Cytoplasma der Epithelzellen hindurch, um vom Darmlumen in die Blut- und Lymphgefäße der Mikrovilli zu gelangen. Eine parazelluläre Passage kommt kaum vor.

Enddarm – Wasser- und Ionenabsorption und Ausscheidung

Im Enddarm werden die Reste der verdauten Nahrung vorübergehend gelagert (Abb. 15.**15**). Anorganische Ionen und Wasser werden reabsorbiert. Bei Vertebraten findet dies im hinteren Abschnitt des Dünndarms und im Dickdarm statt. Bei einigen Insekten werden die Faeces weitgehend entwässert (s. Kap. 14). Im Enddarm findet bei herbivoren Reptilien, Vögeln und den meisten herbivoren Säugetieren auch die bakterielle Zersetzung des Darminhalts durch die Bakterienflora statt.

Bei vielen Arten wird das unverdaute Material mitsamt Bakterien im Enddarm zu Faeces geformt. Die Faeces gelangen dann in die Kloake oder das Rektum und werden bei der Defäkation durch den Anus ausgestoßen.

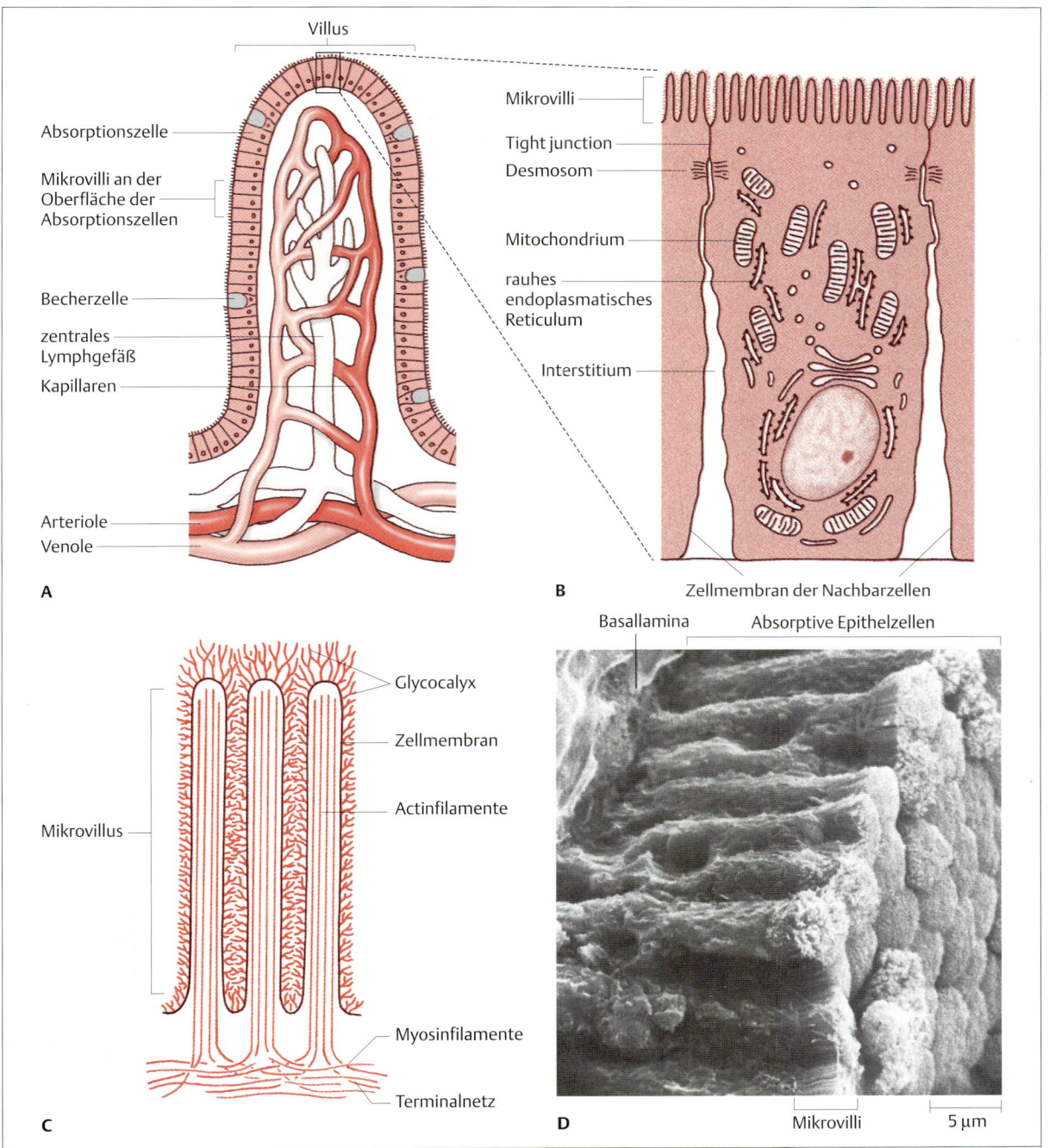

Abb. 15.21 Mikrostruktur des Dünndarmepithels. Die Auskleidung des Dünndarms der Säuger hat eine komplexe mikroanatomische Struktur, die auf Absorption und Sekretion spezialisiert ist. Die luminale Oberfläche ist farbig dargestellt. **A** Villus (Zotte), von Darmepithel bedeckt, das hauptsächlich aus absorbierenden und gelegentlich aus Becherzellen besteht. **B** Absorptionszelle. Die luminale oder apikale Oberfläche der absorbierenden Zelle besitzt einen Bürstensaum aus Mikrovilli (Mikrozotten). **C** Die Mikrovilli sind Ausstülpungen der Zellmembran, die Actinfilamente enthalten. **D** Die rasterelektronenmikroskopische Aufnahme zeigt absorbierende Zellen mit Bürstensaum aus dem menschlichen Dünndarm (A–C nach Moog, 1981; D nach Lodish, 1995).

Im Enddarm laufen bei vielen Arten auch Gärungsprozesse ab (Abb. 15.**22**). Bei den meisten größeren Tieren, die Enddarm-Fermentierer sind (Pferd, Zebra, Tapir, Seekuh, Elefant, Nashorn und Beutelwombat) arbeitet das Colon als abgewandelter Propfen-Strömungsreaktor. Bei kleineren Enddarm-Fermentierern (Hasenartige, fast alle Nagetiere, Klippschliefer, Brüllaffen, Koala und Opossum) arbeitet das stark vergrößerte Caecum als Kontinuierlicher-Durchfluß-Reaktor mit Rührung. Alle diese Säuger ernähren sich von Pflanzen, oft von harten Blättern. Die Hasentiere (*Lagomorpha*: Hasen, Kaninchen und Pfeifhasen) sowie die meisten Nagetiere (*Rodentia*) können zumindest einen Teil der im Blinddarm von symbiontischen Bakterien produzierten Stoffe nicht über den Enddarm aufnehmen. Sie produzieren eine besondere Kotsorte, den Blinddarmkot oder **Caecotrophe**, der jeweils einige Stunden nach der letzten Mahlzeit direkt vom After wieder aufgenommen wird. Bei Kaninchen findet man dann die in der Form stark vom üblichen Kot abweichenden Caecotrophepillen unbeschädigt im Magenfundus. Bei Meerschweinchen ist die Form der beiden Verdauungsprodukte gleich, die Caecotrophe aber wesentlich weicher als der Kot. Der hohe Anteil an Cellulose-zersetzenden Bakterien in der Caecotrophe spielt bei der Versorgung der Tiere mit Aminosäuren eine große Rolle. Weil lebende Bakterien nicht vom Enddarm resorbiert werden können, ist eine zweite Passage durch den Verdauungstrakt nötig, um die Bakterienzellen aufzuschließen und deren Inhalte dem tierischen Organismus zugänglich zu machen. Im Blinddarm des Kaninchens werden außerdem Vitamine aus der B- und K-Gruppe sowie kurzkettige Fettsäuren produziert. Der Entzug der Caecotrophe führt bei Kaninchen zu einer Verzögerung des Wachstums, bei Meerschweinchen zum Tod. Jungtiere müssen sich mit geeigneten Bakterienstämmen versorgen; Meerschweinchen nehmen ca. sechs Stunden nach der Geburt Caecotrophe auf, junge Kaninchen, wenn sie das Nest verlassen. Das geschieht immer unmittelbar vom After des Muttertieres weg. Dadurch entsteht keine Infektionsgefahr mit Darmparasiten, da deren Fortpflanzungsstadien in der Regel einige Stunden bei niedriger Temperatur und hoher Sauerstoffspannung verbringen müssen, bevor sie virulent werden. Alle bisher untersuchten Nager üben die Caecotrophie aus; rätselhaft ist bisher noch das Verhalten der Bilche oder Schläfer (*Gliridae*: Siebenschläfer, Gartenschläfer), die keinen Blinddarm haben. Die Caecotrophie darf aber nicht mit der **Koprophagie**, dem Kotfressen, verwechselt werden. Letzteres ist ein pathologischer Vorgang, der nur bei Mangelernährung auftritt; die Caecotrophie ist dagegen physiologisch notwendig.

Blinddarminhalt wird auch manchmal von anderen Tieren gesondert abgegeben. Junge Koalas können das harte Laub von Eucalyptusbäumen noch nicht verdauen. Sie erhalten von ihrer Mutter bei der Entwöhnung zunächst Blinddarminhalt, der schon weitgehend aufgeschlossen und damit leichter zu verdauen ist.

Vögel haben in der Regel zwei Blinddärme, die sehr groß oder auch rudimentär sein können; bei Hühnervögeln sind sie sehr lang, bei Tauben unbedeutend kurz. Eine Beziehung zur Nahrung ist hier nicht zu erkennen, da beide Arten Körnerfresser sind. Der Blinddarminhalt wird unvermischt abgegeben; bei Hühnern kommt etwa jede zehnte Kotentleerung aus den Blinddärmen.

Bei vielen Vertebraten – dazu gehören Neunaugen, Lungenfische, Quastenflosser, Knorpelfische, adulte Amphibien, Reptilien, Vögel, einige wenige Säuger (*Monotremata*, *Marsupialia*, einige *Insectivora* und einige Nager) – mündet der Enddarm in eine **Kloake**. Bei Arten, bei denen die Harnleiter (Ureter) in die Kloake und nicht in externe Genitalien münden, werden in der Kloake auch aus dem Urin Ionen und Wasser resorbiert.

Dynamik der Darmstruktur – Einfluß der Nahrung

Entgegen überkommenen Vorstellungen haben neuere Forschungsergebnisse gezeigt, daß die Organe und Gewebe des Darmtraktes nicht unveränderlich sind. Man weiß heute, daß sich Größe und Struktur des Darmes bei den meisten Carnivoren und Herbivoren dem unterschiedlichen Energiebedarf oder Schwankungen der Nahrungsqualität anpassen, wobei sich vorwiegend die Größe des Systems ändert. Dadurch erhöht sich der Wirkungsgrad der Nährstoffaufnahme. Bei Zaunkönigen (*Troglodytes aedon*), die mehrere Monate lang durch eine Kombination von niedriger Umgebungstemperatur und erzwungener Aktivität zu einer erhöhten Nahrungsaufnahme veranlaßt wurden, verlängerte sich der Dünndarm um ein Fünftel. Nach dem Aufwachen aus dem Winterschlaf nimmt beim Erdhörnchen *Spermophilus tridecemlineatus* die Masse des leeren Magens um das Drei- bis Vierfache zu. Obwohl Reptilien eine wesentlich niedrigere Stoffwechselrate als Vögel und Säuger besitzen (s. Kap. 16), erfolgen Anpassungen im Darm unter dem Einfluß der Nahrung bei einigen Reptilien wesentlich schneller als bei Vögeln oder Säugetieren, manchmal innerhalb weniger Stunden oder Tage. Bei der burmesischen Python *Phyton molurus* vergrößert sich die Masse des vorderen Dünndarms nach einer großen Mahlzeit (25% der Körpermasse) innerhalb von 6 Stunden – bezogen auf den Hungerzustand – um über 40% und erreicht zwei Tage nach der Mahlzeit das Doppelte. Die Zunahme wird vorwiegend durch eine **Proliferation** der Mucosazellen und nicht der Serosa verursacht. Parallel zu den morphologischen Veränderungen erhöht sich die Aufnahmekapazität für Aminosäuren gegenüber dem Hungerzustand auf das 10- bis 24fache.

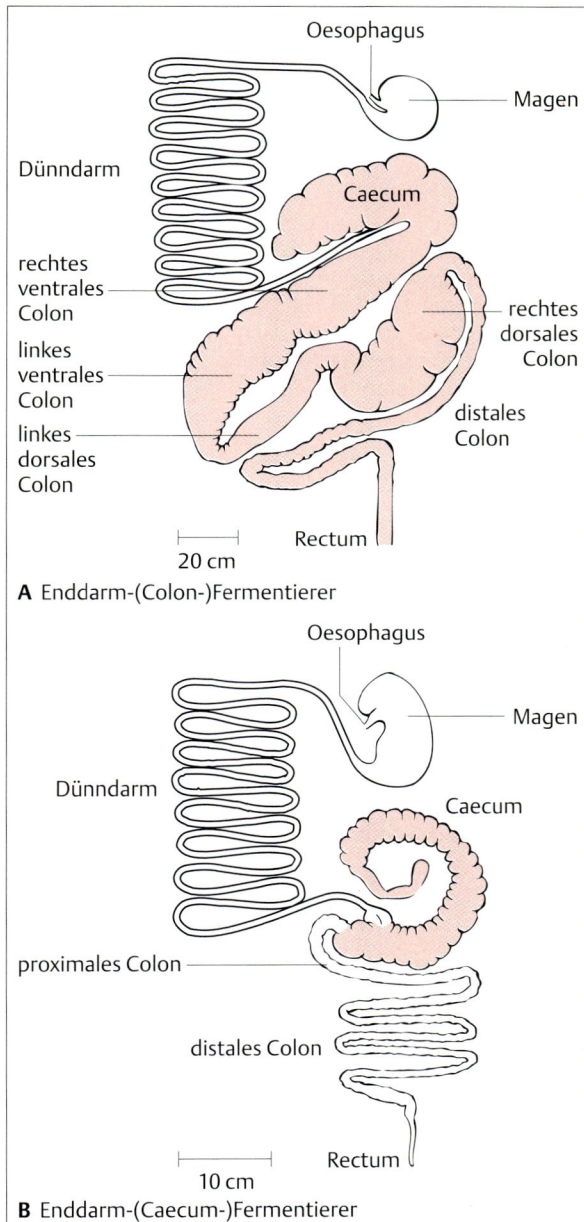

Abb. 15.22 Verdauungstrakt eines Colon-Fermentierers und eines Caecum-Fermentierers. Beim Colon-Fermentierer ist das Colon im Vergleich zu einem Caecum-Fermentierer vergrößert, letzterer hat ein vergrößertes Caecum. **A** Verdauungstrakt des Pferdes (*Equus caballus*), einem Colon-Fermentierer. Die Fermentationszone ist rot hervorgehoben. **B** Verdauungstrakt des Kaninchens (*Oryctolagus cuniculus*), ein Caecum-Fermentierer (nach Stevens, 1988).

Selbst wenn die Gesamtlänge und der Durchmesser des Darms gleich bleiben, kann die Fläche der absorbierenden Membranen durch Änderungen in der Mikrostruktur der Villi einem wechselnden Nahrungsangebot angepaßt werden. Bei hohem Energiebedarf bewirkt die Vergrößerung der Darmoberfläche eine bessere Nährstoffaufnahme; diese Wirkung wird noch verstärkt, indem durch die Oberflächenvergrößerung auch der Weitertransport des Nahrungsbreis verlangsamt wird. Dieser Mechanismus ist besonders wirksam, wenn eine Vergärung im Caecum stattfindet.

Ganz ähnlich können sich auch die zellulären und makromolekularen Strukturen im Darm ändern. Untersuchungen verschiedener Forscher (darunter Jared Diamond und William Karasov) während der letzten Jahrzehnte zeigten, daß die meisten Membrantransportproteine im Darm durch die Konzentration ihrer Substrate im Darminhalt reguliert werden. Ein erhöhtes Substratniveau führt (bis zum Erreichen eines optimalen Versorgungsniveaus) zu einem Anstieg der Konzentration bzw. der Aktivität der Transporter für Glucose und Fructose sowie für einige nicht essentielle Aminosäuren und Peptide. Andererseits wird die Produktion der Transporter so eingestellt, daß nicht mehr als die für die notwendige Nahrungsaufnahme erforderliche Menge zur Verfügung steht.

Es ist wichtig hervorzuheben, daß eine Vergrößerung der Darmoberfläche oder auch die vermehrte Produktion von Transportproteinen eine erhebliche Erhöhung der Stoffwechselkosten für den Erhalt dieser neuen Makro- bzw. Mikrostrukturen mit sich bringt. Aus diesem Grund scheinen die meisten Änderungen in der Eingeweidestruktur vollständig umkehrbar zu sein; unwirtschaftliche Stoffwechselkosten zur Erhaltung der Darmstrukturen können so bei geringem Nahrungsangebot eingespart werden.

Motilität des Darmkanals

Die Motilität (Beweglichkeit) des Verdauungstraktes erfüllt folgende Funktionen:
1. Transport des Speisebreis durch den Darmkanal und Ausscheidung der Faeces.
2. Mechanische Bearbeitung der Nahrung durch Mahlen und Kauen, um Verdauungssäfte unterzumischen und die Nahrung in eine lösliche Form zu bringen.
3. Durchmischung des Darminhalts, so daß beständig neuer Speisebrei mit der resorbierenden Darmoberfläche in Berührung kommt.

Muskelkraft- und Cilienschlag

Motilität läßt sich durch Muskelkraft und Cilienschlag erreichen. Arthropoden und Chordaten benutzen für den Nahrungstransport im Darm nur **Muskelkraft**. Die Darmmuskulatur der Chordaten besteht ausschließlich aus glatten Muskelfasern; bei Arthropoden findet man häufig quergestreifte Fasern. *Annelida*, *Lamellibranchia*, *Tunicata* und *Cephalochordata* bewegen den Darminhalt dagegen ausschließlich durch **Cilienschlag**. Muskelkraft und Cilienschlag treten bei den Echinodermen und den meisten Mollusken auf. Mit Muskelkraft können größere und härtere Nahrungsbrocken bewegt werden.

Peristaltik

Die Darmmuskulatur besteht außer bei Arthropoden bei allen Tiergruppen aus glattem Muskelgewebe. Bei Vertebraten wird diese Muskulatur aus einer inneren **Ringmuskelschicht** und einer äußeren **Längsmuskelschicht** gebildet (Abb. 15.23 u. Abb. 15.20A). Die Kontraktion der Ringmuskelschicht führt – bei gleichzeitiger Erschlaffung der Längsmuskelschicht – zu einer aktiven Verkleinerung der Querschnittsfläche und einer passiven Verlängerung des Darmabschnittes. Die aktive Verkürzung der Längsmuskelschicht bei gleichzeitiger Erschlaffung der Ringmuskelschicht bewirkt dagegen eine Ausweitung des Darmrohres. Die **Peristaltik** erscheint als fortlaufende Welle von Verkürzungen, welche durch die Kontraktion der Ringmuskulatur entste-

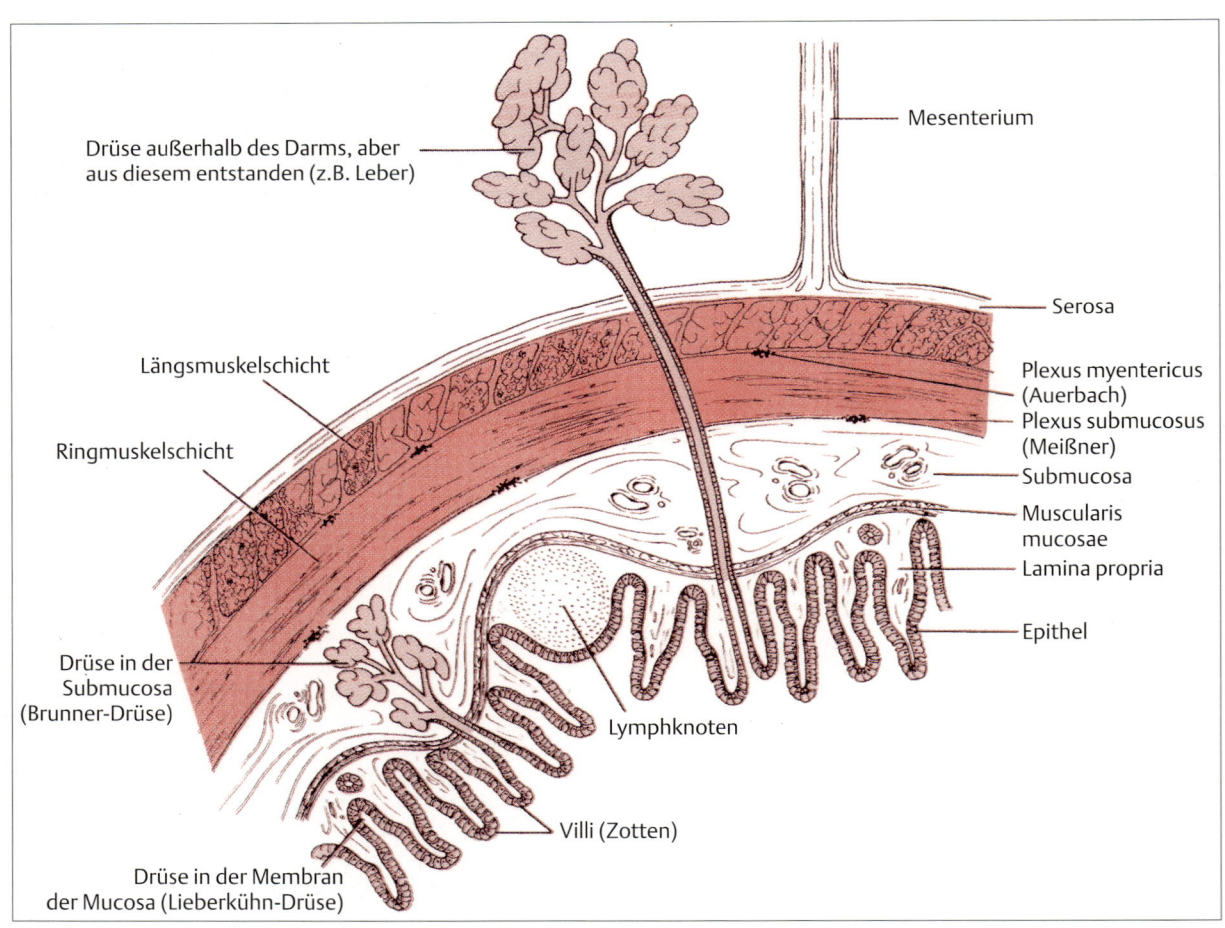

Abb. 15.23 Schematischer Querschnitt durch einen Vertebratendarm. Der mehrschichtige Aufbau des Darms mit einem wesentlichen Muskelgewebeanteil (rot) ist deutlich zu erkennen. Die Darmwand besteht aus vier Schichten: äußere Serosa (Bindegewebe), Muskelschicht (Längs- und Ringmuskelschicht), Submucosa und innere Mucosa (nach Ham, 1957).

hen, der eine gleichzeitige Kontraktion der Längsmuskeln und eine Erschlaffung der Ringmuskeln vorangeht (Abb. 15.**24**). Dieses Kontraktionsmuster führt zu einer Längsverschiebung des Darminhalts in Richtung der peristaltischen Welle. Die Durchmischung des Darminhalts wird in erster Linie durch die sog. **Segmentation** erreicht. Die Segmentation besteht aus rhythmischen, jedoch asynchronen Kontraktionen der Ringmuskelschicht an verschiedenen Punkten des Darmrohres ohne Beteiligung der Längsmuskeln.

Beim **Schlucken** der Vertebraten stehen Zungen- und Pharynxmuskulatur sowie die Peristaltik des Oesophagus unter direkter neuronaler Kontrolle der Medulla oblongata. Die koordinierten Bewegungen dieser Muskeln drücken den Nahrungsklumpen in den Magen. Erfolgt die Peristaltik in die entgegengesetzte Richtung, wie etwa beim Heraufwürgen von Nahrung, wird der Mageninhalt in die Mundhöhle zurückbefördert. Wiederkäuer nutzen dieses Heraufwürgen, um die unzerkaute Nahrung für ein weiteres Kauen in den Mund zu befördern; andere Vertebraten nutzen diesen Mechanismus zum Erbrechen.

Im Vertebratenmagen erfolgt die normale Peristaltik bei nur teilweise geschlossenem Kontraktionsring. Dadurch kommt es zu einer Durchmischung, bei welcher der Mageninhalt zentral durch den teilweise offenen Ring zurück (gegenläufig zur Richtung der Kontraktionswelle) und peripher in der Richtung der Peristaltik vorwärts gedrückt wird, während der Kontraktionsring vom cardialen zum pyloralen Ende des Magens wandert.

Kontrolle der Motilität

Bei Vertebraten ist die Darmmotilität das Ergebnis der koordinierten Kontraktionen der glatten Ring- und der Längsmuskelschichten; sie wird durch die Kombination von drei unabhängigen Mechanismen kontrolliert.

Interne Kontrolle

Die glatte Muskulatur des Verdauungskanals arbeitet **myogen**, d.h. sie kann sich ohne externe neuronale Stimulation durch die eigene zyklische elektrische Aktivität kontrahieren. Dieser Zyklus entsteht durch rhythmische Depolarisationen und Repolarisationen – er wird als **elektrischer Grundrhythmus** (EGR) bezeichnet – und tritt in Form spontaner und langsamer Depolarisationswellen auf, die sich in den Muskelschichten fortpflanzen (Abb. 15.**25**). Einige dieser langsamen Wellen führen zu Aktionspotentialen (APs), die durch einen Ca^{2+}-Einstrom ausgelöst werden. Diese Ca^{2+}-Spikes führen zur Kontraktion der glatten Muskelzellen. Die Amplitude des langsamen EGR wird durch lokale Einflüsse – wie z.B. durch die Dehnung der Muskelfasern nach der Füllung eines Darmabschnitts – moduliert.

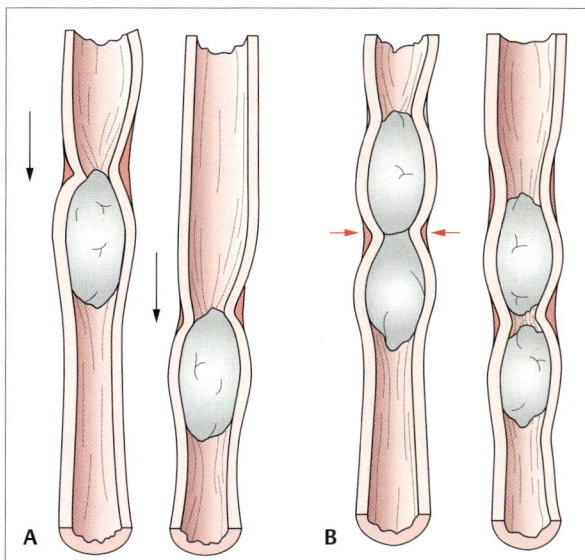

Abb. 15.24 Motilität des Gastrointestinaltraktes. Durch koordinierte Kontraktionen des Gastrointestinaltraktes wird der Inhalt weitertransportiert. **A** Die Peristaltik entsteht aus einer fortschreitenden Kontraktionswelle der Ringmuskulatur. Dies verursacht den Weitertransport des Nahrungsklumpens. **B** Durch abwechselndes Erschlaffen und Kontrahieren, vor allem der Ringmuskeln, wird der Darminhalt aufgeteilt, geknetet und vermischt.

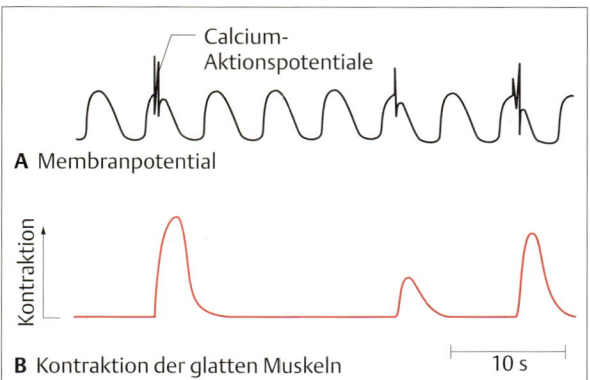

Abb. 15.25 Elektrische und mechanische Aktivität im Jejunum der Katze. A Beim langsamen elektrische Grundrhythmus des Muskelpotentials treten am Gipfel gelegentlich Ca^{2+}-Aktionspotentiale auf. **B** Die Ca^{2+}-Aktionspotentiale führen in den glatten Muskeln, in denen sie auftreten, zu einer Kontraktion (nach Bortoff, 1985).

Auch die chemische Reizung der Mucosa durch Substanzen im Darmsaft kann eine Kontraktion auslösen.

Externe (neuronale und hormonelle) Kontrolle

Die autonomen Erregungsmuster des EGR werden durch lokal freigesetzte gastrointestinale **Peptid-Hormone** moduliert (s. Tab. 15.**2**, S. 754 u. Box 9.**1**, S. 334). So kann ein chemischer Reiz durch den Speisebrei die lokale Ausschüttung eines Hormons auslösen, das die Motilität der Muskulatur beeinflußt.

Zusätzlich wird die Darmmotilität über eine diffuse Innervierung durch Sympathicus und Parasympathicus des autonomen Nervensystems beeinflußt (s. S. 462ff). Sympathische und parasympathische postganglionäre Neurone bilden ein zwischen den glatten Muskelschichten eingebettetes Netzwerk (Abb. 15.**26**). Dieses Netz wiederum wird von efferenten Fasern des parasympathischen (vorwiegend die Darmtätigkeit erregenden) Systems, d.h. dem Vagus, sowie den Becken- und Bauchnerven innerviert. Postganglionäre Axone im sympathischen (primär die Darmtätigkeit hemmenden) Teil des autonomen Nervensystems innervieren direkt alle Gewebe der Darmwand, ebenso auch die Neurone des **Plexus myentericus** und **Plexus submucosus**. Die Erregung des parasympathischen Systems löst die Motilität über das interne cholinerge Netzwerk aus, während die Erregung der sympathischen Efferenzen die Motilität des Magens und Darmes hemmt.

Die glatten Muskelzellen werden durch Noradrenalin gehemmt (d.h. Aktionspotentiale werden unterdrückt), das an sympathischen Nervenendigungen freigesetzt wird, und durch Acetylcholin (ACh) erregt, das an parasympathischen Endigungen freigesetzt wird (Abb. 15.**27A**). Jeder mit Erregung verbundene Impuls verursacht eine Spannungszunahme, die mit dem Ende der Impulse wieder abfällt (Abb. 15.**27B**). Ein Beweis für die Wichtigkeit der Innervation der glatten Muskulatur zur Aufrechterhaltung des Tonus ist die Hirschsprung-Krankheit (angeborenes Megacolon). Verursacht durch einen genetischen Defekt fehlen die Ganglienzellen in der Wand des Rektums. Im betroffenen Bereich fallen rezeptive Relaxationen aus, was zu einem andauernden Spasmus des Segmentes führt und eine chronische Darmverstopfung und Erweiterung des Colons verursacht.

Die im vorhergehenden Abschnitt beschriebenen peristaltischen Bewegungen werden durch den autonomen elektrischen Grundrhythmus und durch lokale Einflüsse des Plexus myentericus koordiniert. Im Gegensatz dazu wird die Peristaltik des Oesophagus beim Schluckreflex direkt vom zentralen Nervensystem kontrolliert.

Die glatte Muskulatur im Verdauungssystem der Vertebraten wird auch von nichtadrenergen, nichtcholinergen Neuronen kontrolliert, die verschiedene Peptide und Purin-Nucleotide freisetzen. In den drei Jahrzehnten seit Bekanntwerden dieser Abläufe wurden aminerge Neurone gefunden, die ATP, 5-Hydroxytryptamin (Serotonin), Dopamin und GABA absondern, sowie peptiderge Neurone, die Enkephaline, vasoaktive intestinale Polypeptide (VIP), Substanz P, Bombesin/Gastrin-freisetzendes Peptid, Neurotensin, Cholecystokinin (CCK) und Neuropeptid Y/pankreatisches Polypeptid produzieren. Diese Vielzahl von Transmittersubstanzen ermöglicht eine sehr genaue Kontrolle der zahlreichen in Wechselbeziehung stehenden Funktionen des Darmtraktes.

Gastrointestinale Sekretion

Im Verdauungskanal gibt es endokrine und exokrine Sekretion; er wurde sogar als die „größte endokrine und exokrine Drüse des Körpers" bezeichnet. Wie schon in Kap. 8 und 9 beschrieben, werden von Zellen gangloser, endokriner Drüsen Hormone produziert und in den Blutkreislauf freigesetzt, über den sie die Rezeptormoleküle der Zielgewebe erreichen. Bei den endokrinen Drüsen des Verdauungskanals sind die Zielgewebe in der Regel andere Gewebe des Darmtraktes.

Während endokrine Sekrete aus einer bestimmten Molekülart bestehen, sind exokrine gastrointestinale Sekrete für gewöhnlich eine wäßrige Mischung verschiedener Substanzen. Im Gegensatz zur endokrinen Drüse gibt die exokrine Drüse ihr Sekret nicht ins Blut ab, sondern durch einen Kanal in eine mit der Außenwelt in Verbindung stehende Körperhöhle wie den Mund, den Darm, die Nase oder die Blase. Zu den exokrinen Drüsen des Verdauungskanals zählen die Speicheldrüsen, die sekretorischen Zellen des Magen- und Darmepithels sowie die sekretorischen Zellen der Leber und des Pankreas. Die **primären Sekrete** der exokrinen Drüsen werden in das Acinus-Lumen freigesetzt und dann zumeist im Drüsengang modifiziert. Diese **sekundäre Modifizierung** kann aus einer weiteren Zu- oder Abgabe von Wasser oder Elektrolyten bestehen, um das eigentliche Drüsensekret herzustellen (Abb. 15.**28**; s. auch Kap. 8).

Exokrine Sekrete des Verdauungskanals

Die Zusammensetzung der Sekrete aus verschiedenen Regionen des Verdauungskanals ist sehr unterschiedlich. Für gewöhnlich ist das Sekret eine wäßrige Mischung aus Elektrolyten, Schleim und Enzymen.

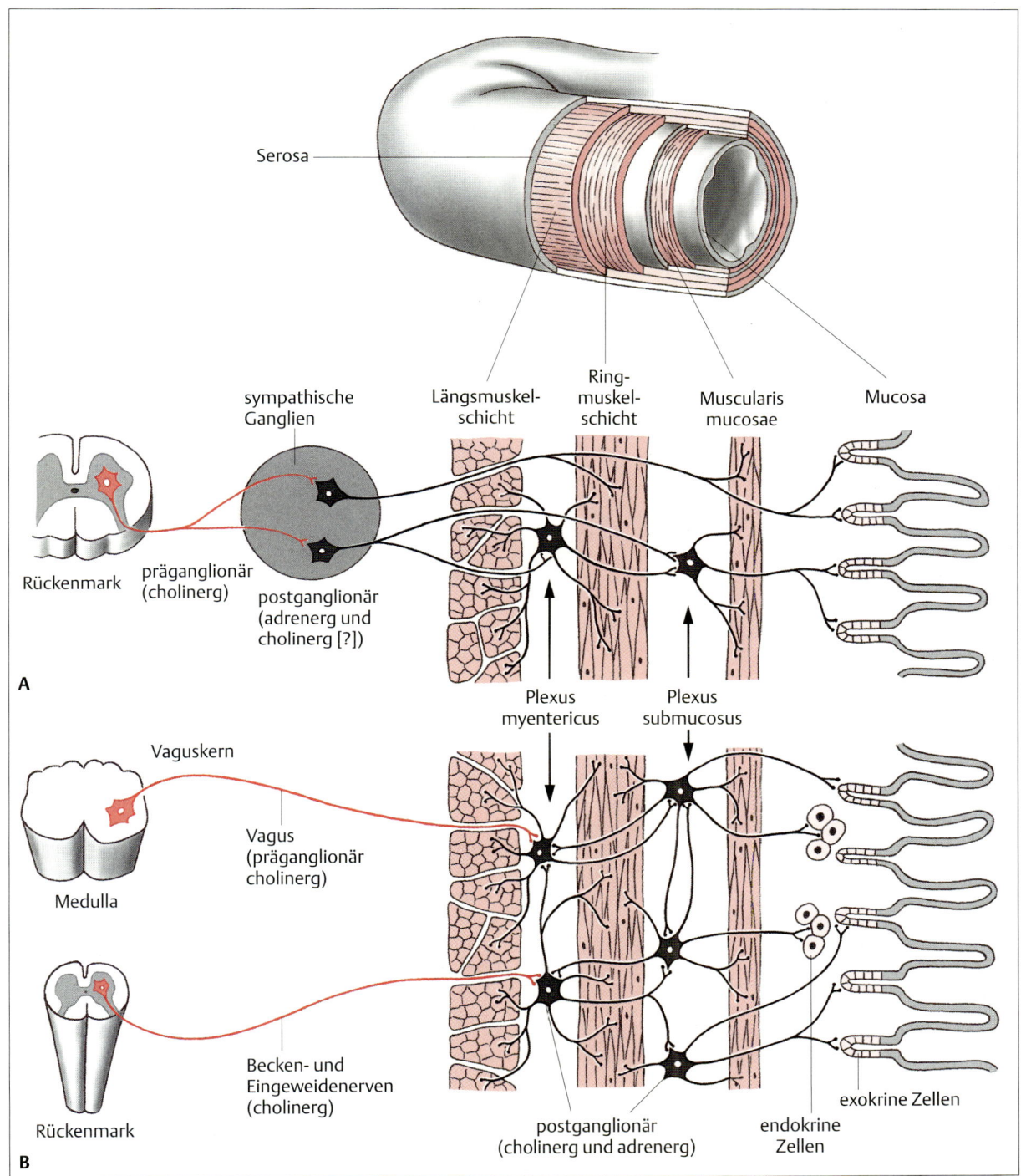

Abb. 15.26 **Innervierung des Gastrointestinaltraktes. A** Efferente sympathische Innervierung. **B** Parasympathische Innervierung. Alle Nervenendungen in den gastrointestinalen Zielgeweben (Muskel, Drüsen) sind postganglionär (nach Davenport, 1977).

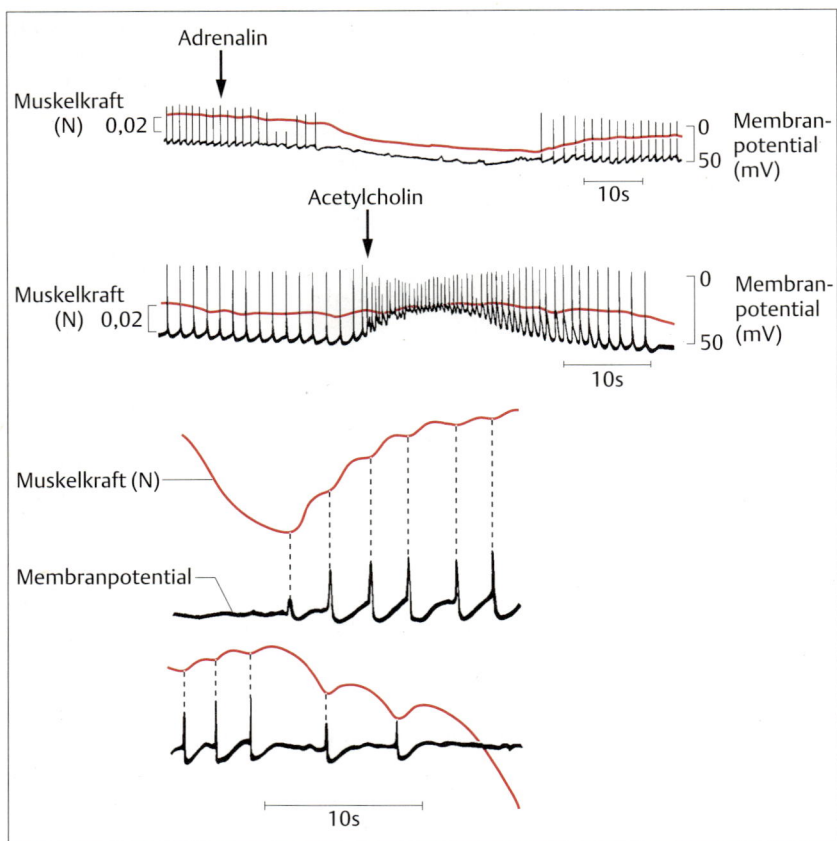

Abb. 15.27 **Membranpotential und Spannung in einem Colon-Längsmuskel (Tenia coli). A** Wirkung von lokal appliziertem Adrenalin und Acetylcholin. **B** Zeitliche Korrelation von Aktionspotentialen (schwarz) und Muskelspannung (rot) (A nach Bülbring und Kuriyama, 1963; B nach Bülbring, 1959).

Wasser und Elektrolyte

Die exokrinen Drüsen des Verdauungskanals sezernieren in das Darmlumen große Flüssigkeitsmengen, die Verdauungsenzyme und andere Substanzen enthalten (Abb. 15.29). Der größte Teil des Wassers wird im distalen Teil des Darms reabsorbiert.

In wäßriger Lösung bildet der Schleim, der von den Becherzellen des Magens und Darms (Abb. 15.18 u. 15.**21 A**) produziert wird, ein schlüpfriges, dickes Schmiermittel, das eine mechanische oder enzymatische Verletzung der Darmauskleidung verhindert. Die Speicheldrüsen und das Pankreas sezernieren eine dünnflüssigere Schleimlösung.

Die Sekretion der anorganischen Bestandteile der Verdauungssäfte erfolgt im allgemeinen in zwei Schritten. Zuerst werden Wasser und Ionen aus der interstitiellen Flüssigkeit, die den basalen Teil der Acinuszelle umgibt, in das Lumen der Drüse transportiert – entweder durch passive Ultrafiltration auf Grund eines hydrostatischen Druckgefälles über dem luminalen Epithel oder durch aktive (energieverbrauchende) Prozesse. Letztere beinhalten den aktiven Transport von Ionen durch die Ephitelzellen, gefolgt vom osmotischen Wasserfluß in den Acinus. Anschließend wird das primäre Sekretionsprodukt im Drüsengang auf seinem Weg zum Verdauungskanal durch das den Ductus auskleidende Epithel sekundär modifiziert.

Galle und Gallensalze

Die Leber der Vertebraten produziert keine Verdauungsenzyme, sondern Galle, ein wichtiges Flüssigsekret für die Fettverdauung. **Galle** besteht aus Wasser und einer schwach basischen Mischung aus Cholesterin, Lecithin, anorganischen Ionen, Gallensalzen und Gallenpigmenten. Die **Gallensalze** sind organische Natrium-Salze der Gallensäuren (Cholesterinmetaboliten); sie werden in der Leber mit Aminosäuren konjugiert (Abb. 15.30). Die **Gallenpigmente** leiten sich von Biliverdin und Bilirubin ab, den Abbauprodukten des Hämoglobins.

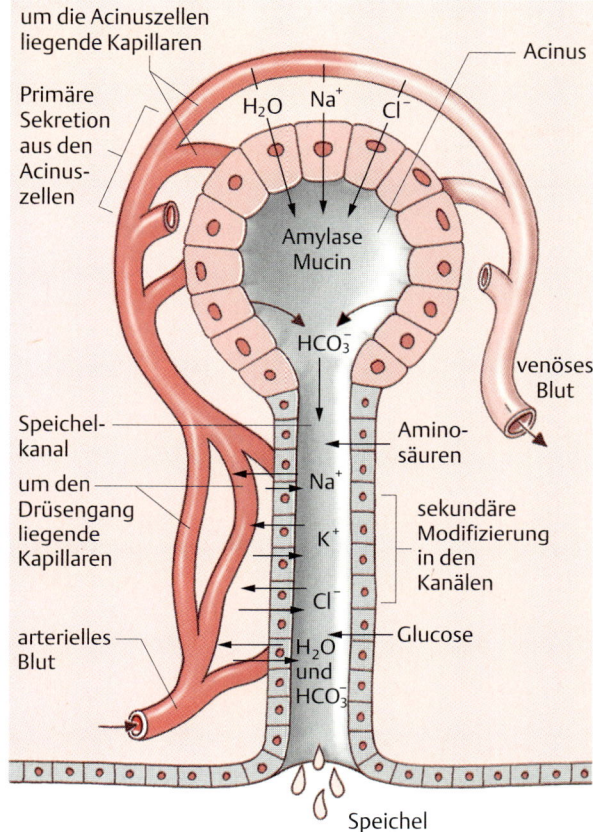

Abb. 15.28 Speichelbildung in den Speicheldrüsen der Säuger. Die Speichelbildung ist abhängig von aktiven und osmotischen Prozessen. Die Acinuszellen transportieren Elektrolyte von ihrer Basalseite in den Acinus und sezernieren Mucin und Amylase durch Exocytose; Wasser folgt osmotisch. Wenn die Speichelflüssigkeit durch den Speichelkanal fließt, wird sie durch aktiven Transport über das Epithel des Kanals modifiziert (aus Davenport, 1985).

Die Galle wird in der Leber produziert und über den Ductus hepaticus zur Speicherung in die **Gallenblase** transportiert. Durch die Aktivität des Gallenblasenepithels wird die Galle durch die Entfernung von Na^+- und Cl^--Ionen über den Entzug des osmotisch nachfolgenden Wassers eingedickt.

Die Galle hat für die Verdauung mehrere wichtige Funktionen:
– Der alkalische pH-Wert der Gallenflüssigkeit neutralisiert den hohen Säuregehalt des Magensaftes aus der vorhergehenden Stufe des Verdauungsvorgangs.
– Gallensalzmoleküle sind amphiphil, d.h. sie bestehen aus einer fettlöslichen Komponente (Gallensäure) und einer wasserlöslichen Komponente (Aminosäure). Dadurch wirken sie als Detergens, welches die Fette der Nahrung in mikroskopisch kleine Tröpfchen aufteilt (emulgiert). Die daraus resultierende größere Fettoberfläche erleichtert den fettabbauenden Verdauungsenzymen die Arbeit.
– Die Gallensalze emulgieren auch fettlösliche Vitamine für deren Transport im Blut.
– Galle enthält Abfallstoffe wie Hämoglobinpigmente, Cholesterin, Steroide und Pharmaka, die von der Leber aus dem Blut entfernt wurden. Diese Substanzen werden entweder verdaut oder mit dem Faeces ausgeschieden.

Im Dickdarm werden die Gallensalze durch einen hocheffizienten aktiven Transportmechanismus wieder aus dem Darm entfernt und in den Blutkreislauf aufgenommen. Im Blut werden die Gallensalze an ein Plasmatransportprotein gebunden und zur Leber zurück transportiert, wo sie erneut aufbereitet werden.

Verdauungsenzyme

Um die in der Nahrung enthaltene chemische Energie zu verwerten, muß ein Tier die Nahrung zunächst verdauen. Die **Verdauung** ist ein komplizierter chemischer Prozeß, bei dem spezielle **Verdauungsenzyme** die Hydrolyse großer Nährstoffmoleküle in niedermolekulare Bausteine katalysieren, die dann klein genug sind, um durch die Zellmembranen der Darmwand aufgenommen zu werden. Stärke, ein langkettiges Polysaccharid, wird zu sehr viel kleineren Disacchariden und Monosacchariden zerlegt. Proteine werden zunächst in Polypeptide und dann zu Tripeptiden, Dipeptiden und Aminosäuren abgebaut.

Alle Verdauungsenzyme sind **Hydrolasen**. Sie spalten ihre Substrate unter Wasserverbrauch (Abb. 15.31). Die Hydrolyse der kovalenten, wasserfreien Bindungen setzt die Einheiten frei, aus denen die Polymere aufgebaut sind (z.B. Monosaccharide, Aminosäuren, Monoglyceride). Diese sind klein genug für die Aufnahme aus dem Verdauungskanal in die zirkulierenden Körperflüssigkeiten und für den nachfolgenden Übertritt in die Zellen, wo sie metabolisiert werden.

Verdauungsenzyme sind – wie alle Enzyme – substratspezifisch; ihre Aktivität hängt von der Temperatur, dem pH-Wert und bestimmten Ionen ab (s. Kap. 3). Entsprechend den drei Hauptnährstoffklassen gibt es drei Hauptgruppen von Verdauungsenzymen: Proteasen, Carbohydrasen und Lipasen.

Proteasen: Diese proteolytischen Enzyme bestehen aus zwei Hauptgruppen, den **Endo-** und den **Exopeptidasen**. Beide greifen die Peptidbindungen von Proteinen und Polypeptiden an (Abb. 15.31A u. Tab. 15.1). Wäh-

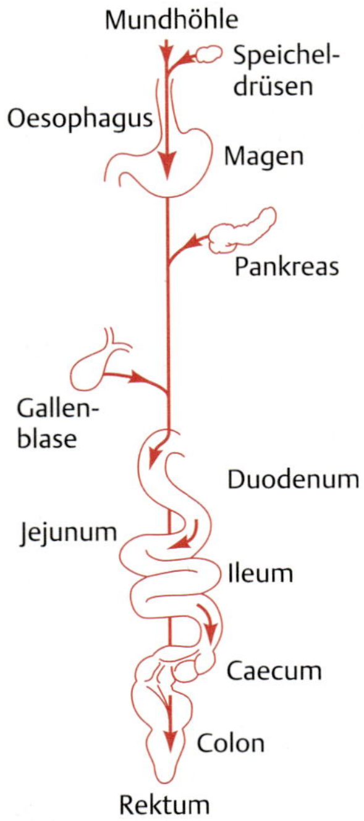

Region	Sekretion	tägliche Menge (l)	pH	Zusammensetzung*
Mundhöhle / Speicheldrüsen	Speichel	1+	6,5	Amylase, Hydrogencarbonat
Oesophagus / Magen	Magensaft	1–3	1,5	Pepsinogen, HCl, Rennin bei Kleinkindern, Intrinsic-Faktor
Pankreas	Pankreassaft	1	7–8	Trypsinogen, Chymotrypsinogen, Carboxy- und Aminopeptidase, Lipase, Amylase, Maltase, Nucleasen, Hydrogencarbonat
Gallenblase / Duodenum	Galle	1	7–8	Fette und Fettsäuren, Gallensalze und Pigmente, Cholesterin
Jejunum / Ileum / Caecum / Colon / Rektum	Succus entericus	1	7–8	Enterokinase, Carboxy- und Aminopeptidasen, Maltase, Lactase, Sucrase, Lipase, Nucleasen

* ohne Schleim und Wasser, die zusammen ungefähr 95% der tatsächlichen Sekretion ausmachen

Abb. 15.29 Sekretion im Verdauungstrakt des Menschen. Rechts sind die ungefähren Volumina und die pH-Werte der Sekrete angegeben.

rend die Endopeptidasen Peptidbindungen innerhalb (*endo* [griechisch] = innen) der Proteinketten spalten und somit kürzere Polypeptidketten erzeugen, vermehren sie die Angriffsorte für die Exopeptidasen. Die Exopeptidasen lösen endständige (*exo* [griechisch] = außen) Peptidbindungen und liefern dadurch freie Aminosäuren. Einige Endopeptidasen zeigen eine ausgeprägte Spezifität für bestimmte Aminosäurereste, die auf beiden Seiten der von ihnen angegriffenen Bindungen liegen. So greift **Trypsin** nur Peptidbindungen an, bei denen die Carboxylgruppe von den basischen Aminosäuren Arginin oder Lysin stammt, unabhängig davon, wo sie innerhalb der Peptidkette liegen. **Chymotrypsin** löst nur Peptidbindungen, an denen die Carboxylgruppen von Leucin und Methionin oder von den aromatischen Aminosäuren Tyrosin, Phenylalanin, Tryptophan beteiligt sind.

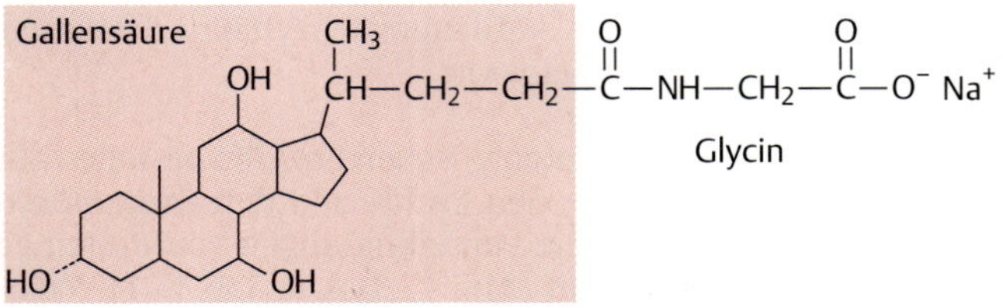

Abb. 15.30 Struktur eines Gallensalzes. Natriumglycholat ist das Gallensalz bei Säugern. Zu seiner Synthese wird Cholsäure (farbige Fläche) mit der Aminosäure Glycin und Natrium verbunden.

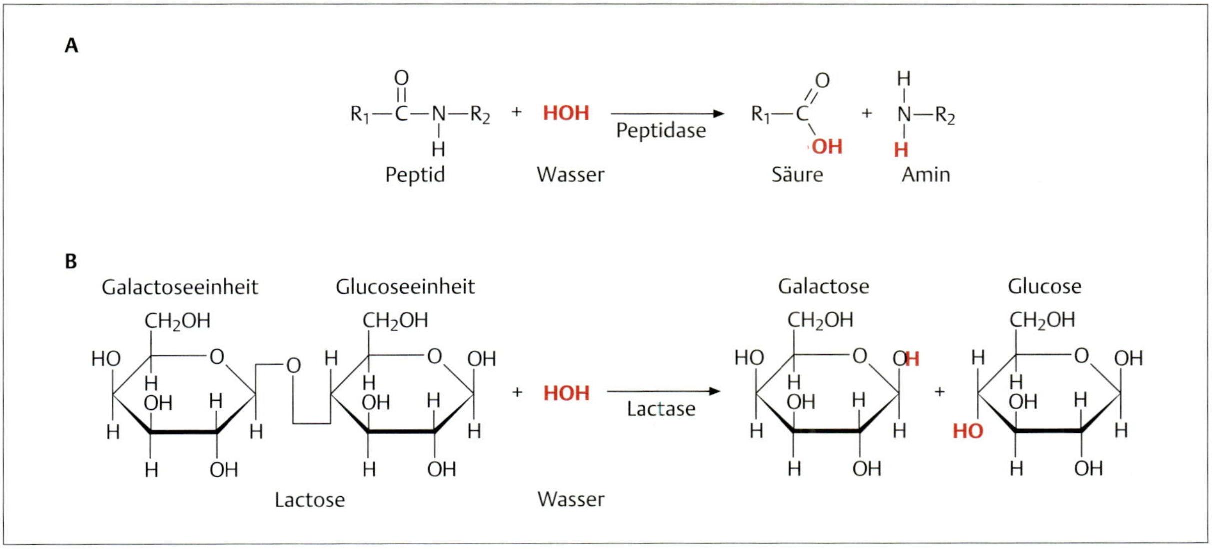

Abb. 15.31 Hydrolyse von Proteinen und Kohlenhydraten. A Hydrolyse einer Peptidbindung. **B** Hydrolyse einer gykosidischen Bindung. Den Restgruppen wird durch enzymatische Katalyse ein Wassermolekül hinzugefügt und die kovalente Bindung dadurch aufgebrochen.

Bei Säugern beginnt die Proteinverdauung in der Regel durch die Wirkung von **Pepsin** im Magen. Es gibt verschiedene Formen dieses Enzyms, dessen wirksamste Form ihr pH-Optimum im sauren Bereich um pH 2 hat. Die Wirkung des Pepsins wird durch die HCl-Sekretion im Magen unterstützt und führt zur Hydrolyse der Proteine in kürzere Polypeptide. Im Säugerdarm setzen einige Pankreasproteasen den proteolytischen Prozeß fort und liefern eine Mischung aus freien Aminosäuren und kurzen Peptidketten. Schließlich hydrolysieren proteolytische Enzyme, die eng mit dem Epithel der Darmwand assoziiert sind, die verbliebenen Polypeptide zu **Oligopeptiden**, die aus Resten von zwei oder drei Aminosäuren bestehen, und weiter zu freien Aminosäuren.

Carbohydrasen: Diese Enzyme können ebenfalls in zwei Gruppen eingeteilt werden, nämlich in die Polysaccharidasen und Glykosidasen. **Polysaccharidasen** hydrolysieren die Glykosidbindungen von langkettigen Kohlenhydraten wie Cellulose, Glykogen und Stärke. Die meisten Polysaccharidasen sind Amylasen, die nicht nur die endständigen, sondern alle Stärke- und Glykogenbindungen lösen und dabei Disaccharide und Oligosaccharide freisetzen. Die **Glykosidasen** der Glykocalyx (Abb. 15.**21C**), die sich an der Oberfläche der absorbierenden Zellen befinden, greifen Disaccharide wie Succrose, Fructose, Maltose und Lactose an, indem sie die verbliebenen α-1,6- und α-1,4-Glykosidbindungen hydrolysieren. Dadurch werden diese Zucker in Monosaccharide zerlegt, die vom Darmepithel aufgenommen werden können (Abb. 15.**31B**). Bei den Vertebraten werden die Amylasen von den Speicheldrüsen, dem Pankreas und geringfügig auch vom Magen sezerniert, bei den meisten Evertebraten von den Speicheldrüsen und dem Darmepithel. Die Zellwände der Pflanzen, die von Herbivoren gefressen werden, enthalten vorwiegend Cellulose, Hemicellulose und Lignin. Die Glucosemoleküle, aus denen sich die Cellulose zusammensetzt, sind über β-1,4-Bindungen verknüpft. Im Darm von so verschiedenen Wirtstieren wie Rindern und Termiten produzieren symbiontische Mikroorganismen die zur Celluloseverdauung notwendige **Cellulase**, da die Wirte dieses Enzym nicht herstellen können. Bei Termiten wird die Cellulase von den Symbionten in das Eingeweidelumen ausgeschieden, wo sie das gefressene Holz extrazellulär abbaut. Bei Rindern nehmen die symbiontischen Mikroben die Cellulosemoleküle auf, verdauen sie intrazellulär und geben einen Teil der verdauten Kohlenhydrate wieder in das umgebende Milieu ab. Die Mikroben wiederum vermehren sich und werden später selbst verdaut. Gäbe es diese Symbionten nicht, wäre die Cellulose (der Hauptnährstoff in Gras, Heu und Blättern) für grasende und äsende Tiere nicht nutzbar. Nur wenige Tiere wie der Schiffsbohrwurm *Teredo* (eine holzbohrende Muschel), *Limnoria* (ein Isopod) und das Silber-

15. Ernährung, Verdauung und Resorption

Tab. 15.1 Wirkung einiger Enzyme im Verdauungstrakt der Säuger

Enzym	Wirkort	Substrat	Produkte
Mund			
Speichel-α-Amylase	Mundhöhle	Stärke	Disaccharide
Magen			
Pepsinogen → Pepsin	Magen	Proteine	Polypeptide
Pankreas			
Pankreas-α-Amylase	Dünndarm	Stärke	Disaccharide
Trypsinogen → Trypsin	Dünndarm	Proteine	Polypeptide
Chymotrypsin	Dünndarm	Proteine	Polypeptide
Elastase	Dünndarm	Elastin	Polypeptide
Carboxypeptidase	Dünndarm	Polypeptide	Oligopeptide
Aminopeptidase	Dünndarm	Polypeptide	Oligopeptide
Lipase	Dünndarm	Triglyceride	Monoglyceride, Fettsäuren, Glycerol
Nucleasen	Dünndarm	Nucleinsäuren	Nucleotide
Dünndarm			
Enterokinase	Dünndarm	Trypsinogen	Trypsin
Disaccharidasen	Dünndarm[1]	Disacharide	Monosaccharide
Peptidasen	Dünndarm[1]	Oligopeptide	Aminosäuren
Nucleotidasen	Dünndarm[1]	Nucleotide	Nucleoside, Phosphorsäuren
Nucleosidasen	Dünndarm[1]	Nucleoside	Zucker, Purine, Pyrimidine

[1] intrazellulär

fischchen (ein ursprüngliches Insekt) sind in der Lage, Cellulase ohne Hilfe von Symbionten zu bilden.

Lipasen: Fette (Lipide) sind wasserunlöslich. Sie müssen deshalb einer besonderen Behandlung unterworfen werden, bevor sie im wäßrigen Milieu des Verdauungstraktes aufbereitet werden können. Diese Behandlung wird in zwei Schritten durchgeführt. Zuerst werden die Fette durch das Kneten des Darminhalts (Abb. 15.**24**) mit Hilfe von Detergenzien wie **Gallensalzen** und dem Phospholipid **Lecithin** im neutralen oder alkalischen Milieu emulgiert. Die Gallensalze besitzen einen hydrophoben (fettlöslichen) und einen hydrophilen (wasserlöslichen) Bereich. Im wäßrigen Darminhalt binden die Lipide an die hydrophoben Bereiche der Gallensalze, Wasser an die hydrophilen Bereiche der Gallensalze; die Wirkung ist ähnlich wie beim Verteilen von Speiseöl in Essig und Eigelb bei der Herstellung von Mayonnaise.

Als nächster Schritt erfolgt bei Vertebraten das Formen von **Micellen** mit Hilfe der Gallensalze. Die Moleküle, aus denen die kleinen, kugelförmigen Micellen gebildet werden (s. Abb. 3.**9**), haben ein polares hydrophiles und ein apolares hydrophobes Ende. Sie ordnen sich so an, daß die polaren Enden nach außen zur wäßrigen Lösung weisen. Der hydrophobe Lipidkern einer Micelle ist ca. 10^6mal kleiner als das ursprüngliche, emulgierte Fettröpfchen; dadurch wird die Oberfläche für den angreifenden Verdauungsvorgang stark vergrößert. Durch Darmlipasen (bei Evertebraten) oder Pankreaslipasen (bei Vertebraten) werden die Fette dann enzymatisch zu Fettsäuren, Monoglyceriden und Diglyceriden abgebaut. Sind nicht ausreichend Gallensalze vorhanden, bleibt der Fettabbau durch die Lipasen unvollständig, und unverdautes Fett gelangt in das Colon.

Proenzyme: Einige Verdauungsenzyme (besonders proteolytische Enzyme) werden als inaktive Vorstufen – sog. **Proenzyme** oder **Zymogene** – synthetisiert, gespeichert und freigesetzt. Um wirken zu können, müssen sie aktiviert werden. Durch diese Strategie werden die Enzyme selbst, die Zymogengranula (in der sie gespeichert werden) und letztendlich die Zelle vor einer Selbstverdauung geschützt. Das Proenzym wird durch Entfernen eines Molekülteils – entweder durch ein für diesen Zweck spezifisches Enzym (z.B. Chymotrypsinogen) oder auch durch eine Erniedrigung des pH-Wertes (z.B. Pepsinogen) – aktiviert. Das Proenzym **Trypsinogen**, ein aus 249 Aminosäuren bestehendes Polypeptid, ist so lange unwirksam, bis ein aus 6 Aminosäuren bestehendes Endstück vom Aminoterminus entweder durch die Wirkung eines anderen Trypsinmoleküls oder durch eine **Enterokinase** (ein intestinales proteolytisches Enzym) abgespalten wird. Trypsin aktiviert seinerseits **Chymotrypsinogen** durch Hydrolyse zum enzymatisch aktiven **Chymotrypsin**.

Andere Verdauungsenzyme: Zusätzlich zu den bisher beschriebenen Hauptklassen gibt es eine Anzahl anderer wichtiger Verdauungsenzyme: **Nucleasen, Nucleotidasen** und **Nucleosidasen**. Diese hydrolysieren, wie ihr Name andeutet, Nucleinsäuren und deren Abbauprodukte. **Esterasen** spalten Ester, jene fruchtig riechenden Komponenten, die reife Früchte für Vögel, Insekten und Menschen so unwiderstehlich machen. Diese und andere untergeordnete Verdauungsenzyme sind (pauschal bewertet) für die Ernährung nicht so wichtig, sie machen die Nahrungsverwertung jedoch wirksamer.

Kontrolle der Verdauungssekretion

Die Produktion von Verdauungssaft wird bei den Vertebraten in einem bestimmten Darmabschnitt durch das Vorhandensein bzw. Eintreffen von Nahrung ausgelöst, seltener auch in einem entfernteren Teil. Die Anwesenheit von Nahrungsmolekülen reizt sensorische Nervenendigungen und führt reflektorisch über autonome Efferenzen zur Aktivierung oder Hemmung von Motilität und Drüsensekretion. Entsprechende Nahrungsmoleküle stimulieren endokrine Epithelzellen direkt über deren Rezeptoren und lösen damit eine reflektorische Sekretion von gastrointestinalen Hormonen in die lokale Blutbahn aus. Diese Reflexe ermöglichen es Drüsen, die außerhalb des eigentlichen Verdauungstraktes liegen (z.B. Leber und Pankreas), ihre Sekretion dem Zustand der Nahrung, die den Verdauungstrakt passiert, anzupassen. Die gastrointestinale Sekretion steht größtenteils unter der Kontrolle von **gastrointestinalen Peptidhormonen**, die von den endokrinen Zellen der Magen- und Darmmucosa sezerniert werden. Einige dieser Hormone sind identisch mit Neuropeptiden, die im ZNS als Transmitter vorkommen. Dies läßt vermuten, daß für die Synthese dieser biologisch aktiven Peptide sowohl von den Zellen des ZNS als auch von jenen des Verdauungstraktes die gleiche genetische Information verwendet wird. Einige gastrointestinale Hormone sind in Tab. 15.**2** aufgeführt.

Der Einfluß von Bewußtsein oder Denken bei der Kontrolle der Verdauungssekretion von Tieren wird oft außer acht gelassen. Zumindest bei Säugetieren können psychische Einflüsse und erlerntes Verhalten die Verdauungssekretion anregen (Box 15.**1**, S. 755). Aber keiner dieser neuronalen und hormonellen Mechanismen, welche die Sekretion auslösen, steht unter einfacher, willkürlicher Kontrolle.

Die Kenngrößen der Verdauungssekretion (Sekretionsrate und Sekretmenge) hängen von mehreren miteinander in Wechselwirkung stehenden Faktoren ab. Zu diesen gehören
- ob die Sekretion neuronal oder hormonell kontrolliert wird,
- in welchem Abschnitt des Verdauungstrakts die Sekretion stattfindet, und
- wie lange die Verweildauer der Nahrung im stimulierten Abschnitt ist.

Die Speicheldrüsensekretion erfolgt z.B. sehr schnell und steht vollständig unter unwillkürlicher, neuronaler Kontrolle; die Magensaftsekretionen stehen unter hormoneller und neuronaler Kontrolle; die Darmsekretionen erfolgen langsamer und stehen in erster Linie unter hormoneller Kontrolle. Wie bei anderen Systemen überwiegt die neuronale Kontrolle bei schnellen Reflexen, wogegen endokrine Mechanismen zu den Reflexen gehören, die – um wirksam zu werden – Minuten oder Stunden benötigen.

Im Vergleich zu den Vertebraten ist über die Kontrolle der Verdauungssekretion bei Evertebraten sehr wenig bekannt. Filtrierer, die kontinuierlich Nahrung aufnehmen, produzieren auch ständig Verdauungsflüssigkeiten. Andere Evertebraten sezernieren Enzyme nur, wenn Nahrung im Verdauungstrakt vorhanden ist; die genauen Kontrollmechanismen müssen erst eingehender untersucht werden. Die eindrucksvolle Vielfalt evertebrater Lebensformen schließt Verallgemeinerungen über die Funktion ihrer Verdauungssysteme aus.

Speicheldrüsen und Magensekretion

Der Speichel der Säuger enthält Wasser, Elektrolyte, Mucin, Amylase und antimikrobielle Wirkstoffe wie Lysozym und Thiocyanat. In Abwesenheit von Nahrung produzieren die Speicheldrüsen nur wenig wäßrigen Speichel. Die Sekretion wird durch Nahrung, aber auch durch andere mechanische Reize im Mund angeregt und über cholinerge parasympathische Nerven ausgelöst. Bewußte Wahrnehmung von Nahrung hat die gleiche Wirkung (Box 15.**1**). Die Amylase im Speichel wird durch Kauen unter die Nahrung gemischt und baut Stärke ab. Mucin und die wäßrige Beschaffenheit des Speichels bewirken, daß der Nahrungsbrocken durch die Peristaltik des Oesophagus leichter in den Magen rutscht.

Ein wichtiges Sekret der Magenwand ist **Salzsäure** (HCl), die von den **Belegzellen** der Mucosa produziert wird. Angeregt wird die Sekretion von HCl durch
- die Aktivität des Vagus,
- die gemeinsame Wirkung des Magenhormons Gastrin und Histamin, einem lokal (parakrin) wirkenden Hormon, das in den Mastzellen der Magenschleim-

Tab. 15.2 Einige gastrointestinale Hormone (sämtlich Peptide)

Hormon	Bildungsort	Zielorgan	Wirkung	Stimulus zur Sekretion
Gastrin	Magen und Duodenum	sekretorische Zellen und Muskulatur des Magens	HCl-Produktion und Sekretion, Stimulation der Magenmotilität	Vagus stimuliert, Peptide und Proteine im Magen
Cholecystokinin (CCK)[1]	oberer Dünndarm	Gallenblase	Kontraktion der Gallenblase	Fettsäuren und Aminosäuren im Duodenum
Sekretin	Duodenum	Pankreas, sekretorische Zellen und Muskulatur des Magens	Wasser und $NaHCO_3^-$ Sekretion, Hemmung der Magenmotilität	Nahrung und hoher Säuregehalt im Magen und Dünndarm
Gastroinhibitorisches Peptid (GIP)	oberer Dünndarm	Magenmucosa und Muskulatur	hemmt Magensekretion und Motilität	Monosacharide und Fette im Duodenum
Bulbogastron	oberer Dünndarm	Magen	hemmt Magensekretion und Motilität	Säure im Duodenum
Vasoaktives intestinales Peptid (VIP)[1]	Duodenum	Magen, Darm	fördert Durchblutung, Sekretion dünnen Pankreassaftes; hemmt die Magensekretion	Fette im Duodenum
Enteroglucagon	Duodenum	Jejunum, Pankreas	hemmt Motilität und Sekretion	Kohlenhydrate im Duodenum
Enkephalin[1]	Dünndarm	Magen, Pankreas, Darm	hemmt HCl-Sekretion, Pankreassekretion und Darmmotilität	allgemeines Darmmilieu
Somatostatin[1]	Dünndarm	Magen, Pankreas, Darm, Eingeweidearteriolen	hemmt HCl-Sekretion, Pankreassekretion, Darmmotilität und Eingeweidedurchblutung	Säure im Magenlumen

[1] Diese Peptide findet man auch als Neuropeptide im ZNS. Neuropeptide, die hier nicht genannt sind, aber im Hirn- und im Darmgewebe vorkommen, sind Substanz P, Neurotensin, Bombesin, Insulin, Pankreaspolypeptid und ACTH.

haut gebildet wird (jedes der beiden Hormone bindet an einen anderen Rezeptor in der Zellmembran der Belegzellen; beide Rezeptoren müssen belegt sein, damit HCl-Sekretion stattfindet) und
– sekretionsanregende Stoffe in der Nahrung, wie z.B. Coffein, Alkohol oder die aktiven Bestandteile der Gewürze.

Salzsäure hilft, die Peptidbindungen in den Proteinen zu lösen, aktiviert einige Magenenzyme und tötet Bakterien, die mit der Nahrung in den Magen gelangen. Nach Einnahme einer großen Mahlzeit werden bei einigen Tieren so viele Protonen für die Produktion von HCl verwendet, daß der pH-Wert im Blut und anderen extrazellulären Flüssigkeiten für einige Stunden oder sogar Tage erhöht bleibt. Diese sogenannte **alkaline Flut** kann bei Krokodilen, Schlangen und anderen „Räubern", die in größeren Abständen große Mahlzeiten zu sich nehmen, im Blut zu einem Anstieg des pH-Wertes um 0,5 oder sogar 1,0 Einheiten führen.

Die Belegzellen produzieren eine H^+-Ionenkonzentration im Magensaft, die 10^6mal höher ist als die im Plasma (Abb. 15.**32**). Das geschieht mit Hilfe des Enzyms **Carboanhydrase**, das folgende Reaktion katalysiert:

$$CO_2 + H_2O \rightleftharpoons H_2CO_3$$

Das aus der Dissoziation der Kohlensäure (H_2CO_3) entstehende Hydrogencarbonat (HCO_3^-) wird im Austausch gegen Cl^- über einen in der Basalmembran liegenden HCO_3^-/Cl^--Antiporter aus der Belegzelle in das Blut exportiert. Importiertes Cl^- diffundiert zur Apikalmembran, wo es zusammen mit H^+ und über eine K^+/H^+-ATPase aktiv in das Lumen der Magendrüse sezerniert wird.

Das wichtigste Magenenzym ist Pepsin. Dieses proteolytische Enzym wird von den **Hauptzellen** (Abb. 15.**33**) als **Pepsinogen**, einer unwirksamen Vorstufe, sezerniert. Diese exokrinen Zellen werden vom Vagus kontrolliert, aber auch durch das Hormon **Gastrin** stimuliert, das aus der Magenwand stammt (Abb. 15.**34**).

Box 15.1 Verhaltenskonditionierung bei der Nahrungsaufnahme und der Verdauung

In der Geschichte der Psychologie und der Physiologie wurden die Experimente von I. Pawlow berühmt, der vor fast einem Jahrhundert die reflexbedingte Speichelsekretion bei Hunden demonstrierte. Einem Hund wurde die Nahrung gleichzeitig mit dem Ton einer Glocke gegeben. Normalerweise speichelt ein Hund, wenn er sein Futter sieht oder riecht, jedoch nicht, wenn er einen Glockenton hört. Trotzdem führte nach mehrmaliger Wiederholung des Versuchs (Glockenton = **bedingter Reiz**, Futter = **unbedingter Reiz**) die Glocke allein zur Speichelsekretion. Dies war die erste Entdeckung eines **bedingten Reflexes**. Diese Experimente wurden für die Weiterentwicklung von Theorien zum Tierverhalten und zur Tierpsychologie wichtig. Im Zusammenhang mit diesem Kapitel zeigen Pavlovs Experimente, daß einige Sekretionen des Verdauungstraktes unter Kontrolle des Gehirns stehen. Somit erfolgt bei Vertebraten die neuronale Kontrolle der Verdauungssekretion durch zwei Mechanismen: Beim ersten geht der **sekretomotorische Output** des Drüsengewebes auf einen **unbedingten Reflex** zurück, der durch den direkten Kontakt von Nahrung mit den Chemorezeptoren ausgelöst wird; beim zweiten wird der sekretomotorische Output indirekt durch die **Assoziation** eines bedingten mit einem unbedingten Stimulus hervorgerufen.

Ein anderes Beispiel für die Kontrolle des Gehirns über die Sekretion ist die reflektorische Sekretion von Speichel- und Magenflüssigkeit, die durch das Sehen, den Geruch oder die Erwartung auf Nahrung hervorgerufen wird. Diese Reaktionen gehen auf vorhergehende Erfahrung zurück (z.B. **assoziiertes Lernen**). Eng damit verknüpft ist die Entdeckung, daß einige Tiere nach einmaligem Probieren („**one-trial-learning**") von ungenießbarer Nahrung diese in Zukunft meiden. Auf diese Weise wird Futter ohne zu kosten liegengelassen, wenn es wie etwas aussieht oder riecht, was früher als ungenießbar erfahren wurde. Insektenfressende Vögel vermeiden bestimmte schlechtschmeckende Beute aufgrund einer einzigen schlechten Erfahrung mit dieser. Beispiele, daß ungenießbare Nahrung nach einmaligem Probieren vermieden wird, wurden auch von verschiedenen Säugerarten beschrieben.

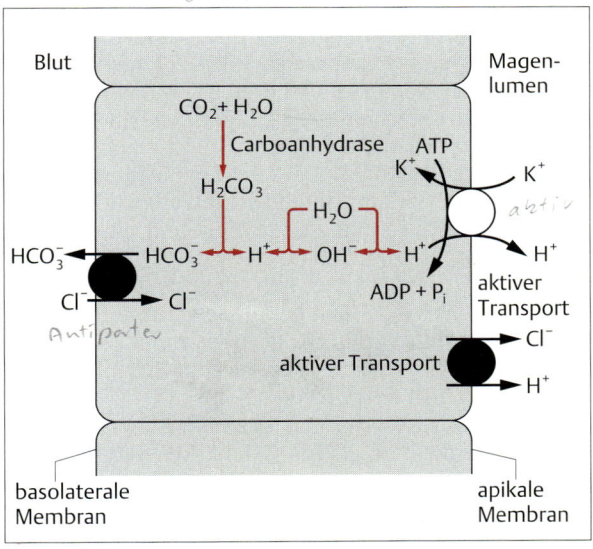

Abb. 15.32 Salzsäure-Sekretion durch Belegzellen des Magens. Nach diesem Modell werden H$^+$ und Cl$^-$-Ionen aktiv durch die apikale Membran in das Magenlumen transportiert. In der apikalen Membran befindet sich eine K$^+$/H$^+$-ATPase, in der basolateralen Membran einen Cl$^-$/HCO$_3^-$-Antiporter.

Das inaktive Proenzym Pepsinogen, von dem es mehrere Varianten gibt, wird durch Abspaltung eines Teiles seiner Peptidkette bei niedrigem pH-Wert in das enzymatisch aktive **Pepsin** umgewandelt. Als Endopeptidase spaltet Pepsin innerhalb von Polypeptidketten Bindungen, an denen bestimmte Aminosäuren beteiligt sind.

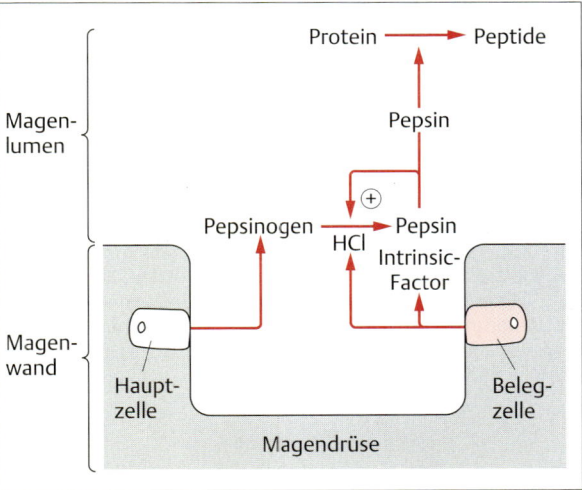

Abb. 15.33 Zusammenfassung der Sekretions- und Verdauungsvorgänge im Magen. Das hochwirksame proteolytische Enzym Pepsin wird in einer inaktiven Form (Pepsinogen) sezerniert. Das Pepsinogen wird dann von HCl aktiviert. Die Hauptzellen (zygomatischen Zellen) produzieren das Pepsinogen, die Belegzellen HCl und den Intrinsic-Factor.

Die Becherzellen der Magenwand produzieren einen Schleim, der verschiedene Mucopolysaccharide enthält. Der Schleim bedeckt das Magenepithel und schützt es vor einer Schädigung durch HCl und Pepsin. HCl kann zwar in die Schleimschicht eindringen, wird aber von basischen Elektrolyten innerhalb des Schleimes neutralisiert.

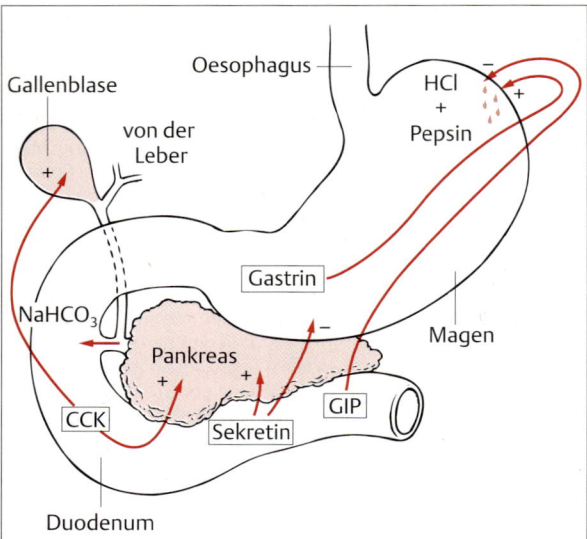

Abb. 15.34 Wirkung verschiedener gastrointestinaler Hormone auf die Sekretion und die mechanische Aktivität des Verdauungstraktes bei Wirbeltieren. Gastrin aus dem unteren Teil des Magens stimuliert den HCl- und Pepsinfluß aus den sekretorischen Zellen des Magens und die Knetbewegungen der muskulösen Magenwand. Die Sekretion von Gastrin wird durch Proteine im Magen, durch Magendehnung und durch Aktivität des Vagus ausgelöst. Das Gastrin-inhibitorische-Peptid (GIP), das vom Dünndarm als Antwort auf einen hohen Fettsäurespiegel freigesetzt wird, hemmt diese Wirkung. Neutralisation und Verdauung des Chymus erfolgt durch Pankreassekrete, die von Cholecystokinin (CCK) stimuliert werden. CCK löst auch eine Kontraktion der Gallenblase aus, die fettemulgierende Galle in den Dünndarm abgibt. CCK wird als Antwort auf die Anwesenheit von Amino- und Fettsäuren im Duodenum abgegeben. Sekretin stimuliert die Pankreassekretion, hemmt aber die Magenaktivität. (+) und (-) zeigen stimulierende oder hemmende Wirkung an.

Bei einigen jungen Säugern, einschließlich Kälbern von Rindern (aber nicht bei Kleinkindern), sezerniert der Magen das Labferment **Rennin**, eine Endopeptidase, die Milch durch die Bildung von Calciumcaseinat aus dem Milchprotein Casein gerinnen läßt. Die geronnene Milch wird dann von proteolytischen Enzymen, einschließlich Rennin, verdaut.

Die Kontrolle der Magensekretion wird bei Säugern in cephalische, gastrische und intestinale Phasen unterteilt. In der **cephalischen Phase** tritt die Sekretion schon durch das Erblicken, den Geruch, den Geschmack oder auch nur durch die Erwartung von Futter oder als Antwort auf einen bedingten Reflex auf (Box 15.1). Diese Phase steht unter Kontrolle des Gehirns (daher „cephalisch") und kann durch eine Durchtrennung des Vagus unterbunden werden. In der durch das Hormon Gastrin und die Komponente Histamin vermittelten **gastrischen Phase** wird bei Anwesenheit von Nahrung im Magen die Sekretion von HCl und Pepsin direkt über chemische und mechanische Rezeptoren stimuliert. Die **intestinale Phase** wird durch Hormone wie **Gastrin**, **Sekretin**, **vasoaktive Intestinalpeptide** (VIP) und **gastrische Inhibitorpeptide** (GIP) kontrolliert (Tab. 15.2, S. 754). GIP wird z.B. durch den Eintritt von Fetten und Zucker in das Duodenum aus den endokrinen Zellen der oberen Dünndarmmucosa freigesetzt (Tab. 15.2, Abb. 15.**34**).

Die Kontrolle der Magensekretion wurde im Tierversuch mit Hilfe der Heidenhain-Tasche erforscht, einer denervierten, aus einem Teil des Magens chirurgisch geformten Tasche, die nach außen mündet. Ihre einzige Beziehung zum Rest des Magens besteht indirekt über die Blutzirkulation. Da sie nicht innerviert ist, zeigt die Aussackung in der cephalischen Phase keine Sekretion. Wenn Nahrung in den Magen gelangt, produziert sie jedoch Magensaft. Diese Sekretion veranlaßte die Forscher zu der Annahme, daß ein Botenstoff ins Blut abgegeben wird, sobald Nahrung im Magen ist. Ein solches Hormon wurde tatsächlich entdeckt und Gastrin genannt (Tab. 15.**2**); später wurde es als Polypeptid klassifiziert. Enthält der Speisebrei Proteine und wird der Magen gedehnt, sezernieren die endokrinen Zellen der Pylorusmucosa des Magens Gastrin. Durch seine Wirkung auf die glatte Muskulatur stimuliert es die Magenmotilität; durch die Wirkung auf die Sekretzellen der Magenwand induziert es eine starke HCl- und eine mäßige Pepsinogensekretion. Sobald der pH-Wert des Speisebreis auf 3,5 oder darunter fällt, sinkt die Gastrinsekretion ab, bis sie schließlich bei pH 1,5 ganz aufhört. Wie bereits erwähnt, stimuliert die Histaminausschüttung im Magen, wie auch dessen mechanische Dehnung, ebenfalls die HCl-Sekretion.

Die intestinale Phase der Magensekretion ist wesentlich vielfältiger (Abb. 15.**34**). Gelangt der Nahrungsbrei in den Zwölffingerdarm, wird durch die Anwesenheit teilweise verdauter Proteine im sauren Speisebrei die Duodenummucosa zur Sekretion von **Darmgastrin** angeregt. Darmgastrin hat die gleiche Wirkung wie Magengastrin und regt die Magendrüsen zu erhöhter Sekretion an. Es wird vermutet, daß zumindest beim Menschen die intestinale Phase nur eine verhältnismäßig kleine Rolle bei der Kontrolle der Magensekretion spielt.

Die Magensekretion kann sowohl durch das Fehlen stimulierender Faktoren, als auch durch Reflexhemmung herabgesetzt werden. Der **enterogastrische Reflex** hemmt die Magensekretion; er wird ausgelöst bei Dehnung des Duodenums durch den vom Magen hereingepumpten Nahrungsbrei, der teilweise verdaute Proteine enthält oder einen besonders niedrigen pH-Wert aufweist. Die Magensekretion kann auch bei einer starken Anregung des sympathischen Nervensystems gehemmt werden. Aktivität der sympathischen Nervenendungen im Magen setzt Adrenalin frei, welches die Magensekretion und Entleerung des Magens hemmt.

Darm- und Pankreassekretion

Das Epithel des Säugerdünndarms sondert den **Darmsaft** (Succus entericus) ab. Dieser besteht aus zwei Flüssigkeiten: einer zähen, zumeist enzymfreien und basischen Schleimflüssigkeit, die von den **Brunner-Drüsen** im ersten Teil des Duodenums zwischen Pylorussphinkter und dem Ausführgang des Pankreas abgesondert wird. Sie ermöglicht es dem Duodenum, dem stark sauren Speisebrei, der aus dem Magen kommt, zu widerstehen, bis dieser von den basischen Pankreas- und Gallensekreten neutralisiert wird. Eine zweite dünnere, aber enzymreiche alkalische Flüssigkeit, die aus den **Lieberkühn-Krypten** (Abb. 15.20) kommt, vermischt sich mit der Schleimflüssigkeit des Duodenums. Die Sekretion des Darmsafts steht sowohl unter der Kontrolle mehrerer Hormone (einschließlich Sekretin, gastrisches inhibitorisches Peptid und Gastrin), als auch unter neuronaler Kontrolle. Eine Dehnung der Dünndarmwand löst einen lokalen sekretorischen Reflex aus. Ebenso führt eine Vaguserregung zu einer Sekretion.

Der Dickdarm produziert keine Enzyme, sondern lediglich eine dünne, alkalische Flüssigkeit, die Hydrogencarbonat, Kalium-Ionen und etwas Schleim enthält, der die Faeces bindet.

Das Pankreas enthält neben den endokrinen **Langerhans-Inseln** (s. S. 362) exokrines Gewebe, das verschiedene Verdauungsenzyme absondert, die durch den Ductus pancreaticus in den Dünndarm gelangen. Die **Pankreasenzyme** (α-Amylase, Trypsin, Chymotrypsin, Elastase, Carboxypeptidasen, Aminopeptidasen, Lipasen und Nucleasen) werden in eine alkalische, hydrogencarbonatreiche Flüssigkeit abgesondert, die den sauren Speisebrei zu neutralisieren hilft. Diese Pufferwirkung ist wichtig, denn die Pankreasenzyme benötigen einen neutralen bis leicht alkalischen pH.

Die exokrine Pankreassekretion wird durch Peptidhormone aus dem oberen Dünndarmbereich kontrolliert. Der aus dem Magen in den Dünndarm gelangende saure Speisebrei regt die Freisetzung von Sekretin und VIP aus den endokrinen Zellen des oberen Dünndarms an (Tab. 15.2). Sobald diese Peptide in den Blutstrom gelangen, regen sie das Pankreas zur Produktion von dünnflüssigem Hydrogencarbonatpuffer an, stimulieren aber nur geringfügig die Sekretion von Pankreasenzymen. Ebenso bewirkt das von den Magenzellen abgesonderte Gastrin eine geringfügige Ausschüttung von Pankreassaft für den im Duodenum zu erwartenden Nahrungsbrei.

Die Sekretion der Pankreasenzyme wird durch ein weiteres, im oberen Darm lokalisiertes Hormon, das Peptid **Cholecystokinin** (CCK), bewirkt (Tab. 15.2). CCK wird aus endokrinen Darmepithelzellen als Antwort auf Fettsäuren und Aminosäuren im Darm freigesetzt. Man weiß heute, daß Cholecystokinin und Pankreozymin identisch sind, und so werden beide als Cholecystokinin (CCK) bezeichnet. CCK löst auch Kontraktionen der glatten Muskulatur der Gallenblase aus, wobei die gespeicherte Galle durch den Gallengang in das Duodenum fließt (Abb. 15.34).

In endokrinen Schleimhautzellen aus der oberen Region des Säugerdarmtrakts sind auch die Neuropeptide Somatostatin und Enkephalin gefunden worden. Beide Hormone haben vielfältige Wirkungen auf die Funktionen des Magen-Darmtrakts. Somatostatin wirkt normalerweise lokal (parakrin), es hemmt die Sekretion von Magensäure und Pankreasenzymen sowie die Darmmotilität und den Blutfluß. Die Enkephaline hemmen die Magensäuresekretion und die Darmmotilität, regen aber die Sekretion der Pankreasenzyme an.

Bei einigen Arten ändert sich die Zusammensetzung der Pankreassekrete in Abhängigkeit von der Nahrungszusammensetzung. Ist die Nahrung mehrere Wochen lang reich an Kohlenhydraten, dann nimmt der Amylasegehalt zu. Eine ähnliche Beziehung findet man bei Proteinen und Proteasen sowie bei Fetten und Lipasen.

Absorption

Um für den Organismus verwertbar zu sein, müssen die Verdauungsprodukte (Aminosäuren aus Proteinen, Monosacharide aus Kohlenhydratpolymeren) aus dem Darm zu allen Geweben und Zellen des Tieres gelangen. Bei einem Einzeller verlassen die Verdauungsprodukte einfach die Nahrungsvakuole und gelangen in das umgebende Cytoplasma. Bei einem Vielzeller müssen die Verdauungsprodukte zuerst aus dem Verdauungstrakt durch das **Absorptionsgewebe** in den Kreislauf und dann aus dem Blut durch Zellmembranen in die Zellen der Gewebe transportiert werden.

Die Verdauungsprodukte werden hauptsächlich durch die Mikrovilli aufgenommen, welche die apikale Membran der absorbierenden Zellen bedecken (Abb. 15.21). Die Mikrovilli verfügen über spezielle Strukturen für die Verdauung und Aufnahme von Substanzen; dazu gehören die Glykocalyx, membrangebundene Verdauungsenzyme und spezifische, in der Membran lokalisierte Transportproteine. An der basolateralen Membran werden diese Substanzen durch andere Mechanismen aus den absorbierenden Zellen in das Interstitium (Zellzwischenraum) und schließlich in den Kreislauf geschleust.

Nährstoffaufnahme im Darm

Die aus Kohlenhydratfilamenten bestehende Glykocalyx, welche die Mikrovilli bedeckt, entstammt der Membranoberfläche und ist ein Teil von ihr. Die Filamente der Glykocalyx sind die aus Kohlenhydraten bestehenden Seitenketten von in der Membran eingebetteten Glykoproteinen. Weiterhin fand man, daß der Bürstensaum (Mikrovilli plus Glykocalyx) Verdauungsenzyme für die **Endverdauung** verschiedener kleiner Nährstoffmoleküle enthält. Diese Enzyme sind membrangebundene Glykoproteine, deren Kohlenhydratketten in das Lumen ragen. Zu den Bürstensaumenzymen gehören Disaccharidasen, Aminopeptidasen und Phosphatasen. Auf diese Weise finden einige Stufen der Endverdauung direkt an der absorbierenden Zellmembran statt.

Mehrere Transportarten (s. Kap. 4) sind an den Absorptionsprozessen beteiligt, dazu gehören: Passive Diffusion, erleichterte Diffusion, Cotransport, Gegentransport (Antiport), aktiver Transport und Endocytose. Die Transportart hängt davon ab, welche Art von Molekül aufgenommen wird und welchen Gradienten seine Bewegung unterliegt.

Passive Diffusion

Passive Diffusion kann durch wassergefüllte Poren, aber auch durch eine Lipiddoppelschicht (vorausgesetzt die diffundierende Substanz ist fettlöslich) erfolgen. Zu den Stoffen, die durch wassergefüllte Poren diffundieren, gehören neben dem Lösungsmittel Wasser einige Zucker, Alkohole und andere kleine, wasserlösliche Moleküle. Durch die Lipiddoppelschicht des Bürstensaums diffundieren Fettsäuren, Monoglyceride, Cholesterin und andere fettlösliche Substanzen. Für Nichtelektrolyte ist die Rate der passiven Nettodiffusion proportional dem Konzentrationsgefälle. Für Elektrolyte ist sie dem elektrochemischen Gradienten proportional. Bei passiver Diffusion erfolgt der Nettotransport unter Nutzung des Energiegefälles des Gradienten immer „bergab".

Carriervermittelter Transport

Bei der Absorption von Monosacchariden und Aminosäuren ergeben sich zwei Probleme. Zum einen sind diese Moleküle durch HO-Gruppen oder auch Ionisierungen hydrophil; zum anderen sind sie zu groß, um durch „solvent drag" (Stoffe werden beim Durchtritt des Lösungsmittels durch Poren „mitgerissen") oder mittels einfacher Diffusion hinreichend rasch wassergefüllte Poren passieren zu können. Diese Probleme werden durch den **carriervermittelten Transport** durch die Membranen der Absorptionszellen gelöst (Abb. 15.**35**). Auf diese Weise werden einige Zucker (z.B. Fructose)

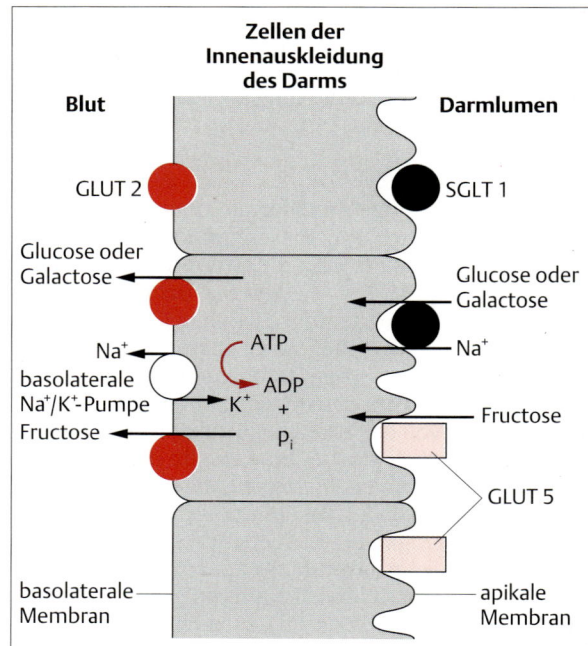

Abb. 15.35 Zuckertransporter des Dünndarmepithels. Die für den erleichterten Transport zuständigen Transportproteine (GLUT 5, GLUT 2) haben eine zentrale Rolle in diesem Modell des Zuckertransports über die Zellen der Dünndarmauskleidung. Das integrale Membranprotein SGLT 1 koppelt den Transport von Na$^+$ an den von Glucose und Galactose. Fructose passiert den Bürstensaum über das GLUT 5 Transportprotein. Die Aufnahme von Zukker wird von einem chemischen Na$^+$- und einem elektrischen Gradienten an der Membran angetrieben. Die Zucker werden dann über das GLUT 2 Transportprotein entlang ihres Konzentrationsgradienten durch die basolaterale Membran transportiert. Eine basolaterale Na$^+$/K$^+$-Pumpe pumpt Natrium aus der Zelle und erzeugt damit den Gradienten, der den ganzen Prozeß antreibt (nach Wright, 1993).

entlang ihres Konzentrationsgefälles mit Hilfe spezieller, in den Membranen lokalisierter Proteinkanäle transportiert. Die Antriebskraft wird dabei vom elektrochemischen Na$^+$-Gradienten geliefert. Mit Hilfe des membrangebundenen Proteins SGLT 1 wird der Cotransport von Na$^+$ mit Glucose (oder Galactose) durch die Plasmamembran des Bürstensaums gekoppelt, Fructose wird mit Hilfe von GLUT 5 durch den Bürstensaum transportiert, Fructose, Glucose und Galactose mit Hilfe von GLUT 2 durch die basolaterale Membran befördert.

Einige Monosaccharide werden durch einen ähnlichen Mechanismus, den **Hydrolase-Transport**, aufgenommen. Dabei hydrolysiert eine membrangebundene Glykosidase das ursprüngliche Disaccharid (z.B. Succrose, Maltose) und wirkt gleichzeitig als Carrier oder ist an einen Carrier gekoppelt, der die Monosaccharide in die Absorptionszelle transportiert.

Nach dem Durchtritt durch das Epithel diffundieren die Zucker- und Aminosäuremoleküle in die Kapillaren der Mikrovilli und gelangen so ins Blut. In anderen Geweben werden die Zucker und Aminosäuren durch die gleichen Transportmechanismen in Körperzellen aufgenommen.

Aktiver Transport

Im Säugerdarm findet der Na^+-getriebene Aminosäuretransport in die absorbierenden Zellen durch vier verschiedene und nicht konkurrierende Cotransportsysteme statt – je ein gesondertes System für
– die drei dibasischen Aminosäuren (Lysin, Arginin und Histidin) mit je zwei Aminogruppen,
– die beiden diaziden Aminosäuren (Glutamat und Aspartat) mit je zwei Carboxylgruppen,
– eine spezielle Aminosäureklasse, die aus Glycin, Prolin und Hydroxyprolin besteht und
– die übrigen neutralen Aminosäuren.

Ein eigenes Transportsystem gibt es für Di- und Tripeptide. Einmal in der Zelle, werden Dipeptide und Tripeptide von intrazellulären Peptidasen in ihre Aminosäuren zerlegt. Das hat den Vorteil, daß in der Zelle die Oligopeptidkonzentration niedrig gehalten und ein hohes, in die Zelle gerichtetes Konzentrationsgefälle für diese Moleküle aufrechterhalten wird.

Aufnahme von Lipiden

Die Abbauprodukte der Fette (Monoglyceride, Fettsäuren und Glycerol) diffundieren durch die Membran des Bürstensaums, werden in den absorbierenden Zellen innerhalb des glatten endoplasmatischen Reticulums wieder zu Triglyceriden zusammengesetzt und gelangen dann zum Golgi-Apparat. Dort werden sie zusammen mit Phospholipiden und Cholesterin zu kleinen Tröpfchen mit ungefähr 150 µm Durchmesser, den **Chylomikronen**, emulgiert (Abb. 15.**36**). Durch Exocytose, d.h. durch Verschmelzen der Vesikelmembran mit der basolateralen Membran, erfolgt die Abgabe in die Lymphe. Über den Ductus thoracicus werden sie dem Blutkreislauf zugeführt.

Endocytose

Der Transport von Zuckern und Aminosäuren durch die basolaterale Membran erfolgt – wie erwähnt – durch erleichterte Diffusion. Einige Oligopeptide werden in die absorbierende Zelle mittels Endocytose aufgenommen. Bei neugeborenen Säugetieren werden durch diesen Prozeß unverdaute Immunoglobuline aus der Muttermilch im Darm aufgenommen. Sobald die Nährstoffe in der Zelle sind, gelangen sie durch die basolateralen Membranen der Absorptionszelle in das Innere des Villus und dann aus der interstitiellen Flüssigkeit in die Blutbahn.

Transport der Nährstoffe im Blut

Aus der interstitiellen Flüssigkeit des Villus gelangen die Verdauungsprodukte in das Blut oder die Lymphe (Abb. 15.**36**). Fische haben ein verhältnismäßig einfaches Lymphsystem; bei allen anderen Vertebraten ist es jedoch gut entwickelt (s. Kap. 12). Bei Menschen gelangen etwa 80% der Chylomikronen über die im **Lymphsystem** zirkulierende **Lymphe** (Ultrafiltrat des Blutplasmas) in den Blutstrom. Der Rest gelangt direkt in das Blut. Der Weg in das Lymphsystem beginnt im blind endenden zentralen Lymphgefäß der Villi (Abb. 15.**21 A**). Beim Menschen kehrt die Lymphe über den **thorakalen Lymphgang** in den Kreislauf zurück. Zucker und Aminosäuren gelangen vorwiegend in die Kapillaren des Villus, die in Venolen münden, welche dann zur **Leberpfortader** führen. Diese Vene bringt das Blut von den Eingeweiden direkt zur Leber. In der Leber wird unter der Wirkung von Insulin der größte Teil der Glucose von **Hepatocyten** aufgenommen, in Glykogen-Granula umgewandelt und in dieser Form gespeichert. Bei Bedarf wird das Glykogen wieder zu Glucose abgebaut und in den Kreislauf abgegeben. Die hormonelle Kontrolle des Glykogenabbaus, Zuckerstoffwechsels, Fettstoffwechsels und Aminosäurestoffwechsels wird in Kap. 9 ausführlich behandelt.

Wasser- und Elektrolytgleichgewicht im Darm

Durch die Produktion und Sekretion der verschiedenen Verdauungssäfte aus exokrinen Drüsen des Verdauungskanals und der Anhangsorgane gelangen große Mengen von Wasser und Elektrolyten in das Lumen des Verdauungstrakts. Beim Menschen sind das bis über 8 Liter pro Tag (Abb. 15.**37**), das ist in etwa das 1,5fache des gesamten Blutvolumens. Es wäre unter osmotischen Gesichtspunkten untragbar, wenn diese Wasser- und Elektrolyt-Mengen mit den Faeces ausgeschieden würden. Tatsächlich wird fast das gesamte Wasser der Sekrete, zusammen mit dem über die Nahrung aufgenommenen Wasser, durch den Darm reabsorbiert. Dies findet im gesamten Darm, überwiegend jedoch im unteren Abschnitt des Dünndarms statt.

Die für die Wasseraufnahme zuständigen Darmzellen, sind am apikalen Pol durch Tight junctions miteinander verbunden (Abb. 15.**21 B**), die den Weg zwischen

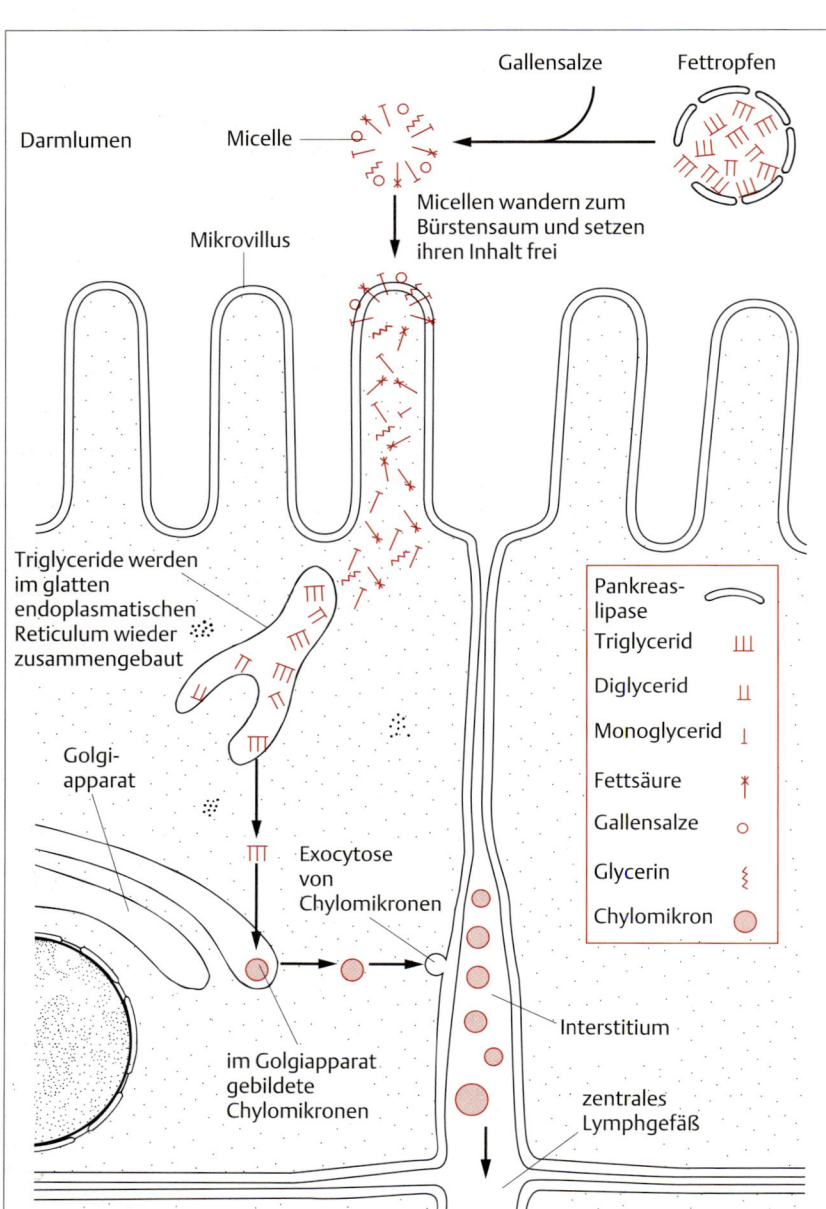

Abb. 15.36 Lipidresorption im Dünndarm. Lipide werden aus dem Darmlumen durch die absorbierenden Darmzellen in den interstitiellen Raum transportiert. Spaltprodukte der Triglyceridverdauung – Monoglyceride, Fettsäuren, Glycerol – bilden mit gelösten Gallensalzen Micellen. Die Micellen transportieren diese Stoffe zum Bürstensaum. Der fettlösliche Inhalt der Micellen gelangt mittels passiver Diffusion durch die Membran des Mikrovillus in die absorbierenden Zellen und wird im glatten endoplasmatischen Reticulum wieder zu Triglyceriden zusammengebaut. Die Triglyceride werden zusammen mit kleineren Mengen von Phospholipiden und Cholesterin im Golgi-Apparat als Chylomikronen – Tröpfchen mit etwa 150 μm Durchmesser – gespeichert. Diese verlassen dann die Zelle durch Exocytose an der basolateralen Seite der Zelle.

den Zellen fast ganz blockieren. Versuche mit Deuterium-markiertem Wasser (D_2O) zeigten, daß das Wasser das Eingeweidelumen durch Kanäle verläßt, deren summierte Lumenquerschnitte nur 0,1 % der Epiteloberfläche ausmachen. Versuche mit radioaktiv markierten Verbindungen zeigten, daß diese Kanäle nur wasserlösliche Moleküle mit einem Molekulargewicht von unter 100 g/mol hindurchlassen. Entsprechend kleine Teilchen werden vom Wasserstrom passiv mitgetragen („solvent drag"), wobei das Lösungsmittel – seinem osmotischen Gradienten folgend – durch hydratisierte Kanäle strömt (d.h. durch Kanäle, die mit einem Mantel aus Wassermolekülen ausgekleidet sind).

Die Antriebskraft für die Diffusion von Wasser aus

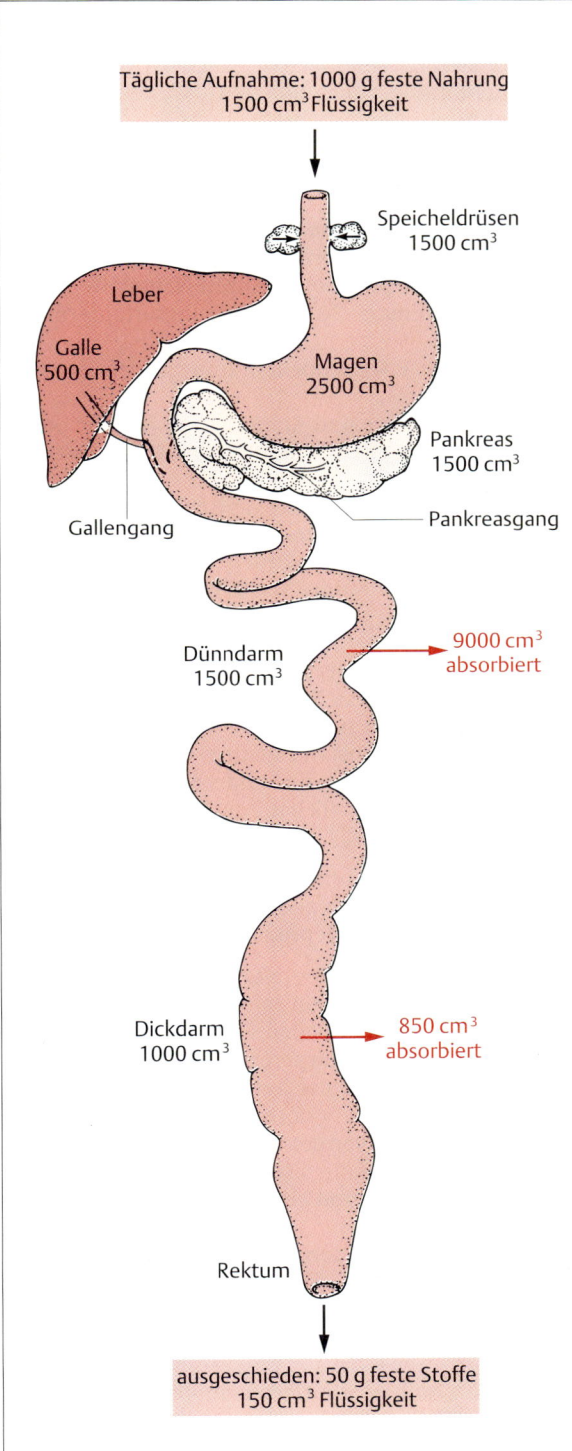

dem Lumen in das Innere des Villus ist der osmotische Druck; die Nettowasserbewegung erfolgt deshalb vollständig passiv. Tatsächlich wurde bisher bei keinem Lebewesen – weder bei Tieren, Pflanzen oder Mikroben – jemals ein aktiver Wassertransport gefunden. Der osmotische Gradient, der für den Wassertransport aus dem Lumen in den Villus verantwortlich ist, entsteht in erster Linie durch aktiven Transport von Substanzen (im wesentlichen Ionen, Zucker und Aminosäuren) aus dem Lumen in den Villus. Der aus diesem aktiven Transport - vor allem in den Seitenspalten des Epithels - resultierende erhöhte osmotische Druck im Villus entzieht der Darmzelle osmotisch Wasser, das aber wiederum osmotisch durch die apikale Membran aus dem Lumen ersetzt wird.

Der größte Teil des Wassers und der Elektrolyte wird durch die Darmzellen nahe oder an der Spitze des Villus (Darmzotte, Zotte) absorbiert. Die erhöhte Wasserabsorption in der Zottenspitze beruht auf einer an dieser Stelle erhöhten Na^+-Konzentration im Lumen. Die Na^+-Konzentration nimmt mit dem Abstand zur Zottenspitze deutlich ab. Für dieses Konzentrationsgefälle gibt es zwei Gründe: Zunächst erfolgt die aktive Na^+-Aufnahme überwiegend durch Absorptionszellen an der Spitze der Darmzotten; Cl^- folgt nach, die Ansammlung von NaCl an dem oberen blinden Zottenlumen ist daher am größten. Weiterhin führt die Gegenstromanordnung der Blutgefäße (s. Box 14.**2**, S. 697) zu einer weiteren Anhäufung von NaCl im oberen Teil des Zottenlumens. Arterielles Blut, das zur Zottenspitze strömt, nimmt Na^+ und Cl^- von NaCl-reichem Blut auf, das die Zotte über eine abführende Venole verläßt. Aufgrund dieser Zirkulation häuft sich Na^+ in den Zottenspitzen an, was dort zu einem starken osmotischen Wasserfluß aus dem Darmlumen in die Zotte führt.

Die Aufnahme von Na^+ und Cl^- in die Zotte wird durch hohe Konzentrationen von Glucose und verschiedenen anderen Hexosen im Darmlumen unterstützt, die den Natrium-Zucker-Cotransport anregen.

Eine übermäßige Wasseraufnahme aus dem Lumen würde zu einer übermäßigen Austrocknung des Darminhalts (und damit zur Verstopfung) führen, die normalerweise durch die hemmende Wirkung einiger gastrointestinaler Hormone auf die Wasser- und Elektrolytaufnahme verhindert wird. Gastrin hemmt die Was-

Abb. 15.37 Flüssigkeitsbilanz der Verdauung. Entlang der gesamten Länge des menschlichen Verdauungskanals findet ein Flüssigkeitsaustausch statt. Die Volumina sind je nach Zustand und Körpermasse individuell verschieden. Schwarze Zahlen stehen für Flüssigkeitsmengen, die in den Verdauungstrakt gelangen, rote Zahlen für die Mengen, die aus dem Lumen absorbiert werden (nach Madge, 1975).

serabsorption aus dem Dünndarm, während Sekretin und CCK die Aufnahme von Na$^+$, K$^+$ und Cl$^-$ im oberen Jejunum verringern. Ebenso hemmen Gallensalze und Fettsäuren die Absorption von Wasser und Elektrolyten.

Die aktive Aufnahme von Ca^{2+} erfolgt über einen speziellen Mechanismus. Zuerst wird Ca^{2+} an ein in der Mikrovillimembran lokalisiertes calciumbindendes Protein gebunden und dann durch einen energieverbrauchenden Prozeß in die Darmzelle transportiert; anschließend gelangt es in die Blutbahn. Die Verfügbarkeit von calciumbindendem Protein wird vom Hormon Calcitriol (früher 1a,25-Dihydroxy-Vitamin-D$_3$) reguliert. Die Freisetzung von Ca^{2+} aus der Darmzelle in das Zottenlumen wird von Parathyroidhormon beschleunigt.

Vitamin B$_{12}$ ist mit einem Molekulargewicht von 1357 g/mol der größte als Ganzes aufgenommene wasserlösliche Nährstoff. Dieses stark geladene, kobalthaltige Molekül ist in der aufgenommenen Nahrung mit einem Protein assoziiert, an das es als Coenzym gebunden ist. Beim Absorptionsvorgang wird Vitamin B$_{12}$ von diesem Nahrungsprotein auf ein Mucoprotein übertragen, das als **Intrinsic-Factor** oder **hämopoetischer Faktor** bekannt ist und von den H$^+$-sezernierenden Belegzellen des Magens abgesondert wird. Da Vitamin B$_{12}$ für die Synthese und Reifung der roten Blutkörperchen notwendig ist, tritt die **perniziöse Anämie** auf, wenn die Aufnahme von Vitamin B$_{12}$ durch den Intrinsic-Factor gestört ist. Einige Bandwürmer „stehlen" Vitamin B$_{12}$ aus dem Darm ihres Wirtes, indem sie einen Stoff bilden, der dieses Vitamin aus seiner Bindung an den Intrinsic-Factor verdrängt, so daß es für den Wurm, aber nicht mehr für den Wirt verfügbar ist.

Nahrungsbedürfnisse

Unabhängig davon, wie die Nahrung gefangen, aufgenommen und verdaut wird, braucht jedes Tier eine ausreichende Vielfalt und Menge an Nährstoffen. Nährstoffe liefern die Energie für den Stoffwechsel und das Rohmaterial für den Aufbau der Zellsubstanz, der Gewebeerhaltung und der Fortpflanzung. Zu den Nährstoffen zählen auch wichtige Spurenelemente wie Jod, Zink und einige andere Metalle, die nur in äußerst geringen Mengen benötigt werden. Bei den Nahrungserfordernissen der verschiedenen Arten gibt es große Unterschiede. Selbst innerhalb einer Art gibt es Differenzen in Abhängigkeit von Phänotyp, Körpergröße, Körperzusammensetzung und Aktivität sowie Alter, Geschlecht und Fortpflanzungsstadium. Ein trächtiges Weibchen braucht unter Umständen mehr Energie als ein Männchen, ein geschlechtsreifes spermaproduzierendes Männchen mehr als ein noch unreifes. Unabhängig vom Fortpflanzungsstadium braucht ein kleines Tier mehr Nahrungsenergie pro Gramm Körpergewicht als ein großes, da seine Stoffwechselrate pro Einheit Körpergewicht höher ist. Ganz ähnlich benötigt ein gleichwarmes Tier zur Aufrechterhaltung der höheren Körpertemperatur mehr Nahrung als ein wechselwarmes Tier (s. Kap. 16).

Energiebilanz

In einem **ausgeglichenen Ernährungszustand** stehen einem Tier alle für ein langfristiges Wachstum und die Erhaltung des Körpers notwendigen Nährstoffe ausreichend zur Verfügung. Zu den Nahrungserfordernissen zählen:

– ausreichende Energiequellen zum Betrieb der Körperfunktionen,
– genügend Proteine und Aminosäuren für eine positive Stickstoffbilanz (d.h. kein Verlust von Körperprotein),
– genügend Wasser und anorganische Substanzen für den Einbau in Gewebe und Ausgleich der Verluste,
– ausreichende Zufuhr essentieller Aminosäuren und Vitamine, die im Körper nicht synthetisiert werden können.

Eine ausgeglichene **Energiebilanz** erfordert, daß die Energiezufuhr durch die Nahrung in einem bestimmten Zeitabschnitt ebenso groß ist wie der Energiebedarf für Gewebeerhaltung, -instandsetzung und die Leistung von Arbeit (Stoffwechsel- und andere Arbeiten), bei Vögeln und Säugern zusätzlich für die Erzeugung von Körperwärme, also:

$$\text{Energieaufnahme} = \text{Energieabgabe}$$
$$= \text{Energieverbrauch der Gewebe} + \text{Wärmeproduktion}$$

Eine nicht ausreichende Energiezufuhr kann vorübergehend durch den Abbau von im Gewebe gespeicherten Fetten, Kohlenhydraten oder Proteinen ausgeglichen werden, wodurch das Körpergewicht abnimmt. Andererseits führt jede Nahrungsaufnahme, die den für eine ausgeglichene Bilanz erforderlichen Energiebedarf übersteigt, zu einer vermehrten Speicherung von Fett im Körper. Beispiele dafür sind das Anlegen großer Fettdepots bei Zugvögeln und bei Säugern vor dem Winterschlaf.

Die Fähigkeit zur Bildung der für Wachstum und Erhaltung erforderlichen Stoffe ist von Tierart zu Tierart verschieden. So kann es für eine Art notwendig sein, bestimmte Cofaktoren (z.B. Zn^{2+}) oder Nahrungsbausteine (z.B. Aminosäuren), die für biochemische Reaktionen oder für den Aufbau von Gewebemolekülen essentiell sind, aus der Nahrung zu beziehen. Substanzen, die vom Tier nicht selbst erzeugt werden können, werden als essentielle Nährstoffe bezeichnet.

Nährstoffmoleküle

Zu den Nährstoffmolekülen gehören Wasser, Proteine und Aminosäuren, Kohlenhydrate, Fette und Lipide, Nucleinsäuren, anorganische Salze und Vitamine.

Wasser

Wasser ist der wichtigste Bestandteil tierischer Gewebe. Diese einmalige und erstaunliche Substanz kann 95% und mehr mancher tierischer Gewebe ausmachen. Bei den meisten Tieren wird der Wasserbedarf durch Trinken und durch das in der Nahrung enthaltene Wasser gedeckt. Manche Meeresbewohner und Wüstentiere nutzen fast ausschließlich Stoffwechselwasser – Wasser, das bei der Oxidation von Fett und Kohlenhydraten entsteht –, um Verluste durch Verdunstung, Faeces und Urin zu ersetzen (s. S. 673).

Proteine und Aminosäuren

Proteine und Aminosäuren werden als Strukturelemente und als Enzyme eingesetzt. Aminosäuren können auch zur Energiegewinnung herangezogen werden (s. Kap. 3). Die Proteine in tierischen Geweben setzen sich aus etwa 20 verschiedenen Aminosäuren zusammen. Die Fähigkeit zur Aminosäuresynthese ist je nach Tierart unterschiedlich. Aminosäuren, die ein Organismus nicht synthetisieren kann, die aber für den Aufbau von Proteinen notwendig sind, werden als für dieses Tier **essentielle Aminosäuren** bezeichnet. Das Erkennen dieser Bedürfnisse war von großer wirtschaftlicher Bedeutung für die Tierzucht. Es gab eine Zeit, in der z.B. das Wachstum von Hühnern durch einen zu geringen Anteil einiger weniger essentieller Aminosäuren in ihrem Körnerfutter beschränkt war. Durch Anreicherung des Futters mit diesen Aminosäuren konnten die anderen vorhandenen Aminosäuren nun voll genutzt werden, wodurch die Proteinsyntheserate und damit das Wachstum sowie die Legekapazität der Tiere gesteigert werden konnten. Mikrobiologen nutzen solche limitierenden Faktoren, indem sie Mikroorganismen gentechnisch so verändern, daß sie eine bestimmte Aminosäure benötigen (z.B. Lysin), die in ihrer natürlichen Umgebung normalerweise nicht vorhanden ist. Die Mikroben wachsen daher nur in einem Milieu, das mit dieser Aminosäure angereichert ist. Durch diese Sicherheitsmaßnahme kann die Ausbreitung veränderter Mikrobenstämme in einer natürlichen Umwelt verhindert werden.

Kohlenhydrate

Kohlenhydrate werden in erster Linie als sofort verfügbarer (Glucose-6-phosphat) oder gespeicherter (Glykogen) Energieträger genutzt; sie können aber auch in Stoffwechselzwischenprodukte oder in Fette umgewandelt werden (s. Kap. 3). Umgekehrt können die meisten Tiere Proteine und Fette in Kohlenhydrate umwandeln. Die wichtigsten Quellen für Kohlenhydrate sind Stärke, die Cellulose der Pflanzen und das in tierischen Geweben gespeicherte Glykogen.

Lipide

Lipidverbindungen (Fette) sind als kompakte Energiereserven geeignet. Aus einem Gramm Fett kann doppelt soviel Energie freigesetzt werden wie aus einem Gramm Protein oder Kohlenhydrat. Lipide können daher auf ihr Volumen bezogen wesentlich mehr chemische Energie speichern als andere Nährstoffe. Für gewöhnlich speichern Tiere Fett für Mangelperioden, wenn der Energiebedarf das Energieangebot übersteigt, wie z.B. als Vorbereitung auf den Winterschlaf. Lipide sind auch wichtige Bestandteile der Zellstruktur, z.B. der Plasmamembranen, der Organellmembranen und der Myelinscheiden von Axonen. Zu den Lipiden zählen Fettsäuren, Monoglyceride, Triglyceride, Sterole und Phospholipide.

Nucleinsäuren

Da sämtliche Tiere fähig zu sein scheinen, aus einfachen chemischen Vorstufen Nucleinsäuren aufzubauen, werden diese nicht als essentielle Bestandteile der Nahrung definiert.

Anorganische Salze

Einige Chloride, Sulfate, Phosphate und die Carbonate der Metalle Calcium, Natrium und Magnesium sind wichtige Bestandteile der intra- und extrazellulären Flüssigkeiten. Calcium kommt als **Hydroxylapatit** $[Ca_{10}(PO_4)_6(OH)_2]$ vor, einem kristallinen Material, das den Knochen der Säuger und den Schalen der Mollusken Härte und Festigkeit verleiht. Eisen-, Kupfer- und andere Metallionen sind als Cofaktoren an Redox-Reaktionen beteiligt und bei der Bindung und dem Transport von Sauerstoff wichtig (Hämoglobin, Myoglobin). Viele Enzyme sind zur Ausführung ihrer katalytischen Funktion auf ganz bestimmte Metalle angewiesen. Tierische Gewebe brauchen einige Ionen in mäßigen Mengen (Ca^{2+}, PO_4^{2-}, K^+, Na^+, Mg^{2+}, SO_4^{2-}, und Cl^-), andere nur in Spuren (Mn^{2+}, Fe^{2+}, Cu^{2+}, Zn^{2+}, Iod, Kobald und Selen).

Tab. 15.3　Einige Säugervitamine

Bezeichnung	Vorkommen, Löslichkeit[1]	Metabolismus	Funktion[2]	Mangelsymptome
Carotin (A)	Eigelb, grünes oder gelbes Gemüse, Obst; FL	mit Hilfe von Galle im Darm absorbiert, Speicherung in der Leber	Bildung von Sehpigmenten; Erhaltung von Epithelstrukturen; wichtig für Embryonalentwicklung	Nachtblindheit, Hauterkrankungen
Calciferol (D_3)	Lebertran, Leber; FL	im Darm absorbiert; geringe Speicherung	Erhöht Calciumaufnahme im Darm; Knochen und Zahnbildung	Rachitis bei Kindern, Osteoporose bei Erwachsenen
Tocopherol (E)	grünblättriges Gemüse, Fleisch, Milch, Eier, Butter; FL	im Darm absorbiert; Speicherung in Fett und Muskelgewebe	Mensch: Erhaltung der Erythrocyten, Antioxidans; andere Säuger: Erhaltung der Schwangerschaft	Erhöhte Brüchigkeit der Erythrocyten, Muskeldystrophie, Abortus, Muskelschwund
Naphtoquinin (K)	Synthese durch Darmflora, Leber, grünblättriges Gemüse; FL	im Darm absorbiert; geringe Speicherung, in Faeces ausgeschieden	ermöglicht Prothrombinsynthese in der Leber	Gerinnungsstörungen
Thyamin (B_1)	Gehirn, Leber, Niere, Herz, ganzes Getreide; WL	im Darm absorbiert; gespeichert in Leber, Hirn, Herz	Bildung des Enzyms Cocarboxylase, das an der Decarboxilierung beteiligt ist (Zitratzyklus)	Hemmung des CH_2O-Metabolismus beim Pyruvat; Beriberi, Neuritis, Herzversagen
Riboflavin (B_2)	Milch, Eier, mageres Fleisch, ganzes Getreide; WL	im Darm absorbiert; Speicherung in Niere, Leber, Herz	Flavoproteine bei der oxidativen Phosphorylierung	Photophobie, Dermatitis
Niacin	mageres Fleisch, Leber, ganzes Getreide; WL	im Darm absorbiert; Verteilung in alle Gewebe	Coenzym bei H-Transport (NAD, NADP)	Pellagra, Hautläsionen, Verdauungsstörungen, Verblödung
Cyanocobalamin (B_{12})	Leber, Niere, Hirn, Fisch, Eier; Synthese durch die Darmflora; WL	im Darm absorbiert; Speicherung in Leber, Niere, Hirn	Nucleoproteinsynthese; Erythrocytenbildung	perniziöse Anämie, Mißbildung bei Erythrocyten
Folsäure (Pteroylglutaminsäure)	Fleisch; WL	im Darm absorbiert; wird sofort verbraucht	Nucleoproteinsynthese, Erythrocytenbildung	Störung bei der Erythrocytenreifung, Anämie
Pyridoxin (B_6)	ganzes Getreide, Spuren in vielen Nahrungsmitteln; WL	im Darm absorbiert; etwa 50% im Urin ausgeschieden	Coenzym des Aminosäure- und Fettstoffwechsels	Dermatitis, Nervenerkrankungen
Pantothensäure	in vielen Nahrungsmitteln; WL	im Darm absorbiert; Speicherung in allen Geweben	Bestandteil des Coenzym A (CoA)	neuromotorische, cardiovaskuläre Störungen
Biotin	Eidotter, Tomaten, Leber; Synthese durch Darmflora; WL	im Darm absorbiert	Protein- und Fettsäuresynthese, CO_2-Fixierung, Transaminierung	Schuppenflechte, Muskelschmerzen, Schwäche
Ascorbinsäure (C)	Zitrusfrüchte; WL	im Darm absorbiert; geringe Speicherung	notwendig für Kollagen und Grundsubstanz, Antioxidans	Skorbut, Unfähigkeit, Bindegewebe zu bilden

[1] FL = fettlöslich; WL = wasserlöslich.
[2] Die meisten Vitamine haben mehrere Funktionen, es sind nur Beispiele angeführt.

Vitamine

Die Vitamine sind eine chemisch heterogene Gruppe organischer Substanzen, die für gewöhnlich in geringer Menge als Cofaktoren für Enzyme benötigt werden. Einige für den Menschen wichtige Vitamine und ihre Funktionen sind in Tab. 15.**3** aufgezählt. Der detaillierte Vitaminbedarf ist vorwiegend für Haustiere bekannt, die für Fleisch, Eier oder andere Produkte gezüchtet werden. Über die am Stoffwechsel anderer Vertebraten und vor allem Evertebraten beteiligten Vitamine weiß man dagegen nur sehr wenig.

Die Fähigkeit zur Synthese von Vitaminen ist bei Tieren sehr unterschiedlich. Vitamine, die im Organismus nicht hergestellt werden können, müssen aus anderen Quellen bezogen werden, in erster Linie von Pflanzen, aber auch aus Fleischnahrung oder von Darmmikroben. Viele Tiere können **Ascorbinsäure** (Vitamin C) bilden; der Mensch ist dazu jedoch nicht fähig und deckt seinen Bedarf über Gemüse und Zitrusfrüchte. **Skorbut**, eine durch Vitamin C-Mangel verursachte Krankheit beim Menschen, war in früheren Zeiten auf Segelschiffen sehr häufig und gefürchtet, bis die britische Admiralität der Verpflegung der Mannschaften Zitrusfrüchte (vorwiegend Limonen) hinzufügte. Der Mensch kann auch die Vitamine K und B_{12} nicht bilden, die beide von Darmbakterien hergestellt, im Darm aufgenommen und an die Gewebe verteilt werden. Die fettlöslichen Vitamine A, D_3, E und K werden im Fettgewebe gespeichert. Wasserlösliche Vitamine (z.B. Ascorbinsäure) werden dagegen nicht gespeichert und müssen daher entweder ständig gebildet oder zugeführt werden.

Zusammenfassung

Alle heterotrophen Organismen gewinnen Kohlenstoffverbindungen von mäßigem bis hohem Energiegehalt aus den Geweben anderer Organismen. Die chemische Energie dieser Verbindungen stammt fast ausschließlich von der Sonnenenergie, die von autotrophen Organismen photosynthetisch in Zuckermolekülen gespeichert wurde. Einige wenige aquatische Nahrungsketten beziehen die für die Synthese notwendige Energie über chemoautotrophe Organismen aus Redox-Gradienten. Die nachfolgenden Syntheseaktivitäten der auto- und heterotrophen Organismen verwandeln die einfachen Kohlenstoffverbindungen in komplexere Kohlenhydrate, Fette und Proteine.

Nahrung wird auf verschiedene Weisen aufgenommen, bei einigen limnischen und marinen Arten über die Körperoberfläche, durch Endocytose oder durch Filtrieren, Saugen, Beißen und Kauen oder mit Hilfe von Schleimfallen. Die aufgenommene Nahrung kann kurze Zeit in einem Kropf gespeichert oder sofort der Verdauung zugeführt werden. Die Verdauung besteht aus der enzymatischen Hydrolyse großer Moleküle in ihre monomeren Untereinheiten. Bei den Metazoen findet dies extrazellulär in einem Verdauungskanal statt. Die Hydrolyse löst nur energiearme Bindungen; der größte Teil der in den Nährstoffen enthaltenen Energie bleibt für den intrazellulären Metabolismus erhalten. Die Nährstoffe werden schrittweise in energiekonservierenden Reaktionen oxidiert oder dienen als Material für das Zellwachstum.

Bei Vertebraten beginnt die Verdauung im sauren Bereich des Magens und wird im basischen Bereich des Dünndarms fortgeführt. Proteolytische Enzyme werden als Proenzyme oder Zymogene freigesetzt; sie sind enzymatisch inaktiv, bis ein Teil ihrer Proteinkette abgespalten wird. Dieses Verfahren verhindert die proteolytische Selbstzerstörung der enzymproduzierenden Zellen, welche die Zymogengranula speichern und absondern. Andere exokrine Zellen sondern Verdauungsenzyme (z.B. Carbohydrasen und Lipasen), Schleim oder Elektrolyte sowie HCl und $NaHCO_3$ ab.

Die Motilität des Verdauungstrakts der Vertebraten beruht auf dem koordinierten Zusammenspiel glatter Längs- und Ringmuskeln. Peristaltik tritt auf, wenn eine Welle ringförmiger Kontraktionen den Darm entlang wandert; vor der Wanderwelle ist die Ringmuskulatur erschlafft. Parasympathische Aktivität regt die Darmmotilität an, während sympathische Erregung die Darmmotilität hemmt.

Sowohl die Sekretion von Verdauungssaft als auch die Motilität der glatten Muskulatur steht unter neuronaler und endokriner Kontrolle. Alle gastrointestinalen Hormone sind Peptide; viele von ihnen sind auch als Neuropeptide im ZNS bekannt, wo sie als Transmitter oder lokale Neurohormone wirken. Die endokrinen Zellen der gastrointestinalen Mucosa werden direkt durch die Nahrung im Verdauungstrakt sowie durch neuronale Wirkung zur Peptidhormonproduktion angeregt. Diese Hormone hemmen oder aktivieren die Absonderung von Verdauungssäften und -enzymen durch die exokrinen Darmzellen.

Die Verdauungsprodukte werden durch die absorbierenden Darmzellen der Mucosa aufgenommen und in das Lymph- und Blutsystem eingespeist. Die absorbierende Oberfläche, die aus den apikalen Membranen vieler Tausend Darmzellen besteht, die untereinander durch Tight junctions verbunden sind, wird durch die Mikrovilli beträchtlich vergrößert. Mikrovilli sind mikroskopisch kleine Ausstülpungen der apikalen Zellmembranen. Zur weiteren Oberflächenvergrößerung bedecken die absorbierenden Zellen große, fingerförmige Zotten (Villi), welche auf den Auffaltungen der Darmwand sitzen.

Die Endverdauung findet im Bürstensaum statt, der

aus den Mikrovilli und der Glycocalyx auf den apikalen Membranen besteht. Hier werden kurzkettige Zucker und Peptide in ihre monomeren Untereinheiten zerlegt, bevor sie durch die Membran transportiert werden. Für die Absorption der meisten Zucker und Aminosäuren wird Energie verbraucht. Ein wichtiger Transportmechanismus dieser Substanzen ist der Cotransport mit Na^+; er erfolgt mittels eines gemeinsamen Carriers und unter Nutzung der Potentialenergie des elektrochemischen Gradienten, der Na^+ aus dem Darmlumen in das Cytoplasma der Absorptionszelle bringt. Endocytose spielt eine Rolle bei der Aufnahme kleiner Polypeptide, weniger bei großen Peptiden. Bei Kleinkindern erfolgt jedoch die Aufnahme von Immunglobulinen aus der Muttermilch in das Darmepithel über Endocytose. Lipide gelangen mittels einfacher Diffusion durch die Zellmembran in die Zelle.

Als Bestandteile der Verdauungssäfte gelangen große Mengen an Wasser und Elektrolyten in den Verdauungskanal. Allerdings werden diese Mengen später vollständig durch die aktive Aufnahme von Ionen über die Darmmucosa zurückgewonnen. Der aktive Elektrolyttransport aus dem Darmlumen führt zu einem passiven, osmotischen Wasserfluß aus dem Lumen in die Darmzellen und schließlich in den Blutstrom. Ohne diese Wiederaufnahme von Elektrolyten und Wasser würde das Verdauungssystem dem Tier eine ungeheure osmotische Belastung aufbürden.

Empfohlene Literatur

Diamond, J. M.: Evolutionary design of intestinal nutrient absorption: enough but not too much. News. Physiol. Sci. **6** (1991) 92–96

Mayer, E. A., Sun, X. P., Willenbucher, R. F.: Contraction coupling in colonic smooth muscle. Ann. Rev. Physiol. **54** (1992) 395–414

Stevens, C. E.: Comparative Physiology of the Vertebrate Digestive System. Cambridge University Press, Cambridge 1988

16. Energiehaushalt – Auseinandersetzung mit den Anforderungen der Umwelt

Tiere müssen Nahrung zu sich nehmen, um daraus chemische Energie zu gewinnen, die sie zur Verrichtung von Arbeit, zur Erhaltung ihrer strukturellen Unversehrtheit und – als wichtigstes Ziel – zur Fortpflanzung benötigen. In Kap. 3 und 15 wurde erläutert, daß Tiere organische Makromoleküle abbauen, um einen Teil der darin gespeicherten chemischen Energie auf spezielle energiereiche Moleküle (z.B. ATP) zu übertragen; diese Verbindungen dienen anschließend dazu, endergonische Reaktionen anzutreiben. Auf diese Weise nutzen Tiere die chemische Energie der Nahrungsstoffe letztlich zum Aufbau elektrischer, ionaler und osmotischer Gradienten sowie für die Kontraktion von Muskeln. Je effektiver ein Tier die Energiequellen in seiner Umgebung nutzt, desto besser kann es mit Artgenossen konkurrieren und desto größer sind die Aussichten der betreffenden Art, sich im Verlauf der Evolution zu behaupten.

In diesem Kapitel werden die Faktoren untersucht, die im Energiehaushalt von Tieren eine Rolle spielen; besondere Aufmerksamkeit wird dabei den Beziehungen zwischen Energieumsatz und Körpertemperatur sowie Körpermasse, Bewegung und Fortpflanzung gewidmet. Es bildet in vielerlei Hinsicht zu Recht das letzte Kapitel des Lehrbuches, weil darin die physiologischen Fähigkeiten von Tieren im Zusammenhang mit den für ihren evolutiven Erfolg entscheidenden energetischen Kosten behandelt werden, die mit den Anpassungen an die Bedingungen ihrer jeweiligen Lebensräume verbunden sind.

Das Konzept des Energiestoffwechsels

Der Begriff **Stoffwechsel** bezeichnet im weitesten Sinne die Gesamtheit aller chemischen Reaktionen, die in einem Organismus ablaufen (s. Kap. 3). Da die Geschwindigkeit einer chemischen Reaktion mit steigender Temperatur zunimmt, ist die Stoffwechselaktivität eines Tieres eng mit seiner eigenen Körpertemperatur verknüpft. Niedrige Körpertemperaturen schließen wegen der Temperaturabhängigkeit enzymatischer Reaktionen normalerweise hohe Stoffwechselraten aus. Andererseits können hohe Stoffwechselraten wegen der damit verbundenen starken Wärmebildung besonders in heißen Klimazonen zur Überhitzung führen mit schädlichen Folgen für die Funktion von Geweben. In einer kalten Umgebung kann übermäßiger Wärmeverlust ein Absinken der Körpertemperatur auf ein gefährlich niedriges Niveau verursachen, bei dem ein weiterer Temperaturabfall in einem *Circulus vitiosus* von verringerter Produktion von Stoffwechselwärme und fortgesetzter Abkühlung einen Rückgang der Bildung von Körperwärme zur Folge hat. Die Körpertemperatur ist daher eine lebenswichtige physiologische Größe, die sich auf alle Körperfunktionen von Tieren auswirkt, die trotz Schwankungen in der Umgebungstemperatur aufrecht erhalten werden müssen. Einige Tiere regulieren ihre Körpertemperatur unabhängig von der Umgebungstemperatur dauerhaft auf einem gleichbleibenden Niveau; bei anderen kann sie in einem breiteren Bereich schwanken, oder es wird überhaupt auf eine Regulation verzichtet.

Wie Maschinen, so können auch Tiere nur sehr viel weniger als 100% der ihnen zu Verfügung stehenden Energie ausnutzen. Ein Großteil der im Stoffwechsel umgesetzten Energie erscheint in Form von Wärme, die als Nebenprodukt bei der Freisetzung von freier Energie während exergonischer Reaktionen anfällt, z.B. bei Kontraktionen der Muskulatur. Diese Stoffwechselwärme kann man mit der nicht nutzbaren Wärme vergleichen, die ein Dieselmotor bei der Umwandlung chemischer Energie in mechanische Arbeit produziert. Bei vielen Tieren wird die Wärme aber nicht im üblichen Sinn des Wortes „vergeudet"; die Stoffwechselwärme wird vielmehr dazu verwendet, um die Temperatur in den Geweben auf Werte zu erhöhen, bei denen chemische Reaktionen wesentlich rascher ablaufen.

Die Körpermasse hat ebenfalls Auswirkungen auf den Energieumsatz eines Tieres. Kleinere Tiere haben meist höhere massenspezifische Stoffwechselraten als größere. Die Körpergröße beeinflußt daher zahlreiche physiologische Prozesse und die Leistung der meisten Organsysteme. Wie die Körpergröße wirkt sich auch die Tätigkeit der Muskulatur auf den Energieumsatz aus. Im Schwirrflug vor einer nektarhaltigen Blüte verbraucht ein Kolibri weit mehr Stoffwechselenergie als während seiner nächtlichen Ruhe.

Schließlich kann auch die Fortpflanzung einen beträchtlichen Teil der aufgenommenen und gespeicherten Energie beanspruchen. Bei einigen Tierarten ist die Freisetzung der Gameten mit einem geringen Verlust an

Energie verbunden, während bei anderen für die Produktion von Eiern und Spermien sowie die Aufzucht der Nachkommen ein großer Prozentsatz der zur Verfügung stehenden Energie verbraucht wird.

Die Stoffwechselvorgänge lassen sich in zwei Hauptkategorien untergliedern:

1. Der **Anabolismus** verbraucht Energie und ist mit Reparaturvorgängen, Regeneration und Wachstum verbunden; dabei entstehen aus einfachen Substanzen komplexere Moleküle, die vom Organismus benötigt werden. Die quantitative Erfassung anaboler Stoffwechselvorgänge ist schwierig. Als Indiz für eine anabole Stoffwechsellage kann beispielsweise eine positive Stickstoffbilanz (d.h. der Nettoeinbau von Stickstoff) dienen: Anabole Stoffwechselvorgänge führen im Zusammenhang mit der Synthese von Proteinen eher zu einer Nettoaufnahme von stickstoffhaltigen Molekülen als zu einem Verlust aufgrund von Proteinabbau.
2. Der **Katabolismus** entspricht im Gegensatz dazu dem Abbau komplexer Verbindungen, die viel Energie enthalten, zu einfacheren Molekülen. Dieser Abbau komplexer Moleküle zu einfacheren im Verlauf kataboler Stoffwechselreaktionen ist mit der Freisetzung chemischer Energie verbunden. Ein Teil dieser Energie wird in Form von energiereichen Phosphatverbindungen, wie z.B. ATP, gespeichert, die in der Folge als Energielieferanten für den Zellstoffwechsel verwendet werden (s. S. 75 ff). Einfachere Zwischenprodukte, wie beispielsweise Glucose oder Lactat, können als Energiespeicher dienen, da sie als Substrat für weitere exergonische Reaktionen eingesetzt werden können.

Wenn keine nach außen gerichtete Arbeit verrichtet wird und keine Speicherung chemischer Energie stattfindet, erscheint die gesamte Energie, die im Verlauf von Stoffwechselvorgängen freigesetzt wird, letztlich in Form von Wärme. Dieser einfache Umstand erlaubt es, die Wärmebildung als Maß für den Energieumsatz zu verwenden, unter der Voraussetzung, daß sich der Organismus im thermischen Gleichgewicht mit seiner Umgebung befindet. Die Umwandlung chemischer Energie in Wärme wird als **Stoffwechselrate** bezeichnet. Die Wärmebildung läßt sich also gut als Maß für die Stoffwechselrate benutzen; es gibt aber auch noch andere Meßgrößen, die hierfür häufig und seit langer Zeit verwendet werden, wie z.B. der Sauerstoffverbrauch. Gegenwärtig wird auch die Kernspintomographie eingesetzt, um auf direktem (nicht mit operativen Eingriffen verbundenem) Weg den Stoffwechsel energiereicher Phosphatgruppen in tierischen Geweben zu bestimmen.

Messungen der Stoffwechselrate sind nicht nur für Physiologen von Interesse, sondern auch für Ökologen, Verhaltensforscher, Evolutionsbiologen und viele andere, da sie die Voraussetzung für die Berechnung des Energiebedarfs von Tieren darstellen. Über längere Zeiträume betrachtet muß ein Tier, um zu überleben, ebensoviel Energie in Form der energieliefernden Nahrungsmoleküle aufnehmen, wie es im Verlauf der Stoffwechselreaktionen freisetzt und speichert. Messungen der Stoffwechselrate in Abhängigkeit von der Umgebungstemperatur können Aufschluß über die Mechanismen geben, die zur Zurückhaltung bzw. zur Abgabe von Körperwärme dienen. Messungen der Stoffwechselrate während verschiedener Formen von körperlicher Arbeit ermöglichen das Erfassen der unterschiedlichen energetischen Kosten solcher Aktivitäten. Wieviel Stoffwechselenergie kostet es zum Beispiel um einfach am Leben zu bleiben, um groß oder klein zu sein, um zu fliegen, zu schwimmen, zu laufen oder um eine bestimmte Strecke zurückzulegen?

Die Stoffwechselrate eines Tieres hängt ab von der Art und der Intensität der in ihm ablaufenden Prozesse. Diese umfassen das Wachstum von Geweben und deren Reparatur, ferner chemische, osmotische und elektrische Arbeit; dazu gehört auch mechanische Arbeit, die im Körperinneren abläuft (z.B. die Tätigkeit des Herzens), sowie nach außen gerichtete Arbeit, z.B. zum Zwecke der Fortbewegung und der Verständigung (Abb. 16.1).

Außer Körper- und Umgebungstemperatur, Körpergröße, Fortpflanzungsgeschehen und lokomotorischer Aktivität beeinflussen weitere Faktoren die Stoffwechselrate: Tages- und Jahreszeit, Alter, Geschlecht, Körperform, Streß und Art der Nahrung, die im Stoffwechsel umgesetzt wird, sind hier vor allem zu nennen. Daraus folgt, daß die Stoffwechselraten verschiedener Tiere nur unter sorgfältig gewählten und streng kontrollierten Bedingungen sinnvoll verglichen werden können; diese Voraussetzungen werden im folgenden Abschnitt betrachtet.

Messung der Stoffwechselrate

Physiologen, die sich mit dem Messen von Stoffwechselraten befassen, unterscheiden verschiedene Stoffwechselniveaus oder -zustände, die sich auf die Meßergebnisse auswirken können.

Basal- und Standardstoffwechsel

Der **Basalstoffwechsel** („basal metabolic rate" = BMR) entspricht der konstanten und minimalen Energieumsatzrate, die Säugetiere und Vögel bei geringster physiologischer und Umweltbelastung (d.h. bei körperlicher Ruhe und ohne thermoregulatorischen Streß) und im

Messung der Stoffwechselrate

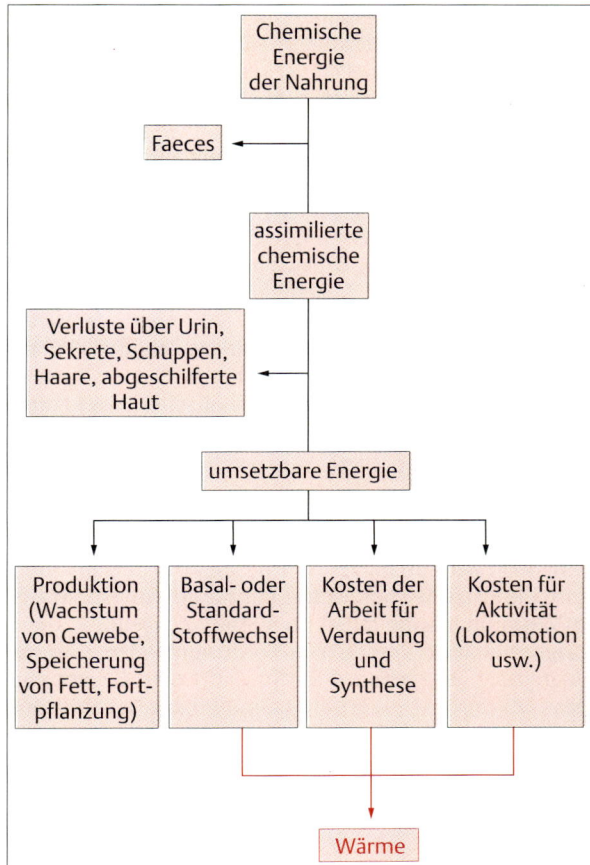

Abb. 16.1   Aufnahme, Nutzung und Verlust chemischer Energie. Ein Teil der von Tieren aufgenommenen chemischen Energie verbleibt in den nicht resorbierten Anteilen, die von der Darmflora abgebaut oder mit dem Faeces ausgeschieden werden. Von der resorbierten chemischen Energie (assimilierte Energie) geht wiederum ein Teil mit dem Urin und anderen Ausscheidungen verloren. Der für den Organismus nutzbare Anteil wird als umsetzbare Energie bezeichnet. Davon fällt ein Teil direkt in Form von Wärme an, die bei exergonischen Reaktionen entsteht (chemische, elektrische oder mechanische Arbeit). Die übrige chemische Energie wird in den bei anabolischen Stoffwechselreaktionen aufgebauten Substanzen und Geweben erhalten (Aufbau von Körpersubstanz).

nüchternen Zustand (d.h. ohne Energieverbrauch für Verdauungs- und Resorptionsprozesse) aufweisen. Außer bei Säugetieren und Vögeln (endotherme Tiere) wird die Körpertemperatur bei fast allen Tieren durch die Umgebungstemperatur beeinflußt (ektotherme Tiere). Da die minimale Stoffwechselrate von der Körpertemperatur abhängt, kann bei letzteren eine dem Basalstoffwechsel äquivalente Stoffwechselrate nur bei einer genau definierten Körpertemperatur gemessen werden. Der **Standardstoffwechsel** („standard metabolic rate" = SMR) ist daher definiert als die Stoffwechselrate eines ruhenden und nüchternen ektothermen Tieres bei einer bestimmten Körpertemperatur. Dabei ist zu beachten, daß die SMR einiger ektothermer Tiere durch die Temperatur beeinflußt werden kann, der die Tiere zuvor für einige Zeit ausgesetzt waren; dabei spielen Kompensationsvorgänge im Stoffwechsel (Temperaturakklimatisation) eine Rolle, die später dargestellt werden.

Basal- und Standardstoffwechsel eignen sich zum Vergleich minimaler Stoffwechselraten sowohl zwischen verschiedenen Arten als auch innerhalb der gleichen Art. Sie liefern jedoch wenig Aufschluß über die tatsächlichen Kosten, die mit den normalen Tätigkeiten von Tieren verbunden sind, da die Bedingungen, unter denen BMR und SMR gemessen werden, stark von natürlichen Verhältnissen abweichen; d.h. während solcher Messungen befindet sich das Tier in einem unnatürlich kontrollierten und ruhigen Zustand. Die Größe, welche die Stoffwechselrate eines Tieres in seiner natürlichen Umwelt am besten beschreibt, ist seine **Freiland**-Stoffwechselrate („field metabolic rate" = FMR); sie entspricht dem mittleren Energieverbrauch eines Tieres, das seinen normalen Tätigkeiten nachgeht, die von völliger Inaktivität während der Ruhezeit bis zur maximalen Leistung bei der Jagd nach Beute (oder um zu vermeiden, selbst erbeutet zu werden) reichen.

Das metabolische Spektrum

Der Bereich, den die Stoffwechselrate bei einem Tier umfassen kann, wird sein **aerobes metabolisches Spektrum** genannt; dieses ist demnach definiert als das Verhältnis zwischen der maximalen Stoffwechselrate, die auf Dauer aufrecht erhalten werden kann, und dem unter kontrollierten Ruhebedingungen ermittelten Basal- bzw. Standardstoffwechsel. Diese dimensionslose Zahl (z.B. 5, 7 oder 14) gibt an, um wieviel der maximale Energieumsatz eines Tieres (gewöhnlich ermittelt in Form des Sauerstoffverbrauchs) dessen Stoffwechselrate unter Ruhebedingungen übertrifft. Bei vielen Tieren steigt die Stoffwechselrate um das 10- bis 15fache, wenn sie aktiv sind. Da die Energie für anhaltende lokomotorische Aktivität normalerweise aus aeroben Stoffwechselreaktionen stammt, muß jedoch beachtet werden, daß bei dieser Art der Bestimmung des Energieumsatzes der mögliche Beitrag anaerober Prozesse zur Aktivität unberücksichtigt bleibt; diese führen zum Aufbau einer Sauerstoffschuld und können daher nicht dauerhaft ablaufen.

Das Konzept des mit der Aktivität verbundenen metabolischen Spektrums wird auf alle Tiere unabhängig von ihrer Fortbewegungsweise angewandt. Fische in einer Durchflußanlage können beispielsweise durch eine Erhöhung der Durchflußgeschwindigkeit zu schnellerem Schwimmen veranlaßt werden. Die Ergebnisse solcher Experimente deuten darauf hin, daß das metabolische Spektrum von der Körpergröße abhängt. Bei Lachsen z.B. steigt das Verhältnis zwischen Aktivitäts- und Standardstoffwechsel von weniger als 5 bei Jungtieren mit einem Gewicht von 5 g auf über 16 bei Tieren mit einer Masse von 2,5 kg. Die Allgemeingültigkeit dieser Beziehung wird durch Vergleiche zwischen Tierarten mit unterschiedlicher Fortbewegungsweise in Frage gestellt. Obwohl sie kleiner sind als eine 5 g schwere Lachslarve, können Fluginsekten, vor allem solche, die während des Fluges eine hohe Körpertemperatur aufrechterhalten, Steigerungsraten von bis zu 100 aufweisen, vermutlich die höchsten im Tierreich überhaupt.

Untersuchungen zum metabolischen Spektrum sind sehr kompliziert und bergen Fallstricke. Wie bereits erwähnt, muß man mit einem beträchtlichen Anteil anaerober Stoffwechselreaktionen rechnen, die vor allem während Höchstleistungen von kurzer Dauer zum Aufbau einer Sauerstoffschuld führen (Abb. 16.2). Die weiße Muskulatur einiger Vertebraten ist hervorragend an die Entwicklung einer Sauerstoffschuld durch anaerobe Vorgänge angepaßt und eignet sich daher besonders für kurze Spurts mit höchster Intensität. Dieser Anteil am gesamten Energieumsatz kann bei Kurzzeitmessungen der Stoffwechselrate übersehen werden, da der aerobe Abbau der dabei entstehenden anaeroben Zwischenprodukte meist erst mit einiger Verzögerung erfolgt. Daher sollten Messungen des metabolischen Spektrums nur während länger anhaltender Aktivität und bei einer konstanten Leistung erfolgen.

Ein zusätzliches methodisches Problem bei der Ermittlung des metabolischen Spektrums ergibt sich aus dem Umstand, daß die in einer vom Experimentator entwickelten Versuchsapparatur gemessene Höchstleistung nicht der dem Tier eigentlich möglichen maximalen Leistung entspricht, wenn es nicht gelingt, dieses entsprechend zu motivieren und anzutreiben.

Schließlich können Messungen des metabolischen Spektrums auch durch Schwankungen im Standardstoffwechsel erschwert werden. Sehr niedrige Werte des Standardstoffwechsels, wie sie im Schlaf und während lethargischer Zustände auftreten, können zu starken Überschätzungen des metabolischen Spektrums führen.

Direkte Kalorimetrie

Unter der Voraussetzung, daß keine körperliche Arbeit verrichtet wird und keine Synthesereaktionen ablaufen, wird die gesamte chemische Energie, die von einem Tier im Zusammenhang mit seinen Stoffwechselfunktionen freigesetzt wird, letztlich in Form von Wärme an die Umgebung abgegeben. Dies folgt aus dem **Gesetz von Hess** (1840), das besagt, daß beim Abbau einer Substanz zu einer bestimmten Art von Endprodukten immer die gleiche Menge an Gesamtenergie freigesetzt wird, unabhängig von den dabei eingeschlagenen Stoffwechselwegen und Zwischenreaktionen. Die Stoffwechselrate eines Organismus kann daher sehr genau bestimmt werden, indem die Energiemenge ermittelt wird, die in

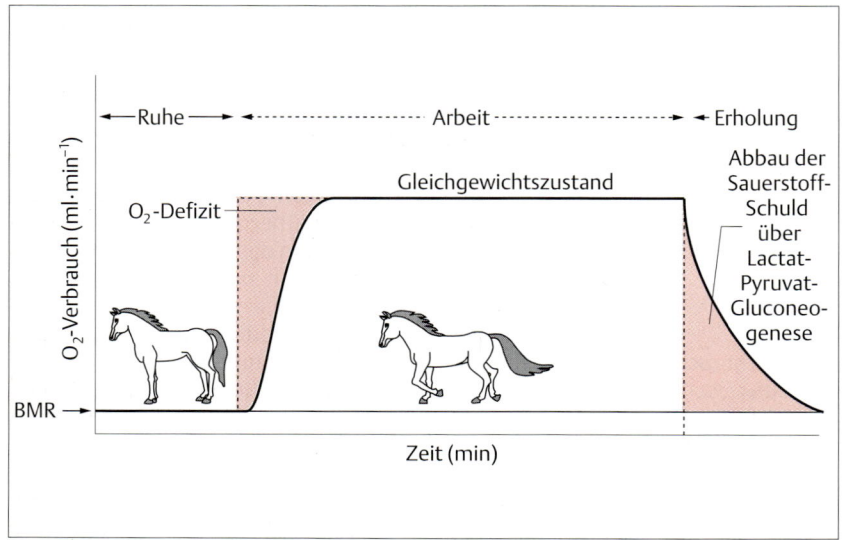

Abb. 16.2 Entstehung und Abbau der Sauerstoffschuld. Im Verlauf einer starken Dauerbelastung entwickelt sich eine Sauerstoffschuld. Eine solche kann in aktivem Muskelgewebe mit anaerober Stoffwechselkapazität entstehen und wird nach Ende der Belastung wieder abgebaut. Dabei kommt es zu einer verzögerten Oxidation der anaerob entstandenen Produkte, z.B. der Milchsäure. Als Folge davon bleibt auch nach Ende der Belastung die Stoffwechselrate zunächst hoch, nimmt aber allmählich ab. Die Entwicklung der Sauerstoffschuld zu Beginn der Belastung geht auf die Nutzung bereits vorhandener Speicher von energiereichen Phosphaten zurück, die während der Ruheperioden aufgebaut wurden. Die Kosten für die Erneuerung dieser Vorräte sind in der „Bezahlung" der Sauerstoffschuld enthalten.

Form von Wärme während einer bestimmten Zeit abgegeben wird. Derartige Messungen erfolgen in Kalorimetern, die Methode wird als **direkte Kalorimetrie** bezeichnet. Das normalerweise frei bewegliche Versuchstier wird dazu in eine thermisch gut isolierte Kammer gesetzt, wobei äußere Störungen auf ein Minimum beschränkt werden müssen. Die vom Tier abgegebene Wärmemenge wird über den Temperaturanstieg einer definierten Wassermasse ermittelt, die dazu dient, diese Wärme aufzufangen. Das erste und einfachste Kalorimeter wurde ungefähr 1780 von Antoine Lavoisier und Pierre de Laplace gebaut; die von einem Tier in einer Box abgegebene Wärme brachte Eis zum Schmelzen, das um diese Box gepackt war. Der Wärmeverlust konnte aus der aufgefangenen Menge an Schmelzwasser über die Schmelzwärme von Eis berechnet werden. In einem Typ von modernen Kalorimetern fließt Wasser in der Versuchskammer durch Spiralen von Kupferröhren. Der gesamte Wärmeverlust des Versuchstieres ergibt sich als Summe aus der Wärmeaufnahme des Wassers und der Verdampfungswärme des Wasserdampfes in der Ausatmungsluft sowie der über die Haut verdunsteten Feuchtigkeit. Um diese latente Wärme zu messen, wird die Masse des Wasserdampfs ermittelt, indem die Luft durch Schwefelsäure geleitet wird, die das Wasser absorbiert. Jedes absorbierte Gramm Wasser entspricht 2,45 kJ (0,585 kcal) an Energie, der Verdampfungswärme von Wasser bei 20 °C. Die Angabe der Ergebnisse erfolgt im allgemeinen in Joule oder Kilojoule pro Stunde (in Box 16.**1** werden die zahlreichen und manchmal verwirrenden Formen diskutiert, in denen Energieeinheiten ausgedrückt werden).

Obwohl in ihren Grundprinzipien sehr einfach, kann die direkte Kalorimetrie in der Praxis sehr umständlich sein. Für Tiere mit sehr niedrigen Stoffwechselraten kann diese Methode zu ungenau sein; für sehr große Tiere sind überdimensional große Versuchskammern erforderlich. Deshalb wurde die direkte Kalorimetrie am häufigsten bei Vögeln und kleinen Säugetieren mit hohen Stoffwechselraten angewandt. Ein weiterer Nachteil der direkten Kalorimetrie besteht darin, daß die unnatürlichen Versuchsbedingungen sich unvermeidlich auf das Verhalten der Versuchstiere (und damit auch auf ihren Stoffwechsel) auswirken.

Indirekte Kalorimetrie: Bestimmung über Nahrungsaufnahme und Exkretion von Stoffwechselendprodukten

Die Stoffwechselrate kann über eine „Bilanzrechnung" abgeschätzt werden, in der die Summe aller Energiegewinne mit derjenigen aller Energieverluste verglichen wird. Lebende Organismen unterliegen den Gesetzen der Energieerhaltung und -umwandlungen, die ursprünglich für nicht lebende chemische und physikalische Systeme hergeleitet wurden (s. S. 71ff). Man könnte daher prinzipiell die Stoffwechselrate eines Tieres, das sich in einem energetischen Gleichgewichtszustand befindet, nach folgender Gleichung bestimmen:

$$\text{aufgenommene chemische Energie} - \text{Verluste an chemischer Energie} = \text{Stoffwechselrate (Wärmeproduktion)} \quad (16.1)$$

Die gesamte Energieaufnahme über eine bestimmte Zeit kommt dem Gehalt an chemischer Energie in der während dieser Zeit verzehrten Nahrung gleich. Die Energieverluste entsprechen der nicht verfügbaren Energie, die in Kot und Urin enthalten ist, die das Tier im gleichen Zeitraum produziert. Sowohl der Energiegehalt des Futters als auch derjenige der Exkretionsprodukte kann über die Verbrennungswärme dieser Stoffe in einem **Bombenkalorimeter** ermittelt werden. Bei

---

Box 16.1 Energieeinheiten (oder „Wann ist eine Kalorie keine Kalorie?")

Die gebräuchlichste Einheit zur Angabe von Wärme war früher die **Kalorie**, Abkürzung „cal", die als die Wärmemenge definiert ist, die benötigt wird, um 1 g Wasser um 1 °C zu erwärmen. Diese Wärmemenge ist geringfügig temperaturabhängig, deshalb ist eine Kalorie präziser die Wärmemenge, die benötigt wird, um 1 g Wasser von 14,5 °C auf 15,5 °C zu erwärmen.

Da eine Kalorie im Verhältnis zu vielen biologischen Prozessen eine sehr kleine Wärmemenge darstellt, ist die **Kilokalorie** (1 kcal = 1000 cal) eine gebräuchlichere Einheit zur Angabe von Wärmeenergie. Vor allem im englischen Sprachraum hat leider der weit verbreitete Gebrauch des Begriffes „Calorie" (beachte den Großbuchstaben C), der 1000 Kalorien (cal) anzeigt, für Verwirrung gesorgt. Wenn auf dem Etikett einer Limonade steht, daß sie „125 Calories" enthält, bedeutet dies mit ziemlicher Sicherheit, daß sie 125 **Kilo**kalorien enthält. Obwohl heute eigentlich nicht mehr erlaubt und durch Joule bzw. Kilojoule ersetzt (s.u.), hat sich der Gebrauch von Kalorie und Kilokalorie gehalten, da diese Begriffe den meisten Menschen vertraut sind.

Nach dem Internationalen System der Einheiten („Système International d'Unités", SI) wird Wärme als Arbeit definiert mit der Maßeinheit **Joule** (J). Auch hier ist die gebräuchlichere Dimension das **Kilojoule** (1 kJ = 1000 J). Demnach entspricht 1 cal = 4,184 J und 1 kcal = 4,184 kJ. Unter der Annahme eines typischen Respiratorischen Quotienten (RQ) von 0,79 führt der Verbrauch von 1 Liter Sauerstoff bei der Verbrennung von Substraten zur Freisetzung von 4,8 kcal oder 20,1 kJ an Wärmeenergie (oxikalorisches Äquivalent).

Leistung ist die pro Zeiteinheit aufgewendete Energiemenge; sie wird in der SI-Einheit **Watt** (W) angegeben (1 W = 1 J/s).

dieser Methode wird das zu prüfende Material zunächst getrocknet und dann in eine Verbrennungskammer gebracht, die von einem Wassermantel definierter Masse umgeben ist. Das Material wird in einer reinen Sauerstoffatmosphäre (ohne Zuhilfenahme weiterer Brennstoffe) zu Asche verbrannt. Die entstehende Wärme wird in dem umgebenden Wassermantel aufgefangen. Die beim Verbrennen der Testsubstanz freigesetzte Energie läßt sich dann aus dem Temperaturanstieg des Wassers errechnen. Sie entspricht der Energiemenge, die freigesetzt wird, wenn das gesamte Material über aerobe Stoffwechselvorgänge vollständig abgebaut würde.

Bei der Anwendung der Bilanzmethode zur Ermittlung des Energieumsatzes muß man sich mit Variablen auseinandersetzen, die schwierig zu überwachen sind. So steht z.B. nicht die gesamte Energie, die aus der Nahrung gewonnen wird, für die Erfordernisse des Stoffwechsels eines Tieres zur Verfügung. Abhängig von der Art der Nahrung könnte tatsächlich ein unterschiedlicher Anteil davon im Verdauungstrakt abgebaut und resorbiert werden (s. Kap. 15). Bei der Berechnung der gesamten Energieaufnahme muß – entsprechend diesem Anteil – eine Korrektur vorgenommen werden. Ein anderer Faktor, der die Verhältnisse komplizieren kann, ist der Umstand, daß ein Tier während der Messungen auch Energie aus den in seinen Geweben angelegten Speichern beziehen kann (z.B. Fettreserven). Sind diese Energiereserven erschöpft, wird das Tier schließlich an Gewicht verlieren. Dies ist ein Indiz dafür, daß das Tier sich nicht mehr in einem Gleichgewichtszustand befindet (womit eine der Voraussetzungen für diese Methode nicht mehr gegeben ist).

Mit der Bilanzmethode können weder BMR noch SMR oder RMR („resting metabolic rate" = Ruhestoffwechsel eines inaktiven Tieres, das aber Nahrung aufgenommen hat und bei dem thermoregulatorische Prozesse ablaufen) gemessen werden; diese werden besser über andere Methoden bestimmt, die im nächsten Abschnitt behandelt werden.

Indirekte Messung der Stoffwechselrate

Die indirekte Messung der Stoffwechselrate erfordert die Bestimmung anderer Variablen als der Wärmeproduktion, die jedoch ebenfalls in einer Beziehung zum Energieverbrauch stehen müssen. Die in den Nahrungsmolekülen enthaltene Energie wird für ein Tier verfügbar, wenn diese Moleküle oder ihre Folgeprodukte einer Oxidation unterliegen (s. Kap. 3). Bei der aeroben Oxidation ist die gebildete Wärmemenge proportional zur Menge an Sauerstoff, der dabei verbraucht wird. Messungen der Sauerstoffaufnahme ($\dot{M}_{O_2}$) und der Kohlendioxidabgabe ($\dot{M}_{CO_2}$), ausgedrückt als Mole Gas pro Stunde, können daher zur Berechnung der Stoffwechselrate benutzt werden[1]. Unter **Respirometrie** versteht man die Bestimmung des Gasstoffwechsels eines Tieres – also $\dot{M}_{O_2}$ und $\dot{M}_{CO_2}$. Bei **geschlossenen respirometrischen Systemen** befindet sich das Tier in einer dicht verschlossenen, mit Wasser oder Luft gefüllten Kammer, in der die Mengen an verbrauchtem O_2 und abgegebenem CO_2 über eine bestimmte Zeit gemessen werden. Der Sauerstoffverbrauch wird durch zeitlich gestaffelte Bestimmungen der abnehmenden Konzentration von gelöstem O_2 in Wasser oder in der in der Kammer befindlichen Luft ermittelt. Solche Messungen können mit Hilfe einer Sauerstoffelektrode und geeigneter Elektronik sehr bequem erfolgen. Der O_2-Partialdruck im Wasser oder in der Luft wird direkt von dem Gerät angezeigt. In der Gasphase (d.h. in einem mit Luft gefüllten Respirometer) kann der O_2-Gehalt außer mit einer Elektrode auch mit einem Massenspektrometer oder einer elektrochemischen Zelle gemessen werden. CO_2 kann sowohl in Wasser wie in Luft mit einer Elektrode bestimmt werden, aber die komplizierte Chemie des in Wasser gelösten CO_2 erschwert die Interpretation der so erhaltenen Meßwerte (s. Kap. 13). In Gasen kann der CO_2-Gehalt mit einer CO_2-Elektrode, über die Absorption von infrarotem Licht, mittels eines Gaschromatographen oder mit einem Massenspektrometer ermittelt werden. Im allgemeinen ist O_2 leichter zu messen als CO_2, weshalb Angaben über $\dot{M}_{O_2}$ als Maß für die Stoffwechselrate häufiger zu finden sind als $\dot{M}_{CO_2}$.

Alle diese Methoden der Gasanalyse benutzen die analytische Technik des Massenflusses, wobei der Ein- und Ausstrom von Gas oder Wasser in die Respirationskammer bzw. aus dieser heraus gemessen und die Differenz in den Konzentrationen oder Partialdrücken der Gase zur Berechnung des Atemgaswechsels herangezogen wird. Solche Systeme wenden die **Durchfluß-** oder **offene Respirometrie** an. Dabei ist es wichtig, daß die Luft in der Kammer, in der sich das Tier befindet, gut umgewälzt wird, damit das Gas, das die Kammer verläßt, sich im Gleichgewicht befindet mit dem Gas an jedem Punkt innerhalb der Kammer. Die Respirometrie im offenen System kann auch bei Tieren angewandt werden, die eine Atemmaske tragen. Diese Methode hat sich besonders bei Messungen an im Windkanal flie-

---

[1] Sauerstoffaufnahme und Kohlendioxidabgabe werden häufig auch als Gasvolumina, $\dot{V}_{O_2}$ bzw. $\dot{V}_{CO_2}$, ausgedrückt. Das ist weniger sinnvoll als die Angabe dieser Werte in molaren Mengen; letztere sind definitionsgemäß völlig unabhängig von Versuchstemperatur und Luftdruck. Angaben von $\dot{V}_{O_2}$ bzw. $\dot{V}_{CO_2}$ in einer Veröffentlichung können nur dann genau in andere Einheiten wie $\dot{M}_{O_2}$ oder $\dot{M}_{CO_2}$ umgerechnet werden, wenn der Autor Temperatur und Druck angegeben hat, was nicht immer der Fall ist.

genden oder auf Laufbändern rennenden Tieren bewährt.

Respirometrische Messungen in geschlossenen und offenen Systemen können auch nebeneinander in einem einzigen Experiment angewendet werden, wie Abb. 16.**3** zeigt. Solche kombinierten Versuchsansätze werden häufig verwendet, wenn es darum geht, bei Tieren wie Amphibienlarven und luftatmenden Fischen, die gleichzeitig Wasser- und Luftatmung betreiben, die einzelnen Anteile von Lungen, Kiemen und Haut am gesamten Gasaustausch zu ermitteln.

Die Bestimmung der Stoffwechselrate über den Sauerstoffverbrauch beruht auf folgenden Voraussetzungen:

1. Es wird angenommen, daß die zugrundeliegenden chemischen Reaktionen aerob ablaufen. Diese Annahme trifft auf die meisten ruhenden Tiere zu, da die aus anaeroben Reaktionen zur Verfügung stehende Energiemenge minimal ist, außer während starker Aktivität. Bei Tieren, die in einer sauerstoffarmen Umgebung leben, wie z.B. Darmparasiten und Evertebraten im schlammigen Bodensediment tiefer Seen, kann die Anaerobiose jedoch bedeutend sein. Bei solchen Tieren wäre der Sauerstoffverbrauch ein unzuverlässiges Maß für die Stoffwechselrate und würde zu einer Unterschätzung des tatsächlichen Energieumsatzes führen.
2. Es wird vorausgesetzt, daß die beim Verbrauch eines bestimmten Sauerstoffvolumens gebildete Wärmemenge (d.h. die freigesetzte Energiemenge) konstant ist, unabhängig davon, welche Substrate im Stoffwechsel oxidiert werden. Diese Annahme ist nicht ganz richtig: Wenn 1 Liter O_2 beim Abbau von Kohlenhydraten verbraucht wird, wird dabei mehr Wärme gebildet als beim Verbrauch der gleichen O_2-Menge für die Oxidation von Fett oder Eiweiß. Der aus dieser vereinfachenden Annahme resultierende Fehler liegt jedoch unter 10%. Leider ist es im allgemeinen schwierig, die für die oxidativen Reaktionen verwendeten Substrate genau zu bestimmen, um eine entsprechende Korrektur bei der Wärmeproduktion vornehmen zu können.
3. Die O_2-Speicher im Organismus sind klein, so daß die im Zeitverlauf auftretende O_2-Aufnahme aus der über die Gasaustauschflächen streichenden Luft oder dem Wasser ziemlich genau der Stoffwechselrate entspricht. (Die Speicherfähigkeit in den Geweben ist für CO_2 viel größer als für O_2; die im Zeitverlauf gemessene Ausscheidung von CO_2 ist deshalb ein deutlich weniger verläßlicher Indikator für die Stoffwechselrate.)

Eine weitere wichtige Methode zur Bestimmung der Stoffwechselrate bedient sich der **Isotopen-Technik**. Diese Technik gewann erstmals bei der Erfassung von Wasserbewegungen innerhalb von Tieren Bedeutung: Deuterium- oder Tritium-markiertes Wasser wird einem Tier injiziert und die spezifische Aktivität in Proben von Blut oder anderen Körperflüssigkeiten, die in zeitlichen Abständen entnommen werden, bestimmt. Die Abnahme der spezifischen Aktivität im zeitlichen Verlauf entspricht dem Verlust an markiertem Wasser und

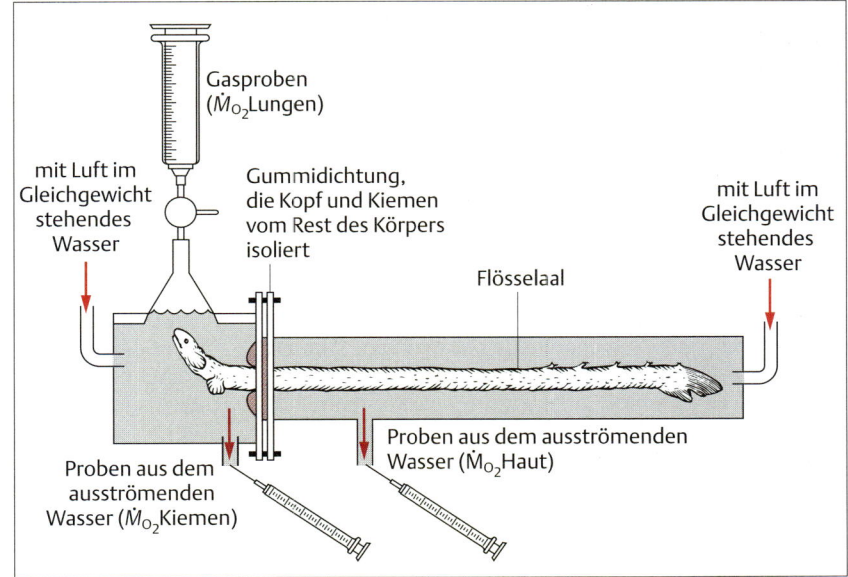

Abb. 16.3 Kombinierter Einsatz offener und geschlossener Respirometrie. Offene und geschlossene respirometrische Meßmethoden können in einem einzigen Experiment kombiniert werden, um den Atemgaswechsel eines Tieres in unterschiedlichen Körperbereichen zu ermitteln. In dem hier dargestellten Experiment mit dem Flösselaal *Calamoichthys calabaricus* werden zwei voneinander unabhängige offene Systeme eingesetzt, um die Aufnahme von Sauerstoff aus dem Wasser über die Kiemen und die Haut zu bestimmen. Ein drittes, geschlossenes System, erfaßt die Luft in dem Trichter über dem Kopf des Tieres, über die es Luftatmung betreibt. Aus Gasproben, die nach einem Atemzug genommen werden, kann der Verbrauch an Luftsauerstoff berechnet werden (verändert nach Sacca u. Burggren, 1982).

ist so ein Maß für den Wasserausstrom. Die Anwendung von Isotopen wurde dann auf die Bestimmung der CO_2-Produktion als Maß für die Stoffwechselrate ausgedehnt. Bei dieser Methode werden einem Tier Sauerstoff- und Wasserstoff-Isotope injiziert. Die in der Folge auftretende Abnahme an radioaktivem Sauerstoff (^{18}O) im Körperwasser steht in Beziehung zum Verlust an CO_2 über die Ausatmungsluft und die Abgabe von Wasser; letztere wird über das Verschwinden von Deuterium- oder Tritium-markiertem Wasser gemessen. Obwohl die zahlreichen Voraussetzungen, die für diese Methode erfüllt sein müssen, eine Validierung für jedes experimentelle Vorgehen erfordern, liegt der große Vorteil dieser Technik darin, daß sie auf intakte und frei bewegliche Tiere angewendet werden kann, die ihr normales Verhalten zeigen. Die zahlreichen Untersuchungen von Ken Nagy und seinen Mitarbeitern haben den Nutzen dieser Methode beim Messen der Freiland-Stoffwechselrate gezeigt.

Respiratorischer Quotient

Zur Umrechnung des Sauerstoffverbrauchs in äquivalente Mengen an gebildeter Wärme müssen die relativen Anteile an oxidiertem Kohlenstoff und Wasserstoff bekannt sein. Es ist jedoch schwierig, das Ausmaß der Oxidation von Wasserstoff zu ermitteln, weil das Stoffwechselwasser (d.h. das Wasser, das bei der Oxidation der in der Nahrung verfügbaren Wasserstoffatome gebildet wird) zusammen mit anderem Wasser im Urin und über verschiedene Bereiche der Körperoberfläche in schwankenden Mengen abgegeben wird, wobei die Wasserabgabe zusätzlich durch Faktoren beeinflußt wird, die nicht in direktem Zusammenhang mit der Stoffwechselrate stehen (z.B. osmotischer Streß und relative Feuchte in der Umgebung). In der Praxis ist es leichter, wie weiter oben erläutert, zusammen mit dem O_2-Verbrauch die Menge an Kohlenstoff zu bestimmen, die in CO_2 umgewandelt wird. Wie in Kap. 13 dargestellt, wird das Verhältnis von Volumen an abgegebenem CO_2 zum Volumen an verbrauchtem O_2 als **Respiratorischer Quotient** (RQ) bezeichnet:

$$RQ = \frac{[CO_2\text{-Abgabe}]}{[O_2\text{-Aufnahme}]} \qquad (16.2)$$

Unter Ruhe- und Gleichgewichtsbedingungen sind die in Tab. 16.1 aufgeführten RQ-Werte charakteristisch für den Abbau bestimmter Substratgruppen (Kohlenhydrat, Fett oder Eiweiß). Der RQ spiegelt also das Kohlenstoff/Wasserstoff-Verhältnis in den Nährstoffen wider.

Die folgenden Beispiele zeigen, wie der RQ für die wichtigsten Nährstoffklassen aus den Reaktionsgleichungen für ihre Oxidation berechnet werden kann:

Tab. 16.1 Wärmebildung und Respiratorischer Quotient (RQ) für die drei wichtigsten Nährstoffklassen

	Wärmebildung (kJ)			RQ
	pro Gramm Nahrung	pro Liter verbrauchtes O_2	pro Liter abgegebenes CO_2	
Kohlenhydrate	17,1	21,1	21,1	1,00
Fette	38,9	19,8	27,9	0,71
Proteine (Abbau zu Harnstoff)	17,6	18,6	23,3	0,80

- **Kohlenhydrate.** Die allgemeine Formel für Kohlenhydrate ist $(CH_2O)_n$. Bei der vollständigen Oxidation eines Kohlenhydrats wird der Sauerstoff tatsächlich nur dazu verwendet, den Kohlenstoff zu oxidieren, wobei CO_2 gebildet wird. Bei seiner vollständigen Oxidation entstehen aus jedem Mol eines Kohlenhydrats sowohl n Mole H_2O als auch CO_2, wobei n Mole O_2 verbraucht werden. Der RQ für die Oxidation von Kohlenhydraten beträgt somit 1. Summarisch kann z.B. der Abbau von Glucose mit folgender Gleichung beschrieben werden:

$$C_6H_{12}O_6 \rightleftharpoons 6\ CO_2 + 6\ H_2O$$

$$RQ = \frac{6\text{ Volumenteile } CO_2}{6\text{ Volumenteile } O_2} = 1,00$$

- **Fette.** Der für die Oxidation eines Fettes wie Tripalmitin charakteristische RQ kann wie folgt berechnet werden:

$$2\ C_{51}H_{98}O_6 + 145\ O_2 \rightleftharpoons 102\ CO_2 + 98\ H_2O$$

$$RQ = \frac{102\text{ Volumenteile } CO_2}{145\text{ Volumenteile } O_2} = 0,70$$

Da verschiedene Fette unterschiedliche Anteile von Kohlenstoff, Wasserstoff und Sauerstoff enthalten, unterscheiden sie sich geringfügig in ihren RQ-Werten.

- **Eiweiße.** Der für den Katabolismus von Eiweißen typische RQ stellt ein besonderes Problem dar, da Eiweiße auf aerobem Wege nicht vollständig abgebaut werden. Ein Teil des Sauerstoffs und Kohlenstoffs der Aminosäurereste, aus denen das Eiweiß aufgebaut ist, bleibt an Stickstoff gebunden und wird in Form stickstoffhaltiger Exkretstoffe über Urin und Faeces ausgeschieden. Bei den Säugetieren erfolgt diese Ausscheidung in Form von Harnstoff, bei den Vögeln vorwiegend als Harnsäure. Um den RQ zu erhalten, ist es daher erforderlich, sowohl die Menge des mit der Nahrung aufgenommenen Eiweißes zu kennen als auch die Menge und die Art der stickstoffhaltigen Exkretstoffe. Beim Abbau von Eiweiß führt die Oxidation von Kohlenstoff und Wasserstoff im typischen Fall zu folgender Beziehung:

$$RQ = \frac{77,5 \text{ Volumenteile } CO_2}{96,7 \text{ Volumenteile } O_2} = 0,80$$

Beim Ziehen von Schlußfolgerungen aus dem *RQ*-Wert wird normalerweise davon ausgegangen, daß
- nur Kohlenhydrate, Fette und Eiweiße im Stoffwechsel umgesetzt werden,
- neben den Abbauvorgängen nicht parallel Syntheseprozesse ablaufen und
- daß die in einer bestimmten Zeit ausgeatmete CO_2-Menge der gleichzeitig in den Geweben produzierten CO_2-Menge entspricht.

Diese Annahmen treffen nicht in vollem Umfang zu, so daß beim Gebrauch von *RQ*-Werten, die an ruhenden und nüchternen (fastenden) Tieren gemessen wurden, Vorsicht geboten ist. Unter diesen Bedingungen ist der Eiweißumsatz zu vernachlässigen und der Kohlenhydratabbau so minimal, daß davon ausgegangen werden kann, daß das Tier überwiegend Fette abbaut. Aus Tab. 16.1 ist ersichtlich, daß die Oxidation von 1 g verschiedener Kohlenhydrate etwa 17,1 kJ (4,1 kcal) an Wärmeenergie liefert. Wird 1 Liter O_2 zur Oxidation von Kohlenhydraten verbraucht, entspricht das einer Wärmeproduktion von 21,1 kJ (5,05 kcal); für Fette liegt der entsprechende Wert bei 19,87 kJ (4,7 kcal) und für Eiweiße (beim Abbau zu Harnstoff) bei 18,6 kJ (4,46 kcal). Bei aeroben Stoffwechselbedingungen produziert ein nüchternes Tier unter der Annahme, daß es hauptsächlich Fette im Stoffwechsel umsetzt, etwa 20,1 kJ (4,8 kcal) Wärme für jeden Liter verbrauchten Sauerstoff. (Dieser Wert wird auch als **oxikalorisches Äquivalent** bezeichnet.)

Ein weiterer Begriff, der oft benutzt wird, um das Verhältnis zwischen $\dot{M}_{O_2}$ und $\dot{M}_{CO_2}$ zu beschreiben, ist der **Respiratorische Austauschquotient** (*RA*). Der *RA* ist ein Maß für das momentane Verhältnis zwischen $\dot{M}_{CO_2}$ und $\dot{M}_{O_2}$ in dem Gas, das die Respirometer-Kammer oder die Atemmaske verläßt. Wenn z.B. vorübergehend CO_2 eher in den Geweben gespeichert als ausgeschieden wird (wie während eines Tauchganges), liegt der gemessene $\dot{M}_{CO_2}$ niedriger als es dem tatsächlichen Wert vor Ort in den Geweben entspricht. Unter diesen Bedingungen wird der *RA* solange niedriger sein als der *RQ*, bis sich in den Geweben ein neues Gleichgewicht eingestellt hat und CO_2 mit der gleichen Geschwindigkeit ausgeschieden wird wie es im Verlauf der Zellatmung entsteht.

Speicherung von Energie

Obwohl Tiere permanent im Stoffwechsel Energie freisetzen, nehmen die meisten nicht andauernd Nahrung zu sich. Infolgedessen stehen Nahrungsaufnahme und Energieabgabe bei ihnen nicht ständig im Gleichgewicht. Da die Nahrung in Portionen (d.h. während einzelner Mahlzeiten) aufgenommen wird, werden dabei die augenblicklichen energetischen Bedürfnisse des Tieres überschritten. Der Überschuß wird jedoch für den späteren Gebrauch gespeichert, vorwiegend in Form von Fetten und Kohlenhydraten.

Eiweiß eignet sich weniger gut zum Speichern von Energiereserven, da Stickstoff eine verhältnismäßig knappe Ressource ist und im allgemeinen den begrenzenden Faktor für Wachstum und Reproduktion darstellt; den wertvollen Stickstoff in Energiereserven festzulegen, käme einer Verschwendung gleich. Fett stellt die effektivste Form der Speicherung von Energie dar, da seine Oxidation 38,9 kJ/g (9,3 kcal/g) liefert – fast doppelt soviel wie der Ertrag aus Kohlenhydrat oder Eiweiß (Tab. 16.1). Diese Effizienz ist für Arten, die große Wanderungen durchführen, wie Vögel und Insekten, sehr wichtig, da für sie ein ökonomisches Verhältnis zwischen Masse und Volumen von grundlegender Bedeutung ist. Nicht nur der Energieertrag pro Gramm Kohlenhydrat ist geringer als der pro Gramm Fett, Kohlenhydrate werden auch in einer voluminöseren, hydratisierteren Form gespeichert; pro Gramm Kohlenhydrat werden 4–5 g Wasser benötigt, während Fette in nicht hydratisierter Form gespeichert werden. Trotzdem stellen einige Kohlenhydrate wichtige Energiespeicher dar. Glykogen, ein verzweigtes, stärkeähnliches Kohlenhydrat-Polymer, wird in Form von Granula in Skelettmuskelfasern und Leberzellen von Vertebraten gespeichert. Muskelglykogen kann schnell wieder in Glucose umgewandelt werden, die während intensiver Aktivität in den Muskelzellen oxidiert wird, und Leberglykogen wird zur Aufrechterhaltung des Blutzuckerspiegels verwendet. Glykogen wird direkt zu Glucose-6-phosphat abgebaut und liefert daher den Brennstoff für den Kohlenhydrat-Stoffwechsel unmittelbarer und schneller als Fett. Deshalb werden Kohlenhydrate vor allem zum Energielieferanten für kurzzeitige Stoffwechselsteigerungen – z.B. während lokomotorischer Aktivität. Fette können nicht unmittelbar anaerob im Stoffwechsel eingesetzt werden und dienen daher im Verlauf von aeroben Stoffwechselreaktionen zur Deckung langfristiger Energiebedürfnisse und beim Hungern als Energiequelle, wenn die Kohlenhydratspeicher bereits erschöpft sind.

Die spezifisch dynamische Wirkung

Max Rubner berichtete 1885, daß – unabhängig von anderen Aktivitäten – die Vorgänge der Verdauung und Assimilation von Nahrung mit einem deutlichen Stoffwechselanstieg einhergehen. Er gab diesem Phänomen den ziemlich unglücklichen Namen **spezifisch dynamische Wirkung** (SDW). Seitdem ist die SDW sowohl in allen fünf Klassen der Vertebraten als auch bei Evertebraten, z.B. bei Krebsen, Insekten und Mollusken, nachgewiesen worden. Im allgemeinen nehmen der Sauerstoffverbrauch und die Wärmeproduktion eines Tieres innerhalb einer Stunde nach einer Mahlzeit zu, erreichen 3–6 Stunden später einen Gipfel und bleiben für einige Stunden gegenüber dem basalen Wert erhöht (Abb. 16.4). Bei Fischen, Amphibien und Reptilien, bei denen die SDW zur Verdoppelung oder Verdreifachung der Stoffwechselrate führen kann, zeigen sich im Zusammenhang damit eine ausgeprägte Zunahme von Herzfrequenz und Herzleistung sowie eine vorübergehende Umverteilung des Blutflusses zugunsten des Verdauungstraktes. Ähnliche Veränderungen im Kreislaufgeschehen, allerdings nicht so gravierend, treten bei Tieren mit weniger ausgeprägter SDW-Reaktion auf (z.B. bei Menschen).

Die der SDW zugrundeliegenden Mechanismen sind nicht vollständig geklärt. Offensichtlich trägt aber die Verdauungsarbeit (und der damit zusammenhängende Anstieg des Stoffwechsels in den Geweben des Verdauungstraktes) nur zu einem kleinen Teil zur Erhöhung des Stoffwechsels bei. Eine wahrscheinlichere Erklärung für den Anstieg der Stoffwechselrate könnte darin liegen, daß bestimmte Organe, wie z.B. die Leber, zusätzliche Energie verbrauchen, um neu resorbierte Nahrungsstoffe so aufzubereiten, daß sie in die Stoffwechselwege eingeschleust werden können. Die bei diesen Vorgängen zusätzlich freigesetzte Energie geht als Wärme verloren. Die Zunahme in der Wärmeproduktion fällt je nach Art der aufgenommenen Nahrung unterschiedlich aus. Das Ausmaß der Steigerung in der Stoffwechselrate schwankt zwischen 5–10% des gesamten Energiegehaltes der Nahrung bei Aufnahme von Kohlenhydraten und Fetten und zwischen 25–30% bei Aufnahme von Eiweißen.

Die spezifisch dynamische Wirkung erklärt vermutlich zum Teil die Unterschiede in den Angaben verschiedener Untersucher über die Stoffwechselrate der gleichen Art. Abhängig davon, ob die untersuchten Tiere nüchtern waren oder sich in einer Phase der SDW-Reaktion befanden, können sehr unterschiedliche Stoffwechselraten gemessen werden. Als Konsequenz daraus dürfen Messungen des Basalstoffwechsels nur im nüchternen Zustand des Versuchstieres durchgeführt werden, um mögliche Auswirkungen der SDW minimal zu halten.

Körpergröße und Stoffwechselrate

Die Körpergröße gehört zu den wichtigsten physikalischen Parametern, die sich auf die Physiologie eines Tieres auswirken. Wie Körpermasse, Veränderungen in anatomischen Merkmalen und physiologische Eigenschaften zusammenhängen, wird durch **allometrische Beziehungen** („scaling") beschrieben. Die auf Unterschiede in der Körpergröße zurückzuführenden Veränderungen stehen dazu nicht immer in einem einfachen und proportionalen (d.h. linearen) Verhältnis. So führt z.B. die Verdoppelung der Größe eines Tieres bei gleichbleibenden Proportionen zu einer Vervierfachung der Körperoberfläche und einem Anstieg der Körpermasse auf das Achtfache. Die Konsequenzen nichtlinearer allometrischer Beziehungen für die funktionelle Anatomie und die Physiologie eines Tieres fallen sofort ins Auge. Bringt man in einem Gedankenexperiment eine Maus auf die Größe eines Elefanten unter Beibehaltung ihrer Maus-typischen Proportionen, unterscheiden sich die Proportionen der Phantasie-Maus von denen eines Elefanten deutlich: ihre vergleichsweise zarten Beine würden vermutlich unter dem Gewicht des massigen Körpers zusammenbrechen. Bei jeder Verdoppelung der Größe der Phantasie-Maus nimmt die Masse um den Faktor acht zu (Größe hoch drei), während die Querschnittsfläche der Beinknochen nur um den Faktor vier wächst (Größe hoch zwei). Auf Grund derselben Allome-

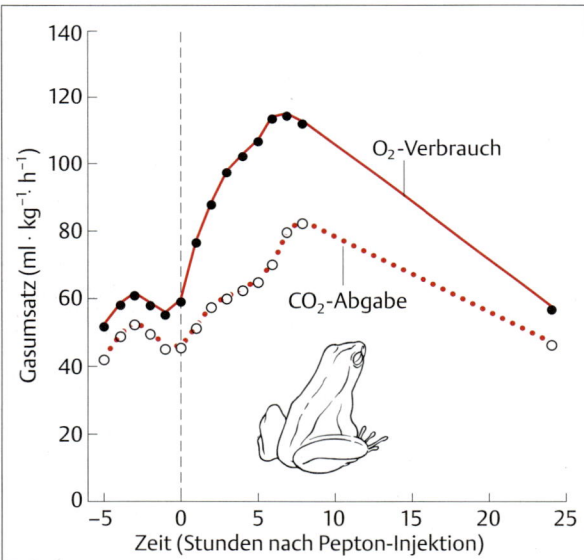

Abb. 16.4 Spezifisch-dynamische Wirkung nach der Nahrungsaufnahme bei der Kröte *Bufo marinus*. Verdauung und Assimilation von Nahrung sind mit einem Stoffwechselanstieg verbunden. In dem dargestellten Experiment wurde dieser Effekt durch Injektion von Pepton (Mischung von Aminosäuren, hergestellt aus auf chemischem Wege abgebautem Fleischprotein) in den Magen des Tieres ausgelöst (verändert nach Wang u. Mitarb. 1995).

trie-Beziehungen kann eine Maus ohne Schaden zu nehmen Sprünge vom Mehrfachen ihrer Körperlänge ausführen, während ein Elefant an den Boden gebunden ist.

Unterschiede in der Körpermasse wirken sich auf die Stoffwechselrate von Tieren aus. Wir vergleichen dazu beispielsweise die Atmungs- und Stoffwechselbedürfnisse einer kleinen Wasserspitzmaus während eines Tauchgangs mit denen eines abgetauchten Wals. Ungeachtet dessen, daß Tauchen sowohl beim Wal wie bei der Wasserspitzmaus zum normalen Verhalten gehört, kann ein Wal seine Atmung einstellen und viel länger unter Wasser bleiben als eine Spitzmaus. Der Grund dafür liegt in dem allgemeinen Prinzip, daß kleine Tiere bezogen auf eine Körpergewichtseinheit häufiger atmen müssen als große. Tatsächlich besteht eine umgekehrt proportionale Beziehung zwischen dem O_2-Verbrauch pro Gramm Körpermasse und der gesamten Körpermasse eines Tieres. Deshalb verbraucht ein 100 g schweres Säugetier viel mehr Energie pro Körpergewichts- und Zeiteinheit als ein 1000 g schweres Säugetier. Daß zwischen Basalstoffwechsel und Körpermasse bei Säugetieren keine direkte Proportionalität besteht, illustriert die berühmte „Maus-Elefanten-Kurve" (Abb. 16.5 A). Eine ähnliche Beziehung besteht nicht nur bei anderen Wirbeltiergruppen, sondern gilt für das gesamte Tier- und Pflanzenreich. Es gibt wenige biologische Grundsätze, die über einen so weiten Bereich Gültigkeit haben.

Die umgekehrte Proportionalität zwischen Stoffwechselrate und Körpermasse gilt sowohl zwischen den Arten als auch innerhalb einer Art (inter- als auch intraspezifisch). Kleine Menschen, Schaben oder Fische haben demnach normalerweise eine höhere Stoffwechselrate pro Körpergewichtseinheit als größere Artgenossen. Es ist jedoch oft schwierig, diese Beziehung innerhalb einer Art nachzuweisen, da der gesamte Bereich der Körpermasse ziemlich eng sein kann verglichen mit dem zwischen verschiedenen Arten; darüber hinaus können andere Faktoren wie Geschlecht, Ernährung und Jahreszeit die Verhältnisse zusätzlich komplizieren.

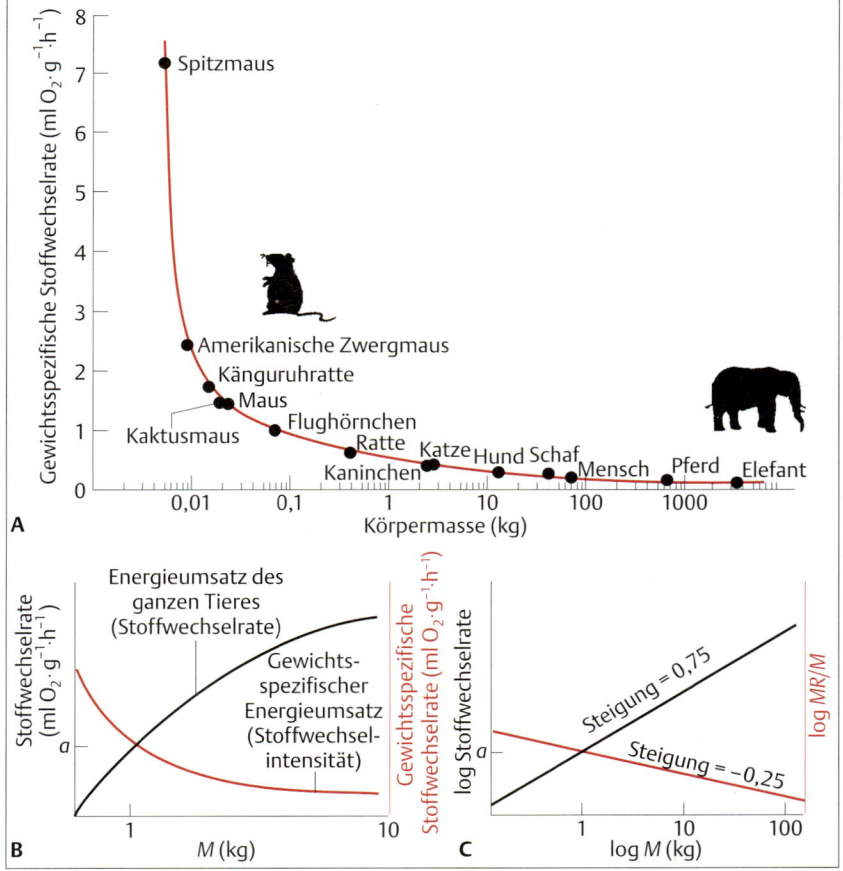

Abb. 16.5 Die massenspezifische Stoffwechselrate nimmt bei Säugetieren mit zunehmender Körpermasse ab. A Bei der „Maus-Elefanten-Kurve" wird die Stoffwechselintensität (massenspezifische Stoffwechselrate, MR) als O_2-Verbrauch pro Körpergewichts- und Zeiteinheit gegen die Körpermasse (M) aufgetragen. Beachte die logarithmische Skala der Achse für die Körpermasse. **B** Allgemeine Beziehungen zwischen Stoffwechselrate und Körpermasse (schwarze Kurve) und zwischen Stoffwechselintensität und Körpermasse (rote Kurve). **C** Doppeltlogarithmische Darstellung von Teilabbildung B. Die Kurven bzw. Geraden in den Teilabbildungen B und C kreuzen sich bei $M = 1$ kg. Der Massenkoeffizient a ist ein artspezifischer Faktor (A verändert nach Schmidt-Nielsen, 1975).

Die Stoffwechselrate folgt einer Potenzfunktion der Körpermasse, die durch die einfache Beziehung

$$MR = a \cdot M^b \quad (16.3)$$

beschrieben wird, wobei MR dem Basal- oder Standardstoffwechsel und M der Körpermasse entspricht. Der Faktor a ist artspezifisch. Er wird als Massenkoeffizient bezeichnet und gibt bei doppelt-logarithmischer Darstellung den Schnittpunkt der Regressionsgeraden mit der y-Achse an, während b ein empirisch ermittelter Exponent (Massenexponent) ist, der das Ausmaß der Veränderung von MR bei Änderung der Körpermasse angibt.

Die **massenspezifische Stoffwechselrate**, auch als Stoffwechselintensität bezeichnet, entspricht der Stoffwechselrate bezogen auf eine Körpergewichtseinheit (d.h. O_2-Verbrauch / kg · h). Man erhält sie, indem man beide Seiten von Gleichung 16.3 durch die Körpermasse M teilt:

$$\frac{MR}{M} = \frac{a \cdot M^b}{M} = a \cdot M^{(b-1)} \quad (16.4)$$

Die Beziehung, die durch Gleichung 16.3 beschrieben wird, ist in Abb. 16.5B dargestellt. Da es oft bequemer ist, mit Geraden als mit Kurven zu arbeiten (z.B. für statistische Analysen), werden die Gleichungen 16.3 und 16.4 häufig in ihre logarithmische Form umgewandelt. Dabei wird Gleichung 16.3 zu

$$\log MR = \log a + b \cdot (\log M) \quad (16.5)$$

und Gleichung 16.4 wird zu

$$\log \frac{MR}{M} = \log a + (b-1) \log M \quad (16.6)$$

Diese logarithmischen Gleichungen sind in Abb. 16.5C graphisch dargestellt.

Zu beachten ist die unterschiedliche Weise, wie sich die auf das ganze Tier bezogene Stoffwechselrate (schwarze Graphen) und die massenspezifische Stoffwechselrate (rote Graphen) in Abhängigkeit von der Körpermasse verändern. Die Abbildungen machen deutlich, daß die Gesamt-Stoffwechselrate mit steigendem Körpergewicht größer wird, während die massenspezifische Stoffwechselrate (Stoffwechselrate einer Körpergewichtseinheit) mit steigendem Körpergewicht abnimmt. Dieser Zusammenhang ist bereits aus der Darstellung der Maus-Elefanten-Kurve in Abb. 16.5A ersichtlich.

Der Massenexponent b liegt bei vielen taxonomisch verschiedenen Gruppen von Vertebraten und Evertebraten nahe bei 0,75; dies trifft sogar für viele Taxa unter den Einzellern zu (Abb. 16.6). Seit die exponentielle Beziehung zwischen Körpergröße und Stoffwechselrate erstmals vor über einem Jahrhundert erkannt wurde, hat sie die Aufmerksamkeit der Physiologen auf sich gezogen. Es gab viele Versuche einer rational begründeten

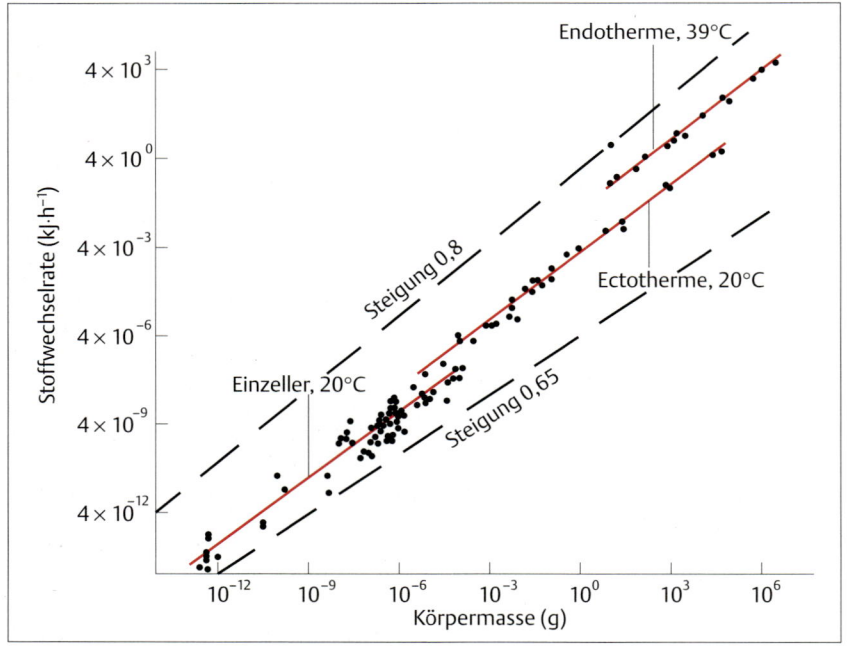

Abb. 16.6 Zusammenhang zwischen Stoffwechselrate und Körpermasse. Fast alle Tiergruppen (einschließlich der Einzeller) zeigen die gleiche Beziehung zwischen Stoffwechselrate und Körpermasse. Bei den drei hier dargestellten Gruppen ist die Stoffwechselrate über ähnliche Exponenten mit der Körpermasse verknüpft: Alle ausgezogenen Linien weisen eine Steigung (Exponenten in den allometrischen Gleichungen) von ca. 0,75 auf. Die vertikale Position jeder Gruppe in der Abbildung hängt vom Koeffizienten a in Gleichung 16.3 ab (aus Hemmingsen, 1969).

Erklärung für diese fast universell gültige exponentielle Beziehung zwischen Körpermasse und Stoffwechsel. Im Jahre 1883 entwickelte Max Rubner dazu eine attraktive Theorie, die als **Oberflächenhypothese** bekannt wurde. Rubner argumentierte, daß die Stoffwechselrate von Vögeln und Säugetieren, die eine mehr oder weniger konstante Körpertemperatur aufrechterhalten, proportional zu deren Körperoberfläche sein sollte, da die Geschwindigkeit des Wärmeflusses zwischen zwei Kompartimenten (d.h. warmer Tierkörper und kühle Umgebung) proportional zu deren gegenseitiger Berührungsfläche ist. Die Oberfläche eines Gegenstandes von isometrischer Gestalt (d.h. unveränderten Proportionen) und gleichmäßiger Dichte variiert mit der 0,67ten (oder 2/3) Potenz seiner Masse, da letztere mit der 3. Potenz der linearen Dimensionen, die Oberfläche aber nur mit deren Quadrat zunimmt. Wie bereits betont, trifft diese Beziehung auf Tiere von verschiedener Masse nur dann zu, wenn ihre Körperproportionen konstant bleiben. Diese Voraussetzung wird im allgemeinen nur von unterschiedlich großen adulten Individuen der gleichen Art erfüllt, da diese gewöhnlich dem Prinzip der **Isometrie** gehorchen – nämlich Proportionalität der Gestalt unabhängig von der Größe zu bewahren. Daraus folgt, daß in diesem Fall die Oberfläche sich mit der 0,67ten Potenz der Körpermasse verändert. Unterschiedlich große Individuen von zwar verwandten, aber verschiedenen Arten folgen jedoch nicht dem Prinzip der Isometrie. Sie unterliegen statt dessen dem Prinzip der **Allometrie** – nämlich systematischen Änderungen in den Körperproportionen bei zunehmender Körpergröße der einzelnen Arten. Ein Beispiel für eine Allometrie wurde bereits angesprochen, als wir die Proportionen eines Elefanten mit denen einer Maus verglichen. Ein Vergleich der Oberflächen-Massen-Beziehung bei verschiedenen Säugetieren mit der Größe von Mäusen bis zu der von Walen ergab, daß deren Körperoberflächen sich proportional zur 0,63ten Potenz der Körpermasse verändern (Abb. 16.**7**).

Die Oberflächenhypothese Rubners wurde im Verlauf der Jahre durch zahlreiche Befunde unterstützt. Nach diesen Befunden ist die Stoffwechselrate von Tieren, die eine konstante Körpertemperatur aufrechterhalten, annähernd proportional zu ihrer Körperoberfläche. Eine besonders enge Korrelation zeigt der Vergleich der Stoffwechselrate verschieden großer Meerschweinchen, wonach diese sich proportional zur 0,67ten Potenz der Körpermasse verhält (Abb. 16.**8A**) oder, unter der Annahme isometrischer Körpergestalt, proportional zur Körperoberfläche der Individuen. Es sei daran erinnert, daß Isometrie – und damit ein Exponent von 0,67 für die Beziehung zwischen Körperoberfläche zur Körpermasse – für adulte Tiere der gleichen Art charakteristisch ist.

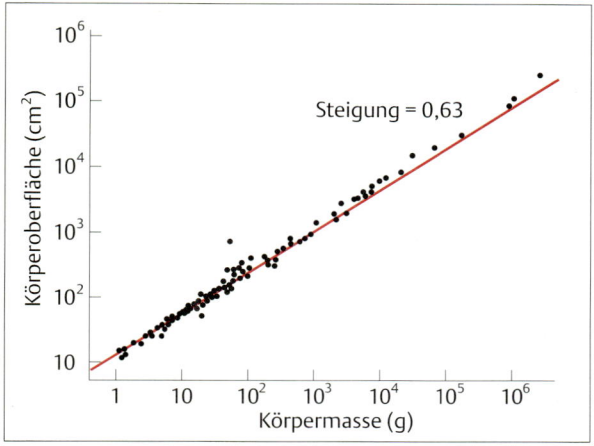

Abb. 16.7 Zusammenhang zwischen Körperoberfläche und Körpermasse. Die Körperoberfläche von Säugetieren ist über einen Bereich, der von Mäusen bis zu Walen reicht, eng mit der Körpermasse korreliert. Die Steigung der Geraden beträgt eher 0,63 als 0,67, wie bei einer isometrischen (d.h. direkt proportionalen) Beziehung zu erwarten wäre. Die allometrische (d.h. nicht direkt proportionale) Beziehung zur Körpermasse hängt damit zusammen, daß mit zunehmender Größe der verschiedenen Arten die Bauteile des Körpers (z.B. Knochen und Muskeln) ein relativ stärkeres Dickenwachstum zeigen; eine große Art besitzt daher eine relativ kleinere Oberfläche als bei direkt proportionaler Größenzunahme zu erwarten wäre. Es sei hier an die relativen Proportionen von Maus und Elefant erinnert (aus McMahon u. Bonner, 1983).

Trotz der logischen Attraktivität der Oberflächenhypothese hat diese auch Schwachpunkte. Die Unterschiede in der Stoffwechselintensität zwischen großen und kleinen homöothermen Tieren könnten zwar tatsächlich eine Anpassung an den schnelleren Wärmeverlust bei kleinen Formen darstellen, die aufgrund der Oberflächen-Volumen-Beziehung eine größere Oberfläche pro Körpergewichtseinheit besitzen. Es gibt aber auch gegensätzliche Befunde, die ernsthafte Zweifel an der Oberflächenhypothese aufkommen lassen. Wenn z.B. die Stoffwechselraten von Individuen verschiedener Säugetierarten gegen ihre Körpermasse aufgetragen werden, ergibt sich für die Beziehung zwischen Stoffwechselrate und Körpermasse ein Exponent von ungefähr 0,75 (Abb. 16.**8B**). Diese exponentielle Beziehung zwischen Stoffwechselrate und Körpermasse wurde zuerst von Max Kleiber (1932) entdeckt und wird daher oft als **Kleibers Gesetz** bezeichnet. Der Exponent 0,75 ist signifikant höher als der nach der Oberflächenhypothese zu erwartende (Abb. 16.7); es sei auch daran erinnert, daß die Körperoberflächen von Säugetieren, die zu verschiedenen Arten mit unterschiedlicher Größe gehören,

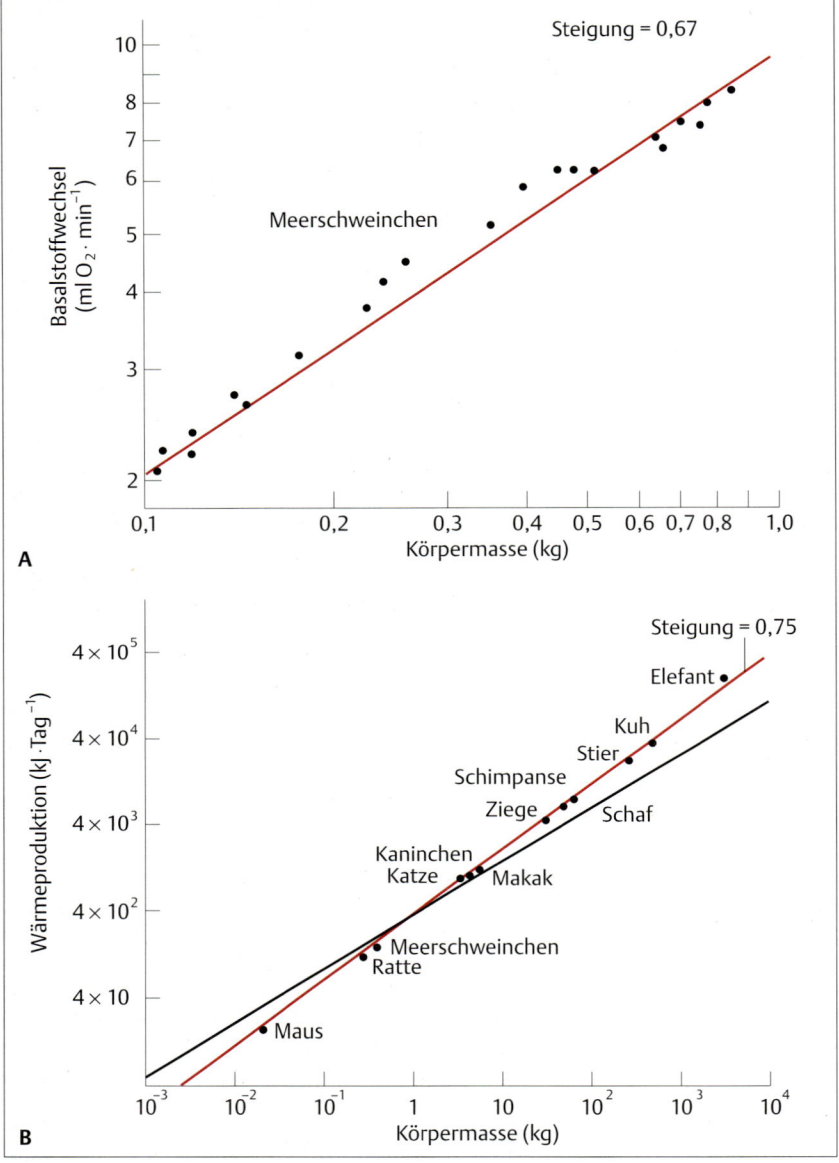

Abb. 16.8 Der Basalstoffwechsel endothermer Tiere steht in enger Beziehung zur Körpermasse.
A Basalstoffwechsel von verschieden großen Individuen der gleichen Art, aufgetragen gegen die Körpermasse. Die Steigung der Geraden zeigt, daß der Basalstoffwechsel proportional zur 0,67ten Potenz der Körpermasse ist.
B Basalstoffwechsel verschiedener Säugetierarten aufgetragen gegen die Körpermasse. Die schwarze Regressionsgerade hat eine Steigung von 0,75, die rote Gerade von 0,63, wie nach dem Oberflächengesetz zu erwarten wäre. Der Unterschied ist statistisch signifikant, was belegt, daß die Stoffwechselrate von Säugetieren nicht streng von der Größe der Körperoberfläche abhängt (A aus Wilkie, 1977; schwarze Gerade in Teilabbildung B aus Kleiber, 1932).

sich proportional zur 0,63ten Potenz der Körpermasse verhalten (Abb. 16.7). Offensichtlich können demnach beim Vergleich verschiedener Arten die Unterschiede in der Stoffwechselrate nicht einfach nur auf Unterschiede in den Körperoberflächen zurückgeführt werden.

Ein weiterer Schwachpunkt der Oberflächenhypothese ergibt sich aus der Beobachtung, daß die Stoffwechselraten von Tieren, deren Körpertemperatur sich in Abhängigkeit von ihrer Umgebungstemperatur verändert (wie z.B. Fische, Amphibien, Reptilien und die meisten Evertebraten), annähernd die gleiche Beziehung zur Körpermasse zeigen wie die Stoffwechselraten von Tieren, die ihre Körpertemperatur aktiv auf einem konstant hohen Niveau regulieren (Vögel und Säugetiere) (Abb. 16.6). Es gibt keinen offensichtlichen Grund, warum die Stoffwechselrate von Tieren mit veränderlicher Körpertemperatur kausal über die Wärmeabgabe mit der Körperoberfläche verknüpft sein sollte; schließlich wird relativ wenig oder überhaupt keine Stoffwechselenergie benötigt, um Tiere warm zu halten, die sich in einem Temperaturgleichgewicht mit ihrer Umgebung befinden.

Größeneffekte treten auch auf der zellulären Ebene in Erscheinung. Es besteht eine Korrelation zwischen den Unterschieden in der Stoffwechselintensität von verschieden großen Tieren und der Zahl der Mitochondrien pro Volumeneinheit der Gewebe. Die Zellen eines kleinen Säugetieres enthalten pro Gewebsvolumen mehr Mitochondrien und mitochondriale Enzyme als Zellen eines großen Säugers. Da die Mitochondrien der Ort sind, wo die oxidativen Atmungsreaktionen ablaufen, stellt diese Korrelation keine Überraschung dar. Damit ist jedoch noch immer nicht das Problem gelöst, wie die Stoffwechselintensität funktionell mit der Körpergröße verknüpft ist.

Die Frage, warum große Tiere niedrigere Stoffwechselraten pro Gewebsvolumen haben als kleine und die funktionellen Hintergründe für die allometrische Beziehung zwischen Stoffwechselrate (und auch anderer Parameter) und Größe eines Tieres sind bereits ausführlich diskutiert worden. McMahon und Bonner (1983) wiesen darauf hin, daß eher die Querschnittsfläche als die Oberfläche des Körpers (oder besser dessen verschiedene Teile) der Größenbeziehung zwischen Stoffwechselrate und Körpermasse ähnelt. Aus Gründen der Allometrie, wonach das Bein eines Elefanten relativ dicker sein sollte als das Bein einer Maus, sollte nämlich bei verschieden großen Tieren die Querschnittsfläche jedes Körperteils mit der 0,75ten Potenz der Körpermasse zunehmen, also dem gleichen Exponenten mit dem bei den meisten Tieren die Stoffwechselrate mit der Körpermasse in Beziehung steht (Abb. 16.6 u. 16.8B).

Obwohl die allometrische Beziehung der Stoffwechselrate gut belegt ist, müssen die Physiologen nach wie vor definitive Erklärungen dafür finden, warum diese Beziehung existiert; sowohl experimentelle Untersuchungen wie Überlegungen zu diesem Problem gehen auch in Zukunft weiter. Es gibt jedoch keine Zweifel an der Bedeutung der Allometrie für die physiologischen Funktionen bei Tieren. Kleine Tiere mit relativ höheren Stoffwechselraten müssen mehr Zeit mit der Nahrungssuche verbringen und könnten auch durch einen vorübergehenden Mangel an Stoffwechselsubstraten oder Sauerstoff stärker betroffen werden.

Temperatur und Energiehaushalt

Nur wenige Umweltfaktoren haben einen weitreichenderen Einfluß auf den Energiehaushalt von Tieren als die Temperatur. Tiere, deren Körpertemperatur mit derjenigen der Umgebungstemperatur schwankt, unterliegen entsprechenden temperaturbedingten Änderungen in der Stoffwechselrate, während solche Tiere, die unabhängig von Schwankungen in der Umgebungstemperatur eine konstante Körpertemperatur aufrecht erhalten, dafür Stoffwechselenergie aufbringen müssen.

Temperaturabhängigkeit der Stoffwechselrate

Die Geschwindigkeit chemischer Reaktionen, vor allem enzymatisch gesteuerter Reaktionen, ist in hohem Maße temperaturabhängig. Deshalb hängen der Gewebestoffwechsel und letztlich das Leben eines Organismus davon ab, ob die Temperatur der inneren Umwelt so geregelt werden kann, daß Enzyme die Stoffwechselreaktionen beschleunigen können. Bei der Betrachtung der Temperaturwirkung auf die Geschwindigkeit einer Reaktion ist hilfreich, durch den Vergleich der Geschwindigkeit bei zwei verschiedenen Temperaturen einen **Temperaturfaktor** zu erhalten. Der Temperaturunterschied von 10 °C (möglich wären auch andere Bereiche) wurde zum Standardbereich, über den die Temperaturabhängigkeit biologischer Funktionen bestimmt wird. Der sogenannte Q_{10}-Wert wird mit Hilfe der **van't Hoff-Gleichung** berechnet:

$$Q_{10} = (k_2/k_1)^{10/(t_2 - t_1)} \qquad (16.7)$$

wobei k_1 und k_2 die Geschwindigkeit der Reaktion (Geschwindigkeitskonstanten) bei den Temperaturen t_1 bzw. t_2 angeben. Günstig an dem Konzept des Q_{10}-Wertes ist, daß es sowohl auf einfache Prozesse – wie eine einzige enzymatische Reaktion – als auch auf komplexe Vorgänge wie Laufen und Wachstum angewandt werden kann. Um die van't Hoff-Gleichung auf die Stoffwechselrate zu beziehen, betrachte man ihre folgende Schreibweise:

$$Q_{10} = (MR_2/MR_1)^{10/(t_2 - t_1)} \qquad (16.8)$$

in der MR_1 und MR_2 den Stoffwechselraten bei den Temperaturen t_1 bzw. t_2 entsprechen. Für Temperaturschritte von 10 °C kann die folgende einfachere Form von Gleichung 16.8 verwendet werden:

$$Q_{10} = \frac{MR_{(t+10)}}{MR_t} \qquad (16.9)$$

wobei MR_t der Stoffwechselrate bei der niedrigeren Temperatur und $MR_{(t+10)}$ der Stoffwechselrate bei der höheren Temperatur entspricht.

Der Q_{10}-Wert einer bestimmten enzymatischen Reaktion hängt vom jeweils betrachteten Temperaturbereich ab; deshalb ist es wichtig, bei der Angabe eines Q_{10}-Wertes den Temperaturbereich klar zu kennzeichnen (d.h. t_1 und t_2), für den er ermittelt wurde. Als Faustregel gelten für chemische Reaktionen (und damit auch für physiologische Prozesse wie Stoffwechsel, Wachstum, Bewegung usw.) Q_{10}-Werte von 2–3, während rein physikalische Vorgänge (wie die Diffusion) eine geringere Temperaturabhängigkeit aufweisen, d.h. ihre Q_{10}-Werte liegen näher bei 1.

Die Auswirkung der Temperatur auf Enzyme führt dazu, daß die Stoffwechselrate eines Tieres mit der Körpertemperatur exponentiell ansteigt, wie von der folgenden Gleichung beschrieben

$$\frac{MR}{M} = k \cdot 10^{b_1 t} \qquad (16.10)$$

wobei MR der Stoffwechselrate und M der Körpermasse entsprechen (also der Stoffwechselintensität in kJ/kg ·Stunde); k und b_1 sind Konstanten und t ist die Temperatur in Grad Celsius. Da die Aktivität der Enzyme in starkem Maße die Stoffwechselrate bestimmt, findet man die gleiche Beziehung bei der Betrachtung des Einflusses der Körpertemperatur auf den Sauerstoffverbrauch bei Tieren wieder, die keine konstante Körpertemperatur aufrecht erhalten (Abb. 16.9A). Wiederum ist es nützlich, die Beziehung in ihre logarithmische Form umzuwandeln, um einen linearen Verlauf zu erhalten. Damit wird Gleichung 16.10 zu

$$\log \frac{MR}{M} = \log k + b_1 \cdot t \qquad (16.11)$$

Jetzt gibt der Koeffizient b_1 die Steigung der Geraden an, d.h. den Umfang der Zunahme von log MR/M pro Grad Celsius (Abb. 16.9B).

Die Stoffwechselraten der meisten Tiere mit veränderlicher Körpertemperatur nehmen bei jeder Erhöhung der Umgebungstemperatur um 10°C um das 2–3fache zu, was mit dem für Enzyme erwarteten Q_{10}-Wert übereinstimmt. Die Stoffwechselraten einiger ektothermer Tiere zeigen jedoch eine bemerkenswerte Temperaturunabhängigkeit. Bei einigen wirbellosen Bewohnern der Gezeitenzone beispielsweise, die im Zusammenhang mit Ebbe und Flut großen Temperaturschwankungen ausgesetzt sind, haben die Stoffwechselraten Q_{10}-Werte nahe 1, d.h. die Geschwindigkeit der Stoffwechselprozesse ändert sich über einen Temperaturbereich, der bis zu 20°C betragen kann, nur wenig. Diese Tiere verfügen offenbar über Enzymsysteme mit außerordentlich breiten Temperaturoptima, wodurch Änderungen der Enzymaktivität bei Schwankungen der Umgebungstemperatur verhindert werden. Solche Enzymsysteme könnten auf einer Abstufung der Temperaturoptima einander in einer Reaktion nachgeschalteter Enzyme beruhen, so daß ein Abfall in der Geschwindigkeit eines Schrittes in einer Folge von Reaktionen die Steigerung der Geschwindigkeit anderer Schritte in der Reaktionskette „kompensiert". Die „biologischen Uhren" sind mit Q_{10}-Werten von 1 ebenfalls unempfindlich gegen Temperaturänderungen. Andernfalls wäre die

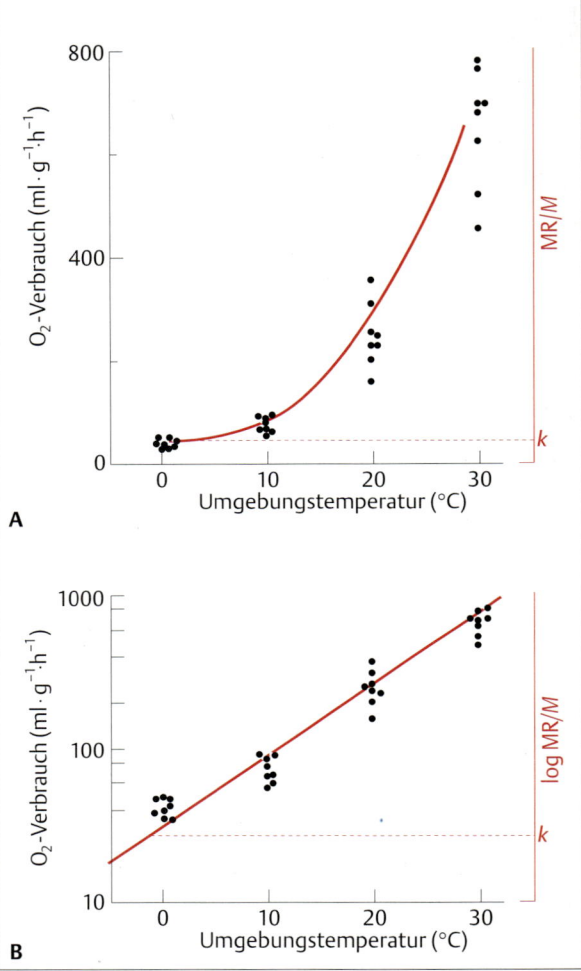

Abb. 16.9 Anstieg des Sauerstoffverbrauchs mit zunehmender Körpertemperatur bei der Raupe eines Bärenspinners *Spilosoma*. **A** Lineare Darstellung. **B** Halblogarithmische Darstellung. Die y-Achsen sind bezüglich der Gleichungen 16.10 und 16.11 in verallgemeinerter Form auf der rechten Seite farbig dargestellt. Die Konstante k erhält man durch das Extrapolieren der Stoffwechselrate auf eine Körpertemperatur von 0°C; sie entspricht dem Proportionalitätsfaktor in den oben genannten Gleichungen (aus Scholander u. Mitarb. 1953).

von diesen Uhren angezeigte Zeit in fataler Weise von der Körpertemperatur eines Tieres abhängig; bei einem Vogel oder einem Säugetier würden dann durch einen Fieberanfall alle Körperrhythmen außer Kraft gesetzt werden.

Temperaturakklimation – enzymatische Mechanismen

Bei vielen Arten bewirken länger anhaltende Hitze oder Kälte kompensatorische Änderungen von physiologischen Funktionen und in einigen Fällen auch von morphologischen Eigenschaften. Diese Änderungen helfen dem Einzelorganismus, den Temperaturstreß zu bewältigen. Ein Tier, das der winterlichen Kälte nicht ausweichen kann (z.B. ein in einem Teich lebender Fisch in gemäßigten Klimazonen) wird im Verlauf mehrerer Wochen allmählich eine ganze Reihe biochemischer Anpassungen an die niedrige Temperatur entwickeln. Die gesamten adaptiven Veränderungen, die sich bei einem Tier in natürlicher Umgebung einstellen, werden als **Akklimatisation** bezeichnet (s. S. 4). Wir werden uns hier auf eine engere Betrachtungsweise beschränken, die **Akklimation**, die sich auf die spezifischen physiologischen Änderungen bezieht, die im Labor gehaltene Tiere im Laufe der Zeit als Reaktion auf die Veränderung eines einzelnen Umweltfaktors, z.B. der Temperatur, entwickeln. (Es sei daran erinnert, daß mit dem Begriff der evolutionären **Adaptation** Veränderungen bezeichnet werden, die sich während der Evolution über Tausende von Generationen einer Art entwickelt haben).

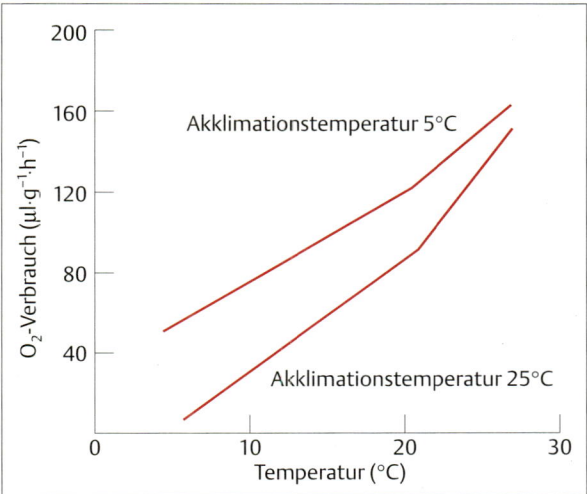

Abb. 16.10 Einfluß der Akklimationstemperatur auf die Temperaturabhängigkeit des Sauerstoffverbrauchs. Der O_2-Verbrauch der an 5 °C akklimierten Frösche ist bei jeder Versuchstemperatur höher als derjenige der an 25 °C akklimierten Artgenossen. Dadurch werden bei diesen und anderen Ektothermen die Störeffekte durch eine plötzliche Temperaturänderung minimiert.

Enzymatische Anpassungen

Vorgänge der Akklimation spielen sich sowohl in einzelnen Geweben wie auch auf der Ebene des gesamten Tieres ab. Bei gleicher Versuchstemperatur weisen z.B. Winter- und Sommer-akklimierte Frösche unterschiedliche kontraktile Eigenschaften der Skelettmuskulatur und verschiedene Herzfrequenzen auf. In ähnlicher Weise funktioniert die Nervenleitung kalt-akklimierter Fische auch bei tiefen Temperaturen, während sie bei warm-akklimierten Individuen unter gleichen Temperaturbedingungen blockiert ist. Wie ist das zu erklären? Mit gutem Grund kann angenommen werden, daß enzymatische Reaktionen betroffen sind. Wenn der O_2-Verbrauch von Fröschen, die an 5 °C bzw. 25 °C akklimiert wurden, gegen die verschiedenen Versuchstemperaturen aufgetragen wird, weisen die Kurven unterschiedliche Steigungen auf (Abb. 16.10). Die Atmungsprozesse bei den beiden unterschiedlich akklimierten Gruppen zeigen demnach verschiedene Q_{10}-Werte, was vermuten läßt, daß die Temperaturempfindlichkeit der Enzymaktivität modifiziert wurde. Eine Veränderung in der Geschwindigkeit enzymatisch gesteuerter Reaktionen kann entweder auf eine Veränderung im Molekülbau eines Enzyms oder mehrerer Enzyme oder in einem anderen Faktor, der die Enzymkinetik beeinflußt, hindeuten.

Bei einigen Fällen von Akklimation scheint die thermische Kompensation jedoch eher auf eine einfache Änderung der Enzym-Menge als auf eine Änderung der Enzym-Eigenschaften zurückzugehen. Dies läßt sich aus Experimenten ableiten, bei denen der Kurvenlauf, der die Beziehung zwischen einer Stoffwechselfunktion und der Versuchstemperatur wiedergibt, zwar eine Verschiebung, aber keine Änderung der Steigung zeigt

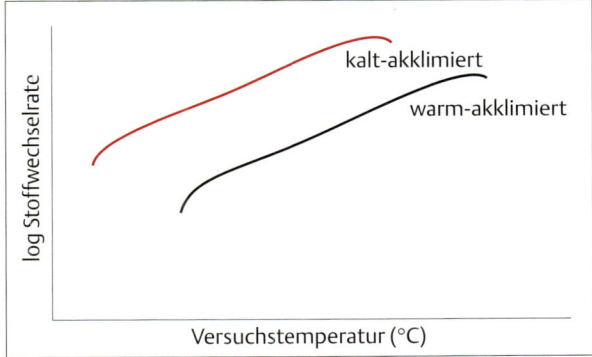

Abb. 16.11 Einfluß der Akklimationstemperatur auf die Temperaturabhängigkeit der Stoffwechselrate. Schematische Darstellung des Verlaufs der Stoffwechselrate (Logarithmus) in Abhängigkeit von der Versuchstemperatur bei einem kalt- und einem warm-akklimierten Tier. Die fast gleichen Steigungen deuten auf identische Q_{10}-Werte hin.

(Abb. 16.11). Da der Q_{10}-Wert des Prozesses unverändert bleibt, in der kalt-akklimierten Gruppe die Aktivität aber bei jeder Temperatur höher ist als in der warm-akklimierten Gruppe, scheint der Vorgang der Akklimation bei niedrigen Temperaturen zu einer Zunahme in der Zahl der Enzymmoleküle geführt zu haben, ohne daß sich dabei deren Kinetik geändert hat. Der jeweilige Zeitverlauf für eine bestimmte Akklimation hängt von der Geschwindigkeit ab, mit welcher der Enzymtyp oder die Enzymkonzentration verändert werden kann.

Aufrechterhaltung der Membranviskosität

Die Zellmembran, die weitgehend aus einer Doppellage von Lipidmolekülen aufgebaut ist, in die Eiweiße eingebettet sind, ist außerordentlich empfindlich gegenüber Temperaturänderungen. Bei tiefen Temperaturen kann die Membran in einen gelartigen Zustand mit einer sehr hohen Viskosität der Lipide übergehen, während sie bei hohen Temperaturen „hyperfluid" mit sehr niedriger Viskosität werden kann. Jeder dieser Zustände kann zunehmend nachteilige Veränderungen in den physikalischen Eigenschaften bewirken, je weiter sich die Temperatur von den für ein bestimmtes Tier optimalen Werten entfernt. Die vielfältigen Funktionen der Zellmembran, die von der Bildung einer physikalischen Barriere für die allgemeine Diffusion von gelösten Stoffen bis zum aktiven Transport bestimmter gelöster Teilchen durch die Membran reichen, können gefährdet werden, wenn die Viskosität der Membran zu hoch oder zu niedrig wird. Man kann sich die Wirkung der Temperatur auf die Viskosität der Membran klar machen, wenn man sich daran erinnert, daß der Schmelzpunkt eines Bratfettes oberhalb der Zimmertemperatur liegt, derjenige von Speiseöl aber darunter. Der Unterschied zwischen dem Öl und dem Fett liegt im Grad der Hydrierung des Kohlenstoff-Gerüstes. Je größer der Anteil an ungesättigten (d.h. zweifach nicht hydrierten) Kohlenstoff-Kohlenstoff-Bindungen in den Fettsäuremolekülen eines Lipids ist, desto niedriger liegt dessen Schmelzpunkt. Bei Temperaturen über dem Schmelzpunkt ist das Lipid weniger viskos oder ölig; unterhalb des Schmelzpunktes ist es viskoser oder wachsartiger.

Teilweise besteht die Akklimatisation ektothermer Tiere an kalte oder heiße Umgebungsbedingungen darin, daß im Verlauf der Warm-Akklimatisation die Membranlipide einen höheren, bei Akklimatisation an Kälte einen geringeren Grad an Sättigung erhalten; dies unterstützt die Stabilisierung der Membranstruktur und der darauf beruhenden Zellfunktionen. Dieses Phänomen wird als Anpassung zur **Aufrechterhaltung der Membranviskosität** („homeoviscous membrane adaptation") bezeichnet; darunter fallen Anpassungen auf molekularem Niveau, die dazu beitragen, durch Temperatur hervorgerufene Viskositätsänderungen zu minimieren.

Leider gibt es kein einfaches Maß zur Kennzeichnung der Membranfluidität. Am gebräuchlichsten als Index ist die Angabe der Gleichgewichts-Fluoreszenz-Anisotropie (ein Maß für fehlende Symmetrie in einem Molekül oder einer Struktur). 1,6-Diphenyl-1,3,5-Hexatrien (DPH) ist eine weit verbreitete Testsubstanz für die Membranfluidität. Eine starke Fluoreszenz-Anisotropie zeigt einen hohen Grad an Polarisierung der Lipide und Membranordnung an, was gleichbedeutend ist mit einer niedrigen Membranviskosität. Abbildung 16.12 zeigt Veränderungen im Polarisationsgrad von DPH der basolateralen Membranen von Enterocyten, die aus Regenbogenforellen isoliert wurden. Anfänglich werden Temperaturänderungen begleitet von Verände-

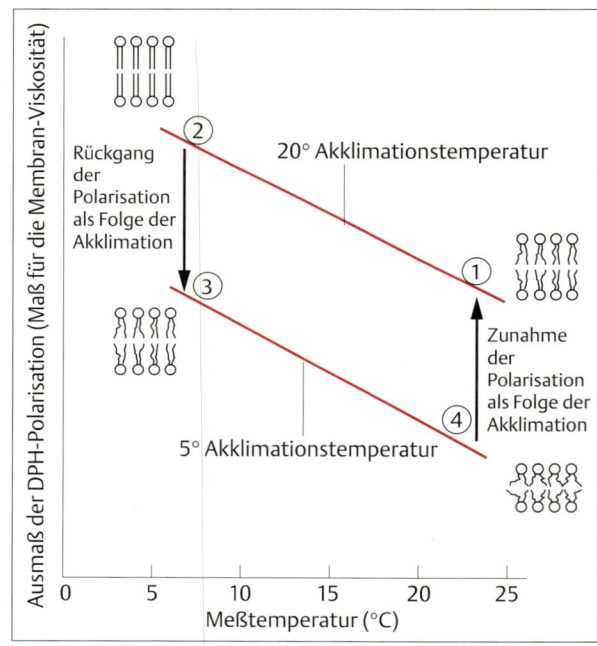

Abb. 16.12 Erhalt der Membranfluidität unter verschiedenen Temperaturbedingungen. Die „homöoviskose Anpassung" sorgt für relativ konstante Eigenschaften der Membranlipide in Darmepithelzellen der Regenbogenforelle. Nach einer ersten Messung bei 25 °C (Punkt 1) wird eine warm-akklimierte Forelle rasch auf 5 °C abgekühlt. Zu Beginn werden die Membranen der Darmepithelzellen stärker polar und viskoser (Punkt 2); im Verlauf der „homöoviskosen Anpassung" nimmt die Polarität der Lipidschichten aber ab, und die Membranen erhalten wieder ihre ursprüngliche Fluidität (Punkt 3). In ähnlicher Weise nimmt die Polarität der Membranen bei einer an 5 °C akklimierten Forelle, die rasch auf 25 °C erwärmt wird, zu Beginn stark ab (Punkt 4), steigt im Verlauf der Akklimation an die höhere Temperatur aber wieder an (Punkt 1) (verändert nach Hazel, 1995).

rungen in der Membranpolarisation und -fluidität. Mit der Zeit bewirken die Anpassungen zur Aufrechterhaltung der Membranviskosität jedoch, daß die Polarisation der Lipide und die Membranviskosität nach Akklimation an 5 °C ähnlich groß sind wie nach Akklimation an 20 °C.

Wie Hazel (1995) argumentiert, ist die Adaptation zur Aufrechterhaltung der Membranviskosität zwar ein eindrucksvolles Beispiel zur Erklärung von Akklimations- und Anpassungsvorgängen bei Tieren mit veränderlicher Körpertemperatur, kann aber nicht deren einzige Ursache sein. Einige Tiere erreichen eine volle Akklimation an Temperaturänderungen, obwohl bei ihnen nur schwache oder überhaupt keine adaptiven Veränderungen der Eigenschaften der Membranlipide im Sinne einer Regulation der Membranviskosität festzustellen sind. Änderungen in der Expression von Membranproteinen und Proliferation von Membranen in Mitochondrien und im sarcoplasmatischen Reticulum liefern zusammen mit den Anpassungen zur Aufrechterhaltung der Membranviskosität ein Bild der Zellmembranen als dynamische Strukturen, die sich in komplexer Weise verändern können, um trotz Temperaturänderungen ihre Funktionsfähigkeit zu erhalten.

Schließlich gibt es bei einigen Säugerarten auch noch örtliche Unterschiede in den Eigenschaften der Lipide, einschließlich des Schmelzpunktes. In den Extremitäten, in denen Temperaturen nahe dem Gefrierpunkt herrschen können, sind die Gewebslipide weniger gesättigt und haben deshalb niedrigere Schmelzpunkte als die Fette im Körperkern. Bei 37 °C sind die Fette in den Extremitäten viel „öliger" als die wachsartigeren Fette in wärmeren Körperbereichen. Die Öle mit niedriger Viskosität, die sich aus den Beinen von Schlachtvieh extrahieren lassen, kommen in den Handel und dienen zur Imprägnation und zum Geschmeidigmachen von Leder.

Faktoren, von denen Körperwärme und Temperatur abhängen

Die Temperatur eines Tieres hängt ab von der Menge an Wärmeenergie (Kalorien) pro Körpergewichtseinheit. Da die Gewebe hauptsächlich aus Wasser bestehen, beträgt ihre Wärmekapazität annähernd 1,0 cal/°C · g. Je größer ein Tier ist, desto mehr Wärme enthält sein Körper bei einer gegebenen Temperatur. Die Änderungsrate der Körperwärme hängt ab von
1. der **Wärmebildung** durch Stoffwechselprozesse,
2. der **Wärmeaufnahme** aus externen Quellen und
3. der **Wärmeabgabe** an die Umgebung (Abb. 16.13).

Wir können festhalten, daß

Körperwärme = Wärmebildung + (Wärmeaufnahme − Wärmeabgabe) = Wärmebildung + ausgetauschte Wärme

Daraus folgt, daß die Körperwärme, und damit die Körpertemperatur eines Tieres, sowohl durch Änderungen im Ausmaß der Wärmeproduktion als auch des Wärmeaustausches (d.h. Wärmeaufnahme minus Wärmeabgabe) reguliert werden kann.

Die Bildung von Körperwärme wird durch zahlreiche Faktoren beeinflußt. Verhaltensweisen wie z.B. einfache Bewegungen bewirken über die Ankurbelung des Stoffwechsels eine Erhöhung der Wärmebildung. Die Aktivierung autonomer Vorgänge, die zur Freisetzung von Hormonen führt, kann zu einem beschleunigten Abbau von Energiereserven führen. Akklimatisationsvorgänge, die langsamer ablaufen als die beiden vorher genannten Prozesse, haben häufig eine Erhöhung des Basalstoffwechsels und der damit verknüpften Wärmebildung zur Folge.

Der gesamte **Wärmegehalt** eines Tieres wird bestimmt durch die **Wärmebildung** im Stoffwechsel und den **Wärmefluß** zwischen dem Tier und seiner Umgebung (Abb. 16.13). Die Beziehung zwischen den beteiligten Faktoren kann folgendermaßen ausgedrückt werden:

$$H_{ges} = H_v + H_c + H_t + H_e + H_s$$

wobei H_{ges} der gesamten Wärmemenge entspricht, H_v der im Stoffwechsel produzierten Wärme, H_c der über Leitung (Konduktion) und Konvektion aufgenommenen oder abgegebenen Wärme, H_t dem Netto-Wärmefluß über Strahlung (Radiation), H_e der durch Verdunstung (Evaporation) abgeführten Wärme und H_s der im Körper gespeicherten Wärmemenge. Vom Tier wegfließende Wärme erhält ein negatives, aus der Umgebung zum Körper hin fließende Wärme dagegen ein positives Vorzeichen. Tiere können Wärme über Leitung, Konvektion, Strahlung und Verdunstung verlieren. Im folgenden wollen wir diese Schlüsselfaktoren einzeln betrachten.

Der Austausch von Wärme zwischen Gegenständen und Substanzen über Flächen, mit denen sie sich berühren, wird als **Wärmeleitung** (**Konduktion**) bezeichnet. Sie beruht auf der direkten Übertragung kinetischer Energie von Molekül zu Molekül, wobei der Nettoenergiefluß vom wärmeren zum kälteren Bereich gerichtet ist. Die Wärmeflußrate durch einen festen Wärmeleiter mit einheitlichen Eigenschaften kann folgendermaßen beschrieben werden

$$Q = \frac{k \cdot A^{(t_2 - t_1)}}{l} \qquad (16.12)$$

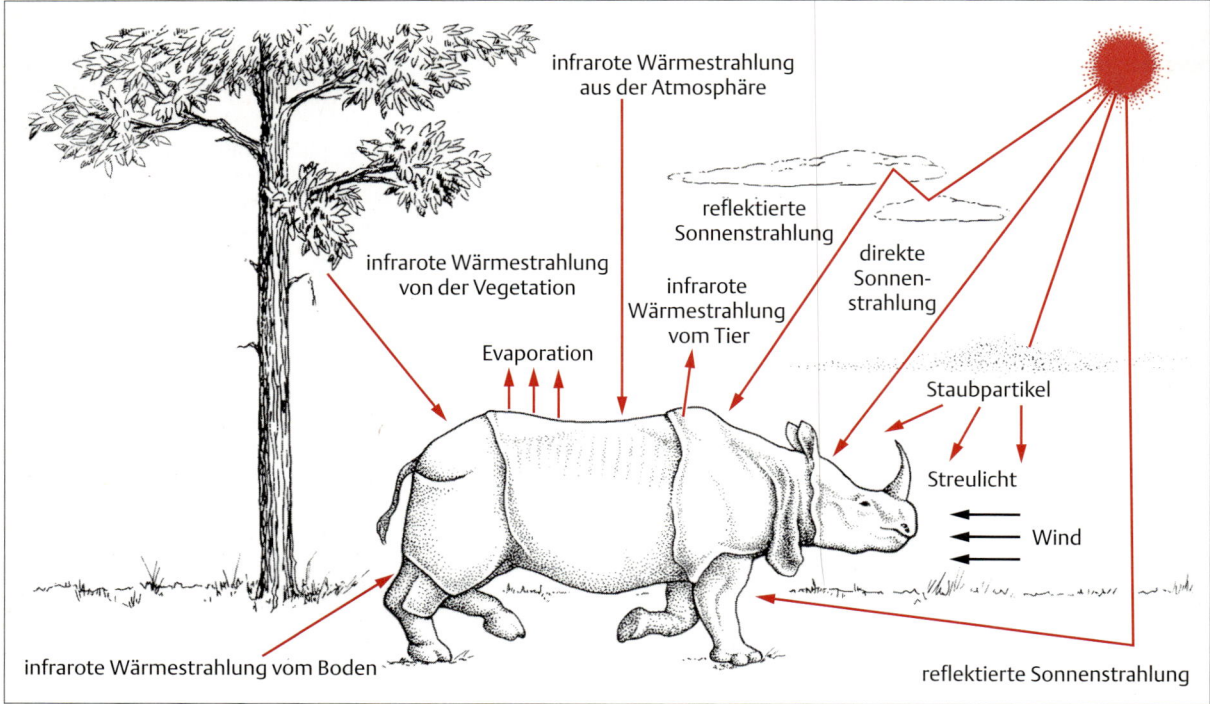

Abb. 16.13 Austausch von Wärme zwischen einem Tier und seiner Umgebung. Über infrarote Wärmestrahlung und über das direkt auftreffende oder von Objekten in der Umgebung reflektierte Sonnenlicht wird dem Tier Wärme zugeführt (Radiation); durch direkten Kontakt mit wärmeren Gegenständen (nicht dargestellt) kann ebenfalls Wärme aufgenommen werden (Leitung bzw. Konduktion). Abgabe von Körperwärme kann durch Strahlung und Wärmeleitung, aber auch durch Verdunstung (Evaporation) erfolgen (verändert nach Porter u. Gates, 1969).

wobei Q der Wärmeflußrate durch Leitung (in J/cm · s) entspricht; k ist die Wärmeleitfähigkeit des Wärmeleiters; A entspricht der Fläche, über die der Wärmeaustausch erfolgt (in cm^2); l gibt die Entfernung (in cm) zwischen zwei Punkten 1 und 2 an, welche die Temperaturen t_1 bzw. t_2 aufweisen. Wärmeleitung ist nicht beschränkt auf den Wärmefluß innerhalb einer bestimmten Substanz, sondern kann auch zwischen zwei Aggregatzuständen auftreten, wie z.B. der Wärmefluß von der Haut in die unmittelbar angrenzende Luftschicht oder in Wasser, das Kontakt mit der Körperoberfläche hat.

Der Transport von in einer Gas- oder Flüssigkeitsmasse enthaltener Wärme als Folge der Bewegung dieser Masse wird als **Konvektion** bezeichnet. Sie kann auf einem von außen einwirkenden Fluß (z.B. Wind) beruhen oder auf Änderungen in der Dichte der Masse aufgrund einer Erwärmung oder Abkühlung des Gases oder der Flüssigkeit. Durch Konvektion kann der Wärmetransport durch Leitung zwischen einem Festkörper und einer Flüssigkeit oder einem Gas (z.B. Luft, Wasser oder Blut) beschleunigt werden, da deren ständige Erneuerung an der Kontaktstelle mit einem Festkörper von unterschiedlicher Temperatur den Temperaturgradient zwischen den beiden Phasen auf einem maximalen Niveau hält und so den Wärmetransport durch Leitung zwischen Festkörper und Flüssigkeit (Gas) erleichtert. Die Konvektion kann auch als Sonderfall der Wärmeleitung (Konduktion) betrachtet werden.

Der Transport von Wärme über **elektromagnetische Strahlung** (**Radiation**) erfordert keinen direkten Kontakt zwischen den wärmeaustauschenden Objekten. Alle Gegenstände emittieren bei Temperaturen oberhalb des absoluten Nullpunktes proportional zur vierten Potenz ihrer absoluten Oberflächentemperatur elektromagnetische Strahlung. Die Wirkungsweise der Wärmestrahlung läßt sich z.B. daran erkennen, daß durch die Sonnenstrahlen ein schwarzer Körper deutlich über die Temperatur der ihn umgebenden Luft erwärmt werden kann. Ein dunkler Körper emittiert und absorbiert Wärmestrahlung in höherem Maße als ein stärker reflektierender Körper mit einer geringeren **Emissivität**. Beträgt der Temperaturunterschied zwischen den Oberflächen zweier Körper nicht mehr als 20 °C, ist der Netto-Wärmeaustausch annähernd proportional zum Temperaturunterschied.

Jede Flüssigkeit hat eine für sie spezifische **Verdampfungswärme**; diese entspricht der Energiemenge, die erforderlich ist, um die Flüssigkeit in ein Gas von gleicher Temperatur umzuwandeln, d.h. sie zu verdampfen (**Verdunstung** oder **Evaporation**). Die Energiemenge, die eingesetzt werden muß, um 1 g Wasser in Wasserdampf zu verwandeln, ist mit ca. 585 cal (2,45 kJ) recht hoch. Viele Tiere führen Körperwärme ab, indem sie Wasser an ihrer Körperoberfläche verdampfen lassen.

Wärmespeicherung führt zu einer Temperaturerhöhung des wärmespeichernden Körpers. Je größer die Masse des Körpers oder je höher seine spezifische Wärme ist, desto geringer fällt der Temperaturanstieg (in °C) für eine bestimmte Menge an absorbierter Wärme (in Joule) aus. Deshalb erwärmt sich ein großes Tier mit einem kleinen Oberflächen/Volumen-Verhältnis normalerweise langsamer infolge einer Wärmezufuhr aus der Umgebung als ein kleines Tier mit einem relativ großen Oberflächen/Volumen-Verhältnis. Dies ergibt sich aus der einfachen Tatsache, daß der Wärmeaustausch mit der Umgebung über die Körperoberfläche stattfinden muß.

Das Ausmaß des Wärmetransportes (in kJ/h) in ein Tier hinein oder aus ihm heraus hängt darüber hinaus von mehreren Faktoren ab. Ändert sich der Wert irgendeines dieser Faktoren, ändert sich der Wärmefluß über die Körperoberfläche in Richtung auf den Temperaturgradienten:

– Die Oberfläche – bezogen auf ein Gramm Gewebe – wird kleiner, wenn die Körpermasse zunimmt, was (wie bereits erwähnt) bei kleinen Tieren zu einem hohen Wärmefluß pro Körpergewichtseinheit führt. Manchmal können Tiere ihre effektive Körperoberfläche durch Haltungsänderungen verändern (z.B. durch Ausstrecken der Extremitäten oder indem diese eng an den Körper gezogen werden).

– Die Temperaturdifferenz zwischen Umgebung und Tierkörper wirkt sich in starkem Maße aus, wenn der für den Wärmetransport entscheidende Temperaturgradient (d.h. Temperaturänderung pro Abstandseinheit) verändert wird. Je näher ein Tier seine Oberflächentemperatur an die der Umgebung anpaßt, desto weniger Wärme wird aus seinem Körper heraus oder in diesen hinein fließen.

– Die spezifische Wärmeleitfähigkeit der Oberfläche eines Tieres ändert sich mit der Beschaffenheit seiner Körperoberfläche. Tiere mit hoher Wärmeleitfähigkeit der Oberflächengewebe haben im typischen Fall Körpertemperaturen nahe der Temperatur ihrer jeweiligen Umgebung; eine Ausnahme stellen sonnenbadende Tiere dar, bei denen die Körpertemperatur über das Niveau der Umgebungstemperatur ansteigen kann. Tiere, die aktiv eine konstante Körpertemperatur aufrecht erhalten (Vögel, Säugetiere), haben Federn, Fell oder „blubber" (Speckschicht unter der Haut der Wale), um die Wärmeleitfähigkeit ihrer Körperoberfläche herabzusetzen. Eine wichtige Eigenschaft von Fell und Federkleid ist, daß Luft darin eingeschlossen ist, die eine sehr niedrige Wärmeleitfä-

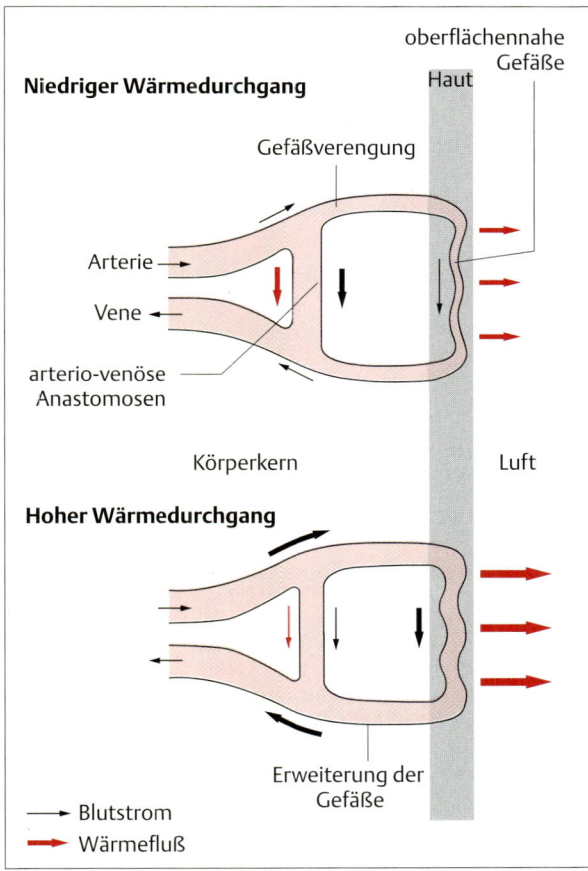

Abb. 16.14 Kontrolle des Wärmeaustauschs an der Körperoberfläche über die Regulation der Hautdurchblutung. Durch vasomotorische Kontrolle der peripheren Arteriolen kann das arterielle Blut bis zur Haut oder nur bis zu tiefer gelegenen Geweben strömen. Als Reaktion auf niedrige Umgebungstemperaturen kontrahieren sich bei endothermen Tieren die peripheren Blutgefäße, so daß das warme Blut die Körperoberfläche nicht erreicht. In warmer Umgebung wird das Blut dagegen zur Haut geleitet, wo bis zum Temperaturausgleich Wärme abgeführt werden kann. Bei ektothermen Tieren wird der Blutfluß zur Haut oft durch eine Erweiterung der peripheren Gefäße verstärkt, um Wärme aus der Umgebung aufnehmen zu können.

halten, die höher als die Umgebungstemperaturen sind. Der Grund hierfür ist, daß zum einen der Sauerstofftransport langsamer verläuft als der Wärmetransport, und daß Wasser außerdem wenig Sauerstoff enthält, dafür aber eine hohe spezifische Wärme[2] hat; beim Antransport des Sauerstoffs an die respiratorischen Oberflächen geht daher zwangsweise die gesamte im Stoffwechsel produzierte Wärme verloren. Luftatmer können dagegen eine ausreichende Menge Sauerstoff aus einem kleinen Luftvolumen beziehen und können diese Luft auf hohe Temperaturen erwärmen. Sie haben Wärme „übrig", um damit ihre Körpertemperatur zu erhöhen. Im Gegensatz zu Wasser hat Luft einen hohen O_2-Gehalt und eine niedrige spezifische Wärme. Deshalb können luftatmende Tiere ihre Körpertemperatur über das Niveau der Umgebungstemperatur anheben, wasseratmende Tiere dagegen nicht. Einige Tiere können mit Hilfe von Gegenstrom-Wärmeaustauschern (s. S. 805f) in verschiedenen Teilen ihres Körpers (z.B. Hundebeine, Vogelfüße, Thunfischmuskulatur usw.) unterschiedliche Temperaturen aufrecht erhalten. So sind Wasseratmer wie z.B. Thunfische in der Lage, bestimmte Bereiche ihres Körpers auf einer Temperatur zu halten, die höher als die des umgebenden Wassers ist; aber jedesmal, wenn das Blut durch die Kiemen strömt, gleicht sich seine Temperatur derjenigen des Wassers an. Luftatmende Tiere können eine erhöhte Körpertemperatur besitzen, weil die Wärmeproduktion theoretisch höher sein kann als die Wärmeabgabe. Eine hohe Körpertemperatur aufrecht zu erhalten, erfordert eine hohe Wärmebildungsrate wegen der obligatorischen Wärmeverluste im Zusammenhang mit der Atmung.

Tiere wenden verschiedene Mechanismen an, um den Wärmeaustausch mit der Umgebung zu regulieren:

– Kontrolle durch Verhalten schließt den Wechsel zu einem Ort ein, wo der Wärmeaustausch mit der Umgebung so begünstigt wird, daß eine optimale Körpertemperatur eingehalten werden kann. Beispielsweise zieht sich ein wüstenbewohnendes Erdhörnchen während der mittäglichen Hitze in seinen Bau zurück; eine Eidechse „badet" in der Sonne, um Strahlungswärme aus der Umgebung aufzunehmen und ihre Körpertemperatur deutlich über die Umgebungstemperatur anzuheben. Tiere kontrollieren auch den für den Wärmeaustausch verfügbaren Bereich der Oberfläche durch Veränderung ihrer Körperhaltung.
– Durch die Kontrolle des Blutflusses zur Haut über das autonome Nervensystem ist bei den Vertebraten eine Beeinflussung des Temperaturgradienten und damit auch des Wärmeflusses an der Körperoberfläche

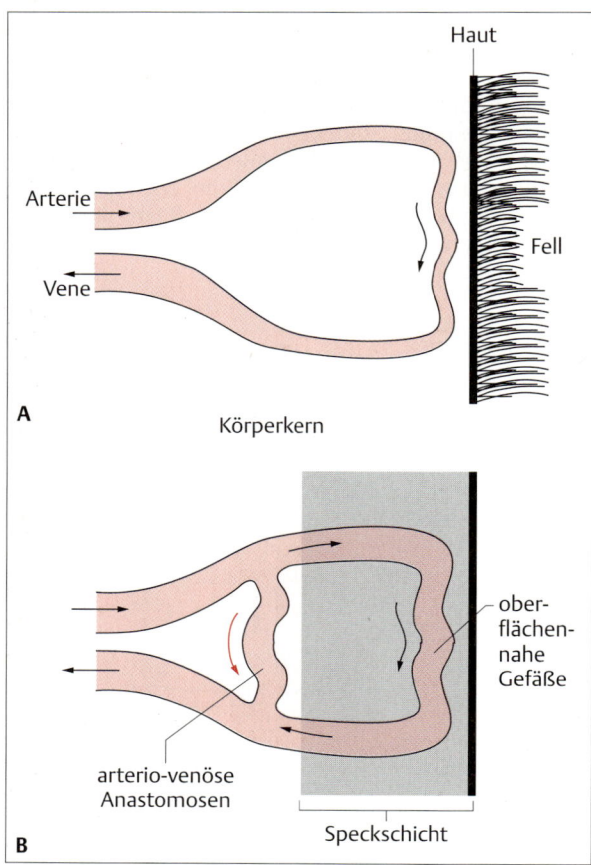

Abb. 16.15 Haarkleid und Speckschicht dienen der thermischen Isolation. A Das Fell befindet sich auf der Außenseite der Haut und der Gefäße; seine isolierenden Eigenschaften können durch Anlegen oder Aufrichten der Haare über pilomotorische Reflexe schnell verändert werden. **B** Die Speckschicht liegt unter der Haut und wird von Blutgefäßen durchzogen; ihr Isolationswert kann daher durch vasomotorische Steuerung des Blutflusses zur Oberfläche oder nur bis unterhalb der Fettschicht reguliert werden.

higkeit besitzt und damit eine zusätzliche Barriere für den Wärmetransport darstellt. Durch eine derartige thermische Isolation wird der Temperaturunterschied zwischen Körperkern und der Umgebung eines Tieres auf eine Distanz von mehreren Millimetern oder Zentimetern verteilt, so daß der Temperaturgradient nicht so steil verläuft und damit der Wärmefluß reduziert ist.

Die Körpertemperaturen der meisten Tiere ähneln den Temperaturen ihrer Umgebung. Wasseratmer können nur in Teilen ihres Körpers Temperaturen aufrecht er-

---

[2] Als Spezifische Wärme wird die Energiemenge bezeichnet, die aufgewendet werden muß, um 1 g eines homogen Stoffes um 1 °C zu erwärmen.

möglich (Abb. 16.**14**). Die Aktivierung der Musculi erectores pilorum z.B. verstärkt das Aufplustern von Haar- und Federkleid, wodurch die Effektivität der Isolation wegen der Zunahme an eingeschlossener, unbewegter Luft erhöht wird. (Abb. 16.**15 A**). Schweißabgabe und Speichelfluß während des Hechelns bewirken eine Verdunstungskühlung.

- Akklimatisierungsvorgänge schließen Langzeitänderungen in der Isolation durch das Haarkleid oder den Aufbau einer subdermalen Fettschicht ebenso ein wie Änderungen in der Kapazität für die autonome Kontrolle der evaporativen Wärmeabgabe durch Schweißsekretion. Akklimatisation kann, wie z.B. bei Finken, auch die Fähigkeit zur Wärmebildung im Stoffwechsel umfassen.

Einteilung der Tiere nach der Regulation ihrer Körpertemperatur

Nach den bisherigen Ausführungen sollte deutlich geworden sein, daß Tiere auf Temperaturänderungen in ihrer Umgebung auf vielfältige Weise reagieren. Das „traditionelle" Muster, nach dem vergleichende Physiologen die temperaturregulatorischen Reaktionen von Tieren einteilen, basiert auf der Konstanz der Körpertemperatur. Wenn **homöotherme** (**homoiotherme**) Tiere sich verändernden Luft- oder Wassertemperaturen ausgesetzt werden, halten sie ihre Körpertemperatur weitgehend konstant und regulieren sie innerhalb eines engen physiologischen Bereiches durch kontrollierte Wärmebildung oder Wärmeabgabe (Abb. 16.**16**).

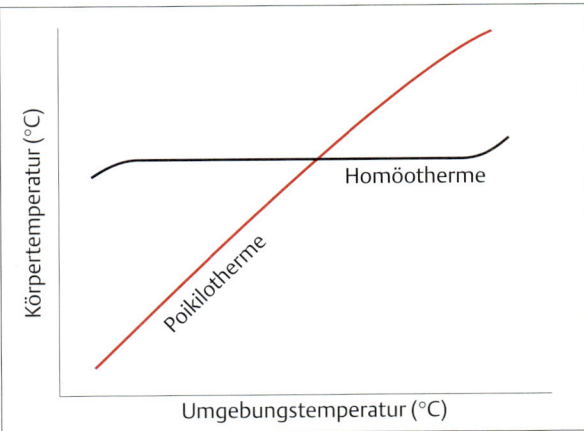

Abb. 16.16 Homöothermie und Poikilothermie. Homöotherme Tiere halten die Körpertemperatur über einen weiten Bereich der Umgebungstemperatur konstant, während die Körpertemperatur von Poikilothermen weitgehend den Veränderungen der Umgebungstemperatur folgt.

Bei den meisten Säugetieren liegt die Kerntemperatur zwischen 37°C und 38°C, während sie bei den Vögeln nahe bei 40°C liegt. Außer Vögeln und Säugetieren können auch einige andere Vertebraten und Evertebraten ihre Körpertemperatur regulieren; allerdings ist die Fähigkeit zur Temperaturkontrolle bei diesen Organismen häufig auf die Aktivitätsperioden oder Zeiten schnellen Wachstums beschränkt.

Als **Poikilotherme** werden solche Tiere bezeichnet, bei denen sich die Körpertemperatur mehr oder weniger der Umgebungstemperatur anpaßt, wenn sich die Luft- oder Wassertemperatur ändert. Die umgangssprachlichen Bezeichnungen „Warmblüter" für Homöotherme und „Kaltblüter" für Poikilotherme sind nicht zutreffend, da viele Poikilotherme ziemlich warm werden können. So können z.B. bei einer Heuschrecke während eines längeren Fluges unter der Äquatorsonne oder bei einer Eidechse, die mittags in einer heißen Wüste über den Sand läuft, Bluttemperaturen auftreten, die höher sind als diejenigen warmblütiger Säuger.

In der Vergangenheit zählten vergleichende Physiologen zunächst alle Fische, Amphibien, Reptilien und Evertebraten zu den Poikilothermen, da angenommen wurde, daß diesen Tieren die Fähigkeit zu der hohen Wärmeproduktion fehlt, über welche die Vögel und Säugetiere verfügen. Durch die steigende Anzahl von Freilanduntersuchungen wurden aber verschiedene Schwierigkeiten deutlich, die bei der schematischen Einteilung in Homöotherme und Poikilotherme auftreten (besonders durch den Einsatz von Sendern zur telemetrischen Bestimmung der Körpertemperatur). Einige Tiefseefische haben z.B. konstantere Körpertemperaturen als viele höhere Vertebraten, da diese Fische in einer Umwelt leben, die thermisch äußerst stabil ist. Viele sog. Poikilotherme (z.B. Eidechsen) sind in der Lage, in ihrem natürlichen Lebensraum ihre Körpertemperatur recht gut zu regulieren, indem sie den Wärmeaustausch mit der Umgebung kontrollieren; allerdings ist diese Fähigkeit letztlich durch die in der Umgebung zur Verfügung stehende Wärme begrenzt. Außerdem ist von zahlreichen Vögeln und Säugetieren bekannt, daß sie ihre Körpertemperatur über einen beträchtlichen Bereich schwanken lassen können, entweder nur in bestimmten Teilen des Körpers oder im gesamten Organismus.

Aufgrund dieser Ungereimtheiten führte man eine Einteilung ein, die eine breitere Anwendung erlaubt. Diese berücksichtigt die Herkunft der Körperwärme und geht davon aus, daß endotherme Tiere ihre Körperwärme selbst bilden, während ektotherme Tiere fast vollständig auf äußere Wärmequellen angewiesen sind. (Es sei betont, daß die beiden Konzepte von Homöothermie versus Poikilothermie und Endothermie versus Ektothermie idealisierte Extremfälle darstellen, denen die meisten Organismen nicht entsprechen.)

Endotherme sind Tiere, die ihre Körperwärme als Nebenprodukt der Stoffwechselprozesse selbst bilden, wobei sie ihre Körpertemperatur im typischen Fall beträchtlich über das Niveau der Umgebungstemperatur erhöhen. Die meisten produzieren große Mengen an Stoffwechselwärme, und viele zeichnen sich durch niedrige Wärmedurchgangszahlen aus, da sie über eine gute thermische Isolation verfügen (Fell, Federn, Fett), die es ihnen ermöglicht, trotz eines steilen Temperaturgradienten zwischen Körper und Umgebung Wärme zurückzuhalten. Säugetiere und Vögel sind Beispiele für Tiere, die ihre Körpertemperatur innerhalb ziemlich enger Grenzen regulieren und werden deshalb als **homöotherme Endotherme** bezeichnet. Einige wenige große Fische (Haie und große Thunfischarten) sowie verschiedene Fluginsekten werden als **partiell heterotherme Endotherme** bezeichnet, da sie in Teilen ihres Körpers Temperaturen aufrecht erhalten, die über der Umgebungstemperatur liegen; manchmal geschieht dies – wie bei Insekten im Flug – nur für kürzere Perioden und unter besonderen Umständen. Da Endotherme (alle Vögel und Säugetiere sowie viele terrestrische Reptilien und eine Reihe von Insekten) in der Lage sind, ihre Körpertemperatur auch in kalten Klimazonen auf einem Niveau deutlich über der Umgebungstemperatur zu stabilisieren, konnten sie Lebensräume besiedeln, die für die meisten Ektothermen zu kalt sind. Dafür müssen sie aber einen hohen Preis bezahlen: Die Stoffwechselrate eines endothermen Tieres ist auch bei Ruhe mindestens fünfmal so hoch wie die eines gleich großen ektothermen Tieres bei gleicher Körpertemperatur.

Ektotherme bilden vergleichsweise wenig Stoffwechselwärme – Mengen, die normalerweise zu gering sind, um Endothermie zu ermöglichen. Ektotherme Tiere besitzen häufig neben der niedrigen Wärmeproduktion gleichzeitig hohe Wärmedurchgangszahlen, d.h., sie sind thermisch schlecht isoliert. Wärme, die aus Stoffwechselprozessen stammt, geht deshalb schnell an eine kühlere Umgebung verloren. Entsprechend spielt für die Körpertemperatur eines ektothermen Tieres der Wärmeaustausch mit der Umgebung eine viel größere Rolle als die körpereigene Wärmebildung. Andererseits ermöglicht eine hohe Wärmedurchgangszahl den Ektothermen, Wärme schnell aus ihrer Umgebung zu absorbieren. **Thermoregulatorisches Verhalten** ist daher der wichtigste Weg, über den Ektotherme ihre Körpertemperatur kontrollieren. (Reptilien regulieren bekanntermaßen ihre Körpertemperatur.) Temperaturregulation durch Verhalten läßt sich experimentell demonstrieren, indem man Tiere in einer „Temperaturorgel" einem Wärmegradienten aussetzt und ihre bevorzugte Körpertemperatur registriert. Eine andere Möglichkeit besteht darin, Tiere in eine „shuttle box" zu setzen, die aus zwei miteinander verbundenen Kammern besteht; in einer Kammer wird die Temperatur deutlich unter der bevorzugten Körpertemperatur gehalten, in der anderen auf einem deutlich höheren Niveau eingestellt. Das Versuchstier wird zwischen den Kammern hin- und her pendeln und so seine Körpertemperatur auf einem Niveau zwischen den beiden Kammertemperaturen halten.

Freilandbeobachtungen, bei denen die Körpertemperatur telemetrisch ermittelt wurde, belegen die thermoregulatorischen Fähigkeiten von Reptilien – sowohl mittels ihres Verhaltens als auch über physiologische Mechanismen (z.B. Umlenken des Blutflusses zur Haut zum Zwecke der Wärmeabgabe oder -aufnahme). Viele Ektotherme, die vor der Notwendigkeit stehen, ihre Körpertemperatur zu ändern, verhalten sich in einer Weise, die entweder die Aufnahme von Wärme aus der Umgebung erleichtert oder die Abgabe von Wärme an die Umgebung unterstützt (oder die Wärmeaufnahme aus der Umgebung minimiert). Eine Eidechse oder eine Schlange nimmt solange ein Sonnenbad, bis sie eine Temperatur erreicht hat, die eine effiziente Funktion der Muskulatur ermöglicht; dabei richtet sie ihren Körper so aus, daß eine maximale Erwärmung erfolgt. In heißen Gebieten heben kleine Ektotherme (Eidechsen, Ameisen) ihren Körper oft so weit vom Untergrund ab wie es ihre Extremitäten erlauben, um den höchsten Temperaturen auszuweichen, die unmittelbar an der Oberfläche des Sandes oder des Felsens herrschen, auf dem sie sich bewegen.

Im allgemeinen besteht die wirkungsvollste thermoregulatorische Maßnahme, die von Ektothermen ergriffen werden kann, darin, einen Ort mit geeignetem **Mikroklima** aufzusuchen. In einem Bau unter einem Felsen herrschen z.B. oft viel gemäßigtere Temperaturen als an der Erdoberfläche (Abb. 16.**17**). In den Tropen scheinen Gezeitenzonen während der Tageshitze oft von Evertebraten unbewohnt zu sein, aber im gleichen Lebensraum kann es in der Nacht von Lebewesen wimmeln, die dann aus ihren Tagesverstecken mit gemäßigteren mikroklimatischen Bedingungen unter Felsen und in Gängen hervorkommen.

Heterotherme sind Tiere, bei denen die körpereigene Wärmeproduktion zwar mit unterschiedlicher Intensität erfolgen kann, die aber im allgemeinen ihre Körpertemperatur nicht innerhalb eines engen Bereichs regulieren. Sie lassen sich in zwei Gruppen unterteilen, regional und temporär Heterotherme. Zu den **temporär heterothermen Tieren** gehört eine umfangreiche Kategorie von Tieren, deren Körpertemperaturen zu verschiedenen Zeiten über einen weiten Bereich schwanken können. Die *Monotremata* (eierlegende Säugetiere, z.B. der Schnabeligel) sind temporäre Heterotherme (Abb. 16.**18**), wie auch placentale Säugetiere während des Winterschlafs und Vögel während anderer Torpor-

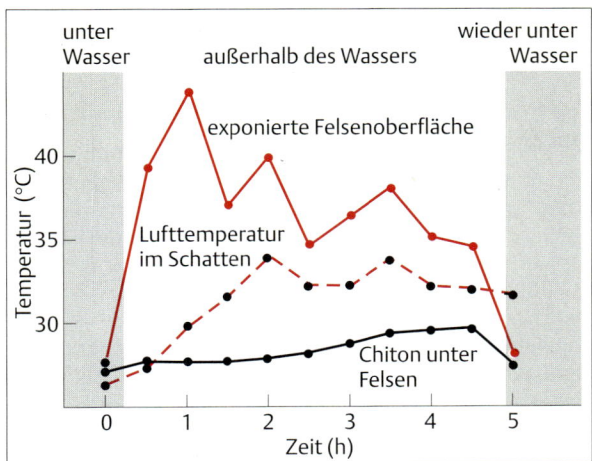

Abb. 16.17 Das Mikroklima unter Felsen bietet Ektothermen Schutz vor lebensfeindlichen Temperaturen. Die tropische Käferschnecke *Chiton stokesii* kann in der Gezeitenzone überleben, wo tagsüber hohe Temperaturen auftreten, die für sie tödlich wären, indem sie die viel kühleren Bereiche unter Felsen aufsucht. Die in der Abbildung gezeigten Temperaturverläufe wurden von einer der Sonne ausgesetzten Fläche des *Chiton*-tragenden Felsens, im Schatten an der Luft und im Raum unter dem angehefteten Fuß einer *Chiton*, die sich unter den Felsen zurückgezogen hatte, aufgezeichnet (verändert nach McMahon et al., 1991).

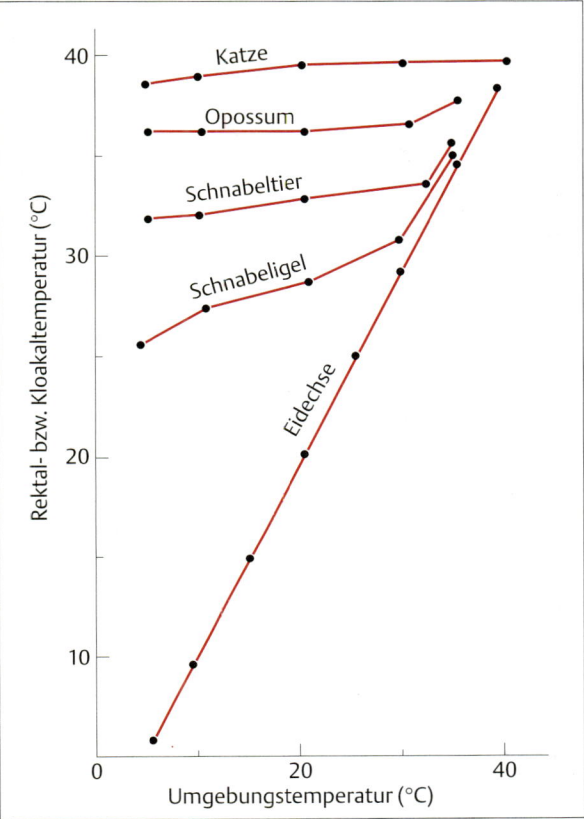

Abb. 16.18 Beziehung zwischen Körpertemperatur und Umgebungstemperatur. Die Katze ist ein streng homöothermes Tier, das seine Körpertemperatur unabhängig von der Umgebungstemperatur auf einem fast konstanten Niveau aufrecht erhält, während die *Monotremata* (Schnabeltier und Schnabeligel) zeitlich heterotherm sind. Die Körpertemperatur der Eidechse zeigt den typischen Verlauf für ein ektothermes (poikilothermes) Tier (verändert nach Marshall u. Hughes, 1980).

zustände (s. u.). Temporäre Heterothermie zeigen auch viele Fluginsekten, Pythons und einige Fische, die ihre Körpertemperaturen (oder die Temperatur von Teilen ihres Körpers, wie z. B. die Fische) mit Hilfe von Wärme, die als Nebenprodukt intensiver Muskelaktivität anfällt, deutlich über die Temperatur der Umgebung anheben können. Einige Insekten bereiten sich auf den Flug vor, indem sie vor dem Start für einige Zeit ihre Flugmuskeln aktivieren, um deren Temperatur zu erhöhen.

Einige kleine Säugetier- und Vogelarten verfügen über sehr genaue Mechanismen zur Kontrolle der Körpertemperatur, und sind daher grundsätzlich zur Homöothermie befähigt. Dennoch verhalten sie sich wie temporäre Heterotherme, da sie ihre Körpertemperatur tagesperiodisch über einen breiten Bereich schwanken lassen: Während der Aktivitätsperioden liegt ihre Körpertemperatur ähnlich hoch wie bei Endothermen, während der Ruheperioden kann diese aber deutlich abgesenkt werden. Unter heißen Umgebungsbedingungen erlaubt diese Flexibilität verschiedenen großen Tieren (z. B. Kamelen) während des Tages große Mengen an Wärme zu speichern und diese dann im Verlauf der kälteren Nacht wieder abzuführen. Besonders winzige Endotherme (z. B. Kolibris) müssen häufig Nahrung aufnehmen, um ihren hohen Energieumsatz während des Tages zu decken. Um zu vermeiden, daß sich ihre Energiespeicher während der Nacht, wenn keine Nahrungsaufnahme möglich ist, erschöpfen, verfallen sie in einen **Torporzustand** (s. S. 817) mit stark verminderter Stoffwechselrate, wobei die Körpertemperatur fast auf das Niveau der Umgebungstemperatur absinkt. Auch einige größere endotherme Tiere lassen sich im Winter in einen langanhaltenden Torporzustand mit reduzierter Körpertemperatur fallen, um Energie zu sparen (s. S. 817).

Regional Heterotherme sind im allgemeinen Ektotherme, die durch Muskelaktivität hohe Kerntemperaturen (d. h. in tiefer liegenden Geweben) erzeugen können, während die Temperatur ihrer peripheren Gewebe und der Extremitäten (Körperschale) nahe bei der Umgebungstemperatur liegt. Wie bereits erwähnt, gehören hierzu u.a. Makohaie, Thunfische und viele Fluginsekten. Höhere Temperaturen in den Organen und Geweben erlauben generell höhere Stoffwechselraten als bei der herrschenden Umgebungstemperatur möglich wären. Fische, die zu den regionalen Heterothermen zählen, benutzen hierzu **Gegenstromwärmeaustauscher**. Die Wärme wird dabei durch eine spezielle parallele Anordnung von zum Körperkern verlaufenden Arterien und zur Körperoberfläche ziehenden Venen zurückgehalten (s. Temperaturbeziehungen bei Heterothermen); in diesem *Rete mirabile* ist der Wärmeaustausch zwischen den Blutgefäßen erleichtert, weshalb die in der Muskulatur erzeugte Wärme weitgehend im Körperkern zurückgehalten werden kann. Einige große Schwertfischarten (z.B. der Marlin) benutzen spezialisierte Augenmuskeln, die als „Heizgewebe" bezeichnet werden, um die Temperatur des Gehirnes zu erhöhen (Thermogenese, s. S. 803). Ein weiteres Beispiel für regionale Heterothermie ist das Scrotum einiger Säugetiere (einschließlich Hund, Rind und Mensch), die ihre Hoden außerhalb des Körperkerns tragen, um sie bei etwas niedrigerer Temperatur zu halten. Das Scrotum verkürzt sich in kühler Luft, wobei die Hoden näher zum warmen Körper gezogen werden, und verlängert sich, wenn seine Temperatur steigt. Diese Tätigkeit reguliert die Temperatur der Hoden und verhindert insbesondere eine Überhitzung, die sich schädlich auf die Spermienproduktion auswirken würde.

Temperaturbeziehungen bei Ektothermen

Ektotherme besiedeln ein breites Spektrum von Lebensräumen – sowohl heiße wie kalte. Einige wenige spezielle Lebensräume weisen äußerst stabile Temperaturen auf, die im Jahresverlauf höchstens um ein bis zwei Grad Celsius schwanken. Beispiele hierfür sind die flachen Meeresräume unter dem arktischen und antarktischen Eis, die Tiefseeregionen, die Luft tief im Inneren vieler Höhlen und die Mikrolebensräume im tiefen Grundwasser. Normalerweise zeigen aber fast alle Lebensräume signifikante Lang- oder Kurzzeitschwankungen in ihrer Temperatur. Diese Schwankung ist am größten in terrestrischen Lebensräumen gemäßigter Regionen, wo in einigen Fällen die Oberflächentemperaturen im Sommer tagsüber fast 40 °C erreichen, während die Nachttemperaturen im Winter auf −40 °C absinken können. Die meisten Tiere leben in Mikrohabitaten mit weniger extremen Temperaturschwankungen. Ein gewisses Ausmaß an thermischem Streß weisen jedoch die meisten Lebensräume auf; die natürliche Selektion hat zur Entwicklung zahlreicher Mechanismen geführt, die den Tieren das Überleben unter diesen Bedingungen ermöglichen.

Ektotherme in frostigen und kalten Lebensräumen

Die Körpertemperatur vieler Ektothermer hängt in hohem Maße von der Umgebungstemperatur ab. Bei Tierarten, in deren Lebensraum die Temperatur unter den Gefrierpunkt abfallen kann, besteht folglich die Gefahr des Gefrierens der Körperflüssigkeiten. Die intrazelluläre Bildung von Eiskristallen ist normalerweise letal, da die Kristalle bei ihrem Wachstum die Zellen zerstören. Von keiner Tierart ist bekannt, daß sie das Gefrieren der gesamten Körperflüssigkeit überleben kann, aber einige Arten erreichen dies fast: Bestimmte Käfer können Temperaturen unterhalb des Gefrierpunktes überleben, da ihre extrazelluläre Flüssigkeit eine Substanz enthält, die als äußerst effektiver Kristallisationskeim wirkt. Als Folge davon gefriert die extrazelluläre Flüssigkeit schneller als die intrazelluläre. Mit der Eisbildung im Extrazellularraum erhöht sich im nicht gefrorenen Rest der Flüssigkeit die Konzentration der gelösten Teilchen. Aus osmotischen Gründen strömt nun Wasser aus den Zellen heraus, wodurch auch der Schmelzpunkt[3] der intrazellulären Flüssigkeit herabgesetzt wird. Wenn die Temperatur weiter absinkt, setzt sich dieser Vorgang fort und führt zu einer weiteren Erniedrigung des Schmelzpunktes der verbleibenden Flüssigkeit in den Zellen. Aus den Larven der im Süßwasser vorkommenden Zuckmücke *Chironomus*, die sogar ein wiederholtes Gefrieren überleben, läßt sich selbst bei einer Temperatur von −32 °C noch ungefrorene Flüssigkeit gewinnen. Wenn sich innerhalb der Zellen Eiskristalle bilden und wachsen, beschädigen sie das Gewebe durch Zerreißen der Zellen. Eisbildung außerhalb der Zellen führt dagegen nur zu geringen Schädigungen. Der adaptive Wert

---

[3] Als Schmelzpunkt wird die physikalisch genau definierte und nur von Art und Konzentration des Lösungsmittels abhängige Temperatur einer Lösung bezeichnet, bei der (unter dem Mikroskop betrachtet) ein Kristall dieser Lösung beim Erwärmen gerade zu schmelzen beginnt. Der häufig (unrichtig) im gleichen Sinne verwendete Begriff „Gefrierpunkt" ist dagegen eine variable Größe und hängt außer von Art und Konzentration des Lösungsmittels noch von weiteren Faktoren ab: Volumen der Lösung, Vorhandensein von potentiellen Kristallisationskeimen und Geschwindigkeit des Abkühlens. So können kleine Volumina (Mikroleiterbereich) von sehr reinem Wasser bei vorsichtigem Abkühlen bis auf ca. −40 °C unterkühlt werden (engl. „supercooling"), bevor spontan und schlagartig die Eisbildung einsetzt. Das Gefrieren kann aber, abhängig von den oben genannten Faktoren, bei jeder Temperatur zwischen dem Schmelzpunkt und dem maximal erreichbaren **Unterkühlungspunkt** („supercooling point") erfolgen.

dieses Vorganges beruht deshalb darin, die Eisbildung auf den Extrazellularraum zu beschränken, wobei es nur zu geringfügigen Schäden im Gewebe kommt. Rote Blutzellen, Hefezellen, Spermien und andere Zelltypen können ebenfalls ein Gefrieren der umgebenden Flüssigkeit ertragen, vorausgesetzt, die intrazelluläre Konzentration der Ionen übersteigt nicht die Schwelle, oberhalb derer es zu Beschädigungen der Organellen kommt. K.B. Storey und J.M. Storey fanden gemeinsam mit weiteren Kollegen (1992), daß einige Vertebraten, vor allem Froschlurche, ebenfalls Temperaturen unterhalb des Schmelzpunktes ertragen. Sowohl Proteine, die als Kristallisationskeime die Bildung von Eis im Extrazellularraum initiieren und dessen weiteres Wachstum kontrollieren, als auch Gefrierschutzmittel kommen zum Einsatz, um ein Überleben in frostiger Umgebung zu ermöglichen.

Einige Tiere können in einen Zustand der Unterkühlung eintreten, wobei die Körperflüssigkeiten unter ihren Schmelzpunkt abkühlen, ohne auszugefrieren, da die Bildung von Eiskristallen unterbleibt. Eiskristalle bilden sich nicht, solange kein Kristallisationskeim vorhanden ist, welcher die Bildung der Kristalle einleitet. So leben z.B. bestimmte Fische am Grund arktischer Fjorde permanent in einem unterkühlten Zustand, ohne daß es zur Eisbildung in ihrem Körper kommt. Kommen sie aber nur in leichte Berührung mit Eis im Oberflächenwasser (z.B. an den Kiemenoberflächen), bilden sich schlagartig Eiskristalle im gesamten Körper, was unmittelbar zum Tod führt. Das Überleben dieser Fische hängt demnach davon ab, daß sie in einer Zone deutlich unter dem Oberflächenwasser bleiben, die frei von Eis ist.

Die Körperflüssigkeiten einiger Ektothermer aus kalten Klimazonen enthalten **Gefrierschutzmittel**. Bei einer Reihe von Arthropoden beispielsweise, einschließlich Milben und verschiedenen Insekten, enthalten die Körperflüssigkeiten Glycerol, dessen Konzentration im typischen Fall im Winter ansteigt. Mit Glycerol als Gefrierschutzmittel ist ein Absenken des Schmelzpunktes von Körperflüssigkeiten bis auf −17 °C möglich. Die Gewebe der Larven der Schlupfwespe *Bracon cephi* können sogar noch niedrigere Temperaturen ertragen: sie lassen sich bis −47 °C unterkühlen, ohne daß es zur Bildung von Eiskristallen kommt. Das Blut von antarktischen Fischen der Gattung *Trematomus* enthält als Gefrierschutzmittel ein Glykoprotein, das die Bildung von Eiskristallen äußerst wirksam verhindert (eine winzige Menge davon senkt den Gefrierpunkt 200–500mal stärker als die gleiche Menge Kochsalz). Das Glykoprotein senkt nur die Temperatur, bei der sich die Eiskristalle bilden (Gefrierpunkt), auf den Schmelzpunkt des Eises hat es dagegen keinen Einfluß.

Für viele Tiere, die in einer kalten (aber nicht frostigen) Umgebung leben, stellt sich zum Überleben das Problem, trotz der sehr geringen Enzymaktivitäten bei niedrigen Temperaturen einen ausreichenden Stoffwechsel aufrechtzuerhalten. Viele Tiere, die in kalten Gegenden leben, haben deshalb Enzyme, deren Temperaturoptimum mehrere Grad niedriger liegt als das homologer Enzyme von Arten aus wärmeren Lebensräumen. In Abbildung 16.**19** ist eine deutliche thermische Anpassung der **Michaelis-Menten-Konstante** (K_m) von Pyruvat für die A$_4$-Lactat-Dehydrogenase erkennbar. Bei *Trematomus centronotus*, einem Fisch der in Wasser lebt, das praktisch

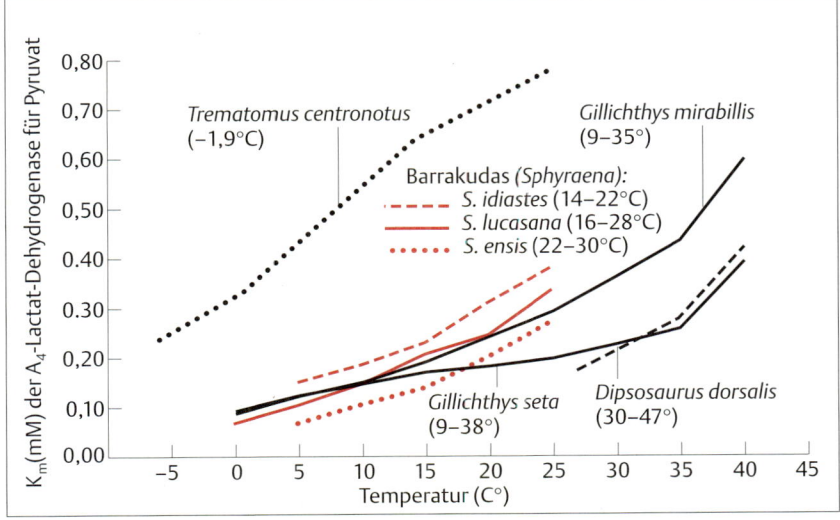

Abb. 16.19 Anpassung der Enzymkinetik an niedrige Temperaturen. Bei Tieren, die unter kälteren Umgebungsbedingungen leben, besteht ein Selektionsdruck in Richtung auf eine höhere Michaelis-Menten-Konstante der A$_4$-Lactat-Dehydrogenase für ihr Substrat Pyruvat. Dies trifft sowohl für Arten verschiedener Gattungen (*Trematomus* versus *Gillichthys*) als auch innerhalb der gleichen Gattung zu (Barrakudas) (verändert nach Somero, 1995).

immer eine Temperatur von −1,9 °C aufweist, ist der K_m-Wert bei allen Temperaturen wesentlich höher als der von Fischen und anderen Vertebraten, die Lebensräume mit einem breiten Temperaturspektrum bewohnen. Sogar innerhalb der gleichen Gattung (z.B. der Barrakudas) hat die Lactat-Dehydrogenase von Individuen aus kühleren Lebensräumen bei vergleichbaren Temperaturen einen höheren K_m-Wert für Pyruvat, als die Lactat-Dehydrogenase von Individuen aus wärmeren Gebieten; infolge dieses kompensatorischen Prinzips bleiben die temperaturabhängigen K_m-Werte von homologen Enzymen bei an unterschiedliche Temperaturen adaptierten Individuen bzw. Arten trotz der damit ebenfalls unterschiedlichen Körpertemperaturen im gleichen Bereich. Die Lactat-Dehydrogenase des bei −1,9 °C lebenden *Trematomus centronotus* hat einen ähnlichen K_m-Wert wie z.B. die des bei 14–22 °C lebenden *Sphyraena idiastes*. Der Effekt niedriger Temperaturen auf den Ablauf des Stoffwechsels (s. S. 781) wird also durch eine Erhöhung der Enzym-Substrat-Affinität kompensiert.

Ektotherme in warmen und heißen Lebensräumen

Der Wärmeaustausch mit der Umgebung ist eng mit der Größe der Körperoberfläche verknüpft. Daher steigt und fällt die Körpertemperatur eines kleinen ektothermen Tieres (das eine relativ große Körperoberfläche hat) schnell mit den täglichen Schwankungen der Umgebungstemperatur. Alle Ektothermen haben eine **kritische Maximaltemperatur**, oberhalb derer sie nur kurze Zeit überleben können. Im allgemeinen wird diese Temperatur ermittelt, indem man untersucht, bei welcher Temperatur 50 % der Individuen einer Population sterben.

Die kritische Maximaltemperatur ist arttypisch. Einige thermophile Bakterien gedeihen bei Temperaturen

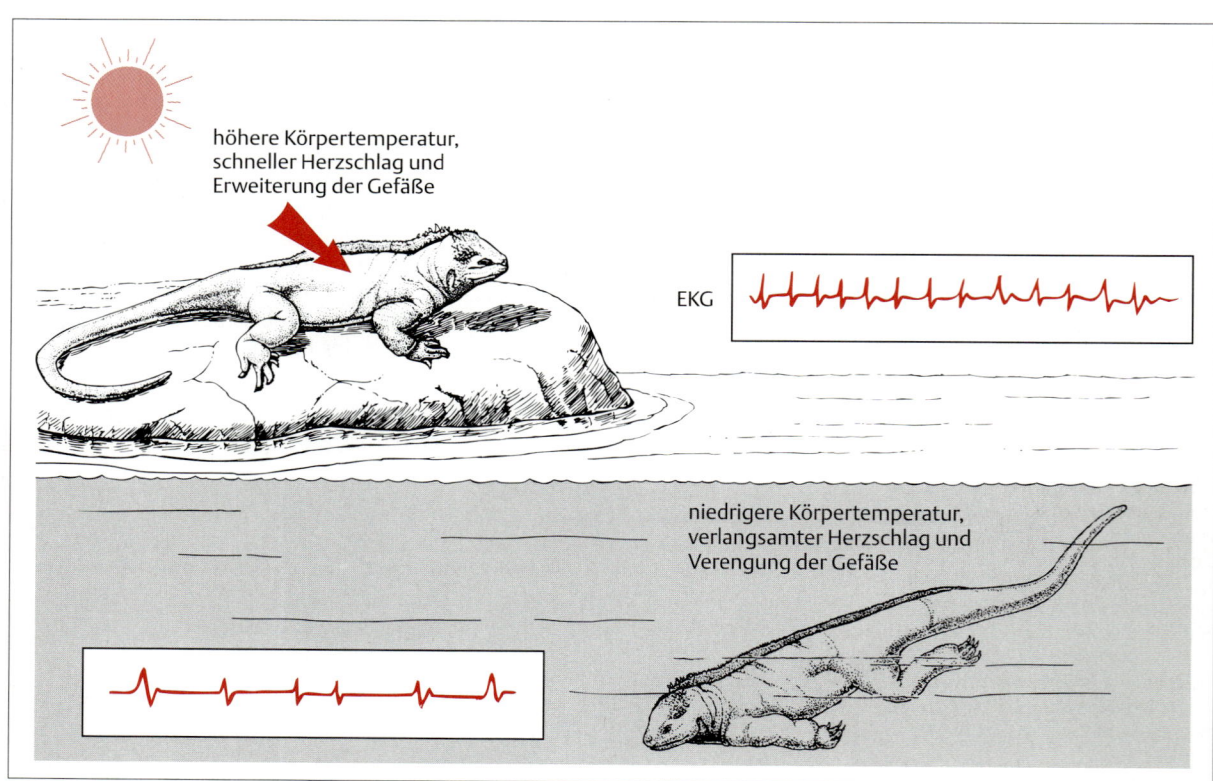

Abb. 16.20 Förderung der Wärmeaufnahme beim Sonnenbaden und Minderung der Wärmeabgabe beim Tauchen der Galapagos-Meerechsen. Das Aufwärmen und das Abkühlen der Tiere erfolgt unterschiedlich schnell, was auf eine aktive Regulation des Wärmeaustausches mit der Umgebung hindeutet. An Land nehmen die Echsen beim Sonnenbaden Wärme auf. Erweiterung der Blutgefäße in der Haut und ein beschleunigter Herzschlag (erkennbar am Elektrokardiogramm, EKG) sorgen für die Erwärmung des Blutes und einen schnellen Transport der aufgenommenen Wärme in alle Körperteile. Beim Tauchen wird die Wärmeabgabe durch Verlangsamung des Herzschlags und Verengung der Blutgefäße in der Haut verzögert; beide Maßnahmen vermindern den Blutfluß zur Körperoberfläche.

über 90 °C; die kritische Maximaltemperatur fast aller Metazoen liegt jedoch unter 45 °C. Die physiologischen Ursachen für die jeweiligen kritischen Temperaturmaxima sind unterschiedlicher Art. Eine absolute obere Grenze bildet die Temperatur, bei der Eiweiße denaturiert werden; Enzyme arbeiten jedoch meistens bereits bei wesentlich niedrigeren Temperaturen nicht mehr optimal. Oft stehen die kritischen Temperaturmaxima in Beziehung zum Ausfall eines essentiellen physiologischen Vorgangs. Bei vielen Ektothermen werden z.B. die meisten Gewebsfunktionen dadurch behindert, daß mit steigender Temperatur die Affinität der respiratorischen Pigmente zum Sauerstoff abnimmt. Bei 50 °C kann das arterielle Blut eines Chuckwalla (*Sauromalus*) nur noch zu 50% mit O_2 gesättigt werden, wodurch dem Tier schnelle Bewegungen unmöglich werden. Bei nur geringfügig niedrigeren Temperaturen (47–48 °C), die höhere O_2-Sättigungsgrade des arteriellen Blutes verhindern, bleibt der in der Wüste lebende Leguan *Dipsosaurus* aber voll aktiv. Oberhalb 43 °C hechelt dieser Leguan in ähnlicher Weise wie ein Hund, um die Wärmeabgabe durch Verdunstungskühlung zu erhöhen.

Die meisten ektothermen Tierarten sind niemals solch extremen Temperaturen ausgesetzt. Aber selbst in gemäßigten Klimazonen haben sich viele regelmäßig mit Umgebungstemperaturen auseinanderzusetzen, die hoch genug sind, daß aktive Gegenmaßnahmen ergriffen werden müssen, um ein lebensbedrohliches Ansteigen der Körpertemperatur zu vermeiden. Viele Ektotherme suchen sonnige oder schattige Stellen auf, um mehr bzw. weniger Wärme aus der Umgebung aufzunehmen. Die Wirksamkeit dieses **thermoregulatorischen Verhaltens** wird noch verstärkt durch die hohe Wärmedurchgangszahl der ektothermen Tiere. Bestimmte Reptilien setzen zusätzlich physiologische Mechanismen ein, um das Aufwärmen und Abkühlen ihres Körpers zu kontrollieren. Die tauchende Galapagos-Meerechse *Amblyrhynchus* (Abb. 16.**20**) z.B. kann ihre Körpertemperatur doppelt so schnell ansteigen lassen wie diese absinkt, indem sie sowohl die Frequenz des Herzschlags als auch den Blutfluß zur Körperoberfläche entsprechend reguliert. Wenn dieser Leguan sich erwärmen will, legt er sich in die Sonne und leitet gleichzeitig kühleres Blut aus dem Körperkern an die Oberfläche. Das Ergebnis ist ein starker Unterschied zwischen Körper- und Umgebungstemperatur. Der verstärkte Blutfluß sorgt für eine Erhöhung der Wärmedurchgangszahl in der Haut und beschleunigt so die Aufnahme von Wärme in den Körper. Die erhöhte Pumparbeit des Herzens bewirkt einen schnelleren Abtransport der Wärme von den oberflächlichen zu tiefer gelegenen Geweben. Während der langen Tauchgänge der Leguane im kühlen Meerwasser zur Nahrungsaufnahme wird die Abgabe von Körperwärme durch eine Verringerung des Blutstroms zur Körperoberfläche und durch eine allgemeine Verlangsamung des Blutkreislaufs reduziert. Dies wird deutlich aus Experimenten, die einen Hysteresis-Effekt (asymmetrische Antwort) in der Herzfrequenz in bezug auf die Körpertemperatur zeigen, wenn letztere steigt und fällt (Abb. 16.**21**). Zu den wichtigen physikalischen Prinzipien, die diesen Mechanismen zugrunde liegen, gehört nicht nur der Unterschied zwischen den durch Konvektion und durch Wärmeleitung transportierten Wärmemengen, sondern auch die unterschiedliche Wärmekapazität von Luft und Wasser. Auf Grund seiner weit höheren Wärmekapazität kann Wasser Wärme von der Körperoberfläche der Leguane viel schneller abtransportieren als Luft; deshalb ist die Verlangsamung des Blutflusses zur Haut während der Tauchgänge besonders wichtig.

Ähnliche Unterschiede in der Geschwindigkeit von Aufwärmen und Abkühlen, die auf aktive Kontrollvorgänge schließen lassen, wurden bei Amphibien und Arthropoden beobachtet.

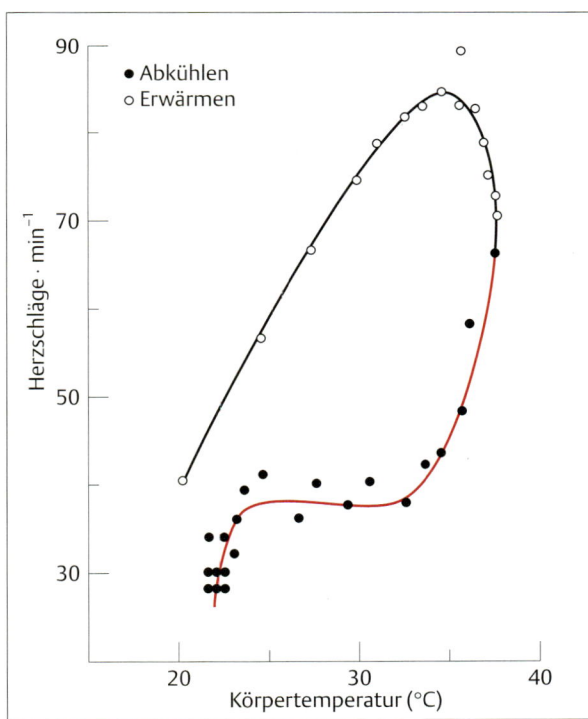

Abb. 16.21 Hysterese. Ein Hysteresis-Effekt zeigt sich in der Beziehung zwischen Herzfrequenz und Körpertemperatur bei Meerechsen, wenn diese in Wasser zunächst erwärmt und dann wieder abgekühlt werden. Während des Erwärmens steigt die Herzfrequenz steil an, fällt aber beim Abkühlen noch steiler wieder ab (aus Bartholomew u. Lasiewski, 1965).

Kosten und Nutzen der Ektothermie

In der frühen Phase der vergleichenden Physiologie galt die Ektothermie als eine Lebensweise, die der Endothermie unterlegen ist. Die endothermen Vertebraten (in erster Linie Vögel und Säugetiere) wurden als komplexere Ergebnisse der jüngeren Evolution betrachtet verglichen mit den hauptsächlich ektothermen „niederen Wirbeltieren" (Fische, Amphibien und Echsen). In neuerer Zeit ist die Bezeichnung „niedere Wirbeltiere" jedoch in Mißkredit geraten, da erkannt wurde, daß diese Tiere an ihre Lebensweise genau so gut angepaßt sind wie Vögel und Säugetiere an die ihre. Tatsächlich repräsentieren endotherme und ektotherme Tiere verschiedene Lebensstrategien; erstere sind mehr auf eine schnelle, energieaufwendige Lebensweise ausgerichtet, letztere auf eine langsame, energiesparende Art zu leben. Viele der anatomischen und funktionellen Eigenschaften ektothermer Vertebraten entsprechen Anpassungen, die ein Leben mit nur geringem Energiebedarf erleichtern. Diese bescheiden energetischen Bedürfnisse ermöglichen z.B. einigen Reptilien, Amphibien und Fischen an Land ökologische Nischen zu besetzen, die für Vögel und Säugetiere verschlossen sind. Kleine Salamander mit niedrigen Stoffwechselraten leben in großen Mengen im Streumaterial von Waldböden in Neuengland. Man schätzt, daß die Biomasse dieser Salamander insgesamt diejenige der Vögel und Säugetiere in den gleichen Wäldern übertrifft. Die Körpergröße ist oft ein kritischer Faktor, wenn es um die Vorteile der Ektothermie in bestimmten Lebensräumen geht. Da nur wenige Ektotherme ihre Körpertemperatur über die Temperatur der Umgebung anheben, bleibt ihnen der mit abnehmender Körpergröße steigende Verlust an Körperwärme erspart, der aus dem größer werdenden Oberflächen/Volumen-Verhältnis resultiert. Deshalb können Ektotherme noch bei viel geringeren Körpergrößen „funktionieren" als endotherme Tiere. Unter den Spitzmäusen und Kolibris gibt es ungewöhnlich kleine endotherme Arten, aber viele Ektotherme – z.B. Frösche und Salamander – sowie die meisten Evertebraten sind wesentlich kleiner.

Die Gegenüberstellung von „Kosten und Nutzen" der Ektothermie im Vergleich zur Endothermie führt zu folgenden Ergebnissen:

1. Ektotherme verbrauchen normalerweise weniger Energie, da ihre Körpertemperaturen im allgemeinen näher bei der Umgebungstemperatur liegen. Infolgedessen können Ektotherme einen größeren Anteil der ihnen zur Verfügung stehenden Energie in Wachstum und Fortpflanzung investieren. Ektotherme Tiere brauchen weniger Nahrung, müssen deshalb weniger Zeit mit Nahrungssuche verbringen und laufen daher weniger Gefahr, einem Räuber zum Opfer zu fallen. Sie benötigen auch weniger Wasser, da die evaporativen Wasserverluste von ihrer im typischen Fall kühleren Oberfläche geringer sind und sie brauchen keine große Körpermasse zu erreichen, um ihr Oberflächen/Volumen-Verhältnis zu verkleinern.

2. Den oben genannten Vorteilen stehen bestimmte Nachteile gegenüber. Zu diesen gehört die Unfähigkeit der Ektothermen, ihre Körpertemperatur zu regulieren (es sei denn, ihre Umgebung erlaubt dies durch thermoregulatorisches Verhalten). Eine Eidechse kann z.B. ihre Körpertemperatur durch Sonnenbaden nur erhöhen, wenn dafür ausreichend Strahlungswärme von der Sonne zur Verfügung steht. Dies schränkt die Tages- und Jahreszeiten ein, zu denen dies möglich ist. Andere Nachteile der Ektothermie bestehen darin, daß eine niedrige aerobe Stoffwechselrate die Dauer von körperlichen Höchstleistungen begrenzt und während anaerober Vorgänge eine Sauerstoffschuld aufgebaut wird. Diese Faktoren wurden als Argumente dafür angeführt, daß die großen Dinosaurier endotherm gewesen seien.

3. Biologische Vor- und Nachteile der Endothermie verhalten sich genau umgekehrt wie bei der Ektothermie. Wegen ihrer hohen aeroben Stoffwechselrate und ihrer erhöhten Körpertemperatur können Endotherme im allgemeinen auch über längere Zeiträume hinweg eine hohe Aktivität aufrecht erhalten. Im Vergleich zu den „bescheideneren" Ektothermen, die sich durch eine geringere Energieaufnahme und -ausgabe auszeichnen, sind Endotherme energetisch als „Verschwender" zu betrachten. Ein weiterer Vorteil der Endothermie besteht darin, daß die Konstanz der Körpertemperatur ein wirksameres Arbeiten der Enzyme innerhalb eines relativ engen Temperaturoptimums ermöglicht.

4. Endotherme Tiere können bestimmte Dinge schneller oder besser tun, aber sie zahlen dafür einen hohen Preis. Die Freiland-Stoffwechselraten (tägliche Kosten für das Überleben im natürlichen Habitat) von Endothermen sind bis zu 17mal höher als diejenigen von ektothermen Tieren. Der von den Endothermen für ihren hohen Energieumsatz bezahlte Preis schließt die Notwendigkeit ein, täglich entsprechend größere Mengen an Nahrung und Wasser zu sich zu nehmen. So benötigt ein 300 g schweres Nagetier pro Tag 17mal mehr Nahrung als eine 300 g schwere Eidechse, die dasselbe Habitat bewohnt und sich von den gleichen Insekten ernährt. Der intensive Gasaustausch über die Atemwege erhöht in heißen, trockenen Gebieten die Gefahr des Austrocknens. Im Verhältnis zur Umgebung hohe Körpertemperaturen verursachen auf Grund der Oberflächen/Volumen-

Beziehung bei geringer Körpermasse Probleme, da kleine Tiere im Vergleich zu großen höhere Wärmeverluste erleiden. Da allein für die Erhöhung und Aufrechterhaltung der Körpertemperatur bereits eine so große Energiemenge verbraucht wird, bleibt bei endothermen Tieren nur ein vergleichsweise kleiner Teil der Energie für Wachstum und Fortpflanzung übrig.

Es ist demnach offensichtlich, daß Ektothermie und Endothermie eine stoffwechselbezogene Dichotomie bedingen, deren Konsequenzen weit mehr betreffen als nur die Körpertemperatur. Tatsächlich erstrecken sich die Auswirkungen dieser beiden Formen des Energiehaushalts auch auf Bereiche wie Aktivität, Physiologie, Verhalten und Evolution. Sowohl Endothermie wie Ektothermie haben ihre Vor- und Nachteile. Mechanistisch betrachtet ist die Ektothermie immer weniger komplex als die Endothermie. Einige landbewohnende ektotherme Tiere können ihre Körpertemperatur sehr genau und bis zu 30 °C über der Lufttemperatur regulieren. Während Endotherme im typischen Fall eine relativ konstante Solltemperatur aufrecht erhalten, können einige zur Temperaturregulation fähige Ektotherme ihre Solltemperatur in Abhängigkeit von den lokomotorischen Bedürfnissen verstellen; die Körpertemperatur sinkt während Ruheperioden ab und steigt vor Aktivitätsperioden an, wie z.B. beim Sonnenbaden von Eidechsen. Das hat den Vorteil eines sparsamen Umgangs mit dem „Brennstoff" und gleicht sehr dem Einstellen eines Thermostaten in einem Hause entsprechend den Wärmebedürfnissen seiner Bewohner.

Endothermie und Ektothermie bieten Tieren auch unterschiedliche Vorteile in verschiedenen Klimazonen. In den Tropen konkurrieren ektotherme Tiere wie z.B. Reptilien erfolgreich mit Säugetieren, sowohl was die Zahl der Arten als auch der Individuen angeht oder übertreffen diese sogar. Dieser Erfolg wird teilweise dem warmen, relativ gleichmäßigen tropischen Klima zugeschrieben, das Reptilien die Ausdehnung ihrer Aktivitätszeit bis in die Nacht erlaubt, sowie der ökonomischeren Nutzung der Energie, die den Ektothermen möglich ist, da sie keine Energie für die Erhöhung der Körpertemperatur ausgeben müssen. Die so eingesparte Stoffwechselenergie kann von den ektothermen Tieren für Fortpflanzung und andere Aktivitäten verwendet werden, welche die Überlebenschancen der Art erhöhen. In gemäßigten und kalten Klimaten sind Ektotherme notwendigerweise in ihren Bewegungen langsamer, deshalb nicht so erfolgreich als Räuber und daher allgemein unter solchen Bedingungen weniger häufig als Säugetiere. Endotherme haben bei Kälte gegenüber Ektothermen einen deutlichen Wettbewerbsvorteil, weil ihre Gewebe warm gehalten werden. Allgemein gilt, je weiter entfernt vom Äquator, desto größer das Vorherrschen von Endothermie bei landbewohnenden Tieren. Beispielsweise gibt es in polaren Gebieten keine Reptilien und fast keine Insekten; nur wenige Gattungen der Amphibien und Insekten können unter subpolaren arktischen Verhältnissen dauerhaft existieren.

Temperaturbeziehungen bei Heterothermen

Heterotherme Tiere stehen zwischen den rein ektothermen und endothermen Arten. Wie bereits früher in diesem Kapitel erwähnt (s. S. 791), gehören bestimmte Insekten und Fische zu den Heterothermen. Einige Fluginsekten, zu denen beispielsweise Heuschrecken, Käfer, Zikaden und arktische Fliegen gehören, können sowohl als temporäre wie auch als regionale Heterotherme betrachtet werden, da sie während der Vorbereitung auf den Flug die Kerntemperatur im Thorax auf ein mehr oder weniger kontrolliertes Niveau anheben. Bei mittleren Umgebungstemperaturen sind diese Insekten ohne vorangehendes Aufwärmen unfähig zu starten und zu fliegen, weil sich ihre Flugmuskeln bei Temperaturen unter 40 °C viel zu langsam kontrahieren um ausreichend Kraft für den Flug zu entwickeln. Während der Ruheperioden verhalten sich diese Insekten aber genauso wie Ektotherme. Ist ein solches Insekt einmal in der Luft, produziert seine Flugmuskulatur genügend Wärme, um eine erhöhte Muskeltemperatur beizubehalten, das Insekt muß sogar – um eine Überhitzung zu vermeiden – Mechanismen zur Abführung von überschüssiger Wärme einsetzen. Diese Fluginsekten sind meist recht groß; einige, etwa Hummeln oder Schmetterlinge, sind zur thermischen Isolation mit „Haaren" oder Schuppen bedeckt. Während des Aufwärmens aktivieren diese Insekten ihre gut ausgebildeten Flugmuskeln im Thorax, die zu den Geweben mit den höchsten bekannten Stoffwechselleistungen gehören. Die antagonistisch arbeitenden Flügelheber und Flügelsenker werden dabei gleichzeitig aktiviert, so daß Wärme produziert wird, ohne daß es zu starken Auslenkungen der Flügel kommt; äußerlich sind nur kleine, schnelle Vibrationen erkennbar, ähnlich wie beim Muskelzittern. Der Flug beginnt schließlich, wenn die Thoraxtemperatur das Niveau erreicht hat, das auch während des Fluges aufrecht erhalten wird, etwa 40 °C (Abb. 16.**22**).

Wie alle Endothermen haben auch heterotherme Fluginsekten Probleme mit der Regulation ihrer Körpertemperatur, wenn zu ihrer Umgebung ein großer Temperaturgradient besteht. Nähert sich die Umgebungstemperatur 0 °C, werden die Wärmeverluste durch Konvektion so groß, daß die zum Flug erforderlichen Temperaturen nicht mehr aufrecht erhalten werden können. Hohe Temperaturen andererseits bringen das Insekt in

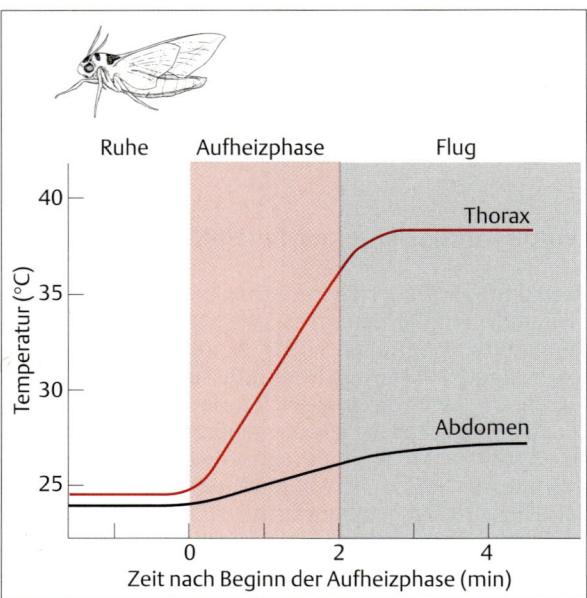

Abb. 16.22 Wärmeerzeugung durch Muskelzittern. Der Tabakschwärmer (*Manduca sexta*) benötigt vor dem Flug eine Aufwärmphase. Muskelzittern in der thorakalen Flugmuskulatur führt dabei zu einem steilen Anstieg der Thoraxtemperatur (verändert nach Heinrich, 1974).

die Gefahr einer Überhitzung. Der Tabakschwärmer *Manduca sexta* vermeidet während des Schwirrflugs oberhalb von 20 °C eine Thorax-Überhitzung, indem er warme Hämolymphe in das Abdomen leitet: Der Abfluß von Wärme aus dem aktiven Thorax in das relativ inaktive und schlecht isolierte Abdomen erhöht die Wärmeabgabe an die Umgebung über die Körperoberfläche und vor allem über das Tracheensystem.

Ein interessantes und etwas ungewöhnliches Beispiel für Wärmebildung durch Muskelzittern bei Insekten stellen Bienenvölker dar; die Temperatur im Inneren des Volkes wird dabei zum einen durch das wärmebildende Muskelzittern der Einzeltiere, zum anderen durch Veränderungen in der Gestalt des Schwarms reguliert. Bei niederen Temperaturen (z. B. 5 °C) drängt sich der Schwarm enger zusammen, wobei der Luftstrom in den Schwarm hinein und aus ihm heraus auf ein für die Atmung benötigtes Minimum reduziert wird. Durch Muskelzittern kann die Temperatur im Kern des Schwarms dabei auf etwa 35 °C gehalten werden. Umgekehrt lockert sich bei warmem Wetter der Schwarm, wobei Kanäle entstehen, durch welche die Luft ungehindert fließen kann, so daß die Temperatur im Inneren die Außentemperatur nur um wenige Grad übersteigt.

Ein weiteres Beispiel für Wärmebildung in der Muskulatur bei einer heterothermen Art sind brütende Weibchen von indischen Pythons; diese erhöhen ihre Körpertemperatur durch Muskelzittern und wärmen damit die Eier, um die sie sich mit ihrem Körper legen. Experimentell konnte gezeigt werden, daß die Häufigkeit der Muskelkontraktionen mit sinkender Umgebungstemperatur zunimmt und gleichzeitig der Unterschied zwischen Körper- und Umgebungstemperatur größer wird.

Anders als landbewohnende ektotherme Wirbeltiere, die sich zum Aufwärmen in die Sonne legen, können marine Ektotherme wegen der starken Absorption von infraroter Strahlung im Wasser keine Strahlungswärme aus ihrer unterseeischen Umgebung beziehen. Deshalb können Fische ihre Körpertemperatur nur durch intensive Stoffwechseltätigkeit über die Wassertemperatur hinaus erhöhen. Viele Teleosteer sind rein ektotherm und agieren bei Kerntemperaturen, die sich kaum von der Umgebungstemperatur unterscheiden. Wie bereits erwähnt, verfügen jedoch einige Fische, wie z. B. Thunfische, über spezielle Einrichtungen zur Erzeugung und Konservierung von genügend Wärme, um die Temperatur von Muskeln, Gehirn oder Augen um 10 °C oder mehr über der Umgebung zu halten. Diese Fische können daher den regionalen Heterothermen zugeordnet werden. Die große Körpermasse (und damit das kleine Oberflächen/Volumen-Verhältnis) einiger dieser Fische begünstigt die Erhaltung einer relativ konstanten Muskeltemperatur. Bei diesen Fischen hängt die Konservierung der Wärme im Körperkern entscheidend vom Aufbau des Gefäßsystems ab. Im Unterschied zu ektothermen Fischen, die eine zentral gelegene Aorta und Postkardinalvene haben (Abb. 16.23 A), verlaufen bei heterothermen Fischen (z. B. bei Thunfischen und Heringshaien wie dem Makohai) wichtige Blutgefäße (laterale Hautarterien und -venen) direkt unter der Haut (Abb. 16.23 B). Das Blut fließt auf seinem Weg zu den tief gelegenen roten Muskeln durch ein Rete mirabile, das als Wärmeaustauscher wirkt (Abb. 16.24). Arterielles Blut, das während der Passage durch die respiratorischen Epithelien der Kiemen und die oberflächlich gelegenen Gefäße unvermeidlich und schnell abgekühlt wird, fließt von der kalten Peripherie kommend in das wärmere, tiefer gelegene Muskelgewebe durch ein Netz von feinen Arterien, die eng mit kleinen Venen vermischt sind, die warmes Blut von den Muskeln abtransportieren. Dies ermöglicht einen Wärmeaustausch im Gegenstrom, wobei das kühle arterielle Blut auf seinem Weg von der Oberfläche zum Kern Wärme aus dem venösen Blutstrom aufnimmt, der die Muskulatur verläßt und zur Peripherie fließt. Dies ermöglicht das Zurückhalten von Wärme im tief gelegenen roten Muskelgewebe und reduziert die Wärmeverluste an die Umgebung auf ein Minimum.

Zwei anatomische Merkmale ermöglichen es den he-

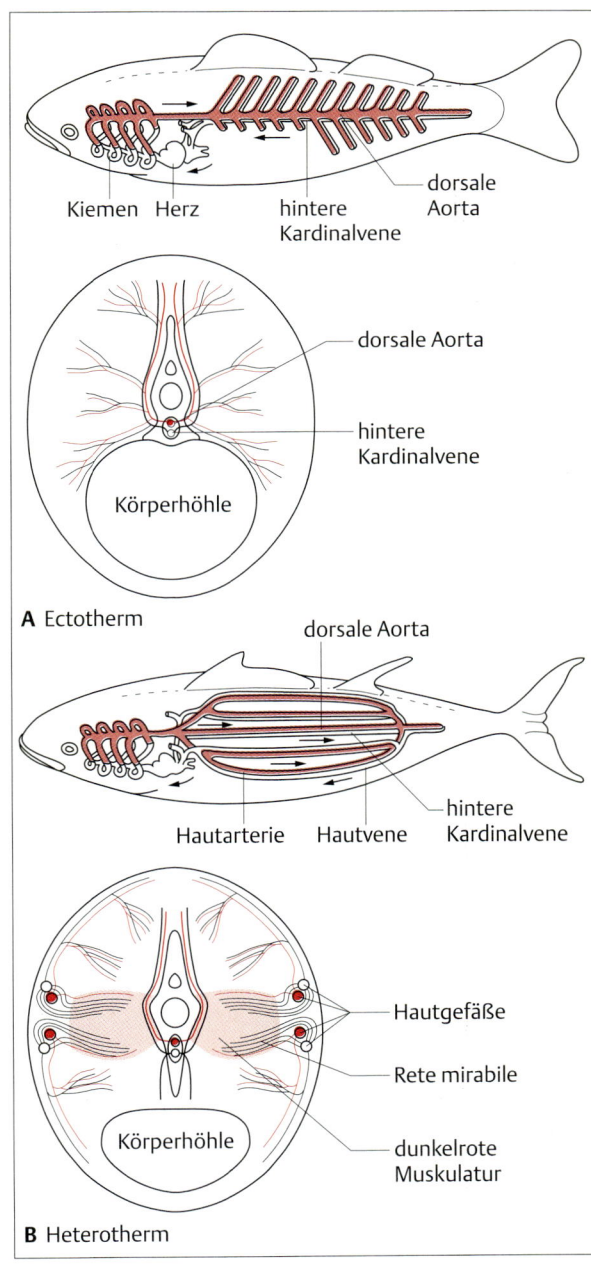

Abb. 16.23 Gefäßverlauf bei einem ektothermen und einem heterothermen Fisch. Eine von der Anatomie eines typischen ektothermen Fisches abweichende Anordnung der Blutgefäße ermöglicht dem Blaurücken-Thunfisch (*Tunnus thynnus*) die Fähigkeit zur Heterothermie in Teilen seines Körpers. **A** Bei ektothermen Fischen fließt das von den Kiemen kommende kalte Blut in der zentral gelegenen Aorta dorsalis zu den Verbrauchsorganen und über die ebenfalls zentral verlaufende Kardinalvene zum Herzen zurück. **B** Bei den heterothermen Fischen wird dagegen ein großer Teil des kalten arteriellen Blutes durch nahe der Körperoberfläche gelegene cutane Gefäße umgeleitet, so daß es von der Peripherie kommend im Körper verteilt wird. In der dunklen Muskulatur befinden sich Wundernetze, in deren Bereich die aus der warmen Muskulatur kommenden venösen Gefäße in enger Nachbarschaft zu den arteriellen Gefäßen verlaufen. Die bei der Muskelarbeit erzeugte Wärme wird in diesen Wärmeaustauschern weitgehend an das arterielle Blut abgegeben und damit im Körper zurückgehalten. Das abgekühlte venöse Blut wird wiederum zunächst über cutane Gefäße zur Kardinalvene zurückgeführt. Der Vorteil dieser Anordnung der Blutgefäße bei den heterothermen Fischen liegt darin, daß die im Körper erzeugte Wärme an das arterielle Blut abgegeben und nicht zu den Kiemen transportiert wird, wo sie über die große Oberfläche unvermeidlich an das umgebende Wasser verlorengehen würde (verändert nach F.G. Carey, 1973).

terothermen Fischen, ihre Schwimmuskulatur bei einer Temperatur zu halten, die hohe Aktivität erlaubt, während die Temperatur der oberflächennahen Gewebe sich der des umgebenden Wassers angleicht: (1) Die rote (dunkle) aerob arbeitende Schwimmuskulatur ist ziemlich tief im Inneren des Fischkörpers gelegen, und (2) der Transport der im Zusammenhang mit der Muskeltätigkeit erzeugten Wärme an die Peripherie (Haut, Kiemen, usw.) wird durch die gegenläufige Anordnung der Blutgefäße, die das Rete aufbauen, vermindert. Ein weiterer wichtiger Faktor besteht darin, daß diese regional heterothermen Fische kontinuierlich schwimmen, so daß die rote Muskulatur niemals auf das Niveau der Umgebung abkühlt. Eine der mit regionaler Heterothermie verknüpften Erscheinungen ist, daß in den nicht erwärmten Geweben Energie gespart wird, während nur die Temperatur in bestimmten Geweben, wie z.B. der Schwimmuskulatur, angehoben wird.

Temperaturbeziehungen bei Endothermen

Bei homöothermen Endothermen (die meisten Säugetiere und Vögel) wird die Körpertemperatur durch homöostatische Mechanismen genau geregelt; diese regulieren das Ausmaß von Wärmebildung und -abgabe so, daß – unabhängig von der Umgebungstemperatur – eine relativ konstante Körpertemperatur aufrecht erhalten werden kann. Wie bereits früher erwähnt, werden bei Säugetieren Kerntemperaturen zwischen 37 und 38 °C und bei Vögeln von etwa 40 °C stabilisiert. Die Temperaturen der peripheren Gewebe und der Extremitäten werden weniger genau geregelt und können manchmal sogar das Niveau der Umgebungstemperatur erreichen. Der Basalstoffwechsel endothermer Tiere kann bis zu 10mal so hoch sein wie der Standardstoff-

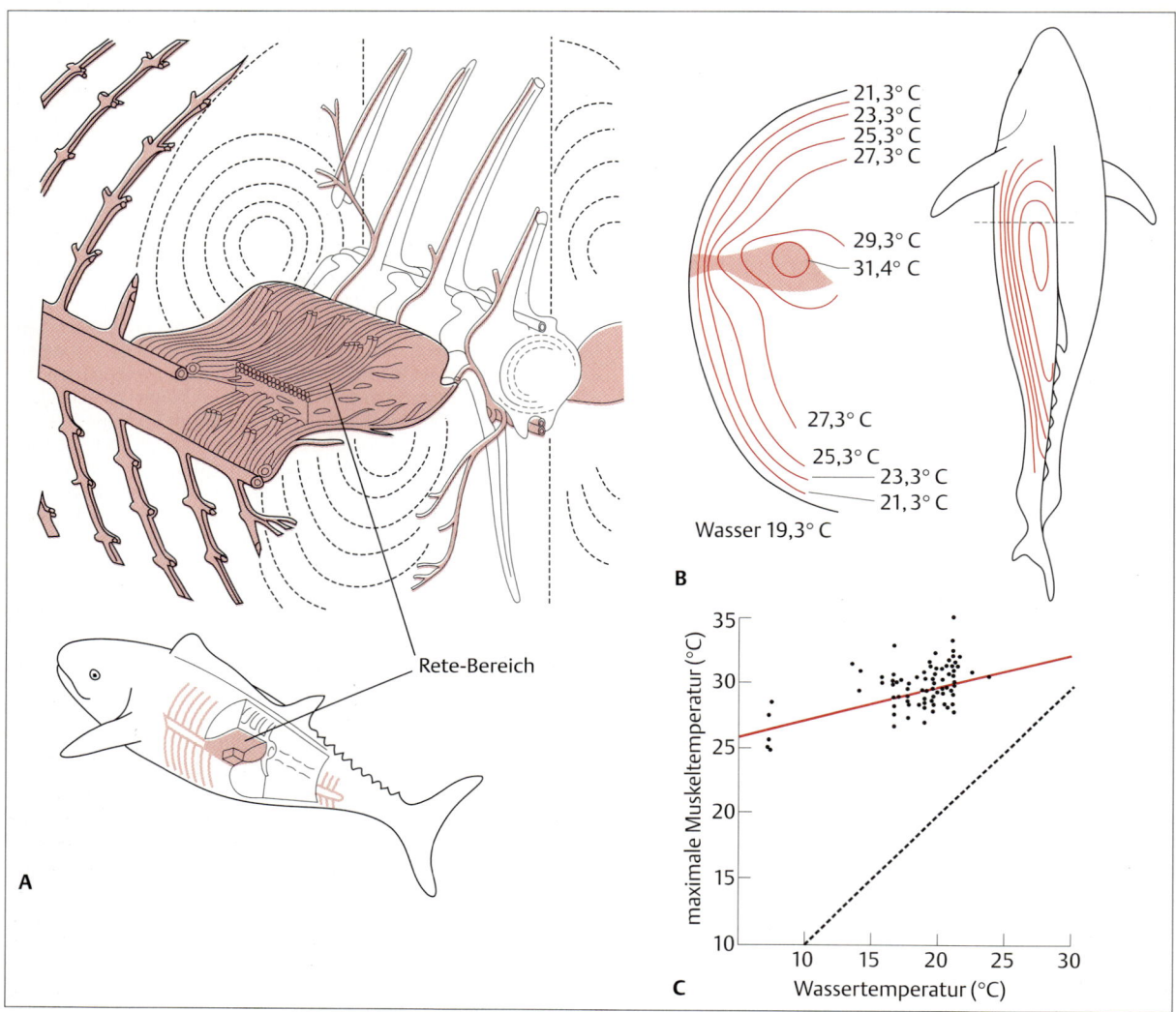

Abb. 16.24 Wundernetze fungieren bei heterothermen Fischen als Gegenstromwärmeaustauscher. Der Blaurücken-Thunfisch kontrolliert die Temperatur in bestimmten Muskelbereichen mittels eines arterio-venösen Wundernetzes, das als Gegenstromwärmeaustauscher fungiert. Das Wundernetz (rot dargestellt) ermöglicht es dem Thunfisch, die während der Aktivität der tiefer gelegenen Muskulatur gebildete Wärme im Körper zurückzuhalten. **A** Vergrößerte Darstellung des Bereiches mit dem Wundernetz. **B** Isothermen mit einer Temperaturdifferenz von 2 °C zeigen den Temperaturverlauf im Quer- (links) und Längsschnitt (rechts). **C** Maximale Muskeltemperaturen von Blaurücken-Thunfischen, die in unterschiedlich temperiertem Wasser gefangen wurden. Die gestrichelte Linie zeigt Gleichheit zwischen Körper- und Wassertemperatur an (aus Carey u. Teals, 1966).

wechsel von ähnlich großen Ektothermen bei vergleichbaren Körpertemperaturen. Diese erhöhte Stoffwechselrate ermöglicht es den endothermen Tieren zusammen mit Mechanismen zur Wärmekonservierung und -abgabe konstante Körpertemperaturen aufrecht zu erhalten, die 30 °C und mehr über der Umgebungstemperatur liegen.

Mechanismen zur Regulation der Körpertemperatur

Endotherme Tiere benützen eine Vielzahl sowohl physiologischer als auch auf Verhalten beruhender Mechanismen, um die Körpertemperatur innerhalb eines engen Bereiches zu regulieren. Vor der Betrachtung dieser Mechanismen muß jedoch zuerst der Begriff der thermischen Neutralzone eingeführt werden.

Thermische Neutralzone

Das Ausmaß der thermoregulatorischen Anstrengungen, die Endotherme auf sich nehmen müssen, um eine konstante Kerntemperatur zu erhalten, ist um so größer, je extremer die Umgebungstemperaturen sind. Bei mittleren Temperaturen kann die basale Wärmeproduktion ausreichen, um die Wärmeverluste an die Umgebung auszugleichen. Innerhalb dieses Temperaturbereichs, der als **thermische Neutralzone** (TNZ) bezeichnet wird (Abb. 16.25), muß ein endothermes Tier keine zusätzliche Energie zur Regulation der Körpertemperatur aufwenden; dazu genügt es dann, das Ausmaß der Wärmeverluste durch Veränderungen der Wärmedurchgangszahl an der Körperoberfläche zu kontrollieren. Diese Anpassung kann erfolgen über Kreislaufreaktionen (Abb. 16.14 u. 16.15), Positionsänderungen zur Beeinflussung der exponierten Körperoberfläche, sowie Regulation der thermischen Isolation durch Aufstellen oder Anlegen von Haaren bzw. Federn („physikalische" Temperaturregulation). Innerhalb der thermischen Neutralzone werden Haare oder Federn durch eigene pilomotorische Muskeln in der Haut aufgerichtet, um eine dickere ruhende Luftschicht zu erzeugen; am oberen Ende der TNZ werden Haare bzw. Federn enger an die Haut angelegt. Die „Gänsehaut" der Menschen ist ein Überbleibsel der pilomotorischen Kontrolle, obwohl wir unser Fell schon lange verloren haben.

Wenn die Umgebungstemperatur absinkt, wird bei endothermen Tieren die **untere kritische Temperatur** (T_{uk}; Abb. 16.25) erreicht, unterhalb der ihr Basalstoffwechsel nicht mehr ausreicht, um die Wärmeverluste trotz der vielfältigen Anpassungsmöglichkeiten der Wärmedurchgangszahl zu kompensieren. Eine endotherme Art muß ihre Wärmeproduktion daraufhin über das Niveau des Basalstoffwechsels hinaus steigern, um den auftretenden Wärmeverlust auszugleichen (die dazu verfügbaren Mechanismen der Wärmebildung werden im folgenden Abschnitt beschrieben). Unterhalb der T_{uk} nimmt die Wärmeproduktion mit weiter sinkender Umgebungstemperatur in der Regel linear zu; man spricht vom Bereich der „chemischen" Temperaturregulation (Abb. 16.25). Fällt die Umgebungstemperatur zu weit ab, reichen die Mechanismen zur Kompensation der Wärmeverluste nicht mehr aus, der Körper kühlt aus, und die Stoffwechselrate sinkt wieder. Viele Arten tolerieren, daß ihre Körpertemperatur während der normalen Ruheperioden mehr oder weniger deutlich absinkt (einschließlich des Menschen während des Schlafes). Diese natürlicherweise auftretende Schwankungsbreite wird als der Bereich der **Normothermie** bezeichnet. Fällt jedoch die Körpertemperatur eines Tieres unter diesen normothermen Bereich ab, gerät es in den Zustand der **Hypothermie** (Abb. 16.25). Hält die-

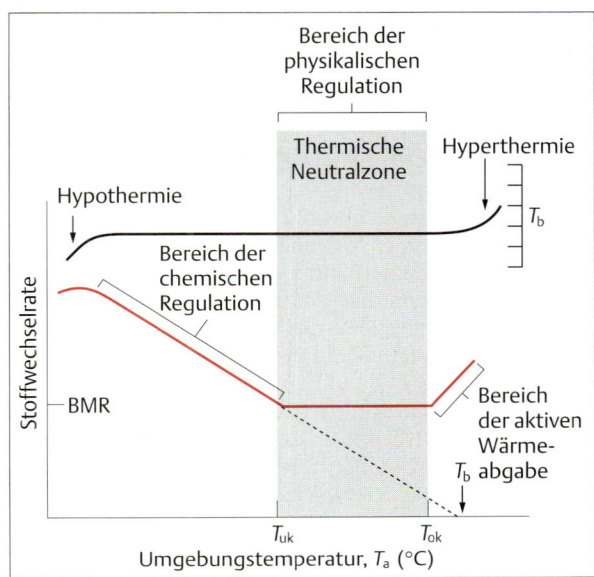

Abb. 16.25 Stoffwechselrate und Körpertemperatur eines endothermen Homöothermen bei verschiedenen Umgebungstemperaturen. Die Ruhestoffwechselrate von endothermen Homöothermen (rote Kurve) wird bei extremen Umgebungstemperaturen erhöht. Die thermische Neutralzone erstreckt sich von der unteren kritischen Temperatur (T_{uk}) bis zur oberen kritischen Temperatur (T_{ok}). Wenn die Körpertemperatur (T_b, schwarze Kurve) im wesentlichen konstant gehalten werden soll, muß ober- und unterhalb dieses Bereiches die Stoffwechselrate gesteigert werden, entweder um bei zunehmender Kälte die Wärmebildung zu erhöhen (Zone der metabolischen Regulation) oder um bei Hitze die aktive Wärmeabgabe durch evaporative Kühlung zu steigern. Innerhalb der thermischen Neutralzone gelingt die Regulation der Körpertemperatur allein durch Veränderungen der Wärmedurchgangszahl (physikalische Regulation), wozu keine Erhöhung der Stoffwechselrate erforderlich ist. Bei sehr tiefen Umgebungstemperaturen reicht die maximale Wärmebildungskapazität nicht mehr aus, um die Wärmeverluste an die Umgebung zu kompensieren; der Körper kühlt folglich aus und das Tier gerät in Hypothermie. Steigt die Umgebungstemperatur über T_{ok} an, übersteigen allmählich die körpereigene Wärmebildung und die Wärmeaufnahme aus der Umgebung die Wärmeabgabe; das Tier überhitzt und gerät in Hyperthermie.

ser Zustand an, kühlt das Tier immer weiter aus und stirbt – da auch die Stoffwechselrate immer weiter absinkt – innerhalb kurzer Zeit.

Der Bereich der thermischen Neutralzone liegt vollständig unterhalb der normalen Körpertemperatur T_b (37–40 °C) (Abb. 16.25). Dies ergibt sich aus der Tatsache, daß die Wärmeabgabe durch passive Mechanismen (Leitung, Konvektion, Strahlung) bei Temperaturen über der **oberen kritischen Temperatur** (T_{ok}) nicht mehr gesteigert werden kann. Jeder weitere Anstieg der Umgebungstemperatur, T_a, über diese Schwelle hinaus wird daher zu einem Anstieg der Körpertemperatur führen, wenn nicht aktive Mechanismen zur Wärmeabgabe wie Schwitzen oder Hecheln ins Spiel gebracht werden. Ohne evaporative Wärmeabgabe führen Temperaturen oberhalb der TNZ zur **Hyperthermie**, da die durch den Basalstoffwechsel (BMR) erzeugte Wärme den Körper auf passive Weise nicht mehr so schnell verlassen kann wie sie gebildet wird. Unabhängig von der Umgebungstemperatur produziert jedes lebende Tier zumindest etwas Wärme; wenn diese Wärme nicht abgeführt wird, steigt notwendigerweise die Körpertemperatur an. (Besucher von Sauna und heißen Bädern sollten dies beachten.)

Warum steigt die Stoffwechselrate bei Temperaturen unterhalb der TNZ linear an, wobei sie einer Geraden folgt, welche die x-Achse bei einer Umgebungstemperatur (extrapolierte Stoffwechselrate = 0) schneidet, die der Körpertemperatur entspricht (Abb. 16.**25**)? Dies wird deutlich aus der Betrachtung des **Fourier-Gesetzes des Wärmeflusses**:

$$Q = C \cdot (T_b - T_a) \qquad (16.13)$$

wobei Q die Wärmemenge angibt, die der Körper verliert (in J/min), und C der Wärmedurchgangszahl entspricht. Da T_b konstant ist, verändert sich Q linear mit der Umgebungstemperatur. Die Wärmedurchgangszahl bestimmt die Steigung der Geraden unterhalb der thermischen Neutralzone; je besser die thermische Isolation (d.h. je kleiner C), desto flacher der Anstieg und um so weniger Wärme muß bei niedrigen Temperaturen im Stoffwechsel produziert werden.

Der extrapolierte Schnittpunkt mit der x-Achse (Stoffwechsel = 0) liegt auf der Höhe der Körpertemperatur, da $C \cdot (T_b - T_a) = 0$, wenn $T_a = T_b$ ist. Bei $Q = 0$ tritt kein Netto-Wärmeverlust auf. Wir wissen, daß die Stoffwechselrate normalerweise nicht unter das Niveau des Basalstoffwechsels absinkt. Wenn $T_a = T_b$ ist, muß die Körpertemperatur über der TNZ liegen, da kein Gradient für eine Abgabe von Wärme vorhanden ist, weshalb das Tier sich erwärmen wird. Es muß Wärme durch andere Mechanismen als Leitung, Konvektion und Strahlung abführen. Wenn die Umgebungstemperatur höher ist als die obere kritische Temperatur, ist die Wärmeabgabe nur noch über Verdunstungskühlung möglich.

Wärmebildung

Wenn die Umgebungstemperatur unter die untere kritische Temperatur fällt, reagiert ein endothermes Tier mit der Mobilisierung von Energiespeichern und der Bildung zusätzlicher Mengen an Wärme und verhindert so ein Absinken der Kerntemperatur. Außer körperlicher Arbeit gibt es zwei Hauptwege zur Bildung von zusätzlicher Wärme: **Kältezittern** und **zitterfreie Wärmebildung** (**Thermogenese**). Bei beiden Vorgängen wird chemische Energie dadurch in Wärme umgewandelt, daß ein normaler Energieumwandlungsprozeß so modifiziert wird, daß dabei in der Hauptsache Wärme gebildet wird. Praktisch die gesamte, zuvor chemisch gebundene Energie, die bei diesen Vorgängen freigesetzt wird, wird in Wärme und nicht in chemische oder mechanische Arbeit umgewandelt.

Beim Kältezittern werden die Kontraktionen von Muskeln benutzt, um Wärme zu erzeugen. Wärmebildung durch Zittern tritt sowohl bei einigen Insekten (s. Abb. 16.**22**) als auch bei endothermen Vertebraten auf. Das Nervensystem aktiviert Gruppen von antagonistisch arbeitenden Muskeln gleichzeitig, so daß außer einem Zittern kaum Muskelbewegungen entstehen. Durch die Aktivierung der Muskeln wird die hydrolytische Spaltung von ATP bewirkt, um die notwendige Energie für die Kontraktion bereitzustellen. Da die Muskelkontraktionen aber zeitlich ineffektiv koordiniert und einander entgegengesetzt arbeiten, leisten sie keine nutzbare mechanische Arbeit – vielmehr erscheint die dabei freigesetzte chemische Energie hauptsächlich als Wärme.

Bei der zitterfreien Wärmebildung werden Enzymsysteme des Fettstoffwechsels im ganzen Körper aktiviert, so daß Fette mit dem Ziel der Wärmebildung abgebaut und oxidiert werden. Sehr wenig der dabei freigesetzten Energie wird in Form von neu synthetisiertem ATP gespeichert. Eine Besonderheit der über den Fettstoffwechsel betriebenen Wärmeproduktion findet sich bei einigen Säugetieren: das **braune Fett** oder das **braune Fettgewebe** („brown adipose tissue" = BAT). Im allgemeinen als kleine Polster im Nacken und zwischen den Schulterblättern gelegen (Abb. 16.**26**), ist das braune Fett darauf spezialisiert, schnell und in großen Mengen Wärme zu bilden. Infolge einer intensiven Durchblutung und des hohen Gehaltes an Mitochondrien (vor allem auf Grund der darin enthaltenen eisenhaltigen Cytochromoxidase) erscheint es eher braun als weiß. Im braunen Fettgewebe finden die Oxidationsvorgänge in den Zellen selbst statt, die hierzu reichlich mit Enzymsystemen des Fettstoffwechsels ausgestattet sind. Im normalen (weißen) Körperfett müssen die Speicher erst zu Fettsäuren abgebaut werden, die in den Kreislauf eingeschleust und bei Bedarf von anderen Geweben aufgenommen und dort oxidiert werden.

Die zitterfreie Wärmebildung im Fettgewebe (einschließlich des braunen Fetts) wird durch das Sympathische Nervensystem aktiviert, wobei als Transmitter Noradrenalin fungiert und an Rezeptoren auf der Oberfläche der Zellen des braunen Fettgewebes bindet. Über die Einschaltung eines Second messenger (s. S. 342ff) führt dieses Signal über zwei Mechanismen zur Wär-

Abb. 16.26 Braunes Fettgewebe. Zwischen den Schulterblättern von Fledermäusen und vielen anderen Säugetieren befinden sich Polster von braunem Fett. Die Ausschnittvergrößerung zeigt die besondere Gefäßversorgung dieses Gewebes. Während der oxidativen Verbrennung des braunen Fettes läßt sich dessen Lage durch seine Wärmeabstrahlung lokalisieren.

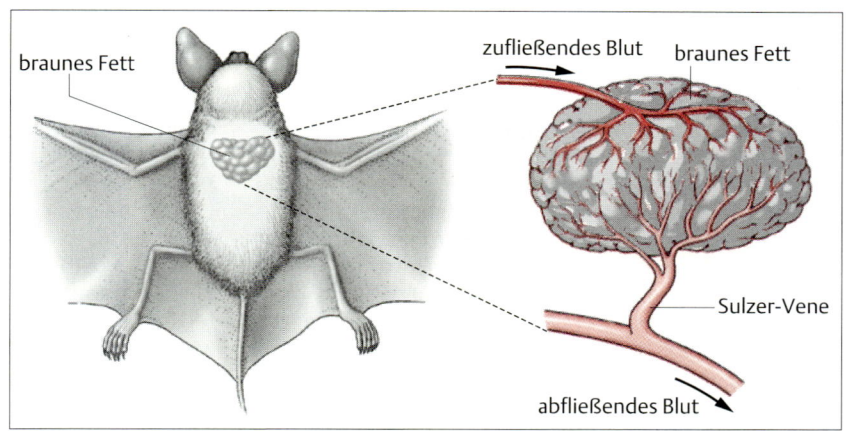

mebildung. Zum einen (1) steigt als Reaktion auf die Aktivierung durch den Sympathicus der normale zelluläre Verbrauch von ATP, was einen Teil der erhöhten Wärmebildung verursacht. So wird z.B. durch die Tätigkeit der Ionenpumpen in der Zellmembran ATP hydrolysiert, um Arbeit zu verrichten und Wärme zu bilden. Zum anderen (2) wird die ATP-Synthese von der Atmungskette abgekoppelt. Die Bildung von ATP aus ADP und P_i ist normalerweise an den Fluß der Protonen (H^+) geknüpft, die dem elektrochemischen Gradienten folgend durch die innere Mitochondrienmembran aus dem Intermembranraum in die Mitochondrien wandern. Die Wärmebildung im braunen Fettgewebe erfolgt dadurch, daß in der inneren Mitochondrienmembran „Entkopplerproteine" den Protonen einen Kurzschlußweg durch diese Membran ermöglichen, ohne daß die bei ihrem „berg-

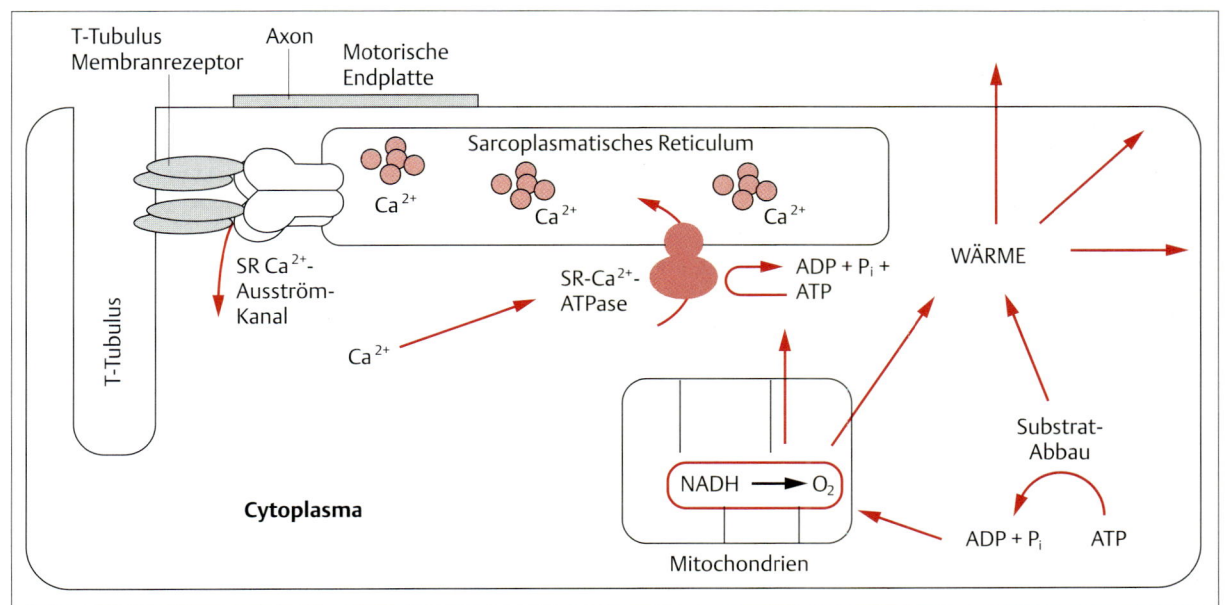

Abb. 16.27 Erzeugung zitterfreier Wärme in der Skelettmuskulatur von Schwertfischen. Die exogen stimulierte Freisetzung von Ca^{2+} in das Cytoplasma setzt die mitochondriale Atmung und die damit verbundene Bildung von Wärme in Gang. Als Folge der Stimulation aktivieren Rezeptoren im T-Tubulus-System Ca^{2+}-Kanäle im sarcoplasmatischen Reticulum, woraufhin dort gespeichertes Ca^{2+} ausgeschüttet wird. Die Zunahme der Ca^{2+}-Ionenkonzentration im Cytoplasma bewirkt dann die Freisetzung von Energie in Form von Wärme aus zuvor in den Mitochondrien gebildetem ATP (verändert nach Block, 1994).

ab"-Weg frei werdende Energie für die Phosphorylierung von ADP zu ATP in Anspruch genommen wird. Innerhalb der Mitochondrien werden die Protonen zusammen mit Elektronen auf molekularen Sauerstoff übertragen, wobei Wasser und Wärme gebildet wird, oder sie werden unter Einsatz zusätzlicher Stoffwechselenergie anschließend in den Intermembranraum oder aus dem Mitochondrium herausgepumpt.

Das braune Fett heizt sich während der Wärmeproduktion deutlich auf. Die neu gebildete Wärme wird mit Hilfe des Blutes, das durch das reich verzweigte Kapillarnetz im braunen Fettgewebe strömt, rasch zu anderen Körperregionen transportiert. Die zitterfreie Wärmebildung spielt insbesondere beim Aufwachvorgang winterschlafender oder torpider Säugetiere eine wichtige Rolle, wobei sie dem Kältezittern vorausgeht und dieses dann unterstützt, um die Erwärmung zu beschleunigen. Eine der Folgen der Akklimatisation von kleinen Säugetieren an Kälte besteht im Wachstum von Polstern des braunen Fettgewebes, was schließlich einen Wechsel vom Kältezittern zur zitterfreien Wärmebildung bei tiefen Temperaturen ermöglicht. Die Verbesserung der Fähigkeit zur Wärmebildung durch braunes Fett im Verlauf einer Akklimatisation wird durch die Schilddrüsenhormone vermittelt. Braunes Fett ist auch bei Jungtieren von Säugern, einschließlich des Menschen, vorhanden, wo es vor allem in der Halsgegend, an den Schultern, entlang der Wirbelsäule und im Brustbereich auftritt. Da ein Jungtier zum Zeitpunkt der Geburt relativ klein und wenig aktiv ist, stellen die braunen Fettpolster ein wichtiges Mittel dar, um bei einem Temperaturrückgang für eine schnelle Wärmeproduktion zu sorgen.

Ein weiteres Beispiel für ein Gewebe, das auf die Bildung von Wärme spezialisiert ist, ist das von modifizierten Augenmuskelzellen gebildeten **Heizkissen-Gewebe** der Schwertfische. B.A. Block und ihre Mitarbeiter (1994) untersuchten dieses Gewebe, die über eine enorme Kapazität zur Wärmeproduktion verfügen (bis zu 250 W/kg). Heizzellen, denen Myofibrillen und Sarcomere fehlen, erzeugen Wärme durch die Freisetzung von Ca^{2+} aus internen cytoplasmatischen Speichern. Die Ca^{2+}-Ionen stimulieren dann katabole Stoffwechselreaktionen und die mitochondriale Atmung (Abb. 16.**27**).

Endothermie in kalten Klimazonen

Endotherme Tiere, die an das Leben in kalten Klimazonen angepaßt sind, haben hierzu notwendigerweise eine Reihe von Mechanismen entwickelt, die dazu beitragen, Wärme im Körper zurückzuhalten; diese können entweder dauerhaft verfügbar sein oder bei Bedarf jedesmal neu aufgebaut werden. Ein Tier, das z.B. an einem windigen Platz spürt, daß es viel Wärme verliert, wird seine Haare aufstellen oder seine Federn aufplustern und eine besser geschützte Stelle aufsuchen; damit werden die konvektiven Wärmeverluste verringert. Dauerhaftere Anpassungen an Kälte stellen beispielsweise die dicken Isolationsschichten vieler arktischer Arten in Form von subcutanem Fett oder einem dichteren Fell- bzw. Federkleid dar. Die Isolationswirkung der Körperbedeckungen von arktischen und subarktischen Tieren ändert sich sowohl in Abhängigkeit von den Jahreszeiten als auch von der geographischen Breite, wobei sich die Isolationseigenschaften an die jeweiligen Bedürfnisse anpassen. Tiere aus gemäßigten Klimazonen zeigen zusätzliche saisonale Änderungen, indem sie während eines Fellwechsels oder der Mauser das alte Fell- bzw. Federkleid durch ein neues ersetzen; dies stellt sicher, daß im Winter eine ausreichend dicke Isolationsschicht vorhanden ist, ohne daß es im Sommer zu Problemen mit einer drohenden Überhitzung kommt.

Die artspezifischen Wärmedurchgangszahlen schwanken bei Endothermen über einen weiten Bereich und werden mit zunehmender Körpergröße kleiner (Abb. 16.28). Größere Tiere haben niedrigere Wärmedurchgangszahlen, zum einen wegen ihres im allgemeinen dickeren Fell- bzw. Federkleids, zum anderen weil ihnen in kalten Klimazonen wegen ihrer relativ kleineren Körperoberflächen geringere Wärmeverluste drohen. Deshalb besteht eine Anpassung von endothermen Tieren an kalte Lebensräume in einer Zunahme der Körpergröße[4]. So wie das Oberflächen/Volumen-Verhältnis kleiner wird, nimmt die Dicke der Körperbedeckung zu

---

[4] Dieser Zusammenhang wird als **Bergmann-Regel** bezeichnet. Die **Allen-Regel** besagt dagegen, daß die Körperanhänge (Extremitäten, Schwanz, Ohren) bei Tieren aus warmen Klimazonen häufig relativ größer oder länger sind als bei verwandten Arten in kälteren Lebensräumen (größere Oberfläche zur Abgabe von Körperwärme).

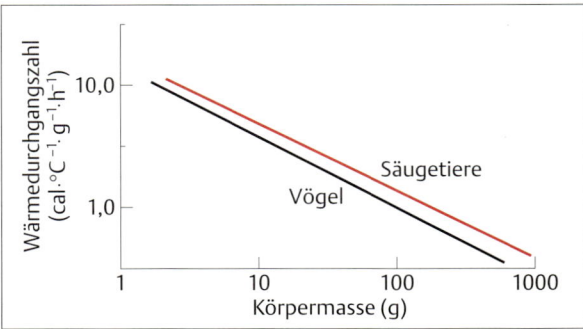

Abb. 16.28 Beziehung zwischen Körpermasse und Wärmedurchgangszahl. Mit zunehmender Körpermasse eines Tieres nimmt die Wärmedurchgangszahl exponentiell ab.

und die Wärmedurchgangszahl entsprechend ab. Mit besser werdender thermischer Isolation verschiebt sich auch die untere kritische Temperatur, und die thermische Neutralzone erfährt eine Ausweitung zu tieferen Temperaturen (Abb. 16.29). Eine Ausnahme stellen viele kleine und junge Tiere dar, bei denen das Fell oder die Federn oft eine geringere Wärmeleitfähigkeit pro Längeneinheit aufweisen, wie am Beispiel des Dunenkleides von Küken leicht ersichtlich ist.

Die mächtig ausgebildete **Speckschicht** („blubber") unter der Haut von Walen (*Cetacea*) gilt als guter thermischer Isolator, weil sie – wie Luft – eine niedrigere Wärmeleitfähigkeit als Wasser besitzt, das in den anderen Geweben den größten Anteil ausmacht. Darüber hinaus sind Fettgewebe nicht besonders stoffwechselaktiv und kommen mit einer geringeren Durchblutung aus: Wärme wird folglich nicht an die Körperoberfläche transportiert und geht von dort nicht verloren. Bei Walen gleichen die Temperaturen der äußersten Speckschichten immer denen des sie umgebenden Wassers.

Ein wichtiges Mittel zur Kontrolle der Wärmeabgabe von der Oberfläche ist die Lenkung des Blutstroms zur Haut hin oder von ihr weg (Abb. 16.14). Der Verschluß von Arteriolen, die zur Haut führen, hindert das Blut an der Durchströmung der kalten Haut und konserviert die Wärme des Körperkerns. Ein interessanter Vorteil der Speckschicht gegenüber einem Fell- oder Federkleid geht aus Abb. 16.15 B hervor, die verdeutlicht, daß das Fell außerhalb des Körpers, die Speckschicht aber im Körper liegt und mit Blutgefäßen versorgt ist. Während die Isolationseigenschaften des Fells durch Veränderungen des Blutstroms nicht beeinflußt werden, hängt die isolierende Wirkung des Specks vom Ausmaß des Blutflusses zur Oberfläche ab. Je mehr das Blut um die Gefäße herumgeleitet wird, welche die Speckschicht durchziehen, desto höher ist deren Isolationswirkung. Umgekehrt ist die effektive Dicke der isolierenden Schicht um so geringer, je mehr Blut durch den Speck hindurch fließt. Die Möglichkeit zur Regulation des Wärmeflusses durch die Speckschicht erleichtert es einem marinen Säugetier, während hoher Aktivitätsphasen in warmen Gewässern oder beim Liegen an Land in warmer Luft, überschüssige Körperwärme abzugeben, indem es das Blut durch die isolierende Speckschicht hindurch an die Körperoberfläche strömen läßt.

Wärmeaustausch im Gegenstrom

Um effektive Bewegungen ausführen zu können, dürfen die Extremitäten von endothermen Tieren nicht durch dicke Isolationsschichten mechanisch behindert werden. Die Fluken und Flipper der Wale und Seehunde sowie die Beine von Watvögeln, arktischen Wölfen, Karibus und anderen Endothermen in kalten Regionen benötigen Blut zur Versorgung des Hautgewebes und der für die Bewegung verantwortlichen Muskeln mit Nährstoffen. Die gut vaskularisierten Extremitäten sind daher potentiell Orte, wo besonders hohe Wärmeverluste drohen, da sie dünn sind und große Oberflächen aufweisen.

Durch einen Wärmeaustausch im Gegenstrom kann die Wärmeabgabe von diesen Körperanhängen drastisch herabgesetzt werden. Gegenstrom-Austauschsysteme sind bereits im Zusammenhang mit dem Austausch von Sauerstoff und Kohlendioxid besprochen worden (s. Kap. 13). Arterielles Blut, das aus dem Körperkern kommt, ist warm. Umgekehrt kann das von der Körperperipherie kommende venöse Blut sehr kalt sein. Das aus dem Kern kommende Blut tritt in den Extremitäten in Arterien ein, die in enger Nachbarschaft zu Venen verlaufen, die Blut aus der Peripherie zurückführen. Beim Aneinandervorbeiströmen gibt das warme arterielle Blut Wärme an das zurückströmende venöse Blut ab, wobei es sich bis zur Spitze der Extremität immer stärker abkühlt. Wenn es schließlich die Peripherie erreicht, ist es soweit vorgekühlt, daß es nur noch ein paar Grad wärmer ist als die Temperatur der Umgebung, so daß insgesamt wenig Wärme verloren geht. Umgekehrt wird das zurückfließende venöse Blut durch das arte-

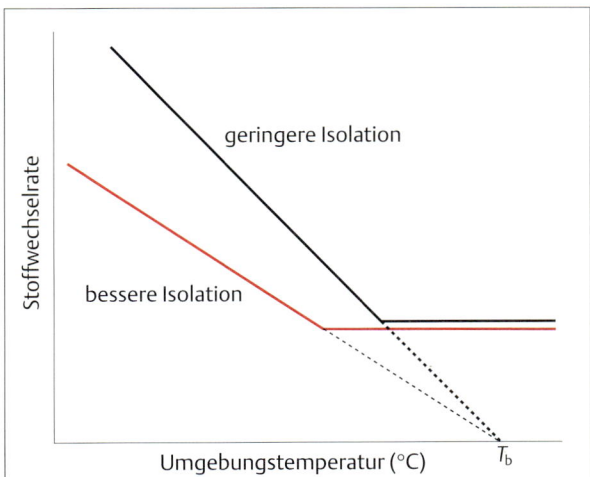

Abb. 16.29 Bei Endothermen hängt die Steigerung der Stoffwechselrate mit sinkender Umgebungstemperatur vom Ausmaß ihrer thermischen Isolation ab. Eine Verschlechterung der Isolation (d.h. eine Zunahme der Wärmedurchgangszahl) führt zu einer Verschiebung der unteren kritischen Temperatur in Richtung auf wärmere Temperaturen und zu einem steilen Anstieg der Stoffwechselkurve bei Kälte. Der Schnittpunkt dieser Kurve mit der Temperaturachse liegt bei einer (hypothetischen) Stoffwechselrate von Null jedoch nach wie vor im Bereich der Körpertemperatur T_b.

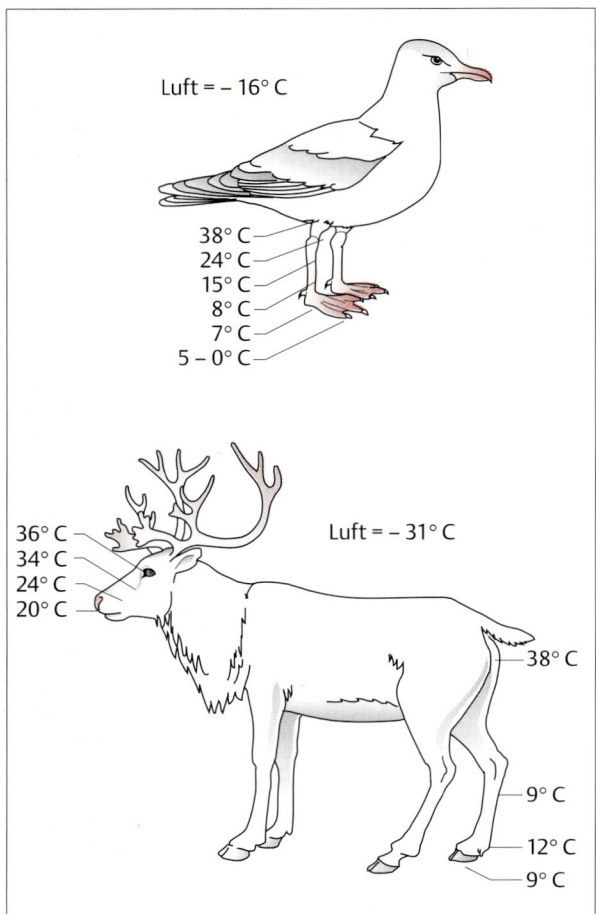

Abb. 16.30 Endotherme können in bestimmten Körperteilen heterotherm sein. Die Temperaturen in den Extremitäten von arktischen Vögeln und Säugern sind viel niedriger als deren Kerntemperatur von etwa 38 °C (nach Irving, 1966).

rielle Blut erwärmt, so daß es fast schon Kerntemperatur aufweist, wenn es das Herz erreicht. Der Vorteil eines solchen Systems liegt darin, daß der Wärmeaustausch mit der Umgebung begrenzt wird, ohne daß der zum Transport von Sauerstoff und Nährstoffen erforderliche Blutfluß eingeschränkt werden muß. Eine vergleichbare Situation haben wir bereits bei den heterothermen Fischen kennengelernt (Abb. 16.23 u. 16.24). Ein weiteres Beispiel für einen hochentwickelten Wärmeaustausch im Gegenstrom findet sich im „Wundernetz" (Rete mirabile) der Brustflossen von Wasserschildkröten. Hier ist die Arterie, die warmes Blut zu der Extremität leitet, vollkommen eingebettet in einen Kranz von Venen, die kaltes Blut von der Extremität zu-

rückführen. Vögel und arktische Landsäugetiere benutzen ebenfalls Gegenstromwärmeaustauscher, um den Wärmeverlust von den Extremitäten bei Kälte zu minimieren; bis zu einem gewissen Maße ist dieser Mechanismus auch in den Extremitäten des Menschen vorhanden. Die Extremitäten von endothermen Tieren in kalten Klimazonen weisen folglich Temperaturen auf, die weit unter der Kerntemperatur liegen und oft das Niveau der Umgebungstemperatur erreichen (Abb. 16.**30**). Die Wirkung der Gegenstromwärmeaustauscher kann im allgemeinen durch eine vasomotorische Kontrolle reguliert werden, wobei der Blutstrom durch parallel verlaufende Gefäße am Netzwerk des Wärmeaustauschers vorbei geleitet wird.

Endothermie in heißen Lebensräumen – Abgabe von Körperwärme

In sehr heißen, trockenen Lebensräumen haben große Tiere die Vorteile eines relativ kleinen Oberflächen/Volumen-Verhältnisses und einer großen Kapazität zur Speicherung von Wärme. Kamele, die für ihre Fähigkeit, Hitze zu ertragen, bekannt sind, verfügen nicht nur über eine große Körpermasse, sondern haben auch ein dickes Fell, das sie wie ein Schild gegen die äußere Hitze abschirmt. Ein niedriges Oberflächen/Volumen-Verhältnis und ein dickes Fell verlangsamen die Absorption von Wärme aus der Umgebung. Darüber hinaus können Kamele, ebenso wie andere Großsäuger, aufgrund ihrer großen Masse und der hohen spezifischen Wärme des Gewebewassers relativ große Wärmemengen aufnehmen, ohne daß die Körpertemperatur stark ansteigt. Diese Eigenschaften bedingen auch eine langsame Abgabe von Körperwärme während der kühlen Nachtstunden. Die große Körpermasse wirkt also wie ein Puffer, der, indem er sowohl die Geschwindigkeit der Wärmeaufnahme als auch der -abgabe reduziert, die Schwankungsbreite der Körpertemperatur auf ein Minimum begrenzt. Ein unter Wassermangel leidendes Kamel kann zusätzlich eine Erhöhung seiner Kerntemperatur um einige Grad tolerieren, wodurch seine Kapazität zur Wärmespeicherung weiter ansteigt. Große Mengen an Wärme, die sich im Laufe des Tages im Körper angesammelt haben, können dann in der folgenden Nacht an die jetzt kühlere Umgebung abgeführt werden. Das Kamel beginnt den Tag also mit einem Wärmedefizit, das es ihm gestattet, während der heißen Tageszeit eine äquivalente Menge an zusätzlicher Wärme aufzunehmen, ohne daß die Körpertemperatur ein bedrohliches Niveau erreicht. Diese Strategie, als **begrenzte Heterothermie** bezeichnet, ermöglicht es dem Kamel, die extreme Tageshitze in der Wüste zu ertragen, ohne viel Wasser für die evaporative Kühlung zu verschwenden.

Begrenzte temporäre Heterothermie zeigt auch das Antilopen-Erdhörnchen *Ammospermophilus leucurus*, ein tagaktives wüstenbewohnendes Säugetier. Wegen seiner geringen Körpermasse kann sich das Antilopen-Erdhörnchen nicht mehrere Stunden lang der vollen Sonnenstrahlung aussetzen; sein großes Oberfläche/Volumen-Verhältnis würde zu einer raschen Aufheizung führen. Statt dessen setzt sich dieser Wüstensäuger immer nur für kurze Zeit (ca. 8 Minuten) den hohen Umgebungstemperaturen aus. Dann kehrt es in seinen Bau zurück, wo es die zuvor im Körper gespeicherte Wärme an den kühleren Untergrund abgibt. Indem es die Körpertemperatur vor der Rückkehr auf den heißen Wüstenboden etwas unter das normale Niveau absinken läßt, kann es seinen Ausflug ohne die Gefahr einer tödlichen Überhitzung um einige Minuten verlängern.

Die Temperatur der Körperoberfläche ist ein wichtiger Faktor bei der Abgabe von Wärme an die Umgebung: sie bestimmt das Ausmaß des Temperaturgradienten $T_b - T_a$, an dem sich der Wärmefluß orientiert. Wärme kann solange durch Leitung, Konvektion und Strahlung abgeführt werden, wie die Umgebungstemperatur niedriger ist als die Temperatur der Körperoberfläche. Je näher bei einem endothermen Tier die Oberflächentemperatur bei der Kerntemperatur liegt, desto mehr Wärme kann über die Oberfläche an eine kühlere Umgebung abgegeben werden. Aus dem Körperkern wird die Wärme in erster Linie über den Kreislauf zur Oberfläche transportiert; das Ausmaß der Wärmeabgabe an die Umgebung kann daher über den Blutstrom zu den Gefäßen an der Oberfläche reguliert werden (Abb. 16.**14** u. 16.**15**).

Endotherme benutzen also verschiedene „Wärmefenster", die durch Regulation des Blutstroms geöffnet oder geschlossen werden, um die Abgabe von Körperwärme zu kontrollieren. Diese Wärmefenster erlauben die Abgabe von Wärme über Leitung, Strahlung und, in einigen Fällen, über Verdunstungskühlung. Ein Beispiel für ein solches Fenster zur Temperaturregulation kann in den dünnen, membranösen und nur spärlich behaarten Ohren von Hasen mit ihren vielfältig miteinander vernetzten Arteriolen gesehen werden und Venolen. Ein weiteres Beispiel stellen die Hörner bei verschiedenen Säugetieren dar; bei Ziegen und Kühen weist der knöcherne Kern des Hornes ein reich verzweigtes Netzwerk von Blutgefäßen auf, die sich bei einer Wärmebelastung erweitern und als Wärmestrahler wirken können. In ähnlicher Weise werden Beine und Schnauzen, die große Oberflächen/Volumen-Verhältnisse aufweisen, als thermische Fenster zur Abgabe von Wärme benutzt, indem die Durchblutung der Arteriolen, die diese Körperanhänge versorgen, reguliert wird. Bei einigen Säugetieren, in deren Lebensraum die Sonneneinstrahlung oder die Umgebungstemperaturen besonders hoch sind, sind bestimmte Bereiche der Körperoberfläche außergewöhnlich dünn behaart oder sogar nackt, um die Wärmeabgabe durch Strahlung, Leitung oder Evaporation zu erleichtern. Zu diesen Bereichen gehören im allgemeinen die Achselhöhlen, die Leistengegend, der Hodensack und Teile der Bauchregion. Einige dieser Flächen, wie z. B. das Euter und der Hodensack, verfügen über zusätzliche Temperaturfühler, mit denen Veränderungen in der Lufttemperatur registriert werden können. Dadurch kann ein Tier drohende Veränderungen in der Wärmebelastung früh erkennen und rechtzeitig entsprechende Anpassungen einleiten.

Änderungen in der Haltung und Ausrichtung des Körpers können ebenfalls das Ausmaß der Wärmeaufnahme bzw. -abgabe beeinflussen. Das Guanako, ein mittelgroßer mit den Kamelen verwandter Bewohner der Anden, trägt einen sehr dichten Haarfilz auf dem Rücken; Kopf, Nacken und die Außenseiten der Beine sind aber weniger dicht behaart. Die Innenseiten der Oberschenkel und der Bauch, die fast 20% der Körperoberfläche ausmachen, sind fast nackt und wirken als thermische Fenster. Durch entsprechende Anpassung der Haltung und Ausrichtung des Körpers im Hinblick auf die Sonneneinstrahlung und kühlende Winde kann das Guanako das Ausmaß, in dem seine thermischen Fenster offen oder geschlossen sind, regulieren; damit ist eine Veränderung der Wärmedurchgangszahl um den Faktor fünf möglich. Diese durch Haltungsänderungen kontrollierte Flexibilität in der thermischen Isolation der Körperbedeckung ermöglicht bei den endothermen Tieren eine große Variabilität im Wärmefluß über ihre Körperoberfläche, die unabhängig vom Verhältnis zwischen Oberfläche und Masse ist.

Verdunstungskühlung

Für die Verdunstung von 1 g Wasser sind 2448 J (585 cal) an Energie erforderlich. Die evaporative Kühlung ist folglich der wirksamste Weg, um überschüssige Körperwärme loszuwerden, vorausgesetzt, es steht genügend Wasser zur Verfügung, um auf diese Weise „investiert" zu werden. Verschiedene Reptilien und Vögel sowie einige Säugetiere benutzen verfügbares Körperwasser (Speichel und Urin) oder Wasser aus der Umgebung und verteilen dieses auf verschiedene Körperoberflächen, um es dort auf Kosten von Körperwärme verdunsten zu lassen. Tiere mit natürlicherweise feuchter Haut, wie z. B. Amphibien, können aufgrund der Verdunstungskühlung sogar eine niedrigere Körpertemperatur aufweisen als die Umgebungstemperatur, allerdings ist dies eine Wirkung, die nicht aufgrund eines Selektionsdruckes entstand.

Einige Vertebraten schwitzen oder hecheln, um sich evaporativ zu kühlen. Beim **Schwitzen**, das sich bei einigen Säugerarten findet, sondern Schweißdrüsen in der Haut aktiv Wasser durch Poren an die Hautoberfläche ab (s. S. 325). Die Schweißabgabe steht unter Kontrolle des autonomen Nervensystems. Obwohl es ein Mechanismus zur evaporativen Kühlung ist, kann die Sekretion von Schweiß bei sehr hoher relativer Luftfeuchte auch ohne dessen Verdunstung erfolgen. Wasser wird dabei von den Schweißdrüsen fortlaufend sezerniert, auch wenn die Luftfeuchte so hoch ist, daß die Verdunstung nicht mit der Schweißabgabe Schritt halten kann; dies hat nicht nur einen Anstieg der Körpertemperatur, sondern auch eine Erhöhung des Wasser- und Salzverlustes zur Folge.

Beim **Hecheln** nutzen Säugetiere und Vögel die feuchten respiratorischen Oberflächen, um Wärme abzuführen. Hechelnde Säugetiere atmen durch den Mund statt durch die Nase. In der Ausatmungsluft wird Wärme abtransportiert, da die in der Lunge aufgenommene Wärme aufgrund der Gestaltung der Mundregion hier nicht zurückgehalten wird. Wie bereits früher bemerkt, können dagegen bei vielen Säugetieren wegen der reichen Gefäßversorgung in den Nasengängen sowohl Körperwasser als auch -wärme wirkungsvoll zurückgewonnen werden (s. Abb. 14.6). Um die Wärmeabgabe zu steigern, erhöhen viele Säugetiere auch die Atemfrequenz, sie hyperventilieren. Veränderungen in der Ventilation der Alveolen führen jedoch zu Änderungen im P_{CO_2} und im pH-Wert des Blutes. Beim Hecheln wird dies dadurch vermieden, daß die Ventilation des Totraumes (Mund- und Rachenraum einschließlich der Trachea) unverhältnismäßig stark zunimmt, während die Ventilation der respiratorischen Oberflächen in den Alveolen weitgehend unverändert bleibt (Abb. 16.31). Dabei erhöht sich die Atemfrequenz, das Atemzugvolumen aber verkleinert sich. Überhitzte Hundeartige und Vögel hecheln, indem sie durch die Nase ein- und durch den Mund ausatmen, wobei die Zunge und andere Strukturen herausgestreckt werden, um die Verdunstung von Wasser und damit die Wärmeabgabe zu verstärken (Abb. 16.32). Durch die Vorgänge beim Hecheln fließt die Luft wie auf einer Einbahnstraße über die nichtrespiratorischen Oberflächen von Nase, Trachea, Bronchien und Mundraum und bewirkt die Verdunstung von Wasser, ohne daß die wasserdampfgesättigte Luft dabei stagniert. Die Menge an Atmungsarbeit, die für das Hecheln aufgewendet werden muß, ist geringer als es zunächst scheinen mag. Der Grund hierfür liegt darin, daß ein hechelndes Tier die Atemfrequenz so einstellt, daß diese bei der Resonanzfrequenz seines Atmungssystems liegt; die dabei auftretenden Oszillationen des Systems reduzieren die erforderliche Muskelarbeit deutlich. Das Hecheln wird von einer Zunahme der Sekretionstätigkeit der Schleimdrüsen in der Nase begleitet, die unter Kontrolle des autonomen Nervensystems

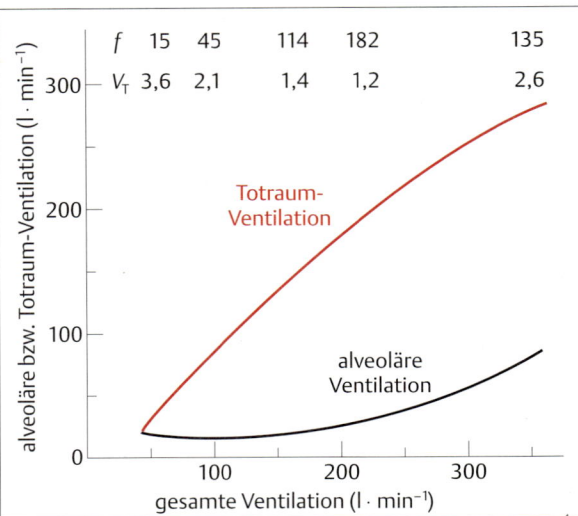

Abb. 16.31 Hecheln führt zu einem Wechsel zwischen alveolärer Ventilation zu alveolärer-plus-Totraum-Ventilation. Beim hechelnden Ochsen steigt mit zunehmendem Gesamt-Ventilations-Volumen (Abszisse) die Totraum-Ventilation (Mund und Trachea) stetig an. Die alveoläre Ventilation beginnt jedoch erst anzusteigen, wenn die Gesamt-Ventilation etwa 200 l/min überschreitet. Beim extremen Hecheln nimmt die Atemfrequenz f mit steigendem Atemzugvolumen V_T ab (Zahlenreihen im oberen Teil der Abbildung) (verändert nach Hales, 1966).

steht. Der größte Teil des Wassers, das beim Hecheln nicht verdunstet, wird wieder verschluckt und geht so nicht verloren.

Da die Verdunstung von der Haut oder den respiratorischen Oberflächen der wirksamste Weg ist, um überschüssige Körperwärme loszuwerden, sind in heißen Klimazonen Wasserhaushalt und Temperaturregulation eng miteinander verknüpft (s. S. 672 ff). In heißen, trockenen, wüstenartigen Lebensräumen können Tiere vor der Wahl stehen, entweder zu überhitzen oder auszutrocknen. Unter Wassermangel leidende Säugetiere konservieren Wasser, indem sie die mit Hecheln oder Schwitzen verbundene Verdunstung einschränken, wobei sie einen Anstieg der Körpertemperatur in Kauf nehmen. Aufgrund seiner geringen Kapazität zur Wärmespeicherung wird dabei die Körpertemperatur bei einem kleinen hitzeexponierten Tier, dem für die Temperaturregulation kein Wasser zur Verfügung steht, viel schneller ansteigen und bedrohliche Werte erreichen als bei einem großen Tier. Um zu überleben, müssen kleine Säugetiere entweder Wasser trinken oder sie dürfen sich nicht der Hitze aussetzen.

Der Konflikt zwischen sparsamem Umgang mit Wasser und Wärmeabgabe, dem kleine Wüstenbewohner

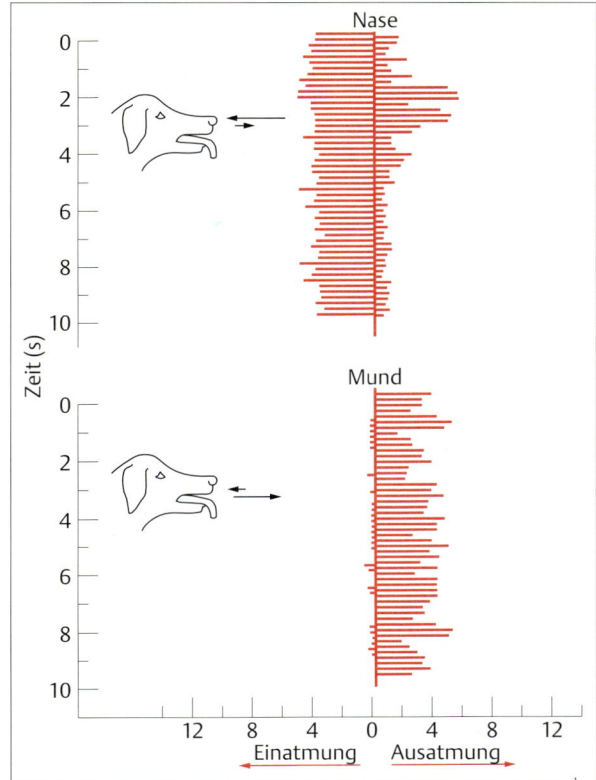

Abb. 16.32 Weg der Atemluft beim Hecheln eines Hundes. Die nach links von der vertikalen Mittellinie weisenden horizontalen Linien zeigen die Einatmung, die nach rechts weisenden die Ausatmung an. Die mittleren Inspirations- und Exspirationsvolumina werden durch die Vektorpfeile vor der Nase angegeben. Luftstrom durch die Nase (oben) und durch den Mund eines hechelnden Hundes (unten). Durch den Mund wird praktisch überhaupt nicht eingeatmet, dafür wird auf diesem Weg der größte Teil der über die Nase eingeatmeten Luft wieder ausgeatmet (nach Schmidt-Nielsen et al., 1970).

ausgesetzt sind, läßt sich an der Betrachtung der Wasserbilanz und der Temperaturregulation bei der Känguruhratte verdeutlichen (s. Abb. 14.11). Um Wasser zu sparen, benutzt diese Art ein Gegenstrom-Wärmeaustauschsystem, das zeitlich gestaffelt arbeitet. Zunächst wird das Riechepithel bei der Einatmung durch die Einatmungsluft abgekühlt; während des Ausatmens wird der größte Teil der Feuchtigkeit, welche die Luft im Verlauf des Vorbeistreichens an den warmen, feuchten Oberflächen des Atmungssystems aufgenommen hat, durch Kondensation an den relativ kühlen Riechepithelien zurückgewonnen. Dieser Mechanismus behindert jedoch das Abführen von Körperwärme und erfordert daher, daß die Temperatur der Einatmungsluft niedriger ist als die Temperatur im Körperkern. Deshalb bleibt die Känguruhratte während der heißen Tageszeit auf ihren vergleichsweise kühlen Bau beschränkt. Wäre die Temperatur der Einatmungsluft gleich oder höher als die Körpertemperatur, würden die respiratorischen Wasserverluste der Känguruhratte anwachsen. Obwohl die erhöhte Verdunstungskühlung helfen würde, das Tier zu kühlen, würde dadurch auch die Aufrechterhaltung einer ausgeglichenen Wasserbilanz ernsthaft gefährdet.

Die Bedeutung des Wassers für die Regulation der Körpertemperatur bei großen Wüstensäugetieren ist schon lange bekannt, wie einfache, aber inzwischen klassische Beobachtungen an Kamelen zeigen (s. Abb. 14.**12**). Die Kamele konnten dabei entweder soviel trinken wie sie wollten, oder sie wurden einer Dehydratation unterworfen, indem ihnen für einige Tage das Trinkwasser vorenthalten wurde. Die Rektaltemperaturen der Tiere erreichten am Tage ihre höchsten, in der Nacht die tiefsten Werte. Die Schwankungen waren am kleinsten, wenn die Kamele trinken konnten, aber auch dann viel größer als bei einem Menschen, dem Trinkwasser zur Verfügung steht. Die Amplituden der Temperaturschwankungen wurden während der Perioden des Wasserentzugs noch viel ausgeprägter, wenn die Wasserreserven im Körper schwanden und weniger Wasser für die Speicherung von Wärme und für die Schweißsekretion übrigblieb.

Thermostatische Regelung der Körpertemperatur

Homöotherme Endotherme benutzen ein System zur Temperaturkontrolle, das einem technischen Thermostaten gleicht, wie er in einem Wasserbad (s. Abb. 1.3) oder bei der Regelung der Heizung eines Hauses verwendet wird. Beim Wasserbad vergleicht eine elektronische Schaltung die Wassertemperatur, T_w, die mit einem Temperaturfühler gemessen wird, mit einer **Solltemperatur**, T_{soll}. Liegt T_w unter T_{soll}, schließt der Thermostat den Schaltkreis, durch den die Bildung zusätzlicher Wärme aktiviert wird, bis $T_w = T_{soll}$; danach öffnet der Thermostat den Schaltkreis wieder, und die Wärmeproduktion stoppt. Sinkt T_w wieder ab, wird der Vorgang wiederholt. Dieser Vergleich trifft besonders für den Bereich der chemischen Temperaturregulation zu (Abb. 16.25), innerhalb dessen die Wärmebildung mit abnehmender Umgebungstemperatur ansteigt.

Sowohl homöotherme Endotherme als auch homöotherme Ektotherme nutzen auch andere Wege zur Temperaturregulation, die nicht mit Stoffwechselvorgängen zusammenhängen. Die Regulation der Körpertemperatur, T_b, ist ein Vorgang, der auch nach jahrzehntelanger Forschung auf diesem Gebiet immer noch nicht völlig verstanden wird; die Regulationsvorgänge basieren aber offenbar auf den Prinzipien der negativen Rückkopplung (s. Box 1.**1**, S. 8). Die meisten Tiere verfügen nicht nur über einen, sondern über mehrere Temperaturfühler, die in verschiedenen Körperbereichen liegen. Außerdem können homöotherme Tiere auf mehrere Mechanismen zur Wärmebildung und zum Wärmeaustausch zurückgreifen, um T_b möglichst nahe bei T_{soll} zu halten; der Thermostat kontrolliert sowohl Mechanismen zur Konservierung bzw. Abgabe von Wärme als auch solche zur Wärmeproduktion. Diese Art und Weise der Kontrolle ist analog zu dem mikroprozessorgesteuerten Heiz- und Kühlsystem des utopischen „intelligenten Hauses", bei dem der Thermostat zusätzlich zur Steuerung des Ofens und der Klimaanlage auch die Stellung der Jalousien, das Öffnen und Schließen der Fenster, den Wärmefluß durch die Mauern und die Isolation des Daches usw. kontrolliert. Darüber hinaus bedeutet Kontrolle der Wärmeproduktion bei endothermen Tieren nicht einfach das An- und Abschalten eines Ofens. Das Ausmaß der Wärmebildung durch Stoffwechselprozesse wird vielmehr in feiner Abstimmung dem Bedarf angepaßt. Je kälter die Temperaturfühler werden (innerhalb bestimmter Grenzen), desto höher wird die Wärmeproduktion. Ingenieure nennen dies eine **proportionale Kontrolle**, da Bildung und Konservierung von Wärme mehr oder weniger proportional zur Differenz von $T_b - T_{soll}$ erfolgen.

Der Hypothalamus – „Thermostat" der Säugetiere

Zwischen Peripherie (Körperschale) und Körperkern können bei Säugetieren sehr große Unterschiede auftreten (bis zu 30 °C), wobei die Temperaturen in den Extremitäten über einen weit größeren Bereich schwanken können als im Körperkern. Im Gehirn, im Rückenmark, in der Haut und Orten im Körperkern gibt es temperaturempfindliche Neurone und Nervenendigungen, von denen Informationen an die Regelzentren im Gehirn geliefert werden. Ein Säugetier kann zwar über mehrere thermoregulatorische Zentren verfügen, das wichtigste, als „Thermostat" des Körpers bezeichnet, liegt aber im Hypothalamus (s. Abb. 9.**5**). Es wurde 1912 von Henry G. Barbour im Verlauf von Experimenten entdeckt, bei denen eine kleine temperierbare Sonde in verschiedene Gehirnabschnitte eines Kaninchens implantiert wurde. Die Sonde rief nur dann starke thermoregulatorische Antworten hervor, wenn damit der Hypothalamus erhitzt oder gekühlt wurde. Ein Kühlen des Hypothalamus bewirkte eine Erhöhung der Stoffwechselrate und einen Anstieg der Körpertemperatur, T_b, während durch Erwärmen des Hypothalamus Hecheln und ein Absinken der Körpertemperatur ausgelöst wurde. Dieses Experiment gleicht der Veränderung der Temperatur eines Thermostaten in einem Haus, indem ein brennendes Streichholz in seine Nähe gebracht wird. Sobald der Thermostat über seine Solltemperatur hinaus erwärmt wird, setzt dieser den Ofen außer Betrieb und ermöglicht dadurch das Absinken der Raumtemperatur unter den Sollwert. Einen Versuchsaufbau zur Kontrolle der Hypothalamus-Temperatur und zur Messung der thermoregulatorischen Reaktionen eines endothermen Tieres bei Änderungen dieser Temperatur zeigt Abb. 16.**33**.

Ähnlich ausgelegte Experimente wie die von Barbour haben gezeigt, daß der Thermostat im Gehirn von Säugetieren außerordentlich empfindlich auf Temperaturänderungen reagiert. Bereits Schwankungen von nur wenigen Grad haben schwerwiegende Auswirkungen auf die Funktion des Gehirnes von Säugetieren, weshalb es nicht verwundert, daß sich bei ihnen das thermoregulatorische Zentrum dort befindet. Im vorderen Teil des Hypothalamus befinden sich Neurone, die außerordentlich empfindlich auf Temperaturänderungen reagieren. Einige dieser Neurone zeigen bei einem Anstieg der Hypothalamus-Temperatur eine scharf ausgeprägte Zunahme ihrer Feuerfrequenz (Abb. 16.**34**). Man glaubt, daß von diesen Neuronen Mechanismen zur Wärmeabgabe, wie Erweiterung der Blutgefäße und Schweißsekretion, aktiviert werden. Andere zeigen eine Abnahme ihrer Feuertätigkeit, wenn die Temperatur einen bestimmten Wert übersteigt. Wieder andere Neurone erhöhen ihre Feuerfrequenz bei einem Absinken der Gehirntemperatur unter den Sollwert. Unter ihrer Kontrolle scheint die Aktivierung von Mechanismen zur Wärmebildung (z.B. Kältezittern, zitterfreie Wärmebildung, braunes Fettgewebe) und zur Konservierung von Wärme (z.B. Aufrichten der Haare) zu erfolgen.

Zusätzlich zu den Informationen über seine eigene Temperatur, die von diesen temperaturempfindlichen Neuronen geliefert wird, steht der Hypothalamus über Nervenbahnen mit Temperaturfühlern in anderen Körperteilen in Verbindung. Die gesamte Information über den Wärmezustand wird integrativ verarbeitet und dient dazu, die Tätigkeit des Thermostaten zu kontrollieren. Nervenbahnen, die den Hypothalamus verlassen, nehmen Verbindung mit anderen Teilen des Nervensystems auf, die Wärmebildung und -abgabe regulieren. Einige dieser Bahnen werden durch hohe Temperaturen aktiviert, die von peripheren und im Rückenmark gelegenen Temperaturfühlern sowie von den temperaturempfindlichen Neuronen im Hypothalamus gemeldet werden. Die efferenten Bahnen veranlassen eine Zunahme der Schweißsekretion und des Hechelns sowie eine Abnahme des Muskeltonus (und damit eine Vasodilatation) in den peripheren Gefäßen, was zu einer verstärkten Durchblutung der Haut führt. Umgekehrt führt eine Abkühlung des Körpers zur Auslösung von wärmebildenden Prozessen und einer Zunahme der Muskelspannung (Vasokonstriktion) in den peripheren Gefäßen. Die gleichen Reaktionen können ohne Abkühlung des ge-

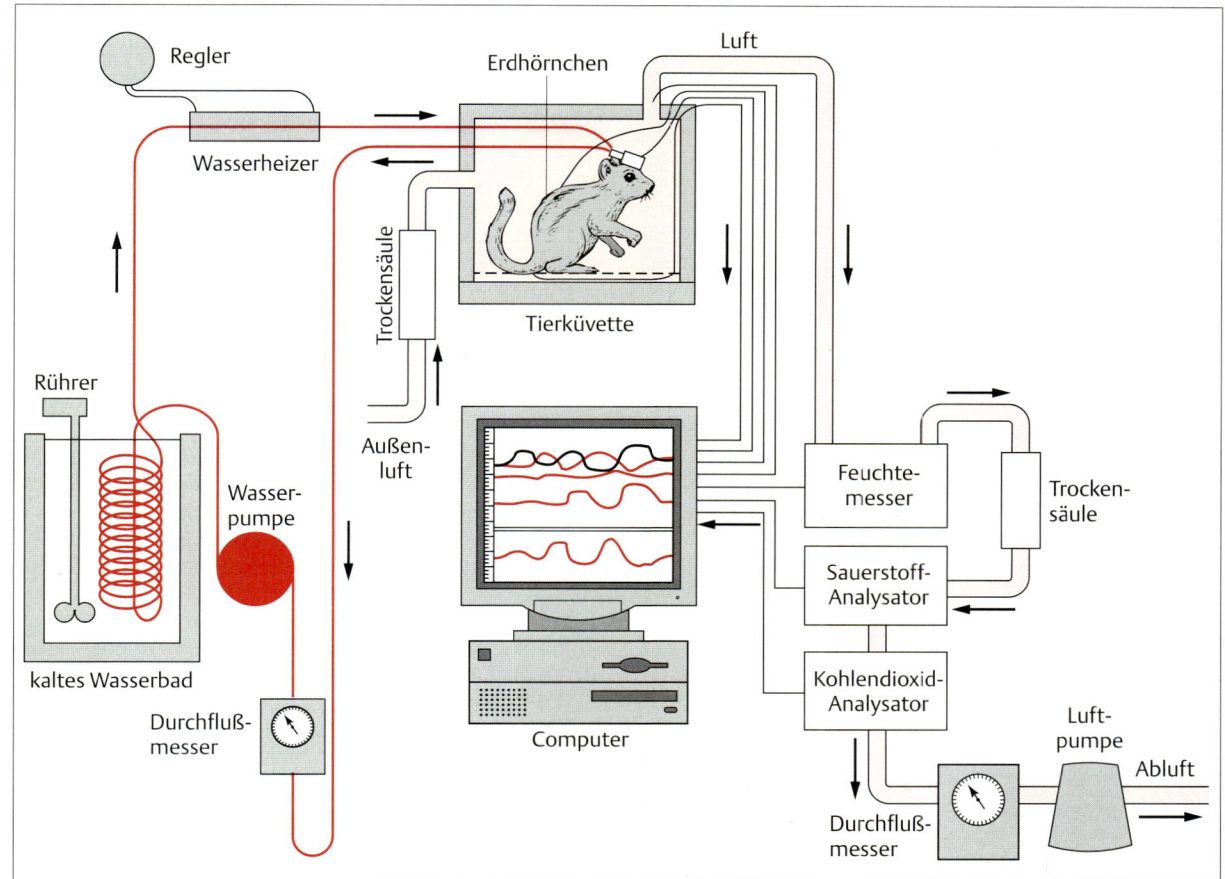

Abb. 16.33 Messung der thermoregulatorischen Antworten als Reaktion auf Veränderungen der Hypothalamus-Temperatur. Die Rolle des Hypothalamus bei der Temperaturregulation kann durch experimentelles Verändern der hypothalamischen Temperatur untersucht werden. Mit Hilfe einer wasserdurchspülten Wärmesonde, die in den Hypothalamus implantiert wurde, kann dessen Temperatur variiert werden. Zur Ermittlung der Stoffwechselrate und der evaporativen Wasserabgabe wird die aus der Tierküvette ausströmende Luft im Hinblick auf ihren Wassergehalt und die Konzentrationen von O_2 und CO_2 analysiert. Die Temperatur in der Tierküvette wird auf einen konstanten Wert reguliert (nach Heller u. Mitarb. 1978).

samten Körpers auch dadurch ausgelöst werden, daß nur die Neurone im Hypothalamus gekühlt werden. Wird also bei einem Hund experimentell die Temperatur des Hypothalamus herabgesetzt, führt dies über die Auslösung von Kältezittern zu einer Erhöhung der Wärmebildung durch Stoffwechselprozesse. Andererseits aktiviert eine Erwärmung des Hypothalamus beim Hund das Hecheln als Mechanismus zur Steigerung der Wärmeabgabe.

Bereits ein Anstieg der Kerntemperatur um nur 0,5 °C löst bei den meisten Säugetieren eine solch extreme Erweiterung der peripheren Gefäße aus, daß die Durchblutung der Haut um ein Mehrfaches gesteigert wird. Bei Menschen erzeugt diese Reaktion eine Rötung der Haut. Die Wirkung einer erhöhten Kerntemperatur auf die periphere Durchblutung und damit die Hauttemperatur läßt sich aus Abb. 16.35 erkennen, die zeigt, daß die Temperatur der Haut am Ohr eines Kaninchens sehr steil von 15 °C auf über 35 °C ansteigt, sobald die Kerntemperatur des Kaninchens einen Wert von 39,4 °C überschreitet. Da die Temperatur des Ohres rasch ein Maximum erreicht, das auch bei noch höheren Kerntemperaturen nicht mehr übertroffen wird, kann angenommen werden, daß die Gefäße im Ohr sich beim Erreichen dieses Schwellenwertes sofort maximal erweitern.

Die Wirkung des temperaturregulatorischen Zentrums im Hypothalamus auf solche Mechanismen des

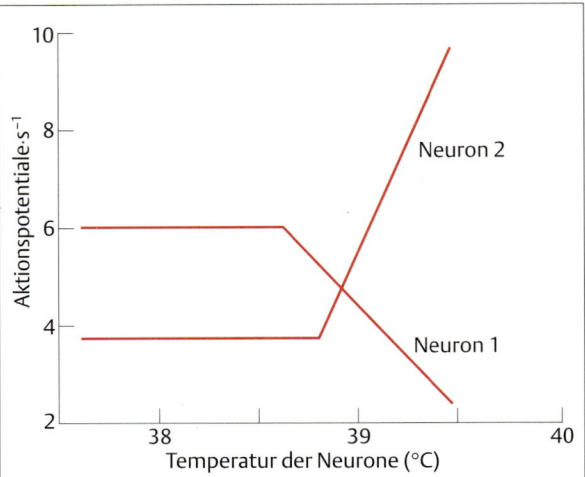

Abb. 16.34 Temperaturabhängige Aktivität von Neuronen. Einzelne Neurone im Hypothalamus von Kaninchen weisen ein unterschiedliches Aktivitätsmuster in Abhängigkeit von der Temperatur auf. Neuron 1 zeigt eine lineare Abnahme bei Temperaturen über 38,4 °C, Neuron 2 dagegen bei Temperaturen über 38,7 °C einen steilen Anstieg (verändert nach Hellon, 1967).

Wärmeaustausches an der Körperoberfläche ist bei einigen Säugetieren etwa 20mal stärker als reflektorische Anpassungen, die durch periphere Temperaturfühler direkt ausgelöst werden. Diese „Dominanz" des Hypothalamus ist wichtig angesichts der Bedeutung einer sorgfältig regulierten Gehirntemperatur. Sonst könnte ein im Körperkern überhitztes Tier, das sich in einer kalten Umgebung bewegt, nicht den Blutstrom zu den Kapillaren an der Oberfläche verstärken und sich so abkühlen; statt dessen würde seine Kerntemperatur weiter ansteigen und schnell ein gefährliches Niveau erreichen.

Bei einigen endothermen Tieren, vor allem kleinen Arten, die bei niederen Umgebungstemperaturen Gefahr laufen, schnell auszukühlen, verändert sich die im temperaturregulatorischen Zentrum des Hypothalamus vorgegebene Solltemperatur in Abhängigkeit von der Außentemperatur; ausgelöst wird dies vermutlich durch Meldungen der peripheren Temperaturfühler über Änderungen in der Umgebungstemperatur. So hat bei der Känguruhratte ein plötzliches Absinken der Umgebungstemperatur eine rasche Erhöhung der Solltemperatur zur Folge. Dies bewirkt eine Ankurbelung der wärmeliefernden Stoffwechselvorgänge bereits im Vorgriff auf den zu erwartenden Anstieg der Wärmeverluste an die Umgebung.

Kleine Abweichungen der Kerntemperatur vom Sollwert führen in der Peripherie nur zu vaso- und pilomotorischen Reaktionen, die letztlich Veränderungen in der Wärmedurchgangszahl bewirken. Solche kleinen Abweichungen der Kerntemperatur ergeben sich in der Regel aus mäßigen Schwankungen der Umgebungstemperatur im Bereich der thermischen Neutralzone (Abb. 16.25). Wenn die Abweichungen der Kerntemperatur bei stärkeren Schwankungen der Umgebungstemperatur oder bei körperlicher Arbeit über diesen Bereich hinaus getrieben werden, reichen passive (physikalische) Reaktionen zur Temperaturregulation nicht mehr aus, und die hypothalamischen Zentren setzen dann aktive Maßnahmen in Kraft – d.h., Mechanismen der Wärmebildung oder der evaporativen Wärmeabgabe.

Thermoregulatorische Zentren bei Nicht-Säugetieren

Die thermostatische Kontrolle der Körpertemperatur der **Vögel** wurde weniger gut untersucht als die der Säugetiere, vielleicht weil bei ihnen die Art der Kontrolle komplexer zu sein scheint. Die Region des Hypothalamus, die bei den Säugetieren als thermoregulatorisches Zentrum fungiert, erwies sich bei den bisher untersuchten Vögeln (hauptsächlich Tauben) als völlig unempfindlich gegenüber Temperaturänderungen. Bei Tauben, Pinguinen und Enten stellte man fest, daß das Rückenmark eine Rolle bei der zentralen Temperaturmessung spielt; aber außerhalb des Nervensystems gelegene Re-

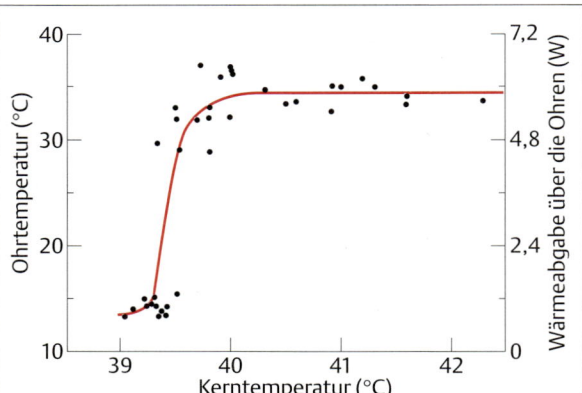

Abb. 16.35 Wirkung der Erhöhung der Kerntemperatur auf die periphere Durchblutung und die Wärmeabgabe. Beim Kaninchen steigt die Wärmeabgabe über die Ohren sprunghaft an, wenn sich die Kerntemperatur bei gleichbleibender Umgebungstemperatur von 10 °C erhöht. Der Anstieg der Kerntemperatur wurde dadurch erreicht, daß die Kaninchen zum Rennen auf einem Laufband gebracht wurden. Wenn die Temperatur über 39,5 °C anstieg, verstärkte sich schlagartig die Durchblutung der Ohren, was zu einer Erhöhung der Ohrtemperatur und der Wärmeabgabe (angegeben in Watt) führte (aus Kluger, 1979).

zeptoren stellen die wichtigsten Temperaturfühler im Körperkern der Vögel dar. Die im Kern gelegenen Temperaturfühler melden ihre Informationen vermutlich an den hypothalamischen Thermostaten der Vögel weiter, der diese seinerseits integriert und die entsprechenden thermoregulatorischen Reaktionen auslöst.

Wie Säugetiere besitzen auch **Fische** und **Reptilien** ein temperaturempfindliches Zentrum im Hypothalamus. Beim Skorpionsfisch führt Erwärmen des Hypothalamus über eine implantierte Sonde zu einer Beschleunigung, Abkühlen zu einer Verlangsamung der Atembewegungen. Abkühlen an der Oberfläche bewirkt ähnliche Reaktionen der Atmung. Da die Stoffwechselrate von Fischen von der Körpertemperatur abhängt, führt ein Temperaturanstieg zu einem erhöhten Sauerstoffbedarf. Die temperaturabhängige Anpassung in der Atemfrequenz ist von Vorteil, weil dadurch auf die zu erwartenden Veränderungen im Sauerstoffbedarf bereits frühzeitig reagiert wird und Schwankungen im Sauerstoffgehalt des Blutes auf ein Minimum reduziert werden können. Bei Reptilien führt Abkühlen des Hypothalamus zu **thermophilem Verhalten** (wärmesuchendes Verhalten); Erwärmen ruft dagegen **thermophobe Verhaltensweisen** (wärmemeidendes Verhalten) hervor.

Untersuchungen von S. C. Woods und seinen Mitarbeitern (1991) zeigten einige interessante Verknüpfungen zwischen thermoregulatorischem Verhalten und Sauerstoffmangel (Hypoxie) auf. Alternativ zu einer Steigerung der konvektiven O_2-Versorgung der Gewebe unter hypoxischen Bedingungen mittels einer Erhöhung der Ventilationsrate und der Herzleistung reagieren eine große Zahl von Vertebraten und Evertebraten auf Sauerstoffmangel, indem sie ihren Sauerstoffbedarf durch eine vorübergehende Absenkung der bevorzugten Körpertemperatur reduzieren. Deshalb suchen unter hypoxischen Verhältnissen Vertebraten wie Mäuse, Schildkröten, Fische und Eidechsen in einem Temperaturgradienten („Temperaturorgel") kältere Bereiche auf (Abb. 16.36). Auch Evertebraten wie Spinnen und Krebse und sogar Einzeller aus der Gattung *Amoeba* reagieren auf diese Weise.

Fieber

Eine interessante Eigenschaft des thermoregulatorischen Zentrums im Hypothalamus ist seine Empfindlichkeit für bestimmte Chemikalien, die als **Pyrogene** (fiebererzeugende Substanzen) bezeichnet werden. Auf Grund ihrer Herkunft werden zwei Gruppen von Pyrogenen unterschieden. **Exogene Pyrogene** sind Endotoxine, die von gramnegativen Bakterien gebildet werden. Diese hitzestabilen Polysaccharide mit einem hohen Molekulargewicht sind so wirksam, daß bereits eine Menge von nur 10^{-9} g an reinem Endotoxin ausreicht,

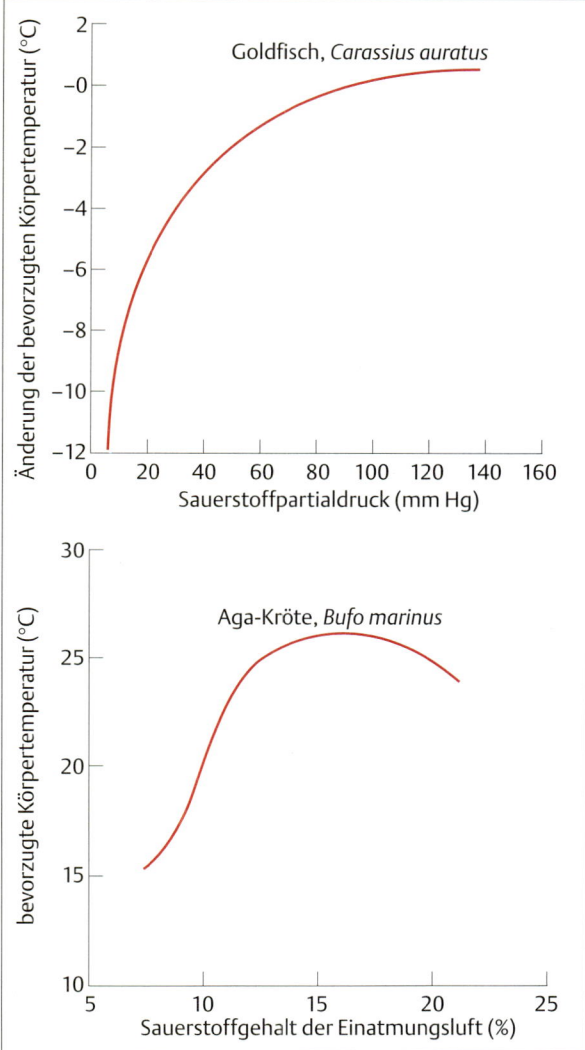

Abb. 16.36 Beziehung zwischen Sauerstoffangebot und Körpertemperatur bei wechselwarmen Tieren. Eine Verringerung des Sauerstoffgehaltes im Wasser bzw. in der Luft (Hypoxie) führt bei Goldfischen (*Carassius auratus*) und Kröten (*Bufo marinus*) zu Veränderungen in der Vorzugs-Körpertemperatur (verändert nach Wood, 1991).

um nach Injektion bei einem großen Säugetier einen Anstieg der Körpertemperatur auszulösen. **Endogene Pyrogene** stammen dagegen aus den Geweben der Tiere selbst und sind, anders als die bakteriellen Pyrogene, hitzeempfindliche Proteine. Leukocyten setzen als Reaktion auf die im Kreislauf zirkulierenden exogenen Pyrogene, die von infektiösen Bakterien stammen, endogene Pyrogene frei. Es scheint demnach, daß exogene Pyrogene auf indirekte Weise einen Anstieg der Körpertemperatur auslösen, indem sie die Freisetzung endogener Pyrogene stimulieren, die dann direkt auf das hypothalamische Zentrum wirken. Diese Vorstellung wird gestützt durch den Befund, daß der Hypothalamus auf eine direkte Applikation von endogenen Pyrogenen empfindlicher reagiert als auf exogene Pyrogene.

Die Empfindlichkeit der temperaturempfindlichen Neurone im Hypothalamus für diese pyrogenen Moleküle führt zu einer höheren Einstellung der Solltemperatur. Als Ergebnis steigt die Körpertemperatur um mehrere Grade an und das Tier gerät in einen als **Fieber** bezeichneten Zustand. Im Gegensatz zu Pyrogenen bewirken Narkotika und Opiate wie Morphium eine Herabsetzung des Sollwertes und damit einen Abfall der Körpertemperatur. Der adaptive Wert der endogenen Pyrogene und des durch sie ausgelösten Fiebers bei homöothermen Tieren könnte in der bakteriostatischen Wirkung der erhöhten Körpertemperatur liegen.

Exogene Pyrogene von Bakterien führen sowohl bei Endothermen als auch bei einigen ektothermen Tieren zu einer Erhöhung der Körpertemperatur. In einem klassischen Experiment registrierten H.A. Bernheim und M.G. Kluger (1976) die Körpertemperaturen eines Wüstenleguans unter simulierten Wüstenbedingungen vor und nach Einwirkung pyrogener Bakterien (Abb. 16.37). Als Reaktion auf die fiebererzeugenden Bakterien hielten sich die Leguane in ihrer künstlichen Umwelt häufiger in einem Bereich auf, der durch eine Wärmelampe bestrahlt wurde. Dadurch erhöhten sie ihre Körpertemperaturen auf ungewöhnlich hohe Werte, d.h. sie entwickelten Fieber. Diese Verhaltensreaktion und das dadurch erzeugte Fieber führten zu einem Schutz gegen bakterielle Infektionen. Man stellt sich vor, daß dieser Schutz auf zwei Mechanismen beruht: (1) Das anti-Viren und anti-Krebsmittel **Interferon** ist bei hohen Temperaturen wirksamer, und (2) das Wachstum einiger Mikroben wird durch höhere Temperaturen verlangsamt.

Temperaturregulation bei körperlicher Arbeit

Der energetische Wirkungsgrad von Muskelkontraktionen liegt bei etwa 25%. Für jedes Joule an chemischer Energie, das in mechanische Arbeit umgewandelt wird, werden drei Joule an Wärmeenergie freigesetzt. Bei körperlicher Arbeit addiert sich diese Extrawärme zu der im Basalstoffwechsel erzeugten Wärme und führt zu einem Anstieg der Körpertemperatur über den Sollwert hinaus, wenn sie nicht im gleichen Maße wie sie gebildet wird an die Umgebung abgeführt werden kann. Der

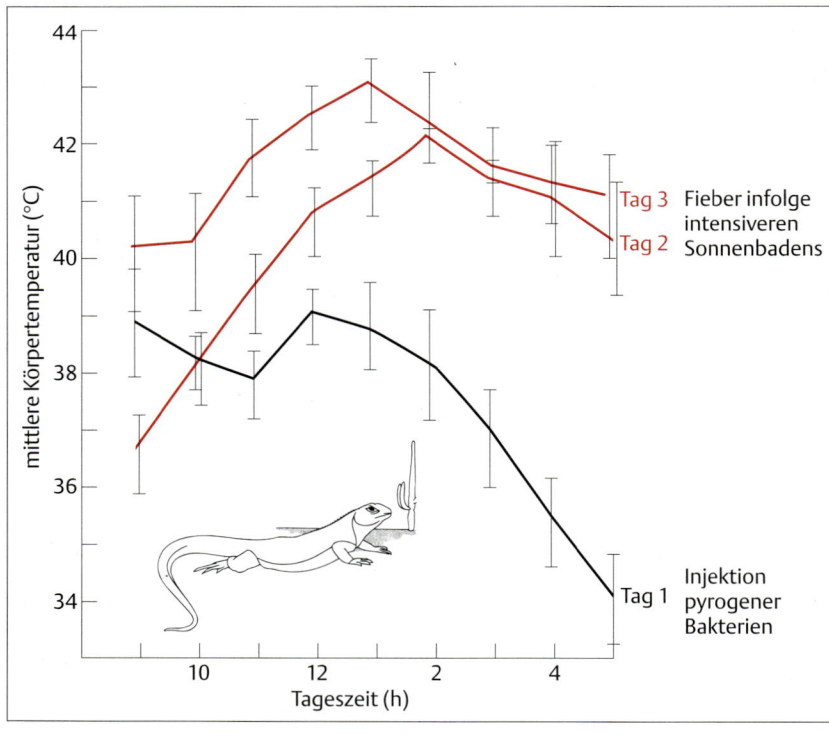

Abb. 16.37 Ektotherme Tiere reagieren auf die Injektion von pyrogenen Bakterien mit der Entwicklung von Fieber. Wie andere Echsen reguliert der wüstenbewohnende Leguan *Dipsosaurus dorsalis* seine Körpertemperatur durch sein Verhalten, indem er seinen Aufenthaltsort und seine Körperhaltung in Abhängigkeit von der Wärmestrahlung der Sonne oder heißer Gegenstände wie z.B. dunklen Felsbrocken wählt. Nach einer Infektion mit pyrogenen Bakterien erhöhten die Echsen ihre Körpertemperatur durch ausgeprägteres Sonnenbadeverhalten über das normale Niveau hinaus. Die Abbildung zeigt den Anstieg der Körpertemperatur in den Tagen nach der Bakterieninjektion (verändert nach Bernheim u. Kluger, 1976).

größte Teil dieser überschüssigen Wärme findet den Weg in die Umgebung, aber die Tatsache, daß sich bei körperlicher Arbeit die Kerntemperatur von Homöothermen erhöht, ist ein Hinweis auf ihre unvollständige Beseitigung. Der Anstieg der Körpertemperatur ist in begrenztem Maße in zweierlei Hinsicht nützlich: (1) Er vergrößert die Differenz $T_b - T_a$, was über die Erhöhung des Temperaturgradienten die Wirksamkeit der wärmeabführenden Prozesse steigert, und (2) er führt zu einer Intensivierung der Stoffwechselprozesse, einschließlich derer, welche die körperliche Aktivität unterstützen. In einer warmen Umgebung kann die Kerntemperatur bei schwerer körperlicher Arbeit jedoch auf ein gefährliches Niveau ansteigen; diese überschüssige Wärme erfordert dann entsprechende Gegenmaßnahmen.

Das Ausmaß, in dem die Kerntemperatur bei homöothermen Tieren ansteigt, ist proportional zur geleisteten Muskelarbeit. Bei leichter oder mäßiger Arbeit in einer kühlen Umgebung steigt die Körpertemperatur auf ein neues Niveau an und wird auf diesem solange reguliert, wie die Arbeit andauert. Die Körpertemperatur bleibt also offenbar unter der Kontrolle des Regelzentrums. Der zur geleisteten Arbeit proportionale Anstieg der Temperatur führt in erster Linie zu einer Zunahme des Fehlersignals, $T_b - T_a$, bei der thermostatischen Kontrolle durch den Hypothalamus. Das Fehlersignal entspricht der Differenz zwischen dem im Regler vorgegebenen Sollwert und der tatsächlichen Kerntemperatur. Je größer dieser Unterschied ist (d.h., je größer das Fehlersignal), desto stärker werden die Mechanismen zur Wärmeabgabe aktiviert. Die Intensität der Wärmeabgabe steigt also in dem Maße, in dem die Kerntemperatur die Solltemperatur übersteigt, und zwischen Wärmebildung und -abgabe stellt sich ein neues Gleichgewicht ein. Während schwerer Arbeit, besonders in einer warmen Umgebung, reichen die Mechanismen der Wärmeabgabe solange nicht aus, um die gebildete Wärme vollständig abzuführen, bis die Körpertemperatur um einige Grade angestiegen ist und sich die Differenz $T_b - T_a$ erhöht hat. Deshalb werden bei Menschen nach anstrengendem und anhaltendem Laufen ebenso wie bei Rennpferden, Windhunden und Schlittenhunden nach Wettbewerben gewöhnlich Erhöhungen der Kerntemperatur um 4–5 °C beobachtet.

Der Anstieg von T_b (und des Fehlersignals, sobald T_b die Solltemperatur überschreitet) wird durch die hohe Empfindlichkeit der Rückkoppelungskontrolle der Wärmeabgabe-Mechanismen klein gehalten. Ein geringer Anstieg von T_b über die Solltemperatur hat z.B. einen starken und steilen Anstieg der Schweißsekretion zur Folge (Abb. 16.38). Die Wirksamkeit der Wärmeabgabe wird durch die Feuchtigkeit in der Umgebungsluft beeinflußt – je höher die Feuchtigkeit, desto ineffektiver

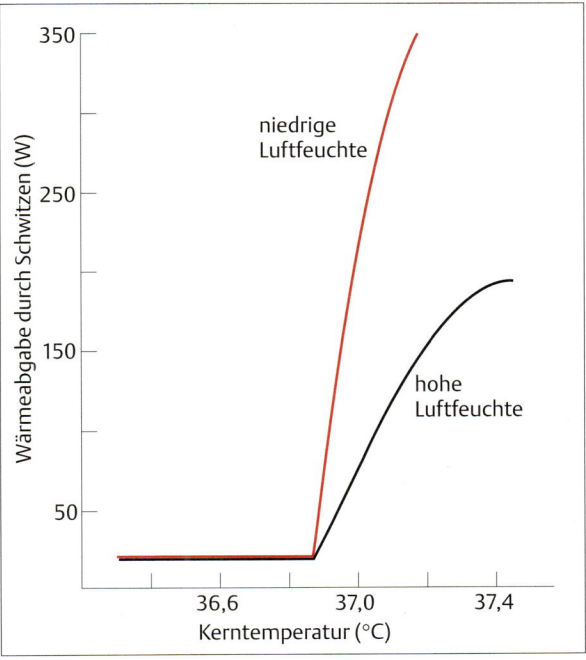

Abb. 16.38 Wärmeabgabe durch Schwitzen. Beim Menschen steigt die Sekretion von Schweiß steil an, wenn die Körpertemperatur etwa 37 °C erreicht. Der Anstieg der Kerntemperatur wurde durch körperliche Arbeit oder Erhöhung der Umgebungstemperatur hervorgerufen (verändert nach Benzinger, 1961).

ist die Wärmeabgabe (wie jeder Mensch, der entweder mit wüstenartigen oder sehr feuchten Umgebungsbedingungen vertraut ist, bezeugen kann). Die Mechanismen zur Wärmeabgabe werden durch heftige körperliche Aktivität bereits aktiviert, bevor die Temperatur der Körperschale eine signifikante Zunahme zeigt. Bei Menschen beispielsweise beginnt die Steigerung der Schweißsekretion innerhalb von zwei Sekunden nach dem Beginn schwerer körperlicher Arbeit, obwohl in dieser Zeit kein Anstieg der Hauttemperatur feststellbar ist. Die Temperatur des Blutes im Körperkern zeigt jedoch eine meßbare Temperaturerhöhung innerhalb einer Sekunde nach Beginn der Arbeit. Offensichtlich geht der Beginn des Schwitzens, das fast gleichzeitig mit der neuronalen Aktivität einsetzt, welche die körperliche Tätigkeit steuert, auf eine reflexartige Aktivierung der Schweißdrüsen durch zentrale Temperaturrezeptoren zurück. Die Schwellenwerte für die Wärmeabgabe liegen bei gut trainierten Sportlern niedriger, vor allem bei warmem Wetter.

Bestimmte Gruppen von Huftieren (z.B. Schafe, Ziegen und Gazellen) und Carnivoren (z.B. Katzen und Hunde) verfügen über einen speziellen Gegenstromwärmeaustauscher, um während solch anstrengender Tätigkeiten wie Rennen ein Überhitzen des Gehirns zu vermeiden. Dieses System, als **Carotiden-Rete** bezeichnet (Abb. 16.**39**), benützt kühleres venöses Blut, das aus der Nasenregion zurückströmt, um dem heißen arteriellen Blut, das in Richtung Gehirn fließt, Wärme zu entziehen. Bei diesen Tieren fließt der größte Teil des Blutes durch die äußere Arteria carotis zum Gehirn. An der Schädelbasis zweigt sich diese Arterie in Hunderte von kleinen Arterien auf und bildet ein Netzwerk (Rete) von Gefäßen, die sich kurz vor dem Eintritt in das Gehirn wieder vereinigen. Die kleinen Arterien ziehen durch eine geräumige Erweiterung des venösen Systems, den **Sinus cavernosus**. Das darin fließende venöse Blut ist deutlich kälter als das arterielle Blut, weil es von den Epithelien der Nasengänge kommt, wo es durch den Strom der Atemluft abgekühlt wurde. Das heiße arterielle Blut gibt deshalb einen Teil seiner Wärme an das kühlere venöse Blut ab, bevor es in den Schädel eintritt. Als Folge davon kann die Temperatur des Gehirns 2–3 °C niedriger sein als die Temperatur im Körperkern. Obwohl sich durch lang anhaltendes Rennen in einer heißen Umgebung unvermeidbar eine Wärmelast für diese Tiere ergibt, wird hierdurch die schlimmste und akuteste Folge einer Überhitzung – eine Beeinträchtigung der Hirnfunktion – vermieden. Dieses Kühlsystem arbeitet am effektivsten, wenn das Tier während der körperlichen Anstrengung heftig atmet.

Dormanz – Spezielle Stoffwechselzustände

Dormanz ist eine allgemeine Bezeichnung für Zustände mit reduzierten Körperfunktionen, einschließlich einer Drosselung des Stoffwechsels. Oft fällt auch die Heterothermie unter diesen Begriff. Die Dormanz kann nach dem Grad der Reduktion der Funktionen (mit Bezug sowohl auf die Fähigkeit zum Wiederaufwachen als auch dem Ausmaß der Absenkung von T_b) und ihrer Dauer in verschiedene Kategorien unterteilt werden, zu denen Schlaf, Torpor, Winterschlaf, Winterruhe und Ästivation („Sommerschlaf") gehören. Der Schlaf ist am besten untersucht (vermutlich weil er die einzige Form von Dormanz ist, zu der auch der Mensch befähigt ist). Über die restlichen vier Kategorien weiß man weniger; bei homöothermen Tieren scheinen jedoch alle Ausdruck von physiologischen Vorgängen zu sein.

Schlaf

Das Phänomen **Schlaf** wurde intensiv an Menschen und anderen Säugetieren untersucht; in seinem Verlauf treten weitgehende Veränderungen in den Gehirnfunktionen auf. Bei Säugetieren wird der **Tiefschlaf** („slow wave sleep") begleitet von einem Abfall sowohl der Temperaturempfindlichkeit des Hypothalamus als auch der Körpertemperatur; außerdem treten Veränderungen in den Atmungs- und Kreislaufreflexen auf. Während des **REM-Schlafs** („rapid eye movement") verliert der Hypothalamus vorübergehend die Kontrolle über die Körpertemperatur. Obwohl möglicherweise eine Reihe von Faktoren Schlaf auslösen können, gibt es bei den Säugetieren Hinweise auf die Existenz von schlafinduzierenden Substanzen, die sich während des Wachseins aufbauen und in der extrazellulären Flüssigkeit des Zentralnervensystems anhäufen. Die Natur dieser Stoffe und die Art ihrer Wirkung wird gegenwärtig untersucht. Zeitlicher Verlauf und Dauer des Schlafes zeigen bei den Säugetieren große Unterschiede. Seehunde, die auf Packeis ruhen, schlafen immer nur für wenige Minuten an einem Stück; dann wachen sie wieder auf und suchen das Eis nach sich nähernden Eisbären ab. Menschen und viele andere Säugetiere schlafen mehrere Stunden hintereinander. Viele große Raubtiere (z.B. Löwen und Tiger) können bis zu 20 Stunden an einem Tag schlafen, insbesondere nach einer reichlichen Mahlzeit.

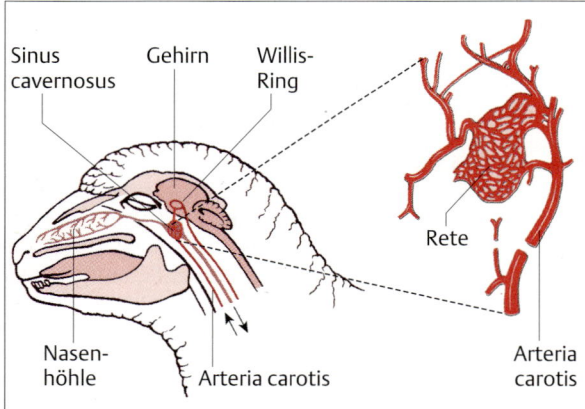

Abb. 16.39 Gegenstromkühlung des zum Gehirn fließenden Blutes beim Schaf. Schafe besitzen ein sog. „Rete" (Wundernetz) für die Gegenstromkühlung des in den Carotis-Arterien strömenden Blutes. Das Rete, das auch bei einigen anderen Säugetieren gefunden wurde, ist in Rot dargestellt. Ein Netz von kleinen Arterien fungiert dabei als ein Wärmeaustauscher für das zum Gehirn fließende Blut. Kühles venöses Blut, das von den Nasenhöhlen kommt, umströmt im Sinus cavernosus das Netzwerk der Arterien, wobei es Wärme aus dem arteriellen Blut aufnimmt, das weiter zum Willis-Ring und von dort zum Gehirn fließt (verändert nach Hayward u. Baker, 1969).

Torpor

Je niedriger T_b ist, desto niedriger ist auch die Stoffwechselrate und damit die Umwandlung von Energiespeichern, z.B. Fetten, in Körperwärme. Deshalb ist es prinzipiell von Vorteil, während Perioden ohne Nahrungsaufnahme bzw. der Inaktivität die Körpertemperatur absinken zu lassen. Wegen ihrer hohen Stoffwechselrate geraten kleine endotherme Tiere während solcher Zeiten schnell in ein Energiedefizit (Hunger). Um dieser Gefahr zu begegnen, verfallen einige dabei in einen Zustand des **Torpors** (hungerinduzierter Torpor), wobei Körpertemperatur und Stoffwechselrate absinken. Bevor die Tiere wieder aktiv werden, heizen sie sich über eine Ankurbelung des Stoffwechsels wieder auf, vor allem durch Muskelzittern oder die Aktivierung des braunen Fettgewebes (bei Säugetieren). Täglichen Torpor zeigen viele Vögel. Ein klassisches Beispiel sind die Kolibris, die ihre Körpertemperatur von etwa 40 °C (tags) auf bis zu 13 °C (nachts) absinken lassen können (Rubinkehl-Kolibri). Verschiedene Kleinsäugerarten (z.B. Spitzmäuse) verfallen ebenfalls in Torpor, bei größeren Säugetieren verhindert ihre große Körpermasse ein schnelles Auskühlen, so daß es sich für sie nicht „lohnt", für nur kurze Zeit torpid zu werden.

Winterschlaf und Winterruhe

Der **Winterschlaf**, eine Periode tiefen Torpors oder Winterdormanz, dauert in kalten Klimazonen mehrere Wochen oder sogar Monate. Der Eintritt in diese Phase erfolgt über den Tiefschlaf; REM-Schlaf tritt im typischen Fall nicht auf. Die Fähigkeit zum Winterschlaf ist weit verbreitet bei Säugetieren aus den Ordnungen *Rodentia* (Nagetiere), *Insectivora* (Insektenfresser) und *Chiroptera* (Fledermäuse), die ausreichend große Energiespeicher anlegen können, um die lange Zeit ohne Nahrungsaufnahme zu überstehen. Viele Winterschläfer wachen in mehr oder weniger regelmäßigen Abständen auf, um Urin und Kot abzugeben. Während des Winterschlafs ist die Solltemperatur im Regelzentrum um 20 °C oder mehr niedriger eingestellt als unter Normalbedingungen. Bei Umgebungstemperaturen zwischen 5 °C bis 15 °C halten viele Winterschläfer ihre Körpertemperatur um etwa ein Grad Celsius über dem Niveau der Umgebung. Wenn die Lufttemperatur auf gefährlich niedrige Werte abfällt, erhöhen winterschlafende Tiere ihre Stoffwechselrate, um entweder ihre niedrige Temperatur konstant zu halten oder um aufzuwachen.

Die Kontrolle über die Körpertemperatur ist im Torpor und während des Winterschlafs nicht aufgehoben – wie beim Tiefschlaf bleibt sie voll erhalten, allerdings mit einem erniedrigten Sollwert und einer geringeren Empfindlichkeit. Bei winterschlafenden Murmeltieren z.B. führt im Experiment ein Abkühlen des vorderen Hypothalamus über eine elektronisch geregelte, implantierte Sonde zu einer Steigerung der Wärmebildung im Stoffwechsel. Die Zunahme der Wärmeproduktion erfolgt proportional zu der Differenz zwischen der Solltemperatur und der tatsächlichen Temperatur im Hypothalamus. Die Solltemperatur fällt innerhalb von ein bis zwei Tagen um etwa 2,5 °C ab, wenn das Tier in einen tieferen Winterschlafzustand eintritt.

Wie zu erwarten, verlangsamen sich die Körperfunktionen stark im Zusammenhang mit der für Torpor und Winterschlaf charakteristischen Absenkung der Körpertemperatur. Die Auswirkungen einer Erniedrigung der Körpertemperatur auf die Stoffwechselrate (gemessen als $\dot{V}_{CO_2}$) von Goldmantelzieseln sind in Abb. 16.**40** dargestellt. In Verbindung mit dem Rückgang des Stoffwechsels verringert sich auch der Blutfluß bei winterschlafenden Säugetieren auf etwa 10% gegenüber dem Zustand vor dem Winterschlaf, allerdings werden Kopf und braunes Fettgewebe viel stärker versorgt als andere Gewebe. Die Herzleistung sinkt auf wenige Prozent des Normalwertes. Dies beruht vor allem auf einer drastischen Verlangsamung des Herzschlags, während das Schlagvolumen weitgehend unverändert bleibt. Infolge der reduzierten Atemtätigkeit wird das Blut vieler Winterschläfer saurer. Diese Azidose kann bei Enzymen aufgrund der Abweichung von ihrem pH-Optimum zu einer weiteren Herabsetzung der Aktivität führen.

Das Aufwachen aus dem Winterschlaf erfolgt oft viel rascher als der Eintritt in denselben. So ist beim Erdhörnchen der Übergang in den Winterschlaf nach 12 bis 18 Stunden abgeschlossen (Abb. 16.**41**), während das

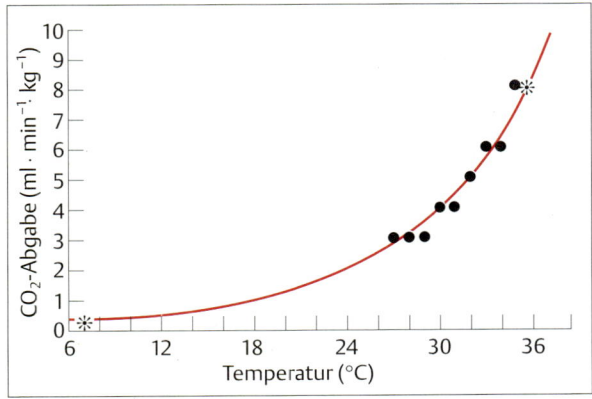

Abb. 16.40 Stoffwechselreduktion bei Hypothermie. Sowohl experimentell herbeigeführte Hypothermie (Kreise) als auch der natürliche Winterschlaf (Stern) führen beim Goldmantel-Ziesel zu einer Reduktion des Stoffwechsels (der zweite, obere Stern markiert den Meßwert nicht narkotisierter, wacher Tiere) (aus Milsom, 1992).

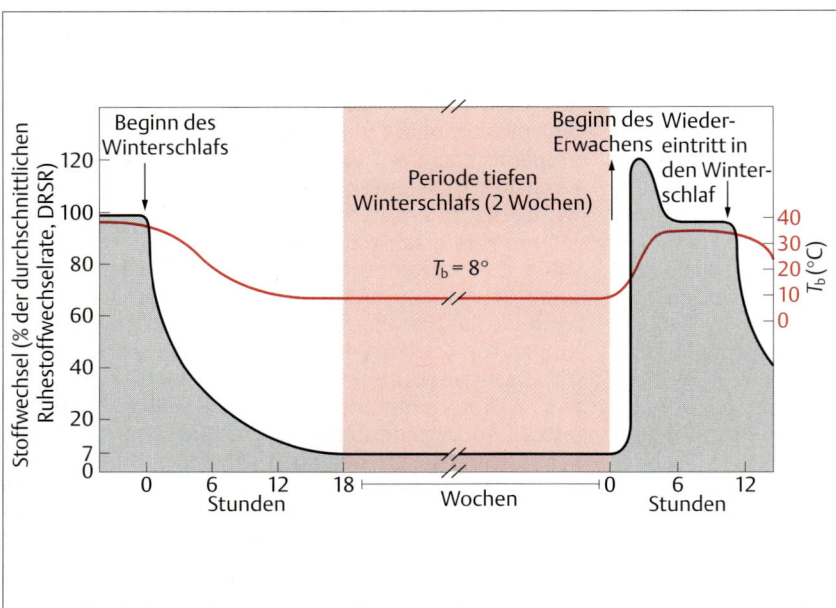

Abb. 16.41 Verlauf der Stoffwechselrate eines Erdhörnchens beim Aufwachen während der Winterschlafperiode. Während einer Wachperiode erhöht sich bei einem winterschlafenden Erdhörnchen vorübergehend die Stoffwechselrate. Das Erdhörnchen wurde in einer Kammer bei einer Temperatur von 4 °C gehalten. Der Zeitabschnitt mit andauerndem Winterschlaf ist farbig hervorgehoben. Der Verlauf der Körpertemperatur ist rot, der des Stoffwechsels schwarz dargestellt. Zu Beginn der Winterschlafperiode wird der Sollwert für die Körpertemperatur abgesenkt. Die Stoffwechselrate nimmt ab, wodurch T_b für die Zeit der Winterschlafperiode auf 1–3 °C über T_a absinken kann. Der Aufwachvorgang beginnt mit einer Verstellung der Sollwerttemperatur auf 38 °C, woraufhin über eine enorme Steigerung der körpereigenen Wärmeproduktion T_b auf den neuen Sollwert angehoben wird (aus Swan, 1974).

Aufwachen weniger als drei Stunden erfordert. Die Geschwindigkeit, mit dem diese relativ kleine Säugerart aufwacht, beruht auf einer raschen Erwärmung, die mit einem intensiven oxidativen Abbau von braunem Fett beginnt und später durch Muskelzittern unterstützt wird. Dies führt häufig zu einem ausgeprägten „Überschießen" der Stoffwechselrate (Abb. 16.41).

Unter den großen Säugetieren gibt es keine echten Winterschläfer. Bären, von denen man früher glaubte, daß sie einen richtigen Winterschlaf halten, verfallen in Wirklichkeit nur in eine **Winterruhe**, die sie zusammengerollt in einem geschützten Mikrohabitat, z.B. einer Höhle oder dem Inneren eines Holzstapels, verbringen; die Körpertemperatur sinkt nur um wenige Grade ab. Mit seiner großen Körpermasse und seinen relativ niedrigen Wärmeverlusten kann ein Bär genügend Energiereserven speichern, um den Winter mit nur geringfügig erniedrigter Körpertemperatur zu überstehen. Bären können jederzeit während des Winters schnell aufwachen und aktiv werden, was eine Begegnung mit einem Bären auch während dessen Winterruhe gefährlich macht. Im typischen Fall schlafen Bären jedoch lange Zeiträume im Zustand der Winterruhe, wobei Stoffwechselendprodukte im Körper zurückgehalten werden; selbst die Geburt der Jungen erfolgt während der Winterruhe. Verglichen mit dem tiefen Winterschlaf erlaubt die Winterruhe aufgrund der noch immer hohen Körpertemperatur keine Energieersparnis im gleichen Ausmaß, aber selbst die Absenkung der Körpertemperatur um nur wenige Grad kann im nahrungsarmen Winter überlebenswichtig sein.

Warum gibt es keine großen Winterschläfer? Zum einen, weil bei großen Tieren der Zwang zum Energiesparen weniger stark ist; ihr normaler Basalstoffwechsel ist im Verhältnis zu den Energiespeichern relativ niedrig, aufgrund der jeweiligen allometrischen Beziehung dieser beiden Faktoren; zum anderen würde es wegen der großen Masse und der relativ niedrigen Stoffwechselrate lange dauern und viel Energie kosten, um die Körpertemperatur von einem niedrigen Niveau nahe der Umgebungstemperatur auf den normothermen Bereich anzuheben. Berechnungen ergaben, daß z.B. ein großer Bär mindestens 24–48 Stunden brauchen würde, um sich von einer Winterschlaf-Temperatur von 5 °C auf 37 °C aufzuheizen. Außerdem wäre das Aufwärmen einer solch großen Masse energetisch sehr kostspielig.

Ästivation

Der nur unzureichend definierte Begriff **Ästivation**, auch als **Sommerschlaf** bezeichnet (besser wäre in vielen Fällen der Ausdruck „Trockenschlaf"), bezieht sich auf einen Zustand der Dormanz, in den sowohl einige Vertebraten als auch Evertebraten in Reaktion auf hohe Temperaturen oder der Gefahr des Austrocknens (oder beidem zusammen) verfallen. Landschnecken wie *Helix* und *Otala* verfallen während längerer Trockenperioden in einen solchen Ruhezustand, nachdem sie die Öffnung ihres Gehäuses durch Sekretion eines diaphragmaartigen Operculums verschlossen haben, das die evaporativen Wasserverluste herabsetzt. Viele terrestrisch lebende Krebse verbringen die trockenen Jahreszeiten ebenfalls in einem inaktiven Zustand am Grund ihrer Bauten. Bekannt für ihre Ästivation sind die afrikanischen Lungenfische der Gattung *Protopterus*. Diese luftatmenden Fische überleben Trockenperioden, in deren Verlauf ihre Wasserlöcher austrocknen, mit Hilfe eines „Trockenschlafs" in der immer noch feuchten Erde, bis der nächste Regen wieder für ausreichend Wasser sorgt. Die Lungenfische mauern sich dabei in einen „Kokon" ein, in dem eine enge Röhre vom Maul des Fisches zur Oberfläche führt, mit deren Hilfe das Tier seine Lungen ventilieren kann. Interessanterweise induzieren bestimmte chemische Substanzen aus dem Plasma von ästivierenden Lungenfischen nicht nur die Ästivation bei diesen Fischen, sondern lösen auch bei Säugetieren nach Injektion in das Blut einen torporartigen Zustand aus. Einige kleine Säuger wie das Columbia-Erdhörnchen verbringen den heißen Spätsommer inaktiv in ihren Bauten, wobei ihre Körpertemperatur annähernd auf das Niveau der Umgebung absinkt. Dieser Zustand ist vermutlich physiologisch dem Winterschlaf sehr ähnlich, unterscheidet sich von diesem aber u.a. im jahreszeitlichen Ablauf und der höheren Körpertemperatur.

Energetische Kosten der Lokomotion

Am Anfang dieses Kapitels haben wir uns mit dem Basalstoffwechsel befaßt, der für die Ruheperioden eines Tieres charakteristisch ist. Wenn ein Tier aktiv ist (d.h., sich mit Hilfe seiner Muskulatur bewegt), muß es zusätzliche Energie aufbringen. Die am einfachsten zu quantifizierende Art der Muskelaktivität stellt bei den meisten Tieren die **Lokomotion** (Fortbewegung) dar. Da sie zum Finden von Nahrung und Geschlechtspartnern sowie zur Flucht vor Räubern dient, gehört die Lokomotion auch zu den wichtigsten Formen der normalen Aktivität. Die folgenden Abschnitte befassen sich mit der Frage nach den energetischen Kosten der Fortbewegung bei Tieren.

Körpergröße, Geschwindigkeit und energetische Kosten der Lokomotion

Die energetischen Kosten der Lokomotion entsprechen der Energiemenge, die aufgebracht werden muß, um eine Einheit der Körpermasse eine bestimmte Strecke weit zu bewegen; sie werden gewöhnlich in Kilojoule pro Kilogramm und pro Kilometer (kJ/kg · km) ausgedrückt. Man geht davon aus, daß sie derjenigen Energiemenge entsprechen, welche über die energetischen Ausgaben bei körperlicher Ruhe und unter basalen Stoffwechselbedingungen hinausgeht. Messungen des O_2-Verbrauchs und der CO_2-Abgabe im Zusammenhang mit der Lokomotion werden im allgemeinen durchgeführt, während die Versuchstiere auf Laufbändern rennen, in Durchflußaquarien schwimmen oder im Windkanal fliegen. Aus den erhaltenen Werten für den Gasaustausch wird dann der Energieumsatz berechnet.

Die Beziehungen zwischen der reinen Arbeitsleistung, die ein Tier im Zusammenhang mit der Lokomotion erbringt, und dem zum Antrieb der hierbei beteiligten Muskulatur insgesamt erforderlichen Energieumsatz werden durch verschiedene Faktoren kompliziert; nicht alle dieser Faktoren werden gut genug verstanden, um sie hier diskutieren zu können. Trotzdem ist bekannt, daß ein erheblicher Prozentsatz der Muskeltätigkeit während der Bewegung nicht direkt zur Erzeugung einer Vorwärtsbewegung beiträgt. Ein Teil der Muskelkontraktionen sorgt für die richtige Positionierung der Extremitätenabschnitte in den Gelenken. Ein weiterer großer Teil der Arbeit wird in einem sich verlängernden Muskel dafür verwendet, der Schwerkraft entgegenzuwirken, Stöße abzufedern und zur Feinabstimmung der Bewegung der Extremitäten bei der Kontraktion von antagonistisch arbeitenden Muskeln. Eine vergleichende Betrachtung der energetischen Kosten der Lokomotion bei Tieren wird außerdem erschwert durch die umgekehrt proportionale Beziehung zwischen der Kraft, die von einem Muskel erzeugt wird und dem Ausmaß seiner Verkürzung (d.h., Muskel- oder Sarcomerlänge pro Sekunde; s. Abb. 10.**13C**). Je höher die Geschwindigkeit ist, mit der die Verbindungen zwischen den Fibrillen geknüpft und wieder gelöst werden, desto höher sind die energetischen Kosten für eine Verkürzung des Muskels um eine bestimmte Strecke. Kleine Tiere zeigen höhere Frequenzen bei der Beinbewegung, dem Schwanz- oder dem Flügelschlag. Im Vergleich zu großen Tieren benötigen kleine Tiere folglich auch höhere Frequenzen der Muskelverkürzung (und damit der Verknüpfung und Lösung von Verbindungen zwischen den Myofilamenten), um eine bestimmte Fortbewegungsgeschwindigkeit zu erreichen. Deshalb müssen sie entsprechend größere Mengen an Stoffwechselenergie einsetzen, um bei der Bewegung ihrer Extremitäten eine bestimmte Kraft pro Querschnittsflächeneinheit des kontraktilen Gewebes zu erzielen.

Zwischen Größe und Geschwindigkeit eines Tieres und den gesamten energetischen Kosten der Lokomotion bestehen einige allgemeine Beziehungen: Der über den Basalstoffwechsel hinaus erforderliche Sauerstoffverbrauch nimmt mit der Geschwindigkeit linear zu (Abb. 16.**42A**). Es ist jedoch bemerkenswert, daß die Zunahme des Energieumsatzes pro Körpergewichtseinheit für einen bestimmten Anstieg der Geschwindigkeit bei

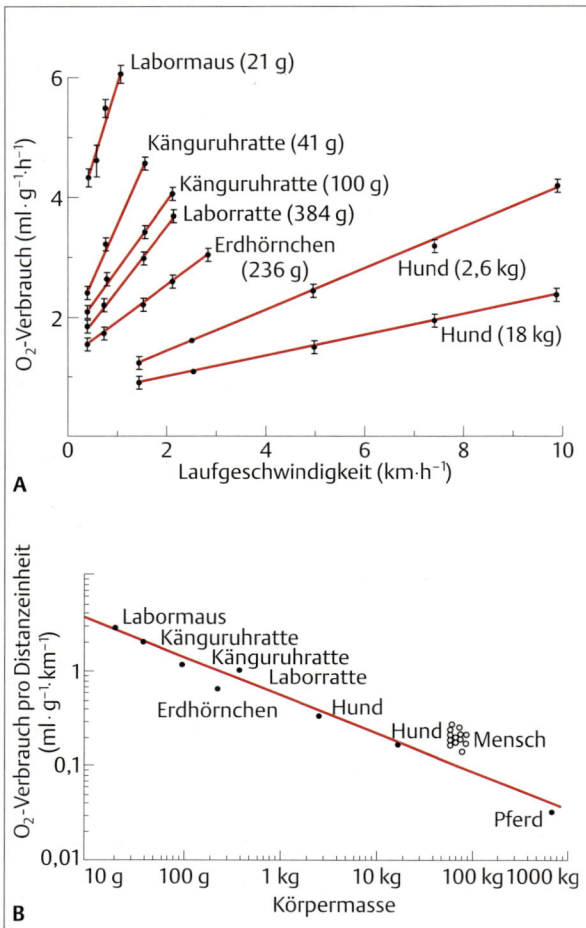

daß größere Tiere weniger Energie benötigen, um eine bestimmte Masse eine bestimmte Strecke weit zu bewegen (Abb. 16.42 B). Die geringere energetische Effizienz kleiner Tiere bei der Lokomotion könnte in begrenztem Umfange dem stärkeren Luftwiderstand zuzuschreiben sein, dem sie ausgesetzt sind (vereinfacht ausgedrückt), aber diese Erklärung reicht sicherlich nicht für Landtiere aus, die sich mit niedriger oder mäßiger Geschwindigkeit durch Luft bewegen, wobei der Luftwiderstand vernachlässigbar ist. Es ist wahrscheinlicher, daß die geringere energetische Effizienz im Zusammenhang mit der geringeren Kraftentwicklung im schnell sich kontrahierenden Muskel steht (s. S. 395f).

Die Beziehung zwischen Geschwindigkeit und Kosten der Fortbewegung ist komplex. So werden z.B. bei vierbeinigen Säugetieren mit wachsender Laufgeschwindigkeit die energetischen Kosten für das Zurücklegen einer bestimmten Strecke anfänglich schnell geringer (Abb. 16.43). Dies hängt damit zusammen, daß der Anteil von Ausgaben am gesamten Energieumsatz, die nicht mit der Fortbewegung in Zusammenhang stehen, zunehmend kleiner wird. Steigt jedoch die Geschwindigkeit weiter an, zeigt sich bei Tieren, egal, ob sie schwimmen, fliegen oder rennen, eine Zunahme der Kosten für die Lokomotion, wenn sie sich ihrer maximalen Fortbewegungsgeschwindigkeit nähern. Abb. 16.44 zeigt dieses Phänomen bei Kopffüßern (z.B. Kalmare und *Nautilus*), bei denen die Kosten für die Fortbewe-

Abb. 16.42 Die Stoffwechselrate während der Lokomotion hängt von der Körpergröße und von der Laufgeschwindigkeit ab. A Zusammenhang zwischen Sauerstoffverbrauch und Laufgeschwindigkeit bei verschieden großen Säugetieren. Die Steigung jeder Geraden ist ein Maß für die energetischen Kosten, um ein bestimmtes Körpergewicht über eine bestimmte Strecke zu bewegen. **B** Doppelt-logarithmische Darstellung der energetischen Kosten für Säugetiere verschiedener Größe, um beim Laufen 1 g über eine Strecke von 1 km zu transportieren. Die Kosten für den Basalstoffwechsel wurden zuvor abgezogen. Die Werte ergeben sich aus den Steigungen der Geraden in A; für Vierfüßer liegen die Werte eng um eine Gerade (aus Taylor u. Mitarb. 1970).

größeren Tieren geringer ausfällt als bei kleineren. Das geht aus den unterschiedlichen Steigungen der Geraden in Abb. 16.42 A hervor. Trägt man die Kosten der Lokomotion in Form des Energieumsatzes oder des Sauerstoffverbrauchs pro Gramm Gewebe und pro Kilometer gegen die Körpermasse auf, wird wiederum deutlich,

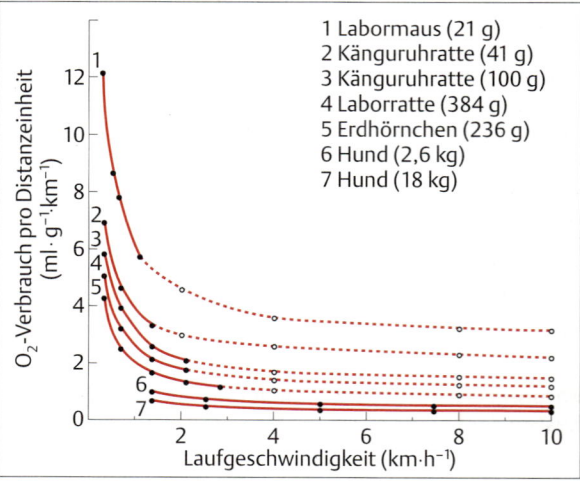

Abb. 16.43 Die energetischen Kosten zur Bewegung einer Körpergewichtseinheit beim Laufen nehmen bei Säugetieren mit zunehmender Körpergröße ab. Mit steigender Laufgeschwindigkeit fallen die Kosten rasch und erreichen ein gleichbleibendes Niveau. Die gestrichelten Linien basieren auf extrapolierten Werten (aus Taylor u. Mitarb. 1970).

Energetische Kosten der Lokomotion

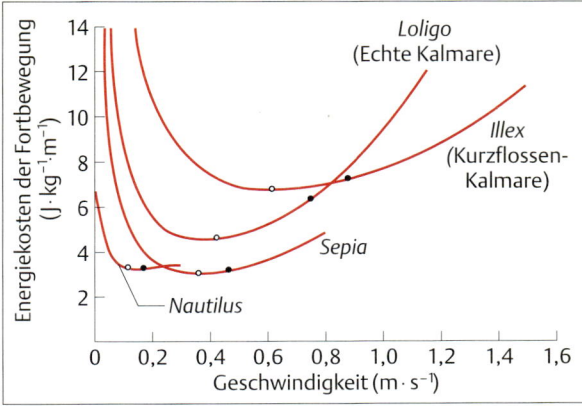

Abb. 16.44 Energetische Kosten der Lokomotion von Cephalopoden. Der U-förmige Verlauf der Kurve ist für viele fliegende, schwimmende und laufende Tiere typisch. Sowohl eine sehr langsame als auch eine sehr schnelle Fortbewegung sind relativ kostenaufwendig. Alle in der Abbildung aufgeführten Kopffüßer wiegen etwa 0,6 kg (aus O'Dor u. Webber, 1991).

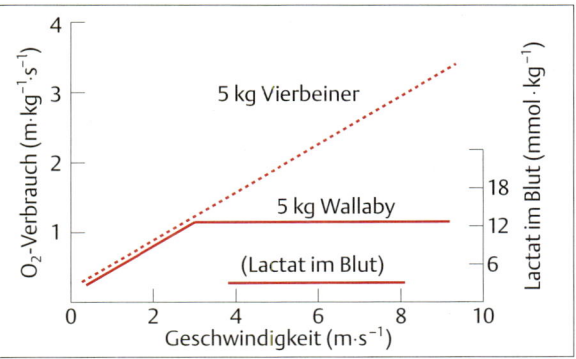

Abb. 16.45 Energieeinsparungen durch hüpfende Fortbewegung. Wallabies und Känguruhs, die sich biped fortbewegen, können die Geschwindigkeit steigern, ohne den Sauerstoffverbrauch zu erhöhen. Vergleichbar große Vierfüßer und Wallabies zeigen zunächst mit steigender Geschwindigkeit eine lineare Zunahme des Sauerstoffverbrauchs. Wenn jedoch die Wallabies auf die bipede Fortbewegung umstellen, erhöht sich ihr Sauerstoffverbrauch mit steigender Geschwindigkeit nicht mehr. Daß auch die Konzentration der Milchsäure im Blut konstant bleibt, belegt, daß die höheren Geschwindigkeiten ohne einen Anstieg des anaeroben Stoffwechsels erreicht werden (verändert nach Baudinette, 1991).

gung bei verschiedenen Geschwindigkeiten einem typischen U-förmigen Kurvenverlauf folgen. Die Kosten gehen mit zunehmender Geschwindigkeit anfänglich stark zurück, steigen bei höheren Geschwindigkeiten aber wieder an.

Eine Ausnahme von der für viele rennenden Tiere typischen U-förmigen Beziehung zwischen Kosten und Geschwindigkeit der Fortbewegung machen die auf zwei Beinen hüpfenden Tiere, vor allem Känguruhs und Wallabies. Bei niedrigen Geschwindigkeiten nimmt der Sauerstoffverbrauch sowohl beim Wallaby wie auch bei einem Vierbeiner von vergleichbarer Größe linear zu (Abb. 16.**45**). Bei mittleren und hohen Geschwindigkeiten steigern die Wallabies jedoch konstant ihre Geschwindigkeit ohne gleichzeitige Zunahme des O_2-Verbrauchs – eine scheinbar unmögliche Fähigkeit. Sie können das, indem sie ihre kräftigen Hinterbeine als Sprungfedern benutzen; diese speichern einen großen Teil der kinetischen Energie, die zuvor durch das Strecken der Beine für das Abheben der Körpermasse des Tieres aufgewendet wurde.

Physikalische Faktoren, welche die Lokomotion beeinflussen

Die Stoffwechselkosten für die Bewegung einer bestimmten Masse tierischen Gewebes über eine bestimmte Distanz hängen auch von den physikalischen Faktoren Trägheit und Luftwiderstand ab.

Trägheit ist das Bestreben einer Masse, einer Beschleunigung Widerstand entgegenzusetzen; der Begriff **Impuls** bezieht sich dagegen auf das Bestreben einer sich bewegenden Masse, ihre Geschwindigkeit beizubehalten. Diese Phänomene sind eng miteinander verwandt und Auswirkungen, die beiden zuzuschreiben sind, werden oft unter dem Begriff **Trägheitswirkungen** zusammengefaßt.

Jeder Gegenstand verfügt proportional zu seiner Masse über Trägheits- und Impulskräfte. Je größer ein Tier ist, desto größer sind seine Trägheitskräfte und damit auch seine Impulskräfte, wenn es sich bewegt. Die großen Trägheitskräfte, die bei der Beschleunigung eines großen Tieres überwunden werden müssen, erfordern eine beträchtliche Menge an Energie während der Beschleunigungsphase (Abb. 16.**46A**). Kleine Tiere benötigen ähnlich wie kleine Autos oder Flugzeuge weniger Energie, um sich auf eine bestimmte Geschwindigkeit zu beschleunigen. Entsprechend brauchen sie auch weniger Energie, um sich abzubremsen. Deshalb startet und stoppt ein kleines Tier abrupt beim Beginn bzw. beim Beenden einer Lokomotion, während ein großes Tier nach dem Beginn einer Bewegung langsamer beschleunigt und seine Geschwindigkeit beim Beenden der Bewegung allmählicher verringert (Abb. 16.**46B**). Bei Landtieren führen die Gliedmaßen während des Laufens Vorwärts- und Rückwärtsbewegungen durch. Dabei sind sie entsprechend ihrer Masse beim Beschleunigen und Verlangsamen Trägheitswirkungen ausgesetzt. Die Gliedmaßen eines großen Tieres unter-

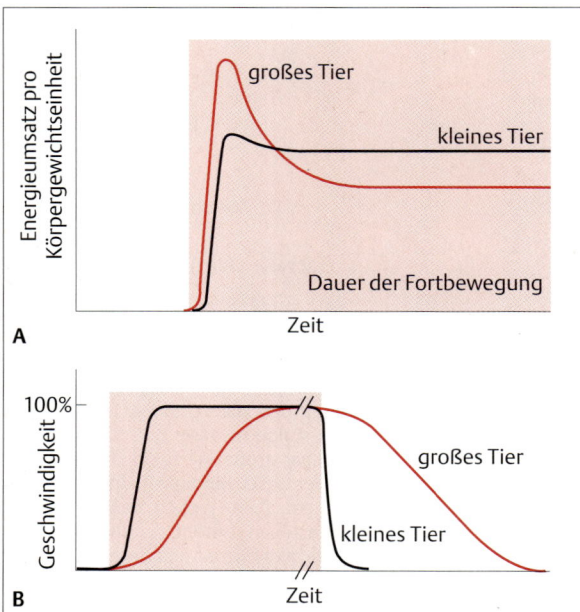

Abb. 16.46 Einfluß der Körpergröße auf den Energieumsatz und die Beschleunigung während der Fortbewegung. A Höhe des Energieumsatzes pro Körpergewichtseinheit während des Beginns der Lokomotion und bei anhaltender Lokomotion (schattierter Bereich) bei einem großen und einem kleinen Tier von vergleichbarem Typus. **B** Geschwindigkeit eines kleinen und eines großen Tieres während der Beschleunigungs- und der Bremsphase zu Beginn und am Ende einer Lokomotionsperiode (schattierter Bereich).

liegen größeren Trägheits- und Impulskräften als die eines kleinen Tieres.

Da sich Tiere nicht im luftleeren Raum bewegen, werden die Kosten für dauerhafte Lokomotionen durch die physikalischen Eigenschaften des Gases oder der Flüssigkeit beeinflußt, durch die sie sich bewegen. **Widerstand** ist die Kraft, die der Bewegungsrichtung entgegengesetzt wirkt und durch die Viskosität und Dichte des Gases oder der Flüssigkeit bestimmt wird, durch das oder die sich das Tier bewegt. Der in einem bestimmten Medium entstehende Widerstand hängt von der Geschwindigkeit, der Oberfläche und der Gestalt eines Objektes ab. Bei einem Gegenstand mit einer bestimmten Gestalt verhält sich der Widerstand proportional zur Oberfläche. Da größere Tiere niedrigere Oberflächen/Volumen-Verhältnisse aufweisen, erfahren sie einen geringeren Flüssigkeitswiderstand pro Körpergewichtseinheit als kleinere Tiere, bei denen die Überwindung des Widerstandes energetisch kostspieliger ist. Wenn es einmal in Bewegung ist, muß ein größeres Tier weniger Energie pro Körpergewichtseinheit aufbringen, um sich mit einer bestimmten Geschwindigkeit vorwärts zu bewegen als ein kleineres Tier von ähnlicher Gestalt (Abb. 16.**46 A**). Der Widerstand verhält sich außerdem proportional zum Quadrat der Geschwindigkeit eines Tieres, was bedeutet, daß die Energie, die zur Überwindung des Widerstandes und zum Vorankommen des Tieres mit größeren Geschwindigkeiten erforderlich ist, mit der Geschwindigkeit wächst.

Diese Wirkungen sind im Wasser viel ausgeprägter als in der Luft, weil Wasser aufgrund seiner höheren Viskosität und Dichte einem sich bewegenden Gegenstand weit größeren Widerstand entgegensetzt als Luft. Beim Schwimmen und Fliegen ist der Widerstand von besonderer Bedeutung wegen der hohen Viskosität des Wassers, mit der Schwimmer konfrontiert sind, und der meist hohen Geschwindigkeit beim Fliegen. Beim Rennen spielt der Widerstand dagegen nur eine untergeordnete Rolle, da die Geschwindigkeiten hierbei, wie auch die Viskosität der Luft, niedrig sind. Die quantitativen Zusammenhänge zwischen diesen Beziehungen werden in der Reynolds-Zahl erfaßt (Box 16.**2**).

Lokomotion im Wasser, in der Luft und auf dem Boden

Tiere haben vielfältige Wege entwickelt, um sich im Wasser, an Land oder in der Luft zu bewegen. Trotz dieser Vielfalt wird jede Art der Bewegung gleichermaßen durch die Umgebung, in der sie stattfindet, und durch die Gesetze der Physik eingeschränkt.

Schwimmen

Tiere, die im Wasser schwimmen, müssen ihr eigenes Gewicht nur wenig oder überhaupt nicht tragen. Viele besitzen Schwimmblasen oder große Mengen an Körperfett, die es ihnen ermöglichen, mit einem geringen Energieaufwand in einer bestimmten Tiefe zu „schweben". Obwohl die hohe Dichte von Wasser ihnen also einen neutralen Auftrieb verschafft, verursacht diese jedoch auch einen hohen Widerstand. Diese Behinderung von Objekten, die sich durch eine Flüssigkeit bewegen, hat zu einer konvergenten Entwicklung der Körperform bei Meeressäugern und Fischen geführt. Die meisten Haie, Knochenfische und Delphine zeigen in besonders vollendeter Ausprägung stromlinienförmige, torpedoartige Körperformen. Die Ursachen hierfür liegen auf der Hand, aber sie werden klarer ersichtlich im Zusammenhang mit ihren Strömungseigenschaften.

Die Leichtigkeit, mit der sich ein Gegenstand durch das Wasser bewegt, hängt teilweise vom Strömungsmuster des Wasser ab. Unmittelbar an der Oberfläche des Objektes bewegt sich das Wasser mit der gleichen Geschwindigkeit wie dieses, während es in einem größeren Abstand hiervon ungestört ist. Wenn die Verände-

Box 16.2 Reynolds-Zahl

Die aufzuwendende Energie, um ein Tier durch ein flüssiges Medium (Wasser oder Luft) anzutreiben, hängt zum Teil von dem Strömungsmuster ab, das im Medium entsteht. Das Strömungsmuster wird nicht nur durch die Dichte und Viskosität des Mediums bestimmt, sondern auch durch die Ausmaße und die Geschwindigkeit des Tieres. O. Reynolds faßte diese vier Faktoren in einem dimensionslosen Verhältnis zusammen, das die Trägheitskräfte (proportional zur Dichte, Größe und Geschwindigkeit) mit den viskosen Kräften in Beziehung setzt. Dies ist die **Reynolds-Zahl** (Re); sie errechnet sich aus:

$$Re = \frac{\varrho \cdot V \cdot L}{\eta}$$

ϱ ist die Dichte des Mediums, V die Geschwindigkeit des Körpers, L eine entsprechende lineare Dimension und η die Viskosität des Mediums. Bewegt sich ein Körper durch ein Medium wie Luft oder Wasser, hängt das Strömungsmuster demnach von seiner Re ab. Je größer das Objekt oder je höher seine Geschwindigkeit im Wasser ist, desto größer ist Re. Das gleiche Objekt, das sich in der Luft mit der gleichen Geschwindigkeit wie in Wasser bewegt, wäre in der Luft durch eine niedrigere Re charakterisiert (ca. 15mal niedriger), da die Luft eine wesentlich geringere Dichte hat.

Eine Re unter 1,0 kennzeichnet die Bewegung, bei der das Objekt ein fast laminares Strömungsmuster durch das über seine Oberflächen fließende Wasser erzeugt. Oberhalb einer Re von ungefähr 40 treten im Kielwasser des Objekts Turbulenzen auf. Steigt Re über 10^6, verursacht die Flüssigkeit, die mit der Oberfläche in Kontakt steht, Turbulenzen. An diesem Punkt steigt der Energiebedarf für jede weitere Geschwindigkeitserhöhung steil an. Die Geschwindigkeit, bei der Turbulenzen auftreten, liegt für stromlinienförmige Objekte wie einem Delphin höher als für ein nicht stromlinienförmiges Objekt wie einen menschlichen Tiefseetaucher. Da der Wert eines stromlinienförmigen Körpers auf einer Reduktion der Turbulenzen beruht, bedeutet es keinen Vorteil für einen kleinen Organismus, mit sehr kleinen Reynolds-Zahlen zu arbeiten, da jene keine Turbulenzen erfahren.

Einem kleinen Organismus, wie einem Bakterium, einem Spermatozoon oder einem Ciliaten, erscheint das wäßrige Medium wesentlich viskoser als einem Menschen. Diese Viskosität, mit der ein *Paramecium*, das durch das Wasser schwimmt, zu kämpfen hat, entspricht der Viskosität, mit der es ein Mensch zu tun hätte, würde er durch Honig schwimmen (was tatsächlich schwer vorzustellen ist). Dies ist ein anderes Beispiel für einen Oberflächeneffekt. Viskose Effekte verhalten sich proportional zur Oberfläche, die mit dem Quadrat der Körperlänge zunimmt, wogegen Trägheitseffekte wegen der Triebkraft des sich bewegenden Tieres, sich proportional zur Masse verhalten, die mit der dritten Potenz der Länge zunimmt. Wegen solcher Faktoren wird die Bewegung eines kleinen Organismus von **viskosen Wirkungen** beherrscht, während jene der großen Tiere von der **Trägheit** beherrscht wird.

Die relative Bedeutung dieser zwei Faktoren für treibende Objekte verschiedener Größe kann dargestellt werden, indem man einen auf dem Wasser treibenden Zahnstocher (niedrige Re) auf eine bestimmte Geschwindigkeit bringt, z.B. 0,1 m/s, und dann dasselbe mit einem sehr großen Klotz (hohe Re) mit ähnlichen physikalischen Eigenschaften, aber von größerem Umfang, durchführt. Sobald der kleine Zahnstocher losgelassen wird (d.h. keine Kraft ihn mehr antreibt), bleibt er, aufgrund des Strömungswiderstandes, der von der Viskosität und Kohäsion des Wassers auf ihn wirkt, abrupt stehen. Im Gegensatz dazu treibt der massive Klotz nach dem Loslassen für einige Sekunden weiter, da seine (aufgrund seiner Masse) wesentlich größere Trägheit den (auf seiner Oberfläche basierenden) Strömungswiderstand übertrifft. Auf ganz ähnliche Weise kommt ein *Paramecium* zu einem plötzlichen Stillstand, wenn es seine schnell schlagenden Cilien stoppt, während ein Wal mit nur geringem Geschwindigkeitsverlust zwischen den langsamen Flossenschlägen dahingleitet.

---

rung in der Fließgeschwindigkeit bei der Entfernung der Flüssigkeit von der Oberfläche des Gegenstandes gleichmäßig sanft erfolgt, entsteht an der Grenzschicht – der Schicht von unverwirbelter Flüssigkeit, die direkten Kontakt mit der Oberfläche des Gegenstandes hat – eine **laminare Strömung** (Abb. 16.**47A**; s. auch Kap. 12). Im Gegensatz dazu entsteht eine **turbulente Strömung**, wenn bei der Fließgeschwindigkeit steile Gradienten und abrupte Änderungen auftreten. Auf Grund des Gesetzes über die Erhaltung der Energie stehen in einem definierten flüssigen System Druck und Geschwindigkeit in umgekehrt proportionaler Beziehung zueinander; je höher an einer bestimmten Stelle die Geschwindigkeit ist, desto niedriger ist dort der Druck. Deshalb verursachen unterschiedliche Fließgeschwindigkeiten um einen Gegenstand herum eine verwirbelte Strömung aufgrund sekundärer Strömungsmuster, die sich zwischen Bereichen hohen und solchen niedrigen Drucks aufbauen. Darüber hinaus sind die entstehenden Scherkräfte – und damit die Tendenz zur Entstehung von Turbulenzen – um so größer, je höher die Viskosität des Mediums oder je größer die Relativbewegung zwischen Gegenstand und umgebender Flüssigkeit ist. Da bei der Entstehung von Verwirbelungen Energie in Form von Wärme freigesetzt wird, behindern diese die effiziente Umsetzung von Stoffwechselenergie in Vorwärtsbewegung.

Lange, stromlinienförmige Körperformen erzeugen laminare Strömungen mit einer minimalen Wirbelbildung. Fische und Meeressäugetiere wie Robben, Tümmler und Wale besitzen eine nahezu perfekte Stromlinienform und können sich selbst bei hohen Geschwindigkeiten fast ohne Wirbelbildung durch das Wasser bewegen. Vögel nehmen während des Fluges eine ähnlich stromlinienförmige Gestalt an. Ein weiterer Faktor, welcher die Wirbelbildung bei diesen Tieren vermindert, ist die Elastizität (Verformbarkeit) der Körperoberfläche. Eine hohe Elastizität dämpft kleine Abweichungen im

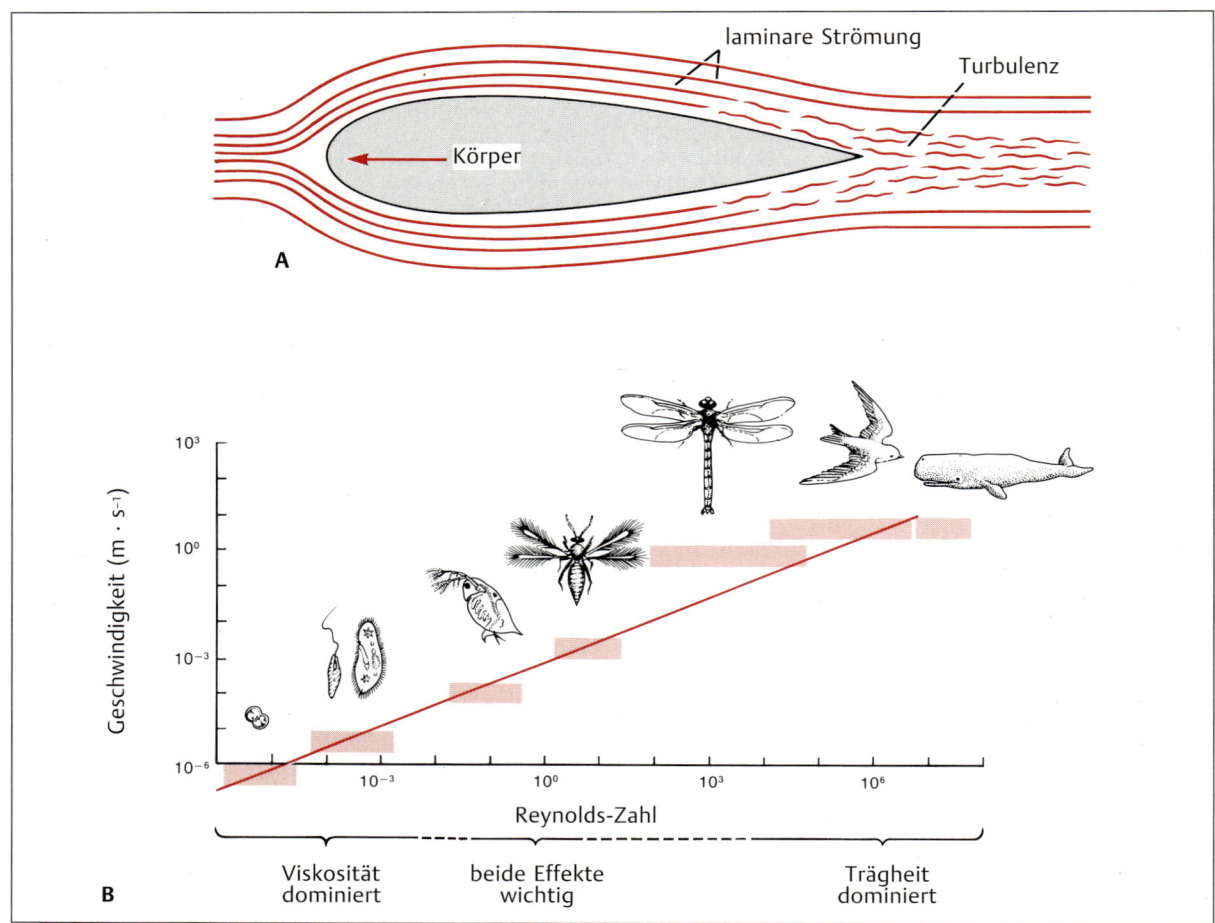

Abb. 16.47 Geschwindigkeit und Strömungsdynamik hängen bei fliegenden und schwimmenden Tieren in starkem Maße von der Körpergröße ab. A Strömungsverhältnisse um einen Körper, der sich durch Wasser bewegt. Die Bewegung durch Wasser kann wegen der ungleichen Druckverhältnisse Turbulenzen erzeugen. Eine laminare Strömung tritt dort auf, wo die Druckgradienten gering sind. Je größer der Körper und je weniger viskos die Flüssigkeit ist, desto höher kann die Geschwindigkeit werden, bevor Turbulenzen entstehen. **B** Doppelt-logarithmische Darstellung des Zusammenhangs zwischen normaler Bewegungsgeschwindigkeit und der jeweiligen Reynolds-Zahl verschieden großer Tiere. Kleinere Tiere bewegen sich langsam und haben niedrigere Reynolds-Zahlen, da bei geringerer Körpergröße die Viskositätskräfte die dominierende Rolle spielen. Große Tiere bewegen sich schnell und haben hohe Reynolds-Zahlen, weil bei ihnen die Trägheitskräfte überwiegen (B aus Nachtigall, 1977).

Druck des über die Körperoberfläche hinwegfließenden Wassers und verringert damit örtliche Schwankungen im Wasserdruck, die zur Entstehung von energiezehrenden Turbulenzen führen könnten.

Die Geschwindigkeit eines Tieres ist proportional zum Kraft/Widerstand-Verhältnis (Schub/Widerstand-Verhältnis). Die von einem sich kontrahierenden Muskel entwickelte Kraft ist direkt proportional zur Muskelmasse. Wenn wir annehmen, daß die Muskelmasse proportional zur Körpermasse zunimmt, steigt folglich die Kraft (Schub) proportional zur Körpermasse an. Auf der anderen Seite ist bei einem großen schwimmenden Tier zwar der gesamte Widerstand größer, aber der Widerstand pro Körpergewichtseinheit nimmt bei einer gegebenen Geschwindigkeit mit zunehmender Körpermasse ab. Dies beruht darauf, daß bei gleichbleibender Körperform die Flächen von Oberfläche und Querschnitt (welche die Größe des Widerstandes bestimmen) mit der zweiten, die Körpermasse (welche die verfügbare Kraft bestimmt) aber mit der dritten Potenz anwachsen. Ein großes Wassertier kann folglich überproportional zum Widerstand Kraft entwickeln; es kann daher höhere Schwimmgeschwindigkeiten erreichen als ein kleineres Tier von gleicher Körpergestalt. Auf Grund der hohen Widerstandskräfte, die im Wasser entstehen, und weil diese mit dem Quadrat der Geschwindigkeit anwachsen, können Wassertiere die Geschwindigkeiten von fliegenden Vögeln nur dann erreichen, wenn sie viel größer und kräftiger sind als die Vögel.

Fliegen

Anders als Wasser bietet die Luft wenig Auftriebsunterstützung, weshalb alle Flieger die Schwerkraft durch Anwendung von Prinzipien des aerodynamischen **Auftriebs** überwinden müssen. Obwohl die Wirkungen des Widerstands mit der Geschwindigkeit zunehmen, besteht für Vögel wegen der geringen Dichte der Luft doch kein so großer Druck in Richtung auf eine stromlinienförmige Gestaltung des Körpers wie bei Fischen. Dank der relativ geringen Widerstandskräfte, die beim Flug entstehen, können Vögel viel höhere Geschwindigkeiten erreichen als Fische. Während des Abschlags erzeugt der Vogelflügel gleichzeitig sowohl Kraft für den Vortrieb, die den Vogel vorwärts bringt, als auch für den Hub, der ihn in der Luft hält (Abb. 16.48). Der Flügel wird vorwärts-abwärts geschlagen mit einem Anstellwinkel, der die Luft sowohl nach unten als auch nach hinten drückt, so daß ein Aufwärts- und Vorwärtsschub entsteht. Die Einzelkräfte von Auf- und Vortrieb überwinden die Gewichtskraft des Vogels bzw. den Widerstand.

In den Körperformen von Fischen und Vögeln spiegeln sich sowohl die großen Unterschiede in den physikalischen Eigenschaften von Wasser und Luft wider als auch die biologischen Besonderheiten beider Gruppen, die aus den Anpassungen an diese beiden ungleichen Medien resultieren. Wenn ein Vogel durch die Luft gleitet, erzeugen seine verlängerten, ausgebreiteten Flügel, welche die Form eines Tragflügels annehmen, ausgezeichneten Auftrieb; befände sich der Vogel dagegen in Wasser, würden sie offensichtlich einen viel zu großen Widerstand erzeugen. Die Flügel von Pinguinen sind daher zu kurzen Paddeln umgebaut und werden an den Körper angelegt, wenn diese Vögel durch das Wasser gleiten. Da die Widerstandskräfte im Wasser viel höher sind als in der Luft, können nur mittelgroße bis große Tiere im Wasser gleiten. Im Gegensatz dazu können nur sehr kleine fliegende Tiere (kleiner als eine Libelle) nicht in der Luft gleiten (segeln). Kleine Insekten wie Fliegen und Stechmücken müssen kontinuierlich mit ihren Flügel schlagen, um in der Luft zu bleiben, da sie nur sehr kleine Impulskräfte aufweisen.

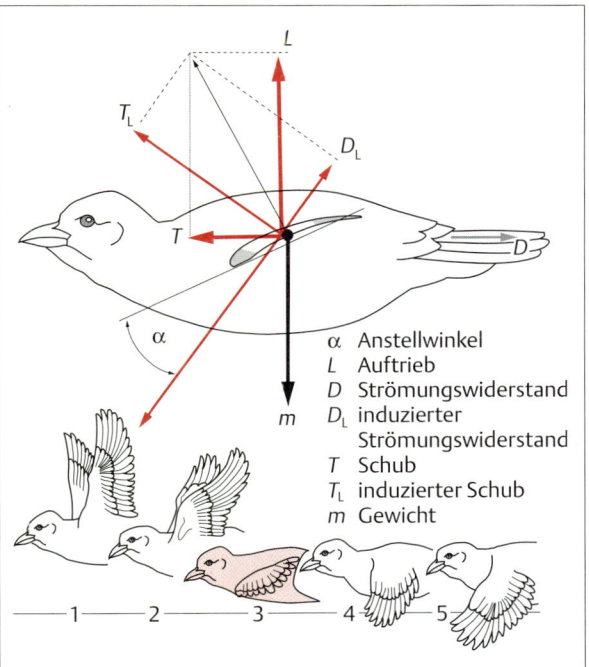

Abb. 16.48 Beim Abschlag eines Vogelflügels werden Kräfte entwickelt, die in verschiedene Richtungen wirken. Die obere Abbildung zeigt den Flügel in einer Lage, die dem Stadium 3 des unten dargestellten Schlagzyklus entspricht. Rote Pfeile zeigen Kräfte an, die in Beziehung zum Flügelschlag stehen, der schwarze Pfeil die Kraft, die auf den Körper wirkt. Der wirksame Strömungswiderstand entspricht dem Strömungswiderstand, der bei der Erzeugung des Hubes entsteht. Der wirksame Vorschub ergibt sich komplementär zu diesem (aus Nachtigall, 1977).

Laufen

Wenn man Schwimmen, Fliegen und Laufen im Hinblick auf die energetischen Kosten für die Bewegung einer bestimmten Körpermasse über eine gegebene Strecke vergleicht (Abb. 16.49), ergibt sich, daß die Lokomotion auf dem Land (d.h. Laufen) die teuerste, Schwimmen dagegen die günstigste Bewegungsform ist. Ein schwimmender Fisch gibt weniger Energie für die Bewegung aus als ein durch die Luft fliegender Vogel, weil, wie bereits erwähnt, die Auftriebskräfte die auf den Fisch wirkende Schwerkraft nahezu wettmachen, während ein Vogel Energie aufbringen muß, um in der Luft zu bleiben. Aber warum ist das Laufen weniger effizient als Fliegen und Schwimmen?

Das Laufen unterscheidet sich vom Schwimmen und Fliegen in der Art und Weise wie die Muskulatur der Gliedmaßen eingesetzt wird; dieser Unterschied ist für die geringe Effizienz des Laufens verantwortlich. Wenn

16. Energiehaushalt – Auseinandersetzung mit den Anforderungen der Umwelt

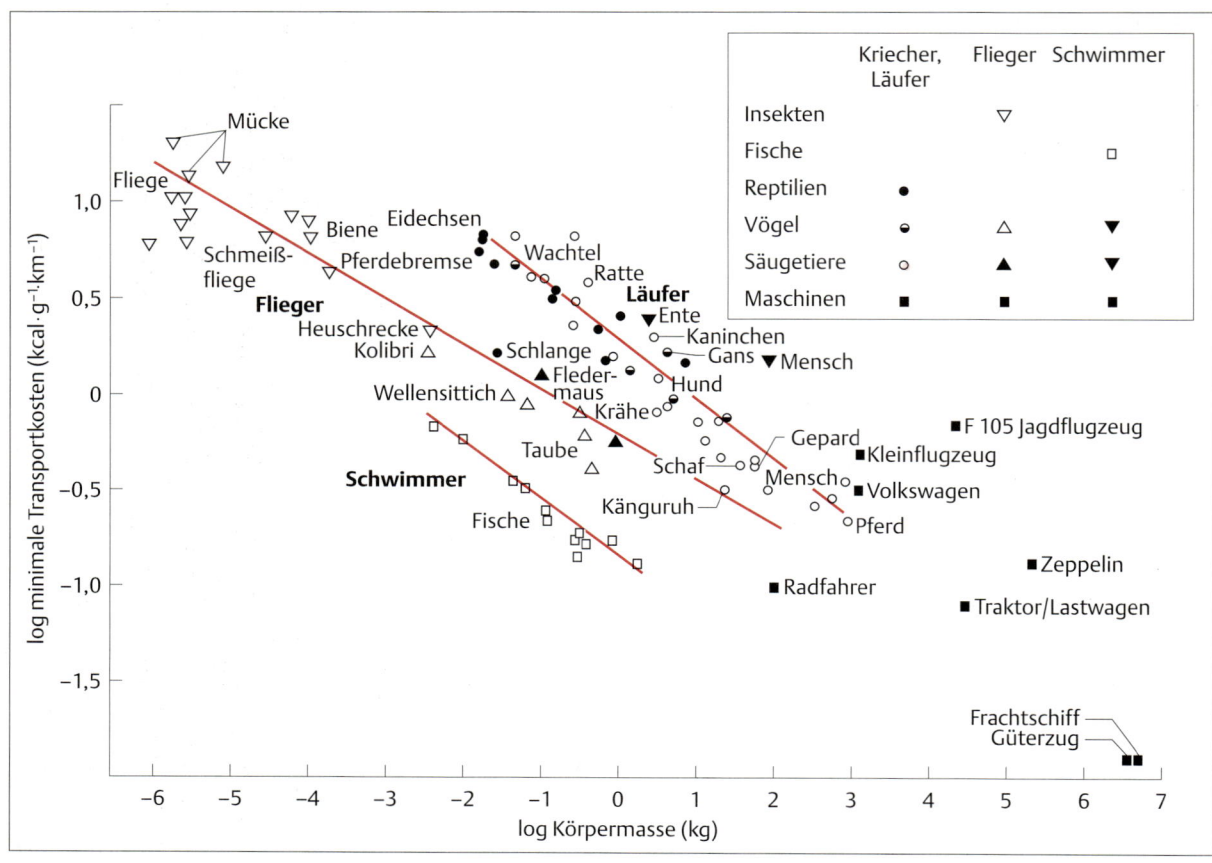

Abb. 16.49 Lokomotionskosten von Schwimmern, Fliegern und Läufern im Vergleich. Die energetischen Kosten der Lokomotion hängen in stärkerem Maße von der Art der Fortbewegung ab als von dem jeweiligen Organismus. Die Kosten sind sowohl für Tiere als auch für Maschinen als Kilokalorien pro Gramm und Kilometer angegeben (aus Tucker, 1975).

ein zwei- oder vierbeiniges Tier läuft, hebt und senkt sich sein **Schwerpunkt** (SP) in rhythmischer Weise mit dem Schritt. Die Aufwärtsbewegung des SP erfolgt, wenn die Fuß- und Beinstrecker den Körper nach oben und vorne bringen, die Abwärtsbewegung ergibt sich, da die Schwerkraft den Körper unerbittlich nach unten zieht und zwischen den Streckbewegungen immer wieder auf den Boden zurück bringt. Dabei geht Wirkung verloren, weil die gegen die Schwerkraft arbeitenden Streckmuskeln, deren Kontraktion den SP nach oben und vorne verlagern sollen, gleichzeitig das Absinken des SP vor dem nächsten Schritt bremsen müssen. Zur Kontrolle des Absinkens müssen die Streckmuskeln Energie aufwenden, um einer Verlängerung entgegenzuwirken, wenn sie zur Vorbereitung auf den nächsten Zyklus, mit dem der Körper sich abwärts bewegt, das Tempo verlangsamen. Zur Kennzeichnung dieses technisch unproduktiven Einsatzes von Muskelarbeit, um der Schwerkraft entgegenzuwirken, spricht man von „negativer Arbeit". Man spürt diese negative Arbeit, die von den Streckmuskeln der Beine geleistet wird, während man einen steilen Pfad hinunter wandert.

Kurz gesagt, Laufen oder Gehen sind weniger effizient als Fliegen, Schwimmen oder Radfahren, weil die Muskulatur sowohl zum Bremsen (negative Arbeit) als auch zum Beschleunigen (positive Arbeit) eingesetzt wird. Einer der Gründe, warum Radfahren so wirkungsvoll ist (und warum Menschen viel schneller und weiter radfahren können als laufen), liegt darin, daß der SP dabei nicht steigt und fällt, was bedeutet, daß mehr Muskelenergie in eine Vorwärtsbewegung umgewandelt werden kann.

Die **Speicherung von kinetischer Energie** in elastischen Teilen der Gliedmaßen scheint vor allem bei rennenden und hüpfenden Tieren von Bedeutung zu sein. Betrachten wir das Hüpfen eines Känguruhs. Je größer die Höhe, die beim Sprung erreicht wird, desto größer ist die Geschwindigkeit beim Herunterkommen und, wenn die Beine wieder auf dem Boden aufsetzen, desto mehr Energie wird den elastischen Elementen in den Gliedmaßen zugeführt; entsprechend größer ist dann auch die Kraft des elastischen Rückfederns der Gliedmaßen, wenn sie sich in der Folge zu Beginn des nächsten Sprungs wieder strecken. Tatsächlich bewegen sich nicht viele Landtiere hüpfend, aber das Konzept der Speicherung von kinetischer Energie ist wichtig bei der Betrachtung von Änderungen in der Schrittlänge (z.B. beim Übergang vom Gehen zum Traben und Galoppieren bei einem Pferd). Bei angemessenen Geschwindigkeiten können Landtiere durch Veränderung der Schrittlänge die Effizienz ihrer Bewegung erhöhen und Kraftwirkungen auf ihre Beine, die zu möglichen Verletzungen führen könnten, vermeiden. Stellen wir uns z.B. ein Pony vor, das auf einem Laufband zum Traben gebracht wird bei einer Geschwindigkeit, bei der es normalerweise galoppieren würde, oder zum Galoppieren, wenn es normalerweise traben, oder zum Traben, wenn es normalerweise gehen würde. In allen Fällen wird es mehr Energie verbrauchen, als wenn es seine Gangart selbst bestimmen könnte. Die optimale Schrittlänge ergibt sich aus den relativen Mengen an Energie, die in den elastischen Teilen des Körpers, wie z.B. Sehnen, bei den verschiedenen Gangarten gespeichert werden. Wenn ein Tier geht, wird z.B. wenig Energie gespeichert; etwas mehr wird beim Traben gespeichert. Wenn ein Tier galoppiert, ist sein gesamter Rumpf an der Speicherung kinetischer Energie beteiligt. Mindestens die Hälfte der negativen Arbeit, die beim Strecken eines aktiven Muskels zur Aufnahme der kinetischen Energie geleistet wird, erscheint in Form von Wärme; der Rest wird in elastischen Strukturen, wie z.B. den Querbrücken der Filamente, dem sarcoplasmatischen Reticulum, den Z-Scheiben von Muskeln und in Sehnen gespeichert. Nur die in den elastischen Elementen gespeicherte Energie steht für den Rücksprung zur Verfügung, und nur etwa 60–80% hiervon kann bei ihrer Freisetzung tatsächlich wieder genutzt werden. Die in Wärme umgewandelte Energie kann in lebenden Geweben nicht wieder in mechanische Arbeit umgewandelt werden.

Vergleich der energetischen Kosten der Lokomotion bei Ektothermen und Endothermen

Man könnte denken, daß, aus einfachen energetischen Gründen, gleich große endotherme und ektotherme Landtiere die gleiche Menge an Stoffwechselenergie benötigen, um mit einer bestimmten Geschwindigkeit zu laufen. Diese vernünftig erscheinende Annahme ist fast, aber nicht ganz richtig. Trägt man den O_2-Verbrauch einer Eidechse und eines Säugetiers von ähnlicher Größe gegen die Laufgeschwindigkeit auf, weisen die aeroben Abschnitte der Geraden bei beiden ziemlich gleiche Steigungen auf. Zu Anfang der Bewegung benötigen also sowohl die Eidechse als auch das Säugetier eine ähnlich große Steigerung des Energiestoffwechsels, um die Mehrkosten für eine vergleichbar große Steigerung der Geschwindigkeit zu decken. Der Unterschied zwischen den zwei Tieren liegt darin, daß bei der Eidechse der Schnittpunkt der Geraden mit der y-Achse relativ zu ihrem Standardstoffwechsel bei körperlicher Ruhe tiefer liegt. Der Grund für die Unterschiede in den Ruhestoffwechselwerten und den Schnittpunkten mit der y-Achse ist nicht sicher geklärt, sie könnten aber auf den Einfluß der Körperhaltung auf die Kosten der Fortbewegung zurückzuführen sein, die bei einem Säugetier höher sind als bei einer Eidechse.

Wie bereits erwähnt, steigt der O_2-Verbrauch linear mit wachsender Geschwindigkeit der Fortbewegung an. Dies gilt sowohl für ektotherme als auch für endotherme Tiere. Der Basalstoffwechsel eines endothermen Tieres von einer bestimmten Masse ist im typischen Fall etwa 6–10mal höher als der Standardstoffwechsel eines ektothermen Tieres von ähnlicher Größe. Eine ähnliche Beziehung besteht bei beiden Gruppen zwischen dem Basal- bzw. Standardstoffwechsel und der maximalen Stoffwechselrate, die bei intensiver körperlicher Arbeit erreicht werden kann; d.h., der Faktor, um den der Basal- bzw. Standardstoffwechsel bei Bewegung gesteigert werden kann („factorial scope for locomotion"), ist in beiden Gruppen etwa gleich groß. Endotherme Tiere können deshalb im Verlauf von extremer körperlicher Arbeit einen etwa 10mal höheren maximalen O_2-Verbrauch erzielen als vergleichbar große ektotherme Tiere und daher bei aeroben Stoffwechselbedingungen auch eine entsprechend größere Aktivität entfalten.

Die Bewegungsgeschwindigkeit, bei der die maximale aerobe Atmung erreicht wird, wird als **maximale aerobe Geschwindigkeit** (MAG) bezeichnet. Überschreitet ein Tier diesen Wert, wird die zusätzliche Leistung gänzlich durch anaerobe Stoffwechselvorgänge abgedeckt, was über die Glykolyse zur Bildung von Milchsäure führt. Mit anhaltender Produktion von Milchsäure entwickelt sich eine Sauerstoffschuld (s. S. 770). Die anaeroben Stoffwechselvorgänge sind auch mit einer Ermüdung der Muskulatur (wegen der fortschreitenden Ausschöpfung der Energiespeicher) und einer metabolischen Azidose verbunden, die im Extremfall den Gewebestoffwechsel unterbrechen können. Wegen dieser Folgeerscheinungen eignet sich der anaerobe Stoffwechsel nicht für Dauerleistungen. Nur Bewegung unterhalb der maximalen aeroben Geschwindigkeit kann sowohl von ektothermen als auch von endothermen Tieren dauerhaft eingehalten werden. Da Endotherme viel höhere aerobe Stoffwechselraten erreichen können als Ektotherme, sind sie generell zu größeren Dauerleistungen in der Fortbewegung befähigt.

Es ist demnach klar, daß sich die Auswirkungen der Ektothermie und der Endothermie nicht nur auf die Mechanismen der Temperaturregulation beschränken, sondern auch von großer Bedeutung für die Arten von Aktivität sind, die Tiere zeigen. Die stoffwechselbedingten Unterschiede zwischen ekto- und endothermen Tieren bestimmen z.B. wie schnell und wie weit sie wandern können. Das heißt nicht, daß ektotherme Tiere nicht ein ähnlich hohes Maß an Aktivität entfalten und gleich große Bewegungsgeschwindigkeiten erreichen können wie endotherme Tiere. Da über die maximale aerobe Geschwindigkeit hinausgehende Bewegungsaktivität jedoch außerordentlich hohe anaerobe Stoffwechselraten erfordern, kann ein hohes Niveau der Bewegungsaktivität von Ektothermen nur für kurze Zeiträume aufrecht erhalten werden. Diese Beschränkung kann bei ektothermen Wirbeltieren wie z.B. einigen Frosch- und Eidechsenarten beobachtet werden, bei denen ein kurzer Aktivitätsschub, der selten mehr als ein paar Sekunden dauert, das Tier bei einer Störung schnell zu einem neuen Ruheplatz oder einem Versteck bringt. Bei einigen Fischen besteht die Muskulatur zu über 50% aus weißen Muskelfasern, in denen glykolytische Prozesse ablaufen, und die darauf spezialisiert sind, kurze, explosionsartige Bewegungen durchzuführen. Die Nachteile, die Ektotherme bei Dauerleistungen haben, werden wettgemacht durch ihre bescheideneren Energiebedürfnisse, die es ihnen erlauben, mehr Zeit im sicheren Versteck und weniger Zeit mit Nahrungssuche zu verbringen.

Biologische Rhythmen und Energiehaushalt

Viele Tiere bemühen sich, in ihrem inneren Milieu eine gewisse Konstanz aufrechtzuerhalten. Obwohl z.B. Körpertemperatur, Stoffwechselrate, intrazellulärer pH und Energiegehalt des Organismus notwendigerweise in Abhängigkeit von den Bedingungen und Anforderungen in der Umgebung über einen weiten Bereich schwanken können, haben die meisten Tiere doch einen bevorzugten Bereich für diese und andere physiologische Parameter. Trotz der Entwicklung von Mechanismen, die dazu beitragen, diese relative Konstanz zu erreichen, zeigen fast alle Tiere auch angeborene, normalerweise geringe rhythmische Schwankungen in diesen Variablen. Diese Schwankungen treten tagesperiodisch, im Zusammenhang mit Ebbe und Flut, den Mondphasen oder anderen Bezugsgrößen auf und können meist mit rhythmischen Veränderungen in der Umwelt des Tieres korreliert werden.

Frühe Untersuchungen über biologische Rhythmen durch Chronobiologen konzentrierten sich auf endotherme Tiere, bei denen Schwankungen in der Körpertemperatur und in der Stoffwechselrate gefunden wurden. Es ist z.B. schon seit Jahrhunderten bekannt, daß die Körpertemperatur von Menschen mit einem typischen Schlaf-Wach-Rhythmus in den frühen Morgenstunden (gegen 3^{00}-5^{00} Uhr) um etwa ein halbes Grad absinkt, zur normalen Aufwachzeit aber wieder ansteigt. Tatsächlich zeigen praktisch alle Tiere und Pflanzen irgendeine Form von rhythmischen Schwankungen im Stoffwechsel oder anderen physiologischen Parametern. Biologische Rhythmen sind so eng mit tierischem Leben verbunden, daß selbst einzelne Zellen in einer Zellkultur einen Rhythmus im Ablauf der Zellteilungen zeigen. Die Zelle muß dazu keine besonders komplexen Verhältnisse aufweisen – tagesrhythmische Teilungen treten z.B. auch in prokaryotischen Zellen wie stickstoff-fixierenden Blaualgen auf.

Circadiane Rhythmen

Biologische Rhythmen, die von Millisekunden (auf dem Zellniveau) bis zu Jahren (beim ganzen Tier) dauern können, sind bei einer Vielzahl von Tieren gefunden worden. Die meisten Rhythmen (zumindest die am stärksten ausgeprägten und deshalb auch am besten untersuchten) haben einen ungefähr tagesperiodischen Verlauf und werden als **circadiane Rhythmen** bezeichnet. Ein Parameter mit einem echten circadianen Rhythmus, der endogen erzeugt wird, kann von einem physiologischen oder anderen Parameter, der nur zufällig täglichen Veränderungen in der Umwelt folgt, durch vier verschiedene Kriterien unterschieden werden.

Erstens zeigt ein circadianer Rhythmus Beständigkeit (Persistenz), d.h., er läuft zumindest für einige Tage oder Wochen bei einem Tier weiter, auch wenn dieses aus seiner natürlichen Umwelt entnommen und im Labor in eine Umgebung mit konstanten Bedingungen (konstante Temperatur, Dauerlicht oder Dauerdunkel etc.) gebracht wurde. Ein echter circadianer Rhythmus läuft im Tier weiter und ist meist als eine Fortsetzung der normalen täglichen Zyklen dieses Tieres zu erkennen, wobei die angeborene Periode meist nur ca. 24 Stunden beträgt. Obwohl prinzipiell jeder Parameter aus einer Vielzahl von physiologischen Vorgängen oder Verhaltensweisen untersucht werden kann, wird meist die lokomotorische Aktivität gemessen. Abb. 16.**50** zeigt einen typischen Aufbau zur Registrierung der Bewegungsaktivität bei einem Nagetier. Wenn sich das Tier im Laufrad bewegt, wird die Aktivität entweder direkt auf einem Ereignisschreiber oder mit Hilfe eines Computers aufgezeichnet. Der Apparat kann durch Ersatz des Laufrades durch eine andere Vorrichtung zur Erfassung der Aktivität abgewandelt werden, um auch Aktivitätsregistrie-

Biologische Rhythmen und Energiehaushalt 829

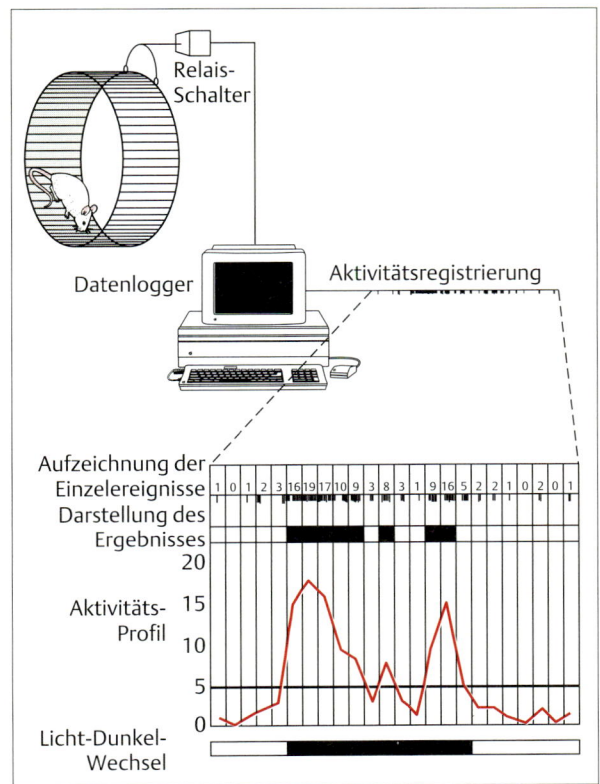

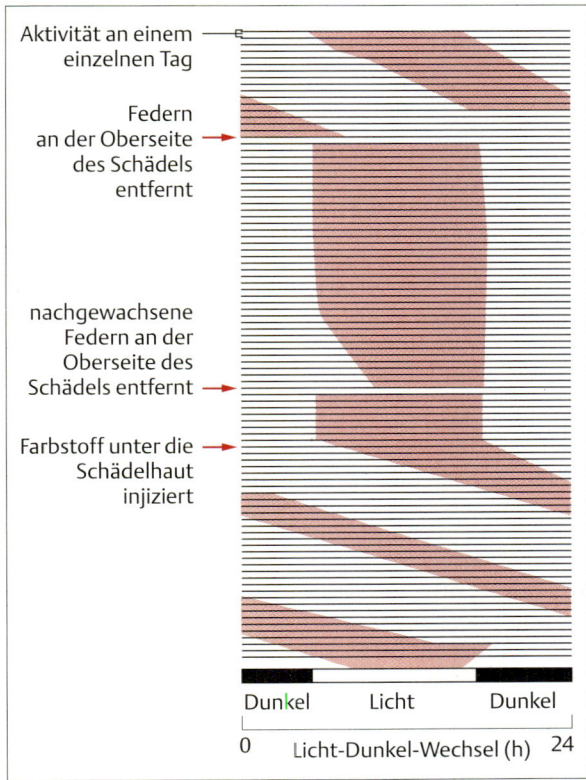

Abb. 16.50 Erfassung circadianer Rhythmen über die Aufzeichnung der Spontanaktivität. In diesem Beispiel bewegt sich ein Nager in einem Laufrad, das bei jeder Umdrehung einen Schalter aktiviert, der einen Stromkreis schließt. Das resultierende elektrische Signal für die Aktivität kann entweder direkt auf einem Schreiber aufgezeichnet oder, bequemer, in einem Computer für die spätere Analyse gespeichert werden.

Abb. 16.51 Synchronisation circadianer Rhythmen durch Licht oder andere Zeitgeber. Bei diesem Experiment mit einem geblendeten Sperling, der einem Hell-Dunkel-Wechsel ausgesetzt wurde, erwies sich sogar die geringe Menge an Licht, die durch die Oberseite des Schädels das Gehirn erreichte, als ausreichend, um den täglichen Aktivitätsrhythmus zu synchronisieren (verändert nach Menaker, 1968).

rungen bei Vögeln, Fischen oder praktisch jeder anderen Tierart durchführen zu können. Abb. 16.51 zeigt den Aktivitätsrhythmus eines geblendeten Haussperlings: Während der ersten beiden Wochen der Aufzeichnung war der Sperling einem Hell-Dunkel-Wechsel ausgesetzt. Obwohl der Vogel nicht sehen konnte, blieb sein circadianer Rhythmus trotzdem mit einer Freilauf-Periode von 24 Stunden und einigen Minuten erhalten.

Die zweite charakteristische Eigenschaft circadianer Rhythmen ist, daß sie weitgehend unabhängig von der Körpertemperatur sind. Wir haben bereits gesehen, daß der Stoffwechsel und physiologische Vorgänge, die mit dem Stoffwechsel verbunden sind, einen Q_{10}-Wert von 2–3 aufweisen. Dennoch bewirkt ein Anstieg der Körpertemperatur normalerweise nur eine geringe oder überhaupt keine Beschleunigung im zyklischen Ablauf des circadianen Rhythmus; bei einigen Tieren kann eine Erhöhung der Körpertemperatur sogar zu dessen Verlangsamung führen.

Circadiane Rhythmen zeichnen sich außerdem dadurch aus, daß sie **konditional arhythmisch** gemacht werden können – d.h., ein bestimmtes Muster von Umgebungstemperaturen, Beleuchtungsverhältnissen, Sauerstoffniveaus usw. kann den normalen circadianen Rhythmus unterbrechen. Oft gibt es einen Schwellenwert der Temperatur, unterhalb dessen der Rhythmus schließlich abbricht. Die Wirkungen des Lichts sind feiner abgestuft. Bei einer Stechmücke z.B. ist ein circadianer Aktivitätsrhythmus zu erkennen, solange während der Lichtphase des Hell-Dunkel-Zyklus nur eine geringe Lichtintensität herrscht; der Rhythmus verschwindet aber allmählich mit zunehmender Lichtfülle.

Eine letzte charakteristische Eigenschaft circadianer Rhythmen ist, daß sie synchronisiert werden können.

Wenn z.B. ein Tier in völlige Dunkelheit gebracht wird, bleibt die Länge seines circadianen Rhythmus zwar bei rund 24 Stunden, ist aber generell etwas kürzer oder länger; dies führt zu einer fortlaufenden Verschiebung der Aktivitätszeiten, was bei einer Langzeit-Registrierung der Aktivität eines Tieres deutlich zu erkennen ist (Abb. 16.**51**). Wird jedoch dem sich im Dunkeln befindenden Tier ein neues Beleuchtungsmuster geboten mit einer geringfügig kürzeren oder längeren Periodizität als 24 Stunden, wird die Aktivität von dem neuen Hell-Dunkel-Zyklus synchronisiert. Die Synchronisation erfolgt nicht sofort in vollem Umfange, sondern in einer Serie von Übergangszyklen. Das zeigt, daß die innere Uhr bei jedem Zyklus nur um einen bestimmten Betrag verstellt werden kann. Durch neue Zeitgeber können die Aktivitätszyklen so stark vor- bzw. zurück verschoben werden, bis sie schließlich genau in der entgegengesetzten Phase verlaufen wie beim ursprünglichen circadianen Rhythmus. Im Versuch mit dem geblendeten Sperling (Abb. 16.**51**) wurden die Federn von der Oberseite seines Kopfes entfernt. Dadurch konnte Licht durch die Schädelknochen bis zum Gehirn durchdringen; Teile des Gehirns sind lichtempfindlich, und so konnte die Aktivität des Sperlings vom Hell-Dunkel-Zyklus synchronisiert werden. Mit dem Nachwachsen der Federn ging die Synchronisationswirkung allmählich verloren, und der circadiane Rhythmus verlängerte sich; erneutes Entfernen der Federn führte zu einer Wiederherstellung des verschobenen Aktivitätsrhythmus. In einem letzten Versuch wurde das Eindringen von Licht in das Gehirn durch Injektion von Farbe unter die Kopfhaut verhindert, worauf der circadiane Aktivitätsrhythmus erneut abzudriften begann.

Licht ist normalerweise der wirksamste **Zeitgeber** oder Synchronisator in der Umwelt. Jedoch können auch die Umgebungstemperatur, das Nahrungsangebot und Interaktionen mit anderen Tieren der gleichen oder einer anderen Art als Zeitgeber fungieren, die sich auf den Stoffwechsel, die Aktivität und andere grundlegende Aspekte des tierischen Lebens auswirken.

Nicht circadiane endogene Rhythmen

Nimmt man den circadianen Rhythmus als „Standard", können endogene biologische Rhythmen weiter unterteilt werden in ultradiane Rhythmen mit einer Länge von weniger als einem Tag und infradiane Rhythmen, deren Zyklen länger als einen Tag dauern.

Ultradiane Rhythmen sind gewöhnlich mit Zellfunktionen verknüpft. Tatsächlich sind bis heute bei Zellfunktionen etwa 400 unterschiedliche ultradiane Rhythmen identifiziert worden. Diese ultradianen Zyklen wirken sich stark auf den Energieumsatz von Tieren aus, aber die Effekte sind schwieriger zu erfassen als

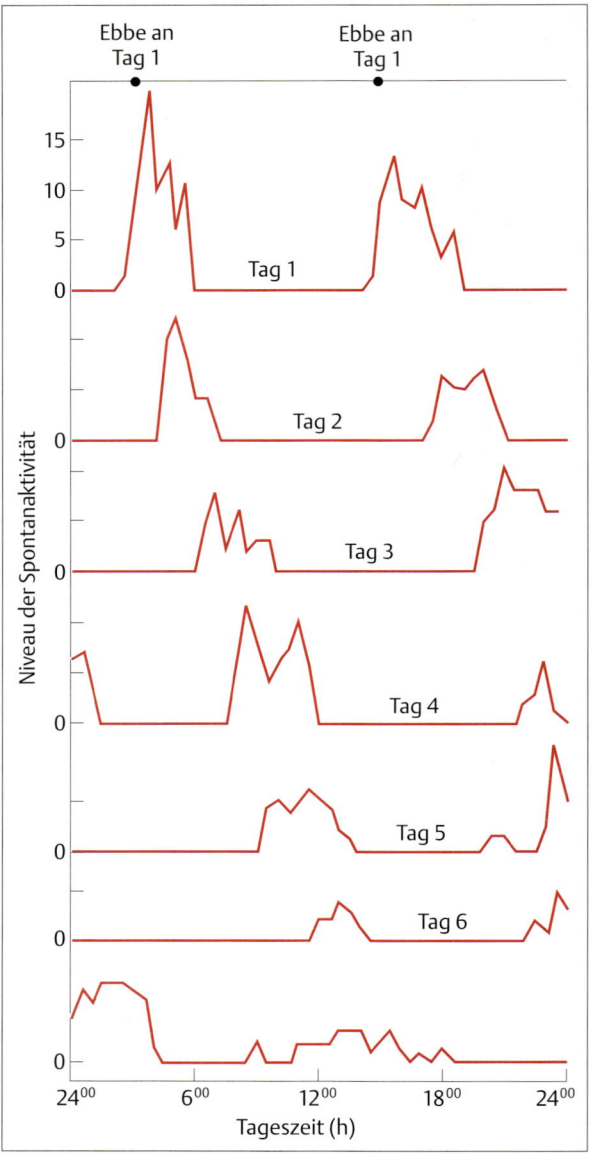

Abb. 16.52 Beispiel eines tidalen Rhythmus. Eine Winkerkrabbe, die im Dauerdunkel und ohne Information über den Gezeitenverlauf gehalten wird, behält dennoch einen tidalen Aktivitätsrhythmus bei. Jeden Tag herrscht zweimal Ebbe, wobei diese Perioden im Schnitt jeden Tag 50 Minuten später beginnen. Die Aktivität der Krabbe deckt sich auch weiterhin mit diesem Gezeitenrhythmus (verändert nach Palmer, 1973).

rhythmische Veränderungen, die mit täglichen oder längeren Zyklen ablaufen. Bei vielen ultradianen Rhythmen, wie z.B. solchen, die mit bestimmten Aspekten der

Zellteilung verknüpft sind, konnte bisher noch kein Bezug zu irgendwelchen rhythmischen Veränderungen in der Umwelt hergestellt werden. In einigen Fällen spielt die äußere Umgebung wohl nur eine geringe oder keine Rolle; in anderen ist es wahrscheinlich einfach noch nicht gelungen, den Umweltfaktor herauszufinden, der als Zeitgeber für den Rhythmus wirkt.

Infradiane Rhythmen sind bei Tieren weit verbreitet. Der Mond beeinflußt sowohl über sein Licht als auch durch das Hervorrufen von Ebbe und Flut in starkem Maße die Physiologie vieler in der Gezeitenzone lebender Tiere. **Circatidale Rhythmen**, die mit den Gezeiten verbunden sind, haben im allgemeinen eine Länge von 12,4 Stunden. Viele Bewohner der Gezeitenzone zeigen solche Rhythmen, die (mit Ausnahme ihrer Länge) viele Charakteristika circadianer Rhythmen aufweisen (Abb. 16.52). **Circalunare Rhythmen** korrelieren mit dem Mondzyklus von 29,5 Tagen und haben bei vielen Säugetieren Auswirkungen auf die Reproduktion. **Circannuale Rhythmen** sind mit dem 365 Tage dauernden Erdenjahr verknüpft und treten am deutlichsten bei den oft strengen saisonalen Zyklen in Erscheinung, die sich auf fast alles – von der Fellfärbung über den Winterschlaf, die Wanderungen und Fortpflanzung von Tieren – auswirken. Alle Rhythmen, deren Bezeichnung mit circa- beginnt, sind endogene Rhythmen. Sie laufen weiter, wenn die äußeren Zeitgeber wegfallen und sind synchronisierbar.

Temperaturregulation, Stoffwechsel und Biologische Rhythmen

Viele Tiere zeigen einen circadianen Rhythmus oder auch andere Rhythmen der Körpertemperatur. Endotherme Tiere wenden beträchtliche Mengen an Energie dafür auf, ihre Körpertemperatur konstant zu halten, entweder direkt durch Bildung von Wärme oder indirekt durch Aktivierung von Mechanismen, welche die Wärmeabgabe bzw. die Wärmeaufnahme oder beide regulieren. Bei ektothermen Tieren wirkt sich die Körpertemperatur direkt auf die Stoffwechselprozesse aus. Deshalb beeinflussen sowohl bei ektothermen als auch bei endothermen Tieren circadiane und andere Rhythmen, welche die Körpertemperatur betreffen, auch den Energiestoffwechsel. Da die Auswirkungen von Rhythmen auf die Temperaturregulation und den Stoffwechsel nicht voneinander zu trennen sind, werden sie hier als Ganzes betrachtet.

Endotherme Vertebraten

Bei den meisten Vögeln und Säugetieren wurden circadiane Rhythmen im Verlauf der Körpertemperatur gefunden. Es existiert ein ziemlich stark ausgeprägter Größeneffekt, wobei kleinere Tiere größere circadiane Schwankungen der Körpertemperatur zeigen. So findet man bei Menschen, die 50–80 kg wiegen, eine tägliche Änderung von nur etwa 0,6 °C, während bei den viel kleineren Spitzmäusen, Hirschmäusen und Kolibris, die alle nur wenige Gramm wiegen, tägliche Schwankungen von bis zu 20 °C auftreten können. Die große Schwankungsbreite bei diesen kleinen Endothermen beruht wahrscheinlich darauf, daß sie häufig in eine Nachtschlaf- (in einigen Fällen auch Tagesschlaf-)Lethargie verfallen. Die große tägliche Variation der Körpertemperatur bei den kleineren Endothermen hängt wahrscheinlich mit den höheren energetischen Kosten zur Aufrechterhaltung ihrer Körpertemperatur zusammen. Folglich ist die Energieersparnis durch das Absenken der Körpertemperatur um einige Grad Celsius um so größer, je kleiner das betreffende Tier ist.

Was ist die eigentliche Ursache für das Auftreten eines circadianen Körpertemperaturrhythmus bei den Endothermen? Da die Körpertemperatur bei einem endothermen Tier eine Funktion seiner Wärmeproduktion und des Austausches (Aufnahme und Abgabe) von Wärme mit der Umgebung ist, muß wohl einer oder müssen mehrere dieser Faktoren rhythmische Veränderungen zeigen, die für die täglichen oder andersartigen Schwankungen der Körpertemperatur verantwortlich sind. Bisher haben sich verhältnismäßig wenige Untersuchungen mit der Bilanzierung der gesamten Wärmeproduktion und des Wärmeaustausches bei Endothermen im Zusammenhang mit circadianen oder anderen Rhythmen befaßt. Bei Studien an Menschen wurden jedoch parallel der circadiane Rhythmus der Körpertemperatur, die Wärmedurchgangszahl und die Wärmebildung gemessen. Diese Daten zeigen, daß Veränderungen in der Wärmeproduktion (d.h., Änderungen der Stoffwechselrate) für etwa ein Viertel der Schwankungsbreite von 0,6 °C in der Kerntemperatur verantwortlich sind; die restlichen drei Viertel resultieren aus Veränderungen im Wärmedurchgang zwischen Körperkern und Umgebung.

Einige Endotherme verändern als Reaktion auf Streßsituationen, wie z.B. extreme Temperaturen sowie ungenügendes Nahrungs- bzw. Wasserangebot oder beides, die Amplitude, nicht aber die Periodik des circadianen Körpertemperaturrhythmus. Im Verlauf einer klassisch gewordenen Studie über die Temperaturregulation bei Endothermen in den späten 50er Jahren untersuchten K. Schmidt-Nielsen und seine Mitarbeiter auch Afrikanische Kamele (*Camelus dromedarius*) in der algerischen Sahara. Gut ernährte Kamele, denen ausreichend Wasser zur Verfügung stand, wiesen einen circadianen Rhythmus der Körpertemperatur mit einer Amplitude von etwa 2 °C auf; wenn die Kamele aber nicht mehr trinken durften, erhöhte sich die tägliche Schwankungsbreite auf ungefähr 6 °C. Das Maximum der Kerntemperatur (am späten Nachmittag) war erhöht, das Minimum (am frühen Morgen) erniedrigt. Diese Änderungen der Körpertemperatur dienen vermutlich dazu, den Wasserverlust über evaporative Kühlmechanismen während der heißen Tageszeit möglichst gering zu halten. Vögel, wie etwa Falken und Tauben, die ebenfalls ausgeprägte circadiane Rhythmen der Körpertemperatur aufweisen, zeigten ebenfalls stärkere tägliche Temperaturschwankungen, die vor allem auf eine stärkere Absenkung der Kerntemperatur bei Nacht zurückgingen.

Freilanduntersuchungen allein dürften nicht ausreichen, um im Verlauf der regulierten Körpertemperatur circadiane Rhythmen zu erkennen, da viele Endotherme auch ausgeprägte Tagesrhythmen im Niveau ihrer Aktivität zeigen. Abhängig davon, in welchem Umfang das Tier in der Lage ist, im Stoffwechsel erzeugte Wärme abzuführen, könnte ein rhythmischer Anstieg der Körpertemperatur nur das Ergebnis einer verstärkten lokomotorischen Aktivität sein (die ihrerseits wieder ein Ausdruck circadianer Rhythmen ist). Aus zwei Richtungen kommen jedoch Hinweise darauf, daß gewöhnlich ein von der Aktivität unabhängiger eigener Rhythmus der Körpertemperatur existiert:
– Die Temperaturrhythmen laufen auch bei im Labor gehaltenen Tieren weiter, bei denen der Einfluß der Aktivität korrigiert oder kontrolliert wurde.
– Bei Menschen bleibt der rhythmische Verlauf der Körpertemperatur auch nach mehreren Tagen vollständiger Bettruhe erhalten.

In Wirklichkeit sind circadiane Rhythmen der Körpertemperatur den Aktivitätsrhythmen oft nur mit einer ähnlichen zeitlichen Komponente überlagert, was zu einer Erweiterung der täglichen Schwankungsbreite der Körpertemperatur führt.

Infradiane Rhythmen der Körpertemperatur zeigen sich am deutlichsten bei den bereits erwähnten Winterschläfern, die ihre Körpertemperatur wochen- oder monatelang um 20–35 °C absenken, nur unterbrochen von kurzen Aufwachperioden. Diese Rhythmen können bei winterschlafenden Goldmantel-Zieseln (*Citellus*), denen von ihrer Geburt an weder Licht noch Temperatur als Zeitgeber zur Verfügung standen, für mindestens vier Jahre erhalten bleiben. Bei winterschlafenden Fledermäusen können circadiane Rhythmen der Körpertemperatur und des Stoffwechsels auch bei der neuen, für den Winterschlaf charakteristischen viel niedrigeren Kerntemperatur gemessen werden. Dies unterstreicht die allgemein temperaturunempfindliche Natur der biologischen Uhr, welche die Circadianperiodik steuert. Mit der Dauer des Winterschlafs verschwindet jedoch der circadiane Rhythmus. Nagetiere wie z.B. das 13-streifige Erdhörnchen (*Spermophilus tridecemlineatus*) zeigen keine Anzeichen dafür, daß der circadiane Rhythmus des O_2-Verbrauchs nach dem Beginn des Winterschlafs weiter läuft.

Bei einigen Säugetieren existieren nur schwache oder gar keine Hinweise für die Existenz circadianer Rhythmen in der Körpertemperatur oder in der Stoffwechselrate. Solche Tiere leben vorzugsweise in Umgebungen mit sehr stabilen Bedingungen im Hinblick auf z.B. Temperatur, Licht und Nahrungsangebot. Grabende (in unterirdischen Bauten lebende) Taschenratten und Maulwürfe leben z.B. bei ständiger Dunkelheit sowie unter fast konstanten Temperaturbedingungen und zeigen keine circadianen Rhythmen in ihrem Stoffwechsel. Es ist nicht klar, welchen Vorteil solche Tiere von einem ausgeprägten Rhythmus von Körpertemperatur und Stoffwechsel hätten. Säugetiere wie Wühlmäuse, die sich zu einem großen Teil herbivor ernähren, fressen fast ständig, um für eine ausreichende Energiezufuhr zu sorgen. Diese Tiere zeigen ebenfalls nur eine schwache oder gar keine Stoffwechsel-Rhythmizität.

Ektotherme Vertebraten

Alle ektothermen Tiere sind zur Erhöhung der Körpertemperatur definitionsgemäß auf externe Wärmequellen angewiesen. Sowohl die physiologischen als auch die auf dem Verhalten basierenden Mechanismen zur Kontrolle der Körpertemperatur sind jedoch von den circadianen Rhythmen in der bevorzugten Körpertemperatur betroffen. Da die Stoffwechselrate eng mit der Körpertemperatur verknüpft ist, stehen circadiane Rhythmen im O_2-Verbrauch und in der CO_2-Abgabe in einem engen Bezug zu Änderungen in der Körpertemperatur.

Von Fischen war schon lange bekannt, daß sie circadiane Rhythmen der Aktivität, Körpertemperatur und Stoffwechselrate aufweisen. In vielen Beispielen fallen die täglichen Aktivitätszeiten mit dem Erreichen der höchsten Körpertemperaturen und Stoffwechselraten zusammen. J.R. Brett (1971) untersuchte in Seen lebende Blaurücken-Lachse, *Oncorhynchus nerka*, wobei er registrierte, in welcher Tiefe sich die Tiere aufhielten (Abb. 16.53). Tagsüber befanden sich diese Lachse im tiefen, kalten Wasser und sowohl Körpertemperatur als auch Stoffwechsel spiegelten vermutlich die niedrigen Temperaturen in diesem Bereich wider. Mit Beginn der Abenddämmerung stiegen die Fische zur Oberfläche auf, um zu fressen, wobei sie durch die Sprungschicht in Wasser von etwa 17 °C kamen, wo sie bis zu einer Freßperiode in der Morgendämmerung blieben, bevor sie für den Rest des Tages wieder in das kalte Wasser abtauchten. Dieses Grundmuster der Aktivität ermöglicht es diesen Lachsen Energie zu sparen, indem sie während

Abb. 16.53 Circadianer Rhythmus der Vertikalwanderungen beim Blaurücken-Lachs Oncorhynchus nerka. Diese Fische steigen zur Nahrungsaufnahme in der Dämmerung durch die Wassersäule nach oben. Bis zum Morgengrauen, wenn wieder gefressen wird, bleiben sie nahe der Oberfläche; danach lassen sie sich in das kalte Tiefenwasser absinken, wo sie den Tag verbringen (verändert nach Brett, 1971).

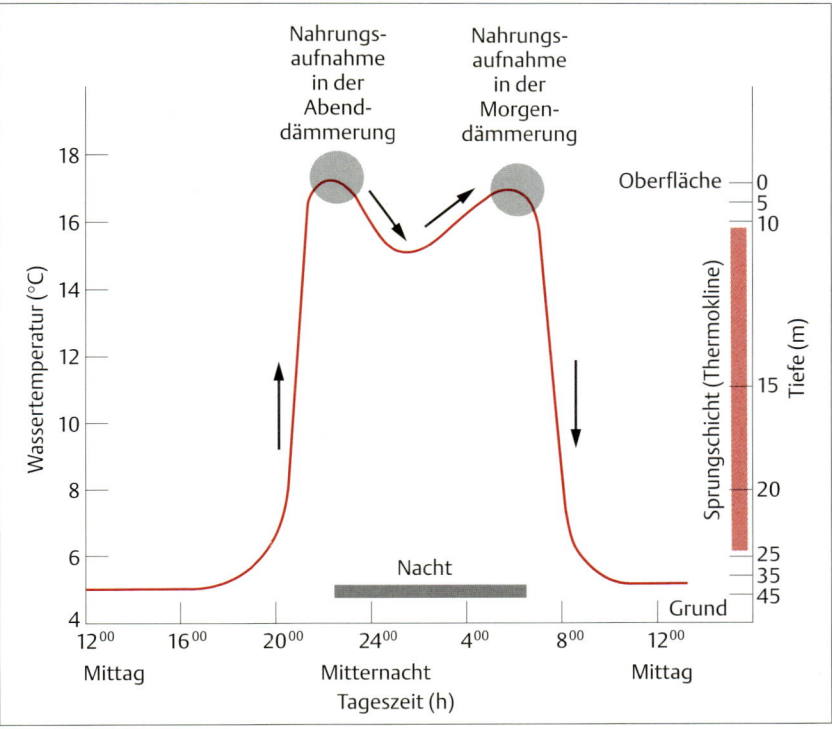

Zeiten der Inaktivität eine kältebedingte niedrige Stoffwechselrate aufweisen. Solche circadianen Rhythmen bei mit der Nahrungsaufnahme zusammenhängenden Vertikalwanderungen findet man häufig bei pelagischen Fischen. Wenn bei diesen Wanderungen Temperaturgradienten durchschritten werden, wird auch die Körpertemperatur in ähnlicher Weise tägliche Schwankungen aufweisen. Gibt es aber echte circadiane Rhythmen in der Stoffwechselrate oder spiegeln diese Änderungen nur die Schwankungen der Körpertemperatur wider? Tatsächlich bleiben bei vielen Fischarten auch unter konstanten Temperatur- und Lichtverhältnissen tägliche Schwankungen im O_2-Verbrauch erhalten.

Untersuchungen über circadiane Rhythmen von Amphibien bei der Temperaturregulation und im Stoffwechsel gibt es nur wenige. Beim aquatischen Salamander *Necturus maculosus* wurden circadiane Rhythmen in der bevorzugten Körpertemperatur und Aktivität gefunden, nicht aber bei der Kröte *Bufo boreas*, den Larven des Frosches *Rana cascadae* und dem Salamander *Plethodon cinereus*. Viele Kröten- und Froscharten zeigen ausgeprägte Aktivitätsmuster in bezug auf die Nahrungsaufnahme, die Vermeidung von Freßfeinden usw., es ist aber gegenwärtig wenig darüber bekannt, wie viele dieser Muster durch die Umwelt gesteuert werden und wieviele auf angeborenen circadianen Rhythmen beruhen – d.h., welche durch „biologische Uhren" kontrolliert werden.

Viele Reptilien zeigen einen circadianen Rhythmus in ihrer bevorzugten Körpertemperatur. Da der Ruhestoffwechsel bei diesen Tieren der Körpertemperatur folgt, zeigt entsprechend auch die Stoffwechselrate über den Tag hinweg eine Zu- und Abnahme. Zur Klärung, ob diese thermoregulatorischen und stoffwechselbezogenen Rhythmen echte angeborene Rhythmen sind, wäre es auch hier erforderlich, Tiere unter konstanten Laborbedingungen zu untersuchen. Tatsächlich bleibt bei der Eidechse *Sceloporus occidentalis* und anderen Arten ein circadianer Rhythmus der bevorzugten Körpertemperatur auch unter konstanten Beleuchtungsbedingungen im Labor für einige Tage erhalten. In ähnlicher Weise treten auch bei der Eidechsengattung *Lacerta* circadiane Rhythmen im Sauerstoffverbrauch und der lokomotorischen Aktivität auf.

Evertebraten

Bei Evertebraten aus vielen verschiedenen Stämmen hat man gefunden, daß sie zumindest über ein bestimmtes Maß an thermoregulatorischen Fähigkeiten verfügen, vor allem durch den Einsatz von Verhaltensmaßnahmen, aber auch durch physiologische Vorgänge (z.B. die bereits früher besprochene Wärmebildung durch Stoffwechselprozesse bei Fluginsekten). Tages- oder andere Rhythmen in der bevorzugten Körpertemperatur wurden bei zahlreichen Arthropoden beobachtet – darunter Krebse, Garnelen und eine Vielzahl von Insekten, z.B. Spinner, Bienen und Wespen. Der Sauerstoffverbrauch folgt bei diesen Tieren der Körpertemperatur, so daß die Stoffwechselrate einen ähnlichen Tagesrhythmus aufweist wie die Körpertemperatur. Ein tagesperiodischer Verlauf im Sauerstoffverbrauch wurde auch bei Regenwürmern, Flohkrebsen, Seefedern und Mollusken beobachtet. Bei Tieren aus der Gezeitenzone können Kombinationen von circadianen, Gezeiten- und Lunarrhythmen im Stoffwechsel auftreten.

Mit wenigen Ausnahmen ist nicht bekannt, ob diese täglichen Rhythmen endogener Natur sind oder durch äußere Faktoren gesteuert werden. Männchen der amerikanischen Spinnerart *Hyalophora cecropia* zeigen endogene Rhythmen beim endothermen Aufheizen vor dem Flug; diese Rhythmen werden durch die Umgebungstemperatur nicht beeinflußt. Im Dauerdunkel gehaltene Honigbienen (*Apis mellifera*) zeigen sehr ausgeprägte Rhythmen im Sauerstoffverbrauch, wobei der O_2-Verbrauch während der Zeit, welche der Tagesaktivität und der Sammelzeit entspricht, 20–30mal höher sein kann als während der Ruhephasen. Die Fruchtfliege *Drosophila* zeigt in ähnlicher Weise im Dauerdunkel einen Anstieg in der Stoffwechselrate während der Zeit, die dem Tag entspricht.

Einzeller

Das Auftreten echter circadianer oder anderer Rhythmen bei einzelligen Organismen ist für die Chronobiologen von besonderem Interesse. Obwohl die Untersuchungen von höher entwickelten Tieren das Gehirn, das Pinealorgan (Zirbeldrüse) und andere Gewebe als Sitz einer biologischen Uhr bestätigt haben, ist das Vorkommen echter biologischer Rhythmen bei Einzellern ein Hinweis darauf, daß alle für eine Uhr erforderlichen Bausteine schon bei ihnen vorhanden sind.

Einzellige Organismen zeigen Rhythmen in der Photosyntheserate, im oxidativen Stoffwechsel, in der Biolumineszenz, bei der Zellteilung, beim Wachstum, der Phototaxis und der Vertikalwanderung – um nur einige Parameter zu nennen. Der erste klare Nachweis eines eigenen circadianen Rhythmus erfolgte 1948 bei der einzelligen Alge *Euglena gracilis*, die phototaktische Rhythmen zeigt (Wanderung zum Licht). Seither wurden bei einer großen Zahl anderer eukaryotischer Zellen, einschließlich *Paramecium*, die Existenz echter circadianer Rhythmen nachgewiesen, die unter konstanten Bedingungen weiter laufen und synchronisiert werden können. In jüngerer Zeit wurden circadiane Rhythmen auch bei den viel einfacheren prokaryotischen Blaualgen gefunden.

Das Wissen, daß einzelne Zellen circadiane Rhythmen bei der Zellteilung zeigen, wurde dazu verwendet, eine effektivere Chemotherapie für menschliche Krebspatienten zu entwickeln. Unterschiedliche chemotherapeutische Stoffe wirken während unterschiedlicher Phasen des Zellteilungszyklus, der beim Menschen einem circadianen Rhythmus folgt. Durch Anwendung des Medikamentes während der empfindlichen Phase des Teilungszyklus (im typischen Fall eher gegen zwei Uhr morgens als während der üblichen Arbeitsstunden) wurde eine bis zu 10fache Steigerung der Wirksamkeit erzielt. Darüber hinaus werden auch unerwünschte und schädliche Nebenwirkungen der Behandlung stark reduziert.

Energetische Kosten der Fortpflanzung

Fortpflanzung ist das höchste Ziel aller Organismen, und die Entwicklung praktisch aller spezieller Eigenschaften steht direkt oder indirekt im Zusammenhang mit der Verbesserung der reproduktiven Fitneß eines Tieres. Vor dem Hintergrund der überragenden Bedeutung der Fortpflanzung überrascht es nicht, daß dieser Vorgang einen beträchtlichen Anteil am Energiehaushalt eines Tieres beansprucht. Welchen Anteil genau, hängt von vielen Faktoren ab, z.B. von der Reproduktionsweise, von der Körpergröße oder ob ein Tier ekto- oder endotherm ist. Zunächst seien die verschiedenen Strategien der Investition von Energie in die Fortpflanzung betrachtet, die sich im Verlauf der Evolution herausgebildet haben.

Strategien bei der Investition von Energie in die Fortpflanzung

Die natürliche Auslese hat bei den mit der Fortpflanzung im Zusammenhang stehenden Strukturen und Vorgängen eine große Vielfalt an Fortpflanzungsstrategien hervorgebracht. Die für eine Art vorteilhafteste Weise sich fortzupflanzen ist diejenige, die den reproduktiven Wert des Nachwuchses maximiert, indem die größtmögliche Zahl an Jungtieren bis zur sexuellen Reife gelangt. Um die Mitte der 60er Jahre hatten einige Arbeitsgruppen von Ökologen und Evolutionsbiologen erkannt, daß die Tiere insgesamt einer von zwei möglichen Strategien zur Investition von Energie in die Fortpflanzung folgen. Das heißt, sie erkannten, daß eine bestimmte Menge an Energie, die für die Produktion von Nachwuchs investiert werden soll, auf zwei verschiedenen Wegen „ausgegeben" werden kann. Diese beiden Wege wurden als **r-Selektion** und als **K-Selektion** bezeichnet, wobei die Buchstaben r und K aus der Gleichung entnommen wurden, die das logistische Wachstum einer sich kontinuierlich fortpflanzenden Population beschreibt. (Zur genaueren Information über die logistische Gleichung und das Wachstum von Tierpopulationen wird auf Lehrbücher der Ökologie oder Evolutionsbiologie verwiesen.)

r-Selektion – „kleiner und mehr"

Bei der ersten Strategie der Investition von Energie in die Fortpflanzung, die von r-selektierten Tieren verfolgt wird, wird Nachwuchs produziert, der am Beginn seiner Entwicklung sehr klein ist. Da jedes Jungtier nur sehr wenig Energie für sich in Anspruch nimmt (und daher nur geringe energetische Kosten für die Eltern entstehen), können die Eltern (bzw. ein Elternteil) eine große Zahl von Nachkommen produzieren. Die Weibchen einiger Seeigelarten z.B. stoßen bis zu 100000000 Eier gleichzeitig in einer Laichwolke aus. Unter den Vertebraten können pelagische Fische in ähnlicher Weise riesige Mengen an befruchteten Eiern freisetzen; die Makrele *Scomber scombrus* z.B. stößt beim Ablaichen Zehntausende von Eiern aus. Das sind Extremfälle, aber die meisten Wirbellosen und viele ektotherme Vertebraten produzieren Dutzende oder mehr Nachkommen während einer einzigen Brutperiode.

Bei der Produktion einer großen Zahl von kleinen Nachkommen haben die Eltern (bzw. ein Elternteil) nur eine geringere Möglichkeit haben, so vielen Nachkommen Fürsorge zukommen zu lassen. Die meisten r-selektierten Tiere entlassen ihren Nachwuchs einfach in die Umwelt, und dieser muß sehen wie er durchkommt. Da die Jungtiere klein und leicht verletzbar sind, erreichen nur wenige das fortpflanzungsfähige Alter. Die Wahrscheinlichkeit, daß eine Makrelenlarve bis zur sexuellen Reife überlebt, ist 0,000006.

K-Selektion – „größer und weniger"

Die zweite Strategie der Investition von Energie in die Fortpflanzung wird von den **K-selektierten Tieren** verfolgt. Diese Tiere produzieren relativ große Nachkommen, die aber eine große Menge an Energie beanspruchen und entsprechend große energetische Kosten für die Eltern bedeuten. Als Folge davon ist die Zahl der produzierten Nachkommen viel kleiner als bei r-selektierten Tieren. Bei Säugetieren und Vögeln z.B. besteht eine Tendenz zur Produktion von Nachkommen, die bei der Geburt oder beim Schlüpfen mindestens einige Prozent der Körpermasse des Muttertieres und manchmal noch viel mehr wiegen können. Die Würfe oder Gelege bestehen wegen der großen energetischen Kosten selten aus mehr als 8–10 Nachkommen. Auf Grund der geringen Zahl ist der Nachwuchs jedoch leichter zu handhaben, weshalb K-selektierte Tiere gewöhnlich zusätzliche Energie in die elterliche Fürsorge investieren (s. S. 836). Da die Nachkommen von K-selektierten Tieren meist groß sind und während ihrer frühen Entwicklung von den Eltern umsorgt werden, sind ihre Aussichten, das fortpflanzungsfähige Alter zu erreichen, recht groß. Man vergleiche die „sechs-aus-einer-Million"-Chance einer Makrele zum Überleben mit der eines Vogels oder Säugetiers, dessen Chancen 50% oder mehr betragen können.

Die Einordnung von Tieren als r- oder K-selektiert ist jedoch nicht in allen Fällen möglich; viele Arten zeigen Eigenschaften beider Strategien. Viele Maulbrüter-Fische (*Cichlidae*) produzieren z.B. Hunderte von kleinen Larven (eine r-Eigenschaft), zeigen aber K-Eigenschaften, indem sie große Mengen an Zeit und Energie in elterliche Fürsorge investieren; Weibchen können sogar wochenlang die Nahrungsaufnahme einstellen, um sich dem Schutz der Jungen zu widmen.

Allometrie und energetische Kosten der Fortpflanzung

Wie nahezu alle anderen Aspekte der Physiologie von Tieren stehen auch die energetischen Kosten der Fortpflanzung in einer allometrischen Beziehung zur Körpergröße. M. Reiss (1989) sammelte Daten über die energetischen Kosten der Fortpflanzung innerhalb von Verwandtschaftsgruppen, die von Spinnen über Salamander bis zu Säugetieren reichen. Diese Daten zeigen, daß im allgemeinen größere Tiere relativ weniger Energie in ihren Nachwuchs investieren als kleinere. Der Massenexponent in der Gleichung, welche die Beziehung zwischen energetischen Kosten der Fortpflanzung und Körpermasse beschreibt, reicht von 0,52 bei Enten und Gänsen bis zu 0,95 bei Schwebfliegen; bei Säugetieren schwankt er zwischen 0,69 und 0,83.

Betrachtet man nur eine Art (intraspezifischer Vergleich), investieren sowohl bei Evertebraten als auch bei Vertebraten größere Weibchen relativ mehr Energie in die Fortpflanzung als kleinere. Bei Säugetieren ist dies deutlich zu sehen: ein großes, fettes Nagetier, eine große Katze oder ein großer Hund produzieren einen größeren Wurf als ein kleines Weibchen mit geringen Energiereserven. Bei Arten mit Geschlechtsdimorphismus, bei denen die Männchen größer sind als die Weibchen, deuten die Daten jedoch darauf hin, daß größere Männchen relativ weniger Energie für die Fortpflanzung ausgeben als kleinere Männchen.

Die „Kosten" der Gametenbildung

Am Beginn der Fortpflanzung steht die Bildung von Gameten (Eier und Spermien). Die energetischen Kosten der Gametenbildung streuen über einen weiten Bereich. Bei den meisten Evertebraten ist dies eine sehr aufwendige Angelegenheit, wobei die Hälfte oder sogar mehr der insgesamt assimilierten Energie in die Gametenbildung fließt. Gewöhnlich besteht die hauptsächliche Investition der Weibchen in der Bildung von dotterreichen Eiern zur Ernährung der heranwachsenden Embryonen. Die Bildung der Spermien beansprucht normalerweise geringere Energiemengen. Einige Männchen geben jedoch unverhältnismäßig große Mengen an Energie für die Spermienbildung aus. Bei männlichen Heimchen (*Acheta domesticus*) z.B. machen die Hoden und die damit in Verbindung stehenden akzessorischen Organe ein Viertel des Körpergewichts aus. Die von ihnen gebildeten Spermatophoren (die Behälter, welche die Spermien enthalten und bei der Kopulation auf das Weibchen übertragen werden) wiegen etwa 2,5% des Körpergewichts und pro Tag können von einem Männchen zwei oder mehr produziert werden.

Obwohl die energetischen Kosten für die Gametenbildung hoch sein können, investieren nur sehr wenige Evertebraten nach ihrer Produktion noch Energie in den Schutz und die Ernährung des Nachwuchs. Bemerkenswerte Ausnahmen finden sich unter den Arthropoden. Weibliche Skorpione tragen ihre frisch geschlüpften Jungen auf dem Rücken herum. Bei sozialen Insekten wie Ameisen und Bienen zielt die gesamte Struktur des Staates auf die Fürsorge und Ernährung der Nachkommen ab.

Ektotherme Vertebraten geben wie die Evertebraten einen großen Anteil ihres gesamten Energiehaushaltes (bis zur Hälfte) für Gametenbildung und Fortpflanzung aus. Die Spermienbildung kostet die Männchen aller Arten relativ wenig, aber die Bildung von Eiern kann energetisch sehr kostspielig sein. Wie bereits erwähnt, produzieren viele Fische große Eigelege. Verschiedene ovipare (eierlegende) Amphibienarten bilden Gelege mit 4 bis 15000 Eiern. Berechnungen der energetischen Kosten gibt es nur wenige; beim Salamander *Desmognathus ochrophaeus* fließen 48% der mütterlichen Energie in eine Kombination von Eiproduktion und mütterlicher Fürsorge. Bei der Eidechse *Uta stansburiana* verschlingt das Fortpflanzungsverhalten der Männchen im Frühjahr 32% ihrer Energie, während die Weibchen bis zu 83% ihrer Energie in die Fortpflanzung investieren (26% für einen gesteigerten Stoffwechsel und 57% für die Bildung der Eier). Weibliche Krokodile, Alligatoren und vor allem brütende Schlangen wie Pythons geben in ähnlicher Weise große Mengen an Energie für eine kombinierte Eiproduktion und elterliche Fürsorge aus.

Bei den endothermen Tieren sind die energetischen Kosten für die Gametenbildung sehr unterschiedlich. Bei den Vögeln, unter denen einige Arten viele, große und dotterreiche Eier produzieren, reichen Schätzungen über die energetischen Kosten der Eiproduktion von unter 10% bis über 30% des gesamten Energiebudgets eines Tieres. Haushühner (Weiße Leghorn), die vom Menschen auf eine maximale Effizienz der Eiproduktion hin selektiert wurden, geben etwa 15–20% ihrer Energie dafür aus. Die energetischen Kosten für die Spermienbildung bei den Hähnen sind jedoch vernachlässigbar gering. In ähnlicher Weise spielen auch die Kosten der Spermienbildung bei den Säugetieren praktisch keine Rolle. Da auch fast alle Säugetiere kleine Mengen von sehr kleinen Eiern bilden, ist auch der energetische Aufwand hierfür gering. Wie wir als nächstes sehen werden, investieren jedoch fast alle Säuger nach der Befruchtung eine beträchtliche Menge an Energie in den Schutz des sich entwickelnden Nachwuchses.

Elterliche Fürsorge als Teil der energetischen Kosten der Fortpflanzung

Viele Tierarten zeigen keine elterliche Fürsorge, aber da, wo sie auftritt, kann sie einen erheblichen Kostenfaktor darstellen. Die Aufwendungen für die Eltern fallen unter zwei Kategorien: Zur ersten zählen die Kosten für den tatsächlichen materiellen Transfer von einem Elternteil auf den sich entwickelnden Nachwuchs. Eines der besten Beispiele hierfür ist die **Laktation** bei den Säugetieren, wobei große Mengen an fett- und kohlenhydratreicher Milch zur Ernährung der Neugeborenen sezerniert werden. Im allgemeinen investieren laktierende Säuger bis zu 40% ihres Energieumsatzes in die Milchproduktion. Bei speziell hierfür gezüchteten Milchkühen können sogar bis zu 50% des gesamten Energieumsatzes für die Milchproduktion eingesetzt werden. Auch außerhalb der Säugetiere gibt es Tierarten, die Sekrete zur Ernährung ihres Nachwuchses produzieren. Ein Elternteil oder beide Elternteile vieler Vogelarten würgen halbverdautes Futter in die Schnäbel ihrer Jungen. Obwohl dieser Vorgang energetisch nicht so kostspielig ist wie die Bildung einer gleichen Menge an Milch, sind damit erhebliche Kosten verbunden, wenn man berücksichtigt, daß das hervorgewürgte Futter sonst vom Elternvogel selbst verdaut und assimiliert werden könnte. Tauben produzieren „Kropfmilch", eine viskose Flüssigkeit, die aus dem angedauten Material gebildet wird, das vorübergehend im Kropf gespeichert und dann an die Jungen weiter gegeben wird. Bestimmte Arten von viviparen (lebendgebärenden) und ovoviviparen (die abgelegten Eier enthalten bereits mehr oder weniger entwickelte Embryonen) Amphibien und Reptilien bilden Sekrete im Uterus („Uterusmilch"), mit denen die Embryonen bis zur Geburt ernährt werden. Embryonen von viviparen Blindwühlen (*Apoda*) benutzen spezialisierte Zähne, um die inneren Schichten des Eileiters abzuschaben und zu verdauen. Die Weibchen des Pfeilgiftfrosches *Dendrobates pumilio* kehren zu den kleinen Pfützen zurück, in denen ihre Kaulquappen leben, und legen dort unbefruchtete Eier hinein, von denen sich die Kaulquappen ernähren. Unter den Wirbellosen geben Ameisen, Bienen und Wespen beim Sammeln von Ausgangsmaterialien für die Produktion von Honig oder vergleichbaren Substanzen zur Ernährung der im Staat heranwachsenden Tiere große Mengen an Energie aus.

Die zweite Art von mit der Brutpflege verbundenen Reproduktionskosten entstehen aus Stoffwechselvorgängen, die mit speziellen Verhaltensweisen zur Wahrnehmung der elterlichen Fürsorge verknüpft sind. Komplexes **Brutpflegeverhalten** tritt in zahlreichen Verwandschaftsgruppen der Evertebraten auf, einschließlich der Mollusken (z.B. beim *Octopus*), Polychaeten und sozialen Insekten (Ameisen, Bienen und Wespen), die u.a. ein ausgeklügeltes Nestbau- und Brutverhalten zeigen. Bei den Vertebraten findet sich Brutpflege in allen Klassen und ist besonders bei Vögeln und Säugetieren weit verbreitet.

Leider sind gut belegte Daten über die energetischen Kosten der Brutpflege schwer zu erhalten, da die hiermit verbundenen Verhaltensweisen oft elterliche Aktivitäten wie Brüten, Nahrungssuche, soziale Pflege usw. beinhalten. Es ist klar, daß diese Tätigkeiten elterliche Stoffwechselenergie beanspruchen; sie sind jedoch häufig komplex, lassen sich nicht ohne weiteres im Labor reproduzieren und auch nicht leicht von gleichzeitig ablaufenden energieverbrauchenden Vorgängen trennen, die nichts mit der Brutpflege zu tun haben.

Energie, Umwelt und Evolution

Sowohl in der Einleitung zu diesem Buch als auch der zu diesem Kapitel wurde die gegenseitige Abhängigkeit zahlreicher physiologischer Systeme dargestellt. Donald Jackson (1987) beschrieb dies in einer Betrachtung über die Probleme beim Zusammenwirken physiologischer Systeme folgendermaßen: „Eine Störung in einem Teil spiegelt sich im gesamten Organismus wider und ruft Reaktionen und Anpassungen in vielerlei Funktionen hervor." Die Lösung möglicher Konflikte zwischen den unterschiedlichen Ansprüchen der miteinander vernetzten physiologischen Systeme kann nur im Kontext von Raum und Zeit erfolgen. Ein Konflikt zwischen den Bedürfnissen zweier Systeme kann über kurze Zeiträume toleriert werden, muß aber schließlich durch einen geeigneten anderen physiologischen Vorgang gelöst werden. Darüber hinaus haben unterschiedliche Belastungsfaktoren auch ein sehr unterschiedliches Gefährdungspotential. In Abb. 16.54 sind die sehr unterschiedlichen Zeiträume verdeutlicht, für die ein Organismus das Fehlen von Sauerstoff, Wasser und Nahrung bzw. einen Überschuß an Wärme ertragen kann. Die meisten Tiere können einen physiologischen Konflikt, der zu einer Unterbindung der Nahrungs- oder Wasseraufnahme führt, viel länger aushalten als eine Situation, welche die Sauerstoffversorgung unterbricht. Deshalb werden physiologische Konfliktsituationen oft auf der Basis gelöst, welcher von zwei sich daraus ergebenden Zuständen die geringste Bedrohung für die Homöostase darstellt. Die Toleranzen schwanken dabei zwischen den Arten sehr stark: ein Mensch kann ohne Sauerstoff nur wenige Minuten überleben, eine Schildkröte für mehrere Stunden und einige einfache Metazoen benötigen überhaupt keinen Sauerstoff oder werden von diesem sogar getötet.

Die Tierphysiologie beginnt erst jetzt, ihr Interesse auf das Zusammenwirken zwischen verschiedenen

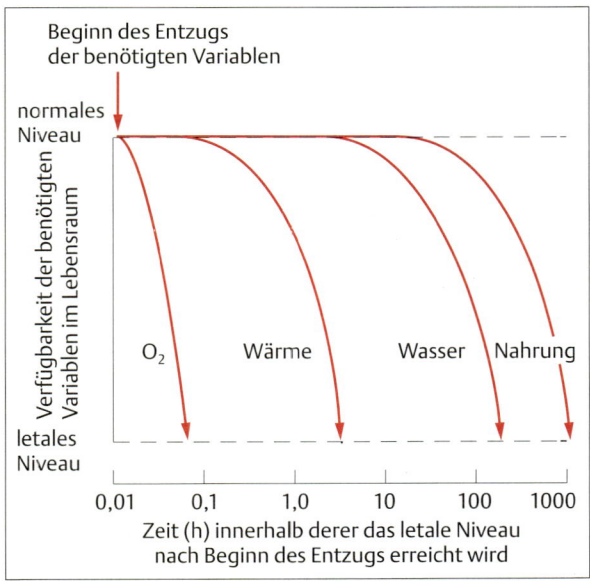

Abb. 16.54 Toleranz von Tieren gegen den Entzug von Sauerstoff, Wärme, Wasser und Nahrung. Verschiedene Arten haben ganz unterschiedliche Toleranzen gegenüber Sauerstoffverarmung, Hunger und Wasserentzug oder der im Stoffwechsel produzierten Wärme, wenn diese nicht abgeführt werden kann. Die Gehirnzellen von Menschen z.B. beginnen bereits wenige Minuten nach Sauerstoffentzug abzusterben, während einige Schildkrötenarten tage- oder sogar monatelang bei völligem Fehlen von Sauerstoff überleben können. Zu beachten ist die logarithmische Teilung der Zeitskala (1000 Stunden entsprechen etwa 42 Tagen) (verändert nach Jackson, 1987).

physiologischen Systemen zu konzentrieren, statt sich wie bisher mit den isolierten Eigenschaften der individuellen Systeme zu befassen. Dieser integrative Forschungsansatz ergibt sich notwendigerweise bei der Physiologie von Organsystemen, der Physiologischen Ökologie, der Umweltphysiologie und der Evolutionsbiologie.

In diesem Schlußkapitel wurde das Tier und seine Physiologie als Bestandteil seiner Umwelt betrachtet. Aus der Umwelt sich ergebende Zwänge bestimmen Grenzen und Erfordernisse für Form und Funktion. Im Wasser lebende Tiere unterscheiden sich im Aussehen deutlich von Landbewohnern. Die Widerstandskräfte sind im Wasser viel größer als in der Luft, weshalb aquatische Tiere viel stromlinienförmiger gebaut sind. Wassertiere haben eine ihrer Umgebung vergleichbare Dichte, bei Landtieren ist dies nicht der Fall. Die Schwerkraft hat bedeutende Auswirkungen auf den Kreislauf von terrestrischen Arten, bei Wasserbewohnern ist davon wenig zu sehen. Bei Landtieren neigt das Blut dazu, sich in Venen anzustauen, was zur Entwicklung zahlreicher Mechanismen geführt hat, die den Rückstrom des venösen Blutes zum Herzen sicherstellen. Giraffen benötigen eine kräftige, faserreiche Haut an den unteren Abschnitten ihrer Extremitäten, um zu verhindern, daß sich Blut in den Beinvenen staut. Dieses Problem haben Fische und andere Wassertiere nicht. Bei diesen Tieren wirken im Zusammenhang mit der Fortbewegung starke Kräfte auf die Körperoberfläche, die den venösen Rückstrom behindern könnten; deshalb verlaufen zumindest bei den Fischen die meisten großen Venen im Körperinneren.

Das Überleben eines Tieres hängt oft davon ab, wie die zur Verfügung stehende Energie aufgeteilt und wie rasch sie verbraucht wird. Verschiedene Tiere wenden dabei unterschiedliche Strategien an. Säugetiere haben z.B. einen hohen Stoffwechselumsatz, was von ihnen verlangt, daß sie fast ständig nach Nahrung suchen. Reptilien andererseits haben viel niedrigere Umsatzraten und können mit wesentlich weniger Nahrungsenergie überleben. Unterschiedliche Umwelten begünstigen unterschiedliche Strategien zu verschiedenen Zeiten. Reptilien beispielsweise scheinen in wasser- und nahrungsarmen Wüstengebieten tagsüber begünstigt zu sein, während in den kühleren Nächten die Vorteile auf Seiten der Säugetiere zu liegen scheinen. Säugetiere geben mehr Energie für die Regulation einer hohen Körpertemperatur aus und brauchen deshalb mehr Nahrung, können aber dafür in den kalten Nächten aktiv sein.

Der Erfolg eines individuellen Tieres wird gemessen an dem genetischen Erbe, das es hinterläßt – d.h. an seinen Nachkommen. Die Fortpflanzung erfolgt, wenn das Tier erwachsen ist und die Bedingungen für das Überleben der Jungtiere günstig sind. Während Zeiten mit verringertem Nahrungsangebot, welche für die Fortpflanzung ungünstig wären, kann ein Tier in einen Zustand mit herabgesetzten Lebensfunktionen eintreten, wie z.B. bei der Diapause der Insekten oder dem Winterschlaf bei Säugetieren. Während dieser Perioden ist der Energieverbrauch deutlich reduziert. Im Ergebnis schränkt ein Tier seine energetischen Ausgaben während der „schlechten Zeiten" ein, um ein Gleichgewicht zwischen Energieaufnahme und -abgabe zu erhalten. Im Zusammenhang mit körperlicher Aktivität steigt der Energieverbrauch deutlich an. Tiere wandern oft große Strecken, um bestimmten Umweltbedingungen, z.B. Futterknappheit und Kälte, auszuweichen. Die Ausgaben für die Wanderung variieren mit der Art des Mediums, wobei Schwimmen die energetisch günstigste, Laufen auf dem Land die energetisch teuerste Bewegungsform ist. Die Ergebnisse des Evolutionsprozesses liefern uns zahlreiche Beispiele für überlebenswichtige Anpassungen in einer Vielzahl verschiedener Lebensräume. Diese Beispiele repräsentieren Abwandlungen im Zusammenspiel einer Reihe von Grundelementen, die das weite Spektrum der Lebensformen aufbauen.

Zusammenfassung

Die Nutzung chemischer Energie im Gewebestoffwechsel führt unvermeidlich zur Bildung von Wärme, einem energetisch geringwertigen Nebenprodukt. Die Gesamtenergiemenge, die bei der Umwandlung eines energiereicheren Substrates in ein energieärmeres Endprodukt freigesetzt wird, hängt nicht von den dabei verfolgten chemischen Reaktionswegen ab. Bestimmte Nährstoffmoleküle liefern immer die gleiche Menge an Wärme und erfordern bei ihrer Oxidation zu H_2O und CO_2 immer die gleiche Menge an O_2. Diese Merkmale des Energiestoffwechsels ermöglichen es, entweder die Wärmebildungsrate oder die Menge des O_2-Verbrauchs (und der CO_2-Produktion) als Maß für die Stoffwechselrate zu verwenden. Der Respiratorische Quotient – das Verhältnis von CO_2-Bildung zu O_2-Verbrauch – ist bei der Bestimmung der Anteile von Kohlenhydraten, Eiweißen und Fetten am Stoffwechsel nützlich, wobei diese unterschiedliche, aber für die jeweilige Stoffklasse charakteristische Energiemengen pro verbrauchten Liter O_2 liefern.

Basalstoffwechsel und Standardstoffwechsel hängen von der Körpergröße ab – je kleiner ein Tier ist, desto höher ist die Stoffwechselrate pro Körpergewichtseinheit (als Stoffwechselintensität bezeichnet). Obwohl eine ziemlich gute Korrelation zwischen Stoffwechselintensität und dem Verhältnis zwischen Körperoberfläche und Volumen besteht, was nahelegt, daß die Stoffwechselrate durch Wärmeaustauschmechanismen bestimmt wird, könnte diese Korrelation auch nur zufällig existieren. Bei ektothermen Tieren, die sich im Wärmegleichgewicht mit ihrer Umgebung befinden, gibt es nämlich in dieser Beziehung ähnliche Verhältnisse wie bei endothermen Tieren, die ständig Wärme an die Umgebung verlieren.

Die Abhängigkeit der enzymatischen Reaktionen von der Gewebetemperatur wird durch den Q_{10}-Wert beschrieben; dies ist das Verhältnis zwischen der Stoffwechselrate bei einer bestimmten Temperatur zur Stoffwechselrate bei einer 10 °C niedrigeren Temperatur und liegt im typischen Fall zwischen 2 und 3.

Endotherme sind solche Tiere, die den größten Teil ihrer Körperwärme selbst bilden; dies ermöglicht ihnen, eine höhere Kerntemperatur als die Umgebungstemperatur zu unterhalten. Ektotherme beziehen den größten Teil ihrer Körperwärme aus ihrer Umgebung, und einige erhöhen ihre Körpertemperatur durch verschiedene Verhaltensweisen, wie z.B. Sonnenbaden. Die Begriffe Poikilothermie, Homöothermie und Heterothermie beziehen sich auf unterschiedliche Strategien der Temperaturkontrolle.

Ektotherme Tiere zeigen unter extremen Temperaturverhältnissen eine Vielzahl von Überlebensstrategien. Einige Arten überleben Temperaturen unter Null Grad, indem sie „Gefrierschutzmittel" verwenden, die bei einer Unterkühlung die Bildung von Eiskristallen verhindern. Bei keiner Tierart konnte bislang gezeigt werden, daß sie die Bildung von Eiskristallen innerhalb der Zellen überlebt. Andere Ektotherme erhöhen zu bestimmten Zeiten oder in bestimmten Körperabschnitten ihre Körpertemperatur durch Muskelzittern oder zitterfreie Wärmebildung. Diese Art von Wärmebildung wird von einigen Insekten und großen Fischen benutzt, um die lokomotorische Muskulatur auf optimale Arbeitstemperaturen aufzuheizen. Die Wärmeaufnahme aus der Umgebung oder die Wärmeabgabe an die Umgebung wird bei einigen ektothermen Arten durch Veränderung des Blutstroms zur Haut reguliert. Auf diese Weise kann beim Sonnenbaden die aus der Sonnenstrahlung absorbierte Wärme vom Blut schnell von der Körperoberfläche zum Körperkern transportiert werden, oder es kann umgekehrt in einer kalten Umgebung Körperwärme zurückgehalten werden, indem die Durchblutung der Haut eingeschränkt wird.

Endotherme Tiere konservieren Körperwärme bei Kälte, indem sie die Wirksamkeit ihrer thermischen Isolation steigern. Dies geschieht durch Drosselung des Blutflusses zur Peripherie, Aufplustern bzw. Aufrichten von Federn oder Haaren, Bildung eines dichteren Fells oder auch Anlegen einer isolierenden Fettschicht im Unterhautbindegewebe. Bei Endothermen aus kalten Lebensräumen wird Wärme auch durch Mechanismen zurückgehalten, die als Gegenstromwärmeaustauscher in der Blutversorgung der Extremitäten wirken. Innerhalb der thermischen Neutralzone genügen Veränderungen in den Wärmedurchgangseigenschaften der Körperoberfläche, um Schwankungen in der Umgebungstemperatur kompensieren. Unterhalb dieses Temperaturbereichs ist eine Steigerung der Wärmebildung erforderlich, um die erhöhten Wärmeverluste zu kompensieren. Die Wärmebildung erfolgt durch Muskelzittern (bzw. körperliche Tätigkeit) oder zitterfreie Mechanismen der Wärmebildung (braunes Fett, spezifisch dynamische Wirkung, Tätigkeit der Na^+/K^+-ATPase und andere Aktivitäten). Bei Umgebungstemperaturen oberhalb der thermischen Neutralzone führen endotherme Tiere über die Verdunstungskühlung aktiv Wärme ab, entweder durch Schweißsekretion oder durch Hecheln.

Der Verbrauch von Wasser stellt für Wüstenbewohner eine Belastung ihres Wasserhaushalts dar. Die meisten kleinen Wüstentiere, denen schnelle Änderungen der Körpertemperatur drohen, minimieren diese Gefahr, indem sie die Zeit der größten Tageshitze an Orten mit kühlerem Mikroklima verbringen. Große Wüstensäugetiere sind gegen rasche Temperaturänderungen durch ein günstigeres Oberflächen/Volumen-Verhältnis und starke thermische Trägheit besser gepuffert; sie können daher durch langsames Speichern von Wärme am Tag, ohne daß letale Körpertemperaturen erreicht werden, Wasser sparen, das sie ansonsten für die Kühlung des Körpers benötigen würden. Im Verlauf der kühlen Nacht können sie diese Wärme dann wieder abgeben. Bei einigen Säugetieren ist das Gehirn vor Überhitzung durch ein hochentwickeltes Gefäßnetz (Rete) in den Carotis-Arterien geschützt, wobei kühles Blut, das von den Riechepithelien in der Nase kommt, Wärme aus dem arteriellen Blut aufnimmt, das in Richtung Gehirn strömt.

Bei endothermen und einigen ektothermen Tieren wird die Körpertemperatur durch einen neuronalen Thermostaten reguliert, der auf Unterschiede zwischen der tatsächlichen Temperatur an neuronalen Fühlern und der im Thermostat vorgegebenen Solltemperatur reagiert. Unterschiede bewirken Meldungen, die über Nervenbahnen zu den thermoregulatorischen Effektoren geleitet werden, mit dem Ziel, die Körpertemperatur entweder durch Wärmeaufnahme oder -abgabe zu korrigieren. Fieber entwickelt sich, wenn sich die Solltemperatur durch die zelluläre Wirkung von endogenen Pyrogenen erhöht; letztere sind Proteinmoleküle, die von Leukocyten als Reaktion auf das Auftreten exogener Pyrogene freigesetzt werden, die von infektiösen Bakterien gebildet wurden.

Normaler Schlaf, Torpor, Winterschlaf, Winterruhe und Ästivation („Sommerschlaf") sind alles neurophysiologisch und metabolisch verwandte Formen einer Dormanz. In Zeiten mit notwendigerweise fehlendem oder eingeschränktem Nahrungsangebot lassen kleine bis mittelgroße Endotherme ihre Körpertemperatur in Abstimmung mit einer herabgesetzten Solltemperatur im Regelzentrum absinken. Durch Herabsetzen der Körpertemperatur bis in die Nähe der Umgebungstemperatur schonen diese endothermen Tiere ihre Energievorräte. Verbrennung von braunem Fett und Muskelzittern werden eingesetzt, um den Körper am Ende des Torporzustandes oder des Winterschlafs schnell wieder aufzuheizen.

Der energetische Aufwand für die Lokomotion zeigt ebenfalls eine Beziehung zur Körpergröße. Je kleiner ein Tier ist desto höher sind die Stoffwechselkosten für den Transport einer Körpergewichtseinheit über eine bestimmte Strecke. Die Reynolds-Zahl (Re) eines Körpers, der sich durch ein flüssiges oder gasförmiges Medium bewegt, entspricht dem Verhältnis zwischen der relativen Bedeutung der Trägheitseigenschaften des Tieres und den Viskositätskräften des Mediums. Kleine Tiere haben beim Schwimmen eine niedrige, große eine hohe Reynolds-Zahl, da mit zunehmender Größe die Viskosität eine geringere, die Trägheit eine größere Rolle spielt.

Das Ausmaß des Energieverbrauchs bei verschiedenen Fortbewegungsarten nimmt im typischen Fall mit der Geschwindigkeit zu. Indem Landtiere die Schrittlänge über das Gehen zum Rennen, Hüpfen oder Traben usw. verändern, steigern sie die Effizienz. Höhere Effizienz wird auch erreicht, wenn wie bei einem hüpfenden Känguruh die kinetische Energie des Fallens am Ende eines Schrittes in elastischen Elementen gespeichert wird, um beim nächsten Schritt wieder freigesetzt zu werden.

Die Stoffwechselraten vieler Tiere zeigen ausgeprägte endogene Rhythmen, erkennbar z.B. in der lokomotorischen Aktivität oder an Änderungen der Körpertemperatur (bei Endothermen). Diese Rhythmen können circadian (täglich), infradian (länger als ein Tag) oder ultradian (kürzer als ein Tag) sein. Circadiane Rhythmen sind gekennzeichnet durch ihr Weiterbestehen beim Fehlen von Zeitgebern in der Umwelt, ihre Temperaturunabhängigkeit, ihre konditionale Arhythmie und ihre Synchronisierbarkeit durch Zeitgeber wie das Licht.

Die Fortpflanzung beansprucht bei vielen Organismen eine beträchtliche Investition von Energie. Die beiden hauptsächlichen Muster, nach denen Energie in den Reproduktionsvorgang gesteckt wird, sind r- und K-Selektion. r-selektierte Tiere produzieren große Mengen an sehr kleinen Nachkommen und praktizieren keine Brutpflege. Die niedrigere Überlebensrate wird durch die große Zahl an Nachkommen wettgemacht. K-selektierte Tiere produzieren kleine Mengen von großem Nachwuchs. Elterliche Fürsorge trägt wesentlich dazu bei, daß die Überlebensrate hoch ist. Zu den energetischen Kosten der Fortpflanzung für die Eltern gehören die Bildung der Gameten, die Kosten für die Ernährung, z.B. die Laktation bei Säugetieren, und die Kosten für die Verhaltensweisen im Zusammenhang mit der Brutpflege.

Empfohlene Literatur

Aschoff, J., Günther, B., Kramer, K.: Energiehaushalt und Temperaturregulation. Physiologie des Menschen, Bd. 2. Urban und Schwarzenberg, Berlin 1971

Bairlein, F.: Ökologie der Vögel. Fischer, Stuttgart 1996

Bertsch, A.: In Trockenheit und Kälte. Anpassung an extreme Lebensbedingungen. Dynamische Biologie 6. Maier, Ravensburg 1977

Block, B. A.: Thermogenesis in muscle. Ann. Rev. Physiol. **56** (1994) 535–577

Edmunds, L. N.: Cellular and Molecular Bases of Biological Clocks. Spinger, Berlin 1988

Heinrich, B.: The Hot-Blooded Insects. Springer, Berlin 1993

Jones, J. H., Lindstedt, S. L.: Limits to maximal performance. Ann. Rev. Physiol. **55** (1993) 547–569

Jürgens, K. D.: Allometrie als Konzept des Interspeziesvergleiches von physiologischen Größen. Schriftenreihe Versuchstierkunde. Bd. 15. Parey, Berlin 1989

Peters, R. H.: The Ecological Implications of Body Size. Cambridge University Press, Cambridge 1983

Ruben, J.: The evolution of endothermy in mammals and birds: from physiology to fossils. Ann. Rev. Physiol. **995** (1995) 69–95

Schmidt-Nielsen, K.: Scaling: Why is Animal Size So Important? Cambridge University Press, New York 1983

Wieser, W.: Bioenergetik. Energietransformationen bei Organismen. Thieme, Stuttgart 1986

Woakes, A. J., Foster, W. A. (Hrsg.): The comparative physiology of exercise. J. Exp. Biol. **160** (1991)

Wünnenberg, W.: Physiologie des Winterschlafs. Mammalia depicta. Heft 14. Parey Verlag, Berlin 1990

Literatur

Adams, P. R., Jones, S. W. u. Mitarb.: Slow synaptic transmission in frog sympathetic ganglia. J. Exp. Biol. **124** (1986) 259–285

Adolph, E. F.: The heart's pacemaker. Scientific American **216** (3) (1967) 32–37

Ahlquist, R. F.: A study of the adrenotropin receptors. Amer. J. Physiol. **153** (1948) 586–600

Altringham, J. D., Wardle, C. S., Smith, C. I.: Myotomal muscle function at different points on the body of a swimming fish. J. Exp. Biol. **182** (1993) 191–206

Apfelbach, R.: Imprinting on prey odors in ferrets (*Mustela putorius f. furo* L.) and ist neural correlates. Behav. Proc. **12** (1986) 363–381

Ashley, C. C.: Calcium and the activation of skeletal muscle. Endeavor **30** (1971) 18–25

Astrup, P., Severinghaus, J.: The History of Blood Gases, Acids, and Bases. 1986

Audesirk, I., Audesirk, G.: Biology: Life on Earth. 4. Auflg. Prentice-Hall, Inc., Upper Saddle River/NJ 1996

Autrum, H., Stumpf, H.: Elektrophysiologische Untersuchungen über das Farbensehen von *Calliphora*. Z. vergl. Physiol. **35** (1953) 71–104

Avenet, P., Kinnamon, S. C., Roper, S. D.: Peripheral transduction mechanisms. In Simon, S. A., Roper, S. D. (Hrsg.): Mechanisms of Taste Transduction. CRC Press, Boca Raton/FL 1993

Baker, J. J. W., Allen, G. E.: Matter, Energy, and Life. Addison-Wesley, Reading/MA 1965

Banko, W. E.: The Trumpeter Swan. North American Fauna, No. 63. U. S. Dept. of the Interior, Fish and Wildlife Service, Washington/DC 1960

Bartels, H.: Blood oxygen dissociation curves: mammals. In Altman, P. L., Dittmer, S. W. (Hrsg.): Respiration and Circulation. Federation of American Societies for Experimental Biology, Bethesda/MD 1971

Bartholomew, G. A.: Symposia of the Society for Experimental Biology. No. 18. Academic Press Inc 7–29, New York 1964

Bartholomew, G. A., Lasiewski, R. C.: Heating and cooling rates, heart rates and simulated diving in the Galapagos marine guana. Comp. Biochem. Physiol. **16** (1965) 573–582

Baudinette, R. V.: The energetics and cardiorespiratory correlates of mammalian terrestrial locomotion. J. Exp. Biol. **160** (1991) 209–231

Baylor, D., Lamb, T. D., Yau, K.-W.: Responses of retinal rods to single photons. J. Physiol. **288** (1979) 613–134

Beament, J. W. L.: The effect of temperature on the waterproofing mechanism of an insect. J. Exp. Biol. **35** (1958) 494–519

Bear, M. F., Connors, B. W., Paradiso, M. A.: Neuroscience: Exploring the Brain. Williams and Wilkins, Baltimore 1996

Békésy, G., von: Experiments in Hearing. McGraw-Hill, New York 1960

Beck, W. S.: Human Design. Harcourt, Brace and Jovanovich, New York 1971

Bell, G. H., Davidson, J. N., Scarborough, H.: Textbook of Physiology and Biochemistry. 8. Auflg. Churchill Livingstone, Edinburgh 1972

Bendall, J. R.: Muscles, Molecules, and Movement. Elsevier, New York 1969

Bennett, M. V. L.: Similarities between chemical and electrical mediated transmission. In Carlson, F. D. (Hrsg.): Physiological and Biochemical Aspects of Nervous Integration. Prentice-Hall, Englewood Cliffs/NJ 1968

Benzinger, T. H.: The diminution of thermoregulatory sweating during cold reception at the skin. Proc. Nat. Acad. Sci. USA **47** (1961) 1683–1688

Berg, H. C., Purcell, E. M.: Physics of chemoreception. Biophys. J. **20** (1977) 193–219

Bernard, C.: Physiologie Générale. Hachette, Paris 1872

Bernheim, H. A., Kluger, M. G.: Fever and antipyresis in the lizard *Dipsosaurus dorsalis*. Amer. J. Physiol. **231** (1976) 198–203

Berridge, M.: Inositol trisphosphate and calcium signalling. Nature **361** (1993) 315–325

Berridge, M. J.: The molecular basis of communication within the cell. Scientific American **253** (1985) 124–125

Berthold, A. A.: Transplantation der Hoden. Arch. Anat. Physiol. Wiss. Med. **16** (1849) 42–46

Bierbaumer, N., Schmidt, R. F.: Biologische Psychologie. Springer, Heidelberg 1990

Biology: An Appreciation of Life. CRM Books, Del Mar/CA 1972

Block, B., Imagawa, T., Campbell, K. P., Franzini-Armstrong, C.: Structural evidence for direct interaction between the molecular components of the transverse tubule/sarcoplasmic reticulum junction in skeletal muscle. J. Cell. Biol. **107** (1988) 2587–2600

Block, B. A.: Thermogenesis in muscle. Annu. Rev. Physiol. **56** (1994) 535–577

Boeck, J., Kaissling, K. E., Schneider, D.: Insect olfactory receptors. Cold Spr. Harp. Symp. quant. Biol. **53** (1965) 263–280

Bone, Q., Kiceniuk, J., Jones, D. R.: On the role of different fibre types in fish myotomes at intermediate swimming speeds. Fishery Bull. Fish Wildl. Serv. U. S. **76** (1978) 691–699

Bortoff, A.: Myogenic control of intestinal motility. Physiol. Rev. **56** (1976) 416–434

Brand, A. R.: The mechanisms of blood circulation in *Anodonta anatina* L. *(Bivalvia unionidae)*. J. Exp. Biol. **56** (1972) 362–379

Breer, H., Raming, K., Krieger, J.: Signal recognition and

transduction in olfactory neurons. Biochemica Biophysica Acta **1224** (1994) 277–287

Brenner, B. M., Troy, J. L., Daugharty, T. M.: The dynamics of glomerular ultrafiltration in the rat. J. Clin. Invest. **50** (1971) 1776–1780

Bretscher, M. S.: The molecules of the cell membrane. Scientific American (1985) 86–90.

Brett, J. R.: Role of thermoregulation in salmon physiology and behavior. Amer. Zool. **11** (1971) 99–113

Brown, K. T.: Physiology of the retina. In Mountcastle, V. B. (Hrsg.): Medical Physiology. 13. Auflg. Mosby, St. Louis 1974

Brownell, P., Farley, R. D.: Detection of vibrations in sand by tarsal sense organs of the nocturnal scorpion *Paruroctonus mesaensis*. J. Comp. Physiol. **131** (1979a) 23–30

Brownell, P., Farley, R. D.: Orientation to vibrations in sand by the nocturnal scorpion *Paruroctonus mesaensis:* mechanism to target location. J. Comp. Physiol. **131** (1979b) 31–38

Bruns, D., Jahn, R.: Real-time measurement of transmitter release from single synaptic vesicles. Nature **377** (1995) 62–65

Bülbring, E.: Lectures on the Scientific Basis of Medicine. Vol. 7. Athlone, London 1959

Bülbring, E., Kuriyama, H.: Effects of changes in ionic environment on the action of acetylcholine and adrenaline on smooth muscle cells of guinea pig. J. Physiol. **166** (1963) 59–74

Buddenbrock, W., von: The Love of Animals. Muller, London 1956

Bullock, T. H., Diecke, F. P. J.: Properties of an infrared receptor. J. Physiol. **134** (1956) 47–87

Bullock, T. H., Horridge, G. A.: Structure and Function in the Nervous Systems of Invertebrates. W. H. Freeman and Company, New York 1965

Burggren, W., Johansen, K.: Ventricular hemodynamics in the monitor lizard, *Varanus exanthematicus:* pulmonary and systemic pressure separation. J. Exp. Biol. **96** (1982) 343–354

Butenandt, A., Beckmann, R., Stamm, E., Hecker, H.: Über den Sexual-Lockstoff des Seidenspinners *Bombyx mori*. Z. Naturforsch. **14b** (1961) 283–284

Camhi, J. M.: Neuroethology. Sinauer Associates, Inc., Sunderland/MA 1984

Cannon, W.: Organization for physiological homeostatics. Physiol. Rev. **9** (1929) 399–431

Capecchi, M. R.: Targeted gene replacement. Scientific American **270** (1994) 52–59

Carey, F. G.: Fishes with warm bodies. Scientific American **228** (1973) 36–44

Carey, F. G., Teal, J. M.: Heat conservation in tuna fish muscle. Proc. Nat. Acad. Sci. USA **56** (1966) 1464–1469

Catania, K. C., Kaas, J. H.: The unusual nose and brain of the star-nosed mole. BioScience **46** VWA (8) (1996) 578–586

Chen, J.-N., Fishman, M.: Genetic dissection of heart development. In Burggren, W., Keller, B. (Hrsg.): Development of Cardiovascular Systems: Molecules to Organisms. Cambridge University Press, New York 1996

Chess, A., Buck, L. u. Mitarb.: Molecular biology of smell: expression of the multigene family encoding putative odorant receptors. Cold Spring Harbor Symp. Quant. Biol. **57** (1992) 505–516

Cheung, W. Y.: Calmodulin plays a pivotal role in cellular regulation. Science **207** (1979) 17–27

Cole, K. S., Curtis, H. J.: Electric impedance of the squid giant axon during activity. J. Gen. Physiol. **22** (1939) 640–670

Comroe, J. H.: Physiology of Respiration. Year Book Medical Publishers, Chicago 1962

Cordina, J., Yatani, A. u. Mitarb.: The alpha subunit of the GTP binding protein Gk opens atrial potassium channels. Science **236** (1987) 442–445

Cornwall, I. W.: Bones for the Archaeologist. Phoenix House, London 1956

Curran, P. F.: Ion transport in intestine and its coupling to other transport processes. Federation Proc. **24** (1965) 993–999

Darnell, J., Lodish, H., Baltimore, D.: Molecular Cell Biology. 2. Auflg. Scientific American Books, New York 1990

Davenport, H. W.: The A. B. C. of Acid-Base Chemistry. 6. Auflg. University of Chicago Press, Chicago 1974

Davenport, H. W.: Physiology of the Digestive Tract. Year Book Medical Publishers, Chicago 1977

Davenport, H. W.: Physiology of the Digestive Tract. 5. Auflg. Chicago Yearbook Medical Publishers, Chicago 1985

Davis, H.: Mechanisms of the inner ear. Ann. Otol. Rhinol. Laryngol. **77** (1968) 644–655

Del Castillo, J., Katz, B.: Quantal components of the endplate potential. J. Physiol. **124** (1954) 560–573

Denton, E. J.: The buoyancy of fish and cephalopods. Prog. Biophys. **11** (1961) 178–234

Diamond, J., Hammond, K.: The matches, achieved by natural selection, between biological capacities and their natural loads. Experientia **48** (1992) 551–557

Diamond, J. M., Tormey, J. McD.: Studies on the structural basis of water transport across epithelial membranes. Federation Proc. **25** (1966) 1458–1463

Douglas, W. W.: Mechanism of release of neurohypophyseal hormones: stimulus-secretion coupling. In Greep, R. O. (Hrsg.): Handbook of Physiology. Section 7. Endocrinology (Vol. 4). American Physiological Society, Washington/DC 1974

Douglas, W. W., Nagasawa, J., Schulz, R.: Electron microscopic studies on the mechanism of secretion of posterior pituitary hormones and significance of microvesicles („synaptic vesicles"): evidence of secretion by exocytosis and formation of microvesicles as a by-product of this process. In Heller, H., Lederis, K. (Hrsg.): Subcellular Organization and Function in Endocrine Tissues. Mem. Soc. Endocrinol. No. 19. Cambridge University Press, New York 1971

Dudel, J., Kuffeer, S. W.: Presynaptic inhibition at the crayfish neuromuscular junction. J. Physiol. **155** (1961) 543–562

Eakin, R.: Evolution of photoreceptors. Cold Spring Harbor Symp. Quant. Biol. **30** (1965) 363–370

Ebashi, S., Maruyama, K., Endo, M. (Hrsg.): Muscle Contraction: Its Regulatory Mechanisms. Springer, New York 1980

Ebashi, S., Endo, M., Ohtsuki, I.: Control of muscle contraction. Quart. Rev. Biophys. **2** (1969) 351–384

Eccles, J. C.: Historical introduction to central cholinergic transmission and its behavioral aspects. Federation Proc. **28** (1969) 90–94

Eckert, R. O.: Reflex relationships of the abdominal stretch receptors of the crayfish. J. Cell. Comp. Physiol. **57** (1961) 149–162

Eckert, R.: Bioelectric control of ciliary activity. Science **176** (1972) 473–481

Edgar, W. M.: Saliva: its secretions, compositions and functions. Br. Ent. J. **172** (1992) 305–312

Edney, E. B.: Desert arthropods. In Brown, G. W. (Hrsg.): Desert Biology. Vol. 2. Academic, New York 1974

Edney, E. B., Nagy, K. A.: Water balance and excretion. In Bligh, J., Cloudsley-Thompson, J. L., MacDonald, A. G. (Hrsg.): Environmental Physiology of Animals. Blackwell Scientific Publications, Oxford 1976

Eiduson, S.: The biochemistry of behavior. Science J. **3** (1967) 113–117

Euler, U. S., von, Gaddum, J. H.: An unidentified depressor substance in certain tissue extracts. J. Physiol. **72** (1931) 74–87

Eyzaguirre, C., Kuffler, S. W.: Processes of excitation in the dendrites and in the soma of single isolated sensory nerve cells of the lobster and crayfish. J. Gen. Physiol. **39** (1955) 87–119

Farrell, A. P., Sobin, S. S., Randall, D. J., Crosby, S.: Intralamellar blood flow patterns in fish gills. Amer. J. Physiol. **239** (1980) R429–R436

Fatt, R., Katz, B.: An analysis of the endplate potential recorded with an intracellular electrode. J. Physiol. **115** (1951) 320–370

Fatt, P., Katz, B.: Spontaneous subthreshold activity at motor nerve endings. J. Physiol. **117** (1952) 109–128

Feigl, E. O.: Physics of the cardiovascular system. In Ruch, T. C., Patron, H. D. (Hrsg.): Physiology and Biophysics, 20. Auflg. Vol. 2. Saunders, Philadelphia 1974

Fessenden, R. J., Fessenden, J. S.: Organic Chemistry. 2. Auflg. Willard Grant Press, Boston 1982

Firestem, S., Shepherd, G. M., Werblin, F. S.: Time course of the membrane current underlying sensory transduction in salamander olfactory receptor neurones. J. Physiol. **430** (1990) 135–158

Flock, A.: Ultrastructure and function in the lateral line organs. In Calm, P. H. (Hrsg.): Lateral Line Detectors. Indiana University Press, Bloomington 1967

Florey, E.: Lehrbuch der Tierphysiologie, 2. Aufl., Thieme, Stuttgart 1975

Frieden, E. H., Lipner, H.: Biochemical Endocrinology of the Vertebrates. Prentice-Hall, Englewood Cliffs/NJ 1971

Frisch, K., von: Der Farbensinn und Formensinn der Biene. Zool. Jb. Abt. Allg. Zoo. **35** (1914) 1–182

Frisch, K., von: Die Tanzsprache und Orientierung der Bienen. Springer, Berlin 1965

Furshpan, E. J., Potter, D. D.: Transmission at the giant motor synapses of the crayfish. J. Physiol. **145** (1959) 289–325

Gemballa, S.: Myoseptenarchitektur und Rumpfmuskulatur der *Actinopterygii* – ein vergleichend- anatomischer Ansatz zum Verständnis der undulatorischen Lokomotion. Myoseptal architecture and trunk musculature of actinopterygian fishes – a functional analysis of undulatory locomotion. Verh. Ges. Ichthyol. **1** (1998) 29–58

Gesteland, R. C.: The mechanics of smell. Discovery 27(2). Proprietors, Professional and Industrial Publishing Co., London 1966

Gilman, A. G.: G proteins: transducers of receptorgenerated signals. Annu. Rev. Biochem. **56** (1987) 615–649

Glaser, D.: Untersuchungen über die absoluten Geschmacksschwellen von Fischen. Z. Vergl. Physiol. **52** (1966) 1–25

Goldberg, N. D.: Cyclic nucleotides and cell function. In Weissman, G. Claiborne, R. (Hrsg.): Cell Membranes: Biochemistry, Cell Biology, and Pathology. Hospital Practice Publishing Co., New York 1975

Goldman, D. E.: Potential, impedance, and rectification in membranes. J. Gen. Physiol. **27** (1943) 37–60

Goldsby, R. A.: Cells and Energy. Macmillan, New York 1967

Goodrich, E. S.: Studies on the Structure and Development of Vertebrates. Vol. 2. Dover, New York 1958

Gordon, A. M., Huxley, A. F., Julian, F. J.: The variation in isometric tension with sarcomere length in vertebrate muscle fibres. J. Physiol. **184** (1966) 170–192

Gorski, R. A.: Long-term hormonal modulation of neuronal structure and function. In Schmitt, F. O., Worden, F. G. (Hrsg.): The Neurosciences: Fourth Study Program. MIT Press, Cambridge/MA 1979

Gosline, J., Shadwick, R. E.: The mechanical properties of fin whale arteries are explained by novel connective tissue. J. Exp. Biol. **199** (1996) 985–995

Grantham, J. J.: Mode of water transport in mammalian renal collecting tubules. Fed. Proc. **30** (1971) 14–21

Grell, K. G.: Protozoology. Springer, New York 1973

Grigg, G. C.: Water flow through the gills of Port Jackson sharks. J. Exp. Biol. **52** (1970) 565–568

Hadley, M. E.: Endocrinology. 3. Auflg. Prentice-Hall, Englewood Cliffs/NJ 1992

Hadley, N.: Desert species and adaptation. Amer. Sci. **60** (1972) 338–347

Haggis, G. H., Michie, D. u. Mitarb.: Introduction to Molecular Biology. Longmans, London 1964

Hagins, W. A.: The visual process: Excitatory mechanisms in the primary receptor cells. Ann. Rev. Biophys. Bioeng. **1** (1972) 131–158

Hales, J. R. S.: The partition of respiratory ventilation of the panting ox. J. Physiol. **188** (1966) 45–68

Hall, Z.: An Introduction to Molecular Neurobiology. Sinauer Associates, Inc., Sunderland/MA 1992

Ham, A. W.: Histology. Lippincott, Philadelphia 1957

Hanamori, T. I., Miller, J., Jr., Smith, D. V.: Gustatory responsiveness of fibers in the hamster glossopharyngeal nerve. J. Neuropbysiol. **60** (1988) 478–498

Hara, T. J. (Hrsg.): Fish Chemoreception. Chapman and Hall, London 1992

Harris, G. G., Flock, A.: Spontaneous and evoked activity from *Xenopus laevis* lateral line. In Calm, P. H. (Hrsg.): Lateral Line Detectors. Indiana University Press, Bloomington 1967

Hartline, H. K.: Intensity and duration in the excitation of single photoreceptor units. J. Cell. Comp. Physiol. **5** (1934) 229–274

Hartline, H. K., Wanter, H. G., Ratliff, F.: Inhibition in the eye of *Limulus*. J. Gen. Physiol. **39** (1956) 651–673

Hatt, H.: Geschmack und Geruch. In Schmidt, R. F., Thews, G. (Hrsg.): Physiologie des Menschen, 27. Aufl. Springer, Heidelberg 1997

Hatt, H.: Chemosensibilität, Geruch und Geschmack. In Dudel, J., Menzel, R., Schmidt, R. F. (Hrsg.): Neurowissenschaft. Vom Molekül zur Kognition. Springer, Heidelberg

Hayward, J. N., Baker, M. A.: A comparative study of the role of the cerebral arterial blood in the regulation of brain temperature in five mammals. Brain Res. **16** (1969) 417–440

Hazel, J.R.: Thermal adaptation in biological membranes: is homeoviscous adaptation the explanation? Annu. Rev. Physiol. **57** (1995) 19–42

Hebb, D.O.: The Organization of Behaviour. Wiley, New York 1949

Heinrich, B.: Thermoregulation in endothermic insects. Science **185** (1974) 747–756

Heisler, N., Neuman, P., Maloiy, G.M.O.: The mechanism of intracardiac shunting in the lizard *Varanus exanthematicus*. J. Exp. Biol. **105** (1983) 15–31

Hellam, D.C., Podolsky, R.J.: Force measurements in skinned muscle fibres. J. Physiol. **200** (1967) 807–819

Heller, H.C., Crawshaw, L.I., Hammel, H.T.: The thermostat of vertebrate animals. Scientific American. **239** (1978) 102–113

Hellon, R.F.: Thermal stimulation of hypothalamic neurones in unanaesthetized rabbits. J. Physiol. **193** (1967) 381–395

Hemmingsen, A.M.: Energy metabolism as related to body size and respiratory surfaces, and its evolution. Rep. Steno. Mem. Hosp. Nordisk Insulinlaboratorium **9** (1969) 1–110

Herkenham, M. u. Mitarb.: Characterization and localization of cannabinoid receptors in rat brain: A quantitative *in vitro* autoradiographic study. J. Neuroscience **11** VWA (2) (1991) 563–583

Hess, F., Videler, J.J.: Fast continous swimming of saithe (*Pollachius virens*): a dynamic analysis of bending moments and muscle power. J. exp. Biol. **109** (1984) 229–251

Hildebrandt, J., Young, A.C.: Anatomy and physiology of respiration. In Ruch, T.C. Patton, H.D. (Hrsg.): Physiology and Biophysics, 19. Auflg. Saunders, Philadelphia 1965

Hill, A.V.: The heat of shortening and the dynamic constants of muscle. Proc. Roy. Soc. (London) Ser. B. **126** (1938) 136–195

Hill, A.V.: The efficiency of mechanical power development during muscular shortening and its relation to load. Proc. Roy. Soc. (London) Ser. B. **159** (1964) 319–324

Hille, B.: Ionic Channels of Excitable Membranes. 2. Auflg. Sinauer Associates, Sunderland/MA 1992

Hirakow, R.: Ultrastructural characteristics of the mammalian and sauropsidan heart. Amer. J. Cardiol. **25** (1970) 195–203

Hoar, W.S.: General and Comparative Physiology. 2. Auflg. Prentice Hall, Englewood Cliffs/NJ 1975

Hodgkin, A.L.: Evidence for electrical transmission in nerve. J. Physiol. **90** (1937) 183–232

Hodgkin, A.L., Horowicz, P.: Potassium contractures in single muscle fibres. J. Physiol **153** (1960) 386–403

Hodgkin, A.L., Huxley, A.F.: Action potentials recorded from inside a nerve fibre. Nature **144** (1939) 710–711

Hodgkin, A.L., Huxley, A.F.: Currents carried by sodium and potassium ions through the membrane of the giant axon of *Loligo*. J. Physiol. **116** (1952a) 449–472

Hodgkin, A.L., Huxley, A.F.: A quantitative description of membrane current and its application to conduction and excitation in nerve. J. Physiol. **117** (1952b) 500–544

Hodgkin, A.L., Huxley, A.F.: Properties of nerve exons: (I) Movement of sodium and potassium ions during nervous activity. Cold Spring Harbor Symp. Quant. Biol. **17** (1952c) 43–52

Hodgkin, A.L., Katz, B.: The effect of sodium ions on the electrical activity of the giant axon of the squid. J. Physiol. **108** (1949) 37

Hodgkin, A.L., Huxley, A.F., Katz, B.: Measurement of current-voltage relations in the membrane of the giant axon of *Loligo*. J. Physiol. **116** (1952) 424–448

Hoffman, B.F., Cranefield, P.F.: Electrophysiolgy of the Heart. McGraw-Hill, New York 1960

Hokin, M.R., Hokin, L.E.: Enzyme secretion and the incorporation of ^{32}P into phospholipids of pancreas slices. J. Biol. Chem. **203** (1953) 967–977

Holland, R.A.B., Forster, R.E.: The effect of size of red cells on the kinetics of their oxygen uptake. J. Gen. Physiol. **49** (1966) 727–742

Horridge, G.A.: Interneurons. W H. Freeman and Company, New York 1968

Hoyle, G.: Specificity of muscle. In Wiersma, C.A.G. (Hrsg.): Invertebrate Nervous Systems. University of Chicago Press, Chicago 1967

Hubbard, R., Kropf, A.: Molecular isomers in vision. Scientific American **216** VWA (6) (1967) 64–76. Offprint 1075.

Hubel, D.H.: The visual cortex of the brain. Scientific American **209** (1963) 54–62

Hubel, D.H.: Eye, Brain, and Vision. Scientific American Library Paperbacks, New York 1995

Hughes, C.M.: How a fish extracts oxygen from water. New Scientist **11** (1964) 346–348

Hume, I.D.: Optimal digestive strategies in mammalian herbivores. Physiol. Zool. **62** VWA (6) (1989) 1145–1163

Hutter, O.F., Trautwein, W.: Vagal and sympathetic effects on the pacemaker fibres in the sinus venosus of the heart. J. Gen. Physiol. **39** (1956) 715–733

Huxley, A.F., Niedergerke, R.: Structural changes in muscle during contraction: Interference microscopy of living muscle fibres. Nature **173** (1954) 971–973

Huxley, A.F., Simmons, R.M.: Proposed mechanism of force generation in striated muscle. Nature **233** (1971) 533–538

Huxley, H.E.: Electron microscope studies on the structure of material and synthetic protein filaments from striated muscle. J. Mol. Biol. **7** (1963) 281–308

Huxley, H.E.: The mechanism of muscular contraction. Science **164** (1969) 1356–1365

Hyman, L.H.: The Invertebrates: Protozoa through Ctenophora. McGraw-Hill, New York 1940

Imms, A.D.: Outlines of Entomology. Methuen, London 1949

Irvine, B., Audsley, N. u. Mitarb.: Transport properties of locust ileum *in vitro*: effects of cAMP. J. Exp. Biol. **137** (1988) 361–385

Irving, L.: Adaptations to cold. Scientific American **214** (1966) 94–101

Ishimatzu, A., Itazawa, Y.: Difference in blood oxygen levels in the outflow vessels of the heart of an air-breathing fish, *Channa argus:* Do separate bloodstreams exist in teleostean heart? J. Comp. Physiol. **149** (1993) 435

Jackson, D.C.: Assigning priorities among interacting physiological systems. In Feder, M.E., Bennett, A.F., Burggren, W.W., Huey, R.B. (Hrsg.): New Directions in Ecological Physiology. Cambridge University Press, New York 1987

Jamison, R. L., Maffly, R. H.: The urinary concentrating mechanism. N. Engl. J. Med. **295** (1976) 1059–1067

Jan, Y. N., Jan, L.: Coexistence and corelease of cholinergic and peptidergic transmitters in frog sympathetic ganglia. Federation Proc. **42** (1983) 2929–2933

Jennings, J. B.: Feeding, Digestion and Assimilation in Animals. St. Martin's Press, New York 1972

Jewell, R. R., Ruegg, J. C.: Oscillatory contraction of insect fibrillar muscle after glycerol extraction. Proc. Roy. Soc. (London) Ser. B. **164** (1966) 428–459

Joerges, J., Küttner, A., Galizia, G., Menzel, R.: Nature **387** (1996) 285–288

Johnston, I. A., Davison, W., Goldspink, G.: Energy metabolism of carp swimming muscles. J. Comp. Physiol. **114** (1977) 203–216

Jones, D. R.: Crocodialian cardiac dynamics: a half-hearted attempt. Presented at 4th International Congress of Comparative Physiology and Biochemistry, August, 6–11, 1995, Birmingham, United Kingdom. Physiol. Zool. **68** VWA (4) (1995) 9–15.

Jones, D. R., Purves, M. J.: The effect of carotid body denervation upon the respiratory response to hypoxia and hypercapnia in the duck. J. Physiol. **211** (1970) 295–309

Jones, D. R., Purves, M. J.: The carotid body in the duck and the consequences of its denervation upon the cardiac response to immersion. J. Physiol. **211** (1970a) 279–294

Jones, D. R., Bushnell, P. G., Evans, B. K., Baldwin, J.: Circulation in the Gippsland giant earthworm *Megascolides australis*. Physiol. Zool. **67** VWA (6) (1994) 1383–1401

Jories, D. R., Langille, B. L., Randall, D. J., Shelton, G.: Blood flow in dorsal and ventral aortas of the cod *Gadus morhua*. Amer. J. Physiol. **226** (1974) 90–95

Josephson, R. K.: The mechanical power output of a tettigoniid wing muscle during singing and flight. J. of Exp. Biol. **117**: (1985) 357–368

Kaissling, K. E.: Chemo-electrical transduction in insect olfactory receptors. Ann. Rev. Neurosci. **9** (1986) 121–145

Kampmeier, O. F.: Evolution and Comparative Morphology of the Lymphatic System. Thomas, Springfield, 1969

Kandel, E.: Cellular Basis of Behavior. W. H. Freeman and Company, New York 1976

Kandel, E. R., Abrams, T. u. Mitarb.: Classical conditioning and sensitization share aspects of the same molecular cascade in *Aplysia*. Cold Spring Harbor Symp. Quant. Biol. **48** (1983) 821–830

Karlson, P., Doenecke, D., Koolman, J.: Kurzes Lehrbuch der Biochemie. Thieme, Stuttgart 1994

Katz, B., Miledi, R.: Input-output relation of a single synapse. Nature **212** (1966) 1242–1245

Katz, B., Miledi, R.: Tetrodotoxin and neuromuscular transmission. Proc. Roy. Soc. (London) Ser. B. **167** (1967) 8–22

Katz, B., Miledi, R.: The role of calcium in neuromuscular facilitation. J. Physiol. **195** (1968) 481–492

Katz, B., Miledi, R.: Further study of the role of calcium in synaptic transmission. J. Physiol. **207** (1970) 789–801

Katz, P. S., Getting, P. A., Frost, W. N.: Dynamic neuromodulation of synaptic strength intrinsic to a central pattern generator circuit. Nature **367** (1994) 729–731

Kauer, J. S.: Coding in the olfactory system. In Finger, T. E., Silver, W. L. (Hrsg.): Neurobiology of Taste and Smell. Wiley, New York 1987

Kenagy, G. J., Stevenson, R. D., Masman, D.: Energy requirements for lactation and postnatal growth in captive golden-mantle ground squirrels. Physiol. Zool. **62** VWA (2) (1989) 470–487

Kerkut, G. A., Thomas, R. C.: The effect of anion injection and changes in the external potassium and chloride concentration on the reversal potentials of the IPSP and acetylcholine. Comp. Physiol. Bochem. **11** (1964) 199–213

Keynes, R. D.: The nerve impulse and the squid. Scientific American **199** VWA (6) (1958) 83–90

Keynes, R. D., Aidley, K. J.: Nerve and Muscle. Cambridge University Press, Cambridge 1981

Kirschfeld, K.: Verhandlungen der Gesellschaft Deutscher Naturforscher und Ärtze. Springer, Berlin 1971

Kleiber, M.: Body size and metabolism. Hilgardia **6** (1932) 315–353

Kluger, M. J.: Fever: Its Biology, Evolution, Function. Princeton University Press. Princeton/NJ 1979

Knudsen, E. I.: The hearing of the barn owl. Scientific American **245** (1981) 113–125

Knudsen, E. L., Konishi, M.: A neural map of auditory space in the owl. Science **200** (1978) 795–797

Koefoed-Johnsen, V., Ussing, H. H.: The nature of frog skin. Acta Physiol. Scand. **42** (1958) 298–308

Konishi, M.: Listening with two ears. Scientific American **268** VWA (4) (1993) 66

Kooyman, G. L.: Diverse divers: physiology and behaviour. In Burggren, W., Farner, D. S. u. Mitarb. (Hrsg.): Zoophysiology. Vol. 23. Springer, New York 1989

Korner, P. I.: Integrative neural cardiovascular control. Physiol. Revs. **51** VWA (2) (1971) 312–367

Kotyk, A., Janáĉeck, K.: Cell Membrane Transport. Plenum. New York, 1970

Krebs, H. A.: The August Krogh principle: „For many problems there is an animal on which it can be most conveniently studied." J. Exp. Zool. **194** (1975) 309–344

Kuby, J.: Immunology. 3. Auflg. In Druck. W. H. Freeman, New York

Kuffler, S. W.: Further study on transmission in an isolated nerve-muscle fibre preparation. J. Neurophysiol. **6** (1942) 99–110

Land, M., Fernald, R.: The evolution of eyes. Ann. Rev. Neurosci. **15** (1992) 1–29

Langille, B. J.: A comparative study of central cardiovascular dynamics in vertebrates. Ph.D. dissertation. University of British Columbia, Vancouver 1975

Lehninger, A. L.: Biochemie. VCH, Weinheim 1987

Lehninger, A. L., Nelson, D. L., Cox, M. M.: Principles of Biochemistry. 2. Auflg. Worth Publishers, New York 1993

Lighton, J. R. B.: Discontinuous ventilation in terrestrial insects. Physiol. Zool. **67** (1994) 142–162

Lindeman, W.: Über die Jugendentwicklung beim Luchs (*Lyns l. lynx* Kerr.) und bei der Waldkatze (*Feliss. sylvestris* Schreb). Behavior **8** (1955) 1–45

Lissman, H. W.: Electric location of fishes. Scientific American **208** VWA (3) (1963) 50–59. Offprint 152

Llinas, R., Nicholson, C.: Calcium role in depolarization-secretion coupling: an aequorin study in squid giant synapse. Proc. Nat. Acad. Sci. USA **72** (1975) 187–190

Lodish, H., Baltimore, D. u. Mitarb.: Molecular Cell Biology. 3. Auflg. Scientific American Books, New York 1995

Loewi, O.: Über humorale Übertragbarkeit der Herznervenwirkung. Pflügers Arch. Ges. Physiol. **189** (1921) 239–242

Lorenz, K.: Über die Bildung des Instinktbegriffs. Naturwissenschaften **11**(19) (1937) 289–331

Lorenz, K., Tinbergen, N.: Taxis und Instinkthandlung in der Eirollbewegung der Graugans. Z. Tierpsychol. **2** (1938) 1–29

Loumaye, E., Thorner, J., Catt, K. J.: Yeast mating pheromone activates mammalian gonadotrophs: evolutionary conservation of a reproductive hormone? Science **218** (1982) 1323–1325

Lowenstein, W. R.: Biological transducers. Scientific American **203** (1960) 98–108

Lowenstein, W. R.: Handbook of Sensory Physiology: Principles of Receptor Physiology. Springer, New York 1971

Lutz, G. J., Rome, L. C.: Built for jumping: the design of the frog muscular system. Science **263** (1994) 370–372

Lutz, G. Y., Rome, L.C.: Muscle function during jumping in frogs. I. Sarcomere length change, EMG pattern, and jumping performance. In Druck. Am. J. Physiol. (Cell Physiol.).

Madge, D. S.: The Mammalian Alimentary System. Arnold, London 1975

Marks, W. B.: Visual pigments of single goldfish cones. J. Physiol. **178** (1965) 14–32

Marshall, P. T., Hughes, G. M.: Physiology of Mammals and Other Vertebrates. 2. Auflg. Cambridge University Press, Cambridge 1980

Marui, T., Caprio, J.: Teleost gustation. In Hara, T. J. (Hrsg.): Fish Chemoreception, Chapman and Hall, London 1992

Martini, F., Timmons, M. J.: Human Anatomy. Prentice-Hall, Englewood Cliffs/NJ 1995

Matsumoto, A., Ischii, S. (Hrsg.): Atlas of Endocrine Organs. Springer, New York 1992

Mazokhin-Porshnyakov, G. A.: Insect Vision. Plenum, New York 1969

McDonald, D. A.: Blood Flow in Arteries. Williams and Wilkins, Baltimore 1960

McDonald, D. M., Mitchell, R. A.: The innervation of the glomus cells, ganglion cells, and blood vessels in the rat carotid body: a quantitative ultrastructural analysis. J. Neurocytol. **4** (1975) 177–230

McGilvery, R. W.: Biochemistry: A Functional Approach. Saunders, Philadelphia 1970

McMahan, U. J., Spitzer, N. C., Peper, K.: Visual identification of nerve terminals in living isolated skeletal muscle. Proc. Roy. Soc. (London) Ser. B. **181** (1972) 421–430

McMahon, B. R., Burggren, W. W., Pinder, A. W., Wheatly, M. G.: Air exposure and physiological compensation in a tropical intertidal chiton, *Chiton stokesii* (Mollusca: Polyplacophora). Physiol. Zool. **64** VWA (3) (1991) 728–747

McMahon, T. A.: Muscles, Reflexes and Locomotion. Princeton University Press, Princeton/NJ 1983

McMahon, T. A., Bonner, J. T.: On Size and Life. Scientific American Books, New York 1983

McNaught, A. B., Callander, R.: Illustrated Physiology. Churchill Livingstone, New York 1975

Menaker, M.: Proc. 76th. Annu. Convention American Psychological Assoc. (1968) 299–300

Meyrand, P., Simmers, J., Moulins, M.: Dynamic construction of a neural network from multiple pattern generators in the lobster stomagastric nervous system. J. Neurosci. **14** (1994) 630–644

Michael, C. R.: Retinal processing of visual images. Scientific American **205** (1969) 104–114

Mikiten, T. M.: Electrically Stimulated Release of Vasopressin from Rat Neurohypophyses *in vitro*. Ph.D. dissertation. Yeshiva University, New York 1967

Miller, W. H., Ratliff, F., Hartline, H. K.: How cells receive stimuli. Scientific American **205** (1961) 222–238

Milner, A.: Flamingos, stilts and whales. Nature **289** (1981) 347

Milsom, W. K.: Control of breathing in hibernating animals. In Wood, S. C., Weber, R. E., Hargens, A. R., Millard, R. W. (Hrsg.): Physiological Adaptations in Vertebrates. Marcel Dekker, New York 1992

Moffett, D., Moffett, S., Schauf, C. L.: Human Physiology – Foundations and Frontiers. Mosby, St. Louis 1993

Montagna, W.: Comparative Anatomy. Wiley, New York 1959

Moog, F.: The lining of the small intestine. Scientific American **245** (1981) 154–176

Morad, M., Orkand, R.: Excitation-contraction coupling in frog ventricle: Evidence from voltage clamp studies. J. Physiol. **219** (1971) 167–189

Morris, J. F., Pow, D. V.: J. Exp. Biol. **139** (1988) 81–103

Mountcastle, V. B., Baldessarini, R. J.: Synaptic transmission. In Mountcastle, V. B. (Hrsg.): Medical Physiology. 13. Auflg. Mosby, St. Louis 1968

Muller, K. J.: Synapses between neurones in the central nervous system of the leech. Biol. Rev. **54** (1979) 99–134

Murrary, J. M., Weber, A.: The cooperative action of muscle proteins. Scientific American **230** VWA (2) (1974) 58–71

Murray, R. G.: The ultrastructure of taste buds. In Friedmann, I. (Hrsg.): The Ultrastructure of Sensory Organs. Elsevier, New York 1973

Murray, R., Murray, A.: Taste and Smell in Vertebrates. Churchill, London 1970

Nachtigall, W.: On the significance of Reynolds number and the fluid mechanical phenomena connected to it in swimming physiology and flight biophysics. In Nachtigall, W. (Hrsg.): Physiology of Movement – Biomechanics. Fischer, New York 1977

Nagy, K. A.: Field bioenergetics: accuracy of models and methods. Physiol. Zool. **62** (1989) 237–252

Nakajima, S., Onodera, K.: Membrane properties of the stretch receptor neurones of crayfish with particular reference to mechanisms of sensory adaptations. Amer. J. Physiol. **200** (1969) 161–185

Nathans, J., Hogness, D. S.: Isolation and nucleotide sequence of the gene encoding human rhodopsin. Proc. Nat. Acad. Sci. USA **81** (1984) 4851–4855

Nathans, J., Thomas, D., Hogness, D. S.: Molecular genetics of human color vision: the genes encoding blue, green, and red pigments. Science **232** (1986) 193–202

Neal, H. V., Rand, H. W.: Comparative Anatomy. Blakiston, Philadelphia 1936

Neher, E., Sakmann, B.: Single channel currents recorded from membrane of denervated frog muscle fibres. Nature **260** (1976) 799–802

Nickel, E., Potter, L.: Synaptic vesicles in freeze-etched electric tissue of *Torpedo*. Brain Res. **23** (1970) 95–100

Noback, C. R., Demarest, R. J.: The Nervous System: Introduction and Reviews. McGraw-Hill, New York 1972

O'Dor, R. K., Webber, D. M.: Invertebrate athletes: trade-offs between transport efficiency and power density in cephalopod evolution. J. Exp. Biol. **160** (1991) 93–112

O'Mally, B. W, Schrader, W. T.: The receptors of steroid hormones. Scientific American **234** VWA (2) (1976) 32–43

Palmer, J.: Tidal rhythms: the clock control of the rhythmic physiology of marine organisms. Biol. Rev. Cambridge Philos. Soc. **48** (1973) 377–418

Parker, H. W.: Snakes. Hale, London 1963

Patlack, J., Horn, R.: Effect of N-bromoacetamide on single sodium channel currents in excised membrane patches. J. Gen. Physiol. **79** (1982) 333–351

Peachey, L. D.: Transverse tubules in excitationcontraction coupling. Federation Proc. **24** (1965) 1124–1134

Pearse, B.: Coated vesicles. Trends in Biochem. Sci. **5** (1980) 131–134

Penfield, W., Rasmussen, T.: The Cerebral Cortex of Man. Macmillan, New York 1950

Penry, D. L., Jumars, P. A.: Chemical reactor analysis and optimal digestion. BioScience **36** (1986) 310–315

Phillips, G. N., Jr., Filliers, J. P., Cohen, C.: Tropomyosin cyrstal structure and regulation. J. Mol. Biol. **192** (1986) 111–131

Phillips, J. E.: Apparent transport of water in insect excretory systems. Amer. Zool. **10** (1970) 416–436

Phillips, J. G.: Environmental Physiology. Wiley, New York 1975

Pitts, R. F.: The Physiological Basis of Diuretic Therapy. Thomas, Springfield 1959

Pitts, R. F.: Physiology of the Kidney and Body Fluids. 2. Auflg. Year Book Medical Publishers, Chicago 1968

Pitts, R. F.: Physiology of the Kidney and Body Fluids. 3. Auflg. Year Book Medical Publishers, Chicago 1974

Porter, W. P., Gates, D. M.: Thermodynamic equilibria of animals with environment. Ecol. Monogr. **39** (1969) 227–244

Prosser, C. L.: Comparative Animal Physiology. Vol. 1. Saunders, Philadelphia 1973

Rahn, H.: Gas transport from the external environment to the cell. In de Reuck, A. V. S., Porter, R. (Hrsg.): Development of the Lung. Churchill, London 1967

Randall, D. J.: Functional morphology of the heart in fishes. Amer. Zool. **8** (1968) 179–189

Randall, D. J.: Gas exchange in fish. In Hoar, W. S., Randall, D. J. (Hrsg.): Fish Physiology. Vol. 4. Academic, New York 1970

Randall, D. J.: Cardiorespiratory modeling in fishes and the consequences of the evolution of airbreathing. Cardioscience **5** (1994) 167–171

Randall, D. J., Wright, P. A.: The interaction between carbon dioxide and ammonia excretion and water pH in fish. Can. J. Zool. **67** (1989) 2936–2942

Reutter, K.: Chemoreceptors. In Bereiter-Hahn, J., Matoltsy, A. G., Richards, K. S. (Hrsg.): Biology of the integument. Vol 2. Springer, New York 1986

Reutter, K., Witt, M.: Morphology of vertebrate taste organs and their nerve supply. In Simon, S. A., Roper, S. D. (Hrsg.): Mechanisms of taste transduction. CRC Press, Boca Raton, Ann Arbor, London 1993

Riddiford, L. M., Truman, J. W.: Biochemistry of insect hormone and insect growth regulators. In Rockstem, M. (Hrsg.): Biochemistry of Insects. Academic Press, New York 1978

Romano, L., Passow, H.: Characterization of anion transport system in trout red blood cell. Amer. J. Physiol. **62A** (1984) 257–271

Rome, L. C., Funke, R. P., Alexander, R. M.: The influence of temperature on muscle velocity and sustained performance in swimming carp. J. Exp. Biol. **154** (1990) 163–178

Rome, L. C., Funke, R. P., Alexander, R. M. u. Mitarb.: Why animals have different muscle fibre types. Nature **355** (1988) 824–827

Rome, L. C., Kushmerick, M. J.: The energetic cost of generating isometric force as a function of temperature in isolated frog muscle. Amer. J. Physiol. **244** (1983) C100-C109

Rome, L. C., Sosnicki, A. A.: Myofilament overlap in swimming carp. II. Sarcomere length changes during swimming. Amer. J. Physiol. (CellPhysiol.) **260** (1991) C289-C296

Rome, L. C., Swank D., Corda, D.: How fish power swimming. Science **261** (1993) 340–343

Rome, L. C., Syme, D. A., Hollingworth S. u. Mitarb.: The whistle and the rattle: the design of sound producing muscles. Proc. Nat. Acad. Sci. USA (1996)

Romer, A. S.: The Vertebrate Body. Saunders, Philadelphia 1955

Romer, A. S.: The Vertebrate Body. 3. Auflg. Saunders, Philadelphia 1962

Rosenthal, J.: Post-tetanic potentiation at the neuromuscular junction of the frog. J. Physiol. **203** (1969) 121–133

Rowell, L. B.: Circulation to skeletal muscle. In Ruch, T. C., Patron, H. D. (Hrsg.): Physiology and Biophysics. 20. Auflg., Vol. 2. Saunders, Philadelphia 1974

Rupert, E. W., Barnes, R. D.: Invertebrate Zoology. 6. Auflg. Saunders, Philadelphia 1994

Rushmer, R. F.: The arterial system: arteries and arterioles. In Ruch, T. C., Patron, H. D. (Hrsg.): Physiology and Biophysics. 19. Auflg. Saunders, Philadelphia 1965a

Rushmer, R. F.: Control of cardiac output. In Ruch, T. C., Patron, H. D., (Hrsg.): Physiology and Biophysics. 19. Auflg. Saunders, Philadelphia 1965b

Russell, I. J.: The responses of vertebrate hair cells to mechanical stimulation. In Roberts, A., Bush, B. M. (Hrsg): Neurones Without Impulses. Cambridge University Press, Cambridge 1980

Sacca, R., Burggren, W. W.: Oxygen partitioning between the skin, gills and lungs of the air-breathing reedfish, *Calamoichtys calabaricus*. J. Exp. Biol. **97** (1982) 179–186

Sakmann, B.: The patch clamp technique. Scientific American **266** VWA (3) (1992) 44–51

Saudou, F., Hen, R.: 5-Hydroxytryptamine receptor subtypes in vertebrates and invertebrates. Neurochem. Int. **25**(6) (1994) 503–532

Scheid, P., Slama H., Piiper, J.: Mechanisms of unidirectional flow in parabronchi of avian lungs: measurments in duck lung preparations. Resp. Physiol. **14** (1972) 83–95

Schmidt, R. F.: Möglichkeiten und Grenzen der Hautsinne. Klin. Wochenschr. **49** (1971) 530–540

Schmidt-Nielsen, B. M., Mackay, W. C.: Comparative physiology of electrolyte and water regulation, with emphasis on sodium, potassium, chloride, urea, and osmotic pressure. In Maxwell, M. H., Kleeman, C. R. (Hrsg.): Clinical Disorders of Fluid and Electrolyte Metabolism. McGraw-Hill, New York 1972

Schmidt-Nielsen, K.: Salt Glands. Scientific American. **200** (1959) 109–116

Schmidt-Nielsen, K.: The salt-secreting gland of marine birds. Circulation. **21** (1960) 955–967

Schmidt-Nielsen, K.: Desert Animals: Physiological Problems of Heat and Water. Oxford University Press, London 1964

Schmidt-Nielsen, K.: How Animals Work. Cambridge University Press, Cambridge 1972

Schmidt-Nielsen, K.: Animal Physiology, Adaptation and Environment. Cambridge University Press, New York 1975

Schmidt-Nielsen, K., Bretz, W.L., Taylor, C.R.: Panting in dogs: unidirectional air flow over evaporative surfaces. Science **169** (1970) 1102–1104

Schneider, D., Block, B.C., Boeck, J., Priesner, E.: Die Reaktion der männlichen Seidenspinner auf Bombykol und seine Isomeren: Elektroantennogramm und Verhalten. Z. Vergl. Physiol. **54** (1967) 192–209

Scholander, P.F., Flagg, W., Walters, V., Irving, L.: Climatic adaptation in arctic and tropical poikilotherms. Physiol. Zool. **26** (1953) 67–92

Schultz, S.G., Curran, P.F.: The role of sodium in nonelectrolyte transport across animal cell membranes. Physiologist **12** (1969) 437–452

Shadwick, R.E.: Circulatory structure and mechanics. In Biewener, A.A. (Hrsg.): Biomechanics, Structures and Systems: A Practical Approach. I.R.L. Press, Oxford 1992

Shaw, E.A.T.: Transformation of sound pressure level from the free field to the eardrum in the horizontal plane. J. Acoust. Soc. Am. **56** (1974) 1848–1871

Shelton, G.: The effect of lung ventilation on blood flow to the lungs and body of the amphibian *Xenopus laevis*. Resp. Physiol. **9** (1970) 183–196

Shelton, G., Burggren, W.: Cardiovascular dynamics of the chelonia during apnoea and lung ventilation. J. Exp. Biol. **64** VWA (2) (1976) 323–343

Shephard, G.M.: Neurobiology. 3. Auflg. Oxford University Press, New York 1994

Sherrington, C.S.: The Integrative Activity of the Nervous System. Yale University Press, New Haven 1906

Sherwood, L.: Human Physiology, from Cells to Systems. 2. Auflg. West Publishing Company, New York 1993

Sibley, A.P.: Strategies of digestion and defecation. In Townsend, C.R., Callow, P. (Hrsg.): Physiological Ecology: An Evolutionary Approach to Resource Use. Sinauer Associates, Inc., Sunderland/MA

Siegelbaum, S.A., Camardo, J.S., Kandel, E.R.: Serotonin and cyclic AMP close single K^+ channels in *Aplysia* sensory neurones. Nature **299** (1982) 413–417

Siggaard-Andersen, O.: The Acid-Base Status of the Blood. Munksgaard, Copenhagen 1963

Simmons, J.A., Fenton, B.M., O'Farrell, M.J.: Ecolocation and pursuit of prey by bats. Science **203** (1979) 16–21

Smith, D.S.: The flight muscle of insects. Scientific American **212** VWA (6) (1965) 76–88

Smith, E.L. u. Mitarb.: Principles of Biochemistry: Mammalian Biochemistry. 6. Auflg. McGraw-Hill, New York 1983

Solomon, A.K.: Pumps in the living cell. Scientific American. **207** VWA (2) (1962) 100–108

Somero, G.N.: Proteins and temperature. Annu. Rev. Physiol. **57** (1995) 43–68

Sperry, R.W.: The growth of nerve circuits. Scientific American **201** (1959) 100–108

Spratt, N.T., Jr.: Develomental Biology. Wadsworth, Belmont/CA 1971

Staehelin, L.A.: Structure and function of intercellular junctions. Int. Rev. Cytol. **39** (1974) 191–283

Starling, E.H.: The chemical control of the body. Harvey Lectures **3** (1908) 115–131

Steen, J.B.: The physiology of the swimbladder of the eel *Anguilla vulgaris*. I. The solubility of gases and the buffer capacity of the blood. Acta Physiol. Scand. **58** (1963) 124–137

Steinbrecht, R.A.: Comparative morphology of olfactory receptors. In Pfaffman, C. (Hrsg.): Olfaction and Taste, Vol. 3. Rockefeller University Press, New York 1969

Stempell, W.: Zoologie im Grundriß. G. Borntraeger, Berlin 1926

Stent, G.S.: Cellular communication. Scientific American **227** (1972) 42–51

Stevens, C.E.: Comparative Physiology of the Vertebrate Digestive System. Cambridge University Press, Cambridge 1988

Storey, K.B., Storey, J.M.: Natural freeze tolerance in ectothermic vertebrates. Annu. Rev. Physiol. **54** (1992) 619–637

Swan, H.: Thermoregulation and Bioenergetics. Elsevier, New York 1974

Taylor, C.R., Schmidt-Nielsen, K., Raab, J.L.: Scaling of energy costs of running to body size in mammals. Amer. J. Physiol. **219** (1970) 1104–1107

Tenney, S.M., Temmers, J.E.: Comparative quantitative morphology of the mammalian lung: diffusing area. Nature **197** (1963) 54–57

Thomas, D.H., Phillips, J.G.: Studies in avian and adrenal steroid function. Gen. Comp. Endocr. **26** (1975) 427–450

Threadgold, L.J.: Ultra-structure of the Animal Cell. Academic, New York 1967

Thurm, U.: An insect mechanoreceptor. Cold Spring Harbor Symp. Quant. Biol. **30** (1965) 75–82

Tinbergen, N.: Instinktlehre. Parey, Berlin 1966

Toews, D.P., Shelton, G., Randall, D.J.: Gas tensions in the lungs and major blood vessels of the urodele amphibian, *Amphiuma tridactylum*. J. Exp. Biol. **55** (1971) 47–61

Tomita, T., Kaneko, A., Murakami, M., Pautler, E.L.: Spectral response curves of single cones in the carp. Vision Res. **7** (1967) 519–531

Tootell, R.B., Silverman, M.S., Switkes, E., DeValois, R.L.: Deoxyglucose analysis of retinotopic organization in primate striate cortex. Science **218** (1982) 902–904

Tsukada, H., Blow, D.M.: J. Mol. Biol. **184** (1985) 703

Tucker, V.A.: The energy cost of moving about. American Scientist **63** (1975) 413–419

Ullrich, K.J., Kramer, K., Boyaln, J.W.: Present knowledge of the countercurrent system in the mammalian kidney. Prog. Cardiovasc. Dis. **3** (1961) 395–431

Unwin, N.: Nicotinic acetylcholine receptor at 9 Å resolution. J. Mol. Biol. **229** (1993) 1101–1124

van Leeuwen, J.L., Lankheet, M.J.M., Akster, H.A., Osse, J.W.M.: Function of red muscles of carp *(Cyprinus carpio)*:

recruitment and normalized power output during swimming in different modes. J. Zool. Lond. **220** (1990) 23–145

van Vliet, B. N., West, N. H.: Functional characteristics of arterial chemoreceptors in an amphibian *Bufo marinus*. Resp. Physiol. **88** (1994) 113–127

Vander, A. J., Sherman, J. H., Luciano, D. S.: Human Physiology: The Mechanisms of Body Function. 2. Auflg. McGraw-Hill, New York 1975

Verdugo, P.: Goblet cells secretion and mucogenesis. Annu. Rev. Physiol. **52** (1990) 157–176

Verdugo, P., Aitken, M., Langley, L., Villalon, M. J.: Molecular mechanisms of product storage and release in mucin secretion. II. The role of extracellular Ca^{++}. Biorheology **24** (1987) 625–633

Vogel, S.: Organisms that capture currents. Scientific American **239** (1978) 128–139

Vollrath, F.: Spider webs and silks. Scientific American **266** VWA (3) (1992) 70–76

Wang, T., Burggren, W., Nobrega, E.: Metabolic, ventilatory and acid-base responses associated with specific dynamic action in the toad, *Bufo marinus*. Physiol. Zool. **68** VWA (2) (1995) 192–205

Wangensteen, O. D.: Gas exchange by a bird's embryo. Resp. Physiol. **14** (1972) 64–74

Wardle, C. S., Videler, J. J.: The timing of the EMG in the lateral myotomes of mackerel and saithe at different swimming speeds. J. Fish Biol. **42** (1993) 347–359

Wardle, C. S., Videler, J. J., Altringham, J. D.: Tuning in to fish swimming waves: Body form, swimming mode and muscle function. J. Exp. Biol. **198** (1995) 1629–1636

Waterman, T. H., Fernández, H. R.: E-vector and wavelength discrimination by retinular cells of the crayfish *Procamberus*. Z. Vergl. Physiol. **68** (1970) 157–174

Weibel, E. R.: Morphological basis of alveolar-capillary gas exchange. Physiol. Rev. **53** (1973) 419–495

Weiderhielm, C. A., Weston, B. U.: Microvascular lymphatic and tissue pressures in the unanesthetized mammal. Amer. J. Physiol. **225** (1973) 992–996

Weiderhielm, C. A., Woodbury, J. W., Kirk, S., Rushmer, R. F.: Pulsatile pressures in the microcirculation of frog's mesentary. Amer. J. Physiol. **207** (1964) 173–176

Werblin, E. S., Dowling, J. E.: Organization of the retina of the mudpuppy, *Necturus maculosus*: II. Intracellular recording. J. Neurophys. **32** (1969) 339–355

West, E. S.: Textbook of Biophysical Chemistry. Macmillan, New York 1964

West, J. B.: Ventilation/Blood Flow and Gas Exchange. 2. Auflg. Blackwell Scientific Publications, Oxford 1970

West, N. H., Jones, D. R.: Breathing movements in the frog *Rana pipiens*, I.: the mechanical events associated with lung and buccal ventilation. Can. J. Zool. **52** (1975) 332–334

White, E N.: Circulation: environmental correlation. In Gordon, M. S. (Hrsg.): Animal Physiology: Principles and Adaptation. 2. Auflg. Macmillan, New York 1972

White, J. G., Amos, W., Fordham, M.: J. Cell. Biol. **104** (1987) 41–48

Wiedersheim, R. E.: Comparative Anatomy of Vertebrates. Macmillan, London 1907

Wigglesworth, V. B.: The Principles of Insect Physiology. 6. Auflg. Methuen, London 1965

Wilkie, D. R.: Metabolism and body size. In Pedley, T. J. (Hrsg.): Scale Effects in Animal Locomotion. Academic, New York 1977

Williams, P. L. (Hrsg.): Gray's Anatomy. 38. Auflg. Churchill Livingstone, New York 1995

Wilson, D. M.: The origin of the flight-motor command in grasshoppers. In Reiss, R. F. (Hrsg.): Neural Theory and Modeling: Proceedings of the 1962 Ojai Symposium. Stanford University Press, Stanford/CA 1964

Wilson, D. M.: Neural operations in arthropod ganglia. In Schmitt, F. O. (Hrsg.): The Neurosciences: Second Study Program. Rockefeller University Press, New York 1971

Wine, J. J., Krasne, F. B.: The organization of the escape behavior in the crayfish. J. Exp. Biol. **56** (1972) 1–18

Wine, J. J., Krasne, F. B.: The cellular organization of crayfish escape behavior. In Bliss, D. E., Atwood, H., Sandeman, D. (Hrsg.): The Biology of Crustacea, Vol. IV. Neural Integration. Academic Press, New York 1982

Winlow, W., Kandel, E.: The morphology of identified neurons in the abdominal ganglion of *Aplysia californica*. Brain Res. **112** (1976) 221–249

Wood, S. C.: Interactions between hypoxia and hypothermia. Annu. Rev. Physiol. **53** (1991) 71–85

Wright, E. M.: The intestinal Na^+/glucose cotransporter. Annu. Rev. Physiol. **55** (1993) 575–589

Wright, P. A.: Nitrogen excretion: three end products, many physiological roles. J. Exp. Biol. **198** (1995) 273–281

Yau, K.-W.: Receptive fields, geometry and conduction block of sensory neurones in the central nervous system of the leech. J. Physiol. **263** (1976) 513–538

Yau, K.-W., Nakatani, K.: Light-suppressible, cyclic GMP-sensitive conductance in the plasma membrane of a truncated rod outer segment. Nature **317** (1985) 252–255

Young, M.: Changes in human hemoglobins with development. In Altman, P. L., Dittmer, D. W. (Hrsg.): Respiration and Cirulation. Federation of American Societies for Experimental Biology, Bethesda/MD 1971

Young, R. W.: Visual cells. Scientific American **223** (1970) 80–91

Zotterman, Y.: Thermal sensations. In Magoun, H. W. (Hrsg.): Handbook of Physiology (Section 1, Neurophysiology, Vol. I). Williams and Wilkins, Baltimore 1959

Sachverzeichnis

A

Aal, amerikanischer 511
Aalmolch 613
A-Bande 383
Abdomasum 738
Abdominalganglion, Meeresnacktschnecke 451
Abdominalmuskulatur 233
Abfallstoff, stickstoffhaltiger 663
Abschirmpigment 276
Absorption
– Darm 757
– Licht, polarisiertes 280
Absorptionsgewebe 757
Absorptionszelle 739
– Anatomie 741
4-Acetamido-4′-Isothiocyanostilbene-2,2′-Disulfonsäure 604
Acetylcholin 111, 195ff
– als Botenstoff 328
– Catecholamin-Freisetzung 314
– Erregung glatter Muskelzellen 746
– Herztätigkeit 524
– Hormonproduktion 315
– Organ, elektrisches 270
– Produktionsort 433
– Sekretionsauslösung 307
– Strukturformel 195
– Übertragung, synaptische 177
Acetylcholinesterase 180, 196f
Acetylcholinkanal 111
Acetylcholin-Rezeptor
– muscarinischer 206ff, 224
– nicotinischer 207
Acetylcholin-Rezeptormolekül 204
Acetylcholin-sensitiver Kanal 203
Acetyl-Coenzym A 98, 196
– Bildung 99
Acetylphosphat 77
ACh-Rezeptor
– extrajunctionaler 202
– muscarinischer 201
– nicotinischer 201

Actin 383
Actinfilament, Struktur 385
α-Actinin 383
Actin-Myosin-Interaktion, CA^{2+}-vermittelte, Modelldarstellung 400
Actomyosin-Komplex 391
Adaptation 783
– Membran 155
– Rezeption, sensorische 225f
– Rezeptor 230
– sensorische 232ff
– visuelle 283
Adaptationsmechanismus 232
Adaption 6
Adenin 68
Adenohypophyse 331
– Hormone 336
– – glandotrope 333ff
– Hormonsekretion, Regulation 337
– Kontrolle, hypothalamische 332f
Adenosin
– cAMP-vermittelte Zellantwort 347
– Durchblutung der Coronargefäße 529
– Freisetzung 318
– Hormonproduktion 315
– Wirkung 318
Adenosin-3′,5′-monophosphat, cyclisches (cAMP)
– als Botenstoff 328
– Kaskade 344
– Neuron, olfaktorisches 254f
– als Second messenger 341
– Spiegel, intrazellulärer 345
– Synthese 344
– System, Signalverstärkung 345
– Wirkungen 343
– Zellantwort-Vermittlung 345ff
Adenosindiphosphat (ADP) 75f
– Phosphorylierung 91

Adenosindiphosphat-Ribosyltransferase 218
Adenosintriphosphat (ATP)
– als Energielieferant 75ff
– Glykolyse 98
– Hydrolyse 89
– Molekül 75, 77
– Muskelfunktion 399
– Produktion 89ff
– Strukturformel 75
– Synthese 94f
Adenylatcyclase, Entdeckung 342
Adrenalin 359
– Bildung 313
– als Botenstoff 328
– cAMP-vermittelte Zellantwort 347
– Catecholamin-Synthese 316
– Drüse, endokrine 311
– Freisetzung 314
– Hormonproduktion 315
– Produktion 314
– Reaktion auf 319
– Strukturformel 198f, 330
Adrenocorticotropes Hormon 333, 336
Adrenocorticotropin (ACTH) 333, 336
α-Adrenorezeptor
– Herzzelle 438
– Muskel, glatter 576
β-Adrenorezeptor
– Herzzelle 438
– Muskel, glatter 576
β$_1$-Adrenorezeptor, Muskel, glatter 576
β$_2$-Adrenorezeptor, Muskel, glatter 576
Adrenorezeptor 316
– Dichte, Regulation 318
– Subtypen 317
– Rolle 318
Aequorin 193, 353
– Muskelkontraktion 405
Affinitätschromatographie 32
Affinitätssequenz 56
Aggressionsverhalten, Stichlingsmännchen, dreistacheliges 503

Akklimation 783
Akklimatisation 783
Akkommodation
– Ciliarkörper 282
– Linse 277
Akromegalie 366
Aktionspotential 135, 152f
– Ableitung, extrazelluläre 170
– Axon 168, 170
– Fortleitung 165ff
– Motoneuron 213
– Neuron 163
Aktivierung, spannungsabhängige 141
Aktivierungsenergie 77
Aktivitätskoeffizient 51, 128
Akustischer Raum, Karte 490
Aldosteron 311, 367
– Reabsorption, tubuläre 690
– Urinbildung 582
Alkalimetallkationen, Ionenradius 114
Alkalose 594
– metabolische 604
– pH-Wert-Regulation, renale 694
Allantoinase 720
Allantois, Zirkulation 624
Allen-Regel 804
Alles-oder-Nichts-Antwort 154
Alles-oder-Nichts-Impuls 164
Alles-oder-Nichts-Kontraktion 436
Alles-oder-Nichts-Muskel-Aktionspotential 180
Alles-oder-Nichts-Prinzip, Neuron 165
Alles-oder-Nichts-Signal 164
– fortgeleitetes 467
Alles-oder-Nichts-Verhalten 154
Alles-oder-Nichts-Zuckung 436
Allometrie 779
– Fortpflanzung 835
Allometrische Beziehung 776

Alveolargang 610
Alveolarsäckchen 610
Alveolen, Oberflächenspannung 622f
Alveoli 608f
Amakrine 474
Amboß 262
Amine 329
- biogene 178
α-Amino-3-hydroxy-5-methyl-4-isoxazolproprionsäure-Rezeptor 204
4-Aminopyridin 182
γ-Aminobuttersäure 195ff
- Strukturformel 197
- Vorkommen als Transmitter 256
γ-Aminobuttersäure A-Rezeptor 203
Aminosäuren
- essentielle 763
- als Nährstoffmoleküle 763
Aminosäuresequenz 63f
Aminosäurestruktur 64
Aminosäuresynthese 763
Ammoniak
- Ausscheidung 676
- Exkretion 716
- Membranpermeabilität 604
Ammonium-Ionen, pH-Wert-Regulation, renale 694
AMPA-Rezeptor 204
Amphibien
- Herzmuskel 438
- Metamorphose 362
- Spiralfalte 540f
Amphibienhaut 661
Amphibienlunge 621
Amphiuma 613
Amplitudenantwort, Logarithmus 231
Amplitudenverstärkung, Ton 263
Ampullenorgan 273
Amylase 310
Anabolismus 6768
Anaerobier
- fakultativer 90
- obligatorischer 90
Anaerobiose 773
Analysemethode, kolorimetrische 31, 35
Anämie, perniziöse 762
Anastomose 561
- arterio-venöse, Nebenanschluß, venöser 637
Androgen-bindendes-Protein (ABP) 371
Androgene 369

- Biosynthese 371
- Geschlechtsmerkmal, primär männliches 371
- - sekundär männliches 371
Androstendion 369
Aneurismus 555
Angiotensin 311
- Converting Enzym (ACE), Reabsorption, tubuläre 690
Angiotensin II 84
- Entzündungsvorgang 578
- Freisetzung 684
Anguilla rostrata 511
Anion 48
Anode 55
Anodonta, Herz 534
Anoxie 590
Antennen, Insekten 249f
Antennendrüse 712
Anti-Baby-Pille 374
Antidiuretisches Hormon (ADH) s. Vasopressin
Antigen 19, 568
Antigen-Antikörper-Komplex 19
Antikoagulans 727
Antikörper 19, 312
- monoklonaler 19, 313
- - Herstellung 19
- polyklonaler 19
Antilopen-Erdhörnchen, Körpertemperatur 674
Antiporter 121f
Antwort
- lokale, Depolarisation 154
- phasische 155
- tonische 155
Antwortbereich
- Aufteilung 231
- dynamischer 231
Aorta 522
Aortenbogen, Chemorezeptor 641
Aplysia californica s. Meeresnacktschnecke
Apnoe 611
- Tauchen 581
Apoenzym 81
Apolysis 379
Aporepressor 87
Aporepressor-Corepressor-Komplex 87
Apoxie, Tauchen 581
Apparat, juxtaglomerulärer 683
Aquaporin 109
- Wassertransport 661
Äquivalent, oxikalorisches 775

Arachidonsäure 352
Arapaima 538
Arbeit 71
- des Herzens 533f
- körperliche, Temperaturregulation 814ff
- mechanische 396
Arbeitshypothese 16
Area 17, 479
Area centralis 284, 475
A-Rezeptor, Vorhofrezeptor 574
Argininphosphat 76f
Arginin-Vasopressin 338, 367
Arginin-Vasotocin 367
Arginin-Vasotonin 338
Arsenazo III 353
Arteria
- coeliaca 539
- pulmocutanae 541
Arterien 518
- Eigenschaften, elastische 554
- Mikrozirkulation 561
- Säugerherz 522
Arterielles System s. Gefäßsystem, arterielles
Arteriole
- afferente 679
- efferente 679
- Mikrozirkulation 561
Arteriolen-Innervation 562
Arthropoden
- Organisation, neuromuskuläre 435ff
- Wasserdampf 675
Ascorbinsäure 765
Assoziationslernen 503
Ästivation 540, 818f
Atelektase 623
Atemhemmung, Tauchen 581
Atemzentrum 638
- medulläres 640
Atemzugvolumen 612f
Atmung 585
- Durchströmungsatmung 630
- Frosch 621
- Mensch 618
- normale, Säugerlunge 617
- Pool-Atmung 608, 630
- Regelung, neurale 638ff
- Regulierung 636ff
- Wärmeverlust 623f
- Wasserverlust 623f
Atmungsepithel 585
Atmungskette 93
Atmungskettenphosphorylierung 51, 95

Atmungsorgan, akzessorisches 635
Atmungspigment 588
Atmungssteuerung, Chemorezeptor 642
Atom, Aufbau 43
Atommasse 49
ATP s. Adenosintriphosphat (ATP)
ATPase-Aktivität, CA^{2+}-modulierte 400
ATP-Hydrolyse, Querbrückenzyklus 393
ATP-Regeneration, während Muskelaktivität 412f
ATP-Verbrauch, Querbrückenzyklus 425
Atriopeptin
- Reabsorption, tubuläre 691
- Salzdrüse 707
Atrioventrikularknoten 522
- Erregungsausbreitung 527
Atrioventrikulartrichter 528
Atrioventrikularklappe 523
Atrioventrikularknoten 523
Attrappe 502
A-Typ-Zellen, pH-Wert-Regulation, renale 693
Aufstrich, Aktionspotential 153
Auftrieb 825
- neutraler 649
Auge 274ff
- Evolution 275
- Octopus 277
- Vertebraten 277, 281ff
Augenflecken 275
Aurelia, Nervensystem, einfaches 449
Ausbreitung, elektrotonische 165
- - Axon 168
- - Potential, erregendes postsynaptisches 210
Auslese, natürliche 59
Auslöser 502
Auslöseschwelle 502
Aussalzeffekt 652
Austauschquotient, respiratorischer 775
Austauschvorgang, obligatorischer 660
Austernfisch 427
- Schallmuskelfaser 428
Auswärtsstrom 149
Autoinhibition 237
- Noradrenalin-Ausschüttung 317

Autonomes System 453
Autophosphorylierung, Rezeptor-Tyrosin-Kinase 355
Autoradiographie 18
Autoregulation, renale 683
AV-Knoten 523
Avogadro-Gesetz 587
Axon 133
– Aktionspotential 168, 170
– Ausbreitung, elektrotonische 168
– Kabeleigenschaft 166
– – passive 169
– Längs-Konstante 172
– Leitungsgeschwindigkeit 171
– sensorisches, Grubenorgan 273
Axondurchmesser, Leitungsgeschwindigkeit 172
Axonhügel 210
Axonkollaterale 134
Axonmembran
– Depolarisation, elektrotonische 169
– Erregbarkeit 169
Axonterminale 135
Azidose 594, 635
– metabolische 604
– – pH-Wert, intrazellulärer 606
– pH-Wert-Regulation, renale 694
– respiratorische 603
Azimuth 486

B

Backenzahn 729, 731
Bahnung 214, 449
– frequenzabhängige, Übertragung, neuromuskuläre 435
Bakterien
– chemoautotrophe 723
– chemotrophe 73
Bandscheibe 455
Barorezeptor 559
– Empfindlichkeit 572
– Endladungsfrequenz 572
– kardiovaskuläres System 571
– myelinisierter 571
– nichtmyelinisierter 571
Barorezeptorreflex 573
Barten 726
Bartenwal, Filtrierer 726
Basalmembran, Kapillare 562
Basalstoffwechsel 768f

– Energieäquivalent 325
– Tiere, endotherme 780
Basalzelle
– Geruchssinn 250
– Geschmacksknospe 239
Basilarmembran 263f
– Wanderwelle 267
Bauchmark 138
Becherzelle 301, 741
Begleitzelle, Chloridzelle 708
Beißen 727f
Belegzelle
– Magensekretion 753
– Salzsäure-Sekretion 755
Bell-Magendie-Gesetz 455
Bergmann-Regel 804
Bernoulli-Effekt 725
Betriebsstoffwechsel 70
Beutefang 728
Beweglichkeit, elektrische 55
Bewegung
– amöboide 382
– peristaltische 737
– rhythmische 493
– thermische 397
– transcytotische 306
Bicucullin 182
Bienen
– Schwänzeltanz 509
Bildsehen 277
Bindung, glykosidische, Hydrolyse 751
Bipolarzelle 474
1,3-Bisphosphoglycerat 96
Bläschen
– endocytotisches, zur Nahrungsaufnahme 724
– sekretorisches 302
Blasenatmer 628
Blättermagen 738
Blattstrom 615
Blinddarmkot 742
Block, atrioventrikulärer 528
Blut 518
– Dichte 556
– Energie, kinetische 549
– Fließgeschwindigkeit 547
– Geschwindigkeitsprofil 551
– Kohlendioxidgehalt, gesamter 596
– Kohlendioxidtransport 595ff
– Sauerstofftransport 590ff
– Übersäuerung 608
– venöses, Rückkehr zum Herz 559
– Viskosität 548, 551

Blutdruck 555ff
– arterieller, Kontrolle 570
– Druck, kolloidosmotischer 565
– Schwankungen 556
Blutdruckänderung, arterielles System 558
Blutegel
– Ganglien 451
– Nervensystem 450
Blutfluß, venöser 559
Blut-Gewebe-Gastransport 596ff
Blut-Hirn-Schranke 642
Blutkörperchen, rote 551, 561
Blutkreislauf s. Kreislauf
Blutlakune 520
Blutplasma 518
– pH-Wert 607
Blutreservoir 522
– venöses System 559
Blut-Sauerstoff-Dissoziationskurve 595
Blutstrom
– Geschwindigkeit, maximale 549
– Oszillation 555
Blutströmung, arterielle, Geschwindigkeit 558
Blutsturz 579
B-Lymphocyten 19
Bogen, pulmocutaner 541
Bogengänge 261
– Anatomie 262
Bohr-Effekt 592f
Bohr-Verschiebung 592
Boltzmann-Konstante 296
Bombenkalorimeter 771
Bombykol 249, 300
– als Botenstoff 328
Bombyx mori s. Seidenspinner
Botenstoffe, chemische 328
Bowman-Kapsel 678
Brackwasser 668
Bradykardie
– Chemorezeptor 573f
– Lernvorgang, assoziativer 581
– beim Tauchen 647
– Tauchvorgang 542
Bradykinin 575
Brennweitenänderung 282
Brennwert, kalorischer 61
Brenztraubensäure 97
B-Rezeptor, Vorhofrezeptor 574
Brieftauben 510
Bronchien 608f
Bronchiokonstriktion 643

Bronchodilatation 317
Bruce-Effekt 250
Brücke 456
Brunner-Drüsen 757
Bruns, Dieter 194
Brustfell 617
Brutpflegeverhalten 837
B-Typ-Zellen, pH-Wert-Regulation, renale 693
Bulbus cordis 535
– – Knochenfisch 538
– – Knorpelfisch 538
– olfactorius 250
– Signalverarbeitung 255f
α-Bungarotoxin 182, 201
β-Bungarotoxin 182
Bunsen-Löslichkeitskoeffizient 587, 589
Bursicon 377, 379
Bürstensaum 688
– Mitteldarm 740
– Tubulus, proximaler 688
trans-2-Buten-1-thiol 300
trans-2-Buthenyl-methyldisulfid 300
Butoxamin 317
B-Zellen 208
– Lymphozyten 569

C

Caecotrophie 742
Caecum-Fermentierer 743
Caenorhabditis elegans 446
Ca^{2+}-Ionen s. Calciumionen
Calcitonin 301, 312, 367
– gene related peptide (CGRP) 199
– Plasma-Ca^{2+}-Regulation 368
Calcitonin-Rezeptor 301
Calcitriol 311
– Reabsorption, tubuläre 689
Calcium (s. auch Calciumionen)
– Bahnung 215
– Bindung an Troponin C 353
– Freisetzung, Muskelkontraktion 407f
– Wiederaufnahme, Muskelkontraktion 407f
Calcium-Chelatbildner 398
Calciumionen
– Aufnahme, renale 368
– als Botenstoff 328
– Depolarisation 193
– Freisetzung, Säugerherz 438

Calciumionen
- als intrazelluläre Boten 352
- Kanal 159f, 216
- - spannungsabhängiger 160
- - spannungsgesteuerter 111
- Kaskade 355
- Konzentration, freie 398
- - myoplasmatische, zeitlicher Verlauf 428
- Mobilisierung, aus Knochen 368
- Muskelkontraktion 398
- Schallmuskel 427
- Sammelaktivität, Sarcoplasmatisches Reticulum 405
- als Second-messenger 351, 354f
- Stoffwechselprozesse 367
- Transienten
- - Klapperschlange 430
- - Krötenfisch 428
- Troponin-Bindung 408
- Troponin-Komplex 399
Calciumionen-ATPase 116
Calciumionen/Calmodulin-Komplex, Muskulatur, glatte 440
Calciumpumpe, ATP-Verbrauch, Muskel 412
Caldesmon 440
Calmodulin 352, 354
- Muskulatur, glatte 440
Calsequestrin, Muskelkontraktion 405
cAMP s. Adenosin-3′,5′-monophosphat, cyclisches (cAMP)
Cannabis-Rezeptor 18
Capacitance, Gefäßwand 551
Carbachol 182, 195
- Strukturformel 195
Carboanhydrase
- Belegzellen 754
- Erythrozyten 597
- Gastransport 599
Carboxyhämoglobin 589
Carotiden-Körper, Ausschnitt, schematischer 641
Carotidenlabyrinth 640
Carotiden-Rete 816
Catecholamine 197f, 313
- Abbau 316
- Ausschüttung, chromaffines Gewebe 577
- Beeinflussung der Wirkung 319

- Freisetzung 314ff
- - Atmung 649
- Herzkranzgefäße 531
- Kontrolle der Kapillardurchblutung 576
- Muskulatur, glatte, Kontraktionsbeeinflussung 358
- Nebennierenmark 358
- Synthese 316
Catecholamin-O-methyltransferase 316
Caudalherz 560
Cellulase 751
Cellulose 62, 751
Celluloseverdauung 751
Cephalisation 450
Cephalopoda s. Octopus
Cerebellum 456
- Lernen motorischer Fähigkeiten 456
Cerebrospinalflüssigkeit 455, 642
Cerebrum 458
C-Fasern, Herzrezeptor 574
cGMP s. Guanosin-3′,5′-monophosphat, cyclisches (cGMP)
Channichthyidae, Atmungspigmente 589
Chelatbildner 384
Chemorezeptor
- Aortenbogen 641
- arterieller 573f
- - Atmung 642
- Atmung 639
- Atmungssteuerung 642
- Glomum caroticum 641f
- Kreislaufsteuerung 642
- Osmoregulation 642
- peripherer, Atmung 641
- Verdauungssekretion 755
- zentraler, Medulla oblongata 641
Chemorezeptorzelle 237
Chiasma opticum 474, 479
China arges, Luftatmungsorgan 539
Chinin 247
Chiromantis xerampelina 661, 721
Chitin 62
Chitinstruktur 62
Chloridverschiebung 597
Chloridionen-Kanal
- Ca^{2+}-abhängiger 161
- Potentialänderung 188
Chloridzelle
- Fischarten, wandernde 710f
- Süßwasserfisch 710

- Teleosteerkiemen 707
Chlorocruorin 590
Chlorophyllmolekül 73
Choanocyten 725
Chochleagang 265
Cholecycstokinin, Aminosäurekette 334
Cholecystokinin (CCK)
- in Neuronen 200
- Pankreasenzymsekretion 757
- Verdauungstrakt 311
- Wasserabsorption 762
Cholesterin 358
- Hormonsynthese 360
Chordae tendineae 545
Chorioallantois 546
Choriongonadotropin (CG) 311, 373
Chromaffine Zellen 314
- - Nebenierenmark, Hormonproduktion 315
Chromaffines Gewebe, Catecholaminausschüttung 577
Chromagene 25
Chromogranin
- Polymergel 303
- in chromaffinen Zellen 315
Chromogranine, Catecholaminsynthese 314
Chylomikronen 759
Chylus 567
Chylusgefäß 567
Chymodenin 311
Chymotrypsin 751, 753
- Raumstruktur 79
Chymotrypsinogen 753
Chymus 740
Ciliarkörper 282
Cilien
- Bewegung 382
- Darstellung 29
Cilium, Vertebraten 284
Cirripedierauge 221
Clathrin 123
Clearance, renale 686
Cl⁻-Kanal s. Chloridionen-Kanal
Clonidin 317
CO_2 s. Kohlendioxid
Coated pits 122
- vesikel 122f
Cochlea 263
- Aufbau 264
- Frequenzanalyse 267f
- Haarzelle, Resonanzfrequenz 266
- Membranauslenkung 265
- Mikrophonpotential 265

Coelenteron 733
Coelomflüssigkeit 711
Coenzym 81
- A 98
- elektronenübertragendes 92f
Cofaktor 81
- Enzymaktivierung 88
Coffeingenuß 247f
Coleoptera 431
Colliculus superior 489
Colon-Fermentierer 743
Compliance, Gefäßwand 551
Concanavalin A 301
ω-Conotoxin 182
Corepressor 86
Cornea 278
- Vertebraten 282
Coronardurchblutung, Verminderung 555
Coronargefäß s. Herzkranzgefäß
Coronar-Kreislauf 529ff
Corpus geniculatum laterale 474, 479
Cortex
- assoziativer 459
- auditorischer 461f
- cerebri 459
- frontaler 459
- motorischer 460, 462
- primär visueller 479
- Säugerniere 677
- sensorischer 460
- visueller 461
- - Antwort, neuronale 481
- - Informationsverarbeitung 479ff
- - Neuronenanordnung 484
- - Oberfläche 485
- - Säuger 474
- - Verarbeitung, visuelle 474
Cortexsäule 484
Corticosteron 311, 359
- Salzdrüse 707
Corticotropin-Releasing-Hormon (CHRH) 333
Cortisches Organ 263
- - Aufbau 264
- - Mechanik 266
Cortisol 311, 359
- Fischarten, wandernde 710
Cortison 359
Co-Transmitter 199
CRH-Sekretion, cyclische 359
Crustaceen
- Pericard 534

Sachverzeichnis 855

Crustaceen
– Skelettmuskelfaser 435
Cupula 259, 261
– Anatomie 262
Curare 180
Cuticulabildung, Kontrolle, hormonelle 379
Cyclostomata s. Rundmäuler
Cytochrome 94
Cytochromoxidase 94
Cytokine 569
Cytoplasma 104
Cytosin 68
Cytoskelett 106
Cytosol, Muskelfaser 398
C-Zelle 208

D

Dalton-Gesetz 587
Darm
– Absorptionsgewebe 757
– Querschnitt, schematischer 744
Darmepithel 739
Darmgastrin 756
Darmkanal
– Motilität 743f
– Motilitätskontrolle 745
Darmkapillare, Permeabilität 564
Darmmotilität, Grundrhythmus, elektrischer (EGR) 745
Darmmuskulatur
– Längsmuskelschicht 744
– Peristaltik 744
– Ringmuskelschicht 744
Darmsaft 757
Darmstruktur, Dynamik 742f
Dauerkontraktion 400
Deaktivierung, spannungsabhängige 141
Defäkation 734
Dehnungsreflex 492
Dehnungsrezeptor 236
– arterieller 366
– Dauerreizung 227
Dehnungsrezeptorzelle 226
Dehydrogenase 92
3-Dehydroretinal 290
11-*cis*-3-Dehydroretinal, lichtabsorbierendes 294
Dekompressionskrankheit 647
Delayed rectifier 141
Delphin, Echoortung 507
Dendrit 133
Densiometer 18, 36

Depolarisation 150f
– elektrotonische, Axonmembran 169
– Motoneuron 213
– Neuron 165
Depression, posttetanische 215
Depressor-Areal, Kardiovasculäres Zentrum, medulläres 571
Desmosomen 125
Desoxyhämoglobin 589
Desoxyribonucleinsäure (DNS) 7, 68
– native 69
– rekombinante 20
Desoxyribonucleinsäure-Bibliothek 21
2-Desoxyribose 61
Desoxyribose, DNA-Rückgrat 68
Detektion
– Photon 224
– Schwellenwert 223
Diabetes mellitus 364, 686
Diacylglycerol (DAG) 342
– als Botenstoff 328
– als Second messenger 351
– Wirkungen 350
Diapause, Schmetterling 380
Diapausehormon 377
Diaphragma
– Blutfluß, venöser 559
– Säugerlunge 616f
Diastole 523
Dibutyryl-cAMP 346
Dielektrizitätskonstante 47, 140
Diencephalon 457
Diffusion 108
– parazelluläre 126
– passive 758
Diffusionsbarriere 104
Diffusionslänge 161
Digitalis purpurea 116
Dihydropyridin-Ryanodin-Rezeptor 407
Dihydrotestosteron 371
Dihydroxyacetonphosphat 96
3,4-Dihydroxyphenylalanin 199
3,4-Dihydroxyphenylethylamin 199
Dinitrophenol (DNP) 95
Dipalmitoyl-Lecithin 622
1,3-Diphosphoglycerat (DPG) 77
2,3-Diphosphoglycerat (DPG)
– in Erythrozyten 593

– Sauerstoffmangel 644
Dipnoi 540
Dipodomys merriami 665
Dipol 46
Dipolmoment 46
Disaccharid 61
Disinhibition 468
Disulfidbrücke, Bildung 67
Diurese 127, 574
Divergenz 468
D-Mannitol 109
DNA s. Desoxyribonucleinsäure (DNS)
DNA-Bindungsdomäne 341
DNA-Rückrat, Desoxyribose 68
DNS s. Desoxyribonucleinsäure (DNS)
Dominanz-Säule, okulare 484
– Rekonstruktion 485
Donnan-Gleichgewicht 116f
Donnanpotential 149
Donnan-Verteilung, pH-Wert 602
Dopa
– Catecholamin-Synthese 316
– Strukturformel 199
Dopamin 196f
– Catecholamin-Synthese 316
– Strukturformel 198f
Doppelhelix 69
Dormanz 816
Dorsobronchien 619
Dromedar, Körpertemperatur 674
Drosophila 358
Drosophila-Genetik, molekulare 292
Druck
– diastolischer 555
– hydrostatischer 650
– kolloidosmotischer 129
– – Harnbildung 680
– – Kapillare 564
– – Ultrafiltratbildung 698
– onkotischer 128f
– osmotischer 127
– – Zelle 128
– systolischer 555
– transmuraler 534
– – Blutdruck 555
Druckdifferenz, hydrostatische, Harnbildung 680
Druckreservoir 520
– arterielles System 552
Druckrezeptor
– kardiovaskuläres System 571

– Vene 559
Drüsen 299
– alveoläre 319
– apokrine 319
– Eigenschaften, allgemeine 309f
– endokrine 309ff
– – Vertebraten 311f
– exokrine 309, 319ff
– merokrine 319
Drüsenaktivität, Energiekosten 324
Drüsengewebe, Speicherungsdauer Hormone 306
Drüsenhormone 328
Drüsensekretion 308ff
Drüsenzelle, Geruchssinn 250
D-Tubocurarin 182, 195
– Strukturformel 195
Ductus arteriosus
– Säugerherz, fötales 545f
– pancreaticus 739
– pneumaticus 538
– – Schwimmblase 651
– thoracicus 566f
Duftstoff, Schwellenkonzentration 249
Dunkelfeld-Mikroskop 27
Dunkelstrom 286f
– Regulierung 291
Dünndarm
– Aufbau 740
– Lipidresorption 760
Dünndarmepithel
– Mikrostruktur 741
– Zuckertransporter 758
Durchstrom-Atmung 608
Durchströmungsatmung 630
Durchströmungslunge 619
Dye coupling 115
Dyspnoe 611
D-Zelle 188

E

Ecdysis 379
α-Ecdyson 378
β-Ecdyson 378
Ecdyson 376
– als Botenstoff 328
Echoortung 506ff
Eckzahn 729
Eclosionshormon 377, 379
Effekt
– negativer chronotroper 528
– positiver chronotroper 528

Effekt, positiver
– – dromotropischer 528
– – inotroper 528
Effektorprotein 338, 345, 347
Effektorzelle, Reflexbogen 445
γ-Efferenz 493
Effizienz, synaptische 213
EGTA 384, 399
Eicosanoide 352
Ei-Einrollverhalten 36
Einfachzelle 481f
– Antwort im visuellen Cortex 482
– Feld, rezeptives 481
Einfaltung
– postsynaptische 178
– subsynaptische 179
Einheit, motorische 212, 433
– – Rekrutierung 434
Einstein-Gleichung 296
Einwärtsgleichrichter 141f
Einwärtsstrom 149
Einzelzuckung 400
– Tetanus 411f
Eisbildung 792
Eisfische, Atmungspigmente 589
Ektotherme 790
Elasmobranchia, Pericard 535
Elasmobranchierherz 535
Elektroantennogramm (EAG) 250
Elektrocyt 269
Elektrodiffusion 145, 147
Elektrokardiogramm (EKG) 525ff
Elektrolyt 47f
– Aktivitätskoeffizient 51
Elektrolythaushalt, Regulation, hormonelle 366ff
Elektrolytlösung 55
Elektromyogramm (EMG), Froschmuskel 419
Elektron 43
Elektronegativität 46
Elektronenakzeptor 91
Elektronendonator 91
Elektronenfluß, Atmungskette 95
Elektronenhülle 43
Elektronenkaskade, Atmungskette 95
Elektronenmikroskop 28
– Membranen 104
Elektronentransportkette 90, 93
Elektroneutralität, Gesetz 603

Elektroolfaktogramm (EOG) 253
Elektrophorese 33
Elektroplaxen 201f, 269
Elektroretinogramm (ERG) 287f
Elektrorezeption 269ff
– Funktion 297
Elektrorezeptor 269, 271f
– Empfindlichkeit 272
Elektrorezeptorepidermis, Lorenzinische Ampullen 273
Elephantiasis 567
Elevation, Tonlokalisation 486
Embden-Meyerhof-Weg 96
Eminentia mediana 333
– – Anatomie 335
Emissivität 786
Empfindungsänderung, Rezeption, sensorische 232
Endhirn 458
Endocard 523
– Erregungsausbreitung 527
Endocytose 122f
– Membran, basolaterale 759
– zur Nahrungsaufnahme 724f
– rezeptorvermittelte 122
Endolymphe 261f
Endolymphkanal 262
Endolymphsack 262
Endometrium, Zellproliferation 372
Endopeptidase 749
Endorphine 200, 310
Endothel, Blutgefäß 552
Endotheline 578
Endothelium-derived relaxing factor (EDRF) 578
Endotherme 790
Endplatte, motorische 179
– – Calciumionen 193
– – Frosch 183
– neuromuskuläre 174
Endplattenpotential 180f, 183, 190
– Froschmuskel 215
Endprodukthemmung 88
– Enzymsynthese 87
Endverdauung 758
Energetik, zelluläre 88f
Energie
– assimilierte 769
– Bereitstellung 360
– chemische 71, 768
– – Übertragung 73f
– elektrische 71
– freie 73

– kinetische 71
– – Blut 549
– – Speicherung 826f
– mechanische 71
– potentielle 71
– umsetzbare 769
Energieaufnahme, während Laktation 324
Energiebilanz, Nahrung 762f
Energiefluß 73
Energiehaushalt 767
– und Temperatur 781
Energiekosten, Muskelphysiologie 416
Energiespeicher 60, 775
Energiestoffwechsel 767f
– Leistungsfähigkeit 100f
Energieübertragung 91f
Enkephalin 199, 315
– Pankreassekretion 757
Enkephaline 200
Ente, Lungenventilation 642
Enterocyten 739
Enterokinase 753
Enthalpie 73
Enthemmung 468
Entropie 71f, 104
Entzündungsvorgang, Wirkstoff 578
Enzym 78
– Beispiel 81
– proteolytisches 79,
– – Nahrungsaufnahme 727
– – Gifte 731
Enzymaktivierung 56, 88f
Enzymaktivität 80
– Kontrolle 87ff
Enzymdenaturierung 81
Enzymhemmung 84ff
Enzyminduktion 87
Enzymkaskade 227
– Glykogenolyse 348
– Hormonwirkungsverstärkung 346
Enzymkinetik 81ff
Enzymmodulator, Beispiel 81
Enzymspezifität 79
Enzym-Substrat-Komplex 54, 80
Enzymsynthese
– Hemmung, allosterische 88
– Kontrolle 86f
– – durch Endprodukthemmung 87
Enzymwirkung 84
– Theorie 83
Epicard 523
– Erregungsausbreitung 527
Epinephrin 197

Epipharynx 248
Epiphyse 457
– Drüsen, endokrine 311
Epithel
– Mitteldarm 739
– olfaktorisches 250
– – Lage 251
– respiratorisches s. Atmungsepithel
Epithelgewebe 123
– Ionentransport 126
Epitop 19
Erbkoordination 501
Erbkrankheit 21
Erbmaterial 45
Ernährungsstrategie 723ff
Erregung, neuromuskuläre 434
Erregungsausbreitung, Herz 527ff
Erregungsleitung, saltatorische 172, 174
Ersatzschaltbild, Axon 166
Erythrocyten
– Blutviskosität 551
– 2,3-Diphosphoglycerat 593
– Carboanhydrase 597
– Durchlaufzeit, Kiemen 600
– – Lunge 600
– Inositolpentaphosphat 593
– Mikrozirkulation 561
– Sauerstofftransport 592
– Volumen 600
Erythropoese 644
Erythropoetin
– Hämorrhagien 583
– Hypoxie 644
– Niere 311
Eserin 182
Ethik 12
Ethiologie 500
Ethogramm 501
Ethylendiaminotetraessigsäure (EDTA) 399
Eulengehirn, Karte, auditorische 486
Eupnoe 611
Eurycea, Geomagnetismus 510
Euryhaline 668
Evaporation s. Verdunstung
Evertebraten
– Blutkreislaufsystem 520
– Fokussierung 282
– Luftatmungssystem 622
– Organ, osmoregulatorisches 711ff
– Photorezeptor, Depolarisation 287

Evertebraten
- Verdauungssystem 735
Evolution 8, 14
- Auge 275
- Prinzipien 3
Evolutionsphysiologie 4
Exkretion, Endprodukte, stickstoffhaltige 716ff
Exocytose 124, 178, 195, 302
- CA^{2+}-vermittelte 308
- von Schleim 304
- Vesikel 304
Exopeptidase 749
Exspiration maximale 613
- in Ruhe 613
Extraokularmuskel 435
Extravasation 570

F

F-Actin 385
Faeces 740
Fahraeus-Lindqvist-Effekt 551
β-Faltblatt 64
- Raumstruktur 67
Farbblindheit 295
Farbenlehre, von Goethe 293
Farbensehen 293
- Grundlagen, molekulare 294
- Zapfen 284
Farbstoff, calciumempfindlicher 353
Farbtüchtigkeit 295
Fasern
- 1a-afferent-sensorische 492
- extrafusale 492
- intrafusale 492
Fatt, Paul 190
Fazilitation 449
- synaptische, Bahnung 214
Feedback
- Inhibition 236
- Kontrollsystem 9
- negatives 9f
- Prinzip 10
- positives 10
Feindabwehr 300
Feld
- elektrisches 269
- rezeptives 476
Felsenbein 263
Femur 257
Fenster
- ovales 262f
- rundes 262f
Ferritin, Muskelfaser 403

Fettabbau, in Fettzelle 345
Fettdepot 762
Fettgewebe, braunes 802
Fettmolekül, Aufbau 60
Fettsäure, Schmelzpunkt 60
Feuerschwelle 154, 468
- Endplattenpotential 181
- Impulsentstehungszone 210
- Motoneuron 213
Ficksches Gesetz 108, 145
Fieber 813f
Filariasis 567
Filtermechanismus 726
Filternetzwerk, sensorisches 467, 469ff
Filtration, glomeruläre 680
Filtrationsdruck, effektiver, Harnbildung 681
Filtrationsrate, Regulation 684
Filtrations-Reabsorptions-System 711f
Filtrationsschlitz 681
Filtrieren 725f
Filtrierer
- aktiver 725
- passiver 725
Fingerhut 116
Fische
- Caudalherz-Schema 560
- elektrische, Feldlinien 272
- Fluchtreaktion 422
- Geschmacksschwelle 245
- heterotherme, Gegenstromwärmeaustauscher 800
- Linsen 276f
- luftatmende 538
- - Kiemen 538
- Muskelfasern, räumliche Anordnung 421
- Muskeln, rote 421, 426
- - weiße 421, 426
- Osmoregulation 538
- schwach elektrische 221, 269
- stark elektrische 221, 269
- wasseratmende, Herz 537f
Fisch-Geschmacksknospe 238
Fischkiemen s. Kiemen
Fixed Action Pattern (FAP) 491
- - - Eigenschaften, gemeinsame 502
- - - Flußkrebs 497
- - - typische 501
Flagellenbewegung 382
Flamingo 727

Flavin-Adenin-Dinucleotid (FAD) 93
Flavin-Coenzym 92
Fledermaus
- Echoortung 506
- Insektenfang 508
Flexorreflex 209
Flickerlicht 281
Fliegen 825
Flimmerepithel, Kiemen 630
Fluchtreaktion
- Fisch 422
- Flußkrebs 497
- Paramecium 447
Fluchtverhalten, Nacktkiemerschnecke 494f
Flugapparat, Resonanz 432
Flügelgelenk-Rezeptor 494
Flügelschlagfrequenz 431
Fluginsekten 797
Flugmechanik, Insekten 431
Flugmuskeln
- asynchrone 431f
- - aktiver Zustand 431
Flugmuskulatur
- direkte 431
- indirekte 431
Flugmustergenerator, zentraler 494
Fluoreszenzmikroskop 19, 26
Flüssigkeit
- extrazelluläre 656
- - Osmoregulation 676
- interstitielle, Elektrolyte 658
- intrazelluläre, Elektrolyte 658
Flüssigkeitsbilanz, Verdauung 761
Flüssigmosaikmodell 105
Flußkrebs
- Fixed Action Pattern 497
- Fluchtreaktion 497
- Kommandoneuron 496
- Ommatidium 280
- Retinulazelle 280
Flut, alkalische 754
Fokussierung 282
Follikel 306
Follikelphase 371
Follikel-stimulierendes-Hormon (FSH) 335, 369
- Adenohypophyse 336
- Bildung 371
Follikelzellen 312
Foramen ovale 546
- Panizzae, Krokodile 543
Fortpflanzung 834ff
Fötus, menschlicher 546
Fourier-Gesetz 802

Fovea 204, 475
- centralis 277
Frank-Starling-Mechanismus 530
Freiland-Stoffwechselrate 769
Frequenzanalyse, Cochlea 267f
Frosch
- Atmung 621
- Endplatte, motorische 183
- Harnblase 661
- Ionenkonzentration 119, 145
- Metamorphose 362
- Nervensystem, zentrales, Organisation 454
Froschfisch, Schwimmblase 427
Froschherz 177
- Ventralansicht 541
Froschmesenterium, Kapillarbett 561
Froschmuskel, Endplattenpotential 215
Froschmuskelfaser 179
Froschnerv 171
Froschnetzhaut, Filterung, sensorische 472
Froschsprung, Mechanik 418
Fructose 79
Fructose-6-phosphat 96
Fructose-1,6-bisphosphat 96
Fumarat 99
Furaptra, Muskelfaser 405
Fürsorge, elterliche 836f

G

G-Actinmolekül 385
Galanin 199
Galle 749
Gallenblase 749
Gallenflüssigkeit 739
Gallenpigmente 749
Gallensalze 245, 749
- Lipasen 752
- Struktur 750
Galvani, Luigi 136
Gametenbildung 836
Ganglienzelle 284
- sympathische 207
- Verarbeitung, visuelle 474
Ganglion 450
- stomatogastrisches (STG) 497, 499
- sympathisches, Anatomie 455
Gap junction
- - Erregungsausbreitung im Herz 527

Gap junction
– – Ionenkanal 110
– – Kanal 114
– – Membranen 107
– – Synpase, elektrische 174f
– – Verarbeitung, visuelle 477
Gartenkreuzspinne 322f
– Spinndrüsen 324
Gasaustausch
– durch Diffusion 586
– Eischale 625
– Experimente 586
– Kiemen 630
– Neunauge 630f
– Regulierung 636ff
– Tracheolen 627
Gasaustauschrate 588
Gasaustauschsystem, Struktur 608
Gasblase 650
Gasdrüsen
– Aufbau 652
– Schwimmblase 652
Gasgesetze 587
Gaspartialdruck, in der Wasserphase 628
Gasstoffwechsel 772
Gasterosteus aculeatus, Imponierverhalten 502
Gastralraum s. Coelenteron
Gastrantransport
– in Luft 608ff
– Stufen 587
– Vogelei 624f
Gastrin 756
– Wasserabsorption 761
Gastrin-Releasing-Peptid 311
Gastrointestinaltrakt
– Innervierung 747
– Motilität 745
Gaumenleiste 726
Gay-Lussac-Gesetz 587
Gedächtnis 448, 504
Gefäßsystem, arterielles
– – Blutdruckänderung 558
– – Druckreservoir 552
– – Funktionen 554
– – Hauptfunktionen 552ff
– – Kreislauf, geschlossener 520
– venöses 558ff
– – Blutreservoir 522
Gefäßtonus 570
Gefäßwand, Compliance 551f
Gefrierschutzmittel 793
Gegenstrommultiplikation 663

– Harnkonzentrierung 695ff
Gegenstromprinzip, Gefäße 560
Gegenstromsystem 696
– Känguruhratte 665
– Kiemen 631
– Sekretions-Reabsorptions-System 715
Gegenstromwärmeaustausch 792, 805f
– Fische 798, 800
– See-Elefant 675
Gehirn (s. auch Vertebratengehirn) 450
– Organisationsprinzip 480
– Struktur 456ff
– Verarbeitung, visuelle 484
Gehirnhormon, als Botenstoff 328
Gehirnkapillare, Permeabilität 564, 566
Gehirnkarte 489
– tonotope 486
Gehörknöchelchen 263
Geigerzähler 18
Gelbkörper 372
Gelbkörperphase 372
Gelelektrophorese 33
Gelenk, Propriorezeptor 260
Genaktivierung, differentielle 357
Genbank 21
Generatorpotential 228
Genklonierung 20
Genotyperkennung 250
Gentechnologie 20
Gentherapie 21
Geomagnetismus 509ff
Geraniol 255
Geruch 458
Geruchsorgan 248
Geruchsreiz, Prägung 250
Geruchssinn, Vertebraten 250
Geruchsstoff 248, 251
Geruchssystem, Aufbau 250
Gesamtspeichel, Bestandteile, anorganische 320
Geschlechtsmerkmal
– primär männliches 371
– sekundär männliches 371
Geschmack, Transduktionsmechanismus, molekularer 246
Geschmacksbahnen
– Grundschema 242f
– Mensch 244
– Säuger 243
Geschmacksempfindlichkeit 244

Geschmacksgrube 241
Geschmackshaar 238
Geschmacksknospen 238f
– Anordnung 240
– – beim Mensch 248
– Anzahl 247
– Innervation 248
– Nerv 239
– Säuger 242
Geschmacksorgan, Sensitivität 248
Geschmackspapille, Säuger 241
Geschmacksporus 241
Geschmacksqualität 245
Geschmacksrezeptor 237
Geschmacksscheibe 240
Geschmacksschwelle
– Fische 245
– Mensch 248
Geschmackssinn
– Adaption 248
– Vögel 241
Geschmackssinnesorgan, Leistung, physiologische 243f
Geschmackssysteme 238ff
– Vertebraten 238f
Geschmackswahrnehmung 224
Geschwindigkeit
– Bewegung in Luft 820
– maximale aerobe 827
– Muskelphysiologie 416
Gestagene 369
Gewebe, chromaffines 314
– endokrines, Identifikation 310ff
– – Untersuchung 310ff
Gewebe-Blut-Gastransport 596ff
Gewöhnung 497
GH-Inhibitor-Hormon (GIH) s. Somatostatin
GH-Releasing-Hormon 333
Gibbs-freie-Enthalpie 73
Gigantismus 365f
Giraffe, Blutverteilung zum Gehirn 557
Glanzstreifen, Erregungsausbreitung im Herz 527
Gleichgewichtsorgan 260
– Vertebraten 261
Gleichgewichtspotential 145f, 184f
Gleichgewichtssystem, Haarsinneszelle 259
Gleichrichter, verzögerter, K+-Kanal 160
Gleichstromsystem, Kiemen 631

Gleitfilamenttheorie 386ff
– Beweis 387
– Modell 388
– Vorhersage 390
Gliazelle 133, 138f, 163, 172
Globine, Häm 595
Glomerulus, Säugerniere 678
Glomus aorticum 640
– caroticum 640
– – Chemorezeptor 641f
Glomus-Zelle 641
Glossoscolex giganteus 518
Glucagon
– cAMP-vermittelte Zellantwort 347
– Energiestoffwechsel 359
– Glykogenabbau 347
– Langerhans-Inseln 311, 362ff
Glucocorticoide 313, 358
Glucocorticoid-Sekretion 359
Gluconeogenese 347, 359
Glucose 79
– Abbau 90, 97
– Bildung 347
– Clearance, renale 686
– Filtrations-Reabsorptions-System 712
– Mobilisierung 347
– Oxidation 100
Glucose-1-phosphat 77, 347
Glucose-6-phosphat 77, 96, 347
Glucuronsäure, Sekretion, tubuläre 692
Glumitocin 338
Glutamat 196f, 250
– Strukturformel 197
– Vorkommen als Transmitter 256
Glutamat-Rezeptor 204
Glutamin, Exkretion 718
Glycerinaldehyd-3-phosphat 96
Glycerol 45
Glycerolextraktion, Muskel, fibrillärer 431
Glycin 196f
Glykocalyx 301
Glykogen 61, 89
Glykogenolyse 347ff
– Enzymkaskade 348
– Stimulation 365
Glykogenstruktur 62
Glykogensynthetase 349
Glykolyse 96ff
– Adenosintriphosphat 98
Glykoprotein, Speicheldrüse 310

Glykosidase 751
Glykosurie 364
GnRH s. Gonadotropin-Releasing-Hormon (GnRH)
Goldman-Gleichung 151, 185, 230
Golgi-Apparat 305
– Hormonproduktion 315
Gonadotropine 336, 369
Gonadotropin-Releasing-Hormon (GnRH)
– Adenohypophysen-Beeinflussung 333
– Aminosäurekette 334
– Bildung 371
– Potential, elektrotonisches erregendes postsynaptisches, Freisetzung 205
– in Neuron 200
– Sexualhormone 369
Gonadotropin-Releasing-Hormon(GnRH)-Rezeptor 208
G-Protein 204, 342
Gradient, corticomedullärer osmotischer 696, 698
Graham-Gesetz 586
Granulozyten 568
Grasfrosch, Metamorphosenkontrolle 363
Graue Substanz, Anatomie 455
Grauwal, Navigation 509
Grille, Hörorgan 268
Großhirn 458
Großhirnrinde 459
– Areale, Säugetiere 459
Grubenauge 275
Grubenorgan 273
– Axon, sensorisches 273
– Klapperschlange 273f
Grundlagenforschung 12
Grundrauschen 235
– Input 236
– Rezeptor, sensorischer 225, 296
– synaptisches 212
Gruppe, prosthetische 94
Guanin 68
– Exkretion 721
Guanosin-3′,5′-monophosphat, cyclisches (cGMP) 225
– als Botenstoff 328
– hydrolysiertes 290
– als Second messenger 341, 349
Guanosindiphosphat (GDP) 101, 342
Guanosintriphosphat (GTP)
– Energieübertragung 76

– Guanosinmonophosphat, zyklisches 349
– Neurotransmission, langsame indirekte 204
– Nucleotide, zyklische 342
Guanylatcyclase 218, 349
Glycerophosphatide 104
Glycin, Strukturformel 197
Glycin-Rezeptor 203
Gymnotoiden 269
– Empfindlichkeit 272
Gyrus postcentralis 243

H

Haarplatte 257
Haarsinneszellen 258ff
– in Gleichgewichtssystem 259
– in Hörorgan 259
– Lage 262
Haarzellen
– Ablenkung 235
– Cochlea, Cilien 266
– – Resonanz, elektrische 266
– – Resonanzfrequenz 266
– – Zeitkonstante 267
– cochleäre, Erregung 265ff
– – Wahrnehmungsschwelle 265
Haarzellenantwort, Antwort-Kennlinie 260
Habituation 497
– Verhaltensmodifikation 503
Hai, Rektaldrüse 310
Haldane-Effekt 598
Häm 94
– bei Hämoglobinen 595
Hämatokrit 548, 551
Hämerythrin 590
Hammer 262
Hämocoel 519
Hämocyanin 590
Hämodynamik 547ff
Hämoglobin 67
– Atmungspigmente 589
– Desoxygenierung 597
– beim Erwachsenen 595
– fötales 595
– Kohlenmonoxid-Affinität 589
– Molekül, Aufbau 590
– Oxygenierung 591, 597
– Puffer-Wirkung 599
– Sauerstoffaffinität 592
– Sauerstoffbindungsgeschwindigkeit 594
– Sauerstoffdissoziationskurve 591

– Struktur 589
Hämolymphe 518f
– Salzkonzentration 663
– Sekretions-Reabsorptions-System 713
Hämolyse 566
Hämopoetischer Faktor 762
Hämorrhagie 579, 582
Handlung, instinktive 501
Handlungsbereitschaft 503
Harnbildung 679ff
Harnblase
– Frosch 661
– Kröte 661
– Säuger 677
Harnkonzentrierung 695ff
Harnleiter 677
Harnröhre 677
Harnsäure
– Ausscheidung 676
– Exkretion 716
– Sekretions-Reabsorptions-System 714
Harnstoff 42, 668
– Ausscheidung 676
– Exkretion 716
– Harnkonzentrierung 696
– Kamele 674
– Knorpelfisch 702
– Reabsorption, tubuläre 689
Hauptzelle 754
Hautrezeptor 209
Häutung, Insekten 379
Häutungshormon 376
Hebb, Donald O. 213
Heber 431
Hecheln 808
Hefe-α-Faktor, Aminosäuresequenz 302
Heidenhain-Tasche 756
Helicotrema 263, 267
α-Helix 64, 105
– Raumstruktur 66
Helix pomatia, Kreislauf, offener 519
Hell-Dunkel-Grenze 472
Hell-Dunkel-Sehen 284
Hellfeld-Mikroskop 26
Helmholtz, Hermann von 169
Hemipteria 431
Hemmstoff
– kompetitiver 85
– nichtkompetitiver 85
Hemmung
– allosterische 88
– kompetitive 84f
– – Mechanismus 85
– laterale 237, 472ff
– – Neuron, olfaktorisches 256

– nichtkompetitive 84f
– präsynaptische 189
Henderson-Hasselbalch-Gleichung 54
– pH-Wert 602
– pH-Wert-Änderung 607
Henle-Schleife 663
– Harnkonzentrierung 695ff
– Reabsorption, tubuläre 689
– Säugerniere 678
Henry-Gesetz 587
Hepatocyten 759
Hering-Breuer-Reflex 638
Herz 518
– Aktivität, elektrische 523ff
– Arbeit 533f
– Druck-Volumen-Schleife 533
– Drüsen, endokrine 311
– Eigenschaften, mechanische 529ff
– Erregungsausbreitung 527ff
– Innervation 530
– Kontraktion, isometrische, Arbeitsbelastung 579
– – isotonische, Arbeitsbelastung 579
– Wirkungsgrad 534
– Rückkehr des venösen Blutes 559
– Säuger 545ff
– Vögel 545ff
Herzausstoß 529
– Tauchen 573
Herzbeutel 534
– Bedeutung 535
Herzfrequenz, Nerv, parasympathischer 571
– – sympathischer 571
Herzganglion, bei Decapoden 523
Herzglykosid 116
Herzinnenhaut 523
Herzknochen 523
Herzkontraktion, zeitlicher Verlauf 439
Herzkranzgefäß 529
Herzmuskel 437ff, 522f
– Aktionspotential 524ff
– Aktivierung 438
– Kontraktion, isometrische 533
– – isotonische 533
– Kraft-Depolarisations-Beziehung 439
– Plateauphase 525
Herzrezeptoren 574ff

Herzschlagzyklus
- Druckänderung 532
- Reihenfolge der Ereignisse 532
- Volumenänderung 532

Herzschrittmacher-Potential 524f

Herzton 533

Herzvorhof 205
- Füllung 536
- Rezeptor 574

Herzvorhofzelle 206

Herzzelle, Adrenorezeptor 438

Heterotherme 790f
- Temperaturbeziehung 797ff

Heterothermie 816

Heuschrecke, Ionenregulation 663

Heuschreckenflug 494

Hexanol 109

Himmelslicht, polarisiertes 509

Hintergrundrauschen, Rezeptor, sensorischer 225

Hinterhirn 456

Hippocampus 218
- Langzeitpotenzierung 217

Hirnanhangsdrüse 457

Hirnareal, Größe 459

Hirnentwicklung, ontogenetische 458

Hirnnerv 239

Hirudin 727

Hirudo, Ganglien 451

His-Bündel 527

Histamin 197
- Entzündungsvorgang 578
- Strukturformel 198

Histamine, als Botenstoff 328

Hochgeschwindigkeits-Videokamera 37

Hoden 369
- Drüsen, endokrine 312
- implantierter 309

Hodgkin, Alan L. 157, 166

Hodgkin-Zyklus 168

Höhlensalamander, Geomagnetismus 510

Homing-Verhalten 245, 250

Homöostase 8, 31, 328, 366, 656
- Aufrechterhaltung 668
- osmotische 701

Homöotherme 789

Homunculus, sensorischer 460

Hooke-Gesetz 409

Horizontalzelle 474

Hörkanal 261ff

Hormon
- antidiuretisches (ADH) s. Vasopressin
- luteinisierendes (LH) 336
- prothoracotropes (PTTH) 377
- thyreotropes (TSH) 335, 361
- - Adenohypophyse 336
- - cAMP-vermittelte Zellantwort 347

Hormonausschüttung
- Ca^{2+}-vermittelte 308
- Rückkopplung, negative 330f
- - positive 331

Hormone 300
- Bindungsaffinität 340
- Drüsenaktivität 308
- Effekte, physiologische 358ff
- fettlösliche 338ff
- - Wirkungsmechanismen 340
- fettunlösliche, Wirkungsmechanismen, intrazelluläre 341ff
- gastrointestinale 754
- glandotrope 331
- hydrophile 338
- hydrophobe 338
- Konzentration, wirksame 329
- lokale 328
- Produktion in chromaffinen Zellen 315
- Speicherungsdauer im Drüsengewebe 306
- Synthese aus Cholesterin 360
- Transport 328
- Wirkungsmechanismen 339
- Wirkungsverstärkung durch Enzymkaskaden 346

Hormonrezeptor 329
- Aktivität, enzymatische 356

Hormon-Rezeptor-Komplex 340

Hormonsekretion, adenohypophysäre, Regulation 337

Hormonwirkungsnachweis 310

Horn
- dorsales 455
- ventrales 455

Hornschnabel, Vögel 730

Hörorgan

- Grille 268
- Haarsinneszelle 259

Hörsand 262

Human genome project 21

Hummer
- Ionenkonzentration 119
- Nervensystem, stomatogastrisches 499

Husten 643

Huxley 157

Hyalophora cecropia 379

Hybridoma-Zelle 20

Hydra s. Süßwasserpolyp

Hydratation 48

Hydrathülle 112

Hydratwasser 48

Hydrogencarbonat, pH-Wert-Regulation, renale 693

Hydrogencarbonat-Chlorid-Austausch 605

Hydrolase-Transport 758

Hydrolyse
- Adenosintriphosphat 89
- Querbrückenzyklus 393
- Bindung, glykosidische 751
- Peptidbindung 751

Hydroniumion 51

Hydropathiediagramm 111

Hydroxidion 51

20-Hydroxyecdyson s. β-Ecdyson 378

Hydroxylapatit 763

5-Hydroxytryptamin (5-HT) s. Serotonin

Hymenoptera 431

Hyperämie 579
- aktive 579
- reaktive 579

Hyperglykämie 364

Hyperkalzämie 368

Hyperkapnie 635, 645

Hyperpnoe 611

Hyperpolarisation 150f
- Sehnerv 287

Hyperthermie 802

Hyperventilation 645

Hypoglykämie 365

Hypopharynx 727

Hypophyse 331
- Anatomie 335
- Drüsen, endokrine 311

Hypophysenhinterlappen 331

Hypophysenvorderlappen 331

Hypothalamisch-hypophysärer Trakt 336

Hypothalamus
- Anatomie 335

- Geschmacksbahn 243
- als neuroendokrines System 331
- Neuropeptide 198
- als Thermostat 810
- Wasser-Reabsorption 699
- Zentren 457

Hypothermie 801

Hypothesen 16

Hypothyreodismus 362

Hypoxie 643
- Catecholaminausschüttung 316
- Coronar-Kreislauf 529
- Kapillardurchblutung 577
- Organophosphate 594
- Tauchen 582
- und Verhalten, thermoregulatorisches 813

H-Zelle 188

H-Zone 383

I

I-Bande 383

Imago 375

Immunantwort, Hemmung 360

Immunfluoreszenzmikroskop 26

Immunoblotting 33f

Immunolokalisations-Technik 19

Imponierverhalten, Stichlingsmännchen, dreistacheliges 502

Impuls 821

Impulsentstehungszone 209ff
- Dehnungsrezeptor 227

Inaktivierung, Ionenkanal 142

Incisivi 729

Incus 262

Inducer 86

Information, visuelle, Verarbeitung 472f

Informationsübertragung 165

Infrarotdetektor 273

Infrarotstrahler 274

Infrarotstrahlung, Wahrnehmung 221

Inhibin 312, 372

Inhibiting-Hormon 332

Inhibition, laterale 471f

Inhibitor, allosterischer, Aktivator 88

Inhibitorpeptide, gastrische (GIP) 311, 756

Initialsegment 135
Initialzone 213
Innervation
– multineuronale 435f
– multiterminale 434ff
Inositol-1,3,4,5-tetraphosphat (IP_4) 351
Inositol-1,4,5-triphosphat (IP_3)
– als Botenstoff 328
– Catecholaminregulation 317
– Hormone, fettunlösliche 342
– Salzdrüse 706
– als Second messenger 341
– – Wirkungen 350
– Sekretionsmechanismen 308
Inositolpentaphosphat (IP_5), in Erythrozyten 593
Inositolphospholipide, als Second messenger 341, 349
Inositolphospholipid-Kaskade 351
Inositolphospholipid-Weg 349, 352
Input-Output-Beziehung 229ff
Input-Region 308
Insekten
– Antennen 249f
– Entwicklung 379
– – hormonelle 375
– Flugmechanik 431
– Häutung 379
– hemimetabole 375
– holometabole 375
– – Metamorphose 380
– Kontaktchemorezeptor 238
– Lockstoffrezeptor 249
– Metamorphose 375, 378
– Mundwerkzeug 727
– neuroendokrines System 378
– Sekretions-Reabsorptions-System 713
– Trachea 268
– Tracheensystem 625ff
– Tympanalorgan 268
– Ventilation, unterbrochene 626
– Wachsschicht 662
Insektenflug 431
Insektenflugmuskel, asynchroner, Kraft-Geschwindigkeits-Kurve 432
Inspirationskapazität 613
Inspiration
– maximale 613
– in Ruhe 613

Instinktbewegung 501
Instinkthandlung (s. auch Fixed Action Pattern) 501
Insulin 362ff
– als Botenstoff 328
– Energiestoffwechsel 359
– Pankreas 311
– Regulation 366
– vom Rind, Strukturformel 330
– Wirkung 366
Integration
– neuronale 208f
– synaptische 208ff
Integument
– Luftatmer 671
– Permeabilität 660
Intensitätscodierung 229, 231
Interaktion, inhibitorisch-exzitatorische 187
Interneuron 137f
Internodi 172
Intestinalpeptide, vasoaktive (VIP)
– Aminosäurekette 334
– Magensekretion 756
– Verdauungstrakt 311
Intrinsic-Faktor 762
Inulin-Clearance 685
Ionengradient, Nervenzelle 163
Ionenkanal 107, 110f
– Impulsentstehungszone 227
– Inaktivierung 142
– Leitfähigkeit 139, 225
– ligandengesteuerter 177
– Neuron 167
– Selektivität 111ff
– spannungsabhängiger 135
– – Aktivierung 159ff
– – Öffnungszeit 159
– – Voltage-clamp-Methode 157
Ionenkonzentration
– Frosch 145
– Mensch 119
– Regulation 663
– Tiere 119
Ionenradius, Alkalimetallkationen 114
Ionenreabsorption 309
Ionenregulation 659
Ionenstrom, Neuron 163
Ionentransport
– aktiver, Meeresbewohner 671
– Reabsorption, tubuläre 689
– Süßwassertiere 670

– Tubulus-Epithelzelle 676
Ionenverlust, Süßwassertiere 669
Ionocyt, Salzsekretion 708
IP-Weg 349
Irisblende 282
Irismuskulatur 440
Ischämie 579
Isoelektrischer Punkt 53
Isolation 804
– thermische 788
Isomer, optisches 79
Isometrie 779
Isoproterenol 317, 466
Isotocin 338
Isotonie 128
Isotopen-Technik 773
Isozitronensäure 99
Ist-Wert 9

J

Jacob-Monod-Modell 87
Jacob-Monod-Operonmodell 86
Jacobs-Stewart-Zyklus 605
Jahn, Reinhard 194
Jamming avoidance response 272
Juvenilhormon (JH)
– Bildungsort 376
– als Botenstoff 328
– Strukturformel 378

K

Kabeleigenschaft 165
– passive, Sehzelle 287
Kainat 182
Kainat-Rezeptor 204
Kaliumionen (K^+-Ionen)
– Endplatte, motorische 185
– Sekretion, tubuläre 692
Kaliumkanal
– Ca^{2+}-abhängiger 160f
– Neuron 167
– Refraktärphase Axon 169
– Rezeptoren 208
– S-Typ 216
– spannungsabhängiger 160
Kalorimeter 771
Kalorimetrie
– direkte 770f
– indirekte 771f
Kälterezeptor 274
Kältezittern 802
Kammer, Säugerherz 522
Kampf-oder-Flucht-Reaktion 313

Kanal
– dehnungsempfindlicher 257
– perikardioperitonealer 535
Kandel, Eric 217
Känguruhratte
– Gegenstromsystem 665
– Wasserersparnis 673
Kapazität, elektrische, Zellmembran 112
Kapillardurchblutung, Kontrolle
– – lokale 577
– – nervöse 576
– Regulation 576ff
Kapillare 518
– dichte 563
– Druck, kolloidosmotischer 564
– Durchlässigkeit 563
– fenestrierte 315, 563
– Mikrozirkulation 561
– sinusoide 563
– Wirkstoff, endotheleigener 578
Kapillarnetz
– Gefäßsystem 561
– Mikrozirkulation 565f
Kapillarrezeptor, juxtapulmonaler 643
Kapillartypen, endotheliale Wand 563
Kapillarwand
– Kreislauf, geschlossener 520
– Permeabilität 521
– Stofftransport 563f
Kardiovaskuläres Zentrum, medulläres 571
Karpfen, Myosinarten 439
Karte
– akustischer Raum 490
– auditorische, Eulengehirn 486
– Gehirn 489
– – tonotope 486
– – retinotope 461
– somatosensorische, Punkt-für-Punkt-Konstruktion 466
Katabolismus 768
Katalysator, biologischer 78
Katalysatorsubstanz 78
Katalyse, enzymatische 80
Kathode 55
Kation 48
Kationenkanal, Ca^{2+}-abhängiger 161
Katz, Bernhard 190
Keimbahn 7

Keimbahn-DNA 7
Kerntemperatur 811 f
Kiemen 661
– Anatomie, funktionelle 633 ff
– Erythrozyten, Durchlaufzeit 600
– als Exkretionsorgan 634, 718
– Fische, luftatmende 538
– Gasaustausch im Wasser 630
– Ionentransport 707
– Osmoregulation 538, 707
Kiemenaufbau, Teleosteer 634
Kiemenepithel
– Ionenaustausch 634 f
– Meeresbewohner 671
– Süßwasserfisch 710
Kiemenlamellen 633, 635
Kiemenrückziehreflex 504
Kiemenventilation, Teleosteer 633
Kinetik 82
Kinocilium 259
K+-Ionen s. Kaliumionen
Kirchhoff-Gesetz 166
Klapperschlange 429 f
– Giftzahn 728
– Grubenorgan 273 f
Kleiber's Gesetz 779
Kleinhirn 456
Kloake 742
Klon 21
Klonierungsvektor 20
Kniesehnenreflex 468, 493
Knochenfisch
– Bulbus cordis 538
– luftatmender, Kreislaufsystem 539
– wasseratmender, Kreislaufsystem, Anordnung 537
Knochenplatte 731
Knockout-Maus 22
Knorpelfisch
– Bulbus cordis 538
– Plasma 671
– Rektaldrüse 702
Koboldmaki, Cortex, visueller 461
Kohäsion 47
Kohlendioxid 45
– Bewegungsgeschwindigkeit 599
– Diffusion, fazilierte 599
– Stoffwechselendprodukt 329, 585
– Transport, Blut 595 ff
Kohlendioxidgehalt, gesamter, Blut 596

Kohlenhydrate 59, 61 f
– ATP-Produktion 90
– als Nährstoffmoleküle 763
Kohlenmonoxid, Hämoglobin, Affinität 589
Kohnle-Poren 610
Koinzidenzdetektor 490
Koitus 374
Kollagen, Quartärstruktur 68
Kollaterale 469
Kommandoneuron, Flußkrebs 496
Kommandosystem
– motorisches 467
– zentrales 495 ff
Kommunikationsprozeß, intrazellulärer 402
Kompaßuhr 509
Komplexauge 277
Komplexzelle 481 ff
– Antwort 483
– Feld, rezeptives 482
Komponente
– parallelelastische (PEK) 409
– serienelastische (SEK) 409
Kondensator 139
Konditionierung
– instrumentelle 503
– klassische 503
– operante 503
Konduktion s. Wärmeleitung
Konfokal-Laserscanning-Mikroskop 26
Konfokalmikroskopie 27
Konformer 11
Konnektive 450
Kontaktchemorezeptor, Insekten 238
Kontraktion
– isometrische 395
– isotonische 395
Kontraktions-Erschlaffungs-Zyklus 427
Kontraktur 400
Kontrastverschärfung 256
– Rezeptor 237
Kontrastverstärkung 472
– optische 472
Konturfaser 536
Konvektion 786
Konventionen, elektrische Terminologie 58
Konvergenz 468
– binokulare 282
– von Signalen 468
Konzentrationsgradient 108
Kopfdarm 734

Kopplung
– asymmetrische elektrische 175
– elektromechanische 400
– symmetrische 175
Koprophagie 742
Körnerzelle 250
Körperkreislauf 521
Körpertemperatur, Regulation 800 ff
Kraft
– elektromotorische 55
– elektrostatische 48
– Erzeugung 409 ff
– negative 397
Kraftentwicklung 391
Krafterzeugung 411
Kraft-Geschwindigkeits-Beziehung 396
– und Querbrückenmechanismus 396 ff
Kraft-Geschwindigkeits-Kurve 395
– Insektenflugmuskel, asynchroner 432
Kraft-Membranpotential-Beziehung, Muskelfaser 402
Kragengeißelzellen 725
Krallenfrosch 726
α-Keratin 66, 323
β-Keratin 66
Kreatin-Kinase, Muskel, quergestreifter 383
Kreatinphosphat 76 f
– Muskelaktivität 413
Kreatin-Phosphokinase, Muskelaktivität 413
Kreatin-Phosphokinase-Reaktion, Muskelaktivität 413
Krebs-Zyklus 99
Kreislauf
– Evertebraten 520
– geschlossener 520
– peripherer 552
– Regulation 570 ff
– Riesenerdwurm 519
Kreislaufsteuerung, Chemorezeptor 642
Kreislaufsystem
– offenes 519
– peripheres, Strukturen 553
Kretinismus 362
Kriebelmücke 727
Krogh-Prinzip 17
Krokodile 543 ff
Kropf 362, 737
Krötenfisch 428
K-Selektion 835

Kuffler, Stephen W. 180
Kurzzeitgedächtnis 505

L

Labium 727
Labmagen 738
Labrum 727
Labyrinthsystem, membranöses 261
Lactat 98
Ladung 58
Lagena 265
Laktation 836
Laktoferrin 320
Laktogen 374
Längen-Spannungs-Beziehung
– Fisch 421
– Muskulatur, rote 423
– – weiße 423
Längen-Spannungskurve
– Muskelkontraktion 387
– Plateauphase 418
Langerhans-Inseln 362
– Hypoglykämie 365
– Pankreassekretion 757
Längs-Konstante 167
Längsmuskelschicht, Darmmuskulatur 744
Langzeitgedächtnis 504
Langzeitpotenzierung 204, 218 f
Laplace-Gesetz 534
– Alveolen 622
– Arterie 555
– Venen 559
Lasttragekapazität, Muskel 410
Lateralauge, Limulus 279
Latimeria, Plasma 671
Laufen 825 f
Laufzeitdifferenz, Ton 489
Lauterzeugung 417, 426 ff
Leber
– Kapillare, Permeabilität 566
– Pfortadersystem 561, 759
Lecithin 752
Lecken 727 f
Lectine 301
Leibeshöhle 518
Leimtröpfchen, glykoproteinhaltiges 323
Leistung-Geschwindigkeits-Beziehung 396
Leitfähigkeit 55 f, 58
– Axonmembran 168
– elektrische 269
– hydraulische, Harnbildung 680

Leitfähigkeit
- Ionenkanal 139, 225
Leitungsbahn, parallele sensorische 236
Leitungsgeschwindigkeit
- Axon 171
- Axondurchmesser 172
- Neuron 169ff
Leitwert 58
Lernen 448
- assoziiertes, Verdauung 755
Leu-Enkephalin, Aminosäurekette 334
Leukocyten 561
- Lymphsystem, Immunreaktion 568
Leukotriene 310
Leydig-Zwischenzellen 312, 371
Licht
- als Empfindung 236
- polarisiertes, Absorption 280
- - Wahrnehmung 280
- sichtbares, Energiegehalt 289
Lichtbrechung, Säugerauge 282
Lichtenergie, Transduktion 286
Lichtmikroskop 25
Lichtphotonen, Transduktion 274
Lichtreizadaptation 291
Lieberkühn-Krypte 739
- Pankreassekretion 757
Limbisches System 243
Limulus 278
- Lateralauge 279, 281
- - Hemmung, laterale 472
- - Organisation 280
- - Plexus, lateraler 472
- - Retinulazelle 279
Limulus-Sehzelle 281
Lineweaver-Burk-Diagramm 84, 120
Lineweaver-Burk-Gleichung 84
Linse, Akkommodation 277
Linsenauge 278
Lipiddoppelschicht 104
Lipide 59ff
- ATP-Produktion 90
- als Nährstoffmoleküle 763f
Lipidlöslichkeit 110
Lipidresorption, Dünndarm 760
Lipid-Wasser-Verteilungskoeffizient 109

Liquor cerebrospinalis 455
Lobus olfactorius, Aktivität, neuronale 255
Lochkameraauge 276
Lockstoffrezeptor, Insekten 249
Loewi, Otto 177
Lokomotion, Kosten, energetische 819ff
Lokomotionsbewegung, rhythmische, Kontrolle, neuromotorische 494
Lorenzinische Ampulle 269
- Ampullen, Elektrorezeptorepidermis 273
Loschmidt-Konstante 140
L-Typ-Calciumionen-Kanal 161
Luft, Gastransport 608ff
Luftatmungssystem, Everbraten 622
Luftblasenatmung 628
Luftkapillare 619
Luftsacksystem 619
Luftschlucken 622
Lunge
- Anatomie, funktionelle 608ff
- Entwässerung, lymphatische 615
- Erythrocyten, Durchlaufzeit 600
- Muskulatur, glatte 610
- Streckrezeptor 639, 643
- Ventilationsmechanismus 615ff
Lungenarterie 522
Lungenfische
- Kiemenfunktion 635
- Kreislaufsystem 540
Lungenkapazität
- Mensch 612
- - totale 613
Lungenkapillare, Permeabilität 564
Lungenkompression 647
Lungenkreislauf 521, 614ff
Lungenläppchen 610
Lungenpfeifen 619
Lungenventilation, Ente 642
Lungenvolumen, Mensch 613
Lutealphase 372
Lutenisierendes Hormon (LH), Adenohypophyse 336
Lymphatisches System 521
Lymphe 564, 566
- Nährstofftransport 759
Lymphgang 759
Lymphgefäßnetz 566

Lymphherz 567
Lymphkapillare, Bau 566
Lymphknoten 569
β-Lymphocyten 568
Lymphocyten 568
- Typen 569
Lymphsystem 566ff
- Immunreaktion 568ff
- Nährstofftransport 759f
Lysergsäurediethylamid (LSD) 198
Lysin-Vasopressin 338
Lysosomen 725
Lysozym 320

M

Macula densa 683
Macularorgane 261
Magen 737f
- digastrischer, Aufbau 738
- monogastrischer, Aufbau 737
Magensekretion 753
- Phase, cephalische 756
- - gastrische 756
- - intestinale 756
Magnetfeld, Erde 509
Magnetit 511
Magnozelluläres System 331
Mahlzahn 729
Makromolekül 42
Makrophagen 568
- alveoläre 611
Malat 100
Malleus 262
Malpighi-Gefäß 521
Malpighi-Schlauch, Osmoregulation 713
Manduca sexta 378
Manteltiere, Herz 537
Marginalzelle, Geschmacksknospe 239
Mark
- Säugerniere 677
- verlängertes 456
Massenexponent, Stoffwechselrate 778
Massenkoeffizient, Stoffwechselrate 778
Massenspektrometer 34f
- Aufbau 35
Massenwirkungsgesetz 52
Matthiessen-Konstante 277
Maus-Elefant-Kurve 777
Mechanismus, osmoregulatorischer 659
Mechanorezeptor 232, 256ff
- Herz 571
- Kohlendioxid-empfindlicher 643

- Struktur, akzessorische 257
Mechanorezeptorsensillen 257
Mechanotransduktion 259
Medulla oblongata 456
- - Chemorezeptor, zentraler 641
- - Entladung 271
- - Neuron, exspiratorisches 639
- - - inspiratorisches 639
- Säugerniere 677
- spinalis 454
Meeresbewohner 670f
Meeresnacktschnecke 216f
- Abdominalganglion 451
- Ganglien 451
- Riesenneurone 504
Meerrettichperoxidase 25
- Muskelfaser 403
Meerwasser 656
- Osmolarität 668
- Trinken 672
Megascolidus australis, Blutkreislauf 519
Melanin 336
Melanocyten-stimulierendes-Hormon (MSH) 335
Melanophoren 336
Melatonin 311
Membranen 104
Membranfluidität, Aufrechterhaltung 784
Membrankanal, Ionenselektivität 56
Membrankapazität 139ff, 166
Membranpermeabilität
- Ammoniak 604
- Wasserstoff-Ionen 604
Membranpotential 184
Membranprotein 305f
- Sekundärstruktur 224
Membranspannung 139ff, 145ff
Membranviskosität, Aufrechterhaltung 783f
Membranwiderstand 166f
Menarche 371
Menopause 371
Mensch
- Atmung 618
- Elektrolyte in Körperflüssigkeiten 658
- Geschmacksbahn 244
- Geschmacksschwelle 248
- Geschmacksknospen, Anordnung 248
- Ionenkonzentration 119
- Lungenkapazität 613

Mensch
- Lungenvolumen 613
- Nervensystem, zentrales, Organisation 454
- Retina 277
- Riechrezeptorzelle 252
- Zunge 240
Menstruation 372
Menstruationszyklus
- Primaten 373f
- Regulation 371 ff
Merkel-Zelle 240
Meromyosin
- leichtes 385
- schweres 385
Mescalin, Strukturformel 198
Mesobronchus 619
Mesotocin 338
Messenger
- intrazellulärer 328
- retrograder 213
Messenger-RNA 70
Metabolisches Spektrum 769f
Metabolismus 70
Metamorphose
- Amphibien 362
- Insekten 375, 378
- - holometabole 380
Metamorphosenkontrolle, Grasfrosch 363
Metanephridium 712
Metarhodopsin II 290
Metarteriole, Mikrozirkulation 561
Metencephalon 456
Methämoglobin 589
3-Methyl-1-butanethiol 300
Methylxanthine 345
Micelle 49, 752
Michaelis-Menten-Gleichung 83
Michaelis-Menten-Konstante 83
- Pyruvat 793
Miesmuschel s. Mytilus
Mikrodruck-Meßsystem 24
Mikroelektrode 23, 25
Mikroperfusionstechnik 686
Mikrophonpotential, Cochlea 265
Mikropipette 23
Mikrospektralphotometer 293
Mikrotom 25
Mikrozirkulation
- Gefäßnetz 561
- Kapillarnetz 565f
Milch 319
Milchabgabe 375

Milchbrustgang 567
Milchproduktion 324f
Milz, Funktion 568
Mineralcorticoide 313, 358
- Elektrolythaushaltsregulation 367
- Wasserhaushaltsregulation 367
Miniatur-Endplattenpotential (MEPP) 190
Mitkopplung, Aktionspotential 153
Mitochondrien 90f
- Stoffwechsel 781
Mitralzelle, Geruchssinn 250
Mitteldarm 738ff
- Epithel 739f
- Funktion 739
- Struktur, allgemeine 739
Mittelhirndach 456
Mittelohr 261 ff
M-Kanal 206
M-Linie 383
Modulation
- heterosynaptische 214, 216
- homosynaptische 214
Molalität 49
Molaren 729
Molarität 50
Moleküle
- amphotere 53
- steroidhormonbindende 340
- Tracing 18
Molekülmasse 49
Monarchfalter, Navigation 509
Monoaminoxidase (MAO) 198, 315f
Monosaccharid 61
Monosaccharidzucker 61
Mormyriden 269ff
- Entladung 271
- Kondensatorschaltung 272
- Organ, elektrisches 270
Mosaikbild 277
Motilin 311
α-Motoneuron 209
Motoneuron 138
Motorik, Cerebellumbeteiligung 456
Motorische Einheit 212, 453f
Motorisches Kontrollsystem, hierarchische Anordnung 491
MSH-Inhibiting-Hormon (MIH) 333
Mucin 734

Mucoprotein 301
Mucoprotein-Strang 303
Mucosa 299
Mucoviscidose 21
Mucus 299, 303
Müller, Johannes 169
Müller-Regressionsfaktor 312
Muscarin 182, 201
- als Agonist 464
Muscheln, Pericard 534
Muscimol 182
Muskelafferenz, Atmung 649
Muskelaktivität
- ATP-Regeneration 412f
- Zeitverlauf 411
Muskelerschlaffung, Kinetik 424
Muskelfasern 382
- chemisch enthäutete 392
- Cytosol 398
- Einteilung 414
- extrahierte 392
- glycerolextrahierte 392, 399
- Kraft-Membranpotential-Beziehung 402
- langsame phasische 415
- - tonische, Innervation, multiterminale 434
- phasische, Eigenschaften 414
- quergestreifte, sarkoplasmatisches Reticulum 440
- schnelle glykolytische 415
- - oxidative 415
- Serienelastizität 394, 409f
- tonische 414
Muskelfasertypen, Unterscheidung, histochemische 415
Muskelfunktion, ATP 399
Muskelkontraktion
- Calciumionen 398
- Energetik 412f
- Gleitfilamenttheorie 386f
- Kinetik 424
- Mechanik 394ff
- neurale Kontrolle 432f
- Steuerung 385, 398ff
- Wirkungsgrad 417
Muskelkontraktion, Tiere 382
Muskelleiste 541
Muskelmagen, Vögel 730
Muskeln
- Aktivierungszustand 418f
- Anpassung an Leistung 417ff

- fibrilläre 431
- - Glycerolextraktion 431
- Geometrie 389
- glatte 382
- - α-Adrenorezeptor 576
- - β$_1$-Adrenorezeptor 576
- - β$_2$-Adrenorezeptor 576
- - β-Adrenorezeptor 576
- Lasttragekapazität 410
- Modell, mechanisches 410
- Nettoarbeit 424f
- quergestreifte 382
- - elektronenmikroskopisches Bild 383
- rote, Fisch 421
- sonische 426
- weiße, Fisch 421
- Zustand, aktiver 410f
Muskelrücken 541
Muskelspindel 236, 492
Muskelstreckrezeptor 257
Muskeltätigkeit, Frequenz, hohe 430f
Muskelzellen, glatte
- - Multi-unit-Typ 440
- - Single-unit-Typ 440
Muskelzittern 797
Muskulatur, glatte 439ff
- - Charakteristika 437
- - Erschlaffung 317
- - - Kontrolle 441
- - Grundrhythmus, elektrischer 745
- - Innervation 440
- - Kontraktion, Beeinflussung durch Catecholamine 358
- - - Kontrolle 441
- - - Steuerung 316f
- - Lunge 610
- - quergestreifte, Charakteristika 437
- rote, Fische 635
Mustergenerator 467
Mutation 3, 7, 21, 45
Myelencephalon 456
Myelinisierung 172
Myelinscheide 135, 139, 171
Myoblasten 382
Myocardzelle, Darstellung, schematische 527
Myocyten 437
Myofibrillen 382
- molekulare Organisation 384
Myofilament, Feinstruktur 384ff
Myoglobin 384, 589
- Sauerstoffaffinität 592
- Sauerstoffdissoziationskurve 591f

Myokard 522f
Myomer 270, 426
Myoplasma 402
Myosin 383
– ATPase-Aktivität 394
– Molekül, Darstellung, schematische 386
Myosinarten, Karpfen 439
Myosin-ATPase, ATP-Verbrauch, Muskel 412
Myosinkopf, Rotation 393
Myosin-Leichtketten-Kinase 354
Myotis lucifugus 508
Myotubuli 382
Mytilus 725
Myxamoebe 329
Myxinidae, Plasma 670

N

Nachhirn 456
Nachhyperpolarisation 153, 161
Nachpotential 154
Nachtblindheit 291
Nacktkiemerschnecke, Fluchtverhalten 494f
NAD+ s. Nikotinamid-Adenin-Dinucleotid (NAD+)
NADH 81
– Reaktion zu NAD+ 92
Nährstoffmoleküle 70, 763
Nahrungsaufnahme, durch Körperoberfläche 724
Nahrungskette 724
Nahrungskontrolle 250
Nahrungspyramide 724
Nahrungsvakuole 725
Nahrungsverbrauch 325
Na+-Ionen s. Natriumionen
Naloxon 200
Nase, Wasserabgabereduktion 665
Nasendrüse, Vögel 310
Nasenepithel, Kühleffekt 674
Nasengang, Bau 624
Nasenhöhle 250f
Natriumglycholat 750
Natriumionen
– Endplatte, motorische 185
– Reabsorption, Regulation 691
– – Transportsystem 689f
Natriumionen/Calciumionen (Na+/Ca^{2+})-Antiporter 151f
– Gleichgewicht 122
– Zellmembran 116

Natriumionen/Kaliumionen-ATPase (Na+/K+-ATPase) 115f
Natriumionen/Kaliumionen-Pumpe (Na+/K+-Pumpe), Modell 118
Natriumionen-Kanal
– Neuron 167
– Refraktärphase Axon 169
– spannungsabhängiger 143, 160
Natriumionen/Wasserstoffionen-Transporter 122
Natriumoleat 50
Natriuretisches Peptid, atriales, Bildungsort 575
– – – Wirkungen 575
Navigation 221, 280, 509
Nebennierenmark, Hormonproduktion in chromaffinen Zellen 315
Nebenniere 311, 358
Nebennierenmark (NNM)
– Catecholamine 358
– Drüsen, endokrine 313
– Gewebe, chromaffines 304
– – Hormonproduktion 315
– Zellen, chromaffine 197
Nebennierenrinde (NNR) 313, 358
Nebenschilddrüse, Drüsen, endokrine 311
Nebenschilddrüsenhormon (PTH) 367f
Neher, Erwin 202
Nematocyten 730
Nematoden, Reflexbogen 446
Nephron 677
– corticales 679
– juxtaglomeruläres 679
– Permeabilität, Harnkonzentrierung 696
Nernst-Gleichung 146f
Nerv
– parasympathischer, Herzfrequenz 571
– sympathischer, Herzfrequenz 571
Nervenendigung, undifferenzierte 257
Nervenstrang, sympathischer, Anatomie 455
Nervensystem 163
– autonomes, Einteilung 462
– Ziele 465
– dezentralisiertes 450
– diffuses 445

– einfaches, Ohrenqualle 449
– Evolution 449ff
– fehlendes, Verhalten 447
– Organisation 452
– peripheres (PNS) 453
– stomatogastrisches, Hummer 499
– sympatisches, Arteriolen-Innervation 562
– Verschaltung 467
– Vertebraten 453ff
– zentrales (ZNS) 445, 453
– – Informationsverarbeitung 448
Nervus opticus 474
– trigeminus 269
Nesselzellen 730
Nettoarbeit, Muskel 424f
Nettoflüssigkeitsbewegung 566
Netzhaut, Vertebraten 282
Netzmagen 738
Netzwerk
– endogenes musterbildendes 494
– neuromotorisches 491ff
– neuronales 230
– – Plastizität 445
– sensorisches, Organisationsprinzip 486
– zentrales mustergenerierendes (ZMN) 467
Neugeborenen-Atemnot-Syndrom 623
Neunauge, Gasaustausch 630f
Neurit 133, 167
Neuroethologie 500
Neuroglia 163
Neurohaemalorgan 332, 336, 377
Neurohormone 328, 331
Neurohypophyse
– Gehirn, Lage im 457
– neuroendokrines System 331
– Wasser-Reabsorption 699
– Zielorgane 337
Neurohypophysenhormone, als Botenstoff 328
Neuromodulation 205ff, 497
Neuromodulatoren 195, 328
Neuron 163
– afferentes 220
– efferentes 137, 220
– exspiratorisches, Atmungszentrum 639
– inspiratorisches, Atmungszentrum 639
– magnozelluläres 479

– nicht-feuerndes 167
– olfaktorisches, Hemmung, laterale 256
– – Transduktionswege 254ff
– – Wechselwirkung, zelluläre 256
– osmoregulatorisches 308
– parvozelluläres 479
– postganglionäres 197, 463
– postsynaptisches 137
– präganglionäres 463
– präsynaptisches 137, 165
– primär sensorisches 229
– sensorisches 137f, 209
– zweiter Ordnung 229
Neuropeptid Y 318, 357
– Kapillardurchblutung 577
Neuropeptide 178, 207
– Modulation, heterosynaptische 216
Neuropil 450
Neuropilknäuel 250
Neurophysine 338
– Speichelproteine 338
Neurosekretion 336
Neurosekretorisches System, Organisation 332
Neurotensin 200, 311
Neurotransmission, langsame indirekte 204f
Neurotransmitter 164, 195ff, 328
– Drüsenaktivität 308
– Konzentration, wirksame 329
Neurotransmitter-Vesikel 332
Neutralzone, thermische 801
Neutron 43
Nichtelektrolyt 48
Nichtprimaten, Östruszyklus 374
Nicotin 182, 201
– als Agonist 464
Nidation 372
Niere
– aglomeruläre 701
– Drüsen, endokrine 311
– als Exkretionsorgan 718
– Osmoregulation 659
– Wasserreabsorption 336
Nierenbecken 677
Nierenglomerulus-Kapillare, Permeabilität 564
Nierenkelch 677
Nikotinamid-Adenin-Dinucleotid (NAD+) 81
– Coenzym, elektronenübertragendes 93

Nikotinamid-Adenin-Dinucleotid (NAD⁺)
– Regenerierung 98
Nilhecht 270
NMDA-Rezeptor s. N-Methyl-D-Aspartat-Rezeptor
N-Methyl-D-Aspartat 182
N-Methyl-D-Aspartat-Rezeptor 204, 218
– Kanal 217
Nonapeptide, cyclische 336, 338
Noradrenalin 88, 195ff, 359
– Bildung 313
– als Botenstoff 328
– Catecholamin-Synthese 316
– Drüsen, endokrine 311
– Freisetzung 314
– Hemmung glatter Muskelzellen 746
– Herztätigkeit 524
– Hormonproduktion 315
– Produktion 314
– Reaktion auf 319
– Strukturformel 198f
Normaski-Mikroskop 27
Normothermie 801
Northern-Blotting 33
Notothaeniidae 589
Notoxin 182
Nucleinsäuren 60
– als Nährstoffmoleküle 763
Nucleotid, zyklisches, als Second messenger 341
Nucleotidmonophosphate, zyklische (cNMP) 342
Nucleus
– cochlearis 266
– geniculatum laterale, Schichten 474, 480
– mesencephalicus lateralis dorsalis (NMLD) 489
– parabrachialis medialis 243
– tractus solitarii 243
– ventralis posteromedialis thalami 243
Nystatin 112

O

Oberfläche, respiratorische 609
Oberflächenhypothese 779
Oberflächenrezeptor 355
Oberflächenspannung 47, 622
Oberflächen/Volumen-Verhältnis, Tier 660
Ochsenfrosch 266
Octopus
– Auge 277
– Beutefang 728
– Linsen 276f
– Nervensystem 450
Ödem 566
Odorantien 251
Oesophagus 737
OFF-Antwort 476
OFF-Bipolarzelle 477
OFF-Zentrum-Ganglienzelle 476
Ohm-Gesetz 58
– Signale, elektrische, Ausbreitung 166
– Strom durch Ionenkanäle 147f
– Widerstand in wäßriger Lösung 56
Ohr, äußeres 261ff
Ohrenqualle 449
Ohrmuschel 261f
Ökophysiologie 4
Olfaktorisches System 458
Oligodendrocyten 139, 172
Omasum s. Blättermagen
Ommatidium
– Flußkrebs 280
– Komplexaugen 277
– Pfeilschwanzkrebs 473
ON-Antwort 476
ON-Bipolarzelle 477
One-trial-learning 755
Onkogen 23
ON-Zentrum-Ganglienzelle 476
Operator 86
Operon 86
Opioide, endogene 200
Opioidrezeptor 200
Opsanus tau s. Austernfisch
Opsin
– in Membran 222
– menschliches, molekulare Struktur 294f
– Sehen 274f
– – molekulare Grundlage 289
Optimaltemperatur 80f
Oreochromis alcalicus grahami 720
Organ
– cortisches s. Cortisches Organ
– elektrisches 269ff
– osmoregulatorisches 676
– – Evertebraten 711ff
Organelle 42
Organismus
– autotropher 723
– heterotropher 723
Orientierung 280, 505
Orientierungsreaktion 501
Orientierungssäule 485
Ornithin-Harnstoff-Zyklus 719
Ortslokalisation, Prinzip 268
Ortung
– elektrische 269
– – aktive 269
– – passive 269
Osculum 725
Osmokonformer 11, 667f
Osmolarität 50, 128
Osmolyt 668
Osmoregulation
– Chemorezeptor 642
– Organ 676
– Problematik 656ff
Osmoregulierer 11, 667f
Osmorezeptor 366
– Salzdrüse, Vögel 706
Osteomalazie 599
Osteoporose 599
Ostie 518
Ostium 725
17α-Östradiol 369
Östradiol 311
Östradiolrezeptor 340
Östrogene 369
Östrus 374
Östruszyklus, Nichtprimaten 374
Otolith 261, 265
Ouabain 116, 156
Output-Region 308
Ovar, Drüsen, endokrine 311
Ovulation 371
Oxalacetat 100
Oxidation 45, 91f
Oxidationsmittel 91
Oxidationswasser 663, 674
– See-Elefant 675
Oxyhämoglobin 589
Oxytocin
– Neurohypophyse 336
– Nonapeptid, zyklisches 338
– als Sexualhormon 369
– Wasserreabsorption 367

P

Pacini-Körperchen 233f
– Adaptation 234
Pankreas 362
– Drüsen, endokrine 311
Pankreasenzyme 757
Pankreashormone
– Regulation 364
– Wirkung 364
Pankreaspolypeptid 311
Pankreassekretion 757f
Pantoffeltierchen 159, 725
– Fluchtreaktion 447
– Vermeidungsreaktion 447
Papierchromatographie 32
Papillarmuskel 523
Papillen 677
Parabioseexperiment 376, 378
Parabronchien 619
Parafollikuläre Zellen 312
Paramecium s. Pantoffeltierchen
Parasympathikus, Nervensystem, autonomes 462
Parasympathische Wirkungen 463
Parasympathisches System, antagonistische Wirkung 464
Parathormon (PTH) 311, 367
– Plasma-Ca^{2+}-Regulation 368
– Reabsorption, tubuläre 689
Pars intermedia, Anatomie 335
Partnersuche 237
Parvizelluläres System 331
Patch 157
Patch-clamp-Methode 23f, 157, 202
Patellasehnenreflex 493
Pawlow-Konditionierung 511
Peer review 12f
Pentosezucker 68
Pepsin 751, 755
Pepsinogen 737, 754
Peptid
– atriales natriuretisches (ANP) 310f
– – Rezeptorprotein, enzymatisch aktives 355
– – Wirkung 367
– gastrisch-inhibitorisches 362
Peptidbindung, Hydrolyse 751
Peptide 329
Peptidhormon, gastrointestinales 753
Peptidhormone 334
Pericard 523, 534
Pericardhöhle 518, 534
Pericardialraum 523
Pericyten 562
Perilymphe 263
Periodensystem 42

Peripheral resistance units (PRU) 550
Peristaltik 744
Permeabilität 109
Permeationsblock 160
Pertussis-Toxin 205
Pfeilerzellen, cortische 264
Pfeilschwanzkrebs s. Limulus
Pflasterzelle, Teleosteerkiemen 707
Pfortadersystem, Leber 561
Phagocyten 569
Phagocytose 568
– zur Nahrungsaufnahme 724
Pharmaka, Wirkung 84
Phasenkontrast-Mikroskop 26
pH-Elektrode 53
Phenoxybenzamin 466
Phentolamin 317
Phenylalanin
– Catecholamin-Synthese 316
– Strukturformel 199
Phenylephrin 317
Pheromone 300
– als Botenstoffe 328
Phlorizin, Filtrations-Reabsorptions-System 712
pH-Neutralwert 607
Phosphat, anorganisches 95
Phosphatbindung, energiereiche 77
Phosphatexkretion, renale 368
Phosphatidylinositol (PI) 349
Phosphatidylinositol-4,5-diphosphat (PIP$_2$) 351
Phosphatidylserin (PS) 352
Phosphodiesterase (PDE) 225, 345
Phosphoenolpyruvat 77, 98
2-Phosphoglycerat 98
3-Phosphoglycerat 77, 98
Phosphoinositide, als Second messenger 349
Phosphokreatin, Muskelaktivität 413
Phospholipase C (PLC) 349
Phospholipid 61
Phospholipidmembran 107
Phosphoprotein-Phosphatase 345
Phosphorylase 347
Phosphorylasekinase 347
Phosphorylierung 75, 91f
– oxidative 94f
– reaktionsanstoßende 96
Photon 222

– Absorption 275
– Detektion 224
Photonendetektor 275
Photonenenergie, Umwandlung 288ff
Photopigmentmolekül 285
Photorezeption 274
Photorezeptoren
– Absorptionsspektrum 293
– Aktionsspektrum 293
– Antwort, maximale 225
– Antwortbereich, Aufteilung 231
– Depolarisation, Evertebraten 287
– Empfindlichkeit 280, 292
– Hyperpolarisation 478
– – Vertebraten 287
– primäre, Konvergenz 486
– Stammbaum 286
– Vertebraten 284
Photorezeptorzelle 222
– Vertebraten 474f
Photosynthese
– Glucoseoxidation 91f
– Kohlenhydrate 61
– Wirkung, evolutionäre 41
Phototaxis 276
– negative 505
– positive 505
pH-Puffersystem 54
pH-Skala 52f
pH-Wert
– Blutplasma 607
– Regulierung 601ff
– – renale 693
Phyllomedusa saugvagii 661
– – Harnsäureexkretion 721
Phylogenetik, molekulare 449
Physiologie, vergleichende 4
Physiologische Systeme, vernetzte 837
Physiologischer Zustand 38f
Physostigmin 182
Pigment, respiratorisches s. Atmungspigment
Pigmentbecher 276
Pigmentepithel
– Photorezeptor Vertebraten 285
– Retina 474
Pilocarpin 182
Pinealorgan 222, 834
Pinocytose 122
– zur Nahrungsaufnahme 724
Placebo 200
Placenta 373
– Drüsen, endokrine 311

Placentalaktogen 311
Planck-Wirkungsquantum 296
Plasma skimming 551
Plasmaabschöpfung 551
Plasma-Angiotensinogen 311
Plasma-Calciumionen-Regulation, hormonelle 368
Plasmakinine, Entzündungsvorgang 578
Plasmamembran 104
– Transversaltubuli 404
Plasmid 20
Plastizität
– neuronale 213
– synaptische 213f
– – Neuromodulation 205
– – Gedächtnis 504
Plastron 629
– Funktion 629
Plateauphase, Herzmuskel 525
Platinkatalysator 78
Plättchenzelle 272
Pleura costalis 617
Pleurahöhle 616
Plexus
– lateralis, Limulus 473
– myentericus 746
– submucosa 746
Plunger-Modell 406f
Pneumothorax 617
Podocyten 681
Poikilotherme 789
Poiseuille-Gesetz 550
Polymergel 303f
Polyöstrus 374
Polyp s. Süßwasserpolyp
Polypnoe 611
Polyribosomen 305
Polysaccharidase 751
Pons 456
Pool-Atmung 608, 630
Porphyrinring 94
Porphyropsin 295
Potential
– elektrotonisches 152
– exzitatorisches postsynaptisches (EPSP) 181, 186
– – Summation, räumliche 211
– – – zeitliche 210
– graduiertes elektrotonisches 163
– inhibitorisches postsynaptisches (IPSP) 186
– postsynaptisches 137, 180
Potentialänderung
– graduierte 222
– hyperpolarisierende, Photorezeptorzelle 475

Potentialdifferenz 56
Potenzierung, posttetanische 214ff
Potter, David D. 176
Practolol 317
Prae-Botzinger-Komplex 638
Prämethamorphose 362
Prenalterol 317
Pressor-Areal, kardiovaskuläres Zentrum, medulläres 571
Pressorezeptor, kardiovaskuläres System 571
Primärharn
– Filtrations-Reabsorptions-System 712
– Sekretions-Reabsorptions-System 713
Primärplexus 333
Primaten, Menstruationszyklus 373f
PRL-Inhibiting-Hormon (PIH) 333
Proboscis 727
Procambarus clarkii, Fluchtreaktion 497
Proenzyme 752
Progesteron 311, 369
Projektionsfeld, primäres 459
Prolactin (PRL)
– Fischarten, wandernde 710f
– Salzdrüse 706
– als Sexualhormon 369
– Zellen, acidophile 335
Prometamorphose 362
Propanolol 466
Propeptid 200
Propriorezeptor 221
– Gelenk 260
Prostacyclin 578
Prostaglandin I$_1$, cAMP-vermittelte Zellantwort 347
Prostaglandin PGE$_2$ 330
Prostaglandine 310, 329
– als Agentien, parakrine 375
– als Botenstoffe 328
– Löslichkeit 338
– Wirkung 375
Prostata 375
Prosthetische Gruppe 94
Protein
– calciumbindendes 428
– sekretorisches 305f
Proteindenaturierung 80
Proteine 60, 62ff
– ATP-Produktion 90

Proteine
- Einteilung 63
- als Nährstoffmoleküle 763
- Primärstruktur 62ff
- Pufferung 603
- Quartärstruktur 64
- Sekundärstruktur 64
- Selbstfaltung 66
- Tertiärstruktur 64
Proteinkinase 349
- A 342f
Proteinmolekül, anionisches Zentrum 352f
Proteinsynthese 70
Proteohormone 329
Prothoracotropes Hormon (PTTH) 377
Prothoracotropin 377
Prothoraxdrüsen 376
Proton 43
Protonen-ATPase 119f
- Süßwassertiere 669
Protonenverschiebung 51
Protonenwanderung 52
Protonephridium 712
Protopterus, Kreislaufsystem 540
PS Neuron 500
P-S-Kurzschluß
- Blutströmung 544
- Blutverschiebung 544
- Krokodile 543
Pufferbasen 603
Pufferung 161
- chemische 602
- Proteine 603
Pufferungsvermögen, Säuren 602
Pulpa, rote 568
- weiße 568
Pulsdruck 555
Pumpe 107
- ATP-abhängige 115ff
- elektrogene 116
Punkt-für-Punkt-Konstruktion, somatosensorische Karte 466
Pupillen 282
Pupillendurchmesser, Änderung 282
Pupillenreflex 283
Puppe 380
Purkinje-Faser 527
P-Welle 527
Pyridin-Coenzym 92
Pyrogene 813
Pyruvat
- Michaelis-Menten-Konstante 793
- Regeneration 101

Q

QRS-Komplex 527
Quanten 190
Quantenfreisetzung 191
Quanteninhalt 192
Querbrücke 384
- als elastische Struktur 396
- Energieübertragung 392ff
- Funktion 391
Querbrückenzyklus
- ATP-Verbrauch 425
- Darstellung, schematische 393
Querbrückenfunktion, Ereignisse 394
Querbrückenkinetik, Modell 396
Querbrückenmechanismus
- Grundlagen, chemische 391f
- Kraft-Geschwindigkeits-Beziehung 396
Quisqualat 182
Quisqualat/Kainat(Q/K)-Rezeptorkanal 217
Quisqualat-Rezeptor 204
Quotient, respiratorischer 774f

R

Radiation 786
Radioimmunoassay (RIA) 312
Radioisotop 18
Radula, Funktion 731
Rana temporaria 417
Randbereich, inhibitorischer 476
Ranvier-Schnürring 172
Rasselmuskel, Fasern 429
Rasterelektronenmikroskop 30
Ratte
- Ionenkonzentration 119
- Großhirnrinde
- - motorische Region 459
- - sensorische Region 459
Rauchen 248
Reabsorption, tubuläre 685
Reaktion
- endergonische 74
- enzymkatalysierte 83, 88f
- exergonische 74
Reaktionsordnung 82
Rectifier, delayed 141
Redoxpaar 91f
Redoxpotential 92
Reduktionsmittel 91

Reflex
- bedingter 755
- einfacher 492f
- enterogastrischer 756
- myostatischer 492
- - Verlust 495
- unbedingter 755
Reflexbogen 445f
- autonomer 462, 464
- monosynaptischer 445, 492
- neuroendokriner 331, 375
- Verhalten 500
Reflexinhibition 236
Reflexovulation 371, 374
Reflexverbindung 456
Refraktärphase
- Axon 169
- relative 154f
Refraktärzeit
- absolute 154
- Impuls 229f
Regulatorgen 86
Regulatorprotein 342
Regulierer 11
Reissner-Membran 263f
Reiz
- adäquater 222
- bedingter 755
- olfaktorischer, Kodierung 253
- unbedingter 755
Reizenergie, Absorption 228
Reizintensität, Logarithmus 231
Reizintensitätsbereich 229
- dynamischer 229
Reizmodalität 220, 229
Reizqualität 220
Reizstoff, chemischer, Wahrnehmungsgrenze 296f
Reizung, mechanische, Transducer 257
Rekrutierung 210
- motorische Einheiten 434
- Rezeptor 231
Rektaldrüse
- Hai 310
- Knorpelfisch 702
- Meeresbewohner 671
Rektalflüssigkeit 663
Relaxin 311
Releasing-Faktor s. Releasing-Hormon
Releasing-Hormon 332f
Releasing-Inhibiting-Hormon 332
Renin 683
- Reabsorption, tubuläre 690
Renin-Angiotensin-System 367

Renshaw-Zellen 469f
Repolarisation 153f
Repolarisationsgeschwindigkeit, Plateauphase 525
Repressorprotein 86
Reptilien
- Lunge 621
- Salzdrüse 703
Reserpin 306
Reservevolumen
- inspiratorisches 613
- respiratorisches 613
Residualvolumen 612
- funktionelles 612
Resonanzfrequenz
- elektrische 266
- Haarzelle in Cochlea 266
Resonanztheorie 267
Respiratorischer Austauschquotient 775
- Quotient (RQ) 597, 774f
Respiratorisches Epithel
- Permeabilität bei Luftatmern 672
- Zentrum 618
Respiratorische Oberfläche, Durchblutung 636
Respirometrie 772
Rete mirabile s. Wundernetz
Reticulum s. Netzmagen
- rauhes endoplasmatisches (ER) 305
- sarkoplasmatisches (SR), Calciumionen-Sammelaktivität 405
- - Muskelfaser, quergestreifte 440
- - Säugerherzmuskel 438
Retina (s. auch Vertebratenretina) 284
- Mensch 277
- Output 476
- Vertebraten 282
11-cis-Retinal 294
Retinal 222, 289
- cis-trans-Isomerisierung 290f
- Konformationsänderung 290
Retinal-Recycling 292
Retinulazellen 278
- Flußkrebs 280
Reynolds-Zahl 548, 822
Rezeption, sensorische
- - Grenzen 296ff
- - Zeitkonstante 223
Rezeptoren 106
- Adaptation 233
- adrenerge 316
- Arbeitsbereich 237
- Arbeitsbereichstrennung 232

Rezeptoren
- β-adrenerge, Aktivierung 349
- cytoplasmatische 338ff
- cytosolische 369
- enterorezeptive 221
- G-Protein-gekoppelte 252
- gustatorische 237
- langsam adaptierende 230
- muskarinische 464
- nicotinische 464
- olfaktorische 237
- phasische 232
- – Adaptation 234
- postsynaptische 201ff
- Rückkopplungshemmung 236f
- sensorische, Arbeitsbereichstrennung 232
- – Eigenschaften 223
- tonische 232
- – Adaptation 234
Rezeptordichte
- Abwärtsregulation 318
- Aufwärtsregulation 318
- Verminderung 318
- Zunahme 318
Rezeptorempfindlichkeit, Kontrolle, efferente 236
Rezeptorkanal, Aktivierung 233
Rezeptormoleküle
- Aktivierung 222
- olfaktorische 224
Rezeptorneuronen
- Arbeitsbereich, dynamischer 237
- Geruchssinn 250
- olfaktorische 251
Rezeptorpotential 163f, 228
- Amplitude 230
- Riechsinneszelle 253
Rezeptorprotein 227
- enzymatisch aktives 355f
- olfaktorisches 251
Rezeptorsensitivität, Determination 232
Rezeptorstrom 228
- maximaler 229
Rezeptortyp, cholinerger 464
Rezeptor-Tyrosin-Kinase (RTK), Autoregulation 355
Rezeptorvilli, Geschmacksknospen 239
Rezeptorzellen 137
- Merkmale 222f
- Reflexbogen 445
- Sequenz der Vorgänge 228

- Transmitterausschüttung, spontane 235
- visuelle 284
Rezeptorzone 228
Rhabdomen 280
Rhabdomer 277
- Bild, elektronenmikroskopisches 280
- Retinulazelle 278
Rhodopsin
- aktives, Regeneration 291
- Extraktion 289
- Limulusauge 279
- Rezeptorzellen 222
- Struktur 225
Rhythmus
- biologischer 828
- circadianer 361, 828f
- circalunarer 831
- circannualer 831
- circatidaler 831
- infradianer 831
- ultradianer 830f
Ribonucleinsäure (RNS) 7, 68
Ribose 61
Ribosomen 70
Riechepithel 248
- Kodierung 254
Riechrezeptorzellen, Mensch 252
Riechsinneszellen, Rezeptorpotential 253
Riechsystem 458
Riesenaxon 156, 172
Riesenerdwurm, Blutkreislauf 519
Rieseninterneuron 498
Riesenneurone, Seehase 504
Riesenregenwurm 518
Rigor mortis 391, 400
Rinde
- Großhirn 459
- Niere 677, 698
- Nebenniere 313, 358
Ringmuskelschicht, Darmmuskulatur 744
Rippenfell 617
RNA s. Ribonucleinsäure (RNS)
RNS s. Ribonucleinsäure (RNS)
Root-Effekt 594
Root-off-Verschiebung, Sauerstoffabscheidung 652f
Root-on-Verschiebung, Sauerstoffabscheidung 653
Root-Verschiebung 594
„Rote Drüse" 652
r-Selektion 835

Rückenmark 138, 454
- graue Substanz 209
Rückenmarkswurzel, dorsale 456
Rückkopplung
- negative, Hormonausschüttung 330f
- – Schilddrüsenhormone 363
- positive, Hormonausschüttung 331
- Schaltkreis, neuronaler 468f
- sensorische, neuromotorisches Netzwerk 492
Rückkopplungshemmung
- metabolische 87f
- Rezeptor 236f
Rückkopplungsmechanismus
- exterorezeptiver 506
- Schaltkreis, neuronaler 468
Rückkopplungsprinzip 9
Rückresorption, tubuläre 680
Rückstellkraft 396
Ruhemembranpotential 144, 149ff
Ruhepotential 187
Rundmäuler 728
Ryanodin-Rezeptor 406
- Herzmuskel 438

S

Saccharase 79
Saccharose-Dichtegradienten-Zentrifugation 340
Sacculus 261
Sakmann, Bert 202
Salbutamol 317
Salting-out-effect 652
Salzbelastung, Vögel 706
Salzdrüse 624, 702
- Luftatmer 672
- Reptilien 703
- Seevögel 705
- Vögel 703
- Wasserrückgewinnung 667
Salze, anorganische, als Nährstoffmoleküle 763
Salzlast 663
Salzsäure (HCl) 753
- Sekretion, Belegzelle 755
Samenkanälchen 369
Sammelrohr
- Reabsorption, tubuläre 689

- Säugerniere 677
- Wasserpermeabilität 700
Saralasin 84
Sarcomer 382
- Kontraktion 386ff
Sarin 196
Sarkoplasmatisches Reticulum (SR) 404
- – Calciumionen-Sammelaktivität 405
- – Muskelfaser, quergestreifte 440
- – Säugerherzmuskel 438
Sättigungskinetik 84
Sauerstoff
- Abscheidung 652ff
- Aufnahme, aus Wasser 632
- Bewegungsgeschwindigkeit 599
Sauerstoffdissoziationskurve 591
Sauerstoffgehalt, Blut 591
Sauerstoffkapazität, Blut 591
Sauerstoffkonformer 11
Sauerstoffmangel s. Anoxie, s. Hypoxie
Sauerstoffregulierer 11
Sauerstoffschuld 90, 101
- metabolisches Spektrum 770
Sauerstofftransport, Blut 590ff
Sauerstoffvorrat, Vertebraten 646
Saugen, zur Nahrungsaufnahme 727
Säuger
- Geschmacksknospen 238, 241f
- Geschmackspapillen 241
- Herz 545ff
- Schweißdrüse 310
Säugerauge
- Anatomie 283
- Lichtbrechung 282
Säuger-Geschmacksbahn 243
Säuger-GnRH, Aminosäuresequenz 302
Säugerherz 522
- fötales 545f
- – Blutströmung 546
Säugerherzmuskel
- sarkoplasmatisches Reticulum 438
- T-Tubulus-System 438
Säugerkreislauf 521
Säugerlunge 616ff
- Bau 610
Säugernebenniere 313

Säugerniere 676ff
- Blutversorgung 677
- Bowman-Kapsel 678
Säugetiere
- Großhirnrindenareale 459
- Lungenkreislauf 616
- Zähne 729
Säulenchromatographie 32
Saxitoxin 182
Scala
- media 263
- - Anatomie 262, 264
- tympani 263
- - Anatomie 262, 264
- vestibuli 263
- - Anatomie 262, 264
Schaben, Taxis 505
Schallmuskel 426
- Calciumionen-Wechsel 427
Schallmuskelfasern, Troponin 428
Schaltkreis, neuronaler 163
- - Eigenschaften 466
Scheinträchtigkeit 374
Schilddrüse, Drüsen, endokrine 312
Schilddrüsenhormone
- Metamorphosenkontrolle, Grasfrosch 363
- Regulation 363
- Synthese 361
- Wirkung 363
Schilddrüsen-stimulierendes Hormon (TSH) 335, 361
- Adenohypophyse 336
- cAMP-vermittelte Zellantwort 347
Schilddrüsenunterfunktion 362
Schildkrötenherz, Ventralansicht 542
Schistocerca, Osmoregulation 714
Schlaf 816
Schläfenbein 262
Schlagvolumen 529
Schleiereule 486
- Beutefang 487
Schleim 299, 725
- Exocytose 304
Schleimaal 301
- Plasma 670
Schleimhaut 299
Schleimstrang 726
Schleimzelle, Teleosteerkiemen 707
Schlüsselexperiment 13
Schlüsselpublikation 16
Schlüsselreiz 502

Schmelzpunkt 47, 792
Schneidezahn 729
Schrittmacher
- ectopischer 524
- - Erregungsüberleitung 528
- latenter 524
- myogener 523f
- neurogener 523
- potentieller 524
Schrittmacherpotential 524
Schrittmacherregion 523
Schrittmachertätigkeit, Ursprung 524
Schutzprotein 341
Schwann-Zelle 139, 172
Schwänzeltanz, Bienen 509
Schwarze Witwe 322
Schwebfähigkeit 649
Schweiß
- Temperaturregulation 325
- Verdunstungswirkung 325
Schweißdrüsen
- Säuger 310
- Verdunstungskühlung 808
Schwelle, Aktionspotential 153
Schwellenpotential 181
Schwellenspannung 154
Schwellenstrom 154
Schwellenwert, mechanischer 400
Schwerpunkt 826
Schwimmblase 649ff
- Ammoniakexkretion 719
- Druck, verminderter, Anpassung 654
- Froschfisch 427
- Wundernetz 651f
Schwimmblasengas 650
Schwimmblasentypen 651
Schwimmen 417, 822ff
Schwirr-Reaktion 249
Scintillationszähler 18
Second messenger, Bildung 339
Second-messenger-Hypothese 342
See-Elefant
- Gegenstromwärmeaustausch 675
- Oxidationswasser 675
- Wasserersparnis 674
Seehase, Riesenneurone 504
Segelklappe 522
Segment, pulmonales vasomotorisches 540
Sehen, achromatisches 284

Sehnenfaden 523, 545
Sehfeld 474
Sehnerv 287
Sehpigmente
- Absorptionseigenschaft 289, 293
- Moleküle, lichtabsorbierende 294
- Phylogenie 295
Sehpigmentprotein 274
Sehrezeptorzelle, Vertebraten 283ff
Sehschärfe, Komplexauge 277
Sehstreifen 284
Sehzelle
- Feld, rezeptives 277
- Kabeleigenschaft, passive 287
- Verschaltung 277
Seide 66, 321
Seidenspinner 249, 321
- - Diapausehormon 377
Seitenlinienorgan 258
Sekret
- Aufgabe 301
- Speicherung 306
Sekretin 329
- Magensekretion 756
- Verdauungstrakt 311
- Wasserabsorption 762
Sekretion
- apokrine 307
- autokrine 299
- durch Depolarisation 307
- endokrine 299
- exokrine 300
- gastrointestinale 746ff
- holokrine 307
- merokrine (eccrine) 307
- parakrine 299
- Plasmaosmolalität, ansteigende 307
- tubuläre 680, 692
Sekretionsmechanismen 306ff
Sekretions-Reabsorptions-System 713ff
Sekretionsweg, zellulärer 303
Sekundärplexus 333
Selbstregulierung, Aktionspotential 153
Selbstvergiftung 732
Selektion 3
Selektivitätssequenz 56
Senker 431
Sensibilisierung 503
Sensor 10
Septum, horizontales 541
Sequenz, hädonische 248

Serienelastische Komponente 394
Serotonin 196f, 205
- als Botenstoff 328
- cAMP-vermittelte Zellantwort 347
- Entzündungsvorgang 578
- als Hormon 357
- Kommandosystem, zentrales 497
- als Neurotransmitter 357
- Sekretions-Reabsorptions-System 715
- Strukturformel 198
Serotonin-Rezeptor 357
Sertoli-Zellen 312, 369
Serum, Elektrolyte 658
Sexualhormone 358, 369ff
- weibliche, Regulation 372
- - Wirkung 372
Sherrington, Charles 174
Sialoperoxidase 320
Sichelzellanämie 592
Siedepunkt 47
Signal
- chemisches, autokrine Wirkung 328
- - endokrine Wirkung 328
- - exokrine Wirkung 328
- - parakrine Wirkung 328
- graduiertes, nicht fortgeleitetes 467
- Konvergenz 468
- sensorisches, Verstärkung 224
Signalkaskade, intrazelluläre 251
Signalweg
- divergierender 356
- konvergierender 356
Simuliidae 727
Sinnesepithel, Geschmacksknospen 239
Sinnesgrube 269
Sinnesmodalität 220f
Sinnesrezeptor 222
- Mechanismen, molekulare 224
Sinneszellen, sekundäre, Geschmacksknospen 239
Sinoatrialknoten 523
Sinus
- caroticus, Reflexwirkung 574
- cavernosus 816
- venosus 523
Sinusknoten 523
- Erregungsausbreitung 527
SITS 604

Sachverzeichnis

Skelettmuskel
- Fasertypen 413ff
- Ryanodin-Rezeptor 406f

Skelettmuskelfasern, afferente 575f

Skelettmuskel-Venenpumpe 559

Skelettmuskulatur, Vertebraten
- - Kontrolle, neuromotorische 433ff
- - Organisation, hierarchische 383

Skorbut 765
Skorpion, Vibrationsrezeption 507
Solltemperatur 809
Soll-Wert 9
Solvatation 48
Soma 133
Somatisches System 453
Somatostatin
- Aminosäurekette 334
- in Neuron 200
- Pankreas 311
- als Releasing-Hormon 333
- Second-messenger-Netzwerk 358
- Zellen, acidophile 335

Somatotropin s. Wachstumshormon (GH)
Sommerschlaf 540
Sonnenbaden 794
Southern-Blotting 33
Spalt, synaptischer 137, 174
- - Synapse, chemische 177
Spannung
- tetanische 411f
- Zeitverlauf, Muskel 410
Spannungsdifferenz 56
Spannungsklemme 158, 183
Speichel
- Funktion 319f
- Wirkung, antibakterielle 320
Speichelbildung 749
Speicheldrüsen
- innervierte 320
- Nahrungsaufnahme 734
- Primärflüssigkeit 310
- Sekret, Funktion, primäre 734
- Sekretion 308
- Wirbeltiere 319
Speichelfluß, Rhythmus, circadianer 320
Speichelkanal 727
Speichelproduktion 309
- Steigerung 320
Speichelproteine, Neurophysine 338

Spektralphotometer 31
Spektrum
- elektromagnetisches 284
- visuelles 284
Spermatogenese 369
Sphingolipide 105
Sphinkter 561
Spinalganglion, Anatomie 455
Spinalkanal 455
Spindelfaser, intrafusale 435
Spindelorgan 492
Spines 106
Spinndrüse 321ff
Spinnennetz 66, 322
Spinnenseide 321ff
Spinnfaden, Struktur, molekulare 323
Spinnwarze 323
Spiralfalte, Amphibien 540f
Spiralganglion 264, 266
Spongiosa 536
Spontanaktivität 829
Springen 417
Spüldrüse 242
Stäbchen 284, 476
- Konvergenz 295
- Vertebraten 285
Standardstoffwechsel 769
Stapes 262
Stärke 61
Starkionendifferenz 603
Starling-Kurve 530
Starrezustand 398
Statocysten 260f
Statolith 260
Stechen, zur Nahrungsaufnahme 727
Steigbügel 262
Stereocilien 259
- Lageveränderung 266
Sternmull 460
Sternmullnase, Repräsentation im sensorischen Cortex 461
Steroide 60, 105
Steroidglucuronide 301
Steroidhormone 329
- Nebennierenrinde 313
Stessor 361
Stichlingsmännchen, dreistacheliges
- - Aggressionsverhalten 503
- - Imponierverhalten 502
Stickstoffexkretion 716
Stickstoffmonoxid (NO) 217f, 578
Stickstoffmonoxid-Synthetase 578
Stigma 626
- Landinsekten 662

Stoffwechsel 70
- aerober 90
- anaerober 90
Stoffwechselintensität 778
Stoffwechselrate 768
- im Freiland 769
- Massenkoeffizient 778
- massenspezifische 777
Stoffwechselreaktion, Regulierung 86ff
Stoffwechselwärme 767
Stoffwechselwasser 663
Stoffwechselweg 70
Stomatogastrisches System 498ff
Strahlung 786
Strahlungsenergie 71, 73
Streckrezeptor 639, 643
Streifen, retinaler 486
Stressor 359
Strickleiternervensystem 450
- Aufbau 452
Strom 58
- Ausbreitung, elektrotonische 168
- lokaler, Axon 168
- synaptischer 181ff, 185, 187
Strömung
- laminare 547, 823
- turbulente 548, 823
Strömungsdynamik 824
Strömungswiderstand 550
Strophantin 116
Struktur-Funktions-Beziehungen 5
Strukturgen 20, 86
Strychnin 469
Stützzelle, Geruchssinn 250
Substanz, neurosekretorische 198
Substanz P 200, 311
- Aminosäurekette 334
Substratkettenphosphorylierung 96f
Succinat 99
Succinatdehydrogenase 99
Succinylcholin 182
Succus entericus s. Darmsaft
Sucht 200
Summenaktionspotential, Axon 170
Surfactant 622
Suspensionsfresser 725
Süßrezeptor 238
Süßwasserpolyp 329, 375
- Beutefang 730
- Nervensystem, diffuses 445

Süßwassersee, Osmolarität 668
Symmorphose 587
Sympathikus, Nervensystem, autonomes 462
Sympathische Wirkungen 463
Sympathisches System, antagonistische Wirkung 464
Symporter 120f
Synapsen 137, 173
- affarente, Haarsinneszellen 258
- chemische 173, 176ff
- cholinerge 269
- efferente, Haarsinneszellen 258
- elektrische 114, 173, 175
- exzitatorische 174
- Glycin-gesteuerte inhibitorische 469
- inhibitorische 174
- neuromuskuläre 179
- reziproke 256
Systole 523

T

Tarantel 322
Taschenklappe 522, 559
Tauchen
- Anpassung, respiratorische 646
- Herzausstoß 573
- kardiovaskuläre Antwort 580ff
- Vertebraten, luftatmende 542
Tauchzeit 646
Täuschung, optische 472
Taxis 501
- Schaben 505
T_C-Zellen, Lymphocyten 569
Tectorialmembran 264f
Tectum 456
- opticum 489
- - Amphib 474
Telencephalon 458
Teleosteer
- Kiemenaufbau 634
- Kiemenventilation 633
Temperatur
- und Energiehaushalt 781ff
- obere kritische 801
- untere kritische 801
Temperaturfühler 810
Temperaturkontrollsystem 7
Temperaturregulation
- Schweiß 325

Temperaturregulation
– Wasser, Bedeutung 664
Temperaturregulatorisches Zentrum 810
Temperaturrezeptor 649
Tenebrio, Osmoregulation 714
Tenside, 622
Terminologie, elektrische 58
Testes 369
Testosteron 312, 369ff
– Regulation 370
– Strukturformel 330
– Wirkung 370
Tetanus 411
– Einzelzuckung 411f
– unvollständiger 428
Tetraethylammonium (TEA) 160, 182, 193
Tetrodotoxin (TTX)
– als Kanalblocker 160, 182
– Muskelfaser 403
– Natriumionen-Kanal, Aktivierung 193
– – Blockierung 226
– Spannungsklemme 158
Thalamus 457
Theorie
– chemiosmotische 95, 119f
– trichromatische, nach Young 293
Thermodynamik, Gesetz 71f
Thermogenese 802f
Thermoregulation 362
Thermorezeption, Grenzbereich 297
Thermorezeptoren 273f
– AP-Frequenz 275
– kardiovaskuläres System 571
Thiamin 45
Third messenger 349
Thromboxan A_2, Entzündungsvorgang 578
Thymin 68
Thymusdrüse 312
Thymushormone 312
Thyreotropes Hormon s. Hormon, thyreotropes
Thyreotropin-Releasing-Hormon (TRH), hypothalamisches 334
Thyronin (T_3) 361
Thyroxin (T_4) 312, 359, 361
T_H-Zellen, Lymphocyten 569
Tiere
– ammon(i)otelische 718
– ektotherme 790
– endotherme 790
– – Basalstoffwechsel 780
– heterotherme 790f

– – Temperaturbeziehung 797ff
– homöotherme 79
– luftatmende 672
– poikilotherme 789
– stenohaline 668
– transgene 22
– ureotelische 719
– uricotelische 721
Tierkörper, pH-Wert 601
Tiermodelle
– Entwicklung 5
– transgenes Tier 22
Tierschutzbeauftragter 12
Tierschutzkommission 12
Tierversuche 12
Tight junction 114
– – Darm 759
– – Transport, epithelialer 123
Tintenfisch
– Axon 156
– Ionenkonzentration 119
– Riesenaxon 193
Titrationskurve 54
T-Lymphocyten 568
Toleranz, osmotische 668
Ton 261
– Amplitudenverstärkung 263
Tonlokalisation 486
Tonus 128
Torpor 791, 817
Totenstarre 391
Totraum
– anatomischer 612
– physiologischer 612
Totraumvolumen, Vergrößerung 614
Trachea 608f
– Insekten 268
Tracheaverlängerung, Trompeterschwan 613
Tracheen
– Gasaustausch 588
– Ventilation 626f
Tracheenkiemen 627
Tracheensystem 519
– Insekten 625ff
Tracheolen 625
– Darstellung, schematische 627
– Gasaustausch 627
Tracing, von Molekülen 18
Tractus
– Bezeichnung 462
– opticus 474
– pneumaticus, Schwimmblase 651
Trägerprotein 338
Trägheit 821

Trägheitswirkung 821
Tragzeit 374
Transducer 224
Transducin 225, 290
Transduktion
– akustische 263
– Energieverstärkung 279
– Lichtenergie 286
– olfaktorische 251
– photochemische 285f
– sensorische 223, 288
– visuelle 292
Transduktionskaskade 225
– cAMP-vermittelte 255
Transfervesikel 305
Transformation 20
Transgen 22
Transkription 70
Translation 70
Transmissionselektronenmikroskop 28
Transmissionsspektralphotometer 36
Transmitter
– Ausschüttung 228
– – spontane, Rezeptorzelle 235
– Freisetzung, Echtzeit-Messung 194
– – präsynaptische 190
– Quantennatur 190ff
Transplantationsexperiment, Hormonwirkungsnachweis 310
Transport
– aktiver 759
– axoplasmatischer 484
– carriervermittelter 758
Transportepithel, Osmoregulation 676
Transporter 107
– ATP-abhängiger 115
– Konzentrationsgradientabhängiger 115
Transportprotein 306
Transversaltubuli, Plasmamembran 404
Triade 408
– Muskelfaser 406
Tricarbonsäurezyklus 99
Triglycerid 60
Trijodthreonin 312
3,5,3'-Trijodthyronin 361
Trimethylaminoxid 668
– Knorpelfisch 702
Trinkreflex 238
Triose 96
Tripeptid, Struktur 64
Tritonia 495f
Trochanter 257
Trommelfell 261ff

– Verschiebung 265
Trompeterschwan, Tracheaverlängerung 613
Trophieebene 724
Tropomyosin (TM) 385, 399
– Darstellung, schematische 400
Troponin 399
– C (TnC) 352
– Calciumionen-Affinität, reduzierte 429
– Calciumionen-Bindung 353, 408
– Schallmuskelfaser 428
Troponin-Komplex 385
– Calciumionen-Bindung 399
Truncus brachiocephalicus 545
Trypsin 751
– Myosinmolekül 385
Trypsinogen 752
TSH s. Hormon, thyreotropes
TSH-Releasing-Hormon 333
T-Tubulus 403
T-Tubulus-System 402ff
– Säugerherzmuskel 438
Tubulus
– distaler, Reabsorption, tubuläre 689
– – Säugerniere 678
– proximaler, Reabsorption 686
– – Säugerniere 678
– transversaler 403
Tubulus-Epithelzellen, Ionentransport 676
Tubulusflüssigkeit
– pH-Wert-Regulation, renale 694
– Reabsorption 687
Tümmler, Echoortung 506f
Tunica
– adventitia 552
– intima 552
– media 552
Tunicaten, Herz 537
Tuningkurve 471
Turbinale 250
T-Welle 527
Tympanalmembran 261
Tympanalorgan, Insekten 268
Tympanum 268
Tyrosin 315
– Catecholamin-Synthese 316
– Strukturformel 199
Tyrosinhydroxylase 88

Sachverzeichnis

U

Überträgerprotein 342
Übertragung
– elektrische 176
– chemische synaptische 204
– – – langsame 177f
– – – schnelle 176f
– neuromuskuläre, frequenzabhängige Bahnung 435
– passive elektrotonische 164
– synaptische 163
Übertragungsmolekül 233
Uhr
– biologische 359
– innere 509
Ultimobranchialkörper 301
Ultrafiltrat 670
– Menge pro Tag 685
– Säugerniere 678
Ultrafiltration 521
Ultraschallaute 506
Umkehrpotential 149, 184ff
– Rezeptorstrom 229
Unterkühlungspunkt 792
Uracil 68
Ureter 677
Urethra 677
Uricase 720
Uricolyse-Weg 720
Ursuppe 41
Ussing-Kammer 125f
Uteruskontraktion 336
Utriculus 261

V

Vagusnerv, Froschherz 177
Valenzelektron 44
Valin 45
van-der-Waals-Kräfte 105
van't Hoff-Gesetz 128
van't Hoff-Gleichung 781
Varikosität, Muskelgewebe 440
Vasa recta 679, 698
Vasodilatation 317, 570
– Blutgefäß 557
Vasokonstriktion 570
– Blutgefäß 557
Vasopressin 200, 336, 366ff
– cAMP-vermittelte Zellantwort 347
– Herzrezeptor 574
– radioaktiv markiertes 312
– Reabsorption, tubuläre 689, 691

– Sekretion 127
– Säugetiere 662
– Urinbildung 582
– Wasser-Reabsorption 698, 700
Vasotocin, Amphibien 662
Vene 518
– Blutverteilung 559f
– Strömungsgeschwindigkeit 559
Venensystem
– Organisation 560
– Volumenreservoir 552
Venenwand 558
Venolen 559, 562
Venöses System s. Gefäßsystem, venöses
Ventilation
– alveoläre 612
– Tracheen 626
– unterbrochene, Insekten 626
Ventilations/Durchblutungs-Verhältnis 637
Ventilationsmechanismus, Lunge 616ff
Ventilationsvolumen, alveoläres 612
Ventilwirkung, aerodynamische, Vogellunge 621
Ventrikel
– Druck-Volumen-Schleife 533
– Säugerherz 522
Ventrikelmuskelzelle 438
Ventrikelrezeptor 575
Ventrobronchien 619
Verarbeitung, neuronale 446ff
Verbindung, neuronale, Spezifität 466
Verbindungscilie, Photorezeptor Vertebraten 285
Verdampfungswärme 787
– Wasser 771
Verdauung
– extrazellulär 732
– Flüssigkeitsbilanz 761
– intrazellulär 732
Verdauungsenzyme 749ff, 753
– Wirkung 752
Verdauungskanal 733
Verdauungssäfte 734
Verdauungssekretion, Kontrolle 753ff
– – neuronale 755
Verdauungssystem 732ff
– Einteilung 733
– Evertebraten 735
– Vertebraten 736

Verdauungstrakt
– Darstellung, vereinfachte 734
– Drüsen, endokrine 311
– Enzyme, Wirkung 752
Verdunstung 787
Verdunstungskühle, Wüstentiere 665
Verdunstungskühlung 325, 807ff
– Wüstensäugetiere 672
Verdunstungsrate 660
Verdunstungswärme 47
Verhalten 446ff
– artspezifisches 503
– Reflexbögen 500
– spastisches 433
– synaptische Veränderung 448
– thermophiles 813
– thermophobes 813
– thermoregulatorisches 795
Verhaltensbeobachtung 36
Verhaltensformen, intermediäre 503
Verhaltensforschung 448
Verhaltenskonditionierung 755
Verhaltensmodifikation 503ff
Verkürzungsgeschwindigkeit 395f
– Funktion 416
Vermeidungsreaktion 447
Verschiebungsdetektor 232
Verschmelzungsfrequenz, kritische 281
Verstärker 10
Verstärkerprotein 342
Vertebraten
– Auge 277, 281ff
– Darm, Querschnitt, schematischer 744
– Drüsen, endokrine 311f
– Fokussierung 282
– Gastransportsystem 588
– Gehirn, Differenzierung 458
– – Entwicklung 458
– – Entwicklungsstufen 457
– – Struktur 456
– Geruchssinn 250
– Geschmackssystem 238f
– Gleichgewichtsorgan 261
– Haarsinneszellen 258ff
– Herz, Morphologie, funktionelle 536
– luftatmende, Tauchvorgang 542

– Nervensystem 453ff
– – Organisationsschema 453
– – zentrales, Organisation 454
– Ohr 261ff
– Photorezeptoren 284
– – Hyperpolarisation 287
– Photorezeptorzellen 474f
– Retina, Aufbau 475
– – Verarbeitung, visuelle 473ff
– Sauerstoffvorrat 646
– Sehrezeptorzellen 283ff
– Skelettmuskulatur, hierarchische Organisation 383
– – Kontrolle, neuromotorische 433ff
– Tauchtiefe 646
– Tauchzeit 646
– Verdauungssystem 736
Vesikel 122, 178
– coated 122f
– membrangebundenes 302
– synaptisches 176
Vibrationsorientierung 506
Vibrationsrezeptor 506
Viskosität, kinematische 548
Vitalkapazität 612
Vitamin A_1 290f
– Mangel 291
Vitamin C 675
Vitamin D 368
Vitamine, als Nährstoffmoleküle 765
Vögel
– Geschmackssinn 241
– Herz 545ff
– Hornschnabel 730
– Nasendrüse 310
– Salzdrüse 703ff
Vogelei, Gastransport 624f
Vogelembryo, Herz 546f
Vogellunge 619ff
– Funktion 620
Volta, Alessandro 136
Voltage clamp 156f, 183
Volumen
– enddiastolisches 529
– endsystolisches 529
Volumenreservoir, Venensystem 552
Volumentransmission 178
Vomeronasalorgan 251
Vorderdarm 737

W

Wachsschicht, Insekten 662
Wachstumsfaktor (EGF) 30, 310

Wachstumshormon (GH) 365f
- Energiestoffwechsel 359
- Fischarten, wandernde 710
- Regulation 366
- und Schilddrüsenhormone 362
- Synthese 365
- Wirkung 366
- Zellen, acidophile 335
Wachstumshormon-Inhibiting-Hormon (GIH) 365
Wachstumshormon-Releasing-Hormon (GRH) 365
Wahrnehmungsgrenze, Reizstoff, chemischer 296f
Wanderheuschrecke 505
Wanderwelle, Basiliarmembran 267
Waranherz, Funktion 543
Wärme, spezifische 788
Wärmeabgabe 785
Wärmeaufnahme 785
Wärmeaustausch, im Gegenstrom s. Gegenstromwärmeaustausch
Wärmebildung 785, 802f
- zitterfreie 802
Wärmedurchgangszahl 795, 802
- versus Körpermasse 804
Wärmeerzeugung 649
Wärmefenster 807
Wärmefluß 785
Wärmelast, Wüstensäugetiere 673
Wärmeleitung 785
Wärmerezeptor 274
Wärmespeicherung 787, 806
Waschbär, Cortexareal 460
Wasser 46ff
- Eigenschaften 47
- Ionisation 51
- Verdampfungswärme 771
Wasseraufnahme, transepitheliale 126
Wasserdampf, Arthropoden 675
Wasserdampfdruck, Arthropoden 675
Wasserersparnis, Wüstensäugetiere 673
Wasserfluß
- parazellulärer 661
- transzellulärer 661

Wasserhaushalt, Regulation, hormonelle 366ff
Wasserkanal 109, 661
Wassermolekül 46
Wasserpermeabilität, Reabsorption, tubuläre 691
Wasser-Reabsorption
- Feedback-Kontrolle 700
- Niere 336
Wasser-Rezeptor 582
Wasserstoffbrücke 47
Wasserstoffbrückenbindung 47
Wasserstoffionen, Membranpermeabilität 604
Wasserstoffionen-Rezeptor, zentraler 642
Wassertransport 126f
- im Darm 761
Wasserverlust
- evaporativer 662
- Wüstensäugetiere 673
- Wüstentiere 665
Weber-Fechner-Gesetz 231
Wechselwirkung, elektrostatische 48, 54
Wechselzahl 80
Weidegang 731f
Weinbergschnecke, Kreislauf, offener 519
Weiße Substanz, Anatomie 455
Weitbarkeit, Gefäßwand 551
Welle, elektromagnetische, Energiegehalt 283f
Western-Blotting 33
Widerstand 58, 822
- elektrischer 56
- spezifischer 58
Widerstandsgefäß 571
Willkürliches System s. Somatisches System
Wimpernepithel 725
Winterruhe 817f
Winterschlaf 817f
- Lipide 763
Wirbelsäule 455
Wirbeltiere, Speicheldrüsen 319
Wirkung, spezifische dynamische 775f
Wundernetz 560, 635
- als Sauerstoffspeicher 581
- Schwimmblase 651
- als Wärmeaustauscher 798

Wüstenheuschrecke, Sekretions-Reabsorptions-System 713
Wüstensäugetiere
- Osmoregulation 673
- Verdunstungskühlung 672
- Wärmelast 673
- Wasserersparnis 673
Wüstentiere
- Henle-Schleife 663
- Temperaturregulation 665
- Verdunstungskühlung 665
- Wasserverlust 665

X

Xenopus
- Ammoniakexkretion 718
- laevis s. Krallenfrosch

Y

Young, trichromatische Theorie 293

Z

Zähne, Säugetier 729
Zapfen 284, 475
- Farbensehen 284
- Vertebraten 285
Zapfenklassen
- Aktionsspektrum 294
- verschiedene 294
Zeitgeber 829f
Zeitkonstante 82
Zellantwort, cAMP-Vermittlung 345f
Zellatmung 61, 91
Zellen 42
- Druck, osmotischer 128
- elektrische 269
- exzentrische 278
- osmosensitive, Wasser-Reabsorption 699
- salzsezernierende 676
- - Rektaldrüse 703
Zellkultur 30f
Zelllinie 31

Zellmembran, Kapazität, elektrische 112
Zellstoffwechsel, aerober 92
Zellvolumen 128
- Erhalt 668
Zentrum
- aktives 79
- allosterisches 87
- inhibitorisches 476
- ionenbindendes 56
- ionisiertes 56
- temperaturregulatorisches 810
Zentrum-Peripherie-Organisation 476f
Zirbeldrüse 457
Zirkulation, bronchiale 615
Zisterne, terminale 405
Zitronensäurezyklus 90, 98ff
Zitteraal 269
Zitterrochen 269
Zitterwels 269
ZNS s. Nervensystem, zentrales (ZNS)
Zone
- aktive 176
- sensorische, Rezeptor 228
Zonula
- adherens 125
- occludens 125
Zonulafaser 282
Z-Scheibe 382
Zuchtlinie 30
Zuckerrezeptor 238
Zuckertransporter, Dünndarmepithel 758
Zuckfasern, Eigenschaften 414
Zunge 734
- Feld, rezeptives 248
- Mensch 240
Zustand, physiologischer 38f
Zwerchfell 616
- Blutfluß, venöser 559
- Säugerlunge 616
- - Kontraktion 618
Zwergwels, amerikanischer 238
Zwergwuchs 366
Zwischenhirn 457
Zwischenprodukthemmung 233
Zwitterion 53
Zymogene s. Proenzyme